数学·统计学系列

代数学教程（第六卷·线性代数原理）

Algebra Course(Volume VI.Principle of Linear Algebra)

● 王鸿飞 编著

HITP
哈爾濱工業大學出版社
HARBIN INSTITUTE OF TECHNOLOGY PRESS

内 容 简 介

本书为《代数学教程》第六卷，全书系统地讨论了代数学中线性代数的各个内容，如线性方程组理论、矩阵的理论基础、二次型与埃尔米特型、抽象的向量空间、具有度量的线性空间等，在编写过程中作者引用了大量的文献，并附于书末，供读者参考使用.

本书适合高等院校理工科师生及数学爱好者阅读.

图书在版编目(CIP)数据

代数学教程.第六卷，线性代数原理/王鸿飞编著.—哈尔滨：哈尔滨工业大学出版社，2024.6

ISBN 978-7-5767-1389-3

Ⅰ.①代… Ⅱ.①王…… Ⅲ.①代数—教材②线性代数—教材 Ⅳ.①O15

中国国家版本馆 CIP 数据核字(2024)第 093655 号

DAISHUXUE JIAOCHENG. DILIUJUAN，XIANXING DAISHU YUANLI

策划编辑 刘培杰 张永芹
责任编辑 张永芹 张 佳
封面设计 孙茵艾
出版发行 哈尔滨工业大学出版社
社 址 哈尔滨市南岗区复华四道街 10 号 邮编 150006
传 真 0451-86414749
网 址 http://hitpress.hit.edu.cn
印 刷 哈尔滨市石桥印务有限公司
开 本 787 mm×1 092 mm 1/16 印张 65.5 字数 1 295 千字
版 次 2024 年 6 月第 1 版 2024 年 6 月第 1 次印刷
书 号 ISBN 978-7-5767-1389-3
定 价 98.00 元

线性代数中的数学家(一)

莱布尼茨(1646—1716)

关孝和(约 1642—1708)

克莱姆(1704—1752)

贝祖(1730—1783)

柯西(1789—1857)

雅可比(1804—1851)

凯莱(1821—1895)

西尔维斯特(1814—1897)

弗罗伯尼(1849—1917)

线性代数中的数学家(二)

魏尔斯特拉斯(1815—1897)

高斯(1777—1855)

阿歇特(1769—1834)

蒙日(1746—1818)

泊松(1781—1840)

史密斯(1826—1883)

道奇森(1832—1898)

赫尔维茨(1859—1919)

皮亚诺(1858—1932)

◎编者的话

本书是《代数学教程》的第六卷：线性代数原理，也是整个教程中篇幅最大的一卷．本卷比较系统地讨论了代数学的以下几个方面的内容：线性方程组理论、行列式理论、矩阵理论、二次型与埃尔米特型理论以及线性空间理论．

线性代数作为一个独立的分支在20世纪才形成，然而它的历史却非常久远．最古老的线性问题是线性问题组的解法．随着研究线性方程组和变量的线性变换问题的深入，行列式和矩阵在18～19世纪先后产生，为处理线性问题提供了有力的工具．向量以及线性空间等内容的起源主要有二条线索：物理学中的速度和力的平行四边形法则；位置几何以及复数的几何表示．二次型的系统研究则是从18世纪开始的，它起源于对二次曲线和二次曲面分类问题的讨论．于今，矩阵、线性空间和代数型形成了线性代数的主要研究对象．这些对象的理论之间的联系是这样密切，以至线性代数的大部分问题在这三种理论的每一种中都有等价的说法．

从覆盖面和详细程度来说，本卷所呈现的可能是中文版文献中最全的(基础)线性代数教程了，我们几乎注意到了大学线性代数教学过程中可能会遇到的每一个重要细节．虽然处理方式是古典的(有少数例外，例如个别定理的证明需要用到“佐恩引理”)，但从教学上讲，本教程还是有其自身的一些特点．

首先，我们在给出线性代数各个内容纯解析叙述的同时(第1篇)，还给出同样内容的几何叙述(第2篇)，这些内容的集中讨论是现有文献所缺失的.

其次，在叙述方式上，我们力求使内容的表达尽可能为读者所易于接受.这样，很多内容的引出，都有预先的思考或背景.例如，行列式的定义出自对低阶线性方程组解的结构的观察；矩阵的概念来自对方程组表示的简化；方阵相似的这个概念源自矩阵的计算问题；数向量的讨论源于二元一次方程组几何解释的推广等.

再次，对一些定理的证明，笔者总是试图找到相对初等(简单)的方法.例如，为了纯解析地证明复矩阵的酉一三角分解，我们利用了复正交高矩阵的概念和性质；有些定理的证明是笔者给出的，如(关于埃尔米特矩阵的)偏序不等式中"由 $\boldsymbol{A}^2>\boldsymbol{B}^2\geqslant\boldsymbol{O}$，推导 $\boldsymbol{A}>\boldsymbol{B}$"以及费希尔不等式的证明等.

从次，在整个教程材料的组织过程中，除去常见的普通内容，笔者还选入了某些不常见于普通文献的一些探究式或者更深入性的材料：在一般情形下确定二次型负惯性指数的古杰尔菲格尔法则与弗罗伯尼(Frobenius，1849—1917，德国数学家)法则，一般的复(实)正定矩阵，欧氏空间中正规变换的矩阵的标准形的几何推演等.再者，矩阵理论的内容非常庞大，我们所选的仅以线性代数所涉及的内容为限.例如，矩阵的特征值的估计，在《矩阵分析》教程中有专门的叙述，我们仅选入了最常见的几种.

最后，为照顾到内容的完整性，笔者放入了一些偏离线性代数主题的内容：线性规划的理论以及涉及计算数学的内容：病态方程组、关于特征值的法捷耶夫一勒维耶算法等.

诚然，教程的大部分内容都是"现成"的，但叙述手段和组织形式需要重新创设，因此耗费了笔者不少精力.例如，对于线性方程组的解的判定，笔者把它整理成了六种不同观点的说法，这就是第1章的第一种表述(只涉及高斯消元的解析法)，第2章的第二种表述以及第三种表述(克罗内克一卡佩利定理)，第6章的第四种表述(涉及数向量的线性组合这一概念)，第五种表述(涉及向量组的秩的概念)，以及第六种表述(涉及向量空间的概念).再如，我们用了三种方法来推导不相容的线性方程组的最小二乘解，如第2章给出了分析法和纯代数的方法，第10章给出的是几何的方法.

顺便提一下若干名词，正规变换在一般文献中被称为规范变换，我们宁愿采用"正规"一词，以强调它与正交变换的联系；基于类似的理由，我们采取了"相合"来代替更为普遍使用的"合同"一词，这样，相抵、相似、相合都代表矩阵间的某种等价关系.

本教程在写法上，思路清晰，语言流畅，概念及定理解释合理、自然，非常便于自学，适合大学师生及数学爱好者参考阅读．在这本教程的编写过程中，我们还参阅和引用了较多的文献（它们列在了书末），特别是甘特马赫尔（Gantmaher，1908—1964）的《矩阵论》（柯召、郑元禄译）以及希洛夫（Shilov，1917—1975）的《线性空间引论》（王梓坤等人译）．

虽然整个教程的形成经历了反复斟酌，数次易稿，但纰漏之处在所难免，我真诚地欢迎读者提出进一步的批评意见和建议．

王鸿飞

2023 年 10 月 20 日

于浙江衢州

目录

第 1 篇　线性代数的解析理论

第 5 章　二次型与埃尔米特型　//422

第2篇　线性代数的几何理论

第 1 篇
线性代数的解析理论

线性方程组理论 · 行列式理论

第1章

§1 线性方程组理论

1.1 线性方程组的基本概念

我们开始研究的有多个未知量的一次方程组，就是平常所说的线性方程组①. 线性方程组的理论是代数学的一个大的重要分支，即线性代数的基础. 在这一章中所讨论方程的系数，未知量所取的值，以及所遇到的其他一些数，都理解为任意的(但是固定的) 域中的元素②. 和初等代数不同，我们所讨论的方程组有任意多个方程和未知量，而且有时方程组里面的方程个数也没有假定要等于未知量的个数.

① 在解析几何学中，两个未知量的一次方程确定平面上的一条直线.

② 本书后面，我们的研究对象 —— 线性方程组、矩阵、线性空间等，总是和数的事先选定的某一个集合 K 有关，集合 K 的实际选定与所讨论的问题和科学规律密切相关. 例如，从代数的观点，如果选取全部复数作为 K，那么我们的结果常常可以得出最完善的公式. 相反的，在几何学或力学中，基本上只需要讨论实数. 对于数论有时只要取有理数集合作为我们的 K. 所以，为了使得出来的结果尽可能地应用到更广范围内的问题，对于选作 K 的这个数的集合，事先不给它确定. 我们只假定 K 是一个域，也就是说 K 中任何两数的和、差、积、商都仍然含在 K 里面. 但在读者只对物理学或者几何学中线性代数的应用感兴趣时，本书后面如果没有特别声明，都可以把 K 理解为全部实数集合或全部复数集合.

进一步，不一定考虑数域来作为 K，而可以取任意域作为 K，而且有时还可以取不可交换的域. 在理论的很多部分中，域 K 的任意性，对定理的叙述或证明都无影响，但对于 K 是不可交换域这种情形，我们需要特别谨慎. 因此，在本书后面如果没有特别声明，我们都取任意域作为 K，叫作基域，用小写拉丁字母 $k, c, \cdots$ 或小写希腊字母 $\alpha, \beta, \cdots$ 作为它的元素，并且即使 K 不是数域，我们还是把它们一概叫作数.

假设给出m个方程n个未知量的线性方程组[①]，约定用下面的记号：用x附加下标来表示未知量：$x_1,x_2,\cdots,x_n$；把方程按照次序来编定——叫作第一，第二，……，第m个方程；记第i个方程中未知量x_j的系数为a_{ij}[②]；用b_i来记第i个方程的常数项.现在可以把我们的线性方程组写成下面的形式

$$\begin{cases}a_{11}x_1+a_{12}x_2+\cdots+a_{1n}x_n=b_1\\a_{21}x_1+a_{22}x_2+\cdots+a_{2n}x_n=b_2\\\quad\vdots\\a_{m1}x_1+a_{m2}x_2+\cdots+a_{mn}x_n=b_m\end{cases}\tag{1.1.1}$$

形如式(1.1.1)的线性方程组几乎出现在每一个数学分支中，而所谓"线性方法"——其最终结果常常是线性方程组的解——构成了数学中发展最充分的部分.例如，在19世纪末，形如式(1.1.1)的方程组的理论为创立积分方程的理论提供了一个原型，而积分方程的理论在力学和物理学中是至关重要的.计算机所处理的大量实际问题也都是归结为形如式(1.1.1)的方程组.

如果对$i=1,2,\cdots,m$都有$b_i=0$，那么方程组(1.1.1)叫作齐次的.任给一个方程组(1.1.1)，线性方程组

$$\begin{cases}a_{11}x_1+a_{12}x_2+\cdots+a_{1n}x_n=0\\a_{21}x_1+a_{22}x_2+\cdots+a_{2n}x_n=0\\\quad\vdots\\a_{m1}x_1+a_{m2}x_2+\cdots+a_{mn}x_n=0\end{cases}\tag{1.1.1$'$}$$

叫作方程组(1.1.1)所对应的齐次方程组，或方程组(1.1.1)的诱导组.

当用数x_i^0代替未知数x_i后，方程组(1.1.1)的每一个方程都变成恒等式时，我们就称这一组数$x_1^0,x_2^0,\cdots,x_n^0$为方程组(1.1.1)的一个解，称x_i^0为这个解的第i个分量.我们也称n元数组$x_1^0,x_2^0,\cdots,x_n^0$满足方程组(1.1.1)的所有方程.

线性方程组可能没有解存在，这个时候我们把它叫作不相容的方程组.例如方程组

$$\begin{cases}x_1+5x_2=1\\x_1+5x_2=7\end{cases}$$

---

① 若$m>n$，即方程个数大于未知量个数，则这个方程组称为超定方程组；若$m<n$，则称为亚(欠)定方程组；若$m=n$，则称为适定方程组或克莱姆(Cramer，1704—1752)方程组.

② 我们利用两个下标，前一个下标是指方程的序数，后一个下标是指未知量的序数.为简便记，并不利用分点把它们分开，所以a_{11}不读为"a十一"而读为"a一一"，a_{34}不读为"a三十四"而读为"a三四"，依此类推.这种采用两个数码的系数记号由莱布尼茨所创设.

这组方程的左边是完全相同的，但是它们的右边并不相同，因此并没有一组未知量的值可以同时满足这两个方程.

如果线性方程组有解存在，那么我们说它是相容的. 如果相容线性方程组仅有唯一的解存在，那么称它是有定的(在初等代数里面，只讨论这样的方程组). 如果相容方程组有多于一个的解存在，那么我们说它是不定的，以后我们就会知道，在这一情形下它的解将有无穷多个. 例如，方程组

$$\begin{cases}x_1+2x_2=7\\x_1+x_2=4\end{cases}$$

是有定的，它有一个解 $x_1=1,x_2=3$，而且很容易用未知量的消元法来验证，这个解是它的唯一解. 再如，方程组

$$\begin{cases}3x_1-x_2=1\\6x_1-2x_2=2\end{cases}$$

是不定的，因为它有无穷多个解

$$x_1=k,x_2=3k-1$$

其中 k 是任意的数，而且这个方程组的全部解，都可以从这个公式得出.

齐次线性方程组(1.1.1′) 总是相容的，因为它显然有"零" 解 $x_1=x_2=\cdots=x_n=0$. 这种方程组的解还具有下面的显著性质：

设 $x_1^{(1)},x_2^{(1)},\cdots,x_n^{(1)}$ 以及 $x_1^{(2)},x_2^{(2)},\cdots,x_n^{(2)}$ 分别是方程组(1.1.1′) 的两组解，我们作下列诸数

$$x_1^0=x_1^{(1)}+x_1^{(2)},x_2^0=x_2^{(1)}+x_2^{(2)},\cdots,x_n^0=x_n^{(1)}+x_n^{(2)}$$

可以肯定，$x_1^0,x_2^0,\cdots,x_n^0$ 也是原方程组(1.1.1′) 的解. 实际上，将这些数代入方程组(1.1.1′) 的第 i 个方程，就得

$$\begin{aligned}a_{i1}x_1^0+a_{i2}x_2^0+\cdots+a_{in}x_n^0&=a_{i1}(x_1^{(1)}+x_1^{(2)})+\\&\quad a_{i2}(x_2^{(1)}+x_2^{(2)})+\cdots+a_{in}(x_n^{(1)}+x_n^{(2)})\\&=(a_{i1}x_1^{(1)}+a_{i2}x_2^{(1)}+\cdots+a_{in}x_n^{(1)})+\\&\quad(a_{i1}x_1^{(2)}+a_{i2}x_2^{(2)}+\cdots+a_{in}x_n^{(2)})\\&=0\end{aligned}$$

这就是要证明的.

我们称这个解为两组解 $x_1^{(1)},x_2^{(1)},\cdots,x_n^{(1)}$ 及 $x_1^{(2)},x_2^{(2)},\cdots,x_n^{(2)}$ 的和. 同样，若 $x_1^{(1)},x_2^{(1)},\cdots,x_n^{(1)}$ 是方程组的任意一个解，则对于固定的常数 k，$kx_1^{(1)},kx_2^{(1)},\cdots,kx_n^{(1)}$ 也是原方程组的解，我们称这个解为解 $x_1^{(1)},x_2^{(1)},\cdots,x_n^{(1)}$ 与 k 的乘积.

最后,两组解的差定义为第一组解与第二组解与 -1 之积的和

$$x_1^{(1)}-x_1^{(2)},x_2^{(1)}-x_2^{(2)},\cdots,x_n^{(1)}-x_n^{(2)}$$

对于齐次线性方程组来说,它的两组解的差仍是解.

注意,对于非齐次方程组,也就是常数项不全为零的线性方程组,不能有对应的论断:非齐次线性方程组的两组解的和(差),这一非齐次方程组的解与不为 1 的数的乘积,都不再是这一非齐次方程组的解.

非齐次方程组与相应的齐次方程组的解有如下关系:

定理 1.1.1 非齐次方程组的两个解的差是其相应的齐次方程组的解.

证明 设有序数组 $x_1^{(1)},x_2^{(1)},\cdots,x_n^{(1)}$ 以及 $x_1^{(2)},x_2^{(2)},\cdots,x_n^{(2)}$ 均是方程组(1.1.1) 的解,那么

$$a_{i1}x_1^{(1)}+a_{i2}x_2^{(1)}+\cdots+a_{in}x_n^{(1)}=b_i\quad(i=1,2,\cdots,m)$$

以及

$$a_{i1}x_1^{(2)}+a_{i2}x_2^{(2)}+\cdots+a_{in}x_n^{(2)}=b_i\quad(i=1,2,\cdots,m)$$

作差,可以得到

$$a_{i1}(x_1^{(1)}-x_1^{(2)})+a_{i2}(x_2^{(1)}-x_2^{(2)})+\cdots+a_{in}(x_n^{(1)}-x_n^{(2)})=0\quad(i=1,2,\cdots,m)$$

这就是说,两组解的差是相应齐次方程组(1.1.1′) 的解. 证毕.

定理 1.1.2 非齐次方程组的一组解与相应的齐次方程组的一组解的和仍是该非齐次方程组的解.

证明留给读者.

在方程组为不定的情形,所有解构成的集合称为解集. 解集中解的一般表达式称为通解,解集中一个指定的解称为特解.

为了方便起见,我们用字母 $\boldsymbol{x}$ 表示有序数组$(x_1,x_2,\cdots,x_n)$,这样就有

$$\boldsymbol{x}^{(1)}=(x_1^{(1)},x_2^{(1)},\cdots,x_n^{(1)}),\boldsymbol{x}^{(2)}=(x_1^{(2)},x_2^{(2)},\cdots,x_n^{(2)})$$

以及

$$\boldsymbol{x}^{(1)}\pm\boldsymbol{x}^{(2)}=(x_1^{(1)}\pm x_1^{(2)},x_2^{(1)}\pm x_2^{(2)},\cdots,x_n^{(1)}\pm x_n^{(2)})$$

定理 1.1.3 设非齐次方程组(1.1.1) 的解集是 H,相应的齐次方程组的解集是 H_0,那么 $H=\{\boldsymbol{x}^{(0)}+\boldsymbol{x}'\mid \boldsymbol{x}^{(0)}\text{ 是 }H\text{ 中的任一特解},\boldsymbol{x}'\in H_0\}$. 换句话说,非齐次方程组的解集是由其一个特解与相应的齐次方程组的任一解构成的.

证明 记 $S=\{\boldsymbol{x}+\boldsymbol{x}'\mid \boldsymbol{x}\text{ 是 }H\text{ 中的任一特解},\boldsymbol{x}'\in H_0\}$. 由定理 1.1.2 知,$S\subseteq H$.

反之,任取 $\boldsymbol{x}\in H$,则由定理 1.1.1 知,$\boldsymbol{x}-\boldsymbol{x}^{(0)}\in H_0$. 换句话说,存在 $\boldsymbol{x}'\in H_0$,使得 $\boldsymbol{x}-\boldsymbol{x}^{(0)}=\boldsymbol{x}'$,即 $\boldsymbol{x}=\boldsymbol{x}^{(0)}+\boldsymbol{x}'\in S$,这样就得出 $H\subseteq S$.

综合起来，我们有 $H=S$. 证毕.

最后，我们指出：特解的不同选取并不影响解集. 事实上，假设 $\boldsymbol{x}^{(1)}$ 和 $\boldsymbol{x}^{(2)}$ 是方程组(1.1.1) 的两个特解，令集合

$$S=\{\boldsymbol{x}^{(1)}+\boldsymbol{x}' \mid \boldsymbol{x}' \text{ 是方程组(1.1.1}'\text{) 的解}\}$$

$$S'=\{\boldsymbol{x}^{(2)}+\boldsymbol{x}' \mid \boldsymbol{x}' \text{ 是方程组(1.1.1}'\text{) 的解}\}$$

任取 $\boldsymbol{x}^{(1)}+\boldsymbol{x}' \in S$. 按定理 1.1.1，$\boldsymbol{x}^{(1)}+\boldsymbol{x}'-\boldsymbol{x}^{(2)}$ 是方程组(1.1.1′) 的解. 又

$$\boldsymbol{x}^{(1)}+\boldsymbol{x}'=\boldsymbol{x}^{(2)}+(\boldsymbol{x}^{(1)}+\boldsymbol{x}'-\boldsymbol{x}^{(2)}) \in S'$$

换句话说，S 中的任一元素 $\boldsymbol{x}^{(1)}+\boldsymbol{x}'$ 均可表示成 S' 中元素的形式，因此 $S \subseteq S'$，由对称性知 $S' \subseteq S$. 故 $S=S'$.

1.2 线性方程组的解法·高斯消元法

我们将要引进这样的方法，对于实际上去解数值系数线性方程组是很方便的. 这就是本段要讲的高斯消元法. 为了叙述方便，我们先引入线性方程组的等价概念. 假定我们又有一个线性方程组，它与方程组(1.1.1)"大小相同"

$$\begin{cases} a'_{11}x_1+a'_{12}x_2+\cdots+a'_{1n}x_n=b'_1 \\ a'_{21}x_1+a'_{22}x_2+\cdots+a'_{2n}x_n=b'_2 \\ \vdots \\ a'_{m1}x_1+a'_{m2}x_2+\cdots+a'_{mn}x_n=b'_m \end{cases} \tag{1.2.1}$$

我们说方程组(1.2.1) 是由方程组(1.1.1) 经(Ⅰ) 型初等变换得到的，如果除去第 i 个和第 k 个方程，方程组(1.1.1) 中的所有方程都保持不动，而第 i 个与第 k 个方程互换位置. 如果方程组(1.2.1) 中除第 i 个方程之外其余都与方程组(1.1.1) 相同，而方程组(1.2.1) 的第 i 个方程具有下述形式

$$(a_{i1}+ca_{k1})x_1+(a_{i2}+ca_{k2})x_2+\cdots+(a_{in}+ca_{kn})x_n=b_i+cb_k \tag{$*$}$$

这里 c 是任意数(换言之，$a'_{ij}=a_{ij}+ca_{kj}$，$b'_i=b_i+cb_k$)，那么我们就说方程组(1.2.1) 是由方程组(1.1.1) 经(Ⅱ) 型初等变换得到的.

我们说两个方程组(1.1.1) 与(1.2.1) 是等价的，如果它们都是不相容的，或者都是相容的且有相同的解. 我们用(a) ～ (b) 表示两个方程组(a) 与(b) 等价. 注意下面的方程组等价的性质：(a) ～ (a)；(a) ～ (b) 蕴涵(b) ～ (a)；(a) ～ (b) 和(b) ～ (c) 合起来蕴涵(a) ～ (c). 下面的定理给出了两个方程组等价的一个充分条件.

定理 1.2.1 如果一个线性方程组可由另一个线性方程组经有限次初等变换而得到，那么它们是等价的.

为了证明这个定理，只要证明下述事实就够了：两个线性方程组是等价的，如果它们中的一个可由另一个经一次(Ⅰ)型或(Ⅱ)型初等变换得到. 因此我们可以假设方程组(1.2.1)是由方程组(1.1.1)经一次初等变换得到的. 还要注意到，这时方程组(1.1.1)也是由方程组(1.2.1)经一次初等变换得到的，因为每一个初等变换有一个逆初等变换. 具体地说，在使用(Ⅰ)型初等变换的情况下，把第 i 个方程与第 k 个方程再交换一次就又回到原来的方程组；在使用(Ⅱ)型初等变换的情况下，以 $(-c)$ 乘方程组(1.2.1)的第 k 个方程再把它加到方程组(1.2.1)的第 i 个方程上，就得到方程组(1.1.1)的第 i 个方程.

首先，我们来证明方程组(1.1.1)的任一解 $(x_1^0, x_2^0, \cdots, x_n^0)$ 也是方程组(1.2.1)的一个解. 如果由方程组(1.1.1)得出方程组(1.2.1)的初等变换是(Ⅰ)型的，那么每个方程本身都没有改变，只是改变了书写顺序. 所以数组 x_1^0，$x_2^0, \cdots, x_n^0$ 在变换之前满足各方程，在变换之后仍满足各方程. 其次，如果由方程组(1.1.1)得出方程组(1.2.1)所用的初等变换是(Ⅱ)型的，那么在方程组(1.2.1)中，除了第 i 个方程，其余方程都保持原样，从而解 $(x_1^0, x_2^0, \cdots, x_n^0)$ 当然满足这些方程. 至于方程组(1.2.1)中的第 i 个方程，它取形式(＊). 既然我们的解满足方程组(1.1.1)的第 i 个和第 k 个方程，所以我们有

$$a_{i1}x_1^0 + a_{i2}x_2^0 + \cdots + a_{in}x_n^0 = b_i, a_{k1}x_1^0 + a_{k2}x_2^0 + \cdots + a_{kn}x_n^0 = b_k$$

以 c 乘第二个方程两边的各项，并将所得结果加到第一个方程上，并照形式(＊)的形式集项，我们就发现当 $x_i = x_i^0$ 时，式(＊)成立.

前面已经提到，初等变换是可逆的，从而用同样的推理可以证明，方程组(1.2.1)的任一解也是方程组(1.1.1)的一组解.

最后，用反证法容易证明，一个方程组的不相容性蕴涵着另一个方程组的不相容性. 证毕.

通过施行一系列的初等变换，我们可以把一个给定的线性方程组变为一个较简单的形式. 这就是依次消去未知量的方法或者叫作高斯消元法①.

首先指出，在方程组的第一列系数 a_{i1} 中至少有一个不等于0. 否则，我们就不用谈未知数 x_1 了. 如果 $a_{11}=0, a_{j1}\neq 0$，那么我们就用(Ⅰ)型变换，交换 a_{j1} 所在的第 j 个方程与第一个方程的位置. 现在第一个方程的第一个未知数的系数不是0. 用 a'_{11} 表示这个系数. 接着对每一个 $i=2,3,\cdots,m$，我们都从第 i 个方程减去第一个方程的 c_i 倍，这里 c_i 要这样选取，使得作减法后 x_1 的系数变为0.

① 大约在1800年，高斯提出了高斯消元法并用它解决了天体计算问题.

显然能得出这一结果的 c_i 的值是 $c_i=\frac{a_{i1}}{a'_{11}}$. 就这样,我们在使用 $m-1$ 次(Ⅱ)型初等变换后将得到一个方程组,x_1 只出现在方程组中的第一个方程里. 有时也可能发生这种情况:第二个未知数 x_2 也只出现在第一个方程里. 设 x_k 是出现在除第一个方程以外的其他方程中脚标最小的未知数. 我们得到方程组

$$\begin{cases}a'_{11}x_1+a'_{12}x_2+\cdots+a'_{1n}x_n=b'_1\\ a'_{2k}x_k+a'_{2(k+1)}x_{k+1}+\cdots+a'_{2n}x_n=b'_2\\ \vdots\\ a'_{mk}x_k+a'_{m(k+1)}x_{k+1}+\cdots+a'_{mn}x_n=b'_m\end{cases},k>1,a'_{11}\neq 0$$

现在我们把上面的推理应用到除第一个方程之外的其余方程上,那么在经过几次初等变换之后,我们的方程组取如下形式

$$\begin{cases}a''_{11}x_1+a''_{12}x_2+\cdots+a''_{1n}x_n=b''_1\\ a''_{2k}x_k+a''_{2(k+1)}x_{k+1}+\cdots+a''_{2n}x_n=b''_2\\ a''_{3h}x_h+a''_{3(h+1)}x_{h+1}+\cdots+a''_{3n}x_n=b''_3\\ \vdots\\ a''_{mh}x_h+a''_{m(h+1)}x_{h+1}+\cdots+a''_{mn}x_n=b''_m\end{cases},h>k>1,a''_{11}\neq 0,a''_{2k}\neq 0$$

自然,这里 $a''_{1j}=a'_{1j}$,$b''_1=b'_1$,因为第一个方程未被触及.

只要可能我们就继续使用这一程序. 很明显,当剩下的方程中第一个未知数(设其脚标为 s)及其后面直到脚标为 n 的所有未知数的系数都是 0 时,程序就得止步. 这样,我们最后把方程组(1.1.1)化成了如下的形式

$$\begin{cases}\overline{a_{11}}x_1+\overline{a_{12}}x_2+\cdots+\overline{a_{1n}}x_n=\overline{b_1}\\ \overline{a_{2k}}x_k+\overline{a_{2(k+1)}}x_{k+1}+\cdots+\overline{a_{2n}}x_n=\overline{b_2}\\ \overline{a_{3h}}x_h+\overline{a_{3(h+1)}}x_{h+1}+\cdots+\overline{a_{3n}}x_n=\overline{b_3}\\ \vdots\\ \overline{a_{rs}}x_s+\overline{a_{r(s+1)}}x_{s+1}+\cdots+\overline{a_{rn}}x_n=\overline{b_r}\\ 0=\overline{b_{r+1}}\\ \vdots\\ 0=\overline{b_m}\end{cases}\tag{1.2.2}$$

这里 $\overline{a_{11}},\overline{a_{2k}},\overline{a_{3h}},\cdots,\overline{a_{rs}}$ 都是非零的数,$1<k<h<\cdots<s$. 可能出现 $r=n$ 的情况,此时方程组(1.2.2)就没有形如 $0=\overline{b_i}$ 的方程了.

最后所得的方程组(1.2.2)具有这样的特点:自上而下,未知量的个数依次减少. 我们说形如(1.2.2)的方程组是阶梯形的(这不是唯一通用的名称,这

样的方程有时被称为梯形式的或半三角式的).

从上面的推导立刻得出如下定理:

定理 1.2.2 每一个线性方程组都等价于一个阶梯形的方程组.

高斯消元法同时给出了最便于实际求数值系数的线性方程组的解的方法.

例 解线性方程组

$$\begin{cases}2x_2-x_3=1\\x_1-x_2+x_3=0\\2x_1+x_2-x_3=-2\end{cases}$$

解 对方程组相继做初等变换.

(i) 对调第一、二两个方程的位置,得

$$\begin{cases}x_1-x_2+x_3=0\\2x_2-x_3=1\\2x_1+x_2-x_3=-2\end{cases}$$

(ii) 把上面的方程组的第三个方程加上第一个方程的 -2 倍,得

$$\begin{cases}x_1-x_2+x_3=0\\2x_2-x_3=1\\3x_2-3x_3=-2\end{cases}$$

上面两次初等变换的目的是使方程组的第一个方程保留未知量 x_1,而第二、三两个方程中 x_1 都不出现(即其系数为零).

(iii) 把(ii)中得到的方程组的第三个方程加上第二个方程的 -1 倍,得

$$\begin{cases}x_1-x_2+x_3=0\\2x_2-x_3=1\\x_2-2x_3=-3\end{cases}$$

(iv) 再把上面的方程组中第二、三两个方程对换位置,得

$$\begin{cases}x_1-x_2+x_3=0\\x_2-2x_3=-3\\2x_2-x_3=1\end{cases}$$

(v) 把上面的方程组的第三个方程加上第二个方程的 -2 倍,得

$$\begin{cases}x_1-x_2+x_3=0\\x_2-2x_3=-3\\3x_3=7\end{cases}$$

这样,我们把最初的方程组化成了阶梯形状. 现在从它的第三个方程解出

x_3,代入第二个方程解出 x_2,再代入第一个方程解出 x_1,就得到方程组的解

$$x_1=-\frac{2}{3},x_2=\frac{5}{3},x_3=\frac{7}{3}$$

根据定理 1.2.2,上面各个步骤中所得的每一个方程组都与原方程组等价,于是最后方程组的这一组唯一的解就是原方程组的唯一解.

解线性方程组的高斯消元法对于不太大的 n 来说是便于使用的,而且在 n 较大的情况下,也便于用计算机求解(尽管由于种种原因,用其他方法,例如迭代法,常常更切实际).当系数是确定的,并且我们要找的是具有指定精确度的解时,这个方法特别有用.但是,在理论研究中,更为重要的常常是,寻找方程组的相容性与确定性条件,以及寻找用系数和常数项表示解的一般公式,而这些不用将方程组化为阶梯形.在一定程度上,下一目的推论 1′ 就属于这一类型(即,不要求化为阶梯形).

注 1 有时不用把一个线性方程组化成阶梯形就可以更方便地求出它的解.特别是当线性方程组的系数中包含很多零时.这里更为有用的是解题的实践而不是读对解法的冗长解说.

1.3 线性方程组相容性与有定性的判定(第一种表述)

线性方程组的理论是要找出这样的方法,可以用它来判定已给线性方程组是相容的还是不相容的,以及如果它是相容的,那么它的解都是什么.这就是我们要回答的首批问题.

根据定理 1.2.1 和 1.2.2,关于方程组的相容性与有定性的研究,只就阶梯形的方程组(1.2.2) 来进行就可以了.我们从方程组的相容性开始.很明显,如果方程组(1.2.2) 包含一个形如 $0=\overline{b_t}$ 的方程而$\overline{b_t}\neq 0$,那么这个方程组是不相容的,因为无论未知数取什么值都不会满足方程 $0=\overline{b_t}$.我们现在来证明,若方程组(1.2.2) 中不存在这种方程,则它是相容的.

于是,假定当 $t>r$ 时,$\overline{b_t}=0$,我们把第一个,第二个,……,第 r 个方程中开头的未知数 $x_1,x_k,x_h,\cdots,x_s$ 叫作主未知量,把剩下的未知量,如果还有的话,叫作自由未知量.根据定义,主未知量总共有 r 个.

我们给自由未知量以任意值,并把它们代入方程组(1.2.2) 的方程中.于是我们得到一个关于 x_s 的形如 $ax_s=b$(第 r 个) 的方程,其中 $a=\overline{a_{rs}}\neq 0$,这个方程有唯一解;将得到的解 $x_s=x_s^0$ 代入前 $r-1$ 个方程中,并继续仿此在方程组(1.2.2) 中自下往上求解,我们看到,一旦选定了自由未知量的一组值之后,主未知量的值就唯一确定了.这样我们就证明了下述定理:

定理 1.3.1 一个线性方程组是相容的，当且仅当它化为阶梯形后，不包含形如 $0=\overline{b_t}$ 的方程，其中 $\overline{b_t}\neq 0$. 如果这一条件成立，那么自由未知量的值可任意给定，而一旦自由未知量的值选定后，主未知量的值便由方程组唯一确定.

现在假定相容性条件成立，进而我们来说明何时方程组是不定的. 如果方程组(1.2.2) 有自由未知量，则方程组自然是不定的：我们完全可以给自由未知量以任意值，然后根据定理 1.3.1，用这些值来表示主未知量. 如果不存在自由未知量(即所有未知数都是主未知量)，那么由定理 1.3.1，未知数的值由这个方程组唯一确定；因此方程组是有定的. 最后，注意到没有自由未知量这一条件等价于 $r=n$. 我们已证明了下面的定理：

定理 1.3.2 一个相容的线性方程组(1.1.1) 是有定的，当且仅当在由它化成的阶梯形方程组(1.2.2) 中，$r=n$.

一个正方形方程组，即 $m=n$ 的方程组，在化成阶梯形以后，可写成下面的三角式

$$\begin{cases}\overline{a_{11}}x_1+\overline{a_{12}}x_2+\cdots+\overline{a_{1n}}x_n=\overline{b_1}\\ \overline{a_{22}}x_2+\overline{a_{23}}x_3+\cdots+\overline{a_{2n}}x_n=\overline{b_2}\\ \vdots\\ \overline{a_{nn}}x_n=\overline{b_n}\end{cases}\tag{1.3.1}$$

这里我们并不要求对所有的 i，$\overline{a_{ii}}\neq 0$. 事实上，方程组(1.2.2) 的形式只意味着方程组中第 k 个方程不包含 $i<k$ 的未知数 x_i，这件事对于阶梯形方程组来说自然是成立的.

定理 1.3.1 和 1.3.2 有一些有用的推论.

推论 1 线性方程组(1.1.1) 当 $m=n$ 时是相容且有定的，当且仅当在化成阶梯形方程组(1.2.2) 之后，所有的 $\overline{a_{ii}}$ 都不是零.

注意，推论 1 的条件不依赖于方程组的右边. 因此，$m=n$ 的方程组(1.1.1) 是相容且有定的，当且仅当对应的齐次方程组(1.1.1′) 是相容且有定的. 但是一个齐次方程组总是相容的，例如，它总有零解 $x_1^0=0, x_2^0=0, \cdots, x_n^0=0$.

所有的 $\overline{a_{ii}}$ 都是非零的这一条件意味着齐次方程组只有零解. 从而我们得到推论 1 的另一形式，这一形式用不着方程组的阶梯形.

推论 1′ 线性方程组(1.1.1) 在 $n=m$ 的情况下是相容且有定的，当且仅当与之对应的齐次方程组(1.1.1′) 只有零解.

对于 $n>m$ 的情况也应给予特别的注意.

推论 2 一个 $n>m$ 的相容方程组永远不是有定的. 特别地，一个 $n>m$ 的

齐次方程组总有一组非零解.

事实上,我们总有 $r \leqslant m$,因为方程组(1.2.2) 的全部方程数不会比导出(1.2.2) 的方程组(1.1.1) 的方程数多.因此当 $n > m$ 时,必有 $n > r$,从而根据定理 1.2.3,方程组(1.1.1) 是不定的.还要注意,在齐次方程组的情况下,它是不定的,当且仅当它有一组非零解.

我们把所得到的一些结果总结到表 1 中.

表 1　线性方程组的类型

	一般型	齐次型	非齐次型 $n > m$	齐次型 $n > m$
解的数目	$0,1,\infty$	$1,\infty$	$0,\infty$	∞

注 2　当我们用高斯消元法解 n 元 n 个方程的线性方程组时经过多少步必要的算术运算 Γ_n 可以完成求解呢? 这不是一个无意义的问题,因为在通常情况下,当我们对大数 n 使用计算机时,应当对求解问题所需的时机进行预先估计.

因为两数相乘要比相加工作量大,所以建议只计算做乘法的次数,自然也包括除法,以后简称运算.第一步,不失一般性,可以假定线性方程组有唯一解,即所有的未知数都是主未知量.暂且忽略方程的右边.为了从第 i 个方程($i > 1$) 消去未知数 x_1 需准备好数 $h_i = \dfrac{a_{i1}}{a_{11}}$(做一次除法),还要算出 $n-1$ 个乘积 $h_i a_{ij}$,$j=2,3,\cdots,n$,即共需要 n 次运算.按照我们的约定,忽略从第 i 个方程减去第一个方程的 h_i 倍的过程.因为 $i=2,3,\cdots,n$,那么为了消去 x_1,第一步,需要 $n(n-1)$ 次运算.第二步,我们对得到的$(n-1)$ 阶方程组需要$(n-1)(n-2)$ 次运算;第三步,相应地为$(n-2)(n-3)$ 次运算等等.为了将方程组的左边化为如同公式(1.3.1) 的三角形式,总运算次数为和式

$$\Gamma_n = n(n-1)+(n-1)(n-2)+\cdots+1(1-1)$$

不难验证

$$\Gamma_n = \frac{n^3-n}{3}$$

找到解的分量 $x_1^0, x_2^0, \cdots, x_n^0$(按方程组(1.2.2) 自下而上运作),共需要 $1+2+\cdots+n = \dfrac{n(n+1)}{2}$ 次运算.当 n 较大时,并不引起对运算次数总和的本质影响.于是,高斯消元法相当准确的运算次数是

$$\Gamma_n = \frac{n^3}{3}$$[1]

1.4 分离系数·矩阵消元法

凯莱[2]对于看似简单的高斯消元法进行了研究，得出了惊人的结果. 他当时的研究动机出于对线性方程组计算的简化.

下面我们按照他的思路来分析一下含两个未知数两个方程的情形

$$\begin{cases} a_{11}x + a_{12}y = b_1 \\ a_{21}x + a_{22}y = b_2 \end{cases}$$

对于这样一个线性方程组，在固定未知数的顺序（x 出现在第一个位置，y 出现在第二个位置，常数在等号右边）且保证每个未知数都出现（不出现时，系数为 0）的情况下，方程组就只需要用系数来表示. 按照这样的规定，上面的方程组可以简写为如下数表

$$\begin{pmatrix} a_{11} & a_{12} & b_1 \\ a_{21} & a_{22} & b_2 \end{pmatrix}$$

作为具体的例子，我们把 1.2 目中的方程组

$$\begin{cases} 2x_2 - x_3 = 1 \\ x_1 - x_2 + x_3 = 0 \\ 2x_1 + x_2 - x_3 = -2 \end{cases}$$

用数表来表示.

首先，在保证顺序且每个未知数都出现的原则下，我们将这个方程组改写为

$$\begin{cases} 0x_1 + 2x_2 - x_3 = 1 \\ x_1 - x_2 + x_3 = 0 \\ 2x_1 + x_2 - x_3 = -2 \end{cases}$$

因此，方程组写成数表形式为

$$\begin{pmatrix} 0 & 2 & -1 & 1 \\ 1 & -1 & 1 & 0 \\ 2 & 1 & -1 & -2 \end{pmatrix}$$

现在，这个数表的每一行代表原方程组的一个方程，第一、二、三列分别代表各

---

① 1969 年，施特拉辛（Strassen，德国数学家）研究了一种方法，仅需要 $S_n = C \cdot n^{\log_2 7} \approx C \cdot n^{2.81}$ 次运算，当 n 非常大时，可以节省大量计算. 诚然，做到这一点是由于增加了加法运算的次数. 但 S_n 中的常数 C 特别大，而实现它的程序在逻辑上又很复杂，因而这里所谈的节省仍停留在理论上的计划.

② 凯莱（Cayley，1821—1895），英国数学家.

方程中 x_1, x_2, x_3 的系数,第四列代表常数项.

其次,不难发现,在利用高斯消元法的过程中,只是对方程组的系数和常数项进行运算,而未知数在整个过程中并未参加任何计算.因此,在计算中完全可以把它们隐去.

于是,我们可以用凯莱的数表进行高斯消元法:例子中解方程组的各个步骤现在可以简写成如下形式(用箭头表示一次初等变换)

$$\begin{pmatrix}0&2&-1&1\\1&-1&1&0\\2&1&-1&-2\end{pmatrix}\to\begin{pmatrix}1&-1&1&0\\0&2&-1&1\\2&1&-1&-2\end{pmatrix}\to\begin{pmatrix}1&-1&1&0\\0&2&-1&1\\0&3&-3&-2\end{pmatrix}\to$$

$$\begin{pmatrix}1&-1&1&0\\0&2&-1&1\\0&1&-2&-3\end{pmatrix}\to\begin{pmatrix}1&-1&1&0\\0&1&-2&-3\\0&2&-1&1\end{pmatrix}\to\begin{pmatrix}1&-1&1&0\\0&1&-2&-3\\0&0&3&7\end{pmatrix}$$

等到把数表变成阶梯形后,再写出它代表的方程组

$$\begin{cases}x_1-x_2+x_3=0\\x_2-2x_3=-3\\3x_3=7\end{cases}$$

求解最后的阶梯形方程组即得原方程组的全部解.

凯莱在 1858 年的《矩阵理论纪要》的论文中,给了这种数表以合法的数学地位,并沿用了西尔维斯特(Sylvester,1814—1897)的名词——矩阵.①刚才的利用数表来解方程组的方法自然也被称为矩阵消元法.

一般地,方程组(1.1.1)的所有系数可以按它们在方程组中的位置排成一个长方形的表

$$\begin{pmatrix}a_{11}&a_{12}&\cdots&a_{1n}\\a_{21}&a_{22}&\cdots&a_{2n}\\\vdots&\vdots&&\vdots\\a_{m1}&a_{m2}&\cdots&a_{mn}\end{pmatrix}\tag{1.4.1}$$

这个矩阵叫作方程组(1.1.1)的系数矩阵.这样一个矩阵常缩写为$(a_{ij})_{m\times n}$的形式,还可简单地用字母 $\boldsymbol{A}$ 来表示.很自然,称$(a_{i1}, a_{i2}, \cdots, a_{in})$为矩阵(1.4.1)的第 i 行,称

① 矩阵这个词是西尔维斯特首先使用的,他仅是为了将数字的矩形阵列区别于行列式而发明了这个术语.矩阵这个词源自拉丁语,表示一排数.把矩阵作为一个独立的数学概念是凯莱首先提出的.凯莱在研究线性变换下的不变量结合时,首先引进矩阵以简化记号,并且首先发表了关于这个课题的一系列文章.

$$\begin{pmatrix} a_{1j} \\ a_{2j} \\ \vdots \\ a_{mj} \end{pmatrix}$$

为矩阵(1.4.1)的第 j 列. 除矩阵(1.4.1)之外,我们也考虑方程组(1.1.1)的增广矩阵

$$\begin{pmatrix} a_{11} & a_{12} & \cdots & a_{1n} & b_1 \\ a_{21} & a_{22} & \cdots & a_{2n} & b_2 \\ \vdots & \vdots & & \vdots & \vdots \\ a_{m1} & a_{m2} & \cdots & a_{mn} & b_m \end{pmatrix}$$

这是在矩阵(1.4.1)中再排进常数项的列

$$\begin{pmatrix} b_1 \\ b_2 \\ \vdots \\ b_m \end{pmatrix}$$

而成的.

增广矩阵$(a_{ij} \mid b_i)$①可以看作方程组的简便写法.

如上所示,在应用高斯消元法来实际解出线性方程组时,可以不必每次都写出方程组,只需较简便地就增广矩阵的列来施行所有的变换.

例 1 解方程组

$$\begin{cases} x_1 + 2x_2 + 5x_3 = -9 \\ x_1 - x_2 + 3x_3 = 2 \\ 3x_1 - 6x_2 - x_3 = 25 \end{cases}$$

解 我们可对这个方程组的增广矩阵来施行变换,即

$$\left(\begin{array}{ccc:c} 1 & 2 & 5 & -9 \\ 1 & -1 & 3 & 2 \\ 3 & -6 & -1 & 25 \end{array}\right) \to \left(\begin{array}{ccc:c} 1 & 2 & 5 & -9 \\ 0 & -3 & -2 & 11 \\ 0 & -12 & -16 & 52 \end{array}\right) \to \left(\begin{array}{ccc:c} 1 & 2 & 5 & -9 \\ 0 & -3 & -2 & 11 \\ 0 & 0 & -8 & 8 \end{array}\right)$$

这样,我们得到方程组

① 为明确起见,用虚线将这一列与其他列分开.

$$\begin{cases}x_1+2x_2+5x_3=-9\\-3x_2-2x_3=11\\-8x_3=8\end{cases}$$

它有唯一的解

$$x_1=2,x_2=-3,x_3=-1$$

所以原方程组是有定的.

例 2 解方程组

$$\begin{cases}x_1-5x_2-8x_3+x_4=3\\3x_1+x_2-3x_3-5x_4=1\\x_1-7x_3+2x_4=-5\\11x_2+20x_3-9x_4=2\end{cases}$$

解 变换这个方程组的增广矩阵

$$\left(\begin{array}{cccc:c}1&-5&-8&1&3\\3&1&-3&-5&1\\1&0&-7&2&-5\\0&11&20&-9&2\end{array}\right)\to\left(\begin{array}{cccc:c}1&-5&-8&1&3\\0&16&21&-8&-8\\0&5&1&1&-8\\0&11&20&-9&2\end{array}\right)\to$$

$$\left(\begin{array}{cccc:c}1&-5&-8&1&3\\0&-89&0&-29&160\\0&5&1&1&-8\\0&-89&0&-29&162\end{array}\right)\to\begin{pmatrix}1&-5&-8&1&3\\0&-89&0&-29&160\\0&5&1&1&-8\\0&0&0&0&2\end{pmatrix}$$

我们得出一组含有等式 $0=2$ 的方程组,所以原方程组是不相容的.

例 3 解方程组

$$\begin{cases}4x_1+x_2-3x_3-x_4=0\\2x_1+3x_2+x_3-5x_4=0\\x_1-2x_2-2x_3+3x_4=0\end{cases}$$

解 因为这里所有常数项的值全等于零,所以只对方程组的系数矩阵来施行变换

$$\begin{pmatrix}4&1&-3&-1\\2&3&1&-5\\1&-2&-2&3\end{pmatrix}\to\begin{pmatrix}0&9&5&-13\\0&7&5&-11\\1&-2&-2&3\end{pmatrix}\to\begin{pmatrix}0&2&0&-2\\0&7&5&-11\\1&-2&-2&3\end{pmatrix}$$

我们得到方程组

$$\begin{cases}2x_2-2x_4=0\\7x_2+5x_3-11x_4=0\\x_1-2x_2-2x_3+3x_4=0\end{cases}$$

可以取未知数 x_2 和 x_4 中的任何一个作为自由未知量. 首先,设 $x_4=\alpha$,从第一个方程得出 $x_2=\alpha$;其次,从第二个方程得出 $x_3=\frac{4}{5}\alpha$;最后,从第三个方程得出 $x_1=\frac{3}{5}\alpha$. 所以原方程组是不定的并且

$$\left(\frac{3}{5}\alpha,\alpha,\frac{4}{5}\alpha,\alpha\right)$$

是这组方程的通解.

1.5 病态方程组

现在我们简略考察解线性方程组在实际计算方面的问题. 高速计算机的出现,使短时间内解含大量方程和大量未知元的线性方程组成为可能. 然而必须记住,计算机容量有限,因而所处理的一切数是舍入到有限小数数位的. 例如,分数 $\frac{2}{3}$ 的精确小数展开是 0.666…,有无数个 6. 一部计算机把 $\frac{2}{3}$ 记作 0.66…66(用精确值截尾)或记作 0.66…67(把精确值舍入),一直到计算机所容许的那么多个 6. 因此,即使最大的计算机也产生不出完全准确的解. 确实,有时所得出的解和精确解之间的差异是不容忽视的. 现在我们举例说明这一情况.

考察方程组

$$\begin{cases}x_1+x_2=-2\\x_1+1.015x_2=1\end{cases}\tag{1.5.1}$$

其(唯一)解是

$$x_1=-202,x_2=200$$

假定用一台最多只能处理三位有效数字的计算机来解这个方程组. 这时将 1.015 舍入为 1.01 或 1.02,方程组变为

$$\begin{cases}x_1+x_2=-2\\x_1+1.01x_2=1\end{cases}$$

的解是

$$x_1=-302,x_2=300$$

而方程组

$$\begin{cases} x_1 + x_2 = -2 \\ x_1 + 1.02x_2 = 1 \end{cases}$$

的解是

$$x_1 = -152, x_2 = 150$$

这些解和方程组(1.5.1) 的解有很少或根本没有相似之处. 也就是说方程组(1.5.1) 系数的一个小变化就对它的解产生了很大影响,称这种方程组为病态的. 把方程组(1.5.1) 写为

$$\begin{cases} x_1 + x_2 = -2 \\ x_1 + (1+\varepsilon)x_2 = 1 \end{cases} \tag{1.5.2}$$

这里 $\varepsilon = 0.015$,我们就可以看出对病态的解释. 方程组(1.5.2) 的解是

$$x_1 = -\frac{3+2\varepsilon}{\varepsilon}, x_2 = \frac{3}{\varepsilon}$$

容易看出,它对 ε 的小变化是很敏感的.

现在把病态方程组(1.5.1) 和以下与它仅有小差别的方程组来做一个比较(容易看出,方程组(1.5.1′) 仅仅变动了方程组(1.5.1) 中一个系数的符号)

$$\begin{cases} x_1 + x_2 = -2 \\ x_1 - 1.015x_2 = 1 \end{cases} \tag{1.5.1′}$$

它的四个有效数字的解是

$$x_1 = -0.511\,1, x_2 = -1.489 \tag{1.5.3}$$

由方程组(1.5.1′) 舍入 -1.015 为 -1.01 所得方程组有解

$$x_1 = -0.507\,5, x_2 = -1.492$$

如果舍入 -1.015 为 -1.02,则新方程组有解

$$x_1 = -0.514\,8, x_2 = -1.485$$

方程组(1.5.1′) 系数的一个小变化只产生了它的解的一个小变化. 这种方程组称为良态的.

如果我们把方程组(1.5.1′) 写为

$$\begin{cases} x_1 + x_2 = -2 \\ x_1 - (1+\varepsilon)x_2 = 1 \end{cases} \tag{1.5.4}$$

这里 $\varepsilon = 0.015$,那么方程组(1.5.4) 的稳定性是明显的. 因为它的解是

$$x_1 = -\frac{1+2\varepsilon}{2+\varepsilon}, x_2 = -\frac{3}{2+\varepsilon}$$

这里不像方程组(1.5.2) 的解,分母不是很小的数,因此 ε 值的小变化只引起方程组(1.5.4) 解的小变化.

我们仅指出，方程组的“病态”性质是由其系数矩阵本身的特性决定的.

§2　行列式的概念

2.1　低阶行列式

在上节中所介绍的解线性方程组的方法是很单纯的，只需要施行一种类型的计算法，容易用计算机来完成. 它的主要缺点是不可能用方程组的系数和常数项来表达方程组的相容性或有定性的条件. 另外，对于有定方程组，这个方法不能求出用这个方程组的系数和常数项来表示解的公式. 所有这些在多种理论问题上，特别是在几何的研究中都是必须的，所以要用另外的较深入的方法来展开线性方程组的理论. 本节之后的内容是针对方程个数等于未知量个数的有定线性方程组的讨论. 现在我们进入消去未知数的精确工作，至少对规模不大的正方形线性方程组来做. 这将给我们提供一些思索的资料，并且也为构造更一般的行列式理论提供一个出发点.

我们考虑含两个未知数的两个方程的线性方程组

$$\begin{cases} a_1x_1 + a_2x_2 = a_3 \\ b_1x_1 + b_2x_2 = b_3 \end{cases} \tag{2.1.1}$$

以 b_2 乘第一个方程，以 $(-a_2)$ 乘第二个方程，然后相加便得

$$(a_1b_2 - a_2b_1)x_1 = a_3b_2 - a_2b_3$$

若 $a_1b_2 - a_2b_1 \neq 0$，则得未知量 x_1 的值，因而也即得 x_2 的值

$$x_1 = \frac{a_3b_2 - a_2b_3}{a_1b_2 - a_2b_1},\ x_2 = \frac{a_1b_3 - a_3b_1}{a_1b_2 - a_2b_1} \tag{2.1.2}$$

可以看出这两个公式是难于记忆的(后面要讲到的三元一次方程组的公式更为难记)，因此我们来研究它的结构. 这种提炼研究的结果是引入行列式的概念.

试观察公式(2.1.2)的构造，便发现它们都是两个式子相除所得的商，并且 x_1 的分子是把分母中的 a_1 和 b_1 依次换成方程组的常数项 a_3 和 b_3 而得来. 完全同样，x_2 的分子是把分母中的 a_2 和 b_2 依次换成常数项 a_3 和 b_3 而得来. 这些式子的性质都是一样的，都可以看作是同一个二次齐次多项式

$$F(z_1, z_2, z_3, z_4) = z_1z_4 - z_2z_3$$

的值. 这样 x_1 和 x_2 的表达式便可以写成如下的形式

$$x_1=\frac{F(a_3,a_2,b_3,b_2)}{F(a_1,a_2,b_1,b_2)},x_2=\frac{F(a_1,a_3,b_1,b_3)}{F(a_1,a_2,b_1,b_2)}$$

上述方法不适用的情况,也可以用多项式 F 来说明,即当

$$F(a_1,a_2,b_1,b_2)=0$$

时,上述的解法不适用,这时有以下结论:

当 $F(a_3,a_2,b_3,b_2)=0$(或 $F(a_1,a_3,b_1,b_3)=0$)时,方程组(2.1.1)的解集是空集;

当 $F(a_3,a_2,b_3,b_2)=F(a_1,a_3,b_1,b_3)=0$ 时,方程组(2.1.1)有无限多组解.

因此求含有两个未知量的两个方程的线性方程组的解,以及对这个方程组的研究,是和某一个关于四个变量的二次齐次多项式 $F(z_1,z_2,z_3,z_4)$ 的性质有关的.这个多项式称为二阶行列式.

对于含有三个未知量的三个方程的线性方程组

$$\begin{cases}a_1x_1+a_2x_2+a_3x_3=a_4\\ b_1x_1+b_2x_2+b_3x_3=b_4\\ c_1x_1+c_2x_2+c_3x_3=c_4\end{cases}$$

有类似的情况.用类似于前面所讲的方法来解这个方程组,便不难知道,当

$$a_1b_2c_3-a_1b_3c_2+a_2b_3c_1-a_2b_1c_3+a_3b_1c_2-a_3b_2c_1\neq 0$$

时,三个未知量的值是

$$\begin{cases}x_1=\dfrac{a_4b_2c_3-a_4b_3c_2+a_2b_3c_4-a_2b_4c_3+a_3b_4c_2-a_3b_2c_4}{a_1b_2c_3-a_1b_3c_2+a_2b_3c_1-a_2b_1c_3+a_3b_1c_2-a_3b_2c_1}\\ x_2=\dfrac{a_1b_4c_3-a_1b_3c_4+a_4b_3c_1-a_4b_1c_3+a_3b_1c_4-a_3b_4c_1}{a_1b_2c_3-a_1b_3c_2+a_2b_3c_1-a_2b_1c_3+a_3b_1c_2-a_3b_2c_1}\\ x_3=\dfrac{a_1b_2c_4-a_1b_4c_2+a_2b_4c_1-a_2b_1c_4+a_4b_1c_2-a_4b_2c_1}{a_1b_2c_3-a_1b_3c_2+a_2b_3c_1-a_2b_1c_3+a_3b_1c_2-a_3b_2c_1}\end{cases}$$

若引入下面的关于九个变量的三次齐次多项式

$$\begin{aligned}&\Phi(z_1,z_2,z_3,z_4,z_5,z_6,z_7,z_8,z_9)\\ &=z_1z_5z_9-z_1z_6z_8+z_2z_6z_7-z_2z_4z_9+z_3z_4z_8-z_3z_5z_7\end{aligned}$$

则上面所得的结果可以用下面的方式来叙述.当

$$\Phi(a_1,a_2,a_3,b_1,b_2,b_3,c_1,c_2,c_3)\neq 0$$

时,上面的方程组有如下的解

$$
\begin{cases}
x_1 = \dfrac{\Phi(a_4, a_2, a_3, b_4, b_2, b_3, c_4, c_2, c_3)}{\Phi(a_1, a_2, a_3, b_1, b_2, b_3, c_1, c_2, c_3)} \\
x_2 = \dfrac{\Phi(a_1, a_4, a_3, b_1, b_4, b_3, c_1, c_4, c_3)}{\Phi(a_1, a_2, a_3, b_1, b_2, b_3, c_1, c_2, c_3)} \\
x_3 = \dfrac{\Phi(a_1, a_2, a_4, b_1, b_2, b_4, c_1, c_2, c_4)}{\Phi(a_1, a_2, a_3, b_1, b_2, b_3, c_1, c_2, c_3)}
\end{cases}
$$

这样，我们又一次看到，方程组的解是和某一个齐次多项式的性质有关的. 这时多项式是三次的，而且依赖于九个变量. 我们称它为三阶行列式.

若讨论含有四个未知量的四个方程的线性方程组，或者含有五个未知量的五个方程的线性方程组，等等，则将得到同样的结果. 虽然这时的计算变得繁杂些，但其结果的性质是一样的.

由于上述的情况，自然就需要对讨论线性方程组时所出现的那些齐次多项式——行列式，做更详细的研究.

为此，继续观察二阶行列式的值：$F(a_1, a_2, b_1, b_2) = a_1b_2 - a_2b_1$. 如果把原方程组中未知数的系数分离出来，按照它们原有的位置排列成一个正方形，即

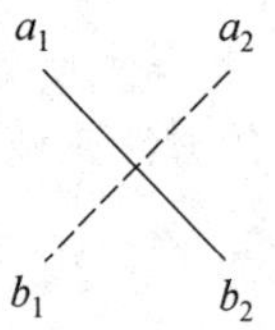

那么可以看到 $a_1b_2 - a_2b_1$ 是这样两项的和：一项是正方形中实线所示的对角线（称为主对角线）上两个数的积，取正号；另一项是正方形中虚线所示的对角线（称为副对角线）上两个数的积，取负号. 为了便于记忆，我们将排正方形的四个数的两侧各加一条竖直线，表示成

$$
\begin{vmatrix} a_1 & a_2 \\ b_1 & b_2 \end{vmatrix}
$$

并规定这个符号就是 $a_1b_2 - a_2b_1$，即

$$
\begin{vmatrix} a_1 & a_2 \\ b_1 & b_2 \end{vmatrix} = a_1b_2 - a_2b_1
$$

这样一来，我们可以写

$$
F(z_1, z_2, z_3, z_4) = \begin{vmatrix} z_1 & z_2 \\ z_3 & z_4 \end{vmatrix}
$$

仿照二阶行列式，我们可以把九个变量排成三行三列的正方形，并在两侧各加一竖直线

$$\begin{vmatrix} z_1 & z_2 & z_3 \\ z_4 & z_5 & z_6 \\ z_7 & z_8 & z_9 \end{vmatrix}$$

并规定它表示代数表达式

$$z_1z_5z_9 - z_1z_6z_8 + z_2z_6z_7 - z_2z_4z_9 + z_3z_4z_8 - z_3z_5z_7$$

三阶行列式共有九个变量,它的表达式也可以按图 1 所示的对角线法则计算出来:

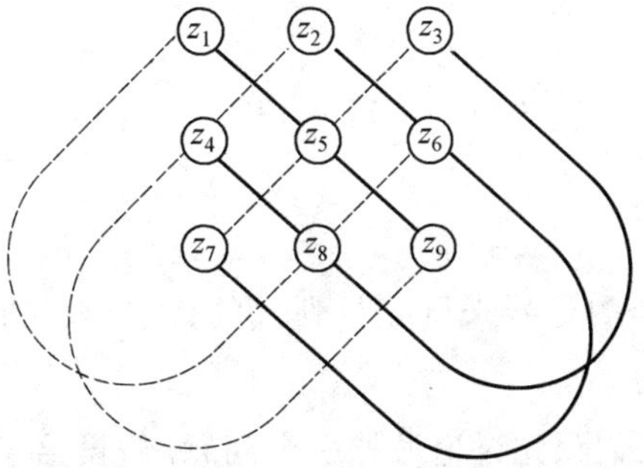

图 1

实线所连三元素的乘积都取正号,共三项;虚线所连三元素的乘积都取负号,共三项.

在文献中,上述确定二阶和三阶行列式表达式的图示方法称为萨鲁斯[①]法则.

2.2 任意阶行列式

容易明白,对于相容且有定的正方形线性方程组来说,它的解是其系数的函数.在上一目,我们已经找出了二阶和三阶情形下所说函数的表达式.一般情形下,这种函数的表达式的规律是比较复杂的,因此我们尚需进一步考察二阶和三阶行列式的结构.

在此我们先用所谓双重足标[②]去代表行列式中的变量:行列式的每一个元素都用同一个字母 x 表示,但是在 x 的下面附加两个足标,第一个足标代表这个元素所在的行的数目,第二个足标代表它所在的列的数目.例如在行列式

① 萨鲁斯(Sarrus,1798—1861),法国数学家.

② 1812 年,法国数学家柯西首先采用了行列式这个名称,柯西在 1815 年发表的论文中,第一次把元素排成"方形列阵",并采用带有双重足标的 a_{ij} 表示行列式的元素.

$$\begin{vmatrix} z_1 & z_2 & z_3 \\ z_4 & z_5 & z_6 \\ z_7 & z_8 & z_9 \end{vmatrix}$$

中，元素 z_6 所在的位置是第二行和第三列，所以我们可用 x_{23} 去表示它.

利用新的记号，我们就可以把一个二阶或三阶行列式写成形式

$$\begin{vmatrix} x_{11} & x_{12} \\ x_{21} & x_{22} \end{vmatrix} = x_{11}x_{22} - x_{12}x_{21} \tag{2.2.1}$$

$$\begin{vmatrix} x_{11} & x_{12} & x_{13} \\ x_{21} & x_{22} & x_{23} \\ x_{31} & x_{32} & x_{33} \end{vmatrix} = x_{11}x_{22}z_{33} - x_{11}x_{23}x_{32} + x_{12}x_{23}x_{31} - x_{12}x_{21}x_{33} + x_{13}x_{21}x_{32} - x_{13}x_{22}x_{31} \tag{2.2.2}$$

现在，利用这个新的记号来研究行列式的构造，就可以看出，用这样的记号，会得到怎样的成功.

基于这个目的，我们预先讨论另外一个问题. 假设给了 n 个不同的自然数 $k_1, k_2, \cdots, k_n$，这些数按一定次序组成的一个有序数组$(k_1, k_2, \cdots, k_n)$，称为一个 n 阶排列. n 阶排列$(k_1, k_2, \cdots, k_n)$ 常简记为 $k_1k_2\cdots k_n$.

由初等代数知道，从 n 个数总共可以作出 $1\times2\times3\times\cdots\times n$ 个 n 阶排列. 乘积 $1\times2\times3\times\cdots\times n$ 常用简写记号 $n!$ 代表，并把它叫作 n 的阶乘.

例如取三个数：1，2，3. 由这三个数，可以作出 $3!=1\times2\times3=6$ 个排列：123，132，312，321，231 和 213.

在这六个排列中，先取出第一个 123. 在这个排列中，数是依着自然次序排列着的，但是其余的排列就不是这样了. 例如排列 132，我们可以看出，数 3 排列在数 2 的前面.

一般地，在某一个排列 $k_1k_2\cdots k_n$ 中，当 $1\leqslant i<j\leqslant n$ 时，如果 $k_i>k_j$，那么称 k_ik_j 构成一个逆序；如果 $k_i<k_j$，那么称 k_ik_j 构成一个顺序. 此排列中的逆序的总数叫作它的逆序数，记作 $\tau(k_1k_2\cdots k_n)$.

例如，首先看排列 132，可知其含有一个逆序. 其次看排列 312，我们立刻就知道它含有两个逆序：3 排列在 2 的前面和 3 排列在 1 的前面. 接着看排列 321，则含有三个逆序，其余的依此类推.

逆序数为偶数的排列叫作偶排列，逆序数为奇数的排列叫作奇排列.

为了计算一个排列的逆序数，可按公式 $\tau(k_1k_2\cdots k_n)=m_1+m_2+\cdots+m_n$ 计算，其中 m_i 为排列中排在 k_i 后面比它小的数的个数.

现在再回到前面的二阶行列式(2.2.1). 在式(2.2.1) 右端的每一项中,我们特别把它的第一个足标按照自然次序书写. 至于每项的第二个足标,则构成两个数各种可能的排列,即 12 和 21. 第一个排列所对应的项 $a_{11}a_{22}$,取的是正号;第二个排列所对应的项 $a_{12}a_{21}$,取的是负号. 由此可以看出,假若由某一项的变量的第二足标所构成的排列含有偶数个逆序,则这一项的符号就是正. 反之,假若这个排列含有奇数个逆序,则这一项的符号就是负(零当作偶数看待). 最后我们再注意一点,在每一项中,都必须含有行列式的每一行和每一列中的一个且唯一一个元素.

上面得出来的符号规则,对于三阶行列式也同样适用. 每一项的变量的第一个足标,都是按照自然次序排列的,构成第二个足标则有三个数 1,2,3,所有可能的排列,即 3! =6 个排列为 123,231,312,321,213,132. 假若某个排列所含的逆序数是偶数,则它所对应的项就取正号;反之,假若这个排列所含的逆序数是奇数,则它所对应的项就取负号. 最后,每一项都必须含有行列式的每一行和每一列中的一个且唯一一个元素.

我们可以把上面所得出的符号规则作为基础,去定义任意阶行列式的概念.

设想给定了 n^2 个变量,并且已被排成了由 n 行和 n 列所成的正方形的表(每个变量有两个指标,第一个指出此变量所在的行的号码,第二个指出它所在的列的号码)

$$\begin{matrix} x_{11} & x_{12} & \cdots & x_{1n} \\ x_{21} & x_{22} & \cdots & x_{2n} \\ \vdots & \vdots & & \vdots \\ x_{n1} & x_{n2} & \cdots & x_{nn} \end{matrix} \tag{2.2.3}$$

定义 2.2.1 由 n^2 个变量(2.2.3) 所构成的行列式,是指一个含有 $n!$ 个项的代数和,每一项都是由式(2.2.3) 中的每一行和每一列任取一个且唯一一个变量所构成的积. 把每一项的因子按照第一个足标的自然次序书写后,假若第二个足标所成的排列的逆序数是 τ,则这一项前面的符号就令它等于$(-1)^\tau$.

由定义,假若 τ 是偶数,这一项的前面就是正号;反之,当 τ 是奇数时,就是负号.

行列式本身通常用符号

$$\begin{vmatrix} x_{11} & x_{12} & \cdots & x_{1n} \\ x_{21} & x_{22} & \cdots & x_{2n} \\ \vdots & \vdots & & \vdots \\ x_{n1} & x_{n2} & \cdots & x_{nn} \end{vmatrix}$$

来表示.

现在我们通过一个例子来解释行列式的定义. 设有一个四阶行列式,除 $x_{11}, x_{14}, x_{22}, x_{23}, x_{32}, x_{33}, x_{41}$ 和 x_{44} 外,其余的元素全是零. 试计算这个行列式. 根据假设,这个行列式的形式是

$$D=\begin{vmatrix} x_{11} & 0 & 0 & x_{14} \\ 0 & x_{22} & x_{23} & 0 \\ 0 & x_{32} & x_{33} & 0 \\ x_{41} & 0 & 0 & x_{44} \end{vmatrix}$$

依照定义 2.2.1,D 是一个含有 $4!=1\times2\times3\times4=24$ 项的代数和. 但是,在所有假设下,除去

$$x_{14}x_{22}x_{33}x_{41}, x_{14}x_{23}x_{32}x_{41}, x_{11}x_{22}x_{33}x_{44}, x_{11}x_{23}x_{32}x_{44}$$

四项,其余的项全是零.

每一项的第一个足标是按照自然次序排列的,第二个足标依次构成四个排列

$$4231, 4321, 1234, 1324$$

这四个排列的逆序数依次是 5,6,0 和 1. 由此可知第一项和第四项应取负号,第二、三两项应取正号,即

$$D=-x_{14}x_{22}x_{33}x_{41}+x_{14}x_{23}x_{32}x_{41}+x_{11}x_{22}x_{33}x_{44}-x_{11}x_{23}x_{32}x_{44}$$

把行列式记作夹在两条竖直直线之间的表的形式

$$\begin{vmatrix} x_{11} & x_{12} & \cdots & x_{1n} \\ x_{21} & x_{22} & \cdots & x_{2n} \\ \vdots & \vdots & & \vdots \\ x_{n1} & x_{n2} & \cdots & x_{nn} \end{vmatrix}$$

这种记法使我们采用下面的一些术语就变成很自然的了:行列式的第 k 行,是指元素 $x_{k1}, x_{k2}, \cdots, x_{kn}$ 的全体;行列式的第 k 列,是指元素 $x_{1k}, x_{2k}, \cdots, x_{nk}$ 的全体;行列式的主对角线,是指元素 $x_{11}, x_{22}, \cdots, x_{nn}$ 的全体.

行列式的行与列统称为排. 我们凡讲到两个平行的排时,意思是说两行或两列.

我们要指出，在研究行列式时，主要的是要注意它的值. 与其说把行列式当作一个变量（即函数）时它的性质很重要，倒不如说，那些变量（即其元素）取某些数值时它的值是什么更重要. 因此，行列式这个名称不仅指那个多项式本身，而且当那些变量取某些数值时，多项式的特殊值也叫作行列式. 在这时候，变量的值也就叫作元素.

2.3 辅助多项式 · 行列式的第二种定义

首先建立下面的结论，它表明一个排列的逆序数的奇偶性可以解析地表达出来.

定理 2.3.1 设 $\alpha_1,\alpha_2,\cdots,\alpha_n$ 是集合 $\{1,2,\cdots,n\}$ 的任一排列，它的逆序数为 τ，那么 $(-1)^\tau=\prod\limits_{1\leqslant i<j\leqslant n}\dfrac{\alpha_j-\alpha_i}{j-i}$.

为了证明定理 2.3.1，我们来引入一个辅助多项式.

用 $v_n(x_1,x_2,\cdots,x_n)(n=2,3,4,\cdots)$ 表示下面的关于 n 个变量 x_1，$x_2,\cdots,x_n$ 的多项式，即

$$\begin{aligned}v_n(x_1,x_2,\cdots,x_n)=&(x_2-x_1)\cdot(x_3-x_1)\cdot\cdots\cdot(x_{n-1}-x_1)\cdot(x_n-x_1)\cdot\\&(x_3-x_2)\cdot\cdots\cdot(x_{n-1}-x_2)\cdot(x_n-x_2)\cdot\cdots\cdot\\&(x_{n-1}-x_{n-2})\cdot(x_n-x_{n-2})\cdot(x_n-x_{n-1})\end{aligned}$$

就是说，$v_n(x_1,x_2,\cdots,x_n)$ 就是所有可能的差 x_i-x_j 的乘积，其中 $1\leqslant j<i\leqslant n$.

显然，$v_n(x_1,x_2,\cdots,x_n)$ 是一个齐次多项式，它的系数是整数，次数等于

$$(n-1)+(n-2)+\cdots+2+1=\frac{n(n-1)}{2}$$

为了今后的记法一致起见，我们规定 v_1 表示常数 1.

现在来讨论多项式 $v_n(x_1,x_2,\cdots,x_n)$ 的几个性质，这些性质是和它的值有关的.

1° 等式 $v_n(a_1,a_2,\cdots,a_n)=0$ 限于且仅限于某两个变量的值相等的时候：$a_i=a_j$ 时 $(i\neq j)$ 成立.

证明 $v_n(a_1,a_2,\cdots,a_n)$ 是形如 (a_i-a_j) 的一些因子的乘积，它只在至少有一个因子等于零时变成零.

2° 若在多项式 $v_n(x_1,x_2,\cdots,x_n)$ 中将相邻两个变量的值交换，则多项式的值得到附加因子 (-1)，即

$$\begin{aligned}&v_n(a_1,a_2,\cdots,a_{k-1},a_k,a_{k+1},a_{k+2},\cdots,a_n)\\=&-v_n(a_1,a_2,\cdots,a_{k-1},a_{k+1},a_k,a_{k+2},\cdots,a_n)\end{aligned}$$

证明　$v_n(a_1,a_2,\cdots,a_{k-1},a_k,a_{k+1},a_{k+2},\cdots,a_n)$ 和 $v_n(a_1,a_2,\cdots,a_{k-1},a_{k+1},a_k,a_{k+2},\cdots,a_n)$ 含有同样的一些因子(a_i-a_j). 其中只有一个因子不同,即 a_k 和 a_{k+1} 之差. 在 $v_n(a_1,a_2,\cdots,a_{k-1},a_k,a_{k+1},a_{k+2},\cdots,a_n)$ 中,因为 a_k 是第k 个变量的值,a_{k+1} 是第 $k+1$ 个变量的值,这个差就是因子$(a_{k+1}-a_k)$. 而在 $v_n(a_1,a_2,\cdots,a_{k-1},a_{k+1},a_k,a_{k+2},\cdots,a_n)$ 中,a_k 是第 $k+1$ 个变量的值,a_{k+1} 是第 k 个变量的值,因此在这里这个差的形式是(a_k-a_{k+1}).

因为

$$a_k-a_{k+1}=-(a_{k+1}-a_k)$$

所以

$$\begin{aligned}&v_n(a_1,a_2,\cdots,a_{k-1},a_k,a_{k+1},a_{k+2},\cdots,a_n)\\=&-v_n(a_1,a_2,\cdots,a_{k-1},a_{k+1},a_k,a_{k+2},\cdots,a_n)\end{aligned}$$

3° 若 $a_1',a_2',\cdots,a_n'$ 和 $a_1,a_2,\cdots,a_n$ 是同样的一些数,只是排列的次序可能不同,则 $|v_n(a_1,a_2,\cdots,a_n)|=|v_n(a_1',a_2',\cdots,a_n')|$.

证明　显而易见,连续依次交换相邻两个数,便可以把数 $a_1,a_2,\cdots,a_n$ 的这种排法变成这些数的另一种排法 $a_1',a_2',\cdots,a_n'$(首先,一次又一次地交换相邻的两个数,把 a_1'—— 它是某一个 a_i,移到第一位. 然后,同样地用屡次交换邻项的方法,把 a_2'—— 它是某一个 a_j,移到第二位,而这时 a_1' 在第一位保持不动. 然后又同样地处理 a_3' 等). 根据性质 2°,在每一次这样的变换中,都得到因子 -1,所以最终得到因子 -1 或 1. 这样就得出上面关于模数的等式.

4° 若在两个数列 $a_1,a_2,\cdots,a_n$ 与 $b_1,b_2,\cdots,b_n$ 中作同样的移项(例如,在第一个数列中把 a_1 移到第五位,则在第二个数列中也就把 b_1 移到第五位,依此类推),以致得出两个新的数列 $a_1',a_2',\cdots,a_n'$(和 $a_1,a_2,\cdots,a_n$ 是同样的一些数,只是次序不同)与 $b_1',b_2',\cdots,b_n'$(和 $b_1,b_2,\cdots,b_n$ 是同样的一些数,只是次序不同,它的次序和第一个数列中各项次序的改变是互相对应的). 那么

$$\begin{aligned}&v_n(a_1,a_2,\cdots,a_n)\cdot v_n(b_1,b_2,\cdots,b_n)\\=&v_n(a_1',a_2',\cdots,a_n')\cdot v_n(b_1',b_2',\cdots,b_n')\end{aligned}$$

证明　和讨论性质 3° 时所说的一样,用连续依次交换邻项的方法每一次都在两个数列中同时进行交换,便可把数列 $a_1,a_2,\cdots,a_n$ 变成 $a_1',a_2',\cdots,a_n'$(同时把 $b_1,b_2,\cdots,b_n$ 变成 $b_1',b_2',\cdots,b_n'$). 根据 2°,在每一次这样的交换中,乘积 $v_n(a_1,a_2,\cdots,a_n)\cdot v_n(b_1,b_2,\cdots,b_n)$ 的每个因子都得到附加因子 -1. 因而整个乘积并没有改变. 由此可知,经过几次这种交换,并不改变这个乘积的值.

5° 多项式 v_n 可用下面的方式由 v_{n-1} 表示出来,即

$$v_n(x_1,x_2,\cdots,x_n)=(x_2-x_1)\cdot(x_3-x_1)\cdot\cdots\cdot(x_{n-1}-x_1)\cdot(x_n-x_1)\cdot$$

$$
\begin{aligned}
& v_{n-1}(x_2, x_3, \cdots, x_n) \\
= & (x_n - x_1) \cdot (x_n - x_2) \cdot \cdots \cdot (x_n - x_{n-1}) \cdot (x_n - x_1) \cdot \\
& v_{n-1}(x_1, x_2, \cdots, x_{n-1})
\end{aligned}
$$

从多项式 v_n 和 v_{n-1} 的定义,便立刻得上述的关系式.

定理 2.3.1 证明 一方面,利用辅助多项式 v_n,乘积 $\prod_{1\leqslant i<j\leqslant n}\frac{\alpha_j-\alpha_i}{j-i}$ 可以写成

$$\prod_{1\leqslant i<j\leqslant n}\frac{\alpha_j-\alpha_i}{j-i}=\frac{v_n(\alpha_1,\alpha_2,\cdots,\alpha_n)}{v_n(1,2,\cdots,n)}$$

既然 $\alpha_1\alpha_2\cdots\alpha_n$ 是集合 $\{1,2,3,\cdots,n\}$ 的排列,因此按照多项式 v_n 的性质 3° 立刻得出 $\prod_{1\leqslant i<j\leqslant n}\frac{\alpha_j-\alpha_i}{j-i}$ 的绝对值等于 1.

另一方面,乘积 $\prod_{1\leqslant i<j\leqslant n}\frac{\alpha_j-\alpha_i}{j-i}$ 中有 τ 项取负号,因此

$$\prod_{1\leqslant i<j\leqslant n}\frac{\alpha_j-\alpha_i}{j-i}=(-1)^{\tau}$$

证毕.

现在可以给出行列式的另一个稍微不同的定义了:

定义 2.3.1 所谓 n 阶行列式($n=1,2,3,\cdots$)是一个含有 n^2 个变量形如式(2.2.3)的 n 次齐次多项式,它的系数按照下面的规则来确定:项

$$x_{\alpha_1\beta_1}x_{\alpha_2\beta_2}\cdots x_{\alpha_n\beta_n}\quad (\alpha_1,\alpha_2,\cdots,\alpha_n,\beta_1,\beta_2,\cdots,\beta_n\in\{1,2,\cdots,n\})$$

的系数等于

$$\frac{v_n(\alpha_1,\alpha_2,\cdots,\alpha_n)}{v_n(1,2,\cdots,n)}\cdot\frac{v_n(\beta_1,\beta_2,\cdots,\beta_n)}{v_n(1,2,\cdots,n)}$$

变量 x_{ij} 称为行列式的元素.

关于定义 2.3.1,我们可以立刻提出下面几点注意:

(1) 根据辅助多项式 v_n 的性质 1°,下式

$$\frac{v_n(\alpha_1,\alpha_2,\cdots,\alpha_n)}{v_n(1,2,\cdots,n)}\cdot\frac{v_n(\beta_1,\beta_2,\cdots,\beta_n)}{v_n(1,2,\cdots,n)}$$

中的分母不等于零,所以这个式子恒有意义.

(2) 由 v_n 的性质 4° 知,在乘积

$$x_{\alpha_1\beta_1}x_{\alpha_2\beta_2}\cdots x_{\alpha_n\beta_n}$$

中,无论这些因子的排列次序如何,它的系数是唯一确定的,因为当改变这些因子的排列次序时,数列 $\alpha_1,\alpha_2,\cdots,\alpha_n$(它们是因子所在的行的号码)和 $\beta_1,\beta_2,\cdots,\beta_n$(它们是因子所在的列的号码)的次序也会有同样的变化.

(3) 由 v_n 的性质 1° 知，在乘积

$$x_{\alpha_1\beta_1}x_{\alpha_2\beta_2}\cdots x_{\alpha_n\beta_n}$$

中，如果有两个元素是在表内的同一行或同一列，那么乘积的系数等于零.

(4) 由 v_n 的性质 3° 知，如果乘积

$$x_{\alpha_1\beta_1}x_{\alpha_2\beta_2}\cdots x_{\alpha_n\beta_n}$$

中的一切元素的取法如下：每行中(即 $\alpha_1,\alpha_2,\cdots,\alpha_n$ 是与 $1,2,\cdots,n$ 同样的一些数，但次序可能不同) 和每列中(即 $\beta_1,\beta_2,\cdots,\beta_n$ 是与 $1,2,\cdots,n$ 同样的一些数，但次序可能不同) 各一个元素，则系数等于 $+1$ 或 -1.

(5) 在一个乘积中，元素可以用各种不同的方法排列，在这种排列方法中，我们特别提出下面的一种：从每行和每列各取出一个元素，作这样所取的 n 个元素的乘积(由注意(3) 知道，我们可以只考虑这种乘积)，在这个乘积中，因子可以按照行的自然顺序来排列. 这样一来，乘积 $x_{1\beta_1}x_{2\beta_2}\cdots x_{n\beta_n}$(其中 $\beta_1,\beta_2,\cdots,\beta_n$ 是与 $1,2,\cdots,n$ 同样的一些数，但次序可能不同) 的系数是 $+1$ 或 -1，可以更简单地由下式来确定

$$\frac{v_n(1,2,\cdots,n)}{v_n(1,2,\cdots,n)}\cdot\frac{v_n(\beta_1,\beta_2,\cdots,\beta_n)}{v_n(1,2,\cdots,n)}=\frac{v_n(\beta_1,\beta_2,\cdots,\beta_n)}{v_n(1,2,\cdots,n)}$$

到这里，我们就能确认定义 2.3.1 和定义 2.2.1 的一致性了.

(6) 必须强调指出，确定乘积的系数时，应当只根据此乘积中的元素所在的行和列的号码. 在个别的情况下，元素本身的记法(特别是那些下标) 可以改变，这时就往往不能表明行和列的号码，在这种情况下，行和列的号码就必须直接地去确定，而不能利用元素记法的外表形式了.

例如，试观察行列式

$$\begin{vmatrix} a_1 & a_2 \\ b_1 & b_2 \end{vmatrix}$$

则乘积 a_2b_1 的系数应确定为

$$\frac{v_2(1,2)}{v_2(1,2)}\cdot\frac{v_2(2,1)}{v_2(1,2)}=\frac{(2-1)}{(2-1)}\cdot\frac{(1-2)}{(2-1)}=-1$$

(因为 a_2 属于第一行和第二列，b_1 属于第二行和第一列).

若观察行列式

$$\begin{vmatrix} x_{25} & x_{24} \\ x_{75} & x_{74} \end{vmatrix}$$

则乘积 $x_{75}\cdot x_{24}$ 的系数应确定为

$$\frac{v_2(2,1)}{v_2(1,2)}\cdot\frac{v_2(1,2)}{v_2(1,2)}=\frac{(1-2)}{(2-1)}\cdot\frac{(2-1)}{(2-1)}=-1$$

因为系数与 x_{75} 和 x_{24} 在表内的位置有关，而与这些 x 的下标的值无关，在这里

这些下标并不表示这些元素所在的行和列的号码.

利用行列式的新记法,2.1 目公式(2.1.2) 可写为:如果

$$\begin{vmatrix} a_1 & a_2 \\ b_1 & b_2 \end{vmatrix} \neq 0$$

那么

$$x_1 = \frac{\begin{vmatrix} a_3 & a_2 \\ b_3 & b_2 \end{vmatrix}}{\begin{vmatrix} a_1 & a_2 \\ b_1 & b_2 \end{vmatrix}}, x_2 = \frac{\begin{vmatrix} a_1 & a_3 \\ b_1 & b_3 \end{vmatrix}}{\begin{vmatrix} a_1 & a_2 \\ b_1 & b_2 \end{vmatrix}}$$

将来我们会知道,这个公式是关于线性方程组的一般公式的特别情形.

作为具体例子,我们来考察方程组

$$\begin{cases} 4x_1 - 5x_2 = 2 \\ 2x_1 + x_2 = 8 \end{cases}$$

由未知量的系数所构成的行列式不等于零

$$\begin{vmatrix} 4 & -5 \\ 2 & 1 \end{vmatrix} = 4 \times 1 - (-5) \times 2 = 14$$

所以我们可以应用上面所得关于方程组的解的公式

$$x_1 = \frac{\begin{vmatrix} 2 & -5 \\ 8 & 1 \end{vmatrix}}{\begin{vmatrix} 4 & -5 \\ 2 & 1 \end{vmatrix}} = \frac{2 \times 1 - (-5) \times 8}{14} = 3$$

$$x_2 = \frac{\begin{vmatrix} 4 & 2 \\ 2 & 8 \end{vmatrix}}{\begin{vmatrix} 4 & -5 \\ 2 & 1 \end{vmatrix}} = \frac{4 \times 8 - 2 \times 2}{14} = 2$$

当然,由直接的验算便知我们的解是正确的.

§3　行列式的变换与展开

3.1　行列式的变换与性质

在研究行列式的性质和计算行列式的数值时,如能在行列式上施行一些变换是很有用处的. 在本段中,我们将讨论行列式的四种基本变换.

第一种变换(行代以列)　设行列式的每一行都用同号码的列去代替,则

行列式的值不变,即若

$$D=\begin{vmatrix} x_{11} & x_{12} & \cdots & x_{1n} \\ x_{21} & x_{22} & \cdots & x_{2n} \\ \vdots & \vdots & & \vdots \\ x_{n1} & x_{n2} & \cdots & x_{nn} \end{vmatrix}$$

$$D'=\begin{vmatrix} x_{11} & x_{21} & \cdots & x_{n1} \\ x_{12} & x_{22} & \cdots & x_{n2} \\ \vdots & \vdots & & \vdots \\ x_{1n} & x_{2n} & \cdots & x_{nn} \end{vmatrix}$$

则

$$D=D'$$

证明 根据行列式的定义,D 是具有形式

$$x_{\alpha_1\beta_1}x_{\alpha_2\beta_2}\cdots x_{\alpha_n\beta_n}$$

的乘积附以适当系数的各项之和. 因行列式 D' 的元素和行列式 D 的元素相同,故 D' 也是那些乘积的和. 我们来证明,在两种情况下那些系数也是相同的. 事实上,在构成 D 的和中,乘积

$$x_{\alpha_1\beta_1}x_{\alpha_2\beta_2}\cdots x_{\alpha_n\beta_n}$$

的系数等于

$$\frac{v_n(\alpha_1,\alpha_2,\cdots,\alpha_n)}{v_n(1,2,\cdots,n)}\cdot\frac{v_n(\beta_1,\beta_2,\cdots,\beta_n)}{v_n(1,2,\cdots,n)}$$

而在构成 D' 的和中,这同一个乘积的系数是

$$\frac{v_n(\beta_1,\beta_2,\cdots,\beta_n)}{v_n(1,2,\cdots,n)}\cdot\frac{v_n(\alpha_1,\alpha_2,\cdots,\alpha_n)}{v_n(1,2,\cdots,n)}$$

(因为在 D' 中,元素 $x_{\alpha\beta}$ 的第一个指标 α 表示列的号码而不是行的号码,第二个指标 β 是行的号码而不是列的号码). 这两个式子显然相等.

从行列式的第一种变换可以得出一个有用的推论:对于任意行列式的列所证明了的任何性质,对于它们的行而言仍然正确. 反过来也是对的.

事实上,假设对于任意行列式的列的某种性质已经证明了. 我们只要取任意的行列式 D,并对它施行第一种变换,行列式 D 的行便变为行列式 D' 的列. 对 D' 的列而言,所说的性质应当正确(因为这个性质对于任意行列式的列都是正确的,所以对于行列式 D' 的列也是正确的).

由于上面所说的情形,我们以后在叙述关于行,同时也关于列的某种性质时(为了简单起见,在这种情况下,我们用"排"这个字,它可以理解为行,也可以理解为列),通常只就列来证明它. 至于它对行而言的正确性,则根据上面所说的,可直接由证明过的部分得出. 虽然如此,我们在前面已经指出,在行列式

的定义中，行与列是完全对称的，所以关于行的任何性质的证明是和关于列的证明完全相似的，并且可以毫无困难地再证一遍.

第二种变换(排乘以数)　如果行列式中某一排的每个元素都乘以数 λ，那么行列式的值也乘以 λ. 换句话说，如果

$$D=\begin{vmatrix} x_{11} & x_{12} & \cdots & x_{1(k-1)} & x_{1k} & x_{1(k+1)} & \cdots & x_{1n} \\ x_{21} & x_{22} & \cdots & x_{2(k-1)} & x_{2k} & x_{2(k+1)} & \cdots & x_{2n} \\ \vdots & \vdots & & \vdots & \vdots & \vdots & & \vdots \\ x_{n1} & x_{n2} & \cdots & x_{n(k-1)} & x_{nk} & x_{n(k+1)} & \cdots & x_{nn} \end{vmatrix}$$

$$D'=\begin{vmatrix} x_{11} & x_{12} & \cdots & x_{1(k-1)} & \lambda x_{1k} & x_{1(k+1)} & \cdots & x_{1n} \\ x_{21} & x_{22} & \cdots & x_{2(k-1)} & \lambda x_{2k} & x_{2(k+1)} & \cdots & x_{2n} \\ \vdots & \vdots & & \vdots & \vdots & \vdots & & \vdots \\ x_{n1} & x_{n2} & \cdots & x_{n(k-1)} & \lambda x_{nk} & x_{n(k+1)} & \cdots & x_{nn} \end{vmatrix}$$

则

$$D'=\lambda D$$

证明(关于行而言有类似的性质)　按照定义，行列式 D' 的每一个系数非零的项必有且只有第 k 列的某一个元素，这样一来，D' 的每一个系数非零的项具有形式

$$x_{\alpha_1\beta_1}\cdots(\lambda x_{ik})\cdots x_{\alpha_n\beta_n}, i\in\{1,2,\cdots,n\}$$

但

$$x_{\alpha_1\beta_1}\cdots(\lambda x_{ik})\cdots x_{\alpha_n\beta_n}=\lambda(x_{\alpha_1\beta_1}\cdots x_{ik}\cdots x_{\alpha_n\beta_n})$$

而 $x_{\alpha_1\beta_1}\cdots x_{ik}\cdots x_{\alpha_n\beta_n}$ 刚好是行列式 D 的一个系数非零的项，并且此项在行列式 D 中的符号显然和 $x_{\alpha_1\beta_1}\cdots(\lambda x_{ik})\cdots x_{\alpha_n\beta_n}$ 在 D' 中的符号一致. 由此便有

$$D'=\lambda D$$

上面所说的以及后面提到的性质，对行列式的计算非常有帮助.

例　试计算下面的七阶行列式

$$D=\begin{vmatrix} 0 & 1 & 2 & 3 & 4 & 5 & 6 \\ -2 & 0 & 2 & 4 & 6 & 8 & 10 \\ -6 & -3 & 0 & 3 & 6 & 9 & 12 \\ -12 & -8 & -4 & 0 & 4 & 8 & 12 \\ -20 & -15 & -10 & -5 & 0 & 5 & 10 \\ -30 & -24 & -18 & -12 & -6 & 0 & 6 \\ -42 & -35 & -28 & -21 & -14 & -7 & 0 \end{vmatrix}$$

解　按照行列式的定义来计算这样的行列式是需要繁杂的计算的($7!=5\ 040$ 项). 反之，应用第二种变换于行列式：以 $\frac{1}{2}$ 乘第二行，$\frac{1}{3}$ 乘第三行，$\frac{1}{4}$ 乘

第四行，$\frac{1}{5}$ 乘第五行，$\frac{1}{6}$ 乘第六行，$\frac{1}{7}$ 乘第七行，得

$$D' = \frac{1}{2} \times \frac{1}{3} \times \frac{1}{4} \times \frac{1}{5} \times \frac{1}{6} \times \frac{1}{7} D$$

$$= \begin{vmatrix} 0 & 1 & 2 & 3 & 4 & 5 & 6 \\ -1 & 0 & 1 & 2 & 3 & 4 & 5 \\ -2 & -1 & 0 & 1 & 2 & 3 & 4 \\ -3 & -2 & -1 & 0 & 1 & 2 & 3 \\ -4 & -3 & -2 & -1 & 0 & 1 & 2 \\ -5 & -4 & -3 & -2 & -1 & 0 & 1 \\ -6 & -5 & -4 & -3 & -2 & -1 & 0 \end{vmatrix}$$

现在应用第一种变换于行列式 D'，在 D' 中以列代行，得

$$D' = \begin{vmatrix} 0 & -1 & -2 & -3 & -4 & -5 & -6 \\ 1 & 0 & -1 & -2 & -3 & -4 & -5 \\ 2 & 1 & 0 & -1 & -2 & -3 & -4 \\ 3 & 2 & 1 & 0 & -1 & -2 & -3 \\ 4 & 3 & 2 & 1 & 0 & -1 & -2 \\ 5 & 4 & 3 & 2 & 1 & 0 & -1 \\ 6 & 5 & 4 & 3 & 2 & 1 & 0 \end{vmatrix}$$

至此又用第二种变换，以 -1 乘所得行列式的每一行，便得

$$(-1)^7 D' = \begin{vmatrix} 0 & 1 & 2 & 3 & 4 & 5 & 6 \\ -1 & 0 & 1 & 2 & 3 & 4 & 5 \\ -2 & -1 & 0 & 1 & 2 & 3 & 4 \\ -3 & -2 & -1 & 0 & 1 & 2 & 3 \\ -4 & -3 & -2 & -1 & 0 & 1 & 2 \\ -5 & -4 & -3 & -2 & -1 & 0 & 1 \\ -6 & -5 & -4 & -3 & -2 & -1 & 0 \end{vmatrix} = D'$$

这表示

$$-D' = D'$$

也就是

$$D' = 0$$

由此得出

$$D = 0$$

下述两个性质是第二种变换的直接结果：

性质 1（具有零排的行列式）　如果在行列式中，有一排元素全等于零，那么行列式本身等于零.

事实上，把行列式的零排的每个元素乘以数 0，这时候行列式本身并未变化，按第二种变换便知行列式等于零.

性质 2(具有公因子排的行列式)　假若行列式某一排的元素都同时含有一个公因子，则这个公因子可以提取出来写在行列式记号的外面.

例如，$\begin{vmatrix} 1 & 5 & 10 \\ 2 & 6 & 2 \\ 3 & 8 & 4 \end{vmatrix} = 2\begin{vmatrix} 1 & 5 & 5 \\ 2 & 6 & 1 \\ 3 & 8 & 2 \end{vmatrix}$.

第三种变换(两平行排互换)　如果在一个行列式中，两平行排的位置互换，那么行列式的值乘以 -1. 这样，如果

$$D=\begin{vmatrix} x_{11} & x_{12} & \cdots & x_{1(i-1)} & x_{1i} & x_{1(i+1)} & \cdots & x_{1(k-1)} & x_{1k} & x_{1(k+1)} & \cdots & x_{1n} \\ x_{21} & x_{22} & \cdots & x_{2(i-1)} & x_{2i} & x_{2(i+1)} & \cdots & x_{2(k-1)} & x_{2k} & x_{2(k+1)} & \cdots & x_{2n} \\ \vdots & \vdots & & \vdots & \vdots & \vdots & & \vdots & \vdots & \vdots & & \vdots \\ x_{n1} & x_{n2} & \cdots & x_{n(i-1)} & x_{ni} & x_{n(i+1)} & \cdots & x_{n(k-1)} & x_{nk} & x_{n(k+1)} & \cdots & x_{nn} \end{vmatrix}$$

$$D'=\begin{vmatrix} x_{11} & x_{12} & \cdots & x_{1(i-1)} & x_{1k} & x_{1(i+1)} & \cdots & x_{1(k-1)} & x_{1i} & x_{1(k+1)} & \cdots & x_{1n} \\ x_{21} & x_{22} & \cdots & x_{2(i-1)} & x_{2k} & x_{2(i+1)} & \cdots & x_{2(k-1)} & x_{2i} & x_{2(k+1)} & \cdots & x_{2n} \\ \vdots & \vdots & & \vdots & \vdots & \vdots & & \vdots & \vdots & \vdots & & \vdots \\ x_{n1} & x_{n2} & \cdots & x_{n(i-1)} & x_{nk} & x_{n(i+1)} & \cdots & x_{n(k-1)} & x_{ni} & x_{n(k+1)} & \cdots & x_{nn} \end{vmatrix}$$

则

$$D'=-D$$

证明(对于行而言，有类似的性质)　行列式 D 和 D' 具有同样的一些元素，因此它们是同样的一些乘积的和. 我们只需比较对应的系数. 在行列式 D 中，试看只含第 i 列一个元素和第 k 列一个元素的乘积

$$x_{\alpha_1 i}x_{\alpha_2 k}\cdots x_{\alpha_n\beta_n}$$

(为了方便起见，我们把这两个因子写在前面). 它的系数等于

$$\varepsilon=\frac{v_n(\alpha_1,\alpha_2,\alpha_3,\alpha_4,\cdots,\alpha_n)}{v_n(1,2,3,4,\cdots,n)}\cdot\frac{v_n(i,k,\beta_3,\beta_4,\cdots,\beta_n)}{v_n(1,2,3,4,\cdots,n)}$$

在计算这个乘积在行列式 D' 中的系数时，必须注意，在 D' 中元素 $x_{\alpha i}$ 在第 k 列，而 $x_{\alpha k}$ 在第 i 列. 因此在 D' 中这个乘积的系数等于

$$\varepsilon'=\frac{v_n(\alpha_1,\alpha_2,\alpha_3,\alpha_4,\cdots,\alpha_n)}{v_n(1,2,3,4,\cdots,n)}\cdot\frac{v_n(k,i,\beta_3,\beta_4,\cdots,\beta_n)}{v_n(1,2,3,4,\cdots,n)}$$

根据 2.2 目性质 2°：$\varepsilon'=-\varepsilon$. 因此构成和 D 的每个乘积，在 D' 的表达式中有相反的符号. 由此可见，$D'=-D$.

应用第三种变换，我们可以得到行列式的一个有用的性质.

性质 3(具有成比例的两个平行排的行列式)　如果行列式的两个平行排中，按号码对应着的元素相差同一个因子，那么行列式等于零. 也就是说，如果

在行列式

$$D=\begin{vmatrix} x_{11} & x_{12} & \cdots & x_{1i} & \cdots & x_{1k} & \cdots & x_{1n} \\ x_{21} & x_{22} & \cdots & x_{2i} & \cdots & x_{2k} & \cdots & x_{2n} \\ \vdots & \vdots & & \vdots & & \vdots & & \vdots \\ x_{n1} & x_{n2} & \cdots & x_{ni} & \cdots & x_{nk} & \cdots & x_{nn} \end{vmatrix}$$

中，满足 $x_{\alpha i}=\lambda x_{\alpha k}(\alpha=1,2,3,4,\cdots,n)$，则

$$D=0$$

证明 若 $\lambda=0$，则第 i 列所有的元素都等于零，因此，根据行列式的性质 1，得 $D=0$. 现在设 $\lambda\neq 0$. 若用 λ 乘第 k 列元素，则根据行列式的第二种变换，行列式变为 λD. 在所得行列式中，第 i 列和第 k 列对应的元素相等. 因此当第 i 列和第 k 列的位置互换时，行列式的值不变. 但是，根据行列式的第三种变换，由于这个变换，行列式得到因子 -1. 由此可见

$$\lambda D=(-1)\cdot(\lambda D)$$

因为 $\lambda\neq 0$，所以 $D=0$.

现在我们来讨论第四种变换，或许，这种变换在计算行列式时最有用处.

第四种变换(两平行排相加) 如果在行列式任一排的诸元素上，加上另一平行排的对应诸元素和同一因子的乘积，那么行列式的值不变，即是说，如果

$$D=\begin{vmatrix} x_{11} & x_{12} & \cdots & x_{1i} & \cdots & x_{1k} & \cdots & x_{1n} \\ x_{21} & x_{22} & \cdots & x_{2i} & \cdots & x_{2k} & \cdots & x_{2n} \\ \vdots & \vdots & & \vdots & & \vdots & & \vdots \\ x_{n1} & x_{n2} & \cdots & x_{ni} & \cdots & x_{nk} & \cdots & x_{nn} \end{vmatrix}$$

$$D'=\begin{vmatrix} x_{11} & x_{12} & \cdots & x_{1i} & \cdots & (x_{1k}+\lambda x_{1i}) & \cdots & x_{1n} \\ x_{21} & x_{22} & \cdots & x_{2i} & \cdots & (x_{2k}+\lambda x_{2i}) & \cdots & x_{2n} \\ \vdots & \vdots & & \vdots & & \vdots & & \vdots \\ x_{n1} & x_{n2} & \cdots & x_{ni} & \cdots & (x_{nk}+\lambda x_{ni}) & \cdots & x_{nn} \end{vmatrix}$$

则

$$D'=D$$

证明这个变换，我们需要用到行列式的一个性质：

性质 4(只有一排不相同的行列式的加法) 设在两个行列式中，除了某一个固定排，其余对应的元素都相等，则这两个行列式的和等于一个新行列式，在这个行列式中，上述固定排的元素等于已知两个行列式中对应的元素的和，而其他的元素都和已知两个行列式中对应的元素相等.

换句话说，如果

$$D_1=\begin{vmatrix} x_{11} & x_{12} & \cdots & x_{1k}^{(1)} & \cdots & x_{1n} \\ x_{21} & x_{22} & \cdots & x_{2k}^{(1)} & \cdots & x_{2n} \\ \vdots & \vdots & & \vdots & & \vdots \\ x_{n1} & x_{n2} & \cdots & x_{nk}^{(1)} & \cdots & x_{nn} \end{vmatrix}$$

$$D_2=\begin{vmatrix} x_{11} & x_{12} & \cdots & x_{1k}^{(2)} & \cdots & x_{1n} \\ x_{21} & x_{22} & \cdots & x_{2k}^{(2)} & \cdots & x_{2n} \\ \vdots & \vdots & & \vdots & & \vdots \\ x_{n1} & x_{n2} & \cdots & x_{nk}^{(2)} & \cdots & x_{nn} \end{vmatrix}$$

$$D_3=\begin{vmatrix} x_{11} & x_{12} & \cdots & (x_{1k}^{(1)}+x_{1k}^{(2)}) & \cdots & x_{1n} \\ x_{21} & x_{22} & \cdots & (x_{2k}^{(1)}+x_{2k}^{(2)}) & \cdots & x_{2n} \\ \vdots & \vdots & & \vdots & & \vdots \\ x_{n1} & x_{n2} & \cdots & (x_{nk}^{(1)}+x_{nk}^{(2)}) & \cdots & x_{nn} \end{vmatrix}$$

则

$$D_1+D_2=D_3$$

证明　D 的每一项可以写成

$$x_{1\beta_1}x_{2\beta_2}\cdots(x_{ik}^{(1)}+x_{ik}^{(2)})\cdots x_{n\beta_n}$$

的形式,它的符号是$\dfrac{v_n(\beta_1,\beta_2,\cdots,k,\cdots,\beta_n)}{v_n(1,2,\cdots,n)}$.除去括号,得出如下的两项

$$\begin{aligned}&x_{1\beta_1}x_{2\beta_2}\cdots(x_{ik}^{(1)}+x_{ik}^{(2)})\cdots x_{n\beta_n}\\ =&x_{1\beta_1}x_{2\beta_2}\cdots x_{ik}^{(1)}\cdots x_{n\beta_n}+x_{1\beta_1}x_{2\beta_2}\cdots x_{ik}^{(2)}\cdots x_{n\beta_n}\end{aligned}$$

但 $x_{1\beta_1}x_{2\beta_2}\cdots x_{ik}^{(1)}\cdots x_{n\beta_n}$ 冠以符号$\dfrac{v_n(\beta_1,\beta_2,\cdots,k,\cdots,\beta_n)}{v_n(1,2,\cdots,n)}$后,诸项的和等于行列式

$$\begin{vmatrix} x_{11} & x_{12} & \cdots & x_{1k}^{(1)} & \cdots & x_{1n} \\ x_{21} & x_{22} & \cdots & x_{2k}^{(1)} & \cdots & x_{2n} \\ \vdots & \vdots & & \vdots & & \vdots \\ x_{n1} & x_{n2} & \cdots & x_{nk}^{(1)} & \cdots & x_{nn} \end{vmatrix}$$

同样,$x_{1\beta_1}x_{2\beta_2}\cdots x_{ik}^{(2)}\cdots x_{n\beta_n}$ 冠以符号$\dfrac{v_n(\beta_1,\beta_2,\cdots,k,\cdots,\beta_n)}{v_n(1,2,\cdots,n)}$后,诸项的和等于行列式

$$\begin{vmatrix} x_{11} & x_{12} & \cdots & x_{1k}^{(2)} & \cdots & x_{1n} \\ x_{21} & x_{22} & \cdots & x_{2k}^{(2)} & \cdots & x_{2n} \\ \vdots & \vdots & & \vdots & & \vdots \\ x_{n1} & x_{n2} & \cdots & x_{nk}^{(2)} & \cdots & x_{nn} \end{vmatrix}$$

这就证明了性质 4.

显然，性质 4 不仅对两项成立，就任意多项而言，也同样成立.

例如

$$\begin{vmatrix} 1+2+3 & 7 & 1 \\ 0-1+5 & 3 & -1 \\ 2-1+3 & -1 & 2 \end{vmatrix} = \begin{vmatrix} 1 & 7 & 1 \\ 0 & 3 & -1 \\ 2 & -1 & 2 \end{vmatrix} + \begin{vmatrix} 2 & 7 & 1 \\ -1 & 3 & -1 \\ -1 & -1 & 2 \end{vmatrix} + \begin{vmatrix} 3 & 7 & 1 \\ 5 & 3 & -1 \\ 3 & -1 & 2 \end{vmatrix}$$

现在来证明第四种变换. 既然 D' 的第 k 列的每一个元素都是两项的和，则根据性质 4，有

$$D' = \begin{vmatrix} x_{11} & x_{12} & \cdots & x_{1i} & \cdots & x_{1k} & \cdots & x_{1n} \\ x_{21} & x_{22} & \cdots & x_{2i} & \cdots & x_{2k} & \cdots & x_{2n} \\ \vdots & \vdots & & \vdots & & \vdots & & \vdots \\ x_{n1} & x_{n2} & \cdots & x_{ni} & \cdots & x_{nk} & \cdots & x_{nn} \end{vmatrix} + \begin{vmatrix} x_{11} & x_{12} & \cdots & x_{1i} & \cdots & \lambda x_{1i} & \cdots & x_{1n} \\ x_{21} & x_{22} & \cdots & x_{2i} & \cdots & \lambda x_{2i} & \cdots & x_{2n} \\ \vdots & \vdots & & \vdots & & \vdots & & \vdots \\ x_{n1} & x_{n2} & \cdots & x_{ni} & \cdots & \lambda x_{ni} & \cdots & x_{nn} \end{vmatrix}$$

这个等式右端第一个行列式等于 D，第二个行列式等于零，因为它含有两列成比例的元素（性质 3），由此 $D'=D$，这就是所要证明的.

现在我们来看看，利用第四种变换如何简化行列式的计算. 在此试先看下面的例子.

例　计算行列式

$$D = \begin{vmatrix} 1 & 1 & 1 & 1 \\ 3 & 7 & 0 & 1 \\ 2 & 5 & 6 & 7 \\ 2 & 0 & 1 & -1 \end{vmatrix}$$

解　我们试把 D 变换成另外一个行列式，使其除去一个元素外，第一行的元素全是零. 利用第四种变换，就可以达到这个目的. 从第二列的每一个元素减去第一列的每个元素，得

$$D = \begin{vmatrix} 1 & 0 & 1 & 1 \\ 3 & 4 & 0 & 1 \\ 2 & 3 & 6 & 7 \\ 2 & -2 & 1 & -1 \end{vmatrix}$$

在这个新行列式中，再从第三列的每一个元素减去第一列的每个元素，得

$$D = \begin{vmatrix} 1 & 0 & 0 & 1 \\ 3 & 4 & -3 & 1 \\ 2 & 3 & 4 & 7 \\ 2 & -2 & -1 & -1 \end{vmatrix}$$

最后,再从第四列的每一个元素减去第一列的每个元素,得

$$D=\begin{vmatrix}1 & 0 & 0 & 0\\ 3 & 4 & -3 & -2\\ 2 & 3 & 4 & 5\\ 2 & -2 & -1 & -3\end{vmatrix}$$

这个行列式的值与原行列式相同但是它更容易计算,因为它的第一行除 $a_{11}=1$ 外,其余的全是零.所以这个行列式就有一大部分的项为零.不为零的项只有下面六个

$$+a_{11}a_{22}a_{33}a_{44},\ -a_{11}a_{22}a_{34}a_{43},\ +a_{11}a_{24}a_{32}a_{43},$$
$$-a_{11}a_{24}a_{33}a_{42},\ +a_{11}a_{23}a_{34}a_{42},\ -a_{11}a_{23}a_{32}a_{44}$$

由此

$$D=+a_{11}a_{22}a_{33}a_{44}-a_{11}a_{22}a_{34}a_{43}+a_{11}a_{24}a_{32}a_{43}-a_{11}a_{24}a_{33}a_{42}+a_{11}a_{23}a_{34}a_{42}-a_{11}a_{23}a_{32}a_{44}$$

提出公因子 a_{11} 后,得

$$D=a_{11}(a_{22}a_{33}a_{44}-a_{22}a_{34}a_{43}+a_{24}a_{32}a_{43}-a_{24}a_{33}a_{42}+a_{23}a_{34}a_{42}-a_{23}a_{32}a_{44})$$

上式括号内的项等于行列式

$$\begin{vmatrix}a_{22} & a_{23} & a_{24}\\ a_{32} & a_{33} & a_{34}\\ a_{42} & a_{43} & a_{44}\end{vmatrix}$$

所以

$$D=a_{11}\begin{vmatrix}a_{22} & a_{23} & a_{24}\\ a_{32} & a_{33} & a_{34}\\ a_{42} & a_{43} & a_{44}\end{vmatrix}$$

把元素 a_{ij} 的数值代入,得

$$D=1\cdot\begin{vmatrix}4 & -3 & -2\\ 3 & 4 & 5\\ -2 & -1 & -3\end{vmatrix}=-48+30+6-16-27+20=-35$$

这最后的计算,相当于在行列式

$$\begin{vmatrix}1 & 0 & 0 & 0\\ 3 & 4 & -3 & -2\\ 2 & 3 & 4 & 5\\ 2 & -2 & -1 & -3\end{vmatrix}$$

中划去第一行和第一列后所得的结果.在后文中我们就会看到,这绝不是一个偶然的现象.

3.2 行列式的展开法则

在 3.1 目的最后,我们曾经举例说明,假如一个四阶行列式的第一行或第

一列，除去一个元素外其余的元素全为零，这个四阶行列式就可以化为一个三阶行列式. 现在我们证明，把一个行列式化成低阶的行列式是常常可能的.

由定义，行列式

$$D=\begin{vmatrix} x_{11} & x_{12} & \cdots & x_{1n} \\ x_{21} & x_{22} & \cdots & x_{2n} \\ \vdots & \vdots & & \vdots \\ x_{m1} & x_{m2} & \cdots & x_{mn} \end{vmatrix}$$

是一些项的和，每一项都是 n 个元素的乘积

$$\pm x_{\alpha_1\beta_1}x_{\alpha_2\beta_2}\cdots x_{\alpha_n\beta_n}$$

这些元素是从表内每行和每列中取一个得来的.

试取定任意一个元素 x_{ik}. 若在上面所讲的和中，把含有因子 x_{ik} 的各项归并在一起，并把 x_{ik} 提到括号外面. 则这些项的和便可写作如下的形式

$$x_{ik}A_{ik}$$

显然，A_{ik} 也是一个和，它的每一项都是行列式 D 中 $n-1$ 个元素的乘积，而系数等于 $+1$ 或 -1. A_{ik} 叫作行列式 D 的元素 x_{ik} 的代数余因子.

代数余因子本身也是关于行列式的元素的多项式(或者是这个多项式的值，如果给元素以某种特殊值的话). 由它的构造可以看出，A_{ik} 与第 i 行及第 k 列的元素(即与含有元素 x_{ik} 的那一行和那一列的元素) 无关.

试取定行列式 D 的某一排来看. 在构成行列式 D 的和中，每一项都是一个乘积，它只含已知排的一个元素. 我们把所有这些项来加以分类：将所有含已知排的第一个元素的乘积归并于第一类；将所有含已知排的第二个元素的乘积归并于第二类；依此类推. 这样，每类中诸乘积的和便等于已知排的对应元素乘上它的代数余因子. 由此可见，原来等于行列式 D 的那个和，可以表作另一些乘积的和的形式，这些乘积就是已知排的各个元素乘上它的代数余因子.

行列式展开的第一法则 行列式等于其任一排的所有元素与它们对应的代数余因子的乘积之和.

如果所说的一排是第 k 列，那么上述的法则可以写作下面等式的形式

$$D=x_{1k}A_{1k}+x_{2k}A_{2k}+\cdots+x_{nk}A_{nk}$$

在这种情况下，我们说行列式 D 按第 k 列的元素来展开，或简单地说，按第 k 列来展开.

如果所说的一排是第 i 行，那么我们可得等式

$$D=x_{i1}A_{i1}+x_{i2}A_{i2}+\cdots+x_{in}A_{in}$$

在这种情况下，我们说行列式 D 按第 i 行来展开.

上述展开法则是和代数余因子的概念相关联的，利用它可以很方便地得到

行列式的三个性质(性质 1、性质 2、性质 4). 例如我们来证明性质 4:首先要注意,行列式 D_1, D_2, D 的第 k 列的元素有相同的代数余因子(要知道,这三个行列式只有第 k 列的元素彼此不同,但第 k 列的元素的代数余因子和第 k 列的元素本身无关),把行列式 D_1, D_2, D 都按第 k 列的元素来展开

$$D_1 = x_{1k}^{(1)}A_{1k} + x_{2k}^{(1)}A_{2k} + \cdots + x_{nk}^{(1)}A_{nk}$$

$$D_2 = x_{1k}^{(2)}A_{1k} + x_{2k}^{(2)}A_{2k} + \cdots + x_{nk}^{(2)}A_{nk}$$

$$D = (x_{1k}^{(1)} + x_{1k}^{(2)})A_{1k} + (x_{2k}^{(1)} + x_{2k}^{(2)})A_{2k} + \cdots + (x_{nk}^{(1)} + x_{nk}^{(2)})A_{nk}$$

便得

$$D_1 + D_2 = D$$

重要的是:n 阶行列式的元素的代数余因子本身是 $(n-1)$ 阶的行列式,这样我们就可以根据行列式展开的第一法则把研究和计算某阶行列式的问题变为研究和计算阶数较低的行列式的问题.

为了清楚地表述上述结论,我们先引入下述概念:

定理 3.2.1 行列式

$$D = \begin{vmatrix} x_{11} & x_{12} & \cdots & x_{1n} \\ x_{21} & x_{22} & \cdots & x_{2n} \\ \vdots & \vdots & & \vdots \\ x_{n1} & x_{n2} & \cdots & x_{nn} \end{vmatrix}$$

的某一个元素 x_{ik} 的子行列式 M_{ik},是指在 D 中把元素 x_{ik} 所在的行和列划去后余下的元素组成的行列式.

例 1 行列式

$$D = \begin{vmatrix} a_{11} & a_{12} & a_{13} & a_{14} \\ a_{21} & a_{22} & a_{23} & a_{24} \\ a_{31} & a_{32} & a_{33} & a_{34} \\ a_{41} & a_{42} & a_{43} & a_{44} \end{vmatrix}$$

中元素 a_{23} 的子行列式 M_{23},是把 D 的第二行和第三列划去(因为元素 a_{23} 位置在第二行和第三列的交叉点上),得到的三阶行列式

$$M_{23} = \begin{vmatrix} a_{11} & a_{12} & a_{14} \\ a_{31} & a_{32} & a_{34} \\ a_{41} & a_{42} & a_{44} \end{vmatrix}$$

定义 3.2.2 元素 x_{ik} 的子行列式 M_{ik} 前附以符号 $(-1)^{i+k}$ 后,叫作 x_{ik} 的代数余子式.

例 2 试求例 1 中行列式的元素 a_{23} 的代数余子式.

解 由例 1 已经知道 a_{23} 的子行列式是

$$M_{23}=\begin{vmatrix} a_{11} & a_{12} & a_{14} \\ a_{31} & a_{32} & a_{34} \\ a_{41} & a_{42} & a_{44} \end{vmatrix}$$

所以,a_{23} 的代数余子式是

$$(-1)^{2+3}M_{23}=-\begin{vmatrix} a_{11} & a_{12} & a_{14} \\ a_{31} & a_{32} & a_{34} \\ a_{41} & a_{42} & a_{44} \end{vmatrix}$$

关于代数余因子的定理 n 阶行列式 D 的元素 x_{ik} 的代数余因子 A_{ik} 等于其代数余子式.

因此,以后对名词"代数余因子"与"代数余子式"可以不加区分.

现在,我们逐步来给出这个结论的完整证明.

预备定理 1 代数余因子 A_{ik} 可以表示为如下 n 阶行列式的形式

$$A_{ik}=\begin{vmatrix} x_{11} & x_{12} & \cdots & x_{1(k-1)} & 0 & x_{1(k+1)} & \cdots & x_{1n} \\ x_{21} & x_{22} & \cdots & x_{2(k-1)} & 0 & x_{2(k+1)} & \cdots & x_{2n} \\ \vdots & \vdots & & \vdots & \vdots & \vdots & & \vdots \\ x_{(i-1)1} & x_{(i-1)2} & \cdots & x_{(i-1)(k-1)} & 0 & x_{(i-1)(k+1)} & \cdots & x_{(i-1)n} \\ 0 & 0 & \cdots & 0 & 1 & \vdots & & \vdots \\ x_{(i+1)1} & x_{(i+1)2} & \cdots & x_{(i+1)(k-1)} & 0 & x_{(i+1)(k+1)} & \cdots & x_{(i+1)n} \\ \vdots & \vdots & & \vdots & & \vdots & & \vdots \\ x_{n1} & x_{n2} & \cdots & x_{n(k-1)} & 0 & x_{n(k+1)} & \cdots & x_{nn} \end{vmatrix}$$

为了证明这个式子,在行列式

$$D=\begin{vmatrix} x_{11} & x_{12} & \cdots & x_{1(k-1)} & x_{1k} & x_{1(k+1)} & \cdots & x_{1n} \\ x_{21} & x_{22} & \cdots & x_{2(k-1)} & x_{2k} & x_{2(k+1)} & \cdots & x_{2n} \\ \vdots & \vdots & & \vdots & \vdots & \vdots & & \vdots \\ x_{(i-1)1} & x_{(i-1)2} & \cdots & x_{(i-1)(k-1)} & x_{(i-1)k} & x_{(i-1)(k+1)} & \cdots & x_{(i-1)n} \\ x_{i1} & x_{i2} & \cdots & x_{i(k-1)} & x_{ik} & x_{i(k+1)} & \cdots & x_{in} \\ x_{(i+1)1} & x_{(i+1)2} & \cdots & x_{(i+1)(k-1)} & x_{(i+1)k} & x_{(i+1)(k+1)} & \cdots & x_{(i+1)n} \\ \vdots & \vdots & & \vdots & & \vdots & & \vdots \\ x_{n1} & x_{n2} & \cdots & x_{n(k-1)} & x_{nk} & x_{n(k+1)} & \cdots & x_{nn} \end{vmatrix}$$

中令

$$x_{ik}=1, x_{i1}=x_{i2}=\cdots=x_{i(k-1)}=x_{i(k+1)}=\cdots=x_{in}=0$$

$$x_{1k}=x_{2k}=\cdots=x_{(i-1)k}=x_{(i+1)k}=\cdots=x_{nk}=0$$

这样就得到了要证明的等式中右端的行列式(记作 D').

在所得的行列式 D' 中,第 i 行第 k 列上的元素的代数余因子正是行列式 D 的元素 x_{ik} 的代数余因子 A_{ik}. 若把行列式 D' 按第 i 行展开,则除了一项 $1\cdot A_{ik}$ 外,其余各项都等于零(因为第 i 行元素除了一个 1 以外,其余都等于零),这样,由上面的展开式就得出所需的等式

$$D'=A_{ik}$$

现在考虑诸代数余因子中的一个,即 A_{nn},我们有:

预备定理 2 代数余因子 A_{nn} 可以表达为一个 $(n-1)$ 阶行列式的形式

$$\begin{vmatrix} x_{11} & x_{12} & \cdots & x_{1(n-1)} & 0 \\ x_{21} & x_{22} & \cdots & x_{2(n-1)} & 0 \\ \vdots & \vdots & & \vdots & \vdots \\ x_{(n-1)1} & x_{(n-1)2} & \cdots & x_{(n-1)(n-1)} & 0 \\ 0 & 0 & \cdots & 0 & 1 \end{vmatrix} = \begin{vmatrix} x_{11} & x_{12} & \cdots & x_{1(n-1)} \\ x_{21} & x_{22} & \cdots & x_{2(n-1)} \\ \vdots & \vdots & & \vdots \\ x_{(n-1)1} & x_{(n-1)2} & \cdots & x_{(n-1)(n-1)} \end{vmatrix}$$

证明 用 D_1 表示等式左端的行列式,而 D_2 表示右端的行列式.

我们把 D_1 表示成诸元素乘积的和的形式,这些元素是从每行和每列中取一个得来的,并且假定在每个乘积中,元素都是按行的次序写出来的. 从最后一行只需取出 1,因为其余元素都等于零,故给出来零项,这项是可以省去的. 这样,D_1 就等于所有的下面形式的乘积的和

$$\frac{v_n(\beta_1,\beta_2,\cdots,\beta_{n-1},n)}{v_n(1,2,\cdots,n-1,n)}\cdot x_{1\beta_1}x_{2\beta_2}\cdots x_{n-1\beta_{n-1}}\cdot 1$$

其中 $\beta_1,\beta_2,\cdots,\beta_{n-1}$ 就是数 $1,2,\cdots,n-1$,但次序可能不同.

应用 2.3 目的结论(5),我们把系数化为

$$\frac{v_n(\beta_1,\beta_2,\cdots,\beta_{n-1},n)}{v_n(1,2,\cdots,n-1,n)}=\frac{(n-\beta_1)(n-\beta_2)\cdots(n-\beta_{n-1})v_{n-1}(\beta_1,\beta_2,\cdots,\beta_{n-1})}{(n-1)(n-2)\cdots[n-(n-1)]v_{n-1}(1,2,\cdots,n-1)}$$

$$=\frac{v_{n-1}(\beta_1,\beta_2,\cdots,\beta_{n-1})}{v_{n-1}(1,2,\cdots,n-1)}$$

(因为 $\beta_1,\beta_2,\cdots,\beta_{n-1}$ 也就是 $1,2,\cdots,n-1$ 这些数,所以我们把一系列的因子都

约掉了.）这样就得到，行列式 D_1 等于所有的下面形式的乘积的和

$$\frac{v_{n-1}(\beta_1,\beta_2,\cdots,\beta_{n-1})}{v_{n-1}(1,2,\cdots,n-1)}\cdot x_{1\beta_1}x_{2\beta_2}\cdots x_{(n-1)\beta_{n-1}}$$

也就是说，D_1 恰好等于行列式 D_2.

关于代数余因子的定理的证明 在预备定理 1 中已经证明了代数余因子 A_{ik} 等于下面的 n 阶行列式

$$\begin{vmatrix} x_{11} & x_{12} & \cdots & x_{1(k-1)} & 0 & x_{1(k+1)} & \cdots & x_{1n} \\ x_{21} & x_{22} & \cdots & x_{2(k-1)} & 0 & x_{2(k-1)} & \cdots & x_{2n} \\ \vdots & \vdots & & \vdots & \vdots & \vdots & & \vdots \\ x_{(i-1)1} & x_{(i-1)2} & \cdots & x_{(i-1)(k-1)} & 0 & x_{(i-1)(k+1)} & \cdots & x_{(i-1)n} \\ 0 & 0 & \cdots & 0 & 1 & 0 & \cdots & 0 \\ x_{(i+1)1} & x_{(i+1)2} & \cdots & x_{(i+1)(k-1)} & 0 & x_{(i+1)(k+1)} & \cdots & x_{(i+1)n} \\ \vdots & \vdots & & \vdots & \vdots & \vdots & & \vdots \\ x_{n1} & x_{n2} & \cdots & x_{n(k-1)} & 0 & x_{n(k+1)} & \cdots & x_{nn} \end{vmatrix}$$

应用行列式的第三种变换，便可连续地变更第 i 行的位置，首先拿它和第 $i+1$ 行的位置互换，然后又和第 $i+2$ 行的位置互换，依此类推，最后和第 n 行的位置互换. 每一次互换都使行列式得到附加因子(-1)，这些因子共有 $n-i$ 个，也就是说，行列式得到附加因子$(-1)^{n-i}$. 同样，连续地变更第 k 列的位置，首先拿它和第 $k+1$ 列的位置互换，然后和第 $k+2$ 列的位置互换，依此类推，最后和第 n 列的位置互换. 这时，行列式得到附加因子$(-1)^{n-k}$. 只要注意到前面的行的互换，便知原来的行列式得到附加因子

$$(-1)^{n-i}\cdot(-1)^{n-k}=(-1)^{i+k}$$

因此

$$A_{ik}=(-1)^{i+k}\begin{vmatrix} x_{11} & x_{12} & \cdots & x_{1(k-1)} & x_{1(k+1)} & \cdots & x_{1n} & 0 \\ x_{21} & x_{22} & \cdots & x_{2(k-1)} & x_{2(k-1)} & \cdots & x_{2n} & 0 \\ \vdots & \vdots & & \vdots & \vdots & & \vdots & \vdots \\ x_{(i-1)1} & x_{(i-1)2} & \cdots & x_{(i-1)(k-1)} & x_{(i-1)(k+1)} & \cdots & x_{(i-1)n} & 0 \\ x_{(i+1)1} & x_{(i+1)2} & \cdots & x_{(i+1)(k-1)} & x_{(i+1)(k+1)} & \cdots & x_{(i+1)n} & 0 \\ \vdots & \vdots & & \vdots & \vdots & & \vdots & \vdots \\ x_{n1} & x_{n2} & \cdots & x_{n(k-1)} & x_{n(k+1)} & \cdots & x_{nn} & 0 \\ 0 & 0 & \cdots & 0 & 0 & \cdots & 0 & 1 \end{vmatrix}$$

但是按照预备定理 2，所得行列式等于一个$(n-1)$ 阶行列式. 这样，便得到了所求的关于 A_{ik} 的式子

$$A_{ik}=(-1)^{i+k}\begin{vmatrix} x_{11} & x_{12} & \cdots & x_{1(k-1)} & x_{1(k+1)} & \cdots & x_{1n} & 0 \\ x_{21} & x_{22} & \cdots & x_{2(k-1)} & x_{2(k-1)} & \cdots & x_{2n} & 0 \\ \vdots & \vdots & & \vdots & \vdots & & \vdots & \vdots \\ x_{(i-1)1} & x_{(i-1)2} & \cdots & x_{(i-1)(k-1)} & x_{(i-1)(k+1)} & \cdots & x_{(i-1)n} & 0 \\ x_{(i+1)1} & x_{(i+1)2} & \cdots & x_{(i+1)(k-1)} & x_{(i+1)(k+1)} & \cdots & x_{(i+1)n} & 0 \\ \vdots & \vdots & & \vdots & \vdots & & \vdots & \vdots \\ x_{n1} & x_{n2} & \cdots & x_{n(k-1)} & x_{n(k+1)} & \cdots & x_{nn} & 0 \\ 0 & 0 & \cdots & 0 & 0 & \cdots & 0 & 1 \end{vmatrix}$$

$$=(-1)^{i+k}\begin{vmatrix} x_{11} & \cdots & x_{1(k-1)} & x_{1(k+1)} & \cdots & x_{1n} \\ \vdots & & \vdots & \vdots & & \vdots \\ x_{(i-1)1} & \cdots & x_{(i-1)(k-1)} & x_{(i-1)(k+1)} & \cdots & x_{(i-1)n} \\ x_{(i+1)1} & \cdots & x_{(i+1)(k-1)} & x_{(i+1)(k+1)} & \cdots & x_{(i+1)n} \\ \vdots & & \vdots & \vdots & & \vdots \\ x_{n1} & x_{n2} & x_{n(k-1)} & x_{n(k+1)} & \cdots & x_{nn} \end{vmatrix}$$

到此，我们已经能看到这最后的行列式赋予符号$(-1)^{i+k}$正好就是x_{ik}的代数余子式. 证毕.

关于代数余因子的下一个重要结论是：

行列式展开的第二法则　若在行列式中任意取一排，取此排的每个元素乘另一平行排的对应元素的代数余因子，则这样得到的乘积的和等于零，即

$$x_{1k}A_{1h}+x_{2k}A_{2h}+\cdots+x_{nk}A_{nh}=0 \quad (k\neq h)$$

证明　试考虑行列式D'，它的第h列的元素等于所讨论行列式D的第k列的对应元素，其余的则和D中的对应元素相等. 因D'的第h列与第k列有相同的元素，故由行列式的性质3(当$\lambda=1$时)知，$D'=0$.

现在来观察行列式D'的第h列元素的代数余因子. 因为D'与D只有第h列的元素不同，而第h列元素的代数余因子与第h列元素的值无关，所以D与D'的第h列元素有相同的代数余因子. 现在按h列元素来展开D'. 只要注意这些元素是等于行列式D中第k列的对应元素，便得

$$0=D'=x_{1k}A_{1h}+x_{2k}A_{2h}+\cdots+x_{nk}A_{nh}$$

证毕.

作为行列式展开的第二法则的应用，我们来进行如下三对角行列式

$$D_n = \begin{vmatrix} a+b & ab & & & & \\ 1 & a+b & ab & & & \\ & 1 & a+b & \ddots & & \\ & & \ddots & \ddots & ab & \\ & & & 1 & a+b & ab \\ & & & & 1 & a+b \end{vmatrix}$$

进行计算.

把 D_n 的第一列展开,得

$$D_n = (a+b)D_{n-1} - \begin{vmatrix} ab & ab & & & & \\ 1 & a+b & ab & & & \\ & 1 & a+b & ab & & \\ & & \ddots & \ddots & \ddots & \\ & & & 1 & a+b & ab \\ & & & & 1 & a+b \end{vmatrix}$$

再把上式右边第二个 $n-1$ 阶行列式按它的第一行展开,得

$$D_n = (a+b)D_{n-1} - abD_{n-2} \tag{3.2.1}$$

把这个式子改写为

$$D_n - bD_{n-1} = a(D_{n-1} - bD_{n-2})$$

连续运用这个关于 $D_n - bD_{n-1}$ 的递推关系式,得

$$D_n - bD_{n-1} = a^{n-2}(D_2 - bD_1) \tag{3.2.2}$$

把式(3.2.1) 写为

$$D_n - aD_{n-1} = b(D_{n-1} - aD_{n-2})$$

同样可以得到

$$D_n - aD_{n-1} = b^{n-2}(D_2 - aD_1) \tag{3.2.3}$$

由直接计算,可知

$$D_1 = a+b, D_2 = a^2 + b^2 + ab$$

代入式(3.2.2) 与式(3.2.3),得

$$D_n - bD_{n-1} = a^n, D_n - aD_{n-1} = b^n \tag{3.2.4}$$

当 $a \neq b$ 时,由上面这两个等式可解出

$$D_n = \frac{1}{a-b}(a^{n+1} - b^{n+1})$$

当 $a = b$ 时,式(3.2.4) 化为

$$D_n = aD_{n-1} + a^n$$

连续运用此递推关系式,可得

$$D_n=a^{n-1}D_1+(n-1)a^n=(n+1)a^n$$

一般地,如果对形如

$$D_n=\begin{vmatrix}\alpha & \beta & & & & \\ \gamma & \alpha & \beta & & & \\ & \gamma & \alpha & \ddots & & \\ & & \ddots & \ddots & \beta & \\ & & & \gamma & \alpha & \beta \\ & & & & \gamma & \alpha\end{vmatrix}$$

的三对角行列式,已求得了如下递推关系式

$$D_n=\alpha D_{n-1}-\beta\gamma D_{n-2}$$

若令 a 与 b 是 $x^2-\alpha x+\beta\gamma=0$ 的两个根,则必有

$$\alpha=a+b,\beta\gamma=ab$$

所以

$$D_n=(a+b)D_{n-1}-abD_{n-2}$$

于是同上面的例子中所证明的一样,有

$$D_n=\begin{cases}\dfrac{1}{a-b}(a^{n+1}-b^{n+1}) & (当\ a\neq b\ 时)\\ (n+1)a^n & (当\ a=b\ 时)\end{cases}$$

注意,使用递推关系式求行列式时,必须确定此关系式所使用的范围. 例如,对

$$D_n=\begin{vmatrix}a_1 & b_1 & & & & & & \\ c_1 & a_2 & b_2 & & & & & \\ & c_2 & \alpha & \beta & & & & \\ & & \gamma & \alpha & \beta & & & \\ & & & \gamma & \ddots & \ddots & & \\ & & & & \ddots & \ddots & \beta & \\ & & & & & \gamma & \alpha & \beta \\ & & & & & & \gamma & \alpha\end{vmatrix}$$

按最后一行展开后可求得

$$D_n=\alpha D_{n-1}-\beta\gamma D_{n-2}=(a+b)D_{n-1}-abD_{n-2}$$

这里 a 与 b 是 $x^2-\alpha x+\beta\gamma=0$ 的根,但是这仅对 $n\geqslant 5$ 才成立. 因此,仅能推得

$$D_n-bD_{n-1}=a^{n-5}(D_5-bD_4),\ D_n-aD_{n-1}=b^{n-5}(D_5-aD_4)$$

此时，需要具体求出 D_2,D_4 和 $D_5=\alpha D_4-\beta\gamma D_3$，才能求出 $D_n(n\geqslant 5)$.

3.3 正方形方程组的解法·克莱姆法则

现在我们已具备了一个辅助工具来得出解 n 个 n 元联立方程式的一般公式. 我们来考虑这样一组方程式

$$\begin{cases}a_{11}x_1+a_{12}x_2+\cdots+a_{1n}x_n=b_1\\ a_{21}x_1+a_{22}x_2+\cdots+a_{2n}x_n=b_2\\ \vdots\\ a_{n1}x_1+a_{n2}x_2+\cdots+a_{nn}x_n=b_n\end{cases}\tag{3.3.1}$$

由方程组(3.3.1) 未知数的系数所组成的行列式

$$D=\begin{vmatrix}a_{11} & a_{21} & \cdots & a_{n1}\\ a_{12} & a_{22} & \cdots & a_{n2}\\ \vdots & \vdots & & \vdots\\ a_{1n} & a_{2n} & \cdots & a_{nn}\end{vmatrix}\tag{3.3.2}$$

叫作该方程组的行列式.

现在取行列式(3.3.2) 的第一行诸元素的余因子 $A_{11},A_{21},\cdots,A_{n1}$，以它们各乘该方程组各式的两边并且将所有得到的方程式的左边与右边都加起来；利用行列式展开的第二法则，我们注意到在所说相加结果中所得方程的未知数 $x_i(i=1,2,\cdots,n)$ 的系数都变成零，所以所得的方程式成为以下形式

$$\left(\sum_{i=1}^{n}a_{i1}A_{i1}\right)x_1=\sum_{i=1}^{n}b_iA_{i1}\tag{3.3.3}$$

x_1 的系数就等于方程组(3.3.1) 的行列式. 但现在注意方程式(3.3.3) 的右边与左边的系数所不同的是其中 a_{i1} 诸元素变成了 b_i 诸元素，故我们看出右边亦能写成行列式的形式：这个行列式是由方程组的行列式将其第一行代之以常数项而得. 如果以 D_1 来代表这样替代结果所得的行列式，那么方程组(3.3.3) 可以改写为

$$Dx_1=D_1$$

同样，如果每一方程式的两边各乘以行列式 D 的第 k 行诸元素的余因子，那么加起来得方程式

$$Dx_k=D_k$$

这里 D_k 表示由 D 以诸常数项替代第 k 行所得的行列式.

这样，经过上述变形，我们得到方程组

$$Dx_k=D_k\quad(k=1,2,\cdots,n)\tag{3.3.4}$$

当行列式 D 异于零时，方程组(3.3.4) 具有唯一解

$$x_k = -\frac{D_1}{D} \quad (k=1,2,\cdots,n) \tag{3.3.5}$$

现在必须考察这样得出的方程组(3.3.4) 在 $D\neq 0$ 时，是否和原来的方程组(3.3.1) 等价.

设 $\beta_1,\beta_2,\cdots,\beta_n$ 是方程组(3.3.1) 的任意一个解，把方程组(3.3.1) 的每一个未知量 x_j 代以对应的 β_j，我们就得出一组恒等式. 对这组恒等式施以由方程组(3.3.1) 至方程组(3.3.4) 的变换，显然得出一组恒等式

$$D\beta_1 = D_1, D\beta_2 = D_2, \cdots, D\beta_n = D_n$$

换句话说，$\beta_1,\beta_2,\cdots,\beta_n$ 亦是方程组(3.3.4) 的解.

另外，可由直接核验指明，公式(3.3.5) 所决定的未知数数值的确满足原方程组.

事实上，将行列式 D_k 按其第 k 行诸元素展开之，则公式(3.3.5) 可写成下面的形状

$$x_k = \frac{b_1A_{1k} + b_2A_{2k} + \cdots + b_nA_{nk}}{D} = \frac{\sum_{i=1}^{n} b_iA_{ik}}{D}$$

现在用这个式子替代方程组(3.3.1) 的任何第 j 个方程式中的未知数，我们在这方程式的左边得如下式子

$$\frac{a_{j1}(\sum_{i=1}^{n} b_iA_{i1}) + a_{j2}(\sum_{i=1}^{n} b_iA_{i2}) + \cdots + a_{jn}(\sum_{i=1}^{n} b_iA_{in})}{D}$$

然后打开括号并且把包含各系数的 $b_1,b_2,\cdots,b_n$ 的各项分别归并起来，如此得到如下式子

$$\frac{1}{D}[b_1(\sum_{k=1}^{n} a_{jk}A_{1k}) + b_2(\sum_{k=1}^{n} a_{jk}A_{2k}) + \cdots + b_n(\sum_{k=1}^{n} a_{jk}A_{nk})]$$

现在容易看出，括号里这些和只有一个，即第 j 个，是不等于零的：它就等于方程组的行列式，因为是行列式第 j 列各元素与其余因子的乘积之和；其余诸和都化为零，因为是行列式第 j 列各元素与另一列元素的余因子乘积之和. 因此我们把前面的式子写成

$$\frac{1}{D}b_jD$$

的形式，约去 D 后得 b_j，即这个式子等于该方程式的第 j 个的右边.

既然方程式的号码 j 是任意的，我们证实未知数 $x_1,x_2,\cdots,x_n$ 的值(3.3.5) 满

足所有该组的方程式,如此便证明了解的存在.

综合上面所说的,我们得到下面这个定理:

正方形方程组的基本定理 一组n个未知数的方程式,若其行列式不等于零,则恒有一解.这个解由下面的法则来决定:每个未知数值等于一个分数,其分母为该方程式的行列式,而分子为该行列式将其中所求未知数所在那一行以诸常数项所成的行代入后所得的行列式.

所得这种解方程组的法则有一个名称,叫作克莱姆法则.

上面的这个定理在方程组的行列式等于零的时候未说到解的存在,也未说到解的唯一性.我们所采用的想法只能给出解显然不存在的条件(例如,行列式D等于零而行列式D_k中至少有一个不等于零的时候就是这种情形),像这种纯否定的结果显然是不够的,暂时我们先搁置这些问题,它的解决留待下一章.

注 有时候会遇到这样的情形:线性方程组的常数项不是数而是向量(在解析几何以及力学中).对于这种情形,克莱姆法则及其证法仍旧正确:需要注意此时未知量$\boldsymbol{x}_1,\boldsymbol{x}_2,\cdots,\boldsymbol{x}_n$的值不是数而是向量.例如方程组

$$\boldsymbol{x}_1+\boldsymbol{x}_2=\boldsymbol{i}-3\boldsymbol{j},\boldsymbol{x}_1-\boldsymbol{x}_2=\boldsymbol{i}+5\boldsymbol{j}$$

有(唯一的)解

$$\boldsymbol{x}_1=\boldsymbol{i}+\boldsymbol{j},\boldsymbol{x}_2=-4\boldsymbol{j}$$

3.4 连加号与双重连加号

在数学中常常遇到若干个数连加的式子

$$a_1+a_2+\cdots+a_n \tag{3.4.1}$$

为了简便起见,我们把它记作

$$\sum_{i=1}^{n}a_i \tag{3.4.2}$$

“$\sum$”称为连加号,a_i表示一般项,而连加号上、下的写法表示i取值由1到n.例如,$\sum\limits_{i=1}^{n}i^2=1^2+2^2+\cdots+n^2$.

式(3.4.2)中的i称为求和指标,它只起辅助作用,把式(3.4.2)还原成式(3.4.1)时,它是不出现的.例如,把$\sum\limits_{i=1}^{n}i^2$还原成n个数的平方和后,i不再出现,所以$1^2+2^2+\cdots+n^2$也可记作$\sum\limits_{i=1}^{n}j^2$.因此,只要不与连加号中出现的其他指标相混,用什么字母作求和指标是可以任意选择的.例如,矩阵

$$(a_{ij})_{m\times n}$$

中第 i 行元素的和是

$$a_{i1}+a_{i2}+\cdots+a_{in}=\sum_{j=1}^{n}a_{ij}=\sum_{t=1}^{n}a_{it}$$

在这里,求和指标就不能用"i",因为

$$\sum_{i=1}^{n}a_{ii}=a_{11}+a_{22}+\cdots+a_{nn}$$

有时连加的数是用两个指标来编号的,例如 $m\times n$ 个数排成 m 行 n 列

$$\begin{matrix} a_{11} & a_{12} & \cdots & a_{1j} & \cdots & a_{1n} \\ a_{21} & a_{22} & \cdots & a_{2j} & \cdots & a_{2n} \\ \vdots & \vdots & & \vdots & & \vdots \\ a_{i1} & a_{i2} & \cdots & a_{ij} & \cdots & a_{in} \\ \vdots & \vdots & & \vdots & & \vdots \\ a_{m1} & a_{m2} & \cdots & a_{mj} & \cdots & a_{mn} \end{matrix} \tag{3.4.3}$$

求它们的和数 S. 可以先把第 i 行的 n 个数相加,记作

$$S_i=\sum_{j=1}^{n}a_{ij}\quad(\text{称为对指标 } j \text{ 求和})$$

然后把 m 个行的和数 $S_1,S_2,\cdots,S_m$ 相加,记作

$$S=\sum_{i=1}^{m}S_i=\sum_{i=1}^{m}\sum_{j=1}^{n}a_{ij} \tag{3.4.4}$$

同样也可以先把第 j 列的 m 个数相加,记作

$$S'_j=\sum_{i=1}^{m}a_{ij}\quad(\text{称为对指标 } i \text{ 求和})$$

再把 n 个列的和数 $S'_1,S'_2,\cdots,S'_n$ 相加,记作

$$S=\sum_{j=1}^{n}S'_i=\sum_{j=1}^{n}\sum_{i=1}^{m}a_{ij} \tag{3.4.5}$$

(3.4.4)(3.4.5) 两个式子是用双重连加号求和以表示式(3.4.3) 中 $m\times n$ 个数的和数;式(3.4.4) 是先对指标 j 求和,后对指标 i 求和;式(3.4.5) 是先对指标 i 求和,后对指标 j 求和,显然式(3.4.4)(3.4.5) 是相等的,即

$$\sum_{i=1}^{m}\sum_{j=1}^{n}a_{ij}=\sum_{j=1}^{n}\sum_{i=1}^{m}a_{ij} \tag{3.4.6}$$

式(3.4.6) 表明,用双重连加号求和时,对指标 i,j 的求和次序可以调换.

有时相加的数虽然用两个指标编号,但所求的并不是它们的全部,而是其一部分数的和,这时就在连加号下注明求和指标应满足的条件,例如

$$\sum_{j=1}^{n-1}\sum_{j<i\leqslant n}a_{ij}=(a_{21}+a_{31}+a_{41}+\cdots+a_{n1})+(a_{32}+a_{42}+\cdots+a_{n2})+$$
$$(a_{43}+\cdots+a_{n3})+\cdots+a_{n(n-1)}$$

又如,对于两个多项式

$$f(x)=a_nx^n+a_{n-1}x^{n-1}+\cdots+a_1x+a_0$$
$$g(x)=b_mx^m+b_{m-1}x^{m-1}+\cdots+b_1x+b_0$$

求其乘积 $f(x)g(x)$ 中 x^k 的系数,就可以表示为 $\sum\limits_{i+j=k}a_ib_j$. 这样,$x^4$ 的系数为

$$\sum_{i+j=4}a_ib_j=a_0b_4+a_1b_3+a_2b_2+a_3b_1+a_4b_0$$

此外,某 n 个数的和与另 m 个数的和之积也可用双重连加号表示,即

$$(a_1+a_2+\cdots+a_n)(b_1+b_2+\cdots+b_m)=\sum_{i=1}^{n}a_i\sum_{j=1}^{m}b_j$$

利用分配律,我们可写

$$\begin{aligned}\sum_{i=1}^{n}a_i\sum_{j=1}^{m}b_j&=\sum_{i=1}^{n}\Big(\sum_{j=1}^{m}a_ib_j\Big)=\sum_{i=1}^{n}\sum_{j=1}^{m}a_ib_j\\&=\sum_{j=1}^{m}\Big(\sum_{i=1}^{n}a_ib_j\Big)=\sum_{j=1}^{m}\sum_{i=1}^{n}a_ib_j\end{aligned}$$

其中 $\sum\limits_{j=1}^{m}a_ib_j$ 是对指标 j 求和,此时指标 i 不变,这种情况下

$$\sum_{j=1}^{m}a_ib_j=a_i\sum_{j=1}^{m}b_j$$

§4　行列式的计算

4.1　行列式计算的两类方法

直接根据行列式的定义来计算行列式,是非常麻烦的. 一个七阶行列式所含系数不为零的项,就已经超过五千. 而阶数继续增加时,项数增加得非常快. 因此,我们需要根据行列式的性质找出各种不同的方法来计算行列式. 最常用的方法可以分为两类:

第一类方法在于利用行列式的变换和展开,把行列式化为具有已知值的行列式. 第一个这样的例子是具有两平行排成比例的行列式,它的值等于零. 第二个例子是有零排的行列式(其值为零).

第二类方法：也是先利用行列式的变换和展开，把原本的行列式化为另一个与其存在某种关系的行列式.然后利用这个关系来计算行列式.在前文(行列式的第二种变换)中讨论过的行列式 D 就可以作为一个例子.在那里我们是利用变换用 D' 把 D 表示出来.而 D' 又用 D 通过一种并非自然的方式表示出来.由 D' 的关系式，便求出它的值.

一个由某种容易叙述的规律所确定的行列式，我们往往可以用由同一规律所确定的但阶数较低的行列式把它表示出来.我们可以用数学归纳法根据所得到的关系式求出所讨论的行列式的值.

例 试计算行列式

$$D_n=\begin{vmatrix}1+a_1 & 2+a_1 & 3+a_1 & \cdots & n+a_1\\ 1+a_2 & 2+a_2 & 3+a_2 & \cdots & n+a_2\\ 1+a_3 & 2+a_3 & 3+a_3 & \cdots & n+a_3\\ \vdots & \vdots & \vdots & & \vdots\\ 1+a_n & 2+a_n & 3+a_n & \cdots & n+a_n\end{vmatrix}$$

其中它的阶数 n 是任意的，而 $a_1,a_2,\cdots,a_n$ 为任何常数.

解 若 $n=1$，则由定义，有

$$D_1=1+a_1$$

若 $n=2$，则按照二阶行列式的计算法则，有

$$D_2=\begin{vmatrix}1+a_1 & 2+a_1\\ 1+a_2 & 2+a_2\end{vmatrix}=(1+a_1)(2+a_2)-(2+a_1)(1+a_2)=a_1-a_2$$

设 $n=3$，则从第二列开始，从每一列的元素减去第一列的对应元素(这个减法是行列式第四种变换当 $\lambda=-1$ 时的特殊情况：这里所说的是，上述减法连续施行，先对第二列，然后对第三列，依此类推)，便得

$$D_n=\begin{vmatrix}1+a_1 & 1 & 2 & \cdots & n-1\\ 1+a_2 & 1 & 2 & \cdots & n-1\\ 1+a_3 & 1 & 2 & \cdots & n-1\\ \vdots & \vdots & \vdots & & \vdots\\ 1+a_n & 1 & 2 & \cdots & n-1\end{vmatrix}$$

变换的结果是，我们的行列式化为具有已知值的行列式.就是说，我们得到了具有两列成正比例的行列式.实际上，在我们所得的行列式中，第三列元素等于第二列元素乘上2.于是，有

$$D_n=0\quad(n=3,4,5,\cdots)$$

4.2　三角形行列式

或许，最常见的情况是把要讨论的行列式化为所谓三角形行列式.

三角形行列式　如果在行列式中，主对角线一边的所有元素都等于零，那么行列式的值等于主对角线上诸元素的乘积. 换句话说

$$\begin{vmatrix} x_{11} & 0 & 0 & \cdots & 0 & 0 \\ x_{21} & x_{22} & 0 & \cdots & 0 & 0 \\ x_{31} & x_{32} & x_{33} & \cdots & 0 & 0 \\ \vdots & \vdots & \vdots & & \vdots & \vdots \\ x_{(n-1)1} & x_{(n-1)2} & x_{(n-1)3} & \cdots & x_{(n-1)(n-1)} & 0 \\ x_{n1} & x_{n2} & x_{n3} & \cdots & x_{n(n-1)} & x_{nn} \end{vmatrix}$$

$$= x_{11}x_{22}x_{33}\cdots x_{(n-1)(n-1)}x_{nn}$$

（在行列式主对角线下边的一切元素皆为零时，有类似的结果.）

证明　把已知的行列式表作诸项之和的形式，其中每一项都是 n 个元素的乘积，这些元素是从每一行和每一列中各取一个得来的. 在这些乘积中，有一些因为含主对角线上边的零元素，所以等于零. 若乘积

$$x_{1\beta_1}x_{2\beta_2}\cdots x_{n\beta_n}$$

不含主对角线上边的元素，则必须 $\beta_1 = 1$. β_2 可以等于 1 或 2. 但 $\beta_1 \neq \beta_2 = 1$，因此 $\beta_2 = 2$. β_3 可以等于 1，2，3，但 $\beta_3 \neq \beta_1$，$\beta_3 \neq \beta_2$，所以 $\beta_3 = 3$. 继续这样论证下去，便知

$$\beta_3 = k \quad (k = 1,2,\cdots,n)$$

这就是说，在表达已知行列式的和中，只有一项是不含零因子的乘积，而这一项就是

$$x_{11}x_{22}\cdots x_{nn}$$

且这个乘积的系数等于

$$\frac{v_n(1,2,\cdots,n)}{v_n(1,2,\cdots,n)} = 1$$

由此可见，原来的行列式的确是等于它的主对角线上诸元素的乘积.

若在行列式中主对角线下边的元素全等于零时，可做类似的论证或者应用第一种变换，则我们便能得类似的结果.

我们现在来说明，怎样利用行列式的第三种变换和第四种变换来把每一个具有数字元素的行列式

$$\begin{vmatrix} a_{11} & a_{12} & a_{13} & \cdots & a_{1n} \\ a_{21} & a_{22} & a_{23} & \cdots & a_{2n} \\ a_{31} & a_{32} & a_{33} & \cdots & a_{3n} \\ \vdots & \vdots & \vdots & & \vdots \\ a_{n1} & a_{n2} & a_{n3} & \cdots & a_{nn} \end{vmatrix}$$

化为三角形行列式.

若元素 $a_{pq} \neq 0$，则利用行列式的第四种变换，把第 q 列的元素乘上 $(-\frac{a_{pk}}{a_{pq}})(k \neq q)$ 加到第 k 列的对应元素上去，那么第 k 列的第 p 个元素便等于零，即

$$a_{pk} + (-\frac{a_{pk}}{a_{pq}}) \cdot a_{pq} = 0$$

同样处理所有各列，便得(除元素 a_{pq} 本身外)第 p 行的一切元素都等于零. 然后，应用行列式的第三种变换，把第 p 行移到第一行的位置，把第 q 列移到第一列的位置(此时，行列式可能得到一个因子-1). 于是我们便得到具有如下形式的行列式

$$\begin{vmatrix} a'_{11} & 0 & 0 & \cdots & 0 \\ a'_{21} & a'_{22} & a'_{23} & \cdots & a'_{2n} \\ a'_{31} & a'_{32} & a'_{33} & \cdots & a'_{3n} \\ \vdots & \vdots & \vdots & & \vdots \\ a'_{n1} & a'_{n2} & a'_{n3} & \cdots & a'_{nn} \end{vmatrix}$$

现在从第二列，第三列，……，第 n 列中的一列任意取一个不等于零的元素 a'_{rs}(如果没有这样的元素的话，那么行列式已经是三角形行列式了，此时主对角线上边的一切元素都等于零). 和前面一样，把第 s 列的元素乘上适当的常数，加到从第二列开始的其他各列上去，我们便得到第 r 行所有的元素，且从第二个开始，除 a'_{rs} 本身外，都等于零. 然后为用行列式的第三种变换，把第 r 行移到第二行，第 s 列移到第二列，这样便得到具有如下形式的行列式

$$\begin{vmatrix} a''_{11} & 0 & 0 & \cdots & 0 \\ a''_{21} & a''_{22} & a''_{23} & \cdots & a''_{2n} \\ a''_{31} & a''_{32} & a''_{33} & \cdots & a''_{3n} \\ \vdots & \vdots & \vdots & & \vdots \\ a''_{n1} & a''_{n2} & a''_{n3} & \cdots & a''_{nn} \end{vmatrix}$$

只要继续用这样的方法把行列式变换下去，那么显然，经过 $n-1$ 次以后，我们

便得到一个三角形行列式，且在它里面，主对角线上边的一切元素都等于零. 因此，所得行列式的值或者等于原行列式的值，或者和它相差一个因子 -1.

4.3 杂例

1. 试讨论下面的行列式，它的阶数 n 为任意的正整数

$$D_n=\begin{vmatrix}1&1&1&1&\cdots&1&1\\1&2&2&2&\cdots&2&2\\1&2&3&4&\cdots&3&3\\1&2&3&4&\cdots&4&4\\\vdots&\vdots&\vdots&\vdots&&\vdots&\vdots\\1&2&3&4&\cdots&n-1&n-1\\1&2&3&4&\cdots&n-1&n\end{vmatrix}$$

用 4.2 目中讲过的方法，把它化为三角形行列式.

我们取 $a_{11}=1$ 作为最初的元素. 为了把第一行的元素变为零，我们自第二列开始，从每一列中减去第一列，得到

$$D_n=\begin{vmatrix}1&0&0&0&\cdots&0&0\\1&1&1&1&\cdots&1&1\\1&1&2&3&\cdots&2&2\\1&1&2&3&\cdots&3&3\\\vdots&\vdots&\vdots&\vdots&&\vdots&\vdots\\1&1&2&3&\cdots&n-2&n-2\\1&1&2&3&\cdots&n-2&n-1\end{vmatrix}$$

现在要把第二行的元素（从第三个元素开始）变为零. 为此，我们从第三列，第四列，……，第 n 列中减去第二列，得到

$$D_n=\begin{vmatrix}1&0&0&0&\cdots&0&0\\1&1&0&0&\cdots&0&0\\1&1&1&2&\cdots&1&1\\1&1&1&2&\cdots&2&2\\\vdots&\vdots&\vdots&\vdots&&\vdots&\vdots\\1&1&1&2&\cdots&n-3&n-3\\1&1&1&2&\cdots&n-3&n-2\end{vmatrix}$$

利用第三列，然后第四列，依此类推，重复我们的变换. 最终变换的结果是我们把已知的行列式化为了三角形行列式，即

$$D_n=\begin{vmatrix}1&0&0&0&\cdots&0&0\\1&1&0&0&\cdots&0&0\\1&1&1&0&\cdots&0&0\\1&1&1&1&\cdots&0&0\\\vdots&\vdots&\vdots&\vdots&&\vdots&\vdots\\1&1&1&1&\cdots&1&0\\1&1&1&1&\cdots&1&1\end{vmatrix}$$

因为三角形行列式等于它的对角线元素的乘积,所以

$$D_n=1\cdot1\cdot\cdots\cdot1=1$$

2.有时候,行列式先经过几个预备变换以后,再化为三角形行列式,这方法是比较方便的.例如,在行列式

$$D_n=\begin{vmatrix}x&1&1&\cdots&1&1\\1&x&1&\cdots&1&1\\1&1&x&\cdots&1&1\\\vdots&\vdots&\vdots&&\vdots&\vdots\\1&1&1&\cdots&x&1\\1&1&1&\cdots&1&x\end{vmatrix}$$

中,最好将第一列的元素上加上其余各列的对应元素(记住:是连续地相加,首先加上第二列,然后第三列,等等),结果得

$$D_n=\begin{vmatrix}(x+n-1)&1&1&\cdots&1&1\\(x+n-1)&x&1&\cdots&1&1\\(x+n-1)&1&x&\cdots&1&1\\\vdots&\vdots&\vdots&&\vdots&\vdots\\(x+n-1)&1&1&\cdots&x&1\\(x+n-1)&1&1&\cdots&1&x\end{vmatrix}$$

由行列式的第二种变换

$$D_n=(x+n-1)\begin{vmatrix}1&1&1&\cdots&1&1\\1&x&1&\cdots&1&1\\1&1&x&\cdots&1&1\\\vdots&\vdots&\vdots&&\vdots&\vdots\\1&1&1&\cdots&x&1\\1&1&1&\cdots&1&x\end{vmatrix}$$

现在,用每一列元素减去第一列的对应元素,立刻得到

$$D_n=(x+n-1)\begin{vmatrix}1 & 0 & 0 & \cdots & 0 & 0\\ 1 & (x-1) & 0 & \cdots & 0 & 0\\ 1 & 0 & (x-1) & \cdots & 0 & 0\\ \vdots & \vdots & \vdots & & \vdots & \vdots\\ 1 & 0 & 0 & \cdots & (x-1) & 0\\ 1 & 0 & 0 & \cdots & 0 & (x-1)\end{vmatrix}$$

于是

$$D_n=(x+n-1)(x-1)^{n-1}$$

3.在计算元素是数字，阶数又不是特别高的一些行列式时，如果不能明显地看出在行列式的结构中有什么易于掌握的规律性(若有这样的规律性，则采用和这规律性相关的方法往往是恰当的)，那么用 4.2 目讲过的方法是特别方便的.这时，取等于 ± 1 的元素作为 4.2 目所讲的非零元素(a_{pq}，a_{rs}，…)，这是特别方便的.如果没有等于 ± 1 的元素，但是可以用某些变换来获得时，那么总可以先尝试施行这些变换.至于 4.2 目所讲过的移动行和列的位置，那当然不是必要的.如果得到了某一排，它的元素除了一个而外，其余的都等于零，那么立刻按照这一排来展开行列式，往往是比较简便的.这样的展开只给出一项不为零，即我们的行列式用阶数较低的行列式表示出来了.

例 试计算行列式

$$D=\begin{vmatrix}2 & 4 & 3 & 6 & 3\\ 2 & 2 & 1 & 1 & 3\\ 6 & 7 & 2 & -1 & 4\\ 1 & 1 & -2 & 0 & -2\\ 11 & 10 & 4 & 8 & 17\end{vmatrix}$$

解 根据上面所说的方法，利用元素 $a_{23}=1$ 把第二行的其他元素化为零.为此把第三列乘上 -2 加到第一列上去，第三列乘上 -2 加到第二列上去，第三列乘上 -1 加到第四列上去，第三列乘上 -3 加到第五列上去，得

$$D=\begin{vmatrix}-4 & -2 & 3 & 3 & -6\\ 0 & 0 & 1 & 0 & 0\\ 2 & 3 & 2 & -3 & -2\\ 5 & 5 & -2 & 2 & 4\\ 3 & 2 & 4 & 4 & 5\end{vmatrix}$$

再按照第二行元素展开行列式.在这个展开式中，除了一项以外，其他各项都是零，即

$$D=(-1)^{2+3}\times 1\times\begin{vmatrix}-4 & -2 & 3 & -6\\ 2 & 3 & -3 & -2\\ 5 & 5 & 2 & 4\\ 3 & 2 & 4 & 5\end{vmatrix}$$

为了得到一个等于 1 的元素，把第一列乘上 -1 加到第二列，得

$$D=-\begin{vmatrix}-4 & 2 & 3 & -6\\ 2 & 1 & -3 & -2\\ 5 & 0 & 2 & 4\\ 3 & -1 & 4 & 5\end{vmatrix}$$

现在第二行的第二个元素是 1，我们利用第二行把第二列的其他元素化为零，得

$$D=-\begin{vmatrix}-8 & 0 & 9 & -2\\ 2 & 1 & -3 & -2\\ 5 & 0 & 2 & 4\\ 5 & 0 & 1 & 3\end{vmatrix}$$

按照第二列展开行列式，得

$$D=-(-1)^{2+2}\times 1\times\begin{vmatrix}-8 & 9 & -2\\ 5 & 2 & 4\\ 5 & 1 & 3\end{vmatrix}$$

现在利用第二列元素把最后一行的两个元素化为零，得

$$D=-\begin{vmatrix}-53 & 9 & -29\\ -5 & 2 & -2\\ 0 & 1 & 0\end{vmatrix}$$

按照最后一行展开行列式，得到

$$D=-(-1)^{3+2}\times 1\times\begin{vmatrix}-53 & -29\\ -5 & -2\end{vmatrix}$$

虽然我们可以利用简单的公式计算二阶行列式，但如果先把第二列乘上 -2 加到第一列上去，计算起来还可以再简单些，即

$$D=\begin{vmatrix}5 & -29\\ -1 & -2\end{vmatrix}=5\times(-2)-(-29)\times(-1)=-10-29=-39$$

4.4 范德蒙德[①]行列式

在具有已知值的行列式中,我们提出所谓"范德蒙德行列式"来.我们往往能用变换的方法把各种各样的行列式化为这个行列式.在行列式理论应用的各种问题中,我们常常会碰见这个行列式,这就使它显得更为重要.除此之外,它对我们还有多一层的重要性,那就是它的值恰好等于以前在定义行列式时应用过的辅助多项式 v_n 的值.

对于任何阶数 $n(n=1,2,3,\cdots)$,具有下面形式的行列式

$$V_n(x_1,x_2,\cdots,x_n)=\begin{vmatrix} 1 & 1 & 1 & 1 & \cdots & 1 & 1 \\ x_1 & x_2 & x_3 & x_4 & \cdots & x_{n-1} & x_n \\ x_1^2 & x_2^2 & x_3^2 & x_4^2 & \cdots & x_{n-1}^2 & x_n^2 \\ x_1^3 & x_2^3 & x_3^3 & x_4^3 & \cdots & x_{n-1}^3 & x_n^3 \\ \vdots & \vdots & \vdots & \vdots & & \vdots & \vdots \\ x_1^{n-2} & x_2^{n-2} & x_3^{n-2} & x_4^{n-2} & \cdots & x_{n-1}^{n-2} & x_n^{n-2} \\ x_1^{n-1} & x_2^{n-1} & x_3^{n-1} & x_4^{n-1} & \cdots & x_{n-1}^{n-1} & x_n^{n-1} \end{vmatrix}$$

就叫作范德蒙德行列式[②].我们用计算行列式的第二类方法(4.1 目)来计算这个行列式.就是说,我们设法用 V_{n-1} 来表出 V_n.基于这个目的,我们从第 n 行减去第 $n-1$ 行的 x_1 倍,然后从第 $n-1$ 行减去第 $n-2$ 行的 x_1 倍,依此类推,最后从第二行减去第一行的 x_1 倍.结果得到

$$V_n(x_1,x_2,\cdots,x_n)$$

$$=\begin{vmatrix} 1 & 1 & 1 & 1 & \cdots & 1 & 1 \\ 0 & x_2-x_1 & x_3-x_1 & x_4-x_1 & \cdots & x_{n-1}-x_1 & x_n-x_1 \\ 0 & x_2^2-x_2x_1 & x_3^2-x_3x_1 & x_4^2-x_4x_1 & \cdots & x_{n-1}^2-x_{n-1}x_1 & x_n^2-x_nx_1 \\ 0 & x_2^3-x_2^2x_1 & x_3^3-x_3^2x_1 & x_4^3-x_4^2x_1 & \cdots & x_{n-1}^3-x_{n-1}^2x_1 & x_n^3-x_n^2x_1 \\ \vdots & \vdots & \vdots & \vdots & & \vdots & \vdots \\ 0 & x_2^{n-2}-x_2^{n-3}x_1 & x_3^{n-2}-x_3^{n-3}x_1 & x_4^{n-2}-x_4^{n-3}x_1 & \cdots & x_{n-1}^{n-2}-x_{n-1}^{n-3}x_1 & x_n^{n-2}-x_n^{n-3}x_1 \\ 0 & x_2^{n-1}-x_2^{n-2}x_1 & x_3^{n-1}-x_3^{n-2}x_1 & x_4^{n-1}-x_4^{n-2}x_1 & \cdots & x_{n-1}^{n-1}-x_{n-1}^{n-2}x_1 & x_n^{n-1}-x_n^{n-2}x_1 \end{vmatrix}$$

---

① 范德蒙德(Vandermonde,1735—1796),法国数学家.

② 对于这个行列式,数学家们持有不同的观点:勒贝格(Lebesgue,1875—1941)认为把这个行列式归功于范德蒙德是由于误读了他的符号;有些人把该行列式归功于柯西;美国数学史家缪尔(Muir,1844—1934)的著作《行列式理论发展史》没有提到过这个特殊的行列式,但是缪尔坚持认为这个行列式应该属于范德蒙德.

按照第一列把行列式展开,然后利用第二种变换,依次从每一列提出因子 $x_2-x_1,x_3-x_1,\cdots,x_n-x_1$.

$$V_n(x_1,x_2,\cdots,x_n)$$

$$=(x_2-x_1)(x_3-x_1)\cdots(x_n-x_1)\begin{vmatrix} 1 & 1 & 1 & \cdots & 1 & 1 \\ x_2 & x_3 & x_4 & \cdots & x_{n-1} & x_n \\ x_2^2 & x_3^2 & x_4^2 & \cdots & x_{n-1}^2 & x_n^2 \\ \vdots & \vdots & \vdots & & \vdots & \vdots \\ x_2^{n-2} & x_3^{n-2} & x_4^{n-2} & \cdots & x_{n-1}^{n-2} & x_n^{n-2} \\ x_2^{n-1} & x_3^{n-1} & x_4^{n-1} & \cdots & x_{n-1}^{n-1} & x_n^{n-1} \end{vmatrix}$$

右边所得的 $n-1$ 阶行列式和原来的行列式有同样的结构,我们可以用 $V_{n-1}(x_2,x_3,\cdots,x_n)$ 来表示.

于是,对于任何数 n 都有关系式

$$V_n(x_1,x_2,\cdots,x_n)=(x_2-x_1)(x_3-x_1)\cdots(x_n-x_1)V_{n-1}(x_1,x_2,\cdots,x_n)$$

这个关系式使我们想起以前在 2.2 目,$v_n(x_1,x_2,\cdots,x_n)$ 的性质 5° 中得到的关于多项式 v_n 的关系式. 这种相似的地方不是偶然的. 现在,我们对 n 用归纳法来证明

$$V_n(x_1,x_2,\cdots,x_n)=v_n(x_1,x_2,\cdots,x_n)$$

(除了上面所得关系式有相似之处外,如果我们把 $n=1,2,3$ 时,v_n 的式子算出来,那么这些式子也可以作为根据来设想 V_n 和 v_n 是相同的.)

在 $n=1$ 的情况下,有

$$V_1(x_1)=1,v_1(x_1)=1$$

在 $n=1$ 的情况,v_1 的定义不完全适合一般的规律性,而有一些特别的地方. 试再讨论 $n=2$ 时的情况

$$V_2(x_1,x_2)=\begin{vmatrix} 1 & 1 \\ x_1 & x_2 \end{vmatrix}=x_2-x_1,v_2(x_1,x_2)=x_2-x_1$$

现在假设对于 $n-1$,要证明的等式是正确的,再来证明,从这里可以推得对于 n,它也是正确的. 事实上利用上面得到的关于 V_n 的关系式和 2.2 目(5) 中关于 v_n 的类似的关系式,便得

$$\begin{aligned} V_n(x_1,x_2,\cdots,x_n)&=(x_2-x_1)(x_3-x_1)\cdots(x_n-x_1)V_{n-1}(x_2,x_3,\cdots,x_n) \\ &=(x_2-x_1)(x_3-x_1)\cdots(x_n-x_1)v_{n-1}(x_2,x_3,\cdots,x_n) \\ &=v_n(x_1,x_2,\cdots,x_n) \end{aligned}$$

在刚才计算范德蒙德行列式时用的方法是非常典型的. 我们还要讨论一个

计算行列式的例子，计算时利用那个能把具有不同阶数但有相似结构的行列式概括的公式. 假设我们需要对于任意的 n 求出下面的行列式的值

$$D_n=\begin{vmatrix}1+x^2 & 1 & 1 & \cdots & 1 & 1\\ 1 & 1+x^4 & 1 & \cdots & 1 & 1\\ 1 & 1 & 1+x^6 & \cdots & 1 & 1\\ \vdots & \vdots & \vdots & & \vdots & \vdots\\ 1 & 1 & 1 & \cdots & 1+x^{2(n-1)} & 1\\ 1 & 1 & 1 & \cdots & 1 & 1+x^{2n}\end{vmatrix}$$

注意，如果第 n 行最后一个元素是 1，而不是 $1+x^{2n}$，那么从其他各列减去最后一列，行列式便立刻化为对角线形式的行列式. 这种想法立刻提示了所需的变换. 把已知的行列式加上一个同时又减去一个上述的便于计算的行列式，即

$$D_n=\begin{vmatrix}1+x^2 & 1 & 1 & \cdots & 1 & 1\\ 1 & 1+x^4 & 1 & \cdots & 1 & 1\\ 1 & 1 & 1+x^6 & \cdots & 1 & 1\\ \vdots & \vdots & \vdots & & \vdots & \vdots\\ 1 & 1 & 1 & \cdots & 1+x^{2(n-1)} & 1\\ 1 & 1 & 1 & \cdots & 1 & 1+x^{2n}\end{vmatrix}-$$

$$\begin{vmatrix}1+x^2 & 1 & 1 & \cdots & 1 & 1\\ 1 & 1+x^4 & 1 & \cdots & 1 & 1\\ 1 & 1 & 1+x^6 & \cdots & 1 & 1\\ \vdots & \vdots & \vdots & & \vdots & \vdots\\ 1 & 1 & 1 & \cdots & 1+x^{2(n-1)} & 1\\ 1 & 1 & 1 & \cdots & 1 & 1\end{vmatrix}+$$

$$\begin{vmatrix}1+x^2 & 1 & 1 & \cdots & 1 & 1\\ 1 & 1+x^4 & 1 & \cdots & 1 & 1\\ 1 & 1 & 1+x^6 & \cdots & 1 & 1\\ \vdots & \vdots & \vdots & & \vdots & \vdots\\ 1 & 1 & 1 & \cdots & 1+x^{2(n-1)} & 1\\ 1 & 1 & 1 & \cdots & 1 & 1\end{vmatrix}$$

前两个行列式可以按照行列式的性质 4 的法则加起来（先利用行列式的第二种变换的性质于其中第二个行列式的最后一列，此时 $\lambda=-1$）. 在第三个行列式

中，从其他各列减去最后一列，得

$$D_n=\begin{vmatrix}1+x^2&1&1&\cdots&1&1-1\\1&1+x^4&1&\cdots&1&1-1\\1&1&1+x^6&\cdots&1&1-1\\\vdots&\vdots&\vdots&&\vdots&\vdots\\1&1&1&\cdots&1+x^{2(n-1)}&1-1\\1&1&1&\cdots&1&(1+x^{2n})-1\end{vmatrix}+$$

$$\begin{vmatrix}x^2&0&0&\cdots&0&1\\0&x^4&0&\cdots&0&1\\0&0&x^6&\cdots&0&1\\\vdots&\vdots&\vdots&&\vdots&\vdots\\0&0&0&\cdots&x^{2(n-1)}&1\\0&0&0&\cdots&0&1\end{vmatrix}$$

$$=\begin{vmatrix}1+x^2&1&1&\cdots&1&0\\1&1+x^4&1&\cdots&1&0\\1&1&1+x^6&\cdots&1&0\\\vdots&\vdots&\vdots&&\vdots&\vdots\\1&1&1&\cdots&1+x^{2(n-1)}&0\\1&1&1&\cdots&1&x^{2n}\end{vmatrix}+$$

$$x^2\cdot x^4\cdot x^6\cdot\cdots\cdot x^{2(n-1)}\cdot 1$$

$$=x^{2n}\begin{vmatrix}1+x^2&1&1&\cdots&1\\1&1+x^4&1&\cdots&1\\1&1&1+x^6&\cdots&1\\\vdots&\vdots&\vdots&&\vdots\\1&1&1&\cdots&1+x^{2(n-1)}\end{vmatrix}+x^{n(n-1)}$$

$$=x^{2n}\cdot D_{n-1}+x^{n(n-1)}$$

在所讨论的 n 阶与 $n-1$ 阶行列式之间，我们得到了一个很方便的关系式。由于这个关系式，我们可以把希望寄托在应用数学归纳法上了。我们必须先"猜"出已知行列式的一般公式的形式来。为此，我们来讨论具体的 n，把 D_n 算出来。

当 $n=1$ 时，有

$$D_1=1+x^2$$

当 $n=2$(利用求得的关系式)

$$D_2=x^2+x^4\cdot D_1=x^2+x^4+x^5$$

继续下去,有

$$D_3=x^6+x^6\cdot D_2=x^6+x^8+x^{10}+x^{12}$$

$$D_4=x^{12}+x^8\cdot D_3=x^{12}+x^{14}+x^{16}+x^{18}+x^{20}$$

现在已经可以看出一般的规律性

$$\begin{aligned} D_n&=x^{n(n-1)}+x^{n(n-1)+2}+x^{n(n-1)+4}+\cdots+x^{n(n-1)+2n}\\ &=x^{n^2-n}+x^{n^2-n+2}+x^{n^2-n+4}+\cdots+x^{n^2+n} \end{aligned}$$

对 n 作数学归纳法,便能证明这个等式的正确性.我们知道,对于 $n=1$,等式是正确的.现在假设对于 $n-1$,等式正确.我们来推出,对于 n 等式也正确.

利用前面得到的 D_n 与 D_{n-1} 之间的关系式.

$$\begin{aligned} D_n&=x^{n(n-1)}+x^{2n}\cdot D_{n-1}\\ &=x^{n^2-n}+x^{2n}[x^{(n-1)^2-(n-1)}x^{(n-1)^2-(n-1)+2}+\cdots+x^{(n-1)^2+(n-1)}]\\ &=x^{n^2-n}+x^{2n}[x^{n^2-3n+2}+x^{n^2-3n+4}+\cdots+x^{n^2-n}]\\ &=x^{n^2-n}+x^{n^2-n+2}+x^{n^2-n+4}+\cdots+x^{n^2+n} \end{aligned}$$

这样,便得到所求的 D_n 的式子.

4.5 拉普拉斯[①]定理

我们已经知道,行列式可以按照它的行或列展开(参考行列式展开的第一法则),换句话说,就是可以用低阶行列式去表示它.现在我们来证明一个更一般的展开公式,基于这个目的,必须把子行列式和代数余因子的概念加以扩大.

从一个 n 阶行列中,任意取出 k 行和 k 列,位置在这 k 个行和 k 个列的交叉点上的元素构成一个 k 阶行列式 M,M 叫作 k 阶子行列式.在 D 中划去这 k 个行和 k 个列后,剩余的元素构成一个 $n-k$ 阶子行列式 $\overline{M}$,$\overline{M}$ 和 M 叫作互余的子行列式.

例 在五阶行列式

$$\begin{vmatrix} x_{11} & x_{12} & x_{13} & x_{14} & x_{15}\\ x_{21} & x_{22} & x_{23} & x_{24} & x_{25}\\ x_{31} & x_{32} & x_{33} & x_{34} & x_{35}\\ x_{41} & x_{42} & x_{43} & x_{44} & x_{45}\\ x_{51} & x_{52} & x_{53} & x_{54} & x_{55} \end{vmatrix}$$

① 拉普拉斯(Laplace,1749—1827),法国数学家.

中,取出第一行和第五行,再取出第三列和第四列,就得出下面两个互余的子行列式

$$M=\begin{vmatrix} x_{13} & x_{14} \\ x_{53} & x_{54} \end{vmatrix},\overline{M}=\begin{vmatrix} x_{21} & x_{22} & x_{25} \\ x_{31} & x_{32} & x_{35} \\ x_{41} & x_{42} & x_{45} \end{vmatrix}$$

这个概念是 3.2 目的子行列式的概念的扩展.现在还得把代数余因子的概念加以扩张.

定义 4.5.1 k 阶子行列式M 的代数余因子是M 的互余子行列式$\overline{M}$ 乘以$(-1)^{(\alpha_1+\alpha_2+\cdots+\alpha_k)+(\beta_1+\beta_2+\cdots+\beta_k)}$,$\alpha_1,\alpha_2,\cdots,\alpha_k$ 代表M 的元素在原行列式中所在的行的足标,$\beta_1,\beta_2,\cdots,\beta_k$ 代表M 的元素在原行列式中所在的列的足标.

例如,二阶子行列式

$$M=\begin{vmatrix} x_{13} & x_{14} \\ x_{53} & x_{54} \end{vmatrix}$$

的代数余因子是

$$(-1)^{(1+5)+(3+4)}\begin{vmatrix} x_{21} & x_{22} & x_{25} \\ x_{31} & x_{32} & x_{35} \\ x_{41} & x_{42} & x_{45} \end{vmatrix}$$

有了这些定义后,我们就很容易证明下述定理[①]:

拉普拉斯定理 设在行列式D 中,任意取出k 行(列),由这k 行(列)的元素所构成的一切k 阶子行列式和它代数余因子的乘积的和,等于行列式D.

例 设在行列式

$$D=\begin{vmatrix} 3 & 2 & 0 & 1 \\ -1 & 0 & 5 & 3 \\ 3 & -1 & 2 & 5 \\ 1 & -1 & 1 & -1 \end{vmatrix}$$

中,首先取出第一和第二两行,我们尽可能地由这两行做出二阶行列式,一共得六个子列式

① 拉普拉斯的贡献很多,最为人知的主要是在天体力学、宇宙体系和分析概率论三个方面的成就.但他对行列式理论也作了一定的研究工作,体现在 1772 年发表的文章《对积分和世界体系的探讨》中,他最主要的成就之一是推广了范德蒙德展开行列式的方法,即用第r 行中所含的子式和它们对应的代数余子式乘积之和来展开行列式.这就是我们现在的拉普拉斯定理.

$$M_1=\begin{vmatrix}3&2\\-1&0\end{vmatrix},M_2=\begin{vmatrix}3&0\\-1&5\end{vmatrix},M_3=\begin{vmatrix}3&1\\-1&3\end{vmatrix}$$

$$M_4=\begin{vmatrix}2&0\\0&5\end{vmatrix},M_5=\begin{vmatrix}2&1\\0&3\end{vmatrix},M_6=\begin{vmatrix}0&1\\5&3\end{vmatrix}$$

其次再求出这些子行列式的对应代数余因子

$$A_1=(-1)^{(1+2)+(1+2)}\begin{vmatrix}2&5\\1&-1\end{vmatrix},A_2=(-1)^{(1+2)+(1+3)}\begin{vmatrix}-1&5\\-1&-1\end{vmatrix}$$

$$A_3=(-1)^{(1+2)+(1+4)}\begin{vmatrix}-1&2\\-1&1\end{vmatrix},A_4=(-1)^{(1+2)+(2+3)}\begin{vmatrix}3&5\\1&-1\end{vmatrix}$$

$$A_5=(-1)^{(1+2)+(2+4)}\begin{vmatrix}3&2\\1&1\end{vmatrix},A_6=(-1)^{(1+2)+(3+4)}\begin{vmatrix}3&-1\\1&-1\end{vmatrix}$$

根据拉普拉斯定理，得

$$D=\begin{vmatrix}3&2\\-1&0\end{vmatrix}\cdot\begin{vmatrix}2&5\\1&-1\end{vmatrix}-\begin{vmatrix}3&0\\-1&5\end{vmatrix}\cdot\begin{vmatrix}-1&5\\-1&-1\end{vmatrix}+\begin{vmatrix}3&1\\-1&3\end{vmatrix}\cdot\begin{vmatrix}-1&2\\-1&1\end{vmatrix}+$$

$$\begin{vmatrix}2&0\\0&5\end{vmatrix}\cdot\begin{vmatrix}3&5\\1&-1\end{vmatrix}-\begin{vmatrix}2&1\\0&3\end{vmatrix}\cdot\begin{vmatrix}3&2\\1&1\end{vmatrix}+\begin{vmatrix}0&1\\5&3\end{vmatrix}\cdot\begin{vmatrix}3&-1\\1&-1\end{vmatrix}$$

$$=2\times(-7)-15\times6+10\times1+10\times(-8)-6\times1+(-5)\times(-2)$$

$$=-170$$

为了证明拉普拉斯定理，先证明下述预备定理：

预备定理 子行列式 M 和它代数余因子 A 的乘积的每一项，不仅是行列式的一项，而且它在 MA 内的符号和在 D 内的符号也是一样的.

证明 我们分成两种情形讨论.

第一种情形：首先，设 M 位置在行列式的左上方，换句话说，M 的位置如下所示

$$\begin{vmatrix}x_{11}&\cdots&x_{1k}&x_{1(k+1)}&\cdots&x_{1n}\\&M&&\vdots&&\vdots\\x_{k1}&\cdots&x_{kk}&x_{k(k+1)}&\cdots&x_{kn}\\x_{(k+1)1}&\cdots&x_{(k+1)k}&x_{(k+1)(k+1)}&\cdots&x_{(k+1)n}\\\vdots&&\vdots&&\overline{M}&\\x_{n1}&\cdots&x_{nk}&x_{n(k+1)}&\cdots&x_{nn}\end{vmatrix}$$

这样，$\overline{M}$ 的位置就在行列式的右下方. 由此 M 的代数余因子等于

$$(-1)^{(1+2+\cdots+k)+(1+2+\cdots+k)}\overline{M}=(-1)^{2(1+2+\cdots+k)}\overline{M}=\overline{M}$$

子行列式 $\overline{M}$ 的任意一项可以写成

$$x_{1i_1}x_{2i_2}\cdots x_{ki_k}$$

这一项的符号是

$$\frac{v_n(1,2,\cdots,k)}{v_n(1,2,\cdots,k)}\cdot\frac{v_n(i_1,i_2,\cdots,i_k)}{v_n(1,2,\cdots,k)}=\frac{v_k(i_1,i_2,\cdots,i_k)}{v_k(1,2,\cdots,k)} \tag{4.5.1}$$

其次,余因子 $\overline{M}$ 的任意一项可以写成

$$x_{(k+1)j_1}x_{(k+2)j_2}\cdots x_{nj_{n-k}}$$

这一项的符号是

$$\frac{v_{n-k}(k+1,k+2,\cdots,n)}{v_{n-k}(1,2,\cdots,n-k)}\cdot\frac{v_{n-k}(j_1,j_2,\cdots,j_{n-k})}{v_{n-k}(1,2,\cdots,n-k)} \tag{4.5.2}$$

乘积 $M\overline{M}$ 的任意一项可以写成

$$x_{1i_1}x_{2i_2}\cdots x_{ki_k}x_{(k+1)j_1}x_{(k+2)j_2}\cdots x_{nj_{n-k}} \tag{4.5.3}$$

它的符号根据式(4.5.1)(4.5.2)应该是

$$\begin{aligned}&\frac{v_k(i_1,i_2,\cdots,i_k)}{v_k(1,2,\cdots,k)}\cdot\frac{v_{n-k}(k+1,k+2,\cdots,n)}{v_{n-k}(1,2,\cdots,n-k)}\cdot\frac{v_{n-k}(j_1,j_2,\cdots,j_{n-k})}{v_{n-k}(1,2,\cdots,n-k)}\\&=\frac{v_k(i_1,i_2,\cdots,i_k)}{v_k(1,2,\cdots,k)}\cdot\frac{v_{n-k}(j_1,j_2,\cdots,j_{n-k})}{v_{n-k}(1,2,\cdots,n-k)}\end{aligned} \tag{4.5.4}$$

另外,根据行列式的定义,式(4.5.3)在 D 内的符号是

$$\frac{v_n(i_1,i_2,\cdots,i_k,j_1,j_2,\cdots,j_{n-k})}{v_n(1,2,\cdots,n)} \tag{4.5.5}$$

其中

$$\begin{aligned}&v_n(i_1,i_2,\cdots,i_k,j_1,j_2,\cdots,j_{n-k})\\&=(i_2-i_1)(i_3-i_1)\cdots(i_k-i_1)(j_1-i_1)(j_2-i_1)\cdots(j_{n-k}-i_1)v_{n-1}(i_2,\cdots,i_k,j_1,\\&\quad j_2,\cdots,j_{n-k})\\&=(i_2-i_1)(i_3-i_1)\cdots(i_k-i_1)(j_1-i_1)(j_2-i_1)\cdots(j_{n-k}-i_1)(i_3-i_2)\cdots(i_k-\\&\quad i_2)(j_1-i_2)(j_2-i_2)\cdots(j_{n-k}-i_2)v_{n-1}(i_2,\cdots,i_k,j_1,j_2,\cdots,j_{n-k})=\cdots\\&=(i_2-i_1)(i_3-i_1)\cdots(i_k-i_1)(j_1-i_1)(j_2-i_1)\cdots(j_{n-k}-i_1)\cdot\\&\quad(i_3-i_2)\cdots(i_k-i_2)(j_1-i_2)(j_2-i_2)\cdots(j_{n-k}-i_2)\cdot\\&\qquad\vdots\\&\quad(i_k-i_{k-1})(j_1-i_2)(j_2-i_2)\cdots(j_{n-k}-i_2)v_{n-k}(j_1,j_2,\cdots,j_{n-k})\\&=(j_1-i_1)(j_2-i_1)\cdots(j_{n-k}-i_1)(j_1-i_2)(j_2-i_2)\cdots(j_{n-k}-i_2)\cdots(j_1-i_k)(j_2-\\&\quad i_k)\cdots(j_{n-k}-i_k)v_k(i_1,i_2,\cdots,i_k)v_{n-k}(j_1,j_2,\cdots,j_{n-k})\end{aligned}$$

类似地,有

$$v_n(1,2,\cdots,k,k+1,k+2,\cdots,n-k)$$

$$=[(k+1)-1][(k+2)-1]\cdots[(n-k)-1][(k+1)-2][(k+2)-2]\cdots[(n-k)-2]\cdot\cdots\cdot[(k+1)-k][(k+2)-k]\cdots[(n-k)-k]\,v_k(1,2,\cdots,k)v_{n-k}(k+1,k+2,\cdots,n-k)$$

于是

$$\frac{v_n(i_1,i_2,\cdots,i_k,j_1,j_2,\cdots,j_{n-k})}{v_n(1,2,\cdots,n)}$$
$$=\frac{[(j_1-i_1)\cdots(j_{n-k}-i_1)]\cdots[(j_1-i_1)\cdots(j_{n-k}-i_1)]}{\{[(k+1)-1]\cdots[(n-k)-1]\}\cdots\{[(k+1)-k]\cdots[(n-k)-k]\}}\cdot$$
$$\frac{v_k(i_1,i_2,\cdots,i_k)}{v_k(1,2,\cdots,k)}\cdot\frac{v_{n-k}(j_1,j_2,\cdots,j_{n-k})}{v_{n-k}(1,2,\cdots,n-k)}\tag{4.5.6}$$

由于M的位置在行列式的左上方，所以任意一个i都小于每一个j，同时注意到$i_1,i_2,\cdots,i_k$是和$1,2,\cdots,k$同样的一些数，只是次序可能不同；而$j_1,j_2,\cdots,j_{n-k}$是和$k+1,k+2,\cdots,n-k$同样的一些数，只是次序可能不同，因此

$$\frac{[(j_1-i_1)\cdots(j_{n-k}-i_1)]\cdots[(j_1-i_1)\cdots(j_{n-k}-i_1)]}{\{[(k+1)-1]\cdots[(n-k)-1]\}\cdots\{[(k+1)-k]\cdots[(n-k)-k]\}}=1$$

于是式(4.5.6)的右端等于式(4.5.4)的右端.

由此我们已经证明了，乘积$M\overline{M}$的每一项，都是D的一项，而且它在$M\overline{M}$内的符号和在D内的符号一致. 换句话说，在这种情形下，预备定理成立.

第二种情形：设M的位置不是在行列式的左上方，但是我们很容易把它还原成第一个情形.

设子行列式M在行列式D中的行的足标是$\alpha_1,\alpha_2,\cdots,\alpha_k$，列的足标是$\beta_1,\beta_2,\cdots,\beta_k$. 我们首先把第$\alpha_1$行，移至第一行，这样就必须使第$\alpha_1$行依次和位置在它上面的行相交换. 显然，这个位置的移动，一共需要α_1-1个对换. 其次再把第α_2行移至第二行，这一共需α_2-2个对换. 这样继续下去，直到最后把第α_k行移至第k行. 结果，一共经过

$$(\alpha_1-1)+(\alpha_2-2)+\cdots+(\alpha_k-k)$$
$$=(\alpha_1+\alpha_2+\cdots+\alpha_k)-(1+2+\cdots+k)$$

个对换后，我们已经把M的位置移到行列式的前k行了.

要使M的位置在行列式左上方，我们还必须把第β_1列移至第一列，第β_2列移至第二列，……，第β_k列移至第k列. 这样一共需要

$$(\beta_1-1)+(\beta_2-2)+\cdots+(\beta_k-k)$$
$$=(\beta_1+\beta_2+\cdots+\beta_k)-(1+2+\cdots+k)$$

个对换. 将M移到行列式的左上方后，它的互余子行列式$\overline{M}$的位置必然在右下方.

把 M 移在左上方，一共需要

$$(\alpha_1+\alpha_2+\cdots+\alpha_k)+(\beta_1+\beta_2+\cdots+\beta_k)-2(1+2+\cdots+k)$$

个对换.这个新行列式记作 D_1.在 D_1 中，M 的位置在左上方.由行列式的第三种变换，D 和 D_1 仅差如下的一个符号

$$(-1)^{(\alpha_1+\alpha_2+\cdots+\alpha_k)+(\beta_1+\beta_2+\cdots+\beta_k)-2(1+2+\cdots+k)}=(-1)^{(\alpha_1+\alpha_2+\cdots+\alpha_k)+(\beta_1+\beta_2+\cdots+\beta_k)}$$

由第一个情形，乘积 $M\overline{M}$ 的每一项的符号和在 D_1 内的符号一致，所以乘积

$$(-1)^{(\alpha_1+\alpha_2+\cdots+\alpha_k)+(\beta_1+\beta_2+\cdots+\beta_k)}M\overline{M}=MA$$

（A 表示 M 的代数余因子）的每一项不仅是 D 的一项，而且这一项的符号在 MA 内和在 D 内也是一致的.由此，就证明了所要证的预备定理.

有了上面这个预备定理，拉普拉斯定理的证明，就没有什么困难了.

拉普拉斯定理的证明 设想在行列式 D 中，任意取出 k 行(列).假设由这 k 行(列)的元素所构成的一切 k 阶子行列式用 $M_1,M_2,\cdots,M_h$ 代表，它们的对应代数余因子用 $A_1,A_2,\cdots,A_h$ 代表，要证明拉普拉斯定理，就必须证明

$$M_1A_1+M_2A_2+\cdots+M_hA_h=D$$

首先，根据预备定理，乘积 M_iA_i 的每一项不仅是 D 的一项，而且这一项在 M_iA_j 内和在 D 内的符号也一致.其次，设有两个乘积 M_iA_i 和 M_jA_j 含有相同的项，因为 M_i 和 M_j 至少有一列元素是彼此互异的.由此

$$M_1A_1+M_2A_2+\cdots+M_hA_h \tag{4.5.7}$$

都是由 D 的不同的项所构成.我们在此还需要证明的是：在式(4.5.7)中，一共含有 $n!$ 项.因为每一个 M_i 都是一个 k 阶子行列式，所以每一个 M_i 含有 $k!$ 个项.同样，它的代数余因子 A_i 含有 $(n-k)!$ 个项.结果，M_iA_i 一共含有 $k!(n-k)!$ 个项，从而式(4.5.7)含有 $hk!(n-k)!$ 个项.由 k 个行中可能构成的 k 阶子行列式的数目等于由 n 个数每次选取 k 个的组合数，换句话说

$$t=\mathrm{C}_n^k=\frac{n!}{k!(n-k)!}$$

把 h 的值代入 $hk!(n-k)!$ 中，得

$$\frac{n!}{k!(n-k)!}k!(n-k)!=n!$$

换句话说，式(4.5.7)中一共含有 $n!$ 个项，等于行列式 D 的项数，这就证明了拉普拉斯定理.

4.6 行列式的乘法规则

拉普拉斯定理的一个重要应用，就是可以把两个行列式的乘积表示成为另

外一个行列式.在此我们先举一个具体的例子说明.设想给定了两个行列式

$$D_1=\begin{vmatrix} a_1 & b_1 \\ a_2 & b_2 \end{vmatrix}$$

和

$$D_2=\begin{vmatrix} \alpha_1 & \beta_1 & \gamma_1 \\ \alpha_2 & \beta_2 & \gamma_2 \\ \alpha_3 & \beta_3 & \gamma_3 \end{vmatrix}$$

我们不难看出五阶行列式

$$\Delta=\begin{vmatrix} a_1 & b_1 & 0 & 0 & 0 \\ a_2 & b_2 & 0 & 0 & 0 \\ u_1 & v_1 & \alpha_1 & \beta_1 & \gamma_1 \\ u_2 & v_2 & \alpha_2 & \beta_2 & \gamma_2 \\ u_3 & v_3 & \alpha_3 & \beta_3 & \gamma_3 \end{vmatrix}$$

(式中的 u 和 v 可取任何值)等于 D_1 和 D_2 的积 D_1D_2.事实上,利用拉普拉斯定理,把 Δ 按照第一、二两列展开,就可以得出

$$\Delta=\begin{vmatrix} a_1 & b_1 \\ a_2 & b_2 \end{vmatrix}\cdot\begin{vmatrix} \alpha_1 & \beta_1 & \gamma_1 \\ \alpha_2 & \beta_2 & \gamma_2 \\ \alpha_3 & \beta_3 & \gamma_3 \end{vmatrix}$$

这个结果的一个特例,就是同阶的两个行列式相乘的情形.现在我们可以把行列式相乘的规则写在下面:

行列式的乘法规则 要求行列式

$$D_1=\begin{vmatrix} a_{11} & a_{12} & \cdots & a_{1n} \\ a_{21} & a_{22} & \cdots & a_{2n} \\ \vdots & \vdots & & \vdots \\ a_{n1} & a_{n2} & \cdots & a_{nn} \end{vmatrix}$$

和

$$D_2=\begin{vmatrix} b_{11} & b_{12} & \cdots & b_{1n} \\ b_{21} & b_{22} & \cdots & b_{2n} \\ \vdots & \vdots & & \vdots \\ b_{n1} & b_{n2} & \cdots & b_{nn} \end{vmatrix}$$

的乘积,我们可以取 D_1 的第 i 行元素和 D_2 的第 j 列元素做出对应元素的乘积的和

$$c_{ij}=a_{i1}b_{1j}+a_{i2}b_{2j}+\cdots+a_{in}b_{nj}$$

以 c_{ij} 为第 i 行第 j 列的元素的行列式

$$\Delta=\begin{vmatrix} c_{11} & c_{12} & \cdots & c_{1n} \\ c_{21} & c_{22} & \cdots & c_{2n} \\ \vdots & \vdots & & \vdots \\ c_{n1} & c_{n2} & \cdots & c_{nn} \end{vmatrix}$$

就是 D_1 和 D_2 的积.

例 求行列式

$$D_1=\begin{vmatrix} 1 & 0 & 2 \\ -1 & 1 & 0 \\ 3 & 2 & 1 \end{vmatrix},D_2=\begin{vmatrix} 2 & 0 & 5 \\ 7 & 1 & 0 \\ -1 & 1 & -1 \end{vmatrix}$$

的积.

解 在此必须计算 c_{ij}. 元素 c_{11} 等于 D_1 的第一行元素和 D_2 的第一列元素的乘积的和,即

$$c_{11}=1\times2+0\times7+2\times(-1)=0$$

同理,得

$$c_{12}=1\times0+0\times1+2\times1=2,c_{13}=1\times5+0\times0+2\times(-1)=3$$

$$c_{21}=(-1)\times2+1\times7+0\times(-1)=5,c_{22}=(-1)\times0+1\times1+0\times1=1$$

$$c_{23}=(-1)\times5+1\times0+0\times(-1)=-5,c_{31}=3\times2+2\times7+1\times(-1)=19$$

$$c_{32}=3\times0+2\times1+1\times1=3,c_{33}=3\times5+2\times0+1\times(-1)=14$$

由此得

$$\begin{vmatrix} 1 & 0 & 2 \\ -1 & 1 & 0 \\ 3 & 2 & 1 \end{vmatrix}\cdot\begin{vmatrix} 2 & 0 & 5 \\ 7 & 1 & 0 \\ -1 & 1 & -1 \end{vmatrix}=\begin{vmatrix} 0 & 2 & 3 \\ 5 & 1 & -5 \\ 19 & 3 & 14 \end{vmatrix}$$

这个结果,可以验算如下

$$\begin{vmatrix} 1 & 0 & 2 \\ -1 & 1 & 0 \\ 3 & 2 & 1 \end{vmatrix}=-9,\begin{vmatrix} 2 & 0 & 5 \\ 7 & 1 & 0 \\ -1 & 1 & -1 \end{vmatrix}=38,\begin{vmatrix} 0 & 2 & 3 \\ 5 & 1 & -5 \\ 19 & 3 & 14 \end{vmatrix}=-342$$

$$-9\times38=-342$$

行列式乘法规则的证明 由拉普拉斯定理,$2n$ 阶行列式

$$\Delta=\begin{vmatrix} a_{11} & a_{12} & \cdots & a_{1n} & 0 & 0 & \cdots & 0 \\ a_{21} & a_{22} & \cdots & a_{2n} & 0 & 0 & \cdots & 0 \\ \vdots & \vdots & & \vdots & \vdots & \vdots & & \vdots \\ a_{n1} & a_{n2} & \cdots & a_{nn} & 0 & 0 & \cdots & 0 \\ -1 & 0 & \cdots & 0 & b_{11} & b_{12} & \cdots & b_{1n} \\ 0 & -1 & \cdots & 0 & b_{21} & b_{22} & \cdots & b_{2n} \\ \vdots & \vdots & & \vdots & \vdots & \vdots & & \vdots \\ 0 & 0 & \cdots & -1 & b_{n1} & b_{n2} & \cdots & b_{nn} \end{vmatrix}$$

$$=D_1D_2$$

现在我们可以把 Δ 变成另一个行列式而使每一个 b_{ij} 都换成零. 为了达到这个目的,我们首先以 b_{11} 乘 Δ 的第一列,b_{21} 乘第二列,……,b_{n1} 乘第 n 列,再把所有这些都加于第 $n+1$ 列. 其次,以 b_{12} 乘第一列,b_{22} 乘第二列,……,b_{n2} 乘第 n 列,再把所有这些都加于 $n+2$ 列. 一般,以 b_{1k} 乘第一列,b_{2k} 乘第二列,……,b_{nk} 乘第 n 列,再把这些乘积加于 $n+k$ 列.

经过这样的变换后,Δ 可以写成如下的形式

$$\Delta=\begin{vmatrix} a_{11} & a_{12} & \cdots & a_{1n} & c_{11} & c_{12} & \cdots & c_{1n} \\ a_{21} & a_{22} & \cdots & a_{2n} & c_{21} & c_{22} & \cdots & c_{2n} \\ \vdots & \vdots & & \vdots & \vdots & \vdots & & \vdots \\ a_{n1} & a_{n2} & \cdots & a_{nn} & c_{n1} & c_{n2} & \cdots & c_{nn} \\ -1 & 0 & \cdots & 0 & 0 & 0 & \cdots & 0 \\ 0 & -1 & \cdots & 0 & 0 & 0 & \cdots & 0 \\ \vdots & \vdots & & \vdots & \vdots & \vdots & & \vdots \\ 0 & 0 & \cdots & -1 & 0 & 0 & \cdots & 0 \end{vmatrix}$$

把这个行列式按照它的最后 n 行展开,我们就可以看出

$$M=\begin{vmatrix} -1 & 0 & \cdots & 0 \\ 0 & -1 & \cdots & 0 \\ \vdots & \vdots & & \vdots \\ 0 & 0 & \cdots & -1 \end{vmatrix}=(-1)^n$$

是唯一不等于零的一个子行列式,它的代数余因子等于

$$A=(-1)^{[(n+1)+\cdots+2n]+(1+2+\cdots+n)}\begin{vmatrix} c_{11} & c_{12} & \cdots & c_{1n} \\ c_{21} & c_{22} & \cdots & c_{2n} \\ \vdots & \vdots & & \vdots \\ c_{n1} & c_{n2} & \cdots & c_{nn} \end{vmatrix}$$

$$=(-1)^{n(2n+1)}\begin{vmatrix} c_{11} & c_{12} & \cdots & c_{1n} \\ c_{21} & c_{22} & \cdots & c_{2n} \\ \vdots & \vdots & & \vdots \\ c_{n1} & c_{n2} & \cdots & c_{nn} \end{vmatrix}$$

由此

$$\Delta=MA=(-1)^{2n(n+1)}\begin{vmatrix} c_{11} & c_{12} & \cdots & c_{1n} \\ c_{21} & c_{22} & \cdots & c_{2n} \\ \vdots & \vdots & & \vdots \\ c_{n1} & c_{n2} & \cdots & c_{nn} \end{vmatrix}$$

因为 $2n(n+1)$ 是偶数，所以

$$\Delta=\begin{vmatrix} c_{11} & c_{12} & \cdots & c_{1n} \\ c_{21} & c_{22} & \cdots & c_{2n} \\ \vdots & \vdots & & \vdots \\ c_{n1} & c_{n2} & \cdots & c_{nn} \end{vmatrix}$$

这就是所要证明的结果.

因为乘积和因子的顺序无关，同时使行列式同足标的行和列互换后，行列式的值不变，所以除了上面证明的乘法规则外，我们还可以求出另外三个规则. 这三个规则留给读者自己去证明.

4.7 伴随行列式

假若把行列式

$$D=\begin{vmatrix} x_{11} & x_{12} & \cdots & x_{1n} \\ x_{21} & x_{22} & \cdots & x_{2n} \\ \vdots & \vdots & & \vdots \\ x_{n1} & x_{n2} & \cdots & x_{nn} \end{vmatrix}$$

的每一个元素，换成它的代数余因子，则得出一个新行列式如下

$$D^*=\begin{vmatrix} X_{11} & X_{21} & \cdots & X_{n1} \\ X_{12} & X_{22} & \cdots & X_{n2} \\ \vdots & \vdots & & \vdots \\ X_{1n} & X_{2n} & \cdots & X_{nn} \end{vmatrix}$$

(X_{ij} 代表元素 x_{ij} 的代数余因子). 这个行列式叫作 D 的伴随行列式. 现在我们证明，D 和 D^* 之间，有一个简单关系存在.

把 D^* 的行和列交换后，再乘以 D，得

$$DD^*=\begin{vmatrix} x_{11} & x_{12} & \cdots & x_{1n} \\ x_{21} & x_{22} & \cdots & x_{2n} \\ \vdots & \vdots & & \vdots \\ x_{n1} & x_{n2} & \cdots & x_{nn} \end{vmatrix} \cdot \begin{vmatrix} X_{11} & X_{21} & \cdots & X_{n1} \\ X_{12} & X_{22} & \cdots & X_{n2} \\ \vdots & \vdots & & \vdots \\ X_{1n} & X_{2n} & \cdots & X_{nn} \end{vmatrix}$$

根据行列式的乘法规则，这个乘积行列式的元素 c_{ij} 应该是

$$c_{ij}=x_{i1}X_{j1}+x_{i2}X_{j2}+\cdots+x_{in}X_{jn}$$

换句话说，当 $i\neq j$ 时，c_{ij} 等于行列式 D 的第 i 行元素和 D 的第 j 行元素的代数余因子的乘积的和. 由行列式展开的第二法则，这个和应该等于零. 当 $i=j$ 时，c_{ii} 等于 D 的第 i 行元素和它代数余因子的乘积的和，所以 c_{ii} 等于行列式 D(参考行列式展开的第一法则). 综合起来，当 $i\neq j$ 时 $c_{ij}=0$，$c_{ii}=D$，由此

$$DD^*=\begin{vmatrix} D & 0 & \cdots & 0 \\ 0 & D & \cdots & 0 \\ \vdots & \vdots & & \vdots \\ 0 & 0 & \cdots & D \end{vmatrix}=D^n$$

假若 $D\neq 0$，两端除以 D，得

$$D^*=D^{n-1} \tag{4.7.1}$$

现在我们还可以证明，当 $D=0$ 时，这个公式(4.7.1) 仍然能够成立.

假若 D 的每一个元素是零，则伴随行列式 D^* 的每一个元素 X_{ik} 也是零，由此 $D^*=0$. 我们还要讨论 D 至少有一个元素不是零的情形. 在此不妨设 $x_{11}\neq 0$.

现在我们证明 $i=1,2,3,\cdots,n$ 时

$$x_{i1}X_{i1}+x_{i2}X_{i2}+\cdots+x_{in}X_{in}=0 \tag{4.7.2}$$

因为当 $i\neq 1$ 的时候，由行列式展开的第二法则，式(4.7.2) 应等于零. 当 $i=1$ 的时候，式(4.7.2) 等于 $D=0$. 由于 $x_{i1}\neq 0$，从式(4.7.2) 解出 X_{i1}，得

$$X_{i1}=b_2X_{i2}+b_3X_{i3}+\cdots+b_nX_{in} \tag{4.7.3}$$

式中

$$b_2=-\frac{x_{i2}}{x_{i1}},b_3=-\frac{x_{i3}}{x_{i1}},\cdots,b_n=-\frac{x_{in}}{x_{i1}}$$

由伴随行列式 D^* 的第一列减去第二列乘以 x_2，第三列乘以 x_3，……，第 n 列乘以 x_n，由式(4.7.3) 得出 D^* 的第一列的元素全为零. 这就证明了，当 $D=0$ 时，D^* 也同样是零.

第2章 矩阵的理论基础

§1 矩阵及其运算

1.1 矩阵的加法与减法

在上一章中,矩阵这一概念已经用来作为研究线方程组的辅助工具了.这个概念的许多其他应用使它成为一个很大的独立理论的对象.我们现在来讨论这个理论的基础.

设给予了某一数域 K. 由域 K 中的若干数排列成的长方阵列

$$\begin{pmatrix} a_{11} & a_{12} & \cdots & a_{1n} \\ a_{21} & a_{22} & \cdots & a_{2n} \\ \vdots & \vdots & & \vdots \\ a_{m1} & a_{m2} & \cdots & a_{mn} \end{pmatrix}$$

称为矩阵.

按矩阵写法的外形来看,它和行列式很相像.但是,我们必须十分清楚地了解,这两个概念的含义是完全不同的.我们叫某种多项式(和它们的特殊值)为行列式,仅仅为了方便的缘故才把它们写成夹在两条垂直线之间的表的形式.至于矩阵,它既不是数,也不是函数;矩阵就是某些数的表本身.我们必须时常记住这种本质上的区别.记法和名词的相似绝不该使我们把两个概念混淆起来.

为了再一次强调上面所说的区别，我们注意，在 n 阶行列式中元素的个数等于 n^2；因此，行列式元素的表总是正方形的，而矩阵则不然，我们常需讨论任意的长方形的矩阵(就是说，m 和 n 可以是任意自然数). 如果 $m=n$，那么称之为方阵，而相等的两数 m 与 n 称为它的阶. 在一般的情形，矩阵称为 $m\times n$ 维长方矩阵. 习惯上，又把 $m\times 1$ 维单列矩阵($1\times n$ 维单行矩阵) 称为 m 维列向量(n 维行向量).

构成已知矩阵的那些数 a_{ij} 叫作矩阵的元素. 应当注意，除了元素是数字的矩阵外，同样还可讨论元素是函数的矩阵.

矩阵的"行" 和矩阵的"列" 这两个术语是不必经过解释便能明白的. 就像在研究行列式时一样，矩阵的行与列统称为排.

有时我们亦用下面的简便记法来记前面的矩阵

$$(a_{ik})_{m\times n}$$

有时亦用一个字母，例如矩阵 $\mathbf{A}$，来记矩阵.

矩阵的概念极其一般，以至可以从极端不同的观点出发来研究矩阵. 最重要和最深刻的性质是和研究矩阵的运算关联着的. 当我们说到矩阵的理论时，所指的就是这种理论.

在下面的叙述中我们经常要用到未知量间的线性变换的概念与性质. 虽然我们还可以选择另外的途径来处理我们感兴趣的那些理论，然而在叙述的过程中，利用线性变换的概念是最自然与最方便的.

设 m 个量 $y_1,y_2,\cdots,y_m$ 经另外 n 个量 $x_1,x_2,\cdots,x_n$ 齐次线性表出，即

$$\begin{cases} y_1=a_{11}x_1+a_{12}x_2+\cdots+a_{1n}x_n \\ y_2=a_{21}x_1+a_{22}x_2+\cdots+a_{2n}x_n \\ \quad\vdots \\ y_m=a_{m1}x_1+a_{m2}x_2+\cdots+a_{mn}x_n \end{cases} \tag{1.1.1}$$

或简写为

$$y_i=\sum_{k=1}^{n}a_{ik}x_k \quad (i=1,2,\cdots,m) \tag{1.1.1$'$}$$

用式(1.1.1) 来变诸值 $x_1,x_2,\cdots,x_n$ 为值 $y_1,y_2,\cdots,y_m$ 的变换称为线性变换.

这个变换的系数构成一个 $m\times n$ 维的长方矩阵

$$\begin{pmatrix} a_{11} & a_{12} & \cdots & a_{1n} \\ a_{21} & a_{22} & \cdots & a_{2n} \\ \vdots & \vdots & & \vdots \\ a_{m1} & a_{m2} & \cdots & a_{mn} \end{pmatrix} \tag{1.1.2}$$

已知的线性变换(1.1.1)唯一地确定矩阵(1.1.2).反过来说,显然每一个矩阵总可以当作是一组未知量用另一组未知量来线性变换的矩阵.在研究矩阵的某些性质时,上述情况可以帮助我们把某些概念弄得很自然,也可以帮助我们把某些证明简单化.

下面,我们从线性变换(1.1.1)的性质来介绍矩阵的基本运算:矩阵的加法,数与矩阵的乘法及矩阵间的乘法.

设诸量 $y_1,y_2,\cdots,y_m$ 经量 $x_1,x_2,\cdots,x_n$ 用线性变换

$$y_i=\sum_{k=1}^{n}a_{ik}x_k\quad(i=1,2,\cdots,m)\tag{1.1.3}$$

来表出,而量 $z_1,z_2,\cdots,z_m$ 经同一组量 $x_1,x_2,\cdots,x_n$ 用线性变换

$$z_i=\sum_{k=1}^{n}b_{ik}x_k\quad(i=1,2,\cdots,m)\tag{1.1.4}$$

来表出.则 $y_1+z_1,y_2+z_2,\cdots,y_m+z_m$ 也显然可以用未知量 $x_1,x_2,\cdots,x_n$ 线性表示出来

$$y_i+z_i=\sum_{k=1}^{n}(a_{ik}+b_{ik})x_k\quad(i=1,2,\cdots,m)\tag{1.1.5}$$

对于这三组未知量

$$y_1,y_2,\cdots,y_m;z_1,z_2,\cdots,z_m;y_1+z_1,y_2+z_2,\cdots,y_m+z_m$$

我们相应地写出用未知量 $x_1,x_2,\cdots,x_n$ 来线性表示它们的系数矩阵.对于第一组,这就是

$$\boldsymbol{A}=\begin{pmatrix}a_{11}&a_{12}&\cdots&a_{1n}\\a_{21}&a_{22}&\cdots&a_{2n}\\\vdots&\vdots&&\vdots\\a_{m1}&a_{m2}&\cdots&a_{mn}\end{pmatrix}$$

对第二组是

$$\boldsymbol{B}=\begin{pmatrix}b_{11}&b_{12}&\cdots&b_{1n}\\b_{21}&b_{22}&\cdots&b_{2n}\\\vdots&\vdots&&\vdots\\b_{m1}&b_{m2}&\cdots&b_{mn}\end{pmatrix}$$

对第三组是

$$\boldsymbol{C}=\begin{pmatrix}a_{11}+b_{11}&a_{12}+b_{12}&\cdots&a_{1n}+b_{1n}\\a_{21}+b_{21}&a_{21}+b_{22}&\cdots&a_{2n}+b_{2n}\\\vdots&\vdots&&\vdots\\a_{m1}+b_{m1}&a_{m2}+b_{m2}&\cdots&a_{mn}+b_{mn}\end{pmatrix}$$

与之相对应的我们建立下述定义：

定义 1.1.1 两个有相同维数 $m\times n$ 的矩阵 $\boldsymbol{A}=(a_{ik})_{m\times n}$ 与 $\boldsymbol{B}=(b_{ik})_{m\times n}$ 的和是指一个同维数的矩阵 $\boldsymbol{C}=(c_{ik})_{m\times n}$，它的元素等于所给两个矩阵的对应元素的和，即

$$c_{ik}=a_{ik}+b_{ik}\quad(i=1,2,\cdots,m;k=1,2,\cdots,n)$$

矩阵 $\boldsymbol{C}$ 等于矩阵 $\boldsymbol{A}$ 与 $\boldsymbol{B}$ 的和这件事情记作

$$\boldsymbol{C}=\boldsymbol{A}+\boldsymbol{B}$$

得出两个矩阵的和的运算称为矩阵的加法.

例

$$\begin{pmatrix}a_1 & a_2 & a_3\\ b_1 & b_2 & b_3\end{pmatrix}+\begin{pmatrix}c_1 & c_2 & c_3\\ d_1 & d_2 & d_3\end{pmatrix}=\begin{pmatrix}a_1+c_1 & a_2+c_2 & a_3+c_3\\ b_1+d_1 & b_2+d_2 & b_3+d_3\end{pmatrix}$$

按照定义 1.1.1，只有同维数的长方矩阵才能相加.

由这一定义知变换(1.1.5)的系数矩阵为变换(1.1.3)与(1.1.4)的两个系数矩阵的和.

既然矩阵的加法运算是直接由它的元素加法所导出，而且这些元素是数，那么自然可以得出：矩阵的加法具有数的加法的性质.

由矩阵的加法定义直接推知，这一运算有可交换与可结合的性质：

1° $\boldsymbol{A}+\boldsymbol{B}=\boldsymbol{B}+\boldsymbol{A}$.（交换性）

2° $(\boldsymbol{A}+\boldsymbol{B})+\boldsymbol{C}=\boldsymbol{A}+(\boldsymbol{B}+\boldsymbol{C})$.（结合性）

此处 $\boldsymbol{A},\boldsymbol{B},\boldsymbol{C}$ 是任何三个同维数的长方矩阵.

矩阵的加法运算很自然地可以推广到任意多个矩阵相加的情形.

在变换(1.1.3)中，将诸量 $y_1,y_2,\cdots,y_m$ 乘以 K 中某一数 α. 则得

$$\alpha y_i=\sum_{k=1}^{n}(\alpha a_{ik})x_k\quad(i=1,2,\cdots,m)$$

与之相对应的我们有：

定义 1.1.2 K 中数 α 对矩阵 $\boldsymbol{A}=(a_{ik})_{m\times n}$ 的乘积是指矩阵 $\boldsymbol{C}=(c_{ik})_{m\times n}$，它的元素都是矩阵 $\boldsymbol{A}$ 中的对应元素与数 α 的乘积，即

$$c_{ik}=\alpha a_{ik}\quad(i=1,2,\cdots,m;k=1,2,\cdots,n)$$

同时记作

$$\boldsymbol{C}=\alpha\boldsymbol{A}$$

得出数与矩阵的乘积的运算称为数与矩阵的乘法.

例如

$$\alpha\begin{pmatrix}a_1 & a_2 & a_3\\ b_1 & b_2 & b_3\end{pmatrix}=\begin{pmatrix}\alpha a_1 & \alpha a_2 & \alpha a_3\\ \alpha b_1 & \alpha b_2 & \alpha b_3\end{pmatrix}$$

像矩阵加法的情况一样，由于矩阵乘以数的运算是由这个数乘在矩阵的元素上直接导出，因此立刻可以得出这个运算本身的一些性质，以及这个运算与矩阵加法运算联系起来的那些性质.

设矩阵 $\boldsymbol{A},\boldsymbol{B}$ 有相同的维数，α,β 是域 K 中的数. 那么直接可以看出下列一些性质是成立的：

1° $\alpha(\boldsymbol{A}+\boldsymbol{B})=\alpha\boldsymbol{A}+\alpha\boldsymbol{B}$.

2° $(\alpha+\beta)\boldsymbol{A}=\alpha\boldsymbol{A}+\beta\boldsymbol{B}$.

3° $\alpha(\beta)\boldsymbol{A}=(\alpha\beta)\boldsymbol{A}$.

两个同维数长方矩阵的差 $\boldsymbol{A}-\boldsymbol{B}$ 是由等式

$$\boldsymbol{A}-\boldsymbol{B}=\boldsymbol{A}+(-1)\boldsymbol{B}$$

来定出的.

容易明白，若 $\boldsymbol{A}=(a_{ik})_{m\times n}$，则 $-\boldsymbol{A}=(-1)\boldsymbol{A}=(-a_{ik})_{m\times n}$，换句话说，矩阵 $-\boldsymbol{A}$ 是由 $\boldsymbol{A}$ 的每个元素都换为其相反数而得到的，$-\boldsymbol{A}$ 称为 $\boldsymbol{A}$ 的负矩阵. 如此，差 $\boldsymbol{A}-\boldsymbol{B}$ 等于 $\boldsymbol{A}$ 加上 $\boldsymbol{B}$ 的负矩阵.

把元素全是零的矩阵称为零矩阵，并记之为 $\boldsymbol{O}$. 则有

$$\boldsymbol{A}+\boldsymbol{O}=\boldsymbol{A},\boldsymbol{A}+(-\boldsymbol{A})=\boldsymbol{O}$$

1.2 矩阵的乘法

设诸量 $z_1,z_2,\cdots,z_m$ 经量 $y_1,y_2,\cdots,y_n$ 用线性变换

$$z_i=\sum_{k=1}^{n}a_{ik}y_k\quad(i=1,2,\cdots,m)\tag{1.2.1}$$

来表出，而量 $y_1,y_2,\cdots,y_n$ 经量 $x_1,x_2,\cdots,x_s$ 用线性变换

$$y_k=\sum_{j=1}^{s}b_{kj}x_j\quad(k=1,2,\cdots,n)\tag{1.2.2}$$

来表出. 则把 $y_k(k=1,2,\cdots,n)$ 的这些表示式代入式(1.2.1)中，我们就可以把 $z_1,z_2,\cdots,z_m$ 经 $x_1,x_2,\cdots,x_s$ 用"结合的"变换

$$z_i=\sum_{k=1}^{n}a_{ik}\sum_{j=1}^{s}b_{kj}x_j=\sum_{j=1}^{s}(\sum_{k=1}^{n}a_{ik}b_{kj})x_j\quad(i=1,2,\cdots,m)\tag{1.2.3}$$

来表出. 与之相对应的得出：

定义 1.2.1 两个长方矩阵

$$\boldsymbol{A}=\begin{pmatrix}a_{11} & a_{12} & \cdots & a_{1n}\\ a_{21} & a_{22} & \cdots & a_{2n}\\ \vdots & \vdots & & \vdots\\ a_{m1} & a_{m2} & \cdots & a_{mn}\end{pmatrix},\boldsymbol{B}=\begin{pmatrix}b_{11} & b_{12} & \cdots & b_{1s}\\ b_{21} & b_{22} & \cdots & b_{2s}\\ \vdots & \vdots & & \vdots\\ b_{n1} & b_{n2} & \cdots & b_{ns}\end{pmatrix}$$

的乘积是指矩阵

$$\boldsymbol{C}=\begin{pmatrix}c_{11} & c_{12} & \cdots & c_{1s}\\ c_{21} & c_{22} & \cdots & c_{2s}\\ \vdots & \vdots & & \vdots\\ c_{m1} & c_{m2} & \cdots & c_{ms}\end{pmatrix}$$

其中位于第 i 行与第 j 列相交位置的元素 c_{ij}，等于位于第一个矩阵 $\boldsymbol{A}$ 的第 i 行中元素与第二个矩阵 $\boldsymbol{B}$ 的第 j 列中元素的“乘积”

$$c_{ij}=\sum_{k=1}^{n}a_{ik}b_{kj}\quad (i=1,2,\cdots,m;j=1,2,\cdots,s) \tag{1.2.4}$$

得出两个矩阵的乘法的运算称为矩阵的乘法.

例如

$$\begin{pmatrix}a_1 & a_2 & a_3\\ b_1 & b_2 & b_3\end{pmatrix}\begin{pmatrix}c_1 & d_1 & e_1 & f_1\\ c_2 & d_2 & e_2 & f_2\\ c_3 & d_3 & e_3 & f_3\end{pmatrix}$$

$$=\begin{pmatrix}a_1c_1+a_2c_2+a_3c_3 & a_1d_1+a_2d_2+a_3d_3 & a_1e_1+a_2e_2+a_3e_3 & a_1f_1+a_2f_2+a_3f_3\\ b_1c_1+b_2c_2+b_3c_3 & b_1d_1+b_2d_2+b_3d_3 & b_1e_1+b_2e_2+b_3e_3 & b_1f_1+b_2f_2+b_3f_3\end{pmatrix}$$

由定义 1.2.1，知变换(1.2.3) 的系数矩阵等于变换(1.2.1) 的系数矩阵对变换(1.2.2) 的系数矩阵的乘积.

让我们来讨论矩阵乘法的一些初步性质. 首先，从乘法的定义中可以得到，两个长方矩阵的相乘，只有在第一个因子的列数等于第二个因子的行数时，才可以施行. 特别地，如果两个因子都是同阶的方阵，乘法常可施行. 但是我们还要注意，即使对于这一个特殊的情形，矩阵的乘法都不一定是可交换的. 例如

$$\begin{pmatrix}0 & 0\\ 0 & 1\end{pmatrix}\cdot\begin{pmatrix}0 & 1\\ 0 & 0\end{pmatrix}=\begin{pmatrix}0 & 0\\ 0 & 0\end{pmatrix},\begin{pmatrix}0 & 1\\ 0 & 0\end{pmatrix}\cdot\begin{pmatrix}0 & 0\\ 0 & 1\end{pmatrix}=\begin{pmatrix}0 & 1\\ 0 & 0\end{pmatrix}$$

当然，在个别情形下可能有 $\boldsymbol{AB}=\boldsymbol{BA}$，这时候称矩阵 $\boldsymbol{A}$ 与 $\boldsymbol{B}$ 是彼此可交换的. 有时候，为了区别矩阵相乘的次序，称 $\boldsymbol{AB}$ 为 $\boldsymbol{A}$ 左乘 $\boldsymbol{B}$ 的积或 $\boldsymbol{B}$ 右乘 $\boldsymbol{A}$ 的积.

上面的那个例子还说明，即使 $\boldsymbol{A}\neq\boldsymbol{O},\boldsymbol{B}\neq\boldsymbol{O}$，却可能有 $\boldsymbol{AB}=\boldsymbol{O}$. 这是矩阵乘法区别于普通数运算的又一特点，称为有零因子. 由此可知，对于矩阵乘法来说，一般不满足“消去律”：若 $\boldsymbol{AB}=\boldsymbol{AC},\boldsymbol{A}\neq\boldsymbol{O}$，未必有 $\boldsymbol{B}=\boldsymbol{C}$.

运算的另一个基本性质 —— 结合律 —— 是成立的.

定理 1.2.1 矩阵乘法满足结合律.就是说,假如矩阵乘积 $\boldsymbol{AB}$ 以及 $\boldsymbol{BC}$ 存在,那么乘积 $(\boldsymbol{AB})\boldsymbol{C}$,$\boldsymbol{A}(\boldsymbol{BC})$ 也存在,而且相等,即

$$(\boldsymbol{AB})\boldsymbol{C}=\boldsymbol{A}(\boldsymbol{BC})$$

证明 我们可以直接从矩阵乘积的定义来证明这个等式,然而假如我们把矩阵解释为线性变换的矩阵,那么可以简单些.

设 $\boldsymbol{A}$ 是量 $x_1,x_2,\cdots,x_n$ 用 $y_1,y_2,\cdots,y_m$ 来线性表示的矩阵,$\boldsymbol{B}$ 是量 $y_1,y_2,\cdots,y_m$ 用 $z_1,z_2,\cdots,z_h$ 来线性表示的矩阵,$\boldsymbol{C}$ 是量 $z_1,z_2,\cdots,z_h$ 用 $t_1,t_2,\cdots,t_r$ 来线性表示的矩阵.那么 x_i 可以用 $z_1,z_2,\cdots,z_h$ 来线性表示,而它的矩阵就是 $\boldsymbol{A}\cdot\boldsymbol{B}$. 又因为量 z_j 是用 $t_1,t_2,\cdots,t_r$ 线性表示的,所以最后 x_i 可以用 $t_1,t_2,\cdots,t_r$ 来线性表示,而它的矩阵就是

$$(\boldsymbol{AB})\cdot\boldsymbol{C}$$

另外,可以这样来考虑:量 y_j 用 $t_1,t_2,\cdots,t_r$ 来线性表示,它的矩阵是 $\boldsymbol{B}\cdot\boldsymbol{C}$. 因为这些 x_i 是用 $y_1,y_2,\cdots,y_m$ 来线性表示的,所以它们也可以用 $t_1,t_2,\cdots,t_r$ 来线性表示,而它的矩阵就是

$$\boldsymbol{A}\cdot(\boldsymbol{B}\cdot\boldsymbol{C})$$

由于我们考虑的量 $t_1,t_2,\cdots,t_r$ 是线性独立的,所以量 $x_1,x_2,\cdots,x_n$ 用 $t_1,t_2,\cdots,t_r$ 来线性表示是唯一的,因此得到

$$(\boldsymbol{AB})\boldsymbol{C}=\boldsymbol{A}(\boldsymbol{BC})$$

除此而外,容易验证,矩阵的乘法亦有乘法与加法的分配律存在:

$1^\circ(\boldsymbol{A}+\boldsymbol{B})\boldsymbol{C}=\boldsymbol{AC}+\boldsymbol{BC}$.

$2^\circ\boldsymbol{A}(\boldsymbol{B}+\boldsymbol{C})=\boldsymbol{AB}+\boldsymbol{AC}$.

很自然地可以推广矩阵的乘法运算到许多个矩阵相乘的情形.

如果利用长方矩阵的乘法,那么线性变换

$$\begin{cases}y_1=a_{11}x_1+a_{12}x_2+\cdots+a_{1n}x_n\\y_2=a_{21}x_1+a_{22}x_2+\cdots+a_{2n}x_n\\\vdots\\y_m=a_{m1}x_1+a_{m2}x_2+\cdots+a_{mn}x_n\end{cases}$$

可以写为一个矩阵的等式

$$\begin{pmatrix}y_1\\y_2\\\vdots\\y_m\end{pmatrix}=\begin{pmatrix}a_{11}&a_{12}&\cdots&a_{1n}\\a_{21}&a_{22}&\cdots&a_{2n}\\\vdots&\vdots&&\vdots\\a_{m1}&a_{m2}&\cdots&a_{mn}\end{pmatrix}\begin{pmatrix}x_1\\x_2\\\vdots\\x_n\end{pmatrix}$$

或者简写为

$$Y=AX$$

这里 $\boldsymbol{X}=(x_1,x_2,\cdots,x_n)^{\mathrm{T}}$,$\boldsymbol{Y}=(y_1,y_2,\cdots,y_m)^{\mathrm{T}}$ 为单列矩阵,而 $\boldsymbol{A}=(a_{ik})_{m\times n}$ 为一个 $m\times n$ 维长方矩阵.

1.3 矩阵的转置·复矩阵的共轭转置

如果已给出一个矩阵 $\boldsymbol{A}$,把它的行换成相应的列(与此同时,它的列换成相应的行),那么得到的新矩阵称为 $\boldsymbol{A}$ 的转置矩阵,记作 $\boldsymbol{A}^{\mathrm{T}}$ 或 $\boldsymbol{A}'$.

即若

$$\boldsymbol{A}=\begin{pmatrix} a_{11} & a_{12} & \cdots & a_{1n} \\ a_{21} & a_{22} & \cdots & a_{2n} \\ \vdots & \vdots & & \vdots \\ a_{m1} & a_{m2} & \cdots & a_{mn} \end{pmatrix}$$

则

$$\boldsymbol{A}^{\mathrm{T}}=\begin{pmatrix} a_{11} & a_{21} & \cdots & a_{m1} \\ a_{12} & a_{22} & \cdots & a_{m2} \\ \vdots & \vdots & & \vdots \\ a_{1n} & a_{2n} & \cdots & a_{mn} \end{pmatrix}$$

容易明白,$\boldsymbol{A}^{\mathrm{T}}$ 的第 i 行第 j 列元素为 $\boldsymbol{A}$ 的第 j 行第 i 列元素.

对于任意两个矩阵 $\boldsymbol{A}$,$\boldsymbol{B}$(可加或可乘的)都有以下的转置关系:

1°$(\boldsymbol{A}^{\mathrm{T}})^{\mathrm{T}}=\boldsymbol{A}$.

2°$(\boldsymbol{A}+\boldsymbol{B})^{\mathrm{T}}=\boldsymbol{A}^{\mathrm{T}}+\boldsymbol{B}^{\mathrm{T}}$.

3°$(k\boldsymbol{A})^{\mathrm{T}}=k\boldsymbol{A}^{\mathrm{T}}(k\in\mathbf{R})$.

4°$(\boldsymbol{AB})^{\mathrm{T}}=\boldsymbol{B}^{\mathrm{T}}\boldsymbol{A}^{\mathrm{T}}$.

我们来证明这些性质中的第四个. 事实上,如果乘积 $\boldsymbol{AB}$ 是有意义的,那么容易明白乘积 $\boldsymbol{B}^{\mathrm{T}}\boldsymbol{A}^{\mathrm{T}}$ 亦是有意义的:矩阵 $\boldsymbol{B}^{\mathrm{T}}$ 的列数等于矩阵 $\boldsymbol{A}^{\mathrm{T}}$ 的行数. 位置在矩阵$(\boldsymbol{AB})^{\mathrm{T}}$ 第 i 行和第 j 列上的元素在矩阵 $\boldsymbol{AB}$ 中是位置在第 j 行和第 i 列上. 所以它等于矩阵 $\boldsymbol{A}$ 中第 j 行的元素和矩阵 $\boldsymbol{B}$ 中第 i 列的对应元素的乘积的和,也就是等于矩阵 $\boldsymbol{A}^{\mathrm{T}}$ 中第 j 列的元素和矩阵 $\boldsymbol{B}^{\mathrm{T}}$ 中第 i 行的对应元素的乘积的和. 这就证明了所要的等式.

若 $\boldsymbol{A}$ 为适合等式

$$\boldsymbol{A}^{\mathrm{T}}=\boldsymbol{A}$$

的任何一个方阵,则称 $\boldsymbol{A}$ 为对称矩阵;若

$$\boldsymbol{A}^{\mathrm{T}}=-\boldsymbol{A}$$

则称 $\boldsymbol{A}$ 为反对称矩阵.在对称矩阵中对于主对角线对称的元素是相等的.在反对称矩阵中,对于主对角线对称的元素仅有负号之差,特别在主对角线上的元素均为零.

由转置矩阵的性质,易知对称矩阵之和仍为对称矩阵,反对称矩阵之和仍为反对称矩阵.对称矩阵的乘积不一定是对称的,例如

$$\begin{pmatrix}1&2\\2&3\end{pmatrix}\begin{pmatrix}2&1\\1&1\end{pmatrix}=\begin{pmatrix}4&3\\7&5\end{pmatrix}$$

但若两个对称矩阵 $\boldsymbol{A},\boldsymbol{B}$ 可交换时,其乘积仍为对称矩阵,由于在此时可得

$$(\boldsymbol{AB})^{\mathrm{T}}=\boldsymbol{B}^{\mathrm{T}}\boldsymbol{A}^{\mathrm{T}}=\boldsymbol{BA}=\boldsymbol{AB}$$

因此对称矩阵的任何乘方均为对称矩阵,对称矩阵的多项式仍为一对称矩阵.

有趣的是,任何一个方阵都可以表示为对称矩阵与反对称矩阵之和的形式.

事实上,设 $\boldsymbol{A}$ 为 n 阶方阵.令

$$\boldsymbol{A}=\boldsymbol{B}+\boldsymbol{C} \tag{1.3.1}$$

同时假设

$$\boldsymbol{B}=\boldsymbol{B}^{\mathrm{T}},\boldsymbol{C}=-\boldsymbol{C}^{\mathrm{T}}$$

将其代入上面的等式(1.3.1),可得

$$\boldsymbol{A}=\boldsymbol{B}^{\mathrm{T}}-\boldsymbol{C}^{\mathrm{T}} \tag{1.3.2}$$

对等式(1.3.1) 两端矩阵转置,得

$$\boldsymbol{A}^{\mathrm{T}}=\boldsymbol{B}^{\mathrm{T}}+\boldsymbol{C}^{\mathrm{T}} \tag{1.3.3}$$

联立等式(1.3.2) 与(1.3.3),得出

$$\boldsymbol{B}=\frac{\boldsymbol{A}+\boldsymbol{A}^{\mathrm{T}}}{2},\boldsymbol{C}=\frac{\boldsymbol{A}-\boldsymbol{A}^{\mathrm{T}}}{2}$$

如此,便求得了我们需要的矩阵 $\boldsymbol{B},\boldsymbol{C}$.

最后,再介绍关于矩阵的一种运算,它的对象是复矩阵,即元素均为复数的矩阵.

将任意复矩阵 $\boldsymbol{A}$ 的各元素用其共轭复数代换所作成的矩阵,称为 $\boldsymbol{A}$ 的共轭矩阵,记为 $\overline{\boldsymbol{A}}$.用公式表示就是

$$\boldsymbol{A}=(a_{ij})_{m\times n},\overline{\boldsymbol{A}}=(\overline{a_{ij}})_{m\times n}$$

这里 $\overline{a_{ij}}$ 表示 a_{ij} 的共轭复数.

例 若

$$\boldsymbol{A}=\begin{pmatrix}1 & 3-\mathrm{i}\\ 1+2\mathrm{i} & \mathrm{i}\end{pmatrix}$$

则

$$\overline{\boldsymbol{A}}=\begin{pmatrix}1 & 3+\mathrm{i}\\ 1-2\mathrm{i} & -\mathrm{i}\end{pmatrix}$$

复矩阵的共轭矩阵具有以下性质

$$\overline{(\overline{\boldsymbol{A}})}=\boldsymbol{A},\overline{\boldsymbol{A}+\boldsymbol{B}}=\overline{\boldsymbol{A}}+\overline{\boldsymbol{B}},\overline{k\boldsymbol{A}}=\overline{k}\cdot\overline{\boldsymbol{A}},\overline{\boldsymbol{AB}}=\overline{\boldsymbol{A}}\cdot\overline{\boldsymbol{B}}\quad(k\in\mathbf{C})$$

对于复矩阵 $\boldsymbol{A}$，其共轭矩阵的转置称为它的共轭转置矩阵，记作 $\boldsymbol{A}^*$[①] 或 $\boldsymbol{A}^{\mathrm{H}}$，即

$$\boldsymbol{A}^{\mathrm{H}}=(\overline{\boldsymbol{A}})^{\mathrm{T}}$$

若矩阵 $\boldsymbol{A}$ 是实矩阵，则其共轭转置矩阵与普通转置矩阵重合，因此复矩阵的共轭转置可视为实矩阵的转置的推广.

共轭转置的主要性质如下：

1°$(\boldsymbol{A}^{\mathrm{H}})^{\mathrm{H}}=\boldsymbol{A}$.

2°$(\boldsymbol{A}+\boldsymbol{B})^{\mathrm{H}}=\boldsymbol{A}^{\mathrm{H}}+\boldsymbol{B}^{\mathrm{H}}$.

3°$(k\boldsymbol{A})^{\mathrm{H}}=\overline{k}\boldsymbol{A}^{\mathrm{H}}(k\in\mathbf{C})$.

4°$(\boldsymbol{AB})^{\mathrm{H}}=\boldsymbol{B}^{\mathrm{H}}\boldsymbol{A}^{\mathrm{H}}$.

共轭转置与自身重合的矩阵，叫作埃尔米特[②]矩阵(也叫作自共轭矩阵). 即 $\boldsymbol{A}$ 是埃尔米特矩阵当且仅当 $\boldsymbol{A}^{\mathrm{H}}=\boldsymbol{A}$. 例如

$$\boldsymbol{A}=\begin{pmatrix}3 & 1+2\mathrm{i} & 2\\ 1-2\mathrm{i} & 1 & -2\mathrm{i}\\ 2 & 2\mathrm{i} & -4\end{pmatrix}$$

就是一个埃尔米特矩阵.

埃尔米特矩阵必定是方阵，且 $a_{ij}=\overline{a_{ji}}$，对角线上的元素是实数. 特别地，实对称矩阵是埃尔米特矩阵.

若 $\boldsymbol{A}^{\mathrm{H}}=-\boldsymbol{A}$，则称 $\boldsymbol{A}$ 为反埃尔米特矩阵. 如 $\begin{pmatrix}0 & 3+2\mathrm{i}\\ 3-2\mathrm{i} & 0\end{pmatrix}$.

容易建立以下诸命题：

---

① 符号 $\boldsymbol{A}^*$ 有可能引起混淆，因为伴随矩阵也是用这一记号表示的.

② 埃尔米特(Hermite，1822—1901)，法国数学家.

1. 如果$\boldsymbol{A}$和$\boldsymbol{B}$都是埃尔米特矩阵，那么它们的和$\boldsymbol{A}+\boldsymbol{B}$也是埃尔米特矩阵；而只有在$\boldsymbol{A}$和$\boldsymbol{B}$满足交换性（即$\boldsymbol{AB}=\boldsymbol{BA}$）时，它们的积才是埃尔米特矩阵.

2. 如果$\boldsymbol{A}$是反埃尔米特矩阵，那么$\mathrm{i}\boldsymbol{A}$是埃尔米特矩阵（这里i是虚数单位）.

3. 任意方阵$\boldsymbol{C}$与其共轭转置的和是埃尔米特矩阵；方阵$\boldsymbol{C}$与其共轭转置的差是反埃尔米特矩阵.

4. 任意方阵$\boldsymbol{C}$都可以用一个埃尔米特矩阵$\boldsymbol{A}$与一个反埃尔米特矩阵$\boldsymbol{B}$的和表示.

5. 如果$\boldsymbol{A}$,$\boldsymbol{B}$是反埃尔米特矩阵，那么对于所有的实数a,b,$a\boldsymbol{A}+b\boldsymbol{B}$也一定是反埃尔米特矩阵.

§2　方　　阵

2.1　方阵的基本概念

矩阵的加法运算和乘法运算不能对任意两个矩阵进行计算的事实，很自然地在研究这些运算性质的时候引起了诸多不便. 因此，同时也是为了其他的一些（实质上甚至是更深入的）理由，运算的进一步研究只对于某种特殊形式的矩阵进行. 也就是讨论行数与列数相同的矩阵. 任意一个矩阵总可以补充一些零，使它具有这样的性质 —— 变成“方形”. 这个时候，有一些性质的改变是无关紧要的. 因此，如以上所指的仅限于方阵的情形，在某种意义上并不是狭义的，而是重要的.

数域K上一个n阶方阵是一个正方形表格

$$\boldsymbol{A}=\begin{pmatrix} a_{11} & a_{12} & \cdots & a_{1n} \\ a_{21} & a_{22} & \cdots & a_{2n} \\ \vdots & \vdots & & \vdots \\ a_{m1} & a_{m2} & \cdots & a_{mn} \end{pmatrix}$$

自左上角到右下角这一条对角线称为$\boldsymbol{A}$的主对角线. 主对角线上元素的特征是其两个下角标相同，表示为$a_{ii}(i=1,2,\cdots,n)$. $\boldsymbol{A}$的主对角线上n个元素连加

$$\mathrm{Tr}\,\boldsymbol{A}=a_{11}+a_{22}+\cdots+a_{nn}$$

称为$\boldsymbol{A}$的迹，它是描述$\boldsymbol{A}$的某种特性的一个数量，有许多重要的应用.

由直接计算,知方阵的迹等于其迹之和,方阵与数之乘积的迹等于此方阵的迹与此数之乘积. 这两个性质可以表示为以下等式

$$\mathrm{Tr}(k\boldsymbol{A}+h\boldsymbol{B})=k\cdot\mathrm{Tr}\,\boldsymbol{A}+h\cdot\mathrm{Tr}\,\boldsymbol{B}$$

矩阵的迹的一个性质作为定理表述如下:

定理 2.1.1 设 $\boldsymbol{A}$ 为 $m\times n$ 维矩阵,$\boldsymbol{B}$ 为 $n\times m$ 维矩阵,则

$$\mathrm{Tr}(\boldsymbol{AB})=\mathrm{Tr}(\boldsymbol{BA})$$

证明 设 $\boldsymbol{A}=(a_{ij})_{m\times n}$,$\boldsymbol{B}=(b_{ij})_{n\times m}$,$\boldsymbol{AB}=(c_{ij})_{m\times m}$,$\boldsymbol{BA}=(d_{ij})_{n\times n}$,于是

$$\mathrm{Tr}(\boldsymbol{AB})=\sum_{i=1}^{n}c_{ii}=\sum_{i=1}^{n}\sum_{j=1}^{n}(a_{ij}b_{ji})=\sum_{i=1}^{n}\sum_{j=1}^{n}(b_{ji}a_{ij})=\sum_{i=1}^{n}d_{ii}=\mathrm{Tr}(\boldsymbol{BA})$$

现在引入 n 阶方阵中的如下 n^2 个矩阵(称为基本矩阵)

$$\boldsymbol{E}_{ij}=\begin{pmatrix} & & \vdots & \\ \cdots & \cdots & 1 & \cdots \\ & & \vdots & \\ & & \vdots & \end{pmatrix}\begin{matrix} \\ i\text{ 行} \\ \\ \\ \end{matrix}\qquad (i,j=1,2,\cdots,n)$$

$$j\text{ 列}$$

它的特点是:位于第 i 行第 j 列处的元素为 1,其余位置的元素都是 0.

基本矩阵的意义在于:域 K 上任意 n 阶方阵 $\boldsymbol{A}=(a_{ik})_{n\times n}$ 均能唯一地表示为这些基本矩阵的线性组合,即

$$\begin{aligned}\boldsymbol{A}&=\begin{pmatrix} a_{11} & a_{12} & \cdots & a_{1n} \\ a_{21} & a_{22} & \cdots & a_{2n} \\ \vdots & \vdots & & \vdots \\ a_{n1} & a_{n2} & \cdots & a_{nn}\end{pmatrix}\\ &=a_{11}\boldsymbol{E}_{11}+\cdots+a_{1n}\boldsymbol{E}_{1n}+\cdots+a_{n1}\boldsymbol{E}_{n1}+\cdots+a_{nn}\boldsymbol{E}_{nn}\\ &=\sum_{i,j=1}^{n}a_{ij}\boldsymbol{E}_{ij}\end{aligned}$$

由于这个原因,许多 n 阶方阵的问题都可以归结为这 n^2 个特殊的方阵的性质和运算.

1° 方阵的加法与数的乘积可以写为

$$\sum_{i,j=1}^{n}a_{ij}\boldsymbol{E}_{ij}+\sum_{i,j=1}^{n}b_{ij}\boldsymbol{E}_{ij}=\sum_{i,j=1}^{n}(a_{ij}+b_{ij})\boldsymbol{E}_{ij},\ \alpha\sum_{i,j=1}^{n}a_{ij}\boldsymbol{E}_{ij}=\sum_{i,j=1}^{n}(\alpha a_{ij})\boldsymbol{E}_{ij}$$

2° 根据矩阵乘法,对 m 阶基本矩阵 $\boldsymbol{E}_{ij}$,我们有

$$\boldsymbol{E}_{ij}\begin{pmatrix} a_{11} & a_{12} & \cdots & a_{1n} \\ a_{21} & a_{22} & \cdots & a_{2n} \\ \vdots & \vdots & & \vdots \\ a_{m1} & a_{m2} & \cdots & a_{mn}\end{pmatrix}=\begin{pmatrix} & 0 & \\ a_{j1} & \cdots & a_{jm} \\ & 0 & \end{pmatrix}i\text{ 行}$$

这就是说,用 m 阶基本矩阵 $\boldsymbol{E}_{ij}$ 左乘一个 $m\times n$ 维矩阵,其结果是把该矩阵的第 j 行平移到第 i 行的位置,其他行全部变为零(当 $i=j$ 时,就是使该矩阵的第 i 行保持不动,其他行变为零).同样地,有

$$\begin{pmatrix} a_{11} & a_{12} & \cdots & a_{1n} \\ a_{21} & a_{22} & \cdots & a_{2n} \\ \vdots & \vdots & & \vdots \\ a_{m1} & a_{m2} & \cdots & a_{mn} \end{pmatrix} \boldsymbol{E}_{ij} = \begin{pmatrix} & a_{1i} & \\ 0 & \cdots & 0 \\ & a_{mi} & \end{pmatrix}$$

j 列

即用 n 阶基本矩阵 $\boldsymbol{E}_{ij}$ 右乘一个 $m\times n$ 维矩阵,其结果是把该矩阵第 i 列平移到第 j 列位置上来,其他列一律变为零(当 $i=j$ 时,就是使该矩阵第 i 列保持不动,其他列变为零).

对于仅由 0 和 1 组成的矩阵来说,引用所谓克罗内克符号 δ_{ij} 常常是方便的.这符号是德国数学家克罗内克(Leopold Kronecker,1823—1891)于 1866 年首先使用的,它的定义如下:对于任意两个整数变量 i 和 j,符号 δ_{ij} 满足以下性质:若 $i\neq j$,则 $\delta_{ij}=0$;若 $i=j$,则 $\delta_{ij}=1$.

回到基本矩阵的乘法,我们有下列重要公式

$$\boldsymbol{E}_{ij}\boldsymbol{E}_{kh}=\delta_{ij}\boldsymbol{E}_{ih}$$

利用这个等式,我们再来看矩阵乘法的表达式

$$\begin{aligned}
\left(\sum_{i,j=1}^{n} a_{ij}\boldsymbol{E}_{ij}\right)\left(\sum_{i,j=1}^{n} b_{ij}\boldsymbol{E}_{ij}\right) &= \left(\sum_{i,j=1}^{n} a_{ij}\boldsymbol{E}_{ij}\right)\left(\sum_{k,h=1}^{n} b_{kh}\boldsymbol{E}_{kh}\right) \\
&= \sum_{i,j,k,h=1}^{n} (a_{ij}\boldsymbol{E}_{ij})(b_{kh}\boldsymbol{E}_{kh}) \\
&= \sum_{i,j,k,h=1}^{n} (a_{ij}b_{kh})(\boldsymbol{E}_{ij}\boldsymbol{E}_{kh}) \\
&= \sum_{i,j,k,h=1}^{n} (a_{ij}b_{kh})(\delta_{jk}\boldsymbol{E}_{ih}) \\
&= \sum_{i,j,k,h=1}^{n} (\delta_{jk}a_{ij}b_{kh})\boldsymbol{E}_{ih} \\
&= \sum_{i,j=1}^{n}\left(\sum_{k=1}^{n} a_{ik}b_{kj}\right)\boldsymbol{E}_{ij}
\end{aligned}$$

上式表明两个矩阵 $\boldsymbol{A}=\left(\sum_{i,j=1}^{n} a_{ij}\boldsymbol{E}_{ij}\right)$,$\boldsymbol{B}=\left(\sum_{i,j=1}^{n} b_{ij}\boldsymbol{E}_{ij}\right)$ 的乘积 $\boldsymbol{AB}$ 的第 i 行第 j 列的元素等于 $\sum_{k=1}^{n} a_{ik}b_{kj}$,这正是矩阵乘法的定义.

现在可以对矩阵乘法中的“左行右列规则”作进一步理解.设 $\boldsymbol{A}$ 是 $m\times n$ 维

矩阵,分别以 $\boldsymbol{A}^{(j)}$,$\boldsymbol{A}_{(i)}$ 表示 A 的第 j 列和第 i 行,则有

$$\boldsymbol{A}\begin{pmatrix}x_1\\x_2\\\vdots\\x_n\end{pmatrix}=\begin{pmatrix}a_{11}&a_{12}&\cdots&a_{1n}\\a_{21}&a_{22}&\cdots&a_{2n}\\\vdots&\vdots&&\vdots\\a_{m1}&a_{m2}&\cdots&a_{mn}\end{pmatrix}\begin{pmatrix}x_1\\x_2\\\vdots\\x_n\end{pmatrix}$$

$$=\begin{pmatrix}a_{11}x_1+a_{12}x_2+\cdots+a_{1n}x_n\\a_{21}x_1+a_{22}x_2+\cdots+a_{2n}x_n\\\vdots\\a_{m1}x_1+a_{m2}x_2+\cdots+a_{mn}x_n\end{pmatrix}$$

$$=x_1\begin{pmatrix}a_{11}\\a_{21}\\\vdots\\a_{m1}\end{pmatrix}+x_2\begin{pmatrix}a_{12}\\a_{22}\\\vdots\\a_{m2}\end{pmatrix}+\cdots+x_n\begin{pmatrix}a_{1n}\\a_{2n}\\\vdots\\a_{mn}\end{pmatrix}$$

$$=x_1\boldsymbol{A}^{(1)}+x_2\boldsymbol{A}^{(2)}+\cdots+x_n\boldsymbol{A}^{(n)}$$

这样矩阵乘以一个单列矩阵,其结果是将该矩阵的列进行线性组合,组合系数是该列向量的对应元素.类似地,有

$$(y_1\quad y_2\quad\cdots\quad y_m)\begin{pmatrix}a_{11}&a_{12}&\cdots&a_{1n}\\a_{21}&a_{22}&\cdots&a_{2n}\\\vdots&\vdots&&\vdots\\a_{m1}&a_{m2}&\cdots&a_{mn}\end{pmatrix}=y_1\boldsymbol{A}_{(1)}+y_2\boldsymbol{A}_{(2)}+\cdots+y_m\boldsymbol{A}_{(m)}$$

即一个单行矩阵左乘一个矩阵,其结果是将该矩阵的行进行线性组合,组合系数是该单行矩阵的对应元素.由此即可得到两个矩阵乘积的行与列的结构

$$\boldsymbol{C}^{(j)}=\boldsymbol{A}\boldsymbol{B}^{(j)},\boldsymbol{C}_{(i)}=\boldsymbol{A}_{(i)}\boldsymbol{B}$$

即矩阵 $\boldsymbol{C}$ 的第 j 列是 $\boldsymbol{A}$ 诸列的线性组合,组合系数恰为矩阵 $\boldsymbol{B}$ 的第 j 列的相应元素;而矩阵 $\boldsymbol{C}$ 的第 i 列是 $\boldsymbol{A}$ 的诸行的线性组合,组合系数恰为矩阵 $\boldsymbol{B}$ 的第 j 行的相应元素.

特别地,若 $\boldsymbol{C}^{(j)}$ 是第 j 列元素为 1 而其余元素为 0 的单列矩阵,$\boldsymbol{C}_{(i)}$ 是第 i 行元素为 1 而其余元素均为 0 的单行矩阵向量,则

$$\boldsymbol{A}\boldsymbol{C}^{(j)}=\boldsymbol{A}^{(j)},\boldsymbol{C}_{(i)}\boldsymbol{A}=\boldsymbol{A}_{(i)}$$

按照这样的理解,许多矩阵的乘法以及和矩阵乘法相关的一些性质变得显而易见.

例 1 $$\begin{pmatrix}0&0&1\\0&k&0\\1&0&0\end{pmatrix}\begin{pmatrix}a_{11}&a_{12}&a_{13}\\a_{21}&a_{22}&a_{23}\\a_{31}&a_{32}&a_{33}\end{pmatrix}=\begin{pmatrix}a_{11}&a_{12}&a_{13}\\ka_{21}&ka_{22}&ka_{23}\\a_{31}&a_{32}&a_{33}\end{pmatrix}$$

$$\begin{pmatrix}a_{11}&a_{12}&a_{13}\\a_{21}&a_{22}&a_{23}\\a_{31}&a_{32}&a_{33}\end{pmatrix}\begin{pmatrix}0&0&0\\1&b&0\\0&1&-c\end{pmatrix}=\begin{pmatrix}a_{12}&ba_{12}+a_{13}&-ca_{13}\\a_{22}&ba_{22}+a_{23}&-ca_{23}\\a_{32}&ba_{32}+a_{33}&-ca_{33}\end{pmatrix}$$

例 2 讨论 $\boldsymbol{AB}=\boldsymbol{O}$ 的意义.

由于 $\boldsymbol{AB}^{(j)}=\boldsymbol{O}$,故此时 $\boldsymbol{B}$ 的每个列都是齐次线性方程组 $\boldsymbol{AX}=\boldsymbol{O}$ 的解;同理,由于 $\boldsymbol{A}_{(i)}\boldsymbol{B}=\boldsymbol{O}$,故 $\boldsymbol{A}$ 的每个行都是齐次线性方程组 $\boldsymbol{YB}=\boldsymbol{O}$ 或 $\boldsymbol{BY}^{\mathrm{T}}=\boldsymbol{O}$ 的解.

例 3 讨论线性方程组 $\boldsymbol{AX}=\boldsymbol{B}$ 有解的充分必要条件.

如果方程组有解,那么单列矩阵 $\boldsymbol{B}$ 是矩阵 $\boldsymbol{A}$ 的列的线性组合;反之,如果 $\boldsymbol{B}$ 是矩阵 $\boldsymbol{A}$ 的列的线性组合,那么组合系数构成方程组的一个解. 故方程组有解的充要条件是:$\boldsymbol{B}$ 是系数矩阵 $\boldsymbol{A}$ 的列的线性组合.

特别地,齐次线性方程组 $\boldsymbol{AX}=\boldsymbol{O}$ 有非零解当且仅当 $\boldsymbol{A}$ 的列线性相关;有唯一解(即零解)当且仅当 $\boldsymbol{A}$ 的列线性无关.

数域 K 上如下的 n 阶方阵

$$\begin{pmatrix}d_1&0&\cdots&0\\0&d_2&\cdots&0\\\vdots&\vdots&&\vdots\\0&0&\cdots&d_n\end{pmatrix}=\sum_{i=1}^{n}d_i\boldsymbol{E}_{ii}$$

称为 n 阶对角矩阵.

用一个 m 阶对角矩阵左乘一个 $m\times n$ 维矩阵时可以表示为

$$\left(\sum_{i=1}^{n}d_i\boldsymbol{E}_{ii}\right)\begin{pmatrix}a_{11}&a_{12}&\cdots&a_{1n}\\a_{21}&a_{22}&\cdots&a_{2n}\\\vdots&\vdots&&\vdots\\a_{m1}&a_{m2}&\cdots&a_{mn}\end{pmatrix}=\sum_{i=1}^{n}d_i\begin{pmatrix}&0&\\a_{i1}&\cdots&a_{in}\\&0&\end{pmatrix}$$

$$=\sum_{i=1}^{n}\begin{pmatrix}&0&\\d_1a_{i1}&\cdots&d_ia_{in}\\&0&\end{pmatrix}$$

$$=\begin{pmatrix}d_1a_{11}&d_2a_{12}&\cdots&d_na_{1n}\\d_1a_{21}&d_2a_{22}&\cdots&d_na_{2n}\\\vdots&\vdots&&\vdots\\d_1a_{m1}&d_2a_{m2}&\cdots&d_na_{mn}\end{pmatrix}$$

同样地,有

$$\begin{pmatrix} a_{11} & a_{12} & \cdots & a_{1n} \\ a_{21} & a_{22} & \cdots & a_{2n} \\ \vdots & \vdots & & \vdots \\ a_{m1} & a_{m2} & \cdots & a_{mn} \end{pmatrix} \begin{pmatrix} d_1 & 0 & \cdots & 0 \\ 0 & d_2 & \cdots & 0 \\ \vdots & \vdots & & \vdots \\ 0 & 0 & \cdots & d_n \end{pmatrix} = \begin{pmatrix} d_1 a_{11} & d_1 a_{12} & \cdots & d_1 a_{1n} \\ d_2 a_{21} & d_2 a_{22} & \cdots & d_2 a_{2n} \\ \vdots & \vdots & & \vdots \\ d_m a_{m1} & d_m a_{m2} & \cdots & d_m a_{mn} \end{pmatrix}$$

这样一来,当左(右)乘长方矩阵以对角矩阵时,就是在该矩阵的所有的行(列)上顺次乘上对角矩阵主对角线上的元素.

一个 n 阶对角矩阵的主对角线上元素都是 K 上同一个数 k 时,即为

$$\begin{pmatrix} k & 0 & \cdots & 0 \\ 0 & k & \cdots & 0 \\ \vdots & \vdots & & \vdots \\ 0 & 0 & \cdots & k \end{pmatrix}$$

则称为 n 阶数量矩阵.

显然,用一个数量矩阵左乘或右乘 K 上一个 $m \times n$ 维矩阵时,其结果是把该矩阵所有行(或列)都乘以 k,也就是用 k 与该矩阵作数乘运算.

2.2 方阵的幂

设 $\mathbf{A}=(a_{ij})_{n\times n}$. 则以平常的方式来介绍矩阵的幂

$$\mathbf{A}^p=\underbrace{\mathbf{AA}\cdots\mathbf{A}}_{p个}(p=1,2,\cdots);\mathbf{A}^0=\boldsymbol{E} \tag{2.2.1}$$

由矩阵乘法的可结合性得出

$$\mathbf{A}^p\mathbf{A}^q=\mathbf{A}^{p+q}$$

讨论系数在域 K 中的多项式(有理整函数)

$$f(x)=\alpha_0 x^m+\alpha_1 x^{m-1}+\cdots+\alpha_m$$

我们将 $f(\mathbf{A})$ 理解为矩阵

$$f(\mathbf{A})=\alpha_0\mathbf{A}^m+\alpha_1\mathbf{A}^{m-1}+\cdots+\alpha_{m-1}\mathbf{A}+\alpha_m\boldsymbol{E}$$

这就定义了矩阵的多项式.

设多项式 $f(x)$ 等于多项式 $g(x)$ 与 $h(x)$ 的乘积

$$f(x)=g(x)h(x) \tag{2.2.2}$$

多项式 $f(x)$ 是由 $g(x)$ 与 $h(x)$ 中的项逐项相乘并且合并同类项后得出的. 此时所用的是指数定理:$x^p x^q=x^{p+q}$. 因为所有这些运算,在换纯量 x 为矩阵 $\mathbf{A}$ 时,都是合法的,故由式(2.2.2) 得出

$$f(\mathbf{A})=g(\mathbf{A})h(\mathbf{A})$$

因此,特别地,有

$$g(\mathbf{A})h(\mathbf{A})=h(\mathbf{A})g(\mathbf{A})$$

即同一矩阵的两个多项式是彼此可交换的.

例 约定在长方矩阵 $\mathbf{A}=(a_{ik})_{m\times n}$ 中第 p 个上对角线(下对角线)是指元素 a_{ik},其中 $k-i=p$(对应的 $i-k=p$). 以 $\boldsymbol{H}^{(n)}$ 记一个 n 阶方阵,其中第一个对角线的元素都等于 1,而所有其余元素都等于零. 矩阵 $\boldsymbol{H}^{(n)}$ 亦简记为 $\boldsymbol{H}$. 那么

$$\boldsymbol{H}=\boldsymbol{H}^{(n)}=\begin{pmatrix} 0 & 1 & 0 & \cdots & 0 \\ 0 & 0 & 1 & \cdots & 0 \\ \vdots & \vdots & \ddots & \ddots & \vdots \\ 0 & 0 & 0 & \ddots & 1 \\ 0 & 0 & 0 & \cdots & 0 \end{pmatrix}$$

$$\boldsymbol{H}^2=\begin{pmatrix} 0 & 0 & 1 & \cdots & 0 \\ 0 & 0 & 0 & \ddots & 0 \\ \vdots & \vdots & \ddots & \ddots & 1 \\ & & & \ddots & \vdots \\ 0 & 0 & 0 & \cdots & 0 \end{pmatrix},\cdots,\boldsymbol{H}^p=\mathbf{0}\quad (p\geqslant n)$$

如果

$$f(x)=\alpha_0+\alpha_1 x+\alpha_2 x^2+\cdots+\alpha_{n-1}x^{n-1}+\cdots$$

为 x 的多项式,那么由上面那些等式得出

$$f(x)=\alpha_0\boldsymbol{E}+\alpha_1\boldsymbol{H}+\alpha_2\boldsymbol{H}^2+\cdots+\alpha_{n-1}\boldsymbol{H}^{n-1}+\cdots=\begin{pmatrix} a_0 & a_1 & a_2 & \cdots & a_{n-1} \\ 0 & a_0 & a_1 & \ddots & \vdots \\ \vdots & \vdots & \ddots & \ddots & a_2 \\ \vdots & \vdots & & \ddots & a_1 \\ 0 & 0 & 0 & \cdots & a_0 \end{pmatrix}$$

同样,如果 $\boldsymbol{F}$ 是一个 n 阶方阵,其中第一个下对角线的元素都等于 1,而其余的元素都等于零,那么

$$f(x)=\alpha_0\boldsymbol{F}+\alpha_1\boldsymbol{F}+\alpha_2\boldsymbol{F}^2+\cdots+\alpha_{n-1}\boldsymbol{F}^{n-1}+\cdots=\begin{pmatrix} a_0 & 0 & \cdots & 0 & 0 \\ a_1 & a_0 & \cdots & 0 & 0 \\ \vdots & \vdots & & \ddots & \vdots \\ \vdots & \vdots & & \ddots & 0 \\ a_{n-1} & a_{n-2} & \cdots & a_1 & a_0 \end{pmatrix}$$

让读者自己去验证矩阵 $\boldsymbol{H}$ 与 $\boldsymbol{F}$ 的下面诸性质:

1° 在左乘任一 $m\times n$ 维长方矩阵 $\boldsymbol{A}$ 及 m 阶矩阵 $\boldsymbol{H}$(矩阵 $\boldsymbol{F}$) 所得出的结果中,矩阵 $\boldsymbol{A}$ 中所有的行都上升(下降) 了一位,矩阵 $\boldsymbol{A}$ 的最先(最后) 一行不再出现,而结果中最后(最先) 一行中都是零元素. 例如

$$\begin{pmatrix}0&1&0\\0&0&1\\0&0&0\end{pmatrix}\begin{pmatrix}a_1&a_2&a_3&a_4\\b_1&b_2&b_3&b_4\\c_1&c_2&c_3&c_4\end{pmatrix}=\begin{pmatrix}b_1&b_2&b_3&b_4\\c_1&c_2&c_3&c_4\\0&0&0&0\end{pmatrix}$$

$$\begin{pmatrix}0&0&0\\1&0&0\\0&1&0\end{pmatrix}\begin{pmatrix}a_1&a_2&a_3&a_4\\b_1&b_2&b_3&b_4\\c_1&c_2&c_3&c_4\end{pmatrix}=\begin{pmatrix}0&0&0&0\\a_1&a_2&a_3&a_4\\b_1&b_2&b_3&b_4\end{pmatrix}$$

2° 在右乘任一 $m\times n$ 维长方矩阵 $\boldsymbol{A}$ 及 n 阶矩阵 $\boldsymbol{H}$(矩阵 $\boldsymbol{F}$) 所得出的结果中,矩阵 $\boldsymbol{A}$ 中所有的列都右(左) 移了一位,矩阵 $\boldsymbol{A}$ 的最后(最先) 一列不再出现,而结果中最先(最后) 一列中都是零元素. 例如

$$\begin{pmatrix}a_1&a_2&a_3&a_4\\b_1&b_2&b_3&b_4\\c_1&c_2&c_3&c_4\end{pmatrix}\begin{pmatrix}0&1&0&0\\0&0&1&0\\0&0&0&1\\0&0&0&0\end{pmatrix}=\begin{pmatrix}0&a_1&a_2&a_3\\0&b_1&b_2&b_3\\0&c_1&c_2&c_3\end{pmatrix}$$

$$\begin{pmatrix}a_1&a_2&a_3&a_4\\b_1&b_2&b_3&b_4\\c_1&c_2&c_3&c_4\end{pmatrix}\begin{pmatrix}0&0&0&0\\1&0&0&0\\0&1&0&0\\0&0&1&0\end{pmatrix}=\begin{pmatrix}a_2&a_3&a_4&0\\b_2&b_3&b_4&0\\c_2&c_3&c_4&0\end{pmatrix}$$

对于两个方阵乘积的幂,与数的情形不同,一般不成立:$(\boldsymbol{AB})^p=\boldsymbol{A}^p\boldsymbol{B}^p$,当 $p>1$ 时. 但当 $\boldsymbol{A}$ 与 $\boldsymbol{B}$ 可交换时,上述等式显然成立. 与此同时,当 $\boldsymbol{AB}=\boldsymbol{BA}$ 时,不难验证"二项式定理" 也成立

$$(\boldsymbol{A}+\boldsymbol{B})^p=\mathrm{C}_p^0\boldsymbol{A}^p+\mathrm{C}_p^1\boldsymbol{A}^{p-1}\boldsymbol{B}+\cdots+\mathrm{C}_p^{p-1}\boldsymbol{A}\boldsymbol{B}^{p-1}+\mathrm{C}_p^p\boldsymbol{B}^p$$

另外,对于$(\boldsymbol{AB})^p=\boldsymbol{A}^p\boldsymbol{B}^p$ 而言,条件 $\boldsymbol{AB}=\boldsymbol{BA}$ 并不是必要的. 例如设 $\boldsymbol{A}=\begin{pmatrix}0&1\\1&0\end{pmatrix}$,$\boldsymbol{B}=\begin{pmatrix}0&-\mathrm{i}\\\mathrm{i}&0\end{pmatrix}$ (i 是虚数单位),直接计算可知

$$(\boldsymbol{AB})^4=\boldsymbol{A}^4\boldsymbol{B}^4=\begin{pmatrix}1&0\\0&1\end{pmatrix}$$

但是

$$\begin{pmatrix}\mathrm{i}&0\\0&\mathrm{i}\end{pmatrix}=\boldsymbol{AB}\neq\boldsymbol{BA}=\begin{pmatrix}-\mathrm{i}&0\\0&\mathrm{i}\end{pmatrix}$$

2.3 除法问题·方阵的逆

由方阵的元素所构成的行列式为这个矩阵的重要特性之一.在这里重要的不是行列式的数值,而是这个行列式是否等于零.在后面我们会知道这完全是很自然的,因为在这种情形下,行列式是否等于零是矩阵的秩数的特征决定的.

定义 2.3.1 设 $\boldsymbol{A}=(a_{ik})_{n\times n}$ 是一个 n 阶方阵.由诸 a_{ik} 所确定的 n 阶行列式

$$\begin{vmatrix} a_{11} & a_{12} & \cdots & a_{1n} \\ a_{21} & a_{22} & \cdots & a_{2n} \\ \vdots & \vdots & & \vdots \\ a_{n1} & a_{n2} & \cdots & a_{nn} \end{vmatrix}$$

称为 $\boldsymbol{A}$ 的行列式.

我们约定简写方阵 $\boldsymbol{A}$ 的行列式为 $|\boldsymbol{A}|$.显然这与复数的模的记法不致有发生混淆的危险.再者容易明白,若 $\boldsymbol{A}$ 是一个 n 阶方阵而 α 为 K 中的数,那么

$$|\alpha\boldsymbol{A}|=\alpha^n|\boldsymbol{A}|$$

一个方阵,若它的行列式不等于零,则称为是非奇异的,否则称为是奇异的.另外,从矩阵的加法和乘法的定义中可以直接知道,任意两个 n 阶方阵的和与积仍旧是 n 阶方阵.现在我们要问,方阵的奇异与否在运算中能否保留.一般来说,在加法中,相应的性质是没有的.而在乘法中,这个性质以下面的形式保存下来.

定理 2.3.1 当且仅当两个因子矩阵都是非奇异矩阵时,两个同阶方阵的乘积才为非奇异矩阵.

这一定理是下面很重要的关于行列式乘法定理的特殊情形:

定理 2.3.2 一些 n 阶方阵的乘积的行列式等于这些矩阵的行列式的乘积.

证明 对于这一定理,我们只需要证明两个矩阵的乘积的这种情形.在第1章,已经借助拉普拉斯定理给出了所说论断的证明.现在我们给出另一种无需拉普拉斯定理的证明.

设有 n 阶方阵 $\boldsymbol{A}=(a_{ik})_{n\times n}$ 和 $\boldsymbol{B}=(b_{ik})_{n\times n}$.我们来证明 $|\boldsymbol{AB}|=|\boldsymbol{A}||\boldsymbol{B}|$.

写出 $\boldsymbol{AB}$ 的行列式

$$\Delta=\begin{vmatrix} a_{11}b_{11}+a_{12}b_{21}+\cdots+a_{1n}b_{n1} & a_{11}b_{12}+a_{12}b_{22}+\cdots+a_{1n}b_{n2} & \cdots & a_{11}b_{1n}+a_{12}b_{2n}+\cdots+a_{1n}b_{nn} \\ a_{21}b_{11}+a_{22}b_{21}+\cdots+a_{2n}b_{n1} & a_{21}b_{12}+a_{22}b_{22}+\cdots+a_{2n}b_{n2} & \cdots & a_{21}b_{1n}+a_{22}b_{2n}+\cdots+a_{2n}b_{nn} \\ \vdots & \vdots & & \vdots \\ a_{n1}b_{11}+a_{n2}b_{21}+\cdots+a_{1n}b_{n1} & a_{n1}b_{12}+a_{nn}b_{22}+\cdots+a_{nn}b_{n2} & \cdots & a_{n1}b_{1n}+a_{n2}b_{2n}+\cdots+a_{nn}b_{nn} \end{vmatrix}$$

为了计算这个行列式，我们利用行列式的线性性质(第1章 §3)，矩阵 $\boldsymbol{AB}$ 的行列式的每一列都是 n 个"简单的"列的和，而每一个简单的列的元素都具有形状 $a_{ij}b_{jk}$(j,k 固定，i 在列里由1变到 n). 因此，整个行列式等于 n^n 个"简单的"行列式之和. 每个"简单的"行列式的列都是"简单的"列，因为在每一个"简单的"列里，因子 b_{jk} 不变，它可以提到"简单的"行列式符号之前. 这样做了之后，每一个"简单的"行列式化为以下形状

$$b_{i_1 1}b_{i_2 2}\cdots b_{i_n n}\begin{vmatrix} a_{1i_1} & a_{1i_2} & \cdots & a_{1i_n} \\ a_{2i_1} & a_{2i_2} & \cdots & a_{2i_n} \\ \vdots & \vdots & & \vdots \\ a_{ni_1} & a_{ni_2} & \cdots & a_{ni_n} \end{vmatrix} \tag{2.3.1}$$

其中 $i_1,i_2,\cdots,i_n$ 是从1到 n 的整数. 若这里面有两数相等，则其对应的"简单的"行列式显然等于零. 因此，我们可以专讨论下标 $i_1,i_2,\cdots,i_n$ 都不相同的那些"简单的"行列式. 在这种情形之下，行列式

$$A(i_1,i_2,\cdots,i_n)=\begin{vmatrix} a_{1i_1} & a_{1i_2} & \cdots & a_{1i_n} \\ a_{2i_1} & a_{2i_2} & \cdots & a_{2i_n} \\ \vdots & \vdots & & \vdots \\ a_{ni_1} & a_{ni_2} & \cdots & a_{ni_n} \end{vmatrix}$$

和行列式 D_1 至多差一个符号. 让我们来弄清楚，在行列式 $A(i_1,i_2,\cdots,i_n)$ 之前应该加上怎样的一个符号，它才和行列式 D_1 相等. 为此，我们把行列式 $A(i_1,i_2,\cdots,i_n)$ 里相邻的列逐次互换，一直到得到标准的排列次序(即行列式 D_1 各列的排列次序)为止. 每次互换两个相邻的列，行列式 $A(i_1,i_2,\cdots,i_n)$ 的符号就变更一次；另外，下标 $i_1,i_2,\cdots,i_n$ 的排列中的逆序的数目同时增加一个或者减少一个. 这样继续下去，最后各列的排列次序就成为自然的排列次序，不再有逆序. 因此，行列式变更符号的次数等于下标 $i_1,i_2,\cdots,i_n$ 的排列中逆序的数目. 设这个数目为 N，则式(2.3.1)可以写成

$$(-1)^N b_{i_1 1}b_{i_2 2}\cdots b_{i_n n}D_1 \tag{2.3.2}$$

要计算 Δ，我们把一切像式(2.3.2)那样的诸式加起来. 这时，公因子 D_1 的可以提出括号之外. 在括号里的还有以下形状的诸项之和

$$(-1)^N b_{i_1 1}b_{i_2 2}\cdots b_{i_n n}$$

若每一项这样的项，连同符号在内，都是行列式 D_2 的一项；一切这样的项之和等于行列式 D_2. 结果我们得到了行列式乘法规则：$\Delta=D_1D_2$. 证毕.

关于行列式的相乘的定理的证明，也可以不必用到拉普拉斯定理. 这样的

证明,读者已经在第 1 章看到.

关于矩阵除法的问题,也就是关于矩阵乘法的逆运算问题:由于乘法是不可交换的,故这个问题较为复杂. 以矩阵 $\boldsymbol{A}$ 来除矩阵 $\boldsymbol{B}$ 所得的商,一方面可以是满足下面等式的矩阵 $\boldsymbol{X}$

$$\boldsymbol{AX}=\boldsymbol{B}$$

另一方面也可以是满足下面等式的矩阵 $\boldsymbol{Y}$

$$\boldsymbol{YA}=\boldsymbol{B}$$

可以指出这样的矩阵 $\boldsymbol{A}$ 与 $\boldsymbol{B}$ 的例子,对于它们 $\boldsymbol{X}$ 与 $\boldsymbol{Y}$ 都存在,但 $\boldsymbol{X}\neq\boldsymbol{Y}$. 由于这个情况,除法这个名词通常在矩阵运算中是不用的;假如必须使用时,一定要区分右除与左除.

此外,矩阵的相除并不是常常可能的. 容易找到这样的方阵对 $\boldsymbol{A},\boldsymbol{B}$,它们的阶数相同,但对于它们找不到 $\boldsymbol{X}$ 也找不到 $\boldsymbol{Y}$,使得

$$\boldsymbol{AX}=\boldsymbol{B},\boldsymbol{YA}=\boldsymbol{B}$$

例如当 $\boldsymbol{B}$ 为非奇异矩阵而 $\boldsymbol{A}$ 是奇异矩阵的时候,就会发生这个情况. 从前面的定理知道对于任意的 $\boldsymbol{X}$ 及 $\boldsymbol{Y}$,乘积 $\boldsymbol{AX}$ 与 $\boldsymbol{YA}$ 总是奇异矩阵,因此也就不能等于 $\boldsymbol{B}$. 这表明用奇异矩阵来除不是常常可能的. 我们随后将指出,用非奇异矩阵来除总是可能的.

与除法问题有关的是所谓单位矩阵. 一个 n 阶方阵,位于其主对角线上的元素全为 1,而所有其余元素均为零者,称为单位矩阵且记之以 $\boldsymbol{E}_{n\times n}$ 或简单的记为 $\boldsymbol{E}$. "单位矩阵"这一名称是与矩阵 $\boldsymbol{E}$ 的下面的性质相结合的:对于任一长方矩阵

$$\boldsymbol{A}=(a_{ij})_{m\times n}$$

都有等式

$$\boldsymbol{E}_{m\times m}\boldsymbol{A}=\boldsymbol{AE}_{n\times n}=\boldsymbol{A}$$

显然

$$\boldsymbol{E}_{n\times n}=(\delta_{ij})_{n\times n}$$

这里 δ_{ij} 是克罗内克符号.

定义 2.3.2 对于方阵 $\boldsymbol{A}$,假如有一个方阵,我们用 $\boldsymbol{A}^{-1}$ 来表示,它满足

$$\boldsymbol{AA}^{-1}=\boldsymbol{A}^{-1}\boldsymbol{A}=\boldsymbol{E}$$

那么称 $\boldsymbol{A}^{-1}$ 为 $\boldsymbol{A}$ 的逆矩阵.

显然,不是每一个矩阵都有逆矩阵的. 奇异矩阵是没有逆矩阵的,因为奇异矩阵乘上另外任意一个矩阵绝不可能等于非奇异的单位矩阵 $\boldsymbol{E}$ 的.

设 $\boldsymbol{A}=(a_{ik})_{n\times n}$ 为一个非奇异方阵($|\boldsymbol{A}|\neq 0$). 讨论以 $\boldsymbol{A}$ 为其系数矩阵的线

性变换

$$y_i=\sum_{k=1}^{n}a_{ik}x_k\quad(i=1,2,\cdots,n)\tag{2.3.3}$$

视等式(2.3.3)为关于 $x_1,x_2,\cdots,x_n$ 的方程组,且注意由所给条件方程组(2.3.3)的行列式不为零,我们可以用已知的公式把 $x_1,x_2,\cdots,x_n$ 经 $y_1,y_2,\cdots,y_n$ 来表示出来,即

$$x_i=\frac{1}{|\boldsymbol{A}|}\begin{vmatrix}a_{11}&\cdots&a_{1(i-1)}&y_1&a_{1(i+1)}&a_{1n}\\a_{21}&\cdots&a_{2(i-1)}&y_2&a_{2(i+1)}&a_{2n}\\\vdots&&\vdots&\vdots&\vdots&\vdots\\a_{n1}&\cdots&a_{n(i-1)}&y_n&a_{n(i+1)}&a_{nn}\end{vmatrix}=\sum_{k=1}^{n}a^{(-1)ik}y_k\quad(i=1,2,\cdots,n)\tag{2.3.4}$$

我们得出了式(2.3.3)的逆变换.这一变换的系数矩阵

$$(a_{ik}^{(-1)})_{n\times n}$$

即为矩阵 $\boldsymbol{A}$ 的逆矩阵 $\boldsymbol{A}^{-1}$.由式(2.3.4)易知

$$a_{ik}^{(-1)}=\frac{A_{ki}}{|\boldsymbol{A}|}\quad(i,k=1,2,\cdots,n)$$

其中 A_{ki} 为行列式 $|\boldsymbol{A}|$ 中元素 a_{ki} 的代数余子式(余因子)$(i,k=1,2,\cdots,n)$.

例如,如果

$$\boldsymbol{A}=\begin{pmatrix}a_1&a_2&a_3\\b_1&b_2&b_3\\c_1&c_2&c_3\end{pmatrix}$$

而且 $|\boldsymbol{A}|\neq 0$,那么

$$\boldsymbol{A}^{-1}=\frac{1}{|\boldsymbol{A}|}\begin{pmatrix}b_2c_3-b_3c_2&a_3c_2-a_2c_3&a_2b_3-a_3b_2\\b_3c_1-b_1c_3&a_1c_3-a_3c_1&a_3b_1-a_1b_3\\b_1c_2-b_2c_1&a_2c_1-a_1c_2&a_1b_2-a_2b_1\end{pmatrix}$$

从所给变换(2.3.3)与其逆变换(2.3.4)照某一次序或其相反的次序继续施行,所得出的变换都是恒等变换(其系数矩阵为单位矩阵),故有

$$\boldsymbol{AA}^{-1}=\boldsymbol{A}^{-1}\boldsymbol{A}=\boldsymbol{E}\tag{2.3.5}$$

直接把矩阵 $\boldsymbol{A}$ 与 $\boldsymbol{A}^{-1}$ 来相乘,亦可以验证等式(2.3.5).事实上,由式(2.3.4),即

$$[\boldsymbol{AA}^{-1}]_{ij}=\sum_{k=1}^{n}a_{ik}a_{kj}^{(-1)}=\frac{1}{|\boldsymbol{A}|}\sum_{k=1}^{n}a_{ik}A_{jk}=\delta_{ij}\quad(i,j=1,2,\cdots,n)$$

同理,得

$$[\boldsymbol{A}^{-1}\boldsymbol{A}]_{ij}=\sum_{k=1}^{n}a_{ik}^{(-1)}a_{kj}=\frac{1}{|\boldsymbol{A}|}\sum_{k=1}^{n}A_{ki}a_{kj}=\delta_{ij}\quad(i,j=1,2,\cdots,n)$$

不难看出,矩阵方程

$$\boldsymbol{AX}=\boldsymbol{E},\boldsymbol{XA}=\boldsymbol{E}\quad(|\boldsymbol{A}|\neq 0)\tag{2.3.6}$$

除了解 $\boldsymbol{X}=\boldsymbol{A}^{-1}$ 外,没有别的解.事实上,以 $\boldsymbol{A}^{-1}$ 左乘第一个方程的两边,以 $\boldsymbol{A}^{-1}$ 右乘第二个方程的两边且用矩阵乘法的可结合性与等式(2.3.5),我们在这两种情形都得出

$$\boldsymbol{X}=\boldsymbol{A}^{-1}$$

于此,我们得到结论:

定理 2.3.3 非奇异矩阵有唯一的逆矩阵.

用同样的方法可以证明,每一个矩阵方程

$$\boldsymbol{AX}=\boldsymbol{B},\boldsymbol{XA}=\boldsymbol{B}\quad(|\boldsymbol{A}|\neq 0)\tag{2.3.7}$$

其中 $\boldsymbol{X}$ 与 $\boldsymbol{B}$ 是同维数的长方矩阵,$\boldsymbol{A}$ 为有对应阶数的方阵,有一个且仅有一个解,各为

$$\boldsymbol{X}=\boldsymbol{A}^{-1}\boldsymbol{B} \text{ 与 } \boldsymbol{X}=\boldsymbol{BA}^{-1}\tag{2.3.8}$$

矩阵(2.3.8)各为以矩阵 $\boldsymbol{A}$"除"矩阵 $\boldsymbol{B}$ 的"左"与"右"的商.

还需注意,由式(2.3.5)推知 $|\boldsymbol{A}||\boldsymbol{A}^{-1}|=1$,亦即

$$|\boldsymbol{A}^{-1}|=\frac{1}{|\boldsymbol{A}|}$$

关于两个非奇异矩阵的乘积,有

$$(\boldsymbol{AB})^{-1}=\boldsymbol{B}^{-1}\boldsymbol{A}^{-1}\tag{2.3.9}$$

所有 n 阶矩阵构成一个有单位元素 $\boldsymbol{E}$ 的环.因为在这一个环中定义了域 K 中数与矩阵的乘法,而且有由 n^2 个线性无关矩阵所构成的基底的存在,使所有 n 阶矩阵都可以经它们线性表出,所以 n 阶矩阵环是一个代数.

所有 n 阶方阵对于矩阵的加法运算构成一个可交换群.所有的非奇异 n 阶矩阵对于乘法构成一个(不可交换)群.

最后,我们指出,对于方阵来说,求逆和转置这两个运算是可以交换次序的:

定理 2.3.4 设 $\boldsymbol{A}$ 是可逆方阵,则$(\boldsymbol{A}^{\mathrm{T}})^{-1}=(\boldsymbol{A}^{-1})^{\mathrm{T}}$.

事实上,因为 $\boldsymbol{A}$ 可逆,所以 $|\boldsymbol{A}|\neq 0$,而 $|\boldsymbol{A}|=|\boldsymbol{A}^{\mathrm{T}}|$,因此 $\boldsymbol{A}^{\mathrm{T}}$ 可逆.直接计算得出下面的等式

$$(\boldsymbol{A}^{-1})^{\mathrm{T}}\cdot\boldsymbol{A}^{\mathrm{T}}=[\boldsymbol{A}\cdot(\boldsymbol{A}^{-1})]^{\mathrm{T}}=\boldsymbol{E}^{\mathrm{T}}=\boldsymbol{E}$$

由逆矩阵的唯一性,知 $\boldsymbol{A}$ 的转置的逆矩阵等于 $\boldsymbol{A}$ 的逆矩阵的转置.

2.4 伴随矩阵

设 $\boldsymbol{A}=(a_{ij})_{n\times n}$ 是 n 阶方阵,A_{ij} 是 a_{ij} 的代数余子式,记

$$\boldsymbol{A}^{*}=\begin{pmatrix}A_{11} & A_{12} & \cdots & A_{1n}\\ A_{21} & A_{22} & \cdots & A_{2n}\\ \vdots & \vdots & & \vdots\\ A_{m1} & A_{m2} & \cdots & A_{mn}\end{pmatrix}$$

称 $\boldsymbol{A}^{*}$ 为 $\boldsymbol{A}$ 的伴随矩阵.

伴随矩阵是处理行列式与矩阵问题时一个有用的过渡工具.伴随矩阵是由于下列原因引起的:

设 $\boldsymbol{A}_1,\boldsymbol{A}_2,\cdots,\boldsymbol{A}_n$ 是矩阵 $\boldsymbol{A}$ 的 n 个列,即 $\boldsymbol{A}=(\boldsymbol{A}_1,\boldsymbol{A}_2,\cdots,\boldsymbol{A}_n)$,由行列式的性质 3(第 1 章 §3,3.2 目)

$$0=\left|\begin{matrix}\boldsymbol{A}_1 & \cdots & \overset{j\text{列}}{\boldsymbol{A}_j} & \cdots & \overset{k\text{列}}{\boldsymbol{A}_j} & \cdots & \boldsymbol{A}_n\end{matrix}\right|$$

$$=\begin{vmatrix}a_{11} & \cdots & \overset{j\text{列}}{a_{1j}} & \cdots & \overset{k\text{列}}{a_{1j}} & \cdots & a_{1n}\\ a_{21} & \cdots & a_{2j} & \cdots & a_{2j} & \cdots & a_{2n}\\ \vdots & & \vdots & & \vdots & & \vdots\\ a_{n1} & \cdots & a_{nj} & \cdots & a_{nj} & \cdots & a_{mn}\end{vmatrix}\quad(j\neq k;j,k=1,2,\cdots,n)$$

将上式右端行列式按照它的第 k 列展开,由行列式的第一展开法则(第 1 章 §3,3.2 目)可得

$$a_{1j}A_{1k}+a_{2j}A_{2k}+\cdots+a_{nj}A_{nk}=0=0\cdot|\boldsymbol{A}|\quad(j\neq k;j,k=1,2,\cdots,n)$$

将上述 n^2-n 个式子与下面的式子(即 $|\boldsymbol{A}|$ 按照第一展开法则展开得到的式子)

$$|\boldsymbol{A}|=\sum_{i=1}^{n}a_{ij}A_{ij}\quad(1\leqslant j\leqslant n)$$

合起来即得

$$\begin{aligned}\sum_{i=1}^{n}a_{ij}A_{ij}&=a_{1j}A_{1k}+a_{2j}A_{2k}+\cdots+a_{nj}A_{nk}\\&=\delta_{jk}\cdot|\boldsymbol{A}|\quad(j,k=1,2,\cdots,n)\end{aligned}\tag{2.4.1}$$

再将式(2.4.1)的 n^2 个等式写成矩阵等式,即

$$\begin{pmatrix}A_{11} & A_{12} & \cdots & A_{1n}\\ A_{21} & A_{22} & \cdots & A_{2n}\\ \vdots & \vdots & & \vdots\\ A_{n1} & A_{n2} & \cdots & A_{nn}\end{pmatrix}\begin{pmatrix}a_{11} & a_{12} & \cdots & a_{1n}\\ a_{21} & a_{22} & \cdots & a_{2n}\\ \vdots & \vdots & & \vdots\\ a_{n1} & a_{n2} & \cdots & a_{nn}\end{pmatrix}=|\boldsymbol{A}|\cdot\boldsymbol{E}_{n\times n}\tag{2.4.2}$$

类似地,用两行相同的行列式等于 0 这一事实可得

$$a_{i1}A_{j1}+a_{i2}A_{j2}+\cdots+a_{in}A_{jn}=0=0\cdot|\boldsymbol{A}|\quad(i\neq j;i,j=1,2,\cdots,n)$$

这些等式与下面的几个式子合起来

$$|\boldsymbol{A}|=\sum_{i=1}^{n}a_{ij}A_{ij}\quad(1\leqslant i\leqslant n)$$

得到

$$\sum_{i=1}^{n}a_{ij}A_{jk}=a_{i1}A_{j1}+a_{i2}A_{j2}+\cdots+a_{in}A_{jn}$$
$$=\delta_{jk}\cdot|\boldsymbol{A}|\quad(i,j=1,2,\cdots,n)\qquad(2.4.3)$$

写成矩阵的形式

$$\begin{pmatrix}a_{11}&a_{12}&\cdots&a_{1n}\\a_{21}&a_{22}&\cdots&a_{2n}\\\vdots&\vdots&&\vdots\\a_{n1}&a_{n2}&\cdots&a_{nn}\end{pmatrix}\begin{pmatrix}A_{11}&A_{12}&\cdots&A_{1n}\\A_{21}&A_{22}&\cdots&A_{2n}\\\vdots&\vdots&&\vdots\\A_{n1}&A_{n2}&\cdots&A_{nn}\end{pmatrix}=|\boldsymbol{A}|\cdot\boldsymbol{E}_{n\times n}\qquad(2.4.4)$$

由式(2.4.2)与式(2.4.4),伴随矩阵的概念自然随之而得.该两式合起来就得

$$\boldsymbol{A}^{*}\cdot\boldsymbol{A}=\boldsymbol{A}\cdot\boldsymbol{A}^{*}=|\boldsymbol{A}|\cdot\boldsymbol{E}_{n\times n}\qquad(2.4.5)$$

当 $\boldsymbol{A}$ 是非奇异矩阵时($|\boldsymbol{A}|\neq 0$),即得

$$\boldsymbol{A}^{-1}=\frac{\boldsymbol{A}^{*}}{|\boldsymbol{A}|}\qquad(2.4.6)$$

这就是上一目得到的求逆公式.但是,这一公式主要用于理论推导,而不用于具体计算.因为,即使像三阶非奇异矩阵这样的低阶方阵,用这个公式,也需要计算一个三阶行列式与9个二阶(代数余)子式,其计算工作量是比较大的.故除了一些特殊形状的方阵外,一般不采用公式(2.4.6)来求方阵的逆.然而,对二阶非奇异方阵 $\begin{pmatrix}a&b\\c&d\end{pmatrix}$ 来说,用式(2.4.5)却是方便的,即

$$\begin{pmatrix}a&b\\c&d\end{pmatrix}=\frac{1}{ad-bc}\begin{pmatrix}d&-b\\-c&a\end{pmatrix}$$

由公式(2.4.6)可以导出克莱姆法则.将 n 元线性方程组

$$\sum_{i=1}^{n}a_{ij}x_{j}=b_{j}\quad(j=1,2,\cdots,n)$$

写成矩阵的形式

$$\boldsymbol{AX}=\boldsymbol{B}$$

其中

$$A=\begin{pmatrix}a_{11}&a_{12}&\cdots&a_{1n}\\a_{21}&a_{22}&\cdots&a_{2n}\\\vdots&\vdots&&\vdots\\a_{n1}&a_{n2}&\cdots&a_{nn}\end{pmatrix},X=\begin{pmatrix}x_1\\x_2\\\vdots\\x_n\end{pmatrix},B=\begin{pmatrix}b_1\\b_2\\\vdots\\b_n\end{pmatrix}$$

则当 $|\boldsymbol{A}|\neq 0$ 时,方程组 $\boldsymbol{AX}=\boldsymbol{B}$ 有唯一解:$\boldsymbol{X}=\boldsymbol{A}^{-1}\boldsymbol{B}$,再由式(2.4.6)即得克莱姆法则:当 $|\boldsymbol{A}|\neq 0$ 时,$\boldsymbol{AX}=\boldsymbol{B}$ 有唯一解:$\boldsymbol{X}=\dfrac{\boldsymbol{A}^*\boldsymbol{B}}{|\boldsymbol{A}|}$.

下面讨论伴随矩阵的若干性质,它们之中有些会涉及后面的内容.

定理 2.4.1 设 $\boldsymbol{A}$ 是一个 $n(\geqslant 2)$ 阶方阵,则有:当 $r(\boldsymbol{A})=n$ 时,$r(\boldsymbol{A}^*)=n$;当 $r(\boldsymbol{A})=n-1$ 时,$r(\boldsymbol{A}^*)=1$;当 $r(\boldsymbol{A})<n-1$ 时,$r(\boldsymbol{A}^*)=0$.

证明 当 $r(\boldsymbol{A})=n$ 时,由式(2.4.6)知道 $\boldsymbol{A}^*=|\boldsymbol{A}|\boldsymbol{A}^{-1}$ 是可逆的,所以 $r(\boldsymbol{A}^*)=n$.

当 $r(\boldsymbol{A})=n-1$ 时,那么 $\boldsymbol{A}$ 至少有一个 $n-1$ 阶子式非零,所以 $\boldsymbol{A}^*$ 不是零矩阵,于是

$$r(\boldsymbol{A}^*)\geqslant 1$$

另外,由式(2.4.5)知

$$\boldsymbol{A}^*\cdot\boldsymbol{A}=|\boldsymbol{A}|\cdot\boldsymbol{E}_{n\times n}=\boldsymbol{O}$$

再由秩数的西尔维斯特不等式,得出

$$r(\boldsymbol{A})+r(\boldsymbol{A}^*)\leqslant n$$

又 $r(\boldsymbol{A})=n-1$,所以

$$r(\boldsymbol{A}^*)\leqslant 1$$

最后得出

$$r(\boldsymbol{A}^*)=1$$

至于 $r(\boldsymbol{A})\leqslant n-2$ 时,则意味着 $\boldsymbol{A}$ 是所有 $n-1$ 阶子式均为零,从而 $\boldsymbol{A}^*$ 是零矩阵,由此 $r(\boldsymbol{A}^*)=0$.

讨论伴随这一运算的性质,先引入下面的引理:

引理 1 设 $\boldsymbol{A}=(a_{ij})_{n\times n}$ 是 n 阶方阵,如果对于每个 $i=1,2,\cdots,n$,均有 $|a_{ii}|>\sum\limits_{j=1}|a_{ij}|$,那么 $|\boldsymbol{A}|\neq 0$.

证明 反证法.假设 $|\boldsymbol{A}|=0$,则线性方程组 $\boldsymbol{AX}=\boldsymbol{O}$ 有非零解,设 $X=(x_1,x_2,\cdots,x_n)^{\mathrm{T}}$ 是一个非零解,则 $x_1,x_2,\cdots,x_n$ 不全为零,从而 $|x_1|,|x_2|,\cdots,|x_n|$ 中必有一个最大的,设 $|x_k|$ 最大.考虑方程式

$$a_{k1}x_1+a_{k2}x_2+\cdots+a_{kn}x_n=0$$

移项可以得到

$$-a_{kk}x_k=a_{k1}x_1+\cdots+a_{k(k-1)}x_{k-1}+a_{k(k+1)}x_{k+1}+\cdots+a_{kn}x_n$$

两边分别取模并利用复数模的性质,我们可以写

$$\begin{aligned}|a_{kk}||x_k|&=|a_{k1}x_1+\cdots+a_{k(k-1)}x_{k-1}+a_{k(k+1)}x_{k+1}+\cdots+a_{kn}x_n|\\&\leqslant|a_{k1}||x_1|+\cdots+|a_{k(k-1)}||x_{k-1}|+|a_{k(k+1)}||x_{k+1}|+\cdots+|a_{kn}||x_n|\\&\leqslant|a_{k1}||x_k|+\cdots+|a_{k(k-1)}||x_k|+|a_{k(k+1)}||x_k|+\cdots+|a_{kn}||x_k|\\&=(|a_{k1}|+\cdots+|a_{k(k-1)}|+|a_{k(k+1)}|+\cdots+|a_{kn}|)|x_k|\\&=\sum_{j\neq k}|a_{kj}||x_k|\end{aligned}$$

从而有

$$|a_{kk}|\leqslant\sum_{j\neq k}|a_{kj}|$$

这与题设矛盾.所以最后有$|\boldsymbol{A}|\neq 0$.证毕.

引理 2 设$\boldsymbol{A}$是任意n阶方阵,则存在充分大的实数λ,使得$|\lambda\boldsymbol{E}+\boldsymbol{A}|\neq 0$.

证明 设$\boldsymbol{A}=(a_{ij})_{n\times n}$.取$\lambda=1+\sum_{i=1}^{n}\sum_{j=1}^{n}|a_{ij}|$,那么$\boldsymbol{B}=\lambda\boldsymbol{E}+\boldsymbol{A}=(b_{ij})_{n\times n}$满足

$$\begin{aligned}|b_{ii}|&=|\lambda+a_{ii}|\\&=|1+\sum_{i=1}^{n}\sum_{J=1}^{n}|a_{ij}|+a_{ii}|\\&\geqslant|1+\sum_{j\neq i}|a_{ij}||\\&>\sum_{j\neq i}|a_{ij}|\\&=\sum_{j\neq i}|b_{ij}|\quad(i=1,2,\cdots,n)\end{aligned}$$

由引理 1,得

$$|\lambda\boldsymbol{E}+\boldsymbol{A}|=|\boldsymbol{B}|\neq 0$$

定理 2.4.2 设$\boldsymbol{A}$是n阶方阵,关于矩阵的伴随,下面公式成立:

1°$(\boldsymbol{A}^*)^{\mathrm{T}}=(\boldsymbol{A}^{\mathrm{T}})^*$.

2°$(k\boldsymbol{A}^*)^{\mathrm{T}}=k^{n-1}\boldsymbol{A}^*$.

3°$\boldsymbol{A}$可逆时,$(\boldsymbol{A}^{-1})^*=(\boldsymbol{A}^*)^{-1}$.

4°$(\boldsymbol{AB})^*=\boldsymbol{B}^*\boldsymbol{A}^*$.

证明 第一个和第二个结论可以由伴随的定义直接得出.

3° 利用式(2.4.6)分别求出$(\boldsymbol{A}^{-1})^*$与$(\boldsymbol{A}^*)^{-1}$,即

$$(\boldsymbol{A}^{-1})^{*}=|\boldsymbol{A}^{-1}|(\boldsymbol{A}^{-1})^{-1}=\frac{1}{|\boldsymbol{A}|},(\boldsymbol{A}^{*})^{-1}=(|\boldsymbol{A}|\boldsymbol{A}^{-1})^{-1}=\frac{1}{|\boldsymbol{A}|}\boldsymbol{A}$$

得出第三个结论.

4° 当 $\boldsymbol{A},\boldsymbol{B}$ 均可逆时,由公式(2.4.6),有

$$(\boldsymbol{AB})^{*}=|\boldsymbol{AB}|(\boldsymbol{AB})^{-1}=(|\boldsymbol{B}|\boldsymbol{B}^{-1})\cdot(|\boldsymbol{A}|\boldsymbol{A}^{-1})=\boldsymbol{B}^{*}\boldsymbol{A}^{*}$$

当 $\boldsymbol{A}$ 或 $\boldsymbol{B}$ 不可逆时,令

$$\boldsymbol{A}(\lambda)=\lambda E+\boldsymbol{A},\boldsymbol{B}(\lambda)=\lambda E+\boldsymbol{B}$$

按照引理 2,只要 λ 足够大,就能使 $\boldsymbol{A}(\lambda),\boldsymbol{B}(\lambda)$ 都可逆,所以

$$(\boldsymbol{A}(\lambda)\boldsymbol{B}(\lambda))^{*}=(\boldsymbol{B}(\lambda))^{*}(\boldsymbol{A}(\lambda))^{*}\tag{2.4.7}$$

在这个等式中,矩阵 $(\boldsymbol{A}(\lambda)\boldsymbol{B}(\lambda))^{*}$ 与 $(\boldsymbol{B}(\lambda))^{*}(\boldsymbol{A}(\lambda))^{*}$ 的元素都是关于 λ 的多项式.既然 λ 充分大时,对应元素均相等,所以对应元素是相等的(关于 λ)多项式,即等式(2.4.7)对所有的 λ 都成立.取 $\lambda=0$,便得 $(\boldsymbol{AB})^{*}=\boldsymbol{B}^{*}\boldsymbol{A}^{*}$.

定理 2.4.3 如果 $\boldsymbol{A}$ 为对称矩阵,那么 $\boldsymbol{A}^{*}$ 也是对称矩阵;如果 $\boldsymbol{A}$ 为反对称矩阵,那么当阶是偶数时,$\boldsymbol{A}^{*}$ 为反对称矩阵;当阶是奇数时,$\boldsymbol{A}^{*}$ 为对称矩阵.

证明 1° 由 $\boldsymbol{A}=\boldsymbol{A}^{\mathrm{T}}$,知

$$(\boldsymbol{A}^{*})^{\mathrm{T}}=(\boldsymbol{A}^{\mathrm{T}})^{*}=\boldsymbol{A}^{*}$$

即 $\boldsymbol{A}^{*}$ 为对称矩阵.

2° 设 $\boldsymbol{A}$ 的阶是 n.由 $\boldsymbol{A}=-\boldsymbol{A}^{\mathrm{T}}$,知

$$(\boldsymbol{A}^{*})^{\mathrm{T}}=(\boldsymbol{A}^{\mathrm{T}})^{*}=(-\boldsymbol{A})^{*}=(-1)^{n-1}\boldsymbol{A}^{*}$$

如果 n 是偶数,那么 $(\boldsymbol{A}^{*})^{\mathrm{T}}=-\boldsymbol{A}^{*}$,$\boldsymbol{A}^{*}$ 为反对称矩阵;如果 n 是奇数,那么 $(\boldsymbol{A}^{*})^{\mathrm{T}}=\boldsymbol{A}^{*}$,即 $\boldsymbol{A}^{*}$ 为对称矩阵.

§3 矩阵的子式

3.1 子矩阵与子式

在本节中,我们仅讨论一个重要的问题,即讨论根据已知矩阵构造出来的各种行列式的某些性质之间的关系.这个问题之所以重要的原因,我们不久便会明白.

首先,我们来引入矩阵子块的概念.

定义 3.1.1 设在矩阵

$$
\boldsymbol{A}=\begin{pmatrix} a_{11} & a_{12} & \cdots & a_{1n} \\ a_{21} & a_{22} & \cdots & a_{2n} \\ \vdots & \vdots & & \vdots \\ a_{m1} & a_{m2} & \cdots & a_{mn} \end{pmatrix}
$$

中选出某 s 个行，其号码是：$\alpha_1 < \alpha_2 < \cdots < \alpha_s$；同时也选出某 t 个列，其号码是：$\beta_1 < \beta_2 < \cdots < \beta_t$. 在上述行和列交叉位置上的 $s \times t$ 个元素所构成的矩阵

$$
\begin{pmatrix} a_{\alpha_1\beta_1} & a_{\alpha_1\beta_2} & \cdots & a_{\alpha_1\beta_t} \\ a_{\alpha_2\beta_1} & a_{\alpha_2\beta_2} & \cdots & a_{\alpha_2\beta_t} \\ \vdots & \vdots & & \vdots \\ a_{\alpha_s\beta_1} & a_{\alpha_s\beta_2} & \cdots & a_{\alpha_s\beta_t} \end{pmatrix}
$$

叫作矩阵 $\boldsymbol{A}$ 的 $s \times t$ 维子矩阵.

引进由所给矩阵 $\boldsymbol{A}$ 所产生子矩阵的一种简便记法，即

$$
\boldsymbol{A}\begin{pmatrix} \alpha_1 & \alpha_2 & \cdots & \alpha_s \\ \beta_1 & \beta_2 & \cdots & \beta_t \end{pmatrix}=\begin{pmatrix} a_{\alpha_1\beta_1} & a_{\alpha_1\beta_2} & \cdots & a_{\alpha_1\beta_t} \\ a_{\alpha_2\beta_1} & a_{\alpha_2\beta_2} & \cdots & a_{\alpha_2\beta_t} \\ \vdots & \vdots & & \vdots \\ a_{\alpha_s\beta_1} & a_{\alpha_s\beta_2} & \cdots & a_{\alpha_s\beta_t} \end{pmatrix}
$$

一个元素 a_{ij} 也可看作子矩阵，$(a_{ij})=\boldsymbol{A}\begin{pmatrix} i \\ j \end{pmatrix}$；第 i 行所作成的子矩阵即 $\boldsymbol{A}\begin{pmatrix} & & i & \\ 1 & 2 & \cdots & t \end{pmatrix}$，即

$$
(a_{i1} \quad a_{i2} \quad \cdots \quad a_{in})=\boldsymbol{A}\begin{pmatrix} & & i & \\ 1 & 2 & \cdots & t \end{pmatrix}
$$

第 j 列所作成的子矩阵，即

$$
\begin{pmatrix} a_{1j} \\ a_{2j} \\ \vdots \\ a_{mj} \end{pmatrix}=\boldsymbol{A}\begin{pmatrix} 1 & 2 & \cdots & m \\ & & j & \end{pmatrix}
$$

若干行$(\alpha_1, \alpha_2, \cdots, \alpha_s)$所组成的子矩阵，即

$$
\boldsymbol{A}\begin{pmatrix} \alpha_1 & \alpha_2 & \cdots & \alpha_s \\ 1 & 2 & \cdots & m \end{pmatrix}=\begin{pmatrix} a_{\alpha_1 1} & a_{\alpha_1 2} & \cdots & a_{\alpha_1 n} \\ a_{\alpha_2 1} & a_{\alpha_2 2} & \cdots & a_{\alpha_2 n} \\ \vdots & \vdots & & \vdots \\ a_{\alpha_s 1} & a_{\alpha_s 2} & \cdots & a_{\alpha_s n} \end{pmatrix}
$$

若干列$(\beta_1,\beta_2,\cdots,\beta_t)$所组成的子矩阵，即

$$\boldsymbol{A}\begin{pmatrix}1 & 2 & \cdots & m\\ \beta_1 & \beta_2 & \cdots & \beta_t\end{pmatrix}=\begin{pmatrix}a_{1\beta_1} & a_{1\beta_2} & \cdots & a_{1\beta_t}\\ a_{2\beta_1} & a_{2\beta_2} & \cdots & a_{2\beta_t}\\ \vdots & \vdots & & \vdots\\ a_{m\beta_1} & a_{m\beta_2} & \cdots & a_{m\beta_t}\end{pmatrix}$$

而$\boldsymbol{A}$本身亦可看作子矩阵

$$\boldsymbol{A}=\boldsymbol{A}\begin{pmatrix}1 & 2 & \cdots & m\\ 1 & 2 & \cdots & n\end{pmatrix}$$

自然，一个矩阵通常可以产生很多不同的同维子矩阵. 例如，我们不难算出，长方矩阵$\boldsymbol{A}=(a_{ik})_{m\times n}$有$\mathrm{C}_m^s\cdot\mathrm{C}_n^t$个$s\times t$维子矩阵

$$\boldsymbol{A}\begin{pmatrix}\alpha_1 & \alpha_2 & \cdots & \alpha_s\\ \beta_1 & \beta_2 & \cdots & \beta_t\end{pmatrix}\quad(1\leqslant\alpha_1<\alpha_2<\cdots<\alpha_s\leqslant m,1\leqslant\beta_1<\beta_2<\cdots<\beta_t\leqslant n)$$

设矩阵$\boldsymbol{C}=(c_{ik})_{m\times m}$为$m\times n$维与$n\times m$维的两个长方矩阵$\boldsymbol{A}=(a_{ik})_{m\times n}$与$\boldsymbol{B}=(b_{kj})_{n\times m}$的乘积，即

$$\begin{pmatrix}c_{11} & c_{12} & \cdots & c_{1m}\\ c_{21} & c_{22} & \cdots & c_{2m}\\ \vdots & \vdots & & \vdots\\ c_{m1} & c_{m2} & \cdots & c_{mm}\end{pmatrix}=\begin{pmatrix}a_{11} & a_{12} & \cdots & a_{1n}\\ a_{21} & a_{22} & \cdots & a_{2n}\\ \vdots & \vdots & & \vdots\\ a_{m1} & a_{m2} & \cdots & a_{mn}\end{pmatrix}\begin{pmatrix}b_{11} & b_{12} & \cdots & b_{1m}\\ b_{21} & b_{22} & \cdots & b_{2m}\\ \vdots & \vdots & & \vdots\\ b_{n1} & b_{n2} & \cdots & b_{nm}\end{pmatrix}$$

按照矩阵乘法的定义，$\boldsymbol{C}$的元素c_{ij}是由$\boldsymbol{A}$的第i行与$\boldsymbol{B}$的第j行依下面的等式计算出来

$$c_{ij}=\sum_{k=1}^{n}a_{ik}b_{kj}\quad(i=1,2,\cdots,m;j=1,2,\cdots,p)\tag{3.1.1}$$

由此易知，子矩阵关于矩阵的乘法成立下面的规律：

1°$\boldsymbol{C}\begin{pmatrix}\alpha_1 & \alpha_2 & \cdots & \alpha_s\\ \beta_1 & \beta_2 & \cdots & \beta_t\end{pmatrix}=\boldsymbol{A}\begin{pmatrix}\alpha_1 & \alpha_2 & \cdots & \alpha_s\\ 1 & 2 & \cdots & n\end{pmatrix}\cdot\boldsymbol{B}\begin{pmatrix}1 & 2 & \cdots & n\\ \beta_1 & \beta_2 & \cdots & \beta_t\end{pmatrix}$.

特别地，$\boldsymbol{C}$的第i行为

$$\begin{aligned}\boldsymbol{C}\begin{pmatrix} & & i & \\ 1 & 2 & \cdots & p\end{pmatrix}&=\boldsymbol{A}\begin{pmatrix} & & i & \\ 1 & 2 & \cdots & n\end{pmatrix}\cdot\boldsymbol{B}\begin{pmatrix}1 & 2 & \cdots & n\\ 1 & 2 & \cdots & p\end{pmatrix}\\ &=\boldsymbol{A}\begin{pmatrix} & & i & \\ 1 & 2 & \cdots & n\end{pmatrix}\cdot\boldsymbol{B}\end{aligned}$$

$\boldsymbol{C}$的第j列为

$$\boldsymbol{C}\begin{pmatrix}1 & 2 & \cdots & m\\ & & j & \end{pmatrix}=\boldsymbol{A}\begin{pmatrix}1 & 2 & \cdots & m\\ 1 & 2 & \cdots & n\end{pmatrix}\cdot\boldsymbol{B}\begin{pmatrix}1 & 2 & \cdots & n\\ & & j & \end{pmatrix}$$

$$=\boldsymbol{A}\cdot\boldsymbol{B}\begin{pmatrix}1 & 2 & \cdots & n\\ & & j & \end{pmatrix}$$

进一步,有:

2° $$(\boldsymbol{A}\boldsymbol{D}_1\boldsymbol{D}_2\cdots\boldsymbol{D}_k\boldsymbol{B})\begin{pmatrix}\alpha_1 & \alpha_2 & \cdots & \alpha_s\\ \beta_1 & \beta_2 & \cdots & \beta_t\end{pmatrix}$$

$$=\boldsymbol{A}\begin{pmatrix}\alpha_1 & \alpha_2 & \cdots & \alpha_s\\ 1 & 2 & \cdots & n\end{pmatrix}\cdot(\boldsymbol{D}_1\boldsymbol{D}_2\cdots\boldsymbol{D}_k)\cdot\boldsymbol{B}\begin{pmatrix}1 & 2 & \cdots & n\\ \beta_1 & \beta_2 & \cdots & \beta_t\end{pmatrix}$$

这里 $\boldsymbol{A}\boldsymbol{D}_1\boldsymbol{D}_2\cdots\boldsymbol{D}_k\boldsymbol{B}$ 表示矩阵 $\boldsymbol{A},\boldsymbol{D}_1,\boldsymbol{D}_2,\cdots,\boldsymbol{D}_k,\boldsymbol{B}$ 的乘积.

对于子矩阵,当所取的行数与列数相等时:$s=t=k$,即成为方阵.此时我们可以定义它的行列式.我们就把它的行列式

$$\left|\boldsymbol{A}\begin{pmatrix}\alpha_1 & \alpha_2 & \cdots & \alpha_k\\ \beta_1 & \beta_2 & \cdots & \beta_k\end{pmatrix}\right|=\begin{vmatrix}a_{\alpha_1\beta_1} & a_{\alpha_1\beta_2} & \cdots & a_{\alpha_1\beta_k}\\ a_{\alpha_2\beta_1} & a_{\alpha_2\beta_2} & \cdots & a_{\alpha_2\beta_k}\\ \vdots & \vdots & & \vdots\\ a_{\alpha_k\beta_1} & a_{\alpha_k\beta_2} & \cdots & a_{\alpha_k\beta_k}\end{vmatrix} \tag{3.1.2}$$

称为由矩阵 $\boldsymbol{A}$ 所产生的 k 阶子式.

长方矩阵 $\boldsymbol{A}=(a_{ik})_{m\times n}$ 有 $\mathrm{C}_m^k\cdot\mathrm{C}_n^k$ 个 k 阶子式

$$\left|\boldsymbol{A}\begin{pmatrix}\alpha_1 & \alpha_2 & \cdots & \alpha_k\\ \beta_1 & \beta_2 & \cdots & \beta_k\end{pmatrix}\right|$$

$$(1\leqslant\alpha_1<\alpha_2<\cdots<\alpha_k\leqslant m,1\leqslant\beta_1<\beta_2<\cdots<\beta_k\leqslant n) \tag{3.1.2'}$$

当 $\alpha_1=\beta_1,\alpha_2=\beta_2,\cdots,\alpha_k=\beta_k$ 时,称子式(3.1.2′)为主子式.当 $\alpha_1=\beta_1=1,\alpha_2=\beta_2=2,\cdots,\alpha_k=\beta_k=k$ 时,则称子式(3.1.2′)为顺序主子式.

用式(3.1.2)的记法,可将方阵 $\boldsymbol{A}=(a_{ik})_{n\times n}$ 的行列式记为

$$|\boldsymbol{A}|=\left|\boldsymbol{A}\begin{pmatrix}1 & 2 & \cdots & n\\ 1 & 2 & \cdots & n\end{pmatrix}\right|$$

3.2 比内-柯西[①]公式

设有矩阵等式

$$\boldsymbol{C}=\boldsymbol{A}\boldsymbol{B} \tag{3.2.1}$$

其中 $\boldsymbol{A}=(a_{ik})_{m\times n},\boldsymbol{B}=(b_{kj})_{n\times m},\boldsymbol{C}=(c_{ik})_{m\times m}$.

① 比内(Binet,1786—1856),法国数学家.柯西(Cauchy,1789—1857),法国数学家.

现在我们来建立重要的关于等式(3.2.1)的比内－柯西公式,这个公式用矩阵 **A** 与 **B** 的子式来表出行列式 $|\boldsymbol{C}|$,即

$$\begin{vmatrix} c_{11} & c_{12} & \cdots & c_{1m} \\ c_{21} & c_{22} & \cdots & c_{2m} \\ \vdots & \vdots & & \vdots \\ c_{m1} & c_{m2} & \cdots & c_{mm} \end{vmatrix}$$

$$= \sum_{1 \leqslant k_1 < k_2 < \cdots < k_m \leqslant n} \begin{vmatrix} a_{1k_1} & a_{1k_2} & \cdots & a_{1k_m} \\ a_{2k_1} & a_{2k_2} & \cdots & a_{2k_m} \\ \vdots & \vdots & & \vdots \\ a_{mk_1} & a_{mk_2} & \cdots & a_{mk_m} \end{vmatrix} \begin{vmatrix} b_{k_1 1} & b_{k_1 2} & \cdots & b_{k_1 m} \\ b_{k_2 1} & b_{k_2 2} & \cdots & b_{k_2 m} \\ \vdots & \vdots & & \vdots \\ b_{k_m 1} & b_{k_m 2} & \cdots & b_{k_m m} \end{vmatrix} \tag{3.2.2}$$

或写为简便的记法

$$\left|\boldsymbol{C}\begin{pmatrix} 1 & 2 & \cdots & m \\ 1 & 2 & \cdots & m \end{pmatrix}\right| = \sum_{1 \leqslant k_1 < k_2 < \cdots < k_m \leqslant n} \left|\boldsymbol{A}\begin{pmatrix} 1 & 2 & \cdots & m \\ k_1 & k_2 & \cdots & k_m \end{pmatrix}\right| \cdot \left|\boldsymbol{B}\begin{pmatrix} k_1 & k_2 & \cdots & k_m \\ 1 & 2 & \cdots & m \end{pmatrix}\right| ^{①} \tag{3.2.2'}$$

等式的右端包含着所有这样的项,在每一项中的 $k_1, k_2, \cdots, k_m$ 都是从 $1, 2, \cdots, n$ 取出来的,而且适合累加号下的不等式. 如果 $m > n$,那么行列式 $|\boldsymbol{C}|$ 等于零.

按照这一个公式,矩阵 **C** 的行列式等于矩阵 **A** 中所有可能的最大阶(m 阶)[②] 子式与矩阵 **B** 中对应的同阶子式的乘积的和.

证明 从等式(3.2.1),矩阵 **C** 的行列式可以写为下面的形状(参阅上目等式(3.1.1))

$$\begin{vmatrix} c_{11} & c_{12} & \cdots & c_{1m} \\ c_{21} & c_{22} & \cdots & c_{2m} \\ \vdots & \vdots & & \vdots \\ c_{m1} & c_{m2} & \cdots & c_{mm} \end{vmatrix} = \begin{vmatrix} \sum\limits_{k_1=1}^{n} a_{1k_1} b_{k_1 1} & \sum\limits_{k_2=1}^{n} a_{1k_2} b_{k_2 2} & \cdots & \sum\limits_{k_m=1}^{n} a_{1k_m} b_{k_m m} \\ \sum\limits_{k_1=1}^{n} a_{2k_1} b_{k_1 1} & \sum\limits_{k_2=1}^{n} a_{2k_2} b_{k_2 2} & \cdots & \sum\limits_{k_m=1}^{n} a_{2k_m} b_{k_m m} \\ \vdots & \vdots & & \vdots \\ \sum\limits_{k_1=1}^{n} a_{mk_1} b_{k_1 1} & \sum\limits_{k_2=1}^{n} a_{mk_2} b_{k_2 2} & \cdots & \sum\limits_{k_m=1}^{n} a_{mk_m} b_{k_m m} \end{vmatrix}$$

---

① 如果 $m > n$,那么矩阵 **A** 与 **B** 不能有 m 阶子式. 在此时,公式(3.2.2)的右端都要换为零.

② 参阅上面的脚注②.

$$
= \sum_{k_1,k_2,\cdots,k_m=1}^{n} \begin{vmatrix} a_{1k_1}b_{k_1 1} & a_{1k_2}b_{k_2 2} & \cdots & a_{1k_m}b_{k_m m} \\ a_{2k_1}b_{k_1 1} & a_{2k_2}b_{k_2 2} & \cdots & a_{2k_m}b_{k_m m} \\ \vdots & \vdots & & \vdots \\ a_{mk_1}b_{k_1 1} & a_{mk_2}b_{k_2 2} & \cdots & a_{mk_m}b_{k_m m} \end{vmatrix}
$$

$$
= \sum_{k_1,k_2,\cdots,k_m=1}^{n} \left| \boldsymbol{A}\begin{pmatrix} 1 & 2 & \cdots & m \\ k_1 & k_2 & \cdots & k_m \end{pmatrix} \right| b_{k_1 1}b_{k_2 2}\cdots b_{k_m m} \tag{3.2.3}
$$

如果 $m>n$,那么在数 $k_1,k_2,\cdots,k_m$ 中间,总可以找到两个相等的数,故等式(3.2.3)的右边的每一项都等于零.这就是说,此时 $|\boldsymbol{C}|=0$.

现在假设 $m\leqslant n$.那么位于等式(3.2.3)右边的和中,只要在足数 $k_1,k_2,\cdots,k_m$ 里面有两个或两个以上的数彼此相等时,那一个项就等于零.这个和里面所有其余的项可以分为各含 $m!$ 个项的许多类,每一类都是合并那些足数组 $k_1,k_2,\cdots,k_m$ 彼此仅有次序不同的项所得出的(每一类中各项的足数 $k_1,k_2,\cdots,k_m$ 按照它的全部数值来说,都是相同的).那么在一个类里面所有诸项的和将等于①

$$
\sum \varepsilon(k_1,k_2,\cdots,k_m)\left| \boldsymbol{A}\begin{pmatrix} 1 & 2 & \cdots & m \\ j_1 & j_2 & \cdots & j_m \end{pmatrix} \right| b_{k_1 1}b_{k_2 2}\cdots b_{k_m m}
$$

$$
= \left| \boldsymbol{A}\begin{pmatrix} 1 & 2 & \cdots & m \\ j_1 & j_2 & \cdots & j_m \end{pmatrix} \right| \sum \varepsilon(k_1,k_2,\cdots,k_m) b_{k_1 1}b_{k_2 2}\cdots b_{k_m m}
$$

$$
= \left| \boldsymbol{A}\begin{pmatrix} 1 & 2 & \cdots & m \\ j_1 & j_2 & \cdots & j_m \end{pmatrix} \right| \left| \boldsymbol{B}\begin{pmatrix} k_1 & k_2 & \cdots & k_m \\ 1 & 2 & \cdots & m \end{pmatrix} \right|
$$

因此从式(3.2.3)得出式(3.2.2′).

讨论一个特殊的情形,就是 $\boldsymbol{A},\boldsymbol{B}$ 同为 n 阶方阵且在式(3.2.2′)中设 $m=n$.那么就得到熟悉的行列式的乘法

$$
\left| \boldsymbol{C}\begin{pmatrix} 1 & 2 & \cdots & n \\ 1 & 2 & \cdots & n \end{pmatrix} \right| = \left| \boldsymbol{A}\begin{pmatrix} 1 & 2 & \cdots & n \\ 1 & 2 & \cdots & n \end{pmatrix} \right| \left| \boldsymbol{B}\begin{pmatrix} 1 & 2 & \cdots & n \\ 1 & 2 & \cdots & n \end{pmatrix} \right|
$$

或者用另一种记法

$$
|\boldsymbol{C}| = |\boldsymbol{AB}| = |\boldsymbol{A}|\cdot|\boldsymbol{B}|
$$

---

① 这里 $j_1<j_2<\cdots<j_m$ 是下标 $k_1,k_2,\cdots,k_m$ 的标准排列,而 $\varepsilon(k_1,k_2,\cdots,k_m)$ 表示排列 $k_1,k_2,\cdots,k_m$ 相对于标准排列的反序数,即 $\varepsilon(k_1,k_2,\cdots,k_m)=(-1)^N$,其中 N 表示变排列 $k_1,k_2,\cdots,k_m$ 为 $j_1<j_2<\cdots<j_m$ 所必须的对换的个数.

这样一来，两个方阵的乘积的行列式等于这两个方阵的行列式的乘积.

比内－柯西公式给予了这样的可能性：在一般的情形，可以把两个长方矩阵的乘积的子式经其因子的子式来表出. 设 $\boldsymbol{A}$ 与 $\boldsymbol{B}$ 分别为 $m\times n$ 维与 $n\times q$ 维长方矩阵且有 $\boldsymbol{C}=\boldsymbol{AB}$，讨论矩阵 $\boldsymbol{C}$ 的任何一个子式

$$\left|\boldsymbol{C}\begin{pmatrix} i_1 & i_2 & \cdots & i_p \\ j_1 & j_2 & \cdots & j_p \end{pmatrix}\right|$$

其中 $1\leqslant i_1\leqslant i_2\leqslant\cdots\leqslant i_p\leqslant m$；$1\leqslant j_1\leqslant j_2\leqslant\cdots\leqslant j_p\leqslant q$；$p\leqslant m,q$.

用这个子式的元素所组成的矩阵可以表示为下面两个长方矩阵的乘积

$$\begin{vmatrix} a_{i_1 1} & a_{i_1 2} & \cdots & a_{i_1 n} \\ a_{i_2 1} & a_{i_2 2} & \cdots & a_{i_2 n} \\ \vdots & \vdots & & \vdots \\ a_{i_p 1} & a_{i_p 2} & \cdots & a_{i_p n} \end{vmatrix},\ \begin{vmatrix} b_{1j_1} & b_{1j_2} & \cdots & b_{1j_p} \\ b_{2j_1} & b_{2j_2} & \cdots & b_{2j_p} \\ \vdots & \vdots & & \vdots \\ b_{nj_1} & b_{nj_2} & \cdots & b_{nj_p} \end{vmatrix}$$

因此，应用比内－柯西公式，我们得出

$$\left|\boldsymbol{C}\begin{pmatrix} i_1 & i_1 & \cdots & i_p \\ j_1 & j_2 & \cdots & j_p \end{pmatrix}\right|$$

$$=\sum_{1\leqslant k_1<k_2<\cdots<k_p\leqslant n}\left|\boldsymbol{A}\begin{pmatrix} i_1 & i_1 & \cdots & i_p \\ k_1 & k_2 & \cdots & k_p \end{pmatrix}\right|\left|\boldsymbol{B}\begin{pmatrix} k_1 & k_2 & \cdots & k_p \\ k_1 & j_2 & \cdots & j_p \end{pmatrix}\right| \text{①} \tag{3.2.4}$$

当 $p=1$ 时，公式(3.2.4)变为1.2目中的公式(1.2.4)(矩阵的乘积公式). 当 $p>1$ 时，公式(3.2.4)是矩阵乘积公式的自然推广.

比内－柯西公式还可以导出四个重要的等式或不等式：

Ⅰ. 柯西恒等式：当 $n\geqslant 2$ 时，有

$$\left(\sum_{i=1}^{n}a_ic_i\right)\left(\sum_{i=1}^{n}b_id_i\right)-\left(\sum_{i=1}^{n}a_id_i\right)\left(\sum_{i=1}^{n}b_ic_i\right)$$

$$=\sum_{1\leqslant j<k\leqslant n}^{n}(a_jb_k-a_kb_j)(c_jd_k-c_kd_j)$$

证明　因为

$$\left(\sum_{i=1}^{n}a_ic_i\right)\left(\sum_{i=1}^{n}b_id_i\right)-\left(\sum_{i=1}^{n}a_id_i\right)\left(\sum_{i=1}^{n}b_ic_i\right)$$

---

① 由比内－柯西公式，知道矩阵 $\boldsymbol{C}$ 的 p 阶子式，当 $p>n$ 时(如果有这种子式存在)，常等于零. 在此时，公式(3.2.4)的右端须换为零.

$$=\begin{vmatrix} a_1c_1+a_2c_2+\cdots+a_nc_n & a_1d_1+a_2d_2+\cdots+a_nd_n \\ b_1c_1+b_2c_2+\cdots+b_nc_n & b_1d_1+b_2d_2+\cdots+b_nd_n \end{vmatrix}$$

$$=\begin{vmatrix} a_1 & a_2 & \cdots & a_n \\ b_1 & b_2 & \cdots & b_n \end{vmatrix}\begin{vmatrix} c_1 & d_1 \\ c_2 & d_2 \\ \vdots & \vdots \\ c_n & d_n \end{vmatrix}$$

又 $n\geqslant 2$,按式(3.2.2),上面这个等式化为

$$\begin{aligned}&(\sum_{i=1}^{n}a_ic_i)(\sum_{i=1}^{n}b_id_i)-(\sum_{i=1}^{n}a_id_i)(\sum_{i=1}^{n}b_ic_i)\\ =&\sum_{1\leqslant j<k\leqslant n}^{n}\begin{vmatrix} a_j & a_k \\ b_j & b_k \end{vmatrix}\begin{vmatrix} c_j & d_k \\ c_j & d_k \end{vmatrix}\\ =&\sum_{1\leqslant j<k\leqslant n}^{n}(a_jb_k-a_kb_j)(c_jd_k-c_kd_j)\end{aligned}$$

在这一恒等式中取 $a_i=c_i, b_i=d_i(i=1,2,\cdots,n)$,我们得出:

Ⅱ.拉格朗日恒等式:当 $n\geqslant 2$ 时,有

$$(\sum_{i=1}^{n}a_i^2)(\sum_{i=1}^{n}b_i^2)-(\sum_{i=1}^{n}a_ib_i)^2=\sum_{1\leqslant j<k\leqslant n}^{n}(a_jb_k-a_kb_j)^2$$

从拉格朗日恒等式,知在 a_i 与 $b_i(i=1,2,\cdots,n)$ 都是实数的情形,成立著名的不等式:

Ⅲ.柯西-布尼亚科夫斯基-施瓦茨不等式①

$$(a_1b_1+a_2b_2+\cdots+a_nb_n)^2\leqslant(a_1^2+a_2^2+\cdots+a_n^2)(b_1^2+b_2^2+\cdots+b_n^2)$$

当且仅当所有的数 a_i 都同其对应数 $b_i(i=1,2,\cdots,n)$ 成比例时,这个式子才能取得等号.

这是明显的,因为拉格朗日恒等式的右端恒非负.

Ⅳ.广谱不等式:设 z_i 是任意复数,$i=1,2,\cdots,m$.m 是大于 1 的任意自然数,则

$$m\geqslant\frac{\left|\sum_{i=1}^{m}z_i\right|^2}{\sum_{i=1}^{m}|z_i|^2-\frac{1}{2}\max_{1\leqslant i<j\leqslant n}|z_i-z_j|^2}$$

---

① 这个不等式是由大数学家柯西在研究数学分析中的"流数"问题时得到的.但从历史的角度讲,该不等式应称作柯西-布涅科夫斯基-施瓦茨不等式.因为,正是后两位数学家彼此独立地在积分学中推而广之,才将这一不等式应用到近乎完善的地步.

布尼亚科夫斯基(Bunjakovskiĭ,1804—1889),俄国数学家.

施瓦茨(Schwarz,1843—1921),法国数学家.

证明　在拉格朗日恒等式中取 $n=m, b_i=1, a_i=|z_i|, i=1,2,\cdots,m$. 则

$$m\left(\sum_{i=1}^{m}|z_i|^2\right)-\left|\sum_{i=1}^{m}z_i\right|^2=\sum_{1\leqslant i<j\leqslant m}|z_i-z_j|^2 \tag{3.2.5}$$

由于式(3.2.5)右端的任何 z_i 都出现 $m-1$ 次,故为简便计,不妨设

$$\sum_{1\leqslant i<j\leqslant m}|z_i-z_j|=|z_1-z_m| \tag{3.2.6}$$

于是式(3.2.5)化为

$$\begin{aligned}&m\sum_{i=1}^{m}|z_i|^2-\left|\sum_{i=1}^{m}z_i\right|^2\\&=|z_1-z_m|^2+\sum_{i=2}^{m-1}|z_i-z_j|^2+\\&\sum_{i=2}^{m-1}|z_i-z_m|^2+\sum_{2\leqslant i<j\leqslant m-1}|z_i-z_j|^2\end{aligned} \tag{3.2.7}$$

当 $m=2$ 时,上式右端的最后三个和式不出现. 应用不等式 $a^2+b^2\geqslant\frac{a^2+b^2}{2}$($a$ 与 b 为实数)以及不等式 $|x+y|\leqslant|x|+|y|$(x 与 y 为复数),式(3.2.7)化为

$$\begin{aligned}&m\sum_{i=1}^{m}|z_i|^2-\left|\sum_{i=1}^{m}z_i\right|^2\\&\geqslant|z_1-z_m|^2+\frac{1}{2}\sum_{i=2}^{m-1}|z_1-z_m|^2+\sum_{2\leqslant i<j\leqslant m-1}|z_i-z_j|^2\\&\geqslant|z_1-z_m|^2+\frac{m-2}{2}|z_1-z_m|^2\\&=\frac{m}{2}|z_1-z_m|^2\end{aligned}$$

这个不等式经过整理,并注意到式(3.2.6),即得我们需要的不等式.

所证明的不等式在理论上有比较广泛的应用,我们称之为广谱不等式.

3.3　两个方阵之和的行列式

设 $\boldsymbol{A}$ 和 $\boldsymbol{B}$ 都是 n 阶方阵,则 $|\boldsymbol{A}+\boldsymbol{B}|$ 可表示为 $\boldsymbol{A}$ 的各阶子式与相应的代数余子式的乘积之和. 即有如下展开式

$$\begin{aligned}|\boldsymbol{B}+\boldsymbol{A}|=|\boldsymbol{B}|+\sum_{1\leqslant i_1\leqslant n}\sum_{1\leqslant j_1\leqslant n}\left|\boldsymbol{A}\begin{pmatrix}i_1\\j_1\end{pmatrix}\right|\left|\overline{\boldsymbol{B}}\begin{pmatrix}i_1\\j_1\end{pmatrix}\right|+\\\sum_{1\leqslant i_1<i_2\leqslant n}\sum_{1\leqslant j_1<j_2\leqslant n}\left|\boldsymbol{A}\begin{pmatrix}i_1&i_2\\j_1&j_2\end{pmatrix}\right|\left|\overline{\boldsymbol{B}}\begin{pmatrix}i_1&i_2\\j_1&j_2\end{pmatrix}\right|+\cdots+\end{aligned}$$

$$\sum_{1\leqslant i_1<i_2<\cdots<i_{n-1}\leqslant n}\ \sum_{1\leqslant j_1<j_2<\cdots<j_{n-1}\leqslant n}\left|\boldsymbol{A}\begin{pmatrix}i_1 & i_2 & \cdots & i_{n-1}\\ j_1 & j_2 & \cdots & j_{n-1}\end{pmatrix}\right|\cdot$$
$$\left|\overline{\boldsymbol{B}}\begin{pmatrix}i_1 & i_2 & \cdots & i_{n-1}\\ j_1 & j_2 & \cdots & j_{n-1}\end{pmatrix}\right|+|\boldsymbol{A}| \tag{3.3.1}$$

这里$\left|\overline{\boldsymbol{B}}\begin{pmatrix}i_1 & i_2 & \cdots & i_k\\ j_1 & j_2 & \cdots & j_k\end{pmatrix}\right|$表示子式$\left|\boldsymbol{B}\begin{pmatrix}i_1 & i_2 & \cdots & i_k\\ j_1 & j_2 & \cdots & j_k\end{pmatrix}\right|$在$\boldsymbol{B}$中对应的代数余子式.

证明　将$\boldsymbol{B}$与$\boldsymbol{A}$按它的列分块

$$\boldsymbol{B}=(\boldsymbol{B}_1,\boldsymbol{B}_2,\cdots,\boldsymbol{B}_n),\boldsymbol{A}=(\boldsymbol{A}_1,\boldsymbol{A}_2,\cdots,\boldsymbol{A}_n)$$

连续运用行列式的线性性质,可得

$$\begin{aligned}|\boldsymbol{B}+\boldsymbol{A}|&=|\boldsymbol{B}_1+\boldsymbol{A}_1,\boldsymbol{B}_2+\boldsymbol{A}_2,\cdots,\boldsymbol{B}_n+\boldsymbol{A}_n|\\ &=|\boldsymbol{B}_1,\boldsymbol{B}_2,\cdots,\boldsymbol{B}_n|+\sum_{j_1=1}^{n}|\boldsymbol{B}_1,\boldsymbol{B}_2,\cdots,\boldsymbol{B}_{j_1-1},\boldsymbol{A}_{j_1},\boldsymbol{B}_{j_1+1},\cdots,\boldsymbol{B}_n|+\\ &\quad\sum_{1\leqslant j_1<j_2\leqslant n}|\boldsymbol{B}_1,\boldsymbol{B}_2,\cdots,\boldsymbol{B}_{j_1-1},\boldsymbol{A}_{j_1},\boldsymbol{B}_{j_1+1},\cdots,\boldsymbol{B}_{j_2-1},\boldsymbol{A}_{j_2},\boldsymbol{B}_{j_2+1},\cdots,\\ &\quad\boldsymbol{B}_n|+\cdots+\sum_{1\leqslant j_1<j_2<\cdots<j_{n-1}\leqslant n}|\boldsymbol{A}_{j_1},\cdots,\boldsymbol{B}_{j_n},\cdots,\boldsymbol{A}_{j_{n-1}}|+|\boldsymbol{A}_1,\boldsymbol{A}_2,\cdots,\boldsymbol{A}_n|\end{aligned}$$

应用拉普拉斯定理,将上式右端的$n-1$个多重和式中的行列式分别按其第j_1列,第j_1,j_2列,第$j_1,j_2,\cdots,j_{n-1}$列展开,即得式(3.3.1).

式(3.3.1)的计算量很大,用得较多的是下面两种特例:

1°$\boldsymbol{B}$是对角矩阵,即

$$\boldsymbol{B}=\begin{pmatrix}\lambda_1 & & & \\ & \lambda_2 & & \\ & & \ddots & \\ & & & \lambda_n\end{pmatrix}$$

这时除了$\boldsymbol{B}$的主子式以及它的代数余子式(它们也是主子式外),其他子式全是零.又因为

$$|\boldsymbol{B}|=\lambda_1\lambda_2\cdots\lambda_n=\prod_{i=1}^{n}\lambda_i$$

$$\left|\overline{\boldsymbol{B}}\begin{pmatrix}i_1\\ j_1\end{pmatrix}\right|=\lambda_1\cdots\lambda_{i_1-1}\lambda_{i_1+1}\cdots\lambda_n=\prod_{j\neq i_1}\lambda_j$$

$$\left|\overline{\boldsymbol{B}}\begin{pmatrix}i_1 & i_2\\ j_1 & j_2\end{pmatrix}\right|=\prod_{j\neq i_1,i_2}\lambda_j,\cdots,\left|\overline{\boldsymbol{B}}\begin{pmatrix}i_1 & i_2 & \cdots & i_{n-1}\\ j_1 & j_2 & \cdots & j_{n-1}\end{pmatrix}\right|=\prod_{j\neq i_1,\cdots,i_{n-1}}\lambda_j$$

此时式(3.3.1)可以化为

$$\left|\begin{pmatrix}\lambda_1 & & & \\ & \lambda_2 & & \\ & & \ddots & \\ & & & \lambda_n\end{pmatrix}+\boldsymbol{A}\right| = \prod_{i=1}^{n}\lambda_i + \sum_{i_1=1}^{n}\left|\boldsymbol{A}\begin{pmatrix}i_1\\ j_1\end{pmatrix}\right|\prod_{j\neq i_1}\lambda_j +$$

$$\sum_{1\leqslant i_1<i_2\leqslant n}\left|\boldsymbol{A}\begin{pmatrix}i_1 & i_2\\ j_1 & j_2\end{pmatrix}\right|\prod_{j\neq i_1,i_2}\lambda_j+\cdots+$$

$$\sum_{1\leqslant i_1<i_2<\cdots<i_{n-1}\leqslant n}\left|\boldsymbol{A}\begin{pmatrix}i_1 & i_2 & \cdots & i_{n-1}\\ j_1 & j_2 & \cdots & j_{n-1}\end{pmatrix}\right|\cdot$$

$$\prod_{j\neq i_1,\cdots,i_{n-1}}\lambda_j+|\boldsymbol{A}| \tag{3.3.2}$$

2°$\boldsymbol{B}$ 是一个数量矩阵，即

$$\boldsymbol{B}=\lambda\boldsymbol{E}_{n\times n}$$

此时在式(3.3.2)中取 $\lambda_1=\lambda_2=\cdots=\lambda_n=\lambda$，就得到下面这特别有用的式子

$$|\lambda\boldsymbol{E}_{n\times n}+\boldsymbol{A}|=\lambda^n+a_1\lambda^{n-1}+a_2\lambda^{n-2}+\cdots+a_{n-1}\lambda+a_n \tag{3.3.3}$$

其中 $a_k=\sum_{1\leqslant i_1<i_2<\cdots<i_k\leqslant n}\left|\boldsymbol{A}\begin{pmatrix}i_1 & i_2 & \cdots & i_k\\ j_1 & j_2 & \cdots & j_k\end{pmatrix}\right|$ 表示 $\boldsymbol{A}$ 的所有 k 阶主子式之和，$k=1,2,\cdots,n.$

我们来指出一个应用上述已知公式来计算行列式的例子. 计算 n 阶行列式

$$D=\begin{vmatrix}x_1 & a & \cdots & a\\ a & x_2 & \cdots & a\\ \vdots & \vdots & & \vdots\\ a & a & \cdots & x_n\end{vmatrix}$$

将 D 写成两个特殊的方阵之和的行列式的形式

$$D=\left|\begin{pmatrix}x_1-a & & & \\ & x_2-a & & \\ & & \ddots & \\ & & & x_n-a\end{pmatrix}+\begin{pmatrix}a & a & \cdots & a\\ a & a & \cdots & a\\ \vdots & \vdots & & \vdots\\ a & a & \cdots & a\end{pmatrix}\right|=|\boldsymbol{B}+\boldsymbol{A}|$$

当 $k\geqslant 2$ 时，$\boldsymbol{A}$ 的所有 k 阶子式全是零，故由式(3.3.1)可得

$$D=\prod_{j=1}^{n}(x_j-a)+\sum_{i=1}^{n}\left|\boldsymbol{A}\begin{pmatrix}i\\ i\end{pmatrix}\right|\prod_{j\neq i}(x_j-a)=\prod_{j=1}^{n}(x_j-a)+a\sum_{i=1}^{n}\prod_{j\neq i}(x_j-a)$$

3.4 不相容的线性方程组与最小二乘法

设已给不相容的实数域 **R** 中的线性方程组($n\geqslant m$,同时假设其中至少某 m 个方程有异于零的行列式)

$$\begin{cases}a_1^{(1)}x_1+a_1^{(2)}x_2+\cdots+a_1^{(m)}x_m=b_1\\a_2^{(1)}x_1+a_2^{(2)}x_2+\cdots+a_2^{(m)}x_m=b_2\\\vdots\\a_n^{(1)}x_1+a_n^{(2)}x_2+\cdots+a_n^{(m)}x_m=b_n\end{cases}\tag{3.4.1}$$

由于它不相容,它没有解,就是说,不可能找到这样的一组数 $c_1,c_2,\cdots,c_m$,使得当这组数代替了未知数 $x_1,x_2,\cdots,x_m$ 后,方程组(3.4.1)的全部方程都能被满足.

若在方程组(3.4.1)的左边,用某些数 $\xi_1,\xi_2,\cdots,\xi_m$ 代替未知数 $x_1,x_2,\cdots,x_m$,我们得到不全同于 $b_1,b_2,\cdots,b_n$ 诸数的 n 个数 $\beta_1,\beta_2,\cdots,\beta_n$. 我们提出下面的问题:确定 $\xi_1,\xi_2,\cdots,\xi_m$ 诸数,使所得的数 $\beta_1,\beta_2,\cdots,\beta_n$ 与所给数值 $b_1,b_2,\cdots,b_n$ 的平方偏差,就是由表示式

$$\delta=\sum_{j=1}^{n}(\beta_j-b_j)^2\tag{3.4.2}$$

所确定的值 δ 尽可能地最小①,并求这个最小偏差.

这种问题发生在实践中,例如,假定数值 b 是数值 $\alpha_1,\alpha_2,\cdots,\alpha_m$ 的线性组合

$$b=\xi_1\alpha_1+\xi_2\alpha_2+\cdots+\xi_m\alpha_m$$

其中 $\alpha_j(j=1,2,\cdots,m)$ 及其对应的 b 的值是通过测量得到的,而系数 ξ_i 则依此计算. 若在第 i 次测量时所得到的 α_j 的数值是 a_{ij},而 b 的数值是 b_i,我们就要组成方程

$$\xi_1a_{i1}+\xi_2a_{i2}+\cdots+\xi_ma_{im}=b_i\tag{3.4.3}$$

测量 n 次就得到含有 n 个像式(3.4.3)那样的方程,就是说得到像式(3.4.1)那样的方程组. 一般说来,这个方程组由于测量中不可避免的种种误差而是不相容的,因而确定系数 $\xi_1,\xi_2,\cdots,\xi_m$ 的问题,不能化为解方程组(3.4.1)的问题. 现在提出这样的问题:确定系数 ξ_j,使得每一个方程至少近似地被满足,但有最小误差,若为了测量这个误差,我们取数值

$$\beta_j=\sum_{i=1}^{n}a_{ji}\xi_i$$

① 最小二乘方法即由此得名.

与已知数 b_j 的偏差的平方平均值，也就是公式(3.4.2) 所确定的值，我们就把它化为上面所叙述的问题了. δ 的值在这种情况下也是有用的，它可以用来估计测量的准确性.

回到我们提出的问题，将 $\beta_j = a_j^{(1)}\xi_1 + a_j^{(2)}\xi_2 + \cdots + a_j^{(m)}\xi_m$ 代入式(3.4.2)，我们得到

$$\begin{aligned}\delta = &(a_1^{(1)}\xi_1 + a_1^{(2)}\xi_2 + \cdots + a_1^{(m)}\xi_m - b_1)^2 + \\ &(a_2^{(1)}\xi_1 + a_2^{(2)}\xi_2 + \cdots + a_2^{(m)}\xi_m - b_2) + \cdots + \\ &(a_m^{(1)}\xi_1 + a_{m2}^{(2)}\xi_2 + \cdots + a_m^{(m)}\xi_m - b_m)\end{aligned}$$

将 δ 视作 $\xi_1, \xi_2, \cdots, \xi_m$ 的函数，这样一来，使函数 $\delta(\xi_1, \xi_2, \cdots, \xi_m)$ 获得最小值的 $\xi_1, \xi_2, \cdots, \xi_m$ 的值就是问题的答案.

按照分析学中多元函数求极值的一般法则，要求出这些 $\xi_1, \xi_2, \cdots, \xi_m$ 的值，可使 $\delta(\xi_1, \xi_2, \cdots, \xi_m)$ 关于 $\xi_1, \xi_2, \cdots, \xi_m$ 的偏导数等于零，即

$$\begin{cases} a_1^{(1)}(a_1^{(1)}\xi_1 + \cdots + a_1^{(m)}\xi_m) + a_2^{(1)}(a_2^{(1)}\xi_1 + \cdots + a_2^{(m)}\xi_m) + \cdots + \\ a_m^{(1)}(a_m^{(1)}\xi_1 + \cdots + a_m^{(m)}\xi_m) = \sum\limits_{i=1}^{m} a_i^{(1)} b_i \\ a_1^{(2)}(a_1^{(1)}\xi_1 + \cdots + a_1^{(m)}\xi_m) + a_2^{(2)}(a_2^{(1)}\xi_1 + \cdots + a_2^{(m)}\xi_m) + \cdots + \\ a_m^{(2)}(a_m^{(1)}\xi_1 + \cdots + a_m^{(m)}\xi_m) = \sum\limits_{i=1}^{m} a_i^{(2)} b_i \\ \vdots \\ a_1^{(m)}(a_1^{(1)}\xi_1 + \cdots + a_1^{(m)}\xi_m) + a_2^{(m)}(a_2^{(1)}\xi_1 + \cdots + a_2^{(m)}\xi_m) + \cdots + \\ a_m^{(m)}(a_m^{(1)}\xi_1 + \cdots + a_m^{(m)}\xi_m) = \sum\limits_{i=1}^{m} a_i^{(m)} b_i \end{cases} \tag{3.4.4}$$

方程组(3.4.1) 叫作条件方程组，方程组(3.4.4) 叫作正规方程组①. 显然，不论条件方程组的方程数目是多少，正规方程组中方程的数目总是等于未知量的数目.

高斯引用其他记号来表示仅具相异下标的同类型项的总和，例如：[aa] 代替 $\sum\limits_{i=1}^{n} a_i^2$，[ab] 代替 $\sum\limits_{i=1}^{n} a_i b_i$，等等. 上述方程组(3.4.4) 用高斯的记法就可改写为

① 如果把方程组(3.4.1) 写成矩阵的形式，即 $\boldsymbol{AX} = \boldsymbol{B}$，那么正规方程组(3.4.4) 可写为

$$\boldsymbol{A}^{\mathrm{T}}\boldsymbol{AX} = \boldsymbol{A}^{\mathrm{T}}\boldsymbol{B}$$

$$\begin{cases}[a^{(1)}a^{(1)}]\xi_1+[a^{(1)}a^{(2)}]\xi_2+\cdots+[a^{(1)}a^{(m)}]\xi_m=[a^{(1)}b]\\ [a^{(2)}a^{(1)}]\xi_1+[a^{(2)}a^{(2)}]\xi_2+\cdots+[a^{(2)}a^{(m)}]\xi_m=[a^{(2)}b]\\ \vdots\\ [a^{(m)}a^{(1)}]\xi_1+[a^{(m)}a^{(2)}]\xi_2+\cdots+[a^{(m)}a^{(m)}]\xi_m=[a^{(m)}b]\end{cases}$$

为了要证明方程组(3.4.4)可以唯一地确定$\xi_1,\xi_2,\cdots,\xi_m$,需要证明它的系数行列式异于零.我们注意到等式

$$\begin{pmatrix}[a^{(1)}a^{(1)}] & [a^{(1)}a^{(2)}] & \cdots & [a^{(1)}a^{(m)}]\\ [a^{(2)}a^{(1)}] & [a^{(2)}a^{(2)}] & \cdots & [a^{(2)}a^{(m)}]\\ \vdots & \vdots & & \vdots\\ [a^{(m)}a^{(1)}] & [a^{(m)}a^{(2)}] & \cdots & [a^{(m)}a^{(m)}]\end{pmatrix}$$

$$=\begin{pmatrix}a_1^{(1)} & a_2^{(1)} & \cdots & a_n^{(1)}\\ a_1^{(2)} & a_2^{(2)} & \cdots & a_n^{(2)}\\ \vdots & \vdots & & \vdots\\ a_1^{(m)} & a_2^{(m)} & \cdots & a_n^{(m)}\end{pmatrix}\begin{pmatrix}a_1^{(1)} & a_1^{(2)} & \cdots & a_1^{(m)}\\ a_2^{(1)} & a_2^{(2)} & \cdots & a_2^{(m)}\\ \vdots & \vdots & & \vdots\\ a_n^{(1)} & a_n^{(2)} & \cdots & a_n^{(m)}\end{pmatrix}$$

按照已知的比内－柯西公式(参阅本章 §3 中 3.2 目),这行列式可表示为

$$\begin{vmatrix}[a^{(1)}a^{(1)}] & [a^{(1)}a^{(2)}] & \cdots & [a^{(1)}a^{(m)}]\\ [a^{(2)}a^{(1)}] & [a^{(2)}a^{(2)}] & \cdots & [a^{(2)}a^{(m)}]\\ \vdots & \vdots & & \vdots\\ [a^{(m)}a^{(1)}] & [a^{(m)}a^{(2)}] & \cdots & [a^{(m)}a^{(m)}]\end{vmatrix}=\sum_{i_1,i_2,\cdots,i_m}\begin{pmatrix}a_{i_1}^{(1)} & a_{i_1}^{(2)} & \cdots & a_{i_1}^{(m)}\\ a_{i_2}^{(1)} & a_{i_2}^{(2)} & \cdots & a_{i_2}^{(m)}\\ \vdots & \vdots & & \vdots\\ a_{i_m}^{(1)} & a_{i_m}^{(2)} & \cdots & a_{i_m}^{(m)}\end{pmatrix}$$

其中右边的和是关于从 n 个下标 $1,2,\cdots,n$ 中每次取 m 个的一切可能的组合 $(i_1,i_2,\cdots,i_m)$ 而取的.因为按照我们的假定,右边诸行列式内至少有一个异于零①,故由此推得左边的行列式也异于零.

§4　矩阵的秩及其在方程组上的应用

4.1　矩阵的秩的概念

我们将用下面的观点来说明矩阵的特征,即由它所产生的不等于零的一切

① 这个条件相当于方程组(3.4.1)的系数矩阵是列满秩的;一般情形下则最小二乘法不一定唯一.

行列式中，它们的最大阶数是什么．为此目的引入下面的关于矩阵的秩的概念．历史上，它由西尔维斯特于 1861 年所引进．

定义 4.1.1 如果一个已知矩阵产生各种不等于零的行列式，则这些行列式的阶数中的最大数叫作这个矩阵的秩．

如果矩阵的一切元素皆为零，那么其秩即是零；反过来，如果一个矩阵的秩是零，那么这个矩阵只能是零矩阵．

按定义，一个矩阵的秩不能超过它的行数，也不能超过它的列数．若一个矩阵的秩等于它的行数，则称它为行满秩的；若一个矩阵的秩等于它的列数，则称它为列满秩的；既是行满秩的又是列满秩的，则称为满秩矩阵．显然，满秩矩阵是方阵．也就是以前我们曾经提到的非奇异矩阵．

我们立刻就注意到，如果由一个已知矩阵所产生的 k 阶行列式都等于零，那么它的秩小于 k．实际上，由这个矩阵所产生的任意一个 $h(h>k)$ 阶行列式都可以按某一列(或行) 展开而表达成许多个 $h-1$ 阶行列式之和的形式；这些 $h-1$ 阶行列式又可以展开，这样继续下去，直到原来的 h 阶行列式表达成许多个 k 阶行列式之和的形式为止．这些 k 阶行列式也是由已知矩阵所产生的．所以它们都等于零．因此，由已知矩阵所产生的一切 h 阶行列式皆等于零．这就证明了：

定理 4.1.1(加边子式法) 设在矩阵 $\boldsymbol{A}$ 中，有某一个 r 阶子行列式 D 不等于零，但所有含 D 的 $r+1$ 阶子行列式都等于零，这个矩阵的秩就等于 r．

从秩的定义来求出矩阵的秩的方法，虽然只要计算这一矩阵的有限个子式，但这常常是一个很大的数目．由定理 4.1.1，可以简化矩阵秩的计算手续：计算题矩阵的秩需要从低阶子式转到高阶子式．如已求得一个 r 阶子式 D 不为零，那么只要计算 D 的 $r+1$ 阶加边子式(子式 $\widetilde{D}$ 叫作 D 的加边，若 D 是由 $\widetilde{D}$ 去掉一端的行(第一行或最后一行)，以及一端的列得到的)：如果所有这些子式都等于零，那么矩阵的秩等于 r．

例 求下面的矩阵的秩

$$\boldsymbol{A}=\begin{pmatrix}2 & -4 & 3 & 1 & 0\\ 1 & -2 & 1 & -4 & 2\\ 0 & 1 & -1 & 3 & 1\\ 4 & -7 & 4 & -4 & 5\end{pmatrix}$$

这个矩阵左上角的二阶子式等于零．但在矩阵中，含有不为零的二阶子式，例如，$D=\begin{vmatrix}-4 & 3\\ -2 & 1\end{vmatrix}\neq 0$．

子式 D 的三阶加边子式

$$D'=\begin{vmatrix}2 & -4 & 3\\ 1 & -2 & 1\\ 0 & 1 & -1\end{vmatrix}$$

不为零:$D'=1$.但是 D' 的两个四阶加边子式都等于零,即

$$\begin{vmatrix}2 & -4 & 3 & 1\\ 1 & -2 & 1 & -4\\ 0 & 1 & -1 & 3\\ 4 & -7 & 4 & -4\end{vmatrix}=0,\begin{vmatrix}2 & -4 & 3 & 0\\ 1 & -2 & 1 & 2\\ 0 & 1 & -1 & 1\\ 4 & -7 & 4 & 5\end{vmatrix}=0$$

这样一来,矩阵 $\boldsymbol{A}$ 的秩等于 3.

我们再来看一个例子.

例 求矩阵

$$\begin{pmatrix}2 & -1 & 0 & 3 & -2\\ 0 & 3 & 1 & -2 & 5\\ 0 & 0 & 0 & 4 & -3\\ 0 & 0 & 0 & 0 & 0\end{pmatrix}$$

的秩.

这个矩阵元素的分布有着明显的特点:第一行的首个非零元素是 2,在它之前没有 0;第二行首个非零元素是 3,它前面的 0 的个数是 1;第三行首个非零元素是 4,它前面的 0 的个数是 3;第四行没有非零元素.这矩阵的秩是 3,因为它产生下面不等于零的三阶行列式

$$\begin{vmatrix}0 & 3 & -2\\ 1 & -2 & 5\\ 0 & 4 & -3\end{vmatrix}=-\begin{vmatrix}3 & -2\\ 4 & -3\end{vmatrix}=-[3\times(-3)-(-2)\times 4]=1\neq 0$$

同时按照它元素的分布,所有的四阶行列式均等于零.

一般地,如果一个矩阵的元素分布满足:从上往下,每行的第一个非零元素(如果有的话)前面的 0 的个数严格增加,那么就称它为行阶梯形矩阵①.

也就是说,行阶梯形矩阵的零行(元素全为 0 的行)在最下方(如果有的话);同时每个非零行的首元素(第一个非零元素)出现在上一行首元素的右边.

---

① 对称地,可以引入列阶梯形的概念.

容易明白,行阶梯形矩阵的秩恰好等于它的非零行的行数.就我们前面的例子而言,秩等于3,因为它有3个非零行.

对于阶梯形矩阵,我们可以在它里面画一条“阶梯线”

$$\begin{pmatrix} 2 & -1 & 0 & 3 & -2 \\ 0 & 3 & 1 & -2 & 5 \\ 0 & 0 & 0 & 4 & -3 \\ 0 & 0 & 0 & 0 & 0 \end{pmatrix}$$

阶梯线下方的数全为0,同时阶梯线的竖线(每段竖线均为一行)① 后面的第一个元素为非零元,也就是非零行的首非零元.

下面的矩阵

$$\begin{pmatrix} 3 & 1 & 5 & 0 \\ 0 & 2 & -1 & 3 \\ 0 & -1 & 0 & 0 \\ 0 & 6 & 4 & 2 \end{pmatrix}$$

不是行阶梯形矩阵,因为它的第二段竖线有3行.

4.2 单列矩阵之间的线性关系·关于基子式的定理

让我们来讨论单列矩阵之间的线性关系.设已给若干个同维的单列矩阵,譬如 m 个,每列有 n 个数

$$\boldsymbol{A}_1=\begin{pmatrix} a_{11} \\ a_{21} \\ \vdots \\ a_{n1} \end{pmatrix},\boldsymbol{A}_2=\begin{pmatrix} a_{12} \\ a_{22} \\ \vdots \\ a_{n2} \end{pmatrix},\cdots,\boldsymbol{A}_m=\begin{pmatrix} a_{1m} \\ a_{2m} \\ \vdots \\ a_{nm} \end{pmatrix} \tag{4.2.1}$$

将第一列的每一个元素乘以某数 c_1,将第二列的每一个元素乘以某数 c_2,……,最后将第 m 列的每一个元素乘以某数 c_m.然后将所得的诸列相对应的元素加在一起,结果得到具有一些新数的单列矩阵,它的元素我们用字母 $b_1,b_2,\cdots,b_n$ 表示.所有这些运算可以借助下述方式明显地表达出来,即

---

① 每个台阶只有一行,台阶数即是非零的行数.由此,行阶梯形矩阵的秩就等于台阶数.

$$c_1\begin{pmatrix}a_{11}\\a_{21}\\\vdots\\a_{n1}\end{pmatrix}+c_2\begin{pmatrix}a_{12}\\a_{22}\\\vdots\\a_{n2}\end{pmatrix}+\cdots+c_m\begin{pmatrix}a_{1m}\\a_{2m}\\\vdots\\a_{nm}\end{pmatrix}=\begin{pmatrix}b_1\\b_2\\\vdots\\b_n\end{pmatrix}$$

或简短地写成

$$c_1\boldsymbol{A}_1+c_2\boldsymbol{A}_2+\cdots+c_m\boldsymbol{A}_m=\boldsymbol{B}$$

这里的 $\boldsymbol{B}$ 表示所得到的列. 这一列 $\boldsymbol{B}$ 称为所取的诸列 $\boldsymbol{A}_1,\boldsymbol{A}_2,\cdots,\boldsymbol{A}_m$ 的线性组合；$c_1,c_2,\cdots,c_m$ 诸数称为这个线性组合的系数.

现在设所取的列(4.2.1)不是任意的而是来自某一个 $m\times n$ 维矩阵$\boldsymbol{A}$. 同时假定 $\boldsymbol{A}$ 的秩是 $r(>0)$，则我们把 $\boldsymbol{A}$ 的异于零的 r 阶子式[①]称为它的基子式(自然，矩阵 $\boldsymbol{A}$ 可能有若干个基子式，但是它们都有相同的阶). 构成基子式的那些列称为基列.

有了这些概念，我们现在可以证明重要的定理：

定理 4.2.1(关于基子式的定理)　矩阵 $\boldsymbol{A}$ 的每一列是它诸基列的线性组合.

证明　为了明确起见，我们假设矩阵 $\boldsymbol{A}$ 的基子式位于它的前 r 行及前 r 列. 设 s 是任意一个从 1 到 m 的整数，k 是任意一个从 1 到 n 的整数. 我们来考察 $r+1$ 阶行列式

$$\boldsymbol{D}=\begin{vmatrix}a_{11}&a_{12}&\cdots&a_{1r}&a_{1s}\\a_{21}&a_{22}&\cdots&a_{2r}&a_{2s}\\\vdots&\vdots&&\vdots&\vdots\\a_{r1}&a_{r2}&\cdots&a_{rr}&a_{rs}\\a_{k1}&a_{k2}&\cdots&a_{kr}&a_{ks}\end{vmatrix}$$

若 $k\leqslant r$，则行列式 D 显然等于零，因为这时在 D 中有两个相同的行. 同样当 $s\leqslant r$ 时，$D=0$.

若 $k>r$ 或 $s>r$，则行列式 D 也等于零，因为它是秩为 r 的一个 $r+1$ 阶矩阵的子式. 因之，对于 k 及 s 的任意值，均有 $D=0$. 将 D 按最后一行展开，我们得到等式

$$a_{k1}A_{k1}+a_{k2}A_{k2}+\cdots+a_{kr}A_{kr}+a_{ks}A_{ks}=0\qquad(4.2.2)$$

这里的数 $A_{k1},A_{k2},\cdots,A_{kr},A_{ks}$ 表示行列式 D 最后一行元素 $a_{k1},a_{k2},\cdots,a_{kr},a_{ks}$

① 我们知道这时 $\boldsymbol{A}$ 必有这样的子式存在.

的代数余因子.这些余因子与 k 无关,因为它们是用元素 a_{ij} 来组成的,而对于这些 a_{ij},$i \leqslant r$.因此,我们可以引进符号

$$A_{k1}=C_1, A_{k2}=C_2, \cdots, A_{kr}=C_r, A_{ks}=C_s$$

在等式(4.2.2)中,因此命 $k=1,2,\cdots,n$,即得到方程组

$$\begin{cases} C_1 a_{11}+C_2 a_{12}+\cdots+C_r a_{1r}+C_s a_{1s}=0 \\ C_1 a_{21}+C_2 a_{22}+\cdots+C_r a_{2r}+C_s a_{2s}=0 \\ \quad\vdots \\ C_1 a_{n1}+C_2 a_{n2}+\cdots+C_r a_{nr}+C_s a_{ns}=0 \end{cases} \tag{4.2.3}$$

数 $C_s=A_{ks}$ 异于零,因为 A_{ks} 是矩阵 $\mathbf{A}$ 的基子式.以 C_s 除等式(4.2.3)中的每一个,然后将末项以外的各项移到等式右端,并用 $c_j(j=1,2,\cdots,r)$ 表示 $-\dfrac{C_j}{C_s}$,即得到

$$\begin{cases} a_{1s}=c_1 a_{11}+c_2 a_{12}+\cdots+c_r a_{1r} \\ a_{2s}=c_1 a_{21}+c_2 a_{22}+\cdots+c_r a_{2r} \\ \quad\vdots \\ a_{ns}=c_1 a_{n1}+c_2 a_{n2}+\cdots+c_r a_{nr} \end{cases}$$

这些等式证明矩阵 $\mathbf{A}$ 的第 s 列是这个矩阵前 r 列的线性组合(系数为 c_1, c_2,$\cdots$,c_r).既然 s 可以是从 1 到 m 的任何整数,我们的定理证毕.

自然也可以考虑选自某一个行列式的列,此时我们证明下面定理:

定理 4.2.2 若行列式 D 的一列是其他列的线性组合,则 $D=0$.

证明 设行列式 D 的第 k 列是这个行列式 D 的第 i_1 列,第 i_2 列,……,第 i_m 列的线性组合,且对应的系数为 $c_1,c_2,\cdots,c_m$.从第 k 列减去第 i_1 列的 c_1 倍,然后减去第 i_2 列的 c_2 倍,……,最后减去第 i_m 列的 c_m 倍,我们从行列式的第四种变换,知道行列式 D 的值不变,但是结果第 k 列每一元素都变成零,由此得 $D=0$.

还要注意,这定理的逆定理也是正确的:

定理 4.2.3 若行列式 D 等于零,则它有一列是其他诸列的线性组合.

证明 我们考虑行列式 D 的矩阵.既然 $D=0$,这个矩阵的基子式的阶 $r<n$.因此,在我们找出 r 个基列之后,至少还可以找到一列不在这些基列之中.根据关于基子式的定理,它一定是基列的某个线性组合.于是我们看到,在行列式 D 中,有一列是其他诸列的线性组合,这就是所要证明的结果.

应当指出,我们可以把行列式 D 的所有其余的列都包括在这个线性组合内,譬如我们可以选取零作为它们前面的系数.

我们可以将所得的关于行列式的结果叙述成更对称的形状.为此我们作下面的讨论:若 m 个列 $\boldsymbol{A}_1,\boldsymbol{A}_2,\cdots,\boldsymbol{A}_m$ 的线性组合系数 $c_1,c_2,\cdots,c_m$ 取为零,则结果显然得到零列,即由零组成的列.但是,也有可能,从所给诸列做成零列,不仅可以用这种方法,还可以借助于不全为零的系数 $c_1,c_2,\cdots,c_m$.在这种情形下,所取的列 $\boldsymbol{A}_1,\boldsymbol{A}_2,\cdots,\boldsymbol{A}_m$ 称为线性相关.相反的场合,则称它们是线性无关的.换句话说,如果诸列 $\boldsymbol{A}_1,\boldsymbol{A}_2,\cdots,\boldsymbol{A}_m$ 的任何(组合系数不全零的)线性组合都不为零,那么它们是线性无关的.

例如,诸列

$$\boldsymbol{A}_1=\begin{pmatrix}1\\2\\3\\4\end{pmatrix},\boldsymbol{A}_2=\begin{pmatrix}2\\4\\6\\8\end{pmatrix},\boldsymbol{A}_3=\begin{pmatrix}1\\1\\1\\1\end{pmatrix}$$

是线性相关的,因为由下述线性组合的结果

$$2\cdot\boldsymbol{A}_1-\boldsymbol{A}_2+0\cdot\boldsymbol{A}_3$$

得到零列.相反,两个列

$$\boldsymbol{B}_1=\begin{pmatrix}1\\0\end{pmatrix},\boldsymbol{B}_2=\begin{pmatrix}0\\1\end{pmatrix}$$

是线性无关的.因为如果

$$c_1\boldsymbol{B}_1+c_2\boldsymbol{B}_2=c_1\begin{pmatrix}1\\0\end{pmatrix}+c_2\begin{pmatrix}0\\1\end{pmatrix}=\begin{pmatrix}c_1\\c_2\end{pmatrix}=\begin{pmatrix}0\\0\end{pmatrix}$$

那么就有

$$c_1=c_2=0$$

线性相关的定义可以更详细地说成:对于诸列

$$\boldsymbol{A}_1=\begin{pmatrix}a_{11}\\a_{21}\\\vdots\\a_{n1}\end{pmatrix},\boldsymbol{A}_2=\begin{pmatrix}a_{12}\\a_{22}\\\vdots\\a_{n2}\end{pmatrix},\cdots,\boldsymbol{A}_m=\begin{pmatrix}a_{1m}\\a_{2m}\\\vdots\\a_{nm}\end{pmatrix}$$

若有不全为零的量 $c_1,c_2,\cdots,c_m$ 存在,满足方程组

$$\begin{cases}c_1a_{11}+c_2a_{12}+\cdots+c_ma_{1m}=0\\c_1a_{21}+c_2a_{22}+\cdots+c_ma_{2m}=0\\\vdots\\c_1a_{n1}+c_2a_{n2}+\cdots+c_ma_{nm}=0\end{cases}$$

或者，与此同样的

$$c_1\boldsymbol{A}_1+c_2\boldsymbol{A}_2+\cdots+c_m\boldsymbol{A}_m=\boldsymbol{0}$$ ①

则它们称为线性相关.

若在诸列 $\boldsymbol{A}_1,\boldsymbol{A}_2,\cdots,\boldsymbol{A}_m$ 中，有一列，譬如最后一列，是其余各列的线性组合，即

$$\boldsymbol{A}_m=c_1\boldsymbol{A}_1+c_2\boldsymbol{A}_2+\cdots+c_{m-1}\boldsymbol{A}_{m-1} \tag{4.2.4}$$

则可以断言：$\boldsymbol{A}_1,\boldsymbol{A}_2,\cdots,\boldsymbol{A}_m$ 诸列线性相关. 实际上，式(4.2.4)与

$$c_1\boldsymbol{A}_1+c_2\boldsymbol{A}_2+\cdots+c_{m-1}\boldsymbol{A}_{m-1}-\boldsymbol{A}_m=\boldsymbol{0}$$

等价. 因此，$\boldsymbol{A}_1,\boldsymbol{A}_2,\cdots,\boldsymbol{A}_m$ 诸列的一个线性组合存在，且其系数不都等于零(例如最后的系数等于 -1)，而它却是零列，这就表示 $\boldsymbol{A}_1,\boldsymbol{A}_2,\cdots,\boldsymbol{A}_m$ 诸列线性相关.

反过来说，若 $\boldsymbol{A}_1,\boldsymbol{A}_2,\cdots,\boldsymbol{A}_m$ 诸列线性相关，则可以证明，在这些列中，(至少)有一个是其余列的线性组合. 事实上，在表示诸列 $\boldsymbol{A}_1,\boldsymbol{A}_2,\cdots,\boldsymbol{A}_m$ 线性相关的等式

$$c_1\boldsymbol{A}_1+c_2\boldsymbol{A}_2+\cdots+c_{m-1}\boldsymbol{A}_{m-1}+c_m\boldsymbol{A}_m=\boldsymbol{0} \tag{4.2.5}$$

里，譬如设系数 c_m 不是零，则式(4.2.5)与

$$\boldsymbol{A}_m=-\frac{c_1}{c_m}\boldsymbol{A}_1-\frac{c_2}{c_m}\boldsymbol{A}_2-\cdots-\frac{c_{m-1}}{c_m}\boldsymbol{A}_{m-1}$$

等价，此即证明列 $\boldsymbol{A}_m$ 是 $\boldsymbol{A}_1,\boldsymbol{A}_2,\cdots,\boldsymbol{A}_{m-1}$ 诸列的线性组合.

所以对于已给 $\boldsymbol{A}_1,\boldsymbol{A}_2,\cdots,\boldsymbol{A}_m$ 诸列，当这些列里有一个是其余诸列的线性组合时，而且仅在此时，所给诸列线性相关.

结合这些讨论以及定理 4.2.2 与定理 4.2.3，我们可以叙述下面的定理：

定理 4.2.4 当一个行列式 D 的诸列线性相关时，而且仅当此时，行列式等于零.

4.3 线性方程组相容性与有定性条件的第二种表述·一般线性方程组的通解

现在来考虑具有 n 个未知量 m 个方程的普遍情形

$$\begin{cases}X_1=a_{11}x_1+a_{12}x_2+\cdots+a_{1n}x_n=b_1\\X_2=a_{21}x_1+a_{22}x_2+\cdots+a_{2n}x_n=b_2\\\quad\vdots\\X_m=a_{m1}x_1+a_{m2}x_2+\cdots+a_{mn}x_n=b_m\end{cases} \tag{4.3.1}$$

① 右端的符号“**0**”表示零列.

这里,为了以后书写简便,我们用 X_s 表示第 s 个方程的左端.

现在假设方程组(4.3.1)的系数矩阵的秩为 r. 那么只要调换行的次序和列的次序,也就是改变方程的号码和未知数的号码,我们就可将系数矩阵中的某一个不等于零的 r 阶行列式移到矩阵的左上角. 这个 r 阶行列式叫作方程组的主行列式①. 它取下面的形式

$$\Delta=\begin{vmatrix} a_{11} & a_{12} & \cdots & a_{1r} \\ a_{21} & a_{22} & \cdots & a_{2r} \\ \vdots & \vdots & & \vdots \\ a_{r1} & a_{r2} & \cdots & a_{rr} \end{vmatrix}$$

然后从主行列式出发,在主行列式下方和右方添加一行和一列,这一行是最后 $m-r$ 个方程中任一个方程的系数而这一列是方程组的常数项,这样就得到 $m-r$ 个 $r+1$ 阶的行列式,这些行列式叫作方程组的特征行列式. 更确切地说,特征行列式的定义如下

$$\Delta_{r+s}=\begin{vmatrix} a_{11} & a_{12} & \cdots & a_{1r} & b_1 \\ a_{21} & a_{22} & \cdots & a_{2r} & b_2 \\ \vdots & \vdots & & \vdots & \vdots \\ a_{r1} & a_{r2} & \cdots & a_{rr} & b_r \\ a_{(r+s)1} & a_{(r+s)2} & \cdots & a_{(r+s)r} & b_{r+s} \end{vmatrix} \quad (r+s=r+1,r+2,\cdots,m)$$

(4.3.2)

如果 $r=m$,即秩等于方程的数目,那么根本没有特征行列式.

定理 4.3.1 方程组(4.3.1)至少有一解的必要条件是,所有的特征行列式(4.3.2)全等于零.

证明 由特征行列式出发构造如下的一些行列式,就是在特征行列式中将最后的由常数项构成的一列换成方程组(4.3.1)的左端

$$\begin{vmatrix} a_{11} & a_{12} & \cdots & a_{1r} & X_1 \\ a_{21} & a_{22} & \cdots & a_{2r} & X_2 \\ \vdots & \vdots & & \vdots & \vdots \\ a_{r1} & a_{r2} & \cdots & a_{rr} & X_r \\ a_{(r+s)1} & a_{(r+s)2} & \cdots & a_{(r+s)r} & X_{r+s} \end{vmatrix} \qquad (4.3.3)$$

这些行列式除了已知系数 a_{ik} 外还有未知数 $x_1,x_2,\cdots,x_n$. 但是不难证明,行列

① 也就是方程组系数矩阵的基子式.

式(4.3.3)恒等于零.实际上,这些行列式的最后一列的元素,根据

$$X_i = a_{i1}x_1 + a_{i2}x_2 + \cdots + a_{in}x_n$$

是由 n 项组成的,因此,按照行列式的性质,每个行列式(4.3.3)可表示成具有下列形式的项的和

$$\begin{vmatrix} a_{11} & a_{12} & \cdots & a_{1r} & a_{1j} \\ a_{21} & a_{22} & \cdots & a_{2r} & a_{2j} \\ \vdots & \vdots & & \vdots & \vdots \\ a_{r1} & a_{r2} & \cdots & a_{rr} & a_{rj} \\ a_{(r+s)1} & a_{(r+s)2} & \cdots & a_{(r+s)r} & a_{(r+s)j} \end{vmatrix} \cdot x_j$$

现在证明,这个式子中作为 x_j 的系数的行列式等于零.实际上,如果 $j \leqslant r$,则这行列式的最后一列与前面的某一列相同.如果 $j > r$,则由于这行列式是方程组(4.3.1)的系数矩阵的 $r+1$ 阶子行列式,因而它等于零,这是由于假定了该矩阵的秩为 r 的缘故.根据行列式的性质,从特征行列式减去一个恒等于零的行列式(4.3.3),我们就可将特征行列式表成下面的形式

$$\Delta_{r+s} = \begin{vmatrix} a_{11} & a_{12} & \cdots & a_{1r} & b_1 - X_1 \\ a_{21} & a_{22} & \cdots & a_{2r} & b_2 - X_2 \\ \vdots & \vdots & & \vdots & \vdots \\ a_{r1} & a_{r2} & \cdots & a_{rr} & b_r - X_r \\ a_{(r+s)1} & a_{(r+s)2} & \cdots & a_{(r+s)r} & b_{r+s} - X_{r+s} \end{vmatrix} \quad (r+s = r+1, r+2, \cdots, m) \tag{4.3.4}$$

在这个写法中 Δ_{r+s} 只是在形式上看起来依赖于 $x_1, x_2, \cdots, x_n$.现在假定方程组(4.3.1)有某一解

$$x_1 = x_1^{(0)}, x_2 = x_2^{(0)}, \cdots, x_n = x_n^{(0)}$$

把 $x_j = x_j^{(0)}$ 代入行列式(4.3.4)的最后一列,最后一列将全变成零,即所有特征行列式必须全等于零.证毕.

我们还要证明定理4.3.1中的条件亦是充分的,并且给出一个寻找方程组的全部解的方法.于是,假设所有的特征行列式都等于零.我们把这些特征行列式写成形式(4.3.4),然后按最后一列元素展开.不难看出,元素 $(b_{r+s} - X_{r+s})$ 的代数余子式等于主行列式,它不为零.这样,就可把所有特征行列式全等于零这个条件写成下面的形式

$$a_1^{(r+s)}(b_1 - X_1) + a_2^{(r+s)}(b_2 - X_2) + \cdots + a_r^{(r+s)}(b_r - X_r) + \Delta(b_{r+s} - X_{r+s}) \\ = 0 \quad (r+s = r+1, r+2, \cdots, m) \tag{4.3.5}$$

其中 $a_p^{(q)}$ 都是数字系数,对于我们是无关紧要的.

现在假设,方程组的前 r 个方程有某一解. 然后把这一解代入恒等式(4.3.5). 这时所有的差数

$$b_1 - X_1, b_2 - X_2, \cdots, b_r - X_r$$

变成零,而且式(4.3.5)的最后一项也变成零,即

$$\Delta \cdot (b_{r+s} - X_{r+s}) = 0$$

由于 $\Delta \neq 0$,即得

$$b_{r+s} - X_{r+s} = 0 \quad (r+s = r+1, r+2, \cdots, m)$$

这样就证明了下面的结果:如果所有特征行列式等于零,那么方程组的前 r 个方程的任一解也适合其余的方程,因此,在这种情形下,我们只需要去解前 r 个方程即可.

先将这些方程中号码大于 r 的未知数移到等式的右端去,于是这些方程即取下面形式

$$\begin{cases} a_{11}x_1 + a_{12}x_2 + \cdots + a_{1r}x_r = b_1 - a_{1(r+1)}x_{r+1} - \cdots - a_{1n}x_n \\ a_{21}x_1 + a_{22}x_2 + \cdots + a_{2r}x_r = b_2 - a_{2(r+1)}x_{r+1} - \cdots - a_{2n}x_n \\ \vdots \\ a_{r1}x_1 + a_{r2}x_2 + \cdots + a_{rr}x_r = b_r - a_{r(r+1)}x_{r+1} - \cdots - a_{rn}x_n \end{cases} \tag{4.3.6}$$

将式(4.3.6)看作求解 $x_1, x_2, \cdots, x_r$ 的方程组. 已知它的行列式不等于零,按照克莱姆公式,可得一个确定的解. 只是要注意,这方程组的常数项含有未知数 $x_{r+1}, x_{r+2}, \cdots, x_n$,这些未知数的值可以任意给定. 由克莱姆公式直接得到,方程组(4.3.6)的解可写成

$$\begin{aligned} x_j &= \frac{1}{\Delta}\Delta_j(b_i - a_{i(r+1)}x_{r+1} - \cdots - a_{in}x_n) \\ &= \frac{\Delta_j(b_i)}{\Delta} - \frac{\Delta_j(a_{i(r+1)})}{\Delta} \cdot x_{r+1} - \cdots - \frac{\Delta_j(a_{in})}{\Delta} \cdot x_n \quad (j = 1, 2, \cdots, r) \end{aligned} \tag{4.3.7}$$

这里 $\Delta_j(\alpha_i)$ 表示方程组(4.3.6)的系数行列式 Δ 的第 j 列以量 $\alpha_1, \alpha_2, \cdots, \alpha_i, \cdots, \alpha_r$ 代替后所得的行列式. 于是 $\frac{\Delta_j(b_i)}{\Delta}$ 与 $\frac{\Delta_j(a_{i(r+k)})}{\Delta}$ 是数字系数而 $x_{r+1}, x_{r+2}, \cdots, x_n$ 看成任意的. 由上面讨论可知,在所有特征行列式全为零的情况下,这些公式给出了方程组(4.3.1)的一般解.

定理 4.3.2 如果所有特征行列式全为零,那么只需解含有原方程组的主行列式的那些方程,而且对系数组成主行列式的那些未知数来求解. 这个解可

根据克莱姆公式得到，而且可将未知数中的 r 个表成其余 $n-r$ 个未知数的线性函数(4.3.7)，这 $n-r$ 个未知数的值是完全任意的，其中 r 表示系数矩阵的秩. 这样就得方程组(4.3.1) 的所有的解.

比较定理 4.3.1 与定理 4.3.2，即得：

定理 4.3.3 方程组(4.3.1) 有解的必要与充分条件是该方程组的所有特征行列式全等于零.

再，当 $r=n$ 时，即当秩等于未知数的个数时，则在公式(4.3.7) 的右端不含自由未知量 $x_{r+1},\cdots,x_n$，因之所有从 x_1 到 x_n 的值完全确定. 这就建立了：

定理 4.3.4 方程组(4.3.1) 有且仅有一解的必要且充分的条件是，所有特征行列式全等于零而且它的系数矩阵的秩等于未知数的个数.

还要注意，所有上面的讨论显然在方程的个数等于未知数的个数时也适用，即 $m=n$ 的情形也适用.

例 考虑具有三个未知数的四个方程所成的方程组

$$\begin{cases}x-3y-2z=-1\\2x+y-4z=3\\x+4y-2z=4\\5x+6y-10z=10\end{cases}$$

先写出由系数所组成的矩阵

$$\begin{pmatrix}1 & -3 & -2\\2 & 1 & -4\\1 & 4 & -2\\5 & 6 & -10\end{pmatrix}$$

不难验证，所有含于这个矩阵的三阶行列式都等于零，但是位于左上角的二阶行列式不等于零. 所以可以把它看作主行列式，于是方程组的秩等于 2. 作特征行列式. 在当前的情形有两个

$$\Delta_3=\begin{vmatrix}1 & -3 & -1\\2 & 1 & 3\\1 & 4 & 4\end{vmatrix}=0,\Delta_4=\begin{vmatrix}1 & -3 & -1\\2 & 1 & 3\\5 & 6 & 10\end{vmatrix}=0$$

这两个都等于零，因此，所给的方程组是相容的，所以由前两个方程组解 x 与 y 就行了，此时须把 z 移到右端

$$x-3y=2z-1,2x+y=4z+3$$

得到下列形式的解

$$x=\frac{\begin{vmatrix}2x-1 & -3\\ 4x+3 & 1\end{vmatrix}}{\begin{vmatrix}1 & -3\\ 2 & 1\end{vmatrix}}=2z+\frac{8}{7},\quad y=\frac{\begin{vmatrix}1 & 2z-1\\ 2 & 4z+3\end{vmatrix}}{\begin{vmatrix}1 & -3\\ 2 & 1\end{vmatrix}}=\frac{5}{7}$$

其中 z 是任意的.

4.4 矩阵的初等变换·矩阵的相抵

现在我们来指出一种方法来变换矩阵,使它的秩不变,但使它的形式简化,如此秩的计算也会大大地简化.这种变换有好几个.这些变换与在第1章§3中讨论过的行列式的变换很像.这当然是完全自然的事,因为矩阵的秩是用一些行列式来确定的.不过,尽管外表相似,我们还必须强调它们本质上的差别,这些差别是和行列式与矩阵这两个概念间原则上的不同相关联着的.

不变矩阵的秩的第一种变换(对换) 如果一个矩阵的任何两个平行排互相调换位置,则矩阵的秩不变.

证明 变换后的矩阵所产生的每一个行列式,或者和原来矩阵的某个行列式相等,或者和原来矩阵的某个行列式相差因子 -1.同时,对于原来矩阵的每一个行列式,变换后的矩阵也必有一个和它相等的或者和它相差因子 -1 的行列式来对应.因此两个矩阵的秩相等.

不变矩阵的秩的第二种变换(倍乘) 如果一个矩阵某一排的一切元素同时乘上同一个不等于零的数,则矩阵的秩不变.

证明 施行上述变换之后,矩阵所产生的一切行列式中,有些完全没有改变,有些则乘上一个不等于零的数.因此无论如何,变换后的矩阵所产生的行列式是否等于零,要由原来矩阵所产生的对应行列式是否等于零来决定.所以,根据定义,两个矩阵的秩相等.

不变矩阵的秩的第三种变换(倍加) 如果把矩阵某一排的元素乘上一个共同因子加到任意的另一平行排的对应元素上去,则矩阵的秩不变.

证明 用 r 表示原来矩阵 $\boldsymbol{A}$ 的秩.设 D 为变换后的矩阵 $\boldsymbol{A}'$ 所产生的任意一个 $r+1$ 阶行列式.如果 D 含有(变换后的)第 i 排和利用来施行变换的第 j 排,或者如果 D 不含第 i 排,则在这两种情况下,D 可以看作为就是矩阵 $\boldsymbol{A}$ 所产生的行列式.因 D 的阶数等于 $r+1$,而 $\boldsymbol{A}$ 的秩等于 r,故 $D=0$.所以需要讨论的只是 D 不含第 j 排而含有第 i 排的情况.

$$D=\begin{vmatrix} a_{\alpha_1\beta_1} & a_{\alpha_1\beta_2} & \cdots & (a_{\alpha_1 i}+\lambda a_{\alpha_1 j}) & \cdots & a_{\alpha_1\beta_{r+1}} \\ a_{\alpha_2\beta_1} & a_{\alpha_2\beta_2} & \cdots & (a_{\alpha_2 i}+\lambda a_{\alpha_2 j}) & \cdots & a_{\alpha_2\beta_{r+1}} \\ \vdots & \vdots & & \vdots & & \vdots \\ a_{\alpha_{r+1}1} & a_{\alpha_{r+1}2} & \cdots & (a_{\alpha_{r+1}i}+\lambda a_{\alpha_{r+1}j}) & \cdots & a_{\alpha_{r+1}\beta_{r+1}} \end{vmatrix}$$

(如果所指的排是行而不是列,则推论完全类似).

利用我们熟悉的行列式的性质,得到

$$D=\begin{vmatrix} a_{\alpha_1\beta_1} & a_{\alpha_1\beta_2} & \cdots & a_{\alpha_1 i} & \cdots & a_{\alpha_1\beta_{r+1}} \\ a_{\alpha_2\beta_1} & a_{\alpha_2\beta_2} & \cdots & a_{\alpha_2 i} & \cdots & a_{\alpha_2\beta_{r+1}} \\ \vdots & \vdots & & \vdots & & \vdots \\ a_{\alpha_{r+1}1} & a_{\alpha_{r+1}2} & \cdots & a_{\alpha_{r+1}i} & \cdots & a_{\alpha_{r+1}\beta_{r+1}} \end{vmatrix}+$$

$$\lambda\begin{vmatrix} a_{\alpha_1\beta_1} & a_{\alpha_1\beta_2} & \cdots & a_{\alpha_1 j} & \cdots & a_{\alpha_1\beta_{r+1}} \\ a_{\alpha_2\beta_1} & a_{\alpha_2\beta_2} & \cdots & a_{\alpha_2 j} & \cdots & a_{\alpha_2\beta_{r+1}} \\ \vdots & \vdots & & \vdots & & \vdots \\ a_{\alpha_{r+1}1} & a_{\alpha_{r+1}2} & \cdots & a_{\alpha_{r+1}j} & \cdots & a_{\alpha_{r+1}\beta_{r+1}} \end{vmatrix}$$

第一个行列式是矩阵 $\boldsymbol{A}$ 所产生的行列式. 如果在第二个行列式中,把含有元素 $a_{\alpha_s j}$ $(s=1,2,\cdots,r+1)$ 的一列移到应有的位置上去(在矩阵 $\boldsymbol{A}'$ 中,由于把这一列加到第 i 列的结果,从矩阵 $\boldsymbol{A}$ 中各列的位置来看,这一列可能不在它自己的位置上),便知它也是由 $\boldsymbol{A}$ 所产生的. 可见这两个相加的 $r+1$ 阶行列式都等于零,因此,也就有 $D=0$.

由于上述的证明,得出结论:矩阵 $\boldsymbol{A}'$ 的秩不大于 $\boldsymbol{A}$ 的秩,但是,要知道,矩阵 $\boldsymbol{A}$ 也可以由矩阵 $\boldsymbol{A}'$ 用类似的变换得到(把第 j 列元素乘上 $-\lambda$ 加到第 i 列元素上去). 因此,根据已证明过的结果,$\boldsymbol{A}$ 的秩也不超过 $\boldsymbol{A}'$ 的秩. 可见,$\boldsymbol{A}$ 和 $\boldsymbol{A}'$ 的秩应当相等.

这三个不变矩阵秩的变换,现在统称为矩阵的初等变换. 初等变换可以单纯地对行进行,也可以单纯地对列进行,分别称为行初等变换和列初等变换.

定义 4.4.1 如果矩阵 $\boldsymbol{A}$ 可以经过一系列初等行变换和初等列变换变成矩阵 $\boldsymbol{B}$,则称 $\boldsymbol{A}$ 与 $\boldsymbol{B}$ 是相抵的.

因为初等变换不改变矩阵的秩,所以相抵矩阵具有相同的秩;而不同秩的同维矩阵不能相抵. 就是说,两个长方矩阵相抵的充分必要条件是它们具有相同的维数和秩. 下一目,我们还要证明这个条件也是充分的.

容易验证,矩阵的相抵关系满足:

1° 反身性:$\boldsymbol{A}$ 与自身相抵.

2° 对称性:若 $\boldsymbol{A}$ 与 $\boldsymbol{B}$ 相抵,则 $\boldsymbol{B}$ 与 $\boldsymbol{A}$ 相抵.

3° 传递性:若 $\boldsymbol{A}$ 与 $\boldsymbol{B}$ 相抵,$\boldsymbol{B}$ 与 $\boldsymbol{C}$ 相抵,则 $\boldsymbol{A}$ 与 $\boldsymbol{C}$ 相抵.

因此,矩阵的相抵关系是一种等价关系.这样,可以按矩阵的秩把所有同维的长方矩阵分成有限个类:凡是秩相同的矩阵彼此相抵,把它们归为一类,称为一个相抵类;秩不同的矩阵归为不同的类.

关于第一种初等变换与第二、第三种初等变换的关系有下面的定理(让读者自己去验证它):

定理 4.4.1 对矩阵施行第一种初等变换,相当于连续施行有限个第二、第三种初等变换.

不变矩阵的秩的第三种变换,使得我们可以证明:

定理 4.4.2 若矩阵 $\boldsymbol{A}$ 的一列是它的其余列的线性组合,则把它从这个矩阵里去掉后,矩阵的秩并改变.

事实上,例如设列 $\boldsymbol{A}_1$ 是 $\boldsymbol{A}_2,\cdots,\boldsymbol{A}_m$ 的线性组合

$$\boldsymbol{A}_1=k_2\boldsymbol{A}_2+\cdots+k_m\boldsymbol{A}_m$$

或

$$\boldsymbol{A}_1-k_2\boldsymbol{A}_2-\cdots-k_m\boldsymbol{A}_m=\boldsymbol{O}$$

这里 $\boldsymbol{O}$ 表示零列.

这样,如果把 $\boldsymbol{A}_2$ 的 $-k_2$ 倍,……,$\boldsymbol{A}_m$ 的 $-k_m$ 倍依次加到列 $\boldsymbol{A}_1$ 上去,如上所述,$\boldsymbol{A}_1$ 化成了零列.去掉这个零列并不会改变矩阵的秩,因而也就证明了本定理.

现在我们进一步来考察,通过初等变换,一个矩阵可以化为怎样简单的形状.

定理 4.4.3 任一矩阵可经过有限次初等行变换化成阶梯形矩阵.

证明 设 $\boldsymbol{A}$ 是任意的一个矩阵.先利用第一种初等行变换,使第一行的首非零元 a 在其余各行首非零元的最左边;再利用第三种初等行变换,将该元素 a 的下方元素全部化为零.对于后面各非零行的首非零元,采用类似的方式处理,这样通过"从上向下化零",就将矩阵 $\boldsymbol{A}$ 的各非零行首非零元的下方元素全部化为零,得到行阶梯形矩阵 $\boldsymbol{B}$.证毕.

利用刚才的定理,可以不必求行列式而求得矩阵的秩.例如,我们来求下面矩阵的秩

$$
\boldsymbol{A}=\begin{pmatrix}2&1&3&4&1&-2\\1&3&0&1&-2&3\\2&0&1&-3&-4&2\\1&1&1&2&1&3\\3&2&4&6&2&1\end{pmatrix}
$$

应用初等变换,得[①]

$$
\begin{aligned}
\operatorname{rang}\boldsymbol{A}&=\operatorname{rang}\begin{pmatrix}1&1&2&2&0&-5\\-2&3&-3&-5&-5&-6\\2&0&1&-3&-4&2\\0&1&0&0&0&0\\1&2&2&2&0&-5\end{pmatrix}\\
&=\operatorname{rang}\begin{pmatrix}1&0&0&0&0&0\\0&1&2&2&0&-5\\0&-2&-3&-5&-5&-6\\0&2&1&-3&-4&2\\0&1&2&2&0&-5\end{pmatrix}\\
&=\operatorname{rang}\begin{pmatrix}1&0&0&0&0&0\\0&1&2&2&0&-5\\0&8&12&20&20&24\\0&2&1&-3&-4&2\\0&1&2&2&0&-5\end{pmatrix}\\
&=\operatorname{rang}\begin{pmatrix}1&0&0&0&0&0\\0&1&2&2&0&-5\\0&18&17&5&0&34\\0&2&1&-3&-4&2\\0&1&2&2&0&-5\end{pmatrix}
\end{aligned}
$$

① 在下面的等式中,不能省去符号 rang,没有它则相应的等式不成立,因为在这些变换下,矩阵是变了.不变的是这些矩阵的秩,而不是这些矩阵本身.

$$
=\operatorname{rang}\begin{pmatrix}1 & 0 & 0 & 0 & 0 & 0\\ 0 & 1 & 0 & 0 & 0 & 0\\ 0 & 0 & 1 & 2 & 2 & -5\\ 0 & 0 & 18 & 17 & 5 & 34\\ 0 & 0 & 1 & 2 & 2 & -5\end{pmatrix}
$$

$$
=\operatorname{rang}\begin{pmatrix}1 & 0 & 0 & 0 & 0 & 0\\ 0 & 1 & 0 & 0 & 0 & 0\\ 0 & 0 & 1 & 2 & 2 & -5\\ 0 & 0 & 18 & 17 & 5 & 34\\ 0 & 0 & 0 & 0 & 0 & 0\end{pmatrix}
$$

$$
=\operatorname{rang}\begin{pmatrix}1 & 0 & 0 & 0 & 0 & 0\\ 0 & 1 & 0 & 0 & 0 & 0\\ 0 & 0 & 1 & 2 & 2 & -5\\ 0 & 0 & 0 & -19 & -31 & 124\\ 0 & 0 & 0 & 0 & 0 & 0\end{pmatrix}
$$

到此我们可以停止施行变换了,最后一个矩阵是阶梯形的并且其秩是 4.

4.5 矩阵的最简形·相抵标准形

从形式上讲,行阶梯形矩阵还可以继续简化(通过初等行变换),引入行最简形矩阵的概念.

定义 4.5.1 一个行阶梯形矩阵,若满足:

(1) 每个非零行的首非零元均为 1.

(2) 每个非零行的首非零元所在列的其余元素均为零.

则称其为行最简形矩阵.

例如

$$
\begin{pmatrix}0 & 1 & 2 & 0\\ 0 & 0 & 0 & 1\\ 0 & 0 & 0 & 0\end{pmatrix}
$$

是行最简形矩阵(当然也是行阶梯形矩阵),但行阶梯形矩阵

$$
\begin{pmatrix}1 & 2 & 1 & -1 & 2\\ 0 & 0 & 1 & 0 & 2\\ 0 & 0 & 0 & 2 & 3\end{pmatrix}
$$

不是行最简形矩阵.

定理 4.5.1　任一矩阵可经过有限次初等行变换化成行最简形矩阵.

事实上,对于行阶梯形矩阵 $\boldsymbol{B}$,先从最后一个非零行的首非零元 b 开始,利用第三种初等行变换将该元素 b 的上方元素全部化为零. 再类似处理前面各非零行的首非零元,这样通过"从下向上化零"就将矩阵 $\boldsymbol{B}$ 的各非零行首非零元的上方元素全部化为零,得到行阶梯形矩阵 $\boldsymbol{C}$;利用第二种初等行变换,将行阶梯形矩阵 $\boldsymbol{C}$ 的各非零行的首非零元化为 1,即得行最简形矩阵.

作为定理的解释,我们用初等行变换化矩阵

$$\boldsymbol{A}=\begin{pmatrix}0&0&2&-1&-1&3\\0&0&0&2&-2&-4\\0&3&-3&10&5&-4\\0&2&-3&7&4&-3\end{pmatrix}$$

为行最简形.

解

$$\boldsymbol{A}\xrightarrow[\text{二、四行互换}]{\text{一、三行互换}}\begin{pmatrix}0&3&-3&10&5&-4\\0&2&-3&7&4&-3\\0&0&2&-1&-1&3\\0&0&0&2&-2&-4\end{pmatrix}\xrightarrow{\text{第二行的}-1\text{倍加到第一行}}$$

$$\begin{pmatrix}0&1&0&3&1&-1\\0&2&-3&7&4&-3\\0&0&2&-1&-1&3\\0&0&0&2&-2&-4\end{pmatrix}\xrightarrow{\text{第一行的}-2\text{倍加到第二行}}$$

$$\begin{pmatrix}0&1&0&3&1&-1\\0&0&-3&1&2&-1\\0&0&2&-1&-1&3\\0&0&0&2&-2&-4\end{pmatrix}\xrightarrow{\text{第三行的 1 倍加到第二行}}$$

$$\begin{pmatrix}0&1&0&3&1&-1\\0&0&-1&0&1&2\\0&0&2&-1&-1&3\\0&0&0&2&-2&-4\end{pmatrix}\xrightarrow[\text{第四行乘以}\frac{1}{2}]{\text{第二行的 2 倍加到第三行}}$$

$$\begin{pmatrix}0&1&0&3&1&-1\\0&0&-1&0&1&2\\0&0&0&-1&1&7\\0&0&0&1&-1&-2\end{pmatrix}\xrightarrow{\text{第三行的 1 倍加到第四行}}$$

$$\begin{pmatrix} 0 & 1 & 0 & 3 & 1 & -1 \\ 0 & 0 & -1 & 0 & 1 & 2 \\ 0 & 0 & 0 & -1 & 1 & 7 \\ 0 & 0 & 0 & 0 & 0 & 5 \end{pmatrix} \xrightarrow{\text{第四行乘以}\frac{1}{5}}$$

$$\begin{pmatrix} 0 & 1 & 0 & 3 & 1 & -1 \\ 0 & 0 & -1 & 0 & 1 & 2 \\ 0 & 0 & 0 & -1 & 1 & 7 \\ 0 & 0 & 0 & 0 & 0 & 1 \end{pmatrix} \xrightarrow[\text{第四行的}-2\text{倍加第二行、第四行的}1\text{倍加到第一行}]{\text{第四行的}-7\text{倍加到第三行}}$$

$$\begin{pmatrix} 0 & 1 & 0 & 3 & 1 & 0 \\ 0 & 0 & -1 & 0 & 1 & 0 \\ 0 & 0 & 0 & -1 & 1 & 0 \\ 0 & 0 & 0 & 0 & 0 & 1 \end{pmatrix} \xrightarrow[\text{第二行乘以}-1\text{、第三行乘以}-1]{\text{第三行的}3\text{倍加到第一行}}$$

$$\begin{pmatrix} 0 & 1 & 0 & 0 & 4 & 0 \\ 0 & 0 & 1 & 0 & -1 & 0 \\ 0 & 0 & 0 & 1 & -1 & 0 \\ 0 & 0 & 0 & 0 & 0 & 1 \end{pmatrix}$$

如果初等变换不限定在行上施行，那么下面的定理指出了一个 r 秩的矩阵通过初等变换可以化成怎样的形式.

定理 4.5.2 秩为 r 的 $m\times n$ 维矩阵 $\mathbf{A}$ 可以用行初等变换和列的交换化为形状为

$$\overbrace{\begin{pmatrix} \times & \times & \cdots & \cdots & \cdots & \times \\ & \times & \cdots & \cdots & \cdots & \times \\ & & \ddots & & & \vdots \\ & & & \times & \cdots & \times \\ & & & & & \\ & & & & & \end{pmatrix}}^{r\text{ 列}}_{m\times n} r\text{ 行} \quad \text{或} \quad \overbrace{\begin{pmatrix} 1 & \times & \cdots & \cdots & \cdots & \cdots & \times \\ & 1 & \times & \cdots & \cdots & \cdots & \times \\ & & \ddots & & & & \\ & & & 1 & \times & \cdots & \times \\ & & & & & & \\ & & & & & & \end{pmatrix}}^{r\text{ 列}}_{m\times n} r\text{ 行}$$

的矩阵，其中位置在 $(1,1),(2,2),\cdots,(r,r)$ 的元素不为零或都为 1.

证明 设 $\mathbf{A}$ 不是零矩阵. 如果 $\mathbf{A}$ 的 $(1,1)$ 元素是零，则因为总有位置在 (i_0, j_0) 的元素 $a_{i_0 j_0}$ 不为零，所以可以通过交换第一行和第 i_0 行，第一列和第 j_0 列使 $\mathbf{A}$ 化为

$$\begin{pmatrix} a_{i_0j_0} & \times & \cdots & \times \\ \times & \times & \cdots & \times \\ \vdots & \vdots & & \vdots \\ \times & \times & \cdots & \times \end{pmatrix}$$

再将这个矩阵的第一行分别乘位于(2,1),(3,1),…,$(m,1)$ 元素的 $-\dfrac{1}{a_{i_0j_0}}$ 倍加到第二行,第三行,……,第 m 行上去,则又化为

$$\begin{pmatrix} \times & \times & \cdots & \times \\ 0 & \times & \cdots & \times \\ \vdots & \vdots & & \vdots \\ 0 & \times & \cdots & \times \end{pmatrix}$$

其中位于(1,1) 的元素变为零.如果方框中的$(m-1)\times(n-1)$ 维矩阵不是零矩阵,则可用同样的方法使它化为

$$\begin{array}{|cccc|} \hline \times & \times & \cdots & \times \\ 0 & \times & \cdots & \times \\ \vdots & \vdots & & \vdots \\ 0 & \times & \cdots & \times \\ \hline \end{array}$$

其中前面 $m\times n$ 维矩阵中在(2,2) 的元素不为零,但对这$(m-1)\times(n-1)$ 维矩阵所进行的初等变换,即使扩展为对前面$m\times n$ 维矩阵施行,也不改变前面 $m\times n$ 维矩阵位于(1,1) 的元素,故可认为这些初等变换是对前面 $m\times n$ 维矩阵而言的.于是,原矩阵化为

$$\begin{pmatrix} \times & \times & \cdots & \cdots & \times \\ & \times & \cdots & \cdots & \times \\ & & \times & \cdots & \times \\ & & \vdots & & \vdots \\ & & \times & \cdots & \times \end{pmatrix}$$

继续同样的步骤,最后 **A** 可化为

$$\boldsymbol{B}=\begin{pmatrix} \times & \times & \cdots & \times & \cdots & \times \\ & \times & \cdots & \times & \cdots & \times \\ & & \ddots & \vdots & & \vdots \\ & & & \times & \cdots & \times \\ & & & & & \end{pmatrix} \begin{matrix} \\ \\ \\ r'\text{行} \\ \\ \end{matrix}$$

（虚线框为 r' 列、r' 行）

其中$\boldsymbol{B}$的$(1,1),(2,2),\cdots,(r',r')$位置的元素都不为零.因为$\boldsymbol{B}$的任何$r'+1$阶子式都等于零,而方框中$r'$阶子式不为零,于是$r(\boldsymbol{B})=r'$,但初等变换不改变矩阵的秩,所以$r=r'$.

如果在第一步,我们将第一行乘以$\dfrac{1}{a_{i_0j_0}}$,则所化得的矩阵为

$$\begin{pmatrix} 1 & \times & \cdots & \times \\ & \times & \cdots & \times \\ & \vdots & & \vdots \\ & \times & \cdots & \times \end{pmatrix}$$

第二步,对方框中的$(m-1)\times(n-1)$维矩阵也这样做,则原矩阵将化为

$$\begin{pmatrix} 1 & \times & \cdots & \cdots & \times \\ & 1 & \times & \cdots & \times \\ & & \times & \cdots & \times \\ & & \vdots & & \vdots \\ & & \times & \cdots & \times \end{pmatrix}$$

依此类推,最后化得的形状为

$$\begin{pmatrix} 1 & \times & \cdots & \cdots & \cdots & \cdots & \times \\ & 1 & \times & \cdots & \cdots & \cdots & \times \\ & & \ddots & & & & \\ & & & 1 & \times & \cdots & \times \\ & & & & & & \end{pmatrix}_{m\times n} \begin{matrix} \\ \\ \\ r\text{ 行} \\ \\ \end{matrix}$$

（r 列）

故此定理得到证明.

定理证明中所用的方法称为消元法,第1章中的对方程组系数所施行的高斯消元法,即是特殊的消元法(只用到行的第一种和第三种初等变换).

在定理4.5.2的证明过程中,如果在第一步,我们不用行、列的交换,而是改用第三种初等变换,也能使(1,1)的元素不为零:存在一个数α,当第i_0列乘

以 α 加到第一列去时，使 $(i_0,1)$ 的元素不为零；同样，存在一个数 β，使得再将第 i_0 行乘以 β 加到第一行上去时，使 $(1,1)$ 的元素非零. 与此同理，在第二步，……，第 r 步也这样做，则我们仅用第三种初等变换即可使原矩阵化为如下形状

$$\begin{pmatrix} \overline{a_{11}} & \times & \cdots & \cdots & \cdots & \cdots & \times \\ & \overline{a_{22}} & \times & \cdots & \cdots & \cdots & \times \\ & & \ddots & \ddots & \cdots & \cdots & \vdots \\ & & & \overline{a_{rr}} & \times & \cdots & \times \\ & & & & & & \end{pmatrix}$$

其中 $\overline{a_{11}},\overline{a_{22}},\cdots,\overline{a_{rr}}$ 不为零. 于是，再用第一列分别乘 $(1,2),(1,3),\cdots,(1,n)$ 元素的 $-\dfrac{1}{\overline{a_{11}}}$ 倍加到第二列，第三列，……，第 n 列上去，可使 $(1,2),(1,3),\cdots,(1,n)$ 的元素化为零，即得

$$\begin{pmatrix} \overline{a_{11}} & 0 & \cdots & \cdots & \cdots & \cdots & 0 \\ & \overline{a_{22}} & \times & \cdots & \cdots & \cdots & \times \\ & & \ddots & \ddots & \cdots & \cdots & \vdots \\ & & & \overline{a_{rr}} & \times & \cdots & \times \\ & & & & & & \end{pmatrix}$$

同样，对第二列也施行这样的变换，可使 $(2,3),(2,4),\cdots,(2,n)$ 的元素化为零，且并不改变其他元素. 最后矩阵化为

$$\begin{pmatrix} \overline{a_{11}} & & & \\ & \overline{a_{22}} & & \\ & & \ddots & \\ & & & \overline{a_{rr}} \\ & & & \end{pmatrix}$$

这就证明了：

定理 4.5.3 秩为 r 的 $m\times n$ 维矩阵 $\mathbf{A}$ 可以用第三种初等变换化为形状是

$$\mathbf{A}_r=\overset{r\text{ 列}}{\begin{pmatrix} \times & & & \\ & \times & & \\ & & \ddots & \\ & & & \times \\ & & & \end{pmatrix}}_{m\times n}\ r\text{ 行}$$

的矩阵，其中位置在 $(1,1),(2,2),\cdots,(r,r)$ 的元素不为零.

如果我们再将矩阵

$$\overset{r\text{ 列}}{\begin{pmatrix} \times & & & \\ & \times & & \\ & & \ddots & \\ & & & \times \\ & & & \end{pmatrix}}_{m\times n} \begin{matrix} \\ \\ \\ r\text{ 行} \\ \\ \end{matrix}$$

的第一行,第二行,……,第 r 行或第一行,第二行,……,第 r 列分别乘以

$$\frac{1}{a_{11}},\frac{1}{a_{22}},\cdots,\frac{1}{a_{rr}}$$

则又可再化到矩阵

$$\overset{r\text{ 列}}{\begin{pmatrix} 1 & & & \\ & 1 & & \\ & & \ddots & \\ & & & 1 \\ & & & \end{pmatrix}}_{m\times n} \begin{matrix} \\ \\ \\ r\text{ 行} \\ \\ \end{matrix}$$

因此有:

推论　秩为 r 的 $m\times n$ 维矩阵可以用初等变换唯一地化为矩阵

$$\boldsymbol{I}_r=\overset{r\text{ 列}}{\begin{pmatrix} 1 & & & \\ & 1 & & \\ & & \ddots & \\ & & & 1 \\ & & & \end{pmatrix}}_{m\times n} \begin{matrix} \\ \\ \\ r\text{ 行} \\ \\ \end{matrix}$$

这是秩为 r 的矩阵的特征性质,这简单形式的矩阵称为 r 秩的 $m\times n$ 维矩阵的相抵标准形式.

这个推论同时建立了两个矩阵相抵的充分条件:秩相等的同维的长方矩阵是相抵的.事实上,等秩的同维矩阵具有相同的相抵标准形式,按照相抵关系的传递性,这两个矩阵是相抵的.

4.6　初等矩阵

现在指出一个重要的现象:要把任意一个初等行(列)变换施行于矩阵 $\boldsymbol{A}$,

只要在 $\boldsymbol{A}$ 的左(右) 边乘上一个适当的矩阵 $\boldsymbol{P}$. 我们以 $\boldsymbol{A}$ 是 4×3 维矩阵

$$\boldsymbol{A}=\begin{pmatrix} a_{11} & a_{12} & a_{13} \\ a_{21} & a_{22} & a_{23} \\ a_{31} & a_{32} & a_{33} \\ a_{41} & a_{42} & a_{43} \end{pmatrix}$$

的情况来说明上面的注记.

第一种变换 要把 $\boldsymbol{A}$ 的第二行与第四行交换,只要把 $\boldsymbol{A}$ 左乘以矩阵

$$\boldsymbol{P}_1=\begin{pmatrix} 1 & 0 & 0 & 0 \\ 0 & 0 & 0 & 1 \\ 0 & 0 & 1 & 0 \\ 0 & 1 & 0 & 1 \end{pmatrix}$$

因为

$$\begin{pmatrix} 1 & 0 & 0 & 0 \\ 0 & 0 & 0 & 1 \\ 0 & 0 & 1 & 0 \\ 0 & 1 & 0 & 1 \end{pmatrix}\begin{pmatrix} a_{11} & a_{12} & a_{13} \\ a_{21} & a_{22} & a_{23} \\ a_{31} & a_{32} & a_{33} \\ a_{41} & a_{42} & a_{43} \end{pmatrix}=\begin{pmatrix} a_{11} & a_{12} & a_{13} \\ a_{41} & a_{42} & a_{43} \\ a_{31} & a_{32} & a_{33} \\ a_{21} & a_{22} & a_{23} \end{pmatrix}$$

第二种变换 要把 $\boldsymbol{A}$ 的第三行乘以 -2,只要把 $\boldsymbol{A}$ 左乘以矩阵

$$\boldsymbol{D}_1=\begin{pmatrix} 1 & 0 & 0 & 0 \\ 0 & 1 & 0 & 0 \\ 0 & 0 & -2 & 0 \\ 0 & 0 & 0 & 1 \end{pmatrix}$$

因为

$$\begin{pmatrix} 1 & 0 & 0 & 0 \\ 0 & 1 & 0 & 0 \\ 0 & 0 & -2 & 0 \\ 0 & 0 & 0 & 1 \end{pmatrix}\begin{pmatrix} a_{11} & a_{12} & a_{13} \\ a_{21} & a_{22} & a_{23} \\ a_{31} & a_{32} & a_{33} \\ a_{41} & a_{42} & a_{43} \end{pmatrix}=\begin{pmatrix} a_{11} & a_{12} & a_{13} \\ a_{41} & a_{42} & a_{43} \\ -2a_{31} & -2a_{32} & -2a_{33} \\ a_{21} & a_{22} & a_{23} \end{pmatrix}$$

第三种变换 要把 $\boldsymbol{A}$ 的第四行的 c 倍加于第一行,只要把 $\boldsymbol{A}$ 左乘以矩阵

$$\boldsymbol{T}_1=\begin{pmatrix} 1 & 0 & 0 & c \\ 0 & 1 & 0 & 0 \\ 0 & 0 & 1 & 0 \\ 0 & 0 & 0 & 1 \end{pmatrix}$$

因为

$$\begin{pmatrix} 1 & 0 & 0 & c \\ 0 & 1 & 0 & 0 \\ 0 & 0 & 1 & 0 \\ 0 & 0 & 0 & 1 \end{pmatrix} \begin{pmatrix} a_{11} & a_{12} & a_{13} \\ a_{21} & a_{22} & a_{23} \\ a_{31} & a_{32} & a_{33} \\ a_{41} & a_{42} & a_{43} \end{pmatrix}$$

$$= \begin{pmatrix} a_{11}+ca_{41} & a_{12}+ca_{42} & a_{13}+ca_{43} \\ a_{21} & a_{22} & a_{23} \\ a_{31} & a_{32} & a_{33} \\ a_{41} & a_{42} & a_{43} \end{pmatrix}$$

显然,矩阵 A 有多少列是无关紧要的 —— 上面所给的左乘因子 P_1 在所有 $4 \times n$ 维矩阵上施行变换,而不论 n 是什么数值.

像上面的 P,D 与 T 那样的矩阵,只要用它左乘,便可以实现行(列)初等变换. 这类矩阵称为初等矩阵. 根据它们所实现的初等变换的种类,我们又分别称它们为第一类初等矩阵(也叫对换矩阵或换法矩阵),第二类初等矩阵(也叫倍乘矩阵或倍法矩阵) 或第三类初等矩阵(也叫倍加矩阵或消法矩阵).

一个初等矩阵必须是一个正方矩阵. 如果它是 m 阶矩阵,它当然只能左乘在 $m \times n$ 维矩阵上. 而 $m \times n$ 维矩阵 A 上的每一行初等变换,都对应唯一的初等矩阵 P,它以左乘 (PA) 实现这个变换.

有一个简单的办法求出 P 来. 考察 $P=PE$,这里 E 是 $m \times n$ 维单位矩阵. 由此可以看出,P 是对单位矩阵 E 施行所给的初等变换而得到的. 如此可以把初等矩阵分为三种类型分别写出来.

$1°$ 互换 E 的 i,j 两行,得

$$\begin{array}{c} \quad\quad\quad i\,列 \quad\quad j\,列 \\ P_{ij} = \begin{pmatrix} 1 & & & & & & & & & \\ & \ddots & & & & & & & & \\ & & 1 & & & & & & & \\ & & & 0 & \cdots & & 1 & & & \\ & & & & 1 & & & & & \\ & & & \vdots & & \ddots & \vdots & & & \\ & & & & & & 1 & & & \\ & & & 1 & \cdots & & 0 & & & \\ & & & & & & & 1 & & \\ & & & & & & & & \ddots & \\ & & & & & & & & & 1 \end{pmatrix} \begin{array}{l} \\ \\ \\ i\,行 \\ \\ \\ \\ j\,行 \\ \\ \\ \end{array} \end{array}$$

显然，互换 $\boldsymbol{E}$ 的 i,j 两列得到相同的结果，即

$$\boldsymbol{P}_{ij}^{\mathrm{T}}=\boldsymbol{P}_{ij}$$

2° 把 $\boldsymbol{E}$ 的第 i 行乘以 $c\neq 0$（这里 $c\in K$），得

$$\boldsymbol{D}_i(c)=\begin{pmatrix}1 &&&&&&&& \\ &\ddots &&&&&&& \\ &&1&&&&&& \\ &&&\ddots&&&&& \\ &&&&c&&&& \\ &&&&&\ddots&&& \\ &&&&&&1&& \\ &&&&&&&\ddots& \\ &&&&&&&&1\end{pmatrix}\begin{matrix} \\ \\ \\ \\ i\text{行} \\ \\ \\ \\ \\ \end{matrix}$$

显然，把 $\boldsymbol{E}$ 的第 i 列乘以 c 得到相同的结果.

3° 把 $\boldsymbol{E}$ 的第 j 行加上第 i 行的 k 倍（这里 $k\in K$），得

$$\boldsymbol{T}_{ij}(k)=\begin{array}{c}\begin{array}{ccccccc} & & i\text{列} & & j\text{列} & & \end{array}\\ \left(\begin{array}{ccccccc}1 &&&&&& \\ &\ddots &&&&& \\ &&1&&&& \\ &&\vdots&\ddots&&& \\ &&k&\cdots&1&& \\ &&&&&\ddots& \\ &&&&&&1\end{array}\right)\end{array}\begin{matrix} \\ \\ \\ i\text{行} \\ \\ j\text{行} \\ \\ \\ \end{matrix}$$

（上面各矩阵的空白处均为零）.

对 $\boldsymbol{E}$ 还可以作第四种初等变换：把第 j 列加上第 i 列的 k 倍，得

$$\boldsymbol{T}_{ji}'(k)=\begin{array}{c}\begin{array}{ccccccc} & & i\text{列} & & j\text{列} & & \end{array}\\ \left(\begin{array}{ccccccc}1 &&&&&& \\ &\ddots &&&&& \\ &&1&\cdots&k&& \\ &&&\ddots&\vdots&& \\ &&&&1&& \\ &&&&&\ddots& \\ &&&&&&1\end{array}\right)\end{array}\begin{matrix} \\ \\ \\ i\text{行} \\ \\ j\text{行} \\ \\ \\ \end{matrix}$$

但是 $\boldsymbol{T}_{ji}'(k)$ 可看作 $\boldsymbol{T}_{ij}(k)$，即 $\boldsymbol{E}$ 的第 i 行加上第 j 行的 k 倍，所以它实际上属于类型 3°.

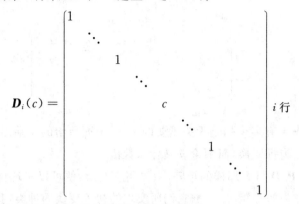

我们现在给出初等矩阵的一个重要性质.

定理 4.6.1 所有初等矩阵都是非奇异的,并且它们的逆矩阵也是初等矩阵.

证明 这一结论可以从初等变换都是可逆的这一事实得出.假定 $\boldsymbol{P}$ 与 $\boldsymbol{P}'$ 分别是对应于某个初等变换及其逆变换的初等矩阵.此时,对所有 $m\times n$ 维矩阵 $\boldsymbol{A}$ 都有 $\boldsymbol{PP}'\boldsymbol{A}=\boldsymbol{A}$;同时亦有 $\boldsymbol{P}'\boldsymbol{PA}=\boldsymbol{A}$. 令 $\boldsymbol{A}=\boldsymbol{E}$,我们得到

$$\boldsymbol{PP}'=\boldsymbol{P}'\boldsymbol{P}=\boldsymbol{E}$$

所以

$$\boldsymbol{P}'=\boldsymbol{P}^{-1}$$

换句话说,$\boldsymbol{P}^{-1}$ 也是初等矩阵.证毕.

作为例子,我们来求出前面例子中各初等矩阵的逆矩阵.

首先,有 $\boldsymbol{P}_1^{-1}=\boldsymbol{P}_1$. 实际上第一类初等变换的矩阵总是与其逆矩阵相等: $\boldsymbol{P}_{ij}^{-1}=\boldsymbol{P}_{ij}$.

其次,要消除 $\boldsymbol{D}_1$(对 $\boldsymbol{A}$)的作用,我们必须把($\boldsymbol{D}_1\boldsymbol{A}$ 的)第三行乘以 $-\frac{1}{2}$. 因此

$$\boldsymbol{D}_1^{-1}=\begin{pmatrix}1&0&0&0\\0&1&0&0\\0&0&-\frac{1}{2}&0\\0&0&0&1\end{pmatrix}$$

一般地说,对应于第二类初等变换的矩阵总有

$$\boldsymbol{D}_i(c)^{-1}=\boldsymbol{D}_i\left(\frac{1}{c}\right)$$

最后,$\boldsymbol{T}_1$ 的逆矩阵所对应的变换必须是从第一行减去第四行的 k 倍,因而

$$\boldsymbol{T}_1^{-1}=\begin{pmatrix}1&0&0&-k\\0&1&0&0\\0&0&1&0\\0&0&0&1\end{pmatrix}$$

对于一般的第三类初等变换的矩阵,有

$$\boldsymbol{T}_{ij}(k)^{-1}=\boldsymbol{T}_{ij}(-k)$$

现在总结前面的讨论得如下定理:

定理 4.6.2 初等矩阵左乘(右乘)矩阵,相当于对矩阵施行了使单位矩阵变成该矩阵的同一行(列)的初等变换.

这些结论的证明可以利用基本矩阵更简洁来进行.

1) 对于换法矩阵,我们有

$$\boldsymbol{P}_m(i,j)=\boldsymbol{E}-\boldsymbol{E}_{ii}-\boldsymbol{E}_{jj}+\boldsymbol{E}_{ij}+\boldsymbol{E}_{ji}$$

两边右乘 $\boldsymbol{A}$ 得出等式

$$\boldsymbol{P}_m(i,j)\boldsymbol{A}=(\boldsymbol{A}-\boldsymbol{E}_{ii}\boldsymbol{A}-\boldsymbol{E}_{jj}\boldsymbol{A})+\boldsymbol{E}_{ij}\boldsymbol{A}+\boldsymbol{E}_{ji}\boldsymbol{A}$$

其中 $\boldsymbol{A}-\boldsymbol{E}_{ii}\boldsymbol{A}-\boldsymbol{A}\boldsymbol{E}_{jj}$ 为把 $\boldsymbol{A}$ 的第 i,j 两行换为零,其他行不动;$\boldsymbol{E}_{ij}\boldsymbol{A}$ 为把 $\boldsymbol{A}$ 的第 j 行平移到第 i 行,其他行为零;而 $\boldsymbol{A}\boldsymbol{E}_{ij}$ 则是把 $\boldsymbol{A}$ 的第 i 行平移到第 j 行,其他行为零. 把这三部分连加起来,恰为互换 $\boldsymbol{A}$ 的 i,j 两行,其他行不动.

类似的可以证明 $\boldsymbol{A}\boldsymbol{P}_n(i,j)$ 的情形.

2) 显然

$$\boldsymbol{D}_i(c)=\boldsymbol{E}+(c-1)\boldsymbol{E}_{ii}$$

于是

$$\boldsymbol{D}_i(c)\boldsymbol{A}=\boldsymbol{E}\boldsymbol{A}+(c-1)\boldsymbol{E}_{ii}\boldsymbol{A}=\boldsymbol{A}+(c-1)\boldsymbol{E}_{ii}\boldsymbol{A}$$

根据矩阵乘法,乘积 $\boldsymbol{E}_{ii}\boldsymbol{A}$ 的结果是把 $\boldsymbol{A}$ 的第 i 行保持不变,其他行变为零,于是 $\boldsymbol{A}+(c-1)\boldsymbol{E}_{ii}\boldsymbol{A}$ 相当于把 $\boldsymbol{A}$ 的第 i 行(列) 乘以 $c\neq 0$.

3) 显然有

$$\boldsymbol{T}_{ij}(k)=\boldsymbol{E}+k\boldsymbol{E}_{ji}$$

故

$$\boldsymbol{T}_{ij}(k)\boldsymbol{A}=\boldsymbol{A}+k\boldsymbol{E}_{ji}\boldsymbol{A}$$

$k\boldsymbol{E}_{ji}\boldsymbol{A}$ 为把 $\boldsymbol{A}$ 的第 i 行平移到第 j 行后再乘 k,其余行为零. 故 $\boldsymbol{A}+k\boldsymbol{E}_{ji}\boldsymbol{A}$ 恰为 $\boldsymbol{A}$ 的第 j 行加上第 i 行的 k 倍,其他行不动.

$\boldsymbol{A}\boldsymbol{T}_{ij}{}'(k)$ 的情形的证明可以一样地进行.

由于这个定理,前面一目中的定理 3.5.1 可以转化成矩阵的语言:换法矩阵是有限个倍法矩阵和消法矩阵的乘积.

例如

$$\begin{pmatrix}1&&&\\&0&&1\\&&1&\\&1&&0\end{pmatrix}=\begin{pmatrix}1&&&\\&1&&\\&&1&\\&1&&1\end{pmatrix}\begin{pmatrix}1&&&\\&1&&-1\\&&1&\\&&&1\end{pmatrix}\begin{pmatrix}1&&&\\&1&&\\&&1&\\&1&&1\end{pmatrix}\begin{pmatrix}1&&&\\&1&&\\&&1&\\&&&-1\end{pmatrix}$$

推广初等矩阵,得到下面的广义初等矩阵的概念:

定义 3.6.1 $\boldsymbol{U},\boldsymbol{V}$ 都是 n 维单列复矩阵,则形如

$$\boldsymbol{E}(\boldsymbol{U},\boldsymbol{V};\sigma)=\boldsymbol{E}_n-\sigma\boldsymbol{U}\boldsymbol{V}^{\mathrm{H}}$$

的矩阵叫作广义初等矩阵,其中 $\boldsymbol{E}_n$ 是 n 阶单位矩阵,而 σ 是任意复数.

显然 $\boldsymbol{E}(\boldsymbol{U},\boldsymbol{V};0)=\boldsymbol{E}_n$. 所以通常仅讨论 $\sigma\neq 0,\boldsymbol{U},\boldsymbol{V}$ 是非零向量的情形.

不难验证,三种初等变换矩阵,都是广义初等矩阵的特别形式

$$\boldsymbol{P}_{ij}=\boldsymbol{E}_n-(\boldsymbol{e}_i-\boldsymbol{e}_j)(\boldsymbol{e}_i-\boldsymbol{e}_j)^{\mathrm{T}}=E(\boldsymbol{e}_i-\boldsymbol{e}_j,\boldsymbol{e}_i-\boldsymbol{e}_j,1)$$

$$\boldsymbol{D}_i(c)=\boldsymbol{E}_n-(1-c)\boldsymbol{e}_i\boldsymbol{e}_j{}^{\mathrm{T}}=\boldsymbol{E}(\boldsymbol{e}_i,\boldsymbol{e}_i,1-c)$$

$$\boldsymbol{T}_{ij}(k)=\boldsymbol{E}_n+k\boldsymbol{e}_j\boldsymbol{e}_i{}^{\mathrm{T}}=\boldsymbol{E}(\boldsymbol{e}_j,\boldsymbol{e}_i,-k)$$

其中,$\boldsymbol{e}_j$ 表示单位矩阵 $\boldsymbol{E}_n$ 的第 j 列.

容易验证,广义初等矩阵的一些简单性质:

性质 1 $|\boldsymbol{E}(\boldsymbol{U},\boldsymbol{V};\sigma)|=1-\sigma\boldsymbol{V}^{\mathrm{H}}\boldsymbol{U}$.

由此得到:

性质 2 当且仅当 $\sigma\boldsymbol{V}^{\mathrm{H}}\boldsymbol{U}\neq 1$ 时,$\boldsymbol{E}(\boldsymbol{U},\boldsymbol{V};\sigma)$ 可逆,且

$$\boldsymbol{E}(\boldsymbol{U},\boldsymbol{V};\sigma)^{-1}=\boldsymbol{E}(\boldsymbol{U},\boldsymbol{V};\frac{\sigma}{\sigma\boldsymbol{V}^{\mathrm{H}}-1})$$

特别地

$$\boldsymbol{E}(\boldsymbol{U},\boldsymbol{V};\sigma)^{-1}=\boldsymbol{E}(\boldsymbol{U},\boldsymbol{V};-\sigma)\quad(\text{当 }\sigma\boldsymbol{V}^{\mathrm{H}}\boldsymbol{U}=0\text{ 时})$$

$$\boldsymbol{E}(\boldsymbol{U},\boldsymbol{V};\sigma)^{-1}=\boldsymbol{E}(\boldsymbol{U},\boldsymbol{V};\sigma)\quad(\text{当 }\sigma\boldsymbol{V}^{\mathrm{H}}\boldsymbol{U}=2\text{ 时})$$

性质 3 对于任意非零 n 维单列复矩阵 $\boldsymbol{A}$ 与 $\boldsymbol{B}$,存在 $\boldsymbol{U},\boldsymbol{V}$ 与 σ,使得

$$\boldsymbol{E}(\boldsymbol{U},\boldsymbol{V};\sigma)\boldsymbol{A}=\boldsymbol{B}\tag{4.6.1}$$

事实上,只需取 $\boldsymbol{U},\boldsymbol{V}$ 与 σ 满足

$$\boldsymbol{V}^{\mathrm{H}}\boldsymbol{A}\neq 0,\sigma\boldsymbol{U}=\frac{\boldsymbol{A}-\boldsymbol{B}}{\boldsymbol{V}^{\mathrm{H}}\boldsymbol{A}}\tag{4.6.2}$$

式(4.6.2)表明,任给 n 维单列复矩阵 $\boldsymbol{A}$ 与 $\boldsymbol{B}$,为了使式(4.6.1)成立,$\boldsymbol{U},\boldsymbol{V}$ 与 σ 在选取上有很大的灵活性. 因此,可以选取各种特殊 $\boldsymbol{U},\boldsymbol{V}$ 与 σ,以满足各种不同的要求.

4.7 表矩阵为初等矩阵的乘积 · 矩阵求逆的初等变换法

我们已经知道,可以用一系列初等行及列变换把一个非零的 $m\times n$ 维矩阵化为相抵标准形,现在可以用初等矩阵的语言复述一下这个结果:

定理 4.7.1 对应任一非零 $m\times n$ 维矩阵 $\boldsymbol{A}$,总存在初等 $\boldsymbol{P}_1,\boldsymbol{P}_2,\cdots,\boldsymbol{P}_s$ 以及 $\boldsymbol{Q}_1,\boldsymbol{Q}_2,\cdots,\boldsymbol{Q}_t$,使得

$$\boldsymbol{P}_s\cdots\boldsymbol{P}_2\boldsymbol{P}_1\boldsymbol{A}\boldsymbol{Q}_1\boldsymbol{Q}_2\cdots\boldsymbol{Q}_t=\boldsymbol{D}$$

其中 $\boldsymbol{D}$ 是 $\boldsymbol{A}$ 的相抵标准形.

今将这个定理应用于 n 阶非奇异矩阵 $\boldsymbol{A}$. 满秩的 n 阶方阵在初等变换下的相抵标准形 $\boldsymbol{D}$ 应为 n 阶单位矩阵 $\boldsymbol{E}$,故

$$P_s\cdots P_2P_1AQ_1Q_2\cdots Q_t=E$$

但初等矩阵均是可逆的，于是

$$A=P_1^{-1}P_2^{-1}\cdots P_s^{-1}EQ_t^{-1}\cdots Q_2^{-1}Q_1^{-1}=P_1^{-1}P_2^{-1}\cdots P_s^{-1}Q_t^{-1}\cdots Q_2^{-1}Q_1^{-1}$$

这里 $P_1^{-1},P_2^{-1},\cdots,P_s^{-1},Q_t^{-1},\cdots,Q_2^{-1},Q_1^{-1}$ 亦是初等矩阵.

另外，如果方阵 A 可表为初等矩阵 $P_1,P_2,\cdots,P_s$ 的乘积

$$A=P_1P_2\cdots P_s=P_1P_2\cdots P_sE \tag{4.7.1}$$

亦即

$$P_s^{-1}\cdots P_2^{-1}P_1^{-1}A=E \tag{4.7.2}$$

这就是表示 A 可经 s 次初等行变换得到 n 阶单位矩阵 E，但初等变换并不改变矩阵的秩，所以

$$r(A)=r(E)=n$$

这就证明了：

定理 4.7.2 任意数域 K 上的 n 阶方阵 A 满秩的充分必要条件是 A 可表示为有限多个初等矩阵的乘积.

等式(4.7.2)还表明 A 经 s 次初等行变换化为 E；同样若将乘积(4.7.1)写为

$$A=P_1P_2\cdots P_s=EP_1P_2\cdots P_s$$

则得

$$P_1^{-1}P_2^{-1}\cdots P_s^{-1}A=E \tag{4.7.3}$$

即是 A 可单用 s 次初等列变换化为 E. 于是有下述推论：

推论 1 任意非奇异矩阵可以只经过行的初等变换变为单位矩阵，也可以只经过列的初等变换变为单位矩阵.

这个推论给出一种求逆矩阵的方法，它可以叙述为：若对 $n\times 2n$ 维矩阵 $(A\,\vdots\,E)$ 只作初等行变换后能化为 $(E\,\vdots\,B)$ 的形式，则 A 可逆，且 $A^{-1}=B$.

事实上，对矩阵 $(A\,\vdots\,E)$ 作初等行变换，相当于左乘以 n 阶初等方阵的连乘积 P. 又显然，$P(A\,\vdots\,E)=(PA\,\vdots\,PE)$. 若设 $P=P_1P_2\cdots P_s$，则有

$$P_1P_2\cdots P_s(A\,\vdots\,E)=(P_s\cdots P_2P_1A\,\vdots\,P_s\cdots P_2P_1E)=(E\,\vdots\,A^{-1})$$

这一方法的优点在于，不必计算方阵 A 的伴随矩阵 A^* 和求 n 阶行列式 $|A|$.

仿此读者自己证明：把 A 和 E 上下排成一个 $2n\times n$ 矩阵

$$\begin{pmatrix} A \\ \cdots \\ E \end{pmatrix}$$

对它作初等列变换(不能作行变换)，把上面的 A 化为 E，则下面 E 的位置上所

得出的矩阵就是 $\boldsymbol{A}^{-1}$，即

$$\begin{pmatrix} \boldsymbol{A} \\ \cdots \\ \boldsymbol{E} \end{pmatrix} \xrightarrow{\text{初等列变换}} \begin{pmatrix} \boldsymbol{E} \\ \cdots \\ \boldsymbol{A}^{-1} \end{pmatrix}$$

例 求

$$\boldsymbol{A} = \begin{pmatrix} 1 & 0 & 1 \\ -1 & 1 & 1 \\ 2 & -1 & 1 \end{pmatrix}$$

的逆矩阵.

解 给定 $\boldsymbol{A}$. 我们事先可能不知道它是否可逆. 但这时并不需要先去判断，而可以直接利用上面介绍的方法进行计算. 如果 $\boldsymbol{A}$ 不可逆，那么做行初等变换，把 $\boldsymbol{A}$ 化为阶梯形后，其阶梯个数 $=r(\boldsymbol{A})<n$. 如果 $\boldsymbol{A}$ 可逆，那么 $r(\boldsymbol{A})=n$，此时先把 $\boldsymbol{A}$ 化为阶梯形，再把各行乘适当数使主对角线上的元素全变为 1，在利用最后一行最后一列的 1 消去它顶上的其他数，又利用倒数第二行主对角线上的 1 消去它顶上的其他数，等等. 本例具体计算如下

$$(\boldsymbol{A} \vdots \boldsymbol{E}) = \left(\begin{array}{ccc:ccc} 1 & 0 & 1 & 1 & 0 & 0 \\ -1 & 1 & 1 & 0 & 1 & 0 \\ 2 & -1 & 1 & 0 & 0 & 1 \end{array}\right) \rightarrow \left(\begin{array}{ccc:ccc} 1 & 0 & 1 & 1 & 0 & 0 \\ 0 & 1 & 2 & 1 & 1 & 0 \\ 0 & -1 & -1 & -2 & 0 & 1 \end{array}\right) \rightarrow$$

$$\left(\begin{array}{ccc:ccc} 1 & 0 & 1 & 1 & 0 & 0 \\ 0 & 1 & 2 & 1 & 1 & 0 \\ 0 & 0 & 1 & -1 & 0 & 1 \end{array}\right) \rightarrow \left(\begin{array}{ccc:ccc} 1 & 0 & 1 & 1 & 0 & 0 \\ 0 & 1 & 0 & 3 & -1 & -2 \\ 0 & 0 & 1 & -1 & 1 & 1 \end{array}\right) \rightarrow$$

$$\left(\begin{array}{ccc:ccc} 1 & 0 & 0 & 2 & -1 & -1 \\ 0 & 1 & 0 & 3 & -1 & -2 \\ 0 & 0 & 1 & -1 & 1 & 1 \end{array}\right)$$

所以

$$\boldsymbol{A}^{-1} = \begin{pmatrix} 2 & -1 & -1 \\ 3 & -1 & -2 \\ -1 & 1 & 1 \end{pmatrix}$$

利用定理 4.7.2 的另一个推论是：

推论 2 左乘及右乘可逆矩阵不改变原矩阵的秩：若 $\boldsymbol{P},\boldsymbol{Q}$ 可逆，则

$$\text{秩}(\boldsymbol{A}) = \text{秩}(\boldsymbol{PA}) = \text{秩}(\boldsymbol{AQ}) = \text{秩}(\boldsymbol{PAQ})$$

这也是初等变换不改变矩阵的秩这句话用数学符号来描述. 这个推论可简单证明如下：若 $\boldsymbol{P},\boldsymbol{Q}$ 可逆，则它们可以表示成有限个初等矩阵的乘积，即可对 $\boldsymbol{A}$

实施初等变换得 $\boldsymbol{PA}$，$\boldsymbol{AQ}$，$\boldsymbol{PAQ}$. 既然初等变换不改变矩阵的秩，于是秩($\boldsymbol{A}$) = 秩($\boldsymbol{PA}$) = 秩($\boldsymbol{AQ}$) = 秩($\boldsymbol{PAQ}$).

利用定理 4.7.2，可以把定理 4.7.1 写成下面的等价形式：

定理 4.7.1′ 一个非零的 $m\times n$ 维矩阵 $\boldsymbol{A}$，必存在 m 阶满秩矩阵 $\boldsymbol{P}$，n 阶满秩矩阵 $\boldsymbol{Q}$，使得

$$\boldsymbol{PAQ}=\boldsymbol{D}$$

其中 $\boldsymbol{D}$ 是 $\boldsymbol{A}$ 的相抵标准形.

现在我们要问，如何得到定理 4.7.1′ 中的矩阵 $\boldsymbol{P}$ 及 $\boldsymbol{Q}$. 对于给定的 $\boldsymbol{A}$，在用初等变换化为标准形 $\boldsymbol{D}=\begin{pmatrix}\boldsymbol{E}_r & \boldsymbol{O}\\ \boldsymbol{O} & \boldsymbol{O}\end{pmatrix}$ 时，只要记下相应于初等行变换的初等矩阵 $\boldsymbol{P}_1,\boldsymbol{P}_2,\cdots,\boldsymbol{P}_s$ 以及相应于初等列变换的初等矩阵 $\boldsymbol{Q}_1,\boldsymbol{Q}_2,\cdots,\boldsymbol{Q}_t$. 则乘积 $\boldsymbol{P}_s\cdots\boldsymbol{P}_2\boldsymbol{P}_1$ 即是所求的 $\boldsymbol{P}$，而 $\boldsymbol{Q}_1\boldsymbol{Q}_2\cdots\boldsymbol{Q}_t$ 即是 $\boldsymbol{Q}$. 但是，这一方法相当麻烦. 下面我们将利用初等变换给出同时求得 $\boldsymbol{P}$，$\boldsymbol{Q}$ 的方法. 这种方法无须记下相应的初等矩阵，也不必求它们的乘积. 它的基础是下面的命题.

定理 4.7.3 设 $\boldsymbol{A}$，$\boldsymbol{P}$，$\boldsymbol{Q}$ 为定理 4.7.1′ 中所述，则

$$\begin{pmatrix}\boldsymbol{P} & \boldsymbol{O}\\ \boldsymbol{O} & \boldsymbol{E}_n\end{pmatrix}\begin{pmatrix}\boldsymbol{P} & \boldsymbol{E}_m\\ \boldsymbol{E}_n & \boldsymbol{O}\end{pmatrix}\begin{pmatrix}\boldsymbol{Q} & \boldsymbol{O}\\ \boldsymbol{O} & \boldsymbol{E}_m\end{pmatrix}=\begin{pmatrix}\begin{pmatrix}\boldsymbol{E}_r & \boldsymbol{O}\\ \boldsymbol{O} & \boldsymbol{O}\end{pmatrix} & \boldsymbol{P}\\ \boldsymbol{Q} & \boldsymbol{O}\end{pmatrix} \tag{4.7.4}$$

这个命题的正确性可由分块矩阵的乘法直接得出.

既然矩阵 $\boldsymbol{P}$，$\boldsymbol{Q}$ 满秩，故 $\begin{pmatrix}\boldsymbol{P} & \boldsymbol{O}\\ \boldsymbol{O} & \boldsymbol{E}_n\end{pmatrix}$ 与 $\begin{pmatrix}\boldsymbol{Q} & \boldsymbol{O}\\ \boldsymbol{O} & \boldsymbol{E}_m\end{pmatrix}$ 也满秩. 由定理 4.7.2，它们可以表示成有限个初等矩阵的乘积. 于是式(4.7.4) 表明，只要对分块矩阵

$$\begin{pmatrix}\boldsymbol{P} & \boldsymbol{E}_m\\ \boldsymbol{E}_n & \boldsymbol{O}\end{pmatrix}$$

的前 n 行、前 n 列施行有限次初等变换化为

$$\begin{pmatrix}\begin{pmatrix}\boldsymbol{E}_r & \boldsymbol{O}\\ \boldsymbol{O} & \boldsymbol{O}\end{pmatrix} & \boldsymbol{P}\\ \boldsymbol{Q} & \boldsymbol{O}\end{pmatrix}$$

的形式，则 $\boldsymbol{P}$，$\boldsymbol{Q}$ 就是满足 $\boldsymbol{PAQ}=\begin{pmatrix}\boldsymbol{E}_r & \boldsymbol{O}\\ \boldsymbol{O} & \boldsymbol{O}\end{pmatrix}$ 的一对满秩矩阵.

例 设

$$A=\begin{pmatrix}0&1&-1&-1\\1&1&0&1\\-1&-2&1&0\end{pmatrix}$$

我们来求 P,Q,使得 PAQ 成为 A 的相抵标准形.

解 依次作初等行变换

$$\begin{pmatrix}A&E_3\\E_4&O\end{pmatrix}=\left(\begin{array}{cccc:ccc}0&1&-1&-1&1&0&0\\1&1&0&1&0&1&0\\-1&-2&1&0&0&0&1\\\hdashline 1&0&0&0&0&0&0\\0&1&0&0&0&0&0\\0&0&1&0&0&0&0\\0&0&0&1&0&0&0\end{array}\right)\xrightarrow{\text{互换第一行和第二行}}$$

$$\left(\begin{array}{cccc:ccc}1&1&0&1&0&1&0\\0&1&-1&-1&1&0&0\\-1&-2&1&0&0&0&1\\\hdashline 1&0&0&0&0&0&0\\0&1&0&0&0&0&0\\0&0&1&0&0&0&0\\0&0&0&1&0&0&0\end{array}\right)\xrightarrow{\text{第三行}+\text{第一行}\times 1}$$

$$\left(\begin{array}{cccc:ccc}1&1&0&1&0&1&0\\0&1&-1&-1&1&0&0\\0&-1&1&1&0&1&1\\\hdashline 1&0&0&0&0&0&0\\0&1&0&0&0&0&0\\0&0&1&0&0&0&0\\0&0&0&1&0&0&0\end{array}\right)\xrightarrow[\text{第四列}+\text{第一列}\times(-1)]{\text{第二列}+\text{第一列}\times(-1)}$$

$$\left(\begin{array}{cccc:ccc}1&1&0&1&0&1&0\\0&1&-1&-1&1&0&0\\0&-1&1&1&0&1&1\\\hdashline 1&0&0&0&0&0&0\\0&1&0&0&0&0&0\\0&0&1&0&0&0&0\\0&0&0&1&0&0&0\end{array}\right)\xrightarrow{\text{第三行}+\text{第二行}\times 1}$$

$$\left(\begin{array}{cccc:ccc}1 & 1 & 0 & 1 & 0 & 1 & 0 \\ 0 & 1 & -1 & -1 & 1 & 0 & 0 \\ 0 & 0 & 0 & 0 & 1 & 1 & 1 \\ \hdashline 1 & 0 & 0 & 0 & 0 & 0 & 0 \\ 0 & 1 & 0 & 0 & 0 & 0 & 0 \\ 0 & 0 & 1 & 0 & 0 & 0 & 0 \\ 0 & 0 & 0 & 1 & 0 & 0 & 0\end{array}\right) \xrightarrow[\text{第四列}+\text{第一列}\times(-1)]{\text{第二列}+\text{第一列}\times(-1)}$$

$$\left(\begin{array}{cccc:ccc}1 & 0 & 0 & 0 & 0 & 1 & 0 \\ 0 & 1 & -1 & -1 & 1 & 0 & 0 \\ 0 & 0 & 0 & 0 & 1 & 1 & 1 \\ \hdashline 1 & -1 & 0 & -1 & 0 & 0 & 0 \\ 0 & 1 & 0 & 0 & 0 & 0 & 0 \\ 0 & 0 & 1 & 0 & 0 & 0 & 0 \\ 0 & 0 & 0 & 1 & 0 & 0 & 0\end{array}\right) \xrightarrow[\text{第四列}+\text{第二列}\times 1]{\text{第三列}+\text{第二列}\times 1}$$

$$\left(\begin{array}{cccc:ccc}1 & 0 & 0 & 0 & 0 & 1 & 0 \\ 0 & 1 & 0 & 0 & 1 & 0 & 0 \\ 0 & 0 & 0 & 0 & 1 & 1 & 1 \\ \hdashline 1 & -1 & -1 & -2 & 0 & 0 & 0 \\ 0 & 1 & 1 & 1 & 0 & 0 & 0 \\ 0 & 0 & 1 & 0 & 0 & 0 & 0 \\ 0 & 0 & 0 & 1 & 0 & 0 & 0\end{array}\right)$$

如此

$$\boldsymbol{P}=\begin{pmatrix}1 & -1 & -1 & -2 \\ 0 & 1 & 1 & 1 \\ 0 & 0 & 1 & 0 \\ 0 & 0 & 0 & 1\end{pmatrix}, \boldsymbol{Q}=\begin{pmatrix}0 & 1 & 0 \\ 1 & 0 & 0 \\ 1 & 1 & 1\end{pmatrix}$$

而

$$\boldsymbol{PAQ}=\begin{pmatrix}1 & 0 & 0 & 0 \\ 0 & 1 & 0 & 0 \\ 0 & 0 & 0 & 0\end{pmatrix}$$

4.8 置换矩阵

我们知道,对换矩阵是单位矩阵的两行(列)对换后得到的矩阵. 将对换矩阵推广便得到置换矩阵的概念.

定义 4.8.1 n 阶单位矩阵的 n 个行(n 个列)施行置换后得到的矩阵称为置换矩阵.

显然,置换矩阵是元素只为0或1的矩阵,且每一行或每一列有且只有元素一个为1,其余元素都为0.用 $\boldsymbol{e}_i$ 表示第 i 个元素为1,其余元素为0的 n 维单列矩阵,则任一置换矩阵可表示为

$$(\boldsymbol{e}_{j_1} \vdots \boldsymbol{e}_{j_2} \vdots \cdots \vdots \boldsymbol{e}_{j_n})$$

其中 $j_1, j_2, \cdots, j_n$ 为 $1,2,\cdots,n$ 的一个排列.

既然,任何置换均能表示成若干对换的乘积,于是按照定理4.5.2,任何置换矩阵均是若干对换矩阵的乘积;反之,一系列对换矩阵的乘积必是一个置换矩阵.

下面是置换矩阵的若干明显的性质:

1°n 阶置换矩阵共有 $n!$ 个.

2°置换矩阵之积还是置换矩阵.

3°若 $\boldsymbol{A}$ 是 n 阶置换矩阵,则 $\boldsymbol{A}^{\mathrm{T}}$ 也是 n 阶置换矩阵,且 $\boldsymbol{A}\boldsymbol{A}^{\mathrm{T}}=\boldsymbol{A}^{\mathrm{T}}\boldsymbol{A}=\boldsymbol{E}$.

4°若 $\boldsymbol{A}$ 是置换矩阵,则 $|\boldsymbol{A}|=1$ 或 -1.

置换矩阵是由单位矩阵进行一系列的行对换而得到的,故置换矩阵的行列式只能为1或-1,若进行了偶数次行对换,则值为1,否则为-1.而 n 元排列中奇偶排列各占一半,故所有置换矩阵行列式的和为0.

5°若 $\boldsymbol{A}$ 是 n 阶置换矩阵,则 $\boldsymbol{A}^{-1}$ 也是 n 阶置换矩阵,且 $\boldsymbol{A}^{-1}=\boldsymbol{A}^{\mathrm{T}}$,换句话说,$\boldsymbol{A}$ 是正交矩阵.

6°若 $\boldsymbol{A}$ 是 n 阶置换矩阵,则存在自然数 m 使得 $\boldsymbol{A}^m=\boldsymbol{E}$,即 $\boldsymbol{A}$ 是幂幺矩阵.

事实上,由于2°,故矩阵序列

$$\boldsymbol{A},\boldsymbol{A}^2,\cdots,\boldsymbol{A}^k,\cdots$$

中必有两个相等,不妨设

$$\boldsymbol{A}^k=\boldsymbol{A}^h \quad (k>h)$$

由 $\boldsymbol{A}$ 可逆,有

$$\boldsymbol{A}^{k-h}=\boldsymbol{E}$$

设 $\boldsymbol{E}$ 是 n 阶单位矩阵,s 是任一置换.我们以记号 $\boldsymbol{E}_s$ 表示 $\boldsymbol{E}$ 的 n 个列施行置换 s 后得到的矩阵.即若

$$\boldsymbol{E}=(\boldsymbol{e}_1 \vdots \boldsymbol{e}_2 \vdots \cdots \vdots \boldsymbol{e}_n)$$

则

$$\boldsymbol{E}_s=(\boldsymbol{e}_{s(1)} \vdots \boldsymbol{e}_{s(2)} \vdots \cdots \vdots \boldsymbol{e}_{s(n)})$$

这里 $\boldsymbol{e}_1,\boldsymbol{e}_2,\cdots,\boldsymbol{e}_n$ 表示 $\boldsymbol{E}$ 的 n 个列.

下面是置换矩阵运算的两个性质,它的证明留给读者.

定理 4.8.1 设 s,t 是两个任意的置换,则 $\boldsymbol{E}_{(st)}=\boldsymbol{E}_s\boldsymbol{E}_t,(\boldsymbol{E}_s)^{-1}=\boldsymbol{E}_{s^{-1}}$.

例 置换 $r=(14),\sigma=(23),\rho=(34)$,容易明白

$$r\sigma\rho=\begin{pmatrix}1&2&3&4\\4&3&1&2\end{pmatrix}=s$$

于是置换矩阵

$$\boldsymbol{E}_r\boldsymbol{E}_\sigma\boldsymbol{E}_\rho=\boldsymbol{E}_s=(\boldsymbol{e}_{s(1)}\vdots\boldsymbol{e}_{s(2)}\vdots\boldsymbol{e}_{s(3)}\vdots\boldsymbol{e}_{s(4)})=(\boldsymbol{e}_4\vdots\boldsymbol{e}_3\vdots\boldsymbol{e}_1\vdots\boldsymbol{e}_2)$$

$$(\boldsymbol{E}_r)^{-1}=\boldsymbol{E}_{r^{-1}}=\boldsymbol{E}_{(41)}=(\boldsymbol{e}_4\vdots\boldsymbol{e}_2\vdots\boldsymbol{e}_3\vdots\boldsymbol{e}_1)$$

置换矩阵的基本意义在于:

定理 4.8.2 置换矩阵左乘(右乘)矩阵,相当于对矩阵施行了使单位矩阵变成该置换矩阵的同样的行(列)置换.

证明 设 $\boldsymbol{A}$ 是 $m\times n$ 维矩阵,$\boldsymbol{P},\boldsymbol{Q}$ 是置换矩阵,则

$$\boldsymbol{A}=(\boldsymbol{a}_1\vdots\boldsymbol{a}_2\vdots\cdots\vdots\boldsymbol{a}_n)=\begin{pmatrix}\boldsymbol{b}_1\\\boldsymbol{b}_2\\\vdots\\\boldsymbol{b}_m\end{pmatrix},\boldsymbol{P}=(\boldsymbol{e}_{s(1)}\vdots\boldsymbol{e}_{s(2)}\vdots\cdots\vdots\boldsymbol{e}_{s(n)}),\boldsymbol{Q}=\begin{pmatrix}\boldsymbol{e}_{t(1)}\\\boldsymbol{e}_{t(2)}\\\vdots\\\boldsymbol{e}_{t(m)}\end{pmatrix}$$

这里 $\boldsymbol{a}_1,\boldsymbol{a}_2,\cdots,\boldsymbol{a}_n$ 是 $\boldsymbol{A}$ 的 n 个列而 $\boldsymbol{b}_1,\boldsymbol{b}_2,\cdots,\boldsymbol{b}_m$ 是它的 m 个行. 我们来证明

$$\boldsymbol{AP}=(\boldsymbol{a}_{s(1)}\vdots\boldsymbol{a}_{s(2)}\vdots\cdots\vdots\boldsymbol{a}_{s(n)}),\boldsymbol{QA}=\begin{pmatrix}\boldsymbol{b}_{t(1)}\\\boldsymbol{b}_{t(2)}\\\vdots\\\boldsymbol{b}_{t(m)}\end{pmatrix}$$

因为 $\boldsymbol{Ae}_i$ 是 $\boldsymbol{A}$ 的第 i 列 $\boldsymbol{a}_i(i=1,2,\cdots,n)$,故

$$\begin{aligned}\boldsymbol{AP}&=\boldsymbol{A}(\boldsymbol{e}_{s(1)}\vdots\boldsymbol{e}_{s(2)}\vdots\cdots\vdots\boldsymbol{e}_{s(n)})\\&=(\boldsymbol{Ae}_{s(1)}\vdots\boldsymbol{Ae}_{s(2)}\vdots\cdots\vdots\boldsymbol{Ae}_{s(n)})\\&=(\boldsymbol{a}_{s(1)}\vdots\boldsymbol{a}_{s(2)}\vdots\cdots\vdots\boldsymbol{a}_{s(n)})\end{aligned}$$

同理

$$\boldsymbol{QA}=\begin{pmatrix}\boldsymbol{e}_{t(1)}\\\boldsymbol{e}_{t(2)}\\\vdots\\\boldsymbol{e}_{t(m)}\end{pmatrix}\boldsymbol{A}=\begin{pmatrix}\boldsymbol{b}_{t(1)}\\\boldsymbol{b}_{t(2)}\\\vdots\\\boldsymbol{b}_{t(m)}\end{pmatrix}$$

证毕.

例　设 $A=\begin{pmatrix}a_{11}&a_{12}&a_{13}&a_{14}\\a_{21}&a_{22}&a_{23}&a_{24}\\a_{31}&a_{32}&a_{33}&a_{34}\\a_{41}&a_{42}&a_{43}&a_{44}\end{pmatrix}$，$E_s=\begin{pmatrix}1&2&3&4\\4&3&1&2\end{pmatrix}$，则

$$AE_s=\begin{pmatrix}a_{1s(1)}&a_{1s(2)}&a_{1s(3)}&a_{1s(4)}\\a_{2s(1)}&a_{2s(2)}&a_{2s(3)}&a_{2s(4)}\\a_{3s(1)}&a_{3s(2)}&a_{3s(3)}&a_{3s(4)}\\a_{4s(1)}&a_{4s(2)}&a_{4s(3)}&a_{4s(4)}\end{pmatrix}=\begin{pmatrix}a_{14}&a_{13}&a_{11}&a_{12}\\a_{24}&a_{23}&a_{21}&a_{22}\\a_{34}&a_{33}&a_{31}&a_{32}\\a_{44}&a_{43}&a_{41}&a_{42}\end{pmatrix}$$

$$E_sA=\begin{pmatrix}a_{t(1)1}&a_{t(1)2}&a_{t(1)3}&a_{t(1)4}\\a_{t(2)1}&a_{t(2)2}&a_{t(2)3}&a_{t(2)4}\\a_{t(3)1}&a_{t(3)2}&a_{t(3)3}&a_{t(3)4}\\a_{t(4)1}&a_{t(4)2}&a_{t(4)3}&a_{t(4)4}\end{pmatrix}=\begin{pmatrix}a_{31}&a_{32}&a_{33}&a_{34}\\a_{41}&a_{42}&a_{43}&a_{44}\\a_{21}&a_{22}&a_{23}&a_{24}\\a_{11}&a_{12}&a_{13}&a_{14}\end{pmatrix}$$

4.9　行(列)满秩矩阵

我们已经知道，秩数等于列数的矩阵称为列满秩矩阵；秩数等于行数的矩阵称为行满秩矩阵. 首先，按照矩阵秩的定义，容易明白列满秩矩阵行数恒 $\geqslant$ 列数，故一般说来，其外形是高长条形状的，故又称为高矩阵；类似的行满秩矩阵列数恒 $\geqslant$ 行数，按其外形则可称为扁矩阵. 其次，列满秩矩阵的转置是行满秩矩阵，行满秩矩阵的转置是列满秩矩阵. 因此，关于列满秩矩阵的一些结论，相应地，对于行满秩矩阵也同样成立.

预先指出高矩阵的一些简单性质. 设 $G=(g_{ik})_{m\times n}$ 是一个高矩阵，则：

1° 有高矩阵 H 存在，使得 (G,H) 为非奇异方阵.

把 G 按行分块

$$G=\begin{pmatrix}G_1\\G_2\\\vdots\\G_m\end{pmatrix}$$

既然 G 是高矩阵，故 G 中必有一个 r 阶子式不等于零，设此子式为

$$\Delta=\begin{pmatrix}G_{i_1}\\G_{i_2}\\\vdots\\G_{i_r}\end{pmatrix}\neq 0$$

现在来做一个 $m\times(m-n)$ 的矩阵 $\boldsymbol{H}$，其中 $i_1,i_2,\cdots,i_n$ 行均为 0，而其余的 $m-n$ 行则与单位矩阵 $\boldsymbol{E}_{(m-n)}$ 的 $m-n$ 行一致. 于是 $\boldsymbol{H}$ 显然就是一个高矩阵(因 $\boldsymbol{H}$ 的列数是 $m-n$ 而 $\boldsymbol{H}$ 中又有 $m-n$ 阶子式 $|\boldsymbol{E}_{(m-n)}|=1\neq 0$). 再看 m 阶行列式 $|\boldsymbol{G},\boldsymbol{H}|$，对后面的 $m-n$ 列用拉普拉斯定理，由 $\boldsymbol{H}$ 的特别作法，立即看出 $|\boldsymbol{G},\boldsymbol{H}|=\Delta$ 或 $-\Delta$ 而非 0，故 $(\boldsymbol{G},\boldsymbol{H})$ 为非奇异矩阵.

2° 有高矩阵 $\boldsymbol{K}$ 存在，使得乘积 $\boldsymbol{K}^{\mathrm{T}}\boldsymbol{G}$ 为单位矩阵.

按照第一个性质，存在 $\boldsymbol{H}$，而 $(\boldsymbol{G},\boldsymbol{H})$ 为非奇异方阵，故 $(\boldsymbol{G},\boldsymbol{H})^{-1}$ 存在. 现在把它按行分块(记 $\boldsymbol{G}=\boldsymbol{G}_{m\times n}$)

$$(\boldsymbol{G},\boldsymbol{H})^{-1}=\begin{pmatrix}\boldsymbol{K}^{\mathrm{T}}\\ \boldsymbol{L}^{\mathrm{T}}\end{pmatrix}_{n\times(m-n)}$$

则由矩阵等式

$$\boldsymbol{E}_m=(\boldsymbol{G},\boldsymbol{H})^{-1}(\boldsymbol{G},\boldsymbol{H})=\begin{pmatrix}\boldsymbol{K}^{\mathrm{T}}\\ \boldsymbol{L}^{\mathrm{T}}\end{pmatrix}(\boldsymbol{G},\boldsymbol{H})=\begin{pmatrix}\boldsymbol{K}^{\mathrm{T}}\boldsymbol{G} & \boldsymbol{K}^{\mathrm{T}}\boldsymbol{H}\\ \boldsymbol{L}^{\mathrm{T}}\boldsymbol{G} & \boldsymbol{L}^{\mathrm{T}}\boldsymbol{H}\end{pmatrix}$$

立刻知道

$$\boldsymbol{K}^{\mathrm{T}}\boldsymbol{G}=\boldsymbol{E}_n$$

剩下再证明 $\boldsymbol{K}$ 为高矩阵. 对刚才的等式取转置得

$$\boldsymbol{G}^{\mathrm{T}}\boldsymbol{K}=\boldsymbol{E}_n$$

于是一方面知 $\boldsymbol{K}$ 的列数为 n，另一方面又有 $n=$ 秩$(\boldsymbol{G}^{\mathrm{T}}\boldsymbol{K})\leqslant$ 秩 $\boldsymbol{K}$，故必有秩 $\boldsymbol{K}=n=\boldsymbol{K}$ 之列数，即知 $\boldsymbol{K}$ 为高矩阵.

定理 4.9.1 若 $\boldsymbol{G}_{m\times n}$ 为高矩阵，则存在高矩阵 $\boldsymbol{H}_{m\times(m-n)}$，使 $\boldsymbol{G}^{\mathrm{T}}\boldsymbol{H}=\boldsymbol{O}$；反过来，若矩阵 $\boldsymbol{X}$ 满足有 $\boldsymbol{G}^{\mathrm{T}}\boldsymbol{X}=\boldsymbol{O}$，且 $\boldsymbol{X}$ 的列数 $>m-n$，则 $\boldsymbol{X}$ 必非高矩阵.

证明 由性质 1°，存在 $\boldsymbol{G}_1$，使 $(\boldsymbol{G},\boldsymbol{G}_1)$ 满秩，令

$$(\boldsymbol{G},\boldsymbol{G}_1)^{-1}=\begin{pmatrix}\boldsymbol{K}^{\mathrm{T}}\\ \boldsymbol{H}^{\mathrm{T}}\end{pmatrix}_{n\times(m-n)}$$

则先由 $|(\boldsymbol{K}\quad\boldsymbol{H})|=\left|\begin{pmatrix}\boldsymbol{K}^{\mathrm{T}}\\ \boldsymbol{H}^{\mathrm{T}}\end{pmatrix}\right|\neq 0$，知 $\boldsymbol{H}$ 为高矩阵，再由

$$\boldsymbol{E}_m=\begin{pmatrix}\boldsymbol{K}^{\mathrm{T}}\\ \boldsymbol{H}^{\mathrm{T}}\end{pmatrix}(\boldsymbol{G},\boldsymbol{G}_1)=\begin{pmatrix}\boldsymbol{K}^{\mathrm{T}}\boldsymbol{G} & \boldsymbol{K}^{\mathrm{T}}\boldsymbol{G}_1\\ \boldsymbol{H}^{\mathrm{T}}\boldsymbol{G} & \boldsymbol{H}^{\mathrm{T}}\boldsymbol{G}_1\end{pmatrix}$$

知

$$\boldsymbol{H}^{\mathrm{T}}\boldsymbol{G}=\boldsymbol{O}$$

从而有

$$\boldsymbol{G}^{\mathrm{T}}\boldsymbol{H}=\boldsymbol{O}$$

又由$(\boldsymbol{G},\boldsymbol{G}_1)$满秩知$\begin{pmatrix}\boldsymbol{G}^{\mathrm{T}}\\ \boldsymbol{G}_1{}^{\mathrm{T}}\end{pmatrix}$满秩,再看

$$\begin{pmatrix}\boldsymbol{G}^{\mathrm{T}}\\ \boldsymbol{G}_1{}^{\mathrm{T}}\end{pmatrix}_{n\times(m-n)}\boldsymbol{X}=\begin{pmatrix}\boldsymbol{O}\\ \boldsymbol{Y}\end{pmatrix}_{n\times(m-n)}$$

知

$$\text{秩 }\boldsymbol{X}=\text{秩}\begin{pmatrix}\boldsymbol{O}\\ \boldsymbol{Y}\end{pmatrix}\leqslant m-n$$

故当$\boldsymbol{X}$之列数$>m-n$时,$\boldsymbol{X}$必然不能是高矩阵.

定理 4.9.2 若$\boldsymbol{G},\boldsymbol{H}$均为高矩阵,则对任意矩阵$\boldsymbol{A}$,只要可以相乘,就有

$$\text{秩 }\boldsymbol{A}=\text{秩 }\boldsymbol{GA}=\text{秩 }\boldsymbol{AH}^{\mathrm{T}}=\text{秩 }\boldsymbol{GAH}^{\mathrm{T}}$$

证明 令$\boldsymbol{B}=\boldsymbol{GA}$,则秩$\boldsymbol{B}\leqslant$秩$\boldsymbol{A}$.再由性质2°知有高矩阵$\boldsymbol{K}$,使$\boldsymbol{K}^{\mathrm{T}}\boldsymbol{B}=\boldsymbol{E}$,于是

$$\boldsymbol{K}^{\mathrm{T}}\boldsymbol{B}=\boldsymbol{K}^{\mathrm{T}}\boldsymbol{GA}=\boldsymbol{EA}=\boldsymbol{A}$$

故有秩$\boldsymbol{A}\leqslant$秩$\boldsymbol{B}$.进而有秩$\boldsymbol{A}=$秩$\boldsymbol{B}=$秩$\boldsymbol{GA}$.由此结果又知

$$\text{秩 }\boldsymbol{AH}^{\mathrm{T}}=\text{秩 }\boldsymbol{HA}^{\mathrm{T}}=\text{秩 }\boldsymbol{A}^{\mathrm{T}}=\text{秩 }\boldsymbol{A}$$

最后自然就有秩$\boldsymbol{GAH}^{\mathrm{T}}=$秩$\boldsymbol{AH}^{\mathrm{T}}=$秩$\boldsymbol{A}$.

定理 4.9.3(满秩因子分解) 设$\boldsymbol{A}$为任意矩阵,则秩$\boldsymbol{A}=r$必要且只要有两个秩数为r的高矩阵$\boldsymbol{G},\boldsymbol{H}$,使$\boldsymbol{A}=\boldsymbol{GH}^{\mathrm{T}}$.

证明 当$\boldsymbol{A}=\boldsymbol{GH}^{\mathrm{T}}$时,由定理4.9.2即知

$$\text{秩 }\boldsymbol{A}=\text{秩 }\boldsymbol{GH}^{\mathrm{T}}=\text{秩 }\boldsymbol{G}=r$$

反过来,设秩$\boldsymbol{A}=r$,于是有非奇异矩阵$\boldsymbol{P},\boldsymbol{Q}$,使

$$\boldsymbol{PAQ}=\begin{pmatrix}\boldsymbol{E}_{r\times r}&\boldsymbol{O}\\ \boldsymbol{O}&\boldsymbol{O}\end{pmatrix}$$

或

$$\boldsymbol{A}=\boldsymbol{P}^{-1}\begin{pmatrix}\boldsymbol{E}_{r\times r}&\boldsymbol{O}\\ \boldsymbol{O}&\boldsymbol{O}\end{pmatrix}\boldsymbol{Q}^{-1}$$

现在令

$$\boldsymbol{P}^{-1}=(\boldsymbol{G},\boldsymbol{K}),\boldsymbol{Q}^{-1}=\begin{pmatrix}\boldsymbol{H}^{\mathrm{T}}\\ \boldsymbol{L}^{\mathrm{T}}\end{pmatrix}^{\mathrm{T}}$$

其中$\boldsymbol{G}$有r个列,$\boldsymbol{H}^{\mathrm{T}}$有$r$个行,则$\boldsymbol{G},\boldsymbol{H}$显然均为高矩阵,且秩数均为$r$,并有

$$\boldsymbol{A}=(\boldsymbol{G},\boldsymbol{K})\begin{pmatrix}\boldsymbol{E}_{r\times r}&\boldsymbol{O}\\ \boldsymbol{O}&\boldsymbol{O}\end{pmatrix}\begin{pmatrix}\boldsymbol{H}^{\mathrm{T}}\\ \boldsymbol{L}^{\mathrm{T}}\end{pmatrix}^{\mathrm{T}}=\boldsymbol{GH}^{\mathrm{T}}$$

证毕.

定理4.9.3中分解式$\boldsymbol{A}=\boldsymbol{G}\boldsymbol{H}^{\mathrm{T}}$称为$\boldsymbol{A}$的一个满秩分解。我们指出满秩分解不是唯一的,事实上,对于任意的适当阶的满秩方阵$\boldsymbol{P}$,$\boldsymbol{A}=(\boldsymbol{G}\boldsymbol{P})(\boldsymbol{P}^{-1}\boldsymbol{H}^{\mathrm{T}})$也是$\boldsymbol{A}$的一个满秩分解.下面的定理说明,满秩分解的不确定性,仅有这种差异,即在两种不同的分解中,其因子之间最多是相差一个非奇异矩阵因子.

定理 4.9.4 若高矩阵$\boldsymbol{G},\boldsymbol{H},\boldsymbol{G}_1,\boldsymbol{H}_1$,满足等式$\boldsymbol{G}\boldsymbol{H}^{\mathrm{T}}=\boldsymbol{G}_1\boldsymbol{H}_1^{\mathrm{T}}$,则必有非奇异矩阵$\boldsymbol{P}$,使

$$\boldsymbol{G}\boldsymbol{P}=\boldsymbol{G}_1,\boldsymbol{P}^{-1}\boldsymbol{H}^{\mathrm{T}}=\boldsymbol{H}_1^{\mathrm{T}}$$

证明 设$\boldsymbol{G}$的秩数与列数均为r,则由定理4.9.2及等式$\boldsymbol{G}\boldsymbol{H}^{\mathrm{T}}=\boldsymbol{G}_1\boldsymbol{H}_1$便知$\boldsymbol{H},\boldsymbol{G}_1,\boldsymbol{H}_1$的秩数与列数均为$r$,故由性质2°知有列数为$r$的高矩阵$\boldsymbol{K},\boldsymbol{L},\boldsymbol{M}$,使

$$\boldsymbol{K}^{\mathrm{T}}\boldsymbol{G}=\boldsymbol{L}^{\mathrm{T}}\boldsymbol{H}=\boldsymbol{M}^{\mathrm{T}}\boldsymbol{H}_1\boldsymbol{E}_r$$

由此又得

$$\boldsymbol{H}^{\mathrm{T}}\boldsymbol{L}\boldsymbol{H}_1^{\mathrm{T}}\boldsymbol{M}=\boldsymbol{E}_r$$

于是有

$$\boldsymbol{E}_r=\boldsymbol{K}^{\mathrm{T}}\boldsymbol{G}\boldsymbol{H}^{\mathrm{T}}\boldsymbol{L}=\boldsymbol{K}^{\mathrm{T}}\boldsymbol{G}_1\boldsymbol{H}_1^{\mathrm{T}}\boldsymbol{L}$$

如果令$\boldsymbol{P}=\boldsymbol{K}^{\mathrm{T}}\boldsymbol{G}$,则$\boldsymbol{P}$为$r$阶非奇异矩阵,其逆为$\boldsymbol{P}^{-1}=\boldsymbol{H}_1\boldsymbol{L}$.而且有

$$\boldsymbol{G}\boldsymbol{P}=\boldsymbol{G}\boldsymbol{K}^{\mathrm{T}}\boldsymbol{G}_1=\boldsymbol{G}\boldsymbol{K}^{\mathrm{T}}\boldsymbol{G}_1\boldsymbol{H}_1{}^{\mathrm{T}}\boldsymbol{M}=\boldsymbol{G}\boldsymbol{K}^{\mathrm{T}}\boldsymbol{G}\boldsymbol{H}^{\mathrm{T}}\boldsymbol{M}=\boldsymbol{G}\boldsymbol{H}^{\mathrm{T}}\boldsymbol{M}=\boldsymbol{G}_1\boldsymbol{H}_1{}^{\mathrm{T}}\boldsymbol{M}=\boldsymbol{G}_1$$

进一步,再由此及$\boldsymbol{G}\boldsymbol{H}^{\mathrm{T}}=\boldsymbol{G}_1\boldsymbol{H}_1{}^{\mathrm{T}}$,可得

$$\boldsymbol{G}\boldsymbol{H}^{\mathrm{T}}=\boldsymbol{G}\boldsymbol{P}\boldsymbol{H}_1{}^{\mathrm{T}}$$

两边再左乘$\boldsymbol{K}^{\mathrm{T}}$,即得

$$\boldsymbol{H}^{\mathrm{T}}=\boldsymbol{P}\boldsymbol{H}_1{}^{\mathrm{T}}$$

即有

$$\boldsymbol{P}^{-1}\boldsymbol{H}^{\mathrm{T}}=\boldsymbol{H}_1{}^{\mathrm{T}}$$

利用定理4.9.2,还可以证明下面的:

定理 4.9.5 方程组$\boldsymbol{A}\boldsymbol{X}$即$\boldsymbol{O}$只有零解的充分必要条件是$\boldsymbol{A}$是高矩阵.

证明 设$\boldsymbol{A}$是高矩阵,若$\boldsymbol{A}\boldsymbol{X}_0=\boldsymbol{O}$,按照定理4.9.2,$\boldsymbol{X}_0$的秩数与$\boldsymbol{A}\boldsymbol{X}_0$即零矩阵$\boldsymbol{O}$相同,于是$\boldsymbol{X}_0=\boldsymbol{O}$,方程组$\boldsymbol{A}\boldsymbol{X}=\boldsymbol{O}$只有零解.

反之,若$\boldsymbol{A}$不是高矩阵,即$\boldsymbol{A}$不是列满秩矩阵.设$\boldsymbol{A}=(\boldsymbol{A}_1,\boldsymbol{A}_2,\cdots,\boldsymbol{A}_n)$,则有不全为零的$c_1,c_2,\cdots,c_n$,使得$c_1\boldsymbol{A}_1+c_2\boldsymbol{A}_2+\cdots+c_n\boldsymbol{A}_n=\boldsymbol{O}$,即

$$\boldsymbol{A}\begin{pmatrix}c_1\\ \vdots\\ c_2\end{pmatrix}=\boldsymbol{O}$$

遂产生矛盾:方程组 $\boldsymbol{AX}=\boldsymbol{O}$ 有非零解.

4.10 关于矩阵秩的若干不等式

矩阵的秩的概念已由本节开始建立,它是矩阵最重要的数字特征之一.现在来讨论有关矩阵秩的一些重要不等式.

定理 4.10.1 两个矩阵之积的秩不超过每个因子的秩

$$秩\ \boldsymbol{AB}\leqslant 秩\ \boldsymbol{A},秩\ \boldsymbol{B}$$

证明 当 $\boldsymbol{A},\boldsymbol{B}$ 之一为零矩阵时,定理显然成立.

设 $\boldsymbol{A}$ 为 $m\times n$ 维矩阵,$\boldsymbol{B}$ 为 $n\times p$ 维矩阵,并设秩 $\boldsymbol{A}=r$.今在 $\boldsymbol{AB}$ 中任取一个 $r+1$ 阶的子矩阵来看.设为

$$(\boldsymbol{AB})\begin{pmatrix}\alpha_1 & \alpha_2 & \cdots & \alpha_r & \alpha_{r+1}\\ \beta_1 & \beta_2 & \cdots & \beta_r & \beta_{r+1}\end{pmatrix}$$

由子矩阵关于乘法运算的性质知道

$$(\boldsymbol{AB})\begin{pmatrix}\alpha_1 & \alpha_2 & \cdots & \alpha_{r+1}\\ \beta_1 & \beta_2 & \cdots & \beta_{r+1}\end{pmatrix}=\boldsymbol{A}\begin{pmatrix}\alpha_1 & \alpha_2 & \cdots & \alpha_{r+1}\\ 1 & 2 & \cdots & n\end{pmatrix}\cdot\boldsymbol{B}\begin{pmatrix}1 & 2 & \cdots & n\\ \beta_1 & \beta_2 & \cdots & \beta_{r+1}\end{pmatrix}$$

两边取行列式,再用柯西公式,由于 $\boldsymbol{A}$ 的 $r+1$ 阶子式均为 0,故右边取行列式时,其值为 0,从而左边亦然.总之,乘积 $\boldsymbol{AB}$ 中任意一个 $r+1$ 阶子式均为 0.故

$$秩\ \boldsymbol{AB}\leqslant r=秩\ \boldsymbol{A}$$

按定义以及行列式转置其值的不变性知秩 $\boldsymbol{A}=$ 秩 $\boldsymbol{A}^{\mathrm{T}}$.如此

$$秩\ \boldsymbol{AB}=秩(\boldsymbol{AB})^{\mathrm{T}}=秩(\boldsymbol{B}^{\mathrm{T}}\boldsymbol{A}^{\mathrm{T}})\leqslant 秩\ \boldsymbol{A}^{\mathrm{T}}=秩\ \boldsymbol{B}$$

推论 1 若两个相乘的 n 阶矩阵中,有一个是满秩的,则其乘积的秩等于另一个矩阵的秩.

这个结果的证明是很简单的.设 $\boldsymbol{A},\boldsymbol{B}$ 是我们考虑的方阵,而 r_1 是乘积 $\boldsymbol{AB}$ 的秩数,根据上面的定理,r_1 不能大于矩阵 $\boldsymbol{A}$ 的秩数 r,$r_1\leqslant r$.另一方面,以 $\boldsymbol{B}^{-1}$ 右乘 $\boldsymbol{AB}$,得

$$(\boldsymbol{AB})\boldsymbol{B}^{-1}=\boldsymbol{A}(\boldsymbol{BB}^{-1})=\boldsymbol{A}$$

$\boldsymbol{A}$ 既然是 $\boldsymbol{AB}$ 和 $\boldsymbol{B}^{-1}$ 的乘积,所以 $\boldsymbol{A}$ 的秩数不大于 $\boldsymbol{AB}$ 的秩数:$r\leqslant r_1$.由不等式 $r_1\leqslant r$,$r\leqslant r_1$,得 $r=r_1$.

推论 2 矩阵 $\boldsymbol{A}$ 是列满秩的充要条件是 $\boldsymbol{A}^{\mathrm{H}}\boldsymbol{A}$ 是可逆的;行满秩的充要条件是 $\boldsymbol{AA}^{\mathrm{H}}$ 可逆.

证明 设 $\boldsymbol{A}$ 是 $m\times n$ 维的,则 $\boldsymbol{A}^{\mathrm{H}}\boldsymbol{A}$ 是 $n\times n$ 维的,$\boldsymbol{AA}^{\mathrm{H}}$ 是 $m\times m$ 维的.

充分性.因为 $\boldsymbol{A}^{\mathrm{H}}\boldsymbol{A}$ 可逆,所以

$$秩(\boldsymbol{A}^{\mathrm{H}}\boldsymbol{A})=n$$

由定理 4.10.1,有

$$秩\ \boldsymbol{A}\geqslant 秩(\boldsymbol{A}^{\mathrm{H}}\boldsymbol{A})=n$$

但 $\boldsymbol{A}$ 仅有 n 个列,所以

$$秩\ \boldsymbol{A}\leqslant n$$

由此秩 $\boldsymbol{A}=n$,即 $\boldsymbol{A}$ 列满秩.

按照定理 4.9.5,条件的必要性,只要证明方程组 $(\boldsymbol{A}^{\mathrm{H}}\boldsymbol{A})\boldsymbol{X}=\boldsymbol{O}$ 只有零解就行了.如果 $(\boldsymbol{A}^{\mathrm{H}}\boldsymbol{A})\boldsymbol{X}=\boldsymbol{O}$,则 $\boldsymbol{X}^{\mathrm{H}}(\boldsymbol{A}^{\mathrm{H}}\boldsymbol{A})\boldsymbol{X}=\boldsymbol{O}$,即 $(\boldsymbol{AX})^{\mathrm{H}}\boldsymbol{AX}=0$.设 $\boldsymbol{AX}=(x_1,x_2,\cdots,x_n)^{\mathrm{H}}$,则

$$(\boldsymbol{AX})^{\mathrm{H}}(\boldsymbol{AX})=\overline{x_1}x_1+\overline{x_2}x_2+\cdots+\overline{x_n}x_n=0$$

这只有在

$$x_1=x_2=\cdots=x_n=0$$

才可能;也就是 $(\boldsymbol{A}^{\mathrm{H}}\boldsymbol{A})\boldsymbol{X}=\boldsymbol{O}$ 只有零解.

定理 4.10.2 两个矩阵之和的秩不超过这两个矩阵的秩的和

$$秩(\boldsymbol{A}+\boldsymbol{B})\leqslant 秩\ \boldsymbol{A}+秩\ \boldsymbol{B}$$

证明 设秩 $\boldsymbol{A}=r_1$,秩 $\boldsymbol{B}=r_2$.由定理 4.9.3,有

$$\boldsymbol{A}=\boldsymbol{GH}^{\mathrm{T}},\boldsymbol{B}=\boldsymbol{G}_1\boldsymbol{H}_1^{\mathrm{T}}$$

其中 $\boldsymbol{G},\boldsymbol{G}_1$ 分别是秩为 r_1 与 r_2 的高矩阵.故有

$$(\boldsymbol{A}+\boldsymbol{B})=(\boldsymbol{G}\ \boldsymbol{G}_1)\begin{pmatrix}\boldsymbol{H}^{\mathrm{T}}\\ \boldsymbol{H}_1{}^{\mathrm{T}}\end{pmatrix}$$

从而知

$$秩(\boldsymbol{A}+\boldsymbol{B})\leqslant 秩(\boldsymbol{G},\boldsymbol{G}_1)\leqslant r_1+r_2\leqslant 秩\ \boldsymbol{A}+秩\ \boldsymbol{B}$$

由这个定理以及等式 $\boldsymbol{A}=(\boldsymbol{A}-\boldsymbol{B})+\boldsymbol{B}$ 即得:

定理 4.10.2′ 两个矩阵之差的秩不小于它们的秩之差

$$秩(\boldsymbol{A}-\boldsymbol{B})\geqslant 秩\ \boldsymbol{A}-秩\ \boldsymbol{B}$$

关于两个矩阵乘积的秩,最重要的是下面的西尔维斯特不等式,它是由西尔维斯特于 1884 年首先证明的.

定理 4.10.3 秩 $\boldsymbol{AB}\geqslant$ 秩 $\boldsymbol{A}+$ 秩 $\boldsymbol{B}-\boldsymbol{B}$ 的行数.

事实上,若设 $\boldsymbol{A}=\boldsymbol{A}_{m\times n}$,则 $\boldsymbol{B}$ 的行数应该为 n.由定理 4.9.2 知有高矩阵 $\boldsymbol{G}$,$\boldsymbol{H}$ 使

$$\boldsymbol{A}=\boldsymbol{GH}^{\mathrm{T}},\boldsymbol{H}^{\mathrm{T}}\ 的行数=秩\ \boldsymbol{H}^{\mathrm{T}}=秩\ \boldsymbol{A}$$

再由性质 1° 知有高矩阵 $\boldsymbol{H}_1$ 存在,使得 $(\boldsymbol{H},\boldsymbol{H}_1)$ 为非奇异方阵,从而知

$\begin{pmatrix} \boldsymbol{H}^{\mathrm{T}} \\ \boldsymbol{H}_1{}^{\mathrm{T}} \end{pmatrix}$ 亦非奇异，而且由 $\boldsymbol{A}=\boldsymbol{G}\boldsymbol{H}^{\mathrm{T}}$ 知 $\boldsymbol{H}^{\mathrm{T}}$ 的列数为 n，故 $\boldsymbol{H}^{\mathrm{T}}$ 的行数为 $n-\boldsymbol{H}^{\mathrm{T}}$ 的行数，于是得

$$\begin{aligned}
\text{秩 } \boldsymbol{AB} &\geqslant \text{秩 } \boldsymbol{G}\boldsymbol{H}^{\mathrm{T}}\boldsymbol{B} = \text{秩 } \boldsymbol{H}^{\mathrm{T}}\boldsymbol{B} = \text{秩} \begin{pmatrix} \boldsymbol{H}^{\mathrm{T}}\boldsymbol{B} \\ \boldsymbol{O} \end{pmatrix} = \text{秩} \left[\begin{pmatrix} \boldsymbol{H}^{\mathrm{T}} \\ \boldsymbol{H}_1{}^{\mathrm{T}} \end{pmatrix} \boldsymbol{B} - \begin{pmatrix} \boldsymbol{O} \\ \boldsymbol{H}_1{}^{\mathrm{T}}\boldsymbol{B} \end{pmatrix} \right] \\
&\geqslant \text{秩 } \boldsymbol{B} - \text{秩 } \boldsymbol{H}_1^{\mathrm{T}}\boldsymbol{B} \geqslant \text{秩 } \boldsymbol{B} - \text{秩 } \boldsymbol{H}_1^{\mathrm{T}} \\
&= \text{秩 } \boldsymbol{B} - (n - \boldsymbol{H}^{\mathrm{T}} \text{ 的行数}) = \text{秩 } \boldsymbol{B} - (\boldsymbol{B} \text{ 的行数} - \text{秩 } \boldsymbol{A}) \\
&= \text{秩 } \boldsymbol{A} + \text{秩 } \boldsymbol{B} - \boldsymbol{B} \text{ 的行数}
\end{aligned}$$

推论　若两个相乘的 n 阶矩阵中，有一个是满秩的，则其乘积的秩等于另一个矩阵的秩.

若 $\boldsymbol{A}$，$\boldsymbol{B}$ 均是方阵，并且这两个矩阵中的某一个非奇异，那么按照定理 4.10.1 与定理 4.10.3，这时乘积 $\boldsymbol{AB}$ 的秩的上限和下限是一样的，都等于其他一个矩阵的秩. 如此又得到了定理 4.10.1 的那个推论.

西尔维斯特不等式是关于两个矩阵乘积的，即将建立的弗罗伯尼不等式是关于三个矩阵乘积的：

定理 4.10.4　秩 $\boldsymbol{ABC} \geqslant$ 秩 $\boldsymbol{AB}$ + 秩 $\boldsymbol{BC}$ − 秩 $\boldsymbol{B}$.

证明　先由定理 4.9.3 知有高矩阵 $\boldsymbol{G}$，$\boldsymbol{H}$，使

$$\boldsymbol{B}=\boldsymbol{G}\boldsymbol{H}^{\mathrm{T}}, \text{秩 } \boldsymbol{B} = \boldsymbol{H}^{\mathrm{T}} \text{ 的行数} = \boldsymbol{H}^{\mathrm{T}}\boldsymbol{C} \text{ 的行数}$$

再由西尔维斯特不等式即得

$$\begin{aligned}
\text{秩 } \boldsymbol{ABC} = \text{秩 } \boldsymbol{AG}\boldsymbol{H}^{\mathrm{T}}\boldsymbol{C} &\geqslant \text{秩 } \boldsymbol{AG} + \text{秩 } \boldsymbol{H}^{\mathrm{T}}\boldsymbol{C} - \boldsymbol{H}^{\mathrm{T}}\boldsymbol{C} \text{ 之行数} \\
&= \text{秩 } \boldsymbol{AG}\boldsymbol{H}^{\mathrm{T}} + \text{秩 } \boldsymbol{G}\boldsymbol{H}^{\mathrm{T}}\boldsymbol{C} - \text{秩 } \boldsymbol{B} \\
&= \text{秩 } \boldsymbol{AB} + \text{秩 } \boldsymbol{BC} - \text{秩 } \boldsymbol{B}
\end{aligned}$$

特别地，若取 $\boldsymbol{B}$ 为单位矩阵，则得出不等式

$$\text{秩 } \boldsymbol{AC} \geqslant \text{秩 } \boldsymbol{A} + \text{秩 } \boldsymbol{A} - \boldsymbol{C} \text{ 的行数}$$

这就是西尔维斯特不等式. 取 $\boldsymbol{A}=\boldsymbol{O}$ 得秩 $\boldsymbol{BC} \leqslant$ 秩 $\boldsymbol{B}$；取 $\boldsymbol{C}=\boldsymbol{O}$ 得秩 $\boldsymbol{AB} \leqslant$ 秩 $\boldsymbol{B}$.

4.11　克罗内克－卡佩利定理・齐次线性方程组的基础解系

本节的最后两目，主要是讲矩阵的理论在方程组上的应用.

首先，由本节的定理 4.5.3，以及注意到初等变换不改变矩阵的秩，我们可以将第 1 章的定理 1.3.1 换成通常所见的秩数的说法：

定理 4.11.1(克罗内克－卡佩利[①]) 一个由 m 个方程组成的含有 n 个未知量的线性方程组有解的必要与充分条件是该方程组的系数矩阵的秩等于方程组增广矩阵的秩.

克罗内克－卡佩利定理确定了线性方程组相容的一般条件,作为它的补充,可以表述下面的结果,它是由第 1 章定理 1.3.2 得到的.

定理 4.11.2 如果线性方程组的矩阵与这同组方程式的增广矩阵的共同秩数小于未知数的个数,则这组方程式有无限多个解.如果所说的矩阵共同秩数等于未知数个数,则方程组有唯一的解.

我们注意这结果的一个重要的特别情形:所有的常数项皆为零,即方程组是齐次的时候.

在齐次方程组的场合增广矩阵的秩数永不能异于未知数系数阵的秩数,因为按定理 4.4.2,在一个矩阵中添加零列不会改变其秩数,所以齐次方程组的解应该永远是存在的(哪怕是只有一个).这样的结果是很明白的,因为只要我们在齐次方程组中令所有未知数的值都等于零,即满足该组方程式.这零解通常没有什么意义(因为它与方程式系数没有什么联系,所以与引起这组方程式的问题也没有什么联系).有兴趣的只有异于零的解.由刚才所陈述的定理可推出这种解的存在条件如下:

定理 4.11.3 要一组齐次线性方程式有异于零的解,其必要充分条件是要这组方程式的矩阵的秩数小于未知数的个数.

事实上,在这样的场合所给方程式应该存在无限多个解.既然零解只有一个,故应该还有非零的解.

这个有用的定理在 n 个 n 元方程式的情形取特别简单的形式如下:

定理 4.11.4 要一组 n 个 n 元齐次线性方程式有异于零的解,其必要而充分的条件是要这组方程式的行列式等于零.

事实上,由未知数系数的矩阵在这场合只能组成一个 n 阶的子行列式,也即该组方程式的行列式(在所有 n 列及 n 行的矩阵中).所以这唯一的 n 阶子行列式的等于零就是矩阵秩数小于 n 的必要充分的条件.

转而来研究齐次线性方程组

---

① 克罗内克(Kronecker,1823—1891),德国数学家.卡佩利(Capelli,1855—1910),意大利数学家.

$$\begin{cases} a_{11}x_1 + a_{12}x_2 + \cdots + a_{1n}x_n = 0 \\ a_{21}x_1 + a_{22}x_2 + \cdots + a_{2n}x_n = 0 \\ \vdots \\ a_{m1}x_1 + a_{m2}x_2 + \cdots + a_{mn}x_n = 0 \end{cases} \tag{4.11.1}$$

的解的集合.

设 $x_1 = \alpha_1, x_2 = \alpha_2, \cdots, x_n = \alpha_n$ 是这个方程组的一个非零解，则我们知道 $x_1 = k\alpha_1, x_2 = k\alpha_2, \cdots, x_n = k\alpha_n$ 也满足方程组(4.11.1). 一般地，如果把方程组(4.11.1) 的解看作 $1 \times n$ 维单行矩阵(行向量)，我们就容易证明下述事实：

设 $\boldsymbol{a} = (\alpha_1, \alpha_2, \cdots, \alpha_n)$，$\boldsymbol{b} = (\beta_1, \beta_2, \cdots, \beta_n)$，$\cdots$，$\boldsymbol{c} = (\gamma_1, \gamma_2, \cdots, \gamma_n)$ 是方程组(4.11.1) 的任意一组解，则这一组解的线性组合

$$\begin{aligned} & k_1\boldsymbol{a} + k_2\boldsymbol{b} + \cdots + k_m\boldsymbol{c} \\ = & (k_1\alpha_1 + k_2\beta_1 + \cdots + k_m\gamma_1, k_1\alpha_2 + k_2\beta_2 + \cdots + \\ & k_m\gamma_2, \cdots, k_1\alpha_n + k_2\beta_n + \cdots + k_m\gamma_n) \end{aligned} \tag{4.11.2}$$

也同样是方程组(4.11.1) 的一个解.

现在自然地就会发生下面的问题：由线性组合(4.11.2)，是否就可得出方程组(4.11.1) 的一切解呢？为了回答这个问题，我们先介绍下述定义.

定义 4.11.1 方程组(4.11.1) 的一组解

$$\boldsymbol{u} = (\alpha_{i1}, \alpha_{i2}, \cdots, \alpha_{in}) \quad (i = 1, 2, \cdots, k)$$

如果满足下面两个条件时，就叫作一个基础解系：

1° 这组解线性无关；

2° 方程组(4.11.1) 的任意一个解都是这一组解的线性组合.

关于基础解系的存在，有下述定理：

定理 4.11.5 由方程组(4.11.1) 的系数所组成的矩阵的秩设为 r. 若 r 小于方程组所含的未知量的个数 n，方程组(4.11.1) 的基础解系存在，且基础解系所含的解的个数等于 $n - r$.

证明 不失普遍性，我们可以假设不等于零的 r 阶子行列式 D 位置在系数所组成的矩阵的左上方，由此就可以把 $x_{r+1}, x_{r+2}, \cdots, x_n$ 看作自由未知量，而把它移项至等式的右端. 利用克莱姆规则解这个方程组，就可以把每一个未知量 $x_1, x_2, \cdots, x_r$ 用自由未知量表示为

$$x_j = d_{j1}x_{r+1} + d_{j2}x_{r+2} + \cdots + d_{jk}x_n \quad (j = 1, 2, \cdots, r; k = n - r) \tag{4.11.3}$$

给自由未知量以任意的数值，就对应的得出 $x_1, x_2, \cdots, x_r$ 的值. 这样，我们就可

以得出无限多的解，从这些解中，我们先取出 k 个解($k=n-r$)，即

$$\begin{cases}\boldsymbol{u}_1=(\alpha_{11},\cdots,\alpha_{1r},\alpha_{1(r+1)},\cdots,\alpha_{1n})\\ \boldsymbol{u}_2=(\alpha_{21},\cdots,\alpha_{2r},\alpha_{2(r+1)},\cdots,\alpha_{2n})\\ \quad\vdots\\ \boldsymbol{u}_k=(\alpha_{k1},\cdots,\alpha_{kr},\alpha_{k(r+1)},\cdots,\alpha_{kn})\end{cases} \tag{4.11.4}$$

而使 k 阶行列式

$$\Delta=\begin{vmatrix}\alpha_{1(r+1)} & \cdots & \alpha_{1n}\\ \vdots & & \vdots\\ \alpha_{k(r+1)} & \cdots & \alpha_{kn}\end{vmatrix}$$

不等于零[①]. 现在我们证明，这一组解就是一个基础解系.

基于这个目的，试考察由式(4.11.4) 和方程组(4.11.1) 任意一个解(β_1, $\beta_2,\cdots,\beta_n$) 所构成的矩阵

$$\boldsymbol{M}=\begin{pmatrix}\alpha_{11} & \cdots & \alpha_{1r} & \alpha_{1(r+1)} & \cdots & \alpha_{1n}\\ \alpha_{21} & \cdots & \alpha_{2r} & \alpha_{2(r+1)} & \cdots & \alpha_{2n}\\ \vdots & & \vdots & \vdots & & \vdots\\ \alpha_{k1} & \cdots & \alpha_{kr} & \alpha_{k(r+1)} & \cdots & \alpha_{kn}\\ \beta_1 & \cdots & \beta_r & \beta_{r+1} & \cdots & \beta_n\end{pmatrix}$$

行列式 Δ 是矩阵 $\boldsymbol{M}$ 的一个 r 阶子行列式，并且位置在矩阵 $\boldsymbol{M}$ 的右上方. 由于 Δ 不等于零，我们就可断定矩阵 $\boldsymbol{M}$ 的最后 k 列线性无关. 如果不是这样，若这 k 列线性相关，Δ 就应该等于零. 再根据公式(4.11.3)，我们就知道，矩阵 $\boldsymbol{M}$ 前 r 列的每一列都可由最后 k 列线性表示. 综合起来，这就证明了矩阵 $\boldsymbol{M}$ 的秩数等于 k.

因为子行列式 $\Delta\neq 0$ 的元素位置在矩阵 $\boldsymbol{M}$ 的前 k 行，所以这 k 行也同样是线性无关. 但是矩阵 $\boldsymbol{M}$ 的秩数等于 r，因而 $\boldsymbol{M}$ 的最后一行可由前 k 行线性表示. 换句话说，式(4.11.4) 的一组解线性无关，方程组(4.11.1) 的任意一个解都是式(4.11.4) 的一组解的线性组合.

最后我们再举一个具体的例子来解释上面证明的定理.

---

① 因为 $x_{r+1},x_{r+2},\cdots,x_n$ 是自由的，所以我们常常可以选取它满足这个要求. 例如，令 $\alpha_{i(r+i)}=1$，其余元素均为 0 就可得到

$$\Delta=\begin{vmatrix}1 & 0 & \cdots & 0\\ 0 & 1 & \cdots & 0\\ \vdots & \vdots & & \vdots\\ 0 & 0 & \cdots & 1\end{vmatrix}=1\neq 0$$

例 求齐次线性方程组

$$\begin{cases} x_1 - x_2 + 5x_3 - x_4 = 0 \\ x_1 + x_2 - 2x_3 + 3x_4 = 0 \\ 3x_1 - x_2 + 8x_3 + x_4 = 0 \\ x_1 + 3x_2 - 9x_3 + 7x_4 = 0 \end{cases}$$

的基础解系.

解 由系数构成的矩阵的秩,在此是 2.因为

$$\begin{vmatrix} 1 & -1 \\ 1 & 1 \end{vmatrix} \neq 0$$

所以 x_3 和 x_4 可以当作自由未知量,由前两个方程式,把 x_3 和 x_4 移到等式右端得

$$x_1 - x_2 = -5x_3 + x_4, x_1 + x_2 = 2x_3 - 3x_4$$

先令 $x_3 = 1, x_4 = 0$,再令 $x_3 = 0, x_4 = 1$.根据克莱姆法则,立刻得出两个解,即

$$\left(-\frac{3}{2}, \frac{7}{2}, 1, 0\right), (-1, -2, 0, 1)$$

由于 $\begin{vmatrix} 1 & 0 \\ 0 & 1 \end{vmatrix} \neq 0$,所以这两个解就是所有方程组的基础解系.利用这个基础解系,就可以把所有齐次线性方程组的解的任何一个解写成下面的形式

$$x_1 = -\frac{3}{2}c_1 - c_2, x_2 = \frac{7}{2}c_1 - 2c_2, x_3 = c_1, x_4 = c_2$$

这里 c_1 和 c_2 可以取任意的数值.

4.12 初等变换法求基础解系

设

$$\begin{cases} a_{11}x_1 + a_{12}x_2 + \cdots + a_{1n}x_n = 0 \\ a_{21}x_1 + a_{22}x_2 + \cdots + a_{2n}x_n = 0 \\ \vdots \\ a_{n1}x_1 + a_{n2}x_2 + \cdots + a_{mn}x_n = 0 \end{cases}$$

是一个给定的齐次线性方程组.如果记

$$\boldsymbol{A} = \begin{pmatrix} a_{11} & a_{12} & \cdots & a_{1n} \\ a_{21} & a_{22} & \cdots & a_{2n} \\ \vdots & \vdots & & \vdots \\ a_{m1} & a_{m2} & \cdots & a_{mn} \end{pmatrix}, \boldsymbol{X} = \begin{pmatrix} x_1 \\ x_2 \\ \vdots \\ x_n \end{pmatrix}$$

那么这个方程组可以写为

$$AX = O \tag{4.12.1}$$

按照定理4.11.5，我们可以这样来求(4.12.1)的基础解系，就是先用初等行变换把系数矩阵A变成行阶梯形矩阵，然后回到对应的同解方程组，再通过给定某些未知数的取值求出方程组(4.12.1)的$n-r$个线性无关的解构成基础解系.

这种方法的缺点是比较麻烦，下面定理给出的方法可以简化这一过程：

定理4.12.1(齐次方程组基础解系的构造) 如果方程组(4.12.1)的系数矩阵A的秩为r.对矩阵($A^{T} E_{n\times n}$)施行初等行变换将A^{T}化为阶梯形矩阵

$$(A^{T}\ E_{n\times n}) \xrightarrow{\text{初等行变换}} \begin{pmatrix} C_{r\times m} & * \\ O_{(n-t)\times m} & D_{(n-r)\times n} \end{pmatrix}$$

其中$C_{r\times r}$为行阶梯形矩阵，且它的秩为r.则矩阵$D_{(n-r)\times n}$的$n-r$个行向量构成方程组(4.12.1)的一个基础解系.

证明 因为初等行变换相当于左乘初等矩阵，所以按题设，存在n阶可逆矩阵P，使得

$$P(A^{T}\ E_{n\times n}) = \begin{pmatrix} C_{r\times m} & * \\ O_{(n-t)\times m} & D_{(n-r)\times n} \end{pmatrix}$$

由分块矩阵的乘法，有

$$PA^{T} = \begin{pmatrix} C_{r\times m} \\ O_{(n-r)\times m} \end{pmatrix} \tag{4.12.2}$$

以及

$$PE_{n\times n} = \begin{pmatrix} * \\ D_{(n-r)\times n} \end{pmatrix} \tag{4.12.3}$$

因为P可逆，由式(4.12.3)知$D_{(n-r)\times n}$是行满秩矩阵，即$D_{(n-r)\times n}$的$n-r$个行向量线性无关.将式(4.12.3)代入式(4.12.2)，得

$$PA^{T} = \begin{pmatrix} * \\ D_{(n-r)\times n} \end{pmatrix} A^{T} = \begin{pmatrix} C_{r\times m} \\ O_{(n-r)\times m} \end{pmatrix}$$

由分块矩阵的乘法，有

$$D_{(n-r)\times n}A^{T} = O_{(n-r)\times m}$$

这个矩阵等式两边分别转置，得

$$A(D_{(n-r)\times n})^{T} = O_{m\times(n-r)}$$

由此即知$(D_{(n-r)\times n})^{T}$的各列向量，即$D_{(n-r)\times n}$的各行向量都是方程组(4.12.1)

的解向量.

因为 $\boldsymbol{D}_{(n-r)\times n}$ 的各行向量线性无关,所以构成方程组(4.12.1)的一个基础解系.

例 1 求下列方程组

$$\begin{cases}x_1-x_2-x_3+x_4=0\\x_1-x_2+x_3-3x_4=0\\x_1-x_2-2x_3+3x_4=0\end{cases}$$

的基础解系.

解 这里系数矩阵为

$$\boldsymbol{A}=\begin{pmatrix}1&-1&-1&1\\1&-1&1&-3\\1&-1&-2&3\end{pmatrix}$$

对$(\boldsymbol{A}^{\mathrm{T}}\boldsymbol{E}_{4\times 4})$进行化 $\boldsymbol{A}^{\mathrm{T}}$ 为阶梯形矩阵的若干初等行变换

$$\begin{pmatrix}1&1&1&1&0&0&0\\-1&-1&-1&0&1&0&0\\-1&1&-2&0&0&1&0\\1&-3&3&0&0&0&1\end{pmatrix}\xrightarrow[\text{第一行的}-1\text{倍加到第四行}]{\text{第一行的 1 倍加到第二行、第一行的 1 倍加到第三行}}$$

$$\begin{pmatrix}1&1&1&1&0&0&0\\0&0&0&1&1&0&0\\0&2&-1&1&0&1&0\\0&-4&2&-1&0&0&1\end{pmatrix}\xrightarrow{\text{第三行的 2 倍加到第四行}}$$

$$\begin{pmatrix}1&1&1&1&0&0&0\\0&0&0&1&1&0&0\\0&2&-1&1&0&1&0\\0&0&0&1&0&2&1\end{pmatrix}\xrightarrow{\text{互换第二行和第三行}}$$

$$\begin{pmatrix}1&1&1&1&0&0&0\\0&2&-1&1&0&1&0\\0&0&0&1&1&0&0\\0&0&0&1&0&2&1\end{pmatrix}=\begin{pmatrix}\boldsymbol{C}_{2\times 3}&*\\\boldsymbol{O}_{2\times 3}&\boldsymbol{D}_{2\times 4}\end{pmatrix}$$

容易看出,秩 $\boldsymbol{A}=2$. 按定理 4.12.1,矩阵 $\boldsymbol{D}_{2\times 4}$ 的 2 个行向量就是所给的方程组的一个基础解系

$$\boldsymbol{u}_1=(1,1,0,0)^{\mathrm{T}},\boldsymbol{u}_2=(0,0,1,1)^{\mathrm{T}}$$

§5 正方形方程组的高斯消元法

5.1 正方形方程组的一般消元法与高斯消元法

在第 1 章已经讨论过一般线性方程组的高斯消元法，现在我们将在正方形方程组的情形来详细地讨论这一问题，并指出其中的一些细节.

设给予含有 n 个未知量 $x_1, x_2, \cdots, x_n$，n 个方程的线性方程组，且其右边为 $y_1, y_2, \cdots, y_n$，即

$$\begin{cases} a_{11}x_1 + a_{12}x_2 + \cdots + a_{1n}x_n = y_1 \\ a_{21}x_1 + a_{22}x_2 + \cdots + a_{2n}x_n = y_2 \\ \vdots \\ a_{n1}x_1 + a_{n2}x_2 + \cdots + a_{nn}x_n = y_n \end{cases}$$

这一方程组可以写为矩阵的形式

$$\boldsymbol{AX} = \boldsymbol{Y} \tag{5.1.1}$$

这里 $\boldsymbol{X} = (x_1, x_2, \cdots, x_n)^{\mathrm{T}}$，$\boldsymbol{Y} = (y_1, y_2, \cdots, y_n)^{\mathrm{T}}$ 都是单列矩阵，而 $\boldsymbol{A} = (a_{ij})_{n\times n}$ 是系数矩阵.

假定 $\boldsymbol{A}$ 非奇异，则方程组(5.1.1) 有唯一解 $\boldsymbol{X}_0 = (x_1^0, x_2^0, \cdots, x_n^0)^{\mathrm{T}}$. 若在式(5.1.1) 两边左乘一系列初等矩阵或一个非奇异矩阵 $\boldsymbol{T}$，得方程组

$$\boldsymbol{A}^* \boldsymbol{X} = \boldsymbol{Y}^* \tag{5.1.2}$$

其中

$$\boldsymbol{A}^* = \boldsymbol{TA}, \boldsymbol{Y}^* = \boldsymbol{TY}$$

方程组(5.1.2) 也有唯一解 $\boldsymbol{X}_0$. 这是因为作为两个非奇异矩阵的乘积，$\boldsymbol{A}^*$ 亦非奇异，而 $\boldsymbol{X}_0$ 显然满足式(5.1.2). 因此式(5.1.1) 与(5.1.2) 同解，而上述对式(5.1.1) 两边左乘初等矩阵或一个非奇异矩阵的做法并不改变原方程组的解.

我们还可以将式(5.1.2) 写成 $\boldsymbol{A}^* \boldsymbol{PP}^{\mathrm{T}} \boldsymbol{X} = \boldsymbol{Y}^*$ 的形式，这里 $\boldsymbol{P}$ 是置换矩阵(注意到 $\boldsymbol{PP}^{\mathrm{T}} = \boldsymbol{E}$). 于是得到方程组

$$\boldsymbol{A}^{**} \boldsymbol{X}^{**} = \boldsymbol{Y}^{**} \tag{5.1.3}$$

其中 $\boldsymbol{A}^{**} = \boldsymbol{A}^* \boldsymbol{P}$，$\boldsymbol{Y}^{**} = \boldsymbol{Y}^*$，$\boldsymbol{X}^{**} = \boldsymbol{P}^{\mathrm{T}} \boldsymbol{X}$.

显然 $\boldsymbol{A}^{**}$ 是 $\boldsymbol{A}^*$ 作列置换的结果，而方程组(5.1.3) 的解是 $\boldsymbol{P}^{\mathrm{T}} \boldsymbol{X}_0$，即 $\boldsymbol{X}_0$ 的分量也作了置换.

用上述两种变换方程组的结果，使原方程组变得易于求解. 根据上一节定理 3.5.3 知式(5.1.1) 中的 $\boldsymbol{A}$ 可经一系列行的初等变换和列的交换化为

$$\boldsymbol{U}^{(e)}=\begin{pmatrix} u_{11}^{(e)} & u_{12}^{(e)} & \cdots & u_{1n}^{(e)} \\ & u_{22}^{(e)} & \cdots & u_{2n}^{(e)} \\ & & \ddots & \vdots \\ & & & u_{nn}^{(e)} \end{pmatrix}$$

且其对角元 $u_{ii}\neq 0, i=1,2,\cdots,n$. 即存在非奇异矩阵 $\boldsymbol{T}$ 和置换矩阵 $\boldsymbol{P}$，使 $\boldsymbol{TAP}=\boldsymbol{U}^{(e)}$. 于是可得同解方程组

$$\boldsymbol{U}^{(e)}\boldsymbol{X}^{(e)}=\boldsymbol{Y}^{(e)} \tag{5.1.4}$$

其中 $\boldsymbol{U}^{(e)}=\boldsymbol{TAP}$，$\boldsymbol{Y}^{(e)}=\boldsymbol{TY}$，$\boldsymbol{X}^{(e)}=\boldsymbol{P}^{\mathrm{T}}\boldsymbol{X}$.

由上面的分析知，式(5.1.1) 的唯一解为 $\boldsymbol{P}^{\mathrm{T}}\boldsymbol{X}_0$.

方程组(5.1.4) 称为三角形方程组，将它记为

$$\begin{pmatrix} u_{11}^{(e)} & u_{12}^{(e)} & \cdots & \cdots & u_{1n}^{(e)} \\ & \ddots & & & \vdots \\ & & u_{22}^{(e)} & & \vdots \\ & & & \ddots & \\ & & & & u_{nn}^{(e)} \end{pmatrix}\begin{pmatrix} x_1^{(e)} \\ \vdots \\ x_i^{(e)} \\ \vdots \\ x_{1n}^{(e)} \end{pmatrix}=\begin{pmatrix} y_1^{(e)} \\ \vdots \\ y_i^{(e)} \\ \vdots \\ y_{1n}^{(e)} \end{pmatrix}$$

或写为

$$\sum_{j=1}^{n} u_{ij}^{(e)}x_j^{(e)}=y_i^{(e)}, i=1,2,\cdots,n$$

可得公式

$$x_j^{(e)}=\frac{y_i^{(e)}-\sum\limits_{j=i+1}^{n}u_{ij}^{(e)}x_j^{(e)}}{u_{ii}^{(e)}}, i=n,n-1,\cdots,2,1 \tag{5.1.5}$$

(我们规定，$\sum\limits_{j>k}^{k}$ 意味着不做和).

公式(5.1.5) 表明，$x_j^{(e)}$ 可由 $x_n^{(e)}, x_{n-1}^{(e)}, \cdots, x_{i+1}^{(e)}$ 求得，即可依次递推算出 $x_n^{(e)}, x_{n-1}^{(e)}, \cdots, x_1^{(e)}$ 求得. 于是 $\boldsymbol{X}^{(e)}$ 为方程组(5.1.4) 的解，$\boldsymbol{X}^{*}=\boldsymbol{PX}^{(e)}$ 为方程组(5.1.1) 的解.

这就是一般消元法的基本原理. 上述将方程组(5.1.1) 化为(5.1.4) 的过程称为消元，用公式(5.1.5) 解方程组(5.1.1) 的过程称为回代.

在假定化 $\boldsymbol{A}$ 为 $\boldsymbol{U}^{(e)}$ 的过程中只用到行的第三种变换(而未用行、列交换，参阅上一节定理 4.5.3 的证明) 的情形下，我们可以用矩阵形式写出所说的消元

过程. 令$\boldsymbol{A}^{(0)}=\boldsymbol{A}$,其中元素为$a_{ij}^{(0)}=a_{ij}(i,j=1,2,\cdots,n)$. 今假定$a_{11}^{(0)}\neq 0$,将$\boldsymbol{A}^{(0)}$的第一行依次乘$-\dfrac{a_{21}^{(0)}}{a_{11}^{(0)}},-\dfrac{a_{31}^{(0)}}{a_{11}^{(0)}},\cdots,-\dfrac{a_{n1}^{(0)}}{a_{11}^{(0)}}$,再分别加到第二行,第三行,……,第$n$行上,则$\boldsymbol{A}^{(0)}$化为

$$\boldsymbol{A}^{(1)}=\begin{pmatrix} a_{11}^{(0)} & a_{12}^{(0)} & \cdots & a_{1n}^{(0)} \\ & a_{22}^{(1)} & \cdots & a_{2n}^{(1)} \\ & \vdots & & \vdots \\ & a_{n2}^{(1)} & \cdots & a_{nn}^{(1)} \end{pmatrix}$$

其中

$$a_{ij}^{(1)}=a_{ij}^{(0)}-\frac{a_{i1}^{(0)}}{a_{11}^{(0)}}a_{1j}^{(0)}\quad(i,j=2,3,\cdots,n) \tag{5.1.6}$$

令

$$\boldsymbol{T}_1=\boldsymbol{T}_{12}\left(\frac{a_{21}^{(0)}}{a_{11}^{(0)}}\right)\boldsymbol{T}_{13}\left(\frac{a_{31}^{(0)}}{a_{11}^{(0)}}\right)\cdots\boldsymbol{T}_{1n}\left(\frac{a_{n1}^{(0)}}{a_{11}^{(0)}}\right)$$

这里$\boldsymbol{T}_{1j}$表示消法矩阵. 则由初等矩阵性质知

$$\boldsymbol{T}_1=\begin{pmatrix} 1 & & & \\ \dfrac{a_{21}^{(0)}}{a_{11}^{(0)}} & 1 & & \\ \vdots & & \ddots & \\ \dfrac{a_{n1}^{(0)}}{a_{11}^{(0)}} & & & 1 \end{pmatrix}$$

且

$$\boldsymbol{T}_1^{-1}=\boldsymbol{T}_{1n}\left(-\frac{a_{n1}^{(0)}}{a_{11}^{(0)}}\right)\cdots\boldsymbol{T}_{13}\left(-\frac{a_{31}^{(0)}}{a_{11}^{(0)}}\right)\boldsymbol{T}_{12}\left(-\frac{a_{21}^{(0)}}{a_{11}^{(0)}}\right)=\begin{pmatrix} 1 & & & \\ -\dfrac{a_{21}^{(0)}}{a_{11}^{(0)}} & 1 & & \\ \vdots & & \ddots & \\ -\dfrac{a_{n1}^{(0)}}{a_{11}^{(0)}} & & & 1 \end{pmatrix}$$

于是有

$$\boldsymbol{A}^{(1)}=\boldsymbol{T}_{1n}\left(-\frac{a_{n1}^{(0)}}{a_{11}^{(0)}}\right)\cdots\boldsymbol{T}_{13}\left(-\frac{a_{31}^{(0)}}{a_{11}^{(0)}}\right)\boldsymbol{T}_{12}\left(-\frac{a_{21}^{(0)}}{a_{11}^{(0)}}\right)\boldsymbol{A}^{(0)}=\boldsymbol{T}_1^{-1}\boldsymbol{A}^{(0)}$$

一般地,若第r步,有

$$
\boldsymbol{A}^{(r-1)}=\begin{pmatrix}
a_{11}^{(0)} & a_{12}^{(0)} & \cdots & a_{1(r-1)}^{(0)} & a_{1r}^{(0)} & \cdots & a_{1n}^{(0)} \\
0 & a_{22}^{(1)} & \cdots & a_{2(r-1)}^{(1)} & a_{2r}^{(1)} & \cdots & a_{2n}^{(1)} \\
\vdots & \vdots & & & \vdots & & \vdots \\
0 & 0 & \cdots & a_{(r-1)(r-1)}^{(r-2)} & a_{(r-1)r}^{(r-2)} & \cdots & a_{(r-1)n}^{(r-2)} \\
0 & 0 & \cdots & 0 & a_{rr}^{(r-1)} & \cdots & a_{rn}^{(r-1)} \\
\vdots & \vdots & & \vdots & \vdots & & \vdots \\
0 & 0 & \cdots & 0 & a_{nr}^{(r-1)} & \cdots & a_{nn}^{(r-1)}
\end{pmatrix}
$$

并且假定 $a_{rr}^{(r-1)}\neq 0$. 将 $\boldsymbol{A}^{(r-1)}$ 的第 r 行依次乘 $-\dfrac{a_{(r+1)r}^{(r-1)}}{a_{rr}^{(r-1)}},-\dfrac{a_{(r+2)r}^{(r-1)}}{a_{rr}^{(r-1)}},\cdots,-\dfrac{a_{nr}^{(r-1)}}{a_{rr}^{(r-1)}}$,再分别加到第 $r+1,r+2,\cdots,n$ 行上,则 $\boldsymbol{A}^{(r-1)}$ 化为

$$
\boldsymbol{A}^{(r)}=\begin{pmatrix}
a_{11}^{(0)} & a_{12}^{(0)} & \cdots & a_{1r}^{(0)} & a_{1(r+1)}^{(0)} & \cdots & a_{1n}^{(0)} \\
0 & a_{22}^{(1)} & \cdots & a_{2r}^{(1)} & a_{2(r+1)}^{(1)} & \cdots & a_{2n}^{(1)} \\
\vdots & \vdots & & & \vdots & & \vdots \\
0 & 0 & \cdots & a_{rr}^{(r-1)} & a_{r(r+1)}^{(r-1)} & \cdots & a_{rn}^{(r-1)} \\
0 & 0 & \cdots & 0 & a_{(r+1)(r+1)}^{(r)} & \cdots & a_{(r+1)n}^{(r)} \\
\vdots & \vdots & & \vdots & \vdots & & \vdots \\
0 & 0 & \cdots & 0 & a_{n(r+1)}^{(r)} & \cdots & a_{nn}^{(r)}
\end{pmatrix}
$$

其中

$$
a_{ij}^{(r)}=a_{ij}^{(r-1)}-\frac{a_{ir}^{(r-1)}}{a_{rr}^{(r-1)}}\cdot a_{rj}^{(r-1)}\quad (i,j=r+1,r+2,\cdots,n)
$$

设

$$
\boldsymbol{T}_r=\boldsymbol{T}_{r(r+1)}\left(\frac{a_{(r+1)r}^{(r-1)}}{a_{rr}^{(r-1)}}\right)\boldsymbol{T}_{r(r+2)}\left(\frac{a_{(r+2)r}^{(r-1)}}{a_{rr}^{(r-1)}}\right)\cdots\boldsymbol{T}_{rn}\left(\frac{a_{nr}^{(r-1)}}{a_{rr}^{(r-1)}}\right)
$$

$$
\overset{r\text{ 列}}{=}\begin{pmatrix}
1 & & & & & \\
& \ddots & & & & \\
& & 1 & & & \\
& & \dfrac{a_{(r+1)r}^{(r-1)}}{a_{rr}^{(r-1)}} & 1 & & \\
& & \vdots & & \ddots & \\
& & \dfrac{a_{nr}^{(r-1)}}{a_{rr}^{(r-1)}} & & & 1
\end{pmatrix}\begin{matrix} \\ \\ r\text{ 行} \\ \\ \\ \\ \end{matrix}
$$

则

$$A^{(r)} = T_r^{-1} A^{(r-1)} \tag{5.1.7}$$

这里

r 列

$$T_r^{-1} = \begin{pmatrix} 1 & & & & & \\ & \ddots & & & & \\ & & 1 & & & \\ & & -\dfrac{a_{(r+1)r}^{(r-1)}}{a_{rr}^{(r-1)}} & 1 & & \\ & & \vdots & & \ddots & \\ & & -\dfrac{a_{nr}^{(r-1)}}{a_{rr}^{(r-1)}} & & & 1 \end{pmatrix} \quad r\ 行$$

等式(5.1.7) 可以形象地表示为

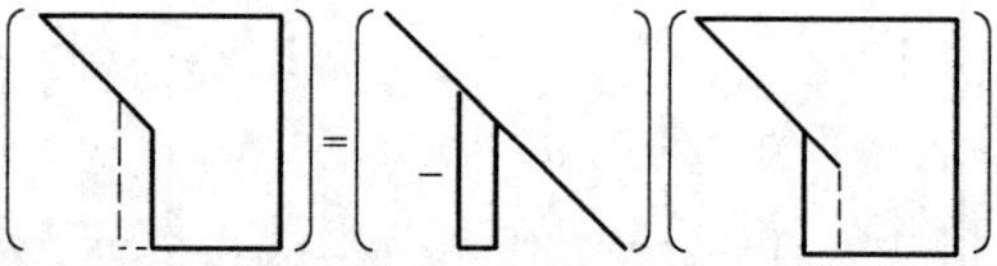

这种消元过程称为高斯消元过程. 此时, 我们亦称对矩阵施行了高斯变换. 若它可以一直进行下去, 则最后在第 $n-1$ 步可得三角形矩阵

$$A^{(n-1)} = \begin{pmatrix} a_{11}^{(0)} & a_{12}^{(0)} & \cdots & a_{1n}^{(0)} \\ & a_{22}^{(1)} & \cdots & a_{2n}^{(1)} \\ & & \ddots & \vdots \\ & & & a_{nn}^{(n-1)} \end{pmatrix}$$

高斯消元过程能够进行到底的充分必要条件, 是在变换过程中所有出现的数 $a_{11}^{(0)}, a_{22}^{(1)}, \cdots, a_{(n-1)(n-1)}^{(n-2)}$ 都不等于零.

对于正方形方程组(5.1.1), 从第 1 章就知道, 在 $|A| \neq 0$ 时, 它可以用克莱姆公式求解且解是唯一的. 这个结果用矩阵的说法是:

由于 $|A| \neq 0$, 则 A^{-1} 存在. 以 A^{-1} 右乘方程组(5.1.1) 两端得到解 $X = A^{-1}Y$. 现在如果 X_0 是方程组(5.1.1) 的一个解, 则 $AX_0 = Y$, 于是也有 $X_0 = A^{-1}Y$. 因为 A^{-1} 是由 A 唯一确定的, 所以解是唯一的. 特别地, 当 $|A| \neq 0$ 时, 齐次线性方程组 $AX = O$ 只有零解.

对于 $|A| = 0$ 的情形有:

定理 5.1.1 当 $|A| = 0$ 时, 线性方程组(5.1.1) 的齐次方程组 $AX = O$ 有非零解, 并且如果方程组(5.1.1) 有解的话, 则解不是唯一的.

证明 由定理4.7.1′,存在非奇异矩阵$\boldsymbol{P},\boldsymbol{Q}$,使得$\boldsymbol{PAQ}=\boldsymbol{I}_r$,其中$\boldsymbol{I}_r$是$\boldsymbol{A}$的相抵标准形.由行列式的乘法规则,得

$$|\boldsymbol{I}_r|=|\boldsymbol{P}||\boldsymbol{A}||\boldsymbol{Q}|=0$$

即$\boldsymbol{I}_r$对角线上最后必有零,取

$$\boldsymbol{X}_0=\begin{pmatrix}0\\ \vdots\\ 0\\ 1\end{pmatrix}$$

则$\boldsymbol{I}_r\boldsymbol{X}_0=\boldsymbol{O}$.但$\boldsymbol{QX}_0\neq\boldsymbol{O}$,否则线性方程组$\boldsymbol{QX}=\boldsymbol{O}$将有非零解,而与$\boldsymbol{Q}$非奇异矛盾.于是$\boldsymbol{X}=\boldsymbol{QX}_0$满足$\boldsymbol{AX}=\boldsymbol{O}$,即

$$\boldsymbol{AQX}_0=\boldsymbol{P}^{-1}\boldsymbol{I}_r\boldsymbol{X}_0=\boldsymbol{P}^{-1}\boldsymbol{O}=\boldsymbol{O}$$

即$\boldsymbol{AX}=\boldsymbol{O}$有非零解.

又假设$\boldsymbol{AX}=\boldsymbol{Y}$有解$\boldsymbol{X}_1$,则对于$\boldsymbol{Y}$总有$\boldsymbol{X}_1\neq\boldsymbol{O}$,那么$\boldsymbol{X}_1+\boldsymbol{QX}_0$也是$\boldsymbol{AX}=\boldsymbol{Y}$的解

$$\boldsymbol{A}(\boldsymbol{X}_1+\boldsymbol{QX}_0)=\boldsymbol{AX}_1+\boldsymbol{AQX}_0=\boldsymbol{Y}+\boldsymbol{O}=\boldsymbol{Y}$$

因为$\boldsymbol{X}_1,\boldsymbol{QX}_0$都非零,故$\boldsymbol{X}_1$与$\boldsymbol{X}_1+\boldsymbol{QX}_0$是不同的,即$\boldsymbol{AX}=\boldsymbol{Y}$的解不唯一.

5.2 高斯消元过程的基本公式·行列式的西尔维斯特恒等式

现在我们要把(高斯消元后得到的)简化方程组的系数与其右端经原方程组的系数与其右端来表示出来.此时我们并不预先假设,在变换过程中所有出现的系数都不是零,而来讨论一般的情形,设其p个数不为零

$$a_{11}^{(0)},a_{22}^{(1)},\cdots,a_{pp}^{(p-1)}\neq 0\quad(p\leqslant n-1)\tag{5.2.1}$$

这就可以(经过p次变换后)变换$\boldsymbol{A}^{(0)}$为下面的形状

$$\boldsymbol{A}^{(p)①}=\begin{pmatrix}a_{11}^{(0)} & a_{12}^{(0)} & \cdots & a_{1p}^{(0)} & a_{1(p+1)}^{(0)} & \cdots & a_{1n}^{(0)}\\ 0 & a_{22}^{(1)} & \cdots & a_{2p}^{(1)} & a_{2(p+1)}^{(1)} & \cdots & a_{2n}^{(1)}\\ \vdots & & \vdots & & \vdots & & \vdots\\ 0 & 0 & \cdots & a_{pp}^{(p-1)} & a_{p(p+1)}^{(p-1)} & \cdots & a_{pn}^{(p-1)}\\ 0 & 0 & \cdots & 0 & a_{(p+1)(p+1)}^{(p)} & \cdots & a_{(p+1)n}^{(p)}\\ \vdots & \vdots & & \vdots & \vdots & & \vdots\\ 0 & 0 & \cdots & 0 & a_{n(p+1)}^{(p)} & \cdots & a_{nn}^{(p)}\end{pmatrix}$$

① $\boldsymbol{A}^{(p)}$称为$\boldsymbol{A}$的高斯型.

从矩阵 $\boldsymbol{A}^{(0)}$ 变换到矩阵 $\boldsymbol{A}^{(p)}$ 是用下述方式来完成的:在矩阵 $\boldsymbol{A}^{(0)}$ 中,从第二行到第 n 行止,顺次对每一行加上它前面诸行(从最先 p 个)与某些数的乘积.因此,所有 h 阶子式,包含在矩阵 $\boldsymbol{A}^{(0)}$ 与 $\boldsymbol{A}^{(p)}$ 的前 h 行里面($h=1,2,\cdots,n$)的,是完全相同的,即

$$\left|\boldsymbol{A}^{(0)}\begin{pmatrix}1 & 2 & \cdots & h\\ k_1 & k_2 & \cdots & k_h\end{pmatrix}\right|=\left|\boldsymbol{A}^{(p)}\begin{pmatrix}1 & 2 & \cdots & h\\ k_1 & k_2 & \cdots & k_h\end{pmatrix}\right| \tag{5.2.2}$$

$(1\leqslant k_1<k_2<\cdots<k_h\leqslant n;h=1,2,\cdots,n)$.

从这些式子,再看一下矩阵 $\boldsymbol{A}^{(p)}$ 的构造,求得

$$\left|\boldsymbol{A}^{(0)}\begin{pmatrix}1 & 2 & \cdots & p\\ 1 & 2 & \cdots & p\end{pmatrix}\right|=a_{11}^{(0)}a_{22}^{(1)}\cdots a_{pp}^{(p-1)} \tag{5.2.3}$$

$$\left|\boldsymbol{A}^{(0)}\begin{pmatrix}1 & 2 & \cdots & p & i\\ 1 & 2 & \cdots & p & j\end{pmatrix}\right|=a_{11}^{(0)}a_{22}^{(1)}\cdots a_{pp}^{(p-1)}a_{ij}^{(p)}\quad(i,j=p+1,p+2,\cdots,n)$$

用前面一个等式除后一个等式,得出基本公式

$$a_{ij}^{(p)}=\frac{\left|\boldsymbol{A}^{(0)}\begin{pmatrix}1 & 2 & \cdots & p & i\\ 1 & 2 & \cdots & p & j\end{pmatrix}\right|}{\left|\boldsymbol{A}^{(0)}\begin{pmatrix}1 & 2 & \cdots & p\\ 1 & 2 & \cdots & p\end{pmatrix}\right|}\quad(i,j=p+1,p+2,\cdots,n) \tag{5.2.4}$$

如果条件(5.2.1)对于任一已给值 p 是适合的,那么这个条件对于任何一个小于 p 的值亦是适合的.因此公式(5.2.4)不仅对于所给的值 p 能成立,即对于所有比 p 小的值亦能成立.对于公式(5.2.3)亦有同样的说法.故可换写这些公式为如下诸等式

$$\left|\boldsymbol{A}\begin{pmatrix}1\\ 2\end{pmatrix}\right|=a_{11},\left|\boldsymbol{A}\begin{pmatrix}1 & 2\\ 1 & 2\end{pmatrix}\right|=a_{11}a_{22}^{(1)},\left|\boldsymbol{A}\begin{pmatrix}1 & 2 & 3\\ 1 & 2 & 3\end{pmatrix}\right|=a_{11}a_{22}^{(1)}a_{33}^{(1)},\cdots \tag{5.2.5}$$

这样一来,条件(5.2.1),亦即可以施行高斯变换的前 p 个步骤的充分必要条件,可以写为下面这些不等式

$$\left|\boldsymbol{A}\begin{pmatrix}1\\ 2\end{pmatrix}\right|\neq 0,\left|\boldsymbol{A}\begin{pmatrix}1 & 2\\ 1 & 2\end{pmatrix}\right|\neq 0,\cdots,\left|\boldsymbol{A}\begin{pmatrix}1 & 2 & \cdots & p\\ 1 & 2 & \cdots & p\end{pmatrix}\right|\neq 0 \tag{5.2.6}$$

则由式(5.2.5)得出

$$a_{11}^{(0)}=\left|\boldsymbol{A}\begin{pmatrix}1\\ 1\end{pmatrix}\right|,a_{22}^{(1)}=\frac{\left|\boldsymbol{A}\begin{pmatrix}1 & 2\\ 1 & 2\end{pmatrix}\right|}{\left|\boldsymbol{A}\begin{pmatrix}1\\ 1\end{pmatrix}\right|}$$

$$a_{33}^{(2)}=\frac{\left|A\begin{pmatrix}1&2&3\\1&2&3\end{pmatrix}\right|}{\left|A\begin{pmatrix}1&2\\1&2\end{pmatrix}\right|},\cdots,a_{pp}^{(p-1)}=\frac{\left|A\begin{pmatrix}1&2&\cdots&p\\1&2&\cdots&p\end{pmatrix}\right|}{\left|A\begin{pmatrix}1&2&\cdots&p-1\\1&2&\cdots&p-1\end{pmatrix}\right|}\quad(5.2.7)$$

为了在高斯变换中可以顺次消去 $x_1,x_2,\cdots,x_p$，必须所有的值(5.2.7)都不等于零，亦即不等式(5.2.6)完全适合①. 同时对于 $a_{ij}^{(p)}$ 的公式是有意义的，如果在条件(5.2.6)中，只要最后一个不等式能够成立.

现在我们要以比较 $\boldsymbol{A}^{(0)}$ 与 $\boldsymbol{A}^{(p)}$ 而得出的等式(5.2.2)与(5.2.3)来建立重要的行列式的西尔维斯特恒等式. 事实上，从式(5.2.2)与(5.2.3)求得

$$|\boldsymbol{A}|=\left|\boldsymbol{A}\begin{pmatrix}1&2&\cdots&n\\1&2&\cdots&n\end{pmatrix}\right|$$

$$=\left|\boldsymbol{A}\begin{pmatrix}1&2&\cdots&p\\1&2&\cdots&p\end{pmatrix}\right|\begin{vmatrix}a_{p(p+1)}^{(p)}&a_{(p+1)(p+2)}^{(p)}&\cdots&a_{(p+1)n}^{(p)}\\a_{(p+1)(p+1)}^{(p)}&a_{(p+1)(p+2)}^{(p)}&\cdots&a_{2p}\\\vdots&\vdots&&\vdots\\a_{n(p+1)}^{(p)}&a_{n(p+2)}^{(p)}&\cdots&a_{nn}^{(p)}\end{vmatrix}\quad(5.2.8)$$

引进子式 $\left|\boldsymbol{A}\begin{pmatrix}1&2&\cdots&p\\1&2&\cdots&p\end{pmatrix}\right|$ 的加边行列式

$$b_{ik}=\left|\boldsymbol{A}\begin{pmatrix}1&2&\cdots&p&i\\1&2&\cdots&p&k\end{pmatrix}\right|\quad(i,k=p+1,p+2,\cdots,n)$$

把由这些行列式所组成的矩阵记为

$$\boldsymbol{B}=(b_{ik})_{(n-p)\times(n-p)}$$

则由式(5.2.4)式知

$$\begin{vmatrix}a_{(p+1)(p+1)}^{(p)}&a_{(p+1)(p+2)}^{(p)}&\cdots&a_{(p+1)n}^{(p)}\\a_{(p+2)(p+1)}^{(p)}&a_{(p+2)(p+2)}^{(p)}&\cdots&a_{(p+2)n}\\\vdots&\vdots&&\vdots\\a_{n(p+1)}^{(p)}&a_{n(p+2)}^{(p)}&\cdots&a_{nn}^{(p)}\end{vmatrix}$$

$$=\frac{\begin{vmatrix}b_{(p+1)(p+1)}&\cdots&b_{(p+1)n}\\\vdots&&\vdots\\b_{n(p+1)}&\cdots&b_{nn}\end{vmatrix}}{\left|\boldsymbol{A}\begin{pmatrix}1&2&\cdots&p\\1&2&\cdots&p\end{pmatrix}\right|^{n-p}}=\frac{|\boldsymbol{B}|}{\left|\boldsymbol{A}\begin{pmatrix}1&2&\cdots&p\\1&2&\cdots&p\end{pmatrix}\right|^{n-p}}$$

① 在上一目开始时我们说过，高斯消元过程的特点是在消元过程中未用行、列交换，因此要求条件(5.2.6)是合理的.

所以等式(5.2.8)可以写为

$$|\boldsymbol{B}|=\left[\left|\boldsymbol{A}\begin{pmatrix}1 & 2 & \cdots & p\\ 1 & 2 & \cdots & p\end{pmatrix}\right|\right]^{n-p-1}|\boldsymbol{A}| \qquad (5.2.9)$$

这就是行列式的西尔维斯特恒等式. 它把由加边行列式所组成的行列式 $|\boldsymbol{B}|$ 经原行列式与被加边的子式来表出.

等式(5.2.9)是建立于这样的矩阵 $\boldsymbol{A}=(a_{ik})_{n\times n}$ 上的,它的元素适合不等式

$$\left|\boldsymbol{A}\begin{pmatrix}1 & 2 & \cdots & j\\ 1 & 2 & \cdots & j\end{pmatrix}\right|\neq 0 \quad (j=1,2,\cdots,n) \qquad (5.2.10)$$

但从"连续性的推究"知道这一个限制可以除去,使得不等式的西尔维斯特恒等式对应任何矩阵都能成立. 事实上,设不等式(4.2.10)不能适合. 引进矩阵

$$\boldsymbol{A}_\varepsilon=\boldsymbol{A}+\varepsilon\boldsymbol{E}$$

显然,$\lim\limits_{\varepsilon\to\infty}\boldsymbol{A}_\varepsilon=\boldsymbol{A}$. 另外,子式

$$\left|\boldsymbol{A}_\varepsilon\begin{pmatrix}1 & 2 & \cdots & j\\ 1 & 2 & \cdots & j\end{pmatrix}\right|=\varepsilon^j+\cdots \quad (j=1,2,\cdots,p)$$

表示 p 个关于 ε 的不等于零的多项式. 故可选取这样的序列 $\varepsilon_m\to 0$,使得

$$\left|\boldsymbol{A}_{\varepsilon_m}\begin{pmatrix}1 & 2 & \cdots & j\\ 1 & 2 & \cdots & j\end{pmatrix}\right|\neq 0 \quad (j=1,2,\cdots,p;m=1,2,\cdots)$$

对于矩阵 $\boldsymbol{A}_{\varepsilon_m}$ 我们可以写成恒等式(5.2.9). 当 $m\to\infty$ 时,在这恒等式的两边取极限,我们得出对于矩阵的极限 $\boldsymbol{A}=\lim\limits_{m\to\infty}\boldsymbol{A}_{\varepsilon_m}$ 的西尔维斯特恒等式①.

如果我们应用恒等式(5.2.9)于行列式

$$\left|\boldsymbol{A}\begin{pmatrix}1 & 2 & \cdots & p & i_1 & i_2 & \cdots & i_q\\ 1 & 2 & \cdots & p & k_1 & k_2 & \cdots & k_q\end{pmatrix}\right|$$

$$(p<i_1<i_2<\cdots<i_q\leqslant n;p<k_1<k_2<\cdots<k_q\leqslant n)$$

那么我们就得出对于应用更方便的西尔维斯特恒等式的形状

$$\boldsymbol{B}\begin{pmatrix}i_1 & i_2 & \cdots & i_q\\ k_1 & k_2 & \cdots & k_q\end{pmatrix}=\left|\boldsymbol{A}\begin{pmatrix}1 & 2 & \cdots & p\\ 1 & 2 & \cdots & p\end{pmatrix}\right|^{q-1}\cdot \left|\boldsymbol{A}\begin{pmatrix}1 & 2 & \cdots & p & i_1 & i_2 & \cdots & i_q\\ 1 & 2 & \cdots & p & k_1 & k_2 & \cdots & k_q\end{pmatrix}\right|$$

---

① 矩阵序列 $\boldsymbol{B}_m=(b_{ij}^{(m)})_{n\times n}$(当 $m\to\infty$ 时)的极限为矩阵 $\boldsymbol{B}=(b_{ij})_{n\times n}$,其中 $b_{ij}=\lim\limits_{m\to\infty}b_{ij}^{(m)}(i,j=1,2,\cdots,n)$.

5.3 方阵对三角形因子的分解式

设给定矩阵 $\boldsymbol{A}=(a_{ik})_{n\times n}$. 我们引入记号

$$\Delta_k=\left|\boldsymbol{A}\begin{pmatrix}1&2&\cdots&k\\1&2&\cdots&k\end{pmatrix}\right|\quad(k=1,2,\cdots,n)$$

来表示这个矩阵的顺序主子式. 通过前一目的讨论, 我们知道, 当条件

$$\Delta_k\neq 0\quad(k=1,2,\cdots,n)$$

满足时, 由 5.1 节公式(5.1.7), 有

$$\boldsymbol{A}^{(r-1)}=\boldsymbol{T}_r\boldsymbol{A}^{(r)}\quad(r=1,2,\cdots,n)$$

故

$$\boldsymbol{A}=\boldsymbol{A}^{(0)}=\boldsymbol{T}_1\boldsymbol{A}^{(1)}=\boldsymbol{T}_1\boldsymbol{T}_2\boldsymbol{A}^{(2)}=\cdots=\boldsymbol{T}_1\boldsymbol{T}_2\cdots\boldsymbol{T}_{n-1}\boldsymbol{A}^{(n-1)}$$

将诸 $\boldsymbol{T}_r$ 分解成初等矩阵并且利用初等矩阵的性质即可看出

$$\boldsymbol{T}_1\boldsymbol{T}_2\cdots\boldsymbol{T}_{n-1}=\begin{pmatrix}1&&&&\\ \frac{a_{21}^{(0)}}{a_{11}^{(0)}}&1&&&\\ \frac{a_{31}^{(0)}}{a_{22}^{(1)}}&\frac{a_{32}^{(1)}}{a_{22}^{(0)}}&\ddots&&\\ \vdots&\vdots&\ddots&1&\\ \frac{a_{n1}^{(0)}}{a_{22}^{(0)}}&\frac{a_{n2}^{(0)}}{a_{22}^{(0)}}&\cdots&\frac{a_{n(n-1)}^{(n-2)}}{a_{(n-1)(n-1)}^{(n-2)}}&1\end{pmatrix}$$

是一个对角元都是 1 的下三角形矩阵. 于是若令 $\boldsymbol{L}=\boldsymbol{T}_1\boldsymbol{T}_2\cdots\boldsymbol{T}_{n-1}$, $\boldsymbol{A}^{(n-1)}=\boldsymbol{U}$, 则得

$$\boldsymbol{A}=\boldsymbol{L}\boldsymbol{U}$$

即 $\boldsymbol{A}$ 为一个下三角形矩阵 $\boldsymbol{L}$ 和上三角形矩阵 $\boldsymbol{U}$ 的乘积.

一般地说, 如果一个方阵 $\boldsymbol{A}$ 可以分解成一个下三角形矩阵 $\boldsymbol{L}$ 和上三角形矩阵 $\boldsymbol{U}$ 的乘积, 则称 $\boldsymbol{A}$ 可作三角分解或 $\boldsymbol{LU}$ 分解. 本段的目的即是研究方阵这种分解的可能性.

首先, 关于分解矩阵 $\boldsymbol{A}$ 为这种类型矩阵的问题为下面的定理所全部说明:

定理 5.3.1 每一个秩为 r 的矩阵 $\boldsymbol{A}=(a_{ij})_{n\times n}$, 其前 r 个顺序的主子式都不为零时

$$\Delta_k=\left|\boldsymbol{A}\begin{pmatrix}1&2&\cdots&k\\1&2&\cdots&k\end{pmatrix}\right|\neq 0\quad(k=1,2,\cdots,r)$$

可以表为下三角形矩阵 $\boldsymbol{L}$ 对上三角形矩阵 $\boldsymbol{U}$ 的乘积的形状

$$A=LU=\begin{pmatrix}t_{11}&0&\cdots&0\\t_{21}&t_{22}&\cdots&0\\\vdots&\vdots&\ddots&\vdots\\t_{n1}&t_{n2}&\cdots&t_{nn}\end{pmatrix}\begin{pmatrix}u_{11}&u_{12}&\cdots&u_{1n}\\0&u_{22}&\cdots&u_{2n}\\\vdots&\vdots&\ddots&\vdots\\0&0&\cdots&u_{nn}\end{pmatrix}\tag{5.3.1}$$

这里

$$t_{11}u_{11}=\Delta_1,t_{22}u_{22}=\frac{\Delta_2}{\Delta_1},\cdots,t_{rr}u_{rr}=\frac{\Delta_r}{\Delta_{r-1}}\tag{5.3.2}$$

矩阵 $\boldsymbol{L}$ 与 $\boldsymbol{U}$ 的前 r 个主对角线上的元素可以给予适合条件(5.3.2)的任何值.

矩阵 $\boldsymbol{L}$ 与 $\boldsymbol{U}$ 的前 r 个主对角线上的元素有这样的功能,它们唯一地确定了矩阵 $\boldsymbol{L}$ 的前 r 列或矩阵 $\boldsymbol{U}$ 的前 r 行. 对于这些元素有如下诸等式

$$t_{gk}=t_{kk}\frac{\left|A\begin{pmatrix}1&2&\cdots&k-1&g\\1&2&\cdots&k-1&k\end{pmatrix}\right|}{\left|A\begin{pmatrix}1&2&\cdots&k\\1&2&\cdots&k\end{pmatrix}\right|}$$

$$u_{kg}=u_{kk}\frac{\left|A\begin{pmatrix}1&2&\cdots&k-1&k\\1&2&\cdots&k-1&g\end{pmatrix}\right|}{\left|A\begin{pmatrix}1&2&\cdots&k\\1&2&\cdots&k\end{pmatrix}\right|}\quad(g=k,k+1,\cdots,n,k=1,2,\cdots,r)\tag{5.3.3}$$

对于 $r<n$ 的情形($|\boldsymbol{A}|=0$),矩阵 $\boldsymbol{L}$ 的后 $n-r$ 列中诸元素可以全为零,而对矩阵 $\boldsymbol{U}$ 的后 $n-r$ 行诸元素给予任何值,或者相反的,给矩阵 $\boldsymbol{U}$ 的后 $n-r$ 行全为零而在矩阵 $\boldsymbol{L}$ 的后 $n-r$ 列中取任何元素.

证明 既然

$$\Delta_k\neq 0\quad(k=1,2,\cdots,r)$$

于是 $\boldsymbol{A}$ 经过 r 个变换(高斯消元过程)可化为

$$A^{(r)}=\begin{pmatrix}a_{11}^{(0)}&a_{12}^{(0)}&\cdots&a_{1r}^{(0)}&a_{1(r+1)}^{(0)}&\cdots&a_{1n}^{(0)}\\0&a_{22}^{(1)}&\cdots&a_{2r}^{(1)}&a_{2(r+1)}^{(1)}&\cdots&a_{2n}^{(1)}\\\vdots&&\vdots&&\vdots&&\vdots\\0&0&\cdots&a_{rr}^{(r-1)}&a_{r(r+1)}^{(r-1)}&\cdots&a_{rn}^{(r-1)}\\0&0&\cdots&0&a_{(r+1)(r+1)}^{(r)}&\cdots&a_{(r+1)n}^{(r)}\\\vdots&\vdots&&\vdots&\vdots&&\vdots\\0&0&\cdots&0&a_{n(r+1)}^{(r)}&\cdots&a_{nn}^{(r)}\end{pmatrix}$$

这里 $\boldsymbol{A}^{(r)}$ 的元素由式(5.2.7)(参看5.2节)所确定,因为矩阵 $\boldsymbol{A}$ 的秩等于 r,于是

$$a_{ij}^{(r)}=0 \quad (i,j=r+1,r+2,\cdots,n)$$

即

$$\boldsymbol{A}^{(r)}=\begin{pmatrix} a_{11} & a_{12} & \cdots & a_{1r} & a_{1(r+1)} & \cdots & a_{1n} \\ 0 & a_{22}^{(1)} & \cdots & a_{2r}^{(1)} & a_{2(r+1)}^{(1)} & \cdots & a_{2n}^{(1)} \\ \vdots & & \vdots & & \vdots & & \vdots \\ 0 & 0 & \cdots & a_{rr}^{(r-1)} & a_{r(r+1)}^{(r-1)} & \cdots & a_{rn}^{(r-1)} \\ 0 & 0 & \cdots & 0 & 0 & \cdots & 0 \\ \vdots & \vdots & & \vdots & \vdots & & \vdots \\ 0 & 0 & \cdots & 0 & 0 & \cdots & 0 \end{pmatrix}$$

于是得出 $\boldsymbol{A}$ 的三角分解式

$$\boldsymbol{A}=\boldsymbol{L}\boldsymbol{U} \tag{5.3.4}$$

这里

$$\boldsymbol{L}=\boldsymbol{T}_1\boldsymbol{T}_2\cdots\boldsymbol{T}_r=\overset{r\text{列}}{\begin{pmatrix} 1 & & & & & & \\ \frac{a_{21}^{(0)}}{a_{11}^{(0)}} & \ddots & & & & & \\ \frac{a_{31}^{(0)}}{a_{11}^{(0)}} & \frac{a_{32}^{(0)}}{a_{11}^{(0)}} & 1 & & & & \\ & & \ddots & \ddots & & & \\ \vdots & \vdots & & \frac{a_{(r+1)r}^{(r-1)}}{a_{rr}^{(r-1)}} & 1 & & \\ & & & \vdots & & \ddots & \\ \frac{a_{n1}^{(0)}}{a_{11}^{(0)}} & \frac{a_{n2}^{(0)}}{a_{22}^{(0)}} & & \frac{a_{nr}^{(r-1)}}{a_{rr}^{(r-1)}} & & & 1 \end{pmatrix}} r\text{行}$$

$$\boldsymbol{U}=\boldsymbol{A}^{(r)}=\begin{pmatrix} a_{11} & a_{12} & \cdots & a_{1r} & a_{1(r+1)} & \cdots & a_{1n} \\ 0 & a_{22}^{(1)} & \cdots & a_{2r}^{(1)} & a_{2(r+1)}^{(1)} & \cdots & a_{2n}^{(1)} \\ \vdots & & \vdots & & \vdots & & \vdots \\ 0 & 0 & \cdots & a_{rr}^{(r-1)} & a_{r(r+1)}^{(r-1)} & \cdots & a_{rn}^{(r-1)} \\ 0 & 0 & \cdots & 0 & 0 & \cdots & 0 \\ \vdots & \vdots & & \vdots & \vdots & & \vdots \\ 0 & 0 & \cdots & 0 & 0 & \cdots & 0 \end{pmatrix}$$

而 $\boldsymbol{T}_1,\boldsymbol{T}_2,\cdots,\boldsymbol{T}_r$ 表示施行高斯消元过程中相应的初等矩阵.

现在设 $\boldsymbol{L}$ 与 $\boldsymbol{U}$ 为其乘积等于 $\boldsymbol{A}$ 的下三角形与上三角形矩阵. 应用给予两个矩阵的乘积的子式公式,求得

$$\left|\boldsymbol{A}\begin{pmatrix}1 & 2 & \cdots & k-1 & g\\ 1 & 2 & \cdots & k-1 & k\end{pmatrix}\right|$$

$$=\sum_{\alpha_1<\alpha_2<\cdots<\alpha_m}\left|\boldsymbol{L}\begin{pmatrix}1 & 2 & \cdots & k-1 & g\\ \alpha_1 & \alpha_2 & \cdots & \alpha_{k-1} & \alpha_k\end{pmatrix}\right|\left|\boldsymbol{U}\begin{pmatrix}\alpha_1 & \alpha_2 & \cdots & \alpha_k\\ 1 & 2 & \cdots & k\end{pmatrix}\right|$$

$$(g=k,k+1,\cdots,n;k=1,2,\cdots,r) \tag{5.3.5}$$

因为 $\boldsymbol{U}$ 是上三角形矩阵,所以矩阵 $\boldsymbol{U}$ 的前 k 列只含有一个不为零的 k 阶子式 $\left|\boldsymbol{U}\begin{pmatrix}1 & 2 & \cdots & k\\ 1 & 2 & \cdots & k\end{pmatrix}\right|$. 因此等式(5.3.5) 可以写为

$$\left|\boldsymbol{A}\begin{pmatrix}1 & 2 & \cdots & k-1 & g\\ 1 & 2 & \cdots & k-1 & k\end{pmatrix}\right|=\left|\boldsymbol{L}\begin{pmatrix}1 & 2 & \cdots & k-1 & g\\ 1 & 2 & \cdots & k-1 & k\end{pmatrix}\right|\left|\boldsymbol{U}\begin{pmatrix}1 & 2 & \cdots & k\\ 1 & 2 & \cdots & k\end{pmatrix}\right|$$

$$=t_{11}t_{22}\cdots t_{(k-1)(k-1)}t_{gk}u_{11}u_{22}\cdots u_{kk}$$

$$(g=k,k+1,\cdots,n;k=1,2,\cdots,r) \tag{5.3.6}$$

首先假设 $g=k$. 那么就得出

$$t_{11}t_{22}\cdots t_{kk}t_{gk}u_{11}u_{22}\cdots u_{kk}=\Delta_k \quad (k=1,2,\cdots,r) \tag{5.3.7}$$

这就已经推得关系式(5.3.2).

对于等式(5.3.2) 毫无妨碍的,我们可以右乘矩阵 $\boldsymbol{L}$ 以任一满秩对角形矩阵 $\boldsymbol{M}=(\lambda_i\delta_{ik})_{n\times n}$,而同时左乘矩阵 $\boldsymbol{U}$ 以 $\boldsymbol{M}^{-1}=(\lambda_i^{-1}\delta_{ik})_{n\times n}$. 这相当于各乘矩阵 $\boldsymbol{L}$ 的诸列以 $\lambda_1,\lambda_2,\cdots,\lambda_n$ 而各乘矩阵 $\boldsymbol{U}$ 的各行以 $\lambda_1^{-1},\lambda_2^{-1},\cdots,\lambda_n^{-1}$. 所以对角线上的元素 $t_{11},\cdots,t_{rr},u_{11},\cdots,u_{rr}$ 可以给予适合条件(5.3.2) 的任何值.

再者,由式(5.3.6) 与(5.3.7) 得出

$$t_{gk}=t_{kk}\frac{\left|\boldsymbol{A}\begin{pmatrix}1 & 2 & \cdots & k-1 & g\\ 1 & 2 & \cdots & k-1 & k\end{pmatrix}\right|}{\left|\boldsymbol{A}\begin{pmatrix}1 & 2 & \cdots & k\\ 1 & 2 & \cdots & k\end{pmatrix}\right|}\quad (g=k,k+1,\cdots,n,k=1,2,\cdots,r)$$

是即式(5.3.3) 的前一个式子. 完全相似的可以建立式(5.3.3) 中所给矩阵 $\boldsymbol{U}$ 的元素的第二个式子.

注意在乘出矩阵 $\boldsymbol{L}$ 与 $\boldsymbol{U}$ 时,矩阵 $\boldsymbol{L}$ 的后 $n-r$ 列元素只与矩阵 $\boldsymbol{U}$ 的后 $n-r$

行的元素彼此相乘.我们已经看到,矩阵$\boldsymbol{U}$的后$n-r$行的元素可以全取为零①.所以矩阵$\boldsymbol{L}$的后面$n-r$列的元素可以取任何值.显然,矩阵$\boldsymbol{L}$与$\boldsymbol{U}$的乘积并无变更,如果我们取矩阵$\boldsymbol{L}$的后$n-r$列中元素全为零,而对于矩阵$\boldsymbol{U}$的后$n-r$行中元素取任何值.

定理已经证明.

从已经证明的定理推得一些有趣的推论.

推论1 矩阵$\boldsymbol{L}$中前$n-r$列元素与$\boldsymbol{U}$中前r行元素连同矩阵$\boldsymbol{A}$的元素有循环关系

$$\begin{cases} t_{ik}=\dfrac{a_{ik}-\sum\limits_{j=1}^{k-1}t_{ij}u_{jk}}{u_{kk}} & (i\geqslant k;i=1,2,\cdots,n,k=1,2,\cdots,r) \\ u_{ik}=\dfrac{a_{ik}-\sum\limits_{j=1}^{i-1}t_{ij}u_{jk}}{u_{ii}} & (i\leqslant k;i=1,2,\cdots,n,k=1,2,\cdots,r) \end{cases} \tag{5.3.8}$$

关系式(5.3.8)可以直接从矩阵的等式(5.3.2)得出;可以适当地利用它们来实际计算矩阵$\boldsymbol{L}$与$\boldsymbol{U}$的元素.

推论2 如果矩阵$\boldsymbol{A}=(a_{ik})_{n\times n}$是一个适合条件$\Delta_k\neq 0(k=1,2,\cdots,r)$的满秩矩阵($r=n$),那么只是在取$\boldsymbol{L},\boldsymbol{U}$的元素适合条件(5.3.2)以后,表示式(5.3.1)中的矩阵$\boldsymbol{L}$与$\boldsymbol{U}$是唯一确定的.

推论3 如果$\boldsymbol{S}=(s_{ik})_{n\times n}$是一个秩为$r$的对称矩阵,并且

$$\Delta_k=\left|\boldsymbol{S}\begin{pmatrix}1&2&\cdots&k\\1&2&\cdots&k\end{pmatrix}\right|\neq 0\quad(k=1,2,\cdots,r)$$

那么

$$\boldsymbol{S}=\boldsymbol{L}\boldsymbol{L}^{\mathrm{T}}$$

其中$\boldsymbol{L}=(t_{ik})_{n\times n}$为一个下三角形矩阵,并且

$$t_{gk}=\begin{cases}\dfrac{1}{\sqrt{\Delta_k\Delta_{k-1}}}\left|\boldsymbol{A}\begin{pmatrix}1&2&\cdots&k-1&g\\1&2&\cdots&k-1&k\end{pmatrix}\right| & (g=k,k+1,\cdots,n;k=1,2,\cdots,r)\\ 0\quad(g=k,k+1,\cdots,n;k=1,2,\cdots,r) & \end{cases} \tag{5.3.9}$$

设在表示式(5.3.1)中,矩阵$\boldsymbol{U}$的后$n-r$个列全等于零.则可令

① 这可从表示式(5.3.4)来得出.此处对角线上的元素$t_{11},t_{22},\cdots,t_{rr},u_{11},u_{22},\cdots,u_{rr}$,已经证明只要给予适当的因子$\mu_1,\mu_2,\cdots,\mu_r$,可以取适合条件(5.3.2)的任何值.

$$
\boldsymbol{L}=\boldsymbol{F}\cdot\begin{pmatrix} t_{11} & & & & & \\ & \ddots & & & 0 & \\ & & t_{rr} & & & \\ & & & 0 & & \\ & 0 & & & \ddots & \\ & & & & & 0 \end{pmatrix},\boldsymbol{U}=\begin{pmatrix} u_{11} & & & & & \\ & \ddots & & & 0 & \\ & & u_{rr} & & & \\ & & & 0 & & \\ & 0 & & & \ddots & \\ & & & & & 0 \end{pmatrix}\cdot\boldsymbol{H}
$$

(5.3.10)

其中 $\boldsymbol{F}$ 为下三角形矩阵，$\boldsymbol{H}$ 为上三角形矩阵；而且矩阵 $\boldsymbol{F}$ 与 $\boldsymbol{H}$ 的前 r 个主对角线上元素都等于 1，矩阵 $\boldsymbol{F}$ 的后 $n-r$ 个列上与矩阵 $\boldsymbol{H}$ 的后 $n-r$ 个行上的元素可以任意选取. 以表示式(5.3.10) 中的 $\boldsymbol{L},\boldsymbol{U}$ 代入式(5.3.2) 且应用等式(5.3.2)，得到下面这个定理：

定理 5.3.2 每一个秩为 r 且有

$$
\Delta_k=\left|\boldsymbol{A}\begin{pmatrix}1 & 2 & \cdots & k\\ 1 & 2 & \cdots & k\end{pmatrix}\right|\neq 0\quad (k=1,2,\cdots,r)
$$

的矩阵 $\boldsymbol{A}=(a_{ik})_{n\times n}$，都可以表示成形为下三角形矩阵 $\boldsymbol{F}$，对角形矩阵 $\boldsymbol{D}$ 与上三角形矩阵 $\boldsymbol{H}$ 的乘积

$$
\boldsymbol{A}=\boldsymbol{FDH}=\begin{pmatrix}1 & 0 & \cdots & 0\\ f_{21} & 1 & \cdots & 0\\ \vdots & \vdots & & \vdots\\ f_{n1} & f_{n2} & \cdots & 1\end{pmatrix}\begin{pmatrix}\Delta_1 & & & & & \\ & \dfrac{\Delta_2}{\Delta_1} & & & & \\ & & \ddots & & & \\ & & & \dfrac{\Delta_r}{\Delta_{r-1}} & & \\ & & & & 0 & \\ & & & & & \ddots \\ & & & & & & 0\end{pmatrix}\begin{pmatrix}1 & h_{12} & \cdots & h_{1n}\\ 0 & 1 & \cdots & h_{2n}\\ \vdots & \vdots & & \vdots\\ 0 & 0 & \cdots & 1\end{pmatrix}
$$

(5.3.11)

其中

$$
f_{gk}=\frac{\left|\boldsymbol{A}\begin{pmatrix}1 & 2 & \cdots & k-1 & g\\ 1 & 2 & \cdots & k-1 & k\end{pmatrix}\right|}{\left|\boldsymbol{A}\begin{pmatrix}1 & 2 & \cdots & k\\ 1 & 2 & \cdots & k\end{pmatrix}\right|}
$$

$$h_{kg}=\frac{\left|\boldsymbol{A}\begin{pmatrix}1&2&\cdots&k-1&k\\1&2&\cdots&k-1&g\end{pmatrix}\right|}{\left|\boldsymbol{A}\begin{pmatrix}1&2&\cdots&k\\1&2&\cdots&k\end{pmatrix}\right|}\quad(g=k,k+1,\cdots,n,k=1,2,\cdots,r)$$

而当 $g=k+1,\cdots,n;k=r+1,\cdots,n$ 时，f_{gk},h_{gk} 为任意的数.

在 $\boldsymbol{A}$ 非奇异时，分解式(5.3.11)还是唯一的：

定理 5.3.3 每一个满秩的方阵，当且仅当它的顺序主子式 $\Delta_k\neq0(k=1,2,\cdots,n-1)$ 时，它可以唯一地分解为 $\boldsymbol{FDH}$，其中 $\boldsymbol{F},\boldsymbol{H}$ 分别是对角线都为 1 的下、上三角形矩阵，$\boldsymbol{D}$ 是对角矩阵

$$\boldsymbol{D}=\begin{pmatrix}d_1&&&\\&d_2&&\\&&\ddots&\\&&&d_n\end{pmatrix}$$

这里 $d_k=\dfrac{\Delta_k}{\Delta_{k-1}},k=1,2,\cdots,n,\Delta_0=1$.

证明 必要性. 若 $\boldsymbol{A}$ 有唯一的 $\boldsymbol{FDH}$ 分解式：$\boldsymbol{A}=\boldsymbol{FDH}$. 则将此式写成

$$\left(\begin{array}{c:c}\boldsymbol{A}_{n-1}&\boldsymbol{\nu}\\\hdashline\boldsymbol{\mu}&a_{nn}\end{array}\right)=\left(\begin{array}{c:c}\boldsymbol{F}_{n-1}&\\\hdashline\boldsymbol{\sigma}&1\end{array}\right)\left(\begin{array}{c:c}\boldsymbol{D}_{n-1}&\\\hdashline&d_n\end{array}\right)\left(\begin{array}{c:c}\boldsymbol{H}_{n-1}&\boldsymbol{\tau}\\\hdashline&1\end{array}\right)\tag{5.3.12}$$

其中 $\boldsymbol{F}_{n-1},\boldsymbol{D}_{n-1},\boldsymbol{H}_{n-1},\boldsymbol{A}_{n-1}$ 分别是 $\boldsymbol{F},\boldsymbol{D},\boldsymbol{H},\boldsymbol{A}$ 的 $n-1$ 阶顺序主子阵(即顺序主子式对应的矩阵)式，有

$$\boldsymbol{A}_{n-1}=\boldsymbol{F}_{n-1}\boldsymbol{D}_{n-1}\boldsymbol{H}_{n-1}\tag{5.3.13}$$

$$\boldsymbol{\mu}=\boldsymbol{\sigma}\boldsymbol{D}_{n-1}\boldsymbol{H}_{n-1}\boldsymbol{\tau}\tag{5.3.14}$$

$$\boldsymbol{\nu}=\boldsymbol{F}_{n-1}\boldsymbol{D}_{n-1}\boldsymbol{\tau}\tag{5.3.15}$$

$$a_{nn}=\boldsymbol{\sigma}\boldsymbol{D}_{n-1}\boldsymbol{\tau}+d_n\tag{5.3.16}$$

如果 $\Delta_{n-1}-|\boldsymbol{A}_{n-1}|=0$，那么由式(5.3.13)以及行列式的乘法定理，得

$$|\boldsymbol{D}_{n-1}|-|\boldsymbol{A}_{n-1}|=0$$

于是 $|\boldsymbol{F}_{n-1}\boldsymbol{D}_{n-1}|=0$，即 $\boldsymbol{F}_{n-1}\boldsymbol{D}_{n-1}$ 奇异. 对于方程组(5.3.15)，根据定理 5.1.1，存在 $(n-1)\times1$ 单列矩阵 $\boldsymbol{\tau}'$，使 $\boldsymbol{F}_{n-1}\boldsymbol{D}_{n-1}\boldsymbol{\tau}'=\boldsymbol{\nu}$，而 $\boldsymbol{\tau}\neq\boldsymbol{\tau}'$. 同理，因 $\boldsymbol{D}_{n-1}\boldsymbol{H}_{n-1}$ 奇异，所以 $\boldsymbol{D}_{n-1}^{\mathrm{T}}\boldsymbol{H}_{n-1}^{\mathrm{T}}=(\boldsymbol{H}_{n-1}\boldsymbol{D}_{n-1})^{\mathrm{T}}$ 奇异，于是有 $\boldsymbol{\sigma}'\neq\boldsymbol{\sigma}$，使 $\boldsymbol{H}_{n-1}^{\mathrm{T}}\boldsymbol{D}_{n-1}^{\mathrm{T}}\boldsymbol{\sigma}'^{\mathrm{T}}=\boldsymbol{\mu}^{\mathrm{T}}$ 或 $\boldsymbol{\sigma}'^{\mathrm{T}}\boldsymbol{D}_{n-1}\boldsymbol{H}_{n-1}=\boldsymbol{\mu}$ 因. 取 $d'_n=a_{nn}-\boldsymbol{\sigma}'\boldsymbol{D}_{n-1}\boldsymbol{\tau}'$，则有

$$\left(\begin{array}{c:c}\boldsymbol{A}_{n-1}&\boldsymbol{\nu}\\\hdashline\boldsymbol{\mu}&a_{nn}\end{array}\right)=\left(\begin{array}{c:c}\boldsymbol{F}_{n-1}&\\\hdashline\boldsymbol{\sigma}'&1\end{array}\right)\left(\begin{array}{c:c}\boldsymbol{D}_{n-1}&\\\hdashline&d'_n\end{array}\right)\left(\begin{array}{c:c}\boldsymbol{H}_{n-1}&\boldsymbol{\tau}'\\\hdashline&1\end{array}\right)$$

这与 $\boldsymbol{A}$ 的 $\boldsymbol{FDH}$ 分解的唯一性假定矛盾. 因此 $\Delta_{n-1}\neq0$.

考察 $n-1$ 阶顺序主子阵 $\boldsymbol{A}_{n-1}$，同样有

$$\boldsymbol{A}_{n-2}=\boldsymbol{F}_{n-2}\boldsymbol{D}_{n-2}\boldsymbol{H}_{n-2}$$

其中 $\boldsymbol{F}_{n-2},\boldsymbol{D}_{n-2},\boldsymbol{U}_{n-2},\boldsymbol{A}_{n-2}$ 分别是 $\boldsymbol{F},\boldsymbol{D},\boldsymbol{H},\boldsymbol{A}$ 的 $n-2$ 阶顺序主子阵. 于是由于 $\boldsymbol{D}_{n-1}$ 非奇异，$\boldsymbol{D}_{n-2}$ 也非奇异，得 $|\boldsymbol{A}_{n-2}|-|\boldsymbol{D}_{n-2}|\neq 0$，或 $\Delta_{n-2}\neq 0$. 依此类推可得 $\Delta_{n-1}\neq 0,\Delta_{n-2}\neq 0,\cdots,\Delta_2\neq 0,\Delta_1\neq 0$. 必要性得到证明.

充分性和分解式的唯一性由定理 5.3.2 中取 $r=n$(即 $\boldsymbol{A}$ 满秩) 即得.

推论 非奇异方阵 $\boldsymbol{A}$ 有三角分解 $\boldsymbol{A}=\boldsymbol{LU}$ 的充分必要条件是它的顺序的主子式 $\Delta_k\neq 0,k=1,2,\cdots,n-1$.

证明 条件的充分性已由定理 5.3.1 得出.

必要性. 因 $\boldsymbol{A}$ 非奇异，所以 $0\neq|\boldsymbol{A}|=|\boldsymbol{L}||\boldsymbol{U}|$，故 $\boldsymbol{L},\boldsymbol{U}$ 非奇异. 设 $\boldsymbol{L}$

$$\boldsymbol{L}=\begin{pmatrix}t_{11}&0&\cdots&0\\t_{21}&t_{22}&\cdots&0\\\vdots&\vdots&\ddots&\vdots\\t_{n1}&t_{n2}&\cdots&t_{nn}\end{pmatrix},\boldsymbol{U}=\begin{pmatrix}u_{11}&u_{12}&\cdots&u_{1n}\\0&u_{22}&\cdots&u_{2n}\\\vdots&\vdots&\ddots&\vdots\\0&0&\cdots&u_{nn}\end{pmatrix}$$

于是

$$\boldsymbol{A}=\begin{pmatrix}t_{11}&0&\cdots&0\\t_{21}&t_{22}&\cdots&0\\\vdots&\vdots&\ddots&\vdots\\t_{n1}&t_{n2}&\cdots&t_{nn}\end{pmatrix}\begin{pmatrix}u_{11}&u_{12}&\cdots&u_{1n}\\0&u_{22}&\cdots&u_{2n}\\\vdots&\vdots&\ddots&\vdots\\0&0&\cdots&u_{nn}\end{pmatrix}$$

$$=\begin{pmatrix}1&0&\cdots&0\\\frac{t_{21}}{t_{11}}&1&\cdots&0\\\vdots&\ddots&\ddots&\vdots\\\frac{t_{n1}}{t_{11}}&\cdots&\frac{t_{n(n-1)}}{t_{(n-1)(n-1)}}&1\end{pmatrix}\begin{pmatrix}t_{11}&0&\cdots&0\\0&t_{22}&\cdots&0\\\vdots&\vdots&\ddots&\vdots\\0&0&\cdots&t_{nn}\end{pmatrix}\cdot$$

$$\begin{pmatrix}u_{11}&0&\cdots&0\\0&u_{22}&\cdots&0\\\vdots&\vdots&\ddots&\vdots\\0&0&\cdots&u_{nn}\end{pmatrix}\begin{pmatrix}1&\frac{u_{21}}{u_{11}}&\cdots&\frac{u_{1n}}{u_{11}}\\0&1&\ddots&\vdots\\\vdots&\vdots&\ddots&\frac{u_{(n-1)n}}{u_{(n-1)(n-1)}}\\0&0&\cdots&1\end{pmatrix}$$

$$=\boldsymbol{F}\begin{pmatrix} t_{11}u_{11} & 0 & \cdots & 0 \\ 0 & t_{22}u_{22} & \cdots & 0 \\ \vdots & \vdots & \ddots & \vdots \\ 0 & 0 & \cdots & t_{nn}u_{nn} \end{pmatrix}\boldsymbol{H}$$

用定理 5.3.3 中证明等式(5.3.13) 唯一性的同样方法可知,$\boldsymbol{A}$ 的上述分解是唯一的,于是由定理 5.3.3 的结论即知 $\Delta_k \neq 0, k=1,2,\cdots,n-1$.

5.4 两个附注

附注 1 我们从上一目知道,一个 n 阶非奇异矩阵 $\boldsymbol{A}$,当且仅当其顺序主子式 $\Delta_k \neq 0, k=1,2,\cdots,n$ 时可用高斯消元法解方程组

$$\boldsymbol{AX}=\boldsymbol{Y} \tag{5.4.1}$$

又从定理 5.3.3 推论知,上述条件也是 $\boldsymbol{A}$ 有三角分解

$$\boldsymbol{A}=\boldsymbol{LU} \tag{5.4.2}$$

的充分必要条件,等式(5.4.2) 成立时,由于式(5.4.1) 相当于方程组

$$\begin{cases} \boldsymbol{LZ}=\boldsymbol{Y} \\ \boldsymbol{UX}=\boldsymbol{Z} \end{cases} \tag{5.4.3}$$

($\boldsymbol{L},\boldsymbol{U}$ 非奇异,式(5.4.3) 的唯一解即是式(5.4.1) 的唯一解),于是将式(5.4.3) 的第一个方程组写为

$$\begin{pmatrix} t_{11} & 0 & \cdots & 0 \\ t_{21} & t_{22} & \cdots & 0 \\ \vdots & \vdots & \ddots & \vdots \\ t_{n1} & t_{n2} & \cdots & t_{nn} \end{pmatrix}\begin{pmatrix} z_1 \\ z_2 \\ \vdots \\ z_n \end{pmatrix}=\begin{pmatrix} y_1 \\ y_2 \\ \vdots \\ y_n \end{pmatrix} \quad (t_{ii}\neq 0, i=1,2,\cdots,n)$$

可得

$$\sum_{j=1}^{n} t_{ij}z_j = y_i$$

或

$$z_j=\frac{y_i-\sum\limits_{j=1}^{i-1} t_{ij}z_j}{t_{ii}} \quad (i=1,2,\cdots,n) \tag{5.4.4}$$

利用这个公式可以依次递推算出 $z_1,z_2,\cdots,z_n$. 这个过程称为前推. 显然,式(5.4.3) 的第二个方程组可用本章 §5 的 5.1 节所述的回代办法由公式

$$x_j=\frac{z_i-\sum\limits_{j=i+1}^{n} u_{ij}x_j}{u_{ii}} \quad (i=n,n-1,\cdots,2,1)$$

算出 $x_n, x_{n-1}, \cdots, x_2, x_1$.

用上述两种办法解线性方程组都需要假定 $\boldsymbol{A}$ 的前 $n-1$ 阶顺序主子式非零. 但这对于解方程组(5.4.1)本身并不是必须的. 我们在本章 §5 的 5.1 节已经指出,带有行、列交换的消元法在 $\boldsymbol{A}$ 非奇异的假定下即可解出方程组. 同样的,在计算方法的课程中将介绍带行列交换的三角分解法. 在这里我们仅以下面的结果给出原则性的说明:

定理 5.4.1 若方阵 $\boldsymbol{A}$ 非奇异,则存在置换矩阵 $\boldsymbol{P}$ 使 $\boldsymbol{PA}$ 的 n 个顺序主子式非零.

证明 $\boldsymbol{A}$ 非奇异,则 $\boldsymbol{A}$ 必有一个子式 $\left|\boldsymbol{A}\begin{pmatrix} i_1 & i_2 & \cdots & i_{n-1} \\ 1 & 2 & \cdots & n-1 \end{pmatrix}\right| \neq 0$ $(1 \leqslant i_1 \leqslant i_2 \leqslant \cdots \leqslant i_{n-1} \leqslant n)$. 因为如果所有这样的子式均为零,则 $|\boldsymbol{A}|$ 按照最后一列展开将为零,这与 $\boldsymbol{A}$ 非奇异相悖. 令置换

$$s_1 = \begin{pmatrix} 1 & 2 & \cdots & n-1 & n \\ i_1 & i_2 & \cdots & i_{n-1} & i_n \end{pmatrix}$$

而置换矩阵

$$\boldsymbol{P}_1 = \begin{pmatrix} \boldsymbol{e}_{s_1(1)} \\ \boldsymbol{e}_{s_1(2)} \\ \vdots \\ \boldsymbol{e}_{s_1(n)} \end{pmatrix}$$

其中 $\boldsymbol{e}_i$ 表示第 i 个元素为 1,其余元素为 0 的 n 维行向量.

则 $\boldsymbol{P}_1\boldsymbol{A}$ 的 $n-1$ 阶顺序主子式非零(虚线方框所示)

$$\boldsymbol{P}_1\boldsymbol{A} = \begin{pmatrix} a_{s_1(1)1} & a_{s_1(1)2} & \cdots & a_{s_1(1)(n-1)} & a_{s_1(1)n} \\ a_{s_1(2)1} & a_{s_1(2)2} & \cdots & a_{s_1(2)(n-1)} & a_{s_1(2)n} \\ \vdots & \vdots & & \vdots & \vdots \\ a_{s_1(n-1)1} & a_{s_1(n-1)2} & \cdots & a_{s_1(n-1)(n-1)} & a_{s_1(n-1)n} \\ a_{s_1(n)1} & a_{s_1(n)2} & \cdots & a_{s_1(n)(n-1)} & a_{s_1(n)n} \end{pmatrix}$$

$$= \begin{pmatrix} a_{i_1 1} & a_{i_1 2} & \cdots & a_{i_1 (n-1)} & a_{i_1 n} \\ a_{i_2 1} & a_{i_2 2} & \cdots & a_{i_2 (n-1)} & a_{i_2 n} \\ \vdots & \vdots & & \vdots & \vdots \\ a_{i_{n-1} 1} & a_{i_{n-1} 2} & \cdots & a_{i_{n-1} (n-1)} & a_{i_{n-1} n} \\ a_{i_n 1} & a_{i_n 2} & \cdots & a_{i_n (n-1)} & a_{i_n n} \end{pmatrix}$$

同样,方框中至少有一个 $n-2$ 阶子式 $\left|\boldsymbol{P}_1\boldsymbol{A}\begin{pmatrix}h_1 & h_2 & \cdots & h_{n-2}\\ 1 & 2 & \cdots & n-2\end{pmatrix}\right|\neq 0$,$1\leqslant h_1\leqslant h_2\leqslant\cdots\leqslant h_{n-2}\leqslant n-1$.令

$$s_2=\begin{pmatrix}1 & 2 & \cdots & n-2 & n-1 & n\\ h_1 & h_2 & \cdots & h_{n-2} & h_{n-1} & n\end{pmatrix},\boldsymbol{P}_2=\begin{pmatrix}\boldsymbol{e}_{s_2(1)}\\ \boldsymbol{e}_{s_2(2)}\\ \vdots\\ \boldsymbol{e}_{s_2(n)}\end{pmatrix}$$

则 $\boldsymbol{P}_2\boldsymbol{P}_1\boldsymbol{A}$ 的 $n-1$,$n-2$ 阶顺序主子式不为零.这样继续下去,最终有置换矩阵 $\boldsymbol{P}_1,\boldsymbol{P}_2,\cdots,\boldsymbol{P}_{n-1}$ 使得 $\boldsymbol{P}_{n-1}\cdots\boldsymbol{P}_2\boldsymbol{P}_1\boldsymbol{A}$ 的前 $n-1$ 阶顺序主子式都不为零.置换矩阵的乘积仍是置换矩阵,设为 $\boldsymbol{P}$,故得结论.

根据这个定理,式(5.4.1)的同解方程组

$$\boldsymbol{PAX}=\boldsymbol{PY}$$

总可以用高斯消元法或三角分解方法求解,即原方程组(5.4.1)可以通过带行交换的高斯消元法或三角分解方法解出.

附注2 应用高斯消元法于 $\Delta_k\neq 0(k=1,2,\cdots,r)$ 的 r 秩矩阵 $\boldsymbol{A}=(a_{ik})_{n\times n}$,给予我们两个矩阵:主对角线上元素全等于 1 的下三角形矩阵 $\boldsymbol{T}$ 与前 r 个主对角线上元素为 $\Delta_1,\frac{\Delta_2}{\Delta_1},\cdots,\frac{\Delta_r}{\Delta_{r-1}}$ 而后 $n-r$ 行的元素全为零的上三角形矩阵 $\boldsymbol{G}$.$\boldsymbol{G}$ 为矩阵 $\boldsymbol{A}$ 的高斯型而矩阵 $\boldsymbol{T}$ 为其变换矩阵

$$\boldsymbol{TA}=\boldsymbol{G}$$

或

$$\boldsymbol{A}=\boldsymbol{T}^{-1}\boldsymbol{G}\tag{5.4.5}$$

为了具体计算矩阵 $\boldsymbol{T}$ 的元素,我们将给出下面的方法:

如果对单位矩阵应用对于矩阵所做的高斯变换(定出了矩阵 $\boldsymbol{T}_1,\cdots,\boldsymbol{T}_r$),那么我们就得出矩阵 $\boldsymbol{T}$(此处变换等于 $\boldsymbol{G}$ 的乘积 $\boldsymbol{TA}$,也等于 $\boldsymbol{T}$ 的乘积 $\boldsymbol{TE}$).因此在矩阵 $\boldsymbol{A}$ 的右方加上一个单位矩阵 $\boldsymbol{E}$

$$\begin{pmatrix}a_{11} & \cdots & a_{1n} & 1 & \cdots & 0\\ \vdots & & \vdots & \vdots & & \vdots\\ a_{r1} & \cdots & a_{nn} & 0 & \cdots & 1\end{pmatrix}\tag{5.4.6}$$

对这一个长方矩阵,应用高斯变换,我们得出一个由方阵 $\boldsymbol{G}$ 与 $\boldsymbol{T}$ 所组成的长方矩阵

$$(\boldsymbol{G}\vdots\boldsymbol{T})$$

这样一来，对矩阵(5.4.6)应用高斯变换可同时得出矩阵 $\boldsymbol{G}$ 与矩阵 $\boldsymbol{T}$.

如果 $\boldsymbol{A}$ 是一个满秩矩阵，亦即 $|\boldsymbol{A}|\neq 0$，那么 $|\boldsymbol{G}|\neq 0$. 此时由式(5.4.5)得出

$$\boldsymbol{A}^{-1}=\boldsymbol{G}^{-1}\boldsymbol{T}$$

因为矩阵 $\boldsymbol{G}$ 与 $\boldsymbol{T}$ 为高斯变换所完全确定，故求出逆矩阵 $\boldsymbol{A}^{-1}$ 的方法就化为决定 $\boldsymbol{G}^{-1}$，而后以 $\boldsymbol{G}^{-1}$ 来乘 $\boldsymbol{T}$.

虽然在确定矩阵 $\boldsymbol{G}$ 以后，不难求出逆矩阵 $\boldsymbol{G}^{-1}$，因为 $\boldsymbol{G}$ 是一个三角形矩阵，但是我们可以避免这一运算. 为此，同矩阵 $\boldsymbol{G}$ 与 $\boldsymbol{T}$ 一样，对于转置矩阵 $\boldsymbol{A}^{\mathrm{T}}$ 引进类似的矩阵 $\boldsymbol{G}_1$ 与 $\boldsymbol{T}_1$，则有

$$\boldsymbol{A}^{\mathrm{T}}=\boldsymbol{T}_1^{-1}\boldsymbol{G}_1$$

亦即

$$\boldsymbol{A}=\boldsymbol{G}_1{}^{\mathrm{T}}(\boldsymbol{T}_1{}^{\mathrm{T}})^{-1} \tag{5.4.7}$$

比较等式(5.4.5)与5.3节中等式(5.3.11)

$$\boldsymbol{A}=\boldsymbol{T}^{-1}\boldsymbol{G},\boldsymbol{A}=\boldsymbol{LDU}$$

这些等式可视为 $\boldsymbol{A}$ 的两种不同的三角形分解式；这里我们视乘积 $\boldsymbol{DU}$ 为第二个因子. 因为在第一个因子中对角线上前 r 个元素 $\boldsymbol{T}^{-1}$ 中的对应元素相同(都等于1)，所以它们的前 r 个列是完全相同的. 故因矩阵 $\boldsymbol{L}$ 的后 $n-r$ 个列可以任意选取，就可以这样来选取，使得

$$\boldsymbol{L}=\boldsymbol{T}^{-1} \tag{5.4.8}$$

另外，比较等式(5.4.7)与5.3节中等式(5.3.11)

$$\boldsymbol{A}=\boldsymbol{G}_1^{-1}(\boldsymbol{T}_1{}^{\mathrm{T}})^{-1},\boldsymbol{A}=\boldsymbol{LDU}$$

证明我们这样来选取 $\boldsymbol{U}$ 中允许任意选取的元素，使得

$$\boldsymbol{U}=(\boldsymbol{T}_1^{\mathrm{T}})^{-1} \tag{5.4.9}$$

代5.3节中等式(5.3.11)中的 $\boldsymbol{L}$ 与 $\boldsymbol{U}$ 以式(5.4.8)与(5.4.9)中的表示式，我们得出

$$\boldsymbol{A}=\boldsymbol{T}^{-1}\boldsymbol{D}(\boldsymbol{T}_1{}^{\mathrm{T}})^{-1} \tag{5.4.10}$$

比较这个等式与等式(5.4.5)及(5.4.7)，我们得到

$$\boldsymbol{G}=\boldsymbol{D}(\boldsymbol{T}_1{}^{\mathrm{T}})^{-1},\boldsymbol{T}_1{}^{\mathrm{T}}=\boldsymbol{T}^{-1}\boldsymbol{D} \tag{5.4.11}$$

引入对角形矩阵

$$\hat{\boldsymbol{D}}=\begin{pmatrix} \boldsymbol{D}_1 & & & & & & \\ & \dfrac{\boldsymbol{D}_2}{\boldsymbol{D}_1} & & & & & \\ & & \ddots & & & & \\ & & & \dfrac{\boldsymbol{D}_r}{\boldsymbol{D}_{r-1}} & & & \\ & & & & 0 & & \\ & & & & & \ddots & \\ & & & & & & 0 \end{pmatrix} \tag{5.4.12}$$

那么,因为 $\boldsymbol{D}=\boldsymbol{D}\hat{\boldsymbol{D}}\boldsymbol{D}$,从式(5.4.10)与(5.4.11)得出

$$\boldsymbol{A}=\boldsymbol{G}_1^{\mathrm{T}}\hat{\boldsymbol{D}}\boldsymbol{G} \tag{5.4.13}$$

式(5.4.13)证明了,矩阵 $\boldsymbol{A}$ 对于三角形因子的分解式,可以通过将高斯变换应用到矩阵 $\boldsymbol{A}$ 与 $\boldsymbol{A}^{\mathrm{T}}$ 上来求出.

现在设 $\boldsymbol{A}$ 为一个满秩矩阵($r=n$),那么 $|\boldsymbol{D}|\neq 0$,$\hat{\boldsymbol{D}}=\boldsymbol{D}^{-1}$. 故由式(5.4.10)得出

$$\boldsymbol{A}^{-1}=\boldsymbol{T}_1^{\mathrm{T}}\hat{\boldsymbol{D}}\boldsymbol{T} \tag{5.4.14}$$

这个式子给予了应用高斯变换到长方矩阵

$$(\boldsymbol{A},\boldsymbol{E}),(\boldsymbol{A}^{\mathrm{T}},\boldsymbol{E})$$

上来有效的计算逆矩阵 $\boldsymbol{A}^{-1}$ 的可能性.

在特殊的情形,取对称矩阵 $\boldsymbol{S}$ 来替代矩阵 $\boldsymbol{A}$,则 $\boldsymbol{G}_1$ 与 $\boldsymbol{G}$ 重合,而且矩阵 $\boldsymbol{T}_1$ 亦与矩阵 $\boldsymbol{T}$ 重合,因此式(5.4.13)与(5.4.14)取如下形状

$$\boldsymbol{S}=\boldsymbol{G}^{\mathrm{T}}\hat{\boldsymbol{D}}\boldsymbol{G} \tag{5.4.15}$$

$$\boldsymbol{S}^{-1}=\boldsymbol{T}^{\mathrm{T}}\hat{\boldsymbol{D}}\boldsymbol{T} \tag{5.4.16}$$

5.5 高斯消元过程的力学解释

讨论任何弹性静力系统 S,固定它的边缘(例如,弦线,轴,多跨距轴,隔膜,金属板或不连续的系统),且在它的上面取 n 个点(1),(2),…,(n).

当系统 S 的点(1),(2),…,(n)上分别受到力 $F_1,F_2,\cdots,F_n$ 作用时,我们来研究这些点的位移(垂度)$y_1,y_2,\cdots,y_n$. 我们假设这些力和位移都平行于同一个方向,因而它们就由它们的代数值来确定(图 1).

此外,我们还假定力的线性叠加原则是适合的:

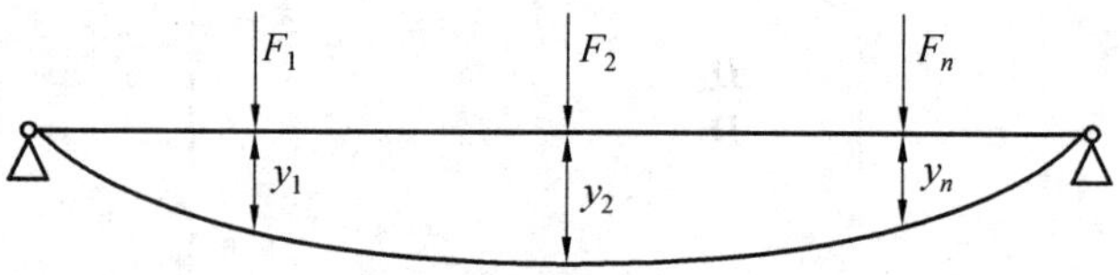

图 1

1° 两组力叠加时，其对应的垂度要相加.

2° 所有力都乘以同一个实数时，所有的垂度都要乘上这一个相同的数.

以 a_{ij} 表点(j)在点(i)上的影响系数，亦即在点(j)作用一个单位力时在点(i)所得出的垂度$(i,j=1,2,\cdots,n)$(图 2). 则对于力 $F_1,F_2,\cdots,F_n$ 的联合作用，垂度 $y_1,y_2,\cdots,y_n$ 为如下诸公式所决定

$$\sum_{k=1}^{n} a_{ij}F_j = y_j \quad (i=1,2,\cdots,n) \tag{5.5.1}$$

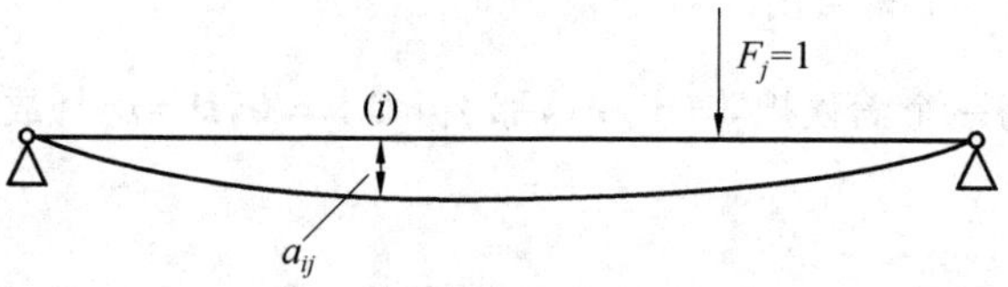

图 2

比较式(5.5.1)与以前的方程组(5.1.1)，我们来找出方程组(5.1.1)的解这一个问题可作如下解释：

给出了垂度 $y_1,y_2,\cdots,y_n$，求出对应的力 $F_1,F_2,\cdots,F_n$.

以 S_p 记由 S 在点(1),(2),$\cdots$,$(p)$$(p\leqslant n)$上加进 p 个固定的枢轴支承所得出的静止系统. 对于系统 S_p 的其余诸活动点$(p+1)$,$(p+2)$,$\cdots$,(n)的影响系数记为

$$a_{ij}^{(p)} \quad (i,j=p+1,p+2,\cdots,n)$$

(对于 $p=1$ 时参考图 3).

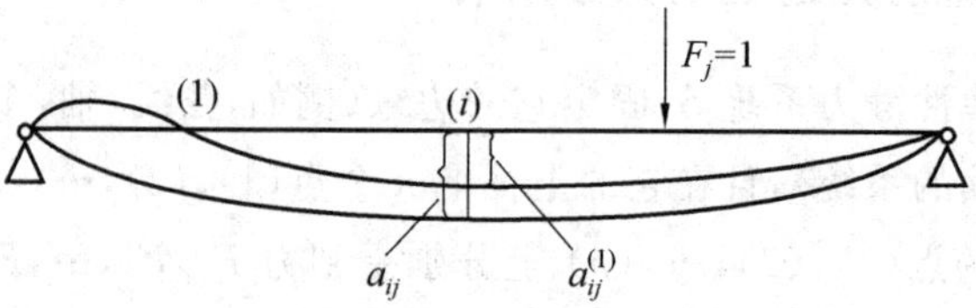

图 3

影响系数 $a_{ij}^{(p)}$ 可以视为一个垂度，即在系统 S 上将单位力作用于点(j)，而

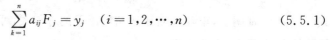

加反作用力 $R_1,R_2,\cdots,R_p$ 于固定点(1),(2),…,(p) 时,系统 S 上点(i) 的垂度.因此

$$a_{ij}^{(p)}=R_1a_{i1}+R_2a_{i2}+\cdots+R_pa_{ip}+a_{ij} \tag{5.5.2}$$

另外,对于这一组力,系统 S 在点(1),(2),…,(p) 的垂度等于零

$$\begin{cases}R_1a_{11}+R_2a_{12}+\cdots+R_pa_{1p}+a_{1j}=0\\ R_1a_{21}+R_2a_{22}+\cdots+R_pa_{2p}+a_{2j}=0\\ \quad\vdots\\ R_1a_{p1}+R_2a_{p2}+\cdots+R_pa_{pp}+a_{pj}=0\end{cases} \tag{5.5.3}$$

如果 $\boldsymbol{A}\begin{pmatrix}1 & 2 & \cdots & p\\ 1 & 2 & \cdots & p\end{pmatrix}\neq 0$,那么我们可以从式(5.5.3) 中定出 $R_1,R_2,\cdots,R_p$ 的表示式来代入式(5.5.2),进而来消去 $R_1,R_2,\cdots,R_p$.在方程组(5.5.3) 中加入等式(5.5.2),且将式(5.5.2) 写为下面的形状

$$R_1a_{i1}+R_2a_{i2}+\cdots+R_pa_{ip}+a_{ij}-a_{ij}^{(p)}=0 \tag{5.5.2$'$}$$

视式(5.5.3) 与(5.5.2$'$) 为有 $p+1$ 个方程的齐次线性方程组.因为它有非零解 $R_1,R_2,\cdots,R_p,R_{p+1}=1$,故其行列式必须等于零,即

$$\begin{vmatrix}a_{11} & a_{12} & \cdots & a_{1p} & a_{1j}\\ a_{21} & a_{22} & \cdots & a_{2p} & a_{2j}\\ \vdots & \vdots & & \vdots & \vdots\\ a_{p1} & a_{p2} & \cdots & a_{pp} & a_{pj}\\ a_{i1} & a_{i2} & \cdots & a_{ip} & a_{ij}-a_{ij}^{(p)}\end{vmatrix}=0$$

因此

$$a_{ij}^{(p)}=\frac{\boldsymbol{A}\begin{pmatrix}1 & 2 & \cdots & p & i\\ 1 & 2 & \cdots & p & j\end{pmatrix}}{\boldsymbol{A}\begin{pmatrix}1 & 2 & \cdots & p\\ 1 & 2 & \cdots & p\end{pmatrix}}\quad (i,j=p+1,p+2,\cdots,n) \tag{5.5.4}$$

用这些式子可以把“支承的”系统 S_p 的影响系数经原先的系统S 的影响系数来表出.

但式(5.5.4) 与 5.2 节的式(5.2.4) 相同.故对任一个 $p(\leqslant n-1)$,高斯变换系数中的系数 $a_{ij}^{(p)}(i,j=p+1,p+2,\cdots,n)$ 就是支承系统 S_p 的影响系数.

我们可以不用代数地推出 5.2 节中的公式(5.2.4),纯粹从力学的推理来证明这一基本论断的正确性.对此,我们首先讨论有一个支承的特殊情形:$p=1$.此时系统 S_1 的影响系数为如下诸式所确定(在式(5.5.4) 中设 $p=1$)

$$a_{ij}^{(1)}=\frac{A\begin{pmatrix}1 & i\\1 & j\end{pmatrix}}{A\begin{pmatrix}1\\1\end{pmatrix}}=a_{ij}-\frac{a_{i1}}{a_{11}}a_{1j}\quad(i,j=p+1,p+2,\cdots,n)$$

这些式子与5.1节中的式(5.1.6)相同.

这样一来,如果在5.1节中的方程组(5.1.1)中的系数$a_{ij}(i,j=1,2,\cdots,n)$是静止系统S的影响系数,那么高斯变换中的系数$a_{ij}^{(p)}(i,j=2,3,\cdots,n)$就是系统$S_1$的影响系数.应用同样的推理于系统$S_1$,在它的点(5.5.2)加上第二个支承的影响系数,我们就得出,方程组(5.5.4)中的系数$a_{ij}^{(p)}(i,j=3,4,\cdots,n)$就是系统$S_2$的影响系数;一般地,对于任何$p(\leqslant n-1)$,高斯变换中的系数$a_{ij}^{(p)}(i,j=p+1,p+2,\cdots,n)$就是系统$S_p$的影响系数.

显然从力学的推理,顺次加上p个支承相当于同时加上这些支承.

注 我们注意,对于高斯消元法的力学解释,并没有必要首先假定讨论其垂度的诸点与作用力$F_1,F_2,\cdots,F_n$的诸点彼此重合.可以取$y_1,y_2,\cdots,y_n$于固定点(1),(2),$\cdots$,(n)的垂度,而力$F_1,F_2,\cdots,F_n$作用于点(1′),(2′),$\cdots$,(n')上面.此时a_{ij}为点(j')在点(i)上的影响系数.对于这一情形,我们代替在(k)的支承为讨论在点(k),(k')的广义支承,就是说在点(k')选取一个适当的辅助力R_k使得点(k)的垂度常等于零.可能在(1),(1′);(2),(2′);$\cdots$;(p),(p')加上p个广义的支承,这一个可能性的条件就是说对于任何力$F_{p+1},F_{p+2},\cdots,F_n$都有适当的力$R_1=F_1,R_2=F_2,\cdots,R_p=F_p$使得$y_1=0,y_2=0,\cdots,y_p=0$能够适合的条件,可表为不等式

$$A\begin{pmatrix}1 & 2 & \cdots & p\\1 & 2 & \cdots & p\end{pmatrix}\neq 0$$

§6 矩阵的分块

6.1 矩阵的分块·分块矩阵的运算方法

常常需要对矩阵进行这样的操作,把它分裂为长方部分——“子块”或“块”.在本节中我们将要对这种“分块”矩阵进行研究.

将一个矩阵用横直线和纵直线划分成若干块,就得到分块矩阵.例如,三阶方阵

$$\boldsymbol{A}=\begin{pmatrix}1 & 0 & 0\\0 & 1 & 0\\-1 & 0 & 2\end{pmatrix}$$

可以把它分成四块

$$\boldsymbol{A}=\left(\begin{array}{cc:c}1 & 0 & 0\\0 & 1 & 0\\ \hdashline -1 & 0 & 2\end{array}\right)$$

用这种方法被分成若干小块的矩阵叫作一个分块矩阵.

在一个分块矩阵里,每一小块也可以看作一个矩阵.例如上面的分块矩 $\boldsymbol{A}$ 是由以下四个矩阵组成的

$$\boldsymbol{A}_{11}=\begin{pmatrix}1 & 0\\0 & 1\end{pmatrix},\boldsymbol{A}_{12}=\begin{pmatrix}0\\0\end{pmatrix},\boldsymbol{A}_{21}=(-1\quad 0),\boldsymbol{A}_{22}=(2)$$

我们可以把 $\boldsymbol{A}$ 简单地写成

$$\boldsymbol{A}=\begin{pmatrix}\boldsymbol{A}_{11} & \boldsymbol{A}_{12}\\\boldsymbol{A}_{21} & \boldsymbol{A}_{22}\end{pmatrix}$$

沿用矩阵中的名称,称 $\boldsymbol{A}$ 为一个 2×2 分块矩阵,其元素 $\boldsymbol{A}_{ij}(i,j=1,2)$ 是一些小矩阵.

一般地,假设已给出长方矩阵

$$\boldsymbol{A}=(a_{ik})_{m\times n}$$

对于它用横直线划分成 s 块,再用纵直线划分成 t 块,就得到

$$\boldsymbol{A}=\begin{matrix}\overbrace{}^{n_1} & \overbrace{}^{n_2} & & \overbrace{}^{n_t} & \\ \left(\begin{matrix}\boldsymbol{A}_{11}\\\boldsymbol{A}_{21}\\\vdots\\\boldsymbol{A}_{s1}\end{matrix}\right. & \begin{matrix}\boldsymbol{A}_{12}\\\boldsymbol{A}_{22}\\\vdots\\\boldsymbol{A}_{s2}\end{matrix} & \begin{matrix}\cdots\\\cdots\\ \\\cdots\end{matrix} & \left.\begin{matrix}\boldsymbol{A}_{1t}\\\boldsymbol{A}_{2t}\\\vdots\\\boldsymbol{A}_{st}\end{matrix}\right) & \begin{matrix}\}m_1\\\}m_2\\ \\\}m_s\end{matrix}\end{matrix}\tag{6.1.1}$$

关于矩阵(6.1.1),就说把它分成 $s\times t$ 个 $m_\alpha\times n_\beta$ 维子块$(\alpha=1,2,\cdots,s;\beta=1,2,\cdots,t)$ 或者说把它表成分块矩阵的形状.

矩阵(6.1.1) 亦可缩写为

$$\boldsymbol{A}=(\boldsymbol{A}_{\alpha\beta})_{s\times t}$$

由分块方法知道

$$\sum_{i=1}^{s}m_i=m,\sum_{j=1}^{t}n_j=n$$

所以,只要不改变子块之间的相对位置,将$(\boldsymbol{A}_{\alpha\beta})_{s\times t}$ 看作以数为元素的矩阵,它

仍然是原来的 $m\times n$ 维矩阵.

同一矩阵可以进行不同的分块而得到不同的分块矩阵. 例如,前面那个三阶方阵 $\boldsymbol{A}$ 也可以作如下的分块

$$\boldsymbol{A}=\left(\begin{array}{c:cc}1 & 0 & 0\\ 0 & 1 & 0\\ \hdashline -1 & 0 & 2\end{array}\right)$$

得到一个 1×2 分块矩阵. 每一种分块的方法叫作 $\boldsymbol{A}$ 的一种分法.

对分块矩阵来施行运算,关于把诸块换为数值元素的那些公式同样的能够成立. 例如,设已给了同样维数的长方矩阵且分为对应的同样维数的子块

$$\boldsymbol{A}=(\boldsymbol{A}_{\alpha\beta})_{s\times t},\boldsymbol{B}=(\boldsymbol{B}_{\alpha\beta})_{s\times t}$$

易知

$$\boldsymbol{A}+\boldsymbol{B}=(\boldsymbol{A}_{\alpha\beta}+\boldsymbol{B}_{\alpha\beta})_{s\times t},k\boldsymbol{A}=(k\boldsymbol{A}_{\alpha\beta})_{s\times t}$$

这就是说,两个同类型的矩阵 $\boldsymbol{A},\boldsymbol{B}$,如果按照同一种分法进行分块,那么 $\boldsymbol{A}$ 与 $\boldsymbol{B}$ 相加时,只需把对应的子块相加;用一个数乘一个分块矩阵时,只需用这个数遍乘各子块.

我们详细地来建立分块矩阵的乘法. 从一个例子出发,设

$$\boldsymbol{A}=\left(\begin{array}{cc:c}a_{11} & a_{12} & a_{13}\\ a_{21} & a_{22} & a_{23}\\ a_{31} & a_{32} & a_{33}\\ a_{41} & a_{42} & a_{43}\end{array}\right)=\begin{pmatrix}\boldsymbol{A}_{11} & \boldsymbol{A}_{12}\\ \boldsymbol{A}_{21} & \boldsymbol{A}_{22}\end{pmatrix},\boldsymbol{B}=\left(\begin{array}{cc}b_{11} & b_{12}\\ b_{21} & b_{22}\\ \hdashline b_{31} & b_{32}\end{array}\right)=\begin{pmatrix}\boldsymbol{B}_{11}\\ \boldsymbol{B}_{21}\end{pmatrix}$$

分块乘法就是在计算 $\boldsymbol{AB}$ 时,把各个子块看成矩阵的元素,然后按照通常矩阵把它们相乘. 用式子写出,就是

$$\boldsymbol{AB}=\begin{pmatrix}\boldsymbol{A}_{11} & \boldsymbol{A}_{12}\\ \boldsymbol{A}_{21} & \boldsymbol{A}_{22}\end{pmatrix}\begin{pmatrix}\boldsymbol{B}_{11}\\ \boldsymbol{B}_{21}\end{pmatrix}=\begin{pmatrix}\boldsymbol{A}_{11}\boldsymbol{B}_{11}+\boldsymbol{A}_{12}\boldsymbol{B}_{21}\\ \boldsymbol{A}_{21}\boldsymbol{B}_{11}+\boldsymbol{A}_{22}\boldsymbol{B}_{21}\end{pmatrix}=\begin{pmatrix}\boldsymbol{C}_{11}\\ \boldsymbol{C}_{21}\end{pmatrix}$$

我们注意到,上面 $\boldsymbol{A}$ 的列的分法和 $\boldsymbol{B}$ 的行的分法是一致的,因此 $\boldsymbol{A}_{11}\boldsymbol{B}_{11}$,$\boldsymbol{A}_{12}\boldsymbol{B}_{21}$ 有意义,并且都是 2×2 维矩阵,因而 $\boldsymbol{A}_{11}\boldsymbol{B}_{11}+\boldsymbol{A}_{12}\boldsymbol{B}_{21}$ 是一个 2×2 维矩阵;同样,$\boldsymbol{A}_{21}\boldsymbol{B}_{11}+\boldsymbol{A}_{22}\boldsymbol{B}_{21}$ 也是 2×2 维矩阵. 如此,结果 $\begin{pmatrix}\boldsymbol{C}_{11}\\ \boldsymbol{C}_{21}\end{pmatrix}$ 是一个 4×2 维矩阵.

现在我们来验证,这样得到的结果和用通常矩阵乘法得到的结果是一致的. 设用通常矩阵乘法得

$$\boldsymbol{AB}=(c_{ij})_{4\times 2}$$

为了得到我们的结论,只要证明两种结果中对应元素是相等的.

作为例子来看元素 c_{32}. 它是 $\boldsymbol{A}$ 的第三行与 $\boldsymbol{B}$ 的第二列的乘积

$$c_{32}=(a_{31}\quad a_{32}\ \vdots\ a_{33})\begin{pmatrix}b_{12}\\b_{22}\\\hdashline b_{32}\end{pmatrix}$$

与它对应的是 $\boldsymbol{C}_{21}=\boldsymbol{A}_{21}\boldsymbol{B}_{11}+\boldsymbol{A}_{22}\boldsymbol{B}_{21}$ 中的第一行第二列的元素 $\overline{c_{12}}$,亦即 $\boldsymbol{A}_{21}$ 的第一行与 $\boldsymbol{B}_{11}$ 的第二列的积加上 $\boldsymbol{A}_{22}$ 的第一行与 $\boldsymbol{B}_{21}$ 的第二列的积

$$\overline{c_{12}}=(a_{31}\quad a_{32})\begin{pmatrix}b_{12}\\b_{22}\end{pmatrix}+a_{33}b_{32}$$

由于 $\boldsymbol{A}_{21}$ 的第一行与 $\boldsymbol{A}_{22}$ 的第一列并起来就是 $\boldsymbol{A}$ 的第三行,而 $\boldsymbol{B}_{11}$ 的第二列与 $\boldsymbol{B}_{21}$ 的第二列并起来就是 $\boldsymbol{B}$ 的第二列,所以显然有

$$c_{32}=\overline{c_{12}}$$

其他的 c_{ij} 也可同样验证.

一般地,设 $\boldsymbol{A}=(a_{ij})_{m\times n}$,$\boldsymbol{B}=(b_{ij})_{n\times p}$. 把 $\boldsymbol{A}$ 和 $\boldsymbol{B}$ 作如下分块,使 $\boldsymbol{A}$ 的列的分法和 $\boldsymbol{B}$ 的行的分法一致

$$\boldsymbol{A}=\begin{pmatrix}\overbrace{\boldsymbol{A}_{11}}^{n_1} & \overbrace{\boldsymbol{A}_{12}}^{n_2} & \cdots & \overbrace{\boldsymbol{A}_{1t}}^{n_t}\\ \boldsymbol{A}_{21} & \boldsymbol{A}_{22} & \cdots & \boldsymbol{A}_{2t}\\ \vdots & \vdots & & \vdots\\ \boldsymbol{A}_{s1} & \boldsymbol{A}_{s2} & \cdots & \boldsymbol{A}_{st}\end{pmatrix}\begin{matrix}\}m_1\\ \}m_2\\ \\ \}m_s\end{matrix},\boldsymbol{B}=\begin{pmatrix}\overbrace{\boldsymbol{B}_{11}}^{p_1} & \overbrace{\boldsymbol{B}_{12}}^{p_2} & \cdots & \overbrace{\boldsymbol{B}_{1u}}^{p_u}\\ \boldsymbol{B}_{21} & \boldsymbol{B}_{22} & \cdots & \boldsymbol{B}_{2u}\\ \vdots & \vdots & & \vdots\\ \boldsymbol{B}_{t1} & \boldsymbol{B}_{t2} & \cdots & \boldsymbol{B}_{tu}\end{pmatrix}\begin{matrix}\}n_1\\ \}n_2\\ \\ \}n_s\end{matrix}$$

这样分法使得第一个因子的块中所有横线上的维数与第二个因子的块中所有纵线上的维数彼此一致. 因而这些矩阵子块的相乘可以施行.

注意到

$$m_1+m_2+\cdots+m_s=m,n_1+n_2+\cdots+n_t=n,p_1+p_2+\cdots+p_u=p \tag{6.1.2}$$

那么就有

$$\boldsymbol{AB}=\begin{pmatrix}\overbrace{\boldsymbol{C}_{11}}^{p_1} & \overbrace{\boldsymbol{C}_{12}}^{p_2} & \cdots & \overbrace{\boldsymbol{C}_{1u}}^{p_u}\\ \boldsymbol{C}_{21} & A_{22} & \cdots & \boldsymbol{C}_{2u}\\ \vdots & \vdots & & \vdots\\ \boldsymbol{C}_{s1} & \boldsymbol{C}_{s2} & \cdots & \boldsymbol{C}_{su}\end{pmatrix}\begin{matrix}\}m_1\\ \}m_2\\ \\ \}m_s\end{matrix} \tag{6.1.3}$$

其中

$$C_{\alpha\beta}=\sum_{\delta=1}^{t}A_{\alpha\delta}B_{\delta\beta}\quad(\alpha=1,2,\cdots,s;\beta=1,2,\cdots,u)$$

我们来证明,等式(6.1.3)成立.

由于对 A 和 B 的分法,乘积 $A_{\alpha\delta}B_{\delta\beta}(\delta=1,2,\cdots,t)$ 都有意义,都是 $m_\alpha\times p_\beta$ 维矩阵,因而它们的和$C_{\alpha\beta}$ 也是$m_\alpha\times p_\beta$ 维矩阵. 于是由式(6.1.2)知,式(6.1.3)右端的矩阵是 $m\times p$ 维矩阵. 设用通常矩阵乘法得

$$AB=(c_{ij})_{m\times p}$$

我们来证明$(c_{ij})_{m\times p}$ 和$(C_{\alpha\beta})_{u\times s}$ 的对应元素相等. 试看任一元素 c_{ij},它是 A 的第 i 行与 B 的第 j 列乘积

$$c_{ij}=\sum_{k=1}^{n}a_{ik}b_{kj}\tag{6.1.4}$$

由于

$$1\leqslant i\leqslant m=m_1+m_2+\cdots+m_s,1\leqslant j\leqslant p=p_1+p_2+\cdots+p_u$$

可以假定

$$\begin{aligned}i&=m_1+m_2+\cdots+m_{\alpha-1}+g\quad(1\leqslant g\leqslant m_\alpha)\\ i&=p_1+p_2+\cdots+p_{\beta-1}+h\quad(1\leqslant h\leqslant p_\beta)\end{aligned}\tag{6.1.5}$$

于是与 c_{ij} 对应的是子块矩阵元素$C_{\alpha\beta}$ 中第 g 行第 h 列处的元素$\overline{c_{gh}}$. 由于

$$C_{\alpha\beta}=\sum_{\delta=1}^{t}A_{\alpha\delta}B_{\delta\beta}$$

$\overline{c_{gh}}$ 是位于$A_{\alpha\delta}B_{\delta\beta}(\delta=1,2,\cdots,t)$ 的第 g 行第h 列处的元素的和,即 $A_{\alpha1},A_{\alpha2},\cdots,A_{\alpha t}$ 的第 g 行分别与 $B_{1\beta},B_{2\beta},\cdots,B_{t\beta}$ 的第h 列的乘积的和. 但由式(6.1.4),$A_{\alpha1},A_{\alpha2},\cdots,A_{\alpha t}$ 的第g 行并起来就是A 的第i 行,而 $B_{1\beta},B_{2\beta},\cdots,B_{t\beta}$ 的第h 列并起来就是 B 的第 j 行. 所以

$$\overline{c_{gh}}=(a_{i1}\quad a_{i2}\quad\cdots\quad a_{in_1})\begin{pmatrix}b_{1j}\\b_{2j}\\\vdots\\b_{n_1j}\end{pmatrix}+(a_{i(n_1+1)}\quad a_{i(n_1+2)}\quad\cdots\quad a_{i(n_1+n_2)})\begin{pmatrix}b_{(n_1+1)j}\\b_{(n_1+2)j}\\\vdots\\b_{(n_1+n_2)j}\end{pmatrix}+\cdots+$$

$$(a_{i(n_1+\cdots+n_{t-1}+1)}\quad a_{i(n_1+\cdots+n_{t-1}+2)}\quad\cdots\quad a_{i(n_1+\cdots+n_{t-1}+n_t)})\begin{pmatrix}b_{(n_1+\cdots+n_{t-1}+1)j}\\b_{(n_1+\cdots+n_{t-1}+2)j}\\\vdots\\b_{(n_1+\cdots+n_{t-1}+n_t)j}\end{pmatrix}\tag{6.1.6}$$

比较式(6.1.4)和(6.1.6),得

$$c_{ij}=\overline{c_{gh}}$$

对方阵,常常作这样的分块使其对角线上的子块均成正方形.两个同阶方阵分块后,如其对角线的对应方子块均为同阶,则此二分块方阵必可相加和相乘.

最后,如果 $m\times n$ 维矩阵 $\boldsymbol{A}$ 已分块为式(6.1.1),那么它的转置

$$\boldsymbol{A}^{\mathrm{T}}=\begin{pmatrix}\boldsymbol{A}_{11}^{\mathrm{T}} & \boldsymbol{A}_{21}^{\mathrm{T}} & \cdots & \boldsymbol{A}_{s1}^{\mathrm{T}}\\ \boldsymbol{A}_{12}^{\mathrm{T}} & \boldsymbol{A}_{22}^{\mathrm{T}} & \cdots & \boldsymbol{A}_{s2}^{\mathrm{T}}\\ \vdots & \vdots & & \vdots\\ \boldsymbol{A}_{1t}^{\mathrm{T}} & \boldsymbol{A}_{2t}^{\mathrm{T}} & \cdots & \boldsymbol{A}_{st}^{\mathrm{T}}\end{pmatrix}$$

因此对于一个按每一列或每一行分块的矩阵

$$\boldsymbol{A}=(\boldsymbol{a}_1\ \vdots\ \boldsymbol{a}_2\ \vdots\ \cdots\ \vdots\ \boldsymbol{a}_n)=\begin{pmatrix}\boldsymbol{b}_1\\ \boldsymbol{b}_2\\ \vdots\\ \boldsymbol{b}_m\end{pmatrix}$$

有

$$\boldsymbol{A}^{\mathrm{T}}=\begin{pmatrix}\boldsymbol{a}_1^{\mathrm{T}}\\ \boldsymbol{a}_2^{\mathrm{T}}\\ \vdots\\ \boldsymbol{a}_n^{\mathrm{T}}\end{pmatrix}=(\boldsymbol{b}_1^{\mathrm{T}}\ \vdots\ \boldsymbol{b}_2^{\mathrm{T}}\ \vdots\ \cdots\ \vdots\ \boldsymbol{b}_m^{\mathrm{T}})$$

特别地,对于单位矩阵 $\boldsymbol{E}$,由于 $\boldsymbol{E}^{\mathrm{T}}=\boldsymbol{E}$,所以

$$\boldsymbol{E}=(\boldsymbol{e}_1\ \vdots\ \boldsymbol{e}_2\ \vdots\ \cdots\ \vdots\ \boldsymbol{e}_n)=(\boldsymbol{e}_1^{\mathrm{T}}\ \vdots\ \boldsymbol{e}_2^{\mathrm{T}}\ \vdots\ \cdots\ \vdots\ \boldsymbol{e}_n^{\mathrm{T}})$$

这里

$$\boldsymbol{e}_i=\begin{pmatrix}0\\ \vdots\\ 0\\ 1\\ 0\\ \vdots\\ 0\end{pmatrix}i\text{ 行},\boldsymbol{e}_i^{\mathrm{T}}=(0\ \ \cdots\ \ 0\ \ \underset{i\text{ 列}}{1}\ \ 0\ \ \cdots\ \ 0)\quad(i=1,2,\cdots,n)$$

6.2 分块对角矩阵·分块三角矩阵

设 $\boldsymbol{A}$ 是一个方阵,若 $\boldsymbol{A}$ 的分块矩阵在主对角线上的子块都是方阵,而在非

主对角线上的子块皆为零矩阵，这种分块矩阵叫作一个对角分块方阵(或称可裂方阵). 是即形如

$$
\boldsymbol{A}=\begin{pmatrix}\boldsymbol{A}_1 & \boldsymbol{O} & \cdots & \boldsymbol{O}\\ \boldsymbol{O} & \boldsymbol{A}_2 & \cdots & \boldsymbol{O}\\ \vdots & \vdots & & \vdots\\ \boldsymbol{O} & \boldsymbol{O} & \cdots & \boldsymbol{A}_s\end{pmatrix}
$$

的分块矩阵，其中 $\boldsymbol{A}_i$ 是一个 n_i 阶的方阵. 此时我们亦称 $\boldsymbol{A}$ 可裂为部分方阵 $\boldsymbol{A}_1$, $\boldsymbol{A}_2,\cdots,\boldsymbol{A}_s$ 的直接和，或称 $\boldsymbol{A}$ 为 $\boldsymbol{A}_1,\boldsymbol{A}_2,\cdots,\boldsymbol{A}_s$ 的直接和，记之以

$$
\boldsymbol{A}=\boldsymbol{A}_1\oplus\boldsymbol{A}_2\oplus\cdots\oplus\boldsymbol{A}_s
$$

特别地，由单位矩阵 $\boldsymbol{E}$ 分块得到的对角矩阵

$$
\begin{pmatrix}\boldsymbol{E}_{r_1} & \boldsymbol{O} & \cdots & \boldsymbol{O}\\ \boldsymbol{O} & \boldsymbol{E}_{r_2} & \cdots & \boldsymbol{O}\\ \vdots & \vdots & & \vdots\\ \boldsymbol{O} & \boldsymbol{O} & \cdots & \boldsymbol{E}_{r_s}\end{pmatrix}
$$

称为分块单位矩阵，其中 $\boldsymbol{E}_{r_i}$ 是 r_i 阶单位矩阵.

对角分块方阵的运算可化为其对角线上子块的运算. 因由上一节的公式(6.1.3)，若 $\boldsymbol{A}_i,\boldsymbol{B}_i(i=1,2,\cdots,s)$ 阶数相同时，可得

$$
k\cdot\begin{pmatrix}\boldsymbol{A}_1 & \boldsymbol{O} & \cdots & \boldsymbol{O}\\ \boldsymbol{O} & \boldsymbol{A}_2 & \cdots & \boldsymbol{O}\\ \vdots & \vdots & & \vdots\\ \boldsymbol{O} & \boldsymbol{O} & \cdots & \boldsymbol{A}_s\end{pmatrix}=\begin{pmatrix}k\boldsymbol{A}_1 & \boldsymbol{O} & \cdots & \boldsymbol{O}\\ \boldsymbol{O} & k\boldsymbol{A}_2 & \cdots & \boldsymbol{O}\\ \vdots & \vdots & & \vdots\\ \boldsymbol{O} & \boldsymbol{O} & \cdots & k\boldsymbol{A}_s\end{pmatrix}
$$

$$
\begin{pmatrix}\boldsymbol{A}_1 & \boldsymbol{O} & \cdots & \boldsymbol{O}\\ \boldsymbol{O} & \boldsymbol{A}_2 & \cdots & \boldsymbol{O}\\ \vdots & \vdots & & \vdots\\ \boldsymbol{O} & \boldsymbol{O} & \cdots & \boldsymbol{A}_s\end{pmatrix}+\begin{pmatrix}\boldsymbol{B}_1 & \boldsymbol{O} & \cdots & \boldsymbol{O}\\ \boldsymbol{O} & \boldsymbol{B}_2 & \cdots & \boldsymbol{O}\\ \vdots & \vdots & & \vdots\\ \boldsymbol{O} & \boldsymbol{O} & \cdots & \boldsymbol{B}_s\end{pmatrix}=\begin{pmatrix}\boldsymbol{A}_1+\boldsymbol{B}_1 & \boldsymbol{O} & \cdots & \boldsymbol{O}\\ \boldsymbol{O} & \boldsymbol{A}_2+\boldsymbol{B}_2 & \cdots & \boldsymbol{O}\\ \vdots & \vdots & & \vdots\\ \boldsymbol{O} & \boldsymbol{O} & \cdots & \boldsymbol{A}_s+\boldsymbol{B}_s\end{pmatrix}
$$

$$
\begin{pmatrix}\boldsymbol{A}_1 & \boldsymbol{O} & \cdots & \boldsymbol{O}\\ \boldsymbol{O} & \boldsymbol{A}_2 & \cdots & \boldsymbol{O}\\ \vdots & \vdots & & \vdots\\ \boldsymbol{O} & \boldsymbol{O} & \cdots & \boldsymbol{A}_s\end{pmatrix}\cdot\begin{pmatrix}\boldsymbol{B}_1 & \boldsymbol{O} & \cdots & \boldsymbol{O}\\ \boldsymbol{O} & \boldsymbol{B}_2 & \cdots & \boldsymbol{O}\\ \vdots & \vdots & & \vdots\\ \boldsymbol{O} & \boldsymbol{O} & \cdots & \boldsymbol{B}_s\end{pmatrix}=\begin{pmatrix}\boldsymbol{A}_1\boldsymbol{B}_1 & \boldsymbol{O} & \cdots & \boldsymbol{O}\\ \boldsymbol{O} & \boldsymbol{A}_2\boldsymbol{B}_2 & \cdots & \boldsymbol{O}\\ \vdots & \vdots & & \vdots\\ \boldsymbol{O} & \boldsymbol{O} & \cdots & \boldsymbol{A}_s\boldsymbol{B}_s\end{pmatrix}
$$

因此，如 $\boldsymbol{A}$ 为对角分块方阵其对角线上的子块为 $\boldsymbol{A}_1,\boldsymbol{A}_2,\cdots,\boldsymbol{A}_s$ 而 $f(x)$ 为任一多项式，则

$$f(\boldsymbol{A})=\begin{pmatrix} f(\boldsymbol{A}_1) & \boldsymbol{O} & \cdots & \boldsymbol{O} \\ \boldsymbol{O} & f(\boldsymbol{A}_2) & \cdots & \boldsymbol{O} \\ \vdots & \vdots & & \vdots \\ \boldsymbol{O} & \boldsymbol{O} & \cdots & f(\boldsymbol{A}_s) \end{pmatrix}$$

我们特别注意这样的特殊情形，就是两个分块矩阵相乘时，有一个因子是对角分块矩阵. 设 $\boldsymbol{A}$ 是一个对角分块矩阵，就是 $s=t$ 且当 $\alpha\neq\beta$ 时 $\boldsymbol{A}_{\alpha\beta}=\boldsymbol{O}$. 在这一情形上一目的公式(6.1.3) 给出

$$\boldsymbol{C}_{\alpha\beta}=\boldsymbol{A}_{\alpha\alpha}\boldsymbol{B}_{\alpha\beta}\quad(\alpha=1,2,\cdots,s;\beta=1,2,\cdots,u)$$

在一个分块矩阵左乘对角分块矩阵时，应用分块矩阵的诸行各左乘对角分块矩阵中对角线上的对应子块.

现在设 $\boldsymbol{B}$ 是一个对角分块矩阵，亦即 $t=u$ 且当 $\alpha\neq\beta$ 时 $\boldsymbol{B}_{\alpha\beta}=\boldsymbol{O}$. 那么由式(6.1.3)，我们得出

$$\boldsymbol{C}_{\alpha\beta}=\boldsymbol{A}_{\alpha\beta}\boldsymbol{B}_{\beta\beta}\quad(\alpha=1,2,\cdots,s;\beta=1,2,\cdots,u)$$

在一个分块矩阵右乘对角分块矩阵时，应用分块矩阵的诸列各右乘对角分块矩阵中对角线上的对应子块.

由对角分块矩阵的乘法规则，如果每一个 $\boldsymbol{A}_i$ 都有逆矩阵，那么 $\boldsymbol{A}$ 也有逆矩阵，并且

$$\boldsymbol{A}^{-1}=\begin{pmatrix} \boldsymbol{A}_1^{-1} & \boldsymbol{O} & \cdots & \boldsymbol{O} \\ \boldsymbol{O} & \boldsymbol{A}_2^{-1} & \cdots & \boldsymbol{O} \\ \vdots & \vdots & & \vdots \\ \boldsymbol{O} & \boldsymbol{O} & \cdots & \boldsymbol{A}_s^{-1} \end{pmatrix}$$

在分块方阵 $\boldsymbol{A}$ 中，其对角线上的子块均为正方形而在其对角线的某一边的子块均为零，则称 $\boldsymbol{A}$ 为分块三角矩阵或准三角形方阵(亦称准可裂方阵). 详细地说，就是分块矩阵(6.1.1) 称为分块上(下) 三角的(高(低) 准三角形的)，如果 $s=t$ 且当 $\alpha>\beta$ 时所有的 $\boldsymbol{A}_{\alpha\beta}=\boldsymbol{O}$(对应的当 $\alpha<\beta$ 时所有的 $\boldsymbol{A}_{\alpha\beta}=\boldsymbol{O}$). 分块对角矩阵是分块三角矩阵的特殊情形.

兹仅讨论其对角线右上方诸子块均为零的准三角形方阵(分块下三角矩阵)，是即形如

$$\boldsymbol{A}=\begin{pmatrix} \boldsymbol{A}_{11} & \boldsymbol{O} & \cdots & \boldsymbol{O} \\ \boldsymbol{A}_{21} & \boldsymbol{A}_{22} & \cdots & \boldsymbol{O} \\ \vdots & \vdots & & \vdots \\ \boldsymbol{A}_{s1} & \boldsymbol{A}_{s2} & \cdots & \boldsymbol{A}_{ss} \end{pmatrix}\tag{6.2.1}$$

的分块矩阵，其中 $\boldsymbol{A}_{11},\boldsymbol{A}_{21},\cdots,\boldsymbol{A}_{ss}$ 为正方子块而在对角线的右上方都是零子块.

设 $\boldsymbol{B}$ 为任一准三角形矩阵，其对角线上的正方子块与 $\boldsymbol{A}$ 的对应正方子块有相同的阶数，则由分块矩阵的运算，得

$$\begin{pmatrix}\boldsymbol{A}_{11} & \boldsymbol{O} & \cdots & \boldsymbol{O}\\ \boldsymbol{A}_{21} & \boldsymbol{A}_{22} & \cdots & \boldsymbol{O}\\ \vdots & \vdots & & \vdots\\ \boldsymbol{A}_{s1} & \boldsymbol{A}_{s2} & \cdots & \boldsymbol{A}_{ss}\end{pmatrix}+\begin{pmatrix}\boldsymbol{B}_{11} & \boldsymbol{O} & \cdots & \boldsymbol{O}\\ \boldsymbol{B}_{21} & \boldsymbol{B}_{22} & \cdots & \boldsymbol{O}\\ \vdots & \vdots & & \vdots\\ \boldsymbol{B}_{s1} & \boldsymbol{B}_{s2} & \cdots & \boldsymbol{B}_{ss}\end{pmatrix}=\begin{pmatrix}\boldsymbol{A}_{11}+\boldsymbol{B}_{11} & \boldsymbol{O} & \cdots & \boldsymbol{O}\\ \boldsymbol{A}_{21}+\boldsymbol{B}_{21} & \boldsymbol{A}_{22}+\boldsymbol{B}_{22} & \cdots & \boldsymbol{O}\\ \vdots & \vdots & & \vdots\\ \boldsymbol{A}_{s1}+\boldsymbol{B}_{s1} & \boldsymbol{A}_{s2}+\boldsymbol{B}_{s2} & \cdots & \boldsymbol{A}_{ss}+\boldsymbol{B}_{ss}\end{pmatrix}$$

$$\begin{pmatrix}\boldsymbol{A}_{11} & \boldsymbol{O} & \cdots & \boldsymbol{O}\\ \boldsymbol{A}_{21} & \boldsymbol{A}_{22} & \cdots & \boldsymbol{O}\\ \vdots & \vdots & & \vdots\\ \boldsymbol{A}_{s1} & \boldsymbol{A}_{s2} & \cdots & \boldsymbol{A}_{ss}\end{pmatrix}\cdot\begin{pmatrix}\boldsymbol{B}_{11} & \boldsymbol{O} & \cdots & \boldsymbol{O}\\ \boldsymbol{B}_{21} & \boldsymbol{B}_{22} & \cdots & \boldsymbol{O}\\ \vdots & \vdots & & \vdots\\ \boldsymbol{B}_{s1} & \boldsymbol{B}_{s2} & \cdots & \boldsymbol{B}_{ss}\end{pmatrix}=\begin{pmatrix}\boldsymbol{A}_{11}\cdot\boldsymbol{B}_{11} & \boldsymbol{O} & \cdots & \boldsymbol{O}\\ \boldsymbol{C}_{21} & \boldsymbol{A}_{22}\cdot\boldsymbol{B}_{22} & \cdots & \boldsymbol{O}\\ \vdots & \vdots & & \vdots\\ \boldsymbol{C}_{s1} & \boldsymbol{C}_{s2} & \cdots & \boldsymbol{A}_{ss}\cdot\boldsymbol{B}_{ss}\end{pmatrix}$$

其中

$$\boldsymbol{C}_{ij}=\boldsymbol{A}_{ii}\boldsymbol{B}_{ij}+\boldsymbol{A}_{i(i+1)}\boldsymbol{B}_{(i+1)j}+\cdots+\boldsymbol{A}_{ij}\boldsymbol{B}_{jj}$$

从这些式子容易看出，两个准三角形矩阵的和与积仍然是一个准三角形矩阵①，其对角线上的子块为原二方阵对角线上对应子块之和与积.

设 $f(x)$ 为 x 的任意多项式，$\boldsymbol{A}$ 为式(6.2.1)的形状，则

$$f(\boldsymbol{A})=\begin{pmatrix}f(\boldsymbol{A}_{11}) & \boldsymbol{O} & \cdots & \boldsymbol{O}\\ \boldsymbol{D}_{21} & f(\boldsymbol{A}_{22}) & \cdots & \boldsymbol{O}\\ \vdots & \vdots & & \vdots\\ \boldsymbol{D}_{s1} & \boldsymbol{D}_{s2} & \cdots & f(\boldsymbol{A}_{ss})\end{pmatrix}$$

其中子块 $\boldsymbol{D}_{\alpha\beta}$ 的构造比较复杂.

注意准三角形矩阵的行列式的计算规则. 这一个规则可以从拉普拉斯展开式来得出.

如果 $\boldsymbol{A}$ 是一个准三角形(特别的是对角分块) 矩阵，那么这个矩阵的行列式等于其对角线上诸子块的行列式的乘积

$$|\boldsymbol{A}|=|\boldsymbol{A}_{11}||\boldsymbol{A}_{22}|\cdots|\boldsymbol{A}_{ss}|②$$

这个定理也可以直接用分块矩阵的初等变换来证明.

---

① 这里假定分块矩阵的相乘是可以施行的.

② 此处假定 $|\boldsymbol{A}_{11}|,|\boldsymbol{A}_{22}|,\cdots,|\boldsymbol{A}_{ss}|$ 这些行列式都是有意义的. 由这个定理立刻得出：分块上(下) 三角形矩阵可逆的充分必要条件是主对角线子块都可逆；若可逆，则逆阵也是分块上(下) 三角形矩阵.

证明 我们只就下三角形情形加以证明,而且只要证明

$$|\boldsymbol{A}| = \left|\begin{pmatrix} \boldsymbol{A}_{11} & \boldsymbol{O} \\ \boldsymbol{A}_{21} & \boldsymbol{A}_{22} \end{pmatrix}\right| = |\boldsymbol{A}_{11}|\,|\boldsymbol{A}_{22}|$$

因为这样就有

$$\left|\begin{pmatrix} \boldsymbol{A}_{11} & \boldsymbol{O} & \boldsymbol{O} \\ \boldsymbol{A}_{21} & \boldsymbol{A}_{22} & \boldsymbol{O} \\ \boldsymbol{A}_{31} & \boldsymbol{A}_{32} & \boldsymbol{A}_{33} \end{pmatrix}\right| = \left|\left(\begin{array}{c:cc} \boldsymbol{A}_{11} & \boldsymbol{O} & \boldsymbol{O} \\ \boldsymbol{A}_{21} & \boldsymbol{A}_{22} & \boldsymbol{O} \\ \hdashline \boldsymbol{A}_{31} & \boldsymbol{A}_{32} & \boldsymbol{A}_{33} \end{array}\right)\right| = \left|\begin{pmatrix} \boldsymbol{A}_{11} & \boldsymbol{O} \\ \boldsymbol{A}_{21} & \boldsymbol{A}_{22} \end{pmatrix}\right| |\boldsymbol{A}_{33}| = |\boldsymbol{A}_{11}|\,|\boldsymbol{A}_{22}|\,|\boldsymbol{A}_{33}|$$

等等. 于是结论成立.

按照定理 4.5.3, $\boldsymbol{A}_{11}$ 可以用第三种初等变换化为 $\overline{\boldsymbol{A}_{11}}$,即

$$\overline{\boldsymbol{A}_{11}} = \begin{pmatrix} \overline{a_{11}^{(1)}} & & & & & \\ & \ddots & & & & \\ & & \overline{a_{r_1r_1}^{(1)}} & & & \\ & & & 0 & & \\ & & & & \ddots & \\ & & & & & 0 \end{pmatrix}_{n_1\times n_1}$$

把这些初等变换扩展到对 $\boldsymbol{A}$ 施行,则 $\boldsymbol{A}$ 将化为

$$\begin{pmatrix} \overline{\boldsymbol{A}_{11}} & \boldsymbol{O} \\ \overline{\boldsymbol{A}_{21}} & \boldsymbol{A}_{22} \end{pmatrix}$$

这里 $\boldsymbol{A}_{22}$ 并没有改变. 同样的,对于 $\boldsymbol{A}_{22}$ 也用第三种初等变换化到

$$\overline{\boldsymbol{A}_{22}} = \begin{pmatrix} \overline{a_{11}^{(2)}} & & & & & \\ & \ddots & & & & \\ & & \overline{a_{r_2r_2}^{(2)}} & & & \\ & & & 0 & & \\ & & & & \ddots & \\ & & & & & 0 \end{pmatrix}_{n_2\times n_2}$$

同样把这些初等变换扩展到对 $\boldsymbol{A}$ 去做,则 $\boldsymbol{A}$ 又可化为

$$\begin{pmatrix} \overline{A_{11}} & O \\ \overline{A_{21}} & \overline{A_{22}} \end{pmatrix}$$

而$\overline{A_{11}}$并未受影响，此时A已化为下三角形，由于第三种初等变换不改变行列式之值，故

$$r_1 = n_1, r_2 = n_2$$

则依行列式的性质

$$|A| = \prod_{i=1}^{r_1} a_{ii}^{(1)} \cdot \prod_{i=1}^{r_2} a_{ii}^{(2)} = |\overline{A_{11}}| \cdot |\overline{A_{22}}| = |A_{11}||A_{22}|$$

只要$r_1 < n_1$或$r_2 < n_2$，则$|A| = 0$. 但此时至少是

$$|A_{11}| = |\overline{A_{11}}| = 0$$

或

$$|A_{22}| = |\overline{A_{22}}| = 0$$

之一成立，故

$$|A| = 0 = |A_{11}||A_{22}|$$

6.3　分块矩阵的初等变换·非奇异矩阵求逆的降阶定理

类似于矩阵的初等变换，可以引进分块矩阵的第一、第二、第三种初等行(列)变换：

① 换法变换：互换分块矩阵中任意两行(列)的位置，例如

$$\begin{pmatrix} A_{11} & A_{12} \\ A_{21} & A_{22} \end{pmatrix} \xrightarrow{\text{第一行与第二行互换}} \begin{pmatrix} A_{21} & A_{22} \\ A_{11} & A_{12} \end{pmatrix}$$

② 倍法变换：以一个非奇异矩阵左(右)乘分块矩阵中某一行(列)，如

$$\begin{pmatrix} A_{11} & A_{12} \\ A_{21} & A_{22} \end{pmatrix} \xrightarrow{\text{第二行左乘矩阵 } X} \begin{pmatrix} A_{11} & A_{12} \\ XA_{21} & XA_{22} \end{pmatrix}$$

③ 消法变换：以矩阵X左(右)乘分块矩阵中某一行(列)后加到另一行(列)上去. 如

$$\begin{pmatrix} X_{11} & X_{12} \\ X_{21} & X_{22} \end{pmatrix} \xrightarrow{\text{第一行左乘矩阵 } X \text{ 加到第二行}} \begin{pmatrix} A_{11} & A_{12} \\ XA_{11} + AX_{21} & XA_{12} + A_{22} \end{pmatrix}$$

分块矩阵的初等行变换与初等列变换统称为分块矩阵的初等变换.

为了使分块矩阵的初等变换能够通过分块矩阵的乘法来实现，我们引入分块初等矩阵的概念：对分块后的单位矩阵(即分块单位矩阵)做一次分块初等变换所得的矩阵称之为分块初等矩阵.

根据所做的分块初等变换不同,分块初等矩阵有如下三种类型(以初等行变换为例)

$$\begin{pmatrix} \overbrace{\boldsymbol{E}}^{m_1} & \cdots & \overbrace{\boldsymbol{O}}^{m_\alpha} & \cdots & \overbrace{\boldsymbol{O}}^{m_\beta} & \cdots & \overbrace{\boldsymbol{O}}^{m_s} \\ \vdots & & \vdots & & \vdots & & \vdots \\ \boldsymbol{O} & \cdots & \boldsymbol{O} & \cdots & \boldsymbol{E} & \cdots & \boldsymbol{O} \\ \vdots & & \vdots & & \vdots & & \vdots \\ \boldsymbol{O} & \cdots & \boldsymbol{E} & \cdots & \boldsymbol{O} & \cdots & \boldsymbol{O} \\ \vdots & & \vdots & & \vdots & & \vdots \\ \boldsymbol{O} & \cdots & \boldsymbol{O} & \cdots & \boldsymbol{O} & \cdots & \boldsymbol{E} \end{pmatrix} \begin{matrix} \}m_1 \\ \\ \}m_\alpha \\ \\ \}m_\beta \\ \\ \}m_s \end{matrix}$$

(换法单位矩阵)

$$\begin{pmatrix} \overbrace{\boldsymbol{E}}^{m_1} & \cdots & \overbrace{\boldsymbol{O}}^{m_\alpha} & \cdots & \overbrace{\boldsymbol{O}}^{m_\beta} & \cdots & \overbrace{\boldsymbol{O}}^{m_s} \\ \vdots & & \vdots & & \vdots & & \vdots \\ \boldsymbol{O} & \cdots & \boldsymbol{X} & \cdots & \boldsymbol{O} & \cdots & \boldsymbol{O} \\ \vdots & & \vdots & & \vdots & & \vdots \\ \boldsymbol{O} & \cdots & \boldsymbol{O} & \cdots & \boldsymbol{E} & \cdots & \boldsymbol{O} \\ \vdots & & \vdots & & \vdots & & \vdots \\ \boldsymbol{O} & \cdots & \boldsymbol{O} & \cdots & \boldsymbol{O} & \cdots & \boldsymbol{E} \end{pmatrix} \begin{matrix} \}m_1 \\ \\ \}m_\alpha \\ \\ \}m_\beta \\ \\ \}m_s \end{matrix}$$

(倍法单位矩阵)

$$\begin{pmatrix} \overbrace{\boldsymbol{E}}^{m_1} & \cdots & \overbrace{\boldsymbol{O}}^{m_\alpha} & \cdots & \overbrace{\boldsymbol{O}}^{m_\beta} & \cdots & \overbrace{\boldsymbol{O}}^{m_s} \\ \vdots & & \vdots & & \vdots & & \vdots \\ \boldsymbol{O} & \cdots & \boldsymbol{E} & \cdots & \boldsymbol{X} & \cdots & \boldsymbol{O} \\ \vdots & & \vdots & & \vdots & & \vdots \\ \boldsymbol{O} & \cdots & \boldsymbol{O} & \cdots & \boldsymbol{E} & \cdots & \boldsymbol{O} \\ \vdots & & \vdots & & \vdots & & \vdots \\ \boldsymbol{O} & \cdots & \boldsymbol{O} & \cdots & \boldsymbol{O} & \cdots & \boldsymbol{E} \end{pmatrix} \begin{matrix} \}m_1 \\ \\ \}m_\alpha \\ \\ \}m_\beta \\ \\ \}m_s \end{matrix}$$

(消法单位矩阵)

指出分块初等矩阵的一系列简单性质:

性质 1 分块初等矩阵均为可逆的,且逆矩阵仍为分块初等矩阵.如

$$\begin{pmatrix} \boldsymbol{E}_s & \boldsymbol{O} \\ \boldsymbol{O} & \boldsymbol{E}_t \end{pmatrix}^{-1} = \begin{pmatrix} \boldsymbol{E}_s & \boldsymbol{O} \\ \boldsymbol{O} & \boldsymbol{E}_t \end{pmatrix}, \begin{pmatrix} \boldsymbol{E}_s & \boldsymbol{O} \\ \boldsymbol{O} & \boldsymbol{P} \end{pmatrix}^{-1} = \begin{pmatrix} \boldsymbol{E}_s & \boldsymbol{O} \\ \boldsymbol{O} & \boldsymbol{P}^{-1} \end{pmatrix}, \begin{pmatrix} \boldsymbol{E} & \boldsymbol{O} \\ \boldsymbol{P} & \boldsymbol{E} \end{pmatrix}^{-1} = \begin{pmatrix} \boldsymbol{E} & \boldsymbol{O} \\ -\boldsymbol{P} & \boldsymbol{E} \end{pmatrix}$$

性质 2　分块初等矩阵的转置仍为初等矩阵. 如

$$\begin{pmatrix} E_s & O \\ O & E_t \end{pmatrix}^{\mathrm{T}}=\begin{pmatrix} E_s & O \\ O & E_t \end{pmatrix},\begin{pmatrix} E_s & O \\ O & P \end{pmatrix}^{\mathrm{T}}=\begin{pmatrix} E_s & O \\ O & P^{\mathrm{T}} \end{pmatrix},\begin{pmatrix} E_s & O \\ P & E_t \end{pmatrix}^{\mathrm{T}}=\begin{pmatrix} E_s & P^{\mathrm{T}} \\ O & E_t \end{pmatrix}$$

这两个性质可以简单地根据分块矩阵初等变换的定义得到.

由性质 1,还可以得到:

性质 3　分块矩阵左(右) 乘一个分块初等矩阵,分块矩阵的秩不变.

下面的这个性质有着特别重要的地位:

性质 4　设 $\boldsymbol{A}$ 为分块矩阵,则对 $\boldsymbol{A}$ 施行一次初等行(列) 变换,相当于在 $\boldsymbol{A}$ 的左(右) 边乘一个对应的分块初等矩阵.

这个性质,让读者自己去验证. 可以用下面的例子来说明它

$$\begin{pmatrix} E & O \\ P & E \end{pmatrix}\begin{pmatrix} A_1 & A_2 \\ A_3 & A_4 \end{pmatrix}=\begin{pmatrix} A_1 & A_2 \\ PA_1+A_3 & PA_2+A_4 \end{pmatrix}\xleftarrow{\text{第二行加上第一行左乘 }P}\begin{pmatrix} A_1 & A_2 \\ A_3 & A_4 \end{pmatrix}$$

$$\begin{pmatrix} A_1 & A_2 \\ A_3 & A_4 \end{pmatrix}\begin{pmatrix} E & O \\ P & E \end{pmatrix}=\begin{pmatrix} A_1+A_2P & A_2 \\ A_3+A_4P & A_4 \end{pmatrix}\xleftarrow{\text{第一列加上第二列右乘 }P}\begin{pmatrix} A_1 & A_2 \\ A_3 & A_4 \end{pmatrix}$$

同时我们看到

$$\begin{pmatrix} E & O \\ O & E \end{pmatrix}\xrightarrow{\text{第二行加上第一行左乘 }P}\begin{pmatrix} E & O \\ P & E \end{pmatrix},\begin{pmatrix} E & O \\ O & E \end{pmatrix}\xrightarrow{\text{第一列加上第二列右乘 }P}\begin{pmatrix} E & O \\ P & E \end{pmatrix}$$

上述两个式子箭头右端的矩阵就是对应的分块初等矩阵.

性质 5　换法单位矩阵的行列式为 $(-1)^{\tau}$,这里 $\tau=m_{\alpha}(m_{\alpha+1}+m_{\alpha+2}+\cdots+m_{\beta})+m_{\beta}(m_{\alpha+1}+m_{\alpha+2}+\cdots+m_{\beta-1})$;倍法单位矩阵的行列式为 $|\boldsymbol{X}|$;消法单位矩阵的行列式为 1.

证明　不难验证,换法单位矩阵的元素的行进行相邻的 τ 次对调变成单位矩阵,其中 $\tau=m_{\alpha}(m_{\alpha+1}+m_{\alpha+2}+\cdots+m_{\beta})+m_{\beta}(m_{\alpha+1}+m_{\alpha+2}+\cdots+m_{\beta-1})$,由行列式的性质知道,换法单位矩阵的行列式为 $(-1)^{\tau}$;至于倍法单位矩阵的行列式和消法单位矩阵的行列式,由准三角形矩阵的行列式计算即知.

由性质 4 和性质 5 知,分块矩阵的初等变换不改变它的秩.

初等变换法来求矩阵的逆矩阵也可以推广到分块矩阵中去,我们先来证明下面的定理.

定理 6.3.1　可逆分块矩阵

$$M=\begin{pmatrix} \overbrace{A_{11}}^{m_1} & \overbrace{A_{12}}^{m_2} & \cdots & \overbrace{A_{1s}}^{m_s} \\ A_{21} & A_{22} & \cdots & A_{2s} \\ \vdots & \vdots & & \vdots \\ A_{s1} & A_{s2} & \cdots & A_{ss} \end{pmatrix}\begin{matrix} \}m_1 \\ \}m_2 \\ \\ \}m_s \end{matrix}$$

可以写成分块初等矩阵的乘积.

证明 考虑 A_{11},若 A_{11} 是不可逆的,则由于 M 满秩,故必存在与 A_{11} 同阶的不等于0的子式.用初等变换,将此子式换到 A_{11} 位置,于是 A_{11} 位置的块就是可逆的,因此不妨设 A_{11} 可逆.将第一行左乘 $A_{\alpha 1}A_{11}^{-1}$,加到第 α 行($\alpha=2,\cdots,s$),然后将第一列右乘 $A_{11}^{-1}A_{\alpha\beta}$ 加到第 β 列($\beta=2,\cdots,s$),可得

$$\begin{pmatrix} \overbrace{A'_{11}}^{m_1} & \overbrace{O}^{m_2} & \cdots & \overbrace{O}^{m_s} \\ O & A'_{22} & \cdots & A'_{2s} \\ \vdots & \vdots & & \vdots \\ O & A'_{s2} & \cdots & A'_{ss} \end{pmatrix}\begin{matrix} \}m_1 \\ \}m_2 \\ \\ \}m_s \end{matrix}$$

若 A'_{22} 不可逆,则用上述方法,使 A'_{22} 位置的块换成可逆的块,然后用初等变换使第二行、第二列其余的块均消为零块,如此下去,原来的分块矩阵可变成

$$\begin{pmatrix} \overbrace{B_{11}}^{m_1} & \overbrace{O}^{m_2} & \cdots & \overbrace{O}^{m_s} \\ O & B_{22} & \cdots & O \\ \vdots & \vdots & & \vdots \\ O & O & \cdots & B_{ss} \end{pmatrix}\begin{matrix} \}m_1 \\ \}m_2 \\ \\ \}m_s \end{matrix}$$

这里子块 $B_{\alpha\alpha}$ 可逆($\alpha=1,2,\cdots,s$).

最后用 $B_{\alpha\alpha}^{-1}$ 左乘第 α 行($\alpha=1,2,\cdots,s$),便得

$$\begin{pmatrix} \overbrace{E_1}^{m_1} & \overbrace{O}^{m_2} & \cdots & \overbrace{O}^{m_s} \\ O & E_2 & \cdots & O \\ \vdots & \vdots & & \vdots \\ O & O & \cdots & E_s \end{pmatrix}\begin{matrix} \}m_1 \\ \}m_2 \\ \\ \}m_s \end{matrix}$$

这里 E_α 是与 $B_{\alpha\alpha}$ 同阶的单位矩阵.于是存在分块初等矩阵 $P_1,P_2,\cdots,P_r,Q_1,Q_2,\cdots,Q_t$,使

$$P_1P_2\cdots P_rMQ_1Q_2\cdots Q_t=\begin{pmatrix} \overbrace{E_1}^{m_1} & \overbrace{O}^{m_2} & \cdots & \overbrace{O}^{m_s} \\ O & E_2 & \cdots & O \\ \vdots & \vdots & & \vdots \\ O & O & \cdots & E_s \end{pmatrix}\begin{matrix} \}m_1 \\ \}m_2 \\ \\ \}m_s \end{matrix}=E \tag{6.3.1}$$

从而

$$M=P_r^{-1}P_{r-1}^{-1}\cdots P_1^{-1}EQ_t^{-1}Q_{t-1}^{-1}\cdots Q_1^{-1}=P_r^{-1}P_{r-1}^{-1}\cdots P_1^{-1}Q_t^{-1}Q_{t-1}^{-1}\cdots Q_1^{-1} \tag{6.3.2}$$

而分块矩阵的逆也是分块初等矩阵，故命题得证.

将等式(6.3.2)写成形式

$$M=P_r^{-1}P_{r-1}^{-1}\cdots P_1^{-1}Q_t^{-1}Q_{t-1}^{-1}\cdots Q_1^{-1}E$$

或

$$Q_1\cdots Q_{t-1}Q_tP_1\cdots P_{r-1}P_rM=E \tag{6.3.3}$$

等式(6.3.2)亦可以写成

$$M^{-1}=(P_r^{-1}P_{r-1}^{-1}\cdots P_1^{-1}Q_t^{-1}Q_{t-1}^{-1}\cdots Q_1^{-1})^{-1}=Q_1\cdots Q_{t-1}Q_tP_1\cdots P_{r-1}P_r \tag{6.3.4}$$

等式(6.3.3)和(6.3.4)说明，对分块矩阵 M 施行一系列的初等行变换得到单位矩阵 E 时，这一系列的初等行变换便将 E 化为 M^{-1}，因此我们亦可用初等行变换来计算 M 的逆：将 M 和 E 并成一个 $s\times 2s$ 分块矩阵 $(M\vdots E)$ 并对其施行初等行变换，当 M 变成 E 时，E 就变成 M^{-1}，即 $(M\vdots E)\xrightarrow{\text{初等行变换}}(E\vdots M^{-1})$.

转而建立两个矩阵求逆的降阶定理，我们先来证明下面的引理：

引理 设 A 是 m 阶可逆方阵，D 是 n 阶可逆方阵，则 $M=\begin{pmatrix} A & B \\ O & D \end{pmatrix}$ 可逆，其中 B 任意是 $n\times m$ 矩阵.

证明 首先，由于 $|M|=|A||B|$，于是当 A,D 可逆时，M 亦可逆. 为了求 M 的逆，我们将矩阵 (M,E_{n+m}) 用分块矩阵的初等变换化为 (E_{n+m},R)，则 R 就是 M^{-1}.

$$\left(\begin{array}{cc:cc} A & B & E & O \\ O & D & O & E \end{array}\right)\xrightarrow{\text{第一行减去第二行左乘}(BD^{-1})}$$

$$\left(\begin{array}{cc:cc} A & B-(BD^{-1})\cdot D & E & O-(BD^{-1})\cdot E \\ O & D & O & E \end{array}\right)$$

$$=\left(\begin{array}{cc:cc} A & O & E & -BD^{-1} \\ O & D & O & E \end{array}\right)\xrightarrow{\text{第一行左乘}A^{-1}\text{，第二行左乘}D^{-1}}$$

$$\left(\begin{array}{cc:cc} A^{-1}A & O & A^{-1}E & -A^{-1}D^{-1}B \\ O & D^{-1}D & O & D^{-1}E \end{array}\right)$$

$$=\left(\begin{array}{cc:cc} E & O & A^{-1} & -A^{-1}D^{-1}B \\ O & E & O & D^{-1} \end{array}\right)$$

所以

$$\begin{pmatrix} A & B \\ O & D \end{pmatrix}^{-1}=\begin{pmatrix} A^{-1} & -A^{-1}D^{-1}B \\ O & D^{-1} \end{pmatrix}$$

这就完成了引理的证明.

特别地,当 $B=O$ 时,我们得到

$$\begin{pmatrix} A & O \\ O & D \end{pmatrix}^{-1}=\begin{pmatrix} A^{-1} & O \\ O & D^{-1} \end{pmatrix}$$

这个引理的推广,是下面的定理:

定理 6.3.2 设 A 是 m 阶可逆矩阵, D 是 m 阶矩阵, B 与 C 分别是 $m\times n$ 维与 $n\times m$ 维矩阵,则 $\begin{pmatrix} A & B \\ C & D \end{pmatrix}$ 是可逆的充分且必要条件是: $D-CA^{-1}B$ 是可逆矩阵. 当 $D-CA^{-1}B$ 可逆时,成立公式

$$\begin{pmatrix} A & B \\ C & D \end{pmatrix}^{-1}=\begin{pmatrix} A^{-1}+A^{-1}B(D-CA^{-1}B)^{-1}CA^{-1} & -A^{-1}B(D-CA^{-1}B)^{-1} \\ -(D-CA^{-1}B)^{-1}CA^{-1} & (D-CA^{-1}B)^{-1} \end{pmatrix}$$

证明 必要性. 容易验证矩阵等式

$$\begin{pmatrix} E_m & O \\ -CA^{-1} & E_n \end{pmatrix}\begin{pmatrix} A & B \\ C & D \end{pmatrix}=\begin{pmatrix} A & B \\ O & D-CA^{-1}B \end{pmatrix}$$

两边取行列式可知当 $\begin{pmatrix} A & B \\ C & D \end{pmatrix}$ 是可逆矩阵时 $\begin{pmatrix} A & B \\ O & D-CA^{-1}B \end{pmatrix}$ 也是可逆矩阵时,于是 $D-CA^{-1}B$ 也是可逆矩阵.

充分性. 从矩阵等式

$$\begin{pmatrix} A & B \\ C & D \end{pmatrix}=\begin{pmatrix} E_m & O \\ -CA^{-1} & E_n \end{pmatrix}^{-1}\begin{pmatrix} A & B \\ O & D-CA^{-1}B \end{pmatrix} \tag{6.3.5}$$

知当 $D-CA^{-1}B$ 是可逆矩阵时,由前面的引理知 $\begin{pmatrix} A & B \\ O & D-CA^{-1}B \end{pmatrix}$ 也是可逆矩阵.

现在来计算 $\begin{pmatrix} A & B \\ C & D \end{pmatrix}$ 的逆矩阵. 在矩阵等式(6.3.5) 两端取逆,我们得

$$\begin{pmatrix} A & B \\ C & D \end{pmatrix}^{-1} = \begin{pmatrix} A & B \\ O & D - CA^{-1}B \end{pmatrix}^{-1} \begin{pmatrix} E_m & O \\ -CA^{-1} & E_n \end{pmatrix}$$

利用前面的引理

$$\begin{pmatrix} A & B \\ O & D - CA^{-1}B \end{pmatrix}^{-1} = \begin{pmatrix} A^{-1} & -A^{-1}B(D-CA^{-1}B)^{-1} \\ O & (D-CA^{-1}B)^{-1} \end{pmatrix}$$

从而

$$\begin{pmatrix} A & B \\ C & D \end{pmatrix}^{-1} = \begin{pmatrix} A^{-1} + A^{-1}B(D-CA^{-1}B)^{-1}CA^{-1} & -A^{-1}B(D-CA^{-1}B)^{-1} \\ -(D-CA^{-1}B)^{-1}CA^{-1} & (D-CA^{-1}B)^{-1} \end{pmatrix}$$

证毕.

类似地,从矩阵等式

$$\begin{pmatrix} A & B \\ C & D \end{pmatrix} \begin{pmatrix} E_m & O \\ -D^{-1}C & E_n \end{pmatrix} = \begin{pmatrix} A - BD^{-1}C & B \\ O & D \end{pmatrix}$$

开始,则可以得出下面的结论:

定理 6.3.3 设 A 是 m 阶矩阵,D 是 n 阶可逆矩阵,B 与 C 分别是 $m\times n$ 与 $n\times m$ 矩阵,则 $\begin{pmatrix} A & B \\ C & D \end{pmatrix}$ 是可逆矩阵的充要条件是:$A-BD^{-1}C$ 是可逆矩阵,且当 $A-BD^{-1}C$ 可逆时,成立公式

$$\begin{pmatrix} A & B \\ C & D \end{pmatrix}^{-1} = \begin{pmatrix} (A-BD^{-1}C)^{-1} & -(A-BD^{-1}C)^{-1}BD^{-1} \\ -DC^{-1}(A-BD^{-1}C)^{-1} & D^{-1} + D^{-1}C(A-BD^{-1}C)^{-1}BD^{-1} \end{pmatrix}$$

这两个定理将高阶矩阵的可逆性判定转化为较低阶矩阵的可逆性判定,通常称为非奇异矩阵求逆的第一降阶定理.

定理 6.3.4 设 A 是 m 阶可逆矩阵,D 是 n 阶可逆矩阵,B 与 C 分别是 $m\times n$ 与 $n\times m$ 矩阵,则:

1) 当 $D-CA^{-1}B$ 是可逆矩阵时,$A-BD^{-1}C$ 也是可逆矩阵,且 $(A-BD^{-1}C)^{-1}=A^{-1}+A^{-1}B(D-CA^{-1}B)CA^{-1}$;

2) 当 $A-BD^{-1}C$ 是可逆矩阵时,$D-CA^{-1}B$ 也是可逆矩阵,且 $(D-CA^{-1}B)^{-1}=D^{-1}+D^{-1}C(A-BD^{-1}C)BD^{-1}$.

证明 由定理 6.3.2 可知当 $D-CA^{-1}B$ 可逆时,$\begin{pmatrix} A & B \\ C & D \end{pmatrix}$ 是可逆矩阵,按照定理 6.3.3,此时亦有 $A-BD^{-1}C$ 可逆;同样 $A-BD^{-1}C$ 是可逆矩阵时,$D-CA^{-1}B$ 也是可逆矩阵.按照非奇异矩阵求逆的第一降阶定理的两个公式

$$\begin{pmatrix} A & B \\ C & D \end{pmatrix}^{-1} = \begin{pmatrix} A^{-1} + A^{-1}B(D-CA^{-1}B)^{-1}CA^{-1} & -A^{-1}B(D-CA^{-1}B)^{-1} \\ -(D-CA^{-1}B)^{-1}CA^{-1} & (D-CA^{-1}B)^{-1} \end{pmatrix}$$

$$=\begin{pmatrix}(A-BD^{-1}C)^{-1} & -(A-BD^{-1}C)^{-1}BD^{-1}\\ -DC^{-1}(A-BD^{-1}C)^{-1} & D^{-1}+D^{-1}C(A-BD^{-1}C)^{-1}BD^{-1}\end{pmatrix}$$

根据矩阵的相等,我们有

$$(A-BD^{-1}C)^{-1}=A^{-1}+A^{-1}B(D-CA^{-1}B)CA^{-1}$$

$$(D-CA^{-1}B)^{-1}=D^{-1}+D^{-1}C(A-BD^{-1}C)BD^{-1}$$

这就证明了所有的结论.

定理 6.3.4 通常称为非奇异矩阵求逆的第二降阶定理. 结合第一和第二降阶定理,可以得出下面的第三降阶定理:

定理 6.3.5 设 A,B,C,D 是 n 阶可逆矩阵,且 $D-CA^{-1}B$ 是可逆矩阵,则 $\begin{pmatrix}A & B\\ C & D\end{pmatrix}$,$A-BD^{-1}C,C-DB^{-1}A,B-AC^{-1}D$ 均可逆,且

$$\begin{pmatrix}A & B\\ C & D\end{pmatrix}^{-1}=\begin{pmatrix}(A-BD^{-1}C)^{-1} & (C-DB^{-1}A)^{-1}\\ (B-AC^{-1}D)^{-1} & (D-CA^{-1}B)^{-1}\end{pmatrix}$$

证明 按定理的条件由定理 6.3.2 知道,此时成立公式

$$\begin{pmatrix}A & B\\ C & D\end{pmatrix}^{-1}=\begin{pmatrix}A^{-1}+A^{-1}B(D-CA^{-1}B)^{-1}CA^{-1} & -A^{-1}B(D-CA^{-1}B)^{-1}\\ -(D-CA^{-1}B)^{-1}CA^{-1} & (D-CA^{-1}B)^{-1}\end{pmatrix}$$

由定理 6.3.4,得

$$(A-BD^{-1}C)^{-1}=A^{-1}+A^{-1}B(D-CA^{-1}B)CA^{-1}$$

于是

$$\begin{pmatrix}A & B\\ C & D\end{pmatrix}^{-1}=\begin{pmatrix}(A-BD^{-1}C)^{-1} & -A^{-1}B(D-CA^{-1}B)^{-1}\\ -(D-CA^{-1}B)^{-1}CA^{-1} & (D-CA^{-1}B)^{-1}\end{pmatrix} \tag{6.3.6}$$

另一方面,在矩阵等式

$$\begin{pmatrix}A & B\\ C & D\end{pmatrix}=\begin{pmatrix}B & A\\ D & C\end{pmatrix}\begin{pmatrix}O & E_n\\ E_n & O\end{pmatrix}$$

两边分别取逆,得到

$$\begin{pmatrix}B & A\\ D & C\end{pmatrix}^{-1}=\begin{pmatrix}O & E_n\\ E_n & O\end{pmatrix}^{-1}\begin{pmatrix}B & A\\ D & C\end{pmatrix}^{-1}=\begin{pmatrix}O & E_n\\ E_n & O\end{pmatrix}\begin{pmatrix}B & A\\ D & C\end{pmatrix}^{-1}$$

按定理 6.3.2,知

$$\begin{pmatrix}A & B\\ C & D\end{pmatrix}^{-1}=\begin{pmatrix}(C-DB^{-1}A)DB^{-1} & (C-DB^{-1}A)^{-1}\\ B^{-1}+B^{-1}A(C-DB^{-1}A)^{-1}DB^{-1} & -B^{-1}A(C-DB^{-1}A)^{-1}\end{pmatrix}$$

由定理 6.3.4,得

$$B^{-1}+B^{-1}A(C-DB^{-1}A)DB^{-1}=(D-CA^{-1}B)^{-1}$$

于是

$$\begin{pmatrix} A & B \\ C & D \end{pmatrix}^{-1}=\begin{pmatrix} (C-DB^{-1}A)DB^{-1} & (C-DB^{-1}A)^{-1} \\ (B-AC^{-1}D)^{-1} & -B^{-1}A(C-DB^{-1}A)^{-1} \end{pmatrix} \quad (6.3.7)$$

结合等式(6.3.6)与(6.3.7),即得

$$\begin{pmatrix} A & B \\ C & D \end{pmatrix}^{-1}=\begin{pmatrix} (A-BD^{-1}C)^{-1} & (C-DB^{-1}A)^{-1} \\ (B-AC^{-1}D)^{-1} & (D-CA^{-1}B)^{-1} \end{pmatrix}$$

证毕.

推论 1 设 $A_{n\times m}$,$B_{m\times n}$ 及 $E_{n\times n}-AB$ 是可逆矩阵,则 $E_{m\times m}-BA$ 也是可逆矩阵,且 $(E_{m\times m}-BA)^{-1}=E_{n\times n}+B(E_{m\times m}-BA)^{-1}A$.

证明 在定理 6.3.5 中令 $D=E_{m\times m}$,$A=E_{n\times n}$,$C=A$,则当 $E_{n\times n}-AB$ 可逆时,$E_{m\times m}-BA$ 也是可逆矩阵,且

$$(E_{m\times m}-BA)^{-1}=E_{n\times n}+B(E_{m\times m}-BA)^{-1}A$$

推论 2 设 A 是 n 阶可逆矩阵,α,β 是 n 维列向量($n\times 1$ 单列矩阵),且 $\beta^{T}A^{-1}\alpha\neq-1$,则 $A+\alpha\beta^{T}$ 也是可逆矩阵,且 $(A+\alpha\beta^{T})^{-1}=A^{-1}-\dfrac{A^{-1}\alpha\beta^{T}A^{-1}}{1+\beta^{T}A^{-1}\alpha}$.

证明 由定理 6.3.5 可知,当 A 是 n 阶可逆矩阵,且 $\beta^{T}A^{-1}\alpha\neq-1$ 时,$A+\alpha E\beta^{T}$ 也是可逆矩阵,且

$$(A+\alpha\beta^{T})^{-1}=A^{-1}-A^{-1}\alpha(E+\beta^{T}A^{-1}\alpha)^{-1}\beta A^{-1}=A^{-1}-\frac{A^{-1}\alpha\beta^{T}A^{-1}}{1+\beta^{T}A^{-1}\alpha}$$

推论 2 被称为 Sherman-Morrison 公式,它在计算数学以及最优化理论中都有应用.

6.4 最简单的矩阵方程·分块矩阵可对角化的充分条件

我们已经知道线性方程组可写成矩阵形式:$AX=B$,其中 A 为 $m\times n$ 维矩阵,B 为 $m\times 1$ 维单列矩阵,X 为未知的 $n\times 1$ 维单列矩阵. 如此,求方程组的解即是求这矩阵方程的解.

现将单列矩阵 B 推广到一般矩阵 B,即得到矩阵方程

$$AX=B \quad (6.4.1)$$

其中 A 为 $m\times n$ 维矩阵,B 为 $m\times s$ 维矩阵,X 为未知的 $n\times s$ 维矩阵.

矩阵 A 称为方程(6.4.1)的系数矩阵,B 称为常数矩阵. 再引入一个 $m\times(n+s)$ 维矩阵,它是由 A 和 B 并排组成的矩阵 (A,B),称为矩阵方程(6.4.1)的增广矩阵.

仿照线性方程组,我们对矩阵方程 $AX=B$ 提出两个基本问题:第一,矩阵方程是否有解,有解的充要条件是什么;第二,矩阵方程若有解,有多少个解.

首先,我们来给出矩阵方程 $AX=B$ 有解的充要条件.

定理 6.4.1 矩阵方程(6.4.1)有解的充要条件是,矩阵(A,B)能经一系列初等行变换得到分块矩阵

$$\begin{pmatrix} \overbrace{A_1}^{n} & \overbrace{B_1}^{s} \\ O & O \end{pmatrix} \begin{matrix} \}r \\ \}m-r \end{matrix}$$

这里 r 是矩阵的秩.

证明 充分性.设 C 是方程(6.4.1)的解.矩阵 A 经一系列初等行变换得到阶梯形矩阵

$$\begin{pmatrix} A_1 \\ O \end{pmatrix}$$

其中 A_1 为 $r\times n$ 维矩阵.令这系列行变换相对应的初等矩阵的乘积为 P,则有

$$PA=\begin{pmatrix} A_1 \\ O \end{pmatrix}$$

我们考虑乘积 PB,并分它为两块:$\begin{pmatrix} B_1 \\ B_1 \end{pmatrix}$,其中 B_1 的行数为 r.既然 $AC=B$,两端左乘 P,得$(PA)C=PB$,即$\begin{pmatrix} A_1 \\ O \end{pmatrix}=\begin{pmatrix} B_1 \\ B_2 \end{pmatrix}$,所以 $B_2=O$.

必要性.若矩阵(A,B)能经一系列初等行变换得到分块矩阵

$$\begin{pmatrix} \overbrace{A_1}^{n} & \overbrace{B_1}^{s} \\ O & O \end{pmatrix} \begin{matrix} \}r \\ \}m-r \end{matrix}$$

则可写

$$P(A,B)=(PA,PB)=\begin{pmatrix} \overbrace{A_1}^{n} & \overbrace{B_1}^{s} \\ O & O \end{pmatrix} \begin{matrix} \}r \\ \}m-r \end{matrix}$$

这里 P 是相应行初等变换的矩阵的乘积.此时有 $PB=\begin{pmatrix} B_1 \\ O \end{pmatrix}$,其中 B_1 为 $r\times s$ 维矩阵.直接验证可知 $C=Q\begin{pmatrix} B_1 \\ O \end{pmatrix}$(其中 D 为任一$(m-r)\times s$ 维矩阵)是方程(6.4.1)的一个解.

推论　矩阵方程(6.4.1)有解的充要条件是它的系数矩阵与增广矩阵有相同的秩：$r(\boldsymbol{A})=r(\boldsymbol{A},\boldsymbol{B})$.

转而我们来探讨解的个数.我们先讨论一个特殊的情形.矩阵方程

$$\boldsymbol{AX}=\boldsymbol{O} \tag{6.4.2}$$

称为相应于方程(6.4.1)的齐次方程,其中$\boldsymbol{O}$为$m\times s$维零矩阵.

方程(6.4.2)总是有解的,因为对于任意的矩阵$\boldsymbol{A}$,均有$r(\boldsymbol{A})=r(\boldsymbol{A},\boldsymbol{O})$.

今设$r(\boldsymbol{A})=r(r\leqslant m)$,则存在可逆矩阵$\boldsymbol{P},\boldsymbol{Q}$,使

$$\boldsymbol{A}=\boldsymbol{P}\begin{pmatrix}\boldsymbol{E}_r & \boldsymbol{O}\\ \boldsymbol{O} & \boldsymbol{O}\end{pmatrix}\boldsymbol{Q}$$

其中$\boldsymbol{E}_r$为r阶单位矩阵.

令$\boldsymbol{X}=\boldsymbol{Q}^{-1}\begin{pmatrix}\boldsymbol{X}_1\\ \boldsymbol{X}_1\end{pmatrix}$(其中$\boldsymbol{X}_1$为$r\times s$维矩阵),代入方程(6.4.2),得

$$\boldsymbol{P}\begin{pmatrix}\boldsymbol{E}_r & \boldsymbol{O}\\ \boldsymbol{O} & \boldsymbol{O}\end{pmatrix}\boldsymbol{QQ}^{-1}\begin{pmatrix}\boldsymbol{X}_1\\ \boldsymbol{X}_2\end{pmatrix}=\begin{pmatrix}\boldsymbol{P} & \boldsymbol{O}\\ \boldsymbol{O} & \boldsymbol{O}\end{pmatrix}\begin{pmatrix}\boldsymbol{X}_1\\ \boldsymbol{X}_2\end{pmatrix}=\begin{pmatrix}\boldsymbol{PX}_1\\ \boldsymbol{O}\end{pmatrix}=\boldsymbol{O}$$

当且仅当$\boldsymbol{X}_1=\boldsymbol{O}$时式(6.4.2)有解.因此方程(6.4.2)的解集合是

$$\left\{\boldsymbol{Q}^{-1}\begin{pmatrix}\boldsymbol{O}\\ \boldsymbol{X}_2\end{pmatrix}\ \middle|\ \boldsymbol{X}_2\text{ 是任一}(m-r)\times s\text{ 维矩阵}\right\}$$

对于一般的方程(6.4.1),若已知$\boldsymbol{X}_0$是它的一个解,则对于任意的$n\times s$维矩阵$\boldsymbol{X}$,易见$\boldsymbol{X}$是方程(6.4.1)的一个解,当且仅当$\boldsymbol{X}-\boldsymbol{X}_0=\boldsymbol{A}_1$是其齐次方程(6.4.2)的一个解.换句话说,矩阵方程(6.4.1)的解可以表示为它的一个特解与其齐次方程的解之和.

通过上面的讨论我们可以得到以下解的存在定理：

定理 6.4.2　设矩阵$\boldsymbol{A},\boldsymbol{B}$的行数均为$m$,则对于矩阵方程(6.4.1),当$r(\boldsymbol{A})=r(\boldsymbol{A},\boldsymbol{B})=m$时,有唯一解；当$r(\boldsymbol{A})=r(\boldsymbol{A},\boldsymbol{B})<m$时,有无穷多解,当$r(\boldsymbol{A})<r(\boldsymbol{A},\boldsymbol{B})$时无解.

既然一般来说,矩阵的乘法并不满足交换性,因此我们可以来讨论与式(6.4.1)不同的矩阵方程

$$\boldsymbol{XA}=\boldsymbol{B} \tag{6.4.1$'$}$$

其中$\boldsymbol{A}$为$m\times n$维矩阵,$\boldsymbol{B}$为$n\times s$维矩阵,$\boldsymbol{X}$为未知的$s\times m$维矩阵.

经过完全类似的讨论,可以得出：

定理 6.4.1$'$　矩阵方程(6.4.1)有解的充要条件是,矩阵$\begin{pmatrix}\boldsymbol{A}\\ \boldsymbol{B}\end{pmatrix}$能经一系列

初等行变换得到分块矩阵

$$\begin{matrix} \overbrace{\ }^{n} & \overbrace{\ }^{n-r} & \\ \begin{pmatrix} \boldsymbol{A}_1 & \boldsymbol{O} \\ \boldsymbol{B}_1 & \boldsymbol{O} \end{pmatrix} & & \begin{matrix} \}m \\ \}n \end{matrix} \end{matrix}$$

这里 r 是矩阵的秩.

定理 6.4.2′ 设 $\boldsymbol{A},\boldsymbol{B}$ 的列数均为 n,则矩阵方程(6.4.2),当 $r(\boldsymbol{A})=r(\boldsymbol{A}^{\mathrm{T}},\boldsymbol{B}^{\mathrm{T}})=n$ 时有唯一解,当 $r(\boldsymbol{A})=r(\boldsymbol{A}^{\mathrm{T}},\boldsymbol{B}^{\mathrm{T}})<n$ 有无穷多解,当 $r(\boldsymbol{A})<r(\boldsymbol{A}^{\mathrm{T}},\boldsymbol{B}^{\mathrm{T}})$ 时无解.

有了刚才对于矩阵方程的解的讨论. 接下来我们来讨论,分块矩阵对角化的问题,也就是 $(\boldsymbol{A}_{\alpha\beta})_{s\times t}$,通过初等变换能简化为对角的分块矩阵. 为此先引入下述定义:

定义 6.4.1 设有分块矩阵 $(\boldsymbol{A}_{\alpha\beta})_{s\times t}$,对于任意的 i,j,如果 $r(\boldsymbol{A}_{\alpha\beta})=r(\boldsymbol{A}_{\alpha\beta},\boldsymbol{A}_{\alpha j})=r(\boldsymbol{A}_{\alpha\beta}{}^{\mathrm{T}},\boldsymbol{A}_{i\beta}{}^{\mathrm{T}})$,则称 $\boldsymbol{A}_{\alpha\beta}$ 为 $(\boldsymbol{A}_{\alpha\beta})_{s\times t}$ 的极大元.

按照定理 6.4.2 与定理 6.4.2′,极大元指的是这样的子块 $\boldsymbol{A}_{\alpha\beta}$,对于方程 $\boldsymbol{A}_{\alpha\beta}\boldsymbol{X}=\boldsymbol{A}_{\alpha j}$,$\boldsymbol{X}\boldsymbol{A}_{\alpha\beta}=\boldsymbol{A}_{i\beta}$,这里 $\boldsymbol{A}_{\alpha j}$ 是与 $\boldsymbol{A}_{\alpha\beta}$ 同行的任何子块,而 $\boldsymbol{A}_{i\beta}$ 是与 $\boldsymbol{A}_{\alpha\beta}$ 同列的任何子块.

现在可以建立如下的定理:

定理 6.4.3 分块矩阵 $(\boldsymbol{A}_{\alpha\beta})_{2\times 2}$ 可以用分块矩阵的初等变换对角化的充要条件是:它有一个极大元.

证明 充分性. 不妨设 $\boldsymbol{A}_{11}$ 为极大元(否则可以通过第一种分块矩阵的初等变换把极大元移到第一行与第一列交叉位置). 由定理 6.4.1 与定理 6.4.1′,存在可逆矩阵 $\boldsymbol{P},\boldsymbol{Q}$,使

$$\boldsymbol{A}_{11}=\boldsymbol{P}\begin{pmatrix} \boldsymbol{E}_r & \boldsymbol{O} \\ \boldsymbol{O} & \boldsymbol{O} \end{pmatrix}\boldsymbol{Q},\boldsymbol{A}_{21}=\boldsymbol{P}\begin{pmatrix} \boldsymbol{A}_1 & \boldsymbol{O} \\ \boldsymbol{B}_2 & \boldsymbol{O} \end{pmatrix}\boldsymbol{Q},\boldsymbol{A}_{12}=\boldsymbol{P}\begin{pmatrix} \boldsymbol{A}_1' & \boldsymbol{A}_2' \\ \boldsymbol{O} & \boldsymbol{O} \end{pmatrix}\boldsymbol{Q}$$

令 $\boldsymbol{K}=-\boldsymbol{P}\begin{pmatrix} \boldsymbol{A}_1 & \boldsymbol{A}_2 \\ \boldsymbol{A}_3 & \boldsymbol{A}_4 \end{pmatrix}\boldsymbol{P}^{-1}$,其中 $\boldsymbol{A}_3,\boldsymbol{A}_4$ 为适当阶数的任意矩阵. 则

$$\boldsymbol{K}\boldsymbol{A}_{11}+\boldsymbol{A}_{21}=-\boldsymbol{P}\begin{pmatrix} \boldsymbol{A}_1 & \boldsymbol{A}_2 \\ \boldsymbol{A}_3 & \boldsymbol{A}_4 \end{pmatrix}\boldsymbol{P}^{-1}\boldsymbol{P}\begin{pmatrix} \boldsymbol{E}_r & \boldsymbol{O} \\ \boldsymbol{O} & \boldsymbol{O} \end{pmatrix}\boldsymbol{Q}$$

所以 $(\boldsymbol{A}_{\alpha\beta})_{2\times 2}$ 第一行左乘 $\boldsymbol{K}$ 加到第二行,得

$$\begin{pmatrix} \boldsymbol{A}_{11} & \boldsymbol{A}_{12} \\ \boldsymbol{O} & \boldsymbol{K}\boldsymbol{A}_{12}+\boldsymbol{A}_{22} \end{pmatrix}$$

同理,令 $\boldsymbol{K}'=-\boldsymbol{Q}^{-1}\begin{pmatrix} \boldsymbol{A}_1' & \boldsymbol{A}_3' \\ \boldsymbol{A}_2' & \boldsymbol{A}_4' \end{pmatrix}\boldsymbol{Q}$,则

$$A_{11}K' + A_{12} = O$$

所以$\begin{pmatrix} A_{11} & A_{12} \\ O & KA_{12}+A_{22} \end{pmatrix}$的第一列右乘 K' 后加到第二列，得

$$\begin{pmatrix} A_{11} & O \\ O & KA_{12}+A_{22} \end{pmatrix}$$

(如先进行列变换，再进行行变换，得$\begin{pmatrix} A_{11} & O \\ O & A_{12}K'+A_{22} \end{pmatrix}$，因为 $KA_{12}+A_{22} = -\begin{pmatrix} A_1A_1' & A_1A_2' \\ A_2A_1' & A_2A_2' \end{pmatrix} + A_{22} = K'A_{21} = A_{22}$，故两种运算顺序结果相同).

必要性. 反证法，不妨设 $r(A_{11}) \neq r(A_{11}{}^{\mathrm{T}}, A_{21}{}^{\mathrm{T}})$ 或 $r(A_{11}{}^{\mathrm{T}}, A_{21}{}^{\mathrm{T}}) \neq r(A_{21})$，则由定理 6.4.2′，$XA_{11} = -A_{21}$ 或 $XA_{21} = -A_{11}$ 无解，从而不存在 K，使 $(A_{\alpha\beta})_{2\times 2}$ 对角化. 同理，当 $r(A_{11}) \neq r(A_{11}, A_{12})$ 或 $r(A_{11}, A_{12}) \neq r(A_{12})$ 时，不存在 K' 使 $-A_{11}K' = A_{12}$ 或 $-A_{12}K' = A_{11}$ 成立.

刚才证明的定理表明：并不是所有的 2×2 维分块矩阵都可以用分块矩阵初等变换对角化，如果分块矩阵没有极大元，则需分得更细，才能对角化.

定理 6.4.4 矩阵 A 的一种分块方法 $(A_{\alpha\beta})_{s\times t}$ 可以用分块矩阵的初等变换对角化的充分条件是：存在 $s-1$ 行且存在 $t-1$ 列有极大元.

证明 用数学归纳法. 当 $s=t=1$ 时，只有一块，命题成立. 设 $s\leqslant m, t\leqslant n$ 时命题成立. 当 $s=m+1, t=n$ 时，存在 m 行且存在 $n-1$ 列有极大元，显然可以用第一种分块矩阵的初等变换，通过交换两行或两列的位置，使 $(A_{\alpha\beta})_{s\times t}$ 的前 m 行与前 $n-1$ 列都有极大元，再把前 m 行，前 $n-1$ 列看成一块，得到一个新的 2×2 分块矩阵，记为 $(B_{\alpha\beta})_{2\times 2}$. 显然 B_{11} 为极大元，根据定理 6.4.3，$(B_{\alpha\beta})_{2\times 2}$ 可以化成对角形

$$\begin{pmatrix} B_{11} & O \\ O & KB_{21}+B_{22} \end{pmatrix}$$

又 $B_{11} = (A_{\alpha\beta})_{m\times(n-1)}$，它的每行、列都有极大元，故由假设 B_{11} 可以对角化，从而 $(A_{\alpha\beta})_{(m+1)\times n}$ 可以对角化. 同理可证当 $s=m, t=n+1$ 时，$(A_{\alpha\beta})_{m\times(n+1)}$ 可以对角化. 由此命题成立.

6.5 分块矩阵的行列式・行列式的两个降阶定理

设已给分块矩阵

$$
\boldsymbol{A}=\begin{pmatrix}
\overbrace{\boldsymbol{A}_{11}}^{n_1} & \overbrace{\boldsymbol{A}_{12}}^{n_2} & \cdots & \overbrace{\boldsymbol{A}_{1t}}^{n_t} \\
\boldsymbol{A}_{21} & \boldsymbol{A}_{22} & \cdots & \boldsymbol{A}_{2t} \\
\vdots & \vdots & & \vdots \\
\boldsymbol{A}_{s1} & \boldsymbol{A}_{s2} & \cdots & \boldsymbol{A}_{st}
\end{pmatrix}
\begin{matrix} \}m_1 \\ \}m_2 \\ \\ \}m_s \end{matrix}
$$

现在把它的第β行右乘$m_\alpha\times n_\beta$维长方矩阵$\boldsymbol{X}$的结果加到第α行诸子块上,得出分块矩阵

$$
\boldsymbol{B}=\begin{pmatrix}
\boldsymbol{A}_{11} & \boldsymbol{A}_{12} & \cdots & \boldsymbol{A}_{1t} \\
\vdots & \vdots & & \vdots \\
\boldsymbol{A}_{\alpha 1}+\boldsymbol{X}\boldsymbol{A}_{\beta 1} & \boldsymbol{A}_{\alpha 2}+\boldsymbol{X}\boldsymbol{A}_{\beta 2} & \cdots & \boldsymbol{A}_{\alpha t}+\boldsymbol{X}\boldsymbol{A}_{\beta t} \\
\vdots & \vdots & & \vdots \\
\boldsymbol{A}_{\beta 1} & \boldsymbol{A}_{\beta 2} & \cdots & \boldsymbol{A}_{\beta t} \\
\vdots & \vdots & & \vdots \\
\boldsymbol{A}_{s1} & \boldsymbol{A}_{s2} & \cdots & \boldsymbol{A}_{st}
\end{pmatrix}
$$

我们知道这变换相当于让它左乘分块初等矩阵

$$
\boldsymbol{V}=\begin{pmatrix}
\overbrace{\boldsymbol{E}}^{m_1} & \cdots & \overbrace{\boldsymbol{O}}^{m_2} & \cdots & \overbrace{\boldsymbol{O}}^{m_\alpha} & \cdots & \overbrace{\boldsymbol{O}}^{m_\beta} \\
\vdots & & \vdots & & \vdots & & \vdots \\
\boldsymbol{O} & \cdots & \boldsymbol{E} & \cdots & \boldsymbol{X} & \cdots & \boldsymbol{O} \\
\vdots & & \vdots & & \vdots & & \vdots \\
\boldsymbol{O} & \cdots & \boldsymbol{O} & \cdots & \boldsymbol{E} & \cdots & \boldsymbol{O} \\
\vdots & & \vdots & & \vdots & & \vdots \\
\boldsymbol{O} & \cdots & \boldsymbol{O} & \cdots & \boldsymbol{O} & \cdots & \boldsymbol{E}
\end{pmatrix}
\begin{matrix} \}m_1 \\ \\ \}m_\alpha \\ \\ \}m_\beta \\ \\ \}m_s \end{matrix}
$$

故因 $\boldsymbol{V}$ 是一个满秩矩阵,对于矩阵 $\boldsymbol{A}$ 与 $\boldsymbol{B}$ 的秩有下面的关系①

$$r_{\boldsymbol{A}}=r_{\boldsymbol{B}}$$

特别地,当 $\boldsymbol{A}$ 是一个方阵时,有

$$|\boldsymbol{V}||\boldsymbol{A}|=|\boldsymbol{B}|$$

但是方阵 $\boldsymbol{V}$ 的行列式等于 1,即

$$|\boldsymbol{V}|=1$$

故有

---

① 参看 2.3 节中式(2.3.8) 后面的结果.

$$|\boldsymbol{A}|=|\boldsymbol{B}|$$

可以得到同样的结果，如果在矩阵 $\boldsymbol{A}$ 中把右乘其某一列以适当维数的长方矩阵 $\boldsymbol{X}$ 所得出的诸子块对应的加到另一列上去.

上面所得出的结果可以总结为下面的定理：

定理 6.5.1 ① 如果在分块矩阵 $\boldsymbol{A}$ 中，把左(右)乘第 β 个子块行(列)以 $m_\alpha\times m_\beta$ 维($m_\beta\times m_\alpha$ 维)的长方矩阵 $\boldsymbol{X}$ 后的结果加到第 α 个子块行(列)上，那么这一变换并不改变矩阵 $\boldsymbol{A}$ 的秩；又如 $\boldsymbol{A}$ 是一个方阵，则对矩阵 $\boldsymbol{A}$ 的行列式亦无改变.

现在来讨论这样的特殊情形，就是在矩阵 $\boldsymbol{A}$ 的对角线上，子块 $\boldsymbol{A}_{11}$ 是一个方阵而且是满秩的(即 $|\boldsymbol{A}_{11}|\neq 0$).

在矩阵 $\boldsymbol{A}$ 的第 α 行上，加上左乘第一行以 $\boldsymbol{A}_{\alpha1}\boldsymbol{A}_{11}^{-1}(\alpha=2,3,\cdots,s)$ 的结果，我们就得出矩阵

$$\boldsymbol{B}_1=\begin{pmatrix}\boldsymbol{A}_{11} & \boldsymbol{A}_{12} & \cdots & \boldsymbol{A}_{1t}\\ \boldsymbol{O} & \boldsymbol{A}_{22}^{(1)} & \cdots & \boldsymbol{A}_{2t}^{(1)}\\ \vdots & \vdots & & \vdots\\ \boldsymbol{O} & \boldsymbol{A}_{s2}^{(1)} & \cdots & \boldsymbol{A}_{st}^{(1)}\end{pmatrix}$$

其中

$$\boldsymbol{A}_{\alpha\beta}^{(1)}=-\boldsymbol{A}_{\alpha1}\boldsymbol{A}_{11}^{-1}\boldsymbol{A}_{1\beta}\boldsymbol{A}_{11}^{-1}+\boldsymbol{A}_{\alpha\beta}\quad(\alpha=2,3,\cdots,s;\beta=2,3,\cdots,t)$$

如果 $\boldsymbol{A}_{22}^{(1)}$ 是一个满秩方阵，那么这一步可以继续进行.

设 $\boldsymbol{A}$ 为方阵. 则有

$$|\boldsymbol{A}|=|\boldsymbol{B}_1|=|\boldsymbol{A}_{11}|\begin{vmatrix}\boldsymbol{A}_{22}^{(1)} & \cdots & \boldsymbol{A}_{2t}^{(1)}\\ \vdots & & \vdots\\ \boldsymbol{A}_{s2}^{(1)} & \cdots & \boldsymbol{A}_{st}^{(1)}\end{vmatrix}$$

这个式子把含有 st 个块的行列式 $|\boldsymbol{A}|$ 的计算化为只含 $(s-1)(t-1)$ 个子块的有较小阶行列式的计算②.

讨论分为四块的行列式 Δ

$$\Delta=\begin{vmatrix}\boldsymbol{A} & \boldsymbol{B}\\ \boldsymbol{C} & \boldsymbol{D}\end{vmatrix}$$

---

① 这个定理即是说对分块矩阵施行第三种初等变换不改变它的行列式的值. 同样的，容易明白，对分块矩阵施行第一种初等变换至多改变它的行列式的符号；对分块矩阵施行第二种初等变换将改变它的行列式的值. 参看，5.3 节.

② 如果 $\boldsymbol{A}_{22}^{(1)}$ 是一个方阵且有 $|\boldsymbol{A}_{22}^{(1)}|\neq 0$，那么对于所得出的有 $(s-1)(t-1)$ 个子块的行列式，我们可以再来应用同样的变换，诸如此类.

其中 $\boldsymbol{A}$ 与 $\boldsymbol{D}$ 都是方阵.

设 $|\boldsymbol{A}|\neq 0$. 那么从第二行减去左乘第一行以 $\boldsymbol{CA}^{-1}$ 之积,我们得出

$$\Delta=\begin{vmatrix}\boldsymbol{A} & \boldsymbol{B}\\ \boldsymbol{O} & \boldsymbol{D}-\boldsymbol{CA}^{-1}\boldsymbol{B}\end{vmatrix}=|\boldsymbol{A}||\boldsymbol{D}-\boldsymbol{CA}^{-1}\boldsymbol{B}| \qquad (\text{Ⅰ})$$

同样的,如果 $|\boldsymbol{D}|\neq 0$,那么在 Δ 中从第一行减去左乘第二行以 $\boldsymbol{BD}^{-1}$ 之积,我们得出

$$\Delta=\begin{vmatrix}\boldsymbol{A}-\boldsymbol{BD}^{-1}\boldsymbol{C} & \boldsymbol{O}\\ \boldsymbol{C} & \boldsymbol{D}\end{vmatrix}=|\boldsymbol{A}-\boldsymbol{BD}^{-1}\boldsymbol{C}||\boldsymbol{D}| \qquad (\text{Ⅱ})$$

公式(Ⅰ)和(Ⅱ)统称为行列式的第一降阶定理.

由公式(Ⅰ)还可以得出如下所谓的升阶公式

$$|\boldsymbol{D}-\boldsymbol{CA}^{-1}\boldsymbol{B}|=\frac{1}{|\boldsymbol{A}|}\begin{vmatrix}\boldsymbol{A} & \boldsymbol{B}\\ \boldsymbol{C} & \boldsymbol{D}\end{vmatrix}$$

在特殊的情形,四个矩阵 $\boldsymbol{A},\boldsymbol{B},\boldsymbol{C},\boldsymbol{D}$ 都是同为 n 阶的方阵时,由(Ⅰ)与(Ⅱ)得出舒尔[①]公式,把 $2n$ 阶行列式的计算转化为 n 阶行列式的计算,即

$$\Delta=|\boldsymbol{AD}-\boldsymbol{ACA}^{-1}\boldsymbol{B}| \quad (|\boldsymbol{A}|\neq 0) \qquad (\text{Ⅰa})$$

$$\Delta=|\boldsymbol{AD}-\boldsymbol{BD}^{-1}\boldsymbol{CD}| \quad (|\boldsymbol{D}|\neq 0) \qquad (\text{Ⅱa})$$

如果矩阵 $\boldsymbol{A}$ 与 $\boldsymbol{C}$ 彼此可交换,那来由式(Ⅰa)得出

$$\Delta=|\boldsymbol{AD}-\boldsymbol{CB}| \quad (\text{如有条件 } \boldsymbol{AC}=\boldsymbol{CA}) \qquad (\text{Ⅰb})$$

同样的,如果 $\boldsymbol{C}$ 与 $\boldsymbol{D}$ 彼此可交换,那么

$$\Delta=|\boldsymbol{AD}-\boldsymbol{BC}| \quad (\text{如有条件 } \boldsymbol{CD}=\boldsymbol{DC}) \qquad (\text{Ⅱb})$$

公式(Ⅰa)是在假设 $|\boldsymbol{A}|\neq 0$ 下所得出的,而公式(Ⅱb)是当 $|\boldsymbol{D}|\neq 0$ 时得出的. 但是从连续性的推究,这些限制是可以取消的.

从公式(Ⅰ)~(Ⅱb),互换其右边的 $\boldsymbol{A}$ 与 $\boldsymbol{D}$ 且同时互换 $\boldsymbol{B}$ 与 $\boldsymbol{C}$,我们还可以得出六个公式.

例如

$$\Delta=\begin{vmatrix}1 & 0 & b_1 & b_2\\ 0 & 1 & b_3 & b_4\\ c_1 & c_2 & d_1 & d_2\\ c_3 & c_4 & d_3 & d_4\end{vmatrix}$$

由式(Ⅰb),得

---

① 舒尔(Friedrich Heinrich Schur,1856—1932),德国数学家.

$$\Delta=\begin{vmatrix} d_1-c_1b_1-c_2b_3 & d_2-c_1b_2-c_2b_4 \\ d_3-c_3b_1-c_4b_3 & d_4-c_3b_2-c_4b_4 \end{vmatrix}$$

若把公式(Ⅱ)和前面的升阶公式合并运用,就可得到另一种实用的降阶公式

$$|\boldsymbol{D}-\boldsymbol{C}\boldsymbol{A}^{-1}\boldsymbol{B}|=\frac{|\boldsymbol{D}|}{|\boldsymbol{A}|}\cdot|\boldsymbol{A}-\boldsymbol{B}\boldsymbol{D}^{-1}\boldsymbol{C}| \tag{Ⅲ}$$

这个公式通常称为行列式的第二降阶定理. 有时候为了方便起见,将第二降阶定理写成

$$|\boldsymbol{D}+\boldsymbol{C}\boldsymbol{A}^{-1}\boldsymbol{B}|=\frac{|\boldsymbol{D}|}{|\boldsymbol{A}|}\cdot|\boldsymbol{A}+\boldsymbol{B}\boldsymbol{D}^{-1}\boldsymbol{C}| \tag{Ⅲ$'$}$$

的形式.

作为例子,我们来计算行列式

$$D_n=\begin{vmatrix} 0 & a_1+a_2 & \cdots & a_1+a_n \\ a_2+a_1 & 0 & \cdots & a_2+a_n \\ \vdots & \vdots & & \vdots \\ a_n+a_1 & a_n+a_2 & \cdots & 0 \end{vmatrix}, n\geqslant 2$$

这里 $\prod\limits_{i=1}^{n}a_i\neq 0$.

先将 D_n 改写成为下列两个方阵之和的行列式,再凑成 $\boldsymbol{D}+\boldsymbol{C}\boldsymbol{A}^{-1}\boldsymbol{B}$ 的形状

$$D_n=\left|\begin{pmatrix} -2a_1 & & & \\ & -2a_2 & & \\ & & \ddots & \\ & & & -2a_n \end{pmatrix}+\begin{pmatrix} a_1+a_1 & a_1+a_2 & \cdots & a_1+a_n \\ a_2+a_1 & a_2+a_2 & \cdots & a_2+a_n \\ \vdots & \vdots & & \vdots \\ a_n+a_1 & a_n+a_2 & \cdots & a_n+a_n \end{pmatrix}\right|$$

$$=\left|\begin{pmatrix} -2a_1 & & & \\ & -2a_2 & & \\ & & \ddots & \\ & & & -2a_n \end{pmatrix}+\begin{pmatrix} a_1 & 1 \\ a_2 & 1 \\ \vdots & \vdots \\ a_n & 1 \end{pmatrix}\begin{pmatrix} 1 & 0 \\ 0 & 1 \end{pmatrix}^{-1}\begin{pmatrix} 1 & 1 & \cdots & 1 \\ a_1 & a_2 & \cdots & a_n \end{pmatrix}\right|$$

故由公式(Ⅲ$'$),即得

$$D_n=\frac{\begin{vmatrix} -2a_1 & & & \\ & -2a_2 & & \\ & & \ddots & \\ & & & -2a_n \end{vmatrix}}{\begin{vmatrix} 1 & 0 \\ 0 & 1 \end{vmatrix}}\cdot$$

$$\left|\begin{pmatrix} 1 & 0 \\ 0 & 1 \end{pmatrix}+\begin{pmatrix} 1 & 1 & \cdots & 1 \\ a_1 & a_2 & \cdots & a_n \end{pmatrix}\cdot\right.$$

$$\begin{pmatrix} -2a_1 & & & \\ & -2a_2 & & \\ & & \ddots & \\ & & & -2a_n \end{pmatrix}^{-1} \begin{pmatrix} a_1 & 1 \\ a_2 & 1 \\ \vdots & \vdots \\ a_n & 1 \end{pmatrix} \Bigg|$$

$$=(-2)^n \prod_{i=1}^{n} a_i \begin{vmatrix} 1-\dfrac{n}{2} & -\dfrac{n}{2}\sum\limits_{i=1}^{n}\dfrac{1}{a_i} \\ -\dfrac{n}{2}\sum\limits_{j=1}^{n} a_j & 1-\dfrac{n}{2} \end{vmatrix}$$

$$=(-2)^{n-2} \prod_{i=1}^{n} a_i \left[(n-2)^2 - \sum_{i,j=1}^{n} \frac{a_j}{a_i}\right]$$

在这个例子中,第二降阶定理将 n 阶行列式一下子降为了二阶行列式,从而使这个在早年历史上认为较难计算的行列式以简单的步骤计算出来.

6.6 矩阵秩的两个降阶定理

引理 1 分块矩阵 $\boldsymbol{M}=\begin{pmatrix} \boldsymbol{A} & \boldsymbol{O} \\ \boldsymbol{O} & \boldsymbol{D} \end{pmatrix}$ 的秩等于其对角线上矩阵的秩之和,即

$$r(\boldsymbol{M})=r(\boldsymbol{A})+r(\boldsymbol{D})$$

证明 设 $r(\boldsymbol{A})=p$,$r(\boldsymbol{D})=q$,于是存在可逆矩阵 $\boldsymbol{P}_1,\boldsymbol{Q}_1,\boldsymbol{P}_2,\boldsymbol{Q}_2$ 使得

$$\boldsymbol{P}_1\boldsymbol{A}\boldsymbol{Q}_1=\begin{pmatrix} \boldsymbol{E}_p & \boldsymbol{O} \\ \boldsymbol{O} & \boldsymbol{O} \end{pmatrix}, \boldsymbol{P}_2\boldsymbol{D}\boldsymbol{Q}_2=\begin{pmatrix} \boldsymbol{E}_q & \boldsymbol{O} \\ \boldsymbol{O} & \boldsymbol{O} \end{pmatrix}$$

这里 $\boldsymbol{E}_p$ 和 $\boldsymbol{E}_q$ 分别为 p 阶和 q 阶单位矩阵.

于是我们可以写矩阵等式

$$\begin{pmatrix} \boldsymbol{P}_1 & \boldsymbol{O} \\ \boldsymbol{O} & \boldsymbol{P}_2 \end{pmatrix}\begin{pmatrix} \boldsymbol{A} & \boldsymbol{O} \\ \boldsymbol{O} & \boldsymbol{D} \end{pmatrix}\begin{pmatrix} \boldsymbol{Q}_1 & \boldsymbol{O} \\ \boldsymbol{O} & \boldsymbol{Q}_2 \end{pmatrix}=\begin{pmatrix} \boldsymbol{E}_p & & & \\ & \boldsymbol{O} & & \\ & & \boldsymbol{E}_q & \\ & & & \boldsymbol{O} \end{pmatrix}$$

由此 $r(\boldsymbol{M})=r(\boldsymbol{A})+r(\boldsymbol{D})$ 就成为显然的事情了.

引理 2 若 $\boldsymbol{A}$ 是满秩矩阵,则分块矩阵 $\boldsymbol{M}=\begin{pmatrix} \boldsymbol{A} & \boldsymbol{B} \\ \boldsymbol{O} & \boldsymbol{D} \end{pmatrix}$ 的秩等于其对角线上矩阵的秩之和,即

$$r(\boldsymbol{M})=r(\boldsymbol{A})+r(\boldsymbol{D})$$

证明 由于 $\boldsymbol{A}$ 满秩,故而可逆,由等式

$$\begin{pmatrix} A & B \\ O & D \end{pmatrix}\begin{pmatrix} E_r & -A^{-1}B \\ O & E \end{pmatrix}=\begin{pmatrix} A & O \\ O & D \end{pmatrix} \quad (\text{这里 } E_r \text{ 与 } A \text{ 同阶})$$

以及引理 1 即知 $r(M)=r(A)+r(D)$.

从引理 2 以及定理 6.5.1 即可推得下述定理.

定理 6.6.1 如果表长方矩阵 M 为分块型

$$M=\begin{pmatrix} A & B \\ C & D \end{pmatrix}$$

若 A 为满秩矩阵,则 $r(M)= r(A)+r(D-CA^{-1}B)$;若 D 为满秩矩阵,则 $r(M)=r(D)+r(A-BD^{-1}C)$.

证明 在 A 满秩时,从矩阵 M 的第二个块行减去左乘第一行以 $CA^{-1}B$ 的乘积,我们得出矩阵

$$T=\begin{pmatrix} A & B \\ O & D-CA^{-1}B \end{pmatrix}$$

由定理 6.5.1,矩阵 M 与 T 有相同的秩. 由引理 2,得出

$$r(M)=r(T)=r(A)+r(D-CA^{-1}B)$$

定理的第二部分可以完全类似得出.

定理 6.6.1 说明,将高阶矩阵适当分块后,可将它的求秩化为求其子块(低阶矩阵)的秩. 于此定理 5.6.1 常称为矩阵秩的第一降阶定理,下面是它的两个推论.

推论 1 如果表长方矩阵 M 为分块型

$$M=\begin{pmatrix} A & B \\ C & D \end{pmatrix}$$

若 A 与 D 均为满秩矩阵,则

$$r(D-CA^{-1}B)=r(D)-r(A)+r(A-BD^{-1}C)$$

推论 2 如果表长方矩阵 M 为分块型

$$M=\begin{pmatrix} A & B \\ C & D \end{pmatrix}$$

其中 A 为 n 阶满秩方阵($|A|\neq 0$),那么矩阵 M 的秩等于 n 的充分必要件是 $D=CA^{-1}B$.

从推论 2 可推得 n 阶满秩矩阵 A 求逆与求乘积 $CA^{-1}B$ 的分块矩阵初等变换的方法.

用高斯变换[①]来把矩阵

$$\begin{pmatrix} \boldsymbol{A} & \boldsymbol{B} \\ -\boldsymbol{C} & \boldsymbol{O} \end{pmatrix} \quad (|\boldsymbol{A}| \neq 0) \tag{6.6.1}$$

变为下面的形状

$$\begin{pmatrix} \boldsymbol{G} & \boldsymbol{B}_1 \\ \boldsymbol{O} & \boldsymbol{X} \end{pmatrix}$$

我们来证明

$$\boldsymbol{X} = \boldsymbol{C}\boldsymbol{A}^{-1}\boldsymbol{B} \tag{6.6.2}$$

事实上，应用变换矩阵(6.6.1)的同样变换，我们把矩阵

$$\begin{pmatrix} \boldsymbol{A} & \boldsymbol{B} \\ -\boldsymbol{C} & -\boldsymbol{C}\boldsymbol{A}^{-1}\boldsymbol{B} \end{pmatrix} \tag{6.6.3}$$

变为下面的矩阵

$$\begin{pmatrix} \boldsymbol{G} & \boldsymbol{B}_1 \\ \boldsymbol{O} & \boldsymbol{X} - \boldsymbol{C}\boldsymbol{A}^{-1}\boldsymbol{B} \end{pmatrix} \tag{6.6.4}$$

由推论2，知矩阵(6.6.3)有秩 n(n 为矩阵 $\boldsymbol{A}$ 的阶数). 但此时矩阵(6.6.4)的秩亦必等于 n. 故有 $\boldsymbol{X} - \boldsymbol{C}\boldsymbol{A}^{-1}\boldsymbol{B} = \boldsymbol{O}$，亦即得出式(6.6.2).

特别地，如果 $\boldsymbol{B} = \boldsymbol{Y}$，其中 $\boldsymbol{Y}$ 为单列矩阵且有 $\boldsymbol{C} = \boldsymbol{E}$，那么

$$\boldsymbol{X} = \boldsymbol{A}^{-1}\boldsymbol{Y}$$

因此，对矩阵

$$\begin{pmatrix} \boldsymbol{A} & \boldsymbol{Y} \\ -\boldsymbol{E} & \boldsymbol{O} \end{pmatrix}$$

应用高斯变换，我们得出下面方程组的解

$$\boldsymbol{A}\boldsymbol{X} = \boldsymbol{Y}$$

再者，如果在式(6.6.1)中取 $\boldsymbol{B} = \boldsymbol{C} = \boldsymbol{E}$，那么对矩阵

$$\begin{pmatrix} \boldsymbol{A} & \boldsymbol{E} \\ -\boldsymbol{E} & \boldsymbol{O} \end{pmatrix}$$

应用高斯变换后，我们可以得出

$$\begin{pmatrix} \boldsymbol{G} & \boldsymbol{W} \\ \boldsymbol{O} & \boldsymbol{X} \end{pmatrix}$$

---

① 此处我们对矩阵(6.6.1)并没有完全用高斯变换，而只是用到它的前 n 个程序，其中 n 为这个矩阵的秩. 如果 $p = n$ 时，5.2目中的条件(5.2.6)成立，那么是可以这样做的；如果这个条件不能适合，那么因为 $|\boldsymbol{A}| \neq 0$，我们可以调整矩阵(6.6.1)的前 n 个行(或前 n 个列)，使得前 n 次高斯变换可以施行. 当5.2目中的条件(5.2.6)成立时，我们有时要用到这种变动的高斯变换.

其中

$$X = A^{-1}$$

求出 A^{-1} 的这一个方法可以用下面的例子来说明.设

$$A = \begin{vmatrix} 2 & 1 & 1 \\ 1 & 0 & 2 \\ 3 & 1 & 2 \end{vmatrix}$$

要算出它的逆 A^{-1}.

应用经过变动的高斯消元法于如下矩阵

$$\begin{pmatrix} 2 & 1 & 1 & 1 & 0 & 0 \\ 1 & 0 & 2 & 0 & 1 & 0 \\ 3 & 1 & 2 & 0 & 0 & 1 \\ -1 & 0 & 0 & 0 & 0 & 0 \\ 0 & -1 & 0 & 0 & 0 & 0 \\ 0 & 0 & -1 & 0 & 0 & 0 \end{pmatrix}$$

对所有的行(除第二行外)都加上第二行的适当的倍数,使得除第二个元素外,第一列上所有的元素都等于零.此后除第二行第三行外,所有的行都加上第三行的适当倍数,使得除第二、第三个元素外,第二列的元素全都等于零.最后,在后三行上加上第一行的适当倍数,使得我们得出次形矩阵

$$\begin{pmatrix} \times & \times & \times & \times & \times & \times \\ \times & \times & \times & \times & \times & \times \\ \times & \times & \times & \times & \times & \times \\ 0 & 0 & 0 & -2 & -1 & 2 \\ 0 & 0 & 0 & 4 & 1 & -3 \\ 0 & 0 & 0 & 1 & 1 & -1 \end{pmatrix}$$

因此

$$A^{-1} = \begin{vmatrix} -2 & -1 & 2 \\ 4 & 1 & -3 \\ 1 & 1 & -1 \end{vmatrix}$$

定理 6.6.2(矩阵秩的第二降阶定理)　设 $M=(a_{ij})$ 是 $m\times n$ 维矩阵,$\Delta_k = \left| M\begin{pmatrix} 1 & 2 & \cdots & k \\ 1 & 2 & \cdots & k \end{pmatrix} \right|$ 是 M 的一个非零 k 阶顺序主子式,则成立公式

$$r(M) = k + p$$

其中 p 为由元素 $s_{ij}=\left|\boldsymbol{M}\begin{pmatrix}1 & 2 & \cdots & k & i\\ 1 & 2 & \cdots & k & j\end{pmatrix}\right|$ 构成的矩阵 $\boldsymbol{S}=\begin{pmatrix}s_{(k+1)(k+1)} & s_{(k+1)(k+2)} & \cdots & s_{(k+1)n}\\ s_{(k+2)(k+1)} & s_{(k+2)(k+2)} & \cdots & s_{(k+2)n}\\ \vdots & \vdots & & \vdots\\ s_{m(k+1)} & s_{m(k+2)} & \cdots & s_{mn}\end{pmatrix}$ 的秩.

证明　将矩阵 $\boldsymbol{M}$ 作如下分块

$$\boldsymbol{M}=\begin{pmatrix}\boldsymbol{A} & \boldsymbol{B}\\ \boldsymbol{C} & \boldsymbol{D}\end{pmatrix}$$

其中 $\boldsymbol{A}=\boldsymbol{M}\begin{pmatrix}1 & 2 & \cdots & k\\ 1 & 2 & \cdots & k\end{pmatrix}$，$\boldsymbol{B}=\boldsymbol{M}\begin{pmatrix}1 & 2 & \cdots & k\\ k+1 & k+2 & \cdots & n\end{pmatrix}$，$\boldsymbol{C}=\boldsymbol{M}\begin{pmatrix}k+1 & k+2 & \cdots & m\\ 1 & 2 & \cdots & k\end{pmatrix}$，$\boldsymbol{D}=\boldsymbol{M}\begin{pmatrix}k+1 & k+2 & \cdots & m\\ k+1 & k+2 & \cdots & n\end{pmatrix}$.

由秩的第二降阶定理，$r(\boldsymbol{M})=k+p$，$r(\boldsymbol{M})=k+r(\boldsymbol{D}-\boldsymbol{C}\boldsymbol{A}^{-1}\boldsymbol{B})$. 将矩阵 $\boldsymbol{C}$ 按行分块，$\boldsymbol{C}=(\boldsymbol{\alpha}_{k+1},\boldsymbol{\alpha}_{k+2},\cdots,\boldsymbol{\alpha}_m)^{\mathrm{T}}$，将矩阵 $\boldsymbol{B}$ 按列分块，$\boldsymbol{B}=(\boldsymbol{\beta}_{k+1},\boldsymbol{\beta}_{k+2},\cdots,\boldsymbol{\beta}_n)$，显然这里 $\boldsymbol{\alpha}_i$ 是矩阵 $\boldsymbol{M}$ 的第 i 行前 k 列的元素形成的单行矩阵，$\boldsymbol{\beta}_j$ 是矩阵 $\boldsymbol{M}$ 的第 j 列前 k 行的元素形成的单列矩阵，于是

$$\boldsymbol{D}-\boldsymbol{C}\boldsymbol{A}^{-1}\boldsymbol{B}=\boldsymbol{D}-(\boldsymbol{\alpha}_{k+1},\boldsymbol{\alpha}_{k+2},\cdots,\boldsymbol{\alpha}_m)^{\mathrm{T}}\boldsymbol{A}^{-1}(\boldsymbol{\beta}_{k+1},\boldsymbol{\beta}_{k+2},\cdots,\boldsymbol{\beta}_n)$$

或者写得明显些，即为

$$\boldsymbol{D}-\boldsymbol{C}\boldsymbol{A}^{-1}\boldsymbol{B}=\begin{pmatrix}a_{(k+1)(k+1)} & a_{(k+1)(k+2)} & \cdots & a_{(k+1)n}\\ a_{(k+2)(k+1)} & a_{(k+2)(k+2)} & \cdots & a_{(k+2)n}\\ \vdots & \vdots & & \vdots\\ a_{m(k+1)} & a_{m(k+2)} & \cdots & a_{mn}\end{pmatrix}-$$

$$\begin{pmatrix}\boldsymbol{\alpha}_{k+1}\boldsymbol{A}^{-1}\boldsymbol{\beta}_{k+1} & \boldsymbol{\alpha}_{k+1}\boldsymbol{A}^{-1}\boldsymbol{\beta}_{k+2} & \cdots & \boldsymbol{\alpha}_{k+1}\boldsymbol{A}^{-1}\boldsymbol{\beta}_n\\ \boldsymbol{\alpha}_{k+2}\boldsymbol{A}^{-1}\boldsymbol{\beta}_{k+1} & \boldsymbol{\alpha}_{k+2}\boldsymbol{A}^{-1}\boldsymbol{\beta}_{k+2} & \cdots & \boldsymbol{\alpha}_{k+2}\boldsymbol{A}^{-1}\boldsymbol{\beta}_n\\ \vdots & \vdots & & \vdots\\ \boldsymbol{\alpha}_m\boldsymbol{A}^{-1}\boldsymbol{\beta}_{k+1} & \boldsymbol{\alpha}_m\boldsymbol{A}^{-1}\boldsymbol{\beta}_{k+2} & \cdots & \boldsymbol{\alpha}_m\boldsymbol{A}^{-1}\boldsymbol{\beta}_n\end{pmatrix}$$

$$=\begin{pmatrix}a_{(k+1)(k+1)}-\boldsymbol{\alpha}_{k+1}\boldsymbol{A}^{-1}\boldsymbol{\beta}_{k+1} & a_{(k+1)(k+2)}-\boldsymbol{\alpha}_{k+1}\boldsymbol{A}^{-1}\boldsymbol{\beta}_{k+2} & \cdots & a_{(k+1)n}-\boldsymbol{\alpha}_{k+1}\boldsymbol{A}^{-1}\boldsymbol{\beta}_n\\ a_{(k+2)(k+1)}-\boldsymbol{\alpha}_{k+2}\boldsymbol{A}^{-1}\boldsymbol{\beta}_{k+1} & a_{(k+2)(k+2)}-\boldsymbol{\alpha}_{k+2}\boldsymbol{A}^{-1}\boldsymbol{\beta}_{k+2} & \cdots & a_{(k+2)n}-\boldsymbol{\alpha}_{k+2}\boldsymbol{A}^{-1}\boldsymbol{\beta}_n\\ \vdots & \vdots & & \vdots\\ a_{m(k+1)}-\boldsymbol{\alpha}_m\boldsymbol{A}^{-1}\boldsymbol{\beta}_{k+1} & a_{m(k+2)}-\boldsymbol{\alpha}_m\boldsymbol{A}^{-1}\boldsymbol{\beta}_{k+2} & \cdots & a_{mn}-\boldsymbol{\alpha}_m\boldsymbol{A}^{-1}\boldsymbol{\beta}_n\end{pmatrix}$$

按照行列式第一降阶定理的公式(Ⅰ)，$a_{ij}-\boldsymbol{\alpha}_i\boldsymbol{A}^{-1}\boldsymbol{\beta}_j=\dfrac{1}{|\boldsymbol{A}|}\begin{vmatrix}\boldsymbol{A} & \boldsymbol{\beta}_j\\ \boldsymbol{\alpha}_i & a_{ij}\end{vmatrix}=$

$\frac{1}{\Delta_k}\begin{vmatrix} \boldsymbol{A} & \boldsymbol{\beta}_j \\ \boldsymbol{\alpha}_i & a_{ij} \end{vmatrix}$, $i=k+1,k+2,\cdots,m$; $i=k+1,k+2,\cdots,n$. 从而

$$\boldsymbol{D}-\boldsymbol{C}\boldsymbol{A}^{-1}\boldsymbol{B}=\begin{pmatrix} \frac{1}{\Delta_k}\begin{vmatrix} \boldsymbol{A} & \boldsymbol{\beta}_{k+1} \\ \boldsymbol{\alpha}_{k+1} & a_{(k+1)(k+1)} \end{vmatrix} & \frac{1}{\Delta_k}\begin{vmatrix} \boldsymbol{A} & \boldsymbol{\beta}_{k+2} \\ \boldsymbol{\alpha}_{k+1} & a_{(k+1)(k+2)} \end{vmatrix} & \cdots & \frac{1}{\Delta_k}\begin{vmatrix} \boldsymbol{A} & \boldsymbol{\beta}_{n} \\ \boldsymbol{\alpha}_{k+1} & a_{(k+1)n} \end{vmatrix} \\ \frac{1}{\Delta_k}\begin{vmatrix} \boldsymbol{A} & \boldsymbol{\beta}_{k+1} \\ \boldsymbol{\alpha}_{k+2} & a_{(k+2)(k+1)} \end{vmatrix} & \frac{1}{\Delta_k}\begin{vmatrix} \boldsymbol{A} & \boldsymbol{\beta}_{k+2} \\ \boldsymbol{\alpha}_{k+2} & a_{(k+2)(k+2)} \end{vmatrix} & \cdots & \frac{1}{\Delta_k}\begin{vmatrix} \boldsymbol{A} & \boldsymbol{\beta}_{n} \\ \boldsymbol{\alpha}_{k+2} & a_{(k+2)n} \end{vmatrix} \\ \vdots & \vdots & & \vdots \\ \frac{1}{\Delta_k}\begin{vmatrix} \boldsymbol{A} & \boldsymbol{\beta}_{k+1} \\ \boldsymbol{\alpha}_{m} & a_{m(k+1)} \end{vmatrix} & \frac{1}{\Delta_k}\begin{vmatrix} \boldsymbol{A} & \boldsymbol{\beta}_{k+2} \\ \boldsymbol{\alpha}_{m} & a_{m(k+2)} \end{vmatrix} & \cdots & \frac{1}{\Delta_k}\begin{vmatrix} \boldsymbol{A} & \boldsymbol{\beta}_{n} \\ \boldsymbol{\alpha}_{m} & a_{mn} \end{vmatrix} \end{pmatrix}$$

$$=\frac{1}{\Delta_k}\begin{pmatrix} s_{(k+1)(k+1)} & s_{(k+1)(k+2)} & \cdots & s_{(k+1)n} \\ s_{(k+2)(k+1)} & s_{(k+2)(k+2)} & \cdots & s_{(k+2)n} \\ \vdots & \vdots & & \vdots \\ s_{m(k+1)} & s_{m(k+2)} & \cdots & s_{mn} \end{pmatrix}$$

$$=\frac{1}{\Delta_k}\boldsymbol{S}$$

显然

$$r(\boldsymbol{D}-\boldsymbol{C}\boldsymbol{A}^{-1}\boldsymbol{B})=r(\boldsymbol{S})=p$$

于是有

$$r(\boldsymbol{M})=k+p$$

由秩的第二降阶定理的证明可得如下推论：

推论 设 $\boldsymbol{M}$ 是 $n\times n$ 矩阵，$\Delta_k=\left|\boldsymbol{M}\begin{pmatrix}1 & 2 & \cdots & k \\ 1 & 2 & \cdots & k\end{pmatrix}\right|\neq 0$，$k=1,2,\cdots,n-1$，记 $s_{ij}=\left|\boldsymbol{M}\begin{pmatrix}1 & 2 & \cdots & k & i \\ 1 & 2 & \cdots & k & j\end{pmatrix}\right|$，$i,j=k+1,k+2,\cdots,n$，则

$$|\boldsymbol{M}|=\frac{1}{\Delta_k^{n-k-1}}\begin{vmatrix} s_{(k+1)(k+1)} & s_{(k+1)(k+2)} & \cdots & s_{(k+1)n} \\ s_{(k+2)(k+1)} & s_{(k+2)(k+2)} & \cdots & s_{(k+2)n} \\ \vdots & \vdots & & \vdots \\ s_{n(k+1)} & s_{n(k+2)} & \cdots & s_{nn} \end{vmatrix}$$

证明 将矩阵 $\boldsymbol{M}$ 分块为 $\boldsymbol{M}=\begin{pmatrix}\boldsymbol{A} & \boldsymbol{B} \\ \boldsymbol{C} & \boldsymbol{D}\end{pmatrix}$，其中 $\boldsymbol{A}=\boldsymbol{M}\begin{pmatrix}1 & 2 & \cdots & k \\ 1 & 2 & \cdots & k\end{pmatrix}$，由于 $|\boldsymbol{A}|=\Delta_k\neq 0$，行列式第一降阶定理的公式(Ⅰ)知，$|\boldsymbol{M}|=|\boldsymbol{A}|\,|\boldsymbol{D}-\boldsymbol{C}\boldsymbol{A}^{-1}\boldsymbol{B}|$；再依定理 6.6.2 的证明可知

$$D-CA^{-1}B=\begin{pmatrix} \frac{1}{\Delta_k}\begin{vmatrix} A & \boldsymbol{\beta}_{k+1} \\ \boldsymbol{\alpha}_{k+1} & a_{(k+1)(k+1)} \end{vmatrix} & \frac{1}{\Delta_k}\begin{vmatrix} A & \boldsymbol{\beta}_{k+2} \\ \boldsymbol{\alpha}_{k+1} & a_{(k+1)(k+2)} \end{vmatrix} & \cdots & \frac{1}{\Delta_k}\begin{vmatrix} A & \boldsymbol{\beta}_{n} \\ \boldsymbol{\alpha}_{k+1} & a_{(k+1)n} \end{vmatrix} \\ \frac{1}{\Delta_k}\begin{vmatrix} A & \boldsymbol{\beta}_{k+1} \\ \boldsymbol{\alpha}_{k+2} & a_{(k+2)(k+1)} \end{vmatrix} & \frac{1}{\Delta_k}\begin{vmatrix} A & \boldsymbol{\beta}_{k+2} \\ \boldsymbol{\alpha}_{k+2} & a_{(k+2)(k+2)} \end{vmatrix} & \cdots & \frac{1}{\Delta_k}\begin{vmatrix} A & \boldsymbol{\beta}_{n} \\ \boldsymbol{\alpha}_{k+2} & a_{(k+2)n} \end{vmatrix} \\ \vdots & \vdots & & \vdots \\ \frac{1}{\Delta_k}\begin{vmatrix} A & \boldsymbol{\beta}_{k+1} \\ \boldsymbol{\alpha}_{n} & a_{n(k+1)} \end{vmatrix} & \frac{1}{\Delta_k}\begin{vmatrix} A & \boldsymbol{\beta}_{k+2} \\ \boldsymbol{\alpha}_{n} & a_{n(k+2)} \end{vmatrix} & \cdots & \frac{1}{\Delta_k}\begin{vmatrix} A & \boldsymbol{\beta}_{n} \\ \boldsymbol{\alpha}_{n} & a_{nn} \end{vmatrix} \end{pmatrix}$$

$$=\begin{pmatrix} \frac{1}{\Delta_k}s_{(k+1)(k+1)} & \frac{1}{\Delta_k}s_{(k+1)(k+2)} & \cdots & \frac{1}{\Delta_k}s_{(k+1)n} \\ \frac{1}{\Delta_k}s_{(k+2)(k+1)} & \frac{1}{\Delta_k}s_{(k+2)(k+2)} & \cdots & \frac{1}{\Delta_k}s_{(k+2)n} \\ \vdots & \vdots & & \vdots \\ \frac{1}{\Delta_k}s_{n(k+1)} & \frac{1}{\Delta_k}s_{n(k+2)} & \cdots & \frac{1}{\Delta_k}s_{nn} \end{pmatrix}$$

两端取行列式,得

$$|D-CA^{-1}B|=\begin{vmatrix} \frac{1}{\Delta_k}s_{(k+1)(k+1)} & \frac{1}{\Delta_k}s_{(k+1)(k+2)} & \cdots & \frac{1}{\Delta_k}s_{(k+1)n} \\ \frac{1}{\Delta_k}s_{(k+2)(k+1)} & \frac{1}{\Delta_k}s_{(k+2)(k+2)} & \cdots & \frac{1}{\Delta_k}s_{(k+2)n} \\ \vdots & \vdots & & \vdots \\ \frac{1}{\Delta_k}s_{n(k+1)} & \frac{1}{\Delta_k}s_{n(k+2)} & \cdots & \frac{1}{\Delta_k}s_{nn} \end{vmatrix}$$

$$=\frac{1}{\Delta_k^{n-k}}\begin{vmatrix} s_{(k+1)(k+1)} & s_{(k+1)(k+2)} & \cdots & s_{(k+1)n} \\ s_{(k+2)(k+1)} & s_{(k+2)(k+2)} & \cdots & s_{(k+2)n} \\ \vdots & \vdots & & \vdots \\ s_{n(k+1)} & s_{n(k+2)} & \cdots & s_{nn} \end{vmatrix}$$

从而有

$$|M|=|A|\;|D-CA^{-1}B|=\frac{1}{\Delta_k^{n-k-1}}\begin{vmatrix} s_{(k+1)(k+1)} & s_{(k+1)(k+2)} & \cdots & s_{(k+1)n} \\ s_{(k+2)(k+1)} & s_{(k+2)(k+2)} & \cdots & s_{(k+2)n} \\ \vdots & \vdots & & \vdots \\ s_{n(k+1)} & s_{n(k+2)} & \cdots & s_{nn} \end{vmatrix}$$

这个推论意义在于将高阶行列式的计算转化为低阶行列式的计算.

§7 广义逆矩阵

7.1 长方矩阵的单侧逆

在 $\boldsymbol{A}$ 可逆的条件下，求解非齐次线性方程组 $\boldsymbol{AX}=\boldsymbol{B}$ 变得如此的简单，即方程组的唯一解是 $\boldsymbol{X}=\boldsymbol{A}^{-1}\boldsymbol{B}$. 但是，当 $\boldsymbol{A}$ 不是方阵，或 $\boldsymbol{A}$ 是降秩的方阵时，上述逆矩阵就不存在了. 于是自然产生了这样的问题：能否将逆矩阵的概念推广到非方阵或奇异方阵上？

首先，我们把方阵的逆矩阵概念推广到 $m\times n$ 维长方矩阵上，定义一种单侧逆.

定义 7.1.1 设 $\boldsymbol{A}$ 是一个 $m\times n$ 维长方矩阵，若存在 $n\times m$ 维矩阵 $\boldsymbol{B}$，使得 $\boldsymbol{BA}=\boldsymbol{E}_n$，则称 $\boldsymbol{A}$ 是左可逆的，称 $\boldsymbol{B}$ 为 $\boldsymbol{A}$ 的一个左逆矩阵，记为 $\boldsymbol{A}_{\mathrm{L}}^{-1}$；若存在 $m\times n$ 维矩阵 $\boldsymbol{C}$，使得 $\boldsymbol{AC}=\boldsymbol{E}_m$，则称 $\boldsymbol{A}$ 是右可逆的，称 $\boldsymbol{C}$ 为 $\boldsymbol{A}$ 的一个右逆矩阵，记为 $\boldsymbol{A}_{\mathrm{R}}^{-1}$.

下面给出矩阵左逆与右逆的充要条件.

定理 7.1.1 $m\times n$ 维长方矩阵 $\boldsymbol{A}$ 是左可逆的充要条件是 $\boldsymbol{A}$ 为列满秩矩阵；右可逆的充要条件是 $\boldsymbol{A}$ 为行满秩矩阵.

证明 左可逆的情形. 充分性. 因为 $\boldsymbol{A}$ 是列满秩矩阵，由定理 4.10.1 推论 2 可知 $\boldsymbol{A}^{\mathrm{H}}\boldsymbol{A}$ 是 n 阶满秩方阵，令

$$\boldsymbol{G}=(\boldsymbol{A}^{\mathrm{H}}\boldsymbol{A})^{-1}\boldsymbol{A}^{\mathrm{H}} \tag{7.1.1}$$

则验算可得

$$\boldsymbol{GA}=(\boldsymbol{A}^{\mathrm{H}}\boldsymbol{A})^{-1}\boldsymbol{A}^{\mathrm{H}}\boldsymbol{A}=\boldsymbol{E}_n$$

故 $\boldsymbol{G}$ 是 $\boldsymbol{A}$ 的一个左逆矩阵，因而 $\boldsymbol{A}$ 存在左逆矩阵.

必要性. 因 $\boldsymbol{A}$ 有左逆矩阵 $\boldsymbol{A}_{\mathrm{L}}^{-1}$，即是

$$\boldsymbol{A}_{\mathrm{L}}^{-1}\boldsymbol{A}=\boldsymbol{E}_n$$

于是有

$$\text{秩}(\boldsymbol{A})\geqslant\text{秩}(\boldsymbol{A}_{\mathrm{L}}^{-1}\boldsymbol{A})=\text{秩}(\boldsymbol{E}_n)=n$$

即

$$\text{秩}(\boldsymbol{A})=n$$

亦即 $\boldsymbol{A}$ 是列满秩阵.

右可逆的时候，只要注意到

$$\boldsymbol{G}=\boldsymbol{A}^{\mathrm{H}}(\boldsymbol{A}\boldsymbol{A}^{\mathrm{H}})^{-1} \tag{7.1.2}$$

是 $\boldsymbol{A}$ 的一个右逆矩阵,其余证明类似于左可逆情形的证明. 证毕.

当 $\boldsymbol{A}$ 不是方阵,即 $m\neq n$ 时,$\boldsymbol{A}$ 不能同时为行满秩和列满秩,所以非方阵最多只有一种单侧逆. 仅当 $m=n$ 且 $\boldsymbol{A}$ 可逆时,有 $\boldsymbol{A}_{\mathrm{L}}^{-1}$ 和 $\boldsymbol{A}_{\mathrm{R}}^{-1}$ 才能同时存在,且等于普通的逆矩阵 $\boldsymbol{A}^{-1}$.

列(或行)满秩矩阵的左逆(右逆)并不是唯一的,式(7.1.1)或式(7.1.2)仅表示所有左逆(右逆)中的一个. 下面给出矩阵 $\boldsymbol{A}$ 的左逆(右逆)的一般表达式.

定理 7.1.2 设 $\boldsymbol{A}$ 的左可逆,则

$$\boldsymbol{G}=(\boldsymbol{A}^{\mathrm{H}}\boldsymbol{U}\boldsymbol{A})^{-1}\boldsymbol{A}^{\mathrm{H}}\boldsymbol{U} \tag{7.1.3}$$

都是 $\boldsymbol{A}$ 的左逆,其中 $\boldsymbol{U}$ 是满足秩$(\boldsymbol{A}^{\mathrm{H}}\boldsymbol{U}\boldsymbol{A})=$秩$(\boldsymbol{A})$ 的任意适当阶的矩阵.

证明 用 $\boldsymbol{A}$ 右乘式(7.1.3)的两边,得

$$\boldsymbol{G}\boldsymbol{A}=(\boldsymbol{A}^{\mathrm{H}}\boldsymbol{U}\boldsymbol{A})^{-1}\boldsymbol{A}^{\mathrm{H}}\boldsymbol{U}\boldsymbol{A}$$

由于秩$(\boldsymbol{A}^{\mathrm{H}}\boldsymbol{U}\boldsymbol{A})=$秩$(\boldsymbol{A})$,所以 $\boldsymbol{A}^{\mathrm{H}}\boldsymbol{U}\boldsymbol{A}$ 是满秩方阵. 因此,有

$$(\boldsymbol{A}^{\mathrm{H}}\boldsymbol{U}\boldsymbol{A})^{-1}(\boldsymbol{A}^{\mathrm{H}}\boldsymbol{U}\boldsymbol{A})=\boldsymbol{E}$$

于是

$$\boldsymbol{G}=(\boldsymbol{A}^{\mathrm{H}}\boldsymbol{U}\boldsymbol{A})^{-1}\boldsymbol{A}^{\mathrm{H}}\boldsymbol{U}$$

均是 $\boldsymbol{A}$ 的左逆.

由于满足秩$(\boldsymbol{A}^{\mathrm{H}}\boldsymbol{U}\boldsymbol{A})=$秩$(\boldsymbol{A})$ 的矩阵 $\boldsymbol{U}$ 不是唯一的,所以左逆 $\boldsymbol{G}$ 也是不唯一的. 还应指出,取 $\boldsymbol{U}=\boldsymbol{E}$ 时,式(7.1.3)就变为式(7.1.1). 所以式(7.1.1)所表示的左逆 $\boldsymbol{A}_{\mathrm{L}}^{-1}$ 是 $\boldsymbol{G}=(\boldsymbol{A}^{\mathrm{H}}\boldsymbol{U}\boldsymbol{A})^{-1}\boldsymbol{A}^{\mathrm{H}}\boldsymbol{U}$ 的一个.

同理,可以给出矩阵 $\boldsymbol{A}$ 的右逆的一般表达式

$$\boldsymbol{G}=\boldsymbol{V}\boldsymbol{A}^{\mathrm{H}}(\boldsymbol{A}\boldsymbol{V}\boldsymbol{A}^{\mathrm{H}})^{-1}$$

其中 $\boldsymbol{V}$ 是满足秩$(\boldsymbol{A}\boldsymbol{V}\boldsymbol{A}^{\mathrm{H}})=$秩$(\boldsymbol{A})$ 的任意适当阶的矩阵.

利用定理 7.1.2,我们来求矩阵

$$\boldsymbol{A}=\begin{pmatrix}1&2\\2&1\\1&1\end{pmatrix}$$

的左逆.

显然,秩$(\boldsymbol{A})=2$,即 $\boldsymbol{A}$ 是列满秩的. 由

$$\boldsymbol{A}_{\mathrm{L}}^{-1}=(\boldsymbol{A}^{\mathrm{H}}\boldsymbol{A})^{-1}\boldsymbol{A}^{\mathrm{H}}=\left(\begin{pmatrix}1&2&1\\2&1&1\end{pmatrix}\begin{pmatrix}1&2\\2&1\\1&1\end{pmatrix}\right)^{-1}\begin{pmatrix}1&2&1\\2&1&1\end{pmatrix}$$

$$=\begin{pmatrix}6&5\\5&6\end{pmatrix}^{-1}\begin{pmatrix}1&2&1\\2&1&1\end{pmatrix}=\frac{1}{11}\begin{pmatrix}-4&7&1\\7&-4&1\end{pmatrix}$$

若选择

$$\boldsymbol{U}=\begin{pmatrix}1&0&0\\0&-1&0\\0&0&0\end{pmatrix}$$

则秩($\boldsymbol{A}^{\mathrm{H}}\boldsymbol{U}\boldsymbol{A}$)=秩($\boldsymbol{A}$)=2. 再由式(7.1.3),求得 $\boldsymbol{A}$ 的另一个左逆

$$\boldsymbol{G}=(\boldsymbol{A}^{\mathrm{H}}\boldsymbol{U}\boldsymbol{A})^{-1}\boldsymbol{A}^{\mathrm{H}}\boldsymbol{U}=\left(\begin{pmatrix}1&2&1\\2&1&1\end{pmatrix}\begin{pmatrix}1&0&0\\0&-1&0\\0&0&0\end{pmatrix}\begin{pmatrix}1&2\\2&1\\1&1\end{pmatrix}\right)^{-1}\begin{pmatrix}1&2&1\\2&1&1\end{pmatrix}\begin{pmatrix}1&0&0\\0&-1&0\\0&0&0\end{pmatrix}$$

$$=\begin{pmatrix}-3&0\\0&3\end{pmatrix}^{-1}\begin{pmatrix}1&-2&0\\2&-1&0\end{pmatrix}=\frac{1}{3}\begin{pmatrix}-1&2&0\\2&-1&0\end{pmatrix}$$

直接利用式(7.1.1)或式(7.1.2)求左逆或右逆矩阵时,要涉及求 $\boldsymbol{A}^{\mathrm{H}}\boldsymbol{A}$ 或 $\boldsymbol{A}\boldsymbol{A}^{\mathrm{H}}$ 的逆矩阵问题,其计算量较大. 为了方便计算,常常利用初等变换来求左(右)逆矩阵.

设 $\boldsymbol{A}$ 是一个 $m\times n$ 维长方矩阵,利用初等行变换可把矩阵($\boldsymbol{A},\boldsymbol{E}_n$)化为 $\begin{pmatrix}\boldsymbol{E}_n&\boldsymbol{G}\\\boldsymbol{O}&*\end{pmatrix}$,则 $\boldsymbol{G}$ 就是 $\boldsymbol{A}$ 的一个左逆矩阵.

事实上,对 $\boldsymbol{A}$ 进行一系列初等行变换,就相当于存在一个 m 阶可逆矩阵 $\boldsymbol{P}$,使

$$\boldsymbol{P}(\boldsymbol{A},\boldsymbol{E}_n)=\begin{pmatrix}\boldsymbol{E}_n&\boldsymbol{G}\\\boldsymbol{O}&*\end{pmatrix}\tag{7.1.3}$$

令 $\boldsymbol{P}=\begin{pmatrix}\boldsymbol{P}_1\\\boldsymbol{P}_2\end{pmatrix}$,其中 $\boldsymbol{P}_1$ 是 $m\times n$ 维矩阵,$\boldsymbol{P}_2$ 是$(m-n)\times m$ 维矩阵,代入上式,得到

$$\begin{pmatrix}\boldsymbol{P}_1\boldsymbol{A}&\boldsymbol{P}_1\\\boldsymbol{P}_2\boldsymbol{A}&\boldsymbol{P}_2\end{pmatrix}=\begin{pmatrix}\boldsymbol{E}_n&\boldsymbol{G}\\\boldsymbol{O}&*\end{pmatrix}$$

由矩阵的相等,有

$$\boldsymbol{G}=\boldsymbol{P}_1,\boldsymbol{G}\boldsymbol{A}=\boldsymbol{P}_1\boldsymbol{A}=\boldsymbol{E}_n$$

就是说 $\boldsymbol{G}$ 是 $\boldsymbol{A}$ 的一个左逆矩阵.

类似的,利用初等列变换可把矩阵 $\begin{pmatrix}\boldsymbol{A}\\\boldsymbol{E}_n\end{pmatrix}$ 变为 $\begin{pmatrix}\boldsymbol{E}_n&\boldsymbol{G}\\\boldsymbol{O}&*\end{pmatrix}$,则 $\boldsymbol{G}$ 就是 $\boldsymbol{A}$ 的一个

右逆矩阵.

例如,设矩阵

$$\boldsymbol{A}=\begin{pmatrix}1 & -2\\ 0 & 1\\ 0 & 0\end{pmatrix}$$

为了求出 $\boldsymbol{A}$ 的左逆,我们对矩阵$(\boldsymbol{A},\boldsymbol{E}_3)$进行初等行变换如下

$$(\boldsymbol{A},\boldsymbol{E}_3)=\begin{pmatrix}1 & -2 & 1 & 0 & 0\\ 0 & 1 & 0 & 1 & 0\\ 0 & 0 & 0 & 0 & 1\end{pmatrix}\to\begin{pmatrix}1 & 0 & 1 & 2 & 0\\ 0 & 1 & 0 & 1 & 0\\ 0 & 0 & 0 & 0 & 1\end{pmatrix}$$

于是

$$\boldsymbol{A}_{\mathrm{L}}^{-1}=\begin{pmatrix}1 & 2 & 0\\ 0 & 1 & 0\end{pmatrix}$$

定理 7.1.3 设 $\boldsymbol{A}$ 是左可逆矩阵,$\boldsymbol{A}_{\mathrm{L}}^{-1}$ 是它的一个左逆矩阵,则方程组 $\boldsymbol{AX}=\boldsymbol{B}$ 有解的充要条件是

$$(\boldsymbol{E}-\boldsymbol{AA}_{\mathrm{L}}^{-1})\boldsymbol{B}=\boldsymbol{O}$$

且此时方程组有唯一解

$$\boldsymbol{X}=(\boldsymbol{A}^{\mathrm{H}}\boldsymbol{A})^{-1}\boldsymbol{A}^{\mathrm{H}}\boldsymbol{B}$$

证明 必要性. 设 $\boldsymbol{X}_0$ 是方程组 $\boldsymbol{AX}=\boldsymbol{B}$ 的解,用 $\boldsymbol{AA}_{\mathrm{L}}^{-1}$ 左乘 $\boldsymbol{AX}_0=\boldsymbol{B}$ 的两端

$$(\boldsymbol{AA}_{\mathrm{L}}^{-1})(\boldsymbol{AX}_0)=(\boldsymbol{AA}_{\mathrm{L}}^{-1})\boldsymbol{B}=\boldsymbol{A}(\boldsymbol{A}_{\mathrm{L}}^{-1}\boldsymbol{A})\boldsymbol{X}_0=\boldsymbol{AEX}_0=\boldsymbol{AX}_0=\boldsymbol{B}$$

即

$$(\boldsymbol{E}-\boldsymbol{AA}_{\mathrm{L}}^{-1})\boldsymbol{B}=\boldsymbol{O}$$

充分性. 若$(\boldsymbol{E}-\boldsymbol{AA}_{\mathrm{L}}^{-1})\boldsymbol{B}=\boldsymbol{O}$成立,令 $\boldsymbol{X}_0=\boldsymbol{AA}_{\mathrm{L}}^{-1}\boldsymbol{B}$,则有

$$\boldsymbol{AX}_0=\boldsymbol{AA}_{\mathrm{L}}^{-1}\boldsymbol{B}=\boldsymbol{B}$$

即 $\boldsymbol{X}_0$ 是原方程组的解.

最后证明解的唯一性. 设 $\boldsymbol{X}_0,\boldsymbol{X}_1$ 都是方程组 $\boldsymbol{AX}=\boldsymbol{B}$ 的解,则

$$\boldsymbol{A}(\boldsymbol{X}_0-\boldsymbol{X}_1)=\boldsymbol{AX}_0-\boldsymbol{AX}_1=\boldsymbol{B}-\boldsymbol{B}=\boldsymbol{O}$$

因为 $\boldsymbol{A}$ 是高矩阵,由定理4.9.5,$\boldsymbol{AX}=\boldsymbol{O}$ 只有零解. 所以 $\boldsymbol{X}_0-\boldsymbol{X}_1=\boldsymbol{O}$,即 $\boldsymbol{X}_0=\boldsymbol{X}_1$.

定理 7.1.4 设 $\boldsymbol{A}$ 是右可逆矩阵,则方程组 $\boldsymbol{AX}=\boldsymbol{B}$ 对任意(适合维数)的 $\boldsymbol{B}$ 都有解. 若 $\boldsymbol{B}\neq\boldsymbol{O}$,则方程组的解可以表示为 $\boldsymbol{X}=\boldsymbol{A}_{\mathrm{R}}^{-1}\boldsymbol{B}$,其中 $\boldsymbol{A}_{\mathrm{R}}^{-1}$ 是 $\boldsymbol{A}$ 的一个右逆矩阵.

证明 因为 $\boldsymbol{A}$ 右可逆,所以 $\boldsymbol{A}$ 是行满秩的,因此总有:秩$(\boldsymbol{A},\boldsymbol{B})$=秩$(\boldsymbol{A})$,于是方程组 $\boldsymbol{AX}=\boldsymbol{B}$ 有解. 在 $\boldsymbol{AX}=\boldsymbol{B}$ 两端右乘 $\boldsymbol{A}$ 的右逆为 $\boldsymbol{A}_{\mathrm{R}}^{-1}$,有

$$A_R^{-1}AX=(AA_R^{-1})X=EX=A_R^{-1}B$$

即

$$X=A_R^{-1}B$$

特别地，方程组 $AX=B$ 的一个解为 $X=A^H(AA^H)^{-1}B$.

7.2 长方矩阵的广义逆

现在来讨论一般情形下的线性方程组

$$AX=B \tag{7.2.1}$$

我们知道，上述方程组有解的充要条件是

$$\text{秩}(A,B)=\text{秩}(A)$$

在 A 是列(行)满秩的时候，我们可以把方程组(7.2.1)的解表示为 $X=A_L^{-1}B$(或 $A_R^{-1}B$). 现在自然要问，在一般情形下，方程组(7.2.1)的解是否也有类似的表达式. 即是否存在某个矩阵 G，把解表示为

$$X=GB$$

上述问题由下面的定理所解答：

定理 7.2.1 对满足秩$(A,B)=$秩(A)的任意单列矩阵 B，相容方程组 $AX=B$ 的解能表示为 GB 的充要条件是矩阵方程 $AZA=A$ 有解 $Z=G$.

证明 设 A 是 $m\times n$ 维长方矩阵.

必要性. 设 G 满足 $AGA=A$. 对于任意的使 $AX=B$ 相容的 B，都存在一个 $n\times 1$ 维单列矩阵 Y，使得 $AY=B$. 对这个 Y，由 $AGA=A$ 得出 $AGAY=AY$，即 $AGB=B$，据此 $X=GB$ 是方程组 $AX=B$ 的解.

充分性. 对任意的 $n\times 1$ 维单列矩阵 Y，令 $B=AY$，则方程组 $AX=B$ 是相容的. 因为 GB 是 $AX=B$ 的解，于是有 $AGB=B$，代入 $B=AY$ 得到 $AGAY=AY$. 由 Y 的任意性可得 $AGA=A$. 证毕.

现在，我们来讨论矩阵方程

$$AZA=A$$

如果 A 是满秩方阵，那么这个方程有唯一解 $Z=A^{-1}$. 如果 A 是任一 $m\times n$ 维长方矩阵，那么所求的解是 $n\times m$ 维的，但不是唯一的：

定理 7.2.2 设 A 是数域 K 上一个 $m\times n$ 维非零长方矩阵，则矩阵方程 $AZA=A$ 一定有解. 若 $r(A)=r$，并且

$$A=P\begin{pmatrix}E_{r\times r} & O\\ O & O\end{pmatrix}Q$$

其中 P,Q 分别是 K 上 m 阶、n 阶可逆方阵，则矩阵方程 $AZA=A$ 的任意一个解

具有形式

$$\boldsymbol{Q}^{-1}\begin{pmatrix}\boldsymbol{E}_{r\times r} & \boldsymbol{B}\\ \boldsymbol{C} & \boldsymbol{D}\end{pmatrix}\boldsymbol{P}^{-1}$$

其中 $\boldsymbol{B},\boldsymbol{C},\boldsymbol{D}$ 分别是 K 上任一 $r\times(m-r)$,$(n-r)\times r$,$(n-r)\times(m-r)$ 维矩阵.

证明 按照 §4 的理论,存在初等矩阵 $\boldsymbol{P},\boldsymbol{Q}$ 使得 $\boldsymbol{A}$ 成为相抵标准形式

$$\boldsymbol{A}=\boldsymbol{P}\begin{pmatrix}\boldsymbol{E}_{r\times r} & \boldsymbol{O}\\ \boldsymbol{O} & \boldsymbol{O}\end{pmatrix}\boldsymbol{Q}$$

如果 $\boldsymbol{G}$ 是矩阵方程 $\boldsymbol{AZA}=\boldsymbol{A}$ 的一个解,即 $\boldsymbol{AGA}=\boldsymbol{A}$,将上式代入,得到

$$\boldsymbol{P}\begin{pmatrix}\boldsymbol{E}_{r\times r} & \boldsymbol{O}\\ \boldsymbol{O} & \boldsymbol{O}\end{pmatrix}\boldsymbol{QGP}\begin{pmatrix}\boldsymbol{E}_{r\times r} & \boldsymbol{O}\\ \boldsymbol{O} & \boldsymbol{O}\end{pmatrix}\boldsymbol{Q}=\boldsymbol{P}\begin{pmatrix}\boldsymbol{E}_{r\times r} & \boldsymbol{O}\\ \boldsymbol{O} & \boldsymbol{O}\end{pmatrix}\boldsymbol{Q}$$

在这个等式两边左乘 $\boldsymbol{P}^{-1}$,右乘 $\boldsymbol{Q}^{-1}$,得

$$\begin{pmatrix}\boldsymbol{E}_{r\times r} & \boldsymbol{O}\\ \boldsymbol{O} & \boldsymbol{O}\end{pmatrix}\boldsymbol{QGP}\begin{pmatrix}\boldsymbol{E}_{r\times r} & \boldsymbol{O}\\ \boldsymbol{O} & \boldsymbol{O}\end{pmatrix}=\begin{pmatrix}\boldsymbol{E}_{r\times r} & \boldsymbol{O}\\ \boldsymbol{O} & \boldsymbol{O}\end{pmatrix} \tag{7.2.2}$$

现在把 $\boldsymbol{QGP}$ 写成分块的形式

$$\boldsymbol{QGP}=\begin{pmatrix}\overbrace{\boldsymbol{H}}^{r} & \overbrace{\boldsymbol{B}}^{m-r}\\ \boldsymbol{C} & \boldsymbol{D}\end{pmatrix}\begin{matrix}\}r\\ \}n-r\end{matrix} \tag{7.2.3}$$

代入式(7.2.2),得

$$\begin{pmatrix}\boldsymbol{E}_{r\times r} & \boldsymbol{O}\\ \boldsymbol{O} & \boldsymbol{O}\end{pmatrix}\begin{pmatrix}\boldsymbol{H} & \boldsymbol{B}\\ \boldsymbol{C} & \boldsymbol{D}\end{pmatrix}\begin{pmatrix}\boldsymbol{E}_{r\times r} & \boldsymbol{O}\\ \boldsymbol{O} & \boldsymbol{O}\end{pmatrix}=\begin{pmatrix}\boldsymbol{E}_{r\times r} & \boldsymbol{O}\\ \boldsymbol{O} & \boldsymbol{O}\end{pmatrix}$$

进行分块矩阵的乘法,得出

$$\begin{pmatrix}\boldsymbol{H} & \boldsymbol{O}\\ \boldsymbol{O} & \boldsymbol{O}\end{pmatrix}=\begin{pmatrix}\boldsymbol{E}_{r\times r} & \boldsymbol{O}\\ \boldsymbol{O} & \boldsymbol{O}\end{pmatrix}$$

从这个式子,得出

$$\boldsymbol{H}=\boldsymbol{E}_{r\times r}$$

于是从式(7.2.3)得到

$$\boldsymbol{G}=\boldsymbol{Q}^{-1}\begin{pmatrix}\boldsymbol{E}_{r\times r} & \boldsymbol{B}\\ \boldsymbol{C} & \boldsymbol{D}\end{pmatrix}\boldsymbol{P}^{-1} \tag{7.2.4}$$

这样我们就得到了:如果矩阵方程 $\boldsymbol{AZA}=\boldsymbol{A}$ 有解,那么它的任一解一定具有式(7.2.4)的形式.

现在我们来讨论:对于任意的 $r\times(m-r)$,$(n-r)\times r$,$(n-r)\times(m-r)$ 维矩阵 $\boldsymbol{B},\boldsymbol{C},\boldsymbol{D}$,由式(7.2.4)给出的矩阵 $\boldsymbol{G}$ 是否一定是矩阵方程 $\boldsymbol{AZA}=\boldsymbol{A}$ 的

解？为此做计算

$$
\begin{aligned}
AGA &= P\begin{pmatrix} E_{r\times r} & O \\ O & O \end{pmatrix} QQ^{-1}\begin{pmatrix} E_{r\times r} & B \\ C & D \end{pmatrix} P^{-1}P\begin{pmatrix} E_{r\times r} & O \\ O & O \end{pmatrix} Q \\
&= P\begin{pmatrix} E_{r\times r} & O \\ O & O \end{pmatrix}\begin{pmatrix} E_{r\times r} & B \\ C & D \end{pmatrix}\begin{pmatrix} E_{r\times r} & O \\ O & O \end{pmatrix} Q \\
&= P\begin{pmatrix} E_{r\times r} & O \\ O & O \end{pmatrix} Q = A
\end{aligned}
$$

由此，式(7.2.4)给出的 G 的确是矩阵方程 $AZA=A$ 的解.

现在引入：

定义 7.2.1 设 A 是数域 K 上一个 $m\times n$ 维矩阵，矩阵方程 $AZA=A$ 的每一个解都称为 A 的一个广义逆矩阵，简称 A 的一个广义逆；用 A^- 表示 A 的任意一个广义逆.

从定义直接得出，任意一个 $m\times n$ 维矩阵都是 $n\times m$ 维零矩阵的广义逆.

定理7.2.2说明矩阵的广义逆一定存在，但一般不是唯一的. 秩为 r 的 $m\times n$ 维矩阵 A 的广义逆 A^- 具有通式

$$
A^- = Q^{-1}\begin{pmatrix} E_{r\times r} & B \\ C & D \end{pmatrix} P^{-1} \tag{7.2.5}
$$

这里 P,Q 是化 A 为相抵标准形的初等矩阵. A^- 唯一的充要条件是 $m=n=r$，即 A 是满秩方阵，此时广义逆 A^- 就是 A 的普通逆矩阵. 由此可见，广义逆矩阵确是普通逆矩阵概念的推广.

下面是广义逆的进一步性质：

1°$(A^-)^{\mathrm T}=(A^{\mathrm T})^-$，$(A^-)^{\mathrm H}=(A^{\mathrm H})^-$，即 A 的广义逆的转置(共轭转置)与 A 的转置(共轭转置)的广义逆相等.

证明 由定义，$AA^-A=A$. 于是 $(AA^-A)^{\mathrm T}=A^{\mathrm T}$，即 $A^{\mathrm T}(A^-)^{\mathrm T}A^{\mathrm T}=A^{\mathrm T}$，故有 $(A^-)^{\mathrm T}=(A^{\mathrm T})^-$.

同理可以证 $(A^-)^{\mathrm H}=(A^{\mathrm H})^-$.

2°$A(A^{\mathrm T}A)^-A^{\mathrm T}A=A$，即 $(A^{\mathrm T}A)^-A^{\mathrm T}$ 是 A 的一个广义逆.

证明 考虑差：$A(A^{\mathrm T}A)^-A^{\mathrm T}A-A$，并化简这差的转置如下

$$
\begin{aligned}
[A(A^{\mathrm T}A)^-A^{\mathrm T}A-A]^{\mathrm T} &= A^{\mathrm T}A[(A^{\mathrm T}A)^-]^{\mathrm T}A^{\mathrm T}-A^{\mathrm T} \quad (\text{注意}(PQ)^{\mathrm T}=Q^{\mathrm T}P^{\mathrm T}) \\
&= A^{\mathrm T}A(A^{\mathrm T}A)^-A^{\mathrm T}-A^{\mathrm T} \quad (\text{利用性质 }1°) \\
&= [A^{\mathrm T}A(AA^{\mathrm T})^- - E]A^{\mathrm T}
\end{aligned}
$$

现在我们考虑下面这乘积，并化简如下

$$
\begin{aligned}
&[\boldsymbol{A}(A^{\mathrm{T}}\boldsymbol{A})^{-}\boldsymbol{A}^{\mathrm{T}}\boldsymbol{A}-\boldsymbol{A}]^{\mathrm{T}}[\boldsymbol{A}(\boldsymbol{A}^{\mathrm{T}}\boldsymbol{A})^{-}\boldsymbol{A}^{\mathrm{T}}\boldsymbol{A}-\boldsymbol{A}]\\
=&[\boldsymbol{A}^{\mathrm{T}}\boldsymbol{A}(\boldsymbol{A}\boldsymbol{A}^{\mathrm{T}})^{-}-\boldsymbol{E}]\boldsymbol{A}^{\mathrm{T}}\cdot[\boldsymbol{A}(\boldsymbol{A}^{\mathrm{T}}\boldsymbol{A})^{-}\boldsymbol{A}^{\mathrm{T}}\boldsymbol{A}-\boldsymbol{A}]\\
=&[\boldsymbol{A}^{\mathrm{T}}\boldsymbol{A}(\boldsymbol{A}\boldsymbol{A}^{\mathrm{T}})^{-}-\boldsymbol{E}][\boldsymbol{A}^{\mathrm{T}}\cdot\boldsymbol{A}(\boldsymbol{A}^{\mathrm{T}}\boldsymbol{A})^{-}\boldsymbol{A}^{\mathrm{T}}\boldsymbol{A}-\boldsymbol{A}^{\mathrm{T}}\cdot\boldsymbol{A}]\\
=&[\boldsymbol{A}^{\mathrm{T}}\boldsymbol{A}(\boldsymbol{A}\boldsymbol{A}^{\mathrm{T}})^{-}-\boldsymbol{E}][\boldsymbol{A}^{\mathrm{T}}\cdot\boldsymbol{A}-\boldsymbol{A}^{\mathrm{T}}\cdot\boldsymbol{A}]\quad(\text{注意}(\boldsymbol{PQ})^{\mathrm{T}}=\boldsymbol{Q}^{\mathrm{T}}\boldsymbol{P}^{\mathrm{T}})\\
=&\boldsymbol{O}
\end{aligned}
$$

由于对任意矩阵 $\boldsymbol{C}$，如果 $\boldsymbol{C}^{\mathrm{T}}\boldsymbol{C}=\boldsymbol{O}$，则必有 $\boldsymbol{C}=\boldsymbol{O}$，故有

$$\boldsymbol{A}(\boldsymbol{A}^{\mathrm{T}}\boldsymbol{A})^{-}\boldsymbol{A}^{\mathrm{T}}\boldsymbol{A}-\boldsymbol{A}=\boldsymbol{O}$$

从而得到性质 2°.

性质 2° 中等式两端转置，得到：

3° $\boldsymbol{A}^{\mathrm{T}}\boldsymbol{A}(\boldsymbol{A}^{\mathrm{T}}\boldsymbol{A})^{-}\boldsymbol{A}^{\mathrm{T}}=\boldsymbol{A}^{\mathrm{T}}$，即 $\boldsymbol{A}(\boldsymbol{A}^{\mathrm{T}}\boldsymbol{A})^{-}$ 是 $\boldsymbol{A}^{\mathrm{T}}$ 的广义逆.

由等式(7.2.5)立刻可以得到下面的第四个和第五个性质.

4° 秩$(\boldsymbol{A})\leqslant$ 秩$(\boldsymbol{A}^{-})$.

5° $\boldsymbol{AA}^{-}$ 和 $\boldsymbol{A}^{-}\boldsymbol{A}$ 均是等幂矩阵，且秩$(\boldsymbol{AA}^{-})=$ 秩$(\boldsymbol{A}^{-}\boldsymbol{A})=$ 秩$(\boldsymbol{A})$.

6° 若 $\boldsymbol{B}=\boldsymbol{PAQ}$，其中 $\boldsymbol{P}$ 和 $\boldsymbol{Q}$ 都是满秩方阵，则 $\boldsymbol{Q}^{-1}\boldsymbol{A}^{-}\boldsymbol{P}^{-1}$ 是 $\boldsymbol{B}$ 的广义逆.

将式子 $\boldsymbol{BQ}^{-1}\boldsymbol{A}^{-}\boldsymbol{P}^{-1}\boldsymbol{B}$ 中的 $\boldsymbol{B}$ 用 $\boldsymbol{B}=\boldsymbol{PAQ}$ 代入，经明显的化简，我们得到

$$\boldsymbol{BQ}^{-1}\boldsymbol{A}^{-}\boldsymbol{P}^{-1}\boldsymbol{B}=\boldsymbol{PAQQ}^{-1}\boldsymbol{A}^{-}\boldsymbol{P}^{-1}\boldsymbol{PAQ}=\boldsymbol{PAA}^{-}\boldsymbol{AQ}=\boldsymbol{PAQ}=\boldsymbol{B}$$

这个等式说明 $\boldsymbol{Q}^{-1}\boldsymbol{A}^{-}\boldsymbol{P}^{-1}$ 是 $\boldsymbol{B}$ 的广义逆.

应当注意：对普通的满秩方阵 $\boldsymbol{A}$，有$(\boldsymbol{A}^{-1})^{-1}=\boldsymbol{A}$；但对于广义逆来说，一般不存在这样的关系，就是说，对降秩方阵或长方矩阵，$\boldsymbol{A}$ 本身不是其广义逆的广义逆，即$(\boldsymbol{A}^{-})^{-}\neq\boldsymbol{A}$.

广义逆的另一种形式的一般解，如下述定理所示：

定理 7.2.3 设矩阵 $\boldsymbol{A}$ 是任意的 $m\times n$ 维长方矩阵，则 $\boldsymbol{A}$ 的广义逆的一般表达式为

$$\boldsymbol{G}=\boldsymbol{A}^{-}+\boldsymbol{U}-\boldsymbol{A}^{-}\boldsymbol{AUAA}^{-}\tag{7.2.6}$$

或

$$\boldsymbol{G}=\boldsymbol{A}^{-}+\boldsymbol{V}(\boldsymbol{E}-\boldsymbol{AA}^{-})+(\boldsymbol{E}-\boldsymbol{A}^{-}\boldsymbol{A})\boldsymbol{W}\tag{7.2.7}$$

其中 $\boldsymbol{A}^{-}$ 是 $\boldsymbol{A}$ 的任意一个广义逆，而 $\boldsymbol{U},\boldsymbol{V},\boldsymbol{W}$ 是具有适当维数的任意矩阵.

证明 由等式：$\boldsymbol{AA}^{-}\boldsymbol{A}=\boldsymbol{A}$，可得

$$
\begin{aligned}
\boldsymbol{AGA}&=\boldsymbol{A}(\boldsymbol{A}^{-}+\boldsymbol{U}-\boldsymbol{A}^{-}\boldsymbol{AUAA}^{-})\boldsymbol{A}\\
&=\boldsymbol{AA}^{-}\boldsymbol{A}+\boldsymbol{AUA}-\boldsymbol{AA}^{-}\boldsymbol{AUA}^{-}\boldsymbol{A}\\
&=\boldsymbol{A}+\boldsymbol{AUA}-\boldsymbol{AUA}=\boldsymbol{A}
\end{aligned}
$$

或

$$\boldsymbol{AGA}=\boldsymbol{A}(\boldsymbol{A}^{-}+\boldsymbol{V}(\boldsymbol{E}-\boldsymbol{AA}^{-})+(\boldsymbol{E}-\boldsymbol{A}^{-}\boldsymbol{A})\boldsymbol{W})\boldsymbol{A}$$

$$=AA^-A+AVA-AVAA^-A+AWA-AA^-AWA$$
$$=A+AVA-AVA+AWA-AWA=A$$

从而,就证明了式(7.2.6)和式(7.2.7)式都是 A 的广义逆.由于 U,V,W 可以任意选择,故广义逆不是唯一的.

为了证明 A 的任意一个广义逆 H 都是式(7.2.6)或式(7.2.7)的形式,注意到

$$A(H-A^-)A=AHA-AA^-A=A-A=O$$

由此

$$H=A^-+(H-A^-)-A^-A(H-A^-)AA^-$$

令 $U=H-A^-$,即得

$$H=A^-+U-A^-AUAA^-$$

恒成立.

又式(7.2.6)和式(7.2.7)是等价的.事实上,若令

$$U=V(E-AA^-)+(E-A^-A)W$$

同时注意到 $AA^-A=A$,我们有

$$AUA=AVA-AVAA^-A+AWA-AA^-AWA$$
$$=AVA-AVAA+AWA-AWA=O$$

所以

$$A^-+V(E-AA^-)+(E-AA^-)W=A^-+U=A^-+U-A^-AUAA^-$$

这就证明了可由式(7.2.7)可以得出式(7.2.6).

反之,由于

$$A^-+U-A^-AUAA^-=A^-+U(E-AA^-)+(E-AA^-)UAA^-$$

取 $V=U,W=UAA^-$,则由式(7.2.6)得出式(7.2.7).

这就证明了式(7.2.6)与式(7.2.7)的等价性.

7.3 广义逆矩阵用于相容方程组的研究

利用矩阵的广义逆,可以很方便地研究线性方程组.

定理 7.3.1(非齐次线性方程组的相容性定理) 数域 K 上非齐次线性方程组 $AX=B$ 有解的充分必要条件是 $B=AA^-B$.

证明 必要性.设 $AX=B$ 有解 X_0,则利用式 $AA^-A=A$,可得

$$B=AX_0=AA^-AX_0=AA^-B$$

充分性.设 $B=AA^-B$,则 A^-B 是方程组 $AX=B$ 的解,就是说方程组 $AX=B$ 是有解的.

定理 7.3.2(非齐次线性方程组的解的结构定理) 设 $\boldsymbol{A}$ 是 $m\times n$ 维长方矩阵,如果线性方程组 $\boldsymbol{AX}=\boldsymbol{B}$ 是相容的,则它的通解是 $\boldsymbol{X}=\boldsymbol{A}^{-}\boldsymbol{B}+(\boldsymbol{E}-\boldsymbol{A}^{-}\boldsymbol{A})\boldsymbol{Y}$,其中 $\boldsymbol{A}^{-}$ 是 $\boldsymbol{A}$ 的任一广义逆,$\boldsymbol{Y}$ 是和 $\boldsymbol{X}$ 同维的任意单列矩阵.

证明 在等式 $\boldsymbol{X}=\boldsymbol{A}^{-}\boldsymbol{B}+(\boldsymbol{E}-\boldsymbol{A}^{-}\boldsymbol{A})\boldsymbol{Y}$ 两端左乘 $\boldsymbol{A}$,并作适当的化简,有

$$\boldsymbol{AX}=\boldsymbol{AA}^{-}\boldsymbol{B}+\boldsymbol{A}(\boldsymbol{E}-\boldsymbol{A}^{-}\boldsymbol{A})\boldsymbol{Y}=\boldsymbol{AA}^{-}\boldsymbol{B}+(\boldsymbol{A}-\boldsymbol{AA}^{-}\boldsymbol{A})\boldsymbol{Y}=\boldsymbol{AA}^{-}\boldsymbol{B}=\boldsymbol{B}$$

所以,$\boldsymbol{X}$ 是 $\boldsymbol{AX}=\boldsymbol{B}$ 的解(上式中最后一个等号用到了定理 7.3.1 的结论).

反之,设 $\boldsymbol{X}_0$ 是 $\boldsymbol{AX}=\boldsymbol{B}$ 的任意一个解,取 $\boldsymbol{Y}=\boldsymbol{X}_0$,则

$$\boldsymbol{A}^{-}\boldsymbol{B}+(\boldsymbol{E}-\boldsymbol{A}^{-}\boldsymbol{A})\boldsymbol{Y}=\boldsymbol{A}^{-}\boldsymbol{B}+(\boldsymbol{E}-\boldsymbol{A}^{-}\boldsymbol{A})\boldsymbol{X}_0=\boldsymbol{A}^{-}\boldsymbol{B}+\boldsymbol{X}_0-\boldsymbol{A}^{-}\boldsymbol{AX}_0$$

因为 $\boldsymbol{AX}_0=\boldsymbol{B}$,故

$$\boldsymbol{A}^{-}\boldsymbol{AX}_0=\boldsymbol{A}^{-}\boldsymbol{B}$$

所以

$$\boldsymbol{A}^{-}\boldsymbol{B}+(\boldsymbol{E}-\boldsymbol{A}^{-}\boldsymbol{A})\boldsymbol{X}_0=\boldsymbol{X}_0$$

这表明,$\boldsymbol{AX}=\boldsymbol{B}$ 的任一解 $\boldsymbol{X}_0$ 都可以表示为 $\boldsymbol{A}^{-}\boldsymbol{B}+(\boldsymbol{E}-\boldsymbol{A}^{-}\boldsymbol{A})\boldsymbol{Y}$ 的形式.

从定理 7.3.2 的证明看出,相容方程组 $\boldsymbol{AX}=\boldsymbol{B}$ 的通解是由两部分构成的,其中 $\boldsymbol{X}_1=\boldsymbol{A}^{-}\boldsymbol{B}$ 是 $\boldsymbol{AX}=\boldsymbol{B}$ 的一个特解;而 $\boldsymbol{X}_2=(\boldsymbol{E}-\boldsymbol{A}^{-}\boldsymbol{A})\boldsymbol{Y}$ 为对应齐次方程组的解,因它满足 $\boldsymbol{AX}_2=\boldsymbol{A}(\boldsymbol{E}-\boldsymbol{A}^{-}\boldsymbol{A})\boldsymbol{Y}=\boldsymbol{O}$.

定理 7.3.2 还说明:一个相容线性方程组 $\boldsymbol{AX}=\boldsymbol{B}$ 的系数矩阵 $\boldsymbol{A}$ 无论是方阵还是长方矩阵,满秩还是降秩的,都有一个标准的解法,其表达式即是定理中所呈现的.这是一个对线性方程组理论的重大发展.

除了定理 7.3.2 中之外,相容方程组 $\boldsymbol{AX}=\boldsymbol{B}$ 的通解还有另外一种表达形式.

定理 7.3.3 相容方程组 $\boldsymbol{AX}=\boldsymbol{B}$ 的一般解具有形式 $\boldsymbol{X}=\boldsymbol{GB}$,其中

$$\boldsymbol{G}=\boldsymbol{A}^{-}+\boldsymbol{U}-\boldsymbol{A}^{-}\boldsymbol{AUAA}^{-}$$

或

$$\boldsymbol{G}=\boldsymbol{A}^{-}+V(\boldsymbol{E}-\boldsymbol{AA}^{-})+(\boldsymbol{E}-\boldsymbol{A}^{-}\boldsymbol{A})\boldsymbol{W}$$

其中 $\boldsymbol{A}^{-}$ 是 $\boldsymbol{A}$ 的任意一个广义逆,而 $\boldsymbol{U},\boldsymbol{V},\boldsymbol{W}$ 是具有适当维数的任意矩阵.

证明 定理中 $\boldsymbol{G}$ 的两个表达式是等价的(见定理 7.2.3 的证明),因此只要用其中之一来证明即可,现用后者,即

$$\boldsymbol{G}=\boldsymbol{A}^{-}+\boldsymbol{V}(\boldsymbol{E}-\boldsymbol{AA}^{-})+(\boldsymbol{E}-\boldsymbol{A}^{-}\boldsymbol{A})\boldsymbol{W} \tag{7.3.1}$$

来证明.

按定理 7.2.3,$\boldsymbol{G}$ 是 $\boldsymbol{A}$ 的广义逆,故 $\boldsymbol{X}=\boldsymbol{GB}$ 为方程组 $\boldsymbol{AX}=\boldsymbol{B}$ 的解(定理 7.2.1).

又,若在式(7.3.1)取 $\boldsymbol{V}=\boldsymbol{O},\boldsymbol{WB}=\boldsymbol{Y}$,则得通解(定理 7.3.2)

$$X = GB = A^- B + (E - A^- A)Y$$

于是,式(7.3.1)就是方程组 $AX = B$ 的一般解.

7.4 相容方程组的最小范数解

以后我们将研究的对象限定在实数域 **R** 上讨论. 为了叙述的方便,我们引入单列矩阵(向量)的范数的概念.

我们把实数域上 $n\times 1$ 维单列矩阵 $X=(x_1,x_2,\cdots,x_n)^{\mathrm{T}}$ 的范数 $\|X\|$ 定义为一个由以下公式给出的非负数

$$\|X\| = \sum_{i=1}^{n} x_i^2 = \sqrt{|X^{\mathrm{T}}X|}$$

这样定义的范数具有以下三个基本性质:

1° 非负性:当 $X\neq O$ 时,$\|X\| > 0$;当 $X=O$ 时,$\|X\| = 0$.

2° 齐次性:对任意实数 λ,$\|\lambda X\| = \lambda\|X\|$.

3° 三角不等式:对任意同维实单列矩阵 X,Y,$\|X+Y\| \leqslant \|X\| + \|Y\|$.

一个以后常用的性质表述如下:

4° $\|A+B\|^2 = \|A\|^2 + \|B\|^2 + A^{\mathrm{T}}B + B^{\mathrm{T}}A$.

事实上,$\|A+B\|^2 = (A+B)^{\mathrm{T}}(A+B) = (A^{\mathrm{T}}+B^{\mathrm{T}})(A+B) = A^{\mathrm{T}}A+B^{\mathrm{T}}B+A^{\mathrm{T}}B+B^{\mathrm{T}}A = \|A\|^2 + \|B\|^2 + A^{\mathrm{T}}B + B^{\mathrm{T}}A$.

回到线性方程组. 我们已经知道,相容线性方程组 $AX = B$ 的所有解,可表示为 $X=GB$,其中 G 是 A 的广义逆. 一般地,广义逆有无穷多个,所以解 X 也有无穷多个. 现在我们要讨论:是否存在与 B 无关的某些特殊广义逆,使 GB 和其他的解相比较,具有最小范数,即

$$\|GB\| \leqslant \|X\|$$

其中 X 是 $AX = B$ 的任意解.

对此,我们有下面的定理:

定理 7.4.1 设 G 是 A 的广义逆,GB 在相容线性方程 $AX=B$ 的一切解中具有最小范数的充要条件是

$$AGA = A \text{ 及} (GA)^{\mathrm{T}} = GA \tag{7.4.1}$$

证明 充分性. 因为 G 是 A 的广义逆,所以 $AX = B$ 的通解是 $X = GB + (E - GA)Y$,Y 是任意列矩阵. 现在我们证明,若 G 还满足 $(GA)^{\mathrm{T}} = GA$,则 $X=GB$ 是 $AX = B$ 的最小范数解.

事实上,由于(利用范数性质 4°)

$$\|X\|^2 = \|GB + (E - GA)Y\|^2$$

$$= \| \boldsymbol{GB} \|^2 + \| (\boldsymbol{E} - \boldsymbol{GA})\boldsymbol{Y} \|^2 + (\boldsymbol{GB})^{\mathrm{T}}(\boldsymbol{E} - \boldsymbol{GA})\boldsymbol{Y} + ((\boldsymbol{E} - \boldsymbol{GA})\boldsymbol{Y})^{\mathrm{T}}\boldsymbol{GB}$$

因为方程组 $\boldsymbol{AX} = \boldsymbol{B}$ 是相容的,所以存在列矩阵 $\boldsymbol{Z}$ 使得 $\boldsymbol{AZ} = \boldsymbol{B}$,于是

$$(\boldsymbol{GB})^{\mathrm{T}}(\boldsymbol{E} - \boldsymbol{GA})\boldsymbol{Y} = (\boldsymbol{GAZ})^{\mathrm{T}}(\boldsymbol{E} - \boldsymbol{GA})\boldsymbol{Y} = \boldsymbol{Z}^{\mathrm{T}}(\boldsymbol{GA})^{\mathrm{T}}(\boldsymbol{E} - \boldsymbol{GA})\boldsymbol{Y}$$
$$= \boldsymbol{Z}^{\mathrm{T}}(\boldsymbol{GA} - \boldsymbol{GAGA})\boldsymbol{Y} = \boldsymbol{O}$$

倒数第二个等号用到了性质:$(\boldsymbol{GA})^{\mathrm{T}} = \boldsymbol{GA}$;倒数第一个等号用到了等式:$\boldsymbol{AGA} = \boldsymbol{A}$.

同理,可知

$$((\boldsymbol{E} - \boldsymbol{GA})\boldsymbol{Y})^{\mathrm{T}}\boldsymbol{GB} = \boldsymbol{O}$$

因此,我们得到

$$\| \boldsymbol{X} \|^2 = \| \boldsymbol{GB} \|^2 + \| (\boldsymbol{E} - \boldsymbol{GA})\boldsymbol{Y} \|^2 \geqslant \| \boldsymbol{GB} \|^2$$

这说明 $\boldsymbol{X} = \boldsymbol{GB}$ 是 $\boldsymbol{AX} = \boldsymbol{B}$ 的最小范数解.

必要性. 如果 $\boldsymbol{X}=\boldsymbol{GB}$ 是 $\boldsymbol{AX}=\boldsymbol{B}$ 的最小范数解,则由定理 7.2.1 知 $\boldsymbol{G}$ 是 $\boldsymbol{A}$ 的广义逆,从而 $\boldsymbol{AX} = \boldsymbol{B}$ 的通解是

$$\boldsymbol{X} = \boldsymbol{GB} + (\boldsymbol{E} - \boldsymbol{GA})\boldsymbol{Y}$$

$\boldsymbol{Y}$ 是任意单列矩阵. 因为 $\| \boldsymbol{GB} \|$ 的最小性,我们有

$$\| \boldsymbol{GB} \| \leqslant \| \boldsymbol{GB} + (\boldsymbol{E} - \boldsymbol{GA})\boldsymbol{Y} \|$$

令 $\boldsymbol{B} = \boldsymbol{AZ}$,$\boldsymbol{Z}$ 是 $\boldsymbol{AX} = \boldsymbol{B}$ 的任一解,则

$$\| \boldsymbol{GAZ} \| \leqslant \| \boldsymbol{GAZ} + (\boldsymbol{E} - \boldsymbol{GA})\boldsymbol{Y} \|$$

欲使上述不等式恒成立,其充要条件是等式

$$(\boldsymbol{GAZ})^{\mathrm{T}}(\boldsymbol{E} - \boldsymbol{GA})\boldsymbol{Y} = \boldsymbol{O}$$

对任意的 $\boldsymbol{Y}$,$\boldsymbol{Z}$ 恒成立. 由 $\boldsymbol{Y}$,$\boldsymbol{Z}$ 的任意性,即得

$$(\boldsymbol{GA})^{\mathrm{T}}(\boldsymbol{E} - \boldsymbol{GA}) = \boldsymbol{O}$$

这表明

$$(\boldsymbol{GA})^{\mathrm{T}} = \boldsymbol{GA}$$

我们把 $\boldsymbol{X}=\boldsymbol{GB}$ 中具有最小范数的 $\boldsymbol{G}$ 称为最小范数广义逆矩阵,常用 $\boldsymbol{A}_m^-$ 表示.

定理 7.4.1 说明 $\boldsymbol{A}_m^-$ 是 $\boldsymbol{A}$ 的广义逆受"$(\boldsymbol{GA})^{\mathrm{T}} = \boldsymbol{GA}$"限制的一个子集,最小范数广义逆并不唯一,但相容方程组的最小范数解是唯一的.

定理 7.4.2 相容线性方程组 $\boldsymbol{AX} = \boldsymbol{B}$ 具有唯一的最小范数解.

证明 先证明公式(7.4.1)与下式等价

$$\boldsymbol{GAA}^{\mathrm{T}} = \boldsymbol{A}^{\mathrm{T}} \tag{7.4.2}$$

上式两边右乘 $\boldsymbol{G}^{\mathrm{T}}$,得

$$GAA^{\mathrm{T}}G^{\mathrm{T}}=A^{\mathrm{T}}G^{\mathrm{T}}$$

即

$$GA(GA)^{\mathrm{T}}=(GA)^{\mathrm{T}}$$

两边转置，得到

$$GA(GA)^{\mathrm{T}}=GA$$

由此有

$$(GA)^{\mathrm{T}}=GA$$

将此式代入式(7.4.2)，得到

$$(GA)^{\mathrm{T}}A^{\mathrm{T}}=A^{\mathrm{T}}$$

两边转置，有

$$AGA=A$$

反之，亦可由式(7.4.1)推出式(7.4.2). 为此，将$(GA)^{\mathrm{T}}=GA$代入$AGA=A$，有

$$A(GA)^{\mathrm{T}}=A$$

两边转置，得

$$GAA^{\mathrm{T}}=A^{\mathrm{T}}$$

故式(7.4.1)和式(7.4.2)等价关系得以证明.

现在再证明我们的定理. 既然方程组$AX=B$是相容的，于是存在单列矩阵Y使得$AY=B$. 设G_1，G_2是A的两个不同的最小范数广义逆，则

$$X_1=G_1B=G_1AY$$

和

$$X_2=G_2B=G_2AY$$

均为$AX=B$的最小范数解. 由上面证明的式(7.4.2)，有

$$G_1AA^{\mathrm{T}}=A^{\mathrm{T}}=G_2AA^{\mathrm{T}}$$

于是

$$(G_1-G_2)AA^{\mathrm{T}}=O$$

这个等式两边右乘$(G_1-G_2)^{\mathrm{T}}$，得到

$$[(G_1-G_2)A][(G_1-G_2)A]^{\mathrm{T}}=\|(G_1-G_2)A\|=O$$

这只有在$(G_1-G_2)A=O$时方可成立.

故有

$$X_1-X_2=(G_1-G_2)AY=O$$

因此

$$X_1=X_2$$

从而，对不同的最小范数广义逆，按 $\boldsymbol{X}=\boldsymbol{GB}$ 求得的最小范数解是唯一的得到证明.

此外，读者可以自行验证

$$\boldsymbol{A}_m^-=\boldsymbol{A}^{\mathrm{T}}(\boldsymbol{AA}^{\mathrm{T}})$$

是 $\boldsymbol{A}$ 的一个最小范数广义逆. 最小范数广义逆的一般表达式为

$$\boldsymbol{A}_m^-=\boldsymbol{A}^{\mathrm{T}}(\boldsymbol{AA}^{\mathrm{T}})^-+\boldsymbol{U}(\boldsymbol{E}-\boldsymbol{AA}^{\mathrm{T}}(\boldsymbol{AA}^{\mathrm{T}})^-)$$

其中 $\boldsymbol{U}$ 是具有适当维数的任意矩阵.

最小范数解的表达式为

$$\boldsymbol{X}=\boldsymbol{A}_m^-\boldsymbol{B}$$

7.5 不相容方程组的最小二乘解

在实际问题的研究中，经常遇到不相容线性方程组的求解问题. 但是从线性方程组理论上讲，这类方程组是无解的，因此有必要研究其最优近似解的问题. 在本章 §3,3.4 目，我们曾用分析学上的方法给出了这种问题的解答，现在我们将用纯代数的方式来解决这一问题.

对不相容的线性方程组 $\boldsymbol{AX}=\boldsymbol{B}$，如有

$$\|\boldsymbol{A}\hat{\boldsymbol{X}}-\boldsymbol{B}\|\leqslant\|\boldsymbol{AX}-\boldsymbol{B}\|$$

成立，则称 $\hat{\boldsymbol{X}}$ 是方程组 $\boldsymbol{AX}=\boldsymbol{B}$ 在最小二乘意义下的最优近似解. 因为和其他任何近似解 $\boldsymbol{X}$ 相比，$\hat{\boldsymbol{X}}$ 所导致的误差平方和 $\|\boldsymbol{A}\hat{\boldsymbol{X}}-\boldsymbol{B}\|^2$ 是最小的.

定理 7.5.1 设 $\boldsymbol{G}$ 是一个矩阵，对任意列矩阵 $\boldsymbol{B}$，$\boldsymbol{GB}$ 作为方程组 $\boldsymbol{AX}=\boldsymbol{B}$ 的最小二乘解的充要条件是

$$\boldsymbol{AGA}=\boldsymbol{A}\text{ 和 }(\boldsymbol{AG})^{\mathrm{T}}=\boldsymbol{AG}$$

证明 首先，同定理 7.4.2 的证明过程类似，我们可以证明 $\boldsymbol{AGA}=\boldsymbol{A}$，$(\boldsymbol{AG})^{\mathrm{T}}=\boldsymbol{AG}$ 与

$$\boldsymbol{A}^{\mathrm{T}}\boldsymbol{AG}=\boldsymbol{A}^{\mathrm{T}}\tag{7.5.1}$$

等价.

充分性. 对于任意的单列矩阵 $\boldsymbol{X}$，有

$$\begin{aligned}\|\boldsymbol{AX}-\boldsymbol{B}\|^2&=\|(\boldsymbol{AGB}-\boldsymbol{B})+\boldsymbol{A}(\boldsymbol{X}-\boldsymbol{GB})\|^2\\&=\|\boldsymbol{AGB}-\boldsymbol{B}\|^2+\|\boldsymbol{A}(\boldsymbol{X}-\boldsymbol{GB})\|^2+\\&\quad 2(\boldsymbol{A}(\boldsymbol{X}-\boldsymbol{GB}))^{\mathrm{T}}(\boldsymbol{A}(\boldsymbol{X}-\boldsymbol{GB}))\end{aligned}\tag{7.5.2}$$

由式(7.5.1)，可得

$$(\boldsymbol{A}(\boldsymbol{X}-\boldsymbol{GB}))^{\mathrm{T}}(\boldsymbol{A}(\boldsymbol{X}-\boldsymbol{GB}))=(\boldsymbol{X}-\boldsymbol{GB})^{\mathrm{T}}\boldsymbol{A}^{\mathrm{T}}(\boldsymbol{AG}-\boldsymbol{E})\boldsymbol{B}=\boldsymbol{O}\tag{7.5.3}$$

因此有

$$\| AX - B \|^2 = \| AGB - B \|^2 + \| A(X - GB) \|^2 \geqslant \| AGB - B \|^2$$

这说明，$X = GB$ 是 $AX = B$ 的最小二乘解.

必要性. 若 $X = GB$ 是不相容线性方程组 $AX = B$ 的最小二乘解，即是说，对任意 X, B，都有

$$\| AGB - B \|^2 \leqslant \| AX - B \|^2$$

由式(7.5.2)知，这个不等式成立的充要条件是：对任意 X, B，等式(7.5.3)恒成立. 由 B 和 $X - GB$ 的任意性，可得 $A^{\mathrm{T}}(AG - E) = O$. 再由等式(7.5.1)知 $AGA = A$ 和 $(AG)^{\mathrm{T}} = AG$.

应该指出，不相容方程组的最小二乘解导致的误差平方和 $\| AX - B \|^2$ 是唯一的，但最小二乘解可以不唯一.

按定理7.5.1，使 GB 成为不相容方程组的最小二乘解的矩阵 G 应满足条件：$AGA = A$ 和 $(AG)^{\mathrm{T}} = AG$. 所以 G 是一个广义逆，称为最小二乘广义逆，记为 A_1^-. 于是，A 的最小二乘广义逆是广义逆在条件 $(AG)^{\mathrm{T}} = AG$ 限制下，广义逆的一个子集.

根据前文7.2目中广义逆的性质2°以及式(7.5.1)，可以证明

$$(A^{\mathrm{T}}A)^- A^{\mathrm{T}} \tag{7.5.4}$$

及

$$(A^{\mathrm{T}}A)^- A^{\mathrm{T}} + (E - (A^{\mathrm{T}}A)^- A^{\mathrm{T}}A)U \tag{7.5.5}$$

是最小二乘广义逆，其中 U 是任意矩阵，式(7.5.5)即为最小二乘广义逆的一般表达式.

对列满秩阵 A 来说，$A^{\mathrm{T}}A$ 为满秩方阵，于是有

$$(A^{\mathrm{T}}A)^- = (A^{\mathrm{T}}A)^{-1}$$

因此式(7.5.4)就是 A 的左逆. 从而，列满秩矩阵的左逆就是最小二乘广义逆.

下面是两个推论：

推论1 设矩阵 G 满足：$AGA = A$ 和 $(AG)^{\mathrm{T}} = AG$，则 Y 是不相容方程组 $AX = B$ 的最小二乘解的充要条件是：Y 是方程组 $AX = AGB$ 的解.

证明 由于定理7.4.2的证明可知，若 G 满足：$AGA = A$ 和 $(AG)^{\mathrm{T}} = AG$，则对任意 Y，必有

$$\| AY - B \|^2 = \| AGB - B \|^2 + \| A(Y - GB) \|^2 \geqslant \| AGB - B \|^2$$

如果 Y 还是方程组的最小二乘解，那么进一步有

$$\| AY - B \|^2 = \| AGB - B \|^2$$

所以

$$\| A(Y - GB) \|^2 = 0$$

也就是说

$$AY - AGB = O$$

即 Y 是方程组 $AX = AGB$ 的解.

反之,如果 Y 满足 $AX = AGB$ 的解,则必有

$$\| AY - B \|^2 = \| AGB - B \|^2$$

即 Y 是 $AX = B$ 的最小二乘解.

推论 2 设 GB 是一个最小二乘解,则不相容方程组 $AX = B$ 的最小二乘解的一般表达式为 $\hat{X} = GB + (E - GA)Y$,Y 是任意单列矩阵.

证明 由推论 1 可知,$\hat{X}$ 是 $AX = B$ 的最小二乘解的充要条件是:$\hat{X}$ 是方程组 $AX = AGB$ 的解,也就是方程组

$$A(X - GB) = O$$

的解. 由定理 7.3.2 可知其通解为

$$X - GB = (E - A^- A)Y$$

或

$$X = GB + (E - A^- A)Y$$

其中 Y 为任意列矩阵.

显然,上述通解也可以写成

$$X = GB + (E - GA)Y \quad (Y \text{ 是任意列矩阵})$$

的形式.

从通解可以看出,只有 A 是列满秩时,最小二乘解才是唯一的,且为 $X = (A^T A)^{-1} A^T B$. 否则,便有无穷多个最小二乘解.

广义逆矩阵理论使矛盾方程组 $AX = B$ 的求解问题归结为求取系数矩阵 A 的最小二乘广义逆,无须采用先计算误差平方和,再利用极值条件进行求解的"古典法",这就大大减少了计算工作量,并且更适用于电子计算机的计算.

§8 线性规划[①]

8.1 线性规划问题的基本概念

工程师和运筹学工作者们往往都需要求解这样的问题,它们包括最优设计,资源的最优分配方案,或者火箭运行的最优轨道等等. 下面我们就来考虑一

① 本节若干内容取自张干宗编著的《线性规划》(第二版)(武汉大学出版社,2004).

个这样的例子(合理下料问题):

设一个裁缝有18码的原料,用来制作短袖和长袖两种衬衫.每件短袖材衫需要1.5码的原料,每件长短袖衬衫需要2码的原料.设制作x_1件短袖衬衫,x_2件长袖衬衫.显然,不是所有的值(x_1,x_2)都是可行的.例如,制作的衬衫件数不能是负的,因此$x_1\geqslant 0$和$x_2\geqslant 0$;而且所有原料不多于18码;制作x_1件短袖衬衫和x_2件长袖衬衫的原料总和是

$$1.5x_1+2x_2$$

因此

$$1.5x_1+2x_2\leqslant 18$$

由此可以推断(x_1,x_2)必须是线性不等式组

$$\begin{cases}x_1\geqslant 0\\ x_2\geqslant 0\\ 1.5x_1+2x_2\leqslant 18\end{cases}$$

的解.

这些不等式称为值x_1和x_2的约束条件.还可以提出其他的一些约束条件.例如,裁缝仅有30小时可供制作这些衬衫,如制作每件衬衫用3小时,那么制作x_1件短袖衬衫和x_2件长袖衬衫需要的小时数是

$$3x_1+3x_2$$

因此存在附加约束条件

$$3x_1+3x_2\leqslant 30$$

这样(x_1,x_2)必须满足四个线性不等式构成的不等式组

$$\begin{cases}x_1\geqslant 0\\ x_2\geqslant 0\\ 1.5\ x_1+2x_2\leqslant 18\\ 3x_1+3x_2\leqslant 30\end{cases}$$

的解.

在这个例子中,裁缝可以问:"在许多可能的值(x_1,x_2)中,哪些值可取得最大利润?"如果每件短袖衬衫能获利润14元,每件长袖衬衫能获利润16元,那么制作x_1件短袖衬衫和x_2件长袖衬衫的总利润(元)是

$$f=14x_1+16x_2$$

因此裁缝要知道的是怎样的值(x_1,x_2)可使f值得最大值.

这就是一个线性规划问题的例子了.读者在微积分学中接触过求函数的相

对最大或最小值的问题，实际上，线性规划问题就是一种求相对最大或最小值的问题，只是它涉及的函数和约束条件（即自变量满足隐函数关系）都是线性的. 此外，约束中还包含有不等式.

一般地，线性规划问题的数学模型如下：

在实数域 **R** 中，已给一个线性不等式组

$$\begin{cases} a_{11}x_1+a_{12}x_2+\cdots+a_{1n}x_n\leqslant b_1 \quad (\text{或}\geqslant b_1,\text{或}=b_1) \\ a_{21}x_1+a_{22}x_2+\cdots+a_{2n}x_n\leqslant b_2 \quad (\text{或}\geqslant b_2,\text{或}=b_2) \\ \quad\vdots \\ a_{m1}x_1+a_{m2}x_2+\cdots+a_{mn}x_n\leqslant b_m \quad (\text{或}\geqslant b_m,\text{或}=b_m) \end{cases}$$

和线性函数

$$f=c_1x_1+c_2x_2+\cdots+c_nx_n$$

其中 a_{ij}，b_i，c_j 均为实常数. 通常将 a_{ij} 称为消耗系数，b_i 称为资源系数，c_j 称为价格系数.

求线性不等式组的解 $(x_1,x_2,\cdots,x_n)$（如果存在的话），使得函数 f 取得最小值（或最大值）. 未知量 $x_1,x_2,\cdots,x_n$ 称为线性规划问题的决策变量；函数 f 称为线性规划问题的目标函数，线性不等式组称为约束条件.

为书写简便，上述模型可表述为

$$\begin{cases} \min(\text{或}\ \max) \quad f=\sum_{j=1}^{n}c_jx_j \\ \text{s. t.} \quad \sum_{j=1}^{n}a_{ij}x_j\leqslant b_i(\text{或}\geqslant b_i,\text{或}=b_i),i=1,2,\cdots,m \end{cases}$$

这里“min f”表示求函数 f 的最小值解，max f 表示求函数 f 的最大值解，“s. t.”是“subject to”的缩记，表示“在 …… 约束条件之下”，或者说“约束为 ……”. 这里把非负性条件 $x_j\geqslant 0$ 看成上述不等式的特殊情形.

如前面例子中，布料分配问题，其数学模型可写为

$$\begin{cases} \max \quad f=14x_1+16x_2 \\ \text{s. t.} \quad x_1\geqslant 0;x_2\geqslant 0;1.5\,x_1+2x_2\leqslant 18;3x_1+3x_2\leqslant 30 \end{cases}$$

8.2　线性规划问题的标准形式

为便于讨论一般解法，常将线性规划问题的约束条件归结为一组线性方程和一组非负性限制条件，并且对目标函数统一成求最小值. 即是说，将线性规划问题的数学模型化成如下形式，称之为线性规划问题的标准形式

$$\begin{cases} \min \quad f = \sum_{j=1}^{n} c_j x_j \\ \text{s. t.} \quad \sum_{j=1}^{n} a_{ij} x_j = b_i \quad (i = 1, 2, \cdots, m) \\ x_j \geqslant 0 \quad (j = 1, 2, \cdots, n) \end{cases} \tag{8.2.1}$$

或者更为方便的是把它写成矩阵的形式

$$\begin{cases} \min \quad f = \boldsymbol{cx} \\ \text{s. t.} \quad \boldsymbol{Ax} = \boldsymbol{b} \\ \boldsymbol{x} \geqslant \boldsymbol{0} \end{cases} \tag{8.2.2}$$

有时也写成

$$\min\{\boldsymbol{cx} \mid \boldsymbol{Ax} = \boldsymbol{b}, \boldsymbol{x} \geqslant \boldsymbol{0}\}$$

其中

$$\boldsymbol{c} = (c_1, c_1, \cdots, c_n), \boldsymbol{A} = \begin{pmatrix} a_{11} & a_{12} & \cdots & a_{1n} \\ a_{21} & a_{22} & \cdots & a_{2n} \\ \vdots & \vdots & & \vdots \\ a_{m1} & a_{m2} & \cdots & a_{mn} \end{pmatrix}, \boldsymbol{b} = \begin{pmatrix} b_1 \\ b_2 \\ \vdots \\ b_n \end{pmatrix}, \boldsymbol{x} = \begin{pmatrix} x_1 \\ x_2 \\ \vdots \\ x_n \end{pmatrix}$$

$\boldsymbol{0}$ 是 n 维零向量，$\boldsymbol{x} \geqslant \boldsymbol{0}$ 表示 $x_j \geqslant 0 (j = 1, 2, \cdots, n)$.

上述标准形式的线性规划问题，有时简称为 LP.

所有非标准形式的线性规划问题都能化成标准形式，其具体方法如下：

1. 如果目标函数求最大值，即 $\max f = c_1 x_1 + c_2 x_2 + \cdots + c_n x_n$. 此时可令 $f' = -f$，于是求 f 的最大值等价于求 f' 的最小值. 因而 $\min f'$ 与 $\max f$ 的最优解完全一致. 所以，我们可以把目标函数中的系数 c 变号，转而研究

$$\min f' = -c_1 x_1 - c_2 x_2 - \cdots - c_n x_n$$

就行了.

2. 约束条件为不等式组时，可分为两种情况研究：

(1) 当某个约束条件为"$\leqslant$"时，即

$$a_{i1} x_1 + a_{i2} x_2 + \cdots + a_{in} x_n \leqslant b_i$$

时，因为所给的不等式约束等价于约束条件

$$a_{i1} x_1 + a_{i2} x_2 + \cdots + a_{in} x_n + x_{n+i} = b_i, x_{n+i} \geqslant 0$$

所以，可在不等式左端加上一个非负的变量 x_{n+i}，使其变为等式

$$a_{i1} x_1 + a_{i2} x_2 + \cdots + a_{in} x_n + x_{n+i} = b_i$$

习惯上称非负变量 x_{n+i} 为松弛变量.

(2) 当约束条件为

$$a_{i1}x_1+a_{i2}x_2+\cdots+a_{in}x_n\geqslant b_i$$

时，将不等式左端减去一个非负的变量 x_{n+i}，化成

$$a_{i1}x_1+a_{i2}x_2+\cdots+a_{in}x_n-x_{n+i}=b_i$$

习惯上称这里的非负变量 x_{n+i} 为剩余变量(也称为松弛变量).

3. 如果约束条件中，某个方程的常数项系数为负，则对该方程两端同乘以(-1)，使常数项为正数.

4. 若某个变量，例如 x_j 没有非负的限制(习惯上称为自由变量)，那么可令此变量等于两个新的非负变量的差，即设

$$x_j=x'_j-x''_j,x'_j\geqslant 0,x''_j\geqslant 0$$

代入原式，就可将它化为标准形式.

如果有多个变量无非负性限制，如 $x_1,x_2,\cdots,x_k$ 均无正负号限制，可令

$$x_i=x'_j-t(i=1,2,\cdots,k),t\geqslant 0,x'_j\geqslant 0\quad(j=1,2,\cdots,k)$$

即是说，可用 $k+1$ 个非负变量 $x'_1,x'_2,\cdots,x'_k,t$ 去代换原来 k 个自由变量.

为了具体说明上述方法，我们来考察下面的例子. 将下面的线性规划问题化为标准形式

$$\begin{cases}\max\quad f=x_1+3x_2+4x_3\\ \text{s. t.}\begin{cases}x_1+2x_2+x_3\leqslant 5\\ 2x_1+3x_2+x_3\geqslant 6\\ 3x_1-x_2+2x_3=-7\\ x_1\geqslant 0,x_2\geqslant 0\end{cases}\end{cases}$$

解 此处有四点不符合标准形式：一是目标函数为最大化；二是约束方程右边 $-7<0$；三是约束条件中有不等式；四是变量 x_2 没有非负限制. 因此，我们先令 $f'=-f$，把目标函数化为最小化形式；然后将约束方程两边乘以 -1；再在第一约束不等式和第二约束不等式中分别引进松弛变量 x_4 和剩余变量 x_5；最后设自由变量 $x_3=x'_3-x''_3$，而得到标准形式如下

$$\begin{cases}\min\quad f'=-x_1-3x_2-4x'_3+4x''_3\\ \text{s. t.}\begin{cases}x_1+2x_2+x'_3-x''_3+x_4=5\\ 2x_1+3x_2+x'_3-x''_3-x_5=6\\ -x_1+x_2-2x'_3+2x''_3=7\\ x_1\geqslant 0,x_2\geqslant 0,x'_3\geqslant 0,x''_3\geqslant 0,x_4\geqslant 0,x_5\geqslant 0\end{cases}\end{cases}$$

对于一个线性规划问题，全体决策变量满足全部约束条件的一组值称为该问题的一个可行解. 这种可行解的全体称为该问题的可行解集(或称可行域).

标准形式的线性规划问题(LP) 的可行解集,记为 K,即

$$K=\{\boldsymbol{x}\in\mathbf{R}^n \mid \boldsymbol{A}\boldsymbol{x}=\boldsymbol{b},\boldsymbol{x}\geqslant\boldsymbol{0}\}$$ [①]

在可行域上使目标函数达到最优值(最小值或最大值) 的可行解称为问题的最优解. 所谓求解线性规划问题,就是求出该问题的最优解.

如果一个实际的线性规划问题无可行解或只有一个可行解,则无须讨论最优解. 因此,今后我们总假设所研究的问题存在许多可行解,这就是说总假设式(8.2.1) 中的约束方程组

$$\sum_{j=1}^{n}a_{ij}x_j=b_j \quad (i=1,2,\cdots,m) \tag{8.2.3}$$

的方程的个数 m 小于决策变量的个数 n,且这 m 个方程是独立的(即其中任何一个方程不能由其他方程或它们的线性组合所代替). 换句话说,我们在下面的讨论中,总假设式(8.2.2) 中的矩阵 $\boldsymbol{A}$ 的秩为 $m(<n)$. 因为若不然,将会导致方程组(8.2.3) 无解或有多余的方程. 前两种情况无最优解可谈;后一种情况可将多余方程去掉即可.

8.3 单纯形法的基本概念

现在我们转向称为线性规划问题的最优解的计算. 将要阐述的单纯形法,被认为是现代计算数学中最值得赞美的思想,它是由丹齐格[②]发展起来的求解线性规划问题的系统方法. 这个方法的步骤在后面将给以综述,在这之前,我们先来介绍这方法的一些基本概念.

单纯形法是针对标准形式的线性规划问题进行演算的. 设给出如下的标准形式线性规划问题(LP)

$$\min \quad \boldsymbol{f}=\boldsymbol{c}\boldsymbol{x} \tag{8.3.1}$$

$$\text{s.t} \quad \boldsymbol{A}\boldsymbol{x}=\boldsymbol{b} \tag{8.3.2}$$

$$\boldsymbol{x}\geqslant\boldsymbol{0} \tag{8.3.3}$$

其中

① 它是 n 维实数向量空间 $\mathbf{R}^n$ 的子集.

② 乔治·伯纳德·丹齐格(George Bernard Dantzig,1914—2005),美国数学家,他在 1947 年担任美国空军司令部数学顾问时提出了单纯形法,旨在解决空军军事规划问题,之后成为解决线性规划问题比较通用的算法.

$$\boldsymbol{x}=(x_1,x_2,\cdots,x_n)^{\mathrm{T}},\boldsymbol{A}=\begin{pmatrix}a_{11} & a_{12} & \cdots & a_{1n}\\ a_{21} & a_{22} & \cdots & a_{2n}\\ \vdots & \vdots & & \vdots\\ a_{m1} & a_{m2} & \cdots & a_{mn}\end{pmatrix}$$

$$\boldsymbol{b}=(b_1,b_2,\cdots,b_m)^{\mathrm{T}},\boldsymbol{c}=(c_1,c_2,\cdots,c_n)$$

假设$n\geqslant m\geqslant 1$,并设系数矩阵$\boldsymbol{A}$的秩为m(这样,约束方程组(8.3.2)中就没有多余的方程).下面用$\boldsymbol{p}_j$表示矩阵$\boldsymbol{A}$的第j列,于是方程组(8.3.2)可写为

$$\sum_{j=1}^{n}x_i\boldsymbol{p}_j=\boldsymbol{b}\tag{8.3.4}$$

定义 8.3.1 行满秩矩阵$\boldsymbol{A}$的任意m个线性无关的列称为(8.3.2)的一个基(或基阵).若

$$\boldsymbol{B}=(\boldsymbol{p}_{j_1},\boldsymbol{p}_{j_2},\cdots,\boldsymbol{p}_{j_m})\tag{8.3.5}$$

是一个基,则对应的变量$x_{j_1},x_{j_2},\cdots,x_{j_m}$称为关于$\boldsymbol{B}$的基变量,其余变量称为关于$\boldsymbol{B}$的非基变量.

如果在方程组(8.3.4)中,令非基变量都取零值,则式(8.3.4)变为

$$\sum_{k=1}^{n}x_{j_k}\boldsymbol{p}_{j_k}=\boldsymbol{b}\tag{8.3.6}$$

由于此方程组的系数矩阵$\boldsymbol{B}$是满秩方阵,故知式(8.3.6)有唯一解,记为$(x_{j_1}^{(0)},x_{j_2}^{(0)},\cdots,x_{j_n}^{(0)})^{\mathrm{T}}$.于是按分量

$$x_{j_1}=x_{j_k}^{(0)}(k=1,2,\cdots,m),x_j=0(j\in\{1,2,\cdots,n\}-\{j_1,j_2,\cdots,j_m\})\tag{8.3.7}$$

所构成的向量$\boldsymbol{x}^{(0)}$是约束方程组$\boldsymbol{Ax}=\boldsymbol{b}$的一个解.

定义 8.3.2 称分量为式(8.3.7)的解$\boldsymbol{x}^{(0)}$为LP的对应于基$\boldsymbol{B}$的基解(或基本解),也称为是方程组$\boldsymbol{Ax}=\boldsymbol{b}$的一个基解.如果基解$\boldsymbol{x}^{(0)}$满足$\boldsymbol{x}^{(0)}\geqslant\boldsymbol{0}$,即它的所有分量都非负,则称此$\boldsymbol{x}^{(0)}$是LP的一个基可行解.基可行解对应的基称为可行基.

对于给定的LP,基(阵)的个数是有限的,不会超过$\mathrm{C}_n^m=\dfrac{n!}{m!\ (n-m)!}$个.因此,基解和基可行解的个数也是有限的.

例 设线性规划问题的约束条件为

$$\begin{cases}x_1-3x_2+x_3+2x_5=-5\\ 4x_2+4x_3+x_4=12\\ 2x_2+2x_3+4x_5=10\\ x_i\geqslant 0\quad(i=1,2,\cdots,5)\end{cases}$$

解 子方阵$(\boldsymbol{p}_1,\boldsymbol{p}_2,\boldsymbol{p}_5)$是一个基,因其对应的行列式

$$\begin{vmatrix}1 & -3 & 2\\ 0 & 4 & 0\\ 0 & 2 & 4\end{vmatrix}=16\neq 0$$

求解方程组

$$\begin{cases}x_1-3x_2+2x_5=-5\\ 4x_2=12\\ 2x_2+4x_5=10\end{cases}$$

得

$$x_1=2,x_2=3,x_5=1$$

因此得对应的基解为$(2,3,0,0,1)^{\mathrm{T}}$.并且,它还是一个基可行解.

$(\boldsymbol{p}_1,\boldsymbol{p}_2,\boldsymbol{p}_4)$也是一个基,其行列式

$$\begin{vmatrix}1 & -3 & 0\\ 0 & 4 & 0\\ 1 & 2 & 0\end{vmatrix}=-2\neq 0$$

可求得对应基解为$(10,5,0,-8,0)^{\mathrm{T}}$,但它不是基可行解.

$(\boldsymbol{p}_1,\boldsymbol{p}_2,\boldsymbol{p}_3)$不是基,因对应的行列式$\begin{vmatrix}1 & -3 & 1\\ 0 & 4 & 4\\ 0 & 2 & 2\end{vmatrix}=0$.

8.4 线性规划的基本定理

围绕基可行解,有几个重要结论(定理8.4.1—定理8.4.3),这些结论称为线性规划的基本定理.

定理8.4.1 设$\boldsymbol{x}^{(0)}=(x_1^{(0)},x_2^{(0)},\cdots,x_n^{(0)})^{\mathrm{T}}$是方程组$\boldsymbol{Ax}=\boldsymbol{b}$的一个解,则$\boldsymbol{x}^{(0)}$是基解的充要条件是:$\boldsymbol{x}^{(0)}$的非零分量$x_{i_1}^{(0)},x_{i_2}^{(0)},\cdots,x_{i_t}^{(0)}$所对应的系数列$\boldsymbol{p}_{i_1},\boldsymbol{p}_{i_2},\cdots,\boldsymbol{p}_{i_t}$线性无关.

证明 必要性.设$\boldsymbol{x}^{(0)}$是基解.由基解的定义知$\boldsymbol{x}^{(0)}$的非零分量必对应于基变量,而基变量所对应的列向量必属于基阵.按定义,它的诸列是线性无关的.

充分性.若$\boldsymbol{x}^{(0)}$的非零分量$x_{i_1}^{(0)},x_{i_2}^{(0)},\cdots,x_{i_t}^{(0)}$所对应的列$\boldsymbol{p}_{i_1},\boldsymbol{p}_{i_2},\cdots,\boldsymbol{p}_{i_t}$线性无关.设矩阵$\boldsymbol{A}$的秩为$m$,则$0\leqslant t\leqslant m$.当$t=m$时,即有$\boldsymbol{p}_{i_1},\boldsymbol{p}_{i_2},\cdots,\boldsymbol{p}_{i_m}$线性无关.若$t<m$,则由于$\boldsymbol{A}$的线性无关列的最大数为$m$,故必可补充$m-t$个列$\boldsymbol{p}_{i_{t+1}},\cdots,\boldsymbol{p}_{i_m}$,使$\boldsymbol{p}_{i_1},\boldsymbol{p}_{i_2},\cdots,\boldsymbol{p}_{i_t},\boldsymbol{p}_{i_{t+1}},\cdots,\boldsymbol{p}_{i_m}$线性无关.由于$\boldsymbol{x}^{(0)}$满足$\boldsymbol{Ax}=\boldsymbol{b}$,它的非零分量必

满足

$$\sum_{k=1}^{t} x_{i_k}^{(0)} \boldsymbol{p}_{i_k} = \boldsymbol{b}$$

从而又有

$$\sum_{k=1}^{m} x_{i_k}^{(0)} \boldsymbol{p}_{i_k} = \boldsymbol{b}$$

由此可知 $\boldsymbol{x}^{(0)}$ 是对应于基$(\boldsymbol{p}_{i_1}, \boldsymbol{p}_{i_2}, \cdots, \boldsymbol{p}_{i_t}, \boldsymbol{p}_{i_{t+1}}, \cdots, \boldsymbol{p}_{i_m})$的基解. 证毕.

在对剩余两个基本定理的证明之前,先证明两个引理.

引理 1 假设关于 λ 的不等式组

$$\alpha_j + \lambda\beta_j \geqslant 0 \quad (j=1,2,\cdots,n) \tag{8.4.1}$$

有解 $\tilde{\lambda}$,那么 $\tilde{\lambda}$ 必满足:$\underline{\lambda} \leqslant \tilde{\lambda} \leqslant \bar{\lambda}$,这里:

$\underline{\lambda} = \max\limits_{1 \leqslant j \leqslant n}\{-\dfrac{\alpha_j}{\beta_j} + \mid \beta_j > 0\}$,当存在 $\beta_j > 0$ 时;$\underline{\lambda} = -\infty$,当所有 $\beta_j \leqslant 0$ 时,$j=1,2,\cdots,n$;

$\bar{\lambda} = \min\limits_{1 \leqslant j \leqslant n}\{-\dfrac{\alpha_j}{\beta_j} + \mid \beta_j < 0\}$,当存在 $\beta_j < 0$ 时;$\bar{\lambda} = +\infty$,当所有 $\beta_j \geqslant 0$ 时,$j=1,2,\cdots,n$.

反之,若 $\lambda \in [\underline{\lambda}, \bar{\lambda}]$,则 λ 是式(8.4.1)的解.

证明 设 $J_0 = \{j \mid \beta_j = 0, j=1,2,\cdots,n\}$,$J_1 = \{j \mid \beta_j > 0, j=1,2,\cdots,n\}$,$J_2 = \{j \mid \beta_j < 0, j=1,2,\cdots,n\}$.

当 $j \in J_0$ 时,取 $\underline{\lambda_0} = -\infty$,$\bar{\lambda}_0 = +\infty$,显然 $\underline{\lambda}_0 < \tilde{\lambda} < \bar{\lambda}_0$,注意到此时 $\beta_j = 0$,因此

$$\alpha_j = \alpha_j + \tilde{\lambda}\beta_j \geqslant 0, j \in J_0$$

于是,对于任意 $\lambda \in (\underline{\lambda}_0, \bar{\lambda}_0)$ 都有

$$\alpha_j + \lambda\beta_j \geqslant 0, j \in J_0 \tag{8.4.2}$$

当 $j \in J_1$ 时,取 $\underline{\lambda} = \max\limits_{1 \leqslant j \leqslant n}\{-\dfrac{\alpha_j}{\beta_j} + \mid \beta_j > 0\}$,$\bar{\lambda}_1 = +\infty$. 由 $\alpha_j + \tilde{\lambda}\beta_j \geqslant 0, j \in J_1$ 得出

$$\tilde{\lambda} \geqslant -\frac{\alpha_j}{\beta_j}, j \in J_1$$

自然也有

$$\tilde{\lambda} \geqslant \max_{1 \leqslant j \leqslant n}\{-\frac{\alpha_j}{\beta_j} + \mid \beta_j > 0\} = \underline{\lambda}_1$$

因此 $\underline{\lambda}_1 \leqslant \tilde{\lambda} < \bar{\lambda}_1$. 又对任意 $\lambda \in [\underline{\lambda}_1, \bar{\lambda}_1)$,必有

$$\lambda \geqslant \underline{\lambda}_1 = \max_{1\leqslant j\leqslant n}\{-\frac{\alpha_j}{\beta_j} + | \beta_j > 0\} \geqslant -\frac{\alpha_j}{\beta_j}, j \in J_1$$

即

$$\alpha_j + \lambda\beta_j \geqslant 0, j \in J_1 \tag{8.4.3}$$

当 $j \in J_2$ 时,取 $\underline{\lambda}_2 = -\infty, \overline{\lambda}_2 = \min\limits_{1\leqslant j\leqslant n}\{-\frac{\alpha_j}{\beta_j} + | \beta_j < 0\}$. 仿照上述推导可证明:当 $\underline{\lambda}_2 < \tilde{\lambda} \leqslant \overline{\lambda}_2$ 且仅当 $\lambda \in (\underline{\lambda}_2, \overline{\lambda}_2]$ 时,有

$$\alpha_j + \lambda\beta_j \geqslant 0, j \in J_2 \tag{8.4.4}$$

现在考虑不等式组(8.4.1),一般来说,在 $\beta_1, \beta_2, \cdots, \beta_n$ 中有零,有正数,有负数. 它们分别与上述的 $j \in J_0, j \in J_1, j \in J_2$ 相对应. 下面仅仅讨论同时出现零、正数和负数的情况,其他情况可类似讨论.

由 $\underline{\lambda}_0, \overline{\lambda}_0, \underline{\lambda}_1, \overline{\lambda}_1, \underline{\lambda}_2, \overline{\lambda}_2, \underline{\lambda}, \overline{\lambda}$ 的定义知,$[\underline{\lambda}, \overline{\lambda}]$ 恰是 $(\underline{\lambda}_0, \overline{\lambda}_0)$, $[\underline{\lambda}_1, \overline{\lambda}_1)$, $(\underline{\lambda}_2, \overline{\lambda}_2]$ 三个区间的交,即

$$\underline{\lambda} = \max\{\underline{\lambda}_0, \underline{\lambda}_1, \underline{\lambda}_2\}, \overline{\lambda} = \min\{\overline{\lambda}_0, \overline{\lambda}_1, \overline{\lambda}_2\}$$

因此,$\underline{\lambda}_0 < \tilde{\lambda} < \overline{\lambda}_0, \underline{\lambda}_1 \leqslant \tilde{\lambda} < \overline{\lambda}_1, \underline{\lambda} < \tilde{\lambda} \leqslant \overline{\lambda}_2$ 立刻得到 $\underline{\lambda} \leqslant \tilde{\lambda} \leqslant \overline{\lambda}$,这就是引理的第一个结论.

设 $\lambda \in [\underline{\lambda}, \overline{\lambda}]$,则 $\lambda \in (\underline{\lambda}_0, \overline{\lambda}_0), \lambda \in [\underline{\lambda}_1, \overline{\lambda}_1), \lambda \in (\underline{\lambda}_2, \overline{\lambda}_2]$,于是式(8.4.2),(8.4.3) 和(8.4.4) 同时成立,即 λ 是式(8.4.1) 的解. 第二个结论得证.

推论 1 假设如下关于 λ 的不等式组有解 $\overline{\lambda}$

$$\alpha_j + \lambda\beta_j \leqslant 0, j = 1, 2, \cdots, n \tag{8.4.5}$$

那么 $\overline{\lambda}$ 必定位于之间:$\underline{\lambda} \leqslant \tilde{\lambda} \leqslant \overline{\lambda}$,这里:

$\underline{\lambda} = \max\limits_{1\leqslant j\leqslant n}\{-\frac{\alpha_j}{\beta_j} + | \beta_j < 0\}$,当存在 $\beta_j < 0$ 时;$\underline{\lambda} = -\infty$,当所有 $\beta_j \geqslant 0$ 时,$j = 1, 2, \cdots, n$;

$\overline{\lambda} = \min\limits_{1\leqslant j\leqslant n}\{-\frac{\alpha_j}{\beta_j} + | \beta_j > 0\}$,当存在 $\beta_j > 0$ 时;$\overline{\lambda} = +\infty$,当所有 $\beta_j \leqslant 0$ 时,$j = 1, 2, \cdots, n$.

反之,若 $\lambda \in [\underline{\lambda}, \overline{\lambda}]$,则 λ 是式(8.4.5) 的解.

推论 2 假若不等式组(8.4.1)(或式(8.4.5)) 有解,则 λ 是式(8.4.1)(或式(8.4.5)) 的解的充要条件是 $\lambda \in [\underline{\lambda}, \overline{\lambda}]$.

这一推论是引理 1(或推论 1) 的直接结果. 如果事先并不知道式(8.4.1)(或(8.4.5)) 有解,那么可用如下推论判断,其证明留给读者.

推论 3 当 $\beta_j=0, j=1,2,\cdots,n$ 或当某些 $\beta_j=0$ 时同时又 $\alpha_j\geqslant 0$，则不等式(8.4.1) 有解的充要条件是 $\underline{\lambda}\leqslant\overline{\lambda}$(对不等式组(8.4.5) 有类似结论).

引理 2 设 $\boldsymbol{x}$ 是式(8.11.1) 的可行解. 若它有 h 个分量为正($1<h\leqslant n$)，其余分量为零，且在 $\boldsymbol{A}$ 中这 h 个分量相对应的列线性相关，则一定存在这样的可行解，它最多有 $h-1$ 个分量为正，而其余分量为零.

证明 不失一般性，设 $\boldsymbol{x}=(x_1,x_2,\cdots,x_h,0,\cdots,0)$ 是式(8.11.1) 的可行解，其中 $x_1,x_2,\cdots,x_h>0$. 在 $\boldsymbol{A}$ 中与之对应的列是 $\boldsymbol{p}_1,\boldsymbol{p}_2,\cdots,\boldsymbol{p}_m$. 由题设，它们线性相关，因此必存在不全为零的数 $w_1,w_2,\cdots,w_h$，使得

$$\sum_{j=1}^{h}w_j\boldsymbol{p}_j=\boldsymbol{0}$$

令 $\boldsymbol{w}=(x_1,x_2,\cdots,x_h,0,\cdots,0)\in\mathbf{R}^n$. 于是上式可改写为 $\boldsymbol{A}\boldsymbol{w}=\boldsymbol{0}$. 考虑以 λ 为参数的

$$\boldsymbol{u}(\lambda)=\boldsymbol{x}+\lambda\boldsymbol{w}=(x_1+\lambda w_1,x_2+\lambda w_2,\cdots,x_h+\lambda w_h,0,\cdots,0)\tag{8.4.6}$$

显然 $\boldsymbol{A}\boldsymbol{u}(\lambda)=\boldsymbol{b}$. 为使 $\boldsymbol{u}(\lambda)\geqslant\boldsymbol{0}$，当且仅当

$$x_j+\lambda w_j\geqslant 0, j=1,2,\cdots,h\tag{8.4.7}$$

易见 $\lambda=0$ 是不等式组(8.4.7) 的解. 根据推论 2，$\boldsymbol{u}(\lambda)$ 是式(8.11.1) 的可行解当且仅当 $\lambda\in[\underline{\lambda},\overline{\lambda}]$，其中：

$$\underline{\lambda}=\max_{1\leqslant j\leqslant n}\{-\frac{x_j}{w_j}+\mid w_j>0\}，当存在 w_j>0 时；\underline{\lambda}=-\infty，当所有 w_j\leqslant 0 时，$$

$$j=1,2,\cdots,n;\tag{8.4.8}$$

$$\overline{\lambda}=\min_{1\leqslant j\leqslant n}\{-\frac{x_j}{w_j}+\mid w_j<0\}，当存在 w_j<0 时；\overline{\lambda}=+\infty，当所有 w_j\geqslant 0 时，$$

$$j=1,2,\cdots,n.\tag{8.4.9}$$

特别地，当 $w_1,w_2,\cdots,w_h$ 中存在正数时，取 $\tilde{\lambda}=\underline{\lambda}$；或当存在负数时，取 $\tilde{\lambda}=\overline{\lambda}$. 显然 $\boldsymbol{u}(\tilde{\lambda})$ 是式(8.11.1) 的可行解. 又由式(8.4.8) 或(8.4.9) 看出，存在一个下标 k，使得

$$\tilde{\lambda}=-\frac{x_k}{w_k}$$

即

$$x_k+\tilde{\lambda}w_k=0$$

由式(8.4.6) 立刻得知，$\boldsymbol{u}(\tilde{\lambda})$ 是式(8.11.1) 最多有 $h-1$ 个正分量的可行解. 证毕.

推论 设 $\varepsilon=\min\{\underline{\lambda},\overline{\lambda}\}$，则 $\varepsilon>0$，且当 $\lambda\in[\underline{\lambda},\overline{\lambda}]$ 时，$\boldsymbol{u}(\lambda)$ 是式(8.11.1)

的可行解，其中 $\underline{\lambda}$ 和 $\overline{\lambda}$ 分别由式(8.4.8)和式(8.4.9)确定，$\boldsymbol{u}(\lambda)$ 由式(8.4.6)确定，$x_j>0, j=1,2,\cdots,h$.

这个推论的证明是较容易的，留给读者自行完成.

定理 8.4.2 若 LP 有可行解，则必有基可行解.

证明 设 $\boldsymbol{x}^{(0)}$ 是 LP 的可行解. 若 $\boldsymbol{x}^{(0)}=\boldsymbol{0}$，易知它本身就是基可行解(这时必有 $\boldsymbol{b}=\boldsymbol{0}$). 今设 $\boldsymbol{x}^{(0)}$ 的非零分量为 $x_{i_1}^{(0)}, x_{i_2}^{(0)}, \cdots, x_{i_h}^{(0)}(1\leqslant h\leqslant n)$. 若对应的列向量 $\boldsymbol{p}_{i_1}, \boldsymbol{p}_{i_2}, \cdots, \boldsymbol{p}_{i_h}$ 线性无关，则由定理 8.4.1 知 $\boldsymbol{x}^{(0)}$ 是 LP 的基可行解. 否则，按照引理 2，必能构造出最多有 $h-1$ 个正分量的可行解 $\boldsymbol{u}(\lambda)$. 如果这个可行解仍不是基可行解，则重复上述做法. 由于非零分量的个数有限，并注意到当可行解 $\boldsymbol{x}$ 只有一个非零分量时，若 $\boldsymbol{b}\neq\boldsymbol{0}$，则此非零分量的对应列向量必为非零向量，因而线性无关，所以 $\boldsymbol{x}$ 是基解；当 $\boldsymbol{x}$ 无非零分量时，前面已经指出它也是基解. 因此，上述做法重复有限次(至多 $h-1$ 次)后，必能得出 LP 的一个基可行解. 证毕.

定理 8.4.3 若 LP 有最优解，则一定存在一个基可行解是最优解.

证明 设 $\boldsymbol{x}=(x_1,x_2,\cdots,x_h,0,\cdots,0)^{\mathrm{T}}$ 是 LP 的最优可行解，其中 $x_j>0(j=1,2,\cdots,h)$. 又设在 $\boldsymbol{A}$ 中与其对应的列向量是 $\boldsymbol{p}_1,\boldsymbol{p}_2,\cdots,\boldsymbol{p}_m$. 如果这些向量线性无关，那么根据定理 8.4.2，$\boldsymbol{x}^{(0)}$ 是基可行解，从而就是最优基可行解.

若 $\boldsymbol{p}_1,\boldsymbol{p}_2,\cdots,\boldsymbol{p}_m$ 线性相关，那么根据引理 2 及其证明，当 $\lambda\in[\underline{\lambda},\overline{\lambda}]$ 时，有

$$\boldsymbol{u}(\lambda)=\boldsymbol{x}+\lambda\boldsymbol{w} \tag{8.4.10}$$

是 LP 的可行解，其中 $\underline{\lambda}$，$\overline{\lambda}$ 分别由式(8.4.8)和式(8.4.9)确定，因为 $\boldsymbol{x}^{(0)}$ 是最优解，所以由式(8.4.10)可得

$$\lambda\boldsymbol{c}\boldsymbol{w}=\boldsymbol{c}\boldsymbol{u}(\lambda)-\boldsymbol{c}\boldsymbol{x}\geqslant\boldsymbol{0} \tag{8.4.11}$$

特别地，根据引理 2 的推论，当 $\lambda=-\varepsilon$ 和 $\lambda=\varepsilon$ 时上式也成立，其中 $\varepsilon=\min\{-\underline{\lambda},\overline{\lambda}\}>0$. 即

$$-\varepsilon\boldsymbol{c}\boldsymbol{w}\geqslant\boldsymbol{0}, \varepsilon\boldsymbol{c}\boldsymbol{w}\geqslant\boldsymbol{0}$$

由此可知 $\boldsymbol{c}\boldsymbol{w}=\boldsymbol{0}$. 再由式(8.4.11)得到

$$\boldsymbol{c}\boldsymbol{u}(\lambda)=\boldsymbol{c}\boldsymbol{x}$$

这说明，当 $\lambda\in[\underline{\lambda},\overline{\lambda}]$ 内变动时 $\boldsymbol{u}(\lambda)$ 的目标函数值不变，总等于最优值.

然后按照定理 8.4.2 的证明方法，从最优可行解 $\boldsymbol{x}$ 出发构造一个基可行解. 显然这个基可行解就是最优基可行解. 证毕.

定理 8.4.3 的重要性是明显的，因为它说明了如果所给 LP 有最优解，只要从基可行解中去寻找就行了(虽然不是基解的可行解也可能是最优解，但我们的目的是求出一个最优解，因此可以不必考虑这些最优解). 既然基可行解的个

数有限,只要把所有的基可行解一一查算就可以在有限次以后得到最优解或者断定所给问题无最优解,但是这样的话计算量会很大.单纯形方法是先设法找出一组可行基,然后判断它对应的基可行解是不是最优解.如果是,问题就解决了;如果不是,就设法把现有的可行基调整为另一组可行基,它对应的基可行解使目标函数取更小的值,……,反复这样的步骤,一直到找出问题的解答为止.

8.5 基可行解是最优解的判定

为了从基可行解中寻找最优解,我们建立一个判别法则,用以检验一个给定的基可行解是否为最优解.为此,需要导出目标函数的非基变量表达式.

设 $\boldsymbol{x}^{(0)}$ 为 LP 的一个基解.为叙述方便起见,不妨设对应基阵 $\boldsymbol{B}=(\boldsymbol{p}_1,\boldsymbol{p}_2,\cdots,\boldsymbol{p}_m)$,即 $x_1,x_2,\cdots,x_m$ 为基变量,$x_{m+1},x_{m+2},\cdots,x_n$ 是非基变量.记

$$\boldsymbol{x_B}=(x_1,x_2,\cdots,x_m)^{\mathrm{T}},\boldsymbol{x_N}=(x_{m+1},x_{m+2},\cdots,x_n)^{\mathrm{T}},\boldsymbol{N}=(\boldsymbol{p}_{m+1},\boldsymbol{p}_{m+2},\cdots,\boldsymbol{p}_n)$$

从而 $\boldsymbol{A}=(\boldsymbol{B},\boldsymbol{N})$,相应地分划 $\boldsymbol{c}=(\boldsymbol{c_B},\boldsymbol{c_N})$.线性规划问题的标准形式(8.2.2)中的约束方程组可以写成

$$(\boldsymbol{B},\boldsymbol{N})\begin{pmatrix}\boldsymbol{X_B}\\ \boldsymbol{x_N}\end{pmatrix}=\boldsymbol{b}$$

利用矩阵分块乘法法则,可得到

$$\boldsymbol{Bx_B}+\boldsymbol{Nx_N}=\boldsymbol{b}$$

两边乘以 $\boldsymbol{B}^{-1}$ 后移项得

$$\boldsymbol{x_B}=\boldsymbol{B}^{-1}\boldsymbol{b}-\boldsymbol{B}^{-1}\boldsymbol{Nx_N} \tag{8.5.1}$$

这是用非基变量表达基变量的公式.

在式(8.5.1)中令 $\boldsymbol{x_N}=\boldsymbol{0}$,即知

$$\boldsymbol{B}^{-1}\boldsymbol{b}=\boldsymbol{x_B}^{(0)}=(x_1^{(0)},x_2^{(0)},\cdots,x_m^{(0)})^{\mathrm{T}}$$

记

$$\boldsymbol{B}^{-1}\boldsymbol{N}=\begin{pmatrix}b_{1(m+1)} & b_{1(m+2)} & \cdots & b_{1n}\\ b_{2(m+1)} & b_{2(m+2)} & \cdots & b_{2n}\\ \vdots & \vdots & & \vdots\\ b_{m(m+1)} & b_{m(m+2)} & \cdots & b_{mn}\end{pmatrix}$$

则式(8.5.1)相当于

$$x_i=x_i^{(0)}-\sum_{j=m+1}^{n}b_{ij}x_j \quad (i=1,2,\cdots,m)$$

将式(8.5.1)代入目标函数的表达式

$$\boldsymbol{cx}=\boldsymbol{c_Bx_B}+\boldsymbol{c_Nx_N}=\boldsymbol{c_B}(\boldsymbol{B}^{-1}\boldsymbol{b}-\boldsymbol{B}^{-1}\boldsymbol{Nx_N})+\boldsymbol{c_Nx_N}=\boldsymbol{c_BB}^{-1}\boldsymbol{b}-(\boldsymbol{c_BB}^{-1}\boldsymbol{N}-\boldsymbol{c_N})\boldsymbol{x_N}$$

即得用非基变量表达目标函数的公式

$$f=\boldsymbol{c}_B\boldsymbol{B}^{-1}\boldsymbol{b}-(\boldsymbol{c}_B\boldsymbol{B}^{-1}\boldsymbol{N}-\boldsymbol{c}_N)\boldsymbol{x}_N \tag{8.5.2}$$

或写为

$$f=\sum_{i=1}^{m}c_ix_i^{(0)}-\sum_{j=m+1}^{n}(\sum_{j=1}^{m}c_ib_{ij}-c_j)x_j$$

若记目标函数在 $\boldsymbol{x}^{(0)}$ 处的值为 $f^{(0)}$,即

$$f^{(0)}=\sum_{i=1}^{m}c_ix_i^{(0)}$$

并记

$$\lambda_j=\sum_{i=1}^{m}c_ib_{ij}-c_j\quad(j=m+1,m+2,\cdots,n)$$

则目标函数的表达式可写为

$$f=f^{(0)}-\sum_{j=m+1}^{n}\lambda_jx_j$$

以上推导表明,对于给定的一个基 $\boldsymbol{B}$,线性规划问题(8.2.2)可变换成如下的等价形式

$$\begin{cases}\min\quad f=\boldsymbol{c}_B\boldsymbol{B}^{-1}\boldsymbol{b}-(\boldsymbol{c}_B\boldsymbol{B}^{-1}\boldsymbol{N}-\boldsymbol{c}_N)\boldsymbol{x}_N\\ \text{s. t.}\quad \boldsymbol{x}_B+\boldsymbol{B}^{-1}\boldsymbol{N}\boldsymbol{x}_N=\boldsymbol{B}^{-1}\boldsymbol{b}\\ \boldsymbol{x}\geqslant\boldsymbol{0}\end{cases} \tag{8.5.3}$$

或写为

$$\begin{cases}\min\quad f=f^{(0)}-\sum\limits_{j=m+1}^{n}\lambda_jx_j\\ \text{s. t.}\quad x_i+\sum\limits_{j=m+1}^{n}b_{ij}x_j=x_i^{(0)}\quad(i=1,2,\cdots,m)\\ x_j\geqslant 0\quad(j=1,2,\cdots,n)\end{cases} \tag{8.5.4}$$

式(8.5.3)或(8.5.4)的表达形式称为 LP 对应于基 $\boldsymbol{B}$ 的典式.

上面是就 $\boldsymbol{B}=(\boldsymbol{p}_1,\boldsymbol{p}_2,\cdots,\boldsymbol{p}_m)$ 来推导典式,对于一般的基 $\boldsymbol{B}$,可做类似推导.所得典式,若用矩阵表达,仍具式(8.5.3)的形式;若用代数式表达,则应将式(8.5.4)稍加改变.

如设基 $\boldsymbol{B}=(\boldsymbol{p}_{j_1},\boldsymbol{p}_{j_2},\cdots,\boldsymbol{p}_{j_m})$,记基变量的下标集为 S,记非基变量的下标集为 R,即

$$S=\{j_1,j_2,\cdots,j_m\},R=\{1,2,\cdots,n\}-S$$

则 LP 对应于基 $\boldsymbol{B}$ 的典式可写为

$$\begin{cases}\min \quad f=f^{(0)}-\sum\limits_{j\in R}\lambda_j x_j & (8.5.5)\\ \text{s.t.} \quad x_{j1}+\sum\limits_{j\in \mathbf{R}}b_{ij}x_j=b_{i0} \quad (i=1,2,\cdots,m) & (8.5.6)\\ x_j\geqslant 0 \quad (j=1,2,\cdots,n) & (8.5.7)\end{cases}$$

其中

$$\begin{pmatrix}b_{10}\\ b_{20}\\ \vdots\\ b_{m0}\end{pmatrix}=\boldsymbol{B}^{-1}\boldsymbol{b}=\begin{pmatrix}x_{j_1}^{(0)}\\ x_{j_2}^{(0)}\\ \vdots\\ x_{j_m}^{(0)}\end{pmatrix}$$

$$\begin{pmatrix}b_{1j}\\ b_{2j}\\ \vdots\\ b_{mj}\end{pmatrix}=\boldsymbol{B}^{-1}\boldsymbol{p}_j \quad (j\in \mathbf{R}) \tag{8.5.8}$$

$$f^{(0)}=\sum_{i=1}^{m}c_{j_i}x_{j_i}^{(0)}$$

$$\lambda_j=\sum_{i=1}^{m}c_ib_{ij}-c_j \quad (j\in \mathbf{R}) \tag{8.5.9}$$

上述诸λ_j称为基$\boldsymbol{B}$的(或者说基解$\boldsymbol{x}^{(0)}$的)检验数;或者更清楚地说,λ_j是基$\boldsymbol{B}$的对应于非基变量x_j的检验数. λ_j等于目标函数的非基变量表达式中x_j的系数反号. 对应于基变量的检验数视为零. 于是全体检验数组成如下向量

$$\boldsymbol{\lambda}=(\lambda_1,\lambda_2,\cdots,\lambda_n)=\boldsymbol{c_B}\boldsymbol{B}^{-1}\mathbf{A}-\boldsymbol{c}$$

亦即

$$\lambda_j=\boldsymbol{c_B}\boldsymbol{B}^{-1}\boldsymbol{p}_j-c_j \quad (j=1,2,\cdots,n)$$

其中对应于基变量的检验数

$$\boldsymbol{\lambda_B}=\boldsymbol{c_B}\boldsymbol{B}^{-1}\boldsymbol{B}-\boldsymbol{c_B}=\mathbf{0}$$

对应于非基变量的检验数

$$\boldsymbol{\lambda_N}=\boldsymbol{c_B}\boldsymbol{B}^{-1}\mathbf{N}-\boldsymbol{c_N}$$

亦即

$$\lambda_j=\boldsymbol{c_B}\boldsymbol{B}^{-1}\boldsymbol{p}_j-c_j \quad (j\in \mathbf{R})$$

这一组检验数即可用来判别一个基可行解是否为最优解,因为有如下结论:

定理 8.5.1 对于 LP 的一个基$\boldsymbol{B}$,若$\boldsymbol{B}^{-1}\boldsymbol{b}\geqslant\mathbf{0}$,且

$$\boldsymbol{\lambda_N}=\boldsymbol{c_B}\boldsymbol{B}^{-1}\mathbf{N}-\boldsymbol{c_N}\leqslant\mathbf{0}$$

则对应于 $\boldsymbol{B}$ 的基解 $\boldsymbol{x}^{(0)}$ 是 LP 的最优解.

证明 由 $\boldsymbol{x}_B^{(0)}=\boldsymbol{B}^{-1}\boldsymbol{b}\geqslant\boldsymbol{0}$,可知 $\boldsymbol{x}^{(0)}$ 是基可行解. 由目标函数的非基变量表达式(8.5.2) 和 $\boldsymbol{\lambda}_N\leqslant 0$,对于 LP 的任意可行解 $\boldsymbol{x}$,有

$$f(\boldsymbol{x})=\boldsymbol{c}_B\boldsymbol{B}^{-1}\boldsymbol{b}-(\boldsymbol{c}_B\boldsymbol{B}^{-1}\boldsymbol{N}-\boldsymbol{c}_N)\boldsymbol{x}_N\geqslant\boldsymbol{c}_B\boldsymbol{B}^{-1}\boldsymbol{b}=\boldsymbol{f}(\boldsymbol{x}^{(0)})$$

这就是说 $\boldsymbol{x}^{(0)}$ 是 LP 的最优解.

例 1 考虑下列线性规划问题

$$\begin{cases}\min\quad f=x_1-x_2-x_3+x_4+x_5\\ \text{s. t.}\quad 3x_1+2x_2+x_3=1\\ 5x_1+x_2-x_3+x_4=3\\ 2x_1-3x_2-x_3+x_5=4\\ x_i\geqslant 0\quad(i=1,2,\cdots,5)\end{cases}$$

显见 $\boldsymbol{B}_1=(\boldsymbol{p}_1,\boldsymbol{p}_4,\boldsymbol{p}_5)$ 是它的一个基. 求出 $\boldsymbol{B}_1^{-1}$,然后用 $\boldsymbol{B}_1^{-1}$ 乘约束方程组两端(或用消元法),就得出了约束方程组对应于基 $\boldsymbol{B}_1$ 的典式

$$\begin{cases}3x_1+\dfrac{2}{3}x_2+\dfrac{1}{3}x_3=\dfrac{1}{3}\\ -\dfrac{7}{3}x_2-\dfrac{8}{3}x_3+x_4=\dfrac{4}{3}\\ -\dfrac{13}{3}x_2+\dfrac{1}{3}x_3+x_5=\dfrac{10}{3}\end{cases}$$

由此可知 $\boldsymbol{B}_1$ 对应的基解 $\boldsymbol{x}^{(1)}=\left(\dfrac{1}{3},0,0,\dfrac{4}{3},\dfrac{10}{3}\right)^{\mathrm{T}}$,它是可行解. 按公式(8.5.2),或从上述方程组中解出 x_1,x_4,x_5 并代入原目标函数表达式,就可得出目标函数的非基变量表达式:$f=5+5x_2+x_3$. 由此可见,对应于非基变量的检验数 $\lambda_2=-5,\lambda_3=-1$. 根据定理 8.5.1,$\boldsymbol{x}^{(1)}$ 是问题的最优解,且知最优值 $f^*=5$. 实际上,从上述目标函数的非基变量表达式可以看出,由于 x_2,x_3 的系数均为正值,x_2,x_3 取任何正值都将使目标函数值大于 5;另外,x_2,x_3 又不能取负值. 所以,只有 x_2,x_3 都取零值,才能达到 f 的最小值.

容易作出判断,$\boldsymbol{B}_2=(\boldsymbol{p}_2,\boldsymbol{p}_4,\boldsymbol{p}_5)$ 也是一个基. 按照同样的方法,可得问题的典式如下

$$\begin{cases}\min\quad f=6-3x_1+3x_2\\ \text{s. t.}\quad 3x_1+2x_2+x_3=1\\ 8x_1+3x_2+x_4=4\\ -x_1-5x_2+x_5=3\\ x_i\geqslant 0\quad(i=1,2,\cdots,5)\end{cases}$$

由此看出，$\boldsymbol{B}_2$ 对应的基解 $\boldsymbol{x}^{(2)}=(0,0,1,4,3)^{\mathrm{T}}$ 也是可行解，但对应于非基变量 x_1 的检验数 $\lambda_1=3$，不符合定理 8.5.1 的条件. 这时，能否断定 $\boldsymbol{x}^{(2)}$ 必不是问题的最优解呢？当然，由于前面已经得知问题的最优值 $f^*=5$，而 $f(\boldsymbol{x}^{(2)})=6$，可以断定 $\boldsymbol{x}^{(2)}$ 不是最优解. 如果尚不知最优值，能否作出判断呢？这是下面要进一步研究的问题.

首先要指出的是，定理 8.5.1 中所表述的条件 —— 检验数全部非正 —— 是基可行解为最优解的充分条件. 当它不满足时，即检验数中有正数时，会出现什么情况呢？下述结论表明情况之一.

定理 8.5.2 若基可行解 $\boldsymbol{x}^{(0)}$ 所对应的典式(8.5.5)—(8.5.7)中，有某个检验数 $\lambda_r>0$，且相应地有 $b_{ir}\leqslant 0(i=1,2,\cdots,m)$，则 LP 无最优解(此时目标函数在可行域上无下界).

证明 令向量 $\boldsymbol{x}$ 的各分量如下

$$x_r=\theta,x_j=0(j\in R-\{r\}),x_{j_1}=b_{i0}-b_{i_r}\theta\quad(i=1,2,\cdots,m)\tag{8.5.10}$$

由 $b_{ir}\leqslant 0(i=1,2,\cdots,m)$，对任意正数 θ，有

$$b_{i0}-b_{ir}\theta\geqslant 0\quad(i=1,2,\cdots,m)$$

由此可知，对任何正数 θ，按式(8.5.10)定义的向量 $\boldsymbol{x}$ 都是 LP 的可行解. 其对应目标函数值

$$f(\boldsymbol{x})=f^{(0)}-\lambda_r\theta\to-\infty\quad(\text{当 }\theta\to+\infty\text{ 时})$$

即知目标函数在可行域上无下界，因此 LP 无最优解.

例 2 现在考虑的线性规划问题，是将例 1 的问题去掉其中第一个约束方程后所得之问题，并取基 $\boldsymbol{B}=(\boldsymbol{p}_3,\boldsymbol{p}_4)$. 不难得出问题的对应典式为

$$\begin{cases}\min\quad f=3-4x_1-2x_2+x_5\\ \text{s.t.}\quad 7x_1-2x_2+x_4+x_5=7\\ 2x_1-3x_2+x_3+x_5=4\\ x_i\geqslant 0\quad(i=1,2,\cdots,5)\end{cases}$$

这时，有检验数 $\lambda_2=2>0$，而上述约束方程中 x_2 的系数全部非正. 根据定理 8.5.2，断定问题无最优解.

8.6 基可行解的优化

如果定理 8.5.1 和定理 8.5.2 的条件都不满足，即在问题的典式(8.5.5)—(8.5.7)中，有检验数 $\lambda_r>0$，而对应的 $(b_{1r},b_{2r},\cdots,b_{mr})^{\mathrm{T}}$ 中有正数，

能得出什么结论呢？如例 1 中 $\boldsymbol{B}_2$ 的对应典式就属于这种情形. 从该典式中目标函数的表达式

$$f=6-3x_1+3x_2$$

看出，由于 x_1 的系数是负的，当 x_1 由零变为正值，可使目标函数值下降，因此可能得出更优的可行解. 确切地说，这时有如下结论：

定理 8.6.1（单纯形法基本定理） 若基可行解 $\boldsymbol{x}^{(0)}$ 所对应的典式 (8.5.5)—(8.5.7) 中，有 $\lambda_r>0$，而 $(b_{1r},b_{2r},\cdots,b_{mr})^{\mathrm{T}}$ 中至少有一个分量大于零，并且所有 $b_{i0}>0(i=1,2,\cdots,m)$，则必存在另一基可行解，其对应目标函数值比 $f(\boldsymbol{x}^{(0)})$ 小.

证明 利用基可行解 $\boldsymbol{x}^{(0)}$，我们来构造一个新的基可行解 $\boldsymbol{x}^{(1)}$，它的分量规定如下

$$x_r^{(1)}=\theta,x_j^{(1)}=0(j\in R-\{r\}),x_{j_i}^{(1)}=b_{i0}-b_{ir}\theta(i=1,2,\cdots,m) \tag{8.6.1}$$

其中

$$\theta=\min\{\frac{b_{i0}}{b_{ir}}\mid b_{ir}>0,i=1,2,\cdots,m\} \tag{8.6.2}$$

由 $b_{i0}>0(i=1,2,\cdots,m)$，可知 $\theta>0$. 当 $b_{ir}\leqslant 0$ 时，有

$$b_{i0}-b_{ir}\theta\geqslant b_{i0}>0$$

当 $b_{ir}>0$ 时，由 $\theta\leqslant\frac{b_{i0}}{b_{ir}}$，可知

$$b_{i0}-b_{ir}\theta\geqslant 0$$

所以，$\boldsymbol{x}^{(0)}$ 是 LP 的可行解.

下面再证明 $\boldsymbol{x}^{(0)}$ 也是基解. 设式(8.6.2) 中的最小比值在 $i=s$ 处达到，即

$$\theta=\min\{\frac{b_{i0}}{b_{ir}}\mid b_{ir}>0,i=1,2,\cdots,m\}=\frac{b_{s0}}{b_{sr}}$$

则

$$x_{j_s}^{(1)}=b_{s0}-b_{sr}\theta=0$$

因此，要证明 $\boldsymbol{x}^{(0)}$ 是基解，根据定理 8.4.1，只需证明列向量 $\boldsymbol{p}_{j_1},\boldsymbol{p}_{j_2},\cdots,\boldsymbol{p}_{j_{s-1}},\boldsymbol{p}_r,\boldsymbol{p}_{j_{s+1}},\cdots,\boldsymbol{p}_{j_m}$ 线性无关. 用反证法，假若它们线性相关，注意到 $\boldsymbol{p}_{j_1},\boldsymbol{p}_{j_2},\cdots,\boldsymbol{p}_{j_{s-1}},\boldsymbol{p}_{j_{s+1}},\cdots,\boldsymbol{p}_{j_m}$ 线性无关，故 $\boldsymbol{p}_r$ 必可由 $\boldsymbol{p}_{j_1},\boldsymbol{p}_{j_2},\cdots,\boldsymbol{p}_{j_{s-1}},\boldsymbol{p}_{j_{s+1}},\cdots,\boldsymbol{p}_{j_m}$ 线性表示，即有

$$\begin{aligned}\boldsymbol{p}_r&=\alpha_1\boldsymbol{p}_{j_1}+\cdots+\alpha_{s-1}\boldsymbol{p}_{j_{s-1}}+\alpha_{s+1}\boldsymbol{p}_{j_{s+1}}+\cdots+\alpha_m\boldsymbol{p}_{j_m}\\&=\alpha_1\boldsymbol{p}_{j_1}+\cdots+\alpha_{s-1}\boldsymbol{p}_{j_{s-1}}+0\cdot\boldsymbol{p}_{j_s}+\alpha_{s+1}\boldsymbol{p}_{j_{s+1}}+\cdots+\alpha_m\boldsymbol{p}_{j_m}\end{aligned}$$

$$
=(\boldsymbol{p}_{j_1},\boldsymbol{p}_{j_2},\cdots,\boldsymbol{p}_{j_s},\cdots,\boldsymbol{p}_{j_m})\begin{pmatrix}\alpha_1\\ \vdots\\ 0\\ \vdots\\ \alpha_m\end{pmatrix}
$$

$$
=\boldsymbol{B}\begin{pmatrix}\alpha_1\\ \vdots\\ 0\\ \vdots\\ \alpha_m\end{pmatrix}
$$

从而,有

$$
\begin{pmatrix}\alpha_1\\ \vdots\\ 0\\ \vdots\\ \alpha_m\end{pmatrix}=\boldsymbol{B}^{-1}\boldsymbol{p}_r=\begin{pmatrix}b_{1r}\\ \vdots\\ b_{2r}\\ \vdots\\ b_{mr}\end{pmatrix}
$$

由此得出

$$
b_{sr}=0
$$

这与 $b_{sr}>0$ 相矛盾.

以上证明了,所作 $\boldsymbol{x}^{(1)}$ 是 LP 的基可行解. 再由 $\lambda_r>0$ 和 $\theta>0$ 可知

$$
f(\boldsymbol{x}^{(1)})=f^{(0)}-\lambda_r\theta<f^{(0)}=f(\boldsymbol{x}^{(0)})
$$

这就是说,基可行解 $\boldsymbol{x}^{(1)}$,其对应的目标函数值比 $f(\boldsymbol{x}^{(0)})$ 小. 证毕.

定理 8.6.1 说明,对于基变量值全为正数的基可行解,当有某检验数 $\lambda_r>0$,而对应系数 $b_{ir}(i=1,2,\cdots,m)$ 不全非正时,此基可行解必不是最优解. 如对例 1,根据定理 8.6.1 即可断定基可行解 $\boldsymbol{x}^{(2)}$ 不是最优解. 这时必存在改进的基可行解.

实际上,在定理 8.6.1 的证明中,已经给出了构造一个改进的基可行解的方法. 这个方法就是:把对应于正检验数的非基变量 x_r 转变为基变量,称它为进基变量(或称换入变量);而从原基变量中选取一个,让它变为非基变量,称此变量为离基变量(或称换出变量),此离基变量的下标 j_s 由下列最小比值在哪一行取得所确定

$$
\theta=\min\{\frac{b_{i0}}{b_{ir}}\mid b_{ir}>0,i=1,2,\cdots,m\}=\frac{b_{s0}}{b_{sr}}
$$

并且进基变量的取值正好是上述最小比值 θ，其他的原非基变量仍是非基变量，其他的原基变量仍是基变量，只是取值按式(8.6.1)作相应修改. 这样得到的新基可行解所对应的基阵与原基阵的差异仅在于列向量 $\boldsymbol{p}_{j_s}$ 被列向量 $\boldsymbol{p}_r$ 所代替.

例 3 问题如例 1，现要求从 $\boldsymbol{x}^{(2)}$ 出发构造一个改进的基可行解. 因检验数 $\lambda_1 = 3 > 0$，故令 $x_1 = \theta$，x_2 仍取零值. 根据问题的典式，θ 值确定如下

$$\theta = \min_{b_{i1}>0}\{\frac{b_{i0}}{b_{ir}}\} = \min\{\frac{1}{3}, \frac{4}{8}\} = \frac{1}{3}$$

此比值对应第一个约束方程，由此可知离基变量是 x_3. 令 x_3 取零值，其余基变量的值确定如下

$$x_4 = 4 - 8\theta = \frac{4}{3}, x_5 = 3 + \theta = \frac{10}{3}$$

至此得出新基可行解 $\left(\frac{1}{3}, 0, 0, \frac{4}{3}, \frac{10}{3}\right)^{\mathrm{T}}$，它正好是例 1 中的 $\boldsymbol{x}^{(1)}$.

定义 8.6.1 对于 LP 的一个基可行解，如果其基分量值都是正的，就称它是一个非退化的基可行解；否则(即基分量值有等于零的)，就称它是退化的基可行解. 若 LP 的所有基可行解都是非退化的，则称 LP 是非退化的线性规划问题；否则称为退化的线性规划问题.

定理 8.6.1 说明，对于非退化的线性规划问题 LP，定理 8.5.1 中的条件，即检验数全部非正，不仅是基可行解为最优解的充分条件，而且是必要条件. 对于退化问题，它仅是充分条件，而非必要条件.

8.7 单纯形法

综合前面的定理 8.4.1—定理 8.4.3 以及定理 8.5.1、定理 8.5.2 以及定理 8.6.1，可以指示我们得出求解线性规划问题 LP 的一种方法，称为单纯形法. 其基本过程是这样的：如果已知 LP 的一个基可行解 $\boldsymbol{x}^{(0)}$，首先求出 LP 相应于 $\boldsymbol{x}^{(0)}$ 的典式，然后检查检验数是否全部非正. 若是，则根据定理 8.5.1，$\boldsymbol{x}^{(0)}$ 已经是最优解；若不是，看定理 8.5.2 的条件是否满足. 若满足，则 LP 无最优解；若不满足，则按定理 8.6.1，构造一个新的基可行解 $\boldsymbol{x}^{(1)}$. 再对 $\boldsymbol{x}^{(1)}$ 重复上述做法. 如此反复进行. 若 LP 是非退化的，根据定理 8.6.1，每次得出的新基可行解使目标函数的值严格下降，因此已出现过的基可行解不可能重复出现. 又由于基可行解的个数有限，所以经过有限次反复，必能得出 LP 的最优解(即最优基可行解)，或判定 LP 无最优解. 关于退化的情形，将在 8.9 节中讨论. 关于初始基可

行解的求法,将在 8.10 节中讨论.

现在我们来讨论如何从原基解 $\boldsymbol{x}^{(0)}$ 对应的典式(8.5.5)—(8.5.7) 导出新基解 $\boldsymbol{x}^{(1)}$ 对应的典式.

约束条件(8.5.6) 中第 s 个方程为

$$x_{j_s}+b_{sr}x_r+\sum_{j\in R-\{r\}}b_{sj}x_j=b_{s0}$$

方程左右两边各项同除以 b_{sr}(注意到 $b_{sr}>0$) 并移项,得出

$$x_r=\frac{b_{s0}}{b_{sr}}-\sum_{j\in R-\{r\}}\frac{b_{sj}}{b_{sr}}x_j-\frac{1}{b_{sr}}x_{j_s} \tag{8.7.1}$$

将式(8.7.1) 代入式(8.5.5),得

$$\begin{aligned}f&=f^{(0)}-\sum_{j\in R-\{r\}}\lambda_jx_j-\lambda_r\left(\frac{b_{s0}}{b_{sr}}-\sum_{j\in R-\{r\}}\frac{b_{sj}}{b_{sr}}x_j-\frac{1}{b_{sr}}x_{j_s}\right)\\&=\left(f^{(0)}-\frac{\lambda_rb_{s0}}{b_{sr}}\right)-\sum_{j\in R-\{r\}}\left(\lambda_j-\frac{\lambda_rb_{sj}}{b_{sr}}\right)x_j+\frac{\lambda_r}{b_{sr}}x_{j_s}\end{aligned} \tag{8.7.2}$$

将式(8.7.1) 代入式(8.5.6) 的其余各方程,得

$$\begin{aligned}x_{ji}&=b_{i0}-\sum_{j\in R-\{r\}}b_{ij}x_j-b_{ir}\left(\frac{b_{s0}}{b_{sr}}-\sum_{j\in R-\{r\}}\frac{b_{sj}}{b_{sr}}x_j-\frac{1}{b_{sr}}x_{j_s}\right)\\&=\left(b_{i0}-\frac{b_{sr}b_{s0}}{b_{sr}}\right)-\sum_{j\in R-\{r\}}\left(b_{ij}-\frac{b_{ir}b_{sj}}{b_{sr}}\right)x_j+\frac{b_{ir}}{b_{sr}}x_{j_s}\quad(i\in\{1,2,\cdots,m\}-\{s\})\end{aligned} \tag{8.7.3}$$

即得新基解 $\boldsymbol{x}^{(0)}$ 对应的典式

$$\begin{cases}\min\quad f=\overline{f}^{(0)}-\sum\limits_{j\in R}\overline{\lambda}_jx_j\\ \text{s. t.}\quad x_{j_i}=\overline{b}_{i0}-\sum\limits_{j\in\overline{R}}\overline{b}_{ij}x_j\quad(i\in\{1,2,\cdots,m\}-\{s\})\\ x_r=\overline{b}_{s0}-\sum\limits_{j\in\overline{R}}\overline{b}_{sj}x_j\\ x_j\geqslant0\quad(j=1,2,\cdots,n)\end{cases} \tag{8.7.4}$$

这里用 $\overline{S},\overline{R}$ 分别表示关于新基 $\overline{\boldsymbol{B}}$(即 $\boldsymbol{x}^{(1)}$ 对应的基) 的基变量、非基变量下标集,即

$$\overline{S}=(S-\{j_s\})\cup\{r\},\overline{R}=(R-\{r\})\cup\{j_s\}$$

在式(8.7.4) 中,有

$$\overline{f}^{(0)}=f^{(0)}-\frac{\lambda_rb_{s0}}{b_{sr}} \tag{8.7.5}$$

$$\overline{\lambda}_j=\lambda_j-\frac{\lambda_rb_{sj}}{b_{sr}}\quad(j\in\overline{R}-\{j_s\}=R-\{r\});\overline{\lambda}_{jn}=-\frac{\lambda_r}{b_{sr}} \tag{8.7.6}$$

$$\begin{cases}\bar{b}_{i0}=b_{i0}-\dfrac{b_{ir}b_{s0}}{b_{sr}} & (i\in\{1,2,\cdots,m\}-\{s\})\\ \bar{b}_{ij}=b_{ij}-\dfrac{b_{ir}b_{sj}}{b_{sr}} & (i\in\{1,2,\cdots,m\}-\{s\},j\in\bar{R}-\{j_s\}=R-\{r\})\\ \bar{b}_{ij_n}=-\dfrac{b_{ir}}{b_{sr}} & (i\in\{1,2,\cdots,m\}-\{s\})\end{cases} \tag{8.7.7}$$

$$\bar{b}_{s0}=\frac{b_{s0}}{b_{sr}};\bar{b}_{sj}=\frac{b_{sj}}{b_{sr}}(j\in\bar{R}-\{j_s\}=R-\{r\});\bar{b}_{sj_s}=\frac{1}{b_{sr}} \tag{8.7.8}$$

以上导出新典式的过程是使用代数方程组的代入消元法. 当然也可考虑使用代数方程组的加减消元法. 事实上,将原典式(8.5.6)中第 s 个方程的 $-\dfrac{b_{ir}}{b_{sr}}$ 倍加到第 i 个方程上去,即可得出式(8.7.3);将第 s 个方程的 $-\dfrac{\lambda_r}{b_{sr}}$ 倍加到式(8.5.5)上去(指加到 $f^{(0)}-\sum\limits_{j\in R}\lambda_jx_j=f$ 的两端),即可得出式(8.7.2);第 s 个方程本身除以 b_{sr} 即可得出式(8.7.1).

若使用电子计算机求解 LP,可按(8.7.4)—(8.7.8)的公式编制程序,以实现旧典式向新典式的转换. 对简单问题手算求解时,可按上述加减消去原理直接对原典式施行初等行变换以求出新典式.

例 4 求解线性规划问题

$$\begin{cases}\min\quad f=x_1-2x_2+x_4\\ \text{s. t.}\quad x_1+3x_3+2x_5=12\\ x_2-2x_3+x_4=2\\ x_2+x_3+x_5=5\\ x_j\geqslant 0\quad (j=1,2,\cdots,5)\end{cases}$$

解 取

$$\boldsymbol{B}_0=(\boldsymbol{p}_1,\boldsymbol{p}_4,\boldsymbol{p}_5)=\begin{pmatrix}1&0&2\\0&1&0\\0&0&1\end{pmatrix}$$

显见 $\boldsymbol{B}_0$ 是一个基. 为得出 $\boldsymbol{B}_0$ 对应的典式,将第三个约束方程的(−2)倍加到第一个约束方程,得

$$x_1-2x_2+x_3=2$$

用它代替第一个约束方程. 然后,从第一、二方程分别解出 x_1,x_4 代入目标函数表达式;或者,将第一个方程的(−1)倍和第二个方程的(−1)倍加到表达式 x_1-

$2x_2+x_4=f$ 两端,即可得出基 $\boldsymbol{B}_0$ 对应的典式

$$\begin{cases}\min\quad f=4-x_2+x_3\\ \text{s. t.}\quad x_1-2x_2+\quad x_3=2\\ x_2-2x_3+x_4=2\\ x_2+x_3+x_5=5\\ x_j\geqslant 0\quad (j=1,2,\cdots,5)\end{cases}$$

显见 $\boldsymbol{B}_0$ 是可行基,其对应基可行解为

$$\boldsymbol{x}^{(0)}=(2,0,0,2,5)^{\mathrm{T}}$$

由对应于 x_2 的检验数 $\lambda_2=1>0$ 可知,应取 x_2 为进基变量.此时

$$\begin{pmatrix}b_{12}\\ b_{22}\\ b_{32}\end{pmatrix}=\begin{pmatrix}-2\\ 1\\ 1\end{pmatrix},\begin{pmatrix}b_{10}\\ b_{20}\\ b_{30}\end{pmatrix}=\begin{pmatrix}2\\ 2\\ 2\end{pmatrix},\min_{b_{i2}>0}\{\frac{b_{i0}}{b_{i2}}\}=\min\{\frac{2}{1},\frac{5}{1}\}=2=\frac{b_{20}}{b_{22}}$$

即知

$$s=2,j_s=4$$

故应取 x_4 为离基变量.得新基

$$\boldsymbol{B}_1=(\boldsymbol{p}_1,\boldsymbol{p}_2,\boldsymbol{p}_5)=\begin{pmatrix}1&0&2\\ 0&1&0\\ 0&1&1\end{pmatrix}$$

为得出 $\boldsymbol{B}_1$ 对应的典式,将 $\boldsymbol{B}_0$ 对应典式中的第二个约束方程的 2 倍加到第一个约束方程上;将第二个方程的(−1)倍加到第三个约束方程上;将第二个方程的 1 倍加到 $4-x_2+x_3=f$ 的两端,即得 $\boldsymbol{B}_1$ 对应的典式

$$\begin{cases}\min\quad f=2-x_3+x_4\\ \text{s. t.}\quad x_1-3x_3+2x_4=6\\ x_2-2x_3+x_4=2\\ 3x_3-x_4+x_5=3\\ x_j\geqslant 0\quad (j=1,2,\cdots,5)\end{cases}$$

$\boldsymbol{B}_1$ 对应的基可行解为

$$\boldsymbol{x}^{(1)}=(6,2,0,0,3)^{\mathrm{T}}$$

由 $\lambda_3=1>0$ 可知,应取 x_3 为进基变量.由

$$\min_{b_{i3}>0}\{\frac{b_{i0}}{b_{i3}}\}=\frac{3}{2}=\frac{b_{30}}{b_{33}}$$

可知 $s=3,j_s=5$,故应取 x_3 为离基变量.得新基

$$\boldsymbol{B}_2=(\boldsymbol{p}_1,\boldsymbol{p}_4,\boldsymbol{p}_3)=\begin{pmatrix}1&0&3\\0&1&-2\\0&1&1\end{pmatrix}$$

为得出 $\boldsymbol{B}_2$ 对应的典式，将 $\boldsymbol{B}_1$ 对应典式中的第三个约束方程两端同除以 3；然后，用它的 3 倍和 2 倍分别加到第一个和第二个约束方程；用它的 1 倍加到 $2-x_3+x_4=f$ 的两端，即得 $\boldsymbol{B}_2$ 对应的典式

$$\begin{cases}\min\quad f=1+\dfrac{2}{3}x_4+\dfrac{1}{3}x_5\\ \text{s. t.}\quad x_1+x_4+x_5=9\\ x_2+\dfrac{1}{3}x_4+\dfrac{2}{3}x_5=4\\ x_3-\dfrac{1}{3}x_4+\dfrac{1}{3}x_5=1\\ x_j\geqslant 0\quad(j=1,2,\cdots,5)\end{cases}$$

现在非基变量对应的检验数 $\lambda_4=-\dfrac{2}{3}<0,\lambda_5=-\dfrac{1}{3}<0$，即知检验数全部非正. 因此，$\boldsymbol{B}_2$ 对应的基可行解

$$\boldsymbol{x}^{(2)}=(9,4,1,0,0)^{\mathrm{T}}$$

就是问题的最优解. 目标函数的最小值为 $f(\boldsymbol{x}^{(2)})=1$.

8.8 单纯形法的计算步骤·单纯形表

在前面讨论的基础上，现在把单纯形法的计算步骤归结如下：

第一步 对于一个已知的可行基 $\boldsymbol{B}=(\boldsymbol{p}_{j_1},\boldsymbol{p}_{j_2},\cdots,\boldsymbol{p}_{j_m})$，写出 $\boldsymbol{B}$ 对应的典式以及 $\boldsymbol{B}$ 对应的基可行解 $\boldsymbol{x}^{(0)}$，$\boldsymbol{x}_{\boldsymbol{B}}^{(0)}=\boldsymbol{B}^{-1}\boldsymbol{b}=(b_{10},b_{20},\cdots,b_{m0})^{\mathrm{T}}$.

第二步 检查检验数. 如果所有检验数 $\lambda_j\leqslant 0(j=1,2,\cdots,n)$，则 $\boldsymbol{x}^{(0)}$ 就是最优解，计算结束；否则转下一步.

第三步 如果有检验数 $\lambda_r>0$，而 $\boldsymbol{B}^{-1}\boldsymbol{p}_r=(b_{1r},b_{2r},\cdots,b_{mr})^{\mathrm{T}}\leqslant 0$，则问题无最优解，计算结束；否则转下一步.

第四步 如有 $\lambda_r>0$，且 $(b_{1r},b_{2r},\cdots,b_{mr})^{\mathrm{T}}$ 中有正数，则取 x_r 为进基变量（若有多个，可任选一个）并求最小比值

$$\min_{b_{ir}>0}\left\{\frac{b_{i0}}{b_{ir}}\right\}=\frac{b_{s0}}{b_{sr}}$$

由此确定 x_{j_s} 为离基变量；然后用 $\boldsymbol{p}_r$ 代换 $\boldsymbol{p}_{j_s}$ 得到新基 $\overline{\boldsymbol{B}}$，再接下一步.

第五步 求出新基础 $\overline{\boldsymbol{B}}$ 对应的典式（或按公式(8.7.4)—(8.7.8)计算，或

直接通过初等行变换来实现）以及 $\overline{\boldsymbol{B}}$ 对应的基可行解

$$\boldsymbol{x}_{\boldsymbol{B}}^{(1)}=\overline{\boldsymbol{B}}^{-1}\boldsymbol{b}=(\overline{b}_{10},\overline{b}_{20},\cdots,\overline{b}_{m0})^{\mathrm{T}}$$

然后，以 $\overline{\boldsymbol{B}}$ 代替 $\boldsymbol{B}$，$\boldsymbol{x}^{(1)}$ 代替 $\boldsymbol{x}^{(0)}$，返回第二步.

从第二步到第五步的每一次循环，称为一次单纯形迭代.

在第四步中，为了提高迭代效率，可以采用下面的规则：若有多个 r 满足 $\lambda_r>0$，那么选取最大的检验数对应的非基变量作为进基变量；若上述最小比值同时在几个比值上达到，则选取其中下标最小的变量作为离基变量. 这个规则称为丹齐格规则①.

为便于手算求解，单纯形迭代可以通过表格进行，这种表格称为单纯形表. 给定LP的一个基，对应一个典式，一个典式对应一个单纯形表. 所谓单纯形表，实际上就是用非基变量表达基变量和目标函数时的系数矩阵. 典式(8.5.3) 对应的单纯形表是如下矩阵

$$\begin{pmatrix}\boldsymbol{c}_{\boldsymbol{B}}\boldsymbol{B}^{-1}\boldsymbol{b} & \boldsymbol{c}_{\boldsymbol{B}}\boldsymbol{B}^{-1}\boldsymbol{A}-\boldsymbol{c}\\ \boldsymbol{B}^{-1}\boldsymbol{b} & \boldsymbol{B}^{-1}\boldsymbol{A}\end{pmatrix}$$

对应于基 $\boldsymbol{B}$ 的单纯形表可简记为 $T(\boldsymbol{B})$. 为清楚起见，列出表格并标明变量. 如典式(8.5.4) 对应的单纯形表如表 1 所示.

表 1

	变量 / 常数列	x_1	x_2	$\cdots$	x_m	x_{m+1}	x_{m+2}	$\cdots$	x_{m+n}
目标函数 f	$f^{(0)}$	0	0	$\cdots$	0	λ_{m+1}	λ_{m+2}	$\cdots$	λ_n
基变量 x_1	$\boldsymbol{x}_1^{(0)}$	1	0	$\cdots$	0	$b_{1(m+1)}$	$b_{1(m+2)}$	$\cdots$	b_{1n}
x_2	$\boldsymbol{x}_2^{(0)}$	0	1	$\cdots$	0	$b_{2(m+1)}$	$b_{2(m+2)}$	$\cdots$	b_{2n}
$\vdots$	$\vdots$	$\vdots$	$\vdots$		$\vdots$	$\vdots$	$\vdots$		$\vdots$
x_m	$\boldsymbol{x}_m^{(0)}$	0	0	$\cdots$	1	$b_{m(m+1)}$	$b_{m(m+2)}$	$\cdots$	b_{mn}

典式(8.5.5)—(8.5.7) 对应的单纯形表如表 2 所示.

① 类似的规则是多种多样的，计算实践表明，丹齐格规则的效果较好，即在求解同一个线性规划问题时迭代次数较少. 但在求解退化问题时可能使得算法产生死循环，因而得不到最优解（尽管对于实际规划问题这种情况几乎不发生）.

表 2

		x_1	x_2	…	x_r	…	x_n
f	$f^{(0)}$	λ_1	λ_2	…	λ_r	…	λ_n
x_{j_1}	b_{10}	b_{11}	b_{12}	…	b_{1r}	…	b_{1n}
⋮	⋮	⋮	⋮		⋮	…	⋮
x_{j_s}	b_{s0}	b_{s1}	b_{s2}	…	b_{sr}	…	b_{sn}
⋮	⋮	⋮	⋮		⋮	…	⋮
x_{j_m}	b_{m0}	b_{m1}	b_{m2}	…	b_{mr}	…	b_{mn}

在表 2 中,除变量记号外,其第一列(下称第 0 列,向右依次称为第 1 列、第 2 列等)是常数项列,同时也是解列,因除 $f^{(0)}$ 外其他各元素正好是该表所对应的基可行解的各基分量值,而 $f^{(0)}$ 是该基可行解对应的目标函数值. 表中(除变量记号外)第一行(下称第 0 行,向下依次称为第 1 行、第 2 行等)除 $f^{(0)}$ 外是各变量对应的检验数. 表中对应于基变量的列是单位列向量,如对应于 x_{j_1} 的列(即单纯形表的第 j_1 列,在表 2 中未标出),除 $b_{1j_1}=1$ 外. 其他元素(包括检验数)都是 0.

如果在表 2 中,除 $f^{(0)}$ 外,第 0 列元素都不小于 0,第 0 行元素都不大于 0,则该表对应的基解就是问题的最优解. 最优基可行解对应的单纯形表称为最优单纯形表,或称为最优解表.

现设 $\lambda_r>0$. 如果表 2 中 λ_r 所在列的其他各元素都不大于 0,则判定问题无最优解. 否则,可选取 x_r 为进基变量. 为确定离基变量,在表 2 上用第 r 列中的正数(除去 λ_r 外)去除第 0 列的对应元素,设最小比值在第 s 行取得,则选取第 s 行的对应基变量 x_{j_s} 为离基变量. 这时元素 b_{sr}(它必为正数)居于重要地位,称这一元素为该单纯形表的枢纽元素,简称枢元(或者主元). 为明显起见,可在枢元右上角标以“*”号. 枢元所在的列称为枢列(或称旋转列),枢元所在的行称为枢行. 为得出新基对应的单纯形表,可直接对表 2 施行初等行变换,使枢列变为单位向量,即将 b_{sr} 变为 1,该列其他元素变为 0. 这只要用 b_{sr} 除第 s 行,然后以新 s 行的 $(-\lambda_r)$ 倍加到第 0 行,以它的 $(-b_{ir})$ 倍加到第 i 行($i=1,2,\cdots,s-1,s+1,\cdots,m$),便可得出新基对应的单纯形表. 在新表中将原基变量 x_{j_s} 所在位置填成 x_r. 这种从旧基对应单纯形表(从而对应典式)向新基对应单纯形表(对应典式)的转换,称为以 (s,r) 为枢元的旋转变换,简称 (s,r) 旋转变换.

下面对上一节中的例 4 再用单纯形表演算一次. 求解线性规划问题

$$\begin{cases}\min \quad f=x_1-2x_2+x_4 \\ \text{s.t.} \quad x_1+3x_3+2x_5=12 \\ x_2-2x_3+x_4=2 \\ x_2+x_3+x_5=5 \\ x_j\geqslant 0 \quad (j=1,2,\cdots,5)\end{cases}$$

已知初始可行基 $\boldsymbol{B}_0=(\boldsymbol{p}_1,\boldsymbol{p}_4,\boldsymbol{p}_5)$，其对应典式为

$$\begin{cases}\min \quad f=4-x_2+x_3 \\ \text{s.t.} \quad x_1-2x_2+x_3=2 \\ x_2-2x_3+x_4=2 \\ x_2+x_3+x_5=5 \\ x_j\geqslant 0 \quad (j=1,2,\cdots,5)\end{cases}$$

于是可列出 $\boldsymbol{B}_0$ 对应的单纯形表 $T(\boldsymbol{B}_0)$，如表 3 所示.

表 3

		x_1	x_2	x_3	x_4	x_5
f	4	0	1	-1	0	0
x_1	2	1	-2	1	0	0
x_4	2	0	1^*	-2	1	0
x_5	5	0	1	1	0	1

从表 3 可以看出，检验数中仅有 $\lambda_2>0$，故取 x_2 为进基变量. 由于最小比值

$$\min_{b_{i2}>0}\left\{\frac{b_{i0}}{b_{i2}}\right\}=\frac{2}{1}$$

在第 2 行取得，故取第 2 行对应的基变量 x_4 为离基变量. 于是元素 $b_{22}=1$ 是表 3 的枢元.

为求出新基 $\boldsymbol{B}_1=(\boldsymbol{p}_1,\boldsymbol{p}_2,\boldsymbol{p}_5)$ 对应的单纯形表，对 $T(\boldsymbol{B}_0)$ 作初等行变换，使 x_2 对应的列变为单位列向量，在表 3 中枢元已经是 1，故只需将第 2 行的(-1)倍、2 倍、(-1) 倍分别加到第 0 行、第 1 行、第 3 行，即得 $T(\boldsymbol{B}_1)$，如表 4 所示. 注意原基变量 x_4 现在换为 x_2.

表 4

		x_1	x_2	x_3	x_4	x_5
f	2	0	0	1	-1	0
x_1	6	1	0	-3	2	0
x_2	2	0	1	-2	1	0
x_5	3	0	0	3^*	-1	1

由上表看出，应取 x_3 为进基变量，x_5 为离基变量，枢元为 $b_{33}=3$. 为求出新基 $\boldsymbol{B}_1=(\boldsymbol{p}_1,\boldsymbol{p}_2,\boldsymbol{p}_3)$ 对应的单纯形表，将表 4 的第 3 行除以 3. 然后，以它的 (-1) 倍、3 倍、2 倍分别加到第 0 行、第 1 行、第 2 行，即得 $T(\boldsymbol{B}_2)$，如表 5 所示.

表 5

		x_1	x_2	x_3	x_4	x_5
f	1	0	0	0	$-\frac{2}{3}$	$-\frac{1}{3}$
x_1	9	1	0	0	1	1
x_2	4	0	1	0	$\frac{1}{3}$	$\frac{2}{3}$
x_3	1	0	0	1	$-\frac{1}{3}$	$\frac{1}{3}$

在表 5 中，检验数已全非正，$T(\boldsymbol{B}_2)$ 是最优解表. 对应最优解为 $\boldsymbol{x}^{(2)}=(9,4,1,0,0)^{\mathrm{T}}$，最优值为 $f(\boldsymbol{x}^{(2)})=1$.

8.9　退化情形的处理 · 布兰德规则

如果一个线性规划问题是非退化的，那么用单纯形法进行计算时，每次迭代都使目标函数值严格下降，这就保证了每一个可行基不可能在迭代过程中出现两次. 由于可行基的个数有限，因此整个计算过程一定会在有限步计算后结束.

对于退化的线性规划问题，可以照常使用单纯形法. 只要在迭代过程中基不重复，即已经出现过的基在以后的迭代过程中不重复出现（基可行解可以重复），那么经有限次迭代也必能得出最优解或判定问题无解. 但如果前面出现过的基在迭代过程中又重新出现，则后面的迭代过程将会在几个可行基上循环，使问题的最优解不能达到. 这种现象称为基的循环. 由于退化问题的目标函数值在迭代过程中可能并不改进，因此有可能出现基的循环.

1951 年，霍夫曼(A. J. Hoffman) 首先构造出一个出现基循环的例子. 1955

年，贝亚勒(E. M. L. Beale) 构造了一个更简单的例子. 下面就是贝亚勒的例子

$$\begin{cases}\min \quad f=-\frac{3}{4}x_1+150x_2-\frac{1}{50}x_3+6x_4\\ \text{s. t.} \quad \frac{1}{4}x_1-60x_2-\frac{1}{25}x_3+9x_4+x_5=0\\ \frac{1}{4}x_1-90x_2-\frac{1}{50}x_3+3x_4+x_6=0\\ x_3+x_7=1\\ x_j\geqslant 0 \quad (j=1,2,\cdots,7)\end{cases}$$

这是一个退化线性规划问题. 有明显的可行基 $\boldsymbol{B}_0=(\boldsymbol{p}_5,\boldsymbol{p}_6,\boldsymbol{p}_7)$. 从 $\boldsymbol{B}_0$ 出发进行单纯形迭代. 进基变量和离基变量的确定仍按前面讲过的规则：当有多个检验数为正数时，选最大检验数的对应变量为进基变量；当有多行同时达到最小比值 θ 时，选对应基变量中下标最小的变量为离基变量.

计算表明，迭代 6 次后又出现了基 $\boldsymbol{B}_0$. 显然，若按同样的规则继续迭代下去，必然导致“死循环”，得不出最优解. 因此，有必要给出避免循环的办法.

较早出现的避免循环的办法是摄动法(1952 年，查恩斯(A. Charnes)) 和在此基础上改进而成的字典序法(1955 年，丹齐格). 1976 年，布兰德(R. G. Bland) 提出了一个简单的办法. 他指出，在进行单纯形迭代时，若按下面的两条规则确定进基变量和离基变量就不会出现基的循环.

规则 1 有多个检验数是正数时，选对应变量中下标最小者为进基变量，即由

$$\min\{j \mid \lambda_j>0\}=r$$

确定进基变量为 x_r.

规则 2 有多行的比值 $\frac{b_{i0}}{b_{ir}}$ 同时达到最小比值 θ 时，选对应基变量中下标最小者为离基变量，即由

$$\min\{j_h \mid \frac{b_{h0}}{b_{hr}}=\min_{b_{ir}>0}\{\frac{b_{i0}}{b_{ir}}\}\}=j_s$$

确定离基变量为 x_{j_s}.

这两条规则，称为布兰德规则. 其中，确定离基变量的规则 2 与我们前面使用的规则(丹齐格规则) 是一致的，确定进基变量的规则 1，与我们前面使用的规则有所不同. 正是这一微小的改变就可以使基的循环得以避免. 下面来证明这一事实.

定理 8.9.1 对任一线性规划问题 LP 用单纯形法求解时，若按布兰德规

则确定进基变量和离基变量，就不会出现基的循环.

证明 用反证法.假设迭代过程中出现了基的循环如下

$$T(\boldsymbol{B}_1) \to T(\boldsymbol{B}_2) \to \cdots \to T(\boldsymbol{B}_t) \to T(\boldsymbol{B}_1)$$

现将指标集$\{1,2,\cdots,n\}$剖分为三个子集I,H,J之并.其中，I称为固定基变量指标集，$j \in I$当且仅当x_j是所有$T(\boldsymbol{B}_k)$的基变量；H称为固定非基变量指标集，$j \in H$当且仅当x_j是所有$T(\boldsymbol{B}_k)$的非基变量；J称为循环变量指标集，$j \in J$当且仅当x_j既是某$T(\boldsymbol{B}_p)$的基变量，又是某$T(\boldsymbol{B}_h)$的非基变量.

记$T(\boldsymbol{B}_k)(k=1,2,\cdots,t)$的对应典式为

$$\begin{cases} \min \quad f = f^{(0)} - \sum\limits_{j \in R_k} \lambda_j^{(k)} x_j \\ \text{s. t.} \quad x_{j_i} = b_{i0}^{(k)} - \sum\limits_{j \in R_k} b_{ij}^{(k)} x_j \quad (j_i \in S_k, i=1,2,\cdots,m) \\ x_j \geqslant 0 \quad (j=1,2,\cdots,n) \end{cases}$$

其中，S_k，R_k分别表示$T(\boldsymbol{B}_k)$的基变量、非基变量指标集.

记$T(\boldsymbol{B}_k)$中枢元所在的列标和行标分别为r_k和$s_k(k=1,2,\cdots,t)$.易知

$$J = \bigcup_{k=1}^{t} \{r_k\} = \bigcup_{k=1}^{t} \{j_{s_k}\}$$

令$q = \max\{j \mid j \in J\}$，并设

$$q = r_u = j_{s_v}$$

即设x_q在$T(\boldsymbol{B}_u)$中为进基变量，在$T(\boldsymbol{B}_v)$中为离基变量.则由规则1可知，$T(\boldsymbol{B}_u)$中的检验数

$$\lambda_{r_n}^{(u)} > 0, \lambda_j^{(u)} \leqslant 0 \quad (j \in J - \{q\}) \tag{8.8.1}$$

并记

$$\boldsymbol{\lambda}_u = \boldsymbol{c}_{\boldsymbol{B}_u} \boldsymbol{B}_u^{-1} \boldsymbol{A} - \boldsymbol{c} = (\lambda_1^{(u)}, \lambda_2^{(u)}, \cdots, \lambda_n^{(u)})$$

注意到，在整个循环过程中，目标函数值始终未变，因为每次迭代不会使目标函数值上升，又因循环一周回到原可行基，说明目标函数值也没有下降.因此，每次迭代时，最小比值θ都等于零.从而得知，在整个循环过程中基可行解始终未变.因此有

$$x_j^{(k)} = 0 \quad (j \in J; k=1,2,\cdots,t)$$

特别地，有

$$b_{i0}^{(v)} = x_{j_i}^{(v)} = 0 \quad (j_i \in S_v \cap J)$$

则由规则2可知

$$b_{s_v r_v}^{(v)} > 0, b_{ir_v}^{(v)} \leqslant 0 \quad (j_i \in (S_v \cap J) - \{q\}) \tag{8.8.2}$$

现在令$\boldsymbol{y} = (y_1, y_2, \cdots, y_n)^{\mathrm{T}}$，其中

$$y_{j_i} = -b_{ir_v}^{(v)} \quad (j_i \in S_v, i = 1, 2, \cdots, m)$$
$$y_{j_v} = 1, y_j = 0 \quad (j \in R_v - \{r_v\})$$

则有

$$\boldsymbol{A}\boldsymbol{y} = \sum_{j=1}^{n} y_j \boldsymbol{p}_j = \boldsymbol{p}_{r_v} - \sum_{j_1 \in S_v} b_{ir_v}^{(v)} \boldsymbol{p}_{j_i} = \boldsymbol{p}_{r_v} - \boldsymbol{B}_v \begin{pmatrix} b_{1r_v}^{(v)} \\ b_{2r_v}^{(v)} \\ \vdots \\ b_{mr_v}^{(v)} \end{pmatrix} = \boldsymbol{0} \quad (\text{见式}(8.5.8))$$

$$\boldsymbol{c}\boldsymbol{y} = \sum_{j=1}^{n} c_j y_j = c_{r_v} - \sum_{j_1 \in S_v} c_{j_i} b_{ir_v}^{(v)} = -\lambda_{r_v}^{(v)} = 0 \quad (\text{见式}(8.5.9))$$

于是，有

$$\boldsymbol{\lambda}_u \boldsymbol{y} = (\boldsymbol{c}_{\boldsymbol{B}_u} \boldsymbol{B}_u^{-1} \boldsymbol{A} - \boldsymbol{c}) \boldsymbol{y} = -\boldsymbol{c}\boldsymbol{y} = \lambda_{r_v}^{(v)} > 0$$

另一方面，注意到，$j \in I$ 时，$\lambda_j^{(u)} = 0$；$j \in H$ 时，$y_j = 0$；以及式(8.8.1) 和 (8.8.2) 可得

$$\begin{aligned}\boldsymbol{\lambda}_u y &= \sum_{j=1}^{n} \lambda_j^{(u)} y_j = \sum_{i \in I} \lambda_i^{(u)} y_i + \sum_{k \in H} \lambda_k^{(u)} y_k + \sum_{j \in J} \lambda_j^{(u)} y_j = \sum_{j \in J} \lambda_j^{(u)} y_j \\ &= \lambda_q^{(u)} y_q + \sum_{j \in J - \{q\}} \lambda_j^{(u)} y_j \leqslant \lambda_q^{(u)} y_q = -\lambda_{r_u}^{(u)} b_{S_v r_v}^{(v)} < 0\end{aligned}$$

至此得出矛盾. 证毕.

布兰德规则可以避免循环，但一般说来，按它求解 LP 迭代效率较低. 长期的实际应用表明，退化是常有的，而循环则极为罕见. 因此. 一般仍可按以前讲述的丹齐格规则进行单纯形迭代. 万一遇到循环现象，再改用布兰德规则.

综合定理 8.4.2、定理 8.4.3、定理 8.5.1、定理 8.5.2、定理 8.6.1 以及定理 8.9.1 可知，线性规划问题 LP(不管是否退化) 有且仅有如下三种可能情况：

(1) 问题无可行解(当然也就没有最优解)；

(2) 有可行解，但目标函数在可行解集上无下界(此时也无最优解)；

(3) 有最优解，且必能在基可行解中找到最优解.

因此，又得知如下结论：

定理 8.9.2 若线性规划问题 LP 的可行域不空，且目标函数在可行域上有下界，则 LP 必有最优解.

8.10 初始基可行解的求法

前面所讲的单纯形迭代过程：是在已知一个基可行解(或可行基) 的条件下进行的. 现在要问这第一个基可行解如何求得？

有时，所给问题本身就具有明显的可行基. 例如，当原问题的约束条件呈如下形式

$$\boldsymbol{Ax} \leqslant \boldsymbol{b} \quad (\boldsymbol{b} \geqslant \boldsymbol{0}, \boldsymbol{x} \geqslant \boldsymbol{0})$$

则引进松弛变量 $\boldsymbol{x}_s = (x_{n+1}, x_{n+2}, \cdots, x_{n+m})^{\mathrm{T}}$，将约束条件化为

$$\boldsymbol{Ax} + \boldsymbol{E}_m \boldsymbol{x}_s = \boldsymbol{b} \quad (\boldsymbol{x} \geqslant \boldsymbol{0}, \boldsymbol{x}_s \geqslant \boldsymbol{0})$$

其中 $\boldsymbol{E}_m$ 为 m 阶单位矩阵，它是一个明显的可行基，其对应基可行解为：$\boldsymbol{x} = \boldsymbol{0}$，$\boldsymbol{x}_s = \boldsymbol{b}$.

但是在一般情况下，常常难以凭观察得出一个可行基. 甚至连有无可行基都难以断定. 因此有必要给出寻求初始基可行解的一般方法.

仍设 LP 为式(8.2.2)所表达的标准线性规划问题，且不妨设 $\boldsymbol{b} \geqslant \boldsymbol{0}$，但现在并不要求系数矩阵 $\boldsymbol{A}$ 是行满秩的.

寻求 LP 的初始基可行解的一般方法是设立和求解如下的辅助问题

$$\begin{cases} \min \quad z = x_{n+1} + x_{n+2} + \cdots + x_{n+m} \\ \text{s. t.} \quad a_{11}x_1 + a_{12}x_2 + \cdots + a_{1n}x_n + x_{n+1} = b_1 \\ a_{21}x_1 + a_{22}x_2 + \cdots + a_{2n}x_n + x_{n+2} = b_2 \\ \quad \vdots \\ a_{m1}x_1 + a_{m2}x_2 + \cdots + a_{mn}x_n + x_{n+m} = b_m \\ x_j \geqslant 0 \quad (j = 1, 2, \cdots, n+m) \end{cases} \tag{(LP)$_1$}$$

或写为

$$\begin{cases} \min z = \boldsymbol{e}_m \boldsymbol{x}_a \\ \text{s. t.} \quad \boldsymbol{Ax} + \boldsymbol{E}_m \boldsymbol{x}_a = \boldsymbol{b} \\ \boldsymbol{x} \geqslant \boldsymbol{0}, \boldsymbol{x}_a \geqslant \boldsymbol{0} \end{cases}$$

其中，$\boldsymbol{e}_m = (1, 1, \cdots, 1)$ 是分量全为 1 的 $1 \times m$ 维单行矩阵；$\boldsymbol{x}_a = (x_{n+1}, x_{n+2}, \cdots, x_{n+m})^{\mathrm{T}}$，其分量称为人工变量. 显然，其中 $\boldsymbol{E}_m$ 是$(\mathrm{LP})_1$ 的一个可行基(即以全体人工变量为基变量)，称此基为人造基. 其对应基可行解为

$$x_j = 0 (j = 1, 2, \cdots, n), x_{n+i} = b_i (i = 1, 2, \cdots, m)$$

目标函数 z 的表达式可改写为

$$z = \sum_{i=1}^{m} x_{n+i} = \sum_{i=1}^{m} (b_i - \sum_{j=1}^{n} a_{ij} x_j) = \sum_{i=1}^{m} b_i - \sum_{j=1}^{n} (\sum_{i=1}^{m} a_{ij}) x_j$$

于是，$(\mathrm{LP})_1$ 对应于人造基的单纯形表如表 6.

表 6

		x_1	x_2	$\cdots$	x_n	x_{n+1}	x_{n+2}	$\cdots$	x_{n+m}
z	$\sum_{i=1}^{m} b_i$	$\sum_{i=1}^{m} a_{i1}$	$\sum_{i=1}^{m} a_{i2}$	$\cdots$	$\sum_{i=1}^{m} a_{in}$	0	0	$\cdots$	0
x_{n+1}	b_1	a_{11}	a_{12}	$\cdots$	a_{1n}	1	0	$\cdots$	0
x_{n+2}	b_2	a_{21}	a_{22}	$\cdots$	a_{2n}	0	1	$\cdots$	0
$\vdots$	$\vdots$	$\vdots$	$\vdots$		$\vdots$	$\vdots$	$\vdots$		$\vdots$
x_{n+m}	b_m	a_{m1}	a_{m2}	$\cdots$	a_{mn}	0	0	$\cdots$	1

注意到，在可行域上，目标函数

$$z=\sum_{i=1}^{m} x_{n+i} \geqslant 0$$

即知 z 在可行域上有下界. 由定理8.9.2知，辅助问题$(\mathrm{LP})_1$ 必有最优解. 于是，从人造基出发，经有限次单纯形迭代，必能求得$(\mathrm{LP})_1$ 的最优解. 设所得最优解为

$$\bar{\boldsymbol{x}}^{(0)}=(x_1^{(0)},\cdots,x_n^{(0)},x_{n+1}^{(0)},\cdots,x_{n+m}^{(0)})^{\mathrm{T}}$$

设目标函数 z 的最优值为 z^*，则有且仅有下列三种可能情形：

(1)$z^*>0$. 这时，原问题 LP 无可行解. 因为，假如 LP 有可行解 $\boldsymbol{x}'=(x_1',x_2',\cdots,x_n')^{\mathrm{T}}$，令 $x_{n+1}=x_{n+2}=\cdots=x_{n+m}=0$，则 $\bar{\boldsymbol{x}}'=(x_1',x_2',\cdots,x_n',x_{n+1}',\cdots,x_{n+m}')^{\mathrm{T}}$ 就是$(\mathrm{LP})_1$ 的一个可行解，且对应目标函数值 $z=0$. 这与 $\min z=z^*>0$ 相矛盾.

(2)$z^*=0$，且人工变量都是非基变量. 这时，$\boldsymbol{x}^{(0)}=(x_1^{(0)},x_2^{(0)},\cdots,x_n^{(0)})^{\mathrm{T}}$(即 $\bar{\boldsymbol{x}}^{(0)}$ 的前 n 个分量组成的向量) 便是 LP 的一个基可行解. 因为，由 $z^*=\sum_{i=1}^{m} x_{n+i}^{(0)}=0$ 可知必有 $x_{n+1}^{(0)}=x_{n+2}^{(0)}=\cdots=x_{n+m}^{(0)}=0$. 从而可知 $\boldsymbol{x}^{(0)}=(x_1^{(0)},x_2^{(0)},\cdots,x_n^{(0)})$ 是 LP 的可行解. 又因基变量全在 $x_1,x_2,\cdots,x_n$ 之中，可知 $\bar{\boldsymbol{x}}^{(0)}$ 对应的基阵必含于系数矩阵 $\boldsymbol{A}$ 中.

(3)$z^*=0$，但基变量中含有人工变量. 设人工变量 $\boldsymbol{x}_{n+t}$ 是基变量，则 $\bar{\boldsymbol{x}}^{(0)}$ 对应的单纯形表中基变量 x_{n+t} 所在行(设为第 s 行) 对应的方程为

$$x_{n+t}+\sum_{j\in J} b_{ij} x_j+\sum_{k\in H} b_{sk} x_k=0$$

这里，H 表示人工变量中非基变量的指标集，J 表示非人工变量中非基变量的指标集.

这时，如果所有 $b_{sj}=0(j\in J)$，则有

$$x_{n+t}+\sum_{k\in L} b_{sk} x_k=0$$

这表明人工变量 x_{n+t} 可由诸人工变量 $x_k(k \in L)$ 线性表出. 从而可知，原约束方程组 $\boldsymbol{Ax}=\boldsymbol{b}$ 中，第 t 个方程可由另外一些方程（即人工变量 $x_k(k\in L)$ 对应的那些约束方程）的适当线性组合而得出. 因此，第 t 个约束方程是多余的，应当删去.

如果存在 $j\in J$，使 $b_{sr}\neq 0$（无论是正还是负），那么以 b_{sr} 为枢元，施行 (s,r) 旋转变换，得出新单纯形表. 易知新表仍是 $(\mathrm{LP})_1$ 的最优解表，但人工变量 x_{n+t} 成了非基变量，非人工变量 x_r 换成了基变量. 如果新表的基变量中还有人工变量，再重复此法. 经有限次，必能化为情形(2).

综上所述，对于不具明显可行基的问题 LP，可先解它的对应辅助问题 $(\mathrm{LP})_1$. 解的结果，或者说明原问题 LP 无可行解，或者找到 LP 的一个基可行解. 然后再从这个基可行解开始解原问题 LP. 这种求解 LP 的方法，通常称为两阶段法（或称为人造基方法）. 辅助问题 $(\mathrm{LP})_1$ 又称为第一阶段问题.

例 1 求解线性规划问题

$$\begin{cases}\min \quad f=-3x_1-x_3\\ \text{s. t.} \quad x_1+x_2+x_3+x_4=4\\ -2x_1+x_2-x_3=1\\ 3x_2+x_3+x_4=9\\ x_j\geqslant 0 \quad (j=1,2,3,4)\end{cases}$$

此问题没有明显的可行基. 引进人工变量 x_5,x_6,x_7. 先解第一阶段问题

$$\begin{cases}\min \quad z=x_5+x_6+x_7\\ \text{s. t.} \quad x_1+x_2+x_3+x_4+x_5=4\\ -2x_1+x_2-x_3+x_6=1\\ 3x_2+x_3+x_4+x_7=9\\ x_j\geqslant 0 \quad (j=1,2,\cdots,7)\end{cases}$$

以人造基为初始可行基，列出对应单纯形表，如表 7 所示.

表 7

		x_1	x_2	x_3	x_4	x_5	x_6	x_7
f	0	-3	0	1	0	0	0	0
z	14	-1	5	1	2	0	0	0
x_5	4	1	1	1	1	1	0	0
x_6	1	-2	1^*	-1	0	0	1	0
x_7	9	0	3	3	1	0	0	1

注意表 7 中增添了原目标函数 f 对应的行. 目的在于使第一阶段迭代完成时,立即得出第二阶段的初始单纯形表. 在施行旋转变换时,对 f 行也作相应变换. 当得出第一阶段问题的最优解表时,把 z 行和人工变量的对应列划去,即为原问题的初始单纯形表.

再注意到表 7 中 z 行的元素(除人工变量例外)恰好等于同列其余元素之和. 这一规律从表 6 中即可得知.

对表 7,首先检查 z 行中的检验数. 由于其中最大的检验数为 $\lambda_2=5$,故选取 x_2 为进基变量. 由于最小比值 $\theta=1$ 在 x_6 的行达到,故选取 x_6 为离基变量. 经 (2,2) 旋转变换得表 8.

表 8

		x_1	x_2	x_3	x_4	x_5	x_6	x_7
f	0	-3	0	1	0	0	0	0
z	9	9	0	6	2	0	-5	0
x_5	3	3^*	0	2	1	1	-1	0
x_2	1	-2	1	-1	0	0	1	0
x_7	6	6	0	4	1	0	-3	1

在表 8 中,z 行中的最大检验数为 $\lambda_1=9$,故选取 x_1 为进基变量. 最小比值 $\theta=1$ 同时在两行达到,选取其中下标小的变量 x_5 为离基变量. 经(1,1) 旋转变换得表 9.

表 9

		x_1	x_2	x_3	x_4	x_5	x_6	x_7
f	3	0	0	3	1	1	-1	0
z	0	0	0	0	-1	-3	-2	0
x_1	1	1	0	$\frac{2}{3}$	$\frac{1}{3}$	$\frac{1}{3}$	$-\frac{1}{3}$	0
x_2	3	0	1	$\frac{1}{3}$	$\frac{2}{3}$	$\frac{2}{3}$	$\frac{1}{3}$	0
x_7	0	0	0	0	$-1*$	-2	-1	1

在表 9 中,z 行检验数已全部非正. 表 9 是第一阶段问题的最优解表,且最优值 $z^*=0$. 但基变量中尚有人工变量 x_7,且有 $b_{34}=-1\neq 0$. 故以 b_{34} 为枢元作旋转变换得表 10.

表 10

		x_1	x_2	x_3	x_4	x_5	x_6	x_7
f	3	0	0	3	0	-1	-2	1
z	0	0	0	0	0	-1	-1	-1
x_1	1	1	0	$\frac{2}{3}^*$	0	$-\frac{1}{3}$	$-\frac{2}{3}$	$\frac{1}{3}$
x_2	3	0	1	$\frac{1}{3}$	0	$-\frac{2}{3}$	$-\frac{1}{3}$	$\frac{2}{3}$
x_4	0	0	0	0	1	2	1	-1

表 10 也是第一阶段问题的最优解表，且基变量中已不含人工变量. 至此，第一阶段的迭代完成. 把表 10 中的 z 行和人工变量 x_5，x_6，x_7 的对应列划去，即为原问题的初始单纯形表. 这时，由于 f 行的检验数仅有 $\lambda_3>0$，故选取 x_3 为进基变量. 由于最小比值 θ 仅在 x_1 的对应行达到，故选取 x_1 为离基变量，经(1,3)旋转变换得表 11：

表 11

		x_1	x_2	x_3	x_4
f	$-\frac{3}{2}$	$-\frac{9}{2}$	0	0	0
x_3	$\frac{3}{2}$	$\frac{3}{2}$	0	1	0
x_2	$\frac{5}{2}$	$-\frac{1}{2}$	1	0	0
x_4	0	0	0	0	1

表 11 中检验数全非正，即知表 11 是原问题的最优解表. 至此，得原问题的最优解为 $\boldsymbol{x}^*=(0,\frac{5}{2},\frac{3}{2},0)^{\mathrm{T}}$，最优值为 $f^*=-\frac{3}{2}$.

一般来说，在最优单纯形表中，如果非基变量对应的检验数有零时，则该问题的最优基可行解可能不只一个. 当存在另外的最优基可行解时，若选取零检验数对应的非基变量为进基变量，继续进行单纯形迭代，便可求出其他的最优基可行解.

8.11 齐次基可行解 · 分解定理 Ⅰ

若线性规划问题 LP 的最优基可行解多于一个，则最优解具有怎样的结构？这正是本节最后一部分内容所要阐述的.

考虑线性规划问题的约束

$$\boldsymbol{Ax}=\boldsymbol{b},\boldsymbol{x}\geqslant\boldsymbol{0} \tag{8.11.1}$$

现在 $\boldsymbol{b}$ 换为 $\boldsymbol{0}$，$\boldsymbol{x}$ 换为 $\boldsymbol{d}$，得到

$$\boldsymbol{Ad}=\boldsymbol{0},\boldsymbol{d}\geqslant\boldsymbol{0} \tag{8.11.2}$$

式(8.11.2)称为式(8.11.1)的齐次不等式组. 在式(8.11.2)中加入 $\boldsymbol{e}^{\mathrm{T}}\boldsymbol{d}=1$，得到

$$\boldsymbol{e}^{\mathrm{T}}\boldsymbol{d}=1,\boldsymbol{Ad}=\boldsymbol{0},\boldsymbol{d}\geqslant\boldsymbol{0} \tag{8.11.3}$$

其中 $\boldsymbol{e}$ 是所有分量都为 1 的 n 维向量. 把式(8.11.3)称为式(8.11.1)的齐次基本不等式组.

定义 8.11.1 满足式(8.11.2)的 n 维向量称为式(8.11.1)的齐次可行解；把式(8.11.3)的基可行解称为式(8.11.1)的齐次基可行解.

定理 8.11.1(分解定理 Ⅰ) 设 $\boldsymbol{x}_1,\boldsymbol{x}_2,\cdots,\boldsymbol{x}_s$ 是式(8.11.1)的所有基可行解，若 $\boldsymbol{x}$ 是式(8.11.1)的可行解，则它可分解成

$$\boldsymbol{x}=\sum_{j=1}^{s}\lambda_j\boldsymbol{x}_j+\boldsymbol{d} \tag{8.11.4}$$

其中 $\sum\limits_{j=1}^{s}\lambda_j=1,\lambda_j\geqslant 0,j=1,2,\cdots,s$，而 $\boldsymbol{d}$ 是式(8.11.1)的一个齐次可行解.

这个定理的证明比较长，我们放在下面一节中.

称可行域 $K=\{\boldsymbol{x}\mid\boldsymbol{Ax}=\boldsymbol{b},\boldsymbol{x}\geqslant\boldsymbol{0}\}$ 为有界的，如果 K 中每一个 $\boldsymbol{x}$ 的范数都是有限的. 于是利用分解定理 Ⅰ，有下面的推论：

推论 1 设约束(8.11.1)所确定的集合 $K=\{\boldsymbol{x}\mid\boldsymbol{Ax}=\boldsymbol{b},\boldsymbol{x}\geqslant\boldsymbol{0}\}$ 非空，那么 K 有界的充分必要条件为，$\boldsymbol{d}=\boldsymbol{0}$ 是式(8.11.1)唯一的齐次可行解.

证明 必要性. 假设存在 $\boldsymbol{d}\neq\boldsymbol{0}$ 是式(8.11.1)的齐次可行解，因为 K 非空，所以必有可行解 $\boldsymbol{x}$. 容易验证，对任何实数 $\lambda>0$，$\boldsymbol{x}+\lambda\boldsymbol{d}$ 也是可行解，当 $\lambda\to+\infty$ 时，K 变为无界，矛盾.

充分性. 设 $\boldsymbol{x}_1,\boldsymbol{x}_2,\cdots,\boldsymbol{x}_s$ 是 K 的所有可行解，按充分性假设，根据定理 8.11.1，对于任意的 $\boldsymbol{x}\in K$ 有

$$\boldsymbol{x}=\sum_{j=1}^{s}\lambda_j\boldsymbol{x}_j+\boldsymbol{0}=\sum_{j=1}^{s}\lambda_j\boldsymbol{x}_j$$

其中 $\sum\limits_{j=1}^{s}\lambda_j=1,\lambda_j\geqslant 0,j=1,2,\cdots,s$. 设向量 $\boldsymbol{x}_1,\boldsymbol{x}_2,\cdots,\boldsymbol{x}_s$ 中的最大范数为 M

$$M=\max_{1\leqslant j\leqslant s}(\|\boldsymbol{x}_j\|)$$

则任一 $\boldsymbol{x}$ 的范数满足

$$\|\boldsymbol{x}\| \leqslant \sum_{j=1}^{s}\lambda_j \|\boldsymbol{x}_j\| \leqslant M\sum_{j=1}^{s}\lambda_j = M$$

这就是说 K 是有界的. 证毕.

若 $\boldsymbol{x}_1, \boldsymbol{x}_2, \cdots, \boldsymbol{x}_s$ 都是 LP 的可行解,则如下的线性组合

$$\alpha_1\boldsymbol{x}_1 + \alpha_2\boldsymbol{x}_2 + \cdots + \alpha_p\boldsymbol{x}_p, \alpha_i \geqslant 0 \quad (i=1,2,\cdots,p)$$

这里

$$\sum_{i=1}^{p}\alpha_i = 1$$

称为它们的凸组合.

推论 2 非空集 $K=\{\boldsymbol{x} \mid \boldsymbol{A}\boldsymbol{x}=\boldsymbol{b}, \boldsymbol{x} \geqslant \boldsymbol{0}\}$ 有界的充要条件为,K 的每个可行解都可以表示成 K 的所有基可行解的凸组合.

由定理 8.11.1 和推论 1 直接得到.

推论 3 若标准线性规划(8.11.1)的可行解集是非空有界的,则至少存在一个基可行解是式(8.11.1)的最优可行解.

证明 设式(8.11.1)的所有基可行解为 $\boldsymbol{x}_1, \boldsymbol{x}_2, \cdots, \boldsymbol{x}_s$,令

$$\boldsymbol{c}\boldsymbol{x}_k = \min_{1\leqslant j\leqslant s}\{\boldsymbol{c}\boldsymbol{x}_j\}$$

我们来证明,基可行解 $\boldsymbol{x}_k$ 是式(8.11.1)的最优可行解. 对于式(8.11.1)的任意可行解 $\boldsymbol{x}$,根据推论 2,有

$$\boldsymbol{x} = \sum_{j=1}^{s}\lambda_j\boldsymbol{x}_j$$

其中

$$\sum_{j=1}^{s}\lambda_j = 1, \lambda_j \geqslant 0, j=1,2,\cdots,s$$

易见

$$\boldsymbol{c}\boldsymbol{x} = \sum_{j=1}^{s}\lambda_j\boldsymbol{c}\boldsymbol{x}_j \geqslant \sum_{j=1}^{s}\lambda_j\boldsymbol{c}\boldsymbol{x}_k = \boldsymbol{c}\boldsymbol{x}_k$$

这就证明了基可行解 $\boldsymbol{x}_k$ 是式(8.11.1)的最优可行解.

8.12 分解定理 Ⅰ 的证明

分解定理 Ⅰ 的证明,要借助下面的结论作为引理,而它的证明需要 8.4 节中的引理 2.

引理 3 设 $\boldsymbol{x} \in K$,但不是式(8.11.1)的基可行解,它有 h 个正分量,其余分量为零,$1 < h \leqslant n$,则它可以分解为

$$x = x' + d' \tag{8.12.1}$$

或

$$x = \lambda_1 x_1' + \lambda_2 x_2' \tag{8.12.2}$$

其中 $\lambda_1 + \lambda_2 = 1, \lambda_1 > 0, \lambda_2 > 0$；$d'$ 是式(8.11.1) 的一个齐次可行解；x', x_1', x_2' 都是式(8.11.1) 的可行解，它们最多具有 $h-1$ 个正分量，其余分量为零.

证明　不妨设已知的可行解为

$$x = (x_1, x_2, \cdots, x_h, 0, \cdots, 0)^{\mathrm{T}}$$

其中 $x_1, x_2, \cdots, x_h > 0$. 又设这些正分量所对应 A 中的列向量是 $p_1, p_2, \cdots, p_h$. 由于 x 不是基可行解，$p_1, p_2, \cdots, p_h$ 一定线性相关(定理 8.4.1)，则存在不全为零的数 $w_1, w_2, \cdots, w_h$，使

$$\sum_{i=1}^{n} w_i p_i = 0 \tag{8.12.3}$$

令 $w = (w_1, w_2, \cdots, w_h)^{\mathrm{T}} \in R^n$. 式(8.12.3) 可写为

$$Aw = 0 \tag{8.12.4}$$

分三种情况讨论：

(1) 当 $w \geqslant 0$ 时，根据引理 2，知

$$u(\underline{\lambda}) = x + \underline{\lambda} w \tag{8.12.5}$$

是式(8.11.1) 最多具有 $h-1$ 个正分量的可行解，其中 $\underline{\lambda} < 0$ 由式(8.12.7) 确定. 把式(8.12.5) 改写为

$$x = u(\underline{\lambda}) + (-\underline{\lambda} w)$$

令 $x' = u(\underline{\lambda}), d' = -\underline{\lambda} w$，上式即是式(8.12.1)，其中 $d' \geqslant 0$ 显然满足式(8.12.4)，因此是式(8.11.1) 的齐次可行解.

(2) 当 $w \leqslant 0$ 时，根据引理 2，知

$$u(\overline{\lambda}) = x + \overline{\lambda} w \tag{8.12.6}$$

是式(8.11.1) 最多具有 $h-1$ 个正分量的可行解，其中 $\overline{\lambda} > 0$ 由式(8.12.8) 确定，把式(8.12.6) 改写为

$$u(\overline{\lambda}) = x + (-\overline{\lambda} w)$$

令 $x' = u(\overline{\lambda}), d' = -\overline{\lambda} w$，上式即是式(8.12.1)，其中 $d' \geqslant 0$ 显然满足式(8.12.4)，因此是式(8.11.1) 的齐次可行解.

(3) 当 w 的分量有正有负时，根据引理 2，知

$$u(\underline{\lambda}) = x + \underline{\lambda} w \tag{8.12.7}$$

$$u(\overline{\lambda}) = x + \overline{\lambda} w \tag{8.12.8}$$

是式(8.11.1) 最多具有 $h-1$ 个正分量的两个可行解，其中 $\underline{\lambda} < 0, \overline{\lambda} > 0$ 分别

由式(8.12.7)和(8.12.8)确定.式(8.12.7)$\times\bar{\lambda}-$(8.12.8)$\times\underline{\lambda}$,得

$$\boldsymbol{x}=\frac{\bar{\lambda}}{\bar{\lambda}-\underline{\lambda}}\boldsymbol{u}(\underline{\lambda})+\frac{-\lambda}{\bar{\lambda}-\underline{\lambda}}\boldsymbol{u}(\bar{\lambda})$$

令 $\boldsymbol{x}'_1=u(\underline{\lambda})$, $\boldsymbol{x}'_2=\boldsymbol{u}(\bar{\lambda})$, $\lambda_1=\frac{\bar{\lambda}}{\bar{\lambda}-\underline{\lambda}}$, $\lambda_2=\frac{-\lambda}{\bar{\lambda}-\underline{\lambda}}$.显然 $\lambda_1>0$, $\lambda_2>0$ 且 $\lambda_1+\lambda_2=1$.于是得到式(8.12.2).证毕.

分解定理Ⅰ的证明　我们将证明,反复使用引理3可以得到定理8.11.1中的分解式(8.11.4).具体做法如下:对可行解 $\boldsymbol{x}$ 使用式(8.12.1)或(8.12.2)作分解,所得到的基可行解在以后各次分解中将保持不动,而对非基可行解将继续使用式(8.12.1)或(8.12.2)作分解.除基可行解和非基可行解以外的部分将归并为一个向量.这样做下去,直到所有可行解变为基可行解为止.因为 $\boldsymbol{x}$ 是具有 $h(\leqslant n)$ 个正分量的可行解,所以最多经过 $h-1$ 次分解即可终止.

假设已经过 k 次分解,在分解式中可行解 $\boldsymbol{x}_j^{(k)}$ 仅有如下三种类型:

(1)$\boldsymbol{x}_j^{(k)}$ 是基可行解,则在以后的各次分解中将保持不动.设在第 k 次分解式中的基可行解有 $r_0^{(k)}$ 个,其下标集是 $I_0^{(k)}$.

(2)$\boldsymbol{x}_j^{(k)}$ 是可用式(8.12.1)作分解的可行解,则在下次分解时使用公式(8.12.1).设具有这种性质的可行解有 $r_1^{(k)}$ 个,其下标集是 $I_1^{(k)}$.

(3)$\boldsymbol{x}_j^{(k)}$ 是可用式(8.12.2)作分解的可行解,则在下次分解时使用公式(8.12.2).设具有这种性质的可行解有 $r_2^{(k)}$ 个,其下标集是 $I_2^{(k)}$.

设 $I^{(k)}=I_0^{(k)}+I_1^{(k)}+I_2^{(k)}$.现在用数学归纳法证明第 k 次分解式呈现为如下形式

$$\sum_{j\in I^{(k)}}\lambda_j^{(k)}\boldsymbol{x}_j^{(k)}+\boldsymbol{d}^{(k)}\tag{8.12.9}$$

其中

$$\sum_{j\in I^{(k)}}\lambda_j^{(k)}=1,\lambda_j^{(k)}\geqslant 0,j\in I^{(k)}\tag{8.12.10}$$

$$\boldsymbol{A}\boldsymbol{d}^{(k)}=\boldsymbol{0},\boldsymbol{d}^{(k)}\geqslant\boldsymbol{0}\tag{8.12.11}$$

当 $k=1$ 时,由引理3看到式(8.12.9)—(8.12.11)显然成立.

假设式(8.12.9)—(8.12.11)对 k 成立.下面来证明,式(8.12.9)—(8.12.11)对 $k+1$ 也成立.由引理3,知

$$\boldsymbol{x}_j^{(k)}=\boldsymbol{x}_j^{(k+i)}+\boldsymbol{d}_j^{(k)},j\in I_1^{(k)}\tag{8.12.12}$$

$$\boldsymbol{x}_j^{(k)}=\lambda_{1j}^{(k+1)}\boldsymbol{x}_{2j}^{(k+1)}+\boldsymbol{x}_{2j}^{(k+1)},j\in I_2^{(k)}\tag{8.12.13}$$

其中

$$\lambda_{1j}^{(k+1)}+\lambda_{2j}^{(k+1)}=1,\lambda_{1j}^{(k+1)}\geqslant 0,\lambda_{2j}^{(k+1)}\geqslant 0 \tag{8.12.14}$$

把式(8.12.12) 和(8.12.13) 代入式(8.12.9) 中,得

$$\begin{aligned}\boldsymbol{x}&=\sum_{j\in I_0^{(k)}}\lambda_j^{(k)}\boldsymbol{x}_j^{(k)}+\sum_{j\in I_1^{(k)}}\lambda_j^{(k)}\boldsymbol{x}_j^{(k)}+\sum_{j\in I_2^{(k)}}\lambda_j^{(k)}\boldsymbol{x}_j^{(k)}+\boldsymbol{d}^{(k)}\\&=\sum_{j\in I_0^{(k)}}\lambda_j^{(k)}\boldsymbol{x}_j^{(k)}+\sum_{j\in I_1^{(k)}}\lambda_j^{(k)}\boldsymbol{x}_j^{(k+1)}+\sum_{j\in I_2^{(k)}}\lambda_j^{(k)}\lambda_{1j}^{(k+1)}\boldsymbol{x}_{1j}^{(k)}+\\&\quad\sum_{j\in I_2^{(k)}}\lambda_j^{(k)}\lambda_{2j}^{(k+1)}\boldsymbol{x}_{2j}^{(k)}+\sum_{j\in I_1^{(k)}}\lambda_j^{(k)}\boldsymbol{d}_j^{(k+1)}\boldsymbol{d}^{(j)}\end{aligned} \tag{8.12.15}$$

对这个分解式中的所有可行解按前面指出的三种类型重新归类,对下标和上标重新编号,组成新的和式,必呈现为如下形式

$$\boldsymbol{x}=\sum_{j\in I^{(k+1)}}\lambda_j^{(k+1)}\boldsymbol{x}_j^{(k+1)}+\boldsymbol{d}^{(k+1)}$$

其中

$$\boldsymbol{d}^{(k+1)}=\sum_{j\in I_1^{(k)}}\lambda_j^{(k)}\boldsymbol{d}_j^{(k+1)}+\boldsymbol{d}^{(k)}$$

显然是式(8.11.1) 的齐次可行解,即式(8.12.11) 对 $k+1$ 成立. 以下只需证明

$$\sum_{j\in I^{(k+1)}}\lambda_j^{(k+1)}=1,\lambda_j^{(k+1)}\geqslant 0,j\in I^{(k+1)}$$

事实上,由式(8.12.15) 可得

$$\begin{aligned}\sum_{j\in I^{(k+1)}}\lambda_j^{(k+1)}&=\sum_{j\in I_0^{(k)}}\lambda_j^{(k)}+\sum_{j\in I_1^{(k)}}\lambda_j^{(k)}+\sum_{j\in I_2^{(k)}}\lambda_j^{(k)}\lambda_{1j}^{(k+1)}+\sum_{j\in I_2^{(k)}}\lambda_j^{(k)}\lambda_{2j}^{(k+1)}\\&=\sum_{j\in I_0^{(k)}}\lambda_j^{(k)}+\sum_{j\in I_1^{(k)}}\lambda_j^{(k)}+\sum_{j\in I_2^{(k)}}\lambda_j^{(k)}(\lambda_{1j}^{(k+1)}+\lambda_{2j}^{(k+1)})\\&=\sum_{j\in I^{(k)}}\lambda_j^{(k)}\quad(\text{由式}(8.12.14)\text{ 和}(8.12.10))\\&=1\end{aligned}$$

此外 $\lambda_j^{(k+1)}\geqslant 0$ 是显然的. 这就证明了式(8.12.10) 对 $k+1$ 成立. 当分解过程直到非基本的可行解全部消失时,再对分解式中没出现的基可行解令其系数为零,对下标重新编号,最后得到式(8.12.4).

8.13 最优解的唯一性条件

假定我们用单纯形法求得 LP 的基最优解 $\boldsymbol{x}^{(0)}$,不妨设相应的基指标集为 $S=\{1,2,\cdots,m\}$, 于是相应的典式为

$$\begin{cases}\min f=f^{(0)}-\sum\limits_{j=m+1}^{n}\lambda_j x_j \\ \text{s. t. } x_i+\sum\limits_{j=m+1}^{n}b_{ij}x_j=x_i^{(0)} \quad (i=1,2,\cdots,m) \\ x_j\geqslant 0 \quad (j=1,2,\cdots,n)\end{cases} \tag{8.13.1}$$

其中 $f^{(0)}=\sum\limits_{i=1}^{m}c_i x_i^{(0)}$，$\lambda_j=\sum\limits_{i=1}^{m}c_i b_{ij}-c_j(j=m+1,m+2,\cdots,n)$，$\boldsymbol{x}^{(0)}=(x_1^{(0)},\cdots,x_m^{(0)},0,\cdots,0)^{\mathrm{T}}$.

由于已经最优，按定理8.5.1，$\lambda_j\leqslant 0$，$j=m+1,m+2,\cdots,n$. 使用组(8.13.1)的第一个式子可以证明下面的定理：

定理 8.13.1 最优解 $\boldsymbol{x}^{(0)}$ 唯一的充分条件是它的所有非基变量的检验数均为负数. 在 $\boldsymbol{x}^{(0)}$ 是非退化的情况下，上述条件也是必要的.

证明 充分性. 设所有非基变量的检验数 $\lambda_j<0$. 取任一异于 $\boldsymbol{x}^{(0)}$ 的可行解 $\boldsymbol{x}^*$，若其分量 $x_j=0$，$j\notin S$，则由组(8.13.1)的第二个式子可得 $\boldsymbol{x}^*=\boldsymbol{x}^{(0)}$，此时矛盾. 故存在 $k\notin S$，使得 $x_k>0$，从而 $\lambda_k x_k<0$.

使用组(8.13.1)的第一个式子计算 $\boldsymbol{x}^*$ 的目标值，即

$$f^*=f^{(0)}-\sum_{j=m+1}^{n}\lambda_j x_j\geqslant f^{(0)}+\lambda_k x_k>f^{(0)}$$

由此看出 $\boldsymbol{x}^{(0)}$ 是唯一的最优解.

必要性. 设 $\boldsymbol{x}^{(0)}$ 是唯一的最优解并且非退化，即 $x_i^{(0)}>0$，$i\in S$. 若存在 $k\notin S$，使得 $\lambda_k=0$，则我们可以构造如下的可行解 $\overline{\boldsymbol{x}}$，其分量如下

$$\overline{x}_i=x_i^{(0)}-b_{ik}\theta \quad (i\in S)$$

$$\overline{x}_k=\theta,\overline{x}_j=0 \quad (j\notin S,j\neq k)$$

由于 $x_i^{(0)}>0$，$i\in S$，故 $\theta>0$ 且充分小时，$\overline{\boldsymbol{x}}$ 为可行解，且 $\overline{\boldsymbol{x}}\neq\boldsymbol{x}^{(0)}$. $\overline{\boldsymbol{x}}$ 的目标函数值为

$$\overline{f}=f^{(0)}-\sum_{j=m+1}^{n}\lambda_j\overline{x}_j=f^{(0)}+\lambda_k x_k=f^{(0)}$$

这就是说 $\overline{\boldsymbol{x}}$ 也是最优解，这与 $\boldsymbol{x}^{(0)}$ 的唯一性矛盾. 证毕.

若唯一性条件不满足，即存在某个非基变量 x_k 的检验数 $\lambda_k=0$，则存在两种情形，下面分别给出相应的条件.

定理 8.13.2 设最优解 $\boldsymbol{x}^{(0)}$ 的非基变量的检验数中恰有一个为零，其余每个均为负数，则 $\boldsymbol{x}^{(0)}$ 是唯一最优解的充分必要条件是典式(8.13.1)还满足：

1) $\{b_{ik} \mid b_{ik} > 0, i=1,2,\cdots,m\} \neq \varnothing$.

2) $\theta = \min\{\frac{x_i^{(0)}}{b_{ik}} \mid b_{ik} > 0, i=1,2,\cdots,m\} = \frac{x_s^{(0)}}{b_{sk}} = 0$，即$\frac{x_s^{(0)}}{b_{sk}} = 0$，$\boldsymbol{x}^{(0)}$ 是一个退化的基可行解.

证明 充分性(反证法)：设 $\boldsymbol{x}^* = (x_1^*, x_2^*, \cdots, x_n^*)^{\mathrm{T}}$ 是任一最优解. 于是，由 $\lambda_j < 0 (j \notin S)$ 得出 $x_j = 0 (j \notin S)$，否则 $f(x^*) < f^{(0)}$. 此时再由组(8.13.1)的第二个式子的第 h 个方程，注意到

$$x_h^{(0)} = 0$$

$$x_h + b_{hk} x_k = 0 \quad (b_{hk} > 0)$$

可知

$$x_h = x_k = 0$$

于是 $\boldsymbol{x}^* = \boldsymbol{x}^{(0)}$ 是由组(8.13.1)的第二个式子中其余方程唯一地解出的，即 $\boldsymbol{x}^{(0)}$ 是唯一的最优解.

必要性. 若条件 1) 不成立，即对每个 $i(1 \leqslant i \leqslant m)$ 有 $b_{ik} \leqslant 0$，其中 b_{ik}，$b_{2k}, \cdots, b_{mk}$ 不全为0. 取向量 $\overline{\boldsymbol{x}}$ 满足：$\overline{x}_k = \theta > 0$，$\overline{x}_i = x_i^{(0)} - b_{ik}\theta (i=1,2,\cdots,m)$，其余 $\overline{x}_j = 0 (m+1 \leqslant j \leqslant n$ 且 $j \neq k)$. 则 $\overline{\boldsymbol{x}}$ 是异于 $\boldsymbol{x}^{(0)}$ 的最优解. 故条件 1) 成立.

若条件 2) 不成立，即最小比值 $\theta = \frac{x_s^{(0)}}{b_{sk}} > 0$，则以 b_{is} 为枢元进行旋转变换可得 LP 的另一最优解 $\boldsymbol{x}^* \neq \boldsymbol{x}^{(0)}$，即最优解不唯一，矛盾. 故条件 1) 应该成立.

不同于定理 8.13.2 条件的另一种情形是有多个非基变量的检验数为零，这时候成立下面的定理：

定理 8.13.3 设最优解 $\boldsymbol{x}^{(0)}$ 的非基变量的检验数中有 $p(\geqslant 2)$ 个为零：$\lambda_{k_1} = \lambda_{k_2} = \cdots = \lambda_{k_p} = 0$，其余每个 $\lambda_j < 0 (m+1 \leqslant j \leqslant n$ 且 $j \neq k_1, k_2, \cdots, k_p)$，若典式(8.13.1)还满足：

1) 对于每个 $r = 1,2,\cdots,p$，$\{b_{ik_r} \mid b_{ik_r} > 0, i=1,2,\cdots,m\} \neq \varnothing$；

2) 对于每个 $r = 1,2,\cdots,p$，$\theta_{k_r} = \min\{\frac{x_i^{(0)}}{b_{ik_r}} \mid b_{ik_r} > 0, i=1,2,\cdots,m\} = \frac{x_i^{(0)}}{b_{ik_r}} = 0$，其中 s 与 r 无关($x_s^{(0)} = 0$)，则 $\boldsymbol{x}^{(0)}$ 是唯一最优解.

证明 设 $\boldsymbol{x}^* = (x_1^*, x_2^*, \cdots, x_n^*)^{\mathrm{T}}$ 是任一最优解. 对每个 j：$m+1 \leqslant j \leqslant n$ 且 $j \neq k_1, k_2, \cdots, k_p$ 均有 $x_j = 0$，否则因 $f(\boldsymbol{x}^*) < f^{(0)}$ 而导致 $\boldsymbol{x}^*$ 不是最优解. 此时再由组(8.13.1)的第二个式子的第 h 个方程

$$x_i + \sum_{i=1}^{p} b_{ij_r} x_{j_r} = x_i^{(0)} = 0 \quad (b_{ij_r} > 0)$$

可解得

$$x_{j_r} = 0 \quad (r = 1, 2, \cdots, p)$$

于是可唯一解出 $\boldsymbol{x}^* = \boldsymbol{x}^{(0)}$，$\boldsymbol{x}^{(0)}$ 是唯一的最优解.

定理8.13.3中的条件2)所要求的最小比值都落在相同的行只是最优解唯一的充分条件，它不是必要的. 这可以从下面的例子看出

$$\begin{cases} \min \quad f = x_6 - 6 \\ \text{s.t.} \quad x_1 + 2x_4 - 5x_5 + x_6 = 0 & (8.13.2) \\ x_2 - x_4 + 4x_5 - 2x_6 = 0 & (8.13.3) \\ x_3 + 3x_4 + x_5 + 3x_6 = 1 & (8.13.4) \\ x_j \geqslant 0 \quad (j = 1, 2, \cdots, 6) \end{cases}$$

可见

$$\lambda_3 = \lambda_4 = 0$$

$$\theta_4 = \min\left\{\frac{x_i^{(0)}}{b_{i4}} \mid b_{i4} > 0, i = 1, 2, 3\right\} = \frac{x_i^{(0)}}{b_{14}} = 0$$

$$\theta_5 = \min\left\{\frac{x_i^{(0)}}{b_{i5}} \mid b_{i5} > 0, i = 1, 2, 3\right\} = \frac{x_2^{(0)}}{b_{25}} = 0$$

这里最小比值都等于0，但不处于相同的行.

$\boldsymbol{x}^{(0)} = (0, 0, 1, 0, 0, 0)^{\mathrm{T}}$ 是此问题的最优解且它是唯一的最优解. 因为如果 $\boldsymbol{x}^* = (x_1^*, x_2^*, \cdots, x_6^*)^{\mathrm{T}}$ 也是最优解，那么 $\boldsymbol{x}^*$ 满足 $x_6^* = 0$，再由方程(8.13.2)和(8.13.3)得出

$$x_1 + 2x_2 + 2x_6 = 0 \quad (\text{式}(8.13.2) + 2 \times \text{式}(8.13.3))$$

于是

$$x_1^* = x_2^* = x_5^* = 0$$

再由方程(8.13.4)，得出

$$x_3^* = 1$$

即

$$\boldsymbol{x}^* = \boldsymbol{x}^{(0)}$$

另外，定理8.13.3的条件2)所要求的最小比值都处在相同的行这一条件又不能除去. 例如

$$\begin{cases}\min \quad f = x_6 - 5 \\ \text{s.t.} \quad x_1 + x_4 - 2x_5 - x_6 = 0 \\ x_2 - x_4 + 4x_5 + 2x_6 = 8 \\ x_3 - 2x_4 + 3x_5 + 3x_6 = 0 \\ x_j \geqslant 0 \quad (j = 1, 2, \cdots, 6)\end{cases}$$

这里最小比值都等于 0,但不处于相同的行.

$$\lambda_3 = \lambda_4 = 0, \theta_4 = \min\left\{\frac{x_i^{(0)}}{b_{i4}} \mid b_{i4} > 0, i = 1, 2, 3\right\} = \frac{x_1^{(0)}}{b_{14}} = 0$$

$$\theta_5 = \min\left\{\frac{x_i^{(0)}}{b_{i5}} \mid b_{i5} > 0, i = 1, 2, 3\right\} = \frac{x_2^{(0)}}{b_{25}} = 0$$

这个例子不满足定理8.13.3的条件2). 易见 $\boldsymbol{x}^{(0)} = (0,8,0,0,0,0)^{\mathrm{T}}$ 和 $\boldsymbol{x}^* = (0, 0,4,8,4,0)^{\mathrm{T}}$ 都是问题的最优解,最优解不唯一.

8.14 一般情形下最优解唯一性的判定

一般情形下,有定理:

定理 8.14.1 设有线性规划问题的典式(8.13.1),并设在检验数中有 $p(\geqslant 2)$ 个为零:$\lambda_{m+1} = \lambda_{m+2} = \cdots = \lambda_{m+p} = 0$,其余每个 $\lambda_j < 0(j = m+p+1, m+p+2, \cdots, n)$,则 $\boldsymbol{x}^{(0)} = (\boldsymbol{x}_1^{(0)}, \cdots, \boldsymbol{x}_m^{(0)}, 0, \cdots, 0)^{\mathrm{T}}$ 是原问题的唯一最优解的充分必要条件是:

1) 对于每个 $r = 1, 2, \cdots, p$, $\{b_{i(m+r)} \mid b_{i(m+r)} > 0, i = 1, 2, \cdots, m\} \neq \varnothing$.

2) 对于每个 $r = 1, 2, \cdots, p$, $\theta_{m+r} = \min\{\frac{x_i^{(0)}}{b_{i(m+r)}} \mid b_{i(m+r)} > 0, i = 1, 2, \cdots, m\} = 0$(即各最小比值等于 0,但可以处于相同或不同的行).

3) 设 $S_r = \{i \mid x_i^{(0)} = 0, b_{i(m+r)} > 0, i = 1, 2, \cdots, m\}$, $r = 1, 2, \cdots, p$,不失一般性设 $S = S_1 \cup S_2 \cup \cdots \cup S_p = \{1, 2, \cdots, q\}$. 如下的线性规划问题的目标函数最优值为 0,即

$$\begin{cases}\min \quad g = x_{m+1} + x_{m+2} + \cdots + x_{m+p} \\ \text{s.t.} \quad x_i + \sum_{j=m+1}^{m+p} b_{ij} x_j = 0 \quad (i = 1, 2, \cdots, q) \\ x_j \geqslant 0 \quad (j = 1, 2, \cdots, q, m+1, m+2, \cdots, m+p)\end{cases} \tag{8.14.1}$$

证明 充分性. 设 $\boldsymbol{x}^* = (x_1^*, x_2^*, \cdots, x_n^*)^{\mathrm{T}}$ 是任一最优解. 因为 $f_{\min} = f(\boldsymbol{x}^{(0)}) = f^{(0)} = f(\boldsymbol{x}^*)$,及每个 $\lambda_j < 0(j = m+p+1, m+p+2, \cdots, n)$,故

$$x_j = 0 \quad (j = m+p+1, m+p+2, \cdots, n)$$

否则 $f(\boldsymbol{x}^*) > f^{(0)}$. 由条件 3) 可知

$$x_j = 0 \quad (j = 1, 2, \cdots, q, m+1, m+2, \cdots, m+p)$$

再由式(8.13.1)中约束条件的后 $m-q$ 个等式可以解出 $\boldsymbol{x}^* = \boldsymbol{x}^{(0)}$，即 $\boldsymbol{x}^{(0)}$ 是原问题的唯一最优解.

必要性. 设 $\boldsymbol{x}^{(0)}$ 是原问题的唯一最优解. 若条件 1) 不成立，即存在某个 $r(1 \leqslant r \leqslant p)$，使得

$$\{b_{i(m+r)} \mid b_{i(m+r)} > 0, i = 1, 2, \cdots, m\} = \varnothing$$

那么，对于每个 $i = 1, 2, \cdots, m$，有 $b_{i(m+r)} \leqslant 0$. 取 $\boldsymbol{x}^* = (x_1^*, x_2^*, \cdots, x_n^*)^{\mathrm{T}}$ 满足 $x_{m+r}^* = \beta > 0, x_j^* = x_j^{(0)} - b_{i(m+r)}\beta \geqslant x_j^{(0)} \geqslant 0, j = 1, 2, \cdots, m$，其余 $x_j^* = 0(m+1 \leqslant j \leqslant n$ 且 $j \neq m+r)$（注意，$b_{1(m+r)}, b_{2(m+r)}, \cdots, b_{m(m+r)}$ 不全为 0，否则式(8.14.1)中不含变量 x_{m+r}）. 于是 $\boldsymbol{x}^* \neq \boldsymbol{x}^{(0)}$，但 $\boldsymbol{x}^*$ 仍是原问题的最优解，矛盾.

若条件 2) 不成立，即存在某个 $r(1 \leqslant r \leqslant p)$，使得

$$\theta_{m+r} = \min\{\frac{x_i^{(0)}}{b_{i(m+r)}} \mid b_{i(m+r)} > 0, i = 1, 2, \cdots, m\} = \frac{x_{i_r}^{(0)}}{b_{i_r(m+r)}} > 0$$

那么，以 $b_{i_r(m+r)}$ 为枢元进行旋转变换，得到原问题的另一个最优解，矛盾. 故条件 2) 成立.

若条件 3) 不成立，即存在问题(8.14.1)的可行解 $\boldsymbol{x}^{**} = (x_1^{**}, x_2^{**}, \cdots, x_q^{**}, x_{m+1}^{**}, x_{m+2}^{**}, \cdots, x_{m+p}^{**})^{\mathrm{T}} = (\beta_1, \beta_2, \cdots, \beta_q, \gamma_1, \gamma_2, \cdots, \gamma_p)^{\mathrm{T}}$，使其目标函数 $f(\boldsymbol{x}^{**}) < 0$①，那么 $(\gamma_1, \gamma_2, \cdots, \gamma_p)^{\mathrm{T}} \neq (0, 0, \cdots, 0)^{\mathrm{T}}$，于是对于任意小的正实数 ε，$(\varepsilon\gamma_1, \varepsilon\gamma_2, \cdots, \varepsilon\gamma_p)^{\mathrm{T}} \neq (0, 0, \cdots, 0)^{\mathrm{T}}$. 由条件 3) 的假设，$x_i^{(0)} > 0(i = q+1, q+2, \cdots, m)$. 对于确定的矩阵

$$\begin{pmatrix} b_{(q+1)(m+1)} & b_{(q+1)(m+2)} & \cdots & b_{(q+1)(m+p)} \\ b_{(q+2)(m+1)} & b_{(q+2)(m+2)} & \cdots & b_{(q+2)(m+p)} \\ \vdots & \vdots & & \vdots \\ b_{m(m+1)} & b_{m(m+2)} & \cdots & b_{m(m+p)} \end{pmatrix}$$

总能找到正实数 ε，$x_i^{(0)} - (b_{i(m+1)}\varepsilon\gamma_1 + b_{i(m+2)}\varepsilon\gamma_2 + \cdots + b_{i(m+p)}\varepsilon\gamma_p) \geqslant 0, i = q+1, q+2, \cdots, m$. 取 $\boldsymbol{x}^* = (x_1^*, x_2^*, \cdots, x_n^*)^{\mathrm{T}}$ 满足

$$x_j = \varepsilon\beta_j, j = 1, 2, \cdots, q$$

$$x_i = x_i^{(0)} - \varepsilon(b_{i(m+1)}\gamma_1 + b_{i(m+2)}\gamma_2 + \cdots + b_{i(m+p)}\gamma_p) \geqslant 0, i = q+1, q+2, \cdots, m$$

$$x_j = \varepsilon\gamma_j, j = m+1, m+2, \cdots, m+p$$

---

① 问题(8.14.1)一定是可行的，因为 $(0, 0, \cdots, 0)^{\mathrm{T}}$ 是它的一个可行解.

$$x_j=0,j=m+p+1,m+p+2,\cdots,n$$

由$(\varepsilon\gamma_1,\varepsilon\gamma_2,\cdots,\varepsilon\gamma_p)^{\mathrm{T}}\neq(0,0,\cdots,0)^{\mathrm{T}}$可知$\boldsymbol{x}^*\neq\boldsymbol{x}^{(0)}$，又由$f(\boldsymbol{x}^*)=f^{(0)}$可知，$\boldsymbol{x}^*$是原问题的另一最优解，这与$\boldsymbol{x}^{(0)}$是原问题唯一的最优解矛盾. 故条件3)成立.

定理8.14.1彻底解决了线性规划最优解唯一的充要条件. 下面来说明这个定理的应用.

例1　设有线性规划问题

$$\begin{cases}\min\quad f=8x_6-5\\ \text{s. t.}\quad x_1+2x_4-3x_5-2x_6=0\\ x_2-4x_4+7x_5+5x_6=0\\ x_3+2x_4+4x_5-3x_6=20\\ x_j\geqslant 0\quad (j=1,2,\cdots,6)\end{cases}\tag{8.14.2}$$

显然$\boldsymbol{x}^{(0)}=(x_1,x_2,\cdots,x_6)^{\mathrm{T}}=(0,0,20,0,0,0)^{\mathrm{T}}$是此问题的一个最优解. 因

$$\lambda_4=\lambda_5=0$$

及

$$\theta_4=\min\{\frac{x_i^{(0)}}{b_{i4}}\mid b_{i4}>0,i=1,2,3\}=\frac{x_1^{(0)}}{b_{14}}=0$$

$$\theta_5=\min\{\frac{x_i^{(0)}}{b_{i5}}\mid b_{i5}>0,i=1,2,3\}=\frac{x_2^{(0)}}{b_{25}}=0$$

不能用定理8.12.2或定理8.12.3来判定$\boldsymbol{x}^{(0)}$是否唯一. 但根据定理8.14.1，我们考虑下面的线性规划问题

$$\begin{cases}\min\quad g=-x_4-x_5\\ \text{s. t.}\quad x_1+2x_4-3x_5=0\\ x_2-4x_4+7x_5=0\\ x_j\geqslant 0\quad (j=1,2,4,5)\end{cases}$$

易解得这个问题的最优解为$\boldsymbol{x}^{**}=(x_1,x_2,x_4,x_5)^{\mathrm{T}}=(0,0,0,0)^{\mathrm{T}}$，$g(\boldsymbol{x}^{**})=0$，于是由定理8.14.1，我们可知$\boldsymbol{x}^{(0)}$是问题(8.14.2)的唯一最优解.

例2　考虑线性规划问题

$$\begin{cases}\min\quad f=x_6-5\\ \text{s. t.}\quad x_1+x_4-2x_5-x_6=0\\ x_2+4x_4+42x_5-2x_6=25\\ x_3-2x_4+x_5+3x_6=0\\ x_j\geqslant 0\quad (j=1,2,\cdots,6)\end{cases}\tag{8.14.3}$$

$\boldsymbol{x}^{(0)}=(x_1,x_2,\cdots,x_6)^{\mathrm{T}}=(0,25,0,0,0,0)^{\mathrm{T}}$ 是它的一个最优解. 同例1一样不能用定理 8.12.2 或定理 8.12.3 来判定 $\boldsymbol{x}^{(0)}$ 是否是唯一的,因为

$$\lambda_4=\lambda_5=0$$

并且

$$\theta_4=\min\{\frac{x_i^{(0)}}{b_{i4}}\mid b_{i4}>0,i=1,2,3\}=\frac{x_1^{(0)}}{b_{14}}=0$$

$$\theta_5=\min\{\frac{x_i^{(0)}}{b_{i5}}\mid b_{i5}>0,i=1,2,3\}=\frac{x_3^{(0)}}{b_{35}}=0$$

根据定理 8.14.1,考虑下面的线性规划问题

$$\begin{cases}\min\quad g=-x_4-x_5\\ \text{s.t.}\quad x_1+x_4-2x_5=0\\ x_3-2x_4+x_5=0\\ x_j\geqslant 0\quad (j=1,3,4,5)\end{cases}$$

这个规划问题有无界解,$\boldsymbol{x}^{**}=(x_1,x_3,x_4,x_5)^{\mathrm{T}}=(0,3,2,1)^{\mathrm{T}}$ 是它的一个可行解,$g(\boldsymbol{x}^{**})=3>0$,于是由定理 8.14.1,线性规划(8.14.3) 的最优解不唯一. 由定理 8.14.1 的证明,只要取 $\boldsymbol{x}^{*}=(x_1,x_2,\cdots,x_6)^{\mathrm{T}}$ 如下

$$\begin{cases}x_0=0,x_3=3\varepsilon\\ x_2=25-\varepsilon(4\cdot 2+42\cdot 1)\geqslant 0\quad (\varepsilon>0)\\ x_4=2\varepsilon,x_5=\varepsilon\\ x_6=0\end{cases}$$

那么 $\boldsymbol{x}^{*}$ 也是问题(8.14.3) 的最优解. 例如,分别取 $\varepsilon=0.5,0.25$ 时,则$(0,0,1.5,1,0.5,0)^{\mathrm{T}}$ 和$(0,12.5,0.75,0.5,0.25,0)^{\mathrm{T}}$ 以及 $\boldsymbol{x}^{*}=(0,25,0,0,0,0)^{\mathrm{T}}$ 都是线性规划问题(8.14.3) 的最优解,其中 $\boldsymbol{x}^{*}$ 是一个退化的基可行解,而$(0,12.5,0.75,0.5,0.25,0)^{\mathrm{T}}=\frac{1}{2}[(0,0,1.5,1,0.5,0)^{\mathrm{T}}+(0,25,0,0,0,0)^{\mathrm{T}}]$ 是一个可行解,但不是基解.

第3章 矩阵的特征多项式与最小多项式

§1 矩阵多项式及其运算①

1.1 矩阵多项式的加法与乘法

与一个矩阵相关联的有两个多项式:特征多项式与最小多项式.这些多项式在矩阵论的各种问题中有重要的作用.在这一章中我们来讨论特征多项式与最小多项式的性质.这些探讨开始于对有矩阵系数的多项式与它们之间的运算的基本性质.

讨论多项式的方阵 $\boldsymbol{A}(\lambda)$,亦即元素为 λ 的多项式(系数在已给数域 K 中)的方阵

$$\boldsymbol{A}(\lambda)=(a_{ij}(\lambda))_{n\times n}=(a_{ij}^{(0)}\lambda^{m}+a_{ij}^{(1)}\lambda^{m-1}+\cdots+a_{ij}^{(m)})_{n\times n} \tag{1.1.1}$$

矩阵 $\boldsymbol{A}(\lambda)$ 可以表示为对 λ 来展开的以矩阵为系数的多项式

$$\boldsymbol{A}(\lambda)=\boldsymbol{A}_0\lambda^{m}+\boldsymbol{A}_1\lambda^{m-1}+\cdots+\boldsymbol{A}_m \tag{1.1.2}$$

其中 $\boldsymbol{A}_k=(a_{ij}^{(k)})_{n\times n}(k=0,1,\cdots,m)$.

若 $\boldsymbol{A}_0\neq\boldsymbol{O}$,则数 m 称为多项式的次数.数 n 称为多项式的阶.若 $|\boldsymbol{A}_0|\neq 0$,则多项式(1.1.1)称为正则的.

以矩阵为系数的多项式,我们常称为矩阵多项式.为了与矩阵多项式有所区别,平常的以纯量为系数的多项式称为纯量多项式.

① 本节内容改编自(俄)甘特马赫尔的《矩阵论》(上卷)(柯召、郑元禄译;哈尔滨工业大学出版社).

讨论矩阵多项式的基本运算.设给定两个同阶的矩阵多项式 $\boldsymbol{A}(\lambda)$ 与 $\boldsymbol{B}(\lambda)$.以 m 记这些多项式的较大次数.这些多项式可以写为

$$\boldsymbol{A}(\lambda)=\boldsymbol{A}_0\lambda^m+\boldsymbol{A}_1\lambda^{m-1}+\cdots+\boldsymbol{A}_m$$
$$\boldsymbol{B}(\lambda)=\boldsymbol{B}_0\lambda^m+\boldsymbol{B}_1\lambda^{m-1}+\cdots+\boldsymbol{B}_m$$

那么

$$\boldsymbol{A}(\lambda)\pm\boldsymbol{B}(\lambda)=(\boldsymbol{A}_0\pm\boldsymbol{B}_0)\lambda^m+(\boldsymbol{A}_1\pm\boldsymbol{B}_1)\lambda^{m-1}+\cdots+(\boldsymbol{A}_m\pm\boldsymbol{B}_m)$$

亦即两个同阶的矩阵多项式的和(差)可以表示为次数不超过所给多项式的较大次数的矩阵多项式.

设给定阶数同为 n,而次数分别为 m 与 p 的两个矩阵多项式 $\boldsymbol{A}(\lambda)$ 与 $\boldsymbol{B}(\lambda)$

$$\boldsymbol{A}(\lambda)=\boldsymbol{A}_0\lambda^m+\boldsymbol{A}_1\lambda^{m-1}+\cdots+\boldsymbol{A}_m\quad(\boldsymbol{A}_0\neq\boldsymbol{O})$$
$$\boldsymbol{B}(\lambda)=\boldsymbol{B}_0\lambda^p+\boldsymbol{B}_1\lambda^{p-1}+\cdots+\boldsymbol{B}_p\quad(\boldsymbol{B}_0\neq\boldsymbol{O})$$

那么

$$\boldsymbol{A}(\lambda)\boldsymbol{B}(\lambda)=\boldsymbol{A}_0\boldsymbol{B}_0\lambda^{m+p}+(\boldsymbol{A}_0\boldsymbol{B}_1+\boldsymbol{A}_1\boldsymbol{B}_0)\lambda^{m+p-1}+\cdots+\boldsymbol{A}_m\boldsymbol{B}_p \tag{1.1.3}$$

如果我们以 $\boldsymbol{B}(\lambda)$ 乘 $\boldsymbol{A}(\lambda)$(亦即改变因子的次序),那么一般的我们可得出另一多项式.

与纯量多项式不同,矩阵多项式的相乘还有一个特殊的性质,即矩阵多项式的乘积(1.1.3)可能有小于 $m+p$ 的次数,亦即小于其因子的次数的和.事实上,在乘积(1.1.3)中矩阵的乘积 $\boldsymbol{A}_0\boldsymbol{B}_0$ 在 $\boldsymbol{A}_0\neq\boldsymbol{O},\boldsymbol{B}_0\neq\boldsymbol{O}$ 时,可能等于零.但如在矩阵 $\boldsymbol{A}_0$ 与 $\boldsymbol{B}_0$ 中有一个是满秩矩阵时,那么由 $\boldsymbol{A}_0\neq\boldsymbol{O}$ 与 $\boldsymbol{B}_0\neq\boldsymbol{O}$ 得出:$\boldsymbol{A}_0\boldsymbol{B}_0\neq\boldsymbol{O}$.这样一来,两个矩阵多项式的乘积等于一个矩阵多项式,它的次数小于或等于因式的次数的和.如果在两个因式中,至少有一个是正则多项式,那么在这种情形中乘积的次数常等于因式的次数的和.

n 阶矩阵多项式 $\boldsymbol{A}(\lambda)$ 可以写成两个形式

$$\boldsymbol{A}(\lambda)=\boldsymbol{A}_0\lambda^m+\boldsymbol{A}_1\lambda^{m-1}+\cdots+\boldsymbol{A}_m \tag{1.1.4}$$

与

$$\boldsymbol{A}(\lambda)=\lambda^m\boldsymbol{A}_0+\lambda^{m-1}\boldsymbol{A}_1+\cdots+\boldsymbol{A}_m \tag{1.1.4$'$}$$

这两个写法对纯量 λ 给出同一结果.但是如果用 n 阶方程来代替纯量变数 λ,那么代入式(1.1.4)与式(1.1.4′)的结果一般说是不同的,因为矩阵 $\boldsymbol{X}$ 的幂对矩阵系数 $\boldsymbol{A}_0,\boldsymbol{A}_1,\cdots,\boldsymbol{A}_m$ 是不可交换的.

对应于式子(1.1.4),(1.1.4′),赋予 λ 以矩阵 $\boldsymbol{X}$ 时,得到的

$$\boldsymbol{A}(\boldsymbol{X})=\boldsymbol{A}_0\boldsymbol{X}^m+\boldsymbol{A}_1\boldsymbol{X}^{m-1}+\cdots+\boldsymbol{X}_m \tag{1.1.5}$$

与

$$\overline{A}(\boldsymbol{X}) = \boldsymbol{X}^m \boldsymbol{A}_0 + \boldsymbol{X}^{m-1}\boldsymbol{A}_1 + \cdots + \boldsymbol{A}_m \tag{1.1.5'}$$

分别称为在矩阵 $\boldsymbol{X}$ 代入 λ 时矩阵多项式的右值与左值[①].

再讨论两个矩阵多项式

$$\boldsymbol{A}(\lambda) = \sum_{i=0}^{m} \boldsymbol{A}_{m-i}\lambda^i, \boldsymbol{B}(\lambda) = \sum_{j=0}^{p} \boldsymbol{B}_{p-j}\lambda^j$$

与它们的乘积

$$\boldsymbol{P}(\lambda) = \sum_{i=0}^{m}\sum_{j=0}^{p} \boldsymbol{A}_{m-i}\lambda^i \boldsymbol{B}_{p-j}\lambda^j = \sum_{i=0}^{m}\sum_{j=0}^{p} \boldsymbol{A}_{m-i}\boldsymbol{B}_{p-j}\lambda^{i+j} = \sum_{k=0}^{m+p}\left(\sum_{i+j=k}\boldsymbol{A}_{m-i}\boldsymbol{B}_{p-j}\right)\lambda^k \tag{1.1.6}$$

与

$$\boldsymbol{P}(\lambda) = \sum_{i=0}^{m}\sum_{j=0}^{p} \lambda^i \boldsymbol{A}_{m-i}\lambda^j \boldsymbol{B}_{p-j} = \sum_{i=0}^{m}\sum_{j=0}^{p} \lambda^{i+j}\boldsymbol{A}_{m-i}\boldsymbol{B}_{p-j} = \sum_{k=0}^{m+p}\left(\sum_{i+j=k}\boldsymbol{A}_{m-i}\boldsymbol{B}_{p-j}\right) \tag{1.1.6'}$$

如果只有矩阵 $\boldsymbol{X}$ 与所有矩阵系数 $\boldsymbol{B}_{p-j}$ 可变换[②],那么恒等式(1.1.6)中的 λ 换为 n 阶矩阵 $\boldsymbol{X}$ 时仍然有效.

类似地,如果矩阵 $\boldsymbol{X}$ 与所有系数 $\boldsymbol{A}_{m-i}$ 可交换,那么在恒等式(1.1.6′)中可以把纯量 λ 换为矩阵 $\boldsymbol{X}$. 在第一种情形下

$$\boldsymbol{P}(\boldsymbol{X}) = \boldsymbol{A}(\boldsymbol{X})\boldsymbol{B}(\boldsymbol{X})$$

在第二种情形下

$$\overline{\boldsymbol{P}}(\boldsymbol{X}) = \overline{\boldsymbol{A}}(\boldsymbol{X})\overline{\boldsymbol{B}}(\boldsymbol{X})$$

这样,如果矩阵变量 $\boldsymbol{A}$ 与右(左)余因子的所有系数可交换,那么两个矩阵多项式乘积的右(左)值等于余因子的右(左)值.

如果 $\boldsymbol{S}(\lambda)$ 是两个 n 阶矩阵多项式 $\boldsymbol{A}(\lambda)$ 与 $\boldsymbol{B}(\lambda)$ 的和,那么在纯量 λ 换为任一 n 阶矩阵 $\boldsymbol{X}$ 时,以下恒等式恒成立

$$\boldsymbol{S}(\boldsymbol{X}) = \boldsymbol{A}(\boldsymbol{X}) + \boldsymbol{B}(\boldsymbol{X}), \overline{\boldsymbol{S}}(\boldsymbol{A}) = \overline{\boldsymbol{A}}(\boldsymbol{X}) + \overline{\boldsymbol{B}}(\boldsymbol{X})$$

1.2 矩阵多项式的右除与左除·广义贝祖定理

设给定阶数同为 n 的两个矩阵多项式 $\boldsymbol{A}(\lambda)$ 与 $\boldsymbol{B}(\lambda)$,且设 $\boldsymbol{B}(\lambda)$ 是正则的.

---

① 在 $\boldsymbol{A}(\lambda)$ 的右值(左值)中,矩阵 $\overline{\boldsymbol{A}}$ 的幂在系数的右边(左边).

② 在这种情形下,矩阵 $\overline{\boldsymbol{A}}$ 的任何幂可与所有系数 $\boldsymbol{B}_{p-j}$ 交换.

$$A(\lambda)=A_0\lambda^m+A_1\lambda^{m-1}+\cdots+A_m \quad (A_0\neq O)$$
$$B(\lambda)=B_0\lambda^p+B_1\lambda^{p-1}+\cdots+B_p \quad (|B_0|\neq 0)$$

我们说，在以 $B(\lambda)$ 除 $A(\lambda)$ 时，矩阵多项式 $Q(\lambda)$ 与 $R(\lambda)$ 各为其右商与右余，如果

$$A(\lambda)=Q(\lambda)B(\lambda)+R(\lambda)$$

而且 $R(\lambda)$ 的次数小于 $B(\lambda)$ 的次数.

同样的，在以 $B(\lambda)$ 除 $A(\lambda)$ 时，称矩阵多项式 $\overline{Q}(\lambda)$ 与 $\overline{R}(\lambda)$ 各为其左商与左余，如果

$$A(\lambda)=B(\lambda)\overline{Q}(\lambda)+\overline{R}(\lambda)$$

而且 $\overline{R}(\lambda)$ 的次数小于 $B(\lambda)$ 的次数.

读者要注意，在式(1.1.4) 中以“除式”$B(\lambda)$ 来“右”除时(亦即求出其右商与右余). $B(\lambda)$ 乘在商式 $Q(\lambda)$ 的右边，而在式(1.1.5) 中，以除式 $B(\lambda)$ 来“左”除时，$B(\lambda)$ 乘在商式 $\overline{Q}(\lambda)$ 的左边. 在一般的情形，多项式 $Q(\lambda)$ 与 $R(\lambda)$ 并不与 $\overline{Q}(\lambda)$ 及 $\overline{R}(\lambda)$ 重合.

我们来证明，如果除式是正则多项式，那么两个同阶矩阵多项式，无论右除或左除，常可唯一地施行.

讨论 $B(\lambda)$ 右除 $A(\lambda)$ 的情形. 如果 $m<p$. 那么可以取 $Q(\lambda)=\mathbf{0}$，$R(\lambda)=A(\lambda)$. 在 $m\geqslant p$ 时可以用平常的以多项式除多项式的方法来求出商式 $Q(\lambda)$ 与余式 $R(\lambda)$. 被除式的首项 $A_0\lambda^m$“除”以除式的首项 $B_0\lambda^p$，得出所求的商式的首项 $A_0B_0^{-1}\lambda^{m-p}$. 右乘这一项以 $B(\lambda)$ 且在 $A(\lambda)$ 中减去这一个乘积，我们求出“第一个余式”$A^{(1)}(\lambda)$

$$A(\lambda)=A_0B_0^{-1}\lambda^{m-p}B(\lambda)+A^{(1)}(\lambda) \tag{1.2.1}$$

多项式 $A^{(1)}(\lambda)$ 的次数 $m^{(1)}$ 小于 m

$$A^{(1)}(\lambda)=A_0^{(0)}\lambda^{m^{(1)}}+\cdots \quad (A^{(1)}(\lambda)\neq O, m^{(1)}<m) \tag{1.2.2}$$

如果 $m^{(1)}\geqslant p$，那么重复这一做法，我们得出

$$\begin{cases}A^{(1)}(\lambda)=A_0^{(1)}B_0^{-1}\lambda^{m^{(1)}-p}B(\lambda)+A^{(2)}(\lambda)\\ A^{(2)}(\lambda)=O \text{ 或 } A^{(2)}(\lambda)=A_0^{(2)}\lambda^{m^{(2)}}+\cdots \quad (m^{(2)}<m^{(1)})\end{cases} \tag{1.2.3}$$

诸如此类.

因为多项式 $A(\lambda)$，$A^{(1)}(\lambda)$，$A^{(2)}(\lambda)$，$\cdots$ 的次数逐一下降，所以在某一步骤后，我们得出余式 $R(\lambda)$ 的次数小于 p. 那么由式(1.2.1) ～ (1.2.3)，我们得出

$$A(\lambda)=Q(\lambda)B(A)+R(\lambda)$$

其中 $\boldsymbol{Q}(\lambda)=\boldsymbol{A}_0\boldsymbol{B}_0^{-1}\lambda^{m-p}+\boldsymbol{A}_0^{(1)}\boldsymbol{B}_0^{-1}\lambda^{m^{(1)}-p}+\cdots$.

现在来证明右除的唯一性，设同时有

$$\boldsymbol{A}(\lambda)=\boldsymbol{Q}(\lambda)\boldsymbol{B}(\lambda)+\boldsymbol{R}(\lambda) \tag{1.2.4}$$

与

$$\boldsymbol{A}(\lambda)=\boldsymbol{Q}'(\lambda)\boldsymbol{B}(\lambda)+\boldsymbol{R}'(\lambda) \tag{1.2.4$'$}$$

其中多项式 $\boldsymbol{R}(\lambda)$ 与 $\boldsymbol{R}'(\lambda)$ 的次数小于 $\boldsymbol{B}(\lambda)$ 的次数，亦即小于 p. 由式(1.2.4)减去式(1.2.4′)，我们得出

$$[\boldsymbol{Q}(\lambda)-\boldsymbol{Q}'(\lambda)]\boldsymbol{B}(\lambda)=\boldsymbol{R}'(\lambda)-\boldsymbol{R}(\lambda) \tag{1.2.5}$$

如果 $\boldsymbol{Q}(\lambda)-\boldsymbol{Q}'(\lambda)\not\equiv\boldsymbol{O}$，那么因为 $|\boldsymbol{B}_0|\neq 0$，等式(1.2.5)的左边的次数等于 $\boldsymbol{B}(\lambda)$ 与 $\boldsymbol{Q}(\lambda)-\boldsymbol{Q}'(\lambda)$ 的次数的和，所以大于或等于 p，这是不可能的，因为等式(1.2.5)的右边的多项式不能有大于或等于 p 的次数. 这样一来，$\boldsymbol{Q}(\lambda)-\boldsymbol{Q}'(\lambda)\equiv\boldsymbol{0}$，因而由等式(1.2.5)得

$$\boldsymbol{R}'(\lambda)-\boldsymbol{R}(\lambda)=\boldsymbol{O}$$

亦即

$$\boldsymbol{Q}(\lambda)=\boldsymbol{Q}'(\lambda),\boldsymbol{R}(\lambda)=\boldsymbol{R}'(\lambda)$$

同理，可以证明左商与左余的存在与其唯一性①.

例 1 有如下式子

$$\boldsymbol{A}(\lambda)=\begin{pmatrix}\lambda^3+\lambda & \lambda^3+\lambda^2\\ -\lambda^3-3\lambda^2+1 & 3\lambda^3+\lambda\end{pmatrix}$$

$$=\begin{pmatrix}1&2\\-1&3\end{pmatrix}\lambda^3+\begin{pmatrix}0&1\\-2&0\end{pmatrix}\lambda^2+\begin{pmatrix}1&0\\0&1\end{pmatrix}\lambda+\begin{pmatrix}0&0\\1&0\end{pmatrix}$$

$$\left(这里\ \boldsymbol{A}_0=\begin{pmatrix}1&2\\-1&3\end{pmatrix}\right)$$

---

① 注意，以 $\boldsymbol{B}(\lambda)$ 来左除 $\boldsymbol{A}(\lambda)$ 的可能性与唯一性可以从转置矩阵 $\boldsymbol{A}^{\mathrm{T}}(\lambda)$ 与 $\boldsymbol{B}^{\mathrm{T}}(\lambda)$ 的右除的可能性与唯一性来得出(由 $\boldsymbol{B}(\lambda)$ 的正则性). 事实上

$$\boldsymbol{A}^{\mathrm{T}}(\lambda)=\boldsymbol{Q}_1(\lambda)\boldsymbol{B}^{\mathrm{T}}(\lambda)+\boldsymbol{R}_1(\lambda) \tag{1}$$

得出(参考第 1 章 §2,1.2)

$$\boldsymbol{A}(\lambda)=\boldsymbol{B}^{\mathrm{T}}(\lambda)\boldsymbol{Q}_1^{\mathrm{T}}(\lambda)+\boldsymbol{R}_1^{\mathrm{T}}(\lambda) \tag{1$'$}$$

由于同样的推理，我们得出 $\boldsymbol{A}(\lambda)$ 左除以 $\boldsymbol{B}(\lambda)$ 的唯一性，由 $\boldsymbol{A}(\lambda)$ 左除以 $\boldsymbol{B}(\lambda)$ 的不唯一性将推得 $\boldsymbol{A}^{\mathrm{T}}(\lambda)$ 右除以 $\boldsymbol{B}^{\mathrm{T}}(\lambda)$ 的不唯一性.

比较式(1)与(1′)，我们得出

$$\overline{\boldsymbol{Q}}(\lambda)=\boldsymbol{Q}_1^{\mathrm{T}}(\lambda),\overline{\boldsymbol{R}}(\lambda)=\boldsymbol{R}_1^{\mathrm{T}}(\lambda)$$

$$\boldsymbol{B}(\lambda)=\begin{pmatrix}2\lambda^3+3 & -\lambda^2+1\\ -\lambda^2-1 & \lambda^2+2\end{pmatrix}=\begin{pmatrix}2 & -1\\ -1 & 1\end{pmatrix}\lambda^2+\begin{pmatrix}3 & 1\\ -1 & 2\end{pmatrix}\quad\left(\boldsymbol{B}_0=\begin{pmatrix}2 & -1\\ -1 & 1\end{pmatrix}\right)$$

$$|\boldsymbol{B}_0|\neq 1,\boldsymbol{B}_0^{-1}=\begin{pmatrix}1 & 1\\ 1 & 2\end{pmatrix},\boldsymbol{A}_0\boldsymbol{B}_0^{-1}=\begin{pmatrix}3 & 5\\ 2 & 5\end{pmatrix}$$

$$\boldsymbol{A}_0\boldsymbol{B}_0^{-1}\boldsymbol{B}(\lambda)=\begin{pmatrix}\lambda^2+4 & 2\lambda^2+13\\ -\lambda^2+1 & 3\lambda^3+12\end{pmatrix}$$

$$\begin{aligned}\boldsymbol{A}^{(1)}(\lambda)&=\begin{pmatrix}\lambda^3+\lambda & 2\lambda^3+\lambda^2\\ -\lambda^3-2\lambda^2+1 & 3\lambda^3+\lambda\end{pmatrix}-\begin{pmatrix}\lambda^3+4\lambda & 2\lambda^3+13\lambda\\ -\lambda^3+\lambda & 3\lambda^3+12\lambda\end{pmatrix}\\&=\begin{pmatrix}-3\lambda & \lambda^2-13\lambda\\ -2\lambda^2-\lambda+1 & -11\lambda\end{pmatrix}\\&=\begin{pmatrix}0 & 1\\ -2 & 0\end{pmatrix}\lambda^2+\begin{pmatrix}-3 & -13\\ -1 & -11\end{pmatrix}\lambda+\begin{pmatrix}0 & 0\\ 1 & 0\end{pmatrix}\end{aligned}$$

$$\boldsymbol{A}_0^{(1)}\boldsymbol{B}_0^{-1}=\begin{pmatrix}0 & 1\\ -2 & 0\end{pmatrix}\begin{pmatrix}1 & 1\\ 1 & 2\end{pmatrix}=\begin{pmatrix}1 & 2\\ -2 & -2\end{pmatrix}$$

$$\boldsymbol{A}_0^{(1)}\boldsymbol{B}_0^{-1}\boldsymbol{B}(\lambda)=\begin{pmatrix}1 & 2\\ -2 & -2\end{pmatrix}\begin{pmatrix}2\lambda^3+3 & -\lambda^2+1\\ -\lambda^2-1 & \lambda^2+2\end{pmatrix}=\begin{pmatrix}1 & \lambda^2+5\\ -2\lambda^2-4 & -6\end{pmatrix}$$

$$\begin{aligned}\boldsymbol{R}(\lambda)&=\boldsymbol{A}^{(1)}(\lambda)-\boldsymbol{A}_0^{(1)}\boldsymbol{B}_0^{-1}\boldsymbol{B}(\lambda)\\&=\begin{pmatrix}-3\lambda & \lambda^2-13\lambda\\ -2\lambda^2-\lambda+1 & -11\lambda\end{pmatrix}-\\&\quad\begin{pmatrix}1 & \lambda^2+5\\ -2\lambda^2-4 & -6\end{pmatrix}\\&=\begin{pmatrix}-3\lambda-1 & -13\lambda-5\\ -\lambda+5 & -11\lambda+6\end{pmatrix}\end{aligned}$$

$$\boldsymbol{Q}(\lambda)=\boldsymbol{A}_0\boldsymbol{B}_0^{-1}(\lambda)-\boldsymbol{A}_0^{(1)}\boldsymbol{B}_0^{-1}=\begin{pmatrix}3 & 5\\ 2 & 5\end{pmatrix}\lambda+\begin{pmatrix}1 & 2\\ -2 & -2\end{pmatrix}=\begin{pmatrix}3\lambda+1 & 5\lambda+2\\ 2\lambda-2 & 5\lambda-2\end{pmatrix}$$

让读者自己去验证下式来作为练习

$$\boldsymbol{A}(\lambda)=\boldsymbol{Q}(\lambda)\boldsymbol{B}(\lambda)+\boldsymbol{R}(\lambda)$$

讨论任一 n 阶矩阵多项式

$$\boldsymbol{F}(\lambda)=\boldsymbol{F}_0\lambda^m+\boldsymbol{F}_1\lambda^{m-1}+\cdots+\boldsymbol{F}_m\quad(\boldsymbol{F}_0\neq\boldsymbol{O})$$

将它右除与左除以二项式 $\lambda\boldsymbol{E}-\boldsymbol{A}$

$$\boldsymbol{F}(\lambda)=\boldsymbol{Q}(\lambda)(\lambda\boldsymbol{E}-\boldsymbol{A})+\boldsymbol{R},\boldsymbol{F}(\lambda)=(\lambda\boldsymbol{E}-\boldsymbol{A})\overline{\boldsymbol{Q}}(\lambda)+\overline{\boldsymbol{R}}\qquad(1.2.6)$$

在这种情形下右余式 $\boldsymbol{R}$ 与左余式 $\overline{\boldsymbol{R}}$ 将与 λ 无关. 为了确定右值 $F(\boldsymbol{A})$ 与左值 $\overline{F}(\boldsymbol{A})$,可以分别在恒等式(1.2.6)中将纯量 λ 换为矩阵 $\boldsymbol{A}$,因为矩阵 $\boldsymbol{A}$ 与二项式 $\lambda\boldsymbol{E}-\boldsymbol{A}$ 的矩阵系数是可变换的(参考 1.1 目)

$$\boldsymbol{F}(\boldsymbol{A})=\boldsymbol{Q}(\boldsymbol{A})(\boldsymbol{A}-\boldsymbol{A})+\boldsymbol{R}=\boldsymbol{R},\overline{\boldsymbol{F}}(\boldsymbol{A})=(\boldsymbol{A}-\boldsymbol{A})\overline{\boldsymbol{Q}}(\boldsymbol{A})+\overline{\boldsymbol{R}}=\overline{\boldsymbol{R}}$$

我们证明了:

定理 1.2.1(广义贝祖定理) 当矩阵多项式 $\boldsymbol{F}(\boldsymbol{A})$ 右(左)除以二项式 $\lambda\boldsymbol{E}-\boldsymbol{A}$ 时,除得的余式为 $\boldsymbol{F}(\boldsymbol{A})[\overline{\boldsymbol{F}}(\boldsymbol{A})]$.

由所证明的定理推知,右(左)除多项式 $\boldsymbol{F}(\lambda)$ 以二项式 $\lambda\boldsymbol{E}-\boldsymbol{A}$ 能够整除的充分必要条件是 $\boldsymbol{F}(\boldsymbol{A})\boldsymbol{F}(\boldsymbol{A})=\boldsymbol{O}(\overline{\boldsymbol{F}}(\boldsymbol{A})=\boldsymbol{O})$.

例 2 设 $\boldsymbol{A}=(a_{ij})_{n\times n}$,而 $f(\lambda)$ 为 λ 的多项式. 那么

$$\boldsymbol{F}(\lambda)=f(\lambda)\boldsymbol{E}-f(\boldsymbol{A})$$

可以被 $\lambda\boldsymbol{E}-\boldsymbol{A}$ 所整除(左或右),这可以直接从广义贝祖定理来得出,因为在此时

$$\boldsymbol{F}(\boldsymbol{A})=\overline{\boldsymbol{F}}(\boldsymbol{A})=\boldsymbol{O}$$

§2 矩阵的特征多项式与最小多项式

2.1 矩阵的特征多项式与特征值

在理论物理的研究中,一些结果将归结为下述常系数线性微分方程组的积分问题

$$\begin{cases}x'_1=a_{11}x_1+a_{12}x_2+\cdots+a_{1n}x_n\\x'_2=a_{21}x_1+a_{22}x_2+\cdots+a_{2n}x_n\\\vdots\\x'_n=a_{n1}x_1+a_{n2}x_2+\cdots+a_{nn}x_n\end{cases}\tag{2.1.1}$$

其中 x_j 为待求的 t 的函数,x'_j 为它的微商,a_{ik} 为给定的常数. 如果来求下列形状的解

$$x_1=b_1\mathrm{e}^{\lambda t},x_2=b_2\mathrm{e}^{\lambda t},\cdots,x_n=b_n\mathrm{e}^{\lambda t}$$

把它们代入方程组(2.1.1)并消去因子 $\mathrm{e}^{\lambda t}$,就得到用以决定常数 $b_1,b_2,\cdots,b_n$ 的代数方程组

$$
\begin{cases}
(\lambda-a_{11})b_1+a_{12}b_2+\cdots+a_{1n}b_n=0\\
a_{21}b_1+(\lambda-a_{22})b_2+\cdots+a_{2n}b_n=0\\
\qquad\vdots\\
a_{n1}b_1+a_{n2}b_2+\cdots+(\lambda-a_{mm})b_n=0
\end{cases}
\tag{2.1.2}
$$

因为,对于未知数 b_j 我们应当得到非零解,因而方程组(2.1.2)的系数行列式必须等于零.这样,问题就转化为求解关于 λ 的方程

$$
\begin{vmatrix}
\lambda-a_{11} & a_{12} & \cdots & a_{1n}\\
a_{21} & \lambda-a_{22} & \cdots & a_{2n}\\
\vdots & \vdots & & \vdots\\
a_{n1} & a_{n2} & \cdots & \lambda-a_{nn}
\end{vmatrix}=0
\tag{2.1.3}
$$

现在,我们来讨论上面例子中的代数问题.讨论矩阵

$$\boldsymbol{A}=(a_{ij})_{n\times n}$$

称矩阵 $\lambda\boldsymbol{E}-\boldsymbol{A}$ 为矩阵 $\boldsymbol{A}$ 的特征矩阵,其中 $\boldsymbol{E}$ 是 n 阶单位矩阵.因为在矩阵 $\lambda\boldsymbol{E}$ 中,主对角线上的元素是 λ,而其余元素为零,所以

$$
\lambda\boldsymbol{E}-\boldsymbol{A}=
\begin{pmatrix}
\lambda-a_{11} & -a_{12} & \cdots & -a_{1n}\\
-a_{21} & \lambda-a_{22} & \cdots & -a_{2n}\\
\vdots & \vdots & & \vdots\\
-a_{n1} & -a_{n2} & \cdots & \lambda-a_{nn}
\end{pmatrix}
$$

特征矩阵 $\lambda\boldsymbol{E}-\boldsymbol{A}$ 的行列式是关于 λ 的 n 次多项式.事实上,根据行列式的性质,由于式(2.1.3)左端行列式的每一列都是两组数的和,因此式(2.1.3)的左端等于 2^n 个行列式的和,其中两个为

$$
\begin{vmatrix}
\lambda & 0 & \cdots & 0\\
0 & \lambda & \cdots & 0\\
0 & 0 & \cdots & \lambda
\end{vmatrix}=\lambda^n
$$

$$
\begin{vmatrix}
-a_{11} & -a_{12} & \cdots & -a_{1n}\\
-a_{21} & -a_{22} & \cdots & -a_{2n}\\
\vdots & \vdots & & \vdots\\
-a_{n1} & -a_{n2} & \cdots & -a_{nn}
\end{vmatrix}=(-1)^n\ |\boldsymbol{A}|
$$

其余行列式是下面类型的行列式,它的第 $j_1,j_2,\cdots,j_{n-k}$ 列是含有 λ 的列,剩下的列是不含 λ 的列(它们是 $-\boldsymbol{A}$ 的列)

$$
\begin{array}{c}
\qquad\qquad\text{第 } j_1 \text{ 列 第 } j_2 \text{ 列} \qquad\qquad \text{第 } j_{n-k} \text{ 列} \\
\begin{vmatrix}
-a_{11} & \cdots & 0 & 0 & \cdots & 0 & \cdots & -a_{1n} \\
\vdots & & & & & & & \vdots \\
\vdots & \cdots & 0 & 0 & \cdots & 0 & \cdots & \vdots \\
-a_{j_1 1} & \cdots & \lambda & 0 & \cdots & 0 & \cdots & -a_{j_1 n} \\
\vdots & \cdots & 0 & 0 & \cdots & 0 & \cdots & \vdots \\
\vdots & & \vdots & & & & & \vdots \\
 & \cdots & 0 & 0 & \cdots & 0 & \cdots & \\
-a_{j_2 1} & \cdots & 0 & \lambda & \cdots & 0 & \cdots & -a_{j_2 2} \\
\vdots & \cdots & 0 & 0 & \cdots & 0 & \cdots & \vdots \\
\vdots & & \vdots & \vdots & & \vdots & & \vdots \\
\vdots & \cdots & 0 & 0 & \cdots & 0 & \cdots & \vdots \\
-a_{j_{n-k} 1} & \cdots & 0 & 0 & \cdots & \lambda & \cdots & -a_{j_{n-k} n} \\
\vdots & \cdots & 0 & 0 & \cdots & 0 & \cdots & \vdots \\
\vdots & & \vdots & \vdots & & \vdots & & \vdots \\
-a_{n1} & \cdots & \lambda & 0 & \cdots & 0 & \cdots & -a_{nn}
\end{vmatrix}
\begin{array}{l}
\\ \\ \\ \text{第 } j_1 \text{ 行} \\ \\ \\ \\ \text{第 } j_2 \text{ 行} \\ \\ \\ \\ \\ \\ \\ \\
\end{array}
\end{array}
\qquad (2.1.4)
$$

把式(2.1.4)按第 $j_1, j_2, \cdots, j_{n-k}$ 列展开,这 $n-k$ 列元素组成的 $n-k$ 阶子式只有一个不为0,其余 $n-k$ 阶子式全为0,令

$$\{j'_1, j'_2, \cdots, j'_k\} = \{1, 2, \cdots, n\} - \{j_1, j_2, \cdots, j_{n-k}\}$$

且 $j'_1 < j'_2 < \cdots < j'_k$,则式(2.1.4)的值为

$$
\begin{vmatrix}
\lambda & 0 & \cdots & 0 \\
0 & \lambda & \cdots & 0 \\
\vdots & \vdots & & \vdots \\
0 & 0 & \cdots & \lambda
\end{vmatrix}
(1)^{(j_1 \cdots j_{n-k}) + (j_1 + \cdots + j_{n-k})} (-\boldsymbol{A}) \begin{pmatrix} j'_1 & j'_2 & \cdots & j'_k \\ j'_1 & j'_2 & \cdots & j'_k \end{pmatrix}
$$

$$
= \lambda^{n-k} (-1)^k \boldsymbol{A} \begin{pmatrix} j'_1 & j'_2 & \cdots & j'_k \\ j'_1 & j'_2 & \cdots & j'_k \end{pmatrix}
$$

由于 $1 \leqslant j'_1 < j'_2 < \cdots < j'_k \leqslant n$,因此 $|\lambda \boldsymbol{E} - \boldsymbol{A}|$ 中 λ^{n-k} 的系数为

$$
(-1)^k \sum_{1 \leqslant j'_1 < j'_2 < \cdots < j'_k \leqslant n} \boldsymbol{A} \begin{pmatrix} j'_1 & j'_2 & \cdots & j'_k \\ j'_1 & j'_2 & \cdots & j'_k \end{pmatrix}
$$

即 $|\lambda \boldsymbol{E} - \boldsymbol{A}|$ 中 λ^{n-k} 的系数等于 $(-1)^k$ 乘 $\boldsymbol{A}$ 的所有 k 阶主子式的和,其中 $k = 1, 2, \cdots, n-1$. 特别地,λ^{n-1} 的系数为

$$-(a_{11} + a_{22} + \cdots + a_{nn})$$

特征矩阵的行列式，即 n 次多项式

$$\Delta(\lambda)=|\lambda\boldsymbol{E}-\boldsymbol{A}|=|(\lambda\delta_{ij}-a_{ij})_{n\times n}|$$

称为矩阵 $\boldsymbol{A}$ 的特征多项式，而它的根称为这个矩阵的特征根. 这些根可能是实数，也可能是复数.

下面几个是特征值的简单性质：

定理 2.1.1 $\boldsymbol{A}^{\mathrm{T}}$ 和 $\boldsymbol{A}$ 的特征值相同；$\boldsymbol{A}^{\mathrm{H}}$ 的特征值是 $\boldsymbol{A}$ 的特征值的复共轭.

证明 第一个结论由等式 $|\lambda\boldsymbol{E}-\boldsymbol{A}^{\mathrm{T}}|=|(\lambda\boldsymbol{E}-\boldsymbol{A})^{\mathrm{T}}|=|\lambda\boldsymbol{E}-\boldsymbol{A}|$ 即得. 类似地，等式

$$|\bar{\lambda}\boldsymbol{E}-\boldsymbol{A}^{\mathrm{H}}|=|(\lambda\boldsymbol{E}-\boldsymbol{A})^{\mathrm{H}}|=|\overline{(\lambda\boldsymbol{E}-\boldsymbol{A})}|$$

表明了第二个结论的正确性.

直接把行列式展开来计算特征多项式常常需要很大的计算，因此我们引入下面的定理.

定理 2.1.2(特征多项式的降阶定理) 设 $\boldsymbol{A}$ 和 $\boldsymbol{B}$ 分别为 $n\times m$ 维、$m\times n$ 维矩阵，且 $m\geqslant n$，则

$$|\lambda\boldsymbol{E}_{m\times m}-\boldsymbol{AB}|=\lambda^{m-n}|\lambda\boldsymbol{E}_{n\times n}-\boldsymbol{BA}| \tag{2.1.5}$$

证明 设 $\lambda\neq 0$，则

$$\begin{pmatrix}\boldsymbol{E}_{m\times m} & -\boldsymbol{A}\\ \boldsymbol{O} & \boldsymbol{E}_{n\times n}\end{pmatrix}\begin{pmatrix}\lambda\boldsymbol{E}_{m\times m} & \boldsymbol{A}\\ \boldsymbol{B} & \boldsymbol{E}_{n\times n}\end{pmatrix}=\begin{pmatrix}\lambda\boldsymbol{E}_{m\times m}-\boldsymbol{AB} & \boldsymbol{O}\\ \boldsymbol{B} & \boldsymbol{E}_{n\times n}\end{pmatrix}$$

$$\begin{pmatrix}\lambda\boldsymbol{E}_{m\times m} & \boldsymbol{A}\\ \boldsymbol{B} & \boldsymbol{E}_{n\times n}\end{pmatrix}\begin{pmatrix}\boldsymbol{E}_{m\times m} & -\dfrac{1}{\lambda}\boldsymbol{A}\\ \boldsymbol{O} & \boldsymbol{E}_{n\times n}\end{pmatrix}=\begin{pmatrix}\lambda\boldsymbol{E}_{m\times m} & \boldsymbol{O}\\ \boldsymbol{B} & \boldsymbol{E}_{n\times n}-\dfrac{1}{\lambda}\boldsymbol{BA}\end{pmatrix}$$

对上面两个等式两边分别取行列式，得到

$$|\lambda\boldsymbol{E}_{m\times m}-\boldsymbol{AB}|=\lambda^{m}\left|\boldsymbol{E}_{n\times n}-\frac{1}{\lambda}\boldsymbol{BA}\right|=\lambda^{m-n}|\lambda\boldsymbol{E}_{n\times n}-\boldsymbol{BA}|$$

推论 1 设 $\boldsymbol{A},\boldsymbol{B}$ 为同阶方阵，则 $\boldsymbol{AB}$ 与 $\boldsymbol{BA}$ 有相同的特征多项式.

推论 2 设 $\boldsymbol{A}$ 是 $n\times m$ 维矩阵，$\boldsymbol{B}$ 是 $m\times n$ 维矩阵，则 $\boldsymbol{AB}$ 与 $\boldsymbol{BA}$ 有相同的(包括重数) 非零特征值.

由定理 2.1.2，方阵 $\boldsymbol{AB}$ 与 $\boldsymbol{BA}$ 的特征多项式相差一个(非零) 常数因子 λ^{m-n}，这两个多项式有相同的(包括重数) 非零根，于是推论 2 的结论成立.

对于奇异方阵来说，应用定理 2.1.2 尤为方便. 这是因为，若 $\boldsymbol{C}$ 是秩为 r 的 n 阶方阵($r<n$)，则 $\boldsymbol{C}$ 有满秩分解：$\boldsymbol{C}=\boldsymbol{AB}$，其中 $\boldsymbol{A}$ 是 $n\times r$ 维列满秩矩阵，$\boldsymbol{B}$ 是 $r\times n$ 维行满秩矩阵. 利用定理 2.1.1，有

$$|\lambda\boldsymbol{E}_{n\times n}-\boldsymbol{C}|=|\lambda\boldsymbol{E}_{n\times n}-\boldsymbol{AB}|=\lambda^{n-r}|\lambda\boldsymbol{E}_{r\times r}-\boldsymbol{BA}|$$

当 r 较小时，$|\lambda E_{r\times r}-BA|$ 是容易求出的. 对于某些非奇异方阵，有时也可将它化为奇异方阵来处理(如下面的例子).

另外，为了应用上的方便，常将特征多项式的降阶定理改成下面的形式：

$$|\lambda \boldsymbol{E}_{m\times m}+\boldsymbol{AB}|=\lambda^{m-n}|\lambda \boldsymbol{E}_{n\times n}+\boldsymbol{BA}|$$

其中 $\boldsymbol{A},\boldsymbol{B}$ 分别是 $n\times m$ 维、$m\times n$ 维矩阵，且 $m\geqslant n$. 即在式(2.1.5) 中将 $\boldsymbol{A}$ 换成 $-\boldsymbol{A}$.

例 2 求 n 阶对称矩阵

$$\boldsymbol{A}=\begin{pmatrix}0&1&1&\cdots&1\\1&0&1&\cdots&1\\1&1&0&\cdots&1\\\vdots&\vdots&\vdots&&\vdots\\1&1&1&\cdots&0\end{pmatrix}$$

的 n 个特征值.

解 因为

$$|\lambda \boldsymbol{E}-\boldsymbol{A}|=\begin{vmatrix}(\lambda+1)-1&-1&-1&\cdots&-1\\-1&(\lambda+1)-1&-1&\cdots&-1\\-1&1&(\lambda+1)-1&\cdots&-1\\\vdots&\vdots&\vdots&&\\-1&-1&-1&\cdots&(\lambda+1)-1\end{vmatrix}$$

$$=\left|(\lambda+1)\boldsymbol{E}-\begin{pmatrix}1&1&\cdots&1\\1&1&\cdots&1\\1&1&\cdots&1\\\vdots&\vdots&&\vdots\\1&1&\cdots&1\end{pmatrix}\right|$$

$$=\left|(\lambda+1)\boldsymbol{E}-\begin{pmatrix}1\\1\\\vdots\\1\end{pmatrix}(1,1,\cdots,1)\right|$$

由特征多项式的降阶定理，可得

$$|\lambda \boldsymbol{E}-\boldsymbol{A}|=(\lambda+1)^{n-1}\left|(\lambda+1)-(1,1,\cdots,1)\begin{pmatrix}1\\1\\\vdots\\1\end{pmatrix}\right|$$

$$=(\lambda+1)^{n-1}(\lambda+1-n)$$

所以,$\boldsymbol{A}$ 有 $n-1$ 个特征值是 -1,还有一个特征值是 $n-1$.

2.2 矩阵的特征向量

对于任意方阵 $\boldsymbol{A}$,考虑带有参数 λ 的齐次线性方程组

$$(\lambda \boldsymbol{E}-\boldsymbol{A})\boldsymbol{X}=\boldsymbol{O} \tag{2.2.1}$$

我们知道,这方程组具有非零解的充要条件是其系数行列式 $|\lambda \boldsymbol{E}-\boldsymbol{A}|$ 等于零. 换句话说,当且仅当参数 λ 满足矩阵 $\boldsymbol{A}$ 的特征方程

$$\Delta(\lambda)=0$$

时,方程组(2.2.1)才有非零解.

如此,亦可以把方阵 $\boldsymbol{A}$ 的特征值等价地定义为:使得方程组 $\boldsymbol{AX}=\lambda\boldsymbol{X}$ 有非零解的数 λ.

设 λ_0 为矩阵 $\boldsymbol{A}$ 的特征值,而 $\boldsymbol{X}_0$ 是满足 $\boldsymbol{AX}=\lambda_0\boldsymbol{X}$ 的非零解,那么称 $\boldsymbol{X}_0$ 为 $\boldsymbol{A}$ 的对应于特征值 λ_0 的特征向量①.

根据方程组的理论,容易知道,$\boldsymbol{A}$ 的对应于特征值 λ_0 的特征向量就是齐次线性方程组 $(\lambda_0\boldsymbol{E}-\boldsymbol{A})\boldsymbol{X}=\boldsymbol{O}$ 的所有非零解,它们有无限多个(可参阅第2章定理4.1.1). 今后,称齐次线性方程组 $(\lambda_0\boldsymbol{E}-\boldsymbol{A})\boldsymbol{X}=\boldsymbol{O}$ 的任一个基础解系为 $\boldsymbol{A}$ 的对应于特征值 λ_0 的极大线性无关特征向量组.

定义 2.2.1 设 λ 是矩阵 $\boldsymbol{A}$ 的特征值,则 λ 作为特征多项式的根的重数称为它关于 $\boldsymbol{A}$ 的代数重数;λ 的极大线性无关特征向量组中向量的个数称为它关于 $\boldsymbol{A}$ 的几何重数.

定理 2.2.1 特征值的几何重数小于或者等于它的代数重数.

引理 设 λ 是 n 阶矩阵 $\boldsymbol{A}$ 的特征值,并且它的代数重数为 k,则 $\boldsymbol{A}$ 的特征多项式的秩不小于 $n-k$.

证明 设 $\boldsymbol{B}=\lambda\boldsymbol{E}-\boldsymbol{A}$ 而 $f(\lambda)$ 是 $\boldsymbol{B}$ 的特征多项式. 因为($\boldsymbol{A}$ 的特征值)λ 的代数重数为 k,所以 0 是 $\boldsymbol{B}$ 的一个代数重数为 k 的特征值,从而 $f^{(k)}(0)\neq 0$. 但 $f^{(k)}(0)=k!\ (-1)^{n-k}\Delta_{n-k}(\boldsymbol{B})$,这里 $\Delta_{n-k}(\boldsymbol{B})$ 表示 $\boldsymbol{B}$ 的一切 $n-k$ 阶主子式之和,故有 $\Delta_{n-k}(\boldsymbol{B})\neq 0$. 于是 $\boldsymbol{B}=\lambda\boldsymbol{E}-\boldsymbol{A}$ 必有某个 $n-k$ 阶主子式不为零,所以秩 $(\lambda\boldsymbol{E}-\boldsymbol{A})\geqslant n-k$.

回到定理 2.2.1 的证明. 设 n 阶矩阵 $\boldsymbol{A}$ 的特征矩阵 $\lambda\boldsymbol{E}-\boldsymbol{A}$ 的秩为 r,则由于

① 这里把非零解称为向量,是沿用了几何的语言. 特征值与特征向量诸概念亦产生于线性变换结构的研究,详见第 9 章.

$|\lambda\boldsymbol{E}-\boldsymbol{A}|=0$ 知 $r<n$，于是一方面，按照第 2 章定理 4.11.5，齐次线性方程组 $(\lambda\boldsymbol{E}-\boldsymbol{A})\boldsymbol{X}=\boldsymbol{O}$ 有含 $n-r$ 个解的基础解系存在. 就是说 λ 关于 $\boldsymbol{A}$ 的几何重数为 $n-r$. 另一方面，按引理，特征值 λ 关于 $\boldsymbol{A}$ 的代数重数 $k\geqslant n-r=\lambda$ 是关于 $\boldsymbol{A}$ 的几何重数.

例 3 分别求出三阶矩阵

$$\boldsymbol{A}=\begin{pmatrix}1&-1&1\\1&3&-1\\1&1&1\end{pmatrix}$$

和

$$\boldsymbol{B}=\begin{pmatrix}3&1&0\\-1&1&0\\-1&-1&2\end{pmatrix}$$

的所有特征值，并求出对应于每一个特征值的极大线性无关向量组.

解 因为 $\boldsymbol{A}$ 的特征多项式

$$|\lambda\boldsymbol{E}_{3\times 3}-\boldsymbol{A}|=\begin{vmatrix}\lambda-1&1&1\\-1&\lambda-3&1\\-1&-1&\lambda-1\end{vmatrix}=(\lambda-1)(\lambda-2)^2$$

所以 $\boldsymbol{A}$ 的特征值是

$$\lambda_1=1,\lambda_2=\lambda_3=2$$

当 $\lambda_1=1$ 时，相应的齐次线性方程组为

$$(\lambda_1\boldsymbol{E}-\boldsymbol{A})\boldsymbol{X}=\begin{pmatrix}0&1&-1\\-1&-2&1\\-1&-1&0\end{pmatrix}\begin{pmatrix}x_1\\x_2\\x_3\end{pmatrix}=\begin{pmatrix}0\\0\\0\end{pmatrix}$$

它的一个基础解系是 $\begin{pmatrix}-1\\1\\1\end{pmatrix}$，所以对应于 $\lambda_1=1$ 的极大线性无关向量组为 $\begin{pmatrix}-1\\1\\1\end{pmatrix}$.

当 $\lambda_2=2$ 时，齐次线性方程组

$$(\lambda_2\boldsymbol{E}-\boldsymbol{A})\boldsymbol{X}=\begin{pmatrix}1&1&-1\\-1&-1&1\\-1&-1&1\end{pmatrix}\begin{pmatrix}x_1\\x_2\\x_3\end{pmatrix}=\begin{pmatrix}0\\0\\0\end{pmatrix}$$

的一个基础解系是$\begin{pmatrix}1\\0\\1\end{pmatrix}$，$\begin{pmatrix}0\\1\\1\end{pmatrix}$，对应于$\lambda_2=2$的极大线性无关向量组为$\begin{pmatrix}1\\0\\1\end{pmatrix}$，$\begin{pmatrix}0\\1\\1\end{pmatrix}$.

与$\boldsymbol{A}$一样，容易算出$|\lambda\boldsymbol{E}_{3\times3}-\boldsymbol{B}|=(\lambda-2)^3$，而对应于$\lambda=2$的极大线性无关向量组是

$$\boldsymbol{X}_1=\begin{pmatrix}1\\-1\\0\end{pmatrix},\boldsymbol{X}_2=\begin{pmatrix}1\\-1\\1\end{pmatrix}$$

定理 2.2.2 设$\lambda_1,\lambda_2,\cdots,\lambda_s$是$n$阶方阵$\boldsymbol{A}$的$s$个不同的特征值，$\boldsymbol{X}_1$，$\boldsymbol{X}_2,\cdots,\boldsymbol{X}_s$分别是对应于$\lambda_1,\lambda_2,\cdots,\lambda_s$的特征向量，则$\boldsymbol{X}_1,\boldsymbol{X}_2,\cdots,\boldsymbol{X}_s$必定线性无关.

证明 对s作归纳.当$s=1$时，定理显然正确，因为一个非零的列必然线性无关.现在假设有数$c_1,c_2,\cdots,c_s$，使得

$$c_1\boldsymbol{X}_1+c_2\boldsymbol{X}_2+\cdots+c_s\boldsymbol{X}_s=\boldsymbol{O} \tag{2.2.2}$$

这个等式两端左乘$\boldsymbol{A}$，并注意到$\boldsymbol{A}\boldsymbol{X}_i=\lambda_i\boldsymbol{X}_i(i=1,2,\cdots,s)$，我们得到

$$c_1\lambda_1\boldsymbol{X}_1+c_2\lambda_2\boldsymbol{X}_2+\cdots+c_s\lambda_s\boldsymbol{X}_s=\boldsymbol{O} \tag{2.2.3}$$

又式(2.2.2)乘以λ_s，再减去式(2.2.3)，得到

$$c_1(\lambda_s-\lambda_1)\boldsymbol{X}_1+c_2(\lambda_s-\lambda_2)\boldsymbol{X}_2+\cdots+c_{s-1}(\lambda_s-\lambda_{s-1})\boldsymbol{X}_{s-1}=\boldsymbol{O}$$

由归纳假设应有

$$c_i(\lambda_s-\lambda_i)=0\quad(i=1,2,\cdots,s-1)$$

但因$\lambda_s-\lambda_i\neq0$，所以

$$c_i=0\quad(i=1,2,\cdots,s-1)$$

代入式(2.2.2)，即得

$$c_s\boldsymbol{X}_s=\boldsymbol{O}$$

但$\boldsymbol{X}_s$非零，所以$c_s=0$.于是$\boldsymbol{X}_1,\boldsymbol{X}_2,\cdots,\boldsymbol{X}_s$线性无关.

由定理2.2.2易知，相应于一个特征向量的特征值只有一个.

进一步是下面的定理：

定理 2.2.3 设$\lambda_1,\lambda_2,\cdots,\lambda_s$是$n$阶方阵$\boldsymbol{A}$的$s$个不同的特征值，$\boldsymbol{X}_{i1}$，$\boldsymbol{X}_{i2},\cdots,\boldsymbol{X}_{ir_1}$是对应于$\lambda_i$的特征向量$(i=1,2,\cdots,s)$，则$\boldsymbol{X}_{11},\boldsymbol{X}_{12},\cdots,\boldsymbol{X}_{s1},\boldsymbol{X}_{s2},\cdots$，$\boldsymbol{X}_{sr_s}$必定线性无关.

证明 设有

$$\sum_{j=1}^{r_1}c_{1j}\boldsymbol{X}_{1j}+\sum_{j=1}^{r_2}c_{2j}\boldsymbol{X}_{2j}+\cdots+\sum_{j=1}^{r_s}c_{sj}\boldsymbol{X}_{sj}=\boldsymbol{O}$$

今记$\boldsymbol{Y}_i=\sum\limits_{j=1}^{r_1}c_{ij}\boldsymbol{X}_{ij}\ (i=1,2,\cdots,s)$，则上式可写为

$$\boldsymbol{Y}_1+\boldsymbol{Y}_2+\cdots+\boldsymbol{Y}_s=\boldsymbol{O} \tag{2.2.4}$$

由此可知$\boldsymbol{Y}_1,\boldsymbol{Y}_2,\cdots,\boldsymbol{Y}_s$全为零向量. 因为否则其中不为零向量的$\boldsymbol{Y}_i$是对应于$\lambda_i$的特征向量，由式(2.2.4)便得到对应于不同特征值的特征向量线性相关，这与定理2.1.2矛盾.

由$\boldsymbol{Y}_i=\sum\limits_{j=1}^{r_1}c_{ij}\boldsymbol{X}_{ij}=\boldsymbol{O}(i=1,2,\cdots,s)$，又注意到$\boldsymbol{X}_{i1},\boldsymbol{X}_{i2},\cdots,\boldsymbol{X}_{ir_1}$线性无关，故

$$c_{i1}=c_{i2}=\cdots=c_{ir_1}=0$$

这就证明了$\boldsymbol{X}_{11},\boldsymbol{X}_{12},\cdots,\boldsymbol{X}_{s1},\boldsymbol{X}_{s2},\cdots,\boldsymbol{X}_{sr_s}$线性无关.

推论 设n阶方阵$\boldsymbol{A}$有s个不同的特征值$\lambda_1,\lambda_2,\cdots,\lambda_s$，$\boldsymbol{A}$的对应于$\lambda_i$的极大线性无关向量组中向量的个数为$n_i(i=1,2,\cdots,s)$，则

$$n_1+n_2+\cdots+n_s\leqslant n$$

且等号成立的充要条件是$\boldsymbol{A}$有n个线性无关的特征向量.

充分性的证明留给读者.

定义 2.2.1 如果n阶方阵$\boldsymbol{A}$有n个线性无关的特征向量$\boldsymbol{X}_1,\boldsymbol{X}_2,\cdots,\boldsymbol{X}_n$，则称$\boldsymbol{A}$有完全特征向量系，同时称$\boldsymbol{X}_1,\boldsymbol{X}_2,\cdots,\boldsymbol{X}_n$是$\boldsymbol{A}$的完全特征向量系.

前面的例子中的$\boldsymbol{A}$在有理数域上有完全特征向量系；例子中的$\boldsymbol{B}$，即便在复数域上也没有.

最后，讨论广义初等矩阵$\boldsymbol{E}(\boldsymbol{U},\boldsymbol{V};\sigma)=\boldsymbol{E}_n-\sigma\boldsymbol{U}\boldsymbol{V}^{\mathrm{H}}$的特征值与特征向量，这里$\boldsymbol{E}_n$是$n$阶单位矩阵而$\boldsymbol{U},\boldsymbol{V}$是$n$维的列复向量.

定理 2.2.4 若$\boldsymbol{U}\notin\boldsymbol{V}^{\perp}$($\boldsymbol{V}^{\perp}$表示与$\boldsymbol{V}$正交的$n-1$维子空间)①，则$\boldsymbol{E}(\boldsymbol{U},\boldsymbol{V};\sigma)$有$n$个线性无关的特征向量，该组特征向量由$\boldsymbol{U}$及$\boldsymbol{V}^{\perp}$的任一组基底构成；若$\boldsymbol{U}\in\boldsymbol{V}^{\perp}$，则$\boldsymbol{E}(\boldsymbol{U},\boldsymbol{V};\sigma)$仅有$n-1$个线性无关的特征向量，它由$\boldsymbol{V}^{\perp}$的任一基底构成.

证明 在$\boldsymbol{V}^{\perp}$中任取一组基$\boldsymbol{U}_1,\boldsymbol{U}_2,\cdots,\boldsymbol{U}_{n-1}$，则有

$$\boldsymbol{E}(\boldsymbol{U},\boldsymbol{V};\sigma)\boldsymbol{U}_i=(\boldsymbol{E}_n-\sigma\boldsymbol{U}\boldsymbol{V}^{\mathrm{H}})\boldsymbol{U}_i=\boldsymbol{E}_n\boldsymbol{U}_i-\sigma\boldsymbol{U}\boldsymbol{V}^{\mathrm{H}}\boldsymbol{U}_i=\boldsymbol{U}_i\quad(i=1,2,\cdots,n-1)$$

最后一个等号是注意到了正交性：$\boldsymbol{V}^{\mathrm{H}}\boldsymbol{U}_i=\boldsymbol{0}$.

因此，$\boldsymbol{U}_i(i=1,2,\cdots,n-1)$是$\boldsymbol{E}(\boldsymbol{U},\boldsymbol{V};\sigma)$的属于特征值1的特征向量.

① 关于$\boldsymbol{V}$的正交补空间$\boldsymbol{V}^{\perp}$的概念参阅本书第二部分相关内容. 在目前，$\boldsymbol{V}^{\perp}$可以了解为$\boldsymbol{V}^{\mathrm{H}}\boldsymbol{X}=\boldsymbol{0}$的所有解构成的集合，而下面证明过程中的基$\boldsymbol{U}_1,\boldsymbol{U}_2,\cdots,\boldsymbol{U}_{n-1}$是这方程的基础解系(参照第4章3.2目，引理的证明).

若 $\boldsymbol{U} \notin \boldsymbol{V}^{\perp}$，则有

$$\boldsymbol{E}(\boldsymbol{U},\boldsymbol{V};\sigma)\boldsymbol{U}=(\boldsymbol{E}_n-\sigma\boldsymbol{U}\boldsymbol{V}^{\mathrm{H}})\boldsymbol{U}=\boldsymbol{U}-\sigma\boldsymbol{U}(\boldsymbol{V}^{\mathrm{H}}\boldsymbol{U})$$
$$=\boldsymbol{U}-\sigma(\boldsymbol{U}\boldsymbol{V}^{\mathrm{H}})\boldsymbol{U}=(1-\sigma\boldsymbol{U}\boldsymbol{V}^{\mathrm{H}})\boldsymbol{U}$$

这就是说，此时 $\boldsymbol{U}$ 也是 $\boldsymbol{E}(\boldsymbol{U},\boldsymbol{V};\sigma)$ 的特征向量，相应的特征值是 $1-\sigma\boldsymbol{U}\boldsymbol{V}^{\mathrm{H}}$.

若 $\boldsymbol{U} \in \boldsymbol{V}^{\perp}$，那么可以证明：$\boldsymbol{E}(\boldsymbol{U},\boldsymbol{V};\sigma)$ 的任一特征向量 $\boldsymbol{X}$ 都含在 $\boldsymbol{V}^{\perp}$ 中. 事实上，由

$$\boldsymbol{E}(\boldsymbol{U},\boldsymbol{V};\sigma)\boldsymbol{X}=\lambda\boldsymbol{X}$$

得到

$$(1-\lambda)\boldsymbol{X}=\sigma\boldsymbol{V}^{\mathrm{H}}X\boldsymbol{U}$$

若 $\lambda=1$，则 $\boldsymbol{V}^{\mathrm{H}}\boldsymbol{X}=\boldsymbol{0}$，即 $\boldsymbol{X}\in\boldsymbol{V}^{\perp}$；若 $\lambda\neq1$，则 $\boldsymbol{X}=\dfrac{\sigma\boldsymbol{V}^{\mathrm{H}}\boldsymbol{X}}{1-\lambda}$，所以 $\boldsymbol{X}$ 应与 $\boldsymbol{U}$ 共线，所以有 $\boldsymbol{X}\in\boldsymbol{V}^{\perp}$. 证毕.

定理 2.2.5 矩阵 $\boldsymbol{E}(\boldsymbol{U},\boldsymbol{V};\sigma)$ 的特征谱为

$$\lambda(\boldsymbol{E}(\boldsymbol{U},\boldsymbol{V};\sigma))=\{(1-\sigma\boldsymbol{U}\boldsymbol{V}^{\mathrm{H}}),1,\cdots,1\}$$

2.3 附加矩阵·哈密尔顿－凯莱①定理

设有矩阵 $\boldsymbol{A}=(a_{ij})_{n\times n}$，而 $\Delta(\lambda)=|\lambda\boldsymbol{E}-\boldsymbol{A}|$ 是它的特征多项式. 矩阵 $\boldsymbol{B}(\lambda)=(b_{ij}(\lambda))_{n\times n}$，其中 $b_{ij}(\lambda)$ 为元素 $\lambda\delta_{ij}-a_{ij}$ 在行列式 $\Delta(\lambda)$ 中的代数余子式，称为关于矩阵 $\boldsymbol{A}$ 的附加矩阵.

例如，对于矩阵

$$\boldsymbol{A}=\begin{pmatrix} a_{11} & a_{12} & a_{13} \\ a_{21} & a_{22} & a_{23} \\ a_{31} & a_{32} & a_{33} \end{pmatrix}$$

我们有

$$\lambda\boldsymbol{E}-\boldsymbol{A}=\begin{pmatrix} \lambda-a_{11} & -a_{12} & -a_{13} \\ -a_{21} & \lambda-a_{22} & -a_{23} \\ -a_{31} & -a_{32} & \lambda-a_{33} \end{pmatrix}$$

$$\Delta(\lambda)=|\lambda\boldsymbol{E}-\boldsymbol{A}|=\lambda^3-(a_{11}+a_{22}+a_{33})\lambda^2+\cdots$$

---

① 哈密尔顿（Hamilton，1805—1865），爱尔兰数学家. 凯莱（Cayley，1821—1895），英国数学家.

哈密尔顿在他所著的《四元数讲义》一书中，涉及线性变换满足它的特征多项式的问题，凯莱在1858年的一篇文章中，对 $n=3$ 的情形验证了此定理，但认为没有必要进一步证明. 1878年，德国数学家弗罗伯尼证明了哈密尔顿－凯莱定理，还引入了矩阵的秩、正交矩阵和最小多项式的概念. 他在λ－矩阵的不变因子等方面，也做了很多工作.

$$\boldsymbol{B}(\lambda)=\begin{pmatrix}\lambda^2-(a_{22}+a_{33})\lambda+a_{22}a_{33}-a_{23}a_{32} & * & * \\ a_{21}\lambda+a_{23}a_{31}-a_{21}a_{33} & * & * \\ a_{31}\lambda+a_{21}a_{32}-a_{22}a_{31} & * & *\end{pmatrix}$$

由上述定义,我们得出关于λ的恒等式

$$(\lambda\boldsymbol{E}-\boldsymbol{A})\boldsymbol{B}(\lambda)=\Delta(\lambda)\boldsymbol{E} \tag{2.3.1}$$

$$\boldsymbol{B}(\lambda)(\lambda\boldsymbol{E}-\boldsymbol{A})=\Delta(\lambda)\boldsymbol{E} \tag{2.3.1$'$}$$

这些等式的右边可以视为有矩阵系数的多项式(每一系数都等于一个纯量与单位矩阵$\boldsymbol{E}$的乘积).多项式矩阵$\boldsymbol{B}(\lambda)$,可以对λ的幂展开,表为多项式的形状.等式(2.3.1)与(2.3.1$'$)证明了以$\lambda\boldsymbol{E}-\boldsymbol{A}$左或右除$\Delta(\lambda)\boldsymbol{E}$都能除尽.由广义贝祖定理,这只有在余式$\Delta(\boldsymbol{A})\boldsymbol{E}=\Delta(\boldsymbol{A})$等于零时才能成立.我们证明了:

定理2.3.1(哈密尔顿-凯莱)　每一个方阵$\boldsymbol{A}$都适合它的特征方程,亦即

$$\Delta(\boldsymbol{A})=\boldsymbol{O}$$

例如,设

$$\boldsymbol{A}=\begin{pmatrix}2 & 1\\ -1 & 3\end{pmatrix}$$

我们有

$$\lambda\boldsymbol{E}-\boldsymbol{A}=\begin{vmatrix}\lambda-2 & 1\\ -1 & \lambda-3\end{vmatrix}=\lambda^2-5\lambda+7$$

$$\Delta(\boldsymbol{A})=\boldsymbol{A}^2-5\boldsymbol{A}+7\boldsymbol{E}=\begin{pmatrix}3 & 5\\ -5 & 8\end{pmatrix}-5\begin{pmatrix}2 & 1\\ -1 & 3\end{pmatrix}+7\begin{pmatrix}1 & 0\\ 0 & 3\end{pmatrix}=\begin{pmatrix}0 & 0\\ 0 & 0\end{pmatrix}=\boldsymbol{O}$$

以$\lambda_1,\lambda_2,\cdots,\lambda_n$记矩阵$\boldsymbol{A}$的所有特征值,亦即特征多项式$\Delta(\lambda)$的所有的根(每一个数$\lambda_i$在这一序列中所重复出现的次数等于其作为多项式$\Delta(\lambda)$的根的重数).那么

$$\Delta(\lambda)=|\lambda\boldsymbol{E}-\boldsymbol{A}|=(\lambda-\lambda_1)(\lambda-\lambda_2)\cdots(\lambda-\lambda_n) \tag{2.3.2}$$

设给定任一纯量多项式$g(\zeta)$.求出矩阵$g(\boldsymbol{A})$的特征值.为此可分解$g(\zeta)$为线性因子的乘积

$$g(\zeta)=a_0(\zeta-\zeta_1)(\zeta-\zeta_2)\cdots(\zeta-\zeta_h) \tag{2.3.3}$$

在这一恒等式的两边,以矩阵$\boldsymbol{A}$代ζ

$$g(\boldsymbol{A})=a_0(\boldsymbol{A}-\zeta_1\boldsymbol{E})(\boldsymbol{A}-\zeta_2\boldsymbol{E})\cdots(\boldsymbol{A}-\zeta_h\boldsymbol{E}) \tag{2.3.4}$$

在等式(2.3.4)的两边取行列式且应用等式(2.3.2)与(2.3.3),我们得出

$$\begin{aligned}g(\boldsymbol{A})&=a_0^n\ |\boldsymbol{A}-\zeta_1\boldsymbol{E}|\,|\boldsymbol{A}-\zeta_2\boldsymbol{E}|\cdots|\boldsymbol{A}-\zeta_h\boldsymbol{E}|\\&=(-1)^{nh}a_0^n\Delta(\zeta_1)\Delta(\zeta_2)\cdots\Delta(\zeta_h)\end{aligned}$$

$$=(-1)^{nh}a_0^n\prod_{i=1}^{h}\prod_{j=1}^{h}(\xi_i-\lambda_j)$$
$$=g(\lambda_1)g(\lambda_2)\cdots g(\lambda_n)$$

在等式

$$g(\boldsymbol{A})=g(\lambda_1)g(\lambda_2)\cdots g(\lambda_n)$$

中把多项式 $g(\zeta)$ 换为 $\lambda-g(\zeta)$，其中 λ 为一个参变数，我们得出

$$|\lambda\boldsymbol{E}-g(\boldsymbol{A})|=[\lambda-g(\lambda_1)][\lambda-g(\lambda_2)]\cdots[\lambda-g(\lambda_n)]$$

由这一个等式推得以下的定理：

定理 2.3.2 如果 $\lambda_1,\lambda_2,\cdots,\lambda_n$ 为矩阵 $\boldsymbol{A}$ 所有的特征值(多重根重复计入)，而 $g(\zeta)$ 为某一纯量多项式，那么 $g(\lambda_1),g(\lambda_2),\cdots,g(\lambda_n)$ 为矩阵 $g(\boldsymbol{A})$ 所有的特征值.

特别地，如果矩阵 $\boldsymbol{A}$ 有特征值 $\lambda_1,\lambda_2,\cdots,\lambda_n$，那么矩阵 $\boldsymbol{A}^k$ 有特征值 λ_1^k，$\lambda_2^k,\cdots,\lambda_n^k(k=0,1,2,3,\cdots)$.

我们来指出附加矩阵 $\boldsymbol{B}(\lambda)$ 由特征多项式 $\Delta(\lambda)$ 来表示的有效公式.

设

$$\Delta(\lambda)=\lambda^n-p_1\lambda^{n-1}-p_2\lambda^{n-2}-\cdots-p_n$$

差 $\Delta(\lambda)-\Delta(\zeta)$ 可以被 $\lambda-\zeta$ 所整除. 因此

$$\delta(\lambda,\zeta)=\frac{\Delta(\lambda)-\Delta(\xi)}{\lambda-\zeta}=\lambda^{n-1}+(\zeta-p_1)\lambda^{n-2}+(\zeta^2-p_1\zeta-p_2)\lambda^{n-3}+\cdots \tag{2.3.5}$$

是 λ 与 ζ 的多项式.

恒等式

$$\Delta(\lambda)-\Delta(\zeta)=\delta(\lambda,\zeta)(\lambda-\zeta)$$

仍然成立，如果我们在它里面以彼此可交换的矩阵 $\lambda\boldsymbol{E}$ 与 $\boldsymbol{A}$ 代替 λ 与 ζ. 那么，因由哈密尔顿－凯莱定理 $\Delta(\boldsymbol{A})=\boldsymbol{O}$，故有

$$\Delta(\lambda)\boldsymbol{E}=\delta(\lambda\boldsymbol{E},\boldsymbol{A})(\lambda\boldsymbol{E}-\boldsymbol{A}) \tag{2.3.6}$$

比较等式(2.3.1′)与(2.3.6)，由于商式的唯一性，我们得出所求的公式

$$\boldsymbol{B}(\lambda)=\delta(\lambda\boldsymbol{E},\boldsymbol{A}) \tag{2.3.7}$$

故由式(2.3.5)

$$\boldsymbol{B}(\lambda)=\lambda^{n-1}+\boldsymbol{B}_1\lambda^{n-1}+\boldsymbol{B}_2\lambda^{n-3}+\cdots+\boldsymbol{B}_{n-1}$$

其中

$$\boldsymbol{B}_1=\boldsymbol{A}-p_1\boldsymbol{E},\boldsymbol{B}_2=\boldsymbol{A}^2-p_1\boldsymbol{A}-p_2\boldsymbol{E},\cdots$$

而一般地，有

$$\boldsymbol{B}_k=\boldsymbol{A}^k-p_1\boldsymbol{A}^{k-1}-p_2\boldsymbol{A}^{k-2}-\cdots-p_k\boldsymbol{E}\quad(k=1,2,\cdots,n-1)\tag{2.3.8}$$

矩阵 $\boldsymbol{B}_1,\boldsymbol{B}_2,\cdots,\boldsymbol{B}_{n-1}$ 可以从以下递推关系式中顺次计算出来

$$\boldsymbol{B}_k=\boldsymbol{A}\boldsymbol{B}_{k-1}-p_k\boldsymbol{E}\quad(k=1,2,\cdots,n-1;\boldsymbol{B}_0=\boldsymbol{E})\tag{2.3.9}$$

此时,有

$$\boldsymbol{A}\boldsymbol{B}_{n-1}-p_n\boldsymbol{E}=\boldsymbol{O}^{①}\tag{2.3.10}$$

关系式(2.3.9)与(2.3.10)可以直接从恒等式(2.3.1)来得出,只要我们在这一恒等式中使两边中 λ 的同幂的系数相等.

如果 $\boldsymbol{A}$ 是满秩矩阵,那么

$$p_n=(-1)^{n-1}\mid\boldsymbol{A}\mid\neq 0$$

且由式(2.3.10)得出

$$\boldsymbol{A}^{-1}=\frac{1}{p_n}\boldsymbol{B}_{n-1}\tag{2.3.11}$$

如果在式(2.3.1)中代入以矩阵 $\boldsymbol{A}$ 的特征值 λ_0,我们得出

$$(\lambda_0\boldsymbol{E}-\boldsymbol{A})\boldsymbol{B}(\lambda_0)=\boldsymbol{O}$$

设矩阵 $\boldsymbol{B}(\lambda_0)\neq\boldsymbol{O}$,且以 $\boldsymbol{b}$ 记这一矩阵的任何一个非零列.那么有

$$(\lambda_0\boldsymbol{E}-\boldsymbol{A})\boldsymbol{b}=\boldsymbol{O}$$

或

$$\boldsymbol{A}b=\lambda_0\boldsymbol{b}$$

故知矩阵 $\boldsymbol{B}(\lambda_0)$ 的任何一个非零列定出一个对应于特征值 λ_0 的特征向量[②].

这样一来,如果已经知道特征多项式的系数,那么可以由式(2.3.7)来求出附加矩阵.如果给出了满秩矩阵 $\boldsymbol{A}$,那么由式(2.3.11)可以求出逆矩阵 $\boldsymbol{A}^{-1}$.如果 λ_0 是矩阵 $\boldsymbol{A}$ 的特征值,那么矩阵 $\boldsymbol{B}(\lambda_0)$ 的非零列都是矩阵 $\boldsymbol{A}$ 的对应于 $\lambda=\lambda_0$ 的特征向量.

例 4 设

$$\boldsymbol{A}=\begin{pmatrix}2&-1&1\\0&1&0\\-1&1&1\end{pmatrix}$$

---

① 从式(2.3.9)可以得出等式(2.3.8).如果把式(2.3.8)中的 $\boldsymbol{B}_{n-1}$ 表示式代入式(2.3.10),那么我们就得出:$\Delta(\boldsymbol{A})=\boldsymbol{O}$.这一个哈密尔顿一凯莱定理的结果并没有明显的用到广义贝祖定理,但暗中是含有这一定理的.

② 参看本章定理 2.2.1,知如果特征值 λ_0 对应于 d_0 个线性无关的特征向量($n-d_0$ 为矩阵 $\lambda_0\boldsymbol{E}-\boldsymbol{A}$ 的秩),那么矩阵 $\boldsymbol{B}(\lambda_0)$ 的秩不能超过 d_0.特别地,如果 λ_0 只对应一个特征向量,那么在矩阵 $\boldsymbol{B}(\lambda_0)$ 中任何两列元素都是成比例的.

$$\Delta(\lambda)=|\lambda\boldsymbol{E}-\boldsymbol{A}|=\begin{vmatrix}\lambda-2 & 1 & -1\\ 0 & \lambda-1 & 1\\ 1 & -1 & \lambda-1\end{vmatrix}=\lambda^3-4\lambda^2+5\lambda-2$$

$$\delta(\lambda,\zeta)=\frac{\Delta(\lambda)-\Delta(\zeta)}{\lambda-\zeta}=\lambda^2+\lambda(\zeta-4)+\zeta^2-4\zeta+5$$

$$\boldsymbol{B}(\lambda)=\delta(\lambda\boldsymbol{E},\boldsymbol{A})=\lambda^2\boldsymbol{E}+(\boldsymbol{A}-4\boldsymbol{E})\lambda+\boldsymbol{A}^2-4\boldsymbol{A}+5\boldsymbol{E}$$

（这里 $\boldsymbol{A}-4\boldsymbol{E}=\boldsymbol{B}_1,\boldsymbol{A}^2-4\boldsymbol{A}+5\boldsymbol{E}=\boldsymbol{B}_2$）

但

$$\boldsymbol{B}_1=\boldsymbol{A}-4\boldsymbol{E}=\begin{pmatrix}-2 & -1 & 1\\ 0 & -3 & 1\\ -1 & 1 & -3\end{pmatrix},\boldsymbol{B}_2=\boldsymbol{A}\boldsymbol{B}_1+5\boldsymbol{E}=\begin{pmatrix}0 & 2 & -2\\ -1 & 3 & -2\\ 1 & -1 & 2\end{pmatrix}$$

$$\boldsymbol{B}(\lambda)=\begin{pmatrix}\lambda^2-2\lambda & -\lambda+2 & \lambda-2\\ -1 & \lambda^2-2\lambda+3 & \lambda-2\\ -\lambda+1 & \lambda-1 & \lambda^2-2\lambda+2\end{pmatrix}$$

$$|\boldsymbol{A}|=2,\boldsymbol{A}^{-1}=\frac{1}{2}\boldsymbol{B}_2=\begin{pmatrix}0 & 1 & -1\\ -\frac{1}{2} & \frac{3}{2} & -1\\ \frac{1}{2} & -\frac{1}{2} & 1\end{pmatrix}$$

再者

$$\Delta(\lambda)=(\lambda-1)^2(\lambda-2)$$

矩阵 $\boldsymbol{B}_1$ 的第一列给出了对应于特征值 $\lambda=1$ 的特征向量 $(1,1,0)^{\mathrm{T}}$.

矩阵 $\boldsymbol{B}_2$ 的第一列给出了对应于特征值 $\lambda=2$ 的特征向量 $(0,1,1)^{\mathrm{T}}$.

利用哈密尔顿－凯莱定理，我们可以证明下面关于伴随矩阵的一个性质：

定理 2.3.3 设 $\boldsymbol{A}$ 是一个 $n(\geqslant 2)$ 阶方阵，那么伴随矩阵 $\boldsymbol{A}^*$ 可以表示为 $\boldsymbol{A}$ 的多项式.

证明 当 $\boldsymbol{A}$ 可逆时，有

$$\boldsymbol{A}^*=|\boldsymbol{A}|\boldsymbol{A}^{-1}$$

现在设 $\boldsymbol{A}$ 的特征多项式为

$$f(\lambda)=|\lambda\boldsymbol{E}-\boldsymbol{A}|=\lambda^n+a_1\lambda^{n-1}+\cdots+a_{n-1}\lambda+a_n$$

按哈密尔顿－凯莱定理，有

$$\boldsymbol{A}^n+a_1\boldsymbol{A}^{n-1}+\cdots+a_{n-1}\boldsymbol{A}+a_n\boldsymbol{E}=\boldsymbol{O}$$

由于 $\boldsymbol{A}$ 可逆，所以 $a_n\neq 0$，于是

$$-\frac{1}{a_n}(\boldsymbol{A}^{n-1}+a_1\boldsymbol{A}^{n-2}+\cdots+a_{n-1}\boldsymbol{E})\boldsymbol{A}=\boldsymbol{E}$$

这样一来

$$\boldsymbol{A}^{-1}=-\frac{1}{a_n}(\boldsymbol{A}^{n-1}+a_1\boldsymbol{A}^{n-2}+\cdots+a_{n-1}\boldsymbol{E})$$

从而

$$\boldsymbol{A}^*=-\frac{|\boldsymbol{A}|}{a_n}(\boldsymbol{A}^{n-1}+a_1\boldsymbol{A}^{n-2}+\cdots+a_{n-1}\boldsymbol{E})$$

与此同时,根据 $f(0)=|0\boldsymbol{E}-\boldsymbol{A}|=(-1)^n|\boldsymbol{A}|=a_n$,上述结果可以写为

$$\boldsymbol{A}^*=(-1)^{n+1}(\boldsymbol{A}^{n-1}+a_1\boldsymbol{A}^{n-2}+\cdots+a_{n-1}\boldsymbol{E})$$

当 $\boldsymbol{A}$ 不可逆时,我们知道存在正数 M,使得 $t>M$ 时,有 $t\boldsymbol{E}+\boldsymbol{A}$ 可逆(第 2 章 2.4 节,引理 2),此时根据上面的结果,可以把 $(t\boldsymbol{E}+\boldsymbol{A})^*$ 写成 $t\boldsymbol{E}+\boldsymbol{A}$ 的多项式,设其为

$$(t\boldsymbol{E}+\boldsymbol{A})^*=(-1)^{n+1}[(t\boldsymbol{E}+\boldsymbol{A})^{n-1}+a_1(t)(t\boldsymbol{E}+\boldsymbol{A})^{n-2}+\cdots+a_{n-1}(t)\boldsymbol{E}] \tag{2.3.12}$$

其中 $a_1(t),\cdots,a_{n-1}(t)$ 也是 t 的多项式.

这样,式子(2.3.12)两端相等的矩阵的元素都是 t 的多项式.既然对应元素在 $t>M$ 时相等,则对应元素恒等.特别地,当 $t=0$ 时也相等,此时式(2.3.12)成为

$$\boldsymbol{A}^*=(-1)^{n+1}[\boldsymbol{A}^{n-1}+a_1(0)\boldsymbol{A}^{n-2}+\cdots+a_{n-1}(0)\boldsymbol{E}]$$

综上所述,$\boldsymbol{A}^*$ 可以表示为 $\boldsymbol{A}$ 的多项式.

2.4 同时计算附加矩阵与特征多项式的系数的法捷耶夫[①]-勒维耶[②]算法

如上目例子所示,在一般情况下,直接计算特征多项式

$$\Delta(\lambda)=\lambda^n-p_1\lambda^{n-1}-p_2\lambda^{n-2}-\cdots-p_n \tag{2.4.1}$$

的系数 $p_1,p_2,\cdots,p_n$ 是极为烦琐的,它需要非常多的运算.

因此自然需要特殊的计算法来简化这一工作.我们要叙述的是这类方法中最早的一个,它出现在勒维耶 1840 年的论文中.

---

① 德米特里·克斯坦丁诺维奇·法捷耶夫(Дмитрий Константинович Фаддеев,1907—1989),苏联数学家.

② 奥本·尚·约瑟夫·勒维耶(Urbain Jean Joseph Le Verrier,1811—1877),法国数学家、天文学家.他于 1846 年 8 月 31 日用数学方法推算出了海王星的轨道并预告了它的位置.

首先回顾关于矩阵的迹的概念.矩阵 $\boldsymbol{A}=(a_{ij})_{n\times n}$ 的迹(记为:$\mathrm{Tr}\,\boldsymbol{A}$)是这个矩阵的对角线上诸元素的和:$\mathrm{Tr}\,\boldsymbol{A}=\sum_{i=1}^{n}a_{ii}$.不难看出(韦达定理):$\mathrm{Tr}\,\boldsymbol{A}=p_1=\sum_{i=1}^{n}\lambda_i$.

如果 $\lambda_1,\lambda_2,\cdots,\lambda_n$ 是矩阵 $\boldsymbol{A}$ 的特征值,亦即

$$\Delta(\lambda)=(\lambda-\lambda_1)(\lambda-\lambda_2)\cdots(\lambda-\lambda_n)$$

因为由定理 2.3.2,矩阵幂 $\boldsymbol{A}^k$ 的特征值为幂 $\lambda_1^k,\lambda_2^k,\cdots,\lambda_n^k(k=0,1,2,\cdots)$,所以

$$\mathrm{Tr}\,\boldsymbol{A}^k=s_k=\sum_{i=1}^{n}\lambda_i^k\quad(k=0,1,2,\cdots)$$

多项式(2.4.1)诸根的幂之和 $s_k(k=1,2,\cdots,n)$ 与这一多项式的系数之间有牛顿公式

$$kp_k=s_k-p_1s_{k-1}-\cdots-p_{k-1}s_1\quad(k=1,2,\cdots,n)\tag{2.4.2}$$

这样,计算的程序便归结为下列步骤:先逐次计算矩阵 $\boldsymbol{A}$ 的方幂 $\boldsymbol{A},\boldsymbol{A}^2,\cdots,\boldsymbol{A}^n$,其次求出它们的迹 $s_1,s_2,\cdots,s_n$,最后由方程(2.4.2)依次定出系数 $p_1,p_2,\cdots,p_n$.这就是勒维耶的由矩阵幂的迹来求出特征多项式的系数.

现在来叙述法捷耶夫提出的上述方法的修改,它不仅使特征多项式的系数的计算有所简化,而且同时能够决定附加矩阵 $\boldsymbol{B}(\lambda)$ 的矩阵系数 $\boldsymbol{B}_1,\boldsymbol{B}_2,\cdots,\boldsymbol{B}_{n-1}$.

法捷耶夫代替幂 $\boldsymbol{A},\boldsymbol{A}^2,\cdots,\boldsymbol{A}^n$ 的迹来顺次计算另一些矩阵 $\boldsymbol{A}_1,\boldsymbol{A}_2,\cdots,\boldsymbol{A}_n$ 的迹且利用它们来定出 $p_1,p_2,\cdots,p_n$ 与 $\boldsymbol{B}_1,\boldsymbol{B}_2,\cdots,\boldsymbol{B}_n$.他提供了以下诸式

$$\begin{cases}\boldsymbol{A}_1=\boldsymbol{A} & p_1=\mathrm{Tr}\,\boldsymbol{A}_1 & \boldsymbol{B}_1=\boldsymbol{A}_1-p_1\boldsymbol{E}\\ \boldsymbol{A}_2=\boldsymbol{A}\boldsymbol{B}_1 & p_2=\dfrac{1}{2}\mathrm{Tr}\,\boldsymbol{A}_1 & \boldsymbol{B}_2=\boldsymbol{A}_2-p_2\boldsymbol{E}\\ \vdots & \vdots & \vdots\\ \boldsymbol{A}_{n-1}=\boldsymbol{A}\boldsymbol{B}_{n-2} & p_{n-1}=\dfrac{1}{n-1}\mathrm{Tr}\,\boldsymbol{A}_{n-1} & \boldsymbol{B}_{n-1}=\boldsymbol{A}_{n-1}-p_{n-1}\boldsymbol{E}\\ \boldsymbol{A}_n=\boldsymbol{A}\boldsymbol{B}_{n-1} & p_{n-1}=\dfrac{1}{n}\mathrm{Tr}\,\boldsymbol{A}_n & \boldsymbol{B}_n=\boldsymbol{A}_n-p_n\boldsymbol{E}=\boldsymbol{O}\end{cases}\tag{2.4.3}$$

最后的等式 $\boldsymbol{B}_n=\boldsymbol{A}_n-p_n\boldsymbol{E}=\boldsymbol{O}$ 可以作为验算之用.

为了证明由式(2.4.3)所顺次定出的数 $p_1,p_2,\cdots,p_n$ 与矩阵 $\boldsymbol{B}_1,\boldsymbol{B}_2,\cdots,\boldsymbol{B}_{n-1}$ 是 $\Delta(\lambda)$ 与 $\boldsymbol{B}(\lambda)$ 的系数,我们注意由式(2.4.3)可推得关于 $\boldsymbol{A}_k$ 与 $\boldsymbol{B}_k(k=1,2,\cdots,n)$ 的以下诸式

$$\boldsymbol{A}_k=\boldsymbol{A}^k-p_1\boldsymbol{A}^{k-1}-\cdots-p_{k-1}\boldsymbol{A},\boldsymbol{B}_k=\boldsymbol{A}^k-p_1\boldsymbol{A}^{k-1}-\cdots-p_{k-1}\boldsymbol{A}-p_k\boldsymbol{E}\tag{2.4.4}$$

在其第一式中比较左右两边的迹，我们得出

$$kp_k = s_k - p_1 s_{k-1} - \cdots - p_{k-1} s_1$$

但是这些式子与牛顿公式(2.4.2)相同，从它们可以顺次定出特征多项式$\Delta(\lambda)$的系数. 因此，由式(2.4.3)所定出的数$p_1, p_2, \cdots, p_n$是$\Delta(\lambda)$的系数. 又因式(2.4.4)的第二式与式(2.3.8)一致，从它们可以顺次定出附加矩阵$\boldsymbol{B}(\lambda)$的矩阵系数$\boldsymbol{B}_1, \boldsymbol{B}_2, \cdots, \boldsymbol{B}_{n-1}$，故式(2.4.3)确定了矩阵多项式$\boldsymbol{B}(\lambda)$的系数$\boldsymbol{B}_1$，$\boldsymbol{B}_2, \cdots, \boldsymbol{B}_{n-1}$.

例 5 有如下式子

$$\boldsymbol{A}^{①} = \begin{pmatrix} 2 & -1 & 1 & 2 \\ 0 & 1 & 1 & 0 \\ -1 & 1 & 1 & 1 \\ 1 & 1 & 1 & 0 \end{pmatrix}, p_1 = \mathrm{Tr}\,\boldsymbol{A} = 4$$

$$\begin{matrix} 2 & 2 & 4 & 3 \end{matrix}$$

$$\boldsymbol{B}_1 = \boldsymbol{A} - 4\boldsymbol{E} = \begin{pmatrix} -2 & -1 & 1 & 2 \\ 0 & -3 & 1 & 0 \\ -1 & 1 & -3 & 1 \\ 1 & 1 & 1 & -4 \end{pmatrix}$$

$$\boldsymbol{A}_2 = \boldsymbol{A}\boldsymbol{B}_1 = \begin{pmatrix} -3 & 4 & 0 & -3 \\ -1 & -2 & -2 & 1 \\ 2 & 0 & -2 & -5 \\ -3 & -3 & -1 & 3 \end{pmatrix}$$

$$\begin{matrix} -5 & -1 & -5 & -4 \end{matrix}$$

$$p_1 = \frac{1}{2}\mathrm{Tr}\,\boldsymbol{A}_2 = -2, \boldsymbol{B}_2 = \boldsymbol{A}_2 + 2\boldsymbol{E} = \begin{pmatrix} -1 & 4 & 0 & -3 \\ -1 & 0 & -2 & 1 \\ 2 & 0 & 0 & -5 \\ -3 & -3 & -1 & 3 \end{pmatrix}$$

$$\boldsymbol{A}_3 = \boldsymbol{A}\boldsymbol{B}_2 = \begin{pmatrix} -5 & 2 & 0 & -2 \\ 1 & 0 & -2 & -4 \\ -1 & -7 & -3 & 4 \\ 0 & 4 & -2 & -7 \end{pmatrix}, p_3 = \frac{1}{3}\mathrm{Tr}\,\boldsymbol{A}_3 = -5$$

$$\begin{matrix} -5 & -1 & -7 & -9 \end{matrix}$$

---

① 为了验算起见，我们在每一个矩阵$\boldsymbol{A}_1, \boldsymbol{A}_2, \boldsymbol{A}_3$的下面都注上了它们的诸行的和数. 以乘积中第一个因子的诸行总和顺次乘第二个因子的每一个列上元素后相加，必须得出乘积的同一列上诸行的和数.

$$\boldsymbol{B}_3=\boldsymbol{A}_3+5\boldsymbol{E}=\begin{pmatrix}0&2&0&-2\\1&5&-2&4\\-1&-7&2&4\\0&4&-2&-2\end{pmatrix}$$

$$\boldsymbol{A}_4=\boldsymbol{A}\boldsymbol{B}_3=\begin{pmatrix}-2&0&0&0\\0&-2&0&0\\0&0&-2&0\\0&0&0&-2\end{pmatrix}$$

$$p_4=-2,\Delta(\lambda)=\lambda^4-4\lambda^3+2\lambda^2+5\lambda+2$$

$$|\ \boldsymbol{A}\ |=2,\boldsymbol{A}^{-1}=\frac{1}{p_4}\boldsymbol{B}_3=\begin{pmatrix}0&-1&0&1\\-\frac{1}{2}&-\frac{5}{2}&1&-2\\\frac{1}{2}&\frac{7}{2}&-1&-2\\0&-2&1&1\end{pmatrix}$$

注 如果我们要定出 p_1,p_2,p_3,p_4 且只要得出 $\boldsymbol{B}_1,\boldsymbol{B}_2,\boldsymbol{B}_3$ 的第一列，那么只需要在 $\boldsymbol{A}_2$ 中算出其第一列的元素与其余诸列在对角线上的元素，在 $\boldsymbol{A}_3$ 中第一列的元素与在 $\boldsymbol{A}_4$ 中第一列的第一个与第三个元素.

2.5 矩阵的最小多项式

由哈密尔顿－凯莱定理可知，对于已给方阵来说，总有这样的多项式存在，使得已知方阵是它的根.

这样的多项式显然不是唯一的，因为如果 $f(\lambda)$ 具有这种性质，那么任何能用 $f(\lambda)$ 整除的多项式也具有此种性质. 于是给出这种多项式以一个确定的名称：

定义 2.5.1 纯量多项式 $f(\lambda)$ 称为方阵 $\boldsymbol{A}$ 的零化多项式，如果 $f(\boldsymbol{A})=\boldsymbol{O}$.

在很多情况下，方阵 $\boldsymbol{A}$ 的临界状态的非零的零化多项式对我们来说是更为重要的：首项系数等于 1 且其次数最小的零化多项式 $\varphi(\lambda)$ 称为矩阵 $\boldsymbol{A}$ 的最小多项式.

矩阵 $\boldsymbol{A}$ 的特征多项式 $\Delta(\lambda)$ 是这一矩阵的零化多项式. 但是，有如后面的叙述，在一般情形下它不一定是最小的.

定理 2.5.1 矩阵的最小多项式存在且唯一.

证明 存在性由哈密尔顿－凯莱定理保证.

下面证明唯一性. 设两个多项式 $\varphi(\lambda)$ 与 $\varphi'(\lambda)$ 都是同一矩阵的最小多项式,并且 $\varphi(\lambda)\neq\varphi'(\lambda)$. 于是

$$g(\lambda)=\varphi(\lambda)-\varphi'(\lambda)\neq 0$$

由定义,$\varphi(\lambda)$ 与 $\varphi'(\lambda)$ 是同次的首一的多项式,故 $g(\lambda)$ 的次数 $<\varphi(\lambda)$ 的次数. 又 $g(\boldsymbol{A})=\varphi(\boldsymbol{A})-\varphi'(\boldsymbol{A})=\boldsymbol{O}$,这说明 $\varphi(\boldsymbol{A})$ 不是 $\boldsymbol{A}$ 的最小多项式,矛盾. 于是

$$\varphi(\lambda)=\varphi'(\lambda)$$

任一零化多项式 $f(\lambda)$ 除以其最小多项式

$$f(\lambda)=\varphi(\lambda)q(\lambda)+r(\lambda)$$

其中 $r(\lambda)$ 如不为零则其次数小于 $\varphi(\lambda)$ 的次数. 故有

$$f(\boldsymbol{A})=\varphi(\boldsymbol{A})q(\boldsymbol{A})+r(\boldsymbol{A})$$

因为 $f(\boldsymbol{A})=\boldsymbol{O}$ 与 $\varphi(\boldsymbol{A})=\boldsymbol{O}$,所以得出 $r(\boldsymbol{A})=\boldsymbol{O}$. 但如 $r(\boldsymbol{A})$ 有次数时,其次数将小于最小多项式 $\varphi(\lambda)$ 的次数. 故 $r(\lambda)\equiv 0$①. 这样一来,我们证明了:

定理 2.5.2 矩阵的任何零化多项式都被其最小多项式所整除.

特别地,矩阵特征多项式能被其最小多项式整除. 反过来,最小多项式包含了特征多项式的所有根:

定理 2.5.3 矩阵的特征值必定是其最小多项式的根.

证明 反证法. 若 $\boldsymbol{A}$ 的特征值 λ_0 不是其最小多项式 $\varphi(\lambda)$ 的根. 则 $\varphi(\lambda)$ 与 $\lambda-\lambda_0$ 是互素的,所以,存在多项式 $u(\lambda)$,$v(\lambda)$,使得

$$u(\lambda)\varphi(\lambda)+v(\lambda)(\lambda-\lambda_0)=1$$

从而有

$$u(\boldsymbol{A})\varphi(\boldsymbol{A})+v(\boldsymbol{A})(\boldsymbol{A}-\lambda_0\boldsymbol{E})=\boldsymbol{E}$$

注意到 $\varphi(\boldsymbol{A})=\boldsymbol{O}$,上式即为

$$v(\boldsymbol{A})(\boldsymbol{A}-\lambda_0\boldsymbol{E})=\boldsymbol{E}$$

两边取行列式,可得

$$|(\boldsymbol{A}-\lambda_0\boldsymbol{E})|\neq 0$$

这与 λ_0 是 $\boldsymbol{A}$ 的特征值相矛盾,故 λ_0 是 $\varphi(\lambda)$ 的根.

定理 2.5.4 设 $\boldsymbol{A}$,$\boldsymbol{B}$ 的最小多项式分别为 $\varphi(\lambda)$,$\psi(\lambda)$,则分块对角矩阵 $\boldsymbol{C}=\begin{pmatrix}\boldsymbol{A} & \boldsymbol{O}\\ \boldsymbol{O} & \boldsymbol{B}\end{pmatrix}$ 的最小多项式为 $\varphi(\lambda)$ 和 $\psi(\lambda)$ 的最小公倍式.

证明 设 $\boldsymbol{C}$ 的最小多项式为 $g(\lambda)$. 因为 $g(\boldsymbol{C})=\boldsymbol{O}$,所以

① 否则将有一个零化多项式存在,其次数小于最小多项式的次数.

$$\begin{pmatrix} g(\boldsymbol{A}) & \boldsymbol{O} \\ \boldsymbol{O} & g(\boldsymbol{B}) \end{pmatrix} = \boldsymbol{O}$$

故

$$g(\boldsymbol{A}) = \boldsymbol{O}, g(\boldsymbol{B}) = \boldsymbol{O}$$

由定理 2.5.2 知

$$\varphi(\lambda) \mid g(\lambda), \psi(\lambda) \mid g(\lambda) \tag{2.5.1}$$

对 $\varphi(\lambda)$, $\psi(\lambda)$ 的任一公倍式 $h(\lambda)$，由 $\varphi(\boldsymbol{A}) = \boldsymbol{O}$ 和 $\psi(\boldsymbol{A}) = \boldsymbol{O}$ 推得

$$h(\boldsymbol{A}) = \boldsymbol{O}, h(\boldsymbol{B}) = \boldsymbol{O}$$

从而

$$h(\boldsymbol{C}) = \begin{pmatrix} h(\boldsymbol{A}) & \boldsymbol{O} \\ \boldsymbol{O} & h(\boldsymbol{B}) \end{pmatrix} = \boldsymbol{O}$$

再由定理 2.5.2，可知

$$g(\lambda) \mid h(\lambda) \tag{2.5.2}$$

综合(2.5.1)(2.5.2) 两式，即得 $g(\lambda)$ 是 $\varphi(\lambda)$ 和 $\psi(\lambda)$ 的最小公倍式.

2.6 最小多项式与特征多项式的关系

最后，我们来找出最小多项式与特征多项式之间的关系式.

以 $D_{n-1}(\lambda)$ 记特征矩阵 $\lambda\boldsymbol{E} - \boldsymbol{A}$ 中所有 $n-1$ 阶子式的最大公因式，亦即附加矩阵 $\boldsymbol{B}(\lambda) = (b_{ij}(\lambda))_{n\times n}$ 中所有元素的最大公因式(参考上目)，那么

$$\boldsymbol{B}(\lambda) = D_{n-1}(\lambda)\boldsymbol{C}(\lambda) \tag{2.6.1}$$

其中 $\boldsymbol{C}(\lambda)$ 为一个多项式矩阵，它是对于矩阵 $\lambda\boldsymbol{E} - \boldsymbol{A}$ 的“约化”附加矩阵. 由式(2.3.1) 与(2.6.1) 我们得出

$$\Delta(\lambda)\boldsymbol{E} = (\lambda\boldsymbol{E} - \boldsymbol{A})\boldsymbol{C}(\lambda)D_{n-1}(\lambda) \tag{2.6.2}$$

故知 $\Delta(\lambda)$ 为 $D_{n-1}(\lambda)$ 所整除[①]

$$\frac{\Delta(\lambda)}{D_{n-1}(\lambda)} = \varphi(\lambda) \tag{2.6.3}$$

其中 $\varphi(\lambda)$ 为 λ 的一个多项式. 在恒等式(2.6.2) 的两边中约去 $D_{n-1}(\lambda)$[②]

$$\varphi(\lambda)\boldsymbol{E} = (\lambda\boldsymbol{E} - \boldsymbol{A})\boldsymbol{C}(\lambda) \tag{2.6.4}$$

---

① 这可以直接从特征行列式 $\Delta(\lambda)$ 按照它的任一行展开来证明.

② 这在所给的情形，与式(2.6.4) 并列的有恒式(参考式(2.1.1′))

$$\varphi(\lambda)\boldsymbol{E} = \boldsymbol{C}(\lambda)(\lambda\boldsymbol{E} - \boldsymbol{A})$$

亦即 $\boldsymbol{C}(\lambda)$ 同时为以 $\lambda\boldsymbol{E} - \boldsymbol{A}$ 除 $\varphi(\lambda)\boldsymbol{E}$ 所得出的左商与右商.

因为 $\varphi(\lambda)\boldsymbol{E}$ 为 $\lambda\boldsymbol{E}-\boldsymbol{A}$ 所左整除，所以由广义贝祖定理

$$\varphi(\boldsymbol{A})=\boldsymbol{O}$$

这样一来，为式(2.6.3)所确定的多项式 $\varphi(\lambda)$ 是矩阵 $\boldsymbol{A}$ 的零化多项式. 我们来证明，它就是 $\boldsymbol{A}$ 的最小多项式.

以 $\varphi^*(\lambda)$ 记最小多项式. 那么 $\varphi(\lambda)$ 可被 $\varphi^*(\lambda)$ 所整除

$$\varphi(\lambda)=\varphi^*(\lambda)\chi(\lambda) \tag{2.6.5}$$

因为 $\varphi^*(\boldsymbol{A})=\boldsymbol{O}$，所以由广义贝祖定理，矩阵多项式 $\varphi^*(\lambda)\boldsymbol{E}$ 为 $\lambda\boldsymbol{E}-\boldsymbol{A}$ 所左整除

$$\varphi^*(\lambda)\boldsymbol{E}=(\lambda\boldsymbol{E}-\boldsymbol{A})\boldsymbol{C}^*(\lambda) \tag{2.6.6}$$

由式(2.6.5)与(2.6.6)得出

$$\varphi(\lambda)\boldsymbol{E}=(\lambda\boldsymbol{E}-\boldsymbol{A})\boldsymbol{C}^*(\lambda)\chi(\lambda) \tag{2.6.7}$$

恒等式(2.6.4)与(2.6.7)说明 $\boldsymbol{C}(\lambda)$ 与 $\boldsymbol{C}^*(\lambda)\chi(\lambda)$ 都是以 $\lambda\boldsymbol{E}-\boldsymbol{A}$ 除 $\varphi(\lambda)\boldsymbol{E}$ 所得出的左商. 由除法唯一性知

$$\boldsymbol{C}(\lambda)\boldsymbol{E}=\boldsymbol{C}^*(\lambda)\chi(\lambda)$$

故知 $\chi(\lambda)$ 为多项式矩阵 $\boldsymbol{C}(\lambda)$ 的所有元素的公因式. 但是另一方面，导出附加矩阵 $\boldsymbol{C}(\lambda)$ 的所有元素的最大公因式等于 1，因为这个矩阵是从 $\boldsymbol{B}(\lambda)$ 除以 $D_{n-1}(\lambda)$ 所得出来的. 故有 $\chi(\lambda)=$常数. 因为在 $\varphi(\lambda)$ 与 $\varphi^*(\lambda)$ 中，首项系数都等于 1，所以在式(2.6.5)中 $\chi(\lambda)=1$，亦即 $\varphi(\lambda)=\varphi^*(\lambda)$，这就是所要证明的结果.

我们对于最小多项式已经建立了以下公式

$$\varphi(\lambda)=\frac{\Delta(\lambda)}{D_{n-1}(\lambda)}$$

类似于公式(2.1.7)(在 §2,2.1)，对于约化附加矩阵 $\boldsymbol{C}(\lambda)$，我们有公式

$$\boldsymbol{C}(\lambda)=\boldsymbol{\Psi}(\lambda\boldsymbol{E},\boldsymbol{A}) \tag{2.6.8}$$

其中 $\boldsymbol{\Psi}(\lambda,\zeta)$ 为以下等式所确定的多项式

$$\boldsymbol{\Psi}(\lambda,\zeta)=\frac{\varphi(\lambda)\varphi(\zeta)}{\lambda-\zeta}\text{①}$$

再者

$$(\lambda\boldsymbol{E}-\boldsymbol{A})\boldsymbol{C}(\lambda)=\varphi(\lambda)\boldsymbol{E} \tag{2.6.9}$$

---

① 式(2.6.8)可以完全与式(2.1.7)相类似地来得出. 在恒等式 $\varphi(\lambda)-\varphi(\zeta)=(\lambda-\zeta)\boldsymbol{\Psi}(\lambda,\zeta)$ 的两端代 λ 与 ζ 以矩阵 $\lambda\boldsymbol{E}$ 与 $\boldsymbol{A}$，我们得出与式(2.6.4)相同的矩阵等式.

在等式(2.6.9)的两边取行列式,我们得出

$$\Delta(\lambda)\mid \boldsymbol{C}(\lambda)\mid=[\varphi(\lambda)]^{n}$$

这样一来,$\Delta(\lambda)$ 可以为 $\varphi(\lambda)$ 所整除,而 $\varphi(\lambda)$ 的某一个幂又为 $\Delta(\lambda)$ 所整除,亦即在多项式 $\Delta(\lambda)$ 与 $\varphi(\lambda)$ 中所有不相等的根是彼此一致的. 换句话说,$\varphi(\lambda)$ 的根是矩阵 $\boldsymbol{A}$ 的所有不相等的特征值.

如果

$$\Delta(\lambda)=(\lambda-\lambda_1)^{n_1}(\lambda-\lambda_2)^{n_2}\cdots(\lambda-\lambda_s)^{n_s}$$
$$(i\neq j \text{ 时 } \lambda_i\neq\lambda_j;n_i>0,i,j=1,2,\cdots,s)$$

那么

$$\varphi(\lambda)=(\lambda-\lambda_1)^{m_1}(\lambda-\lambda_2)^{m_2}\cdots(\lambda-\lambda_s)^{m_s}$$

其中 $0\leqslant m_k\leqslant n_k(k=1,2,\cdots,s)$.

还要注意矩阵 $\boldsymbol{C}(\lambda)$ 的一个性质. 设 λ_0 为矩阵 $\boldsymbol{A}=(a_{ij})_{n\times n}$ 的任一特征值,那么 $\varphi(\lambda_0)=0$,故由式(2.6.9)知

$$(\lambda_0\boldsymbol{E}-\boldsymbol{A})\boldsymbol{C}(\lambda_0)=\boldsymbol{0} \tag{2.6.10}$$

我们注意,常有 $\boldsymbol{C}(\lambda_0)\neq\boldsymbol{O}$. 事实上,在相反的情形,导出附加矩阵 $\boldsymbol{C}(\lambda)$ 的所有元素都将为 $\lambda-\lambda_0$ 所整除,这是不可能的.

以 $\boldsymbol{c}$ 记矩阵 $\boldsymbol{C}(\lambda_0)$ 的任一非零列,那么由式(2.6.10)

$$(\lambda_0\boldsymbol{E}-\boldsymbol{A})\boldsymbol{c}=\boldsymbol{0}$$

亦即

$$\boldsymbol{A}\boldsymbol{c}=\lambda_0\boldsymbol{c}$$

换句话说,矩阵 $\boldsymbol{C}(\lambda_0)$ 的任一非零列(这种列常能存在)确定了 $\lambda=\lambda_0$ 的一个特征向量.

例 6 有如下式子

$$\boldsymbol{A}=\begin{pmatrix}3&-3&2\\-1&5&-2\\-1&3&0\end{pmatrix}$$

$$\Delta(\lambda)=\begin{vmatrix}\lambda-3&3&-2\\1&\lambda-5&0\\1&-3&\lambda\end{vmatrix}=\lambda^3-8\lambda^2+20\lambda-16=(\lambda-2)^2(\lambda-4)$$

$$\delta(\lambda,\zeta)=\frac{\Delta(\lambda)-\Delta(\zeta)}{\lambda-\zeta}=\zeta^2+\zeta(\lambda-8)+\lambda^2-8\lambda+20$$

$$\boldsymbol{B}(\lambda)=\boldsymbol{A}^2+(\lambda-8)\boldsymbol{A}+(\lambda^2-8\lambda+20)\boldsymbol{E}$$

$$
=\begin{pmatrix}10 & -18 & 12\\ -6 & 22 & -12\\ -6 & 18 & -8\end{pmatrix}+(\lambda-8)\begin{pmatrix}3 & -3 & 2\\ -1 & 5 & -2\\ -1 & 3 & 0\end{pmatrix}+
$$

$$
(\lambda^2-8\lambda+20)\begin{pmatrix}1 & 0 & 0\\ 0 & 1 & 0\\ 0 & 0 & 1\end{pmatrix}
$$

$$
=\begin{pmatrix}\lambda^2-5\lambda+6 & -3\lambda+6 & 2\lambda-4\\ -\lambda+2 & \lambda^2-3\lambda+2 & -\lambda+4\\ -\lambda+2 & 3\lambda-6 & \lambda^2-8\lambda+12\end{pmatrix}
$$

矩阵 $\boldsymbol{B}(\lambda)$ 中所有元素都为 $D_2(\lambda)=\lambda-2$ 所除尽.约去这个因子,我们得出

$$
\boldsymbol{C}(\lambda)=\begin{pmatrix}\lambda-3 & -3 & 2\\ -1 & \lambda-1 & -2\\ -1 & 3 & \lambda-6\end{pmatrix}
$$

与

$$
\varphi(\lambda)=\frac{\Delta(\lambda)}{\lambda-2}=(\lambda-2)(\lambda-4)
$$

在 $\boldsymbol{C}(\lambda)$ 中代 λ 以 $\lambda_0=2$,则

$$
\boldsymbol{C}(2)=\begin{pmatrix}-1 & -3 & 2\\ -1 & 1 & -2\\ -1 & 3 & -4\end{pmatrix}
$$

第一列给出对于 $\lambda_0=2$ 的特征向量 $(1,1,1)^{\mathrm{T}}$,第二列给出对于同一特征值 $\lambda_0=2$ 的特征向量 $(-3,1,3)^{\mathrm{T}}$,第三列是前两列的线性组合.

同样地,取 $\lambda=4$,由矩阵 $\boldsymbol{C}(4)$ 的第一列得出对应于特征值 $\lambda_0=4$ 的特征向量 $(1,-1,-1)^{\mathrm{T}}$.

我们还要提醒读者,$\varphi(\lambda)$ 与 $\boldsymbol{C}(\lambda)$ 可以用另一方法来得出.

首先求出 $D_2(\lambda)$. $D_2(\lambda)$ 的根只能是 2 与 4.当 $\lambda=4$ 时,$\Delta(\lambda)$ 的二阶子式 $\begin{vmatrix}1 & \lambda-5\\ 1 & -3\end{vmatrix}=-\lambda+2$ 不能化为零,所以有 $D_2(\lambda)\neq 0$.当 $\lambda=2$ 时,矩阵 $\boldsymbol{A}$ 的诸列彼此成比例,故在 $\Delta(\lambda)$ 中,所有二阶子式当 $\lambda=2$ 时都等于零:$D_2(2)=0$.因为所计算出来的子式有一次幂的存在,所以 $D_2(\lambda)$ 不能为 $(\lambda-2)^2$ 所除尽.故

$$
D_2(\lambda)=\lambda-2
$$

因此

$$\varphi(\lambda)=\frac{\Delta(\lambda)}{\lambda-2}=(\lambda-2)(\lambda-4)=\lambda^2-6\lambda+8$$

$$\Psi(\lambda,\zeta)=\frac{\Delta(\lambda)-\Delta(\zeta)}{\lambda-\zeta}=\zeta+\lambda-6$$

$$\boldsymbol{C}(\lambda)=\Psi(\lambda E,\boldsymbol{A})=\boldsymbol{A}+(\lambda-6)E=\begin{pmatrix}\lambda-3 & -3 & 2\\ -1 & \lambda-1 & -2\\ -1 & 3 & \lambda-6\end{pmatrix}$$

§3　特征值界的估计

3.1　戈氏圆盘定理

n 阶复矩阵 $\boldsymbol{A}$ 的 n 个特征值的几何意义是复平面上的一些点. 一方面,对于阶数较高的矩阵,要计算出其特征值的精确值是相当困难的. 另一方面,在实际应用中遇到的大量问题往往不需要精确地知道矩阵的特征值,仅需估计出它们所在的范围就够了. 例如,线性代数方程组迭代求解收敛性的分析中,要估计一个矩阵的特征值是否都在复平面的单位圆内;与差分法的稳定性有关的问题,要判定矩阵的特征值是否部落在单位圆上;系统与控制理论中,通过估计矩阵特征值是否都有负实部,即是否都位于复平面的左半平面内,便可知系统的稳定性;等等. 因此,由矩阵 $\boldsymbol{A}$ 的元素 a_{ij} 的简单关系式来估计出矩阵 $\boldsymbol{A}$ 的特征值的范围,就显得尤其重要.

如前所述,一般来说,矩阵的特征值是一些复数. 复数值的估计常常用复平面上的圆来给定范围. 复平面上以 z_0 为圆心,以 r 为半径的圆常用 $|z-z_0|=r$ 来表示;圆内部(包括圆周)用 $|z-z_0|\leqslant r$ 来表示,而圆的外部用 $|z-z_0|>r$ 来表示.

现设 $\boldsymbol{A}=(a_{ij})_{n\times n}$ 是一个 n 阶方阵,令

$$R_i=\sum_{j=i\neq j}|a_{ij}|=|a_{i1}|+\cdots+|a_{i(i-1)}|+|a_{i(i+1)}|+\cdots+|a_{in}|$$

即 R_i 为 $\boldsymbol{A}$ 的第 i 行元素去掉 a_{ii} 后的绝对值之和. 我们有下列“圆盘定理”:

定理 3.1.1(戈氏[①]圆盘第一定理)　设 $\boldsymbol{A}=(a_{ij})_{n\times n}$ 是 n 阶复矩阵,则它的

① 格施戈林(Gershgorin,1901—1933),苏联(现白俄罗斯)数学家.

特征值在复平面上的下列圆盘中

$$|z-a_{ii}|\leqslant R_i \quad (i=1,2,\cdots,n)$$

证明　任取 $\boldsymbol{A}$ 的一个特征值 λ_0. 设 $\boldsymbol{X}$ 为属于 λ_0 的特征向量,则

$$\boldsymbol{AX}=\lambda_0\boldsymbol{X}$$

记 $\boldsymbol{X}$ 的第 i 个元素为 $x_i(i=1,2,\cdots,n)$,将 $\boldsymbol{AX}=\lambda_0\boldsymbol{X}$ 写成线性方程组

$$\begin{cases}a_{11}x_1+a_{12}x_2+\cdots+a_{1n}x_n=\lambda_0x_1\\a_{21}x_1+a_{22}x_2+\cdots+a_{2n}x_n=\lambda_0x_2\\\qquad\vdots\\a_{n1}x_1+a_{n2}x_2+\cdots+a_{nn}x_n=\lambda_0x_n\end{cases}$$

设 $|x_1|,|x_2|,\cdots,|x_n|$ 中最大的一个为 $|x_r|$,从上面方程组的第 r 个方程可以得到

$$(\lambda_0-a_{rr})x_r=a_{r1}x_1+\cdots+a_{r(r-1)}x_{r-1}+a_{r(r+1)}x_{r+1}+\cdots+a_{rn}x_n$$

于是

$$\begin{aligned}|\lambda_0-a_{rr}||x_r|&\leqslant|a_{r1}||x_1|+\cdots+|a_{r(r-1)}||x_{r-1}|+|a_{r(r+1)}||x_{r+1}|+\cdots+\\&\quad|a_{rn}||x_n|\\&\leqslant(|a_{r1}|+\cdots+|a_{r(r-1)}|+|a_{r(r+1)}|+\cdots+|a_{rn}|)|x_r|\end{aligned}$$

此即

$$|\lambda_0-a_{rr}||x_r|\leqslant R_r|x_r|$$

但 $|x_r|\neq0$,故

$$|\lambda_0-a_{rr}|\leqslant R_r$$

例　估计下面矩阵的特征值的范围.

$$\boldsymbol{A}=\begin{pmatrix}1&-0.5&-0.5&0\\-0.5&1.5&\mathrm{i}&0\\0&-0.5\mathrm{i}&5&0.5\mathrm{i}\\-1&0&0&5\mathrm{i}\end{pmatrix}$$

解　按定理 3.1.1,写出四个戈氏圆盘

$$D_1:|z-1|\leqslant0.5+0.5+0=1,D_2:|z-1.5|\leqslant0.5+0.2+|\mathrm{i}|=1.5$$

$$D_3:|z-5|\leqslant|-0.5\mathrm{i}|+|0.5\mathrm{i}|=1,D_4:|z-5\mathrm{i}|\leqslant1$$

于是,由定理 3.1.1,$\boldsymbol{A}$ 的特征值均落在 D_i 之中(图 1).

在这个例子中,D_1 和 D_2 是重叠在一起的(一般地,两个戈氏圆盘可能相交),它们的并集是一个连通区域;交结在一起的戈氏圆盘所构成的连通区域为戈氏圆盘并集的一个连通部分. 孤立的一个戈氏圆盘就是一个连通部分. 在前面的图中,D_1 和 D_2 的并集(也就是 D_2),D_3,D_4 各是一个连通部分.

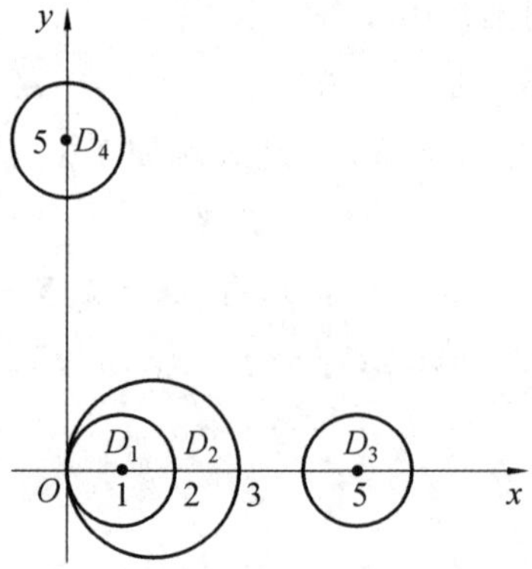

图 1

定理 3.1.1 只说明了矩阵的特征值均在其全部戈氏圆盘的并集中，而未明确在哪个连通部分中有几个特征值. 这个问题为戈氏圆盘第二定理所阐明.

引理 复系数多项式的任一个根都是其系数的连续函数.

引理的证明，见《多项式理论》卷.

定理 3.1.2（戈氏圆盘第二定理） 设矩阵 $\boldsymbol{A}=(a_{ij})_{n\times n}$ 的 n 个戈氏圆盘分成若干个连通区域，若其中一个连通区域含有 k 个戈氏圆盘，则有且只有 k 个特征值落在这个连通区域内（若两个戈氏圆盘重合，需计重数；又若特征值为重根，也计重数）.

证明 考虑下列带参数 t 的矩阵

$$\boldsymbol{A}(t)=\begin{pmatrix} a_{11} & ta_{12} & \cdots & ta_{1n} \\ ta_{21} & a_{22} & \cdots & ta_{2n} \\ \vdots & \vdots & & \vdots \\ ta_{n1} & ta_{n2} & \cdots & a_{nn} \end{pmatrix}$$

显然 $\boldsymbol{A}(1)=\boldsymbol{A}$，而 $\boldsymbol{A}(0)$ 为下列对角矩阵

$$\boldsymbol{A}(0)=\begin{pmatrix} a_{11} & & & \\ & a_{22} & & \\ & & \ddots & \\ & & & a_{nn} \end{pmatrix}$$

由圆盘定理 3.1.1，矩阵 $\boldsymbol{A}(t)$ 的特征值落在下列圆盘中

$$|z-a_{ii}|\leqslant tR_i, i=1,2,\cdots,n$$

其中 R_i 为 $\boldsymbol{A}$ 的第 i 行元素去掉 a_{ii} 后的绝对值之和. 让 t 从 0 变到 1，则 $\boldsymbol{A}(t)$ 的特征值始终不会越出下列圆盘

$$|z-a_{ii}|\leqslant R_i, i=1,2,\cdots,n$$

又 $\boldsymbol{A}(t)$ 的特征多项式的系数是 t 的多项式，故由引理知 $\boldsymbol{A}(t)$ 的特征值关于 t 连续. 若 k 个圆盘组成一个连通的区域，由于 $\boldsymbol{A}(0)$ 的 k 个特征值(即 a_{ii} 中的 k 个元) 总在这 k 个圆盘内，故 $\boldsymbol{A}$ 在这 k 个圆盘内至少有 k 个特征值，即它们不可能落在与这 k 个圆盘不相连通的圆盘内. 由于这一结论对任一圆盘连通区域都正确，故这 k 个圆盘组成的连通区域内只有 k 个 $\boldsymbol{A}$ 的特征值.

推论 1 若 n 阶矩阵 $\boldsymbol{A}$ 的 n 个戈氏圆盘两两互不相交，则 $\boldsymbol{A}$ 相似于对角矩阵.

推论 2 若 n 阶实矩阵 $\boldsymbol{A}$ 的 n 个戈氏圆盘两两互不相交，则 $\boldsymbol{A}$ 的特征值全是实数.

证明 由于 $\boldsymbol{A}$ 为实阵，所以 $\boldsymbol{A}$ 的 n 个戈氏圆的圆心都在实轴上. 又由这些圆盘互不相交知，$\boldsymbol{A}$ 的 n 个特征值互不相等，且每个圆盘只含有一个特征值. 因为实矩阵若有复特征值，必成共轭对出现，且在实轴的上下方对称排列. 所以，若有一个复特征值位于 $\boldsymbol{A}$ 的某一戈氏圆上，则与其成共轭的特征值也必位于该圆盘上，与定理 3.1.2 的结论矛盾，故 $\boldsymbol{A}$ 只能有实特征值. 证毕.

3.2 舒尔①不等式与布朗②不等式

上一节中，我们用矩阵的元素来确定了特征值的分布区域，讨论了特征值的两个重要包含性定理. 本段我们继续用矩阵的元素对它的特征值进行估计，建立其他类型的一些关于特征值的不等式. 首先给出著名的舒尔不等式.

定理 3.2.1(舒尔不等式) 设复矩阵 $\boldsymbol{A}=(a_{ij})_{n\times n}$ 的特征值为 $\lambda_1,\lambda_2,\cdots,\lambda_n$，则

$$\sum_{i=1}^{n}|\lambda_i|^2\leqslant\sum_{i=1}^{n}\sum_{j=1}^{n}|a_{ij}|^2$$

且等号成立当且仅当 $\boldsymbol{A}$ 为正规矩阵.

证明 由舒尔定理，存在酉矩阵 $\boldsymbol{U}$ 使得

$$\boldsymbol{A}=\boldsymbol{U}^{\mathrm{H}}\boldsymbol{T}\boldsymbol{U}$$

其中 $\boldsymbol{T}$ 为上三角矩阵. $\boldsymbol{T}$ 的对角元 t_{ii} 为 $\boldsymbol{A}$ 的特征值 λ_i，于是有

$$\sum_{i=1}^{n}|\lambda_i|^2=\sum_{i=1}^{n}|t_{ii}|^2\leqslant\sum_{i=1}^{n}|t_{ii}|^2+\sum_{i,j;i\neq j}|t_{ij}|^2 \tag{3.2.1}$$

---

① 舒尔(Schur,1875—1941)，德国数学家.

② 布朗(Brown,1894—1959)，英国数学家.

又 $\boldsymbol{A}=\boldsymbol{U}^{\mathrm{H}}\boldsymbol{T}\boldsymbol{U}$,易得

$$\boldsymbol{A}\boldsymbol{A}^{\mathrm{H}}=(\boldsymbol{U}^{\mathrm{H}}\boldsymbol{T}\boldsymbol{U})(\boldsymbol{U}^{\mathrm{H}}\boldsymbol{T}\boldsymbol{U})^{\mathrm{H}}=\boldsymbol{U}^{\mathrm{H}}(\boldsymbol{T}\boldsymbol{T}^{\mathrm{H}})\boldsymbol{U}$$

即 $\boldsymbol{A}\boldsymbol{A}^{\mathrm{H}}$ 与 $\boldsymbol{T}\boldsymbol{T}^{\mathrm{H}}$ 酉相似,因而具有相同的迹,所以

$$\sum_{i=1}^{n}|\lambda_i|^2\leqslant \mathrm{Tr}(\boldsymbol{T}\boldsymbol{T}^{\mathrm{H}})=\mathrm{Tr}(\boldsymbol{A}\boldsymbol{A}^{\mathrm{H}})=\sum_{i=1}^{n}\sum_{j=1}^{n}|a_{ij}|^2$$

易知,结论中等号成立当且仅当式(3.2.1)中

$$\sum_{i,j;i\neq j}|t_{ij}|^2=0$$

即 $\boldsymbol{T}$ 为对角矩阵.因此,结论中等号成立当且仅当 $\boldsymbol{A}$ 酉相似于对角矩阵,即 $\boldsymbol{A}$ 为正规矩阵.证毕.

例 已知矩阵

$$\boldsymbol{A}=\begin{pmatrix}3+\mathrm{i} & -2-3\mathrm{i} & 2\mathrm{i}\\ 1 & 0 & 0\\ 0 & 1 & 0\end{pmatrix}$$

的一个特征值是 2,估计另外两个特征值的上界.

记 $\lambda_1=2$,而 λ_2,λ_3 为 $\boldsymbol{A}$ 的另两个特征值,由定理 3.2.1,有

$$|\lambda_2|^2\leqslant|\lambda_2|^2+|\lambda_3|^2=\sum_{i=1}^{3}|\lambda_i|^2-|\lambda_1|^2\leqslant\sum_{i,j}|a_{ij}|^2-|\lambda_1|^2=25$$

故

$$|\lambda_2|\leqslant 5$$

同理,可得

$$|\lambda_3|\leqslant 5$$

事实上,$\boldsymbol{A}$ 的另两特征值分别为 1,i.由此可见这里的估计是正确的.

下面是另一个关于特征值的著名不等式——布朗不等式.

定理 3.2.2(布朗不等式) 设 n 阶复矩阵 $\boldsymbol{A}$ 的特征值为 $\lambda_1,\lambda_2,\cdots,\lambda_n$,奇异值[①]为 $\sigma_1\geqslant\sigma_2\geqslant\cdots\geqslant\sigma_n$,则有

$$\sigma_n\leqslant|\lambda_i|\leqslant\sigma_1\quad(i=1,2,\cdots,n)$$

证明 由于 $\boldsymbol{A}^{\mathrm{H}}\boldsymbol{A}$ 为埃尔米特矩阵,故存在酉矩阵 $\boldsymbol{U}$,使得

$$\boldsymbol{U}^{\mathrm{H}}\boldsymbol{A}^{\mathrm{H}}\boldsymbol{A}\boldsymbol{U}=\begin{pmatrix}\sigma_1^2 & & & \\ & \sigma_2^2 & & \\ & & \ddots & \\ & & & \sigma_n^2\end{pmatrix}=\boldsymbol{D}$$

---

① 参阅第 4 章 §4.

易知

$$D=U^{H}A^{H}AU=U^{H}A^{H}UU^{H}AU=B^{H}B \tag{3.2.2}$$

这里

$$B=U^{H}AU$$

B 的元素 b_{ij} 满足

$$\sum_{k=1}^{n} b_{ik}\overline{b_{jk}}=\sigma_i^2\delta_{ij}\quad (i,j=1,2,\cdots,n) \tag{3.2.3}$$

其中 δ_{ij} 为克罗内克记号,A 与 B 的酉相似关系意味着它们的特征值相同.设 λ 为 B 的任一特征值,则线性方程组

$$\sum_{k=1}^{n} b_{ki}x_i=\lambda x_i\quad (i,j=1,2,\cdots,n) \tag{3.2.4}$$

有非零解.由式(3.2.4)得

$$\sum_{k=1}^{n} \overline{b_{ki}x_i}=\overline{\lambda x_i}\quad (i,j=1,2,\cdots,n) \tag{3.2.5}$$

将式(3.2.4)、式(3.2.5)两端相乘,然后从 1 到 n 对 i 求和,则得

$$\sum_{j,k=1}^{n}\left[\sum_{i=1}^{n} b_{ki}\overline{b_{ji}}\right]\overline{x_k}x_j=\lambda\bar{\lambda}\sum_{k=1}^{n} x_i\overline{x_i}$$

再依式(3.2.3),上式变为

$$\sum_{k=1}^{n}\sigma_i^2 x_i\overline{x_i}=\lambda\bar{\lambda}\sum_{k=1}^{n} x_i\overline{x_i}$$

由这个式子即可导出

$$\sigma_n^2\leqslant|\lambda|^2\leqslant\sigma_1^2$$

证毕.

推论 酉矩阵的任一特征值的模均等于 1.

事实上,对于酉阵 A,有 $\sigma_1=\sigma_n=1$,因而 $|\lambda|=1$.

3.3 瑞利[①]商

瑞利商是研究特征值的一个十分重要的工具,这里我们只就复埃尔米特矩阵来讨论这一概念,结论对于实对称矩阵完全适合.

我们先来证明复埃尔米特矩阵特征值的一个简单性质如下:

定理 3.3.1 埃尔米特矩阵的特征值全是实数.

① 瑞利(Rayleigh,1842—1919),英国数学家.

证明 设 λ 是埃尔米特矩阵 $\boldsymbol{A}$ 的特征值，$\boldsymbol{X}$ 是与 λ 对应的复向量，即

$$\boldsymbol{AX}=\lambda\boldsymbol{X} \tag{3.3.1}$$

转置复共轭这个等式，有

$$\boldsymbol{X}^{\mathrm{H}}\boldsymbol{A}^{\mathrm{H}}=\bar{\lambda}\boldsymbol{X}^{\mathrm{H}}$$

因为 $\boldsymbol{A}^{\mathrm{H}}=\boldsymbol{A}$，故

$$\boldsymbol{X}^{\mathrm{H}}\boldsymbol{A}=\bar{\lambda}\boldsymbol{X}^{\mathrm{H}} \tag{3.3.2}$$

将 $\boldsymbol{X}^{\mathrm{H}}$ 左乘式(3.3.1) 两端，减去右乘式(3.3.2) 两端，得到

$$0=(\lambda-\bar{\lambda})\boldsymbol{X}^{\mathrm{H}}\boldsymbol{X}$$

由于 $\boldsymbol{X}\neq\boldsymbol{O}$，所以 $\boldsymbol{X}^{\mathrm{H}}\boldsymbol{X}\neq 0$，故得

$$\lambda=\bar{\lambda}$$

此即 λ 是实数.

定义 3.3.1 设 $\boldsymbol{A}$ 为 n 阶埃尔米特矩阵，又 $\boldsymbol{X}$ 为非零的 n 维复向量，称实数

$$\mathrm{Ray}(\boldsymbol{X})=\frac{\boldsymbol{X}^{\mathrm{H}}\boldsymbol{AX}}{\boldsymbol{X}^{\mathrm{H}}\boldsymbol{X}}$$

为 $\boldsymbol{A}$ 的瑞利商.

在下面定理的叙述和证明中，都假定把 n 阶埃尔米特矩阵 $\boldsymbol{A}$ 的特征值按照递减顺序排列：$\lambda_1\geqslant\lambda_2\geqslant\cdots\geqslant\lambda_n$.

定理 3.3.2 瑞利商 $\mathrm{Ray}(\boldsymbol{X})$ 具有如下性质：

1) 齐次性：$\mathrm{Ray}(k\cdot\boldsymbol{X})=k\cdot\mathrm{Ray}(\boldsymbol{X})$，$k$ 为任意实数.

2) 有界性：$\lambda_n\leqslant\mathrm{Ray}(\boldsymbol{X})\leqslant\lambda_1$.

3) 极值性：$\lambda_n=\min\limits_{\boldsymbol{X}\neq\boldsymbol{0}}\mathrm{Ray}(\boldsymbol{X})$，$\lambda_1=\max\limits_{\boldsymbol{X}\neq\boldsymbol{0}}\mathrm{Ray}(\boldsymbol{X})$.

证明 1) 由定义得 $\mathrm{Ray}(k\cdot\boldsymbol{X})=\dfrac{(k\boldsymbol{X})^{\mathrm{H}}\boldsymbol{A}(k\boldsymbol{X})}{(k\boldsymbol{X})^{\mathrm{H}}(k\boldsymbol{X})}=\dfrac{\bar{k}k\boldsymbol{X}^{\mathrm{H}}\boldsymbol{AX}}{kk\boldsymbol{X}^{\mathrm{H}}\boldsymbol{X}}=\dfrac{\boldsymbol{X}^{\mathrm{H}}\boldsymbol{AX}}{\boldsymbol{X}^{\mathrm{H}}\boldsymbol{X}}=$ $\mathrm{Ray}(\boldsymbol{X})$.

2) 因为 $\boldsymbol{A}$ 是埃尔米特矩阵，所有存在酉矩阵 $\boldsymbol{U}$，使得

$$\boldsymbol{U}^{\mathrm{H}}\boldsymbol{AU}=\begin{pmatrix}\lambda_1 & & & \\ & \lambda_2 & & \\ & & \ddots & \\ & & & \lambda_n\end{pmatrix}=\boldsymbol{D}$$

令 $\boldsymbol{Y}=\boldsymbol{U}^{\mathrm{H}}\boldsymbol{Y}$ 或 $\boldsymbol{X}=\boldsymbol{UY}$，则

$$\mathrm{Ray}(\boldsymbol{X})=\frac{\boldsymbol{X}^{\mathrm{H}}\boldsymbol{AX}}{\boldsymbol{X}^{\mathrm{H}}\boldsymbol{X}}=\frac{\boldsymbol{Y}^{\mathrm{H}}\boldsymbol{X}^{\mathrm{H}}\boldsymbol{AUY}}{\boldsymbol{Y}^{\mathrm{H}}\boldsymbol{Y}}=\frac{\boldsymbol{Y}^{\mathrm{H}}\boldsymbol{DY}}{\boldsymbol{Y}^{\mathrm{H}}\boldsymbol{Y}}$$

由此，对于任何非零向量 $\boldsymbol{X}$，有

$$\lambda_n \leqslant \mathrm{Ray}(\boldsymbol{X}) = \frac{\boldsymbol{Y}^{\mathrm{H}}\boldsymbol{D}\boldsymbol{Y}}{\boldsymbol{Y}^{\mathrm{H}}\boldsymbol{Y}} \leqslant \lambda_1$$

3）由第二个结论知，$\mathrm{Ray}(\boldsymbol{X})$ 能达到极值 λ_1,λ_n.

由于这个定理，对于瑞利商，我们只要在“单位球面”$\boldsymbol{X}^{\mathrm{H}}\boldsymbol{X}=1$ 上考虑即可，且给出了 $\mathrm{Ray}(\boldsymbol{X})$ 的最大值和最小值.

合并定理 3.3.2 中第三个结论的两个不等式，我们得到：

推论 1 $\lambda_n\boldsymbol{X}^{\mathrm{H}}\boldsymbol{X} \leqslant \boldsymbol{X}^{\mathrm{H}}\boldsymbol{A}\boldsymbol{X} \leqslant \lambda_1\boldsymbol{X}^{\mathrm{H}}\boldsymbol{X}$.

推论 2 设 $\boldsymbol{A}=(a_{ij})_{n\times n}$ 为 n 阶埃尔米特矩阵，则 $\lambda_n \leqslant a_{ij} \leqslant \lambda_1, i=1,2,\cdots,n$.

证明 在推论 1 中取 $\boldsymbol{X}=(0,0,1,0,\cdots,0)^{\mathrm{T}}$，这里 1 为第 i 个元素，即得.

下面的定理是将定理 3.3.2 作进一步推广，给出了两个埃尔米特型商 $\dfrac{\boldsymbol{X}^{\mathrm{H}}\boldsymbol{A}\boldsymbol{X}}{\boldsymbol{X}^{\mathrm{H}}\boldsymbol{B}\boldsymbol{X}}$ 的极值.

定理 3.3.3 设 $\boldsymbol{A},\boldsymbol{B}$ 都是 n 阶埃尔米特矩阵，且 $\boldsymbol{B}$ 是正定的，记 $\mu_1 \geqslant \mu_2 \geqslant \cdots \geqslant \mu_n$ 为 $\boldsymbol{A}$ 关于 $\boldsymbol{B}$ 的相对特征值①，则

$$\mu_n = \min_{\boldsymbol{X}=\boldsymbol{0}} \frac{\boldsymbol{X}^{\mathrm{H}}\boldsymbol{A}\boldsymbol{X}}{\boldsymbol{X}^{\mathrm{H}}\boldsymbol{B}\boldsymbol{X}}, \mu_1 = \max_{\boldsymbol{X}=\boldsymbol{0}} \frac{\boldsymbol{X}^{\mathrm{H}}\boldsymbol{A}\boldsymbol{X}}{\boldsymbol{X}^{\mathrm{H}}\boldsymbol{B}\boldsymbol{X}}$$

证明 我们来证明第二个等式（第一个等式的证明是类似的）. 令 $\boldsymbol{Y}=\boldsymbol{B}^{1/2}\boldsymbol{X}$，应用定理 3.3.2，得

$$\max_{\boldsymbol{X}=\boldsymbol{0}} \frac{\boldsymbol{X}^{\mathrm{H}}\boldsymbol{A}\boldsymbol{X}}{\boldsymbol{X}^{\mathrm{H}}\boldsymbol{B}\boldsymbol{X}} = \max_{\boldsymbol{X}=0} \frac{\boldsymbol{Y}^{\mathrm{H}}(\boldsymbol{B}^{-1/2}\boldsymbol{A}\boldsymbol{B}^{-1/2})}{\boldsymbol{Y}^{\mathrm{H}}\boldsymbol{Y}} = \lambda_1(\boldsymbol{B}^{-1/2}\boldsymbol{A}\boldsymbol{B}^{-1/2}) = \lambda_1(\boldsymbol{A}\boldsymbol{B}^{-1}) = \mu_1$$

其中我们应用了特征值的性质：$\boldsymbol{AB}$ 和 $\boldsymbol{BA}$ 有相同的特征值.

注 定理 3.3.3 中的两个不等式可以合并为

$$\mu_n \leqslant \frac{\boldsymbol{X}^{\mathrm{H}}\boldsymbol{A}\boldsymbol{X}}{\boldsymbol{X}^{\mathrm{H}}\boldsymbol{B}\boldsymbol{X}} \leqslant \mu_1$$

---

① 即 μ_i 是多项式式 $|\boldsymbol{A}-\mu_1\boldsymbol{B}|=0$ 的根.

矩阵相似的解析理论

第4章

§1 理论的基础:多项式矩阵的初等变换

1.1 引言·方阵的相似

在一些实际问题中,常需要计算给定矩阵的整数次幂.例如计算矩阵

$$\boldsymbol{A}=\begin{pmatrix}0.8 & 0.4\\ 0.2 & 0.6\end{pmatrix}$$

的幂 $\boldsymbol{A}^2,\boldsymbol{A}^3,\cdots$.特别还希望知道,当幂次 k 增大时,$\boldsymbol{A}^k$ 的变化趋势.显然,如果直接进行计算,工作量相当大.但是,就 $\boldsymbol{A}$ 这个矩阵而言,我们可以找到一个可逆矩阵

$$\boldsymbol{P}=\begin{pmatrix}2 & -1\\ 1 & 1\end{pmatrix}$$

使得

$$\boldsymbol{P}^{-1}\boldsymbol{A}\boldsymbol{P}=\begin{pmatrix}\frac{1}{3} & \frac{1}{3}\\ -\frac{1}{3} & \frac{2}{3}\end{pmatrix}\begin{pmatrix}0.8 & 0.4\\ 0.2 & 0.6\end{pmatrix}\begin{pmatrix}2 & -1\\ 1 & 1\end{pmatrix}=\begin{pmatrix}1 & 0\\ 0 & 0.4\end{pmatrix}=\boldsymbol{B}$$

于是

$$\boldsymbol{A}=\boldsymbol{P}\boldsymbol{B}\boldsymbol{P}^{-1}$$

而

$$\begin{aligned}\boldsymbol{A}^k&=\overbrace{(\boldsymbol{P}\boldsymbol{B}\boldsymbol{P}^{-1})(\boldsymbol{P}\boldsymbol{B}\boldsymbol{P}^{-1})\cdots(\boldsymbol{P}\boldsymbol{B}\boldsymbol{P}^{-1})}^{k\text{个}}=\boldsymbol{P}\boldsymbol{B}^k\boldsymbol{P}^{-1}\\&=\boldsymbol{P}\begin{pmatrix}1 & 0\\ 0 & 0.4\end{pmatrix}^k\boldsymbol{P}^{-1}=\boldsymbol{P}\begin{pmatrix}1 & 0\\ 0 & 0.4^k\end{pmatrix}\boldsymbol{P}^{-1}\end{aligned}$$

这样,不论 k 取多大,计算 $\boldsymbol{A}^k$ 就变得比较简单了.

对于任意给定的 n 阶矩阵 $\boldsymbol{A}$，能否像上面的例子一样，找到一个可逆矩阵 $\boldsymbol{P}$ 使得 $\boldsymbol{P}^{-1}\boldsymbol{AP}$ 变成简单的对角矩阵呢？

为此，我们需进一步讨论矩阵之间的某种关联. 由 $\boldsymbol{P}^{-1}\boldsymbol{AP}=\boldsymbol{B}$ 这一关系，引入矩阵相似的概念.

定义 1.1.1 元素在域 K 中的矩阵 $\boldsymbol{A}$，$\boldsymbol{B}$ 称为 K 上相似[①]，记作 $\boldsymbol{A}\sim\boldsymbol{B}$，如果

$$\boldsymbol{B}=\boldsymbol{P}^{-1}\boldsymbol{AP} \tag{1.1.1}$$

其中 $\boldsymbol{P}$ 为元素在 K 中的满秩矩阵. 此时亦称矩阵 $\boldsymbol{B}$ 为由矩阵 $\boldsymbol{A}$ 经 $\boldsymbol{P}$ 的演化（相似变换）所得出.

相似是集合 $M_n(K)$[②] 上的一个二元关系. 事实上，对于 $M_n(K)$ 中的任一矩阵 $\boldsymbol{A}$，由 $\boldsymbol{A}=\boldsymbol{E}^{-1}\boldsymbol{AE}$（$\boldsymbol{E}$ 为单位矩阵）知 $\boldsymbol{A}\sim\boldsymbol{A}$，即是说相似具有反身性；对于 $M_n(K)$ 中的两个矩阵 $\boldsymbol{A}$，$\boldsymbol{B}$，若 $\boldsymbol{A}\sim\boldsymbol{B}$，即存在域 K 上 n 阶可逆矩阵 $\boldsymbol{P}$，使得 $\boldsymbol{B}=\boldsymbol{P}^{-1}\boldsymbol{AP}$，从而 $\boldsymbol{PBP}^{-1}=\boldsymbol{A}$，即 $\boldsymbol{A}=(\boldsymbol{P}^{-1})^{-1}\boldsymbol{BP}^{-1}$，因此 $\boldsymbol{B}\sim\boldsymbol{A}$，即相似关系具有对称性；最后，对于 $M_n(K)$ 中的三个矩阵 $\boldsymbol{A}$，$\boldsymbol{B}$，$\boldsymbol{C}$，若 $\boldsymbol{A}\sim\boldsymbol{B}$，$\boldsymbol{B}\sim\boldsymbol{C}$，于是可写 $\boldsymbol{B}=\boldsymbol{P}^{-1}\boldsymbol{AP}$，$\boldsymbol{C}=\boldsymbol{Q}^{-1}\boldsymbol{BQ}$，这里 $\boldsymbol{P}$，$\boldsymbol{Q}$ 均为域 K 上的 n 阶可逆矩阵，从而 $\boldsymbol{C}=\boldsymbol{Q}^{-1}(\boldsymbol{P}^{-1}\boldsymbol{AP})\boldsymbol{Q}=(\boldsymbol{PQ})^{-1}(\boldsymbol{A})(\boldsymbol{PQ})$，因此 $\boldsymbol{A}\sim\boldsymbol{C}$. 相似关系的传递性得证.

现在我们指出相似的一些初步性质.

1° 经 $\boldsymbol{P}$ 所演化的矩阵之和，等于将每一个矩阵经 $\boldsymbol{P}$ 所演化后的和

$$\boldsymbol{P}^{-1}(\boldsymbol{A}_1+\boldsymbol{A}_2+\cdots+\boldsymbol{A}_k)\boldsymbol{P}=\boldsymbol{P}^{-1}\boldsymbol{A}_1\boldsymbol{P}+\boldsymbol{P}^{-1}\boldsymbol{A}_2\boldsymbol{P}+\cdots+\boldsymbol{P}^{-1}\boldsymbol{A}_k\boldsymbol{P}$$

2° 经 $\boldsymbol{P}$ 所演化的矩阵之积，等于将每一个矩阵经 $\boldsymbol{P}$ 所演化后的积

$$\boldsymbol{P}^{-1}(\boldsymbol{A}_1\boldsymbol{A}_2\cdots\boldsymbol{A}_k)\boldsymbol{P}=(\boldsymbol{P}^{-1}\boldsymbol{A}_1\boldsymbol{P})(\boldsymbol{P}^{-1}\boldsymbol{A}_2\boldsymbol{P})\cdots(\boldsymbol{P}^{-1}\boldsymbol{A}_k\boldsymbol{P})$$

3° 经 $\boldsymbol{P}$ 所演化的矩阵之幂，等于将每一个矩阵经 $\boldsymbol{P}$ 所演化后之幂

$$\boldsymbol{P}^{-1}\boldsymbol{A}^m\boldsymbol{P}=(\boldsymbol{P}^{-1}\boldsymbol{AP})^m$$

当 $m\geqslant 0$ 时，此式为 2° 的特例. 如 $m<0$ 时，令 $k=-m$，则

$$\boldsymbol{P}^{-1}\boldsymbol{A}^m\boldsymbol{P}=\boldsymbol{P}^{-1}(\boldsymbol{A}^{-1})^k\boldsymbol{P}=(\boldsymbol{P}^{-1}\boldsymbol{A}^{-1}\boldsymbol{P})^k=(\boldsymbol{P}^{-1}\boldsymbol{AP})^{-k}=(\boldsymbol{P}^{-1}\boldsymbol{AP})^m$$

因为 $\boldsymbol{A}$ 的多项式之值是由一些 $\boldsymbol{A}$ 的方幂与数的乘积经相加所得出的，于是按前面的性质容易得出下面的第四个性质：

4° 经 $\boldsymbol{P}$ 所演化的矩阵多项式等于此矩阵经 $\boldsymbol{P}$ 所演化后的多项式

$$\boldsymbol{P}^{-1}f(\boldsymbol{A})\boldsymbol{P}=f(\boldsymbol{P}^{-1}\boldsymbol{AP})$$

---

① 在第 8 章，我们将看到关于矩阵相似的几何背景.

② 这里 $M_n(K)$ 表示域 K 上所有 n 阶方阵构成的集合.

利用这些性质可以简化某些方阵的计算. 例如

$$\boldsymbol{A}=\begin{pmatrix}1&1\\0&1\end{pmatrix},\boldsymbol{X}=\begin{pmatrix}2&1\\3&2\end{pmatrix}$$

由数学归纳法易知

$$\boldsymbol{A}^n=\begin{pmatrix}1&n\\0&1\end{pmatrix}$$

因为

$$\boldsymbol{X}^{-1}\boldsymbol{A}\boldsymbol{X}=\begin{pmatrix}7&4\\-9&-5\end{pmatrix}$$

由乘幂的性质可得

$$\begin{pmatrix}7&4\\-9&-5\end{pmatrix}^n=\boldsymbol{X}^{-1}\boldsymbol{A}^n\boldsymbol{X}=\begin{pmatrix}1+6n&4n\\-9n&1-6n\end{pmatrix}$$

5° 经 $\boldsymbol{P}$ 所演化的矩阵之逆,等于此矩阵经 $\boldsymbol{P}$ 所演化后的逆

$$\boldsymbol{P}^{-1}\boldsymbol{A}^{-1}\boldsymbol{P}=(\boldsymbol{P}^{-1}\boldsymbol{A}\boldsymbol{P})^{-1}$$

6° 相似矩阵有相同的秩. 特别地,相似矩阵有相同的可逆性.

7° 相似矩阵有相同的行列式.

事实上,利用行列式乘积的定理,由式(1.1.1),得到以下关系

$$|\boldsymbol{B}|=|\boldsymbol{P}^{-1}||\boldsymbol{A}||\boldsymbol{P}|=|\boldsymbol{A}|$$

8° 相似矩阵有相同的特征多项式.

设 $\boldsymbol{A}$ 与 $\boldsymbol{B}$ 相似,即有可逆矩阵 $\boldsymbol{P}$ 使得 $\boldsymbol{B}=\boldsymbol{P}^{-1}\boldsymbol{A}\boldsymbol{P}$. 于是

$$|\lambda\boldsymbol{E}-\boldsymbol{B}|=|\lambda\boldsymbol{E}-\boldsymbol{P}^{-1}\boldsymbol{A}\boldsymbol{P}|=|\boldsymbol{P}^{-1}(\lambda\boldsymbol{E}-\boldsymbol{A})\boldsymbol{P}|=|\boldsymbol{P}^{-1}||\lambda\boldsymbol{E}-\boldsymbol{A}||\boldsymbol{P}|=|\lambda\boldsymbol{E}-\boldsymbol{A}|$$

这个性质的逆是不成立的. 例如,下面两个四阶矩阵

$$\boldsymbol{A}=\begin{pmatrix}0&0&0&0\\0&0&0&0\\0&0&0&1\\0&0&0&0\end{pmatrix},\boldsymbol{B}=\begin{pmatrix}0&1&0&0\\0&0&0&0\\0&0&0&1\\0&0&0&0\end{pmatrix}$$

的特征多项式相同,但它们不相似.

9° 如果 $\boldsymbol{A}_1$ 与 $\boldsymbol{B}_1$ 相似,$\boldsymbol{A}_2$ 与 $\boldsymbol{B}_2$ 相似,则 $\begin{pmatrix}\boldsymbol{A}_1&\boldsymbol{O}\\\boldsymbol{O}&\boldsymbol{A}_2\end{pmatrix}$ 与 $\begin{pmatrix}\boldsymbol{B}_1&\boldsymbol{O}\\\boldsymbol{O}&\boldsymbol{B}_2\end{pmatrix}$ 亦相似.

最后,我们可以建立下述定理:

定理 1.1.1 设 $\boldsymbol{A},\boldsymbol{B}$ 为同阶方阵,且至少有一个可逆,则 $\boldsymbol{AB}$ 与 $\boldsymbol{BA}$ 相似.

证明 事实上,若 $\boldsymbol{A}$ 可逆,则 $\boldsymbol{AB}=\boldsymbol{A}(\boldsymbol{BA})\boldsymbol{A}^{-1}$;若 $\boldsymbol{B}$ 可逆,则 $\boldsymbol{AB}=\boldsymbol{B}^{-1}(\boldsymbol{BA})\boldsymbol{B}$,按定义 $\boldsymbol{AB}$ 与 $\boldsymbol{BA}$ 相似.

定理1.1.2 设$\boldsymbol{A},\boldsymbol{B}$都是$n$阶对角矩阵,其对角线元素分别为$a_1,a_2,\cdots,a_n$与$b_1,b_2,\cdots,b_n$,则$\boldsymbol{A}$与$\boldsymbol{B}$相似的充分必要条件是$a_1,a_2,\cdots,a_n$是$b_1,b_2,\cdots,b_n$的一个排列.

证明 如果

$$\boldsymbol{A}=\begin{pmatrix} a_1 & & & & & & \\ & \ddots & & & & & \\ & & a_i & & & & \\ & & & \ddots & & & \\ & & & & a_j & & \\ & & & & & \ddots & \\ & & & & & & a_n \end{pmatrix}$$

则

$$\boldsymbol{P}_{ij}^{-1}\boldsymbol{A}\boldsymbol{P}_{ij}=\begin{pmatrix} a_1 & & & & & & \\ & \ddots & & & & & \\ & & a_i & & & & \\ & & & \ddots & & & \\ & & & & a_j & & \\ & & & & & \ddots & \\ & & & & & & a_n \end{pmatrix}$$

这里$\boldsymbol{P}_{ij}$是对换矩阵.因为$a_1,a_2,\cdots,a_n$是$b_1,b_2,\cdots,b_n$的一个排列,故有有限个对换矩阵$\boldsymbol{P}_1,\boldsymbol{P}_2,\cdots,\boldsymbol{P}_m$存在,使得

$$\boldsymbol{P}_m^{-1}\cdots\boldsymbol{P}_2^{-1}\boldsymbol{P}_1^{-1}\boldsymbol{A}\boldsymbol{P}_1\boldsymbol{P}_2\cdots\boldsymbol{P}_m=\boldsymbol{B}$$

即

$$\boldsymbol{P}^{-1}\boldsymbol{A}\boldsymbol{P}=\boldsymbol{B}$$

其中$\boldsymbol{P}=\boldsymbol{P}_1\boldsymbol{P}_2\cdots\boldsymbol{P}_m$,$\boldsymbol{A}$与$\boldsymbol{B}$相似.

反之,若$\boldsymbol{A}\sim\boldsymbol{B}$,则$\boldsymbol{A}$与$\boldsymbol{B}$有相同的特征值,因此$a_1,a_2,\cdots,a_n$是$b_1,b_2,\cdots,b_n$的一个排列.

1.2 方阵的相似对角化

定义1.2.1 设$\boldsymbol{A}$是任意方阵,若存在同阶可逆矩阵$\boldsymbol{P}$,使$\boldsymbol{P}^{-1}\boldsymbol{A}\boldsymbol{P}$成为对角矩阵,则称$\boldsymbol{A}$可相似对角化.

下面的定理给出了一个矩阵可相似对角化的充分必要条件.

定理 1.2.1 n 阶方阵 $\boldsymbol{A}$ 可相似对角化的充分必要条件是它有完全特征向量系.

证明 设 $\boldsymbol{A}$ 有完全特征向量系,即存在 n 个线性无关的特征向量:$\boldsymbol{X}_1$,$\boldsymbol{X}_2,\cdots,\boldsymbol{X}_n$. 于是可写(参阅第 3 章 §2,2.2 目)

$$\boldsymbol{AX}_i=\lambda_i\boldsymbol{X}_i\quad(i=1,2,\cdots,n)$$

令 $\boldsymbol{P}=(\boldsymbol{X}_1,\boldsymbol{X}_2,\cdots,\boldsymbol{X}_n)$,则

$$\begin{aligned}\boldsymbol{AP}&=(\boldsymbol{AX}_1,\boldsymbol{AX}_2,\cdots,\boldsymbol{AX}_n)=(\lambda_1\boldsymbol{X}_1,\lambda_2\boldsymbol{X}_2,\cdots,\lambda_n\boldsymbol{X}_n)\\&=(\boldsymbol{X}_1,\boldsymbol{X}_2,\cdots,\boldsymbol{X}_n)\begin{pmatrix}\lambda_1&&&\\&\lambda_2&&\\&&\ddots&\\&&&\lambda_n\end{pmatrix}\\&=\boldsymbol{P}\begin{pmatrix}\lambda_1&&&\\&\lambda_2&&\\&&\ddots&\\&&&\lambda_n\end{pmatrix}\end{aligned}$$

注意到 $\boldsymbol{X}_1,\boldsymbol{X}_2,\cdots,\boldsymbol{X}_n$ 线性无关,$|\boldsymbol{P}|\neq 0$(定理 4.2.4),故 $\boldsymbol{P}^{-1}$ 存在,于是上面那个等式可写为

$$\boldsymbol{P}^{-1}\boldsymbol{AP}=\begin{pmatrix}\lambda_1&&&\\&\lambda_2&&\\&&\ddots&\\&&&\lambda_n\end{pmatrix}$$

这就证明了充分性.

将上述证明过程倒推回去,就是必要性的证明. 这时,$\boldsymbol{P}$ 的各列就是 $\boldsymbol{A}$ 的一个完全特征向量系.

定理 1.2.1 的证明是构造性的. 例如,设

$$\boldsymbol{A}=\begin{pmatrix}1&-1&1\\1&3&-1\\1&1&1\end{pmatrix}$$

在第 3 章 §2 的 2.2 目中,我们已经求出了它的三个特征值:$\lambda_1=1,\lambda_2=\lambda_3=2$,并且找出了 $\boldsymbol{A}$ 的一个完全特征向量系为 $\begin{pmatrix}-1\\1\\1\end{pmatrix}$, $\begin{pmatrix}1\\0\\1\end{pmatrix}$, $\begin{pmatrix}0\\1\\1\end{pmatrix}$,所以非奇异方阵

$\boldsymbol{P}=\begin{pmatrix}-1 & 1 & 0\\ 1 & 0 & 1\\ 1 & 1 & 1\end{pmatrix}$可以使$\boldsymbol{A}$相似于对角方阵

$$\boldsymbol{P}^{-1}\boldsymbol{A}\boldsymbol{P}=\begin{pmatrix}1 & 0 & 0\\ 0 & 2 & 0\\ 0 & 0 & 2\end{pmatrix}$$

推论 设n阶方阵$\boldsymbol{A}$有s个不同的特征值$\lambda_1,\lambda_2,\cdots,\lambda_s$,且$\boldsymbol{A}$的对应于$\lambda_i$的极大线性无关向量组的个数(即$\lambda_i$的几何重数)为$n_i(i=1,2,\cdots,s-1)$,则$\boldsymbol{A}$可相似对角化的充分必要条件是:$\sum_{i=1}^{n} n_i=n$.

由第3章§2中的定理2.2.3的推论,以及定理1.2.1即得.

相似对角化的另一个充分必要条件是与最小多项式有关的.

定理1.2.2 数域K上方阵可相似对角化的充分必要条件是它的最小多项式是K上互素的一次因式的乘积.

证明 必要性.设在域K上,方阵$\boldsymbol{A}$相似于对角矩阵$\boldsymbol{D}$,其中$\boldsymbol{D}$的对角线元素为$\lambda_1,\lambda_2,\cdots,\lambda_n$.就是说,存在可逆矩阵$\boldsymbol{P}$,使得$\boldsymbol{P}^{-1}\boldsymbol{A}\boldsymbol{P}=\boldsymbol{D}$.直接计算得出$\boldsymbol{P}^{-1}\boldsymbol{A}^k\boldsymbol{P}=\boldsymbol{D}^k$.

现在令$\lambda_1,\lambda_2,\cdots,\lambda_m$是$\boldsymbol{A}$的互不相等的特征值($m\leqslant n$),记

$$f(\lambda)=(\lambda-\lambda_1)(\lambda-\lambda_2)\cdots(\lambda-\lambda_m)=x^m+a_1x^{m-1}+\cdots+a_{m-1}x+a_m$$

由相似的性质5°(本章§1,1.1目),知

$$\boldsymbol{P}^{-1}f(\boldsymbol{A})\boldsymbol{P}=f(\boldsymbol{P}^{-1}\boldsymbol{A}\boldsymbol{P})=f(\boldsymbol{D})$$

而

$$f(\boldsymbol{D})=\boldsymbol{D}^m+a_1\boldsymbol{D}^{m-1}+\cdots+a_{m-1}\boldsymbol{D}+a_m\boldsymbol{E}$$

$$=\begin{pmatrix}\lambda_1^m & & & \\ & \lambda_2^m & & \\ & & \ddots & \\ & & & \lambda_n^m\end{pmatrix}+\begin{pmatrix}a_1\lambda_1^{m-1} & & & \\ & a_1\lambda_2^{m-1} & & \\ & & \ddots & \\ & & & a_1\lambda_n^{m-1}\end{pmatrix}+\cdots+$$

$$\begin{pmatrix}a_m & & & \\ & a_m & & \\ & & \ddots & \\ & & & a_m\end{pmatrix}$$

$$=\begin{pmatrix}\lambda_1^m+a_1\lambda_1^{m-1}+\cdots+a_m & & & \\ & \lambda_2^m+a_1\lambda_2^{m-1}+\cdots+a_m & & \\ & & \ddots & \\ & & & \lambda_n^m+a_1\lambda_n^{m-1}+\cdots+a_m\end{pmatrix}$$

$$=\begin{pmatrix}f(\lambda_1) & & & \\ & f(\lambda_2) & & \\ & & \ddots & \\ & & & f(\lambda_m)\end{pmatrix}$$

因为 $f(\lambda_i)=0, i=1,2,\cdots,m$,所以

$$f(\boldsymbol{A})=f(\boldsymbol{P}^{-1}\boldsymbol{A}\boldsymbol{P})=\boldsymbol{P}f(\boldsymbol{D})\boldsymbol{P}^{-1}=\boldsymbol{O}$$

就是说 $f(\lambda)$ 是 $\boldsymbol{A}$ 的零化多项式,于是 $\boldsymbol{A}$ 的最小多项式 $g(\lambda)$ 整除 $f(\lambda)$,由此由 $f(\lambda)$,因而 $g(\lambda)$ 是 K 上互素的一次因式的乘积.

充分性. 设 $\boldsymbol{A}$ 的最小多项式 $g(\lambda)$ 是 K 上互素的一次因式的乘积

$$g(\lambda)=(\lambda-\lambda_1)(\lambda-\lambda_2)\cdots(\lambda-\lambda_m)$$

其中 $\lambda_1,\lambda_2,\cdots,\lambda_m$ 两两不同. 于是

$$g(\boldsymbol{A})=(\boldsymbol{A}-\lambda_1\boldsymbol{E})(\boldsymbol{A}-\lambda_2\boldsymbol{E})\cdots(\boldsymbol{A}-\lambda_m\boldsymbol{E})=\boldsymbol{O}$$

设秩$(\boldsymbol{A}-\lambda_i\boldsymbol{E})=r_i$,则 λ_i 关于 $\boldsymbol{A}$ 的几何重数为 $n-r_i$(第 2 章,定理 4.10.5),所以 $\boldsymbol{A}$ 共有

$$s=(n-r_1)+(n-r_2)+\cdots+(n-r_m)$$

个线性无关的特征向量,且 $s\leqslant n$. 另外,由矩阵秩数的西尔维斯特不等式,我们可以写

$$\begin{aligned}0&=\text{秩}[g(\boldsymbol{A})]\geqslant\text{秩}[(\boldsymbol{A}-\lambda_1\boldsymbol{E})]+\text{秩}[(\boldsymbol{A}-\lambda_2\boldsymbol{E})\cdots(\boldsymbol{A}-\lambda_m\boldsymbol{E})]-n\\&\geqslant\text{秩}[(\boldsymbol{A}-\lambda_1\boldsymbol{E})]+\text{秩}[(\boldsymbol{A}-\lambda_2\boldsymbol{E})]+\\&\quad\text{秩}[(\boldsymbol{A}-\lambda_3\boldsymbol{E})\cdots(\boldsymbol{A}-\lambda_m\boldsymbol{E})]-2n\geqslant\cdots\\&\geqslant\text{秩}[(\boldsymbol{A}-\lambda_1\boldsymbol{E})]+\text{秩}[(\boldsymbol{A}-\lambda_2\boldsymbol{E})]+\cdots+\text{秩}[(\boldsymbol{A}-\lambda_m\boldsymbol{E})]-(m-1)n\\&=(r_1+r_2+\cdots+r_m)-(m-1)n\end{aligned}$$

或者

$$r_1+r_2+\cdots+r_m\leqslant(m-1)n$$

因而又有

$$s=(n-r_1)+(n-r_2)+\cdots+(n-r_m)\geqslant n$$

故

$$s=n$$

这就证明了 $\boldsymbol{A}$ 有 n 个线性无关的特征向量(注意到属于不同特征值的特征向量线性无关(第 3 章,定理 2.2.3)). 由定理 1.2.1,$\boldsymbol{A}$ 可以相似对角化.

推论 复数域上矩阵 $\boldsymbol{A}$ 与对角矩阵相似的充分必要条件是它的最小多项式无重根.

现在讨论复数域上一个矩阵的最小多项式无重根的条件. 因为特征多项式的根是最小多项式的根,因此我们来判断特征值在什么时候是最小多项式的单根.

设矩阵 $\boldsymbol{A}$ 的特征值 λ_1 是其最小多项式 $g(\lambda)$ 的单根,即 $(\lambda-\lambda_1)\mid g(\lambda)$,但 $(\lambda-\lambda_1)^2\nmid g(\lambda)$. 所以 $(\lambda-\lambda_1)^2$ 与 $g(\lambda)$ 的最大公因式等于 $(\lambda-\lambda_1)$,因此存在两个复系数多项式 $u(\lambda)$ 与 $v(\lambda)$,使得

$$\lambda-\lambda_1=u(\lambda)\cdot(\lambda-\lambda_1)^2+v(\lambda)\cdot g(\lambda)$$

于是

$$\boldsymbol{A}-\lambda_1\boldsymbol{E}=u(\boldsymbol{A})\cdot(\boldsymbol{A}-\lambda_1\boldsymbol{E})^2+v(\boldsymbol{A})\cdot g(\boldsymbol{A})=u(\boldsymbol{A})\cdot(\boldsymbol{A}-\lambda_1\boldsymbol{E})^2$$

从而有

$$\text{秩}[(\boldsymbol{A}-\lambda_1\boldsymbol{E})^2]\leqslant\text{秩}[(\boldsymbol{A}-\lambda_1\boldsymbol{E})]$$

这与明显的结果:秩$[(\boldsymbol{A}-\lambda_1\boldsymbol{E})^2]\geqslant$秩$[(\boldsymbol{A}-\lambda_1\boldsymbol{E})]$ 比较,得出

$$\text{秩}[(\boldsymbol{A}-\lambda_1\boldsymbol{E})^2]=\text{秩}[(\boldsymbol{A}-\lambda_1\boldsymbol{E})]$$

反过来,设 λ_1 是 $\boldsymbol{A}$ 的任一特征值,并有秩$[(\boldsymbol{A}-\lambda_1\boldsymbol{E})^2]=$秩$[(\boldsymbol{A}-\lambda_1\boldsymbol{E})]$. 于是,显然有 $(\lambda-\lambda_1)\mid g(\lambda)$. 下面我们来证明 λ_1 是 $g(\lambda)$ 的单根. 反证法:设 $(\lambda-\lambda_1)^2\mid g(\lambda)$,则

$$g(\lambda)=(\lambda-\lambda_1)^2\cdot h(\lambda)$$

因为 $(\lambda-\lambda_1)\cdot h(\lambda)$ 的次数低于最小多项式 $g(\lambda)$,所以

$$(\boldsymbol{A}-\lambda_1\boldsymbol{E})\cdot h(\boldsymbol{A})\neq\boldsymbol{O}$$

故有不为零的单列矩阵 $\boldsymbol{Y}$,使得[①]

$$(\boldsymbol{A}-\lambda_1\boldsymbol{E})\cdot h(\boldsymbol{A})\boldsymbol{Y}\neq\boldsymbol{O}$$

但

$$(\boldsymbol{A}-\lambda_1\boldsymbol{E})^2\cdot h(\boldsymbol{A})\boldsymbol{Y}=\boldsymbol{O}$$

这样,线性方程组

$$(\boldsymbol{A}-\lambda_1\boldsymbol{E})^2\boldsymbol{X}=\boldsymbol{O}\tag{1.2.1}$$

① 如果这样的 $\boldsymbol{Y}$ 不存在,则对于单位矩阵 $(\boldsymbol{E}_1,\boldsymbol{E}_2,\cdots,\boldsymbol{E}_n)$ 的每个列向量 $\boldsymbol{E}_i$ 都有 $(\boldsymbol{A}-\lambda_1\boldsymbol{E})\cdot h(\boldsymbol{A})\boldsymbol{E}_i=\boldsymbol{O}$,因之 $(\boldsymbol{A}-\lambda_1\boldsymbol{E})\cdot h(\boldsymbol{A})\boldsymbol{E}=\boldsymbol{O}$,这就得出了 $(\boldsymbol{A}-\lambda_1\boldsymbol{E})\cdot h(\boldsymbol{A})=\boldsymbol{O}$ 的矛盾.

的解 $X=h(A)Y$ 不是方程组

$$(A-\lambda_1 E)X=O \tag{1.2.2}$$

的解.

另外,从秩$[(A-\lambda_1 E)^2]=$秩$[(A-\lambda_1 E)]$,易知两个方程组(1.2.1)与(1.2.2)的基础解系所含解的个数相等;又方程(1.2.2)的解显然是方程(1.2.1)的解,即方程(1.2.2)的解集是方程(1.2.1)的解集的子集.这样,这两个解集一致①.这与上面矛盾了.由此$(\lambda-\lambda_1)^2 \mid g(\lambda)$是不成立的,这就证明了$\lambda_1$是$g(\lambda)$的单根.

结合刚才得到的结论和前面的推论,我们得到了下述定理:

定理 1.2.3 复数域上方阵 A 可相似对角化的充分必要条件是:对于 A 的每一个特征值 λ_i,两个降秩矩阵$(A-\lambda_i E)$和$(A-\lambda_i E)^2$有相等的秩,或者说方程组(1.2.1)与(1.2.2)同解.

回到定理1.2.1的结论,因为不是每个方阵都有完全特征向量系(参阅第3章例3),这也就意味着不是每个方阵都能相似于对角矩阵,但是我们可以证明任何方阵都可以相似于三角矩阵.

定理 1.2.4(舒尔定理) 任一 n 阶复方阵 A 必相似于一个上三角矩阵,且其主对角线上的元素是 A 的 n 个特征值.

证明 仅需证明结论的前一半,后一半利用矩阵相似的性质8°(参阅上一目)直接由前一半导出.

对 n 作归纳.当 $n=1$ 时,定理显然成立.今设 X_1 是 n 阶复方阵 A 的对应于特征值 λ_1 的特征向量

$$AX_1=\lambda_1 X_1$$

注意到 X_1 是非零列.由列满秩矩阵的基本性质1°(第3章 §3,3.5目),存在非奇异方阵 P,它以 X_1 为其第一列.记 $E_1=\begin{pmatrix}1\\0\\\vdots\\0\end{pmatrix}_{n\times 1}$,于是 $PE_1=X_1$ 或 $P^{-1}X_1=E_1$.

从而

$$P^{-1}APE_1=P^{-1}AX_1=P^{-1}\lambda_1 X_1=\lambda_1 P^{-1}X_1=\lambda_1 X_1$$

---

① 这个结论可以从线性无关向量组的替换定理(第6章,定理1.5.1)得出.从几何的角度:由秩$[(A-\lambda_1 E)^2]=$秩$[(A-\lambda_1 E)]$,得出两个方程组(1.2.1)与(1.2.2)的解空间维数相等;式(1.2.2)的解满足式(1.2.1)意味着其解空间是式(1.2.1)解空间的子空间.于是,这两个解空间重合.

这表明，$P^{-1}AP$ 的第一列是 $\begin{pmatrix}\lambda_1\\0\\\vdots\\0\end{pmatrix}_{n\times1}$. 由此可设

$$P^{-1}AP=\begin{pmatrix}\lambda_1 & \boldsymbol{B}\\ \boldsymbol{O} & \boldsymbol{A}_1\end{pmatrix}$$

其中 $\boldsymbol{B}$ 是 $(n-1)$ 维行向量，$\boldsymbol{A}_1$ 是 $(n-1)$ 阶方阵. 由归纳假设，存在 $(n-1)$ 阶非奇异方阵 $\boldsymbol{P}_1$，使得

$$\boldsymbol{P}_1^{-1}\boldsymbol{A}_1\boldsymbol{P}_1=\begin{pmatrix}\lambda_2 & * & * & *\\ & \lambda_3 & * & *\\ & & \ddots & *\\ & & & \lambda_n\end{pmatrix}$$

记 $\boldsymbol{Q}=\begin{pmatrix}1 & 0\\ 0 & \boldsymbol{P}_1\end{pmatrix}$，$\boldsymbol{T}=\boldsymbol{PQ}$，则 $\boldsymbol{T}$ 是非奇异方阵，且

$$\boldsymbol{T}^{-1}\boldsymbol{AT}=\boldsymbol{Q}^{-1}(\boldsymbol{P}^{-1}\boldsymbol{AP})\boldsymbol{Q}=\begin{pmatrix}1 & 0\\ 0 & \boldsymbol{P}_1^{-1}\end{pmatrix}\begin{pmatrix}\lambda_1 & \boldsymbol{B}\\ \boldsymbol{O} & \boldsymbol{A}_1\end{pmatrix}\begin{pmatrix}1 & 0\\ 0 & \boldsymbol{P}_1\end{pmatrix}$$

$$=\begin{pmatrix}\lambda_1 & \boldsymbol{C}\\ \boldsymbol{O} & \boldsymbol{P}_1^{-1}\boldsymbol{A}_1\boldsymbol{P}_1\end{pmatrix}=\begin{pmatrix}\lambda_1 & * & * & *\\ & \lambda_2 & * & *\\ & & \ddots & *\\ & & & \lambda_n\end{pmatrix}$$

证毕.

推论 设 $\boldsymbol{A}$ 是 n 阶复方阵，λ_i 是 $|\lambda\boldsymbol{E}-\boldsymbol{A}|$ 的 k_i 重根 $(i=1,2,\cdots,s)$，则

$$n-\text{秩}(\lambda_i\boldsymbol{E}-\boldsymbol{A})\leqslant k_i\quad(i=1,2,\cdots,s)$$

证明 为方便起见，不妨对 $i=1$ 证明之.

由定理 1.2.2 及假设条件可知，存在非奇异方阵 $\boldsymbol{P}$，使得

$$\boldsymbol{P}^{-1}\boldsymbol{AP}=\begin{pmatrix}\lambda_1 & & & & & \\ & \ddots & & & & \\ & & \lambda_1 & & & \\ & & & \lambda_2 & & \\ & & & & \ddots & \\ & & & & & \lambda_n\end{pmatrix}\begin{matrix}\left.\vphantom{\begin{matrix}a\\b\\c\end{matrix}}\right\}k_1\\ \left.\vphantom{\begin{matrix}a\\b\\c\end{matrix}}\right\}n-k_1\end{matrix}$$

其中 $\lambda_2,\cdots,\lambda_s$ 都不等于 λ_1. 于是

$$\boldsymbol{P}^{-1}(\lambda_1\boldsymbol{E}-\boldsymbol{A})\boldsymbol{P}=\begin{pmatrix}0 & & & & & \\ & \ddots & & & & \\ & & 0 & & & \\ & & & \lambda_1-\lambda_2 & & \\ & & & & \ddots & \\ & & & & & \lambda_1-\lambda_n\end{pmatrix}\begin{matrix}\left.\vphantom{\begin{matrix}0\\ \ddots\\ 0\end{matrix}}\right\}k_1\\ \left.\vphantom{\begin{matrix}0\\ \ddots\\ 0\end{matrix}}\right\}n-k_1\end{matrix}$$

由此可知

$$秩(\lambda\boldsymbol{E}-\boldsymbol{A})=秩(\boldsymbol{P}^{-1}(\lambda_1\boldsymbol{E}-\boldsymbol{A})\boldsymbol{P})\geqslant n-k_1$$

亦即

$$n-秩(\lambda_1\boldsymbol{E}-\boldsymbol{A})\leqslant k_1$$

这个推论说明了,对应于 λ_i 的线性无关的特征向量的个数(几何重数)不会超过 λ_i 的重数(代数重数).

1.3 多项式矩阵

在上一目,我们已经看到,并非所有方阵都能相似于对角矩阵. 那么,一个矩阵不能和对角矩阵相似时,能否找到一个构造比较简单的矩阵和它相似呢?

我们将分两个步骤来解决所提出的问题:

第一步找出相似矩阵的这样的不变量,这些不变量不仅在相似关系下保持不变,而且足以判断两个矩阵是否相似,我们称这样的不变量为完全不变量. 例如,秩是(同维)矩阵在相抵关系下的不变量;反之,若两个矩阵的秩相同,则它们必相抵. 因此,秩是矩阵相抵关系下的完全不变量.

第二步找出一类比较简单的矩阵,利用相似关系的完全不变量就可以判断一个矩阵与这类矩阵中的某一个相似.

相似关系比相抵关系要更复杂一些,它的完全不变量也比较复杂. 我们在上一节已经知道,矩阵的特征多项式(从而特征值)是相似不变量,但它并不是完全不变量. 我们很容易举出例子来说明这一点,比如下面的两个矩阵的特征多项式相同但不相似

$$\boldsymbol{A}=\begin{pmatrix}0 & 1\\ 0 & 0\end{pmatrix},\boldsymbol{B}=\begin{pmatrix}0 & 0\\ 0 & 0\end{pmatrix}$$

它们的特征多项式都是 λ^2,但 $\boldsymbol{A}$ 与 $\boldsymbol{B}$ 绝不相似.

人们经过研究终于发现,两个同阶矩阵 $\boldsymbol{A}$ 与 $\boldsymbol{B}$ 之间的相似和它们的特征矩阵,即 $\lambda\boldsymbol{E}-\boldsymbol{A}$ 与 $\lambda\boldsymbol{E}-\boldsymbol{B}$ 的相抵有着密切的联系(参阅下一节定理 2.1.1). 注意,$\lambda\boldsymbol{E}-\boldsymbol{A}$ 是这样的矩阵,它的一些元素含有未知量 λ. 一般地,我们引入:

定义 1.3.1 多项式矩阵或 $\lambda-$矩阵是指一个长方矩阵,其元素为 λ 的多

项式

$$\boldsymbol{A}(\lambda)=(a_{ij}(\lambda))=(a_{ij}^{(0)}\lambda^h+a_{ij}^{(1)}\lambda^{h-1}+\cdots+a_{ij}^{(h)})\quad(i=1,2,\cdots,m;j=1,2,\cdots,n)$$

此处 h 为多项式 $a_{ij}(\lambda)$ 的最大次数.

如果令 $\boldsymbol{A}(\lambda)$ 中诸元素的系数构成的矩阵为

$$\boldsymbol{A}_k=(a_{ij}^{(k)})\quad(i=1,2,\cdots,m;j=1,2,\cdots,n;k=1,2,\cdots,h)$$

那么我们可以表多项式矩阵为关于 λ 的矩阵多项式的形式,亦即为有矩阵系数的多项式

$$\boldsymbol{A}(\lambda)=\boldsymbol{A}_0\lambda^h+\boldsymbol{A}_1\lambda^{h-1}+\cdots+\boldsymbol{A}_{h-1}\lambda+\boldsymbol{A}_h$$

因为常数也可以看成 λ 的多项式,故 λ — 矩阵是以前数字矩阵的推广. 由于 λ 的多项式的和、差、积仍为 λ 的多项式,故对 λ — 矩阵自然就可定义类似数字矩阵的各种运算. 正方 λ — 矩阵的行列式,一般 λ — 矩阵的子块、子式等概念自然也就有了. 一般来说,正方 λ — 矩阵的行列式的值算出来是一个关于 λ 的多项式,但有时也可能是一个常数,例如

$$\begin{vmatrix}\lambda & \lambda+1\\ \lambda-1 & \lambda\end{vmatrix}=1,\begin{vmatrix}\lambda & \lambda^2\\ 0 & \lambda\end{vmatrix}=0$$

定义 1.3.2 如果 λ — 矩阵 $\boldsymbol{A}(\lambda)$ 中有一个 $r(r\geqslant 1)$ 阶子式不为零,而所有 $r+1$ 阶子式全为零,则称 $\boldsymbol{A}(\lambda)$ 的秩为 r;零矩阵的秩规定为 0.

对于 n 阶 λ — 矩阵,我们可以定义可逆 λ — 矩阵的概念.

定义 1.3.3 一个 λ — 方阵 $\boldsymbol{P}(\lambda)$ 叫作可逆的,如果存在一个同阶的 λ — 方阵 $\boldsymbol{Q}(\lambda)$,使得

$$\boldsymbol{P}(\lambda)\boldsymbol{Q}(\lambda)=\boldsymbol{Q}(\lambda)\boldsymbol{P}(\lambda)=\boldsymbol{E}$$

适合这个等式的矩阵 $\boldsymbol{Q}(\lambda)$ 叫作 $\boldsymbol{P}(\lambda)$ 的逆矩阵,记为 $[\boldsymbol{P}(\lambda)]^{-1}$.

需要注意的是,不能将数字矩阵的一些结论随意搬到 λ — 矩阵上去. 比如下面 λ — 矩阵的行列式不为零,但它不是可逆的 λ — 矩阵

$$\begin{pmatrix}\lambda & 0\\ 0 & 1\end{pmatrix}$$

这是因为虽然有

$$\begin{pmatrix}\lambda^{-1} & 0\\ 0 & 1\end{pmatrix}\begin{pmatrix}\lambda & 0\\ 0 & 1\end{pmatrix}=\begin{pmatrix}\lambda & 0\\ 0 & 1\end{pmatrix}\begin{pmatrix}\lambda^{-1} & 0\\ 0 & 1\end{pmatrix}=\begin{pmatrix}1 & 0\\ 0 & 1\end{pmatrix}$$

但矩阵 $\begin{pmatrix}\lambda^{-1} & 0\\ 0 & 1\end{pmatrix}$ 不是 λ — 矩阵之故.

现在证明:若 $|\boldsymbol{P}(\lambda)|$ 等于常数且异于零,则 $\boldsymbol{P}(\lambda)$ 是可逆的. 实际上,逆矩阵的元素等于 $n-1$ 阶的子行列式除以 $|\boldsymbol{P}(\lambda)|$,亦即在我们的情形它们是 λ 的多项式,所以 $[\boldsymbol{P}(\lambda)]^{-1}$ 是 λ — 矩阵. 反之,若 $\boldsymbol{P}(\lambda)$ 是可逆矩阵,则 $|\boldsymbol{P}(\lambda)|=$

const $\neq 0$. 实际上，设 $[\boldsymbol{P}(\lambda)]^{-1}=\boldsymbol{P}_1(\lambda)$，则 $|\boldsymbol{P}(\lambda)||\boldsymbol{P}_1(\lambda)|=1$，而这两个多项式的乘积，仅当这些多项式是非零的常数时，才可恒等于 1.

所以我们得到了下述定理：

定理 1.3.1 λ－方阵可逆的充分必要条件是其行列式等于异于零的常数.

1.4 多项式矩阵的初等变换 · 多项式矩阵的相抵

现在我们进入两个多项式矩阵相抵性的研究，它是矩阵相似理论的基础.

与普通数字矩阵类似，在讨论中引进施于多项式矩阵 $\boldsymbol{A}(\lambda)$ 上的以下诸初等变换：

1° 任意一行(例如第 i 行)，乘以数 $k \neq 0$.

2° 任意一行(例如第 i 行) 与任意多项式 $b(\lambda)$ 的乘积，加到另一行(例如第 j 行).

3° 交换任意两行，例如第 i 行与第 j 行的位置.

注意，下列 λ－矩阵的变换不是初等变换

$$\begin{pmatrix} 1 & 1 \\ 0 & 1 \end{pmatrix} \rightarrow \begin{pmatrix} \lambda & \lambda \\ 0 & 1 \end{pmatrix}$$

这是因为前面一个矩阵的第一行乘以 λ 不是 λ－矩阵的初等变换. 类似地，下面的变换需第一行乘以 λ^{-1}，因此也不是 λ－矩阵的初等变换

$$\begin{pmatrix} \lambda & 0 \\ 0 & 1 \end{pmatrix} \rightarrow \begin{pmatrix} 1 & 0 \\ 0 & 1 \end{pmatrix}$$

让读者验证，运算 1°, 2°, 3° 分别相当于多项式矩阵 $\boldsymbol{A}(\lambda)$ 左乘以下 m 阶方阵

$$\boldsymbol{S}' = \begin{pmatrix} 1 & & & & & & & \\ & \ddots & & & & & & \\ & & 1 & & & & & \\ & & & \ddots & & & & \\ & & & & k & & & \\ & & & & & \ddots & & \\ & & & & & & 1 & \\ & & & & & & & \ddots & \\ & & & & & & & & 1 \end{pmatrix}$$

（k 位于第 i 列）

$$
\boldsymbol{S}''=\begin{array}{c}
\begin{array}{cccc} & i\text{ 列} & j\text{ 列} & \end{array}\\
\begin{pmatrix}
1 & & & & & & \\
 & \ddots & & & & & \\
 & & 1 & \cdots & b(\lambda) & & \\
 & & & \ddots & \vdots & & \\
 & & & & 1 & & \\
 & & & & & \ddots & \\
 & & & & & & 1
\end{pmatrix}
\begin{array}{l} \\ \\ i\text{ 行} \\ \\ j\text{ 行} \\ \\ \\ \end{array}
\end{array}
$$

$$
S'''=\begin{array}{c}
\begin{array}{cccc} & i\text{ 列} & j\text{ 列} & \end{array}\\
\begin{pmatrix}
1 & & & & & & & & & \\
 & \ddots & & & & & & & & \\
 & & 1 & & & & & & & \\
 & & & 0 & \cdots & 1 & & & & \\
 & & & & 1 & & & & & \\
 & & & \vdots & \ddots & \vdots & & & & \\
 & & & & & & 1 & & & \\
 & & & 1 & & \cdots & & 0 & & \\
 & & & & & & & & 1 & \\
 & & & & & & & & & \ddots \\
 & & & & & & & & & & 1
\end{pmatrix}
\begin{array}{l} \\ \\ \\ i\text{ 行} \\ \\ \\ \\ j\text{ 行} \\ \\ \\ \\ \end{array}
\end{array}
$$

亦即应用运算 1°,2°,3° 于矩阵 $\boldsymbol{A}(\lambda)$ 的结果各变为矩阵 $\boldsymbol{S}'\cdot\boldsymbol{A}(\lambda)$,$\boldsymbol{S}''\cdot\boldsymbol{A}(\lambda)$,$\boldsymbol{S}'''\cdot\boldsymbol{A}(\lambda)$. 故 1°,2°,3° 型运算称为左初等变换.

完全相类似的定义多项式矩阵上的右初等变换(这些运算不是施行于多项式矩阵的行上而是施行于其列上)与其对应的(n 阶)矩阵.

$$
\boldsymbol{T}'=\begin{pmatrix}
1 & & & & & & & \\
 & \ddots & & & & & & \\
 & & 1 & & & & & \\
 & & & \ddots & & & & \\
 & & & & k & & & \\
 & & & & & \ddots & & \\
 & & & & & & 1 & \\
 & & & & & & & \ddots \\
 & & & & & & & & 1
\end{pmatrix}
\begin{array}{l} \\ \\ \\ \\ i\text{ 行} \\ \\ \\ \\ \\ \end{array}
$$

$$
\boldsymbol{T}''=\begin{pmatrix}
1 & & & & & & \\
& \ddots & & & & & \\
& & 1 & & & & \\
& & \vdots & \ddots & & & \\
& & b(\lambda) & \cdots & 1 & & \\
& & & & & \ddots & \\
& & & & & & 1
\end{pmatrix}
\begin{matrix} \\ \\ i\text{ 行} \\ \\ j\text{ 行} \\ \\ \\ \end{matrix}
\quad (b(\lambda)\text{ 位于 } i\text{ 列}, 1\text{ 位于 } j\text{ 列})
$$

$$
\boldsymbol{T}'''=\begin{pmatrix}
1 & & & & & & & & \\
& \ddots & & & & & & & \\
& & 1 & & & & & & \\
& & & 0 & \cdots & & 1 & & \\
& & & & 1 & & & & \\
& & & \vdots & & \ddots & \vdots & & \\
& & & & & 1 & & & \\
& & & 1 & \cdots & & 0 & & \\
& & & & & & & 1 & \\
& & & & & & & & \ddots \\
& & & & & & & & & 1
\end{pmatrix}
\begin{matrix} \\ \\ \\ i\text{ 行} \\ \\ \\ \\ j\text{ 行} \\ \\ \\ \\ \end{matrix}
\quad (i\text{ 列}, j\text{ 列})
$$

应用右初等变换于矩阵 $\boldsymbol{A}(\lambda)$ 的结果是右乘以对应矩阵 $\boldsymbol{T}$.

我们将 $\boldsymbol{S}'$,$\boldsymbol{S}''$,$\boldsymbol{S}'''$ 型矩阵(或者同样的 $\boldsymbol{T}'$,$\boldsymbol{T}''$,$\boldsymbol{T}'''$ 型矩阵)称为初等矩阵.

任何初等矩阵的行列式与 λ 无关且不等于零.故对每一个左(右)初等变换都有逆运算存在,它们亦是左(右)初等变换[①].

容易证明,有限个可逆 λ -矩阵之积仍是可逆 λ -矩阵;而初等 λ -矩阵都是可逆 λ -矩阵,因此有限个初等 λ -矩阵之积也是可逆 λ -矩阵.在下面一目,我们还将证明,可逆 λ -矩阵必可表示为有限个初等 λ -矩阵之积.

定义 1.4.1 两个多项式矩阵 $\boldsymbol{A}(\lambda)$ 与 $\boldsymbol{B}(\lambda)$ 称为(1) 左相抵的,(2) 右相抵的,(3) 相抵的,如果其中的某一个可以从另一个分别应用(1) 左初等变换,(2)

---

① 故知,如果矩阵 $\boldsymbol{B}(\lambda)$ 可由 $\boldsymbol{A}(\lambda)$ 应用左(右、左与右)初等变换来得出,那么反过来,$\boldsymbol{A}(\lambda)$ 亦可由 $\boldsymbol{B}(\lambda)$ 应用同类型的初等变换得出.左初等变换与右初等变换都构成群.

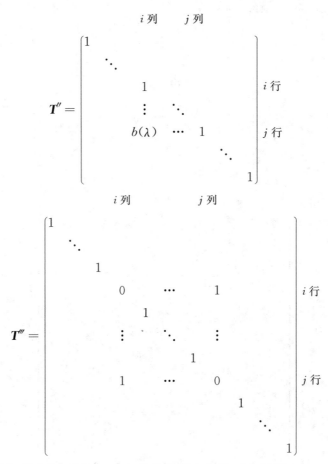

右初等变换,(3) 左与右初等变换来得出[1].

设矩阵 $\boldsymbol{B}(\lambda)$ 系由 $\boldsymbol{A}(\lambda)$ 应用左初等变换,对应矩阵为 $\boldsymbol{S}_1,\boldsymbol{S}_2,\cdots,\boldsymbol{S}_p$ 者所得出的,那么

$$\boldsymbol{B}(\lambda)=\boldsymbol{S}_p\boldsymbol{S}_{p-1}\cdots\boldsymbol{S}_1\boldsymbol{A}(\lambda) \tag{1.4.1}$$

以 $\boldsymbol{P}(\lambda)$ 记乘积 $\boldsymbol{S}_p\boldsymbol{S}_{p-1}\cdots\boldsymbol{S}_1$,我们写等式(1.4.1) 为

$$\boldsymbol{B}(\lambda)=\boldsymbol{P}(\lambda)\boldsymbol{A}(\lambda) \tag{1.4.2}$$

其中 $\boldsymbol{P}(\lambda)$ 与矩阵 $\boldsymbol{S}_1,\boldsymbol{S}_2,\cdots,\boldsymbol{S}_p$ 的每一个一样,有不为零的常数行列式[2].

在下一目中将证明,每一个有不为零的常数行列式的 λ - 方阵都可以表为初等矩阵的乘积的形式. 所以等式(1.4.2) 与等式(1.4.1) 等价,因而它说明了矩阵 $\boldsymbol{A}(\lambda)$ 与 $\boldsymbol{B}(\lambda)$ 的左相抵性. 对于多项式矩阵 $\boldsymbol{A}(\lambda)$ 与 $\boldsymbol{B}(\lambda)$ 的右相抵性可以换等式(1.4.2) 为等式

$$\boldsymbol{B}(\boldsymbol{A})=\boldsymbol{A}(\lambda)\boldsymbol{Q}(\lambda) \tag{1.4.2'}$$

而对于(两边) 相抵性,则有等式

$$\boldsymbol{B}(\lambda)=\boldsymbol{P}(\lambda)\boldsymbol{A}(\lambda)\boldsymbol{Q}(\lambda) \tag{1.4.2''}$$

此处的 $\boldsymbol{P}(\lambda)$ 与 $\boldsymbol{Q}(\lambda)$ 仍然是这样的矩阵. 它的行列式不为零且与 λ 无关.

这样一来,定义 1.4.1 可以换为以下相抵的定义.

定义 1.4.1′ 两个 λ - 长方矩阵 $\boldsymbol{A}(\lambda)$ 与 $\boldsymbol{B}(\lambda)$ 称为(1) 左相抵的,(2) 右相抵的,(3) 相抵的,如果各有:

(1)$\boldsymbol{B}(\lambda)=\boldsymbol{P}(\lambda)\boldsymbol{A}(\lambda)$.

(2)$\boldsymbol{B}(\lambda)=\boldsymbol{A}(\lambda)\boldsymbol{Q}(\lambda)$.

(3)$\boldsymbol{B}(\boldsymbol{A})=\boldsymbol{P}(\lambda)\boldsymbol{A}(\lambda)\boldsymbol{Q}(\lambda)$.

其中 $\boldsymbol{P}(\lambda)$ 与 $\boldsymbol{Q}(\lambda)$ 为有不为零的常数行列式的多项式方阵.

定理 1.4.1 如果 $\boldsymbol{A}_1(\lambda)$ 与 $\boldsymbol{B}_1(\lambda)$ 相抵,$\boldsymbol{A}_2(\lambda)$ 与 $\boldsymbol{B}_2(\lambda)$ 相抵,则直接和 $(\boldsymbol{A}_1(\lambda)\oplus\boldsymbol{A}_2(\lambda)),(\boldsymbol{B}_1(\lambda)\oplus\boldsymbol{B}_2(\lambda))$ 亦相抵.

证明 因由

$$\boldsymbol{P}_1(\lambda)\boldsymbol{A}_1(\lambda)\boldsymbol{Q}_1(\lambda)=\boldsymbol{B}_1(\lambda),\boldsymbol{P}_2(\lambda)\boldsymbol{A}_2(\lambda)\boldsymbol{Q}_2(\lambda)=\boldsymbol{B}_2(\lambda)$$

可得

$$(\boldsymbol{P}_1(\lambda)\oplus\boldsymbol{P}_2(\lambda))[\boldsymbol{A}_1(\lambda)\oplus\boldsymbol{A}_2(\lambda)](\boldsymbol{Q}_1(\lambda)\oplus\boldsymbol{Q}_2(\lambda))=\boldsymbol{B}_1(\lambda)\oplus\boldsymbol{B}_2(\lambda)$$

而两个不为零的常数行列式的 λ - 矩阵的和仍为同样类似的 λ - 矩阵,故定理的结论成立.

---

① 由定义知道,左相抵、右相抵或单纯的相抵都只是对于有相同维数的长方矩阵而言的.

② 就是说与 λ 无关.

所有上面所引进的概念可以用以下重要的例子来说明.

讨论变数为 t 的 n 个未知函数 $x_1,x_2,\cdots,x_n$ 与 m 个方程的 h 阶常系数齐次线性微分方程组

$$\begin{cases}a_{11}(\mathscr{D})x_1+a_{12}(\mathscr{D})x_2+\cdots+a_{1n}(\mathscr{D})x_n=0\\a_{21}(\mathscr{D})x_1+a_{22}(\mathscr{D})x_2+\cdots+a_{2n}(\mathscr{D})x_n=0\\\quad\vdots\\a_{m1}(\mathscr{D})x_1+a_{m2}(\mathscr{D})x_2+\cdots+a_{mn}(\mathscr{D})x_n=0\end{cases}\tag{1.3.3}$$

此处

$$a_{ij}(\mathscr{D})=a_{ij}^{(0)}\mathscr{D}^h+a_{ij}^{(1)}\mathscr{D}^{h-1}+\cdots+a_{ij}^{(h)}\quad(i=1,2,\cdots,m;j=1,2,\cdots,n)$$

是一个有常系数的关于 $\mathscr{D}$ 的多项式,而 $\mathscr{D}=\dfrac{\mathrm{d}}{\mathrm{d}t}$ 是一个微分算子.

算子系数矩阵

$$\boldsymbol{A}(\mathscr{D})=(a_{ij}(\mathscr{D}))\quad(i=1,2,\cdots,m;j=1,2,\cdots,n)$$

是一个多项式矩阵或 $\mathscr{D}-$ 矩阵.

显然,对矩阵 $\boldsymbol{A}(\mathscr{D})$ 的左初等变换 1° 表示以数 $k\neq0$ 逐项乘微分方程组的第 i 个方程.左初等变换 2° 表示以第 j 个方程作微分运算 $b(\mathscr{D})$ 后的结果,逐项加到第 i 个方程.左初等变换 3° 表示交换第 i 个与第 j 个方程的位置.

这样一来,如果在方程组(1.4.3)中将算子系数矩阵 $\boldsymbol{A}(\mathscr{D})$ 换为其左相抵矩阵 $\boldsymbol{B}(\mathscr{D})$,那么我们得出一个新的方程组.相反的,因为原方程组可以由这个方程组用类似算法得出,所以这两组方程是相抵的①.

不难从所给的例子来说明右相抵运算.这些运算的第一个运算表示未知函数中的一个函数 x_i 换为新未知函数 $x_i'=\dfrac{1}{k}x_i$;第二个初等变换表示引进新未知函数 $x_j'=x_j+\boldsymbol{B}(\mathscr{D})x_i$(来代换 x_j);第三个运算表示在方程组中交换包含 x_i 与 x_j 的项(亦即 $x_i=x_j',x_j=x_i'$).

1.5 λ－矩阵的相抵标准形

首先,由 $\lambda-$ 矩阵的相抵定义可直接推出下面的基本性质:

1° 相抵关系是传递的:如 $\boldsymbol{A}(\lambda)$ 与 $\boldsymbol{B}(\lambda)$ 左(右)相抵而 $\boldsymbol{B}(\lambda)$ 与 $\boldsymbol{C}(\lambda)$ 左(右)相抵,则 $\boldsymbol{A}(\lambda)$ 与 $\boldsymbol{C}(\lambda)$ 左(右)相抵.

---

① 这里我们是承认了,所求的函数 $x_1,x_2,\cdots,x_n$ 在所遇到的变换中,对于这些函数的所有用到的各阶导数都是存在的.在这一个限制下,有左相抵矩阵 $\boldsymbol{A}(\mathscr{D})$ 与 $\boldsymbol{B}(\mathscr{D})$ 的两组方程有同一解.

2° 相抵关系是对称的：如 $\boldsymbol{A}(\lambda)$ 与 $\boldsymbol{B}(\lambda)$ 左（右）相抵，则 $\boldsymbol{B}(\lambda)$ 与 $\boldsymbol{A}(\lambda)$ 左（右）相抵.

3° 相抵关系是反身的：每一矩阵与它自己相抵.

由性质 1°,2°,3°，即知 λ－矩阵可按左相抵关系进行分类，在每一类中的矩阵彼此左相抵而不在同一类中的矩阵则不再左相抵. 自然要问，在每个这样的类别中，最简单的矩阵形式是怎样的？换句话说，只应用左初等变换可以化多项式长方矩阵 $\boldsymbol{A}(\lambda)$ 为怎样的较简单的形式.

我们假设在矩阵 $\boldsymbol{A}(\lambda)$ 的第一列中有不恒等于零的元素. 在它们里面取次数最小的多项式且调动行的次序使得这一个元素为 $a_{11}(\lambda)$. 此后多项式 $a_{i1}(\lambda)$ 除以 $a_{11}(\lambda)$；记其商式与余式为 $q_{i1}(\lambda)$ 与 $r_{i1}(\lambda)(i=1,2,\cdots,m)$

$$a_{i1}(\lambda)=a_{11}(\lambda)q_{i1}(\lambda)+r_{i1}(\lambda)\quad (i=1,2,\cdots,m)$$

现在从第 i 行减去第一行与 $q_{i1}(\lambda)$ 的乘积$(i=1,2,\cdots,m)$. 如果此时余式 $r_{i1}(\lambda)$ 不全恒等于零，那么在它们里面，有一个不等于零而且是次数最小的多项式，我们可以调动行的次序使其位于 $a_{11}(\lambda)$ 的地方. 这些运算的结果可以使多项式 $a_{11}(\lambda)$ 的次数降低.

现在我们重复这一方法来继续进行，因为多项式 $a_{11}(\lambda)$ 的次数是有限的，所以在某一个步骤之后，这一过程将不能继续进行，亦即在此时所有元素 $a_{21}(\lambda),a_{31}(\lambda),\cdots,a_{m1}(\lambda)$ 都变成恒等于零.

此后我们取元素 $a_{22}(\lambda)$ 且应用同样的方法于序数为 $2,3,\cdots,m$ 的诸行. 那就会得到 $a_{32}(\lambda)=\cdots=a_{m2}(\lambda)=0$. 如此继续进行，最后我们化矩阵 $\boldsymbol{A}(\lambda)$ 为以下形式

$$\begin{pmatrix} b_{11}(\lambda) & b_{12}(\lambda) & \cdots & b_{1m}(\lambda) & \cdots & b_{1n}(\lambda) \\ 0 & b_{22}(\lambda) & \cdots & b_{2m}(\lambda) & \cdots & b_{2n}(\lambda) \\ \vdots & \vdots & & \vdots & \cdots & \vdots \\ 0 & 0 & \cdots & b_{mm}(\lambda) & \cdots & b_{mn}(\lambda) \end{pmatrix}\quad (m\leqslant n)$$

$$\begin{pmatrix} b_{11}(\lambda) & b_{12}(\lambda) & \cdots & b_{1n}(\lambda) \\ 0 & b_{22}(\lambda) & \cdots & b_{2n}(\lambda) \\ \vdots & \vdots & & \vdots \\ 0 & 0 & \cdots & b_{nn}(\lambda) \\ 0 & 0 & \cdots & 0 \\ \vdots & \vdots & & \vdots \\ 0 & 0 & \cdots & 0 \end{pmatrix}\quad (m\geqslant n)\qquad (1.5.1)$$

如果多项式 $b_{22}(\lambda)$ 不恒等于零，那么应用第二种左初等变换，可以使元素 $b_{12}(\lambda)$ 的次数小于 $b_{22}(\lambda)$ 的次数（如果 $b_{22}(\lambda)$ 是零次的，那么 $b_{12}(\lambda)$ 可以变为恒等于零）. 完全一样的，如果 $b_{33}(\lambda)\neq 0$，那么应用第二种左初等变换，可以使元素 $b_{13}(\lambda)$，$b_{23}(\lambda)$ 的次数都小于 $b_{33}(\lambda)$ 的次数，而且并不变动元素 $b_{12}(\lambda)$，诸如此类.

我们建立了以下定理：

定理 1.5.1 任一 $m\times n$ 维多项式长方矩阵都可以应用左初等变换化为式 (1.5.1) 的形式，其中多项式 $b_{1j}(\lambda),b_{2j}(\lambda),\cdots,b_{(j-1)j}(\lambda)$ 的次数都小于 $b_{jj}(\lambda)$ 的次数，如果只有 $b_{jj}(\lambda)\neq 0$；而全都恒等于零，如果 $b_{jj}(\lambda)=$ 常数 $\neq 0(j=2,3,\cdots,\min(m,n))$.

完全一样的可以证明下面的定理.

定理 1.5.2 任一 $m\times n$ 维多项式长方矩阵都可以应用右初等变换化为以下形式

$$\begin{pmatrix} c_{11}(\lambda) & 0 & \cdots & 0 & 0 & \cdots & 0 \\ c_{21}(\lambda) & c_{22}(\lambda) & \cdots & 0 & 0 & \cdots & 0 \\ \vdots & \vdots & & \vdots & \vdots & & \vdots \\ c_{m1}(\lambda) & c_{m2}(\lambda) & \cdots & c_{mm}(\lambda) & 0 & \cdots & 0 \end{pmatrix} \quad (m\leqslant n)$$

$$\begin{pmatrix} c_{11}(\lambda) & 0 & \cdots & 0 \\ c_{21}(\lambda) & c_{22}(\lambda) & \cdots & 0 \\ \vdots & \vdots & & \vdots \\ c_{n1}(\lambda) & c_{n2}(\lambda) & \cdots & c_{nn}(\lambda) \\ \vdots & \vdots & & \vdots \\ c_{m1}(\lambda) & c_{m2}(\lambda) & \cdots & c_{mn}(\lambda) \end{pmatrix} \quad (m\geqslant n)$$

其中多项式 $c_{j1}(\lambda),c_{j2}(\lambda),\cdots,c_{j(j-1)}(\lambda)$ 的次数都小于 $c_{jj}(\lambda)$ 的次数，如果只有 $c_{jj}(\lambda)\neq 0$；而全都恒等于零，如果 $c_{jj}(\lambda)=$ 常数 $\neq 0(j=2,3,\cdots,\min(m,n))$.

从定理 1.5.1 与 1.5.2 推得以下的推论：

推论 1 如果多项式方阵 $\boldsymbol{P}(\lambda)$ 的行列式与 λ 无关且不等于零，那么这一个矩阵可以表为有限个初等矩阵的乘积.

事实上，按照定理 1.5.1 可以应用左初等变换化矩阵 $\boldsymbol{P}(\lambda)$ 为以下形式

$$\begin{pmatrix} b_{11}(\lambda) & b_{12}(\lambda) & \cdots & b_{1n}(\lambda) \\ 0 & b_{22}(\lambda) & \cdots & b_{2n}(\lambda) \\ \vdots & \vdots & & \vdots \\ 0 & 0 & \cdots & b_{nn}(\lambda) \end{pmatrix} \tag{1.5.2}$$

其中 n 为矩阵 $\boldsymbol{P}(\lambda)$ 的阶数. 因为应用初等变换于多项式方阵时,这个矩阵的行列式只是乘上一个不为零的常数因子,所以矩阵(1.5.2) 的行列式,与 $\boldsymbol{P}(\lambda)$ 的行列式一样,与 λ 无关且不等于零,亦即

$$b_{11}(\lambda)b_{22}(\lambda)\cdots b_{nn}(\lambda)=\text{常数}\neq 0$$

故有

$$b_{jj}(\lambda)=\text{常数}\neq 0\quad(j=1,2,\cdots,n)$$

但是再从定理 1.5.1 知矩阵(1.5.2) 有对角形的形式 $(b_{ij}\delta_{ij})_{n\times n}$. 故可应用第一种左初等变换使其化为单位矩阵 $\boldsymbol{E}$. 那么反过来,单位矩阵 $\boldsymbol{E}$ 可以经由矩阵为 $\boldsymbol{S}_1,\boldsymbol{S}_2,\cdots,\boldsymbol{S}_p$ 的左初等变换化为 $\boldsymbol{P}(\lambda)$. 因此

$$\boldsymbol{P}(\lambda)=\boldsymbol{S}_p\boldsymbol{S}_{p-1}\cdots\boldsymbol{S}_1\boldsymbol{E}=\boldsymbol{S}_p\boldsymbol{S}_{p-1}\cdots\boldsymbol{S}_1$$

从所证明的推论推知,有如上目所述的,多项式矩阵相抵性的两个定义 1.4.1 与 1.4.1′ 的等价性.

推论 1 结合定理 1.3.1,我们得出:

推论 2 $\lambda-$方阵可逆的充分必要条件是它可以表为有限个初等矩阵的乘积.

回到我们的例子 —— 微分方程组(1.4.3). 应用定理 1.5.1 于算子系数矩阵 $(a_{ij}(\mathscr{D}))$. 那么,正如上目中所指出的,可以换组(1.4.3) 为相抵组

$$\begin{cases}b_{11}(\mathscr{D})x_1+b_{12}(\mathscr{D})x_2+\cdots+b_{1s}(\mathscr{D})x_s=-b_{1(r+1)}(\mathscr{D})x_{r+1}-\cdots-b_{1n}(\mathscr{D})x_n\\ b_{22}(\mathscr{D})x_2+\cdots+b_{2s}(\mathscr{D})x_s=-b_{2(r+1)}(\mathscr{D})x_{r+1}-\cdots-b_{2n}(\mathscr{D})x_n\\ \quad\vdots\\ b_{ss}(\mathscr{D})x_s=-b_{s(s+1)}(\mathscr{D})x_{s+1}-\cdots-b_{sn}(\mathscr{D})x_n\end{cases}\tag{1.4.3′}$$

其中

$$s=\min(m,n)$$

在这一组中,函数 $x_{s+1},\cdots,x_n$ 可以任意选取,此后再顺次定出函数 $x_s,x_{s-1},\cdots,x_1$,而且在确定这些函数的每一个步骤只要积分仅含一个未知函数的微分方程.

现在用左与右初等变换施于多项式长方矩阵 $\mathbf{A}(\lambda)$,使其化为标准形.

在矩阵 $\mathbf{A}(\lambda)$ 的所有不恒等于零的元素 $a_{ij}(\lambda)$ 中,取其关于 λ 的次数最小者,经适宜的行列调动,使这一个元素为 $a_{11}(\lambda)$. 此后求出多项式 $a_{i1}(\lambda)$ 与 $a_{1j}(\lambda)$ 被 $a_{11}(\lambda)$ 除后的商式与余式

$$a_{i1}(\lambda)=a_{11}(\lambda)q_{i1}(\lambda)+r_{i1}(\lambda),a_{1j}(\lambda)=a_{11}(\lambda)q_{1j}(\lambda)+r_{1j}(\lambda)$$

$$(i=1,2,\cdots,m;j=1,2,\cdots,n)$$

如果在余式 $r_{i1}(\lambda),r_{1j}(\lambda)(i=2,\cdots,m;j=2,\cdots,n)$ 中，至少有一个例如 $r_{1j}(\lambda)$ 不是恒等于零，那么从第 j 列减去第一列与 $q_{1j}(\lambda)$ 的乘积，我们就换元素 $a_{1j}(\lambda)$ 为余式 $r_{1j}(\lambda)$，它的次数小于 $a_{11}(\lambda)$ 的次数. 那么我们就有可能再来降低位于矩阵左上角这一元素的次数，使在这个地方的元素关于 λ 的次数最小.

如果所有的余式 $r_{21}(\lambda),\cdots,r_{m1}(\lambda);r_{12}(\lambda),\cdots,r_{1n}(\lambda)$ 都恒等于零，那么从第 i 行减去第一行与 $q_{i1}(\lambda)$ 的乘积 $(i=2,\cdots,m)$，而从第 j 列减去第一列与 $q_{1j}(\lambda)$ 的乘积 $(j=2,\cdots,m)$，我们化原多项式矩阵为以下形式

$$\begin{pmatrix} a_{11}(\lambda) & 0 & \cdots & 0 \\ 0 & a_{22}(\lambda) & \cdots & a_{2n}(\lambda) \\ \vdots & \vdots & & \vdots \\ 0 & a_{m2}(\lambda) & \cdots & a_{mn}(\lambda) \end{pmatrix}$$

如果在此时的元素 $a_{ij}(\lambda)(i=2,\cdots,m;j=2,\cdots,n)$ 中，至少有一个不能为 $a_{11}(\lambda)$ 所除尽，那么对第一列加上含有这一个元素的那一列，我们就得出前面的一种情形，因此仍可换元素 $a_{11}(\lambda)$ 为一个次数较低的多项式.

因为原先的元素 $a_{11}(\lambda)$ 有一定的次数而降低这个次数的步骤不能无限制地继续下去，所以经过有限次初等变换后，我们一定得出以下形式的矩阵

$$\begin{pmatrix} a_{11}(\lambda) & 0 & \cdots & 0 \\ 0 & a_{22}(\lambda) & \cdots & a_{2n}(\lambda) \\ \vdots & \vdots & & \vdots \\ 0 & a_{m2}(\lambda) & \cdots & a_{mn}(\lambda) \end{pmatrix} \tag{1.5.3}$$

其中所有元素 $b_{ij}(\lambda)$ 都可以被 $a_{11}(\lambda)$ 所除尽. 如果在这些元素 $a_{ij}(\lambda)$ 中有不恒等于零的元素，那么对于序数为 $2,\cdots,m$ 的行与序数为 $2,\cdots,n$ 的列应用上述的同样方法，我们可以化矩阵(1.5.3) 为以下形式

$$\begin{pmatrix} a_{11}(\lambda) & 0 & 0 & \cdots & 0 \\ 0 & a_{22}(\lambda) & 0 & \cdots & 0 \\ 0 & 0 & c_{33}(\lambda) & \cdots & c_{3n}(\lambda) \\ \vdots & \vdots & \vdots & & \vdots \\ 0 & 0 & c_{m3}(\lambda) & \cdots & c_{mn}(\lambda) \end{pmatrix}$$

其中 $a_{22}(\lambda)$ 为 $a_{11}(\lambda)$ 所除尽，而所有多项式 $c_{ij}(\lambda)$ 都为 $a_{22}(\lambda)$ 所除尽. 继续施行这种方法，最后我们化原矩阵为以下形式

$$\begin{pmatrix} a_1(\lambda) & 0 & \cdots & 0 & 0 & \cdots & 0 \\ 0 & a_2(\lambda) & \cdots & 0 & 0 & \cdots & 0 \\ \vdots & \vdots & & \vdots & \vdots & \cdots & \vdots \\ 0 & 0 & \cdots & a_s(\lambda) & 0 & \cdots & 0 \\ 0 & 0 & \cdots & 0 & 0 & \cdots & 0 \\ \vdots & \vdots & & \vdots & \vdots & \cdots & \vdots \\ 0 & 0 & \cdots & 0 & 0 & \cdots & 0 \end{pmatrix} \tag{1.5.4}$$

其中多项式 $a_1(\lambda),a_2(\lambda),\cdots,a_s(\lambda)(s\leqslant m,n)$ 都不恒等于零,而且每一个都可以被其前一个所除尽.

前 s 行各乘以适宜的不为零的常数因子. 我们可以使多项式 $a_1(\lambda)$,$a_2(\lambda),\cdots,a_s(\lambda)$ 的首项系数都等于 1.

定义 1.5.1 多项式长方矩阵称为(对角)相抵标准形,如果它有式(1.5.4)的形式,其中多项式 $a_1(\lambda),a_2(\lambda),\cdots,a_s(\lambda)$ 都不恒等于零,且有多项式 $a_1(\lambda),a_2(\lambda),\cdots,a_s(\lambda)$ 中每一个都被其前一个所除尽;此处假定所有多项式 $a_1(\lambda),a_2(\lambda),\cdots,a_s(\lambda)$ 的首项系数都等于 1.

这样一来,我们证明了:

定理 1.5.3 任何多项式长方矩阵都与某一个相抵标准形矩阵相抵.

在下目中我们将证明,这些多项式 $a_1(\lambda),a_2(\lambda),\cdots,a_s(\lambda)$ 被所给矩阵 $\boldsymbol{A}(\lambda)$ 唯一确定,而且建立这些多项式与矩阵 $\boldsymbol{A}(\lambda)$ 的元素间的关系式.

推论 3 所有可逆 $\lambda-$方阵都和单位矩阵相抵.

证明 对于任意 n 阶方阵 $\boldsymbol{A}(\lambda)$,由定理 1.5.3,存在 $\boldsymbol{P}(\lambda),\boldsymbol{Q}(\lambda)$,使 $\boldsymbol{A}(\lambda)$ 适合

$$\boldsymbol{P}(\lambda)\boldsymbol{A}(\lambda)\boldsymbol{Q}(\lambda)=\begin{pmatrix} a_1(\lambda) & & & & & \\ & \ddots & & & & \\ & & a_s(\lambda) & & & \\ & & & 0 & & \\ & & & & \ddots & \\ & & & & & 0 \end{pmatrix}$$

其中 $\boldsymbol{P}(\lambda),\boldsymbol{Q}(\lambda)$ 是可逆 $\lambda-$方阵.

如果 $\boldsymbol{A}(\lambda)$ 可逆,那么乘积 $\boldsymbol{P}(\lambda)\boldsymbol{A}(\lambda)\boldsymbol{Q}(\lambda)$ 也是可逆 $\lambda-$方阵,于是上式的左边的行列式是一个非零的常数,因此右边必然也是如此,这只有在 $s=n$,$a_1(\lambda)=a_2(\lambda)=\cdots=a_s(\lambda)=1$ 时存在可能;也就是 $\boldsymbol{A}(\lambda)$ 和单位矩阵相抵.

1.6 λ－矩阵的行列式因子与不变因子・相抵的条件

在上一目，我们证明了任意λ－矩阵均相抵于一个对角λ－矩阵.因此，如果两个同阶的λ－矩阵具有相同的相抵标准形，则它们必相抵.现在我们要找出两个λ－矩阵相抵的充分必要条件，也就是λ－矩阵相抵的完全不变量.为了研究这件事情，我们首先引入行列式因子的概念.

设多项式矩阵 $\boldsymbol{A}(\lambda)$ 的秩为 r，这样它里面凡是高于 r 阶的子行列式都恒等于零，但至少有一个 r 阶子式不恒等于零；而且，由拉普拉斯展开式又知，在 $\boldsymbol{A}(\lambda)$ 的 $k(1\leqslant k\leqslant r)$ 阶子式中也至少有一个不恒等于零.讨论 $\boldsymbol{A}(\lambda)$ 的不恒等于零的 $k(1\leqslant k\leqslant r)$ 阶子式，这种子式都是关于 λ 的多项式.以 $D_k(\lambda)$ 记矩阵 $\boldsymbol{A}(\lambda)$ 中所有 k 阶子式的最大公因式 $(k=1,2,\cdots,r)$.在特例，$D_1(\lambda)$ 为矩阵 $\boldsymbol{A}(\lambda)$ 中诸元素的最大公因式.

因为最大公因式除常数因子外可以完全确定，所以我们可以认为：$D_k(\lambda)$ 的首项系数等于1. $\boldsymbol{A}(\lambda)$ 中全部 k 阶子式的首项系数为1的最大公因式 $D_k(\lambda)$ 叫作 $\boldsymbol{A}(\lambda)$ 的 k 阶行列式因子.

按定义，对于秩为 r 的λ－矩阵，行列式因子一共有 r 个，行列式因子有如下的相抵不变性：

定理 1.6.1 相抵的λ－矩阵具有相同的秩与相同的各阶行列式因子.

证明 只需证明λ－矩阵 $\boldsymbol{A}(\lambda)$ 经过一次初等变换，秩与行列式因子不变就可以了.

设 $\boldsymbol{A}(\lambda)$ 经过一次行初等变换变成 $\boldsymbol{B}(\lambda)$，$D_k(\lambda)$ 与 $D'_k(\lambda)$ 分别是 $\boldsymbol{A}(\lambda)$ 与 $\boldsymbol{B}(\lambda)$ 的 k 阶行列式因子.我们证明 $D_k(\lambda)=D'_k(\lambda)$，分三种情形讨论：

(1) $\boldsymbol{A}(\lambda)\xrightarrow{\text{对换第 } i \text{ 行与第 } j \text{ 行}}\boldsymbol{B}(\lambda)$. 这时，$\boldsymbol{B}(\lambda)$ 的每个 k 阶子式或者等于 $\boldsymbol{A}(\lambda)$ 的某个 k 阶子式，或者与 $\boldsymbol{A}(\lambda)$ 的某一个 k 阶子式反号.因此 $D_k(\lambda)$ 是 $\boldsymbol{B}(\lambda)$ 的 k 阶子式的公因式，从而 $D_k(\lambda)\mid D'_k(\lambda)$.

(2) $\boldsymbol{A}(\lambda)\xrightarrow{\text{对换第 } i \text{ 行与第 } j \text{ 行}}\boldsymbol{B}(\lambda)$. 此时，$\boldsymbol{B}(\lambda)$ 的每个 k 阶子式或者等于 $\boldsymbol{A}(\lambda)$ 的某一个 k 阶子式，或者等于 $\boldsymbol{A}(\lambda)$ 的某一个 k 阶子式的 c 倍.因此 $D_k(\lambda)\mid D'_k(\lambda)$.

(3) $\boldsymbol{A}(\lambda)\xrightarrow{\text{第 } i \text{ 行加上第 } j \text{ 行与 } b(\lambda) \text{ 的乘积}}\boldsymbol{B}(\lambda)$. 这种情况下 $\boldsymbol{B}(\lambda)$ 中那些包含 i 行与 j 行的 k 阶子式和那些不包含 i 行的 k 阶子式都等于 $\boldsymbol{A}(\lambda)$ 中对应的 k 阶子式；$\boldsymbol{B}(\lambda)$ 中那些包含 i 行但不包含 j 行的 k 阶子式，按行分成两部分，且等于 $\boldsymbol{A}(\lambda)$ 的 k 阶子式与另一个 k 阶子式的 $\pm b(\lambda)$ 倍的和，也就是 $\boldsymbol{A}(\lambda)$ 的两个 k 阶

子式的组合. 因此 $D'_k(\lambda)$ 是 $\boldsymbol{B}(\lambda)$ 的 k 阶子式的公因式，这样 $D_k(\lambda)\mid D'_k(\lambda)$.

对于列变换，可以完全一样地讨论. 总之，若 $\boldsymbol{A}(\lambda)$ 经过一次初等变换变成 $\boldsymbol{B}(\lambda)$，则必有 $D_k(\lambda)\mid D'_k(\lambda)$. 但由于初等变换是可逆的，就是说，$\boldsymbol{B}(\lambda)$ 也可以经过一次初等变换变成 $\boldsymbol{A}(\lambda)$. 因此，同理也有 $D'_k(\lambda)\mid D_k(\lambda)$. 结合前面得出的关系式，最后得出 $D_k(\lambda)=D'_k(\lambda)$.

当 $\boldsymbol{A}(\lambda)$ 的全部 k 阶子式为零时，$\boldsymbol{B}(\lambda)$ 的全部 k 阶子式也就等于零；反之亦然. 因此，$\boldsymbol{A}(\lambda)$ 与 $\boldsymbol{B}(\lambda)$ 既有相同的各阶行列式因子，又有相同的秩. 这样就得到了所要证明的所有结论.

作为多项式，行列式因子之间有下面的整除性：

定理 1.6.2 设 $D_1(\lambda),D_2(\lambda),\cdots,D_r(\lambda)$ 是 $\boldsymbol{A}(\lambda)$ 的非零行列式因子，则 $D_i(\lambda)$ 整除 $D_{i+1}(\lambda)$，$i=1,2,\cdots,r-1$.

证明 设 A_{i+1} 是 $\boldsymbol{A}(\lambda)$ 的任一 $i+1$ 阶子式，即在 $\boldsymbol{A}(\lambda)$ 中任意取出 $i+1$ 行和 $i+1$ 列组成的行列式. 将这个行列式按某一行展开，则它的每一展开项都是一个多项式与一个 i 阶子式的乘积. 由于 $D_i(\lambda)$ 是所有 i 阶子式的最大公因式，因此 $D_i(\lambda)\mid A_{i+1}$. 而 $D_{i+1}(\lambda)$ 是所有 $i+1$ 阶子式的最大公因式，因此 $D_i(\lambda)\mid D_{i+1}(\lambda)$ 对一切 $i=1,2,\cdots,r-1$ 都成立.

在计算 λ - 矩阵的行列式因子时，常常是先计算最高阶的行列式因子. 这样，由定理 1.6.2 我们就大致有了低阶行列式因子的范围了.

定义 1.6.1 如果多项式长方矩阵 $\boldsymbol{A}(\lambda)$ 的 k 阶行列式因子 $D_k(\lambda)$ 在 $k=1,2,\cdots,r$ 时均不为零而 $D_{r+1}(\lambda)=0$，则

$$a_1(\lambda)=D_1(\lambda),a_2(\lambda)=\frac{D_2(\lambda)}{D_1(\lambda)},\cdots,a_r(\lambda)=\frac{D_r(\lambda)}{D_{r-1}(\lambda)} \tag{1.6.1}$$

称为 $\boldsymbol{A}(\lambda)$ 的不变因子.

在不变因子序列(1.6.1)中，每一个多项式都是其后一个多项式的因子. 这个论断不能从公式(1.6.1)直接推出但是可以从下面的定理中得出. 这个定理同时也说明了引入定义 1.6.1 的缘由.

定理 1.6.3 如果多项式长方矩阵 $\boldsymbol{A}(\lambda)$ 的相抵标准形为

$$D(\lambda)=\begin{pmatrix} a_1(\lambda) & 0 & \cdots & 0 & 0 & \cdots & 0 \\ 0 & a_2(\lambda) & \cdots & 0 & 0 & \cdots & 0 \\ \vdots & \vdots & & \vdots & \vdots & & \vdots \\ 0 & 0 & \cdots & a_r(\lambda) & 0 & \cdots & 0 \\ 0 & 0 & \cdots & 0 & 0 & \cdots & 0 \\ \vdots & \vdots & & \vdots & \vdots & & \vdots \\ 0 & 0 & \cdots & 0 & 0 & \cdots & 0 \end{pmatrix} \tag{1.6.2}$$

其中多项式 $a_1(\lambda), a_2(\lambda), \cdots, a_r(\lambda)$ 均不等于零，其首项系数均等于 1，且 $a_i(\lambda)$ 整除 $a_{i+1}(\lambda), i=1,2,\cdots,r-1$. 则 $\boldsymbol{A}(\lambda)$ 的不变因子为 $a_1(\lambda), a_2(\lambda), \cdots, a_r(\lambda)$.

特别地，相抵标准形和不变因子之间相互唯一确定.

证明 由定理 1.6.1 以及不变因子的定义，$\boldsymbol{A}(\lambda)$ 和 $D(\lambda)$ 有相同的不变因子. 因此只要计算 $D(\lambda)$ 就可以了.

首先注意到，当 $k>r$ 时，所有 k 阶子式均为零. 为了求出不大于 r 的任一非零 k 阶子式，可在

$$\begin{pmatrix} a_1(\lambda) & 0 & \cdots & 0 \\ 0 & a_2(\lambda) & \cdots & 0 \\ \vdots & \vdots & \ddots & \vdots \\ 0 & 0 & \cdots & a_r(\lambda) \end{pmatrix} \tag{1.6.3}$$

中划去 $r-k$ 行与 $r-k$ 列. 如在式(1.6.3) 中划去第 i 行，则在第 i 列中仅剩有零元素，故在求出不为零的子式时，在式(1.6.3) 中所划去的行的数序必须与所划去的列的数序相同，故 k 阶不为零的子式有下面的形状

$$\begin{vmatrix} a_{v_1}(\lambda) & 0 & \cdots & 0 \\ 0 & a_{v_2}(\lambda) & \cdots & 0 \\ \vdots & \vdots & \ddots & \vdots \\ 0 & 0 & \cdots & a_{v_k}(\lambda) \end{vmatrix} = a_{v_1}(\lambda) a_{v_2}(\lambda) \cdots a_{v_k}(\lambda) \tag{1.6.4}$$

这些子式的最大公因式为 $D_k(\lambda)$，由不等式 $1 \leqslant v_1 < v_2 < \cdots < v_k \leqslant r$ 得出 $1 \leqslant v_1, 2 \leqslant v_2, \cdots, k \leqslant v_k$，故 $a_{v_i}(\lambda)$ 可被 $a_i(\lambda)$ 所除尽，亦即 $a_{v_1}(\lambda) a_{v_2}(\lambda) \cdots a_{v_k}(\lambda)$ 可被 $a_1(\lambda) a_2(\lambda) \cdots a_k(\lambda)$ 所除尽，因此，矩阵(1.3.2) 的所有 k 阶子式均可被次之子式所整除

$$\begin{vmatrix} a_1(\lambda) & 0 & \cdots & 0 \\ 0 & a_2(\lambda) & \cdots & 0 \\ \vdots & \vdots & \ddots & \vdots \\ 0 & 0 & \cdots & a_k(\lambda) \end{vmatrix} = a_1(\lambda) a_2(\lambda) \cdots a_k(\lambda) \tag{1.6.5}$$

因为所有子式(1.6.4) 均可被子式(1.6.5) 整除，并且子式(1.6.5) 的首项系数亦为 1，故 $D_k(\lambda)$ 与子式(1.6.5) 重合. 因此

$$D_k(\lambda) = a_1(\lambda) a_2(\lambda) \cdots a_k(\lambda) \quad (k=1,2,\cdots,r) \tag{1.6.6}$$

由此得出

$$a_1(\lambda) = D_1(\lambda), a_2(\lambda) = \frac{D_2(\lambda)}{D_1(\lambda)}, \cdots, a_r(\lambda) = \frac{D_r(\lambda)}{D_{r-1}(\lambda)}$$

换句话说,$a_1(\lambda),a_2(\lambda),\cdots,a_r(\lambda)$ 就是 $D(\lambda)$,也就是 $\boldsymbol{A}(\lambda)$ 的不变因子.

定理1.6.4 两个同维数的长方λ－矩阵相抵的充分必要条件是它们有相同的行列式因子,或者它们有相同的不变因子①.

证明 等式(1.6.1)与(1.6.6)给出了两个λ－矩阵的行列式因子与不变因子之间的关系.这个关系式说明了行列式因子与不变因子是相互确定的.因此,两个矩阵有相同的各阶行列式因子,等价于它们有相同的各阶不变因子.

必要性已由定理1.6.1证明.其充分性可以这样来得出,两个有相同不变因子的多项式矩阵都与同一个对角矩阵相抵,因而彼此相抵.

这样一来,不变因子构成λ－矩阵的相抵完全不变量.

1.7 对角分块λ－矩阵不变因子的计算・初等因子

如将相抵矩阵当作一个看待时,则不变因子可决定多项式矩阵 $\boldsymbol{C}(\lambda)$,但如果 $\boldsymbol{C}(\lambda)$ 可分裂为对角分块型,则矩阵 $\boldsymbol{C}(\lambda)$ 的不变因子与其诸块的不变因子的关系不是很简单,故对某些问题,不讨论不变因子而来讨论矩阵 $\boldsymbol{C}(\lambda)$ 的初等因子较为方便.这对于可裂矩阵 $\boldsymbol{C}(\lambda)$,尤为简便.

首先指出特殊情形下,上述问题的解答.

定理1.7.1 如果在拟对角长方矩阵

$$\boldsymbol{C}(\lambda)=\begin{pmatrix}\boldsymbol{A}(\lambda) & \boldsymbol{O}\\ \boldsymbol{O} & \boldsymbol{B}(\lambda)\end{pmatrix}$$

中,矩阵 $\boldsymbol{A}(\lambda)$ 的任一不变因子都是多项式矩阵 $\boldsymbol{B}(\lambda)$ 的任一不变因子的因子,那么合并多项式矩阵 $\boldsymbol{A}(\lambda)$ 与 $\boldsymbol{B}(\lambda)$ 的全部不变因子就得出多项式矩阵 $\boldsymbol{C}(\lambda)$ 的全部不变因子.

证明 以 $a'_1(\lambda),a'_2(\lambda),\cdots,a'_r(\lambda)$ 与 $a''_1(\lambda),a''_2(\lambda),\cdots,a''_q(\lambda)$ 各记λ－矩阵 $\boldsymbol{A}(\lambda)$ 与 $\boldsymbol{B}(\lambda)$ 的不变因子.那么(这里我们以符号 ～ 表示矩阵的相抵性)

$$\boldsymbol{A}(\lambda)\sim\begin{pmatrix}a'_1(\lambda) & & & & & \\ & \ddots & & & & \\ & & a'_r(\lambda) & & & \\ & & & 0 & & \\ & & & & \ddots & \\ & & & & & 0\end{pmatrix}$$

① 在定理1.6.4的条件中,已隐含了秩相等的条件.

$$
B(\lambda)\sim\begin{pmatrix} a''_1(\lambda) & & & & & \\ & \ddots & & & & \\ & & a''_q(\lambda) & & & \\ & & & 0 & & \\ & & & & \ddots & \\ & & & & & 0 \end{pmatrix}
$$

因而

$$
C(\lambda)\sim\begin{pmatrix} a'_1(\lambda) & & & & & & & & \\ & \ddots & & & & & & & \\ & & a'_r(\lambda) & & & & & & \\ & & & a''_1(\lambda) & & & & & \\ & & & & \ddots & & & & \\ & & & & & a''_q(\lambda) & & & \\ & & & & & & 0 & & \\ & & & & & & & \ddots & \\ & & & & & & & & 0 \end{pmatrix}
$$

位于这一关系式右边的 λ - 矩阵有对角标准形的形式. 那么按照定理 1.6.3,这一矩阵的对角线上不恒等于零的元素构成矩阵 $C(\lambda)$ 的不变因子的完备系. 定理即已证明.

为了在一般情形由矩阵 $A(\lambda)$ 与 $B(\lambda)$ 的任意不变因子来定出矩阵 $C(\lambda)$ 的不变因子,我们要利用关于初等因子的重要概念.

在所给数域 K 中分解不变因子 $a_1(\lambda), a_2(\lambda), \cdots, a_r(\lambda)$ 为不可约因式的乘积

$$
\begin{cases} a_1(\lambda)=[\varphi_1(\lambda)]^{\alpha_1}\cdot[\varphi_2(\lambda)]^{\alpha_2}\cdot\cdots\cdot[\varphi_s(\lambda)]^{\alpha_s} \\ a_2(\lambda)=[\varphi_1(\lambda)]^{\beta_1}\cdot[\varphi_2(\lambda)]^{\beta_2}\cdot\cdots\cdot[\varphi_s(\lambda)]^{\beta_s} \\ \quad\vdots \\ a_r(\lambda)=[\varphi_1(\lambda)]^{\gamma_1}\cdot[\varphi_2(\lambda)]^{\gamma_2}\cdot\cdots\cdot[\varphi_s(\lambda)]^{\gamma_s} \\ (0\leqslant\alpha_k\leqslant\beta_k\leqslant\cdots\leqslant\gamma_k;k=1,2,\cdots,s) \end{cases} \tag{1.7.1}
$$
[①]

这里 $\varphi_1(\lambda), \varphi_2(\lambda), \cdots, \varphi_s(\lambda)$ 是在 $a_1(\lambda), a_2(\lambda), \cdots, a_r(\lambda)$ 中出现的所有在域 K 中不可约的不相同的多项式(其首项系数都等于 1).

---

① 指数 $\alpha_1, \beta_1, \cdots, \gamma_1$ 中的某些个可能等于零.

定义 1.7.1 在分解式(1.7.1)的诸因子$[\varphi_1(\lambda)]^{\alpha_1},\cdots,[\varphi_s(\lambda)]^{\gamma_s}$中,所有不等于1的多项式称为矩阵$\mathbf{A}(\lambda)$在域$K$中的初等因子[①].

也就是说,初等因子是分解式(1.7.1)中幂次大于0的因子;并且如果某一初等因子同时在几个不变因子中出现,则须将其重复计算,即其个数与其所在的不变因子的个数相等.

我们举例子来说明定义1.7.1.设有理数域上秩为5的10×9维$\lambda-$矩阵$\mathbf{A}(\lambda)$的不变因子为

$$a_1(\lambda)=a_2(\lambda)=a_3(\lambda)=1,a_4(\lambda)=(\lambda-1)(\lambda^2-2)$$
$$a_5(\lambda)=(\lambda-1)^2(\lambda^2-2)(\lambda^2+\lambda+1)$$

则它的初等因子有5个,分别是

$$(\lambda-1),(\lambda^2-2),(\lambda-1)^2,(\lambda^2-2),(\lambda^2+\lambda+1)$$

但是,如果将$\mathbf{A}(\lambda)$视为实数域上的$\lambda-$矩阵,那么它的初等因子变为了7个

$$(\lambda-1),(\lambda-\sqrt{2}),(\lambda+\sqrt{2}),(\lambda-1)^2,(\lambda-\sqrt{2}),(\lambda+\sqrt{2}),(\lambda^2+\lambda+1)$$

这个例子表明,与行列式因子以及不变因子不同,初等因子与基域K有关,一般地说,初等因子会随着基域的扩大而增多.

现在我们来证明,前面定义的初等因子组完全决定矩阵$\mathbf{A}(\lambda)$中的非常数不变因子,如再加$\mathbf{A}(\lambda)$的维数与秩,则可完全决定矩阵$\mathbf{A}(\lambda)$的所有不变因子.

为方便描述,我们约定$[\varphi(\lambda)]^{\alpha}$型的初等因子,其$\varphi(\lambda)$为不可约者,称为属于多项式$\varphi(\lambda)$.

定理 1.7.2 $\lambda-$矩阵的维数,秩与初等因子组完全决定其不变因子.

证明 设$m\times n$维$\lambda-$矩阵$\mathbf{A}$的秩为r,又设初等因子所属的(基域K上的)不可约多项式共有s个:$\varphi_1(\lambda),\varphi_2(\lambda),\cdots,\varphi_s(\lambda)$.这其中的每一个不可约多项式,它相应的初等因子至多有r个(因为有r个不变因子).

将每个不可约多项式$\varphi_j(\lambda)$所对应的初等因子按降幂排列(必要时适当增加一些1,表示为$[\varphi_j(\lambda)]^{e_{ij}},e_{ij}=0$)

$$\begin{cases}[\varphi_1(\lambda)]^{e_{r1}},[\varphi_1(\lambda)]^{e_{(r-1)1}},\cdots,[\varphi_1(\lambda)]^{e_{11}}\\ [\varphi_2(\lambda)]^{e_{r2}},[\varphi_2(\lambda)]^{e_{(r-1)2}},\cdots,[\varphi_2(\lambda)]^{e_{12}}\\ \vdots\\ [\varphi_s(\lambda)]^{e_{rs}},[\varphi_s(\lambda)]^{e_{(r-1)s}},\cdots,[\varphi_s(\lambda)]^{e_{1s}}\end{cases}\tag{1.7.2}$$

① 式(1.7.1)不仅给出由不变因子来定出域K中矩阵$\mathbf{A}(\lambda)$的初等因子的可能性,而且相反地,可由初等因子来得出不变因子.

如前，因为$\boldsymbol{A}$的秩为r，所以$\boldsymbol{A}$有r个不变因子$a_1(\lambda),a_2(\lambda),\cdots,a_r(\lambda)$. 将它们分解，得出组(1.7.2)中所列的诸因子. 但$a_r(\lambda)$可被所有$a_i(\lambda)(i=1,2,\cdots,r-1)$除尽，故在$a_r(\lambda)$中将出现所有属于诸不可约多项式$\varphi_j(\lambda)$的初等因子并且次数是最高的. 因此

$$a_r(\lambda)=[\varphi_1(\lambda)]^{e_{r1}}\cdot[\varphi_2(\lambda)]^{e_{r2}}\cdot\cdots\cdot[\varphi_s(\lambda)]^{e_{rs}}$$

而后同样因为$a_{r-1}(\lambda)$可被其前面的不变因子$a_i(\lambda)(i=1,2,\cdots,r-2)$整除，故式(1.7.2)中剩下的诸初等因子中，次数最高的必须含在$a_{r-1}(\lambda)$中，是即

$$a_{r-1}(\lambda)=[\varphi_1(\lambda)]^{e_{(r-1)1}}\cdot[\varphi_2(\lambda)]^{e_{(r-2)2}}\cdot\cdots\cdot[\varphi_s(\lambda)]^{e_{(r-s)s}}$$

依此类推，我们将得到第一个不变因子

$$a_1(\lambda)=[\varphi_1(\lambda)]^{e_{r1}}\cdot[\varphi_2(\lambda)]^{e_{12}}\cdot\cdots\cdot[\varphi_s(\lambda)]^{e_{1s}}$$

这就得出了我们的结论.

定理1.7.2的证明同时提供了一个由λ－矩阵的维数、秩数和全部初等因子确定其不变因子(相抵标准形)的方法.

举例说明如下：设实数域$\mathbf{R}$上秩为3的4×5维λ－矩阵的全部初等因子为$\mathbf{R}$上两个不可约多项式的幂，分别按降幂排列如下

$$(\lambda^2+2)^2,(\lambda^2+2);(\lambda^2+\lambda+1)$$

将它们添加零次幂补足3(秩数)个为

$$(\lambda^2+2)^2,(\lambda^2+2),1;(\lambda^2+\lambda+1),1,1$$

于是，它的不变因子为

$$a_1(\lambda)=1,a_2(\lambda)=(\lambda^2+2),a_2(\lambda)=(\lambda^2+2)(\lambda^2+\lambda+1)$$

其相抵标准形为

$$\begin{pmatrix}1&0&0&0&0\\0&(\lambda^2+2)&0&0&0\\0&0&(\lambda^2+2)^2(\lambda^2+\lambda+1)&0&0\\0&0&0&0&0\end{pmatrix}$$

为了获得$m\times n$维λ－矩阵$\boldsymbol{A}(\lambda)$的初等因子，其实并不用求出它的相抵标准形，即不必求得$\boldsymbol{A}(\lambda)$的所有不变因子. 我们以秩为n的n阶方阵为例给出一种简单的算法.

定理1.7.3 设域K上λ－方阵$\boldsymbol{A}(\lambda)$相抵于对角矩阵

$$\boldsymbol{B}(\lambda)=\begin{pmatrix}b_1(\lambda)&&&\\&b_2(\lambda)&&\\&&\ddots&\\&&&b_n(\lambda)\end{pmatrix}$$

且诸 $b_i(\lambda)$ 的首系数均为 $1(i=1,2,\cdots,n)$①. 若 $b_1(\lambda),b_2(\lambda),\cdots,b_n(\lambda)$ 的首系数均为 1 的不可约因式为 $p_1(\lambda),p_2(\lambda),\cdots,p_s(\lambda)$，且

$$b_i(\lambda)=p_1^{\alpha_{i1}}(\lambda)p_2^{\alpha_{i2}}\cdots(\lambda)p_s^{\alpha_{is}}(\lambda),\alpha_{ij}\geqslant 0,i=1,2,\cdots,n,j=1,2,\cdots,s$$

则

$$p_j^{\alpha_{ij}}(\lambda),\alpha_{ij}\neq 0,i=1,2,\cdots,n,j=1,2,\cdots,s$$

就是 $\boldsymbol{A}(\lambda)$ 的初等因子的全体.

证明　对于每一个 $j(1\leqslant j\leqslant s)$，我们可以假设

$$\alpha_{1j}\leqslant\alpha_{2j}\leqslant\cdots\leqslant\alpha_{nj}$$

（否则可用 λ — 矩阵的初等变换调整 $\boldsymbol{B}(\lambda)$ 中这些 $b_i(\lambda)$ 的次序，并重新编号，得到所要求的相抵矩阵）. 把 $b_i(\lambda)$ 中的 $p_j(\lambda)$ 单独提出来，则 $\boldsymbol{B}(\lambda)$ 可以写成

$$\boldsymbol{B}(\lambda)=\begin{pmatrix} p_j^{\alpha_{1j}}g_1(\lambda) & & & \\ & p_j^{\alpha_{2j}}g_2(\lambda) & & \\ & & \ddots & \\ & & & p_j^{\alpha_{nj}}g_n(\lambda)\end{pmatrix}$$

的形式，其中 $p_j(\lambda)\nmid g_i(\lambda),i=1,2,\cdots,n$.

这样一来，容易看出 $\boldsymbol{B}(\lambda)$ 的第 k 个行列式因子为

$$D_k(\lambda)=[p_j(\lambda)]^{\alpha_{1j}+\alpha_{2j}+\cdots+\alpha_{kj}}$$

其中 $h_k(\lambda)=g_1(\lambda)\cdots g_k(\lambda)$ 而 $p_j(\lambda)\nmid h_k(\lambda),k=1,2,\cdots,n$. 因此，$\boldsymbol{B}(\lambda)$ 的第 k 个不变因子为

$$a_k(\lambda)=\frac{D_k(\lambda)}{D_{k-1}(\lambda)}=[p_j(\lambda)]^{\alpha_{kj}}\cdot g_k(\lambda),p_j(\lambda)\nmid g_k(\lambda),k=1,2,\cdots,n$$

这里

$$a_0(\lambda)=1$$

这说明 $\boldsymbol{B}(\lambda)$（从而 $\boldsymbol{A}(\lambda)$）的不变因子中含

$$[p_j(\lambda)]^{\alpha_{ij}}(\alpha_{ij}\neq 0),i=1,2,\cdots,n,j=1,2,\cdots,s,a_0(\lambda)=1$$

且 $\boldsymbol{B}(\lambda)$（从而，$\boldsymbol{A}(\lambda)$）中含 $p_j(\lambda)$ 幂次的初等因子只有这些，$j=1,2,\cdots,s$. 这由所有的 $b_i(\lambda)$ 的分解式满足

$$\sum_{i=1}^{n}\partial(b_i(\lambda))=\sum_{i=1}^{n}\sum_{j=1}^{s}\alpha_{ij}\partial(p_j(\lambda))$$

可得知. 证毕.

---

① 这里并不要求任何 $b_i(\lambda)\mid b_{i+1}(\lambda),i=1,2,\cdots,n-1$.

定理 1.7.4 长方拟对角矩阵

$$C(\lambda)=\begin{bmatrix}A(\lambda) & O\\ O & B(\lambda)\end{bmatrix}$$

的全部初等因子,常可由合并矩阵$A(\lambda)$的初等因子与矩阵$B(A)$的初等因子来得出.

证明 对块$A(\lambda)$,$B(\lambda)$施行初等变换可以看作是对矩阵$C(\lambda)$施行初等变换.这些变换对于对角线分块矩阵仅施行于其某一分块而不影响另一块,故对于矩阵$C(\lambda)$施行初等变换仅须对其对角线上诸块来施行而将其化为对角形.于是,对$A(\lambda)$,$B(\lambda)$分别施行初等变换使其成为对角形,同时$C(\lambda)$成为对角形.由定理 1.7.3,知块$A(\lambda)$,$B(\lambda)$的初等因子都是它们对角线上诸元素的因式的集合.特别地,矩阵$C(\lambda)$的初等因子为其所有对角线上诸元素的因式的集合,亦即块$A(\lambda)$,$B(\lambda)$的所有初等因子的集合.定理即已证明.

注 与上述完全类似的可以构成关于整数矩阵(亦即元素全为整数的矩阵)的相抵性理论.此处在1°,2°中(参考本章 §1),$k=\pm1$,换$b(\lambda)$为整数,而在式(1.4.2)(1.4.2′)(1.4.2″)诸式中换$P(\lambda)$与$Q(\lambda)$为行列式等于±1的整数矩阵.

§2 方阵的相似标准形

2.1 数字矩阵的相似作为特征矩阵的相抵

现在我们来证明,数域上(数字)矩阵的相似关系可以归结为$\lambda-$矩阵的相抵关系.

定理 2.1.1 数域K上两个同阶矩阵相似的充分必要条件,是它们的特征矩阵相抵.

证明 若A,B相似,就是说,存在K上的非奇异矩阵P,使$B=P^{-1}AP$,于是

$$P^{-1}(\lambda E-A)P=\lambda E-P^{-1}AP=\lambda E-B$$

把P看成是常数$\lambda-$矩阵,上面的式子表明特征矩阵$\lambda E-A$与$\lambda E-B$相抵.

反过来,如果$\lambda E-A$与$\lambda E-B$相抵,即存在$P(\lambda)$与$Q(\lambda)$,使得

$$P(\lambda)(\lambda E-A)Q(\lambda)=\lambda E-B \tag{2.1.1}$$

其中$P(\lambda)$与$Q(\lambda)$都是有限个初等矩阵之积,因而都是可逆矩阵.因而可将式

(2.1.1) 写为

$$\boldsymbol{P}(\lambda)(\lambda\boldsymbol{E}-\boldsymbol{A})=(\lambda\boldsymbol{E}-\boldsymbol{B})[\boldsymbol{Q}(\lambda)]^{-1} \tag{2.1.2}$$

以 $\lambda\boldsymbol{E}-\boldsymbol{B}$ 来除 $\boldsymbol{P}(\lambda)$ 与 $\boldsymbol{Q}(\lambda)$，由广义贝祖定理得到

$$\boldsymbol{P}(\lambda)=(\lambda\boldsymbol{E}-\boldsymbol{B})\boldsymbol{M}(\lambda)+\boldsymbol{R}$$

其中

$$\boldsymbol{R}=\hat{\boldsymbol{P}}(\boldsymbol{B})$$ ①

代入式(2.1.2) 并整理得

$$\boldsymbol{R}(\lambda\boldsymbol{E}-\boldsymbol{A})=(\lambda\boldsymbol{E}-\boldsymbol{B})[[\boldsymbol{Q}(\lambda)]^{-1}-\boldsymbol{M}(\lambda)(\lambda\boldsymbol{E}-\boldsymbol{A})]$$

在这个等式中，左边是次数小于或等于 1 的矩阵多项式，因此等式的右边括号中的矩阵多项式的次数必须小于等于零，也即必是一个常数矩阵，设为 $\boldsymbol{P}$. 于是

$$\boldsymbol{R}(\lambda\boldsymbol{E}-\boldsymbol{A})=(\lambda\boldsymbol{E}-\boldsymbol{B})\boldsymbol{P}$$

或

$$(\boldsymbol{R}-\boldsymbol{P})\lambda=\boldsymbol{RA}-\boldsymbol{BP}$$

再次比较这个等式左右两边 λ 的次数，得

$$\boldsymbol{R}=\boldsymbol{P},\boldsymbol{RA}=\boldsymbol{BP}$$

现在为了说明 $\boldsymbol{A}$ 与 $\boldsymbol{B}$ 相似，只要证明 $\boldsymbol{P}$ 是一个可逆矩阵就行了. 为此，在等式

$$\boldsymbol{P}=[\boldsymbol{Q}(\lambda)]^{-1}-\boldsymbol{M}(\lambda)(\lambda\boldsymbol{E}-\boldsymbol{A})$$

两端右乘 $\boldsymbol{Q}(\lambda)$ 并移项得

$$\boldsymbol{PQ}(\lambda)+\boldsymbol{M}(\lambda)(\lambda\boldsymbol{E}-\boldsymbol{A})\boldsymbol{Q}(\lambda)=\boldsymbol{E}$$

但

$$(\lambda\boldsymbol{E}-\boldsymbol{A})\boldsymbol{Q}(\lambda)=[\boldsymbol{P}(\lambda)]^{-1}(\lambda\boldsymbol{E}-\boldsymbol{B})$$

因此

$$\boldsymbol{PQ}(\lambda)+\boldsymbol{M}(\lambda)[\boldsymbol{P}(\lambda)]^{-1}(\lambda\boldsymbol{E}-\boldsymbol{B})=\boldsymbol{E} \tag{2.1.3}$$

再用 $\lambda\boldsymbol{E}-\boldsymbol{B}$ 除 $\boldsymbol{Q}(\lambda)$，得出

$$\boldsymbol{Q}(\lambda)=\boldsymbol{N}(\lambda)(\lambda\boldsymbol{E}-\boldsymbol{B})+\boldsymbol{S}$$

其中

$$\boldsymbol{S}=\hat{\boldsymbol{Q}}(\boldsymbol{B})$$

代入式(2.1.3) 并整理得到

$$[\boldsymbol{PN}(\lambda)+\boldsymbol{M}(\lambda)[\boldsymbol{P}(\lambda)]^{-1}](\lambda\boldsymbol{E}-\boldsymbol{B})=\boldsymbol{E}-\boldsymbol{PS}$$

---

① 注意，$\hat{\boldsymbol{P}}(\boldsymbol{B})$ 为 λ 换为 $\boldsymbol{B}$ 时多项式 $\boldsymbol{P}(\lambda)$ 的左值，而 $\boldsymbol{Q}(\boldsymbol{B})$ 为多项式 $\boldsymbol{Q}(\lambda)$ 的右值(参阅第 3 章 §1).

这个等式的右边是次数小于等于零的矩阵多项式，因此等式左边括号内的矩阵多项式必须是零，从而

$$\boldsymbol{PS}=\boldsymbol{E}$$

由此可知 $\boldsymbol{P}$ 是可逆矩阵.

注 同时我们建立了以下论断，表述为：

定理 2.1.1 的补充 如果 $\boldsymbol{A}=(a_{ij})_{n\times n}$ 与 $\boldsymbol{B}=(b_{ij})_{n\times n}$ 为两个相似矩阵

$$\boldsymbol{B}=\boldsymbol{P}^{-1}\boldsymbol{AP}$$

那么可以取以下矩阵作为变换矩阵 $\boldsymbol{P}$

$$\boldsymbol{P}=\hat{\boldsymbol{P}}(\boldsymbol{B})=[\hat{\boldsymbol{Q}}(\boldsymbol{B})]^{-1} \tag{2.1.4}$$

其中 $\boldsymbol{P}(\lambda)$ 与 $\boldsymbol{Q}(\lambda)$ 是联系相抵特征矩阵 $\lambda\boldsymbol{E}-\boldsymbol{A}$ 与 $\lambda\boldsymbol{E}-\boldsymbol{B}$ 的恒等式

$$\lambda\boldsymbol{E}-\boldsymbol{B}=\boldsymbol{P}(\lambda)(\lambda\boldsymbol{E}-\boldsymbol{A})\boldsymbol{Q}(\lambda)$$

中的多项式矩阵；在式(2.1.4)中，$\boldsymbol{Q}(\boldsymbol{B})$ 是换变量 λ 为矩阵 $\boldsymbol{B}$ 时矩阵多项式 $\boldsymbol{Q}(\lambda)$ 的右值，而 $\hat{\boldsymbol{P}}(\boldsymbol{B})$ 为矩阵多项式 $\boldsymbol{P}(\lambda)$ 的左值.

定理 2.1.1 的另一种等价的说法是：

定理 2.1.2 为了使得两个矩阵相似的充分必要条件，是它们的特征矩阵有相同的不变因子或有相同的域 K 中的初等因子.

以后，特征矩阵 $\lambda\boldsymbol{E}-\boldsymbol{A}$ 的行列式因子及不变因子均简称为 $\boldsymbol{A}$ 的行列式因子与不变因子；而其在域 K 中的初等因子称为矩阵 $\boldsymbol{A}$ 在域 K 中的初等因子.

以下定理说明，相似关系不为基域的变动而改变.

定理 2.1.3 设 $F\subseteq K$ 是两个数域，如果 $\boldsymbol{A},\boldsymbol{B}$ 是 F 上的两个矩阵，那么 $\boldsymbol{A}$ 与 $\boldsymbol{B}$ 在 F 上相似的充分必要条件是它们在域 K 中相似.

证明 如果 $\boldsymbol{A}$ 与 $\boldsymbol{B}$ 在 F 上相似，那么由 $F\subseteq K$，它们当然在 K 上也相似.

反之，若 $\boldsymbol{A}$ 与 $\boldsymbol{B}$ 在 K 上相似，则依定理 2.1.2，$\lambda\boldsymbol{E}-\boldsymbol{A}$ 与 $\lambda\boldsymbol{E}-\boldsymbol{B}$ 在 K 上有相同的不变因子，也就是说它们有相同的相抵标准形. 但(初等变换)在求相抵标准形的过程中只涉及多项式的加、减、乘以及数的加、减、乘、除运算. 又因为数域上的多项式对加、减、乘以及数乘运算(数域对加、减、乘、除运算)下是封闭的，所以相抵标准形中的各不变因子仍是 F 上的多项式，与初等变换相对应的初等矩阵也是 F 上的 $\lambda-$ 矩阵，这就是说存在 F 上的可逆 $\lambda-$ 矩阵 $\boldsymbol{P}(\lambda)$，$\boldsymbol{Q}(\lambda)$，$\boldsymbol{M}(\lambda)$，$\boldsymbol{N}(\lambda)$ 使得

$$\boldsymbol{P}(\lambda)(\lambda\boldsymbol{E}-\boldsymbol{A})\boldsymbol{Q}(\lambda)=\boldsymbol{M}(\lambda)(\lambda\boldsymbol{E}-\boldsymbol{B})\boldsymbol{N}(\lambda)=\text{相抵标准形}$$

从而

$$[\boldsymbol{M}(\lambda)]^{-1}\boldsymbol{P}(\lambda)(\lambda\boldsymbol{E}-\boldsymbol{A})\boldsymbol{Q}(\lambda)[\boldsymbol{N}(\lambda)]^{-1}=\lambda\boldsymbol{E}-\boldsymbol{B}$$

此即 $\lambda E-A$ 与 $\lambda E-B$ 在 F 上相抵.再由定理 2.1.1 得出 A 与 B 在 F 上相似.

2.2 特征矩阵不变因子的计算

现在假设给出元素在域 K 中的矩阵 $A=(a_{ij})_{m\times n}$.建立它的特征矩阵

$$\lambda E-A=\begin{pmatrix}\lambda-a_{11} & -a_{12} & \cdots & -a_{1n}\\ -a_{21} & \lambda-a_{22} & \cdots & -a_{2n}\\ \vdots & \vdots & & \vdots\\ -a_{n1} & -a_{n2} & \cdots & \lambda-a_{nn}\end{pmatrix}\tag{2.2.1}$$

特征矩阵是一个秩为 n 的 $\lambda-$矩阵,因此它的不变因子也就是 A 的不变因子具有形式

$$a_1(\lambda)=a_2(\lambda)=\cdots=a_t(\lambda)=1,a_{t+1}(\lambda),a_{t+2}(\lambda),\cdots,a_n(\lambda)$$

其中 $a_i(\lambda)$ 是首一的非常数多项式且 $a_i(\lambda)\mid a_{i+1}(\lambda)(i=t+1,t+2,\cdots,n)$.

最后一个不变因子 $a_n(\lambda)$ 与矩阵 A① 的最小多项式全等.我们知道,可用矩阵 A 的不变因子(因而初等因子)的知识来研究矩阵 A 的结构.所以我们就关心到计算矩阵的不变因子的实际方法.不变因子的定义给出了计算这些不变因子的算法,但是这一算法对于较大的 n 是非常麻烦的.

定理 1.6.3 给出了计算不变因子的另一方法,它的要点是利用初等变换来化特征矩阵(2.2.1)为对角矩阵标准形.

例 1 有如下式子

$$A=\begin{pmatrix}3 & 1 & 0 & 0\\ -4 & -1 & 0 & 0\\ 6 & 1 & 2 & 1\\ -14 & -5 & -1 & 0\end{pmatrix}$$

$$\lambda E-A=\begin{pmatrix}\lambda-3 & -1 & 0 & 0\\ 4 & \lambda+1 & 0 & 0\\ -6 & -1 & \lambda-2 & -1\\ 14 & 5 & 1 & \lambda\end{pmatrix}$$

在特征矩阵 $\lambda E-A$ 中把第三行与 λ 的乘积加到第四行,我们得出

① 参阅第 3 章 §2 公式(2.5.3),其中 $\Delta(\lambda)=D_n(\lambda)$.

$$\begin{pmatrix} \lambda-3 & -1 & 0 & 0 \\ 4 & \lambda+1 & 0 & 0 \\ -6 & -1 & \lambda-2 & -1 \\ 14-6\lambda & 5-\lambda & \lambda^2-2\lambda+1 & 0 \end{pmatrix}$$

现在第四列乘以 $-6,-1,\lambda-2$ 后分别加到第一、二、三列上去，得

$$\begin{pmatrix} \lambda-3 & -1 & 0 & 0 \\ 4 & \lambda+1 & 0 & 0 \\ 0 & 0 & 0 & -1 \\ 14-6\lambda & 5-\lambda & \lambda^2-2\lambda+1 & 0 \end{pmatrix}$$

以第二列与 $\lambda-3$ 的乘积加到第一列，得

$$\begin{pmatrix} 0 & -1 & 0 & 0 \\ \lambda^2-2\lambda+1 & \lambda+1 & 0 & 0 \\ 0 & 0 & 0 & -1 \\ -\lambda^2+2\lambda-1 & 5-\lambda & \lambda^2-2\lambda+1 & 0 \end{pmatrix}$$

以第一行与 $\lambda+1,5-\lambda$ 的乘积分别加到第二、第四行上，我们有

$$\begin{pmatrix} 0 & -1 & 0 & 0 \\ \lambda^2-2\lambda+1 & 0 & 0 & 0 \\ 0 & 0 & 0 & -1 \\ -\lambda^2+2\lambda-1 & 0 & \lambda^2-2\lambda+1 & 0 \end{pmatrix}$$

以第二行加于第四行上，而后第一行与第三行乘以 -1. 经过行与列的调动后，我们得出

$$\begin{pmatrix} 1 & 0 & 0 & 0 \\ 0 & 1 & 0 & 0 \\ 0 & 0 & (\lambda-1)^2 & -1 \\ 0 & 0 & 0 & (\lambda-1)^2 \end{pmatrix}$$

矩阵 $\boldsymbol{A}$ 有两个初级因子：$(\lambda-1)^2$ 与 $(\lambda-1)^2$.

2.3 方阵的自然标准形

定理 2.1.2 使我们有可能去建立与已知矩阵相似的一个标准形. 为此我们去构造一个比较简单的矩阵，使它与给定的矩阵有相同的不变因子或初等因子.

设给出系数在域 K 中的某一多项式

$$g(\lambda)=\lambda^m+a_1\lambda^{m-1}+\cdots+a_{m-1}\lambda+a_m$$

讨论 m 阶方阵

$$\boldsymbol{L}=\begin{pmatrix}0 & 0 & \cdots & 0 & -a_m\\ 1 & 0 & \cdots & 0 & -a_{m-1}\\ 0 & 1 & \cdots & 0 & -a_{m-2}\\ \vdots & \vdots & & \vdots & \vdots\\ 0 & 0 & \cdots & 1 & -a_1\end{pmatrix}\text{①} \qquad (2.3.1)$$

不难验证多项式 $g(\lambda)$ 是矩阵 $\boldsymbol{L}$ 的特征多项式

$$|\lambda\boldsymbol{E}-\boldsymbol{L}|=\begin{vmatrix}\lambda & 0 & 0 & \cdots & 0 & a_m\\ -1 & \lambda & 0 & \cdots & 0 & a_{m-1}\\ 0 & -1 & \lambda & \cdots & 0 & a_{m-2}\\ \vdots & \vdots & \vdots & & \vdots & \vdots\\ 0 & 0 & 0 & \cdots & -1 & a_1+\lambda\end{vmatrix}=g(\lambda)$$

另一方面，$\boldsymbol{L}$ 的 m 阶行列式因子就是它的特征多项式，即 $D_m(\lambda)=g(\lambda)$；而任一 $k<m$，$\lambda\boldsymbol{E}-\boldsymbol{L}$ 中总有一个 k 阶子式的值等于 $(-1)^k$，$D_k(\lambda)=1$；因此

$$a_m(\lambda)=\frac{D_m(\lambda)}{D_{m-1}(\lambda)}D_m(\lambda)=g(\lambda),a_{m-1}(\lambda)=\cdots=a_1(\lambda)=1$$

这样一来，矩阵 $\boldsymbol{L}$ 有唯一不等于 1 的不变因子，它等于 $g(\lambda)$.

我们称矩阵 $\boldsymbol{L}$ 为多项式 $g(\lambda)$ 的伴侣矩阵或友矩阵.

设给出有不变因子

$$a_1(\lambda)=a_2(\lambda)=\cdots=a_t(\lambda)=1,a_{t+1}(\lambda),a_{t+2}(\lambda),\cdots,a_n(\lambda) \qquad (2.3.2)$$

的矩阵 $\boldsymbol{A}=(a_{ij})_{n\times n}$. 此处所有多项式 $a_{t+1}(\lambda),a_{t+2}(\lambda),\cdots,a_n(\lambda)$ 的次数都大于零，而且在这些多项式中任意一个都是其后一个的因子. 以 $\boldsymbol{L}_{t+1},\boldsymbol{L}_{t+2},\cdots,\boldsymbol{L}_n$ 记这些多项式的伴侣矩阵.

那么 n 阶拟对角矩阵

$$\boldsymbol{L}_{\mathrm{I}}=\begin{pmatrix}\boldsymbol{L}_{t+1} & & & \\ & \boldsymbol{L}_{t+2} & & \\ & & \ddots & \\ & & & \boldsymbol{L}_n\end{pmatrix} \qquad (2.3.3)$$

有不变因子(2.3.2)(参考本章 §1 的定理 1.7.1). 因为矩阵 $\boldsymbol{A}$ 与 $\boldsymbol{L}_{\mathrm{I}}$ 有相同的

① 这种形式的矩阵本身被称为弗罗伯尼矩阵.

不变因子，它们是相似的，亦即总有这样的满秩矩阵 $\boldsymbol{U}(|\boldsymbol{U}|\neq 0)$ 存在，使得

$$\boldsymbol{A}=\boldsymbol{U}\boldsymbol{L}_{\mathrm{I}}\boldsymbol{U}^{-1} \tag{I}$$

矩阵 $\boldsymbol{L}_{\mathrm{I}}$ 称为矩阵 $\boldsymbol{A}$ 的第一种自然标准形①. 这个标准形的性质为以下诸条件所决定：(1) 拟对角形的形状(2.3.3)；(2) 对角线上子块(2.3.1) 的特殊结构；(3) 补充条件：在对角线上诸子块的特征多项式序列中，任何一个都是其后面一个的因子②.

例 1 设六阶矩阵 $\boldsymbol{A}$ 的不变因子为

$$1,1,1,\lambda-1,(\lambda-1)^2,(\lambda-1)^2(\lambda+1)$$

则 $\boldsymbol{A}$ 的第一种自然标准形为

$$\begin{pmatrix}1 & & & & & \\ & 0 & -1 & & & \\ & 1 & 2 & & & \\ & & & 0 & 0 & -1 \\ & & & 1 & 0 & 1 \\ & & & 0 & 1 & 1\end{pmatrix}$$

有时候弗罗伯尼块即子块(2.3.1) 太大，使得弗罗伯尼标准形用起来不方便. 弗罗伯尼块太大的原因是不变因子 $a_i(\lambda)$ 的次数可能比较高. 利用初等因子，我们可以构造比第一种自然标准形更精细的标准形. 以

$$\chi_1(\lambda),\chi_2(\lambda),\cdots,\chi_u(\lambda) \tag{2.3.4}$$

记矩阵 $\boldsymbol{A}=(a_{ij})_{n\times n}$ 在数域 K 中的初等因子. 记其对应的伴侣矩阵为

$$\boldsymbol{L}^{(1)},\boldsymbol{L}^{(2)},\cdots,\boldsymbol{L}^{(u)}$$

因为 $\chi_k(\lambda)$ 是矩阵 $\boldsymbol{L}^{(k)}$ 的唯一的初等因子 $(k=1,2,\cdots,u)$③，所以由定理 1.7.4，拟对角矩阵

$$\boldsymbol{L}_{\mathrm{II}}=\begin{pmatrix}\boldsymbol{L}^{(1)} & & & \\ & \boldsymbol{L}^{(2)} & & \\ & & \ddots & \\ & & & \boldsymbol{L}^{(u)}\end{pmatrix} \tag{2.3.5}$$

---

① 自然标准形亦称为弗罗伯尼标准形或有理标准形. 后一名称是因为 $\boldsymbol{L}_{\mathrm{I}}$ 的元素是由 $\boldsymbol{A}$ 的元素经由有理运算(加、减、乘、除) 得到的.

② 从条件(1)(2)(3) 自动地得出，$\boldsymbol{L}_{\mathrm{I}}$ 中对角线上诸子块的特征多项式是矩阵 $\boldsymbol{L}_{\mathrm{I}}$，因而是矩阵 $\boldsymbol{A}$ 的不变因子.

③ $\chi_k(\lambda)$ 是矩阵 $\boldsymbol{L}^{(k)}$ 的唯一的不变因子. 同时 $\chi_k(\lambda)$ 又是域 K 中不可约多项式的幂.

有初等因子(2.3.4).

矩阵 $\boldsymbol{A}$ 与 $\boldsymbol{L}_{\mathrm{II}}$ 在域 K 中有相同的初等因子,所以这两个矩阵是相似的,亦即总有这样的满秩矩阵 $\boldsymbol{V}(|\boldsymbol{V}|\neq 0)$ 存在,使得

$$\boldsymbol{A}=\boldsymbol{V}\boldsymbol{L}_{\mathrm{II}}\boldsymbol{V}^{-1} \tag{Ⅱ}$$

矩阵 $\boldsymbol{L}_{\mathrm{II}}$ 称为矩阵 $\boldsymbol{A}$ 的第二种自然标准形.这一种标准形的性质为以下诸条件所决定:(1) 拟对角形的形状(2.3.5);(2) 对角线上子块(2.3.1)的特殊结构;(3) 补充条件:每一个对角线上子块的特征多项式是在域 K 中不可约多项式的幂.

例 2 在实数域上考虑例 1 中的那个矩阵 $\boldsymbol{A}$,此时它的初等因子为

$$\lambda-1,(\lambda-1)^2,(\lambda-1)^2,(\lambda+1)$$

相应的第二种自然标准形为

$$\begin{pmatrix} -1 & & & & & \\ & 1 & & & & \\ & & 0 & -1 & & \\ & & 1 & 2 & & \\ & & & & 0 & -1 \\ & & & & 1 & 2 \end{pmatrix}$$

注 因为矩阵 $\boldsymbol{A}$ 的初等因子与其不变因子所不同的主要是与所给的数域 K 有关.如果我们换原数域 K 为另一数域(在它里面亦含有所给矩阵 $\boldsymbol{A}$ 的诸元素),那么初等因子可能有所变动,矩阵的第二种自然标准形就要与初等因子同时发生变动.

例如,设所给矩阵 $\boldsymbol{A}=(a_{ij})_{m\times n}$ 的元素全为实数.这个矩阵的特征多项式的系数全为实数.此时这一个多项式可能有复根.如果 K 是实数域,那么在初等因子中可能有实系数的不可约二次三项式的幂出现.如果 K 是复数域,那么每一个初等因子都有 $(\lambda-\lambda_0)^p$ 的形状.

2.4 自然标准形的应用

在第 3 章 §2 节中我们定义了一个矩阵的最小多项式,用自然标准型可以清楚地表明最小多项式与不变因子的关系.

首先证明下面的定理:

定理 2.4.1 相似矩阵具有相同的最小多项式.

证明 设矩阵 $\boldsymbol{A}$ 与 $\boldsymbol{B}$ 相似,$g_{\boldsymbol{A}}(\lambda)$,$g_{\boldsymbol{B}}(\lambda)$ 分别为它们的最小多项式.因为 $\boldsymbol{A}$ 相似于 $\boldsymbol{B}$,即是存在可逆矩阵 $\boldsymbol{P}$,使得

$$B = P^{-1}AP$$

从而

$$g_A(B) = g_A(P^{-1}AP) = P^{-1}g_A(A)P = O$$

这就是说，$g_A(\lambda)$ 也以为根，从而 $g_B(\lambda)$ 整除 $g_A(\lambda)$.

对 $g_B(\lambda)$ 作同样的论证，得到 $g_A(\lambda)$ 整除 $g_B(\lambda)$. 又因为最小多项式的首项系数为 1，所以

$$g_A(\lambda) = g_B(\lambda)$$

证毕.

定理 2.4.2（弗罗伯尼） 设数域 K 上的 n 阶方阵 A 的特征多项式与最小多项式分别是 $|\lambda E - A| = f(\lambda)$ 与 $g(\lambda)$，则：

（ⅰ）$g(\lambda) = a_n(\lambda)$，其中 $a_n(\lambda)$ 是 A 的最后一个不变因子.

（ⅱ）$f(\lambda)$ 在 K 上的任一不可约因式都是 $g(\lambda)$ 的因式.

证明 （ⅰ）一方面，设 A 在 K 上相似于它的（第一）自然标准形

$$L_{\mathrm{I}} = L_{t+1} \oplus L_{t+2} \oplus \cdots \oplus L_n$$

而相似矩阵具有相同的最小多项式，故 L_{I} 的最小多项式也是 $g(\lambda)$. 另一方面，L_{I} 的最小多项式是 $L_{t+1}, L_{t+2}, \cdots, L_n$ 的最小多项式的最小公倍式（第 3 章，定理 2.5.4）. 而 L_i 的最小多项式是 $a_i(\lambda)$，由于

$$a_i(\lambda) \mid a_{i+1}(\lambda), i = t+1, t+2, \cdots, n-1$$

所以 $L_{t+1}, L_{t+2}, \cdots, L_n$ 的最小多项式的最小公倍式就是 $g(\lambda)$，于是 $g(\lambda) = a_n(\lambda)$.

（ⅱ）设 $f(\lambda)$ 在 K 上的标准分解式为

$$f(\lambda) = p_1^{\alpha_1}(\lambda)p_2^{\alpha_2}(\lambda)\cdots p_s^{\alpha_s}(\lambda) \tag{2.4.1}$$

其中 $p_i(\lambda)$ 在 K 中不可约，$i = 1, 2, \cdots, s$. 但

$$f(\lambda) = a_{t+1}(\lambda)a_{t+2}(\lambda)\cdots a_n(\lambda) \tag{2.4.2}$$

这里 $a_{t+i}(\lambda)$ 是 A 的非常数不变因子，$i = 1, 2, \cdots, n-t$. 由式（2.4.1）与式（2.4.2）可知，任一 $p_i(\lambda)$ 至少要整除某一 $a_{t+j}(\lambda)$，$1 \leqslant i \leqslant s$，$1 \leqslant j \leqslant n-t$. 但 $a_{t+j}(\lambda) \mid a_n(\lambda)$，$j = 1, 2, \cdots, n-t$，故有 $p_i(\lambda) \mid a_n(\lambda)$. 证毕.

推论 1 A 的特征多项式与最小多项式相等的充要条件是，$\lambda E - A$ 的第 $n-1$ 个行列式因子 $D_{n-1}(\lambda) = 1$.

证明 由 $g(\lambda) = a_n(\lambda) = \dfrac{D_n(\lambda)}{D_{n-1}(\lambda)} = \dfrac{f(\lambda)}{D_{n-1}(\lambda)}$ 即得推论 1.

推论 2 A 的任一特征值必是 λ 的最小多项式 $g(\lambda)$ 的复根.

这是因为，$f(\lambda)$ 在复数域上的不可约因式必为 $\lambda - \lambda_i$，$i = 1, 2, \cdots, n$，而由定

理 2.4.2 的(ⅱ)知,$(\lambda-\lambda_i)\mid g(\lambda)$,即 $g(\lambda_i)$,$i=1,2,\cdots,n$.

推论 3 如果 n 阶阵 $\boldsymbol{A}$ 的 n 个特征值全不相同,则 $\boldsymbol{A}$ 的特征多项式与最小多项式相等.

这由推论 2 可以明显地看出.

2.5 约当标准形

现在假设数域 K 不只含有方阵 $\boldsymbol{A}$ 的元素,而且含有这个矩阵的所有特征值[①].那么,这个时候可以构造另外一种相似标准形.这种情况下,矩阵 $\boldsymbol{A}$ 的初等因子有以下形状

$$(\lambda-\lambda_1)^{p_1},(\lambda-\lambda_2)^{p_2},\cdots,(\lambda-\lambda_u)^{p_u}\quad(p_1+p_2+\cdots+p_u=n)\tag{2.5.1}$$

讨论这些初等因子中的某一个 $(\lambda-\lambda_0)^p$,且使它对应于以下 p 阶矩阵

$$\begin{pmatrix}\lambda_0 & 1 & 0 & \cdots & 0\\ 0 & \lambda_0 & 1 & \cdots & 0\\ \vdots & \vdots & \vdots & & \vdots\\ 0 & 0 & 0 & \cdots & 1\\ 0 & 0 & 0 & \cdots & \lambda_0\end{pmatrix}=\lambda_0\boldsymbol{E}^{(p)}+\boldsymbol{H}^{(p)}\tag{2.5.2}$$

为了确定矩阵(2.5.2)的初等因子,我们计算其特征矩阵

$$\lambda\boldsymbol{E}-(\lambda_0\boldsymbol{E}^{(p)}+\boldsymbol{H}^{(p)})=\begin{pmatrix}\lambda-\lambda_0 & -1 & 0 & \cdots & 0\\ 0 & \lambda-\lambda_0 & -1 & \cdots & 0\\ \vdots & \vdots & \vdots & & \vdots\\ 0 & 0 & 0 & \cdots & -1\\ 0 & 0 & 0 & \cdots & \lambda-\lambda_0\end{pmatrix}$$

的 k 阶子式的最大公约式 $D_k(\lambda)$.首先有

$$D_p(\lambda)=|\lambda\boldsymbol{E}-(\lambda_0\boldsymbol{E}^{(p)}+\boldsymbol{H}^{(p)})|=(\lambda-\lambda_0)^p$$

再者,$D_{p-1}(\lambda)$ 为所有 $p-1$ 阶子式的最大公因式,但在其中有一子式

$$\begin{vmatrix}-1 & & & & \\ \lambda-\lambda_0 & -1 & & & \\ & \lambda-\lambda_0 & -1 & & \\ & & \ddots & \ddots & \\ & & & \lambda-\lambda_0 & -1\end{vmatrix}=(-1)^{p-1}$$

① 如果 K 是复数域,则对于任何矩阵 $\boldsymbol{A}$ 都能成立.

这个子式是由矩阵$\lambda\boldsymbol{E}-(\lambda_0\boldsymbol{E}^{(p)}+\boldsymbol{H}^{(p)})$中划去第一列与最后一行得到的. 因为这一子式等于$\pm 1$, 故$D_{p-1}(\lambda)=1$, 以$a_1(\lambda), a_2(\lambda), \cdots, a_p(\lambda)$记矩阵$\lambda\boldsymbol{E}-(\lambda_0\boldsymbol{E}^{(p)}+\boldsymbol{H}^{(p)})$的不变因子, 由关系式

$$D_{p-1}(\lambda)=a_1(\lambda)a_2(\lambda)\cdots a_{p-1}(\lambda)=1$$

$$D_p(\lambda)=a_1(\lambda)a_2(\lambda)\cdots a_{p-1}(\lambda)a_p(\lambda)=(\lambda-\lambda_0)^p$$

可推得

$$a_1(\lambda)=a_2(\lambda)=\cdots=a_{p-1}(\lambda)=1$$

故$\lambda\boldsymbol{E}-(\lambda_0\boldsymbol{E}^{(p)}+\boldsymbol{H}^{(p)})$仅有一个初等因子$(\lambda-\lambda_0)^p$.

我们称矩阵(2.5.2)为对应于初等因子$(\lambda-\lambda_0)^p$的约当块.

以$\boldsymbol{J}_1, \boldsymbol{J}_2, \cdots, \boldsymbol{J}_u$来记对应于初等因子(2.5.1)的诸约当块.

那么拟对角矩阵

$$\boldsymbol{J}=\begin{pmatrix}\boldsymbol{J}_1 & & & \\ & \boldsymbol{J}_2 & & \\ & & \ddots & \\ & & & \boldsymbol{J}_u\end{pmatrix}$$

的初等因子就是诸幂(2.5.1).

矩阵$\boldsymbol{J}$还可以写为

$$\boldsymbol{J}=\begin{pmatrix}\lambda_1\boldsymbol{E}_1+\boldsymbol{H}_1 & & & \\ & \lambda_2\boldsymbol{E}_2+\boldsymbol{H}_2 & & \\ & & \ddots & \\ & & & \lambda_u\boldsymbol{E}_u+\boldsymbol{H}_u\end{pmatrix}$$

其中

$$\boldsymbol{E}_k=\boldsymbol{E}^{(p_k)}, \boldsymbol{H}_k=\boldsymbol{H}^{(p_k)} \quad (k=1,2,\cdots,u)$$

因为矩阵$\boldsymbol{A}$与$\boldsymbol{J}$有相同的初等因子, 所以它们就彼此相似, 亦即有这样的满秩矩阵$\boldsymbol{T}(|\boldsymbol{T}|\neq 0)$存在, 使得

$$\boldsymbol{A}=\boldsymbol{T}\boldsymbol{J}\boldsymbol{T}^{-1}=\boldsymbol{T}\begin{pmatrix}\lambda_1\boldsymbol{E}_1+\boldsymbol{H}_1 & & & \\ & \lambda_2\boldsymbol{E}_2+\boldsymbol{H}_2 & & \\ & & \ddots & \\ & & & \lambda_u\boldsymbol{E}_u+\boldsymbol{H}_u\end{pmatrix}\boldsymbol{T}^{-1} \qquad (\text{Ⅲ})$$

矩阵 $\boldsymbol{J}$ 称为矩阵 $\boldsymbol{A}$ 的约当标准形①或简称约当式. 约当式的性质为拟对角形的形状与其对角线上子块的特殊结构(2.5.2)所确定.

以下阵列写出初等因子为 $(\lambda-\lambda_1)^2,(\lambda-\lambda_2)^3,\lambda-\lambda_3,(\lambda-\lambda_4)^2$ 的约当矩阵 $\boldsymbol{J}$

$$\boldsymbol{J}=\begin{pmatrix}\lambda_1 & 1 & 0 & 0 & 0 & 0 & 0 & 0\\ 0 & \lambda_1 & 0 & 0 & 0 & 0 & 0 & 0\\ 0 & 0 & \lambda_2 & 1 & 0 & 0 & 0 & 0\\ 0 & 0 & 0 & \lambda_2 & 1 & 0 & 0 & 0\\ 0 & 0 & 0 & 0 & \lambda_2 & 0 & 0 & 0\\ 0 & 0 & 0 & 0 & 0 & \lambda_3 & 0 & 0\\ 0 & 0 & 0 & 0 & 0 & 0 & \lambda_4 & 1\\ 0 & 0 & 0 & 0 & 0 & 0 & 0 & \lambda_4\end{pmatrix}$$

对于已知矩阵 $\boldsymbol{A}$ 来求和它相似的约当矩阵这个问题,上面的讨论已经给出了答案. 因此,我们只要建立特征矩阵 $\lambda\boldsymbol{E}-\boldsymbol{A}$,运用初等变换把它化为对角标准形,并分解出对角线上那些多项式的因子,求出初等因子,再由这些初等因子建立约当块. 例如,设

$$\boldsymbol{A}=\begin{pmatrix}3 & 1 & -3\\ -7 & -2 & 9\\ -2 & -1 & 4\end{pmatrix}$$

建立它的特征矩阵

$$\lambda\boldsymbol{E}-\boldsymbol{A}=\begin{pmatrix}\lambda-3 & -1 & 3\\ 7 & \lambda+2 & -9\\ 2 & 1 & \lambda-4\end{pmatrix}$$

且求出它的不变因子. 易知这些多项式为 $1,1,(\lambda-1)(\lambda-2)^2$. 所以它的初等因子等于 $\lambda-1,(\lambda-2)^2$,而它的约当矩阵有以下形状

$$\begin{pmatrix}1 & & \\ & 2 & 1\\ & 0 & 2\end{pmatrix}$$

① 法国数学家约当(Jordan,1838—1922)主要研究代数及其在几何方面的应用. 他研究群论,并用于研究对称性(在晶体结构中),在1870年出版的他最重要的著作中,总结了群论及有关的代数概念,引入了"标准形"(现称约当标准形),但是他是在有限域而不是在复数域上引入这个概念的. 后来,德国数学家弗罗伯尼用现代的数学语言解释了约当标准形的概念.

现在,如果矩阵 $\boldsymbol{A}$ 的所有初等因子都是一次的(亦只是在这一情形),约当式是对角矩阵且在此时我们有

$$\boldsymbol{A}=\boldsymbol{T}\begin{pmatrix}\lambda_1 & & & \\ & \lambda_2 & & \\ & & \ddots & \\ & & & \lambda_n\end{pmatrix}\boldsymbol{T}^{-1}$$

这样一来,矩阵 $\boldsymbol{A}$ 可对角化的充分必要条件是:它的所有初等因子都是一次的[①].

有时代替约当块(2.5.2)来讨论以下 p 阶"下"约当块

$$\begin{pmatrix}\lambda_0 & 0 & 0 & \cdots & 0 & 0\\ 1 & \lambda_0 & 0 & \cdots & 0 & 0\\ 0 & 1 & \lambda_0 & \cdots & 0 & 0\\ \vdots & \vdots & \vdots & & \vdots & \vdots\\ 0 & 0 & 0 & \cdots & \lambda_0 & 0\\ 0 & 0 & 0 & \cdots & 1 & \lambda_0\end{pmatrix}=\lambda_0\boldsymbol{E}^{(p)}+\boldsymbol{F}^{(p)}$$

这个矩阵亦只有一个初等因子 $(\lambda-\lambda_0)^p$. 初等因子(2.5.1)对应于"下"约当矩阵[②]

$$\boldsymbol{J}_{(1)}=\begin{pmatrix}\lambda_1\boldsymbol{E}_1+\boldsymbol{F}_1 & & & \\ & \lambda_2\boldsymbol{E}_2+\boldsymbol{F}_2 & & \\ & & \ddots & \\ & & & \lambda_u\boldsymbol{E}_u+\boldsymbol{F}_u\end{pmatrix}$$

$$(\boldsymbol{E}_k=\boldsymbol{E}^{(p_k)},\boldsymbol{F}_k=\boldsymbol{F}^{(p_k)};k=1,2,\cdots,u)$$

任意一个有初等因子(2.5.1)的矩阵 $\boldsymbol{A}$,常与矩阵 $\boldsymbol{J}_{(1)}$ 相似,亦即有这样的满秩矩阵 $\boldsymbol{T}_1(|\boldsymbol{T}_1|\neq 0)$ 存在,使得

$$\boldsymbol{A}=\boldsymbol{T}_1\boldsymbol{J}_{(1)}\boldsymbol{T}_1^{-1}=\boldsymbol{T}_1\begin{pmatrix}\lambda_1\boldsymbol{E}_1+\boldsymbol{F}_1 & & & \\ & \lambda_2\boldsymbol{E}_2+\boldsymbol{F}_2 & & \\ & & \ddots & \\ & & & \lambda_u\boldsymbol{E}_u+\boldsymbol{F}_u\end{pmatrix}\boldsymbol{T}_1^{-1}\quad(\text{IV})$$

还要注意,如果 $\lambda_0\neq 0$,那么矩阵

---

① 有时称"一次初等因子"为"线性初等因子"或"单重初等因子".

② 为了区别于下约当矩阵 $\boldsymbol{J}_{(1)}$,有时称矩阵 $\boldsymbol{J}$ 为上约当矩阵.

$$\lambda_0(\boldsymbol{E}^{(p)}+\boldsymbol{H}^{(p)}),\lambda_0(\boldsymbol{E}^{(p)}+\boldsymbol{F}^{(p)})$$

中每一个矩阵都只有一个初等因子：$(\lambda-\lambda_0)^p$. 所以对于有初等因子(2.5.1)的满秩矩阵 $\boldsymbol{A}$，与式(Ⅲ)(Ⅳ)平行的有表示式

$$\boldsymbol{A}=\boldsymbol{T}_2\begin{pmatrix}\lambda_1(\boldsymbol{E}_1+\boldsymbol{H}_1) & & & \\ & \lambda_2(\boldsymbol{E}_2+\boldsymbol{H}_2) & & \\ & & \ddots & \\ & & & \lambda_u(\boldsymbol{E}_u+\boldsymbol{H}_u)\end{pmatrix}\boldsymbol{T}_2^{-1} \qquad (\text{Ⅴ})$$

$$\boldsymbol{A}=\boldsymbol{T}_3\begin{pmatrix}\lambda_1(\boldsymbol{E}_1+\boldsymbol{F}_1) & & & \\ & \lambda_2(\boldsymbol{E}_2+\boldsymbol{F}_2) & & \\ & & \ddots & \\ & & & \lambda_u(\boldsymbol{E}_u+\boldsymbol{F}_u)\end{pmatrix}\boldsymbol{T}_3^{-1} \qquad (\text{Ⅵ})$$

2.6 约当意义下的实矩阵的实相似标准形

在复数域上，每一个方阵都相似于约当标准形. 如果所给的是一个实方阵，并且它的特征值全部都在实数域中，那么 $\boldsymbol{A}$ 也能在实数域上相似于约当标准形，也就是说存在实可逆方阵 $\boldsymbol{P}$ 使 $\boldsymbol{P}^{-1}\boldsymbol{A}\boldsymbol{P}$ 是约当标准形. 但一般说来，实方阵 $\boldsymbol{A}$ 的特征值不一定全部是实数(有可能含虚数特征值)，此时 $\boldsymbol{A}$ 不但不能实相似[①]于约当标准形，也不能实相似于三角形矩阵. 在 2.3 节中给出了任意域 K 上的方阵在 K 上的相似标准形 —— 有理标准形. 这当然也适用于 K 是实数域 $\mathbf{R}$ 的情形. 但针对实数域的特殊性，仍有必要给出实方阵在实数域上特有的约当意义下的相似标准形.

引理 1 同阶实方阵 $\boldsymbol{A}$ 与 $\boldsymbol{B}$ 复相似当且仅当 $\boldsymbol{A}$ 与 $\boldsymbol{B}$ 实相似.

证明 这是定理 2.1.3 当 $F=\mathbf{R}$ 时的情形. 在这里我们再给出一个证明，它不依赖于 λ - 矩阵的相抵标准形.

如果实方阵 $\boldsymbol{A}$ 与 $\boldsymbol{B}$ 是实相似的，那么它们显然是复相似的.

反过来，设 $\boldsymbol{A},\boldsymbol{B}$ 复相似，即存在可逆复矩阵 $\boldsymbol{P}$，使得 $\boldsymbol{P}^{-1}\boldsymbol{A}\boldsymbol{P}=\boldsymbol{B}$，亦即 $\boldsymbol{A}\boldsymbol{P}=\boldsymbol{P}\boldsymbol{B}$. 令 $\boldsymbol{P}=(p_{jk})_{n\times n}$，$p_{jk}=x_{jk}+\mathrm{i}y_{jk}$，这里 $\mathrm{i}=\sqrt{-1}$，x_{jk},y_{jk} 均为实数. 再令 $\boldsymbol{P}_1$，$\boldsymbol{P}_2$ 分别为 $\boldsymbol{P}$ 的元素 p_{jk} 的实部和虚部组成的方阵，即

$$\boldsymbol{P}_1=(x_{jk})_{n\times n},\boldsymbol{P}_2=(y_{jk})_{n\times n}$$

① 一般地，对于数域 K 上 n 阶方阵 $\boldsymbol{A}$ 和 $\boldsymbol{B}$，如果存在 K 上 n 阶可逆方阵 $\boldsymbol{P}$，使得 $\boldsymbol{B}=\boldsymbol{P}^{-1}\boldsymbol{A}\boldsymbol{P}$，则称 $\boldsymbol{A}$ 和 $\boldsymbol{B}$ 在数域 K 上相似.

则

$$\boldsymbol{P}=\boldsymbol{P}_1+\mathrm{i}\boldsymbol{P}_2$$

将其代入 $\boldsymbol{AP}=\boldsymbol{PB}$，得

$$\boldsymbol{A}(\boldsymbol{P}_1+\mathrm{i}\boldsymbol{P}_2)=(\boldsymbol{P}_1+\mathrm{i}\boldsymbol{P}_2)\boldsymbol{B}$$

乘开后，我们得出

$$\boldsymbol{AP}_1=\boldsymbol{P}_1\boldsymbol{B},\boldsymbol{AP}_2=\boldsymbol{P}_2\boldsymbol{B} \tag{2.6.1}$$

由 $\boldsymbol{P}=\boldsymbol{P}_1+\mathrm{i}\boldsymbol{P}_2$ 可知行列式 $|\boldsymbol{P}|=|\boldsymbol{P}_1+\mathrm{i}\boldsymbol{P}_2|\neq 0$. 令 $f(\lambda)=|\boldsymbol{P}_1+\lambda\boldsymbol{P}_2|$，则 $f(\lambda)$ 是 λ 的实系数多项式；且由 $f(\mathrm{i})=|\boldsymbol{P}|\neq 0$ 知 $f(\lambda)$ 不是零多项式. 设 $f(\lambda)$ 的次数为 m，则 $f(\lambda)$ 至多有 m 个实根，于是必然存在实数 c，它不是 $f(\lambda)$ 的根：$f(c)=|\boldsymbol{P}_1+c\boldsymbol{P}_2|\neq 0$. 取 $\boldsymbol{Q}=\boldsymbol{P}_1+c\boldsymbol{P}_2$，则 $\boldsymbol{Q}$ 是可逆实方阵，且由式(2.6.1)得出

$$\boldsymbol{A}(\boldsymbol{P}_1+c\boldsymbol{P}_2)=(\boldsymbol{P}_1+c\boldsymbol{P}_2)\boldsymbol{B}$$

即

$$\boldsymbol{AQ}=\boldsymbol{QB}$$

这就是说，$\boldsymbol{A},\boldsymbol{B}$ 可以通过实方阵 $\boldsymbol{Q}$ 相似：$\boldsymbol{B}=\boldsymbol{Q}^{-1}\boldsymbol{AQ}$.

引理 2　设 $\boldsymbol{A}$ 是 n 阶实方阵，则以 $\boldsymbol{A}$ 的虚特征值为根的初等因子成对共轭出现.

详细地说，就是：如果以 $\boldsymbol{A}$ 的虚特征值 μ 为根的 $\lambda\boldsymbol{E}-\boldsymbol{A}$ 的全部初等因子为

$$(\lambda-\mu)^{m_1},(\lambda-\mu)^{m_2},\cdots,(\lambda-\mu)^{m_s}$$

则 μ 的共轭虚数 $\overline{\mu}$ 也是 $\boldsymbol{A}$ 的虚特征值，$\lambda\boldsymbol{E}-\boldsymbol{A}$ 的以 $\overline{\mu}$ 为根的全部初等因子为

$$(\lambda-\overline{\mu})^{m_1},(\lambda-\overline{\mu})^{m_2},\cdots,(\lambda-\overline{\mu})^{m_s}$$

证明　设 $\varphi_k(\lambda)$ 是 $\lambda\boldsymbol{E}-\boldsymbol{A}$ 的任何一个不等于常数的不变因子，则 $\varphi_k(\lambda)$ 是实系数多项式，设 μ 是 $\varphi_k(\lambda)$ 的虚根，重数为 m_k，则 $(\lambda-\mu)^{m_k}$ 是 $\varphi_k(\lambda)$ 的唯一一个以 μ 为根的初等因子. 设

$$\varphi_k(\lambda)=(\lambda-\mu)^{m_k}g_k(\lambda) \tag{2.6.2}$$

且 μ 不是 $g_k(\lambda)$ 的根. 式(2.6.2)两边取共轭并注意到实多项式 $\varphi_k(\lambda)$ 的共轭等于自身. 得到

$$\varphi_k(\lambda)=(\lambda-\overline{\mu})^{m_k}\overline{g_k(\lambda)}$$

这说明 $(\lambda-\overline{\mu})^{m_k}$ 整除 $\varphi_k(\lambda)$，且 $\overline{\mu}$ 不是 $\overline{g_k(\lambda)}$ 的根(否则 μ 就是 $g_k(\lambda)$ 的根了). 可见 $(\lambda-\overline{\mu})^{m_k}$ 是 $\varphi_k(\lambda)$ 的唯一一个以 $\overline{\mu}$ 为根的初等因子.

以上讨论 $\lambda\boldsymbol{E}-\boldsymbol{A}$ 的结论对每个不变因子都成立. 而 $\lambda\boldsymbol{E}-\boldsymbol{A}$ 的初等因子组由各不变因子的初等因子组合并得到. 因此 $\lambda\boldsymbol{E}-\boldsymbol{A}$ 的以虚特征值为根的初等

因子成对出现.证毕.

由于$\boldsymbol{A}$的约当标准形中的约当块与初等因子一一对应,及$\lambda \boldsymbol{E}-\boldsymbol{A}$的初等因子中以虚特征值为根的初等因子成对共轭可知$\boldsymbol{A}$的约当标准形$\boldsymbol{J}$中的虚约当块也成对共轭,即$\boldsymbol{J}$是由实特征值$\lambda_i$的约当块$\boldsymbol{J}_{m_{ij}}(\lambda_i)$和每一对虚特征值$\mu_i,\overline{\mu_i}$的约当块

$$\begin{pmatrix} \boldsymbol{J}_{m_{ij}}(\mu_i) & \\ & \boldsymbol{J}_{m_{ij}}(\overline{\mu_i}) \end{pmatrix} \tag{2.6.3}$$

组成的准对角矩阵.我们只需将式(2.6.3)中的准对角矩阵相似于适当的实方阵,就得到了与$\boldsymbol{J}$相似的实相似标准形.

以下我们用$\boldsymbol{J}_m(x)$表示约当块:$\begin{pmatrix} x & 1 & & \\ & x & \ddots & \\ & & \ddots & 1 \\ & & & x \end{pmatrix}_{m\times m}$.

引理 3 设μ是不为零的任意复(实)数,则约当块$\boldsymbol{J}_m(\mu)$复(实)相似于$\mu\boldsymbol{J}_m(1)$.

证明 由等式

$$\begin{pmatrix} 1 & & & \\ & \mu & & \\ & & \ddots & \\ & & & \mu^{m-1} \end{pmatrix}^{-1} \begin{pmatrix} \mu & 1 & & \\ & \mu & \ddots & \\ & & \ddots & 1 \\ & & & \mu \end{pmatrix}_{m\times m} \begin{pmatrix} 1 & & & \\ & \mu & & \\ & & \ddots & \\ & & & \mu^{m-1} \end{pmatrix}$$

$$= \begin{pmatrix} \mu & \mu & & \\ & \mu & \ddots & \\ & & \ddots & \mu \\ & & & \mu \end{pmatrix}_{m\times m} = \mu\boldsymbol{J}_m^{(1)}$$

即知.

引理 4 设$\mu=a+b\mathrm{i}(b\neq 0)$是虚数,则

$$\boldsymbol{D}=\begin{pmatrix} \boldsymbol{J}_m(a+b\mathrm{i}) & \\ & \boldsymbol{J}_m(a-b\mathrm{i}) \end{pmatrix}$$

相似于实矩阵

$$\boldsymbol{L}=\begin{pmatrix} a\boldsymbol{J}_m(1) & b\boldsymbol{J}_m(1) \\ -b\boldsymbol{J}_m(1) & a\boldsymbol{J}_m(1) \end{pmatrix}$$

证明 由引理 3 知道$\boldsymbol{J}_m(a\pm b\mathrm{i})$相似于$(a\pm b\mathrm{i})\boldsymbol{J}_m(1)$,从而

$$
\boldsymbol{D}=\begin{pmatrix} \boldsymbol{J}_m(a+b) & \\ & \boldsymbol{J}_m(a-b\mathrm{i}) \end{pmatrix}
$$

相似于实矩阵

$$
\begin{aligned}
\boldsymbol{D}_1 &= \begin{pmatrix} (a+b\mathrm{i})\boldsymbol{J}_m(1) & \\ & (a-b\mathrm{i})\boldsymbol{J}_m(1) \end{pmatrix} \\
&= \begin{pmatrix} (a+b\mathrm{i})\boldsymbol{E}_m & \\ & (a-b\mathrm{i})\boldsymbol{E}_m \end{pmatrix} \begin{pmatrix} \boldsymbol{J}_m(1) & \\ & \boldsymbol{J}_m(1) \end{pmatrix}
\end{aligned}
$$

现在考察下面的等式(等式的正确性请读者验证):即

$$
\begin{pmatrix} \boldsymbol{E}_m & \boldsymbol{E}_m \\ \mathrm{i}\boldsymbol{E}_m & -\mathrm{i}\boldsymbol{E}_m \end{pmatrix} \begin{pmatrix} (a+b\mathrm{i})\boldsymbol{E}_m & \\ & (a-b\mathrm{i})\boldsymbol{E}_m \end{pmatrix} \begin{pmatrix} \frac{1}{2}\boldsymbol{E}_m & -\frac{1}{2}\mathrm{i}\boldsymbol{E}_m \\ \frac{1}{2}\boldsymbol{E}_m & \frac{1}{2}\mathrm{i}\boldsymbol{E}_m \end{pmatrix} = \begin{pmatrix} a\boldsymbol{E}_m & b\boldsymbol{E}_m \\ -b\boldsymbol{E}_m & a\boldsymbol{E}_m \end{pmatrix}
$$

$$
\begin{pmatrix} \boldsymbol{E}_m & \boldsymbol{E}_m \\ \mathrm{i}\boldsymbol{E}_m & -\mathrm{i}\boldsymbol{E}_m \end{pmatrix} \begin{pmatrix} \frac{1}{2}\boldsymbol{E}_m & -\frac{1}{2}\mathrm{i}\boldsymbol{E}_m \\ \frac{1}{2}\boldsymbol{E}_m & \frac{1}{2}\mathrm{i}\boldsymbol{E}_m \end{pmatrix} = \boldsymbol{E}_{2m}
$$

$$
\begin{pmatrix} \frac{1}{2}\boldsymbol{E}_m & -\frac{1}{2}\mathrm{i}\boldsymbol{E}_m \\ \frac{1}{2}\boldsymbol{E}_m & \frac{1}{2}\mathrm{i}\boldsymbol{E}_m \end{pmatrix} \begin{pmatrix} \boldsymbol{J}_m(1) & \\ & \boldsymbol{J}_m(1) \end{pmatrix} = \begin{pmatrix} \boldsymbol{J}_m(1) & \\ & \boldsymbol{J}_m(1) \end{pmatrix} \begin{pmatrix} \frac{1}{2}\boldsymbol{E}_m & -\frac{1}{2}\mathrm{i}\boldsymbol{E}_m \\ \frac{1}{2}\boldsymbol{E}_m & \frac{1}{2}\mathrm{i}\boldsymbol{E}_m \end{pmatrix}
$$

因而有下面的等式

$$
\begin{aligned}
&\begin{pmatrix} \boldsymbol{E}_m & \boldsymbol{E}_m \\ \mathrm{i}\boldsymbol{E}_m & -\mathrm{i}\boldsymbol{E}_m \end{pmatrix} \begin{pmatrix} (a+b\mathrm{i})\boldsymbol{E}_m & \\ & (a-b\mathrm{i})\boldsymbol{E}_m \end{pmatrix} \begin{pmatrix} \frac{1}{2}\boldsymbol{E}_m & -\frac{1}{2}\mathrm{i}\boldsymbol{E}_m \\ \frac{1}{2}\boldsymbol{E}_m & \frac{1}{2}\mathrm{i}\boldsymbol{E}_m \end{pmatrix} \begin{pmatrix} \boldsymbol{J}_m(1) & \\ & \boldsymbol{J}_m(1) \end{pmatrix} \\
&= \begin{pmatrix} \boldsymbol{E}_m & \boldsymbol{E}_m \\ \mathrm{i}\boldsymbol{E}_m & -\mathrm{i}\boldsymbol{E}_m \end{pmatrix} \begin{pmatrix} (a+b\mathrm{i})\boldsymbol{E}_m & \\ & (a-b\mathrm{i})\boldsymbol{E}_m \end{pmatrix} \begin{pmatrix} \frac{1}{2}\boldsymbol{E}_m & -\frac{1}{2}\mathrm{i}\boldsymbol{E}_m \\ \frac{1}{2}\boldsymbol{E}_m & \frac{1}{2}\mathrm{i}\boldsymbol{E}_m \end{pmatrix} \begin{pmatrix} \boldsymbol{J}_m(1) & \\ & \boldsymbol{J}_m(1) \end{pmatrix} \\
&= \begin{pmatrix} a\boldsymbol{E}_m & b\boldsymbol{E}_m \\ -b\boldsymbol{E}_m & a\boldsymbol{E}_m \end{pmatrix} \begin{pmatrix} \boldsymbol{J}_m(1) & \\ & \boldsymbol{J}_m(1) \end{pmatrix} \\
&= \begin{pmatrix} a\boldsymbol{J}_m(1) & b\boldsymbol{J}_m(1) \\ -b\boldsymbol{J}_m(1) & a\boldsymbol{J}_m(1) \end{pmatrix} \\
&= \boldsymbol{L}
\end{aligned}
$$

这个等式说明了 $\boldsymbol{D}_1$ 相似于 $\boldsymbol{L}$. 根据相似关系的传递性,$\boldsymbol{D}$ 也相似于 $\boldsymbol{L}$.

定理 2.6.1 设 n 阶实方阵 $\boldsymbol{A}$ 的全部初等因子为

$$\lambda^{e_1},\lambda^{e_2},\cdots,\lambda^{e_s},(\lambda-\lambda_1)^{f_1},(\lambda-\lambda_2)^{f_2},\cdots,(\lambda-\lambda_t)^{f_t},$$
$$(\lambda-\mu_1)^{g_1},(\lambda-\overline{\mu_2})^{g_1},\cdots,(\lambda-\mu_t)^{g_k},(\lambda-\overline{\mu_k})^{g_k}$$

其中 $\lambda_1,\lambda_2,\cdots,\lambda_t$ 是 $\boldsymbol{A}$ 的非零实特征值(不一定两两不同),$\mu_j=a_j+b_j\mathrm{i}(i=1,2,\cdots,k)$ 是 $\boldsymbol{A}$ 的虚特征值(不一定两两不同). 则 $\boldsymbol{A}$ 实相似于如下的标准形

$$\begin{pmatrix} \boldsymbol{J}_{e_1}(0) & & & & & & & & \\ & \ddots & & & & & & & \\ & & \boldsymbol{J}_{e_s}(0) & & & & & & \\ & & & \lambda_1\boldsymbol{J}_{f_1}(1) & & & & & \\ & & & & \ddots & & & & \\ & & & & & \lambda_t\boldsymbol{J}_{f_t}(1) & & & \\ & & & & & & \boldsymbol{L}_{g_1}(a_1\pm b_1\mathrm{i}) & & \\ & & & & & & & \ddots & \\ & & & & & & & & \boldsymbol{L}_{g_k}(a_k\pm b_k\mathrm{i}) \end{pmatrix} \tag{2.6.4}$$

其中

$$\boldsymbol{J}_{e_j}(0)=\begin{pmatrix} 0 & 1 & & \\ & 0 & \ddots & \\ & & \ddots & 1 \\ & & & 0 \end{pmatrix}_{e_j\times e_j}$$

$$\boldsymbol{J}_{f_j}(1)=\begin{pmatrix} 1 & 1 & & \\ & 1 & \ddots & \\ & & \ddots & 1 \\ & & & 1 \end{pmatrix}_{f_j\times f_j}$$

$$\boldsymbol{L}_{g_j}(a_j\pm b_j\mathrm{i})=\begin{pmatrix} a\boldsymbol{J}_{g_j}(1) & a\boldsymbol{J}_{g_j}(1) \\ -b\boldsymbol{J}_{g_j}(1) & a\boldsymbol{J}_{g_j}(1) \end{pmatrix}$$

证明 根据上一目,实方阵 $\boldsymbol{A}$ 相似于如下的约当标准形(复矩阵)

$$
J=\begin{pmatrix}
J_{e_1}(0) & & & & & & & & & & \\
& \ddots & & & & & & & & & \\
& & J_{e_s}(0) & & & & & & & & \\
& & & \lambda_1 J_{f_1}(\lambda_1) & & & & & & & \\
& & & & \ddots & & & & & & \\
& & & & & \lambda_t J_{f_1}(\lambda_t) & & & & & \\
& & & & & & J_{g_1}(\mu_1) & & & & \\
& & & & & & & J_{g_1}(\bar{\mu}_1) & & & \\
& & & & & & & & \ddots & & \\
& & & & & & & & & J_{g_k}(\mu_k) & \\
& & & & & & & & & & J_{g_k}(\bar{\mu}_k)
\end{pmatrix}
$$

因为 $\lambda_j(j=1,2,\cdots,t)$ 均为实数,按照引理 3,诸块 $J_{f_j}(\lambda_j)$ 实相似于 $\lambda_j J_{f_j}(1)$. 于是 J 实相似于下面的矩阵

$$
J'=\begin{pmatrix}
J_{e_1}(0) & & & & & & & & & & \\
& \ddots & & & & & & & & & \\
& & J_{e_s}(0) & & & & & & & & \\
& & & \lambda_1 J_{f_1}(1) & & & & & & & \\
& & & & \ddots & & & & & & \\
& & & & & \lambda_t J_{f_t}(1) & & & & & \\
& & & & & & J_{g_1}(\mu_1) & & & & \\
& & & & & & & J_{g_1}(\bar{\mu}_1) & & & \\
& & & & & & & & \ddots & & \\
& & & & & & & & & J_{g_k}(\mu_k) & \\
& & & & & & & & & & J_{g_k}(\bar{\mu}_k)
\end{pmatrix}
$$

由引理 4,矩阵 J' 的块

$$
\begin{pmatrix}
J_{g_j}(a_j+b_j\mathrm{i}) & \\
& J_{g_j}(a_j-b_j\mathrm{i})
\end{pmatrix}
$$

复相似于矩阵

$$\begin{pmatrix} a\boldsymbol{J}_{g_j}(1) & b\boldsymbol{J}_{g_j}(1) \\ -b\boldsymbol{J}_{g_j}(1) & a\boldsymbol{J}_{g_j}(1) \end{pmatrix} = \boldsymbol{L}_{g_j}(a_j \pm b_j\mathrm{i})$$

于是按照相似的性质 9(参阅 1.1 小节),矩阵 $\boldsymbol{J}'$ 复相似于矩阵(2.6.4).由引理 1,矩阵 $\boldsymbol{J}'$ 和式(2.6.4) 亦是实相似的,这就证明了所需的结论.

还可以将引理 4 中的 $\boldsymbol{D}$ 复相似到另外一类实方阵,从而得到实方阵实相似的另外一种标准形.

引理 5 设 $\mu = a + b\mathrm{i}(b \neq 0)$ 是虚数,则

$$\boldsymbol{D} = \begin{pmatrix} \boldsymbol{J}_m(a+b\mathrm{i}) & \\ & \boldsymbol{J}_m(a-b\mathrm{i}) \end{pmatrix}$$

相似于 $2m$ 阶实矩阵

$$\boldsymbol{K} = \begin{pmatrix} a & b & 1 & 0 & & & & \\ -b & a & 0 & 1 & & & & \\ & & a & b & \ddots & & & \\ & & -b & a & & \ddots & & \\ & & & & \ddots & & 1 & 0 \\ & & & & & \ddots & 0 & 1 \\ & & & & & & a & b \\ & & & & & & -b & a \end{pmatrix}$$

证明 对 $1 \leqslant j \leqslant 2m$,记 $\boldsymbol{A}_j$ 为第 j 个分量为 1、其余分量为 0 的 $2m$ 维列向量.则

$$\begin{cases} \boldsymbol{DA}_1 = (a+b\mathrm{i})\boldsymbol{A}_1 \\ \boldsymbol{DA}_j = (a+b\mathrm{i})\boldsymbol{A}_j + \boldsymbol{A}_{j-1} \quad (2 \leqslant j \leqslant m) \\ \boldsymbol{DA}_{m+1} = (a-b\mathrm{i})\boldsymbol{A}_{m+1} \\ \boldsymbol{DA}_{m+j} = (a+b\mathrm{i})\boldsymbol{A}_{m+j} + \boldsymbol{A}_{m+j-1} \quad (2 \leqslant j \leqslant m) \end{cases} \tag{2.6.5}$$

依次以 $\boldsymbol{A}_1, \boldsymbol{A}_{m+1}, \cdots, \boldsymbol{A}_j, \boldsymbol{A}_{m+j}, \cdots, \boldsymbol{A}_m, \boldsymbol{A}_{2m}$ 为各列排成 $2m$ 阶可逆方阵 $\boldsymbol{P}$.由式(2.6.5)知

$$\begin{aligned} &\boldsymbol{D}(\boldsymbol{A}_1, \boldsymbol{A}_{m+1}, \cdots, \boldsymbol{A}_j, \boldsymbol{A}_{m+j}, \cdots, \boldsymbol{A}_m, \boldsymbol{A}_{2m}) \\ =& (\boldsymbol{A}_1, \boldsymbol{A}_{m+1}, \cdots, \boldsymbol{A}_j, \boldsymbol{A}_{m+j}, \cdots, \boldsymbol{A}_m, \boldsymbol{A}_{2m})\boldsymbol{B} \end{aligned}$$

对

$$
\boldsymbol{B}=\begin{pmatrix}
a+b\mathrm{i} & 0 & 1 & 0 & & & \\
0 & a-b\mathrm{i} & 0 & 1 & & & \\
 & & a+b\mathrm{i} & 0 & \ddots & & \\
 & & 0 & a-b\mathrm{i} & \ddots & 1 & 0 \\
 & & & & \ddots & 0 & 1 \\
 & & & & & a+b\mathrm{i} & 0 \\
 & & & & & 0 & a-b\mathrm{i}
\end{pmatrix}
$$

成立. 也就是说, $\boldsymbol{DP}=\boldsymbol{PB}$, $\boldsymbol{P}^{-1}\boldsymbol{DP}=\boldsymbol{B}$, $\boldsymbol{D}$ 相似于 $\boldsymbol{B}$.

取 $2m$ 阶准对角阵

$$
\boldsymbol{Q}=\begin{pmatrix}
\begin{pmatrix}1 & 1\\ \mathrm{i} & -\mathrm{i}\end{pmatrix} & & \\
 & \ddots & \\
 & & \begin{pmatrix}1 & 1\\ \mathrm{i} & -\mathrm{i}\end{pmatrix}
\end{pmatrix}
$$

并注意到下面的矩阵等式

$$
\begin{pmatrix}1 & 1\\ \mathrm{i} & -\mathrm{i}\end{pmatrix}\begin{pmatrix}a+b\mathrm{i} & 0\\ 0 & a-b\mathrm{i}\end{pmatrix}\begin{pmatrix}1 & 1\\ \mathrm{i} & -\mathrm{i}\end{pmatrix}^{-1}=\begin{pmatrix}a & b\\ -b & a\end{pmatrix}
$$

$$
\begin{pmatrix}1 & 1\\ \mathrm{i} & -\mathrm{i}\end{pmatrix}\begin{pmatrix}1 & 0\\ 0 & 1\end{pmatrix}\begin{pmatrix}1 & 1\\ \mathrm{i} & -\mathrm{i}\end{pmatrix}^{-1}=\begin{pmatrix}1 & 0\\ 0 & 1\end{pmatrix}
$$

则

$$
\boldsymbol{QBQ}^{-1}=\begin{pmatrix}
a & b & 1 & 0 & & & & \\
-b & a & 0 & 1 & & & & \\
 & & a & b & \ddots & & & \\
 & & -b & a & & \ddots & & \\
 & & & & \ddots & & 1 & 0 \\
 & & & & & \ddots & 0 & 1 \\
 & & & & & & a & b \\
 & & & & & & -b & a
\end{pmatrix}=\boldsymbol{K}
$$

$\boldsymbol{D}$ 相似于 $\boldsymbol{B}$, $\boldsymbol{B}$ 相似于 $\boldsymbol{K}$, 从而 $\boldsymbol{D}$ 相似于 $\boldsymbol{K}$. 如所欲证.

如果将以 $a\pm b\mathrm{i}$ 为特征值的二阶方阵 $\begin{pmatrix}a & b\\ -b & a\end{pmatrix}$ 记作 $\boldsymbol{L}(a\pm b\mathrm{i})$, 那么引理 5 中的 $\boldsymbol{K}$ 可写为分块矩阵的形式

$$\boldsymbol{K}_m(a \pm b\mathrm{i}) = \begin{pmatrix} \boldsymbol{L}(a \pm b\mathrm{i}) & \boldsymbol{E}_2 & & \\ & \boldsymbol{L}(a \pm b\mathrm{i}) & \ddots & \\ & & \ddots & \boldsymbol{E}_2 \\ & & & \boldsymbol{L}(a \pm b\mathrm{i}) \end{pmatrix}$$

这个记号让人想象成以 $L(a \pm b\mathrm{i})$ 为"根"的"m 阶约当块".

由引理 5 的结果立即得出：

定理 2.6.2[①] 条件同定理 2.6.1，则 $\boldsymbol{A}$ 实相似于如下的标准形

$$\boldsymbol{J}' = \begin{pmatrix} \boldsymbol{J}_{e_1}(0) & & & & & & & & \\ & \ddots & & & & & & & \\ & & \boldsymbol{J}_{e_s}(0) & & & & & & \\ & & & \lambda_1\boldsymbol{J}_{f_1}(1) & & & & & \\ & & & & \ddots & & & & \\ & & & & & \lambda_t\boldsymbol{J}_{f_t}(1) & & & \\ & & & & & & \boldsymbol{K}_{g_1}(a_1 + b_1\mathrm{i}) & & \\ & & & & & & & \ddots & \\ & & & & & & & & \boldsymbol{K}_{g_k}(a_k \pm b_k\mathrm{i}) \end{pmatrix}$$

2.7 第一种广义约当标准形

自然标准形的优点是绝对唯一的，不仅其对角线上诸块是唯一的，而且主对角线上诸块的次序亦是唯一的，但当基域为所有复数域时，约当标准形不能为其特例.

考虑$[\varphi(\lambda)]^t$ 型的初等因子，其中

$$\varphi(\lambda) = \lambda^s + a_1\lambda^{s-1} + \cdots + a_{s-1}\lambda + a_s$$

在域 K 上不可约.

设 $\boldsymbol{F}$ 为 $\varphi(\lambda)$ 的伴侣矩阵，作 s 阶方阵

$$\boldsymbol{N} = \begin{pmatrix} 0 & \cdots & 0 & 1 \\ 0 & \cdots & 0 & 0 \\ \vdots & \vdots & & \vdots \\ 0 & 0 & \cdots & 0 \end{pmatrix}$$

① 这个定理可以得出这样的推论：如果实数域 $\mathbf{R}$ 上的线性空间 L 的线性变换 $\boldsymbol{A}$ 有虚特征值 $a + b\mathrm{i}$，则 L 中存在 $\boldsymbol{A}$ 的二维不变子空间 W，其导出变换 $\mathscr{A} \upharpoonright W$ 的特征值为 $a \pm b\mathrm{i}$.

再作 $(s\times t)$ 阶分块下三角矩阵

$$J=\begin{pmatrix} F & & & & \\ N & F & & & \\ & \ddots & \ddots & & \\ & & N & F & \\ & & & N & F \end{pmatrix}$$

这样得到的矩阵称为相应于 $[\varphi(\lambda)]^t$ 的雅各布森①块②.

例如,在有理数域 $\mathbf{Q}$ 上,相应于 $(\lambda^2+\lambda+2)^2$ 的雅各布森块为四阶方阵,即

$$J=\begin{pmatrix} F & O \\ N & F \end{pmatrix}=\left(\begin{array}{cc:cc} 0 & -2 & 0 & 0 \\ 1 & -1 & 0 & 0 \\ \hdashline 0 & 1 & 0 & -2 \\ 0 & 0 & 1 & -1 \end{array}\right)$$

雅各布森块一个明显的特点是,与主对角线相邻的左下方平行线上的元素全为 1,其余下三角元素全为零. 因此,其特征矩阵的第 $st-1$ 个行列式因子为 1,而第 st 个行列式因子

$$D_{s\cdot t}(\lambda)=|\lambda E-J|=\begin{vmatrix} \lambda E-F & & & & \\ -N & \lambda E-F & & & \\ & \ddots & \ddots & & \\ & & -N & \lambda E-F & \\ & & & -N & \lambda E-F \end{vmatrix}$$

$$=|\lambda E-J|^t=[\varphi(\lambda)]^t$$

于是,我们有下述定理:

定理 2.7.1 相应于域 K 多项式 $[\varphi(\lambda)]^t$ 的雅各布森块的特征矩阵 $\lambda E-J$ 的相抵标准为

$$\begin{pmatrix} 1 & & & \\ & 1 & & \\ & & \ddots & \\ & & & [\varphi(\lambda)]^t \end{pmatrix}$$

其中 $\varphi(\lambda)$ 为域 K 上不可约多项式.

---

① 雅各布森(Jacobson,1910—1999),美国数学家.

② 也可以对不变因子,引入雅各布森块的概念,从而建立相应于不变因子的雅各布森标准形的概念.

现在设域 K 上的矩阵 $\boldsymbol{A}$ 的全部初等因子为

$$[\varphi_1(\lambda)]^{t_1},[\varphi_2(\lambda)]^{t_2},\cdots,[\varphi_s(\lambda)]^{t_s} \tag{2.7.1}$$

这里 s 个 $\varphi_i(\lambda)$ 和 s 个 t_i 都不必两两不同.

令这些初等因子相应的雅各布森块依次为

$$\boldsymbol{J}_1,\boldsymbol{J}_2,\cdots,\boldsymbol{J}_s$$

那么,成立下面的定理:

定理 2.7.2 $\boldsymbol{A}$ 相似于分块对角矩阵

$$\boldsymbol{J}=\begin{pmatrix}\boldsymbol{J}_1 & & & \\ & \boldsymbol{J}_2 & & \\ & & \ddots & \\ & & & \boldsymbol{J}_s\end{pmatrix}$$

这是因为按照定理2.7.1以及定理1.7.4,分块矩阵$\boldsymbol{J}$具有初等因子(2.7.1),也就是,$(\lambda\boldsymbol{E}-\boldsymbol{J})$ 与$(\lambda\boldsymbol{E}-\boldsymbol{A})$ 有完全相同的初等因子,因此 $\boldsymbol{A}$ 与 $\boldsymbol{J}$ 相似.

定义 2.7.1 用$\boldsymbol{A}$的全部初等因子构造出来的与$\boldsymbol{A}$相似的矩阵$\boldsymbol{J}$称为$\boldsymbol{A}$的雅各布森标准形,它由相应于各初等因子的雅各布森块构成.

根据定理 2.7.2 和定理 1.7.3,我们又有:

推论 矩阵的雅各布森标准形除了其中雅各布森块的排列顺序外被矩阵 $\boldsymbol{A}$ 唯一确定.

例 设实数域 $\mathbf{R}$ 上十阶方阵 $\boldsymbol{A}$ 的全部不变因子为

$$1,1,\cdots,1,\chi_9(\lambda)=(\lambda+1)^2(\lambda^2-\lambda+2)$$

$$\chi_{10}(\lambda)=(\lambda+1)^2(\lambda^2-\lambda+2)$$

则它的全部初等因子组为

$$(\lambda+1)^2,(\lambda+1)^2,(\lambda^2-\lambda+2),(\lambda^2-\lambda+2)$$

它们相应的雅各布森块分别为

$$\begin{pmatrix}-1 & 0\\ 1 & -1\end{pmatrix},\begin{pmatrix}-1 & 0\\ 1 & -1\end{pmatrix},\begin{pmatrix}0 & -2\\ 1 & 1\end{pmatrix},\begin{pmatrix}0 & -2 & 0 & 0\\ 1 & -1 & 0 & 0\\ 0 & 1 & 0 & -2\\ 0 & 0 & 1 & -1\end{pmatrix}$$

因此下面的十阶方阵

$$
\boldsymbol{J}=\left(\begin{array}{cc:cc:ccc:ccc}
-1 & 0 & 0 & 0 & 0 & 0 & 0 & 0 & 0 & 0 \\
1 & -1 & 0 & 0 & 0 & 0 & 0 & 0 & 0 & 0 \\
\hdashline
0 & 0 & -1 & 0 & 0 & 0 & 0 & 0 & 0 & 0 \\
0 & 0 & 1 & -1 & 0 & 0 & 0 & 0 & 0 & 0 \\
\hdashline
0 & 0 & 0 & 0 & 0 & -2 & 0 & 0 & 0 & 0 \\
0 & 0 & 0 & 0 & 1 & 1 & 0 & 0 & 0 & 0 \\
\hdashline
0 & 0 & 0 & 0 & 0 & 0 & 0 & -2 & 0 & 0 \\
0 & 0 & 0 & 0 & 0 & 0 & 1 & 1 & 0 & 0 \\
0 & 0 & 0 & 0 & 0 & 0 & 0 & 1 & 0 & -2 \\
0 & 0 & 0 & 0 & 0 & 0 & 0 & 0 & 1 & 1
\end{array}\right)
$$

就是 $\boldsymbol{A}$ 在 $\mathbf{R}$ 上的一个雅各布森标准形.

下面我们讨论雅各布森块和雅各布森标准形的一些殊情形. 在复数域中，初等因子 $[\varphi(\lambda)]^t$ 中不可约多项式 $\varphi(\lambda)$ 总是一次的：$\varphi(\lambda)=\lambda-a$. 这时候，雅各布森块成为约当块；而雅各布森标准形成为约当标准形；故雅各布森标准形也叫作(第一种) 广义约当标准形.

在实数域上，初等因子总呈现 $(\lambda-a)^s$ 和 $[(\lambda-a)^2+b^2]^t(b\neq 0)$ 这两种形式. 在第一种情况中，雅各布森块即是实约当块；在第二种情况中，雅各布森块是复约当块. 我们现在来证明，在第二种情况下，相应的复约当块(雅各布森块) $\boldsymbol{J}$ 相似于下面的实矩阵

$$
\boldsymbol{D}=\begin{pmatrix}
a & b & & & & & & & & \\
-b & a & & & & & & & & \\
0 & 1 & a & b & & & & & & \\
0 & 0 & -b & a & & & & & & \\
 & & 0 & 1 & a & b & & & & \\
 & & 0 & 0 & -b & a & & & & \\
 & & & & & & \ddots & & & \\
 & & & & & & & \ddots & & \\
 & & & & & & 0 & 1 & a & b \\
 & & & & & & 0 & 0 & -b & a
\end{pmatrix}
$$

证明　相应于 $[(\lambda-a)^2+b^2]^t$ 的伴侣矩阵为

$$
\boldsymbol{F}=\begin{pmatrix} 0 & -a^2-b^2 \\ 1 & 2a \end{pmatrix}
$$

引入一个新矩阵 $\boldsymbol{N}^*=\begin{pmatrix}0 & -b\\ 0 & 0\end{pmatrix}$，用 $\boldsymbol{F}$ 和 $\boldsymbol{N}^*$ 构造一个与 $\boldsymbol{J}$ 同阶的矩阵 $\boldsymbol{D}^*$

$$\boldsymbol{D}^*=\begin{pmatrix}\boldsymbol{F} & & & & \\ \boldsymbol{N}^* & \boldsymbol{F} & & & \\ & \ddots & \ddots & & \\ & & \boldsymbol{N}^* & \boldsymbol{F} & \\ & & & \boldsymbol{N}^* & \boldsymbol{F}\end{pmatrix}$$

由于 $\boldsymbol{N}^*$ 和雅各布森块中的矩阵 $\boldsymbol{N}$ 差别仅在于右上角，一个是 1，一个是 $b\neq 0$. 故同雅各布森块的情形一样，特征矩阵 $\lambda\boldsymbol{E}-\boldsymbol{D}^*$ 的倒数第二个行列式因子为 1，从而其不变因子为 $1,\cdots,[(\lambda-a)^2+b^2]^t$，由此 $\boldsymbol{D}^*$ 与 $\boldsymbol{J}$ 相似. 为了证明 $\boldsymbol{D}$ 和 $\boldsymbol{J}$ 相似，只要证明 $\boldsymbol{D}$ 和 $\boldsymbol{D}^*$ 相似就行了. 为此，令

$$\boldsymbol{P}=\begin{pmatrix}1 & \dfrac{a}{b}\\ 0 & -\dfrac{1}{b}\end{pmatrix}$$

则

$$\boldsymbol{P}^{-1}=\begin{pmatrix}1 & a\\ 0 & -b\end{pmatrix}$$

于是有

$$\boldsymbol{P}^{-1}\boldsymbol{F}\boldsymbol{P}=\begin{pmatrix}1 & a\\ 0 & -b\end{pmatrix}\begin{pmatrix}0 & -a^2-b^2\\ 1 & 2a\end{pmatrix}\begin{pmatrix}1 & \dfrac{a}{b}\\ 0 & -\dfrac{1}{b}\end{pmatrix}=\begin{pmatrix}a & b\\ -b & a\end{pmatrix}$$

$$\boldsymbol{P}^{-1}\boldsymbol{N}^*\boldsymbol{P}=\begin{pmatrix}1 & a\\ 0 & -b\end{pmatrix}\begin{pmatrix}0 & -b\\ 0 & 0\end{pmatrix}\begin{pmatrix}1 & \dfrac{a}{b}\\ 0 & -\dfrac{1}{b}\end{pmatrix}=\begin{pmatrix}0 & 1\\ 0 & 0\end{pmatrix}$$

由此

$$(\boldsymbol{P}^{-1}\oplus\boldsymbol{P}^{-1}\oplus\cdots\oplus\boldsymbol{P}^{-1})\boldsymbol{D}^*(\boldsymbol{P}\oplus\boldsymbol{P}\oplus\cdots\oplus\boldsymbol{P})=\boldsymbol{D}$$

从而 $\boldsymbol{D}$ 和 $\boldsymbol{D}^*$ 相似. 这就完成了我们的证明.

这样，我们又得到了约当意义下的实矩阵的实相似标准形(参阅定理 2.6.2).

2.8 第二种广义约当标准形

我们再来讨论一种标准形，它亦可视为任一数域 K 上的广义约当标准形.

设 $\varphi(\lambda)$ 为系数在 K 中的任一不可约多项式，并设这一多项式 $\varphi(\lambda)$ 的首项系数等于 1 且其次数大于零.

引理 如果元素在数域 K 中的矩阵 $\boldsymbol{A}$ 的特征多项式等于 $\varphi(\lambda)$ 且在 K 中不可约，则分块矩阵

$$\boldsymbol{B}=\begin{pmatrix} \boldsymbol{A} & & & & \\ \boldsymbol{E} & \boldsymbol{A} & & & \\ \boldsymbol{O} & \boldsymbol{E} & \ddots & & \\ \vdots & \vdots & \ddots & \boldsymbol{A} & \\ \boldsymbol{O} & \boldsymbol{O} & \cdots & \boldsymbol{E} & \boldsymbol{A} \end{pmatrix} \tag{2.8.1}$$

的特征矩阵有唯一的初等因子 $[\varphi(\lambda)]^m$，其中 $\boldsymbol{E}$ 为单位矩阵，而 m 为矩阵 $\boldsymbol{B}$ 的对角线上诸块的个数.

证明 设 $\lambda\boldsymbol{E}-\boldsymbol{A}=\boldsymbol{P}$，则

$$\lambda\boldsymbol{E}-\boldsymbol{B}=\begin{pmatrix} \boldsymbol{P} & & & & \\ -\boldsymbol{E} & \boldsymbol{P} & & & \\ \boldsymbol{O} & -\boldsymbol{E} & \ddots & & \\ \vdots & \vdots & \ddots & \boldsymbol{P} & \\ \boldsymbol{O} & \boldsymbol{O} & \cdots & -\boldsymbol{E} & \boldsymbol{P} \end{pmatrix} \tag{2.8.2}$$

假如我们在矩阵(2.8.2)的任一行上加上任一其他行与任一 λ－矩阵 $\boldsymbol{S}(\lambda)$ 的乘积，这一运算相当于在矩阵 $\lambda\boldsymbol{E}-\boldsymbol{B}$ 上施行一系列行的 2° 型初等变换，其结果得出一个与 $\lambda\boldsymbol{E}-\boldsymbol{B}$ 相抵的矩阵. 现在我们在矩阵 $\lambda\boldsymbol{E}-\boldsymbol{B}$ 上连续施行如下变换：将第二行与 $\boldsymbol{P}$ 之积加到第一行上，再在此新矩阵中，将第三行与 $\boldsymbol{P}^2$ 之积加到第一行上，将第三行与 $\boldsymbol{P}$ 之积加到第二行上，继续如此进行，经过这些变换后可得矩阵

$$\begin{pmatrix} \boldsymbol{O} & \boldsymbol{O} & \boldsymbol{O} & \cdots & \boldsymbol{P}^m \\ -\boldsymbol{E} & \boldsymbol{O} & \boldsymbol{O} & \cdots & \boldsymbol{P}^{m-1} \\ \boldsymbol{O} & -\boldsymbol{E} & \boldsymbol{O} & \cdots & \boldsymbol{P}^{m-2} \\ \boldsymbol{O} & \boldsymbol{O} & \ddots & & \vdots \\ \boldsymbol{O} & \boldsymbol{O} & \boldsymbol{O} & -\boldsymbol{E} & \boldsymbol{P} \end{pmatrix}$$

再将第一列与 $\boldsymbol{P}^{m-1}$ 之积，第二列与 $\boldsymbol{P}^{m-2}$ 之积，……，加到最后一列，而后将最后一列移到第一列，可得矩阵

$$\begin{pmatrix} \boldsymbol{P}^m & & & \\ & -\boldsymbol{E} & & \\ & & \ddots & \\ & & & -\boldsymbol{E} \end{pmatrix} \tag{2.8.3}$$

今矩阵(2.8.3)为对角线分块型,且如不计符号,其后面诸块均为单位矩阵,故矩阵(2.8.3)的初等因子与矩阵$\boldsymbol{P}^m=(\lambda\boldsymbol{E}-\boldsymbol{A})^m$的初等因子重合,这是我们首先要找出的.

已予条件,矩阵$\boldsymbol{A}$的特征多项式等于$\varphi(\lambda)$且在域K中不可约,由此知其在复数域中所有根均不相同,故有一复矩阵$\boldsymbol{T}$存在使$\boldsymbol{TAT}^{-1}$有次之对角线型

$$\boldsymbol{TAT}^{-1}=\begin{pmatrix} d_1 & & & \\ & d_2 & & \\ & & \ddots & \\ & & & d_n \end{pmatrix}$$

$$\lambda\boldsymbol{E}-\boldsymbol{TAT}^{-1}=\begin{pmatrix} \lambda-d_1 & & & \\ & \lambda-d_2 & & \\ & & \ddots & \\ & & & \lambda-d_n \end{pmatrix}$$

矩阵$\boldsymbol{P}^m$与矩阵$\boldsymbol{TP}^m\boldsymbol{T}^{-1}=(\boldsymbol{TPT}^{-1})^m$相抵,由上面的矩阵可得次之结果

$$[\boldsymbol{T}(\lambda\boldsymbol{E}-\boldsymbol{A})\boldsymbol{T}^{-1}]^m=(\lambda\boldsymbol{E}-\boldsymbol{TAT}^{-1})^m=\begin{pmatrix} (\lambda-d_1)^m & & & \\ & (\lambda-d_2)^m & & \\ & & \ddots & \\ & & & (\lambda-d_n)^m \end{pmatrix}$$

故矩阵$\boldsymbol{P}^m$的初等因子在复数域中为$(\lambda-d_1)^m,(\lambda-d_2)^m,\cdots,(\lambda-d_n)^m$,它们是互不相同的不可约多项式的方幂,故矩阵$\boldsymbol{P}^m$的不变因子为$1,\cdots,1,(\lambda-d_1)^m\cdot(\lambda-d_2)^m\cdot\cdots\cdot(\lambda-d_n)^m=[\varphi(\lambda)]^m$,但多项式$\varphi(\lambda)$在域$K$中不可约,故在此域中,矩阵$\lambda\boldsymbol{E}-\boldsymbol{P}^m$仅有一个初等因子,即$[\varphi(\lambda)]^m$,而矩阵(2.8.3),矩阵(2.8.2)均仅有一个初等因子$[\varphi(\lambda)]^m$,故我们的引理即已证明.

定义 2.8.1 设$\boldsymbol{A}$为$\varphi(\lambda)$的伴侣矩阵,则称由式(2.8.1)所定义的矩阵$\boldsymbol{B}$为对应于初等因子$[\varphi(\lambda)]^m$的第二种广义约当块.

显然,这些(第二种)广义约当块是完全为其初等因子所决定的.

当$\varphi(\lambda)=\lambda-a$时,第一种广义约当块和第二种广义约当块一致,都化归为约当块.

当 $\varphi(\lambda)=(\lambda-a)^2+b^2$ 且 $b\neq 0$ 时，第二种广义约当块中的伴侣矩阵$(\boldsymbol{A})$块取下面两矩阵之一均可

$$\begin{pmatrix} a & b \\ -b & a \end{pmatrix},\begin{pmatrix} a & -a^2-b^2 \\ 1 & 2a \end{pmatrix}$$

且在这两种取法下，所得出的第二种广义约当块是相似的(参阅上一目末尾的证明).

我们称这样的矩阵为第二种广义约当标准形，如果它是分块对角形的，且对角线上诸块均为第二种广义约当块.

定理 2.8.1 元素在域 K 中的每一矩阵均相似于第二种广义约当标准形，如不计其主对角线上诸块的次序，它是由矩阵 $\boldsymbol{A}$ 的初等因子唯一决定的.

证明 设在域 K 中，矩阵 $\lambda\boldsymbol{E}-\boldsymbol{A}$ 的初等因子为多项式 $[\varphi_1(\lambda)]^{m_1}$, $[\varphi_2(\lambda)]^{m_2},\cdots,[\varphi_i(\lambda)]^{m_s}$，对于每一多项式 $[\varphi(\lambda)]^{m_i}$ 建立对应的广义的约当块 $\boldsymbol{B}_i$ 且讨论主对角线上诸块为 $\boldsymbol{B}_i$ 的对角分块矩阵 $\boldsymbol{B}$.

由引理，知矩阵 $\lambda\boldsymbol{E}-\boldsymbol{B}$ 的初等因子等于矩阵 $\lambda\boldsymbol{E}-\boldsymbol{A}$ 的对应初等因子，此外，因 $\lambda\boldsymbol{E}-\boldsymbol{B}$ 与 $\lambda\boldsymbol{E}-\boldsymbol{A}$ 同秩同阶，故 $\boldsymbol{A}$ 与 $\boldsymbol{B}$ 相似，其唯一性可以这样的得出，因为矩阵 $\lambda\boldsymbol{E}-\boldsymbol{A}$ 的初等因子唯一决定矩阵 $\boldsymbol{B}$. 证毕.

推论 1 当初等因子均为一次多项式的幂时，第一种广义约当标准形和第二种广义约当标准形重合. 特别地，在复数域上，任何方阵的第一种广义约当标准形和第二种广义约当标准形一致成为普通约当标准形.

推论 2 在实数域上，任何方阵的第一种广义约当标准形和第二种广义约当标准形最多只差别在下列两种小块上

$$\boldsymbol{N}=\begin{pmatrix} 0 & 1 \\ 0 & 0 \end{pmatrix},\boldsymbol{E}=\begin{pmatrix} 1 & 0 \\ 0 & 1 \end{pmatrix}$$

2.9 变换矩阵的一般构成方法

在矩阵论及其应用的许多问题里，只要知道从所给矩阵 $\boldsymbol{A}=(a_{ij})_{n\times n}$ 经相似变换所得出的标准形就已足够. 它的标准形由其特征矩阵 $\lambda\boldsymbol{E}-\boldsymbol{A}$ 的不变因子完全确定. 为了求出这些不变因子可以应用一定的公式(参考本章 §1 中公式(1.6.1))或者利用初等变换把特征矩阵 $\lambda\boldsymbol{E}-\boldsymbol{A}$ 化为对角标准形.

在某些问题中，不仅要知道所给矩阵 $\boldsymbol{A}$ 的标准形 $\hat{\boldsymbol{A}}$，还必须要知道它的满秩变换矩阵 $\boldsymbol{T}$. 下面将给出确定矩阵 $\boldsymbol{T}$ 的直接方法.

等式 $\boldsymbol{A}=\boldsymbol{T}\hat{\boldsymbol{A}}\boldsymbol{T}^{-1}$ 可以写为 $\boldsymbol{A}\boldsymbol{T}-\boldsymbol{T}\hat{\boldsymbol{A}}=\boldsymbol{O}$. 这个关于 $\boldsymbol{T}$ 的矩阵等式等价于关于

矩阵 $\boldsymbol{T}$ 的 n^2 个未知元素有 n^2 个方程的齐次线性方程组. 变换矩阵的确定就化为这个有 n^2 个方程的方程组的解出问题;这里必须从解的集合中选取这种解使得 $|\boldsymbol{T}|\neq 0$. 由于矩阵 $\boldsymbol{A}$ 与 $\hat{\boldsymbol{A}}$ 有相同的不变多项式,可以保证这种解的存在①.

我们注意,虽然标准形是为所给矩阵 $\boldsymbol{A}$ 所唯一确定的②,但对于变换矩阵 $\boldsymbol{T}$,我们常有无穷多个值含于等式

$$\boldsymbol{T}=\boldsymbol{U}\boldsymbol{T}_1 \tag{2.9.1}$$

中,其中 $\boldsymbol{T}_1$ 是变换矩阵的某一个,而 $\boldsymbol{U}$ 为任一与 $\boldsymbol{A}$ 可交换的矩阵③.

定出变换矩阵 $\boldsymbol{T}$ 的上述方法,对于概念来说非常简单,但实际上毫无用处,因为常常需要大量的计算(例如当 $n=4$ 时已经要解出有 16 个方程的方程组).

回来述说构成变换矩阵 $\boldsymbol{T}$ 的较有效的方法. 这一方法奠基于定理 2.1.1 的补充(本节 2.1 末尾). 按照这一个补充,我们可以取矩阵

$$\boldsymbol{T}=\boldsymbol{Q}(\hat{\boldsymbol{A}}) \tag{2.9.2}$$

作为变换矩阵,只要

$$\lambda\boldsymbol{E}-\hat{\boldsymbol{A}}=\boldsymbol{P}(\lambda)(\lambda\boldsymbol{E}-\boldsymbol{A})\boldsymbol{Q}(\lambda)$$

这一等式表示特征矩阵 $\lambda\boldsymbol{E}-\boldsymbol{A}$ 与 $\lambda\boldsymbol{E}-\hat{\boldsymbol{A}}$ 相抵,此处 $\boldsymbol{P}(\lambda)$ 与 $\boldsymbol{Q}(\lambda)$ 是有不等于零的常数行列式的多项式矩阵.

为了具体求出矩阵 $\boldsymbol{Q}(\lambda)$,我们利用初等变换把 λ - 矩阵 $\lambda\boldsymbol{E}-\boldsymbol{A}$ 与 $\lambda\boldsymbol{E}-\hat{\boldsymbol{A}}$ 都化为标准对角形

$$a_1(\lambda)\oplus a_2(\lambda)\oplus\cdots\oplus a_n(\lambda)=\boldsymbol{P}_1(\lambda)(\lambda\boldsymbol{E}-\boldsymbol{A})\boldsymbol{Q}_1(\lambda) \tag{2.9.3}$$

$$a_1(\lambda)\oplus a_2(\lambda)\oplus\cdots\oplus a_n(\lambda)=\boldsymbol{P}_2(\lambda)(\lambda\boldsymbol{E}-\hat{\boldsymbol{A}})\boldsymbol{Q}_2(\lambda) \tag{2.9.4}$$

其中

$$\boldsymbol{Q}_1(\lambda)=\boldsymbol{T}_1\boldsymbol{T}_2\cdots\boldsymbol{T}_{p_1},\boldsymbol{Q}_2(\lambda)=\boldsymbol{T}_1^*\boldsymbol{T}_2^*\cdots\boldsymbol{T}_{p_2}^* \tag{2.9.5}$$

而 $\boldsymbol{T}_1,\boldsymbol{T}_2,\cdots,\boldsymbol{T}_{p_1};\boldsymbol{T}_1^*,\boldsymbol{T}_2^*,\cdots,\boldsymbol{T}_{p_2}^*$ 各对应于 λ - 矩阵 $\lambda\boldsymbol{E}-\boldsymbol{A}$ 与 $\lambda\boldsymbol{E}-\hat{\boldsymbol{A}}$ 诸列上

① 因为从这一事实得出矩阵 $\boldsymbol{A}$ 与 $\hat{\boldsymbol{A}}$ 相似.

② 这一论断并没有说只对于第一种自然标准形才能成立. 如果对于第二种自然标准形或者对于约当标准形,那么在不计对角线上诸子块的次序时,对它们的任何一种仍然是唯一确定的.

③ 公式(2.9.1)亦可以换为公式 $\boldsymbol{T}=\boldsymbol{T}_1\boldsymbol{V}$,其中 $\boldsymbol{V}$ 为任一与 $\hat{\boldsymbol{A}}$ 可交换的矩阵.

初等变换的初等矩阵. 由式(2.9.3),(2.9.4) 与(2.9.5) 得出

$$\lambda \boldsymbol{E}-\hat{\boldsymbol{A}}=\boldsymbol{P}(\lambda)(\lambda \boldsymbol{E}-\boldsymbol{A})\boldsymbol{Q}(\lambda)$$

其中

$$\boldsymbol{Q}(\lambda)=\boldsymbol{Q}_1(\lambda)\boldsymbol{Q}_2^{-1}(\lambda)=\boldsymbol{T}_1\boldsymbol{T}_2\cdots\boldsymbol{T}_{p_1}\boldsymbol{T}_{p_2}^{*-1}\boldsymbol{T}_{p_2-1}^{*-1}\cdots\boldsymbol{T}_1^{*-1} \tag{2.9.6}$$

顺次对单位矩阵 $\boldsymbol{E}$ 施行对应于矩阵 $\boldsymbol{T}_1,\boldsymbol{T}_2,\cdots,\boldsymbol{T}_{p_1},\boldsymbol{T}_{p_2}^{*-1},\boldsymbol{T}_{p_2-1}^{*-1},\cdots,\boldsymbol{T}_1^{*-1}$ 的初等变换,就可计算出矩阵 $\boldsymbol{Q}(\lambda)$. 此后(按照公式(2.9.2)) 在 $\boldsymbol{Q}(\lambda)$ 中换变量 λ 为矩阵 $\hat{\boldsymbol{A}}$.

通过一个例子来说明上面所讲的. 设有矩阵

$$\begin{pmatrix}1 & 0 & 1\\ 0 & 1 & -1\\ -1 & -1 & 1\end{pmatrix}$$

对左与右初等运算和相应的矩阵引进符号表示(参考第 4 章 §1)

$$S'=\{(k)i\},S''=\{i+b(\lambda)j\},S'''=\{ij\};$$

$$T'=[(k)i],T''=[\ i+b(\lambda)j],T'''=[ij]$$

读者容易检验,特征矩阵

$$\lambda \boldsymbol{E}-\boldsymbol{A}=\begin{pmatrix}\lambda-1 & 0 & -1\\ 0 & \lambda-1 & 1\\ 1 & 1 & \lambda-1\end{pmatrix}$$

利用以下依次进行的初等运算

$$[\ 1+(\lambda-1)3],\{2+1\},\{3+(\lambda-1)1\},\{(-1)1\},[1-2],$$

$$[1-(\lambda^2-2\lambda+1)2],\{2-(\lambda-1)1\},\{(-1)2\},[13],\{23\} \tag{$*$}$$

可以化标准的对角形式

$$\begin{pmatrix}1 & 0 & 0\\ 0 & 1 & 0\\ 0 & 0 & (\lambda-1)^2\end{pmatrix}$$

从矩阵 $\lambda\boldsymbol{E}-\boldsymbol{A}$ 的标准对角形式看出,矩阵 $\boldsymbol{A}$ 只有一个初等因子 $(\lambda-1)^3$. 因此矩阵

$$\boldsymbol{J}=\begin{pmatrix}1 & 1 & 0\\ 0 & 1 & 1\\ 0 & 0 & 1\end{pmatrix}$$

是相应的约当型.

不难看出,特征矩阵 $\lambda\boldsymbol{E}-\boldsymbol{J}$ 利用以下初等运算化为相同的标准对角形式

$\{3+(\lambda-1)2\},\{3+(\lambda^2-2\lambda+1)^3 1\},[2+(\lambda-1)3],$

$[1+(\lambda-1)2],\{(-1)1\},\{(-1)2\},[13],\{12\}$ (* *)

从形式(*)与(* *)中去掉用符号{…}表示的左初等运算,根据公式(2.9.5),(2.9.6)得

$$\begin{aligned}\boldsymbol{Q}(\lambda)&=\boldsymbol{Q}_1(\lambda)\boldsymbol{Q}_2^{-1}(\lambda)\\&=[1+(\lambda-1)3][1-2][1-(\lambda^2-2\lambda+1)2][13][13][1-(\lambda-1)2]\\&\quad[2-(\lambda-1)3]\\&=[1+(\lambda-1)3][1-(\lambda^2-\lambda+1)2][2-(\lambda-1)3]\end{aligned}$$

将这些右初等运算依次用到单位矩阵上

$$\boldsymbol{E}=\begin{pmatrix}1&0&0\\0&1&0\\0&0&1\end{pmatrix}\to\begin{pmatrix}1&0&0\\0&1&0\\\lambda-1&0&1\end{pmatrix}\to\begin{pmatrix}1&0&0\\-\lambda^2+\lambda-1&1&0\\\lambda-1&0&1\end{pmatrix}\to$$

$$\begin{pmatrix}1&0&0\\-\lambda^2+\lambda-1&1&0\\\lambda-1&-\lambda+1&1\end{pmatrix}=\boldsymbol{Q}(\lambda)$$

这样

$$\boldsymbol{Q}(\lambda)=\begin{pmatrix}0&0&0\\-1&0&0\\0&0&0\end{pmatrix}\lambda^2+\begin{pmatrix}0&0&0\\1&0&0\\1&-1&0\end{pmatrix}\lambda+\begin{pmatrix}1&0&0\\-1&1&0\\-1&1&1\end{pmatrix}$$

注意到

$$\boldsymbol{J}^2=\begin{pmatrix}1&2&0\\0&1&2\\0&0&1\end{pmatrix}$$

求出

$$\boldsymbol{T}=\boldsymbol{Q}(\boldsymbol{J})=\begin{pmatrix}0&0&0\\-1&0&0\\0&0&0\end{pmatrix}\begin{pmatrix}1&2&0\\0&1&2\\0&0&1\end{pmatrix}+\begin{pmatrix}0&0&0\\1&0&0\\1&-1&0\end{pmatrix}\begin{pmatrix}1&1&0\\0&1&1\\0&0&1\end{pmatrix}+\begin{pmatrix}1&0&0\\-1&1&0\\-1&1&1\end{pmatrix}$$

$$=\begin{pmatrix}1&0&0\\-1&0&-1\\0&1&0\end{pmatrix}$$

检验

$$\boldsymbol{AT}=\begin{pmatrix}1&1&0\\-1&-1&-1\\0&1&1\end{pmatrix},\boldsymbol{TJ}=\begin{pmatrix}1&1&0\\-1&-1&-1\\0&1&1\end{pmatrix},|\boldsymbol{T}|=\begin{vmatrix}1&0&0\\-1&0&-1\\0&1&0\end{vmatrix}=1$$

因此 $\boldsymbol{AT}=\boldsymbol{TJ}(|\boldsymbol{T}|\neq 0)$，即

$$\boldsymbol{A}=\boldsymbol{TJT}^{-1}$$

2.10 两个矩阵的同时相似对角化

矩阵论中的一个基本问题是矩阵形式的简化.本章前面的内容讨论了方阵的相似对角化，那里所建立的理论都是对单个矩阵来说的，在本段，我们要考虑两个方阵同时对角化的可能性问题.

定义 2.10.1 设 $\boldsymbol{A},\boldsymbol{B}$ 是 n 阶方阵，若存在 n 阶可逆矩阵 $\boldsymbol{P}$，使 $\boldsymbol{P}^{-1}\boldsymbol{AP}$，$\boldsymbol{P}^{-1}\boldsymbol{BP}$ 都是对角矩阵，则称 $\boldsymbol{A},\boldsymbol{B}$ 可同时相似对角化.

定理 2.10.1 设 n 阶方阵 $\boldsymbol{A},\boldsymbol{B}$ 均可相似对角化，且 $\boldsymbol{A}$ 的所有特征值均相等，则 $\boldsymbol{A},\boldsymbol{B}$ 可同时相似对角化.

证明 由于 n 阶方阵 $\boldsymbol{A}$ 可相似对角化，且它的特征值相等，所以存在 n 阶可逆矩阵 $\boldsymbol{P}_1$，使得 $\boldsymbol{P}_1^{-1}\boldsymbol{AP}_1=\lambda\boldsymbol{E}_{n\times n}$，这里 λ 是 $\boldsymbol{A}$ 的(n 重)特征值.

由 $\boldsymbol{B}$ 的可相似对角化，知与 $\boldsymbol{B}$ 相似的矩阵 $\boldsymbol{P}_1^{-1}\boldsymbol{BP}_1$ 亦可相似对角化，就是说，存在 n 阶可逆矩阵 $\boldsymbol{P}_2$，使得 $\boldsymbol{P}_2^{-1}(\boldsymbol{P}_1^{-1}\boldsymbol{BP}_1)\boldsymbol{P}_2=\boldsymbol{D}$，这里 $\boldsymbol{D}$ 是对角矩阵，其对角线元素 $\lambda_1,\lambda_2,\cdots,\lambda_n$ 为 $\boldsymbol{B}$ 的特征值.

若记 $\boldsymbol{P}=\boldsymbol{P}_1\boldsymbol{P}_2$，则 $\boldsymbol{P}$ 可逆，并且 $\boldsymbol{P}^{-1}\boldsymbol{AP}=\boldsymbol{P}_2^{-1}(\boldsymbol{P}_1^{-1}\boldsymbol{AP}_1)\boldsymbol{P}_2=\boldsymbol{P}_2^{-1}(\lambda\boldsymbol{E}_{n\times n})\boldsymbol{P}_2=\lambda\boldsymbol{E}_{n\times n}$.如此，矩阵 $\boldsymbol{A},\boldsymbol{B}$ 经矩阵 $\boldsymbol{P}=\boldsymbol{P}_1\boldsymbol{P}_2$ 同时演化为对角矩阵.证毕.

引入下一个判别方法之前，我们先证明下面的引理：

引理 和分块数量矩阵 $\boldsymbol{A}$

$$\boldsymbol{A}=\begin{pmatrix}\lambda_1\boldsymbol{E}_1&&&\\&\lambda_2\boldsymbol{E}_2&&\\&&\ddots&\\&&&\lambda_s\boldsymbol{E}_s\end{pmatrix}\quad(\text{这里 }\boldsymbol{E}_i\text{ 为 }n_i\text{ 阶单位矩阵且 }\lambda_i\neq\lambda_j)$$

乘法可交换的矩阵是分块对角矩阵.

证明 设 $\boldsymbol{B}$ 和 $\boldsymbol{A}$ 可交换，那么 $\boldsymbol{B}$ 与 $\boldsymbol{A}$ 同阶.将 $\boldsymbol{B}$ 作与 $\boldsymbol{A}$ 同样的分块：$\boldsymbol{B}=(\boldsymbol{B}_{ij})$，其中 $\boldsymbol{B}_{ij}$ 为 $n_i\times n_j$ 维矩阵$(i,j=1,2,\cdots,s)$. $\boldsymbol{AB}=\boldsymbol{BA}$ 即

$$\begin{pmatrix}\lambda_1\boldsymbol{E}_1&&&\\&\lambda_2\boldsymbol{E}_2&&\\&&\ddots&\\&&&\lambda_s\boldsymbol{E}_s\end{pmatrix}\begin{pmatrix}\boldsymbol{B}_{11}&\boldsymbol{B}_{12}&\cdots&\boldsymbol{B}_{1s}\\\boldsymbol{B}_{21}&\boldsymbol{B}_{22}&\cdots&\boldsymbol{B}_{2s}\\\vdots&\vdots&&\vdots\\\boldsymbol{B}_{s1}&\boldsymbol{B}_{s2}&\cdots&\boldsymbol{B}_{ss}\end{pmatrix}$$

$$=\begin{pmatrix} B_{11} & B_{12} & \cdots & B_{1s} \\ B_{21} & B_{22} & \cdots & B_{2s} \\ \vdots & \vdots & & \vdots \\ B_{s1} & B_{s2} & \cdots & B_{ss} \end{pmatrix}\begin{pmatrix} \lambda_1 E_1 & & & \\ & \lambda_2 E_2 & & \\ & & \ddots & \\ & & & \lambda_s E_s \end{pmatrix}$$

亦即

$$\begin{pmatrix} \lambda_1 B_{11} & \lambda_1 B_{12} & \cdots & \lambda_1 B_{1s} \\ \lambda_2 B_{21} & \lambda_2 B_{22} & \cdots & \lambda_2 B_{2s} \\ \vdots & \vdots & & \vdots \\ \lambda_s B_{s1} & \lambda_s B_{s2} & \cdots & \lambda_s B_{ss} \end{pmatrix}=\begin{pmatrix} \lambda_1 B_{11} & \lambda_2 B_{12} & \cdots & \lambda_s B_{1s} \\ \lambda_1 B_{21} & \lambda_2 B_{22} & \cdots & \lambda_s B_{2s} \\ \vdots & \vdots & & \vdots \\ \lambda_1 B_{s1} & \lambda_2 B_{s2} & \cdots & \lambda_s B_{ss} \end{pmatrix}$$

比较等式两边矩阵，由于当 $i\neq j,\lambda_i\neq\lambda_j(i,j=1,2,\cdots,s)$，故

$$B_{ij}=O\quad(i\neq j)$$

于是

$$B=\begin{pmatrix} B_{11} & & & \\ & B_{22} & & \\ & & \ddots & \\ & & & B_{ss} \end{pmatrix}$$

这就是说 B 是分块对角矩阵.

定理 2.10.2 设 A 与 B 均能相似对角化，那么它们能同时相似对角化的充要条件是 $AB=BA$.

证明 充分性：既然 A 可相似对角化，就是存在满秩矩阵 P，使得

$$P^{-1}AP=\begin{pmatrix} \lambda_1 E_1 & & & \\ & \lambda_2 E_2 & & \\ & & \ddots & \\ & & & \lambda_s E_s \end{pmatrix}$$

其中 E_i 均为单位矩阵，并且 $i\neq j$ 时，$\lambda_i\neq\lambda_j(i,j=1,2,\cdots,s)$.

由 $AB=BA$ 得出 $P^{-1}AP$ 与 $P^{-1}BP$ 的可交换性. 事实上

$$(P^{-1}AP)(P^{-1}BP)=P^{-1}ABP=P^{-1}BAP=(P^{-1}BP)(P^{-1}AP)$$

由引理得知

$$P^{-1}BP=\begin{pmatrix} B_{11} & & & \\ & B_{22} & & \\ & & \ddots & \\ & & & B_{ss} \end{pmatrix}$$

为分块对角矩阵，$\boldsymbol{B}_{ii}$ 与 $\boldsymbol{E}_i$ 同阶$(i=1,2,\cdots,s)$.

由 $\boldsymbol{B}$ 与对角矩阵相似，知 $\lambda\boldsymbol{E}-\boldsymbol{B}$ 的初等因子都是 λ 的一次多项式；但 $\lambda\boldsymbol{E}_i-\boldsymbol{B}_{ii}(i=1,2,\cdots,s)$ 的初等因子的全部即为 $\lambda\boldsymbol{E}-\boldsymbol{B}$ 的初等因子，故每个 $\lambda\boldsymbol{E}_i-\boldsymbol{B}_{ii}$ 的初等因子也是 λ 的一次多项式，因而每个 $\boldsymbol{B}_{ii}(i=1,2,\cdots,s)$ 也能相似对角化，即存在满秩矩阵 $\boldsymbol{Q}_i(i=1,2,\cdots,s)$，使得 $\boldsymbol{Q}_i^{-1}\boldsymbol{B}_i\boldsymbol{Q}_i$ 为对角线. 于是，令

$$\boldsymbol{Q}=\begin{pmatrix}\boldsymbol{Q}_1 & & & \\ & \boldsymbol{Q}_2 & & \\ & & \ddots & \\ & & & \boldsymbol{Q}_s\end{pmatrix}$$

时，则有

$$\boldsymbol{Q}^{-1}\boldsymbol{P}^{-1}\boldsymbol{BPQ}=\begin{pmatrix}\boldsymbol{Q}_1^{-1}\boldsymbol{B}_1\boldsymbol{Q}_1 & & & \\ & \boldsymbol{Q}_2^{-1}\boldsymbol{B}_2\boldsymbol{Q}_2 & & \\ & & \ddots & \\ & & & \boldsymbol{Q}_s^{-1}\boldsymbol{B}_s\boldsymbol{Q}_s\end{pmatrix}$$

为对角矩阵. 至于

$$\boldsymbol{Q}^{-1}\boldsymbol{P}^{-1}\boldsymbol{APQ}=\begin{pmatrix}\lambda_1\boldsymbol{E}_1 & & & \\ & \lambda_2\boldsymbol{E}_2 & & \\ & & \ddots & \\ & & & \lambda_s\boldsymbol{E}_s\end{pmatrix}$$

是显然的. 这就证明了 $\boldsymbol{S}=\boldsymbol{PQ}$ 可使 $\boldsymbol{A},\boldsymbol{B}$ 同时化为对角矩阵.

必要性：设有满秩矩阵 $\boldsymbol{P}$，使得

$$\boldsymbol{P}^{-1}\boldsymbol{AP}=\begin{pmatrix}\lambda_1 & & & \\ & \lambda_2 & & \\ & & \ddots & \\ & & & \lambda_s\end{pmatrix},\boldsymbol{P}^{-1}\boldsymbol{BP}=\begin{pmatrix}\mu_1 & & & \\ & \mu_2 & & \\ & & \ddots & \\ & & & \mu_s\end{pmatrix}$$

于是

$$(\boldsymbol{P}^{-1}\boldsymbol{AP})(\boldsymbol{P}^{-1}\boldsymbol{BP})=\begin{pmatrix}\lambda_1\mu_1 & & & \\ & \lambda_2\mu_2 & & \\ & & \ddots & \\ & & & \lambda_s\mu_s\end{pmatrix}=(\boldsymbol{P}^{-1}\boldsymbol{BP})(\boldsymbol{P}^{-1}\boldsymbol{AP})$$

从而

$$\boldsymbol{P}^{-1}\boldsymbol{ABP}=\boldsymbol{P}^{-1}\boldsymbol{BAP}$$

由此得出

$$\boldsymbol{AB}=\boldsymbol{BA}$$

定理 2.10.2 的结论对于任意多个矩阵也是成立的：

定理 2.10.3 设 $\boldsymbol{A}_1,\boldsymbol{A}_2,\cdots,\boldsymbol{A}_m$ 是 m 个两两相乘为可交换的矩阵($\boldsymbol{A}_i\boldsymbol{A}_j=\boldsymbol{A}_j\boldsymbol{A}_i$)，且每个 $\boldsymbol{A}_i$ 又与对角矩阵相似，那么存在一个满秩矩阵 $\boldsymbol{P}$，使得 $\boldsymbol{P}^{-1}\boldsymbol{A}_i\boldsymbol{P}$ $(i=1,2,\cdots,m)$ 均为对角矩阵.

证明 归纳法证明. 当 $m=2$ 时，已经成立. 现在假设定理对于 $m-1$ 个矩阵成立. 考虑定理中的 m 个矩阵 $\boldsymbol{A}_1,\boldsymbol{A}_2,\cdots,\boldsymbol{A}_m$. 因为 $\boldsymbol{A}_1$ 与对角矩阵相似，故有 $\boldsymbol{P}$ 使得

$$\boldsymbol{P}^{-1}\boldsymbol{A}_1\boldsymbol{P}=\begin{pmatrix}\lambda_1\boldsymbol{E}_1 & & & \\ & \lambda_2\boldsymbol{E}_2 & & \\ & & \ddots & \\ & & & \lambda_s\boldsymbol{E}_s\end{pmatrix}\quad(\text{诸 }\lambda_i\text{ 两两不同})$$

由$(\boldsymbol{P}^{-1}\boldsymbol{A}_i\boldsymbol{P})$ 与$(\boldsymbol{P}^{-1}\boldsymbol{A}_1\boldsymbol{P})$ 的乘法交换性，得出

$$\boldsymbol{P}^{-1}\boldsymbol{A}_1\boldsymbol{P}=\begin{pmatrix}\boldsymbol{A}_i^{(1)} & & & \\ & \boldsymbol{A}_i^{(2)} & & \\ & & \ddots & \\ & & & \boldsymbol{A}_i^{(s)}\end{pmatrix}$$

这里 $\boldsymbol{A}_i^{(j)}$ 与 $\boldsymbol{E}_j$ 同阶. 从 $\boldsymbol{A}_i(i=2,3,\cdots,m)$ 相似于对角矩阵得知 $\lambda\boldsymbol{E}-\boldsymbol{A}_i$ 的初等因子是 λ 的一次多项式，因而 $\lambda\boldsymbol{E}_j-\boldsymbol{A}_i^{(j)}$ 的初等因子亦为 λ 的一次多项式，故 $\boldsymbol{A}_i^{(j)}$ 与对角矩阵相似. 但从 $\boldsymbol{P}^{-1}\boldsymbol{A}_i\boldsymbol{P}$ 与 $\boldsymbol{P}^{-1}\boldsymbol{A}_k\boldsymbol{P}(i,k=2,3,\cdots,m)$ 的交换性，得知

$$\boldsymbol{A}_i^{(j)}\boldsymbol{A}_k^{(j)}=\boldsymbol{A}_k^{(j)}\boldsymbol{A}_i^{(j)}\quad(j=1,2,\cdots,m)$$

于是，对于每一个 $j=1,2,\cdots,m$，$\boldsymbol{A}_2^{(j)},\boldsymbol{A}_3^{(j)},\cdots,\boldsymbol{A}_m^{(j)}$ 这 $m-1$ 个矩阵适合定理中的条件，根据归纳假设，存在满秩矩阵 $\boldsymbol{Q}_i$，使对 $i=2,3,\cdots,m$ 都有 $\boldsymbol{Q}_j^{-1}\boldsymbol{A}_i^{(j)}\boldsymbol{Q}_j$ 为对角矩阵. 令

$$\boldsymbol{Q}=\begin{pmatrix}\boldsymbol{Q}_1 & & & \\ & \boldsymbol{Q}_2 & & \\ & & \ddots & \\ & & & \boldsymbol{Q}_s\end{pmatrix}$$

则 $\boldsymbol{Q}$ 是满秩的，并且

$$Q^{-1}P^{-1}A_iPQ=\begin{pmatrix} Q_1^{-1}A_i^{(1)}Q_1 & & & \\ & Q_2^{-1}A_i^{(2)}Q_2 & & \\ & & \ddots & \\ & & & Q_s^{-1}A_i^{(s)}Q_s \end{pmatrix}$$

为对角矩阵. 至于

$$Q^{-1}P^{-1}A_1PQ=Q^{-1}\begin{pmatrix} \lambda_1E_1 & & & \\ & \lambda_2E_2 & & \\ & & \ddots & \\ & & & \lambda_sE_s \end{pmatrix}Q=\begin{pmatrix} \lambda_1E_1 & & & \\ & \lambda_2E_2 & & \\ & & \ddots & \\ & & & \lambda_sE_s \end{pmatrix}$$

依然是对角的. 这样,我们就得到了定理所需要的满秩矩阵. 证毕.

§3　矩阵的酉相似与正交相似

3.1　酉矩阵与正交矩阵

在上一节里,我们通过一般性的非奇异矩阵 T 对于 A 的相似性,即对变换 $A\to T^{-1}AT$ 做了研究. 很多时候,对某种很特别的非奇异矩阵(称为酉矩阵)的相似变换有着兴趣. 通过酉矩阵 U 的相似 $A\to U^{-1}AU$ 不仅在概念上比一般的相似性更加简单,而且在数值计算中也有较高的稳定性.

兹从酉矩阵的定义开始.

定义 3.1.1　一个复正方矩阵 A 叫作酉矩阵[①],如果它满足 $A^{H}A=AA^{H}=E$.

设 A,B 都是酉矩阵,那么成立如下基本性质:

(1)A 的行列式的绝对值等于 1;特别地,酉矩阵是非奇异的.

由 $|A||A^{H}|=|E|=1$;又,$|A^{H}|=|\overline{A}|$,于是 $|A||\overline{A}|=1$,是即 $|A|$ 的绝对值等于 1.

(2)A^{T} 是酉矩阵.

因为 $A^{T}(A^{T})^{H}=A^{T}\overline{A}=\overline{A}^{H}\overline{A}=|\overline{A^{H}A}|=E$,所以 A^{T} 是酉矩阵.

(3)A^{-1} 是酉矩阵.

由 $A^{-1}A=E=AA^{-1}$,得出

① "酉"是 unitary 的音译,意为"单位的、单元的".

$$\boldsymbol{A}^{\mathrm{H}}(\boldsymbol{A}^{-1})^{\mathrm{H}}=\boldsymbol{E}=(\boldsymbol{A}^{-1})^{\mathrm{H}}\boldsymbol{A}^{\mathrm{H}}$$

于是

$$\boldsymbol{A}^{-1}(\boldsymbol{A}^{-1})^{\mathrm{H}}=\boldsymbol{E}=(\boldsymbol{A}^{-1})^{\mathrm{H}}\boldsymbol{A}^{-1}$$

也就是说，$\boldsymbol{A}^{-1}$ 与 $\boldsymbol{A}$ 一样也是酉矩阵.

(4)$\boldsymbol{AB}$ 与 $\boldsymbol{BA}$ 都是酉矩阵；特别地，$\boldsymbol{A}^k$ 是酉矩阵，其中 k 是正整数.

事实上，$(\boldsymbol{AB})(\boldsymbol{AB})^{\mathrm{H}}=\boldsymbol{ABB}^{\mathrm{H}}\boldsymbol{A}^{\mathrm{H}}=\boldsymbol{E}$，即 $\boldsymbol{AB}$ 是酉矩阵.

由最后两个性质得出，n 阶酉矩阵的全体(关于矩阵的乘法)构成一个群.

将 n 阶酉矩阵 $\boldsymbol{A}$ 按列和行分块，写为

$$\boldsymbol{A}=(\boldsymbol{A}_1\boldsymbol{A}_2\cdots\boldsymbol{A}_n)=\begin{pmatrix}\boldsymbol{B}_1\\\boldsymbol{B}_2\\\vdots\\\boldsymbol{B}_n\end{pmatrix}$$

这样一来

$$\boldsymbol{A}^{\mathrm{H}}=\begin{pmatrix}\boldsymbol{A}_1^{\mathrm{H}}\\\boldsymbol{A}_2^{\mathrm{H}}\\\vdots\\\boldsymbol{A}_n^{\mathrm{H}}\end{pmatrix}=(\boldsymbol{B}_1^{\mathrm{H}}\boldsymbol{B}_2^{\mathrm{H}}\cdots\boldsymbol{B}_n^{\mathrm{H}})$$

在等式 $\boldsymbol{A}^{\mathrm{H}}\boldsymbol{A}=\boldsymbol{AA}^{\mathrm{H}}=\boldsymbol{E}$ 中，$\boldsymbol{A}^{\mathrm{H}}$ 与 $\boldsymbol{A}$ 分别用其分块矩阵代入，得

$$\begin{pmatrix}\boldsymbol{A}_1^{\mathrm{H}}\\\boldsymbol{A}_2^{\mathrm{H}}\\\vdots\\\boldsymbol{A}_n^{\mathrm{H}}\end{pmatrix}(\boldsymbol{A}_1\boldsymbol{A}_2\cdots\boldsymbol{A}_n)=\begin{pmatrix}\boldsymbol{B}_1\\\boldsymbol{B}_2\\\vdots\\\boldsymbol{B}_n\end{pmatrix}(\boldsymbol{B}_1^{\mathrm{H}}\boldsymbol{B}_2^{\mathrm{H}}\cdots\boldsymbol{B}_n^{\mathrm{H}})=\boldsymbol{E}$$

即

$$\begin{pmatrix}\boldsymbol{A}_1^{\mathrm{H}}\boldsymbol{A}_1 & \boldsymbol{A}_1^{\mathrm{H}}\boldsymbol{A}_2 & \cdots & \boldsymbol{A}_1^{\mathrm{H}}\boldsymbol{A}_n\\\boldsymbol{A}_2^{\mathrm{H}}\boldsymbol{A}_1 & \boldsymbol{A}_2^{\mathrm{H}}\boldsymbol{A}_2 & \cdots & \boldsymbol{A}_2^{\mathrm{H}}\boldsymbol{A}_n\\\vdots & \vdots & & \vdots\\\boldsymbol{A}_n^{\mathrm{H}}\boldsymbol{A}_1 & \boldsymbol{A}_n^{\mathrm{H}}\boldsymbol{A}_2 & \cdots & \boldsymbol{A}_n^{\mathrm{H}}\boldsymbol{A}_n\end{pmatrix}=\begin{pmatrix}\boldsymbol{B}_1\boldsymbol{B}_1^{\mathrm{H}} & \boldsymbol{B}_1\boldsymbol{B}_1^{\mathrm{H}} & \cdots & \boldsymbol{B}_1\boldsymbol{B}_1^{\mathrm{H}}\\\boldsymbol{B}_2\boldsymbol{B}_2^{\mathrm{H}} & \boldsymbol{B}_2\boldsymbol{B}_2^{\mathrm{H}} & \cdots & \boldsymbol{B}_2\boldsymbol{B}_2^{\mathrm{H}}\\\vdots & \vdots & & \vdots\\\boldsymbol{B}_n\boldsymbol{B}_n^{\mathrm{H}} & \boldsymbol{B}_n\boldsymbol{B}_n^{\mathrm{H}} & \cdots & \boldsymbol{B}_n\boldsymbol{B}_n^{\mathrm{H}}\end{pmatrix}=\begin{pmatrix}1 & & & \\ & 1 & & \\ & & \ddots & \\ & & & 1\end{pmatrix}$$

于是我们有下面两组等式

$$\boldsymbol{A}_i^{\mathrm{H}}\boldsymbol{A}_j=\delta_{ij}\quad(i,j=1,2,\cdots,m)\tag{3.1.1}$$

$$\boldsymbol{B}_i\boldsymbol{B}_j^{\mathrm{H}}=\delta_{ij}\quad(i,j=1,2,\cdots,m)\tag{3.1.2}$$

这里 δ_{ik} 是克罗内克符号.

定义 3.1.2 一个单列矩阵(列向量)$\boldsymbol{A}$ 称为归一的，如果它满足 $\boldsymbol{A}^{\mathrm{H}}\boldsymbol{A}=1$；

一组同维的单列矩阵(列向量)$\boldsymbol{A}_1,\boldsymbol{A}_2,\cdots,\boldsymbol{A}_s(s\geqslant 2)$称为正交的,如果对于任一对$i\neq j$都有$\boldsymbol{A}_i^{\mathrm{H}}\boldsymbol{A}_j=0(i,j=1,2,\cdots,m)$;一组同维的单列矩阵(列向量)称为标准正交的,如果它们中的每一个都是归一的,而且它们是正交的.

对单行矩阵(行向量)也可作相似的定义.

这样,式(3.1.1)表明酉矩阵的列向量组是标准正交向量组,式(3.1.2)表明酉矩阵的行向量组是标准正交向量组.这个性质称为标准正交化条件.反之,若复矩阵$\boldsymbol{A}$的列向量$\boldsymbol{A}_i$满足标准正交化条件,则有$\boldsymbol{A}^{\mathrm{H}}\boldsymbol{A}=\boldsymbol{A}\boldsymbol{A}^{\mathrm{H}}=\boldsymbol{E}$,于是$\boldsymbol{A}$为酉矩阵.同样地,若复矩阵$\boldsymbol{A}$的行向量满足标准正交化条件,也可推出$\boldsymbol{A}$是酉矩阵.于是我们得到如下的定理:

定理 3.1.1 复正方矩阵是酉矩阵的充要条件是它的列(行)向量满足标准正交化条件.

如果在实方矩阵中考虑定义 3.1.1,则得到正交矩阵的概念(注意此时$\boldsymbol{A}^{\mathrm{H}}=\boldsymbol{A}^{\mathrm{T}}$).

定义 3.1.3 如果实正方矩阵$\boldsymbol{A}$满足$\boldsymbol{A}^{\mathrm{T}}\boldsymbol{A}=\boldsymbol{A}\boldsymbol{A}^{\mathrm{T}}=\boldsymbol{E}$,那么称$\boldsymbol{A}$为正交矩阵.

设$\boldsymbol{A},\boldsymbol{B}$都是正交矩阵,则有:

(1)$\boldsymbol{A}$的行列式的等于± 1.

不言而喻,这个论断是不能反过来说的:不是每个行列式等于± 1的矩阵都是正交的.

(2)$\boldsymbol{A}^{\mathrm{T}}$是正交矩阵.

(3)$\boldsymbol{A}^{-1}$是正交矩阵.

(4)$\boldsymbol{AB}$与$\boldsymbol{BA}$都是正交矩阵;特别地,$\boldsymbol{A}^k$是正交矩阵,其中k是正整数.

同以前作类似的讨论,可以得出:

定理 3.1.2 实方阵$\boldsymbol{A}$是正交矩阵的充分必要条件是它的任一行(列)的所有元素的平方和等于1,而它的任意两个不同的行(列)的对应元素的乘积之和等于零.

3.2 复矩阵的酉相似

如前所述,引入下面的特殊相似在很多时候是有必要的:

定义 3.2.1 设$\boldsymbol{A},\boldsymbol{B}$均为$n$阶复矩阵,如果存在$n$阶酉矩阵$\boldsymbol{U}$,使得$\boldsymbol{U}^{-1}\boldsymbol{A}\boldsymbol{U}=\boldsymbol{B}$,则说$\boldsymbol{A}$与$\boldsymbol{B}$酉相似.

1.2 目中的定理 1.2.2 在酉相似的情况下也是成立的,证明过程也类似.

引理[①] 设 $\boldsymbol{A}_1=(a_{11},a_{21},\cdots,a_{n1})^{\mathrm{T}}$ 是归一的 n 维复向量，那么存在酉矩阵 $\boldsymbol{U}$ 以 $\boldsymbol{A}_1$ 为它的第 i 列向量$(i=1,2,\cdots,n)$.

证明 构造法来证明. 考虑齐次线性方程

$$\boldsymbol{A}_1^{\mathrm{H}}\boldsymbol{X}=\overline{a_{11}}x_1+\overline{a_{21}}x_2+\cdots+\overline{a_{n1}}x_n=0 \tag{3.2.1}$$

其中列向量 $\boldsymbol{X}=(x_1,x_2,\cdots,x_n)^{\mathrm{T}}$.

等式(3.2.1)意味着方程的任何一个解向量 $\boldsymbol{X}$ 与 $\boldsymbol{A}_1$ 正交. 设 $\boldsymbol{A}_2$ 是方程的某一个解向量(并且已经归一化)，则 $\boldsymbol{A}_2^{\mathrm{H}}\boldsymbol{A}_1=0,\boldsymbol{A}_2^{\mathrm{H}}\boldsymbol{A}_2=1$.

再考虑由两个方程构成的方程组

$$\boldsymbol{A}_1^{\mathrm{H}}\boldsymbol{X}=0,\boldsymbol{A}_2^{\mathrm{H}}\boldsymbol{X}=0$$

解这个方程组，取任何一个非零解向量 $\boldsymbol{A}_3$ 并且归一化，则 $\boldsymbol{A}_3$ 与 $\boldsymbol{A}_1,\boldsymbol{A}_2$ 均正交.

继续这样下去，假定已经求得了 $n-1$ 个两两正交的归一向量 $\boldsymbol{A}_1,\boldsymbol{A}_2,\cdots,\boldsymbol{A}_{n-1}$，再解线性齐次方程组

$$\boldsymbol{A}_1^{\mathrm{H}}\boldsymbol{X}=0,\boldsymbol{A}_2^{\mathrm{H}}\boldsymbol{X}=0,\cdots,\boldsymbol{A}_{n-1}^{\mathrm{H}}\boldsymbol{X}=0$$

它有非零解[②]，取非零归一解向量 $\boldsymbol{A}_n$. 于是所得到的 $\boldsymbol{A}_1,\boldsymbol{A}_2,\cdots,\boldsymbol{A}_n$ 是标准正交向量组. 这样一来，n 阶矩阵 $\boldsymbol{U}=(\boldsymbol{A}_2,\boldsymbol{A}_3,\cdots,\boldsymbol{A}_{i-1},\boldsymbol{A}_i,\boldsymbol{A}_{i+1},\cdots,\boldsymbol{A}_n)$ 即为所求的酉矩阵.

定理 3.2.1(舒尔定理) 任何一个 n 阶复方阵 $\boldsymbol{A}$ 酉相似于一个上(下)三角形矩阵，三角形矩阵的对角元素是 $\boldsymbol{A}$ 的特征值.

证明 用数学归纳法. 阶数为1时定理显然成立. 今设 $\boldsymbol{A}$ 的阶数为 $m-1$ 时定理成立，考虑 $\boldsymbol{A}$ 的阶数为 m 时的情形.

取 m 阶矩阵 $\boldsymbol{A}$ 的一个特征值 λ_1，对应的特征向量为 $\boldsymbol{X}_1$，根据引理，有一个以 $\boldsymbol{X}_1$ 为第一列的 m 阶酉矩阵 $\boldsymbol{U}_1=(\boldsymbol{X}_1,\boldsymbol{X}_2,\cdots,\boldsymbol{X}_m)$，使得

$$\boldsymbol{A}\boldsymbol{U}_1=(\boldsymbol{A}\boldsymbol{X}_1\boldsymbol{A}\boldsymbol{X}_2\cdots\boldsymbol{A}\boldsymbol{X}_m)=(\boldsymbol{X}_1\boldsymbol{X}_2\cdots\boldsymbol{X}_m)\begin{pmatrix}\lambda_1 & \boldsymbol{X}_2 & \cdots & \boldsymbol{X}_m\\ 0 & & & \\ \vdots & & \boldsymbol{A}_1 & \\ 0 & & & \end{pmatrix}$$

故得

$$\boldsymbol{U}_1^{-1}\boldsymbol{A}\boldsymbol{U}_1=\begin{pmatrix}\boldsymbol{X}_1^{\mathrm{H}}\\ \boldsymbol{X}_2^{\mathrm{H}}\\ \vdots\\ \boldsymbol{X}_n^{\mathrm{H}}\end{pmatrix}(\boldsymbol{X}_1\boldsymbol{X}_2\cdots\boldsymbol{X}_m)=\begin{pmatrix}\lambda_1 & \boldsymbol{X}_2 & \cdots & \boldsymbol{X}_m\\ 0 & & & \\ \vdots & & \boldsymbol{A}_1 & \\ 0 & & & \end{pmatrix}=\begin{pmatrix}\lambda_1 & \boldsymbol{X}_2 & \cdots & \boldsymbol{X}_m\\ 0 & & & \\ \vdots & & \boldsymbol{A}_1 & \\ 0 & & & \end{pmatrix}$$

---

① 有比这个引理更一般的定理，参阅本章定理 3.4.1 的推论 2.

② 参阅第一章定理 1.3.2 推论 2.

根据归纳假设 $m-1$ 阶矩阵 $\boldsymbol{A}_1$ 酉相似于上三角矩阵 $\boldsymbol{A}_2$，即存在 $m-1$ 阶酉矩阵 $\boldsymbol{U}_2$，使得 $\boldsymbol{U}_2^{-1}\boldsymbol{A}\boldsymbol{U}_2=\boldsymbol{A}_2=$上三角矩阵.

令 $\boldsymbol{U}_3=\begin{pmatrix}1 & \\ & \boldsymbol{U}_2\end{pmatrix}$，则

$$\boldsymbol{U}_3^{-1}\boldsymbol{U}_1^{-1}\boldsymbol{A}\boldsymbol{U}_1\boldsymbol{U}_3=\begin{pmatrix}\lambda_1 & * & \cdots & * \\ & & & \\ & & \boldsymbol{A}_2 & \\ & & & \end{pmatrix}=\text{上三角矩阵}$$

令 $\boldsymbol{U}=\boldsymbol{U}_1\boldsymbol{U}_3$，它是酉矩阵，定理的第一部分完成证明.

按定义，三角矩阵的特征值是对角线元素；又，相似变换不改变特征值，因此对角元素是 $\boldsymbol{A}$ 的特征值. 证毕.

酉相似与一般的复相似之间的关系由下面的定理所建立：

定理 3.2.2 $\boldsymbol{A}$ 与 $\boldsymbol{B}$ 酉相似，当且仅当 $\boldsymbol{A}$ 和 $\boldsymbol{A}^{\mathrm{H}}$ 同时复相似到 $\boldsymbol{B}$ 和 $\boldsymbol{B}^{\mathrm{H}}$，这里 H 表示共轭转置.

证明 定理的一面是明显的. 另一面，假设存在非奇异方阵 $\boldsymbol{P}$，使得 $\boldsymbol{PAP}^{-1}=\boldsymbol{B}$，$\boldsymbol{PA}^{\mathrm{H}}\boldsymbol{P}^{-1}=\boldsymbol{B}^{\mathrm{H}}$. 对后一个等式两端分别取共轭转置：$(\boldsymbol{P}^{\mathrm{H}})^{-1}\boldsymbol{AP}^{\mathrm{H}}=\boldsymbol{B}$，代入前一个等式，得到

$$\boldsymbol{PAP}^{-1}=(\boldsymbol{P}^{\mathrm{H}})^{-1}\boldsymbol{AP}^{\mathrm{H}}$$

两端同时右乘 $\boldsymbol{P}$，再同时左乘 $\boldsymbol{P}^{\mathrm{H}}$，得到

$$\boldsymbol{P}^{\mathrm{H}}\boldsymbol{PA}=\boldsymbol{AP}^{\mathrm{H}}\boldsymbol{P} \tag{3.2.2}$$

而此时 $\boldsymbol{P}^{\mathrm{H}}\boldsymbol{P}$ 是正定的(因为 $\boldsymbol{P}$ 非奇异)，于是存在酉矩阵 $\boldsymbol{U}$，使得 $\boldsymbol{P}^{\mathrm{H}}\boldsymbol{P}=\boldsymbol{U}^{\mathrm{H}}\boldsymbol{D}^2\boldsymbol{U}$，其中 $\boldsymbol{D}$ 是对角线上都是正数的对角矩阵. 记 $\boldsymbol{Q}=\boldsymbol{P}(\boldsymbol{U}^{\mathrm{H}}\boldsymbol{DU})^{-1}$，那么

$$\boldsymbol{Q}^{\mathrm{H}}=[(\boldsymbol{U}^{\mathrm{H}}\boldsymbol{DU})^{-1}]^{\mathrm{H}}\boldsymbol{P}^{\mathrm{H}}=[\boldsymbol{U}^{-1}\boldsymbol{D}^{-1}(\boldsymbol{U}^{\mathrm{H}})^{-1}]^{\mathrm{H}}\boldsymbol{P}^{\mathrm{H}}$$

从而

$$\begin{aligned}\boldsymbol{Q}^{\mathrm{H}}\boldsymbol{Q}&=[\boldsymbol{U}^{-1}\boldsymbol{D}^{-1}(\boldsymbol{U}^{\mathrm{H}})^{-1}]^{\mathrm{H}}\boldsymbol{P}^{\mathrm{H}}\boldsymbol{P}(\boldsymbol{U}^{\mathrm{H}}\boldsymbol{DU})^{-1}\\&=[\boldsymbol{U}^{-1}\boldsymbol{D}^{-1}(\boldsymbol{U}^{\mathrm{H}})^{-1}]^{\mathrm{H}}(\boldsymbol{U}^{\mathrm{H}}\boldsymbol{D}^2\boldsymbol{U})(\boldsymbol{U}^{\mathrm{H}}\boldsymbol{DU})^{-1}\\&=[\boldsymbol{UU}^{-1}\boldsymbol{D}^{-1}(\boldsymbol{U}^{\mathrm{H}})^{-1}]^{\mathrm{H}}\boldsymbol{D}^2(\boldsymbol{U}^{\mathrm{H}}\boldsymbol{DUU}^{-1})^{-1}\\&=[\boldsymbol{D}^{-1}(\boldsymbol{U}^{\mathrm{H}})^{-1}]^{\mathrm{H}}\boldsymbol{D}^2(\boldsymbol{U}^{\mathrm{H}}\boldsymbol{D})^{-1}\\&=\boldsymbol{U}^{-1}(\boldsymbol{D}^{-1})^{\mathrm{H}}\boldsymbol{D}^2\boldsymbol{D}^{-1}(\boldsymbol{U}^{\mathrm{H}})^{-1}\\&=\boldsymbol{U}^{-1}\boldsymbol{D}^{-1}\boldsymbol{D}^2\boldsymbol{D}^{-1}(\boldsymbol{U}^{\mathrm{H}})^{-1}\\&=\boldsymbol{U}^{-1}(\boldsymbol{U}^{\mathrm{H}})^{-1}\end{aligned}$$

$$=\boldsymbol{E}$$

就是说 $\boldsymbol{Q}$ 是酉矩阵.

令 $\boldsymbol{U}^{\mathrm{H}}\boldsymbol{DU}=\boldsymbol{T}$,则有 $\boldsymbol{P}=\boldsymbol{QT}$①. 代入等式(3.2.2)并注意到 $(\boldsymbol{QT})^{\mathrm{H}}=\boldsymbol{T}^{\mathrm{H}}\boldsymbol{Q}^{\mathrm{H}}$ 而 $\boldsymbol{Q}^{\mathrm{H}}\boldsymbol{U}=\boldsymbol{E}$,$\boldsymbol{T}^{\mathrm{H}}=\boldsymbol{T}$,我们得出 $\boldsymbol{T}^2\boldsymbol{A}=\boldsymbol{AT}^2$.

设 $\boldsymbol{T}$ 的特征值为 $\lambda_1,\lambda_2,\cdots,\lambda_n$. 那么存在酉矩阵 $\boldsymbol{S}$,使得 $\boldsymbol{T}=\boldsymbol{S}^{\mathrm{H}}\boldsymbol{DS}$,其中 $\boldsymbol{D}$ 是对角线为 $\lambda_1,\lambda_2,\cdots,\lambda_n$ 的对角矩阵. 于是 $\boldsymbol{T}^2=\boldsymbol{S}^{\mathrm{H}}\boldsymbol{D}^2\boldsymbol{S}$. 根据拉格朗日插值公式(参阅《多项式理论》卷),存在多项式 $f(x)$ 满足

$$f(\lambda_i^{\ 2})=\lambda_i,i=1,2,\cdots,n$$

由此得出

$$\boldsymbol{D}=f(\boldsymbol{D}^2)$$

从而

$$\boldsymbol{TA}=(\boldsymbol{S}^{\mathrm{H}}\boldsymbol{DS})\boldsymbol{A}=(\boldsymbol{S}^{\mathrm{H}}f(\boldsymbol{D}^2)\boldsymbol{S})\boldsymbol{A}=\boldsymbol{A}(\boldsymbol{S}^{\mathrm{H}}f(\boldsymbol{D}^2)\boldsymbol{S})=\boldsymbol{TA}$$

这里利用了 $\boldsymbol{T}^2\boldsymbol{A}=\boldsymbol{AT}^2$.

将 $\boldsymbol{P}=\boldsymbol{QT}$ 代入等式 $\boldsymbol{PAP}^{-1}=\boldsymbol{B}$ 并且注意到 $\boldsymbol{TA}=\boldsymbol{AT}$,立刻得到

$$\boldsymbol{QAQ}^{-1}=\boldsymbol{B}$$

即 $\boldsymbol{A}$ 与 $\boldsymbol{B}$ 酉相似. 证毕.

3.3 复正规矩阵的酉相似标准形

现在我们要问,一个怎样的复方阵可以酉相似于一个对角矩阵呢?

定义 3.3.1 如果一个复方阵 $\boldsymbol{A}$ 满足 $\boldsymbol{A}^{\mathrm{H}}\boldsymbol{A}=\boldsymbol{AA}^{\mathrm{H}}$,则称 $\boldsymbol{A}$ 为复正规矩阵. 当 $\boldsymbol{A}$ 是实矩阵时,称满足 $\boldsymbol{A}^{\mathrm{T}}\boldsymbol{A}=\boldsymbol{AA}^{\mathrm{T}}$ 的矩阵 $\boldsymbol{A}$ 为实正规矩阵.

不难验证,对角矩阵、酉矩阵、埃尔米特矩阵与反埃尔米特矩阵都是复正规矩阵. 正交矩阵、实对称矩阵与实反对称矩阵都是实正规矩阵.

引理 1 与复正规方阵酉相似的方阵仍是正规方阵.

证明 设 $\boldsymbol{A}$ 是正规矩阵,$\boldsymbol{B}$ 是一个方阵. 按条件,存在酉方阵 $\boldsymbol{U}$ 使

$$\boldsymbol{B}=\boldsymbol{U}^{-1}\boldsymbol{AU}=\boldsymbol{U}^{\mathrm{H}}\boldsymbol{AU}$$

于是

$$\begin{aligned}\boldsymbol{B}^{\mathrm{H}}\boldsymbol{B}&=(\boldsymbol{U}^{\mathrm{H}}\boldsymbol{AU})^{\mathrm{H}}(\boldsymbol{U}^{\mathrm{H}}\boldsymbol{AU})=\boldsymbol{U}^{\mathrm{H}}\boldsymbol{A}^{\mathrm{H}}\boldsymbol{UU}^{\mathrm{H}}\boldsymbol{AU}\\&=\boldsymbol{U}^{\mathrm{H}}\boldsymbol{A}^{\mathrm{H}}\boldsymbol{AU}=\boldsymbol{U}^{\mathrm{H}}\boldsymbol{AA}^{\mathrm{H}}\boldsymbol{U}\\&=(\boldsymbol{U}^{\mathrm{H}}\boldsymbol{AU})(\boldsymbol{U}^{\mathrm{H}}\boldsymbol{A}^{\mathrm{H}}\boldsymbol{U})=\boldsymbol{BB}^{\mathrm{H}}\end{aligned}$$

---

① 到此,证明过程就是矩阵 $\boldsymbol{P}$ 的极分解,参阅后面的定理 5.3.1.

可见 $\boldsymbol{B}$ 是正规方阵.

引理 2 设 $\boldsymbol{A}$ 为复正规矩阵,若 $\boldsymbol{A}$ 是三角矩阵,则 $\boldsymbol{A}$ 是对角矩阵.

证明 设 $\boldsymbol{A}$ 为上三角矩阵,即

$$\boldsymbol{A}=\begin{pmatrix} a_{11} & a_{12} & \cdots & a_{1n} \\ & a_{22} & \cdots & a_{2n} \\ & & \ddots & \vdots \\ & & & a_{nn} \end{pmatrix}$$

根据复正规矩阵的定义,有

$$\begin{pmatrix} a_{11} & a_{12} & \cdots & a_{1n} \\ & a_{22} & \cdots & a_{2n} \\ & & \ddots & \vdots \\ & & & a_{nn} \end{pmatrix}\begin{pmatrix} \overline{a_{11}} & & & \\ \overline{a_{12}} & \overline{a_{22}} & & \\ \vdots & \vdots & \ddots & \\ \overline{a_{1n}} & \overline{a_{2n}} & \cdots & \overline{a_{nn}} \end{pmatrix}$$

$$=\begin{pmatrix} \overline{a_{11}} & & & \\ \overline{a_{12}} & \overline{a_{22}} & & \\ \vdots & \vdots & \ddots & \\ \overline{a_{1n}} & \overline{a_{2n}} & \cdots & \overline{a_{nn}} \end{pmatrix}\begin{pmatrix} a_{11} & a_{12} & \cdots & a_{1n} \\ & a_{22} & \cdots & a_{2n} \\ & & \ddots & \vdots \\ & & & a_{nn} \end{pmatrix} \tag{3.3.1}$$

将上式两端矩阵相乘,然后写出等号两端矩阵第一行与第一列的元素的乘积,得到

$$a_{11}\overline{a_{11}}+a_{12}\overline{a_{12}}+\cdots+a_{1n}\overline{a_{1n}}=\overline{a_{11}}a_{11}$$

于是

$$a_{12}\overline{a_{12}}+\cdots+a_{1n}\overline{a_{1n}}=0$$

因为对于每一个 i,$a_{1i}\overline{a_{1i}}\geqslant 0$,因而

$$a_{1i}=0\quad (i=2,3,\cdots,n)$$

再写出式(3.3.1)两端矩阵的第二行与第二列的元素的乘积得到

$$a_{22}\overline{a_{22}}+a_{23}\overline{a_{23}}+\cdots+a_{2n}\overline{a_{2n}}=\overline{a_{22}}a_{22}$$

于是

$$a_{23}\overline{a_{23}}+\cdots+a_{2n}\overline{a_{2n}}=0$$

因此

$$a_{2i}=0\quad (i=3,4,\cdots,n)$$

继续这样的步骤便能得出

$$a_{ij}=0\quad (j>i)$$

这就是说 $\boldsymbol{A}$ 为对角矩阵.

定理 3.3.1 n 阶复方阵 $\boldsymbol{A}$ 是正规矩阵的充要条件是它与对角矩阵酉相似,即存在 n 阶酉矩阵 $\boldsymbol{U}$,使得

$$\boldsymbol{U}^{-1}\boldsymbol{A}\boldsymbol{U}=\begin{pmatrix}\lambda_1 & & & \\ & \lambda_2 & & \\ & & \ddots & \\ & & & \lambda_n\end{pmatrix} \tag{3.3.2}$$

其中 $\lambda_1,\lambda_2,\cdots,\lambda_n$ 是 $\boldsymbol{A}$ 的 n 个特征值.

证明 必要性. 设 $\boldsymbol{A}$ 是 n 阶复矩阵,根据舒尔定理(定理 3.2.1),存在 n 阶酉矩阵 $\boldsymbol{U}$,使得

$$\boldsymbol{B}=\boldsymbol{U}^{\mathrm{H}}\boldsymbol{A}\boldsymbol{U}=\boldsymbol{U}^{-1}\boldsymbol{A}\boldsymbol{U}$$

其中 $\boldsymbol{B}$ 为三角形矩阵,它的对角线上元素恰是 $\boldsymbol{A}$ 的特征值.

由引理 1 与引理 2 知,$\boldsymbol{B}$ 是对角矩阵,即式(3.3.2) 成立.

充分性. 由引理 1 立即证得.

推论 1 设 $\boldsymbol{A}$ 是 n 阶复正规矩阵,那么 $\boldsymbol{A}$ 与 $\boldsymbol{A}^{\mathrm{H}}$ 可以同时化为对角矩阵,即存在 n 阶酉矩阵 $\boldsymbol{U}$,使得 $\boldsymbol{U}^{\mathrm{H}}\boldsymbol{A}\boldsymbol{U}$ 与 $\boldsymbol{U}^{\mathrm{H}}\boldsymbol{A}^{\mathrm{H}}\boldsymbol{U}$ 都是对角矩阵.

证明 因为

$$\boldsymbol{U}^{-1}\boldsymbol{A}\boldsymbol{U}=\boldsymbol{U}^{\mathrm{H}}\boldsymbol{A}\boldsymbol{U}=\begin{pmatrix}\lambda_1 & & & \\ & \lambda_2 & & \\ & & \ddots & \\ & & & \lambda_n\end{pmatrix}$$

所以

$$\boldsymbol{U}^{\mathrm{H}}\boldsymbol{A}^{\mathrm{H}}\boldsymbol{U}=(\boldsymbol{U}^{\mathrm{H}}\boldsymbol{A}\boldsymbol{U})^{\mathrm{H}}=\begin{pmatrix}\lambda_1 & & & \\ & \lambda_2 & & \\ & & \ddots & \\ & & & \lambda_n\end{pmatrix}^{\mathrm{H}}=\begin{pmatrix}\overline{\lambda_1} & & & \\ & \overline{\lambda_2} & & \\ & & \ddots & \\ & & & \overline{\lambda_n}\end{pmatrix}$$

推论 2 设 n 阶复正规矩阵 $\boldsymbol{A}$ 的特征值为 $\lambda_1,\lambda_2,\cdots,\lambda_n$,则 $\boldsymbol{A}^{\mathrm{H}}$ 的特征值为 $\overline{\lambda_1},\overline{\lambda_2},\cdots,\overline{\lambda_n}$.

我们知道,酉矩阵、埃尔米特矩阵与反埃尔米特矩阵都是复正规矩阵. 下面的定理给出了一个复正规矩阵是酉矩阵、埃尔米特矩阵与反埃尔米特矩阵的充分必要条件.

定理 3.3.2 设 $\boldsymbol{A}$ 是复正规矩阵,则:

1)$\boldsymbol{A}$ 为酉矩阵的充分必要条件是 $\boldsymbol{A}$ 的所有特征值的模全为 1.

2)$\boldsymbol{A}$ 为埃尔米特矩阵的充分必要条件是 $\boldsymbol{A}$ 的所有特征值全为实数.

3)$\boldsymbol{A}$ 为反埃尔米特矩阵的充分必要条件是 $\boldsymbol{A}$ 的所有特征值的实部均为零.

证明 设酉矩阵 $\boldsymbol{U}$ 使得 $\boldsymbol{U}^{\mathrm{H}}\boldsymbol{AU}=\boldsymbol{D}$,其中 $\boldsymbol{D}$ 为对角矩阵,对角线上元素为 $\lambda_1,\lambda_2,\cdots,\lambda_n$;于是 $\boldsymbol{U}^{\mathrm{H}}\boldsymbol{A}^{\mathrm{H}}\boldsymbol{U}=\boldsymbol{D}^{\mathrm{H}}=\overline{\boldsymbol{D}}$,这里 $\overline{\boldsymbol{D}}$ 为 $\boldsymbol{D}$ 的共轭矩阵.

1) 当 $\boldsymbol{AA}^{\mathrm{H}}=\boldsymbol{E}$ 时,$\boldsymbol{D}\overline{\boldsymbol{D}}=\boldsymbol{DD}^{\mathrm{H}}=(\boldsymbol{U}^{\mathrm{H}}\boldsymbol{AU})(\boldsymbol{U}^{\mathrm{H}}\boldsymbol{A}^{\mathrm{H}}\boldsymbol{U})=\boldsymbol{U}^{\mathrm{H}}\boldsymbol{A}(\boldsymbol{UU}^{\mathrm{H}})\boldsymbol{A}^{\mathrm{H}}\boldsymbol{U}=\boldsymbol{U}^{\mathrm{H}}\boldsymbol{AA}^{\mathrm{H}}\boldsymbol{U}=\boldsymbol{U}^{\mathrm{H}}\boldsymbol{EU}=\boldsymbol{E}$,因此 $\lambda_1\overline{\lambda_i}=1$,此即 $|\lambda_i|=1$. 反过来,若 $|\lambda_i|=1$,即 $|\lambda_i|=1$, 则 $\boldsymbol{D}\overline{\boldsymbol{D}}=\boldsymbol{E}$,此即 $\boldsymbol{AA}^{\mathrm{H}}=\boldsymbol{E}$.

2)$\boldsymbol{A}=\boldsymbol{A}^{\mathrm{H}}$ 当且仅当 $\boldsymbol{D}=\boldsymbol{D}^{\mathrm{H}}=\overline{\boldsymbol{D}}$,这又当且仅当特征值 $\lambda_1,\lambda_2,\cdots,\lambda_n$ 全为实数.

3) 当 $\boldsymbol{A}=-\boldsymbol{A}^{\mathrm{H}}$ 时,$\boldsymbol{D}=-\boldsymbol{D}^{\mathrm{H}}=-\overline{\boldsymbol{D}}$,因此 $\lambda_j=-\overline{\lambda_j}$,这说明 λ_i 的实部为零. 相反地,若 $\lambda_j=b_j\mathrm{i}$,b_j 是实数($j=1,2,\cdots,n$),则 $\overline{\lambda_j}=-b_j\mathrm{i}=-\lambda_j$,所以 $\boldsymbol{D}=-\overline{\boldsymbol{D}}$,因此 $\boldsymbol{A}=-\boldsymbol{A}^{\mathrm{H}}$.

推论 3 若 $\boldsymbol{A}$ 为 n 阶反埃尔米特矩阵,则 $\boldsymbol{A}$ 的特征值有 k 对共轭虚数 $\pm b_j\mathrm{i}$,其余的 $(n-2k)$ 个特征值全为零,且 $\boldsymbol{A}$ 的秩为 $2k$.

3.4 复正交高矩阵 · 施密特正交化

现在我们把酉矩阵的概念推广到高矩阵的情形. 设 $\boldsymbol{G}$ 是一个高矩阵,如果满足 $\boldsymbol{G}^{\mathrm{H}}\boldsymbol{G}=\boldsymbol{E}$,则称 $\boldsymbol{G}$ 是复正交高矩阵. 显然,$\boldsymbol{G}$ 是复正交高矩阵的充分必要条件是,它的诸列满足标准正交化条件.

类似地,可以定义复正交扁矩阵.

形如

$$\begin{pmatrix} a_{11} & a_{12} & \cdots & a_{1n} \\ & a_{22} & \cdots & a_{2n} \\ & & \ddots & \vdots \\ & & & a_{nn} \end{pmatrix} \left(\begin{pmatrix} a_{11} & & & \\ a_{12} & a_{22} & & \\ \vdots & & \ddots & \\ a_{1n} & a_{2n} & \cdots & a_{nn} \end{pmatrix} \right)$$

其中 a_{ii} 均为正实数的矩阵称为正线上(下)三角复矩阵.

所有同阶正线上(下)三角复矩阵的集合构成一个群,这是因为:

(1) 正线上(下)三角复矩阵的逆矩阵为正线上(下)三角复矩阵.

首先,正线上(下)三角复矩阵的行列式等于其对角线元素的乘积,因而 $|\boldsymbol{A}|>0$,$\boldsymbol{A}$ 可逆. 按照逆矩阵公式 $\boldsymbol{A}^{-1}=\boldsymbol{A}^{*}/|\boldsymbol{A}|$,即知 $\boldsymbol{A}^{-1}$ 为正线上(下)三角复矩阵.

(2) 两个正线上(下) 三角复矩阵的乘积仍为正线上(下) 三角复矩阵.

定理 3.4.1 对任意高矩阵 $\boldsymbol{G}$,恒有这样的非奇异正线上三角复矩阵 $\boldsymbol{L}$,使 $\boldsymbol{GL}$ 为复正交高矩阵;对任意扁矩阵 $\boldsymbol{H}$,恒有这样的非奇异正线下三角复矩阵 $\boldsymbol{L}_1$,使 $\boldsymbol{L}_1\boldsymbol{H}$ 为复正交扁矩阵.

特别地,当 $\boldsymbol{G}$ 为非奇异方阵时,$\boldsymbol{GL}$ 即为酉矩阵.

证明 因为 $\boldsymbol{G}$ 为高矩阵,当且仅当 $\boldsymbol{G}^{\mathrm{H}}$ 为扁矩阵. 所以定理中的两个论断是等价的,我们来证明第一个.

设 $\boldsymbol{G}$ 是 $n\times r$ 维高矩阵. 对 $\boldsymbol{G}$ 的列数 r 用归纳法. 当 $\boldsymbol{G}$ 只有一个列 $\boldsymbol{G}_1$ 时,有

$$\boldsymbol{G}_1^{\mathrm{H}}\boldsymbol{G}_1>0$$

令 $a=\dfrac{1}{\sqrt{\boldsymbol{G}_1^{\mathrm{H}}\boldsymbol{G}_1}}$,取一阶矩阵$(a)$ 就能使 $\boldsymbol{G}_1(a)$ 满足复正交化条件,因显然有

$$(\boldsymbol{G}_1a)^{\mathrm{H}}(\boldsymbol{G}_1a)=a^2\boldsymbol{G}_1^{\mathrm{H}}\boldsymbol{G}_1=1$$

现在假设定理的结论在 $\boldsymbol{G}$ 有$(r-1)$ 个列时成立. 我们来考虑 $\boldsymbol{G}$ 有 r 个列的情形,此时将 $\boldsymbol{G}$ 分块:$\boldsymbol{G}=(\boldsymbol{G}',\boldsymbol{G}_2)$,这里 $\boldsymbol{G}'$ 是含$(r-1)$ 个列的矩阵,而 $\boldsymbol{G}_2$ 是单列矩阵. 由归纳假设,有正线上(下) 三角复矩阵 $\boldsymbol{L}'$,使 $\boldsymbol{G}'\boldsymbol{L}'$ 为复正交高矩阵. 试设想一个这样待定的矩阵

$$\boldsymbol{L}''=\begin{pmatrix}\boldsymbol{L}' & \boldsymbol{X}\\ \boldsymbol{O} & 1\end{pmatrix}$$

来看乘积

$$\boldsymbol{GL}''=(\boldsymbol{G}',\boldsymbol{G}_1)\begin{pmatrix}\boldsymbol{L}' & \boldsymbol{X}\\ \boldsymbol{O} & 1\end{pmatrix}=(\boldsymbol{G}'\boldsymbol{L}',\boldsymbol{G}'\boldsymbol{X}+\boldsymbol{G}_1) \tag{3.4.1}$$

此时 $\boldsymbol{GL}''$ 除最后一列外,前面的诸列均满足复正交化条件. 要使最后一列与前面的列均复正交,必要且只要$(\boldsymbol{G}'\boldsymbol{L}')^{\mathrm{H}}(\boldsymbol{G}'\boldsymbol{X}+\boldsymbol{G}_1)=\boldsymbol{O}$,亦即

$$(\boldsymbol{L}')^{\mathrm{H}}(\boldsymbol{G}')^{\mathrm{H}}(\boldsymbol{G}'\boldsymbol{X}+\boldsymbol{G}_1)=\boldsymbol{O}$$

或

$$(\boldsymbol{G}')^{\mathrm{H}}(\boldsymbol{G}'\boldsymbol{X}+\boldsymbol{G}_1)=\boldsymbol{O}\quad(\text{因}(\boldsymbol{L}')^{\mathrm{H}}\ \text{非奇异})$$

把后一式乘出来再移项,得

$$(\boldsymbol{G}')^{\mathrm{H}}\boldsymbol{G}'\boldsymbol{X}=-(\boldsymbol{G}')^{\mathrm{H}}\boldsymbol{G}_1$$

由第 2 章比内 - 柯西公式,知

$$|(\boldsymbol{G}')^{\mathrm{H}}\boldsymbol{G}'|>0$$

故$(\boldsymbol{G}')^{\mathrm{H}}\boldsymbol{G}'$ 非奇异,从而可解出

$$\boldsymbol{X}=-[(\boldsymbol{G}')^{\mathrm{H}}\boldsymbol{G}']^{-1}(\boldsymbol{G}')^{\mathrm{H}}\boldsymbol{G}_1$$

所以,当把这里的 $\boldsymbol{X}$ 代入式(3.4.1)后,式(3.4.1)中最后一列 $\boldsymbol{G}'\boldsymbol{X}+\boldsymbol{G}_1$ 就与前

面诸列均复正交，而此列可记为

$$G'X+G_1=(G',G_1)\begin{pmatrix}X\\1\end{pmatrix}=G\begin{pmatrix}X\\1\end{pmatrix}$$

由于G为高矩阵，故从上式右边来看，即知列$G'X+G_1$必不是零列. 于是令$b=\dfrac{1}{\sqrt{(G'X+G_1)^{\mathrm{H}}(G'X+G_1)}}>0$，则$b(G'X+G_1)$是归一化的列. 最后令

$$L=L''\begin{pmatrix}E&0\\0&b\end{pmatrix}$$

则L是上三角形正线矩阵，而且由式(3.4.1)及上面的讨论便知GL已成复正交高矩阵. 归纳法完成.

推论 1　若$n\times r$维长方矩阵A的秩$r<n$，则方程组$AX=O$有标准正交化的基础解系.

证明　按照第2章定理4.11.5，此时$AX=O$有基础解系，其所含的$(n-r)$个解[①]做成一个$n\times(n-r)$维高矩阵G. 于是有正线上三角矩阵L，使GL为复正交高矩阵. 由$AG=O$得出$A(GL)=O$，故GL的诸列均为解，其个数又为$n-r$，所以必为一个基础解系，且已标准正交化.

推论 2　对任意非正方的$n\times r$维复正交高矩阵G，恒有$n\times(n-r)$维复正交高矩阵H，使(G,H)为酉矩阵.

证明　因G非正方又为高矩阵，故G^{H}必为非高矩阵，取H为$G^{\mathrm{H}}X=O$的一个标准正交化基础解系，则有

$$G^{\mathrm{H}}H=O$$

从而又有

$$H^{\mathrm{H}}G=O$$

于是便有

$$(G,H)^{\mathrm{H}}(G,H)=\begin{pmatrix}G^{\mathrm{H}}\\H^{\mathrm{H}}\end{pmatrix}(G,H)=\begin{pmatrix}E_{t\times t}&O\\O&E_{(n-r)\times(n-r)}\end{pmatrix}=E_{n\times n}$$

这就是说，(G,H)为酉矩阵.

作为定理3.4.1的补充，我们来指出，对于一个给定的高矩阵G，如何具体地得到所需的正线上三角复矩阵L. 设$G_1,G_2,\cdots,G_r$是G的r个列，则这些列是线性无关的[②]（因为如果线性相关，那么依照第2章定理4.4.2，G的秩将小于其

---

① 这里把每一个解看作$n\times1$维单列矩阵.

② 如果是线性相关的向量组，那么施密特(E. Schmidt)正交化后，会出现零向量.

列数). 令

$$\begin{cases}\boldsymbol{B}_1=\boldsymbol{G}_1\\ \boldsymbol{B}_2=\boldsymbol{G}_2-\dfrac{\boldsymbol{B}_1^{\mathrm{H}}\boldsymbol{G}_2}{\boldsymbol{B}_1^{\mathrm{H}}\boldsymbol{B}_1}\cdot\boldsymbol{B}_1\\ \boldsymbol{B}_3=\boldsymbol{G}_3-\dfrac{\boldsymbol{B}_1^{\mathrm{H}}\boldsymbol{G}_3}{\boldsymbol{B}_1^{\mathrm{H}}\boldsymbol{B}_1}\cdot\boldsymbol{B}_1-\dfrac{\boldsymbol{B}_2^{\mathrm{H}}\boldsymbol{G}_3}{\boldsymbol{B}_2^{\mathrm{H}}\boldsymbol{B}_2}\cdot\boldsymbol{B}_2\\ \quad\vdots\\ \boldsymbol{B}_r=\boldsymbol{G}_r-\dfrac{\boldsymbol{B}_1^{\mathrm{H}}\boldsymbol{G}_r}{\boldsymbol{B}_1^{\mathrm{H}}\boldsymbol{B}_1}\cdot\boldsymbol{B}_1-\dfrac{\boldsymbol{B}_2^{\mathrm{H}}\boldsymbol{G}_r}{\boldsymbol{B}_2^{\mathrm{H}}\boldsymbol{B}_2}\cdot\boldsymbol{B}_2-\cdots-\dfrac{\boldsymbol{B}_{r-1}^{\mathrm{H}}\boldsymbol{G}_r}{\boldsymbol{B}_{r-1}^{\mathrm{H}}\boldsymbol{B}_{r-1}}\cdot\boldsymbol{B}_{r-1}\end{cases}\tag{3.4.2}$$

我们来证明,由式(3.4.2)所确定的 $\boldsymbol{B}_1,\boldsymbol{B}_2,\cdots,\boldsymbol{B}_s$ 就是一组正交组.

证明 首先,使用归纳法证明(3.4.2)确定的向量都是非零向量.

因为组 $\boldsymbol{G}_1,\boldsymbol{G}_2,\cdots,\boldsymbol{G}_r$ 线性无关,所以它们都必须是非零的,故 $\boldsymbol{B}_1=\boldsymbol{G}_1$ 是非零向量.

现在来看第二个向量 $\boldsymbol{B}_2$,若 $\boldsymbol{G}_1$ 与 $\boldsymbol{G}_2$ 是不正交的,则 $\boldsymbol{B}_1^{\mathrm{H}}\boldsymbol{G}_2\neq 0$. 记 $c=\dfrac{\boldsymbol{B}_1^{\mathrm{H}}\boldsymbol{G}_2}{\boldsymbol{B}_1^{\mathrm{H}}\boldsymbol{B}_1}$,则

$$\boldsymbol{B}_2=\boldsymbol{G}_2-\frac{\boldsymbol{B}_1^{\mathrm{H}}\boldsymbol{G}_2}{\boldsymbol{B}_1^{\mathrm{H}}\boldsymbol{B}_1}\cdot\boldsymbol{B}_1=\boldsymbol{A}_2-c\cdot\boldsymbol{A}_1\neq\boldsymbol{O}$$

因为否则将与 $\boldsymbol{A}_1,\boldsymbol{A}_2$ 线性无关矛盾. 若 $\boldsymbol{G}_1$ 与 $\boldsymbol{G}_2$ 是正交的,则 $\boldsymbol{B}_2=\boldsymbol{A}_2\neq\boldsymbol{O}$.

假设 $\boldsymbol{B}_1,\boldsymbol{B}_2,\cdots,\boldsymbol{B}_{r-1}$ 都是非零向量,则 $\boldsymbol{B}_i^{\mathrm{H}}\boldsymbol{B}_i\neq 0(i=1,2,\cdots,r-1)$. 因为 $\boldsymbol{B}_1,\boldsymbol{B}_2,\cdots,\boldsymbol{B}_{r-1}$ 都是 $\boldsymbol{G}_1,\boldsymbol{G}_2,\cdots,\boldsymbol{G}_r$ 的线性组合,故可将

$$\boldsymbol{B}_s=\boldsymbol{G}_r-\frac{\boldsymbol{B}_1^{\mathrm{H}}\boldsymbol{G}_r}{\boldsymbol{B}_1^{\mathrm{H}}\boldsymbol{B}_1}\cdot\boldsymbol{B}_1-\frac{\boldsymbol{B}_2^{\mathrm{H}}\boldsymbol{G}_r}{\boldsymbol{B}_2^{\mathrm{H}}\boldsymbol{B}_2}\cdot\boldsymbol{B}_2-\cdots-\frac{\boldsymbol{B}_{r-1}^{\mathrm{H}}\boldsymbol{G}_r}{\boldsymbol{B}_{r-1}^{\mathrm{H}}\boldsymbol{B}_{r-1}}\cdot\boldsymbol{B}_{r-1}$$

写为

$$\boldsymbol{B}_r=\boldsymbol{G}_r-c_1\boldsymbol{G}_1-\cdots-c_{r-1}\boldsymbol{G}_{r-1}$$

然而,由于 $\boldsymbol{G}_1,\boldsymbol{G}_2,\cdots,\boldsymbol{G}_r$ 的线性无关性,不存在全部非零的 c_i 使得

$$\boldsymbol{B}_r=\boldsymbol{G}_r-c_1\boldsymbol{G}_1-\cdots-c_{r-1}\boldsymbol{G}_{r-1}$$

是零向量,即 $\boldsymbol{B}_r$ 非零. 由归纳法,所有 $\boldsymbol{B}_i(i=1,2,\cdots,r)$ 都是非零向量.

再用归纳法证明 $\boldsymbol{B}_i$ 之间的正交性. 容易验证

$$\begin{aligned}\boldsymbol{B}_1^{\mathrm{H}}\boldsymbol{B}_2&=\boldsymbol{B}_1^{\mathrm{H}}(\boldsymbol{G}_2-\frac{\boldsymbol{B}_1^{\mathrm{H}}\boldsymbol{G}_2}{\boldsymbol{B}_1^{\mathrm{H}}\boldsymbol{B}_1}\cdot\boldsymbol{B}_1)\\&=\boldsymbol{G}_1^{\mathrm{H}}(\boldsymbol{G}_2-\frac{\boldsymbol{G}_1^{\mathrm{H}}\boldsymbol{G}_2}{\boldsymbol{G}_1^{\mathrm{H}}\boldsymbol{G}_1}\cdot\boldsymbol{G}_1)\\&=\boldsymbol{G}_1^{\mathrm{H}}\boldsymbol{G}_2-\frac{\boldsymbol{G}_1^{\mathrm{H}}\boldsymbol{G}_2}{\boldsymbol{G}_1^{\mathrm{H}}\boldsymbol{G}_1}\cdot\boldsymbol{G}_1^{\mathrm{H}}\boldsymbol{G}_1\end{aligned}$$

$$=0$$

在假设 $\boldsymbol{B}_1,\boldsymbol{B}_2,\cdots,\boldsymbol{B}_{r-1}$ 两两正交的基础上，由式(3.4.2)，有

$$\begin{aligned}\boldsymbol{B}_j^{\mathrm{H}}\boldsymbol{B}_s &= \boldsymbol{B}_j^{\mathrm{H}}(\boldsymbol{A}_r - \sum_{i=1}^{r-1}\frac{\boldsymbol{B}_i^{\mathrm{H}}\boldsymbol{A}_r}{\boldsymbol{B}_i^{\mathrm{H}}\boldsymbol{B}_i}\cdot\boldsymbol{B}_i)\\ &= \boldsymbol{B}_j^{\mathrm{H}}\boldsymbol{A}_r - \sum_{i=1}^{r-1}(\frac{\boldsymbol{B}_i^{\mathrm{H}}\boldsymbol{A}_r}{\boldsymbol{B}_i^{\mathrm{H}}\boldsymbol{B}_i}\cdot\boldsymbol{B}_j^{\mathrm{H}}\boldsymbol{B}_i)\\ &= \boldsymbol{B}_j^{\mathrm{H}}\boldsymbol{A}_r - \boldsymbol{B}_j^{\mathrm{H}}\boldsymbol{A}_r = 0\end{aligned}$$

最后一个等号是因为依照归纳假设，当 $i\neq j$ 时均有 $\boldsymbol{B}_j^{\mathrm{H}}\boldsymbol{B}_i=0$(而当 $i\neq j$ 时 $\boldsymbol{B}_j^{\mathrm{H}}\boldsymbol{B}_i=\boldsymbol{B}_j^{\mathrm{H}}\boldsymbol{B}_j$)．这就证明了由式(3.4.2)构造的向量组是正交的.

这种正交化的方法称为施密特正交化.

如果，进一步使 $\boldsymbol{B}_1,\boldsymbol{B}_2,\cdots,\boldsymbol{B}_r$ 归一化，就是令

$$\boldsymbol{C}_1=\frac{\boldsymbol{B}_1}{\sqrt{\boldsymbol{B}_1^{\mathrm{H}}\boldsymbol{B}_1}},\boldsymbol{C}_2=\frac{\boldsymbol{B}_2}{\sqrt{\boldsymbol{B}_2^{\mathrm{H}}\boldsymbol{B}_2}},\cdots,\boldsymbol{C}_r=\frac{\boldsymbol{B}_r}{\sqrt{\boldsymbol{B}_r^{\mathrm{H}}\boldsymbol{B}_r}}$$

那么就得到一组标准正交矩阵组.

同时，列 $\boldsymbol{G}_1,\boldsymbol{G}_2,\cdots,\boldsymbol{G}_r$ 可由标准正交向量组 $\boldsymbol{C}_1,\boldsymbol{C}_2,\cdots,\boldsymbol{C}_r$ 表示如下①

$$\begin{cases}\boldsymbol{G}_1=k_{11}\boldsymbol{C}_1\\ \boldsymbol{G}_2=k_{21}\boldsymbol{C}_1+k_{22}\boldsymbol{C}_2\\ \quad\vdots\\ \boldsymbol{G}_r=k_{r1}\boldsymbol{C}_1+k_{r2}\boldsymbol{C}_2+\cdots+k_{rr}\boldsymbol{C}_r\end{cases}$$

其中

$$k_{ii}=\boldsymbol{B}_i^{\mathrm{H}}\boldsymbol{B}_i>0\quad(i=1,2,\cdots,r)$$

写成矩阵的形式，就是

$$\begin{aligned}\boldsymbol{G}&=(\boldsymbol{G}_1,\boldsymbol{G}_2,\cdots,\boldsymbol{G}_r)\\ &=(k_{11}\boldsymbol{C}_1,k_{21}\boldsymbol{C}_1+k_{22}\boldsymbol{C}_2,\cdots,k_{r1}\boldsymbol{C}_1+k_{r2}\boldsymbol{C}_2+k_{rr}\boldsymbol{C}_r)\\ &=(\boldsymbol{C}_1,\boldsymbol{C}_2,\cdots,\boldsymbol{C}_r)\begin{pmatrix}k_{11} & k_{21} & \cdots & k_{r1}\\ & k_{22} & \cdots & k_{r2}\\ & & \ddots & \vdots\\ & & & k_{rr}\end{pmatrix}\end{aligned}$$

① 这个表示式可以这样得到：式(3.4.2)中诸 $\boldsymbol{B}_i$ 用 $\sqrt{\boldsymbol{B}_i^{\mathrm{H}}\boldsymbol{B}_i}\cdot\boldsymbol{C}_i$ 代替($i=1,2,\cdots,r$)，然后将所得等式组中每个式子右边的含 $\boldsymbol{C}_i$ 的所有项移到左边即可.

于是$\begin{pmatrix} k_{11} & k_{21} & \cdots & k_{r1} \\ & k_{22} & \cdots & k_{r2} \\ & & \ddots & \vdots \\ & & & k_{rr} \end{pmatrix}$的逆就是定理 3.4.1 中所说的正线上三角复矩阵 $\boldsymbol{L}$，而$(\boldsymbol{C}_1,\boldsymbol{C}_2,\cdots,\boldsymbol{C}_t)$是所说的复正交高矩阵.

3.5 复矩阵的酉－三角分解

作为上一节内容的应用，我们来讨论关于矩阵的分解问题.

定理3.5.1 任何一个 n 阶满秩复矩阵 $\boldsymbol{A}$ 一定可以唯一地表示成一个正线上三角复矩阵 $\boldsymbol{R}$ 和一个酉矩阵 $\boldsymbol{U}$ 的乘积 $\boldsymbol{A}=\boldsymbol{U}\boldsymbol{R}$；或者唯一地表示成一个正线下三角复矩阵 $\boldsymbol{R}_1$ 和一个酉矩阵 $\boldsymbol{U}_1$ 的乘积 $\boldsymbol{A}=\boldsymbol{R}_1\boldsymbol{U}_1$.

证明 定理所述分解的存在性由定理 3.4.1 立刻得到：按定理 3.4.1 知，存在正线上三角复矩阵 $\boldsymbol{L}$，使得 $\boldsymbol{A}\boldsymbol{L}=\boldsymbol{U}$ 为酉矩阵. 因为正线上三角复矩阵的逆为同类型的矩阵，所以得出所要的分解式：$\boldsymbol{A}=\boldsymbol{U}\boldsymbol{R}$，这里 $\boldsymbol{R}=\boldsymbol{L}^{-1}$.

下面证明分解式的唯一性. 设 $\boldsymbol{A}$ 有两种如下的分解式

$$\boldsymbol{A}=\boldsymbol{U}\boldsymbol{R}=\boldsymbol{U}'\boldsymbol{R}'$$

其中 $\boldsymbol{U}$ 和 $\boldsymbol{U}'$ 都是酉矩阵，$\boldsymbol{R}$ 和 $\boldsymbol{R}'$ 都是正线上三角复矩阵. 于是

$$\boldsymbol{R}=\boldsymbol{U}^{-1}\boldsymbol{U}'\boldsymbol{R}'=\boldsymbol{V}\boldsymbol{R}' \tag{3.5.1}$$

式中 $\boldsymbol{V}=\boldsymbol{U}^{-1}\boldsymbol{U}'$ 是酉矩阵，我们证明 $\boldsymbol{V}$ 是单位矩阵，则唯一性得证.

设

$$\boldsymbol{R}=\begin{pmatrix} k_{11} & k_{21} & \cdots & k_{n1} \\ & k_{22} & \cdots & k_{n2} \\ & & \ddots & \vdots \\ & & & k_{nn} \end{pmatrix},\boldsymbol{R}'=\begin{pmatrix} k'_{11} & k'_{21} & \cdots & k'_{n1} \\ & k'_{22} & \cdots & k'_{n2} \\ & & \ddots & \vdots \\ & & & k'_{nn} \end{pmatrix},\boldsymbol{V}=\begin{pmatrix} v_{11} & v_{12} & \cdots & v_{1n} \\ v_{12} & v_{22} & \cdots & v_{2n} \\ \vdots & \vdots & & \vdots \\ v_{n1} & v_{n2} & \cdots & v_{nn} \end{pmatrix}$$

代入式(3.5.1). 首先比较等号左右两边矩阵第一列的对应元素，得到

$$k_{11}=v_{11}k'_{11},0=v_{i1}k'_{11}\quad(i=2,3,\cdots,n)$$

因为 $k'_{11}>0$，所以

$$v_{21}=v_{31}=\cdots=v_{n1}=0$$

但 $\boldsymbol{V}$ 是酉矩阵，它的列向量是归一化，因此 $v_{11}=1$，故得

$$\boldsymbol{V}=\begin{pmatrix} 1 & v_{12} & \cdots & v_{1n} \\ 0 & v_{22} & \cdots & v_{2n} \\ \vdots & \vdots & & \vdots \\ 0 & v_{n2} & \cdots & v_{nn} \end{pmatrix}$$

又由 $\boldsymbol{V}$ 的第一个列向量与其余的列向量是正交的得到

$$v_{12}=v_{13}=\cdots=v_{1n}=0$$

故得

$$\boldsymbol{V}=\begin{pmatrix}1 & 0 & \cdots & 0\\ 0 & v_{22} & \cdots & v_{2n}\\ \vdots & \vdots & & \vdots\\ 0 & v_{n2} & \cdots & v_{nn}\end{pmatrix}$$

另外,比较式(3.5.1)两边矩阵的第二列得到

$$v_{22}=1, v_{32}=v_{42}=\cdots=v_{n2}=0, v_{23}=v_{24}=\cdots=v_{2n}=0$$

继续比较式(3.5.1)两边矩阵的第三列,第四列,……,第 n 列,最后得到

$$\boldsymbol{V}=\boldsymbol{E}=\boldsymbol{U}^{-1}\boldsymbol{U}'$$

代入式(3.5.1)就有

$$\boldsymbol{R}=\boldsymbol{R}', \boldsymbol{U}=\boldsymbol{U}'$$

这就证明了第一种分解式的唯一性.

类似地,可证第二种分解式的唯一性.

若矩阵 $\boldsymbol{A}$ 是满秩的实矩阵,则定理的证明过程中可见 $\boldsymbol{U}$ 与 $\boldsymbol{U}_1$ 实际上是正交矩阵,$\boldsymbol{R}$ 与 $\boldsymbol{R}_1$ 是实的三角矩阵,于是我们有下面的推论:

推论1 任何一个 n 阶满秩实矩阵 $\boldsymbol{A}$ 一定可以唯一地表示成一个正线上三角实矩阵 $\boldsymbol{R}$ 和一个正交矩阵 $\boldsymbol{Q}$ 的乘积 $\boldsymbol{A}=\boldsymbol{QR}$;或者唯一地表示成一个正线下三角实矩阵 $\boldsymbol{R}_1$ 和一个正交矩阵 $\boldsymbol{Q}_1$ 的乘积 $\boldsymbol{A}=\boldsymbol{R}_1\boldsymbol{Q}_1$.

定理3.5.1称为复矩阵的酉-三角(**UR**)分解,推论称为实矩阵的正交-三角(**QR**)分解,它们在矩阵计算中十分重要.

例 设

$$\boldsymbol{A}=\begin{pmatrix}1 & 1 & 0\\ 1 & -1 & 1\\ 0 & 0 & 2\end{pmatrix}$$

我们来求 $\boldsymbol{A}$ 的 $\boldsymbol{QR}$ 分解式.

解 令

$$\boldsymbol{A}_1=\begin{pmatrix}1\\ 1\\ 0\end{pmatrix}, \boldsymbol{A}_2=\begin{pmatrix}1\\ -1\\ 0\end{pmatrix}, \boldsymbol{A}_3=\begin{pmatrix}0\\ 1\\ 2\end{pmatrix}$$

由施密特正交化方法,得

$$\boldsymbol{B}_1=\boldsymbol{A}_1=\begin{pmatrix}1\\1\\0\end{pmatrix}$$

$$\boldsymbol{B}_2=\boldsymbol{A}_2-\frac{\boldsymbol{B}_1^{\mathrm{H}}\boldsymbol{A}_2}{\boldsymbol{B}_1^{\mathrm{H}}\boldsymbol{B}_1}\cdot\boldsymbol{B}_1=\boldsymbol{A}_2=\begin{pmatrix}1\\-1\\0\end{pmatrix}$$

$$\begin{aligned}\boldsymbol{B}_3&=\boldsymbol{A}_3-\frac{\boldsymbol{B}_1^{\mathrm{H}}\boldsymbol{A}_2}{\boldsymbol{B}_1^{\mathrm{H}}\boldsymbol{B}_1}\cdot\boldsymbol{B}_1-\frac{\boldsymbol{B}_2^{\mathrm{H}}\boldsymbol{A}_2}{\boldsymbol{B}_2^{\mathrm{H}}\boldsymbol{B}_2}\cdot\boldsymbol{B}_2\\&=\boldsymbol{A}_3-\frac{1}{2}\boldsymbol{B}_1+\frac{1}{2}\boldsymbol{B}_2\\&=\begin{pmatrix}0\\0\\2\end{pmatrix}\end{aligned}$$

归一这些向量,得到

$$\boldsymbol{C}_1=\begin{pmatrix}\frac{1}{\sqrt{2}}\\\frac{1}{\sqrt{2}}\\\frac{1}{\sqrt{2}}\end{pmatrix}=\frac{1}{\sqrt{2}}\boldsymbol{A}_1,\boldsymbol{C}_2=\begin{pmatrix}\frac{1}{\sqrt{2}}\\\frac{1}{\sqrt{2}}\\\frac{1}{\sqrt{2}}\end{pmatrix}=\frac{1}{\sqrt{2}}\boldsymbol{A}_2,\boldsymbol{C}_3=\begin{pmatrix}0\\0\\1\end{pmatrix}=\frac{1}{2}\boldsymbol{A}_3-\frac{1}{4}\boldsymbol{A}_1+\frac{1}{4}\boldsymbol{A}_2$$

由上面三个等式解出 $\boldsymbol{A}_1,\boldsymbol{A}_2,\boldsymbol{A}_3$,即

$$\boldsymbol{A}_1=\sqrt{2}\boldsymbol{C}_1,\boldsymbol{A}_2=\sqrt{2}\boldsymbol{C}_2,\boldsymbol{A}_3=\frac{1}{\sqrt{2}}\boldsymbol{C}_1-\frac{1}{\sqrt{2}}\boldsymbol{C}_2+2\boldsymbol{C}_3$$

因此

$$\begin{aligned}\boldsymbol{A}=(\boldsymbol{A}_1,\boldsymbol{A}_2,\boldsymbol{A}_3)&=(\boldsymbol{C}_1,\boldsymbol{C}_2,\boldsymbol{C}_3)\begin{pmatrix}\frac{1}{\sqrt{2}}&0&\frac{1}{\sqrt{2}}\\0&\sqrt{2}&-\frac{1}{\sqrt{2}}\\0&0&2\end{pmatrix}\\&=\begin{pmatrix}\frac{1}{\sqrt{2}}&\frac{1}{\sqrt{2}}&0\\\frac{1}{\sqrt{2}}&-\frac{1}{\sqrt{2}}&0\\0&0&1\end{pmatrix}\begin{pmatrix}\frac{1}{\sqrt{2}}&0&\frac{1}{\sqrt{2}}\\0&\sqrt{2}&-\frac{1}{\sqrt{2}}\\0&0&2\end{pmatrix}=\boldsymbol{QR}\end{aligned}$$

或者

$$A=(A_1A_2A_3)=\begin{pmatrix}\sqrt{2}&0&0\\0&\sqrt{2}&0\\\frac{1}{\sqrt{2}}&-\frac{1}{\sqrt{2}}&2\end{pmatrix}\begin{pmatrix}C_1^H\\C_2^H\\C_3^H\end{pmatrix}=\begin{pmatrix}\sqrt{2}&0&0\\0&\sqrt{2}&0\\\frac{1}{\sqrt{2}}&-\frac{1}{\sqrt{2}}&2\end{pmatrix}\begin{pmatrix}\frac{1}{\sqrt{2}}&\frac{1}{\sqrt{2}}&0\\\frac{1}{\sqrt{2}}&-\frac{1}{\sqrt{2}}&0\\0&0&1\end{pmatrix}=R_1Q_1$$

3.6 实矩阵的正交相似标准形

因为实矩阵是特殊的复矩阵，所以由定理 3.2.1，任意一个实矩阵必定酉相似于一个三角矩阵，即实矩阵在酉相似的标准形是三角矩阵. 本目我们来研究实矩阵在正交相似下的标准形.

引理 设 $A_1=(a_{11},a_{21},\cdots,a_{n1})^T$ 是长度等于 1 的 n 维实向量，那么存在正交矩阵 Q 以 A_1 为它的第 i 列向量($i=1,2,\cdots,n$).

证明 仿照 3.2 目中引理的证明. 考虑齐次线性方程

$$A_1{}^TX=a_{11}x_1+a_{21}x_2+\cdots a_{n1}x_n=0$$

其中列向量 $X=(x_1,x_2,\cdots,x_n)^T$.

设 A_2 是方程的某一个归一的解向量，则

$$A_2{}^TA_1=0, A_2{}^T A_2=0$$

再解由两个方程构成的方程组

$$A_1{}^TX=0, A_2{}^TX=0$$

取方程组的任何一个非零归一的解向量 A_3，显然 A_3 与 A_1，A_2 均正交.

继续下去，假定已经求得了 $n-1$ 个两两正交的单位向量 $A_1,A_2,\cdots,A_{n-1}$，再解线性齐次方程组

$$A_1{}^TX=0, A_2{}^TX=0,\cdots,A_{n-1}{}^TX=0$$

它有非零解，取非零归一的解向量 A_n. 以 $A_1,A_2,\cdots,A_n$ 为列组合而成的矩阵是正交矩阵. 例如，$Q_1=(A_1,A_2,\cdots,A_n)$ 是以 A_1 为第一列的正交矩阵，$Q_n=(A_2,A_3,\cdots,A_n,A_1)$ 是以 A_1 为第 n 列的正交矩阵. 其余类推.

定理 3.6.1 若 n 阶实矩阵 A 的实特征值为 $\lambda_{2s+1},\lambda_{2s+2},\cdots,\lambda_n$，复共轭特征值有 s 对：$a_1\pm b_1\mathrm{i},a_2\pm b_2\mathrm{i},\cdots,a_s\pm b_s\mathrm{i}$，则有 n 阶正交矩阵 Q，使得

$$Q^TAQ=\begin{pmatrix}T_1&O\\T_{21}&T_2\end{pmatrix}=T \tag{3.6.1}$$

其中

$$T_1=\begin{pmatrix}\boldsymbol{A}_1 & & & \\ \boldsymbol{A}_{21} & \boldsymbol{A}_2 & & \\ \vdots & \vdots & \ddots & \\ \boldsymbol{A}_{s1} & \boldsymbol{A}_{s2} & \cdots & \boldsymbol{A}_s\end{pmatrix},\boldsymbol{T}_2=\begin{pmatrix}\lambda_{2s+1} & & & \\ * & \lambda_{2s+2} & & \\ * & * & \ddots & \\ * & * & * & \lambda_n\end{pmatrix}$$

$\boldsymbol{A}_1,\boldsymbol{A}_2,\cdots,\boldsymbol{A}_s$ 都是二阶矩阵，它们的特征值分别是 $a_1\pm b_1\mathrm{i},a_2\pm b_2\mathrm{i},\cdots,a_s\pm b_s\mathrm{i}$.

特别地，当 $\boldsymbol{A}$ 的特征值都是实数时，方阵 $\boldsymbol{A}$ 正交相似于一个下三角矩阵.

证明 用数学归纳法. 阶数为1时定理成立. 现设 $\boldsymbol{A}$ 的阶数不大于 $m-1$ 时定理成立，考虑阶数为 m 的情况. 下面分两种情况讨论.

(1) 设 $\boldsymbol{A}$ 有一个实特征值 λ_m，$\boldsymbol{a}_m$ 为与之对应的单位实特征向量，由前面的引理知，存在正交矩阵 $\boldsymbol{Q}_1$ 以 $\boldsymbol{a}_m$ 为它的第 m 个列向量，即 $\boldsymbol{Q}_1=(\boldsymbol{a}_1,\boldsymbol{a}_2,\cdots,\boldsymbol{a}_m)$，因此

$$\boldsymbol{Q}_1^{-1}\boldsymbol{A}\boldsymbol{Q}_1=\begin{pmatrix}a'_{11} & a'_{12} & a'_{1(m-1)} & 0\\ & \boldsymbol{A}_1 & & \vdots\\ & & & \lambda_m\end{pmatrix}$$

其中 $\boldsymbol{A}_1$ 是 $m-1$ 阶实矩阵，按归纳假设，存在 $m-1$ 阶正交矩阵 $\boldsymbol{V}_1$，使得

$$\boldsymbol{V}_1^{-1}\boldsymbol{A}_1\boldsymbol{V}_1=\begin{pmatrix}\boldsymbol{A}_1 & & & & & & \\ \boldsymbol{A}_{21} & \boldsymbol{A}_2 & & & & & \\ \vdots & \vdots & \ddots & & & & \\ \boldsymbol{A}_{s1} & \cdots & \cdots & \boldsymbol{A}_s & & & \\ * & \cdots & \cdots & * & \lambda_{2s+1} & & \\ * & \cdots & \cdots & \cdots & * & \ddots & \\ * & \cdots & \cdots & \cdots & \cdots & * & \lambda_{m-1}\end{pmatrix}$$

令 $\boldsymbol{Q}=\boldsymbol{Q}_1\begin{pmatrix}\boldsymbol{V}_1 & 0\\ 0 & 1\end{pmatrix}$，显然 $\boldsymbol{Q}$ 是 m 阶正交矩阵，且

$$\boldsymbol{Q}^{-1}\boldsymbol{A}\boldsymbol{Q}=\begin{pmatrix}\boldsymbol{A}_1 & & & & & & \\ \boldsymbol{A}_{21} & \boldsymbol{A}_2 & & & & & \\ \vdots & \vdots & \ddots & & & & \\ \boldsymbol{A}_{s1} & \cdots & \cdots & \boldsymbol{A}_s & & & \\ * & \cdots & \cdots & * & \lambda_{2s+1} & & \\ \vdots & \vdots & \vdots & \vdots & * & \ddots & \\ * & \cdots & \cdots & \cdots & \cdots & * & \lambda_m\end{pmatrix}=\boldsymbol{T}$$

$\boldsymbol{T}$ 的特征多项式(等于 $\boldsymbol{A}$ 的特征多项式)是

$$|\lambda E-T|=|\lambda E_2-A_1||\lambda E_2-A_2|\cdots|\lambda E_2-A_s|(\lambda-\lambda_{2s+1})\cdots(\lambda-\lambda_m)$$

这就是说，$\boldsymbol{A}$(或 $\boldsymbol{T}$) 的实特征值为 $\lambda_{2s+1},\lambda_{2s+2},\cdots,\lambda_n$，复特征值是 $a_1\pm b_1\mathrm{i},a_2\pm b_2\mathrm{i},\cdots,a_s\pm b_s\mathrm{i}$，其中 $a_j\pm b_j\mathrm{i}$ 是二阶矩阵 $\boldsymbol{A}_j$ 的一对共轭复特征值，这就证明了定理.

(2) 设 $\boldsymbol{A}$ 的特征值都是虚数，这时 $m=2s$. 任取一个复特征值 $\lambda_j=a_j+b_j\mathrm{i}$，其对应的特征向量(是复向量) $\boldsymbol{z}_j$ 写为 $\boldsymbol{z}_j=\boldsymbol{x}_j+\boldsymbol{y}_j\mathrm{i}$，其中 $\boldsymbol{x}_j$ 与 $\boldsymbol{y}_j$ 都是实向量. 根据 $\boldsymbol{A}\boldsymbol{z}_j=\lambda_j\boldsymbol{z}_j$，可得

$$\boldsymbol{A}\boldsymbol{x}_j=a_j\boldsymbol{x}_j-b_j\boldsymbol{y}_j,\boldsymbol{A}\boldsymbol{y}_j=b_j\boldsymbol{x}_j+a_j\boldsymbol{y}_j \tag{3.6.2}$$

现在证明实向量 $\boldsymbol{x}_j$ 与 $\boldsymbol{y}_j$ 线性无关. 首先，由 $\boldsymbol{z}_j\neq\boldsymbol{0}$ 知 $\boldsymbol{x}_j\neq\boldsymbol{0}$ 与 $\boldsymbol{y}_j\neq\boldsymbol{0}$ 同时成立；否则，若 $\boldsymbol{y}_j=\boldsymbol{0}$，则等式(3.6.2) 中的第一式成为 $\boldsymbol{A}\boldsymbol{x}_j=a_j\boldsymbol{x}_j$，遂得矛盾：$\boldsymbol{A}$ 有实特征值 a_j. 同理，$\boldsymbol{x}_j\neq\boldsymbol{0}$. 其次，若 $\boldsymbol{x}_j$ 与 $\boldsymbol{y}_j$ 线性相关，则便有实数 k 存在使得 $\boldsymbol{x}_j=k\boldsymbol{y}_j$，这时候再考虑等式(3.6.2)，有

$$\boldsymbol{A}\boldsymbol{y}_j=b_j\boldsymbol{x}_j+a_j\boldsymbol{y}_j=(kb_j+a_j)\boldsymbol{y}_j$$

这表明 $\boldsymbol{A}$ 有实特征值 kb_j+a_j，又导出矛盾. 这就证明了 $\boldsymbol{x}_j$ 与 $\boldsymbol{y}_j$ 线性无关.

对向量 $\boldsymbol{x}_j,\boldsymbol{y}_j$ 施行格拉姆－施密特正交化过程，得到

$$\overline{\boldsymbol{x}_j}=b_{11}\boldsymbol{x}_j,\overline{\boldsymbol{y}_j}=b_{21}\boldsymbol{x}_j+b_{22}\boldsymbol{y}_j \tag{3.6.3}$$

其中 $b_{11}>0,b_{22}>0,\overline{\boldsymbol{x}_j}$ 与 $\overline{\boldsymbol{y}_j}$ 是相互正交的单位实向量. 且由式(3.6.2) 与 (3.6.3) 得到

$$\begin{aligned}\begin{pmatrix}\boldsymbol{A}\overline{\boldsymbol{x}_j}\\ \boldsymbol{A}\overline{\boldsymbol{y}_j}\end{pmatrix}&=\begin{pmatrix}b_{11}&0\\ b_{21}&b_{22}\end{pmatrix}\begin{pmatrix}\boldsymbol{A}\boldsymbol{x}_j\\ \boldsymbol{A}\boldsymbol{y}_j\end{pmatrix}\\ &=\begin{pmatrix}b_{11}&0\\ b_{21}&b_{22}\end{pmatrix}\begin{pmatrix}a_j&-b_j\\ b_j&a_j\end{pmatrix}\begin{pmatrix}\boldsymbol{x}_j\\ \boldsymbol{y}_j\end{pmatrix}\\ &=\begin{pmatrix}b_{11}&0\\ b_{21}&b_{22}\end{pmatrix}\begin{pmatrix}a_j&-b_j\\ b_j&a_j\end{pmatrix}\begin{pmatrix}b_{11}&0\\ b_{21}&b_{22}\end{pmatrix}^{-1}\begin{pmatrix}\overline{\boldsymbol{x}_j}\\ \overline{\boldsymbol{y}_j}\end{pmatrix}\\ &=\begin{pmatrix}\overline{a_{11}}&\overline{a_{12}}\\ \overline{a_{21}}&\overline{a_{22}}\end{pmatrix}\begin{pmatrix}\overline{\boldsymbol{x}_j}\\ \overline{\boldsymbol{y}_j}\end{pmatrix}\end{aligned} \tag{3.6.4}$$

其中

$$\begin{pmatrix}\overline{a_{11}}&\overline{a_{12}}\\ \overline{a_{21}}&\overline{a_{22}}\end{pmatrix}=\begin{pmatrix}b_{11}&0\\ b_{21}&b_{22}\end{pmatrix}\begin{pmatrix}a_j&-b_j\\ b_j&a_j\end{pmatrix}\begin{pmatrix}b_{11}&0\\ b_{21}&b_{22}\end{pmatrix}^{-1} \tag{3.6.5}$$

根据引理不难得到，存在一个 m 阶正交矩阵 $\boldsymbol{Q}_1=(\boldsymbol{V},\overline{\boldsymbol{x}_j},\overline{\boldsymbol{y}_j})$，其中 $\boldsymbol{V}$ 是 $m\times$

$(m-2)$ 维矩阵,且由 $\boldsymbol{Q}_1$ 的正交性得

$$\boldsymbol{V}^{\mathrm{T}}\overline{\boldsymbol{x}_j}=\boldsymbol{V}^{\mathrm{T}}\overline{\boldsymbol{y}_j}=0 \tag{3.6.6}$$

因此

$$\boldsymbol{Q}_1^{-1}\boldsymbol{A}\boldsymbol{Q}_1=\begin{pmatrix}\boldsymbol{V}^{\mathrm{T}}\boldsymbol{A}\boldsymbol{V} & \boldsymbol{V}^{\mathrm{T}}\boldsymbol{A}\overline{\boldsymbol{x}_j} & \boldsymbol{V}^{\mathrm{T}}\boldsymbol{A}\overline{\boldsymbol{y}_j}\\ \overline{\boldsymbol{x}_j}^{\mathrm{T}}\boldsymbol{A}\boldsymbol{V} & \overline{\boldsymbol{x}_j}^{\mathrm{T}}\boldsymbol{A}\overline{\boldsymbol{x}_j} & \overline{\boldsymbol{x}_j}^{\mathrm{T}}\boldsymbol{A}\overline{\boldsymbol{y}_j}\\ \overline{\boldsymbol{y}_j}^{\mathrm{T}}\boldsymbol{A}\boldsymbol{V} & \overline{\boldsymbol{y}_j}^{\mathrm{T}}\boldsymbol{A}\overline{\boldsymbol{x}_j} & \overline{\boldsymbol{y}_j}^{\mathrm{T}}\boldsymbol{A}\overline{\boldsymbol{y}_j}\end{pmatrix} \tag{3.6.7}$$

根据式(3.6.4)与式(3.6.6)得到

$$\left.\begin{aligned}&\overline{\boldsymbol{x}_j}^{\mathrm{T}}\boldsymbol{A}\overline{\boldsymbol{x}_j}=\overline{a_{11}},\overline{\boldsymbol{y}_j}^{\mathrm{T}}\boldsymbol{A}\overline{\boldsymbol{x}_j}=\overline{a_{12}}\\&\overline{\boldsymbol{x}_j}^{\mathrm{T}}\boldsymbol{A}\overline{\boldsymbol{y}_j}=\overline{a_{21}},\overline{\boldsymbol{y}_j}^{\mathrm{T}}\boldsymbol{A}\overline{\boldsymbol{y}_j}=\overline{a_{22}}\\&\boldsymbol{V}^{\mathrm{T}}\boldsymbol{A}\overline{\boldsymbol{x}_j}=\boldsymbol{V}^{\mathrm{T}}\boldsymbol{A}\overline{\boldsymbol{y}_j}=0\end{aligned}\right\} \tag{3.6.8}$$

把式(3.6.8)代入式(3.6.7)得到

$$\boldsymbol{Q}_1^{-1}\boldsymbol{A}\boldsymbol{Q}_1=\begin{pmatrix}\boldsymbol{V}^{\mathrm{T}}\boldsymbol{A}\boldsymbol{V} & 0 & 0\\ \overline{\boldsymbol{x}_j}^{\mathrm{T}}\boldsymbol{A}\boldsymbol{V} & \overline{a_{11}} & \overline{a_{21}}\\ \overline{\boldsymbol{y}_j}^{\mathrm{T}}\boldsymbol{A}\boldsymbol{V} & \overline{a_{12}} & \overline{a_{22}}\end{pmatrix} \tag{3.6.9}$$

由式(3.6.5)知

$$\boldsymbol{A}_j=\begin{pmatrix}\overline{a_{11}} & \overline{a_{12}}\\ \overline{a_{21}} & \overline{a_{22}}\end{pmatrix} \text{与} \begin{pmatrix}a_j & -b_j\\ b_j & a_j\end{pmatrix}$$

的特征值相同(相似矩阵具有相同的特征多项式),而后者的特征值为

$$\lambda_j=a_j+b_j\mathrm{i},\overline{\lambda_j}=a_j-b_j\mathrm{i}$$

在式(3.6.9)中 $\boldsymbol{V}^{\mathrm{T}}\boldsymbol{A}\boldsymbol{V}$ 是 $m-2$ 阶实矩阵,根据归纳假设存在 $m-2$ 阶正交矩阵 $\boldsymbol{Q}_2$,使得

$$\boldsymbol{Q}_2^{-1}\boldsymbol{V}^{\mathrm{T}}\boldsymbol{A}\boldsymbol{V}\boldsymbol{Q}_2=\begin{pmatrix}\boldsymbol{A}_1 & & & \\ \boldsymbol{A}_{21} & \boldsymbol{A}_2 & & \\ \vdots & \vdots & \ddots & \\ \boldsymbol{A}_{(s-1)1} & \boldsymbol{A}_{(s-1)2} & \cdots & \boldsymbol{A}_{(s-1)}\end{pmatrix}$$

令 $\boldsymbol{Q}=\boldsymbol{Q}_1\begin{pmatrix}\boldsymbol{Q}_2 & \\ & \boldsymbol{E}_2\end{pmatrix}$,其中 $\boldsymbol{E}_2$ 为二阶单位矩阵,$\boldsymbol{Q}$ 是 m 阶正交矩阵. 由直接计算可知

$$Q^{-1}AQ=\begin{pmatrix}A_1 & & & \\ A_{21} & A_2 & & \\ \vdots & \vdots & \ddots & \\ A_{s1} & A_{s2} & \cdots & A_s\end{pmatrix}$$

因为 $|\lambda E-A|=|\lambda E_2-A_1||\lambda E_2-A_2|\cdots|\lambda E_2-A_s|$，所以 A 的 s 对共轭复特征值为 $a_1\pm b_1\mathrm{i},a_2\pm b_2\mathrm{i},\cdots,a_s\pm b_s\mathrm{i}$，其中 $a_j\pm b_j\mathrm{i}$ 是二阶矩阵 A_j 的一对共轭复特征值.

用类似的方法可以证明 A 正交相似于准上三角矩阵，即：

定理 3.6.2 若 n 阶实矩阵 A 的实特征值为 $\lambda_{2s+1},\lambda_{2s+2},\cdots,\lambda_n$，复共轭特征值有 s 对：$a_1\pm b_1\mathrm{i},a_2\pm b_2\mathrm{i},\cdots,a_s\pm b_s\mathrm{i}$，则有 n 阶正交矩阵 Q，使得

$$Q^{\mathrm{T}}AQ=\begin{pmatrix}T_1 & T_{12}\\ O & T_2\end{pmatrix}=T$$

其中

$$T_1=\begin{pmatrix}A_1 & A_{12} & \cdots & A_{1s}\\ & A_2 & \cdots & A_{2s}\\ & & \ddots & \vdots\\ & & & A_s\end{pmatrix},T_2=\begin{pmatrix}\lambda_{2s+1} & * & \cdots & *\\ & \lambda_{2s+2} & \cdots & *\\ & & \ddots & \vdots\\ & & & \lambda_n\end{pmatrix}$$

这里 $A_1,A_2,\cdots,A_s$ 都是二阶矩阵，它们的特征值分别是 $a_1\pm b_1\mathrm{i},a_2\pm b_2\mathrm{i},\cdots,a_s\pm b_s\mathrm{i}$.

类似于定理 3.2.2，可以建立：

定理 3.6.3 A 与 B 正交相似，当且仅当 A 和 A^{T} 同时实相似到 B 和 B^{T}，这里 T 表示转置.

最后我们来证明(对比本章 2.6 节，引理 1)：

定理 3.6.4 两个实矩阵酉相似的充分必要条件是它们正交相似.

引理 如果实矩阵 A_1,A_2 同时复相似到 B_1,B_2，那么也同时实相似到 B_1,B_2.

证明(证明只是重复本章 2.6 节，引理 1 的过程) 设 A_1,A_2 同时复相似到 B_1,B_2，即 $P^{-1}A_kP=B_k$；亦即 $A_kP=P_kB$，$k=1,2$；这里 P 是可逆复矩阵. 令 $P=P_1+\mathrm{i}P_2$ 并将其代入 $A_kP=PB_k$，得

$$A_k(P_1+\mathrm{i}P_2)=(P_1+\mathrm{i}P_2)B_k$$

由此得出

$$A_kP_k=P_kB_k\quad(k=1,2)\tag{3.6.10}$$

考虑关于 λ 的实系数多项式 $f(\lambda)=|\boldsymbol{P}_1+\lambda\boldsymbol{P}_2|$,由 $f(\mathrm{i})=|\boldsymbol{P}|=|\boldsymbol{P}_1+\mathrm{i}\boldsymbol{P}_2|\neq 0$ 知 $f(\lambda)$ 不是零多项式. 又由多项式 $f(\lambda)$ 实根个数的有限性,知必存在实数 c 满足:$f(c)=|\boldsymbol{P}_1+c\boldsymbol{P}_2|\neq 0$. 由式(3.6.10)得出

$$\boldsymbol{A}_k(\boldsymbol{P}_1+c\boldsymbol{P}_2)=(\boldsymbol{P}_1+c\boldsymbol{P}_2)\boldsymbol{B}_k, k=1,2$$

于是,$\boldsymbol{A}_1,\boldsymbol{A}_2$ 通过非奇异实方阵 $\boldsymbol{P}_1+c\boldsymbol{P}_2$ 同时相似到了 $\boldsymbol{B}_1,\boldsymbol{B}_2$. 证毕.

按照定理 3.2.2、定理 3.6.3 以及引理,定理 3.6.4 就成为显然了.

3.7 实正规矩阵的正交相似标准形

为了研究实正规矩阵正交相似下的标准形,先介绍 4 个引理:

引理 1 设 $\boldsymbol{A},\boldsymbol{B}$ 是同阶实矩阵,且 $\boldsymbol{A}$ 正交相似于 $\boldsymbol{B}$,那么 $\boldsymbol{A}$ 是实正规矩阵的充要条件是 $\boldsymbol{B}$ 为实正规矩阵.

证明 $\boldsymbol{A}$ 正交相似于 $\boldsymbol{B}$,也就是说,存在正交矩阵 $\boldsymbol{Q}$,使得

$$\boldsymbol{Q}^{-1}\boldsymbol{A}\boldsymbol{Q}=\boldsymbol{B} \tag{3.7.1}$$

这个等式两边同时转置,得到

$$\boldsymbol{Q}^{\mathrm{T}}\boldsymbol{A}^{\mathrm{T}}(\boldsymbol{Q}^{-1})^{\mathrm{T}}=\boldsymbol{B}^{\mathrm{T}}$$

注意到 $\boldsymbol{Q}$ 的正交性:$\boldsymbol{Q}^{\mathrm{T}}=\boldsymbol{Q}^{-1}$,上面等式化为

$$\boldsymbol{Q}^{-1}\boldsymbol{A}^{\mathrm{T}}\boldsymbol{Q}=\boldsymbol{B}^{\mathrm{T}} \tag{3.7.2}$$

式(3.7.1)的两边分别左乘和右乘式(3.7.2)的两边,得到

$$\boldsymbol{B}^{\mathrm{T}}\boldsymbol{B}=(\boldsymbol{Q}^{-1}\boldsymbol{A}^{\mathrm{T}}\boldsymbol{Q})(\boldsymbol{Q}^{-1}\boldsymbol{A}\boldsymbol{Q})=\boldsymbol{Q}^{-1}\boldsymbol{A}^{\mathrm{T}}\boldsymbol{A}\boldsymbol{Q}$$

以及

$$\boldsymbol{B}\boldsymbol{B}^{\mathrm{T}}=(\boldsymbol{Q}^{-1}\boldsymbol{A}\boldsymbol{Q})(\boldsymbol{Q}^{-1}\boldsymbol{A}^{\mathrm{T}}\boldsymbol{Q})=\boldsymbol{Q}^{-1}\boldsymbol{A}^{\mathrm{T}}\boldsymbol{A}\boldsymbol{Q}$$

因此 $\boldsymbol{A}^{\mathrm{T}}\boldsymbol{A}=\boldsymbol{A}\boldsymbol{A}^{\mathrm{T}}$ 与 $\boldsymbol{B}^{\mathrm{T}}\boldsymbol{B}=\boldsymbol{B}\boldsymbol{B}^{\mathrm{T}}$ 等价.

引理 2 二阶实正规矩阵 $\boldsymbol{A}$,必然是下面两种矩阵之一:

(1) 对角矩阵,此时 $\boldsymbol{A}$ 有两个实特征值.

(2) 若 $\boldsymbol{A}$ 有一对相互共轭的虚特征值 $a\pm b\mathrm{i}$,则 $\boldsymbol{A}=\begin{pmatrix}a & b\\ -b & a\end{pmatrix}$ 或者 $\begin{pmatrix}a & -b\\ b & a\end{pmatrix}$.

证明 设 $\boldsymbol{A}=\begin{pmatrix}a & b\\ c & d\end{pmatrix}$,这里 a,b,c,d 是实数. 既然 $\boldsymbol{A}$ 是正规的,则

$$\boldsymbol{A}^{\mathrm{T}}\boldsymbol{A}=\begin{pmatrix}a & c\\ b & d\end{pmatrix}\begin{pmatrix}a & b\\ c & d\end{pmatrix}=\begin{pmatrix}a^2+c^2 & ab+cd\\ ab+cd & b^2+d^2\end{pmatrix}$$

$$=AA^{\mathrm{T}}=\begin{pmatrix}a & b\\ c & d\end{pmatrix}\begin{pmatrix}a & c\\ b & d\end{pmatrix}=\begin{pmatrix}a^2+b^2 & ac+bd\\ ac+bd & c^2+d^2\end{pmatrix}$$

根据矩阵的相等，我们得出

$$\begin{cases}a^2+c^2=a^2+b^2\\ ab+cd=ac+bd\\ b^2+d^2=c^2+d^2\end{cases}\tag{3.7.3}$$

由 $a^2+c^2=a^2+b^2$ 得到

$$c=\pm b$$

当 $c=b$ 时，$\boldsymbol{A}$ 是对称方阵，已是正规矩阵.

当 $c=-b\neq 0$ 时，将其代入式(3.7.3)的第二个等式得到

$$ab-bd=-ab+bd$$

即

$$b(a-d)=-b(a-d)$$

由于 $b\neq 0$，只能 $a-d=0, d=a$. 此时 $\boldsymbol{A}=\begin{pmatrix}a & b\\ -b & a\end{pmatrix}$，易验证这样的 $\boldsymbol{A}$ 是正规矩阵并且有一对共轭的特征值 $a\pm b\mathrm{i}$.

因为 c 和 b 位置的对称性，所以具有特征值 $a\pm b\mathrm{i}$ 的正规矩阵 $\boldsymbol{A}$ 也可以是 $\begin{pmatrix}a & -b\\ b & a\end{pmatrix}$.

引理 3　设 $\boldsymbol{A}$ 是二阶实矩阵，特征值为 $a\pm b\mathrm{i}$，则 $\boldsymbol{A}$ 是实正规矩阵的充要条件是存在二阶正交矩阵 $\boldsymbol{Q}$，使得

$$\boldsymbol{Q}^{\mathrm{T}}\boldsymbol{A}\boldsymbol{Q}=\begin{pmatrix}a & b\\ -b & a\end{pmatrix}$$

证明　必要性. 由引理 2 知，此时 $\boldsymbol{A}$ 具有形式 $\begin{pmatrix}a & \pm b\\ \mp b & a\end{pmatrix}$，可用正交矩阵 $\boldsymbol{Q}=\begin{pmatrix}1 & \\ & \pm 1\end{pmatrix}$ 将 $\boldsymbol{A}$ 相似于 $\boldsymbol{Q}^{-1}\boldsymbol{A}\boldsymbol{Q}=\begin{pmatrix}a & b\\ -b & a\end{pmatrix}$.

充分性. 若存在正交矩阵 $\boldsymbol{Q}$，使得

$$\boldsymbol{Q}^{\mathrm{T}}\boldsymbol{A}\boldsymbol{Q}=\begin{pmatrix}a & b\\ -b & a\end{pmatrix}$$

那么

$$\boldsymbol{A}\boldsymbol{A}^{\mathrm{T}}=\boldsymbol{Q}\begin{pmatrix}a & b\\ -b & a\end{pmatrix}\boldsymbol{Q}^{\mathrm{T}}\boldsymbol{Q}\begin{pmatrix}a & -b\\ b & a\end{pmatrix}\boldsymbol{Q}^{\mathrm{T}}$$

$$=\boldsymbol{Q}\begin{pmatrix}a & b\\-b & a\end{pmatrix}\begin{pmatrix}a & -b\\b & a\end{pmatrix}\boldsymbol{Q}^{\mathrm{T}}$$

$$=\boldsymbol{Q}\begin{pmatrix}a & -b\\b & a\end{pmatrix}\begin{pmatrix}a & b\\-b & a\end{pmatrix}\boldsymbol{Q}^{\mathrm{T}}$$

$$=\boldsymbol{Q}\begin{pmatrix}a & -b\\b & a\end{pmatrix}\boldsymbol{Q}^{\mathrm{T}}\boldsymbol{Q}\begin{pmatrix}a & b\\-b & a\end{pmatrix}\boldsymbol{Q}^{\mathrm{T}}$$

$$=\boldsymbol{A}^{\mathrm{T}}\boldsymbol{A}$$

这个等式证明了 $\boldsymbol{A}$ 的正规性.

引理 4　设 $\boldsymbol{A}$ 为实正规矩阵,若 $\boldsymbol{A}$ 是三角矩阵,则 $\boldsymbol{A}$ 是对角矩阵.

证明　设 $\boldsymbol{A}$ 为上三角矩阵

$$\boldsymbol{A}=\begin{pmatrix}a_{11} & a_{12} & \cdots & a_{1n}\\ & a_{22} & \cdots & a_{2n}\\ & & \ddots & \vdots\\ & & & a_{nn}\end{pmatrix}$$

根据正规矩阵的定义,有

$$\begin{pmatrix}a_{11} & a_{12} & \cdots & a_{1n}\\ & a_{22} & \cdots & a_{2n}\\ & & \ddots & \vdots\\ & & & a_{nn}\end{pmatrix}\begin{pmatrix}a_{11} & & & \\ a_{12} & a_{22} & & \\ \vdots & \vdots & \ddots & \\ a_{1n} & a_{2n} & \cdots & a_{nn}\end{pmatrix}$$

$$=\begin{pmatrix}a_{11} & & & \\ a_{12} & a_{22} & & \\ \vdots & \vdots & \ddots & \\ a_{1n} & a_{2n} & \cdots & a_{nn}\end{pmatrix}\begin{pmatrix}a_{11} & a_{12} & \cdots & a_{1n}\\ & a_{22} & \cdots & a_{2n}\\ & & \ddots & \vdots\\ & & & a_{nn}\end{pmatrix}\tag{3.7.4}$$

将上式两端矩阵相乘,然后写出等号两端矩阵第一行与第一列的元素的乘积,得到

$$a_{11}^2+a_{12}^2+\cdots+a_{1n}^2=a_{11}^2$$

于是

$$a_{12}^2+\cdots+a_{1n}^2=0$$

因为 a_{1i} 是实数,故 $a_{1i}^2\geqslant 0$,因而

$$a_{1i}=0\quad(i=2,3,\cdots,n)$$

在写出式(3.7.4)两端矩阵的第二行与第二列的元素的乘积,得到

$$a_{22}^2+a_{23}^2+\cdots+a_{2n}^2=a_{22}^2$$

于是

$$a_{23}^2+\cdots+a_{2n}^2=0$$

因此

$$a_{2i}=0 \quad (i=3,4,\cdots,n)$$

继续这样的步骤,便能得出

$$a_{ij}=0 \quad (j>i)$$

这就是说 $\boldsymbol{A}$ 为对角矩阵.

现在我们可以证明下面的定理.

定理 3.7.1 若 n 阶实矩阵 $\boldsymbol{A}$ 的实特征值为 $\lambda_{2s+1},\lambda_{2s+2},\cdots,\lambda_n$,复共轭特征值有 s 对:$a_1\pm b_1\mathrm{i},a_2\pm b_2\mathrm{i},\cdots,a_s\pm b_s\mathrm{i}$,则 $\boldsymbol{A}$ 是实正规矩阵的充分必要条件是存在 n 阶正交矩阵 $\boldsymbol{Q}$,使得

$$\boldsymbol{Q}^{\mathrm{T}}\boldsymbol{A}\boldsymbol{Q}=\begin{pmatrix}\boldsymbol{H}_1 & & & & & \\ & \ddots & & & & \\ & & \boldsymbol{H}_n & & & \\ & & & \lambda_{2s+1} & & \\ & & & & \ddots & \\ & & & & & \lambda_n\end{pmatrix} \tag{3.7.5}$$

其中

$$\boldsymbol{H}_j=\begin{pmatrix}a_j & b_j\\ -b_j & a_j\end{pmatrix} \quad (j=1,2,\cdots,s)$$

证明 必要性.设 $\boldsymbol{A}$ 是实正规矩阵,根据定理 3.6.1,存在 n 阶正交矩阵 $\boldsymbol{Q}_1$,使得

$$\boldsymbol{Q}_1^{-1}\boldsymbol{A}\boldsymbol{Q}_1=\boldsymbol{G}=\begin{pmatrix}\boldsymbol{G}_{11} & \boldsymbol{G}_{12}\\ \boldsymbol{O} & \boldsymbol{G}_{22}\end{pmatrix} \tag{3.7.6}$$

其中 $\boldsymbol{G}_{22}$ 是上三角矩阵,$\boldsymbol{G}_{11}$ 是由二阶矩阵组成的块状上三角矩阵,即

$$\boldsymbol{G}_{11}=\begin{pmatrix}\boldsymbol{A}_{11} & \boldsymbol{A}_{12} & \cdots & \boldsymbol{A}_{1s}\\ & \boldsymbol{A}_{22} & \cdots & \boldsymbol{A}_{2s}\\ & & \ddots & \vdots\\ & & & \boldsymbol{A}_{ss}\end{pmatrix},\boldsymbol{G}_{22}=\begin{pmatrix}\lambda_{2s+1} & * & \cdots & *\\ & \lambda_{2n+2} & \cdots & *\\ & & \ddots & \vdots\\ & & & \lambda_n\end{pmatrix}$$

$\boldsymbol{A}_{11},\boldsymbol{A}_{22},\cdots,\boldsymbol{A}_{ss}$ 是特征值为 $a_1\pm b_1\mathrm{i},a_2\pm b_2\mathrm{i},\cdots,a_s\pm b_s\mathrm{i}$ 的二阶实矩阵.因为 $\boldsymbol{A}$ 是实正规矩阵,所以由引理 1 知 $\boldsymbol{G}$ 也是实正规矩阵.即

$$\begin{pmatrix}\boldsymbol{G}_{11} & \boldsymbol{G}_{12}\\ \boldsymbol{O} & \boldsymbol{G}_{22}\end{pmatrix}\begin{pmatrix}\boldsymbol{G}_{11}^{\mathrm{T}} & \boldsymbol{O}\\ \boldsymbol{G}_{12}^{\mathrm{T}} & \boldsymbol{G}_{22}^{\mathrm{T}}\end{pmatrix}=\begin{pmatrix}\boldsymbol{G}_{11}^{\mathrm{T}} & \boldsymbol{O}\\ \boldsymbol{G}_{12}^{\mathrm{T}} & \boldsymbol{G}_{22}^{\mathrm{T}}\end{pmatrix}\begin{pmatrix}\boldsymbol{G}_{11} & \boldsymbol{G}_{12}\\ \boldsymbol{O} & \boldsymbol{G}_{22}\end{pmatrix}$$

比较等式两边可得

$$\begin{cases}\boldsymbol{G}_{11}\boldsymbol{G}_{11}^{\mathrm{T}}+\boldsymbol{G}_{12}^{\mathrm{T}}\boldsymbol{G}_{12}=\boldsymbol{G}_{11}^{\mathrm{T}}\boldsymbol{G}_{11}\\ \boldsymbol{G}_{12}\boldsymbol{G}_{22}^{\mathrm{T}}=\boldsymbol{G}_{11}^{\mathrm{T}}\boldsymbol{G}_{12}\\ \boldsymbol{G}_{22}\boldsymbol{G}_{12}^{\mathrm{T}}=\boldsymbol{G}_{12}^{\mathrm{T}}\boldsymbol{G}_{11}\\ \boldsymbol{G}_{22}\boldsymbol{G}_{22}^{\mathrm{T}}=\boldsymbol{G}_{12}^{\mathrm{T}}\boldsymbol{G}_{12}+\boldsymbol{G}_{22}^{\mathrm{T}}\boldsymbol{G}_{22}\end{cases}\tag{3.7.7}$$

在等式组(3.7.7)的第一个等式两边取矩阵的迹，因为 $\mathrm{Tr}(\boldsymbol{G}_{11}\boldsymbol{G}_{11}^{\mathrm{T}})=\mathrm{Tr}(\boldsymbol{G}_{11}^{\mathrm{T}}\boldsymbol{G}_{11})$，所以 $\mathrm{Tr}(\boldsymbol{G}_{12}^{\mathrm{T}}\boldsymbol{G}_{12})=0$. 由直接计算可知 $\mathrm{Tr}(\boldsymbol{G}_{12}\boldsymbol{G}_{12}^{\mathrm{T}})$ 是实矩阵 $\boldsymbol{G}_{12}$ 的所有元素的平方和，因此 $\boldsymbol{G}_{12}$ 是零矩阵：$\boldsymbol{G}_{12}=\boldsymbol{O}$；代入式(3.7.6)后得

$$\boldsymbol{G}_{11}\boldsymbol{G}_{11}^{\mathrm{T}}=\boldsymbol{G}_{11}^{\mathrm{T}}\boldsymbol{G}_{11},\boldsymbol{G}_{12}\boldsymbol{G}_{12}^{\mathrm{T}}=\boldsymbol{G}_{12}^{\mathrm{T}}\boldsymbol{G}_{12}$$

这表明 $\boldsymbol{G}_{11},\boldsymbol{G}_{22}$ 均是正规矩阵，由引理 4 知，$\boldsymbol{G}_{22}$ 是对角矩阵，所以

$$\boldsymbol{G}_{22}=\begin{pmatrix}\lambda_{2s+1}&&&\\&\lambda_{2s+2}&&\\&&\ddots&\\&&&\lambda_n\end{pmatrix}$$

由于 $\boldsymbol{G}_{11}^{\mathrm{T}}\boldsymbol{G}_{11}=\boldsymbol{G}_{11}\boldsymbol{G}_{11}^{\mathrm{T}}$ 可得 s 个矩阵等式

$$\begin{cases}\boldsymbol{A}_{11}^{\mathrm{T}}\boldsymbol{A}_{11}=\boldsymbol{A}_{11}\boldsymbol{A}_{11}^{\mathrm{T}}+\boldsymbol{A}_{12}\boldsymbol{A}_{12}^{\mathrm{T}}+\cdots+\boldsymbol{A}_{1s}\boldsymbol{A}_{1s}^{\mathrm{T}}\\ \boldsymbol{A}_{12}^{\mathrm{T}}\boldsymbol{A}_{12}+\boldsymbol{A}_{22}\boldsymbol{A}_{22}^{\mathrm{T}}=\boldsymbol{A}_{22}\boldsymbol{A}_{22}^{\mathrm{T}}+\boldsymbol{A}_{23}\boldsymbol{A}_{23}^{\mathrm{T}}+\cdots+\boldsymbol{A}_{2s}\boldsymbol{A}_{2s}^{\mathrm{T}}\\ \vdots\\ \boldsymbol{A}_{1s}^{\mathrm{T}}\boldsymbol{A}_{1s}+\boldsymbol{A}_{2s}^{\mathrm{T}}\boldsymbol{A}_{2s}+\cdots+\boldsymbol{A}_{ss}^{\mathrm{T}}\boldsymbol{A}_{ss}=\boldsymbol{A}_{1s}\boldsymbol{A}_{1s}^{\mathrm{T}}\end{cases}\tag{3.7.8}$$

在这个等式组的第一个等式两边取矩阵的迹，得

$$\mathrm{Tr}(\boldsymbol{A}_{11}^{\mathrm{T}}\boldsymbol{A}_{11})=\mathrm{Tr}(\boldsymbol{A}_{11}\boldsymbol{A}_{11}^{\mathrm{T}})+\mathrm{Tr}(\boldsymbol{A}_{12}\boldsymbol{A}_{12}^{\mathrm{T}})+\cdots+\mathrm{Tr}(\boldsymbol{A}_{1s}\boldsymbol{A}_{1s}^{\mathrm{T}})$$

由此

$$\mathrm{Tr}(\boldsymbol{A}_{12}\boldsymbol{A}_{12}^{\mathrm{T}})+\cdots+\mathrm{Tr}(\boldsymbol{A}_{1s}\boldsymbol{A}_{1s}^{\mathrm{T}})=0$$

因为 $\mathrm{Tr}(\boldsymbol{A}_{1j}\boldsymbol{A}_{1j}^{\mathrm{T}})$ 是矩阵 $\boldsymbol{A}_{1j}$ 的所有元素之平方和，从而

$$\boldsymbol{A}_{1j}=\boldsymbol{O}\quad(j=2,3,\cdots,s)$$

代入式(3.7.8)的第二个等式以后，类似于对式(3.7.8)的第一个等式的讨论便得到

$$\boldsymbol{A}_{2j}=\boldsymbol{O}\quad(j=3,4,\cdots,s)$$

如果继续这个过程，我们将得到

$$\boldsymbol{A}_{ij}=\boldsymbol{O}\quad(j=1,2,\cdots,s;\ i<j\leqslant s)$$

因此

$$
G_{11}=\begin{pmatrix} A_{11} & & & \\ & A_{22} & & \\ & & \ddots & \\ & & & A_{ss} \end{pmatrix}
$$

这里每一个 $A_{jj}(j=1,2,\cdots,s)$ 都是实正规矩阵,其特征值为 $a_j \pm b_j\mathrm{i}$.

把 G_{11} 与 G_{22} 的表达式代入式(3.7.6),得到

$$
Q_1^{-1}AQ_1=\begin{pmatrix} A_{11} & & & & & \\ & \ddots & & & & \\ & & A_{ss} & & & \\ & & & \lambda_{2s+1} & & \\ & & & & \ddots & \\ & & & & & \lambda_n \end{pmatrix}
$$

根据引理 3,对于每一个 A_{jj} 存在二阶正交矩阵$\overline{Q_j}$,使得

$$
\overline{Q_j}^{\mathrm{T}}A_{ij}\,\overline{Q_j}=\begin{pmatrix} a_j & b_j \\ -b_j & a_j \end{pmatrix}=H_j
$$

令

$$
Q=Q_1\begin{pmatrix} \overline{Q}_1 & & & \\ & \overline{Q}_2 & & \\ & & \ddots & \\ & & & E_{n-2s} \end{pmatrix}
$$

即得式(3.7.5).

充分性.由式(3.7.5),得

$$
A=Q\begin{pmatrix} H_1 & & & & & \\ & \ddots & & & & \\ & & H_s & & & \\ & & & \lambda_{2s+1} & & \\ & & & & \ddots & \\ & & & & & \lambda_n \end{pmatrix}Q^{\mathrm{T}}
$$

由直接验算得到 $A^{\mathrm{T}}A=AA^{\mathrm{T}}$,并且 A 的特征值分布可由与矩阵

$$\begin{pmatrix} \boldsymbol{H}_1 & & & & & \\ & \ddots & & & & \\ & & \boldsymbol{H}_s & & & \\ & & & \lambda_{2s+1} & & \\ & & & & \ddots & \\ & & & & & \lambda_n \end{pmatrix}$$

正交相似立刻得到.

由于正交矩阵、实对称矩阵、实反对称矩阵都属于实正规矩阵,因此可以利用定理 3.7.1 来讨论它们的特征值.

定理 3.7.2 1)n 阶实矩阵 $\boldsymbol{A}$ 为正交矩阵的充要条件是:存在 n 阶正交矩阵 $\boldsymbol{Q}$,使得

$$\boldsymbol{Q}^{\mathrm{T}}\boldsymbol{A}\boldsymbol{Q} = \begin{pmatrix} \boldsymbol{H}_1 & & & & & & & & \\ & \ddots & & & & & & & \\ & & \boldsymbol{H}_s & & & & & & \\ & & & 1 & & & & & \\ & & & & \ddots & & & & \\ & & & & & 1 & & & \\ & & & & & & -1 & & \\ & & & & & & & \ddots & \\ & & & & & & & & -1 \end{pmatrix}$$

其中

$$\boldsymbol{H}_j = \begin{pmatrix} \cos\theta_j & \sin\theta_j \\ -\sin\theta_j & \cos\theta_j \end{pmatrix} \quad (j=1,2,\cdots,s)$$

2)n 阶实矩阵 $\boldsymbol{A}$ 为对称矩阵的充要条件是:存在 n 阶正交矩阵 $\boldsymbol{Q}$,使得 $\boldsymbol{Q}^{\mathrm{T}}\boldsymbol{A}\boldsymbol{Q}$ 是对角线为全实数的对角矩阵.

3)n 阶实矩阵 $\boldsymbol{A}$ 为反对称矩阵的充要条件是:存在 n 阶正交矩阵 $\boldsymbol{Q}$,使得

$$\boldsymbol{Q}^{\mathrm{T}}\boldsymbol{A}\boldsymbol{Q} = \begin{pmatrix} \boldsymbol{H}_1 & & & & & \\ & \ddots & & & & \\ & & \boldsymbol{H}_s & & & \\ & & & 0 & & \\ & & & & \ddots & \\ & & & & & 0 \end{pmatrix}$$

其中

$$H_j=\begin{pmatrix}0 & b_j\\ -b_j & 0\end{pmatrix}\quad (j=1,2,\cdots,s)$$

证明 根据定理3.7.1,知存在 n 阶正交矩阵 Q,而 Q^TAQ 形如式(3.7.5).

1) 因为 A 的正交性等价于 Q^TAQ 的正交性,于是由

$$(Q^TAQ)^T(Q^TAQ)=(Q^TAQ)(Q^TAQ)^T=E$$

得到

$$H_j^TH_j=H_jH_j^T=E_j\quad (j=1,2,\cdots,s)$$

$$\lambda_{2s+1}^2=\lambda_{2s+2}^2=\cdots=\lambda_{2s+k}^2=1$$

因此 A 实数特征值为 1 或 -1,而复特征值 $a_j\pm \mathrm{i}b_j$ 满足

$$\begin{pmatrix}a_j & b_j\\ -b_j & a_j\end{pmatrix}\begin{pmatrix}a_j & -b_j\\ b_j & a_j\end{pmatrix}=\begin{pmatrix}a_j & -b_j\\ b_j & a_j\end{pmatrix}\begin{pmatrix}a_j & b_j\\ -b_j & a_j\end{pmatrix}=\begin{pmatrix}1 & 0\\ 0 & 1\end{pmatrix}$$

故得

$$a_j^2+b_j^2=1\quad (j=1,2,\cdots,s)$$

于是存在角度 θ_j,使得

$$a_j\pm \mathrm{i}b_j=\cos\theta_j\pm \mathrm{i}\sin\theta_j$$

即

$$H_j=\begin{pmatrix}\cos\theta_j & \sin\theta_j\\ -\sin\theta_j & \cos\theta_j\end{pmatrix}\quad (j=1,2,\cdots,s)$$

2) A 的对称性等价于 Q^TAQ 的对称性,于是由 $(Q^TAQ)^T=(Q^TAQ)$ 得到

$$H_j^T=H_j\quad (j=1,2,\cdots,s)$$

所以

$$b_j=0\quad (j=1,2,\cdots,s)$$

这就是说 A 的复特征值的虚部为零,所以实数对称矩阵 A 的特征值全是实数.

3) A 的反对称性等价于 Q^TAQ 的反对称性,于是由 $(Q^TAQ)^T=-(Q^TAQ)$ 得到

$$H_j^T=-H_j\quad (j=1,2,\cdots,s)$$

$$\lambda_1=\lambda_2=\cdots=\lambda_n=0$$

由 $H_j^T=-H_j$ 得到

$$a_j=0\quad (j=1,2,\cdots,s)$$

于是

$$H_j=\begin{pmatrix}0 & b_j\\ -b_j & 0\end{pmatrix}\quad (j=1,2,\cdots,s)$$

3.8 长方矩阵的酉相抵·奇异值分解定理

在第2章,我们证明了,任意一个r秩的$m\times n$维长方矩阵$\boldsymbol{A}$都有相抵标准形式:存在非奇异方阵$\boldsymbol{P},\boldsymbol{Q}$,使得$\boldsymbol{PAQ}=\begin{pmatrix}\boldsymbol{E}_r & \boldsymbol{O}\\ \boldsymbol{O} & \boldsymbol{O}\end{pmatrix}$. 现在我们要问,如果进一步将$\boldsymbol{P},\boldsymbol{Q}$限定为酉矩阵,是怎样的情形呢? 也就是说,在酉相抵时,长方矩阵能化到怎样的简单形式呢?

对于任一复$m\times n$维长方矩阵$\boldsymbol{A}$,为了应用酉相似,我们引入两个由$\boldsymbol{A}$构造的方阵:$\boldsymbol{AA}^{\mathrm{H}}$以及$\boldsymbol{A}^{\mathrm{H}}\boldsymbol{A}$,它们的阶数分别为$m$和$n$,并且它们都是埃尔米特矩阵.

定理 3.8.1 设$\boldsymbol{A}$是任意复矩阵,则秩$(\boldsymbol{AA}^{\mathrm{H}})=$秩$(\boldsymbol{A}^{\mathrm{H}}\boldsymbol{A})=$秩$\boldsymbol{A}$.

证明 若$\boldsymbol{X}$是$\boldsymbol{AA}^{\mathrm{H}}\boldsymbol{X}=\boldsymbol{O}$的非零解,则

$$\boldsymbol{X}^{\mathrm{H}}\boldsymbol{AA}^{\mathrm{H}}\boldsymbol{X}=\boldsymbol{O}$$

于是

$$(\boldsymbol{AX})^{\mathrm{H}}(\boldsymbol{AX})=\boldsymbol{O}$$

故得

$$\boldsymbol{AX}=\boldsymbol{O}$$

这说明$\boldsymbol{X}$也是$\boldsymbol{AX}=\boldsymbol{O}$的非零解.

反之,若$\boldsymbol{X}$是$\boldsymbol{AX}=\boldsymbol{O}$的非零解,易知它也是$\boldsymbol{A}^{\mathrm{H}}\boldsymbol{AX}=\boldsymbol{O}$的非零解. 因此方程组$\boldsymbol{A}^{\mathrm{H}}\boldsymbol{AX}=\boldsymbol{O}$的系数矩阵的秩与$\boldsymbol{AX}=\boldsymbol{O}$的相等,即

$$\text{秩}(\boldsymbol{A})=\text{秩}(\boldsymbol{A}^{\mathrm{H}}\boldsymbol{A})$$

于是也有

$$\text{秩}(\boldsymbol{A})=\text{秩}(\boldsymbol{A}^{\mathrm{H}})=\text{秩}(\boldsymbol{AA}^{\mathrm{H}})$$

定理 3.8.2 方阵$\boldsymbol{AA}^{\mathrm{H}}$与$\boldsymbol{A}^{\mathrm{H}}\boldsymbol{A}$的特征值均为非负实数.

证明 设$\lambda,\boldsymbol{X}$是$\boldsymbol{AA}^{\mathrm{H}}$的特征值和对应的特征向量

$$\boldsymbol{AA}^{\mathrm{H}}\boldsymbol{X}=\lambda\boldsymbol{X}$$

由于$\boldsymbol{AA}^{\mathrm{H}}$是埃尔米特矩阵,所以$\lambda$是实数. 现在我们可写

$$0\leqslant(\boldsymbol{AX})^{\mathrm{H}}(\boldsymbol{AX})=(\boldsymbol{X}^{\mathrm{H}}\boldsymbol{A}^{\mathrm{H}})(\boldsymbol{AX})=\boldsymbol{X}^{\mathrm{H}}(\boldsymbol{A}^{\mathrm{H}}\boldsymbol{AX})=\boldsymbol{X}^{\mathrm{H}}(\lambda\boldsymbol{X})=\lambda(\boldsymbol{X}^{\mathrm{H}}\boldsymbol{X})$$

因为$\boldsymbol{X}$是非零向量,故$\boldsymbol{X}^{\mathrm{H}}\boldsymbol{X}>0$. 由此可知$\lambda\geqslant 0$.

同理可证明$\boldsymbol{AA}^{\mathrm{H}}$的特征值也为非负实数.

定理 3.8.3 方阵$\boldsymbol{AA}^{\mathrm{H}}$与$\boldsymbol{A}^{\mathrm{H}}\boldsymbol{A}$的非零特征值相同(包括重数).

证明 设$\boldsymbol{AA}^{\mathrm{H}}$与$\boldsymbol{A}^{\mathrm{H}}\boldsymbol{A}$的特征值依大小次序分别排列如下

$$\lambda_1\geqslant\lambda_2\geqslant\cdots\geqslant\lambda_r>\lambda_{r+1}=\cdots=\lambda_n=0$$

$$\mu_1 \geqslant \mu_2 \geqslant \cdots \geqslant \mu_k > \mu_{k+1} = \cdots = \lambda_n = 0$$

若 $\boldsymbol{X}_i$ 是 $\boldsymbol{AA}^{\mathrm{H}}$ 的非零特征值 $\lambda_i (i=1,2,\cdots,r)$ 所对应的特征向量，即

$$\boldsymbol{AA}^{\mathrm{H}}\boldsymbol{X}_i = \lambda_i \boldsymbol{X}_i \tag{3.8.1}$$

那么 $\boldsymbol{A}^{\mathrm{H}}\boldsymbol{X}_i \neq \boldsymbol{O}$(这是因为若不然，即有 $\boldsymbol{A}^{\mathrm{H}}\boldsymbol{X}_i = \boldsymbol{O}$，则 $\boldsymbol{AA}^{\mathrm{H}}\boldsymbol{X}_i = \boldsymbol{O} = \lambda_i \boldsymbol{X}_i$，由此推知 $\lambda_i = 0$，与假设矛盾). 现在以 $\boldsymbol{A}^{\mathrm{H}}$ 左乘式(3.8.1) 两端得

$$\boldsymbol{A}^{\mathrm{H}}\boldsymbol{AA}^{\mathrm{H}}\boldsymbol{X}_i = \lambda_i \boldsymbol{A}^{\mathrm{H}}\boldsymbol{X}_i$$

这表明 $\boldsymbol{A}^{\mathrm{H}}\boldsymbol{X}_i$ 是矩阵 $\boldsymbol{A}^{\mathrm{H}}\boldsymbol{A}$ 对应于特征值 λ_i 的特征向量，于是 $\boldsymbol{AA}^{\mathrm{H}}$ 的全部特征值也必是 $\boldsymbol{A}^{\mathrm{H}}\boldsymbol{A}$ 的特征值. 同理，$\boldsymbol{A}^{\mathrm{H}}\boldsymbol{A}$ 的全部特征值也必是 $\boldsymbol{AA}^{\mathrm{H}}$ 的特征值. 如果还能证明 $\boldsymbol{AA}^{\mathrm{H}}$ 与 $\boldsymbol{A}^{\mathrm{H}}\boldsymbol{A}$ 的非零特征值的代数重数也相同，则它们的非零特征值就完全相同了.

设 $\boldsymbol{X}_1, \boldsymbol{X}_2, \cdots, \boldsymbol{X}_p$ 是矩阵 $\boldsymbol{AA}^{\mathrm{H}}$ 的特征值 $\lambda \neq 0$ 的极大线性无关特征向量组，由上面的讨论可知：$\boldsymbol{A}^{\mathrm{H}}\boldsymbol{X}_1, \boldsymbol{A}^{\mathrm{H}}\boldsymbol{X}_2, \cdots, \boldsymbol{A}^{\mathrm{H}}\boldsymbol{X}_p$ 是矩阵 $\boldsymbol{A}^{\mathrm{H}}\boldsymbol{A}$ 对应于 λ 的 p 个特征向量. 现在证明 $\boldsymbol{A}^{\mathrm{H}}\boldsymbol{X}_1, \boldsymbol{A}^{\mathrm{H}}\boldsymbol{X}_2, \cdots, \boldsymbol{A}^{\mathrm{H}}\boldsymbol{X}_p$ 是线性无关的.

事实上，设

$$c_1\boldsymbol{A}^{\mathrm{H}}\boldsymbol{X}_1 + c_2\boldsymbol{A}^{\mathrm{H}}\boldsymbol{X}_2 + \cdots + c_p\boldsymbol{A}^{\mathrm{H}}\boldsymbol{X}_p = \boldsymbol{O}$$

则

$$\boldsymbol{A}(c_1\boldsymbol{A}^{\mathrm{H}}\boldsymbol{X}_1 + c_2\boldsymbol{A}^{\mathrm{H}}\boldsymbol{X}_2 + \cdots + c_p\boldsymbol{A}^{\mathrm{H}}\boldsymbol{X}_p) = \boldsymbol{O}$$

于是

$$c_1\boldsymbol{AA}^{\mathrm{H}}\boldsymbol{X}_1 + c_2\boldsymbol{AA}^{\mathrm{H}}\boldsymbol{X}_2 + \cdots + c_p\boldsymbol{AA}^{\mathrm{H}}\boldsymbol{X}_p = \boldsymbol{O}$$

所以

$$\lambda(c_1\boldsymbol{X}_1 + c_2\boldsymbol{X}_2 + \cdots + c_p\boldsymbol{X}_p) = \boldsymbol{O}$$

由于 $\lambda \neq 0$，故

$$c_1\boldsymbol{X}_1 + c_2\boldsymbol{X}_2 + \cdots + c_p\boldsymbol{X}_p = \boldsymbol{O}$$

由 $\boldsymbol{X}_1, \boldsymbol{X}_2, \cdots, \boldsymbol{X}_p$ 的线性无关性知

$$c_1 = c_2 = \cdots = c_p = 0$$

此即 $\boldsymbol{A}^{\mathrm{H}}\boldsymbol{X}_1, \boldsymbol{A}^{\mathrm{H}}\boldsymbol{X}_2, \cdots, \boldsymbol{A}^{\mathrm{H}}\boldsymbol{X}_p$ 线性无关.

这就证明了特征值 λ 关于 $\boldsymbol{AA}^{\mathrm{H}}$ 的几何重数不大于关于 $\boldsymbol{A}^{\mathrm{H}}\boldsymbol{A}$ 的几何重数；反之，利用同样的方法也可证明，λ 关于 $\boldsymbol{A}^{\mathrm{H}}\boldsymbol{A}$ 的几何重数不大于关于 $\boldsymbol{AA}^{\mathrm{H}}$ 的几何重数. 因此 $\boldsymbol{AA}^{\mathrm{H}}$ 与 $\boldsymbol{A}^{\mathrm{H}}\boldsymbol{A}$ 的非零特征值的几何重数相等.

因为埃尔米特矩阵 $\boldsymbol{AA}^{\mathrm{H}}$ 与 $\boldsymbol{A}^{\mathrm{H}}\boldsymbol{A}$ 是可相似对角化的，所以它们的每一个代数重数等于几何重数. 于是也就完成了定理的证明.

根据定理 3.8.3，我们可以引进奇异值定义.

定义 3.8.1 设 $\boldsymbol{A}$ 是 $m\times n$ 维长方矩阵，$\boldsymbol{AA}^{\mathrm{H}}$ 的特征值为

$$\lambda_1\geqslant\lambda_2\geqslant\cdots\geqslant\lambda_r>\lambda_{r+1}=\cdots=\lambda_n=0$$

则称 $\sigma_i=\sqrt{\lambda_i}\,(i=1,2,\cdots,r)$ 为矩阵 $\boldsymbol{A}$ 的正奇异值，简称为奇异值.

由定理 3.8.3，$\boldsymbol{A}$ 与 $\boldsymbol{A}^{\mathrm{H}}$ 有相同的正奇异值.

定义 3.8.2 设 $\boldsymbol{A}$，$\boldsymbol{B}$ 均是 $m\times n$ 维长方矩阵，如果存在 m 阶酉矩阵 $\boldsymbol{U}$ 和 n 阶酉矩阵 $\boldsymbol{V}$，使得 $\boldsymbol{B}=\boldsymbol{UAV}$，便说 $\boldsymbol{A}$ 与 $\boldsymbol{B}$ 是酉相抵的.

定理 3.8.4 酉相抵的两个矩阵具有相同的正奇异值.

证明 设 $\boldsymbol{A}$ 与 $\boldsymbol{B}$ 酉相抵

$$\boldsymbol{B}=\boldsymbol{UAV}$$

这里 $\boldsymbol{U}$ 和 $\boldsymbol{V}$ 均是酉矩阵.

于是

$$\boldsymbol{B}^{\mathrm{H}}=\boldsymbol{V}^{\mathrm{H}}\boldsymbol{A}^{\mathrm{H}}\boldsymbol{U}^{\mathrm{H}}$$

这样就有

$$\boldsymbol{B}^{\mathrm{H}}\boldsymbol{B}=(\boldsymbol{V}^{\mathrm{H}}\boldsymbol{A}^{\mathrm{H}}\boldsymbol{U}^{\mathrm{H}})(\boldsymbol{UAV})=\boldsymbol{V}^{\mathrm{H}}(\boldsymbol{A}^{\mathrm{H}}\boldsymbol{A})\boldsymbol{V}$$

即 $\boldsymbol{A}^{\mathrm{H}}\boldsymbol{A}$ 与 $\boldsymbol{B}^{\mathrm{H}}\boldsymbol{B}$ 酉相似，故它们有相同的特征值，根据定义，$\boldsymbol{A}$ 与 $\boldsymbol{B}$ 有相同的正奇异值.

下面的定理是本段的主要目的：

定理 3.8.5（奇异值分解[①]） 任意秩数为 r 的 $m\times n$ 维矩阵 $\boldsymbol{A}$，都存在 m 阶酉矩阵 $\boldsymbol{U}$ 和 n 阶酉矩阵 $\boldsymbol{V}$，使得

$$\boldsymbol{A}=\boldsymbol{U}\begin{pmatrix}\boldsymbol{D}&\boldsymbol{O}\\\boldsymbol{O}&\boldsymbol{O}\end{pmatrix}\boldsymbol{V}^{\mathrm{H}}$$

这里 $\boldsymbol{D}$ 是对角线元素为 $\sigma_1\geqslant\sigma_2\geqslant\cdots\geqslant\sigma_r>0$ 的对角矩阵，其中 σ_i 是 $\boldsymbol{A}$ 的正奇异值.

定理中的 $\boldsymbol{U}^{\mathrm{H}}\boldsymbol{AV}=\begin{pmatrix}\boldsymbol{D}&\boldsymbol{O}\\\boldsymbol{O}&\boldsymbol{O}\end{pmatrix}$ 称为矩阵 $\boldsymbol{A}$ 的酉相抵标准形.

证明 因为 $\boldsymbol{A}^{\mathrm{H}}\boldsymbol{A}$ 是秩为 r 的埃尔米特矩阵，所以存在 n 阶酉矩阵 $\boldsymbol{V}$ 使

---

① 奇异值分解最早是由 Beltrami 在 1873 年对实方阵提出来的（是在研究双线性函数的变量替换中入手的）. 1874 年，Jordan 也独立地推导了实方阵的奇异值分解. 后来，Autonne 于 1902 年把奇异值分解推广到复方阵；Eckart 和 Young 于 1939 年又进一步把它推广到一般的长方矩阵. 因此，现在常把任意复长方矩阵的奇异值分解定理称为 Autonne-Eckart-Young 定理.

$$V^{H}(A^{H}A)V=\begin{pmatrix}\sigma_1^2 & & & & & \\ & \ddots & & & & \\ & & \sigma_r^2 & & & \\ & & & 0 & & \\ & & & & \ddots & \\ & & & & & 0\end{pmatrix}=\begin{pmatrix}D^2 & O\\ O & O\end{pmatrix}$$

上式右端为 n 阶矩阵.将 V 分块,写成 $V=(V_1,V_2)$,其中 V_1 为 $n\times r$ 维,V_2 为 $n\times(n-r)$ 维.因为 V 是酉矩阵,所以

$$V_1^{H}V_1=E_r,V_1^{H}V_2=O$$

由此

$$V^{H}(A^{H}A)V=\begin{pmatrix}V_1^{H}\\ V_2^{H}\end{pmatrix}A^{H}A(V_1,V_2)=\begin{pmatrix}D^2 & O\\ O & O\end{pmatrix}$$

根据矩阵的相等,有

$$V_1^{H}A^{H}AV_1=D^2,V_2^{H}A^{H}AV_2=(AV_2)^{H}(AV_2)=O$$

后面那个等式意味着

$$AV_2=O$$

而

$$A=AVV^{H}=A(V_1,V_2)\begin{pmatrix}V_1^{H}\\ V_2^{H}\end{pmatrix}=AV_1V_1^{H}+AV_2V_2^{H}$$

$$=AV_1V_1^{H}=AV_1D^{-1}DV_1^{H}=U_1DV_1^{H}$$

其中 $U_1=AV_1D^{-1}$ 是 $m\times r$ 维矩阵且

$$U_1^{H}U_1=(AV_1D^{-1})^{H}(AV_1D^{-1})=D^{-1}V_1^{H}A^{H}AV_1D^{-1}=D^{-1}D^2D^{-1}=E_r$$

将 U_1 扩充成酉矩阵① $U=(U_1,U_2)$,则有

$$U\begin{pmatrix}D & O\\ O & O\end{pmatrix}V^{H}=(U_1,U_2)\begin{pmatrix}D & O\\ O & O\end{pmatrix}\begin{pmatrix}V_1^{H}\\ V_2^{H}\end{pmatrix}=(U_1D,O)\begin{pmatrix}V_1^{H}\\ V_2^{H}\end{pmatrix}=U_1DV_1^{H}=A \tag{3.8.2}$$

证毕.

如果用酉矩阵 V 右乘式(3.8.2),将得到 $AV=UD$.进一步若把 n 阶矩阵 V 写为列向量的形式:$V=(X_1,X_2,\cdots,X_n)$,则

$$AX_i=\sigma_iX_i\quad(i=1,2,\cdots,r)$$

---

① 参阅本章定理 3.4.1 的推论 2.

$$\boldsymbol{A}\boldsymbol{X}_i=\mathbf{0}\quad(i=r+1,r+2,\cdots,n)$$

类似地，用$\boldsymbol{U}^{\mathrm{H}}$左乘式(3.8.1)，将得到

$$\boldsymbol{U}^{\mathrm{H}}\boldsymbol{A}=\boldsymbol{D}\boldsymbol{V}$$

其列向量形式为

$$\boldsymbol{Y}_i^{\mathrm{H}}\boldsymbol{A}=\sigma_i\boldsymbol{Y}_i^{\mathrm{H}}\quad(i=1,2,\cdots,r)$$

$$\boldsymbol{Y}_i^{\mathrm{H}}\boldsymbol{A}=\mathbf{0}\quad(i=r+1,r+2,\cdots,n)$$

其中$(\boldsymbol{Y}_1,\boldsymbol{Y}_2,\cdots,\boldsymbol{Y}_n)=\boldsymbol{U}.\boldsymbol{V}$称为矩阵$\boldsymbol{A}$的右奇异向量矩阵.

因此$\boldsymbol{V}$的列向量称为矩阵$\boldsymbol{A}$的右奇异向量，$\boldsymbol{U}$的列向量称为矩阵$\boldsymbol{A}$的左奇异向量.

第5章 二次型与埃尔米特型

§1 二次型和它的标准形式

1.1 二次型和它的变换

众所周知，在代数中齐次多项式称为型. 特别地，二次齐次多项式称为二次型. 我们对二次型感兴趣，是因为它在数学的各部门的许多问题上有它的特殊价值，包括实用的价值. 例如，解析几何学中二次曲线理论和二次曲面理论的研究，实际上就是关于两个(或者三个)未知量的二次多项式的研究. 诚然，这种多项式一般是非齐次的，然而在它们中关于二次项的研究是最基本与最困难的. 因此这些问题的研究基本上是关于二次型的研究.

所谓在域 K 上含有 n 个未知量 $x_1, x_2, \cdots, x_n$ 的二次型是指

$$\varphi(x_1, x_2, \cdots, x_n) = a_{11}x_1^2 + 2a_{12}x_1x_2 + 2a_{13}x_1x_3 + \cdots + 2a_{1n}x_1x_n + \cdots + a_{nn}x_n^2 \qquad (1.1.1)$$

式中的系数 a_{ij} 属于域 K. 在此，x_i^2 的系数常用 a_{ii} 代表，x_ix_j 的系数则用 $2a_{ij}$ 代表($i \neq j$).

在建立二次型的理论时，对于域 K 需加上一点限制，就是假定域 K 的特征值不为 2. 换句话说，这个域中的元素 $1+1=2$ 不为零，故可用来除域中的任何元素. 很明显地，这个假设对于数域是适合的. 在本节中这个假设将始终保持着.

二次型的研究以下列的事实为基础:二次型的表示式可以用换原未知量为新未知量的变换来做实质上的简化.

设 $x_1,x_2,\cdots,x_n$ 是原未知量,$y_1,y_2,\cdots,y_n$ 是新未知量,而且它们可以用 $x_1,x_2,\cdots,x_n$ 线性表示出来,那也就是说,$y_1,y_2,\cdots,y_n$ 都是 $x_1,x_2,\cdots,x_n$ 的一次齐次多项式

$$\begin{cases} y_1 = b_{11}x_1 + b_{12}x_2 + \cdots + b_{1n}x_n \\ y_2 = b_{21}x_1 + b_{22}x_2 + \cdots + b_{2n}x_n \\ \quad \vdots \\ y_n = b_{n1}x_1 + b_{n2}x_2 + \cdots + b_{nn}x_n \end{cases} \tag{1.1.2}$$

假如在这里每一个原未知量 $x_1,x_2,\cdots,x_n$ 都可以用 $y_1,y_2,\cdots,y_n$ 线性表示出来

$$\begin{cases} x_1 = c_{11}y_1 + c_{12}y_2 + \cdots + c_{1n}y_n \\ x_2 = c_{21}y_1 + c_{22}y_2 + \cdots + c_{2n}y_n \\ \quad \vdots \\ x_n = c_{n1}y_1 + c_{n2}y_2 + \cdots + c_{nn}y_n \end{cases}$$

如此,$x_1,x_2,\cdots,x_n$ 的任意一个多项式 $F(x_1,x_2,\cdots,x_n)$ 显然可以表成为新未知量的多项式

$$\begin{aligned} \varphi(x_1,x_2,\cdots,x_n) &= \varphi[(c_{11}y_1 + c_{12}y_2 + \cdots + c_{1n}y_n),\cdots,(c_{n1}y_1 + c_{n2}y_2 + \cdots + c_{nn}y_n)] \\ &= \psi(y_1,y_2,\cdots,y_n) \end{aligned}$$

在这个情形下,我们说,在应用线性变换将未知量 $x_1,x_2,\cdots,x_n$ 变为量 $y_1,y_2,\cdots,y_n$ 时多项式 $\varphi(x_1,x_2,\cdots,x_n)$ 变为多项式 $\psi(y_1,y_2,\cdots,y_n)$. 在这里直接可以看得出,假如 $\varphi(x_1,x_2,\cdots,x_n)$ 是未知量 $x_1,x_2,\cdots,x_n$ 的 k 次齐次多项式,那么 $\psi(y_1,y_2,\cdots,y_n)$ 也将是未知量 $y_1,y_2,\cdots,y_n$ 的 k 次齐次多项式. 此后我们将只研讨二次型的变换.

假如 $y_1,y_2,\cdots,y_n$ 是以任意方式用 $x_1,x_2,\cdots,x_n$ 来线性表示的话,那么 $x_1,x_2,\cdots,x_n$ 不是总可以用 $y_1,y_2,\cdots,y_n$ 来线性表示的. 也就是说,不论 $y_1,y_2,\cdots,y_n$ 关于 $x_1,x_2,\cdots,x_n$ 的线性表示式的矩阵[①]如何

$$\boldsymbol{B} = \begin{pmatrix} b_{11} & b_{12} & \cdots & b_{1n} \\ b_{21} & b_{22} & \cdots & b_{2n} \\ \vdots & \vdots & & \vdots \\ b_{n1} & b_{n2} & \cdots & b_{nn} \end{pmatrix}$$

① 就是由变换的系数所构成的矩阵.

并不是都可以把它按照上述意义说成是未知量的线性变换.

定理1.1.1 设未知量$x_1,x_2,\cdots,x_n$是线性无关的,$y_1,y_2,\cdots,y_n$都是$x_1,x_2,\cdots,x_n$的一次齐次多项式,$y_1,y_2,\cdots,y_n$用$x_1,x_2,\cdots,x_n$来线性表示的矩阵是$\boldsymbol{B}$.那么,当且仅当矩阵$\boldsymbol{B}$的秩是n时(即$\boldsymbol{B}$非奇异时),未知量$x_1,x_2,\cdots,x_n$才可以用$y_1,y_2,\cdots,y_n$来线性表示.

证明 设$y_1,y_2,\cdots,y_n$经$x_1,x_2,\cdots,x_n$线性表示式为(1.1.2).现在将式(1.1.2)视作关于$x_1,x_2,\cdots,x_n$的线性方程组,因此可用方程组的理论来证明定理的结论.

当矩阵$\boldsymbol{B}$非奇异时,此时方程组(1.1.2)有唯一解.由克莱姆法则知道,此时$x_1,x_2,\cdots,x_n$中的每一个都可以表示为$y_1,y_2,\cdots,y_n$的一次齐次多项式.

若$\boldsymbol{B}$的秩小于n,那么求解方程组(1.1.2)将不可避免地会出现自由未知量,因而未知量$x_1,x_2,\cdots,x_n$不能用$y_1,y_2,\cdots,y_n$来线性表示.

证毕.

时常,所给出的线性变换不是新未知量$y_1,y_2,\cdots,y_n$用旧未知量$x_1,x_2,\cdots,x_n$来线性表示的矩阵$\boldsymbol{B}$,而是$x_1,x_2,\cdots,x_n$用$y_1,y_2,\cdots,y_n$来线性表示的矩阵$\boldsymbol{M}$.矩阵$\boldsymbol{B}$与$\boldsymbol{M}$之间的联系是明显的.假如首先以$x_1,x_2,\cdots,x_n$用$y_1,y_2,\cdots,y_n$来表示,然后这些$y_1,y_2,\cdots,y_n$又用$x_1,x_2,\cdots,x_n$来表示,那么所得的结果是$x_1,x_2,\cdots,x_n$用它们自己来线性表示.在$x_1,x_2,\cdots,x_n$线性无关的情形下,这样的表示方法是唯一的,那就是恒等表示

$$x_1=x_1,x_2=x_2,\cdots,x_n=x_n$$

用矩阵乘积的术语,那就表示$\boldsymbol{BM}$等于单位矩阵$\boldsymbol{E}$.同样的$\boldsymbol{MB}=\boldsymbol{E}$,也就是说$\boldsymbol{B}$与$\boldsymbol{M}$互为逆矩阵.我们知道,每一个非奇异方阵有逆矩阵.由此推出,每一个n阶非奇异方阵$\boldsymbol{M}$决定了将$x_1,x_2,\cdots,x_n$变为某一组新未知量的一个线性变换,这一组新未知量用$x_1,x_2,\cdots,x_n$来线性表示的矩阵是$\boldsymbol{B}=\boldsymbol{M}^{-1}$,而$x_1,x_2,\cdots,x_n$用这一组新未知量来线性表示的矩阵是$\boldsymbol{M}$.

假如矩阵$\boldsymbol{M}$是奇异矩阵的话,那么不可能存在这样的$y_1,y_2,\cdots,y_n$,使通过它们用矩阵$\boldsymbol{M}$来线性表示线性无关的$x_1,x_2,\cdots,x_n$.

1.2 二次型的标准形式·基本定理

最便于研究的二次型是这样的

$$\varphi(x'_1,x'_2,\cdots,x'_n)=c_1x_1'^2+c_2x_2'^2+\cdots+c_nx_n'^2 \text{ ①}$$

它是具有任何系数的各未知量平方之和,而不同未知量乘积的那些项不出现,也就是说这些项以零为系数.这种形状的二次型叫作标准形式.

下面我们还要指出,利用未知量的相应的线性变换,任一个二次型可以变到那种简单形状——标准形式.这个结果使我们联想起解析几何中关于二次曲线(或二次曲面)方程简化的问题.

二次型(1.1.1)可以写成更对称的形式如下:设 $a_{ij}=a_{ji}$,$\varphi(x_1,x_2,\cdots,x_n)$ 就可写成

$$\begin{aligned}\varphi(x_1,x_2,\cdots,x_n)=&a_{11}x_1^2+a_{12}x_1x_2+\cdots+a_{1n}x_1x_n+\\&a_{21}x_2x_1+a_{22}x_2^2+\cdots+a_{2n}x_2x_n+\cdots+\\&a_{n1}x_nx_1+a_{n2}x_nx_2+\cdots+a_{nn}x_n^2\end{aligned}\tag{1.2.1}$$

(所谓对称写法).

例 把二次型

$$\varphi(x_1,x_2,x_3,x_4)=5x_1^2-3x_1x_2+5x_2x_3+x_3x_4-2x_4^2$$

写成对称的形式,得

$$\begin{aligned}\varphi(x_1,x_2,x_3,x_4)=&5x_1^2-\frac{3}{2}x_1x_2+0\cdot x_1x_3+0\cdot x_1x_4-\\&\frac{3}{2}x_2x_1+0\cdot x_2^2+\frac{5}{2}\cdot x_2x_3+0\cdot x_2x_4+\\&0\cdot x_3x_1+\frac{5}{2}x_3x_2+0\cdot x_3^2+\frac{1}{2}x_3x_4+\\&0\cdot x_4x_1+0\cdot x_4x_2+\frac{1}{2}x_4x_3-2x_4^2\end{aligned}$$

要把二次型(1.1.1)变换成标准形式,我们可以利用一个简单的方法,这个方法是拉格朗日所创始的.

在此可分成两种情形讨论:(ⅰ)二次型 φ 不含未知量的平方项,也就是说,所有的系数 $a_{ii}=0(i=1,\cdots,n)$;(ⅱ)二次型 φ 至少含有一个未知量的平方项,也就是说,不是所有的 a_{ii} 都等于零.

第一种情形(ⅰ)很容易导致第二个情形.若所有的 $a_{ii}=0$,但至少有一个 $a_{ij}\neq 0$,我们就可施以如下的非奇异线性变换

① 某些系数 c_i 可能等于零.

$$\begin{cases} x_1 = x'_1 \\ x_2 = x'_2 \\ \quad\vdots \\ x_i = x'_i - x'_j \\ \quad\vdots \\ x_j = x'_i + x'_j \\ \quad\vdots \\ x_n = x'_n \end{cases}$$

这个线性变换显然是一个非奇异线性变换，因为它的行列式等于 2. 经过这个变换后 $a_{ij}x_ix_j$ 就可以写成

$$a_{ij}(x'_i - x'_j)(x'_i + x'_j) = a_{ij}x'^2_i - a_{ij}x'^2_j$$

这就表示，经过这个变换后就有未知量的平方项出现. 于是，我们只要讨论第二种情形(ⅱ)就够了.

设 $a_{ii} \neq 0$，我们就可以在 φ 中抽出所有含 x_i 的项.

基于这个目的，试注意到对称写法(1.2.1) 的第 i 行

$$a_{i1}x_ix_1 + a_{i2}x_ix_2 + \cdots + a_{in}x_ix_n$$

提出公因子 x_i，括号内剩下

$$f = a_{i1}x_1 + a_{i2}x_2 + \cdots + a_{in}x_n$$

今由 φ 减去$\frac{1}{a_{ii}}f^2$. 要由 φ 减去$\frac{1}{a_n}f^2$，先把 φ 和$\frac{1}{a_{ii}}f^2$ 写成下式

$$\varphi = 2a_{i1}x_ix_1 + 2a_{i2}x_ix_2 + \cdots + a_{ii}x_i^2 + \cdots + 2a_{in}x_ix_n + G^{①}$$

$$\frac{1}{a_{ii}}f^2 = 2a_{i1}x_ix_1 + 2a_{i2}x_ix_2 + \cdots + a_{ii}x_i^2 + \cdots + 2a_{in}x_ix_n + H$$

式中的 G 代表 φ 中不含 x_i 的项的和，同样 H 代表$\frac{1}{a_{ii}}f^2$ 中不含 x_i 的项的和. 由此

$$\varphi(x_1, x_2, \cdots, x_n) - \frac{1}{a_{ii}}f^2 = G - H = \varphi(x_1, x_2, \cdots, x_{i-1}, x_{i+1}, \cdots, x_n) \tag{1.2.2}$$

就不再包括含有 x_i 的项了.

假若我们再对未知量 $x_1, x_2, \cdots, x_n$ 施以如下非奇异线性变换

---

① 利用偏导数的概念，这等式亦可写成：$\varphi = \frac{1}{a_{ii}}\left(\frac{\partial\varphi}{\partial x_i}\right)^2 + G$.

$$\begin{cases} y_1 = a_{i1}x_1 + a_{i2}x_2 + \cdots + a_{ii}x_i + \cdots + a_{in}x_n \\ y_2 = x_2 \\ \quad\vdots \\ y_i = x_1 \text{①} \\ \quad\vdots \\ y_n = x_n \end{cases}$$

等式(1.2.2)就可以简单地写成下式

$$\varphi(x_1, x_2, \cdots, x_n) - \frac{1}{a_{ii}}y_1^2 = \varphi_1(y_2, y_3, \cdots, y_n)$$

把$\frac{1}{a_{ii}}y_1^2$移至等式右端,再令$\frac{1}{a_{ii}} = c_1$得

$$\varphi(x_1, x_2, \cdots, x_n) = c_1 y_1^2 + \varphi_1(y_2, y_3, \cdots, y_n)$$

对于新的二次型φ_1,可以利用同样方法抽出另外的未知量.设在φ_1中,系数$a'_{jj} \neq 0$,并设φ_1的对称写法的第j行是

$$a'_{j2}y_iy_2 + a'_{j3}y_iy_3 + \cdots + a'_{jn}y_jy_n$$

提出公因子y_i,括号内剩下

$$f_1 = a'_{j2}y_2 + a'_{j3}y_3 + \cdots + a'_{jn}y_n$$

和上面同样的方法,我们得

$$\varphi_1(y_2, y_3, \cdots, y_n) - \frac{1}{a'_{jj}}f_1^2 = \varphi_1(y_2, \cdots, y_{j-1}, y_{j+1}, \cdots, y_n)$$

由此

$$\varphi(x_1, x_2, \cdots, x_n) = c_1 y_1^2 + \frac{1}{a'_{jj}}f_1^2 + \varphi_1(y_2, \cdots, y_{j-1}, y_{j+1}, \cdots, y_n)$$

再对于未知量$y_1, y_2, \cdots, y_n$施以如下非奇异线性变换

$$\begin{cases} z_1 = y_1 \\ z_2 = f_1 = a'_{j2}y_2 + \cdots + a'_{jn}y_n \\ z_2 = y_3 \\ \quad\vdots \\ z_j = y_2 \text{②} \\ \quad\vdots \\ z_n = y_n \end{cases}$$

① 假若$i = 1$,这一项就不再出现.

② 若$j = 2$,这一项就可以略去不写.

我们就可以把 $\varphi(x_1,x_2,\cdots,x_n)$ 写成

$$\varphi(x_1,x_2,\cdots,x_n)=c_1z_1^2+c_2z_2^2+\varphi_2(z_3,z_3,\cdots,z_n)$$

式中的 c 等于 $\frac{1}{a'_{jj}}$.

接着在新二次型 φ_2 中，设 $a''_{kk}\neq 0$. 则用同样方法可以抽出 z_k 而得到下面的等式

$$\varphi_2(z_3,z_3,\cdots,z_n)=\frac{1}{a''_{kk}}f_2^2+\varphi_3(z_3,\cdots,z_{k-1},z_{k+1},\cdots,z_n)$$

其余类推.

上述的计算法到了最后就可以把 $\varphi(x_1,x_2,\cdots,x_n)$ 变换成

$$\varphi(x_1,x_2,\cdots,x_n)=c_1v_1^2+c_2v_2^2+\cdots+c_mv_m{}^2\quad(m\leqslant n,\text{所有的 } c_j\neq 0)$$

也就是说，利用一组非奇异线性变换就可把二次型 $\varphi(x_1,x_2,\cdots,x_n)$ 简化成标准形式. 这些非奇异线性变换显然可以用一个非奇异线性变换去代替. 事实上，设

$$\varphi(x_1,x_2,\cdots,x_n)=a_{11}x_1^2+2a_{12}x_1x_2+2a_{13}x_1x_3+\cdots+2a_{1n}x_1x_n+\cdots+a_{nn}x_n^2$$

简化成标准形式

$$c_1y_1^2+c_2y_2^2+\cdots+c_ny_n^2$$

所历经的线性变换依次为

$$\begin{cases}x_i=b_{i1}^{(1)}y_1^{(1)}+b_{i2}^{(1)}y_2^{(1)}+\cdots+b_{in}^{(1)}y_n^{(1)}\quad(i=1,2,\cdots,n) & (\mathrm{A}_1)\\ y_i^{(1)}=b_{i1}^{(2)}y_1^{(2)}+b_{i2}^{(2)}y_2^{(2)}+\cdots+b_{in}^{(2)}y_n^{(2)}\quad(i=1,2,\cdots,n) & (\mathrm{A}_2)\\ \quad\vdots & \\ y_i^{(s-1)}=b_{i1}^{(s)}y_1^{(s)}+b_{i2}^{(s)}y_2^{(s)}+\cdots+b_{in}^{(s)}y_n^{(s)}\quad(i=1,2,\cdots,n) & (\mathrm{A}_{s-1})\\ y_i^{(s)}=b_{i1}^{(s+1)}y_1+b_{i2}^{(s+1)}y_2+\cdots+b_{in}^{(s+1)}y_n\quad(i=1,2,\cdots,n) & (\mathrm{A}_s)\end{cases}$$

现在我们再求出这个可以替代所有线性变换 $(\mathrm{A}_1),(\mathrm{A}_2),\cdots,(\mathrm{A}_{s-1}),(\mathrm{A}_s)$ 的线性变换

$$x_i=b_{i1}y_1+b_{i2}y_2+\cdots+b_{in}y_n\quad(i=1,2,\cdots,n)\tag{B}$$

为此，我们可以把 $y_i^{(s)}$ 的值由式 (A_s) 代入式 (A_{s-1})，再把用 y_i 代表的 $y_i^{(s-1)}$ 代入式 (A_{s-2})，……，这样，就可以用 y_i 代表 $y_i^{(1)}$. 最后再把用 y_i 代表的未知量 $y_i^{(1)}$ 代入式 (A_1) 就得出所要的变换.

如果我们写出每一个变换的矩阵

$$\boldsymbol{A}_1=\begin{pmatrix}b_{11}^{(1)} & b_{12}^{(1)} & \cdots & b_{1n}^{(1)}\\ b_{21}^{(1)} & b_{22}^{(1)} & \cdots & b_{2n}^{(1)}\\ \vdots & \vdots & & \vdots\\ b_{n1}^{(1)} & b_{n2}^{(1)} & \cdots & b_{nn}^{(1)}\end{pmatrix},\boldsymbol{A}_2=\begin{pmatrix}b_{11}^{(2)} & b_{12}^{(2)} & \cdots & b_{1n}^{(2)}\\ b_{21}^{(2)} & b_{22}^{(2)} & \cdots & b_{2n}^{(2)}\\ \vdots & \vdots & & \vdots\\ b_{n1}^{(2)} & b_{n2}^{(2)} & \cdots & b_{nn}^{(2)}\end{pmatrix},\cdots,$$

$$\boldsymbol{A}_{s-1}=\begin{pmatrix} b_{11}^{(s)} & b_{12}^{(s)} & \cdots & b_{1n}^{(s)} \\ b_{21}^{(s)} & b_{22}^{(s)} & \cdots & b_{2n}^{(s)} \\ \vdots & \vdots & & \vdots \\ b_{n1}^{(s)} & b_{n2}^{(s)} & \cdots & b_{nn}^{(s)} \end{pmatrix}$$

$$\boldsymbol{A}_{s}=\begin{pmatrix} b_{11}^{(s+1)} & b_{12}^{(s+1)} & \cdots & b_{1n}^{(s+1)} \\ b_{21}^{(s+1)} & b_{22}^{(s+1)} & \cdots & b_{2n}^{(s+1)} \\ \vdots & \vdots & & \vdots \\ b_{n1}^{(s+1)} & b_{n2}^{(s+1)} & \cdots & b_{nn}^{(s+1)} \end{pmatrix}$$

$$\boldsymbol{B}=\begin{pmatrix} b_{11} & b_{12} & \cdots & b_{1n} \\ b_{21} & b_{22} & \cdots & b_{2n} \\ \vdots & \vdots & & \vdots \\ b_{n1} & b_{n2} & \cdots & b_{nn} \end{pmatrix}$$

那么根据矩阵乘法的规则，不难明白矩阵 $\boldsymbol{B}$ 刚好等于矩阵 $\boldsymbol{A}_1,\boldsymbol{A}_2,\cdots,\boldsymbol{A}_s$ 的乘积

$$\boldsymbol{B}=\begin{pmatrix} b_{11}^{(1)} & b_{12}^{(1)} & \cdots & b_{1n}^{(1)} \\ b_{21}^{(1)} & b_{22}^{(1)} & \cdots & b_{2n}^{(1)} \\ \vdots & \vdots & & \vdots \\ b_{n1}^{(1)} & b_{n2}^{(1)} & \cdots & b_{nn}^{(1)} \end{pmatrix}\begin{pmatrix} b_{11}^{(2)} & b_{12}^{(2)} & \cdots & b_{1n}^{(2)} \\ b_{21}^{(2)} & b_{22}^{(2)} & \cdots & b_{2n}^{(2)} \\ \vdots & \vdots & & \vdots \\ b_{n1}^{(2)} & b_{n2}^{(2)} & \cdots & b_{nn}^{(2)} \end{pmatrix}\cdots\begin{pmatrix} b_{11}^{(s+1)} & b_{12}^{(s+1)} & \cdots & b_{1n}^{(s+1)} \\ b_{21}^{(s+1)} & b_{22}^{(s+1)} & \cdots & b_{2n}^{(s+1)} \\ \vdots & \vdots & & \vdots \\ b_{n1}^{(s+1)} & b_{n2}^{(s+1)} & \cdots & b_{nn}^{(s+1)} \end{pmatrix}$$

这就证明了下面的基本定理：

定理 1.2.1（基本定理） 域 K 上每一个二次型都可以经一个非奇异线性变换化为标准形式.

细心的读者自然会注意到在上面所说的理论中，我们用到域 K 的特征数不为 2 的假设. 容易证明，没有这一限制，基本定理就不再正确.

例如，设 $K=Z_2$，就是仅由两个元素 0 和 1 所组成的，而且 $1+1=0$，因此 $-1=1$，再设在这一个域中给出二次型 $\varphi=x_1x_2$. 如果有线性变换

$$\begin{cases} x_1=b_{11}y_1+b_{12}y_2 \\ x_2=b_{21}y_1+b_{22}y_2 \end{cases}$$

存在，化 φ 为标准形式，那么在等式

$$\varphi=(b_{11}y_1+b_{12}y_2)(b_{21}y_1+b_{22}y_2)=b_{11}b_{21}y_1^2+(b_{11}b_{22}+b_{12}b_{21})y_1y_2+b_{12}b_{22}y_1^2$$

中，乘积 y_1y_2 的系数 $b_{11}b_{22}+b_{12}b_{21}$ 应该等于零. 但这一系数等于我们的线性变换的行列式，因为无论 $b_{12}b_{21}=1$ 或者 $b_{12}b_{21}=0$，我们都有 $-b_{12}b_{21}=b_{12}b_{21}$. 我们的线性变换就成为奇异的了.

注 1 利用未知量的线性变换来简化二次型，还可以用下列方式继续下

去.二次型

$$\varphi = c_1 v_1^2 + c_2 v_2^2 + \cdots + c_m v_m{}^2 \quad (c_i \neq 0)$$

可以用下列线性变换(一般而言,它是以复数为系数的)简化它

$$z_1 = \sqrt{c_1}\, y_1, z_2 = \sqrt{c_2}\, y_2, \cdots, z_m = \sqrt{c_m}\, y_m, z_{m+1} = y_{m+1}, \cdots, z_n = y_n$$

显然,我们把 φ 变换成平方和

$$z_1^2 + z_2^2 + \cdots + z_m{}^2$$

在刚才的注 1 中所讨论的关于进一步化简二次型的问题,并不是无缘无故地把它划出基本定理(定理 1.2.1)的范围之外的.事实上,分析一下定理1.2.1的证明,我们能够发现有可能把定理的表述作得更精确.从定理 1.2.1 中可以看到,$y_1, y_2, \cdots, y_n$ 用 $x_1, x_2, \cdots, x_n$ 来线性表示的系数以及 $x_1, x_2, \cdots, x_n$ 用 $y_1, y_2, \cdots, y_n$ 来线性表示的系数,都可以由二次型的系数及有理数经过加、减、乘、除的运算而得到(它是在定理 1.2.1 的证明中用到的).因此,假如原来的二次型中所有系数都是实数,那么,变换后的二次型的系数及相应的未知量的线性变换的系数都将是实数.假如原来二次型的系数都是有理数,那么上面所指的那些系数也将都是有理数.一般地说,我们能更精确地表述定理 1.2.1:假如原来二次型的系数都属于某一个数域 K,那么,这个二次型一定可以变为标准形式,而相应的线性变换的系数也全属于 K,而且相应的未知量的线性变换的系数也都属于 K.

当然,上面所做的结论不能推广到注 1 中所讨论的内容上去,因为一个属于数域 K 的数,它的平方根不一定属于 K.

注 2 还要注意的是,有时候把一个二次型化为平方和的变换不一定是非奇异的.比如用观察法即可得到下列配方

$$\begin{aligned}\varphi(x_1, x_2, x_3) &= 2x_1^2 + 2x_2^2 + 2x_3^2 - 2x_1x_2 + 2x_1x_3 + 2x_2x_3 \\ &= (x_1 - x_2)^2 + (x_1 + x_3)^2 + (x_2 + x_3)^2\end{aligned}$$

若令 $y_1 = x_1 - x_2, y_2 = x_1 + x_3, y_1 = x_2 + x_3$,则

$$\varphi = y_1^2 + y_2^2 + y_3^2$$

但相应的变换矩阵

$$\begin{pmatrix} 1 & -1 & 0 \\ 1 & 0 & 1 \\ 0 & 1 & 1 \end{pmatrix}$$

是奇异的.

最后,再举一个具体的例子帮助我们了解拉格朗日的方法.

例　试把二次型

$$\varphi=x_1x_3-5x_2x_3+x_2x_4$$

简化成标准形式.这个二次型不含平方项,所以必须先施以如下变换

$$x_1=x'_1-x'_3, x_2=x'_2, x_3=x'_1+x'_3, x_4=x'_4 \tag{A}$$

由此

$$\varphi=x'^2_1-x'^2_3-5x'_1x'_2-5x'_2x'_3+x'_2x'_4$$

把 φ 再换成对称的写法,得

$$\varphi=x'^2_1-\frac{5}{2}x'_1x'_2+0\cdot x'_1x'_3+0\cdot x'_1x'_4-$$

$$\frac{5}{2}x'_2x'_1+0\cdot x'^2_2-\frac{5}{2}\cdot x'_2x'_3+\frac{1}{2}x'_2x'_4+$$

$$0\cdot x'_3x'_1-\frac{5}{2}x'_3x'_2-x'^2_3+0\cdot x'_3x'_4$$

因为 $a_{11}=1\neq 0$,所以可抽出所有含 x'_1 的项.基于这个目的必须先计算 $\varphi-\frac{1}{a_{11}}f^2$.因为

$$f=x'_1-\frac{5}{2}x'_2$$

即

$$\varphi-(x'_1-\frac{5}{2}x'_2)^2=(x'^2_1-x'^2_3-5\cdot x'_1x'_2-5\cdot x'_2x'_3+x'_2x'_4)-$$

$$(x'^2_1-5\cdot x'_1x'_2+\frac{25}{4}x'^2_2)$$

$$=-\frac{25}{4}x'^2_2-x'^2_3-5\cdot x'_2x'_3+x'_2x'_4$$

首先,对 φ 施以线性变换

$$\begin{cases}x'_1=y_1+\frac{5}{2}y_2\\ x'_2=y_2\\ x'_3=y_3\\ x'_4=y_4\end{cases} \tag{B}$$

我们就可以把这个结果写成

$$\varphi=y_1^2+\varphi_1$$

式中的 φ_1 是

$$\varphi_1=-\frac{25}{4}y_2^2-y_3^2-5y_2y_3+y_2y_4$$

在新的二次型 φ_1 中，我们可以抽出 y_2. 把 φ_1 换成对称的写法后得

$$\varphi_1 = -\frac{25}{4}y_2^2 - \frac{5}{2}y_2y_3 + \frac{1}{2}y_2y_4 - \frac{5}{2}y_3y_2 - y_3^2 + 0\cdot y_3y_4 + \frac{1}{2}y_4y_2 - 0\cdot y_4y_3 + 0\cdot y_4{}^2$$

由此

$$f_1 = -\frac{25}{4}y_2^2 - \frac{5}{2}y_3 + \frac{1}{2}y_4$$

因为 $a'_{22} = -\frac{25}{4}$，所以

$$\varphi_1 - \left[\frac{1}{-\frac{25}{4}}(-\frac{25}{4}y_2 - \frac{5}{2}y_3 + \frac{1}{2}y_4)^2\right] = -\frac{2}{5}y_3y_4 + \frac{1}{25}y_4^2$$

从而得到

$$\varphi = y_1^2 - \frac{4}{25}\left(-\frac{25}{4}y_2 - \frac{5}{2}y_3 + \frac{1}{2}y_4\right)^2 + \varphi'$$

其中

$$\varphi' = -\frac{2}{5}y_3y_4 + \frac{1}{25}y_4^2$$

其次，再对 φ 施以如下的非奇异线性变换

$$\begin{cases} y_1 = z_1 \\ y_2 = -\frac{4}{25}z_2 - \frac{5}{2}z_3 + \frac{2}{25}z_4 \\ y_3 = z_3 \\ y_4 = z_4 \end{cases} \tag{C}$$

φ 就可以写成

$$\varphi = z_1^2 - \frac{4}{25}z_2^2 + \varphi_2(z_3, z_4)$$

这里的 φ_2 是

$$\varphi_2(z_3, z_4) = -\frac{2}{5}z_3z_4 + \frac{1}{25}z_4^2 = \begin{cases} 0\cdot z_3^2 - \frac{1}{5}z_3z_4 \\ -\frac{1}{5}z_4z_3 + \frac{1}{25}z_4^2 \end{cases}$$

因为 $a''_{44} = \frac{1}{25} \neq 0$，所以我们可以从 φ_2 中抽出含 z_4 的项. 根据同样计算得

$$\varphi_2 - \frac{1}{\frac{1}{25}}\left(-\frac{1}{5}z_3 + \frac{1}{25}z_4\right)^2 = -z_3^2$$

由此

$$\varphi = z_1^2 - \frac{4}{25}z_2^2 + 25\left(-\frac{1}{5}z_3 + \frac{1}{25}z_4\right)^2 - z_3^2$$

最后再对未知量 z_1, z_2, z_3, z_4 施以如下的非奇异线性变换

$$\begin{cases} z_1 = u_1 \\ z_2 = u_2 \\ z_3 = u_4 \\ z_4 = 25u_3 + 5u_4 \end{cases} \tag{D}$$

我们就可以把二次型 φ 简化成标准形式如下

$$\varphi = u_1^2 - \frac{4}{25}u_2^2 + 25u_3^2 - u_4^2$$

现在我们再求出这个可以替代所有线性变换(A),(B),(C),(D) 的线性变换.

首先,我们写出每一个变换的矩阵

$$\boldsymbol{A} = \begin{pmatrix} 1 & 0 & -1 & 0 \\ 0 & 1 & 0 & 0 \\ 1 & 0 & 1 & 0 \\ 0 & 0 & 0 & 1 \end{pmatrix}, \boldsymbol{B} = \begin{pmatrix} 1 & \frac{5}{2} & 0 & 0 \\ 0 & 1 & 0 & 0 \\ 0 & 0 & 1 & 0 \\ 0 & 0 & 0 & 1 \end{pmatrix}$$

$$\boldsymbol{C} = \begin{pmatrix} 1 & 0 & 0 & 0 \\ 0 & -\frac{4}{25} & -\frac{2}{5} & \frac{2}{25} \\ 0 & 0 & 1 & 0 \\ 0 & 0 & 0 & 1 \end{pmatrix}, \boldsymbol{D} = \begin{pmatrix} 1 & 0 & 0 & 0 \\ 0 & 1 & 0 & 0 \\ 0 & 0 & 0 & 1 \\ 0 & 0 & 25 & 5 \end{pmatrix}$$

矩阵 $\boldsymbol{A}, \boldsymbol{B}, \boldsymbol{C}, \boldsymbol{D}$ 的乘积 $\boldsymbol{ABCD}$ 就是所要的线性变换的矩阵. 其次,由矩阵的乘法规则容易得出

$$\boldsymbol{ABCD} = \begin{pmatrix} 1 & -\frac{2}{5} & 5 & -1 \\ 0 & -\frac{4}{25} & 2 & 0 \\ 1 & -\frac{2}{5} & 5 & 1 \\ 0 & 0 & 25 & 5 \end{pmatrix}$$

由此

$$\begin{cases} x_1 = u_1 - \frac{2}{5}u_2 + 5u_3 - u_4 \\ x_2 = -\frac{4}{25}u_2 + 2u_3 \\ x_3 = u_1 - \frac{2}{5}u_2 + 5u_3 + u_4 \\ x_4 = 25u_3 + 5u_4 \end{cases} \tag{ABCD}$$

就是所求的线性变换,经过这个变换后就可以把所给的二次型简化成标准形式.

变换(ABCD)还可以定义如下:把 z_i 的值由(D)代入(C),再把用 u_i 代表的 y_i 代入(B),这样,就可以用 u_i 代表 x'_i. 最后再把用 u_i 代表的未知量 x'_i 代入(D)就得出所要的变换(ABCD).

1.3 实二次型的惯性定理

现在我们在实数域上来考虑二次型. 二次型可由不同的方法简化成标准形式. 例如,前目所讨论到的

$$\varphi = x_1x_3 - 5x_2x_3 + x_1x_4$$

就可以经过另外的变换如

$$x_1 = y_1 - y_3, x_2 = y_2 + y_4, x_3 = y_1 + y_3, x_4 = -5y_1 + y_2 - 5y_3 - y_4$$

而简化成另外标准形式

$$\varphi = y_1^2 + y_2^2 - 5y_3^2 - y_4{}^2$$

和前目的标准形式

$$\varphi = u_1^2 - \frac{4}{25}u_2^2 + 25u_3^2 - u_4{}^2$$

比较,我们就知道两个标准形式中所含的正项的数目都是一样. 由前目方法得出两个正项 u_1^2 和 $25u_3^2$,由本目方法也同样得出两个正项 y_1^2 和 y_2^2.

我们看出来的这个规律性绝不是偶然的. 事实上,原来二次型变为标准形式的可能性与二次型可以取哪些数值有关,也就是与二次型本身所决定的性质(这性质对于未知量的线性变换是不变的)有关. 因此,我们很自然地提出这样的问题:同一个实二次型经过各种不同的实线性变换变到各种最简单的形式去,在这些最简单的形式之间究竟有何种程度的联系呢? 下面被引入的定理给出了这个问题的回答,这个定理有一个初看好像有些奇怪的名字"实二次型的惯性定理".

实二次型的惯性定理 设系数是实数的二次型 $\varphi(x_1, x_2, \cdots, x_n)$ 经过两

个非奇异实系数线性变换后依次简化成标准形式

$$\varphi=k_1y_1^2+k_2y_2^2+\cdots+k_ry_r^2\quad(k_i\neq 0)\tag{1.3.1}$$

和

$$\varphi=h_1z_1^2+h_2z_2^2+\cdots+h_sz_s^2\quad(h_i\neq 0)\tag{1.3.2}$$

则式(1.3.1)和(1.3.2)必含同样多数目的正项和同样多数目的负项.

二次型的惯性定理归功于西尔维斯特,它起源于力学.

证明 我们不妨设式(1.3.1)和(1.3.2)两个二次型所含的正项都是写在前面的.这样假设并不失掉证明的普遍性,因为把未知量的足标适当地变更就可以把正项写在前面.由此可设

$$\begin{aligned}\varphi&=c_1y_1^2+c_2y_2^2+\cdots+c_py_p^2-c_{p+1}y_{p+1}^2-\cdots-c_ry_r^2\\&=d_1z_1^2+d_2z_2^2+\cdots+d_qz_q^2-d_{q+1}z_{q+1}^2-\cdots-d_sz_s^2\quad(c_i>0,d_i>0)\end{aligned}\tag{1.3.3}$$

我们必须证明 $p=q$.如若不然,设 $p>q$.未知量 $y_1,y_2,\cdots,y_n$ 和 $z_1,z_2,\cdots,z_n$ 既然可由原未知量 $x_1,x_2,\cdots,x_n$ 线性表出,那么可令 $y_{p+1},\cdots,y_r,y_{r+1},\cdots,y_n$ 和 $z_1,z_2,\cdots,z_q$ 等于零,我们就得一个具有实数系数含 n 个未知量 $x_1,x_2,\cdots,x_n$ 和 $q+(n-p)$ 个方程式的齐次线性方程组

$$z_1=0,z_2=0,\cdots,z_q=0$$

$$y_{p+1}=0,y_{p+2}=0,\cdots,y_r=0,y_{r+1}=0,\cdots,y_n=0$$

因为方程式的个数少于未知量的个数:$q+(n-p)=n-(p-q)<n$,所以这个齐次线性方程组在实数域内有非零解.

设 $\alpha_1,\alpha_2,\cdots,\alpha_n$ 是这个方程组在实数域内的一个非零解.把等式(1.3.3)的未知量 $x_1,x_2,\cdots,x_n$ 依次代以实数 $\alpha_1,\alpha_2,\cdots,\alpha_n$,得

$$\begin{aligned}&c_1y_1^2(\alpha_1,\cdots,\alpha_n)+\cdots+c_py_p^2(\alpha_1,\cdots,\alpha_n)\\&=-d_{q+1}z_{q+1}^2(\alpha_1,\cdots,\alpha_n)-\cdots-d_rz_r^2(\alpha_1,\cdots,\alpha_n)\end{aligned}$$

等式的左端既不能为负,右端又不能为正,所以等式的两端必须等于零①.换句话说,只有在下述情形下成立

$$\begin{cases}y_1(\alpha_1,\cdots,\alpha_n)=0,\ \cdots,\ y_p(\alpha_1,\cdots,\alpha_n)=0\\z_{q+1}(\alpha_1,\cdots,\alpha_n)=0,\ \cdots,\ z_r(\alpha_1,\cdots,\alpha_n)=0\end{cases}\tag{1.3.4}$$

根据假设 $\alpha_1,\alpha_2,\cdots,\alpha_n$ 满足

$$y_{p+1}(\alpha_1,\alpha_2,\cdots,\alpha_n)=0,\cdots,y_n(\alpha_1,\alpha_2,\cdots,\alpha_n)=0\tag{1.3.5}$$

① 假若所给的二次型和所给的线性变换不是具有实系数,等式的左右两端就不一定等于零.

所以比较式(1.3.4)和(1.3.5)就知道$\alpha_1,\alpha_2,\cdots,\alpha_n$是一个含有$n$个方程式和$n$个未知量的齐次线性方程组

$$y_1=0,y_2=0,\cdots,y_n=0$$

的非零解.这个只有在方程组的行列式等于零时才有可能,换句话说,由未知量$x_1,x_2,\cdots,x_n$换成新未知量$y_1,y_2,\cdots,y_n$的线性变换是奇异变换.由这个矛盾就证明了所要的结论.

要证明式(1.3.1)和(1.3.2)含有同样多的负项可以引用与证明$p=q$时完全相似的讨论.然而也可以用另一种方法.考虑二次型$-\varphi(x_1,x_2,\cdots,x_n)$,它在同样的线性变换下变到

$$-\varphi=-c_1y_1^2-c_2y_2^2-\cdots-c_py_p^2+c_{p+1}y_{p+1}^2+\cdots+c_ry_r^2$$

$$-\varphi=-d_1z_1^2-d_2z_2^2-\cdots-d_qz_q^2+d_{q+1}z_{q+1}^2+\cdots+d_sz_s^2$$

于是$r-p$及$s-q$表示相应的正项个数,因此把上面已经证得的结果应用在$-\varphi(x_1,x_2,\cdots,x_n)$上即得$r-p=s-q$.证毕.

但我们必须指出,刚才所证明的这个定理只有在具有实系数的二次型和具有实系数的非奇异线性变换下才有它的意义.假若使每一个具有实系数的二次型经过具有复系数的非奇异线性变换后仍得一个具有实系数的标准形式,惯性定理就不一定成立.例如二次型

$$\varphi=x_1^2-x_2^2$$

经过非奇异线性变换

$$x_1=z_1,x_2=\mathrm{i}z_2$$

后就变成

$$\varphi=z_1^2+z_2^2$$

式中$\mathrm{i}=\sqrt{-1}$.最后这个二次型已不只含有一个正项而含有两个正项了.

实二次型的标准形式所含的正项数叫作这个形式的正惯性指数,所含的负项数叫作这个形式的负惯性指数,正、负惯性指数的和称为惯性指数,而正、负惯性指数的差叫作这二次型的符号差.

根据上述,一个二次型可由两个数——惯性指数,正惯性指数——来确定它.这两个数不随所施行的非奇异线性变换而起变换:关于这些变换,这两个数是不变量.

1.4 实二次型的分类

惯性定理对于实二次型的分类有很大的用途.假若有一个非奇异线性变换

s 存在而把实二次型 φ 变换成实二次型 ψ，我们就说这实二次型 φ 和 ψ 关于变换 s 相合. 由本章 §1 中 1.2 目的定理和惯性定理，我们不难看出：

两个相合的实二次型具有相同的惯性指数和正惯性指数. 反之，这个结果也成立.

定理 1.4.1 假若两个实二次型具有相同的惯性指数和正惯性指数，这两个实二次型关于非奇异线性变换相合.

要证明这个结果，先介绍下述定义：

定义 1.4.1 假若一个实二次型的标准形式

$$\varphi = c_1 y_1^2 + c_2 y_2^2 + \cdots + c_p y_p^2 - c_{p+1} y_{p+1}^2 - \cdots - c_r y_r^2 \quad (c_i > 0)$$

所有的系数 c_i 都等于 1，也就是说

$$\varphi = y_1^2 + y_2^2 + \cdots + y_p^2 - y_{p+1}^2 - \cdots - y_r^2$$

我们就把 φ 叫作正规标准形式.

显然，经过一个非奇异线性变换，每一个实二次型都可以化简成正规标准形式. 事实上，首先由拉格朗日的方法，就可把一个已知的实二次型变换成标准形式如下

$$\varphi = k_1 y_1^2 + k_2 y_2^2 + \cdots + k_p y_p^2 - k_{p+1} y_{p+1}^2 - \cdots - k_r y_r^2 \quad (k_i > 0)$$

其次，再对未知量 $y_1, y_2, \cdots, y_n$ 施以非奇异线性变换

$$z_1 = \sqrt{k_1}\, y_1, z_2 = \sqrt{k_2}\, y_2, \cdots, z_r = \sqrt{k_r}\, y_r, z_{r+1} = y_{r+1}, \cdots, z_n = y_n$$

我们就可以把 φ 化简成正规标准形式如下

$$\varphi = z_1^2 + z_2^2 + \cdots + z_p^2 - z_{p+1}^2 - \cdots - z_r^2$$

现在我们来证明上述的结果.

证明 首先，设实二次型 $\varphi = \sum\limits_{i=1}^{n} \sum\limits_{j=1}^{n} a_{ij} x_i x_j$ 和 $\psi = \sum\limits_{i=1}^{n} \sum\limits_{j=1}^{n} b_{ij} x_i x_j$ 有同样的惯性指数 r 和同样的正惯性指数 p. 其次，设 φ 经非奇异线性变换 s 后化简成正规标准形式，ψ 经非奇异线性变换 t 后化简成正规标准形式，因为 φ 和 ψ 有相同的惯性指数和正惯性指数，所以根据前目的定理和惯性定理，φ 和 ψ 必须化简成同样的正规标准形式

$$z_1^2 + z_2^2 + \cdots + z_p^2 - z_{p+1}^2 - \cdots - z_r^2 \tag{A}$$

由变换 t，ψ 化简成正规标准形式(A)，再经变换 s^{-1}，正规标准形式(A) 变成实二次型 φ，所以经过变换 $s^{-1}t$ 后，二次型 $\psi = \sum\limits_{i=1}^{n} \sum\limits_{j=1}^{n} b_{ij} x_i x_j$ 变换成二次型 φ.

因为 $s^{-1}t$ 是一个非奇异线性变换，所以二次型 φ 和 ψ 相合.

最后我们举一个例子作为上面证明的解释.

例 试讨论二次型

$$\begin{cases}\varphi=x_1^2+2x_1x_2+2x_2^2-2x_2x_3\\ \psi=x_1^2-2x_1x_3-2x_2x_3+x_2^2+x_3^2\end{cases}$$

这两个二次型有相同的惯性指数和正惯性指数：$r=3$，$p=2$. 我们不难证明下面的两个非奇异线性变换

$$\begin{cases}x_1=z_1-z_2-z_3\\ x_2=z_2+z_3\\ x_3=z_3\end{cases}\tag{s}$$

$$\begin{cases}x_1=z_1+z_3\\ x_2=z_2+z_3\\ x_3=z_3\end{cases}\tag{t}$$

依次把二次型 φ 和 ψ 化简成正规标准形式

$$z_1^2+z_2^2-z_3^2$$

由此 st^{-1} 必须把 ψ 变换成 φ. 我们试求 st^{-1}，基于这个目的先写出变换 s 和 t 的矩阵

$$\boldsymbol{s}=\begin{pmatrix}1&-1&-1\\0&1&1\\0&0&1\end{pmatrix},\boldsymbol{t}=\begin{pmatrix}1&0&0\\0&1&1\\0&0&1\end{pmatrix}$$

由此

$$\boldsymbol{t}^{-1}=\begin{pmatrix}1&0&-1\\0&1&-1\\0&0&1\end{pmatrix},\boldsymbol{st}^{-1}=\begin{pmatrix}1&1&1\\0&1&0\\0&0&1\end{pmatrix}$$

$$\begin{cases}x_1=y_1+y_2+y_3\\ x_2=y_2\\ x_3=y_3\end{cases}\tag{st^{-1}}$$

后，ψ 变换成

$$y_1^2+2y_1y_2+2y_2^2-2y_2y_3\tag{1.4.1}$$

二次型(1.4.1)和二次型 φ 恒等，因为两者之间只有代表未知量的字母的差别.

现在我们回到实二次型分类的问题. 我们把两个相合的实二次型归入同一类，不把它们不同看待. 显然，含 n 个未知量的所有实二次型都可以划分为有限个类.

例如含有 3 个未知量和惯性指数是 3 的所有实二次型就可以分为四类，这

四类的正规标准形式可以表示如下：

$-x_1^2-x_2^2-x_3^2$，正惯性指数等于 0；

$x_1^2-x_2^2-x_3^2$，正惯性指数等于 1；

$x_1^2+x_2^2-x_3^2$，正惯性指数等于 2；

$x_1^2+x_2^2+x_3^2$，正惯性指数等于 3.

我们继续研究，当未知量取实数值的时候，这四类的符号是怎样的情形.

首先，属于第四类的二次型的正规标准形式是

$$x_1^2+x_2^2+x_3^2 \tag{1.4.2}$$

式(1.4.2)所有的项既然都是正项，那么正规标准形式(1.4.2)决不取负值.

其次，属于第二类和第三类的二次型的正规标准形式依次是

$$x_1^2-x_2^2-x_3^2 \tag{1.4.3}$$

$$x_1^2+x_2^2-x_3^2 \tag{1.4.4}$$

(1.4.3)和(1.4.4)两式既含有正项又含负项，所以正规标准形式(1.4.3)和(1.4.4)不仅能取正值，有时亦能取负值.

最后，第一类的正规标准形式是

$$-x_1^2-x_2^2-x_3^2 \tag{1.4.5}$$

式(1.4.5)所有的项都是负项，所以正规标准形式只能取零或负值.

属于第一类和第四类的形式叫作有定二次型，属于第二类和第三类的形式叫作无定二次型.一般，我们可以介绍下述定义：

定义 1.4.2 假若一个二次型的正惯性指数 p 不等于零但小于惯性指数 r，我们就把这个二次型叫作无定二次型.若 $p=0$ 或 $p=r$，我们就把它叫作有定二次型.第一种情形又叫负有定(负定)，第二种情形又叫正有定(正定).

我们之所以选用“有定”和“无定”二次型这两个术语的理由，通过下述定理就可以明白.

定理 1.4.2 对于未知量 $x_1,x_2,\cdots,x_n$ 所取的一切实数值，正有定二次型的值或为零或为正，负有定二次型的值或为零或为负.至于无定二次型，则有时取正值有时取负值.

证明 先把给定的实二次型 $\varphi=\sum_{i=1}^{n}\sum_{j=1}^{n}a_{ij}x_ix_j$ 由非奇异线性变换

$$x_i=b_{i1}z_1+b_{i2}z_2+\cdots+b_{in}z_n\quad(i=1,2,\cdots,n) \tag{1.4.6}$$

化简成正规标准形式.

如果 φ 是正有定二次型.经过变换后 φ 的形式是

$$\varphi=z_1^2+z_2^2+\cdots+z_r^2 \tag{1.4.7}$$

既然变换(1.4.6)是非奇异的,那么由系数 b_{ij} 所组成的行列式

$$\Delta=\begin{vmatrix} b_{11} & b_{12} & \cdots & b_{1n} \\ b_{21} & b_{22} & \cdots & b_{2n} \\ \vdots & \vdots & & \vdots \\ b_{n1} & b_{n2} & \cdots & b_{nn} \end{vmatrix} \neq 0$$

我们便可从齐次线性方程组(1.4.6)中解出 $z_i(i=1,2,\cdots,n)$,即

$$z_i=c_{i1}x_1+c_{i2}x_2+\cdots+c_{in}x_n \tag{1.4.8}$$

如果要在 φ 中用任何一组数值来代未知量 $x_1,x_2,\cdots,x_n$,那么可以首先把这些数值代到式(1.4.8)里面,而把所得出的 z_i 值代到式(1.4.7)中去.因为这时 φ 是正号平方的和,所以 $\varphi\geqslant 0$.

同理,负有定二次型的正规标准形式是

$$\varphi=-z_1^2-z_2^2-\cdots-z_r^2\leqslant 0$$

因为 φ 是负号平方的和.

最后我们再讨论无定二次型.设所给的无定二次型的正规标准形式是

$$\varphi=z_1^2+z_2^2+\cdots+z_p^2-z_{p+1}^2-\cdots-z_r^2 \tag{1.4.9}$$

我们试看含有 n 个未知量 $x_1,x_2,\cdots,x_n$ 和 $n-p$ 个方程式且具实系数的齐次线性方程组

$$z_{p+1}=0,\cdots,z_n=0 \tag{1.4.10}$$

因为未知量的个数多于方程式的个数,所以这个方程组在实数域内一定有非零解,设为 $\alpha_1,\alpha_2,\cdots,\alpha_n$.代实数 $x_1=\alpha_1,x_2=\alpha_2,\cdots,x_n=\alpha_n$ 于等式(1.4.9),得

$$\varphi(\alpha_1,\cdots,\alpha_n)=z_1^2(\alpha_1,\cdots,\alpha_n)+\cdots+z_p^2(\alpha_1,\cdots,\alpha_n)$$

由最后这个等式不难证明 $\varphi(\alpha_1,\alpha_2,\cdots,\alpha_n)>0$.假若 $\varphi(\alpha_1,\alpha_2,\cdots,\alpha_n)$ 等于零,则有

$$z_1(\alpha_1,\alpha_2,\cdots,\alpha_n)=0,\cdots,z_p(\alpha_1,\alpha_2,\cdots,\alpha_n)=0 \tag{1.4.11}$$

由式(1.4.10)和(1.4.11)我们就知道含有 n 个未知量和 n 个方程式的齐次线性方程组

$$z_1=0,\cdots,z_n=0$$

具有非零解 $\alpha_1,\alpha_2,\cdots,\alpha_n$.这个结果显然不合理,因为所给的变换是非奇异的,系数的行列式当然不为零.由于这个矛盾,我们就证明了 $\varphi(\alpha_1,\alpha_2,\cdots,\alpha_n)>0$.

其次,再考察另外一个齐次线性方程组

$$z_1=0,\cdots,z_p=0\ ,z_{r+1}=0,\cdots,z_n=0$$

和上面同样理由,我们可以确定这个方程组在实数域内具有非零解,设为 $x_1=$

$\beta_1, x_2 = \beta_2, \cdots, x_n = \beta_n$. 代入式(1.4.10),同样地可以证明

$$\varphi(\beta_1, \cdots, \beta_n) = -z_{p+1}^2(\beta_1, \cdots, \beta_n) - \cdots - z_r^2(\beta_1, \cdots, \beta_n) < 0$$

综合起来,我们就证明了 $x_1 = \alpha_1, x_2 = \alpha_2, \cdots, x_n = \alpha_n$ 的时候,无定二次型 φ 取正值;$x_1 = \beta_1, x_2 = \beta_2, \cdots, x_n = \beta_n$ 的时候,则取负值.这就完全证明了所给的定理.

在很多时候,都要用到正有定的一个特殊情形,即所谓恒正二次型:n 个未知量的二次型叫作恒正的,如果它可以化为一个由 n 个正号平方和所构成的标准形式,也就是这一个二次型的正惯性指数和惯性指数都等于未知量的个数.

下面的定理给出了不必化二次型为标准形式或正规标准形式,来确定正有定二次型的可能性.

定理 1.4.3 n 个未知量 $x_1, x_2, \cdots, x_n$ 的实二次型 φ 是恒正的充分必要条件,是对于未知量的每一组不全为零的实数值,都得出正值.

证明 条件的必要性可由定理 1.4.2 的证明得出.事实上,既然 φ 是恒正的,那么式(1.4.7) 将有形式

$$\varphi = z_1^2 + z_2^2 + \cdots + z_n^2$$

此外,从式(1.4.8) 得出对于 $z_1, z_2, \cdots, z_n$ 的值不能全等于零,因为否则我们将得出有非零解的齐次线性方程组

$$z_i = c_{i1}z_1 + c_{i2}z_2 + \cdots + c_{in}z_n \quad (i = 1, 2, \cdots, n)$$

可是它的行列式却不等于零.于是这时 φ 必是一个正值.

现在来证明条件的充分性.为此假设 φ 不是恒正的,也就是说它的惯性指数或者它的正惯性指数小于 n.这意义是说,在这样一个二次型的标准形式中,至少有一个新未知量的平方,例如 z_n,或者不出现或者在它的前面是一个负号.我们假定是非奇异线性变换(1.4.6) 化到标准形式去的.我们来证明这一情况,可以对于未知量 $x_1, x_2, \cdots, x_n$ 选取这样的不全为零的值,使 φ 对于这一组未知量的值等于零或者一个负数.例如我们这样取未知量 $x_1, x_2, \cdots, x_n$ 的值,使得 $z_1 = z_2 = \cdots = z_{n-1} = 0, z_n = 1$①.对于未知量 $x_1, x_2, \cdots, x_n$ 的这组值,如果 z_n^2 不在 φ 的标准形式中出现,φ 就等于零;如果 z_n^2 在它的标准形式有负号,那么 φ 就等于 -1.证毕.

注意,类似于恒正型,我们也可以引进恒负型,就是实系数满秩二次型($p = r$),它的标准形式只含有负系数的未知量的平方.

---

① 由 $z_1 = z_2 = \cdots = z_{n-1} = 0, z_n = 1$ 而从齐次线性方程组(1.4.8) 反解出 $x_1, x_2, \cdots, x_n$ 的这样的一组值.

我们再次指出，就复数域上的二次型而言，惯性定理和由它所得出的一切推论都失掉了意义. 虽然如此，但是利用以复数为系数的非奇异线性变换常可把一个在复数域上的二次型简化成平方和(参看 1.1 目的注).

化二次型为标准形式的理论的构成类似于几何上二次有心曲线的理论，但并不能作为后一理论的推广. 事实上，在我们的理论中允许用任何一个满秩线性变换，而化二次曲线到标准形式时要应用很特殊的线性变换，是平面上的一个旋转. 但这一几何理论可以推广到有实系数的 n 未知量的二次型这种情形上去. 对于这一个推广，叫作化二次型到主轴上去，我们将在 §3 中讨论它.

1.5　二次型的分解

乘出有 n 个未知量的任意两个一次型

$$f=a_1x_1+a_2x_2+\cdots+a_nx_n, g=b_1x_1+b_2x_2+\cdots+b_nx_n$$

很明显地，我们得出一个二次型. 但并不是每一个二次型都可以表为两个一次型的乘积. 例如，实数域上的二次型 $\varphi=x_1^2+x_2^2$ 就是这样的简单例子. 事实上，如果

$$\varphi=(a_1x_1+a_2x_2)(b_1x_1+b_2x_2)=a_1b_1x_1^2+(a_1b_2+a_2b_1)x_1x_2+a_2b_2x_2^2$$

那么将有

$$a_1b_1=1, a_1b_2+a_2b_1=0, a_2b_2=1$$

将 $b_1=\dfrac{1}{a_1}, b_2=\dfrac{1}{a_2}$ 代入中间那个式子，得出

$$\frac{a_2}{a_1}+\frac{a_1}{a_2}=0$$

或者

$$\frac{a_1^2+a_2^2}{a_1a_2}=0$$

即

$$a_1^2+a_2^2=0$$

由此解出

$$a_1=a_2=0$$

可是这显然是不能的.

定义 1.5.1　数域 K 上的二次型称为可分解的，如果它能表示为同域 K 上两个一次型的乘积.

现在我们来找出复数域上和实数域上二次型可分解的条件. 我们把二次型

化为标准形式后,所含的不为零的项的个数,称为它的秩.显然,对于实二次型来说,它的秩即是惯性指数.这样,对于实数域上的二次型,它的秩不随变量的替换而改变.以后(本章 §2 中 2.2 目),我们就会知道,对于任意基域上的二次型,这个结论也是正确的(定理 2.2.4).在下面定理的证明中,就需要用到这个结论.

定理 1.5.1 复数域上二次型 $\varphi(x_1,x_2,\cdots,x_n)$ 可分解的充分必要条件是它的秩小于或等于 2.实数域上二次型 $\varphi(x_1,x_2,\cdots,x_n)$ 可分解的充分必要条件是它的秩不大于 1,或者它的秩等于 2,但是它的符号差等于 0.

首先讨论一次型 f 和 g 的乘积.如果它们里面有一个是零,那么它们的乘积是一个含有零系数的二次型,也就是说,它的秩是 0.如果一次型 f 和 g 成比例

$$g=cf$$

而且 $c\neq 0$,f 不是零,那么可设系数 $a_1\neq 0$.接着用非奇异线性变换

$$y_1=a_1x_1+a_2x_2+\cdots+a_nx_n,y_i=x_i\quad(i=2,3,\cdots,n)$$

把二次型 fg 化为

$$fg=cy_1^2$$

在右边的二次型的秩等于 1,所以二次型 fg 的秩也是 1.最后,如果一次型 f 和 g 不能成比例,例如设

$$\begin{vmatrix}a_1 & a_2\\ b_1 & b_2\end{vmatrix}\neq 0$$

那么线性变换

$$\begin{cases}y_1=a_1x_1+a_2x_2+\cdots+a_nx_n\\ y_2=b_1x_1+b_2x_2+\cdots+b_nx_n\\ y_i=x_i\quad(i=3,4,\cdots,n)\end{cases}$$

是非奇异的;它把二次型 fg 化为

$$fg=y_1y_2$$

在右边的二次型有秩 2,而且在实系数的情形,它的符号差等于 0.

回到定理的充分性的证明.首先,秩等于 0 的二次型,很明显地可以看作是两个一次型的乘积,其中有一个是 0.其次,秩是 1 的二次型 $\varphi(x_1,x_2,\cdots,x_n)$ 可以经满秩线性变换化为

$$\varphi=cy_1^2,c\neq 0$$

也就是说,化为

$$\varphi = c(y_1)y_1$$

因为 y_1 是 $x_1, x_2, \cdots, x_n$ 的线性表示式,所以我们可以把二次型 φ 表成两个线性型的乘积.最后,秩为 2 而符号差为 0 的实二次型 $\varphi(x_1, x_2, \cdots, x_n)$ 可以经满秩线性变换化为

$$\varphi = y_1^2 - y_2^2$$

任意秩为 2 的复二次型也可以经满秩线性变换化成这样的形状.但是

$$y_1^2 - y_2^2 = (y_1 + y_2)(y_1 - y_2)$$

在右边把 y_1, y_2 经 $x_1, x_2, \cdots, x_n$ 所表出的线性表示式代进去,就得出两个一次型的乘积,定理已证明.

1.6　齐次多项式

我们知道,次数相同的诸项所组成的多项式称为齐次多项式.例如

$$3x_1^2 - x_1x_2 + 7x_2^2$$

是齐二次多项式.若给这里的 x_1 及 x_2 各乘一因子 t,则整个多项式将获得因子 t^2.现在来证明,对于任何齐次多项式,类似的情况也常能成立:

定理 1.6.1　设 $f(x_1, x_2, \cdots, x_n)$ 是环 R 上的 n 元非零多项式,则 $f(x_1, x_2, \cdots, x_n)$ 是 k 次齐次多项式的充分必要条件是:在 $R[x_1, x_2, \cdots, x_n, t]$ 内,关系式

$$f(tx_1, tx_2, \cdots, tx_n) = t^k f(x_1, x_2, \cdots, x_n) \tag{1.6.1}$$

成立.

证明　所说条件的必要性由齐次多项式的定义得出.

为了证明条件的充分性.我们将 $f(x_1, x_2, \cdots, x_n)$ 分解成次数不同的形式的和(见《多项式理论》卷)

$$f = f_{k_1} + f_{k_2} + \cdots + f_{k_r}$$

其中 f_{k_i} 是 k_i 次齐次多项式,而 $0 \leqslant k_1 \leqslant \cdots \leqslant k_r$.因此等式(1.6.1)成为

$$t^{k_1} f_{k_1} + t^{k_2} f_{k_2} + \cdots + t^{k_r} f_{k_r} = t^k f_{k_1} + t^k f_{k_2} + \cdots + t^k f_{k_r}$$

或

$$(t^k - t^{k_1}) f_{k_1} + (t^k - t^{k_2}) f_{k_2} + \cdots + (t^k - t^{k_r}) f_{k_r} = 0$$

由于 $f_{k_i} \neq 0 (1 \leqslant i \leqslant r)$,故必须 $t^k - t^{k_i}$ 对 $i = 1, \cdots, r$ 成立.于是 $r = 1$ 而 $k_i = k$,即 f 是 k 次齐次多项式.

齐次多项式的乘积自然仍是齐次的.反过来,我们有:

定理 1.6.2　设 $f(x_1, x_2, \cdots, x_n)$ 是环 R 上的 n 元齐次多项式,则 $f(x_1, x_2, \cdots, x_n)$ 的任何因式都是齐次的.

证明 设 $f(x_1,x_2,\cdots,x_n)$ 可以分解为

$$f(x_1,x_2,\cdots,x_n)=g(x_1,x_2,\cdots,x_n)h(x_1,x_2,\cdots,x_n)$$

而假设定理的反面：$g(x_1,x_2,\cdots,x_n)$，$h(x_1,x_2,\cdots,x_n)$ 中至少有一个不是R上的 n 元齐次多项式. 不妨设 $h(x_1,x_2,\cdots,x_n)$ 不是. 我们可将 $g(x_1,x_2,\cdots,x_n)$，$h(x_1,x_2,\cdots,x_n)$ 表示成次数不同的形式的和

$$g=g_1+g_2+\cdots+g_s,h=h_1+h_2+\cdots+h_t$$

其中 $g_i(i=1,2,\cdots,s)$ 是齐次多项式，$s\geqslant 1$；而 $h_i(i=1,2,\cdots,t)$ 是齐次多项式，而 $t>1$. 并且假设两个分解式都是按多项式(关于所有未知量) 次数的降次排列的

$$\partial g_1>\partial g_2>\cdots>\partial g_s,\partial h_1>\partial h_2>\cdots>\partial h_t$$

于是

$$\begin{aligned}f&=(g_1+g_2+\cdots+g_s)(h_1+h_2+\cdots+h_t)\\&=g_1h_1+g_1h_2+\cdots+g_1h_t+g_2h_1+\cdots+g_2h_t+\cdots+g_sh_t\end{aligned}$$

其中 g_1h_1，g_sh_t 都不能消去，又 $\partial(g_1h_1)>\partial(g_sh_t)$，这与 f 是齐次多项式而成矛盾. 定理遂得证.

给定环 $R[x_1,x_2,\cdots,x_n]$ 中一个 k 次非齐次多项式 $f(x_1,x_2,\cdots,x_n)$，我们引入一个新的未知量 x_0，将 $f(x_1,x_2,\cdots,x_n)$ 的各项乘以 x_0 的适当幂次，使每一项的次数均为 k. 这样产生的 $R[x_0,x_1,x_2,\cdots,x_n]$ 中的($n+1$ 元)k 次齐次多项式记作 $f^*(x_1,x_2,\cdots,x_n)$，称为(非齐次多项式)$f(x_1,x_2,\cdots,x_n)$ 的齐次化多项式. 不难看出

$$f^*(x_1,x_2,\cdots,x_n)=x_0^kf\left(\frac{x_1}{x_0},\frac{x_2}{x_0},\cdots,\frac{x_n}{x_0}\right)\tag{1.6.2}$$

对每一个非齐次多项式，显然恰有一个对应的齐次化多项式. 反过来，对一个 $n+1$ 元的齐次多项式，若将其一个未知量代之以 1，一般对应着 $n+1$ 个不同的非齐次多项式. 我们注意，如果某个未知量在一个齐次多项式的每一项中都出现，将其代之为 1，产生的多项式并非是一个与之对应的非齐次多项式，而是一个低次的多项式. 考虑极端情形：若一个齐次多项式的每一项包含所有未知量，则它没有对应的非齐次多项式. 四次齐次多项式

$$x_0^2x_1x_2+x_0x_1^2x_2-x_0x_1x_2^2$$

便是这样的例子.

下面定理指出，非齐次多项式的齐次化不会改变可约性.

定理 1.6.3 设 $f^*(x_1,x_2,\cdots,x_n)$ 是 $f(x_1,x_2,\cdots,x_n)$ 的齐次化多项式，若其中一个多项式是可约的，则另一个也是可约的.

证明 设齐次多项式 $f^*(x_1,x_2,\cdots,x_n)$ 的次数为 k，并且它可分解为两个次数分别为 r^*,s^* 的多项式的积($r^*,s^*\geqslant 1$)

$$f^*(x_0,x_1,x_2,\cdots,x_n)=g^*(x_0,x_1,x_2,\cdots,x_n)h^*(x_0,x_1,x_2,\cdots,x_n)$$

令 $x_0=1$，得出

$$f^*(1,x_1,x_2,\cdots,x_n)=g^*(1,x_1,x_2,\cdots,x_n)h^*(1,x_1,x_2,\cdots,x_n) \tag{1.6.3}$$

由定理的假设，式(1.6.3) 左边为 $f(x_1,x_2,\cdots,x_n)$，是 k 次多项式(参见式(1.6.2))，从而式(1.6.3) 右边两个多项式的次数必须分别为 r 和 s，因此 $f(x_1,x_2,\cdots,x_n)$ 可约.

反过来，设非齐次多项式 $f(x_1,x_2,\cdots,x_n)$ 可分解为

$$f(x_1,x_2,\cdots,x_n)=g(x_1,x_2,\cdots,x_n)h(x_1,x_2,\cdots,x_n) \tag{1.6.4}$$

g,h 的次数分别是正整数 r 和 s，设 f^*,g^*,h^* 分别是 f,g,h 的齐次化多项式(注意 g 和 h 之一可以是齐次的，因此可能出现 $g^*=g$ 或 $h^*=h$，但两者不能都成立). 由式(1.6.4) 我们有

$$f\left(\frac{x_1}{x_0},\frac{x_2}{x_0},\cdots,\frac{x_n}{x_0}\right)=g\left(\frac{x_1}{x_0},\frac{x_2}{x_0},\cdots,\frac{x_n}{x_0}\right)h\left(\frac{x_1}{x_0},\frac{x_2}{x_0},\cdots,\frac{x_n}{x_0}\right)$$

两边乘以 x_0^{r+s}，将产生

$$f^*(x_0,x_1,x_2,\cdots,x_n)=g^*(x_0,x_1,x_2,\cdots,x_n)h^*(x_0,x_1,x_2,\cdots,x_n)$$

于是 $f^*(x_0,x_1,x_2,\cdots,x_n)$ 是可约的.

1.7 齐次函数

有时，即使性质较复杂的函数也能满足等式(1.6.1)，例如若取式子

$$x_1\cdot\frac{\sqrt{x_1^2+x_2^2}}{x_1-x_2}\cdot\ln\frac{x_1}{x_2}$$

则当变元 x_1 及 x_2 都乘上 t 时，它也获得因子 t^2，就这点而言，它与二次齐次多项式有类似之处，这种函数自然也称为二次齐次函数. 兹给出一般的定义：

有定义于某区域 D 中的 n 元函数 $f(x_1,x_2,\cdots,x_n)$，若当它的所有变元各乘上因子 t 时，能获得因子 t^k，即若

$$f(tx_1,tx_2,\cdots,tx_n)=t^kf(x_1,x_2,\cdots,x_n)$$

恒成立，则函数 $f(x_1,x_2,\cdots,x_n)$ 就称为 k 次齐次函数.

为了简单起见，我们假定 $x_1,x_2,\cdots,x_n$ 及 t 在此处只取正值. 又假定函数 f 的定义域 D 如果含有任一点 $M(x_1,x_2,\cdots,x_n)$ 时也必含有当 $t>0$ 时的一切点 $M_t(x_1,x_2,\cdots,x_n)$，即含有由原点发出而经过点 M 的射线.

齐次函数的次数 k 可以是任何实数,例如函数

$$x_1^{\pi} \cdot \sin \frac{x_2}{x_1} + x_2^{\pi} \cdot \sin \frac{x_1}{x_2}$$

就是变元 x_1 及 x_2 的 π 次齐次函数.

现在企图得出 k 次齐次函数的一般表达式. 首先设 $f(x_1, x_2, \cdots, x_n)$ 为零次齐次函数,则

$$f(tx_1, tx_2, \cdots, tx_n) = t^k f(x_1, x_2, \cdots, x_n)$$

令 $t = \frac{1}{x_1}$,得

$$f(tx_1, tx_2, \cdots, tx_n) = f(1, \frac{x_2}{x_1}, \cdots, \frac{x_n}{x_1})$$

若引入 $(n-1)$ 元函数

$$\varphi(u_1, \cdots, u_{n-1}) = f(1, u_1, \cdots, u_{n-1})$$

则得

$$f(x_1, x_2, \cdots, x_n) = \varphi(\frac{x_2}{x_1}, \cdots, \frac{x_n}{x_1})$$

由此任零次齐次函数可表示为它的所有变元对其中一变元的比的函数. 显然其逆也真. 于是上面的等式就给出零次齐次函数的一般表达式.

今若 $f(x_1, x_2, \cdots, x_n)$ 是 k 次齐次函数(且只在这一场合),则它对 x_1^k 的比就是零次齐次函数,于是

$$\frac{f(x_1, x_2, \cdots, x_n)}{x_1^k} = \varphi\left(\frac{x_2}{x_1}, \cdots, \frac{x_n}{x_1}\right)$$

这样,我们就得到 k 次齐次函数的一般表达式

$$f(tx_1, tx_2, \cdots, tx_n) = x_1^m \cdot \varphi\left(\frac{x_2}{x_1}, \cdots, \frac{x_n}{x_1}\right)$$

例如

$$x_1 \cdot \frac{\sqrt{x_1^2 + x_2^2}}{x_1 - x_2} \cdot \ln \frac{x_1}{x_2} = x_1^2 \cdot \frac{\sqrt{1 + \left(\frac{x_2}{x_1}\right)^4}}{\frac{x_2}{x_1} - 1} \cdot \ln \frac{x_2}{x_1}$$

最后我们来建立所谓的欧拉公式. 假定(k 次) 齐次函数 $f(x_1, x_2, \cdots, x_n)$ 在开域 D 中有关于所有变元的连续偏导数. 任意给定 D 中的一点 $(x_{10}, x_{20}, \cdots, x_{n0})$,根据基本恒等式(1.6.1),对于任何 $t > 0$ 就有

$$f(tx_{10}, tx_{20}, \cdots, tx_{n0}) = t^k f(x_{10}, x_{20}, \cdots, x_{n0})$$

今关于 t 微分这等式:等式的左边按照复合函数的微分法则来微分①,右边单纯地当作幂函数来微分.

则得

$$
\begin{aligned}
&f'_{x_1}(x_{10},x_{20},\cdots,x_{n0})\cdot x_{10}+\cdots+f'_{x_n}(x_{10},x_{20},\cdots,x_{n0})\cdot x_{n0}\\
=&kt^{k-1}\cdot f(x_{10},x_{20},\cdots,x_{n0})
\end{aligned}
$$

若在此处令 $t=1$,则得出下面的公式

$$
\begin{aligned}
&f'_{x_1}(x_{10},x_{20},\cdots,x_{n0})\cdot x_{10}+\cdots+f'_{x_n}(x_{10},x_{20},\cdots,x_{n0})\cdot x_{n0}\\
=&k\cdot f(x_{10},x_{20},\cdots,x_{n0})
\end{aligned}
$$

这样,对于任一点 $(x_{10},x_{20},\cdots,x_{n0})$,成立等式

$$
\begin{aligned}
&f'_{x_1}(x_{10},x_{20},\cdots,x_{n0})\cdot x_{10}+\cdots+f'_{x_n}(x_{10},x_{20},\cdots,x_{n0})\cdot x_{n0}\\
=&k\cdot f(x_{10},x_{20},\cdots,x_{n0}) \qquad (1.7.1)
\end{aligned}
$$

这等式称为欧拉公式.

我们看到了,任一有连续偏导数的 k 次齐次函数必满足这等式. 今将证明其逆:每一连续函数,连同自己的偏导数均为连续,且满足欧拉等式(1.7.1),则必为 k 次齐次函数.

实际上,设 $f(x_1,x_2,\cdots,x_n)$ 是一个这样的函数. 任意确定 $x_{10},x_{20},\cdots,x_{n0}$ 的数值而考察下面的关于 t 的函数

$$\varphi(t)=\frac{f(tx_{10},tx_{20},\cdots,tx_{n0})}{t^k}\quad(t>0)$$

它当一切 $t>0$ 时是有定义而且连续的. 按照分式的微分法则求它的导数 $\varphi'(t)$,就得一分式,其分子等于

$$
\begin{aligned}
&[f'_{x_1}(x_{10},x_{20},\cdots,x_{n0})\cdot x_{10}+\cdots+f'_{x_n}(x_{10},x_{20},\cdots,x_{n0})\cdot x_{n0}]\cdot t-\\
&k\cdot f(tx_{10},tx_{20},\cdots,tx_{n0})
\end{aligned}
$$

把欧拉公式(1.7.1)内的 $x_1,x_2,\cdots,x_n$ 换成 $tx_{10},tx_{20},\cdots,tx_{n0}$,就看到这分子是等于零的,于是 $\varphi'(t)=0$. 而 $\varphi(t)=c=$常数(当 $t>0$ 时). 为了要确定常数 c,可在定义 $\varphi(t)$ 的等式内令 $t=1$,则得

$$c=f(x_{10},x_{20},\cdots,x_{n0})$$

因此

$$\varphi(t)=\frac{f(tx_{10},tx_{20},\cdots,tx_{n0})}{t^k}=f(x_{10},x_{20},\cdots,x_{n0})$$

或

---

① 正是为了要应用这法则,我们才假定各偏导数均为连续.

$$f(tx_{10},tx_{20},\cdots,tx_{n0})=t^k\cdot f(x_{10},x_{20},\cdots,x_{n0})$$

这便是所要证明的.

可以说,欧拉公式与基本恒等式(1.6.1)同样可以作为 k 次齐次函数的特征式.

§2 基于矩阵理论对二次型的研究

2.1 二次型的矩阵

在前面我们熟悉了二次型的初步性质,现在我们利用矩阵这工具来对它作进一步研究.在这一段,我们要讨论这方法的某些原始情况.

基于这个目的,我们首先要了解的是二次型的矩阵表达.利用矩阵的乘法,可以把二次型

$$\varphi(x_1,x_2,\cdots,x_n)=a_{11}x_1^2+2a_{12}x_1x_2+2a_{13}x_1x_3+\cdots+2a_{1n}x_1x_n+\cdots+a_{nn}x_n^2$$

写成另一形状.

由于前节的对称写法(1.2.1),二次型 φ 的第 i 行可以写成

$$a_{11}x_1x_1+a_{12}x_1x_2+\cdots+a_{1n}x_1x_n=\sum_{j=1}^{n}a_{1i}x_1x_j$$

φ 显然是对称写法中诸行的和,换句话说,我们可以把 φ 写成

$$\varphi=\sum_{i=1}^{n}\sum_{j=1}^{n}a_{ij}x_ix_j \tag{2.1.1}$$

由对称写法的第1行,第2行,……,第 n 行的系数构造一个矩阵如下

$$\boldsymbol{A}=\begin{pmatrix}a_{11}&a_{12}&\cdots&a_{1n}\\a_{21}&a_{22}&\cdots&a_{2n}\\\vdots&\vdots&&\vdots\\a_{n1}&a_{n2}&\cdots&a_{nn}\end{pmatrix},$$

我们把 $\boldsymbol{A}$ 叫作二次型 φ 的矩阵,$\boldsymbol{A}$ 的秩数叫作 φ 的秩数.

在二次型 φ 中,$a_{ij}=a_{ji}$,所以经过转置后,$\boldsymbol{A}$ 的形式不变,所以它是一个对称矩阵.

回顾一下,记号 $\boldsymbol{A}'$ 表示转置矩阵 $\boldsymbol{A}$ 所得出的矩阵.如果矩阵 $\boldsymbol{A}$ 和 $\boldsymbol{B}$ 是可以相乘的,那么就有下面的等式

$$(\boldsymbol{AB})'=\boldsymbol{B}'\boldsymbol{A}' \tag{2.1.2}$$

也就是说,矩阵乘积的转置等于它的因子的转置矩阵对换次序后的乘积.

现在再用 $\boldsymbol{X}$ 来记由未知量所构成的列,即

$$\boldsymbol{X}=\begin{pmatrix}x_1\\x_2\\\vdots\\x_n\end{pmatrix}$$

$\boldsymbol{X}$ 为一个 n 行单列矩阵.转置这一个矩阵,得出由一行所构成的矩阵

$$\boldsymbol{X}'=(x_1\quad x_2\quad\cdots\quad x_n)$$

设 $\boldsymbol{A}=\begin{pmatrix}a_{11}&a_{12}&\cdots&a_{1n}\\a_{21}&a_{22}&\cdots&a_{2n}\\\vdots&\vdots&&\vdots\\a_{n1}&a_{n2}&\cdots&a_{nn}\end{pmatrix}$ 是的二次型(2.1.1)的矩阵,则式(2.1.1)现在可以写作下面的乘积的形状

$$\varphi=\boldsymbol{X}'\boldsymbol{A}\boldsymbol{X}\tag{2.1.3}$$

事实上,乘积 $\boldsymbol{AX}$ 是由一个列所构成的矩阵

$$\boldsymbol{AX}=\begin{pmatrix}\sum_{j=1}^{n}a_{1j}x_j\\\sum_{j=1}^{n}a_{2j}x_j\\\vdots\\\sum_{j=1}^{n}a_{nj}x_j\end{pmatrix}$$

用 $\boldsymbol{X}'$ 来左乘这一个矩阵,我们得出一个由一个行一个列所构成的"矩阵",就是等式(2.1.1)的右边①.

2.2 在线性变换下二次型的矩阵的变换·对称矩阵的相合·化二次型为标准形式的初等变换法

现在要问,如果对于未知量 $x_1,x_2,\cdots,x_n$ 施行元素在域 K 中,矩阵为

① 注意,我们讨论元素为未知量的矩阵是没有什么不合理的,因为未知量亦可以看作某一个域中的元素,这一域是域 K 上的有理分式域.

$$B=\begin{pmatrix} b_{11} & b_{12} & \cdots & b_{1n} \\ b_{21} & b_{22} & \cdots & b_{2n} \\ \vdots & \vdots & & \vdots \\ b_{n1} & b_{n2} & \cdots & b_{nn} \end{pmatrix}$$

的线性变换

$$x_i=b_{i1}y_1+b_{i2}y_2+\cdots+b_{in}y_n \quad (i=1,2,\cdots,n) \tag{B}$$

后，二次型 $\varphi=\boldsymbol{X}'\boldsymbol{A}\boldsymbol{X}$ 的矩阵有怎样的结果呢？

用 $\boldsymbol{Y}$ 来记未知量 $y_1,y_2,\cdots,y_n$ 的列，写线性变换(B) 为矩阵等式

$$\boldsymbol{X}=\boldsymbol{B}\boldsymbol{Y} \tag{2.2.1}$$

故由式(2.1.2) 得

$$\boldsymbol{X}'=\boldsymbol{Y}'\boldsymbol{B}' \tag{2.2.2}$$

把式(2.2.1) 和(2.2.2) 代入二次型的写法(2.1.3) 里面，得出

$$\varphi=\boldsymbol{Y}'(\boldsymbol{B}'\boldsymbol{A}\boldsymbol{B})\boldsymbol{Y}$$

或

$$\varphi=\boldsymbol{Y}'\boldsymbol{C}\boldsymbol{Y}$$

它里面的 $\boldsymbol{C}=\boldsymbol{B}'\boldsymbol{A}\boldsymbol{B}$.

矩阵 $\boldsymbol{C}$ 是对称的，因为由等式(2.1.2)(很明显地，它对于任何多个因子仍是正确的) 和等式 $\boldsymbol{A}'=\boldsymbol{A}$(对称矩阵 $\boldsymbol{A}$ 的等式)，有

$$\boldsymbol{C}'=\boldsymbol{B}'\boldsymbol{A}'\boldsymbol{B}=\boldsymbol{B}'\boldsymbol{A}\boldsymbol{B}=\boldsymbol{C}$$

这样一来，就证明了下面的定理：

定理 2.2.1 矩阵为 $\boldsymbol{A}$ 有 n 个未知量的二次型，对未知量施行一个矩阵为 $\boldsymbol{B}$ 的线性变换后，得出一个有新未知量的二次型，而且这个二次型的矩阵是乘积 $\boldsymbol{B}'\boldsymbol{A}\boldsymbol{B}$.

相应地，引入：

定义 2.2.1 两个对称矩阵 $\boldsymbol{A}$ 和 $\boldsymbol{C}$ 称为是相合①的(记作 $\boldsymbol{A}\simeq\boldsymbol{C}$)，如果存在一个可逆矩阵 $\boldsymbol{B}$，使得 $\boldsymbol{B}'\boldsymbol{A}\boldsymbol{B}=\boldsymbol{C}$.

相合是同阶对称矩阵之间的一个等价关系，也就是说满足：

1° 反身性：任意对称矩阵都与其自身相合；

2° 对称性：$\boldsymbol{A}\simeq\boldsymbol{B}$，则 $\boldsymbol{B}\simeq\boldsymbol{A}$；

3° 传递性：如果 $\boldsymbol{A}\simeq\boldsymbol{B}$，$\boldsymbol{B}\simeq\boldsymbol{C}$，那么 $\boldsymbol{A}\simeq\boldsymbol{C}$.

---

① 在数学中，“相合”一词又称为“合同”.

定理 2.2.2 和对称矩阵(反对称矩阵)相合的矩阵也是对称的(反对称的).

证明 设 $\boldsymbol{A}\simeq\boldsymbol{B}$ 且 $\boldsymbol{A}'=\pm\boldsymbol{A}$. 按定义,存在可逆矩阵 $\boldsymbol{T}$,使得 $\boldsymbol{T}'\boldsymbol{A}\boldsymbol{T}=\boldsymbol{B}$. 由此得出

$$\boldsymbol{B}'=\pm\boldsymbol{T}\boldsymbol{A}'\boldsymbol{T}'=\pm\boldsymbol{B}$$

这个等式证明了 $\boldsymbol{B}$ 与 $\boldsymbol{A}$ 有相同的性质.

利用相合的概念,可以把 §1 中定理 1.2.1 换成矩阵的说法.

定理 1.2.1′ 域 K 上每一个对称矩阵都相合于一个对角矩阵.

如前节所述,利用拉格朗日的方法知每一个二次型都可以变成标准形式

$$\varphi(x_1,x_2,\cdots,x_n)=c_1v_1^2+c_2v_2^2+\cdots+c_mv_m^2 \tag{2.2.3}$$

式中的 $c_1,c_2,\cdots,c_m$ 都不等于零.

现在我们很自然地会产生这样一个问题:在二次型的标准形式表示(2.2.3)中,平方项的数目 m(即 φ 的秩)等于什么?为了解答这个问题,先证明下面的定理.

定理 2.2.3 经过非奇异线性变换后,二次型 φ 的矩阵的秩数不变.

证明 我们需要 n 阶矩阵的秩的一个性质(第 2 章定理 4.10.1 推论 1):若矩阵 $\boldsymbol{A}$ 的秩数等于 r,$\boldsymbol{A}$ 乘以非奇异矩阵 $\boldsymbol{B}$ 后,这个乘积的秩数还是等于 r. 然后由定理 2.2.1 即得所要结果.

现在我们证明,在标准形式表示中,平方项的数目 m 就等于 φ 的矩阵的秩数.

定理 2.2.4 设二次型 φ 的矩阵的秩数等于 r,经非奇异线性变换把 φ 化简成标准形式后,它所含的不为零的项的个数等于 r.

事实上,设二次型 φ 的矩阵的秩数是 r,并设它的标准形式是式(2.2.3). 式(2.2.3)的矩阵显然等于

$$\boldsymbol{D}=\begin{pmatrix} c_1 & 0 & \cdots & 0 & 0 & \cdots & 0 \\ 0 & c_1 & \cdots & 0 & 0 & \cdots & 0 \\ \vdots & \vdots & & \vdots & \vdots & & \vdots \\ 0 & 0 & \cdots & c_m & 0 & \cdots & 0 \\ 0 & 0 & \cdots & 0 & 0 & \cdots & 0 \\ \vdots & \vdots & & \vdots & \vdots & & \vdots \\ 0 & 0 & \cdots & 0 & 0 & \cdots & 0 \end{pmatrix}$$

(假若 $m=n$,最后的 $n-m$ 行和 $n-m$ 列就可以略去不写),矩阵 $\boldsymbol{D}$ 的秩数显然

等于 m. 经过非奇异线性变换后，φ 的矩阵的秩数既然不变，则 $r=m$，这就回答了我们提出的问题.

在第一节，已经介绍了变换二次型为标准形式的拉格朗日的方法. 现在我们将指出另一个方法. 用非奇异线性变换 $\boldsymbol{X}=\boldsymbol{B}\boldsymbol{Y}$ 化二次型 $\varphi=\boldsymbol{X}'\boldsymbol{A}\boldsymbol{X}$ 为标准形式，相当于对于对称矩阵 $\boldsymbol{A}$ 找出一个非奇异矩阵 $\boldsymbol{B}$，使得

$$\boldsymbol{B}'\boldsymbol{A}\boldsymbol{B}=\boldsymbol{C} \tag{2.2.4}$$

为对角矩阵.

由于非奇异矩阵 $\boldsymbol{B}$ 可以写成若干初等矩阵 $\boldsymbol{P}_1,\boldsymbol{P}_2,\cdots,\boldsymbol{P}_h$ 的乘积

$$\boldsymbol{B}=\boldsymbol{P}_1\boldsymbol{P}_2\cdots\boldsymbol{P}_h \tag{2.2.5}$$

代入式(2.1.6) 并注意到式(2.1.2)，我们有

$$\boldsymbol{P}'_h\cdots\boldsymbol{P}'_2\boldsymbol{P}'_1\boldsymbol{A}\boldsymbol{P}_1\boldsymbol{P}_2\cdots\boldsymbol{P}_h=\boldsymbol{P}'_h(\cdots(\boldsymbol{P}'_2(\boldsymbol{P}'_1\boldsymbol{A}\boldsymbol{P}_1)\boldsymbol{P}_2)\cdots)\boldsymbol{P}_h=\boldsymbol{C} \tag{2.2.6}$$

式子(2.1.6) 可以写成

$$\boldsymbol{B}=\boldsymbol{E}\boldsymbol{P}_1\boldsymbol{P}_2\cdots\boldsymbol{P}_h \tag{2.2.7}$$

这里 $\boldsymbol{E}$ 为单位矩阵.

若将 $\boldsymbol{P}_1,\boldsymbol{P}_2,\cdots,\boldsymbol{P}_h$ 均看作列初等矩阵，则转置矩阵 $\boldsymbol{P}'_1,\boldsymbol{P}'_2,\cdots,\boldsymbol{P}'_h$就是相应的行初等矩阵，于是 $\boldsymbol{P}'_1\boldsymbol{B}\boldsymbol{P}_1$ 意味着对 $\boldsymbol{B}$ 作初等列变换 $\boldsymbol{P}_1$，再作相同的初等行变换 $\boldsymbol{P}'_1$. 从式(2.2.6) 和式(2.2.7) 看出，当 $\boldsymbol{B}$ 经过一系列成对初等行、列变换变成对角矩阵 $\boldsymbol{C}$ 时，此时对 $\boldsymbol{E}$ 只作其中的初等列变换得到可逆矩阵 $\boldsymbol{B}$，就使得 $\boldsymbol{B}'\boldsymbol{A}\boldsymbol{B}=\boldsymbol{C}$，即

$$\begin{pmatrix}\boldsymbol{A}\\ \boldsymbol{E}\end{pmatrix}\xrightarrow[\text{对}\binom{\boldsymbol{A}}{\boldsymbol{E}}\text{施行同样的初等列变换}]{\text{对}\boldsymbol{A}\text{施行初等行变换}}\cdots\xrightarrow[\boldsymbol{E}\text{化为矩阵}\boldsymbol{B}]{\boldsymbol{A}\text{化为对角矩阵}\boldsymbol{C}}\begin{pmatrix}\boldsymbol{C}\\ \boldsymbol{B}\end{pmatrix}$$ ①

于是我们得出 φ 的标准形式以及相应的变换：$\varphi=\boldsymbol{X}'\boldsymbol{A}\boldsymbol{X}$ 经满秩线性变换 $\boldsymbol{X}=\boldsymbol{B}\boldsymbol{Y}$ 化为标准形式.

我们举出一个例子. 用非奇异线性变换化二次型

$$\varphi=x_1^2+2x_1x_2+2x_2^2+4x_2x_3+4x_3^2$$

为标准形式.

所给二次型 $\varphi(x_1,x_2,x_3)$ 的矩阵为

---

① 对称地，我们也可以进行如下的操作

$$(\boldsymbol{A}\quad \boldsymbol{E})\xrightarrow[\text{对}(\boldsymbol{A}\quad\boldsymbol{E})\text{施行同样的初等行变换}]{\text{对}\boldsymbol{A}\text{施行初等列变换}}\cdots\xrightarrow[\boldsymbol{E}\text{化为矩阵}\boldsymbol{B}]{\boldsymbol{A}\text{化为对角矩阵}\boldsymbol{C}}(\boldsymbol{C}\quad\boldsymbol{B})$$

这种对矩阵进行若干行列对偶的初等变换称为相合变换.

$$A=\begin{pmatrix}1&1&0\\1&2&2\\0&2&4\end{pmatrix}$$

现在对矩阵

$$\begin{pmatrix}A\\E\end{pmatrix}=\begin{pmatrix}1&1&0\\1&2&2\\0&2&4\\1&0&0\\0&1&0\\0&0&1\end{pmatrix}$$

施行如下的初等变换

$$\begin{pmatrix}1&1&0\\1&2&2\\0&2&4\\1&0&0\\0&1&0\\0&0&1\end{pmatrix}\xrightarrow{\text{第二行}-\text{第一行}}\begin{pmatrix}1&1&0\\0&1&2\\0&2&4\\1&0&0\\0&1&0\\0&0&1\end{pmatrix}\xrightarrow{\text{第二列}-\text{第一列}}$$

$$\begin{pmatrix}1&0&0\\0&1&2\\0&2&4\\1&-1&0\\0&1&0\\0&0&1\end{pmatrix}\xrightarrow{\text{第三行}-\text{第二行}\times 2}$$

$$\begin{pmatrix}1&0&0\\0&1&2\\0&0&0\\1&-1&0\\0&1&0\\0&0&1\end{pmatrix}\xrightarrow{\text{第三列}-\text{第二列}\times 2}$$

$$\begin{pmatrix}1 & 0 & 0\\0 & 1 & 0\\0 & 0 & 0\\1 & -1 & 2\\0 & 1 & -2\\0 & 0 & 1\end{pmatrix}$$

于是我们看出,二次型 φ 经过非奇异线性变换

$$\begin{pmatrix}x_1\\x_2\\x_3\end{pmatrix}=\begin{pmatrix}y_1\\y_2\\y_3\end{pmatrix}\begin{pmatrix}1 & -1 & 2\\0 & 1 & -2\\0 & 0 & 1\end{pmatrix}$$

化为(正规)标准形式

$$\varphi=y_1^2+y_2^2$$

2.3 恒正实二次型的西尔维斯特判定

上一节证明的定理 1.4.3,对于恒正二次型是很有用的.但是用这一定理不能从二次型的系数来决定它是否是恒正的.为了这一目的,我们要用到另一定理.

定理 2.3.1(西尔维斯特) n个未知量的实二次型φ,当且仅当它的矩阵的所有的顺序主子式均大于零时,才是恒正的.

证明 对于$n=1$,定理是成立的,因为在这时二次型的形状为az^2,故当且仅当 $a>0$ 时才是恒正的.假定对于 $n-1$ 个未知量的二次型定理已经证明,来证明对于 n 个未知量的二次型定理亦能成立.

首先做下面的引理:

引理 如果对矩阵为$\boldsymbol{A}$的实二次型φ施行矩阵为$\boldsymbol{Q}$的实满秩线性变换,那么二次型的行列式(就是它的矩阵的行列式)的符号不变.

事实上,经变换后,我们得出一个矩阵为$\boldsymbol{Q}'\boldsymbol{A}\boldsymbol{Q}$的二次型,而由$|\boldsymbol{Q}'|=|\boldsymbol{Q}|$,得

$$|\boldsymbol{Q}'\boldsymbol{A}\boldsymbol{Q}|=|\boldsymbol{Q}'||\boldsymbol{A}||\boldsymbol{Q}|=|\boldsymbol{A}||\boldsymbol{Q}|^2$$

也就是行列式$|\boldsymbol{A}|$和一个正数的乘积.

现在假设已经给出二次型

$$\varphi=\sum_{i=1}^{n}\sum_{j=1}^{n}a_{ij}x_ix_j$$

它可以写为

$$\varphi = f(x_1, x_2, \cdots, x_{n-1}) + 2\sum_{i=1}^{n-1} a_{in} x_i x_n + a_{nn} x_n^2 \qquad (2.3.1)$$

里面的 f 为二次型 φ 中所有不含未知量 x_n 的那些项所组成的 $n-1$ 个未知量的二次型. 很明显地,型 f 的主子式和型 φ 的最后一个主子式以外的全部主子式重合.

设型 φ 恒正. 这样型 f 亦必恒正:如果有未知量 $x_1, x_2, \cdots, x_{n-1}$ 的一组不全为零的值使型 f 不取正值,那么添上 $x_n=0$ 后,由式(2.3.1)我们将得出型 φ 的非正值,则未知量 $x_1, x_2, \cdots, x_{n-1}, x_n$ 的值不全为零. 故由归纳法的假设,型 f 的所有主子式,就是型 φ 除最后一个外的全部主子式,都是正的. 至于型 φ 的最后一个主子式,也就是矩阵 $\mathbf{A}$ 的行列式,可由下面的推理知道它亦是一个正数:由型 φ 的恒正性,知道它在经非奇异线性变换后可以化为一个由 n 个正平方所构成的标准形式. 这一标准形式的行列式是一个正数,故由上述引理,知道型 φ 的行列式亦是一个正数.

现在设型 φ 的主子式全部是正的. 故知型 f 的主子式全为正数,这样从归纳法的假设,知道型 f 是恒正的. 因此有未知量 $x_1, x_2, \cdots, x_{n-1}$ 的非奇异线性变换存在,化型 φ 为 $n-1$ 个新未知量 $y_1, y_2, \cdots, y_{n-1}$ 的平方和(系数为正数). 添上 $x_n=y_n$ 后,这一线性变换可以看作所有未知量 $x_1, x_2, \cdots, x_n$ 的非奇异线性变换. 由式(2.3.1),知型 φ 经此变换后,化为

$$\varphi = \sum_{i=1}^{n-1} y_i^2 + 2\sum_{j=1}^{n-1} b_{in} y_i y_n + b_{nn} y_n^2 \qquad (2.3.2)$$

里面的系数 b_{in} 的具体表示式对我们是不重要的. 因为

$$y_i^2 + 2b_{in} y_i y_n = (y_i + b_{in} y_n)^2 - b_{in}^2 y_n^2$$

故非奇异线性变换

$$z_i = y_i + b_{in} y_n, i = 1, 2, \cdots, n-1; z_n = y_n$$

化(2.3.2)形的二次型 φ 为标准型

$$\varphi = \sum_{i=1}^{n-1} z_i^2 + c_n z_n^2 \qquad (2.3.3)$$

为了证明型 φ 是恒正的,只要证明数 c 是正数就已足够. 位置在等式(2.3.3)右边的二项系数的行列式等于 c. 但这一个行列式一定是正的,因为等式(2.3.3)的右边是从型 φ 经由两个满秩线性变换所得出的,而型 φ 的行列式,就是它的最后一个主子式,亦是一个正数.

定理已经完全证明.

例 1 二次型

$$\varphi=5x_1^2+x_2^2+5x_3^2+4x_1x_2-8x_1x_3-4x_2x_3$$

是恒正的,因为它的主子式

$$5,\begin{vmatrix}5 & 2\\ 2 & 1\end{vmatrix}=1,\begin{vmatrix}5 & 2 & -4\\ 2 & 1 & -2\\ -4 & -2 & 5\end{vmatrix}=1$$

都是正的.

例 2 二次型

$$\varphi=3x_1^2+x_2^2+5x_3^2+4x_1x_2-8x_1x_3-4x_2x_3$$

不是恒正的,因为它的二阶主子式是负的,即

$$\begin{vmatrix}3 & 2\\ 2 & 1\end{vmatrix}=-1$$

2.4 化二次型为标准形式的雅可比[①]的方法

以 r 记二次型 $\varphi=\sum_{i=1}^{n}\sum_{j=1}^{n}a_{ij}x_ix_j=\boldsymbol{X}'\boldsymbol{A}\boldsymbol{X}$ 的秩,且设

$$\Delta_k=\left|\boldsymbol{A}\begin{pmatrix}1 & 2 & \cdots & n\\ 1 & 2 & \cdots & n\end{pmatrix}\right|\neq 0\quad(k=1,2,\cdots,r)$$

那么应用高斯变换(参看第 2 章中 5.2 目),可以化对称矩阵 $\boldsymbol{A}=(a_{ij})_{n\times n}$ 为次之形状

$$\boldsymbol{G}=\begin{pmatrix}g^{11} & g^{12} & \cdots & \cdots & \cdots & \cdots & g_{1n}\\ 0 & g^{22} & \cdots & \cdots & \cdots & \cdots & g_{2n}\\ \vdots & \vdots & & & & & \vdots\\ 0 & 0 & \cdots & g_{rr} & \cdots & \cdots & g_{rn}\\ 0 & 0 & \cdots & 0 & \cdots & \cdots & 0\\ \vdots & \vdots & & \vdots & & & \vdots\\ 0 & 0 & \cdots & 0 & \cdots & \cdots & 0\end{pmatrix}$$

矩阵 $\boldsymbol{G}$ 的元素可以经矩阵 $\boldsymbol{A}$ 的元素用已知公式

$$g_{ij}=\frac{\left|\boldsymbol{A}\begin{pmatrix}1 & 2 & \cdots & p-1 & i\\ 1 & 2 & \cdots & p-1 & j\end{pmatrix}\right|}{\left|\boldsymbol{A}\begin{pmatrix}1 & 2 & \cdots & p-1\\ 1 & 2 & \cdots & p-1\end{pmatrix}\right|}\quad(j=i,i+1,\cdots,n;i=1,2,\cdots,r)$$

① 雅可比(Jacobi,1804—1851),德国数学家.

来表出.特别地

$$g_{ii}=\frac{\Delta_i}{\Delta_{i-1}}\quad(i=1,2,\cdots,r;\Delta_0=1)\tag{2.4.1}$$

在第 2 章 5.4 目中,(公式(4.4.15))已经证明

$$\boldsymbol{A}=\boldsymbol{G}'\hat{\boldsymbol{D}}\boldsymbol{G}\tag{2.4.2}$$

其中 $\hat{\boldsymbol{D}}$ 为对角矩阵

$$\hat{\boldsymbol{D}}=\begin{pmatrix}\Delta_1 & & & & & & \\ & \frac{\Delta_1}{\Delta_2} & & & & 0 & \\ & & \ddots & & & & \\ & & & \frac{\Delta_{r-1}}{\Delta_r} & & & \\ & & & & 0 & & \\ & 0 & & & & \ddots & \\ & & & & & & 0\end{pmatrix}=\begin{pmatrix}\frac{1}{g_{11}} & & & & & & \\ & \frac{1}{g_{22}} & & & & 0 & \\ & & \ddots & & & & \\ & & & \frac{1}{g_{rr}} & & & \\ & & & & 0 & & \\ & 0 & & & & \ddots & \\ & & & & & & 0\end{pmatrix}$$

并不破坏等式(2.4.2),我们可以换矩阵 $\boldsymbol{G}$ 的后 $(n-r)$ 个行中的零元素以任意的元素.这种代换可以变矩阵 $\boldsymbol{G}$ 为满秩上三角形矩阵

$$\boldsymbol{T}=\begin{pmatrix}g_{11} & g_{12} & \cdots & \cdots & \cdots & \cdots & g_{1n}\\ 0 & g_{22} & \cdots & \cdots & \cdots & \cdots & g_{2n}\\ \vdots & \vdots & & & & & \vdots\\ 0 & 0 & \cdots & g_{rr} & \cdots & \cdots & g_{rn}\\ 0 & 0 & \cdots & 0 & * & \cdots & *\\ \vdots & \vdots & & \vdots & & & \vdots\\ 0 & 0 & \cdots & 0 & \cdots & \cdots & *\end{pmatrix}\quad(|\boldsymbol{T}|\neq 0)$$

等式(4.2.2)可以写为

$$\boldsymbol{A}=\boldsymbol{T}'\hat{\boldsymbol{D}}\boldsymbol{T}$$

从这个等式知道,二次型

$$\psi=\boldsymbol{Y}'\hat{\boldsymbol{D}}\boldsymbol{Y}=\sum_{k=1}^{r}\frac{\Delta_{k-1}}{\Delta_k}y_k^2=\sum_{k=1}^{r}\frac{1}{g_{kk}}y_k^2\quad(\boldsymbol{Y}=(y_1,y_2,\cdots,y_n)';\Delta_0=1)\tag{2.4.3}$$

经变换 $\boldsymbol{Y}=\boldsymbol{TX}$ 后变为本目开始给出的 $\varphi=\boldsymbol{X}'\boldsymbol{AX}$.

因为

$$y_k = X_k, X_k = g_{kk}x_k + g_{k(k+1)}x_{k+1} + \cdots + g_{kn}x_n \quad (k=1,2,\cdots,r)$$

所以有雅可比公式

$$\varphi = \sum_{k=1}^{r} \frac{\Delta_{k-1}}{\Delta_k} X_k^2 = \sum_{k=1}^{r} \frac{1}{g_{kk}} X_k^2 \quad (\Delta_0 = 1) \tag{2.4.4}$$

这个公式给予表 φ 为 r 个无关平方和的表示式①.

雅可比公式常可表示为另一形状.

引进线性无关型

$$Y_k = D_{k-1}X_k \quad (k=1,2,\cdots,r;\Delta_0=1)$$

来代替 $X_k(k=1,2,\cdots,r)$. 那么雅可比公式(2.4.3)可写为

$$\varphi = \sum_{k=1}^{r} \frac{1}{\Delta_{k-1}\Delta_k} Y_k^2$$

此处

$$Y_k = c_{kk}x_k + c_{k(k+1)}x_{k+1} + \cdots + c_{kn}x_n \quad (k=1,2,\cdots,r)$$

其中

$$c_{kj} = \left| \boldsymbol{A}\begin{pmatrix} 1 & 2 & \cdots & k-1 & k \\ 1 & 2 & \cdots & k-1 & j \end{pmatrix} \right| \quad (j=k,k+1,\cdots,n;k=1,2,\cdots,r)$$

例 $\varphi = x_1^2 + 3x_2^2 - 3x_4^2 - 4x_1x_2 + 2x_1x_3 - 2x_1x_4 - 6x_2x_3 + 8x_2x_4 + 3x_3x_4$.

化矩阵

$$\boldsymbol{A} = \begin{pmatrix} 1 & -2 & 1 & -1 \\ -2 & 3 & -3 & 4 \\ 1 & -3 & 0 & 1 \\ -1 & 4 & 1 & -3 \end{pmatrix}$$

为高斯型

$$\boldsymbol{G} = \begin{pmatrix} 1 & -2 & 1 & -1 \\ 0 & -1 & -1 & 2 \\ 0 & 0 & 0 & 0 \\ 0 & 0 & 0 & 0 \end{pmatrix}$$

故秩数 $r=2, g_{11}=1, g_{22}=-1$.

---

① 在雅可比公式中诸平方的无关性亦可以由型 φ 的秩等于 r 来得出. 但是一次型 $X_1, X_2, \cdots, X_r$ 的无关性亦可以直接来证明. 事实上, 根据式(2.4.1), $g_{ii} = \frac{\Delta_i}{\Delta_{i-1}} \neq 0$, 故型 X_k 含有未知量 x_k, 而在型 $X_{k+1}, X_{k+2}, \cdots, X_r (k=1,2,\cdots,r)$ 中, x_k 都不出现. 故得型 $X_1, X_2, \cdots, X_r$ 的线性无关性.

雅可比公式(2.4.3)给出

$$\varphi=(x_1-2x_2+x_3-x_4)^2-(-x_2-x_3+2x_4)^2$$

由雅可比公式(2.4.4)推得:

定理 2.4.1(雅可比) 如果秩为 r 的实二次型 $\varphi=\sum_{i=1}^{n}\sum_{j=1}^{n}a_{ij}x_ix_j=\boldsymbol{X}'\boldsymbol{A}\boldsymbol{X}$ 有不等式

$$\Delta_k=\left|\boldsymbol{A}\begin{pmatrix}1 & 2 & \cdots & k\\ 1 & 2 & \cdots & k\end{pmatrix}\neq 0\right| \quad (k=1,2,\cdots,r)$$

那么型 φ 的正惯性指数与负惯性指数分别等于数列

$$1,\Delta_1,\Delta_2,\cdots,\Delta_r$$

中的正号数与变号数[①].

由雅可比公式,我们可以用二次型的系数来给出型 φ 的正定性的判定.

定理 2.4.2[②] 为了使得二次型是正定的,充分必要的,是适合以下诸不等式

$$\Delta_1>0,\Delta_2>0,\cdots,\Delta_n>0 \tag{2.4.5}$$

证明 条件的充分性,可以直接从雅可比公式(2.4.4)来得出.

条件的必要性可以建立如下:由型 $\varphi=\sum_{i=1}^{n}\sum_{j=1}^{n}a_{ij}x_ix_j$ 的正定性得出其"截出"型[③]

$$\varphi_p=\sum_{i=1}^{p}\sum_{j=1}^{p}a_{ij}x_ix_j \quad (p=1,2,\cdots,n)$$

的正定性.但所有这些型都必须是满秩的,亦即

$$\Delta_p\neq 0 \quad (p=1,2,\cdots,n)$$

现在我们有可能利用雅可比公式(2.4.4)(取 $r=n$).因为在这个公式的右端,所有平方的系数都是正的,所以

$$\Delta_1>0,\Delta_1\Delta_2>0,\Delta_2\Delta_3>0,\cdots,\Delta_{n-1}\Delta_n>0$$

由此得出定理中的条件.定理已经证明.

因为适当调动未知量的次序后,可以使得矩阵 $\mathbf{A}$ 的任何一个主子式位于其左上角,故有以下的推论:

---

① 设 $a_0,a_1,\cdots,a_h$ 是非零实数的序列,它的变号数 $v(a_0,a_1,\cdots,a_h)$ 定义为集合 $\{a_ia_{i+1}\mid 0\leqslant i\leqslant h-1\}$ 中的负数个数.关于变号数这概念的细节,参阅《多项式理论》卷.

② 这个结果,我们曾经利用直接的方式得出过(参阅上一目定理 2.3.1).

③ 如果在型 φ 中,取 $x_{p+1}=x_{p+2}=\cdots=x_n=0$,我们就得出型 φ_p.

推论 对于正定二次型 $\varphi=\sum_{i=1}^{n}\sum_{j=1}^{n}a_{ij}x_ix_j$，其系数矩阵 $\boldsymbol{A}$ 的所有主子式都是正的[①]，即

$$\left|\boldsymbol{A}\begin{pmatrix} i_1 & i_2 & \cdots & i_p \\ i_1 & i_2 & \cdots & i_p \end{pmatrix}\right|>0 \quad (1\leqslant i_1<i_2<\cdots<i_p\leqslant n;p=1,2,\cdots,n) \tag{2.4.6}$$

要注意的是，由顺序主子式的非负性

$$\Delta_1\geqslant 0,\Delta_2\geqslant 0,\cdots,\Delta_n\geqslant 0$$

不能得出 $\varphi=\boldsymbol{X}'\boldsymbol{A}\boldsymbol{X}$ 的非负性. 例如，在型

$$a_{11}x_1^2+2a_{12}x_1x_2+a_{22}x_2^2$$

中，若 $a_{11}=a_{12}=0$，而 $a_{22}<0$ 时满足前面的条件，但是它并不是非负的. 但是我们有以下的定理：

定理 2.4.3 为了使得二次型 $\varphi=\sum_{i=1}^{n}\sum_{j=1}^{n}a_{ij}x_ix_j$ 是非负的，充分必要的条件是其系数矩阵的所有主子式都是非负的

$$\left|\boldsymbol{A}\begin{pmatrix} i_1 & i_2 & \cdots & i_p \\ i_1 & i_2 & \cdots & i_p \end{pmatrix}\geqslant 0\right| \quad (1\leqslant i_1<i_2<\cdots<i_p\leqslant n;p=1,2,\cdots,n) \tag{2.4.6'}$$

证明 引进辅助二次型

$$\varphi_\varepsilon=\varphi+\varepsilon\sum_{i=1}^{n}x_i^2 \quad (\varepsilon>0)$$

显然

$$\lim_{\varepsilon\to 0}\varphi_\varepsilon=\varphi$$

从型 φ 的非负性得出 φ_ε 的正定性，因而有不等式(参考定理 2.4.2 的推论)

$$\left|\boldsymbol{A}\begin{pmatrix} i_1 & i_2 & \cdots & i_p \\ i_1 & i_2 & \cdots & i_p \end{pmatrix}>0\right| \quad (1\leqslant i_1<i_2<\cdots<i_p\leqslant n;p=1,2,\cdots,n)$$

当 $\varepsilon\to 0$ 时取极限，我们得出条件(2.4.6′).

反之，设给予条件(2.4.6′). 从这些条件得出

$$\left|\boldsymbol{A}_\varepsilon\begin{pmatrix} i_1 & i_2 & \cdots & i_p \\ i_1 & i_2 & \cdots & i_p \end{pmatrix}\right|=\varepsilon^p+\cdots\geqslant\varepsilon^p>0$$

$$(1\leqslant i_1<i_2<\cdots<i_p\leqslant n;p=1,2,\cdots,n)$$

---

① 这样一来，由实对称矩阵顺序主子式的正定性得出所有其余主子式的正定性.

但是(由于定理 2.4.2)φ_ε 是一个正定型

$$\varphi_\varepsilon=\varphi+\varepsilon\sum_{i=1}^{n}x_i^2>0\quad(\text{当 } x_1,x_2,\cdots,x_n \text{ 不全为 0 时})$$

故当 $\varepsilon\to 0$ 时取极限,我们得出 $\varphi\geqslant 0$. 定理即已证明.

如果把不等式(2.4.5)与(2.4.6)用到型 φ,那么二次型的非正定性与负定性条件可以从相应的不等式(2.4.5)与(2.4.6′)得出.

定理 2.4.4 为了使得二次型 $\varphi=\sum_{i=1}^{n}\sum_{j=1}^{n}a_{ij}x_ix_j$ 负定,充分必要条件是以下不等式成立

$$\Delta_1<0,\Delta_2>0,\Delta_3<0,\cdots,(-1)^n\Delta_n>0$$

定理 2.4.5 为了使得二次型 $\varphi=\sum_{i=1}^{n}\sum_{j=1}^{n}a_{ij}x_ix_j$ 非正,充分必要条件是以下不等式成立

$$(-1)^p\left|\boldsymbol{A}\begin{pmatrix}i_1 & i_2 & \cdots & i_p\\ i_1 & i_2 & \cdots & i_p\end{pmatrix}\right|\geqslant 0\quad(1\leqslant i_1<i_2<\cdots<i_p\leqslant n;p=1,2,\cdots,n)$$

2.5 古杰尔菲格尔[①]法则与弗罗伯尼法则

如果在数列 $\Delta_0=1,\Delta_1,\Delta_2,\cdots,\Delta_r\neq 0$ 中,有零出现,那么上目的定理 2.4.1 就不能直接使用. 恰当地定义含零数列的变号数,我们可以推广定理 2.4.1 这一结果[②].

定理 2.5.1 设 n 元实二次型 $\varphi=\sum_{i=1}^{n}\sum_{j=1}^{n}a_{ij}x_ix_j=\boldsymbol{X}'\boldsymbol{A}\boldsymbol{X}$ 的秩为 r,如果 $\boldsymbol{A}$ 的 r 阶顺序主子式 $\Delta_r\neq 0$,那么 φ 的负惯性指数等于序列 $\Delta_0,\Delta_1,\cdots,\Delta_r$ 的变号数 $v(\Delta_0,\Delta_1,\cdots,\Delta_r)$,其中:

(ⅰ) 如果 $\Delta_i\Delta_{i+2}\neq 0$ 且 $\Delta_{i+1}=0$,规定 $v(\Delta_i,0,\Delta_{i+2})=1$(古杰尔菲格尔法则);

(ⅱ) 如果 $\Delta_i\Delta_{i+3}\neq 0$ 且 $\Delta_{i+1}=\Delta_{i+2}=0$,当 $\Delta_i\Delta_{i+3}>0$ 规定 $v(\Delta_i,0,0,\Delta_{i+3})=2$;当 $\Delta_i\Delta_{i+3}<0$ 规定 $v(\Delta_i,0,0,\Delta_{i+3})=1$(弗罗伯尼法则);

(ⅲ) 如果 $\Delta_i\Delta_{i+4}\neq 0$ 且 $\Delta_{i+1}=\Delta_{i+2}=\Delta_{i+3}=0$,当 $\Delta_i\Delta_{i+4}>0$ 规定 $v(\Delta_i,0,0,0,\Delta_{i+4})=2$;当 $\Delta_i\Delta_{i+4}<0$,$v(\Delta_i,0,0,0,\Delta_{i+4})$ 不能确定;

---

① 古杰尔菲格尔(Gundelfinger,1846—1910),德国数学家.

② 参考王伟,张吉林,严志丹的论文:《实二次型的顺序主子式与惯性指数》,大学数学第 30 卷第 1 期,2014 年 2 月.

(ⅳ) 如果存在 $k \geqslant 4$ 满足 $\Delta_i\Delta_{i+k+1} \neq 0$ 且 $\Delta_{i+1} = \Delta_{i+2} = \cdots = \Delta_{i+k} = 0$，那么 $v(\Delta_i, 0, \cdots, 0, \Delta_{i+k+1})$ 不能确定.

作为解释，我们给出一个例子：设秩为 8 的实对称矩阵 $\boldsymbol{A}$ 的 $0 \sim 8$ 阶顺序主子式依次为 $1, -2, 0, 0, 0, -4, 0, 0, 3$. 根据定理 2.5.1，知

$$v(1, -2) = 1, v(-2, 0, 0, 0, -4) = 2, v(-4, 0, 0, 3) = 1$$

故序列 $\Delta_0, \Delta_1, \cdots, \Delta_8$ 的变号数

$$v = v(1, -2) + v(-2, 0, 0, 0, -4) + v(-4, 0, 0, 3) = 4$$

从而 $\boldsymbol{A}$ 的负惯性指数为 4.

本段的主要目的即是给出定理 2.5.1 的证明，同时对于定理 2.5.1 中所指出的不能确定情形，给出了符合所给顺序主子式序列的二次型的所有可能类型. 定理 2.5.1 的证明需要若干预备定理.

我们把主对角线上全是1的上(下)三角矩阵称为单位上(下)三角矩阵，于是第一个预备定理如下：

预备定理 1 设 $\boldsymbol{A}$ 为 n 阶方阵，$\boldsymbol{T}$ 为同阶的单位上三角矩阵，而 $\boldsymbol{B} = \boldsymbol{T}'\boldsymbol{A}\boldsymbol{T}$，那么 $\boldsymbol{A}$ 与 $\boldsymbol{B}$ 对应的顺序主子式有相同的值.

证明 将 $\boldsymbol{A}$ 与 $\boldsymbol{T}$ 分块，设 $\boldsymbol{A}_k, \boldsymbol{T}_k$ 为 $k(k = 1, 2, \cdots, n)$ 阶子块，且

$$\boldsymbol{A} = \begin{pmatrix} \boldsymbol{A}_k & \boldsymbol{F}_k \\ \boldsymbol{C}_k & \boldsymbol{D}_k \end{pmatrix}, \quad \boldsymbol{T} = \begin{pmatrix} \boldsymbol{T}_k & \boldsymbol{U}_k \\ \boldsymbol{O} & \boldsymbol{S}_k \end{pmatrix}$$

则 $\boldsymbol{T}_k$ 与 $\boldsymbol{T}'_k$ 为分别是单位上、下三角矩阵，且

$$\boldsymbol{B} = \boldsymbol{T}'\boldsymbol{A}\boldsymbol{T} = \begin{pmatrix} \boldsymbol{T}'_k\boldsymbol{A}_k\boldsymbol{T}_k & * \\ * & * \end{pmatrix}$$

注意到 $|\boldsymbol{T}_k| = |\boldsymbol{T}'_k| = 1$，我们得出 $\boldsymbol{B}$ 的 k 阶顺序主子式为

$$|\boldsymbol{B}_k| = |\boldsymbol{T}_k\boldsymbol{A}_k\boldsymbol{T}'_k| = |\boldsymbol{A}_k|$$

从而 $\boldsymbol{A}$ 与 $\boldsymbol{B}$ 的对应顺序主子式的值都相同.

预备定理 2 设实对称矩阵 $\boldsymbol{A}$ 的秩为 r，其非零顺序主子式分别为 $\Delta_{i_0} = 1$，$\Delta_{i_1}, \Delta_{i_2}, \cdots, \Delta_{i_s}$，$0 = i_0 < i_1 < \cdots < i_s = r$，则存在单位上三角矩阵 $\boldsymbol{T}$，使得

$$\boldsymbol{T}'\boldsymbol{A}\boldsymbol{T} = \begin{pmatrix} \boldsymbol{B}_1 & & & \\ & \ddots & & \\ & & \boldsymbol{B}_s & \\ & & & \boldsymbol{O} \end{pmatrix}$$

其中 $\boldsymbol{B}_k(1 \leqslant k \leqslant s)$ 是 $(i_k - i_{k-1})$ 阶可逆矩阵，$|B_k| = \dfrac{\Delta_{i_k}}{\Delta_{i_{k-1}}}$，且当 $i_k - i_{k-1} \geqslant 2$ 时 $\boldsymbol{B}_k$ 的 $1 \sim (i_k - i_{k-1})$ 阶顺序主子式全为零.

证明 对 s 用归纳法. 当 $s=0$ 时, $r=0$, $\boldsymbol{A}$ 为零矩阵,命题显然成立.

假设命题对 $s-1$ 是成立的. 令

$$\boldsymbol{B}_1=\begin{pmatrix} a_{11} & a_{12} & \cdots & a_{1,i_1} \\ a_{21} & a_{22} & \cdots & a_{2,i_2} \\ \vdots & \vdots & & \vdots \\ a_{i_1,1} & a_{i_2,2} & \cdots & a_{i_1,i_1} \end{pmatrix}$$

显然 $\boldsymbol{B}_1$ 满足命题结论的要求.

将 $\boldsymbol{A}$ 分块成 $\boldsymbol{A}=\begin{pmatrix} \boldsymbol{B}_1 & \boldsymbol{C} \\ \boldsymbol{C}' & \boldsymbol{D} \end{pmatrix}$, 由条件知 $|B_1|=\Delta_{i_1}\neq 0$, 令 $\boldsymbol{T}_1=\begin{pmatrix} \boldsymbol{E} & -\boldsymbol{B}_1^{-1}\boldsymbol{C} \\ \boldsymbol{O} & \boldsymbol{E} \end{pmatrix}$, 则 $\boldsymbol{T}_1$ 为单位上三角矩阵. 注意到

$$(\boldsymbol{B}_1^{-1})'=(\boldsymbol{B}_1')^{-1}=\boldsymbol{B}_1^{-1}$$

于是

$$\boldsymbol{T}_1'\boldsymbol{A}\boldsymbol{T}_1=\begin{pmatrix} \boldsymbol{E} & \boldsymbol{O} \\ -\boldsymbol{C}'\boldsymbol{B}_1^{-1} & \boldsymbol{E} \end{pmatrix}\begin{pmatrix} \boldsymbol{B}_1 & \boldsymbol{C} \\ \boldsymbol{C}' & \boldsymbol{D} \end{pmatrix}\begin{pmatrix} \boldsymbol{E} & -\boldsymbol{B}_1^{-1}\boldsymbol{C} \\ \boldsymbol{O} & \boldsymbol{E} \end{pmatrix}=\begin{pmatrix} \boldsymbol{B}_1 & \boldsymbol{O} \\ \boldsymbol{O} & \boldsymbol{D}_1 \end{pmatrix}, \boldsymbol{T}_1=-\boldsymbol{C}'\boldsymbol{B}_1^{-1}\boldsymbol{C}+\boldsymbol{D}$$

易知 $\boldsymbol{D}_1$ 的秩 $r(\boldsymbol{D}_1)=r-r(\boldsymbol{B}_1)=r-i_1$.

由预备定理 1, 知 $\begin{pmatrix} \boldsymbol{B}_1 & \boldsymbol{O} \\ \boldsymbol{O} & \boldsymbol{D}_1 \end{pmatrix}$ 的顺序主子式与 $\boldsymbol{A}$ 的顺序主子式对应相等, 故 $\boldsymbol{D}_1$ 的所有非零顺序主子式的阶数分别为 $i_1-i_1=0, i_2-i_1, \cdots, i_s-i_1=r(\boldsymbol{D}_1)$, 其对应的值分别为 $1, \dfrac{\Delta_{i_2}}{\Delta_{i_1}}, \cdots, \dfrac{\Delta_{i_s}}{\Delta_{i_1}}$.

由归纳假设, 知存在 $n-i_1$ 阶单位上三角矩阵 $\boldsymbol{T}_2$, 使得

$$\boldsymbol{T}_2'\boldsymbol{D}_1\boldsymbol{T}_2=\begin{pmatrix} \boldsymbol{B}_2 & & & \\ & \ddots & & \\ & & \boldsymbol{B}_s & \\ & & & \boldsymbol{O} \end{pmatrix}$$

其中 $\boldsymbol{B}_k(2\leqslant k\leqslant s)$ 是可逆矩阵, 阶数为 $(i_k-i_1)-(i_{k-1}-i_1)=i_k-i_{k-1}$, 同时

$$|\boldsymbol{B}_k|=\frac{\dfrac{\Delta_{i_k}}{\Delta_{i_1}}}{\dfrac{\Delta_{i_{k-1}}}{\Delta_{i_1}}}=\frac{\Delta_{i_k}}{\Delta_{i_{k-1}}}$$

且当 $i_k-i_{k-1}\geqslant 2$ 时 $\boldsymbol{B}_k$ 的 $1\sim(i_k-i_{k-1}-1)$ 阶顺序主子式全为零.

令 $\boldsymbol{T}=\boldsymbol{T}_1\begin{pmatrix} \boldsymbol{E} & \boldsymbol{O} \\ \boldsymbol{O} & \boldsymbol{T}_2 \end{pmatrix}$, 则 $\boldsymbol{T}_2$ 显然是单位上三角矩阵, 且

$$T'AT=\begin{pmatrix}E & O\\ O & T_2'\end{pmatrix}T_1'AT_1\begin{pmatrix}E & O\\ O & T_2\end{pmatrix}$$
$$=\begin{pmatrix}E & O\\ O & T_2'\end{pmatrix}\begin{pmatrix}B_1 & O\\ O & D_1\end{pmatrix}\begin{pmatrix}E & O\\ O & T_2\end{pmatrix}$$
$$=\begin{pmatrix}B_1 & & & \\ & \ddots & & \\ & & B_s & \\ & & & O\end{pmatrix}$$

预备定理 3 的表述需要一些辅助概念：设 $n\geqslant 2$，用 Σ_n 表示满足 $1\sim(n-1)$ 阶顺序主子式 $\Delta_k(k=1,2,\cdots,n-1)$ 全为 0 的 n 阶满秩对称矩阵所组成的集合. 定义 $\Sigma_n{}^+=\{A\in\Sigma_n\mid|A|>0\}$，$\Sigma_n{}^-=\{A\in\Sigma_n\sum_{i=1}^{n}{}_n\mid|A|<0\}$. 用 $q(A)$ 表示 A 的负惯性指数；$q(\Sigma_n^+)=\{q(A)\mid A\in\Sigma_n^+\}$.

预备定理 3　设 $n\geqslant 2$，则：

1) $q(\Sigma_n{}^+)=\{t\mid 0<t<n$ 且 t 为偶数$\}$.

2) $q(\Sigma_n{}^-)=\{t\mid 0<t<n$ 且 t 为奇数$\}$.

证明　当 $n=2$ 时，由 $\Sigma_n{}^+$ 的定义，易知 $\Sigma_2=\{\begin{pmatrix}0 & a\\ a & b\end{pmatrix}\mid a,b$ 都是实数且 $a\neq 0\}$. 注意到 Σ_2 中每个矩阵的行列式都为负，故 $\Sigma_2^+=\varnothing$. 此时，$q(\Sigma_2^+)=\{t\mid 0<t<n$ 且 t 为偶数$\}=\varnothing$；任取 $A\in\Sigma_2^-=\Sigma_2$，由于 $\Delta_1=0$，知 A 既非正定，也非负定. 因此 $q(A)=1$，$q(\Sigma_2^-)=\{t\mid 0<t<2$ 且 t 为奇数$\}$. 这表明 $n=2$ 时定理是成立的.

以下假设 $n\geqslant 3$，一方面，设 $A\in\Sigma_n{}^+$，类似地，由于 $\Delta_1=0$，得 $0<q(A)<n$；另一方面，由于 A 的全体特征值的积为 $|A|>0$，故其负特征值的数目为偶数，从而有 $q(A)\in\{t\mid 0<t<n$ 且 t 为偶数$\}$. 这样一来，$q(\Sigma_n^+)\subseteq\{t\mid 0<t<n$ 且 t 为偶数$\}$.

下面证明 $\{t\mid 0<t<n$ 且 t 为偶数$\}\subseteq q(\Sigma_n^+)$：一方面，任取偶数 t 满足 $0<t<n$，令

$$B=\begin{pmatrix}0 & 0 & \cdots & 0 & 1\\ 0 & \varepsilon_1 & \cdots & 0 & 0\\ \vdots & \vdots & & \vdots & \vdots\\ 0 & 0 & \cdots & \varepsilon_{n-2} & 0\\ 1 & 0 & \cdots & 0 & 0\end{pmatrix},\varepsilon_i=-1(1\leqslant i\leqslant t-1),\varepsilon_j=1\quad(t\leqslant j\leqslant n-2)$$

易见 $\boldsymbol{B}$ 的 $1\sim(n-1)$ 阶顺序主子式全为零，且

$$|\boldsymbol{B}|=\prod_{i=1}^{n-2}\varepsilon_i=(-1)^t=1>0$$

故 $\boldsymbol{B}\in\Sigma_n^+$. 另一方面，通过变量的重排，易见 $\boldsymbol{B}$ 相合于

$$\boldsymbol{C}=\begin{pmatrix}0&1&0&\cdots&0\\1&0&0&\cdots&0\\0&0&\varepsilon_1&\cdots&0\\\vdots&\vdots&\vdots&&\vdots\\0&0&0&\cdots&\varepsilon_{n-2}\end{pmatrix}$$

由于$\boldsymbol{C}$的左上角二阶方阵负惯性指数为1，右下角 $n-2$ 阶方阵负惯性指数等于对角线上值为负的个数$(t-1)$，故

$$q(\boldsymbol{C})=1+(t-1)=t$$

因 $\boldsymbol{B}$ 与 $\boldsymbol{C}$ 相合，故

$$q(\boldsymbol{B})=q(\boldsymbol{C})=t$$

由于已证得 $\boldsymbol{B}\in\Sigma_n^+$，所以 $t\in q(\Sigma_n^+)$. 由 t 的任意性立得

$$\{t\mid 0<t<n\text{ 且 }t\text{ 为偶数}\}\subseteq q(\Sigma_n^+)$$

可以类似地证明 2).

利用预备定理 3，注意到 $n=1$ 时的明显性，容易得到下面的表 1.

具有 $1\sim(n-1)$ 阶零顺序主子式的 n 阶满秩实对称矩阵负惯性指数与行列式符号的关系(如表 1)：

表 1

n	$\|\boldsymbol{A}\|$ 的符号	$q(\boldsymbol{A})$ 所有可能的取值
1	+	$\{0\}$
1	−	$\{1\}$
2	−	$\{1\}$
3	+	$\{2\}$
3	−	$\{1\}$
4	+	$\{2\}$
4	−	$\{1,3\}$
>4	+	$\{2,4,6,\cdots,n-1$ 或 $n-2\}$
>4	−	$\{1,3,5,\cdots,n-1$ 或 $n-2\}$

定理2.5.1的证明 设$\boldsymbol{A}$的前r个顺序主子式中,不为零的是$\Delta_{i_0}=1$,Δ_{i_1},Δ_{i_2},…,Δ_{i_s}($0=i_0<i_1<\cdots<i_s=r$).按预备定理2,存在单位上三角矩阵$\boldsymbol{T}$,使得

$$\boldsymbol{T}'\boldsymbol{A}\boldsymbol{T}=\boldsymbol{B}=\begin{pmatrix}\boldsymbol{B}_1 & & & \\ & \ddots & & \\ & & \boldsymbol{B}_s & \\ & & & \boldsymbol{O}\end{pmatrix}$$

其中$\boldsymbol{B}_k$($1\leqslant k\leqslant s$)是(i_k-i_{k-1})阶可逆矩阵,且当$i_k-i_{k-1}\geqslant 2$时$\boldsymbol{B}_k$的$1\sim(i_k-i_{k-1})$阶顺序主子式全为零.由预备定理1,$q(\boldsymbol{A})=q(\boldsymbol{B})$.

由于准对角矩阵的负惯性指数等于每个对角块的负惯性指数之和,因此$q(\boldsymbol{B})=\sum\limits_{k=1}^{s}q(\boldsymbol{B}_k)$.对每个$\boldsymbol{B}_k$,应用预备定理3后面的表1,即可得出定理2.5.1.

注 利用表1的最后三行,对于定理2.5.1中"不能确定"的情形,可以给出所有可能的负惯性指数.

例 设满秩的十阶对称矩阵$\boldsymbol{A}$的顺序主子式Δ_0,Δ_1,…,Δ_{10}的符号序列为+,-,0,0,0,0,-,-,0,0,+,求其可能的负惯性指数.

解 注意到$\boldsymbol{A}$的非零主子式的阶数依次为0,1,6,7,10,由预备定理2知,存在单位上三角矩阵$\boldsymbol{T}$,使得

$$\boldsymbol{T}'\boldsymbol{A}\boldsymbol{T}=\begin{pmatrix}\boldsymbol{B}_1 & & & \\ & \boldsymbol{B}_2 & & \\ & & \boldsymbol{B}_3 & \\ & & & \boldsymbol{B}_4\end{pmatrix}$$

其中$\boldsymbol{B}_1$,$\boldsymbol{B}_2$,$\boldsymbol{B}_3$,$\boldsymbol{B}_4$分别为一,五,一,三阶矩阵,其对应行列式符号依次为-,+,+,-.由预备定理3知$\boldsymbol{B}_2$的负惯性指数$q(\boldsymbol{B}_2)$可取2或4,$q(\boldsymbol{B}_4)=1$.此外,注意到$\boldsymbol{B}_1$,$\boldsymbol{B}_3$为实数(一阶矩阵),且$\boldsymbol{B}_1<0$,$\boldsymbol{B}_3>0$,知$\boldsymbol{B}_1$,$\boldsymbol{B}_3$的负惯性指数分别为1,0.由于$q(\boldsymbol{A})=\sum\limits_{k=1}^{4}q(\boldsymbol{B}_k)$,故$\boldsymbol{A}$的负惯性指数的所有可能取值为4或6.

§3 实二次型的主轴问题

3.1 二次型耦

为了下一目关于化实二次型到主轴上去的定理的证明.我们来讨论另一个

问题，这是关于二次型耦的问题，它本身也是很有趣味的.

设已给出一对有 n 个未知量的实二次型 $\varphi(x_1,x_2,\cdots,x_n)$ 和 $\psi(x_1,x_2,\cdots,x_n)$，是否有一个未知量 $x_1,x_2,\cdots,x_n$ 的满秩线性变换存在，同时把这两个型化成标准形式呢？

在一般的情形，答案是否定的. 例如，讨论型耦

$$\varphi(x_1,x_2)=x_1^2,\psi(x_1,x_2)=x_1x_2$$

如果有满秩线性变换

$$x_1=c_{11}y_1+c_{12}y_2,x_2=c_{21}y_1+c_{22}y_2 \tag{3.1.1}$$

存在把这两个二次型化成标准形式. 为了使得变换(3.1.1)化型 φ 为标准形式，在系数 c_{11},c_{12} 中至少有一个等于零，否则就要出现项 $2c_{11}c_{12}y_1y_2$. 只要在必要时调动未知量 y_1,y_2 的次数，我们常可设 $c_{12}=0$，因此 $c_{11}\neq 0$. 但是现在我们得出

$$\psi(x_1,x_2)=c_{11}y_1(c_{21}y_1+c_{22}y_2)=c_{11}c_{21}y_1^2+c_{11}c_{22}y_1y_2$$

因为我们必须把型 ψ 化成标准形式，所以 $c_{11}c_{22}=0$，也就是 $c_{22}=0$，这和 $c_{12}=0$ 就会同线性变换(3.1.1) 的满秩性矛盾.

如果在我们的两个型中，至少有一个，例如 $\psi(x_1,x_2,\cdots,x_n)$ 是恒正的，那么情形就完全不同[①].

设 $\boldsymbol{A}=(a_{ij})_{n\times n}$ 和 $\boldsymbol{B}=(b_{ij})_{n\times n}$ 是型 φ 和 ψ 的对应矩阵. 取 λ 为未知量来讨论二次型

$$g(x_1,x_2,\cdots,x_n)=\lambda\psi-\varphi$$

它的系数是和 λ 有关的. 这个型的矩阵是 $\lambda\boldsymbol{B}-\boldsymbol{A}$. 计算型 g 的行列式

$$|\lambda\boldsymbol{B}-\boldsymbol{A}|=\begin{vmatrix}\lambda b_{11}-a_{11} & \lambda b_{11}-a_{11} & \cdots & \lambda b_{1n}-a_{1n}\\ \lambda b_{21}-a_{21} & \lambda b_{22}-a_{22} & \cdots & \lambda b_{2n}-a_{2n}\\ \vdots & \vdots & & \vdots\\ \lambda b_{n1}-a_{n1} & \lambda b_{n2}-a_{n2} & \cdots & \lambda b_{nn}-a_{nn}\end{vmatrix}$$

我们得出 λ 的一个 n 次多项式. 事实上，把这个行列式的每一个列看作两个列的和，对应的分这个行列式为 2^n 个行列式的和而且把含有 λ 的每一个列的公因子 λ 提到行列式符号的外边来，我们知道，在所讨论的多项式中，λ^n 的系数是 $|\boldsymbol{B}|$. 但从型 ψ 的恒正性，知道矩阵 $\boldsymbol{B}$ 的行列式不等于零.

---

① 很明显地，这个条件不是必要的，例如型 $x_1^2+x_2^2-x_3^2$ 和 $x_1^2-x_2^2-x_3^2$ 都已经成为标准形式，但是它们里面没有一个是恒正的.

把所得出的多项式叫作型耦 φ 和 ψ 的 λ — 多项式.这是一个 n 次实系数多项式,在复数域中有 n 个根.如果我们同时对两个型 φ 和 ψ 施行有实矩阵 $\boldsymbol{C}$ 的同一满秩线性变换,那么,像在 §2 中所已知的,型 $\lambda\psi-\varphi$ 的矩阵化为 $\boldsymbol{C}^{\mathrm{T}}(\lambda\boldsymbol{B}-\boldsymbol{A})\boldsymbol{C}$.但是

$$|\boldsymbol{C}^{\mathrm{T}}(\lambda\boldsymbol{B}-\boldsymbol{A})\boldsymbol{C}|=|\boldsymbol{C}^{\mathrm{T}}|\cdot|\lambda\boldsymbol{B}-\boldsymbol{A}|\cdot|\boldsymbol{C}|=|\boldsymbol{C}|^2\cdot|\lambda\boldsymbol{B}-\boldsymbol{A}|$$

这就证明了,如果对型耦 φ,ψ 施行满秩线性变换,其中 ψ 是一个恒正型,那么这个型耦的 λ — 多项式的这些根和它们的重数是不变的.

现在来证明下面的定理:

定理3.1.1 设 $\varphi(x_1,x_2,\cdots,x_n)$,$\psi(x_1,x_2,\cdots,x_n)$ 是实二次型耦,那么它们的 λ — 多项式的根都是实根.

事实上,设所讨论的型耦的 λ — 多项式有根 $u+v\mathrm{i}$,其中 $v\neq 0$.那么复二次型 $(u+v\mathrm{i})\psi-\varphi$ 的行列式 $|(u+v\mathrm{i})\boldsymbol{B}-\boldsymbol{A}|$ 等于零,因此,这个型是降秩的.设它的秩等于 r,$r<n$.和 §1 中所讨论的一样,有满秩复线性变换存在,把这个型化为正规标准形式,也就是

$$(u+v\mathrm{i})\psi(x_1,x_2,\cdots,x_n)-\varphi(x_1,x_2,\cdots,x_n)=y_1^2+y_2^2+\cdots+y_r^2 \tag{3.1.2}$$

其中

$$y_k=\sum_{j=1}^{n}(p_{kj}+\mathrm{i}q_{kj})x_j\quad(k=1,2,\cdots,n)$$

设

$$\begin{cases}z_k=\sum\limits_{j=1}^{n}p_{kj}x_j\quad(k=1,2,\cdots,n)\\ t_k=\sum\limits_{j=1}^{n}q_{kj}x_j\quad(k=1,2,\cdots,n)\end{cases} \tag{3.1.3}$$

我们得出

$$y_k=z_k+\mathrm{i}t_k,k=1,2,\cdots,n$$

把它们代入式(3.1.2)中而且使等式两边的虚数单位 i 的系数相等,我们得出等式

$$v\psi(x_1,x_2,\cdots,x_n)=2(z_1t_1+z_2t_2+\cdots+z_rt_r) \tag{3.1.4}$$

从式(3.1.3)可以讨论下面的含 n 个未知量 $x_1,x_2,\cdots,x_n$ 有 r 个方程的齐次线性方程组

$$z_1=0,z_2=0,\cdots,z_r=0$$

因为 $r<n$,所以这组方程有非零解 $\alpha_1,\alpha_2,\cdots,\alpha_n$.把它代入式(3.1.4),我们得

出等式

$$v\psi(\alpha_1,\alpha_2,\cdots,\alpha_n)=0$$

再从不等式 $v\neq 0$,得出

$$\psi(\alpha_1,\alpha_2,\cdots,\alpha_n)=0$$

但是这和型 ψ 的恒正性矛盾,定理已经证明.

我们现在来证明下面的关于二次型耦的基本定理:

定理 3.1.2 如果 φ 和 ψ 是有 n 个未知量的实二次型耦,且它们中的第二个是恒正的,那么有一个满秩线性变换存在,同时化型 ψ 为正规标准形式,化型 φ 为标准形式.这个标准形式的系数是所说型耦的 λ — 多项式的根,而且每一个根出现的次数和它在这个 λ — 多项式中的重根是一致的.

对未知量的个数 n 用数学归纳法来证明我们的定理.当 $n=1$ 时,定理的论断显然是正确的.

设 $\lambda_1,\lambda_2,\cdots,\lambda_n$(事实上,在前面已经证明有 n 个)是型耦 φ 和 ψ 的 λ — 多项式的根;多重根依它的重数重复写出.如果 $\boldsymbol{A}$ 和 $\boldsymbol{B}$ 是型 φ 和 ψ 的对应矩阵,那么

$$|\lambda_1\boldsymbol{B}-\boldsymbol{A}|=0 \tag{3.1.5}$$

同上面一样,取 λ 为未知量,可以写二次型 $\lambda\psi-\varphi$ 为

$$\lambda\psi-\varphi=(\lambda-\lambda_1)\psi+(\lambda_1\psi-\varphi)$$

从式(3.1.5),知二次型 $\lambda_1\psi-\varphi$ 的行列式等于零,也就是说它是降秩的.因此,有满秩线性变换存在,把型 $\lambda_1\psi-\varphi$ 化为型 $\overline{\varphi}$,在它里面实际上不能含有所有的新未知量 $y_1,y_2,\cdots,y_n$;例如化型 $\lambda_1\psi-\varphi$ 为标准形式的变换就是这种样子的.对应的调动新未知量的序数,可以设型 $\overline{\varphi}$ 不含未知量 y_1,也就是说

$$\lambda_1\psi-\varphi=\overline{\varphi}(y_2,y_3,\cdots,y_n)$$

这个变换化型 ψ 为某一个型 $\overline{\psi}(y_1,y_2,\cdots,y_n)$,它和 ψ 一样,是恒正的.这样一来

$$\lambda\psi-\varphi=(\lambda-\lambda_1)\overline{\psi}(y_1,y_2,\cdots,y_n)+\overline{\varphi}(y_2,y_3,\cdots,y_n) \tag{3.1.6}$$

设

$$\overline{\psi}(y_1,y_2,\cdots,y_n)=\sum_{i,j=1}^{n}\overline{b}_{ij}y_iy_j$$

从型 $\overline{\psi}$ 的恒正性,知 y_1^2 的系数 $\overline{b}_{11}$ 是一个正数.那么满秩实线性变换

$$\begin{cases}z_1=\sqrt{\overline{b}_{11}^{-1}}\,(\overline{b}_{11}y_1+\overline{b}_{12}y_2+\cdots+\overline{b}_{1n}y_n)\\ z_i=y_i,i=2,3,\cdots,n\end{cases} \tag{3.1.7}$$

从型 $\overline{\psi}$ 中提出了一个未知量 z_1 的平方,它的系数等于 1,也就是

$$\overline{\psi}=z_1^2+\psi_1(z_2,z_3,\cdots,z_n)$$

因此，从式(3.1.6)和(3.1.7)，有

$$\lambda\psi-\varphi=\overline{\psi}(z_2,z_3,\cdots,z_n)+(\lambda-\lambda_1)[z_1^2+\psi_1(z_2,z_3,\cdots,z_n)]$$

所以使未知量 λ 的相同的(零次和一次的)幂次的系数相等，而且引进记法

$$\varphi_1(z_2,z_3,\cdots,z_n)=\overline{\varphi}(z_2,z_3,\cdots,z_n)+\lambda_1\psi_1(z_2,z_3,\cdots,z_n)$$

我们得出

$$\begin{cases}\varphi=\lambda_1 z_1^2+\psi_1(z_2,z_3,\cdots,z_n)\\ \psi=z_1^2+\psi_1(z_2,z_3,\cdots,z_n)\end{cases}\tag{3.1.8}$$

型 $\psi_1(z_2,z_3,\cdots,z_n)$ 和型 ψ 一样，是恒正的. 型耦 φ_1,ψ_1 的 λ - 多项式有根 $\lambda_2,\lambda_3,\cdots,\lambda_n$. 事实上，前面已证明，在施行满秩线性变换后，型耦的 λ - 多项式的根是不变的. 这样一来，数 $\lambda_1,\lambda_2,\cdots,\lambda_n$ 是等式(3.1.8)右端中未知量 $z_1,z_2,\cdots,z_n$ 的型耦的 λ - 多项式的根. 但是这个 λ - 多项式是

$$\begin{vmatrix}\lambda-\lambda_1 & 0 & \cdots & 0\\ 0 & & & \\ \vdots & & \lambda\boldsymbol{B}_1-\boldsymbol{A}_1 & \\ 0 & & & \end{vmatrix}=(\lambda-\lambda_1)\mid\lambda_1\boldsymbol{B}_1-\boldsymbol{A}_1\mid$$

其中 $\mid\lambda_1\boldsymbol{B}_1-\boldsymbol{A}_1\mid$ 是型耦 φ_1,ψ_1 的 λ - 多项式. 因此，我们的论断是正确的.

应用归纳法的假设，知有满秩线性变换存在，变未知量 $z_2,z_3,\cdots,z_n$ 为 $t_2,t_3,\cdots,t_n$，使得

$$\begin{cases}\varphi_1=\lambda_2 t_2^2+\lambda_3 t_3^2+\cdots+\lambda_n t_n^2\\ \psi_1=t_2^2+t_3^2+\cdots+t_n^2\end{cases}\tag{3.1.9}$$

取 $z_1=t_1$ 来补足这个变换，我们得出 n 个未知量 $z_1,z_2,\cdots,z_n$ 的一个满秩线性变换. 最后，把得出式(3.1.8)和(3.1.9)的两个线性变换顺次来乘出，我们得出把未知量 $x_1,x_2,\cdots,x_n$ 化为未知量 $t_1,t_2,\cdots,t_n$ 的这样的线性变换，使得

$$\varphi(x_1,x_2,\cdots,x_n)=\lambda_1 t_1^2+\lambda_2 t_2^2+\cdots+\lambda_n t_n^2,\psi=t_1^2+t_2^2+\cdots+t_n^2$$

我们的定理已经证明.

3.2 正交变换·化二次型到主轴上去

二次型的理论已经在本章中讨论过. 特别地，我们知道怎样把二次型化做标准形式. 在 §1,1.4 的末尾，我们曾经指出，这种演化只是类似于解析几何中所已知的把二次有心曲线或有心曲面化做标准形式，并不能作为它的推广. 但是这个几何理论是可以推广到有任意多个未知量的实系数二次型的情形. 基于

这个目的，我们分出一类特殊的满秩线性变换，叫作正交变换.用正交变换化实二次型为标准形式，或者叫作化二次型到主轴上去的理论，在数学的邻近部门中如力学和物理学中，有很多的应用.

我们先引进正交变换的概念.设给定了 n 个未知量的实线性变换

$$x_i=\sum_{j=1}^{n}q_{ij}y_j,i=1,2,\cdots,n \tag{3.2.1}$$

用 $\boldsymbol{Q}$ 来表示这个变换的矩阵.这个变换把未知量 $x_1,x_2,\cdots,x_n$ 的平方和，即是作为恒正二次型的正规标准形式的二次型 $x_1^2+x_2^2+\cdots+x_n^2$ 变为未知量 y_1，$y_2,\cdots,y_n$ 的某个二次型.这个新的二次型本身可能恰好是未知量 $y_1,y_2,\cdots,y_n$ 的平方和，即在用表示式(3.2.1) 代替未知量 $x_1,x_2,\cdots,x_n$ 后，成立恒等式

$$x_1^2+x_2^2+\cdots+x_n^2=y_1^2+y_2^2+\cdots+y_n^2 \tag{3.2.2}$$

具有这样一些特性的未知量的线性变换(3.2.1)，即是使未知量的平方和保持不变的变换，称为未知量的正交变换.这名称基于下述理由：这个变换的矩阵 $\boldsymbol{Q}$ 是正交矩阵.

事实上，按照未知量作线性变换时，二次型矩阵的变化规律，并注意到当二次型由所有未知量的平方和构成时，它的矩阵是单位矩阵.由此，我们得到的等式(3.2.2) 相当于矩阵等式

$$\boldsymbol{Q}'\boldsymbol{E}\boldsymbol{Q}=\boldsymbol{E}$$

即

$$\boldsymbol{Q}'\boldsymbol{Q}=\boldsymbol{E} \tag{3.2.3}$$

就是说，矩阵 $\boldsymbol{Q}$ 是正交的.

本目的目的是证明下面的关于化实二次型到主轴上去的定理.

定理 3.2.1 每一个实二次型 $\varphi(x_1,x_2,\cdots,x_n)$ 都可以用某一个正交变换把它化成标准形式.这个标准形式的系数是型 φ 的对称矩阵的特征根，而且每一个特征根出现的次数和它在矩阵 $\boldsymbol{A}$ 的特征多项式中的重数是一致的.

证明 设已给出矩阵为 $\boldsymbol{A}$ 的实二次型 $\varphi(x_1,x_2,\cdots,x_n)$.讨论由 φ 和有正规标准形式形状的

$$\psi_0=x_1^2+x_2^2+\cdots+x_n^2$$

的恒正型 ψ_0 所组成的型耦.很明显地，在这一情形，型 $\lambda\psi_0-\varphi$ 的矩阵和矩阵 $\boldsymbol{A}$ 的特征矩阵 $\lambda\boldsymbol{E}-\boldsymbol{A}$ 重合，所以型耦 φ,ψ_0 的 $\lambda-$多项式就是矩阵 $\boldsymbol{A}$ 的特征多项式.因为矩阵 $\boldsymbol{A}$ 可以是任意的对称矩阵，所以从已经证明的定理 3.1.1 得出下面的结果：

任何实对称矩阵的所有特征值都是实数.

我们只要对型耦 φ,ψ_0 来应用关于二次型耦的基本定理.从这个定理的论断,知有满秩线性变换存在化型 ψ_0 为所有新未知量的平方和.因此,它使得未知量的平方和不变,也就是说它是一个正交变换.

关于二次型耦的所有其余的结果现在就转移为关于化到主轴上去的定理的对应的结论,这就证明了最后的定理.

最后我们作一个关于化到主轴上去的基本定理的注.在关于化二次型到主轴上去的定理中所说的,关于型的标准形式的系数的表出是和正交矩阵这种特殊结构有关的.事实上,下面的更普遍的结论是正确的.

定理 3.2.2 经任何一个正交变换化具有矩阵 $\boldsymbol{A}$ 的二次型 $\varphi(x_1,x_2,\cdots,x_n)$ 为标准形后,这个标准形的系数是矩阵 $\boldsymbol{A}$ 的特征根,而且多重根出现的次数和它的重数相同.

事实上,设型 φ 经某一个正交变换化为标准形式

$$\varphi(x_1,x_2,\cdots,x_n)=\mu_1y_1^2+\mu_2y_2^2+\cdots+\mu_ny_n^2$$

这个正交变换使未知量的平方和不变,所以如果 λ 是一个新的未知量,那么

$$\lambda\sum_{i=1}^{n}x_i^2-\varphi(x_1,x_2,\cdots,x_n)=\lambda\sum_{i=1}^{n}y_i^2-\sum_{i=1}^{n}\mu_iy_i^2$$

提出这个二次型的行列式,而且考虑到二次型的行列式经过线性变换后只是乘上这个变换的行列式的平方(参考 §2,2.3)和正交变换的行列式等于1这些事实,我们得出等式

$$|\lambda\boldsymbol{B}-\boldsymbol{A}|=\begin{vmatrix}\lambda-\mu_1 & 0 & \cdots & 0\\ 0 & \lambda-\mu_2 & \cdots & 0\\ \vdots & \vdots & & \vdots\\ 0 & 0 & \cdots & \lambda-\mu_n\end{vmatrix}=\prod_{i=1}^{n}(\lambda-\mu_i)$$

从它就推得定理的结果.

3.3 两个实对称矩阵的同时相合对角化

讨论两个矩阵的同时相合对角化问题.

定义 3.3.1 设 $\boldsymbol{A},\boldsymbol{B}$ 是 n 阶方阵,若存在 n 阶可逆矩阵 $\boldsymbol{P}$,使 $\boldsymbol{P}^{\mathrm{T}}\boldsymbol{A}\boldsymbol{P},\boldsymbol{P}^{\mathrm{T}}\boldsymbol{B}\boldsymbol{P}$ 都是对角矩阵,则称 $\boldsymbol{A},\boldsymbol{B}$ 可同时相合对角化.

兹把上一目定理 3.2.1 的矩阵说法作为引理表述如下:

引理 任意实对称矩阵都可正交相合对角化.

同时相合对角化问题,通常把讨论的方阵限定为对称矩阵.首先,第一目关于二次型的定理 3.1.2 的可以换为矩阵的说法如下:

定理 3.3.1 设 $\boldsymbol{A},\boldsymbol{B}$ 是同阶的实对称方阵，并且 $\boldsymbol{A}$ 是正定的，那么 $\boldsymbol{A},\boldsymbol{B}$ 可同时相合对角化.

进一步，是下面的定理：

定理 3.3.2 设 $\boldsymbol{A},\boldsymbol{B}$ 为同阶的实对称方阵，则它们可同时相合对角化的充要条件是 $\boldsymbol{AB}=\boldsymbol{BA}$.

证明 充分性：设 n 阶实对称矩阵 $\boldsymbol{A}$ 有 s 个不同的特征值：$\lambda_1,\lambda_2,\cdots,\lambda_s$，令 λ_i 的重数为 $n_i(i=1,2,\cdots,s)$，$\sum\limits_{i=1}^{s}n_i=n$. 由引理，存在 n 阶正交矩阵 $\boldsymbol{Q}$，使得

$$\boldsymbol{Q}'\boldsymbol{AQ}=\begin{pmatrix}\lambda_1\boldsymbol{E}_1 & & & \\ & \lambda_2\boldsymbol{E}_2 & & \\ & & \ddots & \\ & & & \lambda_s\boldsymbol{E}_s\end{pmatrix}\quad（这里 \boldsymbol{E}_i 为 n_i 阶单位矩阵）$$

作 $\boldsymbol{Q}'\boldsymbol{BQ}$，因为 $\boldsymbol{AB}=\boldsymbol{BA}$，而正交矩阵 $\boldsymbol{Q}$ 满足 $\boldsymbol{Q}'\boldsymbol{Q}=\boldsymbol{E}$，所以

$$(\boldsymbol{Q}'\boldsymbol{AQ})(\boldsymbol{Q}'\boldsymbol{BQ})=(\boldsymbol{Q}'\boldsymbol{BQ})(\boldsymbol{Q}'\boldsymbol{AQ})$$

也就是说，矩阵（$\boldsymbol{Q}'\boldsymbol{BQ}$）与分块单位矩阵（$\boldsymbol{Q}'\boldsymbol{AQ}$）可交换，按照已经证明的定理（参阅第 4 章 2.10 目中的引理），$\boldsymbol{Q}'\boldsymbol{BQ}$ 是分块对角矩阵

$$\boldsymbol{Q}'\boldsymbol{BQ}=\begin{pmatrix}\boldsymbol{B}_{11} & & & \\ & \boldsymbol{B}_{22} & & \\ & & \ddots & \\ & & & \boldsymbol{B}_{ss}\end{pmatrix}$$

又由于 $\boldsymbol{B}$ 为实对称矩阵，所以 $\boldsymbol{Q}'\boldsymbol{BQ}$ 仍是实对称矩阵，从而 $\boldsymbol{B}'_{ii}=\boldsymbol{B}_{ii}$，即 $\boldsymbol{B}_{ii}(i=1,2,\cdots,s)$ 为 n_i 阶实对称子块. 对每个子块 $\boldsymbol{B}_{ii}$ 应用引理，就是说存在正交矩阵 $\boldsymbol{Q}_i$，使得 $\boldsymbol{Q}'_i\boldsymbol{B}_{ii}\boldsymbol{Q}_i=\boldsymbol{D}_i$ 是对角矩阵.

记 $\boldsymbol{Q}_0=\begin{pmatrix}\boldsymbol{Q}_1 & & & \\ & \boldsymbol{Q}_2 & & \\ & & \ddots & \\ & & & \boldsymbol{Q}_s\end{pmatrix}$，则 $\boldsymbol{Q}_0$ 是正交矩阵，且

$$\boldsymbol{Q}'_0(\boldsymbol{Q}'\boldsymbol{BQ})\boldsymbol{Q}_0=\begin{pmatrix}\boldsymbol{Q}'_1 & & & \\ & \boldsymbol{Q}'_2 & & \\ & & \ddots & \\ & & & \boldsymbol{Q}'_s\end{pmatrix}\begin{pmatrix}\boldsymbol{B}_{11} & & & \\ & \boldsymbol{B}_{22} & & \\ & & \ddots & \\ & & & \boldsymbol{B}_{ss}\end{pmatrix}\begin{pmatrix}\boldsymbol{Q}_1 & & & \\ & \boldsymbol{Q}_2 & & \\ & & \ddots & \\ & & & \boldsymbol{Q}_s\end{pmatrix}$$

$$
=\begin{pmatrix} \boldsymbol{Q}_1'\boldsymbol{B}_{11}\boldsymbol{Q}_1 & & & \\ & \boldsymbol{Q}_2'\boldsymbol{B}_{22}\boldsymbol{Q}_2 & & \\ & & \ddots & \\ & & & \boldsymbol{Q}_s'\boldsymbol{B}_{ss}\boldsymbol{Q}_s \end{pmatrix}
$$

$$
=\begin{pmatrix} \boldsymbol{D}_1 & & & \\ & \boldsymbol{D}_2 & & \\ & & \ddots & \\ & & & \boldsymbol{D}_s \end{pmatrix}
$$

$$
\boldsymbol{Q}_0'(\boldsymbol{Q}'\boldsymbol{A}\boldsymbol{Q})\boldsymbol{Q}_0=\begin{pmatrix} \boldsymbol{Q}_1' & & & \\ & \boldsymbol{Q}_2' & & \\ & & \ddots & \\ & & & \boldsymbol{Q}_s' \end{pmatrix}\begin{pmatrix} \lambda_1\boldsymbol{E}_1 & & & \\ & \lambda_2\boldsymbol{E}_2 & & \\ & & \ddots & \\ & & & \lambda_s\boldsymbol{E}_s \end{pmatrix}\begin{pmatrix} \boldsymbol{Q}_1 & & & \\ & \boldsymbol{Q}_2 & & \\ & & \ddots & \\ & & & \boldsymbol{Q}_s \end{pmatrix}
$$

$$
=\begin{pmatrix} \boldsymbol{Q}_1'\lambda_1\boldsymbol{E}_1\boldsymbol{Q}_1 & & & \\ & \boldsymbol{Q}_2'\lambda_2\boldsymbol{E}_2\boldsymbol{Q}_2 & & \\ & & \ddots & \\ & & & \boldsymbol{Q}_s'\lambda_s\boldsymbol{E}_s\boldsymbol{Q}_s \end{pmatrix}
$$

$$
=\begin{pmatrix} \lambda_1\boldsymbol{E}_1 & & & \\ & \lambda_2\boldsymbol{E}_2 & & \\ & & \ddots & \\ & & & \lambda_s\boldsymbol{E}_s \end{pmatrix}
$$

如此,$\boldsymbol{A}$,$\boldsymbol{B}$ 在同一个相合变换下同时对角化了.

必要性:设有正交矩阵 $\boldsymbol{Q}$ 使得

$$
\boldsymbol{Q}'\boldsymbol{A}\boldsymbol{Q}=\boldsymbol{Q}^{-1}\boldsymbol{A}\boldsymbol{Q}=\begin{pmatrix} \lambda_1 & & & \\ & \lambda_2 & & \\ & & \ddots & \\ & & & \lambda_s \end{pmatrix},\boldsymbol{Q}'\boldsymbol{B}\boldsymbol{Q}=\boldsymbol{Q}^{-1}\boldsymbol{B}\boldsymbol{Q}=\begin{pmatrix} \mu_1 & & & \\ & \mu_2 & & \\ & & \ddots & \\ & & & \mu_s \end{pmatrix}
$$

于是

$$
(\boldsymbol{Q}^{-1}\boldsymbol{A}\boldsymbol{Q})(\boldsymbol{Q}^{-1}\boldsymbol{B}\boldsymbol{Q})=\begin{pmatrix} \lambda_1\mu_1 & & & \\ & \lambda_2\mu_2 & & \\ & & \ddots & \\ & & & \lambda_s\mu_s \end{pmatrix}=(\boldsymbol{Q}^{-1}\boldsymbol{B}\boldsymbol{Q})(\boldsymbol{Q}^{-1}\boldsymbol{A}\boldsymbol{Q})
$$

从而

$$Q^{-1}ABQ=Q^{-1}BAQ$$

由此得出

$$AB=BA$$

定理 3.3.3 设 A,B 为 n 阶实对称方阵，则 A,B 可同时相合对角化的充要条件是存在 n 阶正定的实对称方阵 H，使得 $AHB=BHA$.

证明 必要性：设 A,B 可同时相合对角化，则存在 n 阶实可逆方阵 P，使得 $P'AP,P'BP$ 为对角矩阵，故 $P'APP'BP=P'BPP'AP$，所以 $APP'B=BPP'A$，即存在 n 阶正定的实对称方阵 $H=PP'$，使得 $AHB=BHA$.

充分性：设 H 为正定矩阵，则有可逆方阵 P，使得 $H=PP'$. 由 $APP'B=BPP'A$，可得

$$P'APP'BP=P'BPP'AP$$

而 $P'AP,P'BP$ 为对称矩阵且相乘可交换，故由定理 3.3.2，可得 $P'AP,P'BP$ 可同时相合对角化，所以，A,B 可同时相合对角化.

下面的定理建立了相合对角化与相似对角化之间的关系.

定理 3.3.4 设 A,B 为 n 阶实对称方阵，且 A 可逆，则 A,B 可同时相合对角化的充要条件是 $A^{-1}B$ 可相似对角化.

证明 必要性：设 A,B 可同时相合对角化，则存在 n 阶实可逆方阵 P，使得 $P'AP=\Lambda,P'BP=D,\Lambda,D$ 为 n 阶对角矩阵. 所以 $P^{-1}A^{-1}BP=\Lambda^{-1}D$，即 $A^{-1}B$ 可相似对角化.

充分性：设 $A^{-1}B$ 可相似对角化，即存在 n 阶实可逆方阵 $C=(C_1,C_2,\cdots,C_n)$（其中 C_i 为单列矩阵）及对角元素为 $\lambda_1,\lambda_2,\cdots,\lambda_n$ 的对角矩阵 Σ 满足 $C^{-1}A^{-1}BC=\Sigma$，即 $BC=AC\Sigma$ 且 $C'BC=C'AC\Sigma$.

又假定相同的 λ_i 是排放在一起的，因而可设 Σ 有如下形式

$$\Sigma=\begin{pmatrix}\lambda_1E_1 & & & \\ & \lambda_2E_2 & & \\ & & \ddots & \\ & & & \lambda_kE_k\end{pmatrix}$$

$\lambda_1,\lambda_2,\cdots,\lambda_n$ 互不相同，而 E_i 是适当阶的单位矩阵. 选取适合 $1\leqslant i,j\leqslant k$ 的任意 i,j 使 $\lambda_i\neq\lambda_j$，并考察恒等式 $C'BC=C'AC\Sigma$ 两边的位于第 i 行第 j 列的元素以及位于第 j 行第 i 列的元素，这就得到

$$C_i'BC_j=C_i'AC_j\lambda_j,C_j'BC_i=C_j'AC_i\lambda_i$$

注意到 $C'AC,C'BC$ 都是对称矩阵，所以有

$$\boldsymbol{C}_i'\boldsymbol{A}\boldsymbol{C}_j=\boldsymbol{C}_j'\boldsymbol{A}\boldsymbol{C}_i$$

以及

$$\boldsymbol{C}_i'\boldsymbol{B}\boldsymbol{C}_j=\boldsymbol{C}_j'\boldsymbol{B}\boldsymbol{C}_i$$

如此我们有

$$\boldsymbol{C}_i'\boldsymbol{A}\boldsymbol{C}_j\lambda_j-\boldsymbol{C}_j'\boldsymbol{A}\boldsymbol{C}_i\lambda_i=\boldsymbol{C}_i'\boldsymbol{A}\boldsymbol{C}_j\lambda_j-\boldsymbol{C}_i'\boldsymbol{A}\boldsymbol{C}_j\lambda_i=\boldsymbol{C}_i'\boldsymbol{A}\boldsymbol{C}_j(\lambda_i-\lambda_j)=\boldsymbol{0}$$

由 $\lambda_i\neq\lambda_j$ 推出

$$\boldsymbol{C}_i'\boldsymbol{A}\boldsymbol{C}_j=\boldsymbol{0}$$

因而 $\boldsymbol{C}_i'\boldsymbol{B}\boldsymbol{C}_j=\boldsymbol{C}_j'\boldsymbol{B}\boldsymbol{C}_i=\boldsymbol{C}_j'\boldsymbol{A}\boldsymbol{C}_i=\boldsymbol{C}_i'\boldsymbol{A}\boldsymbol{C}_j=\boldsymbol{0}$,这表明矩阵 $\boldsymbol{C}'\boldsymbol{B}\boldsymbol{C}$ 和 $\boldsymbol{C}'\boldsymbol{A}\boldsymbol{C}$ 都是分块对角矩阵,即

$$\boldsymbol{C}'\boldsymbol{B}\boldsymbol{C}=\begin{pmatrix}\boldsymbol{B}_1&&&\\&\boldsymbol{B}_2&&\\&&\ddots&\\&&&\boldsymbol{B}_k\end{pmatrix}=\boldsymbol{C}'\boldsymbol{A}\boldsymbol{C}\boldsymbol{\Sigma}=\begin{pmatrix}\lambda_1\boldsymbol{A}_1&&&\\&\lambda_2\boldsymbol{A}_2&&\\&&\ddots&\\&&&\lambda_k\boldsymbol{A}_k\end{pmatrix}$$

其中 $\boldsymbol{A}_i,\boldsymbol{B}_i$ 为实对称矩阵,且

$$\boldsymbol{B}_i=\lambda_i\boldsymbol{A}_i$$

那么存在一个实的可逆矩阵 $\boldsymbol{D}_i(i=1,2,\cdots,k)$,使得 $\boldsymbol{C}_i'\boldsymbol{A}_i\boldsymbol{C}_i$ 和 $\boldsymbol{C}_i'\boldsymbol{B}_i\boldsymbol{C}_i$ 都是对角矩阵,于是

$$\boldsymbol{C}_i'\boldsymbol{B}_i\boldsymbol{C}_i=\boldsymbol{C}_i'\lambda_i\boldsymbol{A}_i\boldsymbol{C}_i=\lambda_i\boldsymbol{\Lambda}_i\quad(i=1,2,\cdots,k)$$

令 $\boldsymbol{D}=\begin{pmatrix}\boldsymbol{D}_1&&&\\&\boldsymbol{D}_2&&\\&&\ddots&\\&&&\boldsymbol{D}_k\end{pmatrix},\boldsymbol{\Lambda}=\begin{pmatrix}\boldsymbol{\Lambda}_1&&&\\&\boldsymbol{\Lambda}_2&&\\&&\ddots&\\&&&\boldsymbol{\Lambda}_s\end{pmatrix}$. 则 $\boldsymbol{D}$ 是 n 阶可逆方阵,$\boldsymbol{\Lambda}$ 是对角矩阵,且

$$\boldsymbol{D}'\boldsymbol{C}'\boldsymbol{B}\boldsymbol{C}\boldsymbol{D}=\boldsymbol{\Sigma}\boldsymbol{\Lambda},\boldsymbol{D}'\boldsymbol{C}'\boldsymbol{A}\boldsymbol{C}\boldsymbol{D}=\boldsymbol{\Lambda}$$

即 $\boldsymbol{A},\boldsymbol{B}$ 可同时相合对角化.

推论 1　设 $\boldsymbol{A},\boldsymbol{B}$ 为 n 阶实对称方阵,且 $\boldsymbol{B}$ 可逆,如果 $\boldsymbol{B}^{-1}\boldsymbol{A}$ 有 n 个互异的特征根,那么 $\boldsymbol{A},\boldsymbol{B}$ 可同时相合对角化.

证明　由 $\boldsymbol{B}^{-1}\boldsymbol{A}$ 有 n 个互异的特征根可知 $\boldsymbol{B}^{-1}\boldsymbol{A}$ 可相似对角化,所以由定理 3.3.4 可得 $\boldsymbol{A},\boldsymbol{B}$ 可同时相合对角化.

推论 2　设 $\boldsymbol{A},\boldsymbol{B}$ 为 n 阶不可逆的实对称方阵,且存在实数 λ_0 使得 $\boldsymbol{A}+\lambda_0\boldsymbol{B}$ 可逆,则 $\boldsymbol{A},\boldsymbol{B}$ 可同时相合对角化的充要条件是 $(\boldsymbol{A}+\lambda_0\boldsymbol{B})^{-1}\boldsymbol{B}$ 可相似对角化.

证明　对于任意 n 阶方阵 $\boldsymbol{P}$,有

$$P'(A+\lambda_0 B)P = P'AP + \lambda_0 P'BP$$

所以 $\boldsymbol{A},\boldsymbol{B}$ 可同时相合对角化等价于 $\boldsymbol{A}+\lambda_0\boldsymbol{B},\boldsymbol{B}$ 可同时相合对角化，而由定理 3.3.4 可得 $\boldsymbol{A}+\lambda_0\boldsymbol{B},\boldsymbol{B}$ 可同时相合对角化的充要条件是 $(\boldsymbol{A}+\lambda_0\boldsymbol{B})^{-1}\boldsymbol{B}$ 可相似对角化. 故可得 $\boldsymbol{A},\boldsymbol{B}$ 可同时相合对角化的充要条件是 $(\boldsymbol{A}+\lambda_0\boldsymbol{B})^{-1}\boldsymbol{B}$ 可相似对角化.

§4　埃尔米特型

4.1　埃尔米特型及其标准形

本章 §1—§3 内对于二次型所建立的结果，都可以转移到复数域上的埃尔米特型上去. 埃尔米特型是指 n 个变量 $x_1,x_2,\cdots,x_n$ 和它们的共轭变量 $\overline{x}_1,\overline{x}_2,\cdots,\overline{x}_n$ 之间的二次齐次多项式

$$f(x_1,x_2,\cdots,x_n)=\sum_{j=1}^{n}\sum_{i=1}^{n}a_{ij}\overline{x}_i x_j \tag{4.1.1}$$

其中系数满足：$\overline{a}_{ij}=a_{ji}$.

埃尔米特型虽然系数是复数且变量在复数域中取值，但作为多项式，它的值却总是实数. 这从埃尔米特型的定义即可看出，事实上

$$\overline{f}=\sum_{j=1}^{n}\sum_{i=1}^{n}\overline{a}_{ij}x_i\overline{x}_j=\sum_{i=1}^{n}\sum_{j=1}^{n}a_{ji}\overline{x}_j x_i=f$$

因此 f 的值总是实数.

当埃尔米特型的变量在实数域中取值且系数都是实数时，它就是实二次型. 因此，埃尔米特型是实二次型的推广.

埃尔米特型(4.1.1)可以写为如下的矩阵乘积的形式

$$f(x_1,x_2,\cdots,x_n)=\boldsymbol{X}^{\mathrm{H}}\boldsymbol{A}\boldsymbol{X}$$

其中

$$\boldsymbol{A}=\begin{pmatrix} a_{11} & a_{12} & \cdots & a_{1n}\\ a_{21} & a_{22} & \cdots & a_{2n}\\ \vdots & \vdots & & \vdots\\ a_{n1} & a_{n2} & \cdots & a_{nn}\end{pmatrix},\boldsymbol{X}=\begin{pmatrix} x_1\\ x_2\\ \vdots\\ x_n\end{pmatrix}$$

$\boldsymbol{X}^{\mathrm{H}}$ 表示 $\boldsymbol{X}$ 的共轭转置，且 $\boldsymbol{A}$ 具有性质 $\boldsymbol{A}^{\mathrm{H}}=\boldsymbol{A}$，即 $\boldsymbol{A}$ 是埃尔米特矩阵. 矩阵 $\boldsymbol{A}$ 的秩称为埃尔米特型的秩.

与实二次型类似，埃尔米特型与埃尔米特矩阵之间有着一一对应关系，即给定一个 n 变元的埃尔米特型必有一个 n 阶埃尔米特矩阵；反之给出一个 n 阶埃尔米特矩阵，必有一个 n 变元的埃尔米特型与之对应.

若对 $\boldsymbol{X}$ 作可逆的线性变换

$$\boldsymbol{X}=\boldsymbol{CY},\boldsymbol{Y}=\boldsymbol{C}^{-1}\boldsymbol{X}$$

其中 $\boldsymbol{C}$ 为 n 阶满秩复矩阵，$\boldsymbol{Y}=(y_1,y_2,\cdots,y_n)^{\mathrm{T}}$，则变换以后 f 成为

$$f=\boldsymbol{X}^{\mathrm{H}}\boldsymbol{AX}=\boldsymbol{Y}^{\mathrm{H}}\boldsymbol{BY}$$

其中

$$\boldsymbol{B}=\boldsymbol{C}^{\mathrm{H}}\boldsymbol{AC}$$

仍是一个埃尔米特矩阵. 所以，对于变量 $y_1,y_2,\cdots,y_n,f$ 也是埃尔米特型.

定义 4.1.1 设 $\boldsymbol{A},\boldsymbol{B}$ 是两个埃尔米特矩阵，若存在非奇异的复矩阵 $\boldsymbol{C}$，使得 $\boldsymbol{B}=\boldsymbol{C}^{\mathrm{H}}\boldsymbol{AC}$，则称 $\boldsymbol{A}$ 与 $\boldsymbol{B}$ 是共轭相合（埃尔米特相合、复相合）的.

由此，变换前后的矩阵 $\boldsymbol{A}$ 与 $\boldsymbol{B}$ 满足共轭相合的关系. 同时容易验证共轭相合是一个等价关系.

埃尔米特型中最简单的一种是只包含平方项的情形

$$b_1\overline{y}_1y_1+b_2\overline{y}_2y_2+\cdots+b_n\overline{y}_ny_n$$

这种形式的埃尔米特型，我们称它是标准形.

定理 4.1.1 埃尔米特型 $f=\boldsymbol{X}^{\mathrm{H}}\boldsymbol{AX}$ 总可以经过满秩的线性变换 $\boldsymbol{X}=\boldsymbol{CY}$ 变为平方和形式

$$b_1\overline{y}_1y_1+b_2\overline{y}_2y_2+\cdots+b_r\overline{y}_ry_r$$

其中 $b_1,b_2,\cdots,b_r$ 都是实数，r 是型 f 的秩.

证明 定理等价于：存在非奇异矩阵 $\boldsymbol{C}$，使 $\boldsymbol{C}^{\mathrm{H}}\boldsymbol{AC}$ 是对角矩阵.

用数学归纳法. 注意到埃尔米特矩阵 $\boldsymbol{A}=(a_{ij})_{n\times n}$ 的对角线元素 a_{11}，$a_{22},\cdots,a_{nn}$ 都是实数.

当 $n=1$ 时定理显然成立. 今设 $n=k-1$ 时定理成立，我们来证明 $n=k$ 时定理也成立. 分两种情况：

(1) 假设 $\boldsymbol{A}$ 的对角线元素 $a_{11},a_{22},\cdots,a_{nn}$ 中至少有一个不为零. 不失一般性可设 $a_{11}\neq0$，否则若某个 $a_{ii}\neq0$ 时，只需要将 $\boldsymbol{A}$ 的第一行与第 i 行互换，再把第一列与第 i 列互换，就可使得 $a_{11}\neq0$. 这个过程相当于矩阵 $\boldsymbol{P}_{1i}^{\mathrm{H}}\boldsymbol{AP}_{1i}$ 中左上角 $a_{11}\neq0$（这里 $\boldsymbol{P}_{1i}$ 表示与第一行与第 i 行互换对应的初等矩阵）. 因此总可把 $\boldsymbol{A}$ 写成

$$\boldsymbol{A}=\begin{pmatrix}a_{11} & \boldsymbol{A}_{21}^{\mathrm{H}}\\ \boldsymbol{A}_{21} & \boldsymbol{A}_1\end{pmatrix}$$

其中 $\boldsymbol{A}_{21}$ 为 $(k-1)\times 1$ 维矩阵，$\boldsymbol{A}_1$ 为 $(k-1)$ 阶埃尔米特矩阵.

令 $\boldsymbol{C}_1=\begin{pmatrix}1 & -\dfrac{\boldsymbol{A}_{21}^{\mathrm{H}}}{a_{21}}\\ \boldsymbol{O} & \boldsymbol{E}_{k-1}\end{pmatrix}$，则有

$$\boldsymbol{C}_1^{\mathrm{H}}\boldsymbol{A}\boldsymbol{C}_1=\begin{pmatrix}a_{11} & \boldsymbol{O}\\ \boldsymbol{O} & \boldsymbol{A}_1-\dfrac{\boldsymbol{A}_{21}\boldsymbol{A}_{21}^{\mathrm{H}}}{a_{11}}\end{pmatrix}=\begin{pmatrix}a_{11} & \boldsymbol{O}\\ \boldsymbol{O} & \boldsymbol{A}_2\end{pmatrix}$$

显然 $\boldsymbol{A}_2$ 是 $(k-1)$ 阶埃尔米特矩阵. 由归纳假设，存在 $(k-1)$ 阶满秩矩阵 $\boldsymbol{C}_2$，使得

$$\boldsymbol{C}_2^{\mathrm{H}}\boldsymbol{A}_2\boldsymbol{C}_2=\begin{pmatrix}b_2 & & & \\ & b_3 & & \\ & & \ddots & \\ & & & b_k\end{pmatrix}$$

再令 $\boldsymbol{C}=\boldsymbol{C}_1\begin{pmatrix}1 & \boldsymbol{O}\\ \boldsymbol{O} & \boldsymbol{C}_2\end{pmatrix}$，则有

$$\boldsymbol{C}^{\mathrm{H}}\boldsymbol{A}\boldsymbol{C}=\begin{pmatrix}b_2 & & & \\ & b_3 & & \\ & & \ddots & \\ & & & b_k\end{pmatrix}=\boldsymbol{B}$$

由于 $\boldsymbol{A}$ 与 $\boldsymbol{B}$ 的秩相同，所以

$$\boldsymbol{C}^{\mathrm{H}}\boldsymbol{A}\boldsymbol{C}=\begin{pmatrix}b_1 & & & & & \\ & \ddots & & & & \\ & & b_r & & & \\ & & & 0 & & \\ & & & & \ddots & \\ & & & & & 0\end{pmatrix}$$

(2) 若所有 $a_{ii}=0$，但 $a_{1j}\neq 0$，不失一般性不妨设 $a_{12}\neq 0$.

令 $a=\overline{a}_{21}=a_{21}$，则 $\boldsymbol{A}$ 可以写为

$$\boldsymbol{A}=\begin{pmatrix}\boldsymbol{P} & \boldsymbol{A}_{21}^{\mathrm{H}}\\ \boldsymbol{A}_{21} & \boldsymbol{A}_1\end{pmatrix}$$

其中 $\boldsymbol{P}=\begin{pmatrix}0 & \overline{a}\\ a & 0\end{pmatrix}=\boldsymbol{P}^{\mathrm{H}}$，$\boldsymbol{A}_{21}$ 为 $(k-2)\times 2$ 维矩阵，$\boldsymbol{A}_1$ 为 $(k-2)$ 阶埃尔米特矩阵.

如果数 a 的实部 $\mathrm{Re}\,a\neq 0$,则令

$$\boldsymbol{C}=\begin{pmatrix}\boldsymbol{Q} & \boldsymbol{O}\\ \boldsymbol{O} & \boldsymbol{E}_{k-2}\end{pmatrix},\boldsymbol{Q}=\begin{pmatrix}1 & 1\\ 1 & -1\end{pmatrix}=\boldsymbol{Q}^{\mathrm{H}}$$

便有

$$\begin{aligned}\boldsymbol{C}^{\mathrm{H}}\boldsymbol{A}\boldsymbol{C}&=\begin{pmatrix}\boldsymbol{Q}^{\mathrm{H}} & \boldsymbol{O}\\ \boldsymbol{O} & \boldsymbol{E}_{k-2}\end{pmatrix}\begin{pmatrix}\boldsymbol{P} & \boldsymbol{A}_{21}^{\mathrm{H}}\\ \boldsymbol{A}_{21} & \boldsymbol{A}_1\end{pmatrix}\begin{pmatrix}\boldsymbol{Q} & \boldsymbol{O}\\ \boldsymbol{O} & \boldsymbol{E}_{k-2}\end{pmatrix}\\&=\begin{pmatrix}\boldsymbol{Q}^{\mathrm{H}}\boldsymbol{P}\boldsymbol{Q} & \boldsymbol{Q}^{\mathrm{H}}\boldsymbol{A}_{21}^{\mathrm{H}}\\ \boldsymbol{A}_{21}\boldsymbol{Q} & \boldsymbol{A}_1\end{pmatrix}\\&=\begin{pmatrix}\boldsymbol{Q}^{\mathrm{H}}\boldsymbol{P}\boldsymbol{Q} & (\boldsymbol{A}_{21}\boldsymbol{Q})^{\mathrm{H}}\\ \boldsymbol{A}_{21}\boldsymbol{Q} & \boldsymbol{A}_1\end{pmatrix}\end{aligned}$$

其中

$$\boldsymbol{Q}^{\mathrm{H}}\boldsymbol{P}\boldsymbol{Q}=\begin{pmatrix}a+\overline{a} & a-\overline{a}\\ \overline{a}-a & -(a+\overline{a})\end{pmatrix}$$

由于 $\mathrm{Re}\,a\neq 0$,所以 $a+\overline{a}\neq 0$,这表明 $\boldsymbol{Q}^{\mathrm{H}}\boldsymbol{P}\boldsymbol{Q}$(或 $\boldsymbol{C}^{\mathrm{H}}\boldsymbol{A}\boldsymbol{C}$)的左上角元素不为零,归结到情况(1).

$\mathrm{Re}\,a=0$,则令 $a=\beta\mathrm{i}$(β 是实数),在 k 阶矩阵 $\boldsymbol{C}$ 中二阶子矩阵 $\boldsymbol{Q}$ 可改写为

$$\boldsymbol{Q}=\begin{pmatrix}1 & -\mathrm{i}\\ 1 & 1\end{pmatrix}=\boldsymbol{Q}^{\mathrm{H}}$$

这时矩阵

$$\boldsymbol{Q}^{\mathrm{H}}\boldsymbol{P}\boldsymbol{Q}=\begin{pmatrix}2\beta & 0\\ 0 & -2\beta\end{pmatrix}$$

因此 $\boldsymbol{C}^{\mathrm{H}}\boldsymbol{A}\boldsymbol{C}$ 左上角元素不为零,又归结为情况(1).

4.2 共轭相合变换・雅可比公式

与实二次型类似,可以用初等变换法求埃尔米特型的标准形及变换矩阵.

由于非奇异矩阵 $\boldsymbol{C}$ 可分解为初等矩阵之积,设 $\boldsymbol{C}=\boldsymbol{P}_1\boldsymbol{P}_2\cdots\boldsymbol{P}_s$,于是由 $\boldsymbol{C}^{\mathrm{H}}\boldsymbol{A}\boldsymbol{C}=\boldsymbol{D}$,得

$$\boldsymbol{P}_s^{\mathrm{H}}\cdots\boldsymbol{P}_2^{\mathrm{H}}\boldsymbol{P}_1^{\mathrm{H}}\boldsymbol{A}\boldsymbol{P}_1\boldsymbol{P}_2\cdots\boldsymbol{P}_s=(\overline{\boldsymbol{P}}_s)^{\mathrm{T}}\cdots(\overline{\boldsymbol{P}}_2)^{\mathrm{T}}(\overline{\boldsymbol{P}}_1)^{\mathrm{T}}\boldsymbol{A}\boldsymbol{P}_1\boldsymbol{P}_2\cdots\boldsymbol{P}_s=\boldsymbol{D}$$

这个等式说明:$\boldsymbol{D}$ 和 $\boldsymbol{A}$ 是共轭相合的,当且仅当 $\boldsymbol{D}$ 可由 $\boldsymbol{A}$ 施行一系列的初等行变换和对应的共轭的初等列变换而得到. 例如:对于如果用 c 乘 i 行加到 j 行上,然后用 $\overline{c}$ 乘 i 列加到 j 列上,则所得的矩阵与原来的矩阵是共轭相合的. 但对于第一种初等变换(对换),则因为相应的矩阵 $\boldsymbol{P}$ 是实矩阵,而 $\boldsymbol{P}^{\mathrm{H}}=\boldsymbol{P}^{\mathrm{T}}$. 这种对矩

阵作一系列相互“协调一致”的行、列初等变换称为共轭相合变换.变换矩阵 $\boldsymbol{C}$ 则因为

$$\boldsymbol{C}=\boldsymbol{P}_1\boldsymbol{P}_2\cdots\boldsymbol{P}_s=\boldsymbol{E}\boldsymbol{P}_1\boldsymbol{P}_2\cdots\boldsymbol{P}_s$$

而可由 $\boldsymbol{E}$ 作与 $\boldsymbol{A}$ 相同的共轭相合变换而得到.

举例说明如下.求可逆线性变换化埃尔米特型为标准形

$$f(x_1,x_2,x_3)=\overline{x}_1x_1+(1-\mathrm{i})\overline{x}_1x_2+(2+\mathrm{i})\overline{x}_1x_3+(1+\mathrm{i})\overline{x}_1x_2+3\overline{x}_2x_2+(2-\mathrm{i})\overline{x}_1x_3+2\overline{x}_3x_3$$

解 设 f 的矩阵为 $\boldsymbol{A}$,对 $\begin{pmatrix}\boldsymbol{A}\\ \boldsymbol{E}\end{pmatrix}$ 作共轭相合变换化 $\boldsymbol{A}$ 为对角形:第一列的 $-(1-\mathrm{i})$ 倍加到第二列,第一行的 $(1+\mathrm{i})$ 倍加到第二行;第一列的 $-(2+\mathrm{i})$ 倍加到第三列,第一行的 $-(2-\mathrm{i})$ 倍加到第三行,再将变换后的矩阵的第二列的 $(1+3\mathrm{i})$ 倍加到第三列,第二行的 $(1-3\mathrm{i})$ 倍加到第三行,于是得到

$$\begin{pmatrix}\boldsymbol{A}\\ \boldsymbol{E}\end{pmatrix}=\begin{pmatrix}1&1-\mathrm{i}&2+\mathrm{i}\\1+\mathrm{i}&3&0\\2-\mathrm{i}&0&2\\1&0&0\\0&1&0\\0&0&1\end{pmatrix}\to\begin{pmatrix}1&0&0\\0&1&-1-3\mathrm{i}\\0&-1+3\mathrm{i}&-3\\1&-1-\mathrm{i}&-2-2\mathrm{i}\\0&1&0\\0&0&1\end{pmatrix}\to\begin{pmatrix}1&0&0\\0&1&0\\0&0&-13\\1&-1+\mathrm{i}&-6-3\mathrm{i}\\0&1&1+3\mathrm{i}\\0&0&1\end{pmatrix}$$

令

$$\begin{pmatrix}x_1\\x_2\\x_3\end{pmatrix}=\begin{pmatrix}1&-1+\mathrm{i}&-6-3\mathrm{i}\\0&1&1+3\mathrm{i}\\0&0&1\end{pmatrix}\begin{pmatrix}y_1\\y_2\\y_3\end{pmatrix}$$

于是

$$f=\overline{y}_1y_1+\overline{y}_2y_2-13\overline{y}_3y_3$$

还可进一步令

$$y_1=z_1,y_1=z_1,y_3=\frac{1}{\sqrt{13}}z_3z_1$$

便得

$$f=\overline{z}_1z_1+\overline{z}_2z_2-\overline{z}_3z_3$$

可见,在共轭相合意义下的标准形不是唯一的.但是,在下一目我们将证明:标准形中系数为正的项数与系数为负的项数是唯一的.

现在来对 r 秩的埃尔米特型 $f(x_1,x_2,\cdots,x_n)=\boldsymbol{X}^{\mathrm{H}}\boldsymbol{A}\boldsymbol{X}=\sum\limits_{j=1}^{n}\sum\limits_{i=1}^{n}a_{ij}\overline{x}_ix_j$ 建

立雅可比公式.此时有如二次型的情形,我们假设秩 r 满足不等式

$$\Delta_k=\left|\boldsymbol{A}\begin{pmatrix}1 & 2 & \cdots & k\\ 1 & 2 & \cdots & k\end{pmatrix}\neq 0\right|\quad (k=1,2,\cdots,r)$$

有了这些不等式,就可以利用第2章§5中关于表任一方阵为三个矩阵——低三角形 $\boldsymbol{F}$,对角形 $\boldsymbol{D}$ 与高三角形 $\boldsymbol{H}$——的乘积的定理5.3.2.应用这一定理于矩阵 $\boldsymbol{A}=(a_{ij})_{n\times n}$,得到

$$\boldsymbol{A}=\boldsymbol{F}\begin{pmatrix}\Delta_1 & & & & & & \\ & \frac{\Delta_2}{\Delta_1} & & & & & \\ & & \ddots & & & & \\ & & & \frac{\Delta_r}{\Delta_{r-1}} & & & \\ & & & & 0 & & \\ & & & & & \ddots & \\ & & & & & & 0\end{pmatrix}\boldsymbol{H}\qquad(4.2.1)$$

这里

$$\boldsymbol{F}=(f_{ij})_{n\times n},\boldsymbol{H}=(h_{ij})_{n\times n}$$

其中

$$f_{jk}=\frac{1}{\Delta_k}\cdot\left|\boldsymbol{A}\begin{pmatrix}1 & \cdots & k-1 & j\\ 1 & \cdots & k-1 & k\end{pmatrix}\right|,h_{kj}=\frac{1}{\Delta_k}\cdot\left|\boldsymbol{A}\begin{pmatrix}1 & \cdots & k-1 & k\\ 1 & \cdots & k-1 & j\end{pmatrix}\right|$$

$$(j=k,k+1,\cdots,n;k=1,2,\cdots,r)$$

$$f_{ik}=h_{ki}=0\quad(i<k,i,k=1,2,\cdots,n)$$

因为 $\boldsymbol{A}$ 是一个埃尔米特矩阵,所以从这些等式中得出

$$f_{ik}=\overline{h}_{ki}\quad(i\geqslant k,k=1,2,\cdots,r,i=1,2,\cdots,n;i<k,i,k=1,2,\cdots,n)\qquad(4.2.2)$$

因为在矩阵 $\boldsymbol{F}$ 的后 $n-r$ 列中的元素与矩阵 $\boldsymbol{H}$ 的后 $n-r$ 行中的元素是可以任意选取的①,故可选取这些元素,使得:第一,关系式(4.2.2)对于任何 i,k 都能适合

$$f_{ik}=\overline{h}_{ki}\quad(i,k=1,2,\cdots,n)$$

第二,$|\boldsymbol{F}|=|\boldsymbol{H}|\neq 0$.于是

---

① 这些元素实际上从等式(4.2.1)的右端得出来的,因为在 $\boldsymbol{D}$ 的后 $n-r$ 个对应元素上的元素等于零.

$$\boldsymbol{F}=\boldsymbol{H}^{\mathrm{H}}$$

而式(4.2.1)取次之形状

$$\boldsymbol{A}=\boldsymbol{H}^{\mathrm{H}}\begin{pmatrix}\Delta_1 &&&&&& \\ & \frac{\Delta_2}{\Delta_1} &&&&& \\ && \ddots &&&& \\ &&& \frac{\Delta_r}{\Delta_{r-1}} &&& \\ &&&& 0 && \\ &&&&& \ddots & \\ &&&&&& 0\end{pmatrix}\boldsymbol{H}$$

这个式子说明 $\boldsymbol{A}$ 与 $\boldsymbol{D}$ 是共轭相合的. 从型的方面说，就是埃尔米特型

$$\sum_{k=1}^{n}\frac{\Delta_k}{\Delta_{k-1}}\overline{y}_k y_k \quad (\Delta_0=1)$$

经变量的变换

$$y_i=\sum_{k=1}^{n}h_{ik}x_k \quad (i=1,2,\cdots,n)$$

后化为型

$$f=\sum_{j=1}^{n}\sum_{i=1}^{n}a_{ij}\overline{x}_i x_j$$

亦即成立雅可比公式

$$f=\sum_{k=1}^{r}\frac{\Delta_k}{\Delta_{k-1}}\overline{X}_k X_k \quad (\Delta_0=1) \tag{4.2.3}$$

其中

$$X_k=x_k+h_{k(k+1)}x_{k+1}+\cdots+h_{kn}x_n \quad (k=1,2,\cdots,r)$$

而

$$h_{kj}=\frac{1}{\Delta_k}\left|\boldsymbol{A}\begin{pmatrix}1 & \cdots & k-1 & k \\ 1 & \cdots & k-1 & j\end{pmatrix}\right| \quad (j=k+1,\cdots,n;k=1,2,\cdots,r)$$

线性型 $X_1,X_2,\cdots,X_r$ 是线性无关的，因为型 X_k 含有变量 x_k 而以诸型 $X_{k+1},\cdots,X_r$ 都不含 x_k.

代替 $X_1,X_2,\cdots,X_r$，我们引进线性无关型 $Y_k=\Delta_k X_k(k=1,2,\cdots,r)$，则我们可写雅可比公式(4.2.3)为下面的形式

$$f=\sum_{k=1}^{r}\frac{\overline{Y}_k Y_k}{\Delta_{k-1}\Delta_k} \quad (\Delta_0=1) \tag{4.2.4}$$

根据雅可比公式(4.2.4),知在型 f 的表示式中,负平方项的个数等于序列 $1,\Delta_1,\Delta_2,\cdots,\Delta_r$ 中的变号数 $v=V(1,\Delta_1,\Delta_2,\cdots,\Delta_r)$,因而埃尔米特型 f 的符号差是为以下公式所决定的:$r-2V(1,\Delta_1,\Delta_2,\cdots,\Delta_r)$.

我们可以述及关于特殊情形的那些注释,对于二次型所说的结果,都自动地转移到埃尔米特型上去.

4.3 埃尔米特型的惯性定理及其分类

与实二次型一样,埃尔米特型也有惯性定理.

定理4.3.1 埃尔米特型 $f=\boldsymbol{X}^{\mathrm{H}}\boldsymbol{A}\boldsymbol{X}$ 总可以经过满秩的线性变换 $\boldsymbol{X}=\boldsymbol{C}\boldsymbol{Y}$ 化为

$$f=\overline{y}_1y_1+\overline{y}_2y_2+\cdots+\overline{y}_py_p-\overline{y}_{p+1}y_{p+1}-\cdots-\overline{y}_ry_r \tag{4.3.1}$$

其中 r 是 $\boldsymbol{A}$ 的秩,p 由 $\boldsymbol{A}$ 唯一确定.

定理的证明与二次型的惯性定理类似.式(4.3.1)称为埃尔米特型的正规标准形.称正规标准形中正项个数 p 为正惯性指数,负项个数 $r-p$ 为负惯性指数,它们的差 $p-(r-p)=2p-r$ 称为符号差.

如前所述,埃尔米特型的标准形(或正规标准形)中正惯性指数与负惯性指数由埃尔米特型唯一确定.下面来讨论正、负惯性指数与埃尔米特型值之间的关系.

因为正惯性指数 p 与秩 r 之间满足 $0\leqslant p\leqslant r\leqslant n$,所以埃尔米特型可分为五种情况:

(ⅰ)$p=0,r<n$;(ⅱ)$p=0,r=n$;(ⅲ)$0<p<r(\leqslant n)$;(ⅳ)$p=r<n$;(ⅴ)$p=r=n$.

现在分别讨论这五种情况:

(ⅰ)$p=0,r<n$.正规标准形为

$$\boldsymbol{X}^{\mathrm{H}}\boldsymbol{A}\boldsymbol{X}=-\overline{y}_1y_1-\overline{y}_2y_2-\cdots-\overline{y}_ry_r$$

不论 $x_1,x_2,\cdots,x_n$ 为何数,总有 $\boldsymbol{X}^{\mathrm{H}}\boldsymbol{A}\boldsymbol{X}\leqslant 0$;并且在 $x_1,x_2,\cdots,x_n$ 不全为零时,仍有可能使 $\boldsymbol{X}^{\mathrm{H}}\boldsymbol{A}\boldsymbol{X}=0$.例如,适合 $y_1=y_2=\cdots=y_r=0$.而 $y_{r+1},y_{r+2},\cdots,y_n$ 不全为零的一组 $x_1,x_2,\cdots,x_n$ 的值就有 $\boldsymbol{X}^{\mathrm{H}}\boldsymbol{A}\boldsymbol{X}=0$(这时 $x_1,x_2,\cdots,x_n$ 一定不全为零).

(ⅱ)$p=0,r=n$.正规标准形为

$$\boldsymbol{X}^{\mathrm{H}}\boldsymbol{A}\boldsymbol{X}=-\overline{y}_1y_1-\overline{y}_2y_2-\cdots-\overline{y}_ny_n$$

只要 $\boldsymbol{Y}=(y_1,y_2,\cdots,y_n)^{\mathrm{T}}$ 的元素不全为零,就有 $\boldsymbol{X}^{\mathrm{H}}\boldsymbol{A}\boldsymbol{X}<0$,而只有在 $y_1=$

$y_2=\cdots=y_n=0$ 时，$\boldsymbol{X}^{\mathrm{H}}\boldsymbol{AX}=0$. 对于线性变换 $\boldsymbol{X}=\boldsymbol{CY}$，因 $\boldsymbol{Y}=\boldsymbol{O}$ 的充要条件是 $\boldsymbol{X}=(x_1,x_2,\cdots,x_n)^{\mathrm{T}}=\boldsymbol{O}$，故埃尔米特型 $\boldsymbol{X}^{\mathrm{H}}\boldsymbol{AX}$ 之值（恒为实数）总是负数，只有 $\boldsymbol{X}=\boldsymbol{O}$ 时 $\boldsymbol{X}^{\mathrm{H}}\boldsymbol{AX}$ 之值才为零.

（ⅲ）$0<p<r(\leqslant n)$. 正规标准形为

$$\boldsymbol{X}^{\mathrm{H}}\boldsymbol{AX}=\overline{y_1}y_1+\overline{y_2}y_2+\cdots+\overline{y_p}y_p-\overline{y_{p+1}}y_{p+1}-\cdots-\overline{y_r}y_r$$

这时对于不同的 $\boldsymbol{X}=(x_1,x_2,\cdots,x_n)^{\mathrm{T}}$，埃尔米特型 $\boldsymbol{X}^{\mathrm{H}}\boldsymbol{AX}$ 之值可以大于零，小于零或等于零.

（ⅳ）$p=r<n$. 正规标准形为

$$\boldsymbol{X}^{\mathrm{H}}\boldsymbol{AX}=\overline{y_1}y_1+\overline{y_2}y_2+\cdots+\overline{y_r}y_r$$

这时，埃尔米特型之值 $\boldsymbol{X}^{\mathrm{H}}\boldsymbol{AX}\geqslant 0$.

（ⅴ）$p=r=n$. 正规标准形为

$$\boldsymbol{X}^{\mathrm{H}}\boldsymbol{AX}=\overline{y_1}y_1+\overline{y_2}y_2+\cdots+\overline{y_n}y_n$$

这时，埃尔米特型 $\boldsymbol{X}^{\mathrm{H}}\boldsymbol{AX}$ 之值恒大于零.

根据上面的讨论，埃尔米特型可分类如下：

定义 4.3.1 设有埃尔米特型 $f(\boldsymbol{X})=\boldsymbol{X}^{\mathrm{H}}\boldsymbol{AX}$.

（ⅰ）对于任何 $\boldsymbol{X}\neq\boldsymbol{O}$，$f(\boldsymbol{X})>0$；$f(\boldsymbol{X})=0$ 当且仅当 $\boldsymbol{X}=\boldsymbol{O}$，则称埃尔米特型 $f(\boldsymbol{X})$ 为正定的；

（ⅱ）对于任何 $\boldsymbol{X}\neq\boldsymbol{O}$，$f(\boldsymbol{X})<0$；$f(\boldsymbol{X})=0$ 当且仅当 $\boldsymbol{X}=\boldsymbol{O}$，则称埃尔米特型 $f(\boldsymbol{X})$ 为负定的；

（ⅲ）若恒有 $f(\boldsymbol{X})\geqslant 0$，且当 $\boldsymbol{X}\neq\boldsymbol{O}$ 时也有 $f(\boldsymbol{X})=0$，则称埃尔米特型 $f(\boldsymbol{X})$ 为半正定的；

（ⅳ）若恒有 $f(\boldsymbol{X})\leqslant 0$，且当 $\boldsymbol{X}\neq\boldsymbol{O}$ 时也有 $f(\boldsymbol{X})=0$，则称埃尔米特型 $f(\boldsymbol{X})$ 为半负定的；

（ⅴ）若 $f(x)$ 的值有时为正，有时为负，则称埃尔米特型 $f(\boldsymbol{X})$ 为不定的.

上面的讨论同时建立了下面的判定定理：

定理 4.3.2 设 n 变元的埃尔米特型的秩为 r，正惯性指数为 p，则有：

(1) 正定的充要条件为 $p=r=n$.

(2) 负定的充要条件为 $p=0,r=n$.

(3) 半正定的充要条件为 $p=r<n$.

(4) 半负定的充要条件为：$p=0,r<n$.

(5) 不定的充要条件为：$0<p<r(\leqslant n)$.

为了证明下面将要引入的判定埃尔米特型正定的行列式法则，先引入一个引理.

引理　设 $\boldsymbol{A}$ 是正定埃尔米特型的矩阵,那么它的行列式大于零.

证明　由定理 4.3.1 以及定理 4.3.2 知,存在非奇异矩阵 $\boldsymbol{C}$,使得

$$\boldsymbol{C}^{\mathrm{H}}\boldsymbol{A}\boldsymbol{C}=\boldsymbol{E}$$

于是

$$|\boldsymbol{C}^{\mathrm{H}}||\boldsymbol{A}|\cdot|\boldsymbol{C}|=|\boldsymbol{E}|=1$$

故得

$$|\boldsymbol{A}|=\frac{1}{|\boldsymbol{C}^{\mathrm{H}}|\cdot|\boldsymbol{C}|}>0$$

定理 4.3.3　埃尔米特型 $f=\boldsymbol{X}^{\mathrm{H}}\boldsymbol{A}\boldsymbol{X}$ 正定的充要条件是 $\boldsymbol{A}$ 的 n 个顺序主子式都大于零.

证明　必要性. 设 $f(x_1,x_2,\cdots,x_n)=\boldsymbol{X}^{\mathrm{H}}\boldsymbol{A}\boldsymbol{X}=\sum_{j=1}^{n}\sum_{i=1}^{n}a_{ij}\overline{x}_ix_j$ 是正定的. 对于每个 $k(1\leqslant k\leqslant n)$,令

$$f_k(x_1,x_2,\cdots,x_k)=\sum_{j=1}^{n}\sum_{i=1}^{n}a_{ij}\overline{x}_ix_j$$

注意到 f 的正定性,对于任一组不全为零的复数 $c_1,c_2,\cdots,c_k$ 有

$$f_k(c_1,c_2,\cdots,c_k)=\sum_{j=1}^{k}\sum_{i=1}^{k}a_{ij}\overline{c}_ic_j=f(c_1,c_2,\cdots,c_k,0,\cdots,0)>0$$

也就是说,f_k 是一个 k 变元的正定埃尔米特型. 由引理,$f_k(c_1,c_2,\cdots,c_k)$ 所对应的矩阵的行列式为

$$\begin{vmatrix} a_{11} & a_{12} & \cdots & a_{1k}\\ a_{21} & a_{22} & \cdots & a_{2k}\\ \vdots & \vdots & & \vdots\\ a_{k1} & a_{k2} & \cdots & a_{kk}\end{vmatrix}>0$$

由此 $\boldsymbol{A}$ 的 n 个顺序主子式都大于零.

充分性. 对埃尔米特型的变元个数 n 用数学归纳法. $n=1$ 时结论显然成立.

假设对 $n-1$ 个变元的埃尔米特型结论成立. 下面来证明变元个数为 n 时,结论也成立.

此时将 $\boldsymbol{A}$ 写为分块形式

$$\boldsymbol{A}=\begin{pmatrix}\boldsymbol{A}_1 & \boldsymbol{B}\\ \boldsymbol{B}^{\mathrm{H}} & a_{nn}\end{pmatrix}$$

其中 $\boldsymbol{A}_1$ 为 $n-1$ 阶埃尔米特矩阵,$\boldsymbol{B}$ 为$(n-1)\times 1$ 维矩阵. 根据条件 $\boldsymbol{A}$ 的顺序

主子式，因而 $\boldsymbol{A}_1$ 的顺序主子式全大于零. 由归纳假设，矩阵为 $\boldsymbol{A}_1$ 的埃尔米特型正定，于是存在非奇异矩阵 $\boldsymbol{C}_1$，使得

$$\boldsymbol{C}_1^{\mathrm{H}}\boldsymbol{A}_1\boldsymbol{C}_1=\boldsymbol{E}_{n-1}$$

令 $\boldsymbol{C}_2=\begin{pmatrix}\boldsymbol{C}_1 & \boldsymbol{O}\\ \boldsymbol{O} & 1\end{pmatrix}$，则有

$$\boldsymbol{C}_2^{\mathrm{H}}\boldsymbol{A}\boldsymbol{C}_2=\begin{pmatrix}\boldsymbol{C}_1^{\mathrm{H}} & \boldsymbol{O}\\ \boldsymbol{O} & 1\end{pmatrix}\begin{pmatrix}\boldsymbol{A}_1 & \boldsymbol{B}\\ \boldsymbol{B}^{\mathrm{H}} & a_{nn}\end{pmatrix}\begin{pmatrix}\boldsymbol{C}_1 & \boldsymbol{O}\\ \boldsymbol{O} & 1\end{pmatrix}=\begin{pmatrix}\boldsymbol{E}_{n-1} & \boldsymbol{C}_1^{\mathrm{H}}\boldsymbol{B}\\ \boldsymbol{B}^{\mathrm{H}}\boldsymbol{C}_1 & a_{nn}\end{pmatrix}$$

再令 $\boldsymbol{C}_3=\begin{pmatrix}\boldsymbol{E}_{n-1} & -\boldsymbol{C}_1^{\mathrm{H}}\boldsymbol{B}\\ \boldsymbol{O} & 1\end{pmatrix}$，则有

$$\boldsymbol{C}_3^{\mathrm{H}}\boldsymbol{C}_2^{\mathrm{H}}\boldsymbol{A}\boldsymbol{C}_2\boldsymbol{C}_3=\begin{pmatrix}\boldsymbol{E}_{n-1} & \boldsymbol{O}\\ -\boldsymbol{B}^{\mathrm{H}}\boldsymbol{C}_1 & 1\end{pmatrix}\begin{pmatrix}\boldsymbol{E}_{n-1} & -\boldsymbol{C}_1^{\mathrm{H}}\boldsymbol{B}\\ \boldsymbol{B}^{\mathrm{H}}\boldsymbol{C}_1 & a_{nn}\end{pmatrix}\begin{pmatrix}\boldsymbol{E}_{n-1} & -\boldsymbol{C}_1^{\mathrm{H}}\boldsymbol{B}\\ \boldsymbol{O} & 1\end{pmatrix}\cdot$$

$$\begin{pmatrix}\boldsymbol{E}_{n-1} & \boldsymbol{O}\\ \boldsymbol{O} & a_{nn}-\boldsymbol{B}^{\mathrm{H}}\boldsymbol{C}_1\boldsymbol{C}_1^{\mathrm{H}}\boldsymbol{B}\end{pmatrix}$$

其中 $a_{nn}-\boldsymbol{B}^{\mathrm{H}}\boldsymbol{C}_1\boldsymbol{C}_1^{\mathrm{H}}\boldsymbol{B}=b$ 是实数. 令 $\boldsymbol{C}=\boldsymbol{C}_2\boldsymbol{C}_3$，则有

$$\boldsymbol{C}^{\mathrm{H}}\boldsymbol{A}\boldsymbol{C}=\begin{pmatrix}\boldsymbol{E}_{n-1} & \boldsymbol{O}\\ \boldsymbol{O} & b\end{pmatrix}=\begin{pmatrix}1 & & & \\ & \ddots & & \\ & & 1 & \\ & & & b\end{pmatrix}\tag{4.3.3}$$

两边取行列式，得

$$|\boldsymbol{C}^{\mathrm{H}}|\cdot|\boldsymbol{A}|\cdot|\boldsymbol{C}|=b$$

由条件 $|\boldsymbol{A}|>0$，故 $b>0$. 所以由式(4.3.2) 知道

$$p=r=n$$

这里 p,r 分别是型 $f=\boldsymbol{X}^{\mathrm{H}}\boldsymbol{A}\boldsymbol{X}$ 的正惯性指数和秩，再由定理 4.3.2 即知 f 是正定的.

4.4 化埃尔米特型到主轴上去

同实对称矩阵一样，埃尔米特矩阵的特征根也都是实数.

定理 4.4.1 埃尔米特矩阵的特征根恒为实数.

证明 设 $a+b\mathrm{i}$ 为埃尔米特矩阵 $\boldsymbol{A}$ 的任意一个特征根. 令

$$\boldsymbol{B}=a\boldsymbol{E}-\boldsymbol{A}$$

则 $\boldsymbol{B}$ 仍为埃尔米特矩阵，且有

$$0=|(a+b\mathrm{i})\boldsymbol{E}-\boldsymbol{A}|=|\boldsymbol{B}+b\mathrm{i}\boldsymbol{E}|$$

两边乘以 $|\boldsymbol{B}-b\mathrm{i}\boldsymbol{E}|$，得

$$0=|\boldsymbol{B}+b\mathrm{i}\boldsymbol{E}||\boldsymbol{B}-b\mathrm{i}\boldsymbol{E}|=|\boldsymbol{B}^2+b^2\boldsymbol{E}|$$

由于 $\boldsymbol{B}^{\mathrm{H}}=\boldsymbol{B},\boldsymbol{E}^{\mathrm{H}}=\boldsymbol{E}$，所以

$$\boldsymbol{B}^2+b^2\boldsymbol{E}=(\boldsymbol{B}^{\mathrm{H}}\quad b\boldsymbol{E}^{\mathrm{H}})\begin{pmatrix}\boldsymbol{B}\\ b\boldsymbol{E}\end{pmatrix}$$

考虑上式右端那个矩阵的行列式，利用比内－柯西公式（第 2 章，§3），可以把这个行列式表示成 $(\boldsymbol{B}^{\mathrm{H}}\quad b\boldsymbol{E}^{\mathrm{H}})$ 与 $\begin{pmatrix}\boldsymbol{B}\\ b\boldsymbol{E}\end{pmatrix}$ 的 n 阶子式的乘积之和（n 为 $\boldsymbol{A}$ 的阶数），每一个乘积都是一个复数与其共轭的乘积（因而 $\geqslant 0$）；特别地，其中包括 b^{2n}. 这样，我们得出

$$0=\left|(\boldsymbol{B}^{\mathrm{H}}\quad b\boldsymbol{E}^{\mathrm{H}})\begin{pmatrix}\boldsymbol{B}\\ b\boldsymbol{E}\end{pmatrix}\right|=b^{2n}+\alpha\bar{\alpha}+\beta\bar{\beta}+\cdots$$

从而必有 $b=0$. 证毕.

现在我们用矩阵的语言来叙述化埃尔米特型到主轴上去的定理，它的证明需要下面的命题.

引理 如果 $\boldsymbol{A}_1$ 与 $\boldsymbol{B}_1$ 共轭相合，$\boldsymbol{A}_2$ 与 $\boldsymbol{B}_2$ 共轭相合，则

$$\begin{pmatrix}\boldsymbol{A}_1 & \boldsymbol{O}\\ \boldsymbol{O} & \boldsymbol{A}_2\end{pmatrix}\text{与}\begin{pmatrix}\boldsymbol{B}_1 & \boldsymbol{O}\\ \boldsymbol{O} & \boldsymbol{B}_2\end{pmatrix}$$

共轭相合.

证明 按题设，存在非奇异的 $\boldsymbol{P}_1$ 与 $\boldsymbol{P}_2$，使得 $\boldsymbol{P}_1^{\mathrm{H}}\boldsymbol{A}_1\boldsymbol{P}_1=\boldsymbol{B}_1,\boldsymbol{P}_2^{\mathrm{H}}\boldsymbol{A}_2\boldsymbol{P}_2=\boldsymbol{B}_2$，于是有

$$\begin{pmatrix}\boldsymbol{P}_1 & \boldsymbol{O}\\ \boldsymbol{O} & \boldsymbol{P}_2\end{pmatrix}^{\mathrm{H}}\begin{pmatrix}\boldsymbol{A}_1 & \boldsymbol{O}\\ \boldsymbol{O} & \boldsymbol{A}_2\end{pmatrix}\begin{pmatrix}\boldsymbol{P}_1 & \boldsymbol{O}\\ \boldsymbol{O} & \boldsymbol{P}_2\end{pmatrix}=\begin{pmatrix}\boldsymbol{P}_1^{\mathrm{H}} & \boldsymbol{O}\\ \boldsymbol{O} & \boldsymbol{P}_2^{\mathrm{H}}\end{pmatrix}\begin{pmatrix}\boldsymbol{A}_1 & \boldsymbol{O}\\ \boldsymbol{O} & \boldsymbol{A}_2\end{pmatrix}\begin{pmatrix}\boldsymbol{P}_1 & \boldsymbol{O}\\ \boldsymbol{O} & \boldsymbol{P}_2\end{pmatrix}=\begin{pmatrix}\boldsymbol{B}_1 & \boldsymbol{O}\\ \boldsymbol{O} & \boldsymbol{B}_2\end{pmatrix}$$

同时 $\begin{pmatrix}\boldsymbol{P}_1 & \boldsymbol{O}\\ \boldsymbol{O} & \boldsymbol{P}_2\end{pmatrix}$ 是非奇异的，这就证明了定理.

定理 4.4.2 对任意埃尔米特矩阵 $\boldsymbol{A}$，恒有酉矩阵 $\boldsymbol{U}$，使 $\boldsymbol{U}^{\mathrm{H}}\boldsymbol{A}\boldsymbol{U}$ 为对角矩阵，且对角矩阵主对角线上的元素恰为 $\boldsymbol{A}$ 的全部特征根①.

证明 对 $\boldsymbol{A}$ 的阶数用归纳法. 当阶数为 1 时，$\boldsymbol{A}=(a)$，此时 $\boldsymbol{A}$ 的特征多项

---

① 这个定理自然可以利用第 4 章定理 3.3.1 而马上得到证明，可是这里我们希望借助共轭相合本身的概念来证明它（特别是，关于矩阵的特征值，我们用的是最初的定义，即没有涉及特征向量这一概念）. 同时这里给出的证明是纯解析的，在引入欧氏空间理论以后，这个定理可以更为简单地证明，参阅第 12 章定理 2.2.1 的证明.

式就是 $\lambda - a$，而 a 就是唯一的特征根，再取酉矩阵 $\boldsymbol{U}=(1)$，即有 $\boldsymbol{U}^{\mathrm{H}}\boldsymbol{A}\boldsymbol{U}=(a)$. 假定对 $n-1$ 阶的埃尔米特矩阵，定理已证明.

现在设 $\boldsymbol{A}$ 为 n 阶埃尔米特矩阵，λ_1 为它的任意一个特征根，于是 $(\lambda_1\boldsymbol{E}-\boldsymbol{A})$ 仍为 n 阶埃尔米特矩阵且其秩数小于 n（因其行列式为 0），故由定理 4.1.1 知它必相合于这样一个对角矩阵，其主对角线上至少有一个元素为 0. 用对换类型的共轭相合变换，总能使这个对角矩阵的 (1,1) 处的元素是 0. 因为共轭相合是传递的，所以有

$$(\lambda_1\boldsymbol{E}-A)\text{ 共轭相合于}\begin{pmatrix}0 & & & \\ & * & & \\ & & \ddots & \\ & & & *\end{pmatrix}=\begin{pmatrix}0 & \boldsymbol{O}\\ \boldsymbol{O} & \boldsymbol{B}\end{pmatrix}$$

即有非奇异矩阵 $\boldsymbol{P}$，使

$$\boldsymbol{P}^{\mathrm{H}}(\lambda_1\boldsymbol{E}-\boldsymbol{A})\boldsymbol{P}=\begin{pmatrix}0 & \boldsymbol{O}\\ \boldsymbol{O} & \boldsymbol{B}\end{pmatrix}$$

由第 4 章定理 3.4.1 知有上三角形正线矩阵 $\boldsymbol{L}$ 使 $\boldsymbol{PL}=\boldsymbol{U}_1$ 为酉矩阵，于是由 $\boldsymbol{U}_1^{\mathrm{H}}(\lambda_1\boldsymbol{E})\boldsymbol{U}_1=\lambda_1\boldsymbol{U}_1^{\mathrm{H}}\boldsymbol{U}_1=\lambda_1\boldsymbol{E}$，得

$$\lambda_1\boldsymbol{E}-\boldsymbol{U}_1^{\mathrm{H}}\boldsymbol{A}\boldsymbol{U}_1=\boldsymbol{U}_1^{\mathrm{H}}(\lambda_1\boldsymbol{E}-\boldsymbol{A})\boldsymbol{U}_1=\boldsymbol{L}^{\mathrm{H}}\boldsymbol{P}^{\mathrm{H}}(\lambda_1\boldsymbol{E}-\boldsymbol{A})\boldsymbol{PL}=\boldsymbol{L}^{\mathrm{H}}\begin{pmatrix}0 & \boldsymbol{O}\\ \boldsymbol{O} & \boldsymbol{B}\end{pmatrix}\boldsymbol{L}$$

设 $\boldsymbol{L}=\begin{pmatrix}\boldsymbol{a} & \boldsymbol{C}\\ \boldsymbol{O} & \boldsymbol{L}_1\end{pmatrix}$，这里 $\boldsymbol{L}_1$ 是比 $\boldsymbol{L}$ 阶数少一的上三角形正线矩阵，于是

$$\boldsymbol{L}^{\mathrm{H}}\begin{pmatrix}0 & \boldsymbol{O}\\ \boldsymbol{O} & \boldsymbol{B}\end{pmatrix}\boldsymbol{L}=\begin{pmatrix}\boldsymbol{a} & \boldsymbol{O}\\ \boldsymbol{C}^{\mathrm{H}} & \boldsymbol{L}_1^{\mathrm{H}}\end{pmatrix}\begin{pmatrix}0 & \boldsymbol{O}\\ \boldsymbol{O} & \boldsymbol{B}\end{pmatrix}\begin{pmatrix}a & \boldsymbol{C}\\ \boldsymbol{O} & \boldsymbol{L}_1\end{pmatrix}=\begin{pmatrix}0 & \boldsymbol{O}\\ \boldsymbol{O} & \boldsymbol{L}_1^{\mathrm{H}}\boldsymbol{B}\boldsymbol{L}_1\end{pmatrix}$$

结合上面两个等式，得

$$\lambda_1\boldsymbol{E}-\boldsymbol{U}_1^{\mathrm{H}}\boldsymbol{A}\boldsymbol{U}_1=\begin{pmatrix}0 & \boldsymbol{O}\\ \boldsymbol{O} & \boldsymbol{L}_1^{\mathrm{H}}\boldsymbol{B}\boldsymbol{L}_1\end{pmatrix}$$

或者

$$\boldsymbol{U}_1^{\mathrm{H}}\boldsymbol{A}\boldsymbol{U}_1=\lambda_1\boldsymbol{E}-\begin{pmatrix}0 & \boldsymbol{O}\\ \boldsymbol{O} & \boldsymbol{L}_1^{\mathrm{H}}\boldsymbol{B}\boldsymbol{L}_1\end{pmatrix}=\begin{pmatrix}\lambda_1 & \boldsymbol{O}\\ \boldsymbol{O} & \boldsymbol{A}_1\end{pmatrix}$$

因为与埃尔米特矩阵相合的矩阵仍是埃尔米特矩阵，故 $\boldsymbol{A}_1$ 为 $n-1$ 阶埃尔米特矩阵. 按归纳法假设知有酉矩阵 $\boldsymbol{U}_2$，使 $\boldsymbol{U}_2^{\mathrm{H}}\boldsymbol{A}_1\boldsymbol{U}_2$ 为对角矩阵，设为

$$\boldsymbol{U}_2^{\mathrm{H}}\boldsymbol{A}_1\boldsymbol{U}_2=\begin{pmatrix}\lambda_2 & & \\ & \ddots & \\ & & \lambda_n\end{pmatrix}$$

现在令

$$U = U_1 \begin{pmatrix} 1 & 0 \\ 0 & U_2 \end{pmatrix}$$

则容易验证右边第二个矩阵仍为酉矩阵,故由引理知 U 为酉矩阵. 而且

$$\begin{aligned} U^{\mathrm{H}} A U &= \begin{pmatrix} 1 & 0 \\ 0 & U_2^{\mathrm{H}} \end{pmatrix} U_1^{\mathrm{H}} A U_1 \begin{pmatrix} 1 & 0 \\ 0 & U_2 \end{pmatrix} \\ &= \begin{pmatrix} 1 & 0 \\ 0 & U_2^{\mathrm{H}} \end{pmatrix} \begin{pmatrix} \lambda_1 & O \\ O & A_1 \end{pmatrix} \begin{pmatrix} 1 & 0 \\ 0 & U_2 \end{pmatrix} \\ &= \begin{pmatrix} \lambda_1 & O \\ O & U_2^{\mathrm{H}} A_1 U_2 \end{pmatrix} \\ &= \begin{pmatrix} \lambda_1 & & & \\ & \lambda_2 & & \\ & & \ddots & \\ & & & \lambda_n \end{pmatrix} \end{aligned}$$

最后只要指出 $\lambda_1, \lambda_2, \cdots, \lambda_n$ 恰为 A 的全部特征值就行了. 这可由

$$U^{\mathrm{H}}(\lambda E - A)U = \lambda E - U^{\mathrm{H}} A U = \begin{pmatrix} \lambda - \lambda_1 & & & \\ & \lambda - \lambda_2 & & \\ & & \ddots & \\ & & & \lambda - \lambda_n \end{pmatrix}$$

两边取行列式得到

$$g(\lambda) = |U^{\mathrm{H}}| g(\lambda) |U| = (\lambda - \lambda_1)(\lambda - \lambda_2) \cdots (\lambda - \lambda_n)$$

其中 $g(\lambda)$ 为 A 的特征多项式. 归纳法完成.

定理 4.4.2 使我们可以证明下面的关于两个埃尔米特矩阵同时共轭相合于对角矩阵的定理.

定理 4.4.3 设 A, B 均为 n 阶埃尔米特矩阵,且 B 为正定的,则存在满秩的复矩阵 Q,使得 $Q^{\mathrm{H}} A Q$ 成为对角形

$$Q^{\mathrm{H}} A Q = \begin{pmatrix} \mu_1 & & & \\ & \mu_2 & & \\ & & \ddots & \\ & & & \mu_n \end{pmatrix}$$

而 $Q^{\mathrm{H}} B Q$ 成为单位矩阵,且 $\mu_1, \mu_2, \cdots, \mu_n$ 是与 Q 无关的实数.

证明 因为 B 是正定矩阵,所以存在复矩阵 Q_1,使得

$$Q_1^{\mathrm{H}}BQ_1=E$$

由于 $Q_1^{\mathrm{H}}AQ_1$ 仍是埃尔米特矩阵，按照定理 4.4.2，存在酉矩阵 Q_1，使得

$$Q_2^{\mathrm{H}}(Q_1^{\mathrm{H}}AQ_1)Q_2=\begin{pmatrix}\mu_1 & & & \\ & \mu_2 & & \\ & & \ddots & \\ & & & \mu_n\end{pmatrix}=M \tag{4.4.1}$$

其中 $\mu_1,\mu_2,\cdots,\mu_n$ 是矩阵 $Q_1^{\mathrm{H}}AQ_1$ 的特征值.

若令 $Q=Q_1Q_2$，则有

$$Q^{\mathrm{H}}AQ=M$$

与

$$Q^{\mathrm{H}}BQ=E$$

剩下只要证明 $\mu_1,\mu_2,\cdots,\mu_n$ 与 Q 无关.事实上，令

$$S=Q_1^{\mathrm{H}}AQ_1 \tag{4.4.2}$$

则 $\mu_1,\mu_2,\cdots,\mu_n$ 是特征方程

$$|\lambda E-S|=0 \tag{4.4.3}$$

的根.将式(4.4.1)与式(4.4.2)代入式(4.4.3)，有

$$|\lambda Q_1^{\mathrm{H}}BQ_1-Q_1^{\mathrm{H}}AQ_1|=0$$

化简得

$$|\lambda B-A|=0 \tag{4.4.4}$$

反之，由式(4.4.4)可得式(4.4.3).因此，$\mu_1,\mu_2,\cdots,\mu_n$ 是 n 次代数方程(4.4.4)的根，由矩阵 A 与 B 所确定而与 Q 无关.

4.5　化埃尔米特型(二次型)到主轴上去的酉变换(正交变换)的实际求法

在某些问题上，不仅要知道埃尔米特型(实二次型)经酉变换(正交变换)后所得出的标准形式，同时还要知道究竟是什么样的一个酉变换(正交变换)化成标准形式的.

上一目的定理 4.4.2 只是从理论上阐明了埃尔米特型可以通过酉相合来化简，以及化简后的形式与原埃尔米特型所对应矩阵的内在关系.但是证明使用的是归纳法，所以没有给出所需酉矩阵的实际求法.

本段的目的即是来弥补上这一点.

设 A 的全部不同的特征根为 $\lambda_1,\lambda_2,\cdots,\lambda_k$，而 λ_1 为 n_1 重根，λ_2 为 n_2 重

根，……，λ_k 为 n_k 重根，$n_1+n_2+\cdots+n_k=n$. 于是可以假定 $\boldsymbol{A}$ 酉相合于对角矩阵

$$\boldsymbol{D}=\lambda_1\boldsymbol{E}_{n_1}\oplus\lambda_2\boldsymbol{E}_{n_2}\oplus\cdots\oplus\lambda_k\boldsymbol{E}_{n_k}$$

因为如果对角矩阵 $\boldsymbol{U}^{\mathrm{H}}\boldsymbol{AU}$ 中 $\lambda_1,\lambda_2,\cdots,\lambda_k$ 次序不是这样，用第三种初等共轭相合变换去交换行和交换列，就可以调整主对角线上元素的次序，而第三种初等矩阵 $\boldsymbol{P}$ 正好是酉矩阵(甚至 $\boldsymbol{P}$ 是正交矩阵)，即有 $\boldsymbol{P}^{\mathrm{H}}=\boldsymbol{P}$. 假设把 $\boldsymbol{U}^{\mathrm{H}}\boldsymbol{AU}$ 调整成上面的 $\boldsymbol{D}$ 时，依次所用的第三种初等矩阵为 $\boldsymbol{P}_1,\boldsymbol{P}_2,\cdots,\boldsymbol{P}_s$，即

$$\boldsymbol{P}_s^{\mathrm{H}}\cdots\boldsymbol{P}_2^{\mathrm{H}}\boldsymbol{P}_1^{\mathrm{H}}(\boldsymbol{U}^{\mathrm{H}}\boldsymbol{AU})\boldsymbol{P}_1\boldsymbol{P}_2\cdots\boldsymbol{P}_s=(\boldsymbol{P}_s^{\mathrm{H}}\cdots\boldsymbol{P}_2^{\mathrm{H}}\boldsymbol{P}_1^{\mathrm{H}}\boldsymbol{U}^{\mathrm{H}})\boldsymbol{A}(\boldsymbol{UP}_1\boldsymbol{P}_2\cdots\boldsymbol{P}_s)=\boldsymbol{D}$$

则若令 $\boldsymbol{T}=\boldsymbol{UP}_1\boldsymbol{P}_2\cdots\boldsymbol{P}_s$，因为酉矩阵的乘积仍是酉矩阵，所以 $\boldsymbol{T}$ 是酉矩阵，而有

$$\boldsymbol{T}^{\mathrm{H}}\boldsymbol{AT}=\boldsymbol{D}$$

定理 4.5.1 设 n 阶埃尔米特矩阵 $\boldsymbol{A}$ 的不同特征根为 $\lambda_1,\lambda_2,\cdots,\lambda_k$，其中 λ_i 为 n_i 重根($i=1,2,\cdots,k$)，则有秩($\lambda_i\boldsymbol{E}-\boldsymbol{A}$) $=n-n_i$($i=1,2,\cdots,k$).

证明 因有酉矩阵 $\boldsymbol{U}$ 使

$$\boldsymbol{U}^{\mathrm{H}}\boldsymbol{AU}=\lambda_1\boldsymbol{E}_{n_1}\oplus\lambda_2\boldsymbol{E}_{n_2}\oplus\cdots\oplus\lambda_k\boldsymbol{E}_{n_k}$$

故由

$$\begin{aligned}\boldsymbol{U}^{\mathrm{H}}(\lambda_i\boldsymbol{E}-\boldsymbol{A})\boldsymbol{U}&=\lambda_i\boldsymbol{E}-\boldsymbol{U}^{\mathrm{H}}\boldsymbol{AU}=(\lambda_i-\lambda_1)\boldsymbol{E}_{n_1}\oplus\cdots\oplus(\lambda_i-\lambda_{i-1})\boldsymbol{E}_{n_{i-1}}\oplus\\&\quad 0\cdot\boldsymbol{E}_{n_i}\oplus(\lambda_i-\lambda_{i+1})\boldsymbol{E}_{n_{i+1}}\oplus(\lambda_i-\lambda_k)\boldsymbol{E}_{n_k}\end{aligned}$$

即知秩

$$(\lambda_i\boldsymbol{E}-\boldsymbol{A})=\boldsymbol{U}^{\mathrm{H}}(\lambda_i\boldsymbol{E}-\boldsymbol{A})\boldsymbol{U}=n-n_i$$

定理 4.5.2 在定理 4.5.1 的假设下，再设复正交高矩阵 $\boldsymbol{U}_i$ 为 $(\lambda_i\boldsymbol{E}-\boldsymbol{A})\boldsymbol{X}=\boldsymbol{O}$ 的标准正交基础解系(由定理 4.5.1 知 $\boldsymbol{U}_i$ 的列数恰为 $n-(n-n_i)=n_i$)，$i=1,2,\cdots,k$. 于是若令 $\boldsymbol{U}=(\boldsymbol{U}_1,\boldsymbol{U}_2,\cdots,\boldsymbol{U}_k)$，则 $\boldsymbol{U}$ 为 $n_1+n_2+\cdots+n_k=n$ 阶的酉矩阵，且有

$$\boldsymbol{U}^{\mathrm{H}}\boldsymbol{AU}=\lambda_1\boldsymbol{E}_{n_1}\oplus\lambda_2\boldsymbol{E}_{n_2}\oplus\cdots\oplus\lambda_k\boldsymbol{E}_{n_k}$$

证明 由 $(\lambda_i\boldsymbol{E}-\boldsymbol{A})\boldsymbol{U}_i=\boldsymbol{O}$，知 $\lambda_i\boldsymbol{U}_i=\boldsymbol{AU}_i$($i=1,2,\cdots,k$). 故

$$\begin{aligned}(\lambda_i-\lambda_j)\boldsymbol{U}_i^{\mathrm{H}}\boldsymbol{U}_j&=\lambda_i\boldsymbol{U}_i^{\mathrm{H}}\boldsymbol{U}_j-\lambda_j\boldsymbol{U}_i^{\mathrm{H}}\boldsymbol{U}_j\\&=(\lambda_i\boldsymbol{U}_i)^{\mathrm{H}}\boldsymbol{U}_j-\boldsymbol{U}_i^{\mathrm{H}}(\lambda_j\boldsymbol{U}_j)\\&=\boldsymbol{U}_i^{\mathrm{H}}\boldsymbol{A}^{\mathrm{H}}\boldsymbol{U}_j-\boldsymbol{U}_i^{\mathrm{H}}\boldsymbol{AU}_j=0\end{aligned}$$

所以在 $i\neq j$ 时，有

$$\boldsymbol{U}_i^{\mathrm{H}}\boldsymbol{U}_j=0$$

由此易知 $\boldsymbol{U}$ 为酉矩阵. 再由

$$\boldsymbol{AU}=\boldsymbol{A}(\boldsymbol{U}_1,\boldsymbol{U}_2,\cdots,\boldsymbol{U}_k)$$

$$=(AU_1, AU_2, \cdots, AU_k)$$

$$=(\lambda_1 U_1, \lambda_2 U_2, \cdots, \lambda_k U_k)$$

$$=(U_1, U_2, \cdots, U_k)\begin{pmatrix}\lambda_1 E_{n_1} & & \\ & \ddots & \\ & & \lambda_k E_{n_k}\end{pmatrix}$$

$$=U\begin{pmatrix}\lambda_1 E_{n_1} & & \\ & \ddots & \\ & & \lambda_k E_{n_k}\end{pmatrix}$$

用 $U^{-1}=U^{\mathrm{H}}$ 左乘两边,便得

$$U^{\mathrm{H}}AU=\lambda_1 E_{n_1} \oplus \lambda_2 E_{n_2} \oplus \cdots \oplus \lambda_k E_{n_k}$$

证毕.

上述定理明确地给出了化简 A 的酉矩阵 U 的实际求法. 但是要注意的是,这样的矩阵 U 不是唯一的. 因为当

$$U^{\mathrm{H}}AU=\lambda_1 E_{n_1} \oplus \lambda_2 E_{n_2} \oplus \cdots \oplus \lambda_k E_{n_k}=\begin{pmatrix}\lambda_1 & & & & & \\ & \ddots & & & & \\ & & \lambda_1 & & & \\ & & & \ddots & & \\ & & & & \lambda_k & \\ & & & & & \ddots & \\ & & & & & & \lambda_k\end{pmatrix}$$

时,如令

$$T=\begin{pmatrix}-1 & & & \\ & 1 & & \\ & & \ddots & \\ & & & 1\end{pmatrix}=UP$$

则 T 仍为酉矩阵,且

$$T^{\mathrm{H}}AT=P^{\mathrm{H}}(U^{\mathrm{H}}AU)P$$

$$=\begin{pmatrix}-1 & & & \\ & 1 & & \\ & & \ddots & \\ & & & 1\end{pmatrix}\begin{pmatrix}\lambda_1 & & & & & \\ & \ddots & & & & \\ & & \lambda_1 & & & \\ & & & \ddots & & \\ & & & & \lambda_k & \\ & & & & & \ddots & \\ & & & & & & \lambda_k\end{pmatrix}\begin{pmatrix}-1 & & & \\ & 1 & & \\ & & \ddots & \\ & & & 1\end{pmatrix}$$

$$
=\begin{pmatrix}
\lambda_1 & & & & & & \\
 & \ddots & & & & & \\
 & & \lambda_1 & & & & \\
 & & & \ddots & & & \\
 & & & & \lambda_k & & \\
 & & & & & \ddots & \\
 & & & & & & \lambda_k
\end{pmatrix}
$$

例 将下列二次型化为标准形式

$$\varphi(x_1,x_2,x_3,x_4)=2x_1x_2+2x_1x_3-2x_1x_4-2x_2x_3+2x_2x_4+2x_3x_4$$

这个型的矩阵 $\boldsymbol{A}$ 为

$$
\boldsymbol{A}=\begin{pmatrix}
0 & 1 & 1 & -1 \\
1 & 0 & -1 & 1 \\
1 & -1 & 0 & 1 \\
-1 & 1 & 1 & 0
\end{pmatrix}
$$

求出它的特征多项式

$$
|\boldsymbol{A}-\lambda\boldsymbol{E}|=\begin{vmatrix}
-\lambda & 1 & 1 & -1 \\
1 & -\lambda & -1 & 1 \\
1 & -1 & -\lambda & 1 \\
-1 & 1 & 1 & -\lambda
\end{vmatrix}=(\lambda-1)^3(\lambda+3)
$$

这样一来,矩阵 $\boldsymbol{A}$ 以 1 为二重特征根,且以 -3 为单特征根.因此我们可以写出 φ 经正交变换后所得出的标准形式

$$\varphi=y_1^2+y_2^2+y_3^2-y_4^2$$

我们来找出得到这个结果的正交变换.一方面,在 $\lambda=1$ 时齐次线性方程组 $(\lambda\boldsymbol{E}-\boldsymbol{A})\boldsymbol{X}=\boldsymbol{O}$ 化为

$$
\begin{cases}
-x_1+x_2+x_3-x_4=0 \\
x_1-x_2-x_3+x_4=0 \\
x_1-x_2-x_3+x_4=0 \\
-x_1+x_2+x_3-x_4=0
\end{cases}
$$

这个方程组的秩等于 1,故可求出它的三个线性无关解.例如,它们是向量

$$\boldsymbol{b}_1=(1,1,0,0),\boldsymbol{b}_2=(1,0,1,0),\boldsymbol{b}_3=(-1,0,0,1)$$

正交化这组向量,我们得出向量组

$$\boldsymbol{c}_1=\boldsymbol{b}_1=(1,1,0,0)$$

$$c_2=-\frac{1}{2}c_1+b_2=(\frac{1}{2},-\frac{1}{2},1,0)$$

$$c_3=\frac{1}{2}c_1+\frac{1}{3}c_2+b_3=(-\frac{1}{3},\frac{1}{3},\frac{1}{3},1)$$

另一方面,取 $\lambda=-3$ 时,齐次线性方程组 $(\lambda E-A)X=O$ 化为

$$\begin{cases}3x_1+x_2+x_3-x_4=0\\ x_1+3x_2-x_3+x_4=0\\ x_1-x_2+3x_3+x_4=0\\ -x_1+x_2+x_3+3x_4=0\end{cases}$$

这个方程组的秩等于 3,它的非零解是向量

$$c_4=(1,-1,-1,1)$$

向量组 c_1,c_2,c_3,c_4 是正交的,单位化后我们得出标准正交向量组

$$c_1'=(\frac{1}{\sqrt{2}},\frac{1}{\sqrt{2}},0,0),c_2'=(\frac{1}{\sqrt{6}},-\frac{1}{\sqrt{6}},\frac{\sqrt{2}}{\sqrt{3}},0)$$

$$c_3'=(-\frac{1}{2\sqrt{3}},\frac{1}{2\sqrt{3}},\frac{1}{2\sqrt{3}},\frac{\sqrt{3}}{2}),c_4'=(\frac{1}{2},-\frac{1}{2},-\frac{1}{2},\frac{1}{2})$$

这样一来,通过正交变换

$$\begin{cases}y_1=\frac{1}{\sqrt{2}}x_1+\frac{1}{\sqrt{2}}x_2\\ y_2=\frac{1}{\sqrt{6}}x_1-\frac{1}{\sqrt{6}}x_2+\frac{\sqrt{2}}{\sqrt{3}}x_3\\ y_3=-\frac{1}{2\sqrt{3}}x_1+\frac{1}{2\sqrt{3}}x_2+\frac{1}{2\sqrt{3}}x_3+\frac{\sqrt{3}}{2}x_4\\ y_4=\frac{1}{2}x_1-\frac{1}{2}x_2-\frac{1}{2}x_3+\frac{1}{2}x_4\end{cases}$$

就把二次型 φ,化到主轴上去了.

定理 4.5.3 在定理 4.5.1 的假设下,如果有酉矩阵 $T=(T_1,T_2,\cdots,T_k)$,其中 T_i 的列数为 n_i,使得

$$T^{\mathrm{H}}AT=\lambda_1E_{n_1}\oplus\lambda_2E_{n_2}\oplus\cdots\oplus\lambda_kE_{n_k}$$

那么 T_i 必然是 $(\lambda_iE-A)X=O$ 的一个标准正交基础解系.

证明 在等式 $T^{\mathrm{H}}AT=\lambda_1E_{n_1}\oplus\lambda_2E_{n_2}\oplus\cdots\oplus\lambda_kE_{n_k}$ 两端左乘 T,注意到 $TT^{\mathrm{H}}=E$,我们有

$$A(T_1,T_2,\cdots,T_k)=(T_1,T_2,\cdots,T_k)(\lambda_1E_{n_1}\oplus\lambda_2E_{n_2}\oplus\cdots\oplus\lambda_kE_{n_k})$$

按分块乘法,有

$$(AT_1,AT_2,\cdots,AT_k)=(\lambda_1 T_1,\lambda_2 T_2,\cdots,\lambda_k T_k)$$

故得

$$AT_i=\lambda_i T_i$$

移项得到

$$(\lambda_i E-A)X=O$$

由于T_i的列数为n_i，故由定理4.5.1即知T_i必是一个标准正交基础解系. 证毕.

4.6 相对特征方程·广义特征值与广义特征向量

在4.4目定理4.4.3中出现的$\mu_1,\mu_2,\cdots,\mu_n$与矩阵Q，可以诱导出在计算和其他应用中有重要作用的两个矩阵的相对特征值与相对特征向量问题.

设A,B都是n阶埃尔米特矩阵，且B是正定的，要求λ使得

$$AX=\lambda BX \tag{4.6.1}$$

有非零解$X=(a_1,a_2,\cdots,a_n)^T$.

方程组(4.6.1)有非零解的充要条件是关于λ的n次代数方程式

$$|\lambda B-A|=0 \tag{4.6.2}$$

成立.

定义4.6.1 称方程式(4.6.2)是A相对于B的特征方程. 它的根$\lambda_1,\lambda_2,\cdots,\lambda_n$称为$A$相对于$B$的广义特征值，把$\lambda_i$代入方程组(4.6.1)所得的非零解$X$称为与$\lambda_i$相对应的广义特征向量.

由定理4.4.3，不难证明下述命题的正确性.

定理4.6.1 设A是n阶埃尔米特矩阵，而B为n阶正定埃尔米特矩阵，则$AX=\lambda BX$的广义特征值与广义特征向量等价于埃尔米特矩阵$C=Q^H AQ$的普通特征值与特征向量，这里Q是使得$Q^H BQ$为单位矩阵的复矩阵.

应用埃尔米特矩阵的性质可以证明下面的定理：

定理4.6.2 形如式(4.6.1)的广义特征值与广义特征向量有如下性质：

(1) 有n个实的广义特征值.

(2) 有n个线性无关的广义特征向量$X_1,X_2,\cdots,X_n$，即$AX_k=\lambda_k BX_k(k=1,2,\cdots,n)$.

(3) 这n个广义特征向量可以这样选取，使其满足

$$X_i^H BX_j=\delta_{ij},X_i^H AX_j=\lambda_j\delta_{ij}\quad(\delta_{ij}\text{ 为克罗内克符号})$$

注意，X_i表示把列向量X看成列向量，故X_i^H表示行向量，且它的分量是X的共轭分量.

证明 (1) 由定理4.4.3的证明过程可知.

(2) 设 $\boldsymbol{Q}$ 满足：$\boldsymbol{Q}^{\mathrm{H}}\boldsymbol{B}\boldsymbol{Q}=$单位矩阵，而 $\boldsymbol{C}=\boldsymbol{Q}^{\mathrm{H}}\boldsymbol{A}\boldsymbol{Q}$ 的 n 个特征值为 $\lambda_1,\lambda_2,\cdots,\lambda_n$，它对应的线性无关的特征向量有 n 个，分别记为 $\boldsymbol{Y}_1,\boldsymbol{Y}_2,\cdots,\boldsymbol{Y}_n$，这样

$$\boldsymbol{C}\boldsymbol{Y}_k=\lambda_k\boldsymbol{Y}_k\quad(k=1,2,\cdots,n)$$

或

$$\boldsymbol{Q}^{\mathrm{H}}\boldsymbol{A}\boldsymbol{Q}\boldsymbol{Y}_k=\lambda_k\boldsymbol{Y}_k\quad(k=1,2,\cdots,n)\tag{4.6.3}$$

令

$$\boldsymbol{X}_k=\boldsymbol{Q}\boldsymbol{Y}_k\tag{4.6.4}$$

代入式(4.6.3)得到

$$\boldsymbol{Q}^{\mathrm{H}}\boldsymbol{A}\boldsymbol{X}_k=\lambda_k\boldsymbol{Q}^{-1}\boldsymbol{X}_k$$

或

$$\boldsymbol{A}\boldsymbol{X}_k=\lambda_k(\boldsymbol{Q}^{\mathrm{H}})^{-1}\boldsymbol{Q}^{-1}\boldsymbol{X}_k\tag{4.6.5}$$

因为 $\boldsymbol{Q}^{\mathrm{H}}\boldsymbol{B}\boldsymbol{Q}=\boldsymbol{E}$，故

$$\boldsymbol{B}=(\boldsymbol{Q}^{\mathrm{H}})^{-1}\boldsymbol{E}\boldsymbol{Q}^{-1}=(\boldsymbol{Q}^{\mathrm{H}})^{-1}\boldsymbol{Q}^{-1}$$

于是式(4.6.5)可以写为

$$\boldsymbol{A}\boldsymbol{X}_k=\lambda_k\boldsymbol{B}\boldsymbol{X}_k\tag{4.6.6}$$

这表明 $\boldsymbol{X}_k(k=1,2,\cdots,n)$ 是 n 个广义特征向量. 下面证明它们的无关性.

设

$$k_1\boldsymbol{X}_1+k_2\boldsymbol{X}_2+\cdots+k_n\boldsymbol{X}_n=\boldsymbol{0}$$

以式(4.6.4)代入上式，得

$$k_1\boldsymbol{Q}\boldsymbol{Y}_1+k_2\boldsymbol{Q}\boldsymbol{Y}_2+\cdots+k_n\boldsymbol{Q}\boldsymbol{Y}_n=\boldsymbol{0}$$

再以 $\boldsymbol{Q}^{-1}$ 左乘上式每一项，得

$$k_1\boldsymbol{Y}_1+k_2\boldsymbol{Y}_2+\cdots+k_n\boldsymbol{Y}_n=\boldsymbol{0}$$

由 $\boldsymbol{Y}_1,\boldsymbol{Y}_2,\cdots,\boldsymbol{Y}_n$ 的线性无关性，得到

$$k_1=k_2=\cdots=k_n=0$$

此即 $\boldsymbol{X}_1,\boldsymbol{X}_2,\cdots,\boldsymbol{X}_n$ 的线性无关性.

(3) 因为埃尔米特矩阵与对角矩阵是酉相似的，所以可以这样选取 $\boldsymbol{Y}_1,\boldsymbol{Y}_2,\cdots,\boldsymbol{Y}_n$ 使得

$$\boldsymbol{Y}_i^{\mathrm{H}}\boldsymbol{Y}_j=\delta_{ij}\quad(i,j=1,2,\cdots,n)$$

由式(4.6.4)，得

$$(\boldsymbol{Q}^{-1}\boldsymbol{X}_i)^{\mathrm{H}}(\boldsymbol{Q}^{-1}\boldsymbol{X}_j)=\delta_{ij}$$

左端展开，得

$$\boldsymbol{X}_i^{\mathrm{H}}(\boldsymbol{Q}^{-1})^{\mathrm{H}}\boldsymbol{Q}^{-1}\boldsymbol{X}_j=\delta_{ij}$$

再由 $\boldsymbol{B}=(\boldsymbol{Q}^{\mathrm{H}})^{-1}\boldsymbol{Q}^{-1}$，得

$$X_i^{\mathrm{H}} B X_j = \delta_{ij}$$

又由式(4.6.6),知

$$X_i^{\mathrm{H}} A X_j = \lambda_j X_i^{\mathrm{H}} B X_j = \lambda_j \delta_{ij}$$

证毕.

在矩阵理论及其应用中,常常把满足定理 4.6.2(3) 中第一个等式的广义特征向量 $X_1, X_2, \cdots, X_n$ 称为特征主向量. 以这 n 个主向量为列向量的矩阵 $P = (X_1, X_2, \cdots, X_n)$ 是满秩的,称为 A 相对于 B 的主矩阵.

§5 埃尔米特矩阵的正定性

5.1 正定埃尔米特矩阵

恒正埃尔米特型的存在,给予了从埃尔米特矩阵(特别是实对称矩阵) 中分出特别的一类的可能性.

定义 5.1.1 n 阶埃尔米特矩阵 A 称为正定的,如果对所有非零的 n 维复向量 X①,有

$$X^{\mathrm{H}} A X > 0 \tag{5.1.1}$$

若定义中所要求的严格不等式减弱为 $X^{\mathrm{H}} A X \geqslant 0$,则称 A 为半正定埃尔米特矩阵.

类似地,可以对 A 定义负定和半负定的概念,这只要将正定和半正定的定义中的不等式颠倒一下即可;或等价地,分别把 $-A$ 定义为正定矩阵或半负定矩阵. 因此,关于负定矩阵的任何一个命题都对应正定矩阵的一个相应命题. 如果一个埃尔米特矩阵不属于上面提到的各类中的任何一个,即,如果式(5.1.1) 左边既可取正值也可以取负值,那么称它为不定矩阵.

关于正定(半正定) 埃尔米特矩阵,可以做出几个直接的结论.

首先,由埃尔米特型理论直接得出正定(半正定) 的一个重要性质如下:

定理 5.1.1 和正定(半正定) 埃尔米特矩阵共轭相合的矩阵也是正定(半正定) 的.

这就是说,共轭相合变换不改变埃尔米特矩阵的正定(半正定) 性.

---

① 关于非零的 n 维向量 X,我们了解为这样的矩阵,它是由 n 个不全为 0 的实数构成的单列矩阵.

其次，在埃尔米特型的理论中，已经知道，任意的埃尔米特矩阵均可借助于共轭相合变换使其化为对角形. 如果所考虑的矩阵是正定的话，那么可进一步将相合变换中的初等变换限定在第三种类型①.

定理 5.1.2 任意正定埃尔米特矩阵均可借助仅由第三种初等变换组成的共轭相合变换化为对角形.

证明 设

$$\boldsymbol{A}=\begin{pmatrix} a_{11} & a_{12} & \cdots & a_{1n} \\ a_{21} & a_{22} & \cdots & a_{2n} \\ \vdots & \vdots & & \vdots \\ a_{n1} & a_{n2} & \cdots & a_{nn} \end{pmatrix}$$

为一正定矩阵，则 $\boldsymbol{A}$ 的所有顺序主子式均大于零. 特别地，$a_{11}>0$. 现在，将 $\boldsymbol{A}$ 的第一行的 $-\dfrac{a_{i1}}{a_{11}}$ 倍分别加到第 i 行，$i=2,3,\cdots,n$，得到

$$\begin{pmatrix} a_{11} & 0 & \cdots & 0 \\ 0 & & & \\ \vdots & & \boldsymbol{A}_1 & \\ 0 & & & \end{pmatrix}$$

按照初等变换的矩阵运算意义，就是说存在 $n-1$ 个第三类初等矩阵 $\boldsymbol{P}_1,\boldsymbol{P}_2,\cdots,\boldsymbol{P}_{n-1}$，使得

$$\boldsymbol{P}_{n-1}\boldsymbol{P}_{n-2}\cdots\boldsymbol{P}_1\boldsymbol{A}=\begin{pmatrix} a_{11} & a_{12} & \cdots & a_{1n} \\ 0 & & & \\ \vdots & & \boldsymbol{A}_1 & \\ 0 & & & \end{pmatrix}=\boldsymbol{B}$$

同样地，将 $\boldsymbol{B}$ 的第一列的 $-\dfrac{a_{1i}}{a_{11}}$ 倍分别加到第 i 列，$i=2,3,\cdots,n$，得到

$$\begin{pmatrix} a_{11} & a_{12} & \cdots & a_{1n} \\ 0 & & & \\ \vdots & & \boldsymbol{A}_1 & \\ 0 & & & \end{pmatrix}$$

也就是存在 $n-1$ 个第三类初等矩阵 $\boldsymbol{Q}_1,\boldsymbol{Q}_2,\cdots,\boldsymbol{Q}_{n-1}$，使得

① 我们记得，矩阵的第三种初等变换是指：把矩阵的某一行(列)诸元素的 k 倍加到另一行(列)对应元素上去.

$$BQ_1Q_2\cdots Q_{n-1}B=\begin{pmatrix} a_{11} & 0 & \cdots & 0 \\ 0 & & & \\ \vdots & & A_1 & \\ 0 & & & \end{pmatrix}=C$$

注意到 A 是埃尔米特矩阵,故有

$$\overline{a_{1i}}=a_{i1}\quad (i=2,3,\cdots,n)$$

因此

$$Q_i=P_i^{\mathrm{H}}\quad (i=2,3,\cdots,n)$$

于是我们可写

$$P_{n-1}^{\mathrm{H}}P_{n-2}^{\mathrm{H}}\cdots P_1^{\mathrm{H}}AP_1P_2\cdots P_{n-1}\begin{pmatrix} a_{11} & 0 & \cdots & 0 \\ 0 & & & \\ \vdots & & A_1 & \\ 0 & & & \end{pmatrix}=C$$

因为 A 是正定的,所以与 A 共轭相合的 C 亦是正定的,从而 C 的所有顺序主子式 Δ_k 全都大于零. 而容易验证

$$\Delta_1=a_{11}>0,a_{11}\Delta_k'>0\quad (k=1,2,\cdots,n)$$

其中 Δ_k' 为 A_1 的全部顺序主子式,于是,A_1 为 $n-1$ 阶正定矩阵. 因此,由数学归纳法,即得定理所示结论的正确性.

一般来说,正定(半正定) 埃尔米特矩阵的子矩阵不一定具有正定(半正定) 性. 例如正定埃尔米特矩阵(实对称矩阵)

$$A=\begin{pmatrix} 1 & 0 & 0 & 0 \\ 0 & 1 & 0 & 0 \\ 0 & 0 & 1 & 0 \\ 0 & 0 & 0 & 1 \end{pmatrix}$$

的二阶子方阵

$$B=\begin{pmatrix} 0 & 0 \\ 0 & 0 \end{pmatrix}$$

就不再具有正定性了. 但如果子矩阵的取法特殊的话,情形就不一样了.

定理 5.1.3 正定(半正定) 埃尔米特矩阵的任何一个主子矩阵也是正定(半正定) 埃尔米特矩阵.

证明 设 A 是 n 阶正定埃尔米特矩阵. 令 S 是 $\{1,2,\cdots,n\}$ 的真子集,并用 $A(S)$ 表示从矩阵 A 中划去行号和列号分别为 S 的补集的若干行和若干列后得

到的矩阵. 于是，$\boldsymbol{A}(S)$ 是 $\boldsymbol{A}$ 的主子矩阵，且所有主子矩阵均以这种形式出现：我们知道数 $|\boldsymbol{A}(S)|$ 是 $\boldsymbol{A}$ 的主子式.

设 $\boldsymbol{X}$ 是这样的一个非零 n 维向量，其中以 S 为下标的分量可取任意元，而其余分量为零. 设 $\boldsymbol{X}(S)$ 表示从 $\boldsymbol{X}$ 中划去以 S 的补集为下标的(零) 分量后得到的矩阵，因而得到

$$\boldsymbol{X}(S)^{\mathrm{H}}\boldsymbol{A}(S)\boldsymbol{X}(S)=\boldsymbol{X}^{\mathrm{H}}\boldsymbol{A}\boldsymbol{X}>0$$

因为 $\boldsymbol{X}(S)\neq\boldsymbol{O}$ 是任意的，这表明 $\boldsymbol{A}(S)$ 是正定的. 半正定的情形可以用同样的方式得出.

两个同阶的正定埃尔米特矩阵的和是正定的. 更一般地，我们可以证明下面的结论.

定理 5.1.4　若干半正定埃尔米特矩阵的非负实数线性组合是半正定的. 若干正定埃尔米特矩阵的正线性组合是正定的.

证明　设 $\boldsymbol{A}$ 和 $\boldsymbol{B}$ 都是半正定埃尔米特矩阵，又设 $a,b\geqslant 0$，因而对于任意非零向量 $\boldsymbol{X}$，均有

$$\boldsymbol{X}^{\mathrm{H}}(a\boldsymbol{A}+b\boldsymbol{B})\boldsymbol{X}=a(\boldsymbol{X}^{\mathrm{H}}\boldsymbol{A}\boldsymbol{X})+b(\boldsymbol{X}^{\mathrm{H}}\boldsymbol{B}\boldsymbol{X})\geqslant 0$$

多于两个矩阵的情形可按同样的方式处理.

如果诸系数是正的，$\boldsymbol{A}$ 和 $\boldsymbol{B}$ 是正定埃尔米特矩阵，又如果 $\boldsymbol{X}$ 的诸元素不全为零，那么和中的每一项都是正的，所以诸正定埃尔米特矩阵的正线性组合是正定埃尔米特矩阵①.

定理 5.1.5　正定(半正定) 埃尔米特矩阵主对角线上的每个元素都是正的(非负的).

证明　设 $\boldsymbol{A}$ 是任意的 n 阶埃尔米特矩阵，并且正定(半正定). 按定义，对于任意的非零 n 维向量 $\boldsymbol{X}$，均有

$$\boldsymbol{X}^{\mathrm{H}}\boldsymbol{A}\boldsymbol{X}>0\quad(\geqslant 0)$$

今取 $\boldsymbol{X}=(1,0,\cdots,0)$，则

$$\boldsymbol{X}^{\mathrm{H}}\boldsymbol{A}\boldsymbol{X}=a_{11}>0\quad(\geqslant 0)$$

这里 a_{11} 表示 $\boldsymbol{A}$ 的位置在(1,1) 处的元素. 于是得出矩阵 $\boldsymbol{A}$ 主对角线上的第一个元素是正的(非负的).

依次分别取 $\boldsymbol{X}=(0,1,0,\cdots,0),\cdots,\boldsymbol{X}=(0,0,\cdots,1)$，就会得出矩阵 $\boldsymbol{A}$ 的 (2,2) 位置，$\cdots$，(n,n) 位置的元素是正数(非负数).

---

① 因此，正定埃尔米特矩阵的集合在所有复矩阵构成的线性空间中是一个正椎.

定理 5.1.6 正定(半正定)埃尔米特矩阵的每一个特征值都是正的(非负的)实数.

证明 利用特征值的第二定义证明这个结论:设实数 λ_0、向量 $\boldsymbol{X}_0$ 是半正定埃尔米特矩阵 $\boldsymbol{A}$ 的一个特征对:$\boldsymbol{A}\boldsymbol{X}_0=\lambda_0\boldsymbol{X}_0$. 于是可写

$$\boldsymbol{X}_0^{\mathrm{H}}\boldsymbol{A}\boldsymbol{X}_0=\boldsymbol{X}_0^{\mathrm{H}}(\boldsymbol{A}\boldsymbol{X}_0)=\boldsymbol{X}_0^{\mathrm{H}}(\lambda_0\boldsymbol{X}_0)=\lambda_0\boldsymbol{X}_0^{\mathrm{H}}\boldsymbol{X}_0$$

这样就有

$$\lambda_0=\frac{\boldsymbol{X}_0^{\mathrm{H}}\boldsymbol{A}\boldsymbol{X}_0}{\boldsymbol{X}_0^{\mathrm{H}}\boldsymbol{X}_0}$$

若 $\boldsymbol{A}$ 是正定的,则 $\lambda_0>0$,因为这时候它是两个正数的比. 若 $\boldsymbol{A}$ 是半正定的,则 $\lambda_0\geqslant 0$.

设矩阵 $\boldsymbol{A}=\begin{pmatrix}1 & 0\\ 0 & -1\end{pmatrix}$,那么存在非零向量 $\boldsymbol{X}=\begin{pmatrix}1\\ 0\end{pmatrix}$,使得 $\boldsymbol{X}^{\mathrm{H}}\boldsymbol{A}\boldsymbol{X}=0$,但 $\boldsymbol{A}\boldsymbol{X}=\begin{pmatrix}1\\ 0\end{pmatrix}\neq\boldsymbol{O}$. 下面的结果表明:这个例子里描述的现象对半正定埃尔米特矩阵来说不可能出现.

定理 5.1.7 设 $\boldsymbol{A}$ 是半正定埃尔米特矩阵,那么 $\boldsymbol{X}^{\mathrm{H}}\boldsymbol{A}\boldsymbol{X}=0$ 当且仅当 $\boldsymbol{A}\boldsymbol{X}=\boldsymbol{O}$.

证明 假设向量 $\boldsymbol{X}$ 非零且 $\boldsymbol{X}^{\mathrm{H}}\boldsymbol{A}\boldsymbol{X}=0$. 考虑多项式

$$p(t)=(t\boldsymbol{X}+\boldsymbol{A}\boldsymbol{X})^{\mathrm{H}}\boldsymbol{A}(t\boldsymbol{X}+\boldsymbol{A}\boldsymbol{X})$$

既然 $\boldsymbol{A}$ 半正定,则对于任意实数 t,有 $p(t)\geqslant 0$.

乘开 $p(t)$ 的右端,我们得出并注意到 $\boldsymbol{X}^{\mathrm{H}}\boldsymbol{A}\boldsymbol{X}=0$,即

$$p(t)=t^2(\boldsymbol{X}^{\mathrm{H}}\boldsymbol{A}\boldsymbol{X})+2t(\boldsymbol{X}^{\mathrm{H}}\boldsymbol{A}(\boldsymbol{X}^{\mathrm{H}}\boldsymbol{A})^{\mathrm{H}})+\boldsymbol{X}^{\mathrm{H}}\boldsymbol{A}^3\boldsymbol{X}=2t(\boldsymbol{X}^{\mathrm{H}}\boldsymbol{A}(\boldsymbol{X}^{\mathrm{H}}\boldsymbol{A})^{\mathrm{H}})+\boldsymbol{X}^{\mathrm{H}}\boldsymbol{A}^3\boldsymbol{X}$$

如果 $\boldsymbol{X}^{\mathrm{H}}\boldsymbol{A}\neq\boldsymbol{O}$,则$(\boldsymbol{X}^{\mathrm{H}}\boldsymbol{A}(\boldsymbol{X}^{\mathrm{H}}\boldsymbol{A})^{\mathrm{H}})>0$,于是 t 取充分大的负值就会有 $p(t)<0$. 因此我们断定有 $\boldsymbol{X}^{\mathrm{H}}\boldsymbol{A}\neq\boldsymbol{O}$,所以 $\boldsymbol{A}\boldsymbol{X}=\boldsymbol{O}$.

定理 5.1.8 半正定埃尔米特矩阵是正定的,当且仅当它是非奇异的.

证明 假设 $\boldsymbol{A}$ 是半正定的,则定理 5.1.7 确保以下诸命题彼此等价:(1)$\boldsymbol{A}$ 是非奇异的;(2) 存在一个非零的向量 $\boldsymbol{X}$,使得 $\boldsymbol{A}\boldsymbol{X}=\boldsymbol{O}$;(3) 存在一个非零的向量 $\boldsymbol{X}$,使得 $\boldsymbol{X}^{\mathrm{H}}\boldsymbol{A}\boldsymbol{X}=0$;(4)$\boldsymbol{A}$ 不是正定的.

最后要讲的一个结论是有关正实数的一个事实的推广:如果 a 与 b 是实数且都非负,那么 $a+b=0$ 当且仅当 $a=b=0$.

定理 5.1.9 设 $\boldsymbol{A},\boldsymbol{B}$ 是同阶的半正定埃尔米特矩阵,那么 $\boldsymbol{A}+\boldsymbol{B}=\boldsymbol{O}$ 当且仅当 $\boldsymbol{A}=\boldsymbol{B}=\boldsymbol{O}$.

证明 只需证明充分性. 设 $\boldsymbol{A}=(a_{ij})_{n\times n}$,$\boldsymbol{B}=(b_{ij})_{n\times n}$,并假设 $\boldsymbol{A}+\boldsymbol{B}=\boldsymbol{O}$. 那

么对于每个$i=1,2,\cdots,n$有$a_{ii}+b_{ii}=0$,且每一个求和项都是非负的实数(定理5.1.6),故而每一个$a_{ii}=b_{ii}=0$.

现在我们来看矩阵$\boldsymbol{A}$,设$\lambda_1,\lambda_2,\cdots,\lambda_n$为矩阵$\boldsymbol{A}$的$n$个特征值,注意到

$$\lambda_1+\lambda_2+\cdots+\lambda_n=a_{11}+a_{22}+\cdots+a_{nn}=0$$

由λ_i的非负性知$\lambda_1=\lambda_2=\cdots=\lambda_n=0$. 于是$\boldsymbol{A}$共轭相合于零矩阵,因而$\boldsymbol{A}$是零矩阵. 再由$\boldsymbol{A}+\boldsymbol{B}=\boldsymbol{O}$得出$\boldsymbol{B}$也是零矩阵.

5.2 正定埃尔米特矩阵的特征

正定埃尔米特矩阵以及半正定埃尔米特矩阵可以有不同的有时甚至是令人惊叹的方式加以刻画.

定理 5.2.1 埃尔米特矩阵是正定(半正定)的,当且仅当它所有的特征值都是正(非负)的.

证明 定理 5.1.5 已经表明了条件的必要性.

我们来证明充分性. 设n阶复方阵$\boldsymbol{A}$是埃尔米特矩阵,则存在酉矩阵$\boldsymbol{U}$,使得

$$\boldsymbol{U}^{\mathrm{H}}\boldsymbol{A}\boldsymbol{U}=\boldsymbol{D}=\begin{pmatrix}\lambda_1 & & & \\ & \lambda_2 & & \\ & & \ddots & \\ & & & \lambda_n\end{pmatrix}$$

对角线上是$\boldsymbol{A}$的n个正(非负)的特征值.

再由定理 5.1.1 及$\boldsymbol{D}$的正定(半正定)性得出$\boldsymbol{A}$的正定(半正定)性.

推论 1 如果埃尔米特矩阵$\boldsymbol{A}$是半正定的,那么每个$\boldsymbol{A}^k(k=1,2,\cdots)$也都是半正定的.

证明 如果$\boldsymbol{A}$的特征值是$\lambda_1,\lambda_2,\cdots,\lambda_n$,那么$\boldsymbol{A}^k$有特征值$\lambda_1^k,\lambda_2^k,\cdots,\lambda_n^k$. 既然前者都是非负的,那么后者亦然.

下一个特征刻画从计算上讲对于验证正定性不很实用,但它有理论上的用处.

推论 2 设$\boldsymbol{A}$是埃尔米特矩阵,又设$\Delta(\lambda)=a_n\lambda^n+a_{n-1}\lambda^{n-1}+\cdots+a_{n-m}\lambda^{n-m}$是它的特征多项式,其中$a_n=1,a_{n-m}\neq 0$,且$1\leqslant m\leqslant n$. 那么,$\boldsymbol{A}$是半正定的,当且仅当对每个$k=n-m,\cdots,n-1$都有$a_ka_{k+1}<0$.

证明 假设$\Delta(\lambda)$的首项系数不为零,且符号是严格交错的. 如果这个条件满足,$\Delta(\lambda)$就没有负根,所以$\boldsymbol{A}$仅有非负的特征值. 反之,如果$\boldsymbol{A}$是半正定

的,用$\lambda_1,\lambda_2,\cdots,\lambda_m$记它的正的特征值,它剩下的$n-m$个特征值全都是零.归纳法论证表明,诸多项式$(\lambda-\lambda_1),(\lambda-\lambda_1)(\lambda-\lambda_2),\cdots,(\lambda-\lambda_1)(\lambda-\lambda_2)\cdots(\lambda-\lambda_m)$的系数的符号是严格交错的,乘以$\lambda^{n-m}$就给出$\Delta(\lambda)$.

在埃尔米特型的理论中,我们已经知道,一个埃尔米特矩阵正定的充分必要条件是它的所有顺序主子式都是正数.更一般地,可以证明下面的特征.

定理 5.2.2 埃尔米特矩阵为正定的充分必要条件是它的一切主子式都大于0.

证明 既然顺序主子式是特殊的主子式,所以条件的充分性是显然的.

条件的必要性.反证法.设$\boldsymbol{A}$为任何一个埃尔米特矩阵,并且存在k阶子式

$$\boldsymbol{B}=\begin{pmatrix}a_{i_1i_1} & a_{i_1i_2} & \cdots & a_{i_1i_k}\\ a_{i_2i_1} & a_{i_2i_2} & \cdots & a_{i_2i_k}\\ \vdots & \vdots & & \vdots\\ a_{i_ki_1} & a_{i_ki_2} & \cdots & a_{i_ki_k}\end{pmatrix}$$

的行列式$|\boldsymbol{B}|<0$,则由主子式的定义知$\boldsymbol{B}$是埃尔米特矩阵,又由定理3.2.1,存在k阶酉矩阵$\boldsymbol{U}$,使得

$$\boldsymbol{U}^{\mathrm{H}}\boldsymbol{B}\boldsymbol{U}=\begin{pmatrix}\lambda_1 & & & \\ & \lambda_2 & & \\ & & \ddots & \\ & & & \lambda_k\end{pmatrix}$$

其中$\lambda_1,\lambda_2,\cdots,\lambda_k$为矩阵$\boldsymbol{B}$的特征值.

由$|\boldsymbol{B}|<0$和$|\boldsymbol{B}|=\lambda_1\lambda_2\cdots\lambda_k$知$\lambda_1,\lambda_2,\cdots,\lambda_k$诸特征值中至少有一个小于0.不失一般性,设$\lambda_1<0$,令$\boldsymbol{Y}=(1,0,\cdots,0)\boldsymbol{U}$,则$\boldsymbol{Y}$非零且$\boldsymbol{YUY}^{\mathrm{H}}=\lambda_1<0$.

再令$\boldsymbol{X}=(x_1,x_2,\cdots,x_n)$,其中

$$x_i=\begin{cases}y_i,\text{当 } i\in\{i_1,i_2,\cdots,i_k\}\text{ 时}\\ 0,\text{其他}\end{cases}$$

于是$\boldsymbol{X}$是非零向量且$\boldsymbol{XUX}^{\mathrm{H}}=\boldsymbol{YUY}^{\mathrm{H}}=\lambda_1<0$,这与$\boldsymbol{A}$的正定性矛盾.证毕.

对所有的$k=1,2,\cdots$,每个正实数都有唯一的k次方根.类似的结果对于正定埃尔米特矩阵也成立.

定理 5.2.3 设$\boldsymbol{A}$是半正定埃尔米特矩阵,$k\geqslant1$是给定的整数,则存在唯一的半正定埃尔米特矩阵$\boldsymbol{B}$,使得$\boldsymbol{B}^k=\boldsymbol{A}$.

证明 既然$\boldsymbol{A}$半正定,则存在酉矩阵$\boldsymbol{U}$,使得

$$U^{H}BU = D = \begin{pmatrix} \lambda_1 & & & \\ & \lambda_2 & & \\ & & \ddots & \\ & & & \lambda_n \end{pmatrix}$$

对角线上是 n 个特征值且所有 $\lambda_i \geqslant 0$. 定义 $B = U^{H}D^{1/k}U$,其中

$$D^{1/k} = \begin{pmatrix} \sqrt[k]{\lambda_1} & & & \\ & \sqrt[k]{\lambda_2} & & \\ & & \ddots & \\ & & & \sqrt[k]{\lambda_n} \end{pmatrix}$$

且每个 λ_i 都取唯一的 k 次非负根. 显然

$$B^k = A$$

上述定理最有用的情形是 $k=2$ 的情形. 半正定(正定)矩阵 A 的唯一半正定(正定)平方根通常记作 $A^{1/2}$.

定理 5.2.4 埃尔米特矩阵 A 是半正定(正定)的,当且仅当存在(非奇异)方阵 C 使得 $A = C^{H}C$.

证明 如果 A 可以这样表示,那么对于任意的非零向量 X,XC 亦是一个向量,并且有

$$X^{H}AX = X^{H}(C^{H}C)X = (X^{H}C^{H})(XC) = (CX)^{H}(CX) \geqslant 0$$

即 A 是半正定的.

如果 C 还是非奇异的,那么按照第2章定理 4.10.1 的推论,乘积 XC 的秩等于 X 的秩. 换句话说,XC 亦是非零向量,于是不等式

$$(XC)^{H}(XC) > 0$$

得出 A 的正定性.

如果所给的 A 是半正定(正定)的,那么为了得到所要求的 C,只要令 $C = A^{1/2}$ 就可以了.

推论 1 埃尔米特矩阵 A 是正定的,当且仅当它相合于单位矩阵.

推论 2 正定埃尔米特矩阵的逆也是正定的.

证明 设 A 是正定埃尔米特矩阵,按定理 5.2.4,存在满秩方阵 C,使 $A = C^{H}C$. 由此

$$A^{-1} = (C^{H}C)^{-1} = [C^{-1}][(C^{H})^{-1}] = [C^{-1}][C^{-1}]^{H} = D^{H}D$$

这里 $D = [C^{-1}]^{H}$ 是满秩的,由定理 5.2.4,A^{-1} 是正定的.

更一般地,可以证明:

定理 5.2.5 n阶埃尔米特矩阵$\boldsymbol{A}$是半正定的，当且仅当存在$n\times m$维行满秩的矩阵$\boldsymbol{B}$使得$\boldsymbol{A}=\boldsymbol{B}^{\mathrm{H}}\boldsymbol{B}$.

证明 条件充分性的证明同定理 5.2.4.

条件必要性的证明：设$\boldsymbol{A}$是半正定的，它的秩为m，于是存在可逆矩阵$\boldsymbol{P}$，使

$$\boldsymbol{A}=\boldsymbol{P}^{\mathrm{H}}\begin{pmatrix}\boldsymbol{E}_{m\times m} & \boldsymbol{O}\\ \boldsymbol{O} & \boldsymbol{O}\end{pmatrix}\boldsymbol{P} \tag{5.2.1}$$

将$\boldsymbol{P}$分块：$\boldsymbol{P}=\begin{pmatrix}\boldsymbol{B}\\ \boldsymbol{D}\end{pmatrix}$，其中$\boldsymbol{B}$是$\boldsymbol{P}$的前$m$行构成的子块. 因为$\boldsymbol{P}$是满秩的，所以$\boldsymbol{B}$是行满秩的，且由式(5.2.1)有

$$\boldsymbol{A}=(\boldsymbol{B}^{\mathrm{H}}\quad \boldsymbol{D}^{\mathrm{H}})\begin{pmatrix}\boldsymbol{E}_{m\times m} & \boldsymbol{O}\\ \boldsymbol{O} & \boldsymbol{O}\end{pmatrix}\begin{pmatrix}\boldsymbol{B}\\ \boldsymbol{D}\end{pmatrix}=\boldsymbol{B}^{\mathrm{H}}\boldsymbol{B}$$

5.3 矩阵的极分解

我们知道，任何一个非零的复数z总可以写成

$$z=r(\cos\theta+\mathrm{i}\sin\theta)$$

的形式，式中$r>0$是z的模，θ是z的幅角. 把z写成这样的形式是唯一的，并称为复数的极分解. 若把数看成是一阶矩阵，则r是一阶正定埃尔米特矩阵，$\cos\theta+\mathrm{i}\sin\theta$是一阶酉矩阵. 本目把这种分解的观念推广到一般矩阵.

定理 5.3.1 设$\boldsymbol{A}$是n阶非奇异复矩阵，则必存在n阶酉矩阵$\boldsymbol{U}$与两个正定埃尔米特矩阵$\boldsymbol{H}_1,\boldsymbol{H}_2$，使得

$$\boldsymbol{A}=\boldsymbol{H}_1\boldsymbol{U}=\boldsymbol{U}\boldsymbol{H}_2$$

且这样的分解式是唯一的.

定理 5.3.1 中的分解式称为矩阵$\boldsymbol{A}$的极分解.

证明 因为$\boldsymbol{A}$是满秩的，所以$\boldsymbol{A}^{\mathrm{H}}\boldsymbol{A}$是正定埃尔米特矩阵，于是存在唯一的正定埃尔米特矩阵$\boldsymbol{H}_2$，使得

$$\boldsymbol{A}^{\mathrm{H}}\boldsymbol{A}=\boldsymbol{H}_2^2$$

从而

$$(\boldsymbol{A}\boldsymbol{H}_2^{-1})^{\mathrm{H}}(\boldsymbol{A}\boldsymbol{H}_2^{-1})=(\boldsymbol{H}_2^{-1})^{\mathrm{H}}\boldsymbol{A}^{\mathrm{H}}\boldsymbol{A}\boldsymbol{H}_2^{-1}=\boldsymbol{E}$$

这表明$\boldsymbol{A}\boldsymbol{H}_2^{-1}$是$n$阶酉矩阵，令$\boldsymbol{U}=\boldsymbol{A}\boldsymbol{H}_2^{-1}$，则有

$$\boldsymbol{A}=\boldsymbol{U}\boldsymbol{H}_2$$

又

$$A = UH_2 = UH_2U^{H}U = (UH_2U^{H})U = H_1U$$

其中

$$H_1 = UH_2U^{H}$$

显然 H_1 是正定埃尔米特矩阵.

再来证明分解式是唯一的. 设

$$A = H_1U = H_1'U'$$

则有

$$H_1 = H_1'U'U^{H}$$

从而

$$H_1^2 = H_1H_1^{H} = (H_1'U'U^{H})\cdot(H_1'U'U^{H})^{H} = H_1'U'U^{H}U(U')^{H}(H_1')^{H} = (H_1')^2$$

因此

$$H_1 = H_1', U = U'$$

推论 1 设 A 是 n 阶实矩阵, 则存在正交矩阵 Q 与两个正定实对称矩阵 H_1, H_2, 使得

$$A = H_1Q = QH_2$$

且分解式是唯一的.

推论 2 设 A 是 n 阶非奇异复矩阵, 则存在 n 阶酉矩阵 U_1, U_2, 使得

$$U_2^{H}AU_1 = \begin{pmatrix} \sigma_1 & & & \\ & \sigma_2 & & \\ & & \ddots & \\ & & & \sigma_n \end{pmatrix} \tag{5.3.1}$$

其中 $\sigma_1 \geqslant \sigma_2 \geqslant \cdots \geqslant \sigma_n > 0$ 是 A 的 n 个正奇异值.

证明 由定理 5.3.1 知, 存在酉矩阵 U 与正定矩阵 H, 满足

$$A = UH, H^2 = A^{H}A \tag{5.3.2}$$

因为 H 是正定埃尔米特矩阵, 所以存在酉矩阵 U_1, 使得

$$H = U_1\begin{pmatrix} \sigma_1 & & & \\ & \sigma_2 & & \\ & & \ddots & \\ & & & \sigma_n \end{pmatrix}U_1^{H} \tag{5.3.3}$$

其中 $\sigma_1, \sigma_2, \cdots, \sigma_n$ 是 H 的 n 个特征值, 即是 A 的 n 个正奇异值.

把式(5.3.3) 代入式(5.3.2), 得

$$A = UU_1 \begin{pmatrix} \sigma_1 & & & \\ & \sigma_2 & & \\ & & \ddots & \\ & & & \sigma_n \end{pmatrix} U_1^{\mathrm{H}}$$

令 $U_2 = UU_1$，则 U_2 是酉矩阵，代入上式得

$$A = U_2 \begin{pmatrix} \sigma_1 & & & \\ & \sigma_2 & & \\ & & \ddots & \\ & & & \sigma_n \end{pmatrix} U_1^{\mathrm{H}}$$

即得式(5.3.1).

显然推论 2 是第 4 章定理 3.8.5 的特殊情况.

推论 3 设 A 是 n 阶非奇异实矩阵，则存在 n 阶正交矩阵 Q_1, Q_2，使得

$$Q_2^{\mathrm{H}} A Q_1 = \begin{pmatrix} \sigma_1 & & & \\ & \sigma_2 & & \\ & & \ddots & \\ & & & \sigma_n \end{pmatrix}$$

其中 $\sigma_1 \geqslant \sigma_2 \geqslant \cdots \geqslant \sigma_n > 0$ 是 A 的 n 个正奇异值.

定理 5.3.2 设 A 是 n 阶复矩阵，则存在酉矩阵 U 与两个半正定埃尔米特矩阵 H_1 与 H_2，使得

$$A = H_1 U = U H_2$$

且

$$H_1^2 = AA^{\mathrm{H}}, H_2^2 = A^{\mathrm{H}} A$$

证明 由第 4 章定理 3.8.5 知，存在酉矩阵 U_1, U_2，使得

$$A = U_1 \begin{pmatrix} \sigma_1 & & & \\ & \sigma_2 & & \\ & & \ddots & \\ & & & \sigma_n \end{pmatrix} U_2$$

其中 $\sigma_1^2, \sigma_2^2, \cdots, \sigma_n^2$ 是 A 的 n 个实特征异值，且 $\sigma_1 \geqslant \sigma_2 \geqslant \cdots \geqslant \sigma_n \geqslant 0$. 因此

$$A = U_1 \begin{pmatrix} \sigma_1 & & & \\ & \sigma_2 & & \\ & & \ddots & \\ & & & \sigma_n \end{pmatrix} U_1^{\mathrm{H}} (U_1 U_2)$$

$$=(\boldsymbol{U}_1\boldsymbol{U}_2)(\boldsymbol{U}_2^{\mathrm{H}}\begin{pmatrix}\sigma_1 & & & \\ & \sigma_2 & & \\ & & \ddots & \\ & & & \sigma_n\end{pmatrix}\boldsymbol{U}_1) \tag{5.3.4}$$

若令

$$\boldsymbol{H}_1=\boldsymbol{U}_1\begin{pmatrix}\sigma_1 & & & \\ & \sigma_2 & & \\ & & \ddots & \\ & & & \sigma_n\end{pmatrix}\boldsymbol{U}_2^{\mathrm{H}}\boldsymbol{U},\boldsymbol{H}_2=\boldsymbol{U}_2^{\mathrm{H}}\begin{pmatrix}\sigma_1 & & & \\ & \sigma_2 & & \\ & & \ddots & \\ & & & \sigma_n\end{pmatrix}\boldsymbol{U}_2\boldsymbol{U},\boldsymbol{U}=\boldsymbol{U}_1\boldsymbol{U}_2$$

则

$$\boldsymbol{A}=\boldsymbol{H}_1\boldsymbol{U}=\boldsymbol{U}\boldsymbol{H}_2$$

其中 $\boldsymbol{H}_1,\boldsymbol{H}_2$ 是半正定埃尔米特矩阵,$\boldsymbol{U}$ 是酉矩阵.

根据式(5.3.4)可得

$$\boldsymbol{A}\boldsymbol{A}^{\mathrm{H}}=\boldsymbol{U}_1\begin{pmatrix}\sigma_1^2 & & & \\ & \sigma_2^2 & & \\ & & \ddots & \\ & & & \sigma_n^2\end{pmatrix}=\boldsymbol{U}_1^{\mathrm{H}}=\boldsymbol{H}_1^2,\boldsymbol{A}^{\mathrm{H}}\boldsymbol{A}=\boldsymbol{U}_2^{\mathrm{H}}\begin{pmatrix}\sigma_1^2 & & & \\ & \sigma_2^2 & & \\ & & \ddots & \\ & & & \sigma_n^2\end{pmatrix}\boldsymbol{U}_2=\boldsymbol{H}_2^2$$

所以 $\boldsymbol{H}_1,\boldsymbol{H}_2$ 唯一.

当 $\boldsymbol{A}$ 是实矩阵时,$\boldsymbol{H}_1,\boldsymbol{H}_2$ 与 $\boldsymbol{U}$ 做相应的改变,读者自行叙述并证之.

§6 埃尔米特矩阵间的偏序关系

6.1 非负定性与偏序关系

埃尔米特矩阵与实数类似(其中半正定埃尔米特矩阵作为非负实数的类似对象),提示我们能存在于埃尔米特矩阵之间的一种序关系.

定义 6.1.1 设 $\boldsymbol{A},\boldsymbol{B}$ 是同阶埃尔米特矩阵,如果 $\boldsymbol{A}-\boldsymbol{B}$ 是非负定阵,则称 $\boldsymbol{A}$ 大于等于 $\boldsymbol{B}$,记作为 $\boldsymbol{A}\geqslant\boldsymbol{B}$. 当 $\boldsymbol{A}-\boldsymbol{B}$ 正定,记作 $\boldsymbol{A}>\boldsymbol{B}$,称作 $\boldsymbol{A}$ 大于 $\boldsymbol{B}$.

这个定义[①]中,当$n=1$时,此偏序与实数的大小次序是一致的,故矩阵不等式是数值不等式的推广.另外,从矩阵不等式可导出一系列矩阵的数值特征的不等式.由此可见讨论矩阵不等式的意义.

定理 6.1.1 设$\boldsymbol{A},\boldsymbol{B}$都是$n$阶埃尔米特矩阵,则有:

(1)$\boldsymbol{A}\geqslant\boldsymbol{B}$当且仅当$-\boldsymbol{A}\leqslant-\boldsymbol{B}$($\boldsymbol{A}>\boldsymbol{B}$当且仅当$-\boldsymbol{A}<-\boldsymbol{B}$).

(2)若$\boldsymbol{A}\geqslant\boldsymbol{O}$且$-\boldsymbol{A}\geqslant\boldsymbol{O}$,则$\boldsymbol{A}=\boldsymbol{O}$.

(3)若$\boldsymbol{A}\geqslant\boldsymbol{O},\boldsymbol{B}\geqslant\boldsymbol{O}$,则$\boldsymbol{A}+\boldsymbol{B}\geqslant\boldsymbol{O}$.

(4)若$\boldsymbol{A}\geqslant\boldsymbol{O},\boldsymbol{B}>\boldsymbol{O}$,则$\boldsymbol{A}+\boldsymbol{B}>\boldsymbol{O}$.

证明 结论(1)是显然的.

下面证明结论(2).事实上,$\boldsymbol{A}\geqslant\boldsymbol{O}$,则意味着$\boldsymbol{A}$的特征值全部非负(定理5.1.6).注意到$-\boldsymbol{A}$的特征值是$\boldsymbol{A}$的特征值的相反数,故由$-\boldsymbol{A}\geqslant\boldsymbol{O}$,$\boldsymbol{A}$的特征值又必须是非正的,故有$\boldsymbol{A}$的特征值全部为零.从而$\boldsymbol{A}$相合于零矩阵,由此得到$\boldsymbol{A}=\boldsymbol{O}$.

根据定理5.2.4,非负定阵可以分解为一个方阵乘上它自身的转置.故从$\boldsymbol{A}\geqslant\boldsymbol{O},\boldsymbol{B}\geqslant\boldsymbol{O}$,有$n$阶方阵$\boldsymbol{C},\boldsymbol{D}$存在,使

$$\boldsymbol{A}=\boldsymbol{C}^{\mathrm{H}}\boldsymbol{C},\boldsymbol{B}=\boldsymbol{D}^{\mathrm{H}}\boldsymbol{D}$$

于是(按定理5.2.5),有

$$\boldsymbol{A}+\boldsymbol{B}=\boldsymbol{C}^{\mathrm{H}}\boldsymbol{C}+\boldsymbol{D}^{\mathrm{H}}\boldsymbol{D}=(\boldsymbol{C}\boldsymbol{D})^{\mathrm{H}}(\boldsymbol{C}\boldsymbol{D})\geqslant\boldsymbol{O}$$

第三个结论得证(最后一个不等号用到了定理5.2.4);

最后,若$\boldsymbol{B}>\boldsymbol{O}$,由定理5.2.4,可取$\boldsymbol{D}$是满秩阵.于是矩阵($\boldsymbol{C}\boldsymbol{D}$)是行满秩的,由此推出$\boldsymbol{A}+\boldsymbol{B}>\boldsymbol{O}$(定理5.2.5).

上面的定理6.1.1说明了由此给出的"$\geqslant$"是所有n阶埃尔米特矩阵的集合中的偏序,即它满足:

Ⅰ 自反性:$\boldsymbol{A}\geqslant\boldsymbol{A}$.

Ⅱ 反对称性:若$\boldsymbol{A}\geqslant\boldsymbol{B}$且$\boldsymbol{B}\geqslant\boldsymbol{A}$,则$\boldsymbol{A}=\boldsymbol{B}$.

Ⅲ 传递性:若$\boldsymbol{A}\geqslant\boldsymbol{B},\boldsymbol{B}\geqslant\boldsymbol{C}$,则$\boldsymbol{A}\geqslant\boldsymbol{C}$.

---

① 这种偏序系由Löwner引入,称为Löwner偏序.在矩阵论的文献中,还存在另外两种偏序:

其一是秩减偏序,定义如下:若$r(\boldsymbol{B}-\boldsymbol{A})=r(\boldsymbol{B})-r(\boldsymbol{A})$,则称呼$\boldsymbol{A}$在秩减意义下小于$\boldsymbol{B}$.这种偏序关系由Hartwig(1980年)首先讨论.Baksalary和Hauke(1984年)证明了:对于半正定实对称矩阵,秩减偏序关系蕴含着Löwner偏序.即,若$\boldsymbol{A},\boldsymbol{B}$为两个半正定实对称矩阵,如果在秩减意义下$\boldsymbol{A}$小于$\boldsymbol{B}$,那么在Löwner偏序意义下,$\boldsymbol{A}$也小于$\boldsymbol{B}$.

其二是由Drazin(1978年)引进的,称为Drazin偏序,其定义是:若$\boldsymbol{A}^{\mathrm{H}}\boldsymbol{A}=\boldsymbol{A}^{\mathrm{H}}\boldsymbol{B},\boldsymbol{A}\boldsymbol{A}^{\mathrm{H}}=\boldsymbol{B}\boldsymbol{A}^{\mathrm{H}}$,则称$\boldsymbol{A}$在Drazin意义下小于$\boldsymbol{B}$.可以证明(Hartwig和Styan(1987)),由Drazin偏序可以推出秩减偏序.

但关系“$\geqslant$”不是全序，即存在这样的埃尔米特矩阵 $\boldsymbol{A},\boldsymbol{B}$，使得 $\boldsymbol{A}\geqslant\boldsymbol{B},\boldsymbol{B}\geqslant\boldsymbol{A}$ 都不成立（正因为这样，我们的关系“$\geqslant$”才称为偏序）.

实线性空间上的偏序常常定义如下：确定某个特殊的闭凸锥，并且说一个元素大于或者等于另一个元素，是指它们的差位于这个特殊的锥中. 在这种情形，n 阶埃尔米特矩阵的集合是实线性空间，而半正定埃尔米特矩阵的集合是闭凸锥. 这显然是实数集自身为实线性空间而非负实数集为闭凸锥这一熟知情形的推广. 不过实数集上给出的是“普通”的（全）序（而不仅仅是偏序）.

矩阵间的各种其他的“不等”概念可以用类似的方法来定义：把矩阵的一个锥看作非负实数的推广，并且说“$\boldsymbol{A}$ 大于或等于 $\boldsymbol{B}$”，是指它们的差 $\boldsymbol{A}-\boldsymbol{B}$ 位于这个锥中.

在本目中，凡涉及矩阵问题的不等式，均按此偏序来理解. 故记号 $\boldsymbol{A}>\boldsymbol{O}$ 和 $\boldsymbol{A}\geqslant\boldsymbol{O}$ 分别理解为是正定阵和非负定阵.

在本目的最后，我们来引入几个引理，它们在下一目要用到.

引理 1 设 $\boldsymbol{A},\boldsymbol{B}$ 为两个 n 阶埃尔米特方阵，且 $\boldsymbol{B}>\boldsymbol{O}$，则存在可逆矩阵 $\boldsymbol{P}$，使得

$$\boldsymbol{A}=\boldsymbol{P}^{\mathrm{H}}\boldsymbol{D}\boldsymbol{P},\boldsymbol{B}=\boldsymbol{P}^{\mathrm{H}}\boldsymbol{P} \tag{6.1.1}$$

其中 $\boldsymbol{D}$ 为对角元素为 $\lambda_1,\lambda_2,\cdots,\lambda_n$ 的对角矩阵，而 $\lambda_i(i=1,2,\cdots,n)$ 为矩阵 $\boldsymbol{A}\boldsymbol{B}^{-1}$ 的特征值.

证明 因为 $\boldsymbol{B}>\boldsymbol{O}$，故 $\boldsymbol{B}^{-1}>\boldsymbol{O}$，记 $\boldsymbol{B}^{-1/2}=(\boldsymbol{B}^{-1})^{1/2}>\boldsymbol{O}$. 因为 $\boldsymbol{B}^{-1/2}\boldsymbol{A}\boldsymbol{B}^{-1/2}$ 仍为埃尔米特矩阵，依照埃尔米特型的理论，存在酉矩阵 $\boldsymbol{U}$，使得

$$\boldsymbol{U}^{\mathrm{H}}\boldsymbol{B}^{-1/2}\boldsymbol{A}\boldsymbol{B}^{-1/2}\boldsymbol{U}=\begin{pmatrix}\lambda_1 & & & \\ & \lambda_2 & & \\ & & \ddots & \\ & & & \lambda_s\end{pmatrix}=\boldsymbol{D}$$

为对角矩阵. 令 $\boldsymbol{P}=\boldsymbol{U}^{\mathrm{H}}\boldsymbol{B}^{-1/2}$ 即得等式(6.1.1). 并且 $\boldsymbol{D}$ 的对角线元素为 $\lambda_1,\lambda_2,\cdots,\lambda_n$ 为 $\boldsymbol{B}^{-1/2}\boldsymbol{A}\boldsymbol{B}^{-1/2}$ 的特征值. 但是因为

$$\begin{aligned}\boldsymbol{A}\boldsymbol{B}^{-1}&=(\boldsymbol{P}^{\mathrm{H}}\boldsymbol{D}\boldsymbol{P})(\boldsymbol{P}^{\mathrm{H}}\boldsymbol{P})^{-1}\\&=(\boldsymbol{P}^{\mathrm{H}}\boldsymbol{D}\boldsymbol{P})(\boldsymbol{P}^{-1}(\boldsymbol{P}^{\mathrm{H}})^{-1})\\&=\boldsymbol{P}^{\mathrm{H}}\boldsymbol{D}\boldsymbol{P}\boldsymbol{P}^{-1}(\boldsymbol{P}^{\mathrm{H}})^{-1}\\&=\boldsymbol{P}^{\mathrm{H}}\boldsymbol{D}(\boldsymbol{P}^{\mathrm{H}})^{-1}\end{aligned}$$

所以 $\boldsymbol{A}\boldsymbol{B}^{-1}$ 的特征值正好是 $\boldsymbol{D}$ 的特征值，因为它们是相似的. 定理得证.

引理 2[①] 设 $\boldsymbol{A}$ 是埃尔米特矩阵,而 $\boldsymbol{E}$ 是与 $\boldsymbol{A}$ 同阶的单位矩阵,如果 $\boldsymbol{E}\geqslant\boldsymbol{A}(\boldsymbol{E}\leqslant\boldsymbol{A})$,则 $\boldsymbol{A}$ 的所有特征值都不大于(不小于)1.

证明 令引理 1 中的 $\boldsymbol{B}=\boldsymbol{E}$,于是可写

$$\boldsymbol{A}=\boldsymbol{P}^{\mathrm{H}}\boldsymbol{D}\boldsymbol{P},\boldsymbol{E}=\boldsymbol{P}^{\mathrm{H}}\boldsymbol{P} \tag{6.1.2}$$

这里 $\boldsymbol{P}$ 为可逆矩阵,而 $\boldsymbol{D}$ 是对角矩阵,且其对角元素 $\lambda_1,\lambda_2,\cdots,\lambda_n$ 是矩阵 $\boldsymbol{A}$ 的特征值.

将式(6.1.2)代入不等式 $\boldsymbol{E}\geqslant\boldsymbol{A}$,得出

$$\boldsymbol{P}^{\mathrm{H}}\boldsymbol{P}\geqslant\boldsymbol{P}^{\mathrm{H}}\boldsymbol{D}\boldsymbol{P}$$

或者

$$\boldsymbol{P}^{\mathrm{H}}(\boldsymbol{E}-\boldsymbol{D})\boldsymbol{P}\geqslant\boldsymbol{O}$$

这又等价于

$$\boldsymbol{E}-\boldsymbol{D}\geqslant\boldsymbol{O}$$

即矩阵

$$\begin{pmatrix}1-\lambda_1 & & & \\ & 1-\lambda_2 & & \\ & & \ddots & \\ & & & 1-\lambda_n\end{pmatrix} \tag{6.1.3}$$

非负,按照定理 5.1.5,我们有

$$1-\lambda_i\geqslant 0\quad(i=1,2,\cdots,n)$$

在 $\boldsymbol{E}\leqslant\boldsymbol{A}$ 的情形,矩阵(6.1.3)为非正,则其负矩阵为非负,由此 $\lambda_i-1\geqslant 0,i=1,2,\cdots,n.$

引理 3 设 $\boldsymbol{A},\boldsymbol{B}$ 是同阶埃尔米特矩阵,并且 $\boldsymbol{B}$ 是正定的,则 $\boldsymbol{B}\geqslant\boldsymbol{A}$ 的充分必要条件是矩阵 $\boldsymbol{A}\boldsymbol{B}^{-1}$ 的特征值不大于 1.

证明 由引理 1,有

$$\boldsymbol{A}=\boldsymbol{P}^{\mathrm{H}}\boldsymbol{D}\boldsymbol{P},\boldsymbol{B}=\boldsymbol{P}^{\mathrm{H}}\boldsymbol{P}$$

这里 $\boldsymbol{P}$ 为可逆矩阵,且对角矩阵 $\boldsymbol{D}$ 的对角元素 $\lambda_1,\lambda_2,\cdots,\lambda_n$ 是 $\boldsymbol{A}\boldsymbol{B}^{-1}$ 的特征值.

于是

$$\boldsymbol{B}-\boldsymbol{A}=\boldsymbol{P}^{\mathrm{H}}\boldsymbol{P}-\boldsymbol{P}^{\mathrm{H}}\boldsymbol{D}\boldsymbol{P}=\boldsymbol{P}^{\mathrm{H}}(\boldsymbol{E}-\boldsymbol{D})\boldsymbol{P}\geqslant\boldsymbol{O}$$

这等价于 $\boldsymbol{E}-\boldsymbol{D}$ 是非负的,或者说 $\boldsymbol{A}\boldsymbol{B}^{-1}$ 的特征值不大于 1.

---

① 还可以证明更一般的结论:设 $\boldsymbol{A},\boldsymbol{B}$ 为同阶的埃尔米特矩阵,若 $\boldsymbol{A}\geqslant\boldsymbol{B}$,则 $\lambda_i(\boldsymbol{A})\geqslant\lambda_i(\boldsymbol{A}),i=1,2,\cdots,n.$ 这里 λ_i 是按递减次序排列的.

6.2 矩阵不等式的性质

虽然，一个正(非负)定阵是正(非负)数的推广，可是并不能把常见的数值不等式直接移植到矩阵上来. 例如，从 $\boldsymbol{A} \geqslant \boldsymbol{O}, \boldsymbol{B} \geqslant \boldsymbol{O}$ 不一定能得到 $\boldsymbol{AB} \geqslant \boldsymbol{O}$，这是因为 $\boldsymbol{AB}$ 甚至可能不是埃尔米特矩阵. 然而，注意到 $\boldsymbol{B}$ 有分解式 $\boldsymbol{B} = \boldsymbol{C}^{\mathrm{H}}\boldsymbol{C}$，我们可以对 $\boldsymbol{AB}$ 稍加改变，变为 $\boldsymbol{C}^{\mathrm{H}}\boldsymbol{AC}$，就可得下面的重要性质：

定理 6.2.1 设 $\boldsymbol{A}, \boldsymbol{B}$ 是 n 阶埃尔米特矩阵.

(1) 若 $\boldsymbol{A} \geqslant \boldsymbol{B}$，则 $\boldsymbol{C}^{\mathrm{H}}\boldsymbol{AC} \geqslant \boldsymbol{C}^{\mathrm{H}}\boldsymbol{BC}$，这里 $\boldsymbol{C}$ 是任意 $n \times m$ 维矩阵.

(2) 若 $\boldsymbol{A} > \boldsymbol{B}$，则 $\boldsymbol{C}^{\mathrm{H}}\boldsymbol{AC} > \boldsymbol{C}^{\mathrm{H}}\boldsymbol{BC}$，其中 $\boldsymbol{C}$ 是 $m \times n$ 维行满秩矩阵.

证明 当 $\boldsymbol{A} \geqslant \boldsymbol{B}$ 有 $\boldsymbol{A} - \boldsymbol{B} = \boldsymbol{D}^{\mathrm{H}}\boldsymbol{D}$(参阅定理 5.2.4)，当 $\boldsymbol{A} > \boldsymbol{B}$ 可取 $\boldsymbol{D}$ 为满秩方阵. 于是有

$$\boldsymbol{C}^{\mathrm{H}}\boldsymbol{AC} - \boldsymbol{C}^{\mathrm{H}}\boldsymbol{BC} = \boldsymbol{C}^{\mathrm{H}}(\boldsymbol{A} - \boldsymbol{B})\boldsymbol{C} = \boldsymbol{C}^{\mathrm{H}}\boldsymbol{D}^{\mathrm{H}}\boldsymbol{DC} = (\boldsymbol{CD})^{\mathrm{H}}(\boldsymbol{CD}) \geqslant \boldsymbol{O}$$

且当 $\boldsymbol{D}$ 满秩，$\boldsymbol{C}$ 行满秩推得 $\boldsymbol{DC}$ 行满秩，于是有 $(\boldsymbol{CD})^{\mathrm{H}}(\boldsymbol{CD}) > \boldsymbol{O}$.

注 定理中 m 可以不为 n. 但定理的结论(2)中的 m 必然不大于 n，因为 $\boldsymbol{C}$ 是行满秩的.

数值不等式性质的另一推广是：

定理 6.2.2 设 $\boldsymbol{A}, \boldsymbol{B}$ 是 n 阶埃尔米特矩阵，有：

(1) 若 $\boldsymbol{A} \geqslant \boldsymbol{B} > \boldsymbol{O}$，则 $\boldsymbol{B}^{-1} \geqslant \boldsymbol{A}^{-1} > \boldsymbol{O}$.

(2) 若 $\boldsymbol{A} > \boldsymbol{B} > \boldsymbol{O}$，则 $\boldsymbol{B}^{-1} > \boldsymbol{A}^{-1} > \boldsymbol{O}$.

证明 因为 $\boldsymbol{B} > \boldsymbol{O}$，所以可写

$$\boldsymbol{B}^{-1} = \boldsymbol{B}^{-1/2} \cdot \boldsymbol{B}^{-1/2}$$

由 $\boldsymbol{A} \geqslant \boldsymbol{B} > \boldsymbol{O}$，以及定理 6.2.1，有(由 $\boldsymbol{B}$ 的埃尔米特性，得出 $\boldsymbol{B}^{-1/2}$ 的埃尔米特性：$(\boldsymbol{B}^{-1/2})^{\mathrm{H}} = \boldsymbol{B}^{-1/2}$)

$$\boldsymbol{B}^{-1/2}\boldsymbol{AB}^{-1/2} \geqslant \boldsymbol{B}^{-1/2}\boldsymbol{BB}^{-1/2} = \boldsymbol{E}$$

由此推得

$$\boldsymbol{B}^{-1/2}\boldsymbol{AB}^{-1/2} - \boldsymbol{E} \geqslant \boldsymbol{O}$$

因此方阵 $\boldsymbol{B}^{-1/2}\boldsymbol{AB}^{-1/2}$ 的特征值均不小于 1(引理 2)，可得

$$(\boldsymbol{B}^{-1/2}\boldsymbol{AB}^{-1/2})^{-1} = \boldsymbol{B}^{-1/2}\boldsymbol{A}^{-1}\boldsymbol{B}^{-1/2}$$

的特征值均不大于 1，从而有 $\boldsymbol{E} - \boldsymbol{B}^{-1/2}\boldsymbol{A}^{-1}\boldsymbol{B}^{1/2}$ 的特征值非负，得

$$\boldsymbol{E} - \boldsymbol{B}^{1/2}\boldsymbol{A}^{-1}\boldsymbol{B}^{1/2} \geqslant \boldsymbol{O}$$

左右乘 $\boldsymbol{B}^{-1/2}$ 得

$$\boldsymbol{B}^{-1} - \boldsymbol{A}^{-1} > \boldsymbol{O}$$

从 $\boldsymbol{A}^{-1}$ 的特征值是 $\boldsymbol{A}$ 的特征值的倒数，又可得 $\boldsymbol{A}^{-1} > \boldsymbol{O}$，于是有第一个结论. 将

前面的"$\geqslant$"号改为"$>$"号,可得第二个结论成立.

定理 6.2.2 的两个结论显然都有逆命题成立,这从$(\boldsymbol{A}^{-1})^{-1}=\boldsymbol{A}$易见.如只要求$\boldsymbol{B}\geqslant\boldsymbol{O}$,用穆尔一彭罗斯广义逆①$\boldsymbol{B}^{+}$代替$\boldsymbol{B}^{-1}$,定理6.2.2的两个结论就不再为真.例如

$$\boldsymbol{A}=\begin{pmatrix}1&0\\0&1\end{pmatrix},\boldsymbol{B}=\begin{pmatrix}1&0\\0&0\end{pmatrix}$$

对于两个非负实数a和b,$a\geqslant b$与$a^2\geqslant b^2$是等价的.但是对于两个半正定埃尔米特矩阵,类似的事实并不成立.事实上,一方面,不等式$\boldsymbol{A}\geqslant\boldsymbol{B}\geqslant\boldsymbol{O}$不一定能推出$\boldsymbol{A}^2\geqslant\boldsymbol{B}^2$.例子如下

$$\boldsymbol{A}=\begin{pmatrix}5&3\\3&2\end{pmatrix}>\boldsymbol{O},\boldsymbol{B}=\begin{pmatrix}4.4&2.5\\2.5&1.5\end{pmatrix}>\boldsymbol{O},\boldsymbol{A}-\boldsymbol{B}=\begin{pmatrix}0.6&0.5\\0.5&0.5\end{pmatrix}>\boldsymbol{O}$$

但$\boldsymbol{A}^2-\boldsymbol{B}^2=\begin{pmatrix}8.39&6.25\\6.25&4.50\end{pmatrix}<\boldsymbol{O}$,因为$|\boldsymbol{A}^2-\boldsymbol{B}^2|<0$.

另一方面,由$\boldsymbol{A}^2>\boldsymbol{B}^2\geqslant\boldsymbol{O}$,却可推出$\boldsymbol{A}>\boldsymbol{B}$.

定理 6.2.3 设$\boldsymbol{A},\boldsymbol{B}$是同阶埃尔米特矩阵,且$\boldsymbol{A}$正定,那么由$\boldsymbol{A}^2\geqslant\boldsymbol{B}^2\geqslant\boldsymbol{O}$可推出$\boldsymbol{A}\geqslant\boldsymbol{B}$.

证明 因为$\boldsymbol{A}$是正定的埃尔米特矩阵,所以$\boldsymbol{A}^{-1}$也是正定的埃尔米特矩阵.由定理6.2.1以及$\boldsymbol{A}^2\geqslant\boldsymbol{B}^2>\boldsymbol{O}$,可得

$$(\boldsymbol{A}^{-1})^{\mathrm{H}}\boldsymbol{A}^2(\boldsymbol{A}^{-1})\geqslant(\boldsymbol{A}^{-1})^{\mathrm{H}}\boldsymbol{B}^2(\boldsymbol{A}^{-1})=(\boldsymbol{B}^{\mathrm{H}}\boldsymbol{A}^{-1})^{\mathrm{H}}(\boldsymbol{B}\boldsymbol{A}^{-1})$$

或者注意到:$(\boldsymbol{A}^{-1})^{\mathrm{H}}=\boldsymbol{A}^{-1}$以及$\boldsymbol{B}^{\mathrm{H}}=\boldsymbol{B}$,有

$$\boldsymbol{E}=(\boldsymbol{A}^{-1})\boldsymbol{A}^2(\boldsymbol{A}^{-1})\geqslant(\boldsymbol{A}^{-1})\boldsymbol{B}^2(\boldsymbol{A}^{-1})=(\boldsymbol{B}\boldsymbol{A}^{-1})^{\mathrm{H}}(\boldsymbol{B}\boldsymbol{A}^{-1})$$

由引理2,$(\boldsymbol{B}\boldsymbol{A}^{-1})^{\mathrm{H}}(\boldsymbol{B}\boldsymbol{A}^{-1})$的所有非负的特征值都不大于1,因此矩阵$\boldsymbol{B}\boldsymbol{A}^{-1}$的正奇异值都不大于1.由此$\boldsymbol{B}\boldsymbol{A}^{-1}$的特征值都不大于1(第3章,定理3.2.2).按引理3,$\boldsymbol{A}\geqslant\boldsymbol{B}$.

注意到数值不等式中,$a\geqslant b>0$推得$a^2\geqslant b^2>0$,是由$a^2\geqslant ba\geqslant b^2$而

---

① 穆尔一彭罗斯(Moore-Penrose)广义逆矩阵是满足一定条件的广义逆矩阵,设$\boldsymbol{A}$是$s\times n$维实矩阵,如果$n\times s$维实矩阵$\boldsymbol{G}$满足:

(1)$\boldsymbol{AGA}=\boldsymbol{A}$.

(2)$\boldsymbol{GAG}=\boldsymbol{G}$.

(3)$(\boldsymbol{AG})^{\mathrm{T}}=\boldsymbol{AG}$.

(4)$(\boldsymbol{GA})^{\mathrm{T}}=\boldsymbol{GA}$.

则$\boldsymbol{G}$称为$\boldsymbol{A}$的穆尔一彭罗斯广义逆矩阵.显然,$\boldsymbol{A}$与$\boldsymbol{G}$互为穆尔一彭罗斯广义逆,任意的$s\times n$维实矩阵$\boldsymbol{A}$有唯一的穆尔一彭罗斯广义逆,记为$\boldsymbol{A}^{+}$.

得，但后式不能推广到矩阵情形，关键是 $\boldsymbol{BA}$ 不一定还是埃尔米特矩阵. 由于 $\boldsymbol{BA}$ 是埃尔米特矩阵的充要条件是 $\boldsymbol{AB}=\boldsymbol{BA}$，可得：

定理 6.2.4 设 $\boldsymbol{A},\boldsymbol{B}$ 是 n 阶埃尔米特矩阵，且 $\boldsymbol{AB}=\boldsymbol{BA}$，$k$ 为任意正整数，则有：

(1) 若 $\boldsymbol{A}\geqslant\boldsymbol{B}>\boldsymbol{O}$，则 $\boldsymbol{A}^k\geqslant\boldsymbol{B}^k>\boldsymbol{O}$.

(2) 若 $\boldsymbol{A}>\boldsymbol{B}>\boldsymbol{O}$，则 $\boldsymbol{A}^k>\boldsymbol{B}^k>\boldsymbol{O}$.

证明 两个结论可类似地证明. 我们来证明第一个：由定理 5.2.3，定理 6.2.1 以及 $\boldsymbol{A}\geqslant\boldsymbol{B}>\boldsymbol{O}$，可写

$$\boldsymbol{A}^2=\boldsymbol{A}^{1/2}\boldsymbol{A}\boldsymbol{A}^{1/2}\geqslant\boldsymbol{A}^{1/2}\boldsymbol{B}\boldsymbol{A}^{1/2}=\boldsymbol{AB};\boldsymbol{AB}=\boldsymbol{B}^{1/2}\boldsymbol{A}\boldsymbol{B}^{1/2}\geqslant\boldsymbol{B}^{1/2}\boldsymbol{B}\boldsymbol{B}^{1/2}=\boldsymbol{B}^2$$

（第一个式子的最后一个等号以及第二个式子的第一个等号用到了 $\boldsymbol{AB}=\boldsymbol{BA}$）.

结合两个不等式，我们得到

$$\boldsymbol{A}^2\geqslant\boldsymbol{AB}\geqslant\boldsymbol{B}^2$$

对于一般的整数 k，可假设 $\boldsymbol{A}^{k-1}\geqslant\boldsymbol{A}^{k-2}\boldsymbol{B}\geqslant\boldsymbol{B}^{k-1}$，然后用数学归纳法证明之.

6.3 与舒尔补有关的矩阵不等式

为了进一步讨论的需要，我们现在引进舒尔补矩阵的概念.

定义 6.3.1 设 $\boldsymbol{A}$ 是一个方阵，将 $\boldsymbol{A}$ 分为四个方块

$$\boldsymbol{A}=\begin{pmatrix}\boldsymbol{A}_{11} & \boldsymbol{A}_{12}\\ \boldsymbol{A}_{21} & \boldsymbol{A}_{22}\end{pmatrix}\tag{6.3.1}$$

当 $\boldsymbol{A}_{11}$ 可逆时，称方阵

$$\boldsymbol{A}_{22}-\boldsymbol{A}_{21}\boldsymbol{A}_{11}^{-1}\boldsymbol{A}_{12}$$

为 $\boldsymbol{A}_{11}$ 在 $\boldsymbol{A}$ 中的舒尔补矩阵，简称舒尔补.

$\boldsymbol{A}_{11}$ 在 $\boldsymbol{A}$ 中的舒尔补常记为 $\boldsymbol{A}/\boldsymbol{A}_{11}$.

按照第 2 章 §6，6.5 目的公式（Ⅰ），可写

$$|\boldsymbol{A}|=|\boldsymbol{A}_{11}||\boldsymbol{A}_1/\boldsymbol{A}_{11}|$$

于是，我们得到

$$|\boldsymbol{A}_1/\boldsymbol{A}_{11}|=\frac{|\boldsymbol{A}|}{|\boldsymbol{A}_{11}|}\tag{6.3.2}$$

定理 6.3.1 设 $\boldsymbol{A}$ 由式(6.3.1) 定义，且 $\boldsymbol{A}$ 为埃尔米特矩阵，则：

(1)$\boldsymbol{A}>\boldsymbol{O}$ 的充要条件是，$\boldsymbol{A}_{11}>\boldsymbol{O}$ 且 $\boldsymbol{A}_1/\boldsymbol{A}_{11}>\boldsymbol{O}$.

(2)$\boldsymbol{A}\geqslant\boldsymbol{O}$ 的充要条件是，$\boldsymbol{A}_1/\boldsymbol{A}_{11}\geqslant\boldsymbol{O}$.

证明 (1) 因 $\boldsymbol{A}>\boldsymbol{O}$ 时 $\boldsymbol{A}_{11}>\boldsymbol{O}$，故我们可在假设 $\boldsymbol{A}_{11}>\boldsymbol{O}$ 下，证明本命题.

因为 $\boldsymbol{A}_{11}$ 可逆,所以

$$\begin{pmatrix} \boldsymbol{E} & \boldsymbol{O} \\ -\boldsymbol{A}_{11}\boldsymbol{A}_{11}^{-1} & \boldsymbol{E} \end{pmatrix} \begin{pmatrix} \boldsymbol{A}_{11} & \boldsymbol{A}_{12} \\ \boldsymbol{A}_{21} & \boldsymbol{A}_{22} \end{pmatrix} \begin{pmatrix} \boldsymbol{E} & -\boldsymbol{A}_{11}^{-1}\boldsymbol{A}_{12} \\ \boldsymbol{O} & \boldsymbol{E} \end{pmatrix}$$
$$= \begin{pmatrix} \boldsymbol{E} & -\boldsymbol{A}_{11}^{-1}\boldsymbol{A}_{12} \\ \boldsymbol{O} & \boldsymbol{E} \end{pmatrix}^{\mathrm{H}} \begin{pmatrix} \boldsymbol{A}_{11} & \boldsymbol{A}_{12} \\ \boldsymbol{A}_{21} & \boldsymbol{A}_{22} \end{pmatrix} \begin{pmatrix} \boldsymbol{E} & -\boldsymbol{A}_{11}^{-1}\boldsymbol{A}_{12} \\ \boldsymbol{O} & \boldsymbol{E} \end{pmatrix}$$
$$= \begin{pmatrix} \boldsymbol{A}_{11} & \boldsymbol{O} \\ \boldsymbol{O} & (\boldsymbol{A}/\boldsymbol{A}_{11}) \end{pmatrix}$$

即是说,矩阵

$$\begin{pmatrix} \boldsymbol{A}_{11} & \boldsymbol{A}_{12} \\ \boldsymbol{A}_{21} & \boldsymbol{A}_{22} \end{pmatrix} \text{与} \begin{pmatrix} \boldsymbol{A}_{11} & \boldsymbol{O} \\ \boldsymbol{O} & (\boldsymbol{A}/\boldsymbol{A}_{11}) \end{pmatrix}$$

是共轭相合的.于是 $\boldsymbol{A} > \boldsymbol{O}$ 当且仅当

$$\begin{pmatrix} \boldsymbol{A}_{11} & \boldsymbol{O} \\ \boldsymbol{O} & (\boldsymbol{A}/\boldsymbol{A}_{11}) \end{pmatrix} > \boldsymbol{O}$$

而这又等价于 $\boldsymbol{A}_{11} > \boldsymbol{O}$ 且 $\boldsymbol{A}/\boldsymbol{A}_{11} > \boldsymbol{O}$.

(2) 的证明与(1) 相类似.

定理 6.3.2 设

$$\boldsymbol{A} = \begin{pmatrix} \boldsymbol{A}_{11} & \boldsymbol{A}_{12} \\ \boldsymbol{A}_{21} & \boldsymbol{A}_{22} \end{pmatrix}, \boldsymbol{B} = \begin{pmatrix} \boldsymbol{B}_{11} & \boldsymbol{B}_{12} \\ \boldsymbol{B}_{21} & \boldsymbol{B}_{22} \end{pmatrix}$$

都是 $m+n$ 阶埃尔米特矩阵,其中 $\boldsymbol{A}_{11}$ 和 $\boldsymbol{B}_{11}$ 是 m 阶方阵,若 $\boldsymbol{A} \geqslant \boldsymbol{O}, \boldsymbol{B} \geqslant \boldsymbol{O}$, $\boldsymbol{A}_{11} > \boldsymbol{O}, \boldsymbol{B}_{11} > \boldsymbol{O}$,则

$$(\boldsymbol{A}+\boldsymbol{B})/(\boldsymbol{A}_{11}+\boldsymbol{B}_{11}) \geqslant (\boldsymbol{A}/\boldsymbol{A}_{11}) + (\boldsymbol{B}/\boldsymbol{B}_{11})$$

证明 因为

$$\boldsymbol{A}+\boldsymbol{B} = \begin{pmatrix} \boldsymbol{A}_{11}+\boldsymbol{B}_{11} & \boldsymbol{A}_{12}+\boldsymbol{B}_{12} \\ \boldsymbol{A}_{21}+\boldsymbol{B}_{21} & \boldsymbol{A}_{22}+\boldsymbol{B}_{22} \end{pmatrix} \geqslant \boldsymbol{O}; \boldsymbol{A}_{11}+\boldsymbol{B}_{11} > \boldsymbol{O}$$

由定理 6.3.1 的第二个结论知,$\boldsymbol{A}+\boldsymbol{B}_{11}$ 的舒尔补为

$$(\boldsymbol{A}+\boldsymbol{B})/(\boldsymbol{A}_{11}+\boldsymbol{B}_{11}) = (\boldsymbol{A}_{22}+\boldsymbol{B}_{22}) - (\boldsymbol{A}_{21}+\boldsymbol{B}_{21})(\boldsymbol{A}_{11}+\boldsymbol{B}_{11})^{-1}(\boldsymbol{A}_{12}+\boldsymbol{B}_{12}) \geqslant \boldsymbol{O}$$

于是

$$\begin{aligned} &(\boldsymbol{A}+\boldsymbol{B})/(\boldsymbol{A}_{11}+\boldsymbol{B}_{11}) - (\boldsymbol{A}/\boldsymbol{A}_{11}) - (\boldsymbol{B}/\boldsymbol{B}_{11}) \\ =&\boldsymbol{A}_{21}\boldsymbol{A}_{11}^{-1}\boldsymbol{A}_{12} + \boldsymbol{B}_{21}\boldsymbol{B}_{11}^{-1}\boldsymbol{B}_{12} - (\boldsymbol{A}_{21}+\boldsymbol{B}_{21})(\boldsymbol{A}_{11}+\boldsymbol{B}_{11})^{-1}(\boldsymbol{A}_{12}+\boldsymbol{B}_{12}) \\ =&(\boldsymbol{A}_{21} \vdots \boldsymbol{B}_{21}) \begin{pmatrix} \boldsymbol{A}_{11}^{-1} - (\boldsymbol{A}_{11}+\boldsymbol{B}_{11})^{-1} & -(\boldsymbol{A}_{11}+\boldsymbol{B}_{11})^{-1} \\ -(\boldsymbol{A}_{11}+\boldsymbol{B}_{11})^{-1} & \boldsymbol{B}_{11}^{-1} - (\boldsymbol{A}_{11}+\boldsymbol{B}_{11})^{-1} \end{pmatrix} \begin{pmatrix} \boldsymbol{A}_{12} \\ \boldsymbol{B}_{12} \end{pmatrix} \\ =&(\boldsymbol{A}_{21} \vdots \boldsymbol{B}_{21}) \begin{pmatrix} \boldsymbol{E} \\ \boldsymbol{B}_{11}^{-1}\boldsymbol{A}_{11} \end{pmatrix} (\boldsymbol{A}_{11}+\boldsymbol{A}_{11}\boldsymbol{B}_{11}^{-1}\boldsymbol{A}_{11})^{-1} (\boldsymbol{E} \vdots -\boldsymbol{A}_{11}\boldsymbol{B}_{11}^{-1}) \begin{pmatrix} \boldsymbol{A}_{12} \\ \boldsymbol{B}_{12} \end{pmatrix} \end{aligned}$$

$\geqslant \boldsymbol{O}$

在最后一步,应用了恒等式

$$(\boldsymbol{A}_{11}+\boldsymbol{A}_{11}\boldsymbol{B}_{11}^{-1}\boldsymbol{A}_{11})^{-1}=\boldsymbol{A}_{11}^{-1}-(\boldsymbol{A}_{11}+\boldsymbol{B}_{11})^{-1}$$

6.4 半正定矩阵之和的行列式

设 $\boldsymbol{A}$ 和 $\boldsymbol{B}$ 皆为半正定的埃尔米特矩阵. 本节将讨论有关它们之和的行列式 $|\boldsymbol{A}+\boldsymbol{B}|$ 的几个不等式.

定理 6.4.1 设埃尔米特矩阵 $\boldsymbol{A}\geqslant\boldsymbol{O},\boldsymbol{B}\geqslant\boldsymbol{O}$,则

$$|\boldsymbol{A}+\boldsymbol{B}|\geqslant|\boldsymbol{A}|+|\boldsymbol{B}| \tag{6.4.1}$$

等号成立的充要条件是 $\boldsymbol{A}$ 为零矩阵或 $\boldsymbol{B}$ 为零矩阵或 $\boldsymbol{A}+\boldsymbol{B}$ 为零矩阵.

证明 根据定理 3.2.1 的矩阵说法,存在酉矩阵 $\boldsymbol{P}$,使 $\boldsymbol{P}^{\mathrm{H}}\boldsymbol{BP}=\boldsymbol{D}$,其中

$$\boldsymbol{D}=\begin{pmatrix}\lambda_1 & & & \\ & \lambda_2 & & \\ & & \ddots & \\ & & & \lambda_n\end{pmatrix}$$

而 $\lambda_1\geqslant\lambda_2\geqslant\cdots\geqslant\lambda_n\geqslant 0$ 为 $\boldsymbol{B}$ 的特征值. 由此

$$\boldsymbol{P}^{\mathrm{H}}(\boldsymbol{A}+\boldsymbol{B})\boldsymbol{P}=\boldsymbol{P}^{\mathrm{H}}\boldsymbol{AP}+\boldsymbol{D}$$

从而有行列式等式(注意到 $|\boldsymbol{P}^{\mathrm{H}}\boldsymbol{P}|=|\boldsymbol{P}^{\mathrm{H}}|\cdot|\boldsymbol{P}|=1$,因为 $\boldsymbol{P}$ 是酉矩阵)

$$|\boldsymbol{A}+\boldsymbol{B}|=|\boldsymbol{P}^{\mathrm{H}}\boldsymbol{AP}+\boldsymbol{D}|,\ |\boldsymbol{A}|=|\boldsymbol{P}^{\mathrm{H}}\boldsymbol{AP}|,\ |\boldsymbol{B}|=|\boldsymbol{D}|$$

且 $\boldsymbol{P}^{\mathrm{H}}\boldsymbol{AP}\geqslant\boldsymbol{O}$,故不失去普遍性,我们可以假设 $\boldsymbol{B}=\boldsymbol{D}$.

将 $|\boldsymbol{A}+\boldsymbol{D}|$ 展开(参阅第 2 章 §3,3.3 目),得

$$|\boldsymbol{A}+\boldsymbol{D}|=|\boldsymbol{A}|+\sum_{i=1}^{n}\lambda_i d_i+\sum_{1\leqslant i<j\leqslant n}\lambda_i\lambda_j d_{ij}+\cdots+\prod_{i=1}^{n}\lambda_i \tag{6.4.2}$$

其中 $d_{i_1i_2\cdots i_k}$ 表示从$\boldsymbol{A}$ 中剔除第$i_1,i_1,\cdots,i_k$ 行和列之后剩下的方阵的行列式,因为 $\boldsymbol{A}\geqslant\boldsymbol{O}$,故所有的 $d_{i_1i_2\cdots i_k}\geqslant 0$(见定理 4.1.3). 又

$$|\boldsymbol{B}|=|\boldsymbol{D}|=\prod_{i=1}^{n}\lambda_i$$

从式(6.4.2) 我们得到

$$|\boldsymbol{A}+\boldsymbol{D}|\geqslant|\boldsymbol{A}|+|\boldsymbol{D}| \tag{6.4.3}$$

于是式(6.4.1) 得证.

现在证明等号成立的充要条件,充分性是显然的. 以下证必要性,分两种情况来考虑:

(1) 若 $|\boldsymbol{B}|\neq 0$,此时每个 $\lambda_i\neq 0$,从式(6.4.2) 知,在式(6.4.3) 中等号成

立,必有 $d_{i_1i_2\cdots i_k}=0$,对一切 $i_1,i_2,\cdots,i_k$. 特别当 $k=n-1$ 时,$d_{i_1i_2\cdots i_{n-1}}$ 就是 $\boldsymbol{A}$ 的对角元. 这就证明了 $\boldsymbol{A}$ 的所有对角元为零. 但 $\boldsymbol{A}\geqslant\boldsymbol{O}$,故 $\boldsymbol{A}=\boldsymbol{O}$.

(2) 若 $|\boldsymbol{B}|=0$,但 $\boldsymbol{B}$ 不是零矩阵,此时至少有一个 $\lambda_i\neq 0$. 因所有 $d_{i_1i_2\cdots i_k}\geqslant 0$,但从式(6.4.2)知,至少有一个 $d_{i_1i_2\cdots i_k}=0$. 因 $\boldsymbol{A}\geqslant\boldsymbol{O}$,根据定理 5.2.2,$\boldsymbol{A}$ 不可能是正定的,于是 $|\boldsymbol{A}|=0$. 因为我们假设了 $|\boldsymbol{A}+\boldsymbol{B}|=|\boldsymbol{A}|+|\boldsymbol{B}|$,所以,$|\boldsymbol{A}+\boldsymbol{B}|=0$. 证毕.

推论 设埃尔米特矩阵 $\boldsymbol{A}$ 和 $\boldsymbol{B}$ 皆为半正定阵,且 $\boldsymbol{A}\geqslant\boldsymbol{B}$,则 $|\boldsymbol{A}|\geqslant|\boldsymbol{B}|$.

证明 记 $\boldsymbol{C}=\boldsymbol{A}-\boldsymbol{B}\geqslant\boldsymbol{O}$. 因 $|\boldsymbol{C}|\geqslant 0$. 应用定理 6.4.1 得

$$|\boldsymbol{A}|=|\boldsymbol{B}+\boldsymbol{C}|\geqslant|\boldsymbol{B}|+|\boldsymbol{C}|\geqslant|\boldsymbol{B}|$$

证毕.

定理 6.4.2 设 $\boldsymbol{A},\boldsymbol{B}$ 为同阶的半正定埃尔米特矩阵

$$\boldsymbol{A}=\begin{pmatrix}\boldsymbol{A}_{11} & \boldsymbol{A}_{12}\\ \boldsymbol{A}_{21} & \boldsymbol{A}_{22}\end{pmatrix}\geqslant\boldsymbol{O},\boldsymbol{B}=\begin{pmatrix}\boldsymbol{B}_{11} & \boldsymbol{B}_{12}\\ \boldsymbol{B}_{21} & \boldsymbol{B}_{22}\end{pmatrix}\geqslant\boldsymbol{O}$$

这里 $\boldsymbol{A}_{11}$ 与 $\boldsymbol{B}_{11}$ 是具有相同阶的方阵,且 $\boldsymbol{A}_{11}>\boldsymbol{O},\boldsymbol{B}_{11}>\boldsymbol{O}$,则

$$\frac{|\boldsymbol{A}+\boldsymbol{B}|}{|\boldsymbol{A}_{11}+\boldsymbol{B}_{11}|}\geqslant\frac{|\boldsymbol{A}|}{|\boldsymbol{A}_{11}|}+\frac{|\boldsymbol{B}|}{|\boldsymbol{B}_{11}|}$$

证明 应用式(6.3.2)、定理 6.3.1、定理 6.4.1 及其推论得

$$\frac{|\boldsymbol{A}+\boldsymbol{B}|}{|\boldsymbol{A}_{11}+\boldsymbol{B}_{11}|}=|(\boldsymbol{A}+\boldsymbol{B})/(\boldsymbol{A}_{11}+\boldsymbol{B}_{11})|\geqslant|(\boldsymbol{A}/\boldsymbol{A}_{11})|+|(\boldsymbol{B}/\boldsymbol{B}_{11})|=\frac{|\boldsymbol{A}|}{|\boldsymbol{A}_{11}|}+\frac{|\boldsymbol{B}|}{|\boldsymbol{B}_{11}|}$$

证毕.

推论(Bergstrom 不等式) 设 $\boldsymbol{A}$ 和 $\boldsymbol{B}$ 为同阶正定埃尔米特矩阵,用 $\boldsymbol{A}_{(i)}$ 表示剔除第 i 行和第 i 列后剩下的主子阵,则

$$\frac{|\boldsymbol{A}+\boldsymbol{B}|}{|\boldsymbol{A}_{(i)}+\boldsymbol{B}_{(i)}|}\geqslant\frac{|\boldsymbol{A}|}{|\boldsymbol{A}_{(i)}|}+\frac{|\boldsymbol{B}|}{|\boldsymbol{B}_{(i)}|}\quad(i=1,2,\cdots,n)$$

注 根据定理 5.1.3,当 $\boldsymbol{A},\boldsymbol{B}$ 为正定埃尔米特矩阵时,它们的任一个主子阵也是正定的,因此推论中 $\boldsymbol{A}_{(i)}$ 和 $\boldsymbol{B}_{(i)}$ 换成 $\boldsymbol{A},\boldsymbol{B}$ 的任意 k 阶主子阵 $\boldsymbol{A}(i_1,i_2,\cdots,i_k)$ 和 $\boldsymbol{B}(i_1,i_2,\cdots,i_k)$,不等式仍然成立.

6.5 费歇耳①不等式及其应用

再引入若干关于矩阵行列式的不等式. 从下面的费歇耳不等式开始:

定理 6.5.1(费歇耳不等式) 设埃尔米特矩阵 $\boldsymbol{A}\geqslant\boldsymbol{O}$,且

① 费歇耳(Fisher,1890—1962),英国数学家.

$$
\boldsymbol{A}=\begin{pmatrix}\boldsymbol{A}_{11} & \boldsymbol{A}_{12} & \cdots & \boldsymbol{A}_{1m}\\ \boldsymbol{A}_{21} & \boldsymbol{A}_{22} & \cdots & \boldsymbol{A}_{2m}\\ \vdots & \vdots & & \vdots\\ \boldsymbol{A}_{m1} & \boldsymbol{A}_{m2} & \cdots & \boldsymbol{A}_{mm}\end{pmatrix}
$$

这里 $\boldsymbol{A}_{ii}, i=1,2,\cdots,m$ 皆为方阵,则

$$
|\boldsymbol{A}|\leqslant\prod_{i=1}^{m}|\boldsymbol{A}_{ii}| \tag{6.5.1}
$$

且等号成立当且仅当 $\boldsymbol{A}$ 为准对角阵,即 $i\neq j$ 时 $\boldsymbol{A}_{ij}=\boldsymbol{O}$.

引理 1 设 n 阶埃尔米特方阵 $\boldsymbol{A}\geqslant\boldsymbol{O}(>\boldsymbol{O})$,$\boldsymbol{B}$ 为 $m\times n$ 维(行满秩)复矩阵,则 m 阶方阵 $\boldsymbol{B}^{\mathrm{H}}\boldsymbol{A}\boldsymbol{B}\geqslant\boldsymbol{O}(>\boldsymbol{O})$.

这是上一目定理 6.2.1 的特殊情况.

引理 2 设 $\boldsymbol{A},\boldsymbol{B}$ 分别为 $n\times n$ 维、$m\times n$ 维矩阵,且 $\boldsymbol{A}$ 是满秩的,如果 $\boldsymbol{B}^{\mathrm{H}}\boldsymbol{A}\boldsymbol{B}=\boldsymbol{O}$,那么 $\boldsymbol{B}=\boldsymbol{O}$.

证明 因为 $\boldsymbol{B}^{\mathrm{H}}\boldsymbol{A}\boldsymbol{B}=\boldsymbol{O}$,所以秩$(\boldsymbol{B}^{\mathrm{H}}\boldsymbol{A}\boldsymbol{B})=$秩$(\boldsymbol{O})=0$. 按秩数的弗罗伯尼不等式(第 2 章定理 4.10.4),我们有

$$
\text{秩}(\boldsymbol{B}^{\mathrm{H}}\boldsymbol{A}\boldsymbol{B})\geqslant\text{秩}(\boldsymbol{B}^{\mathrm{H}}\boldsymbol{A})+\text{秩}(\boldsymbol{A}\boldsymbol{B})-\text{秩}(\boldsymbol{B})
$$

因为 $\boldsymbol{A}$ 是满秩的,所以(第 2 章定理 4.10.1 的推论 1)

$$
\text{秩}(\boldsymbol{B}^{\mathrm{H}}\boldsymbol{A})=\text{秩}(\boldsymbol{B}^{\mathrm{H}})=\text{秩}(\boldsymbol{B}),\text{秩}(\boldsymbol{A}\boldsymbol{B})=\text{秩}(\boldsymbol{B})
$$

于是

$$
\text{秩}(\boldsymbol{B}^{\mathrm{H}}\boldsymbol{A})+\text{秩}(\boldsymbol{A}\boldsymbol{B})-\text{秩}(\boldsymbol{B})=\text{秩}(\boldsymbol{B})
$$

最后,我们得到

$$
0=\text{秩}(\boldsymbol{B}^{\mathrm{H}}\boldsymbol{A}\boldsymbol{B})\geqslant\text{秩}(\boldsymbol{B})
$$

换句话说

$$
\text{秩}(\boldsymbol{B})=0
$$

因此 $\boldsymbol{B}$ 是零矩阵.

费歇耳不等式的证明 先将 $\boldsymbol{A}$ 分成四块

$$
\boldsymbol{A}=\begin{pmatrix}\boldsymbol{A}_{11} & \boldsymbol{B}_{12}\\ \boldsymbol{B}_{21} & \boldsymbol{B}_{22}\end{pmatrix}
$$

因为 $\boldsymbol{A}>\boldsymbol{O}$,所以

$$
\boldsymbol{A}_{11}>\boldsymbol{O}
$$

且(参阅定义 6.4.1)

$$
\boldsymbol{B}_{22}-\frac{\boldsymbol{A}}{\boldsymbol{A}_{11}}=\boldsymbol{B}_{21}\boldsymbol{A}_{11}^{-1}\boldsymbol{B}_{12}=\boldsymbol{B}_{12}^{\mathrm{H}}\boldsymbol{A}_{11}^{-1}\boldsymbol{B}_{12} \tag{6.5.2}
$$

由 $\boldsymbol{A}_{11}>\boldsymbol{O}$ 得出 $\boldsymbol{A}_{11}^{-1}>\boldsymbol{O}$,由引理 1,有

$$\boldsymbol{B}_{22}-\frac{\boldsymbol{A}}{\boldsymbol{A}_{11}}=\boldsymbol{B}_{12}^{\mathrm{H}}\boldsymbol{A}_{11}^{-1}\boldsymbol{B}_{12}\geqslant\boldsymbol{O}$$

由此(定理 6.4.1 的推论)

$$|\boldsymbol{B}_{22}|\geqslant\left|\frac{\boldsymbol{A}}{\boldsymbol{A}_{11}}\right|$$

结合等式(6.3.2),有

$$|\boldsymbol{A}|\leqslant|\boldsymbol{A}_{11}||\boldsymbol{B}_{22}|$$

又

$$\boldsymbol{B}_{22}=\begin{pmatrix}\boldsymbol{A}_{22} & \cdots & \boldsymbol{A}_{2m}\\ \vdots & & \vdots\\ \boldsymbol{A}_{m2} & \cdots & \boldsymbol{A}_{mm}\end{pmatrix}>\boldsymbol{O}$$

可把 $\boldsymbol{B}_{22}$ 看成四块形式,继续施行上述步骤,如此共进行 $m-1$ 次步骤即得不等式(6.5.1).

现在我们来考虑式(6.5.1)什么时候取等号.在 $\boldsymbol{A}$ 分成四块的场合.由 $\boldsymbol{A}>\boldsymbol{O}$ 导出 $\frac{\boldsymbol{A}}{\boldsymbol{A}_{11}}>\boldsymbol{O}$(定理 6.3.1),又 $\boldsymbol{B}_{12}^{\mathrm{H}}\boldsymbol{A}_{11}^{-1}\boldsymbol{B}_{12}>\boldsymbol{O}$,于是依定理 6.4.1,我们可写

$$|\boldsymbol{B}_{22}|=\left|\frac{\boldsymbol{A}}{\boldsymbol{A}_{11}}+\boldsymbol{B}_{12}^{\mathrm{H}}\boldsymbol{A}_{11}^{-1}\boldsymbol{B}_{12}\right|\geqslant\left|\frac{\boldsymbol{A}}{\boldsymbol{A}_{11}}\right|+|\boldsymbol{B}_{12}^{\mathrm{H}}\boldsymbol{A}_{11}^{-1}\boldsymbol{B}_{12}| \qquad (6.5.3)$$

现在式(6.5.1)取等号

$$|\boldsymbol{A}|=|\boldsymbol{A}_{11}||\boldsymbol{B}_{22}|$$

即式(6.5.3)取得了等号

$$|\boldsymbol{B}_{22}|=\frac{|\boldsymbol{A}|}{|\boldsymbol{A}_{11}|}=\left|\frac{\boldsymbol{A}}{\boldsymbol{A}_{11}}\right|$$

按定理 6.4.1,其充要条件是 $\boldsymbol{B}_{12}^{\mathrm{H}}\boldsymbol{A}_{11}^{-1}\boldsymbol{B}_{12}$ 为零矩阵.再由引理 2 得出 $\boldsymbol{B}_{21}=\boldsymbol{O}$.最后由归纳法得出在一般情形下(6.5.1)取等号时必有 $\boldsymbol{A}_{ij}=\boldsymbol{O}(i\neq j)$.

反过来,如果 $i\neq j$ 时均有 $\boldsymbol{A}_{ij}=\boldsymbol{O}$,则式(6.5.1)显然取等号.

推论 设 $\boldsymbol{A}$ 为 n 阶埃尔米特矩阵,将其分块为 $\boldsymbol{A}=(\boldsymbol{A}_1\,\vdots\,\boldsymbol{A}_2)$,则

$$|\boldsymbol{A}|^2\leqslant|\boldsymbol{A}_1^{\mathrm{H}}\boldsymbol{A}_1|\cdot|\boldsymbol{A}_2^{\mathrm{H}}\boldsymbol{A}_2|$$

等号成立当且仅当 $\boldsymbol{A}_1^{\mathrm{H}}\boldsymbol{A}_1=\boldsymbol{O}$.

证明 对

$$\boldsymbol{A}^{\mathrm{H}}\boldsymbol{A}=\begin{pmatrix}\boldsymbol{A}_1^{\mathrm{H}}\boldsymbol{A}_1 & \boldsymbol{A}_1^{\mathrm{H}}\boldsymbol{A}_2\\ \boldsymbol{A}_2^{\mathrm{H}}\boldsymbol{A}_1 & \boldsymbol{A}_2^{\mathrm{H}}\boldsymbol{A}_2\end{pmatrix}$$

应用定理 6.5.1,即得欲证.

利用费歇耳不等式,可以建立有广泛应用的阿达玛不等式:

阿达玛不等式 设 $\boldsymbol{A}$ 是 n 阶埃尔米特矩阵,则有

$$|\boldsymbol{A}|^2 \leqslant \prod_{i=1}^{n} \sum_{j=1}^{n} |a_{ij}|^2$$

等号成立当且仅当 $\boldsymbol{A}$ 为对角矩阵.

证明 若 $|\boldsymbol{A}|=0$,则定理中的不等式显然成立;若 $|\boldsymbol{A}| \neq 0$,则 $\boldsymbol{A}$ 为满秩矩阵,于是 $\boldsymbol{B}=\boldsymbol{A}^{\mathrm{H}}\boldsymbol{A}$ 是正定埃尔米特矩阵. 此时把 $\boldsymbol{B}=(b_{ij})_{n\times n}$ 看成 $a_{ij}=b_{ij}$ 的分块,由定理 6.5.1,有

$$|\boldsymbol{B}| \leqslant \prod_{i=1}^{n} b_{ii} = \prod_{i=1}^{n} \sum_{j=1}^{n} a_{ij}{}^2$$

而 $|\boldsymbol{A}|^2=|\boldsymbol{A}^{\mathrm{H}}||\boldsymbol{A}|=|\boldsymbol{A}^{\mathrm{H}}\boldsymbol{A}|=|\boldsymbol{B}|$,故得阿达玛不等式.

等号成立的充要条件是定理 6.5.1 的直接推论.

应用阿达玛不等式,我们可以证明下面的所谓 $|\boldsymbol{A}|^{1/n}$ 表示定理:设 $\boldsymbol{A}$ 为 n 阶正定埃尔米特矩阵,则

$$|\boldsymbol{A}|^{1/n} = \min \frac{1}{n} \mathrm{Tr}(\boldsymbol{AX}) \tag{6.5.4}$$

其中 $\boldsymbol{X}$ 为正定埃尔米特矩阵,且 $|\boldsymbol{X}|=1$.

证明 根据定理 3.2.1,存在酉矩阵 $\boldsymbol{U}$,使得 $\boldsymbol{A}=\boldsymbol{U}^{\mathrm{H}}\boldsymbol{BU}$,其中

$$\boldsymbol{B}=\begin{pmatrix} \lambda_1 & & & \\ & \lambda_2 & & \\ & & \ddots & \\ & & & \lambda_n \end{pmatrix} \quad (\lambda_i > 0, i=1,2,\cdots,n)$$

于是

$$\mathrm{Tr}(\boldsymbol{AX}) = \mathrm{Tr}(\boldsymbol{U}^{\mathrm{H}}\boldsymbol{BU}\cdot\boldsymbol{X}) = \mathrm{Tr}(\boldsymbol{BU}\cdot\boldsymbol{XU}^{\mathrm{H}}) = \mathrm{Tr}(\boldsymbol{BD})$$

(这里第二个等号用到了第 2 章定理 2.2.1),其中 $\boldsymbol{D}=\boldsymbol{UXU}^{\mathrm{H}}=(d_{ij})_{n\times n}>\boldsymbol{O}$;故 $d_{ii}>0, i=1,2,\cdots,n$(定理 5.1.5). 应用算术与几何平均不等式①以及阿达玛不等式,得到

$$\begin{aligned}\frac{1}{n}\mathrm{Tr}(\boldsymbol{AX}) &= \frac{1}{n}\sum_{i=1}^{n}\lambda_i d_{ii} \geqslant \left(\prod_{i=1}^{n}\lambda_i d_{ii}\right)^{\frac{1}{n}} = |\boldsymbol{A}|^{\frac{1}{n}} \cdot \left(\prod_{i=1}^{n} d_{ii}\right)^{\frac{1}{n}} \\ &\geqslant |\boldsymbol{A}|^{\frac{1}{n}} \cdot |\boldsymbol{D}|^{\frac{1}{n}} = |\boldsymbol{A}|^{\frac{1}{n}}\end{aligned}$$

---

① 算术一几何平均不等式为著名经典不等式之一. 设 $x_1, x_2, \cdots, x_n$ 均为正实数,则它们的算术平均值不小于它们的几何平均值:$\frac{1}{n}\sum_{i=1}^{n} \geqslant \sqrt[n]{\prod_{i=1}^{n} x_i}$,当 $x_1=x_2=\cdots=x_n$ 时等号成立.

最后一个等号是因为 $|\boldsymbol{D}|=|\boldsymbol{X}|=1$.

从上面证明过程知,当

$$\boldsymbol{X}=\boldsymbol{Q}\begin{pmatrix} d_{11} & & & \\ & d_{22} & & \\ & & \ddots & \\ & & & d_{nn} \end{pmatrix}\boldsymbol{Q}^{\mathrm{T}} \tag{6.5.5}$$

且

$$\lambda_1 d_{11}=\lambda_2 d_{22}=\cdots=\lambda_n d_{nn},\ |\boldsymbol{X}|=1$$

时,式(6.5.4)的右端达到最小值.这要求式(6.5.5)中

$$d_{ii}=\frac{|\boldsymbol{A}|^{\frac{1}{n}}}{\lambda_i}\quad (i=1,2,\cdots,n)$$

这就完成了证明.

§7 非埃尔米特矩阵的共轭相合与正定性

7.1 非埃尔米特矩阵的共轭相合的概念・相合与相似概念的比较

到目前为止,矩阵的(共轭)相合以及正定性等概念都是基于埃尔米特型(二次型)的研究,这种相合以及正定只限于对复埃尔米特矩阵(对称矩阵)使用.现在我们研究一般复矩阵(不一定是埃尔米特矩阵)的相合以及正定问题.

定义 7.1.1 两个复矩阵 $\boldsymbol{A}$ 和 $\boldsymbol{B}$ 称为是共轭相合的,如果存在一个可逆矩阵 $\boldsymbol{P}$,使得 $\boldsymbol{P}^{\mathrm{H}}\boldsymbol{A}\boldsymbol{P}=\boldsymbol{B}$.在实数域的情形,两个实矩阵 $\boldsymbol{A}$ 和 $\boldsymbol{B}$ 称为是相合的,如果存在一个可逆矩阵 $\boldsymbol{P}$,使得 $\boldsymbol{P}^{\mathrm{T}}\boldsymbol{A}\boldsymbol{P}=\boldsymbol{B}$.

(共轭)相合与相似都是同阶方阵集合上的等价关系,但这是截然不同的两个概念.下面举出一些例子来表明它们的区别与联系.

1.两个矩阵相似,但不相合的情形.

设 $\boldsymbol{A}=\begin{pmatrix}1 & 1\\ 0 & 2\end{pmatrix}$,$\boldsymbol{B}=\begin{pmatrix}0 & -1\\ 2 & 3\end{pmatrix}$.取 $\boldsymbol{P}=\begin{pmatrix}1 & 0\\ -1 & -1\end{pmatrix}$,直接验证得知:$\boldsymbol{P}^{-1}\boldsymbol{A}\boldsymbol{P}=\boldsymbol{B}$,就是 $\boldsymbol{A}\sim\boldsymbol{B}$.但它们不相合.反证法:若存在 $\boldsymbol{Q}=\begin{pmatrix}a & b\\ c & d\end{pmatrix}$,使得 $\boldsymbol{Q}^{\mathrm{T}}\boldsymbol{A}\boldsymbol{Q}=\boldsymbol{B}$.于是

$$\begin{pmatrix} a & b \\ c & d \end{pmatrix}^{\mathrm{T}} \begin{pmatrix} 1 & 1 \\ 0 & 2 \end{pmatrix} \begin{pmatrix} a & b \\ c & d \end{pmatrix} = \begin{pmatrix} a & c \\ b & d \end{pmatrix} \begin{pmatrix} 1 & 1 \\ 0 & 2 \end{pmatrix} \begin{pmatrix} a & b \\ c & d \end{pmatrix}$$

$$= \begin{pmatrix} a^2 + ac + 2c^2 & ab + ad + 2cd \\ ab + cd + 2cd & b^2 + bd + 2d^2 \end{pmatrix}$$

$$= \begin{pmatrix} 0 & -1 \\ 2 & 3 \end{pmatrix}$$

根据矩阵相等，得出

$$a^2 + ac + 2c^2 = 0$$

$$ab + ad + 2cd = -1$$

$$ab + cd + 2cd = 2$$

$$b^2 + bd + 2d^2 = 3$$

用第二个式子减去第三个式子，得到

$$ad - bc = -3 = |\boldsymbol{Q}|$$

由关系式 $\boldsymbol{Q}^{\mathrm{T}}\boldsymbol{A}\boldsymbol{Q} = \boldsymbol{B}$，得出

$$|\boldsymbol{Q}|^2 \, |\boldsymbol{A}| = |\boldsymbol{B}|$$

又 $|\boldsymbol{A}| = |\boldsymbol{B}| = 2$，产生 $9 = 1$ 的矛盾.

2. 两个矩阵相合，但不相似情形.

令 $\boldsymbol{A} = \begin{pmatrix} 1 & 0 \\ 0 & 1 \end{pmatrix}$，$\boldsymbol{B} = \begin{pmatrix} 4 & 0 \\ 0 & 1 \end{pmatrix}$，$\boldsymbol{P} = \begin{pmatrix} 2 & 0 \\ 0 & 1 \end{pmatrix}$. 计算得知：$\boldsymbol{P}^{\mathrm{T}}\boldsymbol{A}\boldsymbol{P} = \boldsymbol{B}$，所以 $\boldsymbol{A} \simeq \boldsymbol{B}$.
因为 $\boldsymbol{A}$ 与 $\boldsymbol{B}$ 的特征多项式不相等，所以它们不相似. 事实上

$$|\lambda\boldsymbol{E} - \boldsymbol{A}| = \lambda^2 - 2\lambda + 1, \ |\lambda\boldsymbol{E} - \boldsymbol{B}| = \lambda^2 - 5\lambda + 4$$

对于实对称矩阵来说，成立下面的定理：

定理 7.1.1 设 $\boldsymbol{A}$ 与 $\boldsymbol{B}$ 是同阶实对称矩阵，若 $\boldsymbol{A} \sim \boldsymbol{B}$，则 $\boldsymbol{A} \simeq \boldsymbol{B}$.

证明 由定理 3.2.1 知，存在正交矩阵 $\boldsymbol{P}, \boldsymbol{Q}$ 使得

$$\boldsymbol{P}^{\mathrm{T}}\boldsymbol{A}\boldsymbol{P} = \boldsymbol{D}_1, \boldsymbol{Q}^{\mathrm{T}}\boldsymbol{A}\boldsymbol{Q} = \boldsymbol{D}_2$$

这里 $\boldsymbol{D}_1, \boldsymbol{D}_2$ 均为对角矩阵，并且对角线分别是矩阵 $\boldsymbol{A}$ 与 $\boldsymbol{B}$ 的特征值（出现次数和重数相同）.

因为 $\boldsymbol{A}, \boldsymbol{B}$ 是相似的，所以它们具有相同的特征值（包括重数），所以 $\boldsymbol{D}_1 = \boldsymbol{D}_2$. 于是

$$\boldsymbol{P}^{\mathrm{T}}\boldsymbol{A}\boldsymbol{P} = \boldsymbol{Q}^{\mathrm{T}}\boldsymbol{A}\boldsymbol{Q}$$

或

$$(\boldsymbol{P}\boldsymbol{Q}^{-1})^{\mathrm{T}}\boldsymbol{A}(\boldsymbol{P}\boldsymbol{Q}^{-1})=\boldsymbol{B}$$

因为矩阵 $\boldsymbol{P}\boldsymbol{Q}^{-1}$ 仍是正交的，所以

$$\boldsymbol{A}\simeq\boldsymbol{B}$$

由上面第二个例子知道，定理 7.1.1 的逆是不成立的.

若变换矩阵限定在正交矩阵，则相似和相合达到了同一：

定理 7.1.2 设 $\boldsymbol{A}$ 与 $\boldsymbol{B}$ 是同阶实对称矩阵，在正交变换之下，$\boldsymbol{A}\sim\boldsymbol{B}$ 的充分必要条件是 $\boldsymbol{A}\simeq\boldsymbol{B}$.

7.2 非埃尔米特矩阵共轭相合的判定

为了研究一般的复矩阵，我们考虑它的一种分解. 对于任意复方阵 $\boldsymbol{A}$，它可以写为埃尔米特矩阵与反埃尔米特矩阵之和的形式

$$\boldsymbol{A}=\frac{\boldsymbol{A}+\boldsymbol{A}^{\mathrm{H}}}{2}+\frac{\boldsymbol{A}-\boldsymbol{A}^{\mathrm{H}}}{2}$$

记 $\boldsymbol{A}_S=\dfrac{\boldsymbol{A}+\boldsymbol{A}^{\mathrm{H}}}{2}$，$\boldsymbol{A}_K=\dfrac{\boldsymbol{A}-\boldsymbol{A}^{\mathrm{H}}}{2}$，这分别称为方阵 $\boldsymbol{A}$ 的埃尔米特分量和反埃尔米特分量.

很明显，方阵 $\boldsymbol{A}$ 的埃尔米特分量和反埃尔米特分量是唯一的. 下面的定理给出了任意两个复矩阵共轭相合的条件：

定理 7.2.1 若 $\boldsymbol{A}\simeq\boldsymbol{B}$，则 $\boldsymbol{A}_S\simeq\boldsymbol{B}_S$，$\boldsymbol{A}_K\simeq\boldsymbol{B}_S$.

证明 设 $\boldsymbol{P}^{\mathrm{H}}\boldsymbol{A}\boldsymbol{P}=\boldsymbol{B}$，将 $\boldsymbol{A}=\boldsymbol{A}_S+\boldsymbol{A}_K$，$\boldsymbol{B}=\boldsymbol{B}_S+\boldsymbol{B}_K$ 代入，得到

$$\boldsymbol{P}^{\mathrm{H}}(\boldsymbol{A}_S+\boldsymbol{A}_K)\boldsymbol{P}=\boldsymbol{B}_S+\boldsymbol{B}_K$$

经明显的变形，有

$$\boldsymbol{P}^{\mathrm{H}}\boldsymbol{A}_S\boldsymbol{P}-\boldsymbol{B}_S=\boldsymbol{B}_K-\boldsymbol{P}^{\mathrm{T}}\boldsymbol{A}_K\boldsymbol{P}$$

这等式的左边是埃尔米特的而右边是反埃尔米特的，所以只能是零矩阵

$$\boldsymbol{P}^{\mathrm{H}}\boldsymbol{A}_S\boldsymbol{P}-\boldsymbol{B}_S=\boldsymbol{B}_K-\boldsymbol{P}^{\mathrm{T}}\boldsymbol{A}_K\boldsymbol{P}=\boldsymbol{O}$$

从而

$$\boldsymbol{P}^{\mathrm{H}}\boldsymbol{A}_S\boldsymbol{P}=\boldsymbol{B}_S,\boldsymbol{P}^{\mathrm{T}}\boldsymbol{A}_K\boldsymbol{P}=\boldsymbol{B}_K$$

这就是所要证明的.

这个定理是两个矩阵(共轭) 相合的必要但非充分条件，我们可以从下面的例子中看出这一点.

例 设 $\boldsymbol{A}=\begin{pmatrix}1&4\\0&1\end{pmatrix}$，$\boldsymbol{B}=\begin{pmatrix}1&6\\0&1\end{pmatrix}$. 因为 $\boldsymbol{A}_S=\begin{pmatrix}1&2\\2&1\end{pmatrix}$ 的特征值是 $-1,3$，

$B_S=\begin{pmatrix}1 & 3\\ 3 & 1\end{pmatrix}$ 的特征值是 $-2,4$，就是说 A_S 与 B_S 是相合的(因为它们具有相同的惯性指数和正惯性指数)；同样地，$A_K=\begin{pmatrix}0 & 2\\ -2 & 0\end{pmatrix}$ 的特征值是 $-2,2$，$B_K=\begin{pmatrix}0 & 3\\ -3 & 0\end{pmatrix}$ 的特征值是 $-3,3$，于是 A_S 与 B_S 也是相合的. 但是原矩阵 A 与 B 是不相合的. 反证如下：一方面，设 $P=\begin{pmatrix}a & b\\ c & d\end{pmatrix}$ 满足 $P^{\mathrm T}AP=B$. 于是

$$P^{\mathrm T}AP=\begin{pmatrix}a & c\\ b & d\end{pmatrix}\begin{pmatrix}1 & 4\\ 0 & 1\end{pmatrix}\begin{pmatrix}a & b\\ c & d\end{pmatrix}=\begin{pmatrix}a^2+4ac+c^2 & ab+4ad+cd\\ ab+4bc+cd & b^2+4bd+d^2\end{pmatrix}=B=\begin{pmatrix}1 & 6\\ 3 & 1\end{pmatrix}$$

通过简单的计算，可得

$$|P|=ac-bd=\frac{3}{2}$$

另一方面，在等式 $P^{\mathrm T}AP=B$ 两端分别取行列式，得到

$$|P|^2|A|=|B|$$

于是产生 $\frac{9}{4}=1$ 的矛盾.

容易看出，两个非埃尔米特矩阵 A,B 共轭相合的一个等价刻画是它们的埃尔米特分量 A_S,B_S 和反埃尔米特分量 A_K,B_K 可同时共轭相合，即存在(同一个)可逆矩阵 P，使得

$$P^{\mathrm H}A_SP=B_S,P^{\mathrm H}A_KP=B_K$$

但同时共轭相合这个问题的深入讨论非常困难，还没有满意的结果.

本段将在 A_S 以及 B_S 都正定的情况下给出 $A\simeq B$ 的一个充分条件. 因为 A_S 的正定性，由定理 4.4.3 知，存在满秩的复矩阵 P，使得

$$P^{\mathrm H}A_SP=E,P^{\mathrm H}B_SP=\begin{pmatrix}\mu_1 & & & \\ & \mu_2 & & \\ & & \ddots & \\ & & & \mu_n\end{pmatrix}$$

这里 E 是单位矩阵，而 $\mu_1,\mu_2,\cdots,\mu_n$ 是实数. 由于 B_S 正定性，每个 $\mu_i>0$.

记$\sqrt{\boldsymbol{P}^{\mathrm{H}}\boldsymbol{B}_S\boldsymbol{P}}=\begin{pmatrix}\sqrt{\mu_1} & & & \\ & \sqrt{\mu_2} & & \\ & & \ddots & \\ & & & \sqrt{\mu_n}\end{pmatrix}$,所说的条件陈述如下:

定理 7.2.2 如果

$$\sqrt{\boldsymbol{P}^{\mathrm{H}}\boldsymbol{B}_S\boldsymbol{P}}\cdot(\boldsymbol{P}^{\mathrm{H}}\boldsymbol{A}_K\boldsymbol{P})\cdot\sqrt{\boldsymbol{P}^{\mathrm{H}}\boldsymbol{B}_S\boldsymbol{P}}=\boldsymbol{P}^{\mathrm{H}}\boldsymbol{B}_K\boldsymbol{P}$$

那么

$$\boldsymbol{A}\simeq\boldsymbol{B}$$

证明 要证明的结论由下面的等式得到证明,即

$$\begin{aligned}\sqrt{\boldsymbol{P}^{\mathrm{H}}\boldsymbol{B}_S\boldsymbol{P}}\cdot(\boldsymbol{P}^{\mathrm{H}}\boldsymbol{A}\boldsymbol{P})\cdot\sqrt{\boldsymbol{P}^{\mathrm{H}}\boldsymbol{B}_S\boldsymbol{P}}&=\sqrt{\boldsymbol{P}^{\mathrm{H}}\boldsymbol{B}_S\boldsymbol{P}}\cdot(\boldsymbol{P}^{\mathrm{H}}(\boldsymbol{A}_S+\boldsymbol{A}_K)\boldsymbol{P})\cdot\sqrt{\boldsymbol{P}^{\mathrm{H}}\boldsymbol{B}_S\boldsymbol{P}}\\&=\sqrt{\boldsymbol{P}^{\mathrm{H}}\boldsymbol{B}_S\boldsymbol{P}}\cdot(\boldsymbol{P}^{\mathrm{H}}\boldsymbol{A}_S\boldsymbol{P})\cdot\sqrt{\boldsymbol{P}^{\mathrm{H}}\boldsymbol{B}_S\boldsymbol{P}}+\\&\quad\sqrt{\boldsymbol{P}^{\mathrm{H}}\boldsymbol{B}_S\boldsymbol{P}}\cdot(\boldsymbol{P}^{\mathrm{H}}\boldsymbol{A}_K\boldsymbol{P})\cdot\sqrt{\boldsymbol{P}^{\mathrm{H}}\boldsymbol{B}_S\boldsymbol{P}}\\&=\sqrt{\boldsymbol{P}^{\mathrm{H}}\boldsymbol{B}_S\boldsymbol{P}}\cdot\boldsymbol{E}\cdot\sqrt{\boldsymbol{P}^{\mathrm{H}}\boldsymbol{B}_S\boldsymbol{P}}+\boldsymbol{P}^{\mathrm{H}}\boldsymbol{A}_K\boldsymbol{P}\\&=\boldsymbol{P}^{\mathrm{H}}\boldsymbol{B}_S\boldsymbol{P}+\boldsymbol{P}^{\mathrm{H}}\boldsymbol{A}_K\boldsymbol{P}\\&=\boldsymbol{P}^{\mathrm{H}}\boldsymbol{B}\boldsymbol{P}\end{aligned}$$

为了实际地应用这个定理,可以依照下面的步骤:

1. 求出 $\boldsymbol{B}_S$ 相对于$\boldsymbol{A}_S$ 的广义特征值,即方程式 $|\boldsymbol{B}_S-\mu\boldsymbol{A}_S|=0$ 的 n 个正实根 $\mu_1,\mu_2,\cdots,\mu_n$.

2. 对于每一个 μ_i(相同的 μ_i 只计算一次),求解线性方程组$(\boldsymbol{B}_S-\mu\boldsymbol{A}_S)\boldsymbol{X}=\boldsymbol{0}$,得到通解的表达式.

3. 对第二步中的每一个线性方程组,选取这样的基础解系,使得以基础解系中的向量为列向量的矩阵 $\boldsymbol{P}$ 满足:$\boldsymbol{P}^{\mathrm{H}}\boldsymbol{A}\boldsymbol{P}$ 是单位矩阵而 $\boldsymbol{P}^{\mathrm{H}}\boldsymbol{B}\boldsymbol{P}$ 是对角线元素为 $\mu_1,\mu_2,\cdots,\mu_n$ 的对角矩阵①.

4. 验证定理 7.2.2 中的条件是否成立;如果成立,那么得出 $\boldsymbol{A}\simeq\boldsymbol{B}$.

兹以例子予以说明:判断矩阵 $\boldsymbol{A}=\begin{pmatrix}18 & 4\\ 0 & 2\end{pmatrix}$ 与 $\boldsymbol{B}=\begin{pmatrix}10 & 2+\sqrt{2}\\ 2-\sqrt{2} & 2\end{pmatrix}$ 的相合性.

① 这一步的可行性由本章定理 4.6.2 保证.事实上,$\boldsymbol{P}$ 即为 $\boldsymbol{B}_S$ 相对于 $\boldsymbol{A}_S$ 的主矩阵.

解　分别写出两个矩阵的对称和反对称部分,即

$$A_S=\begin{pmatrix}18&2\\2&2\end{pmatrix},A_K=\begin{pmatrix}0&2\\-2&0\end{pmatrix},B_S=\begin{pmatrix}10&2\\2&2\end{pmatrix},B_K=\begin{pmatrix}0&\sqrt{2}\\-\sqrt{2}&0\end{pmatrix}$$

首先,求解

$$|B_S-\mu A_S|=\left|\begin{pmatrix}10&2\\2&2\end{pmatrix}-\mu\begin{pmatrix}18&2\\2&2\end{pmatrix}\right|=0$$

得到

$$\mu_1=1,\mu_2=\frac{1}{2}$$

现在,分别求解线性方程组

$$(B_S-\mu_1A_S)X=\left[\begin{pmatrix}10&2\\2&2\end{pmatrix}-\begin{pmatrix}18&2\\2&2\end{pmatrix}\right]X=0$$

和

$$(B_S-\mu_2A_S)X=\left[\begin{pmatrix}10&2\\2&2\end{pmatrix}-\frac{1}{2}\begin{pmatrix}18&2\\2&2\end{pmatrix}\right]X=0$$

得出通解分别为$\begin{pmatrix}0\\a\end{pmatrix}$与$\begin{pmatrix}b\\-b\end{pmatrix}$,其中$a,b$是任意实数.

从而,可以设矩阵$P=\begin{pmatrix}0&b\\a&-b\end{pmatrix}$,因为$P^{T}A_SP$是单位矩阵,于是取$a=\frac{\sqrt{2}}{2}$,$b=\frac{1}{4}$.此时

$$P^{T}B_SP=\begin{pmatrix}1&0\\0&\frac{1}{2}\end{pmatrix}$$

最后,容易验证

$$P^{T}B_KP=\sqrt{P^{H}B_SP}\cdot(P^{H}A_KP)\cdot\sqrt{P^{H}B_SP}=\frac{1}{4}\begin{pmatrix}0&-1\\1&0\end{pmatrix}$$

按照已知的定理,矩阵A与B相合.

7.3　实反对称矩阵的相合标准型

对称(实和复)矩阵在相合下的标准型在§1讨论了,本段研究反对称矩阵在相合下的标准型.由于复反对称矩阵与实反对称矩阵在相合下的标准型的讨

论完全一样,因此,下面我们只对实反对称矩阵的情形进行讨论.

定理 7.3.1 设 $\boldsymbol{A}$ 是任一 n 阶反对称矩阵,则存在行列式为 1 的矩阵 $\boldsymbol{P}$,使得

$$\boldsymbol{P}^{\mathrm{T}}\boldsymbol{A}\boldsymbol{P}=\begin{pmatrix} 0 & a_1 & & & & & & \\ -a_1 & 0 & & & & & & \\ & & \ddots & & & & & \\ & & & 0 & a_s & & & \\ & & & -a_s & 0 & & & \\ & & & & & 0 & & \\ & & & & & & \ddots & \\ & & & & & & & 0 \end{pmatrix}$$

其中 $\boldsymbol{P}$ 的元素是矩阵 $\boldsymbol{A}$ 的元素的有理函数,而 $a_1,a_2,\cdots,a_s$ 都是非负实数,它们也是 $\boldsymbol{A}$ 的元素的有理函数.

证明 对矩阵 A 的阶数 n 用数字归纳法. $n=1$ 时结论是显然的.

假设 $\boldsymbol{A}$ 为不大于 $m-1$ 阶反对称矩阵时,结论为真. 现在来证明 $n=m$ 时定理也成立. 当 $\boldsymbol{A}=\boldsymbol{O}$ 时,取 $\boldsymbol{P}=\boldsymbol{E}_n$ 即可. 现在设 $\boldsymbol{A}\neq\boldsymbol{O}$,于是存在元素 $a_{jk}\neq 0$ $(j<k)$,作实相合

$$(\boldsymbol{P}_{2k}\boldsymbol{P}_{1j})^{\mathrm{T}}\boldsymbol{A}(\boldsymbol{P}_{2k}\boldsymbol{P}_{1j})$$

其中 $\boldsymbol{P}_{2k},\boldsymbol{P}_{1j}$ 均为对换矩阵. 这样得到的矩阵是反对称矩阵,且第一行第二列的元素为 $a_{jk}\neq 0$. 而 $\boldsymbol{P}_{2k}\boldsymbol{P}_{1j}$ 是行列式为 1 的矩阵,所以适合定理的要求. 因此不妨设 $a_{12}\neq 0$,把 $\boldsymbol{A}$ 写成分块矩阵

$$\boldsymbol{A}=\begin{pmatrix} \begin{pmatrix} 0 & a_{12} \\ -a_{12} & 0 \end{pmatrix} & \boldsymbol{B}_1 \\ -\boldsymbol{B}_1^{\mathrm{T}} & \boldsymbol{A}_1 \end{pmatrix}$$

令 $\boldsymbol{P}_1=\begin{pmatrix} \boldsymbol{E}_2 & \begin{pmatrix} 0 & a_{12}^{-1} \\ -a_{12}^{-1} & 0 \end{pmatrix}\boldsymbol{B}_1 \\ \boldsymbol{O} & \boldsymbol{E}_{m-2} \end{pmatrix}$,则

$$\boldsymbol{P}_1^{\mathrm{T}}\boldsymbol{A}\boldsymbol{P}_1=\begin{pmatrix} \boldsymbol{E}_2 & \boldsymbol{O} \\ \boldsymbol{B}_1^{\mathrm{T}}\begin{pmatrix} 0 & -a_{12}^{-1} \\ a_{12}^{-1} & 0 \end{pmatrix} & \boldsymbol{E}_{m-2} \end{pmatrix}\begin{pmatrix} \begin{pmatrix} 0 & a_{12} \\ -a_{12} & 0 \end{pmatrix} & \boldsymbol{B}_1 \\ -\boldsymbol{B}_1^{\mathrm{T}} & \boldsymbol{A}_1 \end{pmatrix}\begin{pmatrix} \boldsymbol{E}_2 & \begin{pmatrix} 0 & a_{12}^{-1} \\ -a_{12}^{-1} & 0 \end{pmatrix}\boldsymbol{B}_1 \\ \boldsymbol{O} & \boldsymbol{E}_{m-2} \end{pmatrix}$$

$$
=\begin{pmatrix} \begin{pmatrix} 0 & a_{12} \\ -a_{12} & 0 \end{pmatrix} & \boldsymbol{O} \\ \boldsymbol{O} & \boldsymbol{B}_1^{\mathrm{T}}\begin{pmatrix} 0 & -a_{12}^{-1} \\ a_{12}^{-1} & 0 \end{pmatrix}\boldsymbol{B}_1+\boldsymbol{A}_1 \end{pmatrix}
$$

不难验证，$|\boldsymbol{P}_1|=1$，且 $\boldsymbol{P}_1$ 的元素是 $\boldsymbol{A}$ 的元素的有理函数. 又 $m-2$ 阶矩阵

$$
\overline{\boldsymbol{A}}=\boldsymbol{B}_1^{\mathrm{T}}\begin{pmatrix} 0 & -a_{12}^{-1} \\ a_{12}^{-1} & 0 \end{pmatrix}\boldsymbol{B}_1+\boldsymbol{A}_1
$$

是反对称的，由归纳假设，存在 $m-2$ 阶矩阵 $\boldsymbol{P}_2$，使得

$$
\boldsymbol{P}_2^{\mathrm{T}}\overline{\boldsymbol{A}}\boldsymbol{P}_2=\begin{pmatrix} 0 & a_2 &&&&&&& \\ -a_2 & 0 &&&&&&& \\ && \ddots &&&&&& \\ &&& 0 & a_s &&&& \\ &&& -a_s & 0 &&&& \\ &&&&& 0 && \\ &&&&&& \ddots & \\ &&&&&&& 0 \end{pmatrix}
$$

其中

$$
|\boldsymbol{P}_2|=1
$$

且 $\boldsymbol{P}_2$ 的元素是 $\overline{\boldsymbol{A}}$ 的元素的有理函数. 由于有理函数的有理函数仍是有理函数，所以 $\boldsymbol{P}_2$ 的元素是 $\boldsymbol{A}$ 的元素的有理函数. 而 $a_2, a_3, \cdots, a_s$ 都是 $\boldsymbol{A}$ 的元素的有理函数.

现在可以验证矩阵

$$
\boldsymbol{P}=\boldsymbol{P}_1\begin{pmatrix} \boldsymbol{E}_2 & 0 \\ 0 & \boldsymbol{P}_2 \end{pmatrix}
$$

满足定理的要求而 $a_1=a_{12}$. 证毕.

定理 7.3.2 任一反对称矩阵相合于下列形式的矩阵(称为反对称矩阵的相合标准型)

$$\begin{pmatrix} 0 & 1 & & & & & & & \\ -1 & 0 & & & & & & & \\ & & \ddots & & & & & & \\ & & & 0 & 1 & & & & \\ & & & -1 & 0 & & & & \\ & & & & & 0 & & & \\ & & & & & & \ddots & \\ & & & & & & & 0 \end{pmatrix}$$

证明　由定理 7.3.1,对于任意反对称矩阵 $\boldsymbol{A}$,存在满秩矩阵 $\boldsymbol{P}$,使得

$$\boldsymbol{P}^{\mathrm{T}}\boldsymbol{A}\boldsymbol{P}=\begin{pmatrix} 0 & a_1 & & & & & & & \\ -a_1 & 0 & & & & & & & \\ & & \ddots & & & & & & \\ & & & 0 & a_s & & & & \\ & & & -a_s & 0 & & & & \\ & & & & & 0 & & & \\ & & & & & & \ddots & \\ & & & & & & & 0 \end{pmatrix}$$

其中 $a_1a_2\cdots a_s\neq 0$. 又因

$$\begin{pmatrix} 1 & 0 \\ -1 & a_j^{-1} \end{pmatrix}^{\mathrm{T}}\begin{pmatrix} 0 & a_j \\ -a_j & 0 \end{pmatrix}\begin{pmatrix} 1 & 0 \\ -1 & a_j^{-1} \end{pmatrix}=\begin{pmatrix} 0 & 0 \\ -1 & 0 \end{pmatrix}$$

所以令

$$\boldsymbol{Q}=\boldsymbol{P}\begin{pmatrix} \begin{pmatrix} 1 & 0 \\ -1 & a_1^{-1} \end{pmatrix} & & & & & & \\ & \begin{pmatrix} 1 & 0 \\ -1 & a_2^{-1} \end{pmatrix} & & & & & \\ & & \ddots & & & & \\ & & & \begin{pmatrix} 1 & 0 \\ -1 & a_s^{-1} \end{pmatrix} & & & \\ & & & & 1 & & \\ & & & & & \ddots & \\ & & & & & & 1 \end{pmatrix}$$

则 $Q^{T}AQ$ 便是所求的表达式.

7.4 一般的复正定矩阵

现在转入一般复矩阵的正定问题的研究. 以下我们用 $\mathrm{Re}(z)$ 表示复数 z 的实数部分.

定义 7.4.1 一个 n 阶的复矩阵 $\boldsymbol{A}$ 称为正定的,如果对于任意非零复向量 $\boldsymbol{X}$,均有 $\mathrm{Re}(\boldsymbol{X}^{\mathrm{H}}\boldsymbol{A}\boldsymbol{X})>0$.

容易看出,如果方阵 $\boldsymbol{A}$ 是正定的,那么它的共轭转置 $\boldsymbol{A}^{\mathrm{H}}$ 也是正定的;如果同阶方阵 $\boldsymbol{A}$ 和 $\boldsymbol{B}$ 都是正定的,那么 $\boldsymbol{A}+\boldsymbol{B}$ 也是正定的.

下面的定理给出了任意复矩阵为正定的充要条件:

定理 7.4.1 复方阵是正定的充分必要条件是它的埃尔米特分量是正定的.

证明 设 $\boldsymbol{A}=\boldsymbol{A}_S+\boldsymbol{A}_K=\boldsymbol{A}_S+(-\mathrm{i}\boldsymbol{A}_K)$, $\mathrm{i}=\sqrt{-1}$. 而 $-\mathrm{i}\boldsymbol{A}_K=\dfrac{\mathrm{i}(\boldsymbol{A}^{\mathrm{H}}-\boldsymbol{A})}{2}$ 是埃尔米特矩阵. 于是对于任意的非零复向量 $\boldsymbol{X}$, $\boldsymbol{X}^{\mathrm{H}}\boldsymbol{A}\boldsymbol{X}=\boldsymbol{X}^{\mathrm{H}}\boldsymbol{A}_S\boldsymbol{X}+\mathrm{i}\boldsymbol{X}^{\mathrm{H}}(-\mathrm{i}\boldsymbol{A}_K)\boldsymbol{X}$ 的实数部分为 $\boldsymbol{X}^{\mathrm{H}}\boldsymbol{A}_S\boldsymbol{X}$,虚数部分为 $\boldsymbol{X}^{\mathrm{H}}(-\mathrm{i}\boldsymbol{A}_K)\boldsymbol{X}$. 故 $\boldsymbol{X}^{\mathrm{H}}\boldsymbol{A}\boldsymbol{X}>0$ 当且仅当 $\mathrm{Re}(\boldsymbol{X}^{\mathrm{H}}\boldsymbol{A}\boldsymbol{X})>0$,也就是埃尔米特分量 $\boldsymbol{A}_S$ 是正定的.

推论 1 若 $\boldsymbol{A}$ 是正定的,则 $\overline{\boldsymbol{A}}$, $\boldsymbol{A}^{\mathrm{T}}$ 都是正定复矩阵.

推论 2 若 $\boldsymbol{A}$ 是正定的,则对于任意非奇异矩阵 $\boldsymbol{P}$, $\boldsymbol{P}^{\mathrm{H}}\boldsymbol{A}\boldsymbol{P}$ 均是正定的.

证明 由 $\boldsymbol{A}=\boldsymbol{A}_S+\boldsymbol{A}_K$ 得到

$$\boldsymbol{P}^{\mathrm{H}}\boldsymbol{A}\boldsymbol{P}=\boldsymbol{P}^{\mathrm{H}}\boldsymbol{A}_S\boldsymbol{P}+\boldsymbol{P}^{\mathrm{H}}\boldsymbol{A}_K\boldsymbol{P}$$

并且 $\boldsymbol{P}^{\mathrm{H}}\boldsymbol{A}_S\boldsymbol{P}$ 是正定埃尔米特矩阵,而 $\boldsymbol{P}^{\mathrm{H}}\boldsymbol{A}_K\boldsymbol{P}$ 仍是反埃尔米特矩阵. 故由定理 7.4.1, $\boldsymbol{P}^{\mathrm{H}}\boldsymbol{A}\boldsymbol{P}$ 为正定矩阵.

推论 3 正定复矩阵的任一主子矩阵也是正定的.

证明 由

$$\boldsymbol{A}\begin{pmatrix}\alpha_1 & \alpha_2 & \cdots & \alpha_k\\ \alpha_1 & \alpha_2 & \cdots & \alpha_k\end{pmatrix}=\begin{pmatrix}a_{\alpha_1\alpha_1} & a_{\alpha_1\alpha_2} & \cdots & a_{\alpha_1\alpha_k}\\ a_{\alpha_2\alpha_1} & a_{\alpha_2\alpha_2} & \cdots & a_{\alpha_2\alpha_k}\\ \vdots & \vdots & & \vdots\\ a_{\alpha_k\alpha_1} & a_{\alpha_k\alpha_2} & \cdots & a_{\alpha_k\alpha_k}\end{pmatrix}\quad(1\leqslant k\leqslant n)$$

是 $\boldsymbol{A}$ 的任一 k 阶主子矩阵. 则由 $\boldsymbol{A}=\boldsymbol{A}_S+\boldsymbol{A}_K$,得到

$$\boldsymbol{A}\begin{pmatrix}\alpha_1 & \alpha_2 & \cdots & \alpha_k \\ \alpha_1 & \alpha_2 & \cdots & \alpha_k\end{pmatrix}=\boldsymbol{A}_S\begin{pmatrix}\alpha_1 & \alpha_2 & \cdots & \alpha_k \\ \alpha_1 & \alpha_2 & \cdots & \alpha_k\end{pmatrix}+\boldsymbol{A}_K\begin{pmatrix}\alpha_1 & \alpha_2 & \cdots & \alpha_k \\ \alpha_1 & \alpha_2 & \cdots & \alpha_k\end{pmatrix}\quad(1\leqslant k\leqslant n)$$

因为正定埃尔米特矩阵 $\boldsymbol{A}_S$ 的主子矩阵仍为正定埃尔米特矩阵以及反埃尔米特矩阵 $\boldsymbol{A}_K$ 的主子矩阵仍为反埃尔米特矩阵，故由定理 7.4.1，知

$$\boldsymbol{A}\begin{pmatrix}\alpha_1 & \alpha_2 & \cdots & \alpha_k \\ \alpha_1 & \alpha_2 & \cdots & \alpha_k\end{pmatrix}$$

是正定的.

下面的定理给出了正定的另一个充要条件.

定理 7.4.2 n 阶复方阵是正定的充分必要条件是，存在复可逆矩阵 $\boldsymbol{P}$，使得

$$\boldsymbol{P}^{\mathrm{H}}\boldsymbol{A}\boldsymbol{P}=\begin{pmatrix}1+b_1\mathrm{i} & & & & & \\ & \ddots & & & & \\ & & 1+b_k\mathrm{i} & & & \\ & & & 1 & & \\ & & & & \ddots & \\ & & & & & 1\end{pmatrix}\tag{7.4.1}$$

其中 $b_j\neq 0(j=1,2,\cdots,k)$ 为实数，$\mathrm{i}=\sqrt{-1}$.

证明 必要性. 设 $\boldsymbol{A}=\boldsymbol{A}_S+\boldsymbol{A}_K$ 是正定复矩阵，则 $\boldsymbol{A}_S$ 为正定埃尔米特矩阵，因此有 n 阶可逆矩阵 $\boldsymbol{Q}$，使得 $\boldsymbol{Q}^{\mathrm{H}}\boldsymbol{A}_S\boldsymbol{Q}=\boldsymbol{E}_n$（$n$ 阶单位矩阵）. 由于 $\boldsymbol{A}_K$ 是 n 阶反埃尔米特矩阵，因而 $\boldsymbol{Q}^{\mathrm{H}}\boldsymbol{A}_K\boldsymbol{Q}$ 也是 n 阶反埃尔米特矩阵，于是有 n 阶酉矩阵 $\boldsymbol{U}$（参考第 4 章定理 3.3.1 和定理 3.3.2），使得

$$\boldsymbol{U}^{\mathrm{H}}(\boldsymbol{Q}^{\mathrm{H}}\boldsymbol{A}_K\boldsymbol{Q})\boldsymbol{U}=\boldsymbol{U}^{\mathrm{H}}\boldsymbol{Q}^{\mathrm{H}}\boldsymbol{A}_K\boldsymbol{Q}\boldsymbol{U}=\begin{pmatrix}b_1\mathrm{i} & & & & & \\ & \ddots & & & & \\ & & b_k\mathrm{i} & & & \\ & & & 1 & & \\ & & & & \ddots & \\ & & & & & 1\end{pmatrix}$$

其中 $b_j\neq 0(j=1,2,\cdots,k)$ 为实数. 同时

$$\boldsymbol{U}^{\mathrm{H}}(\boldsymbol{Q}^{\mathrm{H}}\boldsymbol{A}_K\boldsymbol{Q})\boldsymbol{U}=\boldsymbol{U}^{\mathrm{H}}\boldsymbol{Q}^{\mathrm{H}}\boldsymbol{A}_S\boldsymbol{Q}\boldsymbol{U}=\boldsymbol{E}_n$$

令 $\boldsymbol{P}=\boldsymbol{Q}\boldsymbol{U}$，$\boldsymbol{P}$ 显然是可逆的，于是

$$\boldsymbol{P}^{\mathrm{H}}\boldsymbol{A}\boldsymbol{P}=\boldsymbol{P}^{\mathrm{H}}\boldsymbol{A}_S\boldsymbol{P}+\boldsymbol{P}^{\mathrm{H}}\boldsymbol{A}_K\boldsymbol{P}=\begin{pmatrix}1+b_1\mathrm{i} & & & & & \\ & \ddots & & & & \\ & & 1+b_k\mathrm{i} & & & \\ & & & 1 & & \\ & & & & \ddots & \\ & & & & & 1\end{pmatrix}$$

这个等式注意到了秩($\boldsymbol{A}_S$)=秩($\boldsymbol{A}_K$).

充分性.设有可逆矩阵$\boldsymbol{P}$使得式(7.4.1)成立,则对于n维复向量$\boldsymbol{X}\neq\boldsymbol{0}$,有

$$\boldsymbol{X}^{\mathrm{H}}\boldsymbol{A}\boldsymbol{X}=(\boldsymbol{P}^{-1}\boldsymbol{X})^{\mathrm{H}}(\boldsymbol{P}^{\mathrm{H}}\boldsymbol{A}\boldsymbol{P})(\boldsymbol{P}^{-1}\boldsymbol{X})$$

记$\boldsymbol{Y}=\boldsymbol{P}^{-1}\boldsymbol{X}$,则有

$$\boldsymbol{X}^{\mathrm{H}}\boldsymbol{A}\boldsymbol{X}=\boldsymbol{Y}^{\mathrm{H}}(\boldsymbol{P}^{\mathrm{H}}\boldsymbol{A}\boldsymbol{P})\boldsymbol{Y}$$

$$\boldsymbol{Y}^{\mathrm{H}}\begin{pmatrix}1+b_1\mathrm{i} & & & & & \\ & \ddots & & & & \\ & & 1+b_k\mathrm{i} & & & \\ & & & 1 & & \\ & & & & \ddots & \\ & & & & & 1\end{pmatrix}\boldsymbol{Y}$$

$$=\boldsymbol{Y}^{\mathrm{H}}\boldsymbol{Y}+\boldsymbol{Y}^{\mathrm{H}}\begin{pmatrix}1+b_1\mathrm{i} & & & & & \\ & \ddots & & & & \\ & & 1+b_k\mathrm{i} & & & \\ & & & 0 & & \\ & & & & \ddots & \\ & & & & & 0\end{pmatrix}\boldsymbol{Y}$$

$$=\boldsymbol{Y}^{\mathrm{H}}\boldsymbol{Y}+\mathrm{i}\boldsymbol{Y}^{\mathrm{H}}\begin{pmatrix}1+b_1\mathrm{i} & & & & & \\ & \ddots & & & & \\ & & 1+b_k\mathrm{i} & & & \\ & & & 0 & & \\ & & & & \ddots & \\ & & & & & 0\end{pmatrix}\boldsymbol{Y}$$

容易看出,这个等式的右端最后一项中i的系数恒为实数(对任意的向量$\boldsymbol{Y}$),所以

$$\mathrm{Re}(\boldsymbol{X}^{\mathrm{H}}\boldsymbol{AX})=\boldsymbol{Y}^{\mathrm{H}}\boldsymbol{Y}$$

对任意的 n 维复向量 $\boldsymbol{X}\neq\boldsymbol{0}$，$\boldsymbol{Y}=\boldsymbol{P}^{-1}\boldsymbol{X}$，由 $\boldsymbol{P}$ 的可逆性知 $\boldsymbol{Y}$ 也是非零向量，因此对于任意 $\boldsymbol{X}\neq\boldsymbol{0}$，必有 $\mathrm{Re}(\boldsymbol{X}^{\mathrm{H}}\boldsymbol{AX})=\boldsymbol{Y}^{\mathrm{H}}\boldsymbol{Y}>0$. 证毕.

定理 7.4.3 复正定方阵的特征值的实数部分大于零.

证明 设 λ 是复正定方阵 $\boldsymbol{A}$ 的特征值，$\boldsymbol{Z}=\boldsymbol{X}+\mathrm{i}\boldsymbol{Y}(\mathrm{i}=\sqrt{-1})$ 是相应的特征复向量，则

$$\boldsymbol{AZ}=\lambda\boldsymbol{Z}$$

于是

$$\boldsymbol{Z}^{\mathrm{H}}\boldsymbol{AZ}=\lambda\boldsymbol{Z}^{\mathrm{H}}\boldsymbol{Z}$$

两端取共轭转置，得到

$$\boldsymbol{Z}^{\mathrm{H}}\boldsymbol{A}^{\mathrm{H}}\boldsymbol{Z}=\bar{\lambda}\boldsymbol{Z}^{\mathrm{H}}\boldsymbol{Z}$$

将共轭转置前后的两个等式左右分别相加，得到

$$\boldsymbol{Z}^{\mathrm{H}}\boldsymbol{A}_S\boldsymbol{Z}=\mathrm{Re}(\bar{\lambda}\boldsymbol{Z}^{\mathrm{H}}\boldsymbol{Z})$$

代入 $\boldsymbol{Z}=\boldsymbol{X}+\mathrm{i}\boldsymbol{Y}$，有

$$(\boldsymbol{X}^{\mathrm{H}}-\mathrm{i}\boldsymbol{Y})\boldsymbol{A}_S(\boldsymbol{X}+\mathrm{i}\boldsymbol{Y})=[\mathrm{Re}(\lambda)](\boldsymbol{X}^{\mathrm{H}}-\mathrm{i}\boldsymbol{Y})(\boldsymbol{X}+\mathrm{i}\boldsymbol{Y})$$

或者

$$\boldsymbol{X}^{\mathrm{H}}\boldsymbol{A}_S\boldsymbol{X}+\boldsymbol{Y}^{\mathrm{H}}\boldsymbol{A}_S\boldsymbol{Y}=[\mathrm{Re}(\lambda)](\boldsymbol{X}^{\mathrm{H}}\boldsymbol{X}+\boldsymbol{Y}^{\mathrm{H}}\boldsymbol{Y})$$

设 μ 是 $\boldsymbol{A}_S$ 的最小的特征值(正定埃尔米特矩阵的特征值均为正)，由埃尔米特矩阵的特征值的极值性质(第 3 章定理 3.3.1 的推论 1)，有

$$\mu(\boldsymbol{X}^{\mathrm{H}}\boldsymbol{X})\leqslant\boldsymbol{X}^{\mathrm{H}}\boldsymbol{A}_S\boldsymbol{X},(\mu\boldsymbol{Y}^{\mathrm{H}}\boldsymbol{Y})\leqslant\boldsymbol{Y}^{\mathrm{H}}\boldsymbol{A}_S\boldsymbol{Y}$$

这两个式子相加，得到

$$[\mu(\boldsymbol{X}^{\mathrm{H}}\boldsymbol{X}+\boldsymbol{Y}^{\mathrm{H}}\boldsymbol{Y})]\leqslant\boldsymbol{X}^{\mathrm{H}}\boldsymbol{A}_S\boldsymbol{X}+\boldsymbol{Y}^{\mathrm{H}}\boldsymbol{A}_S\boldsymbol{Y}=[\mathrm{Re}(\lambda)](\boldsymbol{X}^{\mathrm{H}}\boldsymbol{X}+\boldsymbol{Y}^{\mathrm{H}}\boldsymbol{Y})\tag{7.4.2}$$

因为 $\boldsymbol{Z}=\boldsymbol{X}+\mathrm{i}\boldsymbol{Y}$ 是非零向量，所以有 $\boldsymbol{X}^{\mathrm{H}}\boldsymbol{X}+\boldsymbol{Y}^{\mathrm{H}}\boldsymbol{Y}>0$. 在式(7.4.2)两端同除以 $\boldsymbol{X}^{\mathrm{H}}\boldsymbol{X}+\boldsymbol{Y}^{\mathrm{H}}\boldsymbol{Y}$，便得到

$$\mathrm{Re}(\lambda)\geqslant\mu>0$$

证毕.

推论 4 复正定矩阵均可逆，且其逆也是正定的.

证明 设 $\boldsymbol{A}$ 是复正定矩阵，于是 $\boldsymbol{A}$ 的所有特征值的实部都为正数，故 $\boldsymbol{A}$ 的特征值均不为零，因而 $\boldsymbol{A}$ 可逆.

由于$\frac{1}{2}[\boldsymbol{A}^{-1}+(\boldsymbol{A}^{-1})^{\mathrm{H}}]=(\boldsymbol{A}^{-1})^{\mathrm{H}}\cdot\frac{1}{2}(\boldsymbol{A}+\boldsymbol{A}^{\mathrm{H}})\cdot\boldsymbol{A}^{-1}$，故由定理 7.4.1 的推论 2，矩阵 $\boldsymbol{A}^{-1}$ 的埃尔米特分量$\frac{1}{2}(\boldsymbol{A}+\boldsymbol{A}^{\mathrm{H}})$ 是正定埃尔米特矩阵，从而由定理 7.4.1 得知 $\boldsymbol{A}^{-1}$ 是正定的.

定理 7.4.3 的逆一般不真. 例如

$$\boldsymbol{A}=\begin{pmatrix}1 & 6\mathrm{i}\\ \mathrm{i} & 1\end{pmatrix}$$

有一对共轭复特征值 $1\pm 6\mathrm{i}$，它们的实部均大于 0. 但由于

$$\boldsymbol{A}+\boldsymbol{A}^{\mathrm{H}}=\begin{pmatrix}2 & 5\mathrm{i}\\ -5\mathrm{i} & 1\end{pmatrix}$$

不是正定的，故 $\boldsymbol{A}$ 也不是正定的.

如果把矩阵限定在正规的情况，可以证明下面的定理：

定理 7.4.4 复正规方阵为正定的充分必要条件是，它的特征值的实数部分均大于零.

证明 必要性由定理 7.4.3 即得.

充分性. 设 n 阶矩阵 $\boldsymbol{A}$ 是正规的，所以存在酉矩阵 $\boldsymbol{U}$，使得

$$\boldsymbol{U}^{\mathrm{H}}\boldsymbol{A}\boldsymbol{U}=\begin{pmatrix}\lambda_1 & & & \\ & \lambda_2 & & \\ & & \ddots & \\ & & & \lambda_n\end{pmatrix}$$

这里 $\lambda_1,\lambda_2,\cdots,\lambda_n$ 是 $\boldsymbol{A}$ 的特征值. 于是有

$$\boldsymbol{U}^{\mathrm{H}}(\boldsymbol{A}+\boldsymbol{A}^{\mathrm{H}})\boldsymbol{U}=\begin{pmatrix}\mathrm{Re}(\lambda_1) & & & \\ & \mathrm{Re}(\lambda_2) & & \\ & & \ddots & \\ & & & \mathrm{Re}(\lambda_n)\end{pmatrix}$$

由 $\mathrm{Re}(\lambda_i)>0(i=1,2,\cdots,n)$ 可知

$$\boldsymbol{A}+\boldsymbol{A}^{\mathrm{H}}=2\boldsymbol{A}_S$$

为正定，故知 $\boldsymbol{A}$ 是正定的.

7.5 一般实正定矩阵的情形

在实矩阵的情形，上一目的定义 7.4.1 替换为下面的概念.

定义 7.5.1 一个 n 阶的实对称矩阵 $\boldsymbol{A}$ 称为正定的，如果对于任意非零向量 $\boldsymbol{X}$，均有 $\boldsymbol{X}^{\mathrm{T}}\boldsymbol{AX}>0$.

与任意复方阵的埃尔米特分量和反埃尔米特分量对应的，任意实方阵 $\boldsymbol{A}$，可以写为对称分量与反对称分量的和

$$\boldsymbol{A}=\boldsymbol{A}_S+\boldsymbol{A}_K$$

其中

$$\boldsymbol{A}_S=\frac{\boldsymbol{A}+\boldsymbol{A}^{\mathrm{T}}}{2}$$

$$\boldsymbol{A}_K=\frac{\boldsymbol{A}-\boldsymbol{A}^{\mathrm{T}}}{2}$$

在实矩阵的时候，定理 7.5.1 表述为：

定理 7.5.1 实方阵是正定的充分必要条件是它的对称分量是正定的.

我们将给出实矩阵为正定的另一个条件.

定理 7.5.2 n 阶方阵 $\boldsymbol{A}$ 正定的必要而充分条件是，存在 n 阶可逆方阵 $\boldsymbol{P}$，使得

$$\boldsymbol{P}^{\mathrm{T}}\boldsymbol{AP}=\begin{pmatrix} 1 & a_1 & & & & & & \\ -a_1 & 1 & & & & & & \\ & & \ddots & & & & & \\ & & & 1 & a_s & & & \\ & & & -a_s & 1 & & & \\ & & & & & 1 & & \\ & & & & & & \ddots & \\ & & & & & & & 1 \end{pmatrix} \tag{7.5.1}$$

其中 $a_1\geqslant a_2\geqslant\cdots\geqslant a_s>0$.

证明 必要性. 设 $\boldsymbol{A}$ 是正定的，把它分解成对称分量和反对称分量之和：$\boldsymbol{A}=\boldsymbol{A}_S+\boldsymbol{A}_K$. 由定理 7.5.1，$\boldsymbol{A}_S$ 是也是正定的 n 阶对称矩阵，因此有 n 阶可逆方阵 $\boldsymbol{Q}$，使得 $\boldsymbol{Q}^{\mathrm{T}}\boldsymbol{A}_S\boldsymbol{Q}=\boldsymbol{E}_n$，$\boldsymbol{E}_n$ 是 n 阶单位方阵. 由于 $\boldsymbol{A}_K$ 是反对称的，因此 $\boldsymbol{Q}^{\mathrm{T}}\boldsymbol{A}_K\boldsymbol{Q}$ 也是反对称的，所以有 n 阶正交方阵 $\boldsymbol{R}$(第 4 章定理 3.7.2)，使得

$$R^{\mathrm{T}}(Q^{\mathrm{T}}A_KQ)R=R^{\mathrm{T}}Q^{\mathrm{T}}A_KQR=\begin{pmatrix}0&a_1&&&&&&\\-a_1&0&&&&&&\\&&\ddots&&&&&\\&&&0&a_s&&&\\&&&-a_s&0&&&\\&&&&&0&&\\&&&&&&\ddots&\\&&&&&&&0\end{pmatrix}$$

其中 $a_1\geqslant a_2\geqslant\cdots\geqslant a_s>0$. 而

$$R^{\mathrm{T}}Q^{\mathrm{T}}A_SQR=E_n$$

记 $P=QR$,则 P 亦是可逆方阵,并且

$$P^{\mathrm{T}}AP=P^{\mathrm{T}}A_SP+P^{\mathrm{T}}A_KP=\begin{pmatrix}1&a_1&&&&&&\\-a_1&1&&&&&&\\&&\ddots&&&&&\\&&&1&a_s&&&\\&&&-a_s&1&&&\\&&&&&1&&\\&&&&&&\ddots&\\&&&&&&&1\end{pmatrix}$$

充分性. 设有 n 阶可逆方阵 P 使得式(7.5.1)成立. 对于由 n 个不全为零的实数构成的组 $X=(x_1,x_2,\cdots,x_n)$,有

$$X^{\mathrm{T}}AX=(P^{-1}X)^{\mathrm{T}}(P^{\mathrm{T}}AP)(P^{-1}X)$$

记 $Y=(y_1,y_2,\cdots,y_n)=P^{-1}X$,则

$$X^{\mathrm{T}}AX=Y^{\mathrm{T}}(P^{\mathrm{T}}AP)Y=y_1^2+y_2^2+\cdots+y_n^2$$

由 P 的可逆性知,当 $x_1,x_2,\cdots,x_n$ 不全为 0 时,$y_1,y_2,\cdots,y_n$ 也不全为 0. 因此当 $x_1,x_2,\cdots,x_n$ 不全为 0 时,$X^{\mathrm{T}}AX=y_1^2+y_2^2+\cdots+y_n^2>0$. 所以 A 是正定的. 证毕.

利用定理 7.5.2,可以证明若干关于矩阵行列式的不等式.

定理 7.5.3 设 n 阶方阵 $A=A_S+A_K$ 是正定的,其中 A_S 和 A_K 分别是 A 的对称分量和反对称分量,则

$$|A|\geqslant|A_S|+|A_K|$$

证明 因为$\boldsymbol{A}=\boldsymbol{A}_S+\boldsymbol{A}_K$是正定的,因此由定理7.3.1,必有可逆方阵$\boldsymbol{P}$,使得

$$\boldsymbol{A}_S=\boldsymbol{P}\boldsymbol{P}^{\mathrm{T}}$$

$$\boldsymbol{A}_K=\boldsymbol{P}^{\mathrm{T}}\begin{pmatrix} 0 & a_1 & & & & & & \\ -a_1 & 0 & & & & & & \\ & & \ddots & & & & & \\ & & & 0 & a_s & & & \\ & & & -a_s & 0 & & & \\ & & & & & 0 & & \\ & & & & & & \ddots & \\ & & & & & & & 0 \end{pmatrix}\boldsymbol{P}$$

$$\boldsymbol{A}=\boldsymbol{P}^{\mathrm{T}}\begin{pmatrix} 1 & a_1 & & & & & & \\ -a_1 & 1 & & & & & & \\ & & \ddots & & & & & \\ & & & 1 & a_s & & & \\ & & & -a_s & 1 & & & \\ & & & & & 1 & & \\ & & & & & & \ddots & \\ & & & & & & & 1 \end{pmatrix}\boldsymbol{P}$$

其中$a_1\geqslant a_2\geqslant\cdots\geqslant a_s>0$.

对于矩阵$\boldsymbol{A}_S$,我们有

$$|\boldsymbol{A}_S|=|\boldsymbol{P}|^2$$

对于矩阵$\boldsymbol{A}$,按照分块矩阵的行列式的拉普拉斯定理,我们得出

$$|\boldsymbol{A}|=(1+a_1^2)(1+a_2^2)\cdots(1+a_s^2)\,|\boldsymbol{P}|^2\geqslant(1+a_1^2a_2^2\cdots a_s^2)\,|\boldsymbol{P}|^2$$

对于矩阵$\boldsymbol{A}_K$,分两种情形:若$\boldsymbol{A}_K$不可逆,则

$$|\boldsymbol{A}_K|=0$$

因此

$$|\boldsymbol{A}|\geqslant(1+a_1^2a_2^2\cdots a_s^2)\,|\boldsymbol{P}|^2\geqslant|\boldsymbol{P}|^2=|\boldsymbol{A}_S|+|\boldsymbol{A}_K|$$

若$\boldsymbol{A}_S$可逆,则

$$n=2s$$

此时

$$
\boldsymbol{A}_K=\boldsymbol{P}^{\mathrm{T}}\begin{pmatrix} 0 & a_1 & & & \\ -a_1 & 0 & & & \\ & & \ddots & & \\ & & & 0 & a_s \\ & & & -a_s & 0 \end{pmatrix}\boldsymbol{P}
$$

而 $|\boldsymbol{A}_S|=a_1^2a_2^2\cdots a_s^2\,|\boldsymbol{P}|^2\neq 0$,此时亦有

$$
|\boldsymbol{A}|\geqslant(1+a_1^2a_2^2\cdots a_s^2)\,|\boldsymbol{P}|^2=|\boldsymbol{P}|^2+a_1^2a_2^2\cdots a_s^2\,|\boldsymbol{P}|^2=|\boldsymbol{A}_S|+|\boldsymbol{A}_K|
$$

作为定理 7.5.3 的直接推论,有:

推论 1 正定方阵的行列式必定大于零.

推论 2 正定方阵的逆也是正定方阵.

证明 设 $\boldsymbol{A}$ 为正定矩阵,因此有可逆矩阵 $\boldsymbol{P}$ 使得

$$
\boldsymbol{A}=\boldsymbol{P}^{\mathrm{T}}\begin{pmatrix} 1 & a_1 & & & & & & \\ -a_1 & 1 & & & & & & \\ & & \ddots & & & & & \\ & & & 1 & a_s & & & \\ & & & -a_s & 1 & & & \\ & & & & & 1 & & \\ & & & & & & \ddots & \\ & & & & & & & 1 \end{pmatrix}\boldsymbol{P}
$$

于是

$$
\boldsymbol{A}^{-1}=\boldsymbol{P}^{-1}\begin{pmatrix} \frac{1}{1+a_1^2} & -\frac{a_1}{1+a_1^2} & & & & & & \\ \frac{a_1}{1+a_1^2} & \frac{a_1}{1+a_1^2} & & & & & & \\ & & \ddots & & & & & \\ & & & \frac{1}{1+a_s^2} & -\frac{a_s}{1+a_s^2} & & & \\ & & & \frac{a_s}{1+a_s^2} & -\frac{1}{1+a_s^2} & & & \\ & & & & & 1 & & \\ & & & & & & \ddots & \\ & & & & & & & 1 \end{pmatrix}(\boldsymbol{P}^{-1})^{\mathrm{T}}
$$

设 $\boldsymbol{X}$ 是任一向量，并记

$$(\boldsymbol{P}^{-1})^{\mathrm{T}}\boldsymbol{X}=\boldsymbol{Y}\quad(\text{或 } \boldsymbol{X}=\boldsymbol{P}^{\mathrm{T}}\boldsymbol{Y})$$

则当 $\boldsymbol{X}$ 非零时，$\boldsymbol{Y}$ 亦非零. 因此

$$\boldsymbol{X}^{\mathrm{T}}\boldsymbol{A}^{-1}\boldsymbol{X}=(\boldsymbol{P}^{\mathrm{T}}\boldsymbol{Y})^{\mathrm{T}}\left(\boldsymbol{P}^{-1}\begin{pmatrix}\frac{1}{1+a_1^2} & -\frac{a_1}{1+a_1^2} & & & & & & \\ \frac{a_1}{1+a_1^2} & \frac{1}{1+a_1^2} & & & & & & \\ & & \ddots & & & & & \\ & & & \frac{1}{1+a_s^2} & -\frac{a_s}{1+a_s^2} & & & \\ & & & \frac{a_s}{1+a_s^2} & \frac{1}{1+a_s^2} & & & \\ & & & & & 1 & & \\ & & & & & & \ddots & \\ & & & & & & & 1\end{pmatrix}(\boldsymbol{P}^{-1})^{\mathrm{T}}\right)(\boldsymbol{P}^{\mathrm{T}}\boldsymbol{Y})$$

$$=\boldsymbol{Y}^{\mathrm{T}}\begin{pmatrix}\frac{1}{1+a_1^2} & -\frac{a_1}{1+a_1^2} & & & & & & \\ \frac{a_1}{1+a_1^2} & \frac{1}{1+a_1^2} & & & & & & \\ & & \ddots & & & & & \\ & & & \frac{1}{1+a_s^2} & -\frac{a_s}{1+a_s^2} & & & \\ & & & \frac{a_s}{1+a_s^2} & \frac{1}{1+a_s^2} & & & \\ & & & & & 1 & & \\ & & & & & & \ddots & \\ & & & & & & & 1\end{pmatrix}\boldsymbol{Y}$$

$$=\frac{1}{1+a_1^2}y_1^2+\cdots+\frac{1}{1+a_s^2}y_{2s}^2+y_{2s+1}^2+\cdots+y_n^2>0$$

这里 $y_1,y_2,\cdots,y_n$ 表示 $\boldsymbol{Y}$ 的 n 个元素. 证毕.

下面是定理 7.5.3 的推广：

定理 7.5.4 设 n 阶方阵 $\boldsymbol{A}=\boldsymbol{A}_S+\boldsymbol{A}_K$ 是正定的，其中 $\boldsymbol{A}_S$ 是 $\boldsymbol{A}$ 的对称分量，$\boldsymbol{A}_K$ 是 $\boldsymbol{A}$ 的反对称分量，则

$$\left|\boldsymbol{A}\begin{pmatrix}1 & 2 & \cdots & j\\ 1 & 2 & \cdots & j\end{pmatrix}\right| \geqslant \left|\boldsymbol{A}_S\begin{pmatrix}1 & 2 & \cdots & j\\ 1 & 2 & \cdots & j\end{pmatrix}\right| + \left|\boldsymbol{A}_K\begin{pmatrix}1 & 2 & \cdots & j\\ 1 & 2 & \cdots & j\end{pmatrix}\right| \quad (1\leqslant j\leqslant n)$$

这里 $\boldsymbol{A}\begin{pmatrix}1 & 2 & \cdots & j\\ 1 & 2 & \cdots & j\end{pmatrix}$ 表示方阵 $\boldsymbol{A}$ 的前 j 行、前 j 列构成的子矩阵.

证明 把 $\boldsymbol{A}$ 分块为

$$\boldsymbol{P}=\begin{pmatrix}\boldsymbol{A}_{11} & \boldsymbol{A}_{12}\\ \boldsymbol{A}_{21} & \boldsymbol{A}_{22}\end{pmatrix}$$

其中 $\boldsymbol{A}_{11}$ 是 j 阶方阵.

设 $\boldsymbol{X}=(y_1,y_2,\cdots,y_j,0,\cdots,0)=(\boldsymbol{Y},\boldsymbol{O})$,其中 $\boldsymbol{Y}$ 为非零向量. 于是

$$\boldsymbol{X}^{\mathrm{T}}\boldsymbol{A}\boldsymbol{X}=\boldsymbol{Y}^{\mathrm{T}}\boldsymbol{A}_{11}\boldsymbol{Y}>0$$

因此,$\boldsymbol{A}_{11}$ 是 j 阶正定方阵. 由定理 7.5.3,知

$$|\boldsymbol{A}_{11}|\geqslant|(\boldsymbol{A}_{11})_S|+|(\boldsymbol{A}_{11})_K|$$

这里 $(\boldsymbol{A}_{11})_S,(\boldsymbol{A}_{11})_K$ 分别为 $\boldsymbol{A}_{11}$ 的对称分量和反对称分量. 容易看出,它们分别是由 $\boldsymbol{A}$ 的对称分量 $\boldsymbol{A}_S$ 和反对称分量 $\boldsymbol{A}_K$ 的前 j 行、前 j 列构成的. 因此

$$\left|\boldsymbol{A}\begin{pmatrix}1 & 2 & \cdots & j\\ 1 & 2 & \cdots & j\end{pmatrix}\right| \geqslant \left|\boldsymbol{A}_S\begin{pmatrix}1 & 2 & \cdots & j\\ 1 & 2 & \cdots & j\end{pmatrix}\right| + \left|\boldsymbol{A}_K\begin{pmatrix}1 & 2 & \cdots & j\\ 1 & 2 & \cdots & j\end{pmatrix}\right| \quad (1\leqslant j\leqslant n)$$

证毕.

应当指出,定理 7.5.4 的逆一般来说并不成立. 例如,取

$$\boldsymbol{A}=\begin{pmatrix}1 & 1 & 0\\ -1 & 1 & 4\\ 0 & 0 & 1\end{pmatrix}$$

相应的

$$\boldsymbol{A}_S=\begin{pmatrix}1 & 0 & 0\\ 0 & 1 & 2\\ 0 & 2 & 1\end{pmatrix},\boldsymbol{A}_K=\begin{pmatrix}0 & 1 & 0\\ -1 & 0 & 2\\ 0 & -2 & 0\end{pmatrix}$$

同时,容易算得

$$\left|\boldsymbol{A}\begin{pmatrix}1\\ 1\end{pmatrix}\right|=1,\left|\boldsymbol{A}\begin{pmatrix}1 & 1\\ 2 & 2\end{pmatrix}\right|=2,\left|\boldsymbol{A}\begin{pmatrix}1 & 2 & 3\\ 1 & 2 & 3\end{pmatrix}\right|=2,\left|\boldsymbol{A}_S\begin{pmatrix}1\\ 1\end{pmatrix}\right|=1,\left|\boldsymbol{A}_S\begin{pmatrix}1 & 1\\ 2 & 2\end{pmatrix}\right|=1$$

$$\left|\boldsymbol{A}_S\begin{pmatrix}1 & 2 & 3\\ 1 & 2 & 3\end{pmatrix}\right|=-3,\left|\boldsymbol{A}_K\begin{pmatrix}1\\ 1\end{pmatrix}\right|=0,\left|\boldsymbol{A}_K\begin{pmatrix}1 & 1\\ 2 & 2\end{pmatrix}\right|=1,\left|\boldsymbol{A}_K\begin{pmatrix}1 & 2 & 3\\ 1 & 2 & 3\end{pmatrix}\right|=0$$

$$\left|\boldsymbol{A}\begin{pmatrix}1\\1\end{pmatrix}\right|\geqslant\left|\boldsymbol{A}_S\begin{pmatrix}1\\1\end{pmatrix}\right|+\left|\boldsymbol{A}_K\begin{pmatrix}1\\1\end{pmatrix}\right|,\left|\boldsymbol{A}\begin{pmatrix}1&1\\2&2\end{pmatrix}\right|\geqslant\left|\boldsymbol{A}_S\begin{pmatrix}1&1\\2&2\end{pmatrix}\right|+\left|\boldsymbol{A}_K\begin{pmatrix}1&1\\2&2\end{pmatrix}\right|$$

$$\left|\boldsymbol{A}\begin{pmatrix}1&2&3\\1&2&3\end{pmatrix}\right|\geqslant\left|\boldsymbol{A}_S\begin{pmatrix}1&2&3\\1&2&3\end{pmatrix}\right|+\left|\boldsymbol{A}_K\begin{pmatrix}1&2&3\\1&2&3\end{pmatrix}\right|$$

但因为

$$|\boldsymbol{A}_S|=\left|\boldsymbol{A}_S\begin{pmatrix}1&2&3\\1&2&3\end{pmatrix}\right|=-3$$

故 $\boldsymbol{A}_S$ 不是正定对称矩阵,由定理 4.3.1,$\boldsymbol{A}$ 不是正定矩阵.

第 2 篇

线性代数的几何理论

线性方程组与行列式的几何理论

第6章

§1 线性方程组的几何解释(向量方程的观点)

1.1 平面向量·二元一次方程组的几何解释

所谓向量[1],在初等几何学中理解为有方向的线段.向量通常在图上用带箭头的线段来表示,箭头指示它的方向.但有时我们也用两个字母上面加一箭头来表示向量,第一个字母指明其起点,第二个字母指明其终点.

两个向量,如果能以平行移动使其叠合,那么我们称其为相等的.显然,这样定义下的向量相等概念也具有通常相等概念的那些性质:每个向量等于它自身;若第一个向量等于第二个向量,则第二个向量也等于第一个向量;两个向量若都等于第三个向量,则它们彼此相等.

在处理向量时宜用下面的方式来给各种向量运算下定义:向量与数之间的乘法的结果是形成这样一个新向量,它的长等于所给向量的长,乘以所给数的绝对值,而其方向则或与所给向量一致(如果所给乘数是正的话),或与所给向量相反(如果所给乘数是负的话).除去向量与数之间的乘法以外我们还规定向量与向量之间的加法.这只要对两个同起点的向量来下定义就够了.在这情形,所谓两个向量$\overrightarrow{AB}$与$\overrightarrow{AC}$之和就是指以这两个向量作边的平行四边形的对角线AD所表示的向量(图1).

[1] 向量又称为作矢量.

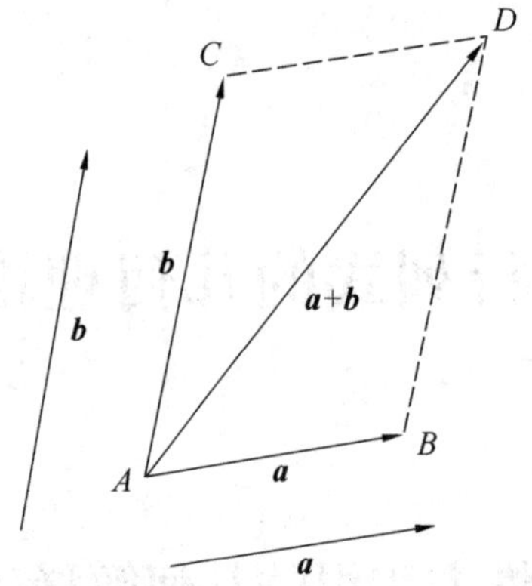

图 1

这些运算使我们能构成形如 $k_1\boldsymbol{a}_1+k_1\boldsymbol{a}_1+\cdots+k_n\boldsymbol{a}_n$ 的式子，其中 $\boldsymbol{a}_i$ 是所给的向量而 k_i 是任意的实数. 这样的式子叫作所给诸向量的线性组合（一次组合）.

长度为零的"线段"，即起点与终点重合的线段，亦称之为向量，所有这种"零向量"在上面所给定义的意义之下认为彼此都是相等的. 零向量还认为与任何向量都是平行的.

上面所规定的向量运算具有许多与实数运算相同的性质，例如：和与各项的次序无关，并且结合律亦成立：$(\boldsymbol{a}+\boldsymbol{b})+\boldsymbol{c}=\boldsymbol{a}+(\boldsymbol{b}+\boldsymbol{c})$；如果我们有若干向量与一个数的乘积之和，那么同一乘数可被提到括号外面去（图 2）；类此等等. 此外，加法的逆运算（减法）亦永远是可以施行的：为了使向量 $\boldsymbol{a}$ 减去向量 $\boldsymbol{b}$，只要做出 $\boldsymbol{a}+(-1)\boldsymbol{b}$ 这个和就行了. 有了这些向量运算的基本性质，我们就能像在

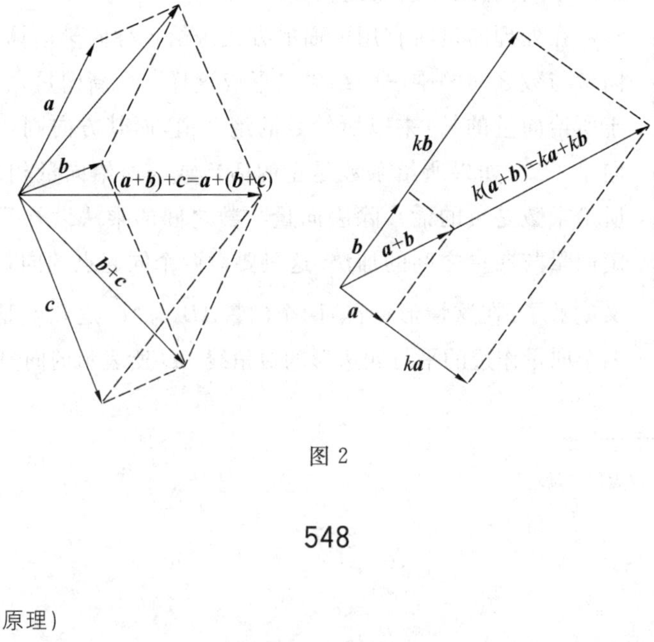

图 2

初等代数中一样来进行等式的等价变形(将等式一边的项移到另一边;用同一数乘等式两边或以同一向量加于等式两边;也可以把几个等式的左边与右边各加在一起而得同样也正确的等式).

如果两个向量 $\boldsymbol{a}$ 与 $\boldsymbol{b}$ 平行于同一直线并且 $\boldsymbol{a}\neq\boldsymbol{0}$(零向量),那么向量 $\boldsymbol{b}$ 总可以表示成 $\boldsymbol{b}=k\boldsymbol{a}$ 的形式,这里 k 是一个数. 不平行于向量 $\boldsymbol{a}$ 的向量就不能表示成这种形式,这可以立刻由向量与数的乘法的定义推知.

我们至今只限于讨论在同一平面上的向量. 在这种情形下,我们能把任一向量表示成两个彼此不平行的已知向量的线性组合:事实上,如果 $\boldsymbol{a}$ 与 $\boldsymbol{b}$ 是所给的向量,而 $\boldsymbol{x}$ 是同一平面上的任一向量,那么首先可以利用平行移动使这三个向量的起点彼此叠合(图 3),然后通过向量 $\boldsymbol{x}$ 的终点作两条直线分别平行于向量 $\boldsymbol{b}$ 与 $\boldsymbol{a}$,则这两条直线将分别与向量 $\boldsymbol{a}$ 与 $\boldsymbol{b}$ 所在的直线相交. 于是由图可见,$\boldsymbol{x}=\boldsymbol{OX}_1+\boldsymbol{OY}_1$,而既然向量 $\boldsymbol{OX}_1$ 与 $\boldsymbol{OY}_1$ 各平行于向量 $\boldsymbol{a}$ 与 $\boldsymbol{b}$,则可以选择这样两个数 x 与 y,使 $x\boldsymbol{a}=\boldsymbol{OX}_1$,并且 $y\boldsymbol{a}=\boldsymbol{OY}_1$. 代入前面的等式,得到 $\boldsymbol{x}=x\boldsymbol{a}+y\boldsymbol{b}$,如此向量 $\boldsymbol{x}$ 就表示成向量 $\boldsymbol{a}$ 与 $\boldsymbol{b}$ 的线性组合了.

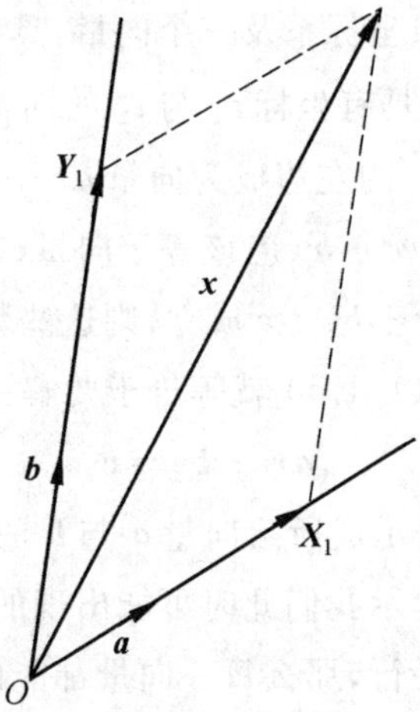

图 3

值得注意的是,同一个向量不能表示所给诸向量的两种不同的线性组合. 如其不然,设 $\boldsymbol{x}=x\boldsymbol{a}+y\boldsymbol{b}=x'\boldsymbol{a}+y'\boldsymbol{b}$,则等式 $(x'-x)\boldsymbol{a}=(y'-y)\boldsymbol{b}$ 在向量 $\boldsymbol{a}$ 与 $\boldsymbol{b}$ 互不平行时亦将成立,这是不可能的.

上面所说的结论实际上包含了解析几何里坐标方法的概念:如果在平面上给了两个向量 $\boldsymbol{e}_1$ 与 $\boldsymbol{e}_2$,则由于任何向量 $\boldsymbol{x}$ 都能表示成这两个向量的线性组合,即 $\boldsymbol{x}=x_1\boldsymbol{e}_1+x_2\boldsymbol{e}_2$ 的形状,这就使每个向量 $\boldsymbol{x}$ 都与两个数 x_1 与 x_2 相对应,而这两个数本身即由所给的向量唯一决定. 这些数称为向量 $\boldsymbol{x}$ 对 $\boldsymbol{e}_1,\boldsymbol{e}_2$ 这一对向量的坐标.有时这一对向量亦称为我们这平面上的坐标系(或基底).上面指明过,以不平行向量的线性组合来表出一个向量表示法具有唯一性,因此推知:要两个向量相等,则其必要而充分的条件是要它们的坐标相等.为便利起见,以后向量 $\boldsymbol{x}$ 的坐标将写成行的形状($\begin{pmatrix} x_1 \\ x_2 \end{pmatrix}$).

如果给了两个向量 $\boldsymbol{x}=x_1\boldsymbol{e}_1+x_2\boldsymbol{e}_2$ 及 $\boldsymbol{y}=y_1\boldsymbol{e}_1+y_2\boldsymbol{e}_2$,则由上面所说的向量运算的性质可推知成立等式 $\boldsymbol{x}+\boldsymbol{y}=(x_1+y_1)\boldsymbol{e}_1+(x_2+y_2)\boldsymbol{e}_2$,这就是说,两个向量之和的坐标等于各向量的相应坐标之和,同样亦可得到一条关于向量与数相乘的法则:以一数乘一向量,则其坐标为该数所乘.

我们现在已掌握充分的理论用来研究具体问题了.作为这种应用的对象,我们来研究一组形如

$$\begin{cases} a_1x+b_1y=c_1 \\ a_2x+b_2y=c_2 \end{cases} \tag{1.1.1}$$

的方程式.

我们在平面上考虑一组坐标系及三个向量:具有坐标 a_1 与 a_2 的向量 $\boldsymbol{a}$,具有坐标 b_1 与 b_2 的向量 $\boldsymbol{b}$ 及具有坐标 c_1 与 c_2 的向量 $\boldsymbol{c}$,如果暂且把 x 与 y 看作是已知数,那么方程(1.1.1)的左边成为向量 $\boldsymbol{a}x+\boldsymbol{b}y$ 的坐标.但既然这些坐标等于向量 $\boldsymbol{c}$ 的坐标,则向量 $\boldsymbol{a}x+\boldsymbol{b}y$ 应该等于向量 $\boldsymbol{c}$.反过来说,如果我们找出了这样的数 x 与 y,使等式 $\boldsymbol{a}x+\boldsymbol{b}y=\boldsymbol{c}$ 成立,则这些数就是方程组(1.1.1)的解.

这样一来,求解方程组(1.1.1)就等价于要解一个向量方程式

$$\boldsymbol{a}x+\boldsymbol{b}y=\boldsymbol{c} \tag{1.1.2}$$

而这无非就是要把向量 $\boldsymbol{c}$ 表示成所给向量 $\boldsymbol{a}$ 与 $\boldsymbol{b}$ 的线性组合.

由几何图形可以立刻提示我们此时可能出现的各种情形,即:

1. 如果向量 $\boldsymbol{a}$ 与 $\boldsymbol{b}$ 不平行,那么每一向量都能以这些向量的线性组合表示出来,并且这种表示法是唯一的(只能找到一对 x 与 y 的数值使方程式(1.1.2)满足).这样,不论常数项 c_1 与 c_2 的数值如何,所给这组方程式在这场合总有一个解.

2. 如果向量 $\boldsymbol{a}$ 与 $\boldsymbol{b}$ 平行,则方程式的解只有在向量 $\boldsymbol{c}$ 平行于向量 $\boldsymbol{a}$ 与 $\boldsymbol{b}$ 的时候才能存在;在相反的情形,所需要的 x 与 y 的数值就找不出来.

3. 如果所有 $\boldsymbol{a}$,$\boldsymbol{b}$ 与 $\boldsymbol{c}$ 这三个向量都平行,而向量 $\boldsymbol{a}$ 与 $\boldsymbol{b}$ 中至少有一个不是零,那么所有解都可以由如下方式得到(为确定起见以下认为向量 $\boldsymbol{a}$ 不等于零):给未知数 y 以一个任意数值并且把向量 $\boldsymbol{b}y$ 移到右边去:$\boldsymbol{a}x=\boldsymbol{c}-\boldsymbol{b}y$.既然

向量$\boldsymbol{c}-\boldsymbol{b}y$ 平行于向量 $\boldsymbol{a}$,则可能选取这样一个 x 的数值,使上面这等式成立.

剩下未讨论的当 $\boldsymbol{a}$ 与 $\boldsymbol{b}$ 都等于零的情形完全没有什么困难;若向量 $\boldsymbol{c}$ 异于零,则解不存在.若向量 $\boldsymbol{c}$ 亦等于零,则任何一对 x 与 y 的数值都是所给这组方程式的解.

由所讲的这种想法甚至还能得出方程组(1.1.1)当向量 $\boldsymbol{a}$ 与 $\boldsymbol{b}$ 不平行时方程组(1.1.1)的解的公式.事实上,由图 4 可以看出,满足方程组的 x 与 y 的数值各等于$\frac{OA_1}{OA}$与$\frac{OB_1}{OB}$这两个线段的长的比值.

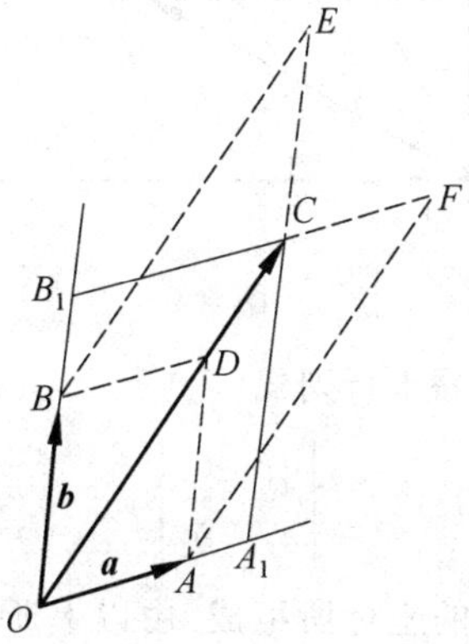

图 4

这些比值中第一个由图可以看出是等于平行四边形 $OCEB$ 与 $OADB$ 的高的比值,在此向量 $\boldsymbol{b}$ 看作是底边;但由于这两个四边形的底边是共同的,故高的比值就等于面积的比值,即

$$x=\frac{OCEB\text{ 的面积}}{OBDA\text{ 的面积}} \tag{1.1.3}$$

同样,$\frac{OB_1}{OB}$这比值等于平行四边形 $OCFA$ 与 $OBDA$ 的面积之比,亦就是说

$$y=\frac{OCFA\text{ 的面积}}{OBDA\text{ 的面积}} \tag{1.1.3'}$$

现在不难算出这些图形的面积,这只要把它们分成三角形就行了.我们在平面上选取一组坐标系,由两个互相垂直的向量 $\boldsymbol{e}_1$,$\boldsymbol{e}_2$ 所组成,这些向量每个的长都等取 1(图 5);然后构成向量 $\boldsymbol{a}=a_1\boldsymbol{e}_1+a_2\boldsymbol{e}_2$ 及 $\boldsymbol{b}=b_1\boldsymbol{e}_1+b_2\boldsymbol{e}_2$.于是 OA_1,OB_1,OA_2 与 OB_2 诸线段取适当的符号时将各等于 a_1,b_1,a_2 与 b_2 诸数(在图 5 上它们都假定是正的).那么平行四边形 $OACB$ 的面积就显然可以表示成这样

$$\begin{aligned}S_{OACB}&=2S_{OAB}\\&=2[S_{OB_1B}+S_{B_1A_1AB}-S_{OA_1A}]\end{aligned}$$

$$=2\left[\frac{b_1b_2}{2}+\frac{a_2+b_2}{2}(a_1-b_1)-\frac{a_1a_2}{2}\right]$$
$$=a_1b_2-a_2b_1$$

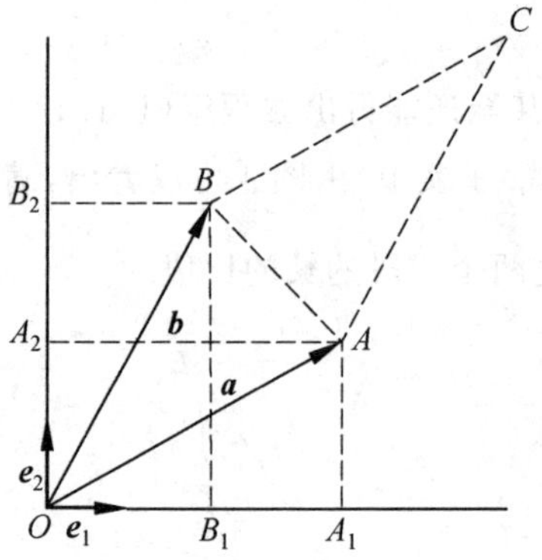

图 5

如此,这面积原来恰好等于行列式

$$\begin{vmatrix} a_1 & b_1 \\ a_2 & b_2 \end{vmatrix}$$

这行列式的行由向量$\boldsymbol{a}$与$\boldsymbol{b}$的坐标所组成. 由以上所说容易看出,这行列式等于零时就表示向量$\boldsymbol{a}$与$\boldsymbol{b}$是平行的. 如果$a_1b_2-a_2b_1\neq 0$,则方程组(1.1.1)的解由公式

$$x=\frac{\begin{vmatrix} c_1 & b_1 \\ c_2 & b_2 \end{vmatrix}}{\begin{vmatrix} a_1 & b_1 \\ a_2 & b_2 \end{vmatrix}},y=\frac{\begin{vmatrix} c_1 & b_1 \\ c_2 & b_2 \end{vmatrix}}{\begin{vmatrix} a_1 & b_1 \\ a_2 & b_2 \end{vmatrix}} \qquad (1.1.4)$$

给出,由我们所阐明的行列式的几何意义知道,这些公式恰好表示与公式(1.1.3)及(1.1.3′)同样的意义.

固然,在我们全部作图中有一点欠精确的地方:在初等几何的意义上面积是正的数量;而$a_1b_2-a_2b_1$这式子则亦可能是负的. 之前不注意这种情况只是因为在我们图上所有感兴趣的数量都得出是正的. 这种缺点是可以消除的,只要对平行四边形的面积赋以一定的符号:一个画在向量$\boldsymbol{a}$与$\boldsymbol{b}$上的平行四边形,如果由它的一边$\boldsymbol{a}$开始(以$\boldsymbol{a}$的方向)沿其边界绕行,若与由$\boldsymbol{e}_1$开始沿画在向量$\boldsymbol{e}_1$及$\boldsymbol{e}_2$上的平行四边形的边界绕行时在观察者的同一侧,则该平行四边形的面积规定为正,反之为负. 读者只要仿图 5 画几次图,就可以确信这样规定的面积符号恒与$a_1b_2-a_2b_1$这式子的符号一致.

1.2 数向量及其运算

现在我们自然很期待,如何能把上一目所说的结论推广到未知数个数较多并且方程式个数较多的一次方程组的解及其讨论上去.可是直接推广的困难在于:如果未知数的个数超过三,那么方程组的解就会由三个以上的数组成,从而不能把它们按寻常几何意义解释为向量的坐标了.况且,如果我们有时要考虑复系数的方程式,这种困难尤其加深:要知道坐标是复数的向量是不可能以普通几何方式表出的.

但是所有这些困难能以下面的途径来避免,这途径的观念在数学学科中表现有很丰富的成果并且常常被应用着:初等向量概念可以这样加以推广,使上面所说的困难自然地消除,而同时向量的重要性质却被保留.

设 K 是某数域,而 n 是任一正整数.

所谓域 K 上的 n 维数向量,是指这域中 n 个数组成的有序数组.

常把 n 维数向量写成如下形式

$$(a_1,a_2,\cdots,a_n)$$

这里 a_i 是域 K 的元素,它称为这个向量的坐标.

依照数向量的定义,两个 n 维向量

$$(a_1,a_2,\cdots,a_n),(b_1,b_2,\cdots,b_n)$$

当且仅当相同足标的坐标互相重合,也就是 $a_1=b_1,a_2=b_2,\cdots,a_n=b_n$ 的时候,叫作相等.

我们已经看到,平面上的向量即相应于由两个实数所组成的有序数组.在刚才所引入定义的意义下这些向量就是在实数域上的二维数向量.

如果所考虑的向量始终在同一域上,那么这域就无须指明了.同样“数”字也可以省略,因为我们暂时并不考虑其他种类的向量.

现在我们可以仿照上一目中所讲“几何的”运算来给出向量的基本运算了.

两个 n 维向量的和是指这样一个 n 维向量,这向量的坐标等于各项的相应坐标之和.

与这类似,所谓一个 n 维向量与一数 k(属于域 K)的乘积是这样一个向量,它的坐标等于所给向量的相应坐标乘以 k.

这些定义也可以用公式表示如下

$$(a_1,a_2,\cdots,a_n)+(b_1,b_2,\cdots,b_n)=(a_1+b_1,a_2+b_2,\cdots,a_n+b_n)^{①}$$

$$k\cdot(a_1,a_2,\cdots,a_n)=(ka_1,ka_2,\cdots,ka_n)$$

以后我们常常会像上面一目那样使用一个小写黑体拉丁字母来表示向量；在这种时候向量的坐标则以细体的同一字母带着下标来表示，下标指示这些坐标的号码.

根据定义，立刻可以证明向量的加法，以及与数的乘法，具有下述诸性质：

1. 向量加法满足交换律：$\boldsymbol{a}+\boldsymbol{b}=\boldsymbol{b}+\boldsymbol{a}$.

2. 向量加法满足结合律：$(\boldsymbol{a}+\boldsymbol{b})+\boldsymbol{c}=\boldsymbol{a}+(\boldsymbol{b}+\boldsymbol{c})$.

3. 向量和 K 的元素的乘法满足交换律：$k\cdot\boldsymbol{a}=\boldsymbol{a}\cdot k$.

4. 向量和 K 的元素的乘法对向量加法满足分配律：$k\cdot(\boldsymbol{a}+\boldsymbol{b})=k\cdot\boldsymbol{a}+k\cdot\boldsymbol{b}$，$(\boldsymbol{a}+\boldsymbol{b})\cdot k=\boldsymbol{a}\cdot k+\boldsymbol{b}\cdot k$.

例如，我们来证明这些性质的第一个. 根据加法的定义

$$\boldsymbol{a}+\boldsymbol{b}=(a_1+b_1,a_2+b_2,\cdots,a_n+b_n),b+a=(b_1+a_1,b_2+a_2,\cdots,b_n+a_n)$$

既然域 K 的元素的加法满足交换律

$$a_1+b_1=b_1+a_1,a_2+b_2=b_2+a_2,\cdots,a_n+b_n=b_n+a_n$$

所以

$$\boldsymbol{a}+\boldsymbol{b}=\boldsymbol{b}+\boldsymbol{a}$$

向量$(0,0,\cdots,0)$用 $\mathbf{0}$ 代表，并叫作零向量. 关于零向量有下述性质：

5. $\boldsymbol{a}+\mathbf{0}=\boldsymbol{a}$，换句话说，零向量保持着普通的数零对于加法的作用.

我们还可以指出下面这一种性质：

6. 方程式 $\boldsymbol{x}+\boldsymbol{a}=\boldsymbol{b}$ 的解存在且唯一.

事实上，设令

$$\boldsymbol{a}=(a_1,a_2,\cdots,a_n),\boldsymbol{b}=(b_1,b_2,\cdots,b_n)$$

立刻就会得出

$$\boldsymbol{x}=(b_1-a_1,b_2-a_2,\cdots,b_n-a_n)$$

这个向量叫作向量 $\boldsymbol{a}$ 和 $\boldsymbol{b}$ 的差，并用记号 $\boldsymbol{a}-\boldsymbol{b}$ 表示. 在特别情形下，$\mathbf{0}-\boldsymbol{a}$ 可以简写成 $-\boldsymbol{a}$，并把它叫作 $\boldsymbol{a}$ 的逆向量.

最后，我们还可以证明下述诸性质：

7. $k_1(k_2\boldsymbol{a})=(k_1k_2)\boldsymbol{a}$（$k_1,k_2$ 为 K 中元素）.

8. $k(\boldsymbol{a}\pm\boldsymbol{b})=k\boldsymbol{a}\pm k\boldsymbol{b}$，$(k_1\pm k_2)\boldsymbol{a}=k_1\boldsymbol{a}\pm k_2\boldsymbol{a}$.

---

① 根据加法的定义，不同维数的向量和，失去了意义. 在本节，谈到向量和而没有说明维数的时候，我们指的是这两个向量具有相同的维数.

9. $e\boldsymbol{a}=\boldsymbol{a},(-e)\boldsymbol{a}=-\boldsymbol{a}$($e$ 为 K 中的单位元素).

10. $0\cdot\boldsymbol{a}=\boldsymbol{0},\boldsymbol{a}\cdot 0=\boldsymbol{0}$(0 为 K 中的零元素).

11. 若 $k\boldsymbol{a}=\boldsymbol{0}$,且 $\boldsymbol{a}\neq\boldsymbol{0}$,则有 $k=0$.

由直接验算,我们容易证明上述性质.

1.3 数向量的线性相关

在 1.1 中,曾由平面向量的几何理论得出二元一次方程组的情况,我们指出,相应的观念可以推广到任意多个元的线性方程组的情况.

n 维向量 $\boldsymbol{b}$ 叫作和向量 $\boldsymbol{a}$ 成比例(平行),如果存在域 K 中的这样的元素 k,使得 $\boldsymbol{b}=k\boldsymbol{a}$. 特别是由等式 $\boldsymbol{0}=0\boldsymbol{a}$,知道零向量和任何向量 $\boldsymbol{a}$ 成比例. 如果 $\boldsymbol{b}=k\boldsymbol{a}$ 而且 $\boldsymbol{b}\neq\boldsymbol{0}$,那么 $k\neq 0$,于是 $\boldsymbol{a}=k^{-1}\boldsymbol{b}$,也就是说对于非零向量的成比例是对称的.

推广向量成比例的概念可以得到下面的概念:

向量 $\boldsymbol{b}$ 叫作向量 $\boldsymbol{a}_1,\boldsymbol{a}_2,\cdots,\boldsymbol{a}_m$ 的线性组合,假若在 K 中,存在有这样的一组元素 $k_1,k_2,\cdots,k_m$(这组元素的一部分或全体都可以是零),使得

$$\boldsymbol{b}=k_1\boldsymbol{a}_1+k_2\boldsymbol{a}_2+\cdots+k_m\boldsymbol{a}_m$$

向量组

$$\boldsymbol{a}_1,\boldsymbol{a}_2,\cdots,\boldsymbol{a}_{m-1},\boldsymbol{a}_m\quad(m\geqslant 2)\tag{1.3.1}$$

叫作线性相关,如果这些向量里面,至少有一个是向量组(1.3.1) 中其余向量的线性组合,否则叫作线性无关.

可以指出这一个重要定义的另一形式:向量组(1.3.1) 叫作线性相关,假若有不全等于零的 m 个 K 中的元素 $k_1,k_2,\cdots,k_m$ 存在而使等式

$$k_1\boldsymbol{a}_1+k_2\boldsymbol{a}_2+\cdots+k_m\boldsymbol{a}_m=\boldsymbol{0}\tag{1.3.2}$$

成立.

不难证明这两个定义的等价性. 例如,设向量组(1.3.1) 中向量 $\boldsymbol{a}_m$ 是其余向量的线性组合

$$\boldsymbol{a}_m=k_1\boldsymbol{a}_1+k_2\boldsymbol{a}_2+\cdots+k_{m-1}\boldsymbol{a}_{m-1}$$

移项后就推得等式

$$k_1\boldsymbol{a}_1+k_2\boldsymbol{a}_2+\cdots+k_{m-1}\boldsymbol{a}_{m-1}-\boldsymbol{a}_m=\boldsymbol{0}$$

这是(1.3.2) 形的等式,其中 $k_i=0(i=1,2,\cdots,m-1)$ 而 $k_m=-1$,也就是说 $k_m\neq 0$, 即向量组 $\boldsymbol{a}_1,\boldsymbol{a}_2,\cdots,\boldsymbol{a}_{m-1},\boldsymbol{a}_m$ 线性相关.

反过来设向量组(1.3.1) 有关系式(1.3.2),而且在它里面,例如 $k_m\neq 0$,那么

$$\boldsymbol{a}_m=c_1\boldsymbol{a}_1+c_2\boldsymbol{a}_2+\cdots+c_{m-1}\boldsymbol{a}_{m-1},c_i=-\frac{k_i}{k_m}$$

即是，向量 $\boldsymbol{a}_m$ 是向量组 $\boldsymbol{a}_1,\boldsymbol{a}_2,\cdots,\boldsymbol{a}_{m-1}$ 的线性组合.

例 1 试取下面的(有理数域上的)三个向量讨论

$$\boldsymbol{a}_1=(1,2,2),\boldsymbol{a}_2=(-2,1,-1),\boldsymbol{a}_3=(1,-3,-1)$$

线性相关性.

解 由观察不难看出这三个向量的和等于零向量

$$\boldsymbol{a}_1+\boldsymbol{a}_2+\boldsymbol{a}_3=\boldsymbol{0}$$

换句话说，所给的向量组线性相关. 虽然如此，但是这个向量组的任何两个向量却是线性无关的. 假若不然，不妨设 $\boldsymbol{a}_1$ 和 $\boldsymbol{a}_2$ 线性相关，即有两个不同时为零的数 k_1,k_2 存在而使

$$k_1\boldsymbol{a}_1+k_2\boldsymbol{a}_2=\boldsymbol{0}$$

设 $k_1\neq 0$，这个不等式就可以写成

$$\boldsymbol{a}_1=k\boldsymbol{a}_2$$

式中

$$k=\frac{k_1}{k_2}$$

由最后这个等式，向量 $\boldsymbol{a}_1$ 的坐标和向量 $\boldsymbol{a}_2$ 的坐标对应成比例，这个事实，显然不能成立.

例 2 试讨论五维向量组

$$\boldsymbol{a}_1=(1,-1,1,-1,1),\boldsymbol{a}_2=(1,0,2,0,1)$$

$$\boldsymbol{a}_3=(1,-5,-1,2,-1),\boldsymbol{a}_4=(3,-6,2,1,1)$$

的线性相关性.

解 由在此容易验证，这四个向量满足下述等式

$$\boldsymbol{a}_1+\boldsymbol{a}_2+\boldsymbol{a}_3-\boldsymbol{a}_4=\boldsymbol{0} \tag{1.3.3}$$

于是这四个向量线性相关. 从等式(1.3.3)，我们可以把任意一个向量用其余向量线性表示出来，例如

$$\boldsymbol{a}_4=\boldsymbol{a}_1+\boldsymbol{a}_2+\boldsymbol{a}_3$$

例 3 试讨论向量组

$$\boldsymbol{a}_1=(1,1,1),\boldsymbol{a}_2=(1,2,3),\boldsymbol{a}_3=(1,3,6)$$

的线性相关性.

解 基于这个目的，可设

$$k_1\boldsymbol{a}_1+k_2\boldsymbol{a}_2+k_3\boldsymbol{a}_3=\boldsymbol{0}$$

即

$$k_1(1,1,1)+k_2(1,2,3)+k_3(1,3,6)=\boldsymbol{0}$$

根据向量加法与向量和数相乘的定义，上式可以写成

$$(k_1+k_2+k_3,k_1+2k_2+3k_3,k_1+3k_2+6k_3)=\mathbf{0}$$

由此得

$$k_1+k_2+k_3=0,k_1+2k_2+3k_3=0,k_1+3k_2+6k_3=0$$

因为这个(线性) 方程组的行列式不等于零，所以

$$k_1=0,k_2=0,k_3=0$$

这些元素既然全是零，则向量组 $\boldsymbol{a}_1,\boldsymbol{a}_2,\boldsymbol{a}_3$ 线性无关.

上面所说的第二个线性相关的定义可以用到 $m=1$ 的情形，也就是对于这样的组，只含有一个向量 $\boldsymbol{a}$:这一组当且仅当 $\boldsymbol{a}=\mathbf{0}$ 时才是线性相关的. 因为关系式

$$k\boldsymbol{a}=\mathbf{0}$$

在 $\boldsymbol{a}\neq\mathbf{0}$ 的条件下，只有 $k=0$ 才能成立. 反之如果 $\boldsymbol{a}=\mathbf{0}$，那么例如 $k=1$ 时就得出 $\boldsymbol{a}=\mathbf{0}$.

注意线性相关这概念的下述的性质：如果在向量组(1.3.1) 中，有一部分向量线性相关，那么整个向量组(1.3.1) 也线性相关.

因为如果假设向量组(1.3.1) 中的向量 $\boldsymbol{a}_1,\boldsymbol{a}_2,\cdots,\boldsymbol{a}_s$，其中 $s<m$，有关系式

$$k_1\boldsymbol{a}_1+k_2\boldsymbol{a}_2+\cdots+k_s\boldsymbol{a}_s=\mathbf{0}$$

它的系数不全部为零. 就得出关系式

$$k_1\boldsymbol{a}_1+k_2\boldsymbol{a}_2+\cdots+k_s\boldsymbol{a}_s+0\cdot\boldsymbol{a}_{s+1}+\cdots+0\cdot\boldsymbol{a}_m=\mathbf{0}$$

即是说向量组(1.3.1) 线性相关.

从这一性质，推知含有两个相等的向量，或一般的有两个成比例的向量的每一个向量组都是线性相关的. 又每一个含有零向量的向量组亦是线性相关的. 注意，现在所证明的性质还可以给出这样的说法：如果向量组(1.3.1) 线性无关，那么它的每一个部分向量组都是线性无关的.

这里产生了这样的问题：n 维向量的线性无关组可以包含多少个向量？特别地，是否存在含有任意多个向量的线性无关组呢？为了这个问题，我们研究 n 维向量空间中的所谓单位向量

$$\boldsymbol{e}_1=(1,0,0,\cdots,0),\ \boldsymbol{e}_2=(0,1,0,\cdots,0),\cdots,\boldsymbol{e}_n=(0,0,\cdots,0,1)$$

单位向量组是线性无关的. 事实上，由等式

$$k_1\boldsymbol{a}_1+k_2\boldsymbol{a}_2+\cdots+k_n\boldsymbol{a}_n=(k_1,k_2,\cdots,k_m)=\mathbf{0}$$

得出

$$k_i=0\quad(i=1,2,\cdots,n)$$

因为零向量的各个分量都等于零，而相等向量的对应分量相等. 于是，我们就在 n 维向量空间中找出了由 n 个向量组成的线性无关组. 下一节将看到，在这个空

间中，实际上存在着无穷多个不同的这种组.

我们来证明下述定理：

定理 1.3.1 域 K 上 n 维向量空间中任意 $n+1$ 个 n 维数向量均线性相关.

证明 在 $n=1$ 时定理是成立的. 事实上，一维向量就是一个域 K 的元素. 如果给出两个元素 $\boldsymbol{a}$ 和 $\boldsymbol{b}$，而且设 $\boldsymbol{a}\neq\boldsymbol{0}$，那么

$$\boldsymbol{b}=k\boldsymbol{a}$$

其中 $k=\dfrac{\boldsymbol{b}}{\boldsymbol{a}}$. 设对于 $n-1$ 维向量，我们的定理已经证明. 现在来证明它对于 n 维向量也能成立.

假设，n 维向量组

$$\begin{cases}\boldsymbol{a}_1=(a_{11},a_{12},\cdots,a_{1n})\\ \boldsymbol{a}_2=(a_{21},a_{22},\cdots,a_{2n})\\ \qquad\vdots\\ \boldsymbol{a}_{n+1}=(a_{(n+1)1},a_{(n+1)2},\cdots,a_{(n+1)n})\end{cases}$$

线性无关. 因此，特别地，有 $\boldsymbol{a}_1\neq\boldsymbol{0}$，也就是在这个向量的分量中至少有一个不等于零：例如设 $a_{11}\neq 0$.

现在来变换我们的向量组，使得除第一个向量外，其他向量的最后的分量全等于零. 这只要把每个向量 $\boldsymbol{a}_i$，$i=2,3,\cdots,n+1$ 减去向量 $\boldsymbol{a}_1$ 的 $\frac{a_{in}}{a_{1n}}$ 倍就能得出. 容易证明，所得出的向量组

$$\boldsymbol{a}_1,\boldsymbol{a}'_2=\boldsymbol{a}_2-\frac{a_{2n}}{a_{1n}}\boldsymbol{a}_1,\cdots,\boldsymbol{a}'_{n+1}=\boldsymbol{a}_{n+1}-\frac{a_{(n+1)n}}{a_{1n}}\boldsymbol{a}_1$$

依旧是线性无关的①，所以它的子向量组

---

① 事实上，设 $\boldsymbol{a}_1,\boldsymbol{a}'_2,\cdots,\boldsymbol{a}'_{n+1}$ 线性相关，即有不全为零的数 $k_1,k_2,\cdots,k_{n+1}$ 使得 $k_1\boldsymbol{a}_1+k_2\boldsymbol{a}_2+\cdots+k_{n+1}\boldsymbol{a}_{n+1}=\boldsymbol{0}$，于是有

$$k'_1\boldsymbol{a}_1+k_2\left(\boldsymbol{a}_2-\frac{a_{2n}}{a_{1n}}\boldsymbol{a}_1\right)+\cdots+k_{n+1}\left(\boldsymbol{a}_{n+1}-\frac{a_{(n+1)n}}{a_{1n}}\boldsymbol{a}_1\right)=\boldsymbol{0}$$

或者

$$k'_1\boldsymbol{a}_1+k_2\boldsymbol{a}_2+\cdots+k_{n+1}\boldsymbol{a}_{n+1}=\boldsymbol{0}$$

这里 $k'_1=k_1-\dfrac{k_2a_{2n}}{a_{1n}}-\cdots-\dfrac{k_{n+1}a_{(n+1)n}}{a_{1n}}$. 因为 $k_1,k_2,\cdots,k_{n+1}$ 中至少有一个不等于零. 当 $k_2,\cdots,k_{n+1}$ 中有一个不等于零时，数组 $k'_1,k_2,\cdots,k_{n+1}$ 就不全等于零；当 $k_2=\cdots=k_{n+1}=0$ 而 $k_1\neq 0$ 时，$k'_1\neq 0$. 就是说，无论何种情况，数组 $k'_1,k_2,\cdots,k_{n+1}$ 都不能全等于零，可是这就得出矛盾的结果：向量组 $\boldsymbol{a}_1,\boldsymbol{a}_2,\cdots,\boldsymbol{a}_{n+1}$ 成为了线性相关.

$$\boldsymbol{a}'_2, \boldsymbol{a}'_3, \cdots, \boldsymbol{a}'_{n+1}$$

也是线性无关的.

这个子向量组中的向量有下面的形状

$$\boldsymbol{a}'_2 = (a'_{21}, a'_{22}, \cdots, a'_{2(n-1)}, 0)$$
$$\vdots$$
$$\boldsymbol{a}'_{n+1} = (a'_{(n+1)1}, a'_{(n+1)2}, \cdots, a'_{(n+1)(n-1)}, 0)$$

分量 a'_{ij} 的准确表达式是很容易得出的,但是并没有必要写出它们.

讨论 $n-1$ 维向量组

$$\boldsymbol{b}_2 = (a'_{21}, a'_{22}, \cdots, a'_{2(n-1)})$$
$$\vdots$$
$$\boldsymbol{b}_{n+1} = (a'_{(n+1)1}, a_{(n+1)2}, \cdots, a'_{(n+1)(n-1)})$$

这个向量组含有 n 个向量,所以从归纳法的假设,知道它是线性相关的.因此,有不全为零的元素 $k_2, k_3, \cdots, k_{n+1}$ 存在,使得下面的等式成立

$$k_2\boldsymbol{b}_2 + k_3\boldsymbol{b}_3 + \cdots + k_{n+1}\boldsymbol{b}_{n+1} = \mathbf{0}$$

因为向量的加法与向量的乘法是对于对应分量来做的,因而向量 $\boldsymbol{a}'_2, \cdots, \boldsymbol{a}'_{n+1}$ 与 $\boldsymbol{b}_2, \cdots, \boldsymbol{b}_{n+1}$ 的差别只是这些向量 $\boldsymbol{a}_i$ 后面多出一个零分量,所以我们得到

$$k_2\boldsymbol{a}'_2 + k_3\boldsymbol{a}'_3 + \cdots + k_{n+1}\boldsymbol{a}'_{n+1} = \mathbf{0}$$

这和向量组 $\boldsymbol{a}'_2, \cdots, \boldsymbol{a}'_{n+1}$ 的线性无关性矛盾.这就证明了我们的定理.

1.4 数向量组的秩

以后我们就会看到,向量对于线性方程组的研究有很大的用途.基于这个目的,我们还得引入另一个重要的概念.

我们把一个 n 维向量组 $\boldsymbol{a}_1, \boldsymbol{a}_2, \cdots, \boldsymbol{a}_m$ 所含的线性无关向量的最大数,称为这个向量组的秩数.

特别,一个全是零向量所成的向量组,我们就说它的秩等于零.

作为例子,我们来看三个二维向量构成的向量组

$$\boldsymbol{a}_1 = (1,2), \boldsymbol{a}_2 = (-2,-4), \boldsymbol{a}_3 = (0,2)$$

首先,这三个向量线性相关,因为 $2\boldsymbol{a}_1 + \boldsymbol{a}_2 + \boldsymbol{a}_3 = \mathbf{0}$.其次,向量 $\boldsymbol{a}_1$ 和 $\boldsymbol{a}_3$ 线性无关,因为方程

$$k_1\boldsymbol{a}_1 + k_2\boldsymbol{a}_3 = \mathbf{0}$$

或者等价的方程组

$$k_1 = 0, 2k_1 + 2k_2 = 0$$

只有当 $k_1 = k_2 = 0$ 时才成立.

于是所考虑的向量组中线性无关的向量的最大数为 2，就是说向量组 $\boldsymbol{a}_1$，$\boldsymbol{a}_2$，$\boldsymbol{a}_3$ 的秩为 2.

定理 1.4.1 如果向量组 M 的秩为 $r \geqslant 1$，那么 M 中就有 r 个线性无关向量存在，而使 M 的每一个向量，都可由这 r 个向量线性表出.

证明 既然 M 的秩为 r，那么 M 中存在 r 个向量 $\boldsymbol{a}_1,\boldsymbol{a}_2,\cdots,\boldsymbol{a}_r$ 线性无关，并且 M 的任意 $r+1$ 个向量必然线性相关. 由此，在向量

$$\boldsymbol{a}_1,\boldsymbol{a}_2,\cdots,\boldsymbol{a}_r,\boldsymbol{a}$$

间，必有关系式存在

$$k_1\boldsymbol{a}_1+k_2\boldsymbol{a}_2+\cdots+k_r\boldsymbol{a}_r+k\boldsymbol{a}=\boldsymbol{0}$$

式中的 $k_1,k_2,\cdots,k_r,k$ 不全为 0. 进一步这里 $k\neq 0$，假若不然，由 $k=0$ 得出下面的等式

$$k_1\boldsymbol{a}_1+k_2\boldsymbol{a}_2+\cdots+k_r\boldsymbol{a}_r=\boldsymbol{0}$$

这个结果，显然和 $\boldsymbol{a}_1,\boldsymbol{a}_2,\cdots,\boldsymbol{a}_r$ 线性无关矛盾.

k 既然不为零，则向量 $\boldsymbol{a}$ 可由 $\boldsymbol{a}_1,\boldsymbol{a}_2,\cdots,\boldsymbol{a}_r$ 线性表示.

现在可以证明关于秩数的主要定理如下：

定理 1.4.2 在一个向量组

$$\boldsymbol{a}_1,\boldsymbol{a}_2,\cdots,\boldsymbol{a}_n \tag{1.4.1}$$

中，除去可由向量组(1.4.1) 其余向量线性表示的向量后，这个向量组的秩数不变. 同理，在向量组(1.4.1) 中加入可由向量组(1.4.1) 线性表示的向量，这个向量组的秩数还是不变.

证明 设向量组(1.4.1) 的秩是 r，并设 $\boldsymbol{a}_n$ 可由向量组(1.4.1) 的其余向量线性表示

$$\boldsymbol{a}_n=k_1\boldsymbol{a}_1+k_2\boldsymbol{a}_2+\cdots+k_{n-1}\boldsymbol{a}_{n-1} \tag{1.4.2}$$

若 $r=0$，向量组(1.4.1) 的每一个向量都是零向量，所以除去 $\boldsymbol{a}_n$ 后仍得秩数等于零的向量组.

又设 $r\geqslant 1$. 在这个情形下，可如下证明：假若定理的结果不成立，设由向量组(1.4.1) 中除去 $\boldsymbol{a}_n$ 后，向量组(1.4.1) 的秩数减小①而使向量组

$$\boldsymbol{a}_1,\boldsymbol{a}_2,\cdots,\boldsymbol{a}_{n-1} \tag{1.4.3}$$

的秩数等于 $r-1$. 设 $r=1$，向量组(1.4.3) 的秩数等于 $r-1=0$. 换句话说，向量组(1.4.3) 的每一个向量都是零向量，由等式(1.4.2) 知 $\boldsymbol{a}_n$ 也必须是零向量，

---

① 除去 $\boldsymbol{a}_n$ 后，向量组的秩数当然不会增大，因为它只是向量组(1.4.1) 的一部分.

这就是说,向量组(1.4.1) 的秩数等于零. 这个结果,显然和 $r=1$ 的假设相矛盾. 设 $r>1$,并设下面的 r 个向量

$$\boldsymbol{a}_{j_1},\boldsymbol{a}_{j_2},\cdots,\boldsymbol{a}_{j_r} \tag{1.4.4}$$

是向量组(1.4.1) 中的线性无关向量. 首先,我们证明 $\boldsymbol{a}_n$ 必含于向量组(1.4.4)中. 如若不然,向量组(1.4.4) 的 r 个向量应含于向量组(1.4.3) 中. 这样,向量组(1.4.3) 的秩数就应该等于 r,而不是 $r-1$,这就说明了 $\boldsymbol{a}_n$ 必含于向量组(1.4.4) 中. 我们不妨设 $\boldsymbol{a}_{j_r}=\boldsymbol{a}_n$. 其次,因为 $\boldsymbol{a}_{j_1},\boldsymbol{a}_{j_2},\cdots,\boldsymbol{a}_{j_{r-1}}$ 是线性无关向量组(1.4.4) 的一部分,所以 $\boldsymbol{a}_{j_1},\boldsymbol{a}_{j_2},\cdots,\boldsymbol{a}_{j_{r-1}}$ 也线性无关. 由于向量组(1.4.3) 的秩数是 $r-1$,所以根据定理 1.4.1,向量组(1.4.3) 的任何一个向量 $\boldsymbol{a}$ 都可由 $\boldsymbol{a}_{j_1}$,$\boldsymbol{a}_{j_2},\cdots,\boldsymbol{a}_{j_{r-1}}$ 线性表示. 利用这个事实,我们就可以把式(1.4.2) 右端的每个向量经 $\boldsymbol{a}_{j_1},\boldsymbol{a}_{j_2},\cdots,\boldsymbol{a}_{j_{r-1}}$ 线性表示出来. 结果 $\boldsymbol{a}_n$ 也可由 $\boldsymbol{a}_{j_1},\boldsymbol{a}_{j_2},\cdots,\boldsymbol{a}_{j_{r-1}}$ 线性表示,这显然和向量组(1.4.4) 是线性无关的假设相矛盾.

设向量 $\boldsymbol{a}_{n+1}$ 可由向量组(1.4.1) 线性表出,假若将 $\boldsymbol{a}_{n+1}$ 加入向量组(1.4.1)后,秩数增大. 由向量组

$$\boldsymbol{a}_1,\boldsymbol{a}_2,\cdots,\boldsymbol{a}_n,\boldsymbol{a}_{n+1}$$

中除去 $\boldsymbol{a}_{n+1}$ 后,秩数就必然会减小,这显然和上面证明的结果矛盾.

由定理 1.4.2,得出下面的结论,它是定理 1.4.1 的逆.

定理 1.4.3 假若向量组 $\boldsymbol{M}$ 中有 r 个线性无关向量存在而使 $\boldsymbol{M}$ 的每一个向量都可由它线性表示,则 $\boldsymbol{M}$ 的秩就是 r.

1.5 线性方程组相容性与有定性条件的第四种表述

有了前面关于向量的准备,我们就容易研究一般的线性方程组了. 设给了一个含有 n 个未知数和 m 个线性方程式的方程组

$$\begin{cases} a_{11}x_1+a_{12}x_2+\cdots+a_{1n}x_n=b_1 \\ a_{21}x_1+a_{22}x_2+\cdots+a_{2n}x_n=b_2 \\ \vdots \\ a_{n1}x_1+a_{n2}x_2+\cdots+a_{mn}x_n=b_n \end{cases} \tag{1.5.1}$$

在此我们不必假设方程式的个数等于未知数的个数:它可以大于未知数个数,也可以小于未知数个数. 方程组(1.5.1) 的系数构成的矩阵用 $\boldsymbol{A}$ 表示,方程组的增广矩阵,我们用 $\boldsymbol{B}$ 表示

$$\boldsymbol{A}=\begin{pmatrix} a_{11} & a_{12} & \cdots & a_{1n} \\ a_{21} & a_{22} & \cdots & a_{2n} \\ \vdots & \vdots & & \vdots \\ a_{m1} & a_{m2} & \cdots & a_{mn} \end{pmatrix},\boldsymbol{B}=\begin{pmatrix} a_{11} & a_{12} & \cdots & a_{1n} & b_1 \\ a_{21} & a_{22} & \cdots & a_{2n} & b_2 \\ \vdots & \vdots & & \vdots & \vdots \\ a_{m1} & a_{m2} & \cdots & a_{mn} & b_m \end{pmatrix}$$

进一步用 $\boldsymbol{a}_1,\boldsymbol{a}_2,\cdots,\boldsymbol{a}_n$ 代表矩阵 $\boldsymbol{B}$ 的前 n 个列对应的向量，$\boldsymbol{b}$ 代表矩阵 $\boldsymbol{B}$ 的最后一列对应的列向量. 现在我们证明线性方程组(1.5.1) 和下面的向量方程式

$$\boldsymbol{a}_1x_1+\boldsymbol{a}_2x_2+\cdots+\boldsymbol{a}_nx_n=\boldsymbol{b} \tag{1.5.1'}$$

等价.

证明 设$(d_1,d_2,\cdots,d_n)$ 是向量方程式(1.5.1′) 的解. 所以把式(1.5.1′) 的左端的 $x_1,x_2,\cdots,x_n$ 依次代以 $d_1,d_2,\cdots,d_n$. 我们就得出一个恒等式. 由于

$$\boldsymbol{a}_i=(a_{1i},a_{2i},\cdots,a_{mi})\quad(i=1,2,\cdots,n)$$
$$\boldsymbol{b}=(b_1,b_2,\cdots,b_m)$$

根据向量的运算，得

$$(a_{11}d_1+a_{12}d_2+\cdots+a_{1n}d_n,\cdots,a_{m1}d_1+a_{m2}d_2+\cdots+a_{mn}d_n)=(b_1,b_2,\cdots,b_m)$$

由此

$$\begin{cases}a_{11}d_1+a_{12}d_2+\cdots+a_{1n}d_n=b_1\\ a_{21}d_1+a_{22}d_2+\cdots+a_{2n}d_n=b_2\\ \quad\vdots\\ a_{n1}d_1+a_{n2}d_2+\cdots+a_{mn}d_n=b_n\end{cases} \tag{1.5.2}$$

这就是说，$(d_1,d_2,\cdots,d_n)$ 是方程组(1.5.1) 的一个解.

反过来说，设$(d_1,d_2,\cdots,d_n)$ 是方程组(1.5.1) 的某一个解，(1.5.2) 的每个等式就必然成立，由此

$$\begin{aligned}\boldsymbol{b}&=(b_1,b_2,\cdots,b_m)\\&=(a_{11}d_1+a_{12}d_2+\cdots+a_{1n}d_n,\cdots,a_{m1}d_1+a_{m2}d_2+\cdots+a_{mn}d_n)\\&=(a_{11}d_1,\cdots,a_{m1}d_1)+\cdots+(a_{1n}d_n,\cdots,a_{mn}d_n)\\&=(a_{11},\cdots,a_{m1})d_1+\cdots+(a_{1n},\cdots,a_{mn})d_n\\&=\boldsymbol{a}_1d_1+\boldsymbol{a}_2d_2+\cdots+\boldsymbol{a}_nd_n\end{aligned}$$

换句话说，$(d_1,d_2,\cdots,d_n)$ 也是向量方程式(1.5.1′) 的解.

就向量而言，等式(1.5.1′) 意味着 $\boldsymbol{b}$ 是诸向量 $\boldsymbol{a}_1,\boldsymbol{a}_2,\cdots,\boldsymbol{a}_n$ 的线性组合. 因此前面所证明的结论也可以用另一说法陈述如下：

定理 1.5.1 方程组(1.5.1) 在向量 $\boldsymbol{b}$ 是 $\boldsymbol{a}_1,\boldsymbol{a}_2,\cdots,\boldsymbol{a}_n$ 诸向量的线性组合的时候，也只有在这种时候，才是相容的.

以后我们看到，对我们特别重要的是这结果的下面这种陈述法：

定理 1.5.2 方程组(1.5.1) 在向量组 $\boldsymbol{a}_1,\boldsymbol{a}_2,\cdots,\boldsymbol{a}_n$ 与 $\boldsymbol{a}_1,\boldsymbol{a}_2,\cdots,\boldsymbol{a}_n,\boldsymbol{b}$ 的秩数相等的时候，也只有在这种时候，才是相容的.

证明 设向量组 $\boldsymbol{a}_1,\boldsymbol{a}_2,\cdots,\boldsymbol{a}_n$ 的秩为 r，并且不失一般性设 $\boldsymbol{a}_1,\boldsymbol{a}_2,\cdots,\boldsymbol{a}_r$ 线

性无关.考虑向量组

$$\boldsymbol{a}_1,\boldsymbol{a}_2,\cdots,\boldsymbol{a}_r,\boldsymbol{b} \tag{1.5.3}$$

既然向量组 $\boldsymbol{a}_1,\boldsymbol{a}_2,\cdots,\boldsymbol{a}_n,\boldsymbol{b}$ 的秩也为 r 并且向量组的秩数是这组中线性无关的向量的最大个数,则向量组(1.5.3)中 $r+1$ 个向量必然线性相关.今设

$$k_1\boldsymbol{a}_1+k_2\boldsymbol{a}_2+\cdots+k_r\boldsymbol{a}_r+k\boldsymbol{b}=\boldsymbol{0} \tag{1.5.4}$$

并且 $k_1,k_2,\cdots,k_r,k$ 不全为0.但 k 不能为零,否则得出

$$k_1\boldsymbol{a}_1+k_2\boldsymbol{a}_2+\cdots+k_r\boldsymbol{a}_r=\boldsymbol{0}$$

而与 $\boldsymbol{a}_1,\boldsymbol{a}_2,\cdots,\boldsymbol{a}_r$ 线性无关的假设矛盾.

既然 $k\neq 0$,由式(1.5.4)知 $\boldsymbol{b}$ 将是 $\boldsymbol{a}_1,\boldsymbol{a}_2,\cdots,\boldsymbol{a}_r$ 的线性组合.按定理1.5.1,方程组(1.5.1)有解.

反过来说,如果方程组(1.5.1)的解存在,则向量 $\boldsymbol{b}$ 是 $\boldsymbol{a}_1,\boldsymbol{a}_2,\cdots,\boldsymbol{a}_n$ 这组向量的线性组合.按定理1.4.2,向量组 $\boldsymbol{a}_1,\boldsymbol{a}_2,\cdots,\boldsymbol{a}_n$ 与 $\boldsymbol{a}_1,\boldsymbol{a}_2,\cdots,\boldsymbol{a}_n,\boldsymbol{b}$ 的秩数相等.

最后,我们来表述方程组(1.5.1)的解的唯一性条件.

定理1.5.3　方程组(1.5.1)的解在 $\boldsymbol{a}_1,\boldsymbol{a}_2,\cdots,\boldsymbol{a}_n$ 诸向量线性无关的时候,也只有在这时候,才是唯一的(在此我们假设解是存在的).

证明　设向量 $\boldsymbol{a}_1,\boldsymbol{a}_2,\cdots,\boldsymbol{a}_n$ 线性无关.如其方程组(1.5.1),亦即方程式(1.5.1′),有两个不同的解 $x_1,x_2,\cdots,x_n$ 与 $x'_1,x'_2,\cdots,x'_n$,则由等式

$$\boldsymbol{a}_1x_1+\boldsymbol{a}_2x_2+\cdots+\boldsymbol{a}_nx_n=\boldsymbol{b},\boldsymbol{a}_1x'_1+\boldsymbol{a}_2x'_2+\cdots+\boldsymbol{a}_nx'_n=\boldsymbol{b}$$

得等式

$$\boldsymbol{a}_1(x_1-x'_1)+\boldsymbol{a}_2(x_2-x'_2)+\cdots+\boldsymbol{a}_n(x_n-x'_n)=\boldsymbol{0}$$

但是线性无关向量的线性组合只有在其系数 $(x_1-x'_1),(x_1-x'_1),\cdots,(x_n-x'_n)$ 都等于零的场合才等于零.这与我们所取两解相异这一假设冲突.

反之,如果向量 $\boldsymbol{a}_1,\cdots,\boldsymbol{a}_n$ 是线性相关的,那么可以找到它们的这样一个线性组合,其系数不都等于零,而组合本身等于零:$\boldsymbol{a}_1k_1+\boldsymbol{a}_2k_2+\cdots+\boldsymbol{a}_nk_n=\boldsymbol{0}$.于是由方程式(1.5.1′)的任一解 $x_1,x_2,\cdots,x_n$ 能做出新的解 $x_1+k_1,x_2+k_2,\cdots,x_n+k_n$,与原解相异.的确

$$\begin{aligned}&\boldsymbol{a}_1(x_1+k_1)+\boldsymbol{a}_2(x_2+k_2)+\cdots+\boldsymbol{a}_n(x_n+k_n)\\=&\boldsymbol{a}_1x_1+\boldsymbol{a}_2x_2+\cdots+\boldsymbol{a}_nx_n+\boldsymbol{a}_1k_1+\boldsymbol{a}_2k_2+\cdots+\boldsymbol{a}_nk_n\\=&\boldsymbol{a}_1x_1+\boldsymbol{a}_2x_2+\cdots+\boldsymbol{a}_nx_n=\boldsymbol{b}\end{aligned}$$

即新做成这组未知数数值确实满足方程式(1.5.1′).

暂时限于这些结果,在我们找出方法来计算向量组的秩数以后我们将能把这些结果弄得更确定些.

1.6 矩阵的行秩与列秩

我们引入矩阵的行秩与列秩的概念. 设已给一个 m 行 n 列的矩阵 $\mathbf{A}$，它的元素是 a_{ij}

$$\mathbf{A}=\begin{pmatrix} a_{11} & a_{12} & \cdots & a_{1n} \\ a_{21} & a_{22} & \cdots & a_{2n} \\ \vdots & \vdots & & \vdots \\ a_{m1} & a_{m2} & \cdots & a_{mn} \end{pmatrix}$$

我们叙述的基础，是能对任意由 n 个数构成的行给予一种几何意义，即把它看作一个 n 维数向量. 引用这种几何解释后，矩阵 $\mathbf{A}$ 本身对应于某一个 m 个 n 维向量的组. 同样地，它的某一列可以看作一个 m 维数向量.

矩阵的行(列) 之间的任意的线性关系，可以解释成与它们对应的向量的同样的线性关系. 以后把矩阵的行叫作行向量，矩阵的列叫作列向量. 并且把行向量组的秩称为矩阵的行秩，列向量组的秩称为矩阵的列秩.

现在来证明下面这个初看起来有些意外的结果.

定理 1.6.1 矩阵的行秩等于它的列秩.

要证明这个结果，须先证明下面的几个预备定理：

预备定理 1 n 维向量组 $\boldsymbol{a}_1=(a_1,0,0,\cdots,0)$，$\boldsymbol{a}_2=(0,a_2,0,\cdots,0)$，$\cdots$，$\boldsymbol{a}_m=(0,\cdots,0,a_m,0,\cdots,0)$ $(a_i\neq 0, m\leqslant n)$ 线性无关.

事实上，由等式

$$k_1\boldsymbol{a}_1+k_2\boldsymbol{a}_2+\cdots+k_m\boldsymbol{a}_m=0$$

得

$$k_1\boldsymbol{a}_1=\mathbf{0},\cdots,k_m\boldsymbol{a}_m=\mathbf{0}$$

或

$$k=0,\cdots,k_m=0$$

预备定理 2 设给定了一个域 K 上线性无关的 h 维向量组

$$\begin{cases} \boldsymbol{a}_1=(a_{11},a_{21},\cdots,a_{1h}) \\ \quad\vdots \\ \boldsymbol{a}_m=(a_{m1},a_{m2},\cdots,a_{mh}) \end{cases} \quad (m\leqslant h) \tag{1.6.1}$$

假若对每一个向量，增加 $n-h$ 个 K 中的元素，而把它变为 n 维“延长”向量

$$\begin{cases} \boldsymbol{a}'_1=(a_{11},a_{12},\cdots,a_{1h},a_{1(h+1)},\cdots,a_{1n}) \\ \quad\vdots \\ \boldsymbol{a}'_m=(a_{m1},a_{m2},\cdots,a_{mh},a_{m(h+1)},\cdots,a_{mn}) \end{cases} \tag{1.6.2}$$

则向量组(1.6.2)也线性无关.

证明 假若不然,设由不全为零的 m 个元素 $k_1,k_2,\cdots,k_m$ 存在,使

$$k_1\boldsymbol{a}'_1+k_2\boldsymbol{a}'_2+\cdots+k_m\boldsymbol{a}'_m=\boldsymbol{0}$$

把向量 $\boldsymbol{a}'_i$ 的坐标代入这个等式得:

$$(a_{11}k_1+a_{21}k_2+\cdots+a_{m1}k_m,\cdots,a_{1n}k_1+a_{2n}k_2+\cdots+a_{mn}k_n)=\boldsymbol{0}$$

由此

$$\begin{cases}a_{11}k_1+a_{21}k_2+\cdots+a_{m1}k_m=0\\ \qquad\vdots\\ a_{1h}k_1+a_{2h}k_2+\cdots+a_{mh}k_m=0\\ \qquad\vdots\\ a_{1n}k_1+a_{2n}k_2+\cdots+a_{mn}k_m=0\end{cases}$$

从前 h 个方程式,知道原来的向量组(1.6.1)必须满足

$$k_1\boldsymbol{a}_1+k_2\boldsymbol{a}_2+\cdots+k_m\boldsymbol{a}_m=\boldsymbol{0}$$

向量组(1.6.1)既然假设是线性无关的,则上面的等式当且仅当 $k_1=k_2=\cdots=k_m=0$ 成立,这就是说,"延长"向量组线性无关.

预备定理 3 设矩阵 $\boldsymbol{A}$ 的行秩等于 $r\geqslant 1$,那么可以找出 r 个线性无关的向量 $\boldsymbol{u}_1,\boldsymbol{u}_2,\cdots,\boldsymbol{u}_r$,使得矩阵 $\boldsymbol{A}$ 的每一个列向量都可由它线性表示出来.

证明 矩阵 $\boldsymbol{A}$ 的行秩 r 只有两种可能:$r=m$ 或 $r<m$(m 是 $\boldsymbol{A}$ 的行的个数).

首先,设 $r=m$. 用 $\boldsymbol{b}_i$ 表示列向量,我们就可以把 $\boldsymbol{b}_i$ 写成下式

$$\begin{aligned}\boldsymbol{b}_i&=(a_{1i},a_{2i},\cdots,a_{mi})\\&=(a_{1i},a_{2i},\cdots,a_{ri})\\&=(a_{1i},0,\cdots,0)+(0,a_{2i},\cdots,0)+\cdots+(0,0,\cdots,a_{ri})\\&=a_{1i}\boldsymbol{u}_1+a_{2i}\boldsymbol{u}_2+\cdots+a_{ri}\boldsymbol{u}_r\end{aligned}$$

式中

$$\boldsymbol{u}_1=(1,0,\cdots,0),\boldsymbol{u}_2=(0,1,\cdots,0),\cdots,\boldsymbol{u}_r=(0,0,\cdots,1)$$

我们很容易证明 $\boldsymbol{u}_1,\boldsymbol{u}_2,\cdots,\boldsymbol{u}_r$ 线性无关(预备定理 1). 于是 $r=m$ 时定理成立.

其次,设 $r<m$. 这时可以这样证明:我们不妨设在矩阵 $\boldsymbol{A}$ 中的行向量 $\boldsymbol{a}_1,\boldsymbol{a}_2,\cdots,\boldsymbol{a}_m$ 中,前 r 个线性无关. 这样的假设,并不失掉证明的一般性. 行向量 $\boldsymbol{a}_{r+1},\cdots,\boldsymbol{a}_m$ 既然可以用 $\boldsymbol{a}_1,\boldsymbol{a}_2,\cdots,\boldsymbol{a}_r$ 线性表出,那么我们可以写出以下诸式

$$\boldsymbol{a}_j=k_{j1}\boldsymbol{a}_1+k_{j2}\boldsymbol{a}_2+\cdots+k_{jr}\boldsymbol{a}_r\quad(j=r+1,r+2,\cdots,m)\qquad(1.6.3)$$

因为

$$\boldsymbol{a}_j=(a_{j1},a_{j2},\cdots,a_{jn})$$

所以式(1.6.3)可以写成

$$(a_{j1},a_{j2},\cdots,a_{jn})=k_{j1}(a_{11},a_{12},\cdots,a_{1n})+\cdots+k_{jr}(a_{r1},a_{r2},\cdots,a_{rn})$$

按照向量的加法与向量和数的乘法,还可以把上面的式子改写成

$$(a_{j1},a_{j2},\cdots,a_{jn})=(\sum_{i=1}^{r}k_{ji}a_{i1},\sum_{i=1}^{r}k_{ji}a_{i2},\cdots,\sum_{i=1}^{r}k_{ji}a_{in})$$

由此

$$a_{jk}=\sum_{i=1}^{r}k_{ji}a_{ik}\quad(j=r+1,r+2,\cdots,m;k=1,2,\cdots,n)\tag{1.6.4}$$

现在再回到列向量

$$\boldsymbol{b}_i=(a_{1i},a_{2i},\cdots,a_{ri},a_{(r+1)i},\cdots,a_{mi})$$

$\boldsymbol{b}_i$ 的最后 $m-r$ 个坐标可由式(1.6.4)表示,代入后得

$$\begin{aligned}\boldsymbol{b}_i&=(a_{1i},a_{2i},\cdots,a_{ri},\sum_{k=1}^{r}k_{(r+1)k}a_{ki},\cdots,\sum_{k=1}^{r}k_{m1}a_{ki})\\&=(a_{1i},0,\cdots,0,k_{(r+1)1}a_{1i},\cdots,k_{m1}a_{1i})+\cdots+(0,0,\cdots,a_{ri},k_{(r+1)r}a_{ki},\cdots,k_{mr}a_{ri})\\&=a_{1i}\boldsymbol{u}_1+a_{2i}\boldsymbol{u}_2+\cdots+a_{ri}\boldsymbol{u}_r\end{aligned}$$

式中

$$\boldsymbol{u}_1=(1,0,\cdots,0,k_{(r+1)1},\cdots,k_{m1}),\cdots,\boldsymbol{u}_r=(1,0,\cdots,0,k_{(r+1)1},\cdots,k_{m1})$$

因为向量 $\boldsymbol{u}_1,\cdots,\boldsymbol{u}_r$ 线性无关(预备定理 2).所以我们的预备定理完全证明.

有了这个预备定理,定理 1.6.1 就可以证明如下:

定理 1.6.1 的证明 设矩阵 $\boldsymbol{A}$ 的列向量组 $\boldsymbol{a}_1,\boldsymbol{a}_2,\cdots,\boldsymbol{a}_n$ 的秩数等于 s. 和上面一样,仍用 r 代表矩阵 $\boldsymbol{A}$ 的行秩. 若 $r=0$,则定理显然成立. 因为 $r=0$ 时,所有的行向量都是零,从而所有的列向量也是零,由此列向量组的秩数 s 等于零. 又设 $r\neq0$,显然 $s\neq0$. 我们首先证明 $r\geqslant s$,根据预备定理 3,每个列向量 $\boldsymbol{b}_i$ 都可由一组含有 r 个线性无关向量

$$\boldsymbol{u}_1,\boldsymbol{u}_2,\cdots,\boldsymbol{u}_r\tag{1.6.5}$$

的向量组线性表示. 向量组(1.6.5)的秩数显然是 r. 我们现在把列向量组加于向量组(1.6.5),得

$$\boldsymbol{u}_1,\boldsymbol{u}_2,\cdots,\boldsymbol{u}_r,\boldsymbol{b}_1,\boldsymbol{b}_2,\cdots,\boldsymbol{b}_n\tag{1.6.6}$$

$\boldsymbol{b}_i$ 既然可由 $\boldsymbol{u}_1,\boldsymbol{u}_2,\cdots,\boldsymbol{u}_r$ 线性表示,则向量组(1.6.6)的秩数由定理 1.4.2 知应该和向量组(1.6.5)的秩数一致. 换句话说,向量组(1.6.6)的秩数也等于 r,从向量组(1.6.6)中,把向量 $\boldsymbol{u}_1,\boldsymbol{u}_2,\cdots,\boldsymbol{u}_r$ 划去后剩下的向量组

$$\boldsymbol{b}_1,\boldsymbol{b}_2,\cdots,\boldsymbol{b}_n\tag{1.6.7}$$

的秩数不会大于 r,根据假设,向量组(1.6.7)的秩数等于 s,这就证明了 $r\geqslant s$.

设 $\boldsymbol{A}^{\mathrm{T}}$ 是 $\boldsymbol{A}$ 的转置矩阵，那么对 $\boldsymbol{A}^{\mathrm{T}}$ 做与上面同样的论证即可得出 $r \leqslant s$. 由此有 $r \geqslant s$ 和 $r \leqslant s$ 同时成立，必须 $r = s$. 这就是我们所要证明的结果.

1.7 向量组的秩的计算

现在我们来指出一个直接计算行(列) 秩数的方法，它基于向量组的初等变换这一概念.

所谓向量组 $\boldsymbol{a}_1, \boldsymbol{a}_2, \cdots, \boldsymbol{a}_n$ 的初等变换是指如下的两个变换：

1° 以某一数 $k \neq 0$ 乘向量组的某一个向量 $\boldsymbol{a}_i$.

2° 取向量组的某一个向量 $\boldsymbol{a}_j$ 加于同向量组的另一个向量 $\boldsymbol{a}_i$.

根据下述定理，我们可以利用初等变换计算向量组的秩数.

定理 1.7.1 经过初等变换后，向量组的秩数不变.

证明 设向量组

$$\boldsymbol{a}_1, \cdots, \boldsymbol{a}_i, \cdots, \boldsymbol{a}_j, \cdots, \boldsymbol{a}_m \tag{1.7.1}$$

的秩数等于 r.

首先，把向量 $k\boldsymbol{a}_i$(但 $k \neq 0$) 加于向量组(1.7.1) 中，得

$$\boldsymbol{a}_1, \cdots, \boldsymbol{a}_i, k\boldsymbol{a}_i, \cdots, \boldsymbol{a}_j, \cdots, \boldsymbol{a}_m \tag{1.7.2}$$

因为 $k\boldsymbol{a}_i$ 可由 $\boldsymbol{a}_i$ 线性表示[①]，所以根根据定理 1.4.1，向量组(1.7.2) 的秩数也同样等于 r. 同理 $\boldsymbol{a}_i$ 可由 $k\boldsymbol{a}_i$ 线性表示：$\boldsymbol{a}_i = \dfrac{1}{k}(k\boldsymbol{a}_i)$，所以从向量组(1.7.2) 中除去 $\boldsymbol{a}_i$ 后，同样得出一个秩数等于 r 的向量组. 这个向量组可由原向量组(1.7.1) 中，把向量 $\boldsymbol{a}_i$ 乘以 k 而得出，换句话说，向量组(1.7.1) 的秩数经过初等变换后不变.

其次，加 $\boldsymbol{a}_i + \boldsymbol{a}_j$ 于向量组(1.7.1) 中得

$$\boldsymbol{a}_1, \cdots, \boldsymbol{a}_i, \boldsymbol{a}_i + \boldsymbol{a}_j, \boldsymbol{a}_j, \cdots, \boldsymbol{a}_m \tag{1.7.3}$$

因为 $\boldsymbol{a}_i + \boldsymbol{a}_j$ 可由 $\boldsymbol{a}_i$ 和 $\boldsymbol{a}_j$ 线性表示，所以向量组(1.7.3) 的秩数也等于 r. 在式(1.7.3) 中除去 $\boldsymbol{a}_i$ 后，就得出一个向量组，它是由原向量组中加 $\boldsymbol{a}_j$ 于 $\boldsymbol{a}_i$ 而得来的. 因为 $\boldsymbol{a}_i$ 可由 $\boldsymbol{a}_i + \boldsymbol{a}_j$ 和 $\boldsymbol{a}_j$ 线性表示：$\boldsymbol{a}_i = \boldsymbol{a}_i + \boldsymbol{a}_j - \boldsymbol{a}_j$，所以我们已经证明了向量组(1.7.1) 的秩数经过初等变换后不变. 证毕.

由这个定理，我们立刻知道，一个矩阵的行和列经过初等变换后，它的行秩不变. 我们还得注意，交换一个矩阵的某两行或某两列，可由施行一组初等变换而得来. 例如，要使矩阵的前两行相交换，我们就可以施行初等变换为

① 同理，$k\boldsymbol{a}_i$ 可由向量组(1.7.1) 的所有向量线性表出.

$$A=\begin{pmatrix}a_{11} & a_{12} & \cdots & a_{1m}\\ a_{21} & a_{22} & \cdots & a_{2m}\\ \vdots & \vdots & & \vdots\\ a_{n1} & a_{n2} & \cdots & a_{nm}\end{pmatrix}\to\begin{pmatrix}a_{11}+a_{21} & a_{12}+a_{22} & \cdots & a_{1m}+a_{2m}\\ a_{21} & a_{22} & \cdots & a_{2m}\\ \vdots & \vdots & & \vdots\\ a_{n1} & a_{n2} & \cdots & a_{nm}\end{pmatrix}\to$$

$$\begin{pmatrix}a_{11}+a_{21} & a_{12}+a_{22} & \cdots & a_{1m}+a_{2m}\\ -a_{11} & -a_{12} & \cdots & -a_{1m}\\ \vdots & \vdots & & \vdots\\ a_{n1} & a_{n2} & \cdots & a_{nm}\end{pmatrix}\to$$

$$\begin{pmatrix}a_{21} & a_{22} & \cdots & a_{2m}\\ -a_{11} & -a_{12} & \cdots & -a_{1m}\\ \vdots & \vdots & & \vdots\\ a_{n1} & a_{n2} & \cdots & a_{nm}\end{pmatrix}\to$$

$$\begin{pmatrix}a_{21} & a_{22} & \cdots & a_{2m}\\ a_{11} & a_{12} & \cdots & a_{1m}\\ \vdots & \vdots & & \vdots\\ a_{n1} & a_{n2} & \cdots & a_{nm}\end{pmatrix}$$

所有这些变换都可以利用其计算矩阵的秩数. 在此有两种可能的情形:

1. 在矩阵 A 中,每一行和每一列的元素至多除去一个以后,其余的全是零.

2. 在矩阵 A 中,至少有一行(列) 含有不等于零的元素.

在第一个情形下,矩阵的行秩等于不为零的元素的个数 r. 事实上,假若矩阵 A 的所有元素都是零,它的行秩显然也是零. 假若矩阵 A 至少含有一个元素不等于零,我们就可以把这个矩阵的行或列交换,得出一个矩阵 B,在矩阵 B 中除去元素 $b_{11},b_{22},\cdots,b_{rr}$ 外,其余的全是零. 但是,这样一个矩阵 B 的行秩应等于 r(参考预备定理 1),所以根据定理 1.7.1,A 的行秩也等于 r.

在第二个情形,由初等变换,常可把给定的矩阵 A 变成第一种情形.

现在讲两个例子说明这个计算矩阵行秩的方法.

例 1 确定矩阵

$$A=\begin{pmatrix}3 & 2 & -1 & -3 & -2\\ 2 & -1 & 3 & 1 & -3\\ 4 & 5 & -5 & -6 & 1\end{pmatrix}$$

的行秩.

解 先试把最后一列的一些元素变成零. 为了达到这个目的,首先把第三

行的 2 倍加于第一行，再把第三行的 3 倍加于第二行，得

$$\begin{pmatrix}11 & 12 & -11 & -15 & 0\\14 & 14 & -12 & -17 & 0\\4 & 5 & -5 & -6 & 1\end{pmatrix}$$

其次，再利用最后的一列把最后一行的元素变成零，由此得

$$\begin{pmatrix}11 & 12 & -11 & -15 & 0\\14 & 14 & -12 & -17 & 0\\0 & 0 & 0 & 0 & 1\end{pmatrix}$$

从第二列减去第一列，再加第一列于第三列和第四列，得

$$\begin{pmatrix}11 & 1 & 0 & -4 & 0\\14 & 0 & 2 & -3 & 0\\0 & 0 & 0 & 0 & 1\end{pmatrix}$$

以 2 除第三列后，再从第一列减去第二列乘 11 和第三列乘以 14. 最后再加第二列的 4 倍和第三列的 3 倍于第四列，得

$$\begin{pmatrix}0 & 1 & 0 & 0 & 0\\0 & 0 & 1 & 0 & 0\\0 & 0 & 0 & 0 & 1\end{pmatrix}$$

在最后这个矩阵中，每一行和每一列里最多只含有一个元素不为零. 因为不为零的元素只有三个，所以矩阵 $\boldsymbol{A}$ 的行秩等于 3.

例 2 确定矩阵

$$\boldsymbol{B}=\begin{pmatrix}14 & 12 & 6 & 8 & 2\\6 & 104 & 21 & 9 & 17\\7 & 6 & 3 & 4 & 1\\35 & 30 & 15 & 20 & 5\end{pmatrix}$$

的行秩.

解 首先除去第一行和第四行的公因子得

$$\begin{pmatrix}7 & 12 & 3 & 4 & 1\\6 & 104 & 21 & 9 & 17\\7 & 6 & 3 & 4 & 1\\7 & 6 & 3 & 4 & 1\end{pmatrix}$$

再从第二行和第四行减去第一行，得

$$\begin{pmatrix}7 & 12 & 3 & 4 & 1\\6 & 104 & 21 & 9 & 17\\0 & 0 & 0 & 0 & 0\\0 & 0 & 0 & 0 & 0\end{pmatrix}$$

在这里，已经没有必要把初等变换继续下去了. 因为由这个矩阵，我们立刻就知道它的行秩等于 2(这个矩阵的前两行显然不成比例)，所以原矩阵的行秩也等于 2.

另外一个计算行秩的方法，是根据下述的定理(这个定理同时建立了矩阵的秩和行秩的关系).

定理 1.7.2 设在矩阵 $\boldsymbol{A}$ 中，有某一个 r 阶不等于零，但所有含 $\boldsymbol{D}$ 的 $r+1$ 阶子行列式都等于零，这个矩阵的行秩就等于 r.

证明 为了意义更确定，我们不妨假设这个行列式不等于零的 $\boldsymbol{D}$ 位于矩阵 $\boldsymbol{A}$ 的左上方，即

$$\boldsymbol{A}=\begin{pmatrix}a_{11} & \cdots & a_{1r} & a_{1(r+1)} & \cdots & a_{1m}\\ \vdots & \boldsymbol{D} & \vdots & \vdots & & \vdots\\ a_{r1} & \cdots & a_{2r} & a_{2(r+1)} & \cdots & a_{2m}\\ \vdots & & \vdots & \vdots & & \vdots\\ a_{i1} & \cdots & a_{ir} & a_{i(r+1)} & \cdots & a_{im}\\ \vdots & & \vdots & \vdots & & \vdots\\ a_{n1} & \cdots & a_{nr} & a_{n(r+1)} & \cdots & a_{nm}\end{pmatrix}$$

这个假设并不妨碍一般性，因为不是这个情形的时候，由行或列的交换就可以把这个行列式不等于零的子矩阵 $\boldsymbol{D}$ 移到左上方. 但是，经过这样的变换，矩阵的行秩不变.

子矩阵 $\boldsymbol{D}$ 的第一行至少含有一个不等于零的元素. 否则，$\boldsymbol{D}$ 就含有元素全是零的一行，这显然和 $|\boldsymbol{D}|$ 不等于零的假设冲突. 设 $a_{1k}\neq 0$，由矩阵 $\boldsymbol{A}$ 的第 s 列 $(s\neq k)$ 减去第 k 列乘以 $\dfrac{a_{is}}{a_{ik}}$，这样就可以把元素 a_{1s} 变成零. 假若把这个方法继续下去，除去 a_{1k} 外，就可以把第一行所有的元素换成零. 利用同样方法，除去 a_{1k} 外，就可以把第 k 列的所有元素换成零. 经过这样的变换，定理所设的条件显然保持不变，因为按照行列式的性质，行列式 $|\boldsymbol{D}|$ 和所有含 $\boldsymbol{D}$ 的 $r+1$ 阶行列式的值都不变.

把同样方法继续下去，就可以把第二行和第 h 列 $(h\neq k)$ 的所有元素，除去一个以外，其余的全变成零. 如此类推，计算到了 r 次后，得出另外一个矩阵，在

这个矩阵中,前 r 行的每一行和前 r 列的每一列都只有一个不为零的元素,所有其余的元素全都是零. 不仅如此,我们更可以进一步确定:除此以外,位置在前 r 行和前 r 列以外的一切元素都必须是零. 事实上,设 b_{ij}① 是位置在前 r 行和前 r 列以外的一个元素. 现在试讨论矩阵中含 $\boldsymbol{D}$ 和 b_{ij} 的 $r+1$ 阶子行列式. 这个子行列式显然是形式

$$\Delta=\begin{vmatrix} \boxed{\quad \boldsymbol{D} \quad} & \begin{matrix}0\\ \vdots\\ 0\end{matrix} \\ 0 \ \cdots \ 0 & b_{ij} \end{vmatrix}$$

依照最后一行展开 Δ,得

$$\Delta=b_{ij}\mid\boldsymbol{D}\mid$$

由假设 $\Delta=0$, $\mid\boldsymbol{D}\mid\neq 0$,所以 b_{ij} 应等于零. 这就是我们所要证明的. 最后,由行和列适当交换,我们就可以把非零元素排列在子矩阵 $\boldsymbol{D}$ 的主对角线上,所以结果得出矩阵为

$$\boldsymbol{C}=\begin{pmatrix} c_1 & 0 & 0 & \cdots & 0 & 0 & \cdots & 0\\ 0 & c_2 & 0 & \cdots & 0 & 0 & \cdots & 0\\ \vdots & \vdots & \vdots & & \vdots & \vdots & & \vdots\\ 0 & 0 & 0 & \cdots & c_r & 0 & \cdots & 0\\ 0 & 0 & 0 & \cdots & 0 & 0 & \cdots & 0\\ \vdots & \vdots & \vdots & & \vdots & \vdots & & \vdots\\ 0 & 0 & 0 & \cdots & 0 & 0 & \cdots & 0 \end{pmatrix}$$

这个矩阵,一共只含有 r 个元素 $c_1,c_2,\cdots,c_r$ 不等于零,也就是矩阵 $\boldsymbol{A}$ 的行秩应等于 r.

注 有时可能有下面的情形发生,就是在矩阵 $\boldsymbol{A}$ 中,除去 r 阶子行列式 $\mid\boldsymbol{D}\mid$ 外,更高阶的子行列式在矩阵 $\boldsymbol{A}$ 中便不存在,这时矩阵的行秩就等于 r.

为了证明这个事实,不妨设行的数目 n 不大于列的数目 m②. 由此 $r=n$,和定理的证明完全一样,我们施初等变换于这个矩阵,最后就可以把它变成形式

---

① 因为经过初等变换后,矩阵的元素也可能有了变更,所以我们把它写成 b_{ij},而不写 a_{ij}.

② 如果 $n\geqslant m$,那么我们可以讨论它的转置矩阵.

$$\begin{pmatrix} c_1 & 0 & 0 & \cdots & 0 & 0 & \cdots & 0 \\ 0 & c_2 & 0 & \cdots & 0 & 0 & \cdots & 0 \\ \vdots & \vdots & \vdots & & \vdots & \vdots & & \vdots \\ 0 & 0 & 0 & \cdots & c_n & 0 & \cdots & 0 \end{pmatrix}$$

元素 $c_1, c_2, \cdots, c_n$ 不等于零，所以这个矩阵的行秩等于 $n=r$.

推论 矩阵的行秩，等于含在这个矩阵中不等于零的最高阶子行列式的阶数.

证明 设 r 是含于矩阵中不等于零的最高阶子行列式的阶数，由此在矩阵中，有一个不等于零的 r 阶子行列式 $\boldsymbol{D}$ 存在. 假如在矩阵中，除 $\boldsymbol{D}$ 外，还有更高阶子行列式存在，由 $\boldsymbol{D}$ 的假设，所有这些子行列式必须是零. 特别地，所有含 $\boldsymbol{D}$ 的 $r+1$ 阶子行列式都应当等于零. 由定理 1.7.2，就证明了这个矩阵的行秩等于 r. 反之，假若在矩阵中没有更高阶的子行列式存在，由行列式等于零的充要条件是它的行(列) 线性相关(第 2 章定理 4.2.4)，这个矩阵的行秩还是等于 r.

由于这个推论，以后我们就可以不加区分地把矩阵的行秩或列秩统称为矩阵的秩.

前面所证明的诸定理能使我们给出 1.5 目中所得诸结果以最终的形式(在这里重新导出了重要的克罗内克－卡佩利定理，参阅第 2 章 4.11 目). 设给了一组 n 个 m 元线性方程式

$$\begin{cases} a_{11}x_1 + a_{12}x_2 + \cdots + a_{1n}x_n = b_1 \\ a_{21}x_1 + a_{22}x_2 + \cdots + a_{2n}x_n = b_2 \\ \quad \vdots \\ a_{n1}x_1 + a_{n2}x_2 + \cdots + a_{mn}x_n = b_n \end{cases} \tag{1.7.4}$$

这些方程式的未知数系数所成诸列与诸常数项所成的列对应的向量就是在1.5 目中曾以 $\boldsymbol{a}_1, \boldsymbol{a}_2, \cdots, \boldsymbol{a}_n, \boldsymbol{b}$ 来表示的数向量. 我们已经知道方程组(1.7.4) 有解的必要而充分的条件是 $\boldsymbol{a}_1, \boldsymbol{a}_2, \cdots, \boldsymbol{a}_n$ 与 $\boldsymbol{a}_1, \boldsymbol{a}_2, \cdots, \boldsymbol{a}_n, \boldsymbol{b}$ 两组向量的秩数相等(参阅 1.5 目，定理 1.5.2). 我们又知道向量组秩数与矩阵秩数之间的关系，利用这些事实我们能以另一方式来陈述 1.5 中所得的结果，即：

克罗内克－卡佩利定理 要使方程组(1.7.4) 至少有一解，其必要而充分条件是要方程组系数矩阵的秩数等于方程组增广矩阵的秩数.

克罗内克－卡佩利定理的补充和推论，我们不再重复了.

§2 线性方程组的几何解释(向量空间的观点)

2.1 向量空间及其基底

域 K 上所有 n 维数向量的集合，并且定义了向量的加法和向量与数的乘法运算，叫作 n 维向量空间；并用记号 K^n 表示.

从 K^n 中任取一个向量

$$\boldsymbol{a}=(a_1,a_2,\cdots,a_n)$$

利用向量的加法与向量和数的乘法，就可以把 $\boldsymbol{a}$ 写成式子

$$\begin{aligned}\boldsymbol{a}&=(a_1,a_2,\cdots,a_n)\\&=(a_1,0,\cdots,0)+(0,a_2,0,\cdots,0)+\cdots+(0,0,\cdots,0,a_n)\\&=a_1(1,0,\cdots,0)+a_2(0,1,0,\cdots,0)+\cdots+a_n(0,0,\cdots,0,1)\\&=a_1\boldsymbol{e}_1+a_2\boldsymbol{e}_2+\cdots+a_n\boldsymbol{e}_n\end{aligned}\tag{2.1.1}$$

其中

$$\boldsymbol{e}_1=(1,0,\cdots,0),\boldsymbol{e}_2=(0,1,0,\cdots,0),\cdots,\boldsymbol{e}_n=(0,0,\cdots,0,1)$$

并且向量组 $\boldsymbol{e}_1,\boldsymbol{e}_2,\cdots,\boldsymbol{e}_n$ 线性无关.

现在我们要介绍基底这一重要概念，它在向量空间理论的作用正如解析几何里的笛卡尔坐标系.

设 $\boldsymbol{u}_1,\boldsymbol{u}_2,\cdots,\boldsymbol{u}_m$ 是向量空间 K^n 的一个线性无关向量组，若 K^n 的每一个向量都可由它线性表示，我们就称 $\boldsymbol{u}_1,\boldsymbol{u}_2,\cdots,\boldsymbol{u}_m$ 为 n 维向量空间 K^n 的一个基底.

由等式(2.1.1)我们就知道 n 维向量空间 K^n 的基底是常常存在的——向量组 $\boldsymbol{e}_1,\boldsymbol{e}_2,\cdots,\boldsymbol{e}_n$ 就是一个基底.

向量空间 K^n 的基底虽然存在，但这并不是说它只有一个基底. 由下面的例子就可以看出这一点. 我们试讨论二维向量空间 K^2. 根据上面的解释，向量组 $\boldsymbol{e}_1=(1,0),\boldsymbol{e}_2=(0,1)$ 是 K^2 的一个基底. 现在取向量组

$$\boldsymbol{u}_1=(1,1),\boldsymbol{u}_2=(1,-1)$$

因为行列式

$$\begin{vmatrix}1&1\\1&-1\end{vmatrix}\neq 0$$

所以 $\boldsymbol{u}_1,\boldsymbol{u}_2$ 线性无关. 这个向量组的每一个向量可由 $\boldsymbol{e}_1,\boldsymbol{e}_2$ 线性表示为

$$\boldsymbol{u}_1=\boldsymbol{e}_1+\boldsymbol{e}_2,\boldsymbol{u}_2=\boldsymbol{e}_1-\boldsymbol{e}_2$$

由此

$$e_1=\frac{1}{2}u_1+\frac{1}{2}u_2,e_2=\frac{1}{2}u_1-\frac{1}{2}u_2$$

今取 K^2 的任意一个向量

$$a=a_1e_1+a_2e_2$$

把 e_1,e_2 的值代入这个等式，得

$$a=b_1u_1+b_2u_2$$

式中

$$b_1=\frac{a_1+a_2}{2},b_2=\frac{a_1-a_2}{2}$$

这样，向量组 u_1,u_2 也同样是 K^2 的一个基底.

一般地，可以证明在向量空间 K^n 中，有无限多的基底存在. 我们留给读者去证明，每一个给定的向量组

$$u_i=a_{i1}e_1+a_{i2}e_2+\cdots+a_{in}e_n\quad(i=1,2,\cdots,n)$$

在行列式

$$\begin{vmatrix} a_{11} & a_{12} & \cdots & a_{1n} \\ a_{21} & a_{22} & \cdots & a_{2n} \\ \vdots & \vdots & & \vdots \\ a_{n1} & a_{n2} & \cdots & a_{nn} \end{vmatrix}$$

不等于零的情况下，都是 K^n 的一个基底.

设 $u_1,u_2,\cdots,u_m$ 是向量空间 K^n 的一个基底. 我们可以把 K^n 的每一个向量 x 表示成式子

$$x=x_1u_1+x_2u_2+\cdots+x_mu_m\tag{2.1.2}$$

和笛卡尔坐标系一样，我们把 $x_1,x_2,\cdots,x_m$ 叫作向量 x 关于基底 $u_1,u_2,\cdots,u_m$ 的坐标.

定理 2.1.1 基底 $u_1,u_2,\cdots,u_m$ 给定后，K^n 的每一个向量 x 的坐标是唯一确定的.

证明 设除去式(2.1.2)外，在已知的基底下，向量 x 还有另外一个表示法存在

$$x=y_1u_1+y_2u_2+\cdots+y_mu_m\tag{2.1.3}$$

由式(2.1.2)减去式(2.1.3)，得

$$0=(x_1-y_1)u_1+(x_2-y_2)u_2+\cdots+(x_m-y_m)u_m$$

因为 $u_1,u_2,\cdots,u_m$ 线性无关，所以

$$x_1 - y_1 = 0, x_2 - y_2 = 0, \cdots, x_m - y_m = 0$$

由此

$$x_1 = y_1, x_2 = y_2, \cdots, x_m = y_m$$

这就证明了所要证明的定理.

2.2 子空间

为了继续研究向量空间 K^n 的性质,我们来介绍向量子空间的概念. 在 K^n 中任取向量组 $\boldsymbol{a}_1, \boldsymbol{a}_2, \cdots, \boldsymbol{a}_p$,作线性组合

$$k_1\boldsymbol{a}_1 + k_2\boldsymbol{a}_2 + \cdots + k_p\boldsymbol{a}_p \quad (k_i \text{ 代表任意数}, i = 1, 2, \cdots, p)$$

由所有这些线性组合所构成的集合 L,叫作由 $\boldsymbol{a}_1, \boldsymbol{a}_2, \cdots, \boldsymbol{a}_p$ 所产生的 K^n 的向量子空间.

产生这个向量子空间 L 的每个向量例如 $\boldsymbol{a}_1$,显然含于 L 内. 事实上,在线性组合 $k_1\boldsymbol{a}_1 + k_2\boldsymbol{a}_2 + \cdots + k_p\boldsymbol{a}_p$ 中,令 $k_1 = 1$,其余的等于零,就得出向量 $\boldsymbol{a}_1$.

我们先举几个例子作为解释.

例 1 由向量空间中取出零向量 $\mathbf{0}$. 因为 $k \cdot \mathbf{0} = \mathbf{0}$,所以由零向量产生的向量子空间只含有唯一的一个零向量.

以后我们都把这个由零向量产生的向量子空间叫作零向量空间.

例 2 向量空间 K^n 的自身,可以看作由 $\boldsymbol{e}_1, \boldsymbol{e}_2, \cdots, \boldsymbol{e}_n$ 所产生的向量子空间.

我们要注意,同一个向量子空间除去由已知的向量组产生外,还可由另外的向量组产生. 试以二维向量空间 K^2 为例:K^2 可由 $\boldsymbol{e}_1 = (1, 0), \boldsymbol{e}_2 = (0, 1)$ 产生是已知的事实. 我们现在证明 K^2 还可由向量组 $\boldsymbol{b}_1 = (1, -1), \boldsymbol{b}_2 = (1, 1), \boldsymbol{b}_3 = (1, 2)$ 产生.

由 $\boldsymbol{b}_1, \boldsymbol{b}_2, \boldsymbol{b}_3$ 所产生的向量子空间,是

$$k_1\boldsymbol{b}_1 + k_2\boldsymbol{b}_2 + k_3\boldsymbol{b}_3$$

的一切线性组合. 换句话说,就是向量

$$(k_1 + k_2 + k_3, -k_1 + k_2 + 2k_3)$$

的全体,式中的 k_1, k_2, k_3 可代表任意数. 在此容易看出,对于任意的数 c 和 d,我们常可选取 k_1, k_2, k_3 而使

$$k_1 + k_2 + k_3 = c, -k_1 + k_2 + 2k_3 = d$$

这就说明了由 $\boldsymbol{b}_1, \boldsymbol{b}_2, \boldsymbol{b}_3$ 所产生的向量子空间含有 K^2 的所有向量 (c, d),换句话说,这个子空间和 K^2 重合. 由这个证明,就说明了 K^2 除去可由 $\boldsymbol{e}_1, \boldsymbol{e}_2$ 产生外,还可由 $\boldsymbol{b}_1, \boldsymbol{b}_2, \boldsymbol{b}_3$ 产生.

一个不和 K^n 重合而仅为 K^n 一部分的向量子空间，以后我们把它叫作真向量子空间；K^n 自身，有时叫作一个假向量子空间.

例 3 在三维向量空间 K^3 中，取向量

$$\boldsymbol{a}=(1,2,0),\boldsymbol{b}=(0,1,1)$$

由 $\boldsymbol{a}$ 和 $\boldsymbol{b}$ 所产生的向量子空间是由形式如

$$k_1\boldsymbol{a}+k_2\boldsymbol{b}$$

的一切向量所构成，即是由形式如

$$(k_1,2k_1+k_2,k_2)$$

的一切向量所构成，式中的 k_1,k_2 代表任意数. 我们容易证明这个向量子空间是一个真向量子空间. 事实上，设 a,b,c 代表任意三个数. 若 $k_1=a,2k_1+k_2=b$，$k_2=c$，就有 $2a+c=b$，这个等式对于任意的 a,b,c 显然不能成立. 由此证明了所有的向量子空间不可能含所有的三维向量. 换句话说，它是 K^3 的一个真向量子空间. 我们让读者自己去证明，这个向量子空间还可由 $\boldsymbol{c}=(2,3,-1),\boldsymbol{d}=(1,1,-1)$ 所产生. 要证明这个，我们必须证明形式如 $k_1\boldsymbol{a}+k_2\boldsymbol{b}$ 的一切向量和形式如 $h_1\boldsymbol{c}+h_2\boldsymbol{d}$ 的一切向量重合（k_1,k_2,h_1,h_2 为任意数）.

向量空间的基底的概念，可以应用到向量子空间中去. 所谓向量子空间 L 的基底，是指含于向量子空间 L 的一个线性无关向量组 $\boldsymbol{v}_1,\boldsymbol{v}_2,\cdots,\boldsymbol{v}_m$，由它就可以产生向量子空间 L.

和定理 2.1.1 的证明完全同样，我们可以证明：基底一定后，向量子空间每一个向量的表示是唯一的.

现在自然地产生这样一个问题，是否每一个向量子空间都具有一个基底呢？要回答这个问题，我们得利用向量组等价这一概念.

设想给定了 K^n 的两个向量组 $\boldsymbol{a}_1,\boldsymbol{a}_2,\cdots,\boldsymbol{a}_p$ 和 $\boldsymbol{b}_1,\boldsymbol{b}_2,\cdots,\boldsymbol{b}_q$. 假若由第一个向量组所产生的向量子空间和第二个向量组所产生的向量子空间重合，我们就说这两个向量组等价.

显然，等价这一概念具有传递性，也就是说，若第一个向量组和第二个向量组等价，第二个向量组和第三个向量组等价，则第一个向量组就必然和第三个向量组等价. 不仅如此，我们还可以证明下述定理：

定理 2.2.1 K^n 的两个向量组 $\boldsymbol{a}_1,\boldsymbol{a}_2,\cdots,\boldsymbol{a}_p$ 和 $\boldsymbol{b}_1,\boldsymbol{b}_2,\cdots,\boldsymbol{b}_q$ 等价的充分必要条件是：第一组的每一个向量都是第二组的一个线性组合，第二组的每一个向量都是第一组的一个线性组合.

证明 设向量组 $\boldsymbol{a}_1,\boldsymbol{a}_2,\cdots,\boldsymbol{a}_p$ 和向量组 $\boldsymbol{b}_1,\boldsymbol{b}_2,\cdots,\boldsymbol{b}_q$ 等价，这就是说，由向量组 $\boldsymbol{a}_1,\boldsymbol{a}_2,\cdots,\boldsymbol{a}_p$ 所产生的向量子空间 L，同样可由向量组 $\boldsymbol{b}_1,\boldsymbol{b}_2,\cdots,\boldsymbol{b}_q$ 产生.

由此 L 的每一个向量 $\boldsymbol{c}$ 既可以表示成

$$\boldsymbol{c}=k_1\boldsymbol{a}_1+k_2\boldsymbol{a}_2+\cdots+k_p\boldsymbol{a}_p$$

的形式. 又可以表示成

$$\boldsymbol{c}=k'_1\boldsymbol{b}_1+k'_2\boldsymbol{b}_2+\cdots+k'_q\boldsymbol{b}_q$$

的形式. 特别是每一个向量 $\boldsymbol{a}_i$ 均可由式

$$\boldsymbol{a}_i=k'_{i1}\boldsymbol{b}_1+k'_{i2}\boldsymbol{b}_2+\cdots+k'_{iq}\boldsymbol{b}_q\quad(i=1,2,\cdots,p)\tag{2.2.1}$$

表示;每一个 $\boldsymbol{b}_j$ 可由式

$$\boldsymbol{b}_j=k_{j1}\boldsymbol{a}_1+k_{j2}\boldsymbol{a}_2+\cdots+k_{jp}\boldsymbol{a}_p\quad(j=1,2,\cdots,q)\tag{2.2.2}$$

表示. 这就证明了第一组的每一个向量都是第二组的一个线性组合,同时第二组的每一个向量也是第一组的一个线性组合.

反之,设等式(2.2.1)和等式(2.2.2)成立,并设 L 是由向量组 $\boldsymbol{a}_1,\boldsymbol{a}_2,\cdots,\boldsymbol{a}_p$ 所产生的向量子空间,L' 是由向量组 $\boldsymbol{b}_1,\boldsymbol{b}_2,\cdots,\boldsymbol{b}_q$ 所产生的向量子空间.

L 的每个向量 $\boldsymbol{c}$ 可由式

$$\boldsymbol{c}=k_1\boldsymbol{a}_1+k_2\boldsymbol{a}_2+\cdots+k_p\boldsymbol{a}_p$$

表示. 把向量 $\boldsymbol{a}_i$ 的值由式(2.2.1)代入上式,得

$$\boldsymbol{c}=k'_1\boldsymbol{b}_1+k'_2\boldsymbol{b}_2+\cdots+k'_q\boldsymbol{b}_q$$

换句话说,向量 $\boldsymbol{c}$ 含于向量子空间 L' 中. 同样可以证明向量子空间 L' 的每一个向量含于向量子空间 L 中. 这就证明了向量子空间 L 和 L' 是一致的. 换句话说,就是向量组 $\boldsymbol{a}_1,\boldsymbol{a}_2,\cdots,\boldsymbol{a}_p$ 和 $\boldsymbol{b}_1,\boldsymbol{b}_2,\cdots,\boldsymbol{b}_q$ 等价.

现在我们再回到向量子空间的基底的存在问题.

定理 2.2.2 除零向量子空间外,向量空间 K^n 的每一个向量子空间 L 都具有基底.

证明 设 L 是零向量子空间,我们容易证明 L 没有基底存在. 事实上,因为 L 只含有一个零向量,若 L 由 $\boldsymbol{a}_1,\boldsymbol{a}_2,\cdots,\boldsymbol{a}_p$ 产生,就必然有 $\boldsymbol{a}_1=\boldsymbol{a}_2=\cdots=\boldsymbol{a}_p=\mathbf{0}$. 由此这个向量组当然线性相关,换句话说,$L$ 的基底不存在.

再设 L 不是零向量子空间,并设 L 由向量组 $\boldsymbol{a}_1,\boldsymbol{a}_2,\cdots,\boldsymbol{a}_p$ 所产生. 在向量组 $\boldsymbol{a}_1,\boldsymbol{a}_2,\cdots,\boldsymbol{a}_p$ 中,至少有一个 $\boldsymbol{a}_i$ 不是零向量,否则,L 就会是零向量子空间. 由于这个事实,就知道向量组 $\boldsymbol{a}_1,\boldsymbol{a}_2,\cdots,\boldsymbol{a}_p$ 的秩数 r 大于或等于 1. 从本章的定理 1.4.1,在向量组 $\boldsymbol{a}_1,\boldsymbol{a}_2,\cdots,\boldsymbol{a}_p$ 中,有 r 个线性无关向量存在,由它就可以线性表示向量组 $\boldsymbol{a}_1,\boldsymbol{a}_2,\cdots,\boldsymbol{a}_p$ 的每一个. 为了使意义更确定起见,不妨设这 r 个向量是 $\boldsymbol{a}_1,\boldsymbol{a}_2,\cdots,\boldsymbol{a}_r$. 根据上述定理,向量组 $\boldsymbol{a}_1,\boldsymbol{a}_2,\cdots,\boldsymbol{a}_p$ 和向量组 $\boldsymbol{a}_1,\boldsymbol{a}_2,\cdots,\boldsymbol{a}_r$ 等价. $\boldsymbol{a}_1,\boldsymbol{a}_2,\cdots,\boldsymbol{a}_r$ 既然线性无关,则 $\boldsymbol{a}_1,\boldsymbol{a}_2,\cdots,\boldsymbol{a}_r$ 就是 L 的一个基底. 在 $r=1$ 的特殊情形下,L 的基底只含有一个向量.

关于向量子空间的基底，有下述诸性质：

性质 1 非零向量子空间 L 的基底 $\boldsymbol{u}_1,\boldsymbol{u}_2,\cdots,\boldsymbol{u}_r$ 所含的向量数 r 是含于 L 的线性无关向量的最大数.

证明 在 L 内，含有 r 个向量的线性无关向量组是存在的，例如 L 的基底 $\boldsymbol{u}_1,\boldsymbol{u}_2,\cdots,\boldsymbol{u}_r$ 就是这样一个情形.

设 $\boldsymbol{a}_1,\boldsymbol{a}_2,\cdots,\boldsymbol{a}_m$ 是含于 L 的某一个线性无关向量组. 因为每一个 $\boldsymbol{a}_i$ 可由基底 $\boldsymbol{u}_1,\boldsymbol{u}_2,\cdots,\boldsymbol{u}_r$ 线性表示，所以根据本章定理 1.4.2，向量组

$$\boldsymbol{u}_1,\boldsymbol{u}_2,\cdots,\boldsymbol{u}_r,\boldsymbol{a}_1,\boldsymbol{a}_2,\cdots,\boldsymbol{a}_m \tag{2.2.3}$$

的秩数还是等于 r，换句话说，向量组(2.2.3)中所含的线性无关向量的个数不超过 r. 特别情形下，有 $m\leqslant r$.

非零向量子空间 L 所含的线性无关向量的最大数，叫作 L 的维数. L 自身叫作 r 维向量子空间. 特别地，K^n 可以看作 n 维向量子空间. 为了方便起见，我们规定零向量子空间的维数是零.

由上面证明的结果，立刻得出下述性质：

性质 2 非零向量子空间的基底所含的向量数，不随基底的选择而变化.

假使含于 L 的线性无关向量组 $\boldsymbol{v}_1,\boldsymbol{v}_2,\cdots,\boldsymbol{v}_k$ 的数目 k，是含于 L 的线性无关向量的最大数. 我们就叫这个向量组作向量子空间 L 的最大线性无关向量组. 关于最大线性无关向量组有下述性质：

性质 3 非零向量子空间 L 的每一个最大线性无关向量组，都可作为 L 的一个基底.

证明 设 $\boldsymbol{v}_1,\boldsymbol{v}_2,\cdots,\boldsymbol{v}_r$ 是 L 的一个最大线性无关向量组，$\boldsymbol{u}_1,\boldsymbol{u}_2,\cdots,\boldsymbol{u}_m$ 是 L 的一个基底. 根据性质 1 有 $r=m$. 由于向量 $\boldsymbol{v}_1,\boldsymbol{v}_2,\cdots,\boldsymbol{v}_m$ 的每一个，可由基底 $\boldsymbol{u}_1,\boldsymbol{u}_2,\cdots,\boldsymbol{u}_m$ 线性表示，所以向量组

$$\boldsymbol{u}_1,\boldsymbol{u}_2,\cdots,\boldsymbol{u}_m,\boldsymbol{v}_1,\boldsymbol{v}_2,\cdots,\boldsymbol{v}_m$$

的秩数等于 m. 又因 $\boldsymbol{v}_1,\boldsymbol{v}_2,\cdots,\boldsymbol{v}_m$ 线性无关，由本章定理 1.4.1 及其证明，我们就知道每一个向量 $\boldsymbol{u}_i$，可由 $\boldsymbol{v}_1,\boldsymbol{v}_2,\cdots,\boldsymbol{v}_m$ 线性表示. 换句话说，我们已经证明了向量组 $\boldsymbol{u}_1,\boldsymbol{u}_2,\cdots,\boldsymbol{u}_m$ 和向量组 $\boldsymbol{v}_1,\boldsymbol{v}_2,\cdots,\boldsymbol{v}_m$ 等价. 由此向量子空间 L 也同样可由线性无关向量组 $\boldsymbol{v}_1,\boldsymbol{v}_2,\cdots,\boldsymbol{v}_m$ 产生，这就证明了 $\boldsymbol{v}_1,\boldsymbol{v}_2,\cdots,\boldsymbol{v}_m$ 是 L 的一个基底.

根据下述定理，我们可以用另外方法定义向量子空间. 在某些情形下，使用这个定义更方便.

定理 2.2.3 向量空间 K^n 的一部分 L 构成一个向量子空间的充分必要条件是：L 的任意两个向量 $\boldsymbol{a}$ 和 $\boldsymbol{b}$ 的和 $\boldsymbol{a}+\boldsymbol{b}$ 含于 L，L 的任意向量 $\boldsymbol{a}$ 和数 k 的乘积 $k\boldsymbol{a}$(k 代表任意数) 也含于 L.

K^n 的一个部分集合 L，若含有向量 $\boldsymbol{a}$ 和 $\boldsymbol{b}$，就含有和 $\boldsymbol{a}+\boldsymbol{b}$ 和 $k\boldsymbol{a}$（k 代表任意数），我们也说 L 关于向量的加法与向量和数的乘法是封闭的.

证明 若 L 是零向量子空间，定理显然成立. 再设 L 不是零向量子空间. 首先我们证明，若 L 是一个向量子空间，L 关于向量的加法与向量和数的乘法就是封闭的. 事实上，若向量 $\boldsymbol{a}$ 和 $\boldsymbol{b}$ 都含于 L，令

$$\boldsymbol{a}=a_1\boldsymbol{u}_1+a_2\boldsymbol{u}_2+\cdots+a_m\boldsymbol{u}_m, b=b_1\boldsymbol{u}_1+b_2\boldsymbol{u}_2+\cdots+b_m\boldsymbol{u}_m$$

（式中的 $\boldsymbol{u}_1,\boldsymbol{u}_2,\cdots,\boldsymbol{u}_m$ 代表 L 的一个基底）得

$$\boldsymbol{a}+\boldsymbol{b}=c_1\boldsymbol{u}_1+c_2\boldsymbol{u}_2+\cdots+c_m\boldsymbol{u}_m, k\boldsymbol{a}=d_1\boldsymbol{u}_1+d_2\boldsymbol{u}_2+\cdots+d_m\boldsymbol{u}_m$$

这里 $c_1=a_1+b_1,\cdots,c_m=a_m+b_m,d_1=ka_1,\cdots,d_m=ka_m$，换句话说，$\boldsymbol{a}+\boldsymbol{b}$ 和 $k\boldsymbol{a}$ 也含于 L.

反之，设 L 是向量空间 K^n 的一个已知部分，但 L 不是零向量子空间. 再设 L 关于向量的加法与向量和数的乘法是封闭的. 根据向量空间 K^n 的基底的性质 1，含于 K^n 的线性无关向量的最大数等于 n，所以在 L 内必有一个最大数的线性无关向量存在. 设含于 L 内的最大数线性无关向量为 $\boldsymbol{v}_1,\boldsymbol{v}_2,\cdots,\boldsymbol{v}_m$，我们立刻就可断定 L 的每一个向量 $\boldsymbol{v}$ 都是 $\boldsymbol{v}_1,\boldsymbol{v}_2,\cdots,\boldsymbol{v}_m$ 的线性组合. 事实上，因为 m 是含于 L 的线性无关向量的最大数，所以 $m+1$ 个向量 $\boldsymbol{v}_1,\boldsymbol{v}_2,\cdots,\boldsymbol{v}_m,\boldsymbol{v}$ 必然线性相关，即

$$k_1\boldsymbol{v}_1+k_2\boldsymbol{v}_2+\cdots+k_m\boldsymbol{v}_m+k\boldsymbol{v}=\boldsymbol{0} \tag{2.2.4}$$

式中的 $k_1,k_2,\cdots,k_m,k$ 不全是零.

特别地，k 不能等于零，否则 $\boldsymbol{v}_1,\boldsymbol{v}_2,\cdots,\boldsymbol{v}_m$ 成为线性相关. 由等式(2.2.4) 解出 $\boldsymbol{v}$，得

$$\boldsymbol{v}=c_1\boldsymbol{v}_1+c_2\boldsymbol{v}_2+\cdots+c_m\boldsymbol{v}_m$$

式中 $c_i=-\frac{k_i}{k}$. 这就证明了 L 的每一个向量都是 $\boldsymbol{v}_1,\boldsymbol{v}_2,\cdots,\boldsymbol{v}_m$ 的线性组合.

反之，由于 L 关于向量加法与向量和数的乘法是封闭的，所以每一个线性组合 $k_1\boldsymbol{v}_1+k_2\boldsymbol{v}_2+\cdots+k_m\boldsymbol{v}_m$ 都含于 L. 这就证明了 L 是以 $\boldsymbol{v}_1,\boldsymbol{v}_2,\cdots,\boldsymbol{v}_m$ 为基底的一个向量子空间.

根据这个定理，我们介绍向量子空间的另一定义如下：设 L 是向量空间 K^n 的一个部分集合，若 L 关于向量的加法与向量和数的乘法是封闭的，我们就把 L 叫作 K^n 的一个向量子空间.

2.3 线性方程组的解集的几何性质(解空间)

对于线性方程组的解的总体，现在利用我们的几何工具来得出它的一个全

面的概念. 因此我们把未知数 $\boldsymbol{x}_1,\boldsymbol{x}_2,\cdots,\boldsymbol{x}_n$ 的任一组数值看作是 m 维数空间中的一个向量. 如果这一组数值是线性方程组的解,则我们就说,这向量是所给方程组的解. 既然在一般场合绝不是每个向量都是我们所感兴趣的这方程组的解,则所有解将只充满整个空间的某一部分. 我们的问题就是要来表出这一部分的特征.

我们由齐次方程组的场合开始,即

$$\begin{cases} a_{11}x_1+a_{12}x_2+\cdots+a_{1n}x_n=0 \\ a_{21}x_1+a_{22}x_2+\cdots+a_{2n}x_n=0 \\ \quad\vdots \\ a_{m1}x_1+a_{m2}x_2+\cdots+a_{mn}x_n=0 \end{cases} \tag{2.3.1}$$

由直接代入就可证明,如果向量 $\boldsymbol{x}'=(x_1',x_2',\cdots,x_n')$ 与 $\boldsymbol{x}''=(x_1'',x_2'',\cdots,x_n'')$(为方便计我们写成列的形状)是这组方程式的解,则向量 $\boldsymbol{x}'+\boldsymbol{x}''=(x_1'+x_1'',x_2'+x_2'',\cdots,x_n'+x_n'')$ 与 $k\boldsymbol{x}'=(kx_1',kx_2',\cdots,kx_n')$(在此 k 为任意的乘数)亦将成这组方程式的解. 如此,解的总体如果包含了任一向量亦即同时包含其一切数的倍数,并且如果包含了任何两个向量亦即同时包含它们的和. 换句话说(参阅 2.2 目):齐次线性方程组的解的总体为 m 维数空间的子空间,这里 m 是方程组中未知数的个数. 这个子空间,有时候称为所给方程组的解空间.

用向量空间理论的观点,我们还可以把齐次线性方程组的基础解系这一概念,更加有意义的介绍如下:即,基础解系,就是解空间的基底. 由此,还可以把基础解系的定理(参考第 2 章定理 4.11.5) 叙述如下:

定理 2.3.1 m 元齐次线性方程组的解所成子空间的维数等于 $m-r$,这里 r 是方程组系数矩阵的秩数.

这个结果也包括 $r=m$ 这场合,即当没有常数项时的情形:在这场合只存在一个零解,而它本身自成一子空间,其中不包含任何线性无关向量,所以它自然可以称为零空间.

现在我们来考虑任意非齐次方程组

$$\begin{cases} a_{11}x_1+a_{12}x_2+\cdots+a_{1n}x_n=b_1 \\ a_{21}x_1+a_{22}x_2+\cdots+a_{2n}x_n=b_2 \\ \quad\vdots \\ a_{n1}x_1+a_{n2}x_2+\cdots+a_{mn}x_n=b_n \end{cases} \tag{2.3.2}$$

的情形. 同以前一样,我们称齐次方程组(2.3.1) 为所给方程组(2.3.2) 的相应齐次方组. 这组方程式所有解的总体是 m 维数空间的某一子空间. 那么第 1 章的定理 1.1.1 可以重述为：

定理 2.3.2[①] 如果在相应齐次方程组的解的子空间的每个向量上加所给非齐次方程组的一个解(对所有向量都加同样一个解)，则可得到非齐次方程组的解的总体.

以上所说的在三元方程组的情况就变成很明显的事情，因为在这种情况中，三维数向量可以表示成寻常"几何"向量的形状(在某坐标系中)具有与所给数向量相同的坐标. 在这种考虑之下我们马上可以在方程组中只保留独立的方程式，其个数如平常一样等于所给方程组的秩数. 既然秩数不能超过未知数的个数，则可能的只有下面这四种情况：

(1) 方程组的秩数等于零. 独立方程式没有，即所有方程式都是恒等式：未知数系数与常数项都等于零. 在这种情况中，显然方程式的解充满整个空间. 考虑非齐次方程组的解与相应齐次方程组的解之间的关系是没有意义的，因为可能的只有齐次方程组满足所设的条件.

(2) 方程组的秩数等于 1. 独立方程式只一个，即

$$a_{11}x_1+a_{12}x_2+a_{13}x_3=b_1 \tag{2.3.3}$$

相应齐次方程组亦由一个方程式

$$a_{11}x_1+a_{12}x_2+a_{13}x_3=0 \tag{2.3.4}$$

所构成.

可以选取任意两个未知数作自由未知数，但要使第三个未知数的系数异于零. 如果这样的系数是 a_{11}，则可以把方程式(2.3.3) 改写成

$$x_1=-\frac{a_{12}}{a_{11}}x_2-\frac{a_{13}}{a_{11}}x_3$$

方程式(2.3.4) 的解的空间是二维的. 它的基底可由给 x_2 与 x_3 以如下各组数值得之：1,0 与 0,1. 相应齐次方程式的解是

$$\left(-\frac{a_{11}}{a_{11}},-1,0\right) 与 \left(-\frac{a_{13}}{a_{11}},0,1\right)$$

① 定理 2.3.2 可以几何的方式来表征其意义：如第 7 章 4.1 中所述，对应于非齐次线性方程组一切解的几何图像 H 是 m 维空间的一个线性流形. 这个线性流形 H 可以这样获得：取对应齐次线性方程组的解空间 L 和非齐次方程组的任意一个特殊解 $\boldsymbol{x}_0$，然后把 L 按向量 $\boldsymbol{x}_0$ 平移. 由此，若 r 为非齐次方程组的矩阵的秩，则子空间 L 的任意一个向量 $\boldsymbol{y}$ 可以表示成线性组合(参看定理 2.3.1)

$$\boldsymbol{y}=c_1\boldsymbol{y}_1+c_2\boldsymbol{y}_2+\cdots+c_{n-r}\boldsymbol{y}_{n-r}$$

这里 $\boldsymbol{y}_1,\boldsymbol{y}_2,\cdots,\boldsymbol{y}_{n-r}$ 是子空间 L 的基底.

因此，线性流形 H 的任何向量 $\boldsymbol{x}$ 可以表示成为

$$\boldsymbol{x}=\boldsymbol{x}_0+\boldsymbol{y}=\boldsymbol{x}_0+c_1\boldsymbol{y}_1+c_2\boldsymbol{y}_2+\cdots+c_{n-r}\boldsymbol{y}_{n-r}$$

如果把这些解表现成通常三维空间的向量的形状，那么齐次方程式的所有解的总体表现为这样做出的向量所"张"的平面 L_2 上的向量集合. 要做出非齐次方程的所有解的总体，只要以向量 $\boldsymbol{x}_0$ 表现其一个解就行了. 于是按上面所说的，把这向量加到刚才所作平面的所有向量上去，如此我们得到所求的. 容易看出，所有这样做出的向量的末端（如果把起点看作是在坐标系原点的话）都落在一个平面上，这平面通过向量 $\boldsymbol{x}_0$ 的末端而平行于平面 L_2.

（3）方程组的秩数等于 2. 独立方程式有二. 相应齐次方程组的解的空间是一维的，即在某通过坐标系原点的直线 L_1 上的向量的总体. 如果 $\boldsymbol{x}_0$ 是非齐次方程组的任一个解，那么所有它的解的总体可由这样的向量集合以几何方式表现出来，这些向量的末端落在一条通过向量 $\boldsymbol{x}_0$ 末端而平行于直线 L_1 的直线上.

（4）方程组的秩数等于 3，在这种情况下齐次方程组只有零这一个解. 所给这方程组将亦只有一个解，如此"解的全体"由一个向量所表出.

如果我们不说向量而说与这些向量同坐标的点，则其几何意义就变得更简单了. 在此我们习惯于说解的几何轨迹. 在刚才所考虑的场合中所得结果的内容可以用这些名词这样说出来：

三元线性相容方程组的解的几何轨迹是整个空间，如果该方程组是恒等的；是一个平面，如果该方程组只含有一个独立方程式；是一条直线，如果该方程组含有两个独立方程式；是一个点，如果该方程组含有三个独立方程式.

读者容易知道这在解析几何中所建立的事实.

最后应该注意，所有前面所讲的都可用"点"这个概念替代"向量"概念做出来. 但是由于必须用像加法这样的代数运算，使得这变成不很方便：像"点的加法"这类说法的不习惯，只会使读者感觉困难而不能更深入地看透所讲的事实的几何含义.

2.4　矩阵的行空间和列空间·线性方程组相容性与有定性条件的第五种表述

我们知道，数域 K 上的 $m\times n$ 维矩阵

$$\boldsymbol{A}=\begin{pmatrix} a_{11} & a_{12} & \cdots & a_{1n} \\ a_{21} & a_{22} & \cdots & a_{2n} \\ \vdots & \vdots & & \vdots \\ a_{m1} & a_{m2} & \cdots & a_{mn} \end{pmatrix}$$

的每个行作为一个 n 元数组,可以看作数空间 K^n 中的一个向量.对应于 $\boldsymbol{A}$ 的 m 个行的向量称为 $\boldsymbol{A}$ 的行向量.类似地,$\boldsymbol{A}$ 的每一列可以看成是 K^m 中的一个向量,称这 n 个向量为 $\boldsymbol{A}$ 的列向量.

定义 2.4.1 如果 $\boldsymbol{A}$ 是一个数域 K 上的 $m\times n$ 维矩阵,那么由 $\boldsymbol{A}$ 的行向量生成的 K^n 的子空间称为 $\boldsymbol{A}$ 的行空间,由 $\boldsymbol{A}$ 的各列生成的 K^m 的子空间称为 $\boldsymbol{A}$ 的列空间.

例 1 设矩阵

$$\boldsymbol{A}=\begin{pmatrix}1&0&0\\0&1&0\end{pmatrix}$$

的基域是实数域 $\mathbf{R}$. $\boldsymbol{A}$ 的行空间是如下形式的三维向量

$$k_1(1,0,0)+k_2(0,1,0)=(k_1,k_2,0)$$

构成的集合;$\boldsymbol{A}$ 的列空间是所有如下形式的二维向量

$$k_1\begin{pmatrix}1\\0\end{pmatrix}+k_2\begin{pmatrix}0\\1\end{pmatrix}+k_3\begin{pmatrix}0\\0\end{pmatrix}=\begin{pmatrix}k_1\\k_2\end{pmatrix}$$

(这里 k_1,k_2,k_3 为任意的实数).因此,$\boldsymbol{A}$ 的行空间为一个 $\mathbf{R}^3$ 的二维子空间,而 $\boldsymbol{A}$ 的列空间为整个 $\mathbf{R}^2$.

行空间(列空间)概念的引入,可以使我们重新表述矩阵的行秩(列秩)的概念(参阅第 6 章 §1 中 1.6 目):矩阵的行空间(列空间)的维数称为它的行秩(列秩).

定理 2.4.1 两个行相抵的矩阵具有相同的行空间.

证明 矩阵 $\boldsymbol{B}$ 行相抵于 $\boldsymbol{A}$,就是说 $\boldsymbol{B}$ 可由 $\boldsymbol{A}$ 经过有限次行初等变换得到.因此,$\boldsymbol{B}$ 的行向量必为 $\boldsymbol{A}$ 的行向量的线性组合.所以,$\boldsymbol{B}$ 的行空间必为 $\boldsymbol{A}$ 的行空间的子空间.因为 $\boldsymbol{A}$ 也行相抵于 $\boldsymbol{B}$,由于相同的理由,$\boldsymbol{A}$ 的行空间是 $\boldsymbol{B}$ 的行空间的子空间.

为了求矩阵行空间的基,可以将矩阵化为行阶梯形.行阶梯形矩阵中的非零行将构成行空间的一组基.

例 2 设

$$\boldsymbol{A}=\begin{pmatrix}1&-2&3\\2&-5&1\\1&-4&-7\end{pmatrix}$$

将 $\boldsymbol{A}$ 化为行阶梯形,得到矩阵

$$U=\begin{pmatrix}1 & -2 & 3\\ 0 & 1 & 5\\ 0 & 0 & 0\end{pmatrix}$$

显然,(1,-2,3)和(0,1,5)构成$\boldsymbol{U}$的行空间的一组基.因为$\boldsymbol{U}$和$\boldsymbol{A}$是行相抵的,所以它们有相同的行空间,且因此$\boldsymbol{A}$的行秩为2.

在研究线性方程组时,行空间和列空间的概念也十分有用.一个方程组$\boldsymbol{AX}=\boldsymbol{b}$可写为

$$\boldsymbol{a}_1x_1+\boldsymbol{a}_2x_2+\cdots+\boldsymbol{a}_nx_n=\boldsymbol{b} \tag{2.4.1}$$

其中$\boldsymbol{a}_1,\boldsymbol{a}_2,\cdots,\boldsymbol{a}_n$表示$\boldsymbol{A}$的$n$个列向量.在第6章§1,1.5目中,我们使用这个表达式刻画一个线性方程组是否相容的条件(定理1.5.1),现在可以用矩阵的列空间重新表述:

定理2.4.2(线性方程组的相容性定理) 一个线性方程组$\boldsymbol{AX}=\boldsymbol{b}$相容的充要条件是$\boldsymbol{b}$在$\boldsymbol{A}$的列空间中.

若将$\boldsymbol{b}$用零向量替代,则式(2.4.1)化为

$$\boldsymbol{a}_1x_1+\boldsymbol{a}_2x_2+\cdots+\boldsymbol{a}_nx_n=\boldsymbol{0} \tag{2.4.2}$$

由式(2.4.2)知,当且仅当$\boldsymbol{A}$的列向量线性无关时,方程组$\boldsymbol{AX}=\boldsymbol{0}$仅有平凡解$\boldsymbol{X}=\boldsymbol{0}$.

定理2.4.3 设$\boldsymbol{A}$为数域K上的$m\times n$维矩阵,当且仅当$\boldsymbol{A}$的列向量生成K^m时,对每一个$\boldsymbol{b}\in K^m$,线性方程组$\boldsymbol{AX}=\boldsymbol{b}$是相容的,当且仅当$\boldsymbol{A}$的列向量线性无关时,对每一个$\boldsymbol{b}\in K^m$,方程组$\boldsymbol{AX}=\boldsymbol{b}$至多有一个解.

证明 我们已经看到,当且仅当$\boldsymbol{b}$在$\boldsymbol{A}$的列空间中时,方程组$\boldsymbol{AX}=\boldsymbol{b}$相容.由此,对每一个$\boldsymbol{b}\in K^m$,当且仅当$\boldsymbol{A}$的列向量生成$K^m$时,$\boldsymbol{AX}=\boldsymbol{b}$是相容的.为了证明第二个结论,注意到,如果$\boldsymbol{AX}=\boldsymbol{b}$对每一个$\boldsymbol{b}$至少有一个解,特别地,方程组$\boldsymbol{AX}=\boldsymbol{0}$将仅有零解,因此$\boldsymbol{A}$的列向量必为线性无关.反之,若$\boldsymbol{A}$的列向量线性无关,则$\boldsymbol{AX}=\boldsymbol{0}$仅有零解.现在,令$\boldsymbol{X}_1$和$\boldsymbol{X}_2$均为$\boldsymbol{AX}=\boldsymbol{b}$的解,则$\boldsymbol{X}_1-\boldsymbol{X}_2$应为$\boldsymbol{AX}=\boldsymbol{0}$的解

$$\boldsymbol{A}(\boldsymbol{X}_1-\boldsymbol{X}_2)=\boldsymbol{AX}_1-\boldsymbol{AX}_2=\boldsymbol{b}-\boldsymbol{b}=\boldsymbol{0}$$

由此$\boldsymbol{X}_1-\boldsymbol{X}_2=\boldsymbol{0}$,且因此必有$\boldsymbol{X}_1=\boldsymbol{X}_2$.

令$\boldsymbol{A}$为一$m\times n$维矩阵,如果$\boldsymbol{A}$的n个列向量生成K^m,由于不存在少于m个的向量可以生成K^m,那么n必定大于或者等于m.如果$\boldsymbol{A}$的各列线性无关,由于K^m中任何多于m个的向量必线性相关,那么n必小于或等于m.因此,如果$\boldsymbol{A}$的列向量为K^m的一组基,那么n必等于m.

推论 在数域K上,当且仅当一个n阶方阵$\boldsymbol{A}$的列向量为K^n的一组基时,

$\boldsymbol{A}$ 是非奇异的.

设 $\boldsymbol{A}$ 为一数域 K 上的 $m\times n$ 维矩阵,记齐次线性方程组 $\boldsymbol{AX}=\boldsymbol{0}$ 的所有解的集合为 $N(\boldsymbol{A})$

$$N(\boldsymbol{A})=\{\boldsymbol{X}\in K^n \mid \boldsymbol{AX}=\boldsymbol{0}\}$$

我们知道,$N(\boldsymbol{A})$ 为 K^n 的子空间,这一子空间为矩阵 $\boldsymbol{A}$ 所唯一决定,子空间 $N(\boldsymbol{A})$ 称为 $\boldsymbol{A}$ 的零空间.

比定理 2.4.3 的推论更一般的结论是,矩阵的秩和其零空间的维数加起来等于矩阵的列数.一个矩阵的零空间的维数称为矩阵的零度.

定理 2.4.4(秩－零度定理)　若 $\boldsymbol{A}$ 为 $m\times n$ 维矩阵,则 $\boldsymbol{A}$ 的秩与 $\boldsymbol{A}$ 的零度之和为 n.

证明　令 $\boldsymbol{U}$ 为 $\boldsymbol{A}$ 的行最简形.方程组 $\boldsymbol{AX}=\boldsymbol{0}$ 等价于方程组 $\boldsymbol{UX}=\boldsymbol{0}$.若 $\boldsymbol{A}$ 的行秩为 r,则 $\boldsymbol{U}$ 有 r 个非零行,且因此方程组 $\boldsymbol{UX}=\boldsymbol{0}$ 有 $n-r$ 个自由未知量.$N(\boldsymbol{A})$ 的维数等于自由未知量的个数.

例 3　设

$$\boldsymbol{A}=\begin{pmatrix}1 & 2 & -1 & 1\\ 2 & 4 & -3 & 0\\ 1 & 2 & 1 & 5\end{pmatrix}$$

求 $\boldsymbol{A}$ 的行空间的基和 $N(\boldsymbol{A})$ 的基.

解　$\boldsymbol{A}$ 的行最简形为

$$\boldsymbol{U}=\begin{pmatrix}1 & 2 & 0 & 3\\ 0 & 0 & 1 & 2\\ 0 & 0 & 0 & 0\end{pmatrix}$$

因此,(1,2,0,3) 和(0,0,1,2) 为 $\boldsymbol{A}$ 的行空间的一组基,且 $\boldsymbol{A}$ 的行秩为 2.由于方程组 $\boldsymbol{AX}=\boldsymbol{0}$ 和 $\boldsymbol{UX}=\boldsymbol{0}$ 是等价的.因此,当且仅当

$$x_1+2x_2+3x_4=0$$
$$x_3+2x_4=0$$

时,X 属于 $N(\boldsymbol{A})$.首变量 x_1 和 x_3 可用自由未知量 x_2 和 x_4 表示

$$x_1=-2x_2-3x_4,x_3=-2x_4$$

令 $x_2=\alpha,x_4=\beta$,则可得 $N(\boldsymbol{A})$ 由所有形式如下的向量组成

$$\begin{pmatrix}x_1\\ x_2\\ x_3\\ x_4\end{pmatrix}=\begin{pmatrix}-2\alpha-3\beta\\ \alpha\\ -2\beta\\ \beta\end{pmatrix}=\alpha\begin{pmatrix}-2\\ 1\\ 0\\ 0\end{pmatrix}+\beta\begin{pmatrix}-3\\ 0\\ -2\\ 1\end{pmatrix}$$

向量$(-2,1,0,0)^{T}$和$(-3,0,-2,1)^{T}$构成$N(\boldsymbol{A})$的一组基.注意到

$$n-r=4-2=2=\dim(N(\boldsymbol{A}))$$

转入列空间的讨论.首先注意到例3中的矩阵$\boldsymbol{A}$和$\boldsymbol{U}$有不同的列空间;但是,它们的列向量满足相同的依赖关系.对矩阵$\boldsymbol{U}$,列向量$\boldsymbol{u}_1$和$\boldsymbol{u}_3$是线性无关的,而

$$\boldsymbol{u}_2=2\boldsymbol{u}_1,\boldsymbol{u}_4=3\boldsymbol{u}_1+2\boldsymbol{u}_3$$

对矩阵$\boldsymbol{A}$的列也有同样的关系.向量$\boldsymbol{a}_1$和$\boldsymbol{a}_3$是线性无关的,而

$$\boldsymbol{a}_2=2\boldsymbol{a}_1,\boldsymbol{a}_4=3\boldsymbol{a}_1+2\boldsymbol{a}_3$$

一般地,若$\boldsymbol{A}$为$m\times n$矩阵,且$\boldsymbol{U}$是$\boldsymbol{A}$的行阶梯形,则由于当且仅当$\boldsymbol{UX}=\boldsymbol{0}$时,$\boldsymbol{AX}=\boldsymbol{0}$,故它们的列向量满足相同的依赖关系.

定理 2.4.5 若$\boldsymbol{A}$为$m\times n$维矩阵,则$\boldsymbol{A}$的行空间的维数等于$\boldsymbol{A}$的列空间的维数.

证明 若$\boldsymbol{A}$的秩为r,则$\boldsymbol{A}$的行阶梯形$\boldsymbol{U}$将有r个首1元素.$\boldsymbol{U}$中对应于首1元素的列将是线性无关的.然而,它们并不构成$\boldsymbol{A}$的列空间的基,这是因为,一般地,$\boldsymbol{A}$和$\boldsymbol{U}$有不同的列空间.令$\boldsymbol{U}_L$为消去$\boldsymbol{U}$中自由变量所在的列得到的新矩阵.从$\boldsymbol{A}$中消去相应的列,并记新矩阵为$\boldsymbol{A}_L$.矩阵$\boldsymbol{A}_L$和$\boldsymbol{U}_L$也是行相抵的.因此,若$\boldsymbol{X}$为$\boldsymbol{A}_L\boldsymbol{X}=\boldsymbol{0}$的一个解,则$\boldsymbol{X}$必为$\boldsymbol{U}_L\boldsymbol{X}=\boldsymbol{0}$的解.因为$\boldsymbol{U}_L$的各列是线性无关的,故$\boldsymbol{X}$必为$\boldsymbol{0}$,因此,利用定理2.4.3后的注,$\boldsymbol{A}_L$的各列也是线性无关的,因为$\boldsymbol{A}_L$有$r$列,所以$\boldsymbol{A}$的列空间的维数至少为$r$.

我们已经证明,对任何矩阵,其列空间的维数大于或等于行空间的维数.将这个结论应用于$\boldsymbol{A}^{T}$,我们有

$$\begin{aligned}\dim(\boldsymbol{A}\text{ 的行空间})&=\dim(\boldsymbol{A}^{T}\text{ 的列空间})\\&\geqslant\dim(\boldsymbol{A}^{T}\text{ 的行空间})\\&=\dim(\boldsymbol{A}\text{ 的列空间})\end{aligned}$$

因此,对任何矩阵$\boldsymbol{A}$,行空间的维数必等于列空间的维数.

我们可以利用$\boldsymbol{A}$的行阶梯形$\boldsymbol{U}$求$\boldsymbol{A}$的列空间的一组基.我们只需求$\boldsymbol{U}$中对应于首1元素的列即可.$\boldsymbol{A}$中的相应列将是线性无关的,并构成$\boldsymbol{A}$的列空间的一组基.

注 行阶梯形$\boldsymbol{U}$仅告诉我们$\boldsymbol{A}$的哪一列用于构成基.但不能用$\boldsymbol{U}$的列作为基向量,这是因为$\boldsymbol{U}$和$\boldsymbol{A}$一般有不同的列空间.

例 4 令

$$A=\begin{pmatrix}1&-2&1&1&2\\-1&3&0&2&-2\\0&1&1&3&4\\1&2&5&13&5\end{pmatrix}$$

A 的行阶梯形为

$$U=\begin{pmatrix}1&-2&1&1&2\\0&1&1&3&0\\0&0&0&0&1\\0&0&0&0&0\end{pmatrix}$$

其首 1 元素在第一、二和五列,因此

$$a_1=\begin{pmatrix}1\\-1\\0\\1\end{pmatrix},a_2=\begin{pmatrix}-2\\3\\1\\2\end{pmatrix},a_3=\begin{pmatrix}2\\-2\\4\\5\end{pmatrix}$$

构成了 A 的行空间的一组基.

2.5 线性方程组求解的逆向问题

我们知道,数域 K 上含 n 个未知量的线性方程组 $AX=b$,当秩$(A)=$ 秩$(\overline{A})=r$ 时($\overline{A}$ 为增广矩阵),其通解可表示为

$$X=k_1u_1+k_1u_2+\cdots+k_{n-r}u_{n-r}+\eta$$

其中 η 是 $AX=b$ 的一个特解,$u_1,u_2,\cdots,u_{n-r}$ 是对应的齐次方程组 $AX=O$ 的基础解系.

现在我们提出一个相反的问题:已知某个线性方程组的一个通解

$$X=k_1u_1+k_1u_2+\cdots+k_{n-r}u_{n-r}+\eta$$

要求出这个线性方程组.

在上述问题中,通解的主要部分是齐次方程组 $AX=O$ 的基础解系.如果能求出以 $u_1,u_2,\cdots,u_{n-r}$ 为基础解系的齐次线性方程组,那么根据所给的特解 η 便能求出非齐次方程组的常数项.

含有 n 个未知量的齐次线性方程组 $AX=O$ 的所有解构成 n 维数空间的子空间.反过来,我们可以证明:

定理 2.5.1 n 维数空间 K^n 的任意一个 r 维子空间都是某一含 n 个未知量的齐次线性方程组的解空间.

证明　设 W 是 K^n 的任一 r 维子空间，取它的一个基底(行向量) $\boldsymbol{u}_1,\boldsymbol{u}_2,\cdots,\boldsymbol{u}_r$. 令

$$\boldsymbol{A}=\begin{pmatrix}\boldsymbol{u}_1\\\boldsymbol{u}_2\\\vdots\\\boldsymbol{u}_r\end{pmatrix} \tag{2.5.1}$$

于是

$$秩(\boldsymbol{A})=r$$

作齐次线性方程组 $\boldsymbol{AX}=\boldsymbol{O}$，设(行向量) $\boldsymbol{v}_1,\boldsymbol{v}_2,\cdots,\boldsymbol{v}_{n-r}$ 是它的一个基础解系. 因为每个 $\boldsymbol{v}_j(i=1,2,\cdots,n-r)$ 都是方程组 $\boldsymbol{AX}=\boldsymbol{O}$ 的解

$$\boldsymbol{A}\boldsymbol{v}_j{}^{\mathrm{T}}=\boldsymbol{O}$$

注意到式(2.5.1)，我们得出

$$\boldsymbol{u}_i\boldsymbol{v}_j{}^{\mathrm{T}}=\boldsymbol{0}\quad(i=1,2,\cdots,r;j=1,2,\cdots,n-r)$$

将这些等式两端分别转置，得到

$$\boldsymbol{v}_j\boldsymbol{u}_i{}^{\mathrm{T}}=\boldsymbol{0}\quad(i=1,2,\cdots,r;j=1,2,\cdots,n-r) \tag{2.5.2}$$

再令

$$\boldsymbol{B}=\begin{pmatrix}\boldsymbol{v}_1\\\boldsymbol{v}_2\\\vdots\\\boldsymbol{v}_r\end{pmatrix}$$

于是由式(2.5.2)知，$\boldsymbol{BX}=\boldsymbol{O}$ 的基础解系为 $\boldsymbol{u}_1,\boldsymbol{u}_2,\cdots,\boldsymbol{u}_r$.

因为齐次线性方程组的基础解系是其解空间的基底，所以定理2.5.1的证明过程给出了前面所提问题的解答：设已知基础解系为行向量的矩阵为 $\boldsymbol{A}$，求出方程组 $\boldsymbol{AX}=\boldsymbol{O}$ 的一个基础解系；再以这个基础解系为行向量作矩阵为 $\boldsymbol{B}$，则矩阵 $\boldsymbol{B}$ 就是所求的线性方程组的系数矩阵.

例　已知 $\boldsymbol{u}_1=(2,1,0,0,0)$，$\boldsymbol{u}_2=(0,0,1,1,0)$，$\boldsymbol{u}_3=(1,0,-5,0,3)$. 求以 $\boldsymbol{u}_1,\boldsymbol{u}_2,\boldsymbol{u}_3$ 为基础解系的齐次线性方程组.

解　构造行向量为 $\boldsymbol{u}_1,\boldsymbol{u}_2,\boldsymbol{u}_3$ 的矩阵 $\boldsymbol{A}$

$$\boldsymbol{A}=\begin{pmatrix}\boldsymbol{u}_1\\\boldsymbol{u}_2\\\boldsymbol{u}_3\end{pmatrix}=\begin{pmatrix}2&1&0&0&0\\0&0&1&1&0\\1&0&-5&0&3\end{pmatrix}$$

方程组 $\boldsymbol{AX}=\boldsymbol{O}$ 的一个基础解系是

$$\boldsymbol{v}_1=(-5,10,-1,1,0),\boldsymbol{v}_2=(-3,6,0,0,1)$$

于是按照证明定理 2.5.1 时所说的方法,所求的齐次线性方程组为

$$\begin{cases}-5x_1+10x_2-x_3+x_4=0\\-3x_1+6x_2+x_5=0\end{cases}$$

注 由于所求齐次线性方程组中各方程的系数是另一个线性方程组的基础解系,因为基础解系是不唯一的,所以由其确定的线性方程组也不唯一(但都是同解的齐次线性方程组). 由于不同的基础解系彼此等价,可知同解的齐次线性方程组中各方程的系数所构成的向量彼此等价.

下一个定理是(读者自行证明):

定理 2.5.2 设 $\boldsymbol{A}$ 是域 K 上的一个 $m\times n$ 维矩阵,$\boldsymbol{\alpha}_1,\boldsymbol{\alpha}_2,\cdots,\boldsymbol{\alpha}_r$ 是 $\boldsymbol{A}$ 的行空间的一个基,方程组 $\boldsymbol{AX}=\boldsymbol{O}$ 的一个基础解系为(列向量)$\boldsymbol{u}_1,\boldsymbol{u}_2,\cdots,\boldsymbol{u}_{n-r}$. 令 $\boldsymbol{B}$ 是行向量为 $\boldsymbol{u}_1^{\mathrm{T}},\boldsymbol{u}_2^{\mathrm{T}},\cdots,\boldsymbol{u}_{n-r}^{\mathrm{T}}$ 的 $(n-r)\times n$ 维矩阵,则 $\boldsymbol{\alpha}_1,\boldsymbol{\alpha}_2,\cdots,\boldsymbol{\alpha}_n$ 是 $\boldsymbol{BX}=\boldsymbol{O}$ 的一个基础解系,即 $\boldsymbol{A}$ 的行空间是 $\boldsymbol{BX}=\boldsymbol{O}$ 的解空间.

§3 线性方程组的几何解释(数量积的观点)

3.1 度量法・三维向量的数量积

现在来引入一系列初等几何向量空间(即寻常三维空间及寻常二维空间)的最重要的性质,就是所谓量度的性质,这是联系着线段的长度及角的大小的量度可能性的. 同时我们注意到,实数域是定义这些空间的基础. 要使向量的长度及两向量间的角度能与向量的坐标表示法联系起来,最方便是引入向量数量积这个概念.

要使向量的长度及两向量间的角度能与向量的坐标表示法联系起来,最方便是引入向量数量积这个概念.

定义 3.1.1 两个向量的数量积是指它们的长度与其间角度的余弦的乘积.

向量 $\boldsymbol{a}$ 与 $\boldsymbol{b}$ 的数量积我们以 $(\boldsymbol{a},\boldsymbol{b})$ 表示. 在考虑空间量度性质时,应用向量数量积的好处在于向量的长度及两向量间的角度都能以向量数量积表示出来. 如果以平常绝对值符号来表示向量的长度,则由数量积的表示式

$$(\boldsymbol{a},\boldsymbol{b})=|\boldsymbol{a}|\cdot|\boldsymbol{b}|\cdot\cos\theta$$

容易看出下面两个公式成立

$$|\boldsymbol{a}|^2=(\boldsymbol{a},\boldsymbol{a}),\cos\theta=\frac{(\boldsymbol{a},\boldsymbol{b})}{\sqrt{(\boldsymbol{a},\boldsymbol{a})\cdot(\boldsymbol{b},\boldsymbol{b})}}$$

它们把长度与角度的计算化成了数量积的计算.

因此我们容易得到向量数量积以其坐标表示的分析式.我们先来考虑向量长度的式子.取一组三个互相垂直而长度都等于 1 的向量 $\boldsymbol{e}_1,\boldsymbol{e}_2,\boldsymbol{e}_3$ 作空间的基底(在平面的情形取两个向量).

现在任意向量 $\boldsymbol{x}$ 的坐标将取 $\boldsymbol{x}$ 在 $\boldsymbol{e}_1,\boldsymbol{e}_2,\boldsymbol{e}_3$ 诸向量的方向的投影 OX_1,OX_2,OX_3,而附带适当的符号(图 6).所取在 $\boldsymbol{x}=\boldsymbol{e}_1x_1+\boldsymbol{e}_2x_2+\boldsymbol{e}_3x_3$ 的场合,向量 $\boldsymbol{x}$ 的长度以

$$|\boldsymbol{x}|^2=x_1^2+x_2^2+x_3^2 \tag{3.1.1}$$

来下定义(即直角平行体的对角线)(在平面的时候得公式 $|\boldsymbol{x}|^2=x_1^2+x_2^2$,与前式所差的只是少第三项).

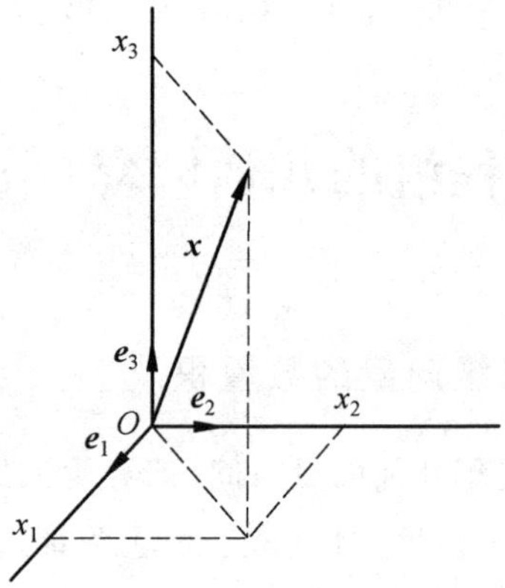

图 6

要得出两个向量 $\boldsymbol{x}=\boldsymbol{e}_1x_1+\boldsymbol{e}_2x_2+\boldsymbol{e}_3x_3$ 与 $\boldsymbol{y}=\boldsymbol{e}_1y_1+\boldsymbol{e}_2y_2+\boldsymbol{e}_3y_3$ 的数量积的坐标表示式,我们考虑它们的和 $\boldsymbol{x}+\boldsymbol{y}=\boldsymbol{e}_1(x_1+y_1)+\boldsymbol{e}_2(x_2+y_2)+\boldsymbol{e}_3(x_3+y_3)$,向量 $\boldsymbol{x}+\boldsymbol{y}$ 的长能以两种方式来表示:一方面按公式(3.1.1),我们有

$$\begin{aligned}|\boldsymbol{x}+\boldsymbol{y}|^2&=(x_1+y_1)^2+(x_2+y_2)^2+(x_3+y_3)^2\\&=x_1^2+x_2^2+x_3^2+y_1^2+y_2^2+y_3^2+2(x_1y_1+x_2y_2+x_3y_3)\end{aligned}$$

另一方面(图 7),平行四边形的对角线的长度的平方等于

$$\begin{aligned}|\boldsymbol{x}+\boldsymbol{y}|^2&=|\boldsymbol{x}|^2+|\boldsymbol{y}|^2+2|\boldsymbol{x}|\cdot|\boldsymbol{y}|\cos\theta\\&=x_1^2+x_2^2+x_3^2+y_1^2+y_2^2+y_3^2+2(\boldsymbol{x},\boldsymbol{y})\end{aligned}$$

比较所得两个式子,我们看出

$$(\boldsymbol{x},\boldsymbol{y})=x_1y_1+x_2y_2+x_3y_3 \tag{3.1.2}$$

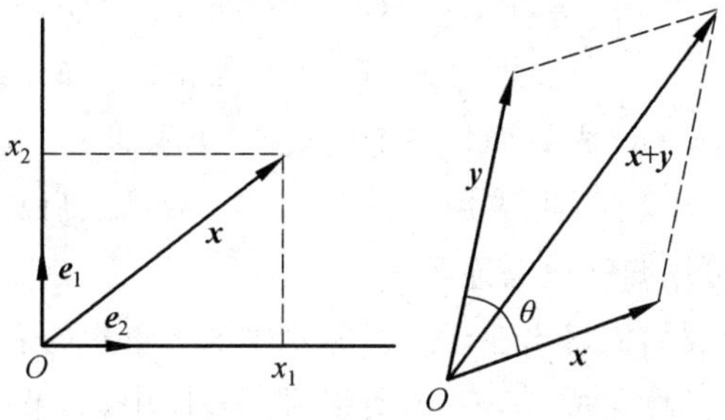

图 7

这就是数量积在我们所选择的坐标系中的表示式.

式(3.1.2)能使我们直接看出一系列数量积的性质,但其中一些也容易由其定义本身看出.

1.数量积与乘数因子的次序无关.

2.乘数可从数量积的符号下提出去:$(k\boldsymbol{a},\boldsymbol{b})=k(\boldsymbol{a},\boldsymbol{b})$,这里 $\boldsymbol{a},\boldsymbol{b}$ 是任意的向量而 k 是任一实数.

3.对于数量积,分配律成立

$$(\boldsymbol{a},\boldsymbol{b}+\boldsymbol{c})=(\boldsymbol{a},\boldsymbol{b})+(\boldsymbol{a},\boldsymbol{c}) \tag{3.1.3}$$

所有这些性质都可以用直接的计算来证明,只要利用所得到的数量积的表示式就行了.例如,第三条性质可以这样来证明:

设 $\boldsymbol{b}=\boldsymbol{e}_1b_1+\boldsymbol{e}_2b_2+\boldsymbol{e}_3b_3$,$\boldsymbol{c}=\boldsymbol{e}_1c_1+\boldsymbol{e}_2c_2+\boldsymbol{e}_3c_3$,于是

$$\boldsymbol{b}+\boldsymbol{c}=\boldsymbol{e}_1(b_1+c_1)+\boldsymbol{e}_2(b_2+c_2)+\boldsymbol{e}_3(b_3+c_3)$$

由公式(3.1.2),即有

$$(\boldsymbol{a},\boldsymbol{b}+\boldsymbol{c})=a_1(b_1+c_1)+a_2(b_2+c_2)+a_3(b_3+c_3)$$

由另一方面看,根据同一公式(3.1.2)

$$(\boldsymbol{a},\boldsymbol{b})=a_1b_1+a_2b_2+a_3b_3,(\boldsymbol{a},\boldsymbol{c})=a_1c_1+a_2c_2+a_3c_3$$

由此有

$$(\boldsymbol{a},\boldsymbol{b})+(\boldsymbol{a},\boldsymbol{c})=a_1(b_1+c_1)+a_2(b_2+c_2)+a_3(b_3+c_3)$$

所得两个式子符合就证明了等式(3.1.4).其余性质的证明做起来还要简单些,我们留给读者去做.

分配律我们也应用到由许多项构成的和的情形,并且其证明也无须再借助公式(3.1.2),而可以根据已经证明的性质来做.

$$\begin{aligned}(\boldsymbol{a}+\boldsymbol{b},\boldsymbol{c}+\boldsymbol{d})&=(\boldsymbol{a}+\boldsymbol{b},\boldsymbol{c})+(\boldsymbol{a}+\boldsymbol{b},\boldsymbol{d})\\&=(\boldsymbol{c},\boldsymbol{a}+\boldsymbol{b})+(\boldsymbol{d},\boldsymbol{a}+\boldsymbol{b})\end{aligned}$$

$$=(\boldsymbol{c},\boldsymbol{a})+(\boldsymbol{c},\boldsymbol{b})+(\boldsymbol{d},\boldsymbol{a})+(\boldsymbol{d},\boldsymbol{b})$$
$$=(\boldsymbol{a},\boldsymbol{c})+(\boldsymbol{b},\boldsymbol{c})+(\boldsymbol{a},\boldsymbol{d})+(\boldsymbol{b},\boldsymbol{d})$$

其中数量积$(\boldsymbol{a}+\boldsymbol{b},\boldsymbol{c}+\boldsymbol{d})$先看作是一个向量$\boldsymbol{a}+\boldsymbol{b}$与向量$\boldsymbol{c}$及$\boldsymbol{d}$之和的数量积，然后利用乘数的可交换性，再应用公式(3.1.3)并且最后作反过来的乘数交换.任意和的情形可用归纳法来证明.

性质1～3使我们能得出在任意坐标系中的数量积的表示式，即在由三个不在同一平面上的任意向量$\boldsymbol{e}'_1,\boldsymbol{e}'_2,\boldsymbol{e}'_3$所组成的基底中，如果

$$\boldsymbol{x}=\boldsymbol{e}'_1x'_1+\boldsymbol{e}'_2x'_2+\boldsymbol{e}'_3x'_3,\ \boldsymbol{y}=\boldsymbol{e}'_1y'_1+\boldsymbol{e}'_2y'_2+\boldsymbol{e}'_3y'_3$$

则

$$\begin{aligned}(\boldsymbol{x},\boldsymbol{y})=&(\boldsymbol{e}'_1,\boldsymbol{e}'_1)x'_1y'_1+(\boldsymbol{e}'_1,\boldsymbol{e}'_2)x'_1y'_2+(\boldsymbol{e}'_2,\boldsymbol{e}'_1)x'_2y'_1+(\boldsymbol{e}'_1,\boldsymbol{e}'_3)x'_1y'_3+\\&(\boldsymbol{e}'_3,\boldsymbol{e}'_1)x'_3y'_1+(\boldsymbol{e}'_2,\boldsymbol{e}'_2)x'_2y'_2+(\boldsymbol{e}'_2,\boldsymbol{e}'_3)x'_2y'_3+(\boldsymbol{e}'_3,\boldsymbol{e}'_2)x'_3y'_2+\\&(\boldsymbol{e}'_3,\boldsymbol{e}'_3)x'_3y'_3\end{aligned}\tag{3.1.4}$$

在等式(3.1.4)右边的式子，其可注意之处是，在每项中每个所考虑的向量$\boldsymbol{x}$与$\boldsymbol{y}$的坐标只出现一个，而且恰好是一次的.这类式子叫作x'_1,x'_2,x'_3与y'_1,y'_2,y'_3的双线性形式.在向量$\boldsymbol{e}'_1,\boldsymbol{e}'_2,\boldsymbol{e}'_3$是彼此垂直的情况下，则每两个的数量积都等于零(因为这时候两个乘数间的角的余弦等于零)，而公式(3.1.4)成这样的形状

$$(\boldsymbol{x},\boldsymbol{y})=(\boldsymbol{e}'_1,\boldsymbol{e}'_1)x'_1y'_1+(\boldsymbol{e}'_2,\boldsymbol{e}'_2)x'_2y'_2+(\boldsymbol{e}'_3,\boldsymbol{e}'_3)x'_3y'_3\tag{3.1.5}$$

此外，在向量$\boldsymbol{e}'_1,\boldsymbol{e}'_2,\boldsymbol{e}'_3$的长度都等于1时，这公式可以更简化为

$$(\boldsymbol{x},\boldsymbol{y})=x'_1y'_1+x'_2y'_2+x'_3y'_3\tag{3.1.6}$$

而这正是我们所预期的，因为其实我们是由这公式出发的.

比较(3.1.4)，(3.1.5)，(3.1.6)诸公式可以明白，在解决任何度量问题时，即解决任何有关计算长度与角度的问题时，比较方便的是采用由相互垂直的单位向量为基底.这种基底(或坐标系)叫作是正交标准化的.

对于平面，不再重复所做的论证了，我们只举出与公式(3.1.2)，(3.1.4)，(3.1.6)相应的公式

$$\begin{cases}(\boldsymbol{x},\boldsymbol{y})=x_1y_1+x_2y_2\\(\boldsymbol{x},\boldsymbol{y})=(\boldsymbol{e}'_1,\boldsymbol{e}'_1)x'_1y'_1+(\boldsymbol{e}'_1,\boldsymbol{e}'_2)x'_1y'_2+(\boldsymbol{e}'_2,\boldsymbol{e}'_1)x'_2y'_1+(\boldsymbol{e}'_2,\boldsymbol{e}'_2)x'_2y'_2\\(\boldsymbol{x},\boldsymbol{y})=x'_1y'_1+x'_2y'_2\end{cases}\tag{3.1.2'}$$

最后一式给出在平面上任何正交标准化基底中的数量积表示式.

3.2　n维数向量的数量积

向量的长度概念与角度概念在任何数域上任何维数的向量空间都可以引

入.

设 z 是一个复数，我们用 $\overline{z}$ 表示与 z 共轭的复数并且用 $|z|$ 表示 z 的模，即有 $z\overline{z}=|z|^2$. 如果 z 是实的，那么 $\overline{z}=z$ 并且 $|z|^2=z^2$. 现在推广式子(3.1.2)而引入下面的概念：

定义 3.2.1 两个 n 维数向量

$$\boldsymbol{x}=(x_1,x_2,\cdots,x_n) \text{ 与 } \boldsymbol{y}=(y_1,y_2,\cdots,y_n)$$

的数量积的定义为下面的和数：$\sum_{i=1}^{n} x_i\overline{y}_i$①.

我们以后也用记号 $(\boldsymbol{x},\boldsymbol{y})$ 表示数量积，即有

$$(\boldsymbol{x},\boldsymbol{y})=\sum_{i=1}^{n} x_i\overline{y}_i,(\boldsymbol{y},\boldsymbol{x})=\sum_{i=1}^{n} y_i\overline{x}_i$$

于是得到

$$(\boldsymbol{x},\boldsymbol{y})=\overline{(\boldsymbol{y},\boldsymbol{x})}$$

如果两个向量的数量积等于零，那么它们叫作互相垂直或互相正交的. 因为零的共轭复数仍然是零，所以在正交的情况下数量积中向量的次序是无关紧要的. 不难看出，零向量与任何一个向量正交.

从数量积的定义直接得到它的如下性质

$$(k\boldsymbol{x},\boldsymbol{y})=k(\boldsymbol{x},\boldsymbol{y}),(\boldsymbol{x},k\boldsymbol{y})=k(\boldsymbol{x},\boldsymbol{y})$$

其中 k 是一个数量因子. 此外还有

$$(\boldsymbol{x}+\boldsymbol{y},\boldsymbol{z})=(\boldsymbol{x},\boldsymbol{z})+(\boldsymbol{y},\boldsymbol{z}),(\boldsymbol{x},\boldsymbol{y}+\boldsymbol{z})=(\boldsymbol{x},\boldsymbol{y})+(\boldsymbol{x},\boldsymbol{z})$$

并且这个分配律对于任意多项的和仍然成立. 从它顺便可以得

$$(\boldsymbol{x}+\boldsymbol{y},\boldsymbol{u}+\boldsymbol{v})=(\boldsymbol{x},\boldsymbol{u})+(\boldsymbol{y},\boldsymbol{v})+(\boldsymbol{y},\boldsymbol{u})+(\boldsymbol{y},\boldsymbol{v})$$

作向量 $\boldsymbol{x}=(x_1,x_2,\cdots,x_n)$ 与它自身的数量积

$$(\boldsymbol{x},\boldsymbol{x})=\sum_{i=1}^{n} x_i\overline{x}_i=\sum_{i=1}^{n} |x_i|^2$$

如此我们得到一个实数，这个实数，当向量 $\boldsymbol{x}$ 不等于零向量时是正的. 当 $\boldsymbol{x}$ 为零向量时等于零. 实数 $(\boldsymbol{x},\boldsymbol{x})$ 的平方根(正值)叫作向量 $\boldsymbol{x}$ 的长. 用 $|\boldsymbol{x}|$ 表这个长，它可以写成

---

① 大概读者也注意到，与实数域的情形不同，在一般域上引入数量积时，我们没有简单地定义 $(\boldsymbol{x},\boldsymbol{y})=\sum_{i=1}^{n} x_iy_i$，这是为了确保 $(\boldsymbol{x},\boldsymbol{x})$ 的非负性：事实上，如果 $\boldsymbol{x}=(3,4,6\mathrm{i})$，那么 $\sum_{i=1}^{3} x_ix_i=9+16+36\mathrm{i}^2=-11<0$.

$$|\boldsymbol{x}|^2=(\boldsymbol{x},\boldsymbol{x})=\sum_{i=1}^{n}|x_i|^2,\ |\boldsymbol{x}|=\sqrt{(\boldsymbol{x},\boldsymbol{x})}=\sqrt{\sum_{i=1}^{n}|x_i|^2}$$

等式 $|\boldsymbol{x}|=0$ 即相当于 $\boldsymbol{x}$ 是零向量.假设有三个正交的向量 $\boldsymbol{x},\boldsymbol{y}$ 与 $\boldsymbol{z}$,即

$$(\boldsymbol{x},\boldsymbol{y})=0,(\boldsymbol{x},\boldsymbol{z})=0,(\boldsymbol{y},\boldsymbol{z})=0$$

如果应用数量积的分配律并且注意上述等式,我们得到

$$(\boldsymbol{x}+\boldsymbol{y}+\boldsymbol{z},\boldsymbol{x}+\boldsymbol{y}+\boldsymbol{z})=(\boldsymbol{x},\boldsymbol{x})+(\boldsymbol{y},\boldsymbol{y})+(\boldsymbol{z},\boldsymbol{z})$$

或

$$|\boldsymbol{x}+\boldsymbol{y}+\boldsymbol{z}|^2=|\boldsymbol{x}|^2+|\boldsymbol{y}|^2+|\boldsymbol{z}|^2$$

这个公式表达了勾股定理.它对于任意多项仍然成立.成立的条件主要在于这些向量两两正交.

现在来证明,如果向量 $\boldsymbol{x}^{(1)},\boldsymbol{x}^{(2)},\cdots,\boldsymbol{x}^{(h)}$ 两两正交而且每一个都不是零向量,那么它们是线性无关的.

实际上,假设

$$\sum_{i=1}^{h}c_i\boldsymbol{x}^{(i)}=\boldsymbol{0}$$

我们来证明,所有 c_i 都等于零.按数量积的乘法,用 $\boldsymbol{x}^{(k)}$ 乘上面等式的两端,其中 k 取数 $1,2,\cdots,h$ 中的任何一数,即得

$$\sum_{i=1}^{h}c_i(\boldsymbol{x}^{(i)},\boldsymbol{x}^{(k)})=0$$

由于向量 $\boldsymbol{x}^{(i)}$ 两两正交,当 $i\neq k$ 时 $(\boldsymbol{x}^{(i)},\boldsymbol{x}^{(k)})=0$,于是上面等式化成 $c_k(\boldsymbol{x}^{(k)},\boldsymbol{x}^{(k)})=0$,即 $c_k|\boldsymbol{x}^{(k)}|=0$,由于 $|\boldsymbol{x}^{(k)}|>0$,于是推得 $c_k=0$,而且这对于任一 k 都成立.

3.3 齐次方程组的几何解释

让我们来考察复数域上的齐次方程组

$$\begin{cases}a_{11}x_1+a_{12}x_2+\cdots+a_{1n}x_n=0\\ a_{21}x_1+a_{22}x_2+\cdots+a_{2n}x_n=0\\ \quad\vdots\\ a_{m1}x_1+a_{m2}x_2+\cdots+a_{mn}x_n=0\end{cases}\tag{3.3.1}$$

引进向量

$$\boldsymbol{a}^{(1)}=(\overline{a}_{11},\overline{a}_{12},\cdots,\overline{a}_{1n}),\boldsymbol{a}^{(2)}=(\overline{a}_{21},\overline{a}_{22},\cdots,\overline{a}_{2n}),\cdots,\boldsymbol{a}^{(m)}=(\overline{a}_{m1},\overline{a}_{m2},\cdots,\overline{a}_{mn})\tag{3.3.2}$$

这里 $\overline{z}$ 表示 z 的共轭.

此时方程组(3.3.2)可写成下面这种简短的形式

$$(\boldsymbol{x},\boldsymbol{a}^{(1)})=0,(\boldsymbol{x},\boldsymbol{a}^{(2)})=0,\cdots,(\boldsymbol{x},\boldsymbol{a}^{(m)})=0 \tag{3.3.3}$$

这就是说,问题归结到寻找与所有向量 $\boldsymbol{a}^{(j)}(j=1,2,\cdots,m)$ 垂直的那些向量 $\boldsymbol{x}$.

如果方程组(3.3.1)为正方形方程组($m=n$)且其系数矩阵的秩等于未知量的个数 n,那么此时系数行列式 $|a_{ik}|$ 不等于零,则在数值上与它共轭的行列式 $|\overline{a}_{ik}|$ 也不等于零.在这种情形下向量 $\boldsymbol{a}^{(j)}$ 线性无关,因之方程组(3.3.3)只有零解;这在几何中,上式是明显的:同时与 n 个线性无关的向量垂直(在 n 维向量空间内)的向量(除零向量外)是不存在的.

现在我们来考察另外的情形,即方程组(3.3.1)的系数矩阵的秩小于 n 的情形.假设方程组的秩等于 r.如果做出由系数的共轭数组成的矩阵,则其任意子式就数值来说是与矩阵 $(a_{ik})_{m\times n}$ 的相应子式共轭的.因而共轭矩阵的秩仍然是 r,因此,在向量 $\boldsymbol{a}^{(j)}(j=1,2,\cdots,m)$ 中有 r 个线性无关的向量,而其余的每一个向量是它们的线性组合.不失一般性,可设这 r 个线性无关向量为

$$\boldsymbol{a}^{(1)},\boldsymbol{a}^{(2)},\cdots,\boldsymbol{a}^{(r)} \tag{3.3.4}$$

而对于其余任一个向量,我们有表达式

$$\boldsymbol{a}^{(r+i)}=b_1^{(r+i)}\boldsymbol{a}^{(1)}+b_2^{(r+i)}\boldsymbol{a}^{(2)}+\cdots+b_r^{(r+i)}\boldsymbol{a}^{(r)}\quad(k+i=r+1,r+2,\cdots,m)$$

其中 $b_p^{(q)}$ 为数字系数.从上面的关系直接可以推出,如果 $\boldsymbol{x}$ 垂直于向量组(3.3.4)中的每一个,那么它同时也垂直于所有的向量 $\boldsymbol{a}^{(j)}(j=1,2,\cdots,m)$.实际上

$$(\boldsymbol{x},\boldsymbol{a}^{(r+i)})=(\boldsymbol{x},\sum_{j=r+1}^{h}b_j^{(r+i)}\boldsymbol{a}^{(j)})=\sum_{j=r+1}^{h}\overline{b_j^{(r+i)}}(\boldsymbol{x},\boldsymbol{a}^{(j)})$$

而且所有的和等于零,因为等式右端的和中每一项都是零.这样一来,只需解前 r 个方程做成的方程组就够了,如通常一样可设不等于零的 r 阶行列式位于左上角,对于待求的向量 $\boldsymbol{x}$ 我们应用在第2章4.10目中叙述的方法得到 $(n-r)$ 个线性无关的解 $\boldsymbol{x}^{(1)},\boldsymbol{x}^{(2)},\cdots,\boldsymbol{x}^{(n-r)}$,而任一个解皆可表成这 $(n-r)$ 个向量的线性组合.于是,向量组 $\boldsymbol{x}^{(1)},\boldsymbol{x}^{(2)},\cdots,\boldsymbol{x}^{(n-r)}$ 构成方程组(3.3.1)解空间 M_{n-r} 的一个基底.

另外,由公式

$$\boldsymbol{y}=c_1\boldsymbol{a}^{(1)}+c_2\boldsymbol{a}^{(2)}+\cdots+c_r\boldsymbol{a}^{(r)}\quad(c_i\text{ 为任意常数}) \tag{3.3.5}$$

所确定的全部向量组成一个 r 维向量空间 L_r,它是整个 n 维向量空间的一个子空间.

子空间 M_{n-r} 与 L_r 在下述的意义下互相垂直,即 M_{n-r} 中任何一个向量垂直于 L_r 中每一个向量(反之也如此),子空间 M_{n-r} 是由所有满足方程(3.3.3)的

向量做成的，也就是说，它由所有垂直于向量 $\boldsymbol{a}^{(1)},\boldsymbol{a}^{(2)},\cdots,\boldsymbol{a}^{(r)}$ 的向量做成的.

不难看出，这 n 个向量 $\boldsymbol{a}^{(1)},\boldsymbol{a}^{(2)},\cdots,\boldsymbol{a}^{(r)},\boldsymbol{x}^{(1)},\boldsymbol{x}^{(2)},\cdots,\boldsymbol{x}^{(n-r)}$ 线性无关. 实际上，假设它们之间存在一个关系

$$(c_1\boldsymbol{a}^{(1)}+c_2\boldsymbol{a}^{(2)}+\cdots+c_r\boldsymbol{a}^{(r)})+(d_1\boldsymbol{x}^{(1)}+d_2\boldsymbol{x}^{(2)}+\cdots+d_{n-r}\boldsymbol{x}^{(n-r)})=\boldsymbol{0} \tag{3.3.6}$$

第一个括号给出 L_r 的某一个向量 $\boldsymbol{a}$，而第二个括号给出 M_{n-r} 中某个向量 $\boldsymbol{x}$，遂有 $\boldsymbol{a}+\boldsymbol{x}=\boldsymbol{0}$，或 $\boldsymbol{a}=-\boldsymbol{x}$. 但是向量 $\boldsymbol{a}$ 与 $\boldsymbol{x}$ 互相正交，于是可知，向量 $\boldsymbol{a}$ 与它自身垂直，换句话说，$(\boldsymbol{a},\boldsymbol{a})=0$ 或 $|\boldsymbol{a}|=0$，由此推得，向量 $\boldsymbol{a}$ 是一个零向量；同样可知 $\boldsymbol{x}$ 也是一个零向量，于是

$$c_1\boldsymbol{a}^{(1)}+c_2\boldsymbol{a}^{(2)}+\cdots+c_r\boldsymbol{a}^{(r)}=\boldsymbol{0},d_1\boldsymbol{x}^{(1)}+d_2\boldsymbol{x}^{(2)}+\cdots+d_{n-r}\boldsymbol{x}^{(n-r)}=\boldsymbol{0}$$

但是向量 $\boldsymbol{a}^{(1)},\boldsymbol{a}^{(2)},\cdots,\boldsymbol{a}^{(r)}$ 按假设是线性无关的，因此，所有常数 c_i 必须等于零；同理，所有常数 d_i 也必须等于零. 这样一来，在关系(3.3.6) 中所有系数都必须等于零，也就是说，向量 $\boldsymbol{a}^{(1)},\boldsymbol{a}^{(2)},\cdots,\boldsymbol{a}^{(r)},\boldsymbol{x}^{(1)},\boldsymbol{x}^{(2)},\cdots,\boldsymbol{x}^{(n-r)}$ 是线性无关的.

每一个向量 $\boldsymbol{x}$ 可唯一地表成下面的形式

$$\boldsymbol{x}=(\gamma_1\boldsymbol{a}^{(1)}+\gamma_2\boldsymbol{a}^{(2)}+\cdots+\gamma_r\boldsymbol{a}^{(r)})+(\delta_1\boldsymbol{x}^{(1)}+\delta_2\boldsymbol{x}^{(2)}+\cdots+\delta_{n-r}\boldsymbol{x}^{(n-r)})$$

而且第一个括号中的向量属于 L_r，而第二个括号中的属于 M_{n-r}. 包含在 M_{n-r} 中的向量是方程组(3.3.3) 的所有可能的解，因此，对于任何的线性无关解的完全组(基础解系)，它的向量的数目总是$(n-r)$，即是 M_{n-r} 的维数. 现在进一步来证明，这样的表示法是唯一的. 假定除上述表示法外还有一种：$\boldsymbol{x}=\boldsymbol{u}+\boldsymbol{v}$，其中 $\boldsymbol{u}$ 属于 L_r 而 $\boldsymbol{v}$ 属于 M_{n-r}. 需要证明，$\boldsymbol{u}=\boldsymbol{y}$ 与 $\boldsymbol{v}=\boldsymbol{z}$. 我们有 $\boldsymbol{y}+\boldsymbol{z}=\boldsymbol{u}+\boldsymbol{v}$，从而 $\boldsymbol{y}-\boldsymbol{u}=\boldsymbol{v}-\boldsymbol{z}$. 差 $\boldsymbol{y}-\boldsymbol{u}$ 属于 L_r 而差 $\boldsymbol{v}-\boldsymbol{z}$ 属于 M_{n-r}，由此推出，向量 $\boldsymbol{y}-\boldsymbol{u}$ 与它自身正交，即$(\boldsymbol{y}-\boldsymbol{u},\boldsymbol{y}-\boldsymbol{u})=0$ 或 $|\boldsymbol{y}-\boldsymbol{u}|=\boldsymbol{0}$，从而 $\boldsymbol{y}-\boldsymbol{u}=\boldsymbol{0}$，即 $\boldsymbol{y}=\boldsymbol{u}$. 此时从 $\boldsymbol{y}-\boldsymbol{u}=\boldsymbol{v}-\boldsymbol{z}$ 推出 $\boldsymbol{u}=\boldsymbol{v}$. 总结上面对齐次方程组的研究，使我们得到下述重要的结果：

定理3.3.1 如果有一个 r 维的子空间 $L_r(r<n)$，那么与这个子空间正交的所有向量组成一个$(n-r)$ 维的子空间 M_{n-r}，而且整个 n 维空间中每个向量 $\boldsymbol{x}$ 都可唯一地表成 L_r 中某一向量 $\boldsymbol{y}$ 与 M_{n-r} 中某一个向量 $\boldsymbol{z}$ 的和：$\boldsymbol{x}=\boldsymbol{y}+\boldsymbol{z}$.

定理中表示法 $\boldsymbol{x}=\boldsymbol{y}+\boldsymbol{z}$ 中的向量 $\boldsymbol{y}$ 叫作向量 $\boldsymbol{x}$ 在空间 L_r 内的投影. 在上述表示法中向量 $\boldsymbol{y}$ 与 $\boldsymbol{x}$ 互相正交. 按照勾股定理，有 $|\boldsymbol{x}|^2=|\boldsymbol{y}|^2+|\boldsymbol{z}|^2$，从而推出 $|\boldsymbol{y}|\leqslant|\boldsymbol{x}|$，而且等号在而且只有在 $\boldsymbol{z}$ 为零向量时才能成立，也就是说，等号在而且只有在 $\boldsymbol{x}$ 属于 L_r 时才能成立，此时有 $\boldsymbol{y}=\boldsymbol{x}$. 同理，$|\boldsymbol{z}|\leqslant|\boldsymbol{x}|$，而且等

号只有在 $\boldsymbol{x}$ 与 L_r 正交的时候，即 $\boldsymbol{z}=\boldsymbol{x}$ 的时候才能成立.

子空间 L_r 与 M_{n-r} 通常叫作互补正交子空间. 如果 $r=n$，那么 L_n 是整个空间而形 M_0 变成了一个零向量.

假设我们有一个以前讲过的实的三维空间，且令 $r=2$，于是 $n-r=3-2=1$. 子空间 L_2 是某一个过原点 O 的平面 P，而 M_1 是过原点 O 且垂直于 P 的直线 K. 每一个向量可以唯一地表成两个向量的和，其一位于平面 P 上，而另一位于直线 K 上.

如果把方程组(3.3.1)的系数构成的矩阵记为 $\boldsymbol{A}$，那么以式(3.3.2)中各向量为行向量的矩阵即为 $\boldsymbol{A}$ 的共轭 $\overline{\boldsymbol{A}}$，同时由式(3.3.5)确定的子空间为矩阵 $\overline{\boldsymbol{A}}$ 的行空间. 于是，我们可以有下述说法：

定理 3.3.2 设 $\boldsymbol{A}$ 是复数域上任一 $m\times n$ 维矩阵，W 是 n 维复数空间的一个子空间，则 W 是 $\overline{\boldsymbol{A}}$ 的行空间的充要条件是与它互补的正交子空间 $W^{\perp}$ 是方程组 $\boldsymbol{AX}=\boldsymbol{O}$ 的解空间.

证明 必要性：设 W 是 $\overline{\boldsymbol{A}}$ 的行空间. 若 $\boldsymbol{u}$ 是 $\boldsymbol{AX}=\boldsymbol{O}$ 的一个解向量，则 $\boldsymbol{u}$ 与 $\overline{\boldsymbol{A}}$ 的每个行向量正交，故 $\boldsymbol{u}\in W^{\perp}$. 若 $\boldsymbol{u}\in W^{\perp}$，即 $(\boldsymbol{u},W)=0$，所以 $\boldsymbol{u}$ 与 $\boldsymbol{A}$ 的每个行向量正交，即 $\boldsymbol{Au}=\boldsymbol{O}$. 因而 $\boldsymbol{u}$ 是 $\boldsymbol{AX}=\boldsymbol{O}$ 的一个解向量. 所以，当 W 是 $\overline{\boldsymbol{A}}$ 的行空间时，$W^{\perp}$ 是方程组 $\boldsymbol{AX}=\boldsymbol{O}$ 的解空间.

充分性：设 $W^{\perp}$ 是 $\boldsymbol{AX}=\boldsymbol{O}$ 的解空间. 当 $W^{\perp}=\{\boldsymbol{0}\}$ 时结论显然成立. 今设 $W^{\perp}\neq\{\boldsymbol{0}\}$，而 $\boldsymbol{u}_1,\boldsymbol{u}_2,\cdots,\boldsymbol{u}_{n-r}$ 是 $W^{\perp}$ 的一个基. 令 $\boldsymbol{B}$ 是行向量为 $\overline{\boldsymbol{u}}_1,\overline{\boldsymbol{u}}_2,\cdots,\overline{\boldsymbol{u}}_{n-r}$ 的 $(n-r)\times n$ 维矩阵，其中 $\overline{\boldsymbol{u}}_i$ 表示换 $\boldsymbol{u}_i$ 的每个分量为其共轭复数而得到的向量. 由 $\boldsymbol{Au}_i=\boldsymbol{O}$，得出

$$\overline{\boldsymbol{A}}\,\overline{\boldsymbol{u}_i}=\boldsymbol{O}\quad(i=1,2,\cdots,n-r)$$

于是

$$\overline{\boldsymbol{A}}\begin{pmatrix}\overline{\boldsymbol{u}}_1\\\overline{\boldsymbol{u}}_2\\\vdots\\\overline{\boldsymbol{u}}_{n-r}\end{pmatrix}=\boldsymbol{O}$$

即

$$\overline{\boldsymbol{A}}\boldsymbol{B}=\boldsymbol{O}$$

于是 $\overline{\boldsymbol{A}}$ 的行空间正好是方程组 $\boldsymbol{BX}=\boldsymbol{O}$ 的解空间. 又由必要性的证明知 $W=(W^{\perp})^{\perp}$ 是 $\boldsymbol{BX}=\boldsymbol{O}$ 的解空间，所以 W 是 $\overline{\boldsymbol{A}}$ 的行空间.

3.4 线性方程组相容性与有定性条件的第六种表述

现在来考虑非齐次方程组

$$\begin{cases}a_{11}x_1+a_{12}x_2+\cdots+a_{1n}x_n=b_1\\a_{21}x_1+a_{22}x_2+\cdots+a_{2n}x_n=b_2\\\quad\vdots\\a_{m1}x_1+a_{m2}x_2+\cdots+a_{mn}x_n=b_m\end{cases}\tag{3.4.1}$$

它可以解释为寻求适合方程组

$$(\boldsymbol{x},\boldsymbol{a}^{(1)})=b_1,(\boldsymbol{x},\boldsymbol{a}^{(2)})=b_2,\cdots,(\boldsymbol{x},\boldsymbol{a}^{(m)})=b_m\tag{3.4.2}$$

的向量 $\boldsymbol{x}=(x_1,x_2,\cdots,x_n)$ 的问题，而 $\boldsymbol{a}^{(1)},\boldsymbol{a}^{(2)},\cdots,\boldsymbol{a}^{(m)}$ 为已知向量(3.3.2).

如果方程组为正方形且其行列式不等于零，那么应用克莱姆法则即可得到一个确定的解.

假设方程组(3.4.1)的系数矩阵具有小于 m 的秩 r；并且假设位于左上角的 r 阶行列式不等于零. 与方程组(3.4.1)一道，我们写出另一个齐次方程组，它的系数是将原来方程组的系数的行列互换，然后将所有系数代以它的共轭复数而得来的. 如此得到的方程组具有形式

$$\begin{cases}\overline{a}_{11}y_1+\overline{a}_{21}y_2+\cdots+\overline{a}_{m1}y_m=0\\\overline{a}_{12}y_1+\overline{a}_{22}y_2+\cdots+\overline{a}_{m2}y_m=0\\\quad\vdots\\\overline{a}_{1n}y_1+\overline{a}_{2n}y_2+\cdots+\overline{a}_{mn}y_m=0\end{cases}\tag{3.4.3}$$

它的系数矩阵的秩仍然是 r 而且位于左上角的 r 阶行列式仍然不等于零；这齐次方程组叫作与方程组(3.4.1)相关联的齐次方程组. 我们已经知道，它的一般解是$(m-r)$个解(向量)的线性组合，而这$(m-r)$个解，譬如说，可以从前$(m-r)$个方程按照克莱姆公式对 $y_1,y_2,\cdots,y_r$ 求解而得到，解的时候可令其余的 y_{r+s} 等于零，而只有一个等于1. 当令 $y_{r+1}=1$ 时我们即得方程组

$$\begin{cases}\overline{a}_{11}y_1+\overline{a}_{21}y_2+\cdots+\overline{a}_{r1}y_r=-\overline{a}_{(r+1)1}\\\overline{a}_{12}y_1+\overline{a}_{22}y_2+\cdots+\overline{a}_{r2}y_r=-\overline{a}_{(r+1)2}\\\quad\vdots\\\overline{a}_{1r}y_1+\overline{a}_{2r}y_2+\cdots+\overline{a}_{rr}y_r=-\overline{a}_{(r+1)r}\end{cases}$$

解这个方程组并取这个解的共轭值，即得

$$\overline{y}_i=\frac{\Delta'_i}{\Delta'}\quad(i=1,2,\cdots,r)$$

$$\overline{y}_{r+1}=1,\overline{y}_{r+2}=\overline{y}_{r+3}=\cdots=\overline{y}_m=0$$

其中

$$\Delta'=\begin{vmatrix}a_{11} & a_{12} & \cdots & a_{r1}\\ a_{21} & a_{22} & \cdots & a_{r2}\\ \vdots & \vdots & & \vdots\\ a_{1r} & a_{2r} & \cdots & a_{rr}\end{vmatrix}\neq 0$$

而 Δ'_i 是将 Δ' 中第 i 列用 $a_{1(r+1)},a_{2(r+1)},\cdots,a_{r(r+1)}$ 替换而得来的.

现在来决定由刚才解方程组(3.4.3)得到的向量 $\boldsymbol{y}$ 与向量 $\boldsymbol{b}=(b_1,b_2,\cdots,b_m)$ 垂直的条件.这条件是

$$(\boldsymbol{b},\boldsymbol{y})=-\sum_{i=1}^{r}\frac{\Delta'_i}{\Delta'}b_i+b_{r+1}=0$$

或

$$-\sum_{i=1}^{r}\Delta'_i b_i+\Delta' b_{r+1}=0\tag{3.4.4}$$

若在行列式 Δ'_i 中将行列互换,然后经 $(r-i)$ 个行的对换把第 i 行换到最后一行的位置,于是我们得到

$$-\Delta'_i=\begin{vmatrix}a_{11} & a_{12} & \cdots & a_{1r}\\ \vdots & \vdots & & \vdots\\ a_{(i-1)1} & a_{(i-1)2} & \cdots & a_{(i-1)r}\\ a_{(i+1)1} & a_{(i+1)2} & \cdots & a_{(i+1)r}\\ \vdots & \vdots & & \vdots\\ a_{r1} & a_{r2} & \cdots & a_{rr}\\ a_{(r+1)1} & a_{(r+1)2} & \cdots & a_{(r+1)r}\end{vmatrix}\cdot(-1)^{r+1+i}$$

这恰好是下面的特征行列式的元素 b_i 的代数余子式

$$\Delta_{r+1}=\begin{vmatrix}a_{11} & a_{12} & \cdots & a_{1r} & b_1\\ \vdots & \vdots & & \vdots & \vdots\\ a_{r1} & a_{r2} & \cdots & a_{rr} & b_r\\ a_{(r+1)1} & a_{(r+1)2} & \cdots & a_{(r+1)r} & b_{r+1}\end{vmatrix}$$

条件(3.4.4)恰好表示这特征行列式等于零.同理,对于 $y_{r+s}=1$ 我们得到条件

$\Delta_{r+s}=0$. 因此,我们得到下面的结果:

定理 3.4.1 如果方程组(3.4.1)的系数矩阵的秩小于 m,则这方程组有解的必要且充分的条件为,向量$(b_1,b_2,\cdots,b_m)$与关联的齐次方程组(3.4.3)的解空间的所有向量正交.

§4 行列式的几何理论

4.1 平面上作在有序向量偶上平行四边形的面积和空间中作在有序向量组上平行六面体的面积

在本段我们将叙述二阶和三阶的行列式的理论,它们将建立在几何的想法上,而完全不依赖于第1章中的纯代数的叙述.这些想法的理由,我们已经在本章 §1,1.1 目看到过.

设在平面上给了有顺序的向量偶 $\boldsymbol{a},\boldsymbol{b}$. 在这两个向量上作平行四边形(图8和9).当第一个向量 $\boldsymbol{a}$ 决定平行四边形周线反时针方向绕行(像在图8上那样)时,我们在这个平行四边形面积上附以正号,而当第一个向量决定平行四边形周线顺时针方向绕行(像在图9上那样)时,则附以负号.在第一种情况下向量 $\boldsymbol{a},\boldsymbol{b}$ 组成右偶,在第二种情况下组成左偶.若向量 $\boldsymbol{a},\boldsymbol{b}$ 共线,则作在它们上面的"平行四边形"的面积显然等于零.

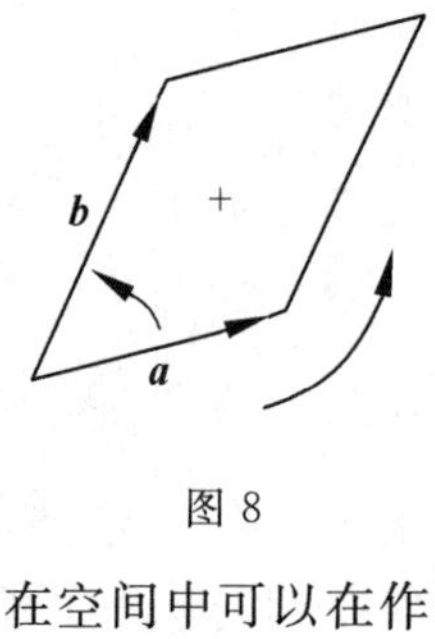

图 8

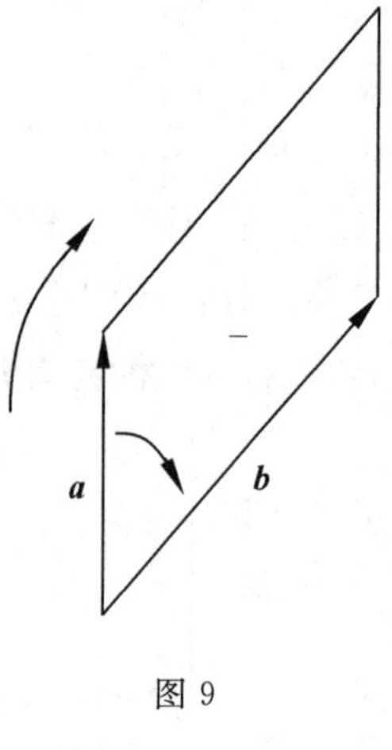

图 9

同样地,在空间中可以在作出三个有序向量组 $\boldsymbol{a},\boldsymbol{b},\boldsymbol{c}$ 上的平行多面体的体积上附以正、负号(图 10 和图 11). 就是说,当向量 $\boldsymbol{a},\boldsymbol{b},\boldsymbol{c}$ 组成右系统(像在图 10 上那样)时,我们就认为体积是正的;而当它们组成左系统(像在图 11 上那样)时,则认为体积是负的. 若向量 $\boldsymbol{a},\boldsymbol{b},\boldsymbol{c}$ 共面,则作在它们上面的"平行多面体"的体积显然等于零.

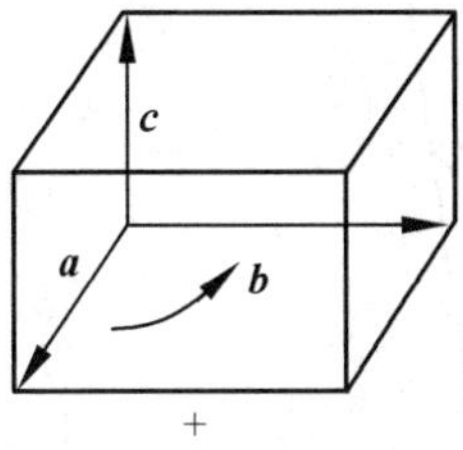

图 10

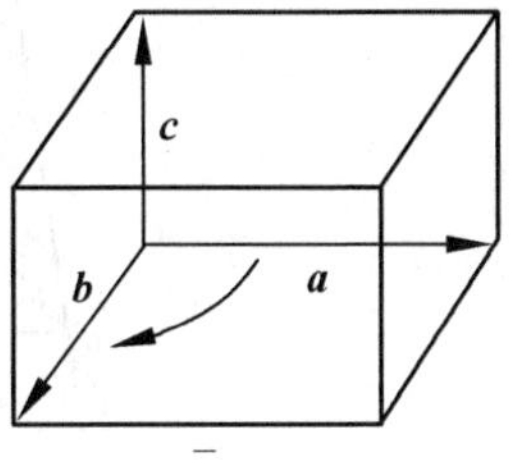

图 11

平面上作在有序向量偶 $\boldsymbol{a},\boldsymbol{b}$ 的平行四边形的面积,在按所说规则附加了正、负号以后,我们用记号 $|\boldsymbol{a},\boldsymbol{b}|$ 表示,空间中作在三个有序向量组 $\boldsymbol{a},\boldsymbol{b},\boldsymbol{c}$ 上的平行多面体的体积,在按所说规则附加了正、负号以后,我们用记号 $|\boldsymbol{a},\boldsymbol{b},\boldsymbol{c}|$ 表示. 为了简短起见,我们以后多半只讨论空间的情形;在平面的情形所有叙述完全类似,而且更简单,读者很容易可以写出和证明所有的命题.

根据直观,考察记号 $|\boldsymbol{a},\boldsymbol{b}|$ 和 $|\boldsymbol{a},\boldsymbol{b},\boldsymbol{c}|$ 的主要性质.

引理 1 交换向量 $\boldsymbol{a},\boldsymbol{b},\boldsymbol{c}$ 中的任意两个,记号 $|\boldsymbol{a},\boldsymbol{b},\boldsymbol{c}|$ 的正、负号变成相反的,即

$$|\boldsymbol{b},\boldsymbol{a},\boldsymbol{c}|=|\boldsymbol{a},\boldsymbol{c},\boldsymbol{b}|=|\boldsymbol{c},\boldsymbol{b},\boldsymbol{a}|=-|\boldsymbol{a},\boldsymbol{b},\boldsymbol{c}| \tag{4.1.1}$$

证明 在交换三个向量的任意两个时,三位向量的定向变成相反的,而作在这些向量上的平行多面体的体积的绝对值不变,所以有等式(4.1.1).

引理 2 若向量 $\boldsymbol{a},\boldsymbol{b},\boldsymbol{c}$ 中有两个重合,则 $|\boldsymbol{a},\boldsymbol{b},\boldsymbol{c}|=0$.

例如, $|\boldsymbol{a},\boldsymbol{a},\boldsymbol{c}|=0$.

证明 由于此时 $\boldsymbol{a},\boldsymbol{b},\boldsymbol{c}$ 共面,引理显然成立.

引理 3 在向量 $\boldsymbol{a},\boldsymbol{b},\boldsymbol{c}$ 中任何一个乘上实数 λ 时,记号 $|\boldsymbol{a},\boldsymbol{b},\boldsymbol{c}|$ 也乘上 λ,即

$$|\lambda\boldsymbol{a},\boldsymbol{b},\boldsymbol{c}|=|\boldsymbol{a},\lambda\boldsymbol{b},\boldsymbol{c}|=|\boldsymbol{a},\boldsymbol{b},\boldsymbol{c}\lambda|=\lambda|\boldsymbol{a},\boldsymbol{b},\boldsymbol{c}| \tag{4.1.2}$$

证明 在平行多面体的一条棱乘上实数 λ 时,平行多面体的体积乘上 $|\lambda|$,至于平行多面体的三位向量的定向,则在 $\lambda>0$ 时保留不变,在 $\lambda<0$ 时变成相反的,所以有等式(4.1.2)(图 12).

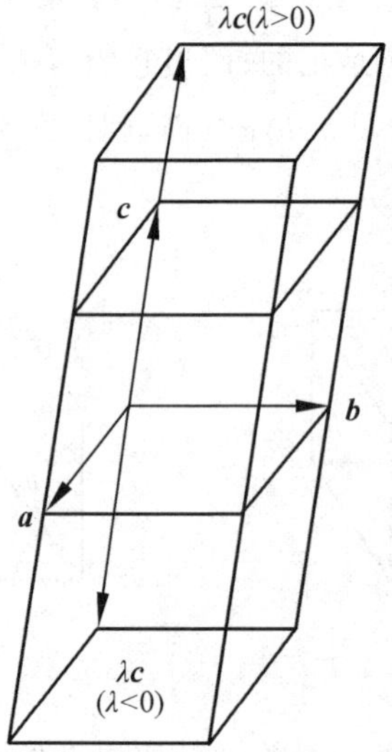

图 12

引理 4 若记号 $|\boldsymbol{a},\boldsymbol{b},\boldsymbol{c}|$ 中的一个向量分解成两个向量之和，则记号 $|\boldsymbol{a},\boldsymbol{b},\boldsymbol{c}|$ 等于两个记号之和，这两个记号从原记号用各个加项代替这个向量得到，即

$$\begin{cases} |\boldsymbol{a}_1+\boldsymbol{a}_2,\boldsymbol{b},\boldsymbol{c}|=|\boldsymbol{a}_1,\boldsymbol{b},\boldsymbol{c}|+|\boldsymbol{a}_2,\boldsymbol{b},\boldsymbol{c}| \\ |\boldsymbol{a},\boldsymbol{b}_1+\boldsymbol{b}_2,\boldsymbol{c}|=|\boldsymbol{a},\boldsymbol{b}_1,\boldsymbol{c}|+|\boldsymbol{a},\boldsymbol{b}_2,\boldsymbol{c}| \\ |\boldsymbol{a},\boldsymbol{b},\boldsymbol{c}_1+\boldsymbol{c}_2|=|\boldsymbol{a},\boldsymbol{b},\boldsymbol{c}_1|+|\boldsymbol{a},\boldsymbol{b},\boldsymbol{c}_2| \end{cases} \tag{4.1.3}$$

证明 首先我们注意到，作在有序向量组 $\boldsymbol{a},\boldsymbol{b},\boldsymbol{c}$ 上的平行多面体的体积 $|\boldsymbol{a},\boldsymbol{b},\boldsymbol{c}|$，还可以按下列方式决定. 引轴线 h 垂直于向量 $\boldsymbol{a},\boldsymbol{b},\boldsymbol{c}$ 中的任意一对(例如 $\boldsymbol{a}$ 和 $\boldsymbol{c}$)，使其方向能代替第三个向量($\boldsymbol{b}$) 的方向而与这一对向量组成右系统($\boldsymbol{a},\boldsymbol{b},\boldsymbol{c}$). 于是 $|\boldsymbol{a},\boldsymbol{b},\boldsymbol{c}|$ 就等于在所取的一对向量上的平行四边形面积的绝对值、与第三个在轴线 h 上射影数值的乘积. 现在我们来证明例如等式(4.1.3)的第三个. 引垂直于向量 $\boldsymbol{a},\boldsymbol{b}$ 而且与它们组成右手系 $\boldsymbol{a},\boldsymbol{b},h$ 的轴线 h. 于是记号 $|\boldsymbol{a},\boldsymbol{b},\boldsymbol{c}_1+\boldsymbol{c}_2|$，$|\boldsymbol{a},\boldsymbol{b},\boldsymbol{c}_1|$，$|\boldsymbol{a},\boldsymbol{b},\boldsymbol{c}_2|$ 就等于平行四边形 $\boldsymbol{a},\boldsymbol{b}$ 面积的绝对值、分别与向量 $\boldsymbol{c}_1+\boldsymbol{c}_2,\boldsymbol{c}_1,\boldsymbol{c}_2$ 在轴线 h 上射影数值的乘积. 可是按解析几何的定理，向量 $\boldsymbol{c}_1,\boldsymbol{c}_2$ 的射影的数值等于向量 $\boldsymbol{c}_1$ 和 $\boldsymbol{c}_2$ 的射影的数值之和. 由此得出要证明的等式. 等式(4.1.3) 的前两个可以完全同样地证明；不过根据引理 1，它们可以直接从第三个推出.

4.2 二阶行列式和三阶行列式的几何意义

1. 二阶行列式,作为平面上作在有序向量偶上的平行四边形面积的比值

现在我们用记号 $|\boldsymbol{a},\boldsymbol{b}|$ 里向量的坐标来计算这个记号. 设 $\boldsymbol{e}_1,\boldsymbol{e}_2$ 是平面上的任意标架,同时向量 $\boldsymbol{a},\boldsymbol{b}$ 对于这标架分别有坐标 a_1,a_2 和 b_1,b_2,即

$$\boldsymbol{a}=a_1\boldsymbol{e}_1+a_2\boldsymbol{e}_2,\boldsymbol{b}=b_1\boldsymbol{e}_1+b_2\boldsymbol{e}_2$$

我们来计算记号

$$|\boldsymbol{a},\boldsymbol{b}|=|a_1\boldsymbol{e}_1+a_2\boldsymbol{e}_2,b_1\boldsymbol{e}_1+b_2\boldsymbol{e}_2|$$

应用引理 3 和 4,我们将右端表示成

$$a_1b_1|\boldsymbol{e}_1,\boldsymbol{e}_1|+a_1b_2|\boldsymbol{e}_1,\boldsymbol{e}_2|+a_2b_1|\boldsymbol{e}_2,\boldsymbol{e}_1|+a_2b_2|\boldsymbol{e}_2,\boldsymbol{e}_2|$$

根据引理 2,这和式的第一项和最后一项都等于零. 应用引理 1 到余下的加项,而且两端都除以 $|\boldsymbol{e}_1,\boldsymbol{e}_2|$,我们最后得到

$$\frac{|\boldsymbol{a},\boldsymbol{b}|}{|\boldsymbol{e}_1,\boldsymbol{e}_2|}=a_1b_2-a_2b_1$$

在这个等式右端的和式,即为行列式 $\begin{vmatrix}a_1 & b_1\\ a_2 & b_2\end{vmatrix}$.

这样一来,我们得到下面的结果:

作在有序向量线 $\boldsymbol{a},\boldsymbol{b}$ 上的平行四边形面积、与作在(与它们共平面的)有序坐标向量偶上的平行四边形面积之比值,等于行列式 $\begin{vmatrix}a_1 & b_1\\ a_2 & b_2\end{vmatrix}$,它的行从左到右按向量 $\boldsymbol{a},\boldsymbol{b}$ 的次序排列,每个行上向量的坐标从上到下按坐标的次序排列.

特别在平面上右直角坐标系中,基本的坐标平行四边形的面积等于 1,因而若向量 $\boldsymbol{a},\boldsymbol{b}$ 的坐标分别是 $a_1,a_2;b_1,b_2$,则作在有序向量组 $\boldsymbol{a},\boldsymbol{b}$ 上的平行四边形的面积等于行列式 $\begin{vmatrix}a_1 & b_1\\ a_2 & b_2\end{vmatrix}$.

因为作在向量组 $\boldsymbol{a},\boldsymbol{b}$ 上的平行四边形的面积,在而且仅在这两个向量共线时,才等于零,所以从上面的结果得出,向量 $\boldsymbol{a},\boldsymbol{b}$ 共线的必要和充分的条件是,它们的坐标组成的行列式等于零,即

$$\begin{vmatrix}a_1 & b_1\\ a_2 & b_2\end{vmatrix}=0$$

2. 三阶行列式,作为作在三个有序向量组上的平行多面体体积的比值

现在设 $\boldsymbol{e}_1,\boldsymbol{e}_2,\boldsymbol{e}_3$ 是空间中的任意标架,而且向量 $\boldsymbol{a},\boldsymbol{b},\boldsymbol{c}$ 对于这标架分别有坐标 $a_1,a_2,a_3;b_1,b_2,b_3;c_1,c_2,c_3$,即

$$\boldsymbol{a}=a_1\boldsymbol{e}_1+a_2\boldsymbol{e}_2+a_3\boldsymbol{e}_3,\boldsymbol{b}=b_1\boldsymbol{e}_1+b_2\boldsymbol{e}_2+b_3\boldsymbol{e}_3,\boldsymbol{c}=c_1\boldsymbol{e}_1+c_2\boldsymbol{e}_2+c_3\boldsymbol{e}_3$$

我们来计算记号

$$|\boldsymbol{a},\boldsymbol{b},\boldsymbol{c}|=|a_1\boldsymbol{e}_1+a_2\boldsymbol{e}_2+a_3\boldsymbol{e}_3,b_1\boldsymbol{e}_1+b_2\boldsymbol{e}_2+b_3\boldsymbol{e}_3,c_1\boldsymbol{e}_1+c_2\boldsymbol{e}_2+c_3\boldsymbol{e}_3|$$

应用引理 4 和 3,我们将右端分成二十七个下列形状的记号之和

$$a_ib_jc_k|\boldsymbol{e}_i,\boldsymbol{e}_j,\boldsymbol{e}_k|$$

其中序数 i,j,k 彼此独立地采取 1,2,3 各个值.根据引理 2,这些记号中出现两个同样序数的等于零.因此,仅剩下对应于数目 1,2,3 的不同排列 i,j,k 的六个加项,于是我们得到

$$\begin{aligned}|\boldsymbol{a},\boldsymbol{b},\boldsymbol{c}|=&a_1b_2c_3|\boldsymbol{e}_1,\boldsymbol{e}_2,\boldsymbol{e}_3|+a_2b_3c_1|\boldsymbol{e}_2,\boldsymbol{e}_3,\boldsymbol{e}_1|+a_3b_1c_2|\boldsymbol{e}_3,\boldsymbol{e}_1,\boldsymbol{e}_2|+\\&a_3b_2c_1|\boldsymbol{e}_3,\boldsymbol{e}_2,\boldsymbol{e}_1|+a_2b_1c_3|\boldsymbol{e}_2,\boldsymbol{e}_1,\boldsymbol{e}_3|+a_1b_3c_2|\boldsymbol{e}_1,\boldsymbol{e}_3,\boldsymbol{e}_2|\end{aligned}$$

现在对剩下的记号应用引理 1,而且两端都除以 $|\boldsymbol{e}_1,\boldsymbol{e}_2,\boldsymbol{e}_3|$,我们最后得到

$$\frac{|\boldsymbol{a},\boldsymbol{b},\boldsymbol{c}|}{|\boldsymbol{e}_1,\boldsymbol{e}_2,\boldsymbol{e}_3|}=a_1b_2c_3+a_2b_3c_1+a_3b_1c_2-a_3b_2c_1-a_2b_1c_3-a_1b_3c_2$$

在这个等式右端的和式,即为三阶行列式 $\begin{vmatrix}a_1&b_1&c_1\\a_2&b_2&c_2\\a_3&b_3&c_3\end{vmatrix}$.

如此,我们得到下面的结果:作在有序向量组 $\boldsymbol{a},\boldsymbol{b},\boldsymbol{c}$ 上的平行多面体的体积、与作在有序坐标向量组上的平行多面体的体积之比值,等于行列式

$$\begin{vmatrix}a_1&b_1&c_1\\a_2&b_2&c_2\\a_3&b_3&c_3\end{vmatrix}$$

它的行从左到右按向量 $\boldsymbol{a},\boldsymbol{b},\boldsymbol{c}$ 的次序排列,每个行上向量的坐标从上到下按坐标的次序排列.

特别在右直角坐标系统中,基本的平行多面体的体积等于 1,因而若向量 $\boldsymbol{a},\boldsymbol{b},\boldsymbol{c}$ 的坐标分别是 $a_1,a_2,a_3;b_1,b_2,b_3;c_1,c_2,c_3$,则作在有序向量组 $\boldsymbol{a},\boldsymbol{b},\boldsymbol{c}$ 上的平行多面体的体积等于行列式 $\begin{vmatrix}a_1&b_1&c_1\\a_2&b_2&c_2\\a_3&b_3&c_3\end{vmatrix}$.

因为作在向量 $\boldsymbol{a},\boldsymbol{b},\boldsymbol{c}$ 上的平行多面体的体积,在而且仅在这些向量共面时,才等于零,所以从上面得到的结果得出,向量 $\boldsymbol{a},\boldsymbol{b},\boldsymbol{c}$ 共面的必要和充分条件是,它们的坐标组成的行列式等于零,即

$$\begin{vmatrix}a_1&b_1&c_1\\a_2&b_2&c_2\\a_3&b_3&c_3\end{vmatrix}=0$$

不难看出,向量 $\boldsymbol{a},\boldsymbol{b},\boldsymbol{c}$ 共面,必要而且只要其中有一个是另外两个的线性组合. 比较这个与刚才所写的结果,我们得到:三阶行列式等于零,必要而且充分的条件是,它的一个行是另外两个行的线性组合.

4.3 n 维平行多面体的有向体积的概念与基本性质

把二阶和三阶行列式的几何意义推广到 n 阶行列式的情形,是一件诱人的事情.

我们来考虑 n 维数空间 $\mathbf{R}^n$ 的一个平行多面体

$$\prod(\boldsymbol{a}_1,\boldsymbol{a}_2,\cdots,\boldsymbol{a}_n)$$

它的边由向量 $\boldsymbol{a}_1,\boldsymbol{a}_2,\cdots,\boldsymbol{a}_n$ 或点 $\boldsymbol{a}_j=(a_{1j},a_{2j},\cdots,a_{nj})\in\mathbf{R}^n$ 给出. $\prod$ 可以看作是 $\mathbf{R}^n$ 中的一个子集,由形如

$$x_1\boldsymbol{a}_1+x_2\boldsymbol{a}_2+\cdots+x_n\boldsymbol{a}_n \quad (0\leqslant x_i\leqslant 1)$$

的点组成(在具有直角坐标系的空间中,我们将向量及其端点视为同一). 当 $n=1$ 时,平行多面体即是线段,而 $n=2$ 时是平行四边形.

类似于二维和三维的情形,我们把由向量 $\boldsymbol{a}_1,\boldsymbol{a}_2,\cdots,\boldsymbol{a}_n$ 构成的平行多面体的有向体积①记作

$$|\boldsymbol{a}_1,\boldsymbol{a}_2,\cdots,\boldsymbol{a}_n|$$

现在我们企图以直观的形式来表示出这有向体积,就像平行四边形的有向面积一样. 由二维及三维的例子,可以看到一般的有向体积应该具有怎样的性质. 首先,有向体积需要是线性的,这可以由面积的性质类比得到. 这里的线性是对于每一个向量来说的,因为当一个向量变为原来的 k 倍时,“平行多面体”的“体积”也变为原来的 k 倍. 其次,当一个向量在其他向量组成的“超平面”上时,n 维“平行多面体”的“体积”是零(可以想象三维空间的例子). 也就是说,当向量线性相关时,有向体积为零. 在一般系数域上的向量空间中,有向体积也应该是这样的. 这引出下面这样的定义.

定义 4.3.1 所谓 n 维平行多面体 $\prod(\boldsymbol{a}_1,\boldsymbol{a}_2,\cdots,\boldsymbol{a}_n)$ 的有向体积,是指关于 n 个 n 维数向量 $\boldsymbol{a}_1,\boldsymbol{a}_2,\cdots,\boldsymbol{a}_n$ 的一个函数,这函数具有下列诸性质:

---

① 参阅第 10 章 §2(2.4 目):n 维平行多面体的体积 $\mathbf{V}(\prod(\boldsymbol{a}_1,\boldsymbol{a}_2,\cdots,\boldsymbol{a}_n))$ 由归纳法定义为它在 $\mathbf{R}^{n-1}$ 中的 $(n-1)$ 维底边的体积 $\mathbf{V}(\prod(\boldsymbol{a}_1,\boldsymbol{a}_2,\cdots,a_{n-1}))$ 与点 $\boldsymbol{a}_n$ 到底边所在超平面的垂线段的长度 h 的乘积. 例如线段 $(n-1)$ 的体积是它的长度,平行四边形 $(n=2)$ 的体积是它的面积.

Ⅰ）它对每个自变数都是线性①的：

1）如果自变数的数值乘以某数，则函数的新数值亦由原数值乘以同一数；

2）如果自变数的数值等于几个数的和，则函数的数值等于自变数取各项数值时所得诸函数值之和.

Ⅱ）如果它的两个自变数的值相等，则函数值等于零.

Ⅲ）$|\boldsymbol{e}_1,\boldsymbol{e}_2,\cdots,\boldsymbol{e}_n|=1$，这里

$$\boldsymbol{e}_1=\begin{pmatrix}1\\0\\0\\\vdots\\0\end{pmatrix},\boldsymbol{e}_2=\begin{pmatrix}0\\1\\0\\\vdots\\0\end{pmatrix},\cdots,\boldsymbol{e}_n=\begin{pmatrix}0\\0\\0\\\vdots\\1\end{pmatrix}$$

显然，由上面所说的定义，我们还不能确定这样的函数是否存在，也还不知道这样的函数是否唯一. 这要在以下的研究中才能证明，并且将在下一目中以一般的形式做出来.

暂时，先假设具有Ⅰ)，Ⅱ)，Ⅲ）诸性质的函数$|\boldsymbol{a}_1,\boldsymbol{a}_2,\cdots,\boldsymbol{a}_n|$是存在的，而由这些性质推出一系列另外的性质，我们将看到，正是这些推得的性质使我们能写出这函数的显式表示式.

我们先来详细讨论性质Ⅰ)(线性性质). 如果应用到第一个自变数上去，这性质可写成这样

$$\begin{cases}|k\boldsymbol{a}_1,\boldsymbol{a}_2,\cdots,\boldsymbol{a}_n|=k|\boldsymbol{a}_1,\boldsymbol{a}_2,\cdots,\boldsymbol{a}_n|\\|\boldsymbol{a}'_1+\boldsymbol{a}''_1,\boldsymbol{a}_2,\cdots,\boldsymbol{a}_n|=|\boldsymbol{a}'_1,\boldsymbol{a}_2,\cdots,\boldsymbol{a}_n|+|\boldsymbol{a}''_1,\boldsymbol{a}_2,\cdots,\boldsymbol{a}_n|\end{cases}\tag{4.3.1}$$

对任一自变数都能写出类似的公式.

读者容易看出，这些公式在结构上与

$$\begin{cases}(k\boldsymbol{a}_1\boldsymbol{a}_2\cdots\boldsymbol{a}_n)=k(\boldsymbol{a}_1\boldsymbol{a}_2\cdots\boldsymbol{a}_n)\\(\boldsymbol{a}'_1+\boldsymbol{a}''_1)\boldsymbol{a}_2\cdots\boldsymbol{a}_n=\boldsymbol{a}'_1\boldsymbol{a}_2\cdots\boldsymbol{a}_n+\boldsymbol{a}''_1\boldsymbol{a}_2\cdots\boldsymbol{a}_n\end{cases}\tag{4.3.1$'$}$$

这几个做数的乘法时所发生的公式相似. 我们知道，在数的场合由这几个对每一个乘数都正确的公式(4.3.1′)可推出大家所知道的多项式乘法的一般法则. 例如，如果最开始两个乘数是和，那么

---

① “线性”这名称的来源是由于“线性”函数 $f(\boldsymbol{x})=k\boldsymbol{x}$（$k$ 是常数). 在这场合函数的运算律直接推得 $f(\boldsymbol{x}+\boldsymbol{y})=k(\boldsymbol{x}+\boldsymbol{y})=f(\boldsymbol{x})+f(\boldsymbol{y})$ 及 $f(m\boldsymbol{x})=m\,f(\boldsymbol{x})$，可见这函数具有下面陈述的性质 1) 与 2).

如果对于我们这函数的 n 个自变数，性质 1) 与 2) 施于每一自变数上都成立，那么我们说这函数对每个自变数都是线性的.

$$
\begin{aligned}
&(k_1'\boldsymbol{a}_1'+k_1''\boldsymbol{a}_1'')(k_2'\boldsymbol{a}_2'+k_2''\boldsymbol{a}_2'')\boldsymbol{a}_3\cdots\boldsymbol{a}_n\\
=&k_1'k_2'\boldsymbol{a}_1'\boldsymbol{a}_2'\boldsymbol{a}_3\cdots\boldsymbol{a}_n+k_1'k_2''\boldsymbol{a}_1'\boldsymbol{a}_2'\boldsymbol{a}_3\cdots\boldsymbol{a}_n+k_1''k_2'\boldsymbol{a}_1'\boldsymbol{a}_2'\boldsymbol{a}_3\cdots\boldsymbol{a}_n+\\
&k_1''k_2''\boldsymbol{a}_1'\boldsymbol{a}_2'\boldsymbol{a}_3\cdots\boldsymbol{a}_n
\end{aligned}
$$

由公式(4.3.1)亦可推知,对于有向体积函数可以如同数的乘法一样,成立"解括号"法则:

如果一个或几个自变数的值是诸向量之和,即可以应用寻常解括号的法则并且把纯数因子提到有向体积函数符号的外面去.

这些读者所熟悉的对寻常乘积的证明在有向体积函数的场合成这样的形状(以最开始两个自变数是两项之和的情形为例,而纯数乘数等于1,并且不写出来):

$$
\begin{aligned}
&|\boldsymbol{a}_1'+\boldsymbol{a}_1'',\boldsymbol{a}_2'+\boldsymbol{a}_2'',\boldsymbol{a}_3,\cdots,\boldsymbol{a}_n|\\
=&|\boldsymbol{a}_1',\boldsymbol{a}_2'+\boldsymbol{a}_2'',\boldsymbol{a}_3,\cdots,\boldsymbol{a}_n|+|\boldsymbol{a}_1'',\boldsymbol{a}_2'+\boldsymbol{a}_2'',\boldsymbol{a}_3,\cdots,\boldsymbol{a}_n|\\
=&|\boldsymbol{a}_1',\boldsymbol{a}_2',\boldsymbol{a}_3,\cdots,\boldsymbol{a}_n|+|\boldsymbol{a}_1',\boldsymbol{a}_2'',\boldsymbol{a}_3,\cdots,\boldsymbol{a}_n|+|\boldsymbol{a}_1'',\boldsymbol{a}_2',\boldsymbol{a}_3,\cdots,\boldsymbol{a}_n|+\\
&|\boldsymbol{a}_1'',\boldsymbol{a}_2'',\boldsymbol{a}_3,\cdots,\boldsymbol{a}_n|
\end{aligned}
$$

这就是Ⅰ),Ⅱ),Ⅲ)诸性质的第一个推论.下一重要的推论是这样的:

自变数对调法则:对调有向体积函数中两个向量的位置,则有向体积函数的值改变符号.

例如,设我们要对调最开始两个向量 $\boldsymbol{a}_1$ 与 $\boldsymbol{a}_2$ 的位置.我们来考虑这有向体积

$$|\boldsymbol{a}_1+\boldsymbol{a}_2,\boldsymbol{a}_1+\boldsymbol{a}_2,\boldsymbol{a}_3,\cdots,\boldsymbol{a}_n|$$

由有向体积的性质Ⅱ),上面的有向体积应该等于零,因为在它的式子里有两个相同的向量.另外,应用刚才所证明的性质,它可以表示成四个有向体积函数之和的形状,即

$$|\boldsymbol{a}_1,\boldsymbol{a}_1,\boldsymbol{a}_3,\cdots,\boldsymbol{a}_n|+|\boldsymbol{a}_1,\boldsymbol{a}_2,\boldsymbol{a}_3,\cdots,\boldsymbol{a}_n|+|\boldsymbol{a}_2,\boldsymbol{a}_1,\boldsymbol{a}_3,\cdots,\boldsymbol{a}_n|+|\boldsymbol{a}_2,\boldsymbol{a}_2,\boldsymbol{a}_3,\cdots,\boldsymbol{a}_n|$$

这四个有向体积函数中第一个与第四个按上面同样的理由也等于零.如此,我们得到

$$|\boldsymbol{a}_1,\boldsymbol{a}_2,\boldsymbol{a}_3,\cdots,\boldsymbol{a}_n|+|\boldsymbol{a}_2,\boldsymbol{a}_1,\boldsymbol{a}_3,\cdots,\boldsymbol{a}_n|=0$$

而这就是所要证明的性质.

4.4 行列式作为平行多面体有向体积的表出式

现在我们要来证明,由我们所采取的定义能以唯一的方式来建立任意维有向体积的表出式.暂时假设有向体积函数(即满足定义4.3.1中Ⅰ),Ⅱ)及Ⅲ)诸条件的函数)是存在的.

首先我们来考虑一个特殊的情形：

$$|\boldsymbol{e}_{j_1},\boldsymbol{e}_{j_2},\cdots,\boldsymbol{e}_{j_n}| \tag{4.4.1}$$

即有向体积函数的自变量取自基底向量组$\{\boldsymbol{e}_1,\boldsymbol{e}_2,\cdots,\boldsymbol{e}_n\}$.

显然 $\boldsymbol{e}_{j_1},\boldsymbol{e}_{j_2},\cdots,\boldsymbol{e}_{j_n}$ 诸向量中有两个相同时，这有向体积函数的值就等于零(由于性质 Ⅱ)). 如此，剩下只要来考虑当所有向量 $\boldsymbol{e}_{j_k}$ 都不同时有向体积(4.4.1)的值，但这时候向量系列 $\boldsymbol{e}_{j_1},\boldsymbol{e}_{j_2},\cdots,\boldsymbol{e}_{j_n}$ 是向量 $\boldsymbol{e}_1,\boldsymbol{e}_2,\cdots,\boldsymbol{e}_n$ 的一个排列，所以能以一系列它的对换把它变为 $\boldsymbol{e}_1,\boldsymbol{e}_2,\cdots,\boldsymbol{e}_n$ 的顺序. 同时所给的有向体积变为有向体积 $|\boldsymbol{e}_1,\boldsymbol{e}_2,\cdots,\boldsymbol{e}_n|$，由条件 Ⅱ) 知它等于 1. 现在考虑到有向体积函数在其中向量的每一对换之下只改变其符号(参阅 4.3 目)，因此我们得到下面这结果：

有向体积函数 $|\boldsymbol{e}_{j_1},\boldsymbol{e}_{j_2},\cdots,\boldsymbol{e}_{j_n}|$ 若其中所有 $\boldsymbol{e}_{j_1},\boldsymbol{e}_{j_2},\cdots,\boldsymbol{e}_{j_n}$ 诸向量均相异，则其值等于 $+1$ 或 -1，这要看向量 $\boldsymbol{e}_1,\boldsymbol{e}_2,\cdots,\boldsymbol{e}_n$ 的排列 $\boldsymbol{e}_{j_1},\boldsymbol{e}_{j_2},\cdots,\boldsymbol{e}_{j_n}$ 是偶性的还是奇性的而定. 如果向量 $\boldsymbol{e}_{j_1},\boldsymbol{e}_{j_2},\cdots,\boldsymbol{e}_{j_n}$ 中有两个相同，那么该有向体积函数的值等于零.

明显地，所考虑诸向量 $\boldsymbol{e}_1,\boldsymbol{e}_2,\cdots,\boldsymbol{e}_n$ 的排列 $\boldsymbol{e}_{j_1},\boldsymbol{e}_{j_2},\cdots,\boldsymbol{e}_{j_n}$ 的奇偶性就与指标 $j_1,j_2,\cdots,j_n$ 的排列的奇偶性一致.

现在设给了任意的向量 $\boldsymbol{a}_1,\boldsymbol{a}_2,\cdots,\boldsymbol{a}_n$. 它们的坐标宜再以一个安置在向量号码前面的指标来表示. 例如，第三个向量的第二个坐标以 a_{23} 来表示，第一个向量的第四个坐标以 a_{41} 来表示，余类此. 如此

$$\boldsymbol{a}_1=\begin{pmatrix}a_{11}\\a_{21}\\\vdots\\a_{n1}\end{pmatrix},\boldsymbol{a}_2=\begin{pmatrix}a_{12}\\a_{22}\\\vdots\\a_{n2}\end{pmatrix},\cdots,\boldsymbol{a}_n=\begin{pmatrix}a_{1n}\\a_{2n}\\\vdots\\a_{nn}\end{pmatrix}$$

这些向量可以用 $\boldsymbol{e}_1,\boldsymbol{e}_2,\cdots,\boldsymbol{e}_n$ 诸向量这样表示出来

$$\begin{cases}\boldsymbol{a}_1=a_{11}\boldsymbol{e}_1+a_{21}\boldsymbol{e}_2+\cdots+a_{n1}\boldsymbol{e}_n\\\boldsymbol{a}_2=a_{12}\boldsymbol{e}_1+a_{22}\boldsymbol{e}_2+\cdots+a_{n2}\boldsymbol{e}_n\\\quad\vdots\\\boldsymbol{a}_n=a_{1n}\boldsymbol{e}_1+a_{2n}\boldsymbol{e}_2+\cdots+a_{nn}\boldsymbol{e}_n\end{cases}$$

现在有向体积函数 $|\boldsymbol{a}_1,\boldsymbol{a}_2,\cdots,\boldsymbol{a}_n|$ 可以写成这样

$$\begin{gathered}|a_{11}\boldsymbol{e}_1+a_{21}\boldsymbol{e}_2+\cdots+a_{n1}\boldsymbol{e}_n,a_{12}\boldsymbol{e}_1+a_{22}\boldsymbol{e}_2+\cdots+\\a_{n2}\boldsymbol{e}_n,\cdots,a_{1n}\boldsymbol{e}_1+a_{2n}\boldsymbol{e}_2+\cdots+a_{nn}\boldsymbol{e}_n|\end{gathered} \tag{4.4.2}$$

4.3 目中已指明有向体积函数可以如同特殊的“乘积”一样来运算. 利用这

一点我们能把这式子写成

$$|\boldsymbol{a}_1,\boldsymbol{a}_2,\cdots,\boldsymbol{a}_n|=\sum_{j_1,\cdots,j_n=1}^{n}|\boldsymbol{e}_{j_1},\boldsymbol{e}_{j_2},\cdots,\boldsymbol{e}_{j_n}|a_{j_1 1}a_{j_2 2}\cdots a_{j_n n}$$

的形状,这里右边的总和分布在指标 $j_1,j_2,\cdots,j_n$ 的所有组合上.但是由上面所说过的有向体积函数 $|\boldsymbol{e}_{j_1},\boldsymbol{e}_{j_2},\cdots,\boldsymbol{e}_{j_n}|$,如果其中指数 $j_1,j_2,\cdots,j_n$ 有两个相同,那么其值等于零.所以在右边诸项中只剩下指数 j 不同的诸项,而这些项里有向体积 $|\boldsymbol{e}_{j_1},\boldsymbol{e}_{j_2},\cdots,\boldsymbol{e}_{j_n}|$ 等于 ± 1.所以我们最后有

$$|\boldsymbol{a}_1,\boldsymbol{a}_2,\cdots,\boldsymbol{a}_n|=\sum_{j_1,\cdots,j_n=1}^{n}\pm a_{j_1 1}a_{j_2 2},\cdots,a_{j_n n} \tag{4.4.3}$$

这式子,其中指数 $j_1,j_2,\cdots,j_n$ 的排列是偶性时取"+"号,这些排列是奇性时取"—"号.显然,在总和(4.4.3)中项数等于 n 个元素的不同排列的数目,即等于 $n!$.

我们的论证导致完全确定的唯一结果,这使我们能陈述下面的定理:

如果满足定义 4.3.1 诸条件 Ⅰ),Ⅱ),Ⅲ)的 n 维向量函数 $|\boldsymbol{a}_1,\boldsymbol{a}_2,\cdots,\boldsymbol{a}_n|$ 是存在的,那么它的值为式(4.4.3)所确定.

换句话说,条件 Ⅰ),Ⅱ),Ⅲ)唯一地决定我们的有向体积函数.

自然发生这样的问题:如果所指出诸条件放弃几个,则这函数决定到什么程度?在这情形唯一性就没有了.特别有趣的是放弃条件 Ⅲ)时所得的结果.现在我们就来叙述并且证明之.

如果给了一个 n 维向量 $\boldsymbol{a}_1,\boldsymbol{a}_2,\cdots,\boldsymbol{a}_n$ 的函数 $F(\boldsymbol{a}_1,\boldsymbol{a}_2,\cdots,\boldsymbol{a}_n)$,满足条件 Ⅰ)与 Ⅱ),则它的值为公式

$$F(\boldsymbol{a}_1,\boldsymbol{a}_2,\cdots,\boldsymbol{a}_n)=|\boldsymbol{a}_1,\boldsymbol{a}_2,\cdots,\boldsymbol{a}_n|\,F(\boldsymbol{e}_1,\boldsymbol{e}_2,\cdots,\boldsymbol{e}_n)$$

所决定,其中 $|\boldsymbol{a}_1,\boldsymbol{a}_2,\cdots,\boldsymbol{a}_n|$ 表示由向量 $\boldsymbol{a}_1,\boldsymbol{a}_2,\cdots,\boldsymbol{a}_n$ 所组成的有向体积,即式(4.4.3).

如此,我们要想唯一决定这函数的所有数值,只要知道它的一个值 $F(\boldsymbol{e}_1,\boldsymbol{e}_2,\cdots,\boldsymbol{e}_n)$ 就够了.

要证明这结果,只要注意在以前的论证中我们只需要指明 $|\boldsymbol{e}_1,\boldsymbol{e}_2,\cdots,\boldsymbol{e}_n|$ 的值时才利用性质 Ⅲ).所以与多项式乘法的相似以及向量变位时改变符号的这种性质对所考虑的函数 $F(\boldsymbol{a}_1,\boldsymbol{a}_2,\cdots,\boldsymbol{a}_n)$ 也仍保持着:只要在前面所做的证明中以 $F(\boldsymbol{a}_1,\boldsymbol{a}_2,\cdots,\boldsymbol{a}_n)$ 替代 $|\boldsymbol{a}_1,\boldsymbol{a}_2,\cdots,\boldsymbol{a}_n|$ 就行了.但如果在公式(4.4.3)的证明中做这替代,那么我们得到

$$F(\boldsymbol{a}_1,\boldsymbol{a}_2,\cdots,\boldsymbol{a}_n)=F(\boldsymbol{e}_1,\boldsymbol{e}_2,\cdots,\boldsymbol{e}_n)\sum\pm a_{j_1 1}a_{j_2 2},\cdots,a_{j_n n}$$

这正是我们所要证的结果.

现在我们还要证明,为式(4.4.3)所确定的函数满足条件 Ⅰ),Ⅱ),Ⅲ).

为了便于叙述,我们采用一个比较铺开的符号:将 $|\boldsymbol{a}_1,\boldsymbol{a}_2,\cdots,\boldsymbol{a}_n|$ 按诸向量的坐标写成

$$\begin{vmatrix} a_{11} & a_{12} & \cdots & a_{1n} \\ a_{21} & a_{22} & \cdots & a_{2n} \\ \vdots & \vdots & & \vdots \\ a_{n1} & a_{n2} & \cdots & a_{nn} \end{vmatrix}$$

这对二维和三维情形下的有向体积已经用过.

现在把式(4.4.3)写作下面的形式并作更详细的讨论,即

$$\begin{vmatrix} a_{11} & a_{12} & \cdots & a_{1n} \\ a_{21} & a_{22} & \cdots & a_{2n} \\ \vdots & \vdots & & \vdots \\ a_{n1} & a_{n2} & \cdots & a_{nn} \end{vmatrix} = \sum_{j_1,\cdots,j_n=1}^{n} \pm a_{j_1 1} a_{j_2 2} \cdots a_{j_n n} \tag{4.4.3'}$$

通过观察,直接得出下面的一些结论:一方面,右边和的每项都有一个从每行中取来的数,这可以从每项中因子的第二个指标看出;另一方面,因为 j_1,j_2,…,j_n 是 $1,2,\cdots,n$ 的一个排列,因此和的每项又都有一个从每列中取来的数.最后,每项的符号的"+"或"−"只由排列 $j_1,j_2,\cdots,j_n$ 的奇偶性来决定,亦即只由所考虑的项的因子在式(4.4.3′)的左边表中的位置决定.

由这些结论立刻可以得到表达式(4.4.3′)具有性质 D:如果让式(4.4.3′)的左边表中某一行的所有元素乘以某数 k,则因为右边和的所有项都恰好含有这些行中的一个元素,故结果整个和也乘以数 k.这就得到了线性的第一个条件.为了证明线性的第二个条件,我们来考虑行列式

$$\begin{vmatrix} a_{11} & a_{12} & \cdots & a'_{1k}+a''_{1k} & \cdots & a_{1n} \\ a_{21} & a_{22} & \cdots & a'_{2k}+a''_{2k} & \cdots & a_{2n} \\ \vdots & \vdots & & \vdots & & \vdots \\ a_{n1} & a_{n2} & \cdots & a'_{nk}+a''_{nk} & \cdots & a_{nn} \end{vmatrix} = |\boldsymbol{a}_1,\boldsymbol{a}_2,\cdots,\boldsymbol{a}_k,\cdots,\boldsymbol{a}_n|$$

把这个等式的左边按式(4.4.3′)展开,我们注意到,在所得和的每项里都含有一个 $a''_{jk}+a'_{jk}$ 这样的数.展开每项中的括号,就得到了两个和,它们与原和的不同之处仅在于把第 k 行分别换为行

$$\boldsymbol{a}'_k = \begin{pmatrix} a'_{1k} \\ a'_{2k} \\ \vdots \\ a'_{nk} \end{pmatrix}$$

或

$$\boldsymbol{a}''_k=\begin{pmatrix} a''_{1k} \\ a''_{2k} \\ \vdots \\ a''_{nk} \end{pmatrix}$$

这样,这些部分和将各等于函数

$$|\boldsymbol{a}_1,\boldsymbol{a}_2,\cdots,\boldsymbol{a}'_k,\cdots,\boldsymbol{a}_n| \text{ 与 } |\boldsymbol{a}_1,\boldsymbol{a}_2,\cdots,\boldsymbol{a}''_k,\cdots,\boldsymbol{a}_n|$$

从而 $|\boldsymbol{a}_1,\boldsymbol{a}_2,\cdots,\boldsymbol{a}_k,\cdots,\boldsymbol{a}_n|$ 等于这两个函数之和.

性质 Ⅱ) 的证明:考虑式(4.4.3′) 中当 $\boldsymbol{a}_1,\boldsymbol{a}_2,\cdots,\boldsymbol{a}_n$ 诸行中有两行相同的情形.不失一般性,假设相同的两行是第一行和第二行.考察式(4.4.3′) 中和的任何一项 $\pm a_{j_11}a_{j_22}a_{j_nn}$.它含有从第一行取来的数 a_{j_11} 以及由第二行取来的数 a_{j_22}.对换指标 j_1 与 j_2 的位置,我们得到和的一个新项 $\pm a_{j_22}a_{j_11}\cdots a_{j_nn}$.这两项的符号由排列 $j_1,j_2,\cdots,j_n$ 与 $j_2,j_1,\cdots,j_n$ 来决定,但它们的奇偶性相反,因此所说的两项符号必然相反.又因为 $\boldsymbol{a}_1$ 与 $\boldsymbol{a}_2$ 相同,所以 $a_{j_12}=a_{j_11}$ 并且 $a_{j_22}=a_{j_21}$,因此乘积 $a_{j_11}a_{j_22}\cdots a_{j_nn}$ 与 $a_{j_22}a_{j_11}\cdots a_{j_nn}$ 相等.从而得出:在函数 $|\boldsymbol{a}_1,\boldsymbol{a}_2,\cdots,\boldsymbol{a}_n|$ 中有两行相同时,它的表出式中每项都有一个数值相同而符号相反的项与之对应,即这时候函数的值等于零.如此,性质 Ⅱ) 成立.

剩下只要验证性质 Ⅲ).考虑函数

$$\begin{vmatrix} 1 & 0 & \cdots & 0 \\ 0 & 1 & \cdots & 0 \\ \vdots & \vdots & & \vdots \\ 0 & 0 & \cdots & 1 \end{vmatrix}$$

按公式(4.4.3′) 展开,我们看到和中只剩一项不是零 —— 这项就是主对角线上诸 1 的乘积.与这项相应的指标排列是 $1,2,\cdots,n$,是偶性的.所以这时候函数的值等于 $+1$.

到这里,我们就证明了:存在唯一的满足条件 Ⅰ),Ⅱ),Ⅲ) 的有向体积函数.

如果把 $|\boldsymbol{a}_1,\boldsymbol{a}_2,\cdots,\boldsymbol{a}_n|$ 看作诸向量 $\boldsymbol{a}_1,\boldsymbol{a}_2,\cdots,\boldsymbol{a}_n$ 的坐标的函数,那么有向体积函数(公式(4.4.3′)) 与第 1 章 §2(2.3 目) 中行列式的定义相重合.如此,我们就可以对名词“有向体积函数”和“行列式”不加区分.

§5 线性规划问题的几何理论

5.1 线性不等式组的解集的几何表示・平面上的凸集合

本段我们将研究一元和二元线性不等式及其图形解法,它们构成了二变量线性规划问题图解法的基础.

在实数域中，一元线性不等式是指下列四种类型的不等式之一

$$ax < b, ax > b, ax \leqslant b$$

或者

$$ax \geqslant b$$

其中 a 和 b 是实数，并且 $a \neq 0$.

这些线性不等式的解，通过用系数 a 除它的两端得到必是下列四种类型的不等式之一

$$x < \frac{b}{a}, x > \frac{b}{a}, x \leqslant \frac{b}{a}$$

或者

$$x \geqslant \frac{b}{a}$$

(要注意的是：如果 $a < 0$，当以 a 除两边时，那么一定要改变不等号的方向).

几何上，每一个这样的不等式表达了一条半直线(见图 13). 如果不等式是严格的($<$ 或 $>$)，那么半直线的端点不包含在解集中；如果不等式不是严格的($\leqslant$ 或 $\geqslant$)，那么半直线的端点包含在解集中.

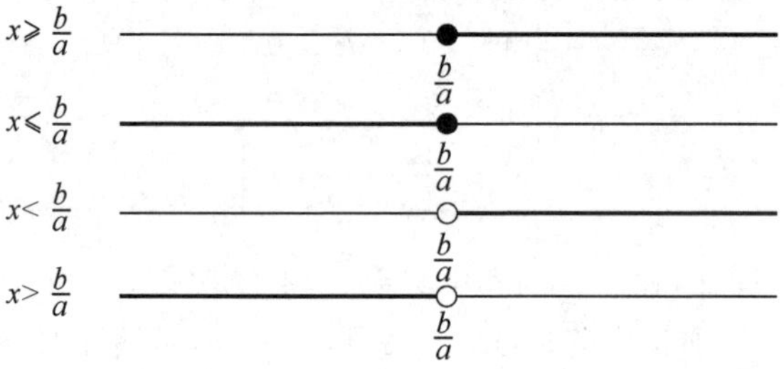

图 13　一元线性不等式的解集是一条半直线

现在考虑 $\mathbf{R}^2$ 中的线性不等式. 我们知道，方程

$$a_1x_1 + a_2x_2 = b, (a_1, a_2) \neq (0, 0)$$

表示一条直线. 这条直线将平面划分为两个半平面. 其中一个半平面是不等式

$$a_1x_1 + a_2x_2 < b$$

的解集. 另一个是不等式

$$a_1x_1 + a_2x_2 > b$$

的解集.

一方面，这些半平面称为开的半平面：若半平面不包含边界线，则称它是开的(见图 14(a))；另一方面，线性不等式

$$a_1x_1 + a_2x_2 \leqslant b$$

与

$$a_1x_1+a_2x_2\geqslant b$$

的解集是闭的半平面:若半平面包括它的边界线,则称它是闭的(见图 14(b)).

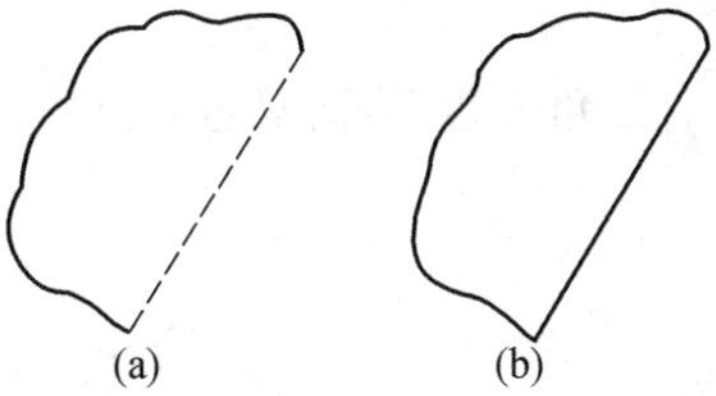

图 14

在 $\mathbf{R}^2$ 中 $x_1>0$ 表示开的右半平面(图 15(a));同样地,不等式 $x_1<0$,$x_2>0$ 和 $x_2<0$ 分别表示开的左、上、下半平面(图 15(b),(c),(d)).

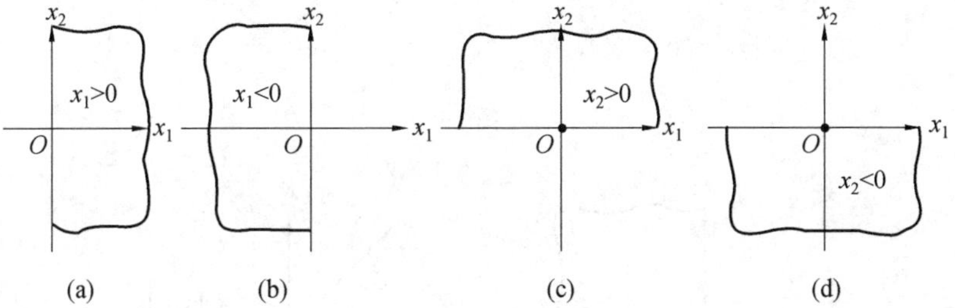

图 15

再如,我们来画出半平面 $x_1+x_2\leqslant 1$ 的示意图.首先画出边界线 $x_1+x_2=1$ 的示意图(图 16(a)).我们知道,不等式 $x_1+x_2\leqslant 1$ 表示包含直线 $x_1+x_2=1$ 在内的一侧的所有的点.接着,为考虑不等式表示直线的哪一侧,仅需检查不在直线上的点是否在解集中.不妨取点 $(x_1,x_2)=(0,0)$,因为 $0+0<1$,所以点 $(0,0)$ 是不等式 $x_1+x_2\leqslant 1$ 的一个解.于是便可推断,线性不等式 $x_1+x_2\leqslant 1$ 的解集是以直线 $x_1+x_2=1$ 为边界线,并且包含点 $(0,0)$ 在内的闭的半平面(图 16(b)).

现在让我们来讨论线性不等式组表示的图形.在 $\mathbf{R}^2$ 中画出线性不等式组

$$\begin{cases}x_1>0\\x_2>0\\x_1+x_2\leqslant 1\end{cases}$$

的解集合.

不等式 $x_1>0$ 的解集是开的右半平面;不等式 $x_2>0$ 的解集是开的上半平面.一个点 (x_1,x_2) 当且仅当它同时位于这两个半平面上,即它位于第一象限时，(x_1,x_2) 同时满足这两个不等式(图 17). 第三个不等式 $x_1+x_2\leqslant 1$ 的解集是图16(b)所示的闭的半平面. 一个点(x_1,x_2)当且仅当它在整个半平面上，并且又在第一象限时，(x_1,x_2) 同时满足这三个不等式. 因此，不等式组的解集是一个三角形区域(图 18).

注 解集不包括所有三角形边界，而只包含其中的一部分.

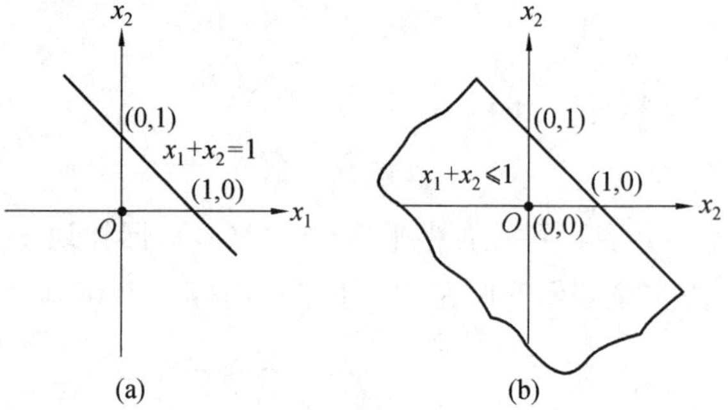

图 16

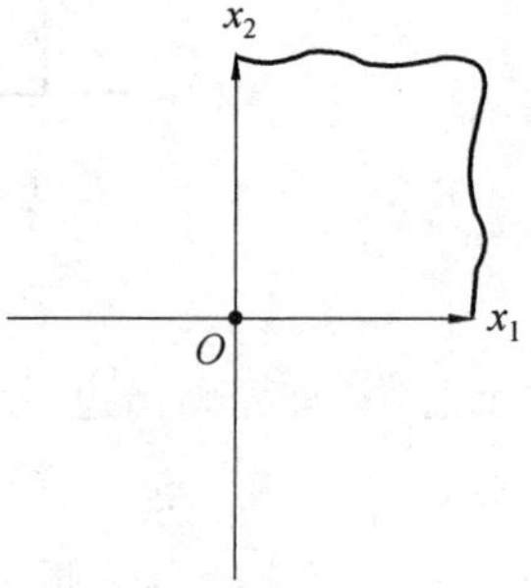

图 17

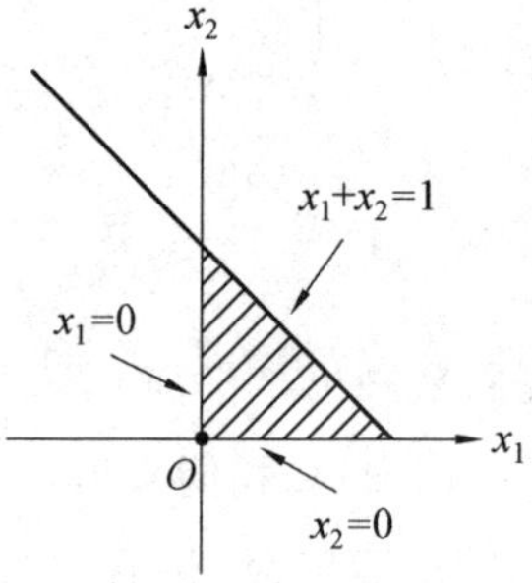

图 18

对刚才的例子所采用的方法作一个小结. 为了画出 $\mathbf{R}^2$ 中线性不等式组的解集，可按下述步骤进行：

(1) 首先画出 S_1，即第一个不等式的解集 S_1，集合 S_1 是一个半平面.

(2) 其次画出 S_2，它是由第二个不等式确定的半平面与 S_1 的交，集合 S_2 是所有同时满足前两个不等式的点的集合.

(3) 然后画出 S_3，它是由第三个不等式确定的半平面与 S_2 的交，集合 S_3 是所有同时满足前三个不等式的点的集合.

(4) 这样继续做下去，直到处理完所给的全部不等式为止. 最后得到的集合即是同时满足已给的所有不等式的点的集合.

再举一个例子. 图 19 画出了线性不等式组

$$\begin{cases}x_1 \geqslant 0\\ x_2 \geqslant 0\\ 2x_1 - x_2 \leqslant 2\\ x_1 + x_2 \leqslant 4\\ -x_1 + x_2 \leqslant 2\end{cases}$$

的解集.这是由直线段

$$x_1 = 0, x_2 = 0, 2x_1 - x_2 = 2, x_1 + x_2 = 4, -x_1 + x_2 = 2$$

所围的一个多边形.

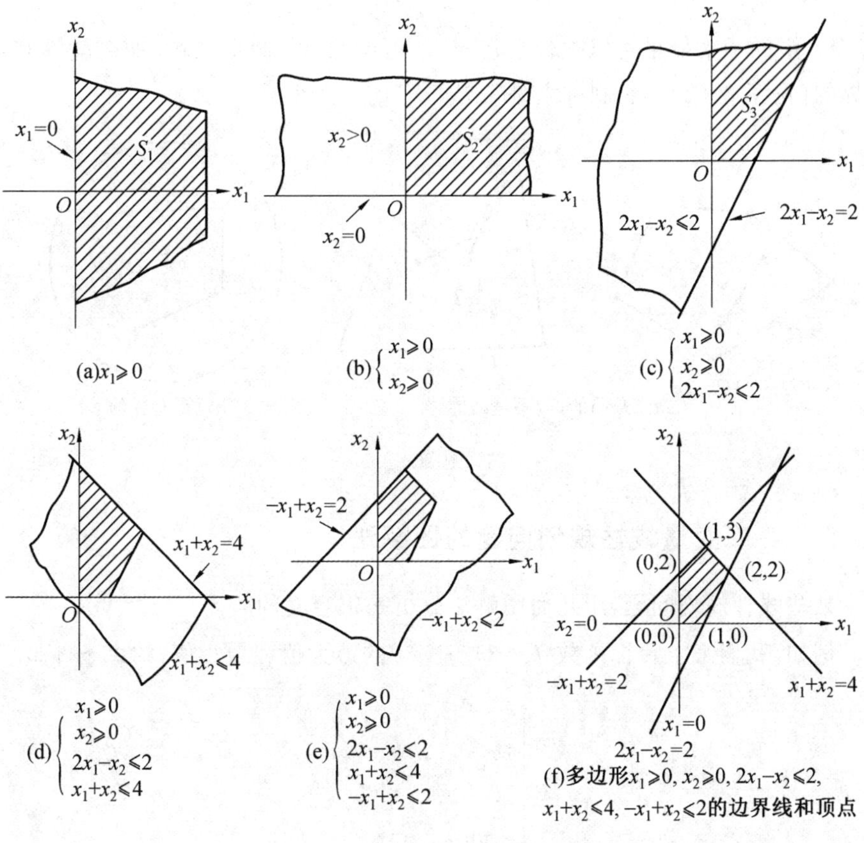

图 19

如果需要,解联立方程可以求出这个多边形的各个顶点.例如,直线

$$2x_1 + x_2 = 2$$

和直线

$$x_1 + x_2 = 4$$

的交点是这多边形的一个顶点.解这对方程求得相应的顶点为$(x_1,x_2)=(2,2)$.

在 $\mathbf{R}^2$ 中线性不等式组的解集总是一个多边形集合;它是由直线段组成的 $\mathbf{R}^2$ 的子集.但不是每一个多边形都是某个线性不等式组的解集,因为这样的解集必然是凸的.对 $\mathbf{R}^2$ 的子集 S,如果每一条联结 S 中的点的线段全部在 S 中,那么称 S 是凸的(见图 20(a)).

$\mathbf{R}^2$ 中线性不等式组的解集必然是凸的,理由是它们是半平面的交.半平面显然是凸的,并且凸集的交集总是凸的(这个事实是很容易证明的).

在 $\mathbf{R}^2$ 中的线性不等式组的解集是凸多边形;这些集合可以是有界的,也可以是无界的.

$\mathbf{R}^2$ 中的子集如果可以被包含在一个(可能很大)圆形区域,那么就称它是有界的(见图 20(b)),否则称它是无界的.

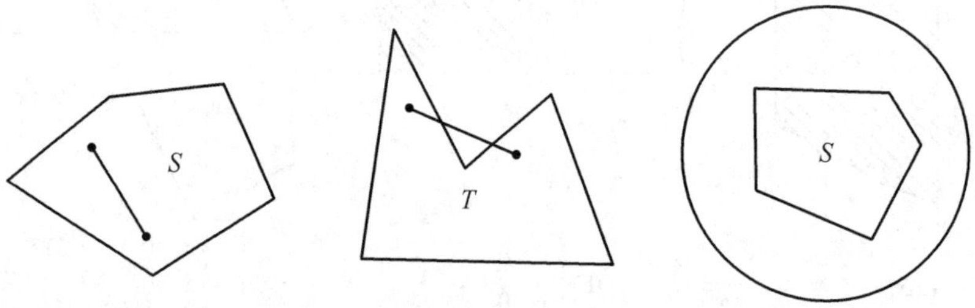

(a) S是凸的,T不是凸的　　(b) S是有界的

图 20

5.2　二变量线性规划问题的图解法

某些线性规划问题,用几何图解法分析是很容易的.

例如,我们来求目标函数 $f=2x_1+x_2$ 的最大值和最小值,约束条件是

$$\begin{cases}x_1\geqslant 0\\ x_2\geqslant 0\\ 2x_1-x_2\leqslant 2\\ x_1+x_2\leqslant 4\\ -x_1+x_2\leqslant 2\end{cases}$$

首先画出约束集合(见图 19(f)),于是现在的问题是:要在约束集合上找一个点,使目标函数 f 在这一点上达到它在约束集合上的最大值.

注意到,对于每一个实数 c,f 取值为 c 的点(x_1,x_2)的集合应是直线

$$2x_1+x_2=c$$

该直线的斜率是 -2，x_2 轴上的截距是 c. 如果变动 c，那么就得到一平行直线族(见图 21(a)).

如果在约束集合上添加这些直线(图 19(e)) 和图(图 19(f))，就得到图 21(b). 从图 21(b) 可见，在约束集合上函数 f 取 0 到 6 之间的值. 此外，最大值 6 仅在点(2,2) 处达到，并且最小值 0 仅在点(0,0) 处达到.

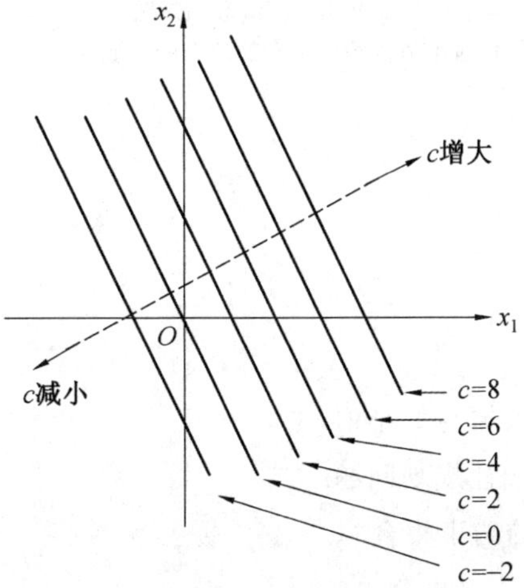

(a)在 $2x_1+x_2=c$ 中 c 取不同的值得到一平行直线族

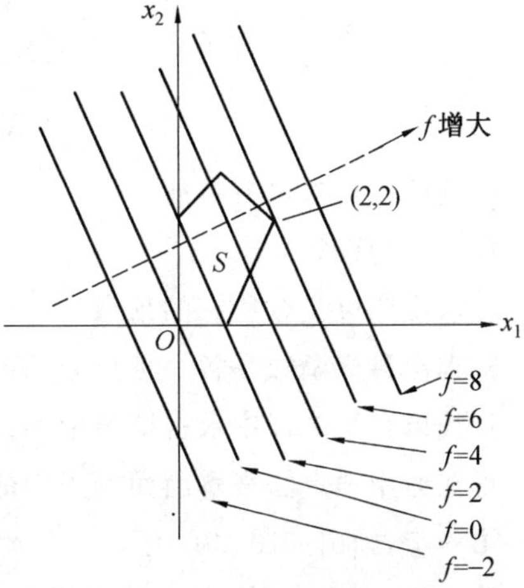

(b)在约束集合 S 上，目标函数 $f=2x_1+x_2$ 在点(2,2)处取得最大值6

图 21

刚才所使用的方法，在约束集合是有界的并且是闭的情况下，可用来解决任何 $\mathbf{R}^2$ 中的线性规划问题.

如果多边形集合包含它的所有边界，那么这个多边形集合是闭的. 只要约束不等式都是严格的，约束集合就将是闭的. 如果约束集合是有界的并且是闭的，那么它是一个闭的凸多边形(图 22(a)).

如果 $f=c_1x_1+c_2x_2$ 是某个目标函数，使得 $f=c(c_1x_1+c_2x_2=c)$ 的点的集合是 $\mathbf{R}^2$ 中的一条直线. 当 c 变动时，就得到一个平行直线族(图 22(b)).

从图中清楚地看到，f 的最大值和最小值必然在约束集合的顶点处达到(如果直线 $c_1x_1+c_2x_2=c$ 平行于某一边界线段，那么最大值(或最小值)将在这一线段的所有点处达到). 当 f 在两个顶点处达到最大值(或最小值)时，将出现这种情形.

这就是说，为求 f 的最大值(或最小值)，需要做的全部工作是计算 f 在约束集合的顶点处的值. 当平面上约束集合是有界的并且是闭的情况下，解线性

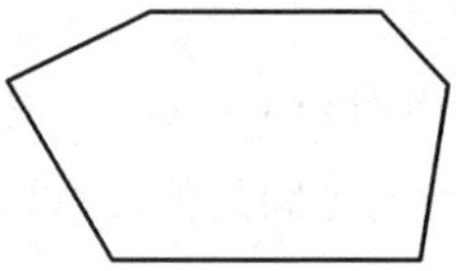

(a)闭的多边形

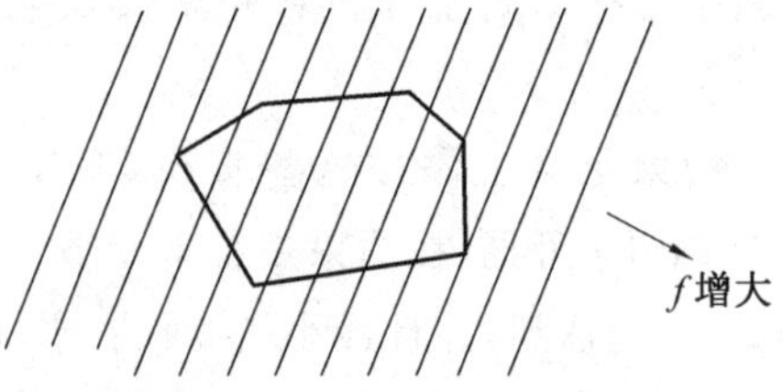

(b)沿着直线族中每一条直线目标函数为常数，f的最大值和最小值在约束集合的顶点处达到

图 22

规划问题的顶点法可概括如下：

1. 画出约束集合.

2. 求出约束集合所有的顶点.

3. 求出目标函数在各个顶点处的值.

4. 找出在第 3 步中求得诸值中的最大值与最小值.

现在运用顶点法来解前面例子中的线性规划问题.

第一步，画出如图 19(a)—(e) 所做的约束集合.

第二步，求出在图 19(f) 中所得出的约束集合的各顶点.

第三步，求出目标函数各顶点处的值，其结果如表 1 所示：

表 1

顶点	(0,0)	(1,0)	(2,2)	(1,3)	(0,2)
f	0	2	6	5	2

可见 f 的最大值是 6，并且在点(2,2) 处达到；同样，f 的最小值是 0，在点(0,0) 处达到.

注 顶点法用来解 $\mathbf{R}^2$ 中的线性规划问题是非常有用的. 尽管，这个方法曾推广来解 $\mathbf{R}^n$ 中的线性规划问题，但都不是有效的. 一个有效的方法，正如我们知道的 —— 单纯形法，在后文中，我们将给出这一方法的几何解释.

5.3 n 维实数空间中的凸集

在 5.2 目，介绍二变量线性规划问题的图解法时，我们看到，问题的最优解(如果存在) 必能在可行域的顶点上找到. 以后我们将指出，这个结论对于一般的线性规划问题也是成立的；并且还将指出，一次单纯形迭代实际上就是从可行域的一个顶点到另一个相邻顶点的转移. 为此，先来介绍 n 维向量空间 $\mathbf{R}^n$ 中的一些几何概念.

令 $\boldsymbol{x}_1 \neq \boldsymbol{x}_2$ 是 $\mathbf{R}^n$ 中的两点，则 $y = \lambda \boldsymbol{x}_1 + (1-\lambda)\boldsymbol{x}_2, \lambda \in \mathbf{R}$ 表达了过点 $\boldsymbol{x}_1$，$\boldsymbol{x}_2$ 的一条直线，当 λ 取 0 与 1 之间的实数时，点 $\boldsymbol{y}$ 从 $\boldsymbol{x}_1$ 移动到 $\boldsymbol{x}_2$，对应着 $\boldsymbol{x}_1$，$\boldsymbol{x}_2$ 之间的直线段.

n 维实数空间 $\mathbf{R}^n$ 的一个子集 D 称为一个凸集，如果 D 中任意两点间的直线段上的所有点都属于该集合. 空集看作一个特殊凸集.

对二维空间来说，三角形、正方形、矩形、多边形、实心圆、椭圆等所围成的点集是凸集. 对于三维空间来说，正四面体、正六面体、实心球体等所围成的点集也是凸集. 从直观上讲，凸集没有凹入部分，其内部没有孔洞(图 23).

凸集

非凸集

图 23

在 $\mathbf{R}^n$ 中，除单个点外，最重要的凸集是超平面. 对于给定的非零向量 $\boldsymbol{a} = (a_1, a_2, \cdots, a_n)$ 和实数 β(注意这里 $\boldsymbol{a}$ 是行向量，而 $\boldsymbol{x}$ 表示列向量)，集合 $H = \{\boldsymbol{x} \mid \boldsymbol{ax} = \beta, \boldsymbol{x} \in \mathbf{R}^n\}$ 称为 $\mathbf{R}^n$ 中的超平面.

利用超平面可以定义另外一些重要的凸集.

定义 5.3.1 设 H 为 $\mathbf{R}^n$ 中的一个超平面，则 $\mathbf{R}^n$ 中位于 H 一侧的点集称为半空间；如果半空间包含超平面 H，则称为闭半空间；否则，称为开半空间.

易知，半空间是闭凸集；且当 $H = \{\boldsymbol{x} \mid \boldsymbol{ax} = \beta, \boldsymbol{x} \in \mathbf{R}^n\}$ 时，由 H 所划分的半空间有 $\{\boldsymbol{x} \mid \boldsymbol{ax} \leqslant \beta, \boldsymbol{x} \in \mathbf{R}^n\}$，$\{\boldsymbol{x} \mid \boldsymbol{ax} \geqslant \beta, \boldsymbol{x} \in \mathbf{R}^n\}$，$\{\boldsymbol{x} \mid \boldsymbol{ax} > \beta, \boldsymbol{x} \in \mathbf{R}^n\}$ 和 $\{\boldsymbol{x} \mid \boldsymbol{ax} < \beta, \boldsymbol{x} \in \mathbf{R}^n\}$ 四种.

定义 5.3.2 能表示为有限个闭半空间的交集的集合称为多面凸集.

我们在 5.1 目讨论的一些二变量的线性规划问题中的约束不等式所形成的图形即为多面凸集. 5.1 目中的图 19(a)—(f) 的阴影部分给出了六个多面凸集的具体例子. 可以看出，一个多面凸集可以是有界的，也可以是无界的. 有界非空的多面凸集的情形是特别重要的，我们用下述定义来区别这种情况.

定义 5.3.3 非空有界的多面凸集称为凸多面体.

5.1 目中的图 19(f) 的阴影部分即为二维情形的一个凸多面体.

下面我们建立凸集理论中另外两个重要的概念：

定义 5.3.4 设 D 是一个凸集而 $\boldsymbol{y}$ 是它的一个元素，如果不存在 D 中的两个相异元素 $\boldsymbol{x}_1$ 和 $\boldsymbol{x}_2$，使得对于某一常数 $\lambda(0<\lambda<1)$，有 $\boldsymbol{y}=\lambda\boldsymbol{x}_1+(1-\lambda)\boldsymbol{x}_2$，则称 $\boldsymbol{y}$ 是 D 的极点. 多面凸集的极点也称为顶点.

换言之，凸集 D 的极点是这样的点，它不是 D 中任何直线段的内点. 例如，在平面上，闭正方形区域是凸集，它的极点就是该正方形的 4 个顶点；闭圆域是凸集，圆周上的任一点都是它的极点；开圆域也是凸集，但它没有极点；第一象限区域是一个凸集，它的极点只有一个，就是坐标原点；整个平面是凸集，它没有极点①.

定理 5.3.1 如果凸集合 D 有有限个极点 $\boldsymbol{x}_1,\boldsymbol{x}_2,\cdots,\boldsymbol{x}_s$，则 D 的任意元素 $\boldsymbol{x}$，都能表示为

$$\boldsymbol{x}=\lambda_1\boldsymbol{x}_1+\lambda_2\boldsymbol{x}_2+\cdots+\lambda_s\boldsymbol{x}_s$$

其中 $0\leqslant\lambda_i\leqslant 1(i=1,2,\cdots,s)$ 且 $\lambda_1+\lambda_2+\cdots+\lambda_s=1$.

定理中 $\boldsymbol{x}$ 关于 $\boldsymbol{x}_1,\boldsymbol{x}_2,\cdots,\boldsymbol{x}_s$ 的特殊系数的线性组合，称为 $\boldsymbol{x}_1,\boldsymbol{x}_2,\cdots,\boldsymbol{x}_s$ 的凸组合.

证明 设 $\boldsymbol{x}$ 是 D 的任一点，于是存在含有点 $\boldsymbol{x}$ 的直线段，设其为 $\overline{\boldsymbol{x}^{(1)}\boldsymbol{x}^{(2)}}$，即 $\boldsymbol{x}\in\overline{\boldsymbol{x}^{(1)}\boldsymbol{x}^{(2)}}$. 于是

$$\boldsymbol{x}=\lambda\boldsymbol{x}^{(1)}+(1-\lambda)\boldsymbol{x}^{(2)}\quad(0\leqslant\lambda\leqslant 1)\tag{5.3.1}$$

如果 $\boldsymbol{x}^{(1)}$ 和 $\boldsymbol{x}^{(2)}$ 已经是极点，此时定理成立. 若 $\boldsymbol{x}^{(1)}$ 和 $\boldsymbol{x}^{(2)}$ 之中有一个不是极点，设为 $\boldsymbol{x}^{(1)}$，则存在直线段 $\overline{\boldsymbol{x}^{(3)}\boldsymbol{x}^{(4)}}$，使得 $\boldsymbol{x}$ 是其内点，即是

$$\boldsymbol{x}^{(1)}=\alpha\boldsymbol{x}^{(3)}+(1-\alpha)\boldsymbol{x}^{(4)}\quad(0<\alpha<1)$$

代入式(5.3.1)，得

$$\begin{aligned}\boldsymbol{x}&=\lambda(\alpha\boldsymbol{x}^{(3)}+(1-\alpha)\boldsymbol{x}^{(4)})+(1-\lambda)\boldsymbol{x}^{(2)}\\&=\lambda\alpha\boldsymbol{x}^{(3)}+\lambda(1-\alpha)\boldsymbol{x}^{(4)}+(1-\lambda)\boldsymbol{x}^{(2)}\end{aligned}$$

并且

$$\lambda\alpha+\lambda(1-\alpha)+(1-\lambda)=1$$

若 $\boldsymbol{x}^{(3)},\boldsymbol{x}^{(4)}$ 中还存在非极点，则继续将其拆分，因为 D 的极点个数是有限的，所以这个过程不能无限继续下去；换句话说，经过有限步以后，所有用来表示 $\boldsymbol{x}$ 的点均为极点，其组合系数非负且所有系数之和为 1. 证毕.

定义 5.3.5 设 D 是一个多面凸集，$\boldsymbol{x}_1$ 和 $\boldsymbol{x}_2$ 是 D 的两个极点. 如果由 $\boldsymbol{x}_1$，

---

① 这样一来，如果存在这样的两个元素 $\boldsymbol{x}_1$ 和 $\boldsymbol{x}_2$，使得 $\boldsymbol{y}=\lambda\boldsymbol{x}_1+(1-\lambda)\boldsymbol{x}_2$ 成立，其中 $0<\lambda<1$；而 $\boldsymbol{y}$ 又是极点，则必有 $\boldsymbol{x}_1=\boldsymbol{x}_2$.

$\boldsymbol{x}_2$ 确定的直线段上的任意一点都不是 D 中其他任何直线段的内点,则称 $\boldsymbol{x}_1$ 与 $\boldsymbol{x}_2$ 是的相邻极点.

也就是说,对于多面凸集 D 的两个极点 $\boldsymbol{x}_1,\boldsymbol{x}_2$ 是相邻的当且仅当:$\boldsymbol{x}_1\neq\boldsymbol{x}_2$,且任取 $\boldsymbol{x}_0\in$ 直线段$\overline{\boldsymbol{x}_1\boldsymbol{x}_2}$,若存在 $\boldsymbol{x}_3,\boldsymbol{x}_4\in D$,使得

$$\boldsymbol{y}=\lambda\boldsymbol{x}_1+(1-\lambda)\boldsymbol{x}_2\quad(0<\lambda<1)$$

则必有

$$\boldsymbol{x}_3,\boldsymbol{x}_4\in\overline{\boldsymbol{x}_1\boldsymbol{x}_2}$$

5.4 线性规划基本定理的几何解释

在第 2 章 §8,8.2 目,我们对线性规划的基本定理用解析的方法进行了完整的证明,现在将对此用凸集的理论做出几何解释.

定理 5.4.1 任意一个线性规划问题的可行解集是一个闭凸集,并且是多面凸集.

证明 任一线性规划问题的约束条件是由有限个形如

$$a_{i1}x_1+a_{i2}x_2+\cdots+a_{in}x_n\leqslant b_i\quad(\text{或}\geqslant b_i)$$

的线性不等式和形如

$$a_{k1}x_1+a_{k2}x_2+\cdots+a_{kn}x_n=b_k$$

的线性方程式以及非负性条件 $x_j\geqslant 0$ 所组成的.由于,集合

$$\{\boldsymbol{x}\mid\boldsymbol{a}_i\boldsymbol{x}\leqslant b_i\},\{\boldsymbol{x}\mid\boldsymbol{a}_i\boldsymbol{x}\geqslant b_i\}$$

是 $\mathbf{R}^n$ 中的闭半空间,其中 $\boldsymbol{a}_i=(a_{i1},a_{i2},\cdots,a_{in})$;集合

$$\{\boldsymbol{x}\mid x_j\geqslant 0\}=\{\boldsymbol{x}\mid\boldsymbol{e}_j\boldsymbol{x}\geqslant 0\}$$

也是 $\mathbf{R}^n$ 中的闭半空间,其中 $\boldsymbol{e}_j$ 表示第 j 个分量等于 1 的 n 维单位行向量;又

$$\{\boldsymbol{x}\mid\boldsymbol{a}_k\boldsymbol{x}=b_k\}=\{\boldsymbol{x}\mid\boldsymbol{a}_k\boldsymbol{x}\leqslant b_k\}\cap\{\boldsymbol{x}\mid\boldsymbol{a}_k\boldsymbol{x}\geqslant b_k\}$$

也就是说,$\mathbf{R}^n$ 中的超平面是两个闭半空间的交;所以任何线性规划问题的可行解集都是 $\mathbf{R}^n$ 中有限个闭半空间的交.即知可行解集是多面凸集,当然也是闭凸集.

推论 线性规划问题的最优可行解集是一个凸集.

证明 记 LP 的最优解集为 K^*,LP 的可行解集为 K.若 LP 无最优解,则 $K^*=\varnothing$ 是凸集.若 LP 有最优解,记$\max\limits_{x\in K}\boldsymbol{cx}=f^*$,则

$$K^*=\{\boldsymbol{x}\mid\boldsymbol{x}\in K,\boldsymbol{cx}=f^*\}=K\cap\{\boldsymbol{x}\mid\boldsymbol{cx}=f^*\}$$

因为 K 是凸集,$\{\boldsymbol{x}\mid\boldsymbol{cx}=f^*\}$ 是 $\mathbf{R}^n$ 中的超平面,也是凸集.所以它们的交 K^* 是凸集.

定理 5.4.2 设 K 为标准线性规划问题 LP 的可行解集，则 $\boldsymbol{x}^{(0)}$ 是 K 的极点的充要条件是：$\boldsymbol{x}^{(0)}$ 是 LP 的基可行解.

证明 必要性. $\boldsymbol{x}^{(0)}$ 是 K 的极点，则 $\boldsymbol{x}^{(0)}$ 是 LP 的可行解. 若 $\boldsymbol{x}^{(0)}$ 不是 LP 的基解，由定理 8.4.1，$\boldsymbol{x}^{(0)}$ 的非零分量 $x_{i_1}^{(0)},x_{i_2}^{(0)},\cdots,x_{i_r}^{(0)}$ 所对应的系数列向量 $\boldsymbol{p}_{i_1},\boldsymbol{p}_{i_1},\cdots,\boldsymbol{p}_{i_r}$ 必线性相关，即存在一组不全为零的数 $\delta_{i_k}(k=1,2,\cdots,r)$，使 $\sum\limits_{k=1}^{r}\delta_{i_k}\boldsymbol{p}_{i_k}=\boldsymbol{0}$.

令 $\boldsymbol{\delta}=(\delta_1,\delta_2,\cdots,\delta_n)^{\mathrm{T}}$，其分量

$$\delta_j=\begin{cases}\delta_{i_k} & (\text{当 } j=i_k,k=1,2,\cdots,r)\\ 0 & (\text{当 } j\neq i_k,k=1,2,\cdots,r)\end{cases}$$

并令

$$\boldsymbol{x}^{(1)}=\boldsymbol{x}^{(0)}+\varepsilon\boldsymbol{\delta},\boldsymbol{x}^{(2)}=\boldsymbol{x}^{(0)}-\varepsilon\boldsymbol{\delta}$$

其中 $\varepsilon=\min\{x_{i_k}^{(0)}/|\delta_{i_k}|\mid\delta_{i_k}\neq0,k=1,2,\cdots,r\}$. 则 $\boldsymbol{x}^{(1)},\boldsymbol{x}^{(2)}\in K$；且由 $\boldsymbol{\delta}\neq\boldsymbol{0}$ 和 $\varepsilon>0$ 可知 $\boldsymbol{x}_1\neq\boldsymbol{x}_2$；而

$$\boldsymbol{x}^{(0)}=\frac{1}{2}\boldsymbol{x}^{(1)}+\frac{1}{2}\boldsymbol{x}^{(2)}$$

这与 $\boldsymbol{x}_0$ 是 K 的极点相矛盾. 所以 $\boldsymbol{x}_0$ 必为 LP 的基可行解.

充分性. $\boldsymbol{x}^{(0)}$ 是 LP 的基可行解. 设对应基阵 $\boldsymbol{B}=(\boldsymbol{p}_{j_1},\boldsymbol{p}_{j_2},\cdots,\boldsymbol{p}_{j_m})$，如果存在 $\boldsymbol{x}^{(1)},\boldsymbol{x}^{(2)}\in K$，使

$$\boldsymbol{x}^{(0)}=\lambda\boldsymbol{x}^{(1)}+(1-\lambda)\boldsymbol{x}^{(2)}\quad(0<\lambda<1)$$

则由分量 $x_{0j}=0(j\neq j_k,k=1,2,\cdots,m)$，可知

$$x_{1j}=x_{2j}=0\quad(j\neq j_k,k=1,2,\cdots,m)$$

又由 $\boldsymbol{A}\boldsymbol{x}_1=\boldsymbol{b}$ 和 $\boldsymbol{A}\boldsymbol{x}_2=\boldsymbol{b}$ 可知

$$\sum_{k=1}^{m}x_{j_k}^{(1)}\boldsymbol{p}_{j_k}=\boldsymbol{b},\sum_{k=1}^{m}x_{j_k}^{(2)}\boldsymbol{p}_{j_k}=\boldsymbol{b}$$

再由向量组 $\boldsymbol{p}_{j_k},\boldsymbol{p}_{j_k},\cdots,\boldsymbol{p}_{j_m}$ 线性无关，得出

$$x_{j_k}^{(1)}=x_{j_k}^{(2)}\quad(k=1,2,\cdots,m)$$

从而

$$\boldsymbol{x}_1=\boldsymbol{x}_2=\boldsymbol{x}_0$$

即 $\boldsymbol{x}_0$ 是 K 的极点.

定理 5.4.2 揭示了可行域的极点和基本解之间的等价性，由此以及线性规划基本定理，我们有：

推论 如果可行域是非空的，那么它至少有一个极点，最多有有限个极

点.

如前所述,LP 的可行解集 $K=\{\boldsymbol{x}\in\mathbf{R}^n \mid \boldsymbol{Ax}=\boldsymbol{b},\boldsymbol{x}\geqslant\boldsymbol{0}\}$ 是 $\mathbf{R}^n$ 中的多面凸集,实际上也可视 K 为 $\mathbf{R}^{n-m}$ 中的多面凸集. 因 $\boldsymbol{A}$ 的秩为 m,不妨设 $\boldsymbol{A}$ 的最后 m 列线性无关,由它们组成基阵 $\boldsymbol{B}$. 约束方程组 $\boldsymbol{Ax}=\boldsymbol{b}$ 两端同乘 $\boldsymbol{B}^{-1}$ 后变为如下形式

$$x_i=b_{i0}-\sum_{j=1}^{n-m}b_{ij}x_j\quad(i=n-m+1,\cdots,n)\tag{5.4.1}$$

依这一关系,原约束条件 $\boldsymbol{Ax}=\boldsymbol{b},\boldsymbol{x}\geqslant\boldsymbol{0}$ 等价于下列不等式组

$$b_{i0}-\sum_{j=1}^{n-m}b_{ij}x_j\geqslant 0\quad(i=n-m+1,\cdots,n;x_j\geqslant 0,j=1,2,\cdots,n-m)\tag{5.4.2}$$

而式(5.4.2)正好确定了 $\mathbf{R}^{n-m}$ 中的一个多面凸集,记为 $\overline{K}$.

下面的定理 5.4.3 表明,LP 的基可行解与 $\overline{K}$ 的极点一一对应.

引理 1 设 $\boldsymbol{x}^{(0)}$ 是 $\boldsymbol{Ax}=\boldsymbol{b}$ 的一个基解,且 $\boldsymbol{x}^{(0)}\geqslant\boldsymbol{0}$,则必存在行向量 $\boldsymbol{c}\in\mathbf{R}^n$,使 $\boldsymbol{x}^{(0)}$ 是线性规划问题 $\min\{\boldsymbol{cx}\mid\boldsymbol{Ax}=\boldsymbol{b},\boldsymbol{x}\geqslant\boldsymbol{0}\}$ 的唯一最优解.

证明 设 $\boldsymbol{x}^{(0)}$ 对应基 $\boldsymbol{B}=(\boldsymbol{p}_{j_1},\boldsymbol{p}_{j_2},\cdots,\boldsymbol{p}_{j_m})$,记 $S=\{j_1,j_2,\cdots,j_m\}$. 选取向量 $\boldsymbol{c}=(c_1,c_2,\cdots,c_n)$ 如下

$$\begin{cases}c_i=0 & (当\ i\in S)\\ c_i=1 & (当\ i\notin S)\end{cases}$$

则 $\boldsymbol{c}$ 即为所求. 因此时

$$\boldsymbol{cx}^{(0)}=\boldsymbol{0}$$

而对问题

$$\min\{\boldsymbol{cx}\mid\boldsymbol{Ax}=\boldsymbol{b},\boldsymbol{x}\geqslant\boldsymbol{0}\}\tag{5.4.3}$$

的任一可行解 $\boldsymbol{x}$,皆有 $\boldsymbol{cx}\geqslant\boldsymbol{0}$,故 $\boldsymbol{x}^{(0)}$ 是式(5.4.3)的最优解,若还有一个可行解 $\boldsymbol{x}^*$,使得 $\boldsymbol{cx}^*=\boldsymbol{0}$,则由 $\boldsymbol{c}$ 的定义可知,对任意 $j\notin S$,必有 $x_j^*=0$. 由此可知 $\boldsymbol{x}^*=\boldsymbol{x}^{(0)}$. 所以 $\boldsymbol{x}^{(0)}$ 是问题(5.4.3)的唯一最优解.

引理 2 设 P 是 $\mathbf{R}^n$ 中的多面凸集,若存在超平面 $H=\{\boldsymbol{x}\mid\boldsymbol{ax}=\beta,\boldsymbol{x}\in\mathbf{R}^n\}$,使 P 与半空间 $H^-=\{\boldsymbol{x}\mid\boldsymbol{ax}\leqslant\beta,\boldsymbol{x}\in\mathbf{R}^n\}$ 的交集为单点集 $\{\boldsymbol{x}^{(0)}\}$,则 $\boldsymbol{x}^{(0)}$ 必是 P 的极点.

证明 设存在 P 中的 $\boldsymbol{x}^{(1)},\boldsymbol{x}^{(2)}$ 和实数 $\lambda(0<\lambda<1)$,使得

$$\boldsymbol{x}^{(0)}=\lambda\boldsymbol{x}^{(1)}+(1-\lambda)\boldsymbol{x}^{(2)}$$

假若 $\boldsymbol{x}^{(1)}$ 和 $\boldsymbol{x}^{(2)}$ 相异于 $\boldsymbol{x}^{(0)}$,则由 $P\cap H^-=\{\boldsymbol{x}^{(0)}\}$ 可知,必有 $\alpha\boldsymbol{x}^{(1)}>\beta$ 和 $\alpha\boldsymbol{x}^{(2)}>\beta$ 成立. 从而有

$$\alpha \boldsymbol{x}^{(0)}=\lambda\alpha \boldsymbol{x}^{(1)}+(1-\lambda)\alpha \boldsymbol{x}^{(2)}>\beta$$

这与假设矛盾.由此可知,必有

$$\boldsymbol{x}^{(1)}=\boldsymbol{x}^{(2)}=\boldsymbol{x}^{(0)}$$

所以 $\boldsymbol{x}^{(0)}$ 是 P 的极点.

定理 5.4.3 设 $\overline{\boldsymbol{x}^{(0)}}=(x_1^{(0)},x_2^{(0)},\cdots,x_m^{(0)})^{\mathrm{T}}$ 是 $\overline{K}$ 的一个顶点,而 $\boldsymbol{x}^{(0)}=(x_1^{(0)},x_2^{(0)},\cdots,x_n^{(0)})^{\mathrm{T}}$ 是 $\overline{\boldsymbol{x}^{(0)}}$ 按式(5.4.1)补充分量 $x_{n-m-1}^{(0)},\cdots,x_n^{(0)}$ 得到的向量,则 $\boldsymbol{x}^{(0)}$ 是 LP 的基解.

证明 显然 $\boldsymbol{x}^{(0)}\in K$.由第2章定理8.4.1,这只需证明 $\boldsymbol{x}^{(0)}$ 的正分量所对应的列向量组$\{P_j\mid x_j^{(0)}>0,1\leqslant j\leqslant n\}$线性无关.若不然,按第2章定理8.4.2证明中的做法,得出 LP 的可行解 $\boldsymbol{x}^{(1)}=\boldsymbol{x}^{(0)}+\varepsilon\boldsymbol{\delta}$,$\boldsymbol{x}^{(2)}=\boldsymbol{x}^{(0)}-\varepsilon\boldsymbol{\delta}$ 且由 $\boldsymbol{\delta}\neq\boldsymbol{0}$ 和 $\varepsilon>0$ 可知 $\boldsymbol{x}^{(1)}$ 和 $\boldsymbol{x}^{(2)}$ 均相异于 $\boldsymbol{x}^{(0)}$.既然 $\boldsymbol{x}^{(1)},\boldsymbol{x}^{(2)}\in K$,则 $\boldsymbol{x}^{(1)},\boldsymbol{x}^{(2)}$ 的分量也应满足关系式(5.4.1)和不等式组(5.4.2).从而有

$$\overline{\boldsymbol{x}^{(1)}}=(x_1^{(1)},x_2^{(1)},\cdots,x_{n-m}^{(1)})^{\mathrm{T}}\in\overline{K},\overline{\boldsymbol{x}^{(2)}}=(x_1^{(2)},x_2^{(2)},\cdots,x_{n-m}^{(2)})^{\mathrm{T}}\in\overline{K}$$

且 $\overline{\boldsymbol{x}^{(1)}}$ 和 $\overline{\boldsymbol{x}^{(2)}}$ 均相异于 $\overline{\boldsymbol{x}^{(0)}}$;再由 $\boldsymbol{x}^{(0)}=\dfrac{1}{2}\boldsymbol{x}^{(1)}+\dfrac{1}{2}\boldsymbol{x}^{(2)}$,可知 $\overline{\boldsymbol{x}^{(0)}}=\dfrac{1}{2}\overline{\boldsymbol{x}^{(1)}}+\dfrac{1}{2}\overline{\boldsymbol{x}^{(2)}}$,这与 $\overline{\boldsymbol{x}^{(0)}}$ 为 $\overline{K}$ 的顶点相矛盾.

反之,设 $\boldsymbol{x}^{(0)}=(x_1^{(0)},x_2^{(0)},\cdots,x_n^{(0)})^{\mathrm{T}}$ 是 LP 的一个基可行解.由引理1,存在向量 $\boldsymbol{d}=(d_1,d_2,\cdots,d_n)\in\mathbf{R}^n$,使 $\boldsymbol{x}^{(0)}$ 是线性规划问题

$$\min\{\mathrm{d}\boldsymbol{x}\in\mathbf{R}^n\mid \boldsymbol{A}\boldsymbol{x}=\boldsymbol{b},\boldsymbol{x}\geqslant\boldsymbol{0}\}$$

的唯一最优解,即知 $\boldsymbol{x}^{(0)}$ 是满足

$$\mathrm{d}\boldsymbol{x}\leqslant\mathrm{d}\boldsymbol{x}^{(0)},\boldsymbol{A}\boldsymbol{x}=\boldsymbol{b},\boldsymbol{x}\geqslant\boldsymbol{0}$$

的唯一向量.由关系式(5.4.1)可得

$$\mathrm{d}\boldsymbol{x}=\sum_{i=n-m+1}^{n}d_ib_{i0}+\sum_{j=1}^{n-m}(d_j-\sum_{i=n-m+1}^{n}d_ib_{ij})x_j$$

记 $\overline{\boldsymbol{h}}=(h_1,h_2,\cdots,h_{n-m})$,其中

$$h_i=d_j-\sum_{i=n-m+1}^{n}d_ib_{ij}\quad(j=1,2,\cdots,n-m)$$

则知 $\overline{\boldsymbol{x}^{(0)}}=(x_1^{(0)},x_2^{(0)},\cdots,x_{n-m}^{(0)})^{\mathrm{T}}$ 是 $\mathbf{R}^{n-m}$ 中满足 $\overline{\boldsymbol{h}}\,\overline{\boldsymbol{x}}\leqslant\overline{\boldsymbol{h}}\,\overline{\boldsymbol{x}}^{(0)}$,$\overline{\boldsymbol{x}}\in\overline{K}$ 的唯一点,再由引理2,即知 $\overline{\boldsymbol{x}^{(0)}}$ 是多面凸集 $\overline{K}$ 的顶点.

5.5 单纯形法的几何解释

首先,我们就线性规划的可行域为凸多面体的情形给出最优解的存在定理.

定理 5.5.1 如果一个线性规划的可行域 V 为凸多面体,则其目标函数一

定在 V 的极点上达到最小值.

证明 由定理 5.4.2 的推论,我们可设 V 的极点为 $\boldsymbol{x}_1,\boldsymbol{x}_2,\cdots,\boldsymbol{x}_s$,于是 D 的任意元素 $\boldsymbol{x}$ 均可以表示为这些极点的凸组合(定理 5.3.1),即

$$\boldsymbol{x}=\lambda_1\boldsymbol{x}_1+\lambda_2\boldsymbol{x}_2+\cdots+\lambda_s\boldsymbol{x}_s,\sum_{i=1}^{s}\lambda_i=1\quad(0\leqslant k_i\leqslant 1)$$

设目标函数为 $f=\boldsymbol{cx}$,则

$$\boldsymbol{cx}=\boldsymbol{c}\sum_{i=1}^{s}\lambda_i\boldsymbol{x}_i=\sum_{i=1}^{s}\lambda_i\boldsymbol{cx}_i$$

令 $\boldsymbol{z}_0=\min\{\boldsymbol{cx}_i\mid i=1,2,\cdots,s\}$,则由上式有

$$\boldsymbol{cx}\geqslant\sum_{i=1}^{s}\lambda_i\boldsymbol{z}_0=\boldsymbol{z}_0\sum_{i=1}^{s}\lambda_i=\boldsymbol{z}_0$$

这就是说,$f=\boldsymbol{cx}$ 在 V 上的最小值为 $\boldsymbol{z}_0$,并且这个最小值必在 $\boldsymbol{x}_1,\boldsymbol{x}_2,\cdots,\boldsymbol{x}_s$ 中的某些点处达到. 证毕.

这个定理的证明过程同时说明,若一个线性规划的目标函数在多于一个极点上达到最小值,那么目标函数在这些极点的凸组合上也达到最小值,此时这个线性规划问题有无限多个最优解. 另外,若可行域无界,则线性规划问题可能没有最优解;也可能有最优解,在第二种情形,其最优解必在可行域的极点处得到.

定理 5.5.2 设对 LP 施行一次单纯形迭代时,从基可行解 $\boldsymbol{x}^{(1)}$ 转换到 $\boldsymbol{x}^{(2)}$,且 $\boldsymbol{x}^{(1)}$ 是非退化的①,则 $\boldsymbol{x}^{(1)}$ 与 $\boldsymbol{x}^{(2)}$ 是 LP 的可行解集 K 的相邻极点.

证明 设 $\boldsymbol{x}^{(2)}$ 对应典式中的约束方程组为

---

① 关于退化性的一点说明,假设我们有 m 个等式约束,n 为决策变量的个数. 退化解意味着,该解对应的极点处(全体决策变量组成的)向量 $\boldsymbol{x}$ 中等于零的分量个数不只 $n-m$ 个,而是更多一些. 从几何上说,就是过该极点的约束平面多于 $n-m$ 且有一些基变量变成了零. 例如,在图 24 中 $m=3,n=5$. 而图中表示的是除等式约束以外的投影. 显然点 $\boldsymbol{A}$ 代表一个退化基本可行解,与 $\boldsymbol{A}$ 相对应的基阵有三个,我们可以分别通过选择 x_1,x_2 或 x_1,x_3 或 x_2,x_3 作为非基变量.

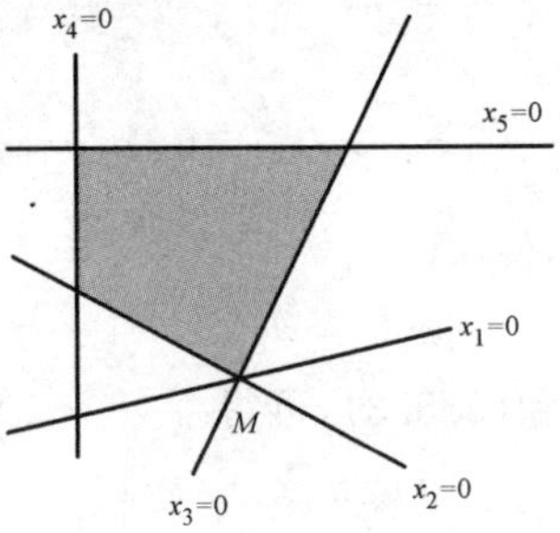

图 24

$$x_{j_k}=x_{j_k}^{(1)}-\sum_{j\in R}b_{k_j}x_j \quad (k=1,2,\cdots,m) \tag{5.5.1}$$

且设迭代时,进基变量为 x_r,离基变量为 x_{j_r}. 于是由单纯形迭代规则可知,$\boldsymbol{x}^{(2)}$ 的分量满足下列关系

$$x_r^{(2)}=\frac{x_{j_r}^{(1)}}{b_{sr}} \tag{5.5.2}$$

$$x_j^{(2)}=0 \quad (j\in R 且 j\neq r)$$

$$x_{j_k}^{(2)}=x_{j_k}^{(1)}-b_{kr}\left(\frac{x_{j_s}^{(1)}}{b_{sr}}\right) \quad (k=1,2,\cdots,m) \tag{5.5.3}$$

因 $\boldsymbol{x}^{(1)}$ 非退化,所以 $x_{j_s}^{(1)}>0$,从而知 $\boldsymbol{x}^{(2)}\neq\boldsymbol{x}^{(1)}$.

现在用 $\overline{\boldsymbol{x}^{(1)}\boldsymbol{x}^{(2)}}$ 表示由 $\boldsymbol{x}^{(1)}$ 和 $\boldsymbol{x}^{(2)}$ 确定的直线段. 任取 $\boldsymbol{x}^{(0)}\in\overline{\boldsymbol{x}^{(1)}\boldsymbol{x}^{(2)}}$,即

$$\boldsymbol{x}^{(0)}=(1-\gamma)\boldsymbol{x}^{(1)}+\gamma\boldsymbol{x}^{(2)} \quad (0\leqslant\gamma\leqslant 1) \tag{5.5.4}$$

若存在可行域中的 $\boldsymbol{x}^{(3)}$ 和 $\boldsymbol{x}^{(4)}$,使

$$\boldsymbol{x}^{(0)}=(1-\alpha)\boldsymbol{x}^{(3)}+\alpha\boldsymbol{x}^{(4)} \quad (0<\alpha<1) \tag{5.5.5}$$

下面来证明 $\boldsymbol{x}^{(3)},\boldsymbol{x}^{(4)}\in\overline{\boldsymbol{x}^{(1)}\boldsymbol{x}^{(2)}}$.

由 $x_j^{(1)}=x_j^{(2)}=0(j\in R 且 j\neq r)$ 和式(5.5.4)可知

$$x_j^{(0)}=0 \quad (j\in R 且 j\neq r)$$

又由式(5.5.5)知

$$(1-\alpha)x_j^{(3)}+\alpha x_j^{(4)}=0 \quad (j\in R 且 j\neq r)$$

再注意到 $\boldsymbol{x}^{(3)}\geqslant\boldsymbol{0},\boldsymbol{x}^{(4)}\geqslant\boldsymbol{0}$,以及 $0<\alpha<1$,便可得知

$$x_j^{(3)}=x_j^{(4)}=0 \quad (j\in R 且 j\neq r) \tag{5.5.6}$$

由式(5.5.1)和(5.5.6),有

$$x_{j_k}^{(3)}=x_{j_k}^{(1)}-\sum_{j\in R}b_{kj}x_j^{(3)}=x_{j_k}^{(1)}-b_{kr}x_r^{(3)} \quad (k=1,2,\cdots,m) \tag{5.5.7}$$

再由 $\boldsymbol{x}^{(3)}\geqslant\boldsymbol{0}$,可知

$$x_{j_k}^{(1)}-b_{kr}x_r^{(3)}\geqslant 0 \quad (k=1,2,\cdots,m)$$

再注意到 x_{j_s} 是离基变量和式(5.5.2),可得

$$0\leqslant x_r^{(3)}\leqslant\min\{\frac{x_{j_k}^{(1)}}{b_{kr}}\mid b_{kr}>0,i=1,2,\cdots,m\}=\frac{x_{j_s}^{(1)}}{b_{sr}}=x_r^{(2)}$$

从而必有某数 $\beta,0\leqslant\beta\leqslant 1$,使

$$x_r^{(3)}=\beta x_r^{(2)} \tag{5.5.8}$$

由式(5.5.7),(5.5.2)和(5.5.3),可得

$$\begin{aligned}x_{j_k}^{(3)}&=x_{j_k}^{(1)}-b_{kr}\beta x_r^{(2)}\\&=x_{j_k}^{(1)}-\beta b_{kr}\left(\frac{x_{j_s}^{(1)}}{b_{sr}}\right)\end{aligned}$$

$$=x_{j_k}^{(1)}-\beta(x_{j_k}^{(1)}-x_{j_k}^{(2)})$$
$$=(1-\beta)x_{j_k}^{(1)}+\beta x_{j_k}^{(2)}\quad(k=1,2,\cdots,m)\tag{5.5.9}$$

由 $x_r^{(1)}=0$ 和式(5.5.8),可知

$$x_r^{(3)}=(1-\beta)x_r^{(1)}+\beta x_r^{(2)}\tag{5.5.10}$$

再注意到 $x_j^{(3)}=x_j^{(2)}=x_j^{(3)}=0(j\in R \text{ 且 } j\neq r)$,所以有

$$x_j^{(3)}=(1-\beta)x_j^{(1)}+\beta x_j^{(2)}\quad(j\in R \text{ 且 } j\neq r)\tag{5.5.11}$$

综合式(5.5.9),(5.5.10) 和(5.5.11),即得

$$\boldsymbol{x}^{(3)}=(1-\beta)\boldsymbol{x}^{(1)}+\beta\boldsymbol{x}^{(2)}\quad(0\leqslant\beta\leqslant 1)$$

即知 $\boldsymbol{x}^{(3)}\in\overline{\boldsymbol{x}^{(1)}\boldsymbol{x}^{(2)}}$,同理可知 $\boldsymbol{x}^{(4)}\in\overline{\boldsymbol{x}^{(1)}\boldsymbol{x}^{(2)}}$. 这就证明了 $\boldsymbol{x}^{(1)}$ 与 $\boldsymbol{x}^{(2)}$ 是相邻极点.

总括本节的定理,得知下述结论:线性规划问题 LP 的可行解集 K 是 $\mathbf{R}^n$ 中的多面凸集,若 K 不空,则必有极点,且极点个数有限. 若 LP 有最优解,则必能在 K 的极点中找到最优解. 单纯形法的迭代过程,就是从 K 的一个极点向另一个相邻极点的相继转换过程,使目标函数值逐步改进,直至得出最优解或判定问题无最优解.

作为例子,我们考虑下面的线性规划问题

$$\begin{cases}\min\quad f=-2x_2-x_4-5x_7\\ \text{s. t.}\quad x_1+x_2+x_3+x_4=4,x_1+x_5=2,x_3+x_6=3,3x_2+x_3+x_7=6\\ x_i\geqslant 0\quad(i=1,2,\cdots,7)\end{cases}$$

用单纯形法求解. 以 $x^{(1)}=(0,0,0,4,2,3,6)^{\mathrm{T}}$ 为初始基可行解,对应单纯形表如表 2. 迭代一次,得

$$x^{(1)}=(0,2,0,2,2,3,0)^{\mathrm{T}}$$

对应单纯形表如表 3. 再迭代一次得

$$x^{(2)}=(0,1,3,0,2,0,0)^{\mathrm{T}}$$

对应单纯形表如表 4. $x^{(3)}$ 是问题的最优解.

表 2

		x_1	x_2	x_3
f	34	1	14	6
x_4	4	1	1	1
x_5	2	1	0	0
x_6	3	0	0	1
x_7	6	0	3	1

表 3

		x_1	x_7	x_3
f	6	1	$-\frac{14}{3}$	$\frac{4}{3}$
x_4	2	1	$-\frac{1}{3}$	$\frac{2}{3}$
x_5	2	1	0	0
x_6	2	0	0	1
x_2	2	0	$\frac{1}{3}$	$\frac{1}{3}$

表 4

		x_1	x_7
f	2	-1	-4
x_3	3	$\frac{3}{2}$	$-\frac{1}{2}$
x_5	2	1	0
x_6	0	$-\frac{3}{2}$	$\frac{1}{2}$
x_2	2	$-\frac{1}{2}$	$\frac{1}{2}$

原问题等价于如下问题

$$\begin{cases}\min \quad f = 34 - x_1 - 14x_2 - 6x_3 \\ \text{s. t.} \quad x_1 + x_2 + x_3 \leqslant 4, x_1 \leqslant 2, x_3 \leqslant 3, 3x_2 + x_3 \leqslant 6 \\ x_1 \geqslant 0, x_2 \geqslant 0, x_3 \geqslant 0\end{cases}$$

上述 7 个不等式确定了 $\mathbf{R}^3$ 中一个多面凸集 P，如图 25 所示. P 的每一个顶点对应于原线性规划问题的一个基可行解. 上述单纯形迭代过程，从图形上看，就是从 P 的顶点 $\tilde{\boldsymbol{x}}^{(1)} = (0,0,0)^{\mathrm{T}}$ 向顶点 $\tilde{\boldsymbol{x}}^{(2)} = (0,2,0)^{\mathrm{T}}$，再向顶点 $\tilde{\boldsymbol{x}}^{(3)} = (0,1,3)^{\mathrm{T}}$ 的转移过程.

下面的定理指出了两个极点相邻的代数条件.

定理 5.5.3 设 $\boldsymbol{x}^{(1)}, \boldsymbol{x}^{(2)}$ 是 LP 的可行解集 $K = \{\boldsymbol{x} \in \mathbf{R}^n \mid \boldsymbol{A}\boldsymbol{x} = \boldsymbol{b}, \boldsymbol{x} \geqslant \boldsymbol{0}\}$ 的两个极点，则 $\boldsymbol{x}^{(1)}$ 与 $\boldsymbol{x}^{(2)}$ 相邻的充要条件是：$\boldsymbol{A}$ 的列向量集 $\{\boldsymbol{p}_i \mid x_i^{(1)} + x_i^{(2)} >$

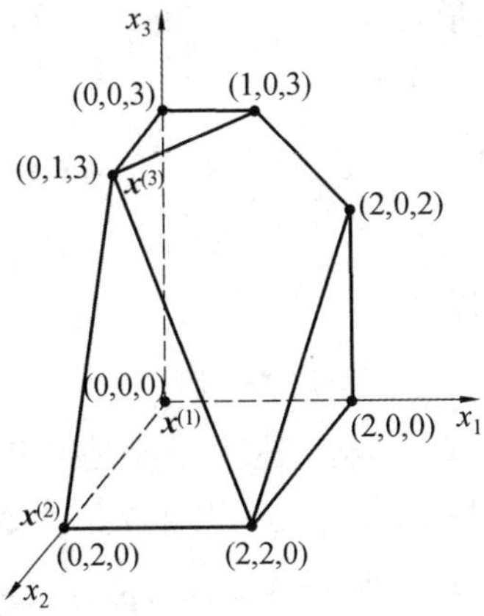

图 25

0} 线性相关,且存在指标 h 使 $\{\boldsymbol{p}_i \mid x_i^{(1)}+x_i^{(2)}>0, i\neq h\}$ 线性无关,其中 $x_i^{(1)}$,$x_i^{(2)}$ 分别表示 $\boldsymbol{x}^{(1)}$,$\boldsymbol{x}^{(2)}$ 的第 i 个分量.

证明 必要性. 设极点 $\boldsymbol{x}^{(1)}$,$\boldsymbol{x}^{(2)}$ 相邻,则 $\boldsymbol{x}^{(1)}\neq\boldsymbol{x}^{(2)}$,线段 $\overline{\boldsymbol{x}^{(1)}\boldsymbol{x}^{(2)}}$ 内任一点 $\boldsymbol{x}^{(0)}=\lambda\boldsymbol{x}^{(1)}+(1-\lambda)\boldsymbol{x}^{(2)}$,$0<\lambda<1$. $\boldsymbol{x}^{(0)}$ 不是极点,故 $\boldsymbol{x}^{(0)}$ 不是 LP 的基解. 当 $x_i^{(1)}+x_i^{(2)}>0$ 时,$x_i^{(0)}=\lambda x_i^{(1)}+(1-\lambda)x_i^{(2)}>0$. 由第 2 章定理 8.4.1,知 $\boldsymbol{x}^{(0)}$ 的非零分量所对应的系数列向量线性相关,即知 $\{\boldsymbol{p}_i \mid x_i^{(1)}+x_i^{(2)}>0\}$ 线性相关,不妨设 $\{\boldsymbol{p}_i \mid x_i^{(1)}+x_i^{(2)}>0\}=\{\boldsymbol{p}_1,\boldsymbol{p}_2,\cdots,\boldsymbol{p}_t\}$. 若对于 $\{1,2,\cdots,t\}$ 中任一指标 h,$\{\boldsymbol{p}_1,\boldsymbol{p}_2,\cdots,\boldsymbol{p}_t\}-\{\boldsymbol{p}_h\}$ 仍线性相关,则存在非零向量

$$\boldsymbol{\delta}=(\delta_1,\cdots,\delta_{h-1},0,\delta_{h+1},\cdots,\delta_t,0,\cdots,0)^{\mathrm{T}}$$

使

$$\sum_{1\leqslant i\leqslant 1}\delta_i\boldsymbol{p}_i=\boldsymbol{0}$$

令 $\boldsymbol{x}^{(3)}=\boldsymbol{x}^{(0)}+\varepsilon\boldsymbol{\delta}$,$\boldsymbol{x}^{(4)}=\boldsymbol{x}^{(0)}-\varepsilon\boldsymbol{\delta}$. 取 ε 为足够小的正数,可使 $\boldsymbol{x}^{(3)}$,$\boldsymbol{x}^{(4)}$ 均含在 K 中. 由 $\boldsymbol{x}^{(0)}=\frac{1}{2}\boldsymbol{x}^{(3)}+(1-\frac{1}{2})\boldsymbol{x}^{(4)}$ 以及 $\boldsymbol{x}^{(1)}$,$\boldsymbol{x}^{(2)}$ 是相邻极点,可知 $\boldsymbol{x}^{(3)}$,$\boldsymbol{x}^{(4)}\in\overline{\boldsymbol{x}^{(1)}\boldsymbol{x}^{(2)}}$. 于是,存在数 α,$0\leqslant\alpha\leqslant 1$,使 $\boldsymbol{x}^{(3)}=\alpha\boldsymbol{x}^{(1)}+(1-\alpha)\boldsymbol{x}^{(2)}$,$0<\alpha<1$. 注意到,一方面,$x_h^{(3)}=x_h^{(0)}$,所以有

$$x_h^{(0)}=\alpha x_h^{(1)}+(1-\alpha)x_h^{(2)}$$

另一方面

$$x_h^{(0)}=\lambda x_h^{(1)}+(1-\lambda)x_h^{(2)}$$

从而有

$$(\lambda-\alpha)x_h^{(1)}=(\lambda-\alpha)x_h^{(2)}$$

又因 $\lambda \neq \alpha$(因 $\boldsymbol{\delta}$ 是非零向量,存在 $\delta_k \neq 0$. 由 $x_k^{(3)} = x_k^{(0)} + \varepsilon\delta_k$,有

$$\begin{aligned}\varepsilon\delta_k &= x_k^{(3)} - x_k^{(0)} \\ &= [\alpha x_k^{(1)} + (1-\alpha)x_k^{(2)}] - [\lambda x_k^{(1)} + (1-\lambda)x_k^{(2)}] \\ &= (\alpha - \lambda)(x_k^{(1)} - x_k^{(2)})\end{aligned}$$

由 $\delta_k \neq 0$ 可知 $\lambda \neq \alpha$). 所以

$$x_k^{(1)} = x_k^{(2)}$$

对$\{1,2,\cdots,t\}$中任一指标 h 都能得出上述结论,于是得出 $\boldsymbol{x}^{(1)} = \boldsymbol{x}^{(2)}$),这与 $\boldsymbol{x}^{(1)} \neq \boldsymbol{x}^{(2)}$ 相矛盾. 所以必存在指标 h,使$\{\boldsymbol{p}_i \mid x_i^{(1)} + x_i^{(2)} > 0, i \neq h\}$ 线性无关.

充分性. 仍设$\{\boldsymbol{p}_i \mid x_i^{(1)} + x_i^{(2)} > 0\} = \{\boldsymbol{p}_1, \boldsymbol{p}_2, \cdots, \boldsymbol{p}_t\}$. 由$\{\boldsymbol{p}_i \mid x_i^{(1)} + x_i^{(2)} > 0\}$ 线性相关可知 $\boldsymbol{x}^{(1)} \neq \boldsymbol{x}^{(2)}$. 任取 $\boldsymbol{x}^{(0)} \in \overline{\boldsymbol{x}^{(1)}\boldsymbol{x}^{(2)}}$,若存在 $\boldsymbol{x}^{(3)}, \boldsymbol{x}^{(4)} \in K$,使 $\boldsymbol{x}^{(0)} = \lambda\boldsymbol{x}^{(3)} + (1-\lambda)\boldsymbol{x}^{(4)}, 0 < \lambda < 1$. 下面证明 $\boldsymbol{x}^{(3)}, \boldsymbol{x}^{(4)} \in \overline{\boldsymbol{x}^{(1)}\boldsymbol{x}^{(2)}}$.

不妨设 $h = t$,即知$\{\boldsymbol{p}_1, \boldsymbol{p}_2, \cdots, \boldsymbol{p}_{t-1}\}$ 线性无关,则 $\boldsymbol{p}_t$ 可由它们线性表出,即有 $\boldsymbol{p}_t = \sum\limits_{i=1}^{t-1} q_i \boldsymbol{p}_i$,且 $q_i(i=1,2,\cdots,t-1)$ 不全为零. 对于非零分量仅出现在 $x_1, x_2, \cdots, x_t$ 中的任一可行解 $\boldsymbol{x}$,有 $\sum\limits_{i=1}^{t-1} x_i \boldsymbol{p}_i = \boldsymbol{b}$. 从而有

$$\sum_{i=1}^{t-1}(x_i + x_t q_i)\boldsymbol{p}_i$$

由 $\boldsymbol{p}_1, \boldsymbol{p}_2, \cdots, \boldsymbol{p}_{t-1}$ 线性无关,可知上述方程组的解 $x_i + x_t q_i (i=1,2,\cdots,t-1)$ 是唯一的. 易知 $\boldsymbol{x}^{(1)}, \boldsymbol{x}^{(2)}, \boldsymbol{x}^{(0)}, \boldsymbol{x}^{(3)}, \boldsymbol{x}^{(4)}$ 的非零分量都在前 t 个分量中,故有

$$x_i^{(1)} + x_t^{(1)} q_i = x_i^{(2)} + x_t^{(2)} q_i = x_i^{(3)} + x_i^{(3)} q_i = x_i^{(4)} + x_t^{(4)} q_i \quad (t=1,2,\cdots,t-1)$$

从而有

$$(x_t^{(1)} - x_t^{(2)})q_i = x_i^{(2)} - x_i^{(1)} \quad (i=1,2,\cdots,t-1)$$

由 $\boldsymbol{x}^{(1)} \neq \boldsymbol{x}^{(2)}$ 可知 $x_t^{(1)} \neq x_t^{(2)}$,从而有

$$\frac{x_i^{(1)} - x_i^{(2)}}{(x_t^{(1)} - x_t^{(2)})q_i} \quad (i=1,2,\cdots,t-1)$$

又有

$$x_i^{(2)} - x_i^{(3)} = (x_t^{(3)} - x_t^{(2)})q_i$$

$$x_i^{(3)} - x_i^{(1)} = (x_t^{(1)} - x_t^{(3)})q_i \quad (i=1,2,\cdots,t-1)$$

于是

$$x_i^{(3)} = x_i^{(3)} \frac{x_i^{(2)} - x_i^{(1)}}{(x_t^{(1)} - x_t^{(2)})q_i}$$

$$=\frac{1}{(x_t^{(1)}-x_t^{(2)})q_i}[(x_i^{(2)}-x_i^{(3)})x_i^{(1)}+(x_i^{(3)}-x_i^{(1)})x_i^{(2)}]$$

$$=\frac{1}{(x_t^{(1)}-x_t^{(2)})q_i}[(x_t^{(3)}-x_t^{(2)})q_ix_i^{(1)}+(x_t^{(1)}-x_t^{(3)})q_ix_i^{(2)}]$$

$$=\frac{x_t^{(3)}-x_t^{(2)}}{x_t^{(1)}-x_t^{(2)}}x_i^{(1)}+\frac{x_t^{(1)}-x_t^{(3)}}{x_t^{(1)}-x_t^{(2)}}x_i^{(2)}$$

$$=\beta x_i^{(1)}+(1-\beta)x_i^{(2)}\quad(i=1,2,\cdots,t-1)$$

其中

$$\beta=\frac{x_t^{(3)}-x_t^{(2)}}{x_t^{(1)}-x_t^{(2)}}$$

易知上式对 $i=t$ 也成立，对 $i=t+1,t+2,\cdots,n$ 明显成立. 所以

$$\boldsymbol{x}^{(3)}=\beta\boldsymbol{x}^{(1)}+(1-\beta)\boldsymbol{x}^{(2)}\quad(0<\beta<1)$$

(若 $\beta<0$，则有 $x_i^{(2)}=\frac{1}{1-\beta}x_i^{(3)}+\frac{-\beta}{1-\beta}x_i^{(1)}$，从而 $\boldsymbol{x}^{(2)}\in\overline{\boldsymbol{x}^{(3)}\boldsymbol{x}^{(1)}}$，此与 $\boldsymbol{x}^{(2)}$ 是极点相矛盾；若 $\beta>1$，则有 $x_i^{(1)}=\frac{1}{\beta}x_i^{(3)}+\frac{\beta-1}{\beta}-x_i^{(2)}$，从而 $\boldsymbol{x}^{(1)}\in\overline{\boldsymbol{x}^{(3)}\boldsymbol{x}^{(2)}}$，此与 $\boldsymbol{x}^{(1)}$ 是极点相矛盾). 由此得知 $\boldsymbol{x}^{(3)}\in\overline{\boldsymbol{x}^{(1)}\boldsymbol{x}^{(2)}}$. 同理可知 $\boldsymbol{x}^{(4)}\in\overline{\boldsymbol{x}^{(1)}\boldsymbol{x}^{(2)}}$. 这就证明了 $\boldsymbol{x}^{(1)}$ 与 $\boldsymbol{x}^{(2)}$ 是相邻极点.

5.6 凸集的方向与极方向 · 凸锥与凸多面锥

如果可行域是无界的，那么为了表征LP的最优解的几何结构，尚需引入凸集方向等若干概念.

定义 5.6.1 设 $\boldsymbol{x}_0$ 和 $\boldsymbol{d}$ 都是 n 维常向量，$\boldsymbol{d}\neq\boldsymbol{0}$，则把集合 $\{\boldsymbol{x}\mid\boldsymbol{x}=\boldsymbol{x}_0+\mu\boldsymbol{d},\mu\geqslant 0\}$ 称为射线，$\boldsymbol{x}_0$ 是它的出发点，$\boldsymbol{d}$ 是它的方向向量，简称射线的方向.

定义 5.6.2 设凸集 $D\subset\mathbf{R}^n$，$\boldsymbol{d}\in\mathbf{R}^n$，$\boldsymbol{d}\neq\boldsymbol{0}$，若对于某个 $\boldsymbol{x}_0\in D$，射线 $\{\boldsymbol{x}\mid\boldsymbol{x}=\boldsymbol{x}_0+\mu\boldsymbol{d},\mu\geqslant 0\}\subset D$，则称 $\boldsymbol{d}$ 为凸集 D 的方向向量，简称凸集 D 的方向.

零向量不能作为凸集的方向.

图 26 中的 $\boldsymbol{d}_1$，$\boldsymbol{d}_2$ 和 $\boldsymbol{d}_3$ 都是 D 的方向；$\boldsymbol{d}_4$ 不是 D 的方向，这是因为从 $\boldsymbol{x}_0$ 出发、以 $\boldsymbol{d}_4$ 为方向的射线不完全属于 D.

由定义 5.6.2，若 $\boldsymbol{d}$ 是 D 的一个方向，则对于任意一个 $\mu>0$，$\mu\boldsymbol{d}$ 仍然是 D 的一个方向，而且方向是一致的. 因此规定对于凸集 D 的两个方向 $\boldsymbol{d}_1$ 和 $\boldsymbol{d}_2$，若存在 $\mu>0$，使得 $\boldsymbol{d}_1=\mu\boldsymbol{d}_2$，则称 $\boldsymbol{d}_1$ 和 $\boldsymbol{d}_2$ 是同一方向，否则不是同一方向.

此外，根据定义，若凸集 D 是有界的，则 D 不存在方向.

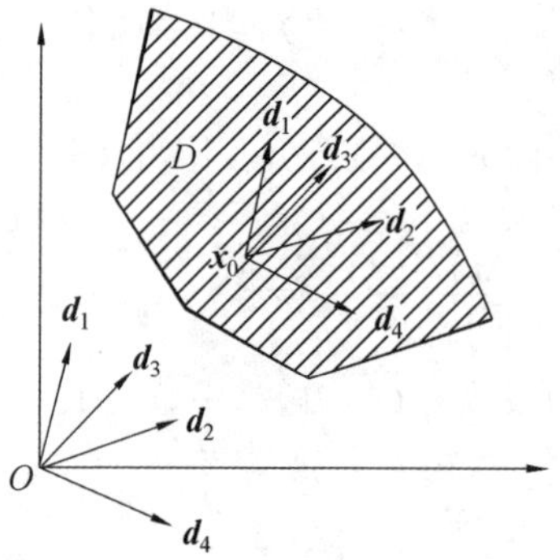

图 26

定义 5.6.3 若凸集 D 的某个方向不能表示成另外两个不同方向的正组合,则该方向称为 D 的极方向.

从几何上看,极方向必定与凸集的某个可以向一端无限延长的棱平行.图 26 上的 $\boldsymbol{d}_1$ 和 $\boldsymbol{d}_2$ 就是 D 的两个不同的极方向.

显然,若 $\boldsymbol{d}$ 是 D 的极方向,则对于任意 $\mu>0$,$\mu\boldsymbol{d}$ 是 D 的同一极方向.

定义 5.6.4 设 $S\subset\mathbf{R}^n$ 是非空集,若对于任意 $\boldsymbol{x}\in S$,总有 $\mu\boldsymbol{d}\in S$,其中 $\mu\geqslant 0$ 是任意实数,则称 S 为锥.若 S 同时是凸集,则称它为凸锥.

从几何上看,凸锥是由从原点出发的射线所组成的一种凸集.图 27(a) 是 $\mathbf{R}^2$ 中凸锥的例子;27(b) 是 $\mathbf{R}^2$ 中的锥,但不是凸锥.

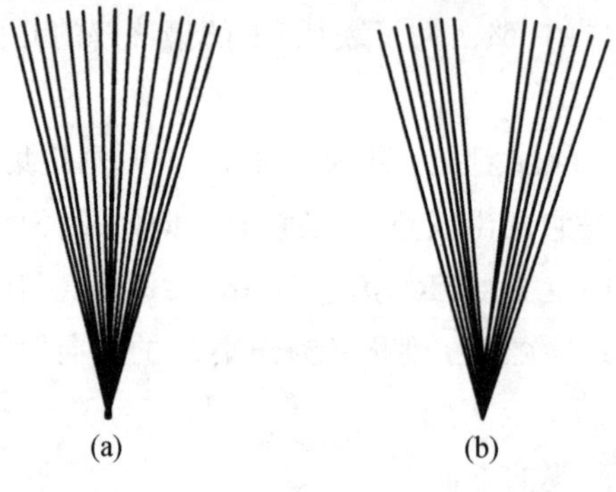

图 27

定理 5.6.1 设 $\boldsymbol{d}_1,\boldsymbol{d}_2,\cdots,\boldsymbol{d}_m\in\mathbf{R}^n$ 是一组已知向量,则集合 $S=\{\boldsymbol{x}\mid\boldsymbol{x}=\sum_{i=1}^{m}w_i\boldsymbol{d}_i,w_i\geqslant 0,i=1,2,\cdots,m\}$ 是凸锥.

证明 首先,设 $\boldsymbol{x}\in S$,则对于任意 $\mu\geqslant 0$,有

$$\mu \boldsymbol{x} = \sum_{i=1}^{m} \mu w_i \boldsymbol{d}_i \in S$$

说明 S 是锥. 其次，再证明 S 是凸集. 设 $\boldsymbol{x}_1, \boldsymbol{x}_2 \in S$，则可以表示成

$$\boldsymbol{x}_1 = \sum_{i=1}^{m} w_i' \boldsymbol{d}_i, \boldsymbol{x}_2 = \sum_{i=1}^{m} w_i'' \boldsymbol{d}_i$$

取 λ_1 和 λ_2 满足：$\lambda_1 + \lambda_2 = 1, \lambda_1 \geqslant 0, \lambda_2 \geqslant 0$，有

$$\lambda_1 \boldsymbol{x}_1 + \lambda_2 \boldsymbol{x}_2 = \sum_{i=1}^{m} \lambda_1 w_i' \boldsymbol{d}_i + \sum_{i=1}^{m} \lambda_2 w_i'' d_i = \sum_{i=1}^{m} (\lambda_1 w_i' + \lambda_2 w_i'') \boldsymbol{d}_i \in S$$

于是 S 是凸集，从而是凸锥.

因此，我们把定理 5.6.1 所表示的集合 S 称为由向量 $\boldsymbol{d}_1, \boldsymbol{d}_2, \cdots, \boldsymbol{d}_m$ 张成的凸锥.

考虑通过原点的有限个超平面所确定的半空间

$$H_i = \{\boldsymbol{x} \mid \boldsymbol{p}_2^{\mathrm{T}} \boldsymbol{x} \leqslant 0, \boldsymbol{x} \in \mathbf{R}^n\} \quad (i = 1, 2, \cdots, k) \tag{5.6.1}$$

其中 $\boldsymbol{p}_1, \boldsymbol{p}_2, \cdots, \boldsymbol{p}_k$ 为非零向量. 容易证明，若这 k 个半空间的交集非空，则它是凸锥，而且是一种特殊的凸锥.

定义 5.6.1 由式(5.6.1)给出的有限个半空间的交集，若非空，则称为凸多面锥.

图 28(a) 是凸多面锥的例；28(b) 不是凸多面锥.

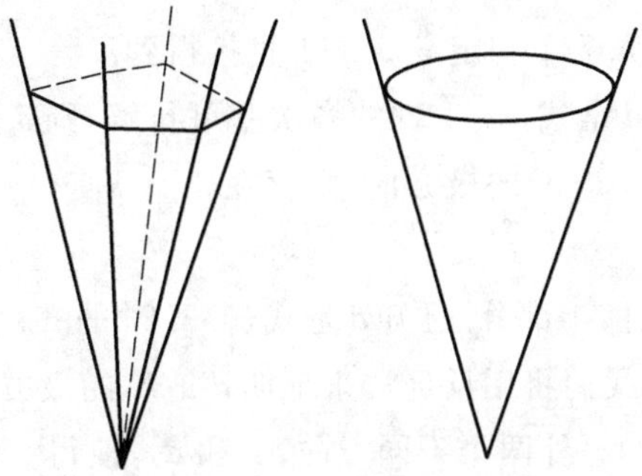

(a) (b)

图 28

5.7 极方向作为齐次基可行解

设有标准线性规划 LP

$$\begin{cases} \min \quad f = \boldsymbol{c}\boldsymbol{x} \\ \text{s.t.} \quad \boldsymbol{A}\boldsymbol{x} = \boldsymbol{b} \\ \boldsymbol{x} \geqslant \boldsymbol{0} \end{cases} \tag{5.7.1}$$

其约束条件为

$$\boldsymbol{Ax} = \boldsymbol{b}, \boldsymbol{x} \geqslant \boldsymbol{0} \tag{5.7.2}$$

相应的齐次不等式组和齐次基本不等式组分别为

$$\boldsymbol{Ad} = \boldsymbol{0}, \boldsymbol{d} \geqslant \boldsymbol{0} \tag{5.7.3}$$

$$\boldsymbol{e}^{\mathrm{T}}\boldsymbol{d} = 1, \boldsymbol{Ad} = \boldsymbol{0}, \boldsymbol{d} \geqslant \boldsymbol{0} \tag{5.7.4}$$

其中 $\boldsymbol{e}$ 是所有分量都为 1 的 n 维向量.

对于线性规划(5.7.1) 的可行域 $K = \{\boldsymbol{x} \in \mathbf{R}^n \mid \boldsymbol{Ax} = \boldsymbol{b}, \boldsymbol{x} \geqslant \boldsymbol{0}\}$ 这个特殊的凸集来说,它的方向有下面的特征:

定理 5.7.1 向量 $\boldsymbol{d}$ 是可行域 K 的方向的充分必要条件为,$\boldsymbol{d}$ 是式(5.7.2) 的齐次可行解且 $\boldsymbol{d} \neq \boldsymbol{0}$.

证明 根据定义 5.6.2,非零向量 $\boldsymbol{d}$ 是 K 的一个方向,当且仅当存在 $\boldsymbol{x} \in K$,有 $\boldsymbol{x} + \mu\boldsymbol{d} \in K$,其中 $\mu \geqslant 0$,即

$$\boldsymbol{A}(\boldsymbol{x} + \mu\boldsymbol{d}) = \boldsymbol{b} \tag{5.7.5}$$

$$\boldsymbol{x} + \mu\boldsymbol{d} \geqslant \boldsymbol{0} \tag{5.7.6}$$

注意到 $\boldsymbol{Ax} = \boldsymbol{b}$,可知(5.7.5) 与 $\boldsymbol{Ad} = \boldsymbol{0}$ 等价. 又因 $\boldsymbol{x} \geqslant \boldsymbol{0}$ 且 μ 可以任意变大,可知式(5.7.6) 与 $\boldsymbol{d} \geqslant \boldsymbol{0}$ 等价. 因此 $\boldsymbol{d}$ 是式(5.7.2) 的齐次可行解. 证毕.

推论 1 若式(5.7.2) 可行集 K 存在方向,则 K 的所有方向向量的集合是凸多面锥.

这个推论由定理 5.7.1 和定义 5.7.1 直接得到.

定理 5.7.2 若 $\boldsymbol{d}$ 是式(5.7.2) 的齐次基可行解,则 $\boldsymbol{d}$ 是式(5.7.2) 可行集 K 的极方向;反之,若 $\boldsymbol{d}$ 是 K 的极方向,则存在 $\mu > 0$ 使得 $\mu\boldsymbol{d}$ 是式(5.7.2) 的齐次基可行解.

证明 首先证明前半部分. 已知 $\boldsymbol{d}$ 是式(5.7.2) 的齐次基可行解,即 $\boldsymbol{d}$ 是式(5.7.4) 的基可行解. 我们将用反证法来证明 $\boldsymbol{d}$ 是 K 的极方向. 假设 $\boldsymbol{d}$ 不是 K 的极方向,则必存在 K 的另外两个不同方向 $\boldsymbol{d}_1$ 和 $\boldsymbol{d}_2$,使得

$$\boldsymbol{d} = \mu_1\boldsymbol{d}_1 + \mu_2\boldsymbol{d}_2 \tag{5.7.7}$$

其中 μ_1 和 μ_2 是某两个正数,而非零向量 $\boldsymbol{d}_1$ 和 $\boldsymbol{d}_2$:设

$$\boldsymbol{d}_1 = \gamma_1\boldsymbol{d}'_1, \boldsymbol{d}_2 = \gamma_2\boldsymbol{d}'_2 \tag{5.7.8}$$

选取 γ_1 和 γ_2 使得 $\boldsymbol{d}'_1$ 和 $\boldsymbol{d}'_2$ 都满足式(5.7.4). 为此,只需取 $\gamma_1 = \boldsymbol{e}^{\mathrm{T}}\boldsymbol{d}_1, \gamma_1 = \boldsymbol{e}^{\mathrm{T}}\boldsymbol{d}_2$,显然 $\gamma_1 > 0, \gamma_2 > 0$. 把式(5.7.8) 代入(5.7.7) 中,得

$$\boldsymbol{d} = \mu_1\gamma_1\boldsymbol{d}_1 + \mu_2\gamma_2\boldsymbol{d}_2 \tag{5.7.9}$$

设 $\lambda_1 = \mu_1\gamma_1, \lambda_2 = \mu_2\gamma_2$,显然也有 $\lambda_1 > 0, \lambda_2 > 0$. 式(5.7.9) 改写为

$$\boldsymbol{d} = \lambda_1\boldsymbol{d}'_1 + \lambda_2\boldsymbol{d}'_2 \tag{5.7.10}$$

在这个两边左乘 $\boldsymbol{e}^{\mathrm{T}}$. 注意到 $\boldsymbol{e}^{\mathrm{T}}\boldsymbol{d}=\boldsymbol{e}^{\mathrm{T}}\boldsymbol{d}'_1=\boldsymbol{e}^{\mathrm{T}}\boldsymbol{d}'_2=1$,得到

$$1=\lambda_1+\lambda_2$$

因此,式(5.7.10) 表示 $\boldsymbol{d}$ 不是式(5.7.4) 可行集的极点. 而这与前提相矛盾.

再来证明后半部分,已知 $\boldsymbol{d}$ 是 K 的极方向,则 $\boldsymbol{d}\geqslant 0,\boldsymbol{d}\neq 0$. 因此 $\boldsymbol{e}^{\mathrm{T}}\boldsymbol{d}>0$. 取 $\mu=\dfrac{1}{\boldsymbol{e}^{\mathrm{T}}\boldsymbol{d}}$. 我们来证明可行解 $\mu\boldsymbol{d}$ 是式(5.7.4) 的基可行解,即 $\mu\boldsymbol{d}$ 是式(5.7.4) 可行集的极点. 使用反证法. 假设 $\mu\boldsymbol{d}$ 不是极点,则必存在式(5.7.4) 的另外两个互不相同的可行点 $\boldsymbol{d}_1$ 和 $\boldsymbol{d}_2$,使得

$$\mu\boldsymbol{d}=\lambda_1\boldsymbol{d}_1+\lambda_2\boldsymbol{d}_2$$

其中 $\lambda_1+\lambda_2=1,\lambda_1>0,\lambda_2>0$. 上式改写为

$$\boldsymbol{d}=(\lambda_1/\mu)\boldsymbol{d}_1+(\lambda_2/\mu)\boldsymbol{d}_2$$

因为 $\boldsymbol{d}_1$ 和 $\boldsymbol{d}_2$ 是 K 的另外两个不同方向(定理 5.7.1),所以上面的式子已表示 $\boldsymbol{d}$ 不是 K 的极方向,而这与前提相矛盾. 证毕.

如果把互相间仅相差一个正常数因子的极方向看作是同一极方向,那么这个定理指出,式(5.7.1) 的齐次基可行解与式(5.7.1) 的可行集的极方向是一一对应的. 因为式(5.7.1) 的齐次基可行解的总数是有限的(本章定理 5.4.2 的推论),所以得到如下推论:

推论 2 式(5.7.2) 的可行集的极方向数目是有限的.

5.8 分解定理 Ⅱ

定理 5.8.1(分解定理 Ⅱ) 设 $\boldsymbol{x}_1,\boldsymbol{x}_2,\cdots,\boldsymbol{x}_s$ 是 LP 的约束条件(5.7.2) 的所有基可行解,$\boldsymbol{d}_1,\boldsymbol{d}_2,\cdots,\boldsymbol{d}_t$ 是相应的所有齐次基可行解,则式(5.7.2) 的任意一个可行解可以分解为

$$\boldsymbol{x}=\sum_{j=1}^{s}\lambda_j\boldsymbol{x}_j+\sum_{j=1}^{t}\mu_j\boldsymbol{d}_j,\ \sum_{j=1}^{n}\lambda_j=1 \tag{5.8.1}$$

其中 $\lambda_j\geqslant 0,j=1,2,\cdots,s;\mu_j\geqslant 0,j=1,2,\cdots,t.$

证明 首先根据分解定理 Ⅰ(第 3 章定理 8.11.1) 作分解,得

$$\boldsymbol{x}=\sum_{j=1}^{s}\lambda_j\boldsymbol{x}_j+\boldsymbol{d}$$

其中 $\sum\limits_{j=1}^{n}\lambda_j=1,\lambda_j\geqslant 0,j=1,2,\cdots,s$,而 $\boldsymbol{d}$ 是式(5.7.2) 的一个齐次可行解. 若 $\boldsymbol{d}=\boldsymbol{0}$,则根据分解定理 Ⅰ 的推论 1,$K$ 是有界的,$\boldsymbol{d}_1=\boldsymbol{d}_2=\cdots=\boldsymbol{d}_t=\boldsymbol{0}$. 于是分解式(5.8.1) 成立. 接着,只需证明式(5.7.2) 的非零齐次可行解 $\boldsymbol{d}$ 可以表示成式(5.7.2) 的所有齐次基可行解的非负组合,即

$$d = \sum_{j=1}^{s} \mu_j d_j \tag{5.8.2}$$

因为 $d \geqslant 0$ 至少有一个分量为正，所以 $\mu = e^{\mathrm{T}} d > 0$. 显然，$\frac{d}{\mu}$ 是式(5.7.2)的齐次基本不等式组(5.7.4)的可行解. 另外，根据定理 5.7.2 和第 3 章定义 8.11.1，对于式(5.7.2)的齐次基本可行解 $d_1, d_2, \cdots, d_t$，分别存在正数 μ'_1，$\mu'_2, \cdots, \mu'_t$，使得 $\mu'_1 d_1, \mu'_2 d_2, \cdots, \mu'_t d_t$ 都是式(5.7.4)的基可行解，而且是所有的基可行解. 而(5.7.4)的可行集是有界的，根据分解定理 Ⅰ 的推论 2，存在 λ'_1，$\lambda'_2, \cdots, \lambda'_t$ 使得

$$\frac{d}{\mu} = \sum_{j=1}^{t} \lambda'_j (\mu'_j d_j)$$

其中 $\sum_{j=1}^{t} \lambda'_j = 1, \lambda'_j \geqslant 0, j = 1, 2, \cdots, t$. 上式两边同乘以 μ，再令 $\mu_j = \mu \lambda'_j \mu'_1$，即得式(5.8.2). 从而定理得证.

在这里，分解定理的证明是构造性的. 因此按照证明的方法可以对任意一个可行解作分解.

现在把分解式(5.8.1)代入式(5.7.1)中，式(5.7.1)转化为如下的线性规划

$$\begin{cases} \min \quad g = \sum_{j=1}^{s} (c x_j) \lambda_j + \sum_{j=1}^{t} (c d_j) \mu_j \\ \text{s.t.} \quad \sum_{j=1}^{n} \lambda_j = 1 \\ \lambda_j \geqslant 0, j = 1, 2, \cdots, s; \mu_j \geqslant 0, j = 1, 2, \cdots, t \end{cases} \tag{5.8.3}$$

在此可能出现如下三种情况：

情况 1 当有某个极方向 $d_j (1 \leqslant j \leqslant s)$ 使得 $c d_j < 0$，则由于 μ_j 可以任意变大，式(5.8.3)的极小值趋于 $-\infty$，因而线性规划(5.8.3)无有限最优解.

情况 2 如果对所有的 j 都有 $c d_j \geqslant 0$，则取 $\mu_1^* = \mu_2^* = \cdots = \mu_t^* = 0$(因为要求最小值). 令 $c x_k = \min_{1 \leqslant j \leqslant s} \{c x_j\}$. 取 $\lambda_j^* = 0, j = 1, 2, \cdots, s (j \neq k), \lambda_k^* = 1$. 容易验证，$(\lambda_1^*, \lambda_2^*, \cdots, \lambda_s^*, \mu_1^*, \mu_2^*, \cdots, \mu_t^*)^{\mathrm{T}}$ 是式(5.8.3)的最优解，从而 x_k 是式(5.7.1)的最优解.

现在设 $\{1, 2, \cdots, s\}$ 中使 $c x_i = c x_k = \min_{1 \leqslant j \leqslant s} \{c x_j\}$ 的那些 i 形成的子集为 R，则 $x_i \ (i \in R)$ 都是式(5.7.1)的最优极点(最优基可行解). 在式(5.7.1)中当 $j \notin R$ 时取 $\lambda_j = 0$，所以式(5.7.1)的最优解为

$$x=\sum_{j\in R}\lambda_j x_j,\sum_{j\in R}\lambda_j=1,\lambda_j\geqslant 0\quad (j\in R)$$

即式(5.7.1)的最优极点(最优基可行解)的凸组合都是它的最优解.

情况 3 如果除情况 2 中的子集 R 外,还有$\{1,2,\cdots,t\}$的一个子集 S,使得对每个 $j\in S$,有 $\boldsymbol{cd}_j=0$,则式(5.8.3)的最优解可表示为

$$\boldsymbol{x}=\sum_{i\in R}\lambda_i\boldsymbol{x}_i+\sum_{j\in S}\mu_j\boldsymbol{d}_j,\sum_{j\in R}\lambda_j=1,\lambda_j\geqslant 0(j\in R);\mu_j\geqslant 0(j\in S)\tag{5.8.4}$$

结合情况 1,2,我们得到:

推论 1 设标准线性规划(5.7.1)有可行解,则它有最优解的充要条件是,对于式(5.7.1)的可行解集的每个极方向 $\boldsymbol{d}_j$ 都有 $\boldsymbol{cd}_j\geqslant 0$.

推论 2 设标准线性规划(5.7.1)有无穷多最优解的充要条件是,问题(5.7.1)至少有两个不同的最优极点(而不要求可行域 $K=\{\boldsymbol{x}\in\mathbf{R}^n\mid\boldsymbol{Ax}=\boldsymbol{b},\boldsymbol{x}\geqslant 0\}$ 无极方向),或者问题(5.7.1)至少有一个最优极点的同时 K 至少有一个极方向.

对于情况 3,给出如下定义:

定义 5.8.1 设 $\boldsymbol{d}$ 是可行域 K 的极方向,如果满足 $\boldsymbol{cd}=0$,则称 $\boldsymbol{d}$ 为 LP 的最优极方向.

总结上面的讨论,有:

定理 5.8.2 若 $\boldsymbol{x}_i,i\in R\subset\{1,2,\cdots,s\}$ 是 LP 的最优极点,$\boldsymbol{d}_j,j\in S\subset\{1,2,\cdots,t\}$ 是 LP 的最优极方向,则 LP 的最优解能表示为它的最优极点的凸组合与最优极方向的非负线性组合之和,即式(5.8.4).

定理 5.8.3 在标准线性规划(5.7.1)中假设:

1)$\boldsymbol{B}=(\boldsymbol{p}_1,\boldsymbol{p}_2,\cdots,\boldsymbol{p}_m)^{\mathrm{T}}$ 是可行基.

2)非基变量 x_h 的检验数大于 0.

3)$\boldsymbol{B}^{-1}\boldsymbol{p}_h\leqslant 0$.

那么 $\boldsymbol{d}=(-(\boldsymbol{B}^{-1}\boldsymbol{p}_h)^{\mathrm{T}},0,\cdots,0,1,0,\cdots,0)^{\mathrm{T}}$ 是式(5.7.1)的极方向,且 $\boldsymbol{cd}<0$.

证明 计算 $\boldsymbol{cd}=-\boldsymbol{c_B}\boldsymbol{B}^{-1}\boldsymbol{p}_h+c_h=-\lambda_h<0$. 把 $\boldsymbol{d}$ 代入齐次不等式组(5.7.3)中,立刻看到 $\boldsymbol{d}$ 是它的一个可行解. 令 $\mu=\boldsymbol{e}^{\mathrm{T}}\boldsymbol{d}$,显然 $\dfrac{\boldsymbol{d}}{\mu}$ 是式(5.7.4)的可行解. 为了证明 $\boldsymbol{d}$ 是式(5.7.1)的极方向,只需证明 $\dfrac{\boldsymbol{d}}{\mu}$ 是式(5.7.4)的基可行解(定理 5.7.2 和定义 5.6.7). 根据定理 8.4.1,这需要证明在式(5.7.4)中的如下列向量组

$$\begin{pmatrix}1\\\boldsymbol{p}_1\end{pmatrix},\begin{pmatrix}1\\\boldsymbol{p}_2\end{pmatrix},\cdots,\begin{pmatrix}1\\\boldsymbol{p}_m\end{pmatrix},\begin{pmatrix}1\\\boldsymbol{p}_h\end{pmatrix}$$

线性无关.使用反证法.假定它们线性相关,即存在不全为零的数 $k_1,k_2,\cdots,k_m$,k_h 使得

$$k_1\begin{pmatrix}1\\\boldsymbol{p}_1\end{pmatrix}+k_2\begin{pmatrix}1\\\boldsymbol{p}_2\end{pmatrix}+\cdots+k_m\begin{pmatrix}1\\\boldsymbol{p}_m\end{pmatrix}+k_h\begin{pmatrix}1\\\boldsymbol{p}_h\end{pmatrix}=\mathbf{0}$$

即

$$k_1+k_2+\cdots+k_m+k_h=0,k_1\boldsymbol{p}_1+k_2\boldsymbol{p}_2+\cdots+k_m\boldsymbol{p}_m+k_h\boldsymbol{p}_h=\mathbf{0}$$

由此得知 $k_h\neq 0$,否则 $\boldsymbol{p}_1,\boldsymbol{p}_2,\cdots,\boldsymbol{p}_m$ 线性相关,这与条件 1) 相矛盾.不妨设 $k_h>0$.用 $\boldsymbol{B}^{-1}$ 左乘上式两边,得

$$k_1\boldsymbol{B}^{-1}\boldsymbol{p}_1+k_2\boldsymbol{B}^{-1}\boldsymbol{p}_2+\cdots+k_m\boldsymbol{B}^{-1}\boldsymbol{p}_m+k_h\boldsymbol{B}^{-1}\boldsymbol{p}_h=\mathbf{0}$$

即

$$k_1\boldsymbol{e}_1+k_2\boldsymbol{e}_2+\cdots+k_m\boldsymbol{e}_m=-k_h\boldsymbol{B}^{-1}\boldsymbol{p}_h\geqslant\mathbf{0}$$

其中 $\boldsymbol{e}_i=\boldsymbol{B}^{-1}\boldsymbol{p}_i$ 是第 i 个分量为 1 的单位向量.由此推得

$$k_1\geqslant 0,k_2\geqslant 0,\cdots,k_m\geqslant 0,k_h>0$$

这与 $k_1+k_2+\cdots+k_m+k_h=0$ 相矛盾.

第7章 抽象的向量空间

§1 抽象向量空间概述

1.1 引论·线性空间的概念

在代数、分析以及更大范围内，我们常遇到一些对象，对于它们可以施行加法也可以施行乘以数的运算．实数本身（复数也如此）首先就是这种对象．在解析几何及力学上面所应用的平面或空间的自由向量，可以作为第二种例子；对于它们，按照完全确定的规则，也存在着加法与乘以数的运算．如第1章所所看到的，加法及乘以数的运算可以施于齐次线性方程组的解，而这些则是代数对象．在分析中，任何区间上给定的函数，按照大家知道的规则，也可以相加与乘以数．

若留心观察一下在上面列举的不同类型的对象上所施行的加法运算，则我们可以发现，它们具有很多的共同性质．例如在一切情形中，相加的结果与彼此的次序无关．又如，在一切情形中，加法的结合律与关于加法的乘以实数的分配律都能满足，前者可以用等式

$$(x+y)+z=x+(y+z)$$

表示，而后者则可用等式

$$k(x+y)=kx+ky$$

表示，其中 x,y,z 是所讨论的集合的任意对象，k 是任意的数；另外一些算术规则也都满足．此外，凡是仅仅根据这些规律就能推出的事实，都是所考虑的一切集合的共同东西．如果我们只是研究这种共同的东西，则就没有必要去考虑所给集里的对象的具体性质；不仅如此，纠缠于对象的具体性质，只会使我们的研究陷入与我们问题无关的次要的探讨里去．

我们来引进抽象向量空间或者说是线性空间的概念. 已给具有任意性质的对象的一个集,如果在它的对象间能施行某些姑且称为"加法"与"乘上数"的运算,则这个集合将称为线性空间. 元素的性质既然没有给出,我们就不能说明在它们之间如何进行运算;但是我们能够假定这些运算服从一定的代数规律,下面将用适当的方法把这些规律叙述成公理的形式. 这可以这样定义:

定义 1.1.1 任何一个由不论什么元素所组成的集合 L 叫作一个在给定数域 K 上的线性空间,如果:

(1) 建立了某一种法则,使集合 L 中每两个元素 $\boldsymbol{a}$ 与 $\boldsymbol{b}$ 都有同集合的第三个元素 $\boldsymbol{a}+\boldsymbol{b}$ 与之对应,这第三个元素叫作所给的元素 $\boldsymbol{a}$ 与 $\boldsymbol{b}$ 之和.

(2) 建立了另一种法则,使这集合中每个元素 $\boldsymbol{a}$ 与数域 K 中每个数 k 都有集合 L 中某一个元素 $k\boldsymbol{a}$ 和它们对应.

(3) 这两种法则满足下面各条要求(公理):

公理 Ⅰ 对集合 L 中任何元素 $\boldsymbol{a}$,$\boldsymbol{b}$ 与 $\boldsymbol{c}$ 成立关系:

(i)$\boldsymbol{a}+\boldsymbol{b}=\boldsymbol{b}+\boldsymbol{a}$(可交换性).

(ii)$(\boldsymbol{a}+\boldsymbol{b})+\boldsymbol{c}=\boldsymbol{a}+(\boldsymbol{b}+\boldsymbol{c})$(可结合性).

公理 Ⅱ 在集合 L 中存在有一个元素 $\boldsymbol{0}$(零元素),使对我们这集合中任何元素 $\boldsymbol{a}$ 恒有 $\boldsymbol{a}+\boldsymbol{0}=\boldsymbol{a}$.

公理 Ⅲ 对 L 中任何元素 $\boldsymbol{a}$ 恒有 L 中一个这样的元素 $-\boldsymbol{a}$ 存在,使 $\boldsymbol{a}+(-\boldsymbol{a})=\boldsymbol{0}$,元素 $-\boldsymbol{a}$ 叫作 $\boldsymbol{a}$ 的逆.

公理 Ⅳ 对集合 L 的任何元素 $\boldsymbol{a}$ 与 $\boldsymbol{b}$ 及数域 K 中任何数 k_1 与 k_2,恒成立下列关系:

(i)$k_1(k_2\boldsymbol{a})=(k_1k_2)\boldsymbol{a}$.

(ii)$(k_1+k_2)\boldsymbol{a}=k_1\boldsymbol{a}+k_2\boldsymbol{a}$.

(iii)$k_1(\boldsymbol{a}+\boldsymbol{b})=k_1\boldsymbol{a}+k_1\boldsymbol{b}$.

公理 Ⅴ 对 L 中任何元素 $\boldsymbol{a}$ 恒成立 $1\boldsymbol{a}=\boldsymbol{a}$ 这关系. 即我们这集合 L 中的元素以 1 这数乘之不变.

借用几何语言,线性空间的元素自然称为向量(因而,线性空间又称作向量空间),尽管从其本身的具体性质来看,它们可以完全与习惯上的有向线段不相类似. 有关"向量"这个名词的几何表示法,会帮助我们了解以及预见所需要的结果,同时可以找出有关代数及分析的种种事实的直接几何意义.

另外,关于所引入的这定义应该注意以下各点:

(1) 我们故意没有指明究竟什么法则来规定向量的和及向量与数的乘积. 这法则可以是任意的,只要实现上面所列的要求就行了.

(2) 我们亦故意把线性空间这概念放到首位,而不把向量概念提到首位.这理由在此:我们所感觉兴趣的性质不是表现在这些对象的个别样本上,而是它们在一切所考虑的集合中的所谓集体行为.

(3) 至于在陈述公理时采用等号一词,则我们永远约定等号只表示它两边的事物是一样的:这也就是指同一个事物.在这种等号的用法中传递性、对称性及自反性都成为其纯逻辑的性质而不需要建立特殊的约定.

若给出了集合 L 的元素的性质以及关于它们的运算的具体规则(它们应当遵守公理 Ⅰ—Ⅴ),则这个线性空间将称为具体的.在对线性空间作较详细的研究之前,我们以几个具体的线性空间来指明刚才所下的定义给我们多大的自由.

例 1 我们令 $K[x]_n$ 表示多项式 $a_0+a_1x+\cdots+a_nx^n$ 的集合,这些多项式的次数不超过给定的数 n,而系数都是由所考虑的数域 K 中取来的.对这些多项式在初等代数中已经下了加法运算的定义并指示了多项式与数相乘的法则.在此多项式间的加法及多项式与 K 中的数相乘的乘法都不超出所考虑的集合 $K[x]_n$ 的范围.此外,以公理的形式表述出来的那些要求 Ⅰ — Ⅴ 在这场合也都被实现了.

这意思就是说,集合 $K[x]_n$ 在所指示加法运算及与数相乘的运算之下是域 K 上的一个线性空间,而次数不超过 n 的多项式本身可以看作这“空间”中的向量.

我们要注意,如果我们只限于考虑次数恰好等于 n 的多项式,那么我们不会得到线性空间:这样的多项式之和可以有较低的次数,因此不是我们这集合中的元素了.

例 2 所有在所给的域 K 上的 $m\times n$ 维矩阵按矩阵的加法和乘法构成一线性空间.

例 3 系数属于给定的域 K 的所有多项式所构成的集合 F_∞,如果多项式的和及多项式与数的乘积都算是按寻常的方式来下定义的,则这集合亦是一个线性空间.

下面将要讲的三个具体的空间今后对于我们特别重要.

几何空间 $\mathbf{R}^3$ 这个空间的元素看作空间解析几何里所有的自由向量.每一个向量的特征是长及方向①.

① 零向量是例外,它的长等于零,而方向是任意的.

向量加法用普通的方法按平行四边形法则来规定. 向量乘以实数也用通常的方法规定(即,向量的长乘以实数 $|\lambda|$,而且若 $\lambda>0$,方向保持不变;若 $\lambda<0$,则以相反的方向来代替). 容易验证,对于这个空间上公理 Ⅰ—Ⅴ 都满足. 平面上的以及直线上的向量所构成的类似的集合也是线性空间,我们依次用符号 $\mathbf{R}^2$ 与 $\mathbf{R}^1$ 表示.

数空间 K^n　这个空间的元素是含 n 个数(数域 K 中的)$\boldsymbol{a}=(a_1,a_2,\cdots,a_n)$. 这些数 $a_1,a_2,\cdots,a_n$ 称为元素 $\boldsymbol{a}$ 的坐标. 加法及乘上域 K 中数的运算按照下述的规则进行

$$(a_1,a_2,\cdots,a_n)+(b_1,b_2,\cdots,b_n)=(a_1+b_1,a_2+b_2,\cdots,a_n+b_n)$$

$$k(a_1,a_2,\cdots,a_n)=(ka_1,ka_2,\cdots,ka_n)$$

容易验证,公理 Ⅰ—Ⅴ 都满足. 特殊的,元素 0 是含 n 个零的数组:$(0,0,\cdots,0)$.

函数空间 $\mathbf{R}^{[a,b]}$　这个空间的元素,是在自变数的某区间$[a,b]$上定义了的任何连续实变函数 $f(x)$. 在数学分析中已下了两个给定的函数的相加及一个函数与一个常数的相乘的定义. 在此我们已经知道,两个在一给定区间上连续的函数之和在这区间上亦是连续的,并且这对连续函数与实数的乘积而言亦是对的. 此外,容易验证这样定义了的函数相加及函数与数的相乘都满足公理 Ⅰ—Ⅴ.

但以上所说的就表示集合 $\mathbf{R}^{[a,b]}$ 在这样所引入的函数运算之下亦是一个实数域上的线性空间.

可以指出,一切仅根据公理 Ⅰ — Ⅴ 推得的,关于具体空间(例如几何空间 $\mathbf{R}^3$)元素的各种性质,对于任意线性空间的元素来说,也都正确. 例如,可以指出,在分析用以解线性方程组

$$\begin{cases}a_{11}x_1+a_{12}x_2+\cdots+a_{1n}x_n=b_1\\a_{21}x_1+a_{22}x_2+\cdots+a_{2n}x_n=b_2\\\vdots\\a_{m1}x_1+a_{m2}x_2+\cdots+a_{mn}x_n=b_m\end{cases}$$

的克莱姆法则时,涉及 $b_1,b_2,\cdots,b_m$ 诸量的部分,这个证明只根据了下述的事实:这些量可以按照规律 Ⅰ — Ⅴ 相加及乘上域 K 中的数. 如同在以前(第1章, 3.3)已经指出的,这就使我们能够把克莱姆法则推广到 $b_1,b_2,\cdots,b_m$ 是向量(空间 $\mathbf{R}^3$ 的元素)的那种方程组去. 不但如此,这同时也使我们看到,克莱姆法则对于更普遍的方程组也还正确,在那些方程组内 $b_1,b_2,\cdots,b_m$ 诸量是任意线性空间 L 的元素. 我们还要注意,此时未知量 $x_1,x_2,\cdots,x_n$ 的值也是这个空间

L 的元素,它们可以写成 $b_1,b_2,\cdots,b_m$ 的线性组合.

注 在解析几何中,为方便起见,常把向量不看作自由的,而是使向量的起点固定在原点上.这样做的好处在于每一个向量联系着空间的某一点,即它自己的终点,而空间的每一个点,就能用一个与它对应的向量——称为这个点的矢径来确定.注意到这种情形,我们就把线性空间的元素常常不叫作向量,而叫作点.当然,名称的这种改变,并不连带着定义的任何改变,而仅仅是引进了一种几何的表达法.

1.2 向量运算的最简单的性质

我们先来由线性空间的定义导出关于向量运算的一些最简单的推论.

由我们关于等号用法的约定及两个向量之和的唯一性可以推出下面这些大家熟悉的等式运算法则:

向量等式的两边可以加上同一个量,如此不会破坏该等式的正确.

事实上,等式 $\boldsymbol{a}=\boldsymbol{b}$ 表示的是 $\boldsymbol{a}$ 与 $\boldsymbol{b}$ 这两个字母代表同一个向量.既然 $\boldsymbol{a}+\boldsymbol{c}$ 这个和已被唯一定义了,则它不管第一项如何表示总还是同一个向量,故 $\boldsymbol{a}+\boldsymbol{c}=\boldsymbol{b}+\boldsymbol{c}$.

按同样的理由向量等式的两边可以用同一数乘之而不致破坏该等式的成立.

向量加法的法则建立起任何两个向量 $\boldsymbol{a}$ 及 $\boldsymbol{b}$ 与它们的和 $\boldsymbol{a}+\boldsymbol{b}$ 之间的对应关系.如果我们要加的不是两个而是几个向量,那么这运算我们不得不以几种方法来进行,其中每种方法都是由两个向量的加法所组成.例如,倘若我们有三个向量 $\boldsymbol{a},\boldsymbol{b}$ 与 $\boldsymbol{c}$,则在做它们的加法时我们可想象有这样的几种配合法

$$(\boldsymbol{a}+\boldsymbol{b})+\boldsymbol{c},\boldsymbol{a}+(\boldsymbol{b}+\boldsymbol{c}),(\boldsymbol{a}+\boldsymbol{c})+\boldsymbol{b},\cdots$$

这里括号也如寻常一样指示运算进行的次序.由公理 Ⅰ 中所包含的交换律与结合律可以断言在所有这些场合我们都将得出同一结果.事实上,对所写的前两个式子而言,这一点是很明显的,因为由公理 Ⅰ 的陈述本身就可以看出,而对第三个式子,我们的判断乃由这样一连串的等式推出

$$(\boldsymbol{a}+\boldsymbol{c})+\boldsymbol{b}=\boldsymbol{b}(\boldsymbol{a}+\boldsymbol{c})=(\boldsymbol{a}+\boldsymbol{b})+\boldsymbol{c}$$

每一步都是由应用一次公理 Ⅰ 的等式(i)或(ii)而得.

现在我们很自然地要来看看,究竟在做更多个向量的加法时是否还保持着这种情况.用数学归纳法可以证明下面这一般的定律:

定理 1.1.1 任何个数的向量之和同给诸向量进行的加法与次序无关.

这结果使我们在写和时一般可以不写括号或者为运算的便利起见可以随

便安插括号.

上面所说这句话可以证明如下：

我们先来考虑这样一个特殊形状的和：$(\cdots(((\boldsymbol{a}_1+\boldsymbol{a}_2)+\boldsymbol{a}_3)+\boldsymbol{a}_4)+\cdots+\boldsymbol{a}_{n-1})+\boldsymbol{a}_n$，亦即这样一个和，其中首先把前两项加起来，然后在它们的和上加第三项，然后再在这些项的和上加第四项，如此等等. 我们将称这些和为典型和并且在写这种和时完全不写括号. 我们首先要注意，n 项的典型和 $\boldsymbol{a}_1+\boldsymbol{a}_2+\cdots+\boldsymbol{a}_n$. 按其定义本身可以表为这种形式：$(\boldsymbol{a}_1+\boldsymbol{a}_2+\cdots+\boldsymbol{a}_k)+\boldsymbol{a}_{k+1}+\boldsymbol{a}_{k+2}+\cdots+\boldsymbol{a}_n$，即表为 $n-k+1$ 项的典型和，其中第一项是所给的和的前 k 项的典型和.

我们来证明，在典型和里可以任意改变项的次序. 事实上，对于两个元的和而言这句话的正确已为公理Ⅰ所保证. 现在假设对 $n-1$ 个元所组成的和这话已经证明了，并且假设给了一个和 $\boldsymbol{a}_1+\boldsymbol{a}_2+\cdots+\boldsymbol{a}_n$ 而要证明它等于 $\boldsymbol{a}_{i_1}+\boldsymbol{a}_{i_2}+\cdots+\boldsymbol{a}_{i_n}$ 这个和，这里 $i_1,i_2,\cdots,i_n$ 是指标 $1,2,\cdots,n$ 的任意一个排列. 我们把这第一个和与第二个和各表示成 $(\boldsymbol{a}_1+\boldsymbol{a}_2+\cdots+\boldsymbol{a}_{n-1})+\boldsymbol{a}_n$ 与 $(\boldsymbol{a}_{i_1}+\boldsymbol{a}_{i_2}+\cdots+\boldsymbol{a}_{i_{n-1}})+\boldsymbol{a}_{i_n}$. 若 $i_n=n$，则显然问题就化为在 $\boldsymbol{a}_1+\boldsymbol{a}_2+\cdots+\boldsymbol{a}_{n-1}$ 这和里的项的变位问题了，也就是说，这种情况已完全证明了. 在相反的情况，向量 $\boldsymbol{a}_{i_n}$ 包含在向量 $\boldsymbol{a}_1+\boldsymbol{a}_2+\cdots+\boldsymbol{a}_{n-1}$ 里，而且在 $n-1$ 项的和中它可以调换到最末的位置上而不改变 $\boldsymbol{a}_1+\boldsymbol{a}_2+\cdots+\boldsymbol{a}_{n-1}$ 这个和. 所以可以认为这向量已经站在最末的位置上，即 $i_n=n-1$. 在这种情况向量 $\boldsymbol{a}_{i_1},\boldsymbol{a}_{i_2},\cdots,\boldsymbol{a}_{i_{n-2}},\boldsymbol{a}_{i_{n-1}}$ 形成向量 $\boldsymbol{a}_1,\boldsymbol{a}_2,\cdots,\boldsymbol{a}_{n-2},\boldsymbol{a}_n$ 的一个排列. 所以在第二个和的括号里（又是根据归纳法的假设）可以将各项如此调换，使它们成 $\boldsymbol{a}_1,\boldsymbol{a}_2,\cdots,\boldsymbol{a}_{n-2},\boldsymbol{a}_n$ 的次序. 如此，剩下只要证明 $(\boldsymbol{a}_1+\boldsymbol{a}_2+\cdots+\boldsymbol{a}_{n-2}+\boldsymbol{a}_{n-1})+\boldsymbol{a}_n$ 与 $(\boldsymbol{a}_1+\boldsymbol{a}_2+\cdots+\boldsymbol{a}_{n-2}+\boldsymbol{a}_n)+\boldsymbol{a}_{n-1}$ 这两个和相等就行了. 这可以这样来进行：第一个和按定义等于 $(\boldsymbol{a}_1+\boldsymbol{a}_2+\cdots+\boldsymbol{a}_{n-2})+\boldsymbol{a}_{n-1}+\boldsymbol{a}_n$，所以可以把它看作 $\boldsymbol{a}_1+\boldsymbol{a}_2+\cdots+\boldsymbol{a}_{n-2}$，$\boldsymbol{a}_{n-1}$ 与 $\boldsymbol{a}_n$ 这三项的和. 因此括号可以变动而我们可以写

$$(\boldsymbol{a}_1+\boldsymbol{a}_2+\cdots+\boldsymbol{a}_{n-2})+\boldsymbol{a}_{n-1}+\boldsymbol{a}_n=(\boldsymbol{a}_1+\boldsymbol{a}_2+\cdots+\boldsymbol{a}_{n-2})+(\boldsymbol{a}_{n-1}+\boldsymbol{a}_n)$$

然后由于两项的可交换性可以写这等式

$$(\boldsymbol{a}_1+\boldsymbol{a}_2+\cdots+\boldsymbol{a}_{n-2})+(\boldsymbol{a}_{n-1}+\boldsymbol{a}_n)=(\boldsymbol{a}_1+\boldsymbol{a}_2+\cdots+\boldsymbol{a}_{n-2})+(\boldsymbol{a}_n+\boldsymbol{a}_{n-1})$$

现在可以再应用三项的结合律而写为

$$(\boldsymbol{a}_1+\boldsymbol{a}_2+\cdots+\boldsymbol{a}_{n-2})+(\boldsymbol{a}_{n-1}+\boldsymbol{a}_n)-((\boldsymbol{a}_1+\boldsymbol{a}_2+\cdots+\boldsymbol{a}_{n-2})+\boldsymbol{a}_n)+\boldsymbol{a}_{n-1}$$

最后这式子的右边不外是 $\boldsymbol{a}_1+\boldsymbol{a}_2+\cdots+\boldsymbol{a}_{n-2}+\boldsymbol{a}_n+\boldsymbol{a}_{n-1}$ 或 $(\boldsymbol{a}_1+\boldsymbol{a}_2+\cdots+\boldsymbol{a}_{n-2}+\boldsymbol{a}_n)+\boldsymbol{a}_{n-1}$ 这个和. 如此这等式便证明了.

现在我们来证明，两个典型和的总和等于所有它们的项的典型和.

的确，如果第二个和只包含一项，那么所说结论可直接由典型和的定义推出. 设这句话在第二个和包含 $n-1$ 项时正确，并且设给了一个和 $(\boldsymbol{a}_1+$

$a_2+\cdots+a_m)+(b_1+b_2+\cdots+b_n)$，其中第二个典型和包括$n$项.于是这总和可以写成$(a_1+a_2+\cdots+a_m)+((b_1+b_2+\cdots+b_{n-1})+b_n)$，亦即可以看作$(a_1+a_2+\cdots+a_m)$，$(b_1+b_2+\cdots+b_{n-1})$与$b_n$这三项的和.在这场合我们可以将括号移置成这样：$(a_1+a_2+\cdots+a_m)+(b_1+b_2+\cdots+b_{n-1})+b_n$.这里在外面这重括号里是两个典型和的和，而第二个和已含有$n-1$项.由所作假设外括号中的式子可以写成

$$(a_1+a_2+\cdots+a_m+b_1+b_2+\cdots+b_{n-1})$$

的形状，而整个式子可以写成

$$(a_1+a_2+\cdots+a_m+b_1+b_2+\cdots+b_{n-1})+b_n$$

但所得这式子就是两个和的所有项的典型和.

剩下只要来考虑任意的和并且证明：以任何方式写成的和都等于其各项的典型和.这对两个向量之和而言是不证自明的，因为两个向量之和本身就是典型和，我们假设对$n-1$项或较少的项的和已经证明了.如果给了一个n项的和，以任何方式安插括号，那么可以把它表示成两项之和(这只要看看所指示的加法中哪一步是要最后做的，哪项本身是所给的和的一部分项的和).因为两个部分和的项数都小于n，每一和都等于其中各项的典型和，所以整个所考虑的和是两个典型和的和，因此也就是其一切项的典型和.如此这证明完毕.

以同样方式也可以来考虑向量与数的乘积.例如$(k_1+k_2+\cdots+k_m)(a_1+a_2+\cdots+a_m)$这乘积等于所有$k_ia_j$这样形式的可能乘积之和.

这可以对向量的项数m施用归纳法来证明，而对$m=1$的场合则对项数n施用归纳法来证明.论证的细节没有什么困难，我们留给读者自己去做.

为了更方便一点，我们还约定这种乘积中的乘数能以任何次序来写，而对任何向量a与域K中任何数k而言认为按定义是$ka=ak$的.于是向量的运算法则就具有初等代数中所熟悉的寻常形状.只要注意，在每个所考虑的乘积中至多只能有一个是向量，其余都是纯数.

应该特别来讲一讲公理Ⅲ与Ⅴ的含义.

前一个公理是说有一个元$\mathbf{0}$(零向量)存在，它对任何向量a恒满足$a+\mathbf{0}=a$.但是容易看出，这样的向量只能有一个：如果有两个这样的向量$\mathbf{0}$与$\mathbf{0}'$，则$\mathbf{0}+\mathbf{0}'=\mathbf{0}'+\mathbf{0}$这个和将同时等于$\mathbf{0}$与$\mathbf{0}'$.所以向量$\mathbf{0}$与$\mathbf{0}'$将相等，但当初假设它们是相异的，于是发生矛盾.

同样可以证明，对每一向量x只有一个逆向量存在：如果有两个这种向量$(-x)$与$(-x)'$，那么我们岂不有这样一串等式，其中每个都是由所采取的公理做根据的

$$
\begin{aligned}
(-\boldsymbol{x}) &= (-\boldsymbol{x}) + \mathbf{0} = (-\boldsymbol{x}) + (\boldsymbol{x} + (-\boldsymbol{x})') \\
&= ((-\boldsymbol{x}) + \boldsymbol{x}) + (-\boldsymbol{x})' \\
&= (\boldsymbol{x} + (-\boldsymbol{x})) + (-\boldsymbol{x})' \\
&= \mathbf{0} + (-\boldsymbol{x})' \\
&= (-\boldsymbol{x})' + \mathbf{0} \\
&= (-\boldsymbol{x})'
\end{aligned}
$$

现在很容易证明,如果任何向量 $\boldsymbol{x}$ 满足 $\boldsymbol{a}+\boldsymbol{x}=\boldsymbol{a}$ 这条件,哪怕只对一个向量 $\boldsymbol{a}$ 满足这条件,那么必 $\boldsymbol{x}=\mathbf{0}$. 的确,只要在原等式两边加上向量$(-\boldsymbol{a})$ 我们就得到 $\boldsymbol{x}=\mathbf{0}$.

零向量的这种性质使我们能证明,任何向量 $\boldsymbol{a}$ 与 0 这个数的乘积就等于零向量.

事实上,由公理 Ⅳ 与 Ⅴ 我们有:$\boldsymbol{a}+0\cdot\boldsymbol{a}=1\cdot\boldsymbol{a}+0\cdot\boldsymbol{a}=(1+0)\boldsymbol{a}=\boldsymbol{a}$. 这就是说,$0\cdot\boldsymbol{a}$ 这向量具有前面所指出的这种性质,也就是说,它等于零向量.

如果有一个向量等式,其一边含有向量 $\boldsymbol{a}$ 这一项,那么在两边加上逆向量$(-\boldsymbol{a})$,我们就得到一个新等式,与原等式所差的只是向量 $\boldsymbol{a}$ 由其一边"被迁移"到另一边而带上了相反的符号. 关于等式的这类形式变换我们以后将无条件地加以利用.

1.3　向量组的线性关系

上一目里所证明的关于向量运算的那些性质使我们处理向量时能如同对于数或多项式一样自由. 这些初等的性质我们不再重复. 现在转向一个以后占重要地位的概念上去 —— 线性相关概念.

在第 6 章中对于数向量,我们已采用数向量的"线性组合"这一个名词. 在考虑任何线性空间 L 时,我们亦称像 $k_1\boldsymbol{a}_1+k_2\boldsymbol{a}_2+\cdots+k_n\boldsymbol{a}_n$ 这样形状的式子为向量 $\boldsymbol{a}_1,\boldsymbol{a}_2,\cdots,\boldsymbol{a}_n$ 的线性组合,只要系数 $k_1,k_2,\cdots,k_n$ 属于我们这空间所依赖建立的那个数域 K. 读者请注意,这时候并不把所有系数都等于零这一情形除外. 所以零向量恒可表为任何所给向量的线性组合.

同数向量的情形一样,在线性组合的基础上,引入重要的概念如下:

定义 1.3.1　设 $\boldsymbol{a}_1,\boldsymbol{a}_2,\cdots,\boldsymbol{a}_n$ 是线性空间 L 中的任意一组向量. 如果属于这一组的向量的线性组合只有当所有系数都等于零时才能等于零,那么这组向量称为是线性无关的. 如果这组向量至少有一个这样的线性组合,其系数不全等于零而组合本身等于零,那么我们说这组向量是线性相关的.

例 1　在线性空间 $\mathbf{R}^3$ 中,两个向量线性相关,就表示它们平行于同一直线;三个向量线性相关,就表示它们平行于同一个平面.任何四个向量都线性相关.

例 2 空间 $\mathbf{R}^{[a,b]}$ 中,向量 $\boldsymbol{x}_1=\boldsymbol{x}_1(t),\boldsymbol{x}_2=\boldsymbol{x}_2(t),\cdots,\boldsymbol{x}_k=\boldsymbol{x}_k(t)$ 线性相关,表示在函数 $\boldsymbol{x}_1(t),\boldsymbol{x}_2(t),\cdots,\boldsymbol{x}_k(t)$ 之间有关系

$$c_1\boldsymbol{x}_1(t)+c_2\boldsymbol{x}_2(t)+\cdots+c_k\boldsymbol{x}_k(t)=\mathbf{0}$$

其中 $c_1,c_2,\cdots,c_k$ 不全等于零.

例 3 函数 $x_1(t)=\cos^2 t,x_2(t)=\sin^2 t,x_3(t)=1$ 是线性相关的.因为关系

$$x_1(t)+x_2(t)-x_3(t)=0$$

成立.另外,我们将验证,$1,t,t^2,\cdots,t^k$ 是线性无关的.假定有一关系存在

$$c_0\cdot 1+c_1\cdot t+c_2\cdot t^2+\cdots+c_k\cdot t^k=0$$

存在,则将这等式陆续求导 k 次,我们得到关于 $c_0,c_1,c_2,\cdots,c_k$ 诸量的 $k+1$ 个方程的方程组,它的行列式显然不为零.按照克莱姆法则,我们得到方程组的解

$$c_0=c_1=c_2=\cdots=c_k=0$$

于是函数 $1,t,t^2,\cdots,t^k$ 在空间 $C(\boldsymbol{a},\boldsymbol{b})$ 中线性无关.

由定义立刻推知,下面关于线性无关的若干较明显性质:

(1) 单个向量线性无关的充分必要条件是它不是零向量.

(2) 如果一组向量中包含零向量,那么这组向量必定是线性相关的.

在这种情况下 $k\mathbf{0}$ 这式子就是该组向量的一个线性组合,它只含有一项.这线性组合在系数 k 的任何数值下恒等于零,故特别在 $k\neq 0$ 时亦等于零.

(3) 一个线性无关向量组的任何一部分仍成线性无关向量组.

事实上,如其这一部分是线性相关的,那么可能做出它的向量的一个等于零的线性组合而至少含有一个异于零的系数.但这线性组合也是全组向量的线性组合,这显然与全组的线性无关相矛盾.

(4) 若一个向量组的一部分成线性相关向量组,则这个向量组是线性相关的.

另外容易看出,如果在平面上取任意两个不平行的向量,那么它们是线性无关的:它们的系数异于零的线性组合没有能等于零的.如果在“寻常”三维空间中取三个不平行于同一平面的向量,那么也将有同样的情形.

反之,如果在平面上取任一组三个向量,那么这组向量已经是线性相关的:在这种情况中三个向量至少有一个是其余两个向量的线性组合,例如 $\boldsymbol{a}=k_1\boldsymbol{b}+k_2\boldsymbol{c}$.但是把这等式所有各项都移到一边去,如此我们得到 $1\cdot\boldsymbol{a}-k_1\boldsymbol{b}-k_2\boldsymbol{c}=\mathbf{0}$.而这就表示,已找到了所给诸向量的一个线性组合,这组合虽然系数异于零,但本身却等于零(向量 $\boldsymbol{a}$ 的系数 1 显然异于零).

刚才的论证可以使我们能够证明下面这简单而又重要的性质.

(5) 设有一组向量,其个数大于1,则这组向量在其中有一个能表为其余向量的线性组合时,亦只有在这时候,才成线性相关.

如此,这性质的陈述中所包含的条件几乎与线性相关的原定义等价.这条件的一个缺点就是它不能应用于一个向量:如果一向量组只由一个向量所组成,那么就说它由“其余”向量表示时,这话就不免有点牵强了;但在我们定义的意义之下,则说这样一组向量的相关性或独立性是可以的,因为我们可以考虑只有一项的向量线性组合.

所以原定义是可以无条件地应用的.这比取上面这定理的条件作线性相关的定义要更适当些.

证明 设组 M 是线性相关的,于是按线性相关的定义可以指出该组中某些向量 $\boldsymbol{a}_1,\boldsymbol{a}_2,\cdots,\boldsymbol{a}_n$ 的一个线性组合 $k_1\boldsymbol{a}_1+k_2\boldsymbol{a}_2+\cdots+k_n\boldsymbol{a}_n$,它等于零而其系数至少有一个异于零:不失一般性,我们可以认为 $k_1\neq 0$(如其不然,只要把所考虑诸向量的号码改编一下就行了),于是由等式 $k_1\boldsymbol{a}_1+k_2\boldsymbol{a}_2+\cdots+k_n\boldsymbol{a}_n=\boldsymbol{0}$ 两边同乘以 $k_1^{-1}=\dfrac{1}{k_1}$,得

$$\boldsymbol{a}_1=-\frac{k_2}{k_1}\boldsymbol{a}_2-\frac{k_3}{k_1}\boldsymbol{a}_3-\cdots-\frac{k_n}{k_1}\boldsymbol{a}_n$$

即该组中有一向量可表为其余向量的线性组合.

反之,如果所给这组向量中有某一个向量 $\boldsymbol{a}_1$ 能以其余向量的线性组合表出,例如 $\boldsymbol{a}_1=k_2\boldsymbol{a}_2+\cdots+k_n\boldsymbol{a}_n$,那么将所有各项移到一边去就可得到一个等于零的线性组合而其中至少有一系数异于零.

如果线性空间 L(定义在数域 K 上的)的一个元素 $\boldsymbol{b}$,能表示为同空间上向量组 $\boldsymbol{a}_1,\boldsymbol{a}_2,\cdots,\boldsymbol{a}_n$ 的线性组合

$$\boldsymbol{b}=k_1\boldsymbol{a}_1+k_2\boldsymbol{a}_2+\cdots+k_n\boldsymbol{a}_n$$

那么我们称 $\boldsymbol{b}$ 由向量组 $\boldsymbol{a}_1,\boldsymbol{a}_2,\cdots,\boldsymbol{a}_n$ 线性表出,这里 $k_1,k_2,\cdots,k_n$ 都是 K 中的数.

于是由性质(5),立即得到

(6) 向量数大于2的一个向量组线性无关的充分必要条件是,其中每一个向量都不能由其余向量线性表出.

线性无关向量组的重要作用由下面命题看出:

定理1.3.1 设向量 $\boldsymbol{b}$ 可以由向量组 $\boldsymbol{a}_1,\boldsymbol{a}_2,\cdots,\boldsymbol{a}_n$ 线性表出,则表出方式唯一的充分必要条件是向量组 $\boldsymbol{a}_1,\boldsymbol{a}_2,\cdots,\boldsymbol{a}_n$ 线性无关.

证明 充分性. 若所设向量组线性无关. 考虑$\boldsymbol{b}$经由$\boldsymbol{a}_1,\boldsymbol{a}_2,\cdots,\boldsymbol{a}_n$表出的两种方式

$$\boldsymbol{b}=k_1\boldsymbol{a}_1+k_2\boldsymbol{a}_2+\cdots+k_n\boldsymbol{a}_n,\boldsymbol{b}=k'_1\boldsymbol{a}_1+k'_2\boldsymbol{a}_2+\cdots+k'_n\boldsymbol{a}_n$$

两个等式左右两端分别作差，得

$$\boldsymbol{0}=(k_1-k'_1)\boldsymbol{a}_1+(k_2-k'_2)\boldsymbol{a}_2+\cdots+(k_n-k'_n)\boldsymbol{a}_n$$

既然$\boldsymbol{a}_1,\boldsymbol{a}_2,\cdots,\boldsymbol{a}_n$线性无关，因此从上面的等式得出

$$k_1-k'_1=k_2-k'_2=\cdots=k_n-k'_n=0$$

这即是说表出方式是唯一的.

必要性. 设所说的表出方式是唯一的. 假设向量组$\boldsymbol{a}_1,\boldsymbol{a}_2,\cdots,\boldsymbol{a}_n$线性相关，则意味着有不全为0的数$k_1,k_2,\cdots,k_n$使得

$$\boldsymbol{0}=k_1\boldsymbol{a}_1+k_2\boldsymbol{a}_2+\cdots+k_n\boldsymbol{a}_n$$

再考虑$\boldsymbol{b}$由向量组$\boldsymbol{a}_1,\boldsymbol{a}_2,\cdots,\boldsymbol{a}_n$表出式

$$\boldsymbol{b}=k'_1\boldsymbol{a}_1+k'_2\boldsymbol{a}_2+\cdots+k'_n\boldsymbol{a}_n$$

把上面两个式子左右两边分别相加，得

$$\boldsymbol{b}=(k_1+k'_1)\boldsymbol{a}_1+(k_2+k'_2)\boldsymbol{a}_2+\cdots+(k_n+k'_n)\boldsymbol{a}_n$$

由于$k_1,k_2,\cdots,k_n$不全为0，因此数组

$$(k_1+k'_1,k_2+k'_2,\cdots,k_n+k'_n)\neq(k_1,k_2,\cdots,k_n)$$

产生矛盾：$\boldsymbol{b}$有两种不同的方式由向量组$\boldsymbol{a}_1,\boldsymbol{a}_2,\cdots,\boldsymbol{a}_n$线性表出. 因此假设不成立.

作为定理1.3.1的补充，我们来证明什么时候一个向量可由一个向量组线性表示出来.

定理1.3.2 设向量组$\boldsymbol{a}_1,\boldsymbol{a}_2,\cdots,\boldsymbol{a}_n$线性无关，那么向量$\boldsymbol{b}$可以由向量组$\boldsymbol{a}_1,\boldsymbol{a}_2,\cdots,\boldsymbol{a}_n$线性表出的充分必要条件是向量组$\boldsymbol{a}_1,\boldsymbol{a}_2,\cdots,\boldsymbol{a}_n,\boldsymbol{b}$线性相关.

证明 必要性可由线性无关的性质(6)直接得出.

充分性. 由于$\boldsymbol{a}_1,\boldsymbol{a}_2,\cdots,\boldsymbol{a}_n,\boldsymbol{b}$线性相关，因此存在不全为0的数$k_1,k_2,\cdots,k_n,k_{n+1}$使得

$$k_1\boldsymbol{a}_1+k_2\boldsymbol{a}_2+\cdots+k_n\boldsymbol{a}_n+k_{n+1}\boldsymbol{b}=\boldsymbol{0}$$

如果$\boldsymbol{b}$的系数k_{n+1}等于0，那么

$$k_1\boldsymbol{a}_1+k_2\boldsymbol{a}_2+\cdots+k_n\boldsymbol{a}_n=\boldsymbol{0}$$

这样向量组$\boldsymbol{a}_1,\boldsymbol{a}_2,\cdots,\boldsymbol{a}_n$就成为线性相关了，因为$k_1,k_2,\cdots,k_n$不全为0. 于是$k_{n+1}\neq 0$，从而得到线性表示式

$$\boldsymbol{b}=-\frac{k_1}{k_{n+1}}\boldsymbol{a}_1-\frac{k_2}{k_{n+1}}\boldsymbol{a}_2-\cdots-\frac{k_n}{k_{n+1}}\boldsymbol{a}_n$$

下面的定理给出了向量组线性无关的一个判定.

定理 1.3.3 设向量组 $\boldsymbol{a}_1,\boldsymbol{a}_2,\cdots,\boldsymbol{a}_n$ 线性无关,并且

$$\begin{cases}\boldsymbol{b}_1=k_{11}\boldsymbol{a}_1+k_{12}\boldsymbol{a}_2+\cdots+k_{1n}\boldsymbol{a}_n\\ \boldsymbol{b}_2=k_{21}\boldsymbol{a}_1+k_{22}\boldsymbol{a}_2+\cdots+k_{2n}\boldsymbol{a}_n\\ \quad\vdots\\ \boldsymbol{b}_n=k_{n1}\boldsymbol{a}_1+k_{n2}\boldsymbol{a}_2+\cdots+k_{nn}\boldsymbol{a}_n\end{cases}\tag{1.3.1}$$

那么向量组 $\boldsymbol{b}_1,\boldsymbol{b}_2,\cdots,\boldsymbol{b}_n$ 线性无关的充分必要条件是诸系数构成的行列式不为零,即

$$\begin{vmatrix}k_{11}&k_{12}&\cdots&k_{1n}\\ k_{21}&k_{22}&\cdots&k_{2n}\\ \vdots&\vdots&&\vdots\\ k_{n1}&k_{n2}&\cdots&k_{nn}\end{vmatrix}\neq 0$$

证明 考虑向量组 $\boldsymbol{b}_1,\boldsymbol{b}_2,\cdots,\boldsymbol{b}_n$ 的任一线性组合

$$k_1\boldsymbol{b}_1+k_2\boldsymbol{b}_2+\cdots+k_n\boldsymbol{b}_n$$

把诸式子(1.3.1)代入,得

$$k_1(k_{11}\boldsymbol{a}_1+k_{12}\boldsymbol{a}_2+\cdots+k_{1n}\boldsymbol{a}_n)+k_2(k_{21}\boldsymbol{a}_1+k_{22}\boldsymbol{a}_2+\cdots+k_{2n}\boldsymbol{a}_n)+\cdots+k_n(k_{n1}\boldsymbol{a}_1+k_{n2}\boldsymbol{a}_2+\cdots+k_{nn}\boldsymbol{a}_n)=\boldsymbol{0}$$

按照向量的运算性质,上面这个式子可以写成

$$(k_1k_{11}+k_2k_{21}+\cdots+k_nk_{n1})\boldsymbol{a}_1+(k_1k_{12}+k_2k_{22}+\cdots+k_nk_{n2})\boldsymbol{a}_2+\cdots+(k_1k_{1n}+k_2k_{2n}+\cdots+k_nk_{nn})\boldsymbol{a}_n=\boldsymbol{0}\tag{1.3.2}$$

由 $\boldsymbol{a}_1,\boldsymbol{a}_2,\cdots,\boldsymbol{a}_n$ 线性无关性知,式(1.3.2)成立当且仅当

$$\begin{cases}k_1k_{11}+k_2k_{21}+\cdots+k_nk_{n1}=0\\ k_1k_{12}+k_2k_{22}+\cdots+k_nk_{n2}=0\\ \quad\vdots\\ k_1k_{1n}+k_2k_{2n}+\cdots+k_nk_{nn}=0\end{cases}$$

换句话说,$k_1,k_2,\cdots,k_n$ 是齐次线性方程组

$$\begin{cases}x_1k_{11}+x_2k_{21}+\cdots+x_nk_{n1}=0\\ x_1k_{12}+x_2k_{22}+\cdots+x_nk_{n2}=0\\ \quad\vdots\\ x_1k_{1n}+x_2k_{2n}+\cdots+x_nk_{nn}=0\end{cases}\tag{1.3.3}$$

的一个解.

于是向量组 $\boldsymbol{b}_1,\boldsymbol{b}_2,\cdots,\boldsymbol{b}_n$ 线性无关当且仅当方程组(1.3.2)只有零解.我

们已经证明,这在式(1.3.2)的系数行列式不为零时才有可能.

1.4 向量集的线性相关与线性无关

从例子开始:我们来证明(定义在实数域 $\mathbf{R}$ 上的)线性空间 $\mathbf{R}^{\mathbf{R}}$ 中函数组 $e^{\lambda_1 x}, e^{\lambda_2 x}, \cdots, e^{\lambda_n x}$ 是线性无关的,其中 $\lambda_1, \lambda_2, \cdots, \lambda_n$ 是两两不等的实数,n 是任意给定的正整数.

这依赖于下面的一般性命题①:在函数空间 $\mathbf{R}^{[a,b]}$ 中,设 $f_1(x), f_2(x), \cdots, f_n(x)$ 都是 $n-1$ 次可微函数,令

$$W(x)=\begin{vmatrix} f_1(x) & f_2(x) & \cdots & f_n(x) \\ f'_1(x) & f'_2(x) & \cdots & f'_n(x) \\ \vdots & \vdots & & \vdots \\ f_1^{(n-1)}(x) & f_2^{(n-1)}(x) & \cdots & f_n^{(n-1)}(x) \end{vmatrix}$$

称 $W(x)$ 为函数组 $f_1(x), f_2(x), \cdots, f_n(x)$ 的朗斯基②行列式. 如果存在 $x_0 \in [a,b]$,使得 $W(x) \neq 0$,那么函数组 $f_1(x), f_2(x), \cdots, f_n(x)$ 线性无关.

证明 设

$$k_1 f_1(x) + k_2 f_2(x) + \cdots + k_n f_n(x) = 0 \tag{1.4.1}$$

在式(1.4.1)两边分别求一阶,二阶,……,$n-1$ 阶导数,得

$$\begin{cases} k_1 f'_1(x) + k_2 f'_2(x) + \cdots + k_n f'_n(x) = 0 \\ k_1 f_1^{(2)}(x) + k_2 f_2^{(2)}(x) + \cdots + k_n f_n^{(2)}(x) = 0 \\ \vdots \\ k_1 f_1^{(n-1)}(x) + k_2 f_2^{(n-1)}(x) + \cdots + k_n f_n^{(n-1)}(x) = 0 \end{cases} \tag{1.4.2}$$

让 x 取值 x_0,从式(1.4.1)和式(1.4.2),得

---

① 这个命题给出了闭区间 $[a,b]$ 上 n 个 $n-1$ 次可微函数 $f_1(x), f_2(x), \cdots, f_n(x)$ 线性无关的一个充分条件:存在 $x_0 \in [a,b]$,使得 $W(x) \neq 0$. 但是这个条件不是必要的,即从 $f_1(x), f_2(x), \cdots, f_n(x)$ 线性无关性推不出"存在 $x_0 \in [a,b]$,使得 $W(x) \neq 0$". 换言之,从"对于任意 $x \in [a,b]$,都有 $W(x) = 0$"推不出 $f_1(x), f_2(x), \cdots, f_n(x)$ 线性相关. 其原因是,虽然对于任意 $x \in [a,b]$,都有 $W(x) = 0$,从而相应的齐次线性方程组有非零解,但是这个非零解是依赖于 x 的,即对于 $x_1, x_2 \in [a,b]$ 且 $x_1 \neq x_2$,相应的齐次线性方程组的非零解可能不成比例. 因此无法找到公共的一个非零解 $k_1, k_2, \cdots, k_n$,使得对于任意 $x \in [a,b]$,都有 $k_1 f_1(x) + k_2 f_2(x) + \cdots + k_n f_n(x) = 0$. 从而无法判断 $f_1(x), f_2(x), \cdots, f_n(x)$ 线性相关. 在"对于任意 $x \in [a,b]$,都有 $W(x) = 0$"的情形下,需要用定义去判断 $f_1(x), f_2(x), \cdots, f_n(x)$ 是线性相关还是线性无关.

② 朗斯基(Józef Maria Hoene-Wroński, 1776—1853),波兰数学家.

$$\begin{cases} k_1 f'_1(x_0) + k_2 f'_2(x_0) + \cdots + k_n f'_n(x_0) = 0 \\ k_1 f_1^{(2)}(x_0) + k_2 f_2^{(2)}(x_0) + \cdots + k_n f_n^{(2)}(x_0) = 0 \\ \quad \vdots \\ k_1 f_1^{(n-1)}(x_0) + k_2 f_2^{(n-1)}(x_0) + \cdots + k_n f_n^{(n-1)}(x_0) = 0 \end{cases}$$

于是，$k_1, k_2, \cdots, k_n$ 是下述齐次线性方程组

$$\begin{cases} f'_1(x_0)y_1 + f'_2(x_0)y_2 + \cdots + f'_n(x_0)y_n = 0 \\ f_1^{(2)}(x_0)y_1 + f_2^{(2)}(x_0)y_2 + \cdots + f_n^{(2)}(x_0)y_n = 0 \\ \quad \vdots \\ f_1^{(n-1)}(x_0)y_1 + f_2^{(n-1)}(x_0)y_2 + \cdots + f_n^{(n-1)}(x_0)y_n = 0 \end{cases} \tag{1.4.3}$$

的一个解. 由于方程组(1.4.3) 的系数构成的行列式正好是 $W(x)$，而已知 $W(x) \neq 0$，因此方程组(1.4.3) 只有零解，从而 $k_1 = k_2 = \cdots = k_n = 0$. 因此函数组 $f_1(x), f_2(x), \cdots, f_n(x)$ 线性无关.

回到我们的例子. 考虑函数组 $f_1(x), f_2(x), \cdots, f_n(x)$ 的朗斯基行列式

$$W(x) = \begin{vmatrix} e^{\lambda_1 x} & e^{\lambda_2 x} & \cdots & e^{\lambda_n x} \\ \lambda_1 e^{\lambda_1 x} & \lambda_2 e^{\lambda_2 x} & \cdots & \lambda_n e^{\lambda_n x} \\ \vdots & \vdots & & \vdots \\ \lambda_1^{(n-1)} e^{\lambda_1 x} & \lambda_2^{(n-1)} e^{\lambda_2 x} & \cdots & \lambda_n^{(n-1)} e^{\lambda_n x} \end{vmatrix}$$

让 x 取值 0，由于 $\lambda_1, \lambda_2, \cdots, \lambda_n$ 两两互异，因此

$$W(0) = \begin{vmatrix} 1 & 1 & \cdots & 1 \\ \lambda_1 & \lambda_2 & \cdots & \lambda_n \\ \vdots & \vdots & & \vdots \\ \lambda_1^{n-1} & \lambda_2^{n-1} & \cdots & \lambda_n^{n-1} \end{vmatrix} \neq 0$$

从而函数组 $e^{\lambda_1 x}, e^{\lambda_2 x}, \cdots, e^{\lambda_n x}$ 线性无关.

从这个例子得出，下述无穷多个函数

$$e^x, e^{2x}, \cdots, e^{nx}, \cdots$$

中任意有限多个函数都线性无关. 由此引出下述概念.

定义 1.4.1 数域 K 上线性空间 L 中一个非空有限子集称为是线性无关(线性相关) 的，如果这子集的向量按某种次序排成的向量组线性无关(或线性相关).

定义 1.4.2 数域 K 上线性空间 L 中一个无限子集 M，如果 M 的任一有限子集都线性无关，那么称这个无限子集是线性无关的；否则，称它是线性相关的，即如果它有一个有限子集线性相关，那么称这个无限子集是线性相关的.

按线性相关的定义立即得到：

定理 1.4.1 数域 K 上线性空间 L 中，元素个数大于 1 的向量集 M 线性相关当且仅当 M 中至少有一个向量可以由其余向量中的有限多个线性表出.

如果向量 $\boldsymbol{b}$ 可以由向量集 M 中有限多个向量线性表出，那么称 $\boldsymbol{b}$ 可以由向量集 M 线性表出. 由此可以证明下面的定理 1.4.2，它是定理 1.3.1 的推广.

定理 1.4.2 数域 K 上线性空间 L 中，设非零向量 $\boldsymbol{b}$ 可由向量集 M 线性表出，则表法唯一的充分必要条件是向量集 M 线性无关.

证明 充分性. 设向量集 M 线性无关，由已知条件，$\boldsymbol{b}$ 可以由 M 线性表出. 假如有两种表出方式

$$\boldsymbol{b}=k_1\boldsymbol{a}_1+k_2\boldsymbol{a}_2+\cdots+k_r\boldsymbol{a}_r+k_{r+1}\boldsymbol{u}_1+k_r\boldsymbol{u}_2+\cdots+k_{r+s}\boldsymbol{u}_s \quad (1.4.4)$$

$$\boldsymbol{b}=k'_1\boldsymbol{a}_1+k'_2\boldsymbol{a}_2+\cdots+k'_r\boldsymbol{a}_r+k'_{r+1}\boldsymbol{v}_1+k'_r\boldsymbol{v}_2+\cdots+k'_{r+t}\boldsymbol{v}_t \quad (1.4.5)$$

其中 $\boldsymbol{a}_1,\cdots,\boldsymbol{a}_r,\boldsymbol{u}_1,\cdots,\boldsymbol{u}_s,\boldsymbol{v}_1,\cdots,\boldsymbol{v}_t$ 都是 M 的元素；$r\geqslant 0,s\geqslant 0,t\geqslant 0$.

把式(1.4.1) 减去式(1.4.2)，得

$$\boldsymbol{0}=(k_1-k'_1)\boldsymbol{a}_1+\cdots+(k_r-k'_r)\boldsymbol{a}_r+k_{r+1}\boldsymbol{u}_1+\cdots+ k_{r+s}\boldsymbol{u}_s-k'_{r+1}\boldsymbol{v}_1-\cdots-k'_{r+t}\boldsymbol{v}_t$$

由 M 的线性无关性，得出向量组 $\boldsymbol{a}_1,\cdots,\boldsymbol{a}_r,\boldsymbol{u}_1,\cdots,\boldsymbol{u}_s,\boldsymbol{v}_1,\cdots,\boldsymbol{v}_t$ 线性无关，从而由上面的等式得出

$$k_1-k'_1=k_2-k'_2=\cdots=k_r-k'_r=k_{r+1}=\cdots=k_{r+s}=k'_{r+1}=\cdots=k'_{r+t}=0$$

于是 $\boldsymbol{b}=k_1\boldsymbol{a}_1+k_2\boldsymbol{a}_2+\cdots+k_r\boldsymbol{a}_r$ 是 $\boldsymbol{b}$ 由向量集 M 线性表出的唯一方式.

必要性. 在表出方式是唯一的情况下假设向量集 M 线性相关，则 M 有一个有限子集 $\{\boldsymbol{a}_1,\boldsymbol{a}_2,\cdots,\boldsymbol{a}_s\}$ 向量组线性相关，于是存在 K 中的不全为 0 的数 k_1，$k_2,\cdots,k_s$ 使得

$$\boldsymbol{0}=k_1\boldsymbol{a}_1+k_2\boldsymbol{a}_2+\cdots+k_s\boldsymbol{a}_s \quad (1.4.6)$$

既然 $\boldsymbol{b}$ 可由 M 线性表出，于是可令

$$\boldsymbol{b}=h_1\boldsymbol{a}_1+h_2\boldsymbol{a}_2+\cdots+h_s\boldsymbol{a}_s+h_{s+1}\boldsymbol{u}_1+h_{s+2}\boldsymbol{u}_2+\cdots+h_{s+t}\boldsymbol{u}_s \quad (1.4.7)$$

其中 $h_i\geqslant 0(i=1,2,\cdots,s)$. 式(1.4.6) 和式(1.4.7) 相加，得

$$\boldsymbol{b}=(k_1+h_1)\boldsymbol{a}_1+(k_2+h_2)\boldsymbol{a}_2+\cdots+(k_s+h_s)\boldsymbol{a}_s+h_{s+1}\boldsymbol{u}_1+h_{s+2}\boldsymbol{u}_2+\cdots+h_{s+t}\boldsymbol{u}_t \quad (1.4.8)$$

既然 $k_1,k_2,\cdots,k_s$ 不全为 0，因此有序数组

$$(h_1,\cdots,h_s,h_{s+1}\cdots,h_{s+t})\neq(k_1+h_1,\cdots,k_s+h_s,h_{s+1},\cdots,h_{s+t})$$

这样，就得到了 $\boldsymbol{b}$ 的两种线性表出方式(1.4.7) 和(1.4.8)，这与假设矛盾. 故向量集 M 线性无关.

最后我们指出，因为向量 $\boldsymbol{b}$ 由向量组 M 线性表出的定义是 $\boldsymbol{b}$ 可以由 M 中有

限多个向量线性表出，因此只要讨论一个向量由一个向量组线性表出的问题就可以了.

1.5 向量组的等价

给定一个向量集合，时常可以挑出不只一个的线性无关向量组，为了比较这些线性无关向量组的联系，我们约定称两组向量为等价的，如果任一组中的每一向量都能以另一组中的向量的线性组合表示出来.

如此，在平面上取三个向量 $\boldsymbol{x},\boldsymbol{y},\boldsymbol{z}$，以 $\boldsymbol{z}=\boldsymbol{x}+\boldsymbol{y}$ 这关系联系着，则向量组 $\{\boldsymbol{x},\boldsymbol{y}\}$，$\{\boldsymbol{x},\boldsymbol{y},\boldsymbol{z}\}$，以及 $\{\boldsymbol{y},\boldsymbol{z}\}$ 彼此都是等价的.

例如前两组的等价可由以下各等式的成立推知

$$\boldsymbol{x}=1\cdot\boldsymbol{x},\boldsymbol{y}=1\cdot\boldsymbol{y}$$

$$\boldsymbol{x}=1\cdot\boldsymbol{x},\boldsymbol{y}=1\cdot\boldsymbol{y},\boldsymbol{z}=\boldsymbol{x}+\boldsymbol{y}$$

这就是说，这两组向量每组中的每一个向量都是另一组中的向量的线性组合.

如果向量组 $\{\boldsymbol{a}_1,\boldsymbol{a}_2,\cdots,\boldsymbol{a}_n\}$ 与 $\{\boldsymbol{b}_1,\boldsymbol{b}_2,\cdots,\boldsymbol{b}_m\}$ 等价，那么以记号

$$\{\boldsymbol{a}_1,\boldsymbol{a}_2,\cdots,\boldsymbol{a}_n\}\cong\{\boldsymbol{b}_1,\boldsymbol{b}_2,\cdots,\boldsymbol{b}_m\}$$

表之.

如上定义的等价性具有以下诸性质：

(1) 反身性：每组向量都与其本身等价.

(2) 对称性：如果第一组向量与第二组向量等价，那么第二组向量也与第一组向量等价.

(3) 传递性：如果两组向量每组都同第三组向量等价，那么该两组向量亦彼此等价.

我们仅仅证明这些性质中的最后一个. 向量组等价的传递性是由于线性表出具有传递性. 即，若向量组 $\boldsymbol{a}_1,\boldsymbol{a}_2,\cdots,\boldsymbol{a}_n$ 可以由向量组 $\boldsymbol{b}_1,\boldsymbol{b}_2,\cdots,\boldsymbol{b}_m$ 线性表出，而 $\boldsymbol{b}_1,\boldsymbol{b}_2,\cdots,\boldsymbol{b}_m$ 又可由 $\boldsymbol{c}_1,\boldsymbol{c}_2,\cdots,\boldsymbol{c}_r$ 线性表出，则向量组 $\boldsymbol{a}_1,\boldsymbol{a}_2,\cdots,\boldsymbol{a}_n$ 必定可以由向量组 $\boldsymbol{c}_1,\boldsymbol{c}_2,\cdots,\boldsymbol{c}_r$ 线性表出. 理由如下：向量组 $\boldsymbol{a}_1,\boldsymbol{a}_2,\cdots,\boldsymbol{a}_n$ 中任取一个向量 $\boldsymbol{a}_i$，由于 $\boldsymbol{a}_i$ 可由 $\boldsymbol{b}_1,\boldsymbol{b}_2,\cdots,\boldsymbol{b}_m$ 线性表出，因此可写为 $\boldsymbol{b}_i=\sum\limits_{j=1}^{m}k_j\boldsymbol{b}_j$. 又由于 $\boldsymbol{b}_1,\boldsymbol{b}_2,\cdots,\boldsymbol{b}_m$ 的任何一个可由 $\boldsymbol{c}_1,\boldsymbol{c}_2,\cdots,\boldsymbol{c}_r$ 线性表出，因此 $\boldsymbol{b}_j=\sum\limits_{t=1}^{r}h_{jt}\boldsymbol{c}_t$，$j=1,2,\cdots,m$. 从而

$$\boldsymbol{a}_i=\sum_{j=1}^{m}k_j\boldsymbol{b}_j=\sum_{j=1}^{m}k_j(\sum_{t=1}^{r}h_{jt}\boldsymbol{c}_t)=\sum_{t=1}^{r}(\sum_{j=1}^{m}k_j h_{jt})\boldsymbol{c}_t$$

这最后的等号即表明 $\boldsymbol{a}_i$ 可由 $\boldsymbol{c}_1,\boldsymbol{c}_2,\cdots,\boldsymbol{c}_r$ 线性表出. 因此向量组 $\boldsymbol{a}_1,\boldsymbol{a}_2,\cdots,\boldsymbol{a}_n$ 可由向量组 $\boldsymbol{c}_1,\boldsymbol{c}_2,\cdots,\boldsymbol{c}_r$ 线性表出.

由线性无关向量组的重要性质指示我们这重要定理：

定理 1.5.1(替换定理)　设有这样一组有限个线性无关向量 $\boldsymbol{a}_1,\boldsymbol{a}_2,\cdots,\boldsymbol{a}_n$,其中每一个向量都是另一向量组 M 中的向量的线性组合. 则 M 中向量的个数不能少于 n,并且可以将 M 中的 n 个向量代之以 $\boldsymbol{a}_1,\boldsymbol{a}_2,\cdots,\boldsymbol{a}_n$ 诸向量,使替换后所得的这个向量组 M' 与原来那组 M 等价.

证明　在这定理的陈述中既然有一个自然数 n—— 即所考虑的这有限组中元素的个数 —— 所以很自然地宜采用归纳法来证明.

我们由 $n=1$ 这情况开始,这时候第一组只由一个向量所组成,由线性无关推知 $\boldsymbol{a}_1\neq\boldsymbol{0}$. 另外,按定理的条件也可以把向量 $\boldsymbol{a}_1$ 表为 M 中的某几个向量 $\boldsymbol{m}_1$,$\boldsymbol{m}_2,\cdots,\boldsymbol{m}_s$ 的线性组合

$$\boldsymbol{a}_1=k_1\boldsymbol{m}_1+k_2\boldsymbol{m}_2+\cdots+k_s\boldsymbol{m}_s$$

由此已经知道在 M 组里应该至少有一个向量,即定理的第一句断语在当前这场合是对的. 此外,既然 $\boldsymbol{a}_1\neq\boldsymbol{0}$,则系数 $k_1,k_2,\cdots,k_s$ 中应该至少有一个,比方说 k_1,是异于零的(如若不然,则该线性组合将等于零而不等于 $\boldsymbol{a}_1$ 了). 如果 $k_1\neq 0$,则上面所写等式可改写为

$$\boldsymbol{m}_1=\frac{1}{k_1}\boldsymbol{a}_1-\frac{k_2}{k_1}\boldsymbol{m}_2-\cdots-\frac{k_s}{k_1}\boldsymbol{m}_s$$

但现在立刻可以看出,由 M 组中以向量 $\boldsymbol{a}_1$ 替换向量 $\boldsymbol{m}_1$ 所得的 M' 组将与 M 组等价.

事实上,如果我们取 M 组的任一向量,则可以有两种情形,亦只有两种情形：

(a) 选取一个向量 $\boldsymbol{x}$ 异于 $\boldsymbol{m}_1$;但这时候它亦属于 M' 组,因为我们在做替换时没有把它丢弃掉. 等式 $\boldsymbol{x}=1\boldsymbol{x}$ 就指明向量 $\boldsymbol{x}$ 是 M' 组的向量的线性组合.

(b) 所选出的向量 $\boldsymbol{x}=\boldsymbol{m}_1$. 但在这场合我们有

$$\boldsymbol{m}_1=\frac{1}{k_1}\boldsymbol{a}_1-\frac{k_2}{k_1}\boldsymbol{m}_2-\cdots-\frac{k_s}{k_1}\boldsymbol{m}_s$$

这也指明它是 M' 组的向量的线性组合.

反之,如果取 M' 组的任一向量 $\boldsymbol{x}$,则又可能有两种场合：

(a) $\boldsymbol{x}\neq\boldsymbol{a}_1$.

(b) $\boldsymbol{x}=\boldsymbol{a}_1$.

在这些场合中等式 $\boldsymbol{x}=\boldsymbol{x}$ 及 $\boldsymbol{x}=\boldsymbol{a}_1=k_1\boldsymbol{m}_1+k_2\boldsymbol{m}_2+\cdots+k_s\boldsymbol{m}_s$ 就把向量 $\boldsymbol{x}$

以 M 中向量的线性组合表示出来了.如此 M 与 M' 两组的等价性的证明乃告完成.

现在转到任意的 $n>1$ 的情况,假设我们这定理在所给线性无关组包含 $n-1$ 个向量的时候已经证明.在这假设下我们来证明两句话对 n 个向量的场合亦正确.

若由所给这组向量 $\boldsymbol{a}_1,\cdots,\boldsymbol{a}_{n-1},\boldsymbol{a}_n$ 中除出最后一个向量 $\boldsymbol{a}_n$,则剩下一组 $n-1$ 个向量,这组仍然是线性无关的并且其每个向量都是 M 组中向量的线性组合.因此由归纳法的假设推知 M 组的向量个数 $\geqslant n-1$ 并且这组中 $n-1$ 个向量可代之以向量 $\boldsymbol{a}_1,\cdots,\boldsymbol{a}_{n-1}$,而这样替换后所得的 M'' 组与 M 组等价.现在我们来考虑向量 $\boldsymbol{a}_n$.它按定理的条件是 M 组中向量的线性组合,既然 M 组与 M'' 组等价,故它亦是后一组中向量的线性组合.在这些向量中亦可算进 $\boldsymbol{a}_1,\cdots,\boldsymbol{a}_{n-1}$ 诸向量,如此,则 $\boldsymbol{a}_n=k_1\boldsymbol{a}_1+\cdots+k_{n-1}\boldsymbol{a}_{n-1}+h_1\boldsymbol{m}_1+\cdots+h_s\boldsymbol{m}_s$,这里 $\boldsymbol{m}_1,\cdots,\boldsymbol{m}_s$ 可以是原组 M 中的参加到这式子中来的向量.我们来证明,在 $\boldsymbol{a}_n$ 的系数不全等于零的表出式里至少含有一个这样的向量.

由所证明的这个事实告诉我们,在 M'' 组里至少有一个向量 $\boldsymbol{m}$ 异于向量 $\boldsymbol{a}_1,\cdots,\boldsymbol{a}_{n-1}$.但这就表示在 M 组中向量的个数是不小于 n 的.此外,重复 $n=1$ 这场合的证明推知 M'' 组的一个向量 $\boldsymbol{m}_i$ 可代之以向量 $\boldsymbol{m}_n$,使替代后所得 M' 组与 M'' 组等价.从而可知 M 组与 M' 组是等价的并且 M' 组是从 M 组以向量 $\boldsymbol{a}_1,\cdots,\boldsymbol{a}_n$.替代其 n 个向量而得的,如此这定理的第二句话也证明正确了.

我们强调指明,在这定理中并不是说 M 组中任何 n 个向量都能以 $\boldsymbol{a}_1,\cdots,\boldsymbol{a}_n$ 诸向量来替代.由证明可以看出,在每一替换阶段中能替换的只有那些进到所考虑的带异于零的系数的关系中的那些向量.至于究竟哪些向量将具有这些性质,则在一般场合是不能预先说出的.在证明中所引用的论证只说明了至少必定有一个这样的向量存在.

所说明的这定理的含义可由它的一些推论来阐明.首先我们指出这样一个推论:

推论 1 如果 M 组的每个向量都是一组有限个向量 $\boldsymbol{b}_1,\boldsymbol{b}_2,\cdots,\boldsymbol{b}_m$ 的线性组合,那么 M 组的任何线性无关部分都不能含有 m 个以上的向量.

事实上,如果 $\boldsymbol{a}_1,\boldsymbol{a}_2,\cdots,\boldsymbol{a}_n$ 是 M 组的一个线性无关部分,那么对它及对 $\boldsymbol{b}_1,\boldsymbol{b}_2,\cdots,\boldsymbol{b}_m$ 诸向量所成的组可应用替换定理,由此推得 $n\leqslant m$.

这结果可以应用到数向量空间这特例上:在第 6 章,§2 的 2.1 目中我们已经知道每个 n 维的数向量都能表为固定向量 $\boldsymbol{e}_1,\cdots,\boldsymbol{e}_n$ 的线性组合.所以由刚才所指出的替换定理的推论,n 维数向量的任何线性无关组不能含有 n 个以上的向量.

替换定理的另一重要推论是下面这命题：

推论 2 如果有限个向量组 $\boldsymbol{b}_1,\boldsymbol{b}_2,\cdots,\boldsymbol{b}_m$ 与 $\boldsymbol{c}_1,\boldsymbol{c}_2,\cdots,\boldsymbol{c}_p$ 是线性无关的并且是等价的，则两组中的元的个数相同：$m=p$.

证明 两组的等价性与每组的独立性使我们能应用替换定理两次：一次取第一组作集合 $\boldsymbol{a}_1,\boldsymbol{a}_2,\cdots,\boldsymbol{a}_n$，第二组作 M；另一次则反过来. 如此得到关于两组的元数的两个不等式：$m\leqslant p$ 与 $p\leqslant m$. 由此立刻可以推出所要证明的等式.

1.6 极大线性无关组·向量组的秩

现在来考虑我们所给空间中任意一个向量集合并且以一切可能方法由其中来选出有限线性无关部分. 这时候逻辑上有两种可能情形：或者是能选出部分有任意大数目的向量的线性无关部分；或者是每一这种部分的向量数目永不超过某数 n. 由上目所提及的关于 n 维数空间的话告诉我们，在数向量的场合只有第二种情形可以实现. 我们已经知道（参考得出定义 1.4.2 的例子），第一种场合亦不只是逻辑上的可能性而已.

今设 M 是线性空间 L 的任意一个向量集合（M 可以与整个空间重合）并且设 $\boldsymbol{a}_1,\cdots,\boldsymbol{a}_n$ 是集合 M 的任意一个有限线性无关向量组. 如果在 M 上添加任一向量（如果还有的话）就使它失去线性无关性的话，那么我们称它是集合 M 中的一个极大线性无关组.

对这样的向量组我们有下面这个定理：

定理 1.6.1 集合 M 中的一个线性无关向量组 $\boldsymbol{a}_1,\cdots,\boldsymbol{a}_n$ 在它与整个集合 M 等价的时候，亦只有在这时候，乃成为 M 的极大线性无关组. 如果 $\boldsymbol{a}_1,\cdots,\boldsymbol{a}_n$ 与 $\boldsymbol{b}_1,\cdots,\boldsymbol{b}_m$ 是集合 M 中两个极大线性无关向量组，那么两组所含向量个数相同：$m=n$.

由于上目所证明的等价线性无关组的替换定理推论，亦易看出第二句话可立刻由第一句话推出. 第一句话的证明如下：

1) 设 $\boldsymbol{a}_1,\cdots,\boldsymbol{a}_n$ 这个组是集合 M 的极大线性无关向量组；所有它的向量都能以集合 M 中的向量的线性组合表示出来. 如果 $\boldsymbol{x}$ 是 M 中的任一个向量，那么 $\boldsymbol{a}_1,\cdots,\boldsymbol{a}_n,\boldsymbol{x}$ 这一组向量已经是线性相关的. 所以应该存在有一个这些向量间的等于零的线性组合

$$k_1\boldsymbol{a}_1+\cdots+k_n\boldsymbol{a}_n+h_1\boldsymbol{m}_1+\cdots+k\boldsymbol{x}=\boldsymbol{0}$$

而它至少有一个异于零的系数. 但容易看出，k 不能等于零，因为如若这样，则将有另一系数异于零而 $\boldsymbol{a}_1,\cdots,\boldsymbol{a}_n$ 诸向量将不管当初的假设而成为线性相关的了. 这也就是说，向量

$$x=-\frac{k_1}{k}a_1-\frac{k_2}{k}a_2-\cdots-\frac{k_n}{k}a_n$$

既然 x 是 M 中的一个任意的向量，则 M 中的向量都能以 $a_1,\cdots,a_n$ 这组向量的线性组合表示出来.

2) 反之，设集合 M 的一个线性无关向量组 $a_1,\cdots,a_n$ 与整个集合等价. 于是集合 M 的任一向量 x 将为所给这组向量的一个线性组合

$$x=k_1a_1+\cdots+k_na_n \text{ 或 } 1x-k_1a_1-\cdots-k_na_n=\mathbf{0}$$

既然这线性组合等于零，而它的系数不全等于零，则 $a_1,\cdots,a_n,x$ 这组向量不能是线性无关的，这就是所要证明的.

定理 1.6.1 的第二部分引导我们得出一个重要的概念如下：

定义 1.6.1 向量组的一个极大线性无关组所含向量的个数称为这个向量组的秩.

换句话说，所谓向量集合 M 的秩是指这集合中的线性无关向量的最大数. 我们采用记号 rank M 表示向量组 M 的秩.

作为规定，一个全是零向量所成的向量组，我们就说它的秩数等于零. 再，如果在定义 1.6.1 的意义下的秩数不存在(如定义 1.4.2 所示)，那么我们说这秩数是无穷的.

向量组的秩常常可以判断向量组是否线性相关：

定理 1.6.2 向量组 $a_1,\cdots,a_n$ 线性无关的充分必要条件是，它的秩等于它所含向量的个数.

事实上，向量组 $a_1,\cdots,a_n$ 线性无关，当且仅当向量组 $a_1,\cdots,a_n$ 的极大线性无关组是它自身，而这即是说 $\operatorname{rank}\{a_1,\cdots,a_n\}=n$.

如何比较两个向量组的秩的大小？

定理 1.6.3 如果向量组 M 可以由向量组 M' 线性表出，那么 $\operatorname{rank} M\leqslant \operatorname{rank} M'$.

证明 向量组 M 与它的一个极大线性无关组 M_1 等价；向量组 M' 与它的极大线性无关组 M'_1 等价由于向量组 M 可以由量组 M' 线性表出，因此从向量组等价的定义以及线性表出的传递性得，M_1 可以由 M'_1 线性表出. 又由于 M_1 线性无关，因此根据定理 1.5.1 的推论 1 得，M_1 所含向量的个数小于或等于 M'_1 所含向量的个数，于是 $\operatorname{rank} M\leqslant \operatorname{rank} M'$.

从定理 1.6.3 立即得到：

推论 1 等价的向量组有相等的秩.

这个推论，我们曾经以另外的方式得到过(替换定理的推论 2).

注　秩相等的两个向量组不一定等价. 例如,三维几何空间中,Σ_1 和 Σ_2 是过定点 O 的两个相交平面,如图 1 所示,平面 Σ_1 上的向量组 $\boldsymbol{a}_1,\boldsymbol{a}_2$ 的秩为 2;平面 Σ_2 上的向量组 $\boldsymbol{b}_1,\boldsymbol{b}_2$ 的秩为 2. 但是向量组 $\boldsymbol{b}_1,\boldsymbol{b}_2$ 不能由向量组 $\boldsymbol{a}_1,\boldsymbol{a}_2$ 线性表出,因此这两个向量组不等价. 那么,秩相等的两个向量组还要满足什么条件,它们才等价呢? 下面的命题回答了这个问题:

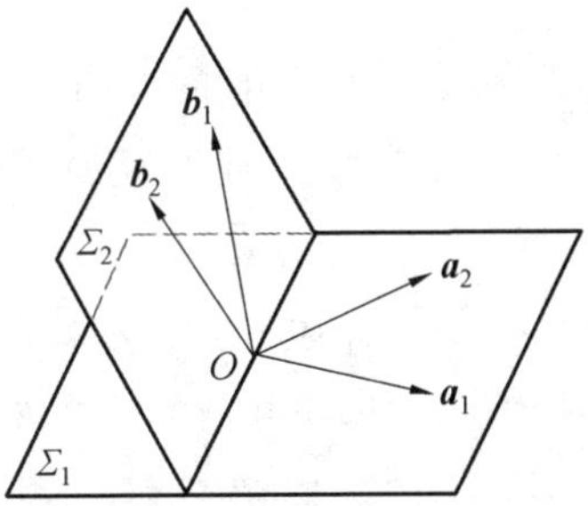

图 1

定理 1.6.4　两个向量组等价的充分必要条件是:它们的秩相等并且其中一个向量组可以由另外一个向量组线性表出.

证明　必要性. 由推论 1 和向量组等价的定义立即得出.

充分性. 设向量组 M 与向量组 M' 的秩相等,且向量组 M 可以由向量 M' 线性表出. 设 $\boldsymbol{a}_1,\cdots,\boldsymbol{a}_r$ 与 $\boldsymbol{b}_1,\cdots,\boldsymbol{b}_r$ 分别是向量组 M 与 M' 的一个极大线性无关组. 则 $\boldsymbol{a}_1,\cdots,\boldsymbol{a}_r$ 可以由向量组 M 线性表出. 向量组 M' 可以由 $\boldsymbol{b}_1,\cdots,\boldsymbol{b}_r$ 线性表出. 又已知 M 可以由 M' 线性表出,因此 $\boldsymbol{a}_1,\cdots,\boldsymbol{a}_r$ 可以由 $\boldsymbol{b}_1,\cdots,\boldsymbol{b}_r$ 线性表出. 任取 $\boldsymbol{b}_j(j=1,2,\cdots,r)$,则 $\boldsymbol{a}_1,\cdots,\boldsymbol{a}_r,\boldsymbol{b}_j$ 可以由 $\boldsymbol{b}_1,\cdots,\boldsymbol{b}_r$ 线性表出. 于是根据定理 1.6.3 得

$$\mathrm{rank}\{\boldsymbol{a}_1,\cdots,\boldsymbol{a}_r,\boldsymbol{b}_j\}\leqslant \mathrm{rank}\{\boldsymbol{b}_1,\cdots,\boldsymbol{b}_r\}=r<r+1$$

根据定理 1.6.2 得,向量组 $\boldsymbol{a}_1,\cdots,\boldsymbol{a}_r,\boldsymbol{b}_j$ 线性相关. 又由于 $\boldsymbol{a}_1,\cdots,\boldsymbol{a}_r$ 线性无关,因此 $\boldsymbol{b}_j$ 可以由 $\boldsymbol{a}_1,\cdots,\boldsymbol{a}_r$ 线性表出. 从而 $\boldsymbol{b}_1,\cdots,\boldsymbol{b}_r$ 可以由 $\boldsymbol{a}_1,\cdots,\boldsymbol{a}_r$ 线性表出. 于是向量组 M' 可以由向量组 M 线性表出,所以向量组 M 与向量组 M' 等价.

从定理 1.6.4 立即得出:

推论 2　如果向量组 $\boldsymbol{a}_1,\cdots,\boldsymbol{a}_r$ 与向量组 $\boldsymbol{a}_1,\cdots,\boldsymbol{a}_r,\boldsymbol{b}$ 有相等的秩,那么向量 $\boldsymbol{b}$ 可以由向量组 $\boldsymbol{a}_1,\cdots,\boldsymbol{a}_r$ 线性表出.

定理 1.6.5　设向量组 $\boldsymbol{b}_1,\boldsymbol{b}_2,\cdots,\boldsymbol{b}_m$ 线性无关,向量 $\boldsymbol{a}$ 是它们的线性组合: $\boldsymbol{a}=k_1\boldsymbol{b}_1+k_2\boldsymbol{b}_2+\cdots+k_m\boldsymbol{b}_m$. 若 $k_i\neq 0$,则用 $\boldsymbol{a}$ 替换 $\boldsymbol{b}_i$ 后得到向量组

$$\boldsymbol{b}_1,\boldsymbol{b}_2,\cdots,\boldsymbol{b}_{i-1},\boldsymbol{a},\boldsymbol{b}_{i+1},\cdots,\boldsymbol{b}_m$$

也线性无关.

证明 在替换定理中,令 $n=1, M=\{\boldsymbol{b}_1,\boldsymbol{b}_2,\cdots,\boldsymbol{b}_m\}$,则 $M'=\{\boldsymbol{b}_1,\boldsymbol{b}_2,\cdots,\boldsymbol{b}_{i-1},\boldsymbol{a},\boldsymbol{b}_{i+1},\cdots,\boldsymbol{b}_m\}$ 与 M 等价. 既然 M 中极大线性无关向量组的个数为 m,故其秩为 m. 按定理 1.6.4,M' 的秩亦为 m. 按定理 1.6.2,向量组

$$\boldsymbol{b}_1,\boldsymbol{b}_2,\cdots,\boldsymbol{b}_{i-1},\boldsymbol{a},\boldsymbol{b}_{i+1},\cdots,\boldsymbol{b}_m$$

线性无关.

下面这个定理直观看是显然的,但是它的证明并不容易.

定理 1.6.6 设向量组 M 的秩为 r,那么 M 中任意 r 个线性无关的向量都构成它的一个极大线性无关组.

证明 设 $M=\{\boldsymbol{a}_1,\cdots,\boldsymbol{a}_n\}$ 且 $\boldsymbol{a}_{i_1},\boldsymbol{a}_{i_2},\cdots,\boldsymbol{a}_{i_r}$ 是它的一个极大线性无关组. 在 $\boldsymbol{a}_1,\cdots,\boldsymbol{a}_n$ 中任取 r 个线性无关的向量 $\boldsymbol{a}_{j_1},\boldsymbol{a}_{j_2},\cdots,\boldsymbol{a}_{j_r}$,在其余向量中任取 $\boldsymbol{a}_h$,由于 $\boldsymbol{a}_{j_1},\boldsymbol{a}_{j_2},\cdots,\boldsymbol{a}_{j_r},\boldsymbol{a}_h$ 可以由 $\boldsymbol{a}_{i_1},\boldsymbol{a}_{i_2},\cdots,\boldsymbol{a}_{i_r}$ 线性表出,因此根据替换定理之推论 1 得,$\boldsymbol{a}_{j_1},\boldsymbol{a}_{j_2},\cdots,\boldsymbol{a}_{j_r},\boldsymbol{a}_h$ 线性相关. 从而 $\boldsymbol{a}_{j_1},\boldsymbol{a}_{j_2},\cdots,\boldsymbol{a}_{j_r}$ 是向量组 M 的一个极大线性无关组.

定理 1.6.7 如果不含零向量的向量组 M 的极大线性无关组只有一个,那么这个向量组线性无关.

证明 设 $M=\{\boldsymbol{a}_1,\cdots,\boldsymbol{a}_n\}$,如果向量组 M 线性相关,那么它的秩 $r<n$. 设 $\boldsymbol{a}_{i_1},\boldsymbol{a}_{i_2},\cdots,\boldsymbol{a}_{i_r}$ 是向量组 M 的一个极大线性无关组,则存在 $\boldsymbol{a}_j\notin\{\boldsymbol{a}_{i_1},\boldsymbol{a}_{i_2},\cdots,\boldsymbol{a}_{i_r}\}$,使得 $\boldsymbol{a}_{i_1},\boldsymbol{a}_{i_2},\cdots,\boldsymbol{a}_{i_r},\boldsymbol{a}_j$ 线性相关. 从而可写 $\boldsymbol{a}_j=k_1\boldsymbol{a}_{i_1}+k_2\boldsymbol{a}_{i_2}+\cdots+k_r\boldsymbol{a}_{i_r}$. 由于 $\boldsymbol{a}_j\neq\boldsymbol{0}$,因此存在 $k_h\neq 0$. 于是根据定理 1.6.7 得,$\boldsymbol{a}_{i_1},\boldsymbol{a}_{i_2},\cdots,\boldsymbol{a}_{i_{h-1}},\boldsymbol{a}_j,\boldsymbol{a}_{i_{h+1}},\cdots,\boldsymbol{a}_{i_r}$ 也线性无关. 从而根据定理 1.6.6 得,$\boldsymbol{a}_{i_1},\boldsymbol{a}_{i_2},\cdots,\boldsymbol{a}_{i_{h-1}},\boldsymbol{a}_j,\boldsymbol{a}_{i_{h+1}},\cdots,\boldsymbol{a}_{i_r}$ 也是向量组 M 的一个极大线性无关组,这与已知条件矛盾. 因此向量组 $\boldsymbol{a}_1,\cdots,\boldsymbol{a}_n$ 线性无关.

这个定理表明,不含零向量的向量组如果线性相关,那么它的极大线性无关组肯定不只一个.

1.7 关于线性空间定义中公理的独立性

研究线性空间中的定义 1.1.1,我们有如下结论:

1° 加法交换律 Ⅰa) 可由其余 7 条公理推得.

2° 公理 Ⅰb)—Ⅴ 彼此独立,每一条均不可取消.

先证 1°:设 $\boldsymbol{a},\boldsymbol{b}$ 是线性空间 L 的任一向量,按 Ⅰb),Ⅳb) 及 Ⅳc) 有

$$\begin{aligned}2(\boldsymbol{a}+\boldsymbol{b})&=2\boldsymbol{a}+2\boldsymbol{b}\\&=(1+1)\boldsymbol{a}+(1+1)\boldsymbol{b}\end{aligned}$$

$$
\begin{aligned}
&=(1\boldsymbol{a}+1\boldsymbol{a})+(1\boldsymbol{b}+1\boldsymbol{b})\\
&=(\boldsymbol{a}+\boldsymbol{a})+(\boldsymbol{b}+\boldsymbol{b})\\
&=\boldsymbol{a}+(\boldsymbol{a}+\boldsymbol{b})+\boldsymbol{b}
\end{aligned}
$$

又

$$
\begin{aligned}
2(\boldsymbol{a}+\boldsymbol{b})&=(1+1)(\boldsymbol{a}+\boldsymbol{b})\\
&=1(\boldsymbol{a}+\boldsymbol{b})+1(\boldsymbol{a}+\boldsymbol{b})\\
&=(\boldsymbol{a}+\boldsymbol{b})+(\boldsymbol{a}+\boldsymbol{b})\\
&=\boldsymbol{a}+(\boldsymbol{b}+\boldsymbol{a})+\boldsymbol{b}
\end{aligned}
$$

因此

$$\boldsymbol{a}+(\boldsymbol{a}+\boldsymbol{b})+\boldsymbol{b}=\boldsymbol{a}+(\boldsymbol{b}+\boldsymbol{a})+\boldsymbol{b} \tag{1.7.1}$$

于是，由 Ⅱ，Ⅲ 以及 Ⅰb) 在等式(1.7.1) 两边分别用$(-\boldsymbol{a})$左加，$(-\boldsymbol{b})$右加，即得 $\boldsymbol{a}+\boldsymbol{b}=\boldsymbol{b}+\boldsymbol{a}$.

我们将用 7 个例子来证明结论 2° 的正确性. 这些例子分别说明公理 Ⅰb)—Ⅴ 中的每一条均不能由其余各条推出.

例 1 不能取消 Ⅲ 的例子. 设线性空间 $L=\{\boldsymbol{e},\boldsymbol{a}\}$ 定义在实数域 $\mathbf{R}$ 上的，相应的加法及数乘运算法则定义为：对于任意的 $k\in\mathbf{R},\boldsymbol{a}\in L$.

+	$\boldsymbol{e}$	$\boldsymbol{a}$
$\boldsymbol{e}$	$\boldsymbol{e}$	$\boldsymbol{a}$
$\boldsymbol{a}$	$\boldsymbol{a}$	$\boldsymbol{a}$

$$k\cdot\boldsymbol{a}=\boldsymbol{a}$$

则除 Ⅲ 以外的各条均满秩，但 Ⅲ 不满足，因而 L 不是数域 $\mathbf{R}$ 上的向量空间. 事实上，Ⅰa)，Ⅰb) 易直接验证；$\boldsymbol{e}$ 是 L 的零向量. 至于关于数乘的后 4 条，只需注意到：$\boldsymbol{x}+\boldsymbol{x}=\boldsymbol{x}(\boldsymbol{x}=\boldsymbol{e},\boldsymbol{a})$ 在 L 中恒成立，则由数乘运算的定义，即知满足. 但 $\boldsymbol{a}$ 没有负元.

例 2 说明不能取消 Ⅱ 的例子. 设 $L=\{\boldsymbol{e},\boldsymbol{a},\boldsymbol{b}\}$，基域为实数域. L 的加法定义为

+	$\boldsymbol{e}$	$\boldsymbol{a}$	$\boldsymbol{b}$
$\boldsymbol{e}$	$\boldsymbol{e}$	$\boldsymbol{a}$	$\boldsymbol{a}$
$\boldsymbol{a}$	$\boldsymbol{a}$	$\boldsymbol{a}$	$\boldsymbol{a}$
$\boldsymbol{b}$	$\boldsymbol{a}$	$\boldsymbol{a}$	$\boldsymbol{b}$

用 $k\cdot\boldsymbol{x}=\boldsymbol{x}$(对于任意的 $k\in\mathbf{R},\boldsymbol{x}\in L$) 定义数乘运算. 这时，$\boldsymbol{a}$ 作为 Ⅲ 中的固

定元 $\mathbf{0}$，即 $\boldsymbol{x} \in L$，有 $\boldsymbol{x}'$ 使 $\boldsymbol{x}'+\boldsymbol{x}=\boldsymbol{a}$. 但符合 Ⅱ 的零元在 L 中显然是不存在的.

例 3 说明不能取消 Ⅳa) 的例子. 取整个实数集 $\mathbf{R}$ 作为 L，基域 $K=\{\alpha+\beta\sqrt{2} \mid \alpha,\beta \in \mathbf{Q}\}$. L 中加法即通常加法. 数乘运算定义为：

对于任意的 $\alpha+\beta\sqrt{2} \in K$，$(\alpha+\beta\sqrt{2})\cdot \boldsymbol{a}=(\alpha+\beta)\cdot \boldsymbol{a}$（右边表示通常的乘法）.

由 $(\sqrt{2}\times\sqrt{2})\times 1=2\times 1=2$. 而 $\sqrt{2}\times(\sqrt{2}\times 1)=\sqrt{2}\times 1=1$，知道 Ⅳa) 不满足，但其余 7 条均满足.

例 4 说明不能取消 Ⅳb) 的例子. 设 $L=\{\boldsymbol{e},\boldsymbol{a}\}$，基域为实数域 $\mathbf{R}$，加法、数乘运算分别定义为：对于任意的 $k \in \mathbf{R}$，$\boldsymbol{a} \in L$

+	$\boldsymbol{e}$	$\boldsymbol{a}$
$\boldsymbol{e}$	$\boldsymbol{e}$	$\boldsymbol{a}$
$\boldsymbol{a}$	$\boldsymbol{a}$	$\boldsymbol{e}$

$$k\cdot \boldsymbol{a}=\boldsymbol{a}$$

则 $(1+1)\cdot \boldsymbol{a}=2\cdot \boldsymbol{a}\neq \boldsymbol{e}=\boldsymbol{a}\cdot \boldsymbol{a}=1\cdot \boldsymbol{a}+1\cdot \boldsymbol{a}$，这样 Ⅳb) 不满足，但其余各条均满足.

例 5 不能取消 Ⅴ 的例子. 如下定义的集合就是一例：平面上全体向量，对于普通的加法和如下定义的数乘运算：$k\cdot \boldsymbol{a}=\mathbf{0}$.

证明公理 Ⅰb) 独立的例子：

例 6 设 $L=\{\mathbf{0},\boldsymbol{a},\boldsymbol{b},\boldsymbol{c}\}$，基域为实数域. L 的加法定义为

+	$\mathbf{0}$	$\boldsymbol{a}$	$\boldsymbol{b}$	$\boldsymbol{c}$
$\mathbf{0}$	$\mathbf{0}$	$\boldsymbol{a}$	$\boldsymbol{b}$	$\boldsymbol{c}$
$\boldsymbol{a}$	$\boldsymbol{a}$	$\boldsymbol{a}$	$\mathbf{0}$	$\boldsymbol{a}$
$\boldsymbol{b}$	$\boldsymbol{b}$	$\mathbf{0}$	$\boldsymbol{b}$	$\mathbf{0}$
$\boldsymbol{c}$	$\boldsymbol{c}$	$\boldsymbol{a}$	$\mathbf{0}$	$\boldsymbol{c}$

数乘运算定义为：$k\cdot \boldsymbol{a}=\boldsymbol{a}$（对于任意 $k \in \mathbf{R}$，对于任意 $\boldsymbol{a} \in L$）.

因为 $(\boldsymbol{a}+\boldsymbol{b})+\boldsymbol{c}=\boldsymbol{c}\neq \boldsymbol{a}=\boldsymbol{a}+(\boldsymbol{b}+\boldsymbol{c})$. 所以不满足 Ⅰb)，且可验证其余各条公理均成立，从而得出 Ⅰb) 的独立性.

Ⅳc) 的独立性请读者自行完成.

最后，若将定义 1.1.1 中的 Ⅲ 更改为：

公理 Ⅲ′ 对任意的 $\boldsymbol{a} \in L$，存在一个向量 $\boldsymbol{a}' \in L$ 使得 $\boldsymbol{a}+\boldsymbol{a}'=\mathbf{0}$，则上述结论 1° 不成立. 如

例 7 取 $L=\{\boldsymbol{a}=\langle\alpha,\beta\rangle \mid \alpha、\beta\in\mathbf{R}\}$,基域为 $\mathbf{R}$. 并规定当且仅当 $\alpha=\gamma,\beta=\delta$ 时,$\langle\alpha,\beta\rangle=\langle\gamma,\delta\rangle$. L 中的加法定义为:

对于任意的 $\boldsymbol{a},\boldsymbol{b}\in L,\boldsymbol{a}+\boldsymbol{b}=\boldsymbol{b}$.

$\mathbf{R}$ 中数与 L 元素的乘法定义为:

对于任意的 $k\in\mathbf{R},\boldsymbol{a}\in L,k\boldsymbol{a}=\boldsymbol{a}$.

下面验证定义 1.1.1 中的各条是否成立:

定义中的第一条和第二条显然成立. 现在来验证第三条公理:

Ⅰ. a) 若 $\boldsymbol{a}\neq\boldsymbol{b}$,则 $\boldsymbol{a}+\boldsymbol{b}\neq\boldsymbol{b}+\boldsymbol{a}$,就是说加法交换律不成立;

Ⅰ. b) 对任意的 $\boldsymbol{a},\boldsymbol{b},\boldsymbol{c}\in L$,均有 $(\boldsymbol{a}+\boldsymbol{b})+\boldsymbol{c}=\boldsymbol{a}+(\boldsymbol{b}+\boldsymbol{c})$.

Ⅱ. 存在 $\mathbf{0}=\langle 0,0\rangle\in L$,使对于 L 的任意元素 $\boldsymbol{a}$ 都有 $\mathbf{0}+\boldsymbol{a}=\boldsymbol{a}$.

Ⅲ. 对于任意的 $\boldsymbol{a}\in L$,存在 $\mathbf{0}=\langle 0,0\rangle$,使 $\boldsymbol{a}+\mathbf{0}=\mathbf{0}$.

Ⅳ. a) 对于任意 $k_1,k_2\in\mathbf{R}$,对于任意 $\boldsymbol{a}\in L$,都有 $(k_1k_2)\boldsymbol{a}=k_1(k_2\boldsymbol{a})$.

Ⅳ. b) 对于任意 $k_1,k_2\in\mathbf{R}$,对于任意 $\boldsymbol{a}\in L$,都有 $(k_1+k_2)\boldsymbol{a}=k_1\boldsymbol{a}+k_2\boldsymbol{a}$.

Ⅳ. c) 对于任意 $k\in\mathbf{R}$,对于任意 $\boldsymbol{a},\boldsymbol{b}\in L$,都有 $k(\boldsymbol{a}+\boldsymbol{b})=k\boldsymbol{a}+k\boldsymbol{b}$.

Ⅴ. 对于 $\boldsymbol{a}\in L$,都有 $1\boldsymbol{a}=\boldsymbol{a}$.

因此,用 Ⅲ′ 更换 Ⅲ 之后,Ⅰ 中 a) 是独立的.

§2 线性空间的进一步研究

2.1 空间的基底

在 1.5 目的定理 1.5.1 使我们看到了,任何集合的任一极大线性无关向量组与整个集合等价. 在特例中,空间 L 的极大线性无关向量组 $\boldsymbol{a}_1,\boldsymbol{a}_2,\cdots,\boldsymbol{a}_n$ 与整个空间等价. 这就是说,这空间的任一向量 $\boldsymbol{x}$ 可以表示成我们这组向量的线性组合的形式

$$\boldsymbol{x}=x_1\boldsymbol{a}_1+x_2\boldsymbol{a}_3+\cdots+x_n\boldsymbol{a}_n$$

这里 x_i 是所考虑的数域中的数.

进一步由于向量组 $\boldsymbol{a}_1,\boldsymbol{a}_2,\cdots,\boldsymbol{a}_n$ 的线性无关性,这种表示方法还是唯一的(定理 1.3.1).

类似的情形,我们在 §1 平面向量的场合所注意到的,曾使我们能为平面向量引入坐标. 现在我们可以对数域 K 上的任意线性空间 L 来做这件事情.

定义 2.1.1 设 L 是数域 K 上的线性空间,L 中的一个子集 S 如果满足下

述两个条件：

1)S 是线性无关的.

2)L 的每一个向量可以由 S 中有限多个向量线性表出.

那么称 S 是 L 的一个基.

当 L 的一个基 S 是一个有限子集时，把这些向量按一种次序排成一个向量组($\boldsymbol{a}_1,\boldsymbol{a}_2,\cdots,\boldsymbol{a}_n$)，称($\boldsymbol{a}_1,\boldsymbol{a}_2,\cdots,\boldsymbol{a}_n$)是 L 的一个有序基，亦称为是 L 的一个坐标系.

只含有零向量的线性空间的一个基规定为空集.

注 1 在定义 2.1.1 的条件 2) 中为什么要求 L 中每一个向量可以由 S 中有限多个向量线性表出呢？这是因为在线性空间 L 的定义中，只规定了加法运算和数量乘法运算，因此在 L 中只能对有限多个向量求它们的线性组合. 在数学中，对无穷多个元素求和，需要极限这一处理无限过程的工具. 但极限的定义本身需要有距离的概念作为基础. 在我们的线性空间中，还没有引进度量概念，因此也就无法定义无穷多个向量的和，只能对有限多个向量求和. 于是在定义 2.1.1 的条件 2) 中要求“由 S 中有限多个向量线性表出” 这也是数学上处理无限问题的一种方法：加进“有限性” 条件. 在以后，我们将对于实数域上的线性空间引进度量概念，有了度量概念后，就可以有极限概念，这时才能讨论一个向量能不能由一个基(它含有无穷多个向量)“线性表出” 的问题.

注 2 若 S 是 L 的一个基，则不论 S 是否有限，均有：L 中每一个向量由 S 中的有限多个向量线性表出的方式唯一(参见定理 1.4.2 的证明).

线性空间的基还有另一种刻画. 为此，类比向量组的极大线性无关组的概念，引出下述概念：

定义 2.1.2 设 L 是数域 K 上的线性空间，L 的一个子集 S 如果满足下述两个条件：

1)S 是线性无关的.

2) 从 L 的其余向量(如果还有的话) 中任取一个添加进去，得到的新的一个子集都线性相关.

那么称 S 是 L 的一个极大线性无关集.

从定义 2.1.1 和定义 2.1.2 得到下述命题：

定理 2.1.1 设 L 是数域 K 上的线性空间，且 L 含有非零向量，则 L 中的一个子集 S 是 L 的一个基当且仅当 S 是 L 的一个极大线性无关集.

证明 必要性. 设 S 是 L 的一个基，则 S 是线性无关的. 从 L 的其余向量(如果还有的话) 中任取一个 $\boldsymbol{b}$ 添加进去，由于 S 是 L 的一个基，因此 $\boldsymbol{b}$ 可以由 S

中有限多个向量 $\boldsymbol{a}_1,\boldsymbol{a}_2,\cdots,\boldsymbol{a}_n$ 线性表出. 从而 $\boldsymbol{a}_1,\boldsymbol{a}_2,\cdots,\boldsymbol{a}_n,\boldsymbol{b}$ 线性相关. 于是 S 添加 $\boldsymbol{b}$ 后是线性相关的. 这证明了 S 是 L 的一个极大线性无关集.

充分性. 设 S 是 L 的一个极大线性无关集,则 S 是线性无关的. 假如 S 是空集,则从 L 中取一个向量 $\boldsymbol{b}$ 添加进去,得到的新的向量集 $\{\boldsymbol{b}\}$ 线性相关,于是 $\boldsymbol{b}=\mathbf{0}$,这与 L 含有非零向量矛盾. 因此 $S\neq\varnothing$. 从 L 中任取一个向量 $\boldsymbol{a}$,若 $\boldsymbol{a}$ 是 S 中的向量,则 $\boldsymbol{a}=1\boldsymbol{a}$;若 $\boldsymbol{a}$ 不是 S 中的向量,则根据定义 2.1.2,S 添加 $\boldsymbol{a}$ 后是线性相关的. 于是它们中有一组有限多个向量是线性相关的. 由于 S 线性无关,因此这组有限多个线性相关的向量必定含有 $\boldsymbol{a}$,即它们是 $\boldsymbol{a}_1,\boldsymbol{a}_2,\cdots,\boldsymbol{a}_m,\boldsymbol{a}$,其中 $\boldsymbol{a}_1,\boldsymbol{a}_2,\cdots,\boldsymbol{a}_m$ 是 S 中的向量. 由于 $\boldsymbol{a}_1,\boldsymbol{a}_2,\cdots,\boldsymbol{a}_m$ 线性无关,因此 $\boldsymbol{a}$ 可以由 $\boldsymbol{a}_1,\boldsymbol{a}_2,\cdots,\boldsymbol{a}_m$ 线性表出,即 $\boldsymbol{a}$ 可以由 S 中有限多个向量线性表出. 这证明了 S 是 L 的一个基.

数域 K 上的线性空间都有一个基吗? 回答是肯定的(证明需借助佐恩引理①). 即,我们有下述定理:

定理 2.1.2 任一数域上的任一线性空间 L 都有一个基.

证明 按照基的定义,要找出 L 的一个子集满足两个条件:第一个条件是这个子集是线性无关的,第二个条件是 L 中每一个向量都可以由这个子集线性表出. 为此我们把 L 中所有线性无关的向量集组成一个集合,记作 S. 显然 S 对于 L 的子集的真包含关系成为一个部分序集. 我们要在 S 中找一个元素,希望它满足上述第二个条件,直觉判断应找 L 的一个极大元素.

为了应用佐恩引理,任取 S 的一个全序子集 T,并设 $T=\{B_i\mid i\in I\}$,其中 I 为指标集. 去证 T 必有上界. 为此令

$$B=\bigcup_{i\in I}B_i=\{\boldsymbol{a}\mid\boldsymbol{a}\in B_i,i\in I\}$$

我们来证 B 的线性无关性. 假如不是这样,则 B 有一个有限子集 C 是线性相关的,设

$$C=\{\boldsymbol{a}_1,\boldsymbol{a}_2,\cdots,\boldsymbol{a}_r\}$$

并设 $\boldsymbol{a}_1\in B_{i_1},\cdots,\boldsymbol{a}_r\in B_{i_r}$,由于 T 是全序子集,因此在 $B_{i_1},\cdots,B_{i_r}$ 中必定有一个真包含了其余 $r-1$ 个. 不妨设它为 B_{i_r},于是 $C\subseteq B_{i_r}$. 由于 B 是线性无关的,因此 C 是线性无关的,与假设相矛盾. 这就证明了 B 是线性无关的. 从而 B 是 T 的一个上界,按佐恩引理 S 有一个极大元素 A,从而 A 是线性无关的向量集. 在 L 中任取一个向量 $\boldsymbol{a}$,若 $\boldsymbol{a}\in A$,则 $\boldsymbol{a}$ 可由 A 线性表出(因为 $\boldsymbol{a}=1\cdot\boldsymbol{a}$). 若 $\boldsymbol{a}\notin A$,则 $A\subset A\cup\{\boldsymbol{a}\}$. 由于 A 是 S 的一个极大元素,因此 $A\cup\{\boldsymbol{a}\}\notin S$,从而向量集

① 关于佐恩引理,参看《集合论》卷.

$A\cup\{\boldsymbol{a}\}$ 线性相关. 于是 $A\cup\{\boldsymbol{a}\}$ 有一个有限子集 A_1 是线性相关的，必有 $\boldsymbol{a}\in A_1$（否则，A_1 是 A 的子集，矛盾）. 由于 $A_1-\{\boldsymbol{a}\}\subseteq A$，因此 $A_1-\{\boldsymbol{a}\}$ 线性无关. 从而根据定理1.3.2得，$\boldsymbol{a}$ 可以由 $A_1-\{\boldsymbol{a}\}$ 线性表出. 因此. 可以由 A 线性表出. 综上所述得，A 是 L 的一个基.

既然任一域 K 上的任一线性空间都有一个基，因此我们引入下面的概念.

定义 2.1.3 设 L 是数域 K 上的线性空间，如果 L 有一个基由有限多个向量组成，那么称 L 是有限维的；如果 L 有一个基由无穷多个向量组成，那么称 L 是无限维的.

定理 2.1.3 如果线性空间是有限的，那么它的任意两个基所含向量的个数相等；若线性空间是无限维的，则它的任意一个基都由无穷多个向量组成.

证明 设 L 是我们考虑的空间. 先证定理的第一部分：若 L 只含零向量，则 L 的基是空集，从而命题成立. 下面设 L 含有非零向量，它的一个基为 $\boldsymbol{a}_1,\boldsymbol{a}_2,\cdots,\boldsymbol{a}_n$. 任取 L 的一个基 S. 假如 S 中向量的个数大于 n，则 S 中可取出 $n+1$ 个向量：$\boldsymbol{b}_1,\boldsymbol{b}_2,\cdots,\boldsymbol{b}_{n+1}$. 它们可以由基 $\boldsymbol{a}_1,\boldsymbol{a}_2,\cdots,\boldsymbol{a}_n$ 线性表出. 根据替换定理（定理1.5.1）的推论1得，$\boldsymbol{b}_1,\boldsymbol{b}_2,\cdots,\boldsymbol{b}_{n+1}$ 线性相关. 这与 S 线性无关矛盾. 因此 S 中向量的个数小于或等于 n. 设 S 由 $\boldsymbol{b}_1,\boldsymbol{b}_2,\cdots,\boldsymbol{b}_m$ 组成，由于 S 是 L 的一个基，因此 $\boldsymbol{a}_1,\boldsymbol{a}_2,\cdots,\boldsymbol{a}_n$ 可以由 $\boldsymbol{b}_1,\boldsymbol{b}_2,\cdots,\boldsymbol{b}_m$ 线性表出，即是向量组 $\boldsymbol{a}_1,\boldsymbol{a}_2,\cdots,\boldsymbol{a}_n$ 与向量组 $\boldsymbol{b}_1,\boldsymbol{b}_2,\cdots,\boldsymbol{b}_m$ 等价. 又由于它们都是线性无关的，$m=n$.

定理的第二部分可由第一部分得出：若无限维空间 L 有一个基为 $\boldsymbol{a}_1,\boldsymbol{a}_2,\cdots,\boldsymbol{a}_n$，则按第一部分 L 的任意一个基 S 都由 n 个向量组成，这与空间 L 是无限维的矛盾.

从定理2.1.3的推导过程可以看出：

推论 n 维线性空间中，任意 $n+1$ 个向量线性相关.

实数域 $\mathbf{R}$ 上的线性空间 $\mathbf{R}^{\mathbf{R}}$ 是无限维的. 理由如下：假如 $\mathbf{R}^{\mathbf{R}}$ 是有限维的. 取 $\mathbf{R}^{\mathbf{R}}$ 的一个基 $f_1(x),f_2(x),\cdots,f_n(x)$，则函数组 $\mathrm{e}^x,\mathrm{e}^{2x},\cdots,\mathrm{e}^{(n+1)x}$ 可以由 $f_1(x),f_2(x),\cdots,f_n(x)$ 线性表出. 于是根据替换定理（定理1.5.1）的推论1得 $\mathrm{e}^x,\mathrm{e}^{2x},\cdots,\mathrm{e}^{(n+1)x}$ 线性相关. 这与§1中1.4目中指出的"$\mathrm{e}^x,\mathrm{e}^{2x},\cdots,\mathrm{e}^{(n+1)x}$ 线性无关"矛盾. 因此 $\mathbf{R}^{\mathbf{R}}$ 是无限维的.

定理2.1.3隐含着下面的概念.

定义 2.1.4 设 L 是数域 K 上的线性空间. 若 L 是有限维的，则把 L 的一个基所含向量的个数称为 L 的维数，记作 $\dim_K L$，简记作 $\dim L$；若 L 是无限维的，则记 $\dim L=\infty$.

只含零向量的线性空间的维数为0.

在空间维数有限的情况下，定义2.1.1条件中的一个总是能导出另一个.

定理2.1.4 n 维线性空间中，任意 n 个线性无关的向量都是 L 的一个基.

证明 设 $\boldsymbol{a}_1,\boldsymbol{a}_2,\cdots,\boldsymbol{a}_n$ 是 n 维空间 L 中的一个线性无关的向量组，对于任意 $\boldsymbol{b}\in L$，由定理2.1.3的推论，向量组 $\boldsymbol{a}_1,\boldsymbol{a}_2,\cdots,\boldsymbol{a}_n,\boldsymbol{b}$ 线性相关，从而根据定理1.3.2，$\boldsymbol{b}$ 可由 $\boldsymbol{a}_1,\boldsymbol{a}_2,\cdots,\boldsymbol{a}_n$ 线性表出，按定义 $\boldsymbol{a}_1,\boldsymbol{a}_2,\cdots,\boldsymbol{a}_n$ 是 L 的一个基.

定理2.1.5 n 维线性空间 L 中，如果 L 的每一个向量都可以由向量组 $\boldsymbol{a}_1,\boldsymbol{a}_2,\cdots,\boldsymbol{a}_n$ 线性表出，那么 $\boldsymbol{a}_1,\boldsymbol{a}_2,\cdots,\boldsymbol{a}_n$ 是 L 的一个基.

证明 从 L 任取一个基 $\boldsymbol{b}_1,\boldsymbol{b}_2,\cdots,\boldsymbol{b}_n$. 按题设，$\boldsymbol{b}_1,\boldsymbol{b}_2,\cdots,\boldsymbol{b}_n$ 中的每一个都可由 $\boldsymbol{a}_1,\boldsymbol{a}_2,\cdots,\boldsymbol{a}_n$ 线性表出，因此

$$n=\mathrm{rank}\{\boldsymbol{b}_1,\boldsymbol{b}_2,\cdots,\boldsymbol{b}_n\}\leqslant \mathrm{rank}\{\boldsymbol{a}_1,\boldsymbol{a}_2,\cdots,\boldsymbol{a}_n\}\leqslant n$$

由此推得，$\mathrm{rank}\{\boldsymbol{a}_1,\boldsymbol{a}_2,\cdots,\boldsymbol{a}_n\}=n$，这就是说，向量组 $\boldsymbol{a}_1,\boldsymbol{a}_2,\cdots,\boldsymbol{a}_n$ 线性无关. 因此 $\boldsymbol{a}_1,\boldsymbol{a}_2,\cdots,\boldsymbol{a}_n$ 是 L 的一个基.

2.2 坐标·基底变换·坐标变换

现在我们来研究有限维线性空间. 我们把 n 维空间 L 的任一个基记为 $\boldsymbol{e}_1,\boldsymbol{e}_2,\cdots,\boldsymbol{e}_n$. 如果给了这样的基底，那么 L 的任一元素 $\boldsymbol{x}$ 可以用基中诸向量线性表示出来

$$\boldsymbol{x}=x_1\boldsymbol{e}_1+x_2\boldsymbol{e}_2+\cdots+x_n\boldsymbol{e}_n$$

这等式使得每个向量都与一组数 $x_1,x_2,\cdots,x_n$ 对应起来. 这些数组成的 n 元有序数组，我们称为向量 $\boldsymbol{x}$ 对基底 $\boldsymbol{e}_1,\boldsymbol{e}_2,\cdots,\boldsymbol{e}_n$ 的坐标. 显然，任何坐标值都与空间 L 的某一向量相应(当然，它们是从我们这空间所下定义的域上取来的).

线性空间基底的主要意义在于：在给定了基底之后，本来是抽象地给出空间里的线性运算，变成了数量的普通线性运算，也就是所取向量对于这个基底的坐标的线性运算. 即下面的定理成立：

定理2.2.1 空间 L 的两个向量相加相当于它们的坐标(对于任意的基)相加，向量乘上一个数相当于这个向量的一切坐标乘上这个数.

证明 设 $\boldsymbol{x}=\boldsymbol{e}_1x_1+\boldsymbol{e}_2x_2+\cdots+\boldsymbol{e}_nx_n$，$\boldsymbol{y}=\boldsymbol{e}_1y_1+\boldsymbol{e}_2y_2+\cdots+\boldsymbol{e}_ny_n$. 根据线性空间的公理，有

$$\boldsymbol{x}+\boldsymbol{y}=\boldsymbol{e}_1(x_1+y_1)+\boldsymbol{e}_2(x_2+y_2)+\cdots+\boldsymbol{e}_n(x_n+y_n)$$

$$k\boldsymbol{x}=kx_1\boldsymbol{e}_1+kx_2\boldsymbol{e}_2+\cdots+kx_n\boldsymbol{e}_n$$

证明完毕.

例如，数空间 K^n 中，向量

$$\boldsymbol{e}_1=(1,0,0,\cdots,0),\boldsymbol{e}_2=(0,1,0,\cdots,0),\cdots,\boldsymbol{e}_n=(0,0,0,\cdots,1)$$

是它的一个基底.对于 K^n 中任何向量 $\boldsymbol{a}=(a_1,a_2,\cdots,a_n)$,等式

$$\boldsymbol{a}=a_1(1,0,0,\cdots,0)+a_2(0,1,0,\cdots,0)+\cdots+a_n(0,0,0,\cdots,1)$$

显然成立.

在这里,数 $a_1,a_2,\cdots,a_n$ 即是向量 $\boldsymbol{a}$ 对于基底 $\boldsymbol{e}_1,\boldsymbol{e}_2,\cdots,\boldsymbol{e}_n$ 的坐标.如此,数向量 $\boldsymbol{a}=(a_1,a_2,\cdots,a_n)$ 的坐标就是组成该向量的诸数 $a_1,a_2,\cdots,a_n$ 本身,或者更明确地说 $a_1,a_2,\cdots,a_n$ 诸数为向量 $\boldsymbol{a}$ 对 n 维数空间的基底 $\boldsymbol{e}_1,\boldsymbol{e}_2,\cdots,\boldsymbol{e}_n$ 的坐标.这样的说法事实上是必须的,因为我们也能考虑其他的基底 $\boldsymbol{e}_1',\boldsymbol{e}_2',\cdots,\boldsymbol{e}_n'$(其中当然仍含有同样多个数的向量)而不考虑基底 $\boldsymbol{e}_1,\boldsymbol{e}_2,\cdots,\boldsymbol{e}_n$,并且同一向量对新基底坐标可以有其他的数值.

向量的坐标不是绝对的,而是依赖于基底的选择,在这种情形下我们立刻产生这样的问题:

1) 怎样判断一组给定的向量组能否取作空间的基底?

2) 怎样把同一个向量对两组不同基底的坐标联系起来?

我们先来考虑第一个问题.设在空间 L 中给了某一基底 $\boldsymbol{e}_1,\cdots,\boldsymbol{e}_n$,并且给了一组向量 $\boldsymbol{e}_1',\cdots,\boldsymbol{e}_m'$.这组向量每个都能以唯一的方式以所给这组基底的向量的线性组合表示出来.所得的线性组合的系数我们将以同一带双指标的字母 c_{ij} 来表示,其中第二指标相应于向量 $\boldsymbol{e}_j'$ 的号码,而第一指标则相应于该系数所在的那向量的号码.如此

$$\begin{cases}\boldsymbol{e}_1'=c_{11}\boldsymbol{e}_1+c_{21}\boldsymbol{e}_2+\cdots+c_{n1}\boldsymbol{e}_n\\ \boldsymbol{e}_2'=c_{12}\boldsymbol{e}_1+c_{22}\boldsymbol{e}_2+\cdots+c_{n2}\boldsymbol{e}_n\\ \quad\vdots\\ \boldsymbol{e}_m'=c_{1m}\boldsymbol{e}_1+c_{2m}\boldsymbol{e}_2+\cdots+c_{nm}\boldsymbol{e}_n\end{cases}\tag{2.2.1}$$

系数 c_{ij} 自然布列成一个矩阵

$$\boldsymbol{C}=\begin{pmatrix}c_{11}&c_{12}&\cdots&c_{1m}\\c_{21}&c_{22}&\cdots&c_{2m}\\\vdots&\vdots&&\vdots\\c_{n1}&c_{n2}&\cdots&c_{nm}\end{pmatrix}\tag{2.2.2}$$

这我们称为由基底 $\boldsymbol{e}_1,\cdots,\boldsymbol{e}_n$ 到向量组 $\boldsymbol{e}_1',\cdots,\boldsymbol{e}_m'$ 的转换矩阵.需要强调的是,向量 $\boldsymbol{e}_j'$ 对基底$(\boldsymbol{e}_1,\boldsymbol{e}_2,\cdots,\boldsymbol{e}_n)$的坐标位于转换矩阵的第 j 列.

当向量组 $\boldsymbol{e}_1',\cdots,\boldsymbol{e}_m'$ 给定时,转换矩阵是唯一确定的,并且这矩阵本身也决定这组向量(当然是说在基底 $\boldsymbol{e}_1,\cdots,\boldsymbol{e}_n$ 给定之下).我们面前的问题现在可以更精确地陈述如下:如何由转换矩阵(2.2.2)知道 $\boldsymbol{e}_1',\cdots,\boldsymbol{e}_m'$ 这组向量是否是空间

L 的基底?

这问题的答案由下面定理给出:

定理 2.2.2 要使向量组 $\boldsymbol{e}'_1,\cdots,\boldsymbol{e}'_m$ 是空间 L 的基底,则其必要而充分的条件是要转换矩阵(2.2.2)是正方的并且要由它做成的行列式异于零.

证明 向量组 $\boldsymbol{e}'_1,\cdots,\boldsymbol{e}'_m$ 只有当其向量个数等于 n 的时候才能是空间 L 的基底(要知道在空间 L 的任何基底中向量的个数总是一样的). 现在设 $m=n$ 并且 $\boldsymbol{e}'_1,\cdots,\boldsymbol{e}'_m$ 这组向量是基底,此时如果矩阵(2.2.2)的行列式等于零,按照定理1.3.3,那么 $\boldsymbol{e}'_1,\cdots,\boldsymbol{e}'_m$ 诸向量也就线性相关,这与它是基底矛盾.如此,为了使向量组 $\boldsymbol{e}'_1,\cdots,\boldsymbol{e}'_n$ 是空间 L 的基底,这定理的两个条件是必要的.

现在我们假设这些条件已经实现:向量 $\boldsymbol{e}'_j$ 的个数等于 n 而所说那行列式不等于零.这就是说 $\boldsymbol{e}'_1,\cdots,\boldsymbol{e}'_m$ 诸向量线性无关(定理1.3.3).按照定理2.1.4,向量 $\boldsymbol{e}'_1,\cdots,\boldsymbol{e}'_m$ 构成空间 L 的一个基底.证毕.

刚才所证的定理表明,由 n 维空间 L 的一个基底到另一个基底的变换总是利用某一个满秩方阵来实现;反过来,每一个满秩方阵(2.2.2)($m=n$)总可以按照公式(2.2.1)决定由 n 维空间 L 的一个基底到另一个基底的变换.两个基底间的转换矩阵亦称为过渡矩阵.

上面所提的第二问题也容易解决:设某向量 $\boldsymbol{x}$ 对基底 $\boldsymbol{e}'_1,\cdots,\boldsymbol{e}'_n$ 有坐标 $x'_1,\cdots,x'_n$.于是

$$\boldsymbol{x}=\boldsymbol{e}_1x_1+\cdots+\boldsymbol{e}_nx_n=x'_1\boldsymbol{e}'_1+\cdots+x'_n\boldsymbol{e}'_n \tag{2.2.3}$$

既然矩阵(2.2.2)是满秩的,方程组(2.2.1)对于 $\boldsymbol{e}_1,\cdots,\boldsymbol{e}_n$ 诸向量是可解的,我们得到一组具有以下形状的等式

$$\begin{cases}\boldsymbol{e}_1=\boldsymbol{e}'_1d_{11}+\boldsymbol{e}'_2d_{21}+\cdots+\boldsymbol{e}'_nd_{n1}\\ \boldsymbol{e}_2=\boldsymbol{e}'_1d_{12}+\boldsymbol{e}'_2d_{22}+\cdots+\boldsymbol{e}'_nd_{n2}\\ \vdots\\ \boldsymbol{e}_n=\boldsymbol{e}'_1d_{1n}+\boldsymbol{e}'_2d_{2n}+\cdots+\boldsymbol{e}'_nd_{nn}\end{cases}$$

或者,较简洁些

$$\boldsymbol{e}_j=\sum_{i=1}^{n}d_{ij}\boldsymbol{e}'_i\quad(j=1,2,\cdots,n) \tag{2.2.4}$$

这里 $(d_{ij})_{n\times n}$ 为矩阵(2.2.2)($m=n$)的逆矩阵.将公式(2.2.4)代入式(2.2.3),得到

$$\boldsymbol{x}=\sum_{j=1}^{n}x_j\boldsymbol{e}_j=\sum_{i=1}^{n}x'_i\boldsymbol{e}'_i=\sum_{j=1}^{n}x_j\left(\sum_{i=1}^{n}d_{ij}\boldsymbol{e}'_i\right)=\sum_{i=1}^{n}\left(\sum_{j=1}^{n}d_{ij}x_j\right)\boldsymbol{e}'_i$$

由此,根据向量 $\boldsymbol{x}$ 对于基底 $\boldsymbol{e}'_1,\cdots,\boldsymbol{e}'_n$ 的分解式的唯一性,我们得

$$x'_i=\sum_{j=1}^{n} d_{ij}x_j \quad (i=1,2,\cdots,n) \tag{2.2.5}$$

写成展开式，就得到方程组

$$\begin{cases} x'_1=x_1d_{11}+x_2d_{21}+\cdots+x_nd_{n1} \\ x'_2=x_1d_{12}+x_2d_{22}+\cdots+x_nd_{n2} \\ \qquad\vdots \\ x'_n=x_1d_{1n}+x_2d_{2n}+\cdots+x_nd_{nn} \end{cases}$$

到此，我们证明了下面这定理：

定理 2.2.3 向量 $\boldsymbol{x}$ 对于基底 $\boldsymbol{e}'_1,\cdots,\boldsymbol{e}'_n$ 的坐标是它对于基底 $\boldsymbol{e}_1,\cdots,\boldsymbol{e}_n$ 的坐标的线性表达式；这些线性式的系数所构成的矩阵，是由基底 $\boldsymbol{e}'_1,\cdots,\boldsymbol{e}'_n$ 到基底 $\boldsymbol{e}_1,\cdots,\boldsymbol{e}_n$ 的转换矩阵的转置矩阵（即矩阵(2.2.2)的逆矩阵的转置矩阵）.

还有以下的逆定理：

定理 2.2.4 设 $x_1,x_2,\cdots,x_n$ 为空间 L 的任意向量 $\boldsymbol{x}$ 对于基底 $\boldsymbol{e}_1,\cdots,\boldsymbol{e}_n$ 的坐标，而 $x'_1,\cdots,x'_n$ 由以下等式确定

$$\begin{cases} x'_1=x_1b_{11}+x_2b_{21}+\cdots+x_nb_{n1} \\ x'_2=x_1b_{12}+x_2b_{22}+\cdots+x_nb_{n2} \\ \qquad\vdots \\ x'_n=x_1b_{1n}+x_2b_{2n}+\cdots+x_nb_{nn} \end{cases}$$

其中 $|b_{ij}|_{n\times n}$ 不为零. 这样，在空间 L 中存在新基底 $\boldsymbol{e}'_1,\cdots,\boldsymbol{e}'_n$，使 $x'_1,\cdots,x'_n$ 成为向量 $\boldsymbol{x}$ 对于这个基底的坐标.

证明 我们引进矩阵 $\boldsymbol{B}=(b_{ij})_{n\times n}$ 与矩阵 $\boldsymbol{A}=(\boldsymbol{B}^{\mathrm{T}})^{-1}$. 利用矩阵 $\boldsymbol{A}$，按照公式(2.2.1)，我们取得一个新的基底. 可以断定，这就是所求的基底. 它可以这样来证明：对于新的基底，向量 $\boldsymbol{x}$ 的坐标应当用变换(2.2.5)确定. 上面已经指出，这一组公式的系数构成矩阵 $(\boldsymbol{B}^{-1})^{\mathrm{T}}$. 在目前的情形下，这个矩阵就是矩阵 $\boldsymbol{B}$，因为

$$(\boldsymbol{B}^{-1})^{\mathrm{T}}=[((\boldsymbol{B}^{\mathrm{T}})^{-1})^{-1}]^{\mathrm{T}}=(\boldsymbol{B}^{\mathrm{T}})^{\mathrm{T}}=\boldsymbol{B}$$

因此，$x'_1,\cdots,x'_n$ 诸值确是 $\boldsymbol{x}$ 对于基底 $\boldsymbol{e}'_1,\cdots,\boldsymbol{e}'_n$ 的坐标. 这个结论对于任意的向量 $\boldsymbol{x}$ 都是正确的，因之已经证明.

2.3 向量组秩的计算

前目中所得结果使我们能知道向量组的秩数是否等于所考虑的空间的维数. 这结果现在可以予以推广，如此使我们有方法能计算任意向量组的秩数.

借助一个直接由前一节所证替换定理推得的简单定理，则要考虑任何向量

组时只要考虑空间的基底就行了.

定理 2.3.1 如果 $e_1,\cdots,e_n$ 是 n 维空间 L 的基底,而 $e'_1,\cdots,e'_m$ 是同空间中任一线性无关向量组,则这组向量能由 $e_1,\cdots,e_n$ 中补充几个向量而成本空间的基底.特别地,任意一个非零向量都可以包含在某一个基底之中.

证明[①] 向量组 $e'_1,\cdots,e'_m$ 中的每一个都是基底向量 $e_1,\cdots,e_n$ 的线性组合.由于向量 $e'_1,\cdots,e'_m$ 线性无关,并且根据替换定理,则基底向量 $e_1,\cdots,e_n$ 的一部分(若 $m=n$,则基底向量的全体)能以 $e'_1,\cdots,e'_m$ 诸向量替换之,如此新得到这组向量将与原基底等价.这意思就是说,空间的任何向量都能写成新得到这组向量的线性组合的形状.如若这组向量不是线性无关的,则可以从中去掉至少一个向量而不失去刚才所说的性质.但是 n 维空间的向量不能以少于 n 个向量的线性组合表示出来.如此,替换后所得的这组向量应该是完全线性无关的,并且这组向量成为空间的基底.

应该注意,如果一个向量组是线性相关的,那么补充上其他的向量后便不能成为空间的基底:基底的任何部分,亦如任何线性无关向量组的一部分一样,本身应该是线性无关的向量集合.

我们把所证明的定理及所作注应用到任意一组向量上去,即

$$\begin{cases} e'_1=e_1c_{11}+e_2c_{21}+\cdots+e_nc_{n1} \\ e'_2=e_1c_{12}+e_2c_{22}+\cdots+e_nc_{n2} \\ \quad\vdots \\ e'_m=e_1c_{1m}+e_2c_{2m}+\cdots+e_nc_{nm} \end{cases} \quad (m\leqslant n) \tag{2.3.1}$$

由基底 $e_1,\cdots,e_n$ 到向量组 $e'_1,\cdots,e'_m$ 的转换矩阵可以写成这样

---

① 可以给予这个定理的另一个比较直接的证明:考察向量组

$$e'_1,\cdots,e'_m,e_1,\cdots,e_n \tag{1}$$

现在从这个向量组中选出一些向量,使得每个向量都不能由它前面的那些向量线性表示出来.根据条件,$e'_1,\cdots,e'_m$ 线性无关,所以,其中任意一个都不能由它前面那些向量表述出来.从而可以假设选择出来的组如下:

$$e'_1,\cdots,e'_m,e_{j_1},\cdots,e_{j_t} \tag{2}$$

对于任意非平凡的关系式 $k_1e'_1+\cdots+k_me'_1+h_1e_{j_1}+\cdots+h_te_{j_t}=0$,若 $h_i\neq 0$ 且 i 是脚码中的最大者,那么,在向量组(2)中推知 e_{j_i} 可由它前面的向量组表述出来,按其构造方式,这是不可能的.另外,由于空间 L 的每个向量均可由基底 $e_1,\cdots,e_n$ 线性表出,从而就能由式(2)表出.这样,线性无关组(2)是极大的,它就是空间 L 的一个基底,而 $e_{j_1},\cdots,e_{j_t}$ 就是找到的补充者.

这个证明中所使用的方法,习惯上,称为施坦尼茨替换原则.

$$\begin{pmatrix} c_{11} & c_{21} & \cdots & c_{n1} \\ c_{12} & c_{22} & \cdots & c_{n2} \\ \vdots & \vdots & & \vdots \\ c_{1m} & c_{2m} & \cdots & c_{nm} \end{pmatrix} \tag{2.3.2}$$

现在我们在向量组 $e'_1,\cdots,e'_m$ 上再附加基底 $e_1,\cdots,e_n$ 中任意 $n-m$ 个不同的向量. 所得这组 n 个向量将与这样一个转换矩阵相应:它由矩阵(2.3.1) 更添补 $n-m$ 行而成,每行中各元素都等于零,只有一个等于 1(任何基底向量的展开式都成这形状:$e_i=e_1\cdot 0+\cdots+e_i\cdot 1+\cdots+e_n\cdot 0$). 要注意诸 1 都在矩阵的不同的列上.

按前节的结果,这增广向量组在新转换矩阵的行列式异于零的时候,也只有在这样的时候,才形成空间的基底.

但如果顾及到所说关于转换矩阵的话,那么我们立刻注意到能把这个矩阵的行列式按其最末一行诸元素展开之(因为在最末一行上只有一个 1,而其余各元素都等于零). 这种手段可以继续下去,以至达到原矩阵(2.3.2) 的行为止. 结果我们所感兴趣的行列式就除符号外与这样一个行列式相符合:这行列式是由矩阵(2.3.2) 删除那些与添补上去各行中的 1 相对的列而得到的.

但这与刚才所证明的定理联系起来立刻得到下面这结果:

定理 2.3.2 诸向量(2.3.1) 在由矩阵(2.3.2) 删除 $n-m$ 列后所得方阵的行列式异于零的时候,亦只有在这样的时候,才是线性无关的.

事实上,如果能这样删除几列,那么添加与所删诸列同号码的向量 e_i 到 $e_1,\cdots,e_m$ 诸向量上去,则我们按所证明的可得到这样一组向量,其相应转换矩阵的行列式异于零. 这向量组由前目结果将成空间的基底,所以原组是线性无关的.

反之,如果删除矩阵(2.3.2) 的任意 $n-m$ 列后得到一个行列式等于零的方阵,那么不管怎样在所给基底向量组 $e_1,\cdots,e_m$ 上作添补,所得的向量组没有一组能做空间的基底. 这只有在 $e_1,\cdots,e_n$ 这组向量线性相关时才可能.

剩下我们只要解除对 $e_1,\cdots,e_m$ 这组向量的个数所加的限制. 关于个数为任意的向量组的结果,不难由前面得到. 要计算任一组向量的秩数,现在可以根据下面这定理来做:

定理 2.3.3 如果 $e'_1,\cdots,e'_m$ 是空间 L 中任一组向量,其个数不限,那么其秩数等于这组向量与这空间的任何基底间的转换矩阵的秩数.

证明 若转换矩阵的秩数等于 r,则存在有一个这矩阵的异于零而阶数等

于 r 的子行列式. 设在这子行列式中进入了转换矩阵的某几行的元素. 所取这些行本身形成由基底 $\boldsymbol{e}_1,\cdots,\boldsymbol{e}_m$ 到向量组 $\boldsymbol{e}'_{j_1},\boldsymbol{e}'_{j_2},\cdots,\boldsymbol{e}'_{j_r}$ 的转换矩阵,其号码相应于所考虑各行的号码. 但既然由这些行可以做成一个 r 阶的异于零的子行列式,则按上面所证,便可知向量 $\boldsymbol{e}'_{j_1},\boldsymbol{e}'_{j_2},\cdots,\boldsymbol{e}'_{j_r}$ 是线性无关的.

反之,如果我们取 $\boldsymbol{e}'_1,\cdots,\boldsymbol{e}'_m$ 这组向量的任何一部分,包含 r 个以上的向量,则应用刚才所证明的线性无关判定法将得否定的结果,如此这组向量的这一部分是线性相关的.

所以,能由 $\boldsymbol{e}'_1,\cdots,\boldsymbol{e}'_m$ 这组向量中选出的线性无关向量,其极大个数恰等于转换矩阵的秩数.

2.4 线性空间的同构

我们曾经考察一系列 n 维线性空间的例. 在所有情形里这些空间彼此的区别都是向量的定义方式不同(例如数空间中向量是 n 元数组,空间 $K[x]_n$ 中的向量是多项式)①. 产生了一个问题:这些空间中哪些是真正有差别的? 哪些仅是纯粹外表上有差别的? 亦即仅是这些空间的定义方式不同?

为了使问题准确地提出,需要定义出怎样的两个线性空间可看成只是非实质上差别的(同构的).

定义 2.4.1 两个满足下述条件的线性空间 L 和 L' 称为同构:在向量 $\boldsymbol{x}\in L$ 及 $\boldsymbol{x}'\in L'$ 之间,能够建立一个 $1-1$ 对应,它使得:

1) 若向量 $\boldsymbol{x}\in L$ 与 $\boldsymbol{x}'\in L'$ 对应,而向量 $\boldsymbol{y}\in L$ 与 $\boldsymbol{y}'\in L'$ 对应,则向量 $\boldsymbol{x}+\boldsymbol{y}\in L$ 与 $\boldsymbol{x}'+\boldsymbol{y}'\in L'$ 对应.

2) 若向量 $\boldsymbol{x}\in L$ 与 $\boldsymbol{x}'\in L'$ 对应,则向量 $\lambda\boldsymbol{x}\in L$ 与 $\lambda\boldsymbol{x}'\in L'$ 对应,这里 λ 是任何一个同域中的数.

若在某个 n 维空间 L 里证明了一个定理,它是用向量的加法、向量的数乘等名词来表述的,则该定理在任意同构于 L 的空间 L' 里也必成立.

实际上,在这个定理的叙述及证明里若将 L 的向量代以其在 L' 的对应向量,则由同构定义性质 1),2) 其所有推理仍保持有效,亦即对应定理在 L' 也正确.

---

① 在 §2 引进的定理 2.2.1 已经指出,具有含 n 个向量的基底的任意一个线性空间 L(特殊地,任意 n 维空间)与任何其他的,含 n 个向量的基底的空间(例如数空间 K^n)实质上没有什么不同:它们的每一个向量由 n 个数,即坐标 $\boldsymbol{x}_1,\boldsymbol{x}_2,\cdots,\boldsymbol{x}_n$ 确定,而且向量间的线性运算归结成它们坐标的完全同样的运算.

现在我们回到前面提出的问题，首先来考虑同构对应的下面各性质：

1° 在同构关系中零向量对应于零向量.

如设线性空间 L 与 L' 同构. L 中的向量 $\boldsymbol{a}$ 与 L' 中向量 $\boldsymbol{b}$ 对应. 则由同构的定义，$0\cdot\boldsymbol{a}$ 与 $0\cdot\boldsymbol{b}$ 对应，故 L 中的零向量必对应于 L' 中的零向量.

2° 在同构关系中，线性无关向量组必对应于线性无关向量组.

如设 $\boldsymbol{a}_1,\boldsymbol{a}_2,\cdots,\boldsymbol{a}_m$ 为第一空间的一线性无关向量组，而 $\boldsymbol{b}_1,\boldsymbol{b}_2,\cdots,\boldsymbol{b}_m$ 为其在第二空间中的对应向量组，且设 $\boldsymbol{b}_1,\boldsymbol{b}_2,\cdots,\boldsymbol{b}_m$ 中有任一线性关系

$$\boldsymbol{b}_1k_1+\boldsymbol{b}_2k_2+\cdots+\boldsymbol{b}_mk_m=\boldsymbol{0}'$$

由同构定义，其左端对应于 $\boldsymbol{a}_1k_1+\boldsymbol{a}_2k_2+\cdots+\boldsymbol{a}_mk_m$，而零向量 $\boldsymbol{0}'$ 对应于第一空间的零向量 $\boldsymbol{0}$，故

$$\boldsymbol{a}_1k_1+\boldsymbol{a}_2k_2+\cdots+\boldsymbol{a}_mk_m=\boldsymbol{0}$$

但 $\boldsymbol{a}_1,\boldsymbol{a}_2,\cdots,\boldsymbol{a}_m$ 线性无关，故 $k_1=k_2=\cdots=k_m=0$，是即 $\boldsymbol{b}_1,\boldsymbol{b}_2,\cdots,\boldsymbol{b}_m$ 线性无关.

由上述两个性质直接可取得出以下结果：在同构关系中，基底必对应于基底. 因此，

定理 2.4.1 两个同构的线性空间具有相等的维数.

这个定理的反面也是成立的：

定理 2.4.2 如果两个同系数域的线性空间的维数相同，则它们必同构.

证明 设二线性空间各取基底 $\boldsymbol{e}_1,\boldsymbol{e}_2,\cdots,\boldsymbol{e}_n$ 与 $\boldsymbol{e}'_1,\boldsymbol{e}'_2,\cdots,\boldsymbol{e}'_n$. 二向量

$$\boldsymbol{x}=x_1\boldsymbol{e}_1+x_2\boldsymbol{e}_2+\cdots+x_n\boldsymbol{e}_n,\ \boldsymbol{y}=y_1\boldsymbol{e}'_1+y_2\boldsymbol{e}'_2+\cdots+y_n\boldsymbol{e}'_n$$

当 $x_1=y_1,x_2=y_2,\cdots,x_n=y_n$ 时规定为对应向量，因线性空间中任一向量经其基底表出是唯一的，故此对应是一一对应. 今如

$$\boldsymbol{x}=x_1\boldsymbol{e}_1+x_2\boldsymbol{e}_2+\cdots+x_n\boldsymbol{e}_n,\ \boldsymbol{y}=y_1\boldsymbol{e}'_1+y_2\boldsymbol{e}'_2+\cdots+y_n\boldsymbol{e}'_n$$

为二对应向量，则

$$k\boldsymbol{x}=kx_1\boldsymbol{e}_1+kx_2\boldsymbol{e}_2+\cdots+kx_n\boldsymbol{e}_n,\ \boldsymbol{y}=kx_1\boldsymbol{e}'_1+kx_2\boldsymbol{e}'_2+\cdots+kx_n\boldsymbol{e}'_n$$

因为这两个表示式中的系数相同，故 $k\boldsymbol{x}$ 与 $k\boldsymbol{y}$ 为对应向量，是即任一数与任一向量之积对应于此数与此向量之对应向量之积. 同理可证二向量之和对应于其对应向量之和. 因此这一对应关系是一同构关系.

从上面的结果，可知对于同一系数域 K 的诸线性空间，由同构的观点来看，任一空间为其维数所完全决定.

推论 任何 n 维空间同构于数空间 K^n.

这就证明了，如果把同构的空间当作一个来看时，对于已予的数域只有一个 n 维线性空间存在.

可能发生这样的问题，如果把同构的空间当作一个来看待时，"抽象的"n

维空间就与 n 维数空间重合，为什么我们又引进"抽象的"n 维空间. 事实上，我们可以介绍向量为给予一定次序的 n 个数所成的组，且如数空间 K^n 一样建立对于这些向量的运算关系. 但此时会把与基底的选取无关的向量性质同对于特殊基底所发生的情况混在一起. 例如，向量的坐标全等于零是这个向量的性质，它与基底的选取无关. 向量的坐标彼此相等就不是这个向量的性质，因为变动基底以后，这个性质就会消失. 线性空间的公理构成直接推出与基底的选取无关的向量性质.

§3　子空间

3.1　子空间

几何空间 $\mathbf{R}^3$ 中，位于一个平面上的所有向量对于向量的加法和数量乘法也成为实数域 $\mathbf{R}$ 上的一个线性空间. 自然可以把这个平面称为几何空间 $\mathbf{R}^3$ 的一个子空间. 这种情况启发我们把关于一般线性空间的言辞赋以更多的几何色彩，因此我们下这样的定义：

定义 3.1.1　设 L 是数域 K 上的一个线性空间，L' 是 L 的一个非空子集合，如果 L' 对于 L 的加法和数量乘法也形成数域 K 上的一个线性空间，那么称 L' 是 L 的一个线性子空间，简称子空间.

我们来指出一些例子.

1) 空间 L 的零向量显然构成空间 L 的，在可能范围内的最小子空间.

2) 整个空间 L 构成空间 L 的，在可能范围内最大的子空间.

3) 在几何空间 $\mathbf{R}^3$ 中，一切平行于每一个平面的(或某一条直线的) 向量，构成一个子空间. 若不用向量的名称而用点的，则在通过坐标原点的平面(或直线) 上的点集是空间 $\mathbf{R}^3$ 的子空间.

4) 在数空间 K^n 中，我们考虑那些向量 $\boldsymbol{x}=(x_1,x_2,\cdots,x_n)$ 的集合 L'，它们的坐标满足一定的线性方程组. 那么，上一章已经证明：集合 L' 是数空间 K^n 的子空间.

设 L' 是线性空间 L 的子空间，按照定义，L 的加法和数量乘法限制在空间 L' 上后，分别成为 L' 的加法和数量乘法，因此：

1. 若向量 $\boldsymbol{a}$ 与 $\boldsymbol{b}$ 属于这集合 L'，则它们的和也属于 L'.

2. 若向量 $\boldsymbol{a}$ 属于集合 L，则它与域 K 中的任一数的乘积 $k\boldsymbol{a}$ 也属于 L'.

这两个条件分别称为L'对L的加法封闭,L'对L的数量乘法封闭.这两个条件是非空子集合L'成为L的子空间的必要条件,下面我们证明它们也是充分条件.

定理 3.1.1 设L'是数域K上线性空间L的一个非空子集合,则L'是L的子空间的充分必要条件是,L'对L的加法封闭和数量乘法封闭.

证明 必要性已经说明.

充分性.既然L'对L的加法封闭和数量乘法封闭,则集合L'有加法运算和数量乘法(定义中的条件1和2满足).由于L'是L的子集合,因此L'的加法满足交换律和结合律(公理Ⅰ),L'的数量乘法满足公理Ⅳ.又L'非空,因此存在$\boldsymbol{a}\in L'$,于是$\boldsymbol{0}=0\cdot\boldsymbol{a}\in L'$,即$L'$包含零元$\boldsymbol{0}$(公理Ⅱ).对于$L'$的任意元素$\boldsymbol{x}$,由于$-\boldsymbol{x}=(-1)\cdot\boldsymbol{x}\in L'$,因此$-\boldsymbol{x}$亦是$\boldsymbol{x}$在$L'$中的负元(公理Ⅲ).最后,公理Ⅴ的成立是显然的.综上所述,L'对于L的加法和数量乘法构成数域K上的一个线性空间,从而L'是L的一个子空间.

子空间也可以一个被包含在另一个里面:这意思就是,每个属于第一个子空间的向量也都属于第二个子空间.例如,两个或多个子空间的交集包含在每一个原来所给的子空间里.显然,如果空间L的子空间L_1被包含在同空间的另一子空间L_2里,则L_1亦同样可以看作是L_2的子空间.我们亦要注意,任何空间都可以看作是它本身的子空间:这是完全符合我们所采取的定义的.如果我们要强调所考虑的子空间与整个空间不重合,则我们将称它为真正的子空间或真子空间.

可以指出许多在1.1中例1-4中所下了定义的那些空间的子空间.例如,在第一节已考虑过的空间F_∞里,所有不含x的奇数次幂的多项式的总体就是它的一个子空间.容易看出,这子空间的维数,也如原空间的维数一样,是无限的:因为我们知道$1,x^2,\cdots,x^{2n},\cdots$是线性无关的(参阅2.3).但是在同此空间内也有维数有限的子空间.例如,次数不超过n的多项式所成的空间F_n就在F_∞中成一子空间.这子空间维数的有限可以这样说明:所有n次或少于n次的多项式都能以"单项式"$1,x,x^2,\cdots,x^n$的线性组合表示出来,这里这些单项式亦是我们这空间中的"向量".

前节中所证明的定理使得在许多场合能直接决定某空间的维数是什么,这在前面n维数线性空间的场合已做过.

例如,次数$\leqslant n$的多项式空间$K[x]_n$的维数等于$n+1$,因为这空间的"向量"$1,x,x^2,\cdots,x^n$是线性无关的并且任何向量(即所说那样次数的多项式)都能以其线性组合表示出来.

在空间的维数与其子空间的维数之间有这样一种关系：

定理 3.1.2 任何子空间的维数不超过原空间的维数，如果空间维数是有限的，那么任何真子空间的维数严格地小于原空间的维数.

证明 第一句话是明显的，因为子空间的任何线性无关向量组亦是整个空间中的线性无关向量组.要证明第二句话我们假设其反面.我们取子空间的某一极大线性无关向量组.这里面的向量的个数恰好等于子空间的维数，所以，也等于原空间的维数，因为这两个维数按假设是相等的.进而所取这组向量也是整个空间中的极大线性无关向量组.但在此时这组向量按前节的定理(定理1.6.1)应该与整个空间等价.这就意味着，空间的任一向量也是这组向量的线性组合，而这组向量都是属于子空间的.现在注意子空间的向量的任一线性组合都属于此子空间，由此我们推知，原空间的任何向量都属于所考虑的这个子空间，如此这子空间就不是真子空间了.

若在空间 L 中已经选择了基底 $\boldsymbol{e}_1,\cdots,\boldsymbol{e}_n$，则在一般情况下，当然不能从向量 $\boldsymbol{e}_1,\cdots,\boldsymbol{e}_n$ 中直接选择子空间 L' 的基向量，因为在它们之中，甚至可能一个也不含在子空间 L' 里.但是，根据定理 2.3.1，可以断定它的逆命题的正确性：

定理 3.1.3 如果在子空间 L' 中已经选定了基底 $\boldsymbol{e}_1',\cdots,\boldsymbol{e}_m'$，则在整个空间 L 中，能够选出向量 $\boldsymbol{e}_{m+1}',\cdots,\boldsymbol{e}_n'$，使得向量组 $\boldsymbol{e}_1',\cdots,\boldsymbol{e}_m',\boldsymbol{e}_{m+1}',\cdots,\boldsymbol{e}_n'$ 构成整个空间的基底.

3.2 线性包

容易明白，若给了空间 L 的任一个向量集合 M，则所有它们的线性组合的总集亦已形成 L 中的一个子空间：集合 M 的向量的两个线性组合之和以及任一这些线性组合与所考虑的域 K 中任一数的积还是集合 M 的向量的一个线性组合.这子空间称为由所给向量集合 M 所产生的子空间.这是建立子空间的重要方法.我们最感兴趣的是有限向量集合所产生的子空间的情形.

设 $\boldsymbol{a}_1,\boldsymbol{a}_2,\boldsymbol{a}_3,\cdots$ 表示线性空间 L 的一组向量，一切具有系数(数域 K 上的)$k_1,k_2,k_3,\cdots$ 的线性组合

$$k_1\boldsymbol{a}_1+k_2\boldsymbol{a}_2+k_3\boldsymbol{a}_3+\cdots \tag{3.2.1}$$

所构成的集合，称为向量组 $\boldsymbol{a}_1,\boldsymbol{a}_2,\boldsymbol{a}_3,\cdots$ 的线性包(空间).容易验证，这个集合满足线性空间的条件 Ⅰ—Ⅴ；因而向量组 $\boldsymbol{a}_1,\boldsymbol{a}_2,\boldsymbol{a}_3,\cdots$ 的线性包是空间 L 的子空间.这个子空间显然包含向量 $\boldsymbol{a}_1,\boldsymbol{a}_2,\boldsymbol{a}_3,\cdots$.另外，凡是包含向量 $\boldsymbol{a}_1,\boldsymbol{a}_2,\boldsymbol{a}_3,\cdots$ 的子空间，就包含它们的一切线性组合(3.2.1)；因之向量 $\boldsymbol{a}_1,\boldsymbol{a}_2,\boldsymbol{a}_3,\cdots$ 的线性包是包含这些向量的最小子空间.

向量 $\boldsymbol{a}_1, \boldsymbol{a}_2, \boldsymbol{a}_3, \cdots$ 的线性包用符号 $L(\boldsymbol{a}_1, \boldsymbol{a}_2, \boldsymbol{a}_3, \cdots)$ 表示.

例 1 构成某一空间 L 的基底 $\boldsymbol{e}_1, \boldsymbol{e}_2, \cdots, \boldsymbol{e}_n$ 的线性包,显然是整个空间 L.

例 2 空间 $\mathbf{R}^3$ 中两个(不共线的)向量的线性包是由平行于这两个向量的平面的一切向量所构成.

例 3 空间 $C(\boldsymbol{a}, \boldsymbol{b})$ 中函数组 $1, x, x^2, \cdots, x^s$ 的线性包就是 x 的一切不高于 s 次的多项式所构成的集合. 函数 $1, x, x^2, \cdots$ 所做的无穷多的函数组的线性包是由变数 x 的一切(任意高次的)多项式所构成.

例 4 就初等几何中的线性空间而言,由一个向量所产生的子空间就是在这向量所确定的直线上的向量的总体. 这直线的两个向量,如果其中至少有一个异于零,那么亦产生同一个子空间. 但是我们如果取两个不同在一条直线上的向量,那么它们所产生的子空间已经是平面了. 如果我们取三个不同在一平面上的向量,那么它们所产生的子空间就与整个空间相重合.

现在我们指出线性包的两个简单性质.

辅助定理 1 若向量 $\boldsymbol{a}_1', \boldsymbol{a}_2', \cdots$ 属于向量 $\boldsymbol{a}_1, \boldsymbol{a}_2, \cdots$ 的线性包,则整个线性包 $L(\boldsymbol{a}_1', \boldsymbol{a}_2', \cdots)$ 含于线性包 $L(\boldsymbol{a}_1, \boldsymbol{a}_2, \cdots)$ 内.

事实上,向量 $\boldsymbol{a}_1', \boldsymbol{a}_2', \cdots$ 属于子空间 $L(\boldsymbol{a}_1, \boldsymbol{a}_2, \cdots)$,因此,它们的所有线性组合也属于子空间 $L(\boldsymbol{a}_1, \boldsymbol{a}_2, \cdots)$. 但这些线性组合构成线性包 $L(\boldsymbol{a}_1', \boldsymbol{a}_2', \cdots)$,故后者含在 $L(\boldsymbol{a}_1, \boldsymbol{a}_2, \cdots)$ 内.

辅助定理 2 在向量组 $\boldsymbol{a}_1, \boldsymbol{a}_2, \boldsymbol{a}_3, \cdots$ 里,如果任何一个向量为组中其余向量的线性组合,那么,可以去掉这些向量而线性包不变.

事实上,若 $\boldsymbol{a}_1$ 为向量 $\boldsymbol{a}_2, \boldsymbol{a}_3, \cdots$ 的线性组合. 则 $\boldsymbol{a}_1 \in L(\boldsymbol{a}_2, \boldsymbol{a}_3, \cdots)$. 由此及辅助定理 1,得到 $L(\boldsymbol{a}_1, \boldsymbol{a}_2, \boldsymbol{a}_3, \cdots) \subseteq L(\boldsymbol{a}_2, \boldsymbol{a}_3, \cdots)$. 另外,显然 $L(\boldsymbol{a}_2, \boldsymbol{a}_3, \cdots) \subseteq L(\boldsymbol{a}_1, \boldsymbol{a}_2, \boldsymbol{a}_3, \cdots)$. 由所得的两个包含关系即得 $L(\boldsymbol{a}_2, \boldsymbol{a}_3, \cdots) = L(\boldsymbol{a}_1, \boldsymbol{a}_2, \boldsymbol{a}_3, \cdots)$.

我们现在提出关于建立线性包的基底及确定它的维数的问题,在解决这个问题时,我们将假设,产生线性包的向量 $\boldsymbol{a}_1, \boldsymbol{a}_2, \boldsymbol{a}_3, \cdots$ 的个数是有尽的(虽然结论的某些部分实质上不需要这样的假设).

我们假定,在产生线性包 $L(\boldsymbol{a}_1, \boldsymbol{a}_2, \boldsymbol{a}_3, \cdots)$ 的向量 $\boldsymbol{a}_1, \boldsymbol{a}_2, \boldsymbol{a}_3, \cdots$ 之中,能够找到 r 个线性无关的向量,用 $\boldsymbol{a}_1', \boldsymbol{a}_2', \cdots, \boldsymbol{a}_r'$ 来表示,但向量组 $\boldsymbol{a}_1, \boldsymbol{a}_2, \boldsymbol{a}_3, \cdots$ 中每一个向量可以表示成它们的线性组合. 在这种情况下,我们可以断定:向量 $\boldsymbol{a}_1'$, $\boldsymbol{a}_2', \cdots, \boldsymbol{a}_r'$ 构成空间 $L(\boldsymbol{a}_1, \boldsymbol{a}_2, \boldsymbol{a}_3, \cdots)$ 的基底. 因为,按照线性包的定义,任何向量 $\boldsymbol{b} \in L(\boldsymbol{a}_1, \boldsymbol{a}_2, \boldsymbol{a}_3, \cdots)$ 可用 $\boldsymbol{a}_1, \boldsymbol{a}_2, \boldsymbol{a}_3, \cdots$ 中的有穷多个向量表示;但是根据所给条件,这一组中的每个向量可以用 $\boldsymbol{a}_1', \boldsymbol{a}_2', \cdots, \boldsymbol{a}_r'$ 线性地表示. 所以,经过有限多次计算之后,向量 $\boldsymbol{b}$ 能够直接用向量 $\boldsymbol{a}_1', \boldsymbol{a}_2', \cdots, \boldsymbol{a}_r'$ 线性地表示. 结合向量 $\boldsymbol{a}_1'$,

$\boldsymbol{a}'_2,\cdots,\boldsymbol{a}'_r$是线性无关的假设,我们得知它们满足基底的条件. 证完.

按照定义,可知空间 $L(\boldsymbol{a}_1,\boldsymbol{a}_2,\boldsymbol{a}_3,\cdots)$ 的维数等于 r. 因为在 r 维空间中,不能有多于 r 个线性无关的向量,我们可以做出以下的结论:

(1) 若产生线性包的向量 $\boldsymbol{a}_1,\boldsymbol{a}_2,\boldsymbol{a}_3,\cdots$ 的个数大于 r,则向量 $\boldsymbol{a}_1,\boldsymbol{a}_2,\boldsymbol{a}_3,\cdots$ 线性相关;若它们的个数等于 r,则它们线性无关.

(2) 向量组 $\boldsymbol{a}_1,\boldsymbol{a}_2,\boldsymbol{a}_3,\cdots$ 中,每 $r+1$ 个向量线性相关.

(3) 空间 $L(\boldsymbol{a}_1,\boldsymbol{a}_2,\boldsymbol{a}_3,\cdots)$ 的维数可以规定为:$\boldsymbol{a}_1,\boldsymbol{a}_2,\boldsymbol{a}_3,\cdots$ 中线性无关向量的最大个数.

3.3 子空间的交与和

在同时考虑多个子空间时,可以发现许多关于它们的所谓"相互位置" 的新现象.

设 L_1 与 L_2 是同一线性空间 L 的两个子空间. 这两个子空间所共有的向量的总体自然可称为该两子空间的"交集". 这名称与直观集合概念以及集合论中的一般定义都符合. 我们知道,在集合论中所谓两个集合的交集也是指其公共元素的总体. 如果我们考虑寻常三维空间中两个平面子空间上的向量,那么在我们这种意义之下它们的交集是在两平面所交的直线上的向量总体. 这总体本身也是一个子空间. 如果以相似方式来考虑在直线与平面的交集上的向量总体,那么这些子空间的交集只由一个零向量所组成:只有零向量可以看作是同时在我们这平面上及直线上. 但是零向量本身自成一子空间:零向量与它自己相加及与任何数相乘仍得零向量. 这些很明显的见解使我们预想到下面这个一般的定理是正确的:

定理 3.3.1 任何空间的两个子空间的交集亦自成一子空间.

证明 设 L_1 与 L_2 是空间 L 的两个给定的子空间. 如果向量 $\boldsymbol{a}$ 与 $\boldsymbol{b}$ 被包含在这些空间的交集中,那么它们亦被包含在每一个别的空间中,例如在 L_1 里:但 L_1 既然是子空间,则这些向量之和 $\boldsymbol{a}+\boldsymbol{b}$ 及任一向量与任一数的积 $k\boldsymbol{a}$ 亦属于这子空间. 由同样理由可推知这些和与积亦属于另一子空间 L_2,这就是说,亦属于这些子空间的交集. 如此我们的定理就证明了.

子空间的交适合一般集合的交的运算法则:

1. 交换律:$L_1\cap L_2=L_2\cap L_1$;

2. 结合律:$(L_1\cap L_2)\cap L_3=L_1\cap(L_2\cap L_3)$.

由结合律,可以定义任意多个子空间的交:$L_1\cap L_2\cap\cdots\cap L_s$ 或 $\bigcap\limits_{i=1}^{s}L_i$,它

亦是所考虑的空间的子空间.

与子空间的交的情形不同,子空间的并集并不一定还是子空间:例如,设 L 是三维几何空间,取 L_1,L_2 分别是过原点的两个不同的平面,从而它们都是 L 的子空间.在 $L_1\cup L_2$ 中取两个向量 $\boldsymbol{a},\boldsymbol{b}$,其中 $\boldsymbol{a}$ 是 L_1 但不是 L_2 的元素,$\boldsymbol{b}$ 是 L_2 但不是 L_1 的元素,则 $\boldsymbol{a}+\boldsymbol{b}\notin L_1\cup L_2$(图2),因此 $L_1\cup L_2$ 不是 L 的子空间.

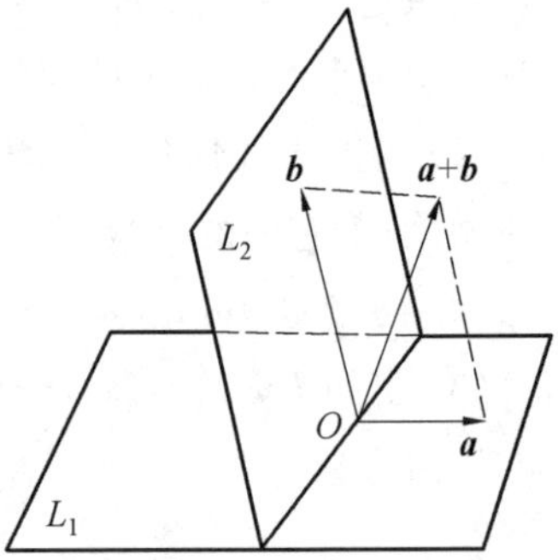

图 2

如果我们想构造一个包含 $L_1\cup L_2$ 的子空间,那么这个子空间应该包括下述集合

$$\{\boldsymbol{a}+\boldsymbol{b}\mid \boldsymbol{a}\in L_1,\boldsymbol{b}\in L_2\}$$

把这个向量集合称为子空间 L_1,L_2 之和,至于子空间的相加运算记之为"+":L_1+L_2.

现在证明,所考虑的集合即为子空间:

定理 3.3.2 线性空间 L 中两个线性子空间之和仍为 L 的一个子空间.

证明 设所给的线性子空间为 L_1,L_2 且设 $L'=L_1+L_2$.按子空间的充分条件(定理 3.1.1),只要证明此 L' 含有所有 $L_i(i=1,2)$ 的向量,同时亦含有诸 L_i 中向量的所有线性组合.

如 $\boldsymbol{x},\boldsymbol{y}$ 为 L' 中任二向量,则必

$$\boldsymbol{x}=\boldsymbol{x}_1+\boldsymbol{x}_2,\boldsymbol{y}=\boldsymbol{y}_1+\boldsymbol{y}_2$$

其中 $\boldsymbol{x}_i,\boldsymbol{y}_i$ 在 L_i 中$(i=1,2)$.但对于任二数 k_1,k_2,有

$$k_1\boldsymbol{x}+k_2\boldsymbol{y}=(k_1\boldsymbol{x}_1+k_2\boldsymbol{y}_1)+(k_1\boldsymbol{x}_2+k_2\boldsymbol{y}_2)$$

此分解 $k_1\boldsymbol{x}+k_2\boldsymbol{y}$ 为 L_1+L_2 的元素的形式,因为 $k_1\boldsymbol{x}_i+k_2\boldsymbol{y}_i$ 在 L_i 中,因此,$k_1\boldsymbol{x}+k_2\boldsymbol{y}$ 在 L' 中而 L' 为 L 的子空间.

最后,由定义可以直接得出以下性质:

1. $L_1+L_2=L_2+L_1$.

2. $L_1+(L_2+L_3)=(L_1+L_2)+L_3$.

3. 如果 L_2 含于子空间 L_1,那么 $L_2+L_1=L_1$.

4. L_1+L_2 是包含 $L_1\cup L_2$ 的最小子空间.

在线性包的情形,则有:

5. $L(\boldsymbol{a}_1,\boldsymbol{a}_2,\cdots,\boldsymbol{a}_s)+L(\boldsymbol{b}_1,\boldsymbol{b}_2,\cdots,\boldsymbol{b}_r)=L(\boldsymbol{a}_1,\boldsymbol{a}_2,\cdots,\boldsymbol{a}_s,\boldsymbol{b}_1,\boldsymbol{b}_2,\cdots,\boldsymbol{b}_r)$.

自然可以定义多个子空间的和

$$L_1+L_2+\cdots+L_s=\sum_{i=1}^{s}L_i$$

并且 $\sum_{i=1}^{s}L_i$ 仍是一个子空间.

我们知道,在集合运算中,交与并适合分配性

$$A\cap(B\cup C)=(A\cap B)\cup(A\cap C)$$
$$A\cup(B\cap C)=(A\cup B)\cap(A\cup C)$$

下面的例子指出,对于空间而言,交与和运算的类似性质是不成立的. 考虑几何空间 L 的子空间,如图 3,设 L_1 是过原点 O 的一条直线,L_2 和 L_3 是过原点 O 的两个不重合的平面,L_1 不在 L_2 上,也不在 L_3 上. 这时,显然有

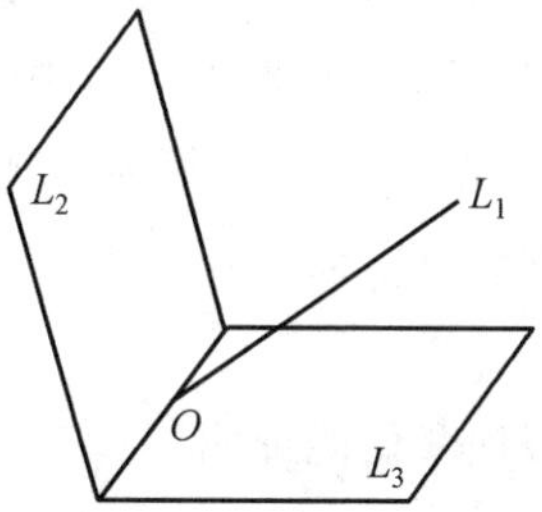

图 3

$$L_1\cap L_2=\varnothing,L_1\cap L_3=\varnothing$$
$$L_1+L_2=L_1,L_1\cap(L_2+L_3)=L$$

于是

$$L_1\cap(L_2+L_3)\supseteq(L_1\cap L_2)+(L_1\cap L_3)$$

在一般情形,可以证明:

定理 3.3.3 设 L_1,L_2 和 L_3 是线性空间 L 的三个子空间,则

$$L_1\cap(L_2+L_3)\supseteq(L_1\cap L_2)+(L_1\cap L_3)$$
$$L_1+(L_2\cap L_3)\subseteq(L_1+L_2)\cap(L_1+L_3)$$①

证明 先来证明第一个式子:在$(L_1\cap L_2)+(L_1\cap L_3)$中任取一个向量 $\boldsymbol{a}+\boldsymbol{b}$,其中 $\boldsymbol{a}\in L_1\cap L_2$,$\boldsymbol{b}\in L_1\cap L_3$,则 $\boldsymbol{a}\in L_2$,$\boldsymbol{b}\in L_3$,因此 $\boldsymbol{a}+\boldsymbol{b}\in L_2\cap L_3$. 又有 $\boldsymbol{a}\in L_1$,$\boldsymbol{b}\in L_1$,$\boldsymbol{a}+\boldsymbol{b}\in L_1$. 从而 $\boldsymbol{a}+\boldsymbol{b}\in L_1\cap(L_2+L_3)$.

第二个式子亦是成立的:在 $L_1+(L_2\cap L_3)$ 中任取一个向量 $\boldsymbol{a}_1+\boldsymbol{b}$,其中 $\boldsymbol{a}_1\in L_1$,$\boldsymbol{b}\in L_2\cap L_3$. 由此得出,$\boldsymbol{a}_1+\boldsymbol{b}\in L_1+L_2$,且 $\boldsymbol{a}_1+\boldsymbol{b}\in L_1+L_3$. 于是 $\boldsymbol{a}_1+\boldsymbol{b}\in(L_1+L_2)\cap(L_1+L_3)$.

对于二线性子空间 L_1,L_2 之和的维数,不仅与 L_1,L_2 二者的维数有关,且与其公共部分的维数有关,我们有次之定理可以决定和的维数:

定理 3.3.4 线性空间 L 中两个有限维线性子空间之和的维数等于此二线性子空间的维数之和减去其交的维数.

---

① 当 $L_1\subseteq L_2$ 时,包含关系成为相等:$L_1\cap(L_2+L_3)=(L_1\cap L_2)+(L_1\cap L_3)$,$L_1+(L_2\cap L_3)=(L_1+L_2)\cap(L_1+L_3)$.

这个定理与格拉斯曼(G. H. Grassmann)的名字相联. 从这个定理看出，子空间和的维数一般比子空间维数之和小. 例如，在三维几何空间中，两个过原点的不同平面之和是整个三维空间，而它们的维数之和却等于 4，由此说明这两个子空间的交是一维的子空间.

证明 设 L_1,L_2 为此二线性子空间，r_1,r_2 为其维数，且设其交集 L'' 的维数为 m. 在 L'' 中任选一基底 $\boldsymbol{e}_1,\boldsymbol{e}_2,\cdots,\boldsymbol{e}_m$. 向量 $\boldsymbol{e}_1,\boldsymbol{e}_2,\cdots,\boldsymbol{e}_m$ 在 L_1 中线性无关. 因此在 L_1 中可以找到向量 $\boldsymbol{e}'_1,\boldsymbol{e}'_2,\cdots,\boldsymbol{e}'_p$ 使 $\boldsymbol{e}'_1,\boldsymbol{e}'_2,\cdots,\boldsymbol{e}'_p,\boldsymbol{e}_1,\boldsymbol{e}_2,\cdots,\boldsymbol{e}_m$ 为 L_1 的一个基底①. 同理可在 L_2 中找到向量 $\boldsymbol{e}''_1,\boldsymbol{e}''_2,\cdots,\boldsymbol{e}''_q$，使其与 $\boldsymbol{e}_1,\boldsymbol{e}_2,\cdots,\boldsymbol{e}_m$ 合并成为 L_2 的一个基底，因基底所含的向量的个数等于空间的维数，故 p,q 与 L_1,L_2 的维数有下面关系

$$r_1=p+m,r_2=q+m$$

假使我们能证明

$$\boldsymbol{e}'_1,\boldsymbol{e}'_2,\cdots,\boldsymbol{e}'_p,\boldsymbol{e}_1,\boldsymbol{e}_2,\cdots,\boldsymbol{e}_m,\boldsymbol{e}''_1,\boldsymbol{e}''_2,\cdots,\boldsymbol{e}''_q \tag{3.3.1}$$

为 L_1+L_2 的基底，定理 3.3.4 即已证明，因为这样得出 L_1+L_2 的维数为

$$p+m+q=r_1+r_2-m$$

L_1 中每一向量 $\boldsymbol{x}$ 可经它的基底 $\boldsymbol{e}'_1,\boldsymbol{e}'_2,\cdots,\boldsymbol{e}'_p,\boldsymbol{e}_1,\boldsymbol{e}_2,\cdots,\boldsymbol{e}_m$ 线性表出，亦即可经式(3.3.1)线性表出. 同理，L_2 中每一向量 $\boldsymbol{y}$ 可经(3.3.1)线性表出. 因此 $\boldsymbol{x}+\boldsymbol{y}$ 亦即 L_1+L_2 中每一向量可经式(3.3.1)线性表出. 我们现在仅须证明式(3.3.1)为一线性无关组.

设

$$\begin{aligned}&k'_1\boldsymbol{e}'_1+k'_2\boldsymbol{e}'_2+\cdots+k'_s\boldsymbol{e}'_p+k_1\boldsymbol{e}_1+k_2\boldsymbol{e}_2+\cdots+\\&k_m\boldsymbol{e}_m+k''_1\boldsymbol{e}''_1+k''_2\boldsymbol{e}''_2+\cdots+k''_s\boldsymbol{e}''_q=\boldsymbol{0}\end{aligned} \tag{3.3.2}$$

为这些向量的一线性关系，写

$$\boldsymbol{b}=k''_1\boldsymbol{e}''_1+k''_2\boldsymbol{e}''_2+\cdots+k''_s\boldsymbol{e}''_q$$

今 $\boldsymbol{b}$ 经 L_2 中向量 $\boldsymbol{e}''_1,\boldsymbol{e}''_2,\cdots,\boldsymbol{e}''_q$ 线性表出，故 $\boldsymbol{b}$ 在 L_2 中. 此外，由式(3.3.2)得

$$\boldsymbol{b}=-k'_1\boldsymbol{e}'_1-k'_2\boldsymbol{e}'_2-\cdots-k'_s\boldsymbol{e}'_p-k_1\boldsymbol{e}_1-k_2\boldsymbol{e}_2-\cdots-k_m\boldsymbol{e}_m \tag{3.3.3}$$

因 $\boldsymbol{e}'_1,\boldsymbol{e}'_2,\cdots,\boldsymbol{e}'_p,\boldsymbol{e}_1,\boldsymbol{e}_2,\cdots,\boldsymbol{e}_m$ 在 L_1 中，故 $\boldsymbol{b}$ 在 L_1 中，因此 $\boldsymbol{b}$ 在 L_1,L_2 之交集 L'' 中，可经 L'' 的基底线性表出

$$\boldsymbol{b}=c_1\boldsymbol{e}_1+c_2\boldsymbol{e}_2+\cdots+c_m\boldsymbol{e}_m$$

把这个式子与式(3.3.3)联立可得

① 这做法的合理性，参阅定理 3.1.3.

$$k'_1\boldsymbol{e}'_1+k'_2\boldsymbol{e}'_2+\cdots+k'_s\boldsymbol{e}'_p+(k_1+\boldsymbol{c}_1)\boldsymbol{e}_1+(k_2+\boldsymbol{c}_2)\boldsymbol{e}_2+\cdots+(k_m+\boldsymbol{c}_m)\boldsymbol{e}_m=\boldsymbol{0}$$

但 $\boldsymbol{e}'_1,\boldsymbol{e}'_2,\cdots,\boldsymbol{e}'_p,\boldsymbol{e}_1,\boldsymbol{e}_2,\cdots,\boldsymbol{e}_m$ 为 L_1 的基底必线性无关,故知

$$k'_1=k'_2=\cdots=k'_s=0$$

代入式(3.3.2),得

$$k_1\boldsymbol{e}_1+k_2\boldsymbol{e}_2+\cdots+k_m\boldsymbol{e}_m+k''_1\boldsymbol{e}''_1+k''_2\boldsymbol{e}''_2+\cdots+k''_s\boldsymbol{e}''_q=\boldsymbol{0}$$

但 $\boldsymbol{e}_1,\boldsymbol{e}_2,\cdots,\boldsymbol{e}_m,\boldsymbol{e}''_1,\boldsymbol{e}''_2,\cdots,\boldsymbol{e}''_q$ 为 L_2 的基底因而亦线性无关,由此

$$k_1=k_2=\cdots=k_m=k''_1=k''_2=\cdots=k''_s=0$$

因此,式(3.3.1) 中诸向量线性无关,定理 3.3.2 即已证明.

应用定理 3.3.4,可以得出线性子空间的维数与其交的维数间的不等式关系. 设 L_1,L_2 为 L 的任二子空间,其维数为 r_1 与 r_2. 设 L 的维数为 n,$L_1\cap L_2$ 的维数为 m. 由定理 3.3.4,L_1+L_2 的维数为 r_1+r_2-m. 但 L_1+L_2 的维数不能超过 L 的维数. 故知,$r_1+r_2-m\leqslant n$,即 $m\geqslant r_1+r_2-n$,这就是说,L 中二线性子空间之交的维数不少于此二子空间维数之和减去 L 的维数后所得出的数.

例如三维空间中两个不相重合的平面之交为一直线,四维空间中一个二维子空间与不含此二维子空间的三维子空间之交为一直线,四维空间中两个三维子空间之交合为一个平面,依此类推.

注 1 在 n 维线性空间 L 中存在所有各个小维数的子空间,容易相信,可以在 L 中嵌入子空间链

$$\{\boldsymbol{0}\}\subset L_1\subset L_2\subset\cdots\subset L_{n-1}\subset L_n=L=L(\boldsymbol{e}_1,\boldsymbol{e}_2,\cdots,\boldsymbol{e}_n)$$

其中

$$L_i=L(\boldsymbol{e}_1,\boldsymbol{e}_2,\cdots,\boldsymbol{e}_i)$$

注 2 一维的线性空间称为直线,二维的线性空间是平面,当 $k\geqslant 3$ 时,就称是 k 维平面. 设 U 是线性空间 L 的子空间,差

$$\operatorname{codim} U=\dim L-\dim U$$

被称为子空间 U 的余维. 余维数为 1 的子空间被称为超平面. 超平面的概念是相对的,直线是二维线性空间 W 的超平面,而 W 却又可以看作是更大维数的线性空间 L 的一个平面.

3.4 线性空间的子空间覆盖

在上一目,我们曾说及,子空间的交与和仍然是子空间,但子空间的并一般来说不是子空间;特别地,两个真子空间不能“覆盖”整个空间,即若 L_1 与 L_2 是线性空间 L 的两个真子空间,则存在 $\boldsymbol{a}\in L$,使得 $\boldsymbol{a}\notin L_1$ 且 $\boldsymbol{a}\notin L_2$. 更一般地,这个结论对有限个真子空间也成立.

首先证明一个引理如下：

引理 设 L 是数域 P 上的 $n(n\geqslant 2)$ 维线性空间，$\boldsymbol{e}_1,\boldsymbol{e}_2,\cdots,\boldsymbol{e}_n$ 是它的一个基. 对于 P 的任意元素 x，定义 $\boldsymbol{e}(x)=\boldsymbol{e}_1+x\boldsymbol{e}_2+x^2\boldsymbol{e}_3+\cdots+x^{n-1}\boldsymbol{e}_n$. 若 $k_1,k_2,\cdots,k_n$ 是 P 的 n 个两两不同的数，则 $\boldsymbol{e}(k_1),\boldsymbol{e}(k_2),\cdots,\boldsymbol{e}(k_n)$ 也是 L 的基.

证明 按定义，可写

$$(\boldsymbol{e}(k_1),\boldsymbol{e}(k_2),\cdots,\boldsymbol{e}(k_n))$$

$$=(\boldsymbol{e}_1,\boldsymbol{e}_2,\cdots,\boldsymbol{e}_n)\begin{pmatrix}1 & 1 & \cdots & 1 & 1\\ k_1 & k_2 & \cdots & k_{n-1} & k_n\\ k_1^2 & k_2^2 & \cdots & k_{n-1}^2 & k_n^2\\ \vdots & \vdots & & \vdots & \\ k_1^{n-1} & k_2^{n-1} & \cdots & k_{n-1}^{n-1} & k_n^{n-1}\end{pmatrix}$$

容易发现，由基底 $\boldsymbol{e}_1,\cdots,\boldsymbol{e}_n$ 到 $\boldsymbol{e}(k_1),\boldsymbol{e}(k_2),\cdots,\boldsymbol{e}(k_n)$ 的转换矩阵的行列式是范德蒙行列式(异于零)，按照第 7 章 §2 的定理 2.2.2，$\boldsymbol{e}(k_1),\boldsymbol{e}(k_2),\cdots,\boldsymbol{e}(k_n)$ 是 L 的基.

定理 3.4.1 若 $L_1,L_2,\cdots,L_s$ 是 n 维线性空间 L 的真子空间，则存在 $\boldsymbol{a}\in L$，使得 $\boldsymbol{a}\notin L_i$，$i=1,2,\cdots,s$.

证明 设 $\boldsymbol{e}_1,\boldsymbol{e}_2,\cdots,\boldsymbol{e}_n$ 是 L 的一组基. 令

$$\boldsymbol{e}(j)=\boldsymbol{e}_1+j\boldsymbol{e}_2+j^2\boldsymbol{e}_3+\cdots+j^{n-1}\boldsymbol{e}_n,\ j=1,2,\cdots$$

如此我们得到无限个不同的向量. 由引理知在这无限个向量中任意 n 个都线性无关(即构成 L 的基)，从而每个真子空间都只能含其中有限个向量，于是 s 个真子空间 $L_1,L_2,\cdots,L_s$ 总共也只能含其中有限个向量，即有无限个 $\boldsymbol{a}_j$ 不能被覆盖.

兹引入下面的概念：

定义 3.4.1 设 L 是数域 P 上的线性空间，B 是一个由 L 的若干真子空间构成的集合，若 $L=\bigcup\limits_{X\in B}X$，则称 L 被 B 覆盖，或 B 覆盖 L，亦称 B 是 L 的一个 $\overline{\overline{B}}-$覆盖，或 L 有 $\overline{\overline{B}}-$覆盖.

定义中 $\overline{\overline{B}}$ 是借用了集合论中的记号，它表示集合 B 的基数. 所有有限基数(即基数 $\overline{\overline{B}}$ 是正整数) 的覆盖统称为有限覆盖. 类似地，有可数无穷覆盖等等.

定义 3.4.1 的概念可平移到其他代数结构上，如群、环等.

定理 3.4.2 设 G 是群，则 G 不存在 $2-$覆盖.

证明 假设定理成立，即不存在 G 的 2 个真子群 G_1 与 G_2，使得

$$G=G_1\cup G_2 \tag{3.4.1}$$

如果 $G_1 \subseteq G_2$，那么 $G_1 \cup G_2 = G_2 \neq G$，式(3.4.1)不成立，矛盾. 故 $G_1 \not\subset G_2$. 同理，$G_2 \not\subset G_1$. 于是，存在 $g_1 \in G_1, g_1 \notin G_2, g_2 \in G_2, g_2 \notin G_1$. 令 $g = g_1 g_2$，则 $g \in G$. 由式(3.4.1)可知，$g \in G_1$ 或 $g \in G_2$.

当 $g \in G_1$ 时，由 $g_2 = g_1^{-1} g, g_1^{-1} \in G_1$ 推出 $g_2 \in G_1$，这与 $g_2 \notin G_1$ 矛盾，故 $g \notin G_1$. 同样可推出 $g \notin G_2$，因此 $g \notin G_1 \cup G_2$，这与 $g \in G_1$ 或 $g \in G_2$ 矛盾，故式(3.4.1)不能成立，即 G 无 2 － 覆盖.

定义 3.4.2 设 L 是数域 P 上的线性空间，若 L 有一个 $\overline{\overline{B}}$ － 覆盖，且对于 L 的任意 $\overline{\overline{B}}$ － 覆盖，均有 $\overline{\overline{B}} \geqslant \overline{\overline{B_1}}$，则称 L 的这个 $\overline{\overline{B}}$ － 覆盖是最小覆盖.

定理 3.4.3 设 L 是数域 P 上的有限维线性空间，那么：

(1) 当 L 的维数 $=0$ 或 1 时，L 无任意覆盖.

(2) 当 L 的维数 $\geqslant 2$ 时，L 有 $\overline{\overline{P}}$ － 覆盖，且它是 L 的最小覆盖.

证明 (1) 设 L 是数域 P 上的线性空间，当 L 的维数 $=0$ 时，由于 L 无真子空间，故无有限覆盖；当 L 的维数 $=1$ 时，由于真子空间为零子空间，而真子空间的并仍为零子空间，故 L 无有限覆盖.

(2) 设 L 的维数 $=n$，n 是正整数且 $n \geqslant 2$. 于是，L 的每组基恰由 n 个向量构成，取一组基 $\boldsymbol{e}_1, \boldsymbol{e}_2, \cdots, \boldsymbol{e}_n$，则

$$L = L(\boldsymbol{e}_1, \boldsymbol{e}_2, \cdots, \boldsymbol{e}_n) = \{k_1\boldsymbol{e}_1 + k_2\boldsymbol{e}_2 + \cdots + k_n\boldsymbol{e}_n \mid k_i \in p, i = 1, 2, \cdots, n\}$$

因此

$$\overline{\overline{L}} = (\overline{\overline{P}})^n$$

因为数域 P 具有无限基数，所以

$$(\overline{\overline{P}})^n = \overline{\overline{P}}①$$

从而

$$\overline{\overline{L}} = \overline{\overline{P}}$$

显然，$L = \bigcup_{a \in L} L(\boldsymbol{a})$，换句话说，$\bigcup_{a \in L} L(\boldsymbol{a})$ 是 L 的覆盖，并且是一个 $\overline{\overline{P}}$ － 覆盖. 为了证明这个覆盖的最小性，设 L 有一个 $\overline{\overline{A}}$ － 覆盖：$L = \bigcup_{\lambda \in A} L_\lambda$，这里 A 为(无限)指标集，L_λ 为 L 的真子空间.

考察向量组 $\boldsymbol{e}(k) = \boldsymbol{e}_1 + k\boldsymbol{e}_2 + k^2\boldsymbol{e}_3 + \cdots + k^{n-1}\boldsymbol{e}_n$，$k$ 为 P 中的非零数. 由引理以及 L_λ 的维数 $\leqslant n-1$ 可知，至多 $n-1$ 个有不同的 $k_1, k_1, \cdots, k_{n-1} \in P$，满足 $L(\boldsymbol{e}(k_1), \boldsymbol{e}(k_2), \cdots, \boldsymbol{e}(k_{n-1})) \subseteq L_\lambda$，因此 $\bigcup_{\lambda \in B} L_\lambda$ 含形如 $\boldsymbol{e}(k)$ 的向量至多为

① 关于基数的一些结论，详见《集合论》卷.

$(n-1)\overline{\overline{A}}$ 个. 由于形如 $\boldsymbol{e}(k)$ 的不同向量有 $\overline{\overline{P}}$ 个，经式 $L=\bigcup\limits_{\lambda\in B}L_\lambda$ 可知，$\boldsymbol{e}(k)$ 的所有向量全落在 $\bigcup\limits_{\lambda\in B}L_\lambda$ 里，故有

$$(n-1)\overline{\overline{A}}\geqslant\overline{\overline{P}}$$

由于

$$(n-1)\overline{\overline{A}}=\overline{\overline{A}}$$

故有

$$\overline{\overline{A}}\geqslant\overline{\overline{P}}$$

从而推出 $\overline{\overline{P}}-$ 覆盖是 L 的最小覆盖. 证毕.

定理 3.4.4 数域 P 上的每个无限维线性空间 L 都有一个$(\dim L)-$覆盖.

证明 设 $\dim L=\aleph$，则 $\aleph\geqslant\aleph_0$，且存在基数为 $\aleph$ 的指标集 A，使得 L 的任意基 B 可表示为 $B=\{\boldsymbol{e}_\lambda\mid\lambda\in A\}$.

取定 B，任取 B 的有限子集 $C=\{\boldsymbol{e}_{\lambda_1},\boldsymbol{e}_{\lambda_2},\cdots,\boldsymbol{e}_{\lambda_n}\}$，$n$ 为正整数，$\lambda_i\in A$，$i=1,2,\cdots,n$. 令 $L=L(\boldsymbol{e}_{\lambda_1},\boldsymbol{e}_{\lambda_2},\cdots,\boldsymbol{e}_{\lambda_n})$. 显然

$$L=\bigcup_{C\text{是}B\text{的有限子集}}(C) \tag{3.4.2}$$

事实上，对于任意 $\boldsymbol{a}\in L$，存在 B 的有限子集 C_1，使得 $\boldsymbol{a}\in L(C_1)$，因此可推出式(3.4.2). 令 $S=\{C\mid C$ 是 B 的有限子集$\}$. 由 $\overline{\overline{B}}\geqslant\aleph_0$ 可知，$\overline{\overline{S}}=\overline{\overline{B}}$，故 $\overline{\overline{S}}=\aleph=\dim L$，即式(3.5.2) 是 L 的一个 $\dim L-$ 覆盖. 证毕.

推论 设 L 是数域 P 上的线性空间，$\dim L=\aleph_0$，则可数无穷覆盖是 L 的最小覆盖.

证明 结论可由定理 3.4.3 和定理 3.4.4 联合推出，只需注意 $\aleph_0$ 是最小的无限集的基数即可.

例 设 $P[x]$ 是数域 P 上关于未定元 x 的多项式环，只考虑 $P[x]$ 中的加法与数乘法，则 $P[x]$ 是 P 上的线性空间. 由于 $1,x,\cdots,x^n,\cdots$，(n 是正整数) 构成 $P[x]$ 的基，因此 $\dim P[x]=\aleph_0$，由推论可知，$\aleph_0$ 有可数无穷覆盖，且以它为最小覆盖.

3.5 子空间的直接和 · 补空间

按定义，在线性子空间

$$L=L_1+L_2+\cdots+L_s$$

中，任一向量 $\boldsymbol{x}$ 可表为以下形式

$$\boldsymbol{x}=\boldsymbol{x}_1+\boldsymbol{x}_2+\cdots+\boldsymbol{x}_s\quad(\boldsymbol{x}_i\in L_i;i=1,2,\cdots,s) \tag{3.5.1}$$

但对于一般情形来说，这一表示式不一定是唯一的，如 L 中任一向量 $\boldsymbol{x}$ 均仅有

一种表示式(3.5.1),亦即当

$$\boldsymbol{x}=\boldsymbol{x}'_1+\boldsymbol{x}'_2+\cdots+\boldsymbol{x}'_s \quad (\boldsymbol{x}'_i\in L_i;i=1,2,\cdots,s) \tag{3.5.2}$$

时,必得

$$\boldsymbol{x}_1=\boldsymbol{x}'_1,\boldsymbol{x}_2=\boldsymbol{x}'_2,\cdots,\boldsymbol{x}_s=\boldsymbol{x}'_s$$

则称 L 为 $L_1+L_2+\cdots+L_s$ 之直接和(直和),记之为

$$L=L_1\oplus L_2\oplus\cdots\oplus L_s$$

或

$$\bigoplus_{i=1}^{s} L_i$$

直接和有很多特殊的性质,有一些我们现在就来加以探讨.首先,在直接和中,每一向量仅有一种表示法这一条件可以换为较弱的条件,就是零向量仅有一种表示法:

定理 3.5.1 如果在和 $L=L_1+L_2+\cdots+L_s$ 中,零向量仅有一种表示法(3.5.1),亦即如

$$\boldsymbol{x}_1+\boldsymbol{x}_2+\cdots+\boldsymbol{x}_s=\boldsymbol{0} \quad (\boldsymbol{x}_i\in L_i;i=1,2,\cdots,s)$$

时可得 $\boldsymbol{x}_1=\boldsymbol{x}_2=\cdots=\boldsymbol{x}_s=\boldsymbol{0}$,则 L 为 $L_1+L_2+\cdots+L_s$ 的直接和.

证明 设对某一向量 $\boldsymbol{x}$,有式(3.5.1),(3.5.2) 两种表示法,则相减后可得

$$(\boldsymbol{x}_1-\boldsymbol{x}'_1)+(\boldsymbol{x}_2-\boldsymbol{x}'_2)+\cdots+(\boldsymbol{x}_s-\boldsymbol{x}'_s)=\boldsymbol{0}$$

今知$(\boldsymbol{x}_1-\boldsymbol{x}'_1)\in L_i,i=1,2,\cdots,s$,故得

$$\boldsymbol{x}_1-\boldsymbol{x}'_1=\boldsymbol{x}_2-\boldsymbol{x}'_2=\cdots=\boldsymbol{x}_s-\boldsymbol{x}'_s=\boldsymbol{0}$$

即

$$\boldsymbol{x}_1=\boldsymbol{x}'_1,\boldsymbol{x}_2=\boldsymbol{x}'_2,\cdots,\boldsymbol{x}_s=\boldsymbol{x}'_s$$

用下面的定理可以在直接和中移去或加上括号.

定理 3.5.2 如线性子空间的展开式

$$L=L_1+L_2+\cdots+L_s \tag{3.5.3}$$

$$\begin{cases}L_1=L_{11}+L_{12}+\cdots+L_{1m_1}\\ L_2=L_{21}+L_{22}+\cdots+L_{2m_2}\\ \quad\vdots\\ L_s=L_{s1}+L_{s2}+\cdots+L_{sm_s}\end{cases} \tag{3.5.4}$$

均为直接和,则展开式

$$L=L_{11}+L_{12}+\cdots+L_{1m_1}+\cdots+L_{s1}+L_{s2}+\cdots+L_{sm_s} \tag{3.5.5}$$

为一直接和,换言之,如在一直接和中,代其任一项以此项之直和的展开式时仍

得以直接和. 反之,如式(3.5.5)为一直和,则式(3.5.4)与(3.5.3)均为直接和.

先证其第一部分,设

$$\boldsymbol{x}_{11}+\boldsymbol{x}_{12}+\cdots+\boldsymbol{x}_{1m_1}+\cdots+\boldsymbol{x}_{s1}+\boldsymbol{x}_{s2}+\cdots+\boldsymbol{x}_{sm_s}=\boldsymbol{0}$$

将其写为

$$\boldsymbol{x}_1+\boldsymbol{x}_2+\cdots+\boldsymbol{x}_s=\boldsymbol{0} \tag{3.5.6}$$

其中

$$\boldsymbol{x}_i=\boldsymbol{x}_{i1}+\boldsymbol{x}_{i2}+\cdots+\boldsymbol{x}_{im_i}\quad(i=1,2,\cdots,s) \tag{3.5.7}$$

因 $\boldsymbol{x}_i\in L_i$ 而式(3.5.3)为一直接和,由式(3.5.6)得 $\boldsymbol{x}_1=\boldsymbol{x}_2=\cdots=\boldsymbol{x}_s=\boldsymbol{0}$. 由等式(3.5.7)得

$$\boldsymbol{x}_{i1}=\boldsymbol{x}_{i2}=\cdots=\boldsymbol{x}_{im_i}=\boldsymbol{0}\quad(i=1,2,\cdots,n) \tag{3.5.8}$$

但展开式

$$L_1=L_{i1}+L_{i2}+\cdots+L_{im_i}$$

为一直和,由式(3.5.8)知

$$\boldsymbol{x}_{i1}=\boldsymbol{x}_{i2}=\cdots=\boldsymbol{x}_{im_i}=\boldsymbol{0}$$

故式(3.5.5)式为一直接和. 从相反的方向重复上面的推理,即可证明定理的第二部分.

由定理 3.5.2,知诸子空间的直接和加以括号后可看作继续进行两项的直接和所得出的结果. 对于两个子空间的直接和我们有以下定理.

定理 3.5.3 线性空间 L 中二线性子空间之和是一个直和的充分必要条件,是其交集是一个零空间.

事实上,如二子空间 L_1,L_2 之交含有非零向量 $\boldsymbol{a}$,则 $\boldsymbol{0}$ 可写为

$$\boldsymbol{a}+(-\boldsymbol{a})=\boldsymbol{0}$$

其中 $\boldsymbol{a}\neq\boldsymbol{0},\boldsymbol{a}\in L_1,-\boldsymbol{a}\in L_2$,因此 L_1+L_2 不是一直和. 反之,如 L_1+L_2 不为一直接和,则有非零向量存在使

$$\boldsymbol{a}+\boldsymbol{b}=\boldsymbol{0}\quad(\boldsymbol{a}\neq\boldsymbol{0},\boldsymbol{a}\in L_1,\boldsymbol{b}\in L_2)$$

因此 $\boldsymbol{b}=-\boldsymbol{a}$,是即 $\boldsymbol{b}$ 在子空间 L_1 中,此时 L_1,L_2 之交含有非零向量 $\boldsymbol{b}$.

约定一个表达方法:$L_1+\cdots+\overline{L}_i+\cdots+L_m=L_1+\cdots+L_{i-1}+L_{i+1}+\cdots+L_m$. 于是定理 3.5.3 可以推广为下面的:

定理 3.5.4 和 $L_1+\cdots+L_{i-1}+L_{i+1}+\cdots+L_m$ 是直接的充要条件是

$$L_i\cap(L_1+\cdots+\overline{L}_i+\cdots+L_m)=\{\boldsymbol{0}\} \tag{3.5.9}$$

证明 设这个和是直和,看任意向量 $\boldsymbol{x}\in L_i\cap(L_1+\cdots+\overline{L}_i+\cdots+L_m)$,

其中指标 i 是固定的. 这样,

$$\boldsymbol{x}=\boldsymbol{x}_1+\cdots+\overline{\boldsymbol{x}}_i+\cdots+\boldsymbol{x}_m$$

于是对于零向量,我们可以得到两个等式

$$\mathbf{0}+\cdots+\mathbf{0}+\mathbf{0}+\mathbf{0}+\cdots+\mathbf{0}=\mathbf{0}=\boldsymbol{x}_1+\cdots+\boldsymbol{x}_{i-1}+(-\boldsymbol{x})+\boldsymbol{x}_{i+1}+\cdots+\boldsymbol{x}_m$$

因为这是个直和,所以这两个分解应该重合. 特别地,$\boldsymbol{x}=\mathbf{0}$,从而所设条件(3.5.9)成立.

反过来,设式(3.5.9)为真,去证明零向量分解的唯一性. 事实上,可从任意一个分解式

$$\mathbf{0}=\boldsymbol{a}_1+\cdots+\boldsymbol{a}_i+\cdots+\boldsymbol{a}_m$$

出发,于是对任意 $i=1,2,\cdots,m$ 有

$$-\boldsymbol{a}_i=\boldsymbol{a}_1+\cdots+\boldsymbol{a}_{i-1}+\boldsymbol{a}_{i+1}+\cdots+\boldsymbol{a}_m\in L_i\cap(L_1+\cdots+\overline{L}_i+\cdots+L_m)=\{\mathbf{0}\}$$

从而

$$\boldsymbol{a}_1=\mathbf{0}$$

定理 3.5.3 是说,和 $L=L_1+L_2$ 是直和当且仅当 $L_1\cap L_2=\{\mathbf{0}\}$. 特别地,援引关于维数的定理 3.3.4,就得到

$$\dim L=\dim L_1+\dim L_2$$

这个性质的一般性可以表述成:

定理 3.5.5 维数均有限的子空间直接和的维数等于诸子空间的维数之和.

证明 我们来证明和 $L=L_1+L_2+\cdots+L_s$ 是直接的,那么有维数公式

$$\dim L=\sum_{i=1}^{m}\dim L_i$$

可用对子空间的个数 m 的归纳实现之. 当 $m=2$ 时,结论的正确性已经在前面指明了. 而对于任意 m 的情形可采用定理 3.3.4 和定理 3.5.4. 也就是说,如果和是直接的,那么 $L_1+\cdots+\overline{L}_i+\cdots+L_m$ 也是直和,于是,有

$$\begin{aligned}\dim L&=\dim L_i+\dim(L_1+\cdots+\overline{L}_i+\cdots+L_m)-\\&\quad\dim[L_i\cap(L_1+\cdots+\overline{L}_i+\cdots+L_m)]\\&=\dim L_i+(\dim L_1+\cdots+\dim\overline{L}_i+\cdots+\dim L_m)-0\\&=\sum_{i=1}^{m}\dim L_i\end{aligned}$$

证毕.

由定理 3.5.5 可推得以下性质:

推论 1 如果子空间 L 为有限维子空间 $L_1,L_2,\cdots,L_s$ 的直接和,在子空间

L_i 中任选一基底 $\boldsymbol{e}_{i1},\boldsymbol{e}_{i2},\cdots,\boldsymbol{e}_{im_i}(i=1,2,\cdots,s)$，则

$$\boldsymbol{e}_{11},\boldsymbol{e}_{12},\cdots,\boldsymbol{e}_{1m_1},\cdots,\boldsymbol{e}_{s1},\boldsymbol{e}_{s2},\cdots,\boldsymbol{e}_{sm_s} \tag{3.5.10}$$

为 L 的一个基底.

因子空间 L_i 中每一向量均可经式(3.5.10)线性表出，故 L 中任一向量均可经式(3.5.10)线性表出. 由定理 3.5.5，知式(3.5.10)中所含向量的个数等于 L 的维数，故式(3.5.10)为 L 的一个基底.

定理 3.5.5 的逆定理也是成立的.

定理 3.5.6 如果有限维线性子空间之和的维数等于诸子空间的维数之和，则此和为一直接和.

证明 先设 $L=L_1+L_2$，而

$$L \text{ 的维数}=L_1 \text{ 的维数}+L_2 \text{ 的维数}$$

由定理 2.5.2，知交集 $L_1\cap L_2$ 的维数为零，因此它为一个零空间. 根据定理 3.5.3，L_1+L_2 为一直接和. 当和中的项数大于2时，我们可以用归纳法来证明.

推论 2 推论 1 中诸子空间为直接和的条件亦是充分的.

推论 1 和推论 2 所表示的结果可以扩张到维数为无限的时候：

定理 3.5.7 设 L_1,L_2 是 L 的两个子空间(可以是无限维的)，则和 L_1+L_2 是直接的充分必要条件是 L_1 的一个基与 L_2 的一个基合并起来是 L 的一个基.

证明 必要性. 设 L_1+L_2 是直和，则 $L_1\cap L_2=\varnothing$. L_1 中取一个基 S_1，L_2 中取一个基 S_2，在 $S_1\cup S_2$ 中任取一个有限子集 $S=\{\boldsymbol{a}_{11},\boldsymbol{a}_{12},\cdots,\boldsymbol{a}_{1m},\boldsymbol{a}_{21},\boldsymbol{a}_{22},\cdots,\boldsymbol{a}_{2r}\}$，其中 $\boldsymbol{a}_{1i}\in S_1,\boldsymbol{a}_{2j}\in S_2,i=1,2,\cdots,m;j=1,2,\cdots,r$. 设

$$k_{11}\boldsymbol{a}_{11}+k_{12}\boldsymbol{a}_{12}+\cdots+k_{1m}\boldsymbol{a}_{1m}+k_{21}\boldsymbol{a}_{21}+k_{22}\boldsymbol{a}_{22}+\cdots+k_{2r}\boldsymbol{a}_{2r}=\boldsymbol{0}$$

则

$$k_{11}\boldsymbol{a}_{11}+k_{12}\boldsymbol{a}_{12}+\cdots+k_{1m}\boldsymbol{a}_{1m}=-k_{21}\boldsymbol{a}_{21}-k_{22}\boldsymbol{a}_{22}-\cdots-k_{2r}\boldsymbol{a}_{2r}\in L_1\cap L_2$$

由于 $L_1\cap L_2=\varnothing$，因此

$$k_{11}\boldsymbol{a}_{11}+k_{12}\boldsymbol{a}_{12}+\cdots+k_{1m}\boldsymbol{a}_{1m}=-k_{21}\boldsymbol{a}_{21}-k_{22}\boldsymbol{a}_{22}-\cdots-k_{2r}\boldsymbol{a}_{2r}=\boldsymbol{0}$$

由此得出

$$k_{11}=k_{12}=\cdots=k_{1m}=0,k_{21}=k_{22}=\cdots=k_{2r}=0$$

从而 S 线性无关. 由于 S 是 $S_1\cup S_2$ 的任一个有限子集，因此 $S_1\cup S_2$ 线性无关.

在 L_1+L_2 中任取一个向量 $\boldsymbol{a}=\boldsymbol{a}_1+\boldsymbol{a}_2,\boldsymbol{a}_1\in L_1,\boldsymbol{a}_2\in L_2$. 既然 S_1,S_2 分别是 L_1,L_2 的基，因此 $\boldsymbol{a}_1$ 是 S_1 的某个有限子集 T_1 的元素的线性组合，$\boldsymbol{a}_2$ 是 S_2 的某个有限子集 T_2 的元素的线性组合. 如此 $\boldsymbol{a}_1+\boldsymbol{a}_2$ 是 $T_1\cup T_2$ 的元素的线性组合，如此 $\boldsymbol{a}=\boldsymbol{a}_1+\boldsymbol{a}_2$ 是 $S_1\cup S_2$ 的有限子集 $T_1\cup T_2$ 的元素的线性组合.

综上所述，$S_1\cup S_2$ 是 L_1+L_2 的一个基.

充分性. L_1 中取一个基 S_1, L_2 中取一个基 S_2, 由已知条件, $S_1 \cup S_2$ 是 $L_1 + L_2$ 的一个基. 任取 $\boldsymbol{a} \in L_1 \cap L_2$, 那么 $\boldsymbol{a}$ 是 S_1 中有限个向量 $\boldsymbol{a}_{11}, \boldsymbol{a}_{12}, \cdots, \boldsymbol{a}_{1m}$ 的线性组合, 即

$$\boldsymbol{a} = k_{11}\boldsymbol{a}_{11} + k_{12}\boldsymbol{a}_{12} + \cdots + k_{1m}\boldsymbol{a}_{1m}$$

同样地

$$\boldsymbol{a} = k_{21}\boldsymbol{a}_{21} + k_{22}\boldsymbol{a}_{22} + \cdots + k_{2r}\boldsymbol{a}_{2r}$$

这里 $\boldsymbol{a}_{21}, \boldsymbol{a}_{22}, \cdots, \boldsymbol{a}_{2r}$ 是 S_1 中的向量.

把上面两个式子相减, 得

$$k_{11}\boldsymbol{a}_{11} + k_{12}\boldsymbol{a}_{12} + \cdots + k_{1m}\boldsymbol{a}_{1m} = -k_{21}\boldsymbol{a}_{21} - k_{22}\boldsymbol{a}_{22} - \cdots - k_{2r}\boldsymbol{a}_{2r} = \boldsymbol{0}$$

于是

$$k_{11} = k_{12} = \cdots = k_{1m} = k_{21} = k_{22} = \cdots = k_{2r} = 0$$

从而

$$\boldsymbol{a} = \boldsymbol{0}$$

即是

$$L_1 \cap L_2 = \{\boldsymbol{0}\}$$

所以 $L_1 + L_2$ 是直和.

定义 3.5.1 如果线性空间 L 分解成了两个子空间的直接和: $L = L_1 \oplus L_2$, 那么此时两个子空间的任一个称为另一个的补子空间.

我们来证明如下命题:

定理 3.5.8 设 L_1 是有限维空间 L 的非平凡子空间, 则 L_1 在 L 中的补子空间存在但不唯一.

证明 设 $\boldsymbol{e}_1, \boldsymbol{e}_2, \cdots, \boldsymbol{e}_m$ 是 L_1 的一组基, 我们可以把它扩充成为 L 的基: $\boldsymbol{e}_1, \boldsymbol{e}_2, \cdots, \boldsymbol{e}_m, \boldsymbol{e}_{m+1}, \cdots, \boldsymbol{e}_n$, 于是 $L_2 = L(\boldsymbol{e}_{m+1}, \cdots, \boldsymbol{e}_n)$ 是 L_1 的一个补子空间.

再来证明 $L_3 = L(\boldsymbol{e}_1 + \boldsymbol{e}_{m+1}, \boldsymbol{e}_{m+2}, \cdots, \boldsymbol{e}_n)$ 是 L_1 的另一个补子空间. 事实上, 如果

$$k_1\boldsymbol{e}_1 + k_2\boldsymbol{e}_2 + \cdots + k_m\boldsymbol{e}_m + k_{m+1}(\boldsymbol{e}_1 + \boldsymbol{e}_{m+1}) + k_{m+2}\boldsymbol{e}_{m+2} + \cdots + k_n\boldsymbol{e}_n = \boldsymbol{0}$$

即

$$(k_1 + k_{m+1})\boldsymbol{e}_1 + \cdots + k_n\boldsymbol{e}_n = \boldsymbol{0}$$

因为 $\boldsymbol{e}_1, \boldsymbol{e}_2, \cdots, \boldsymbol{e}_n$ 线性无关, 所以

$$k_1 + k_{m+1} = \cdots = k_n = 0$$

即

$$k_1 = \cdots = k_n = 0$$

所以 $\boldsymbol{e}_1, \boldsymbol{e}_2, \cdots, \boldsymbol{e}_m, \boldsymbol{e}_1 + \boldsymbol{e}_{m+1}, \boldsymbol{e}_{m+2}, \cdots, \boldsymbol{e}_n$ 亦线性无关, 故也是 L 的一组基. 于是 L_3

也是 L_1 的一个补子空间. 但

$$L(e_{m+1},\cdots,e_n)\neq L(e_1+e_{m+1},e_{m+2},\cdots,e_n)$$

这是因为 e_1+e_{m+1} 不能由 $e_{m+1},e_{m+2},\cdots,e_n$ 线性表出.

在下一节,我们将证明:无限维线性空间 L 的任一子空间都有补空间.

尽管补空间通常是不唯一的,但我们有如下结论:

定理 3.5.9 设 L_1 是空间 L 的子空间,则 L_1 在 L 中的任意两个补子空间同构.

证明 设 L_2,L_3 都是 L_1 关于 L 的补空间. 对于任意的 $\boldsymbol{y}\in L_2$,由 $L=L_1\oplus L_3$ 知,存在唯一的 $\boldsymbol{x}\in L_1$ 和 $\boldsymbol{z}\in L_3$,使得 $\boldsymbol{y}=\boldsymbol{x}+\boldsymbol{z}$. 故可以定义 L_2 到 L_3 的对应 $\sigma:\boldsymbol{y}\to\boldsymbol{z}$. 我们来证明 σ 是一一映射并且保持加法和数乘.

设 $\boldsymbol{y}_1,\boldsymbol{y}_2\in L_2$,$k$ 是基域中的任一数,首先有

$$\boldsymbol{y}_1=\boldsymbol{x}_1+\boldsymbol{z}_1,\boldsymbol{y}_2=\boldsymbol{x}_2+\boldsymbol{z}_2$$

其中 $\boldsymbol{x}_1,\boldsymbol{x}_2\in L_1,\boldsymbol{z}_1,\boldsymbol{z}_2\in L_3$.

若 $\sigma(\boldsymbol{y}_1)=\sigma(\boldsymbol{y}_2)$,则由分解的唯一性知 $\boldsymbol{z}_1=\boldsymbol{z}_2$,由此 $\boldsymbol{x}_1-\boldsymbol{x}_2=\boldsymbol{y}_1-\boldsymbol{y}_2\in L_1\cap L_2=\{\boldsymbol{0}\}$,得出 $\boldsymbol{y}_1=\boldsymbol{y}_2$. 故 σ 是单射.

对任意的 $\boldsymbol{z}\in L_3$,由 $L=L_1\oplus L_2$ 知,存在 $\boldsymbol{x}\in L_1$ 和 $\boldsymbol{y}\in L_2$,使得 $\boldsymbol{z}=\boldsymbol{x}+\boldsymbol{y}$. 从而有 $\boldsymbol{y}=(-\boldsymbol{x})+\boldsymbol{z}$,$\sigma(\boldsymbol{y})=\boldsymbol{z}$,故 σ 是满射.

由 $\boldsymbol{y}_1+\boldsymbol{y}_2=(\boldsymbol{x}_1+\boldsymbol{x}_2)+(\boldsymbol{z}_1+\boldsymbol{z}_2)$,可得

$$\sigma(\boldsymbol{y}_1+\boldsymbol{y}_2)=\boldsymbol{z}_1+\boldsymbol{z}_2=\sigma(\boldsymbol{y}_1)+\sigma(\boldsymbol{y}_2)$$

由 $k\boldsymbol{y}=(k\boldsymbol{x})+(k\boldsymbol{z})$ 可得

$$\sigma(k\boldsymbol{y})=k\boldsymbol{z}=k\sigma(\boldsymbol{y})$$

综上所述,σ 是一个同构映射. 证毕.

到现在为止,我们所关注的直和都是在一个固定的线性空间 L 中,这种直和通常称为内直和. 但是,有时候我们有必要考察同一个域 K 上两个线性空间的外直和,而这两个空间并不预先作为某个空间的子空间. 这时候外直和 $U\oplus V$ 被理解为所有有序对 $\langle\boldsymbol{u},\boldsymbol{v}\rangle$,$\boldsymbol{u}\in U,\boldsymbol{v}\in V$ 的总体 $W=U\times V$. W 中加法和数乘运算按公式

$$k\langle\boldsymbol{u},\boldsymbol{v}\rangle+h\langle\boldsymbol{u}',\boldsymbol{v}'\rangle=\langle k\boldsymbol{u}+h\boldsymbol{u}',k\boldsymbol{v}+h\boldsymbol{v}'\rangle$$

实现. 这类似于用两个坐标轴构成一个平面.

所有的向量 $\langle\boldsymbol{u},\boldsymbol{0}\rangle$ 构成 W 的一个子空间 $\overline{U}$,它同构于 U,而向量 $\langle\boldsymbol{0},\boldsymbol{v}\rangle$ 的集合构成同构于 V 的子空间 $\overline{V}$. 这里的同构 $\langle\boldsymbol{u},\boldsymbol{0}\rangle\to\boldsymbol{u}$,$\langle\boldsymbol{0},\boldsymbol{v}\rangle\to\boldsymbol{v}$ 是显然的;同时,可以记作

$$\underbrace{U \oplus V}_{\text{外直和}} = W = \underbrace{\overline{U} \oplus \overline{V}}_{\text{内直和}}$$

因为我们又将把 $\overline{U} \oplus \overline{V}$ 看作线性空间 W 的直和.进一步要讨论的大多是内直和,因此,所有细节都略去.

§4 线性流形

4.1 线性流形的概念

在 §3 中,在子空间的例子 3) 里已经指出:对于几何空间 $\mathbf{R}^3$,在"点的"(而不是"向量的")解释之下,与子空间概念相对应的几何对象,是通过坐标原点的平面(或直线).但是我们希望不通过原点的平面及直线,也包含在我们讨论的范围之内.若注意到这样的平面及直线可以由通过坐标原点的平面及直线,在空间里经过平移得到,即可自然地达到下述的一般作法.

定义 4.1.1 设 L_1 是空间 L 的某一个子空间,$\boldsymbol{a}_0$ 是一个固定向量,一般地说不属于 L_1.将向量 $\boldsymbol{a}_0$ 加到子空间 L_1 的所有向量上,所得到的 L 中向量集合 H,称为 L 的一个线性流形①.

L_1 与 H 的这种关系,记为 $H=L_1+\boldsymbol{a}_0$,即 $H=L_1+\boldsymbol{a}_0=\{\boldsymbol{a}_0+\boldsymbol{b} \mid \boldsymbol{b}\in L_1\}$,其中 $\boldsymbol{a}_0$ 称为线性流形 H 的流形代表.

对于一个线性流形来说,流形代表不是唯一的:

定理 4.1.1 线性流形中任一向量都可以作为这个线性流形的流形代表.

证明 因 L_1 是 L 的子空间,则 $\mathbf{0}\in L_1$.因而有 $H=\mathbf{0}+\boldsymbol{a}_0$,故 $\boldsymbol{a}_0\in H$.

对于任意 $\boldsymbol{a}\in L_1+\boldsymbol{a}_0$,因为 $\boldsymbol{a}_1$ 是线性流形 $L_1+\boldsymbol{a}_0$ 中的任一向量,即 $\boldsymbol{a}-\boldsymbol{a}_0\in L_1$.所以 $\boldsymbol{a}_1\in L_1+\boldsymbol{a}_0$,$\boldsymbol{a}_1=\boldsymbol{a}_1+\boldsymbol{a}_0-\boldsymbol{a}_0=\boldsymbol{a}_0+(\boldsymbol{a}_1-\boldsymbol{a}_0)$,故有 $\boldsymbol{a}_1-\boldsymbol{a}_0\in L_1$.又因为 $\boldsymbol{a}=\boldsymbol{a}+\boldsymbol{a}_1-\boldsymbol{a}_1+\boldsymbol{a}_0-\boldsymbol{a}_0=\boldsymbol{a}_1+(\boldsymbol{a}-\boldsymbol{a}_0)+(\boldsymbol{a}_0-\boldsymbol{a}_1)\in L_1+\boldsymbol{a}_0$,所以

$$L_1+\boldsymbol{a}_0\subseteq L_1+\boldsymbol{a}_1$$

同理可证

$$L_1+\boldsymbol{a}_1\subseteq L_1+\boldsymbol{a}_0$$

① 集合 H 亦称为子空间 L_1 按向量 $\boldsymbol{a}_0$ 平移的结果或称为 L_1 的陪集.

故有

$$L_1 + \boldsymbol{a}_0 = L_1 + \boldsymbol{a}_1$$

很容易举例说明,线性流形本身不一定还是子空间.尽管如此,线性流形也可以认为有一定维数,即线性流形 H 的维数.我们将以子空间 L_1——即经过平移得到线性流形 H 的那个子空间——的维数为线性流形 H 的维数.要使这个定义是合理的,需要证明:经过平移可以得到所给线性流形 H 的子空间,只有一个,这个事实将由下面的定理给出.

定理 4.1.2 给定线性空间 L 的两个线性流形 $H_1 = L_1 + \boldsymbol{a}_0$ 与 $H_2 = L_2 + \boldsymbol{b}_0$,则 $H_1 = H_2$ 的充要条件是 $L_1 = L_2$ 且 $\boldsymbol{a}_0 - \boldsymbol{b}_0 \in L_1$.

证明 必要性.对任意的 $\boldsymbol{b} \in L_2$,有 $\boldsymbol{b} + \boldsymbol{b}_0 \in H_2 = H_1$;从而存在 $\boldsymbol{a} \in L_1$,使得 $\boldsymbol{a} + \boldsymbol{a}_0 = \boldsymbol{b} + \boldsymbol{b}_0 \in H_1$.于是 $\boldsymbol{b} = (\boldsymbol{a}_0 - \boldsymbol{b}_0) + \boldsymbol{a} \in L_1$,所以有 $L_2 \subseteq L_1$.完全对称地,可以证明 $L_1 \subseteq L_2$;最后得到 $L_1 = L_2$.

如果 $H_1 = H_2$,因 $\boldsymbol{b} + \boldsymbol{0} \in H_2 = H_1$,于是存在 $\boldsymbol{a} \in L_1$,使得 $\boldsymbol{a} + \boldsymbol{a}_0 = \boldsymbol{b} + \boldsymbol{0} \in H_1$.故有 $\boldsymbol{a} + (\boldsymbol{a}_0 - \boldsymbol{b}_0) = \boldsymbol{0} \in L_1$,所以 $\boldsymbol{a}_0 - \boldsymbol{a}_1 \in L_2$.

充分性.设 $L_1 = L_2$,取任意的 $\boldsymbol{a} + \boldsymbol{a}_0 \in H_1$,因为 $\boldsymbol{a}_0 - \boldsymbol{b}_0 \in L_1$,所以

$$\boldsymbol{b} = \boldsymbol{a} + (\boldsymbol{a}_0 - \boldsymbol{b}_0) \in L_1 = L_2$$

于是有 $\boldsymbol{a} + \boldsymbol{a}_0 = \boldsymbol{b} + \boldsymbol{b}_0 \in H_2$,这就是说 $H_1 \subseteq H_2$.同理可证 $H_2 \subseteq H_1$,故有 $H_1 = H_2$.

这个定理说明了用平移得到的所给线性流形的那个线性空间是唯一确定的.

有时候,n 维线性空间 L 上一维线性子空间 $L_1 = L(\boldsymbol{a}_1)$ 与 L 中向量 $\boldsymbol{a}_0$ 所形成的一维线性流形 $H = \{\boldsymbol{a}_0 + k\boldsymbol{a}_1 \mid \boldsymbol{a}_0 \in L, \boldsymbol{a}_1 \in L_1\}$ 称为 L 上的超直线.n 维线性空间 L 上二维子空间 $L_1 = L(\boldsymbol{a}_1, \boldsymbol{a}_2)$ 与 L 中向量 $\boldsymbol{a}_0$ 所形成的二维线性流形 $H = \{\boldsymbol{a}_0 + k\boldsymbol{a}_1 + h\boldsymbol{a}_2 \mid \boldsymbol{a}_0 \in L, \boldsymbol{a}_1, \boldsymbol{a}_1 \in L_1\}$ 称为 L 上的超平面.

定理 4.1.3 数域 K 上线性空间 L 的一个集合 H 成为线性流形充分必要条件是,对于任意 $\boldsymbol{a}_1, \boldsymbol{a}_2 \in H$,均有 $\{k\boldsymbol{a}_1 + h\boldsymbol{a}_2 \mid k + h = 1, k, h \in K\} \subseteq H$①.

证明 充分性.任取 $\boldsymbol{a}_0 \in H$,令 $W = \{\boldsymbol{a} - \boldsymbol{a}_0 \mid \boldsymbol{a} \in H\}$.我们只需证明 W 是 L 的一个子空间.首先,$\boldsymbol{0} = \boldsymbol{a}_0 - \boldsymbol{a}_0 \in W \neq \varnothing$.接着只要证明 H 对 L 的加法运算封闭和数乘运算封闭就可以了(参考第 7 章定理 3.1.1).

一方面,设 $\boldsymbol{a}_1 - \boldsymbol{a}_0 \in W, \boldsymbol{a}_2 - \boldsymbol{a}_0 \in W$,由条件

---

① 有些文献亦引入次子空间这一概念.设 H 是向量空间 L 的一个非空子集,如果对于任意的 $\boldsymbol{a}_1, \boldsymbol{a}_2 \in H$,均有 $k\boldsymbol{a}_1 + (1-k)\boldsymbol{a}_2 \in H$,则称 H 是 L 的次子空间.

$$\frac{1}{2}\boldsymbol{a}_1+\frac{1}{2}\boldsymbol{a}_2\in H$$

$$\boldsymbol{a}_1+\boldsymbol{a}_2-\boldsymbol{a}_0=2\left(\frac{1}{2}\boldsymbol{a}_1+\frac{1}{2}\boldsymbol{a}_2\right)-\boldsymbol{a}_0\in W$$

所以有

$$(\boldsymbol{a}_1-\boldsymbol{a}_0)+(\boldsymbol{a}_2-\boldsymbol{a}_0)=(\boldsymbol{a}_1+\boldsymbol{a}_2-\boldsymbol{a}_0)-\boldsymbol{a}_0\in W$$

W 对加法运算封闭.

另一方面,对任意的 $\boldsymbol{a}-\boldsymbol{a}_0\in W$ 和 $k\in K$,按条件

$$k\boldsymbol{a}+(1-k)\boldsymbol{a}_0\in H$$

所以有

$$k(\boldsymbol{a}-\boldsymbol{a}_0)=[k\boldsymbol{a}+(1-k)\boldsymbol{a}_0]-\boldsymbol{a}_0\in W$$

W 对数乘运算封闭.

必要性. 设 $H=L_1+\boldsymbol{a}_0$. 任取 $\boldsymbol{a}_1,\boldsymbol{a}_2\in H$ 以及 $k,h\in K$. 存在 $\boldsymbol{c}_1,\boldsymbol{c}_2\in L_1$ 使得

$$\boldsymbol{a}_1=\boldsymbol{c}_1+\boldsymbol{a}_0,\boldsymbol{a}_2=\boldsymbol{c}_2+\boldsymbol{a}_0$$

并且

$$\begin{aligned}k\boldsymbol{a}_1+h\boldsymbol{a}_2&=k(\boldsymbol{c}_1+\boldsymbol{a}_0)+h(\boldsymbol{c}_2+\boldsymbol{a}_0)\\&=(k\boldsymbol{c}_1+h\boldsymbol{c}_2)+(k+h)\boldsymbol{a}_0\\&=(k\boldsymbol{c}_1+h\boldsymbol{c}_2)+\boldsymbol{a}_0\in H\end{aligned}$$

证毕.

我们来考察定理 4.1.3 的几何意义. 解析几何学中已经证明,点 M 在直线 AB 上的充分必要条件是存在实数 k_1,k_2 使得 $\overline{OM}=k_1\overline{OA}+k_2\overline{OB}$,且 $k_1+k_2=1$[①]. 于是上述定理 4.1.3 表明,从几何上看,线性流形是由直线张成的,即如果线性流形包含向量空间中的两个点,那么一定包含这两个点所确定的直线.

最后,我们给出线性流形的一个例子. 这个例子顺便指出了数空间 K^n 的线性流形与 K 上线性方程组的关系:

定理 4.1.4 设 K 为一数域,而 $\boldsymbol{A}$ 是 K 上的 $m\times n$ 维矩阵,$\boldsymbol{X}$ 和 $\boldsymbol{B}$ 分别是 K 上的 $n\times 1$ 维矩阵和 $m\times 1$ 维矩阵,秩$(\boldsymbol{A})=r$,则 n 元线方程组 $\boldsymbol{AX}=\boldsymbol{B}$ 的解集 P 是 n 维向量空间 K^n 的 $d=n-r$ 维线性流形;反之,对 K^n 的任一 d 维性流

---

① 类似地,对于不在一直线上的三个点 A,B,C,点 M 位于平面 ABC 上的充分必要条件是存在实数 k_1,k_2,k_3 使得 $\overrightarrow{OM}=k_1\overrightarrow{OA}+k_2\overrightarrow{OB}+k_3\overrightarrow{OC}$,且 $k_1+k_2+k_3=1$.

形 P,必存在一系数矩阵秩为 $r=n-d$ 的 n 元线性方程组,使其解集为 P.

证明　设 $\boldsymbol{\alpha}_0$ 为 $\boldsymbol{AX}=\boldsymbol{B}$ 的一个特解,其诱导方程组的基础解系为 $\xi_1,\xi_2,\cdots,\xi_{n-r}$. 令 $L_1=L(\xi_1,\xi_2,\cdots,\xi_{n-r})$,则 $\dim L_1=n-r$. 由方程组解的结构定理知,$\boldsymbol{AX}=\boldsymbol{B}$ 的解集为 $P=L_1+\boldsymbol{\alpha}_0$,再由线性流形的定义知 P 是 K^n 的 $n-r$ 维线性流形.

反之,设 $P=L_1+\boldsymbol{\alpha}_0$ 是 K^n 的 d 维线性流形,L_1 是 K^n 的 d 维子空间. 取 L_1 的一组基底为 $\boldsymbol{a}_i=(a_{i1},a_{i2},\cdots,a_{in})$,$i=1,2,\cdots,d$. 记 $\boldsymbol{A}_1$ 是以 $\boldsymbol{a}_1,\boldsymbol{a}_2,\cdots,\boldsymbol{a}_d$ 为行向量的矩阵,则齐次线性方程组 $\boldsymbol{A}_1\boldsymbol{X}=\boldsymbol{O}$ 的解空间 L_2 是 K^n 的 $n-d=r$ 维子空间. 设 L_2 的一组基底为 $\boldsymbol{b}_i=(b_{i1},b_{i2},\cdots,b_{in})$,$i=1,2,\cdots,r$,记 $\boldsymbol{A}$ 是以 $\boldsymbol{b}_1,\boldsymbol{b}_2,\cdots,\boldsymbol{b}_r$ 为行向量的矩阵,则齐次线性方程组 $\boldsymbol{AX}=\boldsymbol{O}$ 的解空间即为 L_1,再令 $\boldsymbol{B}=\boldsymbol{A}\boldsymbol{\alpha}_0$,则 $\boldsymbol{AX}=\boldsymbol{B}$ 即为所求的线性方程组.

4.2　线性流形与子空间·线性流形的性质

我们指出,一般来说线性流形本身不是子空间. 例如,数空间 $\mathbf{R}^3$ 中,所有以坐标原点为始点,以某一平面 Σ 上的点为终点的向量集,构成一个线性流形. 容易验证,当平面 Σ 通过原点时,而且仅当此时,这个线性流形是子空间. 一般地,下面定理建立了线性流形和线性子空间的关系.

定理 4.2.1　设 $H=L_1+\boldsymbol{a}_0$ 是一个线性流形,则下列命题等价:

(1) H 不是一个线性子空间.

(2) $\mathbf{0}\notin H$.

(3) $H\cap L_1=\varnothing$.

(4) 对任意的 $\boldsymbol{a},\boldsymbol{b}\in H$,$\boldsymbol{a}+\boldsymbol{b}\notin H$.

证明　循环地从一个命题证明下一个命题. 第一个推导第二个:若 $\mathbf{0}\in H$,则 $H=\mathbf{0}+L_1=L_1$ 是一个线性子空间,矛盾,故 $\mathbf{0}\notin H$.

第二个推导第三个:若 $H\cap L_1=\varnothing$,即存在元素 $\boldsymbol{a}\in H\cap L_1=\varnothing$,由线性流形的定义可知,$H=L_1+\boldsymbol{a}_0$,从而 $\boldsymbol{a}+(-\boldsymbol{a})=\mathbf{0}\in H$,矛盾,故 $H\cap L_1=\varnothing$.

第三个推导第四个:设 $\boldsymbol{a},\boldsymbol{b}\in H$,设 $\boldsymbol{a}=\boldsymbol{a}_1+\boldsymbol{a}_0$,$\boldsymbol{b}=\boldsymbol{b}_1+\boldsymbol{a}_0$,$\boldsymbol{b}_1,\boldsymbol{b}_2\in L_1$. 如果 $\boldsymbol{a},\boldsymbol{b}\in H$,则存在 $\boldsymbol{c}\in L_1$,使得

$$\boldsymbol{a}+\boldsymbol{b}=(\boldsymbol{a}_1+\boldsymbol{a}_0)+(\boldsymbol{b}_1+\boldsymbol{a}_0)=2\boldsymbol{a}_0+(\boldsymbol{a}_1+\boldsymbol{b}_1)=\boldsymbol{a}_0+\boldsymbol{c}$$

所以

$$\boldsymbol{a}_0=\boldsymbol{c}-(\boldsymbol{a}_1+\boldsymbol{b}_1)\in L_1$$

这与 $H\cap L_1=\varnothing$ 矛盾.

第四个推导第一个是显然的.

推论 1 设 $H=L_1+\boldsymbol{a}_0$ 是一个线性流形，则 H 是一个线性子空间当且仅当 $\mathbf{0}\in H$，亦当且仅当 $H\cap L_1=L_1$.

推论 2 设 $H=L_1+\boldsymbol{a}_0$ 是一个线性流形，则 $H\cap L_1=\varnothing$ 或者 $H\cap L_1=L_1$.

转而讨论线性流形的运算. 首先，线性流形的并一般不是线性流形. 例如，在 L 中任取两个向量 $\boldsymbol{a},\boldsymbol{b}$，二者不成比例. 令 $H_1=L(\boldsymbol{a})$，$H_2=L(\boldsymbol{b})$，则 H_1,H_2 是两个线性子空间，而 $(\mathbf{0}\in)H_1\cup H_2$ 显然不是一个子空间，由定理 4.2.1 推论 1，$H_1\cup H_2$ 不是一个线性流形.

定理 4.2.2 线性流形 H_1,H_2 的（非空）交 $H_1\cap H_2$ 以及和 $H_1+H_2=\{\boldsymbol{a}_1+\boldsymbol{a}_2\mid \boldsymbol{a}_1\in H_1,\boldsymbol{a}_2\in H_2\}$ 仍是线性流形.

证明 设空间 L 的基域为 K，那么在空间 L 的一个基底下，L 的每个向量均唯一地对应于数空间 K^n 中的一个向量，在这样的对应下，令 H_1 对应于集合 P_1，H_2 对应于集合 P_2. 那么按照定理 4.1.4，P_1 与 P_2 分别是某两个方程组 $\boldsymbol{A}_1\boldsymbol{X}=\boldsymbol{B}_1$，$\boldsymbol{A}_2\boldsymbol{X}=\boldsymbol{B}_2$ 的解集. 这样一来，交集 $P_1\cap P_2$ 是线性方程组

$$\begin{pmatrix}\boldsymbol{A}_1\\ \boldsymbol{A}_2\end{pmatrix}\boldsymbol{X}=\begin{pmatrix}\boldsymbol{B}_1\\ \boldsymbol{B}_2\end{pmatrix}$$

的解集. 还是按定理 4.1.4，交集 $P_1\cap P_2$ 构成数空间 K^n 中的一个线性流形. 从而对应于 $P_1\cap P_2$ 的 $H_1\cap H_2$ 构成空间 L 的线性流形. 现在来证明第二个. 事实上

$$H_1+H_2=(L_1+\boldsymbol{a}_0)+(L_2+\boldsymbol{b}_0)=(L_1+L_2)+(\boldsymbol{a}_0+\boldsymbol{b}_0)$$

因为子空间的和 L_1+L_2 也是一个线性子空间，故 H_1+H_2 也是一个线性流形. 证毕.

由子空间的维数定理（定理 3.3.4），得出：维数$(H_1+H_2)=$维数$(H_1)+$维数$(H_2)-$维数$(H_1\cap H_2)$，这里 H_1,H_2 都是线性流形.

与子空间的情形一样，我们可以证明：

定理 4.2.3 两个非平凡的线性流形的并不可能是整个线性空间.

证明 设 H_1,H_2 是线性空间 L 的两个线性流形，若 H_1,H_2 均为 L 的真子空间，由定理 3.5.1，H_1,H_2 的并不可能为 L. 下面考察 H_1,H_2 不同时为子空间的情形，由定理 4.2.1，此时有 $\mathbf{0}\notin H_1\cap H_2$. 若 $L=H_1\cup H_2$，则 $\mathbf{0}\in H_1$，$\mathbf{0}\in H_2$ 必有且仅有一个成立，不妨假设 $\mathbf{0}\in H_1$，即 H_1 是 L 的一个真子空间，H_2 不是子空间. 于是可取 $\boldsymbol{a}\in H_2$，但 $\boldsymbol{a}\notin H_1$. 由定理 4.2.1，有 $\boldsymbol{a}+\boldsymbol{a}=2\boldsymbol{a}\notin H_2$，从而 $2\boldsymbol{a}\in H_1$. 因为 H_1 是 L 的一个真子空间，所以 $\boldsymbol{a}\in H_1$，与前提矛盾. 故 L 的两个非平凡的线性流形的并不可能是整个向量空间.

推论 设 H 是线性空间 L 的线性流形，则差集 $L-H$ 不是一个线性流形.

对于交运算，有：

定理 4.2.4 设 H_1 与 H_2 是同一个子空间平移形成的线性流形，则 $H_1\cap$

$H_2=\varnothing$ 或者 $H_1=H_2$.

定理中的第一个情形发生时,即 $H_1\cap H_2=\varnothing$ 时,我们称 H_1 与 H_2 是平行的.

证明 设 $H_1=L_1+\boldsymbol{a}_0$ 与 $H_2=L_1+\boldsymbol{a}_1$,那么有两种可能:$\boldsymbol{a}_0-\boldsymbol{a}_1\in L_1$ 或 $\boldsymbol{a}_0-\boldsymbol{a}_1\notin L_1$.

在第一个情形,按照定理 4.1.2,我们有 $H_1=H_2$. 在第二个情形,若 $H_1\cap H_2\neq\varnothing$,则存在向量 $\boldsymbol{b}\in H_1\cap H_2$. 此时按定理 4.1.1,我们有

$$H_1=L_1+\boldsymbol{a}_0=L_1+\boldsymbol{b}=H_2=L_1+\boldsymbol{a}_1$$

产生矛盾. 故有

$$H_1\cap H_2=\varnothing$$

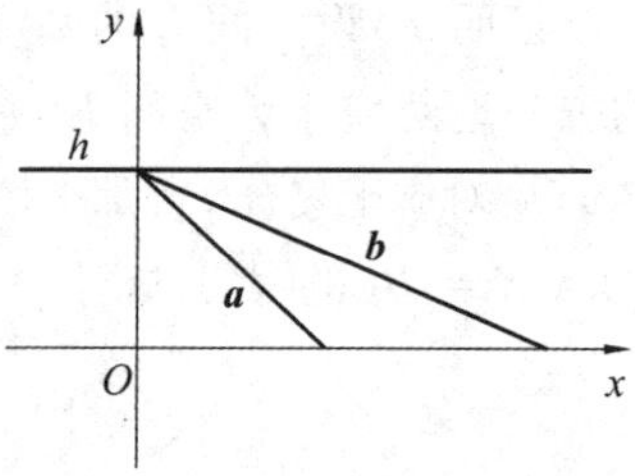

图 4

通过定理 4.2.3 可以看出,线性流形是子空间 L_1 对 L 中的向量进行分类,这样 L 中的每个向量必属于一类. 而不同的线性流形不相交,于是 L 就可以看成一些彼此互相分离的线性流形的并集. 例如,如果 L 为平面上以坐标原点 O 为起点的全体向量所组成的线性空间. 令 L_1 为 OX 轴上全体向量组成的一维子空间,两个平面向量 $\boldsymbol{a},\boldsymbol{b}$ 之差 $\boldsymbol{a}-\boldsymbol{b}\in L_1$ 的充要条件是:它们的终点落在同一条平行于 OX 轴的直线 h 上(如图 4 所示). 因此,现在 L 内每个子空间 L_1 的线性流形可由一条平行于 OX 轴的直线来表示,该线性流形是由终点落在此直线上的全体向量组成的. 显然,不同的线性流形的交集是空集,而 L 则是所有这些线性流形的并集(若从几何直观上看,那就是平面由平行于 OX 轴的直线并成).

4.3 线性流形的参数方程

在很多时候,线性流形的参数方程是很重要的. 设 L_1 是基域 K 上空间 L 的 m 维子空间,取它的一个基底 $\boldsymbol{e}_1,\boldsymbol{e}_2,\cdots,\boldsymbol{e}_m$,于是 L_1 的点(元素)可以唯一地表示成 $\boldsymbol{e}_1,\boldsymbol{e}_2,\cdots,\boldsymbol{e}_m$ 的线性组合,因而线性流形 $H=L_1+\boldsymbol{a}_0$ 的元素 $\boldsymbol{x}$ 可唯一地表示为

$$\boldsymbol{x}=\boldsymbol{a}_0+\sum_{i=1}^{m}k_i\boldsymbol{e}_i\quad(k_i\in K)\tag{4.3.1}$$

这称为 $H=L_1+\boldsymbol{a}_0$ 关于基底 $\boldsymbol{e}_1,\boldsymbol{e}_2,\cdots,\boldsymbol{e}_m$ 的参数方程,以有序数组$(k_1,k_2,\cdots,k_m)$为参数. $\{\boldsymbol{a}_0,\boldsymbol{e}_1,\boldsymbol{e}_2,\cdots,\boldsymbol{e}_m\}$ 称为线性流形 H 的基底,$(k_1,k_2,\cdots,k_m)$ 称为点 $\boldsymbol{x}$ 关于这个基底的坐标.

若令 $\boldsymbol{a}_i=\boldsymbol{a}_0+\boldsymbol{e}_i(i=1,2,\cdots,m)$,则式(4.3.1)变为

$$\boldsymbol{x}=\boldsymbol{a}_0+\sum_{i=1}^{m}k_i(\boldsymbol{a}_i-\boldsymbol{a}_0)\quad(k_i\in K)\tag{4.3.2}$$

进一步,为了使得这个式子中 $\boldsymbol{a}_0$ 与 $\boldsymbol{a}_1,\boldsymbol{a}_2,\cdots,\boldsymbol{a}_m$ 的地位对称,引入新的参数

$$k_0=1-\sum_{i=1}^{m}k_i$$

于是式(4.3.2)等价于

$$\boldsymbol{x}=k_0\boldsymbol{a}_0+k_1\boldsymbol{a}_2+\cdots+k_m\boldsymbol{a}_m,k_0+k_1+\cdots+k_m=1 \qquad (4.3.3)$$

以上结果可以表达成下述命题:

定理 4.3.1 设 $\boldsymbol{e}_1,\boldsymbol{e}_2,\cdots,\boldsymbol{e}_m$ 是线性空间 L 的 m 维子空间 L_1 的基底,$\boldsymbol{a}_0\in L$,$\boldsymbol{a}_i=\boldsymbol{a}_0+\boldsymbol{e}_i(i=1,2,\cdots,m)$,则线性流形 $H=L_1+\boldsymbol{a}_0$ 有参数方程(4.3.1)或(4.3.2)及对称的参数方程(4.3.3).

反过来,我们来证明:

定理 4.3.2 设 $\boldsymbol{a}_0,\boldsymbol{a}_1,\cdots,\boldsymbol{a}_s$ 是线性空间 L 的 $s+1$ 个向量,且 $k_0+k_1+\cdots+k_s=1$,则形如

$$\boldsymbol{x}=k_0\boldsymbol{a}_0+k_1\boldsymbol{a}_1+\cdots+k_s\boldsymbol{a}_s \qquad (4.3.4)$$

的所有向量组成一个维数等于向量组 $\boldsymbol{a}_1-\boldsymbol{a}_0,\boldsymbol{a}_2-\boldsymbol{a}_0,\cdots,\boldsymbol{a}_s-\boldsymbol{a}_0$ 的秩的线性流形.

证明 我们可以写

$$\boldsymbol{a}_1=\boldsymbol{a}_1-\boldsymbol{a}_0+\boldsymbol{a}_0,\boldsymbol{a}_2=\boldsymbol{a}_2-\boldsymbol{a}_0+\boldsymbol{a}_0,\cdots,\boldsymbol{a}_s=\boldsymbol{a}_s-\boldsymbol{a}_0+\boldsymbol{a}_0$$

代入式(4.3.4),得(注意到 $k_0+k_1+\cdots+k_s=1$)

$$\boldsymbol{x}=[k_1(\boldsymbol{a}_1-\boldsymbol{a}_0)+k_2(\boldsymbol{a}_2-\boldsymbol{a}_0)+\cdots+k_s(\boldsymbol{a}_s-\boldsymbol{a}_0)]$$

如果我们任意选取 $k_1,k_2,\cdots,k_s$,则

$$\begin{aligned}&[k_1(\boldsymbol{a}_1-\boldsymbol{a}_0)+k_2(\boldsymbol{a}_2-\boldsymbol{a}_0)+\cdots+k_s(\boldsymbol{a}_s-\boldsymbol{a}_0)]\\&=L(\boldsymbol{a}_1-\boldsymbol{a}_0,\boldsymbol{a}_2-\boldsymbol{a}_0,\cdots,\boldsymbol{a}_s-\boldsymbol{a}_0)\end{aligned}$$

是 L 的一个子空间,其维数由 $\boldsymbol{a}_1-\boldsymbol{a}_0,\boldsymbol{a}_2-\boldsymbol{a}_0,\cdots,\boldsymbol{a}_s-\boldsymbol{a}_0$ 的秩来确定.故由线性流形的定义就证得了命题.

读者不难发现,定理 4.3.2 中的线性流形是包含所有向量 $\boldsymbol{a}_0,\boldsymbol{a}_1,\cdots,\boldsymbol{a}_s$ 的最小维数的流形,称为由向量 $\boldsymbol{a}_0,\boldsymbol{a}_1,\cdots,\boldsymbol{a}_s$ 张成的线性流形;而且这组向量中的任一向量都可以担任 $\boldsymbol{a}_0$ 的角色.

定理 4.3.3 线性流形中任意个向量所张成的线性流形都被包含在这个线性流形内.

证明 设 H 是一个线性流形,而 $\boldsymbol{a}_1,\boldsymbol{a}_2,\cdots,\boldsymbol{a}_q$ 是 H 中的 q 个向量,以及 $k_1,k_2,\cdots,k_q$ 是基域上满足 $k_1+k_2+\cdots+k_q=1$ 的任意 q 个数,我们来证明:$\sum\limits_{i=1}^{q}k_i\boldsymbol{a}_i\in H$.

用归纳法,当 $q=1$ 时,结论显然成立.当 $q>1$ 时,假设结论对于 $q-1$ 成立,考察 q 的时候,由于

$$\sum_{i=1}^{q} k_i \boldsymbol{a}_i = k_1 \boldsymbol{a}_1 + (1 - k_1) \sum_{i=2}^{q} \frac{k_i}{1 - k_1} \boldsymbol{a}_i$$

并注意到

$$\sum_{i=2}^{q} \frac{k_i}{1 - k_i} = \left(\frac{1}{1 - k_1}\right) \sum_{i=2}^{q} k_i = 1$$

由归纳假设,得

$$\sum_{i=2}^{q} \frac{k_i}{1 - k_i} \boldsymbol{a}_i \in H$$

再由定理 4.1.3,从而有

$$\sum_{i=1}^{q} k_i \boldsymbol{a}_i \in H$$

4.4 几何无关点组

定义 4.4.1 给定线性空间 L 中的 $s+1$ 个点(向量)$A=\{\boldsymbol{a}_0,\boldsymbol{a}_1,\cdots,\boldsymbol{a}_s\}$,如果向量组$\{\boldsymbol{a}_1-\boldsymbol{a}_0,\boldsymbol{a}_2-\boldsymbol{a}_0,\cdots,\boldsymbol{a}_s-\boldsymbol{a}_0\}$线性无关,则 A 称为几何无关点组,否则称为几何相关的. 此外约定独点组 $A=\{\boldsymbol{a}_0\}$ 总是几何无关的.

注意,线性无关与几何无关是两个不同的概念. 例如,设$\{\boldsymbol{e}_1,\boldsymbol{e}_2,\cdots,\boldsymbol{e}_n\}$是空间 L 的一个基,则点组$\{\boldsymbol{0},\boldsymbol{e}_1,\boldsymbol{e}_2,\cdots,\boldsymbol{e}_n\}$几何无关;但作为向量组,$\{\boldsymbol{0},\boldsymbol{e}_1,\boldsymbol{e}_2,\cdots,\boldsymbol{e}_n\}$却是线性相关的. 当然,若$\{\boldsymbol{a}_0,\boldsymbol{a}_1,\cdots,\boldsymbol{a}_s\}$线性无关,则因$\{\boldsymbol{a}_1-\boldsymbol{a}_0,\boldsymbol{a}_2-\boldsymbol{a}_0,\cdots,\boldsymbol{a}_s-\boldsymbol{a}_0\}$线性无关,从而$\{\boldsymbol{a}_0,\boldsymbol{a}_1,\cdots,\boldsymbol{a}_s\}$是几何无关的.

另外,几何无关的定义并不依赖于第一个点 $\boldsymbol{a}_0$ 的选择. 为此我们给出下述等价条件:

引理 1 设 $A=\{\boldsymbol{a}_0,\boldsymbol{a}_1,\cdots,\boldsymbol{a}_s\}$是线性空间 L 中的一个向量组,则 A 是几何无关的,当且仅当方程组

$$\sum_{i=0}^{s} k_i \boldsymbol{a}_i = \boldsymbol{0}, \sum_{i=0}^{s} k_i = 0 \tag{4.4.1}$$

蕴含

$$k_i = 0, i = 0, 1, \cdots, s$$

证明 若 $s=0$,结论是显然正确的. 下设 $s>0$,方程组(4.4.1) 等价于

$$k_1(\boldsymbol{a}_1-\boldsymbol{a}_0)+k_2(\boldsymbol{a}_2-\boldsymbol{a}_0)+\cdots+k_s(\boldsymbol{a}_s-\boldsymbol{a}_0)=\boldsymbol{0}, k_0=-(k_1+k_2+\cdots+k_s) \tag{4.4.2}$$

现设 A 是几何无关的,则方程组(4.4.2) 蕴含 $k_i=0,i=0,1,\cdots,s$. 反之,若方程组(4.4.2) 蕴含 $k_i=0,i=0,1,\cdots,s$,则向量组$\{\boldsymbol{a}_1-\boldsymbol{a}_0,\boldsymbol{a}_2-\boldsymbol{a}_0,\cdots,\boldsymbol{a}_s-\boldsymbol{a}_0\}$线性无关,即 A 是几何无关点组.

如果 L 是欧氏空间，那么下面的定理给出了在标准正交基底下，用坐标表示的点组几何无关的一个充要条件.

引理 2 设 $A=\{\boldsymbol{a}_0,\boldsymbol{a}_1,\cdots,\boldsymbol{a}_s\}$ 是 n 维欧氏空间的点组，$s\leqslant n$，且 $\boldsymbol{a}_i=(a_{i1},a_{i2},\cdots,a_{in})$，$i=0,1,\cdots,s$，则点组 A 是几何无关的，当且仅当矩阵

$$\boldsymbol{B}=\begin{pmatrix}1 & a_{01} & \cdots & a_{0n}\\ 1 & a_{11} & \cdots & a_{1n}\\ \vdots & \vdots & & \vdots\\ 1 & a_{s1} & \cdots & a_{sn}\end{pmatrix}$$

的秩等于 $s+1$.

证明 矩阵 $\boldsymbol{B}$ 的秩小于 $s+1$，当且仅当 $\boldsymbol{B}$ 的诸行向量线性相关，亦当且仅当存在不全为 0 的实数 $k_0,k_1,k_2,\cdots,k_s$，使得下式成立

$$k_0\boldsymbol{a}_{0j}+k_1\boldsymbol{a}_{1j}+\cdots+k_s\boldsymbol{a}_{sj}=\mathbf{0}\quad(j=1,2,\cdots,n;k_0+k_1+\cdots+k_s=0)\tag{4.4.3}$$

我们如果用 $\boldsymbol{a}_i$ 的直角坐标代入式(4.4.1)，即得式(4.4.3)的第一式，而式(4.4.3)与式(4.4.1)的第二式是一致的，因此，上述条件又等价于：存在不全为 0 的实数 $k_0,k_1,\cdots,k_s$，使得式(4.4.1)成立. 根据引理 1，这等价于 A 几何相关，换句话说，A 几何无关，当且仅当矩阵 $\boldsymbol{B}$ 的秩等于 $s+1$.

定理 4.4.1 设 $A=\{\boldsymbol{a}_0,\boldsymbol{a}_1,\cdots,\boldsymbol{a}_m\}$ 是线性空间 L 中的一个几何无关点组，则 L 中存在唯一的一个包含 A 的最低维线性流形 H，其维数是 m，称为由 A 张成的线性流形. H 恰是 L 中形如式(4.3.3)的点的全体，且 H 中点的形如式(4.3.3)的表示式是唯一的.

证明 令 $\boldsymbol{c}_i=\boldsymbol{a}_i-\boldsymbol{a}_0$，$i=1,2,\cdots,m$，则 $\{\boldsymbol{c}_1,\boldsymbol{c}_2,\cdots,\boldsymbol{c}_m\}$ 线性无关，它的所有线性组合构成 L 的 m 维向量子空间 L_1，因此 m 维线性流形 $H=L_1+\boldsymbol{a}_0$ 包含点组 A.

首先，若另有 q 维超平面 $H'=L_2+\boldsymbol{b}_0$ 也包含 A，因 $\boldsymbol{a}_0\in L_2+\boldsymbol{b}_0$，$\boldsymbol{a}_0-\boldsymbol{b}_0\in L_2$，由定理 4.3.1，$L_2+\boldsymbol{b}_0=L_2+\boldsymbol{a}_0$；又因 $\boldsymbol{a}_i-\boldsymbol{a}_0\in L_2$，$i=1,2,\cdots,m$，故 $H\subseteq H'$. 如果 $L_2+\boldsymbol{b}_0$ 是包含 A 的最低维的线性流形，那么 $q=m$ 且 $L_2=L_1$，于是

$$L_2+\boldsymbol{b}_0=L_2+\boldsymbol{a}_0=L_1+\boldsymbol{a}_0=H$$

其次，H 的点 $\boldsymbol{x}$ 可唯一表示成式(4.3.2)的形式，等价地，可唯一表示成式(4.3.3)的形式. 反之，满足式(4.3.3)的有序实数组 $\{k_0,k_1,\cdots,k_m\}$ 唯一地确定点 $\boldsymbol{x}=\sum\limits_{i=0}^{m}k_i\boldsymbol{a}_i$；等价地，确定点 $\boldsymbol{x}=\boldsymbol{a}_0+\sum\limits_{i=1}^{m}k_i(\boldsymbol{a}_i-\boldsymbol{a}_0)$，$\boldsymbol{x}\in H$. 证毕.

参数方程(4.3.3)是从物理学中的重心概念得来的. 事实上，当 $n=3$，m 为

任意正整数时,设想在点 a_i 处有一个质量为 $k_i \geqslant 0$ 的质点,$i=0,1,\cdots,m$,而且这 $m+1$ 个质量之和为1,则这个质点组的重心就是式(4.3.3)给出的点 x 的位置. 因此我们把定理4.4.1中点 x 所确定的有序数组 $\{k_0,k_1,\cdots,k_m\}$ 称为点 x 关于线性流形 H 的重心坐标系 $\{a_0,a_1,\cdots,a_m\}$ 的重心坐标,根据定理4.4.1,线性流形上关于给定重心坐标系的重心坐标是唯一的.

4.5 线性流形的位置关系

$n(\geqslant 1)$ 维线性空间 L 中任意两条超直线 $x_1=a_0+ka_1$ 和 $x_2=b_0+kb_1$ 的相关位置关系取决于三个向量 a_0-b_0, a_1 和 b_1 的线性关系①.

(1) 当向量组 a_0-b_0, a_1 和 b_1 线性无关时,两超直线包含于 L 中的一个三维线性流形中(两超直线绝对异面).

(2) 当向量组 a_0-b_0, a_1 和 b_1 线性相关时②,两超直线包含于 L 中的一个二维线性流形中(两超直线绝对共面).

(3) 当 a_1, b_1 线性无关,而向量组 a_0-b_0, a_1 和 b_1 线性相关时,两超直线相交,交点坐标由向量 $a_0+ka_1=x_2=b_0+kb_1$ 给出.

(4) 当 $a_1=\lambda b_1\neq\lambda(a_0-b_0)$ 时,两超直线平行.

(5) 当 $a_1=\lambda b_1=\lambda(a_0-b_0)$ 时,两超直线重合.

证明 令 $L_1=L(a_1,b_1,a_0-b_0)$,则 L_1 的维数 $\leqslant 3$. 作线性流形

---

① 类似地,可以证明,$n(\geqslant 3)$ 维线性空间 L 中两超平面 $x_1=a_0+k_1a_1+k_2a_2$ 和 $x_2=a_0+k_1b_1+k_2b_2$ 的相关位置关系决定于五个向量 a_0-b_0, a_1, a_2, b_1, b_2 的线性关系.

(1) 当向量组 a_0-b_0, a_1, a_2, b_1, b_2 线性无关时,两超平面包含于 L 中的一个五维线性流形中,两平面不位于一个四维线性流形内(两超平面绝对相错).

(2) 当向量组 a_1, a_2, b_1, b_2 线性无关,而向量组 a_0-b_0, a_1, a_2, b_1, b_2 线性相关时,两超平面有一个公共点,因此位于一个四维线性流形中但不位于一个三维线性流形内(两超平面绝对相交). 交点坐标由 $a_0+k_1a_1+k_2a_2=a_0+k_1b_1+k_2b_2$ 给出.

(3) 当向量组 a_1, a_2, b_1, b_2 的秩等于3,向量组 a_0-b_0, a_1, a_2, b_1, b_2 的秩等于4时,两超平面没有公共交点,它们位于一个四维线性流形内但不位于一个三维线性流形中(两超平面平行于一直线而相错,即它们平行于方程为 $k_1a_1+k_2a_2=h_1b_1+h_2b_2$ 的超直线).

(4) 当向量组 a_1, a_2, b_1, b_2 的秩等于3,向量组 a_0-b_0, a_1, a_2, b_1, b_2 的秩等于3时,两超平面位于三维空间内且沿一直线相交.

(5) 当向量组 a_1, a_2, b_1, b_2 的秩等于2,向量组 a_0-b_0, a_1, a_2, b_1, b_2 的秩等于3时,两超平面没有公共交点,但位于一个三维空间内(两超平面平行).

(6) 当向量组 a_1, a_2, b_1, b_2 的秩等于2,向量组 a_0-b_0, a_1, a_2, b_1, b_2 的秩等于2时,两超平面重合.

② 这个条件也是必要的. 设 $x=a_0+ka_1$ 和 $x=b_0+kb_1$ 位于超平面 H 内,由于 $x=a_0+ka_1$ 平行于超直线 ka_1, $x=b_0+kb_1$ 平行于超直线 kb_1,则 H 平行于 $L_1=L(a_1,b_1)$ 这个二维子空间,因此 $a_0-b_0\in L_1$,故 a_0-b_0, a_1 和 b_1 线性相关.

$$H=\boldsymbol{b}_0+L_1=\{k_1\boldsymbol{a}_1+k_2\boldsymbol{b}_1+k_3(\boldsymbol{a}_0-\boldsymbol{b}_0)+\boldsymbol{b}_0 \mid k_1,k_2,k_3 \text{ 是任意数}\}$$

当 $k_1=k_3=0$，k_2 是任意数时，$k_2\boldsymbol{b}_1+\boldsymbol{b}_0\in H$，即直线 $\boldsymbol{x}_2=\boldsymbol{b}_0+k\boldsymbol{b}_1$ 含于 H 中；当 $k_2=0$，$k_3=1$，k_1 是任意数时，$k_1\boldsymbol{a}_1+\boldsymbol{a}_0\in H$，即 $\boldsymbol{x}_1=\boldsymbol{a}_0+k\boldsymbol{a}_1$ 含于 H 中.

(1) 当 $\boldsymbol{a}_0-\boldsymbol{b}_0$，$\boldsymbol{a}_1$ 和 $\boldsymbol{b}_1$ 线性无关时，L_1 的维数 $=3$，超直线 $\boldsymbol{x}_1=\boldsymbol{a}_0+k\boldsymbol{a}_1$ 和 $\boldsymbol{x}_2=\boldsymbol{b}_0+k\boldsymbol{b}_1$ 含于三维线性流形 H 中.

(2) 若 $\boldsymbol{a}_1$，$\boldsymbol{b}_1$ 线性相关，则超直线 $k\boldsymbol{a}_1$ 与 $k\boldsymbol{b}_1$ 相同，且 $\boldsymbol{x}=\boldsymbol{a}_0+k\boldsymbol{a}_1$ 和 $\boldsymbol{x}=\boldsymbol{b}_0+k\boldsymbol{b}_1$ 平行于同一条超直线 $k\boldsymbol{a}_1(k\boldsymbol{b}_1)$，故由平行的对称性，传递性，直线 $\boldsymbol{x}=\boldsymbol{a}_0+k\boldsymbol{a}_1$ 和 $\boldsymbol{x}=\boldsymbol{b}_0+k\boldsymbol{b}_1$ 平行，从而这两平行超直线可作一超平面 H，此时 $\boldsymbol{x}=\boldsymbol{a}_0+k\boldsymbol{a}_1$ 和 $\boldsymbol{x}=\boldsymbol{b}_0+k\boldsymbol{b}_1$ 必在平面 H 内.

若 $\boldsymbol{a}_1$，$\boldsymbol{b}_1$ 线性无关，由于 $\boldsymbol{a}_0-\boldsymbol{b}_0$，$\boldsymbol{a}_1$，$\boldsymbol{b}_1$ 线性相关，则 $\boldsymbol{a}_0-\boldsymbol{b}_0$ 必为 $\boldsymbol{a}_1$，$\boldsymbol{b}_1$ 的线性组合，即 $\boldsymbol{a}_0-\boldsymbol{b}_0\in L(\boldsymbol{a}_1,\boldsymbol{b}_1)$，也就是说 $\boldsymbol{a}_0$，$\boldsymbol{b}_0$ 的终点在平行于 $k\boldsymbol{a}_1$ 和 $k\boldsymbol{b}_1$ 两条超直线所决定的超平面上；又 $\boldsymbol{x}=\boldsymbol{a}_0+k\boldsymbol{a}_1$ 是过 $\boldsymbol{a}_0$ 的端点又平行于 $k\boldsymbol{a}_1$ 的超直线，故必在 H 上，同理 $\boldsymbol{x}=\boldsymbol{b}_0+k\boldsymbol{b}_1$ 也必在 H 上，所以两超直线在同一超平面内.

(3) 可由(2) 得出.

(4) 和(5) 是显然的.

一般地，我们来证明：

定理 4.5.1 n 维线性空间的两个维数分别为 k 和 s 的线性流形 P 和 Q 包含在一个维数 $\leqslant k+s+1$ 的线性流形中.

证明 设 $P=\boldsymbol{a}_0+L_1$，$Q=\boldsymbol{b}_0+L_2$，L_1，L_2 的基底分别为 $\boldsymbol{a}_0,\boldsymbol{a}_1,\cdots,\boldsymbol{a}_k$ 和 $\boldsymbol{b}_0,\boldsymbol{b}_1,\cdots,\boldsymbol{b}_s$，令

$$L_3=L(\boldsymbol{a}_0,\boldsymbol{a}_1,\cdots,\boldsymbol{a}_k,\boldsymbol{b}_0,\boldsymbol{b}_1,\cdots,\boldsymbol{b}_s,\boldsymbol{a}_0-\boldsymbol{b}_0)$$

则 L_3 的维数 $\leqslant k+s+1$. 作线性流形 $H=\boldsymbol{b}_0+L_3$，其中 L_3 的向量形如

$$t_1\boldsymbol{a}_1+t_2\boldsymbol{a}_2+\cdots+t_k\boldsymbol{a}_k+h_1\boldsymbol{a}_1+h_2\boldsymbol{a}_2+\cdots+h_s\boldsymbol{a}_s+t(\boldsymbol{a}_0-\boldsymbol{b}_0)$$

而 $t_1,t_2,\cdots,t_k;h_1,h_2,\cdots,h_k,t$ 是任意数.

当 $t=t_i=0(i=1,2,\cdots,k)$，而 $h_j(j=1,2,\cdots,h)$ 是任意数时，便得 Q 中任意向量，于是 $Q\subseteq H$；当 $t=1$，$h_j=0(j=1,2,\cdots,h)$，而 $t_i(i=1,2,\cdots,k)$ 是任意数时，便得 P 中任一向量，于是 $P\subseteq H$. 证毕.

定理 4.5.2 如果 n 维线性空间 L 的两个维数分别为 k 和 h 的线性流形 P 和 Q 有一个公共向量 $\boldsymbol{a}_0$，则 $P\cap Q$ 是一个维数 $\geqslant k+s-n$ 的线性流形.

证明 设空间 L 的基域为 K，既然 n 维线性空间 L 与数空间 K^n 是同构的，于是可以在 $L=K^n$ 时来证明我们的定理. 设 $P=\boldsymbol{a}_0+L_1$，$Q=\boldsymbol{b}_0+L_2$，维$(L_1)=k$，维$(L_1)=h$. 由定理4.1.4 知，P 和 Q 分别是系数矩阵的秩为 $n-k$ 和 $n-s$ 的 n 元线性方程组的解的集合. 将这两个方程组联立而得一个系数矩阵的秩 $d\leqslant$

$2n-k-s$ 的方程组，以 $P\cap Q$ 为它的解集合. 又 $P\cap Q\neq\{\mathbf{0}\}$，所以 $P\cap Q$ 是一个 $n-d$ 维线性流形，而

$$n-d\geqslant n-2n+k+s=k+s-n$$

即 $P\cap Q$ 是维数 $\geqslant k+s-n$ 的线性流形. 证毕.

4.6　商空间

在本段，除非特别说明，我们总假设 L 是定义在域 K 上的 n 维线性空间，W 是它的子空间. 我们将利用 W 对 L 中的向量进行分类. 为此我们引入向量同余这个二元关系.

我们说，L 中两个向量 $\boldsymbol{x}$ 与 $\boldsymbol{y}$ 对模 W 同余，且写为 $\boldsymbol{x}\equiv\boldsymbol{y}(\mathrm{mod}\,W)$，如果 $\boldsymbol{y}-\boldsymbol{x}\in W$. 容易验证，这样引进来的同余关系是一个等价的关系，因为它有以下诸性质：对于任何 $\boldsymbol{x},\boldsymbol{y},\boldsymbol{z}\in L$，有：

1° $\boldsymbol{x}\equiv\boldsymbol{x}(\mathrm{mod}\,W)$（同余式的自反性）；

2° 由 $\boldsymbol{x}\equiv\boldsymbol{y}(\mathrm{mod}\,W)$ 得出 $\boldsymbol{y}\equiv\boldsymbol{x}(\mathrm{mod}\,W)$（同余式的对称性）；

3° 由 $\boldsymbol{x}\equiv\boldsymbol{y}(\mathrm{mod}\,W)$ 与 $\boldsymbol{y}\equiv\boldsymbol{z}(\mathrm{mod}\,W)$ 得出 $\boldsymbol{x}\equiv\boldsymbol{z}(\mathrm{mod}\,W)$（同余式的传递性）.

同余式的这三个性质的存在给出了把整个线性空间来分类的可能性，在每一类中的向量都是两两对模 W 同余（不同的类中向量对模 W 不同余）. 含有向量 $\boldsymbol{x}$ 的类记为 $\boldsymbol{x}+W$[①]，称作子空间 W 的一个陪集，$\boldsymbol{x}$ 称为这个陪集的代表. 于是 $\boldsymbol{x}$ 的等价类就是以 $\boldsymbol{x}$ 为代表的一个陪集 $\boldsymbol{x}+W$.

首先，我们注意到每一个同余式 $\boldsymbol{x}\equiv\boldsymbol{y}(\mathrm{mod}\,W)$ 对应于对应类的等式：$\boldsymbol{x}+W=\boldsymbol{y}+W$[②]. 这个等式也说明，陪集 $\boldsymbol{x}+W$ 的代表不唯一，在这里，$\boldsymbol{y}$ 亦可作为陪集 $\boldsymbol{x}+W$ 的代表.

其次，子空间 W 本身也是 W 的一个陪集，是即 $\mathbf{0}+W$.

对于由同余式定义的等价关系，所有等价类组成的集合是 L 的一个商集，把这个商集记成 L/W，即

$$L/W=\{\boldsymbol{x}+W\mid\boldsymbol{x}\in L\}$$

换句话说，商集 L/W 是由 W 的所有陪集组成的.

很容易证明，同余式可以逐项相加且可逐项乘以 K 中的数：

1° 由 $\boldsymbol{x}\equiv\boldsymbol{x}'(\mathrm{mod}\,W)$，$\boldsymbol{y}\equiv\boldsymbol{y}'(\mathrm{mod}\,W)$ 得出 $\boldsymbol{x}+\boldsymbol{y}\equiv\boldsymbol{x}'+\boldsymbol{y}'(\mathrm{mod}\,W)$.

---

① 因为每一个类中都有无穷多个向量，所以由于这一条件它是表示一个无穷集合.

② 是即重合.

2° 由 $\boldsymbol{x} \equiv \boldsymbol{x}'(\bmod W)$ 得出 $k\boldsymbol{x} \equiv k\boldsymbol{x}'(\bmod W)(k \in K)$.

同余式的这些性质说明了,加法与 K 中数乘运算并不“破坏”诸等价类. 如果取两个类,$\boldsymbol{x}+W$ 与 $\boldsymbol{y}+W$ 且把第一类中元素 $\boldsymbol{x},\boldsymbol{x}',\cdots$ 的任何一个与第二类中元素 $\boldsymbol{y},\boldsymbol{y}',\cdots$ 的任何一个相加,那么所有这样得出的和都属于同一个等价类,我们称之为类 $\boldsymbol{x}+W$ 与 $\boldsymbol{y}+W$ 的和且记之为$(\boldsymbol{x}+\boldsymbol{y})+W$. 同理,如果类 $\boldsymbol{x}+W$ 中所有向量 $\boldsymbol{x},\boldsymbol{x}',\cdots$ 乘以数 $k \in K$,那么所得出的乘积都属于同一个类,记之以 $k\boldsymbol{x}+W$.

这样一来,在所有类 $\boldsymbol{x}+W,\boldsymbol{y}+W,\cdots$ 的集合 L/W 中引进了两个运算:“加法”与对 K 中数的“乘法”. 对于这些运算,很容易验证其含有线性空间定义中所述的一切性质(第 7 章,§1). 所以 L/W 与 L 一样,是一个域 K 上的线性空间[①]. 我们称 L/W 为关于L 的商空间.

所有在前面所引进来的概念可以用下例来做一个很好的说明.

设 $\mathbf{R}^3$ 为三维空间中全部向量的集合,K 为实数域. 为了更明显起见,表向量为由原点 O 引出的有向线段. 设 W 为经过 O 的某一直线(更正确地说:是在一条通过点 O 的直线上的全部向量集合(如图 5)).

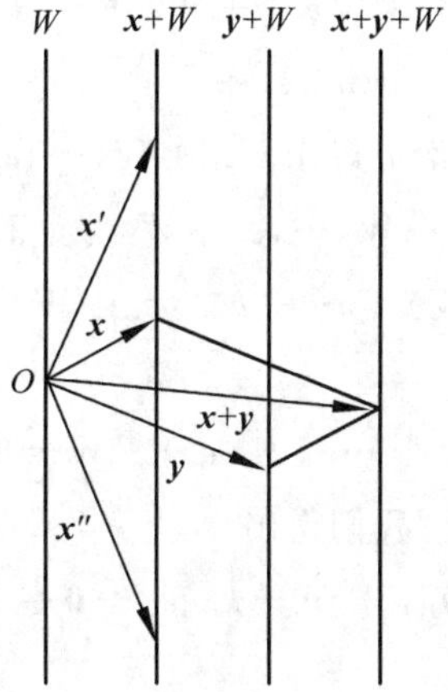

图 5

同余式 $\boldsymbol{x} \equiv \boldsymbol{x}'(\bmod W)$ 表示向量 $\boldsymbol{x}$ 与 $\boldsymbol{x}'$ 差一个 W 中的向量,亦即含有 $\boldsymbol{x}$ 与 $\boldsymbol{x}'$ 的末端且与直线 W 平行的线段. 所以类 $\boldsymbol{x}+W$ 表示经过向量 $\boldsymbol{x}$ 的末端且与 W 平行的直线. 更正确地说,是由 O 引出的“一丛”向量,其末端都在这一直线上. 诸“丛”可以相加且可与实数相乘(为在这些丛中向量的相加与对数乘所

① 当然要注意,线性空间 L/W 的元素不是 L 中的向量.

确定). 这些"丛"是商空间 $\mathbf{R}^3/W$ 的元素. 在这个例子里面 $\dim \mathbf{R}^3=3$, $\dim W=1$, $\dim(L/W)=2$. 它们满足等式: $\dim(\mathbf{R}^3/W)=\dim \mathbf{R}^3-\dim W$.

我们可以得出另一例子. 如果取经过点 O 的平面作为 W, 对于这一个例子亦有 $\dim(\mathbf{R}^3/W)=\dim \mathbf{R}^3-\dim W$. 这里 $\dim \mathbf{R}^3=3$, $\dim W=2$, $\dim(L/W)=1$.

类似的关于维数的等式在一般的情形下也是成立的.

定理 4.6.1 商空间 L/W 的维数等于两空间 L 与 W 的维数之差

$$\dim(L/W)=\dim L-\dim W$$

证明 设 W 是 s 维的并取它的一个基 $\boldsymbol{e}_1, \boldsymbol{e}_2, \cdots, \boldsymbol{e}_s$. 既然 W 是子空间, 则可以把它的基扩充成整个空间 L 的一个基 $\boldsymbol{e}_1, \boldsymbol{e}_2, \cdots, \boldsymbol{e}_s, \boldsymbol{e}_{s+1}, \cdots, \boldsymbol{e}_n$. 任取 $\boldsymbol{a}+W\in L/W$, 并设

$$\boldsymbol{a}=a_1\boldsymbol{e}_1+\cdots+a_s\boldsymbol{e}_s+a_{s+1}\boldsymbol{e}_{s+1}+\cdots+a_n\boldsymbol{e}_n$$

那么按照商空间 L/W 中的运算规则, 我们可写

$$\begin{aligned}\boldsymbol{a}+W&=(a_1\boldsymbol{e}_1+W)+\cdots+(a_s\boldsymbol{e}_s+W)+(a_{s+1}\boldsymbol{e}_{s+1}+W)+\cdots+(a_n\boldsymbol{e}_n+W)\\&=a_1(\boldsymbol{e}_1+W)+\cdots+a_s(\boldsymbol{e}_s+W)+a_{s+1}(\boldsymbol{e}_{s+1}+W)+\cdots+a_n(\boldsymbol{e}_n+W)\\&=a_1W+\cdots+a_sW+a_{s+1}(\boldsymbol{e}_{s+1}+W)+\cdots+a_n(\boldsymbol{e}_n+W)\\&=a_{s+1}(\boldsymbol{e}_{s+1}+W)+\cdots+a_n(\boldsymbol{e}_n+W)\end{aligned}$$

这就证明了 L/W 中任一元素可以由 $\boldsymbol{e}_{s+1}+W, \cdots, \boldsymbol{e}_n+W$ 线性表出.

现在进一步来证明 $\boldsymbol{e}_{s+1}+W, \cdots, \boldsymbol{e}_n+W$ 线性无关. 设

$$k_1(\boldsymbol{e}_{s+1}+W)+\cdots+k_{n-s}(\boldsymbol{e}_n+W)=\mathbf{0}+W\text{①}$$

则

$$(k_1\boldsymbol{e}_{s+1}+\cdots+k_{n-s}\boldsymbol{e}_n)+W=\mathbf{0}+W$$

按照等价类相等的意义, 我们得出

$$k_1\boldsymbol{e}_{s+1}+\cdots+k_{n-s}\boldsymbol{e}_n-\mathbf{0}\in W$$

即

$$k_1\boldsymbol{e}_{s+1}+\cdots+k_{n-s}\boldsymbol{e}_n\in W$$

注意到 W 的一个基是 $\boldsymbol{e}_1, \boldsymbol{e}_2, \cdots, \boldsymbol{e}_s$, 于是存在 K 中一组数 $h_1, \cdots, h_s$ 使得

$$k_1\boldsymbol{e}_{s+1}+\cdots+k_{n-s}\boldsymbol{e}_n=h_1\boldsymbol{e}_1+\cdots+h_s\boldsymbol{e}_s$$

或

$$-h_1\boldsymbol{e}_1-\cdots-h_s\boldsymbol{e}_s+k_1\boldsymbol{e}_{s+1}+\cdots+k_{n-s}\boldsymbol{e}_n=\mathbf{0}$$

---

① 我们指出, W 是商空间 L/W 的零元素.

由 $\boldsymbol{e}_1,\boldsymbol{e}_2,\cdots,\boldsymbol{e}_s,\boldsymbol{e}_{s+1}\cdots,\boldsymbol{e}_n$ 的线性无关性得出

$$h_1=\cdots=h_s=k_1=\cdots=k_{n-s}=0$$

系数 $k_1,\cdots,k_{n-s}$ 全部为 0 证明了 $\boldsymbol{e}_{s+1}+W,\cdots,\boldsymbol{e}_n+W$ 线性无关. 从而 $\boldsymbol{e}_{s+1}+W,\cdots,\boldsymbol{e}_n+W$ 是商空间 L/W 的一个基. 如此, L/W 的维数即等于 $n-s$(基中向量的个数). 最后

$$\dim(L/W)=\dim L-\dim W$$

由于这个定理的结果,我们把商空间 L/W 的维数称为子空间 W 在 L 中的余维数.

从定理 4.6.1 的证明中看出,如果 L 的一个基 $\boldsymbol{e}_1,\boldsymbol{e}_2,\cdots,\boldsymbol{e}_s,\boldsymbol{e}_{s+1}\cdots,\boldsymbol{e}_n$ 是由 W 的基 $\boldsymbol{e}_1,\boldsymbol{e}_2,\cdots,\boldsymbol{e}_s$ 扩充成的,那么等价类

$$\boldsymbol{e}_{s+1}+W,\cdots,\boldsymbol{e}_n+W$$

是商空间 L/W 的一个基.

现在考虑由向量组 $\boldsymbol{e}_{s+1}\cdots,\boldsymbol{e}_n$ 生成的空间 U:$U=L(\boldsymbol{e}_{s+1}\cdots,\boldsymbol{e}_n)$. 由于整个空间 L 的基由 W 的基 $\boldsymbol{e}_1$, $\boldsymbol{e}_2,\cdots,\boldsymbol{e}_s$ 与 U 的基 $\boldsymbol{e}_{s+1}\cdots,\boldsymbol{e}_n$ 合并而成,因此

$$L=W\oplus U$$

换句话说,U 是 W 的补空间. 这个结论也可以推广到 L 是无限维而 L/W 是有限维的时候. 即我们有下述定理:

定理 4.6.2 设 L 是一个无限维线性空间,W 是它的一个子空间. 如果商空间 L/W 的维数有限,那么 W 在 L 中存在补空间.

证明 设 $\boldsymbol{e}_1+W,\cdots,\boldsymbol{e}_s+W$ 是商空间 L/W 的一个基. 同时令 $U=L(\boldsymbol{e}_1,\cdots,\boldsymbol{e}_s)$①. 我们来证明 U 是 W 的关于 L 的一个补空间. 为此只要证明 $L=W\oplus U$ 就行了.

我们对于任一 $\boldsymbol{x}\in L$,考虑它的陪集 $\boldsymbol{x}+W$. 既然 $\boldsymbol{e}_1+W,\cdots,\boldsymbol{e}_s+W$ 是基,于是存在一组数 $k_1,k_2,\cdots,k_s$,使得

$$\boldsymbol{x}+W=k_1(\boldsymbol{e}_1+W)+\cdots+k_s(\boldsymbol{e}_s+W)=(k_1\boldsymbol{e}_1+\cdots+k_s\boldsymbol{e}_s)+W$$

由等价类相等的意义知

$$\boldsymbol{x}-(k_1\boldsymbol{e}_1+\cdots+k_s\boldsymbol{e}_s)\in W$$

---

① 事实上,$\boldsymbol{e}_1,\cdots,\boldsymbol{e}_s$ 构成 U 的一个基. 只要证明 $\boldsymbol{e}_1,\cdots,\boldsymbol{e}_s$ 线性无关就可以了.
设

$$p_1\boldsymbol{e}_1+\cdots+p_s\boldsymbol{e}_s=\boldsymbol{0}$$

则

$$(p_1\boldsymbol{e}_1+\cdots+p_s\boldsymbol{e}_s)+W=\boldsymbol{0}+W=W$$

从上面一段证得的结论得,$p_1=\cdots=p_s=0$. 因此 $\boldsymbol{e}_1,\cdots,\boldsymbol{e}_s$ 线性无关. 从而 $\boldsymbol{e}_1,\cdots,\boldsymbol{e}_s$ 是 U 的一个基.

令 $\boldsymbol{y}=k_1\boldsymbol{e}_1+\cdots+k_s\boldsymbol{e}_s$，则 $\boldsymbol{y}\in U$，且 $\boldsymbol{x}-\boldsymbol{y}\in W$. 记 $\boldsymbol{x}-\boldsymbol{y}=\boldsymbol{z}$，则 $\boldsymbol{x}=\boldsymbol{y}+\boldsymbol{z}\in W+U$. 于是 $L\subseteq W+U$. 从而 $L=W+U$.

我们进一步来证明这个和是直接的. 任取 $\boldsymbol{a}\in W\cap U$. 既然 $\boldsymbol{a}\in U$，可写 $\boldsymbol{a}$ 为

$$\boldsymbol{a}=h_1\boldsymbol{e}_1+\cdots+h_s\boldsymbol{e}_s$$

这里 $h_1,\cdots,h_s$ 是 K 中的一组数. 又由 $\boldsymbol{a}\in U$ 知

$$W=\boldsymbol{a}+W=(h_1\boldsymbol{e}_1+\cdots+h_s\boldsymbol{e}_s)+W=h_1(\boldsymbol{e}_1+W)+\cdots+h_s(\boldsymbol{e}_s+W)$$

由于 $\boldsymbol{e}_1+W,\cdots,\boldsymbol{e}_s+W$ 线性无关，因此从上式得出

$$h_1=\cdots=h_s=0$$

于是

$$\boldsymbol{a}=\boldsymbol{0}$$

即是说

$$W\cap U=\{\boldsymbol{0}\}$$

综上所述得，$L=W\oplus U$. 证毕.

较定理 4.6.2 更一般的是下面这定理.

定理 4.6.3 无限维线性空间 L 的任一子空间 W 都有补空间.

证明 考虑商空间 L/W，设它的一个基为

$$S=\{\boldsymbol{e}_i+W\mid \boldsymbol{e}_i\in L,i\in I\}$$

这里 I 是指标集. 则 $T=\{\boldsymbol{e}_i\mid i\in I\}$ 是 L 中线性无关的向量集. 令 U 是由 T 生成的子空间，即

$$U=\{\sum_{j=1}^{m}k_j\boldsymbol{e}_{i_j}\mid \boldsymbol{e}_{i_j}\in T,k_j\in K,m\text{ 是任一自然数}\}$$

于是 T 是 U 的一个基. 下面来证 U 是 W 在 L 中的补空间.

任取 $\boldsymbol{x}\in L$，由于 S 是 L/W 的基，因此有

$$\boldsymbol{x}+W=\sum_{j=1}^{m}h_j(\boldsymbol{e}_{i_j}+W)=(\sum_{j=1}^{m}h_j\boldsymbol{e}_{ij})+W$$

从而

$$\boldsymbol{x}-\sum_{j=1}^{m}h_j\boldsymbol{e}_{i_j}\in W$$

记 $\boldsymbol{a}=\sum_{j=1}^{m}h_j\boldsymbol{e}_{i_j}$，则 $\boldsymbol{a}\in U$，且 $\boldsymbol{x}-\boldsymbol{a}\in W$. 于是存在 $\boldsymbol{b}\in W$，使 $\boldsymbol{x}-\boldsymbol{a}=\boldsymbol{b}$. 即 $\boldsymbol{x}=\boldsymbol{a}+\boldsymbol{b}$. 由此得出 $L=W+U$.

任取 $\boldsymbol{y}=W\cap U$. $\boldsymbol{y}$ 即是 U 中的向量，令 $\boldsymbol{y}=\sum_{j=1}^{m}k_j\boldsymbol{e}_{i_j}$. 又由于 $\boldsymbol{y}$ 是 W 中的元

素,因此有

$$W=\boldsymbol{y}+W=\sum_{j=1}^{m}k_j\boldsymbol{e}_{i_j}+W=\sum_{j=1}^{m}k_j(\boldsymbol{e}_{i_j}+W)$$

由 S 的线性无关性,得

$$k_1=\cdots=k_m=0$$

从而

$$\boldsymbol{y}=\boldsymbol{0}$$

因此

$$W\cap U=\{\boldsymbol{0}\}$$

§5 凸集概论

5.1 一般实线性空间上的凸集

现在,我们把实数向量空间 $\mathbf{R}^n$ 的凸集理论推广到一般的以实数为基域的线性空间 L 上去.

设 $\boldsymbol{u},\boldsymbol{v}$ 是 L 中的任意两个向量,称形为 $\boldsymbol{x}=\lambda\boldsymbol{u}+(1-\lambda)\boldsymbol{v}$(其中 $\lambda\in[0,1]$)的向量为 $\boldsymbol{u},\boldsymbol{v}$ 的凸组合. $\boldsymbol{u},\boldsymbol{v}$ 的所有凸组合,即集合

$$\{\boldsymbol{x}\mid\boldsymbol{x}=\lambda\boldsymbol{u}+(1-\lambda)\boldsymbol{v},0\leqslant\lambda\leqslant1\}$$

称为 L 中联结点 $\boldsymbol{u},\boldsymbol{v}$ 的直线段;$\boldsymbol{u},\boldsymbol{v}$ 叫作此线段的端点(它们分别对应于 $\lambda=0$ 和 $\lambda=1$),其余点叫作线段的内点.

定义 5.1.1 实线性空间 L 中的一个子集 S 叫作凸集,如果联结 S 中任意两点的直线段仍属于 S.

L 的线性流形 $H=L_1+\boldsymbol{a}_0=\{\boldsymbol{a}_0+\boldsymbol{b}\mid\boldsymbol{b}\in L_1,L_1$ 是 L 子空间$\}$ 是凸集的一个简单例子.事实上,设 $\boldsymbol{u},\boldsymbol{v}\in H$ 而 $0\leqslant\lambda\leqslant1$,则

$$\boldsymbol{x}=\lambda\boldsymbol{u}+(1-\lambda)\boldsymbol{v}=\lambda(\boldsymbol{a}_0+\boldsymbol{b})+(1-\lambda)(\boldsymbol{a}_0+\boldsymbol{c})=\boldsymbol{a}_0+[\lambda(\boldsymbol{b}-\boldsymbol{c})+\boldsymbol{c}]$$

这里 $\boldsymbol{b}$ 和 $\boldsymbol{c}$ 均是 L_1 的元素.因为 L_1 是空间,所以 $[\lambda(\boldsymbol{b}-\boldsymbol{c})+\boldsymbol{c}]\in L_1$,于是 $\boldsymbol{x}\in L_1$,就是说 H 的任意两点的凸组合仍属于 H;按定义,H 是凸集.

下面的定理指出了凸集的性质:

定理 5.1.1 任何一组凸集的交集是凸集.

证明 设 S 是若干 S_i 的交集.若 $\boldsymbol{u},\boldsymbol{v}\in S$,则对所有 S_i,有 $\boldsymbol{u},\boldsymbol{v}\in S_i$.因 S_i 是凸集,故以 $\boldsymbol{u},\boldsymbol{v}$ 的终点为端点的线段含于所有的 S_i 中,从而含于 S 中,即 S 为

凸集. 证毕.

与交不同,两个凸集的并集不一定是凸集(图 6).

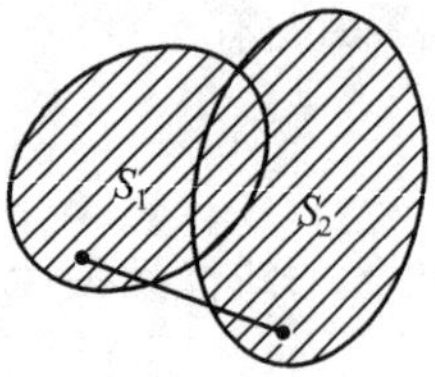

图 6

定理 5.1.2 两个凸集的线性组合仍是凸集.

证明 设 X,Y 是实线性空间 L 中的任意两个凸集,以及两个任意的实数 α 和 β,我们来证明集合 $Z=\alpha X+\beta Y=\{\boldsymbol{z}\in L \mid 存在某个\ \boldsymbol{x}\in X,\boldsymbol{y}\in Y,使得\ \boldsymbol{z}=\alpha\boldsymbol{x}+\beta\boldsymbol{y}\}$ 是凸集.

在 Z 中任取两个点 $\boldsymbol{z}_1$ 和 $\boldsymbol{z}_2$,根据 Z 的定义,X 和 Y 中分别存在两点 $\boldsymbol{x}_1$ 和 $\boldsymbol{x}_2$ 以及 $\boldsymbol{y}_1$ 和 $\boldsymbol{y}_2$,使得

$$\boldsymbol{z}_1=\alpha\boldsymbol{x}_1+\beta\boldsymbol{y}_1\ 和\ \boldsymbol{z}_2=\alpha\boldsymbol{x}_2+\beta\boldsymbol{y}_2$$

由此式,$\boldsymbol{z}_1$ 和 $\boldsymbol{z}_2$ 的任意一个凸组合可以表示为

$$\begin{aligned}\lambda\boldsymbol{z}_1+(1-\lambda)\boldsymbol{z}_2&=\lambda(\alpha\boldsymbol{x}_1+\beta\boldsymbol{y}_1)+(1-\lambda)(\alpha\boldsymbol{x}_2+\beta\boldsymbol{y}_2)\\&=\alpha[\lambda\boldsymbol{x}_1+(1-\lambda)\boldsymbol{x}_2]+\beta[\lambda\boldsymbol{y}_1+(1-\lambda)\boldsymbol{y}_2]\end{aligned}\tag{5.1.1}$$

因为 X,Y 都是凸集,所以

$$\lambda\boldsymbol{x}_1+(1-\lambda)\boldsymbol{x}_2\in X,\lambda\boldsymbol{y}_1+(1-\lambda)\boldsymbol{y}_2\in Y$$

于是由式(5.1.1),有

$$\lambda\boldsymbol{z}_1+(1-\lambda)\boldsymbol{z}_2\in\alpha X+\beta Y=Z$$

这就是说,Z 是凸集.

推论 1 $S_1+S_2=\{\boldsymbol{x}+\boldsymbol{y}\mid\boldsymbol{x}\in S_1,\boldsymbol{y}\in S_2\}$ 是凸集.

推论 2 $S_1-S_2=\{\boldsymbol{x}-\boldsymbol{y}\mid\boldsymbol{x}\in S_1,\boldsymbol{y}\in S_2\}$ 是凸集.

凸组合这个概念可以推广到多于两个向量的集合.

定义 5.1.2 设 $\boldsymbol{x}_1,\boldsymbol{x}_2,\cdots,\boldsymbol{x}_s$ 是 $\mathbf{R}^n$ 中的 s 个向量,则称线性组合

$$k_1\boldsymbol{x}_1+k_2\boldsymbol{x}_2+\cdots+k_s\boldsymbol{x}_s,\sum_{i=1}^{s}k_i=1\quad(0\leqslant k_i\leqslant 1)$$

为 $\boldsymbol{x}_1,\boldsymbol{x}_2,\cdots,\boldsymbol{x}_s$ 的一个凸组合①.

凸集的定义中任意两点的凸组合都属于点,这个性质可以推广到任意有限个点,于是成立下面的凸集的等价特征.

定理 5.1.2 实线性空间 L 的一个子集 S 是凸集的充分必要条件是 S 中任意有限个点的凸组合都属于 S.

证明 充分性是显然的.

---

① 如果除去组合系数 k_i 的非负性,则称为仿射组合. 这样,凸组合是特殊的仿射组合.

必要性. 对点的个数 n 用数学归纳法. 当 $n=2$ 时,由 S 的凸性,定理成立. 假设点的个数为 $n-1$ 时,定理成立.

现在考虑 S 的任意 n 个点 $\boldsymbol{a}_1,\boldsymbol{a}_2,\cdots,\boldsymbol{a}_n$,设其凸组合为

$$\boldsymbol{x}=k_1\boldsymbol{a}_1+k_2\boldsymbol{a}_2+\cdots+k_n\boldsymbol{a}_n,\sum_{i=1}^{n}k_i=1\quad(0\leqslant k_i\leqslant 1)$$

如果 $k_n=1$,那么 $k_i=0(i=1,2,\cdots,n-1)$,所以 $\boldsymbol{x}=\boldsymbol{a}_n\in S$.

如果 $k_n\neq 1$,那么可写为

$$\boldsymbol{x}=(1-k_n)(\frac{k_1}{1-k_n}\boldsymbol{a}_1+\cdots+\frac{k_{n-1}}{1-k_n}\boldsymbol{a}_{n-1})+k_n\boldsymbol{a}_n=(1-k_n)\boldsymbol{y}+k_n\boldsymbol{a}_n$$

注意到 $\frac{k_1}{1-k_n}+\cdots+\frac{k_{n-1}}{1-k_n}=1,\frac{k_{n-1}}{1-k_n}\geqslant 0$. $\boldsymbol{y}=\frac{k_1}{1-k_n}\boldsymbol{a}_1+\cdots+\frac{k_{n-1}}{1-k_n}\boldsymbol{a}_{n-1}$ 是 $n-1$ 个点 $\boldsymbol{a}_1,\boldsymbol{a}_2,\cdots,\boldsymbol{a}_{n-1}$ 的凸组合,按归纳假设,$\boldsymbol{y}\in S$. 于是 $\boldsymbol{x}=(1-k_n)\boldsymbol{y}+k_n\boldsymbol{a}_n$ 是两个点 $\boldsymbol{y}$ 和 $\boldsymbol{a}_n$ 的凸组合,因此 $\boldsymbol{x}\in S$. 证毕.

5.2 凸包

对于实线性空间 L 的任意一个子集 S,有时我们希望能将它拓宽,通过添加尽可能少的点使它成为凸集. 这样形成的凸集称为 S 的凸包.

定义 5.2.1 设 S 是实线性空间 L 的一个子集,包含 S 的最小凸集称为 S 的凸包,记为 $\mathrm{conv}(S)$.

显然,至少有一个凸包包含 S,就是 L 本身. 若还有其他的凸集,则 $\mathrm{conv}(S)$ 是所有包含 S 的凸集的交. 图 7 展示了平面上某些凸包的例子.

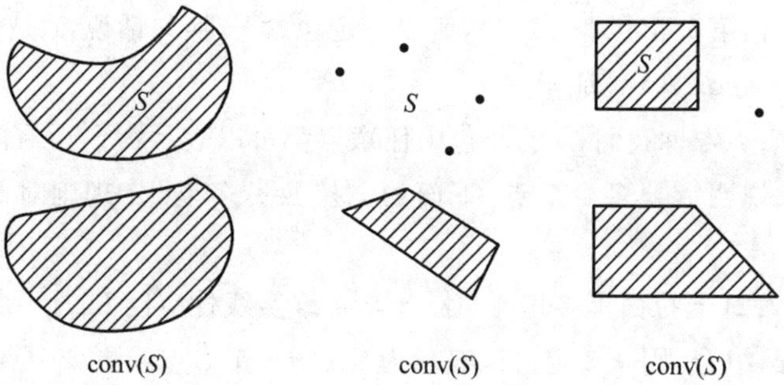

图 7

下面的结论给出了凸包的另一个特征.

定理 5.2.1 S 的凸包是由 S 中元素的所有凸组合组成的集合,即

$$\mathrm{cov}(S)=\{\boldsymbol{y}=\sum_{i=1}^{m}k_i\boldsymbol{x}_i\mid\boldsymbol{x}_i\in S;\text{实数 }k_i\text{ 满足}:0\leqslant k_i\leqslant 1\text{ 且}\sum_{i=1}^{s}k_i=1\}$$

证明 令

$$Y=\{\boldsymbol{y}=\sum_{i=1}^{m}k_i\boldsymbol{x}_i \mid \boldsymbol{x}_i \in S;\text{实数 } k_i \text{ 满足}:0\leqslant k_i\leqslant 1 \text{ 且} \sum_{i=1}^{s}k_i=1\}$$

因为 S 中任意 $\boldsymbol{x}$ 都可以表示为它自己的凸组合,因此 Y 包含 S.

下面证明 Y 是凸集,设 $\boldsymbol{y}_1,\boldsymbol{y}_2$ 是 Y 中任意的两点,于是可写

$$\boldsymbol{y}_1=\sum_{i=1}^{m}k_i\boldsymbol{x}_i,\boldsymbol{y}_2=\sum_{j=1}^{n}h_j\boldsymbol{x}_j$$

其中对于任意的 i 和 j,$k_i\in[0,1]$,$h_j\in[0,1]$,并且 $\sum_{i=1}^{m}k_i=\sum_{j=1}^{n}h_j=1$.

对于任意 $\lambda\in[0,1]$,考虑 $\boldsymbol{y}_1$ 和 $\boldsymbol{y}_2$ 的凸组合

$$\begin{aligned}\boldsymbol{y}&=\lambda\boldsymbol{y}_1+(1-\lambda)\boldsymbol{y}_2\\&=\lambda(\sum_{i=1}^{m}k_i\boldsymbol{x}_i)+(1-\lambda)(\sum_{j=1}^{n}h_j\boldsymbol{x}_j)\\&=\sum_{i=1}^{m}\lambda k_i\boldsymbol{x}_i+\sum_{j=1}^{n}(1-\lambda)h_j\boldsymbol{x}_j\end{aligned}$$

因为对于每个 i,$\lambda k_i\in[0,1]$;对于每个 j,$(1-\lambda)h_j\in[0,1]$,又

$$\begin{aligned}\sum_{i=1}^{m}\lambda k_i+\sum_{j=1}^{n}(1-\lambda)h_j&=\lambda\sum_{i=1}^{m}k_i+(1-\lambda)\sum_{j=1}^{n}h_j\\&=\lambda+(1-\lambda)=1\end{aligned}$$

因此,$\boldsymbol{y}$ 表示成了 Y 的元素的形式,即 $\boldsymbol{y}\in Y$.

这就证明了,Y 中任意两点的凸组合仍含在 Y 中,Y 是一个凸集.

这样,Y 是一个包含 S 的凸集;而且,某个包含 S 的凸集都包含 S 中点的所有凸组合(根据第 6 章定理 5.3.1),所以一定包含 Y. 换句话说,Y 是包含 S 的最小凸集,即 $Y=\mathrm{conv}(S)$. 证毕.

定理 5.2.1 告诉我们,S 的凸包中任意点都可以表示为 S 中有限个点的凸组合,但没有说明需要多少个点. 下面的卡拉西奥多里①定理则对此进行了补充.

定理 5.2.2(卡拉西奥多里) 若 S 是 n 维实线性空间 L 的一个子集,而 $\boldsymbol{y}$ 是 S 中点的凸组合,则 $\boldsymbol{y}$ 一定可以表示为 S 中 $n+1$ 个点或更少个点的凸组合.

证明 令

$$\boldsymbol{y}=\sum_{i=1}^{m}\lambda_i\boldsymbol{x}_i,\boldsymbol{x}_i\in S,\lambda_i\in[0,1],\sum_{i=1}^{s}\lambda_i=1 \tag{5.2.1}$$

---

① 卡拉西奥多里(Caratheodory Constantin, 1873—1950),希腊裔德国数学家.

我们证明,当 $m>n+1$ 时,$\boldsymbol{y}$ 可以表示为 S 中 $m-1$ 个点的凸组合.反复应用这个结论,就可得出定理.

若式(5.2.1)中的某个 λ_i 为 0,则 $\boldsymbol{y}$ 可以用 S 中 $m-1$ 个或更少的点的凸组合表示,此时定理成立.否则,对所有的 $i,\lambda_i>0$;因为 $m>n+1$,即 $m-1>n$,注意到 L 的维数为 n,所以 L 中任意 $m-1$ 个向量是线性相关的;特别是 $m-1$ 个向量 $\boldsymbol{x}_2-\boldsymbol{x}_1,\boldsymbol{x}_3-\boldsymbol{x}_1,\cdots,\boldsymbol{x}_m-\boldsymbol{x}_1$ 是线性相关的.这样,存在不全为 0 的数 k_2,$k_3,\cdots,k_m$ 使得

$$\sum_{i=2}^{m}k_i(\boldsymbol{x}_i-\boldsymbol{x}_1)=\boldsymbol{0}$$

令 $k_1=-\sum\limits_{i=2}^{m}k_i$,则

$$\sum_{i=1}^{m}k_i=0 \tag{5.2.2}$$

和

$$\sum_{i=1}^{m}k_i\boldsymbol{x}_i=-(\sum_{i=2}^{m}k_i)\boldsymbol{x}_1+\sum_{i=2}^{m}k_i\boldsymbol{x}_i=\sum_{i=2}^{m}k_i(\boldsymbol{x}_i-\boldsymbol{x}_1)=\boldsymbol{0} \tag{5.2.3}$$

将式(5.2.3)乘以一个适当的数后代入式(5.2.1),就能得出 $\boldsymbol{y}$ 可以表示为 S 中 $m-1$ 个点或更少的点的凸组合.

定义 γ 和 β_i 为:存在某个 r,使得

$$\frac{1}{\gamma}=\max\{\frac{k_1}{\lambda_1}\mid i=1,2,\cdots,m\}=\frac{k_r}{\lambda_r}$$

和

$$\beta_i=\lambda_i-\gamma k_i \tag{5.2.4}$$

由此,对所有 $i,\gamma=\frac{k_r}{\lambda_r}\leqslant\frac{k_i}{\lambda_i}$.于是

$$\beta_i=\lambda_i-\gamma k_i=\lambda_i-\frac{k_r}{\lambda_r}\geqslant 0,\beta_r=0 \tag{5.2.5}$$

运用式(5.2.5)和式(5.2.4),再根据式(5.2.2)得

$$\sum_{i=1,i\neq r}^{m}\beta_i=\sum_{i=1}^{m}\beta_i=\sum_{i=1}^{m}\lambda_i-\gamma\sum_{i=1}^{m}k_i=\sum_{i=1}^{m}\lambda_i-0=1$$

根据式(5.2.3)得

$$\boldsymbol{y}=\sum_{i=1,i\neq r}^{m}\lambda_i\boldsymbol{x}_i=\sum_{i=1}^{m}\beta_i\boldsymbol{x}_i+\gamma\sum_{i=1}^{m}k_i\boldsymbol{x}_i=\sum_{i=1,i\neq r}^{m}\beta_i\boldsymbol{x}_i+\boldsymbol{0}$$

因此,$\boldsymbol{y}$ 是 S 中 $m-1$ 个点的凸组合.

第8章 线性变换

§1 线性变换

1.1 变换在初等几何学中的意义·线性变换的定义

在几何学中，图形的各种变换，对研究图形及其性质有重要的意义. 这时显得自然的和方便的是，变换的对象不仅是所给的图形，而且是整个平面(线性空间)；同时这个图形，就简单地作为被变换的平面(空间)上的点集合而跟着变换.

举例说，对椭圆的研究极为重要的是，它是圆周向着它的一个直径作均匀压缩的结果. 也就是说(图 1)，每一个椭圆都可以从一个圆周得到：把圆周上的每个点 M 换成这样的点 M'，它在从点 M 引到固定直径 AB 的垂直线 $M\overline{M}$ 上，并且从点 M 和 M' 到垂足 $\overline{M}$ 的距离的比值是常数，即

$$\frac{M'\overline{M}}{M\overline{M}}=k\quad(0<k<1)$$

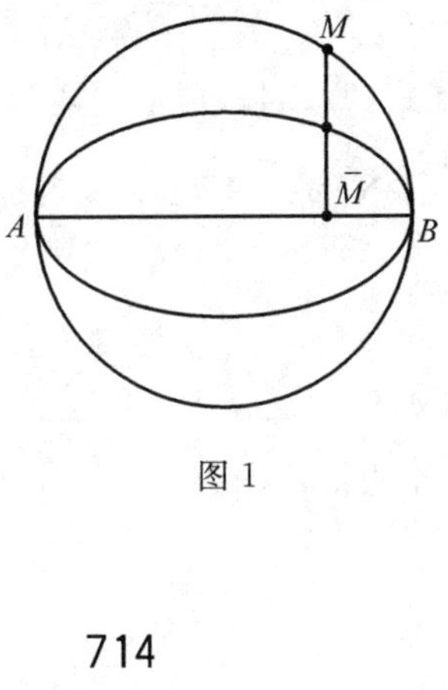

图 1

但是可以认为,这个具有“压缩系数”k、向着直径 AB 的均匀压缩,不仅施行在给定的圆周上,而且也施行在整个平面上.这时,举例说,把圆周变成椭圆的变换同时,也把它的直径变成椭圆的所谓直径了.所说地过渡到整个平面的变换的好处就在于,举例说,从圆周情形十分明显的直径的性质,自然而然会引出椭圆直径的对应性质.

因此,在一般的空间里引入变换是很有必要的.

设在线性空间 L 中有一个向量函数① $\mathscr{A}$,通过这个函数,对于每一个向量 $\boldsymbol{x}\in L$,可以确定一个和它对应而在同一个空间 L 内的向量 $\boldsymbol{y}=\mathscr{A}\boldsymbol{x}$,则我们说,在 L 内已经给定了一个变换 $\mathscr{A}$.

在线性空间的映射中特别简单的并且比较常在各种应用中遇见的是所谓线性变换.

一个线性空间 L 内的变换 $\mathscr{A}$ 叫作是线性的,如果它同时具有下述两种性质:

(1) 任何两个向量之和的映像等于它们的映像之和.

(2) 任何向量与任何数的乘积的映像等于该向量的映像与该数的乘积.

以公式的语言表示起来,这些性质可写成这样

$$\mathscr{A}(\boldsymbol{x}+\boldsymbol{y})=\mathscr{A}\boldsymbol{x}+\mathscr{A}\boldsymbol{y} \tag{1.1.1}$$

$$\mathscr{A}(k\boldsymbol{y})=k\mathscr{A}\boldsymbol{x} \tag{1.1.2}$$

---

① 在一般的数学分析里面,我们讨论一个或多个实变数的函数.例如含三个实变数的函数就可以看作含空间 $\mathbf{R}^3$ 的一个矢变量的函数.在这里,我们将要讨论一些函数,它们的变量是任意线性空间的向量.目前我们只讨论这些函数的最简单的类型,即线性函数.这种函数的第一个类型是线性向量函数,它的函数值是向量,而且作为函数值的向量与作为变量的向量还属于同一个线性空间(即线性变换);这种函数的第二个类型是线性数量函数,它的函数值是数.

设一个向量 $\boldsymbol{x}$ 的数量函数 $f(\boldsymbol{x})$ 定义在一个线性空间 L 内.如果它满足下列条件,则称为线性齐次式:

(Ⅰ) 对于任意的 $\boldsymbol{x},\boldsymbol{y}\in L$,$f(\boldsymbol{x}+\boldsymbol{y})=f(\boldsymbol{x})+f(\boldsymbol{y})$.

(Ⅱ) 对于任意的 $\boldsymbol{x}\in L$,和任意的数 $a\in K$,$f(a\boldsymbol{x})=af(\boldsymbol{x})$.

应用归纳法,不难从条件(Ⅰ)(Ⅱ)得到线性齐次式的普遍性质

$$f(a_1\boldsymbol{x}_1+a_2\boldsymbol{x}_2+\cdots+a_k\boldsymbol{x}_k)=a_1f(\boldsymbol{x}_1)+a_2f(\boldsymbol{x}_2)+\cdots+a_kf(\boldsymbol{x}_k) \tag{$*$}$$

对于任意的 $\boldsymbol{x}_1,\boldsymbol{x}_2,\cdots,\boldsymbol{x}_k\in L$ 和任意的数域 K 中的数 $a_1,a_2,\cdots,a_k$,这个公式都成立.

我们现在求 n 维空间 L 里最普遍的线性齐次式.设 $\boldsymbol{e}_1,\boldsymbol{e}_2,\cdots,\boldsymbol{e}_n$ 为空间 L 里的任意基底.用 c_j 表示 $f(\boldsymbol{e}_j)$ 的值($j=1,2,\cdots,n$).这样,根据公式($*$),对于任意的 $\boldsymbol{x}=\sum\limits_{j=1}^{n}x_j\boldsymbol{e}_j$,有

$$f(\boldsymbol{x})=f(\sum_{j=1}^{n}x_j\boldsymbol{e}_j)=\sum_{j=1}^{n}x_jf(\boldsymbol{e}_j)=\sum_{j=1}^{n}x_jc_j$$

即线性齐次式可以写成向量 $\boldsymbol{x}$ 的坐标的线性齐次式,它的系数是固定的常数 $c_1,c_2,\cdots,c_n$.

在等式(1.1.2)中取 $\boldsymbol{x}=\boldsymbol{0}$,得

$$\mathscr{A}(\boldsymbol{0})=\boldsymbol{0} \tag{1.1.3}$$

也就是说,任一线性变换变零向量为自身.

由式(1.1.1)(1.1.2)可直接得出线性变换的基本性质

$$\mathscr{A}(k_1\boldsymbol{x}_1+k_2\boldsymbol{x}_2+\cdots+k_m\boldsymbol{x}_m)=k_1\mathscr{A}(\boldsymbol{x}_1)+k_2\mathscr{A}(\boldsymbol{x}_2)+\cdots+k_m\mathscr{A}(\boldsymbol{x}_m) \tag{1.1.4}$$

其中 $\boldsymbol{x}_1,\boldsymbol{x}_2,\cdots,\boldsymbol{x}_m$ 为 L 中任意一组向量,$k_1,k_2,\cdots,k_m$ 为系数域中任意一组数.

等式(1.1.4)可以用数学归纳法来证明.当 $m=1$ 时,式(1.1.4)与式(1.1.1)相同.假设式(1.1.4)对于 $m-1$ 项成立,则

$$\begin{aligned}\mathscr{A}(k_1\boldsymbol{x}_1+k_2\boldsymbol{x}_2+\cdots+k_m\boldsymbol{x}_m)&=\mathscr{A}[k_1\boldsymbol{x}_1+(k_2\boldsymbol{x}_2+\cdots+k_m\boldsymbol{x}_m)]\\&=\mathscr{A}(k_1\boldsymbol{x}_1)+\mathscr{A}(k_2\boldsymbol{x}_2+\cdots+k_m\boldsymbol{x}_m)\\&=k_1\mathscr{A}(\boldsymbol{x}_1)+k_2\mathscr{A}(\boldsymbol{x}_2)+\cdots+k_m\mathscr{A}(\boldsymbol{x}_m)\end{aligned}$$

这就是我们所要证明的.当 $m=2$ 时,式(1.1.4)化为

$$\mathscr{A}(k_1\boldsymbol{x}+k_2\boldsymbol{y})=k_1\mathscr{A}(\boldsymbol{x})+k_2\mathscr{A}(\boldsymbol{y}) \tag{1.2.2}$$

而当 $k_1=k_2=1$ 及 $k_1=k,k_1=0$ 时,重新得出(1.1.1)与(1.1.2)两式.因此,性质(1.2.2)完全决定一线性变换,可取作线性变换的定义.

由等式(1.1.2)与(1.1.4)得次之性质:

线性变换 $\mathscr{A}$ 把线性相关的向量组 $\boldsymbol{x}_1,\boldsymbol{x}_2,\cdots,\boldsymbol{x}_m$ 映成线性相关的向量组 $\mathscr{A}(\boldsymbol{x}_1),\mathscr{A}(\boldsymbol{x}_2),\cdots,\mathscr{A}(\boldsymbol{x}_m)$.

注意,$\mathscr{A}$ 可能把线性无关的向量组 $\boldsymbol{x}_1,\boldsymbol{x}_2,\cdots,\boldsymbol{x}_m$ 映成线性相关的向量组.

如果 L 的两个变换 $\mathscr{A},\mathscr{B}$ 对于 L 的任一元素 $\boldsymbol{x}$ 均有

$$\mathscr{A}\boldsymbol{x}=\mathscr{B}\boldsymbol{x}$$

那么称此二变换相等.现在设 L 是有限维的并且 $\boldsymbol{e}_1,\boldsymbol{e}_2,\cdots,\boldsymbol{e}_n$ 是它的一个基,那么对于 L 中任一向量 $\boldsymbol{a}=k_1\boldsymbol{e}_1+k_2\boldsymbol{e}_2+\cdots+k_n\boldsymbol{e}_n$,有

$$\mathscr{A}(\boldsymbol{a})=k_1\mathscr{A}(\boldsymbol{e}_1)+k_2\mathscr{A}(\boldsymbol{e}_2)+\cdots+k_n\mathscr{A}(\boldsymbol{e}_n)$$

这表明:只要知道了 L 的一个基在 $\mathscr{A}$ 下的像,那么 L 中任一向量在 $\mathscr{A}$ 下的像也就确定了.即 n 维空间 L 的一个线性变换完全被它在 L 的一个基上的作用所决定.换句话说,如果对于线性变换 $\mathscr{A}$ 和 $\mathscr{B}$,有

$$\mathscr{A}(\boldsymbol{e}_i)=\mathscr{B}(\boldsymbol{e}_i)\quad(i=1,2,\cdots,n)$$

那么

$$\mathscr{A}=\mathscr{B}$$

1.2 线性变换的构造·投影变换和平移变换

首先我们来看一下,如何在一个 n 维线性空间 L 中实际地构造一个线性变

换.

定理1.2.1 设$\boldsymbol{e}_1,\boldsymbol{e}_2,\cdots,\boldsymbol{e}_n$为线性空间$L$的一个基,在$L$中任意选择一组向量$\boldsymbol{a}_1,\boldsymbol{a}_2,\cdots,\boldsymbol{a}_n$,则对于线性空间$L$,有一个且仅有一个线性变换使$\boldsymbol{e}_1,\boldsymbol{e}_2,\cdots,\boldsymbol{e}_n$各变为$\boldsymbol{a}_1,\boldsymbol{a}_2,\cdots,\boldsymbol{a}_n$.

为了构成所要求的变换,取任一向量$\boldsymbol{x}$且将其经基$\boldsymbol{e}_1,\boldsymbol{e}_2,\cdots,\boldsymbol{e}_n$线性表出,设

$$\boldsymbol{x}=k_1\boldsymbol{e}_1+k_2\boldsymbol{e}_2+\cdots+k_n\boldsymbol{e}_n \tag{1.2.1}$$

同时设

$$\boldsymbol{x}'=k_1\boldsymbol{a}_1+k_2\boldsymbol{a}_2+\cdots+k_n\boldsymbol{a}_n$$

变$\boldsymbol{x}$为$\boldsymbol{x}'$的变换令之为$\mathscr{A}$.此时如$\boldsymbol{x}$为表示式(1.2.1),则

$$\mathscr{A}(\boldsymbol{x})=k_1\boldsymbol{a}_1+k_2\boldsymbol{a}_2+\cdots+k_n\boldsymbol{a}_n \tag{1.2.2}$$

现在代入$k_i=1,k_j=0(j\neq i,j=1,2,\cdots,n)$,我们得出

$$\mathscr{A}(\boldsymbol{e}_i)=\boldsymbol{a}_i\quad(i=1,2,\cdots,n)$$

因此,变换$\mathscr{A}$变向量$\boldsymbol{e}_1,\boldsymbol{e}_2,\cdots,\boldsymbol{e}_n$为$\boldsymbol{a}_1,\boldsymbol{a}_2,\cdots,\boldsymbol{a}_n$.兹证明$\mathscr{A}$为一线性变换,乘式(1.2.1)以任一数$k$,可得

$$k\boldsymbol{x}=(kk_1)\boldsymbol{e}_1+(kk_2)\boldsymbol{e}_2+\cdots+(kk_n)\boldsymbol{e}_n$$

将此结果同式(1.2.2)相比较,得

$$\mathscr{A}(k\boldsymbol{x})=(kk_1)\boldsymbol{a}_1+(kk_2)\boldsymbol{a}_2+\cdots+(kk_n)\boldsymbol{a}_n$$

是即

$$\mathscr{A}(k\boldsymbol{x})=k\mathscr{A}(\boldsymbol{x}) \tag{1.2.3}$$

设

$$\boldsymbol{y}=h_1\boldsymbol{e}_1+h_2\boldsymbol{e}_2+\cdots+h_n\boldsymbol{e}_n$$

为L中的任一向量,则

$$\boldsymbol{x}+\boldsymbol{y}=(k_1+h_1)\boldsymbol{e}_1+(k_2+h_2)\boldsymbol{e}_2+\cdots+(k_n+h_n)\boldsymbol{e}_n$$

且由此得

$$\mathscr{A}(\boldsymbol{y})=h_1\boldsymbol{a}_1+h_2\boldsymbol{a}_2+\cdots+h_n\boldsymbol{a}_n$$

$$\mathscr{A}(\boldsymbol{x}+\boldsymbol{y})=(k_1+h_1)\boldsymbol{a}_1+(k_2+h_2)\boldsymbol{a}_2+\cdots+(k_n+h_n)\boldsymbol{a}_n$$

由这一等式得

$$\begin{aligned}\mathscr{A}(\boldsymbol{x}+\boldsymbol{y})&=(k_1\boldsymbol{a}_1+k_2\boldsymbol{a}_2+\cdots+k_n\boldsymbol{a}_n)+(h_1\boldsymbol{a}_1+h_2\boldsymbol{a}_2+\cdots+h_n\boldsymbol{a}_n)\\&=\mathscr{A}(\boldsymbol{x})+\mathscr{A}(\boldsymbol{y})\end{aligned} \tag{1.2.4}$$

(1.2.3)与(1.2.4)两式说明$\mathscr{A}$是一个线性变换.

唯一性的证明:仅须证明每一变$\boldsymbol{e}_1,\boldsymbol{e}_2,\cdots,\boldsymbol{e}_n$为$\boldsymbol{a}_1,\boldsymbol{a}_2,\cdots,\boldsymbol{a}_n$的线性变换$\mathscr{B}$都和$\mathscr{A}$相同,由条件$\mathscr{B}(\boldsymbol{e}_i)=\boldsymbol{a}_i(i=1,2,\cdots,n)$.若向量$\boldsymbol{x}$的表达式为式(1.2.1),

则

$$\mathscr{B}(\boldsymbol{x})=k_1\mathscr{B}(\boldsymbol{e}_1)+k_2\mathscr{B}(\boldsymbol{e}_2)+\cdots+k_n\mathscr{B}(\boldsymbol{e}_n)$$
$$=k_1\boldsymbol{a}_1+k_2\boldsymbol{a}_2+\cdots+k_n\boldsymbol{a}_n=\mathscr{A}(\boldsymbol{x})$$

故

$$\mathscr{B}=\mathscr{A}$$

定理即已证明.

本目第二个内容是介绍两个常见的变换.

几何空间 $\mathbf{R}^3$ 中,U 是过定点 O 的一个平面,W 是过点 O 的一条直线且 W 不在平面 U 内(图 2),则 $\mathbf{R}^3$ 是 U 与 W 的直接和

$$V_3=U\oplus W$$

于是任给 $\boldsymbol{x}\in\mathbf{R}^3$,有唯一分解式

$$\boldsymbol{x}=\boldsymbol{x}_1+\boldsymbol{x}_2,\boldsymbol{x}_1\in U,\boldsymbol{x}_2\in W$$

把 $\boldsymbol{x}$ 对应到 $\boldsymbol{x}_1$ 的映射称为平行于 W 在 U 上的投影,记作 $\mathscr{P}_U$,即

$$\mathscr{P}_U(\boldsymbol{x})=\boldsymbol{x}_1$$

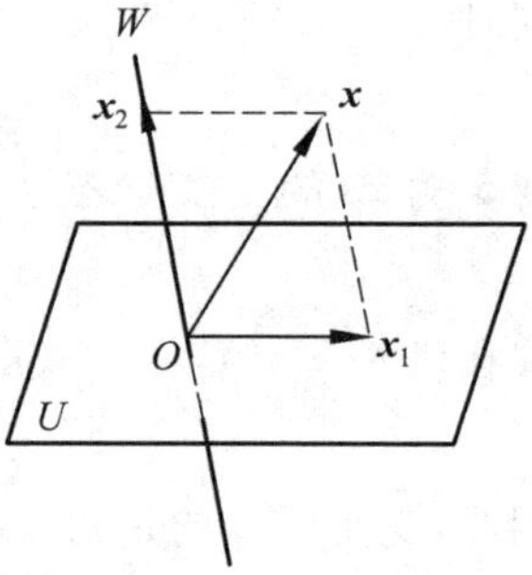

图 2

由刚才几何空间的平行投影,我们抽象出下述概念:

定义 1.2.1 设 L 是域 K 上的线性空间,若 $L=U\oplus W$,任给 $\boldsymbol{x}\in L$,有唯一分解式

$$\boldsymbol{x}=\boldsymbol{x}_1+\boldsymbol{x}_2,\boldsymbol{x}_1\in U,\boldsymbol{x}_2\in W$$

令 $\mathscr{P}_U(\boldsymbol{x})=\boldsymbol{x}_1$,则称 $\mathscr{P}_U$ 是平行于 W 在 U 上的投影.

我们首先来证明,$\mathscr{P}_U$ 是 L 上的线性变换.

证明 任给 L 中的两个向量 $\boldsymbol{x},\boldsymbol{y}$,于是它们分别有唯一的分解

$$\boldsymbol{x}=\boldsymbol{x}_1+\boldsymbol{x}_2,\boldsymbol{y}=\boldsymbol{y}_1+\boldsymbol{y}_2,\boldsymbol{x}_1,\boldsymbol{y}_1\in U,\boldsymbol{x}_2,\boldsymbol{y}_2\in W$$

从而向量 $\boldsymbol{x},\boldsymbol{y}$ 的和已有唯一分解

$$\boldsymbol{x}+\boldsymbol{y}=(\boldsymbol{x}_1+\boldsymbol{y}_1)+(\boldsymbol{x}_2+\boldsymbol{y}_2),\boldsymbol{x}_1+\boldsymbol{y}_1\in U,\boldsymbol{x}_2+\boldsymbol{y}_2\in W$$

因此

$$\mathscr{P}_U(\boldsymbol{x}+\boldsymbol{y})=\boldsymbol{x}_1+\boldsymbol{y}_1=\mathscr{P}_U(\boldsymbol{x})+\mathscr{P}_U(\boldsymbol{y})$$

同样可以证实

$$\mathscr{P}_U(k\boldsymbol{x})=k\boldsymbol{x}_1=k\mathscr{P}_U(\boldsymbol{x})$$

这就证明了变换 $\mathscr{P}_U$ 的线性性质.

再来证明 $\mathscr{P}_U$ 的如下性质:

性质 1 对于 L 中的任意向量 $\boldsymbol{x}$,成立公式

$$\mathscr{P}_U(\boldsymbol{x})=\begin{cases}\boldsymbol{x},当\ \boldsymbol{x}\in U\\ \boldsymbol{0},当\ \boldsymbol{x}\in W\end{cases}$$

反过来,如果 L 上的一个线性变换,有

$$\mathscr{A}(\boldsymbol{x})=\begin{cases}\boldsymbol{x},当\ \boldsymbol{x}\in U\\ \boldsymbol{0},当\ \boldsymbol{x}\in W\end{cases}$$

那么

$$\mathscr{A}=\mathscr{P}_U$$

证明 当 $\boldsymbol{x}\in U$ 时,有

$$\boldsymbol{x}=\boldsymbol{x}+\boldsymbol{0},\boldsymbol{x}\in U,\boldsymbol{0}\in W$$

按定义 $\mathscr{P}_U(\boldsymbol{x})=\boldsymbol{x}$;当 $\boldsymbol{x}\in W$ 时,有

$$\boldsymbol{x}=\boldsymbol{0}+\boldsymbol{x},\boldsymbol{x}\in U,\boldsymbol{0}\in W$$

于是 $\mathscr{P}_U(\boldsymbol{x})=\boldsymbol{0}$.

再来证明结论的第二部分.任取 $\boldsymbol{x}\in L$,且

$$\boldsymbol{x}=\boldsymbol{x}_1+\boldsymbol{x}_2,\boldsymbol{x}_1\in U,\boldsymbol{x}_2\in W$$

依题设,有

$$\mathscr{A}(\boldsymbol{x})=\mathscr{A}(\boldsymbol{x}_1+\boldsymbol{x}_2)=\mathscr{A}(\boldsymbol{x}_1)+\mathscr{A}(\boldsymbol{x}_2)=\boldsymbol{x}_1+\boldsymbol{0}=\boldsymbol{x}_1=\mathscr{P}_U(\boldsymbol{x})$$

这就是说,$\mathscr{A}=\mathscr{P}_U(\boldsymbol{x})$.

$\mathscr{P}_U$ 的下一个性质是:

性质 2 $\mathscr{P}_U{}^2=\mathscr{P}_U$,换句话说,$\mathscr{P}_U$ 是(二次) 幂等变换.

事实上,对于 L 中的任意向量 $\boldsymbol{x}$,由于 $\mathscr{P}_U(\boldsymbol{x})\in U$,于是

$$\mathscr{P}_U{}^2(\boldsymbol{x})=\mathscr{P}_U[\mathscr{P}_U(\boldsymbol{x})]=\mathscr{P}_U(\boldsymbol{x})$$

若 $L=U\oplus W$,则同样可以定义平行于 U 在 W 上的投影 $\mathscr{P}_W(\boldsymbol{x})$:$\mathscr{P}_W(\boldsymbol{x})=\boldsymbol{x}_2$,这里 $\boldsymbol{x}=\boldsymbol{x}_1+\boldsymbol{x}_2$,而 $\boldsymbol{x}_1\in U,\boldsymbol{x}_2\in W$.由于 W 和 U 的地位是对称的,因此关于 $\mathscr{P}_U(\boldsymbol{x})$ 的性质对于 $\mathscr{P}_W(\boldsymbol{x})$ 也成立.按照定义,有

$$(\mathscr{P}_U\mathscr{P}_W)(\boldsymbol{x})=\mathscr{P}_U[\mathscr{P}_W(\boldsymbol{x})]=\mathscr{P}_U(\boldsymbol{x}_2)=\boldsymbol{0}$$

$$(\mathscr{P}_W\mathscr{P}_U)(\boldsymbol{x})=\mathscr{P}_W[\mathscr{P}_U(\boldsymbol{x})]=\mathscr{P}_W(\boldsymbol{x}_1)=\boldsymbol{0}$$

也就是说,$\mathscr{P}_U$ 与 $\mathscr{P}_W$ 的乘积是零变换

$$\mathscr{P}_U\mathscr{P}_W=\mathscr{P}_W\mathscr{P}_U=\mathscr{O}$$

有时亦说,变换 $\mathscr{P}_U$ 与 $\mathscr{P}_W$ 是正交的.

对于 $\mathscr{P}_U$ 与 $\mathscr{P}_W$ 的和,满足

$$(\mathscr{P}_U+\mathscr{P}_W)(\boldsymbol{x})=\mathscr{P}_U(\boldsymbol{x})+\mathscr{P}_W(\boldsymbol{x})=\boldsymbol{x}_1+\boldsymbol{x}_2=\boldsymbol{x}$$

这就证明了,$\mathscr{P}_U$ 与 $\mathscr{P}_W$ 的和是恒等变换

$$\mathscr{P}_U+\mathscr{P}_W=\mathscr{E}$$

在多项式空间 $K[\boldsymbol{x}]_n$ 中，给定域 K 中的数 a，令

$$\mathscr{T}_a: f(\boldsymbol{x}) \rightarrow f(\boldsymbol{x}+a)$$

由于次数 $f(\boldsymbol{x}+a)=$次数 $f(\boldsymbol{x})$，因此 $\mathscr{T}_a$ 是空间 $K[\boldsymbol{x}]_n$ 上的一个变换. 另外，容易验证 $\mathscr{T}_a$ 的线性性质有

$$\mathscr{T}_a(f(\boldsymbol{x})+g(\boldsymbol{x}))=\mathscr{T}_a(f(\boldsymbol{x})+\mathscr{T}_a(g(\boldsymbol{x}))$$
$$\mathscr{T}_a(kf(\boldsymbol{x}))=k\mathscr{T}_a(f(\boldsymbol{x}))$$

这里 $f(\boldsymbol{x}), g(\boldsymbol{x})$ 是 $K[\boldsymbol{x}]_n$ 中的任意两个多项式，而 k 是域 K 的任意元素. 于是 $\mathscr{T}_a$ 是多项式空间 $K[\boldsymbol{x}]_n$ 的一个线性变换，称它是由 a 决定的平移变换.

让读者自己去验证，求导

$$\mathscr{D}: f(\boldsymbol{x}) \rightarrow f'(\boldsymbol{x})$$

是多项式空间 $K[\boldsymbol{x}]_n$ 上的另一个线性变换[①]，现在我们来建立 $\mathscr{T}_a$ 和 $\mathscr{D}$ 之间的关系. 根据泰勒展开式，有

$$f(\boldsymbol{x}+a)=f(\boldsymbol{x})+af'(\boldsymbol{x})+\frac{a^2}{2!}f''(\boldsymbol{x})+\cdots+\frac{a^n}{n!}f^{(n)}(\boldsymbol{x})$$

或者

$$\begin{aligned}f(\boldsymbol{x}+a)&=\mathscr{E}(f(\boldsymbol{x}))+a\mathscr{D}(f(\boldsymbol{x}))+\frac{a^2}{2!}\mathscr{D}^2(f(\boldsymbol{x}))+\cdots+\frac{a^n}{n!}\mathscr{D}^n(f(\boldsymbol{x}))\\&=(\mathscr{E}+a\mathscr{D}+\frac{a^2}{2!}\mathscr{D}^2+\cdots+\frac{a^n}{n!}\mathscr{D}^n)(f(\boldsymbol{x}))\end{aligned}$$

因此

$$\mathscr{T}_a=\mathscr{E}+a\mathscr{D}+\frac{a^2}{2!}\mathscr{D}^2+\cdots+\frac{a^n}{n!}\mathscr{D}^n$$

即是说，平移 $\mathscr{T}_a$ 是求导 $\mathscr{D}$ 的一个多项式.

1.3　线性变换的基本运算

前面所引入的几何概念与代数的联系可以这样建立：由所给的线性变换可以借助形式的运算（当然有完全具体的几何内容的）得出新的线性变换. 线性

---

① 我们知道，每一个次数不超过 n 的多项式，它的 $n+1$ 阶导数是零多项式，因此对于 $K[\boldsymbol{x}]_n$ 中的任一多项式 $f(\boldsymbol{x})$，有

$$\mathscr{D}^{n+1}(f(\boldsymbol{x}))=0$$

从而 $\mathscr{D}$ 作为 $K[\boldsymbol{x}]_n$ 上的线性变换有 $\mathscr{D}^{n+1}=0$. 这种性质的变换称为幂零变换. 由于

$$\mathscr{D}^n(\boldsymbol{x}^n)=n!$$

因此 $\mathscr{D}^n\neq 0$. 从而 $\mathscr{D}^k\neq 0$，当 $1\leqslant k\leqslant n$. 于是 $n+1$ 是使得 $\mathscr{D}^{n+1}=0$ 的最小正整数，这数称为 $\mathscr{D}$ 的幂零指数.

变换有了运算以后也就成为代数研究的自然对象了.

我们先来考虑线性变换的加法. 设 $\mathscr{A}$ 与 $\mathscr{B}$ 是两个某空间 L 在自身中的线性变换. 这些变换使我们这空间中的每个向量 $\boldsymbol{x}$ 各与其映像 $\mathscr{A}\boldsymbol{x}$ 及 $\mathscr{B}\boldsymbol{x}$ 成对应. 既然空间的任何向量都可以相加,则我们可以形成向量 $\mathscr{A}\boldsymbol{x}+\mathscr{B}\boldsymbol{x}$ 并且把它看作是与向量 $\boldsymbol{x}$ 对应. 如此建立了我们空间在自身中的一个新的变换,因为向量 $\mathscr{A}\boldsymbol{x}+\mathscr{B}\boldsymbol{x}$ 是对每个向量 $\boldsymbol{x}$ 都有定义的. 以 $\mathscr{C}\boldsymbol{x}$ 表示这所得映像. 它是线性变换. 要证明这个结论只要验证在此线性变换的两种基本性质(1.1.1) 与(1.1.2) 都存在就行了. 但这些性质几乎立刻就可以明白的:按变换 $\mathscr{C}$ 的定义我们对任何向量 $\boldsymbol{x}$ 与 $\boldsymbol{y}$ 都有这样的关系

$$\mathscr{C}(\boldsymbol{x}+\boldsymbol{y})=\mathscr{A}(\boldsymbol{x}+\boldsymbol{y})+\mathscr{B}(\boldsymbol{x}+\boldsymbol{y})=\mathscr{A}\boldsymbol{x}+\mathscr{A}\boldsymbol{y}+\mathscr{B}\boldsymbol{x}+\mathscr{B}\boldsymbol{y}$$

$$\mathscr{C}(k\boldsymbol{x})=\mathscr{A}(k\boldsymbol{x})+\mathscr{B}(k\boldsymbol{x})=k\mathscr{A}\boldsymbol{x}+k\mathscr{B}\boldsymbol{x}=k(\mathscr{A}\boldsymbol{x}+\mathscr{B}\boldsymbol{x})$$

$$\mathscr{C}(\boldsymbol{x})=\mathscr{A}\boldsymbol{x}+\mathscr{B}\boldsymbol{x},\mathscr{C}\boldsymbol{y}=\mathscr{A}\boldsymbol{y}+\mathscr{B}\boldsymbol{y}$$

由此可以看出下面这两等式成立

$$\mathscr{C}(\boldsymbol{x}+\boldsymbol{y})=\mathscr{C}\boldsymbol{x}+\mathscr{C}\boldsymbol{y},\mathscr{C}(k\boldsymbol{x})=k\mathscr{C}\boldsymbol{x}$$

其内容与等式(1.1.1) 及(1.1.2) 的内容完全一致.

上面那样下定义的变换 $\mathscr{C}$ 叫作变换 $\mathscr{A}$ 和 $\mathscr{B}$ 的和. 要表示变换的和我们采用通常的符号:$\mathscr{C}=\mathscr{A}+\mathscr{B}$.

下一个运算是线性变换的数乘运算:先以变换 $\mathscr{A}$ 变某一向量后再用数 k 乘此新向量,这样得出的变换称为 k 与 $\mathscr{A}$ 的乘积,记之以 $k\mathscr{A}$①,这一定义可以表为如下等式

$$(k\mathscr{A})(\boldsymbol{x})=k\mathscr{A}(\boldsymbol{x})$$

很容易证明:若 $\mathscr{A}$ 为一线性变换,则 $k\mathscr{A}$ 亦为一线性变换.

变换的乘法能以如下方式来下定义:如果 $\mathscr{A}$ 与 $\mathscr{B}$ 是两个给定的变换,则取空间中某一向量 $\boldsymbol{x}$,可以把它先变成向量 $\mathscr{B}\boldsymbol{x}$,在这所得向量 $\mathscr{B}\boldsymbol{x}$ 上应用变换 $\mathscr{A}$. 如此我们得到向量 $\mathscr{A}(\mathscr{B}\boldsymbol{x})$. 这使得对每个向量 $\boldsymbol{x}$ 有同空间中一个向量 $\mathscr{A}(\mathscr{B}\boldsymbol{x})$ 与之相应,所以决定了该空间的一个变换. 这个变换叫作所给映射 $\mathscr{A}$ 和 $\mathscr{B}$ 的乘积. 它以 $\mathscr{A}\mathscr{B}$ 表示,在此要紧的是注意其相乘的次序. 这可以由这样的例子来指明:设变换 $\mathscr{A}$ 是平面的旋转一角 φ(逆时针方向),而变换 $\mathscr{B}$ 是对 Ox 的镜子式的反射(图 3). 读者不难相信,对向量 $\boldsymbol{x}$,若先施以旋转 $\mathscr{A}$,然后施反射 $\mathscr{B}$,则结果变成向量 $\mathscr{B}(\mathscr{A}\boldsymbol{x})$. 反之,若先对向量 $\boldsymbol{x}$ 施反射 $\mathscr{B}$,然后施旋转 $\mathscr{A}$,则我们得到向量

① 我们规定:$k\mathscr{A}=\mathscr{A}k$.

$\mathscr{A}(\mathscr{B}\boldsymbol{x})$，这与 $\mathscr{B}(\mathscr{A}\boldsymbol{x})$ 不同.

变换的乘积往往可以用这样比较简明生动而略欠正确的话来下定义：它是相继实施所给变换的结果.需要强调注意的只是(上面已经明白说过)要先施乘积中的第二个映射.线性变换的乘积亦还是线性变换.

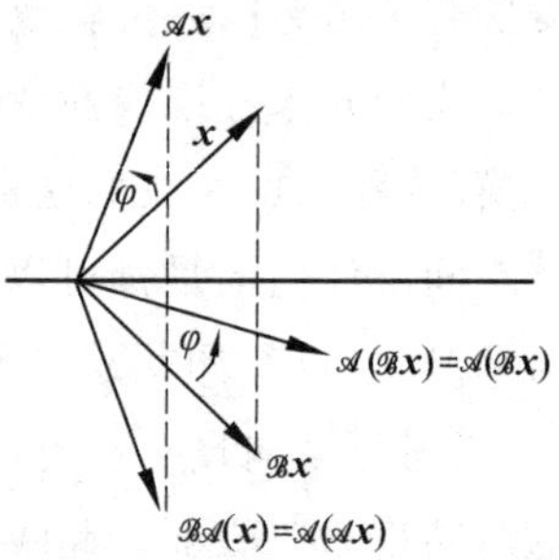

图 3

亦如矩阵的情形一样，变换运算法则与通常代数法则唯一不同之点就是乘法的不可交换性.所有其他的代数基本运算规律完全都保持不变：对任何变换 $\mathscr{A},\mathscr{B},\mathscr{C}$ 有以下诸公式

$$\mathscr{A}+\mathscr{B}=\mathscr{B}+\mathscr{A}\,;(\mathscr{A}+\mathscr{B})+\mathscr{C}=\mathscr{A}+(\mathscr{B}+\mathscr{C})\,;\mathscr{A}+\mathscr{O}=\mathscr{A}$$

$$k(h\mathscr{A})=(kh)\mathscr{A};0\mathscr{A}=\mathscr{O};1\mathscr{A}=\mathscr{A}$$

$$\mathscr{A}(\mathscr{B}+\mathscr{C})=\mathscr{A}\mathscr{B}+\mathscr{A}\mathscr{C};(\mathscr{A}+\mathscr{B})\mathscr{C}=\mathscr{A}\mathscr{C}+\mathscr{B}\mathscr{C}$$

$$k(\mathscr{A}\mathscr{B})=(k\mathscr{A})\mathscr{B}=\mathscr{A}(k\mathscr{B})\,;(\mathscr{A}\mathscr{B})\mathscr{C}=\mathscr{A}(\mathscr{B}\mathscr{C})$$

所有这些等式，都可以用同一方法来证明：取任一向量 $\boldsymbol{x}$，证明等式两边的变换 $\boldsymbol{x}$ 为同一的向量.例如，对乘法结合律的证明，即对任一向量 $\boldsymbol{x}$ 有下面这等式

$$(\mathscr{A}\mathscr{B})\mathscr{C}\boldsymbol{x}=(\mathscr{A}\mathscr{B})(\mathscr{C}\boldsymbol{x})=\mathscr{A}(\mathscr{B}(\mathscr{C}\boldsymbol{x}))$$

(这里我们只利用了变换乘法的定义：首先要得到变换 $(\mathscr{A}\mathscr{B})\mathscr{C}$ 在向量 $\boldsymbol{x}$ 上的运算结果，我们先在它上面施变换 $\mathscr{C}$，然后施运算 $\mathscr{A}\mathscr{B}$；其次，要得出在向量 $\mathscr{C}\boldsymbol{x}$ 上施变换 $\mathscr{A}\mathscr{B}$ 的结果，先在向量 $\mathscr{C}\boldsymbol{x}$ 上施变换 $\mathscr{B}$，然后施变换 $\mathscr{A}$.对向量 $\mathscr{A}(\mathscr{B}\mathscr{C})\boldsymbol{x}$ 用这些同样的想法我们得到这样的式子

$$(\mathscr{A}\mathscr{B})\mathscr{C}\boldsymbol{x}=\mathscr{A}((\mathscr{B}\mathscr{C})\boldsymbol{x})=\mathscr{A}(\mathscr{B}(\mathscr{C}\boldsymbol{x}))$$

这立刻可以看出与前面的结果一样.如此变换 $(\mathscr{A}\mathscr{B})\mathscr{C}$ 与 $\mathscr{A}(\mathscr{B}\mathscr{C})$ 在向量 $\boldsymbol{x}$ 上的施行结果相同，即这两变换相等.

这些关系亦可以用下一节要讲的方法由矩阵的相应关系推导出来.

应用变换乘法的可结合性，显然可以推出以下结果：任意有限个变换写出某一次序的乘积与其所加括号无关.例如

$$(\mathscr{A}\mathscr{B})(\mathscr{C}\mathscr{D})=((\mathscr{A}\mathscr{B})\mathscr{C})\mathscr{D}=(\mathscr{A}(\mathscr{B}\mathscr{C}))\mathscr{D}$$
$$=\mathscr{A}((\mathscr{B}\mathscr{C})\mathscr{D})=\mathscr{A}(\mathscr{B}(\mathscr{C}\mathscr{D}))$$

因此对于变换乘积可以不必另加括号，直接称为两个、三个或更多个变换的乘积. n 个变换的 $\mathscr{A}$ 的乘积称为变换 $\mathscr{A}$ 的 n 次幂，写成 $\mathscr{A}^n$.幂的运算适合通常的法则

$$\mathscr{A}^m\mathscr{A}^n=\mathscr{A}^{m+n},(\mathscr{A}^m)^n=\mathscr{A}^{mn}\qquad(1.3.1)$$

它们的证明是非常明显的.

若变换 $\mathscr{A},\mathscr{B}$ 的乘积与因子的前后次序无关,则称 $\mathscr{A},\mathscr{B}$ 是可交换的. 由公式(1.3.1),知同一变换的幂是可交换的.

若变换 $\mathscr{A},\mathscr{B}$ 可交换,则

$$(\mathscr{A}\mathscr{B})^2=\mathscr{A}\mathscr{B}\mathscr{A}\mathscr{B}=\mathscr{A}\mathscr{A}\mathscr{B}\mathscr{B}=\mathscr{A}^2\mathscr{B}^2$$

一般的情形是

$$(\mathscr{A}\mathscr{B})^n=\mathscr{A}^n\mathscr{B}^n$$

当然,若 $\mathscr{A},\mathscr{B}$ 不可交换,这公式是不能成立的.

设 L 是定义在数域 K 上的线性空间,现在考虑 L 上的所有线性变换组成的集合,并把它记作 $\mathrm{Hom}(L,L)$. 那么如上所述,对 $\mathrm{Hom}(L,L)$ 的元素可以进行加法和数乘运算,并且加法满足交换律和结合律. 再,使空间 L 的每一个向量都对应于零向量的对应显然是一个线性变换,称为零变换,用 $\mathscr{O}$ 表示. 这变换具有零元的性质:任一 $\mathscr{A}\in\mathrm{Hom}(L,L)$,均有

$$\mathscr{A}+\mathscr{O}=\mathscr{O}+\mathscr{A}=\mathscr{A}$$

现在,任一 $\mathscr{A}\in\mathrm{Hom}(L,L)$,定义它的负元素如下

$$(-\mathscr{A})\boldsymbol{x}=-(\mathscr{A}\boldsymbol{x}),\boldsymbol{x}\in L$$

容易验证,$-\mathscr{A}$ 也是 L 的线性变换,并且

$$\mathscr{A}+(-\mathscr{A})=(-\mathscr{A})+\mathscr{A}=\mathscr{O}$$

最后,$\mathrm{Hom}(L,L)$ 的元素的数乘运算满足线性空间定义中的相关运算法则. 例如:对于任意,$\boldsymbol{x}\in L$,有

$$\begin{aligned}k(\mathscr{A}+\mathscr{B})\boldsymbol{x}&=k[(\mathscr{A}+\mathscr{B})\boldsymbol{x}]\\&=k(\mathscr{A}\boldsymbol{x}+\mathscr{B}\boldsymbol{x})\\&=k(\mathscr{A}\boldsymbol{x})+k(\mathscr{B}\boldsymbol{x})\\&=(k\mathscr{A})\boldsymbol{x}+(k\mathscr{B})\boldsymbol{x}\\&=(k\mathscr{A}+k\mathscr{B})\boldsymbol{x}\end{aligned}$$

因此

$$k(\mathscr{A}+\mathscr{B})=k\mathscr{A}+k\mathscr{B}$$

综上所述,$\mathrm{Hom}(L,L)$ 成为域 K 上的线性空间.

1.4 单位变换·变换的逆·变换的多项式

在空间 L 的所有变换中,有一个特殊的线性变换,将每一元素 $\boldsymbol{x}$ 变为 $\boldsymbol{x}$ 自身. 这一变换称为单位变换,用 $\mathscr{E}$ 表示. 这样,对于任一 $\boldsymbol{x}$,均有

$$\mathscr{E}\boldsymbol{x}=\boldsymbol{x}$$

设 $\mathscr{A}$ 为 L 的任一变换.因为

$$(\mathscr{E}\mathscr{A})\boldsymbol{x}=\mathscr{E}(\mathscr{A}\boldsymbol{x})=\mathscr{A}\boldsymbol{x},(\mathscr{A}\mathscr{E})\boldsymbol{x}=\mathscr{A}(\mathscr{E}\boldsymbol{x})=\mathscr{A}\boldsymbol{x}$$

所以

$$\mathscr{E}\mathscr{A}=\mathscr{A}\mathscr{E}=\mathscr{A}$$

如果对于变换 $\mathscr{A}$,可以求得这样的变换 $\mathscr{B}$ 使

$$\mathscr{B}\mathscr{A}=\mathscr{A}\mathscr{B}=\mathscr{E} \tag{1.4.1}$$

那么 $\mathscr{B}$ 称为 $\mathscr{A}$ 的逆变换.同时称 $\mathscr{A}$ 为可逆变换.易知任一可逆变换仅有一个逆变换.若设 $\mathscr{A}$ 有两个逆变换 $\mathscr{B},\mathscr{C}$,则用 $\mathscr{B}$ 来左乘等式

$$\mathscr{A}\mathscr{B}=\mathscr{E}$$

由等式(1.4.1)与变换乘法的可结合性得

$$\mathscr{E}\mathscr{C}=\mathscr{B}\mathscr{C}$$

即

$$\mathscr{B}=\mathscr{C}$$

用 $\mathscr{A}^{-1}$ 来表示 $\mathscr{A}$ 的逆变换.现在我们证明:如果 $\mathscr{A}$ 为一线性变换,那么 $\mathscr{A}^{-1}$ 亦为一线性变换.今设

$$\mathscr{A}^{-1}\boldsymbol{u}=\boldsymbol{x},\mathscr{A}^{-1}\boldsymbol{v}=\boldsymbol{y}$$

其中 $\boldsymbol{u},\boldsymbol{v}$ 为 L 中任二向量,因 $\mathscr{A}$ 为线性变换,即

$$\mathscr{A}(k\boldsymbol{u}+h\boldsymbol{v})=k\mathscr{A}\boldsymbol{u}+h\mathscr{A}\boldsymbol{v}=k\boldsymbol{u}+h\boldsymbol{v}$$

故

$$\mathscr{A}^{-1}(k\boldsymbol{u}+h\boldsymbol{v})=k\boldsymbol{x}+h\boldsymbol{y}=k\mathscr{A}^{-1}\boldsymbol{u}+h\mathscr{A}^{-1}\boldsymbol{v}$$

这就证明了我们所要的结果.

另外,因式(1.4.1)对于 $\mathscr{A},\mathscr{B}$ 是对称的,故若 $\mathscr{B}$ 为 $\mathscr{A}$ 的逆变换,则 $\mathscr{A}$ 亦为 $\mathscr{B}$ 的逆变换,即

$$(\mathscr{A}^{-1})^{-1}=\mathscr{A} \tag{1.4.2}$$

我们规定

$$\mathscr{A}^{0}=\mathscr{E};\mathscr{A}^{-n}=(\mathscr{A}^{-1})^{n}\quad(n=1,2,3,\cdots)$$

由式(1.4.1)与(1.4.2)易知上目的公式(1.4.1)不仅对于正整数成立,对于所有整数均能成立.特别地,有

$$(\mathscr{A}^{n})^{-1}=(\mathscr{A}^{-1})^{n}=\mathscr{A}^{-n}$$

又由

$$\mathscr{A}\mathscr{B}\mathscr{B}^{-1}\mathscr{A}^{-1}=\mathscr{E}$$

可得

$$(\mathscr{A}\mathscr{B})^{-1}=\mathscr{B}^{-1}\mathscr{A}^{-1}$$

也就是说，乘积的 -1 次幂等于其因子的 -1 次幂倒转其次序后的乘积.

要知道，并不是所有的线性变换都有逆变换，下面的定理可以判定变换的可逆与否.

定理 1.4.1 空间 L 的线性变换 $\mathscr{A}$ 是一个可逆变换的充分必要条件是，$\mathscr{A}$ 是一个一一对应的变换，也就是说对于 L 中每一元素 $\boldsymbol{y}$，均有 L 中的元素 $\boldsymbol{x}$ 存在，使得 $\mathscr{A}\boldsymbol{x}=\boldsymbol{y}$；并且对于 L 中不同的元素经过变换 $\mathscr{A}$ 后得出的元素亦不相同.

证明 首先证明这条件是必要的. 设 $\mathscr{A}$ 有一逆变换 $\mathscr{B}$，则

$$\mathscr{A}\mathscr{B}=\mathscr{B}\mathscr{A}=\mathscr{E}$$

取 L 中任一元素 $\boldsymbol{a}$ 且 $\mathscr{B}\boldsymbol{a}=\boldsymbol{b}$. 以 $\mathscr{A}$ 右乘这等式并且 $\mathscr{B}\mathscr{A}$ 以代替 $\mathscr{E}$，则得 $\boldsymbol{a}=\mathscr{A}\boldsymbol{b}$，是即 L 中每一元素 $\boldsymbol{a}$ 为 L 中某一元素 $\boldsymbol{b}$ 之像. 若二元素 $\boldsymbol{a}_1,\boldsymbol{a}_2$ 经变换后变为同一元素

$$\mathscr{A}\boldsymbol{a}_1=\mathscr{A}\boldsymbol{a}_2$$

以 $\mathscr{B}$ 乘此等式可得 $\boldsymbol{a}_1=\boldsymbol{a}_2$. 因此 L 中每一元素在 L 中有一个且仅有一个逆像.

接着来证明这条件是充分的. 按照条件，对于 L 中任一元素 $\boldsymbol{a}$ 均可得出一个且仅有一个元素 $\boldsymbol{b}$ 使

$$\mathscr{A}\boldsymbol{b}=\boldsymbol{a} \tag{1.4.3}$$

令此变 $\boldsymbol{a}$ 为 $\boldsymbol{b}$ 的变换为 $\mathscr{B}$，即

$$\mathscr{B}\boldsymbol{a}=\boldsymbol{b} \tag{1.4.4}$$

以 $\mathscr{A}$ 乘式(1.4.4)并注意到式(1.4.3)，可得

$$(\mathscr{A}\mathscr{B})\boldsymbol{a}=\mathscr{A}\boldsymbol{b}=\boldsymbol{a}$$

因为 $\boldsymbol{a}$ 的任意性，知

$$\mathscr{A}\mathscr{B}=\mathscr{E}$$

同理，以 $\mathscr{B}$ 乘式(1.4.3)并应用式(1.4.4)，可得

$$\mathscr{B}\mathscr{A}=\mathscr{E}$$

因此 $\mathscr{B}$ 即为所求的逆变换.

最后，引入变换的多项式的概念. 设

$$f(\lambda)=a_0+a_1\lambda+a_2\lambda^2+\cdots+a_m\lambda^m$$

为变量 λ 的多项式，表达式

$$f(\mathscr{A})=a_0\mathscr{E}+a_1\mathscr{A}+a_2\mathscr{A}^2+\cdots+a_m\mathscr{A}^m$$

其中 $\mathscr{E}$ 为单位变换，$\mathscr{A}$ 为任一线性变换，称为多项式 $f(\lambda)$ 当 $\lambda=\mathscr{A}$ 时之值或简称为 $\mathscr{A}$ 的多项式.

所有一元多项式的运算规则对于线性变换多项式亦同样成立，故在任一 λ 的多项式的恒等式，代 λ 以线性变换后，仍然成立，例如与恒等式

$$\lambda^2-1=(\lambda-1)(\lambda+1),(\lambda+1)^2+(\lambda-1)^2-2\lambda^2=2$$

代入$\lambda=\mathscr{A}$,得

$$\mathscr{A}^2-\mathscr{E}=(\mathscr{A}-\mathscr{E})(\mathscr{A}+\mathscr{E}),(\mathscr{A}+\mathscr{E})^2+(\mathscr{A}-\mathscr{E})^2-2\mathscr{A}^2=2\mathscr{E}$$

特别地,从恒等式

$$f(\lambda)g(\lambda)=g(\lambda)f(\lambda)$$

得出

$$f(\mathscr{A})g(\mathscr{A})=g(\mathscr{A})f(\mathscr{A})$$

这就是说,所有同一线性变换所构成的多项式是相互可交换的.

这一情形对于多元多项式不一定适合,我们知道多元多项式的乘法是可交换的,例如$\lambda\mu\lambda=\lambda^2\mu,\lambda\mu^2\lambda\mu=\lambda^2\mu^3$等等,代$\lambda,\mu$以$\mathscr{A},\mathscr{B}$后,得出

$$\mathscr{A}\mathscr{B}\mathscr{A}=\mathscr{A}^2\mathscr{B},\mathscr{A}\mathscr{B}^2\mathscr{A}\mathscr{B}=\mathscr{A}^2\mathscr{B}^2$$

但是这些等式对于某些线性变换是不能成立的.显然,如所讨论的线性变换都是相互可交换的,上面所说的困难可以消除,因此,在任一多元多项式的恒等式中,代其变换以两两可交换的任何线性变换时,其结果为一线性变换的一个真实的关系式.

在本书中,主要讨论的线性空间都是有限维空间,但这并不包括那些对于无限维空间仍然成立的一部分定义与定理.例如在本段所述的关于线性变换的定义、运算及其性质.

1.5 线性变换的矩阵表出法

虽然在上一目已对线性变换的运算下了定义,而在具体场合施行起来还是不像寻常数的算术运算那样容易.要得到直接施行这些运算的方法,必须把它们化为数的运算,而首先须要线性变换本身有分析的写法.

得到这种写法的关键如下:一个线性变换,如果知道了它把空间基底变成了什么向量,它就被决定了.事实上,倘若知道了空间L的基底向量$\boldsymbol{e}_1,\boldsymbol{e}_2,\cdots,\boldsymbol{e}_n$的映像$\mathscr{A}\boldsymbol{e}_1,\mathscr{A}\boldsymbol{e}_2,\cdots,\mathscr{A}\boldsymbol{e}_n$,则这空间的任何向量$\boldsymbol{x}=\boldsymbol{e}_1x_1+\boldsymbol{e}_2x_2+\cdots+\boldsymbol{e}_nx_n$的映像就完全决定了:由于线性变换的基本性质我们应该有

$$\mathscr{A}x=\mathscr{A}(\boldsymbol{e}_1x_1+\boldsymbol{e}_2x_2+\cdots+\boldsymbol{e}_nx_n)=\mathscr{A}\boldsymbol{e}_1\cdot x_1+\mathscr{A}\boldsymbol{e}_2\cdot x_2+\cdots+\mathscr{A}\boldsymbol{e}_n\cdot x_n$$

这些关系.

既然基底向量$\boldsymbol{e}_1,\boldsymbol{e}_2,\cdots,\boldsymbol{e}_n$的映像$\mathscr{A}\boldsymbol{e}_1,\mathscr{A}\boldsymbol{e}_2,\cdots,\mathscr{A}\boldsymbol{e}_n$也是这空间的向量,所以它们用同此基底向量的线性组合表示出来

$$\begin{cases}\mathscr{A}\boldsymbol{e}_1=\boldsymbol{e}_1a_{11}+\boldsymbol{e}_2a_{12}+\cdots+\boldsymbol{e}_na_{1n}\\ \mathscr{A}\boldsymbol{e}_2=\boldsymbol{e}_1a_{12}+\boldsymbol{e}_2a_{22}+\cdots+\boldsymbol{e}_na_{2n}\\ \quad\vdots\\ \mathscr{A}\boldsymbol{e}_n=\boldsymbol{e}_1a_{1n}+\boldsymbol{e}_2a_{2n}+\cdots+\boldsymbol{e}_na_{nn}\end{cases}\tag{1.5.1}$$

在此对任何向量 $\boldsymbol{x}$ 我们将有

$$\mathscr{A}\boldsymbol{x}=\mathscr{A}\boldsymbol{e}_1\cdot x_1+\mathscr{A}\boldsymbol{e}_2\cdot x_2+\cdots+\mathscr{A}\boldsymbol{e}_n\cdot x_n=\sum_{i,k=1}^{n}\boldsymbol{e}_ia_{ik}x_k\tag{1.5.2}$$

如此,变换 $\mathscr{A}$ 如果知道了公式(1.5.1) 的系数 a_{ik} 所组成的矩阵

$$\begin{pmatrix}a_{11}&a_{12}&\cdots&a_{1n}\\ a_{21}&a_{22}&\cdots&a_{2n}\\ \vdots&\vdots&&\vdots\\ a_{n1}&a_{n2}&\cdots&a_{nn}\end{pmatrix}\tag{1.5.3}$$

就完全决定了.它叫作线性变换 $\mathscr{A}$ 对基底 $\boldsymbol{e}_1,\boldsymbol{e}_2,\cdots,\boldsymbol{e}_n$ 的矩阵.

第 2 章中所引入的矩阵运算可以使我们的写法更为简化并且连用起来更为简便.因此我们相约把线性变换在任一列向量上的施行结果理解为所给诸向量的映像所组成的列,即以公式表示起来我们约定

$$\mathscr{A}(\boldsymbol{e}_1,\boldsymbol{e}_2,\cdots,\boldsymbol{e}_n)=(\mathscr{A}\boldsymbol{e}_1,\mathscr{A}\boldsymbol{e}_2,\cdots,\mathscr{A}\boldsymbol{e}_n)$$

于是公式(1.5.1) 可写成这样

$$\mathscr{A}(\boldsymbol{e}_1,\boldsymbol{e}_2,\cdots,\boldsymbol{e}_n)=(\boldsymbol{e}_1,\boldsymbol{e}_2,\cdots,\boldsymbol{e}_n)\begin{pmatrix}a_{11}&a_{12}&\cdots&a_{1n}\\ a_{21}&a_{22}&\cdots&a_{2n}\\ \vdots&\vdots&&\vdots\\ a_{n1}&a_{n2}&\cdots&a_{nn}\end{pmatrix}\tag{1.5.1$'$}$$

而如果还要化简,那么以 $\boldsymbol{A}$ 表矩阵(1.5.3),如此我们得到更简单的写法

$$\mathscr{A}(\boldsymbol{e}_1,\boldsymbol{e}_2,\cdots,\boldsymbol{e}_n)=(\boldsymbol{e}_1,\boldsymbol{e}_2,\cdots,\boldsymbol{e}_n)\boldsymbol{A}\tag{1.5.1$''$}$$

所引入的这种写法,当我们应用到公式(1.5.2) 上去的时候,则其优点可以表现得更为明显.它现在可以改写成如下形状

$$\mathscr{A}\boldsymbol{x}=\mathscr{A}(\boldsymbol{e}_1,\boldsymbol{e}_2,\cdots,\boldsymbol{e}_n)\begin{pmatrix}x_1\\ x_2\\ \vdots\\ x_n\end{pmatrix}=(\boldsymbol{e}_1,\boldsymbol{e}_2,\cdots,\boldsymbol{e}_n)\boldsymbol{A}\begin{pmatrix}x_1\\ x_2\\ \vdots\\ x_n\end{pmatrix}$$

如果以 $\boldsymbol{X}$ 表示由向量 $\boldsymbol{x}$ 的坐标所组成的列,则可写成

$$\mathscr{A}\boldsymbol{x}=\mathscr{A}((\boldsymbol{e}_1,\boldsymbol{e}_2,\cdots,\boldsymbol{e}_n)\boldsymbol{X})=(\boldsymbol{e}_1,\boldsymbol{e}_2,\cdots,\boldsymbol{e}_n)\boldsymbol{A}\boldsymbol{X}\tag{1.5.4}$$

这关系当 $\boldsymbol{X}$ 表示任何矩阵时仍保持正确：在这场合如果以 $\boldsymbol{X}_1,\boldsymbol{X}_2,\cdots,\boldsymbol{X}_n$ 表示这矩阵的各列，则 $(\boldsymbol{e}_1,\boldsymbol{e}_2,\cdots,\boldsymbol{e}_n)$ 这个行乘以 $\boldsymbol{X}$ 就表示由

$$(\boldsymbol{e}_1,\boldsymbol{e}_2,\cdots,\boldsymbol{e}_n)\boldsymbol{X}_1,(\boldsymbol{e}_1,\boldsymbol{e}_2,\cdots,\boldsymbol{e}_n)\boldsymbol{X}_2,\cdots,(\boldsymbol{e}_1,\boldsymbol{e}_2,\cdots,\boldsymbol{e}_n)\boldsymbol{X}_n$$

诸乘积所成的行.线性变换 $\mathscr{A}$ 施行于这样的行上无非就是施行于这行中的每一个向量上，这就把它变成

$$(\boldsymbol{e}_1,\boldsymbol{e}_2,\cdots,\boldsymbol{e}_n)\boldsymbol{A}\boldsymbol{X}_1,(\boldsymbol{e}_1,\boldsymbol{e}_2,\cdots,\boldsymbol{e}_n)\boldsymbol{A}\boldsymbol{X}_2,\cdots,(\boldsymbol{e}_1,\boldsymbol{e}_2,\cdots,\boldsymbol{e}_n)\boldsymbol{A}\boldsymbol{X}_n$$

这一组向量，它又可以写成

$$(\boldsymbol{e}_1,\boldsymbol{e}_2,\cdots,\boldsymbol{e}_n)\boldsymbol{A}\boldsymbol{X}$$

的形状.

我们现在要注意，公式(1.5.1″)中的矩阵 $\boldsymbol{A}$ 是由线性变换所唯一决定的，因为它的各列就是基底向量的表示其映像的线性组合中的系数；以基底表示任何向量的表出式中的系数都是唯一地确定的.

这话使我们能很自动地得到两个线性变换的和与乘积的矩阵的表出式.事实上，按变换的和与乘积的定义并且利用第 2 章中所引入的矩阵的运算，我们得到公式

$$\begin{aligned}(\mathscr{A}+\mathscr{B})(\boldsymbol{e}_1,\boldsymbol{e}_2,\cdots,\boldsymbol{e}_n)&=\mathscr{A}(\boldsymbol{e}_1,\boldsymbol{e}_2,\cdots,\boldsymbol{e}_n)+\mathscr{B}(\boldsymbol{e}_1,\boldsymbol{e}_2,\cdots,\boldsymbol{e}_n)\\&=(\boldsymbol{e}_1,\boldsymbol{e}_2,\cdots,\boldsymbol{e}_n)\boldsymbol{A}+(\boldsymbol{e}_1,\boldsymbol{e}_2,\cdots,\boldsymbol{e}_n)\boldsymbol{B}\\&=(\boldsymbol{e}_1,\boldsymbol{e}_2,\cdots,\boldsymbol{e}_n)(\boldsymbol{A}+\boldsymbol{B})\end{aligned}\tag{1.5.5}$$

及

$$\begin{aligned}(\mathscr{A}\mathscr{B})(\boldsymbol{e}_1,\boldsymbol{e}_2,\cdots,\boldsymbol{e}_n)&=\mathscr{A}\mathscr{B}((\boldsymbol{e}_1,\boldsymbol{e}_2,\cdots,\boldsymbol{e}_n))=\mathscr{A}((\boldsymbol{e}_1,\boldsymbol{e}_2,\cdots,\boldsymbol{e}_n)\boldsymbol{B})\\&=(\boldsymbol{e}_1,\boldsymbol{e}_2,\cdots,\boldsymbol{e}_n)(\boldsymbol{A}\boldsymbol{B})\end{aligned}\tag{1.5.6}$$

但变换 $\mathscr{A}+\mathscr{B}$ 的矩阵是这样的矩阵，它们满足

$$(\mathscr{A}+\mathscr{B})(\boldsymbol{e}_1,\boldsymbol{e}_2,\cdots,\boldsymbol{e}_n)=(\boldsymbol{e}_1,\boldsymbol{e}_2,\cdots,\boldsymbol{e}_n)(\boldsymbol{A}+\boldsymbol{B})$$
$$(\mathscr{A}\mathscr{B})(\boldsymbol{e}_1,\boldsymbol{e}_2,\cdots,\boldsymbol{e}_n)=(\boldsymbol{e}_1,\boldsymbol{e}_2,\cdots,\boldsymbol{e}_n)(\boldsymbol{A}\boldsymbol{B})$$

这些关系.

把这些关系与公式(1.5.5)与(1.5.6)作比较，我们得到一基本法则：线性变换之和与乘积的矩阵就各等于所给映射的矩阵之和与乘积.

如 $\boldsymbol{A}$ 为线性变换 $\mathscr{A}$ 的矩阵，$\boldsymbol{X}$ 为变换 $\mathscr{A}^{-1}$ 的矩阵，则由等式

$$\mathscr{A}\mathscr{A}^{-1}=\mathscr{A}^{-1}\mathscr{A}=\mathscr{E}$$

可得

$$\boldsymbol{A}\boldsymbol{X}=\boldsymbol{X}\boldsymbol{A}=\boldsymbol{E}\tag{1.5.7}$$

因此，逆线性变换的矩阵为此变换的矩阵之逆；特别地，线性变换可逆的充分必要条件是其矩阵是可逆的.

由前面的结果，可以直接得出下面的性质：若线性变换 $\mathscr{A}$ 的矩阵为 $\mathbf{A}$，则变换 $\mathscr{A}^n$ 的矩阵为 $\mathbf{A}^n$，这里 n 是任何整数.

在数乘的时候，若变换 $\mathscr{A}$ 的矩阵为 $\mathbf{A}$，$k\mathscr{A}$ 的矩阵为 $\boldsymbol{B}$，$\boldsymbol{X}=\begin{pmatrix}x_1\\x_2\\\vdots\\x_n\end{pmatrix}$ 是 $\boldsymbol{x}$ 在某个基下的坐标. 由线性变换的基本性质

$$k\mathscr{A}\boldsymbol{x}=\boldsymbol{XB},k\mathscr{A}\boldsymbol{x}=k(\mathscr{A}\boldsymbol{x})=k\boldsymbol{XB}=\boldsymbol{X}(k\boldsymbol{A})$$

因此 $\boldsymbol{XB}=\boldsymbol{X}(k\boldsymbol{A})$，是即

$$\boldsymbol{B}=k\boldsymbol{A}$$

故以数乘线性变换所得的变换的矩阵，等于此同一数乘变换的矩阵.

单位变换的倍数亦即形为 $k\mathscr{E}$ 的称为数量变换，我们的结果可以证明：与基的选择无关，数量变换 $k\mathscr{E}$ 的方阵为一数量矩阵 $k\boldsymbol{E}$.

最后，对于 $\mathscr{A}$ 的多项式

$$f(\mathscr{A})=a_0\mathscr{E}+a_1\mathscr{A}+a_2\mathscr{A}^2+\cdots+a_m\mathscr{A}^m$$

如在某一基下，变换 $\mathscr{A}$ 的矩阵为 $\mathbf{A}$，则在同一基之下，变换 $f(\mathscr{A})$ 的矩阵为

$$f(\mathbf{A})=a_0\boldsymbol{E}+a_1\mathbf{A}+a_2\mathbf{A}^2+\cdots+a_m\mathbf{A}^m$$

显然，$f(\mathscr{A})$ 由 $\mathscr{A}$ 经过乘法、数乘与加法所得出，则对于同一基底，构成矩阵 $\mathbf{A}$ 的同一表达式即为变换 $f(\mathscr{A})$ 的矩阵.

综上所述，线性变换的运算就化为相应矩阵的运算，亦即化为数的有关运算.

现在举一个例来说明. 我们来考虑平面上某线性变换的表出式，在此选取两个互相垂直而长度是 1 的向量 $\boldsymbol{e}_1,\boldsymbol{e}_2$ 作基底.

我们先来考虑平面的旋转一个角 φ(逆时针方向). 如果以 $\mathscr{A}$ 来表示这个旋转，那么容易看出，向量 $\boldsymbol{e}_1$ 与 $\boldsymbol{e}_2$ 的映像 $\mathscr{A}\boldsymbol{e}_1$ 与 $\mathscr{A}\boldsymbol{e}_2$ 是向量 $\boldsymbol{e}_1',\boldsymbol{e}_2'$(参阅图 4(a)). 注意这些向量以基底 $\boldsymbol{e}_1,\boldsymbol{e}_2$ 表出的式子，则我们可得到

$$\mathscr{A}(\boldsymbol{e}_1,\boldsymbol{e}_2)=(\boldsymbol{e}_1,\boldsymbol{e}_2)\begin{pmatrix}\cos\varphi & -\sin\varphi\\ \sin\varphi & \cos\varphi\end{pmatrix}$$

这关系，它指明变换 $\mathscr{A}$ 的矩阵是

$$\mathbf{A}=\begin{pmatrix}\cos\varphi & -\sin\varphi\\ \sin\varphi & \cos\varphi\end{pmatrix}$$

其他的线性变换将相应于其他的矩阵. 例如，对向量 $\boldsymbol{e}_1$ 所在的直线的反射 $\mathscr{B}$ 将相应于矩阵

$$\boldsymbol{B}=\begin{pmatrix}1 & 0\\ 0 & -1\end{pmatrix}$$

因为

$$\mathscr{B}(\boldsymbol{e}_1,\boldsymbol{e}_2)=(\boldsymbol{e}_1,-\boldsymbol{e}_2)=(\boldsymbol{e}_1,\boldsymbol{e}_2)\begin{pmatrix}1 & 0\\ 0 & -1\end{pmatrix}$$

这种想法使我们能再一次证明变换 $\mathscr{A}$ 与 $\mathscr{B}$ 的乘积 $\mathscr{A}\mathscr{B}$ 与 $\mathscr{B}\mathscr{A}$ 是不相同的；与这些乘积相应的是矩阵

$$\begin{pmatrix}\cos\varphi & -\sin\varphi\\ \sin\varphi & \cos\varphi\end{pmatrix}\begin{pmatrix}1 & 0\\ 0 & -1\end{pmatrix}=\begin{pmatrix}\cos\varphi & \sin\varphi\\ \sin\varphi & -\cos\varphi\end{pmatrix}$$

与

$$\begin{pmatrix}1 & 0\\ 0 & -1\end{pmatrix}\begin{pmatrix}\cos\varphi & -\sin\varphi\\ \sin\varphi & \cos\varphi\end{pmatrix}=\begin{pmatrix}\cos\varphi & -\sin\varphi\\ -\sin\varphi & -\cos\varphi\end{pmatrix}$$

如此变换 $\mathscr{A}\mathscr{B}$ 与 $\mathscr{B}\mathscr{A}$ 不能合一.

我们再来考虑一个例子：我们取平面上对包含向量 $\boldsymbol{e}_1$ 的直线的反射 $\mathscr{B}$(参阅图 4(a)) 而取这图上所表现的向量 $\boldsymbol{e}'_1,\boldsymbol{e}'_2$ 作为平面的基底. 这些向量由变换 $\mathscr{B}$ 变为向量 $\mathscr{B}\boldsymbol{e}'_1,\mathscr{B}\boldsymbol{e}'_2$，以虚线表现在图 4(a) 上. 它们取向量 $\boldsymbol{e}'_1$ 与 $\boldsymbol{e}'_2$ 表出的式子是

$$\mathscr{B}\boldsymbol{e}'_1=\boldsymbol{e}'_1\cos 2\varphi-\boldsymbol{e}'_2\sin 2\varphi,\mathscr{B}\boldsymbol{e}'_2=-\boldsymbol{e}'_1\sin 2\varphi-\boldsymbol{e}'_2\cos 2\varphi$$

由此可以看出，变换 $\mathscr{B}$ 在我们这新基底上的矩阵是

$$\boldsymbol{B}'=\begin{pmatrix}\cos\varphi & -\sin\varphi\\ -\sin\varphi & -\cos\varphi\end{pmatrix}$$

它与同变换对基底 $\boldsymbol{e}_1,\boldsymbol{e}_2$ 所得的矩阵不同. 如此，同一个线性变换能以不同的矩

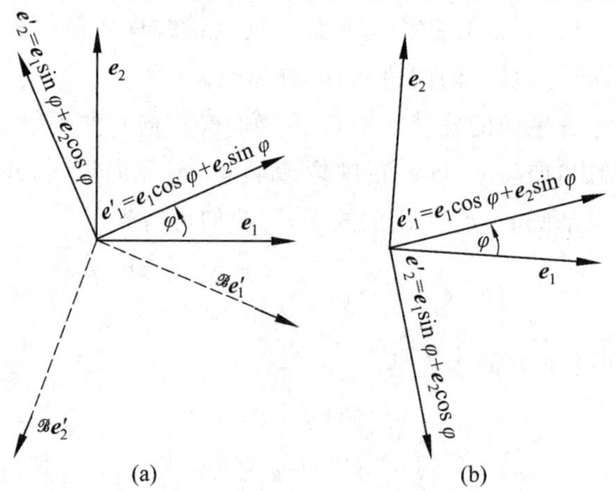

图 4

阵表出,随所选取的空间基底而定.

1.6 线性变换在不同基下的矩阵之间的关系·相似矩阵

但是在各基底中表出线性变换$\mathscr{A}$的各矩阵之间存在着简单的关系,它的导出并不困难.设$\boldsymbol{e}_1,\boldsymbol{e}_2,\cdots,\boldsymbol{e}_n$与$\boldsymbol{e}_1',\boldsymbol{e}_2',\cdots,\boldsymbol{e}_n'$是空间$L$上的两组不同的基底,并且$\mathscr{A}$是这空间的一个线性变换.于是对所给各基底表出这线性变换的矩阵可由

$$\mathscr{A}(\boldsymbol{e}_1,\boldsymbol{e}_2,\cdots,\boldsymbol{e}_n)=(\boldsymbol{e}_1,\boldsymbol{e}_2,\cdots,\boldsymbol{e}_n)\boldsymbol{A}_e$$
$$\mathscr{A}(\boldsymbol{e}_1',\boldsymbol{e}_2',\cdots,\boldsymbol{e}_n')=(\boldsymbol{e}_1',\boldsymbol{e}_2',\cdots,\boldsymbol{e}_n')\boldsymbol{A}_{e'} \tag{1.6.1}$$

诸关系来决定.现在我们回忆,从基底$\boldsymbol{e}_1,\boldsymbol{e}_2,\cdots,\boldsymbol{e}_n$到基底$\boldsymbol{e}_1',\boldsymbol{e}_2',\cdots,\boldsymbol{e}_n'$的转移是由过渡矩阵$\boldsymbol{P}$所决定的

$$(\boldsymbol{e}_1',\boldsymbol{e}_2',\cdots,\boldsymbol{e}_n')=(\boldsymbol{e}_1,\boldsymbol{e}_2,\cdots,\boldsymbol{e}_n)\boldsymbol{P}$$

或

$$(\boldsymbol{e}_1,\boldsymbol{e}_2,\cdots,\boldsymbol{e}_n)=(\boldsymbol{e}_1',\boldsymbol{e}_2',\cdots,\boldsymbol{e}_n')\boldsymbol{P}^{-1} \tag{1.6.2}$$

把变换$\mathscr{A}$应用到这些公式的第一个上去,我们就得到

$$\mathscr{A}(\boldsymbol{e}_1',\boldsymbol{e}_2',\cdots,\boldsymbol{e}_n')=\mathscr{A}((\boldsymbol{e}_1,\boldsymbol{e}_2,\cdots,\boldsymbol{e}_n)\boldsymbol{P})=(\boldsymbol{e}_1,\boldsymbol{e}_2,\cdots,\boldsymbol{e}_n)\boldsymbol{A}_e\boldsymbol{P}$$

(这等式是根据上一目公式(1.5.4)写出的,其中矩阵$\boldsymbol{P}$就占矩阵$\boldsymbol{X}$的地位).现在以公式(1.6.2)第二式所给的$(\boldsymbol{e}_1,\boldsymbol{e}_2,\cdots,\boldsymbol{e}_n)$的表出式代进去,如此我们得到

$$\mathscr{A}(\boldsymbol{e}_1',\boldsymbol{e}_2',\cdots,\boldsymbol{e}_n')=(\boldsymbol{e}_1',\boldsymbol{e}_2',\cdots,\boldsymbol{e}_n')\boldsymbol{P}^{-1}\boldsymbol{A}_e\boldsymbol{P}$$

这关系.与公式(1.6.1)的第二式作比较,得等式

$$\boldsymbol{A}_{e'}=\boldsymbol{P}^{-1}\boldsymbol{A}_e\boldsymbol{P} \tag{1.6.3}$$

这就建立了矩阵$\boldsymbol{A}_{e'}$与$\boldsymbol{A}_e$间的关系:

定理 1.6.1 如果域K上的n维线性空间L的一个线性变换$\mathscr{A}$分别在L的基$\boldsymbol{e}_1,\boldsymbol{e}_2,\cdots,\boldsymbol{e}_n$和基$\boldsymbol{e}_1',\boldsymbol{e}_2',\cdots,\boldsymbol{e}_n'$下的矩阵为$\boldsymbol{A},\boldsymbol{B}$,那么

$$\boldsymbol{B}=\boldsymbol{P}^{-1}\boldsymbol{A}\boldsymbol{P}$$

这里$\boldsymbol{P}$表示基$\boldsymbol{e}_1,\boldsymbol{e}_2,\cdots,\boldsymbol{e}_n$到基$\boldsymbol{e}_1',\boldsymbol{e}_2',\cdots,\boldsymbol{e}_n'$的过渡矩阵.

从式(1.6.3)很自然地引出下面的概念:

定义 1.6.1 设$\boldsymbol{A},\boldsymbol{B}$都是$n$阶矩阵,如果存在$n$阶可逆矩阵$\boldsymbol{P}$,使得$\boldsymbol{B}=\boldsymbol{P}^{-1}\boldsymbol{A}\boldsymbol{P}$,那么称$\boldsymbol{A}$与$\boldsymbol{B}$是相似的,记作$\boldsymbol{A}\sim\boldsymbol{B}$.

等式(1.6.3)表明,n维线性空间L上的线性变换$\mathscr{A}$在L的不同基下的矩阵是相似的.

反过来,设域K上n阶矩阵$\boldsymbol{A}$与$\boldsymbol{B}$相似,即是说存在同域上n阶可逆矩阵$\boldsymbol{P}$,使得$\boldsymbol{B}=\boldsymbol{P}^{-1}\boldsymbol{A}\boldsymbol{P}$.设$L$是域$K$上的$n$维线性空间,$L$中取一个基$\boldsymbol{e}_1,\boldsymbol{e}_2,\cdots,\boldsymbol{e}_n$,则存在$L$上唯一的一个线性变换$\mathscr{A}$,使得$\mathscr{A}$在$L$的基$\boldsymbol{e}_1,\boldsymbol{e}_2,\cdots,\boldsymbol{e}_n$下的矩阵为

A.令

$$(\boldsymbol{e}_1',\boldsymbol{e}_2',\cdots,\boldsymbol{e}_n')=(\boldsymbol{e}_1,\boldsymbol{e}_2,\cdots,\boldsymbol{e}_n)\boldsymbol{P}$$

由于$|\boldsymbol{P}|\neq 0$,因此$\boldsymbol{e}_1',\boldsymbol{e}_2',\cdots,\boldsymbol{e}_n'$亦是$L$的一个基(第7章,定理2.2.2).设$\mathscr{A}$在基$\boldsymbol{e}_1',\boldsymbol{e}_2',\cdots,\boldsymbol{e}_n'$下的矩阵为$\boldsymbol{C}$,根据定理1.6.1知

$$\boldsymbol{C}=\boldsymbol{P}^{-1}\boldsymbol{AP}$$

从而

$$\boldsymbol{C}=\boldsymbol{B}$$

因此$\mathscr{A}$在基$\boldsymbol{e}_1',\boldsymbol{e}_2',\cdots,\boldsymbol{e}_n'$下的矩阵为$\boldsymbol{B}$.这就证明了下述结论:

定理1.6.2 如果域K上的n阶矩阵$\boldsymbol{A}$与$\boldsymbol{B}$相似,那么$\boldsymbol{A}$与$\boldsymbol{B}$可以看作是域L上n维线性空间L上的一个线性变换$\mathscr{A}$在L的不同基下的矩阵.

我们还指明下面这一点情况:我们已经看到,在给定的空间基底之下对每个线性变换都有某一个矩阵与之相应;剩下的问题就是,是否每个矩阵都相应于某一个线性变换呢?

事实上的确是这样.要证明这一点只要以这样方式来决定一个空间自身映射:如果$\boldsymbol{A}$是任一矩阵,那么我们取公式(1.6.1)作向量$\boldsymbol{e}_1,\boldsymbol{e}_2,\cdots,\boldsymbol{e}_n$在我们变换之下的映像的定义.然后任意向量$\boldsymbol{x}$的映像我们都以公式(1.6.2)来下定义.这样定义下的空间变换将是线性的,因为两个向量之和的坐标等于各向量坐标之和,而任意向量与一数的乘积的坐标等于各向量坐标与该数的乘积.我们这变换的矩阵按其定义与矩阵$\boldsymbol{A}$符合.

设$\boldsymbol{e}_1,\boldsymbol{e}_2,\cdots,\boldsymbol{e}_n$和$\boldsymbol{e}_1',\boldsymbol{e}_2',\cdots,\boldsymbol{e}_n'$是空间$L$的两组基,于是存在唯一的线性变换$\mathscr{A}$使得$\mathscr{A}(\boldsymbol{e}_i)=\boldsymbol{e}_i'(i=1,2,\cdots,n)$,若

$$(\boldsymbol{e}_1',\boldsymbol{e}_2',\cdots,\boldsymbol{e}_n')=(\boldsymbol{e}_1,\boldsymbol{e}_2,\cdots,\boldsymbol{e}_n)\boldsymbol{P}$$

则

$$(\mathscr{A}\boldsymbol{e}_1,\mathscr{A}\boldsymbol{e}_2,\cdots,\mathscr{A}\boldsymbol{e}_n)=(\boldsymbol{e}_1,\boldsymbol{e}_2,\cdots,\boldsymbol{e}_n)\boldsymbol{P}$$

从而$\mathscr{A}$在基$\boldsymbol{e}_1,\boldsymbol{e}_2,\cdots,\boldsymbol{e}_n$下的矩阵为$\boldsymbol{P}$,于是$\boldsymbol{e}_1,\boldsymbol{e}_2,\cdots,\boldsymbol{e}_n$在基$\boldsymbol{e}_1',\boldsymbol{e}_2',\cdots,\boldsymbol{e}_n'$下的矩阵为

$$\boldsymbol{P}^{-1}\boldsymbol{PP}=\boldsymbol{P}$$

这就证明了下面的定理.

定理1.6.3 设L是域K上的n维线性空间,如果L上的线性变换$\mathscr{A}$把L上的一个基$\boldsymbol{e}_1,\boldsymbol{e}_2,\cdots,\boldsymbol{e}_n$映成$L$的一个基$\boldsymbol{e}_1',\boldsymbol{e}_2',\cdots,\boldsymbol{e}_n'$,那么$\mathscr{A}$分别在这两个基下的矩阵都等于基$\boldsymbol{e}_1,\boldsymbol{e}_2,\cdots,\boldsymbol{e}_n$到基$\boldsymbol{e}_1',\boldsymbol{e}_2',\cdots,\boldsymbol{e}_n'$的过渡矩阵.

1.7 变换的特征多项式·哈密尔顿—凯莱定理

因为相似矩阵具有相同的行列式

$$|\boldsymbol{A}_{e'}|=|\boldsymbol{P}^{-1}||\boldsymbol{A}_e||\boldsymbol{P}|=|\boldsymbol{A}_e|$$

由此可见,变换矩阵的行列式与空间基底的选择无关.因此,我们可用变换的行列式这一名词来代替这个变换对于任意基底的矩阵的行列式.

除了行列式外,变换矩阵的诸元素还有其他不随基底的更换而改变的函数.为了求得这些函数,对于已给(域 K 上的)线性空间 L 的线性变换 $\mathscr{A}$,我们取变换 $\lambda\mathscr{E}-\mathscr{A}$(称为 $\mathscr{A}$ 的特征变换),其中 λ 是一个参数.这个变换对于基底 $\boldsymbol{e}_1$, $\boldsymbol{e}_2,\cdots,\boldsymbol{e}_n$ 的矩阵显然是 $\lambda\boldsymbol{E}-\boldsymbol{A}_e$($\boldsymbol{A}_e$ 的特征矩阵),而对于基底 $\boldsymbol{e}'_1,\boldsymbol{e}'_2,\cdots,\boldsymbol{e}'_n$ 的矩阵则是 $\lambda\boldsymbol{E}-\boldsymbol{A}_{e'}$.根据上一目已经知道的结果,对于任意的 λ,有

$$|\lambda\boldsymbol{E}-\boldsymbol{A}_e|=|\lambda\boldsymbol{E}-\boldsymbol{A}_{e'}|$$

左右两端都是 λ 的 n 次多项式.由于这两个多项式恒等,对于 λ 的每一个幂,它们的系数必须相同.这些系数都不会是矩阵的元素的函数,因而经过基底的更换,这些函数都不变.

为了用变换 $\mathscr{A}$ 的矩阵 $\boldsymbol{A}_e$ 的元素明显地表示出这些函数.设 $\boldsymbol{A}_e=(a_{ij})_{n\times n}$,于是矩阵 $\lambda\boldsymbol{E}-\boldsymbol{A}_e$ 的行列式可以写成

$$\begin{vmatrix} \lambda-a_{11} & 0-a_{12} & \cdots & 0-a_{1n} \\ 0-a_{21} & \lambda-a_{22} & \cdots & 0-a_{2n} \\ \vdots & \vdots & & \vdots \\ 0-a_{n1} & 0-a_{n2} & \cdots & \lambda-a_{nn} \end{vmatrix} \tag{1.7.1}$$

行列式(1.7.1)是一个关于 λ 的 n 次多项式,它是矩阵 $\boldsymbol{A}_e$ 的特征多项式.直接把行列式展开来计算特征多项式常常需要很大的计算(参阅第 3 章 §2).在这里我们仅指出特征多项式的系数含在矩阵 $\boldsymbol{A}_e$ 的元素所在的同一数域里面,亦即在数域 K 里面.

我们已经证明多项式 $|\lambda\boldsymbol{E}-\boldsymbol{A}_e|$ 与空间的基底的选择无关,既然相似矩阵可以看作同一个变换在不同基下的矩阵,因此可以又得到相似矩阵间的一个共同性(参阅第 4 章 §1,1.1 目):相似矩阵有相同的特征多项式.

换句话说,特征多项式是矩阵的相似不变量.从而对于域 K 上 n 维线性空间 L 上的线性变换 $\mathscr{A}$,我们可以把 $\mathscr{A}$ 在 L 的一个基下的矩阵的特征多项式称为线性变换 $\mathscr{A}$ 的特征多项式(而不用说它是变换 $\mathscr{A}$ 的矩阵的特征多项式).

另外,我们已经知道,任一方阵为其特征多项式之根(哈密尔顿 — 凯莱定理).现在可以用变换的语言把它转述如下:

哈密尔顿 — 凯莱定理　设 $f(\lambda)$ 是线性变换 $\mathscr{A}$ 的特征多项式,则 $f(\mathscr{A})$ 是零变换:$f(\mathscr{A})=\mathscr{O}$.

证明　设 $\mathscr{A}$ 定义在空间 L 中且 $\mathscr{A}$ 在 L 的一个基 $\boldsymbol{e}_1,\boldsymbol{e}_2,\cdots,\boldsymbol{e}_n$ 下的矩阵为 $\boldsymbol{A}$,则有

$$\mathscr{A}(\boldsymbol{e}_1,\boldsymbol{e}_2,\cdots,\boldsymbol{e}_n)=(\boldsymbol{e}_1,\boldsymbol{e}_2,\cdots,\boldsymbol{e}_n)\boldsymbol{A}$$

这也可以写为

$$\begin{pmatrix}\mathscr{A} & & & \\ & \mathscr{A} & & \\ & & \ddots & \\ & & & \mathscr{A}\end{pmatrix}\begin{pmatrix}\boldsymbol{e}_1\\ \boldsymbol{e}_2\\ \vdots\\ \boldsymbol{e}_n\end{pmatrix}=\boldsymbol{A}^{\mathrm{T}}\begin{pmatrix}\boldsymbol{e}_1\\ \boldsymbol{e}_2\\ \vdots\\ \boldsymbol{e}_n\end{pmatrix}$$

现在考虑关于 λ 的方程

$$\begin{pmatrix}\lambda & & & \\ & \lambda & & \\ & & \ddots & \\ & & & \lambda\end{pmatrix}\begin{pmatrix}\boldsymbol{e}_1\\ \boldsymbol{e}_2\\ \vdots\\ \boldsymbol{e}_n\end{pmatrix}=\boldsymbol{A}^{\mathrm{T}}\begin{pmatrix}\boldsymbol{e}_1\\ \boldsymbol{e}_2\\ \vdots\\ \boldsymbol{e}_n\end{pmatrix}$$

这方程也可以写为

$$\lambda\begin{pmatrix}1 & & & \\ & 1 & & \\ & & \ddots & \\ & & & 1\end{pmatrix}\begin{pmatrix}\boldsymbol{e}_1\\ \boldsymbol{e}_2\\ \vdots\\ \boldsymbol{e}_n\end{pmatrix}=\lambda\boldsymbol{E}\begin{pmatrix}\boldsymbol{e}_1\\ \boldsymbol{e}_2\\ \vdots\\ \boldsymbol{e}_n\end{pmatrix}=\boldsymbol{A}^{\mathrm{T}}\begin{pmatrix}\boldsymbol{e}_1\\ \boldsymbol{e}_2\\ \vdots\\ \boldsymbol{e}_n\end{pmatrix}$$

或

$$(\lambda\boldsymbol{E}-\boldsymbol{A}^{\mathrm{T}})\begin{pmatrix}\boldsymbol{e}_1\\ \boldsymbol{e}_2\\ \vdots\\ \boldsymbol{e}_n\end{pmatrix}=\boldsymbol{O} \tag{1.7.2}$$

其中 $\boldsymbol{E}$ 是单位矩阵.

在等式(1.7.2) 的两边同时左乘矩阵$(\lambda\boldsymbol{E}-\boldsymbol{A}^{\mathrm{T}})$ 的伴随$(\lambda\boldsymbol{E}-\boldsymbol{A}^{\mathrm{T}})^*$,并注意到

$$(\lambda\boldsymbol{E}-\boldsymbol{A}^{\mathrm{T}})^*(\lambda\boldsymbol{E}-\boldsymbol{A}^{\mathrm{T}})=|\lambda\boldsymbol{E}-\boldsymbol{A}^{\mathrm{T}}|\cdot\boldsymbol{E}$$ （参阅第 2 章 §2,2.4 目）

于是有

$$|\lambda\boldsymbol{E}-\boldsymbol{A}^{\mathrm{T}}|\begin{pmatrix}\boldsymbol{e}_1\\ \boldsymbol{e}_2\\ \vdots\\ \boldsymbol{e}_n\end{pmatrix}=f(\lambda)\begin{pmatrix}\boldsymbol{e}_1\\ \boldsymbol{e}_2\\ \vdots\\ \boldsymbol{e}_n\end{pmatrix}=\boldsymbol{O}$$

若令 $\lambda=\mathscr{A}$,我们得到:对于每一个 $i=1,2,\cdots,n$,均有 $f(\mathscr{A})\boldsymbol{e}_i=0$. 既然 $\boldsymbol{e}_1$, $\boldsymbol{e}_2,\cdots,\boldsymbol{e}_n$ 是一个基,故 $f(\mathscr{A})$ 是零变换.

§2 线性变换的几何性质及其代表矩阵的性质

2.1 线性变换的核与值域

前面一节讨论的线性变换的性质,主要是关于它的运算方面的,现在我们来讨论一些较明显的几何的性质.

设对于线性空间 L 任给一向量集合 M,而 $\mathscr{A}$ 为 L 的任一线性变换. M 中每一向量 $\boldsymbol{x}$ 经变换 $\mathscr{A}$ 后变为一新向量 $\mathscr{A}\boldsymbol{x}$,这是向量 $\boldsymbol{x}$ 的像. 一般说来,这一个像不一定在 M 中. M 中所有向量的像所成的集合称为 M 对于 $\mathscr{A}$ 的像,记作 $\mathscr{A}M$. 空间 L 中所有像落在 M 中的元素组成集合,称为集合 M 的逆像;即 M 的逆像 $=\{\boldsymbol{x}\in L\mid \mathscr{A}\boldsymbol{x}\in M\}$.

定理 2.1.1 线性空间 L 的线性子空间对于任一线性变换 $\mathscr{A}$ 的像与逆像,仍为一线性子空间.

设 L_1 为 L 的线性子空间,证明 $\mathscr{A}L_1$ 仍为一线性子空间. 取 $\mathscr{A}L_1$ 中任二向量 $\boldsymbol{a},\boldsymbol{b}$,它们为 L_1 中某二向量 $\boldsymbol{x},\boldsymbol{y}$ 的像,即 $\mathscr{A}\boldsymbol{x}=\boldsymbol{a}$, $\mathscr{A}\boldsymbol{y}=\boldsymbol{b}$. 因 L_1 为线性子空间,故对于任何 k,h,向量 $k\boldsymbol{x}+h\boldsymbol{y}$ 均在 L_1 中. 因此

$$\mathscr{A}(k\boldsymbol{x}+h\boldsymbol{y})=\mathscr{A}L_1$$

但

$$\mathscr{A}(k\boldsymbol{x}+h\boldsymbol{y})=k\mathscr{A}\boldsymbol{x}+h\mathscr{A}\boldsymbol{y}=k\boldsymbol{a}+h\boldsymbol{b}$$

就是说 $k\boldsymbol{a}+h\boldsymbol{b}$ 仍在 $\mathscr{A}L_1$ 中,故 $\mathscr{A}L_1$ 为一线性子空间. 同样,可以证明线性子空间 L_1 的逆像仍为一线性子空间.

在 L 的线性子空间中有两个是比较特殊的,就是零空间和 L 自身,它们的像或逆像给予线性变换以重要关系,对于任一线性变换,零子空间的像仍为零空间,所以对我们没有什么意义,L 对于任一线性变换的逆像仍为 L,故亦没有什么趣味. 此外还有零空间的逆像和 L 的像,前一子空间称为线性变换的核,记作 $\operatorname{Ker}\mathscr{A}$;而后者按照一般的称呼称为值域,记作 $\mathscr{A}L$ 或 $\operatorname{Im}\mathscr{A}$. 亦就是说,线性变换 $\mathscr{A}$ 的核是 L 中所有经变换 $\mathscr{A}$ 后变为零向量的那些向量的集合,而 $\mathscr{A}$ 的值域为 L 中所有向量对于 $\mathscr{A}$ 的像的集合,值域的维数称为变换的秩,核的维数称为变换的零度.

从这一定义,直接推知零变换的秩等于零而其零度等于空间 L 的维数.相反的,单位变换的零度等于零而其秩等于空间 L 的维数.

定理 2.1.2(线性变换的维数公式) 线性变换的秩与零度之和等于空间 L 的维数.

证明 以 L_1 表变换 $\mathscr{A}$ 的核且设其维数为 d,以 r 表值域 $\mathscr{A}L$ 的维数,由定义,d 与 r 为变换 $\mathscr{A}$ 的零度与秩,在值域 $\mathscr{A}L$ 中取某一基底 $\boldsymbol{e}_1,\boldsymbol{e}_2,\cdots,\boldsymbol{e}_r$;且设经变换 $\mathscr{A}$ 后,L 中的 $\boldsymbol{a}_1,\boldsymbol{a}_2,\cdots,\boldsymbol{a}_r$ 变为 $\boldsymbol{e}_1,\boldsymbol{e}_2,\cdots,\boldsymbol{e}_r$,则向量组 $\boldsymbol{a}_1,\boldsymbol{a}_2,\cdots,\boldsymbol{a}_r$ 应该线性无关,因为若

$$k_1\boldsymbol{e}_1+k_2\boldsymbol{e}_2+\cdots+k_r\boldsymbol{e}_r=\boldsymbol{0}$$

则

$$\mathscr{A}(k_1\boldsymbol{a}_1+k_2\boldsymbol{a}_2+\cdots+k_r\boldsymbol{a}_r)=k_1\boldsymbol{e}_1+k_2\boldsymbol{e}_2+\cdots+k_r\boldsymbol{e}_r=\boldsymbol{0}$$

但 $\boldsymbol{e}_1,\boldsymbol{e}_2,\cdots,\boldsymbol{e}_r$ 线性无关,故知道

$$k_1=k_2=\cdots=k_r=0$$

兹研究由向量 $\boldsymbol{a}_1,\boldsymbol{a}_2,\cdots,\boldsymbol{a}_r$ 所构成的子空间 L_2,向量组 $\boldsymbol{a}_1,\boldsymbol{a}_2,\cdots,\boldsymbol{a}_r$ 为 L_2 的基底,故 L_2 的维数为 r 亦即变换 $\mathscr{A}$ 的秩.我们来证明空间 L 为子空间 L_2 与 L_1 的直和,按定理 3.5.3(第 7 章 §3),对此仅需要证明 $L_2\cap L_1=\{\boldsymbol{0}\}$ 与 $L=L_2+L_1$.先证明第一个等式,L_2 中每一个向量均可写成

$$\boldsymbol{a}=k_1\boldsymbol{a}_1+k_2\boldsymbol{a}_2+\cdots+k_r\boldsymbol{a}_r$$

的形式,如 $\boldsymbol{a}$ 在 L_1 中,则必

$$\mathscr{A}\boldsymbol{a}=\boldsymbol{0}$$

亦即

$$\mathscr{A}(k_1\boldsymbol{a}_1+k_2\boldsymbol{a}_2+\cdots+k_r\boldsymbol{a}_r)=k_1\boldsymbol{e}_1+k_2\boldsymbol{e}_2+\cdots+k_r\boldsymbol{e}_r=\boldsymbol{0}$$

但 $\boldsymbol{e}_1,\boldsymbol{e}_2,\cdots,\boldsymbol{e}_r$ 线性无关,故必 $k_1=k_2=\cdots=k_r=0$,因此 $\boldsymbol{a}=\boldsymbol{0}$,而第一式即已证明.现在仅需要证明 L_2+L_1,取 L 中任一向量 $\boldsymbol{a}$,其像 $\mathscr{A}\boldsymbol{a}$ 在 $\mathscr{A}L$ 中,故可经 $\boldsymbol{e}_1,\boldsymbol{e}_2,\cdots,\boldsymbol{e}_r$ 线性表出

$$\mathscr{A}\boldsymbol{a}=k_1\boldsymbol{e}_1+k_2\boldsymbol{e}_2+\cdots+k_r\boldsymbol{e}_r$$

设

$$\boldsymbol{b}=k_1\boldsymbol{a}_1+k_2\boldsymbol{a}_2+\cdots+k_r\boldsymbol{a}_r,\boldsymbol{a}-\boldsymbol{b}=\boldsymbol{c}$$

由

$$\mathscr{A}\boldsymbol{b}=k_1\mathscr{A}\boldsymbol{a}_1+k_2\mathscr{A}\boldsymbol{a}_2+\cdots+k_r\mathscr{A}\boldsymbol{a}_r=k_1\boldsymbol{e}_1+k_2\boldsymbol{e}_2+\cdots+k_r\boldsymbol{e}_r=\mathscr{A}\boldsymbol{a}$$

可得

$$\mathscr{A}\boldsymbol{c}=\mathscr{A}(\boldsymbol{a}-\boldsymbol{b})=\mathscr{A}\boldsymbol{a}-\mathscr{A}\boldsymbol{b}=\boldsymbol{0}$$

故 $\boldsymbol{c}$ 在 L_1 中,由

$$\boldsymbol{a}=\boldsymbol{b}+\boldsymbol{c}\quad(\boldsymbol{a}\in L_1,\boldsymbol{b}\in L_2)$$

知

$$L=L_2+L_1$$

因为这是一个直和,故空间 L 的维数等于子空间 L_2 与 L_1 的维数之和,亦即等于空间 L 的秩与零度之和,定理即已证明.

例如以 L_1 表由定点 O 所引出的平常的向量空间,取任意经过 O 的平面 L_2 而以 $\mathscr{P}$ 表示在平面 L_2 上的正射影运算,变换 $\mathscr{P}$ 变空间 L_1 为平面 L_2,因此 L_2 为变换 $\mathscr{P}$ 的值域而其秩为 2,变换 $\mathscr{P}$ 的核为所有在一经过点 O 垂直于 L_2 的直线上,因为只有这些向量经 $\mathscr{P}$ 后才变为零向量.因此 $\mathscr{P}$ 的零度等于 1,变换 $\mathscr{P}$ 的秩与零度之和为 3 与定理 2.1.2 的结果一致.

下面的命题可以看作是定理 2.1.1 与定理 2.1.2 的逆命题.

定理 2.1.3 设 N 与 T 为空间 L 的任意两个子空间,其维数之和等于 L 的维数.则有一个变换 $\mathscr{A}$ 存在,使 $\mathrm{Ker}\ \mathscr{A}=N$,$\mathscr{A}L=T$.

为了证明这个命题,设 L 的维数为 n,而子空间 N 与 T 的维依次为 k 与 $m=n-k$.在子空间 T 内选择 m 个线性无关的向量 $\boldsymbol{f}_1,\boldsymbol{f}_2,\cdots,\boldsymbol{f}_m$.再在空间 L 里选择任意的基底 $\boldsymbol{e}_1,\boldsymbol{e}_2,\cdots,\boldsymbol{e}_n$,但其中前 k 个向量必须在子空间 N 内.

用以下条件决定变换 $\mathscr{A}$

$$\mathscr{A}\boldsymbol{e}_i=\boldsymbol{0}\quad(i=1,2,\cdots,k)$$

$$\mathscr{A}\boldsymbol{e}_{i+k}=\boldsymbol{f}_i\quad(i=1,2,\cdots,m)\tag{2.1.1}$$

我们来证明变换 $\mathscr{A}$ 符合命题的要求.首先,$\mathscr{A}L$ 显然是 $\boldsymbol{f}_i(i=1,2,\cdots,m)$ 诸向量的线性包,故与子空间 T 相合.其次,根据条件,子空间 N 的每个向量都属于 $\mathrm{Ker}\ \mathscr{A}$;故我们还要证明,子空间 $\mathrm{Ker}\ \mathscr{A}$ 的任意一个向量属于 N.对于 $\mathrm{Ker}\ \mathscr{A}$ 的任意向量 $\boldsymbol{x}=\sum_{i=1}^{n}\boldsymbol{e}_i x_i$,$\mathscr{A}\boldsymbol{x}=\boldsymbol{0}$.利用条件(2.1.1),得

$$\begin{aligned}\boldsymbol{0}=\mathscr{A}\boldsymbol{x}&=\mathscr{A}(\boldsymbol{e}_1\cdot x_1+\boldsymbol{e}_2\cdot x_2+\cdots+\boldsymbol{e}_n\cdot x_n)\\&=\boldsymbol{f}_1\cdot x_{k+1}+\boldsymbol{f}_2\cdot x_{k+2}+\cdots+\boldsymbol{f}_m\cdot x_n\end{aligned}$$

由于 $\boldsymbol{f}_1,\boldsymbol{f}_2,\cdots,\boldsymbol{f}_m$ 线性无关,得

$$x_{k+1}=x_{k+2}=\cdots=x_n=0$$

但这样则 $\boldsymbol{x}=\boldsymbol{e}_1\cdot x_1+\boldsymbol{e}_2\cdot x_2+\cdots+\boldsymbol{e}_n\cdot x_n\in\mathbf{N}$,即证明已完成.

2.2 降秩与满秩的变换

既然每个线性变换都有某一个矩阵与之成对应关系,则我们自然要来看看,究竟变换的性质与其代表矩阵的性质之间存在有怎样的关系.

空间 L 的一个线性变换,若它把空间变为其中一部分,则称为是降秩的. 例如,把三维空间所有向量投影到一个平面上去的这种变换就是降秩的,因为这时候空间的所有向量的总体变成只有一个平面上的向量总体了. 反之,把空间变成整个空间的变换称为是满秩(或非降秩)的. 满秩变换的例子是像三维空间或平面的旋转,以及投影变换等.

按定义,下面的结论是显然的:

定理 2.2.1 线性空间 L 中的线性变换 $\mathscr{A}$ 满秩的充分必要条件是 L 与 $\mathscr{A}$ 的值域重合,亦即 $\mathscr{A}$ 的秩等于 L 的维数.

线性变换的降秩与否很容易由其矩阵来判定:

定理 2.2.2 一个变换 $\mathscr{A}$ 在其相应矩阵的行列式不等于零的时候,也只有在这种时候,才是满秩的. 换句话说,一个变换是满秩的当且仅当其相应矩阵是满秩的.

证明 事实上,如果变换 $\mathscr{A}$ 是降秩的,那么向量 $\mathscr{A}\boldsymbol{e}_1, \mathscr{A}\boldsymbol{e}_2, \cdots, \mathscr{A}\boldsymbol{e}_n$ 不能是线性无关的,因为在这时候空间中任一向量 $\boldsymbol{y}$ 都能表为它们的线性组合 $\mathscr{A}\boldsymbol{e}_1 x_1 + \mathscr{A}\boldsymbol{e}_2 x_2 + \cdots + \mathscr{A}\boldsymbol{e}_n x_n$,而这意思就是说,向量 $\boldsymbol{y}$ 是向量 $\boldsymbol{x} = \boldsymbol{e}_1 x_1 + \boldsymbol{e}_2 x_2 + \cdots + \boldsymbol{e}_n x_n$ 的像,所以空间的向量的像的全体充满了整个空间,这与假设违背. 由于第 7 章中所证明的这种场合的向量线性无关的条件,以基底 $\boldsymbol{e}_1, \boldsymbol{e}_2, \cdots, \boldsymbol{e}_n$ 表向量 $\mathscr{A}\boldsymbol{e}_1, \mathscr{A}\boldsymbol{e}_2, \cdots, \mathscr{A}\boldsymbol{e}_n$ 的式子中的系数所组成的矩阵的行列式应等于零. 但这行列式就是变换 $\mathscr{A}$ 的矩阵的行列式.

反之,如果变换 $\mathscr{A}$ 的矩阵 $\boldsymbol{A}$ 的行列式等于零,那么由同一线性相关的条件,向量 $\mathscr{A}\boldsymbol{e}_1, \mathscr{A}\boldsymbol{e}_2, \cdots, \mathscr{A}\boldsymbol{e}_n$ 将是线性相关的,因此它们的线性组合不能充满整个所考虑的空间. 现在我们注意,如果任一向量 $\boldsymbol{x} = \boldsymbol{e}_1 x_1 + \boldsymbol{e}_2 x_2 + \cdots + \boldsymbol{e}_n x_n$ 的映像是这样的线性组合,那么显然这意思就是说变换 $\mathscr{A}$ 是降秩的.

因为只有相应矩阵可逆的变换才是可逆的(§1,1.5 目),所以,又有:

推论 一个线性变换是满秩的当且仅当它是可逆的.

如此,"可逆线性变换"与"满秩线性变换"的含义是一致的.

利用定理 2.2.2,可以几何地来建立熟知的命题:对于每一个满秩矩阵,有一个唯一的确定的逆矩阵存在.

事实上,设在 n 维空间 L 里,对应于满秩矩阵 $\boldsymbol{A}$ 的变换为 $\mathscr{A}$,它把基底 $\boldsymbol{e}_1, \boldsymbol{e}_2, \cdots, \boldsymbol{e}_n$ 变为一定的 n 个向量 $\boldsymbol{g}_1, \boldsymbol{g}_2, \cdots, \boldsymbol{g}_n$. 这 n 个向量的坐标就是矩阵 $\boldsymbol{A}$ 的 n 个列的元素(§1,1.5 目). 由于 $|\boldsymbol{A}| \neq 0$,这些列线性无关,因此,$\boldsymbol{g}_1, \boldsymbol{g}_2, \cdots, \boldsymbol{g}_n$ 诸向量就构成空间 L 的另一个基底.

首先假定,所寻求的逆变换 $\mathscr{B}$ 存在. 这样,则等式

$$\mathscr{B}\mathscr{A}\boldsymbol{e}_k=\boldsymbol{e}_k \quad (k=1,2,\cdots,n) \tag{2.2.1}$$

或

$$\mathscr{B}\boldsymbol{g}_k=\boldsymbol{e}_k \quad (k=1,2,\cdots,n) \tag{2.2.2}$$

必须满足.因此,所求的变换 $\mathscr{B}$ 必须把向量 $\boldsymbol{g}_k$ 变为向量 $\boldsymbol{e}_k$.但向量 $\boldsymbol{g}_k$ 构成空间 L 的基底.因此,我们可以用条件(2.2.2)给出 $\mathscr{B}$,并且 $\mathscr{B}$ 还是唯一的被确定.由于等式(2.2.1)与(2.2.2)是等价的,变换 $\mathscr{B}\mathscr{A}$ 对于基底 $\boldsymbol{e}_1,\boldsymbol{e}_2,\cdots,\boldsymbol{e}_n$ 的矩阵是恒等矩阵,而它就是恒等变换.因此,按条件(2.2.2)所确定的变换 $\mathscr{B}$ 是变换 $\mathscr{A}$ 的逆变换,而且它还是唯一的.应该指出,变换 $\mathscr{A}$ 也是变换 $\mathscr{B}$ 是逆变换:因为对于基底 $\boldsymbol{g}_1,\boldsymbol{g}_2,\cdots,\boldsymbol{g}_n$,我们有

$$\mathscr{A}\mathscr{B}\boldsymbol{g}_k=\mathscr{A}\boldsymbol{e}_k=\boldsymbol{g}_k$$

这就证明了,变换 $\mathscr{A}\mathscr{B}$ 对于基底 $\boldsymbol{g}_1,\boldsymbol{g}_2,\cdots,\boldsymbol{g}_n$ 的矩阵是恒等矩阵,所以它是恒等变换.

现在我们来求变换 $\mathscr{B}$ 对于基底 $\boldsymbol{e}_1,\boldsymbol{e}_2,\cdots,\boldsymbol{e}_n$ 的矩阵.设这个矩阵的待决定的元素为 $b_{ij}(i,j=1,2,\cdots,n)$,则

$$\mathscr{B}\boldsymbol{e}_j=\sum_{i=1}^{n}b_{ij}\boldsymbol{e}_i \tag{2.2.3}$$

令变换 $\mathscr{A}$ 施于等式(2.2.3),并利用关系 $\mathscr{A}\mathscr{B}=\mathscr{E}$,得

$$\boldsymbol{e}_i=\sum_{i=1}^{n}b_{ij}\mathscr{A}\boldsymbol{e}_i=\sum_{i=1}^{n}b_{ij}\boldsymbol{g}_i \tag{2.2.4}$$

由此可见,若以 $\boldsymbol{g}_1,\boldsymbol{g}_2,\cdots,\boldsymbol{g}_n$ 为基底,b_{ij} 就是 $\boldsymbol{e}_j$ 诸向量的分解式的系数.于是,这些系数就可以从方程组

$$\boldsymbol{g}_i=\sum_{i=1}^{n}a_{ij}\boldsymbol{e}_i$$

的解得到,而这个方程组的解都是已知的.令 $D=|(a_{ij})_{n\times n}|$,然后按照克莱姆公式解这个方程组,即得

$$\boldsymbol{e}_i=\frac{1}{D}\begin{vmatrix} a_{11} & \cdots & a_{1(i-1)} & \boldsymbol{g}_1 & a_{1(i+1)} & \cdots & a_{1n} \\ a_{21} & \cdots & a_{2(i-1)} & \boldsymbol{g}_2 & a_{2(i+1)} & \cdots & a_{2n} \\ \vdots & & \vdots & \vdots & \vdots & & \vdots \\ a_{n1} & \cdots & a_{n(i-1)} & \boldsymbol{g}_n & a_{n(i+1)} & \cdots & a_{nn} \end{vmatrix}$$

$$=\frac{1}{D}(A_{1i}\boldsymbol{g}_1+A_{2i}\boldsymbol{g}_2+\cdots+A_{ni}\boldsymbol{g}_n)$$

其中 A_{ij} 是矩阵 $\boldsymbol{A}$ 内元素 a_{ij} 的代数余子式.把这里所得到的结果和公式(2.2.4)比较,得

$$b_{ij}=\frac{A_{ij}}{D}$$

因此，逆矩阵的元素 b_{ij} 等于 a_{ij} 在原矩阵内的代数余子式与原矩阵的行列式之比.

定理 2.2.2 给出了满秩线性变换用其矩阵来决定的条件. 还可以把决定是否满秩的条件用几何的性质来表出.

定理 2.2.3 要一个变换 $\mathscr{A}$ 是满秩的，则其必要且充分的条件是要经过变换后变成零的向量唯一地就是零向量本身.

事实上，如果向量 $\mathscr{A}\boldsymbol{e}_1,\mathscr{A}\boldsymbol{e}_2,\cdots,\mathscr{A}\boldsymbol{e}_n$ 是线性相关的，那么可以找到几个不全是零的数 $x_1,x_2,\cdots,x_n$ 使 $\mathscr{A}\boldsymbol{e}_1\cdot x_1+\mathscr{A}\boldsymbol{e}_2\cdot x_2+\cdots+\mathscr{A}\boldsymbol{e}_n\cdot x_n=\boldsymbol{0}$. 但这就表示异于零的向量 $x=\boldsymbol{e}_1x_1+\boldsymbol{e}_2x_2+\cdots+\boldsymbol{e}_nx_n$ 的映像等于零向量. 反之，如果向量 $\mathscr{A}\boldsymbol{e}_1,\mathscr{A}\boldsymbol{e}_2,\cdots,\mathscr{A}\boldsymbol{e}_n$ 是线性无关的，那么任何异于零的向量 $\boldsymbol{x}=\boldsymbol{e}_1x_1+\boldsymbol{e}_2x_2+\cdots+\boldsymbol{e}_nx_n$ 的映像 $\mathscr{A}(\boldsymbol{x})=\mathscr{A}\boldsymbol{e}_1x_1+\mathscr{A}\boldsymbol{e}_2x_2+\cdots+\mathscr{A}\boldsymbol{e}_nx_n$ 自不等于零.

定理 2.2.3 的另一种说法是：

定理 2.2.3′ 空间 L 的线性变换 $\mathscr{A}$ 为满秩变换的充分必要条件，是此变换的核为零空间，亦即 $\mathscr{A}$ 的零度为零.

$\mathscr{A}$ 的零度为零等价于说 $\mathscr{A}$ 的秩与 $\mathscr{A}L$ 的维数相同，因此，由定理 2.2.3′ 又得到了定理 2.2.1.

2.3 变换的同构

两个线性空间的向量如果有一一对应关系，且第一空间的二向量的和对应向量等于此二向量在第二空间内的二对应向量之和，第一空间的数与向量之积的对应向量等于此同一数与此向量在第二空间内的对应向量之积，则称此二空间的对应关系为同构关系(第 7 章 § 2,2.4). 如二空间重合为一时，我们得出一线性空间自身对自身的同构关系，这在一个线性空间内自身对自身的对应关系称为自同构关系. 自同构的定义显然和满秩线性变换的定义相同，因此，线性空间 L 的满秩线性变换可以看作这空间的自同构. 从自同构定义显然可以看出空间 L 的自同构是空间 L 对它自身的一种叠置，这种叠置保持它所有可以经加法和以数相乘来表出的那些几何性质.

现在研究空间 L 中任二线性变换 $\mathscr{A},\mathscr{B}$. 如在空间 L 中有一自同构 $\mathscr{C}$ 存在，使其中的一个变换变为另一变换时，称此二变换为同构的或相似的. 这可更详细地说明如下：设 $\boldsymbol{x}$ 为 L 中任一向量而 $\boldsymbol{y}=\mathscr{A}\boldsymbol{x}$，自同构 $\mathscr{C}$ 变 $\boldsymbol{x}$ 为向量 $\boldsymbol{u}$，$\boldsymbol{y}$ 为向量 $\boldsymbol{v}$，我们说 $\mathscr{C}$ 变变换 $\mathscr{A}$ 为 $\mathscr{B}$，如其 $\mathscr{B}\boldsymbol{u}=\boldsymbol{v}$，因 $\boldsymbol{u}=\mathscr{C}\boldsymbol{x}$，$\boldsymbol{v}=\mathscr{C}\boldsymbol{v}$，故由等式 $\mathscr{B}\boldsymbol{u}=\boldsymbol{v}$ 得

出

$$\mathscr{B}\mathscr{C}\boldsymbol{x}=\mathscr{C}\boldsymbol{y},\mathscr{C}^{-1}\mathscr{B}\mathscr{C}\boldsymbol{x}=\boldsymbol{y}=\mathscr{A}\boldsymbol{x}$$

因此

$$\mathscr{C}^{-1}\mathscr{B}\mathscr{C}=\mathscr{A},\mathscr{B}\mathscr{C}=\mathscr{C}\mathscr{A}\mathscr{C}^{-1} \tag{2.3.1}$$

这样,变换 $\mathscr{A}$ 与变换 $\mathscr{B}$ 同构的充分必要条件为,空间 L 中有一自同构存在,使 $\mathscr{B}$ 变为 $\mathscr{A}$,亦即 L 中有一变换存在,使 $\mathscr{B}$ 演化为 $\mathscr{B}$.

在 $\mathscr{B}$ 中取定一个基,且令变换 $\mathscr{A},\mathscr{B},\mathscr{C}$ 的对应矩阵为 $\boldsymbol{A},\boldsymbol{B},\boldsymbol{C}$,则由等式(2.3.1)可得出矩阵的等式关系

$$\boldsymbol{B}=\boldsymbol{CAC}^{-1}$$

由此得出次之论断:

定理 2.3.1 空间 L 的两个线性变换同构的充分必要条件为其对应矩阵为相似矩阵.

我们视同构变换为由相同的几何性质的变换,故将所有线性变换按其同构与否分类是很重要的,这一问题的代数意义是将所有 n 阶矩阵按照其相似与否来分类.在已给域上,所有线性空间的分类问题是不难解答的(参考第 7 章,§2,2.4),但解决线性变换需要对线性变换的性质作更深入的研究,这一问题将在下面两节中予以解答.

最后还需注意同构线性变换的一个性质:

定理 2.3.2 线性变换 $\mathscr{A},\mathscr{B}$ 同构的充分必要条件是有两个基存在使此二变换在其对应基下有同一的矩阵.

事实上,如果 $\mathscr{A},\mathscr{B}$ 同构,那么其矩阵之间有关系 $\boldsymbol{A}=\boldsymbol{CBC}^{-1}$ 存在.这一关系式说明,如将原基底经矩阵 $\boldsymbol{C}$ 演变,则变换 $\mathscr{B}$ 在新基底下的矩阵为 $\boldsymbol{A}$,和变换 $\mathscr{A}$ 在旧基底下的矩阵相同;反之,如变换 $\mathscr{A}$ 在基底 $\boldsymbol{e}_1,\boldsymbol{e}_2,\cdots,\boldsymbol{e}_n$ 下的矩阵和变换 $\mathscr{B}$ 在基底 $\boldsymbol{e}_1',\boldsymbol{e}_2',\cdots,\boldsymbol{e}_n'$ 下的矩阵相同,且以 $\boldsymbol{C}$ 表示前一基底变为后一基底的演化矩阵,则在第二基底下,变换 $\mathscr{A},\mathscr{B}$ 的矩阵各等于 $\boldsymbol{CBC}^{-1}$ 和 $\boldsymbol{A}$,即为相似矩阵,这就是我们所要证明的结果.

2.4 变换的矩阵的秩

本节第一目中,一方面,我们已经引入线性变换的秩的概念;另一方面,由矩阵的理论,知矩阵之秩为其线性无关行的最大数,我们要问这些定义的彼此关系,其解答如下述定理.

定理 2.4.1 空间 L 的任一线性变换 $\mathscr{A}$ 之秩等于此变换对于空间 L 任意基底的矩阵的秩.

证明 设 $\boldsymbol{e}_1,\boldsymbol{e}_2,\cdots,\boldsymbol{e}_n$ 是 L 的一个基底，变换 $\mathscr{A}$ 的值域是由线性空间 L 的像所构成. 设

$$\boldsymbol{x}=\boldsymbol{e}_1\cdot x_1+\boldsymbol{e}_2\cdot x_2+\cdots+\boldsymbol{e}_n\cdot x_n=\sum_{i=1}^{n}\boldsymbol{e}_i x_i$$

是 L 的任一向量，则

$$\boldsymbol{y}=\mathscr{A}\boldsymbol{x}=\mathscr{A}(\boldsymbol{e}_1\cdot x_1+\boldsymbol{e}_2\cdot x_2+\cdots+\boldsymbol{e}_n\cdot x_n)=\sum_{i=1}^{n}x_i\mathscr{A}\boldsymbol{e}_i$$

因此，变换 $\mathscr{A}$ 的值域即为 $\mathscr{A}\boldsymbol{e}_1,\mathscr{A}\boldsymbol{e}_2,\cdots,\mathscr{A}\boldsymbol{e}_n$ 诸向量所生成的子空间，或者说是 $\mathscr{A}\boldsymbol{e}_1,\mathscr{A}\boldsymbol{e}_2,\cdots,\mathscr{A}\boldsymbol{e}_n$ 诸向量的线性包. 按第 7 章 §3,3.2 的讨论，线性包 $L(\mathscr{A}\boldsymbol{e}_1,\mathscr{A}\boldsymbol{e}_2,\cdots,\mathscr{A}\boldsymbol{e}_n)$ 的维数等于 $\mathscr{A}\boldsymbol{e}_1,\mathscr{A}\boldsymbol{e}_2,\cdots,\mathscr{A}\boldsymbol{e}_n$ 诸向量中线性无关向量的最大个数. 我们已经知道，变换 $\mathscr{A}$ 的矩阵的各列代表 $\mathscr{A}\boldsymbol{e}_j$ 各向量对于基底 $\boldsymbol{e}_1,\boldsymbol{e}_2,\cdots,\boldsymbol{e}_n$ 的坐标；故求 $\mathscr{A}\boldsymbol{e}_j(j=1,2,\cdots,n)$ 诸向量中线性无关向量的最大个数问题即化为求变换 $\mathscr{A}$ 的矩阵中线性无关的列的最大个数问题. 但是，按定理 1.6.3 的推论（第 6 章 §1,1.6 目），后一个最大数恰好等于变换 $\mathscr{A}$ 的矩阵的秩. 于是我们的定理成立.

从定理 2.4.1 证明过程还可看出，$\mathscr{A}$ 的秩或者说值域 $\mathscr{A}L$ 的维数与基底的选择无关，由此可见变换 $\mathscr{A}$ 的矩阵的秩与基底的选择无关，它只取决于 $\mathscr{A}$ 的本身.

由定理 2.1.2 与定理 2.4.1 可以直接推出，线性变换的零度等于其矩阵之阶与秩的差.

以下关于两个矩阵之积的秩的几个定理，从上面所叙述的几何特性即可推得.

定理 2.4.2 两个矩阵之积的秩不超过每个因子的秩.

证明 设 $\mathscr{A}$ 与 $\mathscr{B}$ 为对应于两个相乘矩阵的线性变换. 这样，则变换 $\mathscr{A}\mathscr{B}$ 的值域，根据它本身的定义，就含在变换 $\mathscr{A}$ 的值域里面. 由于每个变换的值域的维等于其对应矩阵的秩（定理 2.4.1），我们推知，两个矩阵之积的秩不超过第一个因子的秩. 为了证明它也不超过第二个因子的秩，我们取各矩阵的转置矩阵，得

$$(\boldsymbol{AB})\text{ 的秩}=(\boldsymbol{AB})^{\mathrm{T}}\text{ 的秩}=(\boldsymbol{B}^{\mathrm{T}}\boldsymbol{A}^{\mathrm{T}})\text{ 的秩}\leqslant\boldsymbol{B}^{\mathrm{T}}\text{ 的秩}=\boldsymbol{B}\text{ 的秩}$$

于是证明完毕.

两个矩阵之积的秩可能小于每个因子的秩. 例如矩阵

$$\boldsymbol{A}=\begin{pmatrix}1&0\\0&0\end{pmatrix},\boldsymbol{B}=\begin{pmatrix}0&1\\0&0\end{pmatrix}$$

的秩都等于 1,但它们的积

$$AB=\begin{pmatrix}0 & 0\\0 & 0\end{pmatrix}$$

的秩等于 0. 因此,下面的定理是很有意义的,它不是从上面而是从下面估计两个矩阵之积的秩:

定理 2.4.3 两个 n 阶矩阵之积的秩不小于 $(r_1+r_2)-n$,其中 r_1 与 r_2 为因子的秩.

证明 首先我们证明,一个秩为 r 的变换 $\mathscr{A}$ 把空间 L 内的一个 k 维子空间 L' 变为子空间 $\mathscr{A}(L')$,其维不小于 $r-(n-k)$. 在空间 L 内,适当地选择一个基底 $\boldsymbol{e}_1,\boldsymbol{e}_2,\cdots,\boldsymbol{e}_n$,使前 k 个基向量属于子空间 L'(定理 2.4.2). $\mathscr{A}\boldsymbol{e}_1,\mathscr{A}\boldsymbol{e}_2,\cdots,\mathscr{A}\boldsymbol{e}_k$ 这 k 个向量产生子空间 $\mathscr{A}(L')$;它们的坐标占有变换 $\mathscr{A}$ 的矩阵的前 k 个列. 根据假设,在这个矩阵里面有 r 列线性无关. 这 r 列分成两组:第一组在第一至第 k 列里,第二组在第 $k+1$ 至第 n 列里. 在第二组的列的数目不能大于 $n-k$,因之在第一组的列的数目不能小于 $r-(n-k)$. 因此,子空间 $\mathscr{A}(L')$ 含有不少于 $r-(n-k)$ 个线性无关的向量,这就是我们所要证明的一点.

现在,设 $\mathscr{A}$ 与 $\mathscr{B}$ 为对应于相乘的两个矩阵的线性变换,并设 r_1 为 $\mathscr{A}$ 的秩,r_2 为 $\mathscr{B}$ 的秩. 按定理 2.4.1,变换 $\mathscr{A}\mathscr{B}$ 的秩等于它的值域的维. 变换 $\mathscr{B}$ 把整个空间 L 变成子空间 $T(\mathscr{B})$,其维等于 r_2. 因之,变换 $\mathscr{A}$ 把子空间 $T(\mathscr{B})$ 变成另一个子空间,其维数不小于 $r_1-(n-r_2)=r_1+r_2-n$. 由此可见变换 $\mathscr{A}\mathscr{B}$ 的秩,也就是矩阵 $\boldsymbol{AB}$ 的秩,不小于 r_1+r_2-n. 这样,定理已经证明.

推论 1 若两个相乘的 n 阶矩阵中,有一个是满秩的,则其乘积的秩等于另一个矩阵的秩.

事实上,按定理 2.4.2 与 2.4.3,这时乘积的秩,从上和从下估计都是一样的,都等于另一个矩阵的秩.

推论 2 若两个相乘的矩阵都是满秩的,则其乘积也是满秩的.

2.5 幂等变换与幂等矩阵

在线性代数中,幂等变换(幂等矩阵)以及幂零变换(幂零矩阵)是重要的研究内容,并且在这一方面有一系列丰富的结果.

定义 2.5.1 线性空间 L 中的线性变换 $\mathscr{A}$ 称为幂等的,如果 $\mathscr{A}^2=\mathscr{A}$.

按定义,幂等变换 $\mathscr{A}$ 在任意一组基下的矩阵 $\boldsymbol{A}$ 满足 $\boldsymbol{A}^2=\boldsymbol{A}$. 由此我们可以定义幂等矩阵:

定义 2.5.2 称满足 $\boldsymbol{A}^2=\boldsymbol{A}$ 的方阵 $\boldsymbol{A}$ 为幂等矩阵.

反过来，如果线性变换在某组基下的矩阵为幂等矩阵，那么该变换为幂等变换.

以下我们用 $\mathscr{E}$ 表示恒等变换.

定理 2.5.1 若 $\mathscr{A}$ 是空间 L 上的幂等变换，则 $\mathscr{E}-\mathscr{A}$ 也是幂等变换，且变换 $\mathscr{A}$ 与 $\mathscr{E}-\mathscr{A}$ 的值域与核互换：$\mathrm{Im}\ \mathscr{A}=\mathrm{Ker}(\mathscr{E}-\mathscr{A})$，$\mathrm{Ker}\ \mathscr{A}=\mathrm{Im}(\mathscr{E}-\mathscr{A})$.

证明 事实上，下面的等式说明了变换 $\mathscr{E}-\mathscr{A}$ 的幂等性

$$(\mathscr{E}-\mathscr{A})^2=\mathscr{E}^2-2\mathscr{A}+\mathscr{A}^2=\mathscr{E}-2\mathscr{A}+\mathscr{A}=\mathscr{E}-\mathscr{A}$$

对任意的 $\boldsymbol{y}\in \mathrm{Im}\ \mathscr{A}$，一定存在 $\boldsymbol{x}\in L$ 使得 $\mathscr{A}\boldsymbol{x}=\boldsymbol{y}$，此时

$$(\mathscr{E}-\mathscr{A})\boldsymbol{y}=\boldsymbol{y}-\mathscr{A}\boldsymbol{y}=\mathscr{A}\boldsymbol{x}+\mathscr{A}^2\boldsymbol{x}=\boldsymbol{0}$$

反过来，对任意 $\boldsymbol{y}\in \mathrm{Ker}(\mathscr{E}-\mathscr{A})$，有

$$(\mathscr{E}-\mathscr{A})\boldsymbol{y}=\boldsymbol{0}$$

从而 $\boldsymbol{y}\in \mathrm{Im}\ \mathscr{A}$，故

$$\mathrm{Im}\ \mathscr{A}=\mathrm{Ker}(\mathscr{E}-\mathscr{A})$$

同理，可以证明

$$\mathrm{Ker}\ \mathscr{A}=\mathrm{Im}(\mathscr{E}-\mathscr{A})$$

对于幂等矩阵，则有：

定理 2.5.1′ 若 $\boldsymbol{A}$ 是幂等矩阵，则 $\boldsymbol{E}-\boldsymbol{A}$ 也是幂等矩阵；n 阶方阵 $\boldsymbol{A}$ 是幂等矩阵的充要条件是 $r(\boldsymbol{A})+r(\boldsymbol{E}-\boldsymbol{A})=n$，其中 $\boldsymbol{E}$ 为 n 阶单位矩阵.

证明 定理的第一部分是显然的. 第二部分的证明：因为

$$r(\boldsymbol{A})+r(\boldsymbol{E}-\boldsymbol{A})=\begin{bmatrix}\boldsymbol{A} & \boldsymbol{O}\\ \boldsymbol{O} & \boldsymbol{E}_n-\boldsymbol{A}\end{bmatrix}$$

对最后一个矩阵作初等变换

$$\begin{bmatrix}\boldsymbol{A} & \boldsymbol{O}\\ \boldsymbol{O} & \boldsymbol{E}_n-\boldsymbol{A}\end{bmatrix}\to\begin{bmatrix}\boldsymbol{A} & \boldsymbol{O}\\ \boldsymbol{A} & \boldsymbol{E}_n-\boldsymbol{A}\end{bmatrix}\to\begin{bmatrix}\boldsymbol{A} & \boldsymbol{A}\\ \boldsymbol{A} & \boldsymbol{E}_n\end{bmatrix}\to$$

$$\begin{bmatrix}\boldsymbol{A}-\boldsymbol{A}^2 & \boldsymbol{O}\\ \boldsymbol{O} & \boldsymbol{E}_n\end{bmatrix}\to\begin{bmatrix}\boldsymbol{A}-\boldsymbol{A}^2 & \boldsymbol{O}\\ \boldsymbol{O} & \boldsymbol{E}_n\end{bmatrix}$$

由此我们得到

$$r(\boldsymbol{A})+r(\boldsymbol{E}-\boldsymbol{A})=n+r(\boldsymbol{A}-\boldsymbol{A}^2)$$

于是 $\boldsymbol{A}=\boldsymbol{A}^2$ 当且仅当 $r(\boldsymbol{A})+r(\boldsymbol{E}-\boldsymbol{A})=n$. 证毕.

一般线性变换的值域与核的和空间不一定是全空间，但幂等矩阵的值域与核的和空间一定是直和，且为全空间.

定理 2.5.2 设 $\mathscr{A}$ 是线性空间 L 上的幂等变换，则 $\mathrm{Im}\ \mathscr{A}\oplus\mathrm{Ker}\ \mathscr{A}=L$.

证明 对任意的 $\boldsymbol{x} \in L$,有

$$\mathscr{A}\boldsymbol{x} \in \operatorname{Im} \mathscr{A}, \boldsymbol{x} - \mathscr{A}\boldsymbol{x} \in \operatorname{Im}(\mathscr{E} - \mathscr{A}) = \operatorname{Ker}(\mathscr{E} - \mathscr{A})$$

而

$$\boldsymbol{x} = \mathscr{A}\boldsymbol{x} + (\boldsymbol{x} - \mathscr{A}\boldsymbol{x})$$

故

$$\operatorname{Im} \mathscr{A} + \operatorname{Ker} \mathscr{A} = L$$

现在任取 $\boldsymbol{y} \in \operatorname{Im} \mathscr{A} \cap \operatorname{Ker} \mathscr{A}$,则一定存在 $\boldsymbol{x} \in L$ 使得 $\mathscr{A}\boldsymbol{x} = \boldsymbol{y}$,此时

$$\boldsymbol{y} = \mathscr{A}\boldsymbol{x} = \mathscr{A}^2\boldsymbol{x} = \mathscr{A}\boldsymbol{y} = \boldsymbol{0}$$

这个等式证明了所说的和是直和,即 $\operatorname{Im} \mathscr{A} \oplus \operatorname{Ker} \mathscr{A} = L$. 证毕.

定理 2.5.2 的逆是不成立的,也就是说幂等性只是核为线性空间 L 的直和的充分条件,但它不是必要的. 事实上,我们可以证明所说的条件应该减弱为幂等秩性:

定理 2.5.3 设 $\mathscr{A}$ 是线性空间 L 上的线性变换,则 $L = \operatorname{Im} \mathscr{A} \oplus \operatorname{Ker} \mathscr{A}$ 的充分必要条件是秩$(\mathscr{A}^2)$ = 秩$(\mathscr{A})$.

证明 必要性. 对于任意的 $\boldsymbol{y} \in \operatorname{Im} \mathscr{A}$,存在 $\boldsymbol{x} \in L$,使得 $\boldsymbol{y} = \mathscr{A}\boldsymbol{x}$. 由 $L = \operatorname{Im} \mathscr{A} \oplus \operatorname{Ker} \mathscr{A}$ 知可写 $\boldsymbol{x} = \boldsymbol{\alpha} + \boldsymbol{\beta}$,其中 $\boldsymbol{\alpha} \in \operatorname{Im} \mathscr{A}, \boldsymbol{\beta} \in \operatorname{Ker} \mathscr{A}$,所以

$$\boldsymbol{y} = \mathscr{A}\boldsymbol{x} = \mathscr{A}\boldsymbol{\alpha} + \mathscr{A}\boldsymbol{\beta} = \mathscr{A}\boldsymbol{\alpha} + \boldsymbol{0} = \mathscr{A}\boldsymbol{\alpha} = \mathscr{A}(\mathscr{A}\gamma) = \mathscr{A}^2(\gamma) \in \operatorname{Im} \mathscr{A}^2 \tag{2.5.1}$$

其中 $\gamma \in L$.

因为 $\boldsymbol{y}$ 是任意的,所以由式(2.5.1)得出

$$\operatorname{Im} \mathscr{A} \subseteq \operatorname{Im} \mathscr{A}^2$$

又由

$$\operatorname{Im} \mathscr{A}^2 = \mathscr{A}^2(L) = \mathscr{A}(\mathscr{A}(L)) \subseteq \mathscr{A}(L) = \operatorname{Im} \mathscr{A}$$

故有

$$\operatorname{Im} \mathscr{A} = \operatorname{Im} \mathscr{A}^2$$

所以

$$秩(\mathscr{A}^2) = 维(\operatorname{Im} \mathscr{A}^2) = 维(\operatorname{Im} \mathscr{A}) = 秩(\mathscr{A})$$

充分性. 设空间 L 的维数为 n,那么

$$n = 维(\operatorname{Im} \mathscr{A}) + 维(\operatorname{Ker} \mathscr{A}) = 秩(\mathscr{A}) + 维(\operatorname{Ker} \mathscr{A})$$

同样地,有

$$n = 维(\operatorname{Im} \mathscr{A}^2) + 维(\operatorname{Ker} \mathscr{A}^2) = 秩(\mathscr{A}^2) + 维(\operatorname{Ker} \mathscr{A}^2)$$

因此由秩$(\mathscr{A}^2)$ = 秩$(\mathscr{A})$,我们得出

$$维(\operatorname{Ker} \mathscr{A}) = 维(\operatorname{Ker} \mathscr{A}^2)$$

但

$$\operatorname{Ker} \mathscr{A} \subseteq \operatorname{Ker} \mathscr{A}^2$$

所以，最后有

$$\operatorname{Ker} \mathscr{A}=\operatorname{Ker} \mathscr{A}^2$$

利用这个等式我们来证明 $\operatorname{Im} \mathscr{A} \cap \operatorname{Ker} \mathscr{A}=\{\mathbf{0}\}$. 任取 $\boldsymbol{y} \in \operatorname{Im} \mathscr{A} \cap \operatorname{Ker} \mathscr{A}$，则存在 $\boldsymbol{x} \in L$，使得 $\boldsymbol{y}=\mathscr{A}\boldsymbol{x}$. 又因 $\mathscr{A}\boldsymbol{y}=\mathbf{0}$，即

$$\mathscr{A}\boldsymbol{y}=\mathscr{A}^2 \boldsymbol{x}=\mathbf{0}$$

则

$$\boldsymbol{x} \in \operatorname{Ker} \mathscr{A}^2=\operatorname{Ker} \mathscr{A}$$

于是

$$\boldsymbol{y}=\mathscr{A}\boldsymbol{x}=\mathbf{0}$$

所以

$$L=\operatorname{Im} \mathscr{A} \oplus \operatorname{Ker} \mathscr{A}$$

证毕.

利用定理 2.5.2 很容易证明幂等变换和投影变换这两个概念的等价性.

定理 2.5.4 一个变换是幂等变换的充分必要条件是它是投影变换.

证明 必要性已经证明，我们只需证明充分性. 设 $\mathscr{A}$ 是线性空间 L 上的幂等变换，则对于任意的 $\boldsymbol{x} \in L$，按定理 2.5.2，存在唯一的 $\boldsymbol{\alpha} \in \operatorname{Im} \mathscr{A}, \boldsymbol{\beta} \in \operatorname{Ker} \mathscr{A}$，使得 $\boldsymbol{x}=\boldsymbol{\alpha}+\boldsymbol{\beta}$. 又由 $\mathscr{A}$ 的幂等性，易知 $\mathscr{A}\boldsymbol{\alpha}=\boldsymbol{\beta}$，是投影变换. 证毕.

定理 2.5.5 任意线性变换都可以表示为一个可逆线性变换与一个幂等变换的乘积.

证明 设 $\mathscr{A}$ 是 n 维线性空间 L 上的线性变换，其像空间 $\operatorname{Im} \mathscr{A}$ 的维数为 r，那么核 $\operatorname{Ker} \mathscr{A}$ 的维数为 $n-r$. 分别取 $\operatorname{Im} \mathscr{A}$ 与 $\operatorname{Ker} \mathscr{A}$ 的基 $\{\boldsymbol{\eta}_1, \boldsymbol{\eta}_2, \cdots, \boldsymbol{\eta}_r\}$，$\{\boldsymbol{\eta}_{r+1}, \boldsymbol{\eta}_{r+2}, \cdots, \boldsymbol{\eta}_n\}$. 按定理 2.5.2，所取两个基底并在一起的集合 $\{\boldsymbol{\eta}_1, \boldsymbol{\eta}_2, \cdots, \boldsymbol{\eta}_n\}$ 是整个空间 L 的一个基. 因为限制在子空间 $\operatorname{Im} \mathscr{A}$ 上，$\mathscr{A}$ 是双射，所以 $\{\mathscr{A}(\boldsymbol{\eta}_1), \mathscr{A}(\boldsymbol{\eta}_2), \cdots, \mathscr{A}(\boldsymbol{\eta}_r)\}$ 是 $\operatorname{Im} \mathscr{A}$ 的一个基. 令 $\{\boldsymbol{\mu}_1, \boldsymbol{\mu}_2, \cdots, \boldsymbol{\mu}_r\}=\{\mathscr{A}(\boldsymbol{\eta}_1), \mathscr{A}(\boldsymbol{\eta}_2), \cdots, \mathscr{A}(\boldsymbol{\eta}_r)\}$，并将其扩充为 L 的基 $\{\boldsymbol{\mu}_1, \boldsymbol{\mu}_2, \cdots, \boldsymbol{\mu}_n\}$.

设基 $\{\boldsymbol{\mu}_1, \boldsymbol{\mu}_2, \cdots, \boldsymbol{\mu}_n\}$ 到 $\{\boldsymbol{\eta}_1, \boldsymbol{\eta}_2, \cdots, \boldsymbol{\eta}_n\}$ 的过渡矩阵为 $\boldsymbol{B}$: $(\boldsymbol{\mu}_1, \boldsymbol{\mu}_2, \cdots, \boldsymbol{\mu}_n)\mathscr{B}=(\boldsymbol{\eta}_1, \boldsymbol{\eta}_2, \cdots, \boldsymbol{\eta}_n)$，那么对应于 $\boldsymbol{B}$，存在 L 的线性变换 $\mathscr{B}: L \rightarrow L$，满足 $\mathscr{B}(\boldsymbol{\mu}_1, \boldsymbol{\mu}_2, \cdots, \boldsymbol{\mu}_n)=(\boldsymbol{\eta}_1, \boldsymbol{\eta}_2, \cdots, \boldsymbol{\eta}_n)$. 这样，对每一个 $i=1,2,\cdots,r$，有 $\mathscr{B}\mathscr{A}(\boldsymbol{\eta}_i)=\mathscr{B}(\boldsymbol{\mu}_i)=\boldsymbol{\eta}_i$，则 $(\mathscr{B}\mathscr{A})^2(\boldsymbol{\eta}_i)=\mathscr{B}\mathscr{A}(\boldsymbol{\mu}_i)$；而当 $i=r+1, r+2, \cdots, n$ 时，$\mathscr{B}\mathscr{A}(\boldsymbol{\eta}_i)=\mathscr{B}(\mathbf{0})=\mathbf{0}$，同样满足 $(\mathscr{B}\mathscr{A})^2(\boldsymbol{\eta}_i)=\mathscr{B}\mathscr{A}(\boldsymbol{\mu}_i)$.

这样一来，$\mathscr{C}=\mathscr{B}\mathscr{A}$ 是幂等变换，于是，我们可以把 $\mathscr{A}$ 写成所说的乘积的形

式：$\mathscr{A}=\mathscr{B}^{-1}\mathscr{C}$. 证毕.

定理 2.5.5 可以用矩阵的语言重述和证明如下：

定理 2.5.5′ 对于任一方阵 $\boldsymbol{A}$，都存在同阶可逆矩阵 $\boldsymbol{B}$，使得 $\boldsymbol{BA}$ 是幂等矩阵.

证明 把 $\boldsymbol{A}$ 写为它的相抵标准型

$$\boldsymbol{A}=\boldsymbol{P}\begin{pmatrix}\boldsymbol{E}_r & \boldsymbol{O}\\ \boldsymbol{O} & \boldsymbol{O}\end{pmatrix}\boldsymbol{Q}$$

其中 $\boldsymbol{E}_r$ 是 r 阶单位矩阵，而 r 是 $\boldsymbol{A}$ 的秩，$\boldsymbol{P},\boldsymbol{Q}$ 为满秩矩阵. 注意到

$$\boldsymbol{R}^{-1}\boldsymbol{Q}^{-1}\boldsymbol{A}=\boldsymbol{R}^{-1}\begin{pmatrix}\boldsymbol{E}_r & \boldsymbol{O}\\ \boldsymbol{O} & \boldsymbol{O}\end{pmatrix}\boldsymbol{R}$$

且

$$\left(\boldsymbol{R}^{-1}\begin{pmatrix}\boldsymbol{E}_r & \boldsymbol{O}\\ \boldsymbol{O} & \boldsymbol{O}\end{pmatrix}\boldsymbol{R}\right)^2=\boldsymbol{R}^{-1}\begin{pmatrix}\boldsymbol{E}_r & \boldsymbol{O}\\ \boldsymbol{O} & \boldsymbol{O}\end{pmatrix}\boldsymbol{R}$$

所以只要令 $\boldsymbol{B}=\boldsymbol{R}^{-1}\boldsymbol{Q}^{-1}$ 即可. 证毕.

下面我们讨论幂等变换的特征值与特征向量的问题.

设 $\mathscr{A}$ 是 n 维线性空间 L 上的幂等变换，特征值为 λ，对应特征向量为 $\boldsymbol{\alpha}$，即 $\mathscr{A}\boldsymbol{\alpha}=\lambda\boldsymbol{\alpha}$. 由 $\mathscr{A}$ 的幂等性，有 $\lambda^2\boldsymbol{\alpha}=\mathscr{A}^2\boldsymbol{\alpha}=\mathscr{A}\boldsymbol{\alpha}=\lambda\boldsymbol{\alpha}$，得出 $\lambda^2=\lambda$，所以 $\lambda=0$ 或 1. 进一步，幂等变换是可以对角化的.

定理 2.5.6 线性空间 L 上的任一幂等变换 $\mathscr{A}$，都存在 L 的一个基，使得 $\mathscr{A}$ 在该基下的矩阵 $\boldsymbol{A}$ 为对角形

$$\boldsymbol{A}=\begin{pmatrix}\boldsymbol{E}_r & \boldsymbol{O}\\ \boldsymbol{O} & \boldsymbol{O}\end{pmatrix}$$

其中 $\boldsymbol{E}_r$ 为 r 阶单位矩阵，而 r 为 $\mathrm{Im}\,\mathscr{A}$ 的维数.

证明 一方面，取 $\mathrm{Im}\,\mathscr{A}$ 的一组基 $\boldsymbol{\eta}_1,\boldsymbol{\eta}_2,\cdots,\boldsymbol{\eta}_r$，$\mathrm{Ker}\,\mathscr{A}$ 的一组基 $\boldsymbol{\eta}_{r+1}$，$\boldsymbol{\eta}_{r+2},\cdots,\boldsymbol{\eta}_n$，则 $\boldsymbol{\eta}_1,\boldsymbol{\eta}_2,\cdots,\boldsymbol{\eta}_n$ 是 L 的一组基. 另一方面，对任意的 $\boldsymbol{y}\in\mathrm{Im}\,\mathscr{A}$，存在 $\boldsymbol{x}\in L$ 使得 $\mathscr{A}\boldsymbol{x}=\boldsymbol{y}$，按幂等性

$$\mathscr{A}\boldsymbol{y}=\mathscr{A}^2\boldsymbol{x}=\mathscr{A}\boldsymbol{x}=\boldsymbol{y}$$

对任意的 $\boldsymbol{z}\in\mathrm{Ker}\,\mathscr{A}$，均有 $\mathscr{A}\boldsymbol{z}=\boldsymbol{0}$. 于是

$$\mathscr{A}\boldsymbol{\eta}_i=\boldsymbol{\eta}_i\quad(i=1,2,\cdots,r)$$

$$\mathscr{A}\boldsymbol{\eta}_j=0\quad(i=r+1,r+2,\cdots,n)$$

这样一来，$\mathscr{A}$ 在基 $\boldsymbol{\eta}_1,\boldsymbol{\eta}_2,\cdots,\boldsymbol{\eta}_n$ 下的矩阵即为对角矩阵

$$\boldsymbol{A}=\begin{pmatrix}\boldsymbol{E}_r & \boldsymbol{O}\\ \boldsymbol{O} & \boldsymbol{O}\end{pmatrix}$$

证毕.

定理 2.5.6 的矩阵表述为：

定理 2.5.6′ 任一秩为 r 的幂等矩阵都相似于对角矩阵 $\begin{pmatrix} \boldsymbol{E}_r & \boldsymbol{O} \\ \boldsymbol{O} & \boldsymbol{O} \end{pmatrix}$.

证明 写 $\boldsymbol{A}$ 为相抵标准型

$$\boldsymbol{A}=\boldsymbol{P}\begin{pmatrix} \boldsymbol{E}_r & \boldsymbol{O} \\ \boldsymbol{O} & \boldsymbol{O} \end{pmatrix}\boldsymbol{Q}=\boldsymbol{P}\begin{pmatrix} \boldsymbol{E}_r & \boldsymbol{O} \\ \boldsymbol{O} & \boldsymbol{O} \end{pmatrix}\boldsymbol{QPP}^{-1}$$

其中 $\boldsymbol{E}_r$ 是 r 阶单位矩阵，而 r 是 $\boldsymbol{A}$ 的秩，$\boldsymbol{P},\boldsymbol{Q}$ 为满秩矩阵.

设 $\boldsymbol{QP}=\begin{pmatrix} \boldsymbol{R}_{11} & \boldsymbol{R}_{12} \\ \boldsymbol{R}_{21} & \boldsymbol{R}_{22} \end{pmatrix}$，其中 $\boldsymbol{R}_{11}$ 是 r 阶方阵. 于是

$$\boldsymbol{A}=\boldsymbol{P}\begin{pmatrix} \boldsymbol{R}_{11} & \boldsymbol{R}_{12} \\ \boldsymbol{O} & \boldsymbol{O} \end{pmatrix}\boldsymbol{P}^{-1}$$

因为

$$\boldsymbol{A}^2=\boldsymbol{P}\begin{pmatrix} \boldsymbol{R}_{11}^2 & \boldsymbol{R}_{11}\boldsymbol{R}_{12} \\ \boldsymbol{O} & \boldsymbol{O} \end{pmatrix}\boldsymbol{P}^{-1}=\boldsymbol{P}\begin{pmatrix} \boldsymbol{R}_{11} & \boldsymbol{R}_{12} \\ \boldsymbol{O} & \boldsymbol{O} \end{pmatrix}\boldsymbol{P}^{-1}=\boldsymbol{A}$$

所以

$$秩\left(\begin{pmatrix} \boldsymbol{R}_{11}^2 & \boldsymbol{R}_{11}\boldsymbol{R}_{12} \\ \boldsymbol{O} & \boldsymbol{O} \end{pmatrix}\right)=秩(\boldsymbol{A})=r \tag{2.5.2}$$

且

$$\begin{pmatrix} \boldsymbol{R}_{11}^2 & \boldsymbol{R}_{11}\boldsymbol{R}_{12} \\ \boldsymbol{O} & \boldsymbol{O} \end{pmatrix}=\begin{pmatrix} \boldsymbol{R}_{11} & \boldsymbol{R}_{12} \\ \boldsymbol{O} & \boldsymbol{O} \end{pmatrix} \tag{2.5.3}$$

由式(2.5.2)知，必须秩$(\boldsymbol{R}_{11})=r$，否则秩$(\boldsymbol{R}_{11}^2)$与秩$(\boldsymbol{R}_{11}\boldsymbol{R}_{12})$均小于 r，而与式(2.5.2)矛盾. 由式(2.5.3)知 $\boldsymbol{R}_{11}^2=\boldsymbol{R}_{11}$，也就是说 $\boldsymbol{R}_{11}$ 是幂等矩阵，按定理 2.5.1′

$$秩(\mathbf{A})+秩(\boldsymbol{E}_r-\boldsymbol{R}_{11})=r$$

而得出

$$秩(\boldsymbol{E}_r-\boldsymbol{R}_{11})=0$$

由此

$$\boldsymbol{R}_{11}=\boldsymbol{E}_r$$

于是

$$\begin{aligned}\boldsymbol{A}=\boldsymbol{A}^2&=\boldsymbol{P}\begin{pmatrix} \boldsymbol{R}_{11}^2 & \boldsymbol{R}_{11}\boldsymbol{R}_{12} \\ \boldsymbol{O} & \boldsymbol{O} \end{pmatrix}\boldsymbol{P}^{-1}\\ &=\boldsymbol{P}\begin{pmatrix} \boldsymbol{E}_r & \boldsymbol{R}_{12} \\ \boldsymbol{O} & \boldsymbol{O} \end{pmatrix}\boldsymbol{P}^{-1}\end{aligned}$$

$$=P\begin{pmatrix}E_r & -R_{12}\\ O & E_{(n-r)}\end{pmatrix}\begin{pmatrix}E_r & O\\ O & O\end{pmatrix}\begin{pmatrix}E_r & -R_{12}\\ O & E_{(n-r)}\end{pmatrix}P^{-1}$$

记 $S=P\begin{pmatrix}E_r & -R_{12}\\ O & E_{(n-r)}\end{pmatrix}$,那么

$$\begin{pmatrix}E_r & R_{12}\\ O & E_{(n-r)}\end{pmatrix}P^{-1}=S^{-1}$$

这样一来,我们最后得到

$$\mathbf{A}=S\begin{pmatrix}E_r & O\\ O & O\end{pmatrix}S^{-1}$$

因为 S 是满秩的,所以我们的定理成立. 证毕.

一般来说,两个幂等变换的和不一定是幂等变换. 但我们有:

定理 2.5.7 两个幂等变换之和仍为幂等变换的充分必要条件是它们可交换并且乘积为零变换.

证明 必要性. 乘开 $(\mathscr{A}+\mathscr{B})^2$,得

$$(\mathscr{A}+\mathscr{B})^2=\mathscr{A}^2+\mathscr{B}^2+\mathscr{A}\mathscr{B}+\mathscr{B}\mathscr{A}$$

注意到 $\mathscr{A}$,$\mathscr{B}$ 以及 $\mathscr{A}+\mathscr{B}$ 的幂等性,有

$$\mathscr{A}+\mathscr{B}=\mathscr{A}+\mathscr{B}+\mathscr{A}\mathscr{B}+\mathscr{B}\mathscr{A}$$

即

$$\mathscr{A}\mathscr{B}+\mathscr{B}\mathscr{A}=\mathscr{O} \tag{2.5.4}$$

两边左乘 $\mathscr{A}$,得

$$\mathscr{A}^2\mathscr{B}+\mathscr{A}\mathscr{B}\mathscr{A}=\mathscr{A}\mathscr{B}+\mathscr{A}\mathscr{B}\mathscr{A}=\mathscr{O} \tag{2.5.5}$$

由此

$$\mathscr{A}\mathscr{B}=-\mathscr{A}\mathscr{B}\mathscr{A} \tag{2.5.6}$$

等式(2.5.5) 两端再右乘 $\mathscr{A}$,得

$$\mathscr{A}\mathscr{B}\mathscr{A}+\mathscr{A}\mathscr{B}\mathscr{A}^2=\mathscr{A}\mathscr{B}\mathscr{A}+\mathscr{A}\mathscr{B}\mathscr{A}=\mathscr{O}$$

得出

$$\mathscr{A}\mathscr{B}\mathscr{A}=\mathscr{O}$$

从而由式(2.5.6) 知

$$\mathscr{A}\mathscr{B}=\mathscr{O}$$

再由式(2.5.4) 知

$$\mathscr{B}\mathscr{A}=\mathscr{O}$$

充分性. 由 $\mathscr{A}^2=\mathscr{A}$,$\mathscr{B}^2=\mathscr{B}$ 以及 $\mathscr{A}\mathscr{B}=\mathscr{B}\mathscr{A}=\mathscr{O}$,得

$$(\mathscr{A}+\mathscr{B})^2=\mathscr{A}^2+\mathscr{B}^2+\mathscr{A}\mathscr{B}+\mathscr{B}\mathscr{A}=\mathscr{A}+\mathscr{B}$$

由此 $\mathscr{A}+\mathscr{B}$ 是幂等变换. 证毕.

定理 2.5.7′ 设 $\boldsymbol{A},\boldsymbol{B}$ 为同阶幂等矩阵,则 $\boldsymbol{A}+\boldsymbol{B}$ 为幂等的当且仅当 $\boldsymbol{AB}=\boldsymbol{BA}=\boldsymbol{O}$.

§3 线性映射

3.1 线性映射

到目前为止,我们讨论的线性函数,它的变量是在一个线性空间 L 里变动的向量,它们的值是在同一空间 L 内的向量. 但是我们可以采用较普遍的观点,可以讨论向量变量的函数,其值为一个线性空间 L' 的向量. 若这样的一个函数满足条件

$$\mathscr{A}(\boldsymbol{x}+\boldsymbol{y})=\mathscr{A}\boldsymbol{x}+\mathscr{A}\boldsymbol{y},\mathscr{A}(k\boldsymbol{x})=k\mathscr{A}\boldsymbol{x}$$

(右端的运算是空间 L' 内的运算),则称为一个普遍线性变换或线性映射.

特别地,若 L' 与 L 相同,则我们就得到寻常的线性变换;若 L' 是一维空间,则普遍线性变换就成为普遍的线性齐次式.

对于在一个线性空间 L 内定义而其值则在一个线性空间 L'(L' 可能就是 L)的线性映射,我们可以用自然的方法(如同线性变换那样)给予加法与数乘运算的定义. 一切这样映射的集合就构成一个新的线性空间.

对于两个线性映射 $\mathscr{A},\mathscr{B}$ 的一种自然的乘法运算只能在下面的情形才为可能:第一个映射起作用的空间正是第二个映射的值所在的空间. 这样,乘积 $\mathscr{C}=\mathscr{A}\mathscr{B}$ 就由以下的公式来定义

$$\mathscr{C}\boldsymbol{x}=\mathscr{A}\mathscr{B}(\boldsymbol{x})=\mathscr{A}(\mathscr{B}\boldsymbol{x})$$

假设所给数域 K 上维数各为 n 与 m 的两个线性空间 L 与 L',现在我们证明,对于 L 与 L' 中已给的基底,每一个映 L 于 L' 中的线性映射 $\mathscr{A}$ 对应于一个维数为 $m\times n$ 的长方矩阵;反之,每一个这样的矩阵对应于某一个映 L 于 L' 中的线性映射.

事实上,对于映 L 于 L' 中的线性映射 $\mathscr{A}$ 与 L 的任一基底 $\boldsymbol{e}_1,\boldsymbol{e}_2,\cdots,\boldsymbol{e}_n$,$L'$ 中任取 $\boldsymbol{e}'_1,\boldsymbol{e}'_2,\cdots,\boldsymbol{e}'_m$,有元素在域 K 中的这样的长方矩阵

$$\begin{pmatrix} a_{11} & a_{12} & \cdots & a_{1n} \\ a_{21} & a_{22} & \cdots & a_{2n} \\ \vdots & \vdots & & \vdots \\ a_{m1} & a_{m2} & \cdots & a_{mn} \end{pmatrix}$$

存在,这一矩阵来构成的替换

$$\begin{cases} y_1 = a_{11}x_1 + a_{12}x_2 + \cdots + a_{1n}x_n \\ y_2 = a_{21}x_1 + a_{22}x_2 + \cdots + a_{2n}x_n \\ \vdots \\ y_m = a_{m1}x_1 + a_{m2}x_2 + \cdots + a_{mn}x_n \end{cases}$$

变 L 中的每一个向量 $\boldsymbol{x} = \sum_{i=1}^{n} x_i \boldsymbol{e}_i$ 为 L' 中的某一个向量 $\boldsymbol{y} = \sum_{k=1}^{m} y_k \boldsymbol{e}'_k$,亦即这个替换确定了一个映射 $\mathscr{A}$,变向量 $\boldsymbol{x}$ 为向量 $\boldsymbol{y}$:$\boldsymbol{y} = \mathscr{A}\boldsymbol{x}$. 不难验证,这个映射 $\mathscr{A}$ 有线性的性质.

相反地,应用映射 $\mathscr{A}$ 于基底的向量 $\boldsymbol{e}_k$ 来得出在基底 $\boldsymbol{e}'_1, \boldsymbol{e}'_2, \cdots, \boldsymbol{e}'_m$ 中向量 $\mathscr{A}\boldsymbol{e}_k$ 的坐标且记之为 $a_{1k}, a_{2k}, \cdots, a_{mk} (k=1,2,\cdots,n)$

$$\mathscr{A}\boldsymbol{e}_k = \sum_{i=1}^{m} a_{ik} \boldsymbol{e}'_i \quad (k=1,2,\cdots,n)$$

以 x_k 同乘等式两端后再将其全部加起来,我们得出

$$\sum_{K=1}^{n} x_k \mathscr{A}\boldsymbol{e}_k = \sum_{i=1}^{m} \left(\sum_{k=1}^{n} a_{ik} x_k\right) \boldsymbol{e}'_i$$

故

$$\boldsymbol{y} = \mathscr{A}\boldsymbol{x} = \mathscr{A}\left(\sum_{k=1}^{n} x_k \boldsymbol{e}_k\right) = \sum_{k=1}^{n} x_k \mathscr{A}\boldsymbol{e}_k = \sum_{i=1}^{m} y_i \boldsymbol{e}'_i$$

其中

$$y_i = \sum_{k=1}^{m} a_{ik} x_k \quad (i=1,2,\cdots,m)$$

这就证明了我们所需要的所有结论.

此时在对应于映射 $\mathscr{A}$ 的矩阵 $\mathbf{A}$ 中,其第 k 列是向量 $\mathscr{A}\boldsymbol{e}_k (k=1,2,\cdots,n)$ 的坐标所顺次组成的. 如此,容易明白,映射 $\mathscr{A}$ 的矩阵 $\mathbf{A}$ 的列数就等于空间 L 的维数(而 $\mathbf{A}$ 的行数等于 L' 的维数).

我们可以按照下面的方法构造 L 到 L' 的线性映射. 任取 L' 中的 n 个向量 $\boldsymbol{\gamma}_1, \boldsymbol{\gamma}_2, \cdots, \boldsymbol{\gamma}_n$(它们中可能有相同的),令

$$L' \xleftarrow{\mathscr{A}} L, \boldsymbol{\alpha} = \sum_{i=1}^{n} a_i \boldsymbol{e}_i \to \sum_{i=1}^{n} a_i \boldsymbol{\gamma}_i$$

由于 $\boldsymbol{\alpha}$ 的表示法唯一,因此 $\mathscr{A}$ 是 L 到 L' 的映射.设 $\boldsymbol{\beta}=\sum_{i=1}^{n}b_i\boldsymbol{e}_i$,则

$$\boldsymbol{\alpha}+\boldsymbol{\beta}=\sum_{i=1}^{n}(a_i+b_i)\boldsymbol{e}_i$$

从而

$$\mathscr{A}(\boldsymbol{\alpha}+\boldsymbol{\beta})=\sum_{i=1}^{n}(a_i+b_i)\boldsymbol{\gamma}_i=\sum_{i=1}^{n}a_i\boldsymbol{\gamma}_i+\sum_{i=1}^{n}b_i\boldsymbol{\gamma}_i=\mathscr{A}\boldsymbol{\alpha}+\mathscr{A}\boldsymbol{\beta}$$

$$\mathscr{A}(k\boldsymbol{\alpha})=\sum_{i=1}^{n}(ka_i)\boldsymbol{\gamma}_i=k\mathscr{A}\boldsymbol{\alpha}$$

因此 $\mathscr{A}$ 是 L 到 L' 的线性映射,显然

$$\mathscr{A}(\boldsymbol{e}_i)=\boldsymbol{\gamma}_i\quad(i=1,2,\cdots,n)$$

若 L 到 L' 的一个线性映射 $\mathscr{B}$ 也满足

$$\mathscr{B}(\boldsymbol{e}_i)=\boldsymbol{\gamma}_i\quad(i=1,2,\cdots,n)$$

则

$$\mathscr{A}(\boldsymbol{e}_i)=\mathscr{B}(\boldsymbol{e}_i)\quad(i=1,2,\cdots,n)$$

即 L 的基底 $\boldsymbol{e}_1,\boldsymbol{e}_2,\cdots,\boldsymbol{e}_n$ 中的每个向量在 $\mathscr{A}$ 和 $\mathscr{B}$ 下的像重合,于是 $\mathscr{A}=\mathscr{B}$.这就证明了:

定理3.1.1 设 L 与 L' 都是数域 K 上的线性空间,且 L 的维数为 n,而 $\boldsymbol{e}_1,\boldsymbol{e}_2,\cdots,\boldsymbol{e}_n$ 是它的一个基底,则对于 L' 中的任何 n 个向量 $\boldsymbol{\gamma}_1,\boldsymbol{\gamma}_2,\cdots,\boldsymbol{\gamma}_n$,存在线性映射 $\mathscr{A}$,使得 $\mathscr{A}(\boldsymbol{e}_i)=\boldsymbol{\gamma}_i,i=1,2,\cdots,n$;并且这样的映射还是唯一的.

3.2 不同基下线性映射的矩阵・标准基底・相抵矩阵

假设给出数域 K 上维数各为 n 与 m 的两个线性空间 L 与 L',且给定映射 L 于 L' 中的线性变换 $\mathscr{A}$.现在我们来说明,当 L 中的基底变更时,对应于所给线性映射 $\mathscr{A}$ 的矩阵是怎样变动的.

在 L 与 L' 中各取基底 $\boldsymbol{e}_1,\boldsymbol{e}_2,\cdots,\boldsymbol{e}_n$ 与 $\boldsymbol{e}'_1,\boldsymbol{e}'_2,\cdots,\boldsymbol{e}'_m$.在这些基底中,设映射 $\mathscr{A}$ 对应于矩阵 $(a_{ik})_{m\times n}$.向量等式

$$\boldsymbol{y}=\mathscr{A}\boldsymbol{x}\tag{3.2.1}$$

对应于矩阵等式

$$\boldsymbol{Y}=\boldsymbol{A}\boldsymbol{X}\tag{3.2.2}$$

其中 $\boldsymbol{X}$ 与 $\boldsymbol{Y}$ 为向量 $\boldsymbol{x}$ 与 $\boldsymbol{y}$ 在基底 $\boldsymbol{e}_1,\boldsymbol{e}_2,\cdots,\boldsymbol{e}_n$ 与 $\boldsymbol{e}'_1,\boldsymbol{e}'_2,\cdots,\boldsymbol{e}'_m$ 中的坐标列.

现在 L 与 L' 中取另外的基底 $\overline{\boldsymbol{e}}_1,\overline{\boldsymbol{e}}_2,\cdots,\overline{\boldsymbol{e}}_n$ 与 $\overline{\boldsymbol{e}}'_1,\overline{\boldsymbol{e}}'_2,\cdots,\overline{\boldsymbol{e}}'_m$.在新基底中,$\boldsymbol{X}$,$\boldsymbol{Y}$,$\boldsymbol{A}$ 各换为 $\overline{\boldsymbol{X}}$,$\overline{\boldsymbol{Y}}$,$\overline{\boldsymbol{A}}$.此处

$$\overline{\boldsymbol{Y}}=\overline{\boldsymbol{A}}\,\overline{\boldsymbol{X}} \tag{3.2.3}$$

取 $\boldsymbol{Q}$ 与 $\boldsymbol{N}$ 各记为 n 与 m 的满秩矩阵，它们为空间 L 与 L' 中当旧基底变为新基底时的坐标变换矩阵(参阅 2.1 目)

$$\boldsymbol{X}=\boldsymbol{Q}\,\overline{\boldsymbol{X}},\boldsymbol{Y}=\boldsymbol{N}\overline{\boldsymbol{Y}} \tag{3.2.4}$$

那么从式(3.2.2) 与(3.2.4)，我们得出

$$\overline{\boldsymbol{Y}}=\boldsymbol{N}^{-1}\boldsymbol{Y}=\boldsymbol{N}^{-1}\boldsymbol{A}\boldsymbol{X}=\boldsymbol{N}^{-1}\boldsymbol{A}\boldsymbol{Q}\overline{\boldsymbol{X}} \tag{3.2.5}$$

设 $\boldsymbol{P}=\boldsymbol{N}^{-1}$，我们由式(3.2.3) 与(3.2.5) 得出

$$\overline{\mathbf{A}}=PAQ \tag{3.2.6}$$

定义 3.2.1 两个维数相同的长方矩阵 $\boldsymbol{A}$ 与 $\boldsymbol{B}$ 称为相抵的，如果有两个满秩矩阵 $\boldsymbol{P}$ 与 $\boldsymbol{Q}$ 存在①，使得

$$\boldsymbol{B}=\boldsymbol{P}\boldsymbol{A}\boldsymbol{Q} \tag{3.2.7}$$

由式(3.2.6) 得知，在 L 与 L' 中选取不同的基底时，对应于同一线性映射 $\mathscr{A}$ 的两个矩阵，是永远彼此相抵的. 不难看出，相反的，如果在 L 与 L' 中对于某一基底来说矩阵 $\boldsymbol{A}$ 对应于映射 $\mathscr{A}$，而矩阵 $\boldsymbol{B}$ 与矩阵 $\boldsymbol{A}$ 相抵，那么在 L 与 L' 中一定可以对于某一个另外的基底来说，$\boldsymbol{B}$ 是对应于同一映射 $\mathscr{A}$ 的.

这样一来，每一个映 L 于 L' 中的线性映射，对应于元素在域 K 中的由彼此相抵的矩阵所组成的矩阵类.

定理 3.2.1 设 L,L' 都是有限维线性空间，$\mathscr{A}$ 是 L 到 L' 的线性映射，那么存在 L 的基 S 和 L' 的基 T，使得 $\mathscr{A}$ 在 S,T 下的矩阵成为对角形：沿主对角线由上向下有 r 个 1，其他元素全等于零.

定理 3.2.1 中的基底 S,T 称为标准基底.

证明 设 L,L' 的维数分别为 n 和 m，而它们的基底分别为 $\boldsymbol{e}_1,\boldsymbol{e}_2,\cdots,\boldsymbol{e}_n$ 与 $\boldsymbol{e}'_1,\boldsymbol{e}'_2,\cdots,\boldsymbol{e}'_m$. 以 r 记 $\mathscr{A}\boldsymbol{e}_1,\mathscr{A}\boldsymbol{e}_2,\cdots,\mathscr{A}\boldsymbol{e}_n$ 中线性无关的个数. 不失一般性，可以假设 $\mathscr{A}\boldsymbol{e}_1,\mathscr{A}\boldsymbol{e}_2,\cdots,\mathscr{A}\boldsymbol{e}_r$ 是线性无关的②，而其余的向量 $\mathscr{A}\boldsymbol{e}_{r+1},\mathscr{A}\boldsymbol{e}_{r+2},\cdots,\mathscr{A}\boldsymbol{e}_n$ 可以经它们线性表出

$$\mathscr{A}\boldsymbol{e}_k=\sum_{j=1}^{r}c_{kj}\,\mathscr{A}\boldsymbol{e}_j\quad(k=r+1,r+2,\cdots,n) \tag{3.2.8}$$

在 L 中定出如下形式的新基底

---

① 如果矩阵 $\boldsymbol{A}$ 与 $\boldsymbol{B}$ 有维数 $m\times n$，则在式(3.2.7) 中方阵 $\boldsymbol{P}$ 的阶数等于 m，而方阵 $\boldsymbol{Q}$ 的阶数等于 n. 如果相抵矩阵 $\boldsymbol{A}$ 与 $\boldsymbol{B}$ 的元素属于某一个数域，那么矩阵 $\boldsymbol{P}$ 与 $\boldsymbol{Q}$ 亦可以这样选取，使得它们的元素都属于这同一个数域.

另外，容易明白，这个定义是和第二章矩阵相抵的定义(定义 4.4.1) 等价的.

② 可以由调动基底中向量 $\boldsymbol{e}_1,\boldsymbol{e}_2,\cdots,\boldsymbol{e}_n$ 的序数来得出.

$$\bar{e}_i=\begin{cases}e_i & (i=1,2,\cdots,r)\\ e_k-\sum_{j=1}^{r}c_{ij}e_j & (i=r+1,r+2,\cdots,n)\end{cases}\tag{3.2.9}$$

那么由式(3.2.8),得

$$\mathscr{A}\bar{e}_k=\mathbf{0}\quad(k=r+1,r+2,\cdots,n)\tag{3.2.10}$$

我们又假设:

$$\mathscr{A}\bar{e}_j=\bar{e}'_j\quad(j=1,2,\cdots,r)\tag{3.2.11}$$

向量$\bar{e}_1,\bar{e}_2,\cdots,\bar{e}_n$线性无关.补充以某些向量$\bar{e}'_{r+1},\bar{e}'_{r+2},\cdots,\bar{e}'_m$,使得$\bar{e}'_1,\bar{e}'_2,\cdots,\bar{e}'_m$成为$L'$的基底.

那么在新基底$\bar{e}'_1,\bar{e}'_2,\cdots,\bar{e}'_n;\bar{e}'_1,\bar{e}'_2,\cdots,\bar{e}'_m$中对应于同一映射$\mathscr{A}$的矩阵,由式(3.2.10)与(3.2.11)将有如下形式

$$\boldsymbol{I}_r=\begin{pmatrix}1&0&\cdots&0&0&\cdots&0\\0&1&\cdots&0&0&\cdots&0\\\vdots&\vdots&&\vdots&\vdots&&\vdots\\0&0&\cdots&1&0&\cdots&0\\0&0&\cdots&0&0&\cdots&0\\\vdots&\vdots&&\vdots&\vdots&&\vdots\\0&0&\cdots&0&0&\cdots&0\end{pmatrix}\tag{3.2.12}$$

证毕.

下述定理给出了两个矩阵相抵性的判定:

定理 3.2.2 两个同维数的长方矩阵彼此相抵的充分必要条件是这两个矩阵有相同的秩.

证明 条件的必要性.在(左或右)乘长方矩阵以任一满秩矩阵时,不改变长方矩阵的秩.故由式(3.2.7)得出

$$r_{\boldsymbol{A}}=r_{\boldsymbol{B}}$$

条件的充分性.设$\boldsymbol{A}$为一个$m\times n$维数的长方矩阵.它表出一个映空间L(基底为$e_1,e_2,\cdots,e_n$时)于L'(基底为$e'_1,e'_2,\cdots,e'_m$时)中的线性映射$\mathscr{A}$.设$\mathscr{A}$在标准基底下的矩阵为式(3.2.12).因为矩阵$\boldsymbol{A}$与$\boldsymbol{I}_r$都对应于同一映射$\mathscr{A}$,所以它们是彼此相抵的.因为已经证明了相抵矩阵有相同的秩,所以原矩阵的秩等于r.

我们已经证明了任何秩为r的长方矩阵都与"标准"矩阵$\boldsymbol{I}_r$相抵.但矩阵$\boldsymbol{I}_r$完全被维数$m\times n$与数r所确定.故所有$m\times n$维的秩为r的长方矩阵都与同一矩阵$\boldsymbol{I}_r$相抵,因而彼此相抵.定理即已证明.

3.3 利用核与值域来研究线性映射

用像空间与核空间来讨论线性映射的性质是线性代数中的常用方法.

假设已经给出了映 n 维空间 L 于 m 维空间 L' 中的线性映射 $\mathscr{A}$. $\mathscr{A}\boldsymbol{x}$ 形的向量集合,其 $\boldsymbol{x} \in L$ 者,构成一个向量空间,称为 $\mathscr{A}$ 的像空间,并记之以 $\mathscr{A}(L)$ 或 $\mathrm{Im}\ \mathscr{A}$;它是空间 L' 的一部分,或者说它是空间 L' 的子空间.

与 L' 中子空间 $\mathscr{A}(L)$ 相伴的,我们来考虑所有适合方程

$$\mathscr{A}\boldsymbol{x} = \boldsymbol{0}$$

的向量 $\boldsymbol{x}(\boldsymbol{x} \in L)$. 这些向量同样地构成 L 的子空间;同以前一样我们以 $\mathrm{Ker}(\mathscr{A})$ 来记这一子空间,并称它为映射 $\mathscr{A}$ 的核.

首先指出像空间与核空间的一些简单性质(它们的正确性的验证也是简单的):对于任意线性映射 $\mathscr{A}$ 和正整数 k,有如下结论:

1° $\mathrm{Im}\ \mathscr{A}^k \supseteq \mathrm{Im}\ \mathscr{A}^{k+1}$, $\mathrm{Ker}\ \mathscr{A}^k \subseteq \mathrm{Ker}\ \mathscr{A}^{k+1}$.

2° 若 $\mathrm{Im}\ \mathscr{A}^{k-1} = \mathrm{Im}\ \mathscr{A}^k$,则 $\mathrm{Im}\ \mathscr{A}^k = \mathrm{Im}\ \mathscr{A}^{k+1}$.

3° 若 $\mathrm{Ker}\ \mathscr{A}^k = \mathrm{Ker}\ \mathscr{A}^{k+1}$,则 $\mathrm{Ker}\ \mathscr{A}^{k+1} = \mathrm{Ker}\ \mathscr{A}^{k+2}$.

定理 3.3.1 设 $\mathscr{A}$ 是线性空间 L 到 L' 的线性映射,那么 $L/\mathrm{Ker}\ \mathscr{A}$ 与 $\mathrm{Im}\ \mathscr{A}$ 同构.

证明 定义 $L/\mathrm{Ker}\ \mathscr{A}$ 到 $\mathrm{Im}\ \mathscr{A}$ 的对应 $\sigma:[\boldsymbol{a}] \to \mathscr{A}\boldsymbol{a}$. 于是 $[\boldsymbol{a}]=[\boldsymbol{b}]$ 当且仅当 $\mathscr{A}\boldsymbol{a} - \mathscr{A}\boldsymbol{b} = \mathscr{A}(\boldsymbol{a}-\boldsymbol{b}) = \boldsymbol{0}$. 所以 $\sigma([\boldsymbol{a}])$ 的值与 $\boldsymbol{a}$ 的选取无关. 换句话说,对应 σ 是合理的.

若 $\sigma([\boldsymbol{a}])=\sigma([\boldsymbol{b}])$,则 $\mathscr{A}\boldsymbol{a}=\mathscr{A}\boldsymbol{b}$,这又等价于 $\boldsymbol{a}-\boldsymbol{b} \in \mathrm{Ker}\ \mathscr{A}$,此即 $[\boldsymbol{a}]=[\boldsymbol{b}]$. 故 σ 是单射.

对应任意的 $\boldsymbol{b} \in \mathrm{Im}\ \mathscr{A}$,存在 $\boldsymbol{a} \in L$,使得 $\mathscr{A}\boldsymbol{a}=\boldsymbol{b}$,即 $\sigma([\boldsymbol{a}])=\boldsymbol{b}$,故 σ 是满射.

因此,σ 是一一映射.

对应任意的 $[\boldsymbol{a}],[\boldsymbol{b}] \in L/\mathrm{Ker}\ \mathscr{A}$ 和基域上的数 k,$\sigma([\boldsymbol{a}]+[\boldsymbol{b}]) = \sigma([\boldsymbol{a}+\boldsymbol{b}]) = \mathscr{A}(\boldsymbol{a}+\boldsymbol{b}) = \mathscr{A}\boldsymbol{a} + \mathscr{A}\boldsymbol{b} = \sigma([\boldsymbol{a}]) + \sigma([\boldsymbol{b}])$,$\sigma(k[\boldsymbol{a}]) = \sigma([k\boldsymbol{a}]) = \mathscr{A}(k\boldsymbol{a}) = k\mathscr{A}(\boldsymbol{a}) = k\sigma([\boldsymbol{a}])$.

综上所述,σ 是同构. 证毕.

定义 3.2.2 如果线性映射 $\mathscr{A}$ 映 L 于 L' 中,那么空间 $\mathscr{A}(L)$ 的维数称为映

射 **A** 的秩[①]，而子空间 $\mathrm{Ker}(\mathscr{A})$ 的维数称为映射 $\mathscr{A}$ 的零度.

那么由定理 3.3.1 与商空间的维数公式(第 7 章定理 4.6.1) 直接得出：

定理 3.3.2 (线性映射的维数公式) 设 $\mathscr{A}$ 是有限维线性空间 L 到 L' 上的线性映射，则 $\mathscr{A}$ 的秩 $+$ $\mathscr{A}$ 的零度 $=$ 空间 L 的维数.

可以给这个定理以直接的证明. 对于一个已给的映射 $\mathscr{A}$，在不同的基底中所对应的全部相抵长方矩阵里面，有一个标准矩阵 $\boldsymbol{I}_r$ 存在(定理 3.2.1). 以 $\bar{\boldsymbol{e}}_1$，$\bar{\boldsymbol{e}}_2,\cdots,\bar{\boldsymbol{e}}_n$ 与 $\bar{\boldsymbol{e}}'_1,\bar{\boldsymbol{e}}'_2,\cdots,\bar{\boldsymbol{e}}'_m$ 各记其在 L 与 L' 中的标准基底. 那么

$$\mathscr{A}\bar{\boldsymbol{e}}_1=\bar{\boldsymbol{e}}'_1,\cdots,\mathscr{A}\bar{\boldsymbol{e}}_r=\bar{\boldsymbol{e}}'_r,\mathscr{A}\bar{\boldsymbol{e}}_{r+1}=\cdots=\mathscr{A}\bar{\boldsymbol{e}}_n=\boldsymbol{0}$$

由 $\mathscr{A}(L)$ 与 $\mathrm{Ker}(\mathscr{A})$ 的定义，知 $\bar{\boldsymbol{e}}'_1,\bar{\boldsymbol{e}}'_2,\cdots,\bar{\boldsymbol{e}}'_r$ 构成 $\mathscr{A}(L)$ 的基底，而向量 $\bar{\boldsymbol{e}}_{r+1}$，$\bar{\boldsymbol{e}}_{r+2},\cdots,\bar{\boldsymbol{e}}_n$ 构成 $\mathrm{Ker}(\mathscr{A})$ 的基底. 因此推得 r 为映射 $\mathscr{A}$ 的秩，而 $n-r$ 为 $\mathscr{A}$ 的零度，于是便得出了所说的维数公式.

如果 **A** 是任意一个对应于映射 $\mathscr{A}$ 的矩阵，这里

$$\mathbf{A}=\begin{pmatrix} a_{11} & a_{12} & \cdots & a_{1n}\\ a_{21} & a_{22} & \cdots & a_{2n}\\ \vdots & \vdots & & \vdots\\ a_{m1} & a_{m2} & \cdots & a_{mn}\end{pmatrix}$$

为映射 $\mathscr{A}$ 在某两个基底 $\boldsymbol{e}_1,\boldsymbol{e}_2,\cdots,\boldsymbol{e}_n\in L$ 与 $\boldsymbol{e}'_1,\boldsymbol{e}'_2,\cdots,\boldsymbol{e}'_m\in L'$ 下所确定.

因为 **A** 与 $\mathscr{A}$ 的"标准"矩阵 $\boldsymbol{I}_r$ 相抵，因而有相同的秩 r. 这样一来，映射 $\mathscr{A}$ 的秩与长方矩阵 **A** 的秩相同($\mathscr{A}$ 的秩 $=r$ 这个结论已经在定理 3.3.2 的证明中给出). 如前所述，矩阵 **A** 的诸列为向量 $\mathscr{A}\boldsymbol{e}_1,\mathscr{A}\boldsymbol{e}_2,\cdots,\mathscr{A}\boldsymbol{e}_n$ 的坐标所组成. 因为由 $\boldsymbol{x}=\sum\limits_{i=1}^{n}x_i\boldsymbol{e}_i$ 得出 $\mathscr{A}\boldsymbol{x}=\sum\limits_{i=1}^{n}x_i\mathscr{A}\boldsymbol{e}_i$，所以映射 $\mathscr{A}$ 的秩，即 $\mathscr{A}L$ 的维数，等于 $\mathscr{A}\boldsymbol{e}_1,\mathscr{A}\boldsymbol{e}_2,\cdots$，$\mathscr{A}\boldsymbol{e}_n$ 中线性无关向量的个数的最大数. 这样一来，矩阵的秩等于这个矩阵中线性无关列的列数. 因在转置矩阵后，换行为列而不改变其秩，所以有：

1° 矩阵的线性无关行的个数等于这个矩阵的秩[②].

如果映射 $\mathscr{A}$ 是单的，那么由 $\boldsymbol{x}\neq\boldsymbol{0}$，得出 $\mathscr{A}(\boldsymbol{x})\neq\mathscr{A}(\boldsymbol{0})=\boldsymbol{0}$，此时 $\mathrm{Ker}(\mathscr{A})=\{\boldsymbol{0}\}$；反过来，若 $\mathrm{Ker}(\mathscr{A})=\{\boldsymbol{0}\}$，则由 $\mathscr{A}\boldsymbol{x}_1=\mathscr{A}\boldsymbol{x}_2$ 即 $\mathscr{A}(\boldsymbol{x}_1-\boldsymbol{x}_2)=\boldsymbol{0}$ 得出 $\boldsymbol{x}_1=\boldsymbol{x}_2$，

---

① $\mathscr{A}(L)$ 的维数永远不超过 L 的维数，这可以由等式 $\boldsymbol{x}=\sum\limits_{i=1}^{n}x_i\boldsymbol{e}_i$ ($\boldsymbol{e}_1,\boldsymbol{e}_2,\cdots,\boldsymbol{e}_n$ 为 L 的基) 导致等式 $\mathscr{A}\boldsymbol{x}=\sum\limits_{i=1}^{n}x_i\mathscr{A}\boldsymbol{e}_i$ 来得出.

② 对于这一结果，我们已经在第 7 章 3.4 目中用另一种推理得出了(参看定理 2.3.3).

即 $\mathscr{A}$ 是单射. 于是

"$\mathscr{A}$ 是单的" 当且仅当"$\mathscr{A}$ 的零度 $=0$" 当且仅当"$\mathscr{A}$ 的秩 $=$ 空间 L 的维数 $=n$"

所以,我们得出:

2° 线性映射 $\mathscr{A}$ 是单的当且仅当它对应的矩阵 $\mathbf{A}$ 是列满秩的.

在映射 $\mathscr{A}$ 是满的时候,我们可以写

"$\mathscr{A}$ 是满的" 当且仅当"$\mathscr{A}L=L'$" 当且仅当"$\mathscr{A}$ 的秩 $=$ 空间 L' 的维数 $=m$"

所以,有:

3° 线性映射 $\mathscr{A}$ 是满的当且仅当它对应的矩阵 $\mathbf{A}$ 是行满秩的.

现在,可以建立:

定理 3.3.3 设 $\mathscr{A}$ 是有限维空间 L 到 L' 的线性映射,则 $\mathscr{A}$ 是单的充分必要条件是存在 L' 到 L 的线性映射 $\mathscr{B}$,使得 $\mathscr{B}\mathscr{A}$ 是 L 的恒等变换;$\mathscr{A}$ 是满的充分必要条件是存在 L' 到 L 的线性映射 $\mathscr{C}$,使得 $\mathscr{A}\mathscr{C}$ 是 L' 的恒等变换.

证明 1) 若 $\mathscr{B}\mathscr{A}=\mathscr{E}$ 是恒等变换,则对任意的 $\boldsymbol{a}\in \mathrm{Ker}(\mathscr{A})$,有 $\boldsymbol{a}=\mathscr{E}(\boldsymbol{a})=\mathscr{A}(\mathscr{B}(\boldsymbol{a}))=\mathbf{0}$,即 $\mathrm{Ker}(\mathscr{A})=\{\mathbf{0}\}$,从而 $\mathscr{A}$ 是单射. 反之,若 $\mathscr{A}$ 是单射,则它的秩,即空间 $\mathscr{A}(L)$ 的维数 $=L$,且 $\mathscr{A}$ 是 L 到 $\mathscr{A}(L)$ 的线性同构. 设 L'_0 是 $\mathscr{A}(L)$ 在 L' 的补空间,即 $L'=\mathscr{A}(L)\oplus L'_0$;定义 $\mathscr{B}$ 为 L' 到 L 的线性映射,它在 $\mathscr{A}(L)$ 上的限制为 $\mathscr{A}^{-1}$,它在 L'_0 的限制为零映射,则容易验证 $\mathscr{B}\mathscr{A}$ 是 L 上的恒等变换.

2) 若 $\mathscr{A}\mathscr{C}=\mathscr{E}$ 是恒等变换,则对任意的 $\boldsymbol{b}\in L'$,$\boldsymbol{b}=\mathscr{A}(\mathscr{C}(\boldsymbol{a}))$,即 $\mathscr{A}$ 是满射. 反之,若 $\mathscr{A}$ 是满射,则可取 L' 的一组基 $\boldsymbol{f}_1,\boldsymbol{f}_2,\cdots,\boldsymbol{f}_m$ 以及 L 中的向量 $\boldsymbol{a}_1,\boldsymbol{a}_2,\cdots,\boldsymbol{a}_m$,使得 $\mathscr{A}(\boldsymbol{a}_i)=\boldsymbol{f}_i,i=1,2,\cdots,m$. 定义 $\mathscr{C}$ 为 L' 到 L 的线性映射,它在基上的作用为 $\mathscr{C}(\boldsymbol{f}_i)=\boldsymbol{a}_i,i=1,2,\cdots,m$;则容易验证 $\mathscr{A}\mathscr{C}$ 是 L' 的恒等变换. 证毕.

最后,我们建立:

定理 3.3.4 设 $\mathscr{A}$ 是有限维空间 L 到 L' 上的线性映射,则必存在正整数 m,使得 $\mathrm{Im}\ \mathscr{A}^m=\mathrm{Im}\ \mathscr{A}^{m+1}$,$\mathrm{Ker}\ \mathscr{A}^m=\mathrm{Ker}\ \mathscr{A}^{m+1}$,并且 $L=\mathrm{Im}\ \mathscr{A}^m\oplus \mathrm{Ker}\ \mathscr{A}^m$.

证明 按照定义,存在下列子空间链

$\mathrm{Im}\ \mathscr{A}\supseteq \mathrm{Im}\ \mathscr{A}^2\supseteq\cdots\supseteq \mathrm{Im}\ \mathscr{A}^k\supseteq\cdots$,$\mathrm{Ker}\ \mathscr{A}\subseteq \mathrm{Ker}\ \mathscr{A}^2\subseteq\cdots\subseteq \mathrm{Ker}\ \mathscr{A}^k\subseteq\cdots$

由空间 L 维数的有限性,总存在充分大的自然数 m,使得

$$\mathrm{Im}\ \mathscr{A}^m=\mathrm{Im}\ \mathscr{A}^{m+1}=\cdots,\mathrm{Ker}\ \mathscr{A}^m=\mathrm{Ker}\ \mathscr{A}^{m+1}=\cdots$$

若 $\boldsymbol{y}\in \mathrm{Im}\ \mathscr{A}^m\cap \mathrm{Ker}\ \mathscr{A}^m$,则 $\boldsymbol{y}=\mathscr{A}^m\boldsymbol{x}$(其中 $\boldsymbol{x}\in L$)且 $\mathscr{A}^m\boldsymbol{y}=\mathbf{0}$. 于是 $\mathbf{0}=\mathscr{A}^m\boldsymbol{y}=\mathscr{A}^{2m}\boldsymbol{x}$,即 $\boldsymbol{x}\in \mathrm{Ker}\ \mathscr{A}^{2m}=\mathrm{Ker}\ \mathscr{A}^m$,从而 $\boldsymbol{y}=\mathscr{A}^m\boldsymbol{x}=\mathbf{0}$. 这就证明了 $\mathrm{Im}\ \mathscr{A}^m\cap \mathrm{Ker}\ \mathscr{A}^m=\{\mathbf{0}\}$.

又对 L 中任一向量 $\boldsymbol{y}$,因为 $\mathscr{A}^m\boldsymbol{y}\in \mathrm{Im}\ \mathscr{A}^m=\mathrm{Im}\ \mathscr{A}^{2m}$,所以 $\mathscr{A}^m\boldsymbol{y}=\mathscr{A}^{2m}\boldsymbol{x}$($\boldsymbol{x}\in L$). 我们又有分解

$$y = \mathscr{A}^m x + (y - \mathscr{A}^m x)$$

而 $\mathscr{A}^m(y - \mathscr{A}^m x) = \mathbf{0}$，即 $(y - \mathscr{A}^m x) \in \operatorname{Ker} \mathscr{A}^m$. 这就证明了 $L = \operatorname{Im} \mathscr{A}^m + \operatorname{Ker} \mathscr{A}^m$.

综上所述，我们有 $L = \operatorname{Im} \mathscr{A}^m \oplus \operatorname{Ker} \mathscr{A}^m$.

注 也可以不用证明 $L = \operatorname{Im} \mathscr{A}^m + \operatorname{Ker} \mathscr{A}^m$，而直接由维数公式（定理3.3.2）得到 $L = \operatorname{Im} \mathscr{A}^m \oplus \operatorname{Ker} \mathscr{A}^m$.

3.4 西尔维斯特不等式与弗罗伯尼不等式·行(列)满秩矩阵的性质

在本目，我们将以几何的形式来证明第2章4.9目以及4.10目中已有的结果.

假设已经给出两个线性映射 $\mathscr{A},\mathscr{B}$，与其乘积 $\mathscr{D} = \mathscr{A}\mathscr{B}$. 设映射 $\mathscr{B}$ 映 L 于 L' 中，而映射 $\mathscr{A}$ 映 L' 于 L'' 中. 那么映射 $\mathscr{D}$ 映 L 于 L'' 中

$$L'' \xleftarrow{\mathscr{A}} L' \xleftarrow{\mathscr{B}} L, L'' \xleftarrow{\mathscr{D}} L$$

对于 L, L' 与 L'' 中某一选定基底，引入映射 $\mathscr{A},\mathscr{B}$ 与 $\mathscr{D}$ 的对应矩阵 $\boldsymbol{A},\boldsymbol{B}$ 与 $\boldsymbol{D}$. 那么映射的等式 $\mathscr{D} = \mathscr{A}\mathscr{B}$ 将对应于矩阵等式 $\boldsymbol{D} = \boldsymbol{AB}$.

以 $r_{\boldsymbol{A}}, r_{\boldsymbol{B}}, r_{\boldsymbol{D}}$ 记映射 $\mathscr{A},\mathscr{B},\mathscr{D}$ 的秩，亦即各为矩阵 $\boldsymbol{A},\boldsymbol{B},\boldsymbol{D}$ 的秩. 这些数为子空间 $\mathscr{A}L', \mathscr{B}L, \mathscr{A}(\mathscr{B}L)$ 的维数所确定. 因 $\mathscr{B}L \subseteq L'$，所以 $\mathscr{A}(\mathscr{B}L) \subseteq \mathscr{A}L'$. 再者，$\mathscr{A}(\mathscr{B}L)$ 的维数不能超过 $\mathscr{B}L$ 的维数. 故有

$$r_{\boldsymbol{D}} \leqslant r_{\boldsymbol{A}}, r_{\boldsymbol{D}} \leqslant r_{\boldsymbol{B}}$$

对于这些不等式，我们曾经在第2章§4中，由关于两个矩阵的乘积中子式的公式求出来过.

视映射 $\mathscr{A}$ 为映 $\mathscr{B}L$ 于 L'' 中的映射. 那么这个映射的秩将等于空间 $\mathscr{A}(\mathscr{B}L)$ 的维数，亦即 $r_{\boldsymbol{D}}$. 故由定理3.3.2，我们得出

$$r_{\boldsymbol{D}} = r_{\boldsymbol{B}} - d_1 \tag{3.4.1}$$

其中 d_1 为适合方程

$$\mathscr{A}x = \mathbf{0}$$

的所有 $\mathscr{B}L$ 中诸向量的线性无关向量数的极大数. 但这一方程的属于 L' 的所有解构成一个 d 维子空间，其中

$$d = 维(L') - r_{\boldsymbol{A}} \tag{3.4.2}$$

为映 L' 于 L'' 中的映射 $\mathscr{A}$ 的核. 因为 $\mathscr{B}L \subseteq L'$，所以

$$d_1 \leqslant d \tag{3.4.3}$$

由式(3.4.1),(3.4.2)与(3.4.3),我们得出

$$r_A + r_B - \text{维}(L') \leqslant r_D$$

注意到维$(L')=\mathscr{A}$的矩阵$\boldsymbol{A}$的列数,我们就得出了关于$m\times n$维与$m\times q$维两个长方矩阵$\boldsymbol{A}$与$\boldsymbol{B}$的乘积的秩的如下西尔维斯特不等式

$$r_A + r_B - n \leqslant r_{AB} \leqslant r_A, r_B$$

现在我们以类似的方式来建立另一个著名的关于矩阵秩数的不等式——弗罗伯尼不等式.再考虑映射

$$L'' \xleftarrow{\mathscr{A}} L' \xleftarrow{\mathscr{BC}} L_0, L'' \xleftarrow{\mathscr{ABC}} L_0$$

若将映射$\mathscr{A}$看作$\mathscr{BC}L$到L''的映射.那么可以得出与式(3.4.1)类似的等式

$$r_{ABC} = r_{BC} - d_2$$

这里d_2为适合方程

$$\mathscr{A}\boldsymbol{x} = \boldsymbol{0}$$

的所有$\mathscr{BC}L$中诸向量的线性无关向量数的极大数.注意到$\mathscr{BC}L \subseteq \mathscr{B}L$,我们得出

$$d_2 \leqslant d_1$$

如此,依照等式(3.4.1)我们有

$$r_{ABC} = r_{BC} - d_2 \geqslant r_{BC} - d_1 = r_{BC} + r_{AB} - r_B$$

这就得到了三个矩阵运算的秩的弗罗伯尼不等式

$$r_{ABC} + r_B \geqslant r_{AB} + r_{BC}$$

现在用几何的方式讨论关于列满秩矩阵的特殊性质.如前所述,矩阵$\boldsymbol{G}_{m\times n}$为列满秩矩阵当且仅当它对应的变换$\mathscr{G}$为单射(参看3.2目,性质2°).首先来证明下面的两个性质:

1° 有高矩阵$\boldsymbol{H}$存在,使得$(\boldsymbol{G},\boldsymbol{H})$为非奇异方阵.

设映射$\mathscr{G}$映n维空间L于m维空间L'中,既然$\boldsymbol{G}_{m\times n}$为列满秩矩阵,就是说秩$(\boldsymbol{G}_{m\times n})=n$,且$m\geqslant n$.于是像空间$\mathscr{G}L$的维数为$n$,此时空间$L'$可以(直和)分解

$$L' = \mathscr{G}L \oplus L''$$

这里L''是L'的$m-n$维子空间.取映$m-n$维空间L''于L''中的单射$\mathscr{H}$,设其对应的矩阵为$\boldsymbol{H}$.

我们来证明,由矩阵$(\boldsymbol{G},\boldsymbol{H})$确定的空间$L'$到$L'$的变换$\mathscr{D}$是满秩的.设$\boldsymbol{z}\in L'$,因为$L'=\mathscr{G}L\oplus L''$,于是存在$\boldsymbol{x}\in\mathscr{G}L$,$\boldsymbol{y}\in L''$,使得$\boldsymbol{z}=\boldsymbol{x}+\boldsymbol{y}$,并且

$$\mathscr{D}\boldsymbol{z} = \mathscr{D}(\boldsymbol{x}+\boldsymbol{y}) = (\boldsymbol{G},\boldsymbol{H})\left(\begin{pmatrix}\boldsymbol{X}\\ \boldsymbol{O}\end{pmatrix} + \begin{pmatrix}\boldsymbol{O}\\ \boldsymbol{Y}\end{pmatrix}\right) = \boldsymbol{GX} + \boldsymbol{HY} = \mathscr{G}\boldsymbol{x} + \mathscr{H}\boldsymbol{y} \in \mathscr{G}L \oplus L''$$

这里$\begin{pmatrix}\boldsymbol{X}\\\boldsymbol{O}\end{pmatrix}$，$\begin{pmatrix}\boldsymbol{O}\\\boldsymbol{Y}\end{pmatrix}$分别表示向量$\boldsymbol{x}$，$\boldsymbol{y}$在$L'$的某个基底下的坐标.

现在令$\mathscr{D}\boldsymbol{z}=\boldsymbol{0}$，则$\mathscr{G}\boldsymbol{x}=\boldsymbol{0}$，$\mathscr{H}\boldsymbol{y}=\boldsymbol{0}$(因为$\mathscr{G}L\oplus L''$是直和)，从而$\boldsymbol{x}=\boldsymbol{0}$，$\boldsymbol{y}=\boldsymbol{0}$(因为$\mathscr{G}$，$\mathscr{H}$是单射)，由此$\boldsymbol{z}=\boldsymbol{0}$. 这就证明了变换$\mathscr{D}$因而$(\boldsymbol{G},\boldsymbol{H})$是满秩的(定理2.2.3).

2° 有高矩阵$\boldsymbol{K}$存在，使得乘积$\boldsymbol{K}^{\mathrm{T}}\boldsymbol{G}$为单位矩阵.

设映射$\mathscr{G}$映n维空间L于m维空间L'中，既然$\mathscr{G}$为单射，所以自然地有从$\mathscr{G}L\subseteq L'$到L的逆映射$\mathscr{H}$，并且它还是满射. 考虑映射

$$\mathscr{G}L'\xleftarrow{\mathscr{G}}L\xleftarrow{\mathscr{H}}L'$$

于是乘积$\mathscr{H}\mathscr{G}$为映GL'于GL'的单位变换$\mathscr{E}$，由是

$$\boldsymbol{H}\boldsymbol{G}=\boldsymbol{E}$$

这里$\boldsymbol{H}$，$\boldsymbol{G}$是变换$\mathscr{H}$，$\mathscr{G}$对应的矩阵. 注意到$\boldsymbol{H}$是行满秩矩阵(因为$\mathscr{H}$是满射)，于是存在高矩阵$\boldsymbol{K}$，使得$\boldsymbol{K}^{\mathrm{T}}=\boldsymbol{H}$. 如此性质2°得证.

定理 3.4.1 若$\boldsymbol{G}_{m\times n}$为高矩阵，则存在高矩阵$\boldsymbol{H}_{m\times(m-n)}$，使$\boldsymbol{G}^{\mathrm{T}}\boldsymbol{H}=\boldsymbol{O}$；反过来，若矩阵$\boldsymbol{X}$满足$\boldsymbol{G}^{\mathrm{T}}\boldsymbol{X}=\boldsymbol{O}$，且$\boldsymbol{X}$的列数$>m-n$，则$\boldsymbol{X}$必为非高矩阵.

证明 设映射$\mathscr{G}$映n维空间L于m维空间L'中. 再定义一个映L'于$m-n$维空间L''的映射$\mathscr{K}$，它的核等于$\mathscr{G}L$，于是其像空间的秩等于$m-n$：秩$(\boldsymbol{H})=m-n$，这里$\boldsymbol{H}$为$\mathscr{K}$对应的矩阵. 注意到$\boldsymbol{K}$为$(m-n)\times m$维数矩阵，于是$\boldsymbol{K}$为扁矩阵. 再，因为$\mathscr{K}$的核等于$\mathscr{G}L$

$$\mathscr{K}(\mathscr{G}L)=\boldsymbol{0}\text{ 或 }(\mathscr{K}\mathscr{G})L=\boldsymbol{0}$$

这就是说乘积$(\mathscr{K}\mathscr{G})$变L为零空间，即是$\mathscr{K}\mathscr{G}$是零映射：$\mathscr{K}\mathscr{G}=\mathscr{O}$. 写成矩阵的形式是

$$\boldsymbol{K}\boldsymbol{G}=\boldsymbol{O}_{(m-n)\times n}$$

两边转置后便得

$$\boldsymbol{G}^{\mathrm{T}}\boldsymbol{K}^{\mathrm{T}}=(\boldsymbol{K}\boldsymbol{G})^{\mathrm{T}}=\boldsymbol{O}_{n\times(m-n)}$$

令$\boldsymbol{H}=\boldsymbol{K}^{\mathrm{T}}$即得结论的第一部分.

若矩阵$\boldsymbol{X}$满足$\boldsymbol{G}^{\mathrm{T}}\boldsymbol{X}=\boldsymbol{O}$，或$\boldsymbol{X}^{\mathrm{T}}\boldsymbol{G}=\boldsymbol{O}$. 将$\boldsymbol{G}$看作映$n$维空间$L$于$m$维空间$L'$中的映射$\mathscr{G}$所对应的矩阵，将$\boldsymbol{X}^{\mathrm{T}}$看作是映$L'$于$m-n$维空间$L''$的映射$\mathscr{X}$所对应的矩阵，那么由$\boldsymbol{X}^{\mathrm{T}}\boldsymbol{G}=\boldsymbol{O}$知，映射$\mathscr{X}$的核包含着$\mathscr{G}L$：$\ker(\mathscr{X})\supseteq\mathscr{G}L$. 于是像空间$\mathscr{X}L'$的维即矩阵$\boldsymbol{X}^{\mathrm{T}}$亦即$\boldsymbol{X}$的秩$\leqslant m-n$，又$\boldsymbol{X}$的列数$>m-n$，所以$\boldsymbol{X}$必为非高矩阵.

定理 3.4.2 若$\boldsymbol{G}$，$\boldsymbol{H}$均为高矩阵，则对任意矩阵$\boldsymbol{A}$，只要可以相乘，就有

$$\text{秩 }\boldsymbol{A}=\text{秩 }\boldsymbol{G}\boldsymbol{A}=\text{秩 }\boldsymbol{A}\boldsymbol{H}^{\mathrm{T}}=\text{秩 }\boldsymbol{G}\boldsymbol{A}\boldsymbol{H}^{\mathrm{T}}$$

证明 视 $\mathbf{A}$ 为映 L 于 $m-n$ 维空间 L' 的映射 $\mathscr{A}$ 所对应的矩阵，而 $\mathbf{G}$ 为映 $\mathscr{A}L$ 于 L'' 的映射 $\mathscr{G}$ 所对应的矩阵

$$L'' \xleftarrow{\mathscr{G}} \mathscr{A}L \xleftarrow{\mathscr{A}} L$$

由于 $\mathscr{G}$ 是单射，故 $\mathscr{A}L$ 与 $\mathscr{G}(\mathscr{A}L)$ 等维数，即得第一个等式：秩 $\mathbf{A}=$ 秩 $\mathbf{GA}$. 第一个等式转置即为第二个等式. 两者结合即为第三个等式.

线性变换的结构(矩阵相似的几何理论(一))

第

9

章

§1　用不变子空间研究线性变换的矩阵表示

1.1　子空间关于线性变换的不变性

第 4 章所述的关于初等因子的解析理论使得我们能够对于任何方阵定出与它相似的"标准"形式矩阵. 另外,在第 8 章中我们已经看到,n 维空间中线性变换在不同的基底中的形式,是借助于一类相似矩阵来得出的. 在这类矩阵中,标准形是否存在,是与 n 维空间中线性变换的重要而深入的性质密切相关的. 本章从事这些性质的研究. 线性变换的结构的研究使得我们不依靠第 4 章中所述的关于变换矩阵成标准形的理论. 因而本章的内容可以称为矩阵相似的几何理论.

设在线性空间 L 中已给线性变换 $\mathscr{A}$. 我们引进以下的定义:线性空间 L 的子空间 I 称为对变换 $\mathscr{A}$ 不变,如果 I 中每一个向量经变换 $\mathscr{A}$ 后所得的向量仍在 I 中,即当 $\boldsymbol{x} \in I$ 时,$\mathscr{A}\boldsymbol{x} \in I$.

从这一定义,直接推出若干结论:

1. 非真子空间 —— 零子空间与整个空间 —— 对于任何变换都是不变的.

这两个不变子空间有时称为平凡不变子空间. 自然地,我们以下只对非平凡的不变子空间感兴趣.

2. 线性变换 $\mathscr{A}$ 的核 $\mathrm{Ker}\ \mathscr{A}$ 以及值域 $\mathscr{A}L$ 都是 L 的不变子空间.

3. 不变子空间的并与交仍为不变子空间.

4. 线性包 $L(\boldsymbol{a}_1, \boldsymbol{a}_2, \cdots, \boldsymbol{a}_m)$ 是不变子空间的充分必要条件是 $\mathscr{A}\boldsymbol{a}_i \in L(\boldsymbol{a}_1, \boldsymbol{a}_2, \cdots, \boldsymbol{a}_m), i = 1, 2, \cdots, m$.

对于子空间的不变性,同时还成立:

5. 如果子空间 I 对于某一线性 $\mathscr{A}$ 不变,则子空间 I 对于线性变换 $f(\mathscr{A})$ 亦不变,其中 $f(\mathscr{A})=a_0\mathscr{E}+a_1\mathscr{A}+a_2\mathscr{A}^2+\cdots+a_m\mathscr{A}^m$ 为 $\mathscr{A}$ 的任一多项式.

事实上,如果 $\boldsymbol{x}$ 为 I 中的向量,则由已给条件,$\mathscr{A}\boldsymbol{x}$ 在 I 中,故得 $\mathscr{A}(\mathscr{A}\boldsymbol{x})=\mathscr{A}^2\boldsymbol{x}$ 在 I 中,依此类推.我们看到对于任一 $k\geqslant 0$,向量 $\mathscr{A}^k\boldsymbol{x}$ 均在 I 中.但 I 含有它自己里面的向量的线性组合.特别地,I 将含有

$$f(\mathscr{A})\boldsymbol{x}=a_0\boldsymbol{x}+a_1(\mathscr{A}\boldsymbol{x})+a_2(\mathscr{A}^2\boldsymbol{x})+\cdots+a_m(\mathscr{A}^m\boldsymbol{x})$$

这就是我们所需要证明的结果.

两个可交换的线性变换为我们提供了更多的不变子空间.

定理 1.1.1 设 $\mathscr{A},\mathscr{B}$ 都是线性空间 L 的线性变换,如果 $\mathscr{A}\mathscr{B}=\mathscr{B}\mathscr{A}$,那么 $\operatorname{Ker}\mathscr{B}$,$\mathscr{B}L$ 都是 $\mathscr{A}$ 的不变子空间.

证明 任取 $\boldsymbol{a}\in\operatorname{Ker}\mathscr{B}$,按照变换核的定义,知 $\mathscr{B}\boldsymbol{a}=\boldsymbol{0}$.由 $\mathscr{A}\mathscr{B}=\mathscr{B}\mathscr{A}$,得

$$\mathscr{B}(\mathscr{A}\boldsymbol{a})=(\mathscr{B}\mathscr{A})\boldsymbol{a}=(\mathscr{A}\mathscr{B})\boldsymbol{a}=\mathscr{A}(\mathscr{B}\boldsymbol{a})=\mathscr{A}\boldsymbol{0}=\boldsymbol{0}$$

这就是说,$\mathscr{A}\boldsymbol{a}$ 仍是 $\operatorname{Ker}\mathscr{B}$ 的元素.于是 $\operatorname{Ker}\mathscr{B}$ 是 $\mathscr{A}\boldsymbol{a}$ 的不变子空间.

任取 $\mathscr{B}L$ 中的元素 $\boldsymbol{b}$,按照值域的意义,就是说存在 $\boldsymbol{a}\in L$ 使得 $\boldsymbol{b}=\mathscr{B}\boldsymbol{a}$.由于 $\mathscr{A}\mathscr{B}=\mathscr{B}\mathscr{A}$,因此有

$$\mathscr{A}\boldsymbol{b}=\mathscr{A}(\mathscr{B}\boldsymbol{a})=(\mathscr{A}\mathscr{B})\boldsymbol{a}=(\mathscr{B}\mathscr{A})\boldsymbol{a}=\mathscr{B}(\mathscr{A}\boldsymbol{a})\in\mathscr{B}L$$

这样,$\mathscr{B}L$ 是 $\mathscr{A}$ 的不变子空间.

现在我们证明如何利用不变子空间的性质来简化变换的矩阵.设 $\mathscr{A}$ 是某域 K 上线性空间 L 的线性变换,I 是 L 的一个子空间,则 $\mathscr{A}$ 在 I 上的限制(记作 $\mathscr{A}\upharpoonright I$,亦称为 $\mathscr{A}$ 的导出变换)是 I 到 L 的一个线性映射.但是如果 I 是 $\mathscr{A}$ 的不变子空间,即 $\mathscr{A}$ 化 I 中每一向量为仍在 I 中的某向量,于是 $\mathscr{A}\upharpoonright I$ 就是 I 上的线性变换.并且变换 $\mathscr{A}$ 和 $\mathscr{A}\upharpoonright I$ 在子空间 I 中的作用是一样的

$$\mathscr{A}\upharpoonright I\boldsymbol{x}=\mathscr{A}\boldsymbol{x},\boldsymbol{x}\in I \tag{1.1.1}$$

如果 I 是 $\mathscr{A}$ 的一个不变子空间,那么 $\mathscr{A}$ 还可以诱导出商空间 L/I 上的一个线性变换 $\overline{\mathscr{A}}$,规定

$$\overline{\mathscr{A}}:L/I\rightarrow L/I,\boldsymbol{x}+I\rightarrow\mathscr{A}\boldsymbol{x}+I \tag{1.1.2}$$

首先证明式(1.1.2)的对应法则是一个映射.设 $\boldsymbol{x}+I=\boldsymbol{y}+I$,则 $\boldsymbol{x}-\boldsymbol{y}\in I$.由于 I 对 $\mathscr{A}$ 的不变性,因此 $\mathscr{A}(\boldsymbol{x}-\boldsymbol{y})\in I$.从而 $\mathscr{A}\boldsymbol{x}-\mathscr{A}\boldsymbol{y}\in I$.于是 $\mathscr{A}\boldsymbol{x}+I=\mathscr{A}\boldsymbol{y}+I$.这就表明式(1.1.2)的定义是合理的,因此式(1.1.2)的确给出了 L/I 到自身的一个映射 $\overline{\mathscr{A}}$.其次我们来证明 $\overline{\mathscr{A}}$ 保持加法和数乘运算.设 $\boldsymbol{a}+I,\boldsymbol{b}+I\in L/I$ 以及 $k\in K$,我们有

$$
\begin{aligned}
\overline{\mathscr{A}}[(\boldsymbol{a}+I)+(\boldsymbol{b}+I)] &= \overline{\mathscr{A}}[(\boldsymbol{a}+\boldsymbol{b})+I] \\
&= \mathscr{A}(\boldsymbol{a}+\boldsymbol{b})+I \\
&= (\mathscr{A}\boldsymbol{a}+\mathscr{A}\boldsymbol{b})+I \\
&= (\mathscr{A}\boldsymbol{a}+I)+(\mathscr{A}\boldsymbol{b}+I) \\
&= \overline{\mathscr{A}}(\boldsymbol{a}+I)+\overline{\mathscr{A}}(\boldsymbol{b}+I)
\end{aligned}
$$

$$
\begin{aligned}
\overline{\mathscr{A}}[k(\boldsymbol{a}+I)] &= \overline{\mathscr{A}}(k\boldsymbol{a}+I) \\
&= \mathscr{A}(k\boldsymbol{a})+I \\
&= k\mathscr{A}\boldsymbol{a}+I \\
&= k(\mathscr{A}\boldsymbol{a}+I) \\
&= k\overline{\mathscr{A}}(\boldsymbol{a}+I)
\end{aligned}
$$

因此 $\overline{\mathscr{A}}$ 是 L/I 上的一个线性变换.

综上所述,如果 I 是线性变换 $\mathscr{A}$ 的一个不变子空间,那么 $\mathscr{A}$ 既可以限制在 I 上成为 I 的一个线性变换,又可以诱导出商空间 L/I 上的一个线性变换,它们分别由式(1.1.1),(1.1.2)定义.

现在设 L 是域 K 上的有限维线性空间,其维数为 n. 而 $\mathscr{A}$ 是 L 上的一个线性变换并且具有非平凡不变子空间 I. 在 I 中,取基底 $\boldsymbol{e}_1,\boldsymbol{e}_2,\cdots,\boldsymbol{e}_m$,且以线性无关向量 $\boldsymbol{e}_{m+1},\boldsymbol{e}_{m+2},\cdots,\boldsymbol{e}_n$ 补足成空间 L 的基底. 为了在所得出的基底 $\boldsymbol{e}_1,\boldsymbol{e}_2,\cdots,\boldsymbol{e}_m,\boldsymbol{e}_{m+1},\boldsymbol{e}_{m+2},\cdots,\boldsymbol{e}_n$ 中求变换 $\mathscr{A}$ 的矩阵,必须将向量 $\mathscr{A}\boldsymbol{e}_1,\mathscr{A}\boldsymbol{e}_2,\cdots,\mathscr{A}\boldsymbol{e}_n$ 经基底向量 $\boldsymbol{e}_1,\boldsymbol{e}_2,\cdots,\boldsymbol{e}_n$ 线性表出. 但子空间 I 是不变的,故向量 $\mathscr{A}\boldsymbol{e}_1,\mathscr{A}\boldsymbol{e}_2,\cdots,\mathscr{A}\boldsymbol{e}_m$ 仍在 I 中,即可经 $\boldsymbol{e}_1,\boldsymbol{e}_2,\cdots,\boldsymbol{e}_m$ 线性表出. 因此

$$
\begin{cases}
\mathscr{A}\boldsymbol{e}_1 = a_{11}\boldsymbol{e}_1 + a_{12}\boldsymbol{e}_2 + \cdots + a_{1m}\boldsymbol{e}_m \\
\mathscr{A}\boldsymbol{e}_2 = a_{21}\boldsymbol{e}_1 + a_{22}\boldsymbol{e}_2 + \cdots + a_{2m}\boldsymbol{e}_m \\
\qquad\vdots \\
\mathscr{A}\boldsymbol{e}_m = a_{m1}\boldsymbol{e}_1 + a_{m2}\boldsymbol{e}_2 + \cdots + a_{mm}\boldsymbol{e}_m \\
\mathscr{A}\boldsymbol{e}_{m+1} = a_{(m+1)1}\boldsymbol{e}_1 + a_{(m+1)2}\boldsymbol{e}_2 + \cdots + a_{(m+1)m}\boldsymbol{e}_m + \cdots + a_{(m+1)n}\boldsymbol{e}_n \\
\qquad\vdots \\
\mathscr{A}\boldsymbol{e}_n = a_{n1}\boldsymbol{e}_1 + a_{n2}\boldsymbol{e}_2 + \cdots + a_{nm}\boldsymbol{e}_m + \cdots + a_{nn}\boldsymbol{e}_n
\end{cases}
$$

是即变换 $\mathscr{A}$ 的矩阵等于

$$\begin{pmatrix} a_{11} & \cdots & a_{m1} & a_{(m+1)1} & \cdots & a_{n1} \\ \vdots & & \vdots & \vdots & & \vdots \\ a_{1m} & \cdots & a_{mm} & a_{(m+1)m} & \cdots & a_{nm} \\ 0 & \cdots & 0 & a_{(m+1)(m+1)} & \cdots & a_{n(m+1)} \\ \vdots & & \vdots & \vdots & & \vdots \\ 0 & \cdots & 0 & a_{(m+1)n} & \cdots & a_{nn} \end{pmatrix} = \begin{pmatrix} \boldsymbol{A}_1 & \boldsymbol{B} \\ \boldsymbol{O} & \boldsymbol{A}_2 \end{pmatrix}$$

故如果线性变换有不变子空间,那么对于适当的基底来说,其矩阵可分为四块,在对角线上的为两块,而在右上角的为一元素全为零的块可能为长方块.这样的矩阵按第 2 章 6.2 目,称为分块上三角矩阵.

矩阵 $\boldsymbol{A}_1$ 的几何意义是明显的:由于

$$(\mathscr{A}\upharpoonright I)(\boldsymbol{e}_1,\boldsymbol{e}_2,\cdots,\boldsymbol{e}_m)=(\boldsymbol{e}_1,\boldsymbol{e}_2,\cdots,\boldsymbol{e}_m)\begin{pmatrix} a_{11} & \cdots & a_{m1} \\ \vdots & & \vdots \\ a_{1m} & \cdots & a_{nm} \end{pmatrix}$$
$$=(\boldsymbol{e}_1,\boldsymbol{e}_2,\cdots,\boldsymbol{e}_m)\boldsymbol{A}_1$$

因此 $\boldsymbol{A}_1$ 是 $\mathscr{A}\upharpoonright I$ 在 I 的基 $\boldsymbol{e}_1,\boldsymbol{e}_2,\cdots,\boldsymbol{e}_m$ 下的矩阵.

$\boldsymbol{A}_2$ 的几何意义可以这样来说明:通过第 7 章中定理 4.6.1 的证明过程知道,$\boldsymbol{e}_{m+1}+I,\boldsymbol{e}_{m+2}+I,\cdots,\boldsymbol{e}_n+I$ 是商空间 L/I 的一个基.由于

$$\begin{aligned} \overline{\mathscr{A}}(\boldsymbol{e}_{m+1}+I) &= \mathscr{A}\boldsymbol{e}_{m+1}+I \\ &= (a_{(m+1)1}\boldsymbol{e}_1+\cdots+a_{(m+1)m}\boldsymbol{e}_m+a_{(m+1)(m+1)}\boldsymbol{e}_{m+1}+\cdots+ \\ &\quad a_{(m+1)n}\boldsymbol{e}_n)+I \\ &= (a_{(m+1)1}\boldsymbol{e}_1+I)+\cdots+(a_{(m+1)m}\boldsymbol{e}_m+I)+ \\ &\quad (a_{(m+1)(m+1)}\boldsymbol{e}_{m+1}+I)+\cdots+(a_{(m+1)n}\boldsymbol{e}_n+I) \\ &= (a_{(m+1)(m+1)}\boldsymbol{e}_{m+1}+I)+\cdots+(a_{(m+1)n}\boldsymbol{e}_n+I) \\ &= a_{(m+1)(m+1)}(\boldsymbol{e}_{m+1}+I)+\cdots+a_{(m+1)n}(\boldsymbol{e}_n+I) \end{aligned}$$

$$\cdots\cdots$$

$$\begin{aligned} \overline{\mathscr{A}}(\boldsymbol{e}_n+I) &= \mathscr{A}\boldsymbol{e}_n+I \\ &= (a_{n1}\boldsymbol{e}_1+\cdots+a_{nm}\boldsymbol{e}_m+a_{n(m+1)}\boldsymbol{e}_{m+1}+\cdots+a_{nn}\boldsymbol{e}_n)+I \\ &= (a_{n1}\boldsymbol{e}_1+I)+\cdots+(a_{nm}\boldsymbol{e}_m+I)+(a_{n(m+1)}\boldsymbol{e}_{m+1}+I)+\cdots+ \\ &\quad (a_{nn}\boldsymbol{e}_n+I) \\ &= (a_{n(m+1)}\boldsymbol{e}_{m+1}+I)+\cdots+(a_{nn}\boldsymbol{e}_n+I) \\ &= a_{n(m+1)}(\boldsymbol{e}_{m+1}+I)+\cdots+a_{nn}(\boldsymbol{e}_n+I) \end{aligned}$$

因此

$$\overline{\mathscr{A}}(\boldsymbol{e}_{m+1}+I,\cdots,\boldsymbol{e}_n+I)=(\boldsymbol{e}_{m+1}+I,\cdots,\boldsymbol{e}_n+I)\begin{pmatrix} a_{(m+1)(m+1)} & \cdots & a_{n(m+1)} \\ \vdots & & \vdots \\ a_{(m+1)n} & \cdots & a_{nn} \end{pmatrix}$$

$$=(\boldsymbol{e}_{m+1}+I,\cdots,\boldsymbol{e}_n+I)\boldsymbol{A}_2$$

即是说 $\boldsymbol{A}_2$ 是 $\overline{\mathscr{A}}$ 在商空间 L/I 的基 $\boldsymbol{e}_{m+1}+I,\cdots,\boldsymbol{e}_n+I$ 下的矩阵.

这样我们就证明了下面的定理:

定理 1.1.2 设 $\mathscr{A}$ 是 n 维线性空间 L 的线性变换, I 是 $\mathscr{A}$ 的一个非平凡不变子空间. I 的基 $\boldsymbol{e}_1,\boldsymbol{e}_2,\cdots,\boldsymbol{e}_m$ 通过添加 $\boldsymbol{e}_{m+1},\boldsymbol{e}_{m+2},\cdots,\boldsymbol{e}_n$ 而扩充成空间 L 的基,则 $\mathscr{A}$ 在基 $\boldsymbol{e}_1,\boldsymbol{e}_2,\cdots,\boldsymbol{e}_m,\boldsymbol{e}_{m+1},\boldsymbol{e}_{m+2},\cdots,\boldsymbol{e}_n$ 下的矩阵为

$$\boldsymbol{A}=\begin{pmatrix} \boldsymbol{A}_1 & \boldsymbol{B} \\ \boldsymbol{O} & \boldsymbol{A}_2 \end{pmatrix}$$

其中, $\boldsymbol{A}_1$ 是 $\mathscr{A}\upharpoonright I$ 在 I 的基 $\boldsymbol{e}_1,\boldsymbol{e}_2,\cdots,\boldsymbol{e}_m$ 下的矩阵, $\boldsymbol{A}_2$ 是 $\overline{\mathscr{A}}$ 在商空间 L/I 的基 $\boldsymbol{e}_{m+1}+I,\cdots,\boldsymbol{e}_n+I$ 下的矩阵.

定理 1.1.2 的逆也是成立的:

定理 1.1.3 设 L 的线性变换 $\mathscr{A}$ 在 L 的一个基 $\boldsymbol{e}_1,\boldsymbol{e}_2,\cdots,\boldsymbol{e}_m,\boldsymbol{e}_{m+1},\boldsymbol{e}_{m+2},\cdots,\boldsymbol{e}_n$ 下的矩阵 $\boldsymbol{A}$ 是分块上三角矩阵 $\begin{pmatrix} \boldsymbol{A}_1 & \boldsymbol{B} \\ \boldsymbol{O} & \boldsymbol{A}_2 \end{pmatrix}$,其中 $\boldsymbol{A}_1$ 是 m 阶矩阵 $(0<m<n)$,则 $I=L(\boldsymbol{e}_1,\boldsymbol{e}_2,\cdots,\boldsymbol{e}_m)$ 是 $\boldsymbol{A}$ 的一个非平凡不变子空间,并且 $\boldsymbol{A}_1$ 是 $\mathscr{A}\upharpoonright I$ 在 I 的基 $\boldsymbol{e}_1,\boldsymbol{e}_2,\cdots,\boldsymbol{e}_m$ 下的矩阵, $\boldsymbol{A}_2$ 是 $\overline{\mathscr{A}}$ 在商空间 L/I 的基 $\boldsymbol{e}_{m+1}+I,\cdots,\boldsymbol{e}_n+I$ 下的矩阵.

证明 按矩阵乘法规则,即得

$$\mathscr{A}(\boldsymbol{e}_1,\boldsymbol{e}_2,\cdots,\boldsymbol{e}_m)=(\boldsymbol{e}_1,\boldsymbol{e}_2,\cdots,\boldsymbol{e}_m)\boldsymbol{A}_1$$

由不变子空间的性质 4° 知, $I=L(\boldsymbol{e}_1,\boldsymbol{e}_2,\cdots,\boldsymbol{e}_m)$ 是 $\mathscr{A}$ 的一个不变子空间. 由于 $0<m<n$, 因此 I 是非平凡的. 再

$$(\mathscr{A}\upharpoonright I)(\boldsymbol{e}_1,\boldsymbol{e}_2,\cdots,\boldsymbol{e}_m)=\mathscr{A}(\boldsymbol{e}_1,\boldsymbol{e}_2,\cdots,\boldsymbol{e}_m)=(\boldsymbol{e}_1,\boldsymbol{e}_2,\cdots,\boldsymbol{e}_m)\boldsymbol{A}_1$$

因此 $\boldsymbol{A}_1$ 是导出变换 $\mathscr{A}\upharpoonright I$ 在 I 的基 $\boldsymbol{e}_1,\boldsymbol{e}_2,\cdots,\boldsymbol{e}_m$ 下的矩阵.

从定理 1.1.2 的证明的后半部分知道, $\boldsymbol{A}_2$ 是 $\overline{\mathscr{A}}$ 在商空间 L/I 的基 $\boldsymbol{e}_{m+1}+I,\cdots,\boldsymbol{e}_n+I$ 下的矩阵.

1.2 空间分解为不变子空间直和的情形

设 I_1 为 L 中变换 $\mathscr{A}$ 的 m 维不变子空间. 在 I_1 中选取任一基底 $\boldsymbol{e}_1,\boldsymbol{e}_2,\cdots,\boldsymbol{e}_m$,且补成 L 的基底

$$e_1, e_2, \cdots, e_m, e_{m+1}, \cdots, e_n$$

那么$\mathscr{A}$的矩阵$\boldsymbol{A}$有这样的形式

$$\begin{pmatrix} \boldsymbol{A}_1 & \boldsymbol{B} \\ \boldsymbol{O} & \boldsymbol{A}_2 \end{pmatrix} \tag{1.2.1}$$

其中$\boldsymbol{A}_1$与$\boldsymbol{A}_2$各为m阶与$n-m$阶方阵.

现在假设$e_{m+1}, \cdots, e_n$亦是某一不变子空间I_2的基底,亦即$L = I_1 + I_2$,而整个空间的基底是由不变子空间I_1与I_2的两部分基底所构成的.那么,显然在式(1.2.1)中,块$\boldsymbol{B}$须等于零而矩阵$\boldsymbol{A}$有分块对角形$\begin{pmatrix} \boldsymbol{A}_1 & \boldsymbol{O} \\ \boldsymbol{O} & \boldsymbol{A}_2 \end{pmatrix}$,其中$\boldsymbol{A}_1$与$\boldsymbol{A}_2$各为$m$阶与$n-m$阶方阵,分别给出子空间$I_1$与$I_2$中的变换(各对于基底$e_1, e_2, \cdots, e_m$与$e_{m+1}, \cdots, e_n$).不难看出,相反地,分块对角矩阵常对应于空间对不变子空间的一个分解式(此处整个空间的基底由子空间的基底所构成).

现在进一步假设L有s个不变子空间$I_1, I_2, \cdots, I_s$,而且设空间L为它们的直和.取$I_1, I_2, \cdots, I_s$中的基底各为$e_{11}, \cdots, e_{1m_1}; e_{21}, \cdots, e_{2m_2}; \cdots; e_{s1}, \cdots, e_{sm_s}$,那么向量组$e_{11}, \cdots, e_{1m_1}, e_{21}, \cdots, e_{2m_2}, \cdots, e_{s1}, \cdots, e_{sm_s}$为$L$的基底.我们来看在这一基底中,变换$\mathscr{A}$的矩阵是怎样的.从已给予的条件,知向量$\mathscr{A}e_{11}, \mathscr{A}e_{12}, \cdots, \mathscr{A}e_{1m_1}$仍在$I_1$中,向量$\mathscr{A}e_{21}, \mathscr{A}e_{22}, \cdots, \mathscr{A}e_{2m_2}$仍在$I_2$中,……,最后向量$\mathscr{A}e_{s1}, \mathscr{A}e_{s2}, \cdots, \mathscr{A}e_{sm_s}$仍在$I_s$中.这样

$$\begin{cases} \mathscr{A}e_{11} = a_{11}^{(1)} e_{11} + a_{11}^{(2)} e_{12} + \cdots + a_{11}^{(m_1)} e_{1m_1} \\ \mathscr{A}e_{12} = a_{12}^{(1)} e_{11} + a_{12}^{(2)} e_{12} + \cdots + a_{i2}^{(m_1)} e_{1m_1} \\ \quad \vdots \\ \mathscr{A}e_{1m_1} = a_{1m_1}^{(1)} e_{11} + a_{1m_1}^{(2)} e_{12} + \cdots + a_{1m_1}^{(m_1)} e_{1m_1} \\ \mathscr{A}e_{21} = a_{21}^{(1)} e_{21} + a_{21}^{(2)} e_{22} + \cdots + a_{21}^{(m_2)} e_{2m_2} \\ \mathscr{A}e_{22} = a_{22}^{(1)} e_{21} + a_{22}^{(2)} e_{22} + \cdots + a_{22}^{(m_2)} e_{2m_2} \\ \quad \vdots \\ \mathscr{A}e_{2m_2} = a_{2m_2}^{(1)} e_{21} + a_{2m_2}^{(2)} e_{22} + \cdots + a_{2m_2}^{(m_2)} e_{2m_2} \\ \quad \vdots \\ \mathscr{A}e_{s1} = a_{s1}^{(1)} e_{s1} + a_{s1}^{(2)} e_{s2} + \cdots + a_{s1}^{(m_s)} e_{sm_s} \\ \mathscr{A}e_{s2} = a_{s2}^{(1)} e_{s1} + a_{s2}^{(2)} e_{s2} + \cdots + a_{s2}^{(m_s)} e_{sm_s} \\ \quad \vdots \\ \mathscr{A}e_{sm_s} = a_{sm_s}^{(1)} e_{s1} + a_{sm_s}^{(2)} e_{s2} + \cdots + a_{sm_s}^{(m_s)} e_{sm_s} \end{cases} \tag{1.2.2}$$

因此，变换 $\mathscr{A}$ 的矩阵为

$$\begin{pmatrix} a_{11}^{(1)} & \cdots & a_{11}^{(m_1)} & & & & & & \\ \vdots & & \vdots & & & & & & \\ a_{1m_1}^{(1)} & \cdots & a_{1m_1}^{(m_1)} & a_{21}^{(1)} & \cdots & a_{21}^{(m_2)} & & & \\ & & & \vdots & & \vdots & & & \\ & & & a_{2m_2}^{(1)} & \cdots & a_{2m_2}^{(m_2)} & & & \\ & & & & & & a_{s1}^{(1)} & \cdots & a_{s1}^{(m_s)} \\ & & & & & & \vdots & & \vdots \\ & & & & & & a_{sm_s}^{(1)} & \cdots & a_{sm_s}^{(m_s)} \end{pmatrix} = \begin{pmatrix} \boldsymbol{A}_1 & & & \\ & \boldsymbol{A}_2 & & \\ & & \ddots & \\ & & & \boldsymbol{A}_s \end{pmatrix} \tag{1.2.3}$$

这是一对角形分块矩阵. 由等式(1.2.2)知 $\boldsymbol{A}_i(i=1,2,\cdots,s)$ 为 $\mathscr{A}$ 限制在子空间 I_i 中的变换 $\mathscr{A}\upharpoonright I_i$ 在其对应基底下的矩阵.

故如空间 L 可分为对线性变换 $\mathscr{A}$ 的不变子空间的直接和，则在这一组基底中，变换 $\mathscr{A}$ 的矩阵成分块对角形，且其主对角线上的矩阵块为变换 $\mathscr{A}$ 在不变子空间的导出变换的矩阵.

现在反过来说：设已知某一基底中，变换 $\mathscr{A}$ 的矩阵取分块对角形(1.2.3)，则由等式(1.2.2)可推知为前 m_1 个坐标向量所产生的空间 I_1，第 m_1+1 到 m_2 个坐标向量所产生的空间 I_2，……，最后 m_s 个坐标向量所产生的空间 I_s 都是对 $\mathscr{A}$ 不变的. 和 $I_1+I_2+\cdots+I_s$ 显然是直接的且与 L 重合. 故变换 $\mathscr{A}$ 的矩阵可分裂为分块对角形，不仅为 L 是对 $\mathscr{A}$ 不变子空间的直和的必要条件，同时亦为其充分条件.

综合上面所说的，我们得到了下面的定理：

定理 1.2.1 设 $\mathscr{A}$ 是 n 维线性空间 L 的线性变换，则 $\mathscr{A}$ 在 L 的一个基 $\boldsymbol{e}_{11},\cdots,\boldsymbol{e}_{1m_1},\boldsymbol{e}_{21},\cdots,\boldsymbol{e}_{2m_2},\cdots,\boldsymbol{e}_{s1},\cdots,\boldsymbol{e}_{sm_s}(s\geqslant 2)$ 下的矩阵 $\boldsymbol{A}$ 为分块对角矩阵

$$\begin{pmatrix} \boldsymbol{A}_1 & & & \\ & \boldsymbol{A}_2 & & \\ & & \ddots & \\ & & & \boldsymbol{A}_s \end{pmatrix}$$

的充分必要条件条件是，$I_i=L(\boldsymbol{e}_{i1},\boldsymbol{e}_{i2},\cdots,\boldsymbol{e}_{im_i})$，$i=1,2,\cdots,s$ 都是 $\mathscr{A}$ 的非平凡不变子空间，且

$$L=I_1\oplus I_2\oplus\cdots\oplus I_s$$

讨论下一问题. 已知空间 L 可分解为几个线性子空间的直接和

$$L = I_1 \oplus I_2 \oplus \cdots \oplus I_s$$

且在每一子空间 I_i 中，指定其一线性变换 $\mathscr{A}_i$. 我们要问，有无空间 L 的变换 $\mathscr{A}$ 存在，使所有子空间 I_i 对它不变，且在每一 I_i 中的导出变换为 $\mathscr{A}_i$，这样的变换 $\mathscr{A}$ 是否唯一的？答案显然是正面的. 事实上，在每一子空间 I_i 中选一基底 $\boldsymbol{e}_{i1}$, $\boldsymbol{e}_{i2}, \cdots, \boldsymbol{e}_{im_i}$ 且在这些基底中记变换 $\mathscr{A}_i$ 的矩阵为 $\boldsymbol{A}_i$. 讨论对角分块矩阵

$$\boldsymbol{A} = \begin{pmatrix} \boldsymbol{A}_1 & & & \\ & \boldsymbol{A}_2 & & \\ & & \ddots & \\ & & & \boldsymbol{A}_s \end{pmatrix}$$

向量组 $\boldsymbol{e}_{i1}, \cdots, \boldsymbol{e}_{1m_1}, \cdots, \boldsymbol{e}_{s1}, \cdots, \boldsymbol{e}_{sm_s}$ 为空间 L 的基底. 在这一基底中，矩阵 $\boldsymbol{A}$ 可为空间 L 某一变换 $\mathscr{A}$ 的矩阵. 从前述结果，变换 $\mathscr{A}$ 适合我们问题中的所有条件. 这一变换是唯一决定的，因为在所给基底中由问题的条件所决定的矩阵是唯一的.

1.3 特征向量与特征值

从上一目的定理看到，为了寻找线性变换 $\mathscr{A}$ 的最简单形式的矩阵表示，首先考虑的问题是设法把原空间分解为 $\mathscr{A}$ 的若干个非平凡不变子空间的直接和.

这时候最简单的情形就是变换 $\mathscr{A}$ 的一维不变子空间，今后它将扮演着特殊的作用. 设 I 是由向量 $\boldsymbol{x} \neq \boldsymbol{0}$ 所生成的一维子空间(即形如 $\lambda\boldsymbol{x}$ 的向量的全体). 显然对 I 不变的充分必要条件是向量 $\mathscr{A}\boldsymbol{x}$ 属于 I，亦即为向量 $\boldsymbol{x}$ 的倍数，或者说 $\mathscr{A}$ 使向量 $\boldsymbol{x}$ 变为与它共线的向量

$$\mathscr{A}\boldsymbol{x} = \lambda\boldsymbol{x} \tag{1.3.1}$$

因此，一维不变子空间亦称为 $\mathscr{A}$ 的不变方向或特征方向.

现在，把属于变换 $\mathscr{A}$ 的一维不变方向的每一个(非零)向量称为变换 $\mathscr{A}$ 的特征向量，这时候在等式(1.3.1)中，数 λ 称为变换 $\mathscr{A}$ 的对应于特征向量 $\boldsymbol{x}$ 的特征值(特征数)，$\boldsymbol{x}$ 称为 $\mathscr{A}$ 的属于特征值 λ 的特征向量.

总结上面说的，若 $\boldsymbol{x}$ 是特征向量时，则向量 $\lambda\boldsymbol{x}$ 生成一维不变子空间；反之，一维不变子空间的所有异于零的向量都是特征向量.

作为上述概念的解释，我们举出例子：几何空间 $\mathbf{R}^3$ 中，设 U 是过定点 O 的一个平面，W 是过点 O 的一条直线，且 W 不在 U 内. 则平行于 W 在平面 U 上的投影变换 $\mathscr{P}_U$ 具有下述性质：

$$\mathscr{P}_U(\boldsymbol{a}) = \boldsymbol{a} = 1\boldsymbol{a}，对任意\ \boldsymbol{a} \in U，\mathscr{P}_U(\boldsymbol{b}) = \boldsymbol{0} = 0\boldsymbol{b}，对任意\ \boldsymbol{b} \in W$$

这样,1 和 0 都是投影变换 $\mathscr{P}_U$ 的特征值.

刚才的例子中,$\mathscr{P}_U$ 的属于特征值 1 的所有特征向量添上零向量组成平面 U,它是空间 $\mathbf{R}^3$ 的一个子空间,类似的结论在一般情形下也是成立的.

定理 1.3.1 设 λ 是空间 L 上线性变换 $\mathscr{A}$ 的一个特征值,那么 L 的如下子集

$$L_{(\lambda)}=\{\boldsymbol{x}\in L \mid \mathscr{A}\boldsymbol{x}=\lambda\boldsymbol{x}\}$$

是 L 的一个子空间,并且关于 $\mathscr{A}$ 不变.

证明 事实上,如果 $\boldsymbol{x}_1,\boldsymbol{x}_2,\cdots,\boldsymbol{x}_m$ 是变换 $\mathscr{A}$ 的特征向量,并且都对应于同一特征值 λ,而 $k_1,k_2,\cdots,k_m$ 是任意一组数,那么向量 $k_1\boldsymbol{x}_1+k_2\boldsymbol{x}_2+\cdots+k_m\boldsymbol{x}_m$ 或等于零,或者是变换 $\mathscr{A}$ 对应于同一特征值 λ 的特征向量①. 事实上,由

$$\mathscr{A}\boldsymbol{x}_1=\lambda\boldsymbol{x}_1,\mathscr{A}\boldsymbol{x}_2=\lambda\boldsymbol{x}_2,\cdots,\mathscr{A}\boldsymbol{x}_m=\lambda\boldsymbol{x}_m$$

知有

$$\begin{aligned}\mathscr{A}(k_1\boldsymbol{x}_1+k_2\boldsymbol{x}_2+\cdots+k_m\boldsymbol{x}_m)&=k_1\mathscr{A}\boldsymbol{x}_1+k_2\mathscr{A}\boldsymbol{x}_2+\cdots+k_m\mathscr{A}\boldsymbol{x}_m\\&=\lambda(\boldsymbol{x}_1+\boldsymbol{x}_2+\cdots+\boldsymbol{x}_m)\end{aligned}$$

因此,对应于同一特征值 λ 的线性无关的特征向量构成一个“特征”子空间的基底,这一子空间中每一个向量都是对应于同一特征值 λ 的特征向量.

$L_{(\lambda)}$ 关于 $\mathscr{A}$ 的不变性是显然的. 因而定理的论断已经证明.

不变子空间 $L_{(\lambda)}$ 称为变换 $\mathscr{A}$ 对应于特征值 λ 的特征子空间.

变换的特征子空间还有一种刻画:

定理 1.3.2 设 $\mathscr{A}$ 是空间 L 的线性变换,如果 λ 是 $\mathscr{A}$ 的一个特征值,那么

$$L_{(\lambda)}=\mathrm{Ker}\,(\lambda\mathscr{E}-\mathscr{A})$$

证明 若 $\boldsymbol{a}\in L_{(\lambda)}$,意思就是说 $\boldsymbol{a}$ 满足:$\mathscr{A}\boldsymbol{a}=\lambda\boldsymbol{a}$. 也就是 $\lambda\boldsymbol{a}-\mathscr{A}\boldsymbol{a}=\boldsymbol{0}$,这等式写成变换的形式就是:$(\lambda\mathscr{E}-\mathscr{A})\boldsymbol{a}=\boldsymbol{0}$,这就证明了 $\boldsymbol{a}$ 含在变换 $\lambda\mathscr{E}-\mathscr{A}$ 的核中,亦即 $\boldsymbol{a}\in\mathrm{Ker}\,(\lambda\mathscr{E}-\mathscr{A})$.

反过来,如果 $\boldsymbol{a}\in\mathrm{Ker}\,(\lambda\mathscr{E}-\mathscr{A})$,那么 $(\lambda\mathscr{E}-\mathscr{A})\boldsymbol{a}=\boldsymbol{0}$,最后得出 $\mathscr{A}\boldsymbol{a}=\lambda\boldsymbol{a}$,即 $\boldsymbol{a}\in L_{(\lambda)}$.

因此 $L_{(\lambda)}=\mathrm{Ker}\,(\lambda\mathscr{E}-\mathscr{A})$.

在两个线性变换的时候,成立下面的定理:

定理 1.3.3 设 $\mathscr{A},\mathscr{B}$ 都是空间 L 的线性变换,并且它们的乘法可交换:$\mathscr{A}\mathscr{B}=\mathscr{B}\mathscr{A}$. 那么 $\mathscr{B}$ 的每一个特征子空间都是 $\mathscr{A}$ 的不变子空间.

---

① 但是如果变换 $\mathscr{A}$ 的一些特征向量对应于不同的特征值,那么这些特征向量的线性组合,一般地说,不是变换 $\mathscr{A}$ 的特征向量.

证明 考虑变换$\mathscr{B}$的属于某个特征值μ的特征子空间$L_{(\mu)}$，任取其中的一个向量$\boldsymbol{a}$，则$\mathscr{B}\boldsymbol{a}=\mu\boldsymbol{a}$. 由乘法的交换性，我们可写

$$\mathscr{B}(\mathscr{A}\boldsymbol{a})=(\mathscr{B}\mathscr{A})\boldsymbol{a}=(\mathscr{A}\mathscr{B}\ \boldsymbol{a})=\mathscr{A}(\mathscr{B}\boldsymbol{a})=\mathscr{A}(\mu\boldsymbol{a})=\mu\mathscr{A}(\boldsymbol{a})$$

因此$\mathscr{A}(\boldsymbol{a})\in L_{(\boldsymbol{\mu})}$，于是$L_{(\mu)}$是$\mathscr{A}$的一个不变子空间.

现在讨论特征向量的两个简单性质.

辅助定理 1 具有两两互异的特征值$\lambda_1,\lambda_2,\cdots,\lambda_m$的变换$\mathscr{A}$的特征向量$\boldsymbol{x}_1,\boldsymbol{x}_2,\cdots,\boldsymbol{x}_m$是线性无关的.

证明 我们对m施行归纳法来证明这个论断. 对于$m=1$这个辅助定理显然是正确的. 假定这个辅助定理对于变换$\mathscr{A}$的任何$m-1$个特征向量是正确的，我们要证明它对于变换$\mathscr{A}$的任何m个特征向量仍然正确. 假使不是这样，我们假设在变换$\mathscr{A}$的m个特征向量之间有线性关系

$$c_1\boldsymbol{x}_1+c_2\boldsymbol{x}_2+\cdots+c_m\boldsymbol{x}_m=\boldsymbol{0}$$

其中可假定$c_1\neq 0$. 对于这个等式施行变换$\mathscr{A}$，我们得到

$$c_1\lambda_1\boldsymbol{x}_1+c_2\lambda_2\boldsymbol{x}_2+\cdots+c_m\lambda_m\boldsymbol{x}_m=0$$

用λ_m乘第一个等式再从第二个等式减去，得

$$c_1(\lambda_1-\lambda_m)\boldsymbol{x}_1+c_2(\lambda_2-\lambda_m)\boldsymbol{x}_2+\cdots+c_{m-1}(\lambda_{m-1}-\lambda_m)\boldsymbol{x}_{m-1}=\boldsymbol{0}$$

根据归纳法中的假设，由此可知所有的系数为零，特别地，$c_1(\lambda_1-\lambda_m)=0$，这与条件$c_1\neq 0,\lambda_1\neq\lambda_m$矛盾. 故我们的假设不正确. 因而$\boldsymbol{x}_1,\boldsymbol{x}_2,\cdots,\boldsymbol{x}_m$线性无关.

特殊地，在n维空间中，线性变换$\mathscr{A}$不能有多于n个具有不同特征值的特征向量.

辅助定理 2 设λ_1,λ_2是$\mathscr{A}$的两个不同的特征值. 若$L_{(\lambda_1)}$中的向量组$\boldsymbol{x}_1,\boldsymbol{x}_2,\cdots,\boldsymbol{x}_s$线性无关，$L_{(\lambda_2)}$中的向量组$\boldsymbol{y}_1,\boldsymbol{y}_2,\cdots,\boldsymbol{y}_r$线性无关，则$\boldsymbol{x}_1,\boldsymbol{x}_2,\cdots,\boldsymbol{x}_s,\boldsymbol{y}_1,\boldsymbol{y}_2,\cdots,\boldsymbol{y}_r$线性无关.

证明 设

$$k_1\boldsymbol{x}_1+k_2\boldsymbol{x}_2+\cdots+k_s\boldsymbol{x}_s+h_1\boldsymbol{y}_1+h_2\boldsymbol{y}_2+\cdots+h_r\boldsymbol{y}_r=\boldsymbol{0} \tag{1.3.2}$$

考虑式(1.3.2)两端的向量在$\mathscr{A}$下的像，得

$$k_1\mathscr{A}\boldsymbol{x}_1+k_2\mathscr{A}\boldsymbol{x}_2+\cdots+k_s\mathscr{A}\boldsymbol{x}_s+h_1\mathscr{A}\boldsymbol{y}_1+h_2\mathscr{A}\boldsymbol{y}_2+\cdots+h_r\mathscr{A}\boldsymbol{y}_r=\boldsymbol{0}$$

即

$$k_1\lambda_1\boldsymbol{x}_1+k_2\lambda_1\boldsymbol{x}_2+\cdots+k_s\lambda_1\boldsymbol{x}_s+h_1\lambda_2\boldsymbol{y}_1+h_2\lambda_2\boldsymbol{y}_2+\cdots+h_r\lambda_2\boldsymbol{y}_r=\boldsymbol{0} \tag{1.3.3}$$

在式(1.3.2)两边乘λ_1，得

$$k_1\lambda_1\boldsymbol{x}_1+k_2\lambda_1\boldsymbol{x}_2+\cdots+k_s\lambda_1\boldsymbol{x}_s+h_1\lambda_1\boldsymbol{y}_1+h_2\lambda_1\boldsymbol{y}_2+\cdots+h_r\lambda_1\boldsymbol{y}_r=\boldsymbol{0} \tag{1.3.4}$$

式(1.3.3)减去式(1.3.4),得

$$h_1(\lambda_2-\lambda_1)\boldsymbol{y}_1+h_2(\lambda_2-\lambda_1)\boldsymbol{y}_2+\cdots+h_r(\lambda_2-\lambda_1)\boldsymbol{y}_r=\boldsymbol{0}$$

由 $\boldsymbol{y}_1,\boldsymbol{y}_2,\cdots,\boldsymbol{y}_r$ 的线性无关性,得出

$$h_1(\lambda_2-\lambda_1)=0,h_2(\lambda_2-\lambda_1)=0,\cdots,h_r(\lambda_2-\lambda_1)=0$$

又 $\lambda_2\neq\lambda_1$,因此

$$h_1=0,h_2=0,\cdots,h_r=0$$

代入式(1.3.2),得

$$k_1\boldsymbol{x}_1+k_2\boldsymbol{x}_2+\cdots+k_s\boldsymbol{x}_s=\boldsymbol{0}$$

由 $\boldsymbol{x}_1,\boldsymbol{x}_2,\cdots,\boldsymbol{x}_s$ 的线性无关性知

$$h_1(\lambda_2-\lambda_1)=0,h_2(\lambda_2-\lambda_1)=0,\cdots,h_r(\lambda_2-\lambda_1)=0$$

$$k_1=0,k_2=0,\cdots,k_s=0$$

从而 $\boldsymbol{x}_1,\boldsymbol{x}_2,\cdots,\boldsymbol{x}_s,\boldsymbol{y}_1,\boldsymbol{y}_2,\cdots,\boldsymbol{y}_r$ 线性无关.

应用数学归纳法,辅助定理 2 可以推广到多个特征值的情形.

辅助定理 3 设 $\lambda_1,\lambda_2\cdots,\lambda_r$ 是 $\mathscr{A}$ 的两两不同的特征值. 若 $L_{(\lambda_i)}$ 中向量组 $\boldsymbol{x}_{i1},\boldsymbol{x}_{i2},\cdots,\boldsymbol{x}_{sr_s}$ 线性无关,$i=1,2,\cdots,s$. 那么 $\boldsymbol{x}_{11},\boldsymbol{x}_{12},\cdots,\boldsymbol{x}_{1r_1},\boldsymbol{x}_{21},\boldsymbol{x}_{22},\cdots,\boldsymbol{x}_{2r_2},\cdots,\boldsymbol{x}_{s1},\boldsymbol{x}_{s2},\cdots,\boldsymbol{x}_{sr_s}$ 线性无关.

1.4 有限维空间中特征向量与特征值的计算

为了求出变换 $\mathscr{A}$ 的特征向量与特征值,我们选定(域 K 上的)线性空间 L 中任一基底 $\boldsymbol{e}_1,\boldsymbol{e}_2,\cdots,\boldsymbol{e}_n$. 设 $\boldsymbol{x}=\sum_{j=1}^{n}\boldsymbol{e}_j x_j$,而 $\mathbf{A}=(a_{ij})_{n\times n}$ 为在基底 $\boldsymbol{e}_1,\boldsymbol{e}_2,\cdots,\boldsymbol{e}_n$ 中变换 $\mathscr{A}$ 所对应的矩阵. 比较等式

$$\mathscr{A}\boldsymbol{x}=\lambda\boldsymbol{x}$$

中左右两端的对应的向量坐标,得出一组方程式

$$\begin{cases}a_{11}x_1+a_{12}x_2+\cdots+a_{1n}x_n=\lambda x_1\\a_{21}x_1+a_{22}x_2+\cdots+a_{2n}x_n=\lambda x_2\\\quad\vdots\\a_{n1}x_1+a_{n2}x_2+\cdots+a_{nn}x_n=\lambda x_n\end{cases}\tag{1.4.1}$$

这个方程组亦可以写为

$$\begin{cases}(\lambda-a_{11})x_1+a_{12}x_2+\cdots+a_{1n}x_n=0\\a_{21}x_1+(\lambda-a_{22})x_2+\cdots+a_{2n}x_n=0\\\quad\vdots\\a_{n1}x_1+a_{n2}x_2+\cdots+(\lambda-a_{mm})x_n=0\end{cases}\tag{1.4.1$'$}$$

因为所要找出的向量不能等于零,所以在它的坐标 $x_1,x_2,\cdots,x_n$ 中,至少有一个必须不等于零.

为了使齐次方程组(1.4.1)有非零解,它的充要条件是它的行列式等于零

$$\Delta(\lambda)=\begin{vmatrix}\lambda-a_{11} & a_{12} & \cdots & a_{1n}\\ a_{21} & \lambda-a_{22} & \cdots & a_{2n}\\ \vdots & \vdots & & \vdots\\ a_{n1} & a_{n2} & \cdots & \lambda-a_{nn}\end{vmatrix}=0 \qquad (1.4.2)$$

在这个方程左端的含 λ 的 n 次多项式是我们早已熟悉的变换 $\mathscr{A}$ 的特征多项式(第 8 章 §1,1.7).

这样一来,线性变换 $\mathscr{A}$ 的每一个特征值 λ 都是方程(1.4.2)的根.反之,如果一个数 λ_0 是方程(1.4.2)的根,那么对应于这一个值 λ_0,方程组(1.4.1′)因而方程组(1.4.1)有非零解 $x_1,x_2,\cdots,x_n$,亦即这一个数 λ_0 对应于线性变换 $\mathscr{A}$ 的特征向量 $\boldsymbol{x}=\sum_{j=1}^{n}\boldsymbol{e}_j x_j$.

由上述结果,亦知 L 中任一线性变换 $\mathscr{A}$ 不能有多于 n 个不同的特征值.

如果 K 是所有复数的域,那么 L 中任一线性变换都至少在 L 中有一个特征向量与对应于这个特征向量的特征值.这可以从代数基本定理得出,因为代数方程式(1.4.2)在复数域中至少有一个根.

对于一般的域,我们试分析在解特征方程(1.4.2)时可能发生的情形:

1. 根不存在的情况　若方程 $\Delta(\lambda)=0$ 没有根,则变换 $\mathscr{A}$ 显然没有特征向量.

例如,如同我们早已指出的在平面 $\mathbf{R}^2$ 上,旋转 $\varphi_0\neq m\pi$ 角($m=0,\pm1,\pm2,\cdots$)的旋转变换,没有特征向量.这个事实,在几何上是明显的,用代数方法也易证明.事实上,对于旋转变换,方程(1.4.2)成为

$$\begin{vmatrix}\cos\varphi_0-\lambda & -\sin\varphi_0\\ \sin\varphi_0 & \cos\varphi_0-\lambda\end{vmatrix}=0$$

展开行列式后,得

$$1-2\lambda\cos\varphi_0+\lambda^2=0$$

当 $\varphi_0\neq m\pi(m=0,\pm1,\pm2,\cdots)$ 时,这个方程没有实根.

2. 存在 n 个不同根的情况　若方程 $\Delta(\lambda)=0$ 有 n 个根 $\lambda_1,\lambda_2,\cdots,\lambda_n$,而且是不同的,则我们在方程组(1.4.1)中,陆续令 $\lambda=\lambda_1,\lambda_2,\cdots,\lambda_n$,然后解它,即可求得变换 $\mathscr{A}$ 的 n 个不同的特征向量.根据辅助定理 1,所得的 n 个特征向量 $\boldsymbol{g}_1,\boldsymbol{g}_2,\cdots,\boldsymbol{g}_n$ 线性无关.我们取它们作为新的基底而且对于这个新的基底作变换 $\mathscr{A}$

的矩阵. 则因

$$\mathscr{A}\boldsymbol{g}_1=\lambda_1\boldsymbol{g}_1$$
$$\mathscr{A}\boldsymbol{g}_2=\lambda_2\boldsymbol{g}_2$$
$$\vdots$$
$$\mathscr{A}\boldsymbol{g}_{n-1}=\lambda_{n-1}\boldsymbol{g}_{n-1}$$
$$\mathscr{A}\boldsymbol{g}_n=\lambda_n\boldsymbol{g}_n$$

矩阵 $\boldsymbol{A}_g$ 有形状

$$\begin{pmatrix}\lambda_1 & 0 & \cdots & 0\\ 0 & \lambda_2 & \cdots & 0\\ \vdots & \vdots & & \vdots\\ 0 & 0 & \cdots & \lambda_n\end{pmatrix}.$$

定义 1.4.1 一个线性变换称为是可对角化的，如果它在空间的某个基底下的矩阵是对角矩阵. 可对角化的变换有时亦称是单构的(简单结构的).

我们可以将上面所得的结果叙述如下：

定理 1.4.1 若 n 维空间中一个变换的特征多项式有 n 个不同的根，则这个变换是可对角化的；若以它的特征向量作为基底，则它的矩阵是对角的并且对角线上的元素是变换的特征根.

3. 重根的情况 设 $\lambda=\lambda_0$ 是方程(1.4.2)的 $r\geqslant 1$ 重根. 于是产生了下面的问题：和它对应的特征子空间 $L_{(\lambda_0)}$ 是多少维的，或者，换句话说，在 $\lambda=\lambda_0$ 时，方程组(1.4.1)有多少个线性无关的解？设此特征子空间的维数为 m. 在空间 L 内选择一个基底，使其中前 m 个基向量在 $L_{(\lambda_0)}$ 里. 于是在这个基底里，变换 $\mathscr{A}$ 的矩阵前 m 列主对角线上的元素为 λ_0，而这些列的其他元素为零. 矩阵 $\lambda\boldsymbol{E}-\boldsymbol{A}$ 的行列式因而有因子 $(\lambda-\lambda_0)^m$. 所以，特征多项式 $|\lambda\boldsymbol{E}-\boldsymbol{A}|$ 的根 λ_0 的重数不小于 m. 由此得，不等式 $r\geqslant m$，我们已证明了下面的命题：

定理 1.4.2 变换 $\mathscr{A}$ 对应于特征多项式的根 λ_0 的特征子空间的维数不超过这个根 λ_0 的重数①.

特殊地，特征多项式的单根对应于一维子空间.

容易验证，4.1 目中例 1—3，5，6 的特征子空间的维数等于特征多项式的根的重数. 但时常发生这样的情况，即特征子空间维数真正小于特征根的重数. 例

---

① 类似于第 2 章定义 2.2.1，这里引入：设 λ_0 是 $\mathscr{A}$ 的特征值，把 $\mathscr{A}$ 的属于 λ_0 的特征子空间的维数称为 λ_0 的几何重数，λ_0 作为 $\mathscr{A}$ 的特征多项式的根的重数称为 λ_0 的代数重数. 这样一来，定理 1.4.2 可以叙述为：线性变换特征值的几何重数不超过它的代数重数.

如取 $\mathbf{R}^2$ 中具有矩阵

$$\boldsymbol{A}_e=\begin{pmatrix}\lambda_0 & 0\\ \mu & \lambda_0\end{pmatrix}$$

的变换 $\mathscr{A}$，其中 $\mu\neq 0$ 为任意数. 特征多项式具有形状 $(\lambda-\lambda_0)^2$，它有二重根 $\lambda=\lambda_0$. 在所给的情况下，方程组(1.4.1) 成为

$$0\cdot x_1+0\cdot x_2=0,\mu\cdot x_1+0\cdot x_2=0$$

而且(除一个常数因子外) 有唯一的解

$$x_1=0,x_2=1$$

所以变换 $\mathscr{A}$ 对应于特征值 $\lambda=\lambda_0$ 的特征子空间的维数为 1，它小于根 λ_0 的重数.

1.5 线性变换可对角化的充分必要条件

上一目定理 1.4.1 中所指出的变换可对角化的条件不是必要的. 因为有这样的可对角化线性变换存在，它的特征多项式含有重根(具体例子见下文).

现在我们来找出一个变换可对角化的充分且必要条件. 设 n 维线性空间 L 的线性变换 $\mathscr{A}$ 可对角化，这就是说，存在 L 的某个基底 $\boldsymbol{e}_1,\boldsymbol{e}_2,\cdots,\boldsymbol{e}_n$，使得

$$\mathscr{A}(\boldsymbol{e}_1,\boldsymbol{e}_2,\cdots,\boldsymbol{e}_n)=(\boldsymbol{e}_1,\boldsymbol{e}_2,\cdots,\boldsymbol{e}_n)\begin{pmatrix}\lambda_1 & 0 & \cdots & 0\\ 0 & \lambda_2 & \cdots & 0\\ \vdots & \vdots & & \vdots\\ 0 & 0 & \cdots & \lambda_n\end{pmatrix}$$

即

$$\mathscr{A}\boldsymbol{e}_1=\lambda_1\boldsymbol{e}_1,\mathscr{A}\boldsymbol{e}_2=\lambda_2\boldsymbol{e}_2,\cdots,\mathscr{A}\boldsymbol{e}_n=\lambda_n\boldsymbol{e}_n$$

换句话说，基底 $\boldsymbol{e}_1,\boldsymbol{e}_2,\cdots,\boldsymbol{e}_n$ 中的每一向量都是 $\mathscr{A}$ 的特征向量.

反过来说，如果的 $\mathscr{A}$ 的一组特征向量组成 L 的一个基底，那么在这个基底下 $\mathscr{A}$ 的矩阵是对角形的，且主对角线上的元素为相应的特征值.

于是我们证明了下述结论：

定理 1.5.1 线性空间 L 的线性变换 $\mathscr{A}$ 可对角化的充分且必要条件是 L 中存在由 $\mathscr{A}$ 的一组特征向量组成的基底，此时以相应的特征值为主对角线上元素的对角矩阵是 $\mathscr{A}$ 在此基底下的矩阵.

定理 1.5.1 中所说的对角矩阵称为变换 $\mathscr{A}$ 的标准形；除了主对角线上元素的排列次序外，$\mathscr{A}$ 的标准形是唯一的.

推论 1 n 维线性空间 L 的线性变换 $\mathscr{A}$ 可对角化的充分且必要条件是 $\mathscr{A}$ 有 n 个线性无关的特征向量.

可以给出本段开始时所说的那种线性变换的例子了.设 $\mathscr{A}$ 是数域 K 上三维空间 L 上的一个线性变换,$\mathscr{A}$ 在 L 的某个基 $\boldsymbol{e}_1,\boldsymbol{e}_2,\boldsymbol{e}_3$ 下的矩阵为

$$\boldsymbol{A}=\begin{pmatrix}2 & -2 & 2\\ -2 & -1 & 4\\ 2 & 4 & -1\end{pmatrix}$$

我们来求这变换的全部特征值和特征向量. $\boldsymbol{A}$ 的特征多项式为

$$|\lambda\boldsymbol{E}-\boldsymbol{A}|=\begin{vmatrix}2 & -2 & 2\\ -2 & -1 & 4\\ 2 & 4 & -1\end{vmatrix}=(\lambda-3)^2(\lambda+6)$$

于是得出 $\mathscr{A}$ 的全部特征值是 3(二重),-6.

对于特征值 3,解齐次线性方程组 $(3\boldsymbol{E}-\boldsymbol{A})\boldsymbol{X}=\boldsymbol{O}$,得到一个基础解系

$$\begin{pmatrix}-2\\ 1\\ 0\end{pmatrix},\begin{pmatrix}2\\ 0\\ 1\end{pmatrix}$$

于是 $\mathscr{A}$ 的属于特征值是 3 的全部特征向量是

$$\{k_1(-2\boldsymbol{e}_1+\boldsymbol{e}_2)+k_2(2\boldsymbol{e}_1+\boldsymbol{e}_3)\mid k_1,k_2\in K,\text{且 } k_1,k_2 \text{ 不全为 } 0\}$$

对于特征值 -6,解齐次线性方程组 $(-6\boldsymbol{E}-\boldsymbol{A})\boldsymbol{X}=\boldsymbol{O}$,得到一个基础解系

$$\begin{pmatrix}1\\ 2\\ -2\end{pmatrix}$$

于是 $\mathscr{A}$ 的属于特征值是 -6 的全部特征向量是

$$\{k(\boldsymbol{e}_1+2\boldsymbol{e}_2-2\boldsymbol{e}_3)\mid k\in K,\text{且 } k\neq 0\}$$

如此,线性变换 $\mathscr{A}$ 含有 3 个线性无关的特征向量:$\boldsymbol{a}_1=-2\boldsymbol{e}_1+\boldsymbol{e}_2,\boldsymbol{a}_2=2\boldsymbol{e}_1+\boldsymbol{e}_3,\boldsymbol{a}_3=\boldsymbol{e}_1+2\boldsymbol{e}_2-2\boldsymbol{e}_3$.既然所设的空间亦是三维的.于是按照推论 1,$\mathscr{A}$ 可以对角化.

讨论任一可对角化的线性变换 $\mathscr{A}$,以 $\boldsymbol{g}_1,\boldsymbol{g}_2,\cdots,\boldsymbol{g}_n$ 记 L 中由这个线性变换的特征向量所组成的基底,亦即

$$\mathscr{A}\boldsymbol{g}_k=\lambda_k\boldsymbol{g}_k\quad(k=1,2,\cdots,n)$$

对于 L 中的任意向量 $\boldsymbol{x}$,如果

$$\boldsymbol{x}=\sum_{k=1}^{n}x_k\boldsymbol{g}_k$$

那么

$$\mathscr{A}\boldsymbol{x}=\sum_{k=1}^{n}\boldsymbol{x}_k\mathscr{A}\boldsymbol{g}_k=\sum_{k=1}^{n}\lambda_k x_k\boldsymbol{g}_k$$

这就是说,可对角化的线性变换 $\mathscr{A}$ 对向量 $\boldsymbol{x}=\sum\limits_{k=1}^{n}x_k\boldsymbol{g}_k$ 的影响如下:在 n 维线性空间 L 中,有 n 个线性无关的"方向"存在,可对角化的线性变换 $\mathscr{A}$ 沿此方向得出系数为 $\lambda_1,\lambda_2,\cdots,\lambda_n$ 的"引申".任一向量 $\boldsymbol{x}$ 都可以沿这些特征方向来分解.对这些分量取对应的"引申"后加起来就得出向量 $\mathscr{A}\boldsymbol{x}$.

下一个充分条件是定理 1.2.1 的特别情形:

定理 1.5.2 域 K 上 n 维线性空间 L 的线性变换 $\mathscr{A}$ 可对角化的充分且必要条件是

$$L=L_{(\lambda_1)}\oplus L_{(\lambda_2)}\oplus\cdots\oplus L_{(\lambda_s)}$$

这里 $\lambda_1,\lambda_2,\cdots,\lambda_s$ 是 $\mathscr{A}$ 的全部不同的特征值.

推论 2 n 维线性空间 L 的线性变换 $\mathscr{A}$ 可对角化的充分且必要条件是

$$\dim L_{(\lambda_1)}+\dim L_{(\lambda_2)}+\cdots+\dim L_{(\lambda_s)}=n$$

其中 $\lambda_1,\lambda_2,\cdots,\lambda_s$ 是 $\mathscr{A}$ 的全部不同的特征值.

推论 3 域 K 上 n 维线性空间 L 的线性变换 $\mathscr{A}$ 可对角化的充分且必要条件是 $\mathscr{A}$ 的特征多项式 $f(\lambda)$ 在 K 上能分解为

$$(\lambda-\lambda_1)^{h_1}(\lambda-\lambda_2)^{h_2}\cdots(\lambda-\lambda_s)^{h_s}$$

其中 $\lambda_1,\lambda_2,\cdots,\lambda_s$ 是 K 的两两不相等的元素,并且每个特征值 λ_i 的几何重数都等于它的代数重数,$i=1,2,\cdots,s$.

最后,我们来指出两个单构线性变换可同时对角化的条件,它可以看作是第 4 章中定理 2.10.2 的几何形式:

定理 1.5.3 设 $\mathscr{A},\mathscr{B}$ 都是线性空间 L 中的可对角化的线性变换,则 $\mathscr{A}\mathscr{B}=\mathscr{B}\mathscr{A}$ 的充要条件是存在 L 的一个基底,使得 $\mathscr{A},\mathscr{B}$ 的矩阵同时成为对角形.

证明 充分性显然.

必要性.因为 $\mathscr{A}$ 可对角化,所以空间 L 可以作如下直和分解(定理 1.5.2)

$$L=L_{(\lambda_1)}\oplus L_{(\lambda_2)}\oplus\cdots\oplus L_{(\lambda_s)}\tag{1.6.1}$$

这里 $\lambda_1,\lambda_2,\cdots,\lambda_s$ 是 $\mathscr{A}$ 的全部不同的特征值.

注意到 $\mathscr{A}\mathscr{B}=\mathscr{B}\mathscr{A}$,按定理 1.3.3,特征子空间 $L_{(\lambda_i)}$ 是 $\mathscr{B}$ 的不变子空间.于是对应于分解(1.6.1),在 L 的任一基底下,变换 $\mathscr{B}$ 的矩阵具有分块对角形

$$\begin{pmatrix}\boldsymbol{B}_1 & & & \\ & \boldsymbol{B}_2 & & \\ & & \ddots & \\ & & & \boldsymbol{B}_s\end{pmatrix}$$

其中 $\boldsymbol{B}_i$ 是变换在 $L_{(\lambda_i)}$ 上的限制对应的矩阵.

既然 $\mathscr{B}$ 可以对角化，所以在每一个 $L_{(\lambda_i)}$ 中，均存在基底，使得矩阵 $\boldsymbol{B}_i$ 成为对角形. 另外，在同样的基底之下，$\mathscr{A}$ 在 $L_{(\lambda_i)}$ 上的限制对应的矩阵亦具有对角形（因为 $L_{(\lambda_i)}$ 是 $\mathscr{A}$ 的特征子空间）.

这样，将选出的诸 $L_{(\lambda_i)}$ 的基底合并起来，便得到了 L 的一个基底；在这个基底下，$\mathscr{A}$ 与 $\mathscr{B}$ 的矩阵都具有对角形.

§2　理论的基础:空间的分解

2.1　空间的向量(关于已给线性变换)的最小多项式

讨论域 K 上 n 维向量空间 L 与这一空间中线性变换 $\mathscr{A}$. 设 $\boldsymbol{x}$ 为 L 中任一向量，建立向量序列

$$\boldsymbol{x}, \mathscr{A}\boldsymbol{x}, \mathscr{A}^2\boldsymbol{x}, \cdots$$

由于空间维数的有限性，可以求得这样的整数 $p(0 \leqslant p \leqslant n)$，使得向量 $\boldsymbol{x}, \mathscr{A}\boldsymbol{x}, \cdots, \mathscr{A}^{p-1}\boldsymbol{x}$ 线性无关，而 $\mathscr{A}^p\boldsymbol{x}$ 是这些向量以域 K 中数为系数的线性组合

$$\mathscr{A}^p\boldsymbol{x} = -k_1\mathscr{A}^{p-1}\boldsymbol{x} - k_2\mathscr{A}^{p-2}\boldsymbol{x} - \cdots - k_p\boldsymbol{x} \tag{2.1.1}$$

取多项式 $\varphi(\lambda) = \lambda^p + k_1\lambda^{p-1} + \cdots + k_{p-1}\lambda + k_p$. 那么等式(2.1.1)可写为

$$\varphi(\mathscr{A})\boldsymbol{x} = \boldsymbol{0} \tag{2.1.2}$$

每一个可以适合等式(2.1.2)的多项式 $\varphi(\lambda)$ 称为向量 $\boldsymbol{x}$ 的零化多项式①. 但是不难看出，从向量 $\boldsymbol{x}$ 的所有零化多项式中我们可以做出一个首项系数为 1 的次数最小的零化多项式. 这一个多项式称为向量 $\boldsymbol{x}$ 的最小零化多项式或简称为向量 $\boldsymbol{x}$ 的最小多项式.

我们注意，向量 $\boldsymbol{x}$ 的任一零化多项式 $\overline{\varphi}(\lambda)$ 都被其最小多项式 $\varphi(\lambda)$ 所除尽.

事实上，设

$$\overline{\varphi}(\lambda) = \varphi(\lambda)q(\lambda) + r(\lambda)$$

其中 $q(\lambda), r(\lambda)$ 为以 $\varphi(\lambda)$ 除 $\overline{\varphi}(\lambda)$ 所得出的商式与余式. 那么

---

① 自然含有"关于所给变换 $\mathscr{A}$"在内. 文为了简便起见，这种情况在定义中没有说明，因为在这一章的全部范围内我们只讨论一个变换 $\mathscr{A}$.

$$\overline{\varphi}(\mathscr{A})\boldsymbol{x}=\varphi(\mathscr{A})q(\mathscr{A})\boldsymbol{x}+r(\mathscr{A})\boldsymbol{x}=r(\mathscr{A})\boldsymbol{x}$$

因而

$$r(\mathscr{A})\boldsymbol{x}=\boldsymbol{0}$$

但余式 $r(\lambda)$ 的次数应小于最小多项式 $\varphi(\lambda)$ 的次数. 这就说明了 $r(\lambda)\equiv 0$.

特别地,由所证明的结果,知每一个向量 $\boldsymbol{x}$ 只对应于一个最小多项式.

在空间 L 中选取某一基底 $\boldsymbol{e}_1,\boldsymbol{e}_2,\cdots,\boldsymbol{e}_n$. 以 $\varphi_1(\lambda),\varphi_2(\lambda),\cdots,\varphi_n(\lambda)$ 记基底中向量 $\boldsymbol{e}_1,\boldsymbol{e}_2,\cdots,\boldsymbol{e}_n$ 的最小多项式,且以 $\varphi(\lambda)$ 记这些多项式的最小公倍式(取 $\varphi(\lambda)$ 的首项系数为 1). 那么 $\varphi(\lambda)$ 将为所有基底向量 $\boldsymbol{e}_1,\boldsymbol{e}_2,\cdots,\boldsymbol{e}_n$ 的零化多项式.

因为任一向量 $\boldsymbol{x}\in L$ 都可表为形状 $\boldsymbol{x}=x_1\boldsymbol{e}_1+x_2\boldsymbol{e}_2+\cdots+x_n\boldsymbol{e}_n$,所以

$$\varphi(\mathscr{A})\boldsymbol{x}=x_1\varphi(\mathscr{A})\boldsymbol{e}_1+x_2\varphi(\mathscr{A})\boldsymbol{e}_2+\cdots+x_n\varphi(\mathscr{A})\boldsymbol{e}_n=\boldsymbol{0}$$

亦即

$$\varphi(\mathscr{A})=\mathscr{O}$$

多项式 $\varphi(\lambda)$ 是全部空间 L 的零化多项式. 设 $\overline{\varphi}(\lambda)$ 为全部空间 L 的任一零化多项式. 那么 $\overline{\varphi}(\lambda)$ 将为基底向量 $\boldsymbol{e}_1,\boldsymbol{e}_2,\cdots,\boldsymbol{e}_n$ 的零化多项式. 因此 $\overline{\varphi}(\lambda)$ 必须是这些向量的最小多项式 $\varphi_1(\lambda),\varphi_2(\lambda),\cdots,\varphi_n(\lambda)$ 的公倍式,所以多项式 $\overline{\varphi}(\lambda)$ 必须被最小公倍式 $\varphi(\lambda)$ 所除尽. 故知,从全部空间 L 的所有零化多项式中得出一个首项系数为 1 的次数最小的多项式 $\varphi(\lambda)$. 这一个多项式由所给空间 L 与变换 $\mathscr{A}$ 所唯一确定且称为空间 L 的最小多项式①. 空间 L 的最小多项式的唯一性可从上面所建立的结果得出:空间 L 的任一零化多项式 $\overline{\varphi}(\lambda)$ 都被最小多项式 $\varphi(\lambda)$ 所除尽. 虽然最小多项式 $\varphi(\lambda)$ 的组成与所定出的基底 $\boldsymbol{e}_1,\boldsymbol{e}_2,\cdots,\boldsymbol{e}_n$ 有关,但是多项式 $\varphi(\lambda)$ 却与这一基底的选择无关(此可从空间 L 的最小多项式的唯一性推出).

最后,我们还需要注意,空间 L 的最小多项式是 L 中任一向量 $\boldsymbol{x}$ 的零化多项式. 所以空间的最小多项式被这一空间中任意向量的最小多项式所除尽.

2.2 分解为有互质最小多项式的不变子空间的分解式

设 $\mathscr{A}$ 是线性空间 L 上的线性变换,以后我们将整个空间 L 分解为关于 $\mathscr{A}$ 的不变子空间. 这种分解将引起对变换在整个空间中的性质与在各个分子空间中

---

① 如果在某一基底 $\boldsymbol{e}_1,\boldsymbol{e}_2,\cdots,\boldsymbol{e}_n$ 中,变换 $\mathscr{A}$ 对应于矩阵 $\boldsymbol{A}=(a_{ij})_{n\times n}$,那么空间 L(关于 $\mathscr{A}$ 的) 的零化多项式或最小多项式就各为矩阵 $\boldsymbol{A}$ 的零化多项式与最小多项式. 而且反之亦然,比较第 3 章 §2,2.5 目.

的性质的研究.

我们现在来证明以下定理：

定理 2.2.1(关于分解空间为不变子空间的第一定理)　如果对于已给线性变换 $\mathscr{A}$,空间 L 的最小多项式 $\varphi(\lambda)$ 在域 K 中可表为两个互质多项式 $\varphi_1(\lambda)$ 与 $\varphi_2(\lambda)$(首相系数都等于 1) 的乘积

$$\varphi(\lambda)=\varphi_1(\lambda)\varphi_2(\lambda)$$

那么空间 L 可以分解为两个不变子空间 I_1 与 I_2 的直和：

$$L=I_1\oplus I_2$$

而且它们的最小多项式各为因式 $\varphi_1(\lambda)$ 与 $\varphi_2(\lambda)$.

证明　以 I_1 记适合方程 $\varphi_1(\mathscr{A})\boldsymbol{x}=\boldsymbol{0}$ 的所有向量 $\boldsymbol{x}$ 的集合. 同样的利用方程 $\varphi_2(\mathscr{A})\boldsymbol{x}=\boldsymbol{0}$ 来确定 I_2. 由这一定义知 I_1 与 I_2 都是 L 的子空间.

由 $\varphi_1(\lambda)$ 与 $\varphi_2(\lambda)$ 的互质推知有这样的多项式 $u(\lambda)$ 与 $v(\lambda)$ 存在(系数在 K 中) 使得以下恒等式能够成立

$$1=\varphi_1(\lambda)u(\lambda)+\varphi_2(\lambda)v(\lambda) \tag{2.2.1}$$

首先,设 $\boldsymbol{x}$ 为 L 中任一向量. 在式(2.2.1) 中换 λ 为 $\mathscr{A}$ 且将得出的两边运算于向量 $\boldsymbol{x}$

$$\boldsymbol{x}=\varphi_1(\mathscr{A})u(\mathscr{A})\boldsymbol{x}+\varphi_2(\mathscr{A})v(\mathscr{A})\boldsymbol{x} \tag{2.2.2}$$

亦即

$$\boldsymbol{x}=\boldsymbol{x}'+\boldsymbol{x}'' \tag{2.2.3}$$

其中

$$\boldsymbol{x}'=\varphi_2(\mathscr{A})v(\mathscr{A})\boldsymbol{x},\boldsymbol{x}''=\varphi_1(\mathscr{A})u(\mathscr{A})\boldsymbol{x}$$

再者

$$\varphi_1(\mathscr{A})\boldsymbol{x}'=\varphi(\mathscr{A})v(\mathscr{A})\boldsymbol{x}=\boldsymbol{0},\varphi_2(\mathscr{A})\boldsymbol{x}''=\varphi(\mathscr{A})u(\mathscr{A})\boldsymbol{x}=\boldsymbol{0}$$

这就是说 $\boldsymbol{x}'\in I_1$ 与 $\boldsymbol{x}''\in I_2$.

其次,I_1 与 I_2 没有不为零的公共向量. 事实上,如果 $\boldsymbol{x}_0\in I_1$ 与 $\boldsymbol{x}_0\in I_2$,亦即 $\boldsymbol{x}$ 满足 $\varphi_1(\mathscr{A})\boldsymbol{x}_0=\boldsymbol{0}$,及 $\varphi_2(\mathscr{A})\boldsymbol{x}_0=\boldsymbol{0}$. 那么由式(2.2.2)

$$\boldsymbol{x}_0=\varphi_1(\mathscr{A})u(\mathscr{A})\boldsymbol{x}_0+\varphi_2(\mathscr{A})v(\mathscr{A})\boldsymbol{x}_0=\boldsymbol{0}$$

这样一来,我们已经证明 $L=I_1\oplus I_2$.

再设 $\boldsymbol{x}\in I_1$,那么 $\varphi_1(\mathscr{A})\boldsymbol{x}=\boldsymbol{0}$. 这个等式的两边左乘 $\mathscr{A}$ 且交换 $\mathscr{A}$ 与 $\varphi_1(\mathscr{A})$ 的位置,我们得出 $\varphi_1(\mathscr{A})\mathscr{A}\boldsymbol{x}=\boldsymbol{0}$,由这式子看出 $\mathscr{A}\boldsymbol{x}\in I_1$. 这就证明了,子空间 I_1 对 $\mathscr{A}$ 不变. 同样的可以证明子空间 I_2 的不变性.

现在我们来证明,$\varphi_1(\lambda)$ 是 I_1 的最小多项式. 设 $\overline{\varphi_1}(\lambda)$ 为 I_1 的任一零化多

项式，而 $\boldsymbol{x}$ 为 L 中任一向量. 利用已经建立的分解式(2.2.3)，写出

$$\overline{\varphi}_1(\mathscr{A})\varphi_2(\mathscr{A})\boldsymbol{x}=\varphi_2(\mathscr{A})\overline{\varphi}_1(\mathscr{A})\boldsymbol{x}'+\overline{\varphi}_1(\mathscr{A})\varphi_2(\mathscr{A})\boldsymbol{x}''=\boldsymbol{0}$$

因为 $\boldsymbol{x}$ 是 L 中任一向量，故知乘积 $\overline{\varphi}_1(\lambda)\varphi_2(\lambda)$ 是 L 的零化多项式，因而可以被 $\varphi(\lambda)=\varphi_1(\lambda)\varphi_2(\lambda)$ 所除尽；换句话说，$\overline{\varphi}_1(\lambda)$ 被 $\varphi_1(\lambda)$ 所除尽. 但 $\overline{\varphi}_1(\lambda)$ 是空间 I_1 的任一零化多项式，而 $\varphi_1(\lambda)$ 是这些零化多项式中的某一个(由 I_1 的定义). 这就说明了，$\varphi_1(\lambda)$ 是 I_1 的最小多项式. 完全相类似地，可以证明 $\varphi_2(\lambda)$ 是不变子空间 I_2 的最小多项式.

定理已经完全证明.

分解多项式 $\varphi(\lambda)$ 为域 K 上不可约多项式的乘积

$$\varphi(\lambda)=[\varphi_1(\lambda)]^{\alpha_1}[\varphi_2(\lambda)]^{\alpha_2}\cdots[\varphi_s(\lambda)]^{\alpha_s}$$

(此处 $\varphi_1(\lambda),\varphi_2(\lambda),\cdots,\varphi_s(\lambda)$ 是首项系数为 1 的域 K 上各不相同的不可约多项式). 那么根据已经证明的定理，有

$$L=I_1\oplus I_2\oplus\cdots\oplus I_s \tag{2.2.4}$$

其中 I_k 是有最小多项式 $[\varphi_k(\lambda)]^{\alpha_k}$ 的不变子空间($k=1,2,\cdots,s$).

这样一来，所证明的定理把任一空间中线性变换的性质的研究化为最小多项式是 K 上不可约多项式的幂的空间中这一线性变换性质的研究. 这一情况可以用来证明以下重要的命题：

定理 2.2.2 在空间中，常有这样的向量存在，其最小多项式与空间的最小多项式重合.

证明 首先讨论这样的特殊情形. 空间 L 的最小多项式是 K 上不可约多项式 $\varphi(\lambda)$ 的幂

$$\psi(\lambda)=[\varphi(\lambda)]^h$$

在 L 中取基底 $\boldsymbol{e}_1,\boldsymbol{e}_2,\cdots,\boldsymbol{e}_n$. 向量 $\boldsymbol{e}_i$ 的最小多项式是多项式 $\psi(\lambda)$ 的因子，故可表为 $[\varphi(\lambda)]^{h_i}$ 的形式，其中 $h_i\leqslant h(i=1,2,\cdots,n)$.

但空间的最小多项式是基底向量的最小多项式的最小公倍式，亦即 $\psi(\lambda)$ 与幂 $[\varphi(\lambda)]^{h_i}(i=1,2,\cdots,n)$ 中的最高幂相同. 换句话说，$\psi(\lambda)$ 与基底向量 $\boldsymbol{e}_1,\boldsymbol{e}_2,\cdots,\boldsymbol{e}_n$ 中某一个的最小多项式重合.

转移到一般的情形，我们预先证明以下引理：

引理 如果向量 $\boldsymbol{e}'$ 与 $\boldsymbol{e}''$ 的最小多项式彼此互质，那么向量和 $\boldsymbol{e}'+\boldsymbol{e}''$ 的最小多项式等于诸向量项的最小多项式的乘积.

证明 事实上，设 $\chi_1(\lambda)$ 与 $\chi_2(\lambda)$ 各为向量 $\boldsymbol{e}'$ 与 $\boldsymbol{e}''$ 的最小多项式. 由条件，$\chi_1(\lambda)$ 与 $\chi_2(\lambda)$ 互质. 设 $\chi(\lambda)$ 为向量 $\boldsymbol{e}=\boldsymbol{e}'+\boldsymbol{e}''$ 的任一零化多项式. 那么

$$\chi_2(\mathscr{A})\chi(\mathscr{A})\boldsymbol{e}'=\chi_2(\mathscr{A})\chi(\mathscr{A})\boldsymbol{e}-\chi_2(\mathscr{A})\chi(\mathscr{A})\boldsymbol{e}''=\boldsymbol{0}$$

亦即 $\chi_2(\lambda)\chi(\lambda)$ 是 $\boldsymbol{e}'$ 的零化多项式. 故知 $\chi_2(\lambda)\chi(\lambda)$ 为 $\chi(\lambda)$ 所除尽. 因 $\chi_1(\lambda)$ 与 $\chi_2(\lambda)$ 互质,故 $\chi(\lambda)$ 为 $\chi_1(\lambda)$ 所除尽. 同理可证,$\chi(\lambda)$ 为 $\chi_2(\lambda)$ 所除尽. 但 $\chi_1(\lambda)$ 与 $\chi_2(\lambda)$ 互质,故 $\chi(\lambda)$ 为乘积 $\chi_1(\lambda)\chi_2(\lambda)$ 所除尽. 所以向量 $\boldsymbol{e}$ 的任一零化多项式都被零化多项式 $\chi_1(\lambda)\chi_2(\lambda)$ 所除尽. 因此,$\chi_1(\lambda)\chi_2(\lambda)$ 是向量 $\boldsymbol{e}=\boldsymbol{e}'+\boldsymbol{e}''$ 的最小多项式.

回到定理 2.2.2,为了证明一般的情形,我们应用分解式(2.2.4). 因为子空间 $I_1,I_2,\cdots,I_s$ 的最小多项式都是不可约多项式的幂,所以对于这些多项式,我们的命题已经证明. 故有这样的向量 $\boldsymbol{e}'\in I_1,\boldsymbol{e}''\in I_2,\cdots,\boldsymbol{e}^{(s)}\in I_s$ 存在,其最小多项式各为 $[\varphi_1(\lambda)]^{\alpha_1},[\varphi_2(\lambda)]^{\alpha_2},\cdots,[\varphi_s(\lambda)]^{\alpha_s}$. 由引理知向量 $\boldsymbol{e}=\boldsymbol{e}'+\boldsymbol{e}''+\cdots+\boldsymbol{e}^{(s)}$ 的最小多项式等于乘积 $[\varphi_1(\lambda)]^{\alpha_1}[\varphi_2(\lambda)]^{\alpha_2}\cdots[\varphi_s(\lambda)]^{\alpha_s}$,亦即等于空间 L 的最小多项式.

2.3 一个空间对于循环不变子空间的分解式

设 $\sigma(\lambda)=\lambda^p+k_1\lambda^{p-1}+\cdots+k_{p-1}\lambda+k_p$ 是向量 $\boldsymbol{e}$ 的最小多项式,那么向量

$$\boldsymbol{e},\mathscr{A}\boldsymbol{e},\cdots,\mathscr{A}^{p-1}\boldsymbol{e} \tag{2.3.1}$$

线性无关,而且

$$\mathscr{A}^{p-1}\boldsymbol{e}=-k_p\boldsymbol{e}-k_{p-1}\mathscr{A}\boldsymbol{e}-\cdots-k_1\mathscr{A}^{p-1}\boldsymbol{e} \tag{2.3.2}$$

向量(2.3.1)构成某一个 p 维子空间 I 的基底. 这一子空间称为循环的. 记住其有特殊形状基底(2.3.1)与等式(2.3.2)①. 变换 $\mathscr{A}$ 把式(2.3.1)中的第一个向量变为第二个,第二个变为第三个,诸如此类. 基底向量中最后一个由变换 $\mathscr{A}$ 变为等式(2.3.2)所写出的基底向量的一个线性组合. 这样一来,变换 $\mathscr{A}$ 变任一基底向量为 I 中的一个向量;这就表示它变 I 中任一向量为 I 中的一个向量. 换句话说,循环子空间常对 $\mathscr{A}$ 不变.

任一向量 $\boldsymbol{x}\in I$ 可表为基底向量(2.3.1)的线性组合,亦即为以下形状

$$\boldsymbol{x}=\chi(\mathscr{A})\boldsymbol{e} \tag{2.3.3}$$

其中 $\chi(\lambda)$ 为系数在 K 中次数小于或等于 $p-1$ 的 λ 的多项式. 考查所有可能的系数在 K 中次数小于或等于 $p-1$ 的多项式 $\chi(\lambda)$,我们得出 I 中的所有向量,而且每个向量 $\boldsymbol{x}\in I$ 只表出一次,亦即只对应于一个多项式 $\chi(\lambda)$. 记住基底

---

① 正确的应称这一个子空间为对于线性变换 $\mathscr{A}$ 循环的. 但是因为所有的理论都是对于这一个变换 $\mathscr{A}$ 来构成的,我们为了简便起见删去"对于线性变换 $\mathscr{A}$"诸字(参考本章 §2 中第一个脚注中类似的注释).

(2.3.1) 或公式(2.3.3),我们说,向量 $\boldsymbol{e}$ 产生子空间 I.

我们还要注意,向量 $\boldsymbol{e}$ 的最小多项式同时也是它所产生的整个子空间 I 的最小多项式.

现在来建立全部理论的基本命题,由此分解空间 L 为循环子空间,但是需预先作一个关于商空间的附注:

设在 L 中给出线性变换 $\mathscr{A}$,且设 I 是 $\mathscr{A}$ 的不变子空间.考虑商空间 L/I,那么很容易验证,由 $\boldsymbol{x}\equiv\boldsymbol{x}'(\mathrm{mod}\ I)$ 得出 $\mathscr{A}\boldsymbol{x}\equiv\mathscr{A}\boldsymbol{x}'(\mathrm{mod}\ I)$,亦即在同余式两端可以应用变换 $\mathscr{A}$.换句话说,如果对于商空间 L/I 中的某一类 $\boldsymbol{x}+I$ 的所有向量 $\boldsymbol{x},\boldsymbol{x}',\cdots$ 施行变换 $\mathscr{A}$,那么所得出的向量 $\mathscr{A}\boldsymbol{x},\mathscr{A}\boldsymbol{x}',\cdots$ 亦都是属于同一类中,我们记这一个类以 $\mathscr{A}(\boldsymbol{x}+I)$.线性变换 $\mathscr{A}$ 变类为类,故亦为商空间 L/I 中的变换.

现在定义向量组 $\boldsymbol{a}_1,\boldsymbol{a}_2,\cdots,\boldsymbol{a}_p$ 对模 I 线性相关:如果在基域 K 中有不全为零的数 $k_1,k_2,\cdots,k_p$ 存在,使得

$$k_1\boldsymbol{a}_1+k_1\boldsymbol{a}_2+\cdots+k_1\boldsymbol{a}_p\equiv\boldsymbol{0}(\mathrm{mod}\ I)$$

这样,不但关于线性相关的概念,而在本章以前诸段所引进的所有概念、命题与推理都可以逐字重述,只不过换所有的"="号为符号"$\equiv 0(\mathrm{mod}\ I)$",其中 I 为某一个对 $\mathscr{A}$ 不变的固定子空间.

这样一来,引进了空间与向量的对模 I 的零化、最小多项式诸概念.所有这些概念我们都称为"相对的"以区别于早先所引进的"绝对的"概念(对符号"="才有意义).

读者注意,(向量的、空间的)相对的最小多项式是绝对的最小多项式的因式.例如,设 $\overline{\varphi}(\lambda)$ 为向量 $\boldsymbol{x}$ 的相对的最小多项式,$\varphi(\lambda)$ 为其对应的绝对的最小多项式.那么

$$\varphi(\mathscr{A})\boldsymbol{x}=\boldsymbol{0}$$

但由此可得

$$\varphi(\mathscr{A})\boldsymbol{x}\equiv\boldsymbol{0}(\mathrm{mod}\ I)$$

故 $\varphi(\lambda)$ 为向量 $\boldsymbol{x}$ 的相对的零化多项式,因而可为相对的最小多项式 $\varphi(\lambda)$ 所除尽.

平行于以上诸节中"绝对的"命题,我们有"相对的"命题.例如,我们有命题:"在任一个空间中,常有这样的向量存在,其相对的最小多项式与整个空间的相对的最小多项式重合".

所有"相对的"命题的正确性是建立在对模 I 的同余式的运算上,主要的是我们所处理的等式不是在空间 L 里,而是在空间 L/I 里面.

回到基本命题的建立.设 $\varphi_1(\lambda)=\lambda^m+a_1\lambda^{m-1}+\cdots+a_{m-1}\lambda+a_m$ 是空间 L

的最小多项式. 那么在空间中有向量 $\boldsymbol{e}$ 存在，以这个多项式为其最小多项式(本章 §2，定理 2.2.2). 设以 I_1 记有基底

$$\boldsymbol{e}, \mathscr{A}\boldsymbol{e}, \cdots, \mathscr{A}^{m-1}\boldsymbol{e} \tag{2.3.4}$$

的循环子空间.

如果 $n=m$，那么 $L=I_1$. 设 $n>m$ 且设多项式

$$\varphi_2(\lambda)=\lambda^p+\boldsymbol{b}_1\lambda^{p-1}+\cdots+\boldsymbol{b}_{p-1}\lambda+\boldsymbol{b}_p$$

为空间 L 对模 I_1 的(相对的)最小多项式. 按照前面所述的附注，$\varphi_2(\lambda)$ 是 $\varphi_1(\lambda)$ 的因式，亦即有这样的多项式 $\kappa(\lambda)$ 存在，使得

$$\varphi_1(\lambda)=\varphi_2(\lambda)\kappa(\lambda) \tag{2.3.5}$$

再者，在 L 中有向量 $\boldsymbol{g}^*$ 存在，其相对的最小多项式为 $\varphi_2(\lambda)$. 那么

$$\varphi_2(\lambda)\boldsymbol{g}^* \equiv \boldsymbol{0}(\bmod I_1)$$

亦即有次数小于或等于 $m-1$ 的这样的多项式 $\chi(\lambda)$ 存在，使得

$$\varphi_2(\mathscr{A})\boldsymbol{g}^*=\chi(\mathscr{A})\boldsymbol{e} \tag{2.3.6}$$

在这个等式的两边应用变换 $\kappa(\mathscr{A})$. 那么由式(2.3.5)，在其左边得出 $\varphi_1(\mathscr{A})\boldsymbol{g}^*$，亦即零向量，因为 $\varphi_1(\lambda)$ 是整个空间的绝对的最小多项式；故有

$$\kappa(\mathscr{A})\chi(\mathscr{A})\boldsymbol{e}=\boldsymbol{0}$$

这个等式证明了乘积 $\kappa(\lambda)\chi(\lambda)$ 是向量 $\boldsymbol{e}$ 的零化多项式，因而为最小多项式 $\varphi_1(\lambda)=\kappa(\lambda)\varphi_2(\lambda)$ 所除尽，亦即 $\chi(\lambda)$ 为 $\varphi_2(\lambda)$ 所除尽

$$\chi(\lambda)=\kappa_1(\lambda)\varphi_2(\lambda)$$

其中 $\kappa_1(\lambda)$ 为某一多项式. 利用多项式 $\chi(\lambda)$ 的这一分解式，我们可以写等式(2.3.6)为

$$\varphi_2(\mathscr{A})\boldsymbol{g}=\boldsymbol{0} \tag{2.3.7}$$

其中向量 $\boldsymbol{g}$ 由以下等式确定

$$\boldsymbol{g}=\boldsymbol{g}^*-\kappa_1(\lambda)(\mathscr{A})\boldsymbol{e}$$

最后的等式证明了

$$\boldsymbol{g}\equiv\boldsymbol{g}^*(\bmod I_1)$$

因此这个式子表示 $\varphi_2(\lambda)$ 是 $\boldsymbol{g}^*$，因而亦是 $\boldsymbol{g}$ 的相对的最小多项式. 从等式(2.3.7)就得出以下结果：$\varphi_2(\lambda)$ 是向量 $\boldsymbol{g}$ 的相对的同时又是绝对的最小多项式.

因为 $\varphi_2(\lambda)$ 是向量 $\boldsymbol{g}$ 的绝对的最小多项式，故知有基底

$$\boldsymbol{g}, \mathscr{A}\boldsymbol{g}, \cdots, \mathscr{A}^{p-1}\boldsymbol{g} \tag{2.3.8}$$

的子空间 I_2 是循环的.

由于 $\varphi_2(\lambda)$ 是向量 $\boldsymbol{g}$ 对模 I_1 的相对的最小多项式，推知向量(2.3.8)对模

I_1 线性无关,亦即没有一个系数不全等于零的向量(2.3.8)的线性组合,可以等于向量(2.3.4)的线性组合.因为式(2.3.4)中诸向量线性无关,所以我们刚才的论断表示以下 $m+p$ 个向量

$$\boldsymbol{e},\mathscr{A}\boldsymbol{e},\cdots,\mathscr{A}^{m-1}\boldsymbol{e};\boldsymbol{g},\mathscr{A}\boldsymbol{g},\cdots,\mathscr{A}^{p-1}\boldsymbol{g} \tag{2.3.9}$$

的线性无关性.

向量(2.3.9)构成 $m+p$ 维不变子空间 $I_1 \oplus I_2$ 的基底.

如果 $n=m+p$,那么 $L=I_1 \oplus I_2$.如果 $n>m+p$,那么我们对模 $I_1 \oplus I_2$ 讨论 L,再继续用我们的方法来分出循环不变子空间.因为空间 L 是有限维的,其维数为 n,所以这一方法必须停止于某一子空间 I_t,其中 $t \leqslant n$.

我们得到以下定理:

定理 2.3.1(关于分解空间为不变子空间的第二定理)　常可分解空间为各有最小多项式 $\varphi_1(\lambda),\varphi_2(\lambda),\cdots,\varphi_t(\lambda)$,且对已给线性变换 $\mathscr{A}$ 循环的子空间 $I_1,I_2,\cdots,I_t$

$$L=I_1 \oplus I_2 \oplus \cdots \oplus I_t \tag{2.3.10}$$

而且使得 $\varphi_1(\lambda)$ 与整个空间的最小多项式重合.每一个 $\varphi_i(\lambda)$ 都是 $\varphi_{i-1}(\lambda)$ 的因子 $(i=2,3,\cdots,t)$.

现在我们来提出循环空间的某些性质.设 L 为 n 维循环空间,$\varphi(\lambda)=\lambda^m+\cdots$ 为这一空间的最小多项式.那么由循环空间的定义知有 $m=n$.反之,设给出任一空间 L 且已知 $m=n$.应用所证明的分解定理,我们表 L 为式(2.3.10)的形状.但因 I_1 的最小多项式与整个空间的最小多项式重合,知循环子空间 I_1 的维数等于 m.由条件 $m=n$ 得出 $L=I_1$.亦即 L 是一个循环子空间.

这样一来,得出了以下空间循环性的判定:

定理 2.3.2　空间是循环的充分必要条件是它的维数与其最小多项式的次数相同.

现在假设循环空间 L 有两个不变子空间 I_1 与 I_2 的分解式

$$L=I_1 \oplus I_2 \tag{2.3.11}$$

以 n,n_1,n_2 各表示空间 L,I_1 与 I_2 的维数,以 $\varphi(\lambda),\varphi_1(\lambda)$ 与 $\varphi_2(\lambda)$ 记这些空间的最小多项式.以 m,m_1,m_2 记这些最小多项式的次数.那么

$$m_1 \leqslant n_1,m_2 \leqslant n_2 \tag{2.3.12}$$

这两个不等式逐项相加,得出

$$m_1+m_2 \leqslant n_1+n_2 \tag{2.3.13}$$

因为 $\varphi(\lambda)$ 是多项式 $\varphi_1(\lambda)$ 与 $\varphi_2(\lambda)$ 的最小公倍式,所以

$$m \leqslant m_1+m_2 \tag{2.3.14}$$

此外,由式(2.3.11)得出

$$n = n_1 + n_2 \tag{2.3.15}$$

公式(2.3.13),(2.3.14)与(2.3.15)给出我们一串关系

$$m \leqslant m_1 + m_2 \leqslant n_1 + n_2 = n$$

由于空间 L 的循环性,知在这一串关系式两端的数 m 与 n,彼此相等.故在这一串关系式中,只能取等号,亦即

$$m = m_1 + m_2 = n_1 + n_2 = n$$

因为

$$m = m_1 + m_2$$

知 $\varphi_1(\lambda)$ 与 $\varphi_2(\lambda)$ 互质.

由 $m_1 + m_2 = n_1 + n_2$ 与式(2.3.12),知有

$$m_1 = n_1, m_2 = n_2$$

这些等式说明子空间 I_1 与 I_2 的循环性.

这样一来,我们得到了以下命题:

定理 2.3.3 循环空间只能分解为这样的不变子空间.它们都是循环的,且有互质的最小多项式.

类似的推理(从相反的次序来进行)证明定理 2.3.3 是可逆的.

定理 2.3.4 如果能分解空间为不变子空间,而且它们是循环的,且有互质的最小多项式,那么原来的空间是循环的.

现在设 L 是循环空间且其最小多项式是域 K 中不可约多项式的幂:$\psi(\lambda) = [\varphi(\lambda)]^h$.在这一情形下 L 中任一不变子空间的最小多项式亦为这个不可约多项式 $\varphi(\lambda)$ 的幂.所以任何两个不变子空间的最小多项式不可能互质.故由所证明的命题知 L 不能分解为几个不变子空间.

相反地,设某一空间 L 不能分解为几个不变子空间,那么 L 是一个循环空间,否则它就可以利用第二分解定理分解为几个循环子空间;再者,L 的最小多项式必须是不可约多项式的幂,因为在相反的情形由第一分解定理,L 就可以分解为几个不变子空间.

如此我们就得到以下结果:

定理 2.3.5 空间不能分解为几个不变子空间的充分必要条件是,它是循环的,它的最小多项式是域 K 中不可约多项式的幂.

现在回到分解式(2.3.10)且把循环子空间 $I_1, I_2, \cdots, I_t$ 的最小多项式 $\psi_1(\lambda), \psi_2(\lambda), \cdots, \psi_t(\lambda)$ 分解为域 K 中不可约多项式的乘积

$$\begin{cases}\psi_1(\lambda)=[\varphi_1(\lambda)]^{\alpha_1}[\varphi_2(\lambda)]^{\alpha_2}\cdots[\varphi_s(\lambda)]^{\alpha_s}\\ \psi_2(\lambda)=[\varphi_1(\lambda)]^{\beta_1}[\varphi_2(\lambda)]^{\beta_2}\cdots[\varphi_s(\lambda)]^{\beta_s}\\ \quad\vdots\\ \psi_t(\lambda)=[\varphi_1(\lambda)]^{\gamma_1}[\varphi_2(\lambda)]^{\gamma_2}\cdots[\varphi_s(\lambda)]^{\gamma_s}\\ (\alpha_k\geqslant\beta_k\geqslant\cdots\geqslant\gamma_k\geqslant 0;k=1,2,\cdots,s)^{①}\end{cases}\tag{2.3.16}$$

应用第一分解定理于 I_1，我们得出

$$I_1=I_1'\oplus I_1''\oplus\cdots\oplus I_1^{(s)}$$

其中 $I_1',I_1'',\cdots,I_1^{(s)}$ 为各有最小多项式$[\varphi_1(\lambda)]^{\alpha_1},[\varphi_2(\lambda)]^{\alpha_2},\cdots,[\varphi_s(\lambda)]^{\alpha_s}$ 的循环子空间. 类似地来分解子空间 $I_2,\cdots,I_t$. 这样，我们得出整个空间 L 的一个分解式，分解为有最小多项式$[\varphi_1(\lambda)]^{\alpha_k},[\varphi_2(\lambda)]^{\beta_k},\cdots,[\varphi_1(\lambda)]^{\gamma_k}(k=1,2,\cdots,s)$ 的诸循环子空间(此处要舍弃对于指数等于零的诸幂). 由定理 2.3.5 知道这些循环子空间已经不能再行分解(为几个不变子空间). 我们得到以下定理：

定理 2.3.6 (关于分解空间为不变子空间的第三定理) 常可分解空间为循环不变子空间

$$L=I'\oplus I''\oplus\cdots\oplus I^{(u)}$$

使得这些循环子空间的每一个最小多项式都是不可约多项式的幂.

这一定理给出了空间分解成不能再行分解的不变子空间的分解式.

注 我们应用前两个分解定理来得出定理2.3.6——第三分解定理. 但是第三分解定理亦可以用另外的方法来得出，是即为定理 2.3.5 的直接推论(几乎是毫不费力的).

事实上，如果空间 L 本来可以分解，那么它常可分解为不可再行分解的不变子空间

$$L=I'\oplus I''\oplus\cdots\oplus I^{(u)}$$

根据定理 2.3.5，每一项子空间都是循环的且以 K 中不可约多项式的幂作为它的最小多项式.

---

① 这些次数 $\beta_k,\cdots,\gamma_k$，当 $k>1$ 时可能等于零.

§3 初等因子的几何理论

3.1 矩阵的自然标准形

由于第二分解定理，我们可以分解整个空间 L 为诸循环子空间 $I_1, I_2, \cdots, I_t$

$$L = I_1 \oplus I_2 \oplus \cdots \oplus I_t$$

在这些子空间的最小多项式序列 $\psi_1(\lambda), \psi_2(\lambda), \cdots, \psi_t(\lambda)$ 中，每一个多项式都是前多项式的因式（故已自动得出，第一个多项式是整个空间的最小多项式）.

设

$$\begin{cases} \psi_1(\lambda) = \lambda^m + a_1\lambda^{m-2} + \cdots + a_{m-1}\lambda + a_m \\ \psi_2(\lambda) = \lambda^p + b_1\lambda^{p-2} + \cdots + b_{p-1}\lambda + b_p \\ \quad\vdots \\ \psi_t(\lambda) = \lambda^q + c_1\lambda^{q-2} + \cdots + c_{q-1}\lambda + c_q \end{cases} \quad (m \geqslant p \geqslant \cdots \geqslant q)$$

以 $\boldsymbol{e}, \boldsymbol{g}, \cdots, \boldsymbol{h}$ 记产生子空间 $I_1, I_2, \cdots, I_t$ 的向量，且以诸循环子空间的基底来构成整个空间 L 的基底

$$\boldsymbol{e}, \mathscr{A}\boldsymbol{e}, \cdots, \mathscr{A}^{m-1}\boldsymbol{e}; \boldsymbol{g}, \mathscr{A}\boldsymbol{g}, \cdots, \mathscr{A}^{p-1}\boldsymbol{g}, \cdots, \boldsymbol{h}, \mathscr{A}\boldsymbol{h}, \cdots, \mathscr{A}^{q-1}\boldsymbol{h} \tag{3.1.1}$$

我们来看一下，在这一基底中，对应于变换 $\mathscr{A}$ 的矩阵 $\boldsymbol{A}_{\mathrm{I}}$ 是怎样的.

有如本节开始时所已说明，矩阵 $\boldsymbol{A}_{\mathrm{I}}$ 应当有分块对角形的形式

$$\boldsymbol{A}_{\mathrm{I}} = \begin{pmatrix} \boldsymbol{A}_1 & & & \boldsymbol{O} \\ & \boldsymbol{A}_2 & & \\ & & \ddots & \\ \boldsymbol{O} & & & \boldsymbol{A}_t \end{pmatrix} \tag{3.1.2}$$

矩阵 $\boldsymbol{A}_1$ 当基底为 $\boldsymbol{e}_1 = \boldsymbol{e}, \boldsymbol{e}_2 = \mathscr{A}\boldsymbol{e}, \cdots, \boldsymbol{e}_m = \mathscr{A}^{m-1}\boldsymbol{e}$ 时对应 I_1 中的变换 $\mathscr{A}$. 回忆一下在所给基底中与所给变换来构成矩阵的规则（第 8 章 §1,1.5 目），我们得出

$$\boldsymbol{A}_1 = \begin{pmatrix} 0 & 0 & \cdots & 0 & -a_m \\ 1 & 0 & \cdots & 0 & -a_{m-1} \\ 0 & 1 & \cdots & 0 & -a_{m-2} \\ \vdots & \vdots & & \vdots & \vdots \\ 0 & 0 & \cdots & 1 & -a_1 \end{pmatrix} \tag{3.1.3}$$

同理

$$\boldsymbol{A}_2=\begin{pmatrix}0 & 0 & \cdots & 0 & -b_m\\ 1 & 0 & \cdots & 0 & -b_{m-1}\\ 0 & 1 & \cdots & 0 & -b_{m-2}\\ \vdots & \vdots & & \vdots & \vdots\\ 0 & 0 & \cdots & 1 & -b_1\end{pmatrix}\tag{3.1.4}$$

等.

计算矩阵 $\boldsymbol{A}_1,\boldsymbol{A}_2,\cdots,\boldsymbol{A}_t$ 的特征多项式.我们得出

$$|\lambda\boldsymbol{E}-\boldsymbol{A}_1|=\psi_1(\lambda),\ |\lambda\boldsymbol{E}-\boldsymbol{A}_2|=\psi_2(\lambda),\cdots,\ |\lambda\boldsymbol{E}-\boldsymbol{A}_t|=\psi_t(\lambda)$$

(对于循环子空间,变换 $\mathscr{A}$ 的特征多项式与关于这个变换的子空间的最小多项式重合).

矩阵 $\boldsymbol{A}_{\mathrm{I}}$ 在“标准”基底(3.1.1)中对应于变换 $\mathscr{A}$.如果 $\boldsymbol{A}$ 是在任一基底中对应于变换 $\mathscr{A}$ 的矩阵,那么矩阵 $\boldsymbol{A}$ 与矩阵 $\boldsymbol{A}_{\mathrm{I}}$ 相似,亦即有这样的满秩矩阵 $\boldsymbol{T}$ 存在,使得

$$\boldsymbol{A}=\boldsymbol{T}\boldsymbol{A}_{\mathrm{I}}\boldsymbol{T}^{-1}$$

至于矩阵 $\boldsymbol{A}_{\mathrm{I}}$ 我们说它是第一种自然标准形.第一种自然标准形为以下诸特征所决定:

1° 分块对角形的形状(3.1.2).

2° 对角线上诸块(3.1.3),(3.1.4) 等的特殊结构.

3° 补充条件:每一对角线上子块的特征多项式为以下的子块的特征多项式所除尽.

相类似地,如果我们不从第二分解定理而从第三分解定理出发,那么在对应的基底中,变换 $\mathscr{A}$ 对应于矩阵 $\boldsymbol{A}_{\mathrm{II}}$,它有第二种自然标准形,为以下诸特征所决定:

1° 分块对角形的形状

$$\boldsymbol{A}_{\mathrm{II}}=\begin{pmatrix}\boldsymbol{A}_1 & & & \boldsymbol{O}\\ & \boldsymbol{A}_2 & & \\ & & \ddots & \\ \boldsymbol{O} & & & \boldsymbol{A}_t\end{pmatrix}$$

2° 对角线上诸块(3.1.3),(3.1.4) 等的特殊结构.

3° 补充条件:每一子块的特征多项式都是域 K 中不可约多项式的幂.

在下目中我们将证明,在对应于同一变换的相似矩阵类中,只有一个有第

一种自然标准形①的矩阵存在，亦只有一个有第二种自然标准形②的矩阵存在. 我们还要给出从矩阵 $\boldsymbol{A}$ 的元素来求出多项式 $\psi_1(\lambda),\psi_2(\lambda),\cdots,\psi_t(\lambda)$ 的算法. 这些多项式的知识给出我们可能计算出矩阵 $\boldsymbol{A}_{\mathrm{I}}$ 与 $\boldsymbol{A}_{\mathrm{II}}$ 的所有元素，这两个矩阵是与矩阵 $\boldsymbol{A}$ 相似且有相应的第一种与第二种自然标准形.

3.2 不变因子·初等因子(一)③

以 $D_p(\lambda)$ 记特征矩阵 $\boldsymbol{A}_\lambda=\lambda\boldsymbol{E}-\boldsymbol{A}$ 中所有 p 阶子式的最大公因式($p=1,2,\cdots,n$)④. 因为在序列

$$D_n(\lambda),D_{n-1}(\lambda),\cdots,D_1(\lambda)$$

中，每一个多项式都被其后一个所除尽，所以诸公式

$$i_1(\lambda)=\frac{D_n(\lambda)}{D_{n-1}(\lambda)},i_2(\lambda)=\frac{D_{n-1}(\lambda)}{D_{n-2}(\lambda)},\cdots,i_n(\lambda)=\frac{D_1(\lambda)}{D_0(\lambda)}=D_1(\lambda)\quad(D_0(\lambda)\equiv 1)$$

确定 n 个多项式，它们的乘积等于特征多项式

$$\Delta(\lambda)=|\lambda\boldsymbol{E}-\boldsymbol{A}|=D_n(\lambda)=i_1(\lambda)i_2(\lambda)\cdots i_n(\lambda)$$

分解多项式 $i_p(\lambda)(p=1,2,\cdots,n)$ 为域 K 中不可约多项式的乘积

$$i_p(\lambda)=[\varphi_1(\lambda)]^{\alpha_p}[\varphi_2(\lambda)]^{\beta_p}\cdots\quad(p=1,2,\cdots,n)$$

其中 $\varphi_1(\lambda),\varphi_2(\lambda),\cdots$ 为域 K 中不同的不可约多项式.

多项式 $i_1(\lambda),i_2(\lambda),\cdots,i_n(\lambda)$ 称为特征矩阵 $\boldsymbol{A}_\lambda=\lambda\boldsymbol{E}-\boldsymbol{A}$ 或简称矩阵 $\boldsymbol{A}$ 的不变因式，而在 $[\varphi_1(\lambda)]^{\alpha_p},[\varphi_2(\lambda)]^{\beta_p},\cdots$ 中所有不为常数的幂称为其初等因子.

全部初等因子的乘积，与全部不变因式的乘积一样，都等于特征多项式 $\Delta(\lambda)=|\lambda\boldsymbol{E}-\boldsymbol{A}|$.

"不变因子"的名称是合理的，因为两个相似矩阵 $\boldsymbol{A}$ 与 $\overline{\boldsymbol{A}}$

$$\overline{\boldsymbol{A}}=\boldsymbol{T}^{-1}\boldsymbol{A}\boldsymbol{T}\tag{3.2.1}$$

常有相同的不变因子

$$i_p(\lambda)=\bar{i}_p(\lambda)\quad(p=1,2,\cdots,n)\tag{3.2.2}$$

事实上，由式(3.2.1)知

$$\overline{\boldsymbol{A}}_\lambda=\lambda\boldsymbol{E}-\overline{\boldsymbol{A}}=\boldsymbol{T}^{-1}(\lambda\boldsymbol{E}-\boldsymbol{A})\boldsymbol{T}=\boldsymbol{T}^{-1}\boldsymbol{A}_\lambda\boldsymbol{T}$$

故得(参考第2章§3)相似矩阵 $\boldsymbol{A}_\lambda$ 与 $\overline{\boldsymbol{A}}_\lambda$ 的子式间的关系式

---

① 这并不表示只有一个形如式(3.1.1)的标准基底存在. 标准基底可能有许多个，但都对应于同一矩阵 $\boldsymbol{A}_{\mathrm{I}}$.

② 不计对角线上诸子块的先后次序.

③ 在本目第一部分中对于特征矩阵重复第4章§1,1.6目中对于任意多项式所建立的基本概念.

④ 在最大公因式中常选取其首项系数等于1.

$$\left|\overline{\boldsymbol{A}}_\lambda\begin{pmatrix} i_1 & i_1 & \cdots & i_p \\ j_1 & j_2 & \cdots & j_p \end{pmatrix}\right| = \sum_{\substack{1\leqslant\alpha_1<\alpha_2<\cdots<\alpha_p\leqslant m \\ 1\leqslant\beta_1<\beta_2<\cdots<\beta_p\leqslant n}} \left|\boldsymbol{T}^{-1}\begin{pmatrix} i_1 & i_1 & \cdots & i_p \\ \alpha_1 & \alpha_2 & \cdots & \alpha_p \end{pmatrix}\right| \cdot$$

$$\left|\boldsymbol{A}_\lambda\begin{pmatrix} \alpha_1 & \alpha_2 & \cdots & \alpha_p \\ \beta_1 & \beta_2 & \cdots & \beta_p \end{pmatrix}\right| \left|\boldsymbol{T}\begin{pmatrix} \beta_1 & \beta_2 & \cdots & \beta_p \\ j_1 & j_2 & \cdots & j_p \end{pmatrix}\right| \quad (p=1,2,\cdots,n)$$

这个等式证明了矩阵 $\boldsymbol{A}_\lambda$ 中所有 p 阶子式的每一个公因式都是矩阵 $\overline{\boldsymbol{A}}_\lambda$ 中所有 p 阶子式的公因式，反之亦然（因为矩阵 $\boldsymbol{A}$ 与 $\overline{\boldsymbol{A}}$ 可以交换其地位）. 因此推知

$$\boldsymbol{D}_p(\lambda)=\overline{\boldsymbol{D}}_p \quad (p=1,2,\cdots,n)$$

所以式(3.2.2) 成立.

因为在各种基底中表示所给变换的所有矩阵都是彼此相似的，故有相同的不变因子，因而有相同的初等因子，所以我们可以述及变换 $\mathscr{A}$ 的不变因子与初等因子.

现在取有第一种自然标准形的矩阵 $\boldsymbol{A}_{\mathrm{I}}$ 作为 $\overline{\boldsymbol{A}}$，且从 $\overline{\boldsymbol{A}}_\lambda=\lambda\boldsymbol{E}-\overline{\boldsymbol{A}}$ 形矩阵出发来计算矩阵 $\boldsymbol{A}$ 的不变因子（在阵列(3.2.3) 中是对于 $m=5,p=4,q=4,r=3$ 的情形所写出的矩阵）.

$$\begin{pmatrix}
\lambda & 0 & 0 & 0 & \alpha_5 & 0 & 0 & 0 & 0 & 0 & 0 & 0 & 0 & 0 & 0 & 0 \\
-1 & \lambda & 0 & 0 & \alpha_4 & 0 & 0 & 0 & 0 & 0 & 0 & 0 & 0 & 0 & 0 & 0 \\
0 & -1 & \lambda & 0 & \alpha_3 & 0 & 0 & 0 & 0 & 0 & 0 & 0 & 0 & 0 & 0 & 0 \\
0 & 0 & -1 & \lambda & \alpha_2 & 0 & 0 & 0 & 0 & 0 & 0 & 0 & 0 & 0 & 0 & 0 \\
0 & 0 & 0 & -1 & -\alpha_1+\lambda & 0 & 0 & 0 & \beta_4 & 0 & 0 & 0 & 0 & 0 & 0 & 0 \\
0 & 0 & 0 & 0 & 0 & \lambda & 0 & 0 & \beta_3 & 0 & 0 & 0 & 0 & 0 & 0 & 0 \\
0 & 0 & 0 & 0 & 0 & -1 & \lambda & 0 & \beta_2 & 0 & 0 & 0 & 0 & 0 & 0 & 0 \\
0 & 0 & 0 & 0 & 0 & 0 & -1 & \lambda & \beta_1 & 0 & 0 & 0 & 0 & 0 & 0 & 0 \\
0 & 0 & 0 & 0 & 0 & 0 & 0 & -1 & -\beta_1+\lambda & 0 & 0 & 0 & 0 & 0 & 0 & 0 \\
0 & 0 & 0 & 0 & 0 & 0 & 0 & 0 & 0 & \lambda & 0 & 0 & \gamma_4 & 0 & 0 & 0 \\
0 & 0 & 0 & 0 & 0 & 0 & 0 & 0 & 0 & -1 & \lambda & 0 & \gamma_3 & 0 & 0 & 0 \\
0 & 0 & 0 & 0 & 0 & 0 & 0 & 0 & 0 & 0 & -1 & \lambda & \gamma_2 & 0 & 0 & 0 \\
0 & 0 & 0 & 0 & 0 & 0 & 0 & 0 & 0 & 0 & 0 & -1 & \gamma_1+\lambda & 0 & 0 & 0 \\
0 & 0 & 0 & 0 & 0 & 0 & 0 & 0 & 0 & 0 & 0 & 0 & 0 & \lambda & 0 & \varepsilon_3 \\
0 & 0 & 0 & 0 & 0 & 0 & 0 & 0 & 0 & 0 & 0 & 0 & 0 & -1 & \lambda & \varepsilon_2 \\
0 & 0 & 0 & 0 & 0 & 0 & 0 & 0 & 0 & 0 & 0 & 0 & 0 & 0 & -1 & \varepsilon_1+\lambda
\end{pmatrix}$$

(3.2.3)

利用拉普拉斯定理，我们求得

$$D_n(\lambda)=|\lambda\boldsymbol{E}-\overline{\boldsymbol{A}}|=|\lambda\boldsymbol{E}-\boldsymbol{A}_1|\ |\lambda\boldsymbol{E}-\boldsymbol{A}_2|\cdots|\lambda\boldsymbol{E}-\boldsymbol{A}_t|$$

$$=\psi_1(\lambda)\psi_2(\lambda)\cdots\psi_t(\lambda) \tag{3.2.4}$$

转向 $D_{n-1}(\lambda)$ 的求出，注意元素 α_m 的子式，如不计因子 ±1，这一子式等于

$$|\lambda\boldsymbol{E}-\boldsymbol{A}_2|\cdots|\lambda\boldsymbol{E}-\boldsymbol{A}_t|=\psi_2(\lambda)\cdots\psi_t(\lambda) \tag{3.2.5}$$

我们来证明，这个 $n-1$ 阶子式是所有其余的 $n-1$ 阶子式的因式，因而

$$D_{n-1}(\lambda)=\psi_2(\lambda)\cdots\psi_t(\lambda) \tag{3.2.6}$$

为此首先取位于对角线上诸子块外面的元素的子式，且证明这种子式等于零. 为了得出这一子式必须在式(3.2.3)矩阵中删去一个行与一个列. 在所讨论的情形，删去的两条线穿过对角线上两个不同的子块，故在这两个子块的每一个里面删去了一条线. 例如，设在对角线上第 j 个子块中删去了一行. 取含有这一个对角线上子块的垂直带形中诸子式. 在这一个带形中有 s 个列，而且除开 $s-1$ 个行以外，其余诸行中的元素全等于零(此处我们以 s 记矩阵 $\boldsymbol{A}_j$ 的阶). 根据拉普拉斯定理，把所讨论的 $n-1$ 阶行列式，按照含于所指出的带形中诸 s 阶子式来展开，我们证明了它必须等于零.

现在取位于对角线上某个子块中的元素的子式. 在这一情形删去的线只"伤坏"对角线上一个子块，例如第 j 个子块，而且子式的矩阵仍然是分块对角形的. 因此这种子式等于

$$\psi_1(\lambda)\cdots\psi_{j-1}(\lambda)\psi_{j+1}(\lambda)\cdots\psi_t(\lambda)\chi(\lambda) \tag{3.2.7}$$

其中 $\chi(\lambda)$ 是所"伤坏的"对角线上第 j 个子块的行列式. 由于 $\psi_i(\lambda)$ 为 $\psi_{i+1}(\lambda)$ $(i=1,2,\cdots,t-1)$ 所除尽，乘积(3.2.7)为乘积(3.2.5)所除尽. 这样一来，等式(3.2.6)可算已经证明. 类似的推理我们得出

$$\begin{cases}D_{n-2}(\lambda)=\psi_3(\lambda)\cdots\psi_t(\lambda)\\ \qquad\vdots\\ D_{n-t-1}(\lambda)=\psi_t(\lambda)\\ D_{n-t}(\lambda)=\cdots=\psi_1(\lambda)=1\end{cases} \tag{3.2.8}$$

从式(3.2.4)，(3.2.6)与(3.2.8)中，我们求得

$$\begin{cases}\psi_1(\lambda)=\dfrac{D_n(\lambda)}{D_{n-1}(\lambda)}=i_1(\lambda)\\ \psi_2(\lambda)=\dfrac{D_{n-1}(\lambda)}{D_{n-2}(\lambda)}=i_2(\lambda)\\ \vdots\\ \psi_t(\lambda)=\dfrac{D_{n-1+1}(\lambda)}{D_{n-1}(\lambda)}=i_t(\lambda)\\ i_{t+1}(\lambda)=\cdots=i_n(\lambda)=1\end{cases}\tag{3.2.9}$$

公式(3.2.9)证明了多项式 $\psi_1(\lambda),\psi_2(\lambda),\cdots,\psi_t(\lambda)$ 与变换 $\mathscr{A}$(或其对应的矩阵 $\boldsymbol{A}$)的不变因子是完全一致的.

但是此时展开式(2.3.16)中不等于 1 的 $[\varphi_k(\lambda)]^{\alpha_k},[\varphi_k(\lambda)]^{\beta_k},\cdots(k=1,2,\cdots)$ 与变换 $\mathscr{A}$(或相应的矩阵 $\boldsymbol{A}$)的初等因子相同.因此不变因子的表示式或域 K 中初等因子表示式唯一地确定标准形 $\boldsymbol{A}_{\mathrm{I}}$ 与 $\boldsymbol{A}_{\mathrm{II}}$ 的元素.

对于所得出的结果,我们给出三种彼此等价的说法:

定理 3.2.1(更精密的第二分解定理)　如果在 L 中给出线性变换 $\mathscr{A}$,那么空间 L 可以分解为诸循环子空间

$$L=I_1\oplus I_2\oplus\cdots\oplus I_t$$

使得在子空间 $I_1,I_2,\cdots,I_t$ 的最小多项式序列 $\psi_1(\lambda),\psi_2(\lambda),\cdots,\psi_t(\lambda)$ 中,每一个多项式为其后一个所整除.多项式 $\psi_1(\lambda),\psi_2(\lambda),\cdots,\psi_t(\lambda)$ 是唯一确定的:它们除一些 1 以外与变换 $\mathscr{A}$ 的不变因子是一致的.

定理 3.2.1′　对于 L 中每一个线性变换 $\mathscr{A}$ 都有这样的基底存在,在这一基底中变换所给出的矩阵 $\boldsymbol{A}_{\mathrm{I}}$ 是第一种自然标准形.这一矩阵为所给变换 $\mathscr{A}$ 所唯一确定:$\boldsymbol{A}_{\mathrm{I}}$ 中对角线上诸子块的特征多项式是变换 $\mathscr{A}$ 的不变因子.

定理 3.2.1″　在每一个相似矩阵类中(元素在 K 中),都有一个且只有一个矩阵 $\boldsymbol{A}_{\mathrm{I}}$ 存在为第一种自然标准形.$\boldsymbol{A}_{\mathrm{I}}$ 中对角线上诸子块的特征多项式与所讨论的矩阵类中任一矩阵的不变因子(除一些 1 以外)是一致的.

由式(3.2.2)我们已经知道两个相似矩阵有相同的不变因子.现在假设,相反地,两个元素在 K 中的矩阵 $\boldsymbol{A}$ 与 $\boldsymbol{B}$ 有相同的不变因子.因为矩阵 $\boldsymbol{A}_{\mathrm{I}}$ 为所给的这些不变因子所唯一确定,所以两个矩阵 $\boldsymbol{A}$ 与 $\boldsymbol{B}$ 都同这一个 $\boldsymbol{A}_{\mathrm{I}}$ 相似,因而彼此相似.这样一来,我们得到以下命题:

定理 3.2.1　为了使得元素在 K 中的两个矩阵相似的充分必要条件是这

两个矩阵有相同的不变因子①.

3.3 不变因子·初等因子(二)

变换 $\mathscr{A}$ 的特征多项式 $\Delta(\lambda)$ 与 $D_n(\lambda)$ 重合,故等于全部不变因子的乘积

$$\Delta(\lambda)=\psi_1(\lambda)\psi_2(\lambda)\cdots\psi_t(\lambda) \tag{3.3.1}$$

但 $\psi_1(\lambda)$ 是整个空间关于 $\mathscr{A}$ 的最小多项式,就是说 $\psi_1(\mathscr{A})=\mathscr{O}$,故由式(3.3.1),有

$$\Delta(\mathscr{A})=\mathscr{O}$$

这样一来,我们同时得出了哈密尔顿-凯莱定理(参考第8章 §4,1.7目):每一个线性变换都适合它的特征方程式.

在 §2,2.3目中,分解多项式 $\psi_1(\lambda),\psi_2(\lambda),\cdots,\psi_t(\lambda)$ 为域 K 中不可约因式的乘积

$$\begin{cases}\psi_1(\lambda)=[\varphi_1(\lambda)]^{\alpha_1}[\varphi_2(\lambda)]^{\alpha_2}\cdots[\varphi_s(\lambda)]^{\alpha_s}\\ \psi_2(\lambda)=[\varphi_1(\lambda)]^{\beta_1}[\varphi_2(\lambda)]^{\beta_2}\cdots[\varphi_s(\lambda)]^{\beta_s}\\ \quad\vdots\\ \psi_t(\lambda)=[\varphi_1(\lambda)]^{\gamma_1}[\varphi_2(\lambda)]^{\gamma_2}\cdots[\varphi_s(\lambda)]^{\gamma_s}\end{cases} \tag{3.3.2}$$

$$(\alpha_k\geqslant\beta_k\geqslant\cdots\geqslant\gamma_k;k=1,2,\cdots,s)$$

我们得到第三分解定理.在式(3.3.2)右端中每一个有非零方次的幂次对应于这一分解式中一个不变子空间.

由式(3.2.9)知所有不等于1的幂次 $[\varphi_k(\lambda)]^{\alpha_k}$,$[\varphi_k(\lambda)]^{\beta_k}$,$\cdots$,$[\varphi_k(\lambda)]^{\gamma_k}$ $(k=1,2,\cdots,s)$ 是变换 $\mathscr{A}$(矩阵 $\mathbf{A}$)在域 K 中的初等因子(参考上面一目第一部分).

这样一来,我们得到了次之第三分解定理的更精密的说法:

定理 3.3.1 如果在域 K 上向量空间 L 中给出了线性变换 $\mathscr{A}$,那么 L 可以分解为诸循环子空间,其最小多项式是变换 $\mathscr{A}$ 在域 K 中的初等因子.

设 $L=I'\oplus I''\oplus\cdots\oplus I^{(u)}$ 是定理中所给出的分解式.以 $\boldsymbol{e}',\boldsymbol{e}'',\cdots,\boldsymbol{e}^{(u)}$ 记产生子空间 $I',I'',\cdots,I^{(u)}$ 的向量且用这些子空间的"循环"基底构成了这个空间的基底

$$\boldsymbol{e}',\mathscr{A}\boldsymbol{e}',\boldsymbol{e}'',\mathscr{A}\boldsymbol{e}'',\cdots,\boldsymbol{e}^{(u)},\mathscr{A}\boldsymbol{e}^{(u)},\cdots \tag{3.3.3}$$

不难看出,在基底(3.3.3)中对应于变换 $\mathscr{A}$ 的矩阵 $\mathbf{A}_{\mathrm{II}}$,与矩阵 $\mathbf{A}_{\mathrm{I}}$ 一样,有分块

---

① 或者(同样的)有相同的在域 K 中的初等因子.

对角形

$$\boldsymbol{A}_{\mathrm{II}}=\begin{pmatrix}\boldsymbol{A}_1 & & & \boldsymbol{O}\\ & \boldsymbol{A}_2 & & \\ & & \ddots & \\ \boldsymbol{O} & & & \boldsymbol{A}_t\end{pmatrix}$$

其对角线上诸子块与矩阵 $\boldsymbol{A}_{\mathrm{I}}$ 中子块(3.1.3),(3.1.4) 等有相同的结构.但是这些对角线上子块的特征多项式不是变换 $\mathscr{A}$的不变因子而是其初等因子.矩阵 $\boldsymbol{A}_{\mathrm{II}}$ 是第二种自然标准形(参考本节 3.1).

我们得到定理 3.3.1 的另一说法:

定理 3.3.1′ 对于(域 K 上)L 中每一个线性变换 $\mathscr{A}$都有这样的基底存在,在这一基底中所给变换的矩阵 $\boldsymbol{A}_{\mathrm{II}}$ 是第二种自然标准形;而且其对角线上诸子块的特征多项式是变换 $\mathscr{A}$ 在域 K 中的初等因子.

这一定理有如下的矩阵的说法:

定理 3.3.1″ 元素在域 K 中的矩阵 $\boldsymbol{A}$ 常与有第二种自然标准形的矩阵 $\boldsymbol{A}_{\mathrm{II}}$ 相似,在 $\boldsymbol{A}_{\mathrm{II}}$ 中对角线上诸子块的特征多项式是矩阵 $\boldsymbol{A}$ 的初等因子.

定理 3.3.1 以及与之有关的定理 3.3.1′ 与定理 3.3.1″ 在某种意义上是可逆的.

设 $L=I'\oplus I''\oplus\cdots\oplus I^{(u)}$ 为空间 L 对不可再进行分解的不变子空间的任一分解式,那么根据定理 2.3.5,子空间 $I',I'',\cdots,I^{(u)}$ 是循环的,而其最小多项式为域 K 中不可约多项式的幂次.对于这些幂次,如果必要时添上一些方次为零的幂次,可以写为

$$\begin{cases}[\varphi_1(\lambda)]^{\alpha_1}[\varphi_2(\lambda)]^{\alpha_2}\cdots[\varphi_s(\lambda)]^{\alpha_s}\\ [\varphi_1(\lambda)]^{\beta_1}[\varphi_2(\lambda)]^{\beta_2}\cdots[\varphi_s(\lambda)]^{\beta_s}\\ \quad\vdots\\ [\varphi_1(\lambda)]^{\gamma_1}[\varphi_2(\lambda)]^{\gamma_2}\cdots[\varphi_s(\lambda)]^{\gamma_s}\\ (\alpha_k\geqslant\beta_k\geqslant\cdots\geqslant\gamma_k\geqslant 0^{①};k=1,2,\cdots,s)\end{cases}\tag{3.3.4}$$

最小多项式位于第一行的诸子空间的和,我们用 I_1 来记它.同样便引进 $I_2,\cdots,I_t$(t 为式(3.3.4) 中的行数).按照定理 2.3.4,子空间 $I_1,I_2,\cdots,I_t$ 是循环的,且其最小多项式 $\psi_1(\lambda),\psi_2(\lambda),\cdots,\psi_t(\lambda)$ 为式(3.3.2) 所确定.此处在序列 $\psi_1(\lambda),\psi_2(\lambda),\cdots,\psi_t(\lambda)$ 中每一个多项式为其次一个所除尽.这就可以直接

① 在数 $\alpha_k,\cdots,\gamma_k$ 中至少有个是正的.

应用定理 3.2.1 于分解式

$$L = I_1 \oplus I_2 \oplus \cdots \oplus I_t$$

根据这一定理

$$\psi_p(\lambda) = i_p(\lambda)(p = 1, 2, \cdots, n)$$

故由(3.3.2)，所有幂次(3.3.4)，其方次不为零者，都是变换$\mathscr{A}$在域K中的初等因子.如此，我们就有：

定理 3.3.2　如果(域K上)空间L用任一方法分解为不能再行分解的诸(对$\mathscr{A}$)不变子空间，那么这些子空间的最小多项式也是变换$\mathscr{A}$在域K中全部初等因子.

我们还要给出一个等价的矩阵说法：

定理 3.3.2′　在每一个(元素在域K中)相似矩阵类中只有一个(不计对角线上诸子块的先后次序)有第二种自然标准形的矩阵$\mathbf{A}_{\mathrm{II}}$存在；其对角线上诸子块的特征多项式是这一类中任一矩阵的初等因子.

设分解空间L为两个(对$\mathscr{A}$)不变的子空间

$$L = I_1 \oplus I_2$$

把I_1与I_2的每一个分解为诸不能再行分解的子空间，我们就得出整个空间L对不能再行分解的子空间的分解式.因此，根据定理 3.3.2，我们得出：

定理 3.3.3　如果分解L为对变换$\mathscr{A}$不变的诸子空间，那么把在这些不变子空间的每一个变换$\mathscr{A}$的初等因子合并在一起就给出了L中变换$\mathscr{A}$的全部初等因子.

这个定理有如下的矩阵的说法：

定理 3.3.3′　分块对角形矩阵在域K中的全部初等因子可以由合并其对角线上诸子块的初等因子来得出.

我们常常应用定理 3.3.3′来实际求出矩阵的初等因子.

3.4　矩阵的约当标准形

设变换$\mathscr{A}$的特征多项式$\Delta(\lambda)$的全部根都在域K中.特别地，如果K是全部复数的域，那么这一情形常能成立.

在所讨论的情形，不变因子对于域K中初等因子的分解式可以写为

$$
\begin{cases}
i_1(\lambda)=(\lambda-\lambda_1)^{\alpha_1}(\lambda-\lambda_2)^{\alpha_2}\cdots(\lambda-\lambda_s)^{\alpha_s}\\
i_2(\lambda)=(\lambda-\lambda_1)^{\beta_1}(\lambda-\lambda_2)^{\beta_2}\cdots(\lambda-\lambda_s)^{\beta_s}\\
\qquad\vdots\\
i_t(\lambda)=(\lambda-\lambda_1)^{\gamma_1}(\lambda-\lambda_2)^{\gamma_2}\cdots(\lambda-\lambda_s)^{\gamma_s}
\end{cases}
\tag{3.4.1}
$$

$$(\alpha_k\geqslant\beta_k\geqslant\cdots\geqslant\gamma_k\geqslant 0;\alpha_k>0;k=1,2,\cdots,s)$$

因为所有不变因子的乘积等于特征多项式 $\Delta(\lambda)$，所以式(3.4.1) 中的 λ_1，$\lambda_2,\cdots,\lambda_s$ 是特征多项式 $\Delta(\lambda)$ 的所有不同的根.

取任一初等因子

$$(\lambda-\lambda_0)^p$$

这里 λ_0 是数 $\lambda_1,\lambda_2,\cdots,\lambda_s$ 中的某一个，而 p 为指数 $\alpha_k,\beta_k,\cdots,\gamma_k(k=1,2,\cdots,s)$ 中一个(不等于零的) 数.

这一初等因子对应于第三分解定理(本章定理 2.3.6) 分解式中一个确定的循环子空间 I，且以 $\boldsymbol{e}$ 记产生这一空间的向量. 则 $(\lambda-\lambda_0)^p$ 就为这个向量 $\boldsymbol{e}$ 的最小多项式.

讨论向量

$$\boldsymbol{e}_1=(\mathscr{A}-\lambda_0\mathscr{E})^{p-1}\boldsymbol{e},\boldsymbol{e}_2=(\mathscr{A}-\lambda_0\mathscr{E})^{p-2}\boldsymbol{e},\cdots,\boldsymbol{e}_p=\boldsymbol{e}$$

向量 $\boldsymbol{e}_1,\boldsymbol{e}_2,\cdots,\boldsymbol{e}_p$ 是线性无关的，否则将有次数小于 p 的为向量 $\boldsymbol{e}$ 的零化多项式存在，而这是不可能的. 现在我们注意，有

$$(\mathscr{A}-\lambda_0\mathscr{E})\boldsymbol{e}_1=\boldsymbol{0},(\mathscr{A}-\lambda_0\mathscr{E})\boldsymbol{e}_2=\boldsymbol{0},\cdots,(\mathscr{A}-\lambda_0\mathscr{E})\boldsymbol{e}_p=\boldsymbol{0}$$

或

$$\mathscr{A}\boldsymbol{e}_1=\lambda_0\boldsymbol{e}_1,\mathscr{A}\boldsymbol{e}_2=\lambda_0\boldsymbol{e}_2+\boldsymbol{e}_1,\cdots,\mathscr{A}\boldsymbol{e}_p=\lambda_0\boldsymbol{e}_p+\boldsymbol{e}_{p-1}\tag{3.4.2}$$

有了等式(3.4.2)，不难写出在基底(3.2.4) 时对应于 I 中变换 $\mathscr{A}$ 的矩阵. 这个矩阵有以下形状

$$
\begin{pmatrix}
\lambda_0 & 1 & 0 & \cdots & 0\\
0 & \lambda_0 & 1 & \cdots & 0\\
\vdots & \vdots & \vdots & & \vdots\\
0 & 0 & 0 & \cdots & 1\\
0 & 0 & 0 & \cdots & \lambda_0
\end{pmatrix}
=\lambda_0\boldsymbol{E}^{(p)}+\boldsymbol{H}^{(p)}
$$

其中 $\boldsymbol{E}^{(p)}$ 为 p 阶单位矩阵，而 $\boldsymbol{H}^{(p)}$ 为一 p 阶矩阵，位于其“上对角线”上的元素全等于 1 而其余的元素全等于零.

适合等式(3.4.2) 的线性无关的向量 $\boldsymbol{e}_1,\boldsymbol{e}_2,\cdots,\boldsymbol{e}_p$ 构成了所谓 I 中向量的

约当链. 从子空间 $I', I'', \cdots, I^{(u)}$ 的每一个里面取出的约当链构成 L 中约当基底. 如果现在记这些子空间的最小多项式, 亦即变换 $\mathscr{A}$ 的初等因子, 为

$$(\lambda-\lambda_1)^{p_1},(\lambda-\lambda_2)^{p_2},\cdots,(\lambda-\lambda_u)^{p_u}$$

(在数 $\lambda_1, \lambda_2, \cdots, \lambda_u$ 中可能有些是相等的), 那么在约当基底中对应于变换 $\mathscr{A}$ 的矩阵 $\boldsymbol{J}$ 将有如下分块对角形

$$\boldsymbol{J}=\begin{pmatrix}\lambda_1\boldsymbol{E}^{(p_1)}+\boldsymbol{H}^{(p_1)} & & & \\ & \lambda_2\boldsymbol{E}^{(p_2)}+\boldsymbol{H}^{(p_2)} & & \\ & & \ddots & \\ & & & \lambda_u\boldsymbol{E}^{(p_u)}+\boldsymbol{H}^{(p_u)}\end{pmatrix} \tag{3.4.3}$$

至于矩阵 $\boldsymbol{J}$, 我们说它是约当标准形或简称约当式. 如果已知变换 $\mathscr{A}$ 在域 K 中的初等因子, 而 K 含有特征方程 $\Delta(\lambda)=0$ 所有的根. 那么立刻可以算出矩阵 $\boldsymbol{J}$.

任一矩阵 $\mathbf{A}$ 常与约当标准形矩阵 $\boldsymbol{J}$ 相似, 亦即对于任何矩阵 $\mathbf{A}$, 常有这样的满秩矩阵 $\boldsymbol{T}(|\boldsymbol{T}|\neq 0)$ 存在, 使得

$$\mathbf{A}=\boldsymbol{T}\boldsymbol{J}\boldsymbol{T}^{-1}$$

如果变换 $\mathscr{A}$ 的所有初等因子都是一次的(亦只有在这一情形), 约当式是一个对角矩阵, 且在这一情形我们有

$$\mathbf{A}=\boldsymbol{T}\begin{pmatrix}\lambda_1 & & & \\ & \lambda_2 & & \\ & & \ddots & \\ & & & \lambda_n\end{pmatrix}\boldsymbol{T}^{-1}$$

这样一来, 线性变换 $\mathscr{A}$ 是可对角化的(参考本章 §1) 充分必要条件, 是变换 $\mathscr{A}$ 的所有初等因子都是线性的.

等式(3.4.3) 所定出的向量 $\boldsymbol{e}_1, \boldsymbol{e}_2, \cdots, \boldsymbol{e}_p$ 以相反次序编号

$$\boldsymbol{g}_1=\boldsymbol{e}_p=\boldsymbol{e}, \boldsymbol{g}_2=\boldsymbol{e}_{p-1}=(\mathscr{A}-\lambda_0\mathscr{E})\boldsymbol{e}, \cdots, \boldsymbol{g}_p=\boldsymbol{e}_1=(\mathscr{A}-\lambda_0\mathscr{E})^{p-1}\boldsymbol{e} \tag{3.4.4}$$

那么

$$(\mathscr{A}-\lambda_0\mathscr{E})\boldsymbol{g}_1=\boldsymbol{g}_2,(\mathscr{A}-\lambda_0\mathscr{E})\boldsymbol{g}_2=\boldsymbol{g}_3,\cdots,(\mathscr{A}-\lambda_0\mathscr{E})\boldsymbol{g}_p=\mathbf{0}$$

故有

$$\mathscr{A}\boldsymbol{g}_1=\lambda_0\boldsymbol{g}_1+\boldsymbol{g}_2, \mathscr{A}\boldsymbol{g}_2=\lambda_0\boldsymbol{g}_2+\boldsymbol{g}_3, \cdots, \mathscr{A}\boldsymbol{g}_p=\lambda_0\boldsymbol{g}_p \tag{3.4.5}$$

向量(3.4.4) 构成第三分解定理分解式中对应于初等因子 $(\lambda-\lambda_0)^p$ 的循

环不变子空间 I 的基底.在这个基底中,容易看出,变换 $\mathscr{A}$ 对应于矩阵

$$\begin{pmatrix} \lambda_0 & 0 & 0 & \cdots & 0 & 0 \\ 1 & \lambda_0 & 0 & \cdots & 0 & 0 \\ 0 & 1 & \lambda_0 & \cdots & 0 & 0 \\ \vdots & \vdots & \vdots & & \vdots & \vdots \\ 0 & 0 & 0 & \cdots & \lambda_0 & 0 \\ 0 & 0 & 0 & \cdots & 1 & \lambda_0 \end{pmatrix}$$

至于向量(3.4.4),我们说它们构成向量的下约当链.如果在第三分解定理分解式的子空间 $I',I'',\cdots,I^{(u)}$ 的每一个里面都取向量的下约当链,那么由这些链构成下约当基底,在这一基底中变换 $\mathscr{A}$ 对应于分块对角矩阵

$$\boldsymbol{J}_1=\begin{pmatrix} \lambda_1\boldsymbol{E}^{(p_1)}+\boldsymbol{F}^{(p_1)} & & & \\ & \lambda_2\boldsymbol{E}^{(p_2)}+\boldsymbol{F}^{(p_2)} & & \\ & & \ddots & \\ & & & \lambda_u\boldsymbol{E}^{(p_u)}+\boldsymbol{F}^{(p_u)} \end{pmatrix} \tag{3.4.6}$$

至于矩阵 $\boldsymbol{J}_1$,我们说它是一个下约当式.为了与矩阵(3.4.6)有所区别,我们有时称矩阵(3.4.5)为上约当矩阵.

这样一来,任一矩阵 $\boldsymbol{A}$ 常可与某一上约当矩阵或某一下约当矩阵相似.

3.5 特征方程的克雷洛夫变换方法

设有矩阵 $\boldsymbol{A}=(a_{ij})_{m\times n}$,那么它的特征方程可写为 $\Delta(\lambda)=|\lambda\boldsymbol{E}-\boldsymbol{A}|=0$.与第3章§2的法捷耶夫-勒维耶算法平行的,我们来讲另一个简化特征方程的系数计算的方法.它是苏联数学家阿·恩·克雷洛夫①在1937年提供的,这方法通过对特征行列式 $|\lambda\boldsymbol{E}-\boldsymbol{A}|$ 进行变换,使 λ 只在某一列(或行)的元素中出现(我们记得,在特征行列式 $|\lambda\boldsymbol{E}-\boldsymbol{A}|$ 中,λ 是在行列式对角线上的元素中出现).

在本段中我们给出变换特征方程的代数推理,与克雷洛夫的原始推理有些差别②.

我们来讨论基底为 $\boldsymbol{e}_1,\boldsymbol{e}_2,\cdots,\boldsymbol{e}_n$ 的 n 维线性空间 L 与 L 中线性变换 $\mathscr{A}$.它是在这一基底中为已给出矩阵 $\boldsymbol{A}=(a_{ij})_{n\times n}$ 所决定的.在 L 中选取任一向量 $\boldsymbol{x}\neq\boldsymbol{0}$ 建立向量序列

① 克雷洛夫(Krylov,1863—1945),苏联造船专家、力学家和数学家.

② 克雷洛夫从含有 n 个常系数微分方程的方程组的讨论出发得出他的变换方法.

$$\boldsymbol{x}, \mathscr{A}\boldsymbol{x}, \mathscr{A}^2\boldsymbol{x}, \mathscr{A}^3\boldsymbol{x}, \cdots \tag{3.5.1}$$

设在这个序列中前 p 个向量 $\boldsymbol{x}, \mathscr{A}\boldsymbol{x}, \mathscr{A}^2\boldsymbol{x}, \cdots, \mathscr{A}^{p-1}\boldsymbol{x}$ 线性无关，而第 $p+1$ 个向量 $\mathscr{A}^p\boldsymbol{x}$ 是这 p 个向量的线性组合

$$\mathscr{A}^p\boldsymbol{x} = -\alpha_p\boldsymbol{x} - \alpha_{p-1}\mathscr{A}\boldsymbol{x} - \cdots - \alpha_1\mathscr{A}^{p-1}\boldsymbol{x} \tag{3.5.2}$$

或

$$g(\mathscr{A})\boldsymbol{x} = \boldsymbol{0} \tag{3.5.3}$$

其中

$$g(\lambda) = \lambda^p + \alpha_1\lambda^{p-1} + \cdots + \alpha_{p-1}\lambda + \alpha_p \tag{3.5.4}$$

序列(3.5.1)中以后的所有诸向量亦可由这一序列中前 p 个向量线性表出①. 这样一来，在序列(3.5.1)中有 p 个线性无关的向量；而且序列(3.5.1)中有最大个数的线性无关向量组，常可在序列的前 p 个向量中实现.

多项式 $g(\lambda)$ 是向量 $\boldsymbol{x}$ 对于变换 $\mathscr{A}$ 的最小(零化)多项式(参考本章 §2). 克雷洛夫的方法是定出向量 $\boldsymbol{x}$ 的最小多项式的有效方法.

我们分两种不同的情形来讨论：正则情形(此时 $p=n$)与特殊情形(此时 $p<n$).

多项式 $g(\lambda)$ 是整个空间 L② 的最小多项式 $\varphi(\lambda)$ 的因式，而 $\varphi(\lambda)$ 又是特征多项式 $\Delta(\lambda)$ 的因式. 故 $g(\lambda)$ 恒为 $\Delta(\lambda)$ 的因式.

在正则情形中，$g(\lambda)$ 与 $\Delta(\lambda)$ 有相同的次数 n，且因其首项系数是相等的，所以这些多项式重合.

这样，在正则情形，有

$$\Delta(\lambda) \equiv \varphi(\lambda) \equiv g(\lambda)$$

故在正则情形克雷洛夫方法是计算特征多项式 $\Delta(\lambda)$ 的系数的方法.

在特殊情形，有如我们在下面所看到的，克雷洛夫方法没有可能来确定 $\Delta(\lambda)$，而在这一情形它只是定出 $\Delta(\lambda)$ 的因式 —— 多项式 $g(\lambda)$.

在叙述克雷洛夫变换时我们以 $a, b, \cdots, h$ 记向量 $\boldsymbol{x}$ 在所给出基底 $\boldsymbol{e}_1, \boldsymbol{e}_2, \cdots, \boldsymbol{e}_n$ 中的坐标；而以 $a_k, b_k, \cdots, h_k$ 记向量 $\mathscr{A}^k\boldsymbol{x}$ 的坐标($k=1,2,\cdots,n$).

正式讨论正则情形：$p=n$. 在这一情形向量 $\boldsymbol{x}, \mathscr{A}\boldsymbol{x}, \mathscr{A}^2\boldsymbol{x}, \cdots, \mathscr{A}^{n-1}\boldsymbol{x}$ 线性无关，而且等式(3.5.2)，(3.5.3)，(3.5.4)有如下形式

---

① 在等式(3.5.2)的两边应用变换 $\mathscr{A}$，我们把向量 $\mathscr{A}^{p+1}\boldsymbol{x}$ 由向量 $\mathscr{A}\boldsymbol{x}, \cdots, \mathscr{A}^{p-1}\boldsymbol{x}, \mathscr{A}^p\boldsymbol{x}$ 线性表出. 但由式(3.5.2)，$\mathscr{A}^p\boldsymbol{x}$ 可由 $\boldsymbol{x}, \mathscr{A}\boldsymbol{x}, \cdots, \mathscr{A}^{p-1}\boldsymbol{x}$ 线性表出；故对 $\mathscr{A}^{p+1}\boldsymbol{x}$ 我们得出类似的表示式. 在向量 $\mathscr{A}^{p+1}\boldsymbol{x}$ 的表示式上应用变换 $\mathscr{A}$，我们可把 $\mathscr{A}^{p+2}\boldsymbol{x}$ 来由 $\boldsymbol{x}, \mathscr{A}\boldsymbol{x}, \cdots, \mathscr{A}^{p-1}\boldsymbol{x}$ 线性表出；诸如此类.

② $g(\lambda)$ 是矩阵 $\boldsymbol{A}$ 的最小多项式.

$$\mathscr{A}^{n}\boldsymbol{x}=-\alpha_{n}\boldsymbol{x}-\alpha_{n-1}\mathscr{A}\boldsymbol{x}-\cdots-\alpha_{1}\mathscr{A}^{n-1}\boldsymbol{x} \tag{3.5.5}$$

或

$$\Delta(\mathscr{A})=0$$

其中

$$\Delta(\lambda)=\lambda^{n}+\alpha_{1}\lambda^{n-1}+\cdots+\alpha_{n-1}\lambda+\alpha_{n} \tag{3.5.6}$$

向量 $\boldsymbol{x},\mathscr{A}\boldsymbol{x},\mathscr{A}^{2}\boldsymbol{x},\cdots,\mathscr{A}^{n-1}\boldsymbol{x}$ 线性无关的条件可以写为如下的解析形式(参考第 7 章 §1)

$$M=\begin{vmatrix} a & b & \cdots & h \\ a_{1} & b_{1} & \cdots & h_{1} \\ \vdots & \vdots & & \vdots \\ a_{n-1} & b_{n-1} & \cdots & h_{n-1} \end{vmatrix}\neq 0$$

讨论由向量 $\boldsymbol{x},\boldsymbol{A}\boldsymbol{x},\boldsymbol{A}^{2}\boldsymbol{x},\cdots,\boldsymbol{A}^{n}\boldsymbol{x}$ 的坐标所构成的矩阵

$$\begin{pmatrix} a & b & \cdots & h \\ a_{1} & b_{1} & \cdots & h_{1} \\ \vdots & \vdots & & \vdots \\ a_{n-1} & b_{n-1} & \cdots & h_{n-1} \\ a_{n} & b_{n} & \cdots & h_{n} \end{pmatrix} \tag{3.5.8}$$

在正则情形这个矩阵的秩等于 n. 这个矩阵的前 n 个行线性无关,而最后一行,即第 $n+1$ 行是前 n 行的线性组合.

由矩阵(3.5.8)诸行间的相关性. 我们可以换向量等式(3.5.5)为含有 n 个纯量等式的等价方程组

$$\begin{cases} -\alpha_{n}a-\alpha_{n-1}a_{1}-\cdots-\alpha_{1}a_{n-1}=a_{n} \\ -\alpha_{n}a-\alpha_{n-1}a_{1}-\cdots-\alpha_{1}b_{n-1}=b_{n} \\ \quad\vdots \\ -\alpha_{n}a-\alpha_{n-1}h_{1}-\cdots-\alpha_{1}h_{n-1}=h_{n} \end{cases} \tag{3.5.9}$$

从这个含有 n 个线性方程的方程组,我们可以唯一地确定所求系数 α_{1}, $\alpha_{2},\cdots,\alpha_{n}$①,且将所得出的值代入式(3.5.6)中. 从式(3.5.6)与(3.5.9)中消去 $\alpha_{1},\alpha_{2},\cdots,\alpha_{n}$ 可以化为对称的形式. 为此写式(3.5.6)与(3.5.9)为

① 由于式(3.5.7)这一组的行列式不等于零.

$$\begin{cases} a\alpha_n + a_1\alpha_{n-1} + \cdots + a_{n-1}\alpha_1 + a_n\alpha_0 = 0 \\ b\alpha_n + b_1\alpha_{n-1} + \cdots + b_{n-1}\alpha_1 + b_n\alpha_0 = 0 \\ \vdots \\ h\alpha_n + h_1\alpha_{n-1} + \cdots + h_{n-1}\alpha_1 + h_n\alpha_0 = 0 \\ 1 \cdot \alpha_n + \lambda\alpha_{n-1} + \cdots + \lambda^{n-1}\alpha_1 + [\lambda^n - \Delta(\lambda)]\alpha_0 = 0 \end{cases} \qquad (\alpha_0 = 1)$$

因为这一方程组有 $n+1$ 个方程与 $n+1$ 个未知量 $\alpha_0, \alpha_1, \cdots, \alpha_n$ 且有非零解 $(\alpha_0 = 1)$，所以它的系数行列式应当等于零

$$\begin{vmatrix} a & a_1 & \cdots & a_{n-1} & a_n \\ b & b_1 & \cdots & b_{n-1} & b_n \\ \vdots & \vdots & & \vdots & \vdots \\ h & h_1 & \cdots & h_{n-1} & h_n \\ 1 & \lambda & \cdots & \lambda^{n-1} & \lambda^{n-1} - \Delta(\lambda) \end{vmatrix} = 0 \tag{3.5.10}$$

因此，预先将行列式(3.5.10) 对主对角线转置后，我们定出 $\Delta(\lambda)$

$$M\Delta(\lambda) = \begin{vmatrix} a & b & \cdots & h & 1 \\ a_1 & b_1 & \cdots & h_1 & \lambda \\ \vdots & \vdots & & \vdots & \vdots \\ a_{n-1} & b_{n-1} & \cdots & h_{n-1} & \lambda^{n-1} \\ a_n & b_n & \cdots & h_n & \lambda^n \end{vmatrix} \tag{3.5.11}$$

其中常数因子 M 为式(3.5.7) 所确定，故不等于零.

恒等式(3.5.11) 表示一个克雷洛夫变换. 在位于这一恒等式右边的克雷洛夫行列式中，λ 只在其最后一列的元素中出现而这一行列式的其余诸元素都与 λ 无关.

注　在正则情形整个空间 L(对变换 $\mathscr{A}$) 是循环的. 如果选取向量 $\boldsymbol{x}, \mathscr{A}\boldsymbol{x}, \mathscr{A}^2\boldsymbol{x}, \cdots, \mathscr{A}^{n-1}\boldsymbol{x}$ 作为基底，那么在这一基底中变换 $\mathscr{A}$ 对应于矩阵 $\hat{\mathbf{A}}$，它是一个自然标准形

$$\hat{\mathbf{A}} = \begin{pmatrix} 0 & 0 & \cdots & 0 & -\alpha_n \\ 1 & 0 & \cdots & 0 & -\alpha_{n-1} \\ \vdots & \ddots & \ddots & \vdots & \vdots \\ 0 & 0 & \ddots & 0 & -\alpha_2 \\ 0 & 0 & \cdots & 1 & -\alpha_1 \end{pmatrix} \tag{3.5.12}$$

应用满秩变换矩阵

$$\boldsymbol{T}=\begin{pmatrix} a & a_1 & \cdots & a_{n-1} \\ b & b_1 & \cdots & b_{n-1} \\ \vdots & \vdots & & \vdots \\ h & h_1 & \cdots & h_{n-1} \end{pmatrix} \tag{3.5.13}$$

化基本基底 $\boldsymbol{e}_1,\boldsymbol{e}_2,\cdots,\boldsymbol{e}_n$ 为基底 $\boldsymbol{x},\mathscr{A}\boldsymbol{x},\cdots,\mathscr{A}^{n-1}\boldsymbol{x}$.

此处

$$\mathbf{A}=\boldsymbol{T}\hat{\boldsymbol{A}}\boldsymbol{T}^{-1}$$

特殊情形:$p<n$. 在这一情形向量 $\boldsymbol{x},\mathscr{A}\boldsymbol{x},\cdots,\mathscr{A}^{n-1}\boldsymbol{x}$ 线性相关,故有

$$M=\begin{vmatrix} a & b_1 & \cdots & h \\ a_1 & b_1 & \cdots & h_1 \\ \vdots & \vdots & & \vdots \\ a_{n-1} & b_{n-1} & \cdots & h_{n-1} \end{vmatrix}=0$$

等式(3.5.11)是在条件 $M\neq 0$ 时求得的. 但这一等式的两边都是 λ 与参数 $a,b,\cdots,h$① 的有理整函数. 故"由连续性的推究"知等式(3.5.11)当 $M=0$ 时亦能成立. 但此时在展开克雷洛夫行列式(3.5.11)后,所有系数全等于零. 这样一来,在特殊情形($p<n$),式(3.5.11)变为平凡的恒等式 $0=0$.

讨论由向量 $\boldsymbol{x},\mathscr{A}\boldsymbol{x},\cdots,\mathscr{A}^{p}\boldsymbol{x}$ 的坐标所构成的矩阵

$$\begin{pmatrix} a & b & \cdots & h \\ a_1 & b_1 & \cdots & h_1 \\ \vdots & \vdots & & \vdots \\ a_{p-1} & b_{p-1} & \cdots & h_{p-1} \\ a_p & b_p & \cdots & h_p \end{pmatrix}$$

这个矩阵的秩等于 p,且其前 p 个行线性无关,其最后的即第 $p+1$ 行是系数为 $-\alpha_p,-\alpha_{p-1},\cdots,-\alpha_1$ 的前 p 个行的线性组合(参考式(3.5.2)). 从 n 个坐标 $a,b,\cdots,h$ 中我们可以选取这样的 p 个坐标 $c,f,\cdots,q$,使得由向量 $\boldsymbol{x},\mathscr{A}\boldsymbol{x},\cdots,\mathscr{A}^{p-1}\boldsymbol{x}$ 的这些坐标所组成的行列式不等于零

$$M^{*}=\begin{vmatrix} c & f & \cdots & q \\ c_1 & f_1 & \cdots & q_1 \\ \vdots & \vdots & & \vdots \\ c_{p-1} & f_{p-1} & \cdots & q_{p-1} \end{vmatrix}\neq 0$$

---

① $a_i=a_{11}^{(i)}a_{12}^{(i)}b+\cdots+a_{1n}^{(i)}h$, $b_i=a_{21}^{(i)}a_{22}^{(i)}b+\cdots+a_{2n}^{(i)}h$,诸如此类($i=1,2,\cdots,n$),其中 $a_{jk}^{(i)}$($j,k=1,2,\cdots,n$)是矩阵 $\mathbf{A}^{i}$ 的元素($i=1,2,\cdots,n$).

再者，由式(3.5.2) 推知

$$\begin{cases}-\alpha_n c-\alpha_{n-1}c_1-\cdots-\alpha_1 c_{p-1}=c_p\\ -\alpha_n f-\alpha_{n-1}f_1-\cdots-\alpha_1 f_{p-1}=f_p\\ \quad\vdots\\ -\alpha_n q-\alpha_{n-1}q_1-\cdots-\alpha_1 q_{p-1}=q_p\end{cases}\tag{3.5.14}$$

从这一组方程唯一地确定多项式 $g(\lambda)$（向量 $\boldsymbol{x}$ 的最小多项式）的系数 α_1，$\alpha_2,\cdots,\alpha_p$，与正则情形是完全相类似的(只是换 n 为 p；换字母 $a,b,\cdots,h$ 为字母 $c,f,\cdots,q$). 我们可以从式(3.5.4) 与(3.5.14) 消去 $\alpha_1,\alpha_2,\cdots,\alpha_p$，且得出以下关于 $g(\lambda)$ 的公式

$$M^* \ g(\lambda)=\begin{vmatrix} c & f & \cdots & q & 1\\ c_1 & f_1 & \cdots & q_1 & \lambda\\ \vdots & \vdots & & \vdots & \vdots\\ c_{p-1} & f_{p-1} & \cdots & q_{p-1} & \lambda_{p-1}\\ c_p & f_p & \cdots & q_p & \lambda^p\end{vmatrix}\tag{3.5.15}$$

最后我们来阐明这样的问题，对于怎样的矩阵 $\mathbf{A}=(a_{ij})_{n\times n}$ 与怎样选取初始的向量 $\boldsymbol{x}$. 或者同样的，怎样选取初始的参数 $a,b,\cdots,h$，使其成为正则情形.

我们已经看到在正则情形有

$$\Delta(\lambda)\equiv\varphi(\lambda)\equiv g(\lambda)$$

特征多项式 $\Delta(\lambda)$ 与最小多项式的重合，表示矩阵 $\mathbf{A}=(a_{ij})_{n\times n}$ 没有两个初等因子有同样的特征数，亦即所有初等因子都两两互质. 在 $\mathbf{A}$ 是单构矩阵的情形，这一条件与以下条件等价，就是矩阵 $\mathbf{A}$ 的特征方程没有多重根.

多项式 $g(\lambda)$ 与 $\varphi(\lambda)$ 重合，表示所选取的作为向量 $\boldsymbol{x}$ 的向量，产生(借助于变换 $\mathscr{A}$) 整个空间 L. 根据本章 §2 的定理 2.2.2，这种向量常能存在.

如果条件 $\Delta(\lambda)\equiv g(\lambda)$ 不能适合，那么不管怎样选取向量 $\boldsymbol{x}\neq\mathbf{0}$，我们都不能得出多项式 $\Delta(\lambda)$. 因为由克雷洛夫方法所得出的多项式 $g(\lambda)$ 是 $\varphi(\lambda)$ 的因式. 在我们所讨论的情形 $g(\lambda)$ 不与多项式 $\Delta(\lambda)$ 重合，而只是它的一个因式. 变动向量 $\boldsymbol{x}$，我们可以用 $\varphi(\lambda)$ 的任一因式作为 $g(\lambda)$.

我们可以把所得出的结果叙述为以下定理：

定理 3.5.1 克雷洛夫变换给出矩阵 $\mathbf{A}=(a_{ij})_{n\times n}$ 的特征多项式 $\Delta(\lambda)$ 以行列式(3.5.11) 的表示式. 充分必要的是适合以下两个条件：

1) 矩阵 $\mathbf{A}$ 的初等因子两两互质.

2) 初始的参数 $a,b,\cdots,h$ 是向量 $\boldsymbol{x}$ 的坐标，$\boldsymbol{x}$ 产生(借助于与矩阵 $\mathbf{A}$ 相对应

的变换 $\mathscr{A}$) 整个 n 维空间 L①.

在一般的情形,克雷洛夫变换得出特征多项式 $\Delta(\lambda)$ 的某一个因式 $g(\lambda)$. 这个因式 $g(\lambda)$ 是坐标为 $(a,b,\cdots,h)$ 的向量 $\boldsymbol{x}$ 的最小多项式($a,b,\cdots,h$ 为克雷洛夫变换中原始参数).

我们来指出如何求得任一特征数 λ_0 所对应的特征向量 $\boldsymbol{y}$ 的坐标,其中 λ_0 是由克雷洛夫变换所得出的多项式 $g(\lambda)$ 的根②.

向量 $\boldsymbol{y}\neq\boldsymbol{0}$ 将在以下形状中找出

$$\boldsymbol{y}=y_1\boldsymbol{x}+y_2\mathscr{A}\boldsymbol{x}+\cdots+y_{p-1}\mathscr{A}^{p-1}\boldsymbol{x}\tag{3.5.16}$$

把 y 的这个表示式代入向量等式

$$\mathscr{A}\boldsymbol{y}=\lambda_0\boldsymbol{y}$$

且利用式(3.5.16),我们得出

$$\begin{aligned}&y_1\mathscr{A}\boldsymbol{x}+y_2\mathscr{A}^2\boldsymbol{x}+\cdots+y_{p-1}\mathscr{A}^{p-1}\boldsymbol{x}+y_p(-\alpha_p\boldsymbol{x}-\alpha_{p-1}\mathscr{A}\boldsymbol{x}-\cdots-\alpha_1\mathscr{A}^{p-1}\boldsymbol{x})\\&=\lambda_0(y_1\boldsymbol{x}+y_2\mathscr{A}\boldsymbol{x}+\cdots+y_{p-1}\mathscr{A}^{p-1}\boldsymbol{x})\end{aligned}\tag{3.5.17}$$

故知 $y_p\neq0$,因为由式(3.5.17),等式 $y_p=0$ 将给出向量 $\boldsymbol{x},\mathscr{A}\boldsymbol{x},\cdots,\mathscr{A}^{p-1}\boldsymbol{x}$ 间的线性相关性. 以后我们取 $y_p=1$. 那么由式(3.5.17) 我们得出

$$y_p=1,y_{p-1}=\lambda_0y_p+\alpha_1,y_{p-2}=\lambda_0y_{p-1}+\alpha_2,\cdots,y_1=\lambda_0y_2+\alpha_{p-1},0=\lambda_0y_1+\alpha_p\tag{3.5.18}$$

这些等式的前 p 个顺次定出 $y_p,y_{p-1},\cdots,y_1$(向量 $\boldsymbol{x}$ 在"新"基底 $\boldsymbol{x},\mathscr{A}\boldsymbol{x},\cdots,\mathscr{A}^{p-1}\boldsymbol{x}$ 中的坐标)的值;最后一个等式是从前诸等式与关系式 $\lambda_0{}^p+\alpha_1\lambda_0{}^{p-1}+\cdots+\alpha_{n-1}\lambda_0+\alpha_n=0$ 所得出的结果.

向量 y 在原基底中的坐标 $a',b',\cdots,h'$ 可以从式(3.5.16) 推出的以下诸公式中求得

$$\begin{cases}a'=y_1a+y_2a_1+\cdots+y_pa_{p-1}\\b'=y_1b+y_2b_1+\cdots+y_pb_{p-1}\\\quad\vdots\\h'=y_1h+y_2h_1+\cdots+y_ph_{p-1}\end{cases}$$

我们举一个例子,对读者推荐以下计算格式.

在所给矩阵 $\boldsymbol{A}$ 下面写出的一个行是向量 $\boldsymbol{x}$ 的坐标:$a,b,\cdots,h$. 这些数是任意给出的(只有一个限制:在这些数中至少有一个数不等于零). 在行 $a,b,\cdots,h$

① 以下所讨论的无论对于正则情形 $p=n$ 或特殊情形 $p<n$ 都能成立.

② 这一条件的解析形式是 $\boldsymbol{x},\mathscr{A}\boldsymbol{x},\mathscr{A}^2\boldsymbol{x},\cdots,\mathscr{A}^{n-1}\boldsymbol{x}$ 列线性无关,其中 $\boldsymbol{x}=(a,b,\cdots,h)$.

下面写出一行 $a_1, b_1, \cdots, h_1$，亦即向量 $\mathscr{A}\boldsymbol{x}$ 的坐标. 数 $a_1, b_1, \cdots, h_1$ 可由顺次乘行 $a, b, \cdots, h$ 以所给矩阵 $\boldsymbol{A}$ 的行来得出. 例如 $a_1 = a_{11}a + a_{12}b + \cdots + a_{1n}h$，$b_1 = a_{21}a + a_{22}b + \cdots + a_{2n}h$，诸如此类. 在行 $a_1, b_1, \cdots, h_1$ 下面写出行 $a_2, b_2, \cdots, h_2$，诸如此类. 所写出的每一个行，从第二行开始，都是由顺次乘其前面的行以所给矩阵的行来得出的.

在所给矩阵各个行上面写出一行是行的校验和.

$$\begin{matrix} 8 & 3 & -10 & -3 \end{matrix}$$

$$\boldsymbol{A} = \begin{bmatrix} 3 & -1 & -4 & 2 \\ 2 & 3 & -2 & -4 \\ 2 & -1 & -3 & 2 \\ 1 & 2 & -1 & -3 \end{bmatrix}$$

					y	z
$\boldsymbol{x} = \boldsymbol{e}_1 + \boldsymbol{e}_2$	1	1	0	0	−1	1
$\mathscr{A}\boldsymbol{x}$	2	5	1	3	−1	−1
$\mathscr{A}^2\boldsymbol{x}$	3	5	2	2	1	−1
$\mathscr{A}^3\boldsymbol{x}$	0	9	−1	5	1	1
$\mathscr{A}^4\boldsymbol{x}$	5	9	4	4		

$$\boldsymbol{y}\ \begin{cases} 0 & 8 & 0 & 4 \\ 0 & 2 & 0 & 1 \end{cases}$$

$$\boldsymbol{z}\ \begin{cases} -4 & 0 & -4 & 0 \\ 1 & 0 & 1 & 0 \end{cases}$$

所给出的情形是正则情形，因为

$$M = \begin{vmatrix} 1 & 1 & 0 & 0 \\ 2 & 5 & 1 & 3 \\ 3 & 5 & 2 & 2 \\ 0 & 9 & -1 & 5 \end{vmatrix} = -16$$

克雷洛夫行列式有形状

$$-16\Delta(\lambda) = \begin{vmatrix} 1 & 1 & 0 & 0 & 1 \\ 2 & 5 & 1 & 3 & \lambda \\ 3 & 5 & 2 & 2 & \lambda^2 \\ 0 & 9 & -1 & 5 & \lambda^3 \\ 5 & 9 & 4 & 4 & \lambda^4 \end{vmatrix}$$

展开这个行列式且约去 -16,我们求得

$$\Delta(\lambda)=\lambda^4-2\lambda^2+1=(\lambda-1)^2(\lambda+1)^2$$

以 $\boldsymbol{y}=y_1x+y_2\mathscr{A}x+y_3\mathscr{A}^2x+y_4\mathscr{A}^3x$ 记对应于特征数 $\lambda_0=1$ 的矩阵 $\boldsymbol{A}$ 的特征向量.我们用公式(3.5.18)来求出数 y_1,y_2,y_3,y_4

$$y_4=1,y_3=1\cdot\lambda_0+0=1,y_2=1\cdot\lambda_0-2=-1,y_1=-1\cdot\lambda_0+0=-1$$

最后的验算等式 $-1\cdot\lambda_0+1=0$ 是适合的.

我们把所得出的数 y_1,y_2,y_3,y_4 写在一个与向量列 $\boldsymbol{x},\mathscr{A}\boldsymbol{x},\mathscr{A}^2\boldsymbol{x},\mathscr{A}^3\boldsymbol{x}$ 平行的垂直列上面.乘列 y_1,y_2,y_3,y_4 以列 a_1,a_2,a_3,a_4,我们得出向量 $\boldsymbol{y}$ 在原基底 $\boldsymbol{e}_1,\boldsymbol{e}_2,\boldsymbol{e}_3,\boldsymbol{e}_4$ 中的第一个坐标 a',同样的可以得出 b',c',d'.我们就得出了向量 $\boldsymbol{y}$ 的坐标(约去 4 之后):0,2,0,1.同样的定出对应于特征数 $\lambda_0=-1$ 的特征向量 $\boldsymbol{z}$ 的坐标:1,0,1,0.

再者,根据式(3.5.12)与(3.5.13):$\boldsymbol{A}=\boldsymbol{T}\hat{\boldsymbol{A}}\boldsymbol{T}^{-1}$,其中

$$\hat{\boldsymbol{A}}=\begin{pmatrix}0&0&0&-1\\1&0&0&0\\0&1&0&2\\0&0&1&0\end{pmatrix},\boldsymbol{T}=\begin{pmatrix}1&2&3&0\\1&5&5&9\\0&1&2&-1\\0&3&2&5\end{pmatrix}$$

现在,讨论同一矩阵 $\boldsymbol{A}$,但是取数 $a=1,b=0,c=0,d=0$ 作为初始参数.

$$\begin{matrix}8&3&-10&-3\end{matrix}$$

$$\boldsymbol{A}=\begin{pmatrix}3&-1&-4&2\\2&3&-2&-4\\2&-1&-3&2\\1&2&-1&-3\end{pmatrix}$$

$$\begin{array}{r:cccc}\boldsymbol{x}=\boldsymbol{e}_1&1&0&0&0\\\mathscr{A}\boldsymbol{x}&3&2&2&1\\\mathscr{A}^2\boldsymbol{x}&1&4&0&2\\\mathscr{A}^3\boldsymbol{x}&3&6&2&3\end{array}$$

但在所给的情形中,有

$$M=\begin{vmatrix}1&0&0&0\\3&2&2&1\\1&4&0&2\\3&6&2&3\end{vmatrix}=0$$

而 $p=3$,我们得出特殊情形.

取向量 $\boldsymbol{x},\mathscr{A}\boldsymbol{x},\mathscr{A}^2\boldsymbol{x},\mathscr{A}^3\boldsymbol{x}$ 的前三个坐标,写克雷格夫行列式

$$\begin{vmatrix} 1 & 0 & 0 & 1 \\ 3 & 2 & 2 & \lambda \\ 1 & 4 & 0 & \lambda^2 \\ 3 & 6 & 2 & \lambda^3 \end{vmatrix}$$

展开这个行列式且约去 -8,我们得出

$$g(\lambda)=\lambda^3-\lambda^2-\lambda+1=(\lambda-1)^2(\lambda+1)$$

故求得三个特征数:$\lambda_1=1,\lambda_2=1,\lambda_3=-1$. 第四个特征数可以由所有特征数之和等于矩阵的迹这一条件来得出. 今有 $\mathrm{Tr}\,\boldsymbol{A}=0$,故得 $\lambda_4=-1$.

上述例子说明,在应用克雷洛夫方法时,顺次写出矩阵

$$\begin{pmatrix} a & b & \cdots & h \\ a_1 & b_1 & \cdots & h_1 \\ a_2 & b_2 & \cdots & h_2 \\ \vdots & \vdots & & \vdots \end{pmatrix} \tag{3.5.19}$$

的行. 应当注意所得出的矩阵的秩,使得在第一个(矩阵中第 $p+1$ 个行)出现的行为与其以前诸行的线性组合时即行停止. 秩的定义与已知行列式的计算有关. 此外,得出式(3.5.11)或(3.5.15)型的克雷洛夫行列式后,计算已知 $p-1$ 阶行列式(在正则情形为 $n-1$ 阶行列式),把它按照最后一列的元素来展开.

亦可以直接从方程组(3.5.9)(或(3.5.14))定出系数 $\alpha_1,\alpha_2,\cdots$ 来代替克雷洛夫行列式的展开,此时可用任一有效的方法来解出这个方程组(例如用消去法来解它). 这个方法亦可以直接应用到矩阵

$$\begin{pmatrix} a & b & \cdots & h & 1 \\ a_1 & b_1 & \cdots & h_1 & \lambda \\ a_2 & b_2 & \cdots & h_2 & \lambda^2 \\ \vdots & \vdots & & \vdots & \vdots \end{pmatrix} \tag{3.5.20}$$

与由克雷洛夫方法来得出对应行相平行的来应用它. 那么我们就无须计算任何行列式,而及时发现矩阵(3.5.19)中与其前诸行线性相关的行.

我们来给予详细的说明. 在矩阵(3.5.20)的第一行中选取任一元素 $c\neq 0$ 且利用它来使得位于它下面的元素 c_1 变为零,是即从第二行减去第一行与 $\frac{c_1}{c}$ 的乘积. 再在第二行中选取任一元素 $f_1^*\neq 0$ 且利用元素 c 与 f_1^* 使元素 c_2 与 f_2

都变为零，继续如此进行①. 这种变换的结果使在矩阵(3.5.20)最后一列中换幂 λ^k 为 k 次多项式 $g_k(\lambda)=\lambda^k+\cdots(k=0,1,2,\cdots)$.

因为对于任何 k 经过我们的变换后，由矩阵(3.5.20)的前 k 个行与前 n 个列所组成的矩阵的秩，并无变动，所以经过变换后，这个矩阵的第 $p+1$ 行将有以下形式

$$0,0,\cdots,0,g_p(\lambda)$$

进行我们的变换并不变动以下克雷洛夫行列式的值

$$\begin{vmatrix} c & f & \cdots & h & 1 \\ c_1 & f_1 & \cdots & h_1 & \lambda \\ \vdots & \vdots & & \vdots & \vdots \\ c_{p-1} & f_{p-1} & \cdots & h_{p-1} & \lambda^{p-1} \\ c_p & f_p & \cdots & h_p & \lambda^p \end{vmatrix} = M^* \ g(\lambda)$$

所以

$$M^* g(\lambda)=cf_1^* \cdots g_p(\lambda)$$

亦即② $g_p(\lambda)$ 就是所要找出的 $g(\lambda)$

$$g_p(\lambda)=g(\lambda)$$

推荐以下简化方法. 在矩阵(3.5.20)中得出第 k 个经过变换的行

$$a_{k-1}^*,b_{k-1}^*,\cdots,h_{k-1}^*,g_{k-1}(\lambda) \qquad (3.5.21)$$

以后，下面的第 $k+1$ 行可由序列 $a_{k-1}^*,b_{k-1}^*,\cdots,h_{k-1}^*$(而不是原来的序列 a_{k-1}, $b_{k-1},\cdots,h_{k-1}$)乘以所给矩阵的诸行来得出③. 那么我们就求得第 $k+1$ 行，其形状为

$$\tilde{a}_k,\tilde{b}_k,\cdots,\tilde{h}_k,\lambda g_{k-1}(\lambda)$$

而在减去其以前的诸行后我们得出

$$a_k^*,b_k^*,\cdots,h_k^*,g_k(\lambda)$$

我们所推荐的只有很少一些变动的克雷洛夫方法(与消去法相结合)可以立刻得出我们所关心的多项式 $g(\lambda)$(在正则情形是 $\Delta(\lambda)$)，并不需要任何行列式的计算与辅助方程组的解④.

---

① 元素 $c,f_1^*,\cdots$ 不许在含有 λ 的幂的最后一列中选取.

② 记住多项式 $g(\lambda)$ 与 $g_p(\lambda)$ 的首项系数都等于 1.

③ 简化法中还有这样的情形，在变换行(3.5.21)中有 $k-1$ 个元素等于零，故乘这种行以矩阵 $\mathbf{A}$ 的行是较为简便的.

④ 法捷耶夫－勒维耶算法计算特征多项式系数的方法比克雷洛夫的方法需要较多的计算，但法捷耶夫－勒维耶算法较为普遍，且在它里面没有特殊情形.

例 有如下式子

$$
\begin{array}{ccccc}
4 & 4 & 1 & 5 & 0
\end{array}
$$

$$
\boldsymbol{A}=\begin{pmatrix}
1 & 1 & -1 & 1 & 0 \\
1 & 2 & -1 & 0 & 1 \\
-1 & 2 & 3 & -1 & 0 \\
1 & -2 & 1 & 2 & -1 \\
2 & 1 & -1 & 3 & 0
\end{pmatrix}
$$

0	0	0	0	1	1
0	1	0	-1	0	λ
0	2	3	-4	-2	$\lambda^2[2-4\lambda]$
0	-2	3	0	0	$\lambda^2-4\lambda+2$
-5	-7	5	7	-5	$\lambda^3-4\lambda^2+2\lambda[5+7\lambda]$
-5	0	5	0	0	$\lambda^3-4\lambda^2+9\lambda+5$
-10	-10	20	0	-15	$\lambda^4-4\lambda^3+9\lambda^2+5\lambda[15-5(\lambda^2-4\lambda+2)-2(\lambda^3-4\lambda^2+9\lambda+5)]$
0	0	-5	0	0	$\lambda^4-6\lambda^3+12\lambda^2+7\lambda-5$
5	5	-15	-5	5	$\lambda^5-6\lambda^4+12\lambda^3+7\lambda^2-5\lambda[-5-5\lambda+(\lambda^3-4\lambda^2+9\lambda+5)-2(\lambda^4-6\lambda^3+12\lambda^2+7\lambda-5)]$
0	0	0	0	0	$\underbrace{\lambda^5-8\lambda^4+25\lambda^3-21\lambda^2-15\lambda+10}_{\Delta(\lambda)}$

第10章 具有度量的线性空间

§1 欧几里得空间概论

1.1 引论

丰富了几何内容的、大量的、各式各样的事实，在一个相当大的范围内，因为有可能进行各种测度而得到解释，而这主要是因为对线段长与直线间的角可能进行测度. 在一般线性空间里，我们还没有进行这种测度的方法，而这就自然缩小了我们研究的范围.

为了以最自然的方式，把那些使测度成为可能的方法推广到一般线性空间，我们从解析几何里所采用的两个向量的内积的定义(这个定义当然只适用于普通的向量 —— 空间 $\mathbf{R}^3$ 的元素) 出发：两个向量的内积，是这两个向量的长与它们之间的角的余弦之积. 这样，一方面，这个定义已经以向量与两个向量间的角的可能测度为依据. 但是，另一方面，若已知任何一对向量的内积，我们也可以反过来求向量的长与它们间的角；事实上，向量长的平方，等于这个向量与它自己的内积，而两个向量间的角的余弦，则等于它们的内积与它们的长之积之比. 由此可见，在内积的概念内，蕴含着长的可测性与角的可测性，而且和它们一道，也蕴含着所有与测度有关的那些几何范畴(“度量几何学”).

在一般的线性空间里，可以不依赖于向量长及其之间的角，来引进两个向量的内积概念. 我们可利用这个内积概念来得到向量的长和向量间的角的定义.

让我们看看,普通内积的哪些性质可以用来建立一般线性空间里类似的量.

在空间 $\mathbf{R}^3$ 里,内积 $(\boldsymbol{x},\boldsymbol{y})$ 是向量 $\boldsymbol{x},\boldsymbol{y}$ 的函数,并且对于 $\boldsymbol{x},\boldsymbol{y}$ 都是线性的,换句话说,内积 $(\boldsymbol{x},\boldsymbol{y})$ 是向量 $\boldsymbol{x},\boldsymbol{y}$ 的双线性函数①,同时它又是对称和恒正的.一般地说,在一般线性空间里,也有具有这些性质的函数.在一般线性空间里,取任意一个固定的对称恒正双线性函数 $\varphi(\boldsymbol{x},\boldsymbol{y})$.我们称之为向量 $\boldsymbol{x}$ 与 $\boldsymbol{y}$ 的内积.按照在空间 $\mathbf{R}^3$ 里利用内积来计算向量与两个向量间的角的那些规律,在一般线性空间里,也可以利用所取的内积来规定每一个向量的长和每两个向量之间的角的定义.当然,只有以后的讨论才能说明这个定义将有多大的成效,而在本章与以后各章里,我们将看到这个定义的确使我们能够把度量几何学的方法推广到一般线性空间,并且大大地加强了研究代数学及分析学中所遇到的数学对象的方法.

这里需要注意一种重要的情况.在所给线性空间里,恒正双线性函数的选择,有各种不同的方法.根据某一个齐式算出的某一个向量的长,与根据另一个齐式所算出的同一个向量的长,可能不同;当然,对于两个向量间的角,也是一样.因此,向量的长与向量间的角不是唯一确定的.但这种不唯一性并不使我们感到惶惑;因为直线上每一个线段,用不同的标度去量,其结果是线段的长将为不同的值,这是毫不足怪的.可以说,对称恒正双线性函数的选择,与我们测量向量及其之间的角时,"标度"的选择是相类似的.

具有选定的,作为"标度"的对称恒正线性齐式的线性空间,称为具有度量的线性空间.没有给定"标度"的线性空间,则称为线性空间.

1.2 欧几里得空间的定义与例子

在线性空间的普遍理论中,几乎所用的基域都是任一数域,或任一抽象域.现在为了引入欧几里得空间的概念,我们把基域限定为实数域.

定义 1.2.1 满足以下条件的基域为实数域的线性空间 R 称为欧几里得空间(简称欧氏空间)②:

---

① 关于双线性函数,参看第 12 章 §1.

② 在这里,我们要注意,欧几里得空间 R 的任意一个子空间 H 本身也是一个欧几里得空间,因为内积 $(\boldsymbol{x},\boldsymbol{y})$ 在 H 上导出的限制定义了 $H\times H\to$ 实数集的双线性函数.显然,它保持了对称性和正定性.特别是,实数集本身可以被看成是一维线性空间,在它上面,向量的长度和通常实数的绝对值一致.有时候为了区分它们,用 $|\ast|$(绝对值)和 $\|\ast\|$(长度)分别表示它们.

1) 根据一定的规律,可以对于 R 内每两个向量 $\boldsymbol{x}$ 及 $\boldsymbol{y}$ 确定一个实数,叫作向量 $\boldsymbol{x}$ 及 $\boldsymbol{y}$ 的内积,并用 $(\boldsymbol{x},\boldsymbol{y})$ 来表示.

2) 这个规律适合下面各性质:

Ⅰ. $(\boldsymbol{x},\boldsymbol{y})=(\boldsymbol{y},\boldsymbol{x})$(交换律);

Ⅱ. $(\boldsymbol{x},\boldsymbol{y}+\boldsymbol{z})=(\boldsymbol{x},\boldsymbol{y})+(\boldsymbol{x},\boldsymbol{z})$(分配律);

Ⅲ. 对于任何数 λ,$(\lambda\boldsymbol{x},\boldsymbol{y})=\lambda(\boldsymbol{x},\boldsymbol{y})$;

Ⅳ. 当 $\boldsymbol{x}\neq\boldsymbol{0}$ 时,$(\boldsymbol{x},\boldsymbol{x})>0$ 而当 $\boldsymbol{x}=\boldsymbol{0}$ 时,$(\boldsymbol{x},\boldsymbol{x})=0$.

性质 Ⅰ — Ⅲ 使我们能得出任何基底下内积的表达式,事实上,设 $\boldsymbol{e}_1$,$\boldsymbol{e}_2$,$\cdots$,$\boldsymbol{e}_n$ 是欧氏空间 R 的任意一组基底,如果

$$\boldsymbol{x}=x_1\boldsymbol{e}_1+x_2\boldsymbol{e}_2+\cdots+x_n\boldsymbol{e}_n,y=y_1\boldsymbol{e}_1+y_2\boldsymbol{e}_2+\cdots+y_n\boldsymbol{e}_n$$

则

$$\begin{aligned}(\boldsymbol{x},\boldsymbol{y})=&x_1y_1(\boldsymbol{e}_1,\boldsymbol{e}_1)+x_1y_2(\boldsymbol{e}_1,\boldsymbol{e}_2)+\cdots+x_1y_n(\boldsymbol{e}_1,\boldsymbol{e}_n)+\\&x_2y_1(\boldsymbol{e}_2,\boldsymbol{e}_1)+x_2y_2(\boldsymbol{e}_2,\boldsymbol{e}_2)+\cdots+x_2y_n(\boldsymbol{e}_2,\boldsymbol{e}_n)+\cdots+\\&x_ny_1(\boldsymbol{e}_n,\boldsymbol{e}_1)+x_ny_2(\boldsymbol{e}_n,\boldsymbol{e}_2)+\cdots+x_ny_n(\boldsymbol{e}_n,\boldsymbol{e}_n)\end{aligned}$$

在这个等式右端的式子,其可注意之点是,在每项中每个所考虑的向量 $\boldsymbol{x}$ 与 $\boldsymbol{y}$ 的坐标只出现一个,且恰好是一次的.这类式子叫作 x_1,x_2,$\cdots$,x_n 与 y_1,y_2,$\cdots$,y_n 的双线性函数.

性质 Ⅰ — Ⅳ 合起来,说明向量 $\boldsymbol{x}$ 及 $\boldsymbol{y}$ 的内积是双线性函数(Ⅱ 及 Ⅲ),它是对称(性质 Ⅰ)而且恒正的(性质 Ⅳ).反之,每一个具有上列性质的函数可以取作内积.

一般地,若 $\boldsymbol{x}_1$,$\boldsymbol{x}_2$,$\cdots$,$\boldsymbol{x}_k$,$\boldsymbol{y}_1$,$\boldsymbol{y}_2$,$\cdots$,$\boldsymbol{y}_m$ 为欧氏空间内的任意两组向量,α_1,α_2,$\cdots$,α_k,β_1,β_2,$\cdots$,β_m 是任意实数,则由于内积的双线性性质,成立内积表达式

$$\left(\sum_{i=1}^{k}\alpha_i\boldsymbol{x}_i,\sum_{j=1}^{m}\beta_j\boldsymbol{y}_j\right)=\sum_{i=1}^{k}\sum_{j=1}^{m}\alpha_i\beta_j(\boldsymbol{x}_i,\boldsymbol{y}_j)\tag{1.2.1}$$

在欧氏空间的定义中,我们并没有要求空间的维数一定为有限数,因此亦有无限维欧氏空间.很多无限维欧氏空间的性质与这空间的维数毫无关系,但是我们为了保持本书的一般性起见,假设没有特别申明时,我们仍然是指有限维空间而言.

我们给出两个欧氏空间的例子.考虑基域为实数域的 n 维数空间 $\mathbf{R}^n$,约定向量 $\boldsymbol{x}=(x_1,x_2,\cdots,x_n)$ 与 $\boldsymbol{y}=(y_1,y_2,\cdots,y_n)$ 的内积定义为表示式

$$(\boldsymbol{x},\boldsymbol{y})=x_1y_1+x_2y_2+\cdots+x_ny_n$$

由这一例子表示式

$$(\boldsymbol{x},\boldsymbol{x})=x_1^2+x_2^2+\cdots+x_n^2$$

因为 x_k^2 为一非负的实数，仅当所有项均等于零时才能使其和等于零. 因此，性质 Ⅳ 在这里是满足的. 性质中的 Ⅰ，Ⅱ，Ⅲ 显然是成立的，故这一空间为欧氏空间.

无限维欧氏空间的例子，可以取在区间 $a\leqslant t\leqslant b$ 的连续函数所构成的空间 $C(a,b)$，函数的加法，数与函数的乘法同平常一样，而函数 $x(t)$ 与 $y(t)$ 的内积我们用下面的公式

$$(\boldsymbol{x},\boldsymbol{y})=\int_a^b x(t)y(t)\mathrm{d}t$$

来规定.

应用积分的基本规律，容易验证它满足条件性质 Ⅰ — Ⅳ. 故 $C(a,b)$ 为一欧氏空间.

1.3 基本度量概念 · 向量的长

既然已经定义了向量的内积，现在就可以引入基本的度量概念，也就是向量的长，及一对向量之间的角.

由性质 Ⅳ 推知，欧氏空间 R 的每一个向量 $\boldsymbol{x}$ 与自身的内积 $(\boldsymbol{x},\boldsymbol{x})$ 为一非负的实数，这一数的算术平方根称为向量 $\boldsymbol{x}$ 的长，记之以 $|\boldsymbol{x}|$. 故由定义，有

$$|\boldsymbol{x}|=\sqrt{(\boldsymbol{x},\boldsymbol{x})}$$

例 1 在空间 $\mathbf{R}^3$ 内，我们所给的向量长的定义与通常的定义一致.

例 2 在空间 $C(a,b)$ 内向量 $\boldsymbol{x}=x(t)$ 的长等于

$$|\boldsymbol{x}|=+\sqrt{(\boldsymbol{x},\boldsymbol{x})}=+\sqrt{\int_a^b x^2(t)\mathrm{d}t}$$

这个数值有时用 $\|x(t)\|$ 表示，且称为函数 $x(t)$ 的范数(为了避免"函数长"这个名词所引起的误解).

由向量长的定义推知，零向量是其长为零的唯一向量. 再者，如 λ 为任一数，则等式

$$|\lambda\boldsymbol{x}|=\sqrt{(\lambda\boldsymbol{x},\lambda\boldsymbol{x})}=\sqrt{\lambda^2(\boldsymbol{x},\boldsymbol{x})}=|\lambda|\sqrt{(\boldsymbol{x},\boldsymbol{x})}=|\lambda||\boldsymbol{x}|$$

表明数值因子的绝对值可以提到向量长的符号之外.

若向量 $\boldsymbol{x}$ 的长为 1，就称为单位的. 任何一个非零向量都可以乘上一个数 λ 使它化为单位向量，这种做法，称为把向量单位化或归一化；而这样所得的单位向量，也称为归一向量. 事实上，从方程式 $|\lambda\boldsymbol{x}|=1$ 可以解得

$$|\lambda|=\frac{1}{|\boldsymbol{x}|}$$

现在来证明一个关于向量之长与这些向量的内积的重要不等式.

柯西－布涅科夫斯基不等式　欧氏空间 R 中任两向量 $\boldsymbol{x}$ 及 $\boldsymbol{y}$,均成立

$$|(\boldsymbol{x},\boldsymbol{y})|\leqslant|\boldsymbol{x}||\boldsymbol{y}|$$

而且当且仅当 $\boldsymbol{x}$ 与 $\boldsymbol{y}$ 线性相关时才能相等.

为了证明这个结论,考虑向量 $\lambda\boldsymbol{x}-\boldsymbol{y}$,其中 λ 为任意实数.由性质Ⅳ,可见对于任意的 λ,有

$$(\lambda\boldsymbol{x}-\boldsymbol{y},\lambda\boldsymbol{x}-\boldsymbol{y})\geqslant 0 \tag{1.3.1}$$

利用公式(1.2.1),可以把上面的不等式写成下面形状

$$\lambda^2(\boldsymbol{x},\boldsymbol{x})-2\lambda(\boldsymbol{x},\boldsymbol{y})+(\boldsymbol{y},\boldsymbol{y})\geqslant 0$$

这不等式的左端是关于 λ 的一个常系数二次三项式.这个三项式不可能有不同的实根;因为否则它就不能对于 λ 所有的值保持一定的符号.可见这个三项式的判别式 $(\boldsymbol{x},\boldsymbol{y})^2-(\boldsymbol{x},\boldsymbol{x})(\boldsymbol{y},\boldsymbol{y})$ 不可能是正的.所以

$$(\boldsymbol{x},\boldsymbol{y})^2\leqslant(\boldsymbol{x},\boldsymbol{x})(\boldsymbol{y},\boldsymbol{y})$$

因而开方后可以得到

$$|(\boldsymbol{x},\boldsymbol{y})|\leqslant|\boldsymbol{x}||\boldsymbol{y}| \tag{1.3.2}$$

这样柯西－布涅科夫斯基不等式即已证明.

现在说明在什么时候不等式可以取等号.如果 $\boldsymbol{x},\boldsymbol{y}$ 线性无关,那么 $\lambda\boldsymbol{x}-\boldsymbol{y}\neq 0$,而式(1.3.1)为一严格的不等式

$$(\lambda\boldsymbol{x}-\boldsymbol{y},\lambda\boldsymbol{x}-\boldsymbol{y})>0$$

故其以后所有诸不等式中的等号均可除去,而不等式(1.3.2)应换为

$$|(\boldsymbol{x},\boldsymbol{y})|<|\boldsymbol{x}||\boldsymbol{y}|$$

如果 $\boldsymbol{x}$ 与 $\boldsymbol{y}$ 线性相关,例如 $\boldsymbol{y}=\lambda_0\boldsymbol{x}$,则

$$|(\boldsymbol{x},\boldsymbol{y})|=|(\boldsymbol{x},\lambda_0\boldsymbol{x})|=\lambda_0|(\boldsymbol{x},\boldsymbol{x})|=\lambda_0|\boldsymbol{x}||\boldsymbol{y}|$$

故结论的后半部分得证.

按几何术语,这后面的结论还可以写成:若两个向量的内积的绝对值等于它的长的乘积,则这两个向量共线.

我们来看一下柯西－布涅科夫斯基不等式在某些具体空间中的意义.

设 n 维实数空间 $\mathbf{R}^n$ 中,取任两向量 $\boldsymbol{x}=(x_1,x_2,\cdots,x_n)$ 与 $\boldsymbol{y}=(y_1,y_2,\cdots,y_n)$,有

$$|(\boldsymbol{x},\boldsymbol{y})|=|x_1y_1+x_2y_2+\cdots+x_ny_n|$$

$$|(\boldsymbol{x},\boldsymbol{x})|=\sqrt{x_1^2+x_2^2+\cdots+x_n^2},|(\boldsymbol{y},\boldsymbol{y})|=\sqrt{y_1^2+y_2^2+\cdots+y_n^2}$$

故由柯西－布涅科夫斯基不等式，可得

$$|x_1y_1+x_2y_2+\cdots+x_ny_n|\leqslant\sqrt{x_1^2+x_2^2+\cdots+x_n^2}\sqrt{y_1^2+y_2^2+\cdots+y_n^2}$$

其中 x_i，y_i 为任意实数.

同理，在函数空间 $C(a,b)$ 内，则柯西－布涅科夫斯基不等式具有以下形状

$$\left|\int_a^b x(t)y(t)\mathrm{d}t\right|\leqslant\sqrt{\int_a^b x^2(t)\mathrm{d}t}\sqrt{\int_a^b y^2(t)\mathrm{d}t}$$

与平常几何空间一样，表示式 $|\boldsymbol{x}-\boldsymbol{y}|$ 有时称为向量 $\boldsymbol{x}$ 与 $\boldsymbol{y}$ 之间的距离，记为 $r(\boldsymbol{x},\boldsymbol{y})$. 如此可得如下性质：

1° $r(\boldsymbol{x},\boldsymbol{x})=0$，$r(\boldsymbol{x},\boldsymbol{y})>0(\boldsymbol{x}\neq\boldsymbol{y})$.

2° $r(\boldsymbol{x},\boldsymbol{y})=r(\boldsymbol{y},\boldsymbol{x})$.

3° $r(\boldsymbol{x},\boldsymbol{y})+r(\boldsymbol{y},\boldsymbol{z})\geqslant r(\boldsymbol{x},\boldsymbol{z})$.

它们的证明是明显的，例如对于最后一式，有

$$\begin{aligned}r(\boldsymbol{x},\boldsymbol{z})&=|\boldsymbol{x}-\boldsymbol{z}|=|(\boldsymbol{x}-\boldsymbol{y})+(\boldsymbol{y}-\boldsymbol{z})|\\&\leqslant|\boldsymbol{x}-\boldsymbol{y}|+|\boldsymbol{y}-\boldsymbol{z}|\\&=r(\boldsymbol{x},\boldsymbol{y})+r(\boldsymbol{y},\boldsymbol{z})\end{aligned}$$

若集合 $F\subseteq R$ 的所有向量 $\boldsymbol{x}\in F$ 的长都不大于一个固定常数，则称它为有界的. 例如空间 R 的单位球体（它是空间 R 内长度不超过 1 的一切向量的集合）就是一个有界集合.

1.4　向量间的角・正交性

推广普通的向量（在空间 $\mathbf{R}^3$ 内的）间角的度量，我们引入一般欧氏空间中向量间的角的度量.

设已给向量 $\boldsymbol{x}$，$\boldsymbol{y}$，我们称余弦等于比值

$$\frac{(\boldsymbol{x},\boldsymbol{y})}{|\boldsymbol{x}||\boldsymbol{y}|}\tag{1.4.1}$$

的角（限于 0 到 180°）为它们之间的角.

柯西－布涅科夫斯基不等式保证了无论什么样的 $\boldsymbol{x}$ 及 $\boldsymbol{y}$，定义中的比值的绝对值不会超过 1. 换句话说，这个定义可用于一般的欧氏空间.

由定义，若 $\boldsymbol{x}\neq\mathbf{0}$，$\boldsymbol{y}\neq\mathbf{0}$，则由 $(\boldsymbol{x},\boldsymbol{y})=0$ 可以得出 $\boldsymbol{x}$ 与 $\boldsymbol{y}$ 相交成 90° 的角. 由此引入下面的概念：

欧氏空间 R 的向量 $\boldsymbol{x}$，$\boldsymbol{y}$ 称为正交的，如果 $\boldsymbol{x}$ 与 $\boldsymbol{y}$ 的内积等于零.

若向量 $\boldsymbol{x}$ 与自身正交：$(\boldsymbol{x},\boldsymbol{x})=0$，从而 $\boldsymbol{x}=\mathbf{0}$. 因此只有零向量才与自身正交. 从而若 $\boldsymbol{x}$ 与 R 中一切向量都正交，则 $\boldsymbol{x}$ 必为零向量.

在上一目中所介绍的空间 $\mathbf{R}^n$ 内，向量 $\boldsymbol{x}=(x_1,x_2,\cdots,x_n)$ 及 $\boldsymbol{y}=(y_1,y_2,\cdots,y_n)$ 的正交条件具有形状

$$x_1y_1+x_2y_2+\cdots+x_ny_n=0$$

在空间 $C(a,b)$ 内，向量 $x=x(t)$ 和 $y=y(t)$ 的正交条件具有形状

$$\int_a^b x(t)y(t)\mathrm{d}t=0$$

通过对应的积分计算，读者容易验证在空间 $C_2(-\pi,\pi)$ 内，“三角系”

$$1,\cos t,\sin t,\cos 2t,\sin 2t,\cdots,\cos nt,\sin nt,\cdots$$

的任何两个向量互相正交.

勾股定理及其推广　设向量 $\boldsymbol{x}$ 及 $\boldsymbol{y}$ 正交，这时可以仿照初等几何的说法，把向量 $\boldsymbol{x}+\boldsymbol{y}$ 称为由 $\boldsymbol{x}$ 及 $\boldsymbol{y}$ 所做成的直角三角形的弦. 作 $\boldsymbol{x}+\boldsymbol{y}$ 与其自身的内积，并且利用向量 $\boldsymbol{x}$ 及 $\boldsymbol{y}$ 的正交性，得

$$\begin{aligned}|\boldsymbol{x}+\boldsymbol{y}|^2&=(\boldsymbol{x}+\boldsymbol{y},\boldsymbol{x}+\boldsymbol{y})\\&=(\boldsymbol{x},\boldsymbol{x})+2(\boldsymbol{x},\boldsymbol{y})+(\boldsymbol{y},\boldsymbol{y})\\&=(\boldsymbol{x},\boldsymbol{x})+(\boldsymbol{y},\boldsymbol{y})\\&=|\boldsymbol{x}|^2+|\boldsymbol{y}|^2\end{aligned}$$

于是已经证明了一般欧几里得空间内的勾股定理：弦的平方等于两腰的平方之和.

这个定理不难推广到任意多项的情形. 例如设向量 $\boldsymbol{x}_1,\boldsymbol{x}_2,\cdots,\boldsymbol{x}_k$ 相互正交而

$$\boldsymbol{z}=\boldsymbol{x}_1+\boldsymbol{x}_2+\cdots+\boldsymbol{x}_k$$

则

$$|\boldsymbol{z}|^2=(\boldsymbol{x}_1+\boldsymbol{x}_2+\cdots+\boldsymbol{x}_k,\boldsymbol{x}_1+\boldsymbol{x}_2+\cdots+\boldsymbol{x}_k)=|\boldsymbol{x}_1|^2+|\boldsymbol{x}_2|^2+\cdots+|\boldsymbol{x}_k|^2$$

三角不等式　设 $\boldsymbol{x}$ 及 $\boldsymbol{y}$ 为任意两个向量，仿照初等几何说法，把向量 $\boldsymbol{x}+\boldsymbol{y}$ 称为由向量 $\boldsymbol{x}$ 及 $\boldsymbol{y}$ 所作三角形的第三边，利用柯西－布涅科夫斯基不等式，得

$$\begin{aligned}|\boldsymbol{x}+\boldsymbol{y}|^2&=(\boldsymbol{x}+\boldsymbol{y},\boldsymbol{x}+\boldsymbol{y})\\&=(\boldsymbol{x},\boldsymbol{x})+2(\boldsymbol{x},\boldsymbol{y})+(\boldsymbol{y},\boldsymbol{y})\\&\begin{cases}\leqslant|\boldsymbol{x}|^2+2|\boldsymbol{x}||\boldsymbol{y}|+|\boldsymbol{y}|^2=(|\boldsymbol{x}|+|\boldsymbol{y}|)^2\\ \geqslant|\boldsymbol{x}|^2-2|\boldsymbol{x}||\boldsymbol{y}|+|\boldsymbol{y}|^2=(|\boldsymbol{x}|-|\boldsymbol{y}|)^2\end{cases}\end{aligned}$$

或者

$$|\boldsymbol{x}+\boldsymbol{y}|\leqslant|\boldsymbol{x}|+|\boldsymbol{y}| \tag{1.4.2}$$

$$|\boldsymbol{x}+\boldsymbol{y}|\leqslant||\boldsymbol{x}|-|\boldsymbol{y}|| \tag{1.4.3}$$

不等式(1.4.2)～(1.4.3)称为三角不等式. 在几何上，它表明：每一个三

角形的任意一边之长不大于其他两边长之和，也不小于其他两边长之差的绝对值.

我们已经可以进一步把一系列的初等几何定理推广到欧氏空间. 但目前，我们只限于已经证明的那些事实. 在以后，我们将证明一个一般性的定理，从这个定理可以断定所有初等几何的定理在欧氏空间内的正确性.

欧氏空间 R 的向量组 $\boldsymbol{x}_1,\boldsymbol{x}_2,\cdots,\boldsymbol{x}_k$ 称为正交的，如果其中任意两个向量 $\boldsymbol{x}_i,\boldsymbol{x}_j(i\neq j)$ 都是正交的. 若这一组仅含一个向量，则亦称是正交的.

欧氏空间中，向量之间的关系，从加法和数乘的角度看，有线性相关与线性无关之区分，从度量的角度看，有正交与不正交之分，二者的联系为如下定理所述：

定理 1.4.1 欧氏空间 R 中每一个非零向量的正交组均是线性无关的.

证明 假设 $\boldsymbol{x}_1,\boldsymbol{x}_2,\cdots,\boldsymbol{x}_k$ 为非零向量的正交组，且有等式

$$\alpha_1\boldsymbol{x}_1+\alpha_2\boldsymbol{x}_2+\cdots+\alpha_k\boldsymbol{x}_k=\boldsymbol{0}$$

其中例如 $\alpha_1\neq 0$. 作向量 $\boldsymbol{x}_1$ 与这个等式的内积. 既然 $\boldsymbol{x}_1,\boldsymbol{x}_2,\cdots,\boldsymbol{x}_k$ 诸向量假设是相互正交的，我们得到

$$\alpha_1(\boldsymbol{x}_1,\boldsymbol{x}_1)=0$$

可见

$$(\boldsymbol{x}_1,\boldsymbol{x}_1)=0$$

所以 $\boldsymbol{x}_1$ 是一个零向量，这与题设矛盾.

我们常把这个定理的结论按下面的形式加以利用：相互正交的向量之和若等于零，则每一项等于零.

定理 1.4.2 若向量集合 $F=\{\boldsymbol{y}_1,\boldsymbol{y}_2,\cdots,\boldsymbol{y}_k\}$ 与向量 $\boldsymbol{x}$ 正交，则任何线性组合 $\alpha_1\boldsymbol{y}_1+\alpha_2\boldsymbol{y}_2+\cdots+\alpha_k\boldsymbol{y}_k$ 也与向量 $\boldsymbol{x}$ 正交.

证明 因为

$$(\alpha_1\boldsymbol{y}_1+\alpha_2\boldsymbol{y}_2+\cdots+\alpha_k\boldsymbol{y}_k,\boldsymbol{x})=\alpha_1(\boldsymbol{y}_1,\boldsymbol{x})+\alpha_2(\boldsymbol{y}_2,\boldsymbol{x})+\cdots+\alpha_k(\boldsymbol{y}_k,\boldsymbol{x})=0$$

所以向量 $\alpha_1\boldsymbol{y}_1+\alpha_2\boldsymbol{y}_2+\cdots+\alpha_k\boldsymbol{y}_k$ 与向量 $\boldsymbol{x}$ 正交.

所有线性组合 $\alpha_1\boldsymbol{y}_1+\alpha_2\boldsymbol{y}_2+\cdots+\alpha_k\boldsymbol{y}_k$ 的集合构成一个子空间 $L=L(\boldsymbol{y}_1,\boldsymbol{y}_2,\cdots,\boldsymbol{y}_k)$，即向量 $\boldsymbol{y}_1,\boldsymbol{y}_2,\cdots,\boldsymbol{y}_k$ 的线性包. 所以向量 $\boldsymbol{x}$ 与子空间 L 的每一个向量正交. 在这个情况下，我们可以说：向量 $\boldsymbol{x}$ 与子空间 L 正交.

1.5 欧氏空间的正交基底・标准正交基底

设欧氏空间 R 的维数等于 n，定理 1.4.1 证明，在 R 中每一正交的向量组所

含有的向量不能多于 n 个[①]，如果 R 中有 n 个相互正交的非零向量，则此正交向量组构成 R 的基底，称为 R 的正交基底. 我们来证明在 R 中有这样的基底存在，而且更多的证明下面的结论.

定理 1.5.1（基扩充定理） n 维欧氏空间中任一个正交向量组都能扩充成一组正交基.

证明 设 $\boldsymbol{x}_1,\boldsymbol{x}_2,\cdots,\boldsymbol{x}_m$ 是任一正交向量组，我们对 $n-m$ 作数学归纳法.

当 $n-m=0$ 时，$\boldsymbol{x}_1,\boldsymbol{x}_2,\cdots,\boldsymbol{x}_m$ 就是一组正交基了. 今假设 $n-m=k$ 时定理成立，也就是说，可以找到向量 $\boldsymbol{y}_1,\boldsymbol{y}_2,\cdots,\boldsymbol{y}_k$，使得

$$\boldsymbol{x}_1,\boldsymbol{x}_2,\cdots,\boldsymbol{x}_m,\boldsymbol{y}_1,\boldsymbol{y}_2,\cdots,\boldsymbol{y}_k$$

成为一组正交基.

现在来看 $n-m=k+1$ 的情形. 因为 $m<n$，所以一定有向量 $\boldsymbol{y}$ 不能被 $\boldsymbol{x}_1,\boldsymbol{x}_2,\cdots,\boldsymbol{x}_m$ 线性表出，作向量

$$\boldsymbol{x}_{m+1}=\boldsymbol{y}-k_1\boldsymbol{x}_1-k_2\boldsymbol{x}_2-\cdots-k_m\boldsymbol{x}_m$$

这里的 $k_1,k_2,\cdots,k_m$ 是待定系数. 用 $\boldsymbol{x}_i$ 与 $\boldsymbol{x}_{m+1}$ 作内积，得

$$(\boldsymbol{x}_i,\boldsymbol{x}_{m+1})=(\boldsymbol{y},\boldsymbol{x}_i)-k_i(\boldsymbol{x}_i,\boldsymbol{x}_i)\quad(i=1,2,\cdots,m)$$

---

① 还可以证明：n 维欧氏空间 R 中一组两两夹角为钝角的向量必不能多于 $n+1$ 个.

证明 对维数 n 用数学归纳法. 当 $n=1$ 时，所有向量都是一个非零向量与某个实数的乘积，于是任意两个以上向量的集合，其中必有两个向量（零向量认为与任意向量同向），因此它们之间的夹角不是钝角. 所以 $n=1$ 时，结论成立.

假设 $n-1$ 维欧氏空间都不可能有多于 n 个两两夹角为钝角的向量.

对于 n 维欧氏空间 R 用反证法来证明我们需要的结论. 如若不然，则 R 中有 $n+2$ 个向量 $\boldsymbol{x}_1,\boldsymbol{x}_2,\cdots,\boldsymbol{x}_{n+2}$ 满足

$$(\boldsymbol{x}_i,\boldsymbol{x}_j)<0\quad(i\neq j,i,j=1,2,\cdots,n+2)$$

令 $\boldsymbol{e}_1=\frac{\boldsymbol{x}_1}{|\boldsymbol{x}_1|}$，把它扩充成 R 的一组标准正交基底（参阅下面的定理 1.5.1 与定理 1.5.2）：$\boldsymbol{e}_1,\boldsymbol{e}_2,\cdots,\boldsymbol{e}_n$，并设

$$\boldsymbol{x}_i=x_{i1}\boldsymbol{e}_1+x_{i2}\boldsymbol{e}_2+\cdots+x_{in}\boldsymbol{e}_n\quad(i=1,2,\cdots,n+2)$$

则

$$x_{i1}=(\boldsymbol{x}_i,\boldsymbol{e}_1)=\frac{(\boldsymbol{x}_i,\boldsymbol{x}_i)}{|\boldsymbol{x}_i|}<0\quad(i=2,3,\cdots,n+2)\qquad(*)$$

现在考虑下列 $n+1$ 个向量

$$\boldsymbol{y}_i=x_{i2}\boldsymbol{e}_2+x_{i3}\boldsymbol{e}_3+\cdots+x_{in}\boldsymbol{e}_n\quad(i=1,2,\cdots,n+2)$$

则由题设以及式（*）有

$$\begin{aligned}0&>(\boldsymbol{x}_i,\boldsymbol{x}_j)=x_{i1}x_{j1}+(x_{i2}x_{j2}+x_{i3}x_{j3}+\cdots+x_{in}x_{jn})>x_{i2}x_{j2}+x_{i3}x_{j3}+\cdots+x_{in}x_{jn}\\&=(\boldsymbol{y}_i,\boldsymbol{y}_j)\quad(i\neq j,i,j=2,3,\cdots,n+2)\end{aligned}$$

即 $n+1$ 个向量 $\boldsymbol{y}_2,\boldsymbol{y}_3,\cdots,\boldsymbol{y}_{n+2}$ 两两成钝角，但每个 $\boldsymbol{y}_i(i=2,3,\cdots,n+2)$ 都属于同一个 $n-1$ 维欧氏空间 $R_1=L(\boldsymbol{e}_2,\boldsymbol{e}_3,\cdots,\boldsymbol{e}_n)$，这与归纳假设：$n-1$ 维欧氏空间 R_1 不能含有多于 n 个两两成钝角的向量相矛盾.

若取

$$k_i=\frac{(\boldsymbol{y},\boldsymbol{x}_i)}{(\boldsymbol{x}_i,\boldsymbol{x}_i)}\quad(i=1,2,\cdots,m)$$

则有

$$(\boldsymbol{x}_i,\boldsymbol{x}_{m+1})=0\quad(i=1,2,\cdots,m)$$

由 $\boldsymbol{y}$ 的选择可知，$\boldsymbol{x}_{m+1}\neq\boldsymbol{0}$. 因此 $\boldsymbol{x}_1,\boldsymbol{x}_2,\cdots,\boldsymbol{x}_m,\boldsymbol{x}_{m+1}$ 是一组正交向量组.

根据归纳法假定 $\boldsymbol{x}_1,\boldsymbol{x}_2,\cdots,\boldsymbol{x}_m$ 可扩充成一正交基.

定理的证明实际上给出了一个具体的扩充正交向量组的方法. 如果我们从任一非零向量出发，按证明中的步骤逐个地扩充，最后就得到一组正交基.

在求欧氏空间的正交基时，常常是已经有了空间的一组基. 对于这种情形，有下面的结果：

定理 1.5.2（格拉姆－施密特[①]正交化） 对于 n 维欧氏空间中的任意一组基 $\boldsymbol{x}_1,\boldsymbol{x}_2,\cdots,\boldsymbol{x}_n$，都可以找到一组正交基 $\boldsymbol{y}_1,\boldsymbol{y}_2,\cdots,\boldsymbol{y}_n$，使

$$L(\boldsymbol{x}_1,\boldsymbol{x}_2,\cdots,\boldsymbol{x}_n)=L(\boldsymbol{y}_1,\boldsymbol{y}_2,\cdots,\boldsymbol{y}_n)\quad(i=1,2,\cdots,n)$$

证明 我们依据已给基底来逐个地求出 $\boldsymbol{y}_1,\boldsymbol{y}_2,\cdots,\boldsymbol{y}_n$. 首先，可取 $\boldsymbol{y}_1=\boldsymbol{x}_1$. 一般地，假定已求出 $\boldsymbol{y}_1,\boldsymbol{y}_2,\cdots,\boldsymbol{y}_m$，它们是单位正交的，并且具有性质

$$L(\boldsymbol{x}_1,\boldsymbol{x}_2,\cdots,\boldsymbol{x}_m)=L(\boldsymbol{y}_1,\boldsymbol{y}_2,\cdots,\boldsymbol{y}_m)$$

现在我们来求 $\boldsymbol{y}_{m+1}$. 既然 $\boldsymbol{x}_{m+1}$ 不能被 $\boldsymbol{y}_1,\boldsymbol{y}_2,\cdots,\boldsymbol{y}_m$ 线性表出. 按上述定理的证明方法，作向量

$$\boldsymbol{y}_{m+1}=\boldsymbol{x}_{m+1}-\sum_{j=1}^{m}(\boldsymbol{x}_{m+1},\boldsymbol{y}_j)\boldsymbol{y}_j$$

显然

$$\boldsymbol{y}_{m+1}\neq\boldsymbol{0}$$

且

$$(\boldsymbol{y}_{m+1},\boldsymbol{y}_j)=0\quad(j=1,2,\cdots,m)$$

于是 $\boldsymbol{y}_1,\boldsymbol{y}_2,\cdots,\boldsymbol{y}_m,\boldsymbol{y}_{m+1}$ 就是一组正交向量组. 同时

$$L(\boldsymbol{x}_1,\boldsymbol{x}_2,\cdots,\boldsymbol{x}_{m+1})=L(\boldsymbol{y}_1,\boldsymbol{y}_2,\cdots,\boldsymbol{y}_{m+1})$$

由归纳法原理，定理可得证.

在格拉姆—施密特正交化过程的每一步中，正交向量 $\boldsymbol{y}_1,\boldsymbol{y}_2,\cdots,\boldsymbol{y}_k$ 仅仅是原无关向量 $\boldsymbol{x}_1,\boldsymbol{x}_2,\cdots,\boldsymbol{x}_k$ 的线性组合（反之亦然）. 如果记 $\boldsymbol{Y}=(\boldsymbol{y}_1,\boldsymbol{y}_2,\cdots,\boldsymbol{y}_k)$ 以

---

① 格拉姆(Gram,1850—1916)，丹麦数学家. 施密特(Schmidt,1876—1959)，德国数学家. 这种正交化方法以 Gram 和 Schmidt 命名. 事实上这一方法是由比他们更早的拉普拉斯和柯西发现的.

及 $\boldsymbol{X}=(\boldsymbol{x}_1,\boldsymbol{x}_2,\cdots,\boldsymbol{x}_k)$ 分别为以向量 $\boldsymbol{y}_i,\boldsymbol{x}_i$ 作列的矩阵，那么

$$\boldsymbol{Y}=\boldsymbol{XR}$$

其中矩阵 $\boldsymbol{R}=(r_{ij})_{k\times k}$ 是非奇异的上三角矩阵：即当 $i>j$ 时，$r_{ij}=0$（参阅第 4 章，3.4 目）.

还要指出，格拉姆 — 施密特正交化过程可以应用于任一有限或可数的向量序列（不一定线性无关的）. 如果该集合不线性无关，那么可以使 $\{\boldsymbol{x}_1,\boldsymbol{x}_2,\cdots,\boldsymbol{x}_k\}$ 为线性相关组的最小 k 值，将得到向量 $\boldsymbol{y}_k=\boldsymbol{0}$. 这时，$\boldsymbol{x}_k$ 是 $\boldsymbol{x}_1,\boldsymbol{x}_2,\cdots,\boldsymbol{x}_{k-1}$ 的线性组合，用 $\boldsymbol{x}_{k+1}$ 代替 $\boldsymbol{x}_k$，并继续用格拉姆 — 施密特正交化过程便可以回答这样一个问题：什么是 $\{\boldsymbol{x}_1,\boldsymbol{x}_2,\cdots,\boldsymbol{x}_k\}$ 生成空间的基或维数？

正交向量组中所含向量之长都为 1 者称为标准正交组（或正交归一组），归一化非零的正交向量，我们仍旧得到正交向量，故归一化空间的任一正交基底，我们就得到这一空间的标准正交基底.

我们曾经说过，向量组 $\boldsymbol{e}_1,\boldsymbol{e}_2,\cdots,\boldsymbol{e}_n$ 按照某一确定的次序排列而成的有序组 $(\boldsymbol{e}_1,\boldsymbol{e}_2,\cdots,\boldsymbol{e}_n)$ 称为空间 R 的坐标系，如果 $\boldsymbol{e}_1,\boldsymbol{e}_2,\cdots,\boldsymbol{e}_n$ 构成空间 R 的基底. 如果 $\boldsymbol{e}_1,\boldsymbol{e}_2,\cdots,\boldsymbol{e}_n$ 为标准正交基底，那么这一坐标系称为标准正交的. 任意坐标系与标准正交坐标系的区别同平常空间中斜笛卡尔坐标系与正笛卡尔坐标系的区别是一样的.

欧氏空间 R 中的标准正交坐标系有许多特殊的性质，有一些我们现在就来讨论.

1° 如果 $(\boldsymbol{e}_1,\boldsymbol{e}_2,\cdots,\boldsymbol{e}_n)$ 为空间 R 的标准正交坐标系，那么任意向量 $\boldsymbol{x}$ 的坐标等于其对应的内积 $(\boldsymbol{x},\boldsymbol{e}_1),(\boldsymbol{x},\boldsymbol{e}_2),\cdots,(\boldsymbol{x},\boldsymbol{e}_n)$.

事实上，设

$$\boldsymbol{x}=x_1\boldsymbol{e}_1+x_2\boldsymbol{e}_2+\cdots+x_n\boldsymbol{e}_n$$

由这一向量与 $\boldsymbol{e}_k$ 的内积，并且应用当 $j\neq k$ 时 $(\boldsymbol{e}_j,\boldsymbol{e}_k)=0$ 诸关系，我们得出

$$(\boldsymbol{x},\boldsymbol{e}_k)=x_k(\boldsymbol{e}_k,\boldsymbol{e}_k)=x_k\quad(k=1,2,\cdots,n)$$

是即所要证明的结果.

在标准正交坐标系中，向量内积的表达式显得特别简单.

2° 在标准正交坐标系中，向量 $\boldsymbol{x},\boldsymbol{y}$ 的坐标各等于 $x_1,x_2,\cdots,x_n$ 与 $y_1,y_2,\cdots,y_n$，则

$$(\boldsymbol{x},\boldsymbol{y})=x_1y_1+x_2y_2+\cdots+x_ny_n$$

证明 设 $(\boldsymbol{e}_1,\boldsymbol{e}_2,\cdots,\boldsymbol{e}_n)$ 为所给的标准正交坐标系，则

$$\boldsymbol{x}=x_1\boldsymbol{e}_1+x_2\boldsymbol{e}_2+\cdots+x_n\boldsymbol{e}_n,\boldsymbol{y}=y_1\boldsymbol{e}_1+y_2\boldsymbol{e}_2+\cdots+y_n\boldsymbol{e}_n$$

故

$$(\boldsymbol{x},\boldsymbol{y})=(x_1\boldsymbol{e}_1+x_2\boldsymbol{e}_2+\cdots+x_n\boldsymbol{e}_n,y_1\boldsymbol{e}_1+y_2\boldsymbol{e}_2+\cdots+y_n\boldsymbol{e}_n)$$
$$=\sum_{i=1}^{n}\sum_{k=1}^{n}x_ix_k(\boldsymbol{e}_i,\boldsymbol{e}_k)$$

既然，每两个基向量 $\boldsymbol{e}_i,\boldsymbol{e}_j(i\neq j)$ 的内积都等于零，于是上面的内积表达式成这样的形状

$$(\boldsymbol{x},\boldsymbol{y})=x_1y_1(\boldsymbol{e}_1,\boldsymbol{e}_1)+x_2y_2(\boldsymbol{e}_2,\boldsymbol{e}_2)+\cdots+x_ny_n(\boldsymbol{e}_n,\boldsymbol{e}_n)$$

进一步，由于向量 $\boldsymbol{e}_1,\boldsymbol{e}_2,\cdots,\boldsymbol{e}_n$ 的长每个都等于 1，最后这公式可以更简化而变成这样

$$(\boldsymbol{x},\boldsymbol{y})=x_1y_1+x_2y_2+\cdots+x_ny_n$$

3° 贝塞尔[①]不等式：设 $\boldsymbol{e}_1,\boldsymbol{e}_2,\cdots,\boldsymbol{e}_m$ 是空间 R 的任一标准正交的向量组，而 $\boldsymbol{x}$ 为任一向量，若

$$(\boldsymbol{x},\boldsymbol{e}_k)=\alpha_k\quad(k=1,2,\cdots,m)$$

则

$$(\boldsymbol{x},\boldsymbol{x})\geqslant\alpha_1^2+\alpha_2^2+\cdots+\alpha_m^2$$

我们给出这一不等式以独立的证明，虽然它也可以很容易从上面的论断推理出来. 为此建立辅助向量

$$\boldsymbol{y}=\alpha_1\boldsymbol{e}_1+\alpha_2\boldsymbol{e}_2+\cdots+\alpha_m\boldsymbol{e}_m$$

我们有

$$(\boldsymbol{x}-\boldsymbol{y},\boldsymbol{x}-\boldsymbol{y})=(\boldsymbol{x},\boldsymbol{x})-(\boldsymbol{x},\boldsymbol{y})-(\boldsymbol{y},\boldsymbol{x})+(\boldsymbol{y},\boldsymbol{y})$$
$$=(\boldsymbol{x},\boldsymbol{x})-2(\boldsymbol{x},\boldsymbol{y})+(\boldsymbol{y},\boldsymbol{y})\geqslant 0$$

将

$$(\boldsymbol{x},\boldsymbol{y})=(\boldsymbol{x},\alpha_1\boldsymbol{e}_1+\alpha_2\boldsymbol{e}_2+\cdots+\alpha_m\boldsymbol{e}_m)=2\sum_{i=1}^{m}\alpha_i^2$$

以及

$$(\boldsymbol{y},\boldsymbol{y})=(\alpha_1\boldsymbol{e}_1+\alpha_2\boldsymbol{e}_2+\cdots+\alpha_m\boldsymbol{e}_m,\alpha_1\boldsymbol{e}_1+\alpha_2\boldsymbol{e}_2+\cdots+\alpha_m\boldsymbol{e}_m)=\sum_{i=1}^{m}\alpha_i^2$$

代入上面的不等式，我们得出

$$(\boldsymbol{x},\boldsymbol{x})\geqslant\sum_{i=1}^{m}\alpha_i^2$$

如果 $\boldsymbol{e}_1,\boldsymbol{e}_2,\cdots,\boldsymbol{e}_n$ 为标准正交基底，那么由 2°，贝塞尔不等式此时变为等式

$$(\boldsymbol{x},\boldsymbol{x})=\alpha_1^2+\alpha_2^2+\cdots+\alpha_n^2$$

① 贝塞尔(Bessel，1784—1846)，德国天文学家、数学家.

称为帕斯瓦尔[①]等式.

对于标准正交向量组 $\boldsymbol{e}_1,\boldsymbol{e}_2,\cdots,\boldsymbol{e}_n$ 为基底来说,帕斯瓦尔等式不仅是必要的而且也是充分的条件. 就是说,如果 $\boldsymbol{e}_1,\boldsymbol{e}_2,\cdots,\boldsymbol{e}_n$ 为欧氏空间R 的任一标准正交向量组,且对于 R 中每一向量 $\boldsymbol{x}$ 均有

$$(\boldsymbol{x},\boldsymbol{x})=\alpha_1^2+\alpha_2^2+\cdots+\alpha_n^2$$

其中 $\alpha_j=(\boldsymbol{x},\boldsymbol{e}_j)(j=1,2,\cdots,n)$,则 $\boldsymbol{e}_1,\boldsymbol{e}_2,\cdots,\boldsymbol{e}_n$ 为空间R 的基底.

这个证明可以不是很困难地从上面的论断推导出来,请读者自己证明完成.

1.6 标准正交基底间的过渡

在第7章中,我们曾经研究过在n维线性空间内,从一个基底到另一个基底的变换规律. 在欧氏空间内,最重要情形是从一个标准正交基底 $\boldsymbol{e}_1,\boldsymbol{e}_2,\cdots,\boldsymbol{e}_n$ 变换到另一个标准正交基底 $\boldsymbol{e}'_1,\boldsymbol{e}'_2,\cdots,\boldsymbol{e}'_n$,我们要找出对应的变换公式是什么形状. 把基底 $\boldsymbol{e}'_1,\boldsymbol{e}'_2,\cdots,\boldsymbol{e}'_n$的向量写成对于基底 $\boldsymbol{e}_1,\boldsymbol{e}_2,\cdots,\boldsymbol{e}_n$ 的分解式,得

$$\begin{cases}\boldsymbol{e}'_1=q_{11}\boldsymbol{e}_1+q_{12}\boldsymbol{e}_2+\cdots+q_{1n}\boldsymbol{e}_n\\ \boldsymbol{e}'_2=q_{21}\boldsymbol{e}_1+q_{22}\boldsymbol{e}_2+\cdots+q_{2n}\boldsymbol{e}_n\\ \quad\vdots\\ \boldsymbol{e}'_n=q_{n1}\boldsymbol{e}_1+q_{n2}\boldsymbol{e}_2+\cdots+q_{nn}\boldsymbol{e}_n\end{cases}\tag{1.6.1}$$

其矩阵 $\boldsymbol{Q}=(q_{ij})_{n\times n}$.

因为向量 $\boldsymbol{e}'_1,\boldsymbol{e}'_2,\cdots,\boldsymbol{e}'_n$是标准正交的,按内积的坐标表示式,有

$$(\boldsymbol{e}'_i,\boldsymbol{e}'_j)=\sum_{k=1}^n q_{ik}q_{jk}=\begin{cases}0 & (\text{当 } i\neq j \text{ 时})\\ 1 & (\text{当 } i=j=1,2,\cdots,n \text{ 时})\end{cases}\tag{1.6.2}$$

矩阵$\boldsymbol{Q}$的元素q_{ij} 具有这样明显的几何意义:注意到$\boldsymbol{e}'_i,\boldsymbol{e}_j$ 的正交性及单位性,可得等式

$$q_{ij}=(\boldsymbol{e}'_i,\boldsymbol{e}_j)=\frac{(\boldsymbol{e}'_i,\boldsymbol{e}_j)}{|\boldsymbol{e}'_i||\boldsymbol{e}_j|}=\cos(\widehat{\boldsymbol{e}'_i,\boldsymbol{e}_j})$$

所以数值 q_{ij} 乃是新旧基底向量间的角的余弦.

现在我们来构造矩阵$\boldsymbol{Q}$的逆矩阵. 从方程组(1.6.1) 中解出向量$\boldsymbol{e}_1,\boldsymbol{e}_2,\cdots,\boldsymbol{e}_n$,得

---

① 帕斯瓦尔(Parseval,1755—1836),法国数学家.

$$\begin{cases} e_1 = p_{11}e'_1 + p_{12}e'_2 + \cdots + p_{1n}e'_n \\ e_2 = p_{21}e'_1 + p_{22}e'_2 + \cdots + p_{2n}e'_n \\ \quad\vdots \\ e_n = p_{n1}e'_1 + p_{n2}e'_2 + \cdots + p_{nn}e'_n \end{cases}$$

因为从这个公式,我们仍得到标准正交基底到另一个标准正交基底的变换,所以数值 p_{ij} 也必须满足数值 q_{ij} 所应满足的关系式(1.6.2).此外,依 q_{ij} 和 p_{ij} 的几何意义为

$$q_{ij} = (\boldsymbol{e}'_i, \boldsymbol{e}_j) \tag{1.6.3}$$

$$p_{ij} = (\boldsymbol{e}_j, \boldsymbol{e}'_i) \tag{1.6.4}$$

所以

$$p_{ji} = q_{ij}$$

因而矩阵 $\boldsymbol{Q}$ 的逆矩阵,也是它的转置矩阵 $\boldsymbol{Q}^{\mathrm{T}}$.这个事实也可以直接从公式(1.6.2)求得,因为公式(1.6.2)如果用矩阵表示,那么就可以写成下面的形式

$$\boldsymbol{Q}\boldsymbol{Q}^{\mathrm{T}} = \boldsymbol{E}$$

所以

$$\boldsymbol{Q}^{\mathrm{T}} = \boldsymbol{Q}^{-1} \tag{1.6.5}$$

这样,矩阵 $\boldsymbol{Q} = (q_{ij})_{n\times n}$ 是一个正交矩阵(第 4 章 §3,3.1 目).

反过来,设已给一个任意正交矩阵 $\boldsymbol{Q} = (q_{ij})_{n\times n}$,那么由式(1.6.2)知,由向量 $\boldsymbol{e}_1, \boldsymbol{e}_2, \cdots, \boldsymbol{e}_n$ 按等式(1.6.1)所确定的向量 $\boldsymbol{e}'_1, \boldsymbol{e}'_2, \cdots, \boldsymbol{e}'_n$ 是标准正交的.这样就得到:

定理 1.6.1 演化一组标准正交基底为另一组标准正交基底的过渡矩阵必为正交矩阵.反过来,每一个正交矩阵是从一组标准正交基底到另一个标准正交基底的过渡矩阵.

最后,我们要写出由一个标准正交基底 $\boldsymbol{e}_1, \boldsymbol{e}_2, \cdots, \boldsymbol{e}_n$ 变换到另一个标准正交基底 $\boldsymbol{e}'_1, \boldsymbol{e}'_2, \cdots, \boldsymbol{e}'_n$ 时,向量 $\boldsymbol{x}$ 的坐标变换公式.设 $x_1, x_2, \cdots, x_n$ 为向量 $\boldsymbol{x}$ 对于基底 $\boldsymbol{e}_1, \boldsymbol{e}_2, \cdots, \boldsymbol{e}_n$ 的坐标,而 $x'_1, x'_2, \cdots, x'_n$ 是它对于基底 $\boldsymbol{e}'_1, \boldsymbol{e}'_2, \cdots, \boldsymbol{e}'_n$ 的坐标.按第 7 章 §2,从坐标 $x_1, x_2, \cdots, x_n$ 到坐标 $x'_1, x'_2, \cdots, x'_n$ 的变换矩阵就是矩阵 $(\boldsymbol{Q}^{-1})^{\mathrm{T}}$,其中 $\boldsymbol{Q}$ 为从基底 $\boldsymbol{e}_1, \boldsymbol{e}_2, \cdots, \boldsymbol{e}_n$ 到基底 $\boldsymbol{e}'_1, \boldsymbol{e}'_2, \cdots, \boldsymbol{e}'_n$ 的变换矩阵.因为在这种情形下,变换矩阵是正交矩阵 $\boldsymbol{Q}$,因而 $\boldsymbol{Q}^{-1} = \boldsymbol{Q}^{\mathrm{T}}$,于是 $(\boldsymbol{Q}^{-1})^{\mathrm{T}} = \boldsymbol{Q}$.所以从坐标 $x_1, x_2, \cdots, x_n$ 到坐标 $x'_1, x'_2, \cdots, x'_n$ 的变换公式也可以利用把基底 $\boldsymbol{e}_1, \boldsymbol{e}_2, \cdots, \boldsymbol{e}_n$ 变换到基底 $\boldsymbol{e}'_1, \boldsymbol{e}'_2, \cdots, \boldsymbol{e}'_n$ 的公式(1.6.1)的同一个矩阵 $\boldsymbol{Q}$ 写出来

$$\begin{cases} x'_1 = q_{11}x_1 + q_{12}x_2 + \cdots + q_{1n}x_n \\ x'_2 = q_{21}x_1 + q_{22}x_2 + \cdots + q_{2n}x_n \\ \quad\vdots \\ x'_n = q_{n1}x_1 + q_{n2}x_2 + \cdots + q_{nn}x_n \end{cases} \tag{1.6.6}$$

在欧氏空间内的这样的变换称为等距变换.

因为 $\boldsymbol{Q}^{-1}=\boldsymbol{Q}^{\mathrm{T}}$,所以逆变换的公式可以借助于转置矩阵得到

$$\begin{cases} x_1 = q_{11}x'_1 + q_{21}x'_2 + \cdots + q_{n1}x'_n \\ x_2 = q_{12}x'_1 + q_{22}x'_2 + \cdots + q_{n2}x'_n \\ \quad\vdots \\ x_n = q_{1n}x'_1 + q_{2n}x'_2 + \cdots + q_{nn}x'_n \end{cases} \tag{1.6.6$'$}$$

1.7 正交和·正交补

欧氏空间 R 内两个向量集合 X 与 F 称为正交的,如果前一集合中的每一向量都与后一集合中的每一个向量正交.特别地,说向量 $\boldsymbol{x}$ 与 F 正交,如其 $\boldsymbol{x}$ 与 F 的每一个向量都正交. X 与 F 的正交性常以符号记为 $X\perp F$ 的形式.

定理 1.7.1 两个正交的集合,其交或是空的或仅含一个零向量.

事实上,若向量 $\boldsymbol{x}$ 同时含在两个集合 X 与 F 中,则 $(\boldsymbol{x},\boldsymbol{x})=0$,故 $\boldsymbol{x}=\boldsymbol{0}$.

线性子空间之和 $X=X_1+X_2+\cdots+X_s$ 称为正交的,如果其中每两个子空间 $X_i,X_j(i\neq j)$ 都是相互正交的.

定理 1.7.2 子空间的正交和必为直和.

证明 如果此和中仅含有两项,则由定理 1.7.1,知其交仅含一个零向量,故为直和.对于一般情形,可以用数学归纳法来证明.设给出 s 个子空间的正交和

$$X=X_1+X_2+\cdots+X_s \tag{1.7.1}$$

而且假设已经证明 $s-1$ 项的正交和是直和,写式(1.7.1)为下面的形式

$$X=X_1+(X_2+\cdots+X_s)$$

我们看到

$$X_1\perp(X_2+\cdots+X_s),X_2+\cdots+X_s=X_2\oplus\cdots\oplus X_s$$

故

$$X=X_1\oplus(X_2\oplus\cdots\oplus X_s)=X_1\oplus X_2\oplus\cdots\oplus X_s$$

定理 1.7.3 如果和 $X=X_1+X_2+\cdots+X_s$ 是正交的,且

$$\boldsymbol{x}=\boldsymbol{x}_1+\boldsymbol{x}_2+\cdots+\boldsymbol{x}_n,\boldsymbol{y}=\boldsymbol{y}_1+\boldsymbol{y}_2+\cdots+\boldsymbol{y}_n$$

其中 $\boldsymbol{x}_i \in X_i, \boldsymbol{y}_i \in X_i, i=1,2,\cdots,s$,则

$$(\boldsymbol{x},\boldsymbol{y})=(\boldsymbol{x}_1,\boldsymbol{y}_1)+(\boldsymbol{x}_2,\boldsymbol{y}_2)+\cdots+(\boldsymbol{x}_s,\boldsymbol{y}_s)$$

证明 因当 $i \neq j$ 时,$X_i \perp X_j$,故$(\boldsymbol{x}_i,\boldsymbol{y}_j)=0$,因此

$$(\boldsymbol{x},\boldsymbol{y})=\left(\sum_{i=1}^{s}\boldsymbol{x}_i,\sum_{j=1}^{s}\boldsymbol{y}_i\right)=\sum_{i=1}^{s}\sum_{i=1}^{s}(\boldsymbol{x}_i,\boldsymbol{y}_j)=\sum_{i=1}^{s}(\boldsymbol{x}_i,\boldsymbol{y}_i)$$

这就是所要的证明.

现在来讨论空间 R 中任一不是空的向量集合 X,空间 R 中所有与 X 正交的向量构成一集合,称为 X 的正交补,记为 $X^{\perp}$.

定理 1.7.4 任一非空集合 X 的正交补为一线性子空间.

证明 如果 $\boldsymbol{x},\boldsymbol{y}$ 属于正交补集合 $X^{\perp}$,而 $\boldsymbol{z}$ 为 X 中任一向量,则

$$(k\boldsymbol{x}+h\boldsymbol{y},\boldsymbol{z})=k(\boldsymbol{x},\boldsymbol{z})+h(\boldsymbol{y},\boldsymbol{z})=0$$

故对任意 $\boldsymbol{x},\boldsymbol{y}$,它们的线性组合 $k\boldsymbol{x}+h\boldsymbol{y}$ 均含于 $X^{\perp}$ 中,因此 $X^{\perp}$ 是一个线性子空间.

常常遇到这样的情形,即集合 X 本身也是子空间.

定理 1.7.5 设 X、F 均为欧氏空间 R 的子空间且 X 与 F 正交,则

$$R=F\oplus X$$

证明 分两个步骤来证明:$R=F+X, F\cap X=\{\boldsymbol{0}\}$. 在 F 中取一组标准正交的基底 $\boldsymbol{e}_1,\boldsymbol{e}_2,\cdots,\boldsymbol{e}_m$,对于 R 中的任意向量 $\boldsymbol{x}$,令

$$\boldsymbol{x}_1=\sum_{i=1}^{m}(\boldsymbol{x},\boldsymbol{e}_i)\boldsymbol{e}_i \in F, \boldsymbol{x}_2=\boldsymbol{x}-\boldsymbol{x}_1$$

于是向量 $\boldsymbol{x}_2$ 与子空间 F 正交,即 $\boldsymbol{x}_2 \in X$,由 $\boldsymbol{x}$ 的任意性知

$$R=F+X$$

设 $\boldsymbol{y}\in F\cap R$,则内积$(\boldsymbol{x},\boldsymbol{y})=0$,从而

$$\boldsymbol{y}=\boldsymbol{0}$$

定理 1.7.5 即是说,欧氏空间 R 的两个子空间如果相互正交,那么必定关于 R 互补. 但是互补的两个子空间未必正交. 于是可以引入正交补空间的概念:欧氏空间 R 的两个互补子空间如果正交,那么称为关于 R 互为正交补空间.

与一般补空间不同(参阅第 7 章 §3,定理 3.5.8),正交补空间是唯一的:

定理 1.7.6 欧氏空间的每一个子空间都有唯一的正交补空间.

证明 设 F 是欧氏空间 R 的一个子空间. 如果 F 是零子空间,那么它的正交补空间就是 R,唯一性显然.

若 F 不是零子空间,欧氏空间的子空间在所定义的内积之下也是一个欧氏空间. 在 F 中取一组正交基底 $\boldsymbol{e}_1,\boldsymbol{e}_2,\cdots,\boldsymbol{e}_m$,它可以扩充成 R 的一组正交基底

$\boldsymbol{e}_1, \boldsymbol{e}_2, \cdots, \boldsymbol{e}_m, \boldsymbol{e}_{m+1}, \cdots, \boldsymbol{e}_n$，显然子空间 $L(\boldsymbol{e}_{m+1}, \cdots, \boldsymbol{e}_n)$ 就是 F 的正交补空间.

再来证明唯一性. 设 X_1, X_2 都是 F 的正交补空间. 于是

$$R = F \oplus X_1, R = F \oplus X_2$$

任取 X_1 的一个向量 $\boldsymbol{x}_1$，由第二个分解式即有

$$\boldsymbol{x}_1 = \boldsymbol{f} + \boldsymbol{x}_2$$

其中 $\boldsymbol{f} \in F, \boldsymbol{x}_2 \in X_2$. 因为 $\boldsymbol{x}_1 \perp \boldsymbol{f}$，所以

$$0 = (\boldsymbol{x}_1, \boldsymbol{f}) = (\boldsymbol{f} + \boldsymbol{x}_2, \boldsymbol{f}) = (\boldsymbol{f}, \boldsymbol{f}) + (\boldsymbol{x}_2, \boldsymbol{f}) = (\boldsymbol{f}, \boldsymbol{f})$$

即

$$\boldsymbol{f} = \boldsymbol{0}$$

由此推知 $\boldsymbol{f} \in X_2$，即

$$X_1 \subseteq X_2$$

同样的理由，有

$$X_2 \subseteq X_1$$

因此

$$X_1 = X_2$$

唯一性得证.

结合着定理 1.7.4 与定理 1.7.5，我们有：

定理 1.7.7 欧氏空间 R 为其任一线性子空间 X 与 X 的正交补集合的 $X^{\perp}$ 的直和.

从这个定理可以推出，特别地

$$(X^{\perp})^{\perp} = X$$

事实上，$X^{\perp\perp}$ 很明显的含于 X 内. 另外，由定理 1.7.7，对于 $X^{\perp\perp}$ 中任一向量 $\boldsymbol{x}$ 均有

$$\boldsymbol{x} = \boldsymbol{x}_1 + \boldsymbol{x}_2, \boldsymbol{x}_1 \in X, \boldsymbol{x}_2 \in X^{\perp}$$

取这一等式的两端与向量 $\boldsymbol{x}_2$ 的内积，得出 $(\boldsymbol{x}_2, \boldsymbol{x}_2) = 0$，是即 $\boldsymbol{x}_2 = \boldsymbol{0}, \boldsymbol{x} = \boldsymbol{x}_1$，因此 $X^{\perp\perp} = X$.

1.8 欧氏空间的同构

在第 7 章 2.4 目，我们曾定义两个线性空间为同构的条件是它们的元素间可以建立一个一一对应关系而且这一关系对于加法运算与数对向量的乘法都能保持. 在欧氏空间中，这些运算还要外加上一个内积. 因此，两个欧氏空间称为同构，当且仅当其对于所有说到的三个运算都有同样的性质时才能成立.

定义 1.8.1 在同一数域上的两个欧氏空间 R 与 R' 称为同构的，如其在它

们的元素间建立一个一一对应关系，对此关系 R 中二向量之和对应于其对应向量之和，数与 R 中向量之积对应于此同一数与 R' 中对应向量之积，而且 R 与 R' 中对应向量的内积是彼此相等的.

我们对欧氏空间的这种性质，由三个基本运算在这一空间内施行所得出的性质发生兴趣，而与这一空间的构成元素的形状无关. 从这一观点来看，同构的欧氏空间有相同的性质，故知将所有同构的欧氏空间作为一个欧氏空间来看待是有它的重要性的. 这一分类法与线性空间的分类没有什么区别呢？我们有以下定理：

定理 1.8.1 两个欧氏空间是同构的充分必要条件，是这两个空间的维数相同.

事实上，若两个欧氏空间 R 与 R' 同构，则这样的线性空间亦必同构，这就是说，仅从加法运算与数和向量的乘法来看它们是同构的. 但同构的线性空间有相同的维数，故 R 与 R' 的维数相等，其必要性已经证明. 反之，设已知 R 与 R' 的维数相等，在 R 与 R' 中，各选出正交基底 $\boldsymbol{e}_1,\boldsymbol{e}_2,\cdots,\boldsymbol{e}_n$ 与 $\boldsymbol{e}'_1,\boldsymbol{e}'_2,\cdots,\boldsymbol{e}'_n$. 规定两个向量 $\boldsymbol{x}\in R$ 与 $\boldsymbol{x}'\in R'$ 称为对应的，如其在所选的基底中，它们的坐标是相同的. 这一个一一对应的关系对于加法运算与数和向量的乘法是保持的（第 7 章 2.4 目），故仅须证明其对应元素的内积是相等的. 讨论空间 R 任二向量

$$\boldsymbol{x}=x_1\boldsymbol{e}_1+x_2\boldsymbol{e}_2+\cdots+x_n\boldsymbol{e}_n,\boldsymbol{y}=y_1\boldsymbol{e}_1+y_2\boldsymbol{e}_2+\cdots+y_n\boldsymbol{e}_n$$

它们在 R' 中的对应向量为

$$\boldsymbol{x}'=x_1\boldsymbol{e}'_1+x_2\boldsymbol{e}'_2+\cdots+x_n\boldsymbol{e}'_n,\boldsymbol{y}'=y_1\boldsymbol{e}'_1+y_2\boldsymbol{e}'_2+\cdots+y_n\boldsymbol{e}'_n$$

因 $\boldsymbol{e}_1,\boldsymbol{e}_2,\cdots,\boldsymbol{e}_n$ 与 $\boldsymbol{e}'_1,\boldsymbol{e}'_2,\cdots,\boldsymbol{e}'_n$ 均为单位正交向量，故有

$$(\boldsymbol{x},\boldsymbol{y})=x_1y_1+x_2y_2+\cdots+x_ny_n=(\boldsymbol{x}',\boldsymbol{y}')$$

这就是所要证明的结果.

定理 1.8.2 设欧氏空间 R 和 R' 都可以分解为它们的正交子空间的直和：$R=F\oplus X,R'=F'\oplus X'$. 如果子空间 F,X 分别与子空间 F',X' 同构，那么空间 R 与 R' 亦是同构的.

证明 由条件，R 中每一向量 $\boldsymbol{x}$ 都唯一地表示为 $\boldsymbol{x}=\boldsymbol{x}_1+\boldsymbol{x}_2$，其中 $\boldsymbol{x}_1\in F$，$\boldsymbol{x}_2\in X$. 同样地，R' 中每一向量 $\boldsymbol{x}'$ 都唯一地表示为 $\boldsymbol{x}'=\boldsymbol{x}'_1+\boldsymbol{x}'_2$，其中 $\boldsymbol{x}'_1\in F'$，$\boldsymbol{x}'_2\in X'$. 我们又知道在子空间 F,X 与 F',X' 之间可以建立同构对应. 约定向量 $\boldsymbol{x}$ 与 $\boldsymbol{x}'$ 为对应向量，如果它们的分量 $\boldsymbol{x}_1$ 与 $\boldsymbol{x}'_1$，$\boldsymbol{x}_2$ 与 $\boldsymbol{x}'_2$ 是所说的同构关系中的对应向量，那么这样得出的空间 R、R' 间的对应关系，显然是一个同构关系.

定理 1.8.2 证明了，对于可以分解为其正交子空间的直和的欧氏空间的研究，我们都可以化为其所分解出来的子空间的研究.

§2 欧氏空间体积的测度

2.1 向量组线性无关性的格拉姆判定·度量矩阵

设在欧几里得空间 R 中向量 $\boldsymbol{x}_1,\boldsymbol{x}_2,\cdots,\boldsymbol{x}_k$ 线性相关，亦即有这样的不全等于零的数 $c_1,c_2,\cdots,c_k$ 存在，使得

$$c_1\boldsymbol{x}_1+c_2\boldsymbol{x}_2+\cdots+c_k\boldsymbol{x}_k=\boldsymbol{0} \tag{2.1.1}$$

在等式的两端顺次以向量 $\boldsymbol{x}_1,\boldsymbol{x}_2,\cdots,\boldsymbol{x}_k$ 来做内积，我们得出

$$\begin{cases}(\boldsymbol{x}_1,\boldsymbol{x}_1)c_1+(\boldsymbol{x}_1,\boldsymbol{x}_2)c_2+\cdots+(\boldsymbol{x}_1,\boldsymbol{x}_k)c_k=0\\(\boldsymbol{x}_2,\boldsymbol{x}_1)c_1+(\boldsymbol{x}_2,\boldsymbol{x}_2)c_2+\cdots+(\boldsymbol{x}_2,\boldsymbol{x}_k)c_k=0\\\quad\vdots\\(\boldsymbol{x}_k,\boldsymbol{x}_1)c_1+(\boldsymbol{x}_k,\boldsymbol{x}_2)c_2+\cdots+(\boldsymbol{x}_k,\boldsymbol{x}_k)c_k=0\end{cases} \tag{2.1.2}$$

视 $c_1,c_2,\cdots,c_k$ 为齐次线性方程组(2.1.2)的非零解，而方程组(2.1.2)的矩阵为

$$\boldsymbol{G}(\boldsymbol{x}_1,\boldsymbol{x}_2,\cdots,\boldsymbol{x}_k)=\begin{pmatrix}(\boldsymbol{x}_1,\boldsymbol{x}_1)&(\boldsymbol{x}_1,\boldsymbol{x}_2)&\cdots&(\boldsymbol{x}_1,\boldsymbol{x}_k)\\(\boldsymbol{x}_2,\boldsymbol{x}_1)&(\boldsymbol{x}_2,\boldsymbol{x}_2)&\cdots&(\boldsymbol{x}_2,\boldsymbol{x}_k)\\\vdots&\vdots&&\vdots\\(\boldsymbol{x}_k,\boldsymbol{x}_1)&(\boldsymbol{x}_k,\boldsymbol{x}_2)&\cdots&(\boldsymbol{x}_k,\boldsymbol{x}_k)\end{pmatrix}$$

按照线性方程组的理论，这时矩阵 $\boldsymbol{G}(\boldsymbol{x}_1,\boldsymbol{x}_2,\cdots,\boldsymbol{x}_k)$ 的行列式必须等于零

$$|\boldsymbol{G}(\boldsymbol{x}_1,\boldsymbol{x}_2,\cdots,\boldsymbol{x}_k)|=0$$

矩阵 $\boldsymbol{G}(\boldsymbol{x}_1,\boldsymbol{x}_2,\cdots,\boldsymbol{x}_k)$ 称为向量组 $\boldsymbol{x}_1,\boldsymbol{x}_2,\cdots,\boldsymbol{x}_k$ 的格拉姆矩阵. 并称 $|\boldsymbol{G}(\boldsymbol{x}_1,\boldsymbol{x}_2,\cdots,\boldsymbol{x}_k)|$ 为 $\boldsymbol{x}_1,\boldsymbol{x}_2,\cdots,\boldsymbol{x}_k$ 的格拉姆行列式.

反之，若格拉姆行列式 $|\boldsymbol{G}(\boldsymbol{x}_1,\boldsymbol{x}_2,\cdots,\boldsymbol{x}_k)|$ 等于零，那么方程组(2.1.2)有非零解 $c_1,c_2,\cdots,c_k$.

等式(2.1.2)可以写为

$$\begin{cases}(\boldsymbol{x}_1,c_1\boldsymbol{x}_1+c_2\boldsymbol{x}_2+\cdots+c_k\boldsymbol{x}_k)=0\\(\boldsymbol{x}_2,c_1\boldsymbol{x}_1+c_2\boldsymbol{x}_2+\cdots+c_k\boldsymbol{x}_k)=0\\\quad\vdots\\(\boldsymbol{x}_k,c_1\boldsymbol{x}_1+c_2\boldsymbol{x}_2+\cdots+c_k\boldsymbol{x}_k)=0\end{cases} \tag{2.1.3}$$

顺次乘这些等式以 $c_1,c_2,\cdots,c_k$ 而后相加，我们得出

$$(c_1\boldsymbol{x}_1+c_2\boldsymbol{x}_2+\cdots+c_k\boldsymbol{x}_k, c_1\boldsymbol{x}_1+c_2\boldsymbol{x}_2+\cdots+c_k\boldsymbol{x}_k)=0$$

根据公理 Ⅳ,知有

$$c_1\boldsymbol{x}_1+c_2\boldsymbol{x}_2+\cdots+c_k\boldsymbol{x}_k=\mathbf{0}$$

也即是说,向量 $\boldsymbol{x}_1,\boldsymbol{x}_2,\cdots,\boldsymbol{x}_k$ 线性相关.

如此,我们证明了:

定理 2.1.1 为了使得向量 $\boldsymbol{x}_1,\boldsymbol{x}_2,\cdots,\boldsymbol{x}_k$ 线性相关,充分必要条件是这些向量的格拉姆行列式等于零.

例 给出实变数 t 的 n 个复函数 $f_1(t),f_2(t),\cdots,f_n(t)$ 且都在闭区间 $[\alpha,\beta]$ 中分段连续. 要定出在什么条件之下,它们是连续的. 为此,我们在 $[\alpha,\beta]$ 中分段连续函数空间里面引进恒正度量,即取

$$(f,g)=\int_\alpha^\beta f(t)\,\overline{g(t)}\,\mathrm{d}t$$

那么应用格拉姆行列式判定(定理 2.1.1) 到所给的函数就得出所求的条件

$$\begin{vmatrix} \int_\alpha^\beta f_1(t)\,\overline{g_1(t)}\,\mathrm{d}t & \cdots & \int_\alpha^\beta f_1(t)\,\overline{g_n(t)}\,\mathrm{d}t \\ \vdots & \cdots & \vdots \\ \int_\alpha^\beta f_n(t)\,\overline{g_1(t)}\,\mathrm{d}t & \cdots & \int_\alpha^\beta f_n(t)\,\overline{g_n(t)}\,\mathrm{d}t \end{vmatrix}=0$$

我们已经看到,在向量 $\boldsymbol{x}_1,\boldsymbol{x}_2,\cdots,\boldsymbol{x}_k$ 线性无关的情形下,它们的格拉姆行列式不等于零. 这时为了计算这个行列式,我们对于向量 $\boldsymbol{x}_1,\boldsymbol{x}_2,\cdots,\boldsymbol{x}_k$ 施行正交化的方法. 例如假定 $\boldsymbol{y}_1=\boldsymbol{x}_1$,再令向量 $\boldsymbol{y}_2=\alpha_1\boldsymbol{x}_1+\boldsymbol{x}_2$ 与 $\boldsymbol{y}_1$ 正交. 在行列式中,先把所有向量 $\boldsymbol{x}_1$ 换成 $\boldsymbol{y}_1$,再将格拉姆行列式的第一列乘以 α_1(把 α_1 乘内积的第二个因子) 并加到第二列,此后将行列式的第一行乘以 α_1(把 α_1 乘内积的第一个因子) 并加到第二行,其最终结果是,行列式中所有原来是向量 $\boldsymbol{x}_2$ 的地方都换成向量 $\boldsymbol{y}_2$.

再令 $\boldsymbol{y}_3=\beta_1\boldsymbol{y}_1+\beta_2\boldsymbol{y}_2+\boldsymbol{x}_3$ 与 $\boldsymbol{y}_1$ 及 $\boldsymbol{y}_2$ 正交;将第一列乘以 β_1,第二列乘以 β_2,再将结果都加到第三列;然后对于行施行同样的运算. 其结果是在所有位置上的 $\boldsymbol{x}_3$ 都将换成 $\boldsymbol{y}_3$. 我们可以继续施行这个方法,一直到最后的一列. 因为我们的运算并不改变行列式的值,故结果我们得到

$$|\boldsymbol{G}(\boldsymbol{x}_1,\boldsymbol{x}_2,\cdots,\boldsymbol{x}_k)|=\begin{vmatrix} (\boldsymbol{y}_1,\boldsymbol{y}_1) & 0 & \cdots & 0 \\ 0 & (\boldsymbol{y}_2,\boldsymbol{y}_2) & \cdots & 0 \\ \vdots & \vdots & & \vdots \\ 0 & 0 & \cdots & (\boldsymbol{y}_k,\boldsymbol{y}_k) \end{vmatrix}$$

$$=(\boldsymbol{y}_1,\boldsymbol{y}_1)(\boldsymbol{y}_2,\boldsymbol{y}_2)\cdots(\boldsymbol{y}_k,\boldsymbol{y}_k) \tag{2.1.4}$$

这就得到了：

定理 2.1.2 令 $\boldsymbol{x}_1,\boldsymbol{x}_2,\cdots,\boldsymbol{x}_k$ 是欧氏空间中的一组线性无关的向量，$\boldsymbol{y}_1$，$\boldsymbol{y}_2,\cdots,\boldsymbol{y}_k$ 是由这组向量通过正交化方法所得的正交组，则这两个向量组的格拉姆行列式相等.

我们要注意格拉姆矩阵和格拉姆行列式的如下性质：

1° 格拉姆矩阵是对称的.

这由向量内积的对称性易知.

2° 如果格拉姆行列式的任一主子式等于零，那么这个格拉姆行列式亦等于零.

事实上，主子式是部分向量的格拉姆行列式. 由主子式等于零得出这些向量线性相关，因此全部向量是线性相关的.

格拉拉姆矩阵的进一步性质如下：

定理 2.1.3 设 $\boldsymbol{G}(\boldsymbol{x}_1,\boldsymbol{x}_2,\cdots,\boldsymbol{x}_k)$ 是欧氏空间 R 中任一组向量组 $\boldsymbol{x}_1$，$\boldsymbol{x}_2,\cdots,\boldsymbol{x}_k$ 格拉姆矩阵，则：

(1)$\boldsymbol{G}(\boldsymbol{x}_1,\boldsymbol{x}_2,\cdots,\boldsymbol{x}_k)$ 是半正定的.

(2)$\boldsymbol{G}(\boldsymbol{x}_1,\boldsymbol{x}_2,\cdots,\boldsymbol{x}_k)$ 是正定的，当且仅当向量组 $\boldsymbol{x}_1,\boldsymbol{x}_2,\cdots,\boldsymbol{x}_k$ 线性无关.

(3)$\boldsymbol{G}(\boldsymbol{x}_1,\boldsymbol{x}_2,\cdots,\boldsymbol{x}_k)$ 的秩数等于子空间 $L(\boldsymbol{x}_1,\boldsymbol{x}_2,\cdots,\boldsymbol{x}_k)$ 的维数.

证明 (1) 设 $\boldsymbol{Y}=(y_1,y_2,\cdots,y_k)$ 是 k 维实数向量，则

$$\boldsymbol{YGY}^{\mathrm{T}}=\sum_{i,j=1}^{k}(\boldsymbol{x}_i,\boldsymbol{x}_j)y_iy_j$$

按照内积的线性性质，等式的右端可写为

$$\sum_{i,j=1}^{k}(y_i\boldsymbol{x}_i,y_j\boldsymbol{x}_j)=(\sum_{i=1}^{k}y_i\boldsymbol{x}_i,\sum_{j=1}^{k}y_j\boldsymbol{x}_j)$$

最后得到

$$\boldsymbol{YGY}^{\mathrm{T}}=(\sum_{i=1}^{k}y_i\boldsymbol{x}_i,\sum_{j=1}^{k}y_j\boldsymbol{x}_j)\geqslant 0 \tag{2.1.5}$$

即得出 $\boldsymbol{YGY}^{\mathrm{T}}$ 的非负性(最后的不等号利用了内积的非负性).

(2) 不等式(2.1.5)成为等式，当且仅当 $\sum\limits_{i=1}^{k}y_i\boldsymbol{x}_i=0$. 如果 $\boldsymbol{Y}\neq\boldsymbol{0}$ 且向量组 $\boldsymbol{x}_1,\boldsymbol{x}_2,\cdots,\boldsymbol{x}_k$ 线性无关，这不可能发生，在这种情形 $\boldsymbol{G}$ 是正定的. 反之，如果只要 $\boldsymbol{Y}\neq\boldsymbol{0}$ 就有 $\boldsymbol{YGY}^{\mathrm{T}}>0$，那么，只要 $\boldsymbol{Y}\neq\boldsymbol{0}$ 就有 $(\sum\limits_{i=1}^{k}y_i\boldsymbol{x}_i,\sum\limits_{j=1}^{k}y_j\boldsymbol{x}_j)>0$，这蕴含 $\boldsymbol{x}_1$，$\boldsymbol{x}_2,\cdots,\boldsymbol{x}_k$ 线性无关.

(3) 设 $r=$ 秩 $\boldsymbol{G}$，$d=$ 维 $L(\boldsymbol{x}_1,\boldsymbol{x}_2,\cdots,\boldsymbol{x}_k)$. 既然 $\boldsymbol{G}$ 的秩为 r，由定理 2.1.2 的

证明,知道 $\boldsymbol{G}$ 有一个 r 阶的非奇异的,从而也是正定的主子矩阵.这个主子矩阵是向量组 $\boldsymbol{x}_1,\boldsymbol{x}_2,\cdots,\boldsymbol{x}_k$ 中的 r 个组成的格拉姆矩阵,所以结论(2)确保这些向量是线性无关的.这就意味 $r\leqslant d$.另外,向量 $\boldsymbol{x}_1,\boldsymbol{x}_2,\cdots,\boldsymbol{x}_k$ 中有 d 个是线性无关的,这些向量的格拉姆矩阵(再次由(2)知它是正定的)是 $\boldsymbol{G}$ 的主子矩阵.这样就有 $d\leqslant r$,我们得出 $r=d$.

特别重要的一个情形是由欧氏空间的一组基底形成的格拉姆矩阵,此时这矩阵又称为所予空间的度量矩阵.

按定理2.1.3,度量矩阵必是正定矩阵.度量矩阵的具体形式和所选的基底有关,如果选择的是标准正交基底,那么度量矩阵为单位矩阵.

定理 2.1.4 欧氏空间在不同基下的度量矩阵是相合的.

证明 设 $\boldsymbol{e}_1,\boldsymbol{e}_2,\cdots,\boldsymbol{e}_n$ 及 $\boldsymbol{e}'_1,\boldsymbol{e}'_2,\cdots,\boldsymbol{e}'_n$ 是欧氏空间 R 的两个基底,它们的度量矩阵分别是 $\boldsymbol{A}=(a_{ij})_{n\times n}$ 与 $\boldsymbol{B}=(b_{ij})_{n\times n}$.再设前一组基到后一组基的过渡矩阵为 $\boldsymbol{C}=(c_{ij})_{n\times n}$

$$(\boldsymbol{e}'_1,\boldsymbol{e}'_2,\cdots,\boldsymbol{e}'_n)=(\boldsymbol{e}_1,\boldsymbol{e}_2,\cdots,\boldsymbol{e}_n)\boldsymbol{C}^{\mathrm{T}}$$

于是,一方面

$$\begin{aligned}(\boldsymbol{e}'_i,\boldsymbol{e}'_j)&=(c_{1i}\boldsymbol{e}_1+c_{2i}\boldsymbol{e}_2+\cdots+c_{ni}\boldsymbol{e}_n,c_{1j}\boldsymbol{e}_1+c_{2j}\boldsymbol{e}_2+\cdots+c_{nj}\boldsymbol{e}_n)\\&=\sum_{k=1}^{n}c_{ki}(\boldsymbol{e}_k,\sum_{p=1}^{n}c_{pj}\boldsymbol{e}_p)\\&=\sum_{k=1}^{n}\sum_{p=1}^{n}c_{ki}c_{pj}(\boldsymbol{e}_k,\boldsymbol{e}_p)\\&=\sum_{k=1}^{n}\sum_{p=1}^{n}c_{ki}c_{pj}a_{kp}\end{aligned}$$

另一方面,我们来计算 $\boldsymbol{C}^{\mathrm{T}}\boldsymbol{AC}$.首先 $\boldsymbol{C}^{\mathrm{T}}\boldsymbol{A}=(d_{ij})_{n\times n}$ 的元素

$$d_{ip}=\sum_{k=1}^{n}c_{ki}a_{kp}\quad(i,p=1,2,\cdots,n)$$

从而 $\boldsymbol{C}^{\mathrm{T}}\boldsymbol{AC}=(g_{ij})_{n\times n}$ 的元素为

$$g_{ij}=\sum_{k=1}^{n}d_{ip}c_{pj}=\sum_{p=1}^{n}(\sum_{k=1}^{n}c_{ki}a_{kp}c_{pj})\quad(i,p=1,2,\cdots,n)$$

故 $\boldsymbol{C}^{\mathrm{T}}\boldsymbol{AC}=\boldsymbol{B}$.

因为过渡矩阵是满秩的,所以上式表明 $\boldsymbol{C}$ 与 $\boldsymbol{B}$ 相合.证毕.

2.2 用矩阵的相合变换法求正交基底

按格拉姆—施密特正交化过程来求有限维欧氏空间标准正交基底的方法,有着计算烦琐的缺点.利用正定对称矩阵的相合对角化方法求标准正交基

底则更为简洁.它的基础是下面的定理.

定理 2.2.1 设 $\boldsymbol{a}_1,\boldsymbol{a}_2,\cdots,\boldsymbol{a}_n$ 是 n 维欧氏空间 L 的任一基底,$\boldsymbol{A}$ 是 L 的内积在基底 $\boldsymbol{a}_1,\boldsymbol{a}_2,\cdots,\boldsymbol{a}_n$ 下的度量矩阵,则

$$(\boldsymbol{b}_1,\boldsymbol{b}_2,\cdots,\boldsymbol{b}_n)=(\boldsymbol{a}_1,\boldsymbol{a}_2,\cdots,\boldsymbol{a}_n)\boldsymbol{P}$$

是 L 的一个正交基底,这里 $\boldsymbol{P}$ 是变 $\boldsymbol{A}$ 为对角形的演化矩阵[①].

证明 设 $\boldsymbol{P}$ 演化 $\boldsymbol{A}$ 为对角形,即 $\boldsymbol{P}'\boldsymbol{A}\boldsymbol{P}$ 为对角形.既然 $(\boldsymbol{b}_1,\boldsymbol{b}_2,\cdots,\boldsymbol{b}_n)=(\boldsymbol{a}_1,\boldsymbol{a}_2,\cdots,\boldsymbol{a}_n)\boldsymbol{P}$,则由 $\boldsymbol{a}_1,\boldsymbol{a}_2,\cdots,\boldsymbol{a}_n$ 的线性无关性和 $\boldsymbol{P}$ 的可逆性知,$\boldsymbol{b}_1,\boldsymbol{b}_2,\cdots,\boldsymbol{b}_n$ 亦是 L 的一个基底,且内积在其下的度量矩阵 $\boldsymbol{B}$ 满足

$$\boldsymbol{B}=\boldsymbol{P}'\boldsymbol{A}\boldsymbol{P}$$

因为 $\boldsymbol{B}$ 为对角形,所以以 $\boldsymbol{B}$ 为度量矩阵的基底 $\boldsymbol{b}_1,\boldsymbol{b}_2,\cdots,\boldsymbol{b}_n$ 是正交的.

定理 2.2.1 得到求正交基底的方法步骤如下:

1.先求出内积在所给基底 $\boldsymbol{a}_1,\boldsymbol{a}_2,\cdots,\boldsymbol{a}_n$ 下的度量矩阵 $\boldsymbol{A}$;

2.令 $\boldsymbol{C}=\begin{pmatrix}\boldsymbol{A}\\ \boldsymbol{E}\end{pmatrix}$,对 $\boldsymbol{C}$ 施行对偶的第三种初等行变换和列变换,化子块 $\boldsymbol{A}$ 为对角矩阵,则 $\boldsymbol{E}$ 化为 $\boldsymbol{P}$;

3.令 $(\boldsymbol{b}_1,\boldsymbol{b}_2,\cdots,\boldsymbol{b}_n)=(\boldsymbol{a}_1,\boldsymbol{a}_2,\cdots,\boldsymbol{a}_n)\boldsymbol{P}$,向量组 $(\boldsymbol{b}_1,\boldsymbol{b}_2,\cdots,\boldsymbol{b}_n)$ 单位化后得到的 $(\boldsymbol{c}_1,\boldsymbol{c}_2,\cdots,\boldsymbol{c}_n)$ 即为所求的一个正交(归一)基底.

例 我们考察四维欧氏空间 R(关于通常内积)的情形:将基底 $(\boldsymbol{a}_1,\boldsymbol{a}_2,\boldsymbol{a}_3,\boldsymbol{a}_4)$ 正交化,其中

$$\boldsymbol{a}_1=(1,1,0,0),\boldsymbol{a}_2=(1,0,1,0),\boldsymbol{a}_3=(-1,0,0,1),\boldsymbol{a}_4=(1,-1,-1,1)$$

解 所给基底 $\boldsymbol{a}_1,\boldsymbol{a}_2,\boldsymbol{a}_3,\boldsymbol{a}_4$ 的度量矩阵为

$$\boldsymbol{A}=\begin{pmatrix}(\boldsymbol{a}_1,\boldsymbol{a}_1) & (\boldsymbol{a}_1,\boldsymbol{a}_2) & (\boldsymbol{a}_1,\boldsymbol{a}_3) & (\boldsymbol{a}_1,\boldsymbol{a}_4)\\ (\boldsymbol{a}_2,\boldsymbol{a}_1) & (\boldsymbol{a}_2,\boldsymbol{a}_2) & (\boldsymbol{a}_2,\boldsymbol{a}_3) & (\boldsymbol{a}_2,\boldsymbol{a}_4)\\ (\boldsymbol{a}_3,\boldsymbol{a}_1) & (\boldsymbol{a}_3,\boldsymbol{a}_2) & (\boldsymbol{a}_3,\boldsymbol{a}_3) & (\boldsymbol{a}_3,\boldsymbol{a}_4)\\ (\boldsymbol{a}_4,\boldsymbol{a}_1) & (\boldsymbol{a}_4,\boldsymbol{a}_2) & (\boldsymbol{a}_4,\boldsymbol{a}_3) & (\boldsymbol{a}_4,\boldsymbol{a}_4)\end{pmatrix}$$

$$=\begin{pmatrix}2 & 1 & -1 & 0\\ 1 & 2 & -1 & 0\\ -1 & 2 & -1 & 0\\ 0 & 0 & 0 & 4\end{pmatrix}$$

对矩阵 $\begin{pmatrix}\boldsymbol{A}\\ \boldsymbol{E}\end{pmatrix}$ 进行相合变换如下

---

① 即 $\boldsymbol{P}'\boldsymbol{A}\boldsymbol{P}$ 是对角形,由于 $\boldsymbol{A}$ 是实对称矩阵,按第 5 章定理 3.2.1,这样的 $\boldsymbol{P}$ 是必定存在的.

$$\begin{pmatrix} 2 & 1 & -1 & 0 \\ 1 & 2 & -1 & 0 \\ -1 & -1 & 2 & 0 \\ 0 & 0 & 0 & 4 \\ 1 & 0 & 0 & 0 \\ 0 & 1 & 0 & 0 \\ 0 & 0 & 1 & 0 \\ 0 & 0 & 0 & 1 \end{pmatrix} \xrightarrow[\text{第一列}\times\frac{1}{2}\text{加到第三列}]{\text{第一列}\times(-\frac{1}{2})\text{加到第二列}}$$

$$\begin{pmatrix} 2 & 0 & 0 & 0 \\ 1 & \frac{3}{2} & -\frac{1}{2} & 0 \\ -1 & -\frac{1}{2} & \frac{3}{2} & 0 \\ 0 & 0 & 0 & 4 \\ 1 & -\frac{1}{2} & \frac{1}{2} & 0 \\ 0 & 1 & 0 & 0 \\ 0 & 0 & 1 & 0 \\ 0 & 0 & 0 & 1 \end{pmatrix} \xrightarrow[\text{第一行}\times\frac{1}{2}\text{加到第三行}]{\text{第一行}\times(-\frac{1}{2})\text{加到第二行}}$$

$$\begin{pmatrix} 2 & 0 & 0 & 0 \\ 0 & \frac{3}{2} & -\frac{1}{2} & 0 \\ 0 & -\frac{1}{2} & \frac{3}{2} & 0 \\ 0 & 0 & 0 & 4 \\ 1 & -\frac{1}{2} & \frac{1}{2} & 0 \\ 0 & 1 & 0 & 0 \\ 0 & 0 & 1 & 0 \\ 0 & 0 & 0 & 1 \end{pmatrix} \xrightarrow[\text{第二行}\times\frac{1}{3}\text{加到第三行}]{\text{第二列}\times\frac{1}{3}\text{加到第三列}}$$

$$\begin{pmatrix} 2 & 0 & 0 & 0 \\ 0 & \frac{3}{2} & 0 & 0 \\ 0 & 0 & \frac{4}{3} & 0 \\ 0 & 0 & 0 & 4 \\ 1 & -\frac{1}{2} & \frac{1}{3} & 0 \\ 0 & 1 & \frac{1}{3} & 0 \\ 0 & 0 & 1 & 0 \\ 0 & 0 & 0 & 1 \end{pmatrix} \xrightarrow[\text{第二列}\times\sqrt{\frac{2}{3}},\text{第一行}\times\sqrt{\frac{2}{3}}]{\text{第一列}\times\sqrt{\frac{1}{2}},\text{第一行}\times\sqrt{\frac{1}{2}}}$$

$$\xrightarrow[\text{第四列}\times\frac{1}{2},\text{第四行}\times\frac{1}{2}]{\text{第三列}\times\sqrt{\frac{3}{4}},\text{第三行}\times\sqrt{\frac{3}{4}}}$$

$$\begin{pmatrix} 1 & 0 & 0 & 0 \\ 0 & 1 & 0 & 0 \\ 0 & 0 & 1 & 0 \\ 0 & 0 & 0 & 1 \\ \frac{1}{\sqrt{2}} & -\frac{1}{\sqrt{6}} & \frac{1}{\sqrt{12}} & 0 \\ 0 & \sqrt{\frac{2}{3}} & \frac{1}{\sqrt{12}} & 0 \\ 0 & 0 & \frac{\sqrt{3}}{2} & 0 \\ 0 & 0 & 0 & \frac{1}{2} \end{pmatrix}$$

如此化 **A** 为对角形的演化矩阵为

$$\boldsymbol{P}=\begin{pmatrix}\frac{1}{\sqrt{2}} & -\frac{1}{\sqrt{6}} & \frac{1}{\sqrt{12}} & 0\\ 0 & \sqrt{\frac{2}{3}} & \frac{1}{\sqrt{12}} & 0\\ 0 & 0 & \frac{\sqrt{3}}{2} & 0\\ 0 & 0 & 0 & \frac{1}{2}\end{pmatrix}$$

于是可以求得正交基底

$$(\boldsymbol{b}_1,\boldsymbol{b}_2,\boldsymbol{b}_3,\boldsymbol{b}_4)=(\boldsymbol{a}_1,\boldsymbol{a}_2,\boldsymbol{a}_3,\boldsymbol{a}_4)\boldsymbol{P}$$

即

$$\boldsymbol{b}_1=\frac{1}{\sqrt{2}}\boldsymbol{a}_1=(\frac{1}{\sqrt{2}},\frac{1}{\sqrt{2}},0,0)$$

$$\boldsymbol{b}_2=-\frac{1}{\sqrt{6}}\boldsymbol{a}_1+\sqrt{\frac{2}{3}}\boldsymbol{a}_2=(\frac{1}{\sqrt{6}},-\frac{1}{\sqrt{6}},\frac{2}{\sqrt{6}},0)$$

$$\boldsymbol{b}_3=\frac{1}{\sqrt{12}}\boldsymbol{a}_1+\frac{1}{\sqrt{12}}\boldsymbol{a}_2+\frac{\sqrt{3}}{2}\boldsymbol{a}_3=(-\frac{1}{\sqrt{12}},\frac{1}{\sqrt{12}},\frac{1}{\sqrt{12}},\frac{3}{\sqrt{12}})$$

$$\boldsymbol{b}_4=\frac{1}{2}\boldsymbol{a}_4=(\frac{1}{2},-\frac{1}{2},-\frac{1}{2},\frac{1}{2})$$

这就求得了正交基底.

2.3 垂线的问题

现在,我们来考虑所谓垂线的问题.在欧氏空间 R 内,取一个子空间 S 与向量 $\boldsymbol{x}$,一般来说,$\boldsymbol{x}$ 不含于子空间 S 内.我们要证明,向量 $\boldsymbol{x}$ 可以(而且是唯一的)表示为和的形式

$$\boldsymbol{x}=\boldsymbol{x}_S+\boldsymbol{x}_N \tag{2.3.1}$$

其中向量 $\boldsymbol{x}_S$ 属于子空间 S,而向量 $\boldsymbol{x}_N$ 与这个子空间正交.

在分解式(2.3.1)中的向量 $\boldsymbol{x}_S$ 称为向量 $\boldsymbol{x}$ 在子空间 S 上的(正交)投影.而向量 $\boldsymbol{x}_N$ 则称为向量 $\boldsymbol{x}$ 的终点投射到子空间 S 的垂直向量.这种名称是由我们所习惯的几何联想而来的[①](图 1).

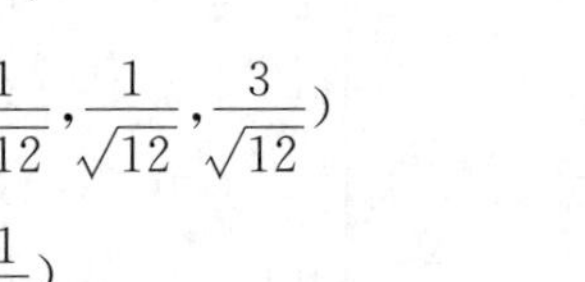

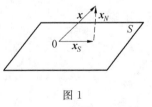

图 1

① 这名称的用意也只是为引起这种联想.由于"向量终点"这个概念没有出现在我们的公理内,故不必寻究这个名词的逻辑意义.

今设子空间 S 是有限维的,我们可以实际地确立分解式(2.3.1).例如设子空间 S 是 m 维的,在 S 内,我们选取一个基底 $\boldsymbol{x}_1,\boldsymbol{x}_2,\cdots,\boldsymbol{x}_m$,并要找出具有

$$\boldsymbol{x}_S=c_1\boldsymbol{x}_1+c_2\boldsymbol{x}_2+\cdots+c_k\boldsymbol{x}_m \tag{2.3.2}$$

这种形式的向量 $\boldsymbol{x}_S$,其中 $c_1,c_2,\cdots,c_m$ 诸数是待定的.向量 $\boldsymbol{x}_N=\boldsymbol{x}-\boldsymbol{x}_S$ 必须与子空间 S 正交;而这正交的必要条件为

$$(\boldsymbol{x}_N,\boldsymbol{x}_i)=(\boldsymbol{x}-\boldsymbol{x}_S,\boldsymbol{x}_i)=0\quad(i=1,2,\cdots,m) \tag{2.3.3}$$

将向量 $\boldsymbol{x}_S$ 的表示式(2.3.2)代入式(2.3.3),我们得到

$$\begin{aligned}(\boldsymbol{x}-\boldsymbol{x}_S,\boldsymbol{x}_i)&=(\boldsymbol{x}-c_1\boldsymbol{x}_1-c_2\boldsymbol{x}_2-\cdots-c_k\boldsymbol{x}_k,\boldsymbol{x}_i)\\&=(\boldsymbol{x},\boldsymbol{x}_i)-c_i(\boldsymbol{x}_i,\boldsymbol{x}_i)\quad(i=1,2,\cdots,m)\end{aligned}$$

或者

$$\begin{cases}(\boldsymbol{x}_1,\boldsymbol{x}_1)c_1+(\boldsymbol{x}_1,\boldsymbol{x}_2)c_2+\cdots+(\boldsymbol{x}_m,\boldsymbol{x}_1)c_m+(\boldsymbol{x},\boldsymbol{x}_1)\cdot(-1)=0\\ \qquad\vdots\\ (\boldsymbol{x}_1,\boldsymbol{x}_m)c_1+(\boldsymbol{x}_2,\boldsymbol{x}_m)c_2+\cdots+(\boldsymbol{x}_m,\boldsymbol{x}_m)c_m+(\boldsymbol{x},\boldsymbol{x}_m)\cdot(-1)=0\\ \boldsymbol{x}_1c_1+\boldsymbol{x}_2c_2+\cdots+\boldsymbol{x}_mc_m+\boldsymbol{x}_S\cdot(-1)=0\end{cases} \tag{2.3.4}$$

将这组等式看作有非零解 $c_1,c_2,\cdots,c_m,-1$ 的齐次线性方程组,其系数行列式要等于零(预先转置)

$$\begin{vmatrix}(\boldsymbol{x}_1,\boldsymbol{x}_1) & \cdots & (\boldsymbol{x}_1,\boldsymbol{x}_m) & \boldsymbol{x}_1\\ \vdots & & \vdots & \vdots\\ (\boldsymbol{x}_m,\boldsymbol{x}_1) & \cdots & (\boldsymbol{x}_m,\boldsymbol{x}_m) & \boldsymbol{x}_m\\ (\boldsymbol{x},\boldsymbol{x}_1) & \cdots & (\boldsymbol{x},\boldsymbol{x}_m) & \boldsymbol{x}_S\end{vmatrix}=0$$

从这个行列式中,分出含有 $\boldsymbol{x}_S$ 的项,我们得出(很容易了解的方便的记法)

$$\boldsymbol{x}_S=-\frac{\begin{vmatrix} & & & \boldsymbol{x}_1\\ & \boldsymbol{G} & & \vdots\\ & & & \boldsymbol{x}_m\\ (\boldsymbol{x},\boldsymbol{x}_1) & \cdots & (\boldsymbol{x},\boldsymbol{x}_m) & 0\end{vmatrix}}{|\boldsymbol{G}|} \tag{2.3.5}$$

其中 $\boldsymbol{G}=\boldsymbol{G}(\boldsymbol{x}_1,\boldsymbol{x}_2,\cdots,\boldsymbol{x}_m)$ 为向量 $\boldsymbol{x}_1,\boldsymbol{x}_2,\cdots,\boldsymbol{x}_m$ 的格拉姆矩阵(由于这些向量的线性无关性知 $|\boldsymbol{G}|\neq 0$).从式(2.2.1)与(2.2.5)求得

$$\boldsymbol{x}_N=\boldsymbol{x}-\boldsymbol{x}_S=\frac{\begin{vmatrix} & & & \boldsymbol{x}_1\\ & \boldsymbol{G} & & \vdots\\ & & & \boldsymbol{x}_m\\ (\boldsymbol{x},\boldsymbol{x}_1) & \cdots & (\boldsymbol{x},\boldsymbol{x}_m) & \boldsymbol{x}\end{vmatrix}}{|\boldsymbol{G}|} \tag{2.3.6}$$

公式(2.3.5)与(2.3.6)表出向量$\boldsymbol{x}$在子空间S上的投影$\boldsymbol{x}_S$与经过所给向量$\boldsymbol{x}$与子空间S的垂直向量$\boldsymbol{x}_N$，而且在子空间S是有限维的情形下还说明了分解式(2.3.1)的存在与唯一性.

在应用中，我们往往需要给出关于垂线问题的实际解法. 这只要从方程组(2.3.4)中解出$c_j(j=1,2,\cdots,m)$

$$c_j=\frac{\begin{vmatrix}(\boldsymbol{x}_1,\boldsymbol{x}_1) & \cdots & (\boldsymbol{x}_1,\boldsymbol{x}_{j-1}) & (\boldsymbol{x}_1,\boldsymbol{x}) & (\boldsymbol{x}_1,\boldsymbol{x}_{j+1}) & \cdots & (\boldsymbol{x}_1,\boldsymbol{x}_m)\\ (\boldsymbol{x}_2,\boldsymbol{x}_1) & \cdots & (\boldsymbol{x}_2,\boldsymbol{x}_{j-1}) & (\boldsymbol{x}_2,\boldsymbol{x}) & (\boldsymbol{x}_2,\boldsymbol{x}_{j+1}) & \cdots & (\boldsymbol{x}_2,\boldsymbol{x}_m)\\ \vdots & & \vdots & \vdots & \vdots & & \vdots\\ (\boldsymbol{x}_m,\boldsymbol{x}_1) & \cdots & (\boldsymbol{x}_m,\boldsymbol{x}_{j-1}) & (\boldsymbol{x}_m,\boldsymbol{x}) & (\boldsymbol{x}_m,\boldsymbol{x}_{j+1}) & \cdots & (\boldsymbol{x}_m,\boldsymbol{x}_m)\end{vmatrix}}{\begin{vmatrix}(\boldsymbol{x}_1,\boldsymbol{x}_1) & (\boldsymbol{x}_1,\boldsymbol{x}_2) & \cdots & (\boldsymbol{x}_1,\boldsymbol{x}_m)\\ (\boldsymbol{x}_2,\boldsymbol{x}_1) & (\boldsymbol{x}_2,\boldsymbol{x}_2) & \cdots & (\boldsymbol{x}_2,\boldsymbol{x}_m)\\ \vdots & \vdots & & \vdots\\ (\boldsymbol{x}_m,\boldsymbol{x}_1) & (\boldsymbol{x}_m,\boldsymbol{x}_2) & \cdots & (\boldsymbol{x}_m,\boldsymbol{x}_m)\end{vmatrix}} \tag{2.3.7}$$

因为$\boldsymbol{x}_1,\boldsymbol{x}_2,\cdots,\boldsymbol{x}_m$线性无关，所以分母中的格拉姆行列式异于零.

应用勾股定理于分解式(2.3.1)，我们得到

$$|\boldsymbol{x}|^2=|\boldsymbol{x}_S|^2+|\boldsymbol{x}_N|^2$$

由此推出不等式

$$0\leqslant|\boldsymbol{x}_N|\leqslant|\boldsymbol{x}| \tag{2.3.8}$$

的正确性；它在几何上表示以下的事实：垂线的长不超过斜线的长.

注意不等式(2.3.7)中等号成立的情况. 条件$0=|\boldsymbol{x}_N|$相当于条件$\boldsymbol{x}=\boldsymbol{x}_S+\boldsymbol{0}$，它表示$\boldsymbol{x}$包含在子空间$S$内. 按照勾股定理，条件$|\boldsymbol{x}_N|=|\boldsymbol{x}|$表示$\boldsymbol{x}_S=\boldsymbol{0}$，因此

$$\boldsymbol{x}=\boldsymbol{0}+\boldsymbol{x}_N$$

于是，就与子空间S正交. 因此，等式$|\boldsymbol{x}_N|=0$表示向量$\boldsymbol{x}$含于子空间S内；等式$|\boldsymbol{x}_N|=|\boldsymbol{x}|$表示向量$\boldsymbol{x}$与这个子空间正交. 在向量$\boldsymbol{x}$的所有其他情形下，向量$\boldsymbol{x}_N$的长都是正的而且小于向量$\boldsymbol{x}$的长.

还要注意一个重要的公式. 以h记向量$\boldsymbol{x}_N$的长度，那么由等式(2.3.1)与(2.3.6)可以得出

$$h^2=(\boldsymbol{x}_N,\boldsymbol{x}_N)=(\boldsymbol{x}_N,\boldsymbol{x})=\frac{\begin{vmatrix} & & & (\boldsymbol{x}_1,\boldsymbol{x})\\ & \boldsymbol{G} & & \vdots\\ & & & (\boldsymbol{x}_m,\boldsymbol{x})\\ (\boldsymbol{x},\boldsymbol{x}_1) & \cdots & (\boldsymbol{x},\boldsymbol{x}_m) & (\boldsymbol{x},\boldsymbol{x})\end{vmatrix}}{|\boldsymbol{G}|}$$

亦即

$$h^2=\frac{|\boldsymbol{G}(\boldsymbol{x}_1,\boldsymbol{x}_2,\cdots,\boldsymbol{x}_m,\boldsymbol{x})|}{|\boldsymbol{G}(\boldsymbol{x}_1,\boldsymbol{x}_2,\cdots,\boldsymbol{x}_m)|} \tag{2.3.9}$$

长 h 还可以有如下解释：

从一点引出向量 $\boldsymbol{x}_1,\boldsymbol{x}_2,\cdots,\boldsymbol{x}_m,\boldsymbol{x}$ 且以这些向量为边构成一个 $m+1$ 维的平行多面体. h 是从 $\boldsymbol{x}$ 的末端经过边 $\boldsymbol{x}_1,\boldsymbol{x}_2,\cdots,\boldsymbol{x}_m$ 的底面 S 的这一平行多面体的高.

设 $\boldsymbol{y}$ 为 S 中任一向量，而 $\boldsymbol{x}$ 为 R 中任一向量. 如果所有向量都从 n 维点空间的原点引出，那么 $|\boldsymbol{x}-\boldsymbol{y}|$ 与 $|\boldsymbol{x}-\boldsymbol{x}_S|$ 各等于从向量 $\boldsymbol{x}$ 的末端到 S 的斜高与高的值. 故在写出高不大于斜高时，我们有①

$$h=|\boldsymbol{x}-\boldsymbol{x}_S|\leqslant|\boldsymbol{x}-\boldsymbol{y}|$$

（只在 $\boldsymbol{y}=\boldsymbol{x}_S$ 时才有等号成立）. 这样一来，在所有的向量 $\boldsymbol{y}\in S$ 之间，向量 $\boldsymbol{x}_S$ 到所给向量 $\boldsymbol{x}\in R$ 有最小的偏差.

关于欧氏空间中向量间的夹角问题，我们有：

定理 2.3.1 给定的向量 $\boldsymbol{x}$ 与子空间 S 中一切向量的夹角以它与 $\boldsymbol{x}$ 在 S 上的正交投影 $\boldsymbol{x}_S$ 之间的夹角为最小.

证明 设 $\boldsymbol{x}=\boldsymbol{x}_S+\boldsymbol{x}_N$，而 $\boldsymbol{y}$ 是 S 中的任一向量. 既然 $\boldsymbol{x}_N\in S^{\perp}$，于是有

$$(\boldsymbol{x}_S,\boldsymbol{x}_N)=0,(\boldsymbol{y},\boldsymbol{x}_N)=0$$

从而

$$(\boldsymbol{x},\boldsymbol{y})=(\boldsymbol{x}_S+\boldsymbol{x}_N,\boldsymbol{y})=(\boldsymbol{x}_S,\boldsymbol{y})+(\boldsymbol{x}_N,\boldsymbol{y})=(\boldsymbol{x}_S,\boldsymbol{y})$$

所以

$$\begin{aligned}\cos(\widehat{\boldsymbol{x},\boldsymbol{y}})&=\frac{(\boldsymbol{x},\boldsymbol{y})}{|\boldsymbol{x}|\cdot|\boldsymbol{y}|}=\frac{(\boldsymbol{x}_S,\boldsymbol{y})}{|\boldsymbol{x}|\cdot|\boldsymbol{y}|}=\frac{|\boldsymbol{x}_S||\boldsymbol{y}|}{|\boldsymbol{x}|\cdot|\boldsymbol{y}|}\cos(\widehat{\boldsymbol{x}_S,\boldsymbol{y}})\\&\leqslant\frac{|\boldsymbol{x}_S|}{|\boldsymbol{x}|}=\frac{(\boldsymbol{x}_S,\boldsymbol{x}_S)}{|\boldsymbol{x}|\cdot|\boldsymbol{x}_S|}=\cos(\widehat{\boldsymbol{x},\boldsymbol{x}_S})\end{aligned}$$

由此可知

$$\frac{|\boldsymbol{x}_S|}{|\boldsymbol{x}|}=\frac{(\boldsymbol{x}_S,\boldsymbol{x}_S)}{|\boldsymbol{x}|\cdot|\boldsymbol{x}_S|}=(\widehat{\boldsymbol{x},\boldsymbol{x}_S})\leqslant(\widehat{\boldsymbol{x},\boldsymbol{y}})$$

证毕.

最后，我们指出，不但对于子空间可以提出垂线问题，对于线性流形也可以提出类似的问题. 这时候问题可以叙述如下：在欧氏空间 R 内，已给由某一个子

① $|\boldsymbol{x}-\boldsymbol{y}|^2=|\boldsymbol{x}_N+\boldsymbol{x}_S-\boldsymbol{y}|^2=|\boldsymbol{x}_N|^2+|\boldsymbol{x}_S-\boldsymbol{y}|^2\geqslant|\boldsymbol{x}_N|^2=h^2$.

空间 S 平移所得出的线性流形 S'，与一向量 $\boldsymbol{x}$；需要证明唯一地存在一个分解式

$$\boldsymbol{x} = \boldsymbol{x}_{S'} + \boldsymbol{x}_N \tag{2.3.10}$$

此处 $\boldsymbol{x}_{S'}$ 属于线性流形 S'①，而向量 $\boldsymbol{x}_N$ 与子空间 S 正交. 这个分解式的几何意义由图 2 是显然的. 在分解式(2.3.10) 中 $\boldsymbol{x}_{S'}$ 和 $\boldsymbol{x}_N$ 两个向量一般不是正交的.

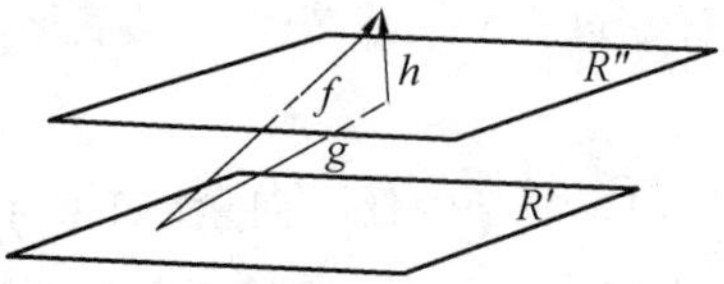

图 2

这个问题易于化为前面的问题. 事实上，如果在线性流形 S' 内取定任意一个向量 $\boldsymbol{x}_0$，并且从等式(2.3.10) 的两端减去 $\boldsymbol{x}_0$，我们就得出将向量 $\boldsymbol{x}-\boldsymbol{x}_0$ 分解为 $\boldsymbol{x}_{S'}-\boldsymbol{x}_0$ 与 $\boldsymbol{x}_N$ 之和的问题，其中第一个属于子空间 S，而第二个则与这个子空间正交(图 3). 根据前面的结果，这样的分解式是存在的，因此分解式(2.3.10) 也存在. 尚待确定的是分解式(2.3.9) 的唯一性. 若存在有两个分解式如下

$$\boldsymbol{x} = \boldsymbol{x}_{S'} + \boldsymbol{x}_N = \boldsymbol{x}_{S'}' + \boldsymbol{x}_N'$$

则

$$0 = (\boldsymbol{x}_{S'} - \boldsymbol{x}_{S'}') + (\boldsymbol{x}_N - \boldsymbol{x}_N')$$

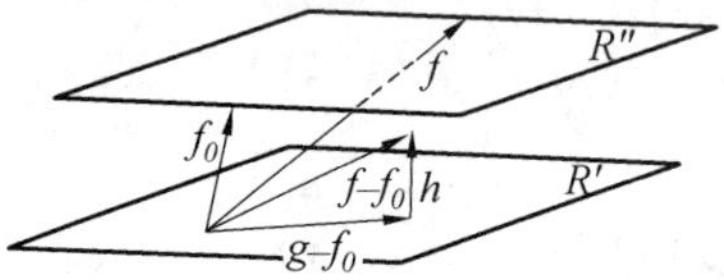

图 3

这里 $\boldsymbol{x}_{S'}-\boldsymbol{x}_{S'}'$ 属于子空间 S，而 $\boldsymbol{x}_N-\boldsymbol{x}_N'$ 与此子空间正交. 因此

$$\boldsymbol{x}_{S'} - \boldsymbol{x}_{S'}' = \boldsymbol{x}_N - \boldsymbol{x}_N' = \boldsymbol{0}$$

这也就是所求证的事实.

2.4 线性流形之间的距离

在欧氏空间 R 中，把向量看成空间一点，由某向量 $\boldsymbol{z}_0$ 所给出的点到线性流

① 其几何意义是，向量 $\boldsymbol{x}_{S'}$ 的终点在线性流形 S' 内(始点则恒在坐标原点). 而向量 $\boldsymbol{x}_{S'}$ 不必全部落在线性流形 S' 内.

形 $H = L_1 + \boldsymbol{a}_0$ 的距离指的是该点到线性流形上的点的距离的最小值. 即向量 $\boldsymbol{z}_0 - \boldsymbol{x}$ 的长度的最小值,其中 $\boldsymbol{x}$ 是 H 中的向量,公式表示为

$$d(\boldsymbol{z}_0, H) = \min_{x \in H} d(\boldsymbol{z}_0, \boldsymbol{x})$$

定理 2.4.1 在 R 中点 $\boldsymbol{z}_0$ 到线性流形 $H = L_1 + \boldsymbol{a}_0$ 的距离等于向量 $\boldsymbol{z}_0 - \boldsymbol{a}_0$ 关于线性子空间 L_1 的正交分量的长度.

证明 将向量 $\boldsymbol{z}_0 - \boldsymbol{a}_0$ 正交分解

$$\boldsymbol{z}_0 - \boldsymbol{a}_0 = \boldsymbol{\delta} + \boldsymbol{\gamma}$$

其中 $\boldsymbol{\delta}$ 是 $\boldsymbol{z}_0 - \boldsymbol{a}_0$ 在 L_1 上的正交投影:$\boldsymbol{\delta} \in L_1$;$\boldsymbol{\gamma}$ 是 $\boldsymbol{z}_0 - \boldsymbol{a}_0$ 在 L_1 上的正交分量:$\boldsymbol{\gamma} \in L_1^{\perp}$.

对任意的 $\boldsymbol{x} \in H_p$,我们有

$$\begin{aligned} |\boldsymbol{z}_0 - \boldsymbol{x}|^2 &= |[(\boldsymbol{z}_0 - \boldsymbol{a}_0) - \boldsymbol{\delta}] + [\boldsymbol{\delta} - (\boldsymbol{x} - \boldsymbol{a}_0)]|^2 \\ &= |\boldsymbol{\gamma} + [\boldsymbol{\delta} - (\boldsymbol{x} - \boldsymbol{a}_0)]|^2 \end{aligned}$$

又

$$(\boldsymbol{z}_0 - \boldsymbol{a}_0) - \boldsymbol{\delta} = \boldsymbol{\gamma} \in L_1^{\perp}, \boldsymbol{\delta} - (\boldsymbol{x} - \boldsymbol{a}_0) \in L_1$$

即$(\boldsymbol{z}_0 - \boldsymbol{a}_0) - \boldsymbol{\delta} = \boldsymbol{\gamma}$ 与 $\boldsymbol{\delta} - (\boldsymbol{x} - \boldsymbol{a}_0)$ 正交. 所以(由勾股定理)

$$|\boldsymbol{z}_0 - \boldsymbol{x}|^2 = |\boldsymbol{\gamma} + [\boldsymbol{\delta} - (\boldsymbol{x} - \boldsymbol{a}_0)]|^2 = |\boldsymbol{\gamma}|^2 + |[\boldsymbol{\delta} - (\boldsymbol{x} - \boldsymbol{a}_0)]|^2 \geqslant |\boldsymbol{\gamma}|^2$$

(最后一个不等号用到了三角不等式)所以点 $\boldsymbol{z}_0$ 到流形 H_p 的距离为 $|\boldsymbol{\gamma}|$,即为向量 $\boldsymbol{z}_0 - \boldsymbol{a}_0$ 关于 L_1 的正交分量的长度.

两个线性流形 H_1 和 H_2 的距离,定义为任意两个点 —— 其中一个属于 H_1,另一个属于 H_2—— 的距离的最小值,即

$$d(H_1, H_2) = \min_{x \in H_1, y \in H_2} d(\boldsymbol{x}, \boldsymbol{y})$$

定理 2.4.3 设 $H_1 = L_1 + \boldsymbol{a}_0$ 和 $H_2 = L_2 + \boldsymbol{b}_0$ 是 n 维欧氏空间 R 上两个线性流形,则它们之间的距离等于向量 $\boldsymbol{a}_0 - \boldsymbol{b}_0$ 关于子空间 $W = L_1 + L_2$ 的正交分量的长度.

证明 设 $\boldsymbol{x} \in H_1, \boldsymbol{y} \in H_2, \boldsymbol{\delta}$ 是 $\boldsymbol{a}_0 - \boldsymbol{b}_0$ 在 L_1 上的正交投影,则有

$$\boldsymbol{a}_0 - \boldsymbol{b}_0 = \boldsymbol{\delta} + \boldsymbol{\gamma}$$

其中 $\boldsymbol{\delta} \in W, \boldsymbol{\gamma} \in W^{\perp}$. 因为 $\boldsymbol{\delta} \in W = L_1 + L_2$,所以 $\boldsymbol{\delta}$ 可写为

$$\boldsymbol{\delta} = \boldsymbol{\delta}_1 + \boldsymbol{\delta}_2$$

其中 $\boldsymbol{\delta}_1 \in L_1, \boldsymbol{\delta}_2 \in L_2$. 于是

$$\boldsymbol{\delta} + (\boldsymbol{x} - \boldsymbol{a}_0) - (\boldsymbol{y} - \boldsymbol{b}_0) \in L_1 + L_2 = W$$

由此可见,$(\boldsymbol{a}_0 - \boldsymbol{b}_0) - \boldsymbol{\delta}$ 与 $\boldsymbol{\delta} + (\boldsymbol{x} - \boldsymbol{a}_0) - (\boldsymbol{y} - \boldsymbol{b}_0)$ 正交,从而

$$|\boldsymbol{x} - \boldsymbol{y}|^2 = |[(\boldsymbol{a}_0 - \boldsymbol{b}_0) - \boldsymbol{\delta}] + [\boldsymbol{\delta} + (\boldsymbol{x} - \boldsymbol{a}_0) - (\boldsymbol{y} - \boldsymbol{b}_0)]|^2$$

$$=|[(\boldsymbol{a}_0-\boldsymbol{b}_0)-\boldsymbol{\delta}]|^2+|[\boldsymbol{\delta}+(\boldsymbol{x}-\boldsymbol{a}_0)-(\boldsymbol{y}-\boldsymbol{b}_0)]|$$

再利用三角不等式即得定理的结论.

结合上一目公式(2.3.9),就可得到如下点(线性流形)到线性流形距离的统一公式.

定理 2.4.2 欧氏空间 R 中由向量 $\boldsymbol{a}$ 给出的点到线性流形 $H=L_1+\boldsymbol{a}_0$ 的距离 d,可由下列公式来计算:

$$d^2=\frac{|G(\boldsymbol{a}_1,\boldsymbol{a}_2,\cdots,\boldsymbol{a}_m,\boldsymbol{a}-\boldsymbol{a}_0)|}{|G(\boldsymbol{a}_1,\boldsymbol{a}_2,\cdots,\boldsymbol{a}_m)|}$$

其中 $\boldsymbol{a}_1,\boldsymbol{a}_2,\cdots,\boldsymbol{a}_m$ 为线性子空间 L_1 的基.

2.5 m 维平行体的体积·格拉姆行列式的几何意义

讨论任意的向量 $\boldsymbol{x}_1,\boldsymbol{x}_2,\cdots,\boldsymbol{x}_m$. 首先假设这些向量是线性无关的. 在这一情形,由这些向量中任意的一些向量所构成的格拉姆行列式都不等于零. 那么根据前一目的等式(2.3.8),有

$$\frac{|G(\boldsymbol{x}_1,\boldsymbol{x}_2,\cdots,\boldsymbol{x}_p,\boldsymbol{x}-\boldsymbol{x}_0)|}{|G(\boldsymbol{x}_1,\boldsymbol{x}_2,\cdots,\boldsymbol{x}_p)|}=h_p{}^2>0\quad(p=1,2,\cdots,m-1)$$

而把这些不等式与不等式

$$G(\boldsymbol{x}_1)=(\boldsymbol{x}_1,\boldsymbol{x}_1)>0$$

逐项相乘,我们得出

$$G(\boldsymbol{x}_1,\boldsymbol{x}_2,\cdots,\boldsymbol{x}_m)>0$$

这样一来,对于线性无关的向量组,格拉姆行列式是正的,而对于线性相关的向量组等于零. 负的格拉姆行列式是不会有的.

从平面几何中,已经知道平行四边形的面积等于它的底乘高. 若平行四边形由两个向量 $\boldsymbol{x}_1,\boldsymbol{x}_2$ 做成,则可以取向量 $\boldsymbol{x}_1$ 的长为底,从向量 $\boldsymbol{x}_2$ 的终点到向量 $\boldsymbol{x}_1$ 所在的轴的垂线之长为高.

类似地,由向量 $\boldsymbol{x}_1,\boldsymbol{x}_2,\boldsymbol{x}_3$ 做成的平行六面体的体积等于底面积乘高;底面积就是由向量 $\boldsymbol{x}_1,\boldsymbol{x}_2$ 做成的平行四边形的面积,而高就是从向量 $\boldsymbol{x}_3$ 的终点到向量 $\boldsymbol{x}_1,\boldsymbol{x}_2$ 的平面上的垂线长.

这些讨论自然地引导出下面的关于欧氏空间中 k 维平行体的体积的归纳式的定义:

在欧氏空间 R 内,设已给一组向量 $\boldsymbol{x}_1,\boldsymbol{x}_2,\cdots,\boldsymbol{x}_m$. 用 h_j 表示自向量 $\boldsymbol{x}_{j+1}$ 的终点到子空间 $L(\boldsymbol{x}_1,\boldsymbol{x}_2,\cdots,\boldsymbol{x}_j)$$(j=1,2,\cdots,m-1)$ 上的垂线. 再引入下列记号:

$V_1=|\boldsymbol{x}_1|$(一维体积,即向量 $\boldsymbol{x}_1$ 的长);

$V_2 = V_1 \cdot |\boldsymbol{h}_1|$（二维体积，即由向量 $\boldsymbol{x}_1, \boldsymbol{x}_2$ 做成的平行四边形的面积）；

$V_3 = V_3 \cdot |\boldsymbol{h}_3|$（三维体积，即由向量 $\boldsymbol{x}_1, \boldsymbol{x}_2, \boldsymbol{x}_3$ 做成的平行六面体的体积）；

$\vdots$

$V_m = V_{m-1} \cdot |\boldsymbol{h}_{m-1}|$（$m$ 维体积，即由向量 $\boldsymbol{x}_1, \boldsymbol{x}_2, \cdots, \boldsymbol{x}_m$ 做成的超平行体的体积）.

体积 V_m 显然可以按照公式

$$V_m = V[\boldsymbol{x}_1, \boldsymbol{x}_2, \cdots, \boldsymbol{x}_m] = |\boldsymbol{x}_1| \cdot |\boldsymbol{h}_1| \cdot \cdots \cdot |\boldsymbol{h}_{m-1}|$$

来计算.

利用2.3目的公式(2.3.9)，我们可以利用向量 $\boldsymbol{x}_1, \boldsymbol{x}_2, \cdots, \boldsymbol{x}_m$ 来表示 V_m 的值，即

$$V_m^2 = \begin{vmatrix} (\boldsymbol{x}_1, \boldsymbol{x}_1) & (\boldsymbol{x}_1, \boldsymbol{x}_2) & \cdots & (\boldsymbol{x}_1, \boldsymbol{x}_m) \\ (\boldsymbol{x}_2, \boldsymbol{x}_1) & (\boldsymbol{x}_2, \boldsymbol{x}_2) & \cdots & (\boldsymbol{x}_2, \boldsymbol{x}_m) \\ \vdots & \vdots & & \vdots \\ (\boldsymbol{x}_m, \boldsymbol{x}_1) & (\boldsymbol{x}_m, \boldsymbol{x}_2) & \cdots & (\boldsymbol{x}_m, \boldsymbol{x}_m) \end{vmatrix}$$

因此，m 个向量 $\boldsymbol{x}_1, \boldsymbol{x}_2, \cdots, \boldsymbol{x}_m$ 的格拉姆行列式等于由这些向量做成的 m 维超平行体的体积的平方.

设 $x_i^{(j)}$ 是向量 $\boldsymbol{x}_j$ 对于正交归一基底 $\boldsymbol{e}_1, \boldsymbol{e}_2, \cdots, \boldsymbol{e}_n (j = 1, 2, \cdots, m; i = 1, 2, \cdots, n)$ 的坐标. 用坐标表出这些向量的内积，我们就得到以下公式

$$V_m^2 = \begin{vmatrix} x_1^{(1)}x_1^{(1)} + x_2^{(1)}x_2^{(1)} + \cdots + x_n^{(1)}x_n^{(1)} & x_1^{(1)}x_1^{(2)} + x_2^{(1)}x_2^{(2)} + \cdots + x_n^{(1)}x_n^{(2)} & \cdots & x_1^{(1)}x_1^{(m)} + x_2^{(1)}x_2^{(m)} + \cdots + x_n^{(1)}x_n^{(m)} \\ x_1^{(2)}x_1^{(1)} + x_2^{(2)}x_2^{(1)} + \cdots + x_n^{(2)}x_n^{(1)} & x_1^{(2)}x_1^{(2)} + x_2^{(2)}x_2^{(2)} + \cdots + x_n^{(2)}x_n^{(2)} & \cdots & x_1^{(2)}x_1^{(m)} + x_2^{(2)}x_2^{(m)} + \cdots + x_n^{(2)}x_n^{(m)} \\ \vdots & \vdots & & \vdots \\ x_1^{(m)}x_1^{(1)} + x_2^{(m)}x_2^{(1)} + \cdots + x_n^{(m)}x_n^{(1)} & x_1^{(m)}x_1^{(2)} + x_2^{(m)}x_2^{(2)} + \cdots + x_n^{(m)}x_n^{(2)} & \cdots & x_1^{(m)}x_1^{(m)} + x_2^{(m)}x_2^{(m)} + \cdots + x_n^{(m)}x_n^{(m)} \end{vmatrix}$$

为了计算这个行列式，我们引入矩阵

$$\boldsymbol{A} = \begin{pmatrix} x_1^{(1)} & x_2^{(1)} & \cdots & x_n^{(1)} \\ x_1^{(2)} & x_2^{(2)} & \cdots & x_n^{(2)} \\ \vdots & \vdots & & \vdots \\ x_1^{(m)} & x_2^{(m)} & \cdots & x_n^{(m)} \end{pmatrix}$$

并注意到矩阵等式

$$\begin{vmatrix} x_1^{(1)}x_1^{(1)} + x_2^{(1)}x_2^{(1)} + \cdots + x_n^{(1)}x_n^{(1)} & x_1^{(1)}x_1^{(2)} + x_2^{(1)}x_2^{(2)} + \cdots + x_n^{(1)}x_n^{(2)} & \cdots & x_1^{(1)}x_1^{(m)} + x_2^{(1)}x_2^{(m)} + \cdots + x_n^{(1)}x_n^{(m)} \\ x_1^{(2)}x_1^{(1)} + x_2^{(2)}x_2^{(1)} + \cdots + x_n^{(2)}x_n^{(1)} & x_1^{(2)}x_1^{(2)} + x_2^{(2)}x_2^{(2)} + \cdots + x_n^{(2)}x_n^{(2)} & \cdots & x_1^{(2)}x_1^{(m)} + x_2^{(2)}x_2^{(m)} + \cdots + x_n^{(2)}x_n^{(m)} \\ \vdots & \vdots & & \vdots \\ x_1^{(m)}x_1^{(1)} + x_2^{(m)}x_2^{(1)} + \cdots + x_n^{(m)}x_n^{(1)} & x_1^{(m)}x_1^{(2)} + x_2^{(m)}x_2^{(2)} + \cdots + x_n^{(m)}x_n^{(2)} & \cdots & x_1^{(m)}x_1^{(m)} + x_2^{(m)}x_2^{(m)} + \cdots + x_n^{(m)}x_n^{(m)} \end{vmatrix} = \boldsymbol{A}\boldsymbol{A}^{\mathrm{T}}$$

于是,利用矩阵乘积的行列式的比内－柯西公式,我们有

$$\boldsymbol{V}_m^2=\sum_{1\leqslant i_1<i_2<\cdots<i_m\leqslant n}\begin{vmatrix} x_{i_1}^{(1)} & x_{i_2}^{(1)} & \cdots & x_{i_m}^{(1)} \\ x_{i_1}^{(2)} & x_{i_2}^{(2)} & \cdots & x_{i_m}^{(2)} \\ \vdots & \vdots & & \vdots \\ x_{i_1}^{(m)} & x_{i_2}^{(m)} & \cdots & x_{i_m}^{(m)} \end{vmatrix}^2 \tag{2.5.1}$$

这样,由向量 $\boldsymbol{x}_j(j=1,2,\cdots,m)$ 所构成的 m 维超平行体的体积的平方,等于向量 $\boldsymbol{x}_j$ 对于(任意)正交归一基底 $\boldsymbol{e}_1,\boldsymbol{e}_2,\cdots,\boldsymbol{e}_n$ 的坐标所构成的矩阵的一切 m 阶子式的平方和.①

在 $m=n$ 的情况下,矩阵 $(x_i^{(j)})_{n\times m}$ 只有一个 m 阶子式,即矩阵 $(x_i^{(j)})_{n\times n}$ 的行列式.

因此,向量 $\boldsymbol{x}_1,\boldsymbol{x}_2,\cdots,\boldsymbol{x}_m$ 所构成的 m 维超平行体的体积,(论其绝对值)等于向量 $\boldsymbol{x}_i(i=1,2,\cdots,n)$ 对于(任意)正交归一基底的坐标所构成的行列式.

从上面的结果可以得到关于任意 m 阶行列式

$$D=\begin{vmatrix} x_{11} & x_{12} & \cdots & x_{1m} \\ x_{21} & x_{22} & \cdots & x_{2m} \\ \vdots & \vdots & & \vdots \\ x_{m1} & x_{m2} & \cdots & x_{mm} \end{vmatrix} \tag{2.5.2}$$

的绝对值的一个重要意义.

我们把 $x_{i1},x_{i2},\cdots,x_{im}(i=1,2,\cdots,m)$ 诸数看作向量 $\boldsymbol{x}_i$ 在 m 维欧氏空间一个正交归一基底内的坐标. 于是我们可以把行列式 D 的绝对值解释为向量 $\boldsymbol{x}_1$, $\boldsymbol{x}_2,\cdots,\boldsymbol{x}_m$ 所做成的 m 维超平行体的体积,并且把这个体积通过格拉姆行列式 $D^2=|\boldsymbol{G}(\boldsymbol{x}_1,\boldsymbol{x}_2,\cdots,\boldsymbol{x}_m)|$ 来表示.

借助于公式(2.3.5),(2.3.6),(2.3.9),(2.5.1)以及(2.5.2),解决了 n 维欧几里得空间中一系列的基本度量问题.

2.6 格拉姆行列式的几何意义导出的一些不等式

回到向量 $\boldsymbol{x}$ 的投影分解式(2.3 目公式(2.3.1))

$$\boldsymbol{x}=\boldsymbol{x}_S+\boldsymbol{x}_N$$

由它直接得出

① 这一结论具有以下几何意义:超平行体的体积的平方等于其所有 m 维坐标子空间上射影的体积平方和.

$$(\boldsymbol{x},\boldsymbol{x})=(\boldsymbol{x}_S+\boldsymbol{x}_N,\boldsymbol{x}_S+\boldsymbol{x}_N)=(\boldsymbol{x}_S,\boldsymbol{x}_S)+(\boldsymbol{x}_N,\boldsymbol{x}_N)\geqslant(\boldsymbol{x}_N,\boldsymbol{x}_N)=h^2$$

结合 2.3 目的等式(2.3.9) 就得出不等式(对于任意的 $\boldsymbol{x}_1,\boldsymbol{x}_2,\cdots,\boldsymbol{x}_m,\boldsymbol{x}$)

$$|\boldsymbol{G}(\boldsymbol{x}_1,\boldsymbol{x}_2,\cdots,\boldsymbol{x}_m)|<|\boldsymbol{G}(\boldsymbol{x}_1,\boldsymbol{x}_2,\cdots,\boldsymbol{x}_m)||\boldsymbol{G}(\boldsymbol{x})| \tag{2.6.1}$$

而且等号成立的充分必要条件是向量 $\boldsymbol{x}$ 与 $\boldsymbol{x}_1,\boldsymbol{x}_2,\cdots,\boldsymbol{x}_m$ 正交.

故不难得出所谓阿达玛不等式

$$|\boldsymbol{G}(\boldsymbol{x}_1,\boldsymbol{x}_2,\cdots,\boldsymbol{x}_m)|\leqslant|\boldsymbol{G}(\boldsymbol{x}_1)||\boldsymbol{G}(\boldsymbol{x}_2)|\cdots|\boldsymbol{G}(\boldsymbol{x}_m)| \tag{2.6.2}$$

其中等号成立的充分必要条件是向量 $\boldsymbol{x}_1,\boldsymbol{x}_2,\cdots,\boldsymbol{x}_m$ 两两正交.

阿达玛不等式有显明的几何意义:超平行体的体积不超过它的边长的乘积;当它的边互相正交时而且仅当此时,它才等于这个乘积.

可以给出阿达玛不等式以其平常的式样,如在式(2.6.2) 中取 $m=n$ 且引进某一标准正交基中由向量 $\boldsymbol{x}_i(i=1,2,\cdots,n)$ 的坐标 $x_{1i},x_{2i},\cdots,x_{ni}$ 所构成的行列式(2.5.2),那么由式(2.6.2),我们得到

$$D^2\leqslant(\boldsymbol{x}_1,\boldsymbol{x}_1)(\boldsymbol{x}_2,\boldsymbol{x}_2)\cdots(\boldsymbol{x}_m,\boldsymbol{x}_m)=\sum_{j=1}^n x_{j1}^2\sum_{j=1}^n x_{j2}^2\cdots\sum_{j=1}^n x_{jn}^2$$

为了建立与格拉姆行列式相关的另一个不等式,利用如下很容易验证的公式

如果 $\boldsymbol{y}_i,\boldsymbol{z}_k\in R,\boldsymbol{y}_i\perp\boldsymbol{z}_k(i,k=1,2,\cdots,m)$,那么

$$\begin{aligned}&|\boldsymbol{G}(\boldsymbol{y}_1+\boldsymbol{z}_1,\boldsymbol{y}_2+\boldsymbol{z}_2,\cdots,\boldsymbol{y}_m+\boldsymbol{z}_m)|\\&=\sum_{\mu=0}^{p}\sum_{1\leqslant i_1<i_2<\cdots<i_\mu\leqslant m;1\leqslant j_1<j_2<\cdots<j_{m-\mu}\leqslant m}|\boldsymbol{G}(\boldsymbol{y}_{i_1},\boldsymbol{y}_{i_2},\cdots,\boldsymbol{y}_{i_\mu})|\cdot\\&\quad|\boldsymbol{G}(\boldsymbol{z}_{j_1},\boldsymbol{z}_{j_2},\cdots,\boldsymbol{z}_{j_{m-\mu}})|^{①}\end{aligned} \tag{2.6.3}$$

设 S 为 R 中任一子空间,而 $\boldsymbol{x}_1,\boldsymbol{x}_2,\cdots,\boldsymbol{x}_m$ 为 R 中任何向量.对于这些向量应用投影分解式

$$\boldsymbol{x}_i=\boldsymbol{x}_{iS}+\boldsymbol{x}_{iN}\quad(\boldsymbol{x}_{iS}\in S,\boldsymbol{x}_{iN}\in R;i=1,2,\cdots,m)$$

在式(2.6.3) 中各换 $\boldsymbol{y}_i$ 与 $\boldsymbol{z}_i$ 为 $\boldsymbol{x}_{iS}$ 与 $\boldsymbol{x}_{iN}(i=1,2,\cdots,m)$,我们得出

$$\begin{aligned}&|\boldsymbol{G}(\boldsymbol{x}_1,\boldsymbol{x}_2,\cdots,\boldsymbol{x}_m)|\\&=|\boldsymbol{G}(\boldsymbol{x}_{1S},\boldsymbol{x}_{2S},\cdots,\boldsymbol{x}_{mS})|+\sum_{i=1}^n|\boldsymbol{G}(\boldsymbol{x}_{1S},\cdots,\boldsymbol{x}_{(i-1)S},\boldsymbol{x}_{(i+1)S},\cdots,\boldsymbol{x}_{mS})|\cdot\\&\quad|\boldsymbol{G}(\boldsymbol{x}_{iS})|+\cdots\end{aligned}$$

因为这个等式的右端中所有的项都是非负的,所以

$$|\boldsymbol{G}(\boldsymbol{x}_{1S},\boldsymbol{x}_{2S},\cdots,\boldsymbol{x}_{mS})|\leqslant|\boldsymbol{G}(\boldsymbol{x}_1,\boldsymbol{x}_2,\cdots,\boldsymbol{x}_m)| \tag{2.6.4}$$

① 此处 $j_1,j_2,\cdots,j_{m-\mu}$ 是足数组 $i_1,i_2,\cdots,i_m$ 的补足数组.

而且如果 $|\boldsymbol{G}(\boldsymbol{x}_1,\boldsymbol{x}_2,\cdots,\boldsymbol{x}_m)|\neq 0$,那么只有在 $\boldsymbol{x}_{iN}=\boldsymbol{0}(i=1,2,\cdots,m)$ 时,等号才能成立.如果 $|\boldsymbol{G}(\boldsymbol{x}_1,\boldsymbol{x}_2,\cdots,\boldsymbol{x}_m)|=0$,那么由式(2.6.4)得出 $|\boldsymbol{G}(\boldsymbol{x}_{1S},\boldsymbol{x}_{2S},\cdots,\boldsymbol{x}_{mS})|=0$.

注意到 m 维体积的表达式,可以表不等式(2.6.4)为如下几何现象:

平行多面体在子空间 S 上正射影的体积不超过所给平行多面体的体积;只有当其投影出的平行多面体全落在 S 中或其本身的体积等于零时,这些体积始能相等.

现在来建立一个包括不等式(2.6.1)与不等式(2.6.2)的广义的阿达玛不等式

$$|\boldsymbol{G}(\boldsymbol{x}_1,\boldsymbol{x}_2,\cdots,\boldsymbol{x}_m)|\leqslant|\boldsymbol{G}(\boldsymbol{x}_1,\boldsymbol{x}_2,\cdots,\boldsymbol{x}_p)||\boldsymbol{G}(\boldsymbol{x}_{p+1},\boldsymbol{x}_{p+2},\cdots,\boldsymbol{x}_m)| \tag{2.6.5}$$

而且等号成立的充分必要条件是向量 $\boldsymbol{x}_1,\boldsymbol{x}_2,\cdots,\boldsymbol{x}_p$ 的每一个都同向量 $\boldsymbol{x}_{p+1},\boldsymbol{x}_{p+2},\cdots,\boldsymbol{x}_m$ 中任何一个正交,或者行列式 $|\boldsymbol{G}(\boldsymbol{x}_1,\boldsymbol{x}_2,\cdots,\boldsymbol{x}_p)|$,$|\boldsymbol{G}(\boldsymbol{x}_{p+1},\boldsymbol{x}_{p+2},\cdots,\boldsymbol{x}_m)|$ 中至少有一个等于零.

不等式(2.6.5)为如下几何意义:

平行多面体的体积不超过两个互补"边"的体积的乘积,而等于这一乘积的充分必要条件是这些"边"互相正交或者在乘积中至少有一个乘积等于零.

回到不等式(2.6.5)的推理.如果 $|\boldsymbol{G}(\boldsymbol{x}_1,\boldsymbol{x}_2,\cdots,\boldsymbol{x}_p)|=0$,那么关系式(2.6.5)的等号常能成立.设 $|\boldsymbol{G}(\boldsymbol{x}_1,\boldsymbol{x}_2,\cdots,\boldsymbol{x}_p)|\neq 0$.那么向量 $\boldsymbol{x}_1,\boldsymbol{x}_2,\cdots,\boldsymbol{x}_p$ 线性无关,因而构成一个 p 维子空间 S 的基底.在 S 中取向量 $\boldsymbol{x}_{p+1},\boldsymbol{x}_{p+2},\cdots,\boldsymbol{x}_m$ 的射影

$$\boldsymbol{x}_k=\boldsymbol{x}_{kS}+\boldsymbol{x}_{kN}\quad(\boldsymbol{x}_{iS}\in S,\boldsymbol{x}_{iN}\perp S;k=p+1,p+2,\cdots,m)$$

在式(2.6.3)就给出

$$|\boldsymbol{G}(\boldsymbol{x}_1,\boldsymbol{x}_2,\cdots,\boldsymbol{x}_m)|=|\boldsymbol{G}(\boldsymbol{x}_1,\boldsymbol{x}_2,\cdots,\boldsymbol{x}_p)||\boldsymbol{G}(\boldsymbol{x}_{(p+1)S},\boldsymbol{x}_{(p+2)S},\cdots,\boldsymbol{x}_{mS})|$$

因此,应用关系式

$$|\boldsymbol{G}(\boldsymbol{x}_{(p+1)S},\boldsymbol{x}_{(p+2)S},\cdots,\boldsymbol{x}_{mS})|\leqslant|\boldsymbol{G}(\boldsymbol{x}_{p+1},\boldsymbol{x}_{p+2},\cdots,\boldsymbol{x}_m)|$$

我们就得出广义的阿达玛不等式(2.6.5).

广义的阿达玛不等式可以给出解析的形式.

设 $\sum\limits_{i=1}^{n}\sum\limits_{j=1}^{n}a_{ij}x_ix_j$ 为任一恒正的实二次型.视 $x_1,x_2,\cdots,x_n$ 为 n 维实向量空间中向量 $\boldsymbol{x}$ 在基底 $\boldsymbol{e}_1,\boldsymbol{e}_2,\cdots,\boldsymbol{e}_n$ 下的坐标,且取型 $\sum\limits_{i=1}^{n}\sum\limits_{j=1}^{n}a_{ij}x_ix_j$ 为 L 中的内积,那么 L 是一个欧氏空间.于是基底 $\boldsymbol{e}_1,\boldsymbol{e}_2,\cdots,\boldsymbol{e}_n$ 取广义阿达玛不等式

$$|G(e_1,e_2,\cdots,e_n)| \leqslant |G(e_1,e_2,\cdots,e_p)|\,|G(e_{p+1},e_{p+2},\cdots,e_n)|$$

设 $A=(a_{ij})_{n\times n}$ 且注意 $(e_i,e_j)=a_{ij}(i,j=1,2,\cdots,n)$，我们可以写最后的不等式为

$$\left|A\begin{pmatrix}1 & 2 & \cdots & n\\ 1 & 2 & \cdots & n\end{pmatrix}\right| \leqslant \left|A\begin{pmatrix}1 & 2 & \cdots & p\\ 1 & 2 & \cdots & p\end{pmatrix}\right| \cdot \left|A\begin{pmatrix}p+1 & p+2 & \cdots & n\\ p+1 & p+2 & \cdots & n\end{pmatrix}\right| \quad (p<n) \tag{2.6.6}$$

而且等号成立的充分必要条件是

$$a_{ij}=a_{ji}=0 \quad (i=1,2,\cdots,p;j=p+1,p+2,\cdots,n)$$

读者要注意，柯西－布涅科夫斯基不等式——对于 $x,y\in L$，都有

$$|(x,y)| \leqslant |x|^2\,|y|^2$$

的正确性可以从已经建立的如下不等式来立刻推出

$$|G(x,y)|=\begin{vmatrix}(x,x) & (x,y)\\ (y,x) & (y,y)\end{vmatrix} \geqslant 0$$

2.7 格拉姆－施密特正交化的几何解释·勒让德[①]多项式

在本目中，我们将以几何证明的方式对定理 1.5.2 进行推广.

含有有限的相同个数向量或同含无限多个向量的两个向量序列

$$X:\ x_1,x_2,\cdots$$

$$Y:\ y_1,y_2,\cdots$$

称为相抵的，如果对于所有可能的 p，都有

$$L(x_1,x_2,\cdots,x_p)=L(y_1,y_2,\cdots,y_p) \quad (p=1,2,\cdots)$$

这里，同以前一样，记号 $L(x_1,x_2,\cdots,x_p)$ 表示含有 $x_1,x_2,\cdots,x_p$ 的最小子空间(线性包).

向量序列

$$X:\ x_1,x_2,\cdots$$

称为满秩的，如果对于任何的 p，向量 $x_1,x_2,\cdots,x_p$ 都是线性无关的.

向量序列称为正交的，如果这一序列中任何两个都是互相正交的.

---

① 勒让德(Legendre,1752—1833)，法国数学家.

现在我们可以证明：

定理 2.7.1 每一个满秩的向量序列都可以使其正交化.在不计纯量因子时,正交化后的向量序列中诸向量是唯一确定的.

正交化每一个向量序列是了解为换这一向量序列为其相抵的正交序列.

证明 (1) 我们先来证明定理的第二部分.设有两个向量序列

$$Y:\ \boldsymbol{y}_1,\boldsymbol{y}_2,\cdots$$

$$Z:\ \boldsymbol{z}_1,\boldsymbol{z}_2,\cdots$$

都与同一满秩序列

$$X:\ \boldsymbol{x}_1,\boldsymbol{x}_2,\cdots$$

相抵.那么序列 Y 与 Z 彼此相抵.故对任何一个 p,都有数 $c_{p1},c_{p2},\cdots,c_{pp}$ 存在,使得

$$\boldsymbol{z}_p=c_{p1}\boldsymbol{y}_1+c_{p2}\boldsymbol{y}_2+\cdots+c_{p(p-1)}\boldsymbol{y}_{p-1}+c_{pp}\boldsymbol{y}_p\quad(p=1,2,\cdots)$$

在这一等式的两端对于 $\boldsymbol{y}_1,\boldsymbol{y}_2,\cdots,\boldsymbol{y}_{p-1}$ 顺次来取内积且注意序列 Y 的正交性与关系式

$$\boldsymbol{z}_p\perp L(\boldsymbol{z}_1,\boldsymbol{z}_2,\cdots,\boldsymbol{z}_{p-1})=L(\boldsymbol{y}_1,\boldsymbol{y}_2,\cdots,\boldsymbol{y}_{p-1})$$

我们得出

$$c_{p1}=c_{p2}=\cdots=c_{p(p-1)}=0$$

因而

$$\boldsymbol{z}_p=c_{pp}\boldsymbol{y}_p$$

(2) 对于任一满秩向量序列 $X:\boldsymbol{x}_1,\boldsymbol{x}_2,\cdots$ 来施行正交化过程,可以如下进行.

设 $S_p=L(\boldsymbol{x}_1,\boldsymbol{x}_2,\cdots,\boldsymbol{x}_p)(p=1,2,\cdots)$.把向量 $\boldsymbol{x}_p$ 投影于子空间 S_{p-1}(在 $p=1$ 时,我们取:$\boldsymbol{x}_{1s_0}=\mathbf{0},\boldsymbol{x}_{1N}=\boldsymbol{x}_1$),我们得出

$$\boldsymbol{x}_p=\boldsymbol{x}_{pS_{p-1}}+\boldsymbol{x}_{pN}$$

其中 $\boldsymbol{x}_{pS_{p-1}}$ 在子空间 $S_{p-1}(p=1,2,\cdots)$ 内,而 $\boldsymbol{x}_{pN}$ 与 S_{p-1} 正交.

令

$$\boldsymbol{y}_p=c_p\boldsymbol{x}_{pN}\quad(p=1,2,\cdots)$$

其中 $c_p(p=1,2,\cdots)$ 是任意不为零的数.

那么(很容易看出)

$$Y:\ \boldsymbol{y}_1,\boldsymbol{y}_2,\cdots$$

是与序列 X 相抵的正交序列.定理 2.7.1 已经证明.

注 令 $G_p=\boldsymbol{G}(\boldsymbol{x}_1,\boldsymbol{x}_2,\cdots,\boldsymbol{x}_p)$,那么根据 2.3 目公式(2.3.6),我们有

$$x_{pN}=\frac{\begin{vmatrix} & & & x_1\\ & G_{p-1} & & \vdots\\ & & & x_{p-1}\\ (x_p,x_1) & \cdots & (x_p,x_{p-1}) & x_p\end{vmatrix}}{|G_{p-1}|}\quad (p=1,2,\cdots;G_0=(1))$$

取 $c_p=|G_{p-1}|(p=1,2,\cdots)$，我们对于正交化序列中向量得出如下诸公式

$$y_1=x_1,y_2=\begin{vmatrix}(x_1,x_1) & x_1\\ (x_2,x_1) & x_2\end{vmatrix},\cdots,$$

$$y_p=\begin{vmatrix}(x_1,x_1) & \cdots & (x_1,x_{p-1}) & x_1\\ \vdots & \vdots & & \vdots\\ (x_{p-1},x_1) & \cdots & (x_{p-1},x_{p-1}) & x_{p-1}\\ (x_p,x_1) & \cdots & (x_{p-1},x_p) & x_p\end{vmatrix},\cdots$$

由于 2.3 目的公式(2.3.9)，我们得出

$$|y_p|^2=|G_{p-1}|^2|x_{pN}|^2=|G_{p-1}|^2\frac{|G_p|}{|G_{p-1}|}$$
$$=|G_{p-1}||G_p|\quad (p=1,2,\cdots;G_0=(1))$$

故如令

$$z_p=\frac{y_p}{\sqrt{|G_{p-1}||G_p|}}\quad (p=1,2,\cdots)$$

我们就得出与所给序列 X 相抵的标准正交序列 Z.

作为例子，在欧氏空间 $C_2(-1,+1)$ 内取函数系

$$x_0(t)=1,x_1(t)=t,\cdots,x_k(t)=t^k,\cdots$$

并对它应用正交化定理. 在所给的情况下子空间 $L_k=L(1,t,\cdots,t^k)$，显然就是次数 $n\leqslant k$ 的全部多项式的集合. 对于任意的 k，函数 $x_k(t)$ 与前面诸函数线性无关(见第 7 章 1.3 目)，因此，根据刚才的注，由正交化所得的函数 $y_0(t)$，$y_1(t)$，$\cdots$，全都不等于零. 按照这个方法，所造成的函数 $y_k(t)$ 应该是 t 的 k 次多项式. 特别地，按照正交化定理的方法，可以直接算出

$$y_0(t)=1,y_1(t)=t,y_2(t)=t^2-\frac{1}{3},y_3(t)=t^3-\frac{1}{3}t,\cdots$$

这些多项式是在 1785 年由法国数学家勒让德由于势函数理论的问题而引进到数学中的. 但是，过了大约三十年，在 1814 年勒让德多项式的一般公式才被罗

德里古斯[①]找到. 其结果是，多项式 $y_n(t)$，除了一个数值因子外，等于多项式

$$p_n(t)=\frac{\mathrm{d}^n}{\mathrm{d}t^n}[(t^2-1)^n] \quad (n=0,1,2,\cdots) \tag{2.7.1}$$

为了证明这个命题. 我们利用定理 2.7.1. 实际上，我们将证明多项式 $p_n(t)$ 满足正交化定理的条件，于是根据上述附记，对于每一个 n，等式 $p_n(t)=C_n y_n(t)$，而这就是我们所要证明的.

1. 向量 $p_0(t),p_1(t),\cdots,p_n(t)$ 的线性包，就是 n 次及 n 次以下的所有多项式的集合. 事实上，由等式(2.7.1)，多项式 $p_n(t)$ 显然恰好是 t 的 k 次多项式；其中包括

$$\begin{cases} p_0(t)=\alpha_{00} \\ p_1(t)=\alpha_{10}+\alpha_{11}t \\ p_2(t)=\alpha_{20}+\alpha_{21}t+\alpha_{22}t^2 \\ \quad\vdots \\ p_k(t)=\alpha_{k0}+\alpha_{k1}t+\cdots+\alpha_{kk}t^k \\ \quad\vdots \\ p_n(t)=\alpha_{n0}+\alpha_{n1}t+\cdots+\alpha_{kk}t^k+\cdots+\alpha_{nn}t^n \end{cases} \tag{2.7.2}$$

其中最高次项的系数 $\alpha_{00},\alpha_{11},\cdots,\alpha_{nn}$ 不全等于零.

这样，所有多项式 $p_0(t),p_1(t),\cdots,p_n(t)$ 都包含在函数 $1,t,\cdots,t^n$ 的线性包内；因为后者显然就是全部不高于 n 次的 t 的多项式集合 L_n. 因为线性关系式(2.7.2) 的矩阵有不等于零的行列式 $\alpha_{00}\alpha_{11}\cdots\alpha_{nn}$；反过来说，函数 $1,t,\cdots,t^n$ 也能用 $p_0(t),p_1(t),\cdots,p_n(t)$ 的线性式表示；故线性包 $L(p_0(t),p_1(t),\cdots,p_n(t))$ 与线性包 $L(1,t,\cdots,t^n)$ 相同，因而也与集合 L_n 相同. 证毕.

向量 $p_n(t)$ 与子空间 L_{n-1} 正交. 我们只需验证多项式 $p_n(t)$ 在 $C_2(-1,+1)$ 内与函数 $1,t,\cdots,t^{n-1}$ 都正交.

为了得出这个结论，让我们首先证明一个辅助定理：

关于 n 重根的辅助定理　设某一函数 $f(t)$ 可以写成

$$f(t)=(t-t_0)^n\varphi(t) \tag{2.7.3}$$

的形状，其中 $\varphi(t_0)\neq 0$(在这个情况下，函数 $f(t)$ 在 $t=t_0$ 称为有 n 重根). 假定 $f(t)$ 与 $\varphi(t)$ 都有 n 阶连续导数，则有以下结论

$$f(t_0)=0,f'(t_0)=0,\cdots,f^{(n-1)}(t_0)=0,f^{(n-1)}(t_0)\neq 0$$

---

① 罗德里古斯(Rodrigues，1794—1851)，法国数学家.

证明 对公式(2.7.3)求导,得到

$$\begin{aligned} f'(t) &= n(t-t_0)^{n-1}\varphi(t)+(t-t_0)^n\varphi'(t) \\ &= (t-t_0)^{n-1}[n\varphi(t)+(t-t_0)\varphi'(t)] \\ &= (t-t_0)^{n-1}\varphi_1(t) \end{aligned}$$

其中

$$\varphi_1(t)=n\varphi(t)+(t-t_0)\varphi'(t)$$

特别地,$\varphi_1(t_0)=n\varphi(t_0)\neq 0$. 同样,我们得到

$$f''(t)=(t-t_0)^{n-2}\varphi_2(t)\quad (\varphi_2(t_0)\neq 0)$$

$$\vdots$$

$$f^{(n-1)}(t)=(t-t_0)\varphi_{n-1}(t)\quad (\varphi_{n-1}(t_0)\neq 0)$$

$$f^{(n)}(t)=\varphi_n(t)\quad (\varphi_n(t_0)\neq 0)$$

将 $t=t_0$ 代入这些式子中,就得到所需要的结果.

如此,函数$(t^2-1)^n=(t-1)^n(t+1)^n$ 在点 $t=\pm 1$ 有 n 重根.因此,当 $t=\pm 1$ 时,$[(t^2-1)^n]^{(k)}$ 在 $k<n$ 时为 0,而在 $k=n$ 时不为零.

现在我们来证明函数 $p_n(t)=[(t^2-1)^n]^{(n)}$ 与函数 $1,t,\cdots,t^n$ 分别正交.

为了证明这一点,我们计算 $k<n$ 时与 $p_n(t)$ 的内积.用分部积分法,得

$$\begin{aligned} (t^k,p_n(t)) &= \int_{-1}^{+1} t^k[(t^2-1)^n]^{(n)}\mathrm{d}t \\ &= t^k[(t^2-1)^n]^{(n-1)}\Big|_{-1}^{+1} - k\int_{-1}^{+1} t^{k-1}[(t^2-1)^n]^{(n-1)}\mathrm{d}t \end{aligned}$$

按照 n 重根的定理,上式中积分号外的项为零.对于余下来的积分重新用分部积分法,并且继续这个程序,直到 t 的幂指数降到零

$$\begin{aligned} (t^k,p_n(t)) &= -kt^{k-1}[(t^2-1)^n]^{(n-2)}\Big|_{-1}^{+1} + k(k-1)\int_{-1}^{+1} t^{k-2}[(t^2-1)^n]^{(n-2)}\mathrm{d}t = \cdots \\ &= \pm k!\int_{-1}^{+1}[(t^2-1)^n]^{(n-k)}\mathrm{d}t \\ &= \pm k!\,[(t^2-1)^n]^{(n-k-1)}\Big|_{-1}^{+1} \\ &= 0 \end{aligned}$$

而这就是所要证明的.

这样,我们证明了,除了一个数值因子外,每一个 n 次多项式 $y_n(t)$ 都与多项式 $p_n(t)=[(t^2-1)^n]^{(n)}$ 一致.

让我们来计算 $p_n(1)$ 的值.为此,对函数$(t^2-1)^n=(t-1)^n(t+1)^n$ 采用莱

布尼茨①关于乘积的 n 阶导数的公式

$$[(t+1)^n(t-1)^n]^{(n)}=(t+1)^n[(t-1)^n]^{(n)}+C_n^1[(t+1)^n]'[(t-1)^n]^{(n-1)}+\cdots$$
$$=n!\ (t+1)^n+C_n^1 n(t+1)^{n-1}n(n-1)\cdots 2(t-1)+\cdots$$

代入 $t=1$ 时，这个和从第二项开始所有的项都化为零，故得

$$p_n(1)=2^n n!$$

为计算方便起见，我们令正交函数在 $t=1$ 时的值都等于 1. 为达到这个目的，我们必须引入数值因子 $\frac{1}{2^n n!}$. 这样得到的多项式就称为勒让德多项式. 若用记号 $p_n(t)$ 表示 n 次勒让德多项式，则

$$p_n(t)=\frac{1}{2^n n!}[(t^2-1)^n]^{(n)}$$

2.8 最小二乘法及有最小误差插值法的几何解答

考虑不相容的线性方程组

$$\begin{cases}a_{11}x_1+a_{12}x_2+\cdots+a_{1m}x_m=b_1\\ a_{21}x_1+a_{22}x_2+\cdots+a_{2m}x_m=b_2\\ \quad\vdots\\ a_{n1}x_1+a_{n2}x_2+\cdots+a_{nm}x_n=b_n\end{cases}\tag{2.8.1}$$

而找它的最优近似解，即使得偏差 $\delta^2=\sum_{j=1}^{n}(\sum_{i=1}^{m}a_{ji}\xi_i-b_j)^2$ 最小的那组数 ξ_1, $\xi_2,\cdots,\xi_m$.

若利用几何来解释，问题的解答立刻就可以得到了. 考虑 m 个向量 $\boldsymbol{a}_1$, $\boldsymbol{a}_2,\cdots,\boldsymbol{a}_m$，它们的分量就是从方程组(2.8.1)的列中得到的

$$\boldsymbol{a}_1=(a_{11},a_{21},\cdots,a_{n1}),\cdots,\boldsymbol{a}_m=(a_{1m},a_{2m},\cdots,a_{nm})$$

作线性组合 $\alpha_1\boldsymbol{a}_1+\alpha_2\boldsymbol{a}_2+\cdots+\alpha_m\boldsymbol{a}_m$，我们得到向量 $\boldsymbol{\beta}=(\beta_1,\beta_2,\cdots,\beta_n)$. 我们现在要确定系数 $\alpha_1,\alpha_2,\cdots,\alpha_m$，使得向量 $\boldsymbol{\beta}$ 与已给的向量 $\boldsymbol{b}=(b_1,b_2,\cdots,b_n)$ 之差的模方尽可能的最小.

向量 $\boldsymbol{a}_1,\boldsymbol{a}_2,\cdots,\boldsymbol{a}_m$ 的全部线性组合产生子空间 $L=L(\boldsymbol{a}_1,\boldsymbol{a}_2,\cdots,\boldsymbol{a}_m)$. 在这个子空间里，和向量 $\boldsymbol{b}$ 有最短距离的是 $\boldsymbol{b}$ 在 L 上的投影. 因此诸数 $\xi_1,\xi_2,\cdots,\xi_m$，应该这样选择，使 $\xi_1\boldsymbol{a}_1+\xi_2\boldsymbol{a}_2+\cdots+\xi_m\boldsymbol{a}_m$ 化为向量 $\boldsymbol{b}$ 在子空间 L 上的投影. 但是我们知道，这个解已由 2.1 目的公式(2.1.11)给出，即

① 莱布尼茨(Gottfried Wilhelm Leibniz, 1646—1716)，德国数学家.

$$\xi_j=\frac{1}{D}\begin{vmatrix}(\boldsymbol{a}_1,\boldsymbol{a}_1) & \cdots & (\boldsymbol{a}_1,\boldsymbol{a}_{j-1}) & (\boldsymbol{a}_1,\boldsymbol{b}) & (\boldsymbol{a}_1,\boldsymbol{a}_{j+1}) & \cdots & (\boldsymbol{a}_1,\boldsymbol{a}_m)\\ (\boldsymbol{a}_2,\boldsymbol{a}_1) & \cdots & (\boldsymbol{a}_2,\boldsymbol{a}_{j-1}) & (\boldsymbol{a}_2,\boldsymbol{b}) & (\boldsymbol{a}_2,\boldsymbol{a}_{j+1}) & \cdots & (\boldsymbol{a}_2,\boldsymbol{a}_m)\\ \vdots & & \vdots & \vdots & \vdots & & \vdots\\ (\boldsymbol{a}_m,\boldsymbol{a}_1) & \cdots & (\boldsymbol{a}_m,\boldsymbol{a}_{j-1}) & (\boldsymbol{a}_m,\boldsymbol{b}) & (\boldsymbol{a}_m,\boldsymbol{a}_{j+1}) & \cdots & (\boldsymbol{a}_m,\boldsymbol{a}_m)\end{vmatrix}$$

此处 D 是 $\boldsymbol{G}(\boldsymbol{a}_1,\boldsymbol{a}_2,\cdots,\boldsymbol{a}_m)$ 的格拉姆行列式.

2.3 目的结果给出我们估计偏差 δ 的可能性. 事实上,数值 δ 就是由向量 $\boldsymbol{a}_1,\boldsymbol{a}_2,\cdots,\boldsymbol{a}_m,\boldsymbol{b}$ 所构成的 $(m+1)$ 维超平行体的高,因而等于体积的比

$$\frac{V(\boldsymbol{a}_1,\boldsymbol{a}_2,\cdots,\boldsymbol{a}_m,\boldsymbol{b})}{V(\boldsymbol{a}_1,\boldsymbol{a}_2,\cdots,\boldsymbol{a}_m)}$$

用格拉姆行列式表示这两个体积,最后得

$$\delta^2=\frac{|\boldsymbol{G}(\boldsymbol{a}_1,\boldsymbol{a}_2,\cdots,\boldsymbol{a}_m,\boldsymbol{b})|}{|\boldsymbol{G}(\boldsymbol{a}_1,\boldsymbol{a}_2,\cdots,\boldsymbol{a}_m)|}$$

于是我们提出的问题就完全解决了.

在实际计算中,时常遇到的另一个问题是有最小误差的插值法:在区间 $a\leqslant t\leqslant b$ 上已给函数 $f_0(t)$;作 h 次多项式 $p(t)$,$k<n$,使这个多项式对于函数 $f_0(t)$ 的平方偏差

$$\delta^2(f_0,p)=\sum_{j=0}^{n}[f_0(t_j)-p(t_j)]^2$$

成为最小. 此处 $t_0,t_1,\cdots,t_n$ 是区间 $a\leqslant t\leqslant b$ 上的某 n 个固定点.

这个问题亦有几何的简单解答,为此引进函数 $f(t)$ 所构成的欧氏空间 R,我们只考虑这些函数在 $t_0,t_1,\cdots,t_n$ 诸点的值,并令这个空间具有内积

$$(f,g)=\sum_{j=0}^{n}f(t_j)g(t_j)$$

这样,我们的问题就化为确定向量 $f_0(t)$ 在所有次数不超过 n 的多项式子空间上的投影的问题. 所求多项式 $p_0(t)=\alpha_0+\alpha_1t+\cdots+\alpha_mt^m$ 的系数,同上面讨论的问题一样可以从以下公式得到

$$\xi_j=\frac{1}{D}\begin{vmatrix}(1,1) & (1,t) & \cdots & (1,t^{j-1}) & (1,f_0) & (1,t^{j+1}) & \cdots & (1,t^m)\\ (t,1) & (t,t) & \cdots & (t,t^{j-1}) & (t,f_0) & (t,t^{j+1}) & \cdots & (t,t^m)\\ \vdots & \vdots & & \vdots & \vdots & \vdots & \vdots & \\ (t^m,1) & (t^m,t) & \cdots & (t^m,t^{j-1}) & (t^m,f_0) & (t^m,t^{j+1}) & \cdots & (t^m,t^m)\end{vmatrix}$$

这里 D 是 $\boldsymbol{G}(1,t,\cdots,t^k)$ 的格拉姆行列式.

最小二乘法偏差 δ^2 可以按照公式 $\delta^2(f_0,p)=\dfrac{|G(1,t,\cdots,t^m,p)|}{|G(1,t,\cdots,t^m)|}$ 计算.

§3　格拉斯曼代数

3.1　外积·三维的情形(叉积)

平面向量刻画了基本图形——线段的两个要素:方向和长度,而向量内积则刻画了有向线段的长度和两者之间的夹角.现在来看一看,在二维层次上如何来刻画一个平行四边形的两个要素——方向和面积;更进一步,在三维层次上或更高维层次上如何刻画一个平行六面体或高维平行多面体的方向和体积.

一个平行四边形可由它的两条邻边对应的向量 $\boldsymbol{a}$,$\boldsymbol{b}$ 确定,如图 2(a) 所示.

我们把上述平行四边形记为 $\boldsymbol{a} \wedge \boldsymbol{b}$,称为 $\boldsymbol{a}$ 和 $\boldsymbol{b}$ 的外积,"$\wedge$"是外积运算符号. $\boldsymbol{a} \wedge \boldsymbol{b}$ 也称为一个二重向量.正像两个有向线段 $\overrightarrow{AB}$ 和 $\overrightarrow{BA}$ 虽然有着相等的长度,但表示着两个相反的方向一样.我们规定平行四边形 $\boldsymbol{a} \wedge \boldsymbol{b}$ 与平行四边形 $\boldsymbol{b} \wedge \boldsymbol{a}$ 具有相反的两个定向,也即

$$\boldsymbol{a} \wedge \boldsymbol{b} = -\boldsymbol{b} \wedge \boldsymbol{a}$$

所以 $\boldsymbol{a} \wedge \boldsymbol{b}$ 实际上是表示一个有向平行四边形.

同样地,一个平行六面体可以用它的三条棱向量 $\boldsymbol{a}$,$\boldsymbol{b}$,$\boldsymbol{c}$ 确定,如图 2(b) 所示.

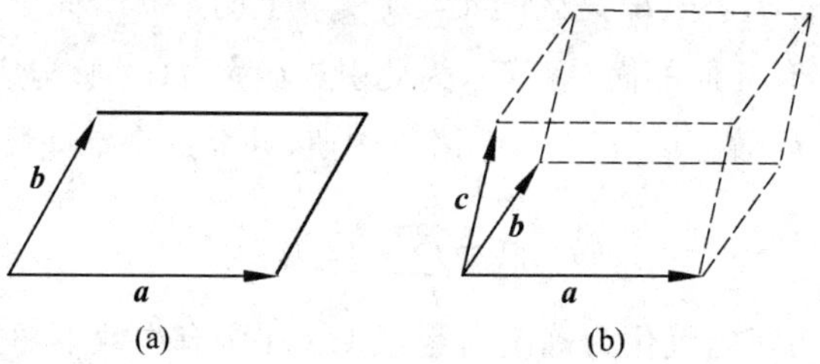

图 2

所以可以把它记为 $\boldsymbol{a} \wedge \boldsymbol{b} \wedge \boldsymbol{c}$,称为 $\boldsymbol{a}$、$\boldsymbol{b}$、$\boldsymbol{c}$ 的外积或一个三重向量.规定由

$$\boldsymbol{a} \wedge \boldsymbol{b} \wedge \boldsymbol{c}$$

的偶置换所表示的平行六面体与奇置换所表示的平行六面体有着相反的定向,即

$$\begin{aligned} \boldsymbol{a} \wedge \boldsymbol{b} \wedge \boldsymbol{c} &= \boldsymbol{b} \wedge \boldsymbol{c} \wedge \boldsymbol{a} \\ &= \boldsymbol{c} \wedge \boldsymbol{a} \wedge \boldsymbol{b} \\ &= -\boldsymbol{b} \wedge \boldsymbol{a} \wedge \boldsymbol{c} \\ &= -\boldsymbol{a} \wedge \boldsymbol{a} \wedge \boldsymbol{b} \end{aligned}$$

$$=-\boldsymbol{c}\wedge\boldsymbol{b}\wedge\boldsymbol{a}$$

所以一个三重向量表示一个有向平行六面体.

一般地,m 个向量 $\boldsymbol{a}_1,\boldsymbol{a}_2,\cdots,\boldsymbol{a}_m$ 可确定一个它们的外积

$$\boldsymbol{a}_1\wedge\boldsymbol{a}_2\wedge\cdots\wedge\boldsymbol{a}_m$$

称为 m 重向量,虽然这是一个形式上的记号.但可理解为表示一个有向的 m 维平行多面体.

任何长度和方向相同的向量都相等,而与向量的起点无关;类似地,任何面积和方向相同的二重向量都相等,不论其具体是什么形状.比如两个二重向量,只要它们面积和方向相同,这两个二重向量就相等.下图 3 中所有的二重向量都是相等的,虽然形状各异.

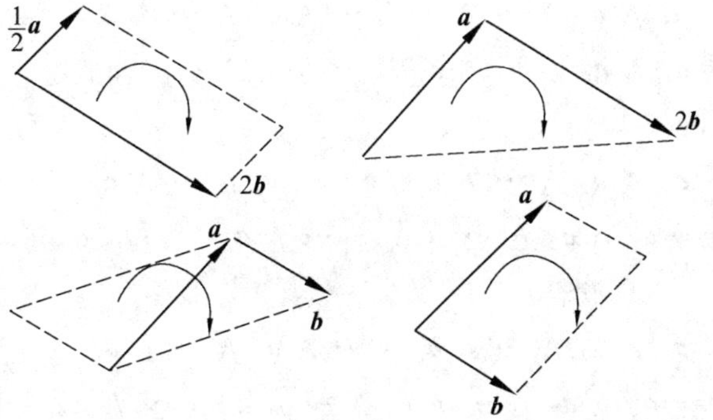

图 3

另外,注意到一个有向平行六面体 $\boldsymbol{a}\wedge\boldsymbol{b}\wedge\boldsymbol{c}$ 可以视为由平行四边形 $\boldsymbol{a}\wedge\boldsymbol{b}$ 与向量 $\boldsymbol{c}$ 张成,所以对一个二重向量 $\boldsymbol{a}\wedge\boldsymbol{b}$ 和一重向量 $\boldsymbol{c}$ 可以定义它们的外积

$$(\boldsymbol{a}\wedge\boldsymbol{b})\wedge\boldsymbol{c}=\boldsymbol{a}\wedge\boldsymbol{b}\wedge\boldsymbol{c}$$

这样,外积运算"∧"可以进一步延拓为两个多重向量之间的运算.

上述分析说明:在一个 n 维向量空间 L 中,可以适当地定义一种新的运算 —— 外积"∧",并且这种运算还具备某些良好的运算规律.这样得到的代数系统有着深刻的几何意义.这种构造是由德国数学家格拉斯曼(Grassmann, Hermann Günther,1809—1877)给出的,称为格拉斯曼代数.下面我们就来描述这个结构.

设 L 是基域为 K 的 n 维向量空间,对 L 中任意 m 个有序向量组 $\boldsymbol{a}_1,\boldsymbol{a}_2,\cdots,\boldsymbol{a}_m$,引入外积运算"∧"(它们的外积记为 $\boldsymbol{a}_1\wedge\boldsymbol{a}_2\wedge\cdots\wedge\boldsymbol{a}_m$,称为一个 m 重向

量),它满足下列运算规则①:

1° 反对称性:即

$$\boldsymbol{a}_1 \wedge \boldsymbol{a}_2 \wedge \cdots \wedge \boldsymbol{a}_i \wedge \cdots \wedge \boldsymbol{a}_m = (-1)^{i-1} \boldsymbol{a}_i \wedge \boldsymbol{a}_1 \wedge \cdots \wedge \boldsymbol{a}_{i-1} \wedge \boldsymbol{a}_{i+1} \wedge \cdots \wedge \boldsymbol{a}_m$$

2° 线性分配律:即

$$(\lambda \boldsymbol{a}_1 + \mu \boldsymbol{a}'_1) \wedge \boldsymbol{a}_2 \wedge \cdots \wedge \boldsymbol{a}_m = \lambda(\boldsymbol{a}_1 \wedge \boldsymbol{a}_2 \wedge \cdots \wedge \boldsymbol{a}_m) + \mu(\boldsymbol{a}'_1 \wedge \boldsymbol{a}_2 \wedge \cdots \wedge \boldsymbol{a}_m)$$

从运算"∧"的两条性质不难推得下面的定理:

定理 3.1.1 若 $1 \leqslant i < j < m$,且 $\boldsymbol{a}_i = \boldsymbol{a}_j$,则 $\boldsymbol{a}_1 \wedge \boldsymbol{a}_2 \wedge \cdots \wedge \boldsymbol{a}_m = 0$.

证明 因为 $\boldsymbol{a}_i = \boldsymbol{a}_j$,所以

$$\begin{aligned} & \boldsymbol{a}_1 \wedge \boldsymbol{a}_2 \wedge \cdots \wedge \boldsymbol{a}_i \wedge \cdots \wedge \boldsymbol{a}_j \wedge \cdots \wedge \boldsymbol{a}_m \\ = & \boldsymbol{a}_1 \wedge \boldsymbol{a}_2 \wedge \cdots \wedge \boldsymbol{a}_j \wedge \cdots \wedge \boldsymbol{a}_i \wedge \cdots \wedge \boldsymbol{a}_m \end{aligned}$$

根据反对称性,有

$$\begin{aligned} & \boldsymbol{a}_1 \wedge \boldsymbol{a}_2 \wedge \cdots \wedge \boldsymbol{a}_j \wedge \cdots \wedge \boldsymbol{a}_i \wedge \cdots \wedge \boldsymbol{a}_m \\ = & -\boldsymbol{a}_1 \wedge \boldsymbol{a}_2 \wedge \cdots \wedge \boldsymbol{a}_i \wedge \cdots \wedge \boldsymbol{a}_j \wedge \cdots \wedge \boldsymbol{a}_m \end{aligned}$$

因此

$$\begin{aligned} & \boldsymbol{a}_1 \wedge \boldsymbol{a}_2 \wedge \cdots \wedge \boldsymbol{a}_i \wedge \cdots \wedge \boldsymbol{a}_j \wedge \cdots \wedge \boldsymbol{a}_m \\ = & -\boldsymbol{a}_1 \wedge \boldsymbol{a}_2 \wedge \cdots \wedge \boldsymbol{a}_i \wedge \cdots \wedge \boldsymbol{a}_j \wedge \cdots \wedge \boldsymbol{a}_m \end{aligned}$$

由此得出

$$\boldsymbol{a}_1 \wedge \boldsymbol{a}_2 \wedge \cdots \wedge \boldsymbol{a}_m = 0$$

在三维欧氏向量空间的场合,对于二重向量和一重向量可以给出一种垂直对偶的几何解释:用 $\boldsymbol{a} \times \boldsymbol{b}$ 表示一个向量,它的长度等于以 $\boldsymbol{a}$ 和 $\boldsymbol{b}$ 为邻边的平行四边形的面积,即

$$|\boldsymbol{a} \times \boldsymbol{b}| = |\boldsymbol{a}| \cdot |\boldsymbol{b}| \cdot \sin(\widehat{\boldsymbol{a}, \boldsymbol{b}})$$

它的方向与 $\boldsymbol{a}$ 和 $\boldsymbol{b}$ 都正交,且

$$\{\boldsymbol{a}, \boldsymbol{b}, \boldsymbol{a} \times \boldsymbol{b}\}$$

成右手系.在采取这种定义时,外积运算 $\boldsymbol{a} \wedge \boldsymbol{b}$ 相当于×,即可把 $\boldsymbol{a} \wedge \boldsymbol{b}$ 改用 $\boldsymbol{a} \times$

---

① 第一个规则确定平行多面体的方向,第二个规则则是平行多面体体积的"可加性":以 $\lambda \boldsymbol{a}_1 + \mu \boldsymbol{a}'_1, \boldsymbol{a}_2, \cdots, \boldsymbol{a}_m$ 为棱的平行体的(体积等于以 $\lambda \boldsymbol{a}_1, \boldsymbol{a}_2, \cdots, \boldsymbol{a}_m$ 为棱的平行体的体积与以 $\mu \boldsymbol{a}'_1, \boldsymbol{a}_2, \cdots, \boldsymbol{a}_m$ 为棱的平行体的体积之和.

表示外积(exterior product) 的符号为"∧",该符号的英文为 wedge,故外积也称 wedge product,也称楔(wedge) 积;巧的是 wedge 的发音和"外积" 几乎相同.

$\boldsymbol{b}$ 加以表达[①],称为 $\boldsymbol{a}$ 与 $\boldsymbol{b}$ 的叉积,它仍是一个向量[②].容易看出叉积有如下的基本性质:

1°$\boldsymbol{a}\times\boldsymbol{b}=-\boldsymbol{b}\times\boldsymbol{a}$.

2°$(\lambda\boldsymbol{a}+\mu\boldsymbol{b})\times\boldsymbol{c}=\lambda(\boldsymbol{a}\times\boldsymbol{b})+\mu(\boldsymbol{a}\times\boldsymbol{c})$.

但叉积一般不满足结合律;而一般地,有关系式

$$(\boldsymbol{a}\times\boldsymbol{b})\times\boldsymbol{c}-\boldsymbol{a}\times(\boldsymbol{b}\times\boldsymbol{c})=(\boldsymbol{a},\boldsymbol{b})\boldsymbol{c}-(\boldsymbol{b},\boldsymbol{c})\boldsymbol{a}$$

一个三重向量 $\boldsymbol{a}\wedge\boldsymbol{b}\wedge\boldsymbol{c}$ 可按如下法则表示一个数 $V(\boldsymbol{a},\boldsymbol{b},\boldsymbol{c})$,称为这三个向量的混合积:当 $\{\boldsymbol{a},\boldsymbol{b},\boldsymbol{c}\}$ 成右手系时,$V(\boldsymbol{a},\boldsymbol{b},\boldsymbol{c})$ 等于以 $\boldsymbol{a},\boldsymbol{b},\boldsymbol{c}$ 为棱的平行六面体的体积;反之,成左手系时,$V(\boldsymbol{a},\boldsymbol{b},\boldsymbol{c})$ 等于这个平行六面体体积的相反数.

根据这个定义可以得到

$$V(\boldsymbol{a},\boldsymbol{b},\boldsymbol{c})=(\boldsymbol{a}\times\boldsymbol{b})\cdot\boldsymbol{c}$$

读者不难证明混合积有如下的基本性质:

1°$V(\boldsymbol{a},\boldsymbol{b},\boldsymbol{c})=V(\boldsymbol{b},\boldsymbol{c},\boldsymbol{a})=V(\boldsymbol{c},\boldsymbol{a},\boldsymbol{b})=-V(\boldsymbol{b},\boldsymbol{c},\boldsymbol{a})=-V(\boldsymbol{c},\boldsymbol{b},\boldsymbol{a})=-V(\boldsymbol{a},\boldsymbol{c},\boldsymbol{b})$.

2°$V(\lambda\boldsymbol{a}+\mu\boldsymbol{a}',\boldsymbol{b},\boldsymbol{c})=\lambda V(\boldsymbol{a},\boldsymbol{b},\boldsymbol{c})+\mu V(\boldsymbol{a}',\boldsymbol{b},\boldsymbol{c})$.

---

① 但要注意,叉积与外积还是有本质区别的.叉积(也称向量积),是两个向量在三维欧氏空间中的二元运算,它仅限于三维空间.图 4 中:叉积的结果是一个向量,而外积的结果是一个二重向量.叉积和外积分别以 $\boldsymbol{a}\times\boldsymbol{b}$ 和平行四边形 $\boldsymbol{a}\wedge\boldsymbol{b}$ 表示,方向向量 $\boldsymbol{n}$ 与叉积相同.

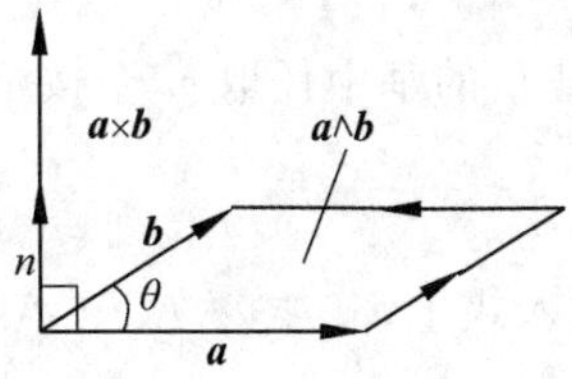

图 4

② 设三维空间的基底为 $\{\boldsymbol{i},\boldsymbol{j},\boldsymbol{k}\}$,那么根据定义,有

$$\boldsymbol{i}\times\boldsymbol{j}=\boldsymbol{k},\boldsymbol{j}\times\boldsymbol{k}=\boldsymbol{i},\boldsymbol{k}\times\boldsymbol{i}=\boldsymbol{j}$$

于是,两个向量 $\boldsymbol{a}=a_x\boldsymbol{i}+a_y\boldsymbol{j}+a_z\boldsymbol{k},\boldsymbol{b}=b_x\boldsymbol{i}+b_y\boldsymbol{j}+b_z\boldsymbol{k}$ 的叉积,即为

$$\boldsymbol{a}\times\boldsymbol{b}=(a_x\boldsymbol{i}+a_y\boldsymbol{j}+a_z\boldsymbol{k})\times(b_x\boldsymbol{i}+b_y\boldsymbol{j}+b_z\boldsymbol{k})=\begin{vmatrix}\boldsymbol{i}&\boldsymbol{j}&\boldsymbol{k}\\a_x&a_y&a_z\\b_x&b_y&b_z\end{vmatrix}$$

$$=\begin{vmatrix}a_y&a_z\\b_y&b_z\end{vmatrix}\boldsymbol{i}+\begin{vmatrix}a_z&a_x\\b_z&b_x\end{vmatrix}\boldsymbol{j}+\begin{vmatrix}a_x&a_y\\b_x&b_y\end{vmatrix}\boldsymbol{k}$$

3.2 一般线性空间上的多重向量空间与格拉斯曼代数

为了熟悉和理解后面的内容,下面先就基底为$\{\boldsymbol{e}_1,\boldsymbol{e}_2,\boldsymbol{e}_3\}$的三维空间中的向量

$$\boldsymbol{a}_i=a_{i1}\boldsymbol{e}_1+a_{i2}\boldsymbol{e}_2+a_{i3}\boldsymbol{e}_3 \quad (i=1,2,3)$$

的外积作具体的运算.

根据外积的线性分配律和定理 3.1.1,有

$$\begin{aligned}\boldsymbol{a}_1\wedge\boldsymbol{a}_2&=a_{11}a_{12}\boldsymbol{e}_1\wedge\boldsymbol{e}_2+a_{11}a_{23}\boldsymbol{e}_1\wedge\boldsymbol{e}_3+a_{12}a_{21}\boldsymbol{e}_2\wedge\boldsymbol{e}_1+\\&\quad a_{12}a_{23}\boldsymbol{e}_2\wedge\boldsymbol{e}_3+a_{13}a_{21}\boldsymbol{e}_3\wedge\boldsymbol{e}_1+a_{13}a_{22}\boldsymbol{e}_3\wedge\boldsymbol{e}_2\\&=\begin{vmatrix}a_{11}&a_{13}\\a_{22}&a_{23}\end{vmatrix}\boldsymbol{e}_2\wedge\boldsymbol{e}_3+\begin{vmatrix}a_{11}&a_{13}\\a_{21}&a_{23}\end{vmatrix}\boldsymbol{e}_1\wedge\boldsymbol{e}_3+\begin{vmatrix}a_{11}&a_{12}\\a_{21}&a_{22}\end{vmatrix}\boldsymbol{e}_1\wedge\boldsymbol{e}_2\end{aligned}$$ ①

一般地,可以证明:

定理 3.2.1 设$\{\boldsymbol{e}_1,\boldsymbol{e}_2,\cdots,\boldsymbol{e}_n\}$是线性空间$L$的一个基,而$\boldsymbol{a}_1,\boldsymbol{a}_2,\cdots,\boldsymbol{a}_m$是$L$中的一组向量,并且

$$\boldsymbol{a}_i=\sum_{j=1}^{n}a_{ij}\boldsymbol{e}_j \quad (i=1,2,\cdots,m)$$

则

$$\boldsymbol{a}_1\wedge\boldsymbol{a}_2\wedge\cdots\wedge\boldsymbol{a}_m=\sum_{1\leqslant i_1<\cdots<i_m\leqslant n}\begin{vmatrix}a_{1i_1}&a_{1i_2}&\cdots&a_{1i_m}\\a_{2i_1}&a_{2i_2}&\cdots&a_{2i_m}\\\vdots&\vdots&&\vdots\\a_{mi_1}&a_{mi_2}&\cdots&a_{mi_m}\end{vmatrix}\boldsymbol{e}_{i_1}\wedge\boldsymbol{e}_{i_2}\wedge\cdots\wedge\boldsymbol{e}_{i_m}$$

其中$\boldsymbol{e}_{i_1}\wedge\boldsymbol{e}_{i_2}\wedge\cdots\wedge\boldsymbol{e}_{i_m}$是$L$的基中任取$m$个按下标从小到大的顺序做成的$m$重向量(共有$\mathrm{C}_n^m$个).

证明 $\boldsymbol{a}_i=\sum\limits_{i=1}^{n}a_{ij}\boldsymbol{e}_j$代入式子$\boldsymbol{a}_1\wedge\boldsymbol{a}_2\wedge\cdots\wedge\boldsymbol{a}_m$,我们得到

$$\begin{aligned}\boldsymbol{a}_1\wedge\boldsymbol{a}_2\wedge\cdots\wedge\boldsymbol{a}_m=&(a_{11}\boldsymbol{e}_1+\cdots+a_{1n}\boldsymbol{e}_n)\wedge(a_{21}\boldsymbol{e}_1+\cdots+a_{2n}\boldsymbol{e}_n)\wedge\cdots\wedge\\&(a_{m1}\boldsymbol{e}_1+\cdots+a_{mn}\boldsymbol{e}_n)\end{aligned}$$

按照线性分配律以及定理 3.1.1,这等式的右边(外)乘开后,应该是若干如下

---

① 这个式子中的各二阶行列式就是三阶行列式$\begin{vmatrix}a_{11}&a_{12}&a_{13}\\a_{21}&a_{22}&a_{23}\\a_{31}&a_{32}&a_{33}\end{vmatrix}$中元素$a_{3j}(j=1,2,3)$的余子式$M_{3j}$.

形式的元素的和

$$a_{1i_1}\boldsymbol{e}_{i_1}\wedge a_{2i_1}\boldsymbol{e}_{i_2}\wedge\cdots\wedge a_{mi_m}\boldsymbol{e}_{i_m}=a_{1i_1}a_{2i_2}\cdots a_{mi_m}\boldsymbol{e}_{i_1}\wedge\boldsymbol{e}_{i_2}\wedge\cdots\wedge\boldsymbol{e}_{i_m}$$

具体地说,我们有

$$\boldsymbol{a}_1\wedge\boldsymbol{a}_2\wedge\cdots\wedge\boldsymbol{a}_m=\sum_{i_1=1,\cdots,i_m=1}^{n}(a_{1i_1}a_{2i_2}\cdots a_{mi_m}\boldsymbol{e}_{i_1}\wedge\boldsymbol{e}_{i_2}\wedge\cdots\wedge\boldsymbol{e}_{i_m})$$

为了把任意次序的外积 $\boldsymbol{e}_{i_1}\wedge\boldsymbol{e}_{i_2}\wedge\cdots\wedge\boldsymbol{e}_{i_m}$ 变成标准次序的外积 $\boldsymbol{e}_{i_1}\wedge\boldsymbol{e}_{i_2}\wedge\cdots\wedge\boldsymbol{e}_{i_m}(i_1<i_2<\cdots<i_m)$,我们在计算和式 $\sum\limits_{i_1=1,\cdots,i_m=1}^{n}$ 时,分两步进行:先从$\{1,2,\cdots,n\}$中任选 m 个数 $i_1<i_2<\cdots<i_m$,再把这 m 个数任意排列,因此(这里注意到了外积运算"∧"的反对称性)

$$\boldsymbol{a}_1\wedge\boldsymbol{a}_2\wedge\cdots\wedge\boldsymbol{a}_m=\sum_{1\leqslant i_1,\cdots,i_m\leqslant n}\Big(\sum_{(i_1,\cdots,i_m)}(-1)^{[i_1,i_2,\cdots,i_m]}a_{1i_1}a_{2i_2}\cdot\cdots\cdot a_{mi_m}\Big)\boldsymbol{e}_{i_1}\wedge\boldsymbol{e}_{i_2}\wedge\cdots\wedge\boldsymbol{e}_{i_m}$$

其中 $\sum\limits_{(i_1,\cdots,i_m)}$ 表示对$(i_1,i_2,\cdots,i_m)$的任意排列求和,$[i_1,i_2,\cdots,i_m]$表示对于次序 $i_1<i_2<\cdots<i_m$ 的反序数. 于是得到

$$\boldsymbol{a}_1\wedge\boldsymbol{a}_2\wedge\cdots\wedge\boldsymbol{a}_m=\sum_{1\leqslant i_1,\cdots,i_m\leqslant n}\begin{vmatrix}a_{1i_1}&a_{1i_2}&\cdots&a_{1i_m}\\a_{2i_1}&a_{2i_2}&\cdots&a_{2i_m}\\\vdots&\vdots&&\vdots\\a_{mi_1}&a_{mi_2}&\cdots&a_{mi_m}\end{vmatrix}\boldsymbol{e}_{i_1}\wedge\boldsymbol{e}_{i_2}\wedge\cdots\wedge\boldsymbol{e}_{i_m}$$

定理 3.2.1 说明了,L 中任意 m 个向量外乘所得的 m 重向量,总可以用$\{\boldsymbol{e}_{i_1}\wedge\boldsymbol{e}_{i_2}\wedge\cdots\wedge\boldsymbol{e}_{i_m}\mid 1\leqslant j_1<\cdots<j_m\leqslant n\}$这 C_n^m 个 m 重向量来线性表示.

例如,任意两个四维向量做成的二重向量

$$\boldsymbol{a}_1\wedge\boldsymbol{a}_2=\begin{vmatrix}a_{11}&a_{12}\\a_{21}&a_{22}\end{vmatrix}\boldsymbol{e}_1\wedge\boldsymbol{e}_2+\begin{vmatrix}a_{11}&a_{13}\\a_{21}&a_{23}\end{vmatrix}\boldsymbol{e}_1\wedge\boldsymbol{e}_3+\begin{vmatrix}a_{11}&a_{14}\\a_{21}&a_{24}\end{vmatrix}\boldsymbol{e}_1\wedge\boldsymbol{e}_4+\begin{vmatrix}a_{12}&a_{13}\\a_{22}&a_{23}\end{vmatrix}\boldsymbol{e}_2\wedge\boldsymbol{e}_4+\begin{vmatrix}a_{12}&a_{14}\\a_{22}&a_{24}\end{vmatrix}\boldsymbol{e}_2\wedge\boldsymbol{e}_4+\begin{vmatrix}a_{13}&a_{14}\\a_{23}&a_{24}\end{vmatrix}\boldsymbol{e}_3\wedge\boldsymbol{e}_4$$

可以把它看成是一个六维向量.

推论 记号同定理 3.2.1,则向量组 $\boldsymbol{a}_1,\boldsymbol{a}_2,\cdots,\boldsymbol{a}_m$ 线性无关的充要条件是 $\boldsymbol{a}_1\wedge\boldsymbol{a}_2\wedge\cdots\wedge\boldsymbol{a}_m\neq\boldsymbol{0}$.

证明 如果 $\boldsymbol{a}_1\wedge\boldsymbol{a}_2\wedge\cdots\wedge\boldsymbol{a}_m=\boldsymbol{0}$,则矩阵$(a_{ij})_{n\times n}$中总有一个 m 阶子行列式

$$\begin{vmatrix} a_{1i_1} & a_{1i_2} & \cdots & a_{1i_m} \\ a_{2i_1} & a_{2i_2} & \cdots & a_{2i_m} \\ \vdots & \vdots & & \vdots \\ a_{mi_1} & a_{mi_2} & \cdots & a_{mi_m} \end{vmatrix} \neq 0$$

即矩阵$(a_{ij})_{n\times n}$的秩为m.这说明向量组$\boldsymbol{a}_1,\boldsymbol{a}_2,\cdots,\boldsymbol{a}_m$是线性无关的.

反之,如果向量组$\boldsymbol{a}_1,\boldsymbol{a}_2,\cdots,\boldsymbol{a}_m$线性无关,则矩阵$(a_{ij})_{n\times n}$的秩为$m$.这说明总有一个上述$m$阶子行列式不为零,所以$\boldsymbol{a}_1\wedge\boldsymbol{a}_2\wedge\cdots\wedge\boldsymbol{a}_m\neq\boldsymbol{0}$.证毕.

对于$2\leqslant m\leqslant n$,形如$\lambda_i(\boldsymbol{a}_1\wedge\boldsymbol{a}_2\wedge\cdots\wedge\boldsymbol{a}_m)$(其中$\lambda_i$是基域中的数)的有限和$\sum_i\lambda_i(\boldsymbol{a}_1\wedge\boldsymbol{a}_2\wedge\cdots\wedge\boldsymbol{a}_m)$的全体记为$\wedge^m(L)$.在$\wedge^m(L)$中定义加法:$\sum_i\lambda_i(\boldsymbol{a}_1\wedge\boldsymbol{a}_2\wedge\cdots\wedge\boldsymbol{a}_m)$与$\sum_i\mu_i(\boldsymbol{a}_1\wedge\boldsymbol{a}_2\wedge\cdots\wedge\boldsymbol{a}_m)$的和为$\sum_i\lambda_i(\boldsymbol{a}_1\wedge\boldsymbol{a}_2\wedge\cdots\wedge\boldsymbol{a}_m)+\sum_i\mu_i(\boldsymbol{a}_1\wedge\boldsymbol{a}_2\wedge\cdots\wedge\boldsymbol{a}_m)=\sum_i(\lambda_i+\mu_i)(\boldsymbol{a}_1\wedge\boldsymbol{a}_2\wedge\cdots\wedge\boldsymbol{a}_m)$;在$\wedge^m(L)$中定义数$\mu$与$\sum_i\lambda_i(\boldsymbol{a}_1\wedge\boldsymbol{a}_2\wedge\cdots\wedge\boldsymbol{a}_m)$的乘积为$\mu\sum_i\lambda_i(\boldsymbol{a}_1\wedge\boldsymbol{a}_2\wedge\cdots\wedge\boldsymbol{a}_m)=\sum_i\mu\lambda_i(\boldsymbol{a}_1\wedge\boldsymbol{a}_2\wedge\cdots\wedge\boldsymbol{a}_m)$.容易验证$\wedge^m(L)$是一个向量空间,叫作$m$重向量空间,并且$\{\boldsymbol{e}_{j_1}\wedge\boldsymbol{e}_{j_2}\wedge\cdots\wedge\boldsymbol{e}_{j_m}\mid 1\leqslant j_1<\cdots<j_m\leqslant n\}$是它的一组基.

当$m>n$时,$\wedge^m(L)$只含有m重零向量.

现在可以引入格拉斯曼代数的概念了.为统一起见,约定$\wedge^0(L)$表示线性空间L的基域K,任何数λ与一个m重向量$\boldsymbol{a}$的外积就规定为$\lambda\cdot\boldsymbol{a}$,$\wedge^1(L)$就是$L$本身.记

$$G(L)=\wedge^0(L)\oplus\wedge^1(L)\oplus\cdots\oplus\wedge^n(L)$$

并将外积运算"$\wedge$"自然地延拓成$G(L)$中的外积运算

$$(\boldsymbol{a}_1\wedge\boldsymbol{a}_2\wedge\cdots\wedge\boldsymbol{a}_p)\wedge(\boldsymbol{b}_1\wedge\boldsymbol{b}_2\wedge\cdots\wedge\boldsymbol{b}_q)$$
$$=\begin{cases}\boldsymbol{a}_1\wedge\boldsymbol{a}_2\wedge\cdots\wedge\boldsymbol{a}_p\wedge\boldsymbol{b}_1\wedge\boldsymbol{b}_2\wedge\cdots\wedge\boldsymbol{b}_q & (p+q\leqslant n)\\ 0 \quad (p+q>n)\end{cases}$$

并要求满足结合律及线性分配律.则$G(L)$是一个2^n维的向量空间,它的一个基底是

$$1(\text{数域 } K \text{ 的单位})$$
$$\boldsymbol{e}_i\quad(i=1,2,\cdots,m)$$
$$\boldsymbol{e}_i\wedge\boldsymbol{e}_j\quad(1\leqslant i<j\leqslant n)$$
$$\vdots$$
$$\boldsymbol{e}_{j_1}\wedge\boldsymbol{e}_{j_2}\wedge\cdots\wedge\boldsymbol{e}_{j_m}\quad(1\leqslant j_1<\cdots<j_m\leqslant n)$$

$$\vdots$$

$$\boldsymbol{e}_1 \wedge \boldsymbol{e}_2 \wedge \cdots \wedge \boldsymbol{e}_n$$

这个基底①一共有 $1+C_n^1+C_n^2+\cdots+C_n^m=2^n$ 个元素.

$G(L)$ 连同外积运算"$\wedge$"称为 L 上的格拉斯曼代数. 这个代数系统在偏微分方程理论和近代微分几何学中都有重要的作用.

格拉斯曼代数满足以下反交换律:

定理 3.2.2 $\boldsymbol{a}\in\wedge^p(L),\boldsymbol{b}\in\wedge^q(L)$,则 $\boldsymbol{a}\wedge\boldsymbol{b}=(-1)^{pq}\boldsymbol{a}\wedge\boldsymbol{b}$.

证明 因为外乘满足分配律,所以只需考虑

$$\boldsymbol{a}=\boldsymbol{e}_{i_1}\wedge\boldsymbol{e}_{i_2}\wedge\cdots\wedge\boldsymbol{e}_{i_p},\boldsymbol{b}=\boldsymbol{e}_{j_1}\wedge\boldsymbol{e}_{j_2}\wedge\cdots\wedge\boldsymbol{e}_{j_q}$$

的情形. 这时

$$\begin{aligned}&(\boldsymbol{e}_{i_1}\wedge\boldsymbol{e}_{i_2}\wedge\cdots\wedge\boldsymbol{e}_{i_p})\wedge(\boldsymbol{e}_{j_1}\wedge\boldsymbol{e}_{j_2}\wedge\cdots\wedge\boldsymbol{e}_{j_q})\\=&(-1)^p\boldsymbol{e}_{j_1}\wedge(\boldsymbol{e}_{i_1}\wedge\boldsymbol{e}_{i_2}\wedge\cdots\wedge\boldsymbol{e}_{i_p})\wedge(\boldsymbol{e}_{j_2}\wedge\boldsymbol{e}_{j_3}\wedge\cdots\wedge\boldsymbol{e}_{j_q})\\=&(-1)^{pq}(\boldsymbol{e}_{j_1}\wedge\boldsymbol{e}_{j_2}\wedge\boldsymbol{e}_{j_3}\wedge\cdots\wedge\boldsymbol{e}_{j_q})\wedge(\boldsymbol{e}_{i_1}\wedge\boldsymbol{e}_{i_2}\wedge\cdots\wedge\boldsymbol{e}_{i_p})\end{aligned}$$

3.3 应用:克莱姆法则与比内 — 柯西公式的几何推演

在这里,我们指出向量外积这概念的两个应用. 第一个是(正方形方程组的)克莱姆法则的推导.

设 $\boldsymbol{AX}=\boldsymbol{B}$ 为 n 个含 n 个未知量的正方形方程组. 考虑 n 维实数空间 $\mathbf{R}^n$,并令 $\boldsymbol{e}_1,\boldsymbol{e}_2,\cdots,\boldsymbol{e}_n$ 是它的一组标准正交基. 我们知道,方程组 $\boldsymbol{AX}=\boldsymbol{B}$ 可以写成向量方程的形式(参看第 6 章 1.5 目)

$$x_1\boldsymbol{a}_1+x_2\boldsymbol{a}_2+\cdots+x_n\boldsymbol{a}_n=\boldsymbol{b} \tag{3.3.1}$$

其中 $\boldsymbol{A}=(\boldsymbol{a}_1,\boldsymbol{a}_2,\cdots,\boldsymbol{a}_n),\boldsymbol{X}=(\boldsymbol{x}_1,\boldsymbol{x}_2,\cdots,\boldsymbol{x}_n)^{\mathrm{T}},\boldsymbol{b}=\boldsymbol{B}$.

现在在向量方程(3.3.1)两端同时外乘向量 $\boldsymbol{a}_2\wedge\boldsymbol{a}_3\wedge\cdots\wedge\boldsymbol{a}_n$,得到

$$\begin{aligned}&x_1\boldsymbol{a}_1\wedge\boldsymbol{a}_2\wedge\boldsymbol{a}_3\wedge\cdots\wedge\boldsymbol{a}_n+x_2\boldsymbol{a}_2\wedge\boldsymbol{a}_2\wedge\boldsymbol{a}_3\wedge\cdots\wedge\boldsymbol{a}_n+\cdots+\\&x_n\boldsymbol{a}_n\wedge\boldsymbol{a}_2\wedge\boldsymbol{a}_3\wedge\cdots\wedge\boldsymbol{a}_n\\=&\boldsymbol{b}\wedge\boldsymbol{a}_2\wedge\boldsymbol{a}_3\wedge\cdots\wedge\boldsymbol{a}_n\end{aligned}$$

注意到 $\boldsymbol{a}_2\wedge\boldsymbol{a}_2=\boldsymbol{0},\boldsymbol{a}_3\wedge\boldsymbol{a}_3=\boldsymbol{0},\cdots,\boldsymbol{a}_n\wedge\boldsymbol{a}_n=\boldsymbol{0}$,故可得

$$x_1\boldsymbol{a}_1\wedge\boldsymbol{a}_2\wedge\boldsymbol{a}_3\wedge\cdots\wedge\boldsymbol{a}_n=\boldsymbol{b}\wedge\boldsymbol{a}_2\wedge\boldsymbol{a}_3\wedge\cdots\wedge\boldsymbol{a}_n$$

---

① 基底中诸向量的线性无关性,我们举例说明如下:设

$$\lambda\boldsymbol{e}_1\wedge\boldsymbol{e}_3+\mu\boldsymbol{e}_2\wedge\boldsymbol{e}_4\wedge\boldsymbol{e}_5+\nu\boldsymbol{e}_1\wedge\boldsymbol{e}_2\wedge\boldsymbol{e}_3\wedge\boldsymbol{e}_4=\boldsymbol{0}$$

等式两端乘以 $\boldsymbol{e}_2\wedge\boldsymbol{e}_4\wedge\boldsymbol{e}_5\wedge\cdots\wedge\boldsymbol{e}_n$,则得出 $\lambda=0$. 类似地,我们可以得出 $\mu=0$ 和 $\nu=0$. 因此 $\boldsymbol{e}_1\wedge\boldsymbol{e}_3,\boldsymbol{e}_2\wedge\boldsymbol{e}_4\wedge\boldsymbol{e}_5$ 和 $\boldsymbol{e}_1\wedge\boldsymbol{e}_2\wedge\boldsymbol{e}_3\wedge\boldsymbol{e}_4$ 是线性无关的.

按定理 3.2.1

$$\boldsymbol{a}_1 \wedge \boldsymbol{a}_2 \wedge \boldsymbol{a}_3 \wedge \cdots \wedge \boldsymbol{a}_n = |\boldsymbol{a}_1, \boldsymbol{a}_2, \boldsymbol{a}_3, \cdots, \boldsymbol{a}_n| (\boldsymbol{e}_1 \wedge \boldsymbol{e}_2 \wedge \boldsymbol{e}_3 \wedge \cdots \wedge \boldsymbol{e}_n)$$

$$\boldsymbol{b} \wedge \boldsymbol{a}_2 \wedge \boldsymbol{a}_3 \wedge \cdots \wedge \boldsymbol{a}_n = |\boldsymbol{b}, \boldsymbol{a}_2, \boldsymbol{a}_3, \cdots, \boldsymbol{a}_n| (\boldsymbol{e}_1 \wedge \boldsymbol{e}_2 \wedge \boldsymbol{e}_3 \wedge \cdots \wedge \boldsymbol{e}_n)$$

这里 $|\boldsymbol{b}, \boldsymbol{a}_2, \boldsymbol{a}_3, \cdots, \boldsymbol{a}_n|$ 表示由向量组 $\boldsymbol{b}, \boldsymbol{a}_2, \boldsymbol{a}_3, \cdots, \boldsymbol{a}_n$ 的坐标(对于基底 $\boldsymbol{e}_1, \boldsymbol{e}_2, \cdots, \boldsymbol{e}_n$)构成的行列式. 于是

$$\begin{aligned} & x_1 |\boldsymbol{a}_1, \boldsymbol{a}_2, \boldsymbol{a}_3, \cdots, \boldsymbol{a}_n| (\boldsymbol{e}_1 \wedge \boldsymbol{e}_2 \wedge \boldsymbol{e}_3 \wedge \cdots \wedge \boldsymbol{e}_n) \\ = & |\boldsymbol{b}, \boldsymbol{a}_2, \boldsymbol{a}_3, \cdots, \boldsymbol{a}_n| (\boldsymbol{e}_1 \wedge \boldsymbol{e}_2 \wedge \boldsymbol{e}_3 \wedge \cdots \wedge \boldsymbol{e}_n) \end{aligned}$$

故有

$$x_1 = \frac{|\boldsymbol{b}, \boldsymbol{a}_2, \boldsymbol{a}_3, \cdots, \boldsymbol{a}_n|}{|\boldsymbol{a}_1, \boldsymbol{a}_2, \boldsymbol{a}_3, \cdots, \boldsymbol{a}_n|}$$

一般地,用类似的方法可以得到

$$x_k = \frac{|\boldsymbol{a}_1, \cdots, \boldsymbol{a}_{k-1}, \boldsymbol{b}, \boldsymbol{a}_{k+1}, \cdots, \boldsymbol{a}_n|}{|\boldsymbol{a}_1, \boldsymbol{a}_2, \boldsymbol{a}_3, \cdots, \boldsymbol{a}_n|} \quad (k = 2, 3, \cdots, n)$$

这就导出了克莱姆法则.

转到比内-柯西公式的几何推演.

设 $\mathbf{R}^n$ 和 $\mathbf{R}^m$ 分别表示 n, m 维(实数)数空间. 定义线性映射

$$\mathscr{A}: \mathbf{R}^n \to \mathbf{R}^m, \boldsymbol{x} \to \mathscr{A}\boldsymbol{x}; \mathscr{B}: \mathbf{R}^m \to \mathbf{R}^n, \boldsymbol{x} \to \mathscr{B}\boldsymbol{x}$$

那么 $\mathscr{C} = \mathscr{A}\mathscr{B}$ 定义了 $\mathbf{R}^m \to \mathbf{R}^m$ 的一个线性变换

$$\mathbf{R}^m \to \mathbf{R}^m, \boldsymbol{x} \to \mathscr{C}\boldsymbol{x}$$

考虑基础空间 $\mathbf{R}^n$ 和 $\mathbf{R}^m$ 上的 p 重向量空间 $\wedge^p(\mathbf{R}^n)$ 以及 $\wedge^p(\mathbf{R}^m)$,并规定它们之间的一个对应

$$\wedge^p(\mathbf{R}^n) \to \wedge^p(\mathbf{R}^m), \boldsymbol{u}_1 \wedge \boldsymbol{u}_2 \wedge \cdots \wedge \boldsymbol{u}_p \to (\mathscr{A}\boldsymbol{u}_1) \wedge (\mathscr{A}\boldsymbol{u}_2) \wedge \cdots \wedge (\mathscr{A}\boldsymbol{u}_p)$$

容易验证,这是一个映射并且还是线性的,我们把它记作 $\wedge^p\mathscr{A}$. 类似的, $\wedge^p\mathscr{B}$ 表示线性变换

$$\wedge^p(\mathbf{R}^m) \to \wedge^p(\mathbf{R}^n), \boldsymbol{v}_1 \wedge \boldsymbol{v}_2 \wedge \cdots \wedge \boldsymbol{v}_p \to (\mathscr{B}\boldsymbol{v}_1) \wedge (\mathscr{B}\boldsymbol{v}_2) \wedge \cdots \wedge (\mathscr{B}\boldsymbol{v}_p)$$

显然有

$$\wedge^p(\mathscr{A}\mathscr{B}) = (\wedge^p\mathscr{A})(\wedge^p\mathscr{B})$$

令 $p = m$,则有

$$\wedge^m(\mathscr{A}\mathscr{B}) = (\wedge^m\mathscr{A})(\wedge^m\mathscr{B})$$

设 $\{\boldsymbol{u}_1, \boldsymbol{u}_2, \cdots, \boldsymbol{u}_n\}, \{\boldsymbol{v}_1, \boldsymbol{v}_2, \cdots, \boldsymbol{v}_m\}$ 分别为 $\mathbf{R}^n$ 与 $\mathbf{R}^m$ 的一个基,并设在此基底下,变换 $\mathscr{A}, \mathscr{B}, \mathscr{C}$ 分别具有矩阵 $\boldsymbol{A} = (a_{ik})_{m\times n}, \boldsymbol{B} = (b_{kj})_{n\times m}, \boldsymbol{C} = (c_{ij})_{m\times m}$.

当 $m > n$ 时, $\mathbf{R}^n$ 的 m 重向量为 $\mathbf{0}$,此时 $\wedge^m(\mathscr{A}\mathscr{B}) = (\wedge^m\mathscr{C})$ 是零变换,于是我们得出结论:当 $m > n$ 时, $|\boldsymbol{C}| = |\boldsymbol{AB}| = 0$.

当 $m\leqslant n$ 时,首先注意到 $\boldsymbol{u}_k$ 在 $\mathscr{A}$ 下的映像 $\mathscr{A}\boldsymbol{u}_k$ 具有坐标 $a_{1k},a_{2k},\cdots,a_{mk}$. 即

$$\mathscr{A}\boldsymbol{u}_k=\sum_{j=1}^{m}a_{jk}\boldsymbol{v}_j\quad(k=1,2,\cdots,n)$$

同样地,有

$$\mathscr{B}\boldsymbol{v}_k=\sum_{j=1}^{n}b_{jk}\boldsymbol{u}_j\quad(k=1,2,\cdots,m)$$

现在考虑 $\boldsymbol{u}_1\wedge\boldsymbol{u}_2\wedge\cdots\wedge\boldsymbol{u}_m$ 在复合映射 $(\wedge^m\mathscr{A})(\wedge^m\mathscr{B})$ 下的像

$$\begin{aligned}&(\wedge^m\mathscr{A})(\wedge^m\mathscr{B})(\boldsymbol{u}_1\wedge\boldsymbol{u}_2\wedge\cdots\wedge\boldsymbol{u}_m)\\=&(\wedge^m\mathscr{A})((\mathscr{B}\boldsymbol{v}_1)\wedge(\mathscr{B}\boldsymbol{v}_2)\wedge\cdots\wedge(\mathscr{B}\boldsymbol{v}_m))\end{aligned}$$

对等号右边的 $(\mathscr{B}\boldsymbol{v}_1)\wedge(\mathscr{B}\boldsymbol{v}_2)\wedge\cdots\wedge(\mathscr{B}\boldsymbol{v}_m)$ 应用定理 3.2.1,有

$$\begin{aligned}&(\mathscr{B}\boldsymbol{v}_1)\wedge(\mathscr{B}\boldsymbol{v}_2)\wedge\cdots\wedge(\mathscr{B}\boldsymbol{v}_m)\\=&\sum_{1\leqslant i_1<\cdots<i_m\leqslant n}\begin{vmatrix}b_{i_11}&b_{i_21}&\cdots&b_{i_m1}\\b_{i_12}&b_{i_22}&\cdots&b_{i_m2}\\\vdots&\vdots&&\vdots\\b_{i_1m}&b_{i_2m}&\cdots&b_{i_mm}\end{vmatrix}\boldsymbol{u}_{i_1}\wedge\boldsymbol{u}_{i_2}\wedge\cdots\wedge\boldsymbol{u}_{i_m}\end{aligned}$$

其中 $\boldsymbol{u}_{i_1}\wedge\boldsymbol{u}_{i_2}\wedge\cdots\wedge\boldsymbol{u}_{i_m}$ 是基 $\{\boldsymbol{u}_1,\boldsymbol{u}_2,\cdots,\boldsymbol{u}_n\}$ 中任取 m 个按下标从小到大的顺序做成的 m 重向量.

于是

$$\begin{aligned}&(\wedge^m\mathscr{A})(\wedge^m\mathscr{B})(\boldsymbol{u}_1\wedge\boldsymbol{u}_2\wedge\cdots\wedge\boldsymbol{u}_m)\\=&(\wedge^m\mathscr{A})\Bigl(\sum_{1\leqslant i_1<\cdots<i_m\leqslant n}\begin{vmatrix}b_{1i_1}&b_{1i_2}&\cdots&b_{1i_m}\\b_{2i_1}&b_{2i_2}&\cdots&b_{2i_m}\\\vdots&\vdots&&\vdots\\b_{mi_1}&b_{mi_2}&\cdots&b_{mi_m}\end{vmatrix}\boldsymbol{u}_{i_1}\wedge\boldsymbol{u}_{i_2}\wedge\cdots\wedge\boldsymbol{u}_{i_m}\Bigr)\\=&\sum_{1\leqslant i_1<\cdots<i_m\leqslant n}\begin{vmatrix}b_{1i_1}&b_{1i_2}&\cdots&b_{1i_m}\\b_{2i_1}&b_{2i_2}&\cdots&b_{2i_m}\\\vdots&\vdots&&\vdots\\b_{mi_1}&b_{mi_2}&\cdots&b_{mi_m}\end{vmatrix}(\wedge^m\mathscr{A})(\boldsymbol{u}_{i_1}\wedge\boldsymbol{u}_{i_2}\wedge\cdots\wedge\boldsymbol{u}_{i_m})\end{aligned}$$

一方面,按照定义,成立

$$\begin{aligned}&(\wedge^m\mathscr{A})(\boldsymbol{u}_{i_1}\wedge\boldsymbol{u}_{i_2}\wedge\cdots\wedge\boldsymbol{u}_{i_m})\\=&(\mathscr{A}\boldsymbol{u}_{i_1})\wedge(\mathscr{A}\boldsymbol{u}_{i_2})\wedge\cdots\wedge(\mathscr{A}\boldsymbol{u}_{i_m})\\=&\Bigl(\sum_{j=1}^{m}a_{ji_1}\boldsymbol{v}_j\Bigr)\wedge\Bigl(\mathscr{A}\sum_{j=1}^{m}a_{ji_2}\boldsymbol{v}_j\Bigr)\wedge\cdots\wedge\Bigl(\mathscr{A}\sum_{j=1}^{m}a_{ji_m}\boldsymbol{v}_j\Bigr)\end{aligned}$$

$$=\begin{vmatrix} a_{1i_1} & a_{1i_2} & \cdots & a_{1i_m} \\ a_{2i_1} & a_{2i_2} & \cdots & a_{2i_m} \\ \vdots & \vdots & & \vdots \\ a_{mi_1} & a_{mi_2} & \cdots & a_{mi_m} \end{vmatrix}(\boldsymbol{v}_1 \wedge \boldsymbol{v}_2 \wedge \cdots \wedge \boldsymbol{v}_m)$$

最后，我们得出

$$(\wedge^m \mathscr{A})(\wedge^m \mathscr{B})(\boldsymbol{u}_1 \wedge \boldsymbol{u}_2 \wedge \cdots \wedge \boldsymbol{u}_m)$$

$$=\sum_{1\leqslant i_1\leqslant\cdots<i_m\leqslant n}\begin{vmatrix} b_{1i_1} & b_{1i_2} & \cdots & b_{1i_m} \\ b_{2i_1} & b_{2i_2} & \cdots & b_{2i_m} \\ \vdots & \vdots & & \vdots \\ b_{mi_1} & b_{mi_2} & \cdots & b_{mi_m} \end{vmatrix}\begin{vmatrix} a_{1i_1} & a_{1i_2} & \cdots & a_{1i_m} \\ a_{2i_1} & a_{2i_2} & \cdots & a_{2i_m} \\ \vdots & \vdots & & \vdots \\ a_{mi_1} & a_{mi_2} & \cdots & a_{mi_m} \end{vmatrix}\cdot$$

$$(\boldsymbol{v}_1 \wedge \boldsymbol{v}_2 \wedge \cdots \wedge \boldsymbol{v}_m)$$

另一方面，如前，记号$(\wedge^m \mathscr{C})=(\wedge^m \mathscr{A}\mathscr{B})$表示$\mathbf{R}^m$上$m$重向量空间$\wedge^m(\mathbf{R}^m)$的线性变换，并且我们有

$$(\wedge^m \mathscr{A}\mathscr{B})(\boldsymbol{v}_1 \wedge \boldsymbol{v}_2 \wedge \cdots \wedge \boldsymbol{v}_m)=(\wedge^m \mathscr{C})(\boldsymbol{v}_1 \wedge \boldsymbol{v}_2 \wedge \cdots \wedge \boldsymbol{v}_m)$$

$$=\begin{vmatrix} c_{11} & c_{12} & \cdots & c_{1m} \\ c_{21} & c_{22} & \cdots & c_{2m} \\ \vdots & \vdots & & \vdots \\ c_{m1} & c_{m2} & \cdots & c_{mm} \end{vmatrix}(\boldsymbol{v}_1 \wedge \boldsymbol{v}_2 \wedge \cdots \wedge \boldsymbol{v}_m)$$

既然

$$\wedge^m(\mathscr{A}\mathscr{B})=(\wedge^m \mathscr{A})(\wedge^m \mathscr{B})$$

于是，有

$$\begin{vmatrix} c_{11} & c_{12} & \cdots & c_{1m} \\ c_{21} & c_{22} & \cdots & c_{2m} \\ \vdots & \vdots & & \vdots \\ c_{m1} & c_{m2} & \cdots & c_{mm} \end{vmatrix}=\sum_{1\leqslant i_1\leqslant\cdots<i_m\leqslant n}\begin{vmatrix} b_{1i_1} & b_{1i_2} & \cdots & b_{1i_m} \\ b_{2i_1} & b_{2i_2} & \cdots & b_{2i_m} \\ \vdots & \vdots & & \vdots \\ b_{mi_1} & b_{mi_2} & \cdots & b_{mi_m} \end{vmatrix}\begin{vmatrix} a_{1i_1} & a_{1i_2} & \cdots & a_{1i_m} \\ a_{2i_1} & a_{2i_2} & \cdots & a_{2i_m} \\ \vdots & \vdots & & \vdots \\ a_{mi_1} & a_{mi_2} & \cdots & a_{mi_m} \end{vmatrix}$$

这就得出了比内－柯西公式.

3.4　欧氏空间上的多重向量空间·柯西－布涅科夫斯基不等式的推广·高维勾股定理

现在把基础空间设定为欧氏空间R，并考虑R上的格拉斯曼代数$G(R)$，对两个m重向量$\boldsymbol{a}_1 \wedge \boldsymbol{a}_2 \wedge \cdots \wedge \boldsymbol{a}_m$和$\boldsymbol{b}_1 \wedge \boldsymbol{b}_2 \wedge \cdots \wedge \boldsymbol{b}_m$，规定它们的内积如下

$$(\boldsymbol{a}_1 \wedge \boldsymbol{a}_2 \wedge \cdots \wedge \boldsymbol{a}_m, \boldsymbol{b}_1 \wedge \boldsymbol{b}_2 \wedge \cdots \wedge \boldsymbol{b}_m) = \begin{vmatrix} (\boldsymbol{a}_1,\boldsymbol{b}_1) & (\boldsymbol{a}_1,\boldsymbol{b}_2) & \cdots & (\boldsymbol{a}_1,\boldsymbol{b}_m) \\ (\boldsymbol{a}_2,\boldsymbol{b}_1) & (\boldsymbol{a}_2,\boldsymbol{b}_2) & \cdots & (\boldsymbol{a}_2,\boldsymbol{b}_m) \\ \vdots & \vdots & & \vdots \\ (\boldsymbol{a}_m,\boldsymbol{b}_1) & (\boldsymbol{a}_m,\boldsymbol{b}_2) & \cdots & (\boldsymbol{a}_m,\boldsymbol{b}_m) \end{vmatrix}$$

这里$(\boldsymbol{a}_i,\boldsymbol{b}_j)$表述欧氏空间 R 中两向量 $\boldsymbol{a}_i,\boldsymbol{b}_j$ 的内积.

不难验证,这样规定的运算满足内积的公理 Ⅰ — Ⅳ(§1,1.2目).例如,我们来证明这种运算的非负性.当 $\boldsymbol{a}_1 \wedge \boldsymbol{a}_2 \wedge \cdots \wedge \boldsymbol{a}_m \neq 0$(即 $\boldsymbol{a}_1,\boldsymbol{a}_2,\cdots,\boldsymbol{a}_m$ 线性无关)时,由列向量 $\boldsymbol{a}_1,\boldsymbol{a}_2,\cdots,\boldsymbol{a}_m$ 的坐标所构成的 $n \times m$ 维矩阵记为 $\mathbf{A}=(\boldsymbol{a}_1,\boldsymbol{a}_2,\cdots,\boldsymbol{a}_m)$,则 $\mathbf{A}$ 的秩为 m.于是$(\boldsymbol{a}_1 \wedge \boldsymbol{a}_2 \wedge \cdots \wedge \boldsymbol{a}_m,\boldsymbol{a}_1 \wedge \boldsymbol{a}_2 \wedge \cdots \wedge \boldsymbol{a}_m)$是 m 阶对称矩阵 $\mathbf{A}^{\mathrm{T}}\mathbf{A}$ 的行列式,因此

$$(\boldsymbol{a}_1 \wedge \boldsymbol{a}_2 \wedge \cdots \wedge \boldsymbol{a}_m, \boldsymbol{a}_1 \wedge \boldsymbol{a}_2 \wedge \cdots \wedge \boldsymbol{a}_m) > 0$$

同时$(\boldsymbol{a}_1 \wedge \boldsymbol{a}_2 \wedge \cdots \wedge \boldsymbol{a}_m,\boldsymbol{a}_1 \wedge \boldsymbol{a}_2 \wedge \cdots \wedge \boldsymbol{a}_m)=0$ 当且仅当 $\boldsymbol{a}_1 \wedge \boldsymbol{a}_2 \wedge \cdots \wedge \boldsymbol{a}_m=0$.

定义 3.4.1 我们将非负实数$\sqrt{(\boldsymbol{a}_1 \wedge \boldsymbol{a}_2 \wedge \cdots \wedge \boldsymbol{a}_m,\boldsymbol{a}_1 \wedge \boldsymbol{a}_2 \wedge \cdots \wedge \boldsymbol{a}_m)}$称为 m 重向量 $\boldsymbol{a}_1 \wedge \boldsymbol{a}_2 \wedge \cdots \wedge \boldsymbol{a}_m$ 的长度,记作 $|\boldsymbol{a}_1 \wedge \boldsymbol{a}_2 \wedge \cdots \wedge \boldsymbol{a}_m|$.即

$$|\boldsymbol{a}_1 \wedge \boldsymbol{a}_2 \wedge \cdots \wedge \boldsymbol{a}_m| = \sqrt{\begin{vmatrix} (\boldsymbol{a}_1,\boldsymbol{a}_1) & (\boldsymbol{a}_1,\boldsymbol{a}_2) & \cdots & (\boldsymbol{a}_1,\boldsymbol{a}_m) \\ (\boldsymbol{a}_2,\boldsymbol{a}_1) & (\boldsymbol{a}_2,\boldsymbol{a}_2) & \cdots & (\boldsymbol{a}_2,\boldsymbol{a}_m) \\ \vdots & \vdots & & \vdots \\ (\boldsymbol{a}_m,\boldsymbol{a}_1) & (\boldsymbol{a}_m,\boldsymbol{a}_2) & \cdots & (\boldsymbol{a}_m,\boldsymbol{a}_m) \end{vmatrix}}$$

现在看一下 $m=2$ 的情况.读者在上一目中已看到:由向量 $\boldsymbol{a},\boldsymbol{b}$ 确定的平行四边形面积的平方$=(\boldsymbol{a},\boldsymbol{a})(\boldsymbol{b},\boldsymbol{b})-(\boldsymbol{a},\boldsymbol{b})^2$,而用现在的记号,右边恰为$|\boldsymbol{a} \wedge \boldsymbol{b}|$,即 $\boldsymbol{a} \wedge \boldsymbol{b}$ 的长度恰好是所述平行四边形的面积.同样地,读者不难证明,$|\boldsymbol{a} \wedge \boldsymbol{b} \wedge \boldsymbol{c}|$ 恰好等于由 $\boldsymbol{a},\boldsymbol{b},\boldsymbol{c}$ 确定的平行六面体的体积.在一般情形,类似的结论也是成立的,因为$|\boldsymbol{a}_1 \wedge \boldsymbol{a}_2 \wedge \cdots \wedge \boldsymbol{a}_m|$的平方恰好是诸向量 $\boldsymbol{a}_1,\boldsymbol{a}_2,\cdots,\boldsymbol{a}_m$ 的格拉姆行列式(参阅 §2,2.3 目).由此可见,m 重向量刻画了相应的 m 维平行多面体的方向和体积.

类似于一般线性空间向量的柯西－布涅科夫斯基不等式(参阅 §1,1.3 目)及其证明,在 m 重向量空间 $\wedge^m(R)$ 中定义了内积之后,则有柯西－布涅科夫斯基不等式的推广

$$|(\boldsymbol{a},\boldsymbol{b})| \leqslant |\boldsymbol{a}||\boldsymbol{b}| \tag{3.4.1}$$

这里 $\boldsymbol{a},\boldsymbol{b} \in \wedge^m(R)$;并且等号成立的充分必要条件是 $\lambda\boldsymbol{a}+\mu\boldsymbol{b}=\mathbf{0}$,$\lambda,\mu$ 是不全为零的实数.

若设 $\boldsymbol{a}=\boldsymbol{a}_1\wedge\boldsymbol{a}_2\wedge\cdots\wedge\boldsymbol{a}_m,\boldsymbol{b}=\boldsymbol{b}_1\wedge\boldsymbol{b}_2\wedge\cdots\wedge\boldsymbol{b}_m$,则式(3.4.1)即为

$$\begin{vmatrix}(\boldsymbol{a}_1,\boldsymbol{b}_1) & (\boldsymbol{a}_1,\boldsymbol{b}_2) & \cdots & (\boldsymbol{a}_1,\boldsymbol{b}_m)\\ (\boldsymbol{a}_2,\boldsymbol{b}_1) & (\boldsymbol{a}_2,\boldsymbol{b}_2) & \cdots & (\boldsymbol{a}_2,\boldsymbol{b}_m)\\ \vdots & \vdots & & \vdots\\ (\boldsymbol{a}_m,\boldsymbol{b}_1) & (\boldsymbol{a}_m,\boldsymbol{b}_2) & \cdots & (\boldsymbol{a}_m,\boldsymbol{b}_m)\end{vmatrix}^2$$

$$\leqslant\begin{vmatrix}(\boldsymbol{a}_1,\boldsymbol{a}_1) & (\boldsymbol{a}_1,\boldsymbol{a}_2) & \cdots & (\boldsymbol{a}_1,\boldsymbol{a}_m)\\ (\boldsymbol{a}_2,\boldsymbol{a}_1) & (\boldsymbol{a}_2,\boldsymbol{a}_2) & \cdots & (\boldsymbol{a}_2,\boldsymbol{a}_m)\\ \vdots & \vdots & & \vdots\\ (\boldsymbol{a}_m,\boldsymbol{a}_1) & (\boldsymbol{a}_m,\boldsymbol{a}_2) & \cdots & (\boldsymbol{a}_m,\boldsymbol{a}_m)\end{vmatrix}\begin{vmatrix}(\boldsymbol{b}_1,\boldsymbol{b}_1) & (\boldsymbol{b}_1,\boldsymbol{b}_2) & \cdots & (\boldsymbol{b}_1,\boldsymbol{b}_m)\\ (\boldsymbol{b}_2,\boldsymbol{b}_1) & (\boldsymbol{b}_2,\boldsymbol{b}_2) & \cdots & (\boldsymbol{b}_2,\boldsymbol{b}_m)\\ \vdots & \vdots & & \vdots\\ (\boldsymbol{b}_m,\boldsymbol{b}_1) & (\boldsymbol{b}_m,\boldsymbol{b}_2) & \cdots & (\boldsymbol{b}_m,\boldsymbol{b}_m)\end{vmatrix}$$

对于 m 重向量,我们还有如下重要性质:

定理 3.4.1 对于非零的 p,q 重向量 $\boldsymbol{a}=\boldsymbol{a}_1\wedge\boldsymbol{a}_2\wedge\cdots\wedge\boldsymbol{a}_p,\boldsymbol{b}=\boldsymbol{b}_1\wedge\boldsymbol{b}_2\wedge\cdots\wedge\boldsymbol{b}_q(1\leqslant q\leqslant p\leqslant n)$,恒有

$$|\boldsymbol{a}\wedge\boldsymbol{b}|\leqslant|\boldsymbol{a}||\boldsymbol{b}|$$

其中等号成立的充要条件是 $p+q\leqslant n$,且所有的$(\boldsymbol{a}_i,\boldsymbol{b}_j)=0,i=1,2,\cdots,p;j=1,2,\cdots,q$.

证明 如果 $p+q>n$,那么 $|\boldsymbol{a}\wedge\boldsymbol{b}|=0$,不等式恒能成立. 下面考虑 $p+q\leqslant n$ 的情形.

由 $\boldsymbol{a}\neq\boldsymbol{0},\boldsymbol{b}\neq\boldsymbol{0}$ 知道向量组 $\boldsymbol{a}_1,\boldsymbol{a}_2,\cdots,\boldsymbol{a}_p$ 与 $\boldsymbol{b}_1,\boldsymbol{b}_2,\cdots,\boldsymbol{b}_q$ 均线性无关,所以由列向量 $\boldsymbol{a}_1,\boldsymbol{a}_2,\cdots,\boldsymbol{a}_p;\boldsymbol{b}_1,\boldsymbol{b}_2,\cdots,\boldsymbol{b}_q$ 的坐标构成的 $n\times p$ 维矩阵 $\boldsymbol{A}$,$n\times q$ 维矩阵 $\boldsymbol{B}$ 的秩分别为 p,q. 因此对称矩阵 $\boldsymbol{A}^{\mathrm{T}}\boldsymbol{A},\boldsymbol{B}^{\mathrm{T}}\boldsymbol{B}$ 是正定的,即有

$$|\boldsymbol{a}|^2=|\boldsymbol{A}^{\mathrm{T}}\boldsymbol{A}|>0,\ |\boldsymbol{b}|^2=|\boldsymbol{B}^{\mathrm{T}}\boldsymbol{B}|>0$$

现在考虑由 $\boldsymbol{a}_1,\boldsymbol{a}_2,\cdots,\boldsymbol{a}_p,\boldsymbol{b}_1,\boldsymbol{b}_2,\cdots,\boldsymbol{b}_q$ 的坐标构成的 $n\times(p+q)$ 维矩阵 $\boldsymbol{C}$,显然 $\boldsymbol{C}=(\boldsymbol{A},\boldsymbol{B})$. 于是

$$\begin{aligned}|\boldsymbol{a}\wedge\boldsymbol{b}|^2&=|\boldsymbol{C}^{\mathrm{T}}\boldsymbol{C}|\\&=|(\boldsymbol{A},\boldsymbol{B})^{\mathrm{T}}(\boldsymbol{A},\boldsymbol{B})|\\&=\begin{vmatrix}\boldsymbol{A}^{\mathrm{T}}\boldsymbol{A} & \boldsymbol{A}^{\mathrm{T}}\boldsymbol{B}\\ \boldsymbol{B}^{\mathrm{T}}\boldsymbol{A} & \boldsymbol{B}^{\mathrm{T}}\boldsymbol{B}\end{vmatrix}\\&\leqslant|\boldsymbol{A}^{\mathrm{T}}\boldsymbol{A}|\cdot|\boldsymbol{B}^{\mathrm{T}}\boldsymbol{B}|\end{aligned}$$

其中等号成立的充要条件是 $\boldsymbol{A}^{\mathrm{T}}\boldsymbol{B}=\boldsymbol{O}$(参阅第 5 章,定理 6.5.1:费歇耳不等式),即对所有的 $i=1,2,\cdots,p;j=1,2,\cdots,q$,有$(\boldsymbol{a}_i,\boldsymbol{b}_j)=0$.

应用这个定理,亦可求得一点 $\boldsymbol{c}$ 到 m 维超平面 $\boldsymbol{x}=\boldsymbol{a}_0+\sum\limits_{i=1}^{m}t_i\boldsymbol{a}_i(\boldsymbol{a}_1\wedge\boldsymbol{a}_2\wedge\cdots\wedge\boldsymbol{a}_m\neq\boldsymbol{0})$ 的距离 h.

事实上,若记 $\boldsymbol{a}_{m+1}=\boldsymbol{c}-\boldsymbol{a}_0$,则

$$\begin{aligned}
|\boldsymbol{c}-\boldsymbol{x}| &= \left|\boldsymbol{a}_{m+1}-\sum_{i=1}^{m} t_i\boldsymbol{a}_i\right|\cdot\frac{|\boldsymbol{a}|}{|\boldsymbol{a}|}\\
&\geqslant \frac{\left|\left(\boldsymbol{a}_{m+1}-\sum_{i=1}^{m} t_i\boldsymbol{a}_i\right)\wedge \boldsymbol{b}\right|}{|\boldsymbol{b}|} \quad (\text{定理 } 3.4.1)\\
&= \frac{\left|\left(\boldsymbol{a}_{m+1}-\sum_{i=1}^{m} t_i\boldsymbol{a}_i\right)\wedge \boldsymbol{a}_1\wedge\cdots\wedge\boldsymbol{a}_m\right|}{|\boldsymbol{a}_1\wedge\cdots\wedge\boldsymbol{a}_m|}\\
&= \frac{|\boldsymbol{a}_1\wedge\cdots\wedge\boldsymbol{a}_m\wedge\boldsymbol{a}_{m+1}|}{|\boldsymbol{a}_1\wedge\cdots\wedge\boldsymbol{a}_m|}\\
&= \frac{m+1\text{ 重向量的长度}}{m\text{ 重向量的长度}}=h
\end{aligned}$$

最后,我们指出,m 重向量内积的分配律实际上可以看作高维勾股定理的代数形式,以 $m=n-1$ 维平行多面体为例作如下说明:设 $\boldsymbol{e}_1,\boldsymbol{e}_2,\cdots,\boldsymbol{e}_n$ 为 n 维欧氏向量空间 R 的一组标准正交基底(即有 $(\boldsymbol{e}_i,\boldsymbol{e}_j)=\delta_{ij}$). 那么当

$$\boldsymbol{e}_i^*=\boldsymbol{e}_1\wedge\cdots\wedge\boldsymbol{e}_{i-1}\wedge\boldsymbol{e}_{i+1}\wedge\cdots\wedge\boldsymbol{e}_n$$

时,$\boldsymbol{e}_1^*,\boldsymbol{e}_2^*,\cdots,\boldsymbol{e}_n^*$ 构成 $(n-1)$ 重欧氏空间 $\wedge^{n-1}(R)$ 的一组标准正交基底. 于是任一 $(n-1)$ 重向量 $\boldsymbol{a}=\boldsymbol{a}_1\wedge\boldsymbol{a}_2\wedge\cdots\wedge\boldsymbol{a}_{n-1}$ 可表示为

$$\boldsymbol{a}=(\boldsymbol{a},\boldsymbol{e}_1^*)\cdot\boldsymbol{e}_1^*+(\boldsymbol{a},\boldsymbol{e}_2^*)\cdot\boldsymbol{e}_2^*+\cdots+(\boldsymbol{a},\boldsymbol{e}_n^*)\cdot\boldsymbol{e}_n^*$$

这式子右边的 n 项分别是 $\boldsymbol{a}=\boldsymbol{a}_1\wedge\boldsymbol{a}_2\wedge\cdots\wedge\boldsymbol{a}_{n-1}$ 在 n 个坐标平面上的投影,由内积分配律得到

$$\begin{aligned}
(\boldsymbol{a},\boldsymbol{a})=&((\boldsymbol{a},\boldsymbol{e}_1^*)\cdot\boldsymbol{e}_1^*,(\boldsymbol{a},\boldsymbol{e}_1^*)\cdot\boldsymbol{e}_1^*)+((\boldsymbol{a},\boldsymbol{e}_2^*)\cdot\boldsymbol{e}_2^*,(\boldsymbol{a},\boldsymbol{e}_2^*)\cdot\boldsymbol{e}_2^*)+\cdots+\\
&((\boldsymbol{a},\boldsymbol{e}_n^*)\cdot\boldsymbol{e}_n^*,(\boldsymbol{a},\boldsymbol{e}_n^*)\cdot\boldsymbol{e}_n^*)
\end{aligned}$$

也即 $n-1$ 维平行多面体 $\boldsymbol{a}$ 的体积的平方 $=\boldsymbol{a}$ 在 $n-1$ 个坐标面上投影 $n-1$ 维平行多面体的体积的平方之和,这就是高维的勾股定理[①].

3.5 柯西-布涅科夫斯基不等式的再推广

由于上一目的不等式(3.4.1),我们也可定义由两个 m 重向量 $\boldsymbol{a}_1\wedge\boldsymbol{a}_2\wedge\cdots\wedge\boldsymbol{a}_m$ 和 $\boldsymbol{b}_1\wedge\boldsymbol{b}_2\wedge\cdots\wedge\boldsymbol{b}_m$ 的夹角 θ 如下

$$\cos\theta=\frac{(\boldsymbol{a},\boldsymbol{b})}{|\boldsymbol{a}|\cdot|\boldsymbol{b}|}=\frac{(\boldsymbol{a}_1\wedge\cdots\wedge\boldsymbol{a}_m,\boldsymbol{b}_1\wedge\cdots\wedge\boldsymbol{b}_m)}{|\boldsymbol{a}_1\wedge\boldsymbol{a}_m|\cdot|\boldsymbol{b}_1\wedge\boldsymbol{b}_m|} \tag{3.5.1}$$

① 这个事实,我们曾在上一节 2.3 目建立起过.

运用式(3.5.1)可以求得方位向量分别为 $\boldsymbol{a},\boldsymbol{b}$ 的两个 m 维平面的夹角.

因为线性流形是线性子空间平移的结果,现在可以把 m 维线性流形(超平面)定义如下:

定义 3.5.1 m 维线性流形是指 n 维欧氏空间 R 中这样的点集:$\{\boldsymbol{x} \mid \boldsymbol{x}=\boldsymbol{a}_0+\sum_{i=1}^{m} t_i\boldsymbol{a}_i, \boldsymbol{a}_1 \wedge \boldsymbol{a}_2 \wedge \cdots \wedge \boldsymbol{a}_m \neq \boldsymbol{0}, 1 \leqslant m \leqslant n-1\}$,其中 $\boldsymbol{a}_1,\boldsymbol{a}_2,\cdots,\boldsymbol{a}_m$ 称为 m 线性流形的方位向量,它们是线性无关的.

根据定理3.2.1的推论,消去定义3.5.1中 m 维线性流形参数方程 $\{\boldsymbol{x} \mid \boldsymbol{x}=\boldsymbol{a}_0+\sum_{i=1}^{m} t_i\boldsymbol{a}_i, \boldsymbol{a}_1 \wedge \boldsymbol{a}_2 \wedge \cdots \wedge \boldsymbol{a}_m \neq 0, 1 \leqslant m \leqslant n-1\}$ 中的参数 $t_i(i=1,2,\cdots,m)$ 之后,可以改写

$$\boldsymbol{a}_1 \wedge \boldsymbol{a}_2 \wedge \cdots \wedge \boldsymbol{a}_m \wedge (\boldsymbol{x}-\boldsymbol{a}_0)=0$$

因此也把 m 重向量 $\boldsymbol{a}_1 \wedge \boldsymbol{a}_2 \wedge \cdots \wedge \boldsymbol{a}_m \neq \boldsymbol{0}$ 称为 m 线性流形的方位向量,这样平面间的夹角问题就转化为方位向量之间的夹角问题.

对于不同维超平面的夹角问题(这是三维空间中直线与平面的夹角问题的高维推广),也可以转化为 p 重向量 $\boldsymbol{a}$ 与 q 重向量 $\boldsymbol{b}$ 的夹角问题.为此,我们先讨论柯西－布涅科夫斯基不等式的再推广:

定理 3.5.1 设非零的 p,q 重向量 $\boldsymbol{a}=\boldsymbol{a}_1 \wedge \boldsymbol{a}_2 \wedge \cdots \wedge \boldsymbol{a}_p, \boldsymbol{b}=\boldsymbol{b}_1 \wedge \boldsymbol{b}_2 \wedge \cdots \wedge \boldsymbol{b}_q (1 \leqslant q \leqslant p \leqslant n)$,从 p 个向量 $\boldsymbol{a}_i$ 中任取 q 个做成 $m=\mathrm{C}_p^q$ 个 q 重向量

$$\boldsymbol{c}_i=\boldsymbol{a}_{i_1} \wedge \boldsymbol{a}_{i_2} \wedge \cdots \wedge \boldsymbol{a}_{i_q} \quad (1 \leqslant i_1 < \cdots < i_q \leqslant n; i=1,2,\cdots,m)$$

再以 $(\boldsymbol{c}_i,\boldsymbol{c}_j)$ 为元素作 m 阶方阵 $\boldsymbol{A}=((\boldsymbol{c}_i,\boldsymbol{c}_j))$,则有

$$((\boldsymbol{c}_1,\boldsymbol{b}),(\boldsymbol{c}_2,\boldsymbol{b}),\cdots,(\boldsymbol{c}_m,\boldsymbol{b}))\boldsymbol{A}^{-1}((\boldsymbol{c}_1,\boldsymbol{b}),(\boldsymbol{c}_2,\boldsymbol{b}),\cdots,(\boldsymbol{c}_m,\boldsymbol{b}))^{\mathrm{T}} \leqslant |\boldsymbol{b}|^2 \tag{3.5.2}$$

其中等号成立的充要条件是 $\boldsymbol{b}$ 与 $\boldsymbol{c}_i(i=1,2,\cdots,m)$ 线性相关,即

$$\boldsymbol{b}=\sum_{i=1}^{n} \lambda_i \boldsymbol{c}_i$$

证明 由于对向量组 $\boldsymbol{a}_1,\boldsymbol{a}_2,\cdots,\boldsymbol{a}_p$,有 $\boldsymbol{a}_1 \wedge \boldsymbol{a}_2 \wedge \cdots \wedge \boldsymbol{a}_p \neq \boldsymbol{0}$,因此 m 个 q 重向量 $\boldsymbol{c}_i(i=1,2,\cdots,m)$ 也是线性无关的,以它们为基底生成的 q 重向量空间 $\wedge^q L$ 的一个子空间.由于 $\wedge^q L$ 是内积空间,则可将它的元素 $\boldsymbol{b}$ 分解为两个 q 重向量 $\boldsymbol{b}_{/\!/}$ 和 $\boldsymbol{b}_{\perp}$ 的和

$$\boldsymbol{b}=\boldsymbol{b}_{/\!/}+\boldsymbol{b}_{\perp}$$

其中

$$\boldsymbol{b}_{/\!/}=\sum_{i=1}^{m} \lambda_i \boldsymbol{c}_i(\lambda_i \text{ 为实数}),(\boldsymbol{b}_{\perp},\boldsymbol{c}_i)=0(i=1,2,\cdots,m) \tag{3.5.3}$$

因此

$$(\boldsymbol{b}_{/\!/},\boldsymbol{b}_{\perp})=(\sum_{i=1}^{m}\lambda_i\boldsymbol{c}_i,\boldsymbol{b}_{\perp})=\sum_{i=1}^{m}\lambda_i(\boldsymbol{c}_i,\boldsymbol{b}_{\perp})=0$$

于是

$$(\boldsymbol{b}_{/\!/},\boldsymbol{b})=(\boldsymbol{b}_{/\!/},(\boldsymbol{b}_{/\!/}+\boldsymbol{b}_{\perp}))=(\boldsymbol{b}_{/\!/},\boldsymbol{b}_{/\!/})+(\boldsymbol{b}_{/\!/},\boldsymbol{b}_{\perp})=(\boldsymbol{b}_{/\!/},\boldsymbol{b}_{/\!/})=|\boldsymbol{b}_{/\!/}|^2$$

又

$$|\boldsymbol{b}|^2=((\boldsymbol{b}_{/\!/}+\boldsymbol{b}_{\perp}),(\boldsymbol{b}_{/\!/}+\boldsymbol{b}_{\perp}))=|\boldsymbol{b}_{/\!/}|^2+|\boldsymbol{b}_{\perp}|^2$$

所以

$$(\boldsymbol{b}_{/\!/},\boldsymbol{b})=|\boldsymbol{b}_{/\!/}|^2\leqslant|\boldsymbol{b}|^2 \tag{3.5.4}$$

另外，我们可写(注意到式(3.5.3))

$$(\boldsymbol{c}_i,\boldsymbol{b})=(\boldsymbol{c}_i,\boldsymbol{b}_{/\!/}+\boldsymbol{b}_{\perp})=(\boldsymbol{c}_i,\sum_{j=1}^{m}\lambda_j\boldsymbol{c}_j)+(\boldsymbol{c}_i,\boldsymbol{b}_{\perp})=\sum_{j=1}^{m}\lambda_j(\boldsymbol{c}_i,\boldsymbol{c}_j)$$

即

$$((\boldsymbol{c}_1,\boldsymbol{b}),(\boldsymbol{c}_2,\boldsymbol{b}),\cdots,(\boldsymbol{c}_m,\boldsymbol{b}))=(\lambda_1,\lambda_2,\cdots,\lambda_m)\boldsymbol{A}$$

其中矩阵 $\boldsymbol{A}=((\boldsymbol{c}_i,\boldsymbol{c}_j))$ 是正定的，它的逆矩阵不仅存在而且也是正定的.所以

$$(\lambda_1,\lambda_2,\cdots,\lambda_m)=((\boldsymbol{c}_1,\boldsymbol{b}),(\boldsymbol{c}_2,\boldsymbol{b}),\cdots,(\boldsymbol{c}_m,\boldsymbol{b}))\boldsymbol{A}^{-1}$$

因而

$$\begin{aligned}(\boldsymbol{b}_{/\!/},\boldsymbol{b})&=(\sum_{i=1}^{m}\lambda_i\boldsymbol{c}_i,\boldsymbol{b})\\&=\sum_{i=1}^{m}\lambda_i(\boldsymbol{c}_i,\boldsymbol{b})\\&=(\lambda_1,\lambda_2,\cdots,\lambda_m)((\boldsymbol{c}_1,\boldsymbol{b}),(\boldsymbol{c}_2,\boldsymbol{b}),\cdots,(\boldsymbol{c}_m,\boldsymbol{b}))^{\mathrm{T}}\end{aligned}$$

代入式(3.5.4)，即得式(3.5.2)；并且等号成立的充分必要条件是 $|\boldsymbol{b}_{\perp}|^2=0$ 即 $\boldsymbol{b}_{\perp}=\boldsymbol{0}$，亦即 $\boldsymbol{b}=\boldsymbol{b}_{/\!/}=\sum_{i=1}^{m}\lambda_i\boldsymbol{c}_i$.

在定理 3.5.1 中，当 $p=q$ 时，并取 $m=1$，式(3.5.2) 就成为 $|(\boldsymbol{c},\boldsymbol{b})|\leqslant|\boldsymbol{c}||\boldsymbol{b}|$，这就是普通的柯西－布涅科夫斯基不等式.

如果 $p+q\leqslant m$，那么不等式(3.5.2) 还能予以加强，即

$$\begin{aligned}|\boldsymbol{a}\wedge\boldsymbol{b}|&=|\boldsymbol{a}\wedge(\boldsymbol{b}_{\perp}+\sum_{i=1}^{m}\lambda_i\boldsymbol{c}_i)|\\&=|\boldsymbol{a}\wedge\boldsymbol{b}_{\perp}|\quad(\text{注意到 }\boldsymbol{a}\wedge\boldsymbol{c}_i=\boldsymbol{0})\\&\leqslant|\boldsymbol{a}||\boldsymbol{b}_{\perp}|\quad(\text{由定理 3.4.1})\end{aligned}$$

代入 $|\boldsymbol{b}|^2=|\boldsymbol{b}_{/\!/}|^2+|\boldsymbol{b}_{\perp}|^2$，可得

$$((\boldsymbol{c}_1,\boldsymbol{b}),(\boldsymbol{c}_2,\boldsymbol{b}),\cdots,(\boldsymbol{c}_m,\boldsymbol{b}))\boldsymbol{A}^{-1}((\boldsymbol{c}_1,\boldsymbol{b}),(\boldsymbol{c}_2,\boldsymbol{b}),\cdots,(\boldsymbol{c}_m,\boldsymbol{b}))^{\mathrm{T}}+\frac{(\boldsymbol{a}\wedge\boldsymbol{b})}{|\boldsymbol{a}|^2}\leqslant|\boldsymbol{b}|^2 \tag{3.5.5}$$

这个不等式当 $\boldsymbol{b}=\boldsymbol{b}_{/\!/}=\sum_{i=1}^{m}\lambda_i\boldsymbol{c}_i$ 或者当 $p+q\leqslant m$ 且 $(\boldsymbol{a}_i,\boldsymbol{b}_j)=0(i=1,2,\cdots,p;j=1,2,\cdots,q)$ 时等号成立.

3.6 线性流形之间的夹角与距离

下面,我们来讨论不同维数超平面间的夹角问题.

过欧氏空间 R 中一定点 A_0,且由 p 个线性无关的向量 $\boldsymbol{a}_i(i=1,2,\cdots,p<n)$ 所确定的超平面 π_p 的方程可表示为(点 A_0 对应的矢径用 $\boldsymbol{a}_0$ 表示)

$$\boldsymbol{x}=\boldsymbol{a}_0+t_1\boldsymbol{a}_1+t_2\boldsymbol{a}_2+\cdots+t_p\boldsymbol{a}_p\quad(t_1,t_2,\cdots,t_p\text{ 为参数})$$

或记作

$$\boldsymbol{a}\wedge(\boldsymbol{x}-\boldsymbol{a}_0)=\boldsymbol{0}\quad(\text{其中 }\boldsymbol{a}=\boldsymbol{a}_1\wedge\boldsymbol{a}_2\wedge\cdots\wedge\boldsymbol{a}_m\neq\boldsymbol{0})$$

要求出两个超平面 π_p 与 π_q:$\boldsymbol{a}\wedge(\boldsymbol{x}-\boldsymbol{a}_0)=\boldsymbol{0}$,$\boldsymbol{b}\wedge(\boldsymbol{x}-\boldsymbol{a}_0)=\boldsymbol{0}$ 之间的夹角,关键是要求它们的方位向量 $\boldsymbol{a}$,$\boldsymbol{b}$ 之间的夹角,这里 $\boldsymbol{b}=\boldsymbol{b}_1\wedge\boldsymbol{b}_2\wedge\cdots\wedge\boldsymbol{b}_q$ $(1\leqslant q\leqslant p\leqslant n)$.

当 $p=q$ 时,由式(1.4.1),(3.5.1)已给出解答;而当 $p>q$ 时,我们可以将 $\boldsymbol{b}$ 与 $\boldsymbol{b}_{/\!/}=\sum_{i=1}^{m}\lambda_i\boldsymbol{a}_i$ 间的夹角定义为超平面 π_p 与 π_q 间的夹角 $\langle\pi_p,\pi_q\rangle$. 根据式(3.5.1)有

$$\cos\langle\pi_p,\pi_q\rangle=\frac{(\boldsymbol{b},\boldsymbol{b}_{/\!/})}{|\boldsymbol{b}||\boldsymbol{b}_{/\!/}|}$$

而

$$(\boldsymbol{b},\boldsymbol{b}_{/\!/})=|\boldsymbol{b}_{/\!/}|^2$$

故有

$$\cos^2\langle\pi_p,\pi_q\rangle=\frac{(\boldsymbol{b},\boldsymbol{b}_{/\!/})}{|\boldsymbol{b}|^2}=\frac{((\boldsymbol{a}_1,\boldsymbol{b}),\cdots,(\boldsymbol{a}_m,\boldsymbol{b}))\boldsymbol{A}^{-1}((\boldsymbol{a}_1,\boldsymbol{b}),\cdots,(\boldsymbol{a}_m,\boldsymbol{b}))^{\mathrm{T}}}{|\boldsymbol{b}|^2} \tag{3.6.1}$$

需要指出,用超平面 π_p 或 π_q 内的任一向量 $\boldsymbol{x}-\boldsymbol{a}_0=\sum_{i=1}^{p}t_i\boldsymbol{a}_i$ 或 $\boldsymbol{y}-\boldsymbol{a}_0=\sum_{j=1}^{q}s_j\boldsymbol{b}_j$ 分别代替 $\boldsymbol{a}_i$ 或 $\boldsymbol{b}_j$ 中的某一个,均不会改变上式的值. 又因为 q 重向量的内积是等距不变量,所以 $\frac{(\boldsymbol{b},\boldsymbol{b}_{/\!/})}{|\boldsymbol{b}||\boldsymbol{b}_{/\!/}|}$ 也等距不变. 因此,将 $\boldsymbol{b}$ 与 $\boldsymbol{b}_{/\!/}$ 间的夹角是

合理的.

综上所述,我们得到:

定理 3.6.1 两个超平面 $\pi_p:\boldsymbol{a}\wedge(\boldsymbol{x}-\boldsymbol{a}_0)=\boldsymbol{0}$ 与 $\pi_q:\boldsymbol{b}\wedge(\boldsymbol{x}-\boldsymbol{a}_0)=\boldsymbol{0}$ 之间的夹角 $\theta=\langle\pi_p,\pi_q\rangle$ 满足关系(3.6.1),其中的记号与定理 3.5.1 相同.

定理 3.6.1 的一种特殊情形是下面将要用到的推论.

推论 在 R 中,过两点 $\boldsymbol{a}_0,\boldsymbol{b}_0$ 的一维线性流形(即直线)$\boldsymbol{\delta}_0\wedge(\boldsymbol{x}-\boldsymbol{a}_0)=\boldsymbol{0}(\boldsymbol{\delta}_0=\boldsymbol{a}_0-\boldsymbol{b}_0)$ 与 k 维线性流形 $\pi_k:\boldsymbol{c}_1\wedge\boldsymbol{c}_2\wedge\cdots\wedge\boldsymbol{c}_k\wedge(\boldsymbol{x}-\boldsymbol{c}_0)=\boldsymbol{0}$ 的夹角为 θ,则

$$\cos^2\theta=\frac{1}{|\boldsymbol{\delta}_0|^2}((\boldsymbol{c}_1,\boldsymbol{\delta}_0),\cdots,(\boldsymbol{c}_k,\boldsymbol{\delta}_0))A^{-1}((\boldsymbol{c}_1,\boldsymbol{\delta}_0),\cdots,(\boldsymbol{c}_k,\boldsymbol{\delta}_0))^{\mathrm{T}}$$

其中 $\boldsymbol{A}=((\boldsymbol{c}_i,\boldsymbol{c}_j))_{p\times p}$ 为 p 阶正对称矩阵.

注意到定理 3.6.1 中的 $\boldsymbol{A}^{-1}$ 是正定的,所以有:

定理 3.6.2 两个超平面 $\pi_p:\boldsymbol{a}\wedge(\boldsymbol{x}-\boldsymbol{a}_0)=\boldsymbol{0}$ 与 $\pi_q:\boldsymbol{b}\wedge(\boldsymbol{x}-\boldsymbol{a}_0)=\boldsymbol{0}$ 正交的充要条件是$(\boldsymbol{c}_i,\boldsymbol{b})=0,i=1,2,\cdots,\mathrm{C}_p^q$,其中 $\boldsymbol{a}=\boldsymbol{a}_1\wedge\boldsymbol{a}_2\wedge\cdots\wedge\boldsymbol{a}_p$,而 $\boldsymbol{c}_i$ 是从 p 个向量 $\boldsymbol{a}_i(i=1,2,\cdots,p)$ 中任取 q 个做成的 q 重向量.

定理 3.6.3 n 维欧氏空间 R 中超标准正交基 $\boldsymbol{e}_i(i=1,2,\cdots,n)$ 与方位向量为 $\boldsymbol{a}=\boldsymbol{a}_1\wedge\boldsymbol{a}_2\wedge\cdots\wedge\boldsymbol{a}_p$ 的 p 维超平面的夹角$\langle\boldsymbol{a},\boldsymbol{e}_i\rangle$ 有如下的恒等式

$$\cos^2\langle\boldsymbol{a},\boldsymbol{e}_i\rangle=p$$

证明 若记 $\boldsymbol{B}=(\boldsymbol{a}_1,\boldsymbol{a}_2,\cdots,\boldsymbol{a}_p)$,这里 $\boldsymbol{a}_1,\boldsymbol{a}_2,\cdots,\boldsymbol{a}_p$ 是列向量,则 $\boldsymbol{B}$ 是秩为 p 的 $n\times p$ 维矩阵. 根据定理 3.6.1,有

$$\begin{aligned}\cos^2\langle\boldsymbol{a},\boldsymbol{e}_i\rangle&=((\boldsymbol{a}_1,\boldsymbol{e}_i),(\boldsymbol{a}_2,\boldsymbol{e}_i),\cdots,(\boldsymbol{a}_p,\boldsymbol{e}_i))(\boldsymbol{B}^{\mathrm{T}}\boldsymbol{B})^{-1}\cdot\\&\quad((\boldsymbol{a}_1,\boldsymbol{e}_i),(\boldsymbol{a}_2,\boldsymbol{e}_i),\cdots,(\boldsymbol{a}_p,\boldsymbol{e}_i))^{\mathrm{T}}\\&=\boldsymbol{e}_i{}^{\mathrm{T}}\boldsymbol{B}(\boldsymbol{B}^{\mathrm{T}}\boldsymbol{B})^{-1}\boldsymbol{B}^{\mathrm{T}}\boldsymbol{e}_i\end{aligned}$$

故

$$\begin{aligned}\sum_{i=1}^{m}\cos^2\langle\boldsymbol{a},\boldsymbol{e}_i\rangle&=\sum_{i=1}^{m}\boldsymbol{e}_i{}^{\mathrm{T}}\boldsymbol{B}(\boldsymbol{B}^{\mathrm{T}}\boldsymbol{B})^{-1}\boldsymbol{B}^{\mathrm{T}}\boldsymbol{e}_i\\&=\mathrm{Tr}[\boldsymbol{B}(\boldsymbol{B}^{\mathrm{T}}\boldsymbol{B})^{-1}\boldsymbol{B}^{\mathrm{T}}]\\&=\mathrm{Tr}[(\boldsymbol{B}^{\mathrm{T}}\boldsymbol{B})^{-1}\boldsymbol{B}^{\mathrm{T}}\boldsymbol{B}]\\&=p\end{aligned}$$

最后,我们来建立一个关于 R 中 p 维与 q 维线性流形间便于计算和应用的距离公式:

定理 3.6.4 设 $\pi_p:\boldsymbol{a}_1\wedge\boldsymbol{a}_2\wedge\cdots\wedge\boldsymbol{a}_m\wedge(\boldsymbol{x}-\boldsymbol{a}_0)=\boldsymbol{0}$ 与 $\pi_q:\boldsymbol{b}_1\wedge\boldsymbol{b}_2\wedge\cdots\wedge\boldsymbol{b}_m\wedge(\boldsymbol{x}-\boldsymbol{b}_0)=\boldsymbol{0}$ 为欧氏空间 R 中 p 维和 q 维线性流形,那么它们之间的距离

平方为

$$d^2(\pi_p,\pi_q)=|\boldsymbol{z}_0|^2-((\boldsymbol{c}_1,\boldsymbol{z}_0),\cdots,(\boldsymbol{c}_k,\boldsymbol{z}_0))\boldsymbol{A}^{-1}((\boldsymbol{c}_1,\boldsymbol{z}_0),\cdots,(\boldsymbol{c}_k,\boldsymbol{z}_0))^{\mathrm{T}}$$

其中 $\boldsymbol{z}_0=\boldsymbol{a}_0-\boldsymbol{b}_0$；$\boldsymbol{c}_1,\boldsymbol{c}_2,\cdots,\boldsymbol{c}_k$ 是向量组 $\boldsymbol{a}_1,\boldsymbol{a}_2,\cdots,\boldsymbol{a}_p,\boldsymbol{b}_1,\boldsymbol{b}_2,\cdots,\boldsymbol{b}_q$ 的一个极大线性无关组；$\boldsymbol{A}=((\boldsymbol{c}_i,\boldsymbol{c}_j))_{k\times k}$ 为 k 阶正定的实对称矩阵.

证明 首先(参阅第 7 章 §3,3.3 目)

$$L(\boldsymbol{a}_1,\boldsymbol{a}_2,\cdots,\boldsymbol{a}_p)+L(\boldsymbol{b}_1,\boldsymbol{b}_2,\cdots,\boldsymbol{b}_q)=L(\boldsymbol{a}_1,\boldsymbol{a}_2,\cdots,\boldsymbol{a}_p,\boldsymbol{b}_1,\boldsymbol{b}_2,\cdots,\boldsymbol{b}_q)$$

由于 $\boldsymbol{c}_1,\boldsymbol{c}_2,\cdots,\boldsymbol{c}_k$ 是向量组 $\boldsymbol{a}_1,\boldsymbol{a}_2,\cdots,\boldsymbol{a}_p,\boldsymbol{b}_1,\boldsymbol{b}_2,\cdots,\boldsymbol{b}_q$ 的一个极大线性无关组，所以

$$L(\boldsymbol{a}_1,\boldsymbol{a}_2,\cdots,\boldsymbol{a}_p,\boldsymbol{b}_1,\boldsymbol{b}_2,\cdots,\boldsymbol{b}_q)=L(\boldsymbol{c}_1,\boldsymbol{c}_2,\cdots,\boldsymbol{c}_k)$$

由定理 2.4.1 可知，$d(\pi_p,\pi_q)$ 等于向量 $\boldsymbol{\delta}_0=\boldsymbol{a}_0-\boldsymbol{b}_0$ 在线性子空间 $L=L(\boldsymbol{c}_1,\boldsymbol{c}_2,\cdots,\boldsymbol{c}_k)$ 的正交分量 $\boldsymbol{\gamma}$ 的长度；即为 $\boldsymbol{\delta}_0$ 在 $L^{\perp}$ 上正射影的长度；而向量 $\boldsymbol{\delta}_0$ 与线性子空间 L 的夹角 θ 即为一维线性流形 $\boldsymbol{\delta}_0\wedge(\boldsymbol{x}-\boldsymbol{a}_0)=\boldsymbol{0}$ 与 k 维线性流形 π_k：$\boldsymbol{c}_1\wedge\boldsymbol{c}_2\wedge\cdots\wedge\boldsymbol{c}_k\wedge(\boldsymbol{x}-\boldsymbol{a}_0)=\boldsymbol{0}$ 的夹角. 由引理 3 可知，向量 $\boldsymbol{\delta}_0$ 在 L 上的正射影的长度平方为

$$\begin{aligned}|\boldsymbol{\delta}_0|^2\cos^2\theta&=\boldsymbol{\delta}_0\cdot\frac{1}{|\boldsymbol{\delta}_0|^2}((\boldsymbol{a}_1,\boldsymbol{\delta}_0),\cdots,(\boldsymbol{a}_p,\boldsymbol{\delta}_0))\boldsymbol{A}^{-1}((\boldsymbol{a}_1,\boldsymbol{\delta}_0),\cdots,(\boldsymbol{a}_p,\boldsymbol{\delta}_0))^{\mathrm{T}}\\&=((\boldsymbol{a}_1,\boldsymbol{\delta}_0),\cdots,(\boldsymbol{a}_p,\boldsymbol{\delta}_0))\boldsymbol{A}^{-1}((\boldsymbol{a}_1,\boldsymbol{\delta}_0),\cdots,(\boldsymbol{a}_p,\boldsymbol{\delta}_0))^{\mathrm{T}}\end{aligned}$$

所以 $\boldsymbol{\delta}_0$ 在 $L^{\perp}$ 上的正射影的长度平方和为

$$|\boldsymbol{\delta}_0|^2-|\boldsymbol{\delta}_0|^2\cos^2\theta=|\boldsymbol{\delta}_0|^2-((\boldsymbol{a}_1,\boldsymbol{\delta}_0),\cdots,(\boldsymbol{a}_p,\boldsymbol{\delta}_0))\boldsymbol{A}^{-1}((\boldsymbol{a}_1,\boldsymbol{\delta}_0),\cdots,(\boldsymbol{a}_p,\boldsymbol{\delta}_0))^{\mathrm{T}}$$

即

$$d^2(\pi_p,\pi_q)=|\boldsymbol{\delta}_0|^2-((\boldsymbol{a}_1,\boldsymbol{\delta}_0),\cdots,(\boldsymbol{a}_p,\boldsymbol{\delta}_0))\boldsymbol{A}^{-1}((\boldsymbol{a}_1,\boldsymbol{\delta}_0),\cdots,(\boldsymbol{a}_p,\boldsymbol{\delta}_0))^{\mathrm{T}}$$

证毕.

推论 设 $\mathbf{R}$ 中两个线性流形 π_p 与 $\pi_q(p\geqslant q)$ 的方程分别为定理 3.6.4 中所设，当 π_q 为零维线性流形(即一点)，或 π_p 与 π_q 平行(无交点)时，有

$$d^2(\pi_p,\pi_q)=|\boldsymbol{z}_0|^2-((\boldsymbol{a}_1,\boldsymbol{z}_0),\cdots,(\boldsymbol{a}_p,\boldsymbol{z}_0))\boldsymbol{D}^{-1}((\boldsymbol{a}_1,\boldsymbol{z}_0),\cdots,(\boldsymbol{a}_p,\boldsymbol{z}_0))^{\mathrm{T}} \tag{3.6.2}$$

其中 $\boldsymbol{D}=((\boldsymbol{c}_i,\boldsymbol{c}_j))_{p\times p}$ 为 p 阶正定的实对称矩阵.

当 π_q 为零维线性流形时，式(3.6.2)即为点 $\boldsymbol{y}_0$ 到流形 π_p 的距离公式. 只要注意到此时 $\boldsymbol{a}_1,\boldsymbol{a}_2,\cdots,\boldsymbol{a}_p$ 是向量组 $\boldsymbol{a}_1,\boldsymbol{a}_2,\cdots,\boldsymbol{a}_p,\boldsymbol{b}_1,\boldsymbol{b}_2,\cdots,\boldsymbol{b}_q$ 的一个极大线性无关组，由定理 3.6.4 便知推论成立.

3.7 凯莱－门格行列式与凯莱定理

设 $\{x_{ij}\mid i,j=1,2,\cdots,m\}$ 是任意的一组数，引入行列式

$$D_m = \begin{vmatrix} 0 & 1 & 1 & 1 & \cdots & 1 \\ 1 & 0 & x_{12}^2 & x_{13}^2 & \cdots & x_{1m}^2 \\ 1 & x_{21}^2 & 0 & x_{23}^2 & \cdots & x_{2m}^2 \\ \vdots & \vdots & \vdots & \vdots & & \vdots \\ 1 & x_{m1}^2 & x_{m2}^2 & x_{m3}^2 & \cdots & 0 \end{vmatrix}$$

其中

$$x_{ij} = x_{ji}$$

设 $A_0, A_1, \cdots, A_m$ 是欧氏空间 R 中的 $m+1$ 个点；令 x_{ij} 为点 A_i, A_j 间的距离 $|A_iA_j|$，我们把此时的行列式 D_m 称为点 $A_0, A_1, \cdots, A_m$ 的凯莱—门格行列式，记作 $D(A_0, A_1, \cdots, A_m)$.

现在我们来建立凯莱—门格行列式与格拉姆行列式的关系.

定理 3.7.1(凯莱定理)　n 维欧氏空间 R 中任意 $m+1$ 个点 $A_0, A_1, \cdots, A_m$ 的凯莱—门格行列式

$$D(A_0, A_1, \cdots, A_m) = (-1)^{m+1} \cdot 2^m \cdot |\boldsymbol{a}_1 \wedge \boldsymbol{a}_2 \wedge \cdots \wedge \boldsymbol{a}_m|^2$$

其中 $\boldsymbol{a}_i$ 是由点 A_0, A_i 确定的向量($i=1,2,\cdots,m$).

证明　记 $\boldsymbol{a}_i = A_i - A_0 (i,j=0,1,\cdots,m)$，则

$$|\boldsymbol{a}_1 \wedge \boldsymbol{a}_2 \wedge \cdots \wedge \boldsymbol{a}_m|^2 = \begin{vmatrix} (\boldsymbol{a}_1,\boldsymbol{a}_1) & (\boldsymbol{a}_1,\boldsymbol{a}_2) & \cdots & (\boldsymbol{a}_1,\boldsymbol{a}_m) \\ (\boldsymbol{a}_2,\boldsymbol{a}_1) & (\boldsymbol{a}_2,\boldsymbol{a}_2) & \cdots & (\boldsymbol{a}_2,\boldsymbol{a}_m) \\ \vdots & \vdots & & \vdots \\ (\boldsymbol{a}_m,\boldsymbol{a}_1) & (\boldsymbol{a}_m,\boldsymbol{a}_2) & \cdots & (\boldsymbol{a}_m,\boldsymbol{a}_m) \end{vmatrix}$$

对于 n 维欧氏空间 R，有

$$(\boldsymbol{a}_i,\boldsymbol{a}_j) = \frac{1}{2}(|\boldsymbol{a}_i|^2 + |\boldsymbol{a}_j|^2 - |\boldsymbol{a}_i - \boldsymbol{a}_j|^2) = \frac{1}{2}(x_{0i}^2 + x_{0j}^2 - x_{ij}^2) \tag{3.7.1}$$

于是

$$\begin{vmatrix} (\boldsymbol{a}_1,\boldsymbol{a}_1) & (\boldsymbol{a}_1,\boldsymbol{a}_2) & \cdots & (\boldsymbol{a}_1,\boldsymbol{a}_m) \\ (\boldsymbol{a}_2,\boldsymbol{a}_1) & (\boldsymbol{a}_2,\boldsymbol{a}_2) & \cdots & (\boldsymbol{a}_2,\boldsymbol{a}_m) \\ \vdots & \vdots & & \vdots \\ (\boldsymbol{a}_m,\boldsymbol{a}_1) & (\boldsymbol{a}_m,\boldsymbol{a}_2) & \cdots & (\boldsymbol{a}_m,\boldsymbol{a}_m) \end{vmatrix} = \begin{vmatrix} 1 & 0 & 0 & \cdots & 0 \\ 0 & 1 & 1 & \cdots & 1 \\ 1 & 0 & 2(\boldsymbol{a}_1,\boldsymbol{a}_1) & \cdots & 2(\boldsymbol{a}_1,\boldsymbol{a}_m) \\ \vdots & \vdots & \vdots & & \vdots \\ 1 & 0 & 2(\boldsymbol{a}_m,\boldsymbol{a}_1) & \cdots & 2(\boldsymbol{a}_m,\boldsymbol{a}_m) \end{vmatrix}$$

将式(3.7.1)代入右边的行列式，并将第一行与第二行交换，我们得到

$$\frac{1}{2^m}\begin{vmatrix} 1 & 0 & 0 & \cdots & 0 \\ 0 & 1 & 1 & \cdots & 1 \\ 1 & 0 & x_{01}^2+x_{01}^2-x_{11}^2 & \cdots & x_{01}^2+x_{0m}^2-x_{1m}^2 \\ \vdots & \vdots & \vdots & & \vdots \\ 1 & 0 & x_{0m}^2+x_{01}^2-x_{m1}^2 & \cdots & x_{0m}^2+x_{0m}^2-x_{mm}^2 \end{vmatrix}$$

将这个行列式的第一列的 $-x_{01}^2$ 倍加到第三列，第一列的 $-x_{02}^2$ 倍加到第四列，……，第一列的 $-x_{0k}^2$ 倍加到第 $k+2$ 列，……；再将这个行列式的第一行的 $-x_{01}^2$ 倍加到第三行，第一行的 $-x_{02}^2$ 倍加到第四行，……，第一行的 $-x_{0k}^2$ 倍加到第 $k+2$ 行，……，得到

$$\frac{1}{2^m}\begin{vmatrix} 0 & 1 & 1 & 1 & \cdots & 1 \\ 1 & 0 & -x_{12}^2 & -x_{13}^2 & \cdots & -x_{1m}^2 \\ 1 & -x_{21}^2 & 0 & -x_{23}^2 & \cdots & -x_{2m}^2 \\ \vdots & \vdots & \vdots & \vdots & & \vdots \\ 1 & -x_{m1}^2 & -x_{m2}^2 & -x_{m3}^2 & \cdots & 0 \end{vmatrix}$$

$$=(-1)^{m+1}\cdot\frac{1}{2^m}\begin{vmatrix} 0 & 1 & 1 & 1 & \cdots & 1 \\ 1 & 0 & x_{12}^2 & x_{13}^2 & \cdots & x_{1m}^2 \\ 1 & x_{21}^2 & 0 & x_{23}^2 & \cdots & x_{2m}^2 \\ \vdots & \vdots & \vdots & \vdots & & \vdots \\ 1 & x_{m1}^2 & x_{m2}^2 & x_{m3}^2 & \cdots & 0 \end{vmatrix}$$

这就得到了我们需要的结论.

§4 酉 空 间

4.1 酉空间的基本概念

在某些情形，需要讨论有复数坐标的向量，因此我们希望将向量的内积推广到复数域 **C** 上的线性空间上去.

初一看我们自然会想到直接引用本章 §1，1.2 目中（欧氏空间中）内积的公理 Ⅰ—Ⅲ[①]，可惜这样的话内积会失去许多重要性质，特别是失去了（欧氏空

① 有时我们的确需要这样做，这样得出的空间称为复欧几里得空间.

间中）内积的非负性（公理Ⅳ）. 事实上，对于任何复数域上的向量 $\boldsymbol{a}\neq\boldsymbol{0}$，按照公理Ⅰ—Ⅲ，有

$$(\mathrm{i}\boldsymbol{a},\mathrm{i}\boldsymbol{a})=\mathrm{i}^2(\boldsymbol{a},\boldsymbol{a})=-(\boldsymbol{a},\boldsymbol{a})\quad(\mathrm{i}=\sqrt{-1})\tag{4.1.1}$$

这就与内积的非负性不合，因为若 $(\boldsymbol{a},\boldsymbol{a})>0$，则 $(\mathrm{i}\boldsymbol{a},\mathrm{i}\boldsymbol{a})<0$. 为了除去这一缺憾，对于复向量的内积的定义，应当去掉内积对第二个向量也是线性的要求. 事实上，观察式(4.1.1)的推导，发现可以做如下改动

$$(\mathrm{i}\boldsymbol{a},\mathrm{i}\boldsymbol{a})=\mathrm{i}(\boldsymbol{a},\mathrm{i}\boldsymbol{a})=\mathrm{i}\bar{\mathrm{i}}(\boldsymbol{a},\boldsymbol{a})=(\boldsymbol{a},\boldsymbol{a})$$

也就是让内积具有如下性质

$$(\boldsymbol{a},\mathrm{i}\boldsymbol{a})=\bar{\mathrm{i}}(\boldsymbol{a},\boldsymbol{a})$$

于是结合内积对第一个向量的线性性质以及对于向量 $\boldsymbol{a}$ 有 $(\boldsymbol{a},\boldsymbol{a})$ 是实数，便得到

$$(\boldsymbol{a},\mathrm{i}\boldsymbol{a})=\overline{\mathrm{i}(\boldsymbol{a},\boldsymbol{a})}=\overline{(\mathrm{i}\boldsymbol{a},\boldsymbol{a})}$$

一般地，让内积具有性质

$$(\boldsymbol{x},\boldsymbol{y})=\overline{(\boldsymbol{y},\boldsymbol{x})}$$

这个性质称为埃尔米特性（共轭对称性）.

定义 4.1.1 复数域 $\mathbf{C}$ 上的线性空间 U 称为酉空间，如果对于 U 中每一对向量 $\boldsymbol{x},\boldsymbol{y}$，取定其次序后，则 $\mathbf{C}$ 中有某一数对应于它们，此数称为向量 $\boldsymbol{x}$ 对 $\boldsymbol{y}$ 的内积，记为 $(\boldsymbol{x},\boldsymbol{y})$. 而且这一运算具有下面诸性质：

Ⅰ. $(\boldsymbol{x},\boldsymbol{y})=\overline{(\boldsymbol{y},\boldsymbol{x})}$（埃尔米特性）；

Ⅱ. $(\boldsymbol{x}+\boldsymbol{z},\boldsymbol{y})=(\boldsymbol{x},\boldsymbol{y})+(\boldsymbol{z},\boldsymbol{y})$（对第一个向量的线性性质之一）；

Ⅲ. 对于任何数 λ，$(\lambda\boldsymbol{x},\boldsymbol{y})=\lambda(\boldsymbol{x},\boldsymbol{y})$（对第一个向量的线性性质之二）；

Ⅳ. 当 $\boldsymbol{x}\neq\boldsymbol{0}$ 时，则 $(\boldsymbol{x},\boldsymbol{x})>0$（正定性）.

当在复数域的子域 —— 实数域上考虑时，复共轭性可以忽略不计. 因此，酉空间就是地地道道的欧几里得空间了. 这样一来，新定义就是旧定义（§1，定义 1.2.1）的推广了.

我们给出酉空间的例子. 讨论元素在复数域 $\mathbf{C}$ 中的 n 元数向量，约定 $\boldsymbol{x}=(x_1,x_2,\cdots,x_n)$ 与 $\boldsymbol{y}=(y_1,y_2,\cdots,y_n)$ 的内积为表达式

$$(\boldsymbol{x},\boldsymbol{y})=x_1\overline{y_1}+x_2\overline{y_2}+\cdots+x_n\overline{y_n}\tag{4.1.2}$$

由这一表达式知

$$(\boldsymbol{x},\boldsymbol{x})=x_1\overline{x_1}+\cdots+x_2\overline{x_2}+\cdots+x_n\overline{x_n}=|x_1|^2+|x_2|^2+\cdots+|x_n|^2$$

因模 $|\boldsymbol{x}_j|$ 为一非负的实数，其平方和亦为一非负的实数，故仅当所有项均为零时才能使其和等于零. 因此，性质Ⅳ在这里是适合的. 显然性质Ⅰ—Ⅲ，对于内

积为(4.1.2)的数向量空间是满足的.故这一空间为域 $\mathbf{C}$ 上的 n 维酉空间,记为 $\mathbf{C}^n$.这一例子有重要的意义,因为可以证明,所有域 $\mathbf{C}$ 上的 n 维酉空间都是彼此同构的.

无限维酉空间的例子.可以取所有定义在区间 $[\boldsymbol{a},\boldsymbol{b}]$ 上面的,有复数值的连续函数 $f(t)$ 的空间 $\mathbf{C}^{[a,b]}$.函数的加法,数与函数的乘法同平常分析学中所规定的一样,而函数 $f(t)$ 对函数 $g(t)$ 的内积则由下式规定

$$(f,g)=\int_a^b f(t)\,\overline{g(t)}\,\mathrm{d}t$$

容易验证它有定义 4.1.1 中的性质 Ⅰ—Ⅳ,故为一酉空间.

由性质 Ⅰ 与 Ⅲ,可得出

$$(\lambda\boldsymbol{x},\mu\boldsymbol{y})=\lambda(\boldsymbol{x},\mu\boldsymbol{y})=\lambda\,\overline{(\mu\boldsymbol{y},\boldsymbol{x})}=\lambda\,\overline{\mu}\,\overline{(\boldsymbol{y},\boldsymbol{x})}=\lambda\overline{\mu}(\boldsymbol{x},\boldsymbol{y})$$

是即

$$(\lambda\boldsymbol{x},\mu\boldsymbol{y})=\lambda\overline{\mu}(\boldsymbol{x},\boldsymbol{y}) \tag{4.1.3}$$

同理由 Ⅰ—Ⅲ,可推出

$$(\boldsymbol{x},\boldsymbol{y}+\boldsymbol{z})=\overline{(\boldsymbol{y}+\boldsymbol{z},\boldsymbol{x})}=\overline{(\boldsymbol{y},\boldsymbol{x})}+\overline{(\boldsymbol{z},\boldsymbol{x})}=(\boldsymbol{x},\boldsymbol{y})+(\boldsymbol{x},\boldsymbol{z})$$

一般地,可得普遍公式

$$\left(\sum_{j=1}^{h}\alpha_j\boldsymbol{x}_j,\sum_{k=1}^{m}\beta_k\boldsymbol{y}_k\right)=\sum_{j=1}^{h}\sum_{k=1}^{m}(\boldsymbol{x}_j,\boldsymbol{y}_k) \tag{4.1.4}$$

当 $\lambda=1,\mu=0$ 时,公式(4.1.3)给出

$$(\boldsymbol{x},\boldsymbol{0})=(\boldsymbol{0},\boldsymbol{y})=0$$

特别地 $(\boldsymbol{0},\boldsymbol{0})=0$.因此,内积的正定性也可以叙述为:$(\boldsymbol{x},\boldsymbol{x})\geqslant 0$ 对任意 $\boldsymbol{x}\in U$ 成立,其中等号成立仅当 $\boldsymbol{x}=\boldsymbol{0}$.

与欧氏空间类似,在酉空间 U 中也可以用坐标表示内积.设 $\boldsymbol{e}_1,\boldsymbol{e}_2,\cdots,\boldsymbol{e}_n$ 是 U 的任一基底,设向量 $\boldsymbol{x},\boldsymbol{y}$ 在这个基底下的坐标分别是

$$\boldsymbol{X}=(x_1,x_2,\cdots,x_n)^{\mathrm{T}},\boldsymbol{Y}=(y_1,y_2,\cdots,y_n)^{\mathrm{T}}$$

则按式(4.1.4),有

$$(\boldsymbol{x},\boldsymbol{y})=\left(\sum_{i=1}^{n}x_i\boldsymbol{e}_i,\sum_{j=1}^{n}y_j\boldsymbol{e}_j\right)=\sum_{i=1}^{n}\sum_{j=1}^{n}x_iy_j(\boldsymbol{e}_i,\boldsymbol{e}_j)=\overline{\boldsymbol{X}}^{\mathrm{T}}\boldsymbol{A}\boldsymbol{Y}=\boldsymbol{X}^{\mathrm{H}}\boldsymbol{A}\boldsymbol{Y} \tag{4.1.5}$$

其中 $\boldsymbol{A}=(a_{ij})_{n\times n},a_{ij}=(\boldsymbol{e}_i,\boldsymbol{e}_j)$,而 $\boldsymbol{X}^{\mathrm{H}}$ 表示 $\boldsymbol{X}$ 的共轭转置.

式(4.1.5)中的矩阵 $\boldsymbol{A}$ 是由基底 $\boldsymbol{e}_1,\boldsymbol{e}_2,\cdots,\boldsymbol{e}_n$ 的向量两两的内积组成的矩阵,称为内积 $(\boldsymbol{x},\boldsymbol{y})$ 在该基底下的度量矩阵.

由于内积的共轭对称性,$a_{ij}=(\boldsymbol{e}_i,\boldsymbol{e}_j)=\overline{(\boldsymbol{e}_j,\boldsymbol{e}_i)}=\overline{a_{ji}}$,所以度量矩阵 $\boldsymbol{A}$ 满足

条件 $\boldsymbol{A}^{\mathrm{H}}=\boldsymbol{A}$. 这就是说,度量矩阵 $\boldsymbol{A}$ 是埃尔米特方阵.

设$\{\boldsymbol{e}_i\}$和$\{\boldsymbol{e}'_j\}$是酉空间 U 的两个不同的基底,从$\{\boldsymbol{e}_i\}$和$\{\boldsymbol{e}'_j\}$的过渡矩阵是 $\boldsymbol{P}$. 设 $\boldsymbol{A},\boldsymbol{B}$ 分别是 U 的内积在$\{\boldsymbol{e}_i\}$和$\{\boldsymbol{e}'_j\}$下的度量矩阵. 我们来求 $\boldsymbol{A},\boldsymbol{B}$ 之间的关系. 一方面,设 U 中向量 $\boldsymbol{x},\boldsymbol{y}$ 在$\{\boldsymbol{e}'_j\}$下的坐标分别是 $\boldsymbol{X},\boldsymbol{Y}$,则

$$(\boldsymbol{x},\boldsymbol{y})=\boldsymbol{X}^{\mathrm{H}}\boldsymbol{A}\boldsymbol{Y}$$

另一方面,$\boldsymbol{x},\boldsymbol{y}$ 在$\{\boldsymbol{e}_i\}$下的坐标分别是 $\boldsymbol{PX},\boldsymbol{PY}$,于是又有

$$(\boldsymbol{x},\boldsymbol{y})=(\boldsymbol{PX})^{\mathrm{H}}\boldsymbol{A}(\boldsymbol{PY})=\boldsymbol{X}^{\mathrm{H}}\boldsymbol{P}^{\mathrm{H}}\boldsymbol{APY}$$

因此,对所有的复数向量 $\boldsymbol{X},\boldsymbol{Y}$ 都成立,这说明了 $\boldsymbol{B}=\boldsymbol{P}^{\mathrm{H}}\boldsymbol{AP}$.

一般地,如果对同阶复方阵 $\boldsymbol{A},\boldsymbol{B}$ 存在可逆复方阵 $\boldsymbol{P}$ 使 $\boldsymbol{B}=\boldsymbol{P}^{\mathrm{H}}\boldsymbol{AP}$ 成立,就称 $\boldsymbol{A},\boldsymbol{B}$ 是共轭相合的. 于是,酉空间的同一内积在不同基底下的度量矩阵共轭相合.

4.2　度量关系·正交性

如同在欧几里得空间一样,用等式

$$|\boldsymbol{x}|=+\sqrt{(\boldsymbol{x},\boldsymbol{x})}$$

定义酉空间中任一向量 $\boldsymbol{x}$ 的长度 $|\boldsymbol{x}|$.

从定义中的性质 Ⅲ 和 Ⅳ 直接推知,零向量是唯一的长度等于零的向量. 再者,如乘向量以某一数,则其乘积之长等于原向量之长乘以此数之模

$$|\lambda\boldsymbol{x}|=\sqrt{(\lambda\boldsymbol{x},\lambda\boldsymbol{x})}=\sqrt{\lambda\bar{\lambda}(\boldsymbol{x},\boldsymbol{x})}=+|\lambda|\sqrt{(\boldsymbol{x},\boldsymbol{x})}\qquad(4.2.1)$$

长度等于1的向量称为单位向量或标准向量. 等式(4.2.1)证明,乘任何非零向量以其长度的倒数,即得一单位向量. 这一运算有时称为向量的标准化(单位化).

由容易验证的关系式

$$2(\boldsymbol{x},\boldsymbol{y})=|\boldsymbol{x}+\boldsymbol{y}|^2+\mathrm{i}\,|\boldsymbol{x}+\mathrm{i}\boldsymbol{y}|^2-\mathrm{i}[|\boldsymbol{x}|^2+|\boldsymbol{y}|^2]$$

表明,内积可以直接用长度术语表达出来.

在酉空间中,仍有柯西-布涅科夫斯基不等式:$|(\boldsymbol{x},\boldsymbol{y})|\leqslant|\boldsymbol{x}||\boldsymbol{y}|$(等式只有当 $\boldsymbol{x},\boldsymbol{y}$ 成比例时才能达到).

证明　实际上,把复数记为三角形式 $(\boldsymbol{x},\boldsymbol{y})=|(\boldsymbol{x},\boldsymbol{y})|\mathrm{e}^{\mathrm{i}\theta}$,$\theta$ 是实数. 我们可以看出,对任意实数 t,不等式

$$|\boldsymbol{x}|^2t^2+[(\boldsymbol{x},\boldsymbol{y})\mathrm{e}^{-\mathrm{i}\theta}+\overline{(\boldsymbol{x},\boldsymbol{y})}\mathrm{e}^{\mathrm{i}\theta}]t+|\boldsymbol{y}|^2\geqslant 0$$

成立. 因为 $(\boldsymbol{x},\boldsymbol{y})\mathrm{e}^{-\mathrm{i}\theta}=|(\boldsymbol{x},\boldsymbol{y})|=\mathrm{e}^{\mathrm{i}\theta}$,所以,又可以把它写成形如

$$|\boldsymbol{x}|^2t^2+2|(\boldsymbol{x},\boldsymbol{y})|t+|\boldsymbol{y}|^2\geqslant 0$$

从判别式上得到的条件就导出所要的不等式. 当有适当的实数 t_0 使 $\boldsymbol{x}t_0+\boldsymbol{y}e^{i\theta}=\boldsymbol{0}$ 时,即 $\boldsymbol{x},\boldsymbol{y}$ 成比例时,它就变成了严格的等式.

由柯西－布涅科夫斯基不等式可直接导出三角不等式

$$|\boldsymbol{x}\pm\boldsymbol{y}|\leqslant|\boldsymbol{x}|+|\boldsymbol{y}|$$

以及它的一个显然的推广

$$|\boldsymbol{x}-\boldsymbol{z}|\leqslant|\boldsymbol{x}-\boldsymbol{y}|+|\boldsymbol{y}-\boldsymbol{z}|$$

例如,在复函数空间 $\mathbf{C}^{[a,b]}$ 中,三角不等式就变成

$$\sqrt{\int_a^b|f(t)\pm g(t)|^2\mathrm{d}t}\leqslant\sqrt{\int_a^b|f(t)|^2\mathrm{d}t}+\sqrt{\int_a^b|g(t)|^2\mathrm{d}t}$$

的形式.

运用柯西－布涅科夫斯基不等式可以证实,有唯一的一个角 θ, $0\leqslant\theta\leqslant\frac{\pi}{2}$ 使得 $\cos\theta=\frac{|(\boldsymbol{x},\boldsymbol{y})|}{|\boldsymbol{x}||\boldsymbol{y}|}$. ①

定义 4.2.1 在酉空间中,两个非零向量 $\boldsymbol{x},\boldsymbol{y}$ 的夹角 $\langle\boldsymbol{x},\boldsymbol{y}\rangle$ 规定为

$$\langle\boldsymbol{x},\boldsymbol{y}\rangle=\arccos\frac{|(\boldsymbol{x},\boldsymbol{y})|}{|\boldsymbol{x}||\boldsymbol{y}|}$$

对酉空间中的任意向量 $\boldsymbol{x},\boldsymbol{y}$,如果 $(\boldsymbol{x},\boldsymbol{y})=0$,那么就称 $\boldsymbol{x},\boldsymbol{y}$ 正交,记为 $\boldsymbol{x}\perp\boldsymbol{y}$.

要注意的是,虽然一般来说 $(\boldsymbol{x},\boldsymbol{y})$ 与 $(\boldsymbol{y},\boldsymbol{x})$ 不一定相等,但若 $(\boldsymbol{x},\boldsymbol{y})=0$,则必有 $(\boldsymbol{y},\boldsymbol{x})=0$,反之亦然. 也就是说,正交关系是对称的: $\boldsymbol{x}\perp\boldsymbol{y}$ 当且仅当 $\boldsymbol{y}\perp\boldsymbol{x}$.

与欧氏空间一样,在酉空间中也可以类似地证明:

1°(勾股定理) 在酉空间中,若 $(\boldsymbol{x},\boldsymbol{y})=0$,则 $|\boldsymbol{x}+\boldsymbol{y}|^2=|\boldsymbol{x}|^2+|\boldsymbol{y}|^2$.

2° 酉空间中,由两两正交的非零向量组成的集合是线性无关的.

3° n 维酉空间中,两两正交的非零向量的个数不超过 n.

4.3 酉空间的标准正交基底及其过渡

与实数域的情形一样,酉空间 U 的一组向量 $\boldsymbol{e}_1,\boldsymbol{e}_2,\cdots,\boldsymbol{e}_m$,如果 $(\boldsymbol{e}_i,\boldsymbol{e}_j)=\delta_{ij}$,那么就称它们是标准正交的. 这个向量组是线性无关的,而且可以扩充成 $\boldsymbol{U}$ 的标准正交基底. 为了确信这一点,把每个向量 $\boldsymbol{u}$ 与向量 $\boldsymbol{v}=\boldsymbol{u}-\sum_{j=1}^{m}(\boldsymbol{u},\boldsymbol{e}_j)\boldsymbol{e}_j$ 一

① 在量子力学中,设 $\mathscr{A}$ 在力学量的本征态 ψ_k(即 $\mathscr{A}$ 的属于特征值 λ_k 的单位特征向量)下测量 $\mathscr{A}$ 所得的结果是 λ_k,则根据态叠加原理,在 ψ 态下测量 $\mathscr{A}$ 得到 λ_k 的概率为 $\cos^2\langle\psi,\psi_k\rangle$.

起讨论,而且注意到$\boldsymbol{v}\in L(\boldsymbol{e}_1,\boldsymbol{e}_2,\cdots,\boldsymbol{e}_m)^{\perp}$,于是可以把格拉姆－施密特正交化过程应用到这里.向量$\boldsymbol{v}$可以被单位化而继续进一步的过程.

定理 4.3.1 在n维酉空间U中任取m个两两正交的单位向量$\boldsymbol{e}_1,\boldsymbol{e}_2,\cdots,\boldsymbol{e}_m$,则一定有$n-m$个单位向量$\boldsymbol{e}_{m+1},\boldsymbol{e}_{m+2},\cdots,\boldsymbol{e}_n$存在,使得$\boldsymbol{e}_1,\boldsymbol{e}_2,\cdots,\boldsymbol{e}_n$构成$U$的一个标准正交基底.

证明 因为$\boldsymbol{e}_1,\boldsymbol{e}_2,\cdots,\boldsymbol{e}_m$线性无关,所以存在$n-m$个单位向量$\boldsymbol{a}_{m+1},\boldsymbol{a}_{m+2},\cdots,\boldsymbol{a}_n$,使得向量组$\boldsymbol{e}_1,\boldsymbol{e}_2,\cdots,\boldsymbol{e}_m,\boldsymbol{a}_{m+1},\boldsymbol{a}_{m+2},\cdots,\boldsymbol{a}_n$是$U$的一个基底(第7章,定理2.3.1).把格拉姆－施密特正交化过程施于这个向量组,则所得前m个向量仍是$\boldsymbol{e}_1,\boldsymbol{e}_2,\cdots,\boldsymbol{e}_m$,再依次做下去,便能做出标准正交基底$\boldsymbol{e}_1,\boldsymbol{e}_2,\cdots,\boldsymbol{e}_m,\boldsymbol{e}_{m+1},\boldsymbol{e}_{m+2},\cdots,\boldsymbol{e}_n$.

这个定理用矩阵的语言来说,就是:

定理 4.3.2 任给一个$n\times m(m<n)$维复矩阵

$$\boldsymbol{U}_1=\begin{pmatrix}a_{11}&a_{12}&\cdots&a_{1m}\\a_{21}&a_{22}&\cdots&a_{2m}\\\vdots&\vdots&&\vdots\\a_{n1}&a_{n2}&\cdots&a_{nm}\end{pmatrix}$$

它适合条件$\boldsymbol{U}_1^{\mathrm{H}}\boldsymbol{U}_1=\boldsymbol{E}$,则必存在一个$n\times(n-m)$维矩阵

$$\boldsymbol{U}_2=\begin{pmatrix}a_{1(m+1)}&\cdots&a_{1n}\\a_{2(m+1)}&\cdots&a_{2n}\\\vdots&&\vdots\\a_{n(m+1)}&\cdots&a_{nn}\end{pmatrix}$$

使得n阶矩阵$\boldsymbol{U}=(\boldsymbol{U}_1,\boldsymbol{U}_2)$是一个酉矩阵.

证明 设$\boldsymbol{U}_1$的m个列向量为

$$\boldsymbol{e}_1=(a_{11},a_{21},\cdots,a_{n1})^{\mathrm{T}}$$
$$\boldsymbol{e}_2=(a_{12},a_{22},\cdots,a_{n2})^{\mathrm{T}}$$
$$\vdots$$
$$\boldsymbol{e}_m=(a_{1m},a_{2m},\cdots,a_{nm})^{\mathrm{T}}$$

作为n维酉空间中的向量,根据$\boldsymbol{U}_1^{\mathrm{H}}\boldsymbol{U}_1=\boldsymbol{E}$可知,$\boldsymbol{e}_1,\boldsymbol{e}_2,\cdots,\boldsymbol{e}_m$均为单位向量且两两正交.由定理4.3.1,存在$n-m$个单位向量$\boldsymbol{e}_{m+1},\boldsymbol{e}_{m+2},\cdots,\boldsymbol{e}_n$,使得$\boldsymbol{e}_1,\boldsymbol{e}_2,\cdots,\boldsymbol{e}_n$构成一组标准正交基底.再以$\boldsymbol{e}_{m+1},\boldsymbol{e}_{m+2},\cdots,\boldsymbol{e}_n$的坐标为列向量构成$n\times(n-m)$维矩阵$\boldsymbol{U}_2$,那么矩阵$(\boldsymbol{U}_1,\boldsymbol{U}_2)$的列向量构成一组标准正交基底,所以$\boldsymbol{U}=(\boldsymbol{U}_1,\boldsymbol{U}_2)$是一个酉矩阵.

类似地，关于正交矩阵，我们有下述定理：

定理 4.3.3 任给一个 $n\times m(m<n)$ 维实矩阵

$$Q_1=\begin{pmatrix} a_{11} & a_{12} & \cdots & a_{1m} \\ a_{21} & a_{22} & \cdots & a_{2m} \\ \vdots & \vdots & & \vdots \\ a_{n1} & a_{n2} & \cdots & a_{nm} \end{pmatrix}$$

它适合条件 $Q_1^{\mathrm{H}}Q_1=\boldsymbol{E}$，则必存在一个 $n\times(n-m)$ 维矩阵

$$Q_2=\begin{pmatrix} a_{1(m+1)} & \cdots & a_{1n} \\ a_{2(m+1)} & \cdots & a_{2n} \\ \vdots & & \vdots \\ a_{n(m+1)} & \cdots & a_{nn} \end{pmatrix}$$

使得 n 阶矩阵 $Q=(Q_1,Q_2)$ 是一个正交矩阵.

下列命题的证明让读者自行完成.

定理 4.3.4 设 $\boldsymbol{e}_1,\boldsymbol{e}_2,\cdots,\boldsymbol{e}_n$ 是酉空间 U 的一组标准正交基底，那么：

1) 对所有的 $\boldsymbol{x}\in U$，$\boldsymbol{x}=\sum\limits_{j=1}^{n}(\boldsymbol{x},\boldsymbol{e}_j)\boldsymbol{e}_j$.

2) 对任意 $\boldsymbol{x},\boldsymbol{y}\in U$，$(\boldsymbol{x},\boldsymbol{y})=\sum\limits_{i=1}^{n}\sum\limits_{j=1}^{n}(\boldsymbol{x},\boldsymbol{e}_i)(\boldsymbol{y},\boldsymbol{e}_j)$（帕斯瓦尔等式）.

3) 对任意 $\boldsymbol{x}\in U$，$|\boldsymbol{x}|^2=\sum\limits_{j=1}^{n}|(\boldsymbol{x},\boldsymbol{e}_j)|^2$.

在欧氏空间中借助正交矩阵可实现从一个标准正交基底向另外一个标准正交基底的转化. 在酉空间情形有类似的命题. 设 $\{\boldsymbol{e}_i\}$ 和 $\{\boldsymbol{e}'_j\}$ 是酉空间 U 的两个标准正交基底，它们以过渡矩阵 $\boldsymbol{A}=(a_{ij})_{n\times n}$ 相联系：$\boldsymbol{e}'_j=\sum\limits_{i=1}^{n}a_{ij}\boldsymbol{e}'_j$. 那么

$$\delta_{jk}=(\boldsymbol{e}'_j,\boldsymbol{e}'_k)=\sum_{i=1}^{n}\sum_{s=1}^{n}a_{ij}\overline{a_{sk}}(\boldsymbol{e}_i,\boldsymbol{e}_s)=\sum_{i=1}^{n}a_{ij}\overline{a_{ik}}$$

换言之，

$$\boldsymbol{A}\cdot\boldsymbol{A}^{\mathrm{H}}=\boldsymbol{E}=\boldsymbol{A}^{\mathrm{H}}\cdot\boldsymbol{A}$$

其中 $\boldsymbol{A}^{\mathrm{H}}$ 是 $\boldsymbol{A}$ 的共轭转置矩阵（回顾 $\boldsymbol{A}^{\mathrm{H}}=\overline{\boldsymbol{A}}^{\mathrm{T}}$）.

这样一来，酉空间中两组标准正交基底间的过渡矩阵是酉矩阵.

设 $\boldsymbol{e}_1,\boldsymbol{e}_2,\cdots,\boldsymbol{e}_n$ 是酉空间 U 的一组标准正交基底，那么，对于 U 中的任意 $\boldsymbol{x}=\sum\limits_{j=1}^{n}x_j\boldsymbol{e}_j$，$\boldsymbol{y}=\sum\limits_{j=1}^{n}y_j\boldsymbol{e}_j$，有

$$(\boldsymbol{x},\boldsymbol{y})=\sum_{i=1}^{n}\sum_{j=1}^{n}x_i\overline{y_i}(\boldsymbol{e}_i,\boldsymbol{e}_j)=x_1\overline{y_1}+x_2\overline{y_2}+\cdots+x_n\overline{y_n}$$

这也就是酉空间 U 按着对复数空间 $\mathbf{C}^n$ 的标准内积的公式(4.1.2)选定标准正交基底之下的内积的算法.用这种思想可以定义酉空间的同构

$$\mathbf{C}^n\cong U:(x_1,x_2,\cdots,x_n)\rightarrow\sum_{j=1}^{n}x_j\boldsymbol{e}_j$$

它是一个双射,而且保持内积.这样,就证明了维数为 n 的所有酉空间彼此同构(参阅 §1,1.7 目).

度量空间中的线性变换(矩阵相似的几何理论(二))

第 11 章

§1 欧几里得空间中的线性变换(一)

1.1 正交变换及其性质

讨论具有度量的线性空间,特别是欧几里得空间(酉空间)上的线性变换是很有趣的.

在第8章和第9章我们曾经研究过任意 n 维线性空间的线性变换.这种空间的所有基底,彼此的地位是均等的,已给线性变换在每一基底中对应于某一矩阵.在不同的基底中,同一变换所对应的矩阵都彼此相似.这样一来,在 n 维向量空间中线性变换的研究可能揭露相似矩阵类中诸矩阵所同时具有的性质.

在第10章中,我们在 n 维向量空间中引进一种度量,就是对于每两个向量都与某一个数——它们的"内积"——有一种特殊的关系.借助于内积我们定出向量的"长"与两个向量间"角的余弦".在基域 K 是实数域的情形下,带来了欧几里得空间;在基域 K 是复数域的情形下,带来了酉空间.

在本章,我们则是要研究与度量空间有关的线性变换的性质.对于度量空间并不是所有基底都是地位均等的,但是所有正交基底的地位却是均等的.从一个正交基底变到另一个正交基底在欧几里得空间(酉空间)中要借助于特殊的正交变换(酉变换)来得出.所以欧几里得空间(酉空间)中,在两个不同的正交基底下，对应于同一个线性变换的两个矩阵，彼此正交相似（酉相似）. 这样一来，在 n 维度量空间中研究线性变换，就是研究矩阵的这种性质，当其从已给矩阵变到其正交相似（酉相似）的矩阵时，并无变动的那些性质. 这就很自然地研究特殊的（正规、埃尔米特、酉、对称、非对称、正交）矩阵类的性质.

我们从欧氏空间的正交变换开始. 欧氏空间 R 与它自己的同构关系称为空间 R 的正交变换. 因为同构关系是一个保持加法运算、数与向量的乘法与内积的一一对应关系，故正交变换的定义可表述为如下形式：空间 R 的正交变换是这样的一个满秩线性变换，它不变动所有内积之值，亦即对于 R 中所有的 $\boldsymbol{x},\boldsymbol{y}$ 均有关系式

$$(\mathcal{T}\boldsymbol{x},\mathcal{T}\boldsymbol{y})=(\boldsymbol{x},\boldsymbol{y}) \tag{1.1.1}$$

将平常的三维欧几里得空间绕坐标原点 O 旋转是正交变换的最简单的例子，将这一空间对于另一个任一经过 O 的平面取镜像是平常空间的另一正交变换的例子，可以很容易证明这两种形式的变换的组合就能得出平常空间的所有正交变换（参考本节 1.3 目），故欧氏空间的正交变换可视为类似于平常欧几里得空间的旋转与取镜像的这种变换.

兹研究正交变换的一般性质. 首先，正交变换的定义中可以去掉预先假设的线性性质.

定理 1.1.1 欧氏空间 R 中保持内积不变的变换 $\mathcal{T}$ 必定是线性的.

证明 设任取 R 中的向量 $\boldsymbol{x},\boldsymbol{y}$，为了证明 $\mathcal{T}(\boldsymbol{x}+\boldsymbol{y})=\mathcal{T}(\boldsymbol{x})+\mathcal{T}(\boldsymbol{y})$，只要证明

$$|\mathcal{T}(\boldsymbol{x}+\boldsymbol{y})-(\mathcal{T}(\boldsymbol{x})+\mathcal{T}(\boldsymbol{y}))|^2=0$$

就行了. 这是因为由内积的非负性，由 $|\boldsymbol{a}|^2=0$ 可得 $\boldsymbol{a}=\boldsymbol{0}$. 现在作计算如下

$$\begin{aligned}
&|\mathcal{T}(\boldsymbol{x}+\boldsymbol{y})-(\mathcal{T}(\boldsymbol{x})+\mathcal{T}(\boldsymbol{y}))|^2\\
=&|\mathcal{T}(\boldsymbol{x}+\boldsymbol{y})|^2-2(\mathcal{T}(\boldsymbol{x}+\boldsymbol{y}),\mathcal{T}(\boldsymbol{x})+\mathcal{T}(\boldsymbol{y}))+|\mathcal{T}(\boldsymbol{x})+\mathcal{T}(\boldsymbol{x})|^2\\
=&|\boldsymbol{x}+\boldsymbol{y}|^2-2(\mathcal{T}(\boldsymbol{x}+\boldsymbol{y}),\mathcal{T}(\boldsymbol{x}))-2(\mathcal{T}(\boldsymbol{x}+\boldsymbol{y}),\mathcal{T}(\boldsymbol{y}))+|\mathcal{T}(\boldsymbol{x})|^2+2(\mathcal{T}(\boldsymbol{x}),\\
&\mathcal{T}(\boldsymbol{y}))+|\mathcal{T}(\boldsymbol{y})|^2\\
=&|\boldsymbol{x}+\boldsymbol{y}|^2-2(\boldsymbol{x}+\boldsymbol{y},\boldsymbol{x})-2(\boldsymbol{x}+\boldsymbol{y},\boldsymbol{y})+|\boldsymbol{x}|^2+2(\boldsymbol{x},\boldsymbol{y})+|\boldsymbol{y}|^2\\
=&|\boldsymbol{x}+\boldsymbol{y}|^2-2(\boldsymbol{x}+\boldsymbol{y},\boldsymbol{x}+\boldsymbol{y})+|\boldsymbol{x}+\boldsymbol{y}|^2\\
=&0
\end{aligned}$$

因此

$$\mathcal{T}(\boldsymbol{x}+\boldsymbol{y})=\mathcal{T}(\boldsymbol{x})+\mathcal{T}(\boldsymbol{y})$$

同样地，可以证明. 对于任意实数 k，有

$$\mathcal{T}(k\boldsymbol{x})=k\cdot\mathcal{T}(\boldsymbol{x})$$

由此就得到了定理 1.1.1.

讨论在欧氏空间变换坐标的问题. 设 $\boldsymbol{e}_1, \boldsymbol{e}_2, \cdots, \boldsymbol{e}_n$ 为欧氏空间 R 的标准正交基底，$\mathscr{T}$ 为这一空间的任一正交变换. 因为正交变换不变向量之长，且化正交向量为正交向量，故向量组 $\mathscr{T}\boldsymbol{e}_1, \mathscr{T}\boldsymbol{e}_2, \cdots, \mathscr{T}\boldsymbol{e}_n$ 仍为 R 的标准正交基底. 反过来，设线性变换 $\mathscr{T}$ 化标准正交基底 $\boldsymbol{e}_1, \boldsymbol{e}_2, \cdots, \boldsymbol{e}_n$ 为标准正交基底 $\mathscr{T}\boldsymbol{e}_1, \mathscr{T}\boldsymbol{e}_2, \cdots, \mathscr{T}\boldsymbol{e}_n$. 在 R 中取向量

$$\boldsymbol{x} = x_1\boldsymbol{e}_1 + x_2\boldsymbol{e}_2 + \cdots + x_n\boldsymbol{e}_n, \boldsymbol{y} = y_1\boldsymbol{e}_1 + y_2\boldsymbol{e}_2 + \cdots + y_n\boldsymbol{e}_n$$

有

$$(\boldsymbol{x}, \boldsymbol{y}) = \left(\sum_{i=1}^{n} x_i\boldsymbol{e}_i, \sum_{i=1}^{n} y_i\boldsymbol{e}_i\right) = x_1y_1 + x_2y_2 + \cdots + x_ny_n$$

$$(\mathscr{T}\boldsymbol{x}, \mathscr{T}\boldsymbol{y}) = \left(\sum_{i=1}^{n} x_i\mathscr{T}\boldsymbol{e}_i, \sum_{i=1}^{n} y_i\mathscr{T}\boldsymbol{e}_i\right) = x_1y_1 + x_2y_2 + \cdots + x_ny_n$$

亦即

$$(\mathscr{T}\boldsymbol{x}, \mathscr{T}\boldsymbol{y}) = (\boldsymbol{x}, \boldsymbol{y})$$

变换 $\mathscr{T}$ 为一正交变换，因此，得到下述结论：

定理 1.1.2 线性变换是正交变换的充分必要条件是 $\mathscr{T}$ 化标准正交基底为标准正交基底.

对于正交变换的矩阵，我们有如下结果.

定理 1.1.3 正交变换在标准正交基底有正交矩阵；反之，如线性变换在某一标准正交基底中有正交矩阵，则必为一正交变换.

证明 设 $\boldsymbol{e}_1, \boldsymbol{e}_2, \cdots, \boldsymbol{e}_n$ 为欧氏空间 R 的一个标准正交基底，对于任意线性变换 $\mathscr{T}$，有

$$\mathscr{T}(\boldsymbol{e}_1, \boldsymbol{e}_2, \cdots, \boldsymbol{e}_n) = (\mathscr{T}\boldsymbol{e}_1, \mathscr{T}\boldsymbol{e}_2, \cdots, \mathscr{T}\boldsymbol{e}_n) = (\boldsymbol{e}_1, \boldsymbol{e}_2, \cdots, \boldsymbol{e}_n) \cdot \boldsymbol{T}$$

当 $\mathscr{T}$ 是正交变换时，由定理 1.1.2，$\mathscr{T}\boldsymbol{e}_1, \mathscr{T}\boldsymbol{e}_2, \cdots, \mathscr{T}\boldsymbol{e}_n$ 也是 R 的标准正交基底，换句话说，矩阵 $\boldsymbol{T}$ 是标准正交基底间的过渡矩阵，因而是正交的.

反之，若 $\boldsymbol{T}$ 是正交矩阵，则 $\mathscr{T}\boldsymbol{e}_1, \mathscr{T}\boldsymbol{e}_2, \cdots, \mathscr{T}\boldsymbol{e}_n$ 也是 R 的标准正交基底，再由定理 1.1.2 即得 $\mathscr{T}$ 为正交变换.

欧氏空间 R 的正交变换不变 R 中任何向量的内积之值，故正交向量经正交变换后仍为正交向量；向量之长等于它与自身的内积的平方根，故正交变换不变向量之长，可以证明上述性质为正交变换的特征，是即：

定理 1.1.4 要一个变换 $\mathscr{T}$ 是正交的，那么其必要且充分条件是要它不改变向量的长度，亦即要对任何向量 $\boldsymbol{x}$ 有 $(\mathscr{T}\boldsymbol{x}, \mathscr{T}\boldsymbol{x}) = (\boldsymbol{x}, \boldsymbol{x})$.

证明 只要证明条件的充分性. 为此只要证明：如果一个线性变换 $\mathscr{T}$ 不改

变向量的长度，那么它亦就不改变向量的内积. 事实上，如果一个变换 $\mathscr{T}$ 不改变向量的长度，那么对任何向量 $\boldsymbol{x}$ 与 $\boldsymbol{y}$ 应有

$$(\mathscr{T}(\boldsymbol{x}+\boldsymbol{y}),\mathscr{T}(\boldsymbol{x}+\boldsymbol{y}))=(\boldsymbol{x}+\boldsymbol{y},\boldsymbol{x}+\boldsymbol{y}),(\mathscr{T}\boldsymbol{x},\mathscr{T}\boldsymbol{x})=(\boldsymbol{x},\boldsymbol{x}),(\mathscr{T}\boldsymbol{y},\mathscr{T}\boldsymbol{y})=(\boldsymbol{y},\boldsymbol{y})$$

现在利用

$$(\mathscr{T}(\boldsymbol{x}+\boldsymbol{y}),\mathscr{T}(\boldsymbol{x}+\boldsymbol{y}))=(\mathscr{T}\boldsymbol{x}+\mathscr{T}\boldsymbol{y},\mathscr{T}\boldsymbol{x}+\mathscr{T}\boldsymbol{y})=(\mathscr{T}\boldsymbol{x},\mathscr{T}\boldsymbol{x})+2(\mathscr{T}\boldsymbol{x},\mathscr{T}\boldsymbol{y})+(\mathscr{T}\boldsymbol{y},\mathscr{T}\boldsymbol{y})$$

及

$$(\boldsymbol{x}+\boldsymbol{y},\boldsymbol{x}+\boldsymbol{y})=(\boldsymbol{x},\boldsymbol{x})+2(\boldsymbol{x},\boldsymbol{y})+(\boldsymbol{y},\boldsymbol{y})$$

由这些等式我们得到

$$(\mathscr{T}\boldsymbol{x},\mathscr{T}\boldsymbol{y})=(\boldsymbol{x},\boldsymbol{y})$$

即任何向量的内积等于其映像的内积. 而这就是所要证明的.

最后，还要注意，很容易从其定义推出的正交变换的如下性质：

1° 单位变换为正交变换.

2° 正交变换的乘积仍为正交变换.

3° 正交变换的逆变换仍为正交变换.

因为它们的证明非常明显，所以略去. 这些性质说明所有正交变换的集合构成一个群.

1.2 正交变换的分类·正交投影变换和镜面反射

由于正交矩阵的行列式等于1或-1，因此n维欧氏空间R上的正交变换的行列式等于1或-1.

定义 1.2.1 欧氏空间 R 上的正交变换 $\mathscr{T}$，如果它的行列式为 1，那么称 $\mathscr{T}$ 为第一类的(或旋转)；如果 $\mathscr{T}$ 的行列式为 -1，那么称 $\mathscr{T}$ 是第二类的.

为了讨论正交变换的一些特殊类别，引入向量在线性子空间上的正交投影的概念. 设在欧氏空间 R 中给出一线性子空间 N，与 N 正交的向量集合产生正交子空间 $S=N^{\perp}$，且 R 为这两个子空间的直和(参阅第 10 章 1.7 目)，故 R 中任一向量 $\boldsymbol{x}$ 均可唯一地表示为下面的形式

$$\boldsymbol{x}=\boldsymbol{x}_N+\boldsymbol{x}_S\quad(\boldsymbol{x}_N\in N,\boldsymbol{x}_S\in S)\tag{1.2.1}$$

向量 $\boldsymbol{x}_N$ 称为向量 $\boldsymbol{x}$ 在子空间 N 上的正交投影，对每一个与其在 N 上的正交投影建立一个对应关系，我们就可以得出空间 R 的一个变换，这一变换称为正交投影变换，且记之以 $\mathscr{P}_N$. 由定义，有

$$\mathscr{P}_N\boldsymbol{x}=\boldsymbol{x}_N\tag{1.2.2}$$

为简便计，我们常常把下标 N 省去，以 $\mathscr{P}$ 代替 $\mathscr{P}_N$.

很容易证明：正交投影变换是线性的①，即向量之和的正交投影等于其正交投影之和，而实数α与向量$\boldsymbol{x}$的乘积的正交投影等于α与向量$\boldsymbol{x}$的正交投影之积，用符号来表示这些性质，可以写为下面诸等式

$$\mathscr{P}(\boldsymbol{x}+\boldsymbol{y})=\mathscr{P}\boldsymbol{x}+\mathscr{P}\boldsymbol{y};\mathscr{P}(\alpha\boldsymbol{x})=\alpha\mathscr{P}\boldsymbol{x}$$

定义 1.2.2 设N是欧氏空间R上的任一子空间，$\mathscr{P}$是N上的正交投影变换，则变换$\mathscr{H}=\mathscr{E}-2\mathscr{P}$称为关于子空间$N^{\perp}$的镜面反射，这里$\mathscr{E}$是恒等变换.

定理 1.2.1 n维欧氏空间R中，如果子空间N的维数是奇数，那么关于子空间$N^{\perp}$的镜面反射是第二类的正交变换.

证明 由$\mathscr{P}$的线性性质，知$\mathscr{H}=\mathscr{E}-2\mathscr{P}$亦是$R$上的线性变换. 由于$R=N\oplus N^{\perp}$，分别取$N$和$N^{\perp}$的标准正交基底$\boldsymbol{e}_1,\boldsymbol{e}_2,\cdots,\boldsymbol{e}_m;\boldsymbol{e}_{m+1},\boldsymbol{e}_{m+2},\cdots,\boldsymbol{e}_n$. 那么$\boldsymbol{e}_1,\boldsymbol{e}_2,\cdots,\boldsymbol{e}_m,\boldsymbol{e}_{m+1},\boldsymbol{e}_{m+2},\cdots,\boldsymbol{e}_n$构成$R$的基底，且有

$$\mathscr{H}\boldsymbol{e}_i=\mathscr{E}\boldsymbol{e}_i-2\mathscr{P}\boldsymbol{e}_i=\boldsymbol{e}_i-2\mathscr{P}\boldsymbol{e}_i=\boldsymbol{e}_i-\mathscr{P}\boldsymbol{e}_i=-\boldsymbol{e}_i\quad(i=1,2,\cdots,m)$$

$$\mathscr{H}\boldsymbol{e}_j=\mathscr{E}\boldsymbol{e}_j-2\mathscr{P}\boldsymbol{e}_j=\boldsymbol{e}_j-2\mathscr{P}\boldsymbol{e}_j=\boldsymbol{e}_j-\boldsymbol{0}=\boldsymbol{e}_j\quad(j=m+1,m+2,\cdots,n)$$

因此$\mathscr{H}$在标准正交基底$\boldsymbol{e}_1,\boldsymbol{e}_2,\boldsymbol{e}_3,\cdots,\boldsymbol{e}_n$下的矩阵$\boldsymbol{H}$为

$$\boldsymbol{H}=\begin{pmatrix}-1&&&&&\\&\ddots&&&&\\&&-1&&&\\&&&1&&\\&&&&\ddots&\\&&&&&1\end{pmatrix}$$

其对角线有m个-1，$n-m$个1. 容易验证$\boldsymbol{H}^{\mathrm{T}}\boldsymbol{H}=\boldsymbol{E}$，因此$\boldsymbol{H}$是正交矩阵，从而$\mathscr{H}$是$R$上的正交变换. 因为$m$是奇数，由$|\boldsymbol{H}|=-1$知$\mathscr{H}$是第二类的. 证毕.

一般的高维旋转和高维反射都是比较复杂的，但有一类比较简单，就是初等镜面反射.

定义 1.2.3 设$\boldsymbol{n}$是n维欧氏空间R上的一个单位向量，$\mathscr{P}$是R在$L(\boldsymbol{n})$上的正交投影，令

$$\mathscr{H}=\mathscr{E}-2\mathscr{P}$$

这里$\mathscr{E}$是恒等变换，则称$\mathscr{H}$是关于超平面$L(\boldsymbol{n})^{\perp}$的初等镜面反射.

设$\mathscr{H}\boldsymbol{x}=(\mathscr{E}-2\mathscr{P})\boldsymbol{x}=\boldsymbol{x}-2\mathscr{P}\boldsymbol{x}=\boldsymbol{x}'$，则按式(1.2.1)与(1.2.2)，有

$$\boldsymbol{x}'=\boldsymbol{x}_S-\boldsymbol{x}_N\tag{1.2.3}$$

① 容易明白，这里引入的正交投影变换正是第8章§1中(一般线性空间中的)投影变换的特殊情形.

联立式(1.2.1),(1.2.3),我们得出

$$\boldsymbol{x}' - \boldsymbol{x} = -2\boldsymbol{x}_N = k\boldsymbol{n}(k\ \text{为某个实数}) \in L(\boldsymbol{n}),\boldsymbol{x}' + \boldsymbol{x} = 2\boldsymbol{x}_S \in L(\boldsymbol{n})^{\perp} \tag{1.2.4}$$

与此同时,内积

$$(\boldsymbol{n},\boldsymbol{x}+\boldsymbol{x}')=0$$

这是因为子空间 $L(\boldsymbol{n})$ 与 $L(\boldsymbol{n})^{\perp}$ 的正交性. 注意到内积是线性的,所以这个等式又可写为

$$(\boldsymbol{n},\boldsymbol{x})+(\boldsymbol{n},\boldsymbol{x}')=0$$

或

$$(\boldsymbol{n},\boldsymbol{x}')=-(\boldsymbol{n},\boldsymbol{x}) \tag{1.2.5}$$

现在让等式(1.2.4)两端分别与 $\boldsymbol{n}$ 作内积,可以得出

$$(\boldsymbol{n},\boldsymbol{x}'-\boldsymbol{x})=(\boldsymbol{n},\boldsymbol{x}')-(\boldsymbol{n},\boldsymbol{x})=k(\boldsymbol{n},\boldsymbol{n})=k$$

注意到式(1.2.5),就得出了 k 的表达式

$$k=-2(\boldsymbol{n},\boldsymbol{x})$$

这样,我们就导出了任一向量 $\boldsymbol{x}$ 在初等镜面反射下的像的表达式

$$\mathscr{H}\boldsymbol{x}=(\mathscr{E}-2\mathscr{P})\boldsymbol{x}=\boldsymbol{x}-2(\boldsymbol{n},\boldsymbol{x})\boldsymbol{n} \tag{1.2.6}$$

上述推导过程中的式子(1.2.4)的第二个等式表明了 $\mathscr{H}$ 的几何意义:$\boldsymbol{x}$ 和它的像 $\boldsymbol{x}'=\mathscr{H}\boldsymbol{x}$ 关于超平面 $S=L(\boldsymbol{n})^{\perp}$ 成镜面对称(图1).

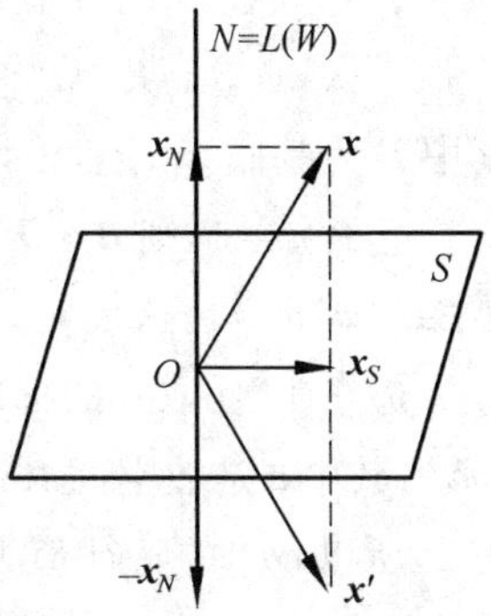

图1

利用式(1.2.6),我们可以来研究初等镜面反射的性质.

定理 1.2.2 如果 n 维欧氏空间中,正交变换 $\mathscr{T}$ 以1作为特征值,且属于特征值1的特征在空间 W 的维数为 $n-1$,那么 $\mathscr{T}$ 是初等镜面反射.

证明 既然 W 的维数 $=n-1$,所以 $W^{\perp}$ 是 $\mathscr{T}$ 的一维不变子空间. 取 $W^{\perp}$ 中的一个单位向量 $\boldsymbol{e}_1$,则它一定是特征向量,即有 $\mathscr{T}\boldsymbol{e}_1=\pm\boldsymbol{e}_1$,而 $\boldsymbol{e}_1\notin W$,所以只能 $\mathscr{T}\boldsymbol{e}_1=-\boldsymbol{e}_1$;再取 W 的一组标准正交基底 $\boldsymbol{e}_2,\boldsymbol{e}_3,\cdots,\boldsymbol{e}_n$,则 $\boldsymbol{e}_1,\boldsymbol{e}_2,\cdots,\boldsymbol{e}_n$ 是 $\mathbf{R}$ 的标准正交基底,并且对于 R 中任意 $\boldsymbol{\alpha}=k_1\boldsymbol{e}_1+k_2\boldsymbol{e}_2+\cdots+k_n\boldsymbol{e}_n$,都有

$$\begin{aligned}\mathscr{T}\boldsymbol{\alpha}&=-k_1\boldsymbol{e}_1+k_2\boldsymbol{e}_2+\cdots+k_n\boldsymbol{e}_n\\&=k_1\boldsymbol{e}_1+k_2\boldsymbol{e}_2+\cdots+k_n\boldsymbol{e}_n-2k_1\boldsymbol{e}_1\\&=\boldsymbol{\alpha}-2(\boldsymbol{\alpha},\boldsymbol{e}_1)\boldsymbol{e}_1\end{aligned}$$

这说明 $\mathscr{T}$ 是一个初等镜面反射.

初等镜面反射为其矩阵所完全决定：

定理 1.2.3 n 维欧氏空间中 R 上一个线性变换 $\mathscr{T}$ 为初等镜面反射的充要条件是：$\mathscr{T}$ 在 R 的任一组标准正交基底下的矩阵都形如 $\boldsymbol{E}-2\boldsymbol{a}\boldsymbol{a}^{\mathrm{T}}$，其中 $\boldsymbol{E}$ 是单位矩阵，而 $\boldsymbol{a}$ 是 n 维数空间 $\mathbf{R}^n$ 中的单位向量.

证明 必要性. 若 $\mathscr{T}$ 是一个初等镜面反射，设

$$\mathscr{T}\boldsymbol{x}=\boldsymbol{x}-2(\boldsymbol{n},\boldsymbol{x})\boldsymbol{n}\quad(\forall\,\boldsymbol{x}\in R)$$

其中 $\boldsymbol{n}$ 是 R 中的单位向量. 将 $\boldsymbol{n}$ 扩充为 R 的标准正交基底，设其为 $\boldsymbol{n},\boldsymbol{e}_2,\cdots,\boldsymbol{e}_n$. 由于

$$\mathscr{T}\boldsymbol{n}=\boldsymbol{n}-2(\boldsymbol{n},\boldsymbol{n})\boldsymbol{n}=-\boldsymbol{n},\mathscr{A}\boldsymbol{e}_i=\boldsymbol{e}_i-2(\boldsymbol{n},\boldsymbol{e}_i)\boldsymbol{n}=\boldsymbol{e}_i\quad(i=2,3,\cdots,n)$$

所以 $\mathscr{T}$ 在 $\boldsymbol{n},\boldsymbol{e}_2,\cdots,\boldsymbol{e}_n$ 下的矩阵为

$$\boldsymbol{A}=\begin{pmatrix}-1&&&\\&1&&\\&&\ddots&\\&&&1\end{pmatrix}=\boldsymbol{E}-2\boldsymbol{E}_{11}=\boldsymbol{E}-2\boldsymbol{a}\boldsymbol{a}^{\mathrm{T}}$$

其中 $\boldsymbol{E}_{11}$ 表示元素为 1，其余元素为 0 的基本矩阵，$\boldsymbol{a}\in\mathbf{R}^n$ 表示第一分量为 1，其余分量为 0 的单位向量.

于是，$\mathscr{T}$ 在 R 的任意标准正交基底 $\boldsymbol{g}_1,\boldsymbol{g}_2,\cdots,\boldsymbol{g}_n$ 下的矩阵为

$$\boldsymbol{B}=\boldsymbol{P}^{\mathrm{T}}\boldsymbol{A}\boldsymbol{P}=\boldsymbol{P}^{\mathrm{T}}(\boldsymbol{E}-2\boldsymbol{a}\boldsymbol{a}^{\mathrm{T}})\boldsymbol{P}=\boldsymbol{E}-2(\boldsymbol{P}^{\mathrm{T}}\boldsymbol{a})(\boldsymbol{P}^{\mathrm{T}}\boldsymbol{a})^{\mathrm{T}}\boldsymbol{P}$$

其中 $\boldsymbol{P}$ 为基底 $\boldsymbol{g}_1,\boldsymbol{g}_2,\cdots,\boldsymbol{g}_n$ 到 $\boldsymbol{n},\boldsymbol{e}_2,\cdots,\boldsymbol{e}_n$ 的过渡矩阵，它是一个正交矩阵.

记 $\boldsymbol{P}^{\mathrm{T}}\boldsymbol{a}=\boldsymbol{b}$，则 $\boldsymbol{B}=\boldsymbol{E}-2\boldsymbol{b}\boldsymbol{b}^{\mathrm{T}}$，注意到 $(\boldsymbol{b},\boldsymbol{b})=\boldsymbol{b}^{\mathrm{T}}\boldsymbol{b}=(\boldsymbol{P}^{\mathrm{T}}\boldsymbol{a})^{\mathrm{T}}(\boldsymbol{P}^{\mathrm{T}}\boldsymbol{a})=\boldsymbol{a}^{\mathrm{T}}\boldsymbol{P}\boldsymbol{P}^{\mathrm{T}}\boldsymbol{a}=\boldsymbol{a}^{\mathrm{T}}\boldsymbol{E}\boldsymbol{a}=\boldsymbol{a}^{\mathrm{T}}\boldsymbol{a}=1$，这表明 $\boldsymbol{b}$ 也是 $\mathbf{R}^n$ 中的单位向量.

充分性. 任取 R 的标准正交基底 $\boldsymbol{e}_1,\boldsymbol{e}_2,\cdots,\boldsymbol{e}_n$，设 $\mathscr{T}$ 在此基底下的矩阵为 $\boldsymbol{E}-2\boldsymbol{a}\boldsymbol{a}^{\mathrm{T}}$，其中 $\boldsymbol{a}$ 是数空间 $\mathbf{R}^n$ 中的单位向量. 因为矩阵 $\boldsymbol{a}\boldsymbol{a}^{\mathrm{T}}$ 的迹等于 $\boldsymbol{a}^{\mathrm{T}}\boldsymbol{a}=1$ 且其秩为 1，所以 $\boldsymbol{a}\boldsymbol{a}^{\mathrm{T}}$ 的特征值为 1(一重) 和 0($n-1$ 重)，从而矩阵 $\boldsymbol{A}=\boldsymbol{E}-2\boldsymbol{a}\boldsymbol{a}^{\mathrm{T}}$ 的特征值为 -1(一重)，1($n-1$ 重). 此外，$\boldsymbol{A}$ 还是一个对称矩阵，于是存在正交矩阵 $\boldsymbol{T}$，使得

$$\boldsymbol{T}^{\mathrm{T}}\boldsymbol{A}\boldsymbol{T}=\begin{pmatrix}-1&&&\\&1&&\\&&\ddots&\\&&&1\end{pmatrix}$$

现在令 $(\boldsymbol{h}_1,\boldsymbol{h}_2,\cdots,\boldsymbol{h}_n)=(\boldsymbol{e}_1,\boldsymbol{e}_2,\cdots,\boldsymbol{e}_n)^{\mathrm{T}}$，则 $\boldsymbol{h}_1,\boldsymbol{h}_2,\cdots,\boldsymbol{h}_n$ 也是 R 的一个标准正交基底，且 $\mathscr{T}$ 在其下的矩阵为 $\boldsymbol{T}^{\mathrm{T}}\boldsymbol{A}\boldsymbol{T}$，即有

$$\mathscr{T}\boldsymbol{h}_1=-\boldsymbol{h}_1,\mathscr{A}\boldsymbol{h}_i=\boldsymbol{h}_i\quad(i=2,3,\cdots,n)$$

于是,对任意的 $\boldsymbol{\alpha}=k_1\boldsymbol{h}_1+k_2\boldsymbol{h}_2+\cdots+k_n\boldsymbol{h}_n$,都有

$$\begin{aligned}\mathscr{T}\boldsymbol{\alpha}&=-k_1\boldsymbol{h}_1+k_2\boldsymbol{h}_2+\cdots+k_n\boldsymbol{h}_n\\&=k_1\boldsymbol{h}_1+k_2\boldsymbol{h}_2+\cdots+k_n\boldsymbol{h}_n-2k_1\boldsymbol{h}_1\\&=\boldsymbol{\alpha}-2(\boldsymbol{\alpha},\boldsymbol{h}_1)\boldsymbol{h}_1\end{aligned}$$

就是说 $\mathscr{T}$ 是一个初等镜面反射. 证毕.

现在我们来证明初等镜面反射变换的基本定理.

定理 1.2.4 设 $\boldsymbol{\alpha}_0,\boldsymbol{\beta}_0$ 是欧氏空间 R 中的任意两个向量,则存在初等镜面反射 $\mathscr{H}$,使得 $\mathscr{H}\boldsymbol{\alpha}_0=\boldsymbol{\beta}_0$.

证明 假设所求的初等镜面反射为 $\mathscr{H}\boldsymbol{x}=\boldsymbol{x}-2(\boldsymbol{n},\boldsymbol{x})\boldsymbol{n}$,其中 $\boldsymbol{n}$ 是待求的单位向量. 由 $\mathscr{H}\boldsymbol{\alpha}_0=\boldsymbol{\beta}_0$ 得出

$$\mathscr{H}\boldsymbol{x}=\boldsymbol{\alpha}_0-2(\boldsymbol{n},\boldsymbol{\alpha}_0)\boldsymbol{n}=\boldsymbol{\beta}_0 \tag{1.2.7}$$

进一步,有

$$\boldsymbol{n}=\frac{\boldsymbol{\alpha}_0-\boldsymbol{\beta}_0}{2(\boldsymbol{n},\boldsymbol{\alpha}_0)}$$

为了求出 $(\boldsymbol{n},\boldsymbol{\alpha}_0)$,式(1.2.7) 两边分别与 $\boldsymbol{\alpha}_0$ 求内积

$$(\boldsymbol{\alpha}_0,\boldsymbol{\alpha}_0)-2(\boldsymbol{n},\boldsymbol{\alpha}_0)(\boldsymbol{n},\boldsymbol{\alpha}_0)=(\boldsymbol{\alpha}_0,\boldsymbol{\beta}_0)$$

由此解出 $(\boldsymbol{n},\boldsymbol{\alpha}_0)=\sqrt{\dfrac{1-(\boldsymbol{\alpha}_0,\boldsymbol{\beta}_0)}{2}}$,于是

$$\boldsymbol{n}=\frac{\boldsymbol{\alpha}_0-\boldsymbol{\beta}_0}{\sqrt{2[1-(\boldsymbol{\alpha}_0,\boldsymbol{\beta}_0)]}} \tag{1.2.8}$$

如此也就证明了我们的定理.

注 式子(1.2.8) 中要求 $(\boldsymbol{\alpha}_0,\boldsymbol{\beta}_0)\neq 0$,而这是已知的. 同时,$(\boldsymbol{n},\boldsymbol{\alpha}_0)=-\sqrt{\dfrac{1-(\boldsymbol{\alpha}_0,\boldsymbol{\beta}_0)}{2}}$ 也是原方程的一个解,所以也可以取 $\boldsymbol{n}=-\dfrac{\boldsymbol{\alpha}_0-\boldsymbol{\beta}_0}{\sqrt{2[1-(\boldsymbol{\alpha}_0,\boldsymbol{\beta}_0)]}}$.

下面要引入的两个定理表明,初等镜面反射在正交变换中是基本的.

定理 1.2.5 欧氏空间中 R 上任意正交变换 $\mathscr{T}$ 都可以表示为若干初等镜面反射的乘积.

证明 设 $\boldsymbol{e}_1,\boldsymbol{e}_2,\cdots,\boldsymbol{e}_n$ 是 R 的标准正交基底,记 $\mathscr{T}\boldsymbol{e}_i=\boldsymbol{\alpha}_i(i=1,2,\cdots,n)$. 分两个情况:

Ⅰ) 如果对于每个 $i=1,2,\cdots,n$ 都有 $\boldsymbol{\alpha}_i=\boldsymbol{e}_i$,也就是说 $\mathscr{T}$ 是一个恒等变换,此时可以直接选取 $\mathscr{H}_1\boldsymbol{x}=\boldsymbol{x}-2(\boldsymbol{e}_1,\boldsymbol{x})\boldsymbol{e}_1$,就可以得到 $\mathscr{T}=\mathscr{H}_1^2$.

Ⅱ) 如果存在 i 使得 $\boldsymbol{\alpha}_i\neq\boldsymbol{e}_i$,不妨设 $\boldsymbol{\alpha}_1\neq\boldsymbol{e}_1$,那么存在初等镜面反射

$$\mathscr{H}_1\boldsymbol{x}=\boldsymbol{x}-2(\boldsymbol{g}_1,\boldsymbol{x})\boldsymbol{g}_1$$

使得 $\mathscr{H}_1 \boldsymbol{e}_1=\boldsymbol{\alpha}_1$(由定理 1.2.4).假设

$$\mathscr{H}_1\ \boldsymbol{e}_2=\boldsymbol{\alpha}_{22},\mathscr{H}_1\ \boldsymbol{e}_2=\boldsymbol{\alpha}_{23},\cdots,\mathscr{H}_1\ \boldsymbol{e}_n=\boldsymbol{\alpha}_{2n}$$

即

$$\mathscr{H}_1(\boldsymbol{e}_1,\boldsymbol{e}_2,\cdots,\boldsymbol{e}_n)=(\boldsymbol{\alpha}_1,\boldsymbol{\alpha}_{22},\boldsymbol{\alpha}_{23},\cdots,\boldsymbol{\alpha}_{2n})$$

接下来考察 $\boldsymbol{\alpha}_{22},\boldsymbol{\alpha}_{23},\cdots,\boldsymbol{\alpha}_{2n}$ 与 $\boldsymbol{\alpha}_2,\boldsymbol{\alpha}_3,\cdots,\boldsymbol{\alpha}_n$ 的关系.如果 $\boldsymbol{\alpha}_{2j}$ 与 $\boldsymbol{\alpha}_i$ 对应相等,那么 $\mathscr{T}=\mathscr{H}_1$,定理成立.否则,存在 j 使得 $\boldsymbol{\alpha}_{2j}\neq\boldsymbol{\alpha}_j$,不妨设 $\boldsymbol{\alpha}_{2j}\neq\boldsymbol{\alpha}_2$,那么又存在初等镜面反射

$$\mathscr{H}_2\ \boldsymbol{x}=\boldsymbol{x}-2(\boldsymbol{g}_2,\boldsymbol{x})\boldsymbol{g}_2$$

使得

$$\mathscr{H}_2\boldsymbol{\alpha}_{22}=\boldsymbol{\alpha}_2$$

其中 $g_2=k\boldsymbol{\alpha}_{22}-h\boldsymbol{\alpha}_2$,$k$,$h$ 是常数(由定理 1.2.4[①]).再假设

$$\mathscr{H}_2\boldsymbol{\alpha}_{23}=\boldsymbol{\alpha}_{33},\mathscr{H}_2\boldsymbol{\alpha}_{24}=\boldsymbol{\alpha}_{34},\cdots,\mathscr{H}_2\boldsymbol{\alpha}_{2n}=\boldsymbol{\alpha}_{3n}$$

现在我们证明,$\mathscr{H}_2$ 不变 $\boldsymbol{\alpha}_1$,即 $\mathscr{H}_2\boldsymbol{\alpha}_1=\boldsymbol{\alpha}_1$.事实上

$$\mathscr{H}_2\boldsymbol{\alpha}_1=\boldsymbol{\alpha}_1-2(\boldsymbol{g}_2,\boldsymbol{\alpha}_1)\boldsymbol{g}_2=\boldsymbol{\alpha}_1-2(k\boldsymbol{\alpha}_{22}-h\boldsymbol{\alpha}_2,\boldsymbol{\alpha}_1)\boldsymbol{g}_2=\boldsymbol{\alpha}_1$$

第二个等式利用了 $(\boldsymbol{\alpha}_2,\boldsymbol{\alpha}_1)=(\boldsymbol{\alpha}_{22},\boldsymbol{\alpha}_1)=0$,因为 $\boldsymbol{\alpha}_1,\boldsymbol{\alpha}_2,\cdots,\boldsymbol{\alpha}_n$ 与 $\boldsymbol{\alpha}_1,\boldsymbol{\alpha}_{22},\cdots,\boldsymbol{\alpha}_{2n}$ 都是标准正交基底.

这样一来,我们可写

$$\mathscr{H}_2(\boldsymbol{\alpha}_1,\boldsymbol{\alpha}_{22},\boldsymbol{\alpha}_{23},\cdots,\boldsymbol{\alpha}_{2n})=(\boldsymbol{\alpha}_1,\boldsymbol{\alpha}_2,\boldsymbol{\alpha}_{33},\cdots,\boldsymbol{\alpha}_{3n})$$

从而

$$\mathscr{H}_2\mathscr{H}_1(\boldsymbol{e}_1,\boldsymbol{e}_2,\cdots,\boldsymbol{e}_n)=(\boldsymbol{\alpha}_1,\boldsymbol{\alpha}_2,\boldsymbol{\alpha}_{33},\cdots,\boldsymbol{\alpha}_{3n})$$

接下来再将 $\boldsymbol{\alpha}_{33},\boldsymbol{\alpha}_{34},\cdots,\boldsymbol{\alpha}_{3n}$ 与 $\boldsymbol{\alpha}_3,\boldsymbol{\alpha}_4,\cdots,\boldsymbol{\alpha}_n$ 做比较,并且重复上述步骤,则最终可得到有限个初等镜面反射 $\mathscr{H}_i(i=1,2,\cdots,s)$ 使得

$$\mathscr{H}_s\cdots\mathscr{H}_2\mathscr{H}_1(\boldsymbol{e}_1,\boldsymbol{e}_2,\cdots,\boldsymbol{e}_n)=(\boldsymbol{\alpha}_1,\cdots,\boldsymbol{\alpha}_s,\boldsymbol{\alpha}_{(s+1)(s+1)},\cdots,\boldsymbol{\alpha}_{(s+1)n})$$

即

$$\mathscr{T}=\mathscr{H}_s\cdots\mathscr{H}_2\mathscr{H}_1$$

这就证明了所说的结论.

定理 1.2.6(嘉当[②]—迪厄多内[③]定理)　n 维欧氏空间中的旋转变换总可以表示为不超过 n 个初等镜面反射的乘积.

---

① 在定理 1.2.4 的证明过程中,知道满足 $\mathscr{H}\boldsymbol{x}=\boldsymbol{\alpha}_0-2(\boldsymbol{n},\boldsymbol{\alpha}_0)\boldsymbol{n}=\boldsymbol{\beta}_0$ 的初等镜面反射中,所求的 $\boldsymbol{n}$ 是已知向量 $\boldsymbol{\alpha}_0$,$\boldsymbol{\beta}_0$ 的线性组合.在这里,我们笼统地把它写为 $\boldsymbol{g}_2=k\boldsymbol{\alpha}_{22}-h\boldsymbol{\alpha}_2$.

② 埃利·嘉当(Joseph Cartan,1869—1951),法国数学家.

③ 迪厄多内(Jean Dieudonne,1906—1992),法国数学家.

证明 对空间的维数用数学归纳法. 当空间 R 的维数 $n=2$ 时,取一个标准正交基底 $\boldsymbol{e}_1,\boldsymbol{e}_2$. 设所说空间中的旋转变换 $\mathscr{G}$ 不是恒等变换. 于是可设换 $\mathscr{G}\boldsymbol{e}_1\neq\boldsymbol{e}_1$. 令 $\boldsymbol{\alpha}_1=\boldsymbol{e}_1-\mathscr{G}\boldsymbol{e}_1$. 现在用 $\mathscr{H}_1$ 表示关于 $L(\boldsymbol{\alpha}_1)^{\perp}$ 的轴反射(图 2),根据定理 1.2.4 的证明,有

$$\mathscr{H}_1\boldsymbol{e}_1=\mathscr{G}\boldsymbol{e}_1$$

由于 $\mathscr{H}_1\boldsymbol{e}_1,\mathscr{H}_1\boldsymbol{e}_2$ 仍是 R 的一个标准正交基底,因此

$$L(\mathscr{H}_1\boldsymbol{e}_2)=L(\mathscr{H}_1\boldsymbol{e}_1)^{\perp}=L(\mathscr{G}\boldsymbol{e}_1)^{\perp}=L(\mathscr{G}\boldsymbol{e}_2)$$

从而

$$\mathscr{H}_1\boldsymbol{e}_2=\pm\mathscr{G}\boldsymbol{e}_2$$

若 $\mathscr{H}_1\boldsymbol{e}_2=\mathscr{G}\boldsymbol{e}_2$,则 $\mathscr{H}_1=\mathscr{G}$,这与 $\mathscr{H}_1$ 是轴反射(第二类正交变换)矛盾. 因此

$$\mathscr{H}_1\boldsymbol{e}_2=-\mathscr{G}\boldsymbol{e}_2$$

用 $\mathscr{H}_2$ 表示关于 $L(\mathscr{G}\boldsymbol{e}_1)$ 的轴反射,则

$$(\mathscr{H}_2\mathscr{H}_1)\boldsymbol{e}_2=\mathscr{H}_2(\mathscr{H}_1\boldsymbol{e}_2)=\mathscr{H}_2(-\mathscr{G}\boldsymbol{e}_2)=-\mathscr{H}_2(\mathscr{G}\boldsymbol{e}_2)=-(-\mathscr{G}\boldsymbol{e}_2)=\mathscr{G}\boldsymbol{e}_2$$

$$(\mathscr{H}_2\mathscr{H}_1)\boldsymbol{e}_1=\mathscr{H}_2(\mathscr{H}_1\boldsymbol{e}_1)=\mathscr{H}_2(\mathscr{G}\boldsymbol{e}_1)=\mathscr{G}\boldsymbol{e}_2$$

这些等式表明 $\mathscr{G}=\mathscr{H}_2\mathscr{H}_1$.

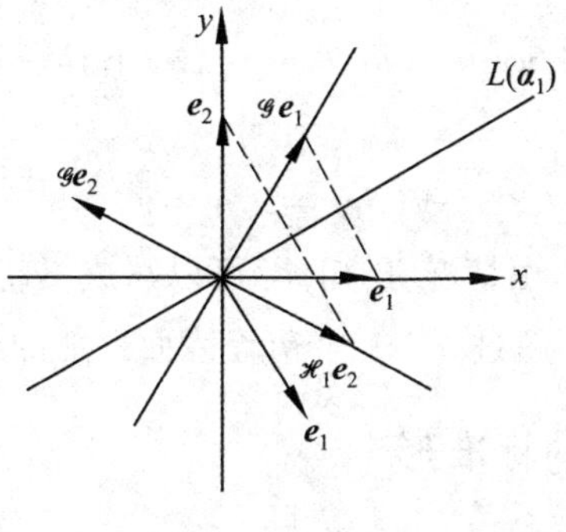

图 2

假设结论对于 $n=k$ 成立. 考虑 $n=k+1$ 的情形,设 $\mathscr{G}$ 是 $k+1$ 维欧氏空间 R 中的旋转变换,考虑两种情形:

Ⅰ)$\mathscr{G}$ 有非零不动向量,即存在 $\mathbf{0}\neq\boldsymbol{\alpha}\in R$,满足 $\mathscr{G}\boldsymbol{\alpha}=\boldsymbol{\alpha}$. 因为 $L(\boldsymbol{\alpha})^{\perp}$ 是 k 维的,按照归纳假设,可以把旋转变换 $\mathscr{G}\upharpoonright L(\boldsymbol{\alpha})^{\perp}$(即 $\mathscr{G}$ 在子空间 $L(\boldsymbol{\alpha})^{\perp}$ 上的限制)写为 $s\leqslant k$ 个初等镜面反射的乘积

$$\mathscr{G}\upharpoonright L(\boldsymbol{\alpha})^{\perp}=\mathscr{H}_1\mathscr{H}_2\cdots\mathscr{H}_s\quad(s\leqslant k)$$

现在设这些反射 $\mathscr{H}_1,\mathscr{H}_2,\cdots,\mathscr{H}_s$ 分别是由 $L(\boldsymbol{\alpha})^{\perp}$ 中的单位向量 $\boldsymbol{n}_1,\boldsymbol{n}_2,\cdots,\boldsymbol{n}_s$ 给出的. 因为 $\boldsymbol{n}_i$ 与 $L(\boldsymbol{\alpha})$ 正交$(i=1,2,\cdots,s)$,所以每个 $\mathscr{H}_i$ 在全空间中给出的反射(即把 $\mathscr{H}_i$ 看作是整个空间的变换)会保持 $\boldsymbol{\alpha}$ 不动

$$\mathscr{H}_i\boldsymbol{\alpha}=(\mathscr{E}-2\mathscr{P})\boldsymbol{\alpha}=\boldsymbol{\alpha}-2(\boldsymbol{n}_i,\boldsymbol{\alpha})\boldsymbol{n}=\boldsymbol{\alpha}$$

这样，在子空间 $L(\boldsymbol{\alpha})$ 上，$\mathscr{G}$ 与 $\mathscr{H}_1\mathscr{H}_2\cdots\mathscr{H}_s$ 相等(因为 $\boldsymbol{\alpha}$ 是这子空间的基底). 从而在整个空间上，

$$\mathscr{G}=\mathscr{H}_1\mathscr{H}_2\cdots\mathscr{H}_s$$

Ⅱ) 如果 $\mathscr{G}$ 没有非零不动向量，任取非零向量 $\boldsymbol{v}\in R$，那么 $\boldsymbol{u}=\mathscr{G}\boldsymbol{v}-\boldsymbol{v}\neq\boldsymbol{0}$. 令 $n=\dfrac{\boldsymbol{u}}{\sqrt{\boldsymbol{u},\boldsymbol{u}}}$，于是 $\boldsymbol{n}$ 是单位向量.

设 $\mathscr{H}$ 是关于超平面 $L(\boldsymbol{n})^{\perp}$ 的初等镜面反射. 注意到 $(\mathscr{G}\boldsymbol{v}-\boldsymbol{v},\mathscr{G}\boldsymbol{v}+\boldsymbol{v})=(\mathscr{G}\boldsymbol{v},\mathscr{G}\boldsymbol{v})-(\boldsymbol{v},\boldsymbol{v})=0$，我们有(令 $k=\sqrt{\boldsymbol{u},\boldsymbol{u}}$)

$$(\boldsymbol{n},(\mathscr{G}\boldsymbol{v}+\boldsymbol{v}))=(\frac{1}{k}(\mathscr{G}\boldsymbol{v}-\boldsymbol{v}),(\mathscr{G}\boldsymbol{v}+\boldsymbol{v}))=\frac{1}{k}((\mathscr{G}\boldsymbol{v}-\boldsymbol{v}),(\mathscr{G}\boldsymbol{v}+\boldsymbol{v}))=0$$

从而

$$\mathscr{H}(\mathscr{G}\boldsymbol{v}+\boldsymbol{v})=(\mathscr{G}\boldsymbol{v}+\boldsymbol{v})-2(\boldsymbol{n},(\mathscr{G}\boldsymbol{v}+\boldsymbol{v}))\boldsymbol{n}=\mathscr{G}\boldsymbol{v}+\boldsymbol{v}$$

此外

$$\mathscr{H}(\mathscr{G}\boldsymbol{v}-\boldsymbol{v})=\mathscr{H}(k\boldsymbol{n})=k\boldsymbol{n}-2(\boldsymbol{n},k\boldsymbol{n})\boldsymbol{n}=-k\boldsymbol{n}=-\mathscr{G}\boldsymbol{v}+\boldsymbol{v}$$

于是

$$2\mathscr{H}(\mathscr{G}\boldsymbol{v})=\mathscr{H}(\mathscr{G}\boldsymbol{v}+\boldsymbol{v})+\mathscr{H}(\mathscr{G}\boldsymbol{v}-\boldsymbol{v})=(\mathscr{G}\boldsymbol{v}+\boldsymbol{v})+(-\mathscr{G}\boldsymbol{v}+\boldsymbol{v})=2\boldsymbol{v}$$

这样

$$\mathscr{H}(\mathscr{G}\boldsymbol{v})=\mathscr{H}\mathscr{G}\boldsymbol{v}=\boldsymbol{v}$$

即 $\mathscr{H}\mathscr{G}$ 有非零不动向量 $\boldsymbol{v}$，由情况 Ⅰ 知 $\mathscr{H}\mathscr{G}$ 可以写成不超过 k 个初等镜面反射的乘积. 从而 $\mathscr{G}$ 可以写成不超过 $k+1$ 个初等镜面反射的乘积.

1.3 正交变换的标准形

基于下述性质可将正交变换的矩阵化为最简单的形状：

定理 1.3.1 如果正交变换 $\mathscr{T}$ 使某一子空间 X 不变，则必使其正交补空间 $X^{\perp}$ 不变.

证明 设变换 $\mathscr{T}$ 在 X 中导出一线性变换 $\mathscr{T}_0$，这一变换不改变空间 X 中向量之长，故为一正交变换. 特别地，$\mathscr{T}_0$ 有逆变换，讨论正交子空间 $X^{\perp}$ 中的任一向量 $\boldsymbol{z}$，我们要证明，$\mathscr{T}\boldsymbol{z}$ 仍在 $X^{\perp}$ 中，亦即 $\mathscr{T}\boldsymbol{z}$ 与 X 中任一向量 $\boldsymbol{x}$ 都是正交的. 设

$$\mathscr{T}_0^{-1}\boldsymbol{x}=\boldsymbol{y}\quad(\boldsymbol{y}\in X)$$

则

$$(\boldsymbol{x},\mathscr{T}\boldsymbol{z})=(\mathscr{T}_0\boldsymbol{y},\mathscr{T}\boldsymbol{z})=(\mathscr{T}\boldsymbol{y},\mathscr{T}\boldsymbol{z})=(\boldsymbol{y},\boldsymbol{z})=0$$

这就是我们所要证明的结果.

一个变换使其每一不变子空间的正交补空间仍然不变这一性质是很重要的,而且线性变换中有广泛的一类有此性质.特别地,已经证明,所有正交变换都有这一性质,我们称这一性质为正规性质.

定理 1.3.2 如果线性变换 $\mathscr{A}$ 有正规性质,且有不变子空间 X,则 $\mathscr{A}$ 在 X 中的导出变换 $\mathscr{A}_0$ 也具正规性质.

证明 如果 X_1 为 X 的子空间,且对 $\mathscr{A}_0$ 不变,则 X_1 亦对 $\mathscr{A}$ 不变.X 里面的 X_1 的正交补空间,显然为在基空间内的正交补空间 $X_1^{\perp}$ 与子空间 X 的交,因 $X_1^{\perp}$ 与 X 均对 $\mathscr{A}$ 不变,故对其交亦不变,这就是我们所要的结果.

现在来研究我们感兴趣的问题:欧几里得空间中的正交变换的矩阵可以化为怎样的最简单的形状.

引理 1 每一非零的实线性空间的线性变换,至少有一个维数为 1 或 2 的不变子空间.

证明 设 $\mathscr{A}$ 为非零的实线性空间 R 的线性变换,如变换 $\mathscr{A}$ 的特征多项式 $\varphi(\lambda)$ 有实根 α,则 $\mathscr{A}$ 在 R 中有一非零特征向量 $\boldsymbol{x}$,由这一向量所产生的子空间即为所求的一维不变子空间,故设 $\varphi(\lambda)$ 没有实根,因为多项式 $\varphi(\lambda)$ 的系数均为实数,故此时 $\varphi(\lambda)$ 有一对共轭复根 $\lambda=a+b\mathrm{i}$,$\overline{\lambda}=a-b\mathrm{i}$.在 R 中,选任一基底 $\boldsymbol{e}_1$,$\boldsymbol{e}_2,\cdots,\boldsymbol{e}_n$ 且设 $\boldsymbol{A}$ 为变换 $\mathscr{A}$ 在这一基底中的矩阵,讨论方程

$$\boldsymbol{A}(x_1,x_2,\cdots,x_n)^{\mathrm{T}}=\lambda(x_1,x_2,\cdots,x_n)^{\mathrm{T}} \tag{1.3.1}$$

其中 $x_1,x_2,\cdots,x_n$ 为值在复数域中的未知数,方程(1.3.1)可写为下面的形式

$$(\lambda\boldsymbol{E}-\boldsymbol{A})(x_1,x_2,\cdots,x_n)^{\mathrm{T}}=\boldsymbol{O}$$

其中 $\boldsymbol{E}$ 为单位矩阵,$\boldsymbol{O}$ 为单列零矩阵.这一方程组系数行列式为 $\varphi(\lambda)$,故等于零.因此,方程(1.3.1)在复数域中有非零解,我们用 $x_1^0,x_2^0,\cdots,x_n^0$ 来记这一非零解.并记

$$\boldsymbol{X}=(x_1^0,x_2^0,\cdots,x_n^0)^{\mathrm{T}}$$

则关系式(1.3.1)可表示为

$$\boldsymbol{AX}=\lambda\boldsymbol{X} \tag{1.3.2}$$

取两边的共轭,得

$$\overline{\boldsymbol{AX}}=\overline{\boldsymbol{\lambda}}\,\overline{\boldsymbol{X}}$$

但矩阵 $\boldsymbol{A}$ 仅有实元素,故

$$\boldsymbol{A}=\overline{\boldsymbol{A}}$$

而

$$\boldsymbol{A}\overline{\boldsymbol{X}}=\overline{\boldsymbol{\lambda}}\,\overline{\boldsymbol{X}} \tag{1.3.3}$$

因为行 $\boldsymbol{X}+\overline{\boldsymbol{X}}$,$(\boldsymbol{X}-\overline{\boldsymbol{X}})\mathrm{i}$ 是实数列,故可在空间 R 中,求得向量 $\boldsymbol{x},\boldsymbol{y}$,其坐标各为

$$[\boldsymbol{x}]=\frac{1}{2}(\boldsymbol{X}+\overline{\boldsymbol{X}}),[\boldsymbol{y}]=\frac{1}{2\mathrm{i}}(\boldsymbol{X}-\overline{\boldsymbol{X}}) \tag{1.3.4}$$

故 $\boldsymbol{X}$ 与 $\overline{\boldsymbol{X}}$ 可经 $[\boldsymbol{x}]$,$[\boldsymbol{y}]$ 表出,且应用关系(1.3.2),(1.3.3),我们得出

$$\boldsymbol{A}[\boldsymbol{x}]=a[\boldsymbol{x}]-b[\boldsymbol{y}],\boldsymbol{A}[\boldsymbol{y}]=b[\boldsymbol{x}]+a[\boldsymbol{y}]\quad(\lambda=a+b\mathrm{i}) \tag{1.3.5}$$

坐标列 $[\boldsymbol{x}]$,$[\boldsymbol{y}]$ 是线性无关的.这是因为列 $\boldsymbol{X}$ 与 $\overline{\boldsymbol{X}}$ 是线性无关的:它们分属 $\boldsymbol{A}$ 的不同的特征值(λ 与 $\overline{\lambda}$)(参阅第3章,定理2.2.2).

这些关系相当于

$$\mathscr{A}\boldsymbol{x}=a\boldsymbol{x}-b\boldsymbol{y},\mathscr{A}\boldsymbol{y}=b\boldsymbol{x}+a\boldsymbol{y} \tag{1.3.6}$$

这就证明由向量 $\boldsymbol{x},\boldsymbol{y}$ 所产生的子空间是对变换 $\mathscr{A}$ 不变的,我们的引理已证明.

定理 1.3.3 设 $\mathscr{A}$ 为欧氏空间 R 的线性变换,且有正规性质,则 R 可分解为维数不大于2的不变子空间的正交和,此处我们还知道,在维数为2的子空间中所导出的变换没有实特征根.

证明 对于维数为1的空间定理是很明显的,应用归纳法,假设对于维数小于 n 的空间,定理是正确的,而后来讨论维数为 n 的空间,设在 R 中施行有正规性质的线性变换 $\mathscr{A}$.由引理1,可以求得维数为1或2的对 $\mathscr{A}$ 不变的子空间 X,因 $\mathscr{A}$ 有正规性质,故正交补空间 $X^{\perp}$ 亦对 $\mathscr{A}$ 不变,且可将空间 R 分解为正交和

$$R=W+W^{\perp} \tag{1.3.7}$$

其中 $W,W^{\perp}$ 是不变的且 W 的维数等于1或2.讨论变换 $\mathscr{A}$ 在 $W^{\perp}$ 中导出的变换 $\mathscr{A}_0$,$W^{\perp}$ 的维数小于 n 且变换 $\mathscr{A}_0$ 有正规性质,故由归纳法的假设

$$W^{\perp}=W_2+W_3+\cdots+W_p$$

其中 $W_2,W_3,\cdots,W_p$ 均为维数不大于2且相互正交的不变子空间,关系(1.3.7)现在给出了所要求出的对于 R 的分解式

$$R=W+W_2+W_3+\cdots+W_p$$

由引理1的证明,知子空间 W 可能是一维的,也可能是二维的,此时导出变换有复特征根,故定理中最后的论断是正确的.

现在可以建立:

定理 1.3.4 每一正交变换 $\mathscr{T}$ 的矩阵在适当的标准正交基底中的形式为

$$\begin{pmatrix} 1 & & & & & & & & & & & \\ & \ddots & & & & & & & & & & \\ & & 1 & & & & & & & & & \\ & & & -1 & & & & & & & & \\ & & & & \ddots & & & & & & & \\ & & & & & -1 & & & & & & \\ & & & & & & \cos\theta_1 & \sin\theta_1 & & & & \\ & & & & & & -\sin\theta_1 & \cos\theta_1 & & & & \\ & & & & & & & & \ddots & & & \\ & & & & & & & & & \cos\theta_m & \sin\theta_m \\ & & & & & & & & & -\sin\theta_m & \cos\theta_m \end{pmatrix} \tag{1.3.8}$$

证明 因为正交变换$\mathscr{T}$具有正规性质,故按定理1.3.3,可将R正交分解成若干个$\mathscr{T}$的不变子空间的直和

$$R=W_1\oplus W_2\oplus W_3\oplus\cdots\oplus W_p$$

这里W_i的维数不大于2,$i=1,2,\cdots,p$.

如在每一子空间W_i中,选出标准正交基底,且将这些基底集合在一起,则得出空间R的标准正交基底.按第9章定理1.2.1,在这一基底中,变换$\mathscr{T}$的矩阵$\boldsymbol{T}$有对角分块型,若以$\boldsymbol{T}_i$记变换$\boldsymbol{T}$在W_i中导出的变换的矩阵,则

$$\boldsymbol{T}=\begin{pmatrix} \boldsymbol{T}_1 & & & \\ & \boldsymbol{T}_2 & & \\ & & \ddots & \\ & & & \boldsymbol{T}_n \end{pmatrix}$$

对角线上诸块$\boldsymbol{T}_i$是在标准正交基底中正交变换的矩阵,故为一阶或二阶的正交矩阵.例如,设$\boldsymbol{T}_i$为某一数α,正交条件

$$\boldsymbol{T}_i\boldsymbol{T}_i^{\mathrm{T}}=\boldsymbol{E} \tag{1.3.9}$$

给出$\alpha\alpha=1$,亦即$\alpha=\pm1$,故一阶的块等于±1.现在讨论任意一个二阶的块.设

$$\boldsymbol{T}_i=\begin{pmatrix} a & b \\ c & d \end{pmatrix}$$

条件(1.3.9)给出

$$a^2+b^2=1,ac+bd=0,c^2+d^2=1$$

其中第一个等式证明有这样的数θ存在,使

$$a=\cos\theta, b=\sin\theta$$

则由其余两个等式可得

$$c=\varepsilon\cos\theta, d=\varepsilon\sin\theta \quad (\varepsilon=\pm 1)$$

故知矩阵 $\boldsymbol{T}_i$ 为下面两种形式中的一种

$$\begin{pmatrix}\cos\theta & \sin\theta\\ -\sin\theta & \cos\theta\end{pmatrix}, \begin{pmatrix}\cos\theta & \sin\theta\\ \sin\theta & -\cos\theta\end{pmatrix} \quad (0<\theta<\pi, \theta\neq\pi)$$

但第二种矩阵有实特征根 ± 1，故由定理 1.3.3，知在我们的分解式中，没有这样的矩阵，这样，所有二阶矩阵均有第一种类型，故矩阵 $\boldsymbol{T}$ 的对角线上诸块等于 1，继以等于 -1 的诸块，最后诸块均为第一种类型，这就得出了我们的定理.

式(1.3.8) 中，块 1 或 -1 的几何意义是很明显的；二阶块为二维子空间的变换的矩阵，每一个二维欧氏空间与平面上的向量空间同构，由图 3 可知，将平面上所有向量绕原点 O 旋转角 θ 为一线性变换，其矩阵为第一种类型，故矩阵 $\boldsymbol{T}$ 中的二阶块可解释为对应于不变子空间的旋转的矩阵.

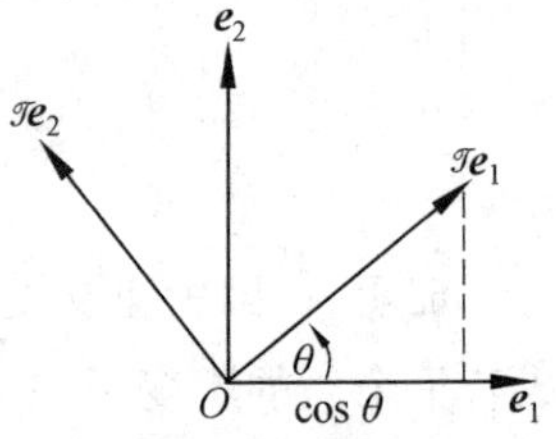

图 3

从矩阵的计算这一观点来看，定理 1.3.4 的意义为：

定理 1.3.5 对于每一实正交矩阵 $\boldsymbol{T}$，有这样的实正交矩阵 $\boldsymbol{U}$ 存在，使 $\boldsymbol{UTU}^{-1}$ 具有式(1.3.8) 的形式.

证明 设 R 为一辅助欧氏空间，其维数等于矩阵 $\boldsymbol{T}$ 的阶数，在 R 中取任一标准正交基底 $\boldsymbol{e}_1, \boldsymbol{e}_2, \cdots, \boldsymbol{e}_n$ 且以 $\mathscr{T}$ 记 R 中矩阵为 $\boldsymbol{T}$ 的线性变换，变换 $\mathscr{T}$ 为一正交矩阵，故应用定理 1.3.4，我们在 R 中，可求得一个标准正交基底 $\boldsymbol{e}'_1, \boldsymbol{e}'_2, \cdots, \boldsymbol{e}'_n$，使得在这一基底中，变换 $\mathscr{T}$ 的矩阵为形如式(1.3.8)，因为这两组基底都是标准正交的，在新基底中，变换 $\mathscr{T}$ 的矩阵等于 $\boldsymbol{UTU}^{-1}$，故为形如式(1.3.8)，定理即已证明.

讨论平常三维欧几里得空间 R 这一例子，由定理 1.3.4，对于空间 R 的每一正交变换 $\mathscr{T}$，均可求得一组相互垂直的单位向量 $\boldsymbol{e}_1, \boldsymbol{e}_2, \boldsymbol{e}_3$，此时变换 $\mathscr{T}$ 的矩阵为下面六种形式中的一个

$$\begin{pmatrix}1 & & \\ & 1 & \\ & & 1\end{pmatrix}, \begin{pmatrix}1 & & \\ & 1 & \\ & & -1\end{pmatrix}, \begin{pmatrix}1 & & \\ & -1 & \\ & & -1\end{pmatrix}, \begin{pmatrix}-1 & & \\ & -1 & \\ & & -1\end{pmatrix}$$

$$\begin{pmatrix}1 & & \\ & \cos\theta & \sin\theta \\ & -\sin\theta & \cos\theta\end{pmatrix},\begin{pmatrix}-1 & & \\ & \cos\theta & \sin\theta \\ & -\sin\theta & \cos\theta\end{pmatrix}$$

显然,变换 $\mathscr{T}$ 是这样的:在第一个情形时为单位变换;在第二个情形时为对平面 $\boldsymbol{e}_2O\boldsymbol{e}_3$ 的镜像;在第三个情形时为对直线 $O\boldsymbol{e}_1$ 的镜像;在第四个情形时为对原点 O 的镜像;在第五个情形时为绕 $\boldsymbol{e}_1$ 轴旋转角 θ;最后一个情形为绕 $\boldsymbol{e}_1$ 轴旋转 θ 角,同时对平面 $\boldsymbol{e}_2O\boldsymbol{e}_3$ 的镜像.前四种情形可视为后两种情形当 $\theta=0$ 与 $\theta=\pi$ 时的特例.

1.4 对称变换及其性质

从几何的观点来看,在一般欧氏空间中,最自然的一类线性变换是由正交变换所组成的,因为它们表示这些空间对于自己的同构映射,但在应用时,对称变换有很重要的价值,我们现在来研究这些变换.

欧氏空间 R 的线性变换 $\mathscr{A}$ 称为对称的,如果对于 R 中任意两个向量 $\boldsymbol{x},\boldsymbol{y}$,等式

$$(\mathscr{A}\boldsymbol{x},\boldsymbol{y})=(\boldsymbol{x},\mathscr{A}\boldsymbol{y})$$

都能成立.

定理 1.4.1 欧氏空间 R 中的对称变换 $\mathscr{A}$ 一定是线性变换.

证明 首先,若 $(\boldsymbol{x},\boldsymbol{z})=(\boldsymbol{y},\boldsymbol{z})$ 对于 R 中的任一 $\boldsymbol{z}$ 均成立,那么有

$$(\boldsymbol{x}-\boldsymbol{y},\boldsymbol{z})=0$$

从而 $\boldsymbol{x}-\boldsymbol{y}=\boldsymbol{0}$,即

$$\boldsymbol{x}=\boldsymbol{y}$$

根据这个结论,我们来计算:设任取 R 中的向量 $\boldsymbol{x},\boldsymbol{y}$,以及对于任意的 $\boldsymbol{z}\in R$,由于 $\mathscr{A}$ 是对称变换,因此

$$\begin{aligned}(\mathscr{A}(\boldsymbol{x}+\boldsymbol{y}),\boldsymbol{z})&=(\boldsymbol{x}+\boldsymbol{y},\mathscr{A}\boldsymbol{z})=(\boldsymbol{x},\mathscr{A}\boldsymbol{z})+(\boldsymbol{y},\mathscr{A}\boldsymbol{z})\\&=(\mathscr{A}\boldsymbol{x},\boldsymbol{z})+(\mathscr{A}\boldsymbol{y},\boldsymbol{z})=(\mathscr{A}\boldsymbol{x}+\mathscr{A}\boldsymbol{y},\boldsymbol{z})\end{aligned}$$

从而

$$\mathscr{A}(\boldsymbol{x}+\boldsymbol{y})=\mathscr{A}\boldsymbol{x}+\mathscr{A}\boldsymbol{y}$$

又,对于任意实数 k,有

$$(\mathscr{A}(k\boldsymbol{x}),\boldsymbol{z})=(k\boldsymbol{x},\mathscr{A}\boldsymbol{z})=k(\boldsymbol{x},\mathscr{A}\boldsymbol{z})=k(\mathscr{A}\boldsymbol{x},\boldsymbol{z})=(k\mathscr{A}\boldsymbol{x},\boldsymbol{z})$$

因此

$$\mathscr{A}(k\boldsymbol{x})=k\mathscr{A}\boldsymbol{x}$$

综上所述,$\mathscr{A}$ 是 R 上的线性变换.

相应于定理 1.1.3,我们建立：

定理 1.4.2 欧氏空间中一个线性变换是对称变换的充分必要条件是,它在任一标准正交基底下的矩阵是对称矩阵.

证明 设 $\mathscr{A}$ 是欧氏空间 R 的对称变换.任取 R 的标准正交基底 $\boldsymbol{e}_1,\boldsymbol{e}_2,\cdots,\boldsymbol{e}_n$.设

$$\begin{aligned}\mathscr{A}(\boldsymbol{e}_1,\boldsymbol{e}_2,\cdots,\boldsymbol{e}_n)&=(\boldsymbol{e}_1,\boldsymbol{e}_2,\cdots,\boldsymbol{e}_n)\boldsymbol{A}\\&=(\boldsymbol{e}_1,\boldsymbol{e}_2,\cdots,\boldsymbol{e}_n)\begin{pmatrix}a_{11}&a_{1j}&\cdots&a_{1n}\\a_{21}&a_{2j}&\cdots&a_{2n}\\\vdots&\vdots&&\vdots\\a_{n1}&a_{nj}&\cdots&a_{nn}\end{pmatrix}\end{aligned}$$

则

$$\mathscr{A}\boldsymbol{e}_j=\sum_{i=1}^n a_{ij}\boldsymbol{e}_i$$

又由于 $\boldsymbol{e}_1,\boldsymbol{e}_2,\cdots,\boldsymbol{e}_n$ 是标准正交的,所以

$$\mathscr{A}\boldsymbol{e}_j=\sum_{i=1}^n(\mathscr{A}\boldsymbol{e}_j,\boldsymbol{e}_i)\boldsymbol{e}_i$$

于是

$$a_{ij}=(\mathscr{A}\boldsymbol{e}_j,\boldsymbol{e}_i)\quad(i,j=1,2,\cdots,n)$$

$\mathscr{A}$ 是对称的,当且仅当对于任意的 $\boldsymbol{x},\boldsymbol{y}\in R$,有

$$(\mathscr{A}\boldsymbol{x},\boldsymbol{y})=(\boldsymbol{x},\mathscr{A}\boldsymbol{y})$$

这又当且仅当

$$(\mathscr{A}\boldsymbol{e}_j,\boldsymbol{e}_i)=(\boldsymbol{e}_j,\mathscr{A}\boldsymbol{e}_i)\quad(i,j=1,2,\cdots,n)$$

当且仅当

$$a_{ij}=a_{ji}\quad(i,j=1,2,\cdots,n)$$

当且仅当 $\boldsymbol{A}$ 是对称矩阵.

零变换,单位变换,一般地说数量变换 $\alpha\mathscr{E}$ 当 α 为实数时,都是对称变换的简单例子.较普遍的例子,如那些变换,在标准正交基底下,它的矩阵是实对角形的,在主对角线上的元素为正数 $\alpha_1,\alpha_2,\cdots,\alpha_n$,这一变换的意义可解释为把这一空间对于 n 个相互正交的方向各“拉伸”$\alpha_1,\alpha_2,\cdots,\alpha_n$ 倍.

以下指出对称变换的若干简单性质.

1° 对称变换的和以及实数与对称变换的乘积,仍为对称变换.

事实上,如 $\mathscr{A},\mathscr{B}$ 为对称变换,α 为一实数,则

$$\begin{aligned}((\mathscr{A}+\mathscr{B})\boldsymbol{x},\boldsymbol{y}) &= (\mathscr{A}\boldsymbol{x}+\mathscr{B}\boldsymbol{x},\boldsymbol{y}) \\ &= (\mathscr{A}\boldsymbol{x},\boldsymbol{y})+(\mathscr{B}\boldsymbol{x},\boldsymbol{y}) \\ &= (\boldsymbol{x},\mathscr{A}\boldsymbol{y})+(\boldsymbol{x},\mathscr{B}\boldsymbol{y}) \\ &= (\boldsymbol{x},(\mathscr{A}+\mathscr{B})\boldsymbol{y})\end{aligned}$$

$$((\alpha\mathscr{A})\boldsymbol{x},\boldsymbol{y})=(\alpha(\mathscr{A}\boldsymbol{x}),\boldsymbol{y})=\alpha(\mathscr{A}\boldsymbol{x},\boldsymbol{y})=\alpha(\boldsymbol{x},\mathscr{A}\boldsymbol{y})=(\boldsymbol{x},(\alpha\mathscr{A})\boldsymbol{y})$$

2° 两个对称的变换的乘积,当且仅当这两个变换可交换时,才为对称变换.特别地,对称变换的幂与一般变换的实系数多项式,均仍为对称变换.

事实上,有

$$((\mathscr{A}\mathscr{B})\boldsymbol{x},\boldsymbol{y})=(\mathscr{A}(\mathscr{B}\boldsymbol{x}),\boldsymbol{y})=((\mathscr{B}\boldsymbol{x}),\mathscr{A}\boldsymbol{y})=(\boldsymbol{x},\mathscr{B}\mathscr{A}\boldsymbol{y})$$

如果 $\mathscr{A}\mathscr{B}=\mathscr{B}\mathscr{A}$,那么

$$((\mathscr{A}\mathscr{B})\boldsymbol{x},\boldsymbol{y})=(\boldsymbol{x},\mathscr{B}\mathscr{A}\boldsymbol{y})=(\boldsymbol{x},\mathscr{A}\mathscr{B}\boldsymbol{y}) \tag{1.4.1}$$

即 $\mathscr{A}\mathscr{B}$ 是对称的.

反过来,如果 $\mathscr{A}\mathscr{B}$ 是对称的,那么式(1.4.1)成立,就是说 $\mathscr{A}\mathscr{B}=\mathscr{B}\mathscr{A}$.

3° 对称变换有正规性质,亦即,如果对称变换 $\mathscr{A}$ 有不变子空间 X,则其正交补空间 $X^{\perp}$ 亦是不变的.

证明 设 $\boldsymbol{x}$ 是子空间 X 的任意一个向量,$\boldsymbol{y}$ 是子空间 $X^{\perp}$ 的任意一个向量.按假设 $(\mathscr{A}\boldsymbol{x},\boldsymbol{y})=0$.但由于变换是对称的,由此又得

$$(\boldsymbol{x},\mathscr{A}\boldsymbol{y})=0$$

这就是说,向量 $\mathscr{A}\boldsymbol{y}$ 正交于任意一个向量 $\boldsymbol{x}\in X$,所以,对于任意的 $\boldsymbol{y}\in X^{\perp}$,$\mathscr{A}\boldsymbol{y}\in X^{\perp}$.证毕.

4° 对称变换 $\mathscr{A}$ 对应于不同特征值的特征向量是互相正交的.

事实上,设等式

$$\mathscr{A}\boldsymbol{x}=\lambda\boldsymbol{x},\mathscr{A}\boldsymbol{y}=\mu\boldsymbol{y}$$

成立,而且 $\lambda\neq\mu$.取第一等式与 $\boldsymbol{y}$ 的内积,第二等式与 $\boldsymbol{x}$ 的内积,然后从第一个减去第二个,得

$$(\mathscr{A}\boldsymbol{x},\boldsymbol{y})-(\boldsymbol{x},\mathscr{A}\boldsymbol{y})=(\lambda-\mu)(\boldsymbol{x},\boldsymbol{y})$$

由于变换是对称的,等式左边等于零,因为 $\lambda\neq\mu$,故 $(\boldsymbol{x},\boldsymbol{y})=0$.

可以指出,在性质 1—4 中没有假定空间 R 的维数是有穷的.相反,下面的性质 5° 以及下一目的定理 1.5.2、定理 1.5.3 必须根据空间维数有限这一假定.

5° 对称变换的所有特征根都是实根.

证明　由于任何线性变换的特征根同这个线性变换在任意基底下的矩阵的特征根一致,而对称变换在标准正交基底下由对称矩阵给出,所以只要证明下列论断就够了:对称矩阵的所有特征根都是实根.

事实上,设 λ_0 是对称矩阵 $\boldsymbol{A}=(a_{ij})_{n\times n}$ 的特征根(可能是复数)

$$|\boldsymbol{A}-\lambda_0\boldsymbol{E}|=0$$

那么,复系数的齐次线性方程组

$$\sum_{j=1}^{n}a_{ij}x_j=\lambda_0x_i\quad(i=1,2,\cdots,n)$$

的行列式等于零,即具有非零解 $\beta_1,\beta_2,\cdots,\beta_n$,一般说来是复数.这样一来

$$\sum_{j=1}^{n}a_{ij}\beta_j=\lambda_0\beta_i\quad(i=1,2,\cdots,n)\tag{1.4.2}$$

用数 β_i 的共轭数 $\overline{\beta_i}$ 来乘等式(1.4.2)中第 i 个的两边,并且将所有得到的等式左右两边分别相加,我们得到等式

$$\sum_{i,j=1}^{n}a_{ij}\beta_j\overline{\beta_i}=\lambda_0\sum_{i=1}^{n}\beta_i\overline{\beta_i}\tag{1.4.3}$$

等式(1.4.3)中 λ_0 的系数是不为零的实数,因为它是非负实数的和,而且其中至少有一个不为零,因此为了证明 λ_0 是实数,我们只要证明等式(1.4.3)的左边是实数,亦即只需证明这个复数与自己的共轭数相等就够了.这里首先利用矩阵 $\boldsymbol{A}$ 的实对称性

$$\overline{\sum_{i,j=1}^{n}a_{ij}\beta_j\overline{\beta}_i}=\sum_{i,j=1}^{n}\overline{a_{ij}\beta_j\overline{\beta}_i}=\sum_{i,j=1}^{n}a_{ij}\overline{\beta}_j\beta_i=\sum_{i,j=1}^{n}a_{ji}\overline{\beta}_j\beta_i=\sum_{i,j=1}^{n}a_{ij}\overline{\beta}_i\beta_j=\sum_{i,j=1}^{n}a_{ij}\beta_j\overline{\beta}_i$$

我们指出,倒数第二个等式可以由求和指标的简单的交换而得到:以 j 代替 i,以 i 代替 j.因而定理得证.

1.5　对称变换的标准形

讨论对称变换的矩阵的最简形式.设 $\mathscr{A}$ 为欧氏空间 R 的对称变换,在 1.3 目已经证明,对于每一有正规性质的欧氏空间的线性变换,均有一标准正交基底存在,使这一变换的矩阵在这一基底下可分解为一阶或二阶的块,仅当变换的特征多项式有(非实)的数,才有二阶块出现.因对称变换有正规性质,故其特征多项式不能有(非实的)复数根,因此,在适当的标准正交基底下,变换 $\mathscr{A}$ 的矩阵是对角形的,它的逆定理亦是真的.如欧氏空间的任一变换 $\mathscr{A}$ 的矩阵有对角形 $\boldsymbol{A}$,则显然,$\boldsymbol{A}=\boldsymbol{A}^{\mathrm{T}}$ 而 $\mathscr{A}$ 是对称的.我们得出定理:

定理 1.5.1 欧几里得空间 R 的每一对称变换,在 R 中均有标准正交基底存在,使变换的矩阵在这一基底下有对角形.

某种意义下,定理 1.5.1 的逆也是正确的.

定理 1.5.2 欧几里得空间 R 的线性变换 $\mathscr{A}$ 是对称变换的充分必要条件是:在空间 R 中存在由这个变换的特征向量所构成的标准正交基底.

从一方面说,这个论断几乎是显然的:如果在 R 中存在标准正交基底 $\boldsymbol{e}_1$,$\boldsymbol{e}_2$,$\cdots$,$\boldsymbol{e}_n$ 并且

$$\mathscr{A}\boldsymbol{e}_i=\lambda_i\boldsymbol{e}_i\quad(i=1,2,\cdots,n)$$

那么在基底$\{\boldsymbol{e}\}$下,变换 $\mathscr{A}$ 可由对角形矩阵

$$\begin{pmatrix}\lambda_1 & & & \\ & \lambda_2 & & \\ & & \ddots & \\ & & & \lambda_n\end{pmatrix}$$

给出.然而,对角形矩阵是对称的,所以变换 $\mathscr{A}$ 在标准正交基底$\{\boldsymbol{e}\}$下由对称矩阵给出,即为对称变换.

我们将对空间 R 的维数 n 使用归纳法来证明这个定理的另一方面.事实上,当 $n=1$ 时空间 R 的任何线性变换 $\mathscr{A}$ 必定把任意向量变成与它成比例的向量.由此得出,任何非零向量 $\boldsymbol{a}$ 是变换 $\mathscr{A}$ 的特征向量(同时得出,空间 R 的任何线性变换是对称的).单位化向量 $\boldsymbol{a}$ 后,我们就得到空间 R 中希望找到的标准正交基底.

设定理的论断对于 $n-1$ 维欧几里得空间已经证明,又设空间 R 中给出了对称变换 $\mathscr{A}$.从上面证明的定理推出对于 $\mathscr{A}$ 存在实特征根 λ_0.因而,这个数是变换 $\mathscr{A}$ 的特征值.如果 $\boldsymbol{a}$ 是变换 $\mathscr{A}$ 的属于特征值 λ_0 的特征向量,那么任何与向量 $\boldsymbol{a}$ 成正比的非零向量将是 $\mathscr{A}$ 的属于同一特征值 λ_0 的特征向量,因为

$$\mathscr{A}(k\boldsymbol{a})=k(\mathscr{A}\boldsymbol{a})=k(\lambda_0\boldsymbol{a})=\lambda_0(k\boldsymbol{a})$$

特别是单位化向量 $\boldsymbol{a}$ 后,我们得到这样的向量 $\boldsymbol{e}_1$,使得

$$\mathscr{A}\boldsymbol{e}_1=\lambda_0\boldsymbol{e}_1,(\boldsymbol{e}_1,\boldsymbol{e}_1)=1$$

在第 10 章 §2 中,格拉姆-施密特正交化过程证明了非零向量 $\boldsymbol{e}_1$ 可以包含在空间 R 的正交基底

$$\boldsymbol{e}_1,\boldsymbol{e}'_2,\cdots,\boldsymbol{e}'_n\tag{1.5.1}$$

中.在基底(1.5.1)下第一个坐标等于零的那些向量,即是形为 $k_2\boldsymbol{e}'_2+\cdots+k_n\boldsymbol{e}'_n$ 的向

量，显然组成空间 R 的 $n-1$ 维线性子空间，我们用 L 来表示它. 而且这是 $n-1$ 维欧几里得空间，因为对 R 中的全部向量定义了内积后，作为特殊情况对于 L 中的向量也就确定了内积，同时具有一切必要的性质.

子空间 L 由空间 R 中所有与向量 $\boldsymbol{e}_1$ 正交的向量所组成. 事实上，如果

$$\boldsymbol{a}=k_1\boldsymbol{e}_1+k'_2\boldsymbol{e}'_2+\cdots+k'_n\boldsymbol{e}'_n$$

那么，由基底(1.5.1) 的正交性和向量 $\boldsymbol{e}_1$ 的单位性

$$(\boldsymbol{e}_1,\boldsymbol{a})=k_1(\boldsymbol{e}_1,\boldsymbol{e}_1)+k'_2(\boldsymbol{e}_1,\boldsymbol{e}'_2)+\cdots+k'_2(\boldsymbol{e}_1,\boldsymbol{e}'_2)=k_1$$

即当且仅当 $k_1=0$ 时，$(\boldsymbol{e}_1,\boldsymbol{a})=0$.

如果向量 $\boldsymbol{a}$ 属于子空间 L，即 $(\boldsymbol{e}_1,\boldsymbol{a})=0$，那么向量 $\mathscr{A}\boldsymbol{a}$ 包含在 L 中. 事实上由变换 $\mathscr{A}$ 的对称性

$$(\boldsymbol{e}_1,\mathscr{A}\boldsymbol{a})=(\mathscr{A}\boldsymbol{e}_1,\ \boldsymbol{a})=(\lambda_0\boldsymbol{e}_1,\boldsymbol{a})=\lambda_0(\boldsymbol{e}_1,\boldsymbol{a})=\lambda_0\cdot 0=0$$

即向量 $\mathscr{A}\boldsymbol{a}$ 与 $\boldsymbol{e}_1$ 正交，因而包含在 L 中. 换句话说，子空间 L 对于变换 $\mathscr{A}$ 是不变的，把 $\mathscr{A}$ 只应用到 L 中的向量时，这个不变性使我们能把 $\mathscr{A}$ 看作这 $n-1$ 维欧几里得空间的线性变换. 它还是空间 L 中的对称变换. 因为对于 R 中的任何向量作变换 $\mathscr{A}$ 后，等式(1.5.1) 将被满足，特别是对 L 中的向量作变换 $\mathscr{A}$ 后等式(1.5.1) 也满足.

由于归纳法的假设，在空间 L 中存在由变换 $\mathscr{A}$ 的特征向量组成的标准正交基底，用 $\boldsymbol{e}_2,\cdots,\boldsymbol{e}_n$ 表示它. 所有这些向量与向量 $\boldsymbol{e}_1$ 正交，因此 $\boldsymbol{e}_1,\boldsymbol{e}_2,\cdots,\boldsymbol{e}_n$ 是所求的空间 R 的标准正交基底，并且由变换 $\mathscr{A}$ 的特征向量组成. 定理证毕.

于是可给出定理 1.5.1 的矩阵的说法：

定理 1.5.3 对于每一个实对称矩阵，均有这样的实正交矩阵 $\boldsymbol{Q}$ 存在，使 $\boldsymbol{QAQ}^{-1}$ 为对角形.

证明 设 $\boldsymbol{A}$ 的阶为 n. 取 n 维辅助欧氏空间 R 及其任一标准正交基底 $\boldsymbol{e}_1$，$\boldsymbol{e}_2,\cdots,\boldsymbol{e}_n$. 令 $\mathscr{A}$ 为 R 中矩阵为 $\boldsymbol{A}$ 的线性变换(在基底 $\boldsymbol{e}_1,\boldsymbol{e}_2,\cdots,\boldsymbol{e}_n$ 之下). 那么由 $\boldsymbol{A}$ 的对称性知变换 $\mathscr{A}$ 是对称的. 进一步由定理 1.5.1 可知在 R 中，在标准正交基底 $\boldsymbol{e}'_1,\boldsymbol{e}'_2,\cdots,\boldsymbol{e}'_n$ 存在，使得变换 $\mathscr{A}$ 的矩阵为对角形. 在新基底中，变换 $\mathscr{A}$ 的矩阵等于 $\boldsymbol{QTQ}^{-1}$，$\boldsymbol{Q}$ 是新基底到旧基底的过渡矩阵，它是正交的. 证毕.

1.6 反对称变换及其标准形

设 R 为欧氏空间，变换 $\mathscr{A}$ 称为反对称的，如果对于空间 R 的任意向量 $\boldsymbol{x}$，$\boldsymbol{y}$，均有

$$(\boldsymbol{x},\mathscr{A}\boldsymbol{y})=-(\mathscr{A}\boldsymbol{x},\boldsymbol{y}) \tag{1.6.1}$$

与对称变换一样,可以证明反对称变换一定是线性的.

下一个性质是:

定理 1.6.1 一个变换是反对称的当且仅当它在任一标准正交基底下的矩阵是反对称的.

证明 必要性.设反对称变换 $\mathscr{A}$ 是关于欧氏空间 R 的一个标准正交基底 $\boldsymbol{e}_1,\boldsymbol{e}_2,\cdots,\boldsymbol{e}_n$ 的矩阵 $\boldsymbol{A}=(a_{ij})_{n\times n}$,则

$$\mathscr{A}(\boldsymbol{e}_1,\boldsymbol{e}_2,\cdots,\boldsymbol{e}_n)=(\boldsymbol{e}_1,\boldsymbol{e}_2,\cdots,\boldsymbol{e}_n)\boldsymbol{A}$$

因而

$$(\mathscr{A}\boldsymbol{e}_i,\boldsymbol{e}_j)=(\sum_{k=1}^{n}a_{ki}\boldsymbol{e}_k,\boldsymbol{e}_j)=a_{ji}$$

$$(\boldsymbol{e}_i,\mathscr{A}\boldsymbol{e}_j)=(\boldsymbol{e}_i,\sum_{h=1}^{n}a_{hj}\boldsymbol{e}_h)=a_{ij}$$

又因为$(\mathscr{A}\boldsymbol{e}_i,\boldsymbol{e}_j)=(\boldsymbol{e}_i,-\mathscr{A}\boldsymbol{e}_j)=-(\boldsymbol{e}_i,\mathscr{A}\boldsymbol{e}_j)$,所以 $a_{ij}=-a_{ji}(i,j=1,2,\cdots,n)$.因此,$\boldsymbol{A}$ 在标准正交基底 $\boldsymbol{e}_1,\boldsymbol{e}_2,\cdots,\boldsymbol{e}_n$ 的矩阵 $\boldsymbol{A}$ 为反对称矩阵.

充分性.设变换 $\mathscr{A}$ 是在 R 的某个标准正交基底 $\boldsymbol{e}_1,\boldsymbol{e}_2,\cdots,\boldsymbol{e}_n$ 下的矩阵为反对称矩阵 $\boldsymbol{A}$:$\boldsymbol{A}^{\mathrm{T}}=-\boldsymbol{A}$.于是

$$\mathscr{A}(\boldsymbol{e}_1,\boldsymbol{e}_2,\cdots,\boldsymbol{e}_n)=(\boldsymbol{e}_1,\boldsymbol{e}_2,\cdots,\boldsymbol{e}_n)\boldsymbol{A}$$

即

$$\mathscr{A}\boldsymbol{e}_i=(\sum_{p=1}^{n}a_{pi}\boldsymbol{e}_p,\boldsymbol{e}_j)=a_{ji}\quad(i=1,2,\cdots,n)$$

对任意的 $\boldsymbol{x},\boldsymbol{y}\in R$,要证$(\boldsymbol{x},\mathscr{A}\boldsymbol{y})=-(\mathscr{A}\boldsymbol{x},\boldsymbol{y})$.为此只需证明对于任意 $i,j=1,2,\cdots,n$,均有$(\mathscr{A}\boldsymbol{e}_i,\boldsymbol{e}_j)=(\boldsymbol{e}_i,-\mathscr{A}\boldsymbol{e}_j)$.但是

$$(\mathscr{A}\boldsymbol{e}_i,\boldsymbol{e}_j)=(\sum_{p=1}^{n}a_{pi}\boldsymbol{e}_p,\boldsymbol{e}_j)=\sum_{p=1}^{n}(a_{pi}\boldsymbol{e}_p,\boldsymbol{e}_j)=a_{ji}$$

同时

$$(\boldsymbol{e}_i,\mathscr{A}\boldsymbol{e}_j)=(\boldsymbol{e}_i,\sum_{p=1}^{n}a_{qj}\boldsymbol{e}_q)=\sum_{q=1}^{n}a_{qj}(\boldsymbol{e}_i,\boldsymbol{e}_q)=a_{ij}$$

因为 $a_{ij}=-a_{ji}(i,j=1,2,\cdots,n)$,所以

$$(\mathscr{A}\boldsymbol{e}_i,\boldsymbol{e}_j)=(\boldsymbol{e}_i,-\mathscr{A}\boldsymbol{e}_j)$$

因此 $\mathscr{A}$ 是反对称变换.证毕.

由关系式(1.6.1),直接推知:

1° 反对称变换之和、实数与反对称变换的乘积,仍为反对称变换.

2° 反对称变换具有正规性质.

事实上,设 X 为任一非对称变换 $\mathscr{A}$ 的不变子空间,取其正交补空间 $X^{\perp}$ 中

的任一向量 $\boldsymbol{y}$，且探究 X 中任一向量 $\boldsymbol{x}$，因 X 是不变的，即 $\mathscr{A}\boldsymbol{x}$ 仍属于 X，故 $(\mathscr{A}\boldsymbol{x},\boldsymbol{y})=0$，但由 $\mathscr{A}$ 的反对称性，有

$$(\boldsymbol{x},\mathscr{A}\boldsymbol{y})=-(\mathscr{A}\boldsymbol{x},\boldsymbol{y})=0$$

故 $\mathscr{A}\boldsymbol{y}$ 仍在 $X^{\perp}$ 中，这就是说 $X^{\perp}$ 对 $\mathscr{A}$ 不变.

3° 反对称变换的每一特征根，或等于零，或为一对纯虚数.

与证明对称变换的性质 5° 类似，只要证明：反对称矩阵的特征根或等于零，或为一对纯虚数.

设矩阵 $\boldsymbol{A}$ 反称，且 λ_0 是它的一个特征根

$$|\boldsymbol{A}-\lambda_0\boldsymbol{E}|=0$$

这里 λ_0 一般是复数. 设 $\boldsymbol{X}=\begin{pmatrix}x_1\\x_2\\\vdots\\x_n\end{pmatrix}$ 是由未知量 $x_1,x_2,\cdots,x_n$ 构成的单列矩阵. 则复系数线性方程组

$$\boldsymbol{AX}=\lambda_0\boldsymbol{X}\tag{1.6.2}$$

具有非零复数解(因系数行列式 $|\boldsymbol{A}-\lambda_0\boldsymbol{E}|=0$).

等式(1.6.2) 两端取(复数的) 共轭，并注意到 $\boldsymbol{A}$ 的元素均为实数，得出

$$\boldsymbol{A}\overline{\boldsymbol{X}}=\overline{\lambda_0}\overline{\boldsymbol{X}}\tag{1.6.3}$$

等式说明 $\overline{\lambda_0}$ 亦是 $\boldsymbol{A}$ 的特征值.

在式(1.6.2) 两端左乘 $\overline{\boldsymbol{X}}^{\mathrm{T}}$(即对 X 取共轭并转置得到的矩阵)，得出

$$\begin{aligned}\overline{\boldsymbol{X}}^{\mathrm{T}}\boldsymbol{AX}&=\overline{\boldsymbol{X}}^{\mathrm{T}}\lambda_0\boldsymbol{X}\\&=\lambda_0\overline{\boldsymbol{X}}^{\mathrm{T}}\boldsymbol{X}\\&=\lambda_0(|x_1|^2+|x_2|^2+\cdots+|x_n|^2)\\&=\lambda_0|\boldsymbol{X}|^2\end{aligned}$$

两边取转置，则有

$$(\overline{\boldsymbol{X}}^{\mathrm{T}}\boldsymbol{AX})^{\mathrm{T}}=\boldsymbol{X}^{\mathrm{T}}\boldsymbol{A}^{\mathrm{T}}\overline{\boldsymbol{X}}=-\boldsymbol{X}^{\mathrm{T}}(\boldsymbol{A}\overline{\boldsymbol{X}})=(\lambda_0|\boldsymbol{X}|^2)^{\mathrm{T}}=\lambda_0|\boldsymbol{X}|^2\tag{1.6.4}$$

这里第二个等号应用了 $\boldsymbol{A}$ 的反对称性：$\boldsymbol{A}^{\mathrm{T}}=-\boldsymbol{A}$.

应用式(1.6.3)，将等式(1.6.4) 的 $\boldsymbol{A}\overline{\boldsymbol{X}}$ 用 $\overline{\lambda_0}\overline{\boldsymbol{X}}$ 代入，得出

$$-\overline{\lambda_0}|\boldsymbol{X}|^2=-\boldsymbol{X}^{\mathrm{T}}(\overline{\lambda_0}\overline{\boldsymbol{X}})=\lambda_0|\boldsymbol{X}|^2$$

注意到 $|\boldsymbol{X}|^2\neq 0$，我们得到最后的等式

$$\lambda_0+\overline{\lambda_0}=0$$

这等式表明了所要性质的正确性.

定理 1.6.2 每一反对称变换的矩阵在适当的标准正交基底中的形式为

$$\begin{pmatrix} 0 & & & & & & & & \\ & \ddots & & & & & & & \\ & & 0 & \alpha_1 & & & & & \\ & & -\alpha_1 & 0 & & & & & \\ & & & & 0 & & & & \\ & & & & & \ddots & & & \\ & & & & & & & 0 & \alpha_m \\ & & & & & & & -\alpha_m & 0 \end{pmatrix} \tag{1.6.5}$$

事实上,因反对称变换 $\mathscr{A}$ 有正规性,故由定理 1.3.3,在适当的标准正交基底下,这一变换的矩阵 $\boldsymbol{A}$ 可分解为一阶或二阶的诸块 $\boldsymbol{A}_1,\boldsymbol{A}_2,\cdots,\boldsymbol{A}_s$,由关系式(1.6.4),显然知每一块 $\boldsymbol{A}_j$ 都能适合同样的关系式,亦即

$$-\boldsymbol{A}_j^{\mathrm{T}}=\boldsymbol{A}_j \tag{1.6.6}$$

如果矩阵 $\boldsymbol{A}_j$ 是一阶的,亦即 $\boldsymbol{A}_j$ 为一数 α,则式(1.6.6)给出 $\alpha=0$,如矩阵为二阶的,则由关系式(1.6.6),知其必须为下面的形式

$$\boldsymbol{A}_j=\begin{pmatrix} & \alpha_j \\ -\alpha_j & \end{pmatrix}$$

这就是所要证明的结果.

用矩阵的说法,定理 1.6.2 有下面的形式:

定理 1.6.3 对于每一实反对矩阵 $\boldsymbol{A}$,均有这样的实正交矩阵 $\boldsymbol{U}$ 矩阵存在,使 $\boldsymbol{UAU}^{-1}$ 有(1.6.5)型.

§2 欧几里得空间中的线性变换(二)

2.1 转置变换

我们知道,在选定线性空间 L 的一组基 M 之后,L 上某个线性变换 $\mathscr{A}$ 与它在 M 下的矩阵 $\boldsymbol{A}$ 相对应. 如果线性变换 $\mathscr{A},\mathscr{B}$ 分别对应于矩阵 $\boldsymbol{A},\boldsymbol{B}$,则它们的和 $\mathscr{A}+\mathscr{B}$、差 $\mathscr{A}-\mathscr{B}$、积 $\mathscr{A}\mathscr{B}$ 以及 $\mathscr{A}$ 的常数倍 $k\mathscr{A}$ 分别对应于矩阵 $\boldsymbol{A}+\boldsymbol{B},\boldsymbol{A}-\boldsymbol{B},\boldsymbol{AB},k\boldsymbol{A}$.

读者很自然要问:L 上什么线性变换对应于矩阵 $\boldsymbol{A}$ 的转置 $\boldsymbol{A}^{\mathrm{T}}$ 呢?

定理2.1.1 设$\mathscr{A}$是欧氏空间R上的线性变换,则存在R上唯一的线性变换$\mathscr{A}^*$,使得

$$(\mathscr{A}\boldsymbol{x},\boldsymbol{y})=(\boldsymbol{x},\mathscr{A}^*\boldsymbol{y})\quad(\text{对所有的 }\boldsymbol{x},\boldsymbol{y}\in R\text{ 均成立})\tag{2.1.1}$$

如果在R的任意一组标准正交基底M下的矩阵为$\mathbf{A}$,那么$\mathscr{A}^*$在M下的矩阵为$\mathbf{A}^{\mathrm{T}}$.

证明 设$M=\{\boldsymbol{e}_1,\boldsymbol{e}_2,\cdots,\boldsymbol{e}_n\}$,那么对于变换$\mathscr{A}^*$与$R$中任一向量$\boldsymbol{y}$都应当适合等式(参考 §1,1.5 目,正交基底性质 1°)

$$\mathscr{A}^*\boldsymbol{y}=\sum_{i=1}^{n}(\mathscr{A}^*\boldsymbol{y},\boldsymbol{e}_i)\boldsymbol{e}_i$$

由式(2.1.1),这个等式可以写为

$$\mathscr{A}^*\boldsymbol{y}=\sum_{i=1}^{n}(\boldsymbol{y},\mathscr{A}\boldsymbol{e}_i)\boldsymbol{e}_i\tag{2.1.2}$$

现在来证明等式(2.1.2)所确定的变换$\mathscr{A}^*$满足我们的要求.容易验证,这样规定的变换$\mathscr{A}^*$是线性的,且对于R中任意两个向量$\boldsymbol{x}$与$\boldsymbol{y}$,等式(2.1.1)都能适合.

为了证明$\mathscr{A}^*$的唯一性.首先证明:如果$(\boldsymbol{x},\boldsymbol{y}_1)=(\boldsymbol{x},\boldsymbol{y}_2)$对于所有$\boldsymbol{x}\in R$均成立,那么$\boldsymbol{y}_1=\boldsymbol{y}_2$.事实上,$(\boldsymbol{x},\boldsymbol{y}_1-\boldsymbol{y}_2)=(\boldsymbol{x},\boldsymbol{y}_1)-(\boldsymbol{x},\boldsymbol{y}_2)=0$,今取$\boldsymbol{x}=\boldsymbol{y}_1-\boldsymbol{y}_2$,得到$(\boldsymbol{y}_1-\boldsymbol{y}_2,\boldsymbol{y}_1-\boldsymbol{y}_2)=0$.由欧氏空间中内积的非负性,得$\boldsymbol{y}_1-\boldsymbol{y}_2=\boldsymbol{0}$,即$\boldsymbol{y}_1=\boldsymbol{y}_2$.

现在设R上的线性变换$\mathscr{B}$满足

$$(\mathscr{A}\boldsymbol{x},\boldsymbol{y})=(\boldsymbol{x},\mathscr{A}^*\boldsymbol{y})=(\boldsymbol{x},\mathscr{B}\boldsymbol{y})$$

对所有的$\boldsymbol{x},\boldsymbol{y}\in R$均成立,则

$$\mathscr{A}^*\boldsymbol{y}=\mathscr{B}\boldsymbol{y}$$

对所有的$\boldsymbol{y}\in R$均成立:$\mathscr{A}^*=\mathscr{B}$.

最后,我们来看一下$\mathscr{A}$与$\mathscr{A}^*$在基底M下的矩阵之间有什么关系.在M之下,变换$\mathscr{A}$与$\mathscr{A}^*$由矩阵的关系

$$\mathscr{A}(\boldsymbol{e}_1,\boldsymbol{e}_2,\cdots,\boldsymbol{e}_n)=(\boldsymbol{e}_1,\boldsymbol{e}_2,\cdots,\boldsymbol{e}_n)\begin{pmatrix}a_{11}&a_{12}&\cdots&a_{1n}\\a_{21}&a_{22}&\cdots&a_{2n}\\\vdots&\vdots&&\vdots\\a_{n1}&a_{n2}&\cdots&a_{nn}\end{pmatrix}$$

$$\mathscr{A}^*(\boldsymbol{e}_1,\boldsymbol{e}_2,\cdots,\boldsymbol{e}_n)=(\boldsymbol{e}_1,\boldsymbol{e}_2,\cdots,\boldsymbol{e}_n)\begin{pmatrix}a_{11}^*&a_{12}^*&\cdots&a_{1n}^*\\a_{21}^*&a_{22}^*&\cdots&a_{2n}^*\\\vdots&\vdots&&\vdots\\a_{n1}^*&a_{n2}^*&\cdots&a_{nn}^*\end{pmatrix}$$

所给出. 由这些关系可以看出

$$\mathscr{A}\boldsymbol{e}_i=\boldsymbol{e}_1a_{1i}+\boldsymbol{e}_2a_{2i}+\cdots+\boldsymbol{e}_na_{ni}$$

及

$$\mathscr{A}^*\boldsymbol{e}_j=\boldsymbol{e}_1a_{1j}^*+\boldsymbol{e}_2a_{2j}^*+\cdots+\boldsymbol{e}_na_{nj}^*\quad(i,j=1,2,\cdots,n)$$

所以,$(\mathscr{A}\boldsymbol{e}_i,\boldsymbol{e}_j)=a_{ji}$ 并且$(\boldsymbol{e}_i,\mathscr{A}^*\boldsymbol{e}_j)=a_{ij}^*$.

按定义,$(\mathscr{A}\boldsymbol{e}_i,\boldsymbol{e}_j)=(\boldsymbol{e}_i,\mathscr{A}^*\boldsymbol{e}_j)$,这样就得出 $a_{ij}^*=a_{ji}(i,j=1,2,\cdots,n)$. 就是说,变换 $\mathscr{A}^*$ 的矩阵是变换 $\mathscr{A}$ 的矩阵的转置.

定义 2.1.1 设 $\mathscr{A}$ 是欧氏空间 R 上的线性变换,则定理 2.1.1 中所说的满足条件的

$$(\mathscr{A}\boldsymbol{x},\boldsymbol{y})=(\boldsymbol{x},\mathscr{A}^*\boldsymbol{y})$$

唯一的线性变换 $\mathscr{A}^*$ 称为 $\mathscr{A}$ 的转置变换.

对于变换的转置这一运算,有下列性质:

1°$(\mathscr{A}^*)^*=\mathscr{A}$.

2°$(\mathscr{A}+\mathscr{B})^*=\mathscr{A}^*+\mathscr{B}^*$.

3°$(\alpha\mathscr{B})^*=\alpha\mathscr{A}^*$($\alpha$ 是一个实数).

4°$(\mathscr{A}\mathscr{B})^*=\mathscr{B}^*\mathscr{A}^*$.

所有这些性质的证明都可以用同一方法来证明,所以我们仅需证明其中的任意一个.

例如,$(\mathscr{A}\mathscr{B}\boldsymbol{x},\boldsymbol{y})=(\mathscr{A}(\mathscr{B}\boldsymbol{x}),\boldsymbol{y})=(\mathscr{B}\boldsymbol{x},\mathscr{A}^*\boldsymbol{y})=(\boldsymbol{x},\mathscr{B}^*(\mathscr{A}^*\boldsymbol{y}))=(\boldsymbol{x},\mathscr{B}^*\mathscr{A}^*\boldsymbol{y})$,故$(\mathscr{A}\mathscr{B})^*=\mathscr{B}^*\mathscr{A}^*$.

此处还需注意,对于单位变换与零变换来说,它们的转置变换仍旧各为单位变换与零变换. 实际上

$$(\mathscr{E}\boldsymbol{x},\boldsymbol{y})=(\boldsymbol{x},\boldsymbol{y})=(\boldsymbol{x},\mathscr{E}\boldsymbol{y});(\mathscr{O}\boldsymbol{x},\boldsymbol{y})=0=(\boldsymbol{x},\mathscr{O}\boldsymbol{y})$$

我们还可以述及转置变换的基本性质:

5° 如果某一个子空间 S 对 $\mathscr{A}$ 不变,那么这个子空间的正交补空间 T 将对 $\mathscr{A}^*$ 不变.

事实上,设 $\boldsymbol{x}\in S,\boldsymbol{y}\in T$. 那么由 $\mathscr{A}\boldsymbol{x}\in S$ 得$(\mathscr{A}\boldsymbol{x},\boldsymbol{y})=0$,故由式(2.1.1)知$(\boldsymbol{x},\mathscr{A}^*\boldsymbol{y})=0$. 因为 $\boldsymbol{x}$ 是 S 中任一向量,所以 $\mathscr{A}^*\boldsymbol{y}\in T$. 这就是所要证明的结果.

利用变换的转置,可以给出正交变换、对称变换、反对称变换的一个统一的定义.

定理 2.1.2 1) 线性变换 $\mathscr{A}$ 为正交变换的充分必要条件,是其转置变换 $\mathscr{A}^*$ 与逆变换 $\mathscr{A}^{-1}$ 相同.

2) 线性变换 $\mathscr{A}$ 是对称的充分必要条件,是其转置变换 $\mathscr{A}^*$ 与变换 $\mathscr{A}$ 重合.

3) 线性变换 $\mathscr{A}$ 为反对称的充分必要条件,是其转置变换 $\mathscr{A}^*$ 等于 $-\mathscr{A}$.

证明 我们仅仅证明第一个.由决定正交变换的等式 $(\mathscr{A}\boldsymbol{x},\mathscr{A}\boldsymbol{y})=(\boldsymbol{x},\boldsymbol{y})$,可得

$$(\mathscr{A}\boldsymbol{x},\mathscr{A}\boldsymbol{y})=(\boldsymbol{x},\mathscr{A}^*\mathscr{A}\boldsymbol{y})$$

故

$$\mathscr{A}^*\mathscr{A}=\mathscr{E},\mathscr{A}^*=\mathscr{A}^{-1} \tag{2.1.3}$$

反之,亦可证明如果变换 $\mathscr{A}$ 适合条件(2.1.3),那么 $\mathscr{A}$ 为一正交变换.事实上,由式(2.1.3) 因 $\mathscr{A}$ 有逆变换 $\mathscr{A}^*$,故可得

$$(\mathscr{A}\boldsymbol{x},\mathscr{A}\boldsymbol{y})=(\boldsymbol{x},\mathscr{A}^*\mathscr{A}\boldsymbol{y})=(\boldsymbol{x},\boldsymbol{y})$$

2.2 欧氏空间上的线性函数与转置变换·对偶空间

上一目引入转置变换,源于矩阵的运算.但是线性变换的转置变换是几何概念,可以通过纯几何的方式来建立.为此,需要借助于欧氏空间上的线性函数.

兹从一般空间上的线性函数①开始.设 L 是某一域 K 上的有限维线性空间,使 L 的每一个向量 $\boldsymbol{x}$ 对应于 K 中某一数 $f(\boldsymbol{x})$,这样的对应称为确定于 L 上而其值在 K 中的函数.函数 $f(\boldsymbol{x})$ 称为线性的,如果对 L 中任何 $\boldsymbol{x},\boldsymbol{y}$ 与 K 中任何 α,均有

$$f(\alpha\boldsymbol{x}+\beta\boldsymbol{y})=\alpha f(\boldsymbol{x})+\beta f(\boldsymbol{y}) \tag{2.2.1}$$

若以 $\alpha=\beta=0$ 代入式(2.2.1) 中,我们得出 $f(\boldsymbol{0})=0$,因为这一缘故,常常称线性函数为线性齐次函数.

易知,线性函数之和以及数与线性函数之积仍为线性函数.例如来证明第一个论断,设 $f=g+h$,其中 g 与 h 为线性函数,由定义,有

$$\begin{aligned}f(\alpha\boldsymbol{x}+\beta\boldsymbol{y})&=g(\alpha\boldsymbol{x}+\beta\boldsymbol{y})+h(\alpha\boldsymbol{x}+\beta\boldsymbol{y})\\&=\alpha g(\boldsymbol{x})+\beta g(\boldsymbol{y})+\alpha h(\boldsymbol{x})+\beta h(\boldsymbol{y})\\&=\alpha f(\boldsymbol{x})+\beta f(\boldsymbol{y})\end{aligned}$$

这就证明了所要的结论.

我们已经知道函数相加与数乘函数的运算适合线性空间的公理,因为线性函数之和与数乘函数之积仍是线性函数,故所有确定于线性空间 L 上的线性函

---

① 参阅第 8 章 §1 第一个脚注.

数的集合为一线性空间，这一空间称为空间 L 的对偶空间，记为 $\overline{L}$. 我们要注意，对偶空间 $\overline{L}$ 的元素是线性函数. 特别地，空间 $\overline{L}$ 的零向量是对于 L 中所有向量均等于零的函数.

由决定线性函数的等式(2.2.1)，可以直接推出更普遍的关系

$$f(\alpha_1 \boldsymbol{x}_1 + \alpha_2 \boldsymbol{x}_2 + \cdots + \alpha_m \boldsymbol{x}_m) = \alpha_1 f(\boldsymbol{x}_1) + \alpha_2 f(\boldsymbol{x}_2) + \cdots + \alpha_m f(\boldsymbol{x}_m)$$

下面的一些定理给出了构造对偶空间以较详细的说明.

定理 2.2.1 设 $\boldsymbol{e}_1, \boldsymbol{e}_2, \cdots, \boldsymbol{e}_n$ 是线性空间 L 的任一基底，给出 K 中任意一组数的序列 $\alpha_1, \alpha_2, \cdots, \alpha_n$，则可求得一个且仅有一个确定于 L 上，且适合以下条件的线性函数

$$f(\boldsymbol{e}_i) = \alpha_i \quad (i = 1, 2, \cdots, n) \tag{2.2.2}$$

证明 设 $\boldsymbol{x}$ 为 L 中的向量

$$\boldsymbol{x} = x_1 \boldsymbol{e}_1 + x_2 \boldsymbol{e}_2 + \cdots + x_n \boldsymbol{e}_n \tag{2.2.3}$$

使这一向量对应于数 $\alpha_1 x_1 + \alpha_2 x_2 + \cdots + \alpha_n x_n$，我们得出 L 上的一个函数 $f(x)$，由定义，知

$$f(\boldsymbol{x}) = \alpha_1 x_1 + \alpha_2 x_2 + \cdots + \alpha_n x_n$$

现在取 $\boldsymbol{x} = \boldsymbol{e}_i$，则得

$$f(\boldsymbol{e}_i) = \alpha_i \quad (i = 1, 2, \cdots, n)$$

此外，如果

$$\boldsymbol{y} = y_1 \boldsymbol{e}_1 + y_2 \boldsymbol{e}_2 + \cdots + y_n \boldsymbol{e}_n \tag{2.2.4}$$

则

$$f(\boldsymbol{y}) = \alpha_1 y_1 + \alpha_2 y_2 + \cdots + \alpha_n y_n$$

由式(2.2.3)与(2.2.4)可得

$$\alpha \boldsymbol{x} + \beta \boldsymbol{y} = (\alpha x_1 + \beta y_1) \boldsymbol{e}_1 + (\alpha x_2 + \beta y_2) \boldsymbol{e}_2 + \cdots + (\alpha x_n + \beta y_n) \boldsymbol{e}_n$$

故

$$\begin{aligned} f(\alpha \boldsymbol{x} + \beta \boldsymbol{y}) &= \alpha_1 (\alpha x_1 + \beta y_1) + \alpha_2 (\alpha x_2 + \beta y_2) + \cdots + \alpha_n (\alpha x_n + \beta y_n) \\ &= \alpha f(\boldsymbol{x}) + \beta f(\boldsymbol{y}) \end{aligned}$$

因此，$f(\boldsymbol{x})$ 为一线性函数，我们已经证明适合条件(2.2.2)的线性函数是存在的. 我们还要证明，这样的函数只有一个，设 $g(\boldsymbol{x})$ 也是适合 $g(\boldsymbol{e}_i) = \alpha_i (i = 1, 2, \cdots, n)$ 的线性函数，则对任一坐标为 $x_1, x_2, \cdots, x_n$ 的向量 $\boldsymbol{x}$，我们均有

$$\begin{aligned} g(\boldsymbol{x}) &= g(x_1 \boldsymbol{e}_1 + x_2 \boldsymbol{e}_2 + \cdots + x_n \boldsymbol{e}_n) \\ &= x_1 g(\boldsymbol{e}_1) + x_2 g(\boldsymbol{e}_2) + \cdots + x_n g(\boldsymbol{e}_n) \\ &= \alpha_1 x_1 + \alpha_2 x_2 + \cdots + \alpha_n x_n \end{aligned}$$

是即

$$g(\boldsymbol{x})=f(\boldsymbol{x})$$

定理 2.2.2 设 $\boldsymbol{e}_1,\boldsymbol{e}_2,\cdots,\boldsymbol{e}_n$ 是线性空间 L 的基底，以 $f_1,f_2,\cdots,f_n$ 记由下列条件所确定的线性函数

$$f_k(\boldsymbol{e}_k)=1,f_k(\boldsymbol{e}_j)=0\quad(k\neq j,k,j=1,2,\cdots,n)$$

则函数组 $f_1,f_2,\cdots,f_n$ 构成对偶空间 $\overline{L}$ 的基底. 特别地，对偶空间的维数等于空间 L 的维数.

函数组 $f_1,f_2,\cdots,f_n$ 称为 L 中基底 $\boldsymbol{e}_1,\boldsymbol{e}_2,\cdots,\boldsymbol{e}_n$ 的对偶基底.

证明 讨论任一线性函数 $f(\boldsymbol{x})$，且记其对于向量 $\boldsymbol{e}_1,\boldsymbol{e}_2,\cdots,\boldsymbol{e}_n$ 的值分别为 $\alpha_1,\alpha_2,\cdots,\alpha_n$，建立线性组合

$$g(\boldsymbol{x})=\alpha_1f_1(\boldsymbol{x})+\alpha_2f_2(\boldsymbol{x})+\cdots+\alpha_nf_n(\boldsymbol{x})$$

我们有

$$g(\boldsymbol{e}_j)=\alpha_1f_1(\boldsymbol{e}_j)+\alpha_2f_2(\boldsymbol{e}_j)+\cdots+\alpha_nf_n(\boldsymbol{e}_j)$$

或

$$g(\boldsymbol{e}_j)=\alpha_j\quad(j=1,2,\cdots,n)$$

因 $f(\boldsymbol{e}_j)=\alpha_j$，故由定理 2.2.1，有

$$f=g=\alpha_1f_1+\alpha_2f_2+\cdots+\alpha_nf_n$$

因此，任一线性函数 f 均为 $f_1,f_2,\cdots,f_n$ 的线性组合.

还要证明函数 $f_1,f_2,\cdots,f_n$ 线性无关. 设

$$\alpha_1f_1(\boldsymbol{e}_j)+\alpha_2f_2(\boldsymbol{e}_j)+\cdots+\alpha_nf_n(\boldsymbol{e}_j)=0$$

于是

$$\alpha_j=0\quad(j=1,2,\cdots,n)$$

定理即已证明.

现在我们把研究范围定于欧氏空间. 欧氏空间 R 上的内积是 R 上的二元数量函数，两个向量 $\boldsymbol{x},\boldsymbol{y}$ 确定一个实数 $(\boldsymbol{x},\boldsymbol{y})$. 现在如果让 $\boldsymbol{x}$ 保持固定，那么内积 $(\boldsymbol{x},\boldsymbol{y})$ 可看作单变量 $\boldsymbol{y}$ 的函数

$$f_x(\boldsymbol{y})=(\boldsymbol{x},\boldsymbol{y})$$

这个函数由 $\boldsymbol{x}$ 决定. 容易验证，这种函数是线性的：由内积的双线性性质，对任意向量 $\boldsymbol{y}_1,\boldsymbol{y}_2$ 以及实数 α_1,α_2，有

$$\begin{aligned}f_x(\alpha_1\boldsymbol{y}_1+\alpha_2\boldsymbol{y}_2)&=(\boldsymbol{x},\alpha_1\boldsymbol{y}_1+\alpha_2\boldsymbol{y}_2)\\&=\alpha_1(\boldsymbol{x},\boldsymbol{y}_1)+\alpha_2(\boldsymbol{x},\boldsymbol{y}_2)\\&=\alpha_1f_x(\boldsymbol{y}_1)+\alpha_2f_x(\boldsymbol{y}_2)\end{aligned}$$

这说明 f_x 是 R 的对偶空间 $\overline{R}$ 中的一个元素. 这样，$\boldsymbol{x}\rightarrow f_x$ 是 R 到 $\overline{R}$ 上的一个

对应.

下面的定理进一步给出了 f_x 以及对应关系 $\boldsymbol{x} \to f_x$ 的性质.

定理 2.2.3 对应 $\boldsymbol{x} \to f_x$ 是 R 到 $\overline{R}$ 的一个同构映射;对每一个 $\overline{R}$ 中的线性函数 f,都存在 R 的一个向量 $\boldsymbol{x}$,使得 $f(\boldsymbol{y})=(\boldsymbol{x},\boldsymbol{y})$ 对于所有的 $\boldsymbol{y} \in R$ 成立.

证明[①] 取 R 的一个标准正交基底 $M=\{\boldsymbol{e}_1,\boldsymbol{e}_2,\cdots,\boldsymbol{e}_n\}$,于是对应 $\boldsymbol{y} \to f_x=(\boldsymbol{x},\boldsymbol{y})$ 可用坐标表示为:$Y \to f_X=\boldsymbol{X}^{\mathrm{T}}\boldsymbol{Y}$,这里 $\boldsymbol{X},\boldsymbol{Y}$ 分别表示向量 $\boldsymbol{x},\boldsymbol{y}$ 在 M 下的坐标列,而 f_X 是 n 维实数(列)向量空间 R^n 上由行向量 $\boldsymbol{X}^{\mathrm{T}}$ 左乘得到的线性函数.这样,我们可以说,R 上的线性函数在基 M 下的矩阵为 $\boldsymbol{X}^{\mathrm{T}}$.

于是 R 到 $\overline{R}$ 的每个对应 $\boldsymbol{x} \to f_x$ 都可以被表示成 n 维实数(列)向量空间到 n 维实数(行)向量空间的对应:$\boldsymbol{X} \to \boldsymbol{X}^{\mathrm{T}}$,但后者显然是一个同构映射,由此得出 $\boldsymbol{x} \to f_x$ 亦是同构映射.

现在来证明第二个结论:对于每个 $f \in \overline{R}$,设它在标准正交基 M 下的矩阵 $\boldsymbol{A}=(f(\boldsymbol{e}_1),f(\boldsymbol{e}_2),\cdots,f(\boldsymbol{e}_n))$,取 $\boldsymbol{x}=f(\boldsymbol{e}_1)\boldsymbol{e}_1+f(\boldsymbol{e}_2)\boldsymbol{e}_2+\cdots+f(\boldsymbol{e}_n)\boldsymbol{e}_n$,则对任意 $\boldsymbol{y}=y_1\boldsymbol{e}_1+y_2\boldsymbol{e}_2+\cdots+y_n\boldsymbol{e}_n$,有

$$f(\boldsymbol{y})=y_1\boldsymbol{e}_1+y_2\boldsymbol{e}_2+\cdots+y_n\boldsymbol{e}_n$$

另外,有

$$\begin{aligned}(\boldsymbol{x},\boldsymbol{y})&=(f(\boldsymbol{e}_1)\boldsymbol{e}_1+f(\boldsymbol{e}_2)\boldsymbol{e}_2+\cdots+f(\boldsymbol{e}_n)\boldsymbol{e}_n,y_1\boldsymbol{e}_1+y_2\boldsymbol{e}_2+\cdots+y_n\boldsymbol{e}_n)\\&=\boldsymbol{e}_1y_1+\boldsymbol{e}_2y_2+\cdots+\boldsymbol{e}_ny_n\end{aligned}$$

可见 $f(\boldsymbol{y})=(\boldsymbol{x},\boldsymbol{y})$ 对于任意的 $\boldsymbol{y} \in R$ 均成立.证毕.

现在我们应用上面的结果,使得对于每一个欧氏空间 R 的线性变换,建立一个唯一确定的新变换,即是关于旧变换的转置变换.

设 $\mathscr{A}$ 为欧氏空间 R 的线性变换,在 R 中取任一向量 $\boldsymbol{y}$ 且讨论表示式

$$f(\boldsymbol{x})=(\mathscr{A}\boldsymbol{x},\boldsymbol{y}) \tag{2.2.6}$$

其中 $\boldsymbol{x}$ 为一变动向量,因

$$f(\alpha\boldsymbol{u}+\beta\boldsymbol{v})=(\mathscr{A}(\alpha\boldsymbol{u}+\beta\boldsymbol{v}),\boldsymbol{y}))=(\alpha\cdot\mathscr{A}\boldsymbol{u}+\beta\cdot\mathscr{A}\boldsymbol{v},\boldsymbol{y})=\alpha f(\boldsymbol{u})+\beta f(\boldsymbol{v})$$

故 $f(\boldsymbol{x})$ 为一线性函数,因此由定理 2.2.3,$f(\boldsymbol{x})$ 可表为下面的形式

$$f(\boldsymbol{x})=(\boldsymbol{x},\boldsymbol{a}) \tag{2.2.7}$$

其中向量 $\boldsymbol{a}$ 为函数 $f(\boldsymbol{x})$ 所唯一确定,亦即为变换 $\mathscr{A}$ 与向量 $\boldsymbol{y}$ 所唯一确定.如果所讨论的 $\mathscr{A}$ 是给定的而向量 $\boldsymbol{y}$ 是变动的,那么对于每一向量 $\boldsymbol{y}$,我们可以得出一

---

① 这里给出的是利用矩阵的解析证法,也可以用纯几何的证法给出这个定理,参阅本章 §4,定理 4.2.1 的证明.

个完全确定的向量$\boldsymbol{a}$,以$\mathscr{A}^*$记变$\boldsymbol{y}$为$\boldsymbol{a}$的变换且称之为$\mathscr{A}$的转置变换,把它代入式(2.2.7)中且同式(2.2.6)相比较,我们得出关系

$$(\mathscr{A}\boldsymbol{x},\boldsymbol{y})=(\boldsymbol{x},\mathscr{A}^*\boldsymbol{y})$$

对于R中任意向量$\boldsymbol{x},\boldsymbol{y}$均能适合.

2.3 正规变换

正交变换$\mathscr{A}$的转置变换$\mathscr{A}^*=\mathscr{A}^{-1}$,对称变换$\mathscr{A}$的转置变换$\mathscr{A}^*=\mathscr{A}$,它们的共同点是:$\mathscr{A}^*$与$\mathscr{A}$在变换乘法下可交换:$\mathscr{A}^*\mathscr{A}=\mathscr{A}\mathscr{A}^*$. 它们的矩阵$\boldsymbol{A}$也有对应的性质:$\boldsymbol{A}^{\mathrm{T}}\boldsymbol{A}=\boldsymbol{A}\boldsymbol{A}^{\mathrm{T}}$.

定义 2.3.1 如果欧氏空间R上的线性变换$\mathscr{A}$满足条件$\mathscr{A}^*\mathscr{A}=\mathscr{A}\mathscr{A}^*$,那么就称$\mathscr{A}$是正规(规范)变换.

我们记得,对于标准正交基底,转置变换的矩阵是这个变换的矩阵的转置矩阵,所以立刻推出:

定理 2.3.1 $\mathscr{A}$是正规变换当且仅当它在标准正交基下的矩阵是正规方阵.

我们已经知道正交变换和对称变换是正规变换,正交方阵和实对称方阵是正规方阵,还可以举出一些其他的例子:反对称变换是正规变换,反对称方阵是正规方阵.

正交变换$\mathscr{A}$的常数倍$\lambda\mathscr{A}$是正规变换,正交方阵$\boldsymbol{A}$的常数倍$\lambda\boldsymbol{A}$是正规方阵. 但当$\lambda\neq\pm 1$时,$\lambda\mathscr{A}^*$不是正交变换,$\lambda\boldsymbol{A}$不是正交方阵.

正规变换的几何特征如下:

定理 2.3.2 欧氏空间R上的线性变换$\mathscr{A}$是正规的充分必要条件是对所有$\boldsymbol{x}\in R$有$|\mathscr{A}\boldsymbol{x}|=|\mathscr{A}^*\boldsymbol{x}|$.

证明 $|\mathscr{A}\boldsymbol{x}|=|\mathscr{A}^*\boldsymbol{x}|$等价于$(\mathscr{A}\boldsymbol{x},\mathscr{A}\boldsymbol{x})=(\mathscr{A}^*\boldsymbol{x},\mathscr{A}^*\boldsymbol{x})$. 而

$$(\mathscr{A}\boldsymbol{x},\mathscr{A}\boldsymbol{x})=(\boldsymbol{x},\mathscr{A}^*\mathscr{A}\boldsymbol{x}),(\boldsymbol{x},\mathscr{A}^*\boldsymbol{x})=(\boldsymbol{x},(\mathscr{A}^*)^*\mathscr{A}^*\boldsymbol{x})=(\boldsymbol{x},\mathscr{A}\mathscr{A}^*\boldsymbol{x})$$

于是$|\mathscr{A}\boldsymbol{x}|=|\mathscr{A}^*\boldsymbol{x}|$等价于$(\boldsymbol{x},\mathscr{A}^*\mathscr{A}\boldsymbol{x})=(\boldsymbol{x},\mathscr{A}^*\mathscr{A}\boldsymbol{x})$. 后者对所有$\boldsymbol{x}$成立又等价于$\mathscr{A}\mathscr{A}^*=\mathscr{A}^*\mathscr{A}$.

最后,我们来引入一个关于实正规矩阵的定理,它在下一目要用到.

定理 2.3.3 设有实准上(下)三角形方阵

$$\boldsymbol{A}=\begin{pmatrix}\boldsymbol{A}_1 & \boldsymbol{A}_2\\ \boldsymbol{O} & \boldsymbol{A}_3\end{pmatrix}\left(\begin{pmatrix}\boldsymbol{A}_1 & \boldsymbol{O}\\ \boldsymbol{A}_2 & \boldsymbol{A}_3\end{pmatrix}\right)$$

其中$\boldsymbol{A}_1,\boldsymbol{A}_3$是方阵,则$\boldsymbol{A}$是正规方阵的充分必要条件是$\boldsymbol{A}_2=\boldsymbol{O}$,且$\boldsymbol{A}_1,\boldsymbol{A}_3$是正规方阵.

证明 条件的充分性是显然的.

必要性. 在 $\boldsymbol{A}$ 是准上三角形的情形下,有

$$\boldsymbol{A}^{\mathrm{T}}\boldsymbol{A}=\begin{pmatrix}\boldsymbol{A}_1^{\mathrm{T}} & \boldsymbol{O}\\ \boldsymbol{A}_2^{\mathrm{T}} & \boldsymbol{A}_3^{\mathrm{T}}\end{pmatrix}=\begin{pmatrix}\boldsymbol{A}_1 & \boldsymbol{A}_2\\ \boldsymbol{O} & \boldsymbol{A}_3\end{pmatrix}\begin{pmatrix}\boldsymbol{A}_1^{\mathrm{T}}\boldsymbol{A}_1 & *\\ * & *\end{pmatrix}$$

$$\boldsymbol{A}\boldsymbol{A}^{\mathrm{T}}=\begin{pmatrix}\boldsymbol{A}_1 & \boldsymbol{A}_2\\ \boldsymbol{O} & \boldsymbol{A}_3\end{pmatrix}\begin{pmatrix}\boldsymbol{A}_1^{\mathrm{T}} & \boldsymbol{O}\\ \boldsymbol{A}_2^{\mathrm{T}} & \boldsymbol{A}_3^{\mathrm{T}}\end{pmatrix}=\begin{pmatrix}\boldsymbol{A}\boldsymbol{A}_1^{\mathrm{T}}+\boldsymbol{A}\boldsymbol{A}_2^{\mathrm{T}} & *\\ * & *\end{pmatrix}$$

因为 $\boldsymbol{A}$ 是正规方阵,于是

$$\boldsymbol{A}^{\mathrm{T}}\boldsymbol{A}=\begin{pmatrix}\boldsymbol{A}_1^{\mathrm{T}}\boldsymbol{A}_1 & *\\ * & *\end{pmatrix}=\boldsymbol{A}\boldsymbol{A}^{\mathrm{T}}=\begin{pmatrix}\boldsymbol{A}\boldsymbol{A}_1^{\mathrm{T}}+\boldsymbol{A}_2^{\mathrm{T}}\boldsymbol{A} & *\\ * & *\end{pmatrix}$$

所以

$$\boldsymbol{A}_1^{\mathrm{T}}\boldsymbol{A}_1=\boldsymbol{A}_1\boldsymbol{A}_1^{\mathrm{T}}+\boldsymbol{A}_2\boldsymbol{A}_2^{\mathrm{T}}$$

于是

$$\mathrm{Tr}(\boldsymbol{A}_1^{\mathrm{T}}\boldsymbol{A}_1)=\mathrm{Tr}(\boldsymbol{A}_1\boldsymbol{A}_1^{\mathrm{T}}+\boldsymbol{A}_2\boldsymbol{A}_2^{\mathrm{T}})=\mathrm{Tr}(\boldsymbol{A}_1\boldsymbol{A}_1^{\mathrm{T}})+\mathrm{Tr}(\boldsymbol{A}_2\boldsymbol{A}_2^{\mathrm{T}})$$

又

$$\mathrm{Tr}(\boldsymbol{A}_1^{\mathrm{T}}\boldsymbol{A}_1)=\mathrm{Tr}(\boldsymbol{A}_1\boldsymbol{A}_1^{\mathrm{T}})$$

得出

$$\mathrm{Tr}(\boldsymbol{A}_2\boldsymbol{A}_2^{\mathrm{T}})=0$$

设 $\boldsymbol{A}_2=(b_{ij})_{r\times k}$,则 $\boldsymbol{A}_2^{\mathrm{T}}=(b'_{ij})_{k\times r}$,其中 $b'_{ij}=b_{ji}$. 记 $\boldsymbol{A}_2\boldsymbol{A}_2^{\mathrm{T}}=\boldsymbol{C}=(c_{ij})_{r\times r}$,则 $c_{ij}=\sum\limits_{t=1}^{k}b_{it}b'_{tj}=\sum\limits_{t=1}^{k}b_{it}b_{jt}$. 于是

$$\mathrm{Tr}(\boldsymbol{A}_2\boldsymbol{A}_2^{\mathrm{T}})=\mathrm{Tr}(\boldsymbol{C})=\sum_{i=1}^{r}c_{ii}=\sum_{i=1}^{r}\sum_{t=1}^{k}b_{it}^2=0$$

因为诸 b_{it} 均是实数,所以得出 $b_{it}=0(i=1,2,\cdots,r;t=1,2,\cdots,k)$,即

$$\boldsymbol{A}_2=\boldsymbol{O}$$

因此

$$\boldsymbol{A}=\begin{pmatrix}\boldsymbol{A}_1 & \boldsymbol{O}\\ \boldsymbol{O} & \boldsymbol{A}_3\end{pmatrix}$$

再由 $\boldsymbol{A}^{\mathrm{T}}\boldsymbol{A}=\boldsymbol{A}\boldsymbol{A}^{\mathrm{T}}$,得出

$$\boldsymbol{A}^{\mathrm{T}}\boldsymbol{A}=\begin{pmatrix}\boldsymbol{A}_1^{\mathrm{T}}\boldsymbol{A}_1 & \boldsymbol{O}\\ \boldsymbol{O} & \boldsymbol{A}_3^{\mathrm{T}}\boldsymbol{A}_3\end{pmatrix}=\boldsymbol{A}\boldsymbol{A}^{\mathrm{T}}=\begin{pmatrix}\boldsymbol{A}_1\boldsymbol{A}_1^{\mathrm{T}} & \boldsymbol{O}\\ \boldsymbol{O} & \boldsymbol{A}_3\boldsymbol{A}_3^{\mathrm{T}}\end{pmatrix}$$

由此 $\boldsymbol{A}_1^{\mathrm{T}}\boldsymbol{A}_1=\boldsymbol{A}_1\boldsymbol{A}_1^{\mathrm{T}}$ 以及 $\boldsymbol{A}_3^{\mathrm{T}}\boldsymbol{A}_3=\boldsymbol{A}_3\boldsymbol{A}_3^{\mathrm{T}}$,即是 $\boldsymbol{A}_1,\boldsymbol{A}_3$ 均是正规方阵.

在 $\boldsymbol{A}$ 是准下三角形正规方阵的时候,则 $\boldsymbol{A}^{\mathrm{T}}=\begin{pmatrix}\boldsymbol{A}_1^{\mathrm{T}} & \boldsymbol{A}_2^{\mathrm{T}}\\ \boldsymbol{O} & \boldsymbol{A}_3^{\mathrm{T}}\end{pmatrix}$ 是准上三角形正规

方阵，由以上证明可知 $\boldsymbol{A}_2^{\mathrm{T}}=\boldsymbol{O}$，仍得到所需结论.

2.4 正规变换的矩阵的标准形

在 §3 中我们已经找到了正交方阵、实对称方阵和实反对称方阵的正交相似标准形，也就是正交变换、对称变换和反对称变换在适当的标准正交基下的最简单形式的矩阵. 用类似的方法可以找到一般的实正规方阵的正交相似标准形.

正规变换的几何特征如下：

引理 1 欧氏空间中的正规变换具有正规性质.

证明 设 W 是欧氏空间 R 上的正规变换 $\mathscr{A}$ 的不变子空间，我们来证明 $W^{\perp}$ 也是 $\mathscr{A}$ 的不变子空间. 将 W 的标准正交基 $\{\boldsymbol{e}_1,\boldsymbol{e}_2,\cdots,\boldsymbol{e}_m\}$ 扩充为 R 的标准正交基 $M=\{\boldsymbol{e}_1,\boldsymbol{e}_2,\cdots,\boldsymbol{e}_n\}$，则 $\{\boldsymbol{e}_{m+1},\boldsymbol{e}_{m+2},\cdots,\boldsymbol{e}_n\}$ 是 $W^{\perp}$ 的标准正交基. 由于 W 是 $\mathscr{A}$ 的不变子空间，$\mathscr{A}$ 在基 M 下的矩阵为准上三角形矩阵

$$\boldsymbol{A}=\begin{pmatrix}\boldsymbol{A}_1 & \boldsymbol{A}_2\\ \boldsymbol{O} & \boldsymbol{A}_3\end{pmatrix}$$

因为 $\mathscr{A}$ 是正规变换，所以 $\boldsymbol{A}$ 是正规矩阵，由定理 2.3.3 知

$$\boldsymbol{A}_2=\boldsymbol{O}$$

因此 $W^{\perp}$ 也是 $\mathscr{A}$ 的不变子空间.

引理 2 设 $\mathscr{A}$ 是欧氏空间 R 上的正规变换，且 $\mathscr{A}$ 适合多项式 $g(x)=x^2+1$. 设 $\boldsymbol{v}\in R$，$\boldsymbol{u}=\mathscr{A}(\boldsymbol{v})$，则 $\mathscr{A}^*(\boldsymbol{v})=-\boldsymbol{u}$，$\mathscr{A}^*(\boldsymbol{u})=\boldsymbol{v}$，且 $|\boldsymbol{u}|=|\boldsymbol{v}|$，$\boldsymbol{u}\perp\boldsymbol{v}$.

证明 因为 $\mathscr{A}$ 适合多项式 $g(x)=x^2+1$，所以 $\mathscr{A}^2=-\mathscr{E}$；由此 $\mathscr{A}(\boldsymbol{u})=\mathscr{A}^2(\boldsymbol{v})=-\boldsymbol{v}$. 如此我们有

$$\mathscr{A}(\boldsymbol{u})+\boldsymbol{v}=\boldsymbol{0},\mathscr{A}(\boldsymbol{v})-\boldsymbol{u}=\boldsymbol{0}$$

现在可以写

$$\begin{aligned}0&=|\mathscr{A}(\boldsymbol{v})-\boldsymbol{u}|^2+|\mathscr{A}(\boldsymbol{u})+\boldsymbol{v}|^2\\&=|\mathscr{A}(\boldsymbol{v})|^2-2(\mathscr{A}(\boldsymbol{v}),\boldsymbol{u})+|\boldsymbol{u}|^2+|\mathscr{A}(\boldsymbol{u})|^2+2(\mathscr{A}(\boldsymbol{u}),\boldsymbol{v})+|\boldsymbol{v}|^2\end{aligned}$$

因为 $\mathscr{A}$ 是正规变换，由定理 2.3.2 知

$$|\mathscr{A}(\boldsymbol{v})|^2=|\mathscr{A}^*(\boldsymbol{v})|^2,\ |\mathscr{A}(\boldsymbol{u})|^2=|\mathscr{A}^*(\boldsymbol{u})|^2$$

故

$$\begin{aligned}0&=|\mathscr{A}^*(\boldsymbol{v})|^2+2(\mathscr{A}^*(\boldsymbol{v}),\boldsymbol{u})+|\boldsymbol{u}|^2+|\mathscr{A}^*(\boldsymbol{u})|^2-2(\mathscr{A}^*(\boldsymbol{u}),\boldsymbol{v})+|\boldsymbol{v}|^2\\&=|\mathscr{A}^*(\boldsymbol{v})+\boldsymbol{u}|^2+|\mathscr{A}(\boldsymbol{u})-\boldsymbol{v}|^2\end{aligned}$$

于是

$$\mathscr{A}^*(\boldsymbol{v}) = -\boldsymbol{u}, \mathscr{A}^*(\boldsymbol{u}) = \boldsymbol{v}$$

又

$$(\boldsymbol{v},\boldsymbol{u}) = (\mathscr{A}^*(\boldsymbol{u}),\boldsymbol{u}) = (\boldsymbol{u},\mathscr{A}(\boldsymbol{u})) = (\boldsymbol{u},-\boldsymbol{v}) = -(\boldsymbol{v},\boldsymbol{u})$$

因此

$$(\boldsymbol{v},\boldsymbol{u}) = 0 \Rightarrow \boldsymbol{v} \perp \boldsymbol{u}$$

最后

$$|\boldsymbol{v}|^2 = (\mathscr{A}^*(\boldsymbol{u}),\boldsymbol{v}) = (\boldsymbol{u},\mathscr{A}(\boldsymbol{v})) = (\boldsymbol{u},\boldsymbol{u}) = |\boldsymbol{u}|^2$$

引理 3 设 $\mathscr{A}$ 是 n 维欧氏空间 R 上的正规变换且 $\mathscr{A}$ 适合多项式 $g(x) = (x-a)^2+b^2$，其中 a,b 是实数且 $b \neq 0$. 设 $\boldsymbol{v} \in R$，$\boldsymbol{u} = \frac{1}{b}(\mathscr{A} - a\mathscr{E})\boldsymbol{v}$，则

$$|\boldsymbol{u}| = |\boldsymbol{v}|, \boldsymbol{u} \perp \boldsymbol{v}$$

且

$$\mathscr{A}\boldsymbol{v} = a\boldsymbol{v} + b\boldsymbol{u}, \mathscr{A}\boldsymbol{u} = -b\boldsymbol{v} + a\boldsymbol{u}; \mathscr{A}^*\boldsymbol{v} = a\boldsymbol{v} - b\boldsymbol{u}, \mathscr{A}^*\boldsymbol{u} = b\boldsymbol{v} + a\boldsymbol{u}$$

证明 令 $\mathscr{B} = \frac{1}{b}(\mathscr{A} - a\mathscr{E})$，则 $\mathscr{B}$ 适合多项式 x^2+1，且 $\boldsymbol{u} = \mathscr{B}(\boldsymbol{v})$. 又 $\mathscr{B}^* = \frac{1}{b}(\mathscr{A}^* - a\mathscr{E})$，由 $\mathscr{A}$ 的正规性容易验证 $\mathscr{B}$ 亦是 R 上的正规变换. 由引理 2 即可得到所需结论.

再详细地讨论正规变换的矩阵，我们假设 R 是一个欧氏空间，$\mathscr{A}$ 是空间 R 的一个正规变换，它的特征多项式 $\varphi(\lambda)$ 有两个非实的共轭根 $a+b\mathrm{i}$ 和 $a-b\mathrm{i}$. 那么 $\mathscr{A}$ 适合多项式 $g(x) = (x-a)^2+b^2$，按引理 3，存在 R 中两个相互正交的向量 $\boldsymbol{u},\boldsymbol{v}$，使得

$$\mathscr{A}\boldsymbol{v} = a\boldsymbol{v} + b\boldsymbol{u}, \mathscr{A}\boldsymbol{u} = -b\boldsymbol{v} + a\boldsymbol{u} \tag{2.4.1}$$

取长度为 1 的向量作为 $\boldsymbol{v}$，那么向量 $\boldsymbol{u}$ 也是单位长度.

变换 $\mathscr{A}$ 在由标准正交向量组 $\boldsymbol{u},\boldsymbol{v}$ 所产生的二维子空间中导出变换 $\mathscr{A}_1$，由式 (2.4.1) 有矩阵

$$\boldsymbol{A}_1 = \begin{pmatrix} a & -b \\ b & a \end{pmatrix} \tag{2.4.2}$$

如果把复数 $a+b\mathrm{i}$ 写成三角形式 $r(\cos\theta - \mathrm{i}\sin\theta)$，那么我们的矩阵(2.4.2)化作

$$\boldsymbol{A}_1 = r\begin{pmatrix} \cos\theta & \sin\theta \\ -\sin\theta & \cos\theta \end{pmatrix}$$

这样一来，$\mathscr{A}_1$ 是矩阵为 $r\boldsymbol{E}$ 的变换和矩阵为 $\begin{pmatrix} \cos\theta & \sin\theta \\ -\sin\theta & \cos\theta \end{pmatrix}$ 的变换的乘积. 第

一个变换是用坐标原点做中心伸缩系数为 r 的相似变换,而第二个变换也很容易知道是把向量在 $\boldsymbol{u},\boldsymbol{v}$ 平面上绕坐标原点旋转 θ 角的变换.

因为正规变换具有正规性质(引理 1),结合本章定理 1.3.3,就可得到了这一目的主要结论.

定理 2.4.1 设 R 是 n 维欧氏空间,$\mathscr{A}$ 是 R 上的正规变换,则存在一组标准正交基,使 $\mathscr{A}$ 在这组基下的矩阵表示为下列分块对角阵

$$\begin{pmatrix} \boldsymbol{A}_1 & & & & & \\ & \ddots & & & & \\ & & \boldsymbol{A}_s & & & \\ & & & \lambda_{2s+1} & & \\ & & & & \ddots & \\ & & & & & \lambda_n \end{pmatrix}$$

其中 $\lambda_j(j=2s+1,\cdots,n)$ 是实数,$\boldsymbol{A}_i$ 为形如 $\begin{pmatrix} a_i & b_i \\ -b_i & a_i \end{pmatrix}$ 的二阶实矩阵.

2.5 对偶空间的应用

在本目中,我们将离开本章讨论的主题,而来讨论对偶空间的两个应用.

设 $\overline{L}$ 是线性空间 L 的对偶空间,利用 $\overline{L}$ 的概念可以方便简洁地表达出空间 L 中向量线性无关性的各种判别方法.

先有:

引理 1 如果 $\boldsymbol{a}_1,\boldsymbol{a}_2,\cdots,\boldsymbol{a}_m$ 是 L 中的线性相关的向量,而 $f_1,f_2,\cdots,f_m$ 是 L 上的任意的线性函数,那么

$$|(f_i(\boldsymbol{a}_j))_{m\times m}|=0 \quad (i\text{ 是行指标},j\text{ 是列指标})$$

证明 由于 $\boldsymbol{a}_1,\boldsymbol{a}_2,\cdots,\boldsymbol{a}_m$ 的线性相关性,其中必有一个,例如 $\boldsymbol{a}_m$,必为其余向量的线性组合,设

$$\boldsymbol{a}_m=k_1\boldsymbol{a}_1+k_2\boldsymbol{a}_2+\cdots+k_{m-1}\boldsymbol{a}_{m-1}$$

在行列式 $|(f_i(\boldsymbol{a}_j))_{m\times m}|$ 中,从最后一列减去第一列乘 k_1,再减去第二列乘 k_2,…,最后,减去 k_{m-1} 乘第 $m-1$ 列,我们知道,经过这些运算(变换)以后行列式的值不变,现在计算出,最后一列的第 i 个位置上就是

$$\begin{aligned} f_i(\boldsymbol{a}_m)-k_1f_i(\boldsymbol{a}_1)-\cdots-k_{m-1}f_i(\boldsymbol{a}_{m-1})&=f_i(\boldsymbol{a}_m-k_1\boldsymbol{a}_1-\cdots-k_{m-1}\boldsymbol{a}_{m-1})\\ &=f_i(\boldsymbol{0})=0 \quad (i=1,2,\cdots,m) \end{aligned}$$

这样,行列式的最后一列的所有元素都变为零.所以,行列式等于零.

引理2 如果$f_1,f_2,\cdots,f_n$是线性空间L的对偶空间$\overline{L}$的一个基底，那么，L中的向量$\boldsymbol{a}_1,\boldsymbol{a}_2,\cdots,\boldsymbol{a}_n$线性无关当且仅当

$$|(f_i(\boldsymbol{a}_j))_{n\times n}|\neq 0$$

证明 由引理1，$\boldsymbol{a}_1,\boldsymbol{a}_2,\cdots,\boldsymbol{a}_n$线性相关将导致行列式$|(f_i(\boldsymbol{a}_j))_{n\times n}|$等于零. 现在设它们线性无关，于是$L=L(\boldsymbol{a}_1,\boldsymbol{a}_2,\cdots,\boldsymbol{a}_n)$. 用$\boldsymbol{e}_1,\boldsymbol{e}_2,\cdots,\boldsymbol{e}_n$代表$L$对偶于$f_1,f_2,\cdots,f_n$的基底，而用$a_{1j},a_{2j},\cdots,a_{nj}$表示向量$\boldsymbol{a}_j$在这个基底下的坐标，那么

$$\begin{pmatrix} a_{11} & a_{12} & \cdots & a_{1n} \\ a_{21} & a_{22} & \cdots & a_{2n} \\ \vdots & \vdots & & \vdots \\ a_{n1} & a_{n2} & \cdots & a_{nn} \end{pmatrix}$$

就是由基底$\boldsymbol{e}_1,\boldsymbol{e}_2,\cdots,\boldsymbol{e}_n$到基底$\boldsymbol{a}_1,\boldsymbol{a}_2,\cdots,\boldsymbol{a}_n$的过渡矩阵，按照已有的定理(第7章，定理2.2.2)，它是可逆的，从而$|(a_{ij})_{n\times n}|\neq 0$. 另外，按照定理2.2.2，有

$$f_i(\boldsymbol{e}_i)=1,f_i(\boldsymbol{e}_j)=0\quad(i\neq j)$$

于是

$$\begin{aligned} f_i(\boldsymbol{a}_j) &= f_i(a_{1j}\boldsymbol{e}_1+a_{2j}\boldsymbol{e}_2+\cdots+a_{nj}\boldsymbol{e}_n) \\ &= a_{1j}f_i(\boldsymbol{e}_1)+\cdots+a_{ij}f_i(\boldsymbol{e}_i)+\cdots+a_{nj}f_i(\boldsymbol{e}_n) \\ &= a_{ij}f_i(\boldsymbol{e}_i) \\ &= a_{ij} \end{aligned}$$

继而

$$|(f_i(\boldsymbol{a}_j))_{n\times n}|\neq 0$$

定理2.5.1 设$f_1,f_2,\cdots,f_n$是对偶于L的空间$\overline{L}$的一个基底，那么，L中的向量组$\boldsymbol{a}_1,\boldsymbol{a}_2,\cdots,\boldsymbol{a}_s$的秩等于所有形如

$$|(f_i(\boldsymbol{a}_j))|\quad(1\leqslant i=i_1,\cdots,i_m\leqslant n;1\leqslant j=j_1,\cdots,j_m\leqslant s)\tag{2.5.1}$$

的非零行列式的最大阶数.

证明 我们用r表示向量组$\boldsymbol{a}_1,\boldsymbol{a}_2,\cdots,\boldsymbol{a}_s$的秩. 对于任意$m>r$，$\boldsymbol{a}_{j_1},\boldsymbol{a}_{j_2},\cdots,\boldsymbol{a}_{j_m}$必线性相关. 根据引理1，这意味着，阶数$m>r$的形如式(2.5.1)的行列式必然等于零.

剩下只要证明，存在一个形如式(2.5.1)的非零行列式，其秩为r. 为此，用$\overline{f}_1,\overline{f}_2,\cdots,\overline{f}_n$代表线性函数$f_1,f_2,\cdots,f_n$是限制在子空间$U=L(\boldsymbol{a}_1,\boldsymbol{a}_2,\cdots,\boldsymbol{a}_s)$上的. 先证明

$$L(\overline{f}_1,\overline{f}_2,\cdots,\overline{f}_n)=\overline{U}\tag{2.5.2}$$

其中 $\overline{U}$ 是对偶于 U 的子空间.

事实上,首先,显然有 $L(\overline{f}_1,\overline{f}_2,\cdots,\overline{f}_n)\subseteq\overline{U}$. 其次,设 $\overline{f}$ 是 $\overline{U}$ 的任一向量, $\boldsymbol{e}_1,\boldsymbol{e}_2,\cdots,\boldsymbol{e}_r$ 是 U 的一个基底,而 $(\boldsymbol{e}_1,\cdots,\boldsymbol{e}_r;\boldsymbol{e}_{r+1},\cdots,\boldsymbol{e}_n)$ 是它在 L 中的扩展基底. 考虑这样的线性函数 $f\in\overline{L}$

$$f(\boldsymbol{e}_i)=\overline{f}(\boldsymbol{e}_i)\quad(i=1,2,\cdots,r)$$

$$f(\boldsymbol{e}_i)=0\quad(i=r+1,r+2,\cdots,n)$$

(在基底向量处取任意值的线性函数 $f\in\overline{L}$ 都存在,从而这样的线性函数是存在的). 因为 $\overline{L}=L(f_1,f_2,\cdots,f_n)$,故

$$f=\alpha_1 f_1+\alpha_2 f_2+\cdots+\alpha_n f_n$$

把这个等式中的所有函数都限制在 U 上. 显然 $g=f\upharpoonright_U=\overline{f}$. 因为 g 和 $\overline{f}$ 在空间 U 的基底 $\boldsymbol{e}_1,\cdots,\boldsymbol{e}_r$ 上都取相同的值,于是 $\overline{f}=g=\alpha_1\overline{f}_1+\alpha_2\overline{f}_2+\cdots+\alpha_n\overline{f}_n$,随之就有 $\overline{f}\in L(\overline{f}_1,\overline{f}_2,\cdots,\overline{f}_n)$,也就是 $\overline{U}\subseteq L(\overline{f}_1,\overline{f}_2,\cdots,\overline{f}_n)$,从而证明了式(2.5.2).

最后,在 $\boldsymbol{a}_1,\boldsymbol{a}_2,\cdots,\boldsymbol{a}_s$ 中选择 r 个线性无关的向量(设为 $\boldsymbol{a}_{j_1},\boldsymbol{a}_{j_2},\cdots,\boldsymbol{a}_{j_r}$),在 $\overline{f}_1,\overline{f}_2,\cdots,\overline{f}_n$ 中选择 r 个线性无关的向量(设为 $\overline{f}_{j_1},\overline{f}_{j_2},\cdots,\overline{f}_{j_r}$),它们分别组成子空间 U 和 $\overline{U}$ 的基底,根据引理 2,有

$$|(\overline{f}_i(\boldsymbol{a}_j))|\neq 0\quad(i=i_1,\cdots,i_r;j=j_1,\cdots,j_r)$$

余下的事情是只需注意到

$$(\overline{f}_i(\boldsymbol{a}_j))=f_i(\boldsymbol{a}_j)$$

对偶空间的第二个应用,它使得我们可以采用更加抽象的观点,来看待线性方程组. 根据 $m\times n$ 的齐次线性方程组的定义,可写成

$$f_1(\boldsymbol{x})=0,f_2(\boldsymbol{x})=0,\cdots,f_m(\boldsymbol{x})=0\qquad(2.5.3)$$

其中 $\boldsymbol{x}$ 是 n 维线性空间 L 的向量,而 $f_1,f_2,\cdots,f_m$ 是对偶空间 $\overline{L}$ 的线性函数.

为了还原通常的写法,只要在 L 中任意选择一个基底.

定理 2.5.2 1) 如果向量组 $f_1,f_2,\cdots,f_m$ 的秩为 r,则齐次线性方程组(2.5.3) 的解的子空间 $U\subseteq L$ 的维数等于 $n-r$,这里 n 是 L 的维数.

2) 任意子空间 $U\subseteq L$ 必然是每个组(2.5.2) 的解子空间.

证明 第一个结论,我们已经在第 6 章 §2 证明过了,但现在给出的推断将会更自然. 去掉一般性的约束,假定 $f_1,f_2,\cdots,f_r$ 线性无关,那么,余下的 f_i 都是它们的线性组合,但方程组(2.5.3) 实际上等价于

$$f_1(\boldsymbol{x})=0,f_2(\boldsymbol{x})=0,\cdots,f_r(\boldsymbol{x})=0\qquad(2.5.3')$$

把 $f_1,f_2,\cdots,f_r$ 扩展成 $\overline{L}$ 的基底: $f_1,\cdots,f_r,f_{r+1},\cdots,f_n$. 设 $\boldsymbol{e}_1,\boldsymbol{e}_2,\cdots,\boldsymbol{e}_n$ 是 L 的

对偶于 $f_1,f_2,\cdots,f_n$ 的基底. 于是,方程组(2.5.3′)的解由任意形如 $\boldsymbol{x}=x_{r+1}\boldsymbol{e}_{r+1}+\cdots+x_n\boldsymbol{e}_n$ 的向量组成,即$U=L(\boldsymbol{e}_{r+1},\cdots,\boldsymbol{e}_n)$. 注意,$x_{r+1},\cdots,x_n$ 在起着无关的自由未知量的作用. 因为 $\boldsymbol{e}_{r+1},\cdots,\boldsymbol{e}_n$ 是线性无关的,所以

$$\dim U=n-r$$

为了证明第二个结论,设 $\boldsymbol{e}_1,\boldsymbol{e}_2,\cdots,\boldsymbol{e}_s$ 是子空间 $U\subseteq L$ 的一个基底,它是整个空间 L 的一个基底 $\boldsymbol{e}_1,\boldsymbol{e}_2,\cdots,\boldsymbol{e}_n$ 的一部分. 向量 $\boldsymbol{x}=x_1\boldsymbol{e}_1+\cdots+x_n\boldsymbol{e}_n$ 属于U,当且仅当 $x_{s+1}=\cdots=x_n=0$. 选取$\overline{L}$的一个与$\boldsymbol{e}_1,\boldsymbol{e}_2,\cdots,\boldsymbol{e}_s$ 对偶的基底$f_1,\cdots,f_s$,那么

$$x_i=f_i(\boldsymbol{x})$$

进而条件 $\boldsymbol{x}\in U$ 可写成

$$f_{s+1}(\boldsymbol{x})=0,f_{s+2}(\boldsymbol{x})=0,\cdots,f_n(\boldsymbol{x})=0$$

§3 欧几里得空间中的线性变换(三)

3.1 非负的对称变换

设 $\mathscr{A}$ 是欧氏空间 R 中的变换,如果对于 R 中所有的 $\boldsymbol{x}$,均有

$$(\mathscr{A}\boldsymbol{x},\boldsymbol{x})\geqslant 0 \tag{3.1.1}$$

则称变换 $\mathscr{A}$ 是非负的. 如果在式(3.1.1)中,仅对于零向量才能取等号时,则称 $\mathscr{A}$ 是恒正的.

1° 非负的变换的线性组合,其系数为非负的实数者,仍为一非负的变换.

这可直接由等式推得

$$((\alpha\mathscr{A}+\beta\mathscr{B})\boldsymbol{x},\boldsymbol{x})=\alpha(\mathscr{A}\boldsymbol{x},\boldsymbol{x})+\beta(\mathscr{B}\boldsymbol{x},\boldsymbol{x})$$

2° 任一线性变换与其转置变换的乘积,为一个非负的对称变换.

事实上

$$(\mathscr{A}^*\mathscr{A}\boldsymbol{x},\boldsymbol{x})=(\mathscr{A}\boldsymbol{x},\mathscr{A}\boldsymbol{x})\geqslant 0,(\mathscr{A}\mathscr{A}^*\boldsymbol{x},\boldsymbol{x})=(\mathscr{A}^*\boldsymbol{x},\mathscr{A}^*\boldsymbol{x})\geqslant 0$$

3° 任一对称变换的平方为一非负的对称变换.

这可由 2° 直接推出,因为对称变换的转置变换就是它自己.

4° 所有非负变换的特征值均为实数而且是非负的.

设 $\mathscr{A}$ 是非负变换,λ 为其特征值,$\boldsymbol{x}$ 为对应的非零特征向量,则

$$(\mathscr{A}\boldsymbol{x},\boldsymbol{x})=(\lambda\boldsymbol{x},\boldsymbol{x})=\lambda(\boldsymbol{x},\boldsymbol{x})\geqslant 0$$

故 $\lambda \geqslant 0$.

5° 如果欧氏空间 R 的对称变换 $\mathscr{A}$ 仅有非负的特征值,则 $\mathscr{A}$ 是非负的.

按 4.5 目定理 4.5.2,在 R 中均有由变换 $\mathscr{A}$ 的特征向量所组成的标准正交基底 $\boldsymbol{e}_1,\boldsymbol{e}_2,\cdots,\boldsymbol{e}_n$ 存在.设 $\lambda_1,\lambda_2,\cdots,\lambda_n$ 为其对应的特征值,讨论任一向量

$$\boldsymbol{x}=x_1\boldsymbol{e}_1+x_2\boldsymbol{e}_2+\cdots+x_n\boldsymbol{e}_n$$

我们有

$$\mathscr{A}\boldsymbol{x}=\lambda_1x_1\boldsymbol{e}_1+\lambda_2x_2\boldsymbol{e}_2+\cdots+\lambda_nx_n\boldsymbol{e}_n,(\mathscr{A}\boldsymbol{x},\boldsymbol{x})=\lambda_1x_1^2+\lambda_2x_2^2+\cdots+\lambda_nx_n^2 \tag{3.1.2}$$

此处每一项 $\lambda_ix_i^2$ 都是非负的,故其和亦是非负的.

变换 $\mathscr{A}$ 的行列式等于 $\lambda_1\lambda_2\cdots\lambda_n$,如其不为零,则所有数 λ_i 均大于零,而式(3.1.2)仅当 $\boldsymbol{x}=\boldsymbol{0}$ 时,才能等于零,故在此时,$\mathscr{A}$ 是恒正的.如 $|\mathscr{A}|=0$,则某一特征值,例如 λ_1,必须等于零,故

$$(\mathscr{A}\boldsymbol{e}_1,\boldsymbol{e}_1)=0(\boldsymbol{e}_1,\boldsymbol{e}_1)=0$$

而变换 $\mathscr{A}$ 不是恒正的.

故非负对称变换当且仅当其为满秩时,才为恒正变换.

现在来求出线性变换的平方根的运算.我们说某一线性变换 $\mathscr{X}$ 为线性变换 $\mathscr{A}$ 的平方根,如果

$$\mathscr{X}^2=\mathscr{A} \tag{3.1.3}$$

方程(3.1.3)随变换 $\mathscr{A}$ 的不同而有各种不同的情况,可能没有解,可能仅有有限个解,亦可能有无限多个解,但对于非负对称变换来说,它是完全确定的.

定理 3.1.1 对于欧氏空间 R 的每一个非负对称变换 $\mathscr{A}$,均有一个且仅有一个非负对称变换 $\mathscr{B}$ 存在,适合关系式

$$\mathscr{B}^2=\mathscr{A}$$

每一变换 $\mathscr{A}$ 可交换的线性变换均与 $\mathscr{B}$ 可交换.

证明 在 R 中,取一由变换 $\mathscr{A}$ 的特征向量所组成的标准正交基底 $\boldsymbol{e}_1,\boldsymbol{e}_2,\cdots,\boldsymbol{e}_n$,由 3.5 目,知这样的基底是存在的.以 $\lambda_1,\lambda_2,\cdots,\lambda_n$ 记变换 $\mathscr{A}$ 的对应的特征值.设 $\mathscr{B}$ 为一线性变换,化 $\boldsymbol{e}_i$ 为 $\sqrt{\lambda_i}\boldsymbol{e}_i(i=1,2,\cdots,n)$,其中每一个二次根均取非负值.因 $\boldsymbol{e}_1,\boldsymbol{e}_2,\cdots,\boldsymbol{e}_n$ 为标准正交基底,组成变换 $\mathscr{B}$ 的特征向量且其对应的特征值等于 $\sqrt{\lambda_1},\sqrt{\lambda_2},\cdots,\sqrt{\lambda_n}$ 都是非负的,故 $\mathscr{B}$ 为一非负对称变换,但

$$\mathscr{B}^2\boldsymbol{e}_i=(\sqrt{\lambda_i})^2=\mathscr{A}\boldsymbol{e}_i\quad(i=1,2,\cdots,n)$$

故

$$\mathscr{B}^2=\mathscr{A}$$

我们已经证明,所要求出的 $\mathscr{A}$ 的平方根是存在的.

现在来证明,每一个非负对称变换 $\mathscr{C}$,如其平方等于 $\mathscr{A}$,则必与 $\mathscr{B}$ 重合. 我们有

$$\mathscr{A}\boldsymbol{e}_i=\lambda_i\boldsymbol{e}_i,\mathscr{B}\boldsymbol{e}_i=\sqrt{\lambda_i}\boldsymbol{e}_i\quad(i=1,2,\cdots,n)$$

如 $\boldsymbol{e}_i$ 为变换 $\mathscr{C}$ 的特征向量,对应于特征值 α_i,则

$$\alpha_i\boldsymbol{e}_i=\mathscr{A}\boldsymbol{e}_i=\mathscr{C}^2\boldsymbol{e}_i=\alpha_i^2\boldsymbol{e}_i$$

故 $\alpha_i^2=\lambda_i$ 或 $\alpha_i=\sqrt{\lambda_i}$,因为非负变换的特征值是非负的,故在此时

$$\mathscr{C}\boldsymbol{e}_i=\mathscr{B}\boldsymbol{e}_i$$

如 $\boldsymbol{e}_i$ 不是 $\mathscr{C}$ 的特征向量,则 $\boldsymbol{e}_i$ 与 $\mathscr{C}\boldsymbol{e}_i$ 线性无关,以 X 记由 $\boldsymbol{e}_i$ 与 $\mathscr{C}\boldsymbol{e}_i$ 所产生的子空间,因为

$$\mathscr{C}(\mathscr{C}\boldsymbol{e}_i)=\mathscr{C}^2\boldsymbol{e}_i=\lambda_i\boldsymbol{e}_i$$

故 X 对 $\mathscr{C}$ 不变,由关系

$$\mathscr{A}(\mathscr{C}\boldsymbol{e}_i)=\mathscr{C}(\mathscr{A}\boldsymbol{e}_i)=\lambda_i(\mathscr{C}\boldsymbol{e}_i)$$

知 $\mathscr{C}\boldsymbol{e}_i$ 为属于特征值 λ_i 的特征向量,故可推知,所有 X 的向量都是属于同一特征值 λ_i 的变换 $\mathscr{A}$ 的特征向量. 另外,变换 $\mathscr{C}$ 对 X 来说是对称的与非负的,故在 X 中可求得标准正交基底 $\boldsymbol{e}',\boldsymbol{e}''$,构成变换 $\mathscr{C}$ 的特征向量. 设 $\mathscr{C}\boldsymbol{e}'=\beta\boldsymbol{e}',\mathscr{C}\boldsymbol{e}''=\gamma\boldsymbol{e}''$,因所有 X 的向量都是对于属于特征值 λ_i 的变换 $\mathscr{A}$ 的特征向量,故

$$\mathscr{C}^2\boldsymbol{e}'=\beta^2\boldsymbol{e}'=\lambda_i\boldsymbol{e}'$$

因此

$$\beta=\sqrt{\lambda_i}$$

同理

$$\gamma=\sqrt{\lambda_i}$$

向量 $\boldsymbol{e}_i$ 在 X 中,故

$$\boldsymbol{e}_i=a\boldsymbol{e}'+b\boldsymbol{e}''$$

但此时

$$\mathscr{C}\boldsymbol{e}_i=a\mathscr{C}\boldsymbol{e}'+b\mathscr{C}\boldsymbol{e}''=\sqrt{\lambda_i}(a\boldsymbol{e}'+b\boldsymbol{e}'')=\sqrt{\lambda_i}\boldsymbol{e}_i$$

与假设冲突,因此,我们仅有第一种情形. 即

$$\mathscr{C}\boldsymbol{e}_i=\sqrt{\lambda_i}\boldsymbol{e}_i=\mathscr{B}\boldsymbol{e}_i\quad(i=1,2,\cdots,n)$$

这意思就是 $\mathscr{C}=\mathscr{B}$,故其唯一性已经证明.

最后,证明定理的末尾的论断,设 $\mathscr{X}$ 为与 $\mathscr{A}$ 可交换的某一线性变换,把基底向量 $\boldsymbol{e}_1,\boldsymbol{e}_2,\cdots,\boldsymbol{e}_n$ 这样排列,如有相等的特征值时,就将其对应的基底向量排在一起. 此时,变换 $\mathscr{A},\mathscr{B}$ 的矩阵有如下相对应的形式

$$\boldsymbol{A}=\begin{pmatrix}\lambda_1\boldsymbol{E}_1 & & & \\ & \lambda_2\boldsymbol{E}_2 & & \\ & & \ddots & \\ & & & \lambda_s\boldsymbol{E}_s\end{pmatrix},\boldsymbol{B}=\begin{pmatrix}\sqrt{\lambda_1}\boldsymbol{E}_1 & & & \\ & \sqrt{\lambda_2}\boldsymbol{E}_2 & & \\ & & \ddots & \\ & & & \sqrt{\lambda_s}\boldsymbol{E}_s\end{pmatrix}$$

其中$\lambda_1,\lambda_2,\cdots,\lambda_s$为变换$\mathscr{A}$的不同的特征值,而$\boldsymbol{E}_1,\boldsymbol{E}_2,\cdots,\boldsymbol{E}_s$为单位矩阵,将变换$\mathscr{X}$的矩阵对应分块,成为如下形式

$$\boldsymbol{X}=\begin{pmatrix}\boldsymbol{X}_{11} & \boldsymbol{X}_{12} & \cdots & \boldsymbol{X}_{1s}\\ \boldsymbol{X}_{21} & \boldsymbol{X}_{22} & \cdots & \boldsymbol{X}_{2s}\\ \vdots & \vdots & & \vdots\\ \boldsymbol{X}_{s1} & \boldsymbol{X}_{s2} & \cdots & \boldsymbol{X}_{ss}\end{pmatrix}$$

条件$\boldsymbol{AX}=\boldsymbol{XA}$给出

$$\lambda_j\boldsymbol{X}_{jk}=\boldsymbol{X}_{jk}\lambda_k\quad(j,k=1,2,\cdots,s)$$

或

$$(\lambda_j-\lambda_k)\boldsymbol{X}_{jk}=0$$

因如$j\neq k$,则$\lambda_j\neq\lambda_k$,故

$$\boldsymbol{X}_{jk}=\boldsymbol{O}\quad(j\neq k)$$

因此

$$\boldsymbol{X}=\begin{pmatrix}\boldsymbol{X}_{11} & & & \\ & \boldsymbol{X}_{22} & & \\ & & \ddots & \\ & & & \boldsymbol{X}_{ss}\end{pmatrix}$$

但此时

$$\boldsymbol{BX}=\begin{pmatrix}\sqrt{\lambda_1}\boldsymbol{X}_{11} & & & \\ & \sqrt{\lambda_2}\boldsymbol{X}_{22} & & \\ & & \ddots & \\ & & & \sqrt{\lambda_s}\boldsymbol{X}_{ss}\end{pmatrix}=\boldsymbol{XB}$$

这就是所要证明的结果.

关于定理3.1.1的直接应用,让我们来证明:

推论　可交换的非负对称变换之积仍为一非负变换.

事实上,设$\mathscr{A}_1,\mathscr{A}_2$为可交换的非负对称变换,以$\mathscr{B}_1,\mathscr{B}_2$记其中平方根,则由定理3.1.1,可选择这样的变换,使其为对称的而且是非负的.此时

$$(\mathscr{B}_1\mathscr{B}_2)^2=\mathscr{B}_1\mathscr{B}_2\ \mathscr{B}_1\mathscr{B}_2=\mathscr{B}_1^2\mathscr{B}_2^2=\mathscr{A}_1\mathscr{A}_2$$

$\mathscr{A}_1\mathscr{A}_2$ 等于对称变换 $\mathscr{B}_1,\mathscr{B}_2$ 的平方，故 $\mathscr{A}_1\mathscr{A}_2$ 是非负的，论断即已证明. 特别地，由此可知以实非负系数的对称非负变换的多项式均为对称非负变换.

3.2 正交投影变换的非负性和正交性

在§1的1.2目中，我们引入了欧氏空间R中的正交投影变换. 现在进一步来研究这种变换的一系列性质.

1° 正交投影变换是幂等的：$\mathscr{P}^2=\mathscr{P}$.

这个性质的证明参阅第8章§1,1.2.

反之，幂等性与对称性完全决定变换是正交投影的：每一对称幂等的变换$\mathscr{P}$都是$\mathscr{P}$的值域上的正交投影变换.

设$\mathscr{P}$的定义域为X，对于每一$\boldsymbol{x}$均可分解为

$$\boldsymbol{x}=\mathscr{P}\boldsymbol{x}+(\mathscr{E}-\mathscr{P})\boldsymbol{x} \tag{3.2.1}$$

由定义，项$\mathscr{P}\boldsymbol{x}$在$X$中，第二项与$X$正交，因为每一$X$的向量均为$\mathscr{P}\boldsymbol{y}$形，其中$\boldsymbol{y}$为$R$中任一向量，而由变换$\mathscr{P}$的对称性与幂等性

$$(\mathscr{P}\boldsymbol{y},(\mathscr{E}-\mathscr{P})\boldsymbol{x})=(\boldsymbol{y},\mathscr{P}(\mathscr{E}-\mathscr{P})\boldsymbol{x})=(\boldsymbol{y},\mathscr{P}\boldsymbol{x}-\mathscr{P}\boldsymbol{x})=0$$

故分解式(3.2.1)证明$\mathscr{P}\boldsymbol{x}$为$\boldsymbol{x}$在$X$上的正交投影，这就是所要证明的结果.

2° 正交投影变换为一非负的对称变换.

事实上，§1的1.2目分解式(1.2.1)给出

$$(\mathscr{P}\boldsymbol{x},\boldsymbol{x})=(\boldsymbol{x},\boldsymbol{x}'+\boldsymbol{x}'')=(\boldsymbol{x}',\boldsymbol{x}')\geqslant 0$$

故$\mathscr{P}$是非负的. 此外，设

$$\boldsymbol{y}=\boldsymbol{y}'+\boldsymbol{y}''\quad(\boldsymbol{y}'\in X,\boldsymbol{y}''\in X^{\perp})$$

则

$$(\mathscr{P}\boldsymbol{x},\boldsymbol{y})=(\boldsymbol{x}',\boldsymbol{y}'+\boldsymbol{y}'')=(\boldsymbol{x}',\boldsymbol{y}')=(\boldsymbol{x}'+\boldsymbol{x}'',\boldsymbol{y}')=(\boldsymbol{x},\mathscr{P}\boldsymbol{y})$$

是即$\mathscr{P}$对称.

求正交投影变换$\mathscr{P}_X$的矩阵的最简单的形式. 在X与$X^{\perp}$中取标准正交基底$\boldsymbol{e}_1,\boldsymbol{e}_2,\cdots,\boldsymbol{e}_m$与$\boldsymbol{e}_{m+1},\boldsymbol{e}_{m+2},\cdots,\boldsymbol{e}_n$，等式

$$\mathscr{P}\boldsymbol{e}_j=\boldsymbol{e}_j,\mathscr{P}\boldsymbol{e}_k=\boldsymbol{e}_k\quad(j=1,2,\cdots,m;j=m+1,m+2,\cdots,n)$$

证明对于这一基底，$\mathscr{P}_X$的矩阵有如下形式

$$
\boldsymbol{P}=\begin{pmatrix}1 & & & & & \\ & \ddots & & & & \\ & & 1 & & & \\ & & & 0 & & \\ & & & & \ddots & \\ & & & & & 0\end{pmatrix} \tag{3.2.2}
$$

反之,如在标准正交基底下,某一线性变换 $\boldsymbol{P}$ 的矩阵有可化为式(3.2.2)的形式,则显然,$\mathscr{P}$ 为正交投影变换.

设 $\mathscr{P},\mathscr{Q}$ 各为正交投影于空间 R 的子空间 X,Y 上的运算.我们不禁会问:R 中子空间 X,Y 的情况对于变换 $\mathscr{P},\mathscr{Q}$ 的性质有什么影响呢?例如对于 $\mathscr{P},\mathscr{Q}$ 可以说些什么,如果 X,Y 互相正交,或 X 含于 Y 中等等.为了回答这一问题,首先引入定义:两个正交投影变换 $\mathscr{P},\mathscr{Q}$ 称为正交的,如果 $\mathscr{P}\mathscr{Q}=\mathscr{O}$,因正交投影变换是对称的,故有

$$
\mathscr{X}=\mathscr{P}^{*}\mathscr{Q}^{*}=(\mathscr{Q}\mathscr{P})^{*}=\mathscr{O}
$$

是即,如果 $\mathscr{P}$ 对 $\mathscr{Q}$ 正交,那么 $\mathscr{Q}$ 亦必对 $\mathscr{P}$ 正交.

3° 正交投影变换 $\mathscr{P},\mathscr{Q}$ 正交的充分必要条件,是其对应的子空间 X,Y 互相正交.

设 $\mathscr{P}\mathscr{Q}=\mathscr{O}$,则对于 $\boldsymbol{x}\in X,\boldsymbol{y}\in Y$ 有

$$
(\boldsymbol{x},\boldsymbol{y})=(\mathscr{P}\boldsymbol{x},\mathscr{Q}\boldsymbol{y})=(\mathscr{Q}\mathscr{P}\boldsymbol{x},\boldsymbol{y})=0
$$

这等式即是说 X,Y 正交.反之,如果 X,Y 正交,那么对 R 中任一 $\boldsymbol{x}$ 均有

$$
\mathscr{P}\boldsymbol{x}\in X,(\mathscr{Q}\mathscr{P})\boldsymbol{x}=\mathscr{Q}(\mathscr{P}\boldsymbol{x})=0,\mathscr{P}\mathscr{Q}=\mathscr{O}
$$

这就是所要证明的结果.

4° 正交投影变换之和仍为正交投影变换的充分必要条件为所给变换是正交的,在此时

$$
\mathscr{P}_X+\mathscr{P}_Y=\mathscr{P}_{X+Y}
$$

事实上,若 $\mathscr{P}\mathscr{Q}=\mathscr{O}$,则

$$
(\mathscr{P}+\mathscr{Q})^2=\mathscr{P}^2+\mathscr{Q}^2=\mathscr{P}+\mathscr{Q}
$$

故变换 $\mathscr{P}+\mathscr{Q}$ 是幂等的,对称的,因此是一正交投影变换.反之,$\mathscr{P}+\mathscr{Q}$ 为一正交投影变换,则

$$
\mathscr{P}+\mathscr{Q}=(\mathscr{P}+\mathscr{Q})^2=\mathscr{P}^2+\mathscr{P}\mathscr{Q}+\mathscr{Q}\mathscr{P}+\mathscr{Q}^2=\mathscr{P}+\mathscr{P}\mathscr{Q}+\mathscr{Q}\mathscr{P}+\mathscr{Q}
$$

所以

$$
\mathscr{P}\mathscr{Q}+\mathscr{Q}\mathscr{P}=\mathscr{O} \tag{3.2.3}
$$

同时以 $\mathscr{P}$ 左乘与右乘后一等式,我们得出

$$\mathscr{P}(\mathscr{P}\mathscr{Q}+\mathscr{Q}\mathscr{P})\mathscr{P}=\mathscr{P}\mathscr{Q}\mathscr{P}+\mathscr{P}\mathscr{Q}\mathscr{P}=2\mathscr{P}\mathscr{Q}\mathscr{P}=\mathscr{O}$$

由式(3.2.3),乘积 $\mathscr{Q}\mathscr{P}$ 此时为 $-\mathscr{P}\mathscr{Q}$,经过这样处理,可得

$$-2\mathscr{P}^2\mathscr{Q}=-2\mathscr{P}\mathscr{Q}=\mathscr{O},\mathscr{P}\mathscr{Q}=\mathscr{O}$$

子空间 Z,对应于正交投影变换 $\mathscr{P}+\mathscr{Q}$ 的,为 $(\mathscr{P}+\mathscr{Q})R$,且

$$(\mathscr{P}+\mathscr{Q})R\subseteq\mathscr{P}R+\mathscr{Q}R=X+Y\tag{3.2.4}$$

另外,如果 $\boldsymbol{x}\in X,\boldsymbol{y}\in Y$,那么 $\mathscr{P}\boldsymbol{x}=\boldsymbol{x},\mathscr{Q}\boldsymbol{x}=\boldsymbol{y},\mathscr{P}\mathscr{Q}=\mathscr{Q}\mathscr{P}=\mathscr{O}$ 可得

$$(\mathscr{P}+\mathscr{Q})(\boldsymbol{x}+\boldsymbol{y})=(\mathscr{P}+\mathscr{Q})(\mathscr{P}\boldsymbol{x}+\mathscr{Q}\boldsymbol{y})=\mathscr{P}^2\boldsymbol{x}+\mathscr{Q}^2\boldsymbol{y}=\boldsymbol{x}+\boldsymbol{y}$$

因此

$$X+Y\subseteq(\mathscr{P}+\mathscr{Q})R\tag{3.2.5}$$

比较式(3.2.4)与(3.2.5),我们得到

$$Z=(\mathscr{P}+\mathscr{Q})R=X+Y$$

5° 正交投影变换的乘积 $\mathscr{P}_X\mathscr{P}_Y$ 为一正交投影变换的充分必要条件,为 $\mathscr{P}_X$ 与 $\mathscr{P}_Y$ 是可交换的,在此时

$$\mathscr{P}_X\mathscr{P}_Y=\mathscr{P}_{X\cap Y}$$

为了使乘积为一对称的,即知可交换条件是必要的,如其可交换,则关系式

$$(\mathscr{P}_X\mathscr{P}_Y)^2=\mathscr{P}_X{}^2\mathscr{P}_Y{}^2=\mathscr{P}_X\mathscr{P}_Y$$

证明 $\mathscr{P}_X\mathscr{P}_Y$ 是幂等的,故为一正交投影变换.

对应于变换 $\mathscr{P}_X\mathscr{P}_Y$ 的子空间 Z 是由所有适合关系式

$$\mathscr{P}_X\mathscr{P}_Y\boldsymbol{x}=\mathscr{P}_Y\mathscr{P}_X\boldsymbol{x}=\boldsymbol{x}$$

的向量 $\boldsymbol{x}$ 所构成.

但由 $\boldsymbol{x}=\mathscr{P}_Y(\mathscr{P}_X\boldsymbol{x})$ 知 $\boldsymbol{x}$ 在 Y 中,而由 $\boldsymbol{x}=\mathscr{P}_X(\mathscr{P}_Y\boldsymbol{x})$ 知 $\boldsymbol{x}$ 在 X 中,故 $\boldsymbol{x}$ 在 $X\cap Y$ 中;它的逆论断是很明显的.

6° 子空间 X 含 Y 中的充分必要条件,是其对应的正交投影变换,$\mathscr{P},\mathscr{Q}$ 适合关系式 $\mathscr{P}\mathscr{Q}=\mathscr{P}$.

事实上,对于任一 $\boldsymbol{x}$ 均有 $\mathscr{P}\boldsymbol{x}\in X$,如果 $X\subseteq Y$,那么 $\mathscr{Q}(\mathscr{P}\boldsymbol{x})=\mathscr{P}\boldsymbol{x}$,亦即 $\mathscr{P}\mathscr{Q}=\mathscr{P}$.

反过来说,如果 $\mathscr{P}\mathscr{Q}=\mathscr{P},\boldsymbol{x}\in X$,那么

$$\mathscr{Q}\boldsymbol{x}=\mathscr{Q}\mathscr{P}\boldsymbol{x}=\mathscr{P}\boldsymbol{x}=\boldsymbol{x}$$

是即 $\boldsymbol{x}\in Y$.

7° 设 $\mathscr{P}$ 是正交投影变换,其对应的子空间为 X,则其对应于正交子空间 $X^\perp$ 的正交投影变换为 $\mathscr{E}-\mathscr{P}$.

事实上,对于任一向量 $\boldsymbol{x}$ 的分解式

$$\boldsymbol{x}=\boldsymbol{x}'+\boldsymbol{x}''\quad(\boldsymbol{x}'\in X,\boldsymbol{x}''\in X^\perp)$$

可以写为下面的形状

$$\mathscr{E}\boldsymbol{x}=\mathscr{P}_X\boldsymbol{x}+\mathscr{P}_{X^{\perp}}\boldsymbol{x}=(\mathscr{P}_X+\mathscr{P}_{X^{\perp}})\boldsymbol{x}$$

故

$$\mathscr{E}=\mathscr{P}_X+\mathscr{P}_{X^{\perp}},\mathscr{P}_{X^{\perp}}=\mathscr{E}-\mathscr{P}_X$$

8° 正交投影变换之差 $\mathscr{P}_X-\mathscr{P}_Y$ 仍为正交投影变换的充分必要条件，是 X 含有 Y，此时，$\mathscr{P}_X-\mathscr{P}_Y$ 为一在 X 里面的 Y 的正交补子空间上的正交投影变换.

设 $\mathscr{P}_X-\mathscr{P}_Y$ 为某一子空间 Z 上的正交投影变换

$$\mathscr{P}_X-\mathscr{P}_Y=\mathscr{P}_Z,\mathscr{P}_X=\mathscr{P}_Y+\mathscr{P}_Z$$

由性质 4°，知

$$\mathscr{P}_X=\mathscr{P}_{Y+Z}$$

即是说 X 为 Y 与 Z 的正交和. 反之，设 Y 含于 X 中，则

$$X=Y\oplus Z$$

其中 Z 为在 X 里面 Y 的正交补子空间，由性质 4° 有

$$\mathscr{P}_X=\mathscr{P}_Y+\mathscr{P}_Z,\mathscr{P}_Z=\mathscr{P}_X-\mathscr{P}_Y$$

这就是所要的证明.

在结束本目时我们讨论同样的问题，如何应用正交投影变换来得出论断，使子空间 X 对于某一变换 $\mathscr{A}$ 不变. 设 $\boldsymbol{x}$ 为 R 中任一向量，X 为变换 $\mathscr{A}$ 的不变子空间，则

$$\mathscr{P}_X\boldsymbol{x}\in X,\mathscr{A}(\mathscr{P}_X\boldsymbol{x})\in X,\mathscr{P}_X\mathscr{A}(\mathscr{P}_X\boldsymbol{x})=\mathscr{A}(\mathscr{P}_X\boldsymbol{x}),\mathscr{P}_X\mathscr{A}\mathscr{P}_X=\mathscr{A}\mathscr{P}_X \tag{3.2.6}$$

反之，由式(3.2.6)可推出，对于所有属于 X 的 $\boldsymbol{x}$ 都有

$$\mathscr{P}_X(\mathscr{A}\boldsymbol{x})=\mathscr{P}_X\mathscr{A}(\mathscr{P}_X\boldsymbol{x})=\mathscr{A}(\mathscr{P}_X\boldsymbol{x})=\mathscr{A}\boldsymbol{x}$$

于是 $\mathscr{A}\boldsymbol{x}$ 在 X 中. 因此：

9° 子空间 X 对于某一线性变换 $\mathscr{A}$ 不变的充分必要条件是成立关系式

$$\mathscr{P}_X\mathscr{A}\mathscr{P}_X=\mathscr{A}\mathscr{P}_X$$

换一个说法：子空间 X 对变换 $\mathscr{A}$ 不变常常说为：X 演出 $\mathscr{A}$，如果不仅是 X，同时其正交补空间 $X^{\perp}$ 亦演出 $\mathscr{A}$，则称 X 完全演出 $\mathscr{A}$.

10° 子空间 X 完全演出 $\mathscr{A}$ 的充分必要条件，是 $\mathscr{A}$ 与 $\mathscr{P}_X$ 可交换.

事实上，由性质 7°

$$\mathscr{P}_{X^{\perp}}=\mathscr{E}-\mathscr{P}_X$$

代入式(3.2.6)中的 $\mathscr{P}_X$ 以运算 $\mathscr{P}_{X^{\perp}}$，我们得出

$$(\mathscr{E}-\mathscr{P}_X)\mathscr{A}(\mathscr{E}-\mathscr{P}_X)=(\mathscr{E}-\mathscr{P}_X)\mathscr{A} \tag{3.2.7}$$

故在展开括号后应用关系(3.2.6)，有

$$\mathscr{P}_X\mathscr{A}=\mathscr{A}\mathscr{P}_X \tag{3.2.8}$$

反之,由式(3.2.8)直接可推出式(3.2.6),因之推出式(3.2.7),这就证明了 X 完全演出 $\mathscr{A}$.

3.3 普遍变换的分解

正交变换,对称变换与反对称变换有很明显的几何构造,故在欧几里得空间中研究普遍的线性变换自然引起这样的问题,是否有某些确定的方法可以把这些变换经一些指定的有特殊形式的变换来表出,这样的方法有很重要的意义,我们将在这一目中来讨论它们.

分解为对称与反对称部分的分解式 设 R 为一般的欧氏空间,$\mathscr{A}$ 为其某一线性变换,引入记号

$$\mathscr{K}=\frac{1}{2}(\mathscr{A}+\mathscr{A}^*),\mathscr{S}=\frac{1}{2}(\mathscr{A}-\mathscr{A}^*) \tag{3.3.1}$$

则有

$$\mathscr{A}=\mathscr{K}+\mathscr{S} \tag{3.10.2}$$

因

$$\mathscr{K}^*=\frac{1}{2}(\mathscr{A}+\mathscr{A}^*)=\mathscr{K},\mathscr{S}^*=\frac{1}{2}(\mathscr{A}-\mathscr{A}^*)=\mathscr{S}$$

故在分解式(3.3.2)中,$\mathscr{K}$ 是对称的,$\mathscr{S}$ 是反对称的,分解式(3.3.2)是唯一的,因为由此可得

$$\mathscr{A}^*=\mathscr{K}-\mathscr{S}$$

故对 $\mathscr{K}$ 与 $\mathscr{S}$ 仍得表示式(3.3.1).

故得结论:每一线性变换可表为对称变换与反对称变换之和,并且表示法是唯一的.

分解式(3.3.2)中,变换 $\mathscr{K}$ 称为变换 $\mathscr{A}$ 的对称部分,而 $\mathscr{S}$ 称为它的反对称部分.

从矩阵的角度看,分解式(3.3.2)的意义是,每一方阵 $\boldsymbol{A}$ 均可表示 $\boldsymbol{K}+\boldsymbol{S}$ 的形式,其中 $\boldsymbol{K}$ 是对称的,$\boldsymbol{S}$ 是反对称矩阵.

极分解式 从几何意义来说,较有趣味的是表线性变换为正交变换与对称变换的乘积,这样的表示法的可能性是基于下面的引理.

引理 如果欧氏空间 R 的线性变换 $\mathscr{A},\mathscr{B}$ 对于向量的长的变动是完全相同的,亦即对于任一 $\boldsymbol{x}$ 均有

$$(\mathscr{A}\boldsymbol{x},\mathscr{A}\boldsymbol{x})=(\mathscr{B}\boldsymbol{x},\mathscr{B}\boldsymbol{x}) \tag{3.3.3}$$

则可在空间 R 中求得一正交变换 $\mathscr{T}$,使 $\mathscr{A}\mathscr{T}=\mathscr{B}$.

证明　讨论 $\mathscr{A}$ 的值域，即所有形为 $\mathscr{A}\boldsymbol{x}$ 的向量集合，其中 $\boldsymbol{x}$ 遍历 R 中的向量，设此值域为 X. 同样地，以 Y 表示变换 $\mathscr{B}$ 的值域，由第 8 章 §2,2.1 目知 X，Y 均为线性子空间.

我们首先来建立 X 与 Y 间的同构对应. 设 $\boldsymbol{a}$ 为 X 的某一向量，我们在 R 中找出这样的向量 $\boldsymbol{x}$ 使 $\mathscr{A}\boldsymbol{x}=\boldsymbol{a}$，且设 $\mathscr{B}\boldsymbol{x}=\boldsymbol{b}$，约定称向量 $\boldsymbol{b}$ 为 $\boldsymbol{a}$ 的像且记之为 $\mathscr{V}\boldsymbol{a}$，现在来证明 $\boldsymbol{b}$ 是经 $\boldsymbol{a}$ 唯一确定的. 事实上，因为非唯一性可以引出，由条件 $\mathscr{A}\boldsymbol{x}=\boldsymbol{a}$ 所决定的向量 $\boldsymbol{x}$ 的非唯一性，但如 $\boldsymbol{x}_1$ 为任意的另一个向量，适合条件 $\mathscr{A}\boldsymbol{x}_1=\boldsymbol{a}$，则

$$\mathscr{A}(\boldsymbol{x}-\boldsymbol{x}_1)=\boldsymbol{0}$$

由式(3.3.3)即得

$$(\mathscr{B}(\boldsymbol{x}-\boldsymbol{x}_1),\mathscr{B}(\boldsymbol{x}-\boldsymbol{x}_1))=(\mathscr{A}(\boldsymbol{x}-\boldsymbol{x}_1),\mathscr{A}(\boldsymbol{x}-\boldsymbol{x}_1))=0$$

亦即 $\mathscr{B}(\boldsymbol{x}-\boldsymbol{x}_1)=\boldsymbol{0}$，或 $\mathscr{B}\boldsymbol{x}_1=\mathscr{B}\boldsymbol{x}$，这就是所要证明的. 这样，我们已经证明 $\mathscr{V}$ 为 X 在 Y 中单值映射；但易知 $\mathscr{V}$ 为 X 对 Y 中相互单值映射. 其实，如 $\boldsymbol{b}$ 为 Y 中的向量，则在 R 中可求得一向量 $\boldsymbol{x}$，使 $\mathscr{B}\boldsymbol{x}=\boldsymbol{b}$，此时，设 $\mathscr{A}\boldsymbol{x}=\boldsymbol{a}$，即得 $\mathscr{V}\boldsymbol{a}=\boldsymbol{b}$，这就是所要证明的.

从对应 $\mathscr{V}$ 的定义，可推知对于 R 中任一向量 $\boldsymbol{x}$，均有等式

$$\mathscr{V}\mathscr{A}\boldsymbol{x}=\mathscr{B}\boldsymbol{x}\tag{3.3.4}$$

应用这一等式，可以证明，$\mathscr{V}$ 为 X 对 Y 中同构映射. 为此设 $\boldsymbol{a}_1,\boldsymbol{a}_2$ 为 X 的向量，在 R 中找出这样的 $\boldsymbol{x}_1,\boldsymbol{x}_2$，使 $\mathscr{A}\boldsymbol{x}_1=\boldsymbol{a}_1$，则

$$\begin{aligned}\mathscr{V}(\alpha\boldsymbol{a}_1+\beta\boldsymbol{a}_2)&=\mathscr{V}(\mathscr{A}\alpha\boldsymbol{x}_1+\mathscr{A}\beta\boldsymbol{x}_2)=\mathscr{V}\mathscr{A}(\alpha\boldsymbol{x}_1+\beta\boldsymbol{x}_2)\\&=\mathscr{B}(\alpha\boldsymbol{x}_1+\beta\boldsymbol{x}_2)=\alpha\mathscr{B}\boldsymbol{x}_1+\beta\mathscr{B}\boldsymbol{x}_2\\&=\alpha(\mathscr{V}\mathscr{A}\boldsymbol{x}_1)+\beta(\mathscr{V}\mathscr{A}\boldsymbol{x}_2)=\alpha\mathscr{V}\boldsymbol{a}_1+\beta\mathscr{V}\boldsymbol{a}_2\end{aligned}\tag{3.3.5}$$

亦即映射 $\mathscr{V}$ 是对于加法运算与数对向量的乘法都能保持. 再者

$$(\mathscr{V}\boldsymbol{a}_1,\mathscr{V}\boldsymbol{a}_2)=(\mathscr{V}\mathscr{A}\boldsymbol{x}_1,\mathscr{V}\mathscr{A}\boldsymbol{x}_2)=(\mathscr{B}\boldsymbol{x}_1,\mathscr{B}\boldsymbol{x}_2)=(\mathscr{A}\boldsymbol{x}_1,\mathscr{A}\boldsymbol{x}_2)=(\boldsymbol{a}_1,\boldsymbol{a}_2)\tag{3.3.6}$$

这样映射 $\mathscr{V}$ 是保持向量之长的，故 $\mathscr{V}$ 是同构关系.

由定义，映射 $\mathscr{V}$ 是仅对 X 中的向量来说的. 我们现在来扩展这一定义到空间 R 中所有其余的向量，为了这一目的，我们来讨论正交子空间 $X^{\perp}$ 与 $Y^{\perp}$. 由本章 §1,1.6 目，知对 R 有直和分解式

$$R=X\oplus X^{\perp},R=Y\oplus Y^{\perp}$$

子空间 X 与 Y 同构，故有同一维数，但此时正交补空间 $X^{\perp}$，$Y^{\perp}$ 亦有同一维数，有同一维数的欧氏空间是同构的，故在 $X^{\perp}$ 对 $Y^{\perp}$ 间必有相互单值映射存在，对于加法运算，数与向量的乘法都能保持，且不变向量之长. 记这一映射为 $\mathscr{W}$，故

如 $\boldsymbol{a}', \boldsymbol{a}''$ 为 $X^{\perp}$ 中向量,则 $\mathscr{W}\boldsymbol{a}', \mathscr{W}\boldsymbol{a}''$ 均在 $X^{\perp}$ 中,且

$$\mathscr{W}(\alpha\boldsymbol{a}' + \beta\boldsymbol{a}'') = \alpha\mathscr{W}(\boldsymbol{a}') + \beta\mathscr{W}(\boldsymbol{a}'') = \mathscr{W}(\alpha\,\boldsymbol{a}' + \beta\boldsymbol{a}'') \tag{3.3.7}$$

$$(\mathscr{W}\boldsymbol{a}', \mathscr{W}\boldsymbol{a}'') = (\boldsymbol{a}', \boldsymbol{a}'') \tag{3.3.8}$$

现在给出空间 R 的变换 $\mathscr{T}$ 以如下定义:设 $\boldsymbol{x}$ 为 R 中任一向量,因 $R = X \oplus X^{\perp}$,故 $\boldsymbol{x}$ 可唯一地表示为

$$\boldsymbol{x} = \boldsymbol{x}' + \boldsymbol{x}'' \quad (\boldsymbol{x}' \in X, \boldsymbol{x}'' \in X^{\perp}) \tag{3.3.9}$$

我们给出如下定义

$$\mathscr{T}\boldsymbol{x} = \mathscr{V}\boldsymbol{x}' + \mathscr{W}\boldsymbol{x}''$$

变换 $\mathscr{T}$ 是线性的,因如

$$\boldsymbol{y} = \boldsymbol{y}' + \boldsymbol{y}'' \quad (\boldsymbol{y}' \in X, \boldsymbol{y}'' \in X^{\perp})$$

则由式(3.3.5),(3.3.7),(3.3.9)可得

$$\mathscr{T}(\alpha\boldsymbol{x} + \beta\boldsymbol{y}) = \mathscr{V}(\alpha\boldsymbol{x}' + \beta\boldsymbol{y}') + \mathscr{W}(\alpha\boldsymbol{x}'' + \beta\boldsymbol{y}'') = \alpha\mathscr{T}(\boldsymbol{x}) + \beta\mathscr{T}(\boldsymbol{y})$$

变换 $\mathscr{T}$ 是正交的,而由式(3.3.6),(3.3.8),(3.3.9),有

$$\begin{aligned}(\mathscr{T}\boldsymbol{x}, \mathscr{T}\boldsymbol{x}) &= (\mathscr{V}\boldsymbol{x}' + \mathscr{W}\boldsymbol{x}'', \mathscr{V}\boldsymbol{x}' + \mathscr{W}\boldsymbol{x}'') = (\mathscr{V}\boldsymbol{x}', \mathscr{V}\boldsymbol{x}') + (\mathscr{W}\boldsymbol{x}'', \mathscr{W}\boldsymbol{x}'') \\ &= (\boldsymbol{x}', \boldsymbol{x}') + (\boldsymbol{x}'', \boldsymbol{x}'') = (\boldsymbol{x}, \boldsymbol{x})\end{aligned}$$

对于 R 中所有 $\boldsymbol{x}$ 均有关系式

$$\mathscr{T}\mathscr{A}\boldsymbol{x} = \mathscr{B}\boldsymbol{x}$$

其实,$\mathscr{A}\boldsymbol{x}$ 在 X 中,故在分解式(3.3.9)中,向量 $\boldsymbol{x}'' = \boldsymbol{0}$,因此

$$\mathscr{T}\mathscr{A}\boldsymbol{x} = \mathscr{V}\mathscr{A}\boldsymbol{x}$$

由式(3.3.4)就可得出

$$\mathscr{A}\boldsymbol{x} = \mathscr{B}\boldsymbol{x}$$

故

$$\mathscr{A}\mathscr{T} = \mathscr{B}$$

引理已证明.

定理 3.3.1 欧氏空间 R 的每一线性变换 $\mathscr{A}$ 均有极分解式

$$\mathscr{A} = \mathscr{D}\mathscr{T} \tag{3.3.10}$$

其中 $\mathscr{D}$ 是非负对称的,而 $\mathscr{T}$ 为空间 R 的正交变换,变换 $\mathscr{D}$ 是唯一确定的;如 $\mathscr{A}$ 是满秩的,则 $\mathscr{T}$ 亦是唯一确定的.

由 3.1 目知变换 $\mathscr{A}\mathscr{A}^*$ 是对称的而且是非负的,以 $\mathscr{D}$ 记 $\mathscr{A}\mathscr{A}^*$ 的非负对称二次根,这样

$$\mathscr{D}^2 = \mathscr{A}\mathscr{A}^*$$

对于任一向量 $\boldsymbol{x}$ 均有

$$(\mathscr{A}\boldsymbol{x}, \mathscr{A}\boldsymbol{x}) = (\boldsymbol{x}, \mathscr{A}^*\mathscr{A}\boldsymbol{x}) = (\boldsymbol{x}, \mathscr{D}^2\boldsymbol{x}) = (\mathscr{D}\boldsymbol{x}, \mathscr{D}\boldsymbol{x})$$

这样变换 $\mathscr{A}$ 与 $\mathscr{D}$ 对于向量之长的变动是一致的. 但由引理,我们知道可以求得这样的正交变换 $\mathscr{T}$,使

$$\mathscr{D}\mathscr{T}=\mathscr{A}$$

这就证明了极分解的可能性. 我们还需要讨论它的唯一性,由式(3.3.10) 可得

$$\mathscr{A}^*=\mathscr{T}^*\mathscr{D}=\mathscr{T}^{-1}\mathscr{D},\mathscr{A}\mathscr{A}^*=\mathscr{D}\mathscr{T}\mathscr{T}^{-1}\mathscr{D}=\mathscr{D}^2$$

故变换 $\mathscr{D}$ 是非负的,对称的,而且它的平方等于变换 $\mathscr{A}\mathscr{A}^*$. 由 3.1 目的定理 3.1.1,这些条件唯一地决定变换 $\mathscr{D}$,如 $\mathscr{A}$ 还是满秩的,则 $\mathscr{D}$ 亦是满秩的,则由式(3.3.10) 得出 $\mathscr{T}=\mathscr{D}^{-1}\mathscr{A}$,这样 $\mathscr{T}$ 亦是唯一确定的.

定理 3.3.1 的几何意义非常简单,它证明了空间 R 中每一线性变换的作用恒可化为下面的情形:首先施行在 n 个相互正交方向的伸缩,在每一方向都有个别的实非负系数伸缩系数,而继以绕坐标原点的旋转及必要时对某超平面的反射. 如果变换是满秩的,那么所有伸缩系数都是正的,对于降秩变换的情形,某些系数为零,且对于这些方向的伸缩,将代之空间的正交投影.

我们还需要注意,在证明有极分解式存在时,我们是从乘积 $\mathscr{A}\mathscr{A}^*$ 出发的,如果代之以 $\mathscr{A}^*\mathscr{A}$,那么在结论中将得分解式

$$\mathscr{A}=\mathscr{T}\mathscr{D}_1$$

其中 $\mathscr{T}$ 是正交变换,$\mathscr{D}_1$ 为非负的对称变换.

在空间 R 中取任一标准正交基底,则正交变换对应于正交矩阵,对称变换对应于对称矩阵,故定理 3.3.1 可改述为下面的说法:每一方阵均可表示为正交矩阵与对称矩阵的乘积.

在定理 3.3.1 中,断定 $\mathscr{D}_1$ 为一非负对称变换,对应的在上述论断中,可在正交与对称的前面加上“有非负特征值”一语.

§4　酉空间中的线性变换

4.1　共轭变换

同欧氏空间一样,在酉空间 U 中,对于每一个线性变换 $\mathscr{A}$,均存在唯一的线性变换 $\mathscr{A}^*$,使得对于 U 中任意两个向量 $\boldsymbol{x},\boldsymbol{y}$ 以下等式都能成立

$$(\mathscr{A}\boldsymbol{x},\boldsymbol{y})=(\boldsymbol{x},\mathscr{A}^*\boldsymbol{y})\tag{4.1.1}$$

变换 $\mathscr{A}^*$ 称为原变换 $\mathscr{A}$ 的共轭变换.

同本章 §2 定理 2.1.1 的证明一样,在 U 的标准正交基底 $\{\boldsymbol{e}_1,\boldsymbol{e}_2,\cdots,\boldsymbol{e}_n\}$

下，$\mathscr{A}$ 的共轭变换 $\mathscr{A}^*$ 可写为

$$\mathscr{A}^* \boldsymbol{y} = \sum_{i=1}^{n} (\boldsymbol{y}, \mathscr{A}\boldsymbol{e}_i) \boldsymbol{e}_i$$

设 $\boldsymbol{A} = (a_{ik})_{n\times n}$ 为在标准正交基底 $\{\boldsymbol{e}_1, \boldsymbol{e}_2, \cdots, \boldsymbol{e}_n\}$ 下对应于变换 $\mathscr{A}$ 的矩阵. 应用定理 1.3.1 中第一个结论于向量 $\mathscr{A}\boldsymbol{e}_k = \sum_{i=1}^{n} a_{ik}\boldsymbol{e}_i$，我们得出

$$a_{ik} = (\mathscr{A}\boldsymbol{e}_k, \boldsymbol{e}_i) \quad (i, k = 1, 2, \cdots, n) \tag{4.1.2}$$

现在设共轭变换 $\mathscr{A}^*$ 在同一基底下的矩阵为 $\boldsymbol{B} = (a_{ik}^*)_{n\times n}$，那么由公式(4.1.2)，得

$$a_{ik}^* = (\mathscr{A}^* \boldsymbol{e}_k, \boldsymbol{e}_i) \quad (i, k = 1, 2, \cdots, n) \tag{4.1.3}$$

从式(4.1.2)与(4.1.3)并结合式(4.1.1)，得出

$$a_{ik}^* = \overline{a_{ki}} \quad (i, k = 1, 2, \cdots, n)$$

亦即

$$\boldsymbol{B} = \overline{\boldsymbol{A}}^{\mathrm{T}} = \boldsymbol{A}^{\mathrm{H}}$$

矩阵 $\boldsymbol{A}^{\mathrm{H}}$ 是 $\boldsymbol{A}$ 的复共轭转置矩阵，这样一来，在标准正交基底中，共轭变换对应于共轭转置矩阵.

从共轭变换的定义推得以下诸性质：

1° $(\mathscr{A}^*)^* = \mathscr{A}$.

2° $(\mathscr{A} + \mathscr{B})^* = \mathscr{A}^* + \mathscr{B}^*$.

3° $(\alpha\mathscr{A})^* = \overline{\alpha}\mathscr{A}^*$（$\alpha$ 是一个复数）.

4° $(\mathscr{A}\mathscr{B})^* = \mathscr{B}^*\mathscr{A}^*$.

5° 变换 $\mathscr{A}$ 的不变子空间的正交补是其共轭变换 $\mathscr{A}^*$ 的不变子空间.

引进以下定义：

两组向量 $\boldsymbol{x}_1, \boldsymbol{x}_2, \cdots, \boldsymbol{x}_m$ 与 $\boldsymbol{y}_1, \boldsymbol{y}_2, \cdots, \boldsymbol{y}_m$ 称为双标准正交的，如果

$$(\boldsymbol{x}_i, \boldsymbol{y}_k) = \delta_{ik} \quad (i, k = 1, 2, \cdots, m)$$

这里 δ_{ik} 是克罗内克符号.

现在我们来证明以下命题：

6° 如果 $\mathscr{A}$ 是一个单构变换，那么共轭变换 $\mathscr{A}^*$ 亦是单构的；而且可以这样来选取变换 $\mathscr{A}$ 与 $\mathscr{A}^*$ 的完全特征向量组[①] $\boldsymbol{x}_1, \boldsymbol{x}_2, \cdots, \boldsymbol{x}_n$ 与 $\boldsymbol{y}_1, \boldsymbol{y}_2, \cdots, \boldsymbol{y}_n$ 使得它们是双标准正交的

$$\mathscr{A}\boldsymbol{x}_i = \lambda_i \boldsymbol{x}_i, \mathscr{A}^* \boldsymbol{y}_i = \mu_i \boldsymbol{y}_i, (\boldsymbol{x}_i, \boldsymbol{y}_k) = \delta_{ik} \quad (i, k = 1, 2, \cdots, n)$$

① 所谓完全特征向量组，在此处以及之后，都是指 n 个向量的标准正交组，其中 n 为空间的维数.

事实上，设 $\boldsymbol{x}_1,\boldsymbol{x}_2,\cdots,\boldsymbol{x}_n$ 为变换 $\mathscr{A}$ 的完全特征向量组. 引入记号

$$S_k=L(\boldsymbol{x}_1,\boldsymbol{x}_2,\cdots,\boldsymbol{x}_{k-1},\boldsymbol{x}_{k+1},\cdots,\boldsymbol{x}_n)\quad(k=1,2,\cdots,n)$$

讨论 $n-1$ 维子空间 S_k 的一维正交补空间 $T_k=L(\boldsymbol{y}_k)(k=1,2,\cdots,n)$. 此时 T_k 对 $\mathscr{A}^*$ 不变

$$\mathscr{A}^*\boldsymbol{y}_k=\mu_k\boldsymbol{y}_k,\ \boldsymbol{y}_k\neq\boldsymbol{0}\quad(k=1,2,\cdots,n)$$

由 $S_k\perp\boldsymbol{y}_k$ 得出 $(\boldsymbol{x}_k,\boldsymbol{y}_k)\neq 0$，因为，否则向量 $\boldsymbol{y}_k$ 必须等于零，乘 $\boldsymbol{x}_k,\boldsymbol{y}_k(i,k=1,2,\cdots,n)$ 以适当的数值因子，我们得出

$$(\boldsymbol{x}_i,\boldsymbol{y}_k)=\delta_{ik}\quad(i,k=1,2,\cdots,n)$$

由向量组 $\boldsymbol{x}_1,\boldsymbol{x}_2,\cdots,\boldsymbol{x}_n$ 与 $\boldsymbol{y}_1,\boldsymbol{y}_2,\cdots,\boldsymbol{y}_n$ 的双标准正交性，知道每一组向量都是线性无关的.

还要注意这样的命题：

7° 如果变换 $\mathscr{A}$ 与 $\mathscr{A}^*$ 有共同的特征向量，那么对应于共同特征向量的这些变换的特征值是复共轭的.

事实上，设 $\mathscr{A}\boldsymbol{x}=\lambda\boldsymbol{x}$，$\mathscr{A}^*\boldsymbol{x}=\mu\boldsymbol{x}(\boldsymbol{x}\neq\boldsymbol{0})$，那么在式(4.1.1)中取 $\boldsymbol{y}=\boldsymbol{x}$ 有 $\lambda(\boldsymbol{x},\boldsymbol{x})=\overline{\mu}(\boldsymbol{x},\boldsymbol{x})$，故得 $\lambda=\overline{\mu}$.

8° n 维酉空间中的任一线性变换都存在一个 $n-1$ 维不变子空间.

证明 设 $\boldsymbol{y}$ 是变换 $\mathscr{A}^*$ 的特征向量，并设 $S^{(n-1)}$ 是一维子空间 $T=L(\boldsymbol{y})$ 的正交补. 因为 $\mathscr{A}=(\mathscr{A})^*$，所以由命题 5° 知，子空间 $S^{(n-1)}$ 关于 $\mathscr{A}$ 不变.

接下去讨论子空间 $S^{(n-1)}$ 中的变换 $\mathscr{A}$，根据刚才所证明的命题，可以指出变换 $\mathscr{A}$ 属于 $S^{(n-1)}$ 的 $(n-2)$ 维不变子空间 $S^{(n-2)}$. 重复这样的推理，我们做出了变换 $\mathscr{A}$ 的 n 个依次嵌入不变子空间组成的链(上标表示维数)

$$S^{(1)}\subset S^{(2)}\subset\cdots\subset S^{(n-1)}\subset S^{(n)}\subset U$$

现在设 $\boldsymbol{e}_1$ 是属于 $S^{(1)}$ 的单位向量；在 $S^{(2)}$ 中选取这样的单位向量 $\boldsymbol{e}_2$，使 $(\boldsymbol{e}_1,\boldsymbol{e}_2)=0$；在 $S^{(3)}$ 中求出这样的单位向量 $\boldsymbol{e}_3$，使 $(\boldsymbol{e}_1,\boldsymbol{e}_3)=0$ 与 $(\boldsymbol{e}_2,\boldsymbol{e}_3)=0$，继续这个过程，我们建立了一个正交向量基底

$$\boldsymbol{e}_1,\boldsymbol{e}_2,\cdots,\boldsymbol{e}_n$$

它具有以下性质

$$S^{(k)}=L(\boldsymbol{e}_1,\boldsymbol{e}_2,\cdots,\boldsymbol{e}_k)\quad(k=1,2,\cdots,n)$$

关于变换 $\mathscr{A}$ 是不变的.

现在令 $\mathbf{A}=(\boldsymbol{a}_{ij})_{n\times n}$ 是变换 $\mathscr{A}$ 在所作基底下的矩阵. 我们有

$$\mathscr{A}\boldsymbol{e}_i=\sum_{i=1}^{n}a_{ij}\boldsymbol{e}_i$$

其中 $a_{ij}=(\mathscr{A}\boldsymbol{e}_j,\boldsymbol{e}_i)$. 因为 $\mathscr{A}\boldsymbol{e}_j$ 属于 $S^{(j)}$，所以当 $i>j$ 时，$a_{ij}=(\mathscr{A}\boldsymbol{e}_j,\boldsymbol{e}_i)$，因此变

换 $\mathscr{A}$ 的矩阵是上三角矩阵. 我们得到以下定理:

定理 4.1.1 对于 n 维酉空间中的任一线性变换,可以做出一个标准正交基底,使这个变换的矩阵是上三角矩阵.

这个命题习惯上称为舒尔定理. 自然,把化简变换矩阵的一般定理应用到约当型,容易用约当基底连续正交化来证明舒尔定理. 所做的证明在本质上只是利用了线性变换的存在,此变换作用到 n 维酉空间中的特征向量上.

4.2 酉空间中的线性函数

在本章 §2(2.2 目)中,我们已经在任一线性空间 L 中引入了线性函数的概念. 现在如果空间 L 为酉空间,那么可以建立与欧氏空间 R 中类似的命题.

定理 4.2.1(Riesz 表示定理) 在酉空间中,当向量 $\boldsymbol{a}$ 取定后,内积 $(\boldsymbol{x},\boldsymbol{a})$ 为 $\boldsymbol{x}$ 的线性函数,这样对于 U 中的每一向量 $\boldsymbol{a}$ 建立了一个确定于 U 上的线性函数,由不同的向量得出不同的线性函数,且所有 U 的线性函数都可以用这样的方法来得到.

证明 第一个论断是明显的,因为由 $f(\boldsymbol{x})=(\boldsymbol{x},\boldsymbol{a})$ 可得

$$f(\alpha\boldsymbol{x}+\beta\boldsymbol{y})=(\alpha\boldsymbol{x}+\beta\boldsymbol{y},\boldsymbol{a})=\alpha(\boldsymbol{x},\boldsymbol{a})+\beta(\boldsymbol{y},\boldsymbol{a})=\alpha f(\boldsymbol{x})+\beta f(\boldsymbol{y})$$

现在来证明第二个论断. 假如不同的向量 $\boldsymbol{a}$ 与 $\boldsymbol{b}$ 对应于同一个线性函数,则其意义为对于 U 中任一 $\boldsymbol{x}$ 都有等式

$$(\boldsymbol{x},\boldsymbol{a})=(\boldsymbol{x},\boldsymbol{b})$$

移项于一边,我们得到

$$(\boldsymbol{x},\boldsymbol{a}-\boldsymbol{b})=0$$

故当取 $\boldsymbol{x}=\boldsymbol{a}-\boldsymbol{b}$ 时,得出

$$(\boldsymbol{a}-\boldsymbol{b},\boldsymbol{a}-\boldsymbol{b})=0$$

但零向量是唯一的,可使其自己对自己的内积等于零,故 $\boldsymbol{a}-\boldsymbol{b}=\boldsymbol{0}$ 或 $\boldsymbol{a}=\boldsymbol{b}$. 现在剩下的是还要证明第三个结论,即每一确定于 U 上的线性函数 $f(\boldsymbol{x})$ 都可以表为下面的形状

$$f(\boldsymbol{x})=(\boldsymbol{x},\boldsymbol{a}) \tag{4.2.1}$$

其中 $\boldsymbol{a}$ 与 f 有关而 $\boldsymbol{x}$ 为 U 中任一向量. 记所有使 $f(\boldsymbol{x})=0$ 的向量 $\boldsymbol{x}$ 的集合为 $\operatorname{Ker} f(\boldsymbol{x})$,因为 $f(\boldsymbol{0})=0$,故 $\boldsymbol{0}$ 含于 $\operatorname{Ker} f(\boldsymbol{x})$ 中. 再者,如向量 $\boldsymbol{a}$ 与 $\boldsymbol{b}$ 含于 $\operatorname{Ker} f(\boldsymbol{x})$ 中,则

$$f(\alpha\boldsymbol{a}+\beta\boldsymbol{b})=\alpha f(\boldsymbol{a})+\beta f(\boldsymbol{b})=0$$

即 $\alpha\boldsymbol{a}+\beta\boldsymbol{b}$ 亦含于 $\operatorname{Ker} f(\boldsymbol{x})$ 中,故 $\operatorname{Ker} f(\boldsymbol{x})$ 为空间 U 的线性子空间. 如 $\operatorname{Ker} f(\boldsymbol{x})=U$,则对于所有 $\boldsymbol{x}$ 均有 $f(\boldsymbol{x})=0$,此时仅须取 $\boldsymbol{a}=\boldsymbol{0}$,式(4.2.1)即能

适合，故可假设 Ker $f(\boldsymbol{x})\neq U$. 在 U 中，取任一与 Ker $f(\boldsymbol{x})$ 正交的非零向量 $\boldsymbol{b}$，且求出数 α 使向量 $\boldsymbol{a}=\alpha\boldsymbol{b}$ 适合关系式(4.2.1). 设 $f(\boldsymbol{b})=\beta, f(\boldsymbol{x})=\gamma$，其中 $\boldsymbol{x}$ 为 U 中任一向量，有

$$f(\boldsymbol{x}-\frac{\gamma}{\beta}\boldsymbol{b})=f(\boldsymbol{x})-\frac{\gamma}{\beta}f(\boldsymbol{b})=0$$

以 $\boldsymbol{c}$ 来记 $\boldsymbol{x}-\frac{\gamma}{\beta}\boldsymbol{b}$，我们看到 $\boldsymbol{c}$ 在 Ker $f(\boldsymbol{x})$ 中，而

$$\boldsymbol{x}=\boldsymbol{c}+\frac{\gamma}{\beta}\boldsymbol{b}$$

故

$$(\boldsymbol{x},\boldsymbol{a})=(\frac{\gamma}{\beta}\boldsymbol{b}+\boldsymbol{c},\alpha\boldsymbol{b})=\frac{\overline{\alpha}\gamma}{\beta}(\boldsymbol{b},\boldsymbol{b})+\overline{\alpha}(\boldsymbol{c},\boldsymbol{b})$$

因向量 $\boldsymbol{b}$ 与 Ker $f(\boldsymbol{x})$ 正交，故

$$(\boldsymbol{c},\boldsymbol{b})=0$$

因之

$$(\boldsymbol{x},\boldsymbol{a})=\frac{\overline{\alpha}\gamma}{\beta}(\boldsymbol{b},\boldsymbol{b})$$

这个等式表明，如取 $\alpha=\frac{\overline{\beta}}{(\boldsymbol{b},\boldsymbol{b})}$，则对任一 $\boldsymbol{x}$ 均有 $(\boldsymbol{x},\boldsymbol{a})=\gamma=f(\boldsymbol{x})$，这就是我们所要证明的结果.

定理 4.2.1，使酉空间 U 中的向量与确定于 U 上的线性函数之间建立了一个一一对应，现在线性函数构成对偶空间 $\overline{U}$，故所说的对应是线性空间 U 与其对偶空间 $\overline{U}$ 的一个一一对应. 但是与欧氏空间不同，U 与 $\overline{U}$ 间的对应 $\boldsymbol{a}\rightarrow(\boldsymbol{x},\boldsymbol{a})$ 不是它们之间的一个同构. 事实上，U 中的向量与 $\lambda\boldsymbol{a}$ 对应于 $\overline{U}$ 中的线性函数 $(\boldsymbol{x},\boldsymbol{a})$ 与 $(\boldsymbol{x},\lambda\boldsymbol{a})$，但是 $(\boldsymbol{x},\lambda\boldsymbol{a})$ 等于 $\overline{\lambda}(\boldsymbol{x},\boldsymbol{a})$ 而不等于 $\lambda(\boldsymbol{x},\boldsymbol{a})$，如果这一对应是同构的话，那么必须等于 $\lambda(\boldsymbol{x},\boldsymbol{a})$. 换句话说，对应我们的对应关系，数与 U 中向量之积对应于这一数的共轭与这一向量在 $\overline{U}$ 中的对应向量之积. U 中向量之和 $\boldsymbol{a}+\boldsymbol{b}$ 对应于函数 $(\boldsymbol{x},\boldsymbol{a}+\boldsymbol{b})$，因 $(\boldsymbol{x},\boldsymbol{a}+\boldsymbol{b})=(\boldsymbol{x},\boldsymbol{a})+(\boldsymbol{x},\boldsymbol{b})$，故 U 中向量之和对应于其在 $\overline{U}$ 中的对应元素之和. 适合上面两个性质的对应关系称为反同构的，所以我们知道，定理 4.2.1 所建立的 U 与 $\overline{U}$ 之间的对应关系是一种反同构.

因此，与欧几里得空间不同，不能把酉空间和它的对偶空间等同起来，需要把按下面定义的半线性函数与线性函数统一加以研究.

定义 4.2.1　设 f 是复线性空间 L 上的一个通常的线性函数，称满足条件

$$\overline{f}(\boldsymbol{x}+\boldsymbol{y})=\overline{f}(\boldsymbol{x})+\overline{f}(\boldsymbol{y}),\overline{f}(\lambda\boldsymbol{y})=\lambda\overline{f}(\boldsymbol{x})\quad(\lambda\in\mathbf{C})$$

的函数 $\overline{f}:U\to\mathbf{C}$ 是与 f 共轭的线性函数(半线性函数).

如果 U 是一个酉空间,那么 f 可以写成 $f(\boldsymbol{x})=(\boldsymbol{x},\boldsymbol{a})$ 的形式,但 f 与 $\boldsymbol{a}$ 的对应并非是线性的. 现在,如果 $\overline{f}$ 是一个半线性函数,那么,在 U 中选择某个标准正交基底 $\{\boldsymbol{e}_i\}$ 且令 $\boldsymbol{a}=\sum_{j=1}^{n}\overline{f}(\boldsymbol{e}_i)\boldsymbol{e}_i$,我们就有对任意 $\boldsymbol{x}=\sum_{j=1}^{n}x_j\boldsymbol{e}_j$ 的关系式

$$(\boldsymbol{a},\boldsymbol{x})=\sum_{j=1}^{n}(\boldsymbol{e}_i,\sum_{j=1}^{n}x_j\boldsymbol{e}_j)=\sum_{j=1}^{n}\overline{f}(\boldsymbol{e}_i)\overline{x}_i=\overline{f}(\boldsymbol{x})$$

显然由内积的非负性可导出向量 $\boldsymbol{a}$ 的唯一性. 由于内积的埃尔米特性,允许记

$$\overline{f}(\boldsymbol{x})=\overline{(\boldsymbol{a},\boldsymbol{x})}=\overline{f(\boldsymbol{x})}$$

4.3 酉空间中的正规变换

酉空间中和它自身的共轭变换可交换的线性变换有一系列显著的性质.

定义 4.3.1 酉空间中线性变换 $\mathscr{A}$ 称为正规的,如果它与它的共轭变换可交换

$$\mathscr{A}\mathscr{A}^*=\mathscr{A}^*\mathscr{A}$$

现在建立:

1° 如果 $\boldsymbol{a}$ 为属于正规变换 $\mathscr{A}$ 的特征值 λ 的特征向量,那么 $\boldsymbol{a}$ 同时是属于其共轭变换 $\mathscr{A}^*$ 的特征值 $\overline{\lambda}$ 的特征向量;也就是说,如果 $\mathscr{A}$ 是正规变换,那么变换 $\mathscr{A}$ 与 $\mathscr{A}^*$ 有相同的特征向量.

证明 一方面,因为 $\mathscr{A}\boldsymbol{a}=\lambda\boldsymbol{a}$,所以

$$(\mathscr{A}-\lambda\mathscr{E})\boldsymbol{a}=\mathbf{0}$$

这里 $\mathscr{E}$ 表示恒等变换. 另一方面

$$(\mathscr{A}-\lambda\mathscr{A})^*=(\mathscr{A}^*-\overline{\lambda}\mathscr{E})$$

而

$$\begin{aligned}(\mathscr{A}-\lambda\mathscr{E})(\mathscr{A}-\lambda\mathscr{A})^*&=(\mathscr{A}-\lambda\mathscr{E})(\mathscr{A}^*-\lambda\mathscr{E})\\&=(\mathscr{A}^*-\overline{\lambda}\mathscr{E})(\mathscr{A}-\lambda\mathscr{E})\\&=(\mathscr{A}-\lambda\mathscr{A})^*(\mathscr{A}-\lambda\mathscr{E})\end{aligned}$$

也就是说 $(\mathscr{A}-\lambda\mathscr{E})$ 也是正规变换.

于是

$$\begin{aligned}((\mathscr{A}-\lambda\mathscr{E})\boldsymbol{a},(\mathscr{A}-\lambda\mathscr{E})\boldsymbol{a})&=((\mathscr{A}-\lambda\mathscr{A})^*[(\mathscr{A}-\lambda\mathscr{E})\boldsymbol{a}],\boldsymbol{a})\\&=((\mathscr{A}^*-\overline{\lambda}\mathscr{E})(\mathscr{A}-\lambda\mathscr{E})\boldsymbol{a},\boldsymbol{a})\\&=((\mathscr{A}-\lambda\mathscr{E})(\mathscr{A}^*-\overline{\lambda}\mathscr{E})\boldsymbol{a},\boldsymbol{a})\\&=((\mathscr{A}^*-\overline{\lambda}\mathscr{E})\boldsymbol{a},(\mathscr{A}-\lambda\mathscr{A})^*\boldsymbol{a})\end{aligned}$$

$$=((\mathscr{A}^*-\bar{\lambda}\mathscr{E})\boldsymbol{a},(\mathscr{A}^*-\bar{\lambda}\mathscr{E})\boldsymbol{a})$$

但$((\mathscr{A}-\lambda\mathscr{E})\boldsymbol{a},(\mathscr{A}-\lambda\mathscr{E})\boldsymbol{a})=(\mathbf{0},\mathbf{0})=0$，所以

$$((\mathscr{A}^*-\bar{\lambda}\mathscr{E})\boldsymbol{a},(\mathscr{A}^*-\bar{\lambda}\mathscr{E})\boldsymbol{a})=0$$

由此

$$(\mathscr{A}^*-\bar{\lambda}\mathscr{E})\boldsymbol{a}=\mathbf{0}$$

这就是所要证明的.

$2°$ 如果 S 是对正规变换 $\mathscr{A}$ 不变的，那么 S 的正交补 $S^{\perp}$ 亦是对 $\mathscr{A}$ 不变的；就是说酉空间中的正规变换具有正规性质.

证明 设 $\mathscr{A}$ 是正规变换，S 是它的不变子空间，我们的结论是 S 的正交补 $S^{\perp}$ 亦对 $\mathscr{A}$ 不变. 由上一目共轭变换的性质 $5°$，只要证明：子空间 S 对其共轭变换 $\mathscr{A}^*$ 是不变的.

如果 S 的维数为 1，那么 S 是由变换 $\mathscr{A}$ 的特征向量产生的，但由 $1°$，每一变换的特征向量都是变换 $\mathscr{A}^*$ 的特征向量；故 S 对 $\mathscr{A}^*$ 不变，对于一维子空间结论成立. 对于有较大维数的子空间 S，我们用归纳法来证明. 假设所有维数小于 S 的那些对 $\mathscr{A}$ 不变的子空间都对 $\mathscr{A}^*$ 不变. 现在把变换 $\mathscr{A}$ 看作空间 S 中的线性变换，因基域为所有复数的域，故在 S 中至少可以求得一个变换 $\mathscr{A}$ 的非零特征向量 $\boldsymbol{a}$，由这一向量所产生的一维子空间 T 对 $\mathscr{A}$ 与 $\mathscr{A}^*$ 都是不变的. 由共轭变换的性质 $5°$，正交子空间 $T^{\perp}$ 亦同时对 $\mathscr{A}$ 与 $\mathscr{A}^*$ 不变. 以 C 来表示 S 与 $T^{\perp}$ 的公共部分，子空间 C 是在 S 里面的 T 的正交补，因此，

$$S=T\oplus C \tag{4.3.1}$$

但 C 为 $\mathscr{A}$ 的不变子空间 S 与 $T^{\perp}$ 之交，故 C 亦对 $\mathscr{A}$ 不变，由关系(4.3.1)，C 的维数比 S 的维数小一，故可对 C 用我们的归纳假设，是即，可以断定 C 对 $\mathscr{A}^*$ 不变. 再回到式(4.3.1)，我们看到，S 是对 $\mathscr{A}^*$ 不变的两个子空间之和，故 S 亦对 $\mathscr{A}^*$ 不变. 证毕.

4.4 埃尔米特变换与酉变换

引入两个定义：

定义 4.4.1 酉空间中线性变换 $\mathscr{H}$ 称为埃尔米特(自共轭)变换，如果它与它的共轭变换相等：$\mathscr{H}^*=\mathscr{H}$.

变换 $\mathscr{H}$ 称为反埃尔米特变换，如果它与它的共轭变换相反：$\mathscr{H}^*=-\mathscr{H}$.

定义 4.4.2 酉空间中线性变换 $\mathscr{U}$ 称为酉变换，如果它的逆变换等于它的共轭变换：$\mathscr{U}\mathscr{U}^*=\mathscr{E}$.

在酉空间中，反埃尔米特变换可以很简单地经埃尔米特变换表示出来. 事

实上,设 $\mathscr{H}$ 为空间 U 的埃尔米特变换,则

$$(\mathrm{i}\mathscr{H})=\bar{\mathrm{i}}\mathscr{H}^*=-\mathrm{i}\mathscr{H}$$

这就是说 $\mathrm{i}\mathscr{H}$ 是反埃尔米特变换.反之,若 $\mathscr{H}$ 是反埃尔米特变换,则

$$(\mathrm{i}\mathscr{H})^*=\bar{\mathrm{i}}\mathscr{H}^*=\mathrm{i}\mathscr{H} \tag{4.4.1}$$

故 $\mathrm{i}\mathscr{H}$ 是埃尔米特变换.这样一来,$\mathscr{H}$ 的埃尔米特性等价于变换 $\mathrm{i}\mathscr{H}$ 的反埃尔米特性.

再,对于酉空间的任何线性变换 $\mathscr{A}$,因为 $(\mathscr{A}^*)^*=\mathscr{A}$,所以 $\mathscr{A}+\mathscr{A}^*$ 总是埃尔米特的;而 $\mathscr{A}-\mathscr{A}^*$ 是反埃尔米特的.

还要注意,酉变换亦可以定义为酉空间中的等度量变换,即保持度量不变的变换.

事实上,设对酉空间 U 中任二向量 $\boldsymbol{x}$ 与 $\boldsymbol{y}$,有

$$(\mathscr{U}\boldsymbol{x},\mathscr{U}\boldsymbol{y})=(\boldsymbol{x},\boldsymbol{y}) \tag{4.4.2}$$

那么根据共轭变换的定义(4.1.1)

$$(\mathscr{U}\mathscr{U}^*\boldsymbol{x},\boldsymbol{y})=(\boldsymbol{x},\boldsymbol{y})$$

故由向量 $\boldsymbol{y}$ 的任意性,有

$$\mathscr{U}\mathscr{U}^*\boldsymbol{x}=\boldsymbol{x}$$

亦即

$$\mathscr{U}\mathscr{U}^*=\mathscr{E}$$

或

$$\mathscr{U}^*=\mathscr{U}^{-1}$$

反之由定义 4.4.2 中 $\mathscr{U}\mathscr{U}^*=\mathscr{E}$ 可以得出式(4.4.2).

从 $\mathscr{U}\mathscr{U}^*=\mathscr{E}$ 或式(4.4.2)推知,两个酉变换的乘积仍然是一个酉变换,单位变换是一个酉变换,酉变换的逆亦是一个酉变换,故所有酉变换的集合构成一个群.

埃尔米特变换与酉变换都是正规变换的特殊形状.

定理 4.4.1 酉空间中任何线性变换 $\mathscr{A}$ 常可表示为以下形状

$$\mathscr{A}=\mathscr{H}_1+\mathrm{i}\mathscr{H}_2 \tag{4.4.3}$$

其中 $\mathscr{H}_1$ 与 $\mathscr{H}_2$ 都是埃尔米特变换(变换 $\mathscr{A}$ 的"埃尔米特分量").埃尔米特分量为所给变换 $\mathscr{A}$ 唯一确定.变换 $\mathscr{A}$ 是正规的充分必要条件是其埃尔米特分量 $\mathscr{H}_1$ 与 $\mathscr{H}_2$ 彼此可交换.

证明 设式(4.4.3)成立,那么

$$\mathscr{A}^*=\mathscr{H}_1-\mathrm{i}\mathscr{H}_2 \tag{4.4.4}$$

由式(4.4.3)与(4.4.4)求得

$$\mathscr{H}_1=\frac{1}{2}(\mathscr{A}+\mathscr{A}^*),\mathscr{H}_2=\frac{1}{2\mathrm{i}}(\mathscr{A}+\mathscr{A}^*) \tag{4.4.5}$$

反之，式(4.4.5)定出埃尔米特变换 $\mathscr{H}_1$ 与 $\mathscr{H}_2$，它们同 $\mathscr{A}$ 有等式(4.4.3)的关系.

现在设 $\mathscr{A}$ 为正规变换：$\mathscr{A}\mathscr{A}^*=\mathscr{A}^*\mathscr{A}$，那么由式(4.4.5)得

$$\mathscr{H}_1\mathscr{H}_2=\mathscr{H}_2\mathscr{H}_1$$

反之，由 $\mathscr{H}_1\mathscr{H}_2=\mathscr{H}_2\mathscr{H}_1$ 与式(4.4.3)，(4.4.4)得

$$\mathscr{A}\mathscr{A}^*=\mathscr{A}^*\mathscr{A}$$

定理已经证明.

显然，记任一线性变换 $\mathscr{A}$ 成式(4.4.3)，类似于表任一复数 z 为 $x_1+\mathrm{i}x_2$ (x_1，x_2 为实数) 的形状. 就是说，埃尔米特变换有些类似于实数. 而说到反埃尔米特变换就是纯虚数 $z=\mathrm{i}x_2$ 的类似物，因为纯虚数具有特征 $\bar{z}=-z$. 但是如果说，两个实数之积永远是实数，那么，两个埃尔米特变换的乘积却不一定仍然是埃尔米特变换. 我们总有：

定理 4.4.2 两个埃尔米特变换的乘积是埃尔米特的，当且仅当它们可交换.

证明 设 $\mathscr{A}$，$\mathscr{B}$ 均是埃尔米特变换. 利用性质 4°，就得到

$$\mathscr{A}\mathscr{B}=\mathscr{B}\mathscr{A}\text{ 当且仅当 }(\mathscr{A}\mathscr{B})^*=(\mathscr{B}\mathscr{A})^*=\mathscr{A}^*\mathscr{B}^*=\mathscr{A}\mathscr{B}$$

数学和物理学中大量的分解问题都要求把所有的埃尔米特变换的集合或者所有的反埃尔米特变换的集合在变换的运算下来进行研究. 如定理 4.4.2 所看到的，一般来说，埃尔米特变换(矩阵) 对乘法并不一定是封闭的. 为了寻求量子力学的代数框架，物理学家 P. 若尔当(Jordan，P.) 于 1930 年在实数域 $\mathbf{R}$ 上引入了一种代数，现在称为若尔当代数. 其中规定了若尔当乘积

$$\mathscr{A}\circ\mathscr{B}=\frac{1}{2}(\mathscr{A}\mathscr{B}+\mathscr{B}\mathscr{A})$$

显然它满足交换律，也满足若尔当恒等式

$$(\mathscr{A}^2\circ\mathscr{B})\circ\mathscr{A}=\mathscr{A}^2\circ(\mathscr{B}\circ\mathscr{A})$$

回到变换，设在每一个标准正交基底下变换 $\mathscr{A}$，$\mathscr{H}$ 与 $\mathscr{U}$，那么变换的等式

$$\mathscr{A}\mathscr{A}^*=\mathscr{A}^*\mathscr{A},\mathscr{H}^*=\mathscr{H},\mathscr{U}\mathscr{U}^*=\mathscr{E}$$

就对应矩阵等式

$$\boldsymbol{A}\boldsymbol{A}^{\mathrm{H}}=\boldsymbol{A}^{\mathrm{H}}\boldsymbol{A},\boldsymbol{H}^{\mathrm{H}}=\boldsymbol{H},\boldsymbol{U}\boldsymbol{U}^{\mathrm{H}}=\boldsymbol{E} \tag{4.4.6}$$

所以我们定义正规矩阵为与其共轭矩阵可交换的矩阵，埃尔米特矩阵为其共轭矩阵相等的矩阵，最后，酉矩阵为其共轭矩阵的逆矩阵.

故在标准正交基中，正规变换，埃尔米特变换，酉变换各对应于正规矩阵，

埃尔米特矩阵与酉矩阵.

由式(4.4.6)知埃尔米特矩阵 $\boldsymbol{H}=(h_{ik})_{n\times n}$ 为其元素间的关系式

$$h_{ki}=\overline{h_{ki}}\quad(i,k=1,2,\cdots,n)$$

所确定,亦即埃尔米特矩阵.

由式(4.4.6)知酉矩阵 $\boldsymbol{U}=(u_{ik})_{n\times n}$ 为其元素间的关系式

$$\sum_{j=1}^{n}u_{ij}\overline{u_{kj}}\delta_{ik}\quad(i,k=1,2,\cdots,n)\tag{4.4.7}$$

所确定.因为由 $\boldsymbol{UU}^*=\boldsymbol{E}$ 得出 $\boldsymbol{U}^*\boldsymbol{U}=\boldsymbol{E}$,故由式(4.4.7)得出等价的关系式

$$\sum_{j=1}^{n}u_{ji}\overline{u_{jk}}\delta_{ik}\quad(i,k=1,2,\cdots,n)\tag{4.4.8}$$

等式(4.4.7)表出矩阵 $\boldsymbol{U}=(u_{ik})_{n\times n}$ 中行的"标准正交性",而等式(4.4.8)表出其诸列的标准正交性[①].

酉矩阵是某一个酉变换的系数矩阵(参考 §1,1.3 目).

使酉空间 U 上的向量正交投影到给定子空间 S 上的变换 $\mathscr{P}$ 是埃尔米特变换.

事实上,一方面,这个变换是幂等变换,即 $\mathscr{P}^2=\mathscr{P}$(本章 §3,3.2 目).其次,从向量 $\boldsymbol{x}_S=\mathscr{P}\boldsymbol{x}$ 与 $\boldsymbol{y}-\boldsymbol{y}_S=(\mathscr{E}-\mathscr{P})\boldsymbol{y}(\boldsymbol{x},\boldsymbol{y}\in U)$ 的正交性推出

$$0=(\mathscr{P}\boldsymbol{x},(\mathscr{E}-\mathscr{P})\boldsymbol{y})=((\mathscr{E}-\mathscr{P})^*\mathscr{P}\boldsymbol{x},\boldsymbol{y})$$

从而由向量 $\boldsymbol{x},\boldsymbol{y}$ 的任意性得出

$$(\mathscr{E}-\mathscr{P})^*\mathscr{P}=\boldsymbol{0}$$

即

$$\mathscr{P}=\mathscr{P}^*\mathscr{P}$$

由此等式推出 $\mathscr{P}$ 是埃尔米特变换,因为 $(\mathscr{P}^*\mathscr{P})^*=\mathscr{P}^*\mathscr{P}$.

4.5 正规变换、埃尔米特变换、酉变换的影谱

首先,我们建立可交换变换的一个性质,叙述为以下引理的形式.

引理 1 可交换变换 $\mathscr{A}$ 与 $\mathscr{B}(\mathscr{A}\mathscr{B}=\mathscr{B}\mathscr{A})$ 常有公共的特征向量.

证明 设 $\boldsymbol{x}$ 是变换 $\mathscr{A}$ 的特征向量:$\mathscr{A}\boldsymbol{x}=\lambda\boldsymbol{x},\boldsymbol{x}\neq\boldsymbol{0}$.那么由变换 $\mathscr{A}$ 与 $\mathscr{B}$ 的可交换性,得

$$\mathscr{A}\mathscr{B}^k\boldsymbol{x}=\mathscr{B}^k\mathscr{A}\boldsymbol{x}=\mathscr{B}^k(\mathscr{A}\boldsymbol{x})=\lambda\mathscr{B}^k\boldsymbol{x}\quad(k=0,1,2,\cdots)\tag{4.5.1}$$

设在向量序列

① 这样一来,矩阵 $\boldsymbol{U}$ 中列的标准正交性是行的标准正交性的推论,反之亦然.

$$x, \mathscr{B} x, \mathscr{B}^2 x, \cdots$$

中前 p 个向量线性无关，而第 $p+1$ 个向量 $\mathscr{B}^p x$ 是其前诸向量的线性组合. 那么子空间 $S=L(x, \mathscr{B} x, \cdots, \mathscr{B}^{p-1} x)$ 对 $\mathscr{B}$ 不变，故在这一子空间 S 中有变换 $\mathscr{B}$ 的特征向量 y 存在：$\mathscr{B} y=\mu y, y \neq 0$. 另外，等式(4.5.1)说明向量 $x, \mathscr{B} x, \cdots, \mathscr{B}^{p-1} x$ 都是对应于同一特征值 λ 的变换 $\mathscr{A}$ 的特征向量. 故这些向量的任一线性组合，特别是向量 y，是对应于特征值 λ 的变换 $\mathscr{A}$ 的特征向量. 这样一来，就证明了变换 $\mathscr{A}$ 与 $\mathscr{B}$ 有公共特征向量存在.

设 $\mathscr{A}$ 是 n 维酉空间 U 中任一正规变换，此时变换 $\mathscr{A}$ 与 $\mathscr{A}^*$ 彼此可交换，故有公共特征向量 x_1，那么(参考 2.1 目，7°)

$$\mathscr{A} x_1=\lambda_1 x_1, \mathscr{A}^* x_1=\overline{\lambda_1} x_1 \quad (x_1 \neq 0)$$

以 S_1 记含有向量 x_1 的一维子空间($S_1=L(x_1)$)，而以 T_1 记 S_1 的正交补空间：$U=S_1+T_1, S_1 \perp T_1$.

因为 S_1 对 $\mathscr{A}$ 与 $\mathscr{A}^*$ 不变，故(参考 2.1 目，5°) T_1 亦对这些变换不变. 因此，可交换变换 $\mathscr{A}$ 与 $\mathscr{A}^*$ 在 T_1 中，由于引理 1 它们有公共特征向量 x_2

$$\mathscr{A} x_2=\lambda_2 x_2, \mathscr{A}^* x_2=\overline{\lambda_2} x_2 \quad (x_2 \neq 0)$$

显然

$$x_1 \perp x_2$$

令 $S_2=L(x_1, x_2)$ 与 $U=S_2+T_2, S_2 \perp T_2$. 同理，在 T_2 中得出变换 $\mathscr{A}$ 与 $\mathscr{A}^*$ 的公共特征向量 x_3，那么有

$$x_1 \perp x_3$$

与

$$x_2 \perp x_3$$

继续施行这一方法，我们得出变换 $\mathscr{A}$ 与 $\mathscr{A}^*$ 的两两正交的 n 个公共特征向量 $x_1, x_2, \cdots, x_n$

$$\mathscr{A} x_k=\lambda_k x_k, \mathscr{A}^* x_k=\overline{\lambda_k} x_k \quad (x_k \neq 0)$$

$$(x_i, x_k)=0 \quad (i, k=1,2, \cdots, n) \tag{4.5.2}$$

可以使向量 $x_1, x_2, \cdots, x_n$ 单位化而仍然保持等式(4.5.2)不变.

这样一来，我们证明了：

定理 4.5.1 酉空间中的正规变换常有完全标准正交特征向量组.

现在相反地，设已知线性变换 $\mathscr{A}$ 有完全标准正交特征向量组

$$\mathscr{A} x_k=\lambda_k x_k,(x_i, x_k)=\delta_{ik} \quad (i, k=1,2, \cdots, n)$$

我们要证明，在此时 $\mathscr{A}$ 是一个正规变换. 事实上，设

$$\boldsymbol{y}_i = \mathscr{A}^* \boldsymbol{x}_i - \overline{\lambda_1} \boldsymbol{x}_i$$

那么

$$\begin{aligned}(\boldsymbol{x}_k, \boldsymbol{y}_i) &= (\boldsymbol{x}_k, \mathscr{A}^* \boldsymbol{x}_i) - \lambda_i (\boldsymbol{x}_k, \boldsymbol{x}_i) \\ &= (\mathscr{A}\boldsymbol{x}_k, \boldsymbol{x}_i) - \lambda_i (\boldsymbol{x}_k, \boldsymbol{x}_i) \\ &= (\lambda_k - \lambda_i)\delta_{ki} = 0 \quad (i, k = 1, 2, \cdots, n)\end{aligned}$$

故得

$$\boldsymbol{y}_i = \mathscr{A}^* \boldsymbol{x}_i - \overline{\lambda_1} \boldsymbol{x}_i = \boldsymbol{0} \quad (i = 1, 2, \cdots, n)$$

亦即式(4.5.2)中诸等式全都成立.但此时

$$\mathscr{A}\mathscr{A}^* \boldsymbol{x}_k = \lambda_k \overline{\lambda_k} \boldsymbol{x}_k, \mathscr{A}^* \mathscr{A}\boldsymbol{x}_k = \lambda_k \overline{\lambda_k} \boldsymbol{x}_k \quad (k = 1, 2, \cdots, n)$$

故有

$$\mathscr{A}\mathscr{A}^* = \mathscr{A}^* \mathscr{A}$$

这样一来,我们得出正规变换 $\mathscr{A}$(平行于"外部的"谱特征 $\mathscr{A}\mathscr{A}^* = \mathscr{A}^* \mathscr{A}$)的以下"内部的"(谱)的特征:

定理 4.5.2 酉空间中的线性变换是正规的充分必要条件为这一变换有完全标准正交特征向量组.

特别地,我们证明了,酉空间中的正规变换永远是一个单构变换.

设 $\mathscr{A}$ 是有特征值 $\lambda_1, \lambda_2, \cdots, \lambda_n$ 的正规变换,用拉格朗日插值公式(参阅《多项式理论》卷)从以下诸条件定出两个多项式 $f(\boldsymbol{x})$ 与 $g(\boldsymbol{x})$

$$f(\lambda_k) = \overline{\lambda_k}, g(\overline{\lambda_k}) = \lambda_k \quad (k = 1, 2, \cdots, n)$$

那么由式(4.5.2),得

$$\mathscr{A}^* = f(\mathscr{A}), \mathscr{A} = g(\mathscr{A}^*)$$

由此得到正规变换的第三个性质:

3° 对于正规变换 $\mathscr{A}$,变换 $\mathscr{A}$ 与 $\mathscr{A}^*$ 的每一个都可以表示为另一个的变换多项式;而且这两个多项式都为变换 $\mathscr{A}$ 与 $\mathscr{A}^*$ 的已知特征值所确定.

利用这个性质,很容易证明正规变换具有正规性质.事实上,设 S 为酉空间 U 中对正规变换 $\mathscr{A}$ 不变的子空间,那么根据 2.1 目,5°,子空间 $S^{\perp}$(S 的正交补)对 $\mathscr{A}^*$ 不变;但 $\mathscr{A} = g(\mathscr{A}^*)$,其中 $g(\boldsymbol{x})$ 是一个多项式.故 T 对所给变换 $\mathscr{A}$ 亦是不变的.

现在我们来讨论埃尔米特变换的谱.因为埃尔米特变换 $\mathscr{H}$ 是正规变换的特殊情形,故由已经证明的结果,它有完全正交特征向量组

$$\mathscr{H}\boldsymbol{x}_k = \lambda_k \boldsymbol{x}_k, (\boldsymbol{x}_k, \boldsymbol{x}_i) = \delta_{ki} \quad (k, i = 1, 2, \cdots, n) \tag{4.5.3}$$

从 $\mathscr{H}^* = \mathscr{H}$,得出

$$\overline{\lambda_k}=\lambda_k \quad (k=1,2,\cdots,n) \tag{4.5.4}$$

亦即埃尔米特变换 $\mathscr{H}$ 的所有特征值都是实数.

不难看出,相反地,特征值全为实数的正规变换总是一个埃尔米特变换.事实上,由式(4.5.3),(4.5.4)与

$$\mathscr{H}^* \boldsymbol{x}_k=\lambda_k \boldsymbol{x}_k \quad (k=1,2,\cdots,n)$$

得出

$$\mathscr{H}^* \boldsymbol{x}_k=\mathscr{H} \boldsymbol{x}_k \quad (k=1,2,\cdots,n)$$

亦即

$$\mathscr{H}^*=\mathscr{H}$$

如此,我们得出埃尔米特变换(平行于"外部的"谱特征 $\mathscr{H}^*=\mathscr{H}$)的"内部的"的特征:

定理 4.5.3 酉空间中的线性变换 $\mathscr{H}$ 是埃尔米特变换的充分必要条件为其有特征值全为实数的完全标准正交特征向量组.

根据关系式(4.4.1),推得:

推论 酉空间中的线性变换 $\mathscr{H}$ 是反埃尔米特变换的充分必要条件为其有特征值或为零或为纯虚数.

现在来讨论酉变换 $\mathscr{U}$ 的谱.因为酉变换 $\mathscr{U}$ 是正规的,故有完全标准正交特征向量组

$$\mathscr{U} \boldsymbol{x}_k=\lambda_k \boldsymbol{x}_k,(\boldsymbol{x}_k,\boldsymbol{x}_i)=\delta_{ki} \quad (k,i=1,2,\cdots,n) \tag{4.5.5}$$

这里

$$\mathscr{U}^* \boldsymbol{x}_k=\overline{\lambda_k} \boldsymbol{x}_k \quad (k=1,2,\cdots,n) \tag{4.5.6}$$

从 $\mathscr{U}\mathscr{U}^*=\mathscr{E}$,求得

$$\overline{\lambda_k}\lambda_k=1 \tag{4.5.7}$$

反之,由式(4.5.5),(4.5.6),(4.5.7)得出

$$\mathscr{U}\mathscr{U}^*=\mathscr{E}$$

这样,在正规变换的集合中,酉变换是这样选出的,它的所有特征值的模都等于1.

我们得出酉变换(平行于"外部的"特征 $\mathscr{U}\mathscr{U}^*=\mathscr{E}$)的"内部的"的特征:

定理 4.5.4 酉空间中的线性变换是一个酉变换的充分必要条件为其有特征值的模全等于1的完全标准正交特征向量组.

因为在标准正交基底中,正规变换,埃尔米特变换,酉变换各为正规矩阵,埃尔米特矩阵与酉矩阵所确定,所以我们得出以下诸命题:

定理 4.5.2′ 复矩阵 $\boldsymbol{A}$ 是正规的充分必要条件是其酉－相似[①]于对角矩阵：

$$\boldsymbol{A}=\boldsymbol{U}(\lambda_i\delta_{ik})_{n\times n}\boldsymbol{U}^{-1}\quad(\boldsymbol{U}^*=\boldsymbol{U}^{-1})$$

定理 4.5.3′ 复矩阵 $\boldsymbol{H}$ 是埃尔米特矩阵的充分必要条件是其酉－相似于对角线上全是实数的对角矩阵

$$\boldsymbol{H}=\boldsymbol{U}(\lambda_i\delta_{ik})_{n\times n}\boldsymbol{U}^{-1}\quad(\boldsymbol{U}^*=\boldsymbol{U}^{-1},\lambda_i=\overline{\lambda_i},i=1,2,\cdots,n)$$

定理 4.5.4′ 复矩阵 $\boldsymbol{U}$ 是一个酉矩阵的充分必要条件是其酉－相似于对角线上诸元素的模全等于 1 的对角矩阵

$$\boldsymbol{U}=\boldsymbol{U}_1(\lambda_i\delta_{ik})_{n\times n}\boldsymbol{U}_1^{-1}\quad(\boldsymbol{U}^*=\boldsymbol{U}^{-1},\ |\lambda_i|=1,i=1,2,\cdots,n)$$

4.6 非负的埃尔米特变换·酉空间中的线性变换的极分解式

与欧氏空间一样，我们引进以下定义：

定义 4.6.1 埃尔米特变换 $\mathscr{H}$ 称为非负的，如果对于酉空间 U 中的任一 $\boldsymbol{x}$ 都有

$$(\mathscr{A}\boldsymbol{x},\boldsymbol{x})\geqslant 0$$

称为正定的，如果对于 U 中的任一 $\boldsymbol{x}\neq\boldsymbol{0}$ 都有

$$(\mathscr{A}\boldsymbol{x},\boldsymbol{x})>0$$

从变换 $\mathscr{H}$ 的特征向量中选取标准正交基底 $\boldsymbol{e}_1,\boldsymbol{e}_2,\cdots,\boldsymbol{e}_n$

$$\mathscr{H}\boldsymbol{e}_k=\lambda_k\boldsymbol{e}_k,(\boldsymbol{e}_k,\boldsymbol{e}_i)=\delta_{ki}\quad(k,i=1,2,\cdots,n)\tag{4.6.1}$$

那么令

$$\boldsymbol{x}=\sum_{k=1}^n x_k\boldsymbol{e}_k$$

我们就有

$$(\mathscr{H}\boldsymbol{x},\boldsymbol{x})=\sum_{k=1}^n\lambda_k\mid\boldsymbol{x}_k\mid\quad(k=1,2,\cdots,n)$$

因此，立刻得出非负与正定变换的“内部的”特征：

定理 4.6.1 埃尔米特变换是非负（正定）的充分必要条件是其特征值全是非负（正）实数.

从所述结果推知，正定埃尔米特变换是一个满秩非负的埃尔米特变换.

---

① 我们知道，酉空间中任意两个标准正交基底 M,M' 间的过渡矩阵 $\boldsymbol{U}$ 是酉方阵. 因此，如果酉空间上的线性变换 $\mathscr{A}$ 在这两个基底 M,M' 下的矩阵分别是 $\boldsymbol{A}$ 与 $\boldsymbol{B}$，则

$$\boldsymbol{B}=\boldsymbol{UAU}^{-1}$$

就是说，酉空间中同一个线性变换在两个标准正交基底下的矩阵是酉－相似的.

设 $\mathscr{H}$ 是一个非负的埃尔米特变换. 它有 $\lambda_k \geqslant 0(k=1,2,\cdots,n)$ 的等式(4.6.1). 设 $\rho_k=\sqrt{\lambda_k}\geqslant 0(k=1,2,\cdots,n)$ 且以等式

$$\mathscr{F}\boldsymbol{e}_k=\rho_k\boldsymbol{e}_k \quad (k=1,2,\cdots,n) \tag{4.6.2}$$

确定变换 $\mathscr{F}$,那么 $\mathscr{F}$ 亦是一个非负变换,而且

$$\mathscr{F}^2=\mathscr{H} \tag{4.6.3}$$

就是说,非负埃尔米特变换 $\mathscr{F}$ 是 $\mathscr{H}$ 的平方根,即

$$\mathscr{F}=\sqrt{\mathscr{H}}$$

如果 $\mathscr{H}$ 是正定的,那么 $\mathscr{F}$ 亦是正定的.

以等式

$$g(\lambda_k)=\rho_k(=\sqrt{\lambda_k}) \quad (k=1,2,\cdots,n) \tag{4.6.4}$$

定出拉格朗日插值多项式 $g(x)$,那么由式(4.6.1),(4.6.2) 与(4.6.4) 得出

$$\mathscr{F}=g(\mathscr{H})$$

这个等式证明了,$\sqrt{\mathscr{H}}$ 是 $\mathscr{H}$ 的多项式,且为所给非负埃尔米特变换 $\mathscr{H}$ 所唯一确定(多项式 $g(x)$ 的系数域变换与 $\mathscr{H}$ 的特征值有关).

例如变换 $\mathscr{A}\mathscr{A}^*$ 与 $\mathscr{A}^*\mathscr{A}$ 都是非负埃尔米特变换,其中 $\mathscr{A}$ 为已知空间中任一线性变换. 事实上,对于任一向量 $\boldsymbol{x}$,都有

$$(\mathscr{A}\mathscr{A}^*\boldsymbol{x},\boldsymbol{x})=(\mathscr{A}^*\boldsymbol{x},\mathscr{A}^*\boldsymbol{x})\geqslant 0,(\mathscr{A}^*\mathscr{A}\boldsymbol{x},\boldsymbol{x})=(\mathscr{A}\boldsymbol{x},\mathscr{A}\boldsymbol{x})\geqslant 0$$

如果变换 $\mathscr{A}$ 是满秩的,那么 $\mathscr{A}\mathscr{A}^*$ 与 $\mathscr{A}^*\mathscr{A}$ 都是正定埃尔米特变换.

变换 $\mathscr{A}\mathscr{A}^*$ 与 $\mathscr{A}^*\mathscr{A}$ 有时称为变换 $\mathscr{A}$ 的左范数与右范数. $\sqrt{\mathscr{A}\mathscr{A}^*}$ 与 $\sqrt{\mathscr{A}\mathscr{A}^*}$ 称为变换 $\mathscr{A}$ 的左模与右模.

正规变换的左范数与右范数,因而其左模与右模是彼此相等的.

现在,证明下面的定理:

定理 4.6.2 在酉空间中常可表任一线性变换为以下形式

$$\mathscr{A}=\mathscr{H}\mathscr{U} \tag{4.6.5}$$

$$\mathscr{A}=\mathscr{U}_1\mathscr{H}_1 \tag{4.6.6}$$

其中 $\mathscr{H},\mathscr{H}_1$ 为非负埃尔米特变换,而 $\mathscr{U},\mathscr{U}_1$ 为酉变换. 变换 $\mathscr{A}$ 是一个正规变换的充分必要条件,是在分解式(4.6.5)(或(4.6.6)) 中因子 $\mathscr{H}$ 与 $\mathscr{U}$($\mathscr{H}_1$ 与 $\mathscr{U}_1$) 彼此可交换.

证明 由分解式(4.6.5) 与(4.6.6),知 $\mathscr{H},\mathscr{H}_1$ 是变换 $\mathscr{A}$ 的左模与右模. 事实上

$$\mathscr{A}\mathscr{A}^*=\mathscr{H}\mathscr{U}\mathscr{U}^*\mathscr{H}=\mathscr{H}^2,\mathscr{A}^*\mathscr{A}=\mathscr{H}_1\mathscr{U}_1^*\mathscr{U}_1\mathscr{H}_1=\mathscr{H}_1^2$$

我们注意,只要建立分解式(4.6.5)就已足够,因为应用这分解式于变换 $\mathscr{A}^*$,我们得出

$$\mathscr{A}^*=\mathscr{H}\mathscr{U}$$

因而

$$\mathscr{A}=\mathscr{U}^{-1}\mathscr{H}$$

亦即关于变换 $\mathscr{A}$ 的分解式(4.6.6).

首先对于特殊情形,$\mathscr{A}$ 是一个满秩变换来建立分解式(4.6.5).令

$$\mathscr{H}=\sqrt{\mathscr{A}\mathscr{A}^*}\quad(这里\ \mathscr{H}\ 亦是满秩的)$$

$$\mathscr{U}=\mathscr{H}^{-1}\mathscr{A}$$

且验证 $\mathscr{U}$ 是一个酉变换.

$$\mathscr{U}\mathscr{U}^*=\mathscr{H}^{-1}\mathscr{A}\mathscr{A}^*\mathscr{H}^{-1}=\mathscr{H}^{-1}\mathscr{H}^2\mathscr{H}^{-1}=\mathscr{E}$$

我们注意,在所讨论的情形,在分解式(4.6.5)中不仅第一个因子 $\mathscr{H}$,而且第二个因子 $\mathscr{U}$ 都被所给满秩变换唯一确定.

现在来讨论一般的情形,变换 $\mathscr{A}$ 可能是降秩的.首先注意,变换 $\mathscr{A}$ 的右范数的完全标准正交特征向量组,经变换 $\mathscr{A}$ 的变换后,仍然是一组正交向量.事实上

$$\mathscr{A}^*\mathscr{A}\boldsymbol{x}_k=\rho_k^2\boldsymbol{x}_k\quad((\boldsymbol{x}_k,\boldsymbol{x}_i)=\delta_{ki},k,i=1,2,\cdots,n)$$

那么

$$(\mathscr{A}\boldsymbol{x}_k,\mathscr{A}\boldsymbol{x}_i)=(\mathscr{A}^*\mathscr{A}\boldsymbol{x}_k,\boldsymbol{x}_i)=\rho_k^2(\boldsymbol{x}_k,\boldsymbol{x}_i)=0\quad(k\neq i)$$

此时

$$|\mathscr{A}\boldsymbol{x}_k|^2=(\mathscr{A}\boldsymbol{x}_k,\mathscr{A}\boldsymbol{x}_k)=\rho_k^2\quad(k=1,2,\cdots,n)$$

故有这样的标准正交向量组 $\boldsymbol{z}_1,\boldsymbol{z}_2,\cdots,\boldsymbol{z}_n$ 存在,使得

$$\mathscr{A}\boldsymbol{x}_k=\rho_k\boldsymbol{z}_k,(\boldsymbol{z}_k,\boldsymbol{z}_i)=\delta_{ki}\quad(k,i=1,2,\cdots,n)\tag{4.6.7}$$

以等式

$$\mathscr{U}\boldsymbol{x}_k=\boldsymbol{z}_k,\mathscr{H}\boldsymbol{x}_k=\rho_k\boldsymbol{z}_k\tag{4.6.8}$$

来定义线性变换 $\mathscr{H}$ 与 $\mathscr{U}$.由式(4.6.7)与(4.6.8)我们求得

$$\mathscr{A}=\mathscr{H}\mathscr{U}$$

此时由式(4.6.8)知 $\mathscr{H}$ 是一个非负埃尔米特变换,因为它有完全标准正交特征向量组 $\boldsymbol{z}_1,\boldsymbol{z}_2,\cdots,\boldsymbol{z}_n$ 与非负埃尔米特变换 $\rho_1,\rho_2,\cdots,\rho_n$,又知 $\mathscr{U}$ 是一个酉变换,因为它变标准正交向量组 $\boldsymbol{x}_1,\boldsymbol{x}_2,\cdots,\boldsymbol{x}_n$ 为标准正交向量组 $\boldsymbol{z}_1,\boldsymbol{z}_2,\cdots,\boldsymbol{z}_n$.

这样一来,可以算作已经证明了,对于任何线性变换 $\mathscr{A}$ 分解式(4.6.5)与(4.6.6)都能成立,而且埃尔米特因子 $\mathscr{H}$ 与 $\mathscr{H}_1$ 常为所给变换 $\mathscr{A}$ 所唯一确定(它们是变换 $\mathscr{A}$ 的左与右模),而且酉因子 $\mathscr{U}$ 与 $\mathscr{U}_1$ 只是在满秩的 $\mathscr{A}$ 时才为 $\mathscr{A}$ 所唯一

确定.

从式(4.6.5)容易求得

$$\mathscr{A}\mathscr{A}^{*}=\mathscr{H}^{2},\mathscr{A}^{*}\mathscr{A}=\mathscr{U}^{-1}\mathscr{U} \tag{4.6.9}$$

如果 $\mathscr{A}$ 是一个正规变换($\mathscr{A}\mathscr{A}^{*}=\mathscr{A}^{*}\mathscr{A}$),那么由式(4.6.9)推得

$$\mathscr{H}^{2}\mathscr{U}=\mathscr{U}\mathscr{H}^{2}$$

因为 $\mathscr{H}=\sqrt{\mathscr{H}^{2}}=g(\mathscr{H}^{2})$ 得出 $\mathscr{U}$ 与 $\mathscr{H}$ 的可交换性. 反之. 如果 $\mathscr{H}$ 与 $\mathscr{U}$ 彼此可交换,那么由式(4.6.9)推得,$\mathscr{A}$ 是一个正规变换. 定理已经证明.

4.7 凯莱公式

比较酉变换的性质与埃尔米特变换的性质,我们注意到这两类变换是彼此有密切联系的. 这一关系的明显表示,可由所谓凯莱公式来得出.

定理 4.7.1(凯莱变换) 如果 $\mathscr{A}$ 为酉空间的埃尔米特变换,则变换 $\mathscr{A}\pm \mathrm{i}\mathscr{E}$ 有逆变换存在;由公式

$$\mathscr{U}=(\mathscr{A}-\mathrm{i}\mathscr{E})(\mathscr{A}+\mathrm{i}\mathscr{E})^{-1} \tag{4.7.1}$$

所定的变换 $\mathscr{U}$ 是一个酉变换,它没有等于1的特征根,且 $\mathscr{A}$ 可经 $\mathscr{U}$ 表为以下形式

$$\mathscr{A}=-\mathrm{i}(\mathscr{U}+\mathrm{i}\mathscr{E})(\mathscr{U}-\mathscr{E})^{-1} \tag{4.7.2}$$

反之,如果 $\mathscr{U}$ 是一个酉变换,并且没有等于 1 的特征根,则变换 $\mathscr{U}-\mathscr{E}$ 有逆变换存在,适合式(4.7.2)的变换是一个埃尔米特变换,而且 $\mathscr{U}$ 可经 $\mathscr{A}$ 表为式(4.7.1)的形状.

证明 设 $\mathscr{A}$ 为酉空间的埃尔米特变换. 数 $\pm\mathrm{i}$ 不能变为 $\mathscr{A}$ 的特征根,因为所有埃尔米特变换的特征根都是实数(2.3 目). 这就说明了变换 $\mathscr{A}\pm\mathrm{i}\mathscr{E}$ 是满秩的. 由变换 $\mathscr{A}-\mathrm{i}\mathscr{E}$ 与 $\mathscr{A}+\mathrm{i}\mathscr{E}$ 的可交换性推知它们和变换$(\mathscr{A}+\mathrm{i}\mathscr{E})^{-1}$,$(\mathscr{A}-\mathrm{i}\mathscr{E})$ 的可交换性,由式(4.7.1)得出的变换 $\mathscr{U}$ 的共轭变换等于

$$\mathscr{U}^{*}=(\mathscr{A}+\mathrm{i}\mathscr{E})^{*-1}(\mathscr{A}-\mathrm{i}\mathscr{E})^{*}=(\mathscr{A}-\mathrm{i}\mathscr{E})(\mathscr{A}+\mathrm{i}\mathscr{E})^{-1}$$

故

$$\begin{aligned}\mathscr{U}\mathscr{U}^{*}&=(\mathscr{A}-\mathrm{i}\mathscr{E})(\mathscr{A}+\mathrm{i}\mathscr{E})^{-1}(\mathscr{A}-\mathrm{i}\mathscr{E})^{-1}(\mathscr{A}+\mathrm{i}\mathscr{E})\\&=(\mathscr{A}-\mathrm{i}\mathscr{E})(\mathscr{A}+\mathrm{i}\mathscr{E})^{-1}(\mathscr{A}+\mathrm{i}\mathscr{E})(\mathscr{A}-\mathrm{i}\mathscr{E})^{-1}\end{aligned}$$

因此

$$\mathscr{U}\mathscr{U}^{*}=\mathscr{E}$$

而 $\mathscr{U}$ 为一酉变换. 我们来证明 $\mathscr{U}-\mathscr{E}$ 为有逆变换. 为了这一目的,我们把式(4.7.1)的两端同时减去 $\mathscr{E}$,而后同乘以 $\mathscr{A}+\mathrm{i}\mathscr{E}$. 经过此处理后,显然有

$$(\mathscr{U}-\mathscr{E})(\mathscr{A}+\mathrm{i}\mathscr{E})=-2\mathrm{i}\mathscr{E} \tag{4.7.3}$$

或

$$(\mathscr{U}-\mathscr{E})^{-1}=-\frac{1}{2}(\mathscr{A}+\mathrm{i}\mathscr{E})$$

这样，$\mathscr{U}$的特征根不能等于1.再者由式(4.7.3)得出

$$(\mathscr{U}-\mathscr{E})\mathscr{A}=-2\mathrm{i}\mathscr{E}-\mathrm{i}(\mathscr{U}-\mathscr{E})=-\mathrm{i}(\mathscr{U}+\mathscr{E})$$

亦即

$$\mathscr{A}=-\mathrm{i}(\mathscr{U}+\mathscr{E})(\mathscr{U}-\mathscr{E})^{-1}$$

定理的第一部分已经证明.让读者自己来证明其逆定理，它的证明同上面的证明是很相似的.

凯莱公式在所有酉空间的埃尔米特变换与没有1的特征值的酉变换之间建立了一个一一对应.类似的公式

$$\mathscr{U}=(\mathrm{i}\mathscr{E}+\mathscr{A})(\mathrm{i}\mathscr{E}-\mathscr{A})^{-1}\tag{4.7.1'}$$

$$\mathscr{A}=\mathrm{i}(\mathscr{U}-\mathscr{E})(\mathscr{U}+\mathscr{E})^{-1}\tag{4.7.2'}$$

在酉空间的埃尔米特变换与没有-1的特征根的酉变换建立了一个一一对应.

变换(4.7.1)，(4.7.2)，同样的(4.7.1′)，(4.7.1′)之所以可能，是因为在基域中有数i存在.如基域为实数域，则所说的公式不再适合，但这些公式可以很容易地改变一下而使其对于任何域都能适合.把酉空间定义(第10章，定义4.1.1)中的基域改为任意数域而得到的度量空间称为广义酉空间.对此有：

定理4.7.2 如果$\mathscr{A}$为广义酉空间的反埃尔米特变换，那么变换$\mathscr{A}\pm\mathscr{E}$有逆变换存在.变换

$$\mathscr{U}=(\mathscr{A}-\mathscr{E})(\mathscr{A}+\mathscr{E})^{-1}\tag{4.7.4}$$

为酉变换，它没有等于1的特征根，且

$$\mathscr{A}=-(\mathscr{U}+\mathscr{E})(\mathscr{U}-\mathscr{E})^{-1}\tag{4.7.5}$$

反之，如果$\mathscr{U}$是酉变换且1不为其特征根，那么适合公式(4.7.5)的变换$\mathscr{A}$是反埃尔米特变换，且$\mathscr{U}$可经$\mathscr{A}$表为式(4.7.4)的形式.

证明 事实上，如果$\mathscr{A}$是反埃尔米特变换，那么±1不能为其特征值，因为所有反埃尔米特变换的特征值或为0，或为纯虚数(2.2目).故变换$\mathscr{A}\pm\mathscr{E}$是满秩的.因为

$$(\mathscr{A}+\mathscr{E})(\mathscr{A}-\mathscr{E})=(\mathscr{A}-\mathscr{E})(\mathscr{A}+\mathscr{E})$$

故

$$(\mathscr{A}-\mathscr{E})(\mathscr{A}+\mathscr{E})^{-1}=(\mathscr{A}+\mathscr{E})^{-1}(\mathscr{A}-\mathscr{E})$$

由式(4.7.4)得出

$$\mathscr{U}^{*}=(\mathscr{A}^{*}+\mathscr{E})^{-1}(\mathscr{A}^{*}-\mathscr{E})=(-\mathscr{A}+\mathscr{E})^{-1}(-\mathscr{A}-\mathscr{E})=(\mathscr{A}-\mathscr{E})^{-1}(\mathscr{A}+\mathscr{E})$$

故

$$\mathscr{U}\mathscr{U}^* = (\mathscr{A}-\mathscr{E})(\mathscr{A}+\mathscr{E})^{-1}(\mathscr{A}-\mathscr{E})^{-1}(\mathscr{A}+\mathscr{E}) = \mathscr{E}$$

是即 $\mathscr{U}$ 为酉变换.其余的推理完全和定理 4.7.1 的证明类似,我们略去不述.

在结束本目时,注意从上面诸内容中所证明的结果,知在酉空间的线性变换的性质与复数的性质之间有类似之处.我们约定在某一意义上,线性变换类似复数而共轭线性变换类似共轭复数,则有特征性质 $\mathscr{A}^* = \mathscr{A}$ 的埃尔米特变换类似于关系式 $\overline{z} = z$ 的复数,即是实数;有特征性质 $\mathscr{A}^* = -\mathscr{A}$ 的反埃尔米特变换类似于适合关系式 $\overline{z} = -z$ 的复数,即纯虚数;有性质 $\mathscr{U}\mathscr{U}^* = \mathscr{E}$ 的变换类似于适合关系式 $z\overline{z} = 1$ 的复数,是即 $|z| = 1$ 的复数.4.2 目中定理 4.4.1 的分解式 $\mathscr{A} = \mathscr{H}_1 + \mathrm{i}\mathscr{H}_2$ 对应于表复数 z 为笛卡尔形 $z = a + \mathrm{i}b$,而极分解式 $\mathscr{A} = \mathscr{D}\mathscr{U}$ 对应于表复数 z 为三角式 $z = r(\cos\theta + \mathrm{i}\sin\theta)$,诸如此类.

4.8 影谱分解

为了研究线性变换的性质,有时需将所给线性变换经较为简单的变换来表出,对于正规变换,这种简单变换可以取为投影变换①.

下面的分解式

$$\mathscr{A} = \alpha_1\mathscr{P}_1 + \alpha_2\mathscr{P}_2 + \cdots + \alpha_s\mathscr{P}_s \tag{4.8.1}$$

称为变换 $\mathscr{A}$ 的影谱分解,如果:

1) 数 $\alpha_1, \alpha_2, \cdots, \alpha_s$ 各不相等.

2) $\mathscr{P}_j^* = \mathscr{P}_j \neq \mathscr{O}(j = 1, 2, \cdots, s)$.

3) $\mathscr{P}_j^2 = \mathscr{P}_j(j = 1, 2, \cdots, s)$.

4) $\mathscr{P}_j\mathscr{P}_k = \mathscr{O}(j \neq k; j, k = 1, 2, \cdots, s)$.

5) $\mathscr{P}_1 + \mathscr{P}_2 + \cdots + \mathscr{P}_s = \mathscr{E}$.

条件 2),3),4) 的意义是 $\mathscr{P}_1, \mathscr{P}_2, \cdots, \mathscr{P}_s$ 为互相正交的投影变换.

显然,影谱分解仅对正规变换才有可能.事实上,由式(4.8.1) 并注意到 $\mathscr{P}_i$ 的埃尔米特性,有

$$\mathscr{A}^* = \overline{\alpha_1}\mathscr{P}_1 + \overline{\alpha_2}\mathscr{P}_2 + \cdots + \overline{\alpha_s}\mathscr{P}_s$$

于此

$$\mathscr{A}\mathscr{A}^* = \sum_{j=1}^{s}(\alpha_j\mathscr{P}_j)\sum_{k=1}^{s}(\overline{\alpha_k}\mathscr{P}_k) = \sum_{j=1}^{s}(\alpha_j\overline{\alpha_j}\mathscr{P}_j) = \mathscr{A}^*\mathscr{A}$$

---

① 与在欧氏空间一样,在酉空间亦可引入投影变换并研究其性质,这项工作我们不再重复.读者可以参考本章 1.2 目以及 3.2 目.

反之,每一个酉空间的正规变换均有影谱分解式.

设 $\mathscr{A}$ 为酉空间 U 的正规变换,我们已经知道在 U 中有由变换 $\mathscr{A}$ 的特征向量所组成的标准正交基底 $\boldsymbol{e}_1,\boldsymbol{e}_2,\cdots,\boldsymbol{e}_n$ 存在,把它们这样排列,使其对应于同一特征根的向量都排在一起. 例如设 $\boldsymbol{e}_1,\boldsymbol{e}_2,\cdots,\boldsymbol{e}_{m_1}$ 对应于特征根 α_1;$\boldsymbol{e}_{m_1+1},\boldsymbol{e}_{m_1+2},\cdots,\boldsymbol{e}_{m_2}$ 对应于特征根 α_2,依此类推. 以 U_i 记由对应于特征根 $\alpha_i(i=1,2,\cdots,s)$ 的向量 $\boldsymbol{e}_{m_{i-1}+1},\boldsymbol{e}_{m_{i-1}+2},\cdots,\boldsymbol{e}_{m_i}$ 所产生的子空间. 因为空间 U_i 的坐标向量都是属于同一特征根 α_i 的特征向量,故 U_i 中所有向量都是特征向量,而且都属于同一特征根 α_i. 我们有

$$U=U_1+U_2+\cdots+U_s \tag{4.8.2}$$

其中子空间 $U_1,U_2,\cdots,U_s$ 是互相正交的,以 $\mathscr{P}_i$ 记在子空间 U_i 上的投影变换,由 3.2 目,知从子空间 U_i 的正交性可推得它们的对应投影变换的正交性. 再者,由等式(4.8.2) 得出

$$\mathscr{P}_1+\mathscr{P}_2+\cdots+\mathscr{P}_s=\mathscr{P}$$

其中 $\mathscr{P}$ 为 U 上的投影变换,但在 U 上的投影变换是单位变换,故知

$$\mathscr{E}=\mathscr{P}_1+\mathscr{P}_2+\cdots+\mathscr{P}_s \tag{4.8.3}$$

这样,我们知道变换 $\mathscr{P}_1,\mathscr{P}_2,\cdots,\mathscr{P}_s$ 有性质 2)—4),最后来证明

$$\mathscr{A}=\alpha_1\mathscr{P}_1+\alpha_2\mathscr{P}_2+\cdots+\alpha_s\mathscr{P}_s$$

设 $\boldsymbol{x}$ 为 U 中任一向量,等式(4.8.3) 给出

$$\boldsymbol{x}=\mathscr{P}_1\boldsymbol{x}+\mathscr{P}_2\boldsymbol{x}+\cdots+\mathscr{P}_s\boldsymbol{x} \tag{4.8.4}$$

向量 $\mathscr{P}_i\boldsymbol{x}$ 含于 U_i 中,而所有 U_i 中的向量都是属于特征根 α_i 的特征向量,故

$$\mathscr{A}(\mathscr{P}_i\boldsymbol{x})=\alpha_i(\mathscr{P}_i\boldsymbol{x})$$

以 $\mathscr{A}$ 乘式(4.8.4),我们得出

$$\mathscr{A}\boldsymbol{x}=\alpha_1\mathscr{P}_1\boldsymbol{x}+\alpha_2\mathscr{P}_2\boldsymbol{x}+\cdots+\alpha_s\mathscr{P}_s\boldsymbol{x}$$

再由 $\boldsymbol{x}$ 的任意性,得出

$$\mathscr{A}=\alpha_1\mathscr{P}_1+\alpha_2\mathscr{P}_2+\cdots+\alpha_s\mathscr{P}_s$$

这就是所要证明的结果.

定理 4.8.1 如果

$$\mathscr{A}=\alpha_1\mathscr{P}_1+\alpha_2\mathscr{P}_2+\cdots+\alpha_s\mathscr{P}_s \tag{4.8.5}$$

是变换 $\mathscr{A}$ 的某一影谱分解式,则 $\alpha_1,\alpha_2,\cdots,\alpha_s$ 为这一变换的所有特征根的集合.

证明 由假设,任一变换 $\mathscr{P}_j$ 不等于 $\mathscr{O}$,故可求得这样的向量 $\boldsymbol{a}$,使 $\mathscr{P}_j\boldsymbol{a}\neq\boldsymbol{0}$. 但由变换 $\mathscr{P}_1,\mathscr{P}_2,\cdots,\mathscr{P}_s$ 的正交性,我们得出

$$\mathscr{A}(\mathscr{P}_j\boldsymbol{a})=\alpha_1\mathscr{P}_1(\mathscr{P}_j\boldsymbol{a})+\alpha_2\mathscr{P}_2(\mathscr{P}_j\boldsymbol{a})+\cdots+\alpha_s\mathscr{P}_s(\mathscr{P}_j\boldsymbol{a})=\alpha_j\mathscr{P}_j^2\boldsymbol{a}=\alpha_j\mathscr{P}_j\boldsymbol{a}$$

是即,$\mathscr{P}_j\boldsymbol{a}$ 为属于特征根 α_j 的特征向量.

反之，设 $\boldsymbol{a}$ 为属于特征根 β 的非零特征向量，由性质 5) 得

$$\boldsymbol{a}=\mathscr{P}_1\boldsymbol{a}+\mathscr{P}_2\boldsymbol{a}+\cdots+\mathscr{P}_s\boldsymbol{a} \tag{4.8.6}$$

因 $\mathscr{A}\boldsymbol{a}=\beta\boldsymbol{a}$，于是有

$$\mathscr{A}\boldsymbol{a}=\beta\boldsymbol{a}=\beta(\mathscr{P}_1\boldsymbol{a}+\mathscr{P}_2\boldsymbol{a}+\cdots+\mathscr{P}_s\boldsymbol{a})=\beta\mathscr{P}_1\boldsymbol{a}+\beta\mathscr{P}_2\boldsymbol{a}+\cdots+\beta\mathscr{P}_s\boldsymbol{a}$$

又，条件(4.8.5) 给出

$$\mathscr{A}\boldsymbol{a}=\alpha_1\mathscr{P}_1\boldsymbol{a}+\alpha_2\mathscr{P}_2\boldsymbol{a}+\cdots+\alpha_s\mathscr{P}_s\boldsymbol{a}$$

由此

$$\alpha_1\mathscr{P}_1\boldsymbol{a}+\alpha_2\mathscr{P}_2\boldsymbol{a}+\cdots+\alpha_s\mathscr{P}_s\boldsymbol{a}=\beta\mathscr{P}_1\boldsymbol{a}+\beta\mathscr{P}_2\boldsymbol{a}+\cdots+\beta\mathscr{P}_s\boldsymbol{a}$$

乘这一等式两端以 $\mathscr{P}_j$ 且应用性质 2) 和 4)，我们得出

$$\alpha_j\mathscr{P}_j\boldsymbol{a}=\beta\mathscr{P}_j\boldsymbol{a},(\alpha_j-\beta)\mathscr{P}_j\boldsymbol{a}=\boldsymbol{0}\quad(j=1,2,\cdots,s)$$

向量 $\boldsymbol{a}$ 不等于零，故式(4.8.6) 中至少有一项 $\mathscr{P}_j\boldsymbol{a}$ 不等于零，但此等式$(\alpha_j-\beta)\mathscr{P}_j\boldsymbol{a}=\boldsymbol{0}$ 给出 $\beta=\alpha_j$，这就是所要证明的.

定理 4.8.2 如果

$$\mathscr{A}=\alpha_1\mathscr{P}_1+\alpha_2\mathscr{P}_2+\cdots+\alpha_s\mathscr{P}_s$$

为变换 $\mathscr{A}$ 的影谱分解式，$f(\lambda)$ 是任一多项式，则

$$f(\mathscr{A})=f(\alpha_1)\mathscr{P}_1+f(\alpha_2)\mathscr{P}_2+\cdots+f(\alpha_s)\mathscr{P}_s$$

证明 设 $f(\lambda)=\beta_0+\beta_1\lambda+\cdots+\beta_m\lambda^m$. 现在我们有

$$\mathscr{E}=\mathscr{P}_1+\mathscr{P}_2+\cdots+\mathscr{P}_s$$

$$\mathscr{A}=\alpha_1\mathscr{P}_1+\alpha_2\mathscr{P}_2+\cdots+\alpha_s\mathscr{P}_s$$

$$\mathscr{A}^2=\sum_{j=1}^{s}(\alpha_j\mathscr{P}_j)\sum_{k=1}^{s}(\alpha_k\mathscr{P}_k)=\sum_{j,k}(\alpha_j\alpha_k\mathscr{P}_j\mathscr{P}_k)=\alpha_1^2\mathscr{P}_1+\alpha_2^2\mathscr{P}_2+\cdots+\alpha_s^2\mathscr{P}_s$$

$$\vdots$$

$$\mathscr{A}^m=\sum_{j=1}^{s}(\alpha_j^{m-1}\mathscr{P}_j)\sum_{k=1}^{s}(\alpha_k\mathscr{P}_k)=\sum_{j,k}(\alpha_j^{m-1}\alpha_k\mathscr{P}_j\mathscr{P}_k)=\alpha_1^m\mathscr{P}_1+\alpha_2^m\mathscr{P}_2+\cdots+\alpha_s^m\mathscr{P}_s$$

顺次乘这些等式以 $\beta_0,\beta_1,\cdots,\beta_m$，而后将其中相加，即得出所要求出的关系式.

推论 1 若 $\mathscr{A}=\alpha_1\mathscr{P}_1+\alpha_2\mathscr{P}_2+\cdots+\alpha_s\mathscr{P}_s$ 为变换 $\mathscr{A}$ 的影谱分解式，则

$$\mathscr{P}_i=\frac{(\mathscr{A}-\alpha_1\mathscr{E})\cdots(\mathscr{A}-\alpha_{i-1}\mathscr{E})}{(\alpha_i-\alpha_1)\cdots(\alpha_i-\alpha_{i-1})}\ \frac{(\mathscr{A}-\alpha_{i+1}\mathscr{E})\cdots(\mathscr{A}-\alpha_s\mathscr{E})}{(\alpha_i-\alpha_{i+1})\cdots(\alpha_i-\alpha_s)}$$

事实上，引入多项式

$$f_i(\lambda)=\frac{(\lambda-\alpha_1)\cdots(\lambda-\alpha_{i-1})}{(\alpha_i-\alpha_1)\cdots(\alpha_i-\alpha_{i-1})}\ \frac{(\lambda-\alpha_{i+1})\cdots(\lambda-\alpha_s)}{(\alpha_i-\alpha_{i+1})\cdots(\alpha_i-\alpha_s)}$$

由定理 4.8.2，知

$$f_i(\mathscr{A})=f_i(\alpha_1)\mathscr{P}_1+f_i(\alpha_2)\mathscr{P}_2+\cdots+f_i(\alpha_s)\mathscr{P}_s$$

但 $f_i(\alpha_j)=0(i\neq j)$，$f_i(\alpha_i)=1$，故

$$f_i(\mathscr{A})=\mathscr{P}_i$$

推论 2 酉空间上的线性变换 $\mathscr{A}$ 正规的充分必要条件是存在复系数多项式 $f(\lambda)$，使得 $\mathscr{A}^*=f(\mathscr{A})$.

证明 若存在复系数多项式 $f(\lambda)$，使 $\mathscr{A}^*=f(\mathscr{A})$，则 $\mathscr{A}\mathscr{A}^*=\mathscr{A}^*\mathscr{A}$，即 $\mathscr{A}$ 是正规变换.

反过来，设 $\mathscr{A}$ 是正规变换，于是 $\mathscr{A}$ 存在影谱分解

$$\mathscr{A}=\alpha_1\mathscr{P}_1+\alpha_2\mathscr{P}_2+\cdots+\alpha_s\mathscr{P}_s$$

则

$$\mathscr{A}^*=\overline{\alpha_1}\mathscr{P}_1+\overline{\alpha_2}\mathscr{P}_2+\cdots+\overline{\alpha_s}\mathscr{P}_s$$

采用推论 1 的记号，令 $f(\lambda)=\sum_{j=1}^{s}\overline{\alpha_j}f_j(\lambda)$，则

$$f(\mathscr{A})=\sum_{j=1}^{s}\overline{\alpha_j}f_j(\mathscr{A})=\sum_{j=1}^{s}\overline{\alpha_j}\mathscr{P}_j=\mathscr{A}^*$$

证毕.

利用上述推论 1，我们可以证明：

定理 4.8.3 酉空间中的每一个正规变换有且仅有一个影谱分解式.

证明 前面已经建立了分解的可能性，故仅需证明其唯一性.

影谱分解式系数 $\alpha_1,\alpha_2,\cdots,\alpha_s$ 是变换 $\mathscr{A}$ 的特征根，故为变换 $\mathscr{A}$ 所唯一决定，但在知道这些系数后，我们就知道多项式 $f_i(\mathscr{A})$，故亦就知道投影变换 $\mathscr{P}_i$，这就得到了我们所要证明的结果.

我们还需要注意一些影谱分解的性质，影谱分解的系数集合 $\alpha_1,\alpha_2,\cdots,\alpha_s$ 称为它的影谱，线性变换的影谱是指它的影谱分解的影谱而言的，上面已经证明，正规变换的影谱与它的特征值集合是一致的.

利用影谱分解式，我们可以很简单地证明：正规变换是埃尔米特的，反埃尔米特的，酉的充分必要条件各为其影谱仅含实数，纯虚数，或有单位模的数.

设 $\mathscr{A}=\alpha_1\mathscr{P}_1+\alpha_2\mathscr{P}_2+\cdots+\alpha_s\mathscr{P}_s$ 是正规变换 $\mathscr{A}$ 的影谱分解式，则

$$\mathscr{A}^*=\overline{\alpha_1}\mathscr{P}_1+\overline{\alpha_2}\mathscr{P}_2+\cdots+\overline{\alpha_s}\mathscr{P}_s$$

为其共轭变换 $\mathscr{A}^*$ 的影谱分解. 因每一正规变换只有一个影谱分解式，条件 $\mathscr{A}=\mathscr{A}^*$ 相当于等式 $\alpha_i=\overline{\alpha_i}(i=1,2,\cdots,s)$，亦即相当于有实数影谱，第一个论断即已证明，其余两个论断的证明是类似的.

定理 4.8.4 变换 $\mathscr{B}$ 与影谱分解式为 $\mathscr{A}=\alpha_1\mathscr{P}_1+\alpha_2\mathscr{P}_2+\cdots+\alpha_s\mathscr{P}_s$ 的正规变换可交换的充分必要条件为 $\mathscr{B}$ 与每一个 $\mathscr{P}_i$ 都是可交换的.

证明 如果 $\mathscr{B}$ 与 $\mathscr{A}$ 可交换，那么 $\mathscr{B}$ 与 $\mathscr{A}$ 的任一多项式可交换，但由定理 4.8.2 的推论 $\mathscr{P}_i = f_i(\mathscr{A})$，故 $\mathscr{B}$ 与 $\mathscr{P}_i$ 可交换；其逆命题是很明显的.

定理 4.8.5 若影谱分解式为 $\mathscr{A} = \alpha_1\mathscr{P}_1 + \alpha_2\mathscr{P}_2 + \cdots + \alpha_s\mathscr{P}_s$，$\mathscr{B} = \beta_1\mathscr{Q}_1 + \beta_2\mathscr{Q}_2 + \cdots + \beta_t\mathscr{Q}_t$ 的两个变换可交换，则每一个 $\mathscr{P}_i$ 与每一个 $\mathscr{Q}_j$ 都是可交换的.

它的证明可以直接从下面的定理推出.

定理 4.8.6 如果正规变换 $\mathscr{A}$ 与某一变换 $\mathscr{B}$ 可交换，则 $\mathscr{A}$ 与亦与 $\mathscr{B}^*$ 可交换.

证明 讨论影谱分解 $\mathscr{A} = \alpha_1\mathscr{P}_1 + \alpha_2\mathscr{P}_2 + \cdots + \alpha_s\mathscr{P}_s$，我们已经知道，由 $\mathscr{A}$ 与 $\mathscr{B}$ 的交换性可推出 $\mathscr{B}$ 与每个 $\mathscr{P}_i$ 的可交换性，但变换 $\mathscr{P}_i$ 是埃尔米特的，故在等式 $\mathscr{B}\mathscr{P}_i = \mathscr{P}_i\mathscr{B}$ 的两边取共轭变换，我们得出

$$\mathscr{P}_i\mathscr{B}^* = \mathscr{B}^*\mathscr{P}_i \quad (i = 1, 2, \cdots, s)$$

亦即 $\mathscr{B}^*$ 与 $\mathscr{A}$ 可交换.

定理 4.8.7 可交换正规变换的和与积仍为正规变换.

证明 设 $\mathscr{A}, \mathscr{B}$ 为正规变换且 $\mathscr{A}\mathscr{B} = \mathscr{B}\mathscr{A}$，则由定理 4.8.6，知

$$\mathscr{A}\mathscr{B}^* = \mathscr{B}^*\mathscr{A}, \mathscr{B}\mathscr{A}^* = \mathscr{A}^*\mathscr{B}$$

故

$$(\mathscr{A} + \mathscr{B})(\mathscr{A}^* + \mathscr{B}^*) = (\mathscr{A}^* + \mathscr{B}^*)(\mathscr{A} + \mathscr{B}); (\mathscr{A}\mathscr{B})(\mathscr{B}^*\mathscr{A}^*) = (\mathscr{B}^*\mathscr{A}^*)(\mathscr{A}\mathscr{B})$$

定理 4.8.8 正规变换的任一多项式是一正规变换.

事实上，如果

$$f(\mathscr{A}) = \beta_0\mathscr{E} + \beta_1\mathscr{A} + \cdots + \beta_m\mathscr{A}^m$$

则

$$f(\mathscr{A})^* = \overline{\beta_0}\mathscr{E} + \overline{\beta_1}\mathscr{A}^* + \cdots + \overline{\beta_m}\mathscr{A}^{*m}$$

可交换的变换的多项式仍然是可交换的，故

$$f(\mathscr{A}) \cdot f(\mathscr{A})^* = f(\mathscr{A})^* \cdot f(\mathscr{A})$$

4.9 酉空间之间的线性映射·奇异值分解的几何推演

为了从几何上描述奇异值问题，我们引进线性映射的关联这一概念，它可以看成是酉空间上线性变换的共轭概念的推广.

定义 4.9.1 设 V, U 分别是 n 维，m 维酉空间，$\mathscr{A}$ 是 V 到 U 的线性映射. 如果存在 U 到 V 的线性映射 $\mathscr{A}^*$，使得对于任意的 $\boldsymbol{v} \in V, \boldsymbol{u} \in U$，都有

$$(\mathscr{A}\boldsymbol{v}, \boldsymbol{u}) = (\boldsymbol{v}, \mathscr{A}^*\boldsymbol{u})$$

成立，则称 $\mathscr{A}^*$ 是 $\mathscr{A}$ 的关联映射.

定理 4.9.1 设 V, U 分别是 n 维，m 维酉空间，$\mathscr{A}$ 是 V 到 U 的线性映射，则

$\mathscr{A}$的关联 $\mathscr{A}^*$ 存在且唯一.

这个定理的证明(线性变换关联的存在与唯一性)留给读者,它是与本章§2 定理 2.1.1 的证明类似的.

从关联变换的定义,我们不难发现,若取定 V 的一组标准正交基$\{\boldsymbol{e}_1,\boldsymbol{e}_2,\cdots,\boldsymbol{e}_n\}$,$U$ 的一组标准正交基$\{\boldsymbol{f}_1,\boldsymbol{f}_2,\cdots,\boldsymbol{f}_m\}$,设 $\mathscr{A}$ 在这两组基下的表示矩阵为 $\mathbf{A}$,则 $\mathscr{A}^*$ 在这两组基下的表示矩阵为 $\mathbf{A}^{\mathrm{H}}$,证明也和线性变换的情形相同.

现在我们引入线性映射的奇异值的概念如下:

定义 4.9.2 设 $\mathscr{A}$是 n 维酉空间 V 到 m 维酉空间 U 的线性映射,如果存在非负实数 σ 以及 $\boldsymbol{v}\in V,\boldsymbol{u}\in U$,满足

$$\mathscr{A}\boldsymbol{v}=\sigma\boldsymbol{u},\mathscr{A}^*\boldsymbol{u}=\sigma\boldsymbol{v}$$

则称 σ 是 $\mathscr{A}$的奇异值;同时 $\boldsymbol{v},\boldsymbol{u}$ 分别称为 $\mathscr{A}$关于 σ 的右奇异向量与左奇异向量.

不难验证 $\mathscr{A}^*\mathscr{A}$是 V 上的半正定的埃尔米特变换,而 $\mathscr{A}\mathscr{A}^*$ 是 U 上的半正定的埃尔米特变换. 又

$$\mathscr{A}^*\mathscr{A}\boldsymbol{v}=\mathscr{A}^*(\sigma\boldsymbol{u})=\sigma\mathscr{A}^*(\boldsymbol{u})=\sigma^2\boldsymbol{v}$$

因此 σ^2 是变换 $\mathscr{A}^*\mathscr{A}$ 的特征值,$\boldsymbol{v}$ 是 $\mathscr{A}^*\mathscr{A}$ 的属于 σ^2 的特征向量. 同理,σ^2 也是 $\mathscr{A}\mathscr{A}^*$ 的特征值,$\boldsymbol{u}$ 是 $\mathscr{A}\mathscr{A}^*$ 的属于 σ^2 的特征向量.

定理 4.9.2 设 V,U 分别是 n 维,m 维酉空间,$\mathscr{A}$是 V 到 U 的线性映射,则存在 V 和 U 的标准正变基,使 $\mathscr{A}$ 在这两组基下的表示矩阵为

$$\begin{pmatrix}\boldsymbol{D} & \boldsymbol{O}\\ \boldsymbol{O} & \boldsymbol{O}\end{pmatrix}$$

其中 $\boldsymbol{D}=\begin{pmatrix}\sigma_1 & & & \\ & \sigma_2 & & \\ & & \ddots & \\ & & & \sigma_r\end{pmatrix}$ 是一个 r 阶对角阵,$\sigma_1\geqslant\sigma_2\geqslant\cdots\geqslant\sigma_r>0$ 是 $\mathscr{A}$的正奇异值.

证明 因为 $\mathscr{A}^*\mathscr{A}$是 V 上的半正定的埃尔米特变换,所以存在 V 的一组标准正交基$\{\boldsymbol{e}_1,\boldsymbol{e}_2,\cdots,\boldsymbol{e}_n\}$,使 $\mathscr{A}^*\mathscr{A}$ 在这组基下的表示矩阵为 n 阶对角阵

$$\begin{pmatrix}\lambda_1 & & & & & \\ & \ddots & & & & \\ & & \lambda_r & & & \\ & & & 0 & & \\ & & & & \ddots & \\ & & & & & 0\end{pmatrix}$$

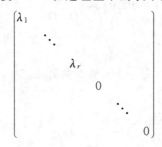

其中 r 是线性变换 $\mathscr{A}^*\mathscr{A}$ 的秩，也就是线性映射 $\mathscr{A}$ 的秩且 $\lambda_1 \geqslant \lambda_2 \geqslant \cdots \geqslant \lambda_r > 0$ 为 $\mathscr{A}^*\mathscr{A}$ 的正特征值，从而有

$$\mathscr{A}^*\mathscr{A}\boldsymbol{e}_i = \lambda_i \boldsymbol{e}_i \quad (i = 1, 2, \cdots, r)$$

$$\mathscr{A}^*\mathscr{A}\boldsymbol{e}_j = \boldsymbol{0} \quad (j = r+1, r+2, \cdots, n)$$

令 $\sigma_i = \sqrt{\lambda_i}\,(i=1,2,\cdots,r)$ 为算术平方根. 注意到对任意的 $1 \leqslant i \leqslant r$，有

$$|\mathscr{A}\boldsymbol{e}_i|^2 = (\mathscr{A}\boldsymbol{e}_i, \mathscr{A}\boldsymbol{e}_i) = (\mathscr{A}^*\mathscr{A}\boldsymbol{e}_i, \boldsymbol{e}_i) = \lambda_i(\boldsymbol{e}_i, \boldsymbol{e}_i) = \sigma_i^2(\boldsymbol{e}_i, \boldsymbol{e}_i) = \sigma_i^2$$

即 $|\mathscr{A}\boldsymbol{e}_i| = \sigma_i$；对任意的 $1 \leqslant i \neq j \leqslant r$，有

$$(\mathscr{A}\boldsymbol{e}_i, \mathscr{A}\boldsymbol{e}_j) = (\mathscr{A}^*\mathscr{A}\boldsymbol{e}_i, \boldsymbol{e}_j) = \lambda_i(\boldsymbol{e}_i, \boldsymbol{e}_j) = 0$$

又对任意的 $r+1 \leqslant j \leqslant n$，有

$$|\mathscr{A}\boldsymbol{e}_j|^2 = (\mathscr{A}\boldsymbol{e}_j, \mathscr{A}\boldsymbol{e}_j) = (\mathscr{A}^*\mathscr{A}\boldsymbol{e}_j, \boldsymbol{e}_i) = 0$$

即

$$\mathscr{A}\boldsymbol{e}_j = \boldsymbol{0}$$

令

$$\boldsymbol{f}_i = \frac{1}{\sigma_i}\mathscr{A}\boldsymbol{e}_i \quad (i = 1, 2, \cdots, r)$$

则 $\boldsymbol{f}_1, \boldsymbol{f}_2, \cdots, \boldsymbol{f}_r$ 是 U 中一组两两正交的单位向量，由基扩充定理(第 10 章定理 4.3.1)，可将它们扩张为 U 的一组标准正交基 $\{\boldsymbol{f}_1, \boldsymbol{f}_2, \cdots, \boldsymbol{f}_r, \boldsymbol{f}_{r+1}, \cdots, \boldsymbol{f}_m\}$. 于是在 V 的标准正交基 $\{\boldsymbol{e}_1, \boldsymbol{e}_2, \cdots, \boldsymbol{e}_n\}$ 和 U 的标准正交基 $\{\boldsymbol{f}_1, \boldsymbol{f}_2, \cdots, \boldsymbol{f}_m\}$ 下，$\mathscr{A}$ 满足

$$\mathscr{A}\boldsymbol{e}_i = \sigma_i \boldsymbol{f}_i \quad (i = 1, 2, \cdots, r)$$

$$\mathscr{A}\boldsymbol{e}_j = \boldsymbol{0} \quad (j = r+1, r+2, \cdots, n)$$

由 $\mathscr{A}^*$ 在上述两组标准正交基下的表示矩阵是 $\boldsymbol{A}$ 的表示矩阵的共轭转置可得

$$\mathscr{A}^*\boldsymbol{f}_i = \sigma_i \boldsymbol{e}_i \quad (i = 1, 2, \cdots, r)$$

$$\mathscr{A}^*\boldsymbol{f}_j = \boldsymbol{0} \quad (j = r+1, r+2, \cdots, m)$$

这就得到了要证的结论.

推论 设 $\boldsymbol{A}$ 是 $m \times n$ 维复矩阵，$\boldsymbol{A}$ 的秩等于 r，则存在 m 阶酉矩阵 $\boldsymbol{P}$ 以及 n 阶酉矩阵 $\boldsymbol{Q}$，使

$$\boldsymbol{P}^{\mathrm{H}}\boldsymbol{A}\boldsymbol{Q} = \begin{pmatrix} \boldsymbol{D} & \boldsymbol{O} \\ \boldsymbol{O} & \boldsymbol{O} \end{pmatrix}$$

其中 $\boldsymbol{D} = \begin{pmatrix} \sigma_1 & & & \\ & \sigma_2 & & \\ & & \ddots & \\ & & & \sigma_r \end{pmatrix}$ 是一个 r 阶对角阵，$\sigma_1 \geqslant \sigma_2 \geqslant \cdots \geqslant \sigma_r > 0$ 是 $\boldsymbol{A}$ 的正奇异值.

线性空间中的数量函数

第 12 章

§1 双线性函数

1.1 双线性函数的基本概念及其矩阵

我们来研究含两个向量变量的线性函数.与一个变量的函数的情况不同,含两个变量的数量函数的理论已经有丰富的几何内容.我们这里只限于讨论含两个向量变量的数量函数,而不讨论向量函数.

设 L 是数域 K 上的线性空间,L 中每一对向量 $\boldsymbol{x},\boldsymbol{y}$,取定其前后次序,使其对应于 K 中某一个确定的数,记此对应规则为 φ,称 φ 为确定于 L 上,其值在 K 中的数量函数.以 $\varphi(\boldsymbol{x},\boldsymbol{y})$ 记对应于向量 $\boldsymbol{x},\boldsymbol{y}$ 的数.

函数 $\varphi(\boldsymbol{x},\boldsymbol{y})$ 称为双线性的,若对于每一个定值 $\boldsymbol{y}$,它是 $\boldsymbol{x}$ 的线性函数,而对于每一个定值 $\boldsymbol{x}$,它是 $\boldsymbol{y}$ 的线性函数.换句话说,若对于任意的 $\boldsymbol{x},\boldsymbol{y}$ 与 $\boldsymbol{z}$,以下等式成立,则 $\varphi(\boldsymbol{x},\boldsymbol{y})$ 称为 $\boldsymbol{x}$ 与 $\boldsymbol{y}$ 的双线性函数

$$\left.\begin{aligned}&\left.\begin{aligned}&\varphi(\boldsymbol{x}+\boldsymbol{z},\boldsymbol{y})=\varphi(\boldsymbol{x},\boldsymbol{y})+\varphi(\boldsymbol{z},\boldsymbol{y})\\&\varphi(\alpha\boldsymbol{x},\boldsymbol{y})=\alpha\varphi(\boldsymbol{x},\boldsymbol{y})\end{aligned}\right\}\text{对第一个变量的线性性质}\\&\left.\begin{aligned}&\varphi(\boldsymbol{x},\boldsymbol{y}+\boldsymbol{z})=\varphi(\boldsymbol{x},\boldsymbol{y})+\varphi(\boldsymbol{x},\boldsymbol{z})\\&\varphi(\boldsymbol{x},\alpha\boldsymbol{y})=\alpha\varphi(\boldsymbol{x},\boldsymbol{y})\end{aligned}\right\}\text{对第二个变量的线性性质}\end{aligned}\right\}\tag{1.1.1}$$

例 1 若 $f_1(\boldsymbol{x})$ 与 $f_2(\boldsymbol{y})$ 为线性齐次式,则 $\varphi(\boldsymbol{x},\boldsymbol{y})=f_1(\boldsymbol{x})f_2(\boldsymbol{y})$ 显然是 $\boldsymbol{x}$ 与 $\boldsymbol{y}$ 的双线性函数.

例 2 在具有固定的基底 $\boldsymbol{e}_1,\boldsymbol{e}_2,\cdots,\boldsymbol{e}_n$ 的 n 维线性空间里,以下的函数是双线性函数:

$$\varphi(\boldsymbol{x},\boldsymbol{y})=\sum_{i=1}^{n}\sum_{j=1}^{n}a_{ij}x_iy_j$$

其中 $\boldsymbol{x}=\sum_{i=1}^{n}x_i\boldsymbol{e}_i,\boldsymbol{y}=\sum_{j=1}^{n}y_j\boldsymbol{e}_j$ 为任意向量而 $a_{ij}(i,j=1,2,\cdots,n)$ 为常数.

例 3 在空间 $\mathbf{C}(a,b)$ 里,函数

$$\varphi(\boldsymbol{x},\boldsymbol{y})=\int_a^b\int_a^b K(s,t)\boldsymbol{x}(t)\boldsymbol{y}(s)\,\mathrm{d}s\mathrm{d}t$$

($K(s,t)$ 为 s 与 t 的已给连续函数)显然是 $\boldsymbol{x}(t)$ 与 $\boldsymbol{y}(s)$ 两向量的双线性函数.

例 4 在空间 $\mathbf{R}^3$ 里,两个向量 $\boldsymbol{x}$ 与 $\boldsymbol{y}$ 的内积是 $\boldsymbol{x}$ 与 $\boldsymbol{y}$ 的双线性函数.

根据双线性函数的定义,利用等式(1.1.1),不难推得以下的普遍公式

$$\varphi\left(\sum_{i=1}^{k}\alpha_i\boldsymbol{x}_i,\sum_{j=1}^{m}\beta_j\boldsymbol{y}_j\right)=\sum_{i=1}^{n}\sum_{j=1}^{n}\alpha_i\beta_j\varphi(\boldsymbol{x}_i,\boldsymbol{y}_j) \tag{1.1.2}$$

其中 $\boldsymbol{x}_1,\boldsymbol{x}_2,\cdots,\boldsymbol{x}_k,\boldsymbol{y}_1,\boldsymbol{y}_2,\cdots,\boldsymbol{y}_m$ 为空间 L 的任意向量,而 $\alpha_1,\alpha_2,\cdots,\alpha_k,\beta_1,\beta_2,\cdots,\beta_m$ 为任意的数.

无尽维空间内的双线性函数通常称为双线性泛函.

今在 L 内选择任意基底 $\boldsymbol{e}_1,\boldsymbol{e}_2,\cdots,\boldsymbol{e}_n$. 令 $\varphi(\boldsymbol{e}_i,\boldsymbol{e}_j)=a_{ij}(i,j=1,2,\cdots,n)$ 为常数. 这样,对于任意的

$$\boldsymbol{x}=\sum_{i=1}^{n}x_i\boldsymbol{e}_i,\boldsymbol{y}=\sum_{j=1}^{n}y_j\boldsymbol{e}_j$$

根据式(1.1.2),有

$$\varphi(\boldsymbol{x},\boldsymbol{y})=\varphi\left(\sum_{i=1}^{n}x_i\boldsymbol{e}_i,\sum_{j=1}^{n}y_j\boldsymbol{e}_j\right)=\sum_{i=1}^{n}\sum_{j=1}^{n}x_iy_j\varphi(\boldsymbol{e}_i,\boldsymbol{e}_j)=\sum_{i=1}^{n}\sum_{j=1}^{n}a_{ij}x_iy_j \tag{1.1.3}$$

这里

$$a_{ij}=\varphi(\boldsymbol{e}_i,\boldsymbol{e}_j)$$

系数构成的正方矩阵

$$\mathbf{A}=\mathbf{A}_{(e)}=\begin{pmatrix}a_{11}&a_{12}&\cdots&a_{1n}\\a_{21}&a_{22}&\cdots&a_{2n}\\\vdots&\vdots&&\vdots\\a_{n1}&a_{n2}&\cdots&a_{nn}\end{pmatrix}$$

将称为双线性函数 $\varphi(\boldsymbol{x},\boldsymbol{y})$ 在 L 的基底 $\{\boldsymbol{e}\}=\{\boldsymbol{e}_1,\boldsymbol{e}_2,\cdots,\boldsymbol{e}_n\}$ 下的度量矩阵. 容易明白,度量矩阵是由 $\varphi(\boldsymbol{x},\boldsymbol{y})$ 及 L 的基底 $\{\boldsymbol{e}\}$ 唯一决定的. 式子(1.1.3) 称为双线性函数 $\varphi(\boldsymbol{x},\boldsymbol{y})$ 在 L 的基底 $\{\boldsymbol{e}\}=\{\boldsymbol{e}_1,\boldsymbol{e}_2,\cdots,\boldsymbol{e}_n\}$ 下的表达式.

利用矩阵的乘法,可以把双线性函数写成矩阵乘积的形式. 用 $\boldsymbol{X}$ 来记由向量 $\boldsymbol{x}$ 在基 $\{\boldsymbol{e}\}$ 下的坐标所构成的列,即

$$\boldsymbol{X}=\begin{pmatrix}x_1\\x_2\\\vdots\\x_n\end{pmatrix}$$

$\boldsymbol{X}$ 为一个 n 行单列矩阵. 转置这一个矩阵,得出由一行所构成的矩阵

$$\boldsymbol{X}^{\mathrm{T}}=(x_1\quad x_2\quad\cdots\quad x_n)$$

同样地,用 $\boldsymbol{Y}$ 来记由向量 $\boldsymbol{y}$ 在基 $\{\boldsymbol{e}\}$ 下的坐标所构成的单列矩阵,即

$$\boldsymbol{Y}=\begin{pmatrix}y_1\\y_2\\\vdots\\y_n\end{pmatrix}$$

如此,则式(1.1.3) 现在可以写作下面的乘积的形式

$$\varphi(\boldsymbol{x},\boldsymbol{y})=\boldsymbol{X}^{\mathrm{T}}\boldsymbol{A}\boldsymbol{Y}\tag{1.1.3$'$}$$

设给出域 K 上的一个 n 维线性空间 L,那么对于同域 K 上的任一 n 阶矩阵 $\boldsymbol{A}$,都有 L 的一个双线性函数与它对应.

事实上,设 $\boldsymbol{A}=(a_{ij})_{n\times n}$,并取 L 的一个基底 $\{\boldsymbol{e}\}=\{\boldsymbol{e}_1,\boldsymbol{e}_2,\cdots,\boldsymbol{e}_n\}$. 对于 L 中的任意两个向量 $\boldsymbol{x}=(\boldsymbol{e}_1,\boldsymbol{e}_2,\cdots,\boldsymbol{e}_n)\boldsymbol{X}$, $\boldsymbol{y}=(\boldsymbol{e}_1,\boldsymbol{e}_2,\cdots,\boldsymbol{e}_n)\boldsymbol{Y}$. 令

$$\varphi(\boldsymbol{x},\boldsymbol{y})=\boldsymbol{X}^{\mathrm{T}}\boldsymbol{A}\boldsymbol{Y}$$

则 $\varphi(\boldsymbol{x},\boldsymbol{y})$ 是 L 内的双线性函数.

理由如下:设 $\boldsymbol{z}=(\boldsymbol{e}_1,\boldsymbol{e}_2,\cdots,\boldsymbol{e}_n)\boldsymbol{Z}$,则

$$\begin{aligned}\varphi(\alpha\boldsymbol{x}+\beta\boldsymbol{z},\boldsymbol{y})&=(\alpha\boldsymbol{X}+\beta\boldsymbol{Z})^{\mathrm{T}}\boldsymbol{A}\boldsymbol{Y}\\&=(\alpha\boldsymbol{X}^{\mathrm{T}}+\beta\boldsymbol{Z}^{\mathrm{T}})\boldsymbol{A}\boldsymbol{Y}\\&=\alpha\boldsymbol{X}^{\mathrm{T}}\boldsymbol{A}\boldsymbol{Y}+\beta\boldsymbol{Z}^{\mathrm{T}}\boldsymbol{A}\boldsymbol{Y}\\&=\alpha\varphi(\boldsymbol{x},\boldsymbol{y})+\beta\varphi(\boldsymbol{z},\boldsymbol{y})\end{aligned}$$

这就得到了 $\varphi(\boldsymbol{x},\boldsymbol{y})$ 对第一个变量的线性性质. 同样的方法可以证明 $\varphi(\boldsymbol{x},\boldsymbol{y})$ 对第二个变量也是线性的. 因此 $\varphi(\boldsymbol{x},\boldsymbol{y})$ 是 L 内的双线性函数.

进一步,所构造的双线性函数 $\varphi(\boldsymbol{x},\boldsymbol{y})$ 在基底 $\{\boldsymbol{e}\}$ 下的度量矩阵恰好是 $\boldsymbol{A}$.

设 $\boldsymbol{A}$ 的列为 $\boldsymbol{A}_1,\boldsymbol{A}_2,\cdots,\boldsymbol{A}_n$，则

$$\begin{aligned}\varphi(\boldsymbol{e}_i,\boldsymbol{e}_j)&=\boldsymbol{E}_i^{\mathrm{T}}\boldsymbol{A}\boldsymbol{E}_j=\boldsymbol{E}_i^{\mathrm{T}}(\boldsymbol{A}_1\boldsymbol{A}_2\cdots\boldsymbol{A}_n)\boldsymbol{E}_j\\&=(\boldsymbol{E}_i^{\mathrm{T}}\boldsymbol{A}_1\boldsymbol{E}_i^{\mathrm{T}}\boldsymbol{A}_2\cdots\boldsymbol{E}_i^{\mathrm{T}}\boldsymbol{A}_n)\boldsymbol{E}_j\\&=(a_{i1}a_{i2}\cdots a_{in})\boldsymbol{E}_j=a_{ij}\end{aligned}$$

其中 $\boldsymbol{E}_i^{\mathrm{T}}$ 为向量 $\boldsymbol{e}_i$ 的坐标所构成单列矩阵的转置，$\boldsymbol{E}_j$ 为向量 $\boldsymbol{e}_j$ 的坐标所构成的单列矩阵；$i,j=1,2,\cdots,n$. 因此 $\boldsymbol{A}=(a_{ij})_{n\times n}$ 是 $\varphi(\boldsymbol{x},\boldsymbol{y})$ 在 L 的基 $\{\boldsymbol{e}\}$ 下的度量矩阵.

还可以指出，上述对应是一一的. 为此设 $\boldsymbol{A},\boldsymbol{B}$ 是域 K 上的两个 n 维矩阵，利用刚才构造域 K 上 n 维线性空间 L 上的双线性函数，可得到 L 上的两个双线性函数

$$\varphi(\boldsymbol{x},\boldsymbol{y})=\boldsymbol{X}^{\mathrm{T}}\boldsymbol{A}\boldsymbol{Y},\psi(\boldsymbol{x},\boldsymbol{y})=\boldsymbol{X}^{\mathrm{T}}\boldsymbol{B}\boldsymbol{Y}$$

且 $\varphi(\boldsymbol{x},\boldsymbol{y})$ 与 $\psi(\boldsymbol{x},\boldsymbol{y})$ 在 L 的基 $\boldsymbol{e}_1,\boldsymbol{e}_2,\cdots,\boldsymbol{e}_n$ 下的度量矩阵分别为 $\boldsymbol{A},\boldsymbol{B}$. 如果 $\varphi(\boldsymbol{x},\boldsymbol{y})=\psi(\boldsymbol{x},\boldsymbol{y})$，即是说，对于 L 的任意向量 $\boldsymbol{x},\boldsymbol{y}$，均有 $\varphi(\boldsymbol{x},\boldsymbol{y})=\psi(\boldsymbol{x},\boldsymbol{y})$，那么 $\boldsymbol{A}=\boldsymbol{B}$.

1.2 双线性函数在不同基下矩阵之间的关系・矩阵的相合

在更换基底的时候，双线性函数的矩阵当然会随着改变. 我们试求它的变化规律.

定理 1.2.1 设 $\boldsymbol{A}_{(e)}=(a_{ij})_{n\times n}$ 为双线性函数 $\varphi(\boldsymbol{x},\boldsymbol{y})$ 对于基底 $\{\boldsymbol{e}\}=\{\boldsymbol{e}_1,\boldsymbol{e}_2,\cdots,\boldsymbol{e}_n\}$ 的矩阵，而 $\boldsymbol{A}_{(e')}=(a'_{kh})_{n\times n}$ 为同一个双线性函数对于基底 $\{\boldsymbol{e}'\}=\{\boldsymbol{e}'_1,\boldsymbol{e}'_2,\cdots,\boldsymbol{e}'_n\}$ 的矩阵. 那么

$$\boldsymbol{A}_{(e')}=\boldsymbol{P}^{\mathrm{T}}\boldsymbol{A}_{(e)}\boldsymbol{P}$$

这里 $\boldsymbol{P}$ 表示基 $\boldsymbol{e}_1,\boldsymbol{e}_2,\cdots,\boldsymbol{e}_n$ 到基 $\boldsymbol{e}'_1,\boldsymbol{e}'_2,\cdots,\boldsymbol{e}'_n$ 的过渡矩阵.

证明 假设其过渡矩阵为 $\boldsymbol{P}=(p_i^{(j)})_{n\times n}$. 这样，由前一个基底到后一个基底的变换公式为

$$\boldsymbol{e}'_k=\sum_{i=1}^{n}p_i^{(j)}\boldsymbol{e}_i\quad(k=1,2,\cdots,n)$$

$$\begin{aligned}a'_{kh}=\varphi(\boldsymbol{e}'_k,\boldsymbol{e}_h')&=\varphi(\sum_{i=1}^{n}p_i^{(j)}\boldsymbol{e}_i,\sum_{j=1}^{n}p_j^{(h)}\boldsymbol{e}_j)\\&=\sum_{i=1}^{n}\sum_{j=1}^{n}p_i^{(j)}p_j^{(h)}\varphi(\boldsymbol{e}_i,\boldsymbol{e}_j)\\&=\sum_{i=1}^{n}\sum_{j=1}^{n}p_i^{(j)}p_j^{(h)}a_{ij}\end{aligned}$$

这个等式可以写成

$$a'_{kh}=\sum_{i=1}^{n}\sum_{j=1}^{n}p_k^{(i)'}a_{ij}p_j^{(h)} \tag{1.2.1}$$

其中 $p_k^{(i)'}=p_i^{(k)}$ 为矩阵$\boldsymbol{B}$ 的转置矩阵$\boldsymbol{B}^{\mathrm{T}}$ 的元素. 等式(1.2.1)对应于矩阵的以下关系

$$\boldsymbol{A}_{(e')}=\boldsymbol{P}^{\mathrm{T}}\boldsymbol{A}_{(e)}\boldsymbol{P} \tag{1.2.2}$$

从定理 1.2.1 可以建立下面的概念:

定义 1.2.1 设 $\boldsymbol{A},\boldsymbol{B}$ 都是 n 阶矩阵,如果存在 n 阶可逆矩阵 $\boldsymbol{P}$,使得 $\boldsymbol{B}=\boldsymbol{P}^{\mathrm{T}}\boldsymbol{AP}$,那么称 $\boldsymbol{A}$ 与 $\boldsymbol{B}$ 是相合的,记作 $\boldsymbol{A}\simeq\boldsymbol{B}$.

与相似一样,相合也是域 K 上所有 n 阶方阵的集合 $M_n(K)$ 上的一个二元关系. 由于 $\boldsymbol{P}$ 与 $\boldsymbol{P}^{\mathrm{T}}$ 是满秩的,因此矩阵 $\boldsymbol{B}$ 的秩等于矩阵 $\boldsymbol{A}$ 的秩.

定理 1.2.1 表明,域 K 上 n 维线性空间 L 上的一个双线性函数 $\varphi(\boldsymbol{x},\boldsymbol{y})$ 在 L 的不同基下的度量矩阵是相合的. 由于相合矩阵有相同的秩,因此,双线性函数矩阵的秩与基底的选择无关. 我们把双线性函数 $\varphi(\boldsymbol{x},\boldsymbol{y})$ 在 L 的一个基下的度量矩阵的秩称为 $\varphi(\boldsymbol{x},\boldsymbol{y})$ 的秩.

设 $\boldsymbol{A},\boldsymbol{B}\in M_n(K)$,如果 $A\simeq B$,那么 $\boldsymbol{A}$ 与 $\boldsymbol{B}$ 可看作是域 K 上 n 维线性空间 L 上同一个双线性函数 $\varphi(\boldsymbol{x},\boldsymbol{y})$ 在 L 的不同基下的度量矩阵.

这是因为:L 中取一个基:$\boldsymbol{e}_1,\boldsymbol{e}_2,\cdots,\boldsymbol{e}_n$. 设 $\boldsymbol{x}=(\boldsymbol{e}_1,\boldsymbol{e}_2,\cdots,\boldsymbol{e}_n)\boldsymbol{X}$, $\boldsymbol{y}=(\boldsymbol{e}_1,\boldsymbol{e}_2,\cdots,\boldsymbol{e}_n)\boldsymbol{Y}$. 令 $\varphi(\boldsymbol{x},\boldsymbol{y})=\boldsymbol{X}^{\mathrm{T}}\boldsymbol{AY}$,则 $\varphi(\boldsymbol{x},\boldsymbol{y})$ 是 L 上的一个双线性函数,且 $\varphi(\boldsymbol{x},\boldsymbol{y})$ 在基 $\boldsymbol{e}_1,\boldsymbol{e}_2,\cdots,\boldsymbol{e}_n$ 下的度量矩阵为 $\boldsymbol{A}$. 如果 $\boldsymbol{A}\simeq\boldsymbol{B}$,亦即在域 K 上 n 阶可逆矩阵 $\boldsymbol{P}$,使得 $\boldsymbol{B}=\boldsymbol{P}^{\mathrm{T}}\boldsymbol{AP}$. 令 $(\boldsymbol{e}'_1,\boldsymbol{e}'_2,\cdots,\boldsymbol{e}'_n)=(\boldsymbol{e}_1,\boldsymbol{e}_2,\cdots,\boldsymbol{e}_n)\boldsymbol{P}$,则向量组 $\boldsymbol{e}'_1,\boldsymbol{e}'_2,\cdots,\boldsymbol{e}'_n$ 亦是 L 的基. 根据定理 2.1.1,$\varphi(\boldsymbol{x},\boldsymbol{y})$ 在基 $\boldsymbol{e}'_1,\boldsymbol{e}'_2,\cdots,\boldsymbol{e}'_n$ 下的度量矩阵为 $\boldsymbol{P}^{\mathrm{T}}\boldsymbol{AP}=\boldsymbol{B}$.

最后,根据关于矩阵之积的行列式的定理,对于我们这些矩阵的行列式,得出以下关系式

$$|\boldsymbol{A}_{(e')}|=|\boldsymbol{A}_{(e)}||\boldsymbol{P}|^2 \tag{1.2.3}$$

有一类特别的双线性函数是这样的:对于任意的向量 $\boldsymbol{x}$ 与 $\boldsymbol{y}$,有

$$\varphi(\boldsymbol{x},\boldsymbol{y})=\varphi(\boldsymbol{y},\boldsymbol{x})$$

这样的 $\varphi(\boldsymbol{x},\boldsymbol{y})$ 称为是对称的. 若 $\varphi(\boldsymbol{x},\boldsymbol{y})$ 是对称双线性函数,则

$$a_{ij}=\varphi(\boldsymbol{e}_i,\boldsymbol{e}_j)=\varphi(\boldsymbol{e}_j,\boldsymbol{e}_i)=a_{ji}$$

因此,对称双线性函数对于空间 L 任意基底 $\boldsymbol{e}_1,\boldsymbol{e}_2,\cdots,\boldsymbol{e}_n$ 的矩阵 $\boldsymbol{A}_{(e)}$ 与其转置矩阵 $\boldsymbol{A}_{(e)}^{\mathrm{T}}$ 相同,也就是说,$\boldsymbol{A}_{(e)}$ 是对称矩阵. 不难验证,这个结果的逆定理也是正确的,即:若对于任意的基底 $\{\boldsymbol{e}\}=\{\boldsymbol{e}_1,\boldsymbol{e}_2,\cdots,\boldsymbol{e}_n\}$,$\boldsymbol{A}_{(e)}=\boldsymbol{A}_{(e)}^{\mathrm{T}}$,则双线性函数 $\varphi(\boldsymbol{x},\boldsymbol{y})$ 是对称. 这是因为

$$\varphi(\boldsymbol{y},\boldsymbol{x})=\sum_{i=1}^{n}\sum_{j=1}^{n}a_{ij}x_iy_j=\sum_{i=1}^{n}\sum_{j=1}^{n}a_{ji}x_iy_j=\sum_{j=1}^{n}\sum_{i=1}^{n}a_{ij}x_iy_j=\varphi(\boldsymbol{x},\boldsymbol{y})$$

即所要证的结果.

特别地,我们得到以下的结论:若对于某一个基底,一个双线性函数的矩阵对称,则对于空间 L 的任意其他的基底,这个函数的矩阵也是对称的.

1.3　二次型函数

和解析几何学中二次曲面的向量表示相对应,我们引进以下定义:

定义 1.3.1　线性空间 L 内的一个二次型函数是把一个任意的双线性函数 $\varphi(\boldsymbol{x},\boldsymbol{y})$ 里的 $\boldsymbol{y}$ 代以 $\boldsymbol{x}$ 之后所得到的,含一个向量变数,$\boldsymbol{x}\in L$ 的函数 $\varphi(\boldsymbol{x},\boldsymbol{x})$.

根据双线性函数的普遍公式(公式(1.1.2)),在一个具有固定基底 $\{\boldsymbol{e}\}=\{\boldsymbol{e}_1,\boldsymbol{e}_2,\cdots,\boldsymbol{e}_n\}$ 的 n 维线性空间里,每一个二次型函数有以下形式

$$\varphi(\boldsymbol{x},\boldsymbol{y})=\sum_{i=1}^{n}\sum_{j=1}^{n}a_{ij}x_ix_j \tag{1.3.1}$$

其中 $\boldsymbol{x}_1,\boldsymbol{x}_2,\cdots,\boldsymbol{x}_n$ 为向量 $\boldsymbol{x}$ 对于基底 $\{\boldsymbol{e}\}$ 的坐标,倒转过来,若对于基底 $\{\boldsymbol{e}\}$,用公式(1.3.1),确定一个含向量 $\boldsymbol{x}$ 的函数 $\varphi(\boldsymbol{x},\boldsymbol{x})$,则这个函数代表含向量 $\boldsymbol{x}$ 的一个二次型函数.这是由于我们可以引进双线性函数

$$\psi(\boldsymbol{x},\boldsymbol{y})=\sum_{i=1}^{n}\sum_{j=1}^{n}a_{ij}x_iy_j$$

其中 $y_1,y_2,\cdots,y_n$ 为向量 $\boldsymbol{y}$ 对于基底 $\{\boldsymbol{e}\}$ 的坐标;这样,二次型函数 $\psi(\boldsymbol{x},\boldsymbol{x})$ 显然就是函数 $\varphi(\boldsymbol{x},\boldsymbol{x})$.

注意在二重和(1.3.1)里,我们可以把某些相似的项加以合并:对于 $i\neq j$,令

$$a_{ij}x_ix_j+a_{ji}x_jx_i=(a_{ij}+a_{ji})x_ix_j=b_{ij}x_ix_j$$

其中

$$b_{ij}=a_{ij}+a_{ji}$$

对于 $i=j$,令

$$b_{ii}=a_{ii}$$

其结果是那个二重和的项减少了

$$\varphi(\boldsymbol{x},\boldsymbol{x})=\sum_{i=1}^{n}\sum_{i\leqslant j}b_{ij}x_ix_j$$

由此可见,从两个不同的双线性函数

$$\varphi(\boldsymbol{x},\boldsymbol{y})=\sum_{i=1}^{n}\sum_{j=1}^{n}a_{ij}x_iy_j,\phi(\boldsymbol{x},\boldsymbol{y})=\sum_{i=1}^{n}\sum_{j=1}^{n}c_{ij}x_iy_j$$

在以 $\boldsymbol{x}$ 代 $\boldsymbol{y}$ 以后，可能得到一个二次型函数；为此，只要对于每个 i 与每个 j，等式 $a_{ij}+a_{ji}=c_{ij}+c_{ji}$ 成立就行了.

因此，一般地说，由一个二次型函数，我们不能唯一地确定产生它的双线性函数. 但在以下情形里，原来的双线性函数可以确定：那就是当我们已知这个双线性函数是对称的时候. 因为若 $a_{ij}=a_{ji}$，则从等式 $a_{ij}+a_{ji}=b_{ij}$（$i\neq j$ 时），a_{ij} 可以唯一地确定

$$a_{ij}=a_{ji}=\frac{b_{ij}}{2}$$

而在 $i=j$ 时

$$a_{ii}=b_{ii}$$

但当 a_{ij} 完全确定之后，双线性函数也就完全确定. 这个结果不利用基底与坐标也可以证明. 其法如下：从双线性函数的定义，知

$$\varphi(\boldsymbol{x}+\boldsymbol{y},\boldsymbol{x}+\boldsymbol{y})=\varphi(\boldsymbol{x},\boldsymbol{x})+\varphi(\boldsymbol{x},\boldsymbol{y})+\varphi(\boldsymbol{y},\boldsymbol{x})+\varphi(\boldsymbol{y},\boldsymbol{y})$$

而从对称的条件，知

$$\varphi(\boldsymbol{x},\boldsymbol{y})=\frac{1}{2}[\varphi(\boldsymbol{x},\boldsymbol{y})+\varphi(\boldsymbol{y},\boldsymbol{x})]=\frac{1}{2}[\varphi(\boldsymbol{x}+\boldsymbol{y},\boldsymbol{x}+\boldsymbol{y})-\varphi(\boldsymbol{x},\boldsymbol{x})-\varphi(\boldsymbol{y},\boldsymbol{y})]$$

因此，对于任意的一对向量 $\boldsymbol{x},\boldsymbol{y}$，双线性函数 $\varphi(\boldsymbol{x},\boldsymbol{y})$ 的值被二次型函数对于 $\boldsymbol{x}$，$\boldsymbol{y}$，与 $\boldsymbol{x}+\boldsymbol{y}$ 诸向量的值唯一地确定. 另外，要从双线性函数得到一切的二次型函数，只要有一切对称双线性函数就够了. 因为若 $\varphi(\boldsymbol{x},\boldsymbol{y})$ 为任意的双线性函数，则

$$\varphi_1(\boldsymbol{x},\boldsymbol{y})=\frac{1}{2}[\varphi(\boldsymbol{x},\boldsymbol{y})+\varphi(\boldsymbol{y},\boldsymbol{x})]$$

为对称双线性函数，而

$$\varphi_1(\boldsymbol{x},\boldsymbol{x})=\frac{1}{2}[\varphi(\boldsymbol{x},\boldsymbol{x})+\varphi(\boldsymbol{x},\boldsymbol{x})]=\varphi(\boldsymbol{x},\boldsymbol{x})$$

即 $\varphi_1(\boldsymbol{x},\boldsymbol{x})$ 与 $\varphi(\boldsymbol{x},\boldsymbol{x})$ 两个二次型函数是相同的.

从以上的讨论可见，在利用双线性函数来研究二次型函数的性质的时候，只要取对称的双线性函数就够了.

1.4 二次型函数的标准形式

设 $\{\boldsymbol{e}_1,\boldsymbol{e}_2,\cdots,\boldsymbol{e}_n\}$ 为空间 L 的任意基底. 若 $\boldsymbol{x}=\sum\limits_{i=1}^{n}x_i\boldsymbol{e}_i$，则我们已经知道，二次型函数 $\varphi(\boldsymbol{x},\boldsymbol{x})$ 可写成以下形式

$$\varphi(\boldsymbol{x},\boldsymbol{x})=\sum_{i=1}^{n}\sum_{j=1}^{n}a_{ij}x_ix_j$$

这等式的右端可看作域 K 上关于量 $x_1,x_2,\cdots,x_n$ 的二次齐次多项式，即

$$\overline{\varphi}(x_1,x_2,\cdots,x_n)=a_{11}x_1^2+2a_{12}x_1x_2+2a_{13}x_1x_3+\cdots+2a_{1n}x_1x_n+\cdots+a_{nn}x_n^2 \tag{1.4.1}$$

如此，关于 $\varphi(\boldsymbol{x},\boldsymbol{x})$ 的简化可转化为二次型(1.4.1)的研究.

根据二次型的基本定理(第5章，定理1.2.1)，可以引入这样的一组数 x'_1，$x'_2,\cdots,x'_n$

$$\begin{cases}x'_1=b_{11}x_1+b_{12}x_2+\cdots+b_{1n}x_n\\x'_2=b_{21}x_1+b_{22}x_2+\cdots+b_{2n}x_n\\\quad\vdots\\x'_n=b_{n1}x_1+b_{n2}x_2+\cdots+b_{nn}x_n\end{cases} \tag{1.4.2}$$

使得在这样的线性替换后，二次型 $\overline{\varphi}$ 化为平方和

$$\overline{\varphi}(x_1,x_2,\cdots,x_n)=\lambda_1x_1'^2+\lambda_2x_2'^2+\cdots+\lambda_nx_n'^2$$

并且线性替换(1.4.2)的矩阵是满秩的.

按照坐标变换的相关定理(第7章，定理2.2.4)，空间 L 存在这样的基底 $\boldsymbol{e}'_1,\boldsymbol{e}'_2,\cdots,\boldsymbol{e}'_n$，使得 $x'_1,x'_2,\cdots,x'_n$ 是同一向量 $\boldsymbol{x}$ 在这个基底下的坐标.

于是我们建立了下面的基本定理：

定理1.4.1 n 维线性空间 L 的任一个二次型函数 $\varphi(\boldsymbol{x},\boldsymbol{x})$，在 L 内均有一个基底 $\{\boldsymbol{e}'\}=\{\boldsymbol{e}'_1,\boldsymbol{e}'_2,\cdots,\boldsymbol{e}'_n\}$ 存在，使 $\varphi(\boldsymbol{x},\boldsymbol{x})$ 对于每一个向量 $\boldsymbol{x}=\sum\limits_{i=1}^{n}x'_i\boldsymbol{e}'_i$ 的值可以由以下公式计算

$$\varphi(\boldsymbol{x},\boldsymbol{x})=\lambda_1x_1'^2+\lambda_2x_2'^2+\cdots+\lambda_nx_n'^2 \tag{1.4.3}$$

其中 $\lambda_1,\lambda_2,\cdots,\lambda_n$ 为固定的常数.

每一个具有定理1.4.1所说性质的基底称为二次型函数 $\varphi(\boldsymbol{x},\boldsymbol{x})$ 的标准基底，式(1.4.3)称为二次型函数 $\varphi(\boldsymbol{x},\boldsymbol{x})$ 的标准形式；而 $\lambda_1,\lambda_2,\cdots,\lambda_n$ 诸数称为二次型函数 $\varphi(\boldsymbol{x},\boldsymbol{x})$ 的标准系数.

无论标准基底或二次型函数的标准形式都不是唯一地确定的. 例如一个标准基底的基向量，经过任意排列之后，仍构成一标准基底. 对于基域为实数域的情形，我们可以建立下面的二次型函数的惯性定理.

定理1.4.2(二次型函数的惯性定理) 一个二次型函数 $\varphi(\boldsymbol{x},\boldsymbol{x})$ 的标准形式里的正系数的个数与负系数的个数都是该二次型函数的不变量(即与标准基底的选择无关).

证明 设所给二次型函数 $\varphi(\boldsymbol{x},\boldsymbol{x})$ 在某个基底$\{\boldsymbol{e}\}=\{\boldsymbol{e}_1,\boldsymbol{e}_2,\cdots,\boldsymbol{e}_n\}$下,它有

$$\varphi(\boldsymbol{x},\boldsymbol{x})=\sum_{i=1}^{n}\sum_{j=1}^{n}a_{ij}x_ix_j$$

的形式,其中 $x_1,x_2,\cdots,x_n$ 是向量 $\boldsymbol{x}$ 对于基底$\{\boldsymbol{e}\}$的坐标.

设二次型函数 $\varphi(\boldsymbol{x},\boldsymbol{x})$ 有两个标准基底$\{\boldsymbol{f}\}=\{\boldsymbol{f}_1,\boldsymbol{f}_2,\cdots,\boldsymbol{f}_n\}$与$\{\boldsymbol{g}\}=\{\boldsymbol{g}_1,\boldsymbol{g}_2,\cdots,\boldsymbol{g}_n\}$. 用 $y_1,y_2,\cdots,y_n$ 表示向量 $\boldsymbol{x}$ 对于基底$\{\boldsymbol{f}\}$的坐标. 用 $z_1,z_2,\cdots,z_n$ 表示向量 $\boldsymbol{x}$ 对于基底$\{\boldsymbol{g}\}$的坐标. 设其对应的坐标变换为

$$\begin{cases}y_1=b_{11}x_1+b_{12}x_2+\cdots+b_{1n}x_n;z_1=c_{11}x_1+c_{12}x_2+\cdots+c_{1n}x_n\\y_2=b_{21}x_1+b_{22}x_2+\cdots+b_{2n}x_n;z_2=c_{21}x_1+b_{22}x_2+\cdots+c_{2n}x_n\\\vdots\\y_n=b_{n1}x_1+b_{n2}x_2+\cdots+b_{nn}x_n;z_n=c_{n1}x_1+c_{n2}x_2+\cdots+c_{nn}x_n\end{cases}\tag{1.4.4}$$

假设对于基底$\{\boldsymbol{f}\}$,$\{\boldsymbol{g}\}$,$\varphi(\boldsymbol{x},\boldsymbol{x})$ 分别具有形状

$$\varphi(\boldsymbol{x},\boldsymbol{x})=p_1x_1^2+\cdots+p_kx_k^2-p_{k+1}x_{k+1}^2-\cdots-p_mx_m^2\tag{1.4.5}$$

$$\varphi(\boldsymbol{x},\boldsymbol{x})=q_1x_1^2+\cdots+q_hx_h^2-q_{h+1}x_{h+1}^2-\cdots-q_tx_t^2\tag{1.4.6}$$

这里 $p_1,\cdots,p_k,q_1,\cdots,q_t$ 诸数都假定是正的. 我们要证明 $k=h,m=t$. 令方程(1.4.5)与(1.4.6)的右端相等,并把不同符号的项移至所得方程的不同两端,就得

$$\begin{aligned}&p_1x_1^2+\cdots+p_kx_k^2+q_{h+1}x_{h+1}^2+\cdots+q_tx_t^2\\=&p_{k+1}x_{k+1}^2+\cdots+p_mx_m^2+q_1x_1^2+\cdots+q_hx_h^2\end{aligned}\tag{1.4.7}$$

我们假设 $k<h$.

取适合下列方程的向量 $\boldsymbol{x}$

$$y_1=0,y_2=0,\cdots,y_k=0;z_{h+1}=0,\cdots,z_t=0,z_{t+1}=0,\cdots,z_n=0\tag{1.4.8}$$

由于 $k<h$,这里方程的个数显然小于 n. 按公式(1.4.4),把 $y_1,\cdots,y_k,z_t,\cdots,z_n$ 用坐标 $x_1,x_2,\cdots,x_n$ 表示,代入式(1.4.8)后,得到一个对于坐标 $x_1,x_2,\cdots,x_n$ 的线性方程组,其中方程的个数小于未知数的个数,因此这个线性方程组有非零解. 但另一方面,根据式(1.4.7),每一个适合(1.4.8)的向量 $\boldsymbol{x}$ 也适合条件

$$z_1=z_2=\cdots=z_t=0$$

只有对于零向量才有 $z_1=z_2=\cdots=z_t=z_{t+1}=\cdots=z_n=0$,故其所有的坐标 $x_1,x_2,\cdots,x_n$ 也必然都等于零.

所产生的矛盾证明 $k<h$ 的假设是不能成立的. 但是,在所讨论的问题中,

k 与 h 两数是完全对称的. 因此,不等式 $h < k$ 也不能成立,故 $k=h$. 又若取条件

$$z_1=0, z_2=0, \cdots, z_h=0; y_{k+1}=0, \cdots, y_m=0, z_{t+1}=0, \cdots, z_n=0$$

则采用与上面相同的方法,可以证明 $m < t$ 是不可能的,因此,由于对称关系,$m < t$ 也是不可能的. 所以,最后就得到 $k=h, m=t$.

类似于实二次型,我们可以建立一些与实二次型函数的惯性定理相关的概念.

在实二次型函数 $\varphi(\boldsymbol{x},\boldsymbol{x})$ 的标准形式里出现的全部非零项的个数称为它的秩或它的惯性指数,其中正项的个数称为正惯性指数,负项的个数称为负惯性指数. 在本目的第二部分,我们将说明如何求得二次型函数的秩,而不需要把它实际的化为标准形式. 正惯性指数和负惯性指数的确定比较复杂,在 1.5 目与 2.1 目,我们将回到这个问题.

若二次型函数的秩等于空间的维,它就叫作满秩的. 若它的正惯性指数恰好等于它的秩,则称为恒正二次型函数,换句话说,若二次型函数的所有 n 个标准系数都是正的,则称为恒正二次型函数. 因此,对于空间每一个点,除坐标原点外,二次型函数的值是正的;反过来,若除了坐标原点外,n 维空间的一个二次型函数的值总是正的,则它的秩等于 n,它的正惯性指数也等于 n,即它是恒正二次型函数. 这是由于若一个二次型函数的秩小 n 或者它的正标准系数的数目小于 n,就不难找到空间的一些点,其坐标不全等于零,而二次型函数对于这些点的值是正的或零.

例如,实三维空间里面的二秩二次型函数

$$\varphi(\boldsymbol{x},\boldsymbol{x})=x_1^2+x_3^2$$

对于每个具有坐标 $x_1=0, x_2\neq 0, x_3=0$ 的非零向量都有零值,三维空间里面的二秩齐二次型函数

$$\varphi(\boldsymbol{x},\boldsymbol{x})=x_1^2-x_2^2+x_3^2$$

对于上述那些点有负值. 显然,这两个例子是带有普遍性的.

1.5 双线性函数的标准基底·恒正的双线性函数

双线性函数的标准基底的定义,开始于下面的概念:已给双线性函数 $\varphi(\boldsymbol{x},\boldsymbol{y})$,若 $\varphi(\boldsymbol{x}_1,\boldsymbol{y}_1)=0$,则对于 $\varphi(\boldsymbol{x},\boldsymbol{y})$,向量 $\boldsymbol{x}_1$ 称为共轭于向量 $\boldsymbol{y}_1$.

若 $\boldsymbol{x}_1,\boldsymbol{x}_2,\cdots,\boldsymbol{x}_n$ 诸向量都共轭于向量 $\boldsymbol{y}_1$,则子空间 $L(\boldsymbol{x}_1,\boldsymbol{x}_2,\cdots,\boldsymbol{x}_n)$——即 $\boldsymbol{x}_1,\boldsymbol{x}_2,\cdots,\boldsymbol{x}_n$ 诸向量的线性包的每一个向量,共轭于向量 $\boldsymbol{y}_1$;这是因为根据双线性函数的性质,有

$$\varphi(\alpha_1\boldsymbol{x}_1+\alpha_2\boldsymbol{x}_2+\cdots+\alpha_k\boldsymbol{x}_k,\boldsymbol{y}_1)$$

$$=\alpha_1\varphi(\boldsymbol{x}_1,\boldsymbol{y}_1)+\alpha_2\varphi(\boldsymbol{x}_2,\boldsymbol{y}_1)+\cdots+\alpha_k\varphi(\boldsymbol{x}_k,\boldsymbol{y}_1)$$
$$=0$$

一般地,若 L 的一个子空间 L' 的每一个向量共轭于向量 $\boldsymbol{y}_1$,我们就说这个子空间共轭于向量 $\boldsymbol{y}_1$.

若一个基底 $\boldsymbol{e}_1,\boldsymbol{e}_2,\cdots,\boldsymbol{e}_n$ 的诸向量对于双线性函数 $\varphi(\boldsymbol{x},\boldsymbol{y})$ 都彼此共轭,也就是,若 $\varphi(\boldsymbol{e}_i,\boldsymbol{e}_j)=0(i\neq j)$,则此基底称为双线性函数 $\varphi(\boldsymbol{x},\boldsymbol{y})$ 的标准基底.

例如,在空间 $\mathbf{R}^2$ 里,取 $\boldsymbol{x}$ 与 $\boldsymbol{y}$ 两个向量的内积为双线性函数 $\varphi(\boldsymbol{x},\boldsymbol{y})$. 对于这个双线性函数共轭的向量显然就是彼此正交的向量. 空间 $\mathbf{R}^2$ 的每一个正交基底构成一个标准基底.

一个双线性函数对于标准基底的矩阵是对角矩阵,因为凡 $i\neq j$ 时,$a_{ij}=\varphi(\boldsymbol{e}_i,\boldsymbol{e}_j)=0$. 对角矩阵与其转置矩阵相同,故具有标准基底的双线性函数必然是对称的①. 我们要证明

定理 1.5.1 每一个对称双线性函数 $\varphi(\boldsymbol{x},\boldsymbol{y})$ 都具有标准基底.

取对应于所给双线性函数 $\varphi(\boldsymbol{x},\boldsymbol{y})$ 的二次型函数 $\varphi(\boldsymbol{x},\boldsymbol{x})$. 我们已经知道空间 L 必有一个基底 $\boldsymbol{e}_1,\boldsymbol{e}_2,\cdots,\boldsymbol{e}_n$,使二次型函数 $\varphi(\boldsymbol{x},\boldsymbol{x})$ 对于这个基底成为标准形式

$$\varphi(\boldsymbol{x},\boldsymbol{x})=\sum_{i=1}^{n}\lambda_i x_i^2$$

与它对应的双线性函数 $\varphi(\boldsymbol{x},\boldsymbol{y})$ 具有标准形式

$$\varphi(\boldsymbol{x},\boldsymbol{y})=\sum_{i=1}^{n}\lambda_i x_i y_i \tag{1.5.1}$$

(其中 $\boldsymbol{y}=\sum_{i=1}^{n}y_i\boldsymbol{e}_i$). 所以它的矩阵是对角矩阵,但这就是说,$\boldsymbol{e}_1,\boldsymbol{e}_2,\cdots,\boldsymbol{e}_n$ 是双线性函数 $\varphi(\boldsymbol{x},\boldsymbol{y})$ 的标准基底.

我们对于实二次型函数所证明的惯性定理(定理 1.4.2) 可以立刻扩充到实对称双线性函数,即:

定理 1.4.2′ 实双线性函数(1.5.1) 里的正系数的个数与负系数的个数都与标准基底的选择无关.

这样,对称双线性函数的秩,它的正惯性指数与负惯性指数等概念都有了意义. 实对称双线性函数的秩,即在它的标准形式里出现的全部非零项的个数,显然等于双线性函数对于标准基底的矩阵的秩,但是,由于双线性函数的矩阵

① 我们证明过,双线性函数的矩阵是否对称与基底的选择无关(参阅 1.1 目).

的秩与基底的选择无关(参阅 1.2 目),我们可以求双线性函数对于任意基底的矩阵的秩作为双线性函数的秩,而不必把它变为标准形式.

在解析几何学里曾经证明了:对于一个二次曲线,一切平行于已给向量 $\boldsymbol{r}$ 的弦的中点,都在一条直线上.决定这条直线的方向的向量 $\boldsymbol{s}$ 称为与向量 $\boldsymbol{r}$ 共轭.我们要证明,至少对于中心二次曲线,这个定义与我们上面所给的共轭向量的定义是一致的.已经知道,在把坐标原点移至二次曲线的中心之后,曲线的方程成为

$$ax_1^2+2bx_1x_2+\cdots+cx_2^2=d$$

或者

$$\varphi(\boldsymbol{x},\boldsymbol{x})=d$$

的形式,其中我们用 $\varphi(\boldsymbol{x},\boldsymbol{x})$ 表示方程左端的对称二次型函数.取平行于向量 $\boldsymbol{r}$ 的一个弦,设 $\boldsymbol{z}$ 为决定这个弦的中点的向量.这样,对于一定的值 t,以下面两式成立

$$\varphi(\boldsymbol{z}+t\boldsymbol{r},\boldsymbol{z}+t\boldsymbol{r})=d,\varphi(\boldsymbol{z}-t\boldsymbol{r},\boldsymbol{z}-t\boldsymbol{r})=d$$

这两式可以展开为下列形式

$$\varphi(\boldsymbol{z},\boldsymbol{z})+2t\varphi(\boldsymbol{z},\boldsymbol{r})+t^2\varphi(\boldsymbol{r},\boldsymbol{r})=d,\varphi(\boldsymbol{z},\boldsymbol{z})-2t\varphi(\boldsymbol{z},\boldsymbol{r})+t^2\varphi(\boldsymbol{r},\boldsymbol{r})=d$$

从第一式减去第二式,得

$$\varphi(\boldsymbol{z},\boldsymbol{r})=0$$

即 $\boldsymbol{z}$ 与 $\boldsymbol{r}$ 两向量按我们的定义是共轭的.所以与向量 $\boldsymbol{r}$ 共轭的向量 $\boldsymbol{z}$ 的轨迹,由齐次方程 $\varphi(\boldsymbol{z},\boldsymbol{r})=0$ 来决定,因此就是经过原点的一条直线.

以下诸定义相当于前面对于二次型函数所给的定义:

定义 1.5.1 已给实双线性函数 $\varphi(\boldsymbol{x},\boldsymbol{y})$,若它的秩等于空间的维,也就是,若在它的标准形式(1.5.1)里,所有的系数 $\lambda_1,\lambda_2,\cdots,\lambda_n$ 都不等于零,则 $\varphi(\boldsymbol{x},\boldsymbol{y})$ 称为满秩的;若所有的系数又都是正的,实双线性函数 $\varphi(\boldsymbol{x},\boldsymbol{y})$ 称为恒正的.

恒正双线性函数的特征是,它的对应的二次型函数,对于每一个 $\boldsymbol{x}\neq\boldsymbol{0}$ 有正值.

空间 $\mathbf{R}^3$ 里对称恒正双线性函数的一个重要的例子是向量 $\boldsymbol{x}$ 与 $\boldsymbol{y}$ 的内积.因为由内积的定义立刻可以得到以下的关系

$$(\boldsymbol{x},\boldsymbol{y})=(\boldsymbol{y},\boldsymbol{x}),\text{当 }\boldsymbol{x}\neq\boldsymbol{0}\text{ 时},(\boldsymbol{x},\boldsymbol{x})=|\boldsymbol{x}|^2>0$$

第一式表示双线性函数 $\varphi(\boldsymbol{x},\boldsymbol{y})$ 是对称的,第二式表示它所对应的二次型函数对于不等于零的每个 $\boldsymbol{x}$ 有正的值,所以双线性函数 $\varphi(\boldsymbol{x},\boldsymbol{y})$ 为恒正的齐次式.

对应于定理 1.4.1,下面的定理给出了如何从双线性对称函数 $\varphi(\boldsymbol{x},\boldsymbol{y})$ 的

矩阵来判断它是否恒正.

定理 1.5.2 对称矩阵 $\boldsymbol{A}=(a_{ij})_{n\times n}$ 确定一个恒正双线性函数 $\varphi(\boldsymbol{x},\boldsymbol{y})$ 的充要条件是矩阵 $(a_{ij})_{n\times n}$ 的所有主子式

$$a_{11},\begin{vmatrix} a_{11} & a_{12} \\ a_{21} & a_{22} \end{vmatrix},\cdots,\begin{vmatrix} a_{11} & a_{12} & \cdots & a_{1n} \\ a_{21} & a_{22} & \cdots & a_{2n} \\ \vdots & \vdots & & \vdots \\ a_{n1} & a_{n2} & \cdots & a_{nn} \end{vmatrix}$$

都是正的.

证明 如果矩阵 $\boldsymbol{A}$ 的所有主子式都是正的,那么按定理 1.4.1,双线性函数 $\varphi(\boldsymbol{x},\boldsymbol{y})$ 在某一标准基底里的所有标准系数 λ_k 都是正的,于是,双线性函数 $\varphi(\boldsymbol{x},\boldsymbol{y})$ 是恒正的.

反过来,设双线性函数 $\varphi(\boldsymbol{x},\boldsymbol{y})$ 是恒正的,我们来证明这时矩阵的所有主子式都是正的.事实上,主子式

$$M=\begin{vmatrix} a_{11} & a_{12} & \cdots & a_{1n} \\ a_{21} & a_{22} & \cdots & a_{2n} \\ \vdots & \vdots & & \vdots \\ a_{n1} & a_{n2} & \cdots & a_{nn} \end{vmatrix}$$

被双线性函数 $\varphi(\boldsymbol{x},\boldsymbol{y})$ 在子空间 L_m 的矩阵 $(a_{ij})_{m\times m}$ 所确定,其中 L_m 是由前 m 个基向量所构成的子空间.因为在子空间 L_m 里,双线性函数 $\varphi(\boldsymbol{x},\boldsymbol{y})$ 是恒正的(对于 $\boldsymbol{x}\neq\boldsymbol{0},\varphi(\boldsymbol{x},\boldsymbol{x})>0$),所以在子空间 L_m 里有标准基底存在,其中双线性函数 $\varphi(\boldsymbol{x},\boldsymbol{y})$ 可以写成具有正的标准系数的标准形式.特别地,由于 $\varphi(\boldsymbol{x},\boldsymbol{y})$ 在这个基底里的行列式等于标准系数的乘积,这个行列式也是正的.根据在不同基底里双线性函数的矩阵的行列式的关系(1.2 目,公式(1.2.3)),我们看出,双线性函数 $\varphi(\boldsymbol{x},\boldsymbol{y})$ 的行列式在原来的基底里也同样是正的.但在原来的基底里,$\varphi(\boldsymbol{x},\boldsymbol{y})$ 的行列式就是子式 M.因此 $M>0$,而定理就完全证明了.

1.6 用三角形变换求标准基底

在本目,我们再讲二次型函数标准基底的一种做成方法,和上一目不同,我们将给出直接用原来基底表示所求标准基底的公式(而不用像上一目那样分成几个步骤).这个方法可以看作雅可比的化二次型为平方和的几何形式.

设已给一个对称双线性函数 $\varphi(\boldsymbol{x},\boldsymbol{y})$,它对于一个已给的基底 $\{\boldsymbol{e}'\}=\{\boldsymbol{e}'_1,\boldsymbol{e}'_2,\cdots,\boldsymbol{e}'_n\}$ 的矩阵为 $\boldsymbol{A}_{(e')}$,我们将用 $\boldsymbol{A}_{(e')}$ 的诸元素来直接计算系数 λ_i 和标准基底的向量的坐标.基于这个目的,对于矩阵 $\boldsymbol{A}_{(e')}$,我们加上下面的附加条件:矩阵 $\boldsymbol{A}_{(e')}$ 中到 $n-1$ 阶为止的一切主子式

$$\Delta_1=a_{11},\Delta_2=\begin{vmatrix}a_{11}&a_{12}\\a_{21}&a_{22}\end{vmatrix},\cdots,\Delta_{n-1}=\begin{vmatrix}a_{11}&a_{12}&\cdots&a_{1(n-1)}\\a_{21}&a_{22}&\cdots&a_{2(n-1)}\\\vdots&\vdots&&\vdots\\a_{(n-1)1}&a_{(n-1)2}&\cdots&a_{(n-1)(n-1)}\end{vmatrix}$$

都不等于零①.

设在$\{e'\}$下二次型函数$\varphi(\boldsymbol{x},\boldsymbol{x})$具有形式

$$\varphi(\boldsymbol{x},\boldsymbol{x})=\sum_{i=1}^{n}a_{ij}x_ix_j,a_{ij}=\varphi(\boldsymbol{e}'_i,\boldsymbol{e}'_j)$$

我们的目的是如此决定向量组$\boldsymbol{e}_1,\boldsymbol{e}_2,\cdots,\boldsymbol{e}_n$使

$$\varphi(\boldsymbol{e}_i,\boldsymbol{e}_j)=0\quad(i\neq j;i,j=1,2,\cdots,n)\tag{1.6.1}$$

将它们求成下面的形式

$$\begin{cases}\boldsymbol{e}_1=\boldsymbol{e}'_1\\\boldsymbol{e}_2=\alpha_1^{(1)}\boldsymbol{e}'_1+\boldsymbol{e}'_2\\\boldsymbol{e}_3=\alpha_1^{(2)}\boldsymbol{e}'_1+\alpha_2^{(2)}\boldsymbol{e}'_2+\boldsymbol{e}'_3\\\quad\vdots\\\boldsymbol{e}_{k+1}=\alpha_1^{(k)}\boldsymbol{e}'_1+\alpha_2^{(k)}\boldsymbol{e}'_2+\cdots+\alpha_k^{(k)}\boldsymbol{e}'_k+\boldsymbol{e}'_{k+1}\\\quad\vdots\\\boldsymbol{e}_n=\alpha_1^{(n-1)}\boldsymbol{e}'_1+\alpha_2^{(n-1)}\boldsymbol{e}'_2+\cdots+\alpha_{n-1}^{(n-1)}\boldsymbol{e}'_{n-1}+\boldsymbol{e}'_n\end{cases}\tag{1.6.2}$$

其中系数$\alpha_i^{(k)}(i=1,2,\cdots,k;k=1,2,\cdots,n-1)$都待确定.

在条件(1.6.1)里将$\boldsymbol{e}_1,\boldsymbol{e}_2,\cdots,\boldsymbol{e}_n$各代之以其在公式(1.6.2)的式子时,系数$\alpha_i^{(k)}$本可由这些条件求得.但此计算不方便,因为将遇到关于$\alpha_i^{(k)}$的二次方程的求解.因此我们将用另外的方法来处理.

首先注意,从向量$\boldsymbol{e}'_1,\boldsymbol{e}'_2,\cdots,\boldsymbol{e}'_k$到向量$\boldsymbol{e}_1,\boldsymbol{e}_2,\cdots,\boldsymbol{e}_k$的变换矩阵是

$$\begin{pmatrix}1&0&0&\cdots&0&0\\\alpha_1^{(1)}&1&0&\cdots&0&0\\\vdots&\vdots&\vdots&&\vdots&\vdots\\\vdots&\vdots&\vdots&&\vdots&\vdots\\\vdots&\vdots&\vdots&&\vdots&\vdots\\\alpha_1^{(k-1)}&\alpha_2^{(k-1)}&\alpha_3^{(k-1)}&\cdots&\alpha_{k-1}^{(k-1)}&1\end{pmatrix}$$

---

① 可以指出,这个要求和第5章所讲拉格朗日的方法将二次型化成平方和的条件$a_{11}\neq0,a_{22}\neq0$等是相同的.

其行列式等于1,因此,$k=1,2,\cdots,n-1$,向量$\boldsymbol{e}_1',\boldsymbol{e}_2',\cdots,\boldsymbol{e}_k'$可以写成$\boldsymbol{e}_1,\boldsymbol{e}_2,\cdots,\boldsymbol{e}_k$的线性组合,因而线性包$L(\boldsymbol{e}_1',\boldsymbol{e}_2',\cdots,\boldsymbol{e}_k')$和线性包$L(\boldsymbol{e}_1,\boldsymbol{e}_2,\cdots,\boldsymbol{e}_k)$重合.

对于系数$\alpha_i^{(k)}(i=1,2,\cdots,k)$,要让它满足下面的条件,就是向量$\boldsymbol{e}_{k+1}'$需要与空间$L(\boldsymbol{e}_1,\boldsymbol{e}_2,\cdots,\boldsymbol{e}_k)$共轭.这个条件与以下的完全等价

$$\varphi(\boldsymbol{e}_{k+1},\boldsymbol{e}_1')=0,\varphi(\boldsymbol{e}_{k+1},\boldsymbol{e}_2')=0,\cdots,\varphi(\boldsymbol{e}_{k+1},\boldsymbol{e}_k')=0 \tag{1.6.3}$$

实际上,从条件(1.6.3)可推知向量$\boldsymbol{e}_{k+1}$与$\boldsymbol{e}_1',\boldsymbol{e}_2',\cdots,\boldsymbol{e}_k'$的线性包共轭,而这个线性包又与向量$\boldsymbol{e}_1,\boldsymbol{e}_2,\cdots,\boldsymbol{e}_k$的线性包重合.反过来说,若向量$\boldsymbol{e}_{k+1}$与子空间$L(\boldsymbol{e}_1,\boldsymbol{e}_2,\cdots,\boldsymbol{e}_k)$共轭,它就与这个子空间的每一个向量共轭.特别地,与$\boldsymbol{e}_1'$,$\boldsymbol{e}_2',\cdots,\boldsymbol{e}_k'$共轭,因此,它适合诸方程(1.6.3).

把式(1.6.2)内的$\boldsymbol{e}_{k+1}$值代入式(1.6.3),利用双线性函数的定义,就得到关于$\alpha_i^{(k)}(i=1,2,\cdots,k)$诸值的方程组

$$\begin{cases}\varphi(\boldsymbol{e}_{k+1},\boldsymbol{e}_1')=\alpha_1^{(k)}\varphi(\boldsymbol{e}_1',\boldsymbol{e}_1')+\alpha_2{}^{(k)}\varphi(\boldsymbol{e}_2',\boldsymbol{e}_1')+\cdots+\\ \qquad\alpha_k^{(k)}\varphi(\boldsymbol{e}_k',\boldsymbol{e}_1')+\varphi(\boldsymbol{e}_{k+1}{}',\boldsymbol{e}_1')=0\\ \varphi(\boldsymbol{e}_{k+1},\boldsymbol{e}_2')=\alpha_1^{(k)}\varphi(\boldsymbol{e}_1',\boldsymbol{e}_2')+\alpha_2^{(k)}\varphi(\boldsymbol{e}_2',\boldsymbol{e}_2')+\cdots+\\ \qquad\alpha_k^{(k)}\varphi(\boldsymbol{e}_k',\boldsymbol{e}_2')+\varphi(\boldsymbol{e}_{k+1}',\boldsymbol{e}_2')=0\\ \quad\vdots\\ \varphi(\boldsymbol{e}_{k+1},\boldsymbol{e}_k')=\alpha_1^{(k)}\varphi(\boldsymbol{e}_1',\boldsymbol{e}_k')+\alpha_2^{(k)}\varphi(\boldsymbol{e}_2',\boldsymbol{e}_k')+\cdots+\\ \qquad\alpha_k^{(k)}\varphi(\boldsymbol{e}_k',\boldsymbol{e}_k')+\varphi(\boldsymbol{e}_{k+1}',\boldsymbol{e}_k')=0\end{cases} \tag{1.6.4}$$

根据条件,这个具有系数$\varphi(\boldsymbol{e}_i',\boldsymbol{e}_j')=a_{ij}(i,j=1,2,\cdots,k)$的非齐次方程组有一个不等于零的行列式$\Delta_k$,故有唯一的解,因此$\alpha_i^{(k)}$诸值可以决定,而由此即得到所求的向量$\boldsymbol{e}_{k+1}$.

为决定所有的系数$\alpha_i^{(k)}$和所有的向量$\boldsymbol{e}_k$,必须对于每一个k来解对应的方程组(1.6.4),因此,我们一共要解$n-1$个方程组.

设用$x_1,x_2,\cdots,x_n$来表示向量$\boldsymbol{x}$对于所求的基底$\boldsymbol{e}_1,\boldsymbol{e}_2,\cdots,\boldsymbol{e}_k$的坐标,以$y_1,y_2,\cdots,y_n$表示向量$\boldsymbol{y}$对于这个基底的坐标.对于这个基底,双线性函数$\varphi(\boldsymbol{x},\boldsymbol{y})$变为

$$\varphi(\boldsymbol{x},\boldsymbol{y})=\sum_{i=1}^{n}\lambda_i x_i y_i \tag{1.6.5}$$

要计算系数λ_i,我们推理如下.我们只在子空间$L_m=L(\boldsymbol{e}_1,\boldsymbol{e}_2,\cdots,\boldsymbol{e}_m)$里考察双线性函数$\varphi(\boldsymbol{x},\boldsymbol{y})$,其中$m\leqslant n$.对于子空间$L_m$的基底$\boldsymbol{e}_1',\boldsymbol{e}_2',\cdots,\boldsymbol{e}_m'$,$\varphi(\boldsymbol{x},\boldsymbol{y})$,显然有矩阵

$$\begin{pmatrix} a_{11} & a_{12} & \cdots & a_{1m} \\ a_{21} & a_{22} & \cdots & a_{2m} \\ \vdots & \vdots & & \vdots \\ a_{m1} & a_{m2} & \cdots & a_{mm} \end{pmatrix}$$

而对于基底 $\boldsymbol{e}_1, \boldsymbol{e}_2, \cdots, \boldsymbol{e}_m$，它有矩阵

$$\begin{pmatrix} \lambda_1 & & & \\ & \lambda_2 & & \\ & & \ddots & \\ & & & \lambda_m \end{pmatrix}$$

我们已经看到了，从基底 $\boldsymbol{e}_1', \boldsymbol{e}_2', \cdots, \boldsymbol{e}_n'$ 到基底 $\boldsymbol{e}_1, \boldsymbol{e}_2, \cdots, \boldsymbol{e}_m$ 的变换(1.6.2) 的矩阵的行列式等于 1. 由 1.2 目的公式(1.2.3)，得

$$\begin{vmatrix} a_{11} & a_{12} & \cdots & a_{1m} \\ a_{21} & a_{22} & \cdots & a_{2m} \\ \vdots & \vdots & & \vdots \\ a_{m1} & a_{m2} & \cdots & a_{mm} \end{vmatrix} = \begin{vmatrix} \lambda_1 & & & \\ & \lambda_2 & & \\ & & \ddots & \\ & & & \lambda_m \end{vmatrix}$$

或者利用主子式的记号

$$\Delta_m = \lambda_1 \lambda_2 \cdots \lambda_m \quad (m = 1, 2, \cdots, n) \tag{1.6.6}$$

从公式(1.6.6)，立刻可以看到

$$\lambda_1 = \Delta_1 = a_{11}, \lambda_2 = \frac{\Delta_2}{\Delta_1}, \lambda_3 = \frac{\Delta_3}{\Delta_2}, \cdots, \lambda_n = \frac{\Delta_n}{\Delta_{n-1}} \tag{1.6.7}$$

这就得出了雅可比公式. 利用公式(1.6.7) 可以计算双线性函数对于标准基底的系数，而不需要算出标准基底.

在矩阵 $\boldsymbol{A}_{(e')}$ 的主子式不等于零的条件之下，以上的证明还可以使我们求出双线性函数 $\varphi(\boldsymbol{x}, \boldsymbol{y})$ 的，也就是二次型函数 $\varphi(\boldsymbol{x}, \boldsymbol{x})$ 的正惯性指数与负惯性指数.

我们不再重复第 5 章 §2 中利用雅可比公式得出的定理 2.4.1 ～ 定理 2.4.4.

1.7 一对线性空间上的双线性函数

讨论在同一系数域 K 上的两个线性空间 L, L'. 设使每一对向量 $\boldsymbol{x} \in L$，$\boldsymbol{y} \in L'$ 对应于 K 中一个确定的数 $\varphi(\boldsymbol{x}, \boldsymbol{y})$，$\varphi(\boldsymbol{x}, \boldsymbol{y})$ 称为确定于一对线性空间 L, L' 上的函数. 我们称函数 $\varphi(\boldsymbol{x}, \boldsymbol{y})$ 是双线的，如果它对于两个自变量来说，都是线性的，即

$$\begin{cases}\varphi(\alpha\boldsymbol{x}_1+\beta\boldsymbol{x}_2,\boldsymbol{y})=\alpha\varphi(\boldsymbol{x}_1,\boldsymbol{y})+\beta\varphi(\boldsymbol{x}_2,\boldsymbol{y})\\ \varphi(\boldsymbol{x},\alpha\boldsymbol{y}_1+\beta\boldsymbol{y}_2)=\alpha\varphi(\boldsymbol{x},\boldsymbol{y}_1)+\beta\varphi(\boldsymbol{x},\boldsymbol{y}_2)\end{cases}\tag{1.7.1}$$

为了区别确定于一个线性空间的双线性函数，与确定于一对线性空间的双线性函数，以后我们称前者为平常的，后者称为自由的.

首先注意，由式(1.7.1)可直接推出更广义的分配定律

$$\varphi\left(\sum_j\alpha_j\boldsymbol{x}_j,\sum_k\beta_k\boldsymbol{y}_k\right)=\sum_{j,k}\alpha_j\beta_k\varphi(\boldsymbol{x}_j,\boldsymbol{y}_k)\tag{1.7.2}$$

其次，设$\{\boldsymbol{e}_1,\boldsymbol{e}_2,\cdots,\boldsymbol{e}_m\}$为空间$L$的基底，$\{\boldsymbol{e}_1',\boldsymbol{e}_2',\cdots,\boldsymbol{e}_n'\}$为空间$L'$的基底，这两个基底的集合，我们有时称为一对空间$L,L'$的基底.矩阵

$$\boldsymbol{A}=\begin{pmatrix}\varphi(\boldsymbol{e}_1,\boldsymbol{e}_1') & \varphi(\boldsymbol{e}_1,\boldsymbol{e}_2') & \cdots & \varphi(\boldsymbol{e}_1,\boldsymbol{e}_n')\\ \varphi(\boldsymbol{e}_2,\boldsymbol{e}_1') & \varphi(\boldsymbol{e}_2,\boldsymbol{e}_2') & \cdots & \varphi(\boldsymbol{e}_2,\boldsymbol{e}_n')\\ \vdots & \vdots & & \vdots\\ \varphi(\boldsymbol{e}_m,\boldsymbol{e}_1') & \varphi(\boldsymbol{e}_m,\boldsymbol{e}_2') & \cdots & \varphi(\boldsymbol{e}_m,\boldsymbol{e}_n')\end{pmatrix}$$

称为在基底$\{\boldsymbol{e}_1,\boldsymbol{e}_2,\cdots,\boldsymbol{e}_m,\boldsymbol{e}_1',\boldsymbol{e}_2',\cdots,\boldsymbol{e}_n'\}$下函数$\varphi(\boldsymbol{x},\boldsymbol{y})$的矩阵.如果$\boldsymbol{x}$与$\boldsymbol{y}$各为$L,L'$的向量，其坐标分别为：$x_1,x_2,\cdots,x_m$与$y_1,y_2,\cdots,y_n$，则由式(1.7.2)可得

$$\varphi(\boldsymbol{x},\boldsymbol{y})=\varphi\left(\sum_j x_j\boldsymbol{e}_j,\sum_k y_k\boldsymbol{e}_k'\right)=\sum_{j,k}x_jy_k\varphi(\boldsymbol{e}_j,\boldsymbol{e}_k')\tag{1.7.3}$$

以$\boldsymbol{X},\boldsymbol{Y}$记向量$\boldsymbol{x},\boldsymbol{y}$的坐标行，我们可以写式(1.7.3)为如下形式

$$\varphi(\boldsymbol{x},\boldsymbol{y})=\boldsymbol{XAY}^{\mathrm{T}}\tag{1.7.4}$$

反之，设$\boldsymbol{A}$为任一元素在K中的m行n列矩阵，则由式(1.7.4)所得出的表示式$\varphi(\boldsymbol{x},\boldsymbol{y})$，易证其为$L,L'$上的双线性函数，且在基底$\{\boldsymbol{e}_1,\boldsymbol{e}_2,\cdots,\boldsymbol{e}_m,\boldsymbol{e}_1',\boldsymbol{e}_2',\cdots,\boldsymbol{e}_n'\}$下所得出的函数$\varphi(\boldsymbol{x},\boldsymbol{y})$的矩阵等于$\boldsymbol{A}$.这样，若在一对空间$L,L'$中取定基底，则可在$L,L'$上的双线性函数与$m$行$n$列矩阵之间建立一个一一对应.

我们来看一下，如果在L,L'中另选一个新基底$\{\boldsymbol{g}_1,\boldsymbol{g}_2,\cdots,\boldsymbol{g}_m,\boldsymbol{g}_1',\boldsymbol{g}_2',\cdots,\boldsymbol{g}_n'\}$时，函数$\varphi(\boldsymbol{x},\boldsymbol{y})$的矩阵是怎样变化的？以$\boldsymbol{P},\boldsymbol{Q}$记其演化矩阵，且在新基底下中的矩阵、坐标行等，我们划上一横线来记它们，由变换的基本公式，有

$$\boldsymbol{X}=\overline{\boldsymbol{X}}\boldsymbol{P},\boldsymbol{Y}=\overline{\boldsymbol{Y}}\boldsymbol{Q},\varphi(\boldsymbol{x},\boldsymbol{y})=\boldsymbol{XAY}^{\mathrm{T}}=\overline{\boldsymbol{X}}\boldsymbol{PAQ}^{\mathrm{T}}\overline{\boldsymbol{Y}}^{\mathrm{T}}$$

这样，$\varphi(\boldsymbol{x},\boldsymbol{y})$的新矩阵为

$$\overline{\boldsymbol{A}}=\boldsymbol{PAQ}^{\mathrm{T}}\tag{1.7.5}$$

引入下面的定义：矩阵$\boldsymbol{A},\boldsymbol{B}$称为在域$K$中相抵，如果

$$\boldsymbol{A}=\boldsymbol{PBQ}^{\mathrm{T}}$$

其中$\boldsymbol{P},\boldsymbol{Q}$为元素在$K$中的满秩方阵.

关系(1.7.5)可给出如下矩阵的相抵性的说明：矩阵$\boldsymbol{A},\boldsymbol{B}$可视为在一对空

间上同一双线性函数的矩阵的充要条件是 $\boldsymbol{A}$ 与 $\boldsymbol{B}$ 相抵.

很容易指出另一相抵性的说明. 设 φ,ϕ 为在一对空间 L,L' 上的双线性函数. 函数 φ,ϕ 称为同构的，如果每一个空间 L,L' 都有线性变换存在，可使 φ 演化为ϕ. 准确地说，就是存在L的线性变换 $\mathscr{A}$，存在L'的线性变换 $\mathscr{B}$，使得表示式

$$\varphi(\mathscr{A}\boldsymbol{x},\mathscr{B}\boldsymbol{y})=\phi(\boldsymbol{x},\boldsymbol{y}) \tag{1.7.6}$$

成立.

在 L,L' 中取定基底，且设 $\boldsymbol{A},\boldsymbol{B}$ 为函数 φ,ϕ 的矩阵，而 $\boldsymbol{P},\boldsymbol{Q}$ 为变换 $\mathscr{A},\mathscr{B}$ 的矩阵，由式(1.7.4)，我们得到

$$\varphi(\mathscr{A}\boldsymbol{x},\mathscr{B}\boldsymbol{y})=(\mathscr{A}\boldsymbol{x})\boldsymbol{A}(\mathscr{B}\boldsymbol{y})=\boldsymbol{XPAQ}^{\mathrm{T}}\boldsymbol{Y}^{\mathrm{T}}$$

故由等式(1.7.6) 得

$$\varphi(\boldsymbol{x},\boldsymbol{y})=\boldsymbol{XBY}^{\mathrm{T}}$$

其中

$$\boldsymbol{B}=\boldsymbol{PAQ}^{\mathrm{T}} \tag{1.7.7}$$

反过来，如 $\boldsymbol{P},\boldsymbol{Q}$ 为适合关系式(1.7.7) 的满秩方阵，则以 $\mathscr{A},\mathscr{B}$ 记空间 L,L' 中以 $\boldsymbol{P},\boldsymbol{Q}$ 为其矩阵的线性变换，我们得出式(1.7.6)，因此，我们得出结论：

定理 1.7.1 自由双线性函数彼此同构的充分必要条件是，它们的矩阵是相抵的.

设在任一对空间 L,L' 上给出双线性函数 $\varphi(\boldsymbol{x},\boldsymbol{y})$，称向量 $\boldsymbol{a}\in L,\boldsymbol{b}\in L'$ 是共轭的，如果 $\varphi(\boldsymbol{a},\boldsymbol{b})=0$.

设M是L中这样的元素$\boldsymbol{a}$构成的向量集合，对任意的 $\boldsymbol{y}\in L'$，均有 $\varphi(\boldsymbol{a},\boldsymbol{y})=0$. 容易证明，集合$M$构成$L$ 的子空间，称为L 的等距子空间；我们也说，集合M与空间 L' 共轭. 对称的，空间 L' 中的向量集合M'，与空间 L 共轭的，称为空间 L' 的等距子空间.

空间 L,L' 的维数各与其等距子空间的维数之差，我们约定称为 L 与L' 的秩.

定理 1.7.2 如果$\varphi(\boldsymbol{x},\boldsymbol{y})$ 为确定于一对空间L,L'上的双线性函数，则L，L' 的秩相等；这一公共的秩为函数 $\varphi(\boldsymbol{x},\boldsymbol{y})$ 的秩. 此时在 L 与 L' 中有基底$\{\boldsymbol{e}_1,\boldsymbol{e}_2,\cdots,\boldsymbol{e}_m\}$ 与$\{\boldsymbol{e}'_1,\boldsymbol{e}'_2,\cdots,\boldsymbol{e}'_n\}$ 存在，适合关系式

$$\begin{cases}\varphi(\boldsymbol{a}_j,\boldsymbol{b}_j)=1 & (j=2,\cdots,r)\\ \varphi(\boldsymbol{a}_k,\boldsymbol{b}_k)=0 & (k=r+1,\cdots)\\ \varphi(\boldsymbol{a}_i,\boldsymbol{b}_j)=0 & (i\neq j,i,j=1,2,\cdots)\end{cases} \tag{1.7.8}$$

其中 r 为函数 $\varphi(\boldsymbol{x},\boldsymbol{y})$ 的秩.

证明 当空间的维数全为 1，定理显然成立. 至于一般情形，可对 L 与 L'

的维数之和用数学归纳法来证明.假设对于维数之和小于 L 与 L' 的维数之和的空间,定理是正确的.对 L,L' 的任何一对向量 $\boldsymbol{a},\boldsymbol{b}$,都有 $\varphi(\boldsymbol{a},\boldsymbol{b})=0$,则 L,L' 的秩都等于零,故 L,L' 的任何基底都适合条件(1.7.8).现在假设至少有一对向量 $\boldsymbol{a},\boldsymbol{b}$ 存在适合关系式 $\varphi(\boldsymbol{a},\boldsymbol{b})\neq 0$,取

$$\boldsymbol{a}_1=\boldsymbol{a},\boldsymbol{b}_1=\frac{\boldsymbol{b}}{\varphi(\boldsymbol{a},\boldsymbol{b})}$$

则

$$\varphi(\boldsymbol{a}_1,\boldsymbol{b}_1)=1$$

以 M 表示 L 中共轭于 $\boldsymbol{b}_1$ 的全部向量,以 M' 表示 L' 中共轭于 $\boldsymbol{a}_1$ 的全部向量,则 M,M' 是维数各比 L,L' 的维数小 1 的线性空间,由归纳假设,在 M,M' 中可求得基底 $\boldsymbol{e}_2,\cdots,\boldsymbol{e}_m,\boldsymbol{e}'_2,\cdots,\boldsymbol{e}'_n$ 适合关系式

$$\varphi(\boldsymbol{a}_j,\boldsymbol{b}_j)=1\quad(j=2,\cdots,r)$$

$$\varphi(\boldsymbol{a}_k,\boldsymbol{b}_k)=0\quad(k=r+1,\cdots)$$

$$\varphi(\boldsymbol{a}_i,\boldsymbol{b}_j)=0\quad(i\neq j,i,j=2,3,\cdots)$$

由于向量 $\boldsymbol{a}_1$ 共轭于 $\boldsymbol{e}_2,\cdots,\boldsymbol{e}_m$,而向量 $\boldsymbol{b}_1$ 共轭于 $\boldsymbol{e}'_2,\cdots,\boldsymbol{e}'_n$,故 $\boldsymbol{a}_1,\boldsymbol{e}_2,\cdots,\boldsymbol{e}_m$ 与 $\boldsymbol{b}_1,\boldsymbol{e}'_2,\cdots,\boldsymbol{e}'_n$ 各为 L 与 L' 的所要求的基底,L,L' 的等秩可由关系式(1.7.8)直接推出.

关系式(1.7.8)的意义是在基底$\{\boldsymbol{e}\}$与$\{\boldsymbol{e}'\}$下,函数 $\varphi(\boldsymbol{x},\boldsymbol{y})$ 的矩阵化为下面的形式

$$\begin{pmatrix}1&&&&&\\&\ddots&&&&\\&&1&&&\\&&&0&&\\&&&&\ddots&\\&&&&&0\end{pmatrix}\tag{1.7.9}$$

其对角线上 1 的个数等于函数 $\varphi(\boldsymbol{x},\boldsymbol{y})$ 之秩.这样,定理 1.7.2 证明确定了一对空间上面的有相同秩数的函数都可以化为相同形式的(1.7.9).因此,这些函数是同构的.

最后,我们证明,自由双线性函数 $\varphi(\boldsymbol{x},\boldsymbol{y})$ 的秩与其矩阵之秩相同.

事实上,设$\{\boldsymbol{e}_1,\boldsymbol{e}_2,\cdots,\boldsymbol{e}_m;\boldsymbol{e}'_1,\boldsymbol{e}'_2,\cdots,\boldsymbol{e}'_n\}$为 L,L' 的任一基底,构成空间 L,L' 的等距子空间的向量 $\boldsymbol{x}$,适合关系式

$$\varphi(\boldsymbol{x},\boldsymbol{e}'_1)=\varphi(\boldsymbol{x},\boldsymbol{e}'_2)=\cdots=\varphi(\boldsymbol{x},\boldsymbol{e}'_n)$$

这些关系式对于向量 $\boldsymbol{x}$ 的坐标$(x_1,x_2,\cdots,x_m)$给出齐次方程组

$$\begin{cases}\varphi(\boldsymbol{e}_1,\boldsymbol{e}_1')x_1+\varphi(\boldsymbol{e}_2,\boldsymbol{e}_1')x_2+\cdots+\varphi(\boldsymbol{e}_m,\boldsymbol{e}_1')x_m=0\\ \varphi(\boldsymbol{e}_1,\boldsymbol{e}_2')x_1+\varphi(\boldsymbol{e}_2,\boldsymbol{e}_2')x_2+\cdots+\varphi(\boldsymbol{e}_m,\boldsymbol{e}_2')x_m=0\\ \vdots\\ \varphi(\boldsymbol{e}_1,\boldsymbol{e}_n')x_1+\varphi(\boldsymbol{e}_2,\boldsymbol{e}_n')x_2+\cdots+\varphi(\boldsymbol{e}_m,\boldsymbol{e}_n')x_m=0\end{cases}\tag{1.7.10}$$

这方程组的矩阵与函数的矩阵相同，设其秩为 r，由线性方程组理论的已知定理，方程组(1.7.9)的线性无关的解等于 $m-r$；故知空间 L 的等距子空间的维数亦等于 $m-r$；因此，L 的秩等于 $m-(m-r)=r$，这就是所要证明的结果.

由上述结果可推得下面的推论：维数相同的矩阵 $\boldsymbol{A},\boldsymbol{B}$ 相抵的充分必要条件是它们具有相同的秩.

事实上，矩阵 $\boldsymbol{A},\boldsymbol{B}$ 的相抵性相当于矩阵为 $\boldsymbol{A},\boldsymbol{B}$ 的线性函数 φ,ϕ 彼此同构，而 φ,ϕ 的同构又等价于 φ,ϕ 的等秩，这又相当于矩阵 $\boldsymbol{A},\boldsymbol{B}$ 的等秩.

§2　欧氏空间中的二次型函数

2.1　欧氏空间中的线性变换与双线性函数

现在把我们感兴趣的空间放在欧几里得空间.

设 $\mathscr{A}$ 为作用于欧氏空间 R 的线性变换，则对于空间 R 内的任何两个向量 $\boldsymbol{x}$ 及 $\boldsymbol{y}$，我们可以做出数值 $\varphi(\boldsymbol{x},\boldsymbol{y})=(\mathscr{A}\boldsymbol{x},\boldsymbol{y})$. 容易验证，一对向量 $\boldsymbol{x}$ 及 $\boldsymbol{y}$ 的这种数值函数是双线性函数. 事实上，根据线性函数的定义内积的定义，有下列等式

$$\begin{aligned}\varphi(\boldsymbol{x}_1+\boldsymbol{x}_2,\boldsymbol{y})&=(\mathscr{A}(\boldsymbol{x}_1+\boldsymbol{x}_2),\boldsymbol{y})=(\mathscr{A}\boldsymbol{x}_1+\mathscr{A}\boldsymbol{x}_2,\boldsymbol{y})=(\mathscr{A}\boldsymbol{x}_1,\boldsymbol{y})+(\mathscr{A}\boldsymbol{x}_2,\boldsymbol{y})\\&=\varphi(\boldsymbol{x}_1,\boldsymbol{y})+\varphi(\boldsymbol{x}_2,\boldsymbol{y})\end{aligned}$$

$$\varphi(\alpha\boldsymbol{x},\boldsymbol{y})=(\mathscr{A}(\alpha\boldsymbol{x}),\boldsymbol{y})=(\alpha\mathscr{A}\boldsymbol{x},\boldsymbol{y})=\alpha(\mathscr{A}\boldsymbol{x},\boldsymbol{y})=\alpha\varphi(\boldsymbol{x},\boldsymbol{y})$$

$$\varphi(\boldsymbol{x},\boldsymbol{y}_1+\boldsymbol{y}_2)=(\mathscr{A}\boldsymbol{x},\boldsymbol{y}_1+\boldsymbol{y}_2)=(\mathscr{A}\boldsymbol{x},\boldsymbol{y}_1)+(\mathscr{A}\boldsymbol{x},\boldsymbol{y}_2)=\varphi(\boldsymbol{x},\boldsymbol{y}_1)+\varphi(\boldsymbol{x},\boldsymbol{y}_2)$$

$$\varphi(\boldsymbol{x},\alpha\boldsymbol{y})=(\mathscr{A}\boldsymbol{x},\alpha\boldsymbol{y})=\alpha(\boldsymbol{x},\mathscr{A}\boldsymbol{y})=\alpha\varphi(\boldsymbol{x},\boldsymbol{y})$$

这些等式合在一起证明了 $\varphi(\boldsymbol{x},\boldsymbol{y})$ 是双线性函数.

我们还有如下逆命题：

定理 2.1.1　每一个确定于欧氏空间 R 上的双线性函数 $\varphi(\boldsymbol{x},\boldsymbol{y})$ 均可唯一地表示为内积 $(\mathscr{A}\boldsymbol{x},\boldsymbol{y})$，其中 $\mathscr{A}$ 为空间 R 的线性变换.

证明　在 $\varphi(\boldsymbol{x},\boldsymbol{y})$ 中视 $\boldsymbol{y}$ 为固定向量，由第 10 章 §5 定理 5.2.3，在 R 中可求得唯一确定的向量 $\boldsymbol{a}$，使其对于所有 $\boldsymbol{x}$ 的值均有等式

$$\varphi(\boldsymbol{x},\boldsymbol{y})=(\boldsymbol{x},\boldsymbol{a})\tag{2.1.1}$$

向量 $\boldsymbol{a}$ 与 $\boldsymbol{y}$ 发生关系，以 $\mathscr{B}$ 记变 $\boldsymbol{y}$ 为 $\boldsymbol{a}$ 的变换，这样，$\boldsymbol{a}=\mathscr{B}\boldsymbol{y}$，而等式(2.1.1) 可写为下面的形式

$$\varphi(\boldsymbol{x},\boldsymbol{y})=(\boldsymbol{x},\mathscr{B}\boldsymbol{y}) \tag{2.1.2}$$

代 $\boldsymbol{y}$ 以 $\alpha\boldsymbol{y}+\beta\boldsymbol{z}$，得

$$\begin{aligned}(\boldsymbol{x},\mathscr{B}(\alpha\boldsymbol{y}+\beta\boldsymbol{z}))&=\varphi(\boldsymbol{x},\alpha\boldsymbol{y}+\beta\boldsymbol{z})=\alpha\varphi(\boldsymbol{x},\boldsymbol{y})+\beta\varphi(\boldsymbol{x},\boldsymbol{z})\\&=\alpha(\boldsymbol{x},\mathscr{B}\boldsymbol{y})+\beta(\boldsymbol{x},\mathscr{B}\boldsymbol{z})=(\boldsymbol{x},\alpha\mathscr{B}\boldsymbol{y}+\beta\mathscr{B}\boldsymbol{z})\end{aligned}$$

故

$$\mathscr{B}(\alpha\boldsymbol{y}+\beta\boldsymbol{z})=\alpha\mathscr{B}\boldsymbol{y}+\beta\mathscr{B}\boldsymbol{z}$$

这就证明了 $\mathscr{B}$ 为一线性变换，以 $\mathscr{A}$ 记转置变换 $\mathscr{B}^*$，我们可将(2.1.2) 写为

$$\varphi(\boldsymbol{x},\boldsymbol{y})=(\mathscr{A}\boldsymbol{x},\boldsymbol{y}) \tag{2.1.3}$$

这样，表 $\varphi(\boldsymbol{x},\boldsymbol{y})$ 为所要求的形式的可能性已经证明. 还要证明其唯一性. 设还有一个变换 $\mathscr{C}$ 可使得 $\varphi(\boldsymbol{x},\boldsymbol{y})=(\mathscr{C}\boldsymbol{x},\boldsymbol{y})$，它对于所有 $\boldsymbol{x}$ 与 $\boldsymbol{y}$ 的值都相等. 比较式(2.1.3)，我们看到

$$(\mathscr{A}\boldsymbol{x}-\mathscr{C}\boldsymbol{x},\boldsymbol{y})=0$$

这一等式证明向量 $\mathscr{A}\boldsymbol{x}-\mathscr{C}\boldsymbol{x}$ 与全部空间正交，故 $\mathscr{A}\boldsymbol{x}=\mathscr{C}\boldsymbol{x}$，即 $\mathscr{A}=\mathscr{C}$，定理即已证明.

从定理 2.1.1 可以推知，在欧氏空间中，双线性函数与线性变换之间有一个一一对应关系存在，这一对应关系可以使双线性函数的研究转化为其对应的线性变换的研究，对于它们之间的关系，已经在上述定理中得出.

定理 2.1.2 在标准正交基底下，双线性函数的矩阵等于其对应线性变换的矩阵.

证明 设 $\{\boldsymbol{e}\}=\{\boldsymbol{e}_1,\boldsymbol{e}_2,\cdots,\boldsymbol{e}_n\}$ 为标准正交基底，$\varphi(\boldsymbol{x},\boldsymbol{y})$ 为所给的双线性函数，而 $\mathscr{A}$ 为其对应的线性变换. 设变换 $\mathscr{A}$ 在基 $\{\boldsymbol{e}\}$ 下的矩阵为 $\boldsymbol{A}$，其元素为 $a_{ij}(i,j=1,2,\cdots,n)$. 由变换的矩阵的定义，知

$$\mathscr{A}\boldsymbol{e}_i=a_{i1}\boldsymbol{e}_1+a_{i2}\boldsymbol{e}_2+\cdots+a_{in}\boldsymbol{e}_n$$

故

$$\varphi(\boldsymbol{e}_i,\boldsymbol{e}_j)=(\mathscr{A}\boldsymbol{e}_i,\boldsymbol{e}_j)=(a_{i1}\boldsymbol{e}_1+a_{i2}\boldsymbol{e}_2+\cdots+a_{in}\boldsymbol{e}_n,\boldsymbol{e}_j)=a_{ij}$$

这样，函数 $\varphi(\boldsymbol{x},\boldsymbol{y})$ 的矩阵的元素与变换 $\mathscr{A}$ 的在基底 $\{\boldsymbol{e}\}$ 下的矩阵的对应元素相同. 这就是所要证明的结果.

定理 2.1.2 证明，如果从一个标准正交基底转到另一个标准正交基底时，双线性函数的矩阵与线性变换的矩阵是同样变动的，但如我们已经证明的，在任意基底的情形就不一定是这样了. 事实上，若经过以 $\boldsymbol{C}$ 为矩阵的变换作用于基底后，则双线性函数的矩阵变为 $\boldsymbol{C}^{\mathrm{T}}\boldsymbol{A}\boldsymbol{C}$(参阅本章定理 1.2.1)，而线性变换的

矩阵则变为 $C^{-1}AC$(参阅第 8 章定理 1.6.1). 因而，一般来说，这两个结果是不同的. 但从一个标准正交基底变到另一个标准正交基底是经正交变换矩阵 C 才能实现的. 对于正交矩阵，$C^{\mathrm{T}}=C^{-1}$，所以基底在标准正交基底间变换时，双线性函数的矩阵与对应线性变换的矩阵变换的结果是相同的.

定理 2.1.3 在 n 维欧氏空间 R 里，一切对称双线性函数有由互相正交的单位向量构成的标准基底.

证明 考虑对应于已给的对称双线性函数 $\varphi(x,y)$ 的线性变换 $\mathscr{A}$(根据定理 2.1.1)，这个变换也是对称的. 事实上，我们有

$$(\mathscr{A}x,y)=\varphi(x,y)=\varphi(y,x)=(\mathscr{A}y,x)=(x,\mathscr{A}y)$$

(这里第二个等号用到了 φ 的对称性，最后一个等号用到了内积的对称性). $(\mathscr{A}x,y)=(x,\mathscr{A}y)$ 表明 $\mathscr{A}$ 是对称变换.

根据关于对称线性变换的定理(第 10 章，定理 4.5.2)，欧氏空间 R 中有标准正交基底存在，使得变换 $\mathscr{A}$ 的矩阵是对角矩阵. 由于这个矩阵也就是双线性函数 $\varphi(x,y)$ 的矩阵，所以这基底是函数 $\varphi(x,y)$ 的标准基底.

2.2 对称二次型函数的基本定理

二次型函数 $\varphi(x,x)$ 称为对称的，如果它所对应的双线性函数 $\varphi(x,y)$ 是对称的. 在线性空间理论中，对于对称的二次型函数化到主轴上去的很自然的讨论，是作为 n 维欧几里得空间中对称变换理论的简单推论来得出的.

定理 2.2.1(关于欧氏空间对称二次型函数的基本定理) 在欧氏空间里，每一个二次型函数都有由相互正交的单位向量构成的标准基底；每一个二次型函数在任意基底下的坐标表达式都可以利用一个正交坐标变换变到标准形式，且标准系数为原基底下该二次型函数的矩阵的特征值.

证明 定理的第一部分为定理 2.1.3 的简单推论.

为了证明第二部分，设在欧氏空间 R 中已给出对称的二次型函数为 $\varphi(x,x)$，它在 R 的某个基底下的度量矩阵为 B，那么 B 是对称的. 现在设 $\{e\}=\{e_1,e_2,\cdots,e_n\}$ 是 R 的任一标准正交基底，那么在这组基底下矩阵 B 给出一个对称变换 $\mathscr{B}$. 如已证明的第 10 章中的定理 4.5.2 所示，在 R 中存在变换 $\mathscr{B}$ 的特征向量组成的标准正交基底 $f_1,f_2,\cdots,f_n$. 在这个基底下，$\mathscr{B}$ 由对角形矩阵 B_f 给出(见第 9 章 §1，定理 1.5.1)，且其主对角线上的元素为 A 的特征值. 由线性变换在不同基下矩阵的关系(第 8 章 §1,1.6) 知

$$B_f=Q^{-1}BQ \tag{2.2.1}$$

这里 Q 是由基底 $\{f\}$ 变到基底 $\{e\}$ 的过渡矩阵

$$(\boldsymbol{e}_1,\boldsymbol{e}_2,\cdots,\boldsymbol{e}_n)=(\boldsymbol{f}_1,\boldsymbol{f}_2,\cdots,\boldsymbol{f}_n)\boldsymbol{Q}$$

这是由一个标准正交基底变到另一个标准正交基底的过渡矩阵,故它是正交的(见第10章§1,1.6目).

因正交矩阵 $\boldsymbol{Q}$ 的逆等于转置矩阵 $\boldsymbol{Q}^{-1}=\boldsymbol{Q}^{\mathrm{T}}$,故等式(2.2.1)可写为

$$\boldsymbol{B}_f=\boldsymbol{Q}^{\mathrm{T}}\boldsymbol{B}\boldsymbol{Q}$$

然而,从第5章§2中的定理2.2.1知道,具有矩阵 $\boldsymbol{B}$ 的二次型,在对未知量施行矩阵为 $\boldsymbol{Q}$ 的线性变换时,正是这样变化的.考虑到矩阵为正交的线性变换是正交变换,并且化为标准形式的二次型函数的矩阵是对角形的,这就得到了定理的第二部分.

注1 要注意的是,在上面的证明中,由 $\varphi(\boldsymbol{x},\boldsymbol{x})$ 的度量矩阵 $\boldsymbol{B}$ 所给出的对称变换 $\mathscr{B}$,一般来说并不是定理2.1.1中所说的双线性函数 $\varphi(\boldsymbol{x},\boldsymbol{y})$ 表示为内积 $(\mathscr{A}\boldsymbol{x},\boldsymbol{y})$ 时对应的变换 $\mathscr{A}$;除非 $\boldsymbol{B}$ 是在标准正交基底下的度量矩阵.另外,二次型函数为 $\varphi(\boldsymbol{x},\boldsymbol{x})$ 的标准形式 $\boldsymbol{X}^{\mathrm{T}}\boldsymbol{B}_f\boldsymbol{X}$ 所对应的标准基底也未必和 $\{\boldsymbol{f}_1,\boldsymbol{f}_2,\cdots,\boldsymbol{f}_n\}$ 重合.

注2 我们知道(参阅本章§1,1.4目),在一般的线性空间里,无论是二次型函数的标准基底或是它的标准形式,都不能唯一地确定.一般地说,我们可以把任意预给的一个向量包含在函数的标准基底内.在欧氏空间,如果仅仅讨论标准正交基底,那么情形与上述的有所不同.问题在于,如在上面所看到的,随着二次型函数的矩阵的变化,所对应的对称变换也在变化;如果二次型函数的标准基底已经求得,那么由对称变换的特征向量所成的基底也同时求得.同时,在标准基底里,二次型函数的系数也和变换的对应特征值一致.但变换 $\mathscr{A}$ 的特征数是方程 $|\boldsymbol{A}-\lambda\boldsymbol{E}|=0$ 的根,它和基底的选择无关,并且对于变换 $\mathscr{A}$ 是不变的.于是,函数 $(\mathscr{A}\boldsymbol{x},\boldsymbol{x})$ 的标准系数的全部已经唯一决定.至于二次型 $(\mathscr{A}\boldsymbol{x},\boldsymbol{x})$ 的标准基底,其确定的程度,则和变换 $\mathscr{A}$ 的标准正交特征向量组确定的程度完全一致.换言之,除了这些向量彼此可以互相对换之外,它们中任意一个可以乘上 -1;而更普遍的是,在对应于一个固定特征值 λ 的子空间里,还可以施以任意的正交变换.

2.3 二次型函数的极值性质

设在欧氏空间 R 内,已给二次型函数 $\varphi(\boldsymbol{x},\boldsymbol{x})$.我们将研究它在空间 R 里单位球面,即 $(\boldsymbol{x},\boldsymbol{x})=1$ 上的值.我们提出以下问题:它在单位球面上哪一点有逗留值?

所谓逗留值的定义如下:设 $f(\boldsymbol{x})$ 为在一个曲面 Π 上的点有定义并且可微

的数量函数，我们说，$f(\boldsymbol{x})$ 在点 $\boldsymbol{x}_0\in\Pi$ 有逗留值，就是说，在点 $\boldsymbol{x}_0$，$f(\boldsymbol{x})$ 沿着在曲面 Π 上的任意一个方向的导函数等于零. 特别地，函数 $f(\boldsymbol{x})$ 在它达到极大或极小值的那些点是逗留的.

决定逗留值的问题是条件极值的问题：拉格朗日的方法是解决这问题的一个方法，我们现在来利用这个方法. 我们在空间 R 内作一个标准正交基底，并且用 $x_1,x_2,\cdots,x_n$ 代表向量 $\boldsymbol{x}$ 对于这个基底的坐标. 对于这些坐标，二次型函数具有形式

$$\varphi(\boldsymbol{x},\boldsymbol{x})=\sum_{i=1}^{n}\sum_{j=1}^{n}a_{ij}x_ix_j$$

而条件 $(\boldsymbol{x},\boldsymbol{x})=1$ 则用等式 $\sum_{i=1}^{n}x_i^2=1$ 表示. 按拉格朗日方法，作函数

$$F(x_1,x_2,\cdots,x_n)=\sum_{i=1}^{n}\sum_{j=1}^{n}a_{ij}x_ix_j-\mu\sum_{i=1}^{n}x_i^2$$

令上式对于 $x_i(i=1,2,\cdots,n)$ 的一次偏导数等于零

$$2\sum_{j=1}^{n}a_{ij}x_i-2\mu x_i=0\quad(i=1,2,\cdots,n)$$

消去因子 2，我们得到下面的熟知的方程组

$$\begin{cases}(a_{11}-\mu)x_1+a_{12}x_2+\cdots+a_{1n}x_n=0\\ a_{21}x_1+(a_{22}-\mu)x_2+\cdots+a_{2n}x_n=0\\ \quad\vdots\\ a_{n1}x_1+a_{n2}x_2+\cdots+(a_{nn}-\mu)x_n=0\end{cases}\tag{2.3.1}$$

这个方程组曾经用来决定对应于二次型函数 $\varphi(\boldsymbol{x},\boldsymbol{x})$ 的对称变换的特征向量. 这方程组有非零解的充要条件是它的行列式等于零

$$\begin{vmatrix}a_{11}-\mu b_{11} & a_{12}-\mu b_{12} & \cdots & a_{1n}-\mu b_{1n}\\ a_{21}-\mu b_{21} & a_{22}-\mu b_{22} & \cdots & a_{2n}-\mu b_{2n}\\ \vdots & \vdots & & \vdots\\ a_{n1}-\mu b_{n1} & a_{n2}-\mu b_{n2} & \cdots & a_{nn}-\mu b_{nn}\end{vmatrix}=0\tag{2.3.2}$$

解方程(2.3.2)，即得 n 个可能的值

$$\mu=\mu_k\quad(k=1,2,\cdots,n)$$

把 μ_k 代入式(2.3.1)，我们就能够找出所求点对应向量的坐标 $x_1^{(k)},x_2^{(k)},\cdots,x_n^{(k)}$. 故得以下命题：

定理 2.3.1 二次型函数 $\varphi(\boldsymbol{x},\boldsymbol{x})$ 在单位球面上有逗留值的点，正是与二

次型函数 $\varphi(\boldsymbol{x},\boldsymbol{x})$ 对应的对称变换 $\mathscr{A}$ 的特征向量[①].

举出一个例子.设在三维欧氏空间 R 中有二次型 $\varphi(\boldsymbol{x},\boldsymbol{x})=11x_1^2+5x_2^2+2x_2{}^3+16x_1x_2+4x_1x_3-20x_2x_3$,其所对应的矩阵为

$$\boldsymbol{A}=\begin{pmatrix}11 & 8 & 2\\ 8 & 5 & -10\\ 2 & -10 & 2\end{pmatrix}$$

容易算出 $\boldsymbol{A}$ 的特征值分别为

$$\mu_1=-9,\mu_2=9,\mu_3=18$$

对应的单位正交特征向量分别为

$$\boldsymbol{X}_1=(-\frac{1}{3},\frac{2}{3},\frac{2}{3})^{\mathrm{T}},\boldsymbol{X}_2=(\frac{2}{3},-\frac{1}{3},\frac{2}{3})^{\mathrm{T}},\boldsymbol{X}_3=(\frac{2}{3},\frac{2}{3},-\frac{1}{3})^{\mathrm{T}}$$

由定理 2.3.1,$\varphi(\boldsymbol{x},\boldsymbol{x})=11x_1^2+5x_2^2+2x_2{}^3+16x_1x_2+4x_1x_3-20x_2x_3$ 在单位球面$(\boldsymbol{x},\boldsymbol{x})=1$ 上的最大值为 18,最小值为 -9.

现在,我们来计算二次型函数在诸逗留点的值.为此,我们引进对应的对称变换 $\mathscr{A}$,并且把二次型函数写成 $\varphi(\boldsymbol{x},\boldsymbol{x})=(\mathscr{A}\boldsymbol{x},\boldsymbol{x})$.因为按照已经证明的事实,函数 $\varphi(\boldsymbol{x},\boldsymbol{x})$ 在变换 $\mathscr{A}$ 的一个特征向量 $\boldsymbol{e}_i$ 有逗留值,所以

$$\mathscr{A}\boldsymbol{e}_i=\mu_i\boldsymbol{e}_i$$

于是

$$\varphi(\boldsymbol{e}_i,\boldsymbol{e}_i)=(\mathscr{A}\boldsymbol{e}_i,\boldsymbol{e}_i)=(\mu_i\boldsymbol{e}_i,\boldsymbol{e}_i)=\mu_i(\boldsymbol{e}_i,\boldsymbol{e}_i)=\mu_i$$

因此,对于 $\boldsymbol{x}=\boldsymbol{e}_i$,函数 $\varphi(\boldsymbol{x},\boldsymbol{x})$ 的逗留值等于变换 $\mathscr{A}$ 的对应特征值.因为变换 $\mathscr{A}$ 的特征值和二次型函数 $\varphi(\boldsymbol{x},\boldsymbol{x})$ 的标准系数相同,所以我们得出了进一步的结论:

定理 2.3.2 二次型函数 $\varphi(\boldsymbol{x},\boldsymbol{x})$ 在逗留点的值和它的标准系数相等.

特别地,函数 $\varphi(\boldsymbol{x},\boldsymbol{x})$ 在单位球面上的最大值等于它的标准系数中的最大的,其最小值等于系数中的最小的.

这个结果,使我们能够把二次型函数 $\varphi(\boldsymbol{x},\boldsymbol{x})$ 写成所求的标准形式而不必计算标准基底.

定理 2.3.2 的证明,也可以通过直接计算来进行.事实上,对于式(2.3.2)的已知的根 μ_m,我们把解的第 m 个坐标 $x_i^{(m)}$ $(i=1,2,\cdots,n)$ 去乘组里的第 i 个方程,又把所有这些方程加起来,得等式

① 这里是指它们有相同的坐标.

$$\varphi(\boldsymbol{e}_m,\boldsymbol{e}_m)=\sum_{i=1}^{n}\sum_{j=1}^{n}a_{ij}x_i^{(m)}x_j^{(m)}=\mu_m\sum_{i=1}^{n}\sum_{j=1}^{n}b_{ij}x_i^{(m)}x_j^{(m)}=\mu_m(\boldsymbol{e}_m,\boldsymbol{e}_m)=\mu_m$$

最后一个相等关系成立是因为$(\boldsymbol{e}_m,\boldsymbol{e}_m)=1$.

另外,向量 $\boldsymbol{e}_m$ 的标准坐标 $x'_1,x'_2,\cdots,x'_n$的值显然是这样的:当 $i\neq m$ 时,$x'_i=0$ 而 $x'_m=1$;并且当 $\boldsymbol{x}=\boldsymbol{e}_m$ 时,二次型函数 $\varphi(\boldsymbol{x},\boldsymbol{x})=\sum_{i=1}^{n}\lambda_i x_i'^2$ 等于λ_m. 因此,$\mu_m=\lambda_m$. 证毕.

2.4 在子空间里的二次型函数

和双线性函数一样,二次型函数$\varphi(\boldsymbol{x},\boldsymbol{x})$也可以不在整个$n$维空间$L_n$,而在某一个$m$维子空间$L_m\subseteq L_n$来考虑,并且在这个子空间里我们找一个标准正交基底. 令二次型函数 $\varphi(\boldsymbol{x},\boldsymbol{x})$ 在整个空间具有标准形式

$$\varphi(\boldsymbol{x},\boldsymbol{x})=\lambda_1x_1^2+\lambda_2x_2^2+\cdots+\lambda_nx_n^2 \tag{2.4.1}$$

在子空间 L_m 有标准形式

$$\varphi(\boldsymbol{x},\boldsymbol{x})=\mu_1y_1^2+\mu_2y_2^2+\cdots+\mu_m{y_m}^2$$

我们要弄清楚系数 $\mu_1,\mu_2,\cdots,\mu_m$ 和系数$\lambda_1,\lambda_2,\cdots,\lambda_n$ 究竟有怎样的关系. 为方便起见,固定所选下标的次序,使标准系数按照大小排列,也就是假定

$$\lambda_1\geqslant\lambda_2\geqslant\cdots\geqslant\lambda_n,\mu_1\geqslant\mu_2\geqslant\cdots\geqslant\mu_m$$

如我们所知(上一目),λ_1 的值是二次型函数$\varphi(\boldsymbol{x},\boldsymbol{x})$ 在空间 L_n 的单位球面上的最大值;同样,μ_1 是二次型函数 $\varphi(\boldsymbol{x},\boldsymbol{x})$ 在子空间 L_m 的单位球面上的最大值,所以 $\mu_1\leqslant\lambda_1$. 我们将证明,$\mu_1\geqslant\lambda_{n-m+1}$.

为此,我们首先注意,以下的结果是很容易从第 7 章中定理 3.3.4(§3,3.3) 的讨论求得的:

辅助定理 如果在n维空间L_n 取两个子空间L_p 与L_q,它们的维 p 与q 的和超过 n,那么 L_p 与 L_q 的交的维不小于 $p+q-n$.

现在我们来证明不等式 $\mu_1\geqslant\lambda_{n-m+1}$. 设 $\boldsymbol{e}_1,\boldsymbol{e}_2,\cdots,\boldsymbol{e}_n$ 为二次型函数$\varphi(\boldsymbol{x},\boldsymbol{x})$ 的标准基底,对于这个基底,它可以写成式(2.4.1) 的形式. 考虑向量 $\boldsymbol{e}_1,\boldsymbol{e}_2,\cdots,\boldsymbol{e}_{n-k+1}$ 所产生的$(n-k+1)$ 维子空间 L'. 因为 $k+(n-k+1)=n+1>n$,根据辅助定理,子空间 L' 和 L_m 至少有一个公共的非零向量. 令这个向量为 $\boldsymbol{x}_0=(x_1^{(0)},x_2^{(0)},\cdots,x_{(n-k+1)}^{(0)},0,\cdots,0)$. 假设 $\boldsymbol{x}_0$ 已经归一化,即 $|\boldsymbol{x}_0|=1$. 对于 $\boldsymbol{x}_0$,按公式(2.4.1),得

$$\varphi(\boldsymbol{x}_0,\boldsymbol{x}_0)=\lambda_1x_1^{(0)2}+\cdots+\lambda_{n-m+1}x_{n-k+1}^{(0)2}\geqslant\lambda_{n-m+2}x_1^{(0)2}+\cdots+x_{n-k+1}^{(0)2}=\lambda_{n-m+2}$$

最后,由于 μ_1 是二次型函数 $\varphi(\boldsymbol{x},\boldsymbol{x})$ 在子空间 L_m 里面单位球面上的最大值,所

以不小于 λ_{n-m+1}. 这就是所要证明的.

这样 μ_1 的值就限制在以下的范围内

$$\lambda_1 \geqslant \mu_1 \geqslant \lambda_{n-m+1} \tag{2.4.2}$$

对于不同的 m 维子空间，μ_1 自然采取不同的值. 我们要证明，有这样两个 m 维子空间存在，在那里，μ_1 分别取不等式(2.4.2)内的两个极值.

考虑由函数 $\varphi(\boldsymbol{x},\boldsymbol{x})$ 的标准基底里的前 m 个向量 $\boldsymbol{e}_1,\boldsymbol{e}_2,\cdots,\boldsymbol{e}_m$ 所产生的子空间 L'. 在子空间 L' 中，对于基底 $\boldsymbol{e}_1,\boldsymbol{e}_2,\cdots,\boldsymbol{e}_m$，函数 $\varphi(\boldsymbol{x},\boldsymbol{x})$ 写成如下形式

$$\varphi(\boldsymbol{x},\boldsymbol{x})=\mu_1 y_1^2+\mu_2 y_2^2+\cdots+\mu_n y_n^2$$

并且，由于本节 2.2 目的唯一性定理和标准系数的下标所采用的次序，我们得到 $\mu_1=\lambda_1$. 于是，在子空间 L' 内，μ_1 的值达到最大可能的值 λ_1.

现在我们来考虑由二次型函数 $\varphi(\boldsymbol{x},\boldsymbol{x})$ 的标准基底里最后 m 个向量 $\boldsymbol{e}_{n-m+1},\boldsymbol{e}_{n-m+2},\cdots,\boldsymbol{e}_n$ 所产生的子空间 L''. 在子空间 L'' 内，对于基底 $\boldsymbol{e}_{n-m+1}$，$\boldsymbol{e}_{n-m+2},\cdots,\boldsymbol{e}_n$，二次型函数 $\varphi(\boldsymbol{x},\boldsymbol{x})$ 有以下形式

$$\varphi(\boldsymbol{x},\boldsymbol{x})=\lambda_{n-m+1}x_{n-m+1}^2+\lambda_{n-m+2}x_{n-m+2}^2+\cdots+\lambda_n x_n^2$$

在子空间 L'' 内，对于任意标准基底，$\varphi(\boldsymbol{x},\boldsymbol{x})$ 采取以下形式

$$\varphi(\boldsymbol{x},\boldsymbol{x})=\mu_1 y_1^2+\mu_2 y_2^2+\cdots+\mu_m y_m^2$$

和上面一样，我们得到系数 λ_{n-m+1} 的新定义：二次型函数 $\varphi(\boldsymbol{x},\boldsymbol{x})$ 的标准形式的系数 λ_{n-m+1} 等于二次型函数 $\varphi(\boldsymbol{x},\boldsymbol{x})$ 在空间 L_n 的一切可能的 m 维空间里单位球面上最大值中的最小的一个.

利用这个性质，我们可以给出二次型函数 $\varphi(\boldsymbol{x},\boldsymbol{x})$ 在子空间 L_m 里其余的标准系数的估计. 例如，如果在固定子空间 L_m，μ_2 是二次型函数 $\varphi(\boldsymbol{x},\boldsymbol{x})$ 在空间 L_m 的一切$(m-1)$维子空间的单位球面上最大值中的最小的一个. 同时 λ_{n-m+2} 是二次型函数 $\varphi(\boldsymbol{x},\boldsymbol{x})$ 在空间 L_n 的一切$(m-1)$维子空间的单位球面上最大值中的最小的一个. 于是

$$\mu_2 \geqslant \lambda_{n-m+2}$$

同理

$$\mu_3 \geqslant \lambda_{n-m+3},\mu_4 \geqslant \lambda_{n-m+4},\cdots,\mu_m \geqslant \lambda_n$$

另外，λ_2 是二次型函数 $\varphi(\boldsymbol{x},\boldsymbol{x})$ 在空间 L_n 的一切$(n-1)$维子空间的单位球面上最大值中的最小的一个. 但按辅助定理，每一个$(n-1)$维子空间和子空间 L_m 相交于维数不小于$(n-1)+k-n=k-1$的一个子空间，于是 λ_2 就不小于 $\varphi(\boldsymbol{x},\boldsymbol{x})$ 在这些子空间里单位球面上的最大值中的最小的一个. 特别地，不小于二次型函数 $\varphi(\boldsymbol{x},\boldsymbol{x})$ 在空间 L_m 的一切$(m-1)$维子空间的单位球面上最大值中的最小的一个数值 μ_2. 这样

$$\lambda_2 \geqslant \mu_2$$

同理

$$\lambda_3 \geqslant \mu_3, \lambda_4 \geqslant \mu_4, \cdots, \mu_m \geqslant \lambda_m$$

因此标准系数 $\mu_1, \mu_2, \cdots, \mu_m$ 满足不等式

$$\begin{cases} \lambda_1 \geqslant \mu_1 \geqslant \lambda_{n-m+1} \\ \lambda_2 \geqslant \mu_2 \geqslant \lambda_{n-m+2} \\ \quad\vdots \\ \lambda_m \geqslant \mu_m \geqslant \lambda_n \end{cases} \tag{2.4.3}$$

当 $m=n-1$ 时,不等式(1.2.4) 成为以下形式

$$\begin{cases} \lambda_1 \geqslant \mu_1 \geqslant \lambda_2 \\ \lambda_2 \geqslant \mu_2 \geqslant \lambda_3 \\ \quad\vdots \\ \lambda_{n-1} \geqslant \mu_{n-1} \geqslant \lambda_n \end{cases} \tag{2.4.3$'$}$$

若$(n-1)$ 维子空间 L_{n-1} 是被如下方程所确定

$$\alpha_1 x_1^2 + \alpha_2 x_2^2 + \cdots + \alpha_n x_n^2 = 0 \quad (\alpha_1^2 + \alpha_2^2 + \cdots + \alpha_n^2 = 1) \tag{2.4.3$_1$}$$

而我们在 L_{n-1} 内考虑二次型函数 $\varphi(\boldsymbol{x}, \boldsymbol{x})$,则系数 $\mu_1, \mu_2, \cdots, \mu_{n-1}$ 可以实际地计算出来.

在 $\lambda_1, \lambda_2, \cdots, \lambda_n$ 各不相同的假设下,我们叙述以下属于 M. Г. 克雷因①的计算这些系数的方法.

在系数 $\alpha_1, \alpha_2, \cdots, \alpha_n$ 中,至少有一个异于零,例如令 $\alpha_n \neq 0$. 于是从方程 $(2.4.3_1)$,我们得

$$x_n = -\frac{1}{\alpha_n} \sum_{j=1}^{n-1} \alpha_j x_j$$

以式中的 x_n 代入二次型函数 $\varphi(x,x) = \sum_{i=1}^{n} \lambda_i x_i$,我们得到:在子空间 L_{n-1} 中,在坐标 $x_1, x_2, \cdots, x_{n-1}$ 表示下,二次型函数 $\varphi(x,x)$ 有以下形式

$$\varphi(x,x) = \lambda_1 x_1^2 + \lambda_2 x_2^2 + \cdots + \lambda_{n-1} x_{n-1}^2 + \frac{\lambda_n - \lambda}{\alpha_n^2} \left(\sum_{j=1}^{n} \alpha_j x_j\right)^2$$

这个二次型函数的标准系数可以作为它在子空间 L_{n-1} 的单位球面上的逗留值来确定(本节 2.2 目). 这个球面,用坐标 $x_1, x_2, \cdots, x_{n-1}$ 表示,有方程

---

① M. Г. 克雷因(Марк Григóрьевич Крейн;1907—1989),苏联犹太裔数学家.

$$\psi(x,x)=x_1^2+x_2^2+\cdots+x_{n-1}^2+\frac{1}{\alpha_n^2}(\sum_{j=1}^{n-1}\alpha_j x_j)^2=1$$

和以前一样,为了确定逗留值,我们按照拉格朗日的方法做出函数

$$\varphi(x,x)-\lambda\psi(x,x)=\sum_{j=1}^{n-1}(\lambda_j-\lambda)x_j^2+\frac{\lambda_n-\lambda}{\alpha_n^2}(\sum_{j=1}^{n-1}\alpha_j x_j)^2$$

并且令它对于 $x_k(k=1,2,\cdots,n-1)$ 的偏导数等于零:

$$x_k(\lambda_k-\lambda)+(\lambda_j-\lambda)x_j^2+\frac{\lambda_n-\lambda}{\alpha_n^2}(\sum_{j=1}^{n-1}\alpha_j x_j)^2$$

$$(\sum_{j=1}^{n-1}\alpha_j x_j)\alpha_k=0 \qquad (2.4.3_2)$$

若线性方程组$(2.4.3_2)$的行列式 $D(\lambda)$ 等于零,即得到一个方程,而这方程的根就是所求的系数 $\mu_1,\mu_2,\cdots,\mu_{n-1}$. 方程组$(2.4.3_2)$的系数矩阵,显然是这样两个矩阵的和,其中第一个是对角矩阵,λ_{k-1} 诸数构成它的对角线($k=1,2,\cdots,n-1$),第二个是

$$\frac{\lambda_n-\lambda}{\alpha_n^2}\begin{pmatrix}\alpha_1\alpha_1 & \alpha_2\alpha_1 & \cdots & \alpha_{n-1}\alpha_1\\ \alpha_1\alpha_2 & \alpha_2\alpha_2 & \cdots & \alpha_{n-1}\alpha_2\\ \vdots & \vdots & & \vdots\\ \alpha_1\alpha_{n-1} & \alpha_2\alpha_{n-1} & \cdots & \alpha_{n-1}\alpha_{n-1}\end{pmatrix}$$

根据行列式的线性性质,所求的行列式等于第一个矩阵的行列式与下述的所有行列式的和,而这些行列式是这样的:把第一个矩阵的行列式的某些列换成第二个矩阵的对应列(已经乘上因子$\frac{\lambda_n-\lambda}{\alpha_n^2}$). 因为第二个矩阵的每两列成比例,我们只要取这样的一些行列式,即把第一个矩阵的行列式的第一个列换成第二个矩阵的对应列所得到的行列式.

特别地,如果把第一个矩阵的第 k 列换成第二个矩阵的第 k 列,那么所得的行列式有以下的值

$$\frac{\lambda_n-\lambda}{\alpha_n^2}\begin{vmatrix}\lambda_1-\lambda & 0 & \cdots & 0 & \alpha_k\alpha_1 & 0 & \cdots & 0\\ 0 & \lambda_2-\lambda & \cdots & 0 & \alpha_k\alpha_2 & 0 & \cdots & 0\\ \vdots & \vdots & & \vdots & & \vdots & & \vdots\\ 0 & 0 & \cdots & \lambda_{k-1}-\lambda & \alpha_k\alpha_{k-1} & 0 & \cdots & 0\\ 0 & 0 & \cdots & 0 & \alpha_k\alpha_k & 0 & \cdots & 0\\ 0 & 0 & \cdots & 0 & \alpha_k\alpha_{k+1} & \lambda_{k-1}-\lambda & \cdots & 0\\ \vdots & \vdots & & \vdots & & \vdots & & \vdots\\ 0 & 0 & \cdots & 0 & \alpha_k\alpha_{n-1} & 0 & \cdots & \lambda_{k-1}-\lambda\end{vmatrix}$$

$$=\frac{\alpha_k^2}{\alpha_n^2}\frac{\prod_{j=1}^{n}(\lambda_j-\lambda)}{\lambda_n-\lambda}$$

引进记号

$$B(\lambda)=\prod_{j=1}^{n-1}(\lambda_j-\lambda)\quad（第一个矩阵的行列式）$$

$$G(\lambda)=\prod_{j=1}^{n-1}(\mu_k-\lambda)$$

则所求的行列式 $D(\lambda)$ 可以写成以下形式

$$G(\lambda)=B(\lambda)+\sum_{k=1}^{n-1}\frac{\alpha_k^2}{\lambda_k-\lambda}\tag{2.4.3$_3$}$$

解方程 $D(\lambda)=0$，即得所求的 $\mu_1,\mu_2,\cdots,\mu_{n-1}$ 诸值. 注意，它们不依赖于 α_j 诸数本身，而依赖于它们的平方. 因此，如果方程(2.4.3$_3$)的一个或几个系数变号，所求的在子空间 L_{n-1} 内函数 $\varphi(\boldsymbol{x},\boldsymbol{x})$ 的标准系数不变号.

更有趣味的是公式(2.4.3$_3$)：已给满足式(2.4.3$'$)的诸数 $\mu_1,\mu_2,\cdots,\mu_{n-1}$，我们可以利用式(2.4.3$_3$)来构造一个子空间 L_{n-1}，在这个子空间里，函数 $\varphi(\boldsymbol{x},\boldsymbol{x})$ 有标准系数 $\mu_1,\mu_2,\cdots,\mu_{n-1}$(假设 $\lambda_1,\lambda_2,\cdots,\lambda_n$ 各不相同). 我们来指出这个问题的解答.

注意，公式(2.4.3$_3$)可以写成

$$\alpha_n^2\frac{D(\lambda)}{G(\lambda)}=\alpha_n^2\frac{B(\lambda)}{G(\lambda)}+\sum_{k=1}^{n-1}\frac{\alpha_k^2}{\lambda_k-\lambda}=\sum_{k=1}^{n}\frac{\alpha_k^2}{\lambda_k-\lambda}\tag{2.4.3$_4$}$$

因此，若把有理函数$\frac{D(\lambda)}{G(\lambda)}$分解为最简单的部分分数之和，则 $\alpha_1^2,\alpha_2^2,\cdots,\alpha_n^2$ 诸数与分解式中的系数成比例.

设已给 $\mu_1,\mu_2,\cdots,\mu_{n-1}$ 诸数满足不等式(2.4.3$'$). 令 $D_1(\lambda)=\prod_{k=1}^{n-1}(\mu_k-\lambda)$，并且把有理函数$\frac{D_1(\lambda)}{G(\lambda)}$分解为最简单的部分分数

$$\frac{D_1(\lambda)}{G(\lambda)}=\frac{\sigma_1}{\lambda_1-\lambda}+\frac{\sigma_2}{\lambda_2-\lambda}+\cdots+\frac{\sigma_n}{\lambda_n-\lambda}\tag{2.4.3$_5$}$$

我们将证明，系数 $\sigma_1,\sigma_2,\cdots,\sigma_n$ 同号. 我们知道，这些系数是按以下公式计算的[①]

① 参看《代数学教程 —— 多项式理论》卷.

$$\sigma_k = \frac{D_1(\lambda_k)}{(\lambda_k-\lambda_1)\cdots(\lambda_k-\lambda_{k-1})(\lambda_k-\lambda_{k+1})\cdots(\lambda_k-\lambda_n)} = \frac{D_1(\lambda_k)}{G'(\lambda_k)}$$

根据条件,多项式 $D_1(\lambda)$ 的根和多项式 $G(\lambda)$ 的根是相互间隔的,$D_1(\lambda_1)$,$D_1(\lambda_2)$,…,$D_1(\lambda_n)$ 诸数的符号依次一正一负.同样,因为 $\lambda_1,\lambda_2,\cdots,\lambda_n$ 是多项式 $G(\lambda)$ 的单重根,$G'(\lambda_1)$,$G'(\lambda_2)$,…,$G'(\lambda_n)$ 诸数的符号也依次一正一负.预示比值 $\frac{D_1(\lambda_k)}{G'(\lambda_k)}$ 有相同的符号,随之,系数 σ_k 也有相同的符号.我们只要乘上一个适当的因子就可以使得所有的 σ_k 都变成正的,而且它们的和等于1.这样以后,$\alpha_1,\alpha_2,\cdots,\alpha_n$ 诸数就被以下条件所决定

$$\alpha_1^*=\sigma_1,\alpha_2^*=\sigma_2,\cdots,\alpha_n{}^*=\sigma_n \qquad (2.4.3_6)$$

所确定的子空间就是我们所求的子空间.

事实上,根据上面已证明的结论,以子空间 L_{n-1} 里二次型函数 $\varphi(\boldsymbol{x},\boldsymbol{x})$ 的标准系数为根的多项式 $D(\lambda)$ 可以用公式(2.4.3₃)或与之等价的公式(2.4.3₄)来表示.比较(2.4.3₄)和(2.4.3₅),并且参照式(2.4.3₆),可以看出,多项式 $D(\lambda)$ 与我们所选的多项式 $D_1(\lambda)$ 的差别仅仅在一个数字因子上.所以多项式 $D(\lambda)$ 的根就是 $\mu_1,\mu_2,\cdots,\mu_{n-1}$.这就是所求证的.

附记 可以指出,关于构造一个子空间 L_k,使得在它上面某一个二次型函数 $\varphi(\boldsymbol{x},\boldsymbol{x})$ 有满足不等式(2.4.3)的标准系数 $\mu_1,\mu_2,\cdots,\mu_k$ 的问题,在一般情形下是有解答的(即不仅在 $k=n-1$,也不仅在一切数 $\lambda_1,\lambda_2,\cdots,\lambda_n$ 都不相同的条件下).

2.5 有关二次型函数耦的问题及其解答

在某些数学和物理的研究中,以下问题的解决,具有重要的意义:对于 n 维实线性空间内两个已给二次型函数 $\varphi(\boldsymbol{x},\boldsymbol{x})$ 和 $\psi(\boldsymbol{x},\boldsymbol{x})$,求一个基底,在这个基底内,两个二次型函数都可以写成标准形式(即写成带有一定系数的坐标平方的和).

下面用在平面上($n=2$)的例子说明上述问题不是总有解答的.我们考虑以下含两个变量 $\boldsymbol{x}_1,\boldsymbol{x}_2$ 的函数

$$\varphi(\boldsymbol{x},\boldsymbol{x})=x_1^2-x_2^2,\psi(\boldsymbol{x},\boldsymbol{x})=x_1x_2$$

求这两个二次型函数的公共标准基底意味着求双曲线 $\varphi(\boldsymbol{x},\boldsymbol{x})=1$ 和 $\psi(\boldsymbol{x},\boldsymbol{x})=1$ 的一对公共彼此共轭的向量(参阅 §2,2.3 目).这两个双曲线是等边的.从解析几何,我们知道,这两个双曲线的共轭方向是对于渐近线对称的.因此,若令 θ_1,θ_2 表示一对共轭方向的极角,则对于第一个双曲线有如下关系

$$\theta_1+\theta_2=\frac{\pi}{2}$$

对于第二个双曲线，有如下关系

$$\theta_1+\theta_2=0$$

（这两式每一个里面还可以添上一项 π 的倍数）.

因为这两个等式互不相容，所以在已给的情形下，公共的彼此共轭的方向不存在.

如果加上假设：两个函数中有一个，例如 $\psi(\boldsymbol{x},\boldsymbol{x})$，是恒正的（即当 $\boldsymbol{x}\neq\boldsymbol{0}$ 时，$\psi(\boldsymbol{x},\boldsymbol{x})>0$），则可以证明以上问题是有解的.

用以下方法，我们容易证明解的存在. 设 $\psi(\boldsymbol{x},\boldsymbol{y})$ 是对应于二次型函数 $\psi(\boldsymbol{x},\boldsymbol{x})$ 的双线性函数. 令

$$(\boldsymbol{x},\boldsymbol{y})=\psi(\boldsymbol{x},\boldsymbol{y})$$

于是在线性空间内就引进了欧氏度量. 函数 $\psi(\boldsymbol{x},\boldsymbol{x})$ 的对称性和恒正性保证了内积公理可以满足.

根据 2.2 目，有标准正交（对应于我们所引进的度量）基底，对于这个基底，$\varphi(\boldsymbol{x},\boldsymbol{x})$ 成为标准形式

$$\varphi(\boldsymbol{x},\boldsymbol{x})=\lambda_1x_1'^2+\lambda_2x_2'^2+\cdots+\lambda_nx_n'^2$$

（和以往一样，$x'_1,x'_2,\cdots,x'_n$ 表示向量 $\boldsymbol{x}$ 对于所确定的基底的坐标）. 同时，注意到所选基底的标准正交性，第二个二次型函数 $\psi(\boldsymbol{x},\boldsymbol{x})$ 有以下形式

$$\psi(\boldsymbol{x},\boldsymbol{x})=(\boldsymbol{x},\boldsymbol{x})=x_1'^2+x_2'^2+\cdots+x_n'^2$$

因此，使两个二次型函数都具有标准形式的基底存在.

下面我们将更为详细地来讨论这个解答，特别是要做出所求基底的向量的坐标.

两个实二次型函数 $\varphi(\boldsymbol{x},\boldsymbol{x})$ 和 $\psi(\boldsymbol{x},\boldsymbol{x})$ 决定一个函数耦 $\varphi(\boldsymbol{x},\boldsymbol{x})-\lambda\psi(\boldsymbol{x},\boldsymbol{x})$，这里 λ 是一个参数.

如果二次型函数 $\psi(\boldsymbol{x},\boldsymbol{x})$ 是正定的，那么称函数耦 $\varphi(\boldsymbol{x},\boldsymbol{x})-\lambda\psi(\boldsymbol{x},\boldsymbol{x})$ 为正则的.

令函数 $\varphi(\boldsymbol{x},\boldsymbol{x})$ 和 $\psi(\boldsymbol{x},\boldsymbol{x})$ 对于原基底有以下的表示式

$$\varphi(\boldsymbol{x},\boldsymbol{x})=\sum_{i=1}^{n}\sum_{j=1}^{n}a_{ij}x_ix_j=\boldsymbol{X}^{\mathrm{T}}\boldsymbol{A}\boldsymbol{X},\psi(\boldsymbol{x},\boldsymbol{x})=\sum_{i=1}^{n}\sum_{j=1}^{n}b_{ij}x_ix_{jj}=\boldsymbol{X}^{\mathrm{T}}\boldsymbol{B}\boldsymbol{X}$$

方程 $|\boldsymbol{A}-\lambda\boldsymbol{B}|=0$ 称为函数耦 $\varphi(\boldsymbol{x},\boldsymbol{x})-\lambda\psi(\boldsymbol{x},\boldsymbol{x})$ 的特征方程.

以 λ_0 记这个方程的任一根，因为矩阵 $\boldsymbol{A}-\lambda_0\boldsymbol{B}$ 是降秩的，所以有这样的列 $\boldsymbol{Z}=(z_1,z_2,\cdots,z_n)^{\mathrm{T}}\neq\boldsymbol{0}$ 存在，使得 $(\boldsymbol{A}-\lambda_0\boldsymbol{B})\boldsymbol{Z}=\boldsymbol{O}$ 或 $\boldsymbol{AZ}=\lambda_0\boldsymbol{BZ}(\boldsymbol{Z}\neq\boldsymbol{0})$.

我们称数 λ_0 为函数耦 $\varphi(\boldsymbol{x},\boldsymbol{x})-\lambda\psi(\boldsymbol{x},\boldsymbol{x})$ 的特征数，而称 $\boldsymbol{Z}$ 为这个函数耦的对应的主列或“主向量”，我们有以下的定理：

定理 2.5.1 正则函数耦 $\varphi(\boldsymbol{x},\boldsymbol{x})-\lambda\psi(\boldsymbol{x},\boldsymbol{x})$ 的特征方程 $|\boldsymbol{A}-\lambda\boldsymbol{B}|=0$ 常有 n 个实根 $\lambda_k(k=1,2,\cdots,n)$，各对应于主向量 $\boldsymbol{Z}_k=(z_{1k},z_{2k},\cdots,z_{nk})^{\mathrm{T}}(k=1,2,\cdots,n)$

$$\boldsymbol{AZ}_k=\lambda_k\boldsymbol{BZ}_k\quad(k=1,2,\cdots,n)\tag{2.5.1}$$

这些主向量 $\boldsymbol{Z}_k$ 可以这样来选取，使其适合关系式①

$$\boldsymbol{Z}_i^{\mathrm{T}}\boldsymbol{BZ}_k=\delta_{ik}\quad(i,k=1,2,\cdots,n)\tag{2.5.2}$$

证明 我们首先注意到，等式(2.5.1)可以写为

$$\boldsymbol{B}^{-1}\boldsymbol{AZ}_k=\lambda_k\boldsymbol{Z}_k\quad(k=1,2,\cdots,n)\tag{2.5.3}$$

这样一来，我们的定理即是断定，矩阵

$$\boldsymbol{D}=\boldsymbol{B}^{-1}\boldsymbol{A}\tag{2.5.4}$$

有性质：

1. 单构的.

2. 有实特征数 $\lambda_1,\lambda_2,\cdots,\lambda_n$.

3. 有对应于这些特征数的满足关系式(2.5.2)的特征列(向量) $\boldsymbol{Z}_1,\boldsymbol{Z}_2,\cdots,\boldsymbol{Z}_n$②.

为了证明这三个情况. 与前面一样，在原空间中引入内积

$$(\boldsymbol{x},\boldsymbol{y})=\psi(\boldsymbol{x},\boldsymbol{y})\tag{2.5.5}$$

这里 $\psi(\boldsymbol{x},\boldsymbol{y})$ 是对应于函数 $\psi(\boldsymbol{x},\boldsymbol{x})$ 的双线性函数. 如此，我们得到了 n 维欧氏空间 R，在它里面原基底 $\boldsymbol{e}_1,\boldsymbol{e}_2,\cdots,\boldsymbol{e}_n$ 一般来说，不是标准正交的. 在这个基底下，矩阵 $\boldsymbol{A},\boldsymbol{B}$ 与 $\boldsymbol{D}=\boldsymbol{B}^{-1}\boldsymbol{A}$ 对应于 R 中的线性变换 $\mathscr{A},\mathscr{B}$ 与 $\mathscr{D}=\mathscr{B}^{-1}\mathscr{A}$.

我们来证明，$\mathscr{D}$ 是 R 中的对称变换③(参考第 11 章，§1). 事实上，对于有坐标 $\boldsymbol{X}=(x_1,x_2,\cdots,x_n)^{\mathrm{T}}$，$\boldsymbol{Y}=(y_1,y_2,\cdots,y_n)^{\mathrm{T}}$ 的任二向量 $\boldsymbol{x}$ 与 $\boldsymbol{y}$，由于式(2.5.4)与(2.5.5)有

$$(\mathscr{D}\boldsymbol{x},\boldsymbol{y})=(\boldsymbol{DX})^{\mathrm{T}}\boldsymbol{BY}=\boldsymbol{X}^{\mathrm{T}}\boldsymbol{D}^{\mathrm{T}}\boldsymbol{BY}=\boldsymbol{X}^{\mathrm{T}}\boldsymbol{AB}^{-1}\boldsymbol{BY}=\boldsymbol{X}^{\mathrm{T}}\boldsymbol{AY}$$

与

$$(\boldsymbol{x},\mathscr{D}\boldsymbol{y})=\boldsymbol{X}^{\mathrm{T}}\boldsymbol{BDY}=\boldsymbol{X}^{\mathrm{T}}\boldsymbol{BB}^{-1}\boldsymbol{AY}=\boldsymbol{X}^{\mathrm{T}}\boldsymbol{AY}$$

---

① 有时说，等式(2.5.2)表示 ψ 的标准正交向量 $\boldsymbol{Z}_1,\boldsymbol{Z}_2,\cdots,\boldsymbol{Z}_n$.

② 如果矩阵 $\boldsymbol{D}$ 是对称的，那么性质 1 和性质 2 可以直接从对称变换的性质来直接得出(参考第 11 章，§1). 但是两个对称矩阵 $\boldsymbol{B}^{-1}$ 与 $\boldsymbol{A}$ 的乘积 $\boldsymbol{D}$，其本身不一定是对称的，因为 $\boldsymbol{D}=\boldsymbol{B}^{-1}\boldsymbol{A}$，而 $\boldsymbol{D}^{\mathrm{T}}=\boldsymbol{AB}^{-1}$.

③ 故知矩阵 $\boldsymbol{D}$ 相似于某一个对称矩阵.

由此

$$(\mathscr{D}\boldsymbol{x},\boldsymbol{y})=(\boldsymbol{x},\mathscr{D}\boldsymbol{y})$$

对称变换 $\mathscr{D}=\mathscr{B}^{-1}\mathscr{A}$ 有实特征值 $\lambda_1,\lambda_2,\cdots,\lambda_n$ 与标准正交特征向量组 $\boldsymbol{z}_1,\boldsymbol{z}_2,\cdots,\boldsymbol{z}_n$(参考第 11 章，§1)

$$\mathscr{B}^{-1}\mathscr{A}\boldsymbol{z}_k=\lambda_k\boldsymbol{z}_k\quad(k=1,2,\cdots,n)\tag{2.5.6}$$

$$(\boldsymbol{z}_i,\boldsymbol{z}_k)=\delta_{ik}\quad(i,k=1,2,\cdots,n)\tag{2.5.6'}$$

设 $\boldsymbol{Z}_k=(z_{1k},z_{2k},\cdots,z_{nk})^{\mathrm{T}}$ 为向量 $\boldsymbol{z}_k$ 在 $\boldsymbol{e}_1,\boldsymbol{e}_2,\cdots,\boldsymbol{e}_n$ 中的坐标列($k=1,2,\cdots,n$)，那么等式(2.5.6) 可以写为式(2.5.3) 或(2.5.1) 的形式，又由式(2.5.5) 知关系式(2.5.6′) 给出等式(2.5.2).

定理已经证明.

我们注意，由式(2.5.2) 知诸列 $\boldsymbol{Z}_1,\boldsymbol{Z}_2,\cdots,\boldsymbol{Z}_n$ 线性无关. 事实上，设

$$\sum_{k=1}^{n}c_k\boldsymbol{Z}_k=\boldsymbol{0}\tag{2.5.7}$$

那么对于任何 $i(1\leqslant i\leqslant n)$，根据式(2.5.2) 有

$$0=\boldsymbol{Z}_i{}^{\mathrm{T}}\boldsymbol{B}(\sum_{k=1}^{n}c_k\boldsymbol{Z}_k)=\sum_{k=1}^{n}c_k\boldsymbol{Z}_i{}^{\mathrm{T}}\boldsymbol{B}\boldsymbol{Z}_k=c_i$$

这样一来，在式(2.5.7) 中所有的 c_i 都等于零，故列 $\boldsymbol{Z}_1,\boldsymbol{Z}_2,\cdots,\boldsymbol{Z}_n$ 间的线性相关性不能存在.

由适合关系式(2.5.2) 的诸主列 $\boldsymbol{Z}_1,\boldsymbol{Z}_2,\cdots,\boldsymbol{Z}_n$ 所构成的方阵

$$\boldsymbol{Z}=(\boldsymbol{Z}_1,\boldsymbol{Z}_2,\cdots,\boldsymbol{Z}_n)=(z_{ik})_{n\times n}$$

称为函数耦 $\varphi(\boldsymbol{x},\boldsymbol{x})-\lambda\psi(\boldsymbol{x},\boldsymbol{x})$ 的主矩阵. 主矩阵 $\boldsymbol{Z}$ 是满秩的($|\boldsymbol{Z}|\neq0$)，因为它的列线性无关.

同时左乘等式(2.5.1) 的两边以行矩阵 $\boldsymbol{Z}_i{}^{\mathrm{T}}$，我们得出

$$\boldsymbol{Z}_i{}^{\mathrm{T}}\boldsymbol{A}\boldsymbol{Z}_k=\lambda_k\boldsymbol{Z}_i{}^{\mathrm{T}}\boldsymbol{B}\boldsymbol{Z}_k=\lambda_k\delta_{ik}\quad(k=1,2,\cdots,n)\tag{2.5.9}$$

引进主矩阵 $\boldsymbol{Z}=(\boldsymbol{Z}_1,\boldsymbol{Z}_2,\cdots,\boldsymbol{Z}_n)$，我们可以把等式(2.5.8) 与(2.5.9) 表为

$$\boldsymbol{Z}^{\mathrm{T}}\boldsymbol{A}\boldsymbol{Z}=(\lambda_k\delta_{ik})_{n\times n},\boldsymbol{Z}^{\mathrm{T}}\boldsymbol{B}\boldsymbol{Z}=\boldsymbol{E}\tag{2.5.10}$$

公式(2.5.10) 说明，满秩变换

$$\boldsymbol{X}=\boldsymbol{Z}\boldsymbol{Y}\tag{2.5.12}$$

同时化二次型函数 $\varphi(\boldsymbol{x},\boldsymbol{x})$ 与 $\psi(\boldsymbol{x},\boldsymbol{x})$ 在原基底下的表示式为平方和

$$\sum_{k=1}^{n}\lambda_k y_k^2 \text{ 与 } \sum_{k=1}^{n}y_k^2\tag{2.5.13}$$

变换(2.5.12) 的这个性质为主矩阵 $\boldsymbol{Z}$ 所决定. 事实上，设变换(2.5.12) 同时化二次型函数 $\varphi(\boldsymbol{x},\boldsymbol{x})$ 与 $\psi(\boldsymbol{x},\boldsymbol{x})$ 为标准形(2.5.13)，那么等式(2.5.10) 必

须成立,因而矩阵 $\boldsymbol{Z}$ 的列适合式(2.5.8)与(2.5.9).由式(2.5.10)得出矩阵 $\boldsymbol{Z}$ 的满秩性($|\boldsymbol{Z}|\neq 0$).等式(2.5.4)可以写为

$$\boldsymbol{Z}_i^{\mathrm{T}}(\boldsymbol{A}\boldsymbol{Z}_k-\lambda_k\boldsymbol{B}\boldsymbol{Z}_k)=\boldsymbol{0}\quad(i=1,2,\cdots,n)\tag{2.5.14}$$

此处 k 有任何固定的值($1\leqslant k\leqslant n$).等式组(2.5.14)可以合并为一个等式

$$\boldsymbol{Z}^{\mathrm{T}}(\boldsymbol{A}\boldsymbol{Z}_k-\lambda_k\boldsymbol{B}\boldsymbol{Z}_k)=\boldsymbol{0}$$

因 $\boldsymbol{Z}^{\mathrm{T}}$ 是一个满秩矩阵,所以得

$$\boldsymbol{A}\boldsymbol{Z}_k-\lambda_k\boldsymbol{B}\boldsymbol{Z}_k=\boldsymbol{O}$$

亦即对于任何 k 都得出式(2.5.1).因此 $\boldsymbol{Z}$ 是一个主矩阵.我们证明了:

定理 2.5.2 如果 $\boldsymbol{Z}=(z_{ik})_{n\times n}$ 是正则函数耦 $\varphi(\boldsymbol{x},\boldsymbol{x})-\lambda\psi(\boldsymbol{x},\boldsymbol{x})$ 的主矩阵,那么变换

$$\boldsymbol{X}=\boldsymbol{Z}\boldsymbol{Y}\tag{2.5.15}$$

同时化二次型函数 $\varphi(\boldsymbol{x},\boldsymbol{x})$ 与 $\psi(\boldsymbol{x},\boldsymbol{x})$ 为标准形式

$$\sum_{k=1}^{n}\lambda_k y_k^2,\ \sum_{k=1}^{n}y_k^2\tag{2.5.16}$$

在式(2.5.16)中的 $\lambda_1,\lambda_2,\cdots,\lambda_n$ 为函数耦 $\varphi(\boldsymbol{x},\boldsymbol{x})-\lambda\psi(\boldsymbol{x},\boldsymbol{x})$ 的特征数,它们对应于矩阵 $\boldsymbol{Z}$ 的列 $\boldsymbol{Z}_1,\boldsymbol{Z}_2,\cdots,\boldsymbol{Z}_n$.

反之,如果某一变换(2.5.15)同时化函数 $\varphi(\boldsymbol{x},\boldsymbol{x})$ 与 $\psi(\boldsymbol{x},\boldsymbol{x})$ 的表达式为式(2.5.16)的形式,那么 $\boldsymbol{Z}=(z_{ik})_{n\times n}$ 是正则函数耦 $\varphi(\boldsymbol{x},\boldsymbol{x})-\lambda\psi(\boldsymbol{x},\boldsymbol{x})$ 的主矩阵.

有时用定理 2.5.2 中所述的变换(2.5.15)的特性来构成主矩阵与定理 2.5.1 的证明.基于这个目的,我们首先完成变数的变换 $\boldsymbol{X}=\boldsymbol{T}\boldsymbol{H}$,化函数 $\psi(\boldsymbol{x},\boldsymbol{x})$ 的表达式为一个平方和 $\sum\limits_{k=1}^{n}h_k^2$(因为 $\psi(\boldsymbol{x},\boldsymbol{x})$ 是一个正定二次型函数,这是永远可能的).此时变函数 $\varphi(\boldsymbol{x},\boldsymbol{x})$ 的表达式为某一个二次型 $\overline{\varphi}$.现在应用正交变换 $\boldsymbol{H}=\boldsymbol{Q}\boldsymbol{Y}$ 化二次型 $\overline{\varphi}$ 为 $\sum\limits_{i=1}^{n}\lambda_k y_k^2$ 的形式(化到主轴上去).此处,显然有①

$$\sum_{i=1}^{n}h_k{}^2=\sum_{i=1}^{n}y_k^2$$

这样一来,变换 $\boldsymbol{X}=\boldsymbol{Z}\boldsymbol{Y}$,其中 $\boldsymbol{Z}=\boldsymbol{T}\boldsymbol{Q}$,化所给的两个二次型函数的表达式为式(2.5.16)的形式.此后证明(有如在定理 2.5.2 前面所做的一样)矩阵 $\boldsymbol{Z}$ 的列 $\boldsymbol{Z}_1,\boldsymbol{Z}_2,\cdots,\boldsymbol{Z}_n$ 适合关系式(2.5.1)与(2.5.2).

---

① 正交变换不改变未知量的平方和,因为 $(\boldsymbol{Q}\boldsymbol{X})^{\mathrm{T}}\boldsymbol{Q}\boldsymbol{X}=\boldsymbol{X}^{\mathrm{T}}\boldsymbol{X}$.

在特别的情形，$\psi(\boldsymbol{x},\boldsymbol{x})$ 的表达式是一个单位型，亦即 $\psi(\boldsymbol{x},\boldsymbol{x})=\sum_{k=1}^{n}x_k^2$，因此 $\boldsymbol{B}=\boldsymbol{E}$，函数耦 $\varphi(\boldsymbol{x},\boldsymbol{x})-\lambda\psi(\boldsymbol{x},\boldsymbol{x})$ 的特征方程与矩阵 $\boldsymbol{A}$ 的特征方程重合，而函数耦的主向量都是矩阵 $\boldsymbol{A}$ 的特征向量. 在此时，关系式(2.5.2) 可写为

$$\boldsymbol{Z}_i^{\mathrm{T}}\boldsymbol{Z}_k=\delta_{ik}\quad(i,k=1,2,\cdots,n)$$

表示出列 $\boldsymbol{Z}_1,\boldsymbol{Z}_2,\cdots,\boldsymbol{Z}_n$ 的标准正交性.

定理 2.5.1 与定理 2.5.2 有明显的几何解释. 引进有基底 $\boldsymbol{e}_1,\boldsymbol{e}_2,\cdots,\boldsymbol{e}_n$ 与基本度量型 $\psi(\boldsymbol{x},\boldsymbol{x})$ 的欧几里得空间 R. 在 R 中讨论有心二次超曲面，其方程为

$$\varphi(\boldsymbol{x},\boldsymbol{x})=\sum_{i=1}^{n}\sum_{j=1}^{n}a_{ij}x_ix_j=c \tag{2.5.17}$$

设 $\boldsymbol{Z}=(z_{ik})_{n\times n}$ 为函数耦 $\varphi(\boldsymbol{x},\boldsymbol{x})-\lambda\psi(\boldsymbol{x},\boldsymbol{x})$ 的主矩阵. 经坐标变换 $\boldsymbol{X}=\boldsymbol{Z}\boldsymbol{Y}$ 后，新的基底向量为向量 $\boldsymbol{Z}_1,\boldsymbol{Z}_2,\cdots,\boldsymbol{Z}_n$，它们在旧基底中的坐标构成矩阵 $\boldsymbol{Z}$ 的列，亦即函数耦的主向量. 这些向量构成标准正交基，在这个基底中超曲面方程(2.5.17) 有以下形状

$$\sum_{k=1}^{n}\lambda_k y_k^2=c$$

因此，函数耦的主向量 $\boldsymbol{Z}_1,\boldsymbol{Z}_2,\cdots,\boldsymbol{Z}_n$ 与超曲面(2.5.17) 的主轴方向一致，而特征数 $\lambda_1,\lambda_2,\cdots,\lambda_n$ 定出半轴的值

$$\lambda_k=\pm\frac{c}{a_k^2}\quad(k=1,2,\cdots,n)$$

这样一来，定出正则函数耦 $\varphi(\boldsymbol{x},\boldsymbol{x})-\lambda\psi(\boldsymbol{x},\boldsymbol{x})$ 的主向量与特征数的问题等价于把二次有心超曲面的方程(2.5.17) 化到主轴上去的问题，此时超曲面的原方程是在一般的斜坐标系中所给出的[①]，只要在这个坐标系中"单位球"的方程为 $\psi(\boldsymbol{x},\boldsymbol{x})=1$.

例 给出在广义斜坐标系中二次曲面的方程

$$2x^2-2y^2-3z^2-10yz+2xz-4=0 \tag{2.5.18}$$

并且在这一坐标系中单位球的方程为

$$2x^2+3y^2+2z^2+2xz=1 \tag{2.5.19}$$

在所给出的情形，有

$$\boldsymbol{A}=\begin{pmatrix}2&0&1\\0&-2&-5\\1&-5&-3\end{pmatrix},\boldsymbol{B}=\begin{pmatrix}2&0&1\\0&3&0\\1&0&2\end{pmatrix}$$

---

① 这是沿坐标轴有不同长度比例的斜坐标系.

函数耦的特征方程 $|\boldsymbol{A}-\lambda\boldsymbol{B}|=0$ 有以下形式

$$\begin{vmatrix} 2-2\lambda & 0 & 1-\lambda \\ 0 & -2-3\lambda & -5 \\ 1-\lambda & -5 & -3-2\lambda \end{vmatrix}=0 \qquad (2.5.20)$$

这个方程有三个根

$$\lambda_1=1,\lambda_2=1,\lambda_3=-4$$

以 u,v,w 记对应于特征数 1 的主向量的坐标. u,v,w 的值为一齐次线性方程组所决定,这个方程组的系数与 $\lambda=1$ 时行列式(2.5.20)的元素相同

$$0\cdot u+0\cdot v+0\cdot w=0,0\cdot u-5\cdot v-5\cdot w=0,0\cdot u-5\cdot v-5\cdot w=0$$

实际上我们只有一个关系式

$$v+w=0$$

特征数 $\lambda=1$ 应当对应于两个标准正交主向量. 第一个向量的坐标可以任意选取,只要适合条件 $v+w=0$.

我们取 $u=0,v,w=-v$. 取第二个主向量的坐标为 $u',v',w'=-v'$,且写出正交条件($\boldsymbol{Z}_1{}^{\mathrm{T}}\boldsymbol{B}\boldsymbol{Z}_2=0$)

$$2uu'+3vv'+2ww'+uw'+u'w=0$$

故得

$$u'=5v'$$

这样一来,第二个主向量的坐标为

$$u'=5v',v',w'=-v'$$

完全类似地,在特征行列式中取 $\lambda=-4$ 求出对应的主向量的坐标

$$u'',v''=-u'',w''=-2u''$$

从以下条件:主向量的坐标必须适合单位球的方程($\psi(x,x)=1$),亦即方程(2.5.19),我们决定 v,v' 与 v'' 的值. 因此求得

$$v=\frac{1}{\sqrt{5}},v'=\frac{1}{3\sqrt{5}},v''=-\frac{1}{3}$$

于是所求之主矩阵为

$$\boldsymbol{Z}=\begin{pmatrix} 0 & \frac{\sqrt{5}}{3} & -\frac{1}{3} \\ \frac{1}{\sqrt{5}} & \frac{1}{3\sqrt{5}} & \frac{1}{3} \\ -\frac{1}{\sqrt{5}} & -\frac{1}{3\sqrt{5}} & \frac{2}{3} \end{pmatrix}$$

且其对应的坐标变换($\boldsymbol{X}=\boldsymbol{ZY}$)化方程(2.5.18)与(2.5.19)为标准形式

$$y_1^2+y_2^2-4y_3^2-4=0,y_1^2+y_2^2+y_3^2=1$$

第一个方程还可以写为

$$\frac{y_1^2}{4}+\frac{y_2^2}{4}-\frac{y_3^2}{1}=1$$

这是有实半轴等于2,虚半轴等于1的旋转单叶双曲面的方程.旋转轴上单位向量的坐标为矩阵$\boldsymbol{Z}$的第三列所决定,是即等于$-\frac{1}{3},\frac{1}{3},\frac{2}{3}$,其他两个正交轴上单位向量的坐标为矩阵$\boldsymbol{Z}$的前两列所给出.

注 对于本目开始所提出的关于两个二次型函数$\varphi(\boldsymbol{x},\boldsymbol{x})$与$\psi(\boldsymbol{x},\boldsymbol{x})$同时化为标准形式的问题,例如$\psi(\boldsymbol{x},\boldsymbol{x})$在为恒正二次型函数时,我们给出了解答:这个解答比要求更进了一步,即二次型函数$\psi(\boldsymbol{x},\boldsymbol{x})$化为系数都是1的,坐标的平方和.一般来说,这不是必须的,由此可见,所得到的标准形式的系数不是唯一地被决定的.我们将要证明,无论如何,对应的标准系数的比值与把二次型函数$\varphi(\boldsymbol{x},\boldsymbol{x})$和$\psi(\boldsymbol{x},\boldsymbol{x})$同时变到标准形式的方法无关.

假设二次型函数$\varphi(\boldsymbol{x},\boldsymbol{x})$和$\psi(\boldsymbol{x},\boldsymbol{x})$用两种方法变到标准形式:对于坐标$x_1,x_2,\cdots,x_n$,有

$$\varphi(\boldsymbol{x},\boldsymbol{x})=\sum_{i=1}^{n}\lambda_i x_i^2,\psi(\boldsymbol{x},\boldsymbol{x})=\sum_{i=1}^{n}\nu_i x_i^2$$

而对于坐标$x'_1,x'_2,\cdots,x'_n$,有

$$\varphi(\boldsymbol{x},\boldsymbol{x})=\sum_{i=1}^{n}\rho_i x_i'^2,\psi(\boldsymbol{x},\boldsymbol{x})=\sum_{i=1}^{n}\tau_i x_i'^2$$

因为二次型函数$\psi(\boldsymbol{x},\boldsymbol{x})$是恒正的,$\nu_i$与$\tau_i(i=1,2,\cdots,n)$诸数都是正的.考虑新的坐标变换

$$\sqrt{v_i}x_i=\overline{x}_i,\sqrt{\tau_i}x'_i=\overline{x}'_i$$

于是二次型函数$\varphi(\boldsymbol{x},\boldsymbol{x})$和$\psi(\boldsymbol{x},\boldsymbol{x})$就变成:

a) 对于坐标$\overline{x_i}$,$\varphi(\boldsymbol{x},\boldsymbol{x})=\sum\limits_{i=1}^{n}\frac{\lambda_i}{v_i}\overline{x_i^2},\psi(\boldsymbol{x},\boldsymbol{x})=\sum\limits_{i=1}^{n}\overline{x_i^2}$.

b) 对于坐标$\overline{x'_i}$,$\varphi(\boldsymbol{x},\boldsymbol{x})=\sum\limits_{i=1}^{n}\frac{\rho_i}{\tau_i}\overline{x_i'^2},\psi(\boldsymbol{x},\boldsymbol{x})=\sum\limits_{i=1}^{n}\overline{x_i'^2}$.

令$\overline{\boldsymbol{e}_1},\overline{\boldsymbol{e}_2},\cdots,\overline{\boldsymbol{e}_n}$是对应于坐标$\overline{x_i}$的基底,而$\overline{\boldsymbol{e}'_1},\overline{\boldsymbol{e}'_2},\cdots,\overline{\boldsymbol{e}'_n}$是对应于坐标$\overline{x'_i}$的基底.在由二次型函数$\psi(\boldsymbol{x},\boldsymbol{x})$所定义的度量里,两个基底都是正交的和归一的.于是根据2.2目的唯一性定理,二次型函数$\varphi(\boldsymbol{x},\boldsymbol{x})$的一切标准系数都唯一决

定:这样一来,$\frac{\lambda_1}{v_1},\frac{\lambda_2}{v_2},\cdots,\frac{\lambda_n}{v_n}$ 诸数必与$\frac{\rho_1}{\tau_1},\frac{\rho_2}{\tau_2},\cdots,\frac{\rho_n}{\tau_n}$ 诸数相等,最多次序上有差别.

§3 共轭双线性函数与埃尔米特型函数

3.1 酉空间中的共轭双线性函数及其矩阵·共轭相合

如果线性空间 L 的基域是复数域 $\mathbf{C}$,那么和平常双线性函数相平行的,我们还要讨论共轭双线性函数.这是指这样的数量函数 φ,它将 L 中每一对向量 $\boldsymbol{x},\boldsymbol{y}$ 对应到一个复数 $\varphi(\boldsymbol{x},\boldsymbol{y})$,并且满足如下条件

$$\varphi(\boldsymbol{x}+\boldsymbol{z},\boldsymbol{y})=\varphi(\boldsymbol{x},\boldsymbol{y})+\varphi(\boldsymbol{z},\boldsymbol{y}),\varphi(\alpha\boldsymbol{x},\boldsymbol{y})=\alpha\varphi(\boldsymbol{x},\boldsymbol{y})$$
$$\varphi(\boldsymbol{x},\boldsymbol{y}+\boldsymbol{z})=\varphi(\boldsymbol{x},\boldsymbol{y})+\varphi(\boldsymbol{x},\boldsymbol{z}),\varphi(\boldsymbol{x},\alpha\boldsymbol{y})=\overline{\alpha}\varphi(\boldsymbol{x},\boldsymbol{y})$$

对任意 $\boldsymbol{x},\boldsymbol{y}\in L$ 和 $\alpha\in\mathbf{C}$ 都成立.

任取 L 的一组基 $M=\{\boldsymbol{e}_1,\boldsymbol{e}_2,\cdots,\boldsymbol{e}_n\}$,则可以通过向量 $\boldsymbol{x},\boldsymbol{y}\in L$ 在基 M 下的坐标来计算 $\varphi(\boldsymbol{x},\boldsymbol{y})$.设

$$\boldsymbol{x}=\sum_{i=1}^{n}x_i\boldsymbol{e}_i,\boldsymbol{y}=\sum_{j=1}^{n}y_j\boldsymbol{e}_j$$

这时

$$\varphi(\boldsymbol{x},\boldsymbol{y})=\varphi(\sum_{i=1}^{n}x_i\boldsymbol{e}_i,\sum_{j=1}^{n}y_j\boldsymbol{e}_j)=\sum_{i=1}^{n}\sum_{j=1}^{n}x_i\overline{y_j}\varphi(\boldsymbol{e}_i,\boldsymbol{e}_j)\qquad(3.1.1)$$

由复数 $a_{ij}=\varphi(\boldsymbol{e}_i,\boldsymbol{e}_j)(1\leqslant i\leqslant n,1\leqslant j\leqslant n)$ 做成的矩阵 $(a_{ij})_{n\times n}$ 叫作共轭双线性函数 $\varphi(\boldsymbol{x},\boldsymbol{y})$ 在基 M 下的矩阵.

如果记 $\boldsymbol{X}=(x_1,x_2,\cdots,x_n)$,$\boldsymbol{Y}=(x_1,x_2,\cdots,x_n)$,$\boldsymbol{A}=(a_{ij})_{n\times n}$,那么式(3.1.1)可以写为矩阵形式

$$\varphi(\boldsymbol{x},\boldsymbol{y})=\boldsymbol{XAY}^{\mathrm{H}}$$

今另取 L 的基底为 $M'=\{\boldsymbol{e}'_1,\boldsymbol{e}'_2,\cdots,\boldsymbol{e}'_n\}$,并设同一个函数 $\varphi(\boldsymbol{x},\boldsymbol{y})$ 在基 M' 下的矩阵为 $\boldsymbol{B}$,那么 $\boldsymbol{A},\boldsymbol{B}$ 的关系如下:$\boldsymbol{B}=\boldsymbol{PAP}^{\mathrm{H}}$,这里 $\boldsymbol{P}$ 是基 M 到基 M' 的过渡矩阵.

事实上,设 $\boldsymbol{x},\boldsymbol{y}$ 在 M' 下的坐标行分别为 $\boldsymbol{X}_1$ 和 $\boldsymbol{Y}_1$,则它们在 M 下的坐标行将是 $\boldsymbol{X}_1\boldsymbol{P}$ 和 $\boldsymbol{Y}_1\boldsymbol{P}$,于是

$$\varphi(\boldsymbol{x},\boldsymbol{y})=\boldsymbol{X}_1\boldsymbol{BY}_1^{\mathrm{H}}=(\boldsymbol{XP})\boldsymbol{A}(\boldsymbol{YP})^{\mathrm{H}}=(\boldsymbol{XP})\boldsymbol{A}(\boldsymbol{P}^{\mathrm{H}}\boldsymbol{Y}^{\mathrm{H}})=\boldsymbol{X}(\boldsymbol{PAP}^{\mathrm{H}})\boldsymbol{Y}^{\mathrm{H}}$$

就是说

$$B = PAP^{H}$$

一般地,如果对复方阵 A,B 存在可逆方阵 P 使 $B = PAP^{H}$,就称 A,B 是共轭相合的.

从前面的叙述,可以得出 A,B 共轭相合当且仅当它们是同一个共轭双线性函数在两组基下的矩阵.

如果在共轭双线性函数 $\varphi(x,y)$ 中令 $y=x$,则得函数 $\varphi(x,x)$ 叫作共轭二次型函数.

定理 3.1.1 所有共轭双线性函数都由与它对应的共轭二次型函数唯一确定①.

证明 令 $\varphi(x,x)$ 是共轭二次型函数. 设 x,y 是任意两个向量,写出下面的恒等式②

$$\varphi(x+y,x+y)=\varphi(x,x)+\varphi(y,x)+\varphi(x,y)+\varphi(y,y)$$
$$\varphi(x+\mathrm{i}y,x+\mathrm{i}y)=\varphi(x,x)+\mathrm{i}\varphi(y,x)-\mathrm{i}\varphi(x,y)+\varphi(y,y)$$

我们将由这四个等式来求 $\varphi(x,y)$. 为此,将四等式各乘以 $1,+\mathrm{i},-1,-\mathrm{i}$,并左右分别相加. 在右端除含 $\varphi(x,y)$ 的项外其余项都消去. 我们得到

$$\varphi(x,y)=\frac{1}{4}[\varphi(x+y,x+y)+\mathrm{i}\varphi(x+\mathrm{i}y,x+\mathrm{i}y)-\varphi(x-y,x-y)-\mathrm{i}\varphi(x-\mathrm{i}y,x-\mathrm{i}y)] \tag{3.1.2}$$

这个等式右端的式子表示向量 $x+y,x-y,x+\mathrm{i}y,x-\mathrm{i}y$ 的共轭二次型函数的值的结合,左端是任意向量 x 及 y 的共轭双线性函数. 所以共轭双线性函数由它的共轭二次型函数唯一确定.

同样地,将前面四个等式各乘以 $1,-\mathrm{i},-1,+\mathrm{i}$ 再分别相加,得

$$\varphi(x,y)=\frac{1}{4}[\varphi(x+y,x+y)-\mathrm{i}\varphi(x+\mathrm{i}y,x+\mathrm{i}y)-\varphi(x-y,x-y)+\mathrm{i}\varphi(x-\mathrm{i}y,x-\mathrm{i}y)] \tag{3.1.3}$$

3.2 埃尔米特的共轭双线性函数·埃尔米特型函数的概念

定义 3.2.1 如果共轭双线性函数 $\varphi(x,y)$ 满足条件:$\varphi(x,y)=\overline{\varphi(y,x)}$,

---

① 与 1.3 目中实空间内定义的情况不同,那里和定理 3.1.1 相对应的断言仅对于对称二次型函数成立.

② 必须记住 $\varphi(x,\alpha y)=\bar{\alpha}\varphi(x,y)$,所以有特例

$$\varphi(x,\mathrm{i}y)=-\mathrm{i}\varphi(x,y)$$
$$\varphi(x-y,x-y)=\varphi(x,x)-\varphi(y,x)-\varphi(x,y)+\varphi(y,y)$$
$$\varphi(x-\mathrm{i}y,x-\mathrm{i}y)=\varphi(x,x)-\mathrm{i}\varphi(y,x)+\mathrm{i}\varphi(x,y)+\varphi(y,y)$$

就称 $\varphi(\boldsymbol{x},\boldsymbol{y})$ 是埃尔米特的.

这个概念是与欧氏空间里的对称双线性函数类似的概念.

定理 3.2.1 函数 $\varphi(\boldsymbol{x},\boldsymbol{y})$ 是埃尔米特的充分必要条件,乃是在某一基底下的矩阵 $\boldsymbol{A}$ 是埃尔米特矩阵(即 $\boldsymbol{A}=\boldsymbol{A}^{\mathrm{H}}$).

证明 设函数 $\varphi(\boldsymbol{x},\boldsymbol{y})$ 是埃尔米特的且 $\boldsymbol{A}=(a_{ij})_{n\times n}$,则 $a_{ij}=\varphi(\boldsymbol{e}_i,\boldsymbol{e}_j)=\overline{\varphi(\boldsymbol{e}_j,\boldsymbol{e}_i)}=\overline{a_{ji}}$. 反之,若 $a_{ij}=\overline{a_{ji}}$,则 $\varphi(\boldsymbol{x},\boldsymbol{y})=\sum\limits_{i=1}^{n}\sum\limits_{j=1}^{n}a_{ij}x_i\overline{y_j}=\overline{\sum\limits_{i=1}^{n}\sum\limits_{j=1}^{n}a_{ji}\overline{x_i}Y_j}=\overline{\varphi(\boldsymbol{y},\boldsymbol{x})}$.

注意,若在某一个基底下,一个共轭双线性函数 $\varphi(\boldsymbol{x},\boldsymbol{y})$ 的矩阵满足:$a_{ij}=\overline{a_{ji}}$,则这个条件也必为该共轭双线性函数在任意其他基底下的矩阵所满足.事实上,若在某一个基底下等式 $a_{ij}=\overline{a_{ji}}$ 成立,则 $\varphi(\boldsymbol{x},\boldsymbol{y})$ 是埃尔米特的,而此时在任意其他基底下也有 $a_{ij}=\overline{a_{ji}}$.

定理 3.2.2 共轭双线性函数 $\varphi(\boldsymbol{x},\boldsymbol{y})$ 是埃尔米特的充分必要条件,是 $\varphi(\boldsymbol{x},\boldsymbol{x})$ 恒为实值.

证明 设 $\varphi(\boldsymbol{x},\boldsymbol{y})$ 是埃尔米特的,亦即 $\varphi(\boldsymbol{x},\boldsymbol{y})=\overline{\varphi(\boldsymbol{y},\boldsymbol{x})}$,令 $\boldsymbol{y}=\boldsymbol{x}$,则得 $\varphi(\boldsymbol{x},\boldsymbol{x})=\overline{\varphi(\boldsymbol{x},\boldsymbol{x})}$,就是复数 $\varphi(\boldsymbol{x},\boldsymbol{x})$ 等于其共轭数,所以必为实数.

反之,设 $\varphi(\boldsymbol{x},\boldsymbol{x})$ 对任意向量 $\boldsymbol{x}$ 都是实的,则 $\varphi(\boldsymbol{x}+\boldsymbol{y},\boldsymbol{x}+\boldsymbol{y})$,$\varphi(\boldsymbol{x}+\mathrm{i}\boldsymbol{y},\boldsymbol{x}+\mathrm{i}\boldsymbol{y})$,$\varphi(\boldsymbol{x}-\boldsymbol{y},\boldsymbol{x}-\boldsymbol{y})$,$\varphi(\boldsymbol{x}-\mathrm{i}\boldsymbol{y},\boldsymbol{x}-\mathrm{i}\boldsymbol{y})$ 都是实数,所以由上目公式(3.1.2) 及(3.1.3) 直接看出 $\varphi(\boldsymbol{x},\boldsymbol{y})$ 与 $\varphi(\boldsymbol{y},\boldsymbol{x})$ 互为共轭复数.

定义 3.2.2 如果共轭双线性函数是埃尔米特的,那么其所对应的共轭二次型函数也叫埃尔米特的,简称为埃尔米特型函数.

于是由定理 3.2.2,得到如下推论:

定理 3.2.3 一个共轭二次型函数只取实值的时候,才为埃尔米特型函数.

事实上,刚才已经证明了,对于埃尔米特共轭双线性函数 $\varphi(\boldsymbol{x},\boldsymbol{y})$,必须且仅须使 $\varphi(\boldsymbol{x},\boldsymbol{y})$ 对于所有 $\boldsymbol{x}$ 是实的.

埃尔米特型函数的一个例子是 $\varphi(\boldsymbol{x},\boldsymbol{x})=(\boldsymbol{x},\boldsymbol{x})$,这里 $(\boldsymbol{x},\boldsymbol{x})$ 是酉空间中向量 $\boldsymbol{x}$ 与自身的内积.实际上,酉空间中的内积公理 Ⅰ—Ⅲ 表示着:$(\boldsymbol{x},\boldsymbol{y})$ 是埃尔米特共轭双线性函数,所以,内积 $(\boldsymbol{x},\boldsymbol{x})$ 是埃尔米特型函数.

称满足条件 $\varphi(\boldsymbol{x},\boldsymbol{x})>0$,对于 $\boldsymbol{x}\neq 0$ 的埃尔米特型函数为恒正的,则酉空间可以定义为具有恒正的埃尔米特型度量的复线性空间.

3.3 埃尔米特型函数

本目我们专门来讨论埃尔米特型函数 $\mathscr{H}(\boldsymbol{x},\boldsymbol{x})$. 在酉空间中选定一个基底 $M=\{\boldsymbol{e}_1,\boldsymbol{e}_2,\cdots,\boldsymbol{e}_n\}$ 后,可以把这个埃尔米特型函数表示为三个矩阵(单行矩阵、

方阵与单列矩阵）的乘积

$$\mathscr{H}(\boldsymbol{x},\boldsymbol{x})=\sum_{i=1}^{n}\sum_{k=1}^{n}h_{jk}x_i\overline{x_k}=\boldsymbol{XHX}^{\mathrm{H}} \tag{3.3.1}$$

其中 $\boldsymbol{X}=(x_1,x_2,\cdots,x_n)$ 是向量 $\boldsymbol{x}$ 在 M 下的坐标，而 $\boldsymbol{H}=(h_{ij})_{n\times n}$ 是 $\mathscr{H}(\boldsymbol{x},\boldsymbol{x})$ 在 M 下的矩阵.

当基底发生变更时，引起相应坐标的变换. 今对坐标 $x_1,x_2,\cdots,x_n$ 取线性变换

$$x_i=\sum_{k=1}^{n}t_{ik}y_k\quad(i=1,2,\cdots,n) \tag{3.3.2}$$

或写为矩阵形状

$$\boldsymbol{X}=\boldsymbol{YT}\quad(\boldsymbol{T}=(t_{ik})_{n\times n}) \tag{3.3.2'}$$

经变换后埃尔米特型函数 $\mathscr{H}(\boldsymbol{x},\boldsymbol{x})$ 的右端化为

$$\widetilde{\mathscr{H}}=\sum_{i=1}^{n}\sum_{k=1}^{n}\widetilde{h_{ik}}y_i\overline{y_k}$$

其中新系数矩阵 $\widetilde{\boldsymbol{H}}=(\widetilde{h_{ik}})_{n\times n}$ 与旧系数矩阵 $\boldsymbol{H}=(h_{ik})_{n\times n}$ 间有关系式

$$\widetilde{\boldsymbol{H}}=\boldsymbol{THT}^{\mathrm{H}} \tag{3.3.3}$$

埃尔米特型函数 $\mathscr{H}(\boldsymbol{x},\boldsymbol{x})$ 可以有无穷多种方法①使其化为

$$\mathscr{H}(\boldsymbol{x},\boldsymbol{x})=\sum_{i=1}^{r}a_iy_i\overline{y_i} \tag{3.3.4}$$

其中 $a_i\neq 0(i=1,2,\cdots,r)$ 为实数，而

---

① 例如，拉格朗日方法可以用于埃尔米特型函数 $\mathscr{H}(\boldsymbol{x},\boldsymbol{x})=\sum\sum h_{ik}x_ix_k$. 讨论两种情形：

（ⅰ）对于某一个 $g(1\leqslant g\leqslant n)$，对角线系数 $h_{gg}\neq 0$，那么令

$$\mathscr{H}(\boldsymbol{x},\boldsymbol{x})=\frac{1}{h_{gg}}\left|\sum_{k=1}^{n}h_{gk}x_k\right|^2+\mathscr{H}_1(\boldsymbol{x},\boldsymbol{x})$$

从直接计算可以证明，埃尔米特型函数 $\mathscr{H}_1(\boldsymbol{x},\boldsymbol{x})$ 已经不含坐标 x_g，只要矩阵 $\boldsymbol{H}=(h_{ik})_{n\times n}$ 的对角线上有元素不等于零，从埃尔米特型函数中分出一个平方的这种等等常可施行.

（ⅱ）系数 $h_{gg}=0,h_{pp}=0,h_{gp}\neq 0$，在这一种情形令

$$\mathscr{H}(\boldsymbol{x},\boldsymbol{x})=\frac{1}{2}\left\{\left|\sum_{k=1}^{n}(h_{kp}+\frac{h_{kg}}{h_{pg}})x_k\right|^2-\left|\sum_{k=1}^{n}(h_{kp}-\frac{h_{kg}}{h_{pg}})x_k\right|^2\right\}+\mathscr{H}_2(\boldsymbol{x},\boldsymbol{x}) \tag{1}$$

线性型

$$\sum_{k=1}^{n}h_{gk}x_k,\sum_{i=1}^{n}h_{pk}x_k \tag{2}$$

线性无关，因为第一个含有 $\boldsymbol{x}_k$ 而不含 $\boldsymbol{x}_g$；相反地，第二个含有 x_g 而不含 x_p. 故在式(1)的大括号中两个线性型是线性无关的(因为是线性无关型(2)的和与差).

这样一来，我们在 $\mathscr{H}(\boldsymbol{x},\boldsymbol{x})$ 中分出了两个线性无关型的平方，每一个平方中都含有 x_g 与 x_p，而在型 $\mathscr{H}(\boldsymbol{x},\boldsymbol{x})$ 中，容易验证，并不含有这两个坐标.

顺次适当地结合(ⅰ)与(ⅱ)法，常可利用有理运算化埃尔米特型函数 $\mathscr{H}(\boldsymbol{x},\boldsymbol{x})$ 为平方和，而且所得出的平方和是无关的，因为在每一步骤中，分出的平方和中含有一个坐标是在以后诸平方中所没有的.

$$y_i = \sum_{k=1}^{n} t_{ik} x_k \quad (i=1,2,\cdots,n)$$

为坐标 $x_1, x_2, \cdots, x_n$ 的无关的复线性型①.

按第 7 章 §2,定理 2.2.4,存在新基底 $M' = \{\boldsymbol{e}_1', \boldsymbol{e}_2', \cdots, \boldsymbol{e}_n'\}$,使得 $\boldsymbol{x}$ 在 M 下的坐标为$(y_1, y_2, \cdots, y_n)$.

式(3.3.4)的右边称为独立的平方和②,这种形式的坐标表达式称为埃尔米特型函数 $\mathscr{H}(\boldsymbol{x}, \boldsymbol{x})$ 的标准形式,系数称为标准系数,而相应的基底称为标准基底.

这样,我们就证明了:

定理 3.3.1 在酉空间里,对于每一个埃尔米特型函数,都存在这样的基底,使得它在该基底下成为独立的平方和.

如果变换(3.3.2)是满秩的($|\boldsymbol{T}| \neq 0$),那么由公式(3.3.3)知矩阵 $\boldsymbol{H}$ 与 $\widetilde{\boldsymbol{H}}$ 等秩. 矩阵 $\boldsymbol{H}$ 的秩称为函数 $\mathscr{H}(\boldsymbol{x}, \boldsymbol{x})$ 的秩. 和二次型函数一样,式(3.3.4)中数 r 等于函数 $\mathscr{H}(\boldsymbol{x}, \boldsymbol{x})$ 的秩.

行列式 $|\boldsymbol{H}|$ 称为埃尔米特型函数 $\mathscr{H}(\boldsymbol{x}, \boldsymbol{x})$ 的判别式. 由式(3.3.3)知在转移到新变数时判别式的变换公式为

$$|\widetilde{\boldsymbol{H}}| = |\boldsymbol{H}| |\boldsymbol{T}| |\overline{\boldsymbol{T}}|$$

埃尔米特型函数称为奇异的,如果它的判别式等于零. 显然,奇异的埃尔米特型函数经任何变换(3.3.2)后,仍然是奇异的.

在埃尔米特型函数的标准形式中,每一项是正的或负的平方和,则视 $a_i > 0$ 或 $a_i < 0$ 而定.

定理 3.3.2(埃尔米特型函数的惯性定律) 表埃尔米特型函数 $\mathscr{H}(\boldsymbol{x}, \boldsymbol{x})$ 为无关平方和(3.3.4)时,其正平方的个数与负平方的个数与表出的方法无关.

其证明与定理 1.4.2(本章 §1)的证明完全类似.

定义 3.3.1 埃尔米特型函数 $\mathscr{H}(\boldsymbol{x}, \boldsymbol{x})$ 称为非负的(非正的),如果对于任何变量 $\boldsymbol{x}$,都有 $\mathscr{H}(\boldsymbol{x}, \boldsymbol{x}) \geqslant 0 (\leqslant 0)$.

定义 3.3.2 埃尔米特型函数 $\mathscr{H}(\boldsymbol{x}, \boldsymbol{x})$ 称为正定的(负定的),如果对于任何非零向量 $\boldsymbol{x}$,都有 $\mathscr{H}(\boldsymbol{x}, \boldsymbol{x}) > 0 (< 0)$.

可以利用埃尔米特型函数的矩阵来判定其正定或非负性.

---

① 故有 $r \leqslant n$.

② 这个术语是这样的,因为乘积 $y_i \overline{y_i}$ 等于模 y_i 的平方($y_i \overline{y_i} = |y_i|^2$).

定理 3.3.3　为了使得埃尔米特型函数 $\mathscr{H}(\boldsymbol{x},\boldsymbol{x})=\sum_{i=1}^{n}\sum_{k=1}^{n}h_{ik}x_i\overline{x_k}$ 是正定的,充分必要的条件是以下诸不等式成立

$$\Delta_k=\left|\boldsymbol{H}\begin{pmatrix}1 & 2 & \cdots & k\\ 1 & 2 & \cdots & k\end{pmatrix}\right|>0\quad(k=1,2,\cdots,n)\tag{3.3.5}$$

定理 3.3.4　为了使得埃尔米特型函数 $\mathscr{H}(\boldsymbol{x},\boldsymbol{x})=\sum_{i=1}^{n}\sum_{k=1}^{n}h_{ik}x_i\overline{x_k}$ 非负,充分必要条件是矩阵 $\boldsymbol{H}=(h_{ik})_{n\times n}$ 的所有主子式都是非负的

$$\left|\boldsymbol{H}\begin{pmatrix}i_1 & i_2 & \cdots & i_p\\ i_1 & i_2 & \cdots & i_p\end{pmatrix}\right|\geqslant 0\quad(i_1,i_2,\cdots,i_p=1,2,\cdots,n,p=1,2,\cdots,n)\tag{3.3.6}$$

这些定理正确性,可由基底下埃尔米特型函数的矩阵表示,而转化为关于矩阵的相应性质的证明,参阅第 5 章 §5.

埃尔米特型函数 $\mathscr{H}(\boldsymbol{x},\boldsymbol{x})$ 的负定性与非正性条件可从条件(3.3.5)与(3.3.6)相对应的来得出,如果用后两个条件于函数 $-\mathscr{H}(\boldsymbol{x},\boldsymbol{x})$.

设给出两个埃尔米特型函数

$$\mathscr{H}(\boldsymbol{x},\boldsymbol{x})=\sum_{i=1}^{n}\sum_{k=1}^{n}h_{ik}x_i\overline{x_k}$$

与

$$\mathscr{G}(\boldsymbol{x},\boldsymbol{x})=\sum_{i=1}^{n}\sum_{k=1}^{n}g_{ik}x_i\overline{x_k}$$

讨论埃尔米特型函数耦 $\mathscr{H}(\boldsymbol{x},\boldsymbol{x})-\lambda\mathscr{G}(\boldsymbol{x},\boldsymbol{x})$($\lambda$ 为实参数).这个函数耦称为正则的,如果函数 $\mathscr{G}(\boldsymbol{x},\boldsymbol{x})$ 是正定的.用埃尔米特矩阵 $\boldsymbol{H}=(h_{ik})_{n\times n}$ 与 $\boldsymbol{G}=(g_{ik})_{n\times n}$,我们建立方程

$$|\boldsymbol{H}-\lambda\boldsymbol{G}|=0$$

这个方程称为埃尔米特型函数耦的特征方程,它的根称为函数耦的特征数.

如果 λ_0 是函数耦的特征数,那么有非零列 $\boldsymbol{Z}=(z_1,z_2,\cdots,z_n)^{\mathrm{T}}$ 存在,使得

$$\boldsymbol{HZ}=\lambda_0\boldsymbol{Z}$$

列 $\boldsymbol{Z}$ 将称为对应于特征数 λ_0 的函数耦 $\mathscr{H}(\boldsymbol{x},\boldsymbol{x})-\lambda\mathscr{G}(\boldsymbol{x},\boldsymbol{x})$ 的主列或主向量.

我们有:

定理 3.3.5　正则埃尔米特型函数耦 $\mathscr{H}(\boldsymbol{x},\boldsymbol{x})-\lambda\mathscr{G}(\boldsymbol{x},\boldsymbol{x})$ 的特征方程有 n 个实根 $\lambda_1,\lambda_2,\cdots,\lambda_n$,有 n 个对应于这些根的主列 $\boldsymbol{Z}_1,\boldsymbol{Z}_2,\cdots,\boldsymbol{Z}_n$,适合"标准正交性"条件:$\boldsymbol{Z}_i\boldsymbol{G}\boldsymbol{Z}_k=\delta_{ik}(i,k=1,2,\cdots,n)$.

它的证明完全与定理 2.5.1 的证明类似.

3.4 埃尔米特型函数的基本定理・酉空间中线性变换特征值的极值性质

对于 n 维酉空间中的线性变换 $\mathscr{A}$,我们首先可以把上一节 2.1 目中关于欧氏空间中线性变换的定理(定理 2.1.1—定理 2.1.3)移植过来,只是相应的(对称)双线性函数要换成(埃尔米特)共轭双线性函数.

定理 3.4.1 酉空间 U 上的每一个共轭双线性函数 $\varphi(\boldsymbol{x},\boldsymbol{y})$ 都可表示为内积 $(\mathscr{A}\boldsymbol{x},\boldsymbol{y})$ 的形式,其中 $\mathscr{A}$ 为空间 U 的线性变换,并且这种表示方法是唯一的.

定理 3.4.2 在标准正交基底下,共轭双线性函数的矩阵等于其对应线性变换的矩阵.

定理 3.4.3 在酉空间里,每一个埃尔米特型函数 $\mathscr{H}(\boldsymbol{x},\boldsymbol{x})$,都存在这样的标准正交的基底,使得 $\mathscr{H}(\boldsymbol{x},\boldsymbol{x})$ 成为标准形式.

与定理 2.2.1 的证明类似,我们可以建立下面的关于化埃尔米特型函数到主轴上去的定理.

定理 3.4.4 每一个埃尔米特型函数在任意基底下的坐标表达式都可以利用一个具有埃尔米特矩阵的坐标变换变到标准形式,且标准系数为原基底下该二次型函数的矩阵的特征值.

现在指出,在考察联系着 $\mathscr{A}$ 所对应的埃尔米特型函数 $(\mathscr{A}\boldsymbol{x},\boldsymbol{x})$ 的某个极小值问题时,就可得到它的特征值. 特别地,可以利用它证明特征向量及特征值的存在,而不用 n 次方程式根的存在定理. 这些极值性质当计算特征值时也是有益的.

我们先证明下面的预备定理:

预备定理 设 $\mathscr{A}$ 是酉空间中的埃尔米特变换,且其所对应的埃尔米特型函数 $(\mathscr{A}\boldsymbol{x},\boldsymbol{x})$ 非负,即对任意 $\boldsymbol{x}$ 有

$$(\mathscr{A}\boldsymbol{x},\boldsymbol{x})\geqslant 0$$

此时若对于某一向量 $\boldsymbol{e}$ 有 $(\mathscr{A}\boldsymbol{e},\boldsymbol{e})=0$,则有

$$\mathscr{A}\boldsymbol{e}=\boldsymbol{0}$$

证明 设 t 是任意实数,而 $\boldsymbol{y}$ 是任意向量. 那么有

$$(\mathscr{A}(\boldsymbol{e}+t\boldsymbol{y}),(\boldsymbol{e}+t\boldsymbol{y}))\geqslant 0$$

或者,因为 $(\mathscr{A}\boldsymbol{e},\boldsymbol{e})=0$,则对于任意 t,有

$$t[(\mathscr{A}\boldsymbol{e},\boldsymbol{y})+(\mathscr{A}\boldsymbol{y},\boldsymbol{e})]+t^2(\mathscr{A}\boldsymbol{y},\boldsymbol{y})\geqslant 0$$

由此推出

$$(\mathscr{A}\boldsymbol{e},\boldsymbol{y})+(\mathscr{A}\boldsymbol{y},\boldsymbol{e})=0 \tag{3.4.1}$$

因为 $\boldsymbol{y}$ 是随意的,将 $\boldsymbol{y}$ 代以 $\mathrm{i}\boldsymbol{y}$ 时,得$(\mathscr{A}\boldsymbol{e},\mathrm{i}\boldsymbol{y})+(i\mathscr{A}\boldsymbol{y},\boldsymbol{e})=0$,亦即

$$-\mathrm{i}(\mathscr{A}\boldsymbol{e},\boldsymbol{y})+i(\mathscr{A}\boldsymbol{y},\boldsymbol{e})=0 \tag{3.4.2}$$

由式(3.4.1)及(3.4.2)得

$$(\mathscr{A}\boldsymbol{e},\boldsymbol{y})=0$$

且因 $\boldsymbol{y}$ 的任意性,所以

$$\mathscr{A}\boldsymbol{e}=\boldsymbol{0}$$

现在在酉空间 U 中的单位球面上,即使

$$(\boldsymbol{x},\boldsymbol{x})=1$$

的向量的集内,考察埃尔米特变换 $\mathscr{A}$ 对应的埃尔米特型函数$(\mathscr{A}\boldsymbol{x},\boldsymbol{x})$.

下列定理成立:

定理 3.4.5 设 $\mathscr{A}$ 是埃尔米特变换,则 $\mathscr{A}$ 所对应的埃尔米特型函数$(\mathscr{A}\boldsymbol{x},\boldsymbol{x})$在单位球面上取极小值 λ_1,则使此极小值被达到的向量 $\boldsymbol{e}_1$ 是变换 $\mathscr{A}$ 的特征向量,而极小值 λ_1 是此变换的对应特征值.

证明 单位球面是 n 维空间里的有界闭集,所以$(\mathscr{A}\boldsymbol{x},\boldsymbol{x})$看作其上的连续函数时,在某一点 $\boldsymbol{e}$ 取极小值.用 λ 表示此极小值,则有

$$(\mathscr{A}\boldsymbol{x},\boldsymbol{x})\geqslant\lambda_1,\text{当}(\boldsymbol{x},\boldsymbol{x})=1 \tag{3.4.3}$$

而且

$$(\mathscr{A}\boldsymbol{e}_1,\boldsymbol{e}_1)=\lambda_1,(\boldsymbol{e}_1,\boldsymbol{e}_1)=1$$

改写不等式(3.4.3)为如下形式

$$(\mathscr{A}\boldsymbol{x},\boldsymbol{x})\geqslant\lambda_1(\boldsymbol{e}_1,\boldsymbol{e}_1),(\boldsymbol{e}_1,\boldsymbol{e}_1)=1$$

它对应单位长的向量成立.因为将 $\boldsymbol{x}$ 乘以复数 α 时,则不等式的右侧及左侧都乘以非负实数 $\alpha\overline{\alpha}$,所以它对于任意长度的向量也成立(因为任意向量可由单位长的向量乘以某个数 α 而求得).

所得到的不等式可改写成这样:对于任意 $\boldsymbol{x}$,有

$$(\lambda\boldsymbol{x}-\lambda_1\boldsymbol{x},\boldsymbol{x})\geqslant 0$$

而且当 $\boldsymbol{x}=\boldsymbol{e}_1$ 时,有

$$(\mathscr{A}\boldsymbol{e}_1-\lambda_1\boldsymbol{e}_1,\boldsymbol{e}_1)=0$$

这就是说:变换 $\mathscr{B}=\mathscr{A}-\lambda_1\mathscr{E}$ 满足预备定理的条件,由此应用预备定理,得

$$(\mathscr{A}-\lambda_1\mathscr{E})\boldsymbol{e}_1=0$$

亦即

$$\mathscr{A}\boldsymbol{e}_1=\lambda_1\boldsymbol{e}_1$$

这样,$\boldsymbol{e}_1$ 是变换 $\mathscr{A}$ 的特征向量,而与特征值 λ_1 相对应着.定理证毕.

为了求第二个特征向量,考察 U 内正交于特征向量 $\boldsymbol{e}_1$ 的所有向量.因为埃尔米特变换 $\mathscr{A}$ 是正规的,按正规变换的性质(参阅第 11 章 § 2,2.3,正规变换的性质 3°),这些向量生成对 $\mathscr{A}$ 不变的 $n-1$ 维子空间.

在条件$(\boldsymbol{x},\boldsymbol{x})=1$下,求埃尔米特型函数$(\mathscr{A}\boldsymbol{x},\boldsymbol{x})$的极小值;在此子空间内我们就得到新的特征向量 $\boldsymbol{e}_2$ 的特征值 λ_2.

显然 $\lambda_2\geqslant\lambda_1$,因为$(\mathscr{A}\boldsymbol{x},\boldsymbol{x})$在这个空间内的极小值不能大于该函数在子空间中的极小值.

对于正交于 $\boldsymbol{e}_1$ 与 $\boldsymbol{e}_2$ 的向量做成的 $n-2$ 维不变子空间,解同样的问题我们就可得到以下的特征向量.$(\mathscr{A}\boldsymbol{x},\boldsymbol{x})$在此子空间里的极小值将是第三个特征值.继续这个过程,我们将变换 $\mathscr{A}$ 所有 n 个特征值及其所对应的特征向量全部求出.

参 考 文 献

[1] 甘特马赫尔. 矩阵论(上、下卷)[M]. 柯召,郑元禄,译. 哈尔滨:哈尔滨工业大学出版社,2013.

[2] 希洛夫. 线性空间引论[M]. 王梓坤,吴大任,周学光,等译. 北京:高等教育出版社,2013.

[3] А. Г. 库洛什. 高等代数教程[M]. 柯召,译. 北京:高等教育出版社,1956.

[4] А. И. 柯斯特利金. 代数学引论(第一卷)[M]. 张英伯,译. 北京:高等教育出版社,2006.

[5] 北京大学数学系几何与代数教研室前代数小组. 高等代数[M]. 3 版. 北京:高等教育出版社,2003.

[6] 丘维声. 高等代数[M]. 北京:科学出版社,2013.

[7] Л. Я. 奥库涅夫. 高等代数(上、下)[M]. 杨从仁,译. 北京:高等教育出版社,1953.

[8] 姚慕生,吴泉水,谢启鸿. 高等代数学[M]. 3 版. 北京:复旦大学出版社,2014.

[9] 庄瓦金. 高等代数教程[M]. 香港:国际华文出版社,2002.

[10] 穆大禄,裴惠生. 高等代数教程[M]. 济南:山东大学出版社,1990.

[11] 张贤科,许甫华. 高等代数学[M]. 2 版. 北京:清华大学出版社,2004.

[12] 屠伯埙. 高等代数[M]. 上海:上海科学技术出版社,1987.

[13] 李尚志. 线性代数[M]. 北京:高等教育出版社,2006.

[14] 蓝以中. 高等代数简明教程(上、下册)[M]. 2 版. 北京:北京大学出版社,2007.

[15] Г. М. 菲赫金哥尔茨. 微积分学教程(第一卷)[M]. 杨弢亮,叶彦谦,译;郭思旭,校. 北京:高等教育出版社,2006.

[16] 王仁发. 高等代数专题研究[M]. 北京:中央广播电视大学出版社,2003.

[17] 陈公宁. 矩阵理论与应用[M]. 2 版. 北京:科学出版社,2007.

[18] 黄廷祝,等. 矩阵理论[M]. 北京:高等教育出版社,2003.

[19] 王朝瑞,史荣昌. 矩阵分析[M]. 北京:北京理工大学出版社,1989.

[20] 屠伯埙. 线性代数——方法导引[M]. 上海:复旦大学出版社,1986.

[21] 李炯生,查建国. 线性代数[M]. 合肥:中国科学技术大学出版社,1989.

[22] 王松桂,贾忠贞. 矩阵论中不等式[M]. 合肥:安徽教育出版社,1994.

[23] 张贤达. 矩阵分析与应用[M]. 北京:清华大学出版社,2004.

[24] Roger A. Horn, Charles R. Johnson. 矩阵分析[M]. 2 版. 张明尧,张凡,译. 北京:机械工业出版社,2014.

[25] 戴华. 矩阵论[M]. 北京:科学出版社,2001.

[26] 徐甫华,张贤科. 高等代数解题方法[M]. 北京:清华大学出版社,2001.

[27] 杨子胥. 高等代数习题集(下册)[M]. 济南:山东科学技术出版社,2003.

[28] 张干宗. 线性规划[M]. 2 版. 武汉:武汉大学出版社,2004.

[29] 樊恽,等. 代数学辞典[M]. 武汉:华中师范大学出版社,1994.

[30]《数学辞海》编辑委员会. 数学辞海(第一卷·高等代数)[M]. 太原:山西教育出版社,2002.

刘培杰数学工作室
已出版(即将出版)图书目录——初等数学

书　　名	出版时间	定　价	编号
新编中学数学解题方法全书(高中版)上卷(第 2 版)	2018－08	58.00	951
新编中学数学解题方法全书(高中版)中卷(第 2 版)	2018－08	68.00	952
新编中学数学解题方法全书(高中版)下卷(一)(第 2 版)	2018－08	58.00	953
新编中学数学解题方法全书(高中版)下卷(二)(第 2 版)	2018－08	58.00	954
新编中学数学解题方法全书(高中版)下卷(三)(第 2 版)	2018－08	68.00	955
新编中学数学解题方法全书(初中版)上卷	2008－01	28.00	29
新编中学数学解题方法全书(初中版)中卷	2010－07	38.00	75
新编中学数学解题方法全书(高考复习卷)	2010－01	48.00	67
新编中学数学解题方法全书(高考真题卷)	2010－01	38.00	62
新编中学数学解题方法全书(高考精华卷)	2011－03	68.00	118
新编平面解析几何解题方法全书(专题讲座卷)	2010－01	18.00	61
新编中学数学解题方法全书(自主招生卷)	2013－08	88.00	261
数学奥林匹克与数学文化(第一辑)	2006－05	48.00	4
数学奥林匹克与数学文化(第二辑)(竞赛卷)	2008－01	48.00	19
数学奥林匹克与数学文化(第二辑)(文化卷)	2008－07	58.00	36′
数学奥林匹克与数学文化(第三辑)(竞赛卷)	2010－01	48.00	59
数学奥林匹克与数学文化(第四辑)(竞赛卷)	2011－08	58.00	87
数学奥林匹克与数学文化(第五辑)	2015－06	98.00	370
世界著名平面几何经典著作钩沉——几何作图专题卷(共 3 卷)	2022－01	198.00	1460
世界著名平面几何经典著作钩沉(民国平面几何老课本)	2011－03	38.00	113
世界著名平面几何经典著作钩沉(建国初期平面三角老课本)	2015－08	38.00	507
世界著名解析几何经典著作钩沉——平面解析几何卷	2014－01	38.00	264
世界著名数论经典著作钩沉(算术卷)	2012－01	28.00	125
世界著名数学经典著作钩沉——立体几何卷	2011－02	28.00	88
世界著名三角学经典著作钩沉(平面三角卷Ⅰ)	2010－06	28.00	69
世界著名三角学经典著作钩沉(平面三角卷Ⅱ)	2011－01	38.00	78
世界著名初等数论经典著作钩沉(理论和实用算术卷)	2011－07	38.00	126
世界著名几何经典著作钩沉(解析几何卷)	2022－10	68.00	1564
发展你的空间想象力(第 3 版)	2021－01	98.00	1464
空间想象力进阶	2019－05	68.00	1062
走向国际数学奥林匹克的平面几何试题诠释. 第 1 卷	2019－07	88.00	1043
走向国际数学奥林匹克的平面几何试题诠释. 第 2 卷	2019－09	78.00	1044
走向国际数学奥林匹克的平面几何试题诠释. 第 3 卷	2019－03	78.00	1045
走向国际数学奥林匹克的平面几何试题诠释. 第 4 卷	2019－09	98.00	1046
平面几何证明方法全书	2007－08	48.00	1
平面几何证明方法全书习题解答(第 2 版)	2006－12	18.00	10
平面几何天天练上卷・基础篇(直线型)	2013－01	58.00	208
平面几何天天练中卷・基础篇(涉及圆)	2013－01	28.00	234
平面几何天天练下卷・提高篇	2013－01	58.00	237
平面几何专题研究	2013－07	98.00	258
平面几何解题之道. 第 1 卷	2022－05	38.00	1494
几何学习题集	2020－10	48.00	1217
通过解题学习代数几何	2021－04	88.00	1301
圆锥曲线的奥秘	2022－06	88.00	1541

刘培杰数学工作室
已出版(即将出版)图书目录——初等数学

书　名	出版时间	定　价	编号
最新世界各国数学奥林匹克中的平面几何试题	2007—09	38.00	14
数学竞赛平面几何典型题及新颖解	2010—07	48.00	74
初等数学复习及研究(平面几何)	2008—09	68.00	38
初等数学复习及研究(立体几何)	2010—06	38.00	71
初等数学复习及研究(平面几何)习题解答	2009—01	58.00	42
几何学教程(平面几何卷)	2011—03	68.00	90
几何学教程(立体几何卷)	2011—07	68.00	130
几何变换与几何证题	2010—06	88.00	70
计算方法与几何证题	2011—06	28.00	129
立体几何技巧与方法(第2版)	2022—10	168.00	1572
几何瑰宝——平面几何500名题暨1500条定理(上、下)	2021—07	168.00	1358
三角形的解法与应用	2012—07	18.00	183
近代的三角形几何学	2012—07	48.00	184
一般折线几何学	2015—08	48.00	503
三角形的五心	2009—06	28.00	51
三角形的六心及其应用	2015—10	68.00	542
三角形趣谈	2012—08	28.00	212
解三角形	2014—01	28.00	265
探秘三角形:一次数学旅行	2021—10	68.00	1387
三角学专门教程	2014—09	28.00	387
图天下几何新题试卷.初中(第2版)	2017—11	58.00	855
圆锥曲线习题集(上册)	2013—06	68.00	255
圆锥曲线习题集(中册)	2015—01	78.00	434
圆锥曲线习题集(下册·第1卷)	2016—10	78.00	683
圆锥曲线习题集(下册·第2卷)	2018—01	98.00	853
圆锥曲线习题集(下册·第3卷)	2019—10	128.00	1113
圆锥曲线的思想方法	2021—08	48.00	1379
圆锥曲线的八个主要问题	2021—10	48.00	1415
论九点圆	2015—05	88.00	645
近代欧氏几何学	2012—03	48.00	162
罗巴切夫斯基几何学及几何基础概要	2012—07	28.00	188
罗巴切夫斯基几何学初步	2015—06	28.00	474
用三角、解析几何、复数、向量计算解数学竞赛几何题	2015—03	48.00	455
用解析法研究圆锥曲线的几何理论	2022—05	48.00	1495
美国中学几何教程	2015—04	88.00	458
三线坐标与三角形特征点	2015—04	98.00	460
坐标几何学基础.第1卷,笛卡儿坐标	2021—08	48.00	1398
坐标几何学基础.第2卷,三线坐标	2021—09	28.00	1399
平面解析几何方法与研究(第1卷)	2015—05	28.00	471
平面解析几何方法与研究(第2卷)	2015—06	38.00	472
平面解析几何方法与研究(第3卷)	2015—07	28.00	473
解析几何研究	2015—01	38.00	425
解析几何学教程.上	2016—01	38.00	574
解析几何学教程.下	2016—01	38.00	575
几何学基础	2016—01	58.00	581
初等几何研究	2015—02	58.00	444
十九和二十世纪欧氏几何学中的片段	2017—01	58.00	696
平面几何中考.高考.奥数一本通	2017—07	28.00	820
几何学简史	2017—08	28.00	833
四面体	2018—01	48.00	880
平面几何证明方法思路	2018—12	68.00	913
折纸中的几何练习	2022—09	48.00	1559
中学新几何学(英文)	2022—10	98.00	1562
线性代数与几何	2023—04	68.00	1633
四面体几何学引论	2023—06	68.00	1648

刘培杰数学工作室
已出版(即将出版)图书目录——初等数学

书　　名	出版时间	定　价	编号
平面几何图形特性新析.上篇	2019－01	68.00	911
平面几何图形特性新析.下篇	2018－06	88.00	912
平面几何范例多解探究.上篇	2018－04	48.00	910
平面几何范例多解探究.下篇	2018－12	68.00	914
从分析解题过程学解题:竞赛中的几何问题研究	2018－07	68.00	946
从分析解题过程学解题:竞赛中的向量几何与不等式研究(全2册)	2019－06	138.00	1090
从分析解题过程学解题:竞赛中的不等式问题	2021－01	48.00	1249
二维、三维欧氏几何的对偶原理	2018－12	38.00	990
星形大观及闭折线论	2019－03	68.00	1020
立体几何的问题和方法	2019－11	58.00	1127
三角代换论	2021－05	58.00	1313
俄罗斯平面几何问题集	2009－08	88.00	55
俄罗斯立体几何问题集	2014－03	58.00	283
俄罗斯几何大师——沙雷金论数学及其他	2014－01	48.00	271
来自俄罗斯的5000道几何习题及解答	2011－03	58.00	89
俄罗斯初等数学问题集	2012－05	38.00	177
俄罗斯函数问题集	2011－03	38.00	103
俄罗斯组合分析问题集	2011－01	48.00	79
俄罗斯初等数学万题选——三角卷	2012－11	38.00	222
俄罗斯初等数学万题选——代数卷	2013－08	68.00	225
俄罗斯初等数学万题选——几何卷	2014－01	68.00	226
俄罗斯《量子》杂志数学征解问题100题选	2018－08	48.00	969
俄罗斯《量子》杂志数学征解问题又100题选	2018－08	48.00	970
俄罗斯《量子》杂志数学征解问题	2020－05	48.00	1138
463个俄罗斯几何老问题	2012－01	28.00	152
《量子》数学短文精粹	2018－09	38.00	972
用三角、解析几何等计算解来自俄罗斯的几何题	2019－11	88.00	1119
基谢廖夫平面几何	2022－01	48.00	1461
基谢廖夫立体几何	2023－04	48.00	1599
数学:代数、数学分析和几何(10－11年级)	2021－01	48.00	1250
直观几何学:5—6年级	2022－04	58.00	1508
几何学:第2版.7—9年级	2023－08	68.00	1684
平面几何:9—11年级	2022－10	48.00	1571
立体几何.10—11年级	2022－01	58.00	1472

谈谈素数	2011－03	18.00	91
平方和	2011－03	18.00	92
整数论	2011－05	38.00	120
从整数谈起	2015－10	28.00	538
数与多项式	2016－01	38.00	558
谈谈不定方程	2011－05	28.00	119
质数漫谈	2022－07	68.00	1529

解析不等式新论	2009－06	68.00	48
建立不等式的方法	2011－03	98.00	104
数学奥林匹克不等式研究(第2版)	2020－07	68.00	1181
不等式研究(第三辑)	2023－08	198.00	1673
不等式的秘密(第一卷)(第2版)	2014－02	38.00	286
不等式的秘密(第二卷)	2014－01	38.00	268
初等不等式的证明方法	2010－06	38.00	123
初等不等式的证明方法(第二版)	2014－11	38.00	407
不等式・理论・方法(基础卷)	2015－07	38.00	496
不等式・理论・方法(经典不等式卷)	2015－07	38.00	497
不等式・理论・方法(特殊类型不等式卷)	2015－07	48.00	498
不等式探究	2016－03	38.00	582
不等式探秘	2017－01	88.00	689
四面体不等式	2017－01	68.00	715
数学奥林匹克中常见重要不等式	2017－09	38.00	845

刘培杰数学工作室
已出版(即将出版)图书目录——初等数学

书　　名	出版时间	定　价	编号
三正弦不等式	2018－09	98.00	974
函数方程与不等式:解法与稳定性结果	2019－04	68.00	1058
数学不等式.第1卷,对称多项式不等式	2022－05	78.00	1455
数学不等式.第2卷,对称有理不等式与对称无理不等式	2022－05	88.00	1456
数学不等式.第3卷,循环不等式与非循环不等式	2022－05	88.00	1457
数学不等式.第4卷,Jensen不等式的扩展与加细	2022－05	88.00	1458
数学不等式.第5卷,创建不等式与解不等式的其他方法	2022－05	88.00	1459
不定方程及其应用.上	2018－12	58.00	992
不定方程及其应用.中	2019－01	78.00	993
不定方程及其应用.下	2019－02	98.00	994
Nesbitt不等式加强式的研究	2022－06	128.00	1527
最值定理与分析不等式	2023－02	78.00	1567
一类积分不等式	2023－02	88.00	1579
邦费罗尼不等式及概率应用	2023－05	58.00	1637

同余理论	2012－05	38.00	163
[x]与{x}	2015－04	48.00	476
极值与最值.上卷	2015－06	28.00	486
极值与最值.中卷	2015－06	38.00	487
极值与最值.下卷	2015－06	28.00	488
整数的性质	2012－11	38.00	192
完全平方数及其应用	2015－08	78.00	506
多项式理论	2015－10	88.00	541
奇数、偶数、奇偶分析法	2018－01	98.00	876

历届美国中学生数学竞赛试题及解答(第一卷)1950－1954	2014－07	18.00	277
历届美国中学生数学竞赛试题及解答(第二卷)1955－1959	2014－04	18.00	278
历届美国中学生数学竞赛试题及解答(第三卷)1960－1964	2014－06	18.00	279
历届美国中学生数学竞赛试题及解答(第四卷)1965－1969	2014－04	28.00	280
历届美国中学生数学竞赛试题及解答(第五卷)1970－1972	2014－06	18.00	281
历届美国中学生数学竞赛试题及解答(第六卷)1973－1980	2017－07	18.00	768
历届美国中学生数学竞赛试题及解答(第七卷)1981－1986	2015－01	18.00	424
历届美国中学生数学竞赛试题及解答(第八卷)1987－1990	2017－05	18.00	769

历届国际数学奥林匹克试题集	2023－09	158.00	1701
历届中国数学奥林匹克试题集(第3版)	2021－10	58.00	1440
历届加拿大数学奥林匹克试题集	2012－08	38.00	215
历届美国数学奥林匹克试题集	2023－08	98.00	1681
历届波兰数学竞赛试题集.第1卷,1949～1963	2015－03	18.00	453
历届波兰数学竞赛试题集.第2卷,1964～1976	2015－03	18.00	454
历届巴尔干数学奥林匹克试题集	2015－05	38.00	466
保加利亚数学奥林匹克	2014－10	38.00	393
圣彼得堡数学奥林匹克试题集	2015－01	38.00	429
匈牙利奥林匹克数学竞赛题解.第1卷	2016－05	28.00	593
匈牙利奥林匹克数学竞赛题解.第2卷	2016－05	28.00	594
历届美国数学邀请赛试题集(第2版)	2017－10	78.00	851
普林斯顿大学数学竞赛	2016－06	38.00	669
亚太地区数学奥林匹克竞赛题	2015－07	18.00	492
日本历届(初级)广中杯数学竞赛试题及解答.第1卷(2000～2007)	2016－05	28.00	641
日本历届(初级)广中杯数学竞赛试题及解答.第2卷(2008～2015)	2016－05	38.00	642
越南数学奥林匹克题选:1962－2009	2021－07	48.00	1370
360个数学竞赛问题	2016－08	58.00	677
奥数最佳实战题.上卷	2017－06	38.00	760
奥数最佳实战题.下卷	2017－05	58.00	761
哈尔滨市早期中学数学竞赛试题汇编	2016－07	28.00	672
全国高中数学联赛试题及解答:1981—2019(第4版)	2020－07	138.00	1176
2024年全国高中数学联合竞赛模拟题集	2024－01	38.00	1702

刘培杰数学工作室
已出版(即将出版)图书目录——初等数学

书　　名	出版时间	定　价	编号
20 世纪 50 年代全国部分城市数学竞赛试题汇编	2017—07	28.00	797
国内外数学竞赛题及精解:2018～2019	2020—08	45.00	1192
国内外数学竞赛题及精解:2019～2020	2021—11	58.00	1439
许康华竞赛优学精选集.第一辑	2018—08	68.00	949
天问叶班数学问题征解 100 题.Ⅰ,2016—2018	2019—05	88.00	1075
天问叶班数学问题征解 100 题.Ⅱ,2017—2019	2020—07	98.00	1177
美国初中数学竞赛:AMC8 准备(共 6 卷)	2019—07	138.00	1089
美国高中数学竞赛:AMC10 准备(共 6 卷)	2019—08	158.00	1105
王连笑教你怎样学数学:高考选择题解题策略与客观题实用训练	2014—01	48.00	262
王连笑教你怎样学数学:高考数学高层次讲座	2015—02	48.00	432
高考数学的理论与实践	2009—08	38.00	53
高考数学核心题型解题方法与技巧	2010—01	28.00	86
高考思维新平台	2014—03	38.00	259
高考数学压轴题解题诀窍(上)(第 2 版)	2018—01	58.00	874
高考数学压轴题解题诀窍(下)(第 2 版)	2018—01	48.00	875
北京市五区文科数学三年高考模拟题详解:2013～2015	2015—08	48.00	500
北京市五区理科数学三年高考模拟题详解:2013～2015	2015—09	68.00	505
向量法巧解数学高考题	2009—08	28.00	54
高中数学课堂教学的实践与反思	2021—11	48.00	791
数学高考参考	2016—01	78.00	589
新课程标准高考数学解答题各种题型解法指导	2020—08	78.00	1196
全国及各省市高考数学试题审题要津与解法研究	2015—02	48.00	450
高中数学章节起始课的教学研究与案例设计	2019—05	28.00	1064
新课标高考数学——五年试题分章详解(2007～2011)(上、下)	2011—10	78.00	140,141
全国中考数学压轴题审题要津与解法研究	2013—04	78.00	248
新编全国及各省市中考数学压轴题审题要津与解法研究	2014—05	58.00	342
全国及各省市 5 年中考数学压轴题审题要津与解法研究(2015 版)	2015—04	58.00	462
中考数学专题总复习	2007—04	28.00	6
中考数学较难题常考题型解题方法与技巧	2016—09	48.00	681
中考数学难题常考题型解题方法与技巧	2016—09	48.00	682
中考数学中档题常考题型解题方法与技巧	2017—08	68.00	835
中考数学选择填空压轴好题妙解 365	2024—01	80.00	1698
中考数学:三类重点考题的解法例析与习题	2020—04	48.00	1140
中小学数学的历史文化	2019—11	48.00	1124
初中平面几何百题多思创新解	2020—01	58.00	1125
初中数学中考备考	2020—01	58.00	1126
高考数学之九章演义	2019—08	68.00	1044
高考数学之难题谈笑间	2022—06	68.00	1519
化学可以这样学:高中化学知识方法智慧感悟疑难辨析	2019—07	58.00	1103
如何成为学习高手	2019—09	58.00	1107
高考数学:经典真题分类解析	2020—04	78.00	1134
高考数学解答题破解策略	2020—11	58.00	1221
从分析解题过程学解题:高考压轴题与竞赛题之关系探究	2020—08	88.00	1179
教学新思考:单元整体视角下的初中数学教学设计	2021—03	58.00	1278
思维再拓展:2020 年经典几何题的多解探究与思考	即将出版		1279
中考数学小压轴汇编初讲	2017—07	48.00	788
中考数学大压轴专题微言	2017—09	48.00	846
怎么解中考平面几何探索题	2019—06	48.00	1093
北京中考数学压轴题解题方法突破(第 9 版)	2024—01	78.00	1645
助你高考成功的数学解题智慧:知识是智慧的基础	2016—01	58.00	596
助你高考成功的数学解题智慧:错误是智慧的试金石	2016—04	58.00	643
助你高考成功的数学解题智慧:方法是智慧的推手	2016—04	68.00	657
高考数学奇思妙解	2016—04	38.00	610
高考数学解题策略	2016—05	48.00	670
数学解题泄天机(第 2 版)	2017—10	48.00	850

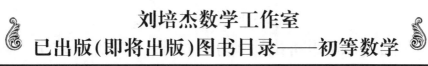

刘培杰数学工作室
已出版(即将出版)图书目录——初等数学

书　　名	出版时间	定　价	编号
高中物理教学讲义	2018－01	48.00	871
高中物理教学讲义:全模块	2022－03	98.00	1492
高中物理答疑解惑 65 篇	2021－11	48.00	1462
中学物理基础问题解析	2020－08	48.00	1183
初中数学、高中数学脱节知识补缺教材	2017－06	48.00	766
高考数学客观题解题方法和技巧	2017－10	38.00	847
十年高考数学精品试题审题要津与解法研究	2021－10	98.00	1427
中国历届高考数学试题及解答.1949－1979	2018－01	38.00	877
历届中国高考数学试题及解答.第二卷,1980—1989	2018－10	28.00	975
历届中国高考数学试题及解答.第三卷,1990—1999	2018－10	48.00	976
跟我学解高中数学题	2018－07	58.00	926
中学数学研究的方法及案例	2018－05	58.00	869
高考数学抢分技能	2018－07	68.00	934
高一新生常用数学方法和重要数学思想提升教材	2018－06	38.00	921
高考数学全国卷六道解答题常考题型解题诀窍:理科(全 2 册)	2019－07	78.00	1101
高考数学全国卷 16 道选择、填空题常考题型解题诀窍.理科	2018－09	88.00	971
高考数学全国卷 16 道选择、填空题常考题型解题诀窍.文科	2020－01	88.00	1123
高中数学一题多解	2019－06	58.00	1087
历届中国高考数学试题及解答:1917－1999	2021－08	98.00	1371
2000～2003 年全国及各省市高考数学试题及解答	2022－05	88.00	1499
2004 年全国及各省市高考数学试题及解答	2023－08	78.00	1500
2005 年全国及各省市高考数学试题及解答	2023－08	78.00	1501
2006 年全国及各省市高考数学试题及解答	2023－08	88.00	1502
2007 年全国及各省市高考数学试题及解答	2023－08	98.00	1503
2008 年全国及各省市高考数学试题及解答	2023－08	88.00	1504
2009 年全国及各省市高考数学试题及解答	2023－08	88.00	1505
2010 年全国及各省市高考数学试题及解答	2023－08	98.00	1506
2011～2017 年全国及各省市高考数学试题及解答	2024－01	78.00	1507
2018～2023 年全国及各省市高考数学试题及解答	2024－03	78.00	1709
突破高原:高中数学解题思维探究	2021－08	48.00	1375
高考数学中的"取值范围"	2021－10	48.00	1429
新课程标准高中数学各种题型解法大全.必修一分册	2021－06	58.00	1315
新课程标准高中数学各种题型解法大全.必修二分册	2022－01	68.00	1471
高中数学各种题型解法大全.选择性必修一分册	2022－06	68.00	1525
高中数学各种题型解法大全.选择性必修二分册	2023－01	58.00	1600
高中数学各种题型解法大全.选择性必修三分册	2023－04	48.00	1643
历届全国初中数学竞赛经典试题详解	2023－04	88.00	1624
孟祥礼高考数学精刷精解	2023－06	98.00	1663
新编 640 个世界著名数学智力趣题	2014－01	88.00	242
500 个最新世界著名数学智力趣题	2008－06	48.00	3
400 个最新世界著名数学最值问题	2008－09	48.00	36
500 个世界著名数学征解问题	2009－06	48.00	52
400 个中国最佳初等数学征解老问题	2010－01	48.00	60
500 个俄罗斯数学经典老题	2011－01	28.00	81
1000 个国外中学物理好题	2012－04	48.00	174
300 个日本高考数学题	2012－05	38.00	142
700 个早期日本高考数学试题	2017－02	88.00	752
500 个前苏联早期高考数学试题及解答	2012－05	28.00	185
546 个早期俄罗斯大学生数学竞赛题	2014－03	38.00	285
548 个来自美苏的数学好问题	2014－11	28.00	396
20 所苏联著名大学早期入学试题	2015－02	18.00	452
161 道德国工科大学生必做的微分方程习题	2015－05	28.00	469
500 个德国工科大学生必做的高数习题	2015－06	28.00	478
360 个数学竞赛问题	2016－08	58.00	677
200 个趣味数学故事	2018－02	48.00	857
470 个数学奥林匹克中的最值问题	2018－10	88.00	985
德国讲义日本考题.微积分卷	2015－04	48.00	456
德国讲义日本考题.微分方程卷	2015－04	38.00	457
二十世纪中叶中、英、美、日、法、俄高考数学试题精选	2017－06	38.00	783

刘培杰数学工作室
已出版(即将出版)图书目录——初等数学

书　　名	出版时间	定　价	编号
中国初等数学研究　2009 卷(第 1 辑)	2009－05	20.00	45
中国初等数学研究　2010 卷(第 2 辑)	2010－05	30.00	68
中国初等数学研究　2011 卷(第 3 辑)	2011－07	60.00	127
中国初等数学研究　2012 卷(第 4 辑)	2012－07	48.00	190
中国初等数学研究　2014 卷(第 5 辑)	2014－02	48.00	288
中国初等数学研究　2015 卷(第 6 辑)	2015－06	68.00	493
中国初等数学研究　2016 卷(第 7 辑)	2016－04	68.00	609
中国初等数学研究　2017 卷(第 8 辑)	2017－01	98.00	712
初等数学研究在中国.第 1 辑	2019－03	158.00	1024
初等数学研究在中国.第 2 辑	2019－10	158.00	1116
初等数学研究在中国.第 3 辑	2021－05	158.00	1306
初等数学研究在中国.第 4 辑	2022－06	158.00	1520
初等数学研究在中国.第 5 辑	2023－07	158.00	1635
几何变换(Ⅰ)	2014－07	28.00	353
几何变换(Ⅱ)	2015－06	28.00	354
几何变换(Ⅲ)	2015－01	38.00	355
几何变换(Ⅳ)	2015－12	38.00	356
初等数论难题集(第一卷)	2009－05	68.00	44
初等数论难题集(第二卷)(上、下)	2011－02	128.00	82,83
数论概貌	2011－03	18.00	93
代数数论(第二版)	2013－08	58.00	94
代数多项式	2014－06	38.00	289
初等数论的知识与问题	2011－02	28.00	95
超越数论基础	2011－03	28.00	96
数论初等教程	2011－03	28.00	97
数论基础	2011－03	18.00	98
数论基础与维诺格拉多夫	2014－03	18.00	292
解析数论基础	2012－08	28.00	216
解析数论基础(第二版)	2014－01	48.00	287
解析数论问题集(第二版)(原版引进)	2014－05	88.00	343
解析数论问题集(第二版)(中译本)	2016－04	88.00	607
解析数论基础(潘承洞,潘承彪著)	2016－07	98.00	673
解析数论导引	2016－07	58.00	674
数论入门	2011－03	38.00	99
代数数论入门	2015－03	38.00	448
数论开篇	2012－07	28.00	194
解析数论引论	2011－03	48.00	100
Barban Davenport Halberstam 均值和	2009－01	40.00	33
基础数论	2011－03	28.00	101
初等数论 100 例	2011－05	18.00	122
初等数论经典例题	2012－07	18.00	204
最新世界各国数学奥林匹克中的初等数论试题(上、下)	2012－01	138.00	144,145
初等数论(Ⅰ)	2012－01	18.00	156
初等数论(Ⅱ)	2012－01	18.00	157
初等数论(Ⅲ)	2012－01	28.00	158

刘培杰数学工作室
已出版(即将出版)图书目录——初等数学

书　　名	出版时间	定　价	编号
平面几何与数论中未解决的新老问题	2013－01	68.00	229
代数数论简史	2014－11	28.00	408
代数数论	2015－09	88.00	532
代数、数论及分析习题集	2016－11	98.00	695
数论导引提要及习题解答	2016－01	48.00	559
素数定理的初等证明.第2版	2016－09	48.00	686
数论中的模函数与狄利克雷级数(第二版)	2017－11	78.00	837
数论:数学导引	2018－01	68.00	849
范氏大代数	2019－02	98.00	1016
解析数学讲义.第一卷,导来式及微分、积分、级数	2019－04	88.00	1021
解析数学讲义.第二卷,关于几何的应用	2019－04	68.00	1022
解析数学讲义.第三卷,解析函数论	2019－04	78.00	1023
分析·组合·数论纵横谈	2019－04	58.00	1039
Hall代数:民国时期的中学数学课本:英文	2019－08	88.00	1106
基谢廖夫初等代数	2022－07	38.00	1531
数学精神巡礼	2019－01	58.00	731
数学眼光透视(第2版)	2017－06	78.00	732
数学思想领悟(第2版)	2018－01	68.00	733
数学方法溯源(第2版)	2018－08	68.00	734
数学解题引论	2017－05	58.00	735
数学史话览胜(第2版)	2017－01	48.00	736
数学应用展观(第2版)	2017－08	68.00	737
数学建模尝试	2018－04	48.00	738
数学竞赛采风	2018－01	68.00	739
数学测评探营	2019－05	58.00	740
数学技能操握	2018－03	48.00	741
数学欣赏拾趣	2018－02	48.00	742
从毕达哥拉斯到怀尔斯	2007－10	48.00	9
从迪利克雷到维斯卡尔迪	2008－01	48.00	21
从哥德巴赫到陈景润	2008－05	98.00	35
从庞加莱到佩雷尔曼	2011－08	138.00	136
博弈论精粹	2008－03	58.00	30
博弈论精粹.第二版(精装)	2015－01	88.00	461
数学 我爱你	2008－01	28.00	20
精神的圣徒　别样的人生——60位中国数学家成长的历程	2008－09	48.00	39
数学史概论	2009－06	78.00	50
数学史概论(精装)	2013－03	158.00	272
数学史选讲	2016－01	48.00	544
斐波那契数列	2010－02	28.00	65
数学拼盘和斐波那契魔方	2010－07	38.00	72
斐波那契数列欣赏(第2版)	2018－08	58.00	948
Fibonacci数列中的明珠	2018－06	58.00	928
数学的创造	2011－02	48.00	85
数学美与创造力	2016－01	48.00	595
数海拾贝	2016－01	48.00	590
数学中的美(第2版)	2019－04	68.00	1057
数论中的美学	2014－12	38.00	351

刘培杰数学工作室
已出版(即将出版)图书目录——初等数学

书　名	出版时间	定　价	编号
数学王者　科学巨人——高斯	2015－01	28.00	428
振兴祖国数学的圆梦之旅:中国初等数学研究史话	2015－06	98.00	490
二十世纪中国数学史料研究	2015－10	48.00	536
数字谜、数阵图与棋盘覆盖	2016－01	58.00	298
数学概念的进化:一个初步的研究	2023－07	68.00	1683
数学发现的艺术:数学探索中的合情推理	2016－07	58.00	671
活跃在数学中的参数	2016－07	48.00	675
数海趣史	2021－05	98.00	1314
玩转幻中之幻	2023－08	88.00	1682
数学艺术品	2023－09	98.00	1685
数学博弈与游戏	2023－10	68.00	1692
数学解题——靠数学思想给力(上)	2011－07	38.00	131
数学解题——靠数学思想给力(中)	2011－07	48.00	132
数学解题——靠数学思想给力(下)	2011－07	38.00	133
我怎样解题	2013－01	48.00	227
数学解题中的物理方法	2011－06	28.00	114
数学解题的特殊方法	2011－06	48.00	115
中学数学计算技巧(第2版)	2020－10	48.00	1220
中学数学证明方法	2012－01	58.00	117
数学趣题巧解	2012－03	28.00	128
高中数学教学通鉴	2015－05	58.00	479
和高中生漫谈:数学与哲学的故事	2014－08	28.00	369
算术问题集	2017－03	38.00	789
张教授讲数学	2018－07	38.00	933
陈永明实话实说数学教学	2020－04	68.00	1132
中学数学学科知识与教学能力	2020－06	58.00	1155
怎样把课讲好:大罕数学教学随笔	2022－03	58.00	1484
中国高考评价体系下高考数学探秘	2022－03	48.00	1487
数苑漫步	2024－01	58.00	1670
自主招生考试中的参数方程问题	2015－01	28.00	435
自主招生考试中的极坐标问题	2015－04	28.00	463
近年全国重点大学自主招生数学试题全解及研究.华约卷	2015－02	38.00	441
近年全国重点大学自主招生数学试题全解及研究.北约卷	2016－05	38.00	619
自主招生数学解证宝典	2015－09	48.00	535
中国科学技术大学创新班数学真题解析	2022－03	48.00	1488
中国科学技术大学创新班物理真题解析	2022－03	58.00	1489
格点和面积	2012－07	18.00	191
射影几何趣谈	2012－04	28.00	175
斯潘纳尔引理——从一道加拿大数学奥林匹克试题谈起	2014－01	28.00	228
李普希兹条件——从几道近年高考数学试题谈起	2012－10	18.00	221
拉格朗日中值定理——从一道北京高考试题的解法谈起	2015－10	18.00	197
闵科夫斯基定理——从一道清华大学自主招生试题谈起	2014－01	28.00	198
哈尔测度——从一道冬令营试题的背景谈起	2012－08	28.00	202
切比雪夫逼近问题——从一道中国台北数学奥林匹克试题谈起	2013－04	38.00	238
伯恩斯坦多项式与贝齐尔曲面——从一道全国高中数学联赛试题谈起	2013－03	38.00	236
卡塔兰猜想——从一道普特南竞赛试题谈起	2013－06	18.00	256
麦卡锡函数和阿克曼函数——从一道前南斯拉夫数学奥林匹克试题谈起	2012－08	18.00	201
贝蒂定理与拉姆贝克莫斯尔定理——从一个拣石子游戏谈起	2012－08	18.00	217
皮亚诺曲线和豪斯道夫分球定理——从无限集谈起	2012－08	18.00	211
平面凸图形与凸多面体	2012－10	28.00	218
斯坦因豪斯问题——从一道二十五省市自治区中学数学竞赛试题谈起	2012－07	18.00	196

刘培杰数学工作室
已出版(即将出版)图书目录——初等数学

书　名	出版时间	定　价	编号
纽结理论中的亚历山大多项式与琼斯多项式——从一道北京市高一数学竞赛试题谈起	2012－07	28.00	195
原则与策略——从波利亚"解题表"谈起	2013－04	38.00	244
转化与化归——从三大尺规作图不能问题谈起	2012－08	28.00	214
代数几何中的贝祖定理(第一版)——从一道 IMO 试题的解法谈起	2013－08	18.00	193
成功连贯理论与约当块理论——从一道比利时数学竞赛试题谈起	2012－04	18.00	180
素数判定与大数分解	2014－08	18.00	199
置换多项式及其应用	2012－10	18.00	220
椭圆函数与模函数——从一道美国加州大学洛杉矶分校(UCLA)博士资格考题谈起	2012－10	28.00	219
差分方程的拉格朗日方法——从一道 2011 年全国高考理科试题的解法谈起	2012－08	28.00	200
力学在几何中的一些应用	2013－01	38.00	240
从根式解到伽罗华理论	2020－01	48.00	1121
康托洛维奇不等式——从一道全国高中联赛试题谈起	2013－03	28.00	337
西格尔引理——从一道第 18 届 IMO 试题的解法谈起	即将出版		
罗斯定理——从一道前苏联数学竞赛试题谈起	即将出版		
拉克斯定理和阿廷定理——从一道 IMO 试题的解法谈起	2014－01	58.00	246
毕卡大定理——从一道美国大学数学竞赛试题谈起	2014－07	18.00	350
贝齐尔曲线——从一道全国高中联赛试题谈起	即将出版		
拉格朗日乘子定理——从一道 2005 年全国高中联赛试题的高等数学解法谈起	2015－05	28.00	480
雅可比定理——从一道日本数学奥林匹克试题谈起	2013－04	48.00	249
李天岩－约克定理——从一道波兰数学竞赛试题谈起	2014－06	28.00	349
受控理论与初等不等式:从一道 IMO 试题的解法谈起	2023－03	48.00	1601
布劳维不动点定理——从一道前苏联数学奥林匹克试题谈起	2014－01	38.00	273
伯恩赛德定理——从一道英国数学奥林匹克试题谈起	即将出版		
布查特－莫斯特定理——从一道上海市初中竞赛试题谈起	即将出版		
数论中的同余数问题——从一道普特南竞赛试题谈起	即将出版		
范·德蒙行列式——从一道美国数学奥林匹克试题谈起	即将出版		
中国剩余定理:总数法构建中国历史年表	2015－01	28.00	430
牛顿程序与方程求根——从一道全国高考试题解法谈起	即将出版		
库默尔定理——从一道 IMO 预选试题谈起	即将出版		
卢丁定理——从一道冬令营试题的解法谈起	即将出版		
沃斯滕霍姆定理——从一道 IMO 预选试题谈起	即将出版		
卡尔松不等式——从一道莫斯科数学奥林匹克试题谈起	即将出版		
信息论中的香农熵——从一道近年高考压轴题谈起	即将出版		
约当不等式——从一道希望杯竞赛试题谈起	即将出版		
拉比诺维奇定理	即将出版		
刘维尔定理——从一道《美国数学月刊》征解问题的解法谈起	即将出版		
卡塔兰恒等式与级数求和——从一道 IMO 试题的解法谈起	即将出版		
勒让德猜想与素数分布——从一道爱尔兰竞赛试题谈起	即将出版		
天平称重与信息论——从一道基辅市数学奥林匹克试题谈起	即将出版		
哈密尔顿－凯莱定理:从一道高中数学联赛试题的解法谈起	2014－09	18.00	376
艾思特曼定理——从一道 CMO 试题的解法谈起	即将出版		

刘培杰数学工作室
已出版(即将出版)图书目录——初等数学

书　　名	出版时间	定　价	编号
阿贝尔恒等式与经典不等式及应用	2018－06	98.00	923
迪利克雷除数问题	2018－07	48.00	930
幻方、幻立方与拉丁方	2019－08	48.00	1092
帕斯卡三角形	2014－03	18.00	294
蒲丰投针问题——从2009年清华大学的一道自主招生试题谈起	2014－01	38.00	295
斯图姆定理——从一道"华约"自主招生试题的解法谈起	2014－01	18.00	296
许瓦兹引理——从一道加利福尼亚大学伯克利分校数学系博士生试题谈起	2014－08	18.00	297
拉姆塞定理——从王诗宬院士的一个问题谈起	2016－04	48.00	299
坐标法	2013－12	28.00	332
数论三角形	2014－04	38.00	341
毕克定理	2014－07	18.00	352
数林掠影	2014－09	48.00	389
我们周围的概率	2014－10	38.00	390
凸函数最值定理:从一道华约自主招生题的解法谈起	2014－10	28.00	391
易学与数学奥林匹克	2014－10	38.00	392
生物数学趣谈	2015－01	18.00	409
反演	2015－01	28.00	420
因式分解与圆锥曲线	2015－01	18.00	426
轨迹	2015－01	28.00	427
面积原理:从常庚哲命的一道CMO试题的积分解法谈起	2015－01	48.00	431
形形色色的不动点定理:从一道28届IMO试题谈起	2015－01	38.00	439
柯西函数方程:从一道上海交大自主招生的试题谈起	2015－02	28.00	440
三角恒等式	2015－02	28.00	442
无理性判定:从一道2014年"北约"自主招生试题谈起	2015－01	38.00	443
数学归纳法	2015－03	18.00	451
极端原理与解题	2015－04	28.00	464
法雷级数	2014－08	18.00	367
摆线族	2015－01	38.00	438
函数方程及其解法	2015－05	38.00	470
含参数的方程和不等式	2012－09	28.00	213
希尔伯特第十问题	2016－01	38.00	543
无穷小量的求和	2016－01	28.00	545
切比雪夫多项式:从一道清华大学金秋营试题谈起	2016－01	38.00	583
泽肯多夫定理	2016－03	38.00	599
代数等式证题法	2016－01	28.00	600
三角等式证题法	2016－01	28.00	601
吴大任教授藏书中的一个因式分解公式:从一道美国数学邀请赛试题的解法谈起	2016－06	28.00	656
易卦——类万物的数学模型	2017－08	68.00	838
"不可思议"的数与数系可持续发展	2018－01	38.00	878
最短线	2018－01	38.00	879
数学在天文、地理、光学、机械力学中的一些应用	2023－03	88.00	1576
从阿基米德三角形谈起	2023－01	28.00	1578

幻方和魔方(第一卷)	2012－05	68.00	173
尘封的经典——初等数学经典文献选读(第一卷)	2012－07	48.00	205
尘封的经典——初等数学经典文献选读(第二卷)	2012－07	38.00	206

初级方程式论	2011－03	28.00	106
初等数学研究(Ⅰ)	2008－09	68.00	37
初等数学研究(Ⅱ)(上、下)	2009－05	118.00	46,47
初等数学专题研究	2022－10	68.00	1568

刘培杰数学工作室
已出版(即将出版)图书目录——初等数学

书　　名	出版时间	定　价	编号
趣味初等方程妙题集锦	2014－09	48.00	388
趣味初等数论选美与欣赏	2015－02	48.00	445
耕读笔记(上卷):一位农民数学爱好者的初数探索	2015－04	28.00	459
耕读笔记(中卷):一位农民数学爱好者的初数探索	2015－05	28.00	483
耕读笔记(下卷):一位农民数学爱好者的初数探索	2015－05	28.00	484
几何不等式研究与欣赏.上卷	2016－01	88.00	547
几何不等式研究与欣赏.下卷	2016－01	48.00	552
初等数列研究与欣赏·上	2016－01	48.00	570
初等数列研究与欣赏·下	2016－01	48.00	571
趣味初等函数研究与欣赏.上	2016－09	48.00	684
趣味初等函数研究与欣赏.下	2018－09	48.00	685
三角不等式研究与欣赏	2020－10	68.00	1197
新编平面解析几何解题方法研究与欣赏	2021－10	78.00	1426
火柴游戏(第2版)	2022－05	38.00	1493
智力解谜.第1卷	2017－07	38.00	613
智力解谜.第2卷	2017－07	38.00	614
故事智力	2016－07	48.00	615
名人们喜欢的智力问题	2020－01	48.00	616
数学大师的发现、创造与失误	2018－01	48.00	617
异曲同工	2018－09	48.00	618
数学的味道(第2版)	2023－10	68.00	1686
数学千字文	2018－10	68.00	977
数贝偶拾——高考数学题研究	2014－04	28.00	274
数贝偶拾——初等数学研究	2014－04	38.00	275
数贝偶拾——奥数题研究	2014－04	48.00	276
钱昌本教你快乐学数学(上)	2011－12	48.00	155
钱昌本教你快乐学数学(下)	2012－03	58.00	171
集合、函数与方程	2014－01	28.00	300
数列与不等式	2014－01	38.00	301
三角与平面向量	2014－01	28.00	302
平面解析几何	2014－01	38.00	303
立体几何与组合	2014－01	28.00	304
极限与导数、数学归纳法	2014－01	38.00	305
趣味数学	2014－03	28.00	306
教材教法	2014－04	68.00	307
自主招生	2014－05	58.00	308
高考压轴题(上)	2015－01	48.00	309
高考压轴题(下)	2014－10	68.00	310
从费马到怀尔斯——费马大定理的历史	2013－10	198.00	Ⅰ
从庞加莱到佩雷尔曼——庞加莱猜想的历史	2013－10	298.00	Ⅱ
从切比雪夫到爱尔特希(上)——素数定理的初等证明	2013－07	48.00	Ⅲ
从切比雪夫到爱尔特希(下)——素数定理100年	2012－12	98.00	Ⅲ
从高斯到盖尔方特——二次域的高斯猜想	2013－10	198.00	Ⅳ
从库默尔到朗兰兹——朗兰兹猜想的历史	2014－01	98.00	Ⅴ
从比勃巴赫到德布朗斯——比勃巴赫猜想的历史	2014－02	298.00	Ⅵ
从麦比乌斯到陈省身——麦比乌斯变换与麦比乌斯带	2014－02	298.00	Ⅶ
从布尔到豪斯道夫——布尔方程与格论漫谈	2013－10	198.00	Ⅷ
从开普勒到阿诺德——三体问题的历史	2014－05	298.00	Ⅸ
从华林到华罗庚——华林问题的历史	2013－10	298.00	Ⅹ

刘培杰数学工作室
已出版(即将出版)图书目录——初等数学

书　　名	出版时间	定　价	编号
美国高中数学竞赛五十讲.第1卷(英文)	2014－08	28.00	357
美国高中数学竞赛五十讲.第2卷(英文)	2014－08	28.00	358
美国高中数学竞赛五十讲.第3卷(英文)	2014－09	28.00	359
美国高中数学竞赛五十讲.第4卷(英文)	2014－09	28.00	360
美国高中数学竞赛五十讲.第5卷(英文)	2014－10	28.00	361
美国高中数学竞赛五十讲.第6卷(英文)	2014－11	28.00	362
美国高中数学竞赛五十讲.第7卷(英文)	2014－12	28.00	363
美国高中数学竞赛五十讲.第8卷(英文)	2015－01	28.00	364
美国高中数学竞赛五十讲.第9卷(英文)	2015－01	28.00	365
美国高中数学竞赛五十讲.第10卷(英文)	2015－02	38.00	366

三角函数(第2版)	2017－04	38.00	626
不等式	2014－01	38.00	312
数列	2014－01	38.00	313
方程(第2版)	2017－04	38.00	624
排列和组合	2014－01	28.00	315
极限与导数(第2版)	2016－04	38.00	635
向量(第2版)	2018－08	58.00	627
复数及其应用	2014－08	28.00	318
函数	2014－01	38.00	319
集合	2020－01	48.00	320
直线与平面	2014－01	28.00	321
立体几何(第2版)	2016－04	38.00	629
解三角形	即将出版		323
直线与圆(第2版)	2016－11	38.00	631
圆锥曲线(第2版)	2016－09	48.00	632
解题通法(一)	2014－07	38.00	326
解题通法(二)	2014－07	38.00	327
解题通法(三)	2014－05	38.00	328
概率与统计	2014－01	28.00	329
信息迁移与算法	即将出版		330

IMO 50年.第1卷(1959－1963)	2014－11	28.00	377
IMO 50年.第2卷(1964－1968)	2014－11	28.00	378
IMO 50年.第3卷(1969－1973)	2014－09	28.00	379
IMO 50年.第4卷(1974－1978)	2016－04	38.00	380
IMO 50年.第5卷(1979－1984)	2015－04	38.00	381
IMO 50年.第6卷(1985－1989)	2015－04	58.00	382
IMO 50年.第7卷(1990－1994)	2016－01	48.00	383
IMO 50年.第8卷(1995－1999)	2016－06	38.00	384
IMO 50年.第9卷(2000－2004)	2015－04	58.00	385
IMO 50年.第10卷(2005－2009)	2016－01	48.00	386
IMO 50年.第11卷(2010－2015)	2017－03	48.00	646

刘培杰数学工作室
已出版(即将出版)图书目录——初等数学

书　　名	出版时间	定　价	编号
数学反思(2006—2007)	2020－09	88.00	915
数学反思(2008—2009)	2019－01	68.00	917
数学反思(2010—2011)	2018－05	58.00	916
数学反思(2012—2013)	2019－01	58.00	918
数学反思(2014—2015)	2019－03	78.00	919
数学反思(2016—2017)	2021－03	58.00	1286
数学反思(2018—2019)	2023－01	88.00	1593
历届美国大学生数学竞赛试题集.第一卷(1938—1949)	2015－01	28.00	397
历届美国大学生数学竞赛试题集.第二卷(1950—1959)	2015－01	28.00	398
历届美国大学生数学竞赛试题集.第三卷(1960—1969)	2015－01	28.00	399
历届美国大学生数学竞赛试题集.第四卷(1970—1979)	2015－01	18.00	400
历届美国大学生数学竞赛试题集.第五卷(1980—1989)	2015－01	28.00	401
历届美国大学生数学竞赛试题集.第六卷(1990—1999)	2015－01	28.00	402
历届美国大学生数学竞赛试题集.第七卷(2000—2009)	2015－08	18.00	403
历届美国大学生数学竞赛试题集.第八卷(2010—2012)	2015－01	18.00	404
新课标高考数学创新题解题诀窍:总论	2014－09	28.00	372
新课标高考数学创新题解题诀窍:必修1～5分册	2014－08	38.00	373
新课标高考数学创新题解题诀窍:选修2－1,2－2,1－1,1－2分册	2014－09	38.00	374
新课标高考数学创新题解题诀窍:选修2－3,4－4,4－5分册	2014－09	18.00	375
全国重点大学自主招生英文数学试题全攻略:词汇卷	2015－07	48.00	410
全国重点大学自主招生英文数学试题全攻略:概念卷	2015－01	28.00	411
全国重点大学自主招生英文数学试题全攻略:文章选读卷(上)	2016－09	38.00	412
全国重点大学自主招生英文数学试题全攻略:文章选读卷(下)	2017－01	58.00	413
全国重点大学自主招生英文数学试题全攻略:试题卷	2015－07	38.00	414
全国重点大学自主招生英文数学试题全攻略:名著欣赏卷	2017－03	48.00	415
劳埃德数学趣题大全.题目卷.1:英文	2016－01	18.00	516
劳埃德数学趣题大全.题目卷.2:英文	2016－01	18.00	517
劳埃德数学趣题大全.题目卷.3:英文	2016－01	18.00	518
劳埃德数学趣题大全.题目卷.4:英文	2016－01	18.00	519
劳埃德数学趣题大全.题目卷.5:英文	2016－01	18.00	520
劳埃德数学趣题大全.答案卷:英文	2016－01	18.00	521
李成章教练奥数笔记.第1卷	2016－01	48.00	522
李成章教练奥数笔记.第2卷	2016－01	48.00	523
李成章教练奥数笔记.第3卷	2016－01	38.00	524
李成章教练奥数笔记.第4卷	2016－01	38.00	525
李成章教练奥数笔记.第5卷	2016－01	38.00	526
李成章教练奥数笔记.第6卷	2016－01	38.00	527
李成章教练奥数笔记.第7卷	2016－01	38.00	528
李成章教练奥数笔记.第8卷	2016－01	48.00	529
李成章教练奥数笔记.第9卷	2016－01	28.00	530

刘培杰数学工作室
已出版(即将出版)图书目录——初等数学

书　　名	出版时间	定　价	编号
第19～23届"希望杯"全国数学邀请赛试题审题要津详细评注(初一版)	2014－03	28.00	333
第19～23届"希望杯"全国数学邀请赛试题审题要津详细评注(初二、初三版)	2014－03	38.00	334
第19～23届"希望杯"全国数学邀请赛试题审题要津详细评注(高一版)	2014－03	28.00	335
第19～23届"希望杯"全国数学邀请赛试题审题要津详细评注(高二版)	2014－03	38.00	336
第19～25届"希望杯"全国数学邀请赛试题审题要津详细评注(初一版)	2015－01	38.00	416
第19～25届"希望杯"全国数学邀请赛试题审题要津详细评注(初二、初三版)	2015－01	58.00	417
第19～25届"希望杯"全国数学邀请赛试题审题要津详细评注(高一版)	2015－01	48.00	418
第19～25届"希望杯"全国数学邀请赛试题审题要津详细评注(高二版)	2015－01	48.00	419
物理奥林匹克竞赛大题典——力学卷	2014－11	48.00	405
物理奥林匹克竞赛大题典——热学卷	2014－04	28.00	339
物理奥林匹克竞赛大题典——电磁学卷	2015－07	48.00	406
物理奥林匹克竞赛大题典——光学与近代物理卷	2014－06	28.00	345
历届中国东南地区数学奥林匹克试题集(2004～2012)	2014－06	18.00	346
历届中国西部地区数学奥林匹克试题集(2001～2012)	2014－07	18.00	347
历届中国女子数学奥林匹克试题集(2002～2012)	2014－08	18.00	348
数学奥林匹克在中国	2014－06	98.00	344
数学奥林匹克问题集	2014－01	38.00	267
数学奥林匹克不等式散论	2010－06	38.00	124
数学奥林匹克不等式欣赏	2011－09	38.00	138
数学奥林匹克超级题库(初中卷上)	2010－01	58.00	66
数学奥林匹克不等式证明方法和技巧(上、下)	2011－08	158.00	134,135
他们学什么:原民主德国中学数学课本	2016－09	38.00	658
他们学什么:英国中学数学课本	2016－09	38.00	659
他们学什么:法国中学数学课本.1	2016－09	38.00	660
他们学什么:法国中学数学课本.2	2016－09	28.00	661
他们学什么:法国中学数学课本.3	2016－09	38.00	662
他们学什么:苏联中学数学课本	2016－09	28.00	679
高中数学题典——集合与简易逻辑·函数	2016－07	48.00	647
高中数学题典——导数	2016－07	48.00	648
高中数学题典——三角函数·平面向量	2016－07	48.00	649
高中数学题典——数列	2016－07	58.00	650
高中数学题典——不等式·推理与证明	2016－07	38.00	651
高中数学题典——立体几何	2016－07	48.00	652
高中数学题典——平面解析几何	2016－07	78.00	653
高中数学题典——计数原理·统计·概率·复数	2016－07	48.00	654
高中数学题典——算法·平面几何·初等数论·组合数学·其他	2016－07	68.00	655

刘培杰数学工作室
已出版(即将出版)图书目录——初等数学

书　　名	出版时间	定　价	编号
台湾地区奥林匹克数学竞赛试题.小学一年级	2017－03	38.00	722
台湾地区奥林匹克数学竞赛试题.小学二年级	2017－03	38.00	723
台湾地区奥林匹克数学竞赛试题.小学三年级	2017－03	38.00	724
台湾地区奥林匹克数学竞赛试题.小学四年级	2017－03	38.00	725
台湾地区奥林匹克数学竞赛试题.小学五年级	2017－03	38.00	726
台湾地区奥林匹克数学竞赛试题.小学六年级	2017－03	38.00	727
台湾地区奥林匹克数学竞赛试题.初中一年级	2017－03	38.00	728
台湾地区奥林匹克数学竞赛试题.初中二年级	2017－03	38.00	729
台湾地区奥林匹克数学竞赛试题.初中三年级	2017－03	28.00	730
不等式证题法	2017－04	28.00	747
平面几何培优教程	2019－08	88.00	748
奥数鼎级培优教程.高一分册	2018－09	88.00	749
奥数鼎级培优教程.高二分册.上	2018－04	68.00	750
奥数鼎级培优教程.高二分册.下	2018－04	68.00	751
高中数学竞赛冲刺宝典	2019－04	68.00	883
初中尖子生数学超级题典.实数	2017－07	58.00	792
初中尖子生数学超级题典.式、方程与不等式	2017－08	58.00	793
初中尖子生数学超级题典.圆、面积	2017－08	38.00	794
初中尖子生数学超级题典.函数、逻辑推理	2017－08	48.00	795
初中尖子生数学超级题典.角、线段、三角形与多边形	2017－07	58.00	796
数学王子——高斯	2018－01	48.00	858
坎坷奇星——阿贝尔	2018－01	48.00	859
闪烁奇星——伽罗瓦	2018－01	58.00	860
无穷统帅——康托尔	2018－01	48.00	861
科学公主——柯瓦列夫斯卡娅	2018－01	48.00	862
抽象代数之母——埃米·诺特	2018－01	48.00	863
电脑先驱——图灵	2018－01	58.00	864
昔日神童——维纳	2018－01	48.00	865
数坛怪侠——爱尔特希	2018－01	68.00	866
传奇数学家徐利治	2019－09	88.00	1110
当代世界中的数学.数学思想与数学基础	2019－01	38.00	892
当代世界中的数学.数学问题	2019－01	38.00	893
当代世界中的数学.应用数学与数学应用	2019－01	38.00	894
当代世界中的数学.数学王国的新疆域(一)	2019－01	38.00	895
当代世界中的数学.数学王国的新疆域(二)	2019－01	38.00	896
当代世界中的数学.数林撷英(一)	2019－01	38.00	897
当代世界中的数学.数林撷英(二)	2019－01	48.00	898
当代世界中的数学.数学之路	2019－01	38.00	899

刘培杰数学工作室
已出版(即将出版)图书目录——初等数学

书　　名	出版时间	定　价	编号
105 个代数问题:来自 AwesomeMath 夏季课程	2019－02	58.00	956
106 个几何问题:来自 AwesomeMath 夏季课程	2020－07	58.00	957
107 个几何问题:来自 AwesomeMath 全年课程	2020－07	58.00	958
108 个代数问题:来自 AwesomeMath 全年课程	2019－01	68.00	959
109 个不等式:来自 AwesomeMath 夏季课程	2019－04	58.00	960
110 个几何问题:选自各国数学奥林匹克竞赛	2024－04	58.00	961
111 个代数和数论问题	2019－05	58.00	962
112 个组合问题:来自 AwesomeMath 夏季课程	2019－05	58.00	963
113 个几何不等式:来自 AwesomeMath 夏季课程	2020－08	58.00	964
114 个指数和对数问题:来自 AwesomeMath 夏季课程	2019－09	48.00	965
115 个三角问题:来自 AwesomeMath 夏季课程	2019－09	58.00	966
116 个代数不等式:来自 AwesomeMath 全年课程	2019－04	58.00	967
117 个多项式问题:来自 AwesomeMath 夏季课程	2021－09	58.00	1409
118 个数学竞赛不等式	2022－08	78.00	1526

紫色彗星国际数学竞赛试题	2019－02	58.00	999
数学竞赛中的数学:为数学爱好者、父母、教师和教练准备的丰富资源.第一部	2020－04	58.00	1141
数学竞赛中的数学:为数学爱好者、父母、教师和教练准备的丰富资源.第二部	2020－07	48.00	1142
和与积	2020－10	38.00	1219
数论:概念和问题	2020－12	68.00	1257
初等数学问题研究	2021－03	48.00	1270
数学奥林匹克中的欧几里得几何	2021－10	68.00	1413
数学奥林匹克题解新编	2022－01	58.00	1430
图论入门	2022－09	58.00	1554
新的、更新的、最新的不等式	2023－07	58.00	1650
数学竞赛中奇妙的多项式	2024－01	78.00	1646
120 个奇妙的代数问题及 20 个奖励问题	2024－04	48.00	1647

澳大利亚中学数学竞赛试题及解答(初级卷)1978～1984	2019－02	28.00	1002
澳大利亚中学数学竞赛试题及解答(初级卷)1985～1991	2019－02	28.00	1003
澳大利亚中学数学竞赛试题及解答(初级卷)1992～1998	2019－02	28.00	1004
澳大利亚中学数学竞赛试题及解答(初级卷)1999～2005	2019－02	28.00	1005
澳大利亚中学数学竞赛试题及解答(中级卷)1978～1984	2019－03	28.00	1006
澳大利亚中学数学竞赛试题及解答(中级卷)1985～1991	2019－03	28.00	1007
澳大利亚中学数学竞赛试题及解答(中级卷)1992～1998	2019－03	28.00	1008
澳大利亚中学数学竞赛试题及解答(中级卷)1999～2005	2019－03	28.00	1009
澳大利亚中学数学竞赛试题及解答(高级卷)1978～1984	2019－05	28.00	1010
澳大利亚中学数学竞赛试题及解答(高级卷)1985～1991	2019－05	28.00	1011
澳大利亚中学数学竞赛试题及解答(高级卷)1992～1998	2019－05	28.00	1012
澳大利亚中学数学竞赛试题及解答(高级卷)1999～2005	2019－05	28.00	1013

天才中小学生智力测验题.第一卷	2019－03	38.00	1026
天才中小学生智力测验题.第二卷	2019－03	38.00	1027
天才中小学生智力测验题.第三卷	2019－03	38.00	1028
天才中小学生智力测验题.第四卷	2019－03	38.00	1029
天才中小学生智力测验题.第五卷	2019－03	38.00	1030
天才中小学生智力测验题.第六卷	2019－03	38.00	1031
天才中小学生智力测验题.第七卷	2019－03	38.00	1032
天才中小学生智力测验题.第八卷	2019－03	38.00	1033
天才中小学生智力测验题.第九卷	2019－03	38.00	1034
天才中小学生智力测验题.第十卷	2019－03	38.00	1035
天才中小学生智力测验题.第十一卷	2019－03	38.00	1036
天才中小学生智力测验题.第十二卷	2019－03	38.00	1037
天才中小学生智力测验题.第十三卷	2019－03	38.00	1038

刘培杰数学工作室
已出版(即将出版)图书目录——初等数学

书　名	出版时间	定　价	编号
重点大学自主招生数学备考全书:函数	2020—05	48.00	1047
重点大学自主招生数学备考全书:导数	2020—08	48.00	1048
重点大学自主招生数学备考全书:数列与不等式	2019—10	78.00	1049
重点大学自主招生数学备考全书:三角函数与平面向量	2020—08	68.00	1050
重点大学自主招生数学备考全书:平面解析几何	2020—07	58.00	1051
重点大学自主招生数学备考全书:立体几何与平面几何	2019—08	48.00	1052
重点大学自主招生数学备考全书:排列组合・概率统计・复数	2019—09	48.00	1053
重点大学自主招生数学备考全书:初等数论与组合数学	2019—08	48.00	1054
重点大学自主招生数学备考全书:重点大学自主招生真题.上	2019—04	68.00	1055
重点大学自主招生数学备考全书:重点大学自主招生真题.下	2019—04	58.00	1056
高中数学竞赛培训教程:平面几何问题的求解方法与策略.上	2018—05	68.00	906
高中数学竞赛培训教程:平面几何问题的求解方法与策略.下	2018—06	78.00	907
高中数学竞赛培训教程:整除与同余以及不定方程	2018—01	88.00	908
高中数学竞赛培训教程:组合计数与组合极值	2018—04	48.00	909
高中数学竞赛培训教程:初等代数	2019—04	78.00	1042
高中数学讲座:数学竞赛基础教程(第一册)	2019—06	48.00	1094
高中数学讲座:数学竞赛基础教程(第二册)	即将出版		1095
高中数学讲座:数学竞赛基础教程(第三册)	即将出版		1096
高中数学讲座:数学竞赛基础教程(第四册)	即将出版		1097
新编中学数学解题方法 1000 招丛书. 实数(初中版)	2022—05	58.00	1291
新编中学数学解题方法 1000 招丛书. 式(初中版)	2022—05	48.00	1292
新编中学数学解题方法 1000 招丛书. 方程与不等式(初中版)	2021—04	58.00	1293
新编中学数学解题方法 1000 招丛书. 函数(初中版)	2022—05	38.00	1294
新编中学数学解题方法 1000 招丛书. 角(初中版)	2022—05	48.00	1295
新编中学数学解题方法 1000 招丛书. 线段(初中版)	2022—05	48.00	1296
新编中学数学解题方法 1000 招丛书. 三角形与多边形(初中版)	2021—04	48.00	1297
新编中学数学解题方法 1000 招丛书. 圆(初中版)	2022—05	48.00	1298
新编中学数学解题方法 1000 招丛书. 面积(初中版)	2021—07	28.00	1299
新编中学数学解题方法 1000 招丛书. 逻辑推理(初中版)	2022—06	48.00	1300
高中数学题典精编. 第一辑. 函数	2022—01	58.00	1444
高中数学题典精编. 第一辑. 导数	2022—01	68.00	1445
高中数学题典精编. 第一辑. 三角函数・平面向量	2022—01	68.00	1446
高中数学题典精编. 第一辑. 数列	2022—01	58.00	1447
高中数学题典精编. 第一辑. 不等式・推理与证明	2022—01	58.00	1448
高中数学题典精编. 第一辑. 立体几何	2022—01	58.00	1449
高中数学题典精编. 第一辑. 平面解析几何	2022—01	68.00	1450
高中数学题典精编. 第一辑. 统计・概率・平面几何	2022—01	58.00	1451
高中数学题典精编. 第一辑. 初等数论・组合数学・数学文化・解题方法	2022—01	58.00	1452
历届全国初中数学竞赛试题分类解析. 初等代数	2022—09	98.00	1555
历届全国初中数学竞赛试题分类解析. 初等数论	2022—09	48.00	1556
历届全国初中数学竞赛试题分类解析. 平面几何	2022—09	38.00	1557
历届全国初中数学竞赛试题分类解析. 组合	2022—09	38.00	1558

刘培杰数学工作室
已出版(即将出版)图书目录——初等数学

书　　名	出版时间	定　价	编号
从三道高三数学模拟题的背景谈起:兼谈傅里叶三角级数	2023－03	48.00	1651
从一道日本东京大学的入学试题谈起:兼谈 π 的方方面面	即将出版		1652
从两道 2021 年福建高三数学测试题谈起:兼谈球面几何学与球面三角学	即将出版		1653
从一道湖南高考数学试题谈起:兼谈有界变差数列	2024－01	48.00	1654
从一道高校自主招生试题谈起:兼谈詹森函数方程	即将出版		1655
从一道上海高考数学试题谈起:兼谈有界变差函数	即将出版		1656
从一道北京大学金秋营数学试题的解法谈起:兼谈伽罗瓦理论	即将出版		1657
从一道北京高考数学试题的解法谈起:兼谈毕克定理	即将出版		1658
从一道北京大学金秋营数学试题的解法谈起:兼谈帕塞瓦尔恒等式	即将出版		1659
从一道高三数学模拟测试题的背景谈起:兼谈等周问题与等周不等式	即将出版		1660
从一道 2020 年全国高考数学试题的解法谈起:兼谈斐波那契数列和纳卡穆拉定理及奥斯图达定理	即将出版		1661
从一道高考数学附加题谈起:兼谈广义斐波那契数列	即将出版		1662

代数学教程.第一卷,集合论	2023－08	58.00	1664
代数学教程.第二卷,抽象代数基础	2023－08	68.00	1665
代数学教程.第三卷,数论原理	2023－08	58.00	1666
代数学教程.第四卷,代数方程式论	2023－08	48.00	1667
代数学教程.第五卷,多项式理论	2023－08	58.00	1668

联系地址:哈尔滨市南岗区复华四道街 10 号　哈尔滨工业大学出版社刘培杰数学工作室

邮　　编:150006

联系电话:0451－86281378　　13904613167

E-mail:lpj1378@163.com